산업안전기사

[필기]

합격에 윙크[Win-Q]하다!

Win Qualification

머리말

산업안전 분야의 전문가를 향한 첫 발걸음!

산업안전기사는 제조 및 서비스업 등 각 산업 현장에 배속되어 산업재해 예방계획의 수립에 관한 사항을 수행하며, 작업환경의 점검 및 개선에 관한 사항, 유해 및 위험방지에 관한 사항, 사고사례 분석 및 개선에 관한 사항, 근로자의 안전교육 및 훈련에 관한 업무를 수행합니다.

산업안전기사는 기계, 금속, 전기, 화학, 목재 등 모든 제조업체, 안전관리 대행업체, 산업안전관리 정부기관, 한국산업안전공단 등에 진출할 수 있습니다. 선진국의 척도는 안전수준으로 우리나라의 경우 재해율이 아직 선진국 수준에는 미흡하여 이에 대한 계속적인 투자에 대한 사회적 인식이 높아가고, 안전인증대상을 확대하여 각종 기계 · 기구에서 방호장치까지 안전인증을 취득하도록 산업안전보건법 시행규칙의 개정에 따른 고용 창출 효과가 기대되고 있습니다. 또한 경제회복국면과 안전보건조직 축소가 맞물려 산업재해의 증가가 우려되고 있습니다. 특히 제조업의 경우 해마다 재해율이 증가하고 있어 정부는 적극적인 재해 예방정책 등으로 산업안전기사 자격증 취득자에 대한 인력 수요는 지속해서 증가할 것입니다.

산업안전기사 필기시험 합격을 위해 본서는 최근 기출문제 출제경향, 빨간키(빨리보는 간단한 키워드) 핵심요약, 핵심이론과 핵심예제, 최근 6개년 기출문제와 해설 등으로 구성하였습니다.

핵심이론과 핵심예제에 수록된 내용을 완벽하게 숙지하고 중요사항 암기 및 체계적 이해와 집중을 기본으로 6개년 기출문제를 풀어본다면, 수험생 여러분 모두 합격의 기쁨을 느끼게 될 것입니다.

여러분 모두 수험생활 동안 만나게 되는 어려움과 유혹을 이겨내고 합격이라는 목표가 이끄는 삶을 통해 산업안전기사 자격을 취득하시길 기원합니다.

감사합니다.

기계기술사 박 병 호

시험 안내

개 요

생산관리에서 안전을 제외하고는 생산성 향상이 불가능하다는 인식 속에서 산업현장의 근로자를 보호하고 근로자들이 안심하고 생산성 향상에 주력할 수 있는 작업환경을 만들기 위하여 전문적인 지식을 가진 기술인력을 양성하고자 자격제도를 제정하였다.

진로 및 전망

❶ 기계, 금속, 전기, 화학, 목재 등 모든 제조업체, 안전관리 대행업체, 산업안전관리 정부기관, 한국산업안전공단 등에 진출할 수 있다.

❷ 선진국의 척도는 안전수준으로 우리나라의 경우 재해율이 아직 후진국 수준에 머물러 있어 이에 대한 계속적 투자의 사회적 인식이 높아가고, 안전인증대상을 확대하여 프레스, 용접기 등 기계 · 기구에서 각종 방호장치까지 안전인증을 취득하도록 산업안전보건법 시행규칙의 개정에 따른 고용 창출 효과가 기대되고 있다.

시험일정

구 분	필기원서접수 (인터넷)	필기시험	필기합격 (예정자)발표	실기원서접수	실기시험	최종 합격자 발표일
제1회	1.10~1.19	2.13~3.15	3.21	3.28~3.31	4.22~5.7	6.9
제2회	4.17~4.20	5.13~6.4	6.14	6.27~6.30	7.22~8.6	9.1
제3회	6.19~6.22	7.8~7.23	8.2	9.4~9.7	10.7~10.20	11.15

※ 상기 시험일정은 시행처의 사정에 따라 변경될 수 있으니, www.q-net.or.kr에서 확인하시기 바랍니다.

시험요강

❶ 시행처 : 한국산업인력공단

❷ 관련 학과 : 대학 및 전문대학의 안전공학, 산업안전공학, 보건안전학 관련 학과

❸ 시험과목

㉠ 필기 : 1. 안전관리론 2. 인간공학 및 시스템 안전공학 3. 기계위험 방지기술 4. 전기위험 방지기술 5. 화학설비위험 방지기술 6. 건설안전기술

㉡ 실기 : 산업안전실무

❹ 검정방법

㉠ 필기 : 객관식 4지 택일형 과목당 20문항(3시간)

㉡ 실기 : 복합형[필답형(1시간 30분) + 작업형(1시간 정도)]

❺ 합격기준

㉠ 필기 : 100점을 만점으로 하여 과목당 40점 이상, 전 과목 평균 60점 이상

㉡ 실기 : 100점을 만점으로 하여 60점 이상

검정현황

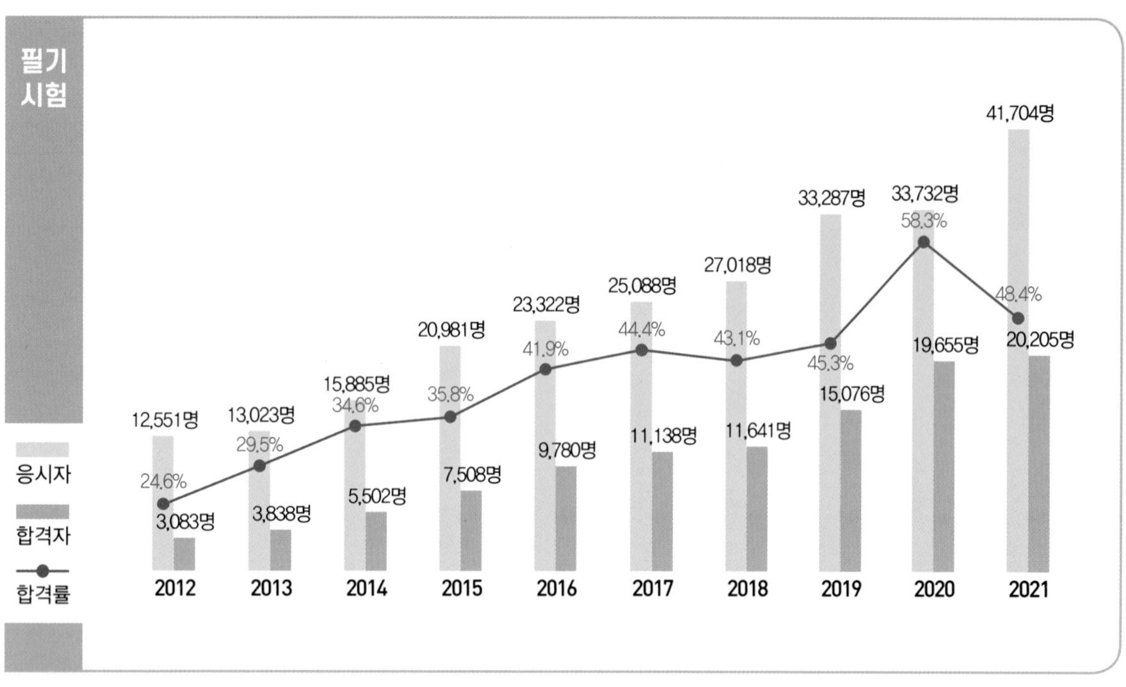

필기 시험
응시자
합격자
합격률
12,551명
24.6%
3,083명
13,023명
29.5%
3,838명
15,885명
34.6%
5,502명
20,981명
35.8%
7,508명
23,322명
41.9%
9,780명
25,088명
44.4%
11,138명
27,018명
43.1%
11,641명
33,287명
45.3%
15,076명
33,732명
58.3%
19,655명
41,704명
48.4%
20,205명
2012
2013
2014
2015
2016
2017
2018
2019
2020
2021

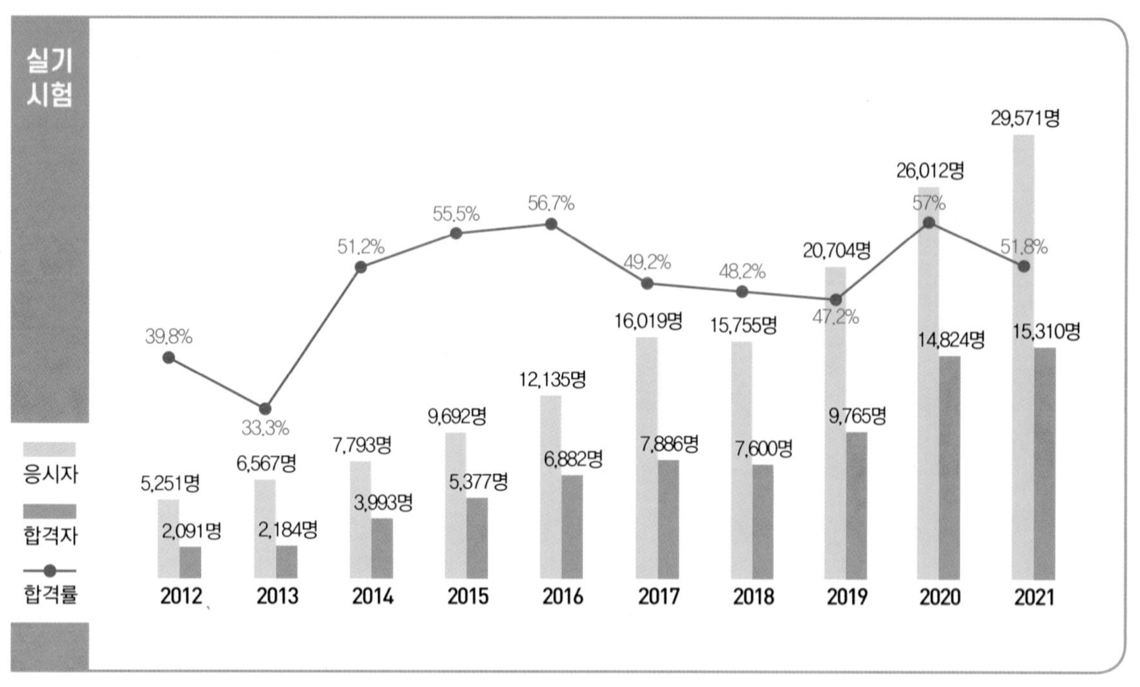

실기 시험
응시자
합격자
합격률
5,251명
39.8%
2,091명
6,567명
33.3%
2,184명
7,793명
51.2%
3,993명
9,692명
55.5%
5,377명
12,135명
56.7%
6,882명
16,019명
49.2%
7,886명
15,755명
48.2%
7,600명
20,704명
47.2%
9,765명
26,012명
57%
14,824명
29,571명
51.8%
15,310명
2012
2013
2014
2015
2016
2017
2018
2019
2020
2021

출제기준

필기과목명	주요항목	세부항목		
안전관리론	안전보건관리 개요	• 안전과 생산		• 안전보건관리 체제 및 운용
	재해 및 안전점검	• 재해조사 • 안전점검・검사・인증 및 진단		• 산재분류 및 통계 분석
	무재해 운동 및 보호구	• 무재해 운동 등 안전활동 기법		• 보호구 및 안전보건표지
	산업안전심리	• 산업심리와 심리검사 • 인간의 특성과 안전과의 관계		• 직업적성과 배치
	인간의 행동과학	• 조직과 인간행동 • 집단관리와 리더십		• 재해 빈발성 및 행동과학 • 생체리듬과 피로
	안전보건교육의 개념	• 교육의 필요성과 목적 • 안전보건교육계획 수립 및 실시		• 교육심리학
	교육의 내용 및 방법	• 교육내용	• 교육방법	• 교육실시 방법
	산업안전 관계 법규	• 산업안전보건법 • 산업안전보건법 시행규칙		• 산업안전보건법 시행령 • 관련 기준 및 지침
인간공학 및 시스템 안전공학	안전과 인간공학	• 인간공학의 정의	• 인간–기계체계	• 체계설계와 인간 요소
	정보입력표시	• 시각적 표시장치 • 촉각 및 후각적 표시장치		• 청각적 표시장치 • 인간요소와 휴먼에러
	인간계측 및 작업 공간	• 인체계측 및 인간의 체계제어 • 작업 공간 및 작업자세		• 신체활동의 생리학적 측정법 • 인간의 특성과 안전
	작업환경관리	• 작업조건과 환경조건		• 작업환경과 인간공학
	시스템 위험분석	• 시스템 위험분석 및 관리		• 시스템 위험분석기법
	결함수 분석법	• 결함수 분석		• 정성적, 정량적 분석
	위험성 평가	• 위험성 평가의 개요		• 신뢰도 계산
	각종 설비의 유지 관리	• 설비관리의 개요 • 보전성 공학		• 설비의 운전 및 유지 관리
기계위험 방지기술	기계안전의 개념	• 기계의 위험 및 안전조건 • 구조적 안전		• 기계의 방호 • 기능적 안전
	공작기계의 안전	• 절삭가공기계의 종류 및 방호장치		• 소성가공 및 방호장치
	프레스 및 전단기의 안전	• 프레스 재해방지의 근본적인 대책		• 금형의 안전화
	기타 산업용 기계기구	• 롤러기 • 아세틸렌 용접장치 및 가스집합 용접장치 • 산업용 로봇 • 고속회전체		• 원심기 • 보일러 및 압력용기 • 목재 가공용 기계 • 사출성형기
	운반기계 및 양중기	• 지게차 • 크레인 등 양중기(건설용은 제외)		• 컨베이어 • 구내 운반 기계
	설비진단	• 비파괴검사의 종류 및 특징 • 소음방지 기술		• 진동방지 기술

필기과목명	주요항목	세부항목	
전기위험 방지기술	전기안전일반	• 전기의 위험성 • 전기설비 및 기기 • 전기작업안전	
	감전재해 및 방지대책	• 감전재해 예방 및 조치 • 누전차단기 감전예방 • 절연용 안전장구	• 감전재해의 요인 • 아크 용접장치
	전기화재 및 예방대책	• 전기화재의 원인 • 피뢰설비 • 화재대책	• 접지공사 • 화재경보기
	정전기의 재해방지대책	• 정전기의 발생 및 영향	• 정전기 재해의 방지대책
	전기설비의 방폭	• 방폭구조의 종류 • 전기설비의 방폭 및 대책 • 방폭설비의 공사 및 보수	
화학설비위험 방지기술	위험물 및 유해화학물질 안전	• 위험물, 유해화학물질의 종류 • 위험물, 유해화학물질의 취급 및 안전 수칙	
	공정안전	• 공정안전 일반 • 공정안전 보고서 작성 심사 · 확인	
	폭발 방지 및 안전 대책	• 폭발의 원리 및 특성	• 폭발방지대책
	화학설비안전	• 화학설비의 종류 및 안전기준 • 건조설비의 종류 및 재해형태 • 공정 안전기술	
	화재 예방 및 소화	• 연 소	• 소 화
건설안전기술	건설공사 안전개요	• 공정계획 및 안전성 심사 • 지반의 안정성 • 건설업산업안전보건관리비 • 사전안전성 검토(유해위험방지 계획서)	
	건설공구 및 장비	• 건설공구 • 건설장비 • 안전수칙	
	양중 및 해체공사의 안전	• 해체용 기구의 종류 및 취급안전	• 양중기의 종류 및 안전 수칙
	건설재해 및 대책	• 떨어짐(추락)재해 및 대책 • 떨어짐(낙하), 날아옴(비래)재해대책	• 무너짐(붕괴)재해 및 대책
	건설 가시설물 설치 기준	• 비 계 • 거푸집 및 동바리	• 작업통로 및 발판 • 흙막이
	건설 구조물 공사 안전	• 콘크리트 구조물 공사 안전 • PC(Precast Concrete) 공사 안전	• 철골 공사 안전
	운반, 하역작업	• 운반작업	• 하역공사

이 책의 구성과 특징

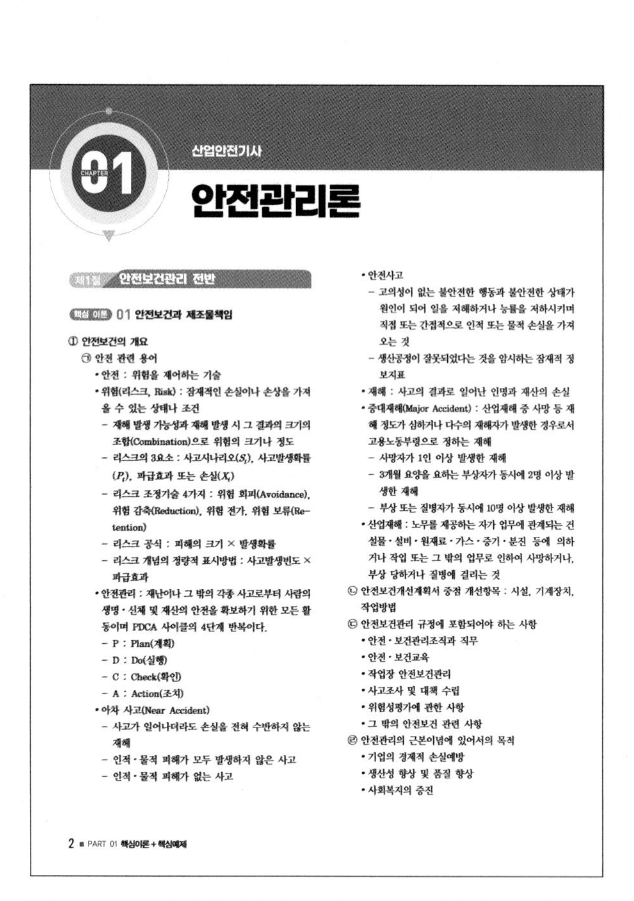

산업안전기사

CHAPTER 01 안전관리론

제1절 안전보건관리 전반

핵심 이론 01 안전보건과 제조물책임

① 안전보건의 개요
㉠ 안전 관련 용어
• 안전 : 위험을 제어하는 기술
• 위험(리스크, Risk) : 잠재적인 손실이나 손상을 가져올 수 있는 상태나 조건
– 재해 발생 가능성과 재해 발생 시 그 결과의 크기의 조합(Combination)으로 위험의 크기나 정도
– 리스크의 3요소 : 사고시나리오(S_i), 사고발생확률(P_i), 파급효과 또는 손실(X_i)
– 리스크 조정기술 4가지 : 위험 회피(Avoidance), 위험 감축(Reduction), 위험 전가, 위험 보류(Retention)
– 리스크 공식 : 피해의 크기 × 발생확률
– 리스크 개념의 정량적 표시방법 : 사고발생빈도 × 파급효과
• 안전관리 : 재난이나 그 밖의 각종 사고로부터 사람의 생명 · 신체 및 재산의 안전을 확보하기 위한 모든 활동이며 PDCA 사이클의 4단계 반복이다.
– P : Plan(계획)
– D : Do(실행)
– C : Check(확인)
– A : Action(조치)
• 아차 사고(Near Accident)
– 사고가 일어나더라도 손실을 전혀 수반하지 않는 재해
– 인적 · 물적 피해가 모두 발생하지 않은 사고
– 인적 · 물적 피해가 없는 사고
• 안전사고
– 고의성이 없는 불안전한 행동과 불안전한 상태가 원인이 되어 일을 저해하거나 능률을 저하시키며 직접 또는 간접적으로 인적 또는 물적 손실을 가져오는 것
– 생산공정이 잘못되었다는 것을 암시하는 잠재적 정보지표
• 재해 : 사고의 결과로 일어난 인명과 재산의 손실
• 중대재해(Major Accident) : 산업재해 중 사망 등 재해 정도가 심하거나 다수의 재해자가 발생한 경우로서 고용노동부령으로 정하는 재해
– 사망자가 1인 이상 발생한 재해
– 3개월 요양을 요하는 부상자가 동시에 2명 이상 발생한 재해
– 부상 또는 질병자가 동시에 10명 이상 발생한 재해
• 산업재해 : 노무를 제공하는 자가 업무에 관계되는 건설물 · 설비 · 원재료 · 가스 · 증기 · 분진 등에 의하거나 작업 또는 그 밖의 업무로 인하여 사망하거나, 부상 당하거나 질병에 걸리는 것
㉡ 안전보건개선계획서 중점 개선항목 : 시설, 기계장치, 작업방법
㉢ 안전보건관리 규정에 포함되어야 하는 사항
• 안전 · 보건관리조직과 직무
• 안전 · 보건교육
• 작업장 안전보건관리
• 사고조사 및 대책 수립
• 위험성평가에 관한 사항
• 그 밖의 안전보건 관련 사항
㉣ 안전관리의 근본이념에 있어서의 목적
• 기업의 경제적 손실예방
• 생산성 향상 및 품질 향상
• 사회복지의 증진

2 ■ PART 01 핵심이론 + 핵심예제

핵심이론

필수적으로 학습해야 하는 중요한 이론들을 각 과목별로 분류하여 수록하였습니다.
시험과 관계없는 두꺼운 기본서의 복잡한 이론은 이제 그만!
시험에 꼭 나오는 이론을 중심으로 효과적으로 공부하십시오.

출제기준을 중심으로 출제빈도가 높은 기출문제와 필수적으로 풀어보아야 할 문제를 핵심이론당 1~2문제씩 선정했습니다. 각 문제마다 핵심을 찌르는 명쾌한 해설이 수록되어 있습니다.

핵심예제

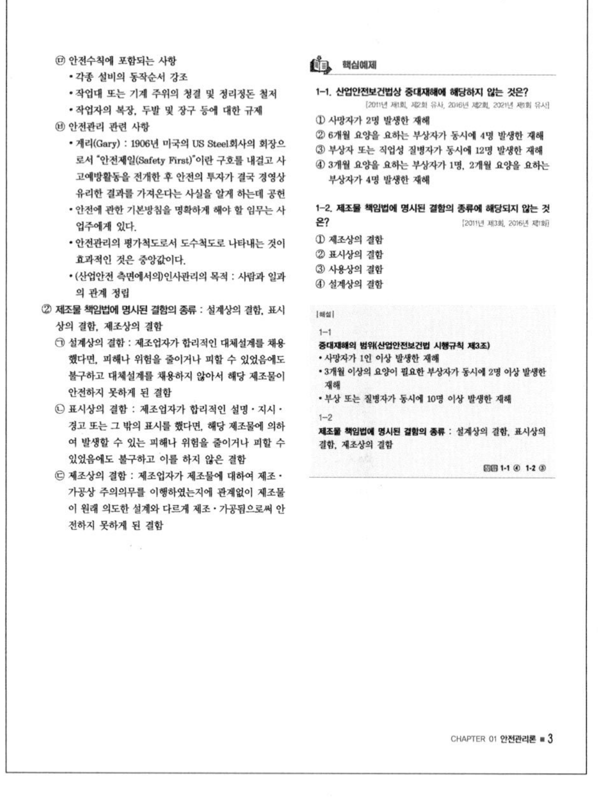

㉤ 안전수칙에 포함되는 사항
• 각종 설비의 동작순서 강조
• 작업대 또는 기계 주위의 청결 및 정리정돈 철저
• 작업자의 복장, 두발 및 장구 등에 대한 규제
㉥ 안전관리 관련 사항
• 게리(Gary) : 1906년 미국의 US Steel회사의 회장으로서 "안전제일(Safety First)"이란 구호를 내걸고 사고예방활동을 전개한 후 안전의 투자가 결국 경영상 유리한 결과를 가져온다는 사실을 알게 하는데 공헌
• 안전에 관한 기본방침을 명확하게 해야 할 임무는 사업주에게 있다.
• 안전관리의 평가척도로서 도수척도로 나타내는 것이 효과적인 것은 중앙값이다.
• (산업안전 측면에서의)인사관리의 목적 : 사람과 일과의 관계 정립
② 제조물 책임법에 명시된 결함의 종류 : 설계상의 결함, 표시상의 결함, 제조상의 결함
㉠ 설계상의 결함 : 제조업자가 합리적인 대체설계를 채용했다면, 피해나 위험을 줄이거나 피할 수 있었음에도 불구하고 대체설계를 채용하지 않아서 해당 제조물이 안전하지 못하게 된 결함
㉡ 표시상의 결함 : 제조업자가 합리적인 설명 · 지시 · 경고 또는 그 밖의 표시를 했다면, 해당 제조물에 의하여 발생할 수 있는 피해나 위험을 줄이거나 피할 수 있었음에도 불구하고 이를 하지 않은 결함
㉢ 제조상의 결함 : 제조업자가 제조물에 대하여 제조 · 가공상 주의의무를 이행하였는지에 관계없이 제조물이 원래 의도한 설계와 다르게 제조 · 가공됨으로써 안전하지 못하게 된 결함

핵심예제

1-1. 산업안전보건법상 중대재해에 해당하지 않는 것은?
[2011년 제1회, 제2회 유사, 2016년 제2회, 2021년 제1회 유사]
① 사망자가 2명 발생한 재해
② 6개월 요양을 요하는 부상자가 동시에 4명 발생한 재해
③ 부상자 또는 직업성 질병자가 동시에 12명 발생한 재해
④ 3개월 요양을 요하는 부상자가 1명, 2개월 요양을 요하는 부상자가 4명 발생한 재해

1-2. 제조물 책임법에 명시된 결함의 종류에 해당되지 않는 것은?
[2011년 제3회, 2016년 제1회]
① 제조상의 결함
② 표시상의 결함
③ 사용상의 결함
④ 설계상의 결함

|해설|
1-1
중대재해의 범위(산업안전보건법 시행규칙 제3조)
• 사망자가 1인 이상 발생한 재해
• 3개월 이상의 요양이 필요한 부상자가 동시에 2명 이상 발생한 재해
• 부상 또는 질병자가 동시에 10명 이상 발생한 재해
1-2
제조물 책임법에 명시된 결함의 종류 : 설계상의 결함, 표시상의 결함, 제조상의 결함

정답 1-1 ④ 1-2 ③

CHAPTER 01 안전관리론 ■ 3

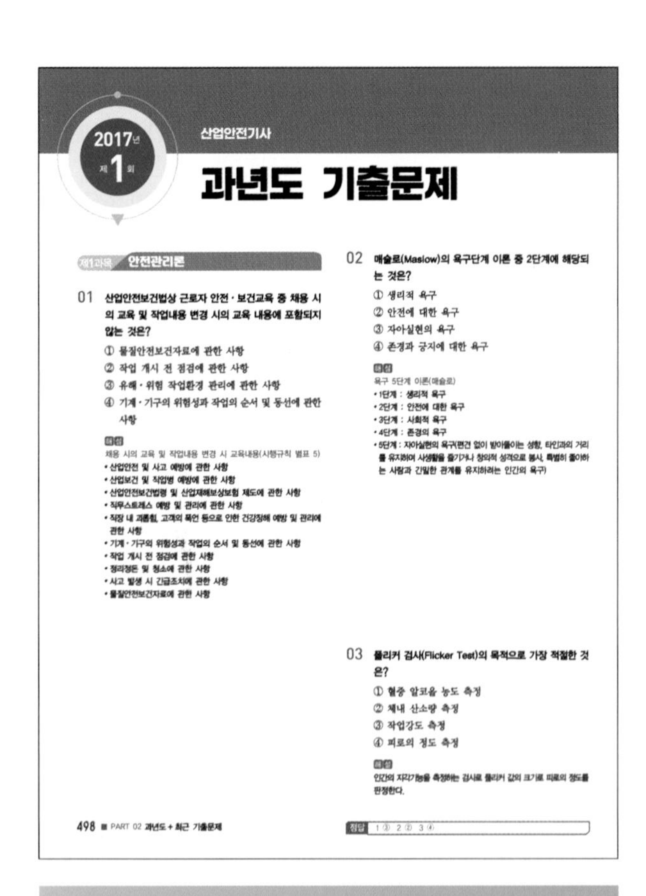

2017년 제1회

산업안전기사

과년도 기출문제

제1과목 안전관리론

01 산업안전보건법상 근로자 안전·보건교육 중 채용 시의 교육 및 작업내용 변경 시의 교육 내용에 포함되지 않는 것은?

① 물질안전보건자료에 관한 사항
② 작업 개시 전 점검에 관한 사항
③ 유해·위험 작업환경 관리에 관한 사항
④ 기계·기구의 위험성과 작업의 순서 및 동선에 관한 사항

해설
채용 시의 교육 및 작업내용 변경 시 교육내용(시행규칙 별표 5)
- 산업안전 및 사고 예방에 관한 사항
- 산업보건 및 직업병 예방에 관한 사항
- 산업안전보건법령 및 산업재해보상보험 제도에 관한 사항
- 직무스트레스 예방 및 관리에 관한 사항
- 직장 내 괴롭힘, 고객의 폭언 등으로 인한 건강장해 예방 및 관리에 관한 사항
- 기계·기구의 위험성과 작업의 순서 및 동선에 관한 사항
- 작업 개시 전 점검에 관한 사항
- 정리정돈 및 청소에 관한 사항
- 사고 발생 시 긴급조치에 관한 사항
- 물질안전보건자료에 관한 사항

02 매슬로(Maslow)의 욕구단계 이론 중 2단계에 해당되는 것은?

① 생리적 욕구
② 안전에 대한 욕구
③ 자아실현의 욕구
④ 존경과 긍지에 대한 욕구

해설
욕구 5단계 이론(매슬로)
- 1단계 : 생리적 욕구
- 2단계 : 안전에 대한 욕구
- 3단계 : 사회적 욕구
- 4단계 : 존경의 욕구
- 5단계 : 자아실현의 욕구(편견 없이 받아들이는 성향, 타인과의 거리를 유지하며 사생활을 즐기거나 창의적 성격으로 봉사, 특별히 좋아하는 사람과 긴밀한 관계를 유지하려는 인간의 욕구)

03 플리커 검사(Flicker Test)의 목적으로 가장 적절한 것은?

① 혈중 알코올 농도 측정
② 체내 산소량 측정
③ 작업강도 측정
④ 피로의 정도 측정

해설
인간의 지각기능을 측정하는 검사로 플리커 값의 크기로 피로의 정도를 판정한다.

정답 1 ③ 2 ② 3 ④

498 ■ PART 02 과년도 + 최근 기출문제

과년도 기출문제

지금까지 출제된 과년도 기출문제를 수록하였습니다. 각 문제에는 자세한 해설이 추가되어 핵심이론만으로는 아쉬운 내용을 보충 학습하고 출제경향의 변화를 확인할 수 있습니다.

최근에 출제된 기출문제를 수록하여 가장 최신의 출제경향을 파악하고 새롭게 출제된 문제의 유형을 익혀 처음 보는 문제들도 모두 맞힐 수 있도록 하였습니다.

최근 기출문제

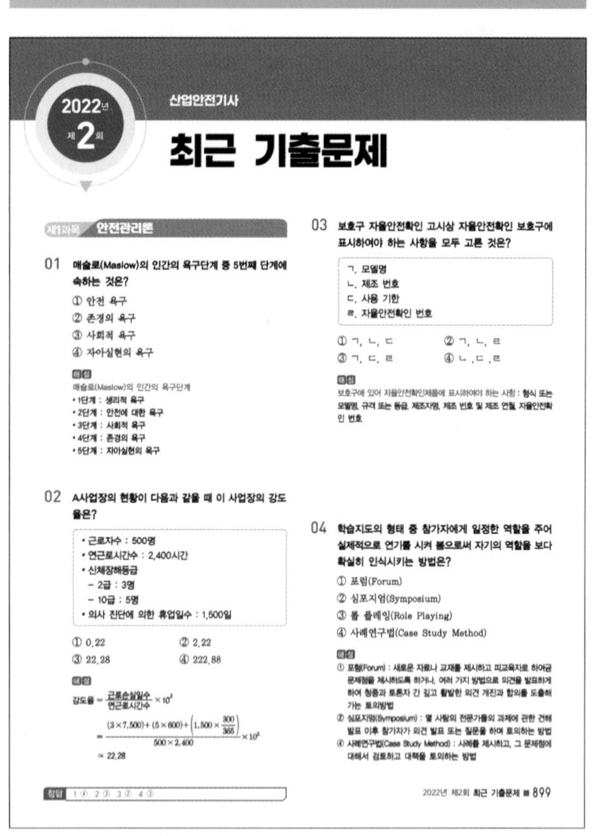

2022년 제2회

산업안전기사

최근 기출문제

제1과목 안전관리론

01 매슬로(Maslow)의 인간의 욕구단계 중 5번째 단계에 속하는 것은?

① 안전 욕구
② 존경의 욕구
③ 사회적 욕구
④ 자아실현의 욕구

해설
매슬로(Maslow)의 인간의 욕구단계
- 1단계 : 생리적 욕구
- 2단계 : 안전에 대한 욕구
- 3단계 : 사회적 욕구
- 4단계 : 존경의 욕구
- 5단계 : 자아실현의 욕구

02 A사업장의 현황이 다음과 같을 때 이 사업장의 강도율은?

- 근로자수 : 500명
- 연근로시간수 : 2,400시간
- 신체장해등급
  - 2급 : 3명
  - 10급 : 5명
- 의사 진단에 의한 휴업일수 : 1,500일

① 0.22 ② 2.22
③ 22.28 ④ 222.88

해설

$$\text{강도율} = \frac{\text{근로손실일수}}{\text{연근로시간수}} \times 10^3 = \frac{(3 \times 7{,}500) + (5 \times 600) + \left(1{,}500 \times \frac{300}{365}\right)}{500 \times 2{,}400} \times 10^3 \approx 22.28$$

03 보호구 자율안전확인 고시상 자율안전확인 보호구에 표시하여야 하는 사항을 모두 고른 것은?

ㄱ. 모델명
ㄴ. 제조 번호
ㄷ. 사용 기한
ㄹ. 자율안전확인 번호

① ㄱ, ㄴ, ㄷ ② ㄱ, ㄴ, ㄹ
③ ㄱ, ㄷ, ㄹ ④ ㄴ, ㄷ, ㄹ

해설
보호구에 있어 자율안전확인제품에 표시하여야 하는 사항 : 형식 또는 모델명, 규격 또는 등급, 제조자명, 제조 번호 및 제조 연월, 자율안전확인 번호

04 학습지도의 형태 중 참가자에게 일정한 역할을 주어 실제적으로 연기를 시켜 봄으로써 자기의 역할을 보다 확실히 인식시키는 방법은?

① 포럼(Forum)
② 심포지엄(Symposium)
③ 롤 플레잉(Role Playing)
④ 사례연구법(Case Study Method)

해설
① 포럼(Forum) : 새로운 자료나 교재를 제시하고 피교육자로 하여금 문제점을 제시하도록 하거나, 여러 가지 방법으로 의견을 발표하게 하여 청중과 토론자 간 깊고 활발한 의견 개진과 합의를 도출해 가는 토의방법
② 심포지엄(Symposium) : 몇 사람의 전문가들의 과제에 관한 견해 발표 이후 참가자가 의견 발표 또는 질문을 하여 토의하는 방법
④ 사례연구법(Case Study Method) : 사례를 제시하고, 그 문제점에 대해서 검토하고 대책을 토의하는 방법

정답 1 ④ 2 ③ 3 ② 4 ③

2022년 제2회 최근 기출문제 ■ 899

최근 기출문제 출제경향

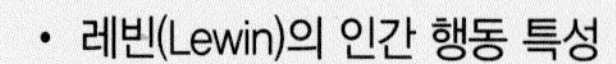

2020년 1·2회 통합

- 맥그리거의 Y이론
- 무재해운동의 기본이념 3원칙
- 인체계측자료의 응용원칙
- 뼈의 주요 기능
- 의자설계의 일반적인 원리
- FT도에서 시스템의 고장발생확률
- 촉각적 코드화의 방법
- 풀 프루프의 가드 형식
- 연삭숫돌의 파괴원인
- 광량자 에너지의 크기순
- 국소배기장치 후드 설치기준
- 해체공사 기계기구 취급 안전기준
- 흙막이 지보공 즉시 보수사항

2020년 3회

- 레빈(Lewin)의 인간 행동 특성
- 파블로프(Pavlov)의 조건반사설
- 후각적 표시장치(Olfactory Display)
- 차폐효과
- Fitts의 법칙
- 롤러기의 급정지장치
- 선반 작업 시 안전수칙
- 정전기의 재해방지 대책
- 폭발성 가스의 발화도 등급
- 과염소산칼륨($KClO_4$)의 특징
- 화학설비의 부속설비
- 혼합가스의 폭발하한계
- 거푸집 동바리 조립 시 안전준수사항
- 베인테스트(Vane Test)

2020년 4회

- Y–K(Yutaka – Kohata) 성격검사
- 생체리듬의 변화
- 화학물질취급설비에 대한 정량적 평가
- 실린더블록의 신뢰도
- 숫돌의 파괴원인
- 용접장치의 안전준수사항
- 보일러 운전 시 안전수칙
- 접지선(연동선)의 굵기 기준
- 피뢰레벨에 따른 회전구체 반경
- 가연성 가스의 폭발범위
- 열교환기의 개방점검 항목
- 불도저 작업의 안전조치사항
- 도심지 폭파해체공법

2021년 1회

- 브레인스토밍 기법
- 집단에서의 인간관계 메커니즘
- 컷셋과 최소 패스셋
- 8시간 시간가중평균(TWA)
- Chapanis가 정의한 위험
- 금형 설치 및 조정 시 안전수칙
- 로프에 걸리는 총 하중
- 범용 퓨즈(gG)의 용단전류
- 폭발한계전압
- 누설발화형 폭발재해의 예방대책
- 분진폭발의 특징
- 터널공사의 전기발파작업
- 흙의 투수계수에 영향을 주는 인자

2021년 2회

- 헤드십의 특성
- 방독 마스크의 정화통 색상과 시험가스
- 작업장의 음압수준
- 산소소비량
- 지게차 작업시작 전 점검사항
- 공기압축기의 작업안전수칙
- 도체구의 전위
- 저압전로의 절연성능
- 분말소화약제의 종류
- 자연발화 성질을 갖는 물질
- 강관비계의 조립 간격
- 작업발판 일체형 거푸집
- 양중기의 종류

2021년 3회

- 학습경험 조직의 원리
- 연간재해발생으로 인한 근로손실일수
- 시스템의 수명곡선(욕조곡선)
- 명료도 지수
- 음압과 허용노출시간
- 앞바퀴에서 지게차의 무게 중심까지 최단거리
- 교류아크용접기의 허용사용률
- 주택용 배선차단기의 순시트립에 따른 구분
- 고체연소의 종류
- 단열압축 시의 공기의 온도
- Jones식을 이용한 연소하한계 계산
- 파이프 서포트의 좌굴하중
- 암질 판별의 기준

2022년 1회

- 산업안전보건위원회의 구성 · 운영
- 버드(Bird)의 신 도미노이론 5단계
- 불(Boole) 대수의 관계식
- 기능별 배치의 원칙
- 진동작업을 하는 근로자에게 알려야 할 사항
- 플레이너 작업 시의 안전대책
- 등전위본딩 도체(구리도체)의 단면적
- 감전사고를 방지하기 위한 방법
- 폭발성 물질 및 유기과산화물
- 반응기 설계 시 고려 요인
- 거푸집 해체작업 시 유의사항
- 연암의 굴착면 기울기

2022년 2회

- 매슬로(Maslow)의 인간 욕구단계
- 방열두건의 차광도 번호
- 경계 및 경보신호의 설계지침
- 습구흑구온도지수(WBGT)
- 산업용 로봇에 의한 작업 시 안전조치사항
- 안전인증대상 방호장치
- 방폭설비의 보호등급(IP)
- 아크방전의 전압전류 특성
- 손실열량의 계산
- 반응기의 구조방식에 의한 분류
- 가설구조물의 특징
- 유해위험방지계획서 제출대상 사업장

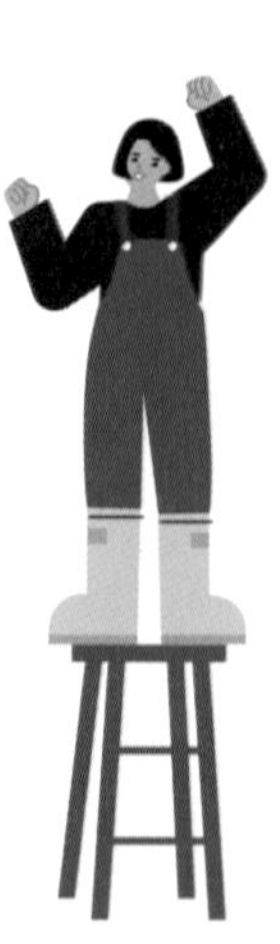

목 차

빨리보는 간단한 키워드

PART 01 핵심이론 + 핵심예제

CHAPTER 01	안전관리론	002
CHAPTER 02	인간공학 및 시스템 안전공학	147
CHAPTER 03	기계위험 방지기술	220
CHAPTER 04	전기위험 방지기술	287
CHAPTER 05	화학설비위험 방지기술	348
CHAPTER 06	건설안전기술	407

PART 02 과년도 + 최근 기출문제

2017년	과년도 기출문제	498
2018년	과년도 기출문제	572
2019년	과년도 기출문제	648
2020년	과년도 기출문제	723
2021년	과년도 기출문제	803
2022년	최근 기출문제	874

빨간키

빨리보는

간단한

키워드

당신의 시험에 빨간불이 들어왔다면!
최다빈출키워드만 쏙쏙! 모아놓은
합격비법 핵심 요약집 "빨간키"와 함께하세요!
당신을 합격의 문으로 안내합니다.

CHAPTER 01 안전관리론

■ 중대재해(Major Accident)

- 사망자가 1인 이상 발생한 재해
- 3개월 요양을 요하는 부상자가 동시에 2명 이상 발생한 재해
- 부상 또는 질병자가 동시에 10명 이상 발생한 재해

■ 제조물책임법에 명시된 결함의 종류 : 설계상의 결함, 표시상의 결함, 제조상의 결함

■ 산업재해의 기본원인 혹은 인간과오의 4요인(4M) : Man, Machine, Media, Management

■ 도수율(FR ; Frequency Rate of Injury)

- $\text{도수율}=\dfrac{\text{재해 발생건수}}{\text{연 근로시간 수}}\times 10^6=\dfrac{\text{연천인율}}{2.4}$

■ 강도율(SR ; Severity Rate of Injury)

- $\text{강도율}=\dfrac{\text{근로손실일수}}{\text{연 근로시간 수}}\times 10^3$

■ 종합재해지수(FSI ; Frequency Severity Indicator)

- $\text{FSI}=\sqrt{\text{도수율}\times\text{강도율}}=\sqrt{FR\times SR}$

■ 세이프 티 스코어(Safe T Score)

- $\text{Safe T Score}=\dfrac{\text{현재 도수율}-\text{과거 도수율}}{\sqrt{\dfrac{\text{과거 도수율}}{\text{현재 근로총시간수}}\times 10^6}}$

■ 하인리히의 재해코스트(하인리히 법칙)

• 재해 구성 비율 = 1 : 29 : 300의 법칙(중상해 : 경상해 : 무상해 = 1 : 29 : 300 ≃ 0.3[%] : 8.8[%] : 90.9[%])
• 재해손실 코스트 산정 = 1 : 4의 법칙(직접손실비 : 간접손실비 = 1 : 4)

■ 안전검사대상 기계 등(시행령 제78조)

프레스, 전단기, 크레인(정격하중이 2톤 미만인 것은 제외), 리프트, 압력용기, 곤돌라, 국소배기장치(이동식은 제외), 원심기(산업용만 해당), 롤러기(밀폐형 구조는 제외), 사출성형기(형 체결력 294[kW] 미만은 제외), 고소작업대(화물자동차 또는 특수자동차에 탑재한 고조작업대로 한정), 컨베이어, 산업용 로봇

■ 3E : Education(교육), Engineering(기술), Enforcement(독려)

■ 위험예지훈련의 4라운드(4R) : 현상 파악 → 본질 추구 → 대책 수립 → 목표 설정

■ 브레인스토밍의 4원칙 : 비판 금지, 자유분방, 대량 발언, 수정 발언

■ 안전모의 시험성능기준 항목 : 내관통성, 충격흡수성, 내전압성, 내수성, 난연성, 턱끈 풀림 등

■ 절연장갑의 등급별 최대 사용전압과 적용 색상(보호구 안전인증 고시 별표 3)

등 급	최대 사용전압[V]		색 상
	교류(실횻값)	직 류	
00	500	750	갈 색
0	1,000	1,500	빨간색
1	7,500	11,250	흰 색
2	17,000	25,500	노란색
3	26,500	39,750	녹 색
4	36,000	54,000	등 색

■ 산업안전심리의 5대 요소 : 동기, 기질, 감정, 습성, 습관

■ 주의의 수준(의식수준의 단계)

단 계	의식 모드	의식 작용	행동 상태	신뢰성	뇌파 형태
Phase 0	무의식, 실신	없음(Zero)	수면·뇌발작	없음(Zero)	델타파
Phase Ⅰ	정상 이하, 의식수준의 저하, 의식 둔화(의식 흐림)	부주의(Inactive)	피로, 단조로움, 졸음	0.9 이하	세타파
Phase Ⅱ	정상(느긋한 기분) 의식의 이완상태	수동적(Passive)	안정된 행동, 휴식, 정상작업	0.99~0.99999	알파파
Phase Ⅲ	정상(분명한 의식), 명료한 상태	능동적(Active) 위험예지 주의력 범위 넓음	판단을 동반한 행동, 적극적 행동	0.999999 이상	알파파 ~베타파
Phase Ⅳ	과긴장, 흥분상태	주의의 치우침, 판단정지	감정흥분, 긴급, 당황, 공포반응	0.9 이하	베타파

■ 생체리듬의 특징

- 생체상의 변화는 하루 중에 일정한 시간 간격을 두고 교환된다.
- 안정일(+)과 불안정기(−)의 교차점을 위험일이라고 한다(각각의 리듬이 (+)에서 (−)로 변화하는 점이 위험일이다).
- 생체리듬에서 중요한 점은 낮에는 신체활동이 유리하며, 밤에는 휴식이 더욱 효율적이라는 것이다.
- 몸이 흥분한 상태일 때는 교감신경이 우세하고, 수면을 취하거나 휴식을 할 때는 부교감신경이 우세하다.
- 주간에 상승하는 생체리듬 : 체온, 혈압, 맥압, 맥박수, 체중, 말초운동기능 등
- 야간에 상승하는 생체리듬 : 수분, 염분량 등

■ 근로자 안전보건 교육시간(시행규칙 별표 4)

교육과정	교육대상		교육시간
정기교육	사무직 종사 근로자		매 분기 3시간 이상
	사무직 종사 근로자 외의 근로자	판매업무에 직접 종사하는 근로자	매 분기 3시간 이상
		판매업무에 직접 종사하는 근로자 외의 근로자	매 분기 6시간 이상
	관리감독자의 지위에 있는 사람		연간 16시간 이상
채용 시 교육	일용근로자		1시간 이상
	일용근로자를 제외한 근로자		8시간 이상
작업내용 변경 시 교육	일용근로자		1시간 이상
	일용근로자를 제외한 근로자		2시간 이상
특별교육	일용근로자		2시간 이상
	타워크레인 신호작업에 종사하는 일용근로자		8시간 이상
	일용근로자를 제외한 근로자		• 16시간 이상(최초 작업에 종사하기 전 4시간 이상 실시하고 12시간은 3개월 이내에서 분할하여 실시 가능) • 단기간 작업 또는 간헐적 작업인 경우에는 2시간 이상
건설업 기초안전·보건교육	건설 일용근로자		4시간 이상

■ 안전보건관리책임자 등에 대한 교육시간(시행규칙 별표 4)

교육대상	교육시간	
	신규교육	보수교육
안전보건관리책임자	6시간 이상	6시간 이상
안전관리자, 안전관리전문기관의 종사자	34시간 이상	24시간 이상
보건관리자, 보건관리전문기관의 종사자	34시간 이상	24시간 이상
건설재해예방전문지도기관의 종사자	34시간 이상	24시간 이상
석면조사기관의 종사자	34시간 이상	24시간 이상
안전보건관리담당자	–	8시간 이상
안전검사기관, 자율안전검사기관의 종사자	34시간 이상	24시간 이상

■ 안전인증대상 기계·설비, 방호장치, 보호구(법 제84조, 시행령 제74조)

기계·설비(9품목)	프레스, 전단기 및 절곡기, 크레인, 리프트, 압력용기, 롤러기, 사출성형기, 고소작업대, 곤돌라
방호장치(9품목)	프레스 및 전단기 방호장치, 양중기용 과부하 방지장치, 보일러 압력 방출용 안전밸브, 압력용기 압력 방출용 안전밸브, 압력용기 압력 방출용 파열판, 절연용 방호구 및 활선작업용 기구, 방폭구조 전기기계·기구 및 부품, 가설 기자재, 산업용 로봇 방호장치
보호구(12품목)	안전모(추락 및 감전 위험방지용), 안전화, 안전장갑, 방진 마스크, 방독 마스크, 송기 마스크, 전동식 호흡보호구, 보호복, 안전대, 보안경(차광 및 비산물 위험방지용), 용접용 보안면, 방음용 귀마개 또는 귀덮개

■ 자율안전확인 대상 기계·설비, 방호장치, 보호구(법 제89조, 시행령 제77조)

기계·설비(10품목)	연삭기 또는 연마기(휴대형은 제외), 산업용 로봇, 혼합기, 파쇄기 또는 분쇄기, 식품가공용 기계(파쇄·절단·혼합·제면기만 해당), 컨베이어, 자동차정비용 리프트, 공작기계(선반, 드릴기, 평삭·형삭기, 밀링만 해당), 고정형 목재가공용 기계(둥근톱, 대패, 루터기, 띠톱, 모떼기 기계만 해당), 인쇄기
방호장치(7품목)	아세틸렌 용접장치용 또는 가스집합 용접장치용 안전기, 교류아크용접기용 자동전격방지기, 롤러기 급정지장치, 연삭기 덮개, 목재 가공용 둥근톱 반발 예방장치와 날 접촉 예방장치, 동력식 수동 대패용 칼날 접촉 방지장치, 가설 기자재(안전인증대상 제외)
보호구(3품목)	안전모(안전인증대상 안전모 제외), 보안경(안전인증대상 보안경 제외), 보안면(안전인증대상 보안면 제외)

■ 표지의 종류(시행규칙 별표 6) : 금지표지, 경고표지, 지시표지, 안내표지, 관계자 외 출입금지

- 금지표지 : 출입 금지, 보행 금지, 차량 통행 금지, 사용 금지, 탑승 금지, 금연, 화기 금지, 물체 이동 금지
- 경고표지
  - 마름모형(◇) : 인화성 물질 경고, 산화성 물질 경고, 폭발성 물질 경고, 급성 독성물질 경고, 발암성·변이원성·생식독성·전신독성·호흡기과민성 물질 경고
  - 삼각형(△) : 방사성 물질 경고, 고압전기 경고, 매달린 물체 경고, 낙하물 경고, 고온 경고, 저온 경고, 몸균형 상실 경고, 레이저광선 경고, 위험 장소 경고

• 지시표지 : 보안경 착용, 방독 마스크 착용, 방진 마스크 착용, 보안면 착용, 안전모 착용, 귀마개 착용, 안전화 착용, 안전장갑 착용, 안전복 착용
• 안내표지 : 녹십자 표지, 응급구호 표지, 들것, 세안장치, 비상용 기구, 비상구, 좌측 비상구, 우측 비상구
• 관계자 외 출입금지 : 허가대상 유해물질 취급, 석면취급 및 해체·제거, 금지 유해물질 취급

인간공학 및 시스템 안전공학

■ 주파수(진동수, Frequency)

- 단위 : [Hz](1초 동안의 진동수)
- phon의 기준 순음 주파수는 1,000[Hz]이다.
- 주파 영역 : 저주파 20[Hz] 이하, 가청주파수 20~20,000[Hz], 고주파 4,000~20,000[Hz], 초음파 20,000[Hz] 이상
- 소음에 대한 청력손실이 가장 심각하게 노출되는 진동수 : 4,000[Hz]
- 가청범위에서의 청력손실은 15,000[Hz] 근처의 높은 영역에서 가장 크게 나타난다.
- 시각을 주로 사용하는 작업에서 작업의 수행도를 가장 나쁘게 하는 진동수의 범위 : 10~25[Hz]

■ **음량수준 평가척도** : phon, sone, 인식소음 수준(PNdB, PLdB 등)

- phon : 1,000[Hz]의 기준음과 같은 크기로 들리는 다른 주파수의 음의 크기
- sone : 어떤 음의 기준음과 비교한 배수
  - 1[sone] : 1,000[Hz], 40[dB]의 음압수준을 가진 순음의 크기
  - 1[sone]=40[phon]
  - $[\text{sone}] = 2^{\frac{[\text{phon}]-40}{10}}$
- PNdB(Perceived Noise Level) : 소음 측정에 이용되는 척도로 910~1,090[Hz] 대의 소음 음압수준
- PLdB(Perceived Level of Noise): 3,150[Hz]에 중심을 둔 1/3 옥타브 대음을 기준으로 사용

■ 데시벨[dB]

- 국내 규정상 1일 노출 횟수가 100일 때, 최대 음압수준이 140[dB(A)]를 초과하는 충격소음에 노출되어서는 안 된다.
- 동일한 소음원에서 거리가 2배 증가하면 음압수준은 6[dB] 정도 감소한다.
- 소음작업 : 1일 8시간 작업을 기준으로 85[dB] 이상의 소음이 발생하는 작업
- 강렬한 소음작업
  - 90[dB] 이상의 소음이 1일 8시간 이상 발생하는 작업
  - 95[dB] 이상의 소음이 1일 4시간 이상 발생하는 작업
  - 100[dB] 이상의 소음이 1일 2시간 이상 발생하는 작업
  - 105[dB] 이상의 소음이 1일 1시간 이상 발생하는 작업
  - 110[dB] 이상의 소음이 1일 30분 이상 발생하는 작업
  - 115[dB] 이상의 소음이 1일 15분 이상 발생하는 작업
- 90[dB(A)] 정도의 소음에서 오랜 시간 노출되면 청력장애를 일으키게 된다.

■ Oxford 지수(WD)와 $WBGT$ 지수

- Oxford 지수(WD) : 습구온도와 건구온도의 단순 가중치(가중 평균값)
  $WD = 0.85W + 0.15D$(여기서, W : 습구온도, D : 건구온도)
- $WBGT$ 지수 : 실내에서 사용하는 습구흑구온도 지수(Wet Bulb Globe Temperature)
  $WBGT = 0.7NWB + 0.3GT$(여기서, NWB : 자연습구, GT : 흑구온도)

■ 열중독증(Heat Illness)의 강도(저고순)

열발진(Heat Rash) < 열경련(Heat Cramp) < 열소모(Heat Exhaustion) < 열사병(Heat Stroke)

■ 신체의 열교환 과정

- 인체와 환경 사이에서 발생한 열교환작용의 교환경로 : 대류, 복사, 증발 등
- 신체 열함량 변화량 $\Delta S = (M - W) \pm R \pm C - E$(여기서, M : 대사 열발생량, W : 수행한 일, R : 복사 열교환량, C : 대류 열교환량, E : 증발 열발산량)

■ 정량적 자료를 정성적 판독의 근거로 사용하는 경우

- 미리 정해 놓은 몇 개의 한계범위에 기초하여 변수의 상태나 조건을 판정할 때
- 목표로 하는 어떤 범위의 값을 유지할 때
- 변화 경향이나 변화율을 조사하고자 할 때

■ 시각적 부호의 종류

- 묘사적 부호 : 사물의 행동을 단순하고 정확하게 한 부호(위험표지판의 해골과 뼈, 도로표지판의 걷는 사람, 소방안전표지판의 소화기 등)
- 임의적 부호 : 부호가 이미 고안되어 있으므로 이를 배워야 하는 부호(교통표지판의 삼각형 : 주의, 경고표지, 사각형 : 안내표지, 원형 : 지시표지 등)
- 추상적 부호 : 별자리를 나타내는 12궁도

■ 정보량(H 단위 : [bit])

- 실현 가능성이 같을 때, 정보량 $H = \log_2 N$(여기서, N : 대안의 수)
- 실현 가능성이 다를 때, 정보량 $H_i = \sum p_i \log_2\left(\frac{1}{p_i}\right)$(여기서, p_i : 대안 i의 실현 확률)

■ 원인 차원의 휴먼에러 분류에 적용하는 라스무센(Rasmussen)의 정보처리모형에서 분류한 행동의 3분류

- 숙련기반 행동(Skill-based Behavior)
- 지식기반 행동(Knowledge-based Behavior)

- 생소하거나 특수한 상황에서 발생하는 행동이다.
- 부적절한 추론이나 의사결정에 의해 오류가 발생한다.

• 규칙기반 행동(Rule-based Behavior)

■ 휴먼에러 원인 레벨에 따른 분류

• Primary Error(1차 에러) : 작업자 자신으로부터 발생한 과오
• Secondary Error(2차 에러) : 작업조건이나 작업형태 중에서 다른 문제가 생겨서 그것 때문에 필요한 사항을 실행할 수 없는 에러(과오)
• Command Error(지시 에러) : (요구된 기능을 실행하고자 하여도 필요한 물건, 정보, 에너지 등의 공급이 없기 때문에) 작업자가 움직이려 해도 움직일 수 없어 발생하는 과오

■ 휴먼에러의 심리적 독립행동에 관한 분류 또는 행위적 관점에서 분류(Swain)

• Commission Error(실행오류 또는 작위오류) : 필요한 작업이나 절차의 불확실한 수행으로 일어난 에러(다른 것으로 착각하여 실행한 에러)로 유형에는 선택착오, 순서착오, 시간착오 등이 있다.
• Omission Error(생략오류 또는 누락오류) : 필요한 작업 또는 절차를 수행하지 않는 데 기인한 에러이다.
• Sequential Error(순서오류) : 필요한 작업 또는 절차의 순서 착오로 인한 과오로, 실행오류에 속한다.
• Timing Error(시간(지연)오류) : 시간적으로 발생된 과오이다.
• Extraneous Error(과잉행동오류 또는 불필요한 오류) : 불필요한 작업 또는 절차를 수행함으로써 기인한 과오이다.

■ **페일세이프(Fail Safe) 설계** : 조작상의 과오로 기기의 일부에 고장이 발생하는 경우, 이 부분의 고장으로 인하여 사고가 발생하는 것을 방지하도록 설계하는 방법으로, 기계설계상 본질적 안전화는 다음과 같다.

• Fail-Passive : 부품이 고장 나면 통상적으로 기계는 정지하는 방향으로 이동한다.
• Fail-Active : 부품이 고장 나면 기계는 경보를 울리는 가운데 짧은 시간 동안의 운전이 가능하다.
• Fail-Operational : 부품이 고장 나도 기계는 추후의 보수가 될 때까지 안전한 기능을 유지하며 이것은 병렬계통 또는 대기여분(Stand-by Redundancy) 계통으로 한 것이다.

■ 근섬유

• Type Ⅰ 근섬유 혹은 Type S 근섬유 : 근섬유의 직경이 작아서 큰 힘을 발휘하지 못하지만 장시간 지속시키고 피로가 쉽게 발생하지 않는 골격근의 근섬유(지근섬유, Slow Twitch)
• Type Ⅱ 근섬유 혹은 Type F 근섬유 : 근섬유의 직경이 커서 큰 힘을 발휘하고 단시간 지속시키지만 장시간 지속 시에는 피로가 쉽게 발생하는 골격근의 근섬유(속근섬유, Fast Twitch)

■ 신체동작의 유형

- 내선(Medial Rotation) : 몸의 중심선으로의 회전
- 외선(Lateral Rotation) : 몸의 중심선으로부터의 회전
- 내전(Adduction) : 몸의 중심선으로의 이동
- 외전(Abduction) : 몸의 중심선으로부터의 이동
- 굴곡(Flexion) : 신체 부위 간의 각도의 감소
- 신전(Extension) : 신체 부위 간의 각도의 증가

■ 강의용 책걸상을 설계할 때 고려해야 할 인체 측정자료 응용 원칙과 변수

- 최대 집단치 설계 : 너비
- 최소 집단치 설계 : 깊이
- 조절식 설계(가변적 설계) : 높이

■ 산소소비량 : 대사율을 평가할 수 있는 지표

- 1[L/min]의 산소 소비 시 5[kcal/min]의 에너지가 소비된다.
- 산소소비량 = (흡기 시 산소농도[%]×흡기량) − (배기 시 산소농도[%]×배기량)
- 흡기량 = 배기량 $\times \dfrac{100 - O_2[\%] - CO_2[\%]}{79[\%]}$

■ 에너지대사율(RMR ; Relative Metabolic Rate)

- $\text{RMR} = \dfrac{\text{운동대사량}}{\text{기초대사량}} = \dfrac{\text{작업 시의 소비에너지} - \text{안정 시의 소비에너지}}{\text{기초대사량}}$

  $= \dfrac{\text{운동 시 산소소모량} - \text{안정 시 산소소모량}}{\text{산소소비량}(= \text{기초대사량})}$

- 에너지대사율과 작업강도

작업 구분	가벼운 작업	보통 작업	중(重) 작업	초중(超重) 작업
RMR값	0~2	2~4	4~7	7 이상

■ 휴식시간(R) : $R = T \times \dfrac{E - W}{E - R'}$

여기서, T : 총 작업시간, E : 작업의 에너지소비율[kcal/분],

W : 표준에너지소비량 또는 평균에너지소비량, R' : 휴식 중 에너지소비량

이 식은 다른 조건이 주어지지 않은 경우 T=60, W=5(남성) 또는 W=4, R'=1.5로 하여

$R = 60 \times \dfrac{E-5}{E-1.5}$ 또는 $R = 60 \times \dfrac{E-4}{E-1.5}$ 의 식으로 표현되기도 한다.

■ 불 대수의 관계식

- 항등법칙(전체 및 공집합) : $A \cdot 1 = A$, $A \cdot 0 = 0$, $A + 0 = A$, $A + 1 = 1$
- 동일법칙(동정법칙) : $A \cdot A = A$, $A + A = A$
- 희귀법칙 : $\overline{\overline{A}} = A$
- 상호법칙(보원법칙) : $A \cdot \overline{A} = 0$, $A + \overline{A} = 1$
- 교환법칙 : $A \cdot B = B \cdot A$, $A + B = B + A$
- 결합법칙 : $A(B \cdot C) = (A \cdot B)C$, $A + (B + C) = (A + B) + C$
- 분배법칙 : $A(B + C) = (A \cdot B) + (A \cdot C)$, $A + (B \cdot C) = (A + B) \cdot (A + C)$
- 흡수법칙 : $A(A + B) = A$, $A + (A \cdot B) = A$

  $A(A + B) = A \cdot A + A \cdot B = A + A \cdot B = A(1 + B) = A \cdot 1 = A$
- 드모르간법칙 : $\overline{A \cdot B} = \overline{A} + \overline{B}$, $\overline{A + B} = \overline{A} \cdot \overline{B}$
- 기타 : $A + A \cdot B = A + B$, $A + AB = A$, $A + \overline{A}B = A + B$

■ 직렬시스템의 신뢰도

- $R_s = R_1 \times R_2 \times \cdots \times R_n$
- 부품의 신뢰도가 동일한 경우, $R_s = R_i^n$

■ 병렬시스템의 신뢰도

- $R_s = 1 - (1 - R_1)(1 - R_2) \cdots (1 - R_n)$
- 부품의 신뢰도가 동일한 경우, $R_s = 1 - (1 - R)^n$

■ *n* 중 *k* 시스템의 신뢰도

- $R_s = \sum_{i=k}^{n} \binom{n}{i} R^i (1 - R)^{n-i}$
- 2 out of 3 시스템의 신뢰도 : $R_s = {}_3C_2 R^2 (1 - R)^1 + {}_3C_3 R^3 (1 - R)^0$

  $= R^2(3 - 2R) = e^{-2\lambda t}(3 - 2e^{-\lambda t})$

■ PHA의 식별된 4가지 사고 카테고리

- 범주Ⅰ 파국적 상태(Catastrophic) : 부상 및 시스템의 중대한 손해를 초래하는 상태
- 범주Ⅱ 중대 상태(위기 상태)(Critical) : 작업자의 부상 및 시스템의 중대한 손해를 초래하거나 작업자의 생존 및 시스템의 유지를 위하여 즉시 수정조치를 필요로 하는 상태
- 범주Ⅲ 한계적 상태(Marginal) : 작업자의 부상 및 시스템의 중대한 손해를 초래하지 않고, 대처 또는 제어할 수 있는 상태
- 범주Ⅳ 무시 가능 상태(Negligible) : 작업자의 생존 및 시스템의 유지가 가능한 상태

■ FMEA에서 고장평점을 결정하는 5가지 평가요소

기능적 고장 영향의 중요도(C_1), 영향을 미치는 시스템의 범위(C_2), 고장 발생의 빈도(C_3), 고장방지의 가능성(C_4), 신규설계의 정도(C_5)

■ FT도에 사용되는 게이트

AND게이트	OR게이트	부정게이트	우선적 AND게이트
		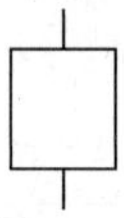	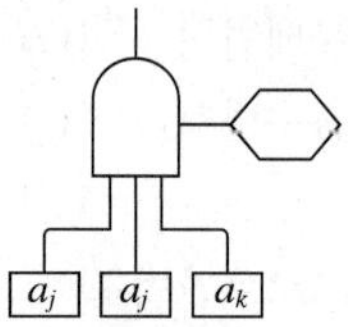 a_j a_j a_k
조합 AND게이트	위험지속게이트	배타적 OR게이트	억제게이트
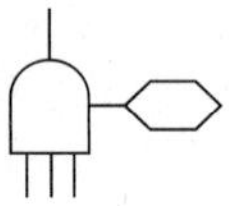	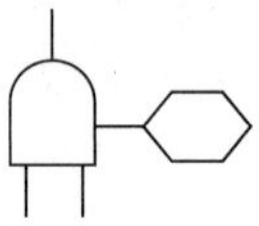	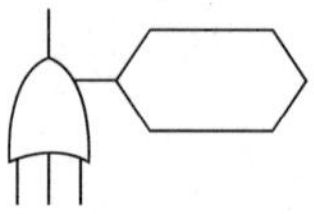	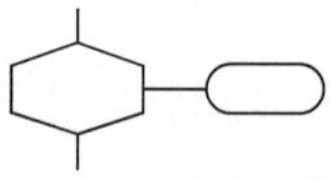

■ 컷셋과 미니멀 컷셋

- 컷셋(Cut Set) : 특정조합의 기본사상들이 동시에 모두 결함을 발생하였을 때 정상사상을 일으키는 기본사상의 집합
- 미니멀 컷셋(Minimal Cut Set, 최소 컷셋) : 정상사상(Top사상)을 일으키는 최소한의 집합

■ 패스셋과 미니멀 패스셋

- 패스셋(Path Set) : 정상사상이 일어나지 않는 기본사상의 집합
- 미니멀 패스셋(Minimal Path Set, 최소 패스셋) : 필요한 최소한의 패스셋

■ HAZOP기법에서 사용하는 가이드워드

- As Well As : 성질상의 증가
- More/Less : 정량적인 증가 또는 감소
- No/Not : 디자인 의도의 완전한 부정
- Other Than : 완전한 대체
- Part of : 성질상의 감소
- Reverse : 디자인 의도의 논리적 반대

MTBF(Mean Time Between Failure, 평균 고장 간격)

- $MTBF = \frac{\text{총가동시간}}{\text{고장 건수}} = \frac{1}{\lambda}$ (여기서, λ : 평균 고장률)
- 직렬시스템의 $MTBF_S = \frac{1}{n\lambda}$ (여기서, λ : 평균 고장률, n : 구성부품 수)
- 병렬시스템의 $MTBF_S = \frac{1}{\lambda} + \frac{1}{2\lambda} + \cdots + \frac{1}{n\lambda}$ (여기서, λ : 평균 고장률, n : 구성부품 수)
- $MTBF = MTTF + MTTR$

MTTF(Mean Time To Failure, 평균 고장시간)

- $MTTF = \frac{\text{총가동시간}}{\text{고장 건수}}$
- 직렬시스템의 $MTTF_S = MTTF \times \frac{1}{n}$ (여기서, n : 구성부품 수)
- 병렬시스템의 $MTTF_S = MTTF \times \left(1 + \frac{1}{2} + \cdots + \frac{1}{n}\right)$ (여기서, n : 구성부품 수)

가용도(Availability)

- $A = \frac{MTTF}{MTTF + MTTR} = \frac{MTBF}{MTBF + MTTR} = \frac{MTTF}{MTBF}$ (여기서, A : 가용도)
- $A = \frac{\mu}{\lambda + \mu}$ (여기서, μ : 평균 수리율, λ : 평균 고장률)

설비종합효율=시간 가동률×성능 가동률×양품률

- 시간 가동률 $= \frac{(\text{부하시간} - \text{정지시간})}{\text{부하시간}}$
- 성능 가동률=속도 가동률×정미 가동률
- 정미 가동률 $= \frac{(\text{생산량} \times \text{기준 주기시간})}{(\text{부하시간} - \text{정지시간})}$
- 양품률 $= \frac{\text{양품수량}}{\text{전체 생산량}}$

TPM 중점활동

- 5가지 기둥(기본활동) : 설비효율화 개별 개선활동, 자주보전활동, 계획보전활동, 교육훈련활동, 설비 초기 관리활동
- 8대 중점활동 : 5가지 기둥(기본활동) + 품질보전활동, 관리부문효율화활동, 안전・위생・환경관리활동

■ 자주보전 7단계

- 1단계 : 초기청소
- 2단계 : 발생원, 곤란 부위 대책 수립
- 3단계 : 청소・급유・점검 기준의 작성
- 4단계 : 총점검
- 5단계 : 자주점검
- 6단계 : 정리정돈
- 7단계 : 자주관리의 확립

기계위험 방지기술

■ 안전율(안전계수)

- 안전율(S)$=\frac{\text{기준강도}}{\text{허용응력}}=\frac{\text{파괴응력도}}{\text{허용응력도}}=\frac{\text{극한강도}}{\text{허용응력}}=\frac{\text{인장강도}}{\text{허용응력}}\left(=\frac{\text{극한하중}}{\text{최대 설계하중}}=\frac{\text{파괴하중}}{\text{최대 하중}}\right)$

- 안전율 산정공식(Cardullo) : $S=abcd$
(여기서, a : 극한강도/탄성강도 혹은 극한강도/허용응력, b : 하중의 종류(정하중은 1이며 교번하중은 극한강도/피로한도, c : 하중속도(정하중은 1, 충격하중은 2), d : 재료조건)

■ 위험점(7가지)

- 협착점(Squeeze Point) : 왕복운동을 하는 동작부분(운동부)과 움직임이 없는 고정 부분(고정부) 사이에 형성되는 위험점
- 끼임점(Shear Point) : 기계의 고정 부분과 회전하는 동작 부분이 함께 만드는 위험점
- 절단점(Cutting Point) : 운동하는 기계 자체와 회전하는 운동 부분 자체와의 위험이 형성되는 점
- 물림점(Nip Point) : 반대로 회전하는 두 개의 회전체가 맞닿는 사이에 발생하는 위험점
- 접선물림점(Tangential Point) : 회전하는 부분의 접선 방향으로 물려 들어가는 위험점
- 회전말림점(Trapping Point) : 회전하는 물체의 길이, 굵기, 속도 등의 불규칙 부위와 돌기회전 부위에 의해 장갑 및 작업복 등이 말려들어가는 위험점
- 찔림점(Stabbing and Puncture Point) : 찌르거나 구멍을 내는 작업 시 발생하는 위험점

■ 프레스 또는 전단기의 방호장치의 종류 및 분류(Hand in Die 방식의 프레스에 사용되는 방호방식)

종 류	분류기호	용 도
광전자식	A-1	• 프레스 또는 전단기에서 일반적으로 많이 활용하고 있는 형태로 투광부, 수광부, 컨트롤 부분으로 구성된 것으로서 신체의 일부가 광선을 차단하면 기계를 급정지시키는 방호장치 • 공압 · 유압프레스, 전단기
	A-2	• 급정지기능이 없는 프레스의 클러치 개조를 통해 광선 차단 시 급정지시킬 수 있도록 한 방호장치 • 동력 프레스, 전단기(핀클러치형)
양수조작식	B-1 B-2	• 1행정 1정지식 프레스에 사용되는 것으로서 양손으로 동시에 조작하지 않으면 기계가 동작하지 않으며, 한 손이라도 떼어내면 기계를 정지시키는 방호장치 • B-1 : 프레스(유공압밸브식) • B-2 : 프레스, 전단기(전기버튼식)
가드식	C-1 C-2	• 가드가 열려 있는 상태에서는 기계의 위험 부분이 동작되지 않고 기계가 위험한 상태일 때에는 가드를 열 수 없도록 한 방호장치 • C-1 : 프레스, 전단기(가드방식) • C-2 : 프레스(게이트가드방식)
손쳐내기식	D	• 슬라이드의 작동에 연동시켜 위험상태로 되기 전에 손을 위험 영역에서 밀어내거나 쳐내는 방호장치로서 프레스용으로 확동식 클러치형 프레스에 한해서 사용됨(다만, 광전자식 또는 양수조작식과 이중으로 설치 시에는 급정지 가능프레스에 사용 가능) • 프레스(120[SPM] 이하)
수인식	E	• 슬라이드와 작업자 손을 끈으로 연결하여 슬라이드 하강 시 작업자 손을 당겨 위험영역에서 빼낼 수 있도록 한 방호장치로서 프레스용으로 확동식 클러치형 프레스에 한해서 사용됨(다만, 광전자식 또는 양수조작식과 이중으로 설치 시에는 급정지가능 프레스에 사용 가능) • 프레스(120[SPM] 이하, 스트로크 40[mm] 이상)

■ 양수조작식 방호장치의 계산식

• 양손으로 누름단추를 누르기 시작할 때부터 슬라이드가 하사점에 도달하기까지의 최대 소요시간(T_m) :

$$T_m = \left(\frac{1}{\text{클러치(맞)물림(봉합)개소의 수}} + \frac{1}{2}\right) \times \frac{60{,}000}{\text{매분 행정수}} [\text{ms}]$$

• 설치거리 또는 안전거리(D_m[mm]) : $D_m = 1.6\,T_m$

■ 광전자식 방호장치의 계산식

• 광선차단 후 슬라이드가 정지한 시간 혹은 최대 정지시간(급정지시간)(T_m) : $T_m = T_l + T_s$

(여기서, T_l : 손이 광선을 차단한 직후로부터 급정지기구가 작동을 개시하기까지의 시간, T_s : 급정지기구가 작동을 개시한 때로부터 슬라이드가 정지할 때까지의 시간)

• 최소 안전거리 혹은 광축의 설치거리(D_m[mm]) : $D_m = 1.6\,T_m$

■ 가스용접작업 시 충전가스 용기 도색

- 산소 – 녹색
- 아르곤 – 회색
- 액화암모니아 – 백색
- 액화염소 – 갈색

■ 목재가공용 둥근톱 톱날의 길이

- 톱날의 전체 길이(l_1) : $l_1 = \pi d$(여기서, d : 톱날의 지름)
- 후면날의 길이(l_2) : $l_2 = l_1 \times \frac{1}{4}$
- 분할날의 최소 길이(l_3) : $l_3 = l_2 \times \frac{2}{3}$
- 톱날 두께, 분할날 두께, 톱날 진폭의 관계 : $1.1t_1 \leq t_2 < b$

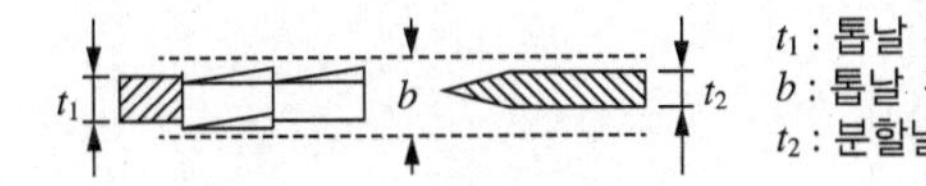

■ 지게차의 안정 모멘트 관계식 : $M_1 < M_2$, $Wa < Gb$

(여기서, M_1 : 화물의 모멘트, M_2 : 지게차의 모멘트, W : 화물의 중량, a : 앞바퀴의 중심부터 화물의 중심까지의 최단 거리, G : 지게차 자체 중량, b : 앞바퀴의 중심부터 지게차 중심까지의 최단 거리)

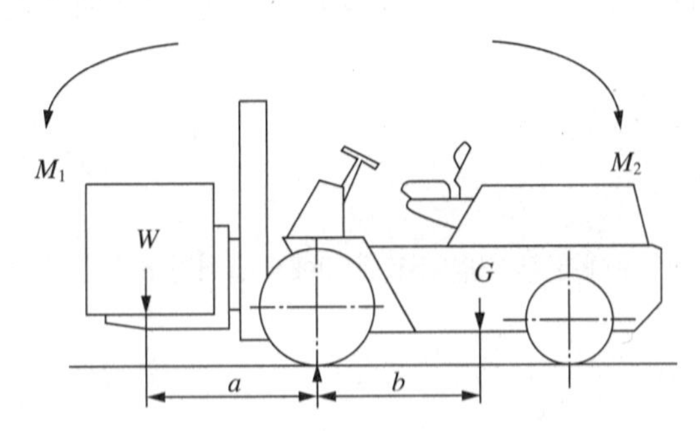

■ 지게차의 안정도

• 지게차의 전후 안정도(S_{fr}) : $S_{fr} = \frac{h}{l} \times 100[\%]$(여기서, h : 높이, l : 수평거리)

– 무부하・부하 상태에서 주행 시 전후 안정도는 18[%] 이내이어야 한다.

– 부하 상태에서 하역작업 시의 전후 안정도 : 5[ton] 미만의 경우는 4[%] 이내, 5[ton] 이상은 3.5[%] 이내

• 좌우 안정도

– 무부하 상태에서 주행 시의 지게차의 좌우 안정도(S_{lr})는 $S_{lr} = 15 + 1.1V[\%]$ 이내이어야 한다(여기서, V : 구내 최고속도[km/h]).

– 부하 상태에서 하역작업 시의 좌우 안정도는 6[%] 이내이어야 한다.

■ 양중기의 와이어로프(Wire Rope)

• 와이어로프의 안전율(S) : $S = \frac{NP}{Q}$(여기서, N : 로프의 가닥수, P : 와이어로프의 파단하중, Q : 안전하중)

• 와이어로프의 안전율(S) 기준

– 근로자가 탑승하는 운반구를 지지하는 경우 : $S = 10$ 이상

– 화물의 하중을 직접지지 하는 경우 : $S = 5$ 이상

– 그 밖의 경우 : $S = 4$ 이상

• 와이어로프의 지름 감소에 대한 폐기기준 : 공칭지름의 7[%] 초과 시 폐기

• 와이어로프의 호칭 : 꼬임의 수량(Strand수)×소선의 수량(Wire수)

• 로프에 걸리는 하중(장력) : $w = w_1 + w_2 = w_1 + \frac{w_1 a}{g}$(여기서, w_1 : 정하중, w_2 : 동하중, a : 권상 가속도, g : 중력 가속도)

■ 와이어로프의 꼬임

• 양중기에 사용하는 와이어로프에서 한 꼬임(스트랜드)에서 끊어진 소선의 수가 10[%] 이상일 경우에는 사용하지 말아야 한다.

• 보통 꼬임(Ordinary Lay)

– S꼬임, Z꼬임 등이 있다.

– 스트랜드의 꼬임 방향과 로프의 꼬임 방향이 반대이다.

– 로프의 변형이나 하중을 걸었을 때 저항성이 크다.

– 킹크(Kink)의 발생이 적다.

– 로프의 끝이 자유로이 회전하는 경우나 킹크가 생기기 쉬운 곳에 적당하다.

– 취급이 용이하다.

– 선박, 육상 작업 등에 많이 사용된다.

– 소선의 외부 길이가 짧아서 마모되기 쉽다.

- 랭꼬임(Lang's Lay)
  - 스트랜드의 꼬임 방향과 로프의 꼬임 방향이 같다.
  - 소선의 접촉 길이가 길다.
  - 내마모성, 유연성, 내피로성이 우수하다.
  - 수명이 길다.
  - 꼬임의 풀기가 쉽다.
  - 로프의 끝이 자유로이 회전하는 경우나 킹크가 생기기 쉬운 곳에 부적당하다.

■ 승강기의 안전

- 승강기 : 건축물이나 고정된 시설물에 설치되어 일정한 경로에 따라 사람이나 화물을 승강장으로 옮기는 데에 사용되는 시설
- 승강기의 종류 : 승객용 엘리베이터, 승객화물용 엘리베이터, 화물용 엘리베이터, 소형 화물용 엘리베이터, 에스컬레이터

전기위험 방지기술

■ 전압의 구분

구 분	직류(DC)	교류(AC)
저 압	1.5[kV] 이하	1[kV] 이하
고 압	1.5[kV] 초과 7[kV] 이하	1[kV] 초과 7[kV] 이하
특고압	7[kV] 초과	

■ 누전되는 최소전류[I_{min}] 혹은 누전전류의 한계값 : $I_{min} = \frac{I_{max}}{2,000}$ (여기서, I_{max} : 최대 공급전류[A])

■ 과전류에 의한 전선의 인화로부터 용단에 이르기까지 각 단계별 기준 전선전류밀도

- 인화단계 : 40~43[A/mm^2]
- 착화단계 : 43~60[A/mm^2]
- 발화단계 : 60~120[A/mm^2](과전류에 의한 전선의 허용전류보다 큰 전류가 흐르는 경우 절연물이 화구가 없더라도 자연히 발화하고 심선이 용단되는 단계)
- 용단단계 : 120[A/mm^2] 이상

■ 심실세동전류

- 혈액의 순환이 곤란하게 되고 심장이 마비되는 현상을 초래하는 전류
- 치사적 전류
- 심실세동전류값(Dalziel) : $I = \frac{0.165}{\sqrt{T}}$[A]$= \frac{165}{\sqrt{T}}$[mA](여기서, I : 심실세동전류, T : 접촉시간[sec])

■ 전기설비에서 (완전 누전되어) 누전사고가 발생하였을 때 인체가 전기설비의 외함에 접촉 시 인체 통과전류 (I_m) : $I_m = \dfrac{E}{R_m\left(1+\dfrac{R_2}{R_3}\right)}$

(여기서, E : 대지전압[V], R_m : 인체저항[Ω], R_2, R_3 : 접지저항값[Ω])

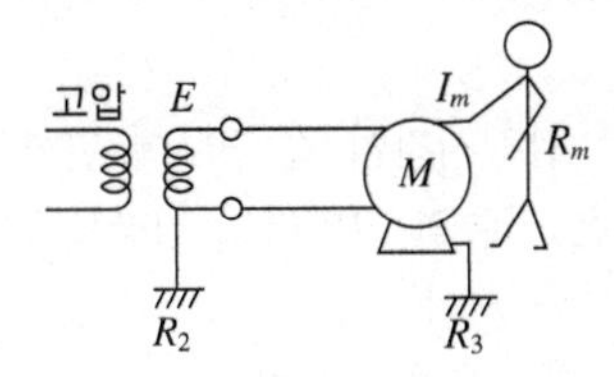

■ 허용 접촉전압의 종류

종 별	접촉 상태	허용 접촉전압
제1종	인체의 대부분이 수중에 있는 상태	2.5[V] 이하
제2종	• 인체가 현저히 젖어 있는 상태 • 금속성의 전기·기계장치나 구조물에 인체의 일부가 상시 접촉되어 있는 상태	25[V] 이하
제3종	제1종, 제2종 이외의 경우로서 통상의 인체 상태에서 있어서 접촉전압이 가해지면 위험성이 높은 상태	50[V] 이하
제4종	• 제1종, 제2종 이외의 경우로서 통상의 인체 상태에 접촉전압이 가해지더라도 위험성이 낮은 상태 • 접촉전압이 가해질 우려가 없는 경우	제한 없음

■ 허용접촉전압의 계산식

- $E = I_k \times \left(R_m + \dfrac{3}{2}R_s\right)$[V]

  (여기서, I_k : 심실세동전류[A], R_m : 인체의 저항[Ω], R_s : 지표면의 저항률[Ω·m])

- $E = I_k \times \left(R_m + \dfrac{1}{2}R_f\right)$[V]

  (여기서, I_k : 심실세동전류[A], R_m : 인체의 저항[Ω], R_f : 발의 저항[Ω])

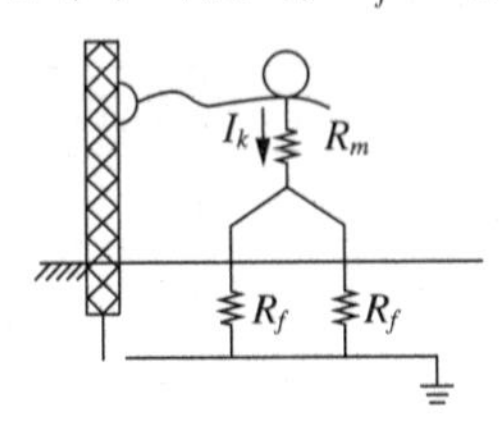

■ 인체에 미치는 전격재해의 위험을 결정하는 주된 인자(전격현상의 위험도를 결정하는 인자 혹은 전격 정도의 결정요인 또는 인체가 감전되었을 때 그 위험성을 결정짓는 주요 인자 또는 저압 충전부에 인체가 접촉할 때 전격으로 인한 재해사고 중 1차적인 인자)

- 통전전류의 크기(인체의 저항이 일정할 때 접촉전압에 비례) : 인체의 통전전류가 클수록 위험성은 커진다.
- 전원의 종류 : 상용 주파수의 직류전원보다 교류전원이 더 위험하다.
- 통전경로
- 통전시간 : 같은 크기의 전류에서는 감전시간이 길 경우에 위험성은 커진다.
- 감전전류가 흐르는 인체 부위 : 같은 전류의 크기라도 심장쪽으로 전류가 흐를 때 위험성은 커진다.
- 주파수 및 파형 등

※ 통전전압, 교류전원의 종류 등은 해당하지 않는다.

■ 전기절연

- 절연물의 절연계급별 최고 허용온도[℃]

Y종	A종	E종	B종	F종	H종	C종
90	105	120	130	155	180	180 이상

- 절연전선의 과전류단계별 전선전류밀도[A/mm^2]

인화 단계	착화 단계	발화단계		순간 용단 단계
		발화 후 용단	용단과 동시 발화	
40~43	43~60	60~70	75~120	120

- 전기기기의 Y종 절연물
  - 최고 허용온도 : 90[℃]
  - 절연재료 : 명주, 무명, 종이 등
  - 기름 및 니스류 속에 담그지 않은 것이 사용된다.
- 공기의 파괴전계는 주어진 여건에 따라 정해지나 이상적인 경우로 가정할 경우, 대기압 공기의 절연내력은 평행판 전극 30[kV/cm] 정도이다.
- 저압전로의 절연성능(전기설비기준 제52조)

전로의 사용전압[V]	DC시험전압[V]	절연저항[MΩ]
SELV 및 PELV	250	0.5
FELV, 500[V] 이하	500	1.0
500[V] 초과	1,000	1.0

- 특별저압(ELV ; Extra Low Voltage) : 인체에 위험을 초래하지 않을 정도의 저압
  - 2차 전압이 AC 50[V] 이하 / DC 120[V] 이하
  - SELV(Safety Extra Low Voltage)는 비접지회로
  - PELV(Protective Extra Low Voltage)는 접지회로
  - SELV(비접지회로 구성) 및 PELV(접지회로 구성)은 1차와 2차가 전기적으로 절연된 회로, FELV는 1차와 2차가 전기적으로 절연되지 않은 회로

■ 전동기 정격전류에 따른 전선의 허용전류와 과전류차단기의 용량

전동기의 정격전류	전선의 허용전류	과전류 차단기의 용량
전동기 전류 합계 50[A] 이하	전동기 전류 합계×1.25배	전선의 허용전류×2.5배+전열기 전류합계
전동기 전류 합계 50[A] 초과	전동기 전류 합계×1.1배	

■ 교류아크용접기의 허용 사용률[%] $=\left(\dfrac{\text{정격 2차전류}}{\text{실제 용접전류}}\right)^2\times \text{정격 사용률}[\%]$

■ 교류아크용접기의 효율[%] $=\dfrac{\text{출력}}{\text{입력}}\times 100[\%]=\dfrac{\text{아크전압}\times\text{아크전류}}{\text{출력}+\text{내부손실}}\times 100[\%]$

■ 보호도체의 최소 단면적(접지선 굵기)

선도체의 단면적 S([mm^2], 구리)	보호도체의 최소 단면적([mm^2], 구리)	
	보호도체의 재질	
	선도체와 같은 경우	선도체와 다른 경우
$S \le 16$	S	$(k_1/k_2)\times S$
$16 < S \le 35$	16	$(k_1/k_2)\times 16$
$S > 35$	$S/2$	$(k_1/k_2)\times (S/2)$

- 차단시간이 5초 이하인 경우의 S값 : $S=\dfrac{\sqrt{I^2t}}{k}$

여기서, S : 단면적[mm^2]

I : 보호장치를 통해 흐를 수 있는 예상 고장전류 실효값[A]

t : 자동차단을 위한 보호장치의 동작시간[s]

k : 보호도체, 절연, 기타 부위의 재질 및 초기온도와 최종온도에 따라 정해지는 계수로 KS C IEC 60364-5-54(저압전기설비-제5-54부 : 전기기기의 선정 및 설치-접지설비 및 보호도체)의 부속서 A(기본보호에 관한 규정)에 의함

■ **정전기로 인하여 화재로 진전되는 조건**

- 방전하기에 충분한 전위차가 있을 때
- 가연성 가스 및 증기가 폭발한계 내에 있을 때
- 정전기의 스파크에너지가 가연성 가스 및 증기의 최소 점화에너지 이상일 때

■ **정전기 방전에 의한 폭발로 추정되는 사고를 조사함에 있어서 필요한 조치**

- 가연성 분위기 규명
- 방전에 따른 점화 가능성 평가
- 전하 발생 부위 및 축직기구 규명

■ **폭발위험장소** : 제0종, 제1종, 제2종(방폭전기설비의 선정을 하고 균형 있는 방폭협조를 실시하기 위해 구분)

- 제0종 위험장소 : 정상 상태에서 폭발성 분위기가 연속적으로 또는 장시간 생성되는 장소(용기, 장치, 배관 등의 내부)
  - 인화성 또는 가연성 가스가 장기간 체류하는 곳
  - 인화성 또는 가연성 물질을 취급하는 설비의 내부
  - 인화성 또는 가연성 액체가 존재하는 피트 등의 내부
  - 가연성 가스의 용기 및 탱크의 내부
  - 인화성 액체의 용기 또는 탱크 내 액면 상부의 공간부
- 제1종 위험장소 : 정상 상태에서 폭발성 분위기가 주기적으로 또는 간헐적으로 생성될 우려가 있는 장소(맨홀, 벤트, 피트 등의 주위)
  - 가연성 가스가 저장된 탱크의 릴리프밸브가 가끔 작동하여 가연성 가스나 증기가 방출되는 부근
  - 플로팅 루프 탱크(Floating Roof Tank) 상의 Shell 내의 부분
  - 점검수리작업에서 가연성 가스 또는 증기를 방출하는 경우의 밸브 부근
  - 탱크롤리, 드럼관 등이 인화성 액체를 충전하고 있는 경우의 개구부 부근
- 제2종 위험장소 : 이상 상태(고장, 기능 상실, 오작동 등)에서 폭발성 분위기가 생성될 우려가 있는 장소(개스킷, 패킹 등의 주위)
  - 인화성 가스 또는 인화성 액체의 용기류가 부식, 열화 등으로 파손되어 가스 또는 액체가 누출될 염려가 있는 경우
  - 환기가 불충분한 장소에 설치된 배관으로 쉽게 누설되지 않는 구조의 경우
  - 강제환기방식이 설치된 장소에서 환기설비의 고장이나 이상 시에 위험분위기가 생성될 수 있는 경우

■ 폭발성 가스의 발화도 등급

- G_1 : 450[℃] 초과(아세톤, 암모니아, 일산화탄소, 에탄, 벤젠, 메탄, 프로판, 메탄올, 톨루엔, 초산, 초산에틸)
- G_2 : 300[℃] 초과 450[℃] 이하
- G_3 : 200[℃] 초과 300[℃] 이하
- G_4 : 135[℃] 초과 200[℃] 이하

■ 방폭 전기기기의 발화도의 온도등급과 표면온도에 의한 폭발성 가스의 분류 표기

- T_1 : 300[℃] 초과 450[℃] 이하
- T_2 : 200[℃] 초과 300[℃] 이하
- T_3 : 135[℃] 초과 200[℃] 이하
- T_4 : 100[℃] 초과 135[℃] 이하
- T_5 : 85[℃] 초과 100[℃] 이하
- T_6 : 85[℃] 이하

■ 방폭구조의 종류

- 내압 방폭구조(기호 : d) : 방폭형 기기에 폭발성 가스가 내부로 침입하여 내부에서 폭발이 발생하여도 이 압력에 견디도록 제작한 방폭구조
- 유입 방폭구조(기호 : o) : 기름면 위에 존재하는 가연성 가스에 인화될 우려가 없도록 한 구조
- 압력 방폭구조(기호 : p) : 방폭전기설비의 용기 내부에 보호가스를 압입하여 내부압력을 유지함으로써 폭발성 가스 또는 증기가 내부로 유입하지 않도록 된 방폭구조
- 충전 방폭구조(기호 : q) : 위험분위기기가 전기기기에 접촉되는 것을 방지할 목적으로 모래, 분체 등의 고체 충진물로 채워서 위험원과 차단, 밀폐시키는 구조
- 비점화 방폭구조(기호 : n) : 정상작동 상태에서 폭발 가능성은 없으나 이상 상태에서 짧은 시간 동안 폭발성 가스 또는 증기가 존재하는 지역에 사용 가능한 방폭구조
- 안전증 방폭구조(기호 : e) : 불꽃이나 아크 등이 발생하지 않는 기기의 경우 기기의 표면온도를 낮게 유지하여 고온으로 인한 착화의 우려를 없애고 기계적, 전기적으로 안정성을 높게 한 방폭구조
- 본질안전 방폭구조(기호 : ia 또는 ib) : 방폭지역에서 전기(전기기기와 권선 등)에 의한 스파크, 접점단락 등에서 발생되는 전기적 에너지를 제한하여 전기적 점화원 발생을 억제하고 만약 점화원이 발생하더라도 위험물질을 점화할 수 없다는 것이 시험을 통하여 확인될 수 있는 구조

■ 분진폭발 방지대책

- 작업장 등은 분진이 퇴적하지 않는 형상으로 한다.
- 분진취급장치에는 유효한 집진장치를 설치한다.
- 분체 프로세스장치는 밀폐화하고 누설이 없도록 한다.
- 분진폭발의 우려가 있는 작업장은 옥외의 안전한 장소로 격리시킨다.

■ 전선 색상

상(문자)	색 상
L1	갈 색
L2	흑 색
L3	회 색
N	청 색
보호도체	녹색-노란색

■ 전로의 종류 및 시험전압

전로의 종류	시험전압
1. 최대 사용전압 7[kV] 이하인 전로	최대 사용전압의 1.5배의 전압
2. 최대 사용전압 7[kV] 초과 25[kV] 이하인 중성점 접지식 전로(중성선을 가지는 것으로 중성선을 다중접지 하는 것)	최대 사용전압의 0.92배의 전압
3. 최대 사용전압 7[kV] 초과 60[kV] 이하인 전로(2란의 것을 제외)	최대 사용전압의 1.25배의 전압(10.5[kV] 미만으로 되는 경우는 10.5[kV])
4. 최대 사용전압 60[kV] 초과 중성점 비접지식 전로(전위 변성기를 사용하여 접지하는 것을 포함)	최대 사용전압의 1.25배의 전압
5. 최대 사용전압 60[kV] 초과 중성점 접지식 전로(전위 변성기를 사용하여 접지하는 것 및 6란과 7란의 것을 제외)	최대 사용전압의 1.1배의 전압(75[kV] 미만으로 되는 경우에는 75[kV])
6. 최대 사용전압이 60[kV] 초과 중성점 직접접지식 전로(7란의 것을 제외)	최대 사용전압의 0.72배의 전압
7. 최대 사용전압이 170[kV] 초과 중성점 직접 접지식 전로로서 그 중성점이 직접 접지되어 있는 발전소 또는 변전소 혹은 이에 준하는 장소에 시설하는 것	최대 사용전압의 0.64배의 전압
8. 최대 사용전압이 60[kV]를 초과하는 정류기에 접속되고 있는 전로	교류측 및 직류 고전압측에 접속되고 있는 전로는 교류측의 최대 사용전압의 1.1배의 직류전압
	직류 저압측 전로(직류측 중성선 또는 귀선이 되는 전로)는 규정하는 계산식에 의하여 구한 값

■ 과전류차단기로 저압전로에 사용하는 범용 퓨즈(gG)의 용단특성

정격전류의 구분	시 간	정격전류의 배수	
		불용단전류	용단전류
4[A] 이하	60분	1.5배	2.1배
4[A] 초과 16[A] 미만	60분	1.5배	1.9배
16[A] 이상 63[A] 이하	60분	1.25배	1.6배
63[A] 초과 160[A] 이하	120분	1.25배	1.6배
160[A] 초과 400[A] 이하	180분	1.25배	1.6배
400[A] 초과	240분	1.25배	1.6배

화학설비위험 방지기술

■ 위험물의 특징

- 화학적 구조와 결합력이 매우 불안정하다.
- 물이나 산소와의 반응이 용이하게 일어난다.
- 반응속도가 빠르다.
- 반응 시 발생되는 열량이 크다.
- 반응 시 수소와 같은 가연성 가스가 발생된다.

■ 물질안전보건자료(MSDS)의 작성·제출 제외 대상 화학물질 등(시행령 제86조)

- (건강기능식품에 관한 법률에 따른) 건강기능식품
- (농약관리법에 따른) 농약
- (마약류 관리에 관한 법률에 따른) 마약 및 향정신성의약품
- (비료관리법에 따른) 비료
- (사료관리법에 따른) 사료
- (생활주변방사선 안전관리법에 따른) 원료물질
- (생활화학제품 및 살생물제의 안전관리에 관한 법률에 따른) 안전확인대상생활화학제품 및 살생물제품 중 일반 소비자의 생활용으로 제공되는 제품
- (식품위생법에 따른) 식품 및 식품첨가물
- (약사법에 따른) 의약품 및 의약외품
- (원자력안전법에 따른) 방사성물질
- (위생용품 관리법에 따른) 위생용품
- (의료기기법에 따른) 의료기기
- (첨단재생의료 및 첨단바이오의약품 안전 및 지원에 관한 법률에 따른) 첨단바이오의약품
- (총포·도검·화약류 등의 안전관리에 관한 법률에 따른) 화약류
- (폐기물관리법에 따른) 폐기물
- (화장품법에 따른) 화장품
- 위의 항목 외의 화학물질 또는 혼합물로서 일반 소비자의 생활용으로 제공되는 것
- 고용노동부장관이 정하여 고시하는 연구·개발용 화학물질 또는 화학제품
- 그 밖에 고용노동부장관이 독성·폭발성 등으로 인한 위해의 정도가 작다고 인정하여 고시하는 화학물질

■ MSDS 작성 시 포함되어 있는 주요 항목

- 화학제품과 회사에 관한 정보
- 법적 규제현황
- 폐기 시 주의사항

※ 주요 구입처 및 폐기처는 해당하지 않는다.

■ 화학설비의 분류(산업안전보건기준에 관한 규칙 별표 7)

- 화학물질 반응・혼합장치 : 반응기, 혼합조 등
- 화학물질 분리장치 : 증류탑, 흡수탑, 추출탑, 감압탑 등
- 화학물질 저장설비 또는 계량설비 : 저장탱크, 계량탱크, 호퍼, 사일로 등
- 열교환기류 : 응축기, 냉각기, 가열기, 증발기 등
- 점화기를 직접 사용하는 열교환기류 : 고로 등
- 화학제품 가공설비 : 캘린더, 혼합기, 발포기, 인쇄기, 압출기 등
- 분체화학물질 취급장치 : 분쇄기, 분체분리기, 용융기 등
- 분체화학물질 분리장치 : 결정조, 유동탑, 탈습기, 건조기 등
- 화학물질 이송・압축설비 : 펌프류, 압축기, 이젝터 등

■ 부속설비의 분류(산업안전보건기준에 관한 규칙 별표 7)

- 화학물질 이송 관련 부속설비 : 배관, 밸브, 관, 부속류 등
- 자동제어 관련 부속설비 : 온도・압력・유량 등을 지시・기록 등을 하는 부속설비
- 비상조치 관련 부속설비 : 안전밸브, 안전판, 긴급차단밸브, 방출밸브 등
- 경보 관련 부속설비 : 가스누출감지기, 경보기 등
- 폐가스처리 부속설비 : 세정기, 응축기, 벤트스택, 플레어스택 등
- 분진처리 부속설비 : 사이클론, 백필터, 전기집진기 등
- 안전 관련 부속설비 : 정전기 제거장치, 긴급샤워설비 등
- 부속설비를 운전하기 위하여 부속된 전기 관련 설비

■ 물탱크에서 구멍의 위치까지 물이 모두 새어나오는 데 필요한 시간(t)

$$t=\frac{A_1}{CA_2\sqrt{2g}}\int_{y_1}^{y_2} y^{-\frac{1}{2}}d_y$$

$t=\dfrac{2A_1}{CA_2\sqrt{2g}}\left(\sqrt{y_1}-\sqrt{y_2}\right)$[s](여기서, A_1 : 탱크의 수평 단면적, C : 배출계수, A_2 : 오리피스의 단면적, g : 중력가속도, y : 탱크의 수면으로부터 오리피스까지의 수직 높이, y_1 : $t=0$일 때의 높이, y_2 : $t=t$일 때의 높이)

건조설비 구조의 요건

- 건조설비의 바깥면은 불연성 재료로 만들 것
- 건조설비의 내부는 청소하기 쉬운 구조로 할 것
- 건조설비는 내부의 온도가 국부적으로 상승하지 아니하는 구조로 설치할 것
- 위험물 건조설비의 측벽이나 바닥은 견고한 구조로 할 것
- 위험물 건조설비는 상부를 가벼운 재료로 만들고 폭발구를 설치할 것
- 위험물 건조설비의 열원으로서 직화를 사용하지 말고 증기를 사용할 것

송풍기의 상사법칙

- 풍압은 회전수의 제곱에 비례한다.
- 풍량은 회전수에 비례한다.
- 소요동력은 회전수의 세제곱에 비례한다.
- 풍압과 동력은 회전수의 세제곱에 비례한다.

산소농도와 화학양론농도(C_{st})[vol%]의 계산식

- 산소농도 $O_2 = a + \frac{(b-c-2d)}{4} + e$(여기서, a : 탄소원자수, b : 수소원자수, c : 할로겐원자수, d : 산소원자수, e : 질소원자수)
- 화학양론농도 $C_{st} = \frac{100}{1+4.773\left[a+\frac{(b-c-2d)}{4}+e\right]}$
- 화학양론농도 $C_{st} = \frac{100}{1+\frac{O_2}{0.21}}$(CH 혹은 CHO로 구성된 물질이며 완전연소 조건, O_2 : 연소방정식에서의 산소계수)
- 혼합가스의 이론적 화학양론조성[%]$= \frac{100}{\sum C_{st,i}}$(여기서, $C_{st,i}$: 각 가스의 양론농도[%])

가연성 물질과 산화성 고체가 혼합하고 있을 때 연소에 미치는 현상

- 착화온도(발화점)가 낮아진다.
- 최소 점화에너지가 감소하며, 폭발의 위험성이 증가한다.
- 가스나 가연성 증기의 경우 공기혼합보다 연소범위가 증가된다.
- 공기 중에서보다 산화작용이 강하게 발생하여 화염온도가 올라가며 연소속도가 빨라진다.

■ 주요 연소방정식

- 수소 : $H_2 + 0.5O_2 \rightarrow H_2O$
- 탄소 : $C + O_2 \rightarrow CO_2$
- 황 : $S + O_2 \rightarrow SO_2$
- 일산화탄소 : $CO + 0.5O_2 \rightarrow CO_2$
- 메탄 : $CH_4 + 2O_2 \rightarrow CO_2 + 2H_2O$
- 아세틸렌 : $C_2H_2 + 2.5O_2 \rightarrow 2CO_2 + H_2O$
- 에탄 : $C_2H_6 + 3.5O_2 \rightarrow 2CO_2 + 3H_2O$
- 프로판 : $C_3H_8 + 5O_2 \rightarrow 3CO_2 + 4H_2O$
- 부탄 : $C_4H_{10} + 6.5O_2 \rightarrow 4CO_2 + 5H_2O$
- 옥탄 : $C_8H_{18} + 12.5O_2 \rightarrow 8CO_2 + 9H_2O$
- 에틸알코올 : $C_2H_5OH + 2O_2 \rightarrow 2CO_2 + 3H_2O$
- 등유 : $C_{10}H_{20} + 15O_2 \rightarrow 10CO_2 + 10H_2O$
- 탄화수소의 일반 반응식 : $C_mH_n + \left(m + \frac{n}{4}\right)O_2 \rightarrow mCO_2 + \frac{n}{2}H_2O$

■ 화재의 종류

화재등급	화재 명칭
A	일반화재
B	유류화재
C	전기화재
D	금속화재
K	주방화재

■ 분말소화약제

종 별	해당 물질	화학식	적용화재
제1종	탄산수소나트륨	$NaHCO_3$	B, C
제2종	탄산수소칼륨	$KHCO_3$	B, C
제3종	제1인산암모늄	$NH_4H_2PO_4$	A, B, C
제4종	탄산수소칼륨과 요소와의 반응물	$KHCO_3+(NH_2)_2CO$	B, C

분진폭발 위험장소의 종류

- 20종 장소 : 공기 중에 가연성 분진운의 형태가 연속적, 장기간 또는 단기간 자주 폭발분위기로 존재하는 장소(분진폭발 혼합물이 오랫동안 또는 빈번하게 존재할 수 있는 덕트 내부, 생산 및 취급 장비 포함)
- 21종 장소 : 공기 중에 가연성 분진운의 형태가 정상 작동 중 빈번하게 폭발분위기를 형성할 수 있는 장소
- 22종 장소 : 공기 중에 가연성 분진운의 형태가 정상 작동 중 폭발분위기를 거의 형성하지 않고, 만약 발생한다 하더라도 단기간만 지속될 수 있는 장소

위험도 : $H = \frac{U-L}{L}$ (여기서, U : 폭발상한계, L : 폭발하한계)

르샤틀리에(Le Chatelier)의 법칙을 이용한 혼합가스의 폭발하한계 추정식

- $\frac{100}{\mathrm{LFL}} = \sum \frac{V_i}{\mathrm{LFL}_i}$ (여기서, V_i : 각 가스의 조성[%], LFL_i : 각 가스의 폭발하한계[%])

BLEVE(액화가스의 폭발) : 비등액 팽창증기 폭발(Boiling Liquid Expanding Vapor Explosion)

- 비등 상태의 액화가스가 기화하여 팽창하고 폭발하는 현상
- 비점이나 인화점이 낮은 액체가 들어 있는 용기나 저장탱크 주위가 화재 등으로 가열되면, 용기・저장탱크 내부의 비등현상으로 인한 압력 상승으로 벽면이 파열되면서 그 내용물이 증발, 팽창하면서 급격하게 폭발을 일으키는 현상

UVCE(Unconfined Vapor Cloud Expansion, 증기운폭발)

- 가연성 증기운에 착화원이 주어질 때 폭발하고 Fire Ball 등을 형성하는 현상
- 증기운 : 저온 액화가스의 저장탱크나 고압의 가연성 액체용기가 파괴되어 다량의 가연성 증기가 대기 중으로 급격히 방출되어 공기 중에 분산 확산되어 있는 상태
- 증기운의 크기가 증가하면 점화확률이 높아진다.
- 증기와 공기의 난류 혼합, 방출점으로부터 먼 지점에서 증기운의 점화는 폭발의 충격을 증가시킨다.
- 폭발효율은 BLEVE보다 크지 않다.
- 증기운폭발의 방지대책으로 자동차단밸브의 설치가 좋다.

공정안전보고서에 포함되어야 하는 사항(시행령 제44조)

- 공정안전자료
- 공정위험성평가서
- 안전운전계획
- 비상조치계획
- 그 밖에 공정상의 안전과 관련하여 고용노동부장관이 필요하다고 인정하여 고시하는 사항

■ 공정안전자료에 포함하여야 할 세부내용(시행규칙 제50조)

- 취급 · 저장하고 있거나 취급 · 저장하려는 유해 · 위험물질의 종류 및 수량
- 유해 · 위험물질에 대한 물질안전보건자료
- 유해 · 위험설비의 목록 및 사양
- 유해 · 위험설비의 운전방법을 알 수 있는 공정도면
- 각종 건물 · 설비의 배치도
- 위험설비의 안전설계 · 제작 및 설치 관련 지침서
- 방폭지역(폭발 위험 장소)의 구분도 및 전기단선도

건설안전기술

■ 토공사에서 성토재료의 일반조건

- 다져진 흙의 전단강도가 크고 압축성이 작을 것
- 함수율이 낮은 토사일 것
- 시공장비의 주행성이 확보될 수 있을 것
- 필요한 다짐 정도를 쉽게 얻을 수 있을 것

■ 흙의 비

- 흙의 간극비= $\frac{\text{공기 + 물의 체적}}{\text{흙의 체적}}$
- 예민비 : 흙의 이김에 있어 약해지는 성질

■ 산업안전관리비 계정항목과 계정내역(사용항목과 사용내역)

항 목	내 역
안전관리자 등의 인건비 및 각종 업무수당 등	전담안전관리자의 인건비 및 업무수행 출장비 등
안전시설비 등	추락방지용 안전시설비, 낙하・비래물 보호용 시설비 등(비계에 추가 설치하는 추락방지용 안전난간, 사다리 전도방지장치, 통로의 낙하물 방호선반, 기성제품에 부착된 안전장치 고장 시 교체비용 등)
개인보호구 및 안전장구 구입비 등	각종 개인보호구의 구입, 수리, 관리 등에 소요되는 비용 등(혹한・혹서에 장기간 노출로 인해 건강장해를 일으킬 우려가 있는 경우 특정 근로자에게 지급되는 기능성 보호장구 등)
안전진단비	사업장의 안전 또는 보건진단에 소요되는 비용 등
안전보건교육비 및 행사비 등	안전보건관리책임자, 안전관리자, 근로자 교육비 등(근로자의 안전보건증진을 위한 교육, 세미나 등에 소요되는 비용 등)
근로자의 건강관리비 등	근로자 건강진단, 구급기재 등에 소요되는 비용
건설재해 예방 기술지도비	재해예방전문지도기관에 지급하는 건설재해예방기술지도비
본사 사용비	본사 안전전담부서의 안전전담직원 인건비・업무수행출장비

■ 공사 종류와 규모별 안전관리비 계상기준

구 분	5억원 미만	5억원 이상 50억원 미만		50억원 이상
		비율(×)	기초액(C)	
일반건설공사(갑)	2.93[%]	1.86[%]	5,349,000원	1.97[%]
일반건설공사(을)	3.09[%]	1.99[%]	5,499,000원	2.10[%]
중건설공사	3.43[%]	2.35[%]	5,400,000원	2.44[%]
철도·궤도 신설공사	2.45[%]	1.57[%]	4,411,000원	1.66[%]
특수 및 그 밖의 건설공사	1.85[%]	1.20[%]	3,250,000원	1.27[%]

■ 공사진척에 따른 산업안전보건관리비의 최소 사용기준

공정률	50[%] 이상 70[%] 미만	70[%] 이상 90[%] 미만	90[%] 이상
최소 사용기준	50[%]	70[%]	90[%]

■ 건설공사 유해·위험방지계획서 제출대상 공사(시행령 제42조)

- 다음의 어느 하나에 해당하는 건축물 또는 시설 등의 건설·개조 또는 해체(건설 등) 공사
  - 지상높이가 31[m] 이상인 건축물 또는 인공구조물
  - 연면적 30,000[m^2] 이상인 건축물
  - 연면적 5,000[m^2] 이상인 시설로서 다음의 어느 하나에 해당하는 시설
    - ⓐ 문화 및 집회시설(전시장 및 동물원·식물원은 제외)
    - ⓑ 판매시설, 운수시설(고속철도의 역사 및 집배송시설은 제외)
    - ⓒ 종교시설
    - ⓓ 의료시설 중 종합병원
    - ⓔ 숙박시설 중 관광숙박시설
    - ⓕ 지하도상가
    - ⓖ 냉동·냉장 창고시설
- 연면적 5,000[m^2] 이상인 냉동·냉장 창고시설의 설비공사 및 단열공사
- 최대 지간(支間)길이(다리의 기둥과 기둥의 중심 사이의 거리)가 50[m] 이상인 다리의 건설 등 공사
- 터널의 건설 등 공사
- 다목적댐, 발전용댐, 저수용량 2천만[ton] 이상의 용수 전용 댐 및 지방상수도 전용 댐의 건설 등 공사
- 깊이 10[m] 이상인 굴착공사

■ 항타기 또는 항발기의 권상용 와이어로프(산업안전보건기준에 관한 규칙 제63조, 제211조, 제212조)

- 와이어로프의 한 꼬임에서 끊어진 소선(필러선 제외)의 수가 10[%] 이상인 것은 권상용 와이어로프로 사용을 금한다.
- 지름감소가 공칭지름의 7[%]를 초과하는 것은 권상용 와이어로프로 사용을 금한다.
- 권상용 와이어로프의 안전계수가 5 이상이 아니면 이를 사용하여서는 안 된다.
- 권상용 와이어로프는 추 또는 해머가 최저의 위치에 있는 때 또는 널말뚝을 빼내기 시작할 때를 기준으로 권상장치의 드럼에 적어도 2회 감기고 남을 수 있는 길이어야 한다.

■ 강관비계의 조립 간격

구 분	수직 방향	수평 방향
단관비계	5[m]	
틀비계(높이 5[m] 미만 제외)	6[m]	8[m]

■ 안전난간의 구성요소 : 상부 난간대, 중간 난간대, 발끝막이판, 난간기둥

■ 콘크리트 강도에 영향을 주는 요소

- 양생 온도와 습도
- 타설 및 다지기
- 콘크리트 재령 및 배합
- 물-시멘트비

■ 인력 운반작업의 안전수칙

- 보조기구를 효과적으로 사용한다.
- 물건을 들어올릴 때는 팔과 무릎을 이용하여 척추는 곧게 한다.
- 허리를 구부리지 말고 곧은 자세로 하여 양손으로 들어올린다.
- 중량은 체중의 40[%]가 적당하다.
- 물건은 최대한 몸에서 가까이 하여 들어올린다.
- 긴 물건이나 구르기 쉬운 물건은 인력 운반을 될 수 있는 대로 피한다.
- 부득이 하게 길이가 긴 물건을 인력 운반해야 할 경우에는 앞쪽을 높게 하여 운반한다.
- 단독으로 긴 물건을 어깨에 메고 운반할 때 앞쪽을 위로 올린 상태로 운반한다.
- 부득이 하게 원통인 물건을 인력 운반해야 할 경우 절대로 굴려서 운반하면 안 된다.
- 2인 이상 공동으로 운반 할 때에는 체력과 신장이 비슷한 사람이 작업을 하며, 물건의 무게가 균등하도록 운반하며, 긴 물건을 어깨에 메고 운반할 때에는 같은 쪽의 어깨에 보조를 맞추며 작업 지휘자가 있는 경우 지휘자의 신호에 의해 호흡을 맞춰 운반한다.
- 무거운 물건은 공동작업으로 실시한다.

- 운반 시의 시선은 진행방향을 향하고 뒷걸음 운반을 하여서는 안 된다.
- 무거운 물건을 운반할 때 무게 중심이 높은 하물은 인력으로 운반하지 않는다.
- 어깨 높이보다 높은 위치에서 하물을 들고 운반하여서는 안 된다.

■ 철근 인력운반의 안전수칙

- 운반할 때에는 양끝을 묶어 운반한다.
- 긴 철근은 두 사람이 한 조가 되어 어깨메기로 운반하는 것이 좋다.
- 운반 시 1인당 무게는 25[kg] 정도가 적당하며 무리한 운반을 삼가야 한다.
- 긴 철근을 한 사람이 운반할 때는 한쪽을 어깨에 메고, 한쪽 끝을 땅에 끌면서 운반한다.
- 내려놓을 때는 천천히 내려놓고 던지지 않아야 한다.
- 공동작업 시 신호에 따라 작업한다.

■ 화물 운반 하역작업 중 걸이작업

- 와이어로프 등은 크레인의 훅 중심에 걸어야 한다.
- 인양 물체의 안정을 위하여 2줄걸이 이상을 사용하여야 한다.
- 매다는 각도는 60° 이내로 하여야 한다.
- 근로자를 매달린 물체 위에 탑승시키지 않아야 한다.

■ 토사(토석) 붕괴의 내적 원인

- 토석의 강도 저하
- 절토사면의 토질, 암석
- 성토사면의 토질 구성 및 분포

■ 토사(토석)붕괴의 외적 원인

- 절토 및 성토 높이의 증가
- 사면, 법면의 경사 및 기울기의 증가
- 공사에 의한 작업진동 및 반복하중의 증가
- 지표수 및 지하수의 침투에 의한 토사중량의 증가
- 지진, 차량, 구조물의 하중
- 토사 및 암석의 혼합층 두께

■ 붕괴 위험방지를 위한 굴착면의 기울기 기준(수직거리 : 수평거리)

보통 흙	습 지	1 : 1(~1 : 1.5)
	건 지	1 : 0.5(~1 : 1)
암 반	풍화암	1 : 1.0
	연 암	1 : 1.0
	경 암	1 : 0.5

■ 신품 추락방지망의 기준 인장강도[kg]

구 분	그물코 5[cm]	그물코 10[cm]
매듭 있는 방망	110	200
매듭 없는 방망	–	240

■ 폐기 추락방지망의 기준 인장강도[kg]

구 분	그물코 5[cm]	그물코 10[cm]
매듭 있는 방망	60	135
매듭 없는 방망	–	150

■ 건설현장에서 높이 5[m] 이상의 콘크리트 교량 설치작업 시 재해예방을 위한 준수사항

- 작업을 하는 구역에는 관계 근로자가 아닌 사람의 출입을 금지할 것
- 재료, 기구 또는 공구 등을 올리거나 내릴 경우에는 근로자로 하여금 달줄・달포대 등을 사용하도록 할 것
- 중량물 부재를 크레인 등으로 인양하는 경우에는 부재에 인양용 고리를 견고하게 설치하고, 인양용 로프는 부재에 두 군데 이상 결속하여 인양하여야 하며, 중량물이 안전하게 거치되기 전까지는 걸이로프를 해제시키지 아니할 것
- 자재나 부재의 낙하・전도 또는 붕괴 등에 의하여 근로자에게 위험을 미칠 우려가 있을 경우에는 출입금지구역의 설정, 자재 또는 가설시설의 좌굴 또는 변형 방지를 위한 보강재 부착 등의 조치를 할 것

■ 건설현장에서 사용하는 임시조명기구에 대한 안전대책

- 모든 조명기구에는 외부의 충격으로부터 보호될 수 있도록 보호망을 씌워야 한다.
- 이동식 조명기구의 배선은 유연성이 좋은 코드선을 사용해야 한다.
- 이동식 조명기구의 손잡이는 절연재료로 제작해야 한다.
- 이동식 조명기구를 일정한 장소에 고정시킬 경우에는 견고한 받침대를 사용해야 한다.

합격에 **윙크**[**Win-Q**]하다!

Win-Q

Win Qualification

산업안전기사

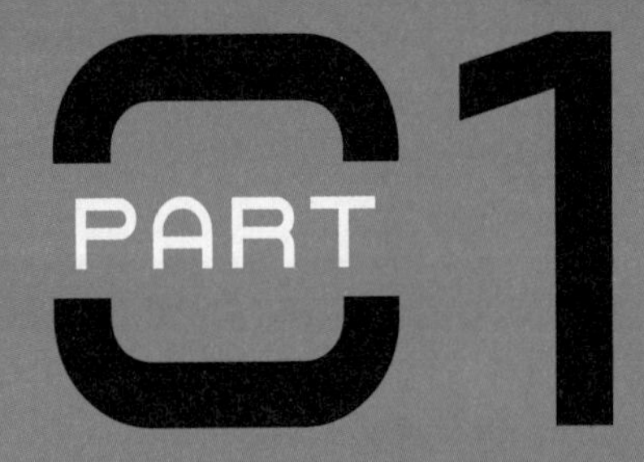

핵심이론 + 핵심예제

CHAPTER 1 안전관리론
CHAPTER 2 인간공학 및 시스템 안전공학
CHAPTER 3 기계위험 방지기술
CHAPTER 4 전기위험 방지기술
CHAPTER 5 화학설비위험 방지기술
CHAPTER 6 건설안전기술

안전관리론

제1절 안전보건관리 전반

핵심이론 01 안전보건과 제조물책임

① 안전보건의 개요

㉠ 안전 관련 용어

- 안전 : 위험을 제어하는 기술
- 위험(리스크, Risk) : 잠재적인 손실이나 손상을 가져올 수 있는 상태나 조건
  - 재해 발생 가능성과 재해 발생 시 그 결과의 크기의 조합(Combination)으로 위험의 크기나 정도
  - 리스크의 3요소 : 사고시나리오(S_t), 사고발생확률(P_t), 파급효과 또는 손실(X_t)
  - 리스크 조정기술 4가지 : 위험 회피(Avoidance), 위험 감축(Reduction), 위험 전가, 위험 보류(Retention)
  - 리스크 공식 : 피해의 크기 × 발생확률
  - 리스크 개념의 정량적 표시방법 : 사고발생빈도 × 파급효과
- 안전관리 : 재난이나 그 밖의 각종 사고로부터 사람의 생명·신체 및 재산의 안전을 확보하기 위한 모든 활동이며 PDCA 사이클의 4단계 반복이다.
  - P : Plan(계획)
  - D : Do(실행)
  - C : Check(확인)
  - A : Action(조치)
- 아차 사고(Near Accident)
  - 사고가 일어나더라도 손실을 전혀 수반하지 않는 재해
  - 인적·물적 피해가 모두 발생하지 않은 사고
  - 인적·물적 피해가 없는 사고
- 안전사고
  - 고의성이 없는 불안전한 행동과 불안전한 상태가 원인이 되어 일을 저해하거나 능률을 저하시키며 직접 또는 간접적으로 인적 또는 물적 손실을 가져오는 것
  - 생산공정이 잘못되었다는 것을 암시하는 잠재적 정보지표
- 재해 : 사고의 결과로 일어난 인명과 재산의 손실
- 중대재해(Major Accident) : 산업재해 중 사망 등 재해 정도가 심하거나 다수의 재해자가 발생한 경우로서 고용노동부령으로 정하는 재해
  - 사망자가 1인 이상 발생한 재해
  - 3개월 요양을 요하는 부상자가 동시에 2명 이상 발생한 재해
  - 부상 또는 질병자가 동시에 10명 이상 발생한 재해
- 산업재해 : 노무를 제공하는 자가 업무에 관계되는 건설물·설비·원재료·가스·증기·분진 등에 의하거나 작업 또는 그 밖의 업무로 인하여 사망하거나, 부상 당하거나 질병에 걸리는 것

㉡ 안전보건개선계획서 중점 개선항목 : 시설, 기계장치, 작업방법

㉢ 안전보건관리 규정에 포함되어야 하는 사항

- 안전·보건관리조직과 직무
- 안전·보건교육
- 작업장 안전보건관리
- 사고조사 및 대책 수립
- 위험성평가에 관한 사항
- 그 밖의 안전보건 관련 사항

㉣ 안전관리의 근본이념에 있어서의 목적

- 기업의 경제적 손실예방
- 생산성 향상 및 품질 향상
- 사회복지의 증진

ⓜ 안전수칙에 포함되는 사항
- 각종 설비의 동작순서 강조
- 작업대 또는 기계 주위의 청결 및 정리정돈 철저
- 작업자의 복장, 두발 및 장구 등에 대한 규제

ⓑ 안전관리 관련 사항
- 게리(Gary) : 1906년 미국의 US Steel회사의 회장으로서 "안전제일(Safety First)"이란 구호를 내걸고 사고예방활동을 전개한 후 안전의 투자가 결국 경영상 유리한 결과를 가져온다는 사실을 알게 하는데 공헌
- 안전에 관한 기본방침을 명확하게 해야 할 임무는 사업주에게 있다.
- 안전관리의 평가척도로서 도수척도로 나타내는 것이 효과적인 것은 중앙값이다.
- (산업안전 측면에서의)인사관리의 목적 : 사람과 일과의 관계 정립

② **제조물 책임법에 명시된 결함의 종류** : 설계상의 결함, 표시상의 결함, 제조상의 결함

㉠ 설계상의 결함 : 제조업자가 합리적인 대체설계를 채용했다면, 피해나 위험을 줄이거나 피할 수 있었음에도 불구하고 대체설계를 채용하지 않아서 해당 제조물이 안전하지 못하게 된 결함

㉡ 표시상의 결함 : 제조업자가 합리적인 설명·지시·경고 또는 그 밖의 표시를 했다면, 해당 제조물에 의하여 발생할 수 있는 피해나 위험을 줄이거나 피할 수 있었음에도 불구하고 이를 하지 않은 결함

㉢ 제조상의 결함 : 제조업자가 제조물에 대하여 제조·가공상 주의의무를 이행하였는지에 관계없이 제조물이 원래 의도한 설계와 다르게 제조·가공됨으로써 안전하지 못하게 된 결함

 **핵심예제**

1-1. 산업안전보건법상 중대재해에 해당하지 않는 것은?

[2011년 제1회, 제2회 유사, 2016년 제2회, 2021년 제1회 유사]

① 사망자가 2명 발생한 재해
② 6개월 요양을 요하는 부상자가 동시에 4명 발생한 재해
③ 부상자 또는 직업성 질병자가 동시에 12명 발생한 재해
④ 3개월 요양을 요하는 부상자가 1명, 2개월 요양을 요하는 부상자가 4명 발생한 재해

1-2. 제조물 책임법에 명시된 결함의 종류에 해당되지 않는 것은?

[2011년 제3회, 2016년 제1회]

① 제조상의 결함
② 표시상의 결함
③ 사용상의 결함
④ 설계상의 결함

|해설|

1-1

중대재해의 범위(산업안전보건법 시행규칙 제3조)
- 사망자가 1인 이상 발생한 재해
- 3개월 이상의 요양이 필요한 부상자가 동시에 2명 이상 발생한 재해
- 부상 또는 질병자가 동시에 10명 이상 발생한 재해

1-2

제조물 책임법에 명시된 결함의 종류 : 설계상의 결함, 표시상의 결함, 제조상의 결함

정답 1-1 ④ 1-2 ③

핵심 이론 02 안전관리조직

① 안전관리조직의 개요

㉠ 사고방지와 산업안전관리를 체계적으로 시행하기 위하여 1차적으로 취할 조치는 안전조직의 구성이다.

㉡ 안전관리조직의 목적

- 조직적인 사고 예방활동
- 위험 제거기술의 수준 향상
- 재해방지기술의 수준향상
- 재해예방율의 향상
- 단위당 예방비용의 절감
- 조직 간 종적·횡적 신속한 정보처리와 유대 강화(목적이 아닌 것 : 기업의 재무제표 안정화, 재해손실의 산정 및 작업통제, 기업의 손실을 근본적으로 방지 등)

㉢ 안전관리조직을 구성할 때의 고려할 사항(안전관리조직의 구비조건)

- 회사의 특성과 규모에 부합되게 조직되어야 한다.
- 기업의 규모를 고려하여 생산조직과 밀접한 조직이 되도록 한다.
- 조직 구성원의 책임과 권한에 대하여 서로 중첩되지 않도록 한다.
- 조직을 구성하는 관리자의 책임과 권한이 분명해야 한다.
- 조직의 기능을 충분히 발휘할 수 있도록 제도적 체계가 갖추어져야 한다.
- 안전에 관한 지시나 명령이 작업현장에 전달되기 전에는 스탭의 기능이 발휘되도록 해야 한다.

② 안전관리조직의 종류

㉠ 라인(Line)형 조직(직계조직)

- 경영자의 지휘와 명령이 위에서 아래로 하나의 계통이 되어 신속히 전달되며 100명 이하의 소규모 기업에 적합한 조직 유형이다.
- 명령과 보고가 상하관계뿐이므로 간단명료하다.
- 안전에 관한 명령과 지시는 생산라인을 통해 신속하게 전달된다.
- 안전에 관한 지시나 조치가 신속하고 철저하다.
- 조직 규모가 커지면 적용하기 어렵다.

㉡ 스태프(Staff)형 조직(참모조직)

- 100~500명(혹은 1,000명 이내)의 중규모 기업에 적합하다.
- 생산조직과는 별도의 조직과 기능을 갖고 활동한다.
- 스태프의 주된 역할 : 안전관리계획안 작성, 실시계획 추진, 정보 수집과 주지·활용
- 생산부문은 안전에 대한 책임과 권한이 없다.
- 스태프는 경영자의 조언과 자문 역할을 한다(안전관리계획안 작성, 정보 수집과 주지·활용, 실시계획 추진 등).
- 안전정보 수집이 용이하고 빠르다.
- 안전에 관한 기술의 축적이 용이하다.
- 안전전문가가 안전계획을 세워 문제해결방안을 모색하고 조치한다.
- 사업장의 특수성에 적합한 기술연구를 전문적으로 할 수 있다.
- 안전업무가 표준화되어 있어 직장에 정착하기 쉽다.
- 생산부문에 협력하여 안전명령을 전달·실시하므로 안전지시가 용이하지 않으며 안전과 생산을 별개로 취급하기 쉽다.
- 권한 다툼이나 조정 때문에 통제수단이 복잡해지며 시간과 노력이 소모된다.

㉢ 라인-스태프(Line-Staff)형 조직(직계-참모조직)

- 1,000명 이상의 대규모 기업에 적합하다.
- 라인의 관리·감독자에게도 안전에 관한 책임과 권한이 부여된다.
- 안전스태프는 안전에 관한 기획·입안·조사·검토 및 연구 등을 행한다.
- 안전계획·평가·조사는 스태프에서, 생산기술의 안전대책은 라인에서 실시한다.
- 조직원 전원을 자율적으로 안전활동에 참여시킬 수 있다.
- 안전활동과 생산업무가 유리될 우려가 없기 때문에 균형을 유지할 수 있어 이상적인 조직형태이다.
- 스태프의 월권행위가 발생할 수 있으며 라인이 스태프에 의존하거나, 활용치 않는 경우가 있다.
- 명령계통과 조언권고적 참여가 혼동되기 쉽다.
- 안전에 관한 응급조치, 통제수단이 복잡하다.

㉣ 프로젝트(Project) 조직
- 과제중심의 조직(과제별로 조직을 구성)
- 특정과제를 수행하기 위해 필요한 자원과 재능을 여러 부서로부터 임시로 집중시켜 문제를 해결하고, 완료 후 다시 본래의 부서로 복귀하는 형태
- 시간적 유한성을 가진 일시적이고 잠정적인 조직
- 플랜트, 도시개발 등 특정한 건설 과제를 처리
- 목적 지향적이고 목적 달성을 위해 기존의 조직에 비해 효율적이며 유연하게 운영될 수 있다.

㉤ 관료주의 조직
- 인간의 가치, 욕구 등과 같은 인적 요소를 무시한다.
- 새로운 사회와 기술적 변화에 효과적으로 적응하기 어렵다.
- 이론적 조직과 실제 조직 간에 불일치하는 경향이 있다.

㉥ 매트릭스형 조직
- 조직 기능과 사업 분야를 크로스하여 구성된 조직 형태
- Two Boss System이다.
- 중규모 형태의 기업에서 시장 상황에 따라 인적 자원을 효과적으로 활용하기 위한 형태이다.

 **핵심예제**

2-1. 라인(Line)형 안전관리조직의 특징으로 옳은 것은?

[2017년 제1회, 2020년 제4회]

① 안전에 관한 기술의 축적이 용이하다.
② 안전에 관한 지시나 조치가 신속하다.
③ 조직원 전원을 자율적으로 안전활동에 참여시킬 수 있다.
④ 권한 다툼이나 조정 때문에 통제수속이 복잡해지며, 시간과 노력이 소모된다.

2-2. Line-Staff형 안전보건관리조직에 관한 특징이 아닌 것은?

[2011년 제1회, 제2회 유사, 2014년 제3회 유사, 2016년 제2회 유사, 2018년 제2회, 2021년 제1회 유사]

① 조직원 전원을 자율적으로 안전활동에 참여시킬 수 있다.
② 스탭의 월권행위의 경우가 있으며 라인이 스탭에 의존 또는 활용치 않는 경우가 있다.
③ 생산부문은 안전에 대한 책임과 권한이 없다.
④ 명령계통과 조언권고적 참여가 혼동되기 쉽다.

|해설|

2-1
① 안전에 관한 기술의 축적이 용이하지 않다.
③ 조직원 전원을 자율적으로 안전활동에 참여시키기가 쉽지 않다.
④ 권한 다툼이나 조정으로 인한 통제수속의 복잡함이 없고 시간과 노력이 많이 들지 않는다.

2-2
생산부문의 안전에 대한 책임과 권한이 없는 조직은 Staff형 조직이다.

정답 2-1 ② 2-2 ③

제2절 재해 및 안전점검

핵심이론 01 재해의 개요

① 재해 조사

㉠ 재해 조사의 목적
- 재해 발생원인 및 결함 규명
- 재해 예방 자료 수집
- 동종 및 유사 재해 재발방지

㉡ 재해 조사 시 유의사항
- 사실을 있는 그대로 수집한다.
- 조사는 2인 이상이 실시한다.
- 사람, 기계설비, 양면의 재해요인을 모두 도출한다.
- 책임추궁이나 책임소재 파악보다는 재발방지 목적을 우선으로 하는 기본적 태도를 갖는다.
- 조사자가 전문가여도 단독으로 조사하거나 사고 정황을 추정하면 안 된다.
- 조사는 현장이 변경되기 전에 실시한다.
- 재해조사는 재해발생 직후에 현장보존에 유의하면서 행하며 물적 증거를 수집한다.
- 피해자 및 목격자 등 많은 사람으로부터 사고 시의 상황을 수집한다.
- 목격자 증언 등 사실 이외의 추측의 말은 신뢰성이 떨어지므로 단지 참고만 한다.
- 조사는 신속하게 행하고 긴급히 조치하여 2차 재해의 방지를 도모한다.
- 2차 재해예방과 위험성에 대한 보호구를 착용한다.
- 재해 장소에 들어갈 때에는 예방과 유해성에 대응하여 적정한 보호구를 반드시 착용한다.
- 과거의 사고경향, 사례조사기록 등을 참조한다.
- 작성사례 : A 사업장에서 지난 해 2건의 사고가 발생하여 1건(재해자수 : 5명)은 재해조사표를 작성, 보고하였지만 1건은 재해자가 1명뿐이어서 재해조사표를 작성하지 않았으며, 보고도 하지 않았다. 동일 사업장에서 올해 1건(재해자수 : 3명)의 재해로 인하여 재해조사 중 지난해 보고하지 않은 재해를 인지하게 되었다면 이 경우 지난해와 올해의 재해자 수는 각각 5명, 4명으로 기록되어야 한다.

㉢ 사고조사의 본질적 특성
- 우연 중의 법칙성
- 필연 중의 우연성
- 사고의 재현불가능성

㉣ 재해조사 발생 시 정확한 사고원인 파악을 위해 재해조사를 직접 실시하는 자 : 현장관리감독자, 안전관리자, 노동조합 간부 등(사업주는 아니다)

㉤ 일반적인 재해조사 항목 : 사고의 형태, 기인물 및 가해물, 불안전한 행동 및 상태 등

㉥ 산업재해조사표 작성 시 상해의 종류 : 중독, 질식, 청력장애, 찰과상 등(감전, 유해물 접촉 등은 아니다)

㉦ 산업재해조사표의 작성방법
- 휴업예상일수는 재해 발생일을 제외한 3일 이상의 결근 등으로 회사에 출근하지 못한 일수를 적는다.
- 같은 종류 업무 근속기간은 현 직장에서의 경력(동일·유사 업무 근무경력) 이외에도 과거 직장에서의 경력까지도 모두 적는다.
- 고용형태는 근로자가 사업장 또는 타인과 명시적 또는 내재적으로 체결한 고용계약 형태를 적는다.
- 근로자 수는 사업장의 최근 근로자수를 적는다(정규직, 일용직·임시직 근로자, 훈련생 등 포함).

㉧ 산업재해 발생의 배경
- 작업환경과 개인의 잘못간의 연쇄성
- 재해 관련 직·간접비용 발생의 법칙성
- 물적원인과 인적원인 발생 상호 간의 관계성
- 준사고(Near Miss)와 중대사고의 발생 비율간의 법칙성

② 재해사례연구

㉠ 재해사례연구의 개요
- 재해사례연구 시 파악할 내용 : 재해의 발생형태, 상해의 종류, 손실금액 등(재해자의 동료수는 아니다)
- 재해사례연구법(Accident Analysis and Control Method)에서 활용하는 안전관리 열쇠 중 작업에 관계되는 것 : 작업순서, 작업방법개선, 이상 시 조치 등
- 산업재해가 발생하였을 때 통계 중 사람의 신체 부위 중에서 팔, 손 부위가 가장 많이 상해를 입는다.
- 산업재해분석 시 기본사항 : 재해형태(사고유형), 기인물, 가해물

㉡ 재해사례연구의 주된 목적
- 재해요인을 체계적으로 규명하여 이에 대한 대책을 세우기 위함
- 재해방지의 원칙을 습득해서 이것을 일상 안전보건활동에 실천하기 위함
- 참가자의 안전보건활동에 관한 견해나 생각을 깊게 하고, 태도를 바꾸게 하기 위함

㉢ 재해사례연구 시 유의할 사항
- 과학적이어야 한다.
- 신뢰성 있는 자료수집이 있어야 한다.
- 논리적인 분석이 가능해야 한다.
- 현장 사실을 분석하여 논리적이어야 한다.
- 객관적이고 정확성이 있어야 한다.
- 안전관리자의 객관적 판단을 기반으로 현장조사 및 대책을 설정한다.
- 재해사례연구의 기준으로는 법규, 사내규정, 작업표준 등이 있다.

㉣ 재해사례연구의 진행단계 : 재해상황의 파악 → 사실의 확인 → 문제점의 발견 → (근본적) 문제점의 결정 → 대책의 수립
- 사례연구의 전제조건 : 재해상황의 파악(발생일시 및 장소 등 재해상황의 주된 항목에 관해서 파악)
- 제1단계 사실의 확인 : 재해가 발생할 때까지의 경과 중 재해와 관계가 있는 사실 및 재해요인으로 알려진 사실을 객관적으로 확인
- 제2단계 문제점의 발견 : 파악된 사실로부터 판단하여 각종 기준(관계 법규, 사내규정 등)을 적용하여 이 기준과의 차이 또는 문제점을 발견
- 제3단계 (근본적)문제점의 결정 : 재해의 중심이 된 문제점에 관하여 어떤 관리적 책임의 결함이 있는지를 여러 가지 안전보건의 키(Key)에 대해 분석
- 제4단계 대책의 수립

③ 산업재해의 원인

㉠ 직접 원인 : 시간적으로 사고발생에 가장 가까운 원인으로 물적원인과 인적원인으로 구별된다.
- 물적원인(불안전한 상태) : 물(物) 자체의 결함, 생산라인의 결함(생산공정의 결함), 사용설비의 설계불량, 생산공정의 결함, 결함 있는 기계설비 및 장비, 불안전한 방호장치(방호장치의 결함), 방호장치 미설치, 부적절한 보호구, 작업환경의 결함(조명 및 환기불량 등의 환경 불량), 불량한 정리정돈(주변 환경의 미정리), 경계표시의 결함, 위험물질의 방치 등
- 인적원인(불안전한 행동) : 보호구 미착용(후 작업), 부적절한 도구 사용, 안전장치의 기능제거, 위험물취급 부주의, 불안전한 속도조작·인양, 불안전한 운반, 권한 없이 행한 조작, 불안전한 상태 방치, 감독 및 연락의 불충분, 위험장소 접근 등
  - 안전수단이 생략되어 불안전 행위가 나타나는 경우 : 의식과잉이 있는 경우, 피로하거나 과로한 경우, 작업장의 환경적인 분위기 때문, 조명·소음 등 주변 환경의 영향이 있는 경우, 작업에 익숙하다고 생각할 때 등
  - 불안전한 행동을 유발하는 요인 중 인간의 생리적 요인 : 근력, 반응시간, 감지능력 등
  - 불안전한 행동을 유발하는 요인 중 인간의 심리적 요인 : 주의력 등
  - 불안전한 행동예방을 위한 수정 조건(소요시간 짧은 순서) : 지식 - 태도 - 개인행위 - 집단행위
  - 불안전한 행동의 예
    ⓐ 위험한 장소에 접근한다.
    ⓑ 불안전한 조작을 한다.
    ⓒ 방호장치의 기능을 제거한다.
    ⓓ 작업자와의 연락이 불충분하였다.

㉡ 간접 원인 : 재해의 가장 깊은 곳에 존재하는 기본원인으로 기초 원인과 2차 원인으로 구별된다.
- 기초 원인
  - 관리적 원인 : 안전수칙의 미제정, 작업량 과다, 정리정돈 미실시, 작업준비의 불충분, 안전장치의 기능문제
  - 학교교육적 원인
- 2차 원인
  - 신체적 원인
  - 정신적 원인
  - 기술적 원인 : 구조·재료의 부적합, 생산공정의 부적절(부적당), 건설·설비의 설계불량, 점검·정비·보존 불량
  - 안전교육적 원인 : 안전교육의 부족, 안전지식의 부족, 안전수칙의 오해, 경험과 훈련의 미숙 등

㉢ 관리적 측면에서 분류한 재해의 발생원인 : 기술적 원인, 교육적 원인, 작업관리상 원인 등(인적 원인은 관리적 측면에서 분류한 재해의 발생원인에 해당되지 않는다)

㉣ 산업재해의 기본원인 혹은 인간과오의 4요인(4M) : Man, Machine, Media, Management

- Man : 동료, 상사 등 본인 이외의 사람
  - 심리적 원인 : 망각, 걱정거리, 무의식 행동, 위험감각, 지름길 반응, 생략행위, 억측판단, 착오 등
  - 생리적 원인 : 피로, 수면부족, 신체기능, 알코올, 질병, 나이 먹는 것 등
  - 직장적 원인 : 직장의 인간관계, 리더십, 팀워크, 커뮤니케이션 등
- Machine : 기계설비의 고장, 결함
  - 기계·설비의 설계상의 결함
  - 위험방호의 불량
  - 본질 안전화의 부족(인간공학적 배려의 부족)
  - 표준화의 부족
  - 점검·정비의 부족
- Media : 작업정보, 작업방법 및 작업환경
  - 작업정보의 부적절
  - 작업자세, 작업동작의 결함
  - 작업방법의 부적절
  - 작업공간의 불량
  - 작업환경조건의 불량
- Management : 법규준수, 단속, 점검, 지휘감독, 교육훈련
  - 관리조직의 결함
  - 규정·메뉴얼의 불비, 불철저
  - 안전관리계획의 불량
  - 교육·훈련 부족
  - 부하에 대한 지도·감독 부족
  - 적성배치의 불충분
  - 건강관리의 불량 등

④ **직접 원인(불안전 상태·행동)을 제거하기 위한 안전관리의 시책**

㉠ 적극적 대책

- 위험의 최소화 설계
- 경보장치 설치
- 안전장치 장착
- 위험공정의 배제
- 위험물질의 격리 및 대체
- 위험성 평가를 통한 작업환경 개선

㉡ 소극적 대책 : 보호구 사용

⑤ **재해형태(사고유형)·상해의 종류·기인물·가해물**

㉠ 재해형태(사고유형)

- 도괴 : 토사, 적재물, 구조물, 가설물 등이 전체적으로 허물어져 내리거나 또는 주요 부분이 꺾어져 무너지는 사고유형
- 비 래
  - 구조물, 기계 등에 고정되어 있던 물체가 중력, 원심력, 관성력 등에 의하여 고정부에서 이탈하거나 설비 등으로부터 물질이 분출되어 사람을 가해하는 사고유형
  - 예 작업 중 연삭기의 숫돌이 깨져 파편이 날아가 작업자의 안면을 강타
- 전도(넘어짐) : 사람이 평면상으로 넘어졌을 때의 사고유형(과속, 미끄러짐 포함)
- 추락(떨어짐)
  - 사람이 인력(중력)에 의하여 건축물, 구조물, 가설물, 수목, 사다리 등의 높은 장소에서 떨어지는 사고유형
  - 예 건설현장에서 착용하는 안전모의 턱끈의 기능은 대단히 중요한데, 턱끈을 올바르게 매지 않아서 머리 부분의 피해를 가장 크게 입을 수 있는 사고의 형태는 추락이다.
- 충 돌
  - 사람이 정지물에 부딪친 사고 유형
  - 사람이 정지되어 있는 구조물 등에 부딪혀 발생하는 재해
  - 재해자 자신의 움직임·동작으로 인하여 기인물에 부딪히거나, 물체가 고정부를 이탈하지 않은 상태로 움직임 등에 의하여 발생한 재해

• 협착(끼임) : 재해자가 전도로 인하여 기계의 동력전달부위 등에 협착되어 신체의 일부가 절단되는 사고유형
  - 예 작업자가 일을 하다가 회전기계에 손이 끼어서 손가락이 절단된 재해가 발생

> ※ 동작에 따른 사고유형 분류
> • 사람의 동작에 의한 유형 : 전도, 추락, 충돌
> • 사람의 동작에 의하지 않은 유형 : 도괴, 비래

ⓛ 기인물
• 재해를 가져오게 한 근원이 된 기계·장치 또는 기타 물 또는 환경
• 예 기계작업에 배치된 작업자가 반장의 지시를 받기 전에 정지된 선반을 운전시키면서 변속치차의 덮개를 벗겨내고 치차를 저속으로 운전하면서 급유하려고 할 때 오른손이 변속치차에 맞물려 손가락이 절단되었다 : 기인물은 선반

ⓒ 가해물
• 직접 사람에게 피해를 가한 물체
• 예 작업자가 보행 중 바닥에 미끄러지면서 상자에 머리를 부딪쳐 머리에 상해를 입었다 : 가해물은 상자

ⓔ 2가지 이상의 재해발생형태가 연쇄적으로 발생된 경우의 발생형태의 올바른 분류
• 재해자가 구조물 상부에서 전도로 인하여 추락되어 두개골 골절이 발생한 경우 → 추락으로 분류
• 재해자가 전도로 인하여 기계의 동력전달부위 등에 협착되어 신체부위가 절단된 경우 → 협착으로 분류
• 재해자가 전도 또는 추락으로 물에 빠져 익사한 경우 → 추락으로 분류
• 재해자가 전주에서 작업 중 전류접촉으로 추락한 상해결과가 골절인 경우 → 추락으로 분류

ⓜ 사고의 유형·기인물·가해물 복합문제

재해 내용	사고유형	기인물	가해물
건설현장에서 근로자가 비계에서 마감작업을 하던 중 바닥으로 떨어져 머리가 바닥에 부딪혀 사망하였다.	추 락	비 계	바 닥
근로자가 운전작업을 하던 도중에 2층 계단에서 미끄러져 계단을 굴러 떨어져 바닥에 머리를 다쳤다.	전도·전락	계 단	바 닥
작업자가 계단에서 굴러 떨어져 땅바닥에 머리를 다쳤다.	전 도	계 단	땅바닥
공구와 자재가 바닥에 어지럽게 널려 있는 작업통로를 작업자가 보행 중 공구에 걸려 넘어져 통로바닥에 머리를 부딪쳤다.	전 도	공 구	바 닥
근로자가 25[kg]의 제품을 운반하던 중에 제품이 발에 떨어져 신체장해등급 14등급의 재해를 당하였다.	낙 하	제 품	제 품
근로자가 벽돌을 손수레에 운반 중 벽돌이 떨어져 발을 다쳤다.	낙 하	벽 돌	벽 돌
보행 중 작업자가 바닥에 미끄러지면서 주변의 상자에 머리를 부딪침으로서 머리에 상처를 입었다.	전 도	바 닥	상 자
작업자가 무심코 걷다가 크레인에 매단 짐에 정통으로 부딪쳐 사망하였다.	충 돌	크레인	매단 짐
작업자가 불안전한 작업대에서 작업 중 추락하여 지면에 머리가 부딪혀 다쳤다.	추 락	작업대	지 면

⑥ 재해발생양상

㉠ 일반적인 재해발생양상

단순연쇄형	복합연쇄형	단순자극형(집중형)	복합형
o-o-o-o-⊗	o-o-o-o ⊗ o-o-o-o		

• 단순자극형(집중형) : 재해의 발생형태에 있어 일어난 장소나 그 시점에 일시적으로 요인이 집중하여 재해가 발생하는 형태

㉡ 에너지 접촉형태로 분류한 재해발생양상

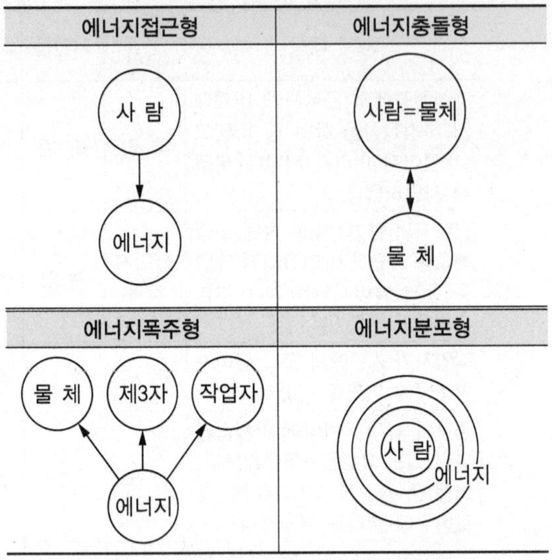

에너지접근형	에너지충돌형
사 람 → 에너지	사람=물체 ↔ 물 체
에너지폭주형	**에너지분포형**
에너지 → 물 체, 제3자, 작업자	사 람, 에너지

- 에너지접근형 : 사람이 에너지 활동영역에 접근하여 일어나는 유형
- 에너지충돌형 : 사람이나 물체가 물체와 충돌하여 일어나는 유형
- 에너지폭주형 : 에너지가 폭주하여 일어나는 유형
- 에너지분포형 : 에너지가 사람 주위로 분포되어 일어나는 유형

⑦ 상해의 종류 · 부상의 종류 · 상해정도별 분류

㉠ 상해의 종류

- 골절 : 뼈가 부러진 상해
- 뇌진탕 : 머리를 세게 맞았을 때 장해로 일어난 상해
- 동상 : 저온물 접촉으로 생긴 동상 상해
- 부종 : 국부의 혈액 순환의 이상으로 몸이 퉁퉁 부어오르는 상해
- 시력장애 : 시력 감퇴 또는 실명된 상해
- 익사 : 물속에 추락해서 사망한 상해
- 자상(찔림) : 칼날이나 뾰족한 물체 등 날카로운 물건에 찔린 상해
- 좌 상
  - 타박, 충돌, 추락 등으로 피부표면보다는 피하조직 또는 근육부를 다친 상해
  - 압좌, 충돌, 추락 등으로 인하여 외부의 상처 없이 피하조직 또는 근육부 등 내부 조직이나 장기가 손상 받은 상해
- 절단 : 신체부위가 잘리게 된 상해
- 중독 : 음식, 약물, 가스 등에 의한 중독 상해
- 질식 : 음식, 약물, 가스 등에 의해 질식된 상해
- 찰과상 : 스치거나 문질러서 피부가 벗겨진 상해
- 창상(베임) : 창, 칼 등에 베인 상해
- 철상 : 신체부위가 절단된 상해
- 청력장애 : 청력 감퇴 또는 난청이 된 상해
- 타박상(삐임) : 타박, 충돌, 추락 등으로 피부표면 보다는 피하조직 또는 근육부를 다친 상해
- 피부염 : 작업과 연관되어 발생 또는 악화되는 모든 질환
- 화상 : 화재 또는 고온물 접촉으로 인한 상해(이상온도 노출은 상해의 종류에 해당되지 않는다)
- 기타 : 항목으로 분류 불능 시 상해 명칭을 기재

㉡ 재해의 통계적 분류

- 사망 : 업무로 인해서 목숨을 잃게 되는 경우
- 중상해 : 부상으로 인하여 8일 이상의 노동상실을 가져온 상해 정도
- 경상해 : 부상으로 1일 이상 7일 이하의 노동상실을 가져온 상해 정도
- 무상해 사고 : 응급처치 이하의 상처로 작업에 종사하면서 치료를 받는 상해 정도

㉢ 상해 정도별 분류(ILO)

- 사망 : 안전사고로 죽거나 사고 시 입은 부상의 결과로 일정기간 이내에 생명을 잃은 것(노동손실일수 7,500일)
- 영구 전 노동 불능 상해 : 부상의 결과로 근로의 기능을 완전히 영구적으로 잃는 상해 정도(신체장애등급 1~3급)
- 영구 일부 노동 불능 상해 : 부상의 결과로 신체의 일부가 영구적으로 노동기능을 상실한 상해 정도(신체장애등급 4~14급)
- 일시 전 노동 불능 상해 : 의사의 진단으로 일정기간 정규노동에 종사할 수 없는 상해 정도이며 휴업일수에 300/365을 곱한다(완치 후 노동력 회복).
- 일시 일부 노동 불능 상해 : 의사의 진단으로 일정기간 정규노동에는 종사할 수 없으나 휴무상태가 아닌 일시 가벼운 노동에 종사할 수 있는 상해 정도

• 응급조치 상해 : 응급처치 또는 자가치료(1일 미만)를 받고 정상작업에 임할 수 있는 상해 정도

※ 중상해는 ILO에서 규정한 산업재해의 상해 정도별 분류에 해당하지 않는다.

⑧ 재해 관련 제반사항

㉠ 재해와 인간의 성격

• 인간에게는 재해를 일으키기 쉬운 성격을 가진 사람과 그렇지 않는 사람이 있다. 이것은 어디까지나 개인의 성격차인 것이다.

• 무모, 격한 기질, 신경질, 흥분성, 안전작업에 대한 소홀이나 무시 등은 성격적으로 재해발생에 아주 밀접한 관계를 가진다는 것은 개인적인 성격상의 결함을 말한다.

㉡ 재해발생 시 조치순서 : (산업재해발생) → 긴급처리 → 재해조사 → 원인강구 → 대책수립 → 대책실시계획 → 실시 → 평가

• 긴급처리 : 관련 기계의 정지 → 재해자 구출 → 재해자의 응급조치 → 관계자 통보 → 2차 재해방지 → 현장보존

• 재해조사 : 잠재재해 위험요인 색출

• 원인강구 : 직접 원인(사람, 물체), 간접 원인(관리)

• 대책수립 : 동종 또는 유사 재해 방지

• 대책실시계획

• 실 시

• 평 가

㉢ 산업현장에서 산업재해가 발생하였을 때의 긴급조치사항 : 피재기계의 정지 → 피해자의 구조 → 피해자의 응급조치 → 관계자에게 통보 → 2차 재해방지 → 현장보존

㉣ 경험연수 10년 내외의 경험자에게 중상재해가 많은 이유

• 위험의 정도가 높은 업무를 담당하므로

• 작업에 대한 자신의 과잉으로 안전수단을 생략하고 있기 때문에

• 고령이 되어 위험에 대비하는 능력이 감퇴되었는데도 그에 대한 자각이 없기 때문

㉤ 중대재해 발생 사실을 알게 된 경우 지체 없이 관할 지방고용노동관서의 장에게 보고해야하는 사항(단, 천재지변 등 부득이한 사유가 발생한 경우는 제외) : 발생개요, 피해상황, 조치 및 전망 등(재해손실비용은 아니다)

핵심예제

1-1. 다음 중 산업재해의 원인으로 간접적 원인에 해당되지 않는 것은? [2012년 제1회, 2014년 제2회]

① 기술적 원인
② 물적 원인
③ 관리적 원인
④ 교육적 원인

1-2. 산업재해의 발생형태 중 사람이 평면상으로 넘어졌을 때의 사고유형을 무엇이라 하는가? [2013년 제1회, 2016년 제3회]

① 비 래
② 전 도
③ 도 괴
④ 추 락

|해설|

1-1
물적 원인은 산업재해의 직접적 원인에 해당된다.

1-2
전도 : 산업재해 발생형태 중 사람이 평면상으로 넘어졌을 때의 사고유형

정답 1-1 ② 1-2 ②

핵심이론 02 재해 통계

① 재해 통계의 개요

㉠ 재해 통계 작성의 필요성

- 설비상의 결함요인을 개선 및 시정하는 데 활용한다.
- 재해의 구성요소를 알고 분포 상태를 알아 대책을 세우기 위함이다.
- 근로자의 행동결함을 발견하여 안전 재교육 훈련자료로 활용한다.
- 동종 재해 또는 유사 재해의 재발방지를 도모할 수 있다.

㉡ 산업재해 통계에서의 고려사항

- 산업재해 통계는 활용의 목적을 이룰 수 있도록 충분한 내용을 포함해야 한다.
- 산업재해 통계를 기반으로 안전조건, 안전조직, 상태 등을 추측해서는 안 된다.
- 산업재해 통계 그 자체보다는 재해 통계에 나타난 경향과 성질의 활용을 중요시해야 한다.
- 이용 및 활용 가치가 없는 산업재해 통계는 작성에 따른 시간과 경비 낭비임을 인지하여야 한다.
- 근로시간이 명시되지 않을 경우에는 연간 1인당 2,400시간을 적용한다.
- 사업장 단위의 재해 통계 중 재해발생의 장기적 추이 및 계절적 특징을 파악하는데 편리한 통계는 월별 통계이다.

㉢ 산업재해 통계의 활용용도

- 제도의 개선 및 시정
- 재해의 경향 파악
- 동종 업종과의 비교

㉣ 재해 통계를 포함한 산업재해조사보고서 작성과정에서의 유의사항

- 설비의 결함요인을 개선 및 시정하는 데 활용한다.
- 재해 구성요소와 분포 상태를 알고 대책을 수립할 수 있도록 한다.
- 근로자 행동결함을 발견하여 안전교육 훈련자료로 활용한다.

㉤ 근로손실일수의 산출

- 사망 및 영구 전 노동 불능(신체장애등급 1~3급)의 근로손실일수는 7,500일로 환산한다.
  - 사망자의 평균 기준 연령 : 30세
  - 근로 가능 기준 연령 : 55세
  - 사망에 따른 근로손실 기준 연수 : (55세−30세)년 = 25년
  - 연간 근로기준일수 : 300일
  - 사망으로 인한 근로손실 산출일수 : 300 × 25 = 7,500일
- 신체장해등급별 근로손실일수

구 분	사 망	신체장해자등급											
		1~3	4	5	6	7	8	9	10	11	12	13	14
근로손실일수(일)	7,500	7,500	5,500	4,000	3,000	2,200	1,500	1,000	600	400	200	100	50

- 영구 일부 노동 불능은 신체장애등급에 따른 (근로손실일수+비장애 등급손실)에 300/365을 곱한 값으로 환산한다.
- 일시 전 노동 불능은 휴업일수에 300/365을 곱하여 근로손실일수를 환산한다.

② 산업재해 통계지표

㉠ 재해율

- 연간 상시근로자 100명당 발생하는 재해자수의 비율
- $\text{재해율} = \dfrac{\text{재해자수}}{\text{상시근로자수}} \times 100$

㉡ 사망만인율

- 연간 상시근로자 10,000명당 발생하는 사망재해자수의 비율
- $\text{사망만인율} = \dfrac{\text{사망자수}}{\text{상시근로자수}} \times 10{,}000$

㉢ 요양재해율

- 산재보험 적용근로자 100명당 발생하는 요양재해자수의 비율
- $\text{요양재해율} = \dfrac{\text{요양재해자수}}{\text{산재보험 적용근로자수}} \times 100$

㉣ 연천인율

- 연평균 근로자 1,000명에 대한 재해자수의 비율
- $\text{연천인율} = \dfrac{\text{연간 재해자수}}{\text{연평균 근로자수}} \times 10^3$

㉤ 도수율(FR ; Frequency Rate of Injury)

- 연근로시간 1,000,000시간에 대한 재해건수의 비율
- $\text{도수율} = \dfrac{\text{재해발생건수}}{\text{연근로시간수}} \times 10^6 = \dfrac{\text{연천인율}}{2.4}$

㉥ 환산도수율

- 한 근로자가 한 작업장에서 평생 동안(40년) 작업을 할 때 당할 수 있는 재해건수
- 환산도수율 : 도수율 × 0.12

㉦ 강도율(SR ; Severity Rate of Injury) : 산업재해의 강도, 즉 재해의 경중을 나타내는 척도

- 연근로시간 1,000시간에 대한 근로손실일수의 비율
- $\text{강도율} = \dfrac{\text{근로손실일수}}{\text{연근로시간수}} \times 10^3$
- 만일 강도율이 2.0이라면, 근로시간 1,000시간당 2.0일의 근로손실이 발생한 것이다.

㉧ 환산강도율

- 한 근로자가 한 작업장에서 평생 동안(40년) 작업을 할 때 당할 수 있는 근로손실일수
- 환산강도율 : 강도율×100

㉨ 평균강도율

- 재해 1건당 평균 근로손실일수
- $\text{평균강도율} = \dfrac{\text{강도율}}{\text{도수율}} \times 1{,}000$

㉩ $\text{환산재해율} = \dfrac{\text{환산재해자수}}{\text{상시근로자수}} \times 100$

③ 안전성적 평가

㉠ 종합재해지수(FSI ; Frequency Severity Indicator)

- 재해의 빈도와 상해의 강약도를 혼합하여 집계하는 지표
- $\text{종합재해지수(FSI)} = \sqrt{\text{도수율} \times \text{강도율}} = \sqrt{FR \times SR}$

㉡ 세이프 티 스코어(Safe T Score)

- 안전에 관한 과거와 현재의 중대성 차이를 비교할 때 사용되는 통계방식
- 과거와 현재의 안전성적을 비교 평가하는 지표이며 단위가 없다.
- $\text{Safe T Score} = \dfrac{\text{현재 도수율} - \text{과거 도수율}}{\sqrt{\dfrac{\text{과거 도수율}}{\text{현재 근로 총시간 수}} \times 10^6}}$
- Safe T Score 평가기준
  - −2 이하 : 과거보다 좋아짐
  - −2~+2 : 별 차이 없음
  - +2 이상 : 과거보다 나빠짐

  예 과거와 현재의 안전도를 비교한 Safe T Score가 '−1.5'로 나타났을 때의 판정 : 과거와 별 차이가 없다.

㉢ 안전활동률(Blake)

- 안전관리활동의 결과를 정량적으로 판단하는 기준이며 사고가 일어나기 전의 수준을 평가하는 사전평가활동이다.
- 일정기간 동안의 안전활동상태를 나타낸 것이다.
- $\text{안전활동률} = \dfrac{\text{안전활동 건수}}{\text{근로시간 수} \times \text{평균 근로자 수}} \times 10^6$
- 안전활동 건수에 포함되는 항목 : 실시한 안전 개선 권고 수, 안전조치할 불안전작업 수, 불안전행동 적발 수, 불안전한 물리적 지적 건수, 안전회의 건수, 안전홍보(PR) 건수 등

④ 통계에 의한 재해원인 분석방법 또는 사고의 원인 분석방법 : 관리도, 파레토도, 특성요인도, 크로스도 등

㉠ 관리도(Control Chart) : 재해 발생 건수 등의 추이에 대해 한계선을 설정하여 목표관리를 수행하는 재해 통계분석기법이다.

㉡ 파레토도(Pareto Diagram) : 사고의 유형, 기인물 등 분류항목을 큰 순서대로 도표화하여 재해원인을 찾아내는 통계분석기법이다.

㉢ 특성요인도(Cause & Effect Diagram) : 재해문제의 특성과 원인과의 관계를 찾아가면서 도표로 만들어 재해발생의 원인을 찾아내는 통계분석기법

- 별칭 : 피시본 다이어그램(Fish Bone Diagram), 어골도, 어골상, 이시가와 도표 등
- 사실의 확인단계에서 사용하기 가장 적절한 분석기법이다.
- 결과에 대한 원인요소 및 상호의 관계를 인과관계로 결부하여 나타내는 방법이다.
- 특성요인도 작성요령
  - 특성의 결정은 무엇에 대한 특성요인도를 작성할 것인가를 결정하고 기입한다.

- 등뼈는 원칙적으로 좌측에서 우측으로 향하도록 화살표를 기입한다.
- 큰뼈는 특성이 일어나는 요인이라고 생각되는 것을 크게 분류하여 기입한다.
- 중뼈는 특성이 일어나는 큰뼈의 요인마다 다시 미세하게 원인을 결정하여 기입한다.

㉣ 크로스도(Cross Diagram) : 데이터를 집계하고 표로 표시하여 요인별 결과 내역을 교차한 크로스 그림을 작성하여 2개 이상의 문제관계를 분석하는 통계 분석 기법이다.

핵심예제

2-1. 연간 근로자 수가 1,000명인 공장의 도수율이 10인 경우 이 공장에서 연간 발생한 재해 건수는 몇 건인가?

[2010년 제2회, 2017년 제2회 유사, 2018년 제3회]

① 20건
② 22건
③ 24건
④ 26건

2-2. 어떤 사업장의 상시 근로자 1,000명이 작업 중 2명의 사망자와 의사진단에 의한 휴업일수 90일의 손실을 가져온 경우 강도율은?(단, 1일 8시간, 연 300일 근무)

[2017년 제1회 유사, 2018년 제2회, 2022년 제2회 유사]

① 7.32
② 6.28
③ 8.12
④ 5.92

2-3. 상시 근로자 수가 100명인 사업장에서 1일 8시간씩 연간 280일 근무하였을 때, 1명의 사망사고와 4건의 재해로 인하여 180일의 휴업일수가 발생하였다. 이 사업장의 종합재해지수는 약 얼마인가? [2012년 제3회 유사, 2013년 제1회, 2017년 제3회 유사]

① 22.32
② 27.59
③ 34.14
④ 56.42

|해설|

2-1

도수율$= \dfrac{\text{재해 건수}}{\text{연 근로시간 수}} \times 10^6$이므로,

재해 건수 $= \dfrac{\text{도수율} \times \text{연 근로시간 수}}{10^6} = \dfrac{10 \times (1{,}000 \times 2{,}400)}{1{,}000{,}000}$

$= 24$건

2-2

강도율 $= \dfrac{\text{근로손실일수}}{\text{연 근로시간 수}} \times 10^3$

$= \dfrac{7{,}500 \times 2 + (90 \times \frac{300}{365})}{1{,}000 \times 2{,}400} \times 1{,}000$

$\simeq 6.28$

2-3

- 도수율 $= \dfrac{\text{재해 건수}}{\text{연 근로시간 수}} \times 10^6$

$= \dfrac{5}{100 \times 8 \times 280} \times 10^6 \simeq 22.32$

- 강도율 $= \dfrac{\text{근로손실일수}}{\text{연 근로시간 수}} \times 10^3$

$= \dfrac{7{,}500 + (180 \times \frac{280}{365})}{100 \times 8 \times 280} \times 10^3 \simeq 34.1$

- 종합재해지수 $= \sqrt{\text{도수율} \times \text{강도율}} = \sqrt{22.32 \times 34.1} \simeq 27.59$

정답 2-1 ③ 2-2 ② 2-3 ②

핵심 이론 03 학자별 재해발생이론과 재해 발생 코스트

① 아담스(E. Adams)의 사고연쇄성 이론

㉠ 1단계 : 관리구조의 결함

㉡ 2단계 : 작전적 에러(Operational Error)

- 경영자나 감독자의 행동
- 관리자의 의사결정의 오류, 감독자의 관리적 오류 등
- 경영자가 의사결정을 잘못하거나 감독자가 관리적 잘못을 하였을 때의 단계

㉢ 3단계 : 전술적 에러(불안전한 행동 및 불안전 상태)

㉣ 4단계 : 사고

㉤ 5단계 : 상해, 손해

② 하인리히(Heinrich)의 사고 연쇄성 이론

재해의 직접 원인은 인간의 불안전한 행동 및 불안전한 상태로 봄

㉠ 하인리히의 도미노이론(하인리히의 재해발생 5단계)

- 1단계 : 사회적 환경 및 유전적 요소
- 2단계 : 개인적 결함
- 3단계 : 불안전한 행동 및 불안전한 상태
  - 사고나 재해예방에 가장 핵심이 되는 요소
  - 안전관리의 핵심단계
  - 직접원인이며 아담스의 사고발생연쇄성 이론의 '전술적 에러'와 일치한다.
  - 3단계가 발생되지 않는다면 1단계와 2단계까지 발생되어도 사고는 일어나지 않는다.
- 4단계 : 사고
- 5단계 : 재해

㉡ 하인리히의 재해코스트

- 재해의 발생
  = 물적 불안전 상태 + 인적 불안전 행위 + 잠재적 위험의 상태
  = 설비적 결함 + 관리적 결함 + 잠재적 위험의 상태
- 재해 구성 비율
  1 : 29 : 300의 법칙
  (중상해 : 경상해 : 무상해 = 1 : 29 : 300
  ≃ 0.3[%] : 8.8[%] : 90.9[%])
  예 어떤 공장에서 330회의 전도 사고가 일어났을 때, 그 가운데 300회는 무상해 사고, 29회는 경상, 중상 또는 사망 1회의 비율로 사고가 발생한다.
- 재해손실 코스트 산정
  1 : 4의 법칙(직접손실비 : 간접손실비 = 1 : 4)

㉢ 직접비와 간접비

- 직접비 : 사고의 피해자에게 지급되는 산재보상비 또는 재해보상비(직업재활급여, 간병급여, 장해급여, 상병보상연금, 유족급여(유족에게 지불된 보상비용), 사망 시 장의비용(장례비, 장제비, 장의비), 요양비(요양급여), 장해보상비, 휴업보상비, 상해특별보상비 등)
- 간접비 : 기계·설비·공구·재료 등의 물적 손실(재산손실), 기계·재료 등의 파손에 따른 재산손실비용, 동력·연료류의 손실, 설비 가동 정지에서 오는 생산손실비용, 작업 대기로 인한 손실시간임금, 작업을 하지 않았는데도 지급한 임금손실, 신규직원 섭외비용, 신규채용비용(채용급여), 생산손실급여, 시설복구로 소비된 재산손실비용(설비의 수리비 및 손실비), 시설의 복구에 소비된 시간손실비용, 재해로 인한 본인의 시간손실비용(부상자의 시간손실비용), 관리감독자가 재해의 원인조사를 하는데 따른 시간손실, 사기·의욕저하로 인한 생산손실비용, 입원 중의 잡비, 교육훈련비용, 기타 손실 등

㉣ 하인리히의 사고원인의 분류

- 직접원인 : 불안전한 행동이나 불안전한 기계적 상태
- 부원인(Subcause) : 불안전한 행동을 유발하는 사유
  - 이기적인 불협조
  - 부적절한 태도
  - 지식 또는 기능의 결여
  - 신체적 부적격
  - 부적절한 기계적, 물리적 환경
- 기초원인 : 습관적, 사회적, 유전적, 관리감독적 특성

㉤ 하인리히의 사고예방대책의 기본원리 5단계

- 1단계 안전조직 : 안전활동방침 및 계획수립(안전관리규정작성, 책임·권한부여, 조직편성)
- 2단계 사실의 발견 : 현상파악, 문제점 발견(사고 점검·검사 및 사고조사 실시, 자료수집, 작업분석, 위험확인, 안전회의 및 토의, 사고 및 안전활동기록의 검토)
- 3단계 분석·평가 : 현장조사

- 4단계 시정책의 선정 : 대책의 선정 혹은 시정방법선정(인사조정, 기술적 개선, 안전관리 행정업무의 개선(안전행정의 개선), 기술교육을 위한 교육 및 훈련의 개선)
- 5단계 : 시정책 적용(Adaption of Remedy)

ⓗ 하인리히 안전론
- 안전은 사고예방
- 사고예방은 물리적 환경과 인간 및 기계의 관계를 통제하는 과학이자 기술이다.

③ 버드(Bird)

㉠ 버드의 신연쇄성(사고 발생 도미노) 이론 : 하인리히 이론을 수정하여 인간의 불안정한 행동 및 상태를 유발시키는 기본 원인인 4M(Man, Machine, Media, Management)이 있다고 봄
- 1단계 : 관리(제어) 부족(재해 발생의 근원적 원인)
- 2단계 : 기본 원인(기원)
- 3단계 : 징후 발생(직접 원인)
- 4단계 : 접촉 발생(사고)
- 5단계 : 상해 발생(손해, 손실)

㉡ 버드의 재해 구성 비율
- 1 : 10 : 30 : 600의 법칙
  - 중상 또는 폐질 : 경상(물적 또는 인적 상해) : 무상해사고(물적 손실) : 무상해·무사고(위험 순간) = 1 : 10 : 30 : 600

④ 시몬즈(Simonds)의 재해 발생 코스트

㉠ 총재해 코스트 : 보험 코스트 + 비보험 코스트

㉡ 보험 코스트[(직접 보험 코스트 + 부대 코스트(산재보험료)]
즉, 산재보험료(사업장 지출), 산업재해보상보험법에 의해 보상된 금액, 영구 전 노동 불능 상해, 업무상의 사유로 부상을 당하여 근로자에게 지급하는 요양급여 등

㉢ 비보험 코스트
- 비보험 코스트 : (A × 휴업 상해 건수) + (B × 통원 상해 건수) + (C × 응급조치 건수) + (D × 무상해사고 건수)
  ※ A, B, C, D는 비보험 코스트 평균치
- 비보험 코스트 항목 : 영구 부분 노동 불능 상해, 일시 전 노동 불능 상해, 일시 부분 노동 불능 상해, 응급조치(8시간 미만 휴업), 무상해사고(인명손실과 무관), 소송관계비용, 신규 작업자에 대한 교육훈련비, 부상자의 직장 복귀 후 생산 감소로 인한 임금비용 등

⑤ 위버(D. A. Weaver)

㉠ 사고연쇄성 이론
- 1단계 : 유전과 환경
- 2단계 : 인간의 결함
- 3단계 : 불안전한 행동 및 불안전한 상태
- 4단계 : 재해(사고)
- 5단계 : 상해

㉡ 작전적 에러를 찾아내기 위한 질문의 유형 : What, Why, Wether(Where는 아니다)

⑥ 자베타키스(Zabetakis)의 사고연쇄성 이론

㉠ 1단계 : 개인적 요인 및 환경적 요인

㉡ 2단계 : 불안전한 행동 및 불안전한 상태

㉢ 3단계 : 에너지 및 위험물의 예기치 못한 폭주

㉣ 4단계 : 사고

㉤ 5단계 : 구호

핵심예제

3-1. 하인리히의 재해 구성 비율에 따른 58건의 경상이 발생한 경우 무상해사고는 몇 건이 발생하겠는가?

[2011년 제1회 유사, 2012년 제1회 유사, 2016년 제3회 유사, 2018년 제1회]

① 58건 ② 116건
③ 600건 ④ 900건

3-2. 시몬즈의 재해손실비용 산정방식에 있어 비보험 코스트에 포함되지 않는 것은? [2012년 제1회, 2017년 제2회]

① 영구 전 노동 불능 상태
② 영구 부분 노동 불능 상태
③ 일시 전 노동 불능 상태
④ 일시 부분 노동 불능 상태

|해설|

3-1
경상 29 × 2 = 58건이 발생되었으므로 1 : 29 : 300의 법칙에 의해 무상해사고는 300 × 2 = 600건이 발생한다.

3-2
영구 전 노동 불능 상태는 보험 코스트에 포함된다.

정답 3-1 ③ 3-2 ①

핵심 이론 04 안전점검

① 안전점검의 개요

㉠ 안전기준 : 업무를 안전하게 수행하기 위하여 필요한 시설・작업・인간의 행위 등에 대한 법규・지시・규칙 등을 모두 망라한 것

㉡ 안전점검 : 시설・기계・기구 등의 구조 및 설치상태와 안전기준과의 적합성 여부를 확인하는 행위

㉢ 안전점검의 시스템 중 4M : Man, Machine, Media, Management

㉣ 안전점검의 목적

- 위험을 사전에 발견하여 시정한다.
- 사고원인을 찾아 재해를 미연에 방지하기 위함이다.
- 기기 및 설비의 결함이나 불안전한 상태의 제거로 사전에 안전성을 확보하기 위함이다.
- 재해의 재발을 방지하여 사전대책을 세우기 위함이다.
- 기계 설비의 안전상태 유지를 점검한다.
- 결함이나 불안전한 조건의 제거를 위함이다.
- 현장의 불안전 요인을 찾아 계획에 적절히 반영시키기 위함이다.

> ※ 안전점검의 목적이 아닌 것으로 출제되는 것들
> - 관리운영 및 작업방법을 조사한다.
> - 생산 위주로 시설을 가동시키므로서, 생산량 증가를 목적으로 한다.
> - 기계 등의 안전유지를 위해 법에 따라 형식적으로 행한다.
> - 근로자가 검사하여 기업 손실을 줄이고 오직 생산량 증가를 위함이다.

㉤ 안전점검의 대상

- 안전조직 및 운영 실태
- 안전교육계획 및 실시 상황
- 운반설비

※ 안전점검 비대상 : 인력의 배치 실태 등

㉥ 안전점검 시 담당자의 자세

- 안전점검을 할 때에는 객관적인 마음가짐으로 정확히 점검해야 된다.
- 안전점검 시에는 체크리스트 항목을 충분히 이해하고 점검에 임하도록 한다.
- 안전점검 시에는 과학적인 방법으로 사고의 예방차원에서 점검에 임해야 한다.
- 안전점검 실시 후 체크리스트에 수정사항이 발생할 경우 현장의 의견을 반영하여 개정・보완하도록 한다.

㉦ 일상점검내용

- 작업 전 점검내용
  - 방호장치의 작동여부
  - 안전규칙, 작업표준, 안전상의 주의점 등 근로자 교육 상태
  - 작업자의 복장, 사용하는 기계공구, 작업하는 주변 상황에 대한 확인
  - 기계・기구 및 그 밖의 설비에 대한 작업시작 전 점검사항 확인
- 작업 중 점검내용
  - 안전수칙의 준수여부
  - 품질의 이상 유무
  - 이상소음의 발생 유무
  - 개인보호구 착용상태와 표지판 설치상태
  - 근로자의 작업상태와 작업수칙 이행상태
  - 기계장치의 청소, 정비, 안전장치 부착상태
  - 전기설비의 스위치, 조명, 배선의 이상 유무
  - 유해위험물, 생산원료 등의 취급, 적재, 보관상태의 이상 유무
  - 정리정돈, 청소, 복장과 자체 일상점검상태
- 작업종료 후 점검내용
  - 작업종료 시 기계 및 기구는 지정된 장소에 비치
  - 작업 후 주변환경 정리정돈 상태
  - 작업 교대 시 작업에 관한 전반적인 사항 인수인계 상태
  - 작업구역 내에 작업자 외의 출입통제 상태

㉧ 종합점검 : 정해진 기준에 따라 측정・검사를 행하고 정해진 조건하에서 운전시험을 실시하여 그 기계의 전체적인 기능을 판단하고자 하는 점검

② 안전점검표(체크리스트, Check List)

㉠ 안전점검표의 판정기준 작성 적용기준

- 안전관계법령
- 기술지침
- 기업의 자율적 안전기준

※ '재해통계분석'은 안전점검표의 판정기준 작성 적용기준과 거리가 멀다.

㉡ 안전점검표 포함사항 : 점검대상, 점검부분, 점검방법, 점검항목, 점검주기 또는 기간, 판정기준, 조치사항, 시정확인 등(검사결과는 포함사항이 아니다)

㉢ 안전점검표 작성 시 유의사항

- 일정한 양식을 정하여 점검대상을 정할 것
- 점검항목을 이해하기 쉽게 구체적으로 표현할 것
- 사업장에 적합한 독자적인 내용일 것
- 중점도가 높은 것부터 순서대로 작성할 것
- 위험성이 높은 순서 또는 긴급을 요하는 순서대로 작성할 것
- 정기적으로 검토하여 재해방지에 실효성이 있는 내용일 것
- 정기적으로 검토하여 설비나 작업방법이 타당성 있게 개조된 내용일 것

③ 안전점검의 기준과 실시

㉠ 안전점검기준의 작성 시 유의사항(고려사항)

- 점검대상물의 위험도를 고려한다.
- 점검대상물의 과거 재해사고 경력을 참작한다.
- 점검대상물의 기능적 특성을 충분히 감안한다.
- 최고의 기술적 수준보다는 점검자의 기능수준을 우선으로 하여 원칙적인 기준조항에 준수하도록 한다.

※ 대상물의 크기 및 형태는 고려사항이 아니다.

㉡ 안전점검 시 유의사항

- 안점점검은 안전수준의 향상을 위한 본래의 취지에 어긋나지 않아야 한다.
- 안전 점검의 형식, 내용에 변화를 부여하여 몇 가지 점검방법을 병용한다.
- 점검자의 능력을 감안하여 구체적인 계획 수립 후 능력에 상응하는 내용의 점검을 수행할 수 있도록 한다.
- 중대재해에 영향을 미치지 않는 사소한 사항이라도 제대로 조사한다.
- 불량 요소가 발견되었을 경우 다른 동종의 설비에 대해서도 점검한다.
- 과거의 재해 발생장소는 대책이 수립되어 그 원인이 해소되었더라도 점검대상에서 제외하면 안 된다.
- 과거에 재해가 발생한 곳은 그 요인이 없어졌는가를 확인한다.
- 점검사항, 점검방법 등에 대한 지속적인 교육을 통하여 정확한 점검이 이루어지도록 한다.
- 점검 시 특이한 사항 등을 기록, 보존하여 향후 점검 및 이상 발생 시 대비할 수 있도록 한다.
- 안전점검은 점검자의 객관적 판단에 의하여 점검하거나 판단한다.
- 잘못된 사항은 수정이 될 수 있도록 점검결과에 대하여 통보한다.
- 점검 중 사고가 발생하지 않도록 위험요소를 제거한 후 실시한다.
- 사전에 점검대상 부서의 협조를 구하고, 관련 작업자의 의견을 청취한다.
- 안전점검이 끝나고 강평을 할 때는 잘 된 부분은 칭찬을 하고 결함이 있는 부분은 지적하여 시정조치토록 한다.

㉢ 안전점검보고서 작성내용 중 주요사항(안전점검보고서에 수록될 주요 내용)

- 안전방침과 중점개선계획
- 안전교육 실시현황 및 추진방향
- 작업현장의 현 배치상태와 문제점
- 재해다발요인과 유형분석 및 비교 데이터 제시
- 보호구, 방호장치 작업환경 실태와 개선 제시

㉣ 안전점검방법의 종류

- 육안점검 : 부식, 마모 등의 점검
- 기능점검 : 테스트 해머 등의 점검
- 기기점검 : 온도계, 압력계 등의 점검
- 정밀점검 : 가스검지기 등의 점검

④ 안전점검의 종류

㉠ 점검주기(시기)에 따른 안전점검의 종류 : 특별점검, 임시점검, 수시점검(일상점검), 정기점검(계획점검)

- 특별점검
  - 천재지변 발생 직후 기계설비의 수리 등을 할 경우 또는 중대재해 발생 직후 등에 행하는 안전점검
  - 기계・기구 또는 설비의 신설・변경 및 고장・수리 시에 행하는 부정기적 안전점검
  - 이상사태 발생 시 관리자나 감독자가 기계, 기구, 설비 등의 기능상 이상 유무에 대한 점검
  - 일정 규모 이상의 강풍, 폭우, 지진 등의 기상이변이 있은 후에 실시하는 점검
  - 태풍, 폭우 등에 의한 침수, 지진 등의 천재지변이 발생한 경우나 이상사태 발생 시 관리자나 감독자

가 기계, 기구, 설비 등의 기능상 이상 유무에 대한 점검

- 안전강조기간, 방화점검기간에 실시하는 점검

• 임시점검

- 사고발생 이후 곧바로 외부 전문가에 의하여 실시하는 점검

예 작업장에서 목재가공용 둥근톱 기계가 작업 중 갑작스런 고장을 일으켰을 때 실시하는 안전점검

• 수시점검(일상점검)

- 작업자에 의해 매일 작업 전, 중, 후에 해당 작업설비에 대하여 수시로 실시하는 점검
- 일상점검 중 작업 전에 수행되는 내용 : 주변의 정리・정돈, 주변의 청소상태, 설비의 방호장치점검 등
- 작업 중 점검 내용 : 품질의 이상 유무, 안전수칙의 준수여부, 이상소음 발생여부

• 정기점검(계획점검)

- 일정 기간마다 정기적으로 기계・기구의 상태를 점검하는 것을 말하며 매주, 매월, 매분기 등 법적 기준에 맞도록 또는 자체 기준에 따라 해당 책임자가 실시하는 점검
- 주기적으로 일정한 기간을 정하여 일정한 시설이나, 물건, 기계 등에 대하여 점검하는 방법

㉡ 시설물의 안전관리에 관한 특별법상 안전점검 실시 구분 : 안전점검(정기안전점검, 정밀안전점검), 정밀안전진단, 긴급안전점검

• 정밀안전점검 : 정기안점점검 결과 건설공사의 물리적・기능적 결함 등이 발견되어 보수・보강 등의 조치를 위하여 필요한 경우에 실시하는 점검

• 긴급점검(긴급안전점검) : 시설물의 붕괴, 전도 등으로 인한 재난 또는 재해가 발생할 우려가 있는 경우에 시설물의 물리적・기능적 결함을 신속하게 발견하기 위하여 실시하는 점검

㉢ 외관점검 : 기기의 적정한 배치, 변형, 균열, 손상, 부식 등의 유무를 육안, 촉수 등으로 조사 후 그 설비별로 정해진 점검기준에 따라 양부를 확인하는 점검

㉣ 작동점검 : 누전차단장치 등과 같은 안전장치를 정해진 순서에 따라 작동시키고 동작상황의 양부를 확인하는 점검

㉤ 종합점검 : 정해진 기준에 따라 측정・검사를 행하고 정해진 조건하에서 운전시험을 실시하여 그 기계의 전체적인 기능을 판단하고자 하는 점검

핵심예제

4-1. 다음 중 안전점검보고서에 수록될 주요 내용으로 적절하지 않은 것은? [2012년 제3회, 2015년 제1회]

① 작업현장의 현 배치 상태와 문제점
② 안전교육 실시 현황 및 추진 방향
③ 안전관리 스태프의 인적사항
④ 안전방침과 중점 개선계획

4-2. 다음 중 안전점검 종류에 있어 점검주기에 의한 구분에 해당하는 것은? [2014년 제1회, 2015년 제2회 유사]

① 육안점검
② 수시점검
③ 형식점검
④ 기능점검

|해설|

4-1

안전점검보고서에 수록될 주요 내용 : 작업현장의 현 배치 상태와 문제점, 안전교육 실시 현황 및 추진 방향, 안전방침과 중점 개선계획

4-2

점검주기(시기)에 따른 안전점검의 종류 : 특별점검, 임시점검, 수시점검(일상점검), 정기점검(계획점검)

정답 4-1 ③ 4-2 ②

제3절 무재해운동 및 보호구

핵심 이론 01 무재해운동

① 무재해(Zero Accident)운동의 개요

㉠ 무재해운동의 정의와 목적
- 산업재해 예방을 위한 자율적인 운동이다.
- 근원적인 산업재해를 절감하고자 함이다.
- 잠재적 사고 요인을 사전에 발견, 파악하고자 한다.

㉡ 무재해운동의 기본 이념
- 무재해운동의 추진과 정착을 위해서는 최고경영자를 포함한 현장직원과 관리감독자의 실천이 우선되어야 한다.
- 위험을 발견, 제거하기 위하여 전원이 참가, 협력하여 각자의 처지에서 의욕적으로 문제해결을 실천하는 것이다.
- 무재해운동에 있어 선취란 직장의 위험요인을 행동하기 전에 예지하여 발견, 파악, 해결함으로써 재해 발생을 예방하는 것을 말한다.
- 무재해란 불휴재해는 물론 직장의 일체 잠재위험요인을 적극적으로 사전에 발견하여, 파악, 해결함으로써 뿌리에서부터 산업재해를 없앤다는 것이다.

㉢ 사업장 무재해운동 추진 및 운영에 관한 규칙에 있어 특정 목표배수를 달성하고 그 다음 배수 달성을 위한 새로운 목표를 재설정하는 경우의 무재해 목표 설정 기준
- 업종은 무재해 목표를 달성한 시점에서의 업종을 적용한다.
- 무재해 목표를 달성한 시점 이후부터 즉시 다음 배수를 기산하여 업종과 규모에 따라 새로운 무재해 목표 시간을 재설정한다.
- 건설업의 규모는 재개 시 시점에 해당하는 총공사금액을 적용한다.
- 규모는 재개 시 시점에 해당하는 달로부터 최근 일년간의 평균 상시근로자수를 적용한다.
- 창업하거나 통합·분리한지 12개월 미만인 사업장은 창업일이나 통합·분리일부터 산정일까지의 매월 말일의 상시근로자수를 합하여 해당 월수로 나눈 값을 적용한다.

㉣ 사업장 무재해운동 적용 업종의 분류 : 건설기계관리사업, 기계장치공사, 철도궤도운수업 등(식료품관리업은 해당하지 않는다)

㉤ 무재해(Zero Accident)로 보는 경우
- 제3자의 행위에 의한 업무상의 재해
- 출퇴근 도중에 발생한 재해
- 운동경기 등 각종 행사 중 발생한 재해
- 무재해운동 시행사업장에서 근로자가 업무에 기인하여 사망 또는 4일 이상의 요양을 요하는 부상 또는 발병에 이환되지 않는 것
  ※ 요양 : 부상 등의 치료를 의미하며 통원 및 입원의 경우를 모두 포함
- 업무수행(작업시간) 중의 사고 중 천재지변 또는 돌발적인 사고로 인한 구조행위 또는 긴급피난 중 발생한 사고
- 작업시간 외에 천재지변 또는 돌발적인 사고가 많은 장소에서 사회통념상 인정되는 업무수행 중 발생한 사고
- 업무상 재해 인정기준 중 뇌혈관질환 또는 심장질환에 의한 재해
- 업무시간 외에 발생한 재해

㉥ 업무상의 재해 여부
- 업무상의 재해로 보는 경우
  - 사업주가 제공한 시설물 등을 이용하던 중 그 시설물 등의 결함이나 관리 소홀로 발생한 사고
  - 사업주가 제공한 사업장 내의 시설물에서 작업 개시 전의 작업준비, 작업 중 및 작업종료 후의 정리정돈 과정에서 발생한 재해 등
  - 업무상 부상이 원인이 되어 발생한 질병
  - 근로자가 근로계약에 따른 업무나 그에 따르는 행위를 하던 중 발생한 사고
- 업무상의 재해로 인정할 수 없는 경우 : 근로자의 고의·자해 행위 또는 그것이 원인이 되어 발생한 부상

㉦ 무재해시간과 무재해일수의 산정기준
- 무재해시간은 실근무자와 실근로시간을 곱하여 산정한다.
- 실근로시간의 산정이 곤란한 경우, 건설업은 1일 10시간을 근로한 것으로 본다.

- 실근로시간의 산정이 곤란한 경우, 건설업 이외 업종은 1일 8시간을 근로한 것으로 본다.
- 건설업 이외의 300인 미만 사업장은 실근무자와 실근로시간을 곱하여 산정한 무재해시간 또는 무재해일수를 택일하여 목표로 사용할 수 있다.

ⓞ 산소결핍이 예상되는 맨홀 내의 작업 실시 중 사고방지대책
- 작업 시작 전 및 작업 중 충분한 환기 실시
- 작업 장소의 입장 및 퇴장 시 인원점검
- 작업장과 외부와의 상시 연락을 위한 설비 설치

ⓩ 독성 물질 취급 장소에서의 안전대책 : 방독마스크의 보급과 착용 철저

ⓧ 안전대책의 우선순위 결정 시 고려해야 할 4가지 기본사항
- 목표 달성에 대한 기여도
- 대책의 긴급성
- 대책의 난이성
- 문제의 확대 가능성

ⓚ 3E 대책
- 제창자 : 하베이(J. H. Harvey)
- 별칭 : 재해예방을 위한 시정책 3E, 하베이 3E
- 3E : Education(교육), Engineering(기술), Enforcement(독려)
- 하인리히의 사고예방원리 5단계 중 'Adaption of Remedy' 단계와 연관된다.

ⓣ 시점에 의한 재해대책의 분류
- 사전대책 : 예방대책
- 사후대책 : 국한대책, 소화대책, 피난대책

ⓟ 재해예방을 위한 위험원에 대한 조치
- 위험원의 제거(조치의 강도가 가장 크다)
- 위험원에 대한 격리
- 위험원에 대한 방호조치
- 보호구 착용

ⓗ 재해예방활동의 3원칙 : 재해요인 발생의 예방, 재해요인의 발견, 재해요인의 제거 · 시정

② **산업안전보건법에 따른 무재해 운동의 추진에 있어 무재해 1배수 목표**

㉠ 무재해 1배수 목표 : 업종 · 규모별로 사업장을 그룹화하고 그룹 내 사업장들이 평균적으로 재해자 1명이 발생하는 기간 동안 당해 사업장에서 재해가 발생하지 않는 것을 말한다.

㉡ 무재해운동의 1배수 목표시간은 무재해운동 개시신청 후부터 재해발생 전일까지의 '실근로자수×실근무시간'으로 계산한다. 사무직 또는 사무직 외의 근로자로서 실근로시간 산정이 곤란한 자의 경우에는 1일 8시간으로, 건설현장근로자의 경우에는 1일 10시간으로 산정한다.

㉢ 목표시간의 계산 방법
- 실근로자수 × 실근무시간
- 연간 총 근로시간 ÷ 연간 총 재해자수
- (1인당 연평균 근로시간 ÷ 재해율) × 100
- (연평균 근로자수 × 1인당 연평균 근로시간) ÷ 연간 총 재해자수

③ **무재해운동의 기본이념 3대 원칙** : 무의 원칙, 참가의 원칙, 선취의 원칙

㉠ 무의 원칙
- 무재해, 무질병의 직장 실현을 위하여 모든 잠재 위험요인을 사전에 적극적으로 발견 · 파악 · 해결함으로써 근원적으로 뿌리에서부터 산업재해를 제거하여 없앤다는 원칙이다.
- 불휴재해는 물론 사업장 내의 잠재 위험요인을 사전에 파악하여 뿌리에서부터 재해를 없앤다.

㉡ 참가의 원칙
- 근로자 전원이 일체감을 조성하여 참여한다는 원칙이다.
- 잠재적인 위험요인을 발견 · 해결하기 위하여 전원이 협력하여 각자의 위치에서 의욕적으로 문제해결을 실천하는 것을 의미한다.
- 전원의 범위
  - 사업주, 톱(Top)을 비롯하여 관리감독자 스탭(Staff)으로부터 작업자까지 전원
  - 직장의 작업자 전원(직장 소집단 활동에 의한 전원)
  - (직장 내 종사하는)근로자 가족까지 포함한 전원

- 직접부문(현업)만이 아니라 간접부문(비현업)도 전원
- 협력회사, 하청회사 및 관련회사도 포함한 전원

㉢ 선취의 원칙

- 모든 잠재적 위험요소를 사전에 발견·파악하여 재해를 예방하거나 방지한다는 원칙
- 무재해, 무질병의 직장을 실현하기 위하여, 위험요인을 행동하기 전에 발견하여 예방하자는 것이다.

④ 무재해운동 추진의 3대 기둥

㉠ 최고경영자의 경영자세 : 안전보건은 최고경영자의 무재해 및 무질병에 대한 확고한 경영자세로 시작된다.

㉡ 관리감독자에 의한 안전보건의 추진 : 안전보건을 추진하는 데에는 관리감독자들의 생산활동 중에 안전보건을 실천하는 것이 중요하다.

㉢ 소집단의 자주활동의 활발화 : 안전보건은 각자 자신의 문제이며 동시에 동료의 문제로서, 직장의 팀 멤버와 협동 노력하여 자주적으로 추진하는 것이 필요하다.

⑤ 재해예방의 4원칙

㉠ 원인계기의 원칙(원인연계의 원칙)

- 재해의 발생에는 반드시 그 원인이 있다.
- 사고와 손실과의 관계는 우연적이지만, 사고와 원인과의 관계는 필연적이다.

㉡ 손실우연의 원칙 : 사고의 발생과 손실의 발생에는 우연적 관계가 있다.

㉢ 대책선정의 원칙 : 재해예방을 위한 가능한 안전대책은 반드시 존재한다. 가장 효과적인 재해방지대책의 선정은 이들 원인의 정확한 분석에 의해서 얻어진다.

- 기술적 대책(Engineering) : 안전설계, 작업행정 개선, 안전기준 설정, 환경설비 개선, 점검 보존 확립 등
- 교육적 대책(Education) : 안전교육·훈련 등
- 관리적 대책(Enforcement) : 적합한 기준 설정, 전 종업원의 기준이해, 동기부여와 사기 향상, 각종 규정·수칙 준수, 경영자·관리자의 솔선수범 등

㉣ 예방가능의 원칙

- 천재지변을 제외한 모든 인재는 예방이 가능하다.
- 재해예방을 위한 가능한 대책은 반드시 존재한다.
- 재해는 원칙적으로 원인만 제거되면 예방이 가능하다.

⑥ 안전교육훈련에 있어서의 동기부여 방법

㉠ 안전목표를 명확히 설정한다.

㉡ 결과를 알려 준다.

㉢ 경쟁과 협동을 유발시킨다.

㉣ 동기유발 수준을 유지한다.

㉤ 안전의 기본이념을 인식시킨다.

㉥ 상과 벌을 준다.

⑦ 위험예지훈련의 4라운드(4R) : 현상파악 → 본질추구 → 대책수립 → 목표설정

㉠ 1단계 : 현상파악

- 브레인스토밍을 실시하여 어떤 위험이 존재하는가를 파악한다.

㉡ 2단계 : 본질추구

- 문제점을 발견하고 중요 문제를 결정하는 단계
- 위험의 포인트를 결정하여 지적확인하는 단계
- 위험요인을 찾아내고, 가장 위험한 것을 합의하여 결정한다.

㉢ 3단계 : 대책수립

- 가장 위험한 요인에 대하여 브레인스토밍 등을 통하여 대책을 세운다.

㉣ 4단계 : 목표설정

- 가장 우수한 대책에 대하여 합의하고, 행동계획을 결정한다.

⑧ 브레인스토밍(Brain Storming)

㉠ 6~12명의 구성원으로 타인의 비판 없이 자유로운 토론을 통하여 잠재되어 있는 다량의 독창적인 아이디어를 이끌어내어 대안적 해결안을 찾기 위한 집단적 사고기법이며 위험예지훈련에서 활용하기에 적합한 기법이다.

㉡ 창안자 : 오스본(Osborn)

㉢ 별칭 : 두뇌선풍법, 집중발상법

㉣ 브레인스토밍의 4원칙 : 비판금지, 자유분방, 대량발언, 수정발언

- 비판금지
  - Criticism is Ruled Out
  - 타인의 의견에 대하여 비판하지 않도록 한다.
  - 타인(동료)의 의견에 대하여 좋고 나쁨을 평가하지 않는다.
  - 타인의 아이디어를 평가하지 않는다.

- 자유분방
  - Free Wheeling
  - 누구든 자유롭게 마음대로 편안히 본인의 아이디어를 제시·발언하다.
  - 지정된 표현방식을 벗어나 자유롭게 의견을 제시한다.
  - 주제와 관련이 없는 내용을 발표할 수 있다.
  - 발표순서를 정하지 않고, 자유분방하게 의견을 발언한다.
- 대량발언
  - Quantity is Wanted
  - 최대한 많은 양의 의견을 제시한다.
  - 주제와 무관한 사항이거나 사소한 아이디어라도 무엇이든지 좋으니 가능한 많이 제시·발언한다.
  - 한 사람이 많은 발언을 할 수도 있다.
- 수정발언
  - Combination & Improvement are Sought
  - 타인의 의견을 수정하여 발언한다.
  - 타인의 아이디어에 편승해서 덧붙여 발언한다.

⑨ **위험예지훈련법**

㉠ 위험예지훈련의 개요
- 전원이 참가하는 교육훈련기법이다.
- 행동하기에 앞서 해결하는 것을 습관화하는 훈련이다.
- 직장 내에서 적정 인원의 단위로 토의하고 생각하며 이해한다.
- 위험의 포인트나 중점 실시사항을 지적확인한다.
- 직장이나 작업의 상황 속 잠재 위험요인을 도출한다.

㉡ 1인 위험예지훈련 : 한 사람 한 사람의 위험에 대한 감수성 향상을 도모하기 위한 삼각 및 원 포인트 위험예지훈련을 통합한 활용기법이다.

㉢ TBM 위험예지훈련(Tool Box Meeting)
- 팀의 일체감, 연대감을 조성할 수 있고 동시에 대뇌구피질에 좋은 이미지를 불어 넣어 안전행동을 하도록 하는 방법
- 작업원 전원의 상호대화를 통하여 스스로 생각하고 납득하게 하기 위한 작업장의 안전회의 방식
- 별칭 : 즉시즉응법
- TBM 위험예지훈련의 진행방법
  - 인원은 10명 이하로 구성한다.
  - 소요시간은 10분 정도가 바람직하다.
  - 리더는 주제의 주안점에 대하여 연구해둔다.
  - 작업현장에서 그때 그 장소의 상황에 즉응하여 실시한다.
- 사전에 주제를 정하고 자료 등을 준비한다.
- 결론은 가급적 서두르지 않는다.
- TBM 활동의 5단계 추진법의 순서 : 도입 → 점검정비 → 작업지시 → 위험예지훈련 → 확인

㉣ Touch & Call
- 서로 손을 얹고 팀의 행동구호를 외치는 무재해운동 추진기법의 하나로, 스킨십에 바탕을 두고 팀 전원의 일체감, 연대감을 느끼게 하며, 대뇌피질에 안전태도 형성에 좋은 이미지를 심어주는 기법
- 현장에서 전 팀원이 각자의 왼손을 맞잡아 원을 만들어 팀의 행동목표를 지적확인하는 것을 말한다.

㉤ 안전확인 5지 운동 : 작업 전 다섯 손가락을 펴고 안전을 인지·확인하기 위하여 이를 하나씩 꺾어 힘있게 쥐고 '무사고로 가자'는 구호를 외친 후 작업을 개시하는 방법으로 엄지·검지·중지·약지·새끼손가락은 각각 마음·복장·규정·정비·확인을 의미한다.
- 엄지(마음) : 하나, 나도 동료도 부상 당하거나 당하게 하지 말자!
- 검지(복장) : 둘, 복장을 단정히 하자!
- 중지(규정) : 셋, 서로가 지키자 안전수칙!
- 약지(정비) : 넷, 정비, 올바른 운전!
- 새끼손가락(확인) : 다섯, 언제나 점검 또 점검!

㉥ STOP기법(Safety Training Observation Program)
- 각 계층의 관리감독자들이 숙련된 안전관찰을 행할 수 있도록 훈련을 실시함으로써 사고의 발생을 미연에 방지하여 안전을 확보하는 안전관찰훈련기법
- 주로 현장에서 실시하는 관리감독자의 안전관찰훈련 프로그램이다.
- 듀퐁사에서 실시하여 실효를 거둔 기법이다.

㉦ ECR(Error Cause Removal) : 작업자 자신이 자기의 부주의 이외에 제반 오류의 원인을 생각함으로써 개선을 하도록 하는 과오원인 제거기법

ⓞ 안전행동실천운동(5C운동) : Correctness(복장단정), Clearance(정리 · 정돈), Cleaning(청소 · 청결), Concentration(전심전력), Checking(점검확인)

ⓩ 자문자답카드 위험예지훈련 : 한 사람, 한 사람이 스스로 위험요인을 발견, 파악하여 단시간에 행동목표를 정하여 지적확인을 하며, 특히 비정상적인 작업의 안전을 확보하기 위한 위험예지훈련

핵심예제

1-1. 무재해운동의 3원칙에 해당되지 않는 것은?

[2012년 제3회 유사, 2016년 제2회, 2021년 제1회]

① 무의 원칙
② 참가의 원칙
③ 대책 선정의 원칙
④ 선취의 원칙

1-2. 위험예지훈련의 문제해결 4라운드에 속하지 않는 것은?

[2011년 제2회, 2016년 제2회, 2017년 제3회 유사]

① 현상 파악
② 본질 추구
③ 대책 수립
④ 원인 결정

1-3. 브레인스토밍(Brainstorming) 기법의 4원칙에 관한 설명으로 틀린 것은?

[2010년 제1회, 제2회 유사, 2011년 제1회 유사, 2013년 제1회, 제2회, 2016년 제3회 유사, 2017년 제3회]

① 한 사람이 많은 의견을 제시할 수 있다.
② 타인의 의견을 수정하여 발언할 수 있다.
③ 타인의 의견에 대하여 비판, 비평하지 않는다.
④ 의견을 발언할 때에는 주어진 요건에 맞추어 발언한다.

1-4. 브레인스토밍(Brainstorming) 기법의 4원칙에 관한 설명으로 옳은 것은?

[2011년 제3회 유사, 2012년 제3회, 2014년 제2회, 제3회 유사, 2018년 제3회, 2021년 제1회]

① 주제와 관련 없는 내용은 발표할 수 없다.
② 동료의 의견에 대하여 좋고 나쁨을 평가한다.
③ 발표 순서를 정하고, 동일한 발표 기회를 부여한다.
④ 타인의 의견에 대해 수정하여 발표할 수 있다.

|해설|

1-1
대책 선정의 원칙은 재해 예방의 4원칙 중 하나이다. 무재해운동의 3원칙이 아닌 것으로 '대책선정의 원칙, 최고경영자의 원칙' 등이 출제된다.

1-2
위험예지훈련의 문제해결 4라운드에 속하지 않는 것으로 '원인 결정, 안전 평가' 등이 출제된다.

1-3
브레인스토밍에서 의견을 발언할 때에는 주어진 요건에 맞추어 발언하는 것이 아니라 자유분방하게 발언한다.

1-4
① 주제와 관련 없는 내용을 발표할 수 있다.
② 동료의 의견에 대하여 좋고 나쁨을 평가하지 않는다.
③ 발표 순서를 정하지 않고, 자유분방하게 의견을 발언한다.

정답 1-1 ③ 1-2 ④ 1-3 ④ 1-4 ④

핵심 이론 02 보호구

① 보호구의 개요

㉠ 정의 : 외계의 유해한 자극물을 차단시키거나 그 영향을 감소하기 위하여 근로자의 신체 일부나 전부에 장착하는 것(소극적, 2차적 안전대책)

㉡ 보호구의 구비요건
- 방호성능이 충분할 것
- 재료의 품질이 양호할 것
- 작업에 방해가 되지 않을 것
- 착용이 쉽고 착용감이 뛰어날 것
- 겉모양과 보기가 좋을 것

㉢ 보호구 선택 시 유의사항
- 사용목적에 적합한 보호구를 선택한다.
- 제반규격에 합격하고 보호성능이 보장되는 것을 선택한다.
- 작업행동에 방해되지 않는 것을 선택한다.
- 착용이 용이하고 크기 등이 사용자에게 편리한 것을 선택한다.

㉣ 일반적인 보호구의 관리방법
- 정기적으로 점검하고 관리한다.
- 청결하고 습기가 없는 곳에 보관한다.
- 세척한 후에는 햇볕을 피하여 그늘에서 완전히 건조시켜 보관한다.
- 항상 깨끗이 보관하고 사용 후 건조시켜 보관한다.

㉤ 표시 및 포함사항
- 의무안전인증을 받은 보호구의 표시사항(안전인증제품에 표시하여야 하는 사항) : 제조자명, 제조연월, 제조번호, 형식 또는 모델명, 규격 또는 등급, 안전인증표시, 안전인증번호
- 안전인증제품의 제품사용설명서에 포함해야 하는 사항 : 안전인증의 표시(제품명, 제조업체명, 인증번호, 인증일자, KCs 표시, 안전인증의 형식과 등급), 제품용도, 사용방법, 사용제한 및 경고사항, 점검사항과 방법, 폐기방법, 안전한 운반과 보관방법, 보증사항, 작성일자 · 연락처 등
- 보호구의 자율안전확인제품에 표시하여야 하는 사항 : 형식 또는 모델명, 규격 또는 등급, 제조자명, 제조번호 및 제조연월, 자율안전확인번호

② 안전모(추락 · 감전 위험방지용)

㉠ 안전모의 구조(보호구 안전인증 고시 제3조)
- 모체 : 착용자의 머리 부위를 덮는 주된 물체로서 단단하고 매끄럽게 마감된 재료
- 착장체 : 머리받침끈, 머리고정대 및 머리받침고리로 구성되어 안전모 머리 부위에 고정시켜 주며, 안전모에 충격이 가해졌을 때 착용자의 머리 부위에 전해지는 충격을 완화시켜 주는 기능이 있는 부품
- 턱끈 : 모체가 착용자의 머리 부위에서 탈락하는 것을 방지하기 위한 부품
- 통기구멍 : 통풍의 목적으로 모체에 있는 구멍
- 챙(차양) : 햇빛 등을 가리기 위한 목적으로 착용자의 이마 앞으로 돌출된 모체의 일부

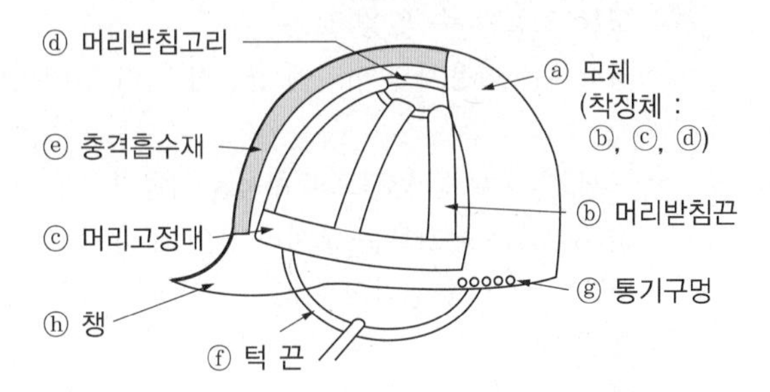

- 내부 수직거리 : 안전모를 머리 모형에 장착하였을 때 모체 내면의 최고점과 머리 모형 최고점과의 수직거리
- 충격흡수재 : 안전모에 충격이 가해졌을 때, 착용자의 머리 부위로 전해지는 충격을 완화하기 위하여 모체의 내면에 붙이는 부품
- 외부 수직거리 : 안전모를 머리 모형에 장착하였을 때 모체 외면의 최고점과 머리 모형 최고점과의 수직거리
- 착용 높이 : 안전모를 머리 모형에 장착하였을 때 머리고정대의 하부와 머리 모형 최고점과의 수직거리
- 수평 간격 : 모체 내면과 머리 모형 전면 또는 측면 간의 거리
- 관통거리 : 모체 두께를 포함하여 철제추가 관통한 거리

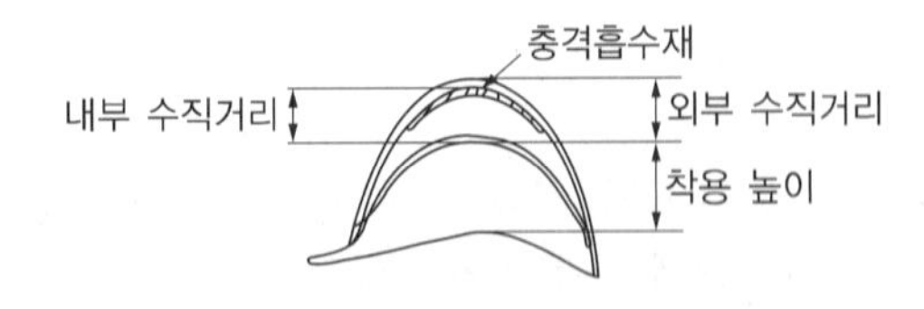

㉡ 안전모의 종류(보호구 안전인증 고시 별표 1)
- AB종 : 물체의 낙하 또는 비래(날아옴) 및 추락에 의한 위험을 방지·경감시키기 위하여 사용하는 안전모
- AE종 : 물체의 낙하 또는 비래에 의한 위험을 방지 또는 경감하고, 머리 부위 감전에 의한 위험을 방지하기 위하여 사용하는 안전모(내전압성 : 7,000[V] 이하의 전압에 견디는 것)
- ABE종 : 물체의 낙하 또는 비래 및 추락에 의한 위험을 방지 또는 경감하고, 머리 부위 감전에 의한 위험을 방지하기 위하여 사용하는 안전모(내전압성)

㉢ 안전모의 구조적 요건
- 모체, 착장체 및 턱끈이 있을 것
- 착장체의 머리고정대는 착용자의 머리 부위에 적합하도록 조절할 수 있을 것
- 착장체는 착용자의 머리에 균등한 힘이 분배되도록 할 것
- 모체, 착장체 등 안전모의 부품은 착용자에게 상해를 줄 수 있는 날카로운 모서리 등이 없을 것
- 턱끈은 사용 중 탈락되지 않도록 확실히 고정되는 구조일 것
- 안전모의 착용 높이는 85[mm] 이상이고, 외부 수직거리는 80[mm] 미만일 것
- 안전모의 내부 수직거리는 25[mm] 이상 50[mm] 미만일 것
- 안전모의 수평 간격은 5[mm] 이상일 것
- 머리받침끈이 섬유인 경우에는 각각의 폭이 15[mm] 이상이어야 하며, 교차지점 중심으로부터 방사되는 끈 폭의 총합은 72[mm] 이상일 것
- 턱끈의 폭은 10[mm] 이상일 것
- AB종, ABE종은 충격흡수재가 있어야 하며, 리벳(Rivet) 등 기타 돌출부가 모체의 표면에서 5[mm] 이상 돌출되지 않아야 한다. AB종의 경우 통기목적으로 안전모에 구멍을 뚫을 수 있으며 통기구멍의 총면적은 150[mm^2] 이상 450[mm^2] 이하로 하여야 하며, 직경 3[mm]의 탐침을 통기구멍에 삽입하였을 때 탐침이 두상에 닿지 않아야 한다.
- AE종, ABE종은 금속제의 부품을 사용하지 않고, 착장체는 모체의 내외면을 관통하는 구멍을 뚫지 않고 붙일 수 있는 구조로서 모체의 내외면을 관통하는 구멍, 핀홀 등이 없어야 한다.

㉣ 안전모의 구비조건
- 착용자의 머리와 접촉하는 안전모의 모든 부품은 피부에 유해하지 않은 재료를 사용해야 한다.
- 고대다(高大多) : 내충격성, 내전성, 내부식성, 내열성, 내한성, 난연성, 내수성, 강도, 색의 밝기와 명도(흰색의 반사율이 가장 좋으나 청결 유지 등의 목적으로 황색을 많이 사용), 피부 무해성, (대량)생산성, 외관 미려 정도, 사용 편리성 등
- 저소소(低小少) : 가격, 무게

㉤ 안전모의 시험성능 기준 항목(보호구 안전인증 고시 별표 1) : 내관통성, 충격흡수성, 내전압성, 내수성, 난연성, 턱끈 풀림 등

항 목	시험성능 기준
내관통성	AE, ABE종 안전모는 관통거리가 9.5[mm] 이하이고, AB종 안전모는 관통거리가 11.1[mm] 이하이어야 한다.
충격 흡수성	최고 전달충격력이 4,450[N]을 초과해서는 안 되며, 모체와 착장체의 기능이 상실되지 않아야 한다.
내전압성	AE, ABE종 안전모는 교류 20[kV]에서 1분간 절연파괴 없이 견뎌야 하고, 이때 누설되는 충전전류는 10[mA] 이하이어야 한다. 또한, 최대 7,000[V] 이하의 전압에 견디어야 한다.
내수성	AE, ABE종 안전모는 질량증가율이 1[%] 미만이어야 한다.
난연성	모체가 불꽃을 내며 5초 이상 연소되지 않아야 한다.
턱끈풀림	150[N] 이상 250[N] 이하에서 턱끈이 풀려야 한다.

※ 내전압성 시험, 내수성 시험은 AE종과 ABE종에만 실시한다.

㉥ 부가성능 기준(보호구 안전인증 고시 별표 1)
- 안전모의 측면 변형 방호기능을 부가성능으로 요구 시, 최대 측면 변형은 40[mm], 잔여 변형은 15[mm] 이내이어야 한다.
- 안전모의 금속용융물 분사 방호기능을 부가성능으로 요구 시
  - 용융물에 의해 10[mm] 이상의 변형이 없고 관통되지 않을 것
  - 금속용융물의 방출을 정지한 후 5초 이상 불꽃을 내며 연소되지 않을 것

ⓢ 보호구 자율안전확인 고시에 따른 안전모의 시험항목 : 전처리, 착용높이측정, 내관통성시험, 충격흡수성시험, 난연성시험, 턱끈풀림시험, 측면변형시험, 내전압성시험, 내수성시험, 금속용융물분사시험

ⓞ 질량증가율

- 질량증가율[%]

$$= \frac{\text{담근 후 질량} - \text{담그기 전 질량}}{\text{담그기 전 질량}} \times 100[\%]$$

- AE종, ABE종 안전모의 질량증가율은 1[%] 미만이어야 한다.

③ 안전화(보호구 안전인증 고시 별표 2)

㉠ (보호구 안전인증 고시에 따른)산업안전보건법령상 안전인증 대상의 안전화 종류 : 가죽제 안전화, 고무제 안전화, 정전기 안전화, 발등 안전화, 절연화, 절연장화, 화학물질용 안전화

- 가죽제 안전화 : 물체의 낙하, 충격 또는 날카로운 물체에 의한 찔림 위험으로부터 발을 보호하기 위한 안전화
- 고무제 안전화 : 물체의 낙하, 충격 또는 날카로운 물체에 의한 찔림 위험으로부터 발을 보호하고 내수성을 겸한 안전화
- 정전기 안전화 : 물체의 낙하, 충격 또는 날카로운 물체에 의한 찔림 위험으로부터 발을 보호하고 정전기의 인체대전을 방지하기 위한 안전화
- 발등 안전화 : 물체의 낙하, 충격 또는 날카로운 물체에 의한 찔림 위험으로부터 발 및 발등을 보호하기 위한 안전화
- 절연화 : 물체의 낙하, 충격 또는 날카로운 물체에 의한 찔림 위험으로부터 발을 보호하고 저압의 전기에 의한 감전을 방지하기 위한 안전화
- 절연장화 : 고압에 의한 감전을 방지 및 방수를 겸한 안전화
- 화학물질용 안전화 : 물체의 낙하, 충격 또는 날카로운 물체에 의한 찔림 위험으로부터 발을 보호하고 화학물질로부터 유해위험을 방지하기 위한 안전화

㉡ 안전화의 등급

- 중작업용
  - 1,000[mm]의 낙하높이에서 시험했을 때 충격과 15.0[kN]의 압축하중에서 시험했을 때 압박에 대하여 보호해 줄 수 있는 선심을 부착하여 착용자를 보호하기 위한 안전화
  - 광업, 건설업 및 철광업 등에서 원료 취급, 가공, 강재 취급 및 강재 운반, 건설업 등에서 중량물 운반작업, 가공대상물의 중량이 큰 물체를 취급하는 작업장으로서 날카로운 물체에 의해 찔릴 우려가 있는 장소에서 사용하는 안전화
- 보통작업용
  - 500[mm]의 낙하높이에서 시험했을 때 충격과 10.0[kN]의 압축하중에서 시험했을 때 압박에 대하여 보호해 줄 수 있는 선심을 부착하여 착용자를 보호하기 위한 안전화
  - 기계공업, 금속가공업, 운반, 건축업 등 공구가공품을 손으로 취급하는 작업 및 차량사업장, 기계 등을 운전・조작하는 일반작업장으로서 날카로운 물체에 의해 찔릴 우려가 있는 장소에서 사용하는 안전화
- 경작업용
  - 250[mm]의 낙하높이에서 시험했을 때 충격과 4.4[kN]의 압축하중에서 시험했을 때 압박에 대하여 보호해 줄 수 있는 선심을 부착하여 착용자를 보호하기 위한 안전화
  - 금속 선별, 전기제품 조립, 화학제품 선별, 반응장치 운전, 식품가공업 등 비교적 경량의 물체를 취급하는 작업장으로서 날카로운 물체에 의해 찔릴 우려가 있는 장소에서 사용하는 안전화

㉢ 가죽제 안전화의 일반구조

- 안전화의 발 끝 부분에 선심을 넣어 압박 및 충격으로부터 착용자의 발가락을 보호할 수 있는 구조이어야 한다.
- 착용감이 좋으며 작업 및 활동하기가 편리해야 한다.
- 겉창의 소돌기는 좌우, 전후 균형을 유지해야 한다.
- 선심의 내측은 헝겊, 가죽, 고무 또는 합성수지 등으로 감싸고, 특히 후단부의 내측은 보강되어 있어야 한다.
- 내답발성(날카로운 물체나 금속의 찔림방지)을 향상시키기 위해 얇은 금속 또는 이와 동등 이상의 재질로 된 내답판을 사용해야 한다.
- 안창은 유연하고 강하여야 하며 흡습성이 있는 재질이어야 한다.

- 봉합사가 사용된 경우 그 사용목적에 적합하고 굵기 및 꼬임이 균등해야 한다.
- 내답판은 안전화의 손상 없이는 제거될 수 없도록 안전화 내측에 삽입되어야 한다.
- 가죽은 천연가죽으로 하거나 합성수지로 코팅된 인조가죽을 사용하고 두께가 균일하여야 하며 흠 등의 결함이 없어야 한다.
- 선심은 충격 및 압박시험조건에 파손되지 않고 견딜 수 있는 충분한 강도를 가지는 금속, 합성수지 또는 이와 동등 이상의 재질이어야 하며, 표면이 모두 평활하고 가장자리 및 모서리는 둥글게 하고 강재 선심인 경우에는 전체 표면에 부식방지 처리를 해야 한다.
- 안전화 겉창 내면의 가장자리와 내답판 최대 이격거리를 명시해야 한다.
- 성능시험항목 : 내압박성 시험, 내충격성 시험, 겉창의 박리저항 시험 등
- 성능시험 시 내전압 시험은 할 필요가 없다.

㉣ 고무제 안전화의 일반구조(구비조건)

- 안전화는 방수 또는 내화학성의 재료(고무, 합성수지 등)를 사용하여 견고하게 제조되고 가벼우며, 착용하기에 편안하고, 활동하기 쉬워야 한다.
- 안전화는 물, 산 또는 알카리 등이 안전화 내부로 쉽게 들어가지 않아야 하며 겉창, 뒷굽, 테이프, 기타 부분의 접착이 양호하여 물 등이 새어 들지 않도록 해야 한다.
- 안전화 내부에 부착하는 안감·안창포 및 심지포(이하 '안감 및 기타포'라고 한다)에 사용되는 메리야스, 융 등은 사용목적에 따라 적합한 조직의 재료를 사용하고 견고하게 제조하여 모양이 균일해야 한다. 다만, 분진발생 및 고온의 작업장소에서 사용되는 안전화는 안감 및 기타 포를 부착하지 않아도 된다.
- 겉창(굽 포함), 몸통, 신울, 기타 접합부분 또는 부착부분은 밀착이 양호하며, 물이 새지 않고 고무 및 포에 부착된 박리고무가 부풀거나 흠이 없도록 해야 한다.
- 선심의 안쪽은 포, 고무 또는 합성수지 등으로 붙이고 특히, 선심 뒷부분의 안쪽은 보강하도록 한다.
- 안쪽과 골씌움은 완전해야 한다.
- 부속품의 접착은 견고해야 한다.
- 에나멜을 칠한 것은 에나멜이 벗겨지지 않고 건조가 충분해야 하며, 몸통과 신울에 칠한 면이 대체로 평활해야 한다. 칠한 면을 겉으로 하여 180° 각도로 구부렸을 때, 에나멜을 칠한 면에 균열이 생기지 않도록 해야 한다.
- 사용할 때 위험한 흠, 균열, 기공, 기포, 이물 혼입, 기타 유사한 결함이 없도록 해야 한다.

㉤ 정전기 안전화의 일반구조

- 안전화는 인체에 대전된 정전기를 겉창을 통하여 대지로 누설시키는 전기회로가 형성될 수 있는 재료와 구조이어야 한다.
- 겉창은 전기저항의 변화가 작은 합성고무를 사용해야 한다.
- 안창이 도전로가 되는 경우에는 적어도 그 일부분에 겉창보다 전기저항이 작은 재료를 사용해야 한다.
- 안전화는 착용자의 발한이나 마모로 인한 안전화 내부의 흡습, 더러워짐 등에 의해서 전기저항의 변화가 작은 안정된 재료와 구조이어야 한다.

㉥ 발등 안전화의 일반구조

- 안전화 선심의 후단에 방호대가 3[mm] 이상 겹쳐서 발등부를 덮어 선심과 방호대에 의하여 발가락과 발등을 낙하물로부터 방호하는 구조이어야 한다.
- 착용자가 보행이나 무릎을 굽혔을 때 불편하지 않은 구조이어야 한다.
- 방호대는 방호대 본체만으로 되어진 것과 방호대 본체를 피혁 등으로 씌운 것이 있으며, 작업 중 안전화에서 쉽게 이탈되지 않아야 한다.
- 방호대 본체의 폭은 75[mm] 이상, 길이는 85[mm] 이상이어야 한다.

㉦ 절연화의 일반구조

- 발가락을 보호하기 위한 선심이나 강재 내답판을 제외하고는 안전화 어느 부분에도 도전성 재료를 사용하여서는 안 된다.
- 안전화의 겉창은 절연체를 사용해야 한다.
- 안전화에 선심이나 강재 내답판을 사용한 경우에는 기타 다른 부분과는 완전히 절연되어 있어야 한다.

④ 안전장갑

㉠ 절연장갑(내전압용, 보호구 안전인증 고시 별표 3)

• 절연장갑의 등급별 최대 사용전압과 적용 색상

등 급	최대 사용전압[V]		색 상
	교류(실횻값)	직 류	
00	500	750	갈 색
0	1,000	1,500	빨간색
1	7,500	11,250	흰 색
2	17,000	25,500	노란색
3	26,500	39,750	녹 색
4	36,000	54,000	등 색

• 일반 구조 및 재료
  - 절연장갑은 고무로 제조하여야 하며 핀홀(Pin Hole), 균열, 기포 등의 물리적인 변형이 없어야 한다.
  - 합성장갑(Composite Glove)은 다양한 색상 또는 형태의 고무를 여러 개 붙이거나 층층으로 포개어 합성한 장갑으로서, 여러 색상의 층들로 제조된 합성 절연장갑이 마모되는 경우에는 그 아래 다른 색상의 층이 나타나야 한다.
  - 미트(Mitt)는 손가락 덮개를 가진 절연장갑으로서 하나 또는 그 이상(4개 이하)의 손가락을 넣을 수 있는 구조이어야 한다.
  - 컨투어 장갑(Contour Glove)은 소매 끝단 팔 구부림을 편리하게 한 절연장갑으로서 컨투어 소매 장갑의 최대 길이와 최소 길이의 차이는 50±6[mm]이어야 한다.

• 성능시험의 종류 : 절연내력, 인장강도, 신장률, 영구신장률, 경년변화, 뚫림 강도, 화염억제시험, 저온시험, 내열성시험

㉡ 안전장갑(화학물질용) : 화학물질이 피부를 통하여 인체에 흡수되지 않도록 하기 위한 보호용 안전장갑

⑤ 마스크

㉠ 면 마스크 : 먼지 등의 침입을 막기 위하여 사용하는 마스크이다.

㉡ 방진 마스크 : 중독을 일으킬 위험이 높은 분진이나 퓸(Fume)을 발산하는 작업과 방사선 물질의 분진이 비산하는 장소에서 사용하는 마스크이다.

• 방진 마스크의 구비조건(선정기준)
  - 착용이 용이할 것
  - 안면 밀착성이 좋을 것
  - 포집효율이 좋을 것
  - 시야가 넓을 것
  - 중량이 가벼울 것
  - 사용용적이 작을 것
  - 흡기저항 상승률이 낮을 것
  - 흡배기저항이 낮을 것(흡배기밸브가 외부의 힘에 의하여 손상되지 않도록 흡배기저항이 낮을 것)
  - 여과재는 여과성능이 우수하고 인체에 장해를 주지 않을 것
  - 흡기밸브는 미약한 호흡에 대하여 확실하고 예민하게 작동하도록 할 것
  - 배기밸브는 방진 마스크의 내부와 외부의 압력이 같을 경우 항상 닫혀 있도록 할 것. 또한, 약한 호흡 시에도 확실하고 예민하게 작동하여야 하며 외부의 힘에 의하여 손상되지 않도록 덮개 등으로 보호되어 있을 것
  - 연결관(격리식)은 신축성이 좋아야 하고 여러 모양의 구부러진 상태에서도 통기에 지장이 없을 것. 또한, 턱이나 팔의 압박이 있는 경우에도 통기에 지장이 없어야 하며 목의 운동에 지장을 주지 않을 정도의 길이를 가질 것
  - 머리끈은 적당한 길이 및 탄력성을 갖고 길이를 쉽게 조절할 수 있을 것

• 방진 마스크의 등급
  - 특급 : 독성물질(베릴륨 등) 함유, 분진 등 발생 장소, 석면 취급 장소
  - 1급 : 열적(금속 퓸) 또는 기계적으로 생기는 분진 등의 발생 장소(기계적 분진 중 규소 등은 2급 방진 마스크를 사용해도 무방)
  - 2급 : 특급, 1급 이외의 분진 등의 발생 장소

• 포집효율 시험성능 기준

형태 및 등급	분리식			안면부 여과식		
	특 급	1급	2급	특 급	1급	2급
염화나트륨(NaCl) 및 파라핀 오일(Paraffin Oil) 시험[%]	99.95 이상	94.0 이상	80.0 이상	99.0 이상	94.0 이상	80.0 이상

• 형태에 따른 방진 마스크의 분류(보호구 안전인증 고시 별표 4)

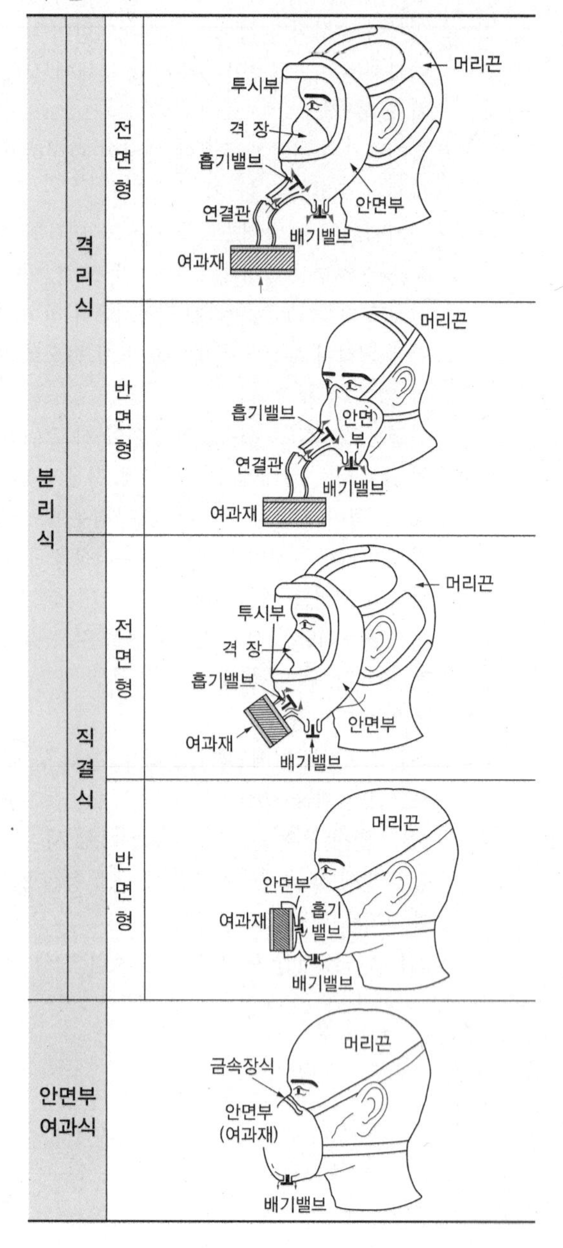

• 방진 마스크의 사용조건과 사용 예
  - 산소농도 18[%] 이상인 장소에서 사용하여야 한다.
  - 사용 가능 예 : 기계부품을 연마하는 작업, 암석 및 광석의 분쇄작업, 면진이 일어나는 타면기 작업, 갱 내에서의 채광작업 등
  - 사용 불가능 예 : 산소농도 16[%] 정도의 (맨홀) 작업
  - 배기밸브가 없는 안면부 여과식 마스크는 특급 및 1급 장소에서 사용하면 안 된다.

㉢ 방독 마스크 : 흡수관에 들어 있는 흡수제를 이용하여 독성물질의 흡입을 방지하는 마스크이다.
• 방독 마스크 관련 용어
  - 파과 : 대응하는 가스에 대하여 정화통 내부의 흡착제가 포화상태가 되어 흡착능력을 상실한 상태
  - 파과시간 : 어느 일정농도의 유해물질 등을 포함한 공기가 일정 유량으로 정화통에 통과하기 시작한 때부터 파과가 보일 때까지의 시간
  - 파과곡선 : 파과시간과 유해물질 등에 대한 농도와의 관계를 나타낸 곡선
  - 전면형 방독 마스크 : 유해물질 등으로부터 안면부 전체(입, 코, 눈)를 덮을 수 있는 구조의 방독 마스크
  - 반면형 방독 마스크 : 유해물질 등으로부터 안면부의 입과 코를 덮을 수 있는 구조의 방독 마스크
  - 복합용 방독 마스크 : 두 종류 이상의 유해물질 등에 대한 제독능력이 있는 방독 마스크
  - 겸용 방독 마스크 : 방독 마스크(복합용 포함)의 성능에 방진 마스크의 성능이 포함된 방독 마스크
• 방독 마스크 사용 가능 공기 중 최소 산소농도 기준 : 18[%] 이상
• 주의사항 : 유해물질이 발생하는 산소결핍지역에서 방독 마스크를 착용하면 질식사망재해를 유발할 수 있으므로 갱 내의 산소가 결핍되었을 때는 방독 마스크의 사용을 금지한다.
• 방독 마스크의 등급 : 고농도, 중농도, 저농도 및 최저농도
  - 고농도 : 가스 또는 증기의 농도가 2/100(암모니아는 3/100) 이하의 대기 중에서 사용하는 방독 마스크

- 중농도 : 가스 또는 증기의 농도가 1/100(암모니아는 1.5/100) 이하의 대기 중에서 사용하는 방독 마스크
- 저농도 및 최저 농도 : 대기 중의 가스 또는 증기의 농도가 0.1/100(암모니아는 3/100) 이하인 장소에서 긴급용이 아닌 경우에 사용하는 방독 마스크

• 고농도와 중농도에서는 전면형(격리식, 직결식) 방독 마스크 사용

• 방독 마스크의 정화통 색상과 시험가스

종 류	색 상	시험가스
유기화합물용	갈 색	사이클로헥산, 다이메틸에테르, 아이소부탄
할로겐용	회 색	염소 가스 또는 증기
황화수소용		황화수소
사이안화수소용		사이안화수소
아황산용	노란색	아황산 가스
암모니아용	녹 색	암모니아 가스

- 유기화합물용(유기가스용) 방독 마스크의 정화통에는 활성탄(흡착제)이 들어가 있다.
- 흡착제의 분자량이 작고, 끓는점이 낮을수록 파과 시간이 짧다.
- 온도의 증가는 정화통의 수명을 단축시킨다.
- 활성탄의 기공 크기에 따른 흡착능력은 오염물의 농도가 높거나 액상인 경우 흡착질의 확산속도가 느리므로 큰 기공이 효과적이다.
- 방독 마스크의 정화통의 성능에 영향을 주는 인자 : 흡착제의 종류, 가스의 농도, 습도, 온도, 흡착제 입자의 크기, 충전밀도 등

ⓔ 송기 마스크

• 송기 마스크란
- 산소가 결핍되어 있는 장소(8[%] 이하)에서도 사용할 수 있는 마스크
- 공기 중 산소농도가 부족하고 공기 중에 미립자상 물질이 부유하는 장소에서 사용하기에 적절한 보호구
- 탱크 내부에서의 세정업무 및 도장업무와 같이 산소결핍이 우려되는 장소에서 사용하는 보호구
- 밀폐작업공간에서 유해물과 분진이 있는 상태에서 작업할 때 적합한 보호구

• 송기 마스크의 특징과 종류
- 특징 : 활동 범위에 제한을 받고 있지만, 가볍고 유효 사용기간이 길어지므로 일정한 장소에서의 장시간 작업에 주로 이용하여야 한다.
- 종류 : 대기를 공기원으로 하는 전동 송풍기식 호스 마스크와 압축공기를 공기원으로 하는 에어라인 마스크가 있다.

• 전동 송풍기식 호스 마스크
- 송풍기는 유해공기, 악취 및 먼지가 없는 장소에 설치한다.
- 전동 송풍기는 장시간 운전하면 필터에 먼지가 끼므로 정기적으로 점검한다.
- 전동 송풍기를 사용할 때에는 접속전원이 단절되지 않도록 코드 플러그에 반드시 '송기 마스크 사용 중'이라는 표지를 부착한다.
- 전동 송풍기는 통상적으로 방폭구조가 아니므로 폭발하한을 초과할 우려가 있는 장소에서는 사용을 금지한다.
- 정전 등으로 인해 공기 공급이 중단되는 경우에 대비한다.

• 에어라인 마스크
- 전동 송풍기식에 비하여 상당히 먼 곳까지 송기할 수 있으며 송기호스가 가늘고 활동하기도 용이하므로 유해공기가 발생되는 장소에서 주로 사용한다.
- 공급되는 공기 중의 분진, 오일, 수분 등을 제거하기 위하여 에어라인에 여과장치를 설치한다.
- 정전 등으로 인해 공기 공급이 중단되는 경우에 대비한다.

⑥ **전동식 호흡보호구(공기호흡기)** : 사용자의 몸에 전동기를 착용한 상태에서 전동기 작동에 의해 여과된 공기가 호흡호스를 통하여 안면부에 공급하는 형태의 보호구이다.

㉠ 전동식 보호구의 분류 : 전동식 방진 마스크, 전동식 방독 마스크, 전동식 후드 및 전동식 보안면

㉡ 전동식 보호구의 일반조건
• 위험・유해요소에 대하여 적절한 보호를 할 수 있는 형태일 것
• 착용부품은 착용이 간편하여야 하고 견고하게 만들어 착용자가 움직이더라도 쉽게 탈착 또는 움직이지 않을 것

• 각 부품의 재질은 내구성이 있을 것
• 각 부품은 조립이 가능한 형태이고 분해하였을 때 세척이 용이할 것
• 전동기에 부착하는 여과재 및 정화통은 교환이 용이할 것
• 사용하는 여과재 및 정화통은 접합부 사이에 누설이 없도록 부착할 수 있어야 하고, 겸용 정화통의 경우 바깥쪽에 여과재를 장착할 것
• 호흡호스는 사용상 지장이 없어야 하고 착용자의 움직임에 방해가 없을 것
• 착용부품 등 안면에 접촉하는 재료는 인체에 무해한 재료를 사용할 것
• 전원공급장치는 누전차단회로가 설치되어 있어야 하고 충전지는 쉽게 충전할 수 있을 것
• 본질안전방폭구조로 설계된 전동식 호흡보호구는 정상 시 및 사고 시(단선, 단락, 지락 등)에 발생하는 전기불꽃, 아크 또는 고온에 의하여 폭발성 가스 또는 증기에 점화되지 않도록 설계될 것
• 사용할 때 충격을 받을 수 있는 부품은 충격 시에 마찰 스파크가 발생되어 가연성의 가스혼합물을 점화시킬 수 있는 알루미늄, 마그네슘, 티이타늄 또는 이의 합금으로 만들어지지 않을 것
• 전동식 호흡보호구에 사용하는 금속부품은 내식성을 갖거나 부식방지를 위한 조치가 되어 있을 것
• 여과재 및 흡착제는 포집성능이 우수하고 인체에 장해를 주지 않을 것
• 전동기의 작동에 의한 공기 공급 유속과 분포가 착용자에게 통증(과도한 국부 냉각 및 눈 자극 유발)을 일으키지 않아야 하고 정상 작동 상태에서 공기 공급의 차단이 발생하지 않을 것
• 공기 공급량을 조절할 수 있는 유량조절장치가 설치되어 있는 경우 등급이 다른 여과재 및 정화통에 대하여 사용하지 말 것(같은 등급에서의 유량조절장치는 사용할 수 있음)
• 전동식 호흡보호구의 공기 공급량을 확인하기 위해 간편하게 측정할 수 있는 유량점검장치를 공급할 것
• 전동식 호흡보호구는 물체의 낙하 · 비래 또는 추락에 의한 위험을 방지 또는 경감하거나 감전에 의한 위험을 방지하기 위해 착용하여야 할 경우 용도에 따라 추락 및 감전 위험방지용 안전모 또는 안전모기준에 따를 것
• 전동식 호흡보호구는 비산물, 유해광선으로부터 눈 및 안면부를 보호하기 위해 착용하여야 할 경우 용도에 따라 차광 및 비산물 위험방지용 보안경 및 용접용 보안면 또는 보안경 및 보안면기준에 적합할 것
• 전동식 호흡보호구는 깨끗하게 잘 정비된 상태로 보관할 것

ⓒ 전동식 보호구의 재료
• 사용 중에 접할 수 있는 온도 · 습도 · 부식성에 적합한 재료로 만든 것
• 사용자가 장시간 착용할 경우 피부와 접촉하는 부분은 인체에 유해하지 않은 재료를 사용할 것
• 사용설명서에 따라 세척, 살균이 용이하도록 만들어야 하고, 보관방법 등에 대한 구체적인 사용설명서를 제공할 것
• 착용하였을 때 안면부와 접촉하는 재료는 부드러운 소재로 이루어져야 하고, 안면부에 찰과상을 줄 우려가 있는 예리한 요철이 없도록 제작될 것
• 모든 착용부품은 탈착이 가능하며 손으로 쉽고 견고하게 조립할 수 있을 것
• 전동식 호흡보호구의 작동으로 여과재 및 흡착제에서 이탈되는 입자가 발생하지 않도록 조치하여야 하고, 여과재 및 흡착제에 사용하는 재료는 인체에 유해하지 않을 것

ⓔ 전동식 보호구의 전기 구성품
• 잠재적 폭발성 분위기에서 사용하도록 설계된 전동식 호흡보호구는 성능기준 및 시험방법에 만족할 것
• 전원공급장치가 충전지인 경우 유출방지형 충전지를 사용하여야 하고 누전 시 전원차단장치의 회로를 구성하여 전원을 차단할 것
• 사용전압은 직류 60[V] 또는 교류 25[V](60[Hz]) 이하의 전압을 사용하여야 하고 전동기의 팬이 반대 방향으로 회전하지 않도록 만들 것
• 장시간 사용에 따른 급격한 흡기저항 상승 및 비정상적인 작동에 의한 이상현상이 발생하기 전 착용자에게 위험한 상태를 알려줄 수 있도록 경보장치가 작동될 것

⑦ 차광 보안경

㉠ 용어 정의

- 접안경 : 착용자의 시야를 확보하는 보안경의 일부로서, 렌즈 및 플레이트 등을 말한다.
- 필터 : 해로운 자외선 및 적외선 또는 강렬한 가시광선의 강도를 감소시킬 수 있도록 설계된 것이다.
- 필터렌즈(플레이트) : 유해광선을 차단하는 원형 또는 변형 모양의 렌즈(플레이트)이다.
- 커버렌즈(플레이트) : 분진, 칩, 액체약품 등 비산물로부터 눈을 보호하기 위해 사용하는 렌즈(플레이트)이다.
- 시감투과율 : 필터 입사에 대한 투과광속의 비로, 분광투과율을 측정하고 다음 산식에 따라 계산한다.

$$\tau_v = \frac{\int_{380[nm]}^{780[nm]} \phi(\lambda)\tau(\lambda)V(\lambda)d\lambda}{\phi(\lambda)V(\lambda)d\lambda}$$

여기서, τ_v : 시감투과율

$\phi(\lambda)$: 표준광에서의 분광분포의 값

$\tau(\lambda)$: 파장 λ에서의 필터 입사광속과 투자광속의 비

$V(\lambda)$: 분광투과율

- 적외선투과율 : 780[nm] 이상 1,400[nm] 이하, 780[nm] 이상 2,000[nm] 이하 영역의 평균 분광투과율로, 다음 산식에 따라 계산한다.

$$\tau_A = \frac{1}{620}\int_{780[nm]}^{1,400[nm]} \tau(\lambda)d\lambda$$

$$\tau_N = \frac{1}{1,220}\int_{780[nm]}^{2,000[nm]} \tau(\lambda)d\lambda$$

여기서, τ_A : 근적외부 분광투과율

τ_N : 전적외부 분광투과율

- 차광도 번호(Scale Number) : 필터와 플레이트의 유해광선을 차단할 수 있는 능력으로 자외선, 가시광선 및 적외선에 대해 표기할 수 있으며 다음 산식에 따라 계산한다.

$$N = 1 + \frac{7}{3}\log\frac{1}{\tau_v}$$

여기서, N : 차광도 번호(Scale Number)

τ_v : 시감투과율

㉡ 차광 보안경의 종류

- 자외선용 : 자외선이 발생하는 장소에서 사용하는 차광 보안경
- 적외선용 : 적외선이 발생하는 장소에서 사용하는 차광 보안경
- 복합용 : 자외선 및 적외선이 발생하는 장소에서 사용하는 차광 보안경
- 용접용 : 산소용접작업 등과 같이 자외선, 적외선 및 강렬한 가시광선이 발생하는 장소에서 사용하는 차광 보안경

㉢ 차광 보안경의 일반구조

- 차광 보안경에는 돌출 부분, 날카로운 모서리 혹은 사용 도중 불편하거나 상해를 줄 수 있는 결함이 없어야 한다.
- 착용자와 접촉하는 차광 보안경의 모든 부분에는 피부 자극을 유발하지 않는 재질을 사용해야 한다.
- 머리띠를 착용하는 경우, 착용자의 머리와 접촉하는 모든 부분의 폭이 최소한 10[mm] 이상되어야 하며, 머리띠는 조절이 가능해야 한다.

⑧ 용접용 보안면

㉠ 용어의 정의

- 용접용 보안면(이하 보안면) : 용접작업 시 머리와 안면을 보호하기 위한 것으로, 통상적으로 지지대를 이용하여 고정하며 적합한 필터를 통해서 눈과 안면을 보호하는 보호구
- 자동용접필터(Automatic Welding Filter) : 용접아크가 발생하면 낮은 수준(Light State)의 차광도에서 설정된 높은 수준(Dark State)의 차광도로 자동 변화하는 필터
- 차광속도(Switching Time) : 자동용접필터에서 용접아크 발생 시 낮은 수준(Light State)의 차광도에서 높은 수준(Dark State)의 차광도로 전환되는 시간
- 지지대(Harness) : 용접용 보안면을 머리의 제자리에 지지해 주는 조립체
- 헤드밴드(Headband) : 지지대의 일부로서 머리를 감싸고 용접용 보안면을 고정하는 부분

㉡ 용접필터의 자동 변화 유무에 따른 보안면의 종류 : 자동용접필터형, 일반용접필터형

㉢ 보안면의 형태

- 헬멧형 : 안전모나 착용자의 머리에 지지대나 헤드밴드 등을 이용하여 적정 위치에 고정시켜 사용하는 형태(자동용접필터형, 일반용접필터형)
- 핸드실드형 : 손에 들고 이용하는 보안면으로 적절한 필터를 장착하여 눈 및 안면을 보호하는 형태

㉣ 보안면의 일반구조

- 보안면에는 돌출 부분, 날카로운 모서리 혹은 사용 도중 불편하거나 상해를 줄 수 있는 결함이 없어야 한다.
- 착용자와 접촉하는 보안면의 모든 부분은 피부 자극을 유발하지 않는 재질을 사용해야 한다.
- 머리띠를 착용하는 경우, 착용자의 머리와 접촉하는 모든 부분의 폭이 최소한 10[mm] 이상되어야 하며, 머리띠는 조절이 가능해야 한다.
- 복사열에 노출될 수 있는 금속 부분은 단열처리해야 한다.
- 필터 및 커버 등은 특수공구를 사용하지 않고 사용자가 용이하게 교체할 수 있어야 한다.
- 지지대는 보안면을 정확한 위치에 고정하고 머리 방향과 무관하게 이상압력이나 미끄러짐 없이 편안한 착용상태를 유지할 수 있어야 한다.
- 용접용 보안면의 내부 표면은 무광처리하고 보안면 내부로 빛이 침투하지 않도록 해야 한다.

⑨ 방음용 귀마개와 귀덮개

㉠ 용어의 정의

- 방음용 귀마개(Ear-plugs, 이하 귀마개) : 외이도에 삽입 또는 외이 내부·외이도 입구에 반삽입함으로써 차음효과를 나타내고, 일회용 또는 재사용이 가능하다.
- 방음용 귀덮개(Ear-muff, 이하 귀덮개) : 양쪽 귀 전체를 덮을 수 있는 컵으로, 머리띠 또는 안전모에 부착된 부품을 사용하여 머리에 압착시킬 수 있다.
- 음압수준 : 음압을 데시벨[dB]로 나타낸 것으로, 적분평균소음계 또는 소음계의 'C' 특성을 기준으로 한다.

  음압수준[dB] $= 20\log_{10}\dfrac{P}{P_0}$

  여기서, P : 측정음압[Pa]

  P_0 : 기준음압으로서, 20[μPa]
- 최소 가청치 : 음압수준을 감지할 수 있는 최저 음압수준이다.
- 상승법 : 최소 가청치를 측정함에 있어 충분히 낮은 음압수준으로부터 2.5[dB] 또는 그 이하의 비율로 일정하게, 순차적으로 음압수준을 상승시켜 최소 가청치로 하는 방법이다.
- 백색소음 : 20[Hz] 이상 20,000[Hz] 이하의 가청범위 전체에 걸쳐 연속적으로 균일하게 분포된 주파수를 갖는 소음이다.
- 중심 주파수 : 가청범위 대역에서 125[Hz], 250[Hz], 500[Hz], 1,000[Hz], 2,000[Hz], 4,000[Hz] 및 8,000[Hz]의 주파수
- 1/3 옥타브 대역 : 중심 주파수를 중심으로 한 주파수의 범위
  - 중심 주파수 125[Hz] : 112~140[Hz]
  - 중심 주파수 250[Hz] : 224~280[Hz]
  - 중심 주파수 500[Hz] : 450~560[Hz]
  - 중심 주파수 1,000[Hz] : 900~1,120[Hz]
  - 중심 주파수 2,000[Hz] : 1,800~2,240[Hz]
  - 중심 주파수 4,000[Hz] : 3,550~4,500[Hz]
  - 중심 주파수 8,000[Hz] : 7,100~9,000[Hz]
- 1/3 옥타브 대역 소음 : 백색소음을 1/3 옥타브 대역 필터(1/3 옥타브 대역 이외의 대역은 모두 제거시키는 것)에 통과시킨 소음
- 시험음 : 차음성능시험에 사용하는 음
- 환경소음 : 시험 장소에서 시험음이 없을 때의 소음

㉡ 종류와 등급(보호구 안전인증 고시 별표 12)

- 귀마개 1종(EP-1) : 저음~고음 차음
- 귀마개 2종(EP-2) : (주로)고음 차음(회화음 영역인 저음은 차음하지 않음)
- 귀덮개(EM)

㉢ 귀마개의 일반구조(보호구 안전인증 고시 별표 12)

- 귀마개는 사용 수명 동안 피부 자극, 피부 질환, 알레르기 반응 혹은 그 밖에 다른 건강상의 부작용을 일으키지 않을 것
- 귀마개 사용 중 재료에 변형이 생기지 않을 것
- 귀마개를 착용할 때 귀마개의 모든 부분이 착용자에게 물리적인 손상을 유발시키지 않을 것

• 귀마개를 착용할 때 밖으로 돌출되는 부분이 외부의 접촉에 의하여 귀에 손상이 발생하지 않을 것
• 귀(외이도)에 잘 맞을 것
• 사용 중 심한 불쾌함이 없을 것
• 사용 중에 쉽게 빠지지 않을 것

㉣ 귀덮개의 일반구조(보호구 안전인증 고시 별표 12)
• 인체에 접촉되는 부분에 사용하는 재료는 해로운 영향을 주지 않을 것
• 귀덮개 사용 중 재료에 변형이 생기지 않을 것
• 제조자가 지정한 방법으로 세척 및 소독을 한 후 육안상 손상이 없을 것
• 금속으로 된 재료는 부식 방지처리가 된 것으로 할 것
• 귀덮개의 모든 부분은 날카로운 부분이 없도록 처리할 것
• 제조자는 귀덮개의 쿠션 및 라이너를 전용 도구로 사용하지 않고 착용자가 교체할 수 있을 것
• 귀덮개는 귀 전체를 덮을 수 있는 크기로 하고, 발포 플라스틱 등의 흡음재료로 감쌀 것
• 귀 주위를 덮는 덮개의 안쪽 부위는 발포 플라스틱 공기 혹은 액체를 봉입한 플라스틱 튜브 등에 의해 귀 주위에 완전히 밀착되는 구조일 것
• 길이 조절을 할 수 있는 금속 재질의 머리띠 또는 걸고리 등은 적당한 탄성을 가져 착용자에게 압박감 또는 불쾌함을 주지 않을 것

⑩ 안전대

㉠ 용어의 정의(보호구 안전인증 고시 제26조)
• 안전대 : 높이 또는 깊이 2[m] 이상의 추락할 위험이 있는 장소에서의 작업 시에 착용하여야 하는 보호구
• 각링 : 벨트 또는 안전그네와 신축조절기를 연결하기 위한 사각형의 금속고리
• 낙하거리
  – 억제거리 : 감속거리를 포함한 거리로서 추락을 억제하기 위하여 요구되는 총 거리
  – 감속거리 : 추락하는 동안 전달충격력이 생기는 지점에서 착용자의 D링 등 체결지점과 완전히 정지에 도달하였을 때의 D링 등 체결지점과의 수직거리
• D링 : 벨트 또는 안전그네와 죔줄을 연결하기 위한 D자형의 금속고리
• 버클 : 벨트 또는 안전그네를 신체에 착용하기 위해 그 끝에 부착한 금속장치
• 벨트 : 신체를 지지하기 위한 목적으로 허리에 착용하는 띠 모양의 부품
• 보조 죔줄 : 안전대를 U자 걸이로 사용할 때 U자 걸이를 위해 훅 또는 카라비너를 지탱벨트의 D링에 걸거나 떼어낼 때 잘못하여 추락하는 것을 방지하기 위한 링과 걸이설비 연결에 사용하는 훅 또는 카라비너를 갖춘 줄 모양의 부품
• 보조 훅 : U자 걸이를 위해 훅 또는 카라비너를 지탱벨트의 D링에 걸거나 떼어낼 때 추락을 방지하기 위한 훅
• 수직구명줄 : 로프 또는 레일 등과 같은 유연하거나 단단한 고정 줄로서 추락 발생 시 추락을 저지시키는 추락방지대를 지탱해 주는 줄 모양의 부품
• 신축조절기 : 죔줄의 길이를 조절하기 위해 죔줄에 부착된 금속의 조절장치
• 안전그네(안전벨트) : 신체를 지지하기 위한 목적으로 전신에 착용하는 띠 모양의 부품으로 상체 등 신체 일부분만 지지하는 부품은 제외
• 안전블록 : 안전그네와 연결하여 추락발생 시 추락을 억제할 수 있는 자동잠김장치가 갖추어져 있고 죔줄이 자동으로 수축되는 장치
• U자 걸이 : 안전대의 죔줄을 구조물 등에 U자 모양으로 돌린 뒤 훅 또는 카라비너를 D링에, 신축조절기를 각링 등에 연결하는 걸이방법
• 죔줄 : 벨트 또는 안전그네를 구명줄 또는 구조물 등 그 밖의 걸이설비와 연결하기 위한 줄 모양의 부품
• 지탱벨트 : U자 걸이 사용 시 벨트와 겹쳐서 몸체에 대는 역할을 하는 띠 모양의 부품
• 최대 전달충격력 : 동하중시험 시 시험 몸통 또는 시험추가 추락하였을 때 로드셀에 의해 측정된 최고 하중
• 추락방지대 : 신체의 추락을 방지하기 위해 자동잠김장치를 갖추고 죔줄과 수직구명줄에 연결된 금속장치(등급 : 5종)
• 충격흡수장치 : 추락 시 신체에 가해지는 충격 하중을 완화시키는 기능이 있는 죔줄에 연결되는 부품
• 8자형 링 : 안전대를 1개 걸이로 사용할 때 훅 또는 카라비너를 죔줄에 연결하기 위한 8자형의 금속고리

- 1개 걸이 : 죔줄의 한쪽 끝을 D링에 고정시키고 훅 또는 카라비너를 구조물 또는 구명줄에 고정시키는 걸이방법
- 훅 및 카라비너 : 죔줄과 걸이설비 등 또는 D링과 연결하기 위한 금속장치

㉡ 안전대의 구조(보호구 안전인증 고시 별표 9)

- 벨트식, 안전그네식 안전대의 사용구분에 따른 분류 : U자 걸이용, 안전블록, 추락방지대, 1개 걸이용
- 안전대 부품의 재료 : 나일론, 폴리에스테르, 비닐론 등
- 안전대의 일반구조
  - 벨트 또는 지탱벨트에 D링 또는 각 링과의 부착은 벨트 또는 지탱벨트와 같은 재료를 사용하여 견고하게 봉합하고 부착은 벨트 또는 지탱벨트 및 죔줄, 수직구명줄 또는 보조죔줄에 씸블(Thimble) 등의 마모방지장치가 되어있을 것(U자 걸이 안전대에 한함)
  - 벨트 또는 안전그네에 버클과의 부착은 벨트 또는 안전그네의 한쪽 끝을 꺾어 돌려 버클을 꺾어 돌린 부분을 봉합사로 견고하게 봉합할 것
  - 죔줄 또는 보조죔줄 및 수직구명줄에 D링과 훅 또는 카라비너(이하 D링 등)와의 부착은 죔줄 또는 보조죔줄 및 수직구명줄을 D링 등에 통과시켜 꺾어 돌린 후 그 끝을 3회 이상 얽어매는 방법(풀림방지장치의 일종) 또는 이와 동등 이상의 확실한 방법으로 하고 부착은 벨트 또는 지탱벨트 및 죔줄, 수직구명줄 또는 보조죔줄에 씸블(Thimble) 등의 마모방지장치가 되어 있을 것
  - 죔줄의 모든 금속 구성품은 내식성을 갖거나 부식방지 처리를 할 것
  - 벨트의 조임 및 조절 부품은 저절로 풀리거나 열리지 않을 것
  - 안전대의 종류는 사용구분에 따라 벨트식과 안전그네식으로 구분되는데 이 중 안전그네식에만 적용하는 것은 1개걸이용과 추락방지대이다.
  - 안전그네는 골반 부분과 어깨에 위치하는 띠를 가져야 하고, 사용자에게 잘 맞게 조절할 수 있을 것
  - 안전대에 사용하는 죔줄은 충격흡수장치가 부착될 것
  - U자 걸이, 추락방지대 및 안전블록에 사용하는 죔줄은 충격흡수장치를 부착하지 않는다.
- U자 걸이를 사용할 수 있는 안전대의 구조
  - 지탱벨트, 각링, 신축조절기가 있을 것(안전그네를 착용할 경우 지탱벨트를 사용하지 않아도 됨)
  - U자 걸이 사용 시 D링, 각 링은 안전대 착용자의 몸통 양 측면에 해당하는 곳에 고정되도록 지탱벨트 또는 안전그네에 부착할 것
  - 신축조절기는 죔줄로부터 이탈하지 않도록 할 것
  - U자 걸이 사용상태에서 신체의 추락을 방지하기 위하여 보조죔줄을 사용할 것
  - 보조훅 부착 안전대는 신축조절기의 역방향으로 낙하저지 기능을 갖출 것. 다만, 죔줄에 스토퍼가 부착될 경우에는 이에 해당하지 않는다.
  - 보조훅이 없는 U자 걸이 안전대는 1개 걸이로 사용할 수 없도록 훅이 열리는 너비가 죔줄의 직경보다 작고 8자형 링 및 이음형 고리를 갖추지 않을 것
- 안전블록이 부착된 안전대의 구조
  - 안전블록을 부착하여 사용하는 안전대는 신체지지의 방법으로 안전그네만을 사용할 것
  - 안전블록은 정격 사용 길이가 명시될 것
  - 안전블록의 줄은 합성섬유로프, 웨빙(Webbing), 와이어로프이어야 한다.
  - 와이어로프인 경우 최소 지름이 4[mm] 이상일 것
- 추락방지대가 부착된 안전대의 구조
  - 추락방지대를 부착하여 사용하는 안전대는 신체지지의 방법으로 안전그네만을 사용하여야 하며 수직구명줄이 포함될 것
  - 수직구명줄에서 걸이설비와의 연결부위는 훅 또는 카라비너 등이 장착되어 걸이설비와 확실히 연결될 것
  - 유연한 수직구명줄은 합성섬유로프 또는 와이어로프 등이어야 하며 구명줄이 고정되지 않아 흔들림에 의한 추락방지대의 오작동을 막기 위하여 적절한 긴장수단을 이용, 팽팽히 당겨질 것
  - 죔줄은 합성섬유로프, 웨빙, 와이어로프 등일 것
  - 고정된 추락방지대의 수직구명줄은 와이어로프 등으로 하며 최소 지름이 8[mm] 이상일 것
  - 고정 와이어로프에는 하단부에 무게추가 부착되어 있을 것

ⓒ 안전대의 등급

- 1종 : U자 걸이 전용 안전대
- 2종 : 1개 걸이 전용 안전대(안전대에 의지하지 않아도 작업할 수 있는 발판이 확보되었을 때 사용하는 2종 안전대)
- 3종 : 1개 걸이 U자 걸이 공용 안전대

ⓓ 안전대의 죔줄(로프)의 구비조건

- 내마모성이 높을 것
- 내열성이 높을 것
- 완충성이 높을 것
- 습기나 약품류에 잘 손상되지 않을 것

ⓔ 안전대의 폐기기준

- 폐기하여야 하는 로프
  - 소선에 손상이 있는 것
  - 페인트, 기름, 약품, 오물 등에 의해 변질된 것
  - 비틀림이 있는 것
  - 횡마로 된 부분이 헐거워진 것
- 폐기하여야 하는 벨트
  - 끝 또는 폭에 1[mm] 이상의 손상 또는 변형이 있는 것
  - 양끝의 헤짐이 심한 것
  - 재봉 부분의 이완이 있는 것
  - 재봉실이 1개소 이상 절단되어 있는 것
  - 재봉실의 마모가 심한 것
- 폐기하여야 하는 D링 부분
  - 깊이 1[mm] 이상 손상이 있는 것
  - 눈에 보일 정도로 변형이 심한 것
  - 전체적으로 녹이 슬어 있는 것
- 폐기하여야 하는 후크, 버클 부분
  - 후크와 갈고리 부분의 안쪽에 손상이 있는 것
  - 후크 외측에 깊이 1[mm] 이상의 손상이 있는 것
  - 이탈 방지장치의 작동이 나쁜 것
  - 전체적으로 녹이 슬어 있는 것
  - 변형되어 있거나 버클의 체결상태가 나쁜 것

⑪ 방열복

ⓐ 방열복의 종류(질량[kg]) : 방열상의(3.0), 방열하의(2.0), 방열일체복(4.3), 방열장갑(0.5), 방열두건(2.0)

ⓑ 방열두건의 사용구분

차광도 번호	사용구분
#2~#3	고로강판가열로, 조괴(造塊) 등의 작업
#3~#5	전로 또는 평로 등의 작업
#6~#8	전기로의 작업

ⓒ 방열복의 일반구조

- 방열복은 파열, 절상, 균열이 생기거나 피막이 벗겨지지 않아야 하고, 기능상 지장을 초래하는 흠이 없을 것
- 방열복은 착용 및 조작이 원활하여야 하며, 착용상태에서 작업을 행하는 데 지장이 없을 것
- 방열복을 사용하는 금속부품은 내식성 재질 또는 내식처리를 할 것
- 방열상의의 앞가슴 및 소매의 구조는 열풍이 쉽게 침입할 수 없을 것
- 방열두건의 안면렌즈는 평면상에 투영시켰을 때에 크기가 가로 150[mm] 이상, 세로 80[mm] 이상이어야 하며, 견고하게 고정되어 외부 물체의 형상이 정확히 보일 것
- 방열두건의 안전모는 안전인증품을 사용하여야 하며, 상부는 공기를 배출할 수 있는 구조로 하고, 하부에는 열풍의 침입방지를 위한 보호포가 있을 것
- 땀수는 균일하게 박아야 하며 2[땀/cm] 이상일 것
- 박아 뒤집는 봉제시접은 3[mm] 이상일 것
- 박이시작, 끝맺음 및 특히 터지기 쉬운 곳에 대해서는 2회 이상 되돌아 박기를 할 것

 핵심예제

2-1. 의무안전인증대상보호구 중 AE종, ABE종 안전모의 질량 증가율은 몇 [%] 미만이어야 하는가? [2010년 제2회, 2015년 제3회]

① 1 ② 2
③ 3 ④ 5

2-2. 산업안전보건법상 안전인증절연장갑에 안전인증표시 외에 추가로 표시하여야 하는 내용 중 등급별 색상의 연결이 옳은 것은? [2013년 제2회]

① 00등급 : 갈색
② 0등급 : 흰색
③ 1등급 : 노란색
④ 2등급 : 빨간색

2-3. 석면 취급 장소에서 사용하는 방진 마스크의 등급으로 옳은 것은? [2010년 제3회, 2018년 제1회]

① 특 급 ② 1급
③ 2급 ④ 3급

|해설|

2-1
AE종, ABE종 안전모의 질량증가율은 1[%] 미만이어야 한다.

2-2
② 0등급 : 빨간색
③ 1등급 : 흰색
④ 2등급 : 노란색

2-3
방진 마스크의 등급별 사용 장소
① 특급 : 독성물질 함유 분진 등 발생 장소, 석면 취급 장소
② 1급 : 열적 또는 기계적으로 생기는 분진 등 발생 장소
③ 2급 : 특급, 1급 이외의 분진 등 발생 장소
④ 3급 : 등급 없음

정답 2-1 ① 2-2 ① 2-3 ①

제4절 산업심리

핵심 이론 01 산업심리의 개요

① 산업안전심리의 요소
㉠ 산업안전심리의 5대 요소 : 동기, 기질, 감정, 습성, 습관
- 동기(Motive) : 능동적인 감각에 의한 자극에서 일어난 사고의 결과로서 사람의 마음을 움직이는 원동력이 되는 것
- 기질(Temper) : 감정적인 경향이나 반응에 관계되는 성격의 한 측면
- 감정(Emotion) : 인간이 순간순간에 나타내는 희노애락을 말한다. 순간적으로 나타내는 감정은 정신상태에 커다란 영향을 미치므로 안전사고에서 중요한 요소가 된다. 또한 어떤 감정을 장시간 지속하는 것은 개성의 결함이다. 감정의 불안정은 안전사고발생의 심리적 요인에 해당된다.
- 습성(Habits) : 한 종에 속하는 개체의 대부분에서 볼 수 있는 일정한 생활양식으로 본능, 학습, 조건반사 등에 따라 형성된다.
- 습관 : 생활체가 어떤 행동을 할 때 생기는 객관적인 동요

㉡ 습관에 영향을 주는 4요소 : 동기, 기질, 감정, 습성
㉢ 안전심리에서 중요시되는 인간요소 : 개성 및 사고력

② 심리검사 : 인간의 심리적 특성(성격, 지능, 적성 등)을 파악하기 위하여 여러 도구를 이용하여 양적, 질적으로 측정하고 평가하는 일련의 절차
㉠ 심리검사가 산업에 활용되는 내용
- 기업 내의 숨은 인재를 발견하는 데 도움이 된다.
- 종업원의 인사상담에 도움을 준다.
- 관리, 감독자가 부하를 바로 알고, 감독하는 데 도움을 준다.

㉡ 심리검사의 구비요건 : 타당성, 신뢰성, 표준화
- 타당성(타당도, Validity) : 측정하고자 하는 것을 실제로 잘 측정하는지의 여부를 판별하는 정도
  - 준거 관련 타당도 : 예측변인이 준거와 얼마나 관련되는지를 나타낸 타당도
  - 구인 타당도 : 심리적 개념이나 논리적 구인을 측정하는 정도

- 내용 타당도 : 평가하려고 하는 내용을 얼마나 충실히 측정하는가의 정도
- 예측 타당도 : 검사 결과가 피험자의 미래의 행동이나 특성을 얼마나 정확하고 완전하게 예언하는가의 정도

예 입사 시 적성검사에서 높은 점수를 받은 사람들일수록 입사 후에 업무수행이 우수한 것으로 나타났다면, 이 검사는 예측 타당도가 높은 것이다.

- 신뢰성 : 측정하고자 하는 심리적 개념을 일관성 있게 측정하는 정도
- 표준화 : 검사의 실시부터 채점과 해석에 이르기까지 과정 및 절차를 단일화하여 검사 시행이나 채점과 해석에서 검사자의 주관적 의도 및 해석이 개입될 수 없도록 하는 것이며 사용하는 검사의 재료, 검사받는 시간, 피검사에게 주어지는 지시, 피검사의 질문에 대한 검사자의 처리방식, 검사 장소 및 분위기까지도 모두 표준화해야 한다.

㉢ 심리검사의 종류

- 지능검사 : 지적 능력을 측정하기 위한 검사
  - 지적 능력
    - ⓐ 새로운 환경에 적응하는 능력
    - ⓑ 문제해결능력
    - ⓒ 추상적 사상을 다루는 능력
    - ⓓ 목적지향적으로 행동하고 합리적으로 사고하고 환경을 효과적으로 다루는 개인의 종합적 능력
- 적성검사(능력검사) : 특정활동이나 작업 수행에 필요한 현재 능력의 상태나 발전가능성을 측정하기 위한 검사
- 흥미검사 : 예술, 기계, 스포츠 등 다양한 활동영역에 대한 개인의 흥미 정도를 측정하기 위한 검사
- 성격검사 : 성격의 특징 또는 성격 유형을 진단하기 위한 검사
- 신체능력검사 : 근력, 순발력, 전반적인 신체 조정 능력, 체력 등을 측정하기 위한 검사

③ 산업심리 관련 제반사항

㉠ 과학적 관리법

- 초기 산업심리학 형성에 영향을 미쳤다.
- 공학자 테일러(F. Taylor)가 창시하였다.
- 시간 – 동작 연구를 적용하여 작업방법을 효율화시켰다.
- 생산의 효율성을 상당히 향상시켰다.
- 직무를 고도로 전문화, 분업화 및 표준화했다.
- 과업중심의 관점으로 일을 설계한다.
- 차별성 과급제를 도입했다.
- 인센티브를 도입함으로써 작업자들을 동기화시킬 수 있다.

㉡ 연구기준의 요건

- 적절성 : 의도된 목적에 부합하여야 한다.
- 신뢰성 : 반복 실험 시 재현성이 있어야 한다.
- 무오염성 : 측정하고자 하는 변수 이외의 다른 변수의 영향을 받아서는 안 된다.
- 민감도 : 피실험자 사이에서 볼 수 있는 예상 차이점에 비례하는 단위로 측정해야 한다.

㉢ 친구를 선택하는 기준에 대한 경험적 연구에서 검증된 사실의 예

- 우리는 신체적으로 매력적인 사람을 좋아한다.
- 우리는 우리를 좋아하는 사람을 좋아한다.
- 우리는 우리와 유사한 성격을 지닌 사람을 좋아한다.
- 우리는 우리와 나이가 비슷한 사람을 좋아한다.

㉣ 기업경영 조건 중 우선순위의 단계적 배열 : 안전 – 품질 – 생산

㉤ 시간에 따른 행동변화의 4단계 : 지식변화 – 태도변화 – 개인적 행동변화 – 집단 성취변화

㉥ 창의력

- 문제를 해결하기 위하여 정보나 지식을 독특한 방법으로 조합하여 참신하고 유용한 아이디어를 생성해 내는 능력
- 창의력 발휘를 위한 3가지 요소 : 전문지식, 상상력, 내적 동기

㉦ 효과 있는 안전의식 고취방법

- 안전교육실시
- 안전포스터 부착
- 안전경진대회 개최

※ 안전규칙에 관한 책자 배포는 별로 효과가 없다.

㉧ 사람의 기술분류 : 정신적 – 조작적 – 인식적 – 언어적

㉨ 전경–배경(Figure–Ground)분리 현상 : 환경을 이해할 때 어떤 자극들은 정보로서 처리하고 다른 것들은 무시하여 구분해서 처리하는 현상

 핵심예제

1-1. 산업안전심리의 5대 요소가 아닌 것은?

[2004년 제4회, 2006년 제4회 유사, 2007년 제4회, 2008년 제2회 유사, 2009년 제4회, 2010년 제2회 유사, 2012년 제2회, 2013년 제2회, 2015년 제1회 유사, 2016년 제2회, 2018년 제4회 유사]

① 동기(Motive) ② 기질(Temper)
③ 감정(Emotion) ④ 지능(Intelligence)

1-2. 직무에 적합한 근로자를 위한 심리검사는 합리적 타당성을 갖추어야 한다. 이러한 합리적 타당성을 얻는 방법으로만 나열된 것은? [2009년 제1회, 2012년 제4회, 2017년 제1회]

① 구인 타당도, 공인 타당도
② 구인 타당도, 내용 타당도
③ 예언적 타당도, 공인 타당도
④ 예언적 타당도, 안면 타당도

1-3. 심리검사의 종류에 관한 설명으로 맞는 것은?

[2011년 제2회, 2015년 제4회, 2019년 제2회]

① 성격검사 : 인지능력이 직무수행을 얼마나 예측하는지 측정한다.
② 신체능력검사 : 근력, 순발력, 전반적인 신체 조정 능력, 체력 등을 측정한다.
③ 기계적성검사 : 기계를 다루는데 있어 예민성, 색채, 시각, 청각적 예민성을 측정한다.
④ 지능검사 : 제시된 진술문에 대하여 어느 정도 동의 하는지에 관해 응답하고, 이를 척도점수로 측정한다.

|해설|

1-1
산업안전심리의 5대 요소는 동기, 기질, 감정, 습성, 습관이며 아닌 것으로 지능, 감성, 시간, 규범 등이 출제된다.

1-2
합리적 타당성을 얻는 방법 : 구인 타당도, 내용 타당도

1-3
① 성격검사 : 성격의 특징 또는 성격 유형을 진단하기 위한 검사
③ 기계적성검사 : 기계를 다루는데 있어 필요한 현재 능력의 상태나 발전가능성을 측정하기 위한 검사
④ 지능검사 : 지적 능력을 측정하기 위한 검사

정답 1-1 ④ 1-2 ② 1-3 ②

핵심이론 02 안전조직행동론

① 인간의 행동특성에 관한 Lewin(레빈)의 식
  ㉠ $B = f(P \cdot E)$
  ㉡ 인간의 행동(B)은 개인의 자질 또는 성격(P)과 심리학적 환경 또는 작업환경(E)과의 상호 함수관계에 있다.
    - B : Behavior(인간의 행동)
    - f : Function(함수)
    - P : Personality(인간의 조건인 자질 혹은 소질, 개체 : 연령, 경험, 성격(개성), 지능, 심신상태 등)
    - E : Environment(심리적 환경 : 작업환경(조명, 온도, 소음), 인간관계 등)

② 인간의 동작(행동)에 영향을 주는 요인 : 내적 조건(요인), 외적 조건(요인)
  ㉠ 내적 조건
    - 근무경력, 적성, 개성 등의 조건
  ㉡ 외적 조건
    - 높이, 폭, 길이, 크기 등의 조건
    - 대상물의 동적 성질에 따른 조건
    - 기온, 습도, 조명, 소음 등의 조건
    - 지각 선택에 영향을 미치는 외적 요인 : 대비(Contrast), 재현(Repetition), 강조(Intensity)

③ 태도와 행동 : 인간이 행동을 형성하는 데 태도의 영향력이 크다.
  ㉠ 태도(Attitude)의 3가지 구성요소 : 인지적 요소, 정서적 요소, 행동경향 요소
  ㉡ 태도 형성의 기능 4가지
    - 적응기능
    - 자아방위적인 기능
    - 가치표현적 기능
    - 탐구적 기능
  ㉢ 태도와 인간의 행동특성
    - 태도가 결정되면 장시간 동안 유지된다.
    - 태도의 기능에는 작업적응, 자아방어, 자기표현 등이 있다.
    - 행동결정을 판단하고 지시하는 내적 행동체계라고 할 수 있다.
    - 개인의 심적 태도 교정보다 집단의 심적 태도 교정이 용이하다.

㉣ 모랄 서베이(Morale Survey, 태도조사 또는 사기조사)
- 면접법
- 질문지법
- 문답법
- 통계법 : 지각, 조퇴, 결근, 사고상해율, 이직 등을 통계분석하는 기법
- 관찰법 : 종업원의 근무실태를 지속적으로 관찰하여 문제점을 찾아내는 기법
- 사례연구법(Case Study) : 사례를 제시하고 문제가 되는 사실들과 그의 상호관계에 대해 검토하고 대책을 토의하는 방식의 토의법을 적용하는 기법
- 실험연구법 : 실험그룹과 통제그룹을 구분하고 상황설정 및 자극을 주어 태도변화를 조사하는 기법
- 집단토의법
- 투사법

④ 사고와 행동

㉠ 사고와 연결되는 인간의 행동특성
- 간결성의 원리
  - 인간의 심리활동에 있어서 최소 에너지에 의해 목적을 달성하려는 경향
  - 착오, 착각, 생략, 단락 등 사고의 심리적 요인을 야기하는 원인이 된다.
  - 작업장의 정리정돈의 태만 등 생략행위를 유발하는 심리적 요인
- 돌발적 사태 하에서는 인간의 주의력이 집중된다.
- 안전태도가 불량한 사람은 리스크 테이킹(Risk Taking, 억측판단)의 빈도가 높다.
- 자아의식이 약하거나 스트레스에 저항력이 약한 자는 동조경향(동조행동)을 나타내기 쉽다.
- 순간적으로 대피하는 경우에 우측 보다 좌측으로 몸을 피하는 경향이 높다.
- 주의의 일점 집중현상

㉡ 무의식 동작 : 대뇌를 거치지 않고 중추신경이 외부의 자극을 받아 근육활동을 일으키는 동작
- 사람은 심신에 부담 주는 의식행동보다 무의식 동작을 하려한다.
- 인간의 일상동작에서 작업에 익숙해지면 무의식 동작이 증가한다.
- 무의식 동작은 최단 거리를 거쳐 나타낸다.
- 무의식 동작은 외계의 변화에 대응능력이 거의 없다.

㉢ 사고요인이 되는 정신적 요소 중 개성적 결함요인
- 도전적인 마음
- 과도한 집착력
- 다혈질 및 인내심 부족

⑤ 사고경향

㉠ 사고경향성 이론
- 어떠한 사람이 다른 사람보다 사고를 더 잘 일으킨다는 이론이다.
- 특정 환경보다는 개인의 성격에 의해 훨씬 더 사고가 일어나기 쉽다.
- 사고를 많이 내는 여러 명의 특성을 측정하여 사고를 예방하는 것이다.
- 검증하기 위한 효과적인 방법은 다른 두 시기 동안에 같은 사람의 사고기록을 비교하는 것이다.

㉡ 사고 비유발자의 특성
- 의욕과 집착력이 강하다.
- 주의력 범위가 넓고 편중되어 있지 않다.
- 상황판단이 정확하며 추진력이 강하다.
- 자기의 감정을 통제할 수 있고 온건하다.

㉢ 재해주발자의 유형
- 미숙성 누발자
  - 기능 미숙자
  - 환경에 익숙하지 못한 자
- 상황성 누발자
  - 작업에 어려움이 많은 자
  - 기계설비의 결함으로 발생되는 자
  - 심신에 근심이 있는 자
  - 환경 상 주의력의 집중이 혼란되기 때문에 발생되는 자
- 습관성 누발자
- 소질성 누발자
  - 재해누발 소질요인 : 성격적 · 정신적 결함, 신체적 결함
  - 도덕성이 결여되어 있는 자
  - 과도한 자존심이 있는 자
  - 지능, 성격, 시각기능에 문제가 있는 자

㉣ 재해발생원인설
- 기회설
  - 재해가 다발하는 이유는 개인의 영향보다는 종사 작업에 위험성이 많기 때문이며 위험한 작업을 수행하고 있기 때문이라는 설
  - 기회설과 관계되는 재해누발 소지자는 상황성 누발자이다.
- 암시설
  - 재해를 한 번 경험한 사람은 신경과민 등 심리적인 압박을 받게 되어 대처능력이 떨어져 재해가 빈번하게 발생된다는 설
  - 암시설과 관계되는 재해누발 소지자는 습관성 누발자이다.
- 경향설 : 근로자 가운데에 재해 빈발의 소질성 누발자가 있다는 설
- 미숙설 : 기능 미숙으로 인하거나 환경에 익숙하지 못하기 때문에 재해를 누발한다는 설

⑥ **동작분석(Motion Study)**

㉠ 동작분석의 목적
- 표준동작의 설정・설계
- 동작 계열의 개선
- 작업의 모션마인드(Motion Mind) 체질화

㉡ 동작개선의 원칙
- 동작이 자동적으로 이루어지는 순서로 할 것
- 관성, 중력, 기계력 등을 이용할 것
- 작업장의 높이를 적당히 하여 피로를 줄일 것

⑦ **작업표준**

㉠ 작업표준의 목적
- 위험요인의 제거
- 손실요인의 제거
- 작업의 효율화
- 작업공정의 합리화

㉡ 작업표준의 올바른 작성순서 : 작업의 분류 및 정리 → 작업분해 → 동작순서 및 급소를 정함 → 작업표준안 작성 → 작업표준의 제정과 교육실시

㉢ 작업표준의 작성 시 검토할 사항(유의사항)
- 동작의 순서를 바르게 한다.
- 동작의 수는 될 수 있는 대로 적게 한다.
- 원자재 가공물 등을 움직일 때에는 되도록 중력을 이용한다.
- 작업표준은 관리감독자가 관리하고 꾸준히 개선하며 전원이 관심을 가지고 운영한다.
- 작업표준은 그 사업장의 독자적인 것으로 개개의 작업에 적응되는 내용일 것
- 재해가 발생할 가능성이 높은 작업부터 먼저 착수한다.
- 작업표준은 구체적이어야 하며 생산성과 품질을 고려하여야 한다.

㉣ 안전기술 향상의 저해요인에서 표준작업이 정착되지 않거나 저해되는 경우
- 신체적 조건의 배려 소홀
- 작업표준에 대한 감독자의 무관심
- 작업표준의 내용 부족

㉤ 작업에 소요되는 표준시간을 구하기 위해 사용되는 PTS법(Predetermined Time Standards : 기설동작표준시간법)의 종류 : Method Time Measurement법, Work Factor법, Basic Motion Times법 등

㉥ 표준작업을 작성하기 위한 TWI(Training Within Industry)과정에서 활용하는 작업개선기법 4단계
- 작업분해
- (요소작업의)세부내용검토
- 작업분석(으로 새로운 방법 전개)
- 새로운 방법의 적용

⑧ **작업과 행동**

㉠ 작업동기에 있어 행동의 3가지 결정요인 : 능력, 동기, 상황적 제약조건

㉡ 동작실패의 원인이 되는 조건 중 작업강도와 관련이 있는 것 : 작업량, 작업속도, 작업시간

㉢ 작업특성의 조건 파악과 관계있는 것 : 작업종류 형태, 작업수준, 작업조건

㉣ 건설공사에서 사고예방을 위한 사고발생 위험성의 사전 예측이 어려운 이유는 건설업의 안전상 특성 중 하나인 작업환경의 특수성 때문이다.

㉤ 작업장에서의 사고예방을 위한 조치
- 모든 사고는 사고자료가 연구될 수 있도록 철저히 조사되고 자세히 보고되어야 한다.

- 안전의식고취 운동에서의 포스터는 처참한 장면과 함께 부정적인 문구의 사용이 비효과적이다.
- 안전장치는 생산을 방해해서는 안 되고, 제 위치에 있지 않으면 기계가 작동되지 않도록 설계되어야 한다.
- 감독자와 근로자는 특수한 기술뿐만 아니라 안전에 대한 태도교육도 받아야 한다.

⑨ 연 습

㉠ 연습의 개요

- 새로운 기술과 학습, 산업훈련에서 연습은 매우 중요하다.
- 충분한 연습으로 완전학습한 후에도 일정량 연습을 계속하는 것을 초과학습이라고 한다.
- 초과학습은 행동을 거의 반사적으로 일어나게 해준다.
- 기술을 배울 때는 적극적 연습과 피드백이 있어야 부적절하고 비효과적 반응을 제거할 수 있다.

㉡ 연습의 방법 : 전습법(집중연습), 분습법(배분연습)

- 전습법(Whole Method)
  - 교육훈련 과정에서 학습자료를 한꺼번에 묶어서 일괄적으로 연습한다.
  - 새로운 기술을 학습하는 경우에 효과적이다.
  - 망각이 적다.
  - 학습에 필요한 반복이 적다.
  - 연합이 생긴다.
  - 시간과 노력이 적게 든다.
- 분습법(Part Method)
  - 어린이에게 적합하다.
  - 학습효과가 빨리 나타난다.
  - 주의와 집중력의 범위를 좁히는 데 적합하다.
  - 길고 복잡한 학습에 적합하다.

핵심예제

인간의 행동특성과 관련한 레빈의 법칙(Lewin) 중 P가 의미하는 것은?

[2014년 제3회 유사, 2015년 제1회 유사, 2017년 제3회, 2020년 제4회, 2022년 제2회 유사, 제3회 유사]

$$B=f(P \cdot E)$$

① 사람의 경험, 성격 등
② 인간의 행동
③ 심리에 영향을 주는 인간관계
④ 심리에 영향을 미치는 작업환경

|해설|

인간의 행동특성과 관련한 레빈의 법칙(Lewin)

$B=f(P \cdot E)$

- B : Behavior(인간의 행동)
- f : Function(함수)
- P : Personality(인간의 조건인 자질 혹은 소질, 개체 : 연령, 경험, 성격(개성), 지능, 심신상태 등)
- E : Environment(심리적 환경 : 작업환경, 인간관계 등)

정답 ①

핵심 이론 03 조직심리학

① 주의(Attention) : 의식작용이 있는 일에 집중하거나 행동의 목적에 맞추어 의식수준이 집중되는 심리상태를 말하며 주의와 반응의 목적은 대부분의 경우 서로 의존적이다.

㉠ 주의 혹은 주의력의 특성 : 선택성, 변동성(단속성), 방향성, 지속성 등

- 선택성
  - 소수의 특정 자극에 한정해서 선택적으로 주의를 기울이는 기능을 말한다.
  - 시각 정보 등을 받아들일 때 주의를 기울이면 시신이 집중되는 곳의 정보는 잘 받아들이나 주변부의 정보는 놓치기 쉽다.
  - 인간의 주의력은 한계가 있어 여러 작업에 대해 선택적으로 배분된다.
  - 여러 종류의 자극을 지각할 때 소수의 특정한 것을 선택하여 집중한다.
  - 여러 자극을 지각할 때 소수의 현란한 자극에 선택적 주의를 기울이는 경향이 있다.
  - 동시에 두 가지 일에 중복하여 집중하기 어렵다.
  - 많은 것에 대하여 동시에 주의를 기울이기 어렵다.
- 변동성(단속성)
  - 인간의 주의집중은 일정한 수준을 지키지 못한다.
  - 주의집중은 리듬을 가지고 변한다.
  - 주의집중 시 주기적으로 부주의의 리듬이 존재한다.
- 방향성
  - (공간적으로 보면 시선의 주시점만 인지하는 기능으로)한 지점에 주의를 집중하면 다른 곳의 주의는 약해진다.
  - 의식이 과잉상태인 경우 판단능력의 둔화 또는 정지상태가 된다.
  - 주의력을 강화하면 그 기능은 향상된다.
  - 주의는 중심에서 벗어나면 급격히 저하된다.
- 지속성
  - 인간의 주의력은 장시간 유지되기 어렵다.
  - 고도의 주의는 장시간 지속할 수 없다.

㉡ 주의의 수준(의식수준의 단계)

단 계	의식 모드	의식 작용	행동 상태	신뢰성	뇌파 형태
Phase 0	무의식, 실신	없음 (Zero)	수면·뇌 발작	없음 (Zero)	델타파
Phase Ⅰ	• 정상 이하 • 의식수준의 저하, 의식 둔화 (의식 흐림)	부주의 (Inactive)	피로, 단조로움, 졸음	0.9 이하	세타파
Phase Ⅱ	• 정상 (느긋한 기분) • 의식의 이완상태	수동적 (Passive)	안정된 행동, 휴식, 정상작업	0.99~ 0.99999	알파파
Phase Ⅲ	• 정상 (분명한 의식) • 명료한 상태	• 능동적 (Active) • 위험예지 주의력 범위 넓음	판단을 동반한 행동, 적극적 행동	0.999999 이상	알파파~ 베타파
Phase Ⅳ	과긴장, 흥분상태	주의의 치우침, 판단정지	감정흥분, 긴급, 당황, 공포반응	0.9 이하	베타파

- 신뢰성이 가장 높은 의식수준의 단계는 Phase Ⅲ이다.
- Phase Ⅳ는 돌발사태의 발생으로 인하여 주의의 일점 집중현상이 일어나는 경우의 인간의 의식수준 단계이다.

② 부주의 : 목적수행을 위한 행동 전개과정에서 목적으로부터 이탈하는 심리적, 신체적 변화의 현상

㉠ 부주의현상(부주의 발생원인) : 의식의 단절, 의식의 우회, 의식수준의 저하, 의식의 혼란, 의식의 과잉

- 의식의 단절(질병)
- 의식의 우회(걱정, 고뇌, 욕구불만)
- 의식수준의 저하 : 혼미한 정신 상태에서 심신의 피로나 단조로운 반복작업 시 일어나는 현상(피로)
- 의식의 혼란(외부 자극의 애매모호)
- 의식의 과잉 : 작업을 하고 있을 때 긴급 이상 상태 또는 돌발사태가 되면 순간적으로 긴장하게 되어 판단능력의 둔화 또는 정지 상태가 되는 것

㉡ 부주의 발생원인(대책)

• 외적 원인 : 기상조건, 주위환경조건의 불량, 작업환경조건의 악화, 작업조건의 불량·악화, 높은 작업강도, 작업순서의 부적당·부자연성(인간공학적 접근)
• 내적 원인 : 경험부족 및 미숙련, 소질적 문제(적성배치), 의식의 우회(카운슬링), 미경험(안전교육)
  – 의식의 우회에서 오는 부주의를 최소화하기 위한 방법으로 카운슬링(상담)이 가장 적절하다.
  – 의식의 우회에 대한 원인 : 작업도중의 걱정, 고뇌, 욕구불만
• 정신적 측면 : 집중력, 스트레스, 작업의욕, 안전의식(주의력 집중 훈련, 스트레스 해소, 작업의욕, 안전의식의 제고)
• 기능 및 작업 측면 : 표준작업 부재·미준수(표준작업의 습관화), 적성 미고려(적성을 고려한 작업 배치), 작업조건 열악(작업조건의 개선, 안전작업 실시, 적응력 증강)
• 설비 및 환경 측면 : 표준작업 제도, 설비 및 작업 안전화, 안전대책

㉢ 부주의에 의한 사고방지대책에 있어 기능 및 작업측면의 대책

• 주의력 집중 훈련
• 표준작업 제도 도입
• 안전의식의 제고
• 작업환경과 설비의 안전화

㉣ 부주의에 의한 사고방지대책 중 정신적 대책

• 적성 배치
• 주의력 집중훈련
• 스트레스 해소
• 작업의욕 고취

③ **착각현상** : 착시현상, 운동 시의 착각현상

㉠ 착각 : 감각적으로 물리현상을 왜곡하는 지각현상

• 착각은 인간의 노력으로 고칠 수 없다.
• 정보의 결함이 있으면 착각이 일어난다.
• 착각은 인간측의 결함에 의해서 발생한다.
• 환경조건이 나쁘면 착각은 쉽게 일어난다.

㉡ 착시현상 : 사물의 크기, 형태, 빛깔 등 객관적인 성질과 눈으로 본 성질 간에 차이가 발생하는 현상

• 기하학적 착시 : 일정한 모양의 도형이라도 우리가 도형을 보는 방향, 각도, 주변환경을 통합적으로 인지하는 가운데 실제 도형의 모양이 다르게 보이는 것
• 원근 착시 : 크면 가까운 것, 작으면 멀리 있는 것이라는 고정관념에 의해 발생하는 착시현상
• 반전 착시 : 같은 도형이지만 음영 변화에 따라 다른 도형으로 보이는 현상
• 착시현상의 예
  – 델뵈우프(Delboeuf) 착시 : 가운데 있는 두 개의 검은 원은 같은 크기이지만 오른쪽 원이 더 커 보인다.

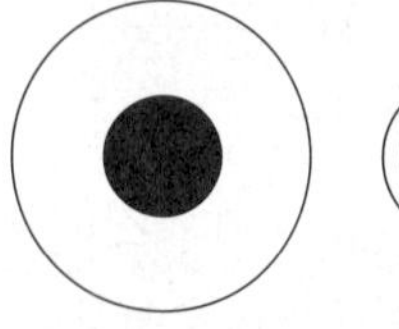

  – 루빈의 컵(Rubin's Vase) : 가운데 흰 부분은 꽃병처럼 보이지만 검은 부분은 두 사람이 얼굴을 맞대고 있는 것처럼 보이며 루빈의 꽃병이라고도 한다.

  – 로저 셰퍼드(Roger Shepherd) 탁자 : 두 탁자의 위판은 정확하게 같은 모양이지만 오른쪽의 탁자가 더 두꺼워 보인다.

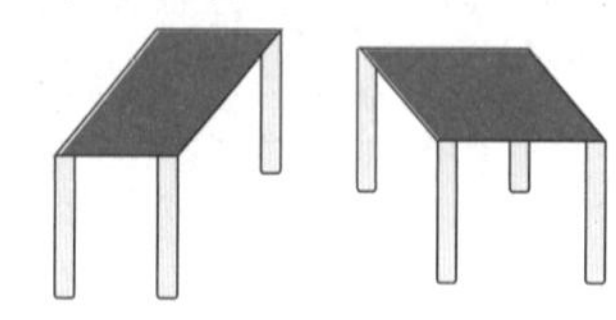

- 뮌스터베르크(Münsterberg) 착시 : 가로로 회색 선은 모두 수평이지만 마치 휘어져 있는 것처럼 보인다.

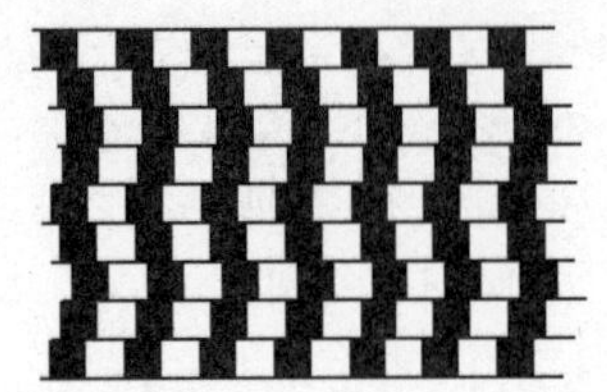

- 뮐러-라이어(Müller-Lyer) 착시 : 두 선은 같은 길이이지만 양끝에 붙어 있는 화살표의 영향으로 길이가 다르게 보인다. 그림을 보면 아래쪽의 선이 더 길어 보인다(동화착오).

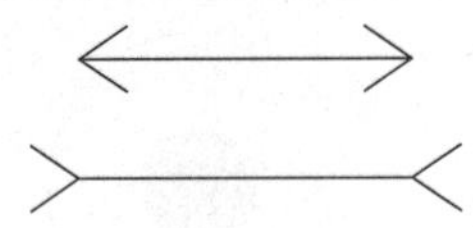

- 분트(Wundt) 착시 : 수직으로 그어진 직선 2개가 휘어져 보인다(헤링 착시와 같은 원리).

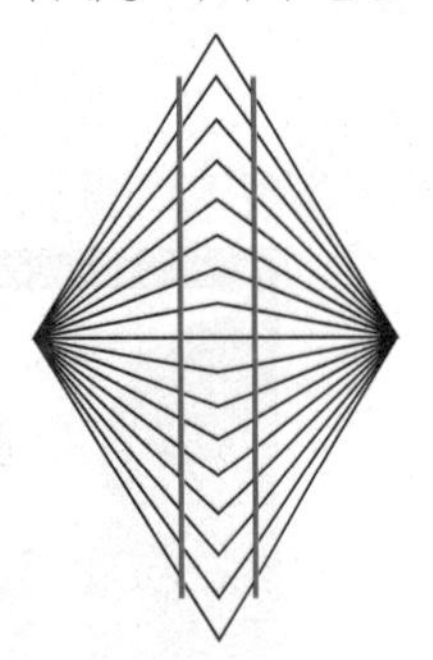

- 샌더(Sander)의 평행사변형 : 그림에서 선 BC가 AB보다 길이가 길어 보이지만 실제로 두 선의 길이는 같다.

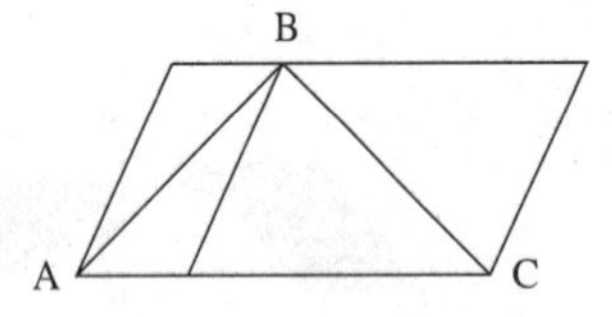

- 오비손(Obison) 착시 : 왼쪽 아래에 있는 원은 굽어져 있는 것처럼 보이지만 완전한 원이다.

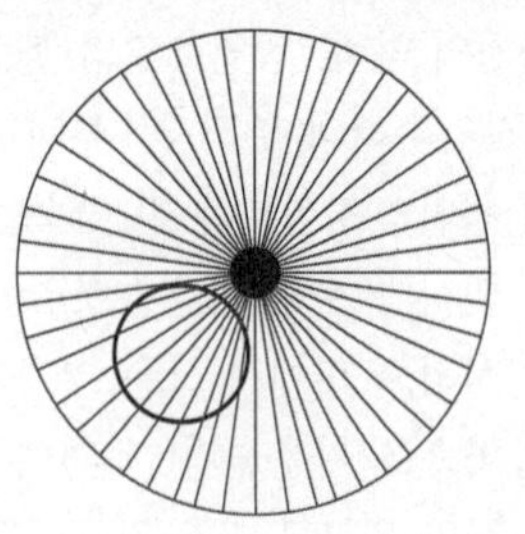

- 애덜슨(Adelsen)의 체커 그림자 : A가 있는 사각형은 짙은 회색 사각형이고 B가 있는 사각형은 옅은 회색 사각형이지만 두 사각형은 같은 색이다.

- 에렌슈타인(Ehrenstein) 착시
  ⓐ 각 십자가의 끝 격자 부분에 원 모양이 보이는 것 같지만 실제로는 아무것도 없다.

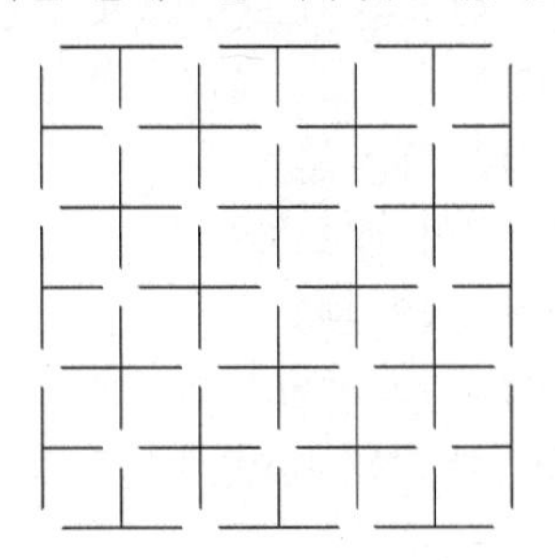

  ⓑ 동심원 안에 있는 마름모가 일그러져 보인다.

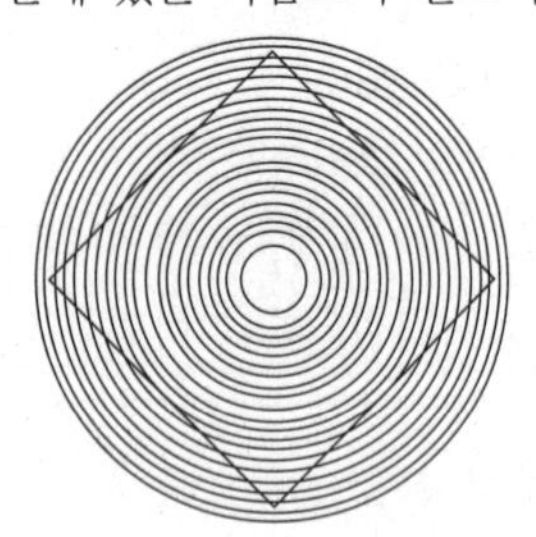

- 재스트로(Jastrow) 착시 : 두개의 도형이 완전히 같은 모양이다. 하지만 밑에 있는 도형이 더 커 보인다.

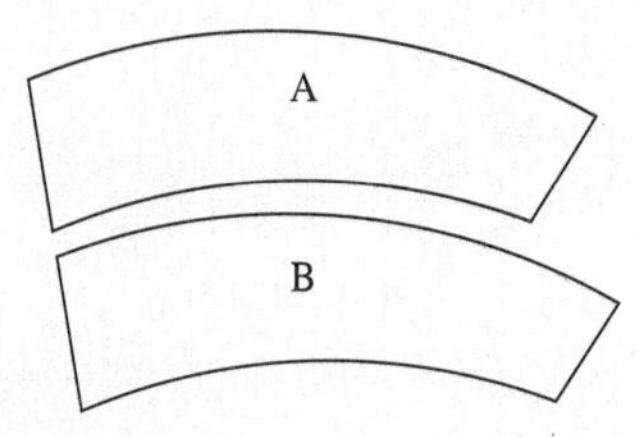

- 죌너(Zöllner) 착시 : 평행인 선이 평행이 아닌 것처럼 보이는 착시 현상

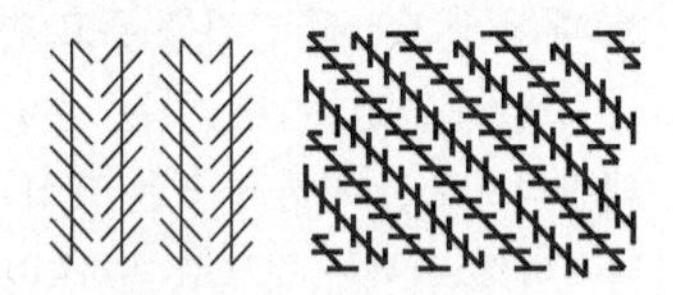

- 카니차의 삼각형(Kanizsa's Triangle) : 가운데에 삼각형이 보이지만 실제로는 아무것도 없는 빈 공간이다.

- 쾰러(Köhler) 착시(윤곽 착오) : 우선 평행의 호를 보고 이어 직선을 본 경우에 직선은 호와의 반대방향에 보이는 현상

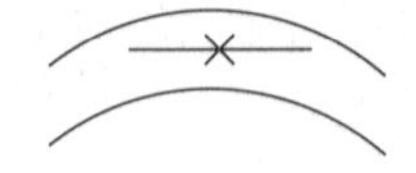

- 티치너 써클(Titchener's Circle), 에빙하우스(Ebbinghaus) 착시 : 중심에 있는 원은 같은 크기이지만 바깥 원들의 영향을 받아 크기가 다르게 보인다(윤곽착오).

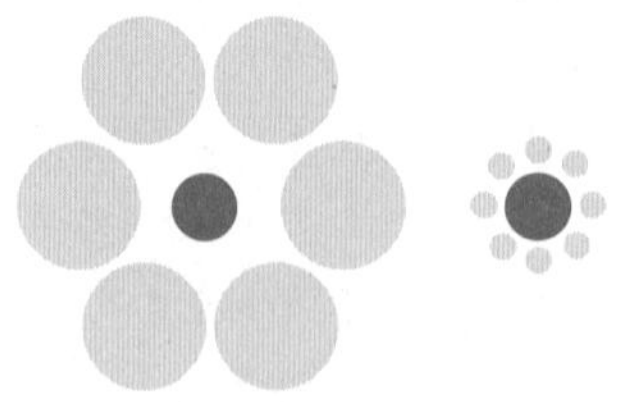

- 폰조(Ponzo) 착시 : 원근법을 보여주는 주변의 사선 때문에 오른쪽 선의 길이가 더 길어 보인다.

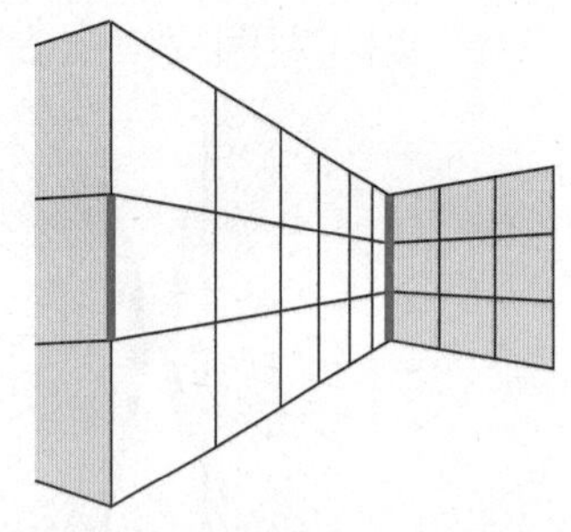

- 포겐도르프(Poggendorff) 착시 : 왼쪽의 선은 오른쪽의 아랫선의 연장선에 있지만 오른쪽의 윗선과 연결되어 있는 것처럼 보인다(위치착오).

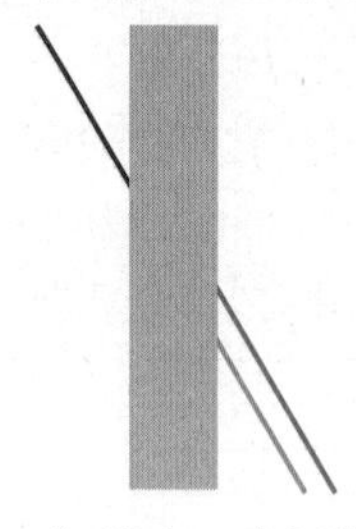

- 프레이저(Fraser) 착시 : 검은색과 흰색 사각형으로 이루어진 원이 연결된 것처럼 보이지만 실제로는 동심원을 이루고 있고 서로 연결되어 있지 않다.

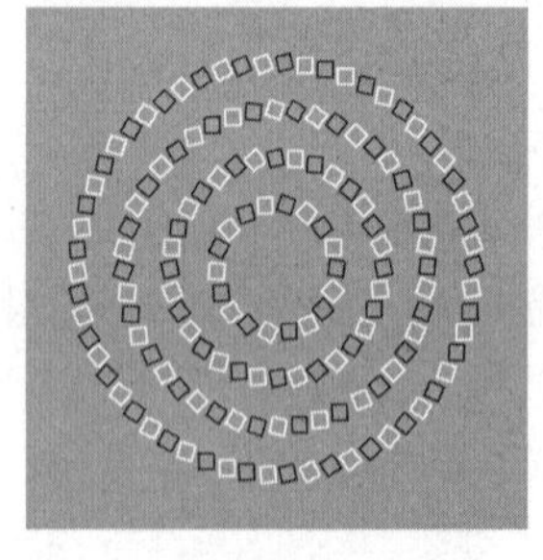

- 헤르만 그리드(Hermann Grid) 효과 : 각 사각형의 교차점에 검은색 원이 보이지만 실제로는 아무 것도 없다.

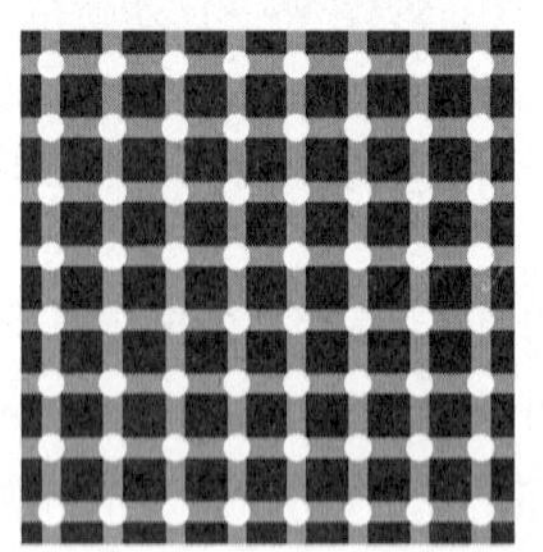

– 헤링(Hering)의 착시 : 두 직선은 실제로는 평행이지만 주변에 있는 사선의 영향 때문에 바깥쪽으로 휘어져 있는 것처럼 보인다(분할착오).

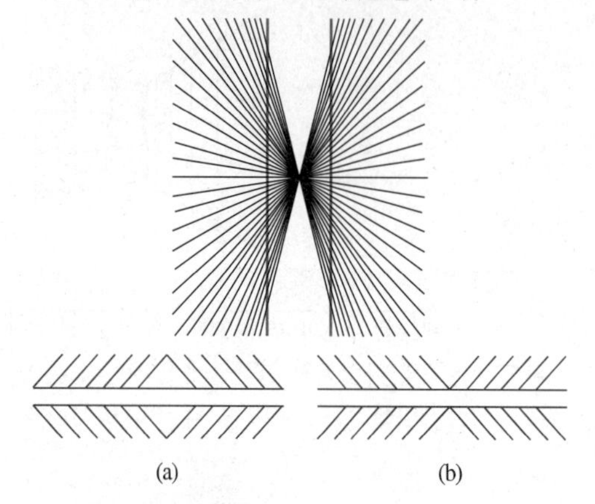

a는 양단이 벌어져 보이고, b는 중앙이 벌어져 보인다.

– 헬름홀츠(Helmholtz)의 착시 : a는 세로로 길게 보이고, b는 가로로 길게 보인다.

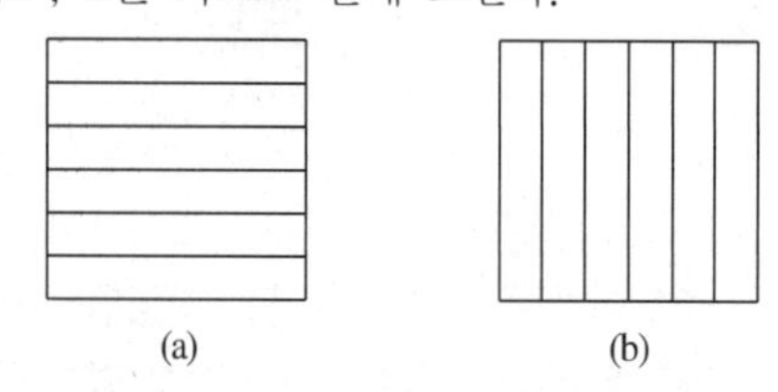

㉢ 운동의 착각현상(시지각, 착시현상) : 자동운동, 유도운동, 가현운동

• 자동운동
  – 암실 내에서 하나의 광점을 보고 있으면 그 광점이 움직이는 것처럼 보이는 현상
  – 암실에서 수 [m] 거리에 정지된 소광점을 놓고 그것을 한동안 응시하면 광점이 움직이는 것처럼 여러 방향으로 퍼져나가는 것처럼 보이는 현상
  – 자동운동은 광점이 작을수록, 대상이 단순할수록, 광의 강도가 작을수록, 시야의 다른 부분이 어두운 것일수록 발생되기 쉽다.

• 유도운동
  – 움직이지 않는 것이 움직이는 것처럼 느껴지는 현상
  – 실제로 움직이지 않는 것이 어느 기준의 이동에 의하여 움직이는 것처럼 느껴지는 현상
  – 경부선 하행 열차를 타고 있는데 똑같은 역에 정차해 있던 상행선 열차가 갑자기 움직이면 우리는 타고 있던 하행선 열차가 움직인 것 같은 착각을 하게 된다.

• 가현운동
  – 객관적으로는 움직이지 않지만 마치 움직이는 것처럼 느껴지는 심리현상
  – 실제로는 움직이지 않는데도 움직이는 것처럼 느껴지는 심리적인 현상
  – 영화의 영상 방법과 같이 객관적으로 정지되어 있는 대상에 시간적 간격을 두고 연속적으로 보이거나 소멸시킬 경우 운동하는 것처럼 인식되는 현상
  – 객관적으로 정지하고 있는 대상물이 급속히 나타나거나 소멸하는 것으로 인하여 마치 대상물이 운동하는 것처럼 인식되는 현상
  – 영화 영상의 방법으로 쓰이는 현상
  – 두 개의 정지대상을 0.06초의 시간 간격으로 다른 장소에 제시하면 마치 한 개의 대상이 이동한 것처럼 보이는 베타운동은 대표적인 가현운동으로 필름에 의한 영화 화면에 응용된다.

④ 착오(Mistake) : 위치, 순서, 패턴, 형상, 기억오류 등 외부적 요인에 의해 나타나는 것

㉠ 인간착오의 메커니즘 : 위치의 착오, 패턴의 착오, 형의 착오 등

㉡ 대뇌의 Human Error로 인한 착오요인 : 인지과정 착오, 조치과정 착오, 판단과정 착오

㉢ 착오는 상황을 잘못 해석하거나 목표에 대한 이해가 부족한 경우 발생한다.

㉣ 인지과정의 착오 : 생리・심리적 능력의 부족, 정보량 저장의 한계, 감각차단현상, 정서불안정

• 감각차단현상 : 단조로운 업무가 장시간 지속될 때 작업자의 감각기능 및 판단능력이 둔화 또는 마비되는 현상

㉤ 판단과정의 착오요인 : 능력부족, 정보부족, 자기합리화, 합리화의 부족, 작업조건불량, 환경조건불비

㉥ 조작과정(조치과정)의 착오요인 : 작업자의 기능미숙・기술부족, 작업경험의 부족

㉦ 억측판단(리스크 테이킹, Risk Taking)

- 억측판단은 객관적인 위험을 작업자 나름대로 판정하여 위험을 수용하고 행동에 옮기는 것으로 발생요인은 부적절한 태도이다.
- 발생하는 배경
  - 희망적인 관측 : '그때도 그랬으니 이번에도 괜찮겠지'라고 하며 실행에 나서는 것
  - 정보나 지식의 불확실 : 확실한 정보를 갖고 있지 않거나 지식이 부족한 상태임에도 행동을 하는 것
  - 과거의 선입관 : 과거에 그 행위로 성공한 경험이 있어 이에 대한 선입관을 갖고 행동에 나서는 것
  - 초조한 심정 : 일을 빨리 끝내고 싶은 마음, 즉 초조한 심정으로 인해 충분한 고민 없이 행동에 나서는 것
- 억측판단의 예
  - 자동차를 운전할 때 신호가 바뀌기 전에 신호가 바뀔 것을 예상하고 자동차를 출발시키는 행동
  - 경보기가 울려도 기차가 오기까지 아직 시간이 있다고 판단하여 건널목을 건너다가 사고를 당하는 경우
  - 신호등이 녹색에서 적색으로 바뀌어도 차가 움직이기까지 아직 시간이 있다고 생각하여 건널목을 건너는 경우
  - 작업공정 중 규정대로 수행하지 않고 자기 주관대로 괜찮다고 추측을 하여 행동한 결과로 재해가 발생하는 경우

⑤ **적응기제(Adjustment Mechanism)** : 방어기제, 도피기제, 공격기제

㉠ 방어기제 : 보상, 합리화, 동일시, 승화, 투사, 모방, 암시, 전위, 전이, 반동형성, 대리형성

- 보상(Compensation) : 자신의 열등한 특성에서 오는 욕구좌절을 메우기 위해 다른 장점이나 특성을 강조하거나 발전시켜 이에서 벗어나려는 것으로 대상이라고도 한다.

  예 외모에 자신이 없는 사람이 좋은 성품으로 외모에 대한 열등감을 극복하려는 경우
- 합리화(Rationalization) : 그럴듯한 구실이나 변명을 통해 실패를 정당화하는 것
  - 신포도형 : 목표를 부정하거나 과소평가하는 유형

    예 목표달성에 실패한 사람이 처음부터 그것을 원하지 않았다고 하는 것, 대학입학시험에서 떨어진 학생이 원래 그 학교가 싫어서 붙어도 가지 않을 생각이었다고 말하는 것
  - 달콤한 레몬형 : 불만족한 현실을 긍정하거나 과대평가하는 유형

    예 자신이 처한 상황이 원하지 않는 것임에도 자신이 원하는 상황이었다고 하는 것, 지방으로 좌천된 사람이 지방은 공기도 좋고 물가도 낮아 살기가 더 좋다고 하는 것
  - 전가형 : 변명거리를 내세워 자신이 한 행동의 결과를 정당화하려는 유형

    예 시험성적이 나쁜 학생이 부모의 야단을 맞자, 결석한 날 공부한 것에서 문제가 나왔기 때문이라고 변명을 하는 것
- 동일시(Identification) : 다른 사람의 행동양식이나 태도를 투입시키거나 그와 반대로 다른 사람 가운데서 자기와 행동양식이나 태도와 비슷한 것을 발견하는 것
- 승화(Sublimation) : 억압당한 욕구가 사회적・문화적으로 가치 있는 목적으로 향하도록 노력함으로써 욕구를 충족하는 적응기제
- 투사(Projection) : 자기 속에 억압된 것을 다른 사람의 것으로 생각하는 것
  - 감정의 투사 : 자신이 지니고 있는 감정이나 욕구가 상대에게 있다고 여기는 것

    예 자신이 선생님을 미워하는데도 선생님이 자신을 미워한다고 생각하는 경우
  - 책임의 전가 : 원하지 않는 일의 원인과 책임이 다른 사람이나 대상에게 있다고 여기며 자기의 실패나 결함을 다른 대상에게 책임을 전가시키는 것

    예 자신의 잘못에 대해 조상을 탓하는 것, 축구 선수가 공을 잘못 찬 후 신발 탓을 하는 것, 목마를 타다가 떨어진 아이가 목마를 걷어차는 것

- 모방(Imitation) : 남의 행동이나 판단을 표본으로 하여 그것과 같거나 또는 그것에 가까운 행동 또는 판단을 취하려는 것
- 암시(Suggestion) : 다른 사람으로부터의 판단이나 행동을 무비판적으로 논리적, 사실적 근거 없이 받아들이는 것
- 전위(Displacement) : 위협을 많이 주는 사람이나 대상에서 위협을 덜 주는 것으로 방향을 전환하여 이에서 벗어나려는 것으로 치환, 전치라고도 한다.
  예 교수에게 꾸중을 들은 학생이 대신 같은 방 동료에게 화를 내는 경우, 부모님께 야단을 맞은 어린이가 동생을 때리거나, 개를 발로 차는 것과 같은 행동을 하는 경우
- 전이(Transference) : 과거 중요한 인물과의 경험을 현재의 인물과 동일시하여 현재의 인물을 과거의 인물인 양 대하는 것
  예 상담이나 정신치료에서 클라이언트가 치료자를 과거의 인물과 동일시하는 것, 아버지에 대한 적대감에 매달린 클라이언트가 치료자에게 전이하게 되면 치료자를 아버지인 양 적대시하게 된다. 치료자 역시 자신의 과거 인물과 클라이언트를 동일시하여 클라이언트의 아버지처럼 클라이언트에게 화를 내고 싫어하게 될 때 이를 역전이라고 한다.
- 반동형성(Reaction Formation) : 자신이 바라는 것과는 정반대되는 감정과 행동을 내보여서 불안을 극복하려는 것
  예 자신의 현실주의적인 생활태도에 열등감을 느낀 사람이 이상주의적인 생활방식을 지나치게 내세우는 경우, 적개심과 공격성을 덮기 위해 무골호인으로 행세하는 경우, 미운 놈 떡 하나 더 준다는 속담, 사랑을 미움으로 표현하는 경우, 남편이 바람을 피워 다른 여자와의 사이에서 태어난 아이를 키우면서 과잉보호하는 본부인의 경우
- 대리형성(Substitution) : 받아들여질 수 없는 소망, 충동, 감정 또는 목표를 좀 더 받아들여질 수 있는 것으로 여기려는 것으로 대치라고도 한다. 목적하던 것을 못 가지는 데에서 오는 좌절감과 불안을 최소화하기 위해서 원래의 것과 비슷한 것을 가짐으로써 대리만족하는 것이다.
  예 좋아하는 연예인과 비슷한 용모를 가진 사람과 사귀는 것, 자신의 아이를 갖지 못해서 입양을 하는 것

㉡ 도피기제 : 고립, 퇴행, 억압, 백일몽

- 고립(Isolation) : 욕구 불만의 대상에서 도피하여, 그 대상과 접촉하지 않으려는 것으로 격리라고도 한다.
  예 사업이나 정치에 실패한 사람이 은둔생활을 하는 것
- 퇴행(Regression) : 자신의 욕구를 충족시킬 수 없을 때 유아시절의 감정이나 태도로 돌아가서 욕구를 충족시키려고 하는 기제를 말한다.
  예 부모의 관심이 갓 태어난 동생에게 집중될 때 부모의 사랑을 받기 위해서 어린 짓을 하는 것
- 억압(Repression) : 자신의 욕구가 쉽게 달성될 수 없을 때 그것을 자신의 의식에서 지워서 안정을 유지하는 기제이다. 부끄러운 일이나 수치스러운 일, 무서웠던 일을 무의식 세계로 감추려는 형태로 나타난다.
- 백일몽(Day-dreaming) : 욕구를 성취할 수 없을 때, 꿈과 같은 공상의 세계에서 자신의 욕구를 충족시키는 상상으로 욕구 불만을 일시적으로 해소하려는 것으로 환상이라고도 한다.
  예 운동에 소질이 없는 사람이 운동경기에서 우승하는 것을 상상하는 것

㉢ 공격기제 : 직접적 공격기제(물리적 힘에 의존한 폭행, 싸움, 기물 파손 등), 간접적 공격기제(조소, 비난, 중상모략, 폭언, 욕설 등)

㉣ 욕구저지반응의 기제에 관한 가설 : 고착가설, 퇴행가설, 공격가설

⑥ 슈퍼(D. E. Super)의 이론

㉠ 슈퍼의 역할이론

- 역할 연기(Role Playing) : 자아탐구의 수단인 동시에 자아실현의 수단
- 역할 기대(Role Expectation) : 자기 자신의 역할을 기대하고 감수하는 자는 자기 직업에 충실하다.
- 역할 조성(Role Shaping) : 제반 역할이 발생할 때 역할에 따라 적응하여 실현을 위하여 일을 구하기도 하지만, 불응이나 거부감을 나타기도 하는 것
- 역할 갈등(Role Conflict) : 직업에 대하여 상반된 역할이 기대되는 것

ⓛ 슈퍼(Super)의 직업발달이론(자아개념이론)에서의 직업발달과정 또는 직업생활의 단계 : 성장 - 탐색 - 확립 - 유지 - 쇠퇴

- 성장기(출생~14세) : 욕구와 환상이 지배적이나 사회참여활동이 증가하고 현실검증이 생김에 따라 흥미와 능력을 중시하는 단계이다. 이는 다음의 단계로 세분화된다.
  - 환상기(4~10세) : 아동의 욕구가 지배적이며 역할수행이 중시된다.
  - 흥미기(11~12세) : 진로의 목표와 내용을 결정하는 데 있어서 아동의 흥미가 중시된다.
  - 능력기(13~14세) : 진로 선택에 능력을 중시하며 직업에서의 훈련조건을 중시한다.
- 탐색기(15~24세) : 학교생활, 여가생활 등의 일을 통한 경험으로 자신에 대한 탐색과 자신의 역할수행에 대한 관심이 높아지며 직업에 대한 탐색을 시도하려는 단계이다.
  - 잠정기(15~17세) : 개인은 자신의 욕구, 흥미, 능력, 가치와 취업기회 등을 고려하기 시작하고 잠정적으로 진로를 선택해 본다.
  - 전환기(18~21세) : 개인은 장래의 직업세계에 필요한 교육이나 훈련을 받으며, 자신의 자아개념을 확립하려고 한다. 이 시기에는 현실적 요인을 중시한다.
  - 시행기(22~24세) : 개인은 자신에게 적합하다고 판단되는 직업을 선택해 종사하기 시작한다.
- 확립기(25~44세) : 자신에게 적합한 직업분야를 발견하고 자신의 생활의 안정을 위해 노력하는 단계이다.
  - 수정기(25~30세) : 개인은 자신이 선택한 일의 세계가 적합하지 않을 경우에 적합한 일을 발견할 때까지 몇 차례 변화를 시도한다.
  - 안정기(31~44세) : 개인의 진로유형이 안정되는 시기로서 개인은 그의 직업세계에서 안정, 만족감, 소속감, 지위 등을 갖게 된다.
- 유지기(45~64세) : 직업세계에서 자신의 위치가 확고해지며 자신의 자리를 유지하기 위해 노력하며 안정된 삶을 살아가는 시기이다.
- 쇠퇴기(65세 이후) : 모든 기능이 쇠퇴함에 따라 직업세계에서 은퇴하게 되므로, 자신이 해오던 일의 활동이 변화되고 또 다른 자신의 일에 대한 활동을 찾게 되는 시기이다.

⑦ 심리학적 제반 현상

㉠ 자기효능감(Self-efficacy) : 어떤 과업을 성취할 수 있는 자신의 능력에 대한 스스로의 믿음

ⓛ 피그말리온(Pygmalion)효과 : 기대감

ⓒ 후광효과 : 한 가지 특성에 기초하여 그 사람의 모든 측면을 판단하는 인간의 경향성

ⓔ 최근효과

ⓜ 초두효과

ⓗ 대상물에 대해 지름길을 사용하여 판단할 때 발생하는 지각의 오류 : 후광효과, 최근효과, 초두효과

⑧ 조직심리 관련 제반사항

㉠ 지각(Perception)

- 인간이 환경을 지각(Perception)할 때 가장 먼저 일어나는 요인은 선택이다.
- 지각집단화의 원리(게슈탈트 이론 5가지 원리)
  - 유사성의 원리 : 유사한 요소끼리 그룹지어 하나의 패턴으로 보려는 원리

  - 단순성의 원리 : 주어진 조건 하에서 최대한 가장 단순하게 인지하는 원리
  - 근접성의 법칙 : 시공간적으로 서로 가까이 있는 것들을 지각적으로 함께 집단화해서 보는 원리
  - 연속성의 원리 : 요소들이 부드러운 연속을 따라 함께 묶여 지각된다는 원리
  - 폐쇄성의 원리(통폐합의 원리) : 기존의 지식을 토대로 완성되지 않은 형태를 완성시켜 인지하는 원리

ⓛ 기 억

- 기억은 과거 행동이 미래 행동에 영향을 주는 것이다.
- 기억의 과정 : 기명 → 파지 → 회상(재생) → 재인
  - 기명(Memorizing) : 사물의 인상을 마음속에 간직하는 것

- 파지(Retention) : 학습된 행동이 지속되는 것(과거의 학습경험을 통하여 학습된 행동이 현재와 미래에 지속되는 것)
- 회상(Recall, 재생) : 보존된 인상이 떠오르는 것
- 재인(Recognition) : 과거에 경험했던 것과 비슷한 상황에 떠오르는 현상

㉢ 망 각
- 경험한 내용이나 학습된 행동을 다시 생각하여 작업에 적용하지 아니하고 방치함으로써 경험의 내용이나 인상이 약해지거나 소멸되는 현상
- 에빙하우스(Ebbinghaus)의 연구결과, 망각율이 50[%]를 초과하게 되는 최초의 경과시간은 1시간이다.

㉣ 연상 : 어떤 자극을 받았을 때 그것에 의하여 과거에 기억했던 것들 중에서 어떤 의미가 환기되어 오는 현상

㉤ 욕구저지를 일으키게 하는 장해에 대한 반응의 분류 : 장해우위형, 자아방위형, 욕구고집형

㉥ 인간의 착상심리
- 얼굴을 보면 지능 정도를 알 수 있다.
- 아래턱이 마른 사람은 의지가 약하다.
- 인간의 능력은 태어날 때부터 동일하다.
- 느린 사람은 민첩한 사람보다 착오가 적다.

핵심예제

3-1. 주의의 수준이 Phase 0인 상태에서의 의식 상태로 옳은 것은? [2010년 제3회, 2018년 제2회]

① 무의식 상태
② 의식의 이완 상태
③ 명료한 상태
④ 과긴장 상태

3-2. 부주의현상으로 볼 수 없는 것은? [2011년 제1회, 2017년 제3회]

① 의식의 단절
② 의식수준 지속
③ 의식의 과잉
④ 의식의 우회

3-3. 인간의 동작특성 중 판단과정의 착오요인이 아닌 것은? [2012년 제1회, 2016년 제2회]

① 합리화
② 정서 불안정
③ 작업조건 불량
④ 정보 부족

3-4. 적응기제 중 도피기제의 유형이 아닌 것은? [2010년 제1회, 2014년 제2회, 2018년 제1회]

① 합리화 ② 고 립
③ 퇴 행 ④ 억 압

|해설|

3-1
② 의식의 이완 상태 : Phase 2
③ 명료한 상태 : Phase 3
④ 과긴장 상태 : Phase 4

3-2
부주의현상 : 의식의 단절(중단), 의식의 과잉, 의식의 우회, 의식수준의 저하, 의식의 혼란

3-3
정서 불안정은 인지과정의 착오요인이다.

3-4
합리화는 방어기제에 속한다.

정답 3-1 ① 3-2 ② 3-3 ② 3-4 ①

핵심이론 04 동기부여(Motivation)

① 동기부여의 개요

㉠ 동기유발 요인 : 안정, 적응도, 경제, 독자성, 의사소통, 인정, 책임, 참여, 기회, 성과, 권력 등

※ 동기부여가 아닌 것으로 출제되는 것 : 회피, 자세, 작업 등

㉡ 동기유발 방법의 예

- 결과의 지식을 알려준다.
- 안전의 참 가치를 인식시킨다.
- 상벌제도를 효과적으로 활용한다.
- 동기유발의 수준을 적절하게 한다.

㉢ 외적 동기유발 방법

- 외적 동기유발은 외적 보상(정적 강화물)에 의하여 생겨나는 동기유발이다.
- 상, 벌, 경쟁, 협동, 보상 등이 동기유발 수단으로 사용된다.
- 낮은 성취수준의 학습자들은 외적으로 동기유발되기 쉽다.
- 경쟁과 협동을 유발시킨다.
- 경쟁심을 일으키도록 한다.
- 학습의 결과를 알려준다.
- 적절한 상벌에 의한 학습의욕을 환기시킨다.

㉣ 내적 동기유발 방법

- 내적 동기유발은 보상없이 활동에 적극참여했을 때 자기 자신의 내적 보상(자발적 흥미나 요구 등)에 의하여 생겨나는 동기유발이다.
- 칭찬, 격려, 인정 등이 동기유발 수단으로 사용된다.
- 지적 호기심, 학습의 만족감, 성취감 등에 의해 유발된다.
- 높은 성취수준의 학습자들은 내적 동기유발되기 쉽다.
- 안전목표를 명확히 설정한다.
- 안전활동의 결과를 평가, 검토하도록 한다.
- 동기유발 수준을 적절하게 설정한다.
- 학습자의 요구수준에 맞는 교재를 제시한다.

㉤ 동기부여 이론 : 인간이 행동하게 되는 이유를 찾는 이론(내용이론과 과정이론)

- 내용이론 : 동기부여에 영향을 미치는 실질적인 내용·요인들에 초점을 두는 이론. 욕구의 정체와 종류, 충족 여부에 관심을 두며 인간은 만족되지 않는 내적 욕구를 가지고 있으며 이러한 욕구를 충족시키기 위하여 동기유발이 된다고 가정하고 있다. 종업원들의 행동에 영향을 미치는 욕구를 밝혀내기 위해 개인을 평가하거나 분석하는데 중점을 두고, 이를 만족시키는 방법을 모색한다. X·Y이론(맥그리거), 욕구 5단계 이론(매슬로), ERG이론(알더퍼), 위생-동기이론(허즈버그), 데이비스이론, 성취동기이론(맥클리랜드) 등이 내용이론에 속한다.
- 과정이론 : 동기부여가 이루어지는 과정, 동기부여를 이끄는 변수들의 상호작용에 초점을 둔 이론. 인간은 자신이 바라는 미래의 보상을 획득하기 위해 동기유발이 된다고 가정하고 있다. 종업원들에게 할당되는 보상이 그들의 행동에 영향을 미치는 과정에 중점을 둔다. 목표설정이론(로크), 형평이론(아담스), 기대이론(브룸), 자기관리이론(칸퍼), 인지적 평가이론(데시), 상호작용이론, 통제이론, 직무특성이론 등이 과정이론에 속한다.

② X이론·Y이론(맥그리거, McGregor)

구 분	X 이론	Y 이론
인간관	게으름, 타율적	부지런, 자율적
신뢰감	불신 만연	신뢰도 우수
연관된 철학	성악설	성선설
욕구특성	물질(저차원)	정신(고차원)
표출특성	의무와 타성	책임과 창조력
적합 관리방식	명령·통제에 의한 규제 관리방식	자기통제와 목표에 의한 관리방식
국가 차원	저개발국형	선진국형
관리처방	• 권위주의적 리더십 • 경제적 보상체제 강화 • 면밀한 감독과 엄격한 통제 • 상부책임제도의 강화	• 민주주의적 리더십 • 만족감과 직무 확장 • 분권화와 권한의 위임

③ 욕구 5단계 이론(매슬로, A. Maslow)

㉠ 욕구계층 5단계 순서

- 1단계 : 생리적 욕구
  - 인간의 가장 기본적인(기초적인) 욕구
  - 가장 저차원적인 욕구
  - 배고픔 등의 가장 기초적인 현상
  - 인간이 충족시키고자 추구하는 욕구에 있어 가장 강력한 욕구
- 2단계 : 안전에 대한 욕구
- 3단계 : 사회적 욕구
- 4단계 : 존경의 욕구
  - 존경과 긍지에 대한 욕구
  - 명예, 신망, 위신, 지위 등과 관계가 깊은 욕구
- 5단계 : 자아실현의 욕구
  - 가장 고차원적인 욕구
  - 자기의 잠재력을 최대한 살리고 자기가 하고 싶었던 일을 실현하려는 인간의 욕구
  - 편견 없이 받아들이는 성향, 타인과의 거리를 유지하며 사생활을 즐기거나 창의적 성격으로 봉사, 특별히 좋아하는 사람과 긴밀한 관계를 유지하려는 인간의 욕구

㉡ 특 징

- 행동은 충족되지 않은 욕구에 의해 결정되고 좌우된다.
- 위계에서 생존을 위해 기본이 되는 욕구들이 우선적으로 충족되어야 한다.
- 하위단계의 욕구가 충족되어야 더 높은 단계의 욕구가 발생한다.
- 개인은 가장 기본적인 욕구로부터 시작하여 위계상 상위 욕구로 올라가면서 자신의 욕구를 체계적으로 충족시킨다.
- 기본적 욕구는 선천적인 성질을 지닌다.
- 인간의 생리적 욕구에 대한 의식적 통제가 어려운 차례로 나열한 순서 : 호흡의 욕구 → 안전의 욕구 → 해갈의 욕구 → 배설의 욕구

㉢ 관리감독자의 능력과 매슬로의 5단계 욕구성장과정의 연관성

- 기본적 능력 - 생리적 욕구
- 기술적 능력 - 안전의 욕구
- 인간적 능력 - 사회적 욕구
- 포괄적 능력 - 존경의 욕구
- 종합적 능력 - 자아실현의 욕구

④ ERG이론(알더퍼, Alderfer) : 여러 개의 욕구가 동시에 활성화될 수 있다.

㉠ 인간의 기본적인 3가지 욕구

- 존재(생존)의 욕구(E ; Existence)
- 관계의 욕구(R ; Relatedness)
- 성장의 욕구(G ; Growth)

㉡ Maslow의 욕구위계와 Alderfer의 욕구위계 비교

- Maslow의 욕구위계 중 가장 상위에 있는 욕구는 자아실현의 욕구이다.
- Maslow는 욕구의 위계성을 강조하여, 하위의 욕구가 충족된 후에 상위욕구가 생긴다고 주장하였다.
- Alderfer는 Maslow와 달리 여러 개의 욕구가 동시에 활성화될 수 있다고 주장하였다.
- Alderfer의 생존의 욕구는 Maslow의 생리적 욕구, 안전의 욕구의 개념과 유사하고, Alderfer의 관계의 욕구는 Maslow의 사회적 욕구의 개념과 유사하다.

⑤ 위생－동기이론 혹은 2요인 이론(허즈버그) : 인간 내면의 욕구는 위생요인과 동기요인이 동시에 존재한다.

㉠ 위생요인 : 거짓 동기(불충족 시 불만족), 불만족 요인

- 물질적 욕구에 대한 보상
- 생존, 환경 등의 인간의 동물적 욕구 반영
- 임금(급여), 승진, 지위, 작업조건, 인간관계(대인관계), 복지혜택, 배고픔, 호기심, 애정, 감독(기술, 형태), 관리규칙 등

㉡ 동기요인 : 참 동기(충족 시 만족), 만족 요인

- 정신적 욕구에 대한 만족
- 성취, 인정 등의 자아실현을 하려는 인간의 독특한 경향 반영
- 일의 내용, 작업 자체, 성취감, 존경, 인정, 권력, 자율성 부여와 권한위임, 책임감, 자기발전

㉢ 타 동기이론과의 연관성

구 분	위생요인	동기요인
X이론 · Y이론	X이론	Y이론
욕구 5단계 이론	생리적 · 안전 · 사회적 욕구	존경 · 자아실현의 욕구

㉣ 허즈버그(Herzberg)의 일을 통한 동기부여 원칙
- 새롭고 어려운 업무의 부여
- 작업자에게 불필요한 통제를 배제
- 자기과업을 위한 작업자의 책임감 증대
- 작업자에게 완전하고 자연스러운 단위의 도급작업을 부여할 수 있도록 일을 조정
- 정기보고서를 통하여 작업자에게 직접적인 정보를 제공
- 특정작업 수행 기회 부여

㉤ 허즈버그가 제안한 직무충실(직무확충)의 원리
- 종업원들에게 직무에 부가되는 자유와 권위의 부여
- 완전하고 자연스러운 작업 단위 제공
- 여러 가지 규모를 제거하여 개인적 책임감 증대
- 책임을 지고 일하는 동안에는 통제를 줄인다.
- 자신의 일에 대해서 책임을 더 지도록 한다.
- 직무에서 자유를 제공하기 위하여 부가적 권위를 부여한다.
- 전문가가 될 수 있도록 전문화된 과제들을 부과한다.

⑥ 데이비스(Davis)의 동기부여이론

㉠ 경영의 성과 = 인간의 성과 × 물적인 성과

㉡ 인간의 성과(Human Performance) = 능력(Ability) × 동기유발(Motivation)
- 능력(Ability) = 지식(Knowledge) × 기능(Skill)
- 동기유발(Motivation) = 상황(Situation) × 태도(Attitude)

⑦ 기타 동기부여이론

㉠ 목표설정이론(Locke & Latham)
- 목표는 구체적이어야 한다.
- 목표는 도전적이어야 한다.
- 목표의 난이도가 높아야 한다.
- 목표는 측정 가능해야 한다.
- 목표는 실현 가능해야 한다.
- 목표는 그 달성에 필요한 시간의 제한을 명시해야 한다.
- 피드백이 중요하다.
- 목표설정 과정에서 종업원의 참여가 중요하다.

㉡ 형평이론(공평성 이론)(아담스, Adams)
- 지각에 기초한 이론이므로 자기 자신을 지각하고 있는 사람을 개인이라 한다.
- 개인은 이익을 추구하며, 집단 내에서 자신이 투자한 자원과 이를 통해 얻어진 교환물의 가치에 대해 공정성을 평가한다. 즉, 공정성이나 불공정성을 인지한다.
- 작업동기는 타인, 시스템, 자신의 투입대비 성과 결과로 비교한다.
- 투입(Input)이란 일반적인 자격, 교육수준, 노력 등을 의미한다.
- 산출 혹은 성과(Outcome)란 개인이 직무수행의 결과로 받는 급여, 지위, 평가, 직업 안정성, 명예, 기타 부가 보상 등을 의미한다.
- 투입의 비율이 산출과 비슷해지면 직업에 대한 더 큰 만족감을 가지게 된다.

㉢ 기대이론(V. H. Vroom)
- 구성원 각자의 동기부여 정도가 업무에서의 행동양식을 결정한다는 이론이다.
- 수행과 성과 간의 관계를 의미하는 것은 도구성이다.
- 성과를 나타냈을 때 보상이 있을 것이라는 수단성을 높이는 데 유의해야 할 점
  - 보상의 약속을 철저히 지킨다.
  - 신뢰할만한 성과의 측정방법을 사용한다.
  - 보상에 대한 객관적인 기준을 사전에 명확히 제시한다.

㉣ Tiffin의 동기유발요인
- 공식적 자극 : 특권박탈, 승진, 작업계획의 선택
- 비공식적 자극 : 칭찬

 핵심예제

4-1. 맥그리거(McGregor)의 Y이론과 관계가 없는 것은?

[2011년 제2회 유사, 2016년 제1회]

① 직무 확장
② 책임과 창조력
③ 인간관계 관리방식
④ 권위주의적 리더십

4-2. 매슬로(Maslow)의 욕구단계이론 중 제2단계 욕구에 해당하는 것은?

[2016년 제3회 유사, 2017년 제1회, 2018년 제2회]

① 자아실현의 욕구
② 안전에 대한 욕구
③ 사회적 욕구
④ 생리적 욕구

|해설|

4-1
X이론에 적합한 리더십은 권위주의적 리더십이지만, Y이론에 적합한 리더십은 민주주의적 리더십이다.

4-2
① 자아실현의 욕구 : 5단계
③ 사회적 욕구 : 3단계
④ 생리적 욕구 : 1단계

정답 4-1 ④ 4-2 ②

핵심이론 05 집단과 사회행동

① 집단(Group)

㉠ 호손연구 또는 호손실험(Hawthorne)

- 호손(공장)실험 : 산업심리학이 발전하던 1920년대에 시작된 일련의 연구로 원래 조명도와 생산성의 관계를 밝히려고 시작되었으나 결과적으로 생산성과 작업능률에는 사원들의 태도, 감독자, 비공식 집단의 중요성 등의 인간관계가 복잡하게 영향을 미친다는 것을 확인한 실험이다.
- 물리적 작업환경 이외에 심리적 요인이 생산성에 영향을 미친다는 것을 알아냈다.
- 호손연구는 작업환경에서 물리적인 작업조건보다는 근로자의 심리적인 태도 및 감정이 직무수행에 큰 영향을 미친다는 결과를 밝혀낸 대표적인 연구이며 주 실험자는 메이오(E. Mayo)이다.
- 호손실험은 인간적 상호작용의 중요성을 강조한다.
- 호손실험에서 작업자의 작업능률에 영향을 미치는 주요한 요인은 인간관계이다.
- 호손효과 : 조직에서 새로운 제도나 프로그램을 도입하였을 때 처음에는 호기심 때문에 긍정적인 효과가 발생하나 시간이 지나면서 신기함이 감소하여 원래의 상태로 돌아가는 현상

㉡ 집단의 구분

- 1차 집단과 2차 집단
  - 1차 집단(Primary Group) : 혈연, 지연, 직장과 같이 장기간 육체적, 정서적으로 매우 밀접한 집단
  - 2차 집단(Secondary Group) : 사교집단과 같이 일상생활에서 임시적으로 접촉하는 집단
- 공식집단과 비공식집단
  - 공식집단(Formal Group) : 회사나 군대처럼 의도적으로 설립되어 능률성과 과학적 합리성을 강조하는 집단
  - 비공식집단(Informal Group) : 인간관계를 강조하며 자연발생적이고 감정의 논리에 따라 운영되는 집단으로 동호회나 향우회가 대표적
    ⓐ 비공식집단은 조직구성원의 태도, 행동 및 생산성에 지대한 영향력을 행사한다.

ⓑ 가장 응집력이 강하고 우세한 비공식집단은 수평적 동료집단이다.

ⓒ 혼합적 혹은 우선적 동료집단은 각기 상이한 부서에 근무하는 직위가 다른 성원들로 구성된다.

ⓓ 비공식집단은 관리영역 밖에 존재하고 조직표에 나타나지 않는다.

- 성원집단과 준거집단
  - 성원집단(Membership Group) : 어떤 상태의 지위나 조직 내 신분을 원하지만 아직 그 위치에 있지 않은 사람들의 집단
  - 준거집단(Reference Group) : 자신의 삶이 기준이 되는 집단
- 세력집단과 비세력집단
  - 세력집단(In Group) : 혈연이나 지연과 같이 장기간 육체적, 정서적으로 매우 밀접한 집단
  - 비세력집단(Out Group) : 세력집단의 영향을 받는 하부 집단
- 통제적 집단행동과 비통제적 집단행동
  - 통제적 집단행동 : 관습, 유행, 제도적 행동 등
  - 비통제적 집단행동 : 군중, 모브(Mob, 폭동), 패닉(이상적인 상황 하에서 방어적인 행동 특성으로 보이는 집단행동), 심리적 전염 등

ⓒ 집단의 기능

- 응집력 발생(집단 내에 머물도록 하는 내부의 힘을 응집력이라 한다)
- 행동의 규범 존재
  - 집단의 규범은 집단을 유지하고 집단의 목표를 달성하기 위해 만들어진 것이다.
  - 집단의 규범은 개선이나 그 밖의 사유로 변경될 수 있다.
- 집단의 목표설정(집단이 하나의 집단으로서의 역할을 수행하기 위해서는 집단목표가 있어야 한다)

ⓓ 집단의 효과 : 시너지효과, 동조효과(응집력), 견물효과

- 시너지효과(Synergy Effect) : 두 개 이상의 서로 다른 개체가 힘을 합쳐 둘이 지닌 힘 이상의 효과를 내는 현상
- 동조효과(응집력) : 집단의 압력에 의해 다수의 의견을 따르게 되는 현상
- 견물효과

ⓔ 집단에서의 인간관계 메커니즘 : 모방, 암시, 동일 시(동일화), 일체화, 투사, 커뮤니케이션, 공감 등

ⓕ 의사소통망(커뮤니케이션의 유형) : 조직 내의 구성원들 간에 정보를 교환하는 경로구조이며 형태에 따라서 쇠사슬형, 수레바퀴형, Y형, 원형, 완전연결형(개방형) 등의 5가지로 구분된다.

- 쇠사슬형에서 완전연결형으로 갈수록 권한의 집중도는 낮아지고, 의사결정의 수용도와 조직 구성원들의 몰입도・만족도는 높아진다.
- 의사결정의 속도는 일반적으로 쇠사슬형과 완전연결형의 경우가 가장 빠르다. 다만, 개인의 이해관계가 민감할 경우에는 완전연결형의 경우는 오히려 의사결정의 속도가 늦어질 수 있다.

ⓢ 집단의 응집력 : 집단의 내부로부터 생기는 힘

- 구성원들이 서로에게 매력적으로 끌리어 목표를 효율적으로 달성하는 정도
- 집단의 사기, 정신, 구성원들에게 주는 매력의 정도, 과업에 대한 구성원의 관심도
- 집단응집성지수 $= \dfrac{\text{실제 상호선호관계의 수}}{\text{가능한 상호선호관계의 총수}}$

$$= \frac{N}{{}_nC_2} \ (n\ :\ \text{구성원의 수})$$

- 집단의 응집성이 높아지는 조건
  - 가입하기 어려울수록
  - 집단의 구성원이 적을수록
  - 외부의 위협이 있을수록
  - 함께 보내는 시간이 많을수록
  - 과거에 성공한 경험이 있을수록

ⓞ 소시오메트리(Sociometry) : 구성원 상호 간의 선호도를 기초로 집단 내부의 동태적 상호관계를 분석하는 방법

- 구성원들 간의 좋고 싫은 감정을 관찰, 검사, 면접 등을 통하여 분석한다.
- 소시오메트리 연구조사에서 수집된 자료들은 소시오그램과 소시오메트릭스 등으로 분석한다.
- 집단 구성원 간의 상호관계유형과 집결유형선호인물 등을 도출할 수 있다.
- 소시오그램은 집단 내의 하위 집단들과 내부의 세부집단과 비세력집단을 구분할 수 있다.

• 소시오메트릭스는 소시오그램에서 나타나는 집단 구성원들 간의 관계를 수치에 의하여 계량적으로 분석할 수 있다.
• 선호신분지수(Choice Status Index)

$$= \frac{선호총계}{구성원수 - 1}$$

- 구성원들의 선호도를 나타낸다.
- 가장 높은 점수를 얻는 구성원 : 집단의 자생적 리더

ⓩ 역할 갈등
• 구성원들의 역할 기대와 실제 역할 행동 간의 차이로 구성원들의 역할에 대한 기대와 행동이 일치하지 않는 현상
• 역할 갈등의 원인 : 역할 마찰, 역할 부적합, 역할 모호성

ⓒ 집단 간의 갈등 요인
• 제한된 자원
• 집단 간의 목표 차이
• 동일한 사안을 바라보는 집단 간의 인식 차이
• 과업 목적과 기능에 따른 집단 간 견해와 행동경향의 차이

ⓚ 집단 간 갈등의 해소방안
• 공동의 문제 설정
• 상위 목표의 설정
• 집단 간 접촉 기회의 증대
• 사회적 범주화 편향의 최소화
• 제한된 자원 해소를 위한 자원 확충
• 갈등관계에 있는 집단들의 구성원들의 직무순환
• 집단통합, 조직개편

ⓔ 조하리의 창(Johari's Window) : 갈등, 의사소통의 심리구조를 4영역으로 나누어 설명
• 은폐 영역(Hidden Area) : 자신은 알고 있으나 남에게 감추어진 창. 나만 알고 있는 공개하기 싫은 자아 스타일로서, 자신은 알고 있으나 남에게는 감추어진 부분이 대단히 크며 말하기보다 듣기를 좋아하고, 매사에 비밀이 많아 다른 사람들이 접근하기 어려운 타입이다. 좀 더 솔직하고 확실하게 자신의 의견이나 주장을 내세우도록 노력하여 자기공개의 방향으로 개선하여 마음의 창을 넓혀 나가야 한다.
• 미지 영역(Unknown Area) : 자신도 남도 알 수 없는 미지의 창. 매사에 소극적인 타입이다. 이 타입은 좀 더 적극적인 행동을 가지고 자신의 의견이나 주장을 솔직하게 표현하고 타인에게 관심을 가져야 하며 회의에서도 자신의 주장을 확실히 펴고 다른 사람의 이야기를 잘 경청하는 등의 개선을 통하여 자기개방과 타인에 관심을 주는 방향으로 창을 넓혀나가야 한다.
• 맹인 영역(Blind Area) : 남은 알고는 있으나 정작 자신은 알지 못하여 깨닫지 못하는 창. 소문 등에 대해서 남은 알고 있으나 자신은 알지 못하는 부분이 많고 다른 사람의 말을 듣기 보다는 자기가 말하는 것을 좋아하며 다른 사람을 무시하는 독단적인 경향이 있다. 타인에게 관심을 주는 방향으로 개선하여 개방된 창으로 넓혀나가야 한다.
• 개방 영역(Open Area) : 자신과 남이 다 알 수 있는 개방된 창. 남도 알고 자신도 알고 있는 부분이 넓어서 원만한 인간관계를 가지며, 다른 사람들에게 관심을 가져주기도 하고 자신의 의견이나 주장을 솔직하게 표현하기도 한다. 대인관계 시 가장 바람직한 유형이다.

ⓟ 응집력에 따른 집단의 유형
• 화합분산형 : 직장구성원 간에는 비교적 호의적인 관계가 유지되지만 직장에 대한 응집력이 미약한 유형
• 대립분산형 : 직장에 대한 애착이나 소속감도 없으며 직장은 단지 소득을 얻는 곳이고, 직장구성원 간에 감정적 갈등이 심하며 직장 내 인간관계에 구심점이 없는 유형
• 화합응집형 : 직장구성원 간에 긍정적 감정과 친밀감이 높고 직장에 대한 소속감과 단결력이 높은 유형
• 대립분리형 : 직장구성원들이 서로 적대시하는 2개 이상의 하위집단으로 분리되어 있는 유형으로 하위집단끼리는 서로 반목하지만 한 하위집단 내에는 친밀감이나 응집력이 높다.

ⓗ 집단적 사고기법
• Brain Storming : 타인의 비판 없이 자유로운 토론을 통하여 다량의 독창적인 아이디어를 이끌어내고, 대안적 해결안을 찾기 위한 집단적 사고기법
• 명목집단법 : 의사소통 과정에서 논의와 대인 간 의사소통을 제한하여 집단사고를 막는 기법

• 델파이기법 : 의사결정 과정 중 일체의 대화 없이 반복적인 피드백과 통계적 처리에 의해 아이디어를 수렴하는 기법
• Role Playing(역할 연기) : 자아탐구의 수단인 동시에 자아실현의 수단으로 활용되는 기법
• Action Playing : 참가자들이 소집단을 구성하여 각자 또는 전체가 팀워크를 바탕으로 실패의 위험을 갖는 실제 문제를 정해진 시점까지 해결하는 동시에 문제해결 과정에 대한 성찰을 통해 학습하도록 지원하는 기법으로 액션 러닝이라는 표현이 주로 사용된다.
• Fish Bowl Playing(어항식 토의법) : 한 집단이 토의하는 것을 다른 집단이 어항을 보는 듯 토의 과정을 자세히 관찰하는 토의법이다.
• 악마의 주장자 : 그룹의 의견이 편향되지 않도록 의도적으로 반대의견을 제시하는 역할을 두는 기법
• 전자회의 : 구성원들이 익명의 언급과 투표집계가 가능하도록 컴퓨터상에서 상호작용하는 회의 기법

② 사회행동

㉠ 사회행동의 기본형태 : 협력, 대립, 도피
• 협력 : 조력, 분업 등
• 대립 : 공격, 경쟁 등
• 도피 : 고립, 정신병, 자살 등

㉡ 의사소통 과정의 4가지 구성요소 : 발신자, 수신자, 메시지, 채널

㉢ 인관관계 관리기법으로 커뮤니케이션의 개선방안 : 제안제도, 고충처리제도, 인사상담제도 등

㉣ 인간관계를 효과적으로 맺기 위한 원칙
• 상대방을 있는 그대로 인정한다.
• 상대방에게 지속적인 관심을 보인다.
• 취미나 오락 등 같거나 유사한 활동에 참여한다.
• 상대방으로 하여금 당신이 그를 좋아한다는 것을 알게 한다.

㉤ 산업심리와 인간관계에 작용하는 요소
• 집단과의 거리
• 자기속성
• 사교상의 위치

핵심예제

5-1. 호손(Hawthorne)실험에서 작업자의 작업능률에 영향을 미치는 주요한 요인은 무엇인가?

[2007년 제4회, 2012년 제1회, 2018년 제1회, 제4회, 2019년 제2회 유사]

① 작업조건
② 생산기술
③ 임금수준
④ 인간관계

5-2. 집단 간의 갈등 요인으로 옳지 않은 것은?

[2008년 제2회, 2011년 제2회, 2014년 제2회, 2019년 제2회]

① 욕구좌절
② 제한된 자원
③ 집단 간의 목표 차이
④ 동일한 사안을 바라보는 집단 간의 인식 차이

5-3. 어느 부서 직원 6명의 선호관계를 분석한 결과, 다음과 같은 소시오그램이 작성되었다. 이 부서의 집단응집성지수는 얼마인가?(단, 그림에서 실선은 선호관계, 점선은 거부관계를 나타낸다)

[2019년 제1회]

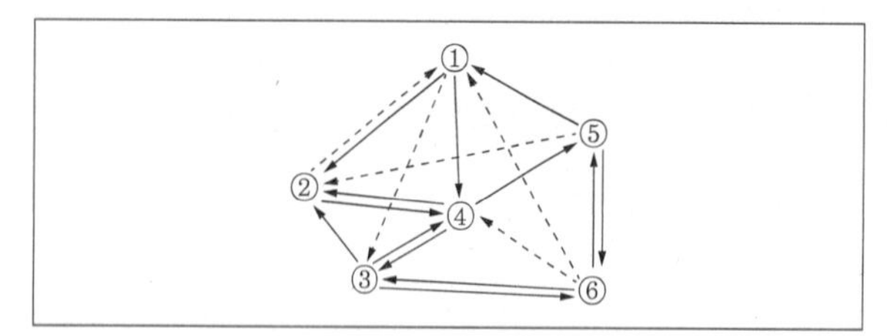

① 0.13
② 0.27
③ 0.33
④ 0.47

5-4. 인간관계를 효과적으로 맺기 위한 원칙과 가장 거리가 먼 것은?

[2013년 제2회, 2016년 제2회]

① 상대방을 있는 그대로 인정한다.
② 상대방에게 지속적인 관심을 보인다.
③ 취미나 오락 등 같거나 유사한 활동에 참여한다.
④ 상대방으로 하여금 당신이 그를 좋아한다는 것을 숨긴다.

|해설|

5-1
호손(Hawthorne)실험은 작업자의 작업능률에 사원들의 태도, 감독자, 비공식집단의 중요성 등 인간관계가 복잡하게 영향을 미친다는 것을 확인한 실험이다.

5-2
집단 간의 갈등요인
- 제한된 자원
- 집단 간의 목표 차이
- 동일한 사안을 바라보는 집단 간의 인식 차이
- 과업목적과 기능에 따른 집단 간 견해와 행동경향의 차이

5-3

$$집단응집성지수 = \frac{실제상호선호관계의\ 수}{가능한\ 상호선호관계의\ 총수} = \frac{N}{{}_nC_2}$$

$$= \frac{4}{(5\times6)/(2\times1)}$$

$$\fallingdotseq 0.27$$

5-4
상대방으로 하여금 당신이 그를 좋아한다는 것을 알게 한다.

정답 5-1 ④ 5-2 ① 5-3 ② 5-4 ④

핵심 이론 06 리더십과 헤드십

① 리더십(Leadership)

㉠ 리더십의 개요
- 리더십이란
  - 어떤 특정한 목표달성을 지향하고 있는 상황하에서 행사되는 대인 간의 영향력
  - 공통된 목표달성을 지향하도록 사람에게 영향을 미치는 것
  - 주어진 상황 속에서 목표달성을 위해 개인 또는 집단의 활동에 영향을 미치는 과정
- 리더(지도자)의 일반적인 구비요건 : 화합성, 통찰력, 조직의 이익 추구성, 정서적 안정성 및 활발성
- 집단에서 리더의 구비요건 : 화합성, 통찰력, 판단력

㉡ French와 Raven이 제시한 리더가 가지고 있는 세력(권한)의 유형 : 합법적 권한, 보상적 권한, 전문성의 권한, 강압적 권한, 준거적 권한
- 합법적 권한 : 권력 행사자가 보유하고 있는 조직 내 지위에 기초한 권한
- 보상적 권한 : 리더가 부하의 능력에 대하여 차별적 성과급을 지급하는 권한. 부하에게 승진, 보너스, 임금인상 등을 베풀 수 있는 힘에서 나온다.
- 전문성의 권한 : 지식이나 기술에 바탕을 두고 영향을 미침으로써 얻는 권한이다.
  - 전문가로서의 리더 : 이용 가능한 정보나 기술에 관한 정보원으로서의 역할을 수행하는 리더의 유형
- 강압적 권한 : 부하를 처벌할 수 있는 권한. 견책, 나쁜 인사고과로 부하에게 영향을 미침으로써 얻는 권한이다. 종업원의 바람직하지 않은 행동들에 대해 해고, 임금삭감, 견책 등을 사용하여 처벌한다.
- 준거적 권한 : 부하들로부터 호감과 존경을 받는 리더 개인의 매력으로부터 나온다.

※ 조직이 리더에게 부여하는 권한 : 합법적 권한, 보상적 권한, 강압적 권한, 준거적 권한
※ 리더 자신에 의해 생성되는 권한 : 전문성의 권한
※ 위임된 권한 : 목표 달성을 위하여 부하 직원들이 상사를 존경하여 상사와 함께 일하고자 할 때 상사에게 부여되는 권한

㉢ 리더십을 결정하는 주요한 3가지 요소
- 리더의 특성과 행동
- 부하의 특성과 행동
- 리더십이 발생하는 상황의 특성

㉣ 성실하며 성공적인 리더의 공통적인 소유 속성
- 뛰어난 업무수행능력
- 강력한 조직능력
- 자신 및 상사에 대한 긍정적인 태도
- 조직의 목표에 대한 충성심
- 강한 출세욕구

㉤ 성공한 리더들의 특성
- 높은 성취욕구를 가지고 있다.
- 실패에 대한 강한 예견과 두려움을 가지고 있다.
- 상사에 대한 강한 긍정적 의식과 부하 직원에 대한 관심이 크다.
- 부모로부터의 정서적 독립과 현실 지향적이다.

㉥ 성공적인 리더가 가지는 중요한 관리기술
- 매 순간 신중하게 의사결정을 한다.
- 집단의 목표를 구성원과 함께 정한다.
- 구성원이 집단과 어울리도록 협조한다.
- 자신이 아니라 집단에 대해 많은 관심을 가진다.

㉦ 리더십 이론의 발전과정 : 특성이론 → 행동이론 → 상황이론 → 변혁적 리더십 이론
- 특성이론(특질접근법)
  - 성공적인 리더는 어떤 특성을 가지고 있는가를 연구하는 리더십 이론
  - 리더의 기능수행과 리더로서의 지위 획득 및 유지가 리더 개인의 성격이나 자질에 의존한다는 리더십 이론
  - 통솔력이 리더 개인의 특별한 성격과 자질에 의존한다고 설명하는 이론
- 행동이론(행동접근법) : 리더가 나타내는 반복적인 행동유형을 찾아내고, 어떤 유형이 가장 효과적인지를 밝히려고 하는 리더십 이론
- 상황이론(상황접근법) : 리더십 상황에 적합한 효과적인 리더십 행동을 개념화한 이론
- 변혁적 리더십이론 : 기존의 모든 리더십을 거래적 리더십이라고 하며 카리스마 리더십을 비거래적 리더십이라고 주장하는 리더십 이론

㉧ 의사결정과정(지휘형태 또는 업무추진방법)에 따른 리더십의 분류(아이오와대학모형) : 전제형(권위형) 리더십, 자유방임형 리더십, 민주형 리더십
- 전제형(권위형) 리더십
  - 리더가 모든 정책을 단독으로 결정하기 때문에 부하 직원들은 오로지 따르기만 하면 된다는 유형
  - 리더 자신의 신념과 판단을 최상으로 믿는다.
  - 리더가 모든 정책을 결정한다.
- 자유방임형 리더십 : 리더는 대외적인 상징적 존재에 불가하며 소극적으로 조직 활동에 참가한다. 자유방임형 리더십에 따른 집단구성원의 반응은 다음과 같다.
  - 낭비 및 파손품이 많다.
  - 업무의 양과 질이 저하된다.
  - 리더를 타인으로 간주하기 쉽다.
  - 개성이 강하고, 연대감이 없어진다.
- 민주형 리더십 : 과업을 계획하고 수행하는 데 있어서 구성원과 함께 책임을 공유하고 인간에 대하여 높은 관심을 갖는 리더십
  - 조직구성원들의 의사를 종합하여 결정한다.
  - 집단토론이나 집단결정을 통해서 정책을 결정한다.
  - 의사교환이 비교적 자유롭다.
  - 자발적 행동이 많이 나타난다.
  - 구성원 간의 상호관계가 원만하다.
  - 집단 구성원들이 리더를 존경한다.

㉨ 리더의 행동스타일에 따른 리더십의 분류(미시건대학모형)
- 부하중심적 리더십 : 부하와의 관계 중시, 부하의 자발적 참여 유도
- 직무중심적 리더십 : 생산과업 중시, 공식 권한과 권력에 의존, 치밀한 감독

㉢ 관리그리드(Managerial Grid) 이론

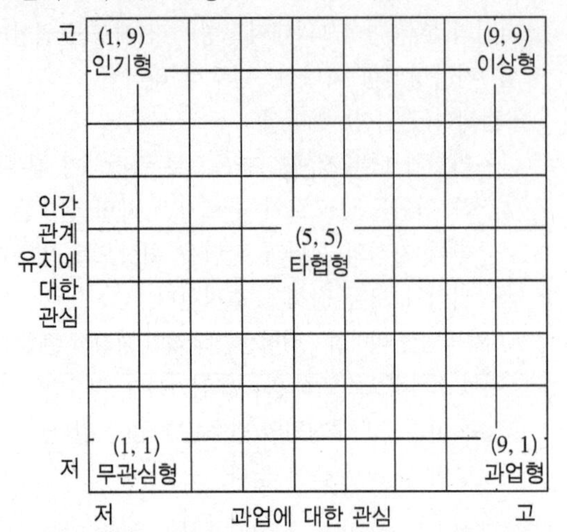

- 무관심형(Impoverished) : 그리드 (1, 1)에 해당하며, 과업과 인간관계 유지에 대한 관심이 모두 낮다. 주어진 리더의 역할을 수행하는 데 최소한의 노력만 하는 리더십 유형이다.
- 과업형(Task) : 그리드 (9, 1)에 해당하며, 인간관계 유지에는 매우 낮은 관심을 보이지만, 과업에 대해서는 매우 높은 관심을 보이는 리더십 유형이다.
- 인기형(Country Club) : 그리드 (1, 9)에 해당하며, 과업에 관심이 낮은 반면, 인간관계 유지에 대한 관심은 매우 높다. 구성원과의 만족한 인간관계와 친밀한 분위기의 조성을 중요시하는 리더십 유형이다.
- 타협형(Middle of The Road) : 그리드 (5, 5)에 해당하며, 과업과 인간관계 유지를 절충하여 적당한 수준의 성과를 지향하는 리더십 유형이다.
- 이상형(Team) : 그리드 (9, 9)에 해당하며, 과업과 인간관계 유지에 모두 높은 관심을 보인다. 종업원의 자아실현 욕구를 만족시켜 주고, 신뢰와 존경의 인간관계를 통하여 과업을 달성하려는 가장 바람직한 리더십 유형이다.

㉣ 상황적합성 이론 : 관계지향적 리더십, 과업지향적 리더십

- 관계지향적 리더십의 리더가 나타내는 대표적인 행동 특징
  - 우호적이며 가까이 하기 쉽다.
  - 집단구성원들을 동등하게 대한다.
  - 어떤 결정에 대해 자세히 설명해준다.
- 과업지향적 리더십의 리더가 나타내는 대표적인 행동 특징
  - 집단구성원들의 활동을 조정한다.

㉤ 경로-목표이론 : 리더십의 유효성은 리더십 스타일과 종업원 특성, 작업환경 특성 변수간의 상호작용에 달려 있다.

- 지시적 리더십 : 도구적·수단적 리더십이라고도 하며 권위주의적으로 부하들을 지시, 조정해 나가는 리더십 스타일이다.
  - 외적 통제성향인 부하는 지시적 리더행동을 좋아한다.
  - 부하의 능력이 우수하면 지시적 리더행동은 효율적이지 않다.
  - 과업이 구조화되어 있으면 지시적 행동은 비효율적이다.
- 후원적 리더십 : 하급자들의 욕구와 복지에 관심을 보이며 온정적이고 친밀한 집단 분위기를 이끄는 리더십 스타일이다.
- 참여적 리더십 : 직원들과 원만한 관계를 유지하며 그들의 의견을 존중하여 의사결정에 반영하는 리더십
  - 하급자들에게 자문을 구하며 제안을 이끌어내며, 정보를 공유하고 하급자들의 의견을 의사결정에 많이 반영시킨다.
  - 내적 통제성을 갖는 부하는 참여적 리더행동을 좋아한다.
- 성취지향적 리더십 : 하급자들에게 높은 수준의 목표설정과 의욕적인 목표달성 행동을 강조하면서 자신감을 불어넣어 주는 리더십 스타일이다. 공식적 활동을 중요시하지 않는다.

㉥ 기 타

- 허시(Hersey)와 블랜차드(Blandchard)가 주장한 상황적 리더십 이론
  - 리더십의 4가지 유형 : 지시적 리더십(Telling), 설득적 리더십(Selling), 참여적 리더십(Participation), 위임적 리더십(Delegating)
  - 효과적인 리더행동은 상황 특성에 따라 다르며 이러한 상황 특성은 부하의 성숙 수준을 통하여 측정한다.

• 피들러(Fiedler)의 상황(연계성)리더십 이론
  - 중요시하는 상황적 요인 : 과제의 구조화, 리더와 부하 간의 관계, 리더의 직위상 권한
  - 가장 일하기 힘들었던 동료를 평가하는 척도에서 점수가 높은 리더의 특성은 배려적이다.
• 인지자원이론(피들러)에서 스트레스를 적게 받는 상황이라면 지능이 우수한 리더가 효율적이다.
• 리더-부하교환이론 : 리더와 부하가 서로 영향을 준다는 리더십 이론으로서 부하들의 능력 및 기술, 리더가 부하들을 신뢰하는 정도 등에 따라 리더가 부하들을 서로 다르게 대우한다고 가정하는 이론
• 셀프 리더십과 슈퍼 리더십(초 리더십)
  - 셀프 리더십 : 스스로 자율적으로 업무를 추진하고, 스스로 자기조절 능력을 지닌 리더십
  - 슈퍼 리더십 : 부하들의 역량을 개발하여 부하들로 하여금 자율적으로 업무를 추진하게 하고, 스스로 자기조절 능력을 갖게 만드는 리더십(셀프 리더를 길러내는 리더십)
• 거래적 리더십(교환적 리더십)과 변환적 리더십(카리스마적 리더십)
  - 교환적 리더십 : 목표를 설정하고 그에 따르는 보상을 약속함으로써 부하를 동기화하려는 리더십
  - 변혁적 리더십
    ⓐ 구성요인 : 개인적 배려, 비전 제시, 카리스마 등
    ⓑ 카리스마적 리더십의 리더의 주요한 특성 : 비전 제시능력, 개인적 매력, 수사학적 능력 등

② 헤드십(Headship)
㉠ 공식적인 권위를 근거로 구성원을 조정하며 움직이게 하는 능력이다.
㉡ 헤드십의 특성
• 권한의 근거는 법적이며 공식적이다.
• 권한의 행사는 임명된 헤드이다.
• 지휘의 형태는 권위주의적이다.
• 상사와 부하와의 관계는 지배적이다.
• 상사와 부하의 사회적 간격은 넓다.

③ 리더십과 헤드십의 비교

구 분	리더십	헤드십
권한의 근거	개인능력 (밑으로부터 동의)	법적이며 공식적 (위로부터 위임)
권한의 행사	선출된 리더	임명된 헤드
지휘의 형태	민주주의적	권위주의적
상사와 부하의 관계	개인적	지배적
상사와 부하의 사회적 간격	좁다.	넓다.

핵심예제

6-1. 다음 리더십의 행동이론 중 관리 그리드(Managerial Grid) 이론에서 리더의 행동유형과 경향을 올바르게 연결한 것은?

[2012년 제2회 유사, 2015년 제1회]

① (1, 1)형 - 무관심형
② (1, 9)형 - 과업형
③ (9, 1)형 - 인기형
④ (5, 5)형 - 이상형

6-2. 헤드십의 특성이 아닌 것은?

[2010년 제1회 유사, 2013년 제2회, 2015년 제2회 유사, 2016년 제1회 유사, 제3회, 2021년 제1회, 2022년 제2회 유사]

① 지휘형태는 권위주의적이다.
② 권한행사는 임명된 헤드이다.
③ 구성원과의 사회적 간격은 넓다.
④ 상관과 부하와의 관계는 개인적인 영향이다.

|해설|

6-1
② (1, 9)형 - 인기형
③ (9, 1)형 - 과업형
④ (5, 5)형 - 타협형

6-2
헤드십의 경우, 상관과 부하와의 관계는 지배적이다.

정답 6-1 ① 6-2 ④

핵심 이론 07 생체리듬 · 피로 · 스트레스

① 생체리듬(Biorhythm)

㉠ 생체리듬의 종류 : 육체적 리듬, 감성적 리듬, 지성적 리듬

- 육체적 리듬(P) : 일반적으로 23일을 주기로 반복되며 신체적 컨디션의 율동적 발현(식욕, 활동력 등)과 밀접한 관계를 갖는 리듬
- 감성적 리듬(S) : 일반적으로 28일을 주기로 반복되며 주의력, 창조력, 예감 및 통찰력 등과 관련 있는 리듬
- 지성적 리듬(I) : 일반적으로 33일을 주기로 반복되며 상상력, 사고력, 기억력 또는 의지, 판단 및 비판력 등과 깊은 관련성을 갖는 리듬

㉡ 생체리듬의 특징

- 생체상의 변화는 하루 중에 일정한 시간간격을 두고 교환된다.
- 안정일(+)과 불안정기(-)의 교차점을 위험일이라 한다(각각의 리듬이 (+)에서 (-)로 변화하는 점이 위험일이다).
- 생체리듬에서 중요한 점은 낮에는 신체활동이 유리하며, 밤에는 휴식이 더욱 효율적이라는 것이다.
- 몸이 흥분한 상태일 때는 교감신경이 우세하고 수면을 취하거나 휴식을 할 때는 부교감신경이 우세하다.
- 주간에 상승하는 생체리듬 : 체온, 혈압, 맥압, 맥박수, 체중, 말초운동기능 등
- 야간에 상승하는 생체리듬 : 수분, 염분량 등

② 피로(Fatigue)

㉠ 피로의 정의

- 의학적 : 지치고 탈진되며 에너지가 고갈된 느낌
- 사전적 : 심한 신체적, 정신적 활동 후 탈진하여 기능을 상실한 상태
- 일반적 : 일상적인 활동 후 회복이 일어나지 않아 비정상적으로 기운이 없는 상태

㉡ 피로의 종류

- 급성피로와 만성피로
  - 급성피로 : 신체활동이나 정신작업 후에 나타나는 불가피한 피로
  - 만성피로 : 피로가 누적되어 쉽게 회복되지 않는 상태(축적 피로)
- 생리적 피로(신체적 피로)와 심리적 피로(정신적 피로)
  - 생리적 피로 : 육체적 활동에 의해 근육조직의 산소 고갈로 발생하는 신체능력 감소 및 생리적 손상
  - 심리적 피로 : 계속되는 작업에서 수행 감소를 주관적으로 지각하는 것을 의미
  - 심리적 피로와 생리적 피로는 항상 동반해서 발생하지는 않는다.
  - 작업 수행이 감소하더라도 피로를 느끼지 않을 수 있고, 수행이 잘 되더라도 피로를 느낄 수 있다.
- 일과성 피로와 축적피로
  - 일과성 피로 : 생활에서 오는 피로
  - 축적피로 : 피로가 풀리지 않고 축적되는 상태(만성 피로)
- 국소피로와 전신피로
  - 국소피로 : 근육기관 또는 신경계 등의 신체 일부에 오는 피로
  - 전신피로 : 전신을 사용하는 작업이나 운동으로 인한 에너지 소모와 피로감이 크고 회복이 느린 피로

㉢ 피로의 원인

- 젖산 축적에 따른 신체의 산성화
- 불규칙한 생활
- 과열과 과욕
- 생활환경
- 정신적인 피로
- 피로를 가져오는 내부 요인 : 경험, 책임감, 습관 등
- 피로를 가져오는 외부 요인 : 대인관계 등

㉣ 피로의 증상과 현상

- 피로의 증상 : 불쾌감의 증가, 흥미의 상실, 작업능률의 감퇴, 식욕의 감소, 순환기 증상, 소화기 증상, 호흡기 증상, 눈의 증상, 귀의 증상, 신진대사 증상, 골격과 근육계의 이상, 비뇨기계 증상, 중추신경계 증상 등
- 피로의 현상 : 객관적 피로, 중추신경의 피로, 반사운동신경 피로, 근육 피로, 안색 변화, 원기 저하, 호흡, 순환계의 변화, 근육의 변화, 신경의 변화, 소화기의 변화, 정신의 변화 등

㉤ 피로의 관찰

- 작업자의 정신적 피로를 관찰할 수 있는 변화 : 작업태도의 변화, 사고활동의 변화, 작업동작경로의 변화

• 작업자의 육체적 피로를 관찰할 수 있는 변화 : 대사기능의 변화

ⓗ 피로 단계 : 잠재기, 현재기, 진행기, 축적피로기

• 제1기 잠재기
  - 외관상 능률의 저하가 나타나는 시기로서 지각적으로는 거의 느끼지 못한다.
  - 질병 중에 생기는 전신적인 위화감과 구별이 어렵다.

• 제2기 현재기
  - 확실한 능률 저하의 시기로서 피로의 증상을 지각하고 자율신경의 불안상태가 나타난다.
  - 이상발한, 구갈, 두통, 탈력감이 있고, 특히 관절이나 근육통이 수반되어 신체를 움직이기 귀찮아지는 단계

• 제3기 진행기
  - 제2기의 피로현상이 있음에도 불구하고 충분한 휴식 없이 정신작업이나 운동을 계속하면 차츰 회복이 곤란한 상태에 빠진다.
  - 부득이하게 활동을 중지해야 하고, 수일 간의 휴양이 필요하게 된다.

• 제4기 축적피로기
  - 연이어 무리한 활동을 계속할 때는 만성적으로 피로가 축적되어 일종의 질병이 된다.
  - 수개월에서 수년에 걸쳐 요양을 해야 한다.

ⓢ 피로의 측정방법 : 생리학적 방법, 심리학적 방법, 생화학적 방법

• 생리학적 피로측정방법
  - 검사항목 : 근력·근활동, 대뇌피질활동, 호흡순환기능, 반사역치, 인지역치(플리커, Flicker) 등

> ※ 점멸융합주파수(FFF ; Flicker-Fusion Frequency)
> • 중추신경계의 정신적 피로도의 척도로 사용된다.
> • 빛의 검출성에 영향을 주는 인자 중의 하나이다.
> • 점멸속도는 점멸융합주파수보다 일반적으로 느려야 한다.
> • 점멸속도가 약 30[Hz] 이상이면 불이 계속 켜진 것처럼 보인다.
> • 별칭 : 플리커(Flicker), CFF(Critical Flicker Fusion)값 등
> • 플리커값은 감각기능검사(정신, 신경기능검사)의 측정대상 항목에 해당한다.
> • 용도 : 피로 정도의 척도

  - 검사종류 : EEG(뇌파검사 또는 뇌전도, 플리커 검사), EMG(근전도검사), ECG(심전도검사), GSR(전기피부반응), EOG(안구반응), 심폐검사(호흡기능검사), 순환기능검사, 자율신경기능검사, 안구운동, 운동기능검사, 대뇌활동측정법, 청력검사, 근점거리계검사, 자각적 방법(자각증상, 자각피로도 등), 타각적 방법(표정, 태도, 자세, 동작, 궤적, 단위동작 소요시간, 작업량, 작업과오 등)
  - ECG(심전도검사)
    ⓐ 심장근육의 활동정도를 측정하는 전기생리신호로 신체적 작업부하 평가 등에 사용된다.
    ⓑ 심전도계 : 심장 박동주기 동안 심근의 전기적 신호를 피부에 부착한 전극들로부터 측정하는 것으로 심장이 수축과 확장을 할 때 일어나는 전기적 변동을 기록한 것

  ※ 스텝 테스트, 슈나이더 테스트 : 심폐검사의 피로판정 검사법

• 심리학적 측정방법
  - 검사항목 : 전신자각증상, 연속반응시간, 변별역치, 정신작업, 피부저항, 동작분석, 행동기록, 집중유지기능, 변별역치 등
  - 검사종류 : 정신·신경적 기능검사, 심적기능검사, GSR(피부전기반사검사) 등

• 생화학적 측정방법
  - 검사항목 : 혈액(혈액수분, 혈단백, 응혈시간, 혈색소농도), 오줌(요단백, 요 중의 스테로이드량, 요교질배설량, 요전해질), 아드레날린 배설량, 부신피질기능 등
  - 검사종류 : 혈액검사, 요검사

ⓞ 작업에 수반된 피로의 회복대책

• 휴식과 수면을 취한다(피로의 회복대책으로 가장 효과적인 방법).
• 충분한 영양을 섭취한다.
• 마사지, 목욕이나 가벼운 체조를 한다.
• 동적 작업을 정적 작업으로 바꾼다.
• 비타민 B, 비타민 C 등의 적정한 영양제를 보급한다.
• 생활의 리듬을 되찾는다.
• 심호흡법을 이용한다.
• 운동에 따른 급성피로의 회복

㉢ 허시(Alfred Day Hershey)의 피로회복법
- 단조로움이나 권태감에 의한 피로에 대한 대책
  - 동작의 교대 방법 등을 가르친다.
  - 일의 가치를 교육한다.
  - 휴 식
- 신체적 긴장에 의한 피로에 대한 대책 : 운동, 휴식 등을 통해 긴장을 풀 것
- 정신적 긴장에 의한 피로에 대한 대책
  - 용의주도한 작업 계획을 수립, 이행한다.
  - 불필요한 마찰을 배제할 것
- 정신적 노력에 의한 피로에 대한 대책 : 휴식, 양성훈련
- 천후에 의한 피로에 대한 대책 : 작업장의 온도, 습도, 통풍 등을 조절한다.

㉣ 작업에 수반되는 피로의 예방대책
- 작업부하를 줄일 것
- 불필요한 마찰을 배재할 것
- 작업속도를 적절하게 조정할 것
- 근로시간과 휴식을 적절하게 취할 것

③ 스트레스(Stress)

㉠ 스트레스의 정의
- 신체에서 생성되는 어떠한 요구에 대한 신체의 불특정한 반응
- 인간의 심신에 만들어진 어떤 요구에 자기의 몸과 마음이 반응하는 방식
- 어떠한 새롭고 위협적이고 또는 흥분되는 상황에 대한 신체반응

㉡ 스트레스의 원인
- 외적 원인(External Stressor)
  - 물리적 환경 : 소음, 강력한 빛, 더위, 폐쇄적인 공간 등
  - 사회적 환경 : 무례함, 명령, 다른 사람과의 격돌 등
  - 조직의 환경 : 규칙, 규정, 형식적 절차, 마감시간 등
  - 개인적 사건 : 친족의 죽음, 실직, 승진, 결혼, 이혼 등
  - 일상적 사건 : 출근, 퇴근, 기계 고장, 열쇠 잃어버림 등
  - 외부로부터 오는 자극요인 : (직장에서의)대인관계 갈등과 대립, 죽음, 질병, 경제적 어려움, 가족관계 갈등, 자신의 건강문제 등
- 내적 원인(Internal Stressor)
  - 생활양식 : 카페인 섭취, 흡연, 음주, 수면부족, 과도한 스케줄 등
  - 부정적인 자신과의 대화 : 비관적인 생각, 자기 비판, 혹평 등
  - 마음의 올가미 : 비현실적인 기대, 과장되고 경직된 사고 등
  - 스트레스가 생기기 쉬운 개인 특성 : A형 성격, 완벽주의자, 일벌레
  - 마음속에서 발생되는 내적 자극요인 : 자존심의 손상, 현실에의 부적응, 출세욕의 좌절감과 자만심의 상승, 도전의 좌절과 자만심의 상충, 지나친 과거에의 집착과 허탈, 업무상의 죄책감 등
  - 대부분의 스트레스는 내적 요인에서 기인한다.

㉢ NIOSH(미국 국립산업안전보건연구원)의 직무스트레스 모형에서 분류한 직무스트레스 요인 : 작업요인, 조직요인, 환경요인, 완충작용요인
- 작업요인 : 작업속도, 교대근무
- 조직요인 : 관리유형
- 환경요인 : 조명, 소음
- 완충작용요인 : 대응능력

㉣ 스트레스에 대한 반응 사유
- 개인 차이의 이유 : 성(性)의 차이, 강인성의 차이, 자기존중감의 차이 등
- 공통 이유 : 작업시간의 차이

㉤ 스트레스에 영향을 미치는 직무관련 요인 : 역할 모호성, 역할 갈등, 역할 과중, 역할 과부하 등이며 역할 모호성과 역할 갈등을 합쳐 역할 스트레스로 정의한다.
- 역할 모호성 : 자신의 역할이 무엇인지 잘 모르는 상태이다.
- 역할 갈등
  - 역할에 대한 기대가 상충하거나 불일치하는 것이며 스트레스의 개인적 원인 중 한 직무의 역할 수행이 다른 역할과 모순되는 현상이다.
  - 역할 모호성 하에서 혹은 다른 원인들에 의해 역할 기대에 어긋나는 상태이다.
  - 역할을 선택할 때 다른 책임을 무시해야 하는 상황을 말한다.

- 역할 과중 : 달성할 수 있는 것보다 더 많은 역할과 책임감을 떠안고 있는 현실을 인지하고 많은 역할 가운데 더 중요한 역할을 선택해야 하는 상황을 의미한다.
- 역할 과부하 : 조직에 의한 스트레스 요인으로 역할 수행자에 대한 요구가 개인의 능력을 초과하거나 자신이 믿는 것보다 어떤 일을 보다 급하게 하거나 부주의하게 만드는 상황

ⓑ 스트레스로 인해 나타나는 분노의 관리방안
- 분노를 한꺼번에 묶어서 쏟아 놓지 마라.
- 분노를 상대방에게 표현할 때에는 가능한 한 상대방 대신 본인을 중심으로 진술하라.
- 분노를 억제하지 말고 표현하되 분노에 휩싸이지 마라.
- 분노를 표현하기 위해서는 적절한 시간과 장소를 선택하라.

ⓢ 스트레스에 대한 연구 결과
- 조직에서 스트레스를 일으키는 대부분의 원인들은 역할 속성과 관련되어 있다.
- 스트레스는 분노, 좌절, 적대, 흥분 등과 같은 보다 강렬하고 격앙된 정서 상태를 일으킨다.
- A유형의 종업원들이 B유형의 종업원들보다 스트레스를 더 받는다.

> **A유형 성격** : 시간의 흐름을 참지 못하는 조급한 성격이다. 행동 경향이 빠르고 적은 시간에 많은 것을 성취하려고 끊임없이 투쟁에 개입하며, 항상 급하며, 강한 야심, 경쟁적 충동, 집요함, 타인에 대한 적개심을 가지고 있다. 공격적이고 적대적 감정을 표출하며 높은 목표지향성과 활동성을 가진다. 과업을 신속하고 저돌적으로 처리하며, 과업달성을 방해하는 스트레스 유발 요인에 대해서는 강력하게 반응한다. 이러한 특징 때문에 통제할 수 없는 스트레스에 직면하게 되면 쉽게 포기하고 무력감을 느끼며 불안에 빠지기 쉽다.
> **B유형 성격** : 수동적이고 주변 여건에 대해 순응적 태도를 취하는 성격으로 느긋하고 태평하며 온유하고 차분하다. 시간의 촉박함과 조급함을 느끼지 않으며 정신적 부담 없이 여가를 즐긴다. 자신의 우월성을 드러내기 보다는 재미와 휴식을 즐기며 인간관계 지향적이고 사교적이다. 어떤 일이 있어도 쉽게 흥분하지 않으며 일보다는 휴가를 더 소중하게 생각하므로 스트레스 적게 받으며 불안 수준도 낮다.

- 내적 통제형의 종업원들이 외적 통제형의 종업원들보다 스트레스를 덜 받는다.
- 작업환경 복잡성에 따른 직무스트레스 수준과 작업 효율성 간의 관계를 설명하는 역U자형 가설 : 작업환경 복잡성이 증가함에 따라서 직무 스트레스가 커지며, 적정 수준까지는 작업 효율성도 함께 증가하다가 그 이후부터는 작업 효율성이 감소한다.
- 스트레스는 환경의 요구가 지나쳐 개인의 능력한계를 벗어날 때 발생한다.
- 스트레스 요인에는 소음, 진동, 열 등과 같은 환경 영향뿐만 아니라 개인적인 심리적 요인들도 포함한다.
- 사람이 스트레스를 받게 되면 감각기관과 신경이 예민해진다.
- 역기능 스트레스는 스트레스의 반응이 부정적이고, 불건전한 결과로 나타나는 현상이다.
- 스트레스 수준이 증가할수록 수행성과는 급격하게 감소한다.

ⓞ 스트레스 관리대책
- 개인적 차원에서의 스트레스 관리대책 : 긴장이완법, 적절한 운동, 적절한 시간관리 등
- 조직적 차원에서의 스트레스 관리대책 : 직무재설계 등

핵심예제

7-1. 다음 중 일반적으로 시간의 변화에 따라 야간에 상승하는 생체리듬은?

[2014년 제1회, 2017년 제3회, 2018년 제2회 유사, 2021년 제1회 유사]

① 맥박 수 ② 염분량
③ 혈 압 ④ 체 중

7-2. 플리커 검사(Flicker Test)의 목적으로 가장 적절한 것은?

[2017년 제1회]

① 혈중 알코올 농도 측정 ② 체내 산소량 측정
③ 작업강도 측정 ④ 피로의 정도 측정

|해설|

7-1
야간에 상승하는 생체리듬은 수분, 염분량 등이며 혈압, 맥압, 맥박 수, 체중 등은 야간에 저하된다.

7-2
플리커 검사(Flicker Test)의 목적은 피로의 정도 측정에 있다.

정답 7-1 ② 7-2 ④

핵심 이론 08 직업 적성과 직무

① 직업 적성 혹은 직무 적성

㉠ 직업 적성의 개요

- 직업 적성은 단기적 집중 직업훈련을 통해서 개발이 가능하지 않으므로 신중하게 사용해야 한다.
- 적성의 기본요소 : 지능
- 작업자 적성의 요인 : 지능, 성격(인간성), 흥미
  ※ 연령은 작업자 적성의 요인이 아니다.
- 인간의 적성을 발견하는 방법 : 자기이해, 계발적 경험, 적성검사 등
- 인간의 적성과 안전과의 관계 : 사생활에 중대한 변화가 있는 사람이 사고를 유발할 가능성이 높으므로 그러한 사람들에게는 특별한 배려가 필요하다.
- 측정된 행동에 의한 심리검사로 미네소타 사무직 검사, 개정된 미네소타 필기형 검사, 벤 니트 기계이해 검사가 측정하려고 하는 심리검사의 유형은 적성검사이다.
- 어떤 일을 하는데 있어서 타인과 비교하여 적은 노력으로 좋은 결과를 가져오게 하는 사람이 있는데, 이런 경우와 관련성이 있는 적성은 성능 적성이다.
- 시각적 판단검사의 세부 검사 내용 : 형태 비교검사, 공구 판단검사, 명칭 판단검사
- 사무적 적성과 기계적 적성
  - 사무적 적성 : 지각의 정확도
  - 기계적 적성 : 기계적 이해, 공간의 시각화, 손과 팔의 솜씨
- (산업안전 측면에서의)인사관리의 목적 : 사람과 일과의 관계 정립

㉡ 적성배치

- 적성배치의 효과 : 근로의욕의 고취, 재해사고의 예방, 자아실현 기회부여 등
- 적성배치에 있어서 고려되어야 할 기본사항
  - 적성검사를 실시하여 개인의 능력을 파악한다.
  - 직무평가를 통해 자격수준을 정한다.
  - 인사권자의 객관적인 평가에 따른다.
  - 인사관리의 기준원칙을 준수한다.

㉢ 직업 적성검사

- 적성검사는 작업행동을 예언하는 것을 목적으로도 사용한다.
- 직업적성검사는 직무수행에 필요한 잠재적인 특수능력을 측정하는 도구이다.
- 직업적성검사를 이용하여 훈련 및 승진대상자를 평가하는데 사용할 수 있다.
- 사원 선발용 적성검사는 작업행동을 예언하는 것을 목적으로도 사용한다.
- 직업적성검사 항목 : 지능, 형태식별능력, 운동속도 등
- 직무적성검사의 특징 : 타당성(Validity), 신뢰성(Reliability), 객관성(Objectivity), 표준화(Standardization), 규준(Norms)

㉣ Y-G 성격검사(Yutaka-Guilford)

- A형(평균형) : 조화적, 적응적
- B형(우편형) : 정서불안정, 활동적, 외향적, 불안전, 부적응, 적극형
- C형(좌편형) : 안정, 소극적, 온순, 비활동, 내향적
- D형(우하형) : 안정, 적응, 적극형, 정서안정, 사회적응, 활동적, 대인관계 양호
- E형(좌하형) : 불안정, 부적응, 수동형(D형과 반대성향)

㉤ Y-K 성격검사(Yutaka-Kohata)

- C,C'형(담즙질) : 운동, 결단, 적응이 빠르고 자신감이 강하나 세심하지 않고 내구, 집념이 부족하다.
- M,M'형(흑담즙질이며 신경질형) : 세심, 억제, 정확, 내구성, 집념, 담력, 자신감 등이 강하고 지속성이 풍부하지만 운동성, 적응이 느리다.
- S,S'형(다형질이며 운동성형) : 운동, 결단, 적응이 빠르지만 세심하지 않고 내구, 집념이 부족하고 담력, 자신감이 약하다.
- P,P'형(점액질이며 평범수동성형) : 세심, 억제, 정확, 내구성, 집념, 담력, 자신감 등이 강하고 지속성이 풍부하지만 운동성, 적응, 결단이 느리다.
- Am형(이상질) : 극도로 나쁨, 극도로 느림, 극도 결핍, 극도로 강하거나 약하다.

② 직무(Job)

㉠ 직무분석(Job Analysis)

- 직무에서 수행하는 과업과 직무를 수행하는 데 요구되는 인적 자질에 의해 직무의 내용을 정의하는 공식적 절차
- 조직에서 특정 직무에 적합한 사람을 선발하기 위해 어떤 특성이 필요한지를 파악하기 위해 직무를 조사하는 활동

㉡ 직무분석(을 위한 자료수집) 방법 : 관찰법, 면접법, 설문지법, 중요사건법 등

- 관찰법은 직무의 시작에서 종료까지 많은 시간이 소요되는 직무에 적용하기 곤란하다.
- 면접법은 자료의 수집에 많은 시간과 노력이 들고, 수량화된 정보를 얻기가 힘들다.
- 설문지법은 많은 사람들로부터 짧은 시간 내에 정보를 얻을 수 있으며, 질적인 자료보다 양적인 자료를 얻을 수 있다.
- 중요사건법은 일상적인 수행에 관한 정보를 수집하므로 해당 직무에 대한 포괄적인 정보를 얻을 수 없다.

㉢ 직무분석의 산출물 : 직무기술서, 직무명세서

- 직무기술서(Job Description)에 포함되어야 하는 내용 : 직무의 직종, 수행되는 과업, 직무수행 방법 등
- 직무명세서(Job Specification)에 포함되어야 하는 내용 : 작업자에게 요구되는 능력(기술수준, 교육수준, 작업경험 등)

㉣ 직무분석을 통해 얻은 정보의 활용 : 모집 및 인사선발, 교육 및 훈련, 직무수행평가, 배치 및 경력개발, 정원관리, 임금관리 등

㉤ 직무평가(Job Evaluation) : 조직 내에서 각 직무마다 임금수준을 결정하기 위해 직무들의 상대적 가치를 조사하는 것

㉥ 직무평가의 방법 : 서열법, 분류법, 요소비교법 등

㉦ 직무수행평가를 위해 개발된 척도

- 행동기준평정척도(BARS ; Behaviorally Anchor Rating Scales) : 척도상의 점수에 그 점수를 설명하는 구체적 직무행동 내용이 제시된 평정척도
- 행동관찰척도(BOS ; Behavioral Observation Scales) : 직무성과 달성을 위해 요구되는 행동의 빈도를 몇 단계 척도로 하여 측정하는 방식

㉧ 직무의 개발

- 직무순환(Job Rotation) : 배치 전환에 의한 조직의 유연성을 높이기 위한 방법의 하나로, 종업원의 직무영역을 변경시켜 다방면의 경험, 지식 등을 쌓게 하는 방안
- 직무확대(Job Enlargement) : 작업자의 수평적 직무영역을 확대하는 방안
  - 종업원들에게 완전하고 자연스러운 작업단위를 제공한다.
  - 종업원들에게 직무에 부가되는 자유와 권위를 주어야 한다.
  - 종업원들에게 비반복적이고 약간 난이도가 있는 업무를 수행하도록 한다.
  - 종업원들이 전문가가 될 수 있도록 전문화된 임무를 배당한다.
- 직무확충(Job Enrichment) : 작업자의 수직적 직무권한을 확대하는 방안
  - 작업내용을 다양화하고 자율성과 책임감을 높이도록 개선하여 작업자의 의욕을 향상시키고 작업수행, 만족, 안전, 결근 등의 문제를 해결하기 위해서 Herzberg 등이 개발한 직무 재설계 방법
  - Y형의 사람에게는 효과가 있으나 X형의 사람에게는 부작용이 나타난다.

㉨ 직무수행 준거가 갖추어야 할 바람직한 3가지 일반적인 특성 : 적절성, 안정성, 실용성

㉩ 직무수행에 대한 예측변인 개발 시 작업표본(Work Sample)의 제한점

- 주로 기계를 다루는 직무나 사물조작을 포함하는 직무에 효과적이다.
- 작업표본은 개인이 현재 무엇을 할 수 있는지를 평가할 수 있지만 미래의 잠재력을 평가할 수는 없다.
- 훈련생보다 경력자 선발에 적합하다.
- 실시하는 데 시간과 비용이 많이 든다.
- 개인검사이므로 감독과 통제가 요구된다.

㉪ 직무수행성과에 대한 효과적인 피드백의 원칙

- 직무수행성과가 낮을 때, 그 원인을 능력부족의 탓으로 돌리는 것보다 노력부족의 탓으로 돌리는 것이 더 효과적이다.

- 긍정적 피드백을 먼저 제시하고 그 다음에 부정적 피드백을 제시하는 것이 효과적이다.
- 피드백은 개인의 수행성과뿐만 아니라 집단의 수행성과에도 영향을 준다.
- 직무수행성과에 대한 피드백의 효과가 항상 긍정적이지는 않다.

ⓔ Muchinsky가 제시한 직무만족과 연관된 여러 가지 의사소통 요소와의 관계
- 정보통제는 직무만족과 반비례적인 관계이다.
- 의사소통에서 지각된 정보의 정확성이 증가되면 직무만족도도 증가된다.
- 의사소통에 대한 만족이 상승되면 직무만족의 속성도 상승된다.
- 대면적 의사소통이 원만하지 못하면 직무만족도가 감소된다.

핵심예제

8-1. 다음 중 인간의 적성을 발견하는 방법으로 가장 적당하지 않은 것은? [2005년 제4회, 2007년 제2회, 2014년 제4회]

① 작업분석
② 계발적 경험
③ 자기이해
④ 적성검사

8-2. 다음 중 직무분석을 위한 자료수집 방법에 관한 설명으로 옳은 것은? [2011년 제4회, 2013년 제1회 유사, 2019년 제2회]

① 관찰법은 직무의 시작에서 종료까지 많은 시간이 소요되는 직무에 적용하기 쉽다.
② 면접법은 자료의 수집에 많은 시간과 노력이 들고, 수량화된 정보를 얻기가 힘들다.
③ 중요사건법은 일상적인 수행에 관한 정보를 수집하므로 해당 직무에 대한 포괄적인 정보를 얻을 수 있다.
④ 설문지법은 많은 사람들로부터 짧은 시간 내에 정보를 얻을 수 있으며, 양적인 자료보다 질적인 자료를 얻을 수 있다.

8-3. 일반적으로 직무분석을 통해 얻은 정보의 활용으로 보기 어려운 것은? [2004년 제1회, 2006년 제4회, 2011년 제1회]

① 인사선발
② 교육 및 훈련
③ 배치 및 경력개발
④ 팀 빌딩

8-4. 다음 중 직무적성검사의 특징과 가장 거리가 먼 것은? [2017년 제2회, 제3회]

① 타당성(Validity)
② 객관성(Objectivity)
③ 표준화(Standardization)
④ 재현성(Reproducibility)

|해설|

8-1
인간의 적성을 발견하는 방법 : 자기이해, 계발적 경험, 적성검사 등

8-2
① 관찰법은 직무의 시작에서 종료까지 많은 시간이 소요되는 직무에 적용하기 곤란하다.
③ 중요사건법은 일상적인 수행에 관한 정보를 수집하므로 해당 직무에 대한 포괄적인 정보를 얻을 수 없다.
④ 설문지법은 많은 사람들로부터 짧은 시간 내에 정보를 얻을 수 있으며, 질적인 자료보다 양적인 자료를 얻을 수 있다.

8-3
직무분석을 통해 얻은 정보의 활용 : 모집 및 인사선발, 교육 및 훈련, 직무수행평가, 배치 및 경력개발, 정원관리, 임금관리 등

8-4
직무적성검사의 특징 : 타당성(Validity), 신뢰성(Reliability), 객관성(Objectivity), 표준화(Standardization), 규준(Norms)

정답 8-1 ① 8-2 ② 8-3 ④ 8-4 ④

제5절 안전보건교육

핵심 이론 01 안전보건교육의 개요

① 교육의 목적과 목표

㉠ 교육의 목적

- 교육목적은 교육이념에 근거한다.
- 교육목적은 개념상 이념이나 목표보다 광범위하고 포괄적이다.
- 교육목적의 기능으로는 방향의 지시, 교육활동의 통제 등이 있다.

㉡ 교육의 목표

- 교육 및 훈련의 범위 정립
- 교육보조자료의 준비 및 사용지침
- 교육훈련의 의무와 책임한계의 명시
- 교육목표는 교육목적의 하위개념으로 학습경험을 통한 피교육자들의 행동 변화를 지칭하는 것이다.

② 안전보건교육의 목적과 목표

㉠ 안전보건교육의 목적

- 행동의 안전화
- (작업)환경의 안전화
- 인간정신의 안전화(의식의 안전화)
- 설비와 물자의 안전화
- 재해발생에 필요한 요소들을 교육하여 재해를 방지
- 생산성 및 품질향상 기여
- 작업자에게 안정감을 부여하고 기업에 대한 신뢰감을 부여
- 작업자를 산업재해로부터 미연에 방지
- 재해의 발생으로 인한 직접적 및 간접적 경제적 손실을 방지
- 직간접적 경제적 손실 방지

㉡ 안전보건교육의 목표

- 교육 및 훈련의 범위 정립
- 작업에 의한 안전행동의 습관화

③ 교육의 3요소 · 교육지도 · 교육내용

㉠ 교육의 3요소 : 강사(교사), 교육생(학생), 교재(매개체)

- 교재의 선택기준
  - 가치 있고 역동적인 것이어야 한다.
  - 사회성과 시대성에 걸맞은 것이어야 한다.
  - 설정된 교육목적을 달성할 수 있는 것이어야 한다.
  - 교육대상에 따라 흥미, 필요, 능력 등에 적합해야 한다.
  - 교육내용의 양은 가능한 최소 요구량(최소 핵심내용)이어야 한다.

㉡ 교육지도의 5단계 : 원리의 제시 → 관련된 개념의 분석 → 가설의 설정 → 자료의 평가 → 결론

㉢ 교육지도의 원칙

- 피교육자 중심의 교육을 실시한다.
- 동기부여를 한다.
- 5관을 활용한다.
- 한 번에 한 가지씩 교육을 실시한다.
- 쉬운 것부터 어려운 것으로 실시한다.
- 과거부터 현재, 미래의 순서로 실시한다.
- 많이 사용하는 것에서 적게 사용하는 순서로 실시한다.

㉣ 교육내용의 선정원리 : 타당성(적절성)의 원리, 동기유발의 원리, 기회의 원리, 가능성의 원리, 다목적달성의 원리, 전이가능성의 원리, 동목적다경험의 원리, 유용성의 원리

㉤ 교육내용 조직의 원리 : 계속성의 원리, 계열성의 원리, 통합성의 원리, 균형성의 원리, 다양성의 원리

④ 안전교육의 필요성 · 계획 · 기본방향

㉠ 안전교육의 필요성

- 재해현상은 무상해사고를 제외하고, 대부분이 물건과 사람과의 접촉점에서 일어난다.
- 재해는 물건의 불안전한 상태에 의해서 일어날 뿐만 아니라 사람의 불안전한 행동에 의해서도 일어날 수 있다.
- 현실적으로 생긴 재해는 그 원인 관련요소가 매우 많아 반복적 실험을 통하여 재해환경을 복원하는 것이 불가능하다.
- 재해의 발생을 보다 많이 방지하기 위해서는 인간의 지식이나 행동을 변화시킬 필요가 있다.

㉡ 안전교육의 직접적 필요성

- 누적된 지식의 활용을 통한 사업장 안전추구
- 생산기술 및 안전시책의 변화에 대한 보완
- 반복교육으로 정착화

㉢ 직장에서 안전교육의 필요성 분석
- 개인분석이란 사고경향성이 큰 사원을 가려내서 구체적으로 그 사원에게 어떤 내용의 안전교육을 할 것인지 분석하는 것이다.
- 조직수준의 분석에서는 안전사고에 의한 조직 효율성 저하 및 비용을 진단하고 교육훈련을 통해서 개선할 것인지를 평가하는 것이다.
- 과제분석이란 안전사고가 자주 발생하거나 위험성이 큰 과제를 찾아내고 그 과제에 대해서 안전교육이 필요한지 분석하는 것이다.

㉣ 안전교육 계획수립 및 추진 진행순서 : 교육의 필요점 발견 → 교육대상 결정 → 교육 준비 → 교육 실시 → 교육의 성과를 평가

㉤ 안전·보건교육계획의 수립 시 고려해야 할 사항
- 현장의 의견을 충분히 반영한다.
- 대상자의 필요한 정보를 수집한다.
- 안전교육 시행체계와의 연관성을 고려한다.
- 정부규정(법규정) 교육은 물론이며 그 이상의 교육을 한다.

㉥ 안전보건교육(준비)계획에 포함해야 할 사항
- 교육의 목표 및 목적
- 교육의 종류 및 대상
- 교육의 과목 및 내용
- 교육기간 및 시간
- 교육장소 및 방법
- 교육담당자 및 강사

㉦ 안전교육의 기본방향
- 안전작업을 위한 교육
- 사고사례 중심의 안전교육
- 안전의식 향상을 위한 교육

⑤ 안전보건교육의 종류

㉠ 개 요
- 안전교육은 불안전 상태와 불안전 행동 등에 대하여 교육대상에 맞는 수준으로 체득시켜 안전하게 활동하는 방법과 마음을 가지게 가르치는 것이다.
- 안전교육은 지식교육, 문제해결교육, 기능교육, 태도교육의 4가지로 크게 분류할 수 있고, 교육의 효과를 높이기 위한 추후지도, 정신교육 등이 있다.
- 안전·보건교육의 3단계 : 안전지식교육 → 안전기능교육 → 안전태도교육
- 교육별 안전교육의 내용(방법)
  - 지식교육 : 시청각교육
  - 기능교육 : 현장실습교육
  - 태도교육 : 안전작업동작지도

㉡ 지식교육
- 근로자가 지켜야 할 규정의 숙지를 위한 교육
- 안전·보건교육의 첫 단계이다.
- 인지적인 것이다.
- 인간감각에 의해서 감지할 수 없는 위험성이 존재한다는 것을 교육한다.
- 재해발생원리 및 잠재위험을 이해시킨다.
- 작업에 관련된 취약점과 이에 대응되는 작업방법을 알도록 한다.
- 지식은 사물에 관하여 분명히 알고 있는 사실이지만 지식이 새로운 다른 지식을 만들어낼 수는 없다.
- 인간은 지식을 바르게 사용하고 문제를 발견 및 해결하는 능력을 키울 수 있다.
- 풍부한 지식을 지닌 사람은 많은 문제를 발견하고 적절한 판단과 행동으로서 해결할 수 있다.
- 지식교육의 내용
  - 재해발생의 원인을 이해시킨다.
  - 안전의 5요소에 잠재된 위험을 이해시킨다.
  - 작업에 필요한 법규, 규정, 기준과 수칙을 습득시킨다.
  - 안전규정 숙지를 위한 교육
  - 기능·태도교육에 필요한 기초지식 주입을 위한 교육
  - 안전의식의 향상 및 안전에 대한 책임감 주입을 위한 교육

㉢ 문제해결교육
- 관찰력의 분석과 종합능력을 기르는데 요점을 둔 안전교육
- 지식을 작업에서의 사람과 물건의 움직임 중에서 불합리와 위험을 찾아내고 해결하는 지혜로 승화시키는 교육
- 일방적·획일적으로 행해지는 경우가 많다.
- 문제해결교육의 예 : 위험예지훈련

㉣ 기능교육
- 현장실습을 통한 경험체득과 이해를 목적으로 하는 단계
- 교육대상자 스스로 같은 것을 반복하여, 행하는 개인의 시행착오에 의해서 점차 그 사람에게 형성되는 교육
- 작업과정에서의 잘못된 행동을 학습자의 직접 반복된 시행착오를 통해서 요령을 점차 체득하여 안전에 대한 숙련성을 높인다.
- 안전에 관한 기능교육의 주목적은 안전의 수단을 이해・습득시켜 현장활동의 안전을 실천하는 능력을 기르는 것이다.
- 교육기간이 길다.
- 작업동작을 표준화시킨다.
- 작업능력 및 기술능력을 부여한다.
- 일방적・획일적으로 행해지는 경우가 많다.
- 기능교육의 내용
  - 표준작업 방법대로 시범을 보이고 실습을 시킨다(표준작업 방법대로 작업을 행하도록 한다).
  - 기계장치・계기류의 조작방법을 몸에 익힌다.
  - 방호장치 관리기능 습득

㉤ 태도교육
- 별칭 : 예의범절교육
- 올바른 행동의 습관화 및 가치관을 형성하도록 하는 교육
- 직장규율과 안전규율 등을 몸에 익히기에 적합한 교육
- 안전을 위해 실행해야 하는 것은 반드시 실행하고, 해서는 안 되는 것은 절대 하지 않는다는 태도를 가지게 하는 교육
- 심리적인 것이다.
- 안전행동의 기초이므로 경영관리・감독자측 모두가 일체가 되어 추진되어야 한다.
- 안전을 위한 학습된 기능을 스스로 발휘하도록 태도를 형성하게 된다.
- 의욕을 갖게 하고 가치관 형성교육을 한다.
- 강요나 벌칙보다는 반복 설명・설득, 칭찬과 격려를 하는 것이 중요하다.
- 교육의 기회나 수단이 다양하고 광범위하다.
- 태도교육의 내용
  - 안전작업에 대한 몸가짐에 관하여 교육한다.
  - 직장규율, 안전규율을 몸에 익힌다.
  - 작업에 대한 의욕을 갖도록 한다.
  - 작업동작 및 표준작업방법의 습관화
  - 작업 전후의 점검・검사요령의 정확화 및 습관화
  - 공구・보호구 등의 취급과 관리자세 확립
  - 안전에 대한 가치관 형성
- 태도교육을 통한 안전태도 형성요령(안전태도교육의 기본과정)
  - 1단계 : 청취한다.
  - 2단계 : 이해・납득시킨다.
  - 3단계 : 모범을 보인다.
  - 4단계 : 평가한다.
  - 5단계 : 장려한다.
  - 6단계 : 처벌한다.

㉥ 추후지도 : 지식, 기능, 태도교육을 반복 실시하며 특히 태도교육에 중점을 둔다.

㉦ 정신교육
- 인명존중의 이념을 함양시키고, 안전의식 고취와 주의집중력 및 긴장상태를 유지시키기 위한 교육
- 정신상태가 잘못되면 불안전한 행동으로 나타나고 불안전한 행동은 안전사고에 연결되므로 잘못된 정신상태를 교육으로 교정하여야 한다.

⑥ **안전교육 훈련방법(교육훈련 지도방법)의 4단계 또는 안전교육 지도안 또는 강의안 구성의 4단계** : 도입 → 제시 → 적용 → 확인

㉠ 도 입
- 학습준비 단계
- 관심과 흥미를 가지고 심신의 여유를 주는 단계

㉡ 제 시
- 작업설명 단계
- 교육내용을 한 번에 하나 하나씩 나누어 확실하게 설명하여 이해시켜야 하는 단계
- 상대의 능력에 따라 교육하고 내용을 확실하게 이해시키고 납득시키는 설명 단계

㉢ 적 용
- 실습 단계

- 피교육자로 하여금 작업습관의 확립과 토론을 통한 공감을 가지도록 응용하는 단계
- 과제를 주어 문제해결을 시키거나 습득시키는 단계

㉣ 확 인
- 총괄 단계
- 교육내용을 정확하게 이해하였는지를 테스트하는 단계

㉤ 위험물의 성질 및 취급에 관한 안전교육 지도안을 4단계로 구분 작성 시의 내용
- 도입 : 위험정도를 말한다.
- 제시 : 위험물 취급물질을 설명한다.
- 적용 : 상호 간의 토의를 한다.
- 확인 : 취급상 제규정을 준수, 확인한다.

㉥ 각 단계별 소요시간

단 계	강의식 교육	토의식 교육
도 입	5분	
제 시	40분	10분
적 용	10분	40분
확 인	5분	

⑦ 안전교육 강의안의 작성

㉠ 강의안 작성 원칙 : 구체적, 논리적, 실용적

㉡ 강의안 작성 기술 방법
- 조목열거식 : 교육할 내용을 항목별로 구분하여 핵심 요점 사항만을 간결하게 정리하여 기술하는 방법
- 시나리오식 : 영화나 연극의 각본을 작성하듯이 강의안을 작성하는 방법
- 게임방식 : 게임을 통하여 교육에 대한 흥미와 재미를 자아낼 수 있도록 강의안을 작성하는 방법
- 혼합형 방식 : 조목열거식, 시나리오식, 게임방식 등을 혼합하여 강의안을 작성하는 방법

⑧ 교육훈련의 평가

㉠ 교육훈련 평가의 목적
- 작업자의 적정배치를 위하여
- 지도방법을 개선하기 위하여
- 학습지도를 효과적으로 하기 위하여

㉡ 교육에 있어서 학습평가(도구)의 기본 기준 또는 교육평가의 5요건 : 타당성, 신뢰성, 객관성, 확실성, 실용성(경제성)
- 타당성 : 측정하고자 하는 것을 실제로 잘 측정하는지의 여부를 판별하는 정도
- 신뢰성 : 측정하고자 하는 것을 일관성 있게 측정하는 정도
- 객관성 : 측정의 결과에 대해 누가 보아도 일치되는 의견이 나올 수 있는 성질
- 확실성 : 측정이 애매모호하지 않고 의미의 명확한 정도
- 실용성(경제성) : 측정 전반에서의 소요 비용, 시간, 노력 등의 절약 정도

㉢ 교육훈련 평가의 4단계 : 반응단계 → 학습단계 → 행동단계 → 결과단계

⑨ 교육형태의 분류

㉠ 교육의도에 따른 분류 : 형식적 교육, 비형식적 교육

㉡ 교육성격에 따른 분류 : 일반교육, 교양교육, 특수교육

㉢ 교육방법에 따른 분류 : 강의형 교육, 개인교수형 교육, 실험형 교육, 토론형 교육, 자율학습형 교육

㉣ 교육내용에 따른 분류 : 실업교육, 직업교육, 고등교육

㉤ 교육차원에 따른 분류 : 가정교육, 학교교육, 사회교육

⑩ 교육훈련 관련 제반사항

㉠ 교육훈련을 통하여 기업의 차원에서 기대할 수 있는 효과
- 리더십과 의사소통기술이 향상된다.
- 작업시간이 단축되어 노동비용이 감소된다.
- 인적자원의 관리비용이 감소되는 경향이 있다.
- 직무만족과 직무충실화로 인하여 직무태도가 개선된다.

㉡ 기업이 갖고 있는 교육훈련 특성
- 기업의 필요로 공식적으로 실시된다.
- 필요시 집중적으로 실시한다.
- 궁극적 목표는 직무능력향상과 조직효과성 증진이다.
- 교육훈련 시 경제적이고 능률적인 것이 필요하다(경제적이고 능률적인 면을 고려한다).
- 같은 교재로 교육훈련이 실시되는 것이 많다.

㉢ 안전프로그램
- 안전프로그램을 실행하는 것은 제1선 감독자이다.
- 잠재인원을 찾기 위해 모든 재해사고를 철저히 조사해야 한다.
- 안전하게 작업하는 방법을 종업원에게 교육, 지도한다.
- 대책이 시행되고 있지 않은 잠재위험도 반드시 찾도록 노력한다.

• 안전하게 작업하고 싶다는 의욕을 종업원에게 심어 준다.

㉣ 교육프로그램의 타당도를 평가할 수 있는 4가지 차원 : 교육 타당도, 전이 타당도, 조직 내 타당도, 조직 간 타당도

• 교육 타당도 : 교육에 참가한 사람들이 교육기간 내에 처음 설정한 목표를 달성했는지 여부(학습 준거)
• 전이 타당도 : 직무에 복귀한 후에 실제 직무수행에서 교육효과를 보이는 정도(외적 준거)
• 조직 내 타당도 : 교육이 조직 내 다른 집단에 실시된 경우에도 효과가 있는지의 여부(내적 일반화)
• 조직 간 타당도 : 개발하고 사용한 교육이 해당 조직 이외의 다른 조직에서도 효과가 있는지의 여부(외적 일반화)

㉤ 교육훈련 프로그램을 만들기 위한 단계

• 요구분석을 실시한다(가장 우선시 되어야 함).
• 종업원이 자신의 직무에 대하여 어떤 생각을 갖고 있는지 조사한다.
• 직무평가를 실시한다.
• 적절한 훈련방법을 파악한다.

㉥ 사고예방 훈련프로그램 포함 내용

• 직무지식
• 안전에 대한 태도
• 사고사례보고서

㉦ 심리학적 측면에서 신규채용자교육의 유의점

• 신규채용자를 부드러운 태도로 대한다.
• 젊은 사람의 특성을 파악한다.
• 신규채용자의 입장을 고려한다.
• 신규채용자 개개인의 특성을 파악한다.

㉧ 작업지도교육 단계

• 제1단계 : 학습할 준비를 시킨다(제1단계는 작업을 배우고 싶은 의욕을 갖도록 하는 작업지도교육 단계이다).
• 제2단계 : 작업을 설명한다.
• 제3단계 : 작업을 시켜본다.
• 제4단계 : 가르친 뒤 살펴본다.

핵심예제

1-1. 안전 · 보건교육의 교육지도원칙에 해당되지 않는 것은?

[2013년 제1회, 2016년 제3회]

① 피교육자 중심의 교육을 실시한다.
② 동기부여를 한다.
③ 오감을 활용한다.
④ 어려운 것부터 쉬운 것으로 시작한다.

1-2. 다음 중 안전 · 보건교육의 단계별 종류에 해당하지 않는 것은?

[2010년 제2회 유사, 2014년 제2회]

① 지식교육 ② 기초교육
③ 태도교육 ④ 기능교육

1-3. 안전교육방법의 4단계의 순서로 옳은 것은?

[2010년 제3회, 2011년 제2회, 2014년 제3회 유사, 2017년 제2회, 2018년 제3회]

① 도입 → 확인 → 적용 → 제시
② 도입 → 제시 → 적용 → 확인
③ 제시 → 도입 → 적용 → 확인
④ 제시 → 확인 → 도입 → 적용

1-4. 안전 · 보건교육 계획에 포함하여야 할 사항이 아닌 것은?

[2010년 제1회 유사, 2012년 제1회 유사, 2018년 제2회]

① 교육의 종류 및 대상
② 교육의 과목 및 내용
③ 교육 장소 및 방법
④ 교육 지도안

|해설|

1-1
쉬운 것부터 어려운 것으로 시작한다.

1-2
안전 · 보건교육의 단계 : 안전지식교육 → 안전기능교육 → 안전태도교육

1-3
안전교육방법의 4단계의 순서 : 도입 → 제시 → 적용 → 확인

1-4
안전 · 보건교육 계획에 포함되지 않는 것으로 출제되는 것으로 교육 지도안, 교재 준비, 교육 기자재 및 평가 등이 있다.

정답 1-1 ④ 1-2 ② 1-3 ② 1-4 ④

핵심 이론 02 교육심리학

① 교육심리학의 개요

㉠ 주제 · 학습목표 · 학습성과

- 주제 : 목표달성을 위한 테마
- 학습목표 : 학습을 통하여 달성하려는 지표
- 학습성과 : 학습목적을 세분하여 구체적으로 결정한 것

㉡ 학습목적의 3요소

- 목표(Goal)
- 주제(Subject)
- 학습성도(Level of Learning)
  - 주제를 학습시킬 학습범위와 내용의 정도
  - 학습정도의 4단계 순서 : 인지 → 지각 → 이해 → 적용

㉢ 교육의 본질적 측면에서 본 교육의 기능

- 사회적 기능
- 개인환경으로서의 기능
- 문화 전달과 창조적 기능

㉣ 기억과정의 순서와 행동반응의 순서

- 기억과정의 순서 : 기명 → 파지 → 재생 → 재인
- 행동반응의 순서 : 자극 → 욕구 → 판단 → 행동

㉤ 학습의 전개단계에서 주제를 논리적으로 체계화함에 있어 적용하는 방법

- 많이 사용하는 것에서 적게 사용하는 것으로
- 미리 알려져 있는 것에서 미지의 것으로
- 전체적인 것에서 부분적인 것으로
- 간단한 것에서 복잡한 것으로

㉥ 5관 활용 교육효과(이해도)

- 시각 효과 : 60[%]
- 청각 효과 : 20[%]
- 촉각 효과 : 15[%]
- 미각 효과 : 3[%]
- 후각 효과 : 2[%]

② 학습전이

㉠ 학습전이는 한 번 학습한 결과가 다른 학습이나 반응에 영향을 주는 것으로 특히 학습효과를 설명할 때 많이 사용된다.

㉡ 학습전이의 조건

- 유사성 : 선행학습과 후행학습 사이에 유사성이 있을 때 전이가 잘 일어난다.
- 학습의 정도 : 선행학습이 철저하고 완전하게 이루어질수록 전이가 잘 일어난다.
- 시간적 간격 : 선행학습과 후행학습 사이에 시간적 간격이 너무 길면 전이가 잘 일어나지 않는다.
- 지적 능력 : 학습자의 지적 능력이 높을수록 전이가 잘 일어난다.
- 학습의 원리와 방법 : 학습자가 학습의 원리와 방법을 잘 알면 전이가 잘 일어난다.

㉢ 학습전이가 일어나기 쉽고 좋은 상황

- 정보가 적은 소단위로 제시될 때
- 훈련상황이 실제 작업장면과 유사할 때
- 다양하지 않은 한 가지의 훈련기법이 사용될 때
- '사람 – 직무 – 조직'을 통합시키기 위한 조치를 시행할 때

㉣ 학습전이의 이론 : 형식도야설, 동일요소설, 일반화설, 형태이조설

- 형식도야설(Locke) : 인간의 정신능력은 기억력, 추리력, 상상력, 의지력 등으로 구성되어 있는데 교과를 통해 이를 단련시키면 어떤 분야에도 적용할 수 있는 능력인 형식이 생긴다는 이론으로 능력심리학에 근거를 둔다. 교과는 정신능력을 단련시킬 수 있으므로 교과의 내용의 반복적 연습과 단순암기도 중요하게 작용한다.
- 동일요소설(Thorndike) : 전이는 최초의 학습상황과 동일한 요소가 새로운 상황에 많이 있을 때 잘 일어난다는 이론이다.
- 일반화설(Judd) : 일반적인 법칙이나 원리를 학습했을 때 새로운 상황에서 전이가 잘 일어난다는 이론이다.
- 형태이조설(Bruner) : 개개의 사실이나 현상들의 관계를 발견해 낼 수 있는 능력이 학습되면, 사실과 현상을 보는 눈이 생겨서 새로운 상황에 잘 적용될 수 있다는 이론이다.

※ 일반화설은 먼저 일반적인 법칙을 가르치면 전이가 잘 일어난다는 이론이고, 형태이조설은 개개의 사실과 현상들을 통해서 일반적인 법칙을 이해하고 찾아내도록 가르치면 전이가 잘 일어난다는 이론이다.

ⓜ 전이타당성(타당도)
- 교육프로그램의 타당도가 교육에 의해 종업원들의 직무수행이 어느 정도나 향상되었는지를 나타내는 것이다.
- 교육훈련의 전이타당도를 높이기 위한 방법
  - 훈련상황과 직무상황 간의 유사성을 최대화한다.
  - 훈련내용과 직무내용 간에 튼튼한 고리를 만든다.
  - 피훈련자들이 배운 원리를 완전히 이해할 수 있도록 해 준다.
  - 피훈련자들이 훈련에서 배운 기술, 과제 등을 가능한 풍부하게 경험할 수 있도록 해 준다.

ⓑ 교육지도의 효율성을 높이는 원리인 훈련전이(Transfer of Training)
- 훈련상황이 가급적 실제 상황과 유사할수록 전이효과는 높아진다.
- 훈련전이란 훈련기간에 학습된 내용이 실무 상황으로 옮겨져서 사용되는 정도이다.
- 실제 직무수행에서 훈련된 행동이 나타날 때 보상이 따르면 전이효과는 높아진다.
- 훈련생은 훈련과정에 대해서 사전정보가 많을수록 왜곡된 반응을 보이지 않는다.

ⓢ 전이의 종류
- 긍정적 전이 : 이전에 학습한 것이 새로운 상황에서도 잘 기억되고 적용되는 전이
- 부정적 전이(소극적 전이) : 이전에 학습한 것이 다음 과제를 학습하는데 방해가 되는 전이
- 수평적 전이 : 학습한 것이 학습한 내용과 다르긴 하지만 서로 비슷한 수준의 과제를 수행할 때 적용되는 전이
- 수직적 전이 : 이전에 학습한 것이, 그 보다 상위 수준의 과제를 학습하는데 적용되는 전이

③ 학습 관련 원리

㉠ 학습지도의 원리 : 직관의 원리, 개별화의 원리, 사회화의 원리, 자발성의 원리, 통합의 원리, 목적의 원리
- 직관의 원리 : 구체적 사물을 제시하거나 경험시킴으로써 효과를 보게 되는 원리
- 개별화의 원리 : 학습자가 지니고 있는 각자의 요구와 능력 등에 알맞은 학습활동의 기회를 마련해 주어야 한다는 원리
- 사회화의 원리 : 공동학습을 통해서 협력적이고 우호적인 학습을 통해서 지도하는 원리
- 자발성의 원리(자기활동의 원리) : 내적 동기가 유발된 학습이어야 한다는 원리
- 통합의 원리 : 교재, 인격, 생활지도, 지도방향의 통합을 통하여 생활 중심의 통합교육을 하는 원리
- 목적의 원리 : 학습목표가 분명하게 인식되었을 때 자발적이고 적극적인 학습활동을 하게 된다는 원리

㉡ 학습경험 조직의 원리 : 계속성의 원리, 계열성의 원리, 통합성의 원리

㉢ 안전교육의 학습경험 선정 원리 : 기회의 원리, 가능성의 원리, 동기유발의 원리, 다목적 달성의 원리, 다경험의 원리, 다성과의 원리, 만족의 원리, 협동의 원리

㉣ 성인학습의 원리
- 자발학습의 원리(자발적인 학습참여의 원리)
- 상호학습의 원리
- 참여교육의 원리(참여와 공존의 원리)
- 자기주도성의 원리(직접경험의 원리)
- 현실성과 실제지향성의 원리
- 탈정형성의 원리
- 다양성과 이질성의 원리
- 과정 중심의 원리
- 경험 중심의 원리
- 유희의 원리

ⓜ 존 듀이(Dewey)에 의한 안전교육의 분류 : 목적의식에 따라서 형식 교육과 비형식 교육으로 구분했으며 형식적 교육과 비형식적 교육은 서로 밀접하므로 서로 관계없이 발전할 수 없다.
- 형식적 교육
  - 좁은 의미의 교육과 일치하는 개념이다.
  - 학교안전교육
  - 개인의 환경조건에 따라서 자연발생적으로 이루어진다.
- 비형식적 교육
  - 교육이념과 목적에 따라서 계획적으로 일정 기간 동안 이루어진다.
  - 체험형 안전교육

ⓗ 기술교육의 형태 중 존 듀이의 사고과정 5단계
- 1단계 : 시사를 받는다(Suggestion).
- 2단계 : 머리로 생각한다(Intellectualization).
- 3단계 : 가설을 설정한다(Hypothesis).
- 4단계 : 추론한다(Reasoning).
- 5단계 : 행동에 의하여 가설을 검토한다.

ⓢ 하버드학파의 교수법
- 1단계 : 준비(Preparation)
- 2단계 : 교시(Presentation)
- 3단계 : 연 합
- 4단계 : 총괄(Generalization)
- 5단계 : 응용(Application)

ⓞ 기술교육(교시법)의 4단계 : Preparation → Presentation → Performance → Follow Up

④ **교육심리학의 연구방법** : 관찰법, 실험법, 조사법, 검사법, 사례연구법, 일기법, 자서전법, 일화기록법, 투사법

㉠ 관찰법 : 연구자가 확인하고 있는 그대로 기록한 내용을 토대로 분석하는 연구방법

㉡ 실험법 : 변인 사이의 인과 관계를 밝히고자 할 때 주로 사용되는 연구방법

㉢ 조사법 : 사실의 존재를 파악하여 사실 그대로를 기술하고 해석하는 연구방법

㉣ 검사법 : 여러 검사를 통하여 특성들의 존재를 파악하고 그들 간의 관계의 정도를 알아보는 연구방법

㉤ 사례연구법 : 특기할만한 행동특성을 보인 개인이나 소집단을 계속 관찰하여 행동의 원인을 추적하고 조치를 취한 후 어떤 변화가 일어나는 지를 연구하는 방법

ⓗ 일기법 : 개인의 일기를 통하여 자발적인 기록, 장기간의 변화에 대한 기록, 자기표현에 집중하여 심리발전의 과정을 알아보는 연구방법

ⓢ 자서전법 : 개인의 어린 시절 또는 청년기를 회고 기록하게 하여 정신적·신체적·사회적·정서적 성장발달의 경향과 과정을 파악하려는 연구방법

ⓞ 일화기록법 : 개인의 행동발달과 성격 이해에 도움이 될 수 있도록 학생의 행동사례를 사실자료(Raw Materials) 그대로 기록하는 연구방법

ⓩ 투사법 : 인간의 내면에서 일어나고 있는 심리적 사고에 대하여 사물을 이용하여 인간의 성격을 알아보는 연구방법

⑤ **학습이론**

㉠ 자극과 반응이론(S-R이론) : 조건반사설, 조작적 조건화설(강화이론), 시행착오설

- 조건반사설(파블로프, Pavlov) : 반응을 유발하지 않는 중립자극(종소리)과 반응을 일으키는 무조건자극(음식)을 반복적인 과정을 통해 짝지어 줌으로써 중립자극이 조건자극이 되는 현상을 설명하여 조건화에 의해 새로운 행동이 성립한다는 이론(개실험)
  - 학습이론의 원리 : 시간의 원리, 강도의 원리, 일관성의 원리, 계속성의 원리
  - 고전적 조건형성 이론의 적용 : 학습된 무기력, 체계적 둔감화, 혐오적 치료 등
- 조작적 조건화설 또는 강화이론(스키너, Skinner)
  - 유기체가 어떤 행동을 한 뒤에 보상이 주어지면 그 행동을 또 하게 되고, 벌이 주어지면 그 행동을 하지 않게 된다는 이론(쥐실험)
  - 인간의 동기에 대한 이론 중 자극, 반응, 보상의 세 가지 핵심변인을 가지고 있으며, 표출된 행동에 따라 보상을 주는 방식에 기초한 동기이론
  - 긍정적 강화, 부정적 강화, 처벌 등이 이론의 원리에 속하며, 사람들이 바람직한 결과를 이끌어 내기 위해 단지 어떤 자극에 대해 수동적으로 반응하는 것이 아니라 환경상의 어떤 능동적인 행위를 한다는 이론
  - 종업원들의 수행을 높이기 위해서는 보상이 필요하다.
  - 정적 강화란 반응 후 음식이나 칭찬 등의 이로운 자극을 주었을 때 반응발생률이 높아지는 것이다.
  - 부적 강화란 반응 후 처벌이나 비난 등의 해로운 자극이 주어져서 반응발생률이 감소하는 것이다.
  - 부분 강화에 의하면 학습은 빠른 속도로 진행되지만, 학습효과는 서서히 사라진다.
  - 처벌은 더 강한 처벌에 의해서만 그 효과가 지속되는 부작용이 있다.
- 시행착오설(손다이크, Thorndike) : 문제해결을 위해 여러 가지 반응을 시도하다가 우연적으로 성공하여 행동의 변화를 가져온다는 이론(고양이실험)
  - 내적, 외적의 전체 구조를 새로운 시점에서 파악하여 행동하는 것

- 시행착오설에 의한 학습의 법칙 : 효과의 법칙(Effect), 연습의 법칙(Exercise), 준비성의 법칙(Readiness)

㉡ 인지(형태)이론 : 통찰설(켈러), 장이론 혹은 장설(레빈), 신호형태설 혹은 기호형태설(톨만)

- 통찰설(켈러) : 주어진 지각의 장에서 무관했던 구성요소들이 경험과 재구성에 의하여 목적과 수단이 연결되어 문제가 해결되는 문제해결 학습이론(A-ha 현상)
- 장이론 혹은 장설(레빈) : 인간의 행동을 개인과 환경의 함수관계로 설명한 이론
  - 장(Field) : 유기체의 행동을 결정하는 모든 요인의 복합적인 상황
  - 생활공간 : 행동을 지배하는 그 순간의 시간적, 공간적 조건으로 개인과 환경으로 구성됨
  - 행동 방정식 : $B=f(P \cdot E)$
- 신호형태설 혹은 기호형태설(톨만)
  - 기호형태 : 학습의 목표, 목표 달성의 수단 간의 관계
  - 학습형태 : 대리적 시행착오학습, 잠재학습, 장소학습

㉢ 절충설 : 사회학습이론(반두라), 가네의 학습이론, 발견학습이론(브루너), 발생인식론(피아제)

- 사회학습이론(반두라) : 관찰학습
  - 관찰학습의 과정 : 주의집중과정 – 파지과정 – 운동재생과정 – 동기유발과정
  - 강화의 유형과 작용 : 강화, 대리 강화, 자기 조정, 자기 효능감
  - 관찰학습의 전형 : 직접모방전형, 동일시전형, 무시행학습전형, 동시학습전형, 고전적 대리조건형성
- 가네의 학습이론
  - 학습과정 : 동기유발 – 포착 – 획득 – 파지 – 재생 – 일반화 – 성취 – 평가
  - 학습의 구성요소 : 언어정보영역, 지적기능영역, 인지전략영역, 태도영역, 운동기능영역
  - 8가지 위계적 학습형태 : 신호학습 → 자극반응학습 → 연쇄학습 → 언어연상학습 → 변별학습 → 개념학습 → 원리학습 → 문제해결학습
- 발견학습이론(브루너)
  - 인지발달 : 행동적 단계 – 영상적 단계 – 상징적 단계
  - 인지과정의 단계 : 지식획득 – 지식변환 – 지식의 적절성 검토 – 수행과제 변환
  - 발견학습의 특징 : 자기개념의 형성, 정보의 조직적 활용, 융통성, 끈기
  - 발견학습의 과정 : 문제의 발견 – 가설의 설정 – 가설의 검증 – 적용
- 발생인식론(피아제)
  - 주개념 : 도식, 동화와 조절, 평형화, 내면화
  - 인지발달의 단계 : 감각운동기 – 전조작기 – 구체적 조작기 – 형식적 조작기

㉣ 인간주의 학습이론 : 자유로운 학습분위기를 조성하여 전인의 발달을 목적으로 하는 이론

- 욕구단계설(매슬로)
  - 동기위계 : 결핍동기(생리적 욕구, 안전의 욕구, 사회적 욕구, 존경의 욕구), 성취동기(자아실현의 욕구, 지식과 이해의 욕구, 심미적 욕구)
  - 학습목표 : 자아실현
- 자유학습이론(로저스)
  - 주개념 : 유의미학습, 자유학습이론, 자기실현 경향성으로서의 동기
  - 학습목표 : 완전기능인(경험에 대한 개방성, 실존적인 삶, 자신에 대한 신뢰, 자유의식감과 창조성)

㉤ 정신분석학적 이론

- Jung의 성격양향설
- Freud의 심리성적 발달이론
- Erikson의 심리사회적 발달이론

㉥ 엔드라고지(Andragogy, 성인교육학) 모델에 기초한 학습자로서의 성인의 특징

- 성인들은 왜 배워야 하는지에 대해 알고자 하는 욕구를 가지고 있다.
- 성인들은 자기주도적 학습을 선호한다.
- 성인들은 다양한 경험을 가지고 학습에 참여한다.
- 성인들은 과제 중심적으로 학습하고자 한다.
- 성인들은 학습을 하려는 강한 내외적 동기를 가지고 있다.

⑥ 수업매체

㉠ 컴퓨터 수업(Computer Assisted Instruction)
- 개인차를 최대한 고려할 수 있다.
- 학습자가 능동적으로 참여하고, 실패율이 낮다.
- 교사와 학습자가 시간을 효과적으로 이용할 수 있다.
- 학생의 학습과 과정의 평가를 과학적으로 할 수 있다.

㉡ 인쇄매체
- 다양한 주제에 대하여 다양한 형태로 쉽게 이용할 수 있다.
- 학습목표의 유형이나 학습장소 등에 크게 구애받지 않고 사용될 수 있다.
- 휴대하기가 간편하며, 이용할 때 특별한 장비를 필요로 하지 않는다.
- 적절하게 설계된 인쇄자료는 특별한 노력을 기울이지 않고서도 쉽게 이용할 수 있다.
- 인쇄자료의 제작 및 구입은 다른 매체에 비하여 비교적 저렴한 편이며, 재사용도 가능하다.
- 독해수준(Reading Level)에 영향을 받는다.
- 사전 지식(Prior Knowledge)을 필요로 할 수 있다.
- 학습자들은 인쇄자료를 단지 기억을 하기 위한 보조물로 인식하게 할 수 있다.
- 좁은 지면에 많은 단어가 인쇄되어 있을 경우, 학습자들의 인지적 부담이 가중된다.
- 인쇄자료는 일방적으로 정보를 제시한다.
- 인쇄자료는 일차원적인 평면 위에 정적인 정보를 제시한다.
- 교육과정이 사전에 특정 위원회 등을 통해 결정되므로, 교과서가 교사에 의해서가 아니라 사전에 결정되어지는 경우가 대부분이다.

㉢ 그래픽 자료
- 언어와 마찬가지로 사상을 전달한다.
- 언어 묘사에 비하여 사진은 지속성이 있으며 간편하고 오랫동안 인상에 남는다.
- 현상을 효과적으로 압축하고 간결한 모양으로 바꾸어 표현한 것이다.
- 보관하기 편하고 반복 사용할 수 있다.
- 정적 매개체로서 평면적이다.
- 비교 연구할 수 있으며 학습자의 연구심을 유발한다.
- 상징적 언어를 지니며 정지된 상태로서 동작을 시사한다.
- 요점을 강조하는 데 효과적이다.

핵심예제

2-1. 교육심리학의 기본이론 중 학습지도의 원리가 아닌 것은?

[2012년 제1회, 2018년 제2회]

① 직관의 원리
② 개별화의 원리
③ 계속성의 원리
④ 사회화의 원리

2-2. 안전교육의 학습경험 선정의 원리에 해당되지 않는 것은?

[2010년 제2회 유사, 2018년 제3회]

① 계속성의 원리
② 가능성의 원리
③ 동기유발의 원리
④ 다목적 달성의 원리

2-3. 학습이론 중 자극과 반응의 이론이라고 할 수 없는 것은?

[2010년 제3회, 2016년 제2회]

① Köhler의 통찰설
② Thorndike의 시행착오설
③ Pavlov의 조건반사설
④ Skinner의 조작적 조건화설

|해설|

2-1

학습지도의 원리 : 직관의 원리, 개별화의 원리, 사회화의 원리, 자발성의 원리, 통합의 원리

2-2

학습경험 선정의 원리에 해당되지 않는 것으로 출제되는 것들 : 계속성의 원리, 통합성의 원리, 다양성의 원리 등

2-3

Köhler의 통찰설은 인지(형태)이론에 속한다.

정답 2-1 ③ 2-2 ① 2-3 ①

핵심 이론 03 교육훈련의 종류와 기법

① 교육훈련의 종류

㉠ 형태별 교육훈련의 종류 : 개별안전교육(OJT), 집단안전교육(Off JT), 안전교육을 위한 카운슬링

- 개별안전교육(OJT) : 일을 통한 안전교육, 상급자에 의한 안전교육, 안전기능교육의 추가지도
- 집단 안전교육(Off JT) : 주로 집체식 교육
- OJT와 Off JT의 장단점 요약

구 분	직장 내 교육훈련(OJT)	직장 외 교육훈련(Off JT)
	On the Job Training	Off the Job Training
별 칭	직무현장훈련	집합교육훈련
장 점	• 직장 실정에 맞는 구체적·실제적 지도교육 가능 • 훈련받은 내용의 즉시 활용 가능 • 훈련에 필요한 업무지속성(계속성) 유지 가능 • 개개인에게 적절한 지도훈련 가능 • 직장의 직속상사에 의한 교육 가능 • 상사, 동료 간 협동정신 강화 • 효과가 곧 업무에 나타나며 훈련의 좋고 나쁨에 따라 개선 용이 • 훈련효과에 의해 상호 신뢰 및 이해도 증강 • 용이한 실시와 저렴한 훈련비용 • 훈련으로 종업원 동기부여 가능	• 현장작업과 관계없이 계획적인 훈련 가능 • 다수 근로자들에 대한 통일적·일괄적·조직적, 체계적 훈련 가능 • 외부 우수한 전문가를 위촉하여 전문교육 실시 가능 • 교재·교구·설비 등의 효과적, 특별한 이용 가능 • 직무부담에서 벗어나 훈련에 전념하므로 훈련 효과가 높음 • 타 직장 근로자와 지식·경험 교류 가능 • 교육전용시설 또는 그 밖의 교육을 실시하기에 적합한 시설에서 실시하기에 적합
단 점	• 다수 종업원의 동시 훈련이 어려움 • 원재료 낭비 • 작업과 훈련 모두 철저하지 못할 가능성 • 잘못된 관행 전수 가능성 • 통일된 내용의 훈련이 어려움 • 우수한 상사가 반드시 우수한 교사는 아님	• 작업시간 감소 • 비용이 많이 소요됨 • 훈련시설의 설치로 경제적 부담가중 • 훈련의 결과를 현장에 즉시 쓸 수 있는 것은 아님
교육형태	도제식 교육, 코칭, 멘토링, 직무순환 등	강의법, 집단토론, 사례연구, 역할연기 등

- 안전교육을 위한 카운슬링 : 문답방식에 의한 안전지도
  - 개인적 카운슬링의 방법 : 직접적인 충고, 설득적 방법, 설명적 방법
  - 카운슬링의 효과 : 정신적 스트레스 해소, 안전동기부여, 안전태도형성
  - 카운슬링(Counseling)의 순서 : 장면 구성 → 내담자와의 대화 → 의견 재분석 → 감정 표출 → 감정의 명확화

㉡ 관리감독자훈련(TWI ; Training Within Industry) : 주로 관리감독자를 교육대상자로 하며 직무지식, 작업방법, 작업지도, 인간관계, 작업안전, 작업개선 등을 교육내용으로 하는 기업 내 정형교육

- JKT(Job Knowledge Training) : 직무지식훈련
- JMT(Job Method Training) : 작업방법훈련
- JIT(Job Instruction Training) : 작업지도훈련(직장 내 부하직원에 대하여 가르치는 기술과 관련이 가장 깊은 기법)
- JRT(Job Relation Training) : 인간관계훈련(부하통솔법을 주로 다루는 것)
- JST(Job Safety Training) : 작업안전훈련
- 작업개선기법단계 : 작업 분해, 요소작업의 세부내용 검토, 직업분석으로 새로운 방법 전개

㉢ CCS(Civil Communication Section)

- 별칭 : ATP(Administration Training Program)
- 정책의 수립, 조작, 통제 및 운영 등의 내용을 교육하는 안전교육방법
- 당초 일부 회사의 톱 매니지먼트에 대하여만 행하여졌으나 그 후 널리 보급
- 매주 4일, 4시간씩 8주간(총 128시간) 훈련

㉣ MTP(Management Training Program)

- 별칭 : FEAF(Far East Air Forces)
- 10~15명을 한 반으로 2시간씩 20회에 걸쳐 훈련한다.
- 관리의 기능, 조직의 원칙, 조직의 운영, 시간관리, 훈련의 관리 등을 교육내용으로 한다.
- 총 교육시간 : 40시간

㉤ ATT(American Telephone & Telegram)

- 교육대상계층에 제한이 없으며 한번 훈련받은 관리자는 그 부하인 감독자에 대해 지도원이 될 수 있다.
- 1차 훈련과 2차 훈련으로 진행된다.

- 1차 훈련 : 1일 8시간씩 2주간 실시
- 2차 훈련 : 문제발생 시 수시로 실시
- 작업의 감독, 인사관계, 고객관계, 종업원의 향상, 공구 및 자료보고기록, 개인작업의 개선, 안전, 복무조정 등의 내용을 교육한다.

ⓗ 실험실 훈련집단(T-Group)
- 대인관계훈련 프로그램
- 집단상황에서 자신과 타인 및 집단에 대한 민감성을 증진시키는 훈련 프로그램

② **교육훈련기법의 분류** : 강의법, 토의법, 문제해결법, 구안법, 협동학습법, 발견학습법, 문제중심학습법, 프로그램학습법, 역할연기법(실연법), 사례연구법, 모의법, 시청각교육법, 면접 등

㉠ 강의법(Lecture Method)
- 수업의 도입이나 초기단계에 적용하며, 단시간에 많은 내용을 많은 인원의 대상자에게 교육하는 경우에 사용되는 방법으로 가장 적절한 교육방법이다.
- 새로운 과업 및 작업단위의 도입단계에 유효하다.
- 시간에 대한 계획과 통제가 용이하다.
- 많은 내용이나 새로운 것을 체계적으로 교육할 수 있다.
- 타 교육에 비하여 교육시간 조절이 용이하다.
- 난해한 문제에 대하여 평이하게 설명이 가능하다.
- 다수의 인원을 대상으로 동시에 단시간 동안 교육이 가능하다.
- 다수의 인원에서 동시에 많은 지식과 정보의 전달이 가능하다.
- 전체적인 교육내용(전망)을 제시하는데 유리하다.
- 여러 가지 수업매체를 동시에 활용할 수 있다.
- 사실, 사상을 시간, 장소의 제한 없이 제시할 수 있다.
- 다른 방법에 비해 경제적이다.
- 기능적, 태도적인 내용의 교육은 어렵지만, 학습자의 태도, 정서 등의 강화를 위한 학습에 효과적이다.
- 도입단계의 내용
  - 동기를 유발한다.
  - 수강생의 주의를 집중한다.
  - 주제의 단원을 알려준다.
- 제시단계에서 가장 많은 시간이 소요된다.
- 피교육자의 참여가 제약되므로 참여도가 낮다.
- 교육의 집중도나 흥미의 정도가 낮다.
- 강사와 학습자가 시간을 효과적으로 이용할 수 없다.
- 교육대상집단 내 수준차로 인해 교육의 효과가 감소할 가능성이 있다.
- 개인차를 고려한 학습이 불가능하다.
- 수강자 개개인의 학습진도를 조절하기 어렵다.
- 다른 교육방법에 비해 수강자의 참여가 제약된다.
- 학습자의 개성과 능력을 최대화 할 수 없다.
- 상대적으로 피드백이 부족하다.
- 참가자 개개인에게 동기를 부여하기 어렵다.

㉡ 토의법(Discussion Method)
- 공동학습의 일종이다.
- 알고 있는 지식을 심화시키거나 어떠한 자료에 대해 보다 명료한 생각을 갖도록 하기 위하여 실시하는 교육방법으로 가장 적합하다.
- 현장의 관리감독자 교육을 위하여 가장 바람직한 교육방식이다.
- 전개단계에서 가장 효과적인 수업방법이다.
- 적용단계에서 시간이 가장 많이 소요된다.
- 개방적인 의사소통과 협조적인 분위기 속에서 학습자의 적극적 참여가 가능하다.
- 집단활동의 기술을 개발하고 민주적 태도를 배울 수 있다.
- 비형식적인 토의집단 구성으로 자유로운 토론을 한다.
- 협력, 집단사고를 통하여 집단적으로 결론을 도출한다.
- 집단으로서의 결속력, 팀워크의 기반이 생긴다.
- 피교육자 개개인의 학습정도 파악과 조절이 용이하다.
- 준비와 계획단계뿐만 아니라 진행 과정에서도 많은 시간이 소요된다.
- 토의법이 효과적으로 활용되는 경우
  - 피교육생들의 태도를 변화시키고자 할 때
  - 인원이 토의를 할 수 있는 적정 수준일 때
  - 피교육생들 간에 학습능력의 차이가 크지 않을 때
  - 피교육생들이 토의 주제를 어느 정도 인지하고 있을 때
- 토의법의 유형 : 원탁토의, 패널(배심토의), 포럼(공개토의), 버즈세션, 심포지엄, 세미나, 그룹토의, 대화
  - 패널(Panel, 배심토의) : 참가자 앞에서 소수의 전문가들이 과제에 관한 견해를 발표하고 토론한 뒤 참가자 전원이 참가하여 사회자의 사회에 따라 토

의하는 방법

- 포럼(Forum, 공개토의) : 새로운 자료나 교재를 제시하고 문제점을 피교육자로 하여금 제기하도록 하거나 의견을 여러 가지 방법으로 발표하게 하여 다시 깊게 파고 들어서 청중과 토론자 간의 활발한 의견개진과 합의를 도출해가는 토의방법
- 버즈세션(Buzz Session)
  - ⓐ 참가자가 다수인 경우에 전원을 토의에 참가시키기 위한 방법으로 소집단을 구성하여 회의를 진행시키는 토의방법
  - ⓑ 6명씩 소집단으로 구분하고 집단별로 각각의 사회자를 선발하여 6분간 자유토의를 행하여 의견을 종합하는 방법이므로 6-6회의라고도 함
- 심포지엄(Symposium) : 몇 사람의 전문가에 의하여 과제에 관한 견해를 발표한 뒤에 참가자로 하여금 의견이나 질문을 하게 하여 토의하는 방법

ⓒ 문제해결법(Problem Solving Method)

- 별칭 : 문제법(Problem Method)
- 경험 중심의 학습법이다.
- 생활하고 있는 현실적인 장면에서 당면하는 여러 문제들에 대한 해결방안을 찾아내는 것으로 지식, 기능, 태도, 기술 등을 종합적으로 획득하도록 하는 학습방법
- 반성적 사고를 통하여 문제해결을 한다.
- 문제해결을 위한 유용한 기술을 배울 수 있는 경험을 제공한다.
- 문제를 자립적으로 해결하려는 기본태도를 습득시킨다.
- 교육적인 상황과 일상생활에 다양한 문제를 다룰 수 있다.
- 문제해결 접근을 위한 효과적 수단이다.
- 주어진 상황에 대한 이해력과 정보를 발전시키는데 일차적인 경험을 학습자들이 할 수 있다.
- 과정 : 문제인식 → 자료수집 → 가설설정 → 실행검증 → 일반화

ⓓ 구안법(Project Method)

- 별칭 : 투사법
- 의식적으로 의견을 발표하도록 하여 인간의 내면에서 일어나고 있는 심리적 상태를 사물과 연관시켜 인간의 성격을 알아보는 방법
- 학습자가 마음속에 생각하고 있는 것을 외부에 구체적으로 실현하고 형상화하기 위해서 자기 스스로가 계획을 세워 수행하는 학습활동으로 이루어지는 방식
- 현실적이고 경험 중심의 학습법이다.
- 스스로 계획을 세워 수행하게 하는 학습방법이다.
- 학습을 실제 생활과 결부시킬 수 있다.
- 동기부여가 충분하다.
- 작업에 대하여 창조력이 생긴다.
- 학습자의 흥미에서 출발하여 동기유발, 주도성 및 책임감을 훈련한다.
- 창조적, 구성적 태도를 기를 수 있다.
- 자발적이고 능동적인 학습이 가능하다.
- 협동성, 지도성, 희생정신 등을 향상시킨다.
- 우수 학습자가 학습을 독점할 우려가 있다.
- 문제해결을 위한 자료가 많이 사용되어 자료를 구하기가 어렵다.
- 수업이 무질서해질 우려가 있다.
- 교재의 논리적인 체계가 무너질 수 있다.
- 감상적인 면의 학습을 등한시할 우려가 있다.
- 시간과 에너지가 많이 소비된다.
- 구안법의 4단계의 순서 : 목적 → 계획 → 수행 → 평가

ⓔ 협동학습법(Cooperative Learning)

- 경쟁을 하지 않고 협동을 통하여 동일한 학습목표를 정한다.
- 소외감과 적대감을 해소시키고 자신감을 높인다.
- 확산적 사고를 높이며 상호작용 기능이 발달된다.
- 제한된 과학기자재를 공동으로 활용할 수 있다.
- 과정보다 결과를 중시하고 집단과정만 강조될 수도 있다.
- 잘못 이해된 것을 집단적으로 따라갈 수 있다.

ⓕ 발견학습법(Discovery Learning)

- 학문중심의 학습법이다.
- 교사는 최소한의 지도를 하고 학습자 스스로 탐구하여 깨닫고 문제를 해결하게 한다.
- 적극적인 태도를 기른다.
- 학습효과의 전이를 중시한다.
- 결과보다는 과정과 방법, 발견활동 등을 중시한다.
- 수업의 계획과 구조가 필요하다.
- 모든 지식을 스스로 발견하기가 어려우며 시간이 오래 걸린다.

- 교육훈련 시 발견학습적인 관점에서 필요한 자료 : 계획에 필요한 자료, 탐구에 필요한 자료, 발전에 필요한 자료
- 과정 : 문제발견 → 가설설정 → 가설검증 → 적용

ⓢ 문제중심학습법(PBL ; Problem-Based Learning)
- 팀학습과 자기주도적 학습을 모두 활용한다.
- 학습자의 주도적 교육환경을 제공하여 적극적이고 자율적인 학습을 한다.
- 문제해결능력, 메타인지능력, 협동학습능력을 배우는 학습자 중심의 학습이다.
- 교사는 과제를 제시하고 학습자는 상호간 공동으로 문제해결방안을 강구한다.
- 노력에 비해 학습능률이 낮다.
- 평가방법의 기준을 정하기가 어렵다.

ⓞ 프로그램학습법(Programmed Self-Instructional Method)
- 학습자가 프로그램 자료를 이용하여 자신의 학습속도에 맞춰 단독으로 학습하는 교육방식이다.
- 프로그램학습의 원리 : 점진접근의 원리, 적극적 반응의 원리, 즉시확인의 원리(강화의 원리), 학습자검증의 원리, 지기진도의 원리
- Skinner의 조작적 조건형성원리에 의해 개발된 것으로 자율적 학습이 특징이다.
- 한 강사가 많은 수의 학습자를 지도할 수 있다.
- 학습자의 학습과정을 쉽게 알 수 있다.
- 지능, 학습적성, 학습속도 등 개인차를 충분히 고려할 수 있다
- 매 반응마다 피드백이 주어지기 때문에 학습자가 흥미를 갖는다.
- 학습내용 습득여부를 즉각적으로 피드백 받을 수 있다.
- 기본개념학습, 논리적인 학습에 유리하다.
- 교재 개발에 많은 시간과 노력이 드는 것이 단점이다.
- 여러 가지 수업매체를 동시에 다양하게 활용할 수 없다.
- 문제해결력, 적용력, 평가력 등 고등정신을 기르는 데 불리하다.
- 학습자의 사회성이 결여되기 쉽다.

ⓩ 역할연기법 혹은 실연법(Role Playing)
- 자기 해방과 타인 체험을 목적으로 하는 체험활동을 통해 대인관계에 있어서의 태도변용이나 통찰력, 자기이해를 목표로 개발된 교육기법
- 참가자에게 일정한 역할을 주어 실제적으로 연기를 시켜봄으로써 가지의 역할을 보다 확실히 인식할 수 있도록 체험학습을 시키는 방식
- 학습자가 이미 설명을 듣거나 시험을 보고 알게 된 지식이나 기능을 강사의 감독 아래 직접적으로 연습하여 적용할 수 있도록 하는 교육방법
- 무의식적인 내용의 표현기회를 준다.
- 피교육자의 동작과 직접적으로 관련이 있다.
- 수업의 중간이나 마지막 단계에 행하는 것으로 언어학습이나 문제해결학습에 효과적이다.
- 참가자에게 흥미와 체험감을 주며 아는 것과 행동하는 것 사이의 차이를 인식시켜 줄 수 있다.
- 문제의 배경에 대하여 통찰하는 능력을 높임으로써 감수성이 향상된다.
- 자기 태도의 반성과 창조성이 생기고, 발표력이 향상된다.
- 흥미를 갖고, 문제에 적극적으로 참가한다.
- 의견 발표에 자신이 생기고, 관찰력이 풍부해진다.
- 높은 수준의 의사결정에 대한 훈련에는 효과를 기대할 수 없다.
- 정도가 높은 의사결정의 훈련에는 부적합하다.
- 역할연기법의 학습의 원칙
  - 관찰에 의한 학습
  - 실행에 의한 학습
  - 피드백에 의한 학습
  - 분석과 개념화를 통한 학습

ⓒ 사례연구법(Case Study)
- 사례를 제시하고, 그 문제점에 대해서 검토하고 대책을 토의한다.
- 문제를 다양한 관점에서 바라보게 된다.
- 강의법에 비해 실제 업무 현장에의 전이를 촉진한다.
- 강의법에 비해 현실적인 문제에 대한 학습이 가능하다.
- 의사소통 기술(Communication Skill)이 향상된다.

ⓚ 모의법(Simulation Method)
- 시간의 소비가 많다.
- 시설의 유지비가 많이 든다.
- 학생 대 교사의 비율이 높다.
- 단위시간당 교육비가 많이 든다.

ⓔ 시청각교육법

- 교재의 구조화를 기할 수 있다.
- 대규모 수업체제의 구성이 용이하다.
- 교수의 평준화가 가능하다.
- 학습자에게 공통경험을 형성시켜 줄 수 있다.
- 학습의 다양성과 능률화를 기할 수 있다.
- 학생들의 사회성을 향상시킬 수 있다.

ⓕ 면접(Interview)

- 파악하고자 하는 연구과제에 대해 언어를 매개로 구조화된 질의응답을 통하여 교육하는 기법
- 지원자에 대한 긍정적 정보보다 부정적 정보가 더 중요하게 영향을 미친다.
- 면접자는 면접 초기와 마지막에 제시된 정보에 의해 많은 영향을 받는다.
- 한 지원자에 대한 평가는 바로 앞의 지원자에 의해 영향을 받는다.
- 지원자의 성과 직업에 있어서 전통적 고정관념은 지원자와 면접자간의 성의 일치여부보다 더 많은 영향을 미친다.

핵심예제

3-1. OJT(On the Job Training)의 특징에 대한 설명으로 옳은 것은?

[2012년 제2회 유사, 2014년 제1회, 제2회 유사, 2015년 제1회 유사, 2018년 제3회]

① 특별한 교재・교구・설비 등을 이용하는 것이 가능하다.
② 외부의 전문가를 위촉하여 전문교육을 실시할 수 있다.
③ 직장의 실정에 맞는 구체적이고 실제적인 지도교육이 가능하다.
④ 다수의 근로자들에게 조직적 훈련이 가능하다.

3-2. Off JT(Off the Job Training)의 특징으로 옳은 것은?

[2011년 제2회, 제3회 유사, 2013년 제2회, 2016년 제3회 유사, 2017년 제1회, 제2회 유사, 2018년 제2회, 2022년 제3회]

① 훈련에만 전념할 수 있다.
② 상호 신뢰 및 이해도가 높아진다.
③ 개개인에게 적절한 지도훈련이 가능하다.
④ 직장의 실정에 맞게 실제적 훈련이 가능하다.

3-3. 기업 내 정형교육 중 TWI(Training Within Industry)의 교육내용과 가장 거리가 먼 것은?

[2012년 제3회, 2014년 제3회, 2015년 제3회, 2018년 제1회, 2022년 제2회]

① Job Method Training
② Job Relation Training
③ Job Instruction Training
④ Job Standardization Training

3-4. 학습지도의 형태 중 토의법에 해당되지 않는 것은?

[2016년 제2회]

① 패널 디스커션(Panel Discussion)
② 포럼(Forum)
③ 구안법(Project Method)
④ 버즈세션(Buzz Session)

3-5. 안전교육 중 프로그램학습법의 장점이 아닌 것은?

[2014년 제2회, 2018년 제3회, 2021년 제1회]

① 학습자의 학습과정을 쉽게 알 수 있다.
② 여러 가지 수업매체를 동시에 다양하게 활용할 수 있다.
③ 지능, 학습속도 등 개인차를 충분히 고려할 수 있다.
④ 매 반응마다 피드백이 주어지기 때문에 학습자가 흥미를 가질 수 있다.

|해설|

3-1
③이 OJT의 특징이며 ①, ②, ④는 Off JT의 특징이다.

3-2
①이 Off JT의 특징이며 ②, ③, ④는 OJT의 특징이다.

3-3
④ JST(Job Safety Training) : 작업안전훈련
① JMT(Job Method Training) : 작업방법훈련
② JRT(Job Relation Training) : 인간관계훈련
③ JIT(Job Instruction Training) : 작업지도훈련

3-4
구안법(Project Method)은 토의법이나 강의법이 아니다.

3-5
프로그램학습법은 프로그램 자료를 이용하기 때문에 여러 가지 수업매체를 동시에 다양하게 활용할 수 없다.

정답 3-1 ③ 3-2 ① 3-3 ④ 3-4 ③ 3-5 ②

핵심 이론 04 안전보건교육 (법, 시행령, 시행규칙, 안전보건규칙)

① 안전보건교육의 개요와 교육시간

㉠ 개요(법 제29조, 시행령 제33조, 제34조)

- 소속 근로자에게 고용노동부령으로 정하는 바에 따라 정기적으로 안전보건교육을 하여야 한다.
- 근로자를 채용할 때와 작업내용을 변경할 때에는 그 근로자에게 고용노동부령으로 정하는 바에 따라 해당 작업에 필요한 안전보건교육을 하여야 한다.
- 근로자를 유해하거나 위험한 작업에 채용하거나 그 작업으로 작업내용을 변경할 때에는 안전보건교육 외에 고용노동부령으로 정하는 바에 따라 유해하거나 위험한 작업에 필요한 안전보건교육을 추가로 하여야 한다.
- 안전보건교육을 고용노동부장관에게 등록한 안전보건교육기관에 위탁할 수 있다.
- 안전보건교육을 사업주가 자체적으로 실시하는 경우, 교육을 할 수 있는 사람(시행규칙 제26조)
  - 안전보건관리책임자
  - 관리감독자
  - 안전관리자(안전관리전문기관에서 안전관리자의 위탁업무를 수행하는 사람 포함)
  - 보건관리자(보건관리전문기관에서 보건관리자의 위탁업무를 수행하는 사람 포함)
  - 안전보건관리담당자
  - 산업보건의
  - 공단에서 실시하는 해당 분야의 강사요원 교육과정을 이수한 사람
  - 산업안전지도사 또는 산업보건지도사
  - 산업안전보건에 관하여 학식과 경험이 있는 사람으로서 고용노동부장관이 정하는 기준에 해당하는 사람
- 안전보건교육의 전부 또는 일부 미실시 가능의 경우(법 제30조)
  - 사업장의 산업재해 발생 정도가 고용노동부령으로 정하는 기준에 해당하는 경우
  - 근로자가 건강관리에 관한 교육 등 고용노동부령으로 정하는 교육을 이수한 경우
  - 관리감독자가 산업 안전 및 보건 업무의 전문성 제고를 위한 교육 등 고용노동부령으로 정하는 교육을 이수한 경우
- 해당 근로자가 채용 또는 변경된 작업에 경험이 있는 경우는 안전보건교육의 전부 또는 일부를 하지 아니할 수 있다(법 제30조).
- 안전보건교육의 면제(시행규칙 제27조)
  - 전년도에 산업재해가 발생하지 않은 사업장 : 근로자 정기교육을 그 다음 연도에 한정하여 실시기준 시간의 100분의 50 범위에서 면제할 수 있다.
  - 안전관리자 및 보건관리자를 선임할 의무가 없는 사업장 : 근로자건강센터에서 실시하는 안전보건교육, 건강상담, 건강관리프로그램 등 근로자 건강관리 활동에 해당 사업장의 근로자를 참여하게 한 경우, 해당 시간을 해당 분기(관리감독자의 지위에 있는 사람의 경우 해당 연도)의 근로자 정기교육 시간에서 면제할 수 있다(단, 해당 사업장의 근로자가 근로자건강센터에서 실시하는 건강관리 활동에 참여한 사실을 입증할 수 있는 서류를 갖춰 둘 것)
  - 관리감독자가 다음의 어느 하나에 해당하는 교육을 이수한 경우 근로자 정기교육시간을 면제할 수 있다.
    ⓐ 직무교육기관에서 실시한 전문화교육
    ⓑ 직무교육기관에서 실시한 인터넷 원격교육
    ⓒ 공단에서 실시한 안전보건관리담당자 양성교육
    ⓓ 검사원 성능검사 교육
    ⓔ 그 밖에 고용노동부장관이 근로자 정기교육 면제대상으로 인정하는 교육
  - 해당 근로자가 채용되거나 변경된 작업에 경험이 있을 경우 채용 시 교육 또는 특별교육 시간을 다음의 기준에 따라 실시할 수 있다.
    ⓐ 통계청장이 고시한 한국표준산업분류의 세분류 중 같은 종류의 업종에 6개월 이상 근무한 경험이 있는 근로자를 이직 후 1년 이내에 채용하는 경우 : 채용 시 교육시간의 100분의 50 이상
    ⓑ 특별교육 대상작업에 6개월 이상 근무한 경험이 있는 근로자가 이직 후 1년 이내에 채용되어 이직 전과 동일한 특별교육 대상작업에 종사하는 경우, 같은 사업장 내 다른 작업에 배치된 후 1년 이내에 배치 전과 동일한 특별교육 대상작

업에 종사하는 경우 : 정한 특별교육 시간의 100분의 50 이상

ⓒ 채용 시 교육 또는 특별교육을 이수한 근로자가 같은 도급인의 사업장 내에서 이전에 하던 업무와 동일한 업무에 종사하는 경우 : 소속 사업장의 변경에도 불구하고 해당 근로자에 대한 채용 시 교육 또는 특별교육 면제

ⓓ 그 밖에 고용노동부장관이 채용 시 교육 또는 특별교육 면제 대상으로 인정하는 교육

㉡ 산업안전보건 관련 교육과정별 교육시간(시행규칙 별표 4)

- 근로자 안전보건교육시간

교육과정	교육대상		교육시간
정기교육	사무직 종사 근로자		매분기 3시간 이상
	사무직 종사 근로자 외의 근로자	판매업무에 직접 종사하는 근로자	매분기 3시간 이상
		판매업무에 직접 종사하는 근로자 외의 근로자	매분기 6시간 이상
	관리감독자의 지위에 있는 사람		연간 16시간 이상
채용 시 교육	일용근로자		1시간 이상
	일용근로자를 제외한 근로자		8시간 이상
작업내용 변경 시 교육	일용근로자		1시간 이상
	일용근로자를 제외한 근로자		2시간 이상
특별교육	일용근로자		2시간 이상
	타워크레인 신호작업에 종사하는 일용근로자		8시간 이상
	일용근로자를 제외한 근로자		• 16시간 이상(최초 작업에 종사하기 전 4시간 이상 실시하고 12시간은 3개월 이내에서 분할하여 실시 가능) • 단기간 작업 또는 간헐적 작업인 경우에는 2시간 이상
건설업 기초안전·보건교육	건설 일용근로자		4시간 이상

- 상시근로자 50명 미만의 도매업과 숙박 및 음식점업은 해당 교육과정별 교육시간의 2분의 1 이상을 실시해야 한다.
- 근로자(관리감독자의 지위에 있는 사람은 제외)가 유해화학물질 안전교육을 받은 경우에는 그 시간만큼 해당 분기의 정기교육을 받은 것으로 본다.
- 방사선작업종사자가 방사선작업종사자 정기교육을 받은 때에는 그 해당시간 만큼 해당 분기의 정기교육을 받은 것으로 본다.
- 방사선 업무에 관계되는 작업에 종사하는 근로자가 방사선작업종사자 신규교육 중 직장교육을 받은 때에는 그 시간만큼 해당 근로자에 대한 특별교육을 받은 것으로 본다.

㉢ 안전보건관리책임자 등에 대한 교육

교육대상	교육시간	
	신규교육	보수교육
안전보건관리책임자	6시간 이상	6시간 이상
안전관리자, 안전관리전문기관의 종사자	34시간 이상	24시간 이상
보건관리자, 보건관리전문기관의 종사자	34시간 이상	24시간 이상
건설재해예방전문지도기관의 종사자	34시간 이상	24시간 이상
석면조사기관의 종사자	34시간 이상	24시간 이상
안전보건관리담당자	–	8시간 이상
안전검사기관, 자율안전검사기관의 종사자	34시간 이상	24시간 이상

㉣ 특수형태근로종사자에 대한 안전보건교육

교육과정	교육시간
최초 노무 제공 시 교육	2시간 이상(단기간 작업 또는 간헐적 작업에 노무를 제공하는 경우에는 1시간 이상 실시하고, 특별교육을 실시한 경우는 면제)
특별교육	16시간 이상(최초 작업에 종사하기 전 4시간 이상 실시하고 12시간은 3개월 이내에서 분할하여 실시가능)
	단기간 작업 또는 간헐적 작업인 경우에는 2시간 이상

※ 일반형 화물자동차나 특수용도형 화물자동차로 위험물질을 운송하는 사람이 유해화학물질 안전교육을 받은 경우에는 그 시간만큼 최초 노무제공 시 교육을 실시하지 않을 수 있다.

㉤ 검사원 성능검사 교육 : 28시간 이상

② 안전보건교육 교육대상별 교육 내용(시행규칙 별표 5)

㉠ 근로자 안전보건교육 내용

• 근로자 정기교육 내용
- 산업안전 및 사고 예방에 관한 사항
- 산업보건 및 직업병 예방에 관한 사항
- 건강증진 및 질병 예방에 관한 사항
- 유해·위험 작업환경 관리에 관한 사항
- 산업안전보건법령 및 산업재해보상보험 제도에 관한 사항
- 직무스트레스 예방 및 관리에 관한 사항
- 직장 내 괴롭힘, 고객의 폭언 등으로 인한 건강장해 예방 및 관리에 관한 사항

• 관리감독자 정기교육 내용
- 산업안전 및 사고 예방에 관한 사항
- 산업보건 및 직업병 예방에 관한 사항
- 유해·위험 작업환경 관리에 관한 사항
- 산업안전보건법령 및 산업재해보상보험 제도에 관한 사항
- 직무스트레스 예방 및 관리에 관한 사항
- 직장 내 괴롭힘, 고객의 폭언 등으로 인한 건강장해 예방 및 관리에 관한 사항
- 작업공정의 유해·위험과 재해 예방대책에 관한 사항
- 표준안전 작업방법 및 지도 요령에 관한 사항
- 관리감독자의 역할과 임무에 관한 사항
- 안전보건교육 능력 배양에 관한 사항 : 현장근로자와의 의사소통능력 향상, 강의능력 향상 및 그 밖에 안전보건교육 능력 배양 등에 관한 사항(안전보건교육 능력 배양 교육은 전체 관리감독자 교육시간의 1/3 이하에서 할 수 있다)

• 채용 시 교육 및 작업내용 변경 시 교육 내용
- 산업안전 및 사고 예방에 관한 사항
- 산업보건 및 직업병 예방에 관한 사항
- 산업안전보건법령 및 산업재해보상보험 제도에 관한 사항
- 직무스트레스 예방 및 관리에 관한 사항
- 직장 내 괴롭힘, 고객의 폭언 등으로 인한 건강장해 예방 및 관리에 관한 사항
- 기계·기구의 위험성과 작업의 순서 및 동선에 관한 사항
- 작업 개시 전 점검에 관한 사항
- 정리정돈 및 청소에 관한 사항
- 사고 발생 시 긴급조치에 관한 사항
- 물질안전보건자료에 관한 사항

• 특별교육 대상 작업별 교육 내용

작업명	교육내용
〈공통내용〉 제1호부터 제40호까지의 작업	• 산업안전 및 사고 예방에 관한 사항 • 산업보건 및 직업병 예방에 관한 사항 • 산업안전보건법령 및 산업재해보상보험 제도에 관한 사항 • 직무스트레스 예방 및 관리에 관한 사항 • 직장 내 괴롭힘, 고객의 폭언 등으로 인한 건강장해 예방 및 관리에 관한 사항 • 기계·기구의 위험성과 작업의 순서 및 동선에 관한 사항 • 작업 개시 전 점검에 관한 사항 • 정리정돈 및 청소에 관한 사항 • 사고 발생 시 긴급조치에 관한 사항 • 물질안전보건자료에 관한 사항
〈개별내용〉 1. 고압실 내 작업(잠함공법이나 그 밖의 압기공법으로 대기압을 넘는 기압인 작업실 또는 수갱 내부에서 하는 작업만 해당)	• 고기압 장해의 인체에 미치는 영향에 관한 사항 • 작업의 시간·작업 방법 및 절차에 관한 사항 • 압기공법에 관한 기초지식 및 보호구 착용에 관한 사항 • 이상 발생 시 응급조치에 관한 사항 • 그 밖에 안전·보건관리에 필요한 사항
2. 아세틸렌 용접장치 또는 가스집합 용접장치를 사용하는 금속의 용접·용단 또는 가열작업(발생기·도관 등에 의하여 구성되는 용접장치만 해당)	• 용접 흄, 분진 및 유해광선 등의 유해성에 관한 사항 • 가스용접기, 압력조정기, 호스 및 취관두(불꽃이 나오는 용접기의 앞부분) 등의 기기점검에 관한 사항 • 작업방법·순서 및 응급처치에 관한 사항 • 안전기 및 보호구 취급에 관한 사항 • 화재예방 및 초기대응에 관한 사항 • 그 밖에 안전·보건관리에 필요한 사항

작업명	교육내용
3. 밀폐된 장소(탱크 내 또는 환기가 극히 불량한 좁은 장소)에서 하는 용접작업 또는 습한 장소에서 하는 전기용접 작업	• 작업순서, 안전작업방법 및 수칙에 관한 사항 • 환기설비에 관한 사항 • 전격 방지 및 보호구 착용에 관한 사항 • 질식 시 응급조치에 관한 사항 • 작업환경 점검에 관한 사항 • 그 밖에 안전·보건관리에 필요한 사항
4. 폭발성·물반응성·자기반응성·자기발열성 물질, 자연발화성 액체·고체 및 인화성 액체의 제조 또는 취급작업(시험연구를 위한 취급작업은 제외)	• 폭발성·물반응성·자기반응성·자기발열성 물질, 자연발화성 액체·고체 및 인화성 액체의 성질이나 상태에 관한 사항 • 폭발 한계점, 발화점 및 인화점 등에 관한 사항 • 취급방법 및 안전수칙에 관한 사항 • 이상 발견 시의 응급처치 및 대피 요령에 관한 사항 • 화기·정전기·충격 및 자연발화 등의 위험방지에 관한 사항 • 작업순서, 취급주의사항 및 방호거리 등에 관한 사항 • 그 밖에 안전·보건관리에 필요한 사항
5. 액화석유가스·수소가스 등 인화성 가스 또는 폭발성 물질 중 가스의 발생장치 취급 작업	• 취급가스의 상태 및 성질에 관한 사항 • 발생장치 등의 위험 방지에 관한 사항 • 고압가스 저장설비 및 안전취급방법에 관한 사항 • 설비 및 기구의 점검 요령 • 그 밖에 안전·보건관리에 필요한 사항
6. 화학설비 중 반응기, 교반기·추출기의 사용 및 세척작업	• 각 계측장치의 취급 및 주의에 관한 사항 • 투시창·수위 및 유량계 등의 점검 및 밸브의 조작주의에 관한 사항 • 세척액의 유해성 및 인체에 미치는 영향에 관한 사항 • 작업 절차에 관한 사항 • 그 밖에 안전·보건관리에 필요한 사항
7. 화학설비의 탱크 내 작업	• 차단장치·정지장치 및 밸브 개폐장치의 점검에 관한 사항 • 탱크 내의 산소농도 측정 및 작업환경에 관한 사항 • 안전보호구 및 이상 발생 시 응급조치에 관한 사항 • 작업절차·방법 및 유해·위험에 관한 사항 • 그 밖에 안전·보건관리에 필요한 사항
8. 분말·원재료 등을 담은 호퍼(하부가 깔대기 모양으로 된 저장통)·저장창고 등 저장탱크의 내부작업	• 분말·원재료의 인체에 미치는 영향에 관한 사항 • 저장탱크 내부작업 및 복장보호구 착용에 관한 사항 • 작업의 지정·방법·순서 및 작업환경 점검에 관한 사항 • 팬·풍기(風旗) 조작 및 취급에 관한 사항 • 분진 폭발에 관한 사항 • 그 밖에 안전·보건관리에 필요한 사항
9. 다음에 정하는 설비에 의한 물건의 가열·건조작업 가. 건조설비 중 위험물 등에 관계되는 설비로 속부피가 1[m^3] 이상인 것 나. 건조설비 중 가목의 위험물 등 외의 물질에 관계되는 설비로서, 연료를 열원으로 사용하는 것(그 최대연소소비량이 매 시간당 10[kg] 이상인 것만 해당) 또는 전력을 열원으로 사용하는 것(정격소비전력이 10[kW] 이상인 경우만 해당)	• 건조설비 내외면 및 기기기능의 점검에 관한 사항 • 복장보호구 착용에 관한 사항 • 건조 시 유해가스 및 고열 등이 인체에 미치는 영향에 관한 사항 • 건조설비에 의한 화재·폭발 예방에 관한 사항

작업명	교육내용
10. 다음에 해당하는 집재장치(집재기·가선·운반기구·지주 및 이들에 부속하는 물건으로 구성되고, 동력을 사용하여 원목 또는 장작과 숯을 담아 올리거나 공중에서 운반하는 설비)의 조립, 해체, 변경 또는 수리작업 및 이들 설비에 의한 집재 또는 운반 작업 가. 원동기의 정격출력이 7.5[kW]를 넘는 것 나. 지간의 경사거리 합계가 350[m] 이상인 것 다. 최대 사용하중이 200[kg] 이상인 것	• 기계의 브레이크 비상정지장치 및 운반경로, 각종 기능 점검에 관한 사항 • 작업 시작 전 준비사항 및 작업방법에 관한 사항 • 취급물의 유해·위험에 관한 사항 • 구조상의 이상 시 응급처치에 관한 사항 • 그 밖에 안전·보건관리에 필요한 사항
11. 동력에 의하여 작동되는 프레스기계를 5대 이상 보유한 사업장에서 해당 기계로 하는 작업	• 프레스의 특성과 위험성에 관한 사항 • 방호장치 종류와 취급에 관한 사항 • 안전작업방법에 관한 사항 • 프레스 안전기준에 관한 사항 • 그 밖에 안전·보건관리에 필요한 사항
12. 목재가공용 기계[둥근톱기계, 띠톱기계, 대패기계, 모떼기기계 및 라우터기(목재를 자르거나 홈을 파는 기계)만 해당하며, 휴대용은 제외]를 5대 이상 보유한 사업장에서 해당 기계로 하는 작업	• 목재가공용 기계의 특성과 위험성에 관한 사항 • 방호장치의 종류와 구조 및 취급에 관한 사항 • 안전기준에 관한 사항 • 안전작업방법 및 목재 취급에 관한 사항 • 그 밖에 안전·보건관리에 필요한 사항

작업명	교육내용
13. 운반용 등 하역기계를 5대 이상 보유한 사업장에서의 해당 기계로 하는 작업	• 운반하역기계 및 부속설비의 점검에 관한 사항 • 작업순서와 방법에 관한 사항 • 안전운전방법에 관한 사항 • 화물의 취급 및 작업신호에 관한 사항 • 그 밖에 안전·보건관리에 필요한 사항
14. 1[ton] 이상의 크레인을 사용하는 작업 또는 1[ton] 미만의 크레인 또는 호이스트를 5대 이상 보유한 사업장에서 해당 기계로 하는 작업(제40호의 작업은 제외)	• 방호장치의 종류, 기능 및 취급에 관한 사항 • 걸고리·와이어로프 및 비상정지장치 등의 기계·기구 점검에 관한 사항 • 화물의 취급 및 안전작업방법에 관한 사항 • 신호방법 및 공동작업에 관한 사항 • 인양 물건의 위험성 및 낙하·비래(飛來)·충돌재해 예방에 관한 사항 • 인양물이 적재될 지반의 조건, 인양하중, 풍압 등이 인양물과 타워크레인에 미치는 영향 • 그 밖에 안전·보건관리에 필요한 사항
15. 건설용 리프트·곤돌라를 이용한 작업	• 방호장치의 기능 및 사용에 관한 사항 • 기계, 기구, 달기체인 및 와이어 등의 점검에 관한 사항 • 화물의 권상·권하 작업방법 및 안전작업 지도에 관한 사항 • 기계·기구에 특성 및 동작원리에 관한 사항 • 신호방법 및 공동작업에 관한 사항 • 그 밖에 안전·보건관리에 필요한 사항
16. 주물 및 단조(금속을 두들기거나 눌러서 형체를 만드는 일) 작업	• 고열물의 재료 및 작업환경에 관한 사항 • 출탕·주조 및 고열물의 취급과 안전작업방법에 관한 사항 • 고열작업의 유해·위험 및 보호구 착용에 관한 사항 • 안전기준 및 중량물 취급에 관한 사항 • 그 밖에 안전·보건관리에 필요한 사항

작업명	교육내용
17. 전압이 75[V] 이상인 정전 및 활선작업	• 전기의 위험성 및 전격 방지에 관한 사항 • 해당 설비의 보수 및 점검에 관한 사항 • 정전작업·활선작업 시의 안전작업방법 및 순서에 관한 사항 • 절연용 보호구, 절연용 보호구 및 활선작업용 기구 등의 사용에 관한 사항 • 그 밖에 안전·보건관리에 필요한 사항
18. 콘크리트 파쇄기를 사용하여 하는 파쇄작업(2[m] 이상인 구축물의 파쇄작업만 해당)	• 콘크리트 해체 요령과 방호거리에 관한 사항 • 작업안전조치 및 안전기준에 관한 사항 • 파쇄기의 조작 및 공통작업 신호에 관한 사항 • 보호구 및 방호장비 등에 관한 사항 • 그 밖에 안전·보건관리에 필요한 사항
19. 굴착면의 높이가 2[m] 이상이 되는 지반 굴착(터널 및 수직갱 외의 갱 굴착은 제외)작업	• 지반의 형태·구조 및 굴착 요령에 관한 사항 • 지반의 붕괴재해 예방에 관한 사항 • 붕괴 방지용 구조물 설치 및 작업방법에 관한 사항 • 보호구의 종류 및 사용에 관한 사항 • 그 밖에 안전·보건관리에 필요한 사항
20. 흙막이 지보공의 보강 또는 동바리를 설치하거나 해체하는 작업	• 작업안전 점검 요령과 방법에 관한 사항 • 동바리의 운반·취급 및 설치 시 안전작업에 관한 사항 • 해체작업 순서와 안전기준에 관한 사항 • 보호구 취급 및 사용에 관한 사항 • 그 밖에 안전·보건관리에 필요한 사항
21. 터널 안에서의 굴착작업(굴착용 기계를 사용하여 하는 굴착작업 중 근로자가 칼날 밑에 접근하지 않고 하는 작업은 제외) 또는 같은 작업에서의 터널 거푸집 지보공의 조립 또는 콘크리트 작업	• 작업환경의 점검 요령과 방법에 관한 사항 • 붕괴 방지용 구조물 설치 및 안전작업 방법에 관한 사항 • 재료의 운반 및 취급·설치의 안전기준에 관한 사항 • 보호구의 종류 및 사용에 관한 사항 • 소화설비의 설치장소 및 사용방법에 관한 사항 • 그 밖에 안전·보건관리에 필요한 사항
22. 굴착면의 높이가 2[m] 이상이 되는 암석의 굴착작업	• 폭발물 취급 요령과 대피 요령에 관한 사항 • 안전거리 및 안전기준에 관한 사항 • 방호물의 설치 및 기준에 관한 사항 • 보호구 및 신호방법 등에 관한 사항 • 그 밖에 안전·보건관리에 필요한 사항
23. 높이가 2[m] 이상인 물건을 쌓거나 무너뜨리는 작업(하역기계로만 하는 작업은 제외)	• 원부재료의 취급 방법 및 요령에 관한 사항 • 물건의 위험성·낙하 및 붕괴재해 예방에 관한 사항 • 적재방법 및 전도 방지에 관한 사항 • 보호구 착용에 관한 사항 • 그 밖에 안전·보건관리에 필요한 사항
24. 선박에 짐을 쌓거나 부리거나 이동시키는 작업	• 하역 기계·기구의 운전방법에 관한 사항 • 운반·이송경로의 안전작업방법 및 기준에 관한 사항 • 중량물 취급 요령과 신호 요령에 관한 사항 • 작업안전 점검과 보호구 취급에 관한 사항 • 그 밖에 안전·보건관리에 필요한 사항
25. 거푸집 동바리의 조립 또는 해체작업	• 동바리의 조립방법 및 작업 절차에 관한 사항 • 조립재료의 취급방법 및 설치기준에 관한 사항 • 조립 해체 시의 사고 예방에 관한 사항 • 보호구 착용 및 점검에 관한 사항 • 그 밖에 안전·보건관리에 필요한 사항
26. 비계의 조립·해체 또는 변경작업	• 비계의 조립순서 및 방법에 관한 사항 • 비계작업의 재료 취급 및 설치에 관한 사항 • 추락재해 방지에 관한 사항 • 보호구 착용에 관한 사항 • 비계상부 작업 시 최대 적재하중에 관한 사항 • 그 밖에 안전·보건관리에 필요한 사항

작업명	교육내용
27. 건축물의 골조, 다리의 상부구조 또는 탑의 금속제의 부재로 구성되는 것(5[m] 이상인 것만 해당)의 조립·해체 또는 변경작업	• 건립 및 버팀대의 설치순서에 관한 사항 • 조립 해체 시의 추락재해 및 위험요인에 관한 사항 • 건립용 기계의 조작 및 작업신호 방법에 관한 사항 • 안전장비 착용 및 해체순서에 관한 사항 • 그 밖에 안전·보건관리에 필요한 사항
28. 처마 높이가 5[m] 이상인 목조건축물의 구조 부재의 조립이나 건축물의 지붕 또는 외벽 밑에서의 설치작업	• 붕괴·추락 및 재해 방지에 관한 사항 • 부재의 강도·재질 및 특성에 관한 사항 • 조립·설치 순서 및 안전작업방법에 관한 사항 • 보호구 착용 및 작업 점검에 관한 사항 • 그 밖에 안전·보건관리에 필요한 사항
29. 콘크리트 인공구조물(그 높이가 2[m] 이상인 것만 해당)의 해체 또는 파괴작업	• 콘크리트 해체기계의 점점에 관한 사항 • 파괴 시의 안전거리 및 대피 요령에 관한 사항 • 작업방법·순서 및 신호 방법 등에 관한 사항 • 해체·파괴 시의 작업안전기준 및 보호구에 관한 사항 • 그 밖에 안전·보건관리에 필요한 사항
30. 타워크레인을 설치(상승작업을 포함)·해체하는 작업	• 붕괴·추락 및 재해 방지에 관한 사항 • 설치·해체 순서 및 안전작업방법에 관한 사항 • 부재의 구조·재질 및 특성에 관한 사항 • 신호방법 및 요령에 관한 사항 • 이상 발생 시 응급조치에 관한 사항 • 그 밖에 안전·보건관리에 필요한 사항

작업명	교육내용
31. 보일러(소형 보일러 및 다음에서 정하는 보일러는 제외)의 설치 및 취급 작업 가. 몸통 반지름이 750 [mm] 이하이고 그 길이가 1,300[mm] 이하인 증기보일러 나. 전열면적이 3 [m^2] 이하인 증기보일러 다. 전열면적이 14 [m^2] 이하인 온수보일러 라. 전열면적이 30 [m^2] 이하인 관류보일러(물관을 사용하여 가열시키는 방식의 보일러)	• 기계 및 기기 점화장치 계측기의 점검에 관한 사항 • 열관리 및 방호장치에 관한 사항 • 작업순서 및 방법에 관한 사항 • 그 밖에 안전·보건관리에 필요한 사항
32. 게이지 압력을 [cm^2]당 1[kg] 이상으로 사용하는 압력용기의 설치 및 취급작업	• 안전시설 및 안전기준에 관한 사항 • 압력용기의 위험성에 관한 사항 • 용기 취급 및 설치기준에 관한 사항 • 작업안전 점검 방법 및 요령에 관한 사항 • 그 밖에 안전·보건관리에 필요한 사항
33. 방사선 업무에 관계되는 작업(의료 및 실험용은 제외)	• 방사선의 유해·위험 및 인체에 미치는 영향 • 방사선의 측정기기 기능의 점검에 관한 사항 • 방호거리·방호벽 및 방사선물질의 취급 요령에 관한 사항 • 응급처치 및 보호구 착용에 관한 사항 • 그 밖에 안전·보건관리에 필요한 사항

작업명	교육내용
34. 밀폐공간에서의 작업	• 산소농도 측정 및 작업환경에 관한 사항 • 사고 시의 응급처치 및 비상 시 구출에 관한 사항 • 보호구 착용 및 보호 장비 사용에 관한 사항 • 작업내용·안전작업방법 및 절차에 관한 사항 • 장비·설비 및 시설 등의 안전점검에 관한 사항 • 그 밖에 안전·보건관리에 필요한 사항
35. 허가 및 관리 대상 유해물질의 제조 또는 취급작업	• 취급물질의 성질 및 상태에 관한 사항 • 유해물질이 인체에 미치는 영향 • 국소배기장치 및 안전설비에 관한 사항 • 안전작업방법 및 보호구 사용에 관한 사항 • 그 밖에 안전·보건관리에 필요한 사항
36. 로봇작업	• 로봇의 기본원리·구조 및 작업방법에 관한 사항 • 이상 발생 시 응급조치에 관한 사항 • 안전시설 및 안전기준에 관한 사항 • 조작방법 및 작업순서에 관한 사항
37. 석면해체·제거 작업	• 석면의 특성과 위험성 • 석면해체·제거의 작업방법에 관한 사항 • 장비 및 보호구 사용에 관한 사항 • 그 밖에 안전·보건관리에 필요한 사항
38. 가연물이 있는 장소에서 하는 화재위험작업	• 작업준비 및 작업절차에 관한 사항 • 작업장 내 위험물, 가연물의 사용·보관·설치 현황에 관한 사항 • 화재위험작업에 따른 인근 인화성 액체에 대한 방호조치에 관한 사항 • 화재위험작업으로 인한 불꽃, 불티 등의 흩날림 방지 조치에 관한 사항 • 인화성 액체의 증기가 남아 있지 않도록 환기 등의 조치에 관한 사항 • 화재감시자의 직무 및 피난교육 등 비상조치에 관한 사항 • 그 밖에 안전·보건관리에 필요한 사항
39. 타워크레인을 사용하는 작업 시 신호업무를 하는 작업	• 타워크레인의 기계적 특성 및 방호장치 등에 관한 사항 • 화물의 취급 및 안전작업방법에 관한 사항 • 신호방법 및 요령에 관한 사항 • 인양 물건의 위험성 및 낙하·비래·충돌재해 예방에 관한 사항 • 인양물이 적재될 지반의 조건, 인양하중, 풍압 등이 인양물과 타워크레인에 미치는 영향 • 그 밖에 안전·보건관리에 필요한 사항

㉡ 건설업 기초안전보건교육에 대한 내용 및 시간

교육내용	시 간
건설공사의 종류(건축·토목 등) 절차	1시간
산업재해 유형별 위험요인 및안전보건조치	2시간
안전보건관리체제 현황 및 산업안전보건 관련 근로자 권리·의무	1시간

㉢ 안전보건관리책임자 등에 대한 교육 내용

교육대상	교육내용	
	신규과정	보수과정
안전보건 관리책임자	• 관리책임자의 책임과 직무에 관한 사항 • 산업안전보건법령 및 안전·보건조치에 관한 사항	• 산업안전·보건정책에 관한 사항 • 자율안전·보건관리에 관한 사항
안전관리자 및 안전관리 전문기관 종사자	• 산업안전보건법령에 관한 사항 • 산업안전보건개론에 관한 사항 • 인간공학 및 산업심리에 관한 사항 • 안전보건교육방법에 관한 사항 • 재해 발생 시 응급처치에 관한 사항 • 안전점검·평가 및 재해 분석기법에 관한 사항 • 안전기준 및 개인보호구 등 분야별 재해예방 실무에 관한 사항 • 산업안전보건관리비 계상 및 사용기준에 관한 사항 • 작업환경 개선 등 산업위생 분야에 관한 사항 • 무재해운동 추진기법 및 실무에 관한 사항 • 위험성평가에 관한 사항 • 그 밖에 안전관리자의 직무 향상을 위하여 필요한 사항	• 산업안전보건법령 및 정책에 관한 사항 • 안전관리계획 및 안전보건개선계획의 수립·평가·실무에 관한 사항 • 안전보건교육 및 무재해운동 추진실무에 관한 사항 • 산업안전보건관리비 사용기준 및 사용방법에 관한 사항 • 분야별 재해 사례 및 개선 사례에 관한 연구와 실무에 관한 사항 • 사업장 안전 개선기법에 관한 사항 • 위험성평가에 관한 사항 • 그 밖에 안전관리자 직무 향상을 위하여 필요한 사항
보건관리자 및 보건관리 전문기관 종사자	• 산업안전보건법령 및 작업환경측정에 관한 사항 • 산업안전보건개론에 관한 사항 • 안전보건교육방법에 관한 사항 • 산업보건관리계획 수립·평가 및 산업역학에 관한 사항 • 작업환경 및 직업병 예방에 관한 사항 • 작업환경 개선에 관한 사항(소음·분진·관리대상 유해물질 및 유해광선 등) • 산업역학 및 통계에 관한 사항 • 산업환기에 관한 사항 • 안전보건관리의 체제·규정 및 보건관리자 역할에 관한 사항 • 보건관리계획 및 운용에 관한 사항 • 근로자 건강관리 및 응급처치에 관한 사항 • 위험성평가에 관한 사항 • 감염병 예방에 관한 사항 • 자살 예방에 관한 사항 • 그 밖에 보건관리자의 직무 향상을 위하여 필요한 사항	• 산업안전보건법령, 정책 및 작업환경 관리에 관한 사항 • 산업보건관리계획 수립·평가 및 안전보건교육 추진 요령에 관한 사항 • 근로자 건강 증진 및 구급환자 관리에 관한 사항 • 산업위생 및 산업환기에 관한 사항 • 직업병 사례 연구에 관한 사항 • 유해물질별 작업환경 관리에 관한 사항 • 위험성평가에 관한 사항 • 감염병 예방에 관한 사항 • 자살 예방에 관한 사항 • 그 밖에 보건관리자 직무 향상을 위하여 필요한 사항
건설재해 예방전문 지도기관 종사자	• 산업안전보건법령 및 정책에 관한 사항 • 분야별 재해사례 연구에 관한 사항 • 새로운 공법 소개에 관한 사항 • 사업장 안전관리기법에 관한 사항 • 위험성평가의 실시에 관한 사항 • 그 밖에 직무 향상을 위하여 필요한 사항	• 산업안전보건법령 및 정책에 관한 사항 • 분야별 재해사례 연구에 관한 사항 • 새로운 공법 소개에 관한 사항 • 사업장 안전관리기법에 관한 사항 • 위험성평가의 실시에 관한 사항 • 그 밖에 직무 향상을 위하여 필요한 사항

교육대상	교육내용	
	신규과정	보수과정
석면조사 기관 종사자	• 석면 제품의 종류 및 구별 방법에 관한 사항 • 석면에 의한 건강유해성에 관한 사항 • 석면 관련 법령 및 제도(법, 석면안전관리법 및 건축법 등)에 관한 사항 • 법 및 산업안전보건 정책방향에 관한 사항 • 석면 시료채취 및 분석 방법에 관한 사항 • 보호구 착용 방법에 관한 사항 • 석면조사결과서 및 석면지도 작성 방법에 관한 사항 • 석면 조사 실습에 관한 사항	• 석면 관련 법령 및 제도(법, 석면안전관리법 및 건축법 등)에 관한 사항 • 실내공기오염 관리(또는 작업환경측정 및 관리)에 관한 사항 • 산업안전보건 정책방향에 관한 사항 • 건축물·설비 구조의 이해에 관한 사항 • 건축물·설비 내 석면함유 자재 사용 및 시공·제거 방법에 관한 사항 • 보호구 선택 및 관리방법에 관한 사항 • 석면해체·제거작업 및 석면 흩날림 방지 계획 수립 및 평가에 관한 사항 • 건축물 석면조사 시 위해도평가 및 석면지도 작성·관리 실무에 관한 사항 • 건축 자재의 종류별 석면조사실무에 관한 사항
안전보건 관리담당자	–	• 위험성평가에 관한 사항 • 안전·보건교육방법에 관한 사항 • 사업장 순회점검 및 지도에 관한 사항 • 기계·기구의 적격품 선정에 관한 사항 • 산업재해 통계의 유지·관리 및 조사에 관한 사항 • 그 밖에 안전보건관리담당자 직무 향상을 위하여 필요한 사항

교육대상	교육내용	
	신규과정	보수과정
안전검사 기관 및 자율안전 검사기관	• 산업안전보건법령에 관한 사항 • 기계, 장비의 주요장치에 관한 사항 • 측정기기 작동 방법에 관한 사항 • 공통점검 사항 및 주요 위험요인별 점검내용에 관한 사항 • 기계, 장비의 주요안전장치에 관한 사항 • 검사 시 안전보건 유의사항 • 기계·전기·화공 등 공학적 기초 지식에 관한 사항 • 검사원의 직무윤리에 관한 사항 • 그 밖에 종사자의 직무 향상을 위하여 필요한 사항	• 산업안전보건법령 및 정책에 관한 사항 • 주요 위험요인별 점검내용에 관한 사항 • 기계, 장비의 주요장치와 안전장치에 관한 심화과정 • 검사 시 안전보건 유의 사항 • 구조해석, 용접, 피로, 파괴, 피해예측, 작업환기, 위험성평가 등에 관한 사항 • 검사대상 기계별 재해사례 및 개선 사례에 관한 연구와 실무에 관한 사항 • 검사원의 직무윤리에 관한 사항 • 그 밖에 종사자의 직무 향상을 위하여 필요한 사항

㉣ 특수형태근로종사자에 대한 안전보건교육 내용

- 최초 노무제공 시 교육내용(각 특수형태근로종사자의 직무에 적합한 내용 교육)
  - 산업안전 및 사고 예방에 관한 사항
  - 산업보건 및 직업병 예방에 관한 사항
  - 건강증진 및 질병 예방에 관한 사항
  - 유해·위험 작업환경 관리에 관한 사항
  - 산업안전보건법령 및 산업재해보상보험 제도에 관한 사항
  - 직무스트레스 예방 및 관리에 관한 사항
  - 직장 내 괴롭힘, 고객의 폭언 등으로 인한 건강장해 예방 및 관리에 관한 사항
  - 기계·기구의 위험성과 작업의 순서 및 동선에 관한 사항
  - 작업 개시 전 점검에 관한 사항
  - 정리정돈 및 청소에 관한 사항
  - 사고 발생 시 긴급조치에 관한 사항
  - 물질안전보건자료에 관한 사항
  - 교통안전 및 운전안전에 관한 사항
  - 보호구 착용에 관한 사항

• 특별교육 대상작업별 교육 내용 : 근로자 안전보건교육 중 특별교육 대상 작업별 교육내용과 동일
• 특수형태근로종사자로부터 노무를 제공받는 자는 해당 특수형태근로종사자가 최초 노무제공 또는 변경된 작업에 경험이 있을 경우 최초 노무제공 시 교육 또는 특별교육 시간을 다음의 기준에 따라 실시 가능(시행규칙 제27조, 제95조)

구 분		교육시간
최초 노무 제공 시	한국표준산업분류 세분류 중 같은 종류의 업종에 6개월 이상 근무한 경험이 있는 특수형태근로종사자로부터 이직 후 1년 이내에 최초 노무를 제공받는 경우	최초 노무 제공 시 교육시간의 100분의 50 이상
특별교육	특별교육 대상작업에 6개월 이상 근무한 경험이 있는 특수형태근로종사자 중 다음의 어느 하나에 해당하는 경우 • 이직 후 1년 이내에 이직 전과 동일한 특별교육 대상작업에 종사하는 경우 • 같은 사업장 내 다른 작업에 배치된 후 1년 이내에 배치 전과 동일한 특별교육 대상작업에 종사하는 경우	특별교육 시간의 100분의 50 이상
도급인사업장	최초 노무 제공 시 교육 또는 특별교육을 이수한 특수형태근로종사자가 같은 도급인의 사업장 내에서 이전에 하던 업무와 동일한 업무에 종사하는 경우	소속 사업장의 변경에도 불구하고 해당 특수형태근로종사자에 대한 최초 노무 제공 시 교육 또는 특별교육 면제

• 벌칙 : 특수형태근로종사자로부터 노무를 제공받는 자가 안전보건조치의무 위반 시 1,000만원 이하의 과태료, 안전보건교육 의무 위반 시 500만원 이하의 과태료 부과(법 제175조 제4항 제3호, 제5항 제1호)

ⓟ 검사원 성능검사 교육내용

설비명	교육내용
프레스 및 전단기	• 관계 법령 • 프레스 및 전단기 개론 • 프레스 및 전단기 구조 및 특성 • 검사기준 • 방호장치 • 검사장비 용도 및 사용방법 • 검사실습 및 체크리스트 작성 요령 • 위험검출 훈련
크레인	• 관계 법령 • 크레인 개론 • 크레인 구조 및 특성 • 검사기준 • 방호장치 • 검사장비 용도 및 사용방법 • 검사실습 및 체크리스트 작성 요령 • 위험검출 훈련 • 검사원 직무
리프트	• 관계 법령 • 리프트 개론 • 리프트 구조 및 특성 • 검사기준 • 방호장치 • 검사장비 용도 및 사용방법 • 검사실습 및 체크리스트 작성 요령 • 위험검출 훈련 • 검사원 직무
곤돌라	• 관계 법령 • 곤돌라 개론 • 곤돌라 구조 및 특성 • 검사기준 • 방호장치 • 검사장비 용도 및 사용방법 • 검사실습 및 체크리스트 작성 요령 • 위험검출 훈련 • 검사원 직무
국소배기장치	• 관계 법령 • 산업보건 개요 • 산업환기의 기본원리 • 국소환기장치의 설계 및 실습 • 국소배기장치 및 제진장치 검사기준 • 검사실습 및 체크리스트 작성 요령 • 검사원 직무
원심기	• 관계 법령 • 원심기 개론 • 원심기 종류 및 구조 • 검사기준 • 방호장치 • 검사장비 용도 및 사용방법 • 검사실습 및 체크리스트 작성 요령

설비명	교육내용
롤러기	• 관계 법령 • 롤러기 개론 • 롤러기 구조 및 특성 • 검사기준 • 방호장치 • 검사장비의 용도 및 사용방법 • 검사실습 및 체크리스트 작성 요령
사출성형기	• 관계 법령 • 사출성형기 개론 • 사출성형기 구조 및 특성 • 검사기준 • 방호장치 • 검사장비 용도 및 사용방법 • 검사실습 및 체크리스트 작성 요령
고소작업대	• 관계 법령 • 고소작업대 개론 • 고소작업대 구조 및 특성 • 검사기준 • 방호장치 • 검사장비의 용도 및 사용방법 • 검사실습 및 체크리스트 작성 요령
컨베이어	• 관계 법령 • 컨베이어 개론 • 컨베이어 구조 및 특성 • 검사기준 • 방호장치 • 검사장비의 용도 및 사용방법 • 검사실습 및 체크리스트 작성 요령
산업용 로봇	• 관계 법령 • 산업용 로봇 개론 • 산업용 로봇 구조 및 특성 • 검사기준 • 방호장치 • 검사장비 용도 및 사용방법 • 검사실습 및 체크리스트 작성 요령
압력용기	• 관계 법령 • 압력용기 개론 • 압력용기의 종류, 구조 및 특성 • 검사기준 • 방호장치 • 검사장비 용도 및 사용방법 • 검사실습 및 체크리스트 작성 요령 • 이상 시 응급조치

ⓗ 물질안전보건자료에 관한 교육내용

- 대상화학물질의 명칭(또는 제품명)
- 물리적 위험성 및 건강 유해성
- 취급상의 주의사항
- 적절한 보호구
- 응급조치 요령 및 사고 시 대처방법
- 물질안전보건자료 및 경고표지를 이해하는 방법

③ 직무교육

㉠ 개요(법 제32조)

- 다음에 해당하는 사람에게 안전보건교육기관에서 직무와 관련한 안전보건교육을 이수하도록 하여야 한다. 다만, 다른 법령에 따라 안전 및 보건에 관한 교육을 받은 경우에는 안전보건교육의 전부 또는 일부를 하지 아니할 수 있다.
  - 안전보건관리책임자
  - 안전관리자
  - 보건관리자
  - 안전보건관리담당자
  - 다음의 기관에서 안전과 보건에 관련된 업무에 종사하는 사람
    ⓐ 안전관리전문기관
    ⓑ 보건관리전문기관
    ⓒ 건설재해예방전문지도기관
    ⓓ 안전검사기관
    ⓔ 자율안전검사기관
    ⓕ 석면조사기관
- 상기 외의 부분 본문에 따른 안전보건교육의 시간·내용 및 방법, 그 밖에 필요한 사항은 고용노동부령으로 정한다.

㉡ 안전보건관리책임자 등에 대한 직무교육(시행규칙 제29조, 제35조)

- 다음에 해당하는 사람은 해당 직위에 선임(위촉의 경우를 포함)되거나 채용된 후 3개월(보건관리자가 의사인 경우는 1년) 이내에 직무를 수행하는 데 필요한 신규교육을 받아야 하며, 신규교육을 이수한 후 매 2년이 되는 날을 기준으로 전후 3개월 사이에 고용노동부장관이 실시하는 안전보건에 관한 보수교육을 받아야 한다.
  - 안전보건관리책임자
  - 안전관리자(안전관리자로 채용된 것으로 보는 사람을 포함)
  - 보건관리자
  - 안전보건관리담당자

- 안전관리전문기관에서 안전관리자의 위탁 업무를 수행하는 사람
- 보건관리전문기관에서 보건관리자의 위탁 업무를 수행하는 사람
- 건설재해예방전문지도기관에서 지도업무를 수행하는 사람
- 안전검사기관에서 검사업무를 수행하는 사람
- 자율안전검사기관에서 검사업무를 수행하는 사람
- 석면조사기관에서 석면조사 업무를 수행하는 사람

• 직무교육(신규교육 및 보수교육)을 실시하기 위한 집체교육, 현장교육, 인터넷원격교육 등의 교육방법, 직무교육 기관의 관리, 그 밖에 교육에 필요한 사항은 고용노동부장관이 정하여 고시한다.

• 직무교육을 받으려는 자는 직무교육 수강신청서를 직무교육기관의 장에게 제출하여야 한다.

• 직무교육기관의 장은 직무교육을 실시하기 15일 전까지 교육 일시 및 장소 등을 직무교육 대상자에게 알려야 한다.

• 직무교육을 이수한 사람이 다른 사업장으로 전직하여 신규로 선임되어 선임신고를 하는 경우에는 전직 전에 받은 교육이수증명서를 제출하면 해당 교육을 이수한 것으로 본다.

• 직무교육기관의 장이 직무교육을 실시하려는 경우에는 매년 12월 31일까지 다음 연도의 교육 실시계획서를 고용노동부장관에게 제출(전자문서로 제출하는 것을 포함)하여 승인을 받아야 한다.

ㄷ 안전보건교육기관 등록신청 등(시행규칙 제31조)

• 안전보건교육기관으로 등록하려는 자는 다음의 구분에 따라 관련 서류를 첨부하여 주된 사무소의 소재지를 관할하는 지방고용노동청장에게 제출해야 한다.

- 근로자안전보건교육기관으로 등록하려는 자 : 근로자안전보건교육기관 등록 신청서에 다음의 서류를 첨부
  ⓐ 법인 또는 산업안전보건관련 학과가 있는 학교에 해당함을 증명하는 서류
  ⓑ 인력기준을 갖추었음을 증명할 수 있는 자격증(국가기술자격증은 제외), 졸업증명서, 경력증명서 또는 재직증명서 등 서류
  ⓒ 시설 및 장비 기준을 갖추었음을 증명할 수 있는 서류와 시설·장비 명세서
  ⓓ 최초 1년간의 교육사업계획서
- 직무교육기관으로 등록하려는 자 : 직무교육기관 등록 신청서에 다음의 서류를 첨부
  ⓐ 한국산업안전보건공단, 기준 인력·시설 및 장비를 갖춘 학교나 비영리법인임을 증명하는 서류
  ⓑ 인력기준을 갖추었음을 증명할 수 있는 자격증(국가기술자격증은 제외), 졸업증명서, 경력증명서 또는 재직증명서 등 서류
  ⓒ 시설 및 장비 기준을 갖추었음을 증명할 수 있는 서류와 시설·장비 명세서
  ⓓ 최초 1년간의 교육사업계획서

• 신청서를 제출받은 지방고용노동청장은 행정정보의 공동이용을 통하여 다음의 서류를 확인해야 한다. 다만, 신청인이 서류의 확인에 동의하지 않는 경우에는 그 사본을 첨부하도록 해야 한다.
- 국가기술자격증
- 법인등기사항증명서(법인만 해당)
- 사업자등록증(개인만 해당)

• 지방고용노동청장은 등록신청이 등록요건에 적합하다고 인정되면 그 신청서를 받은 날부터 20일 이내에 근로자안전보건교육기관 등록증 또는 직무교육기관 등록증을 신청인에게 발급해야 한다.

• 등록증을 발급받은 사람이 등록증을 분실하거나 등록증이 훼손된 경우에는 재발급 신청을 할 수 있다.

• 안전보건교육기관이 등록받은 사항을 변경하려는 경우에는 변경등록신청서에 변경내용을 증명하는 서류와 등록증을 첨부하여 지방고용노동청장에게 제출해야 한다.

• 안전보건교육기관이 해당 업무를 폐지하거나 등록이 취소된 경우 지체 없이 등록증을 지방고용노동청장에게 반납해야 한다.

ㄹ 직무교육의 면제(시행규칙 제30조)

• 신규교육 면제자
- 안전보건관리담당자
- 이공계 전문대학 또는 이와 같은 수준 이상의 학교에서 학위를 취득하고, 해당 사업의 관리감독자로서의 업무(건설업의 경우는 시공실무경력)를 3년

(4년제 이공계 대학 학위 취득자는 1년) 이상 담당한 후 고용노동부장관이 지정하는 기관이 실시하는 교육(1998년 12월 31일까지의 교육만 해당)을 받고 정해진 시험에 합격한 사람. 다만, 관리감독자로 종사한 사업과 같은 업종(한국표준산업분류에 따른 대분류 기준)의 사업장이면서, 건설업의 경우를 제외하고는 상시근로자 300명 미만인 사업장에서만 안전관리자가 될 수 있다.

- 공업계 고등학교 또는 이와 같은 수준 이상의 학교를 졸업하고, 해당 사업의 관리감독자로서의 업무(건설업의 경우는 시공실무경력)를 5년 이상 담당한 후 고용노동부장관이 지정하는 기관이 실시하는 교육(1998년 12월 31일까지의 교육만 해당)을 받고 정해진 시험에 합격한 사람. 다만, 관리감독자로 종사한 사업과 같은 종류인 업종(한국표준산업분류에 따른 대분류 기준)의 사업장이면서, 건설업의 경우를 제외하고는 운수 및 창고업 또는 우편 및 통신업을 하는 사업장(상시근로자 50명 이상 1천명 미만인 경우만 해당)에서만 안전관리자가 될 수 있다.

• 보수교육 면제자 1 : 다음에 해당되는 자가 고용노동부장관이 정하는 내용이 포함된 교육을 이수하고 해당 교육기관에서 발행하는 확인서를 제출하는 경우
  - 고압가스를 제조·저장 또는 판매하는 사업에서 선임하는 안전관리책임자
  - 액화석유가스 충전사업·액화석유가스 집단공급사업 또는 액화석유가스 판매사업에서 선임하는 안전관리책임자
  - 도시가스사업법에 따라 선임하는 안전관리책임자
  - 교통안전관리자의 자격을 취득한 후 해당 분야에 채용된 교통안전관리자
  - 화약류를 제조·판매 또는 저장하는 사업에서 선임하는 화약류제조보안책임자 또는 화약류관리보안책임자
  - 전기사업자가 선임하는 전기안전관리자
  - 기업활동 규제완화에 관한 특별조치법에 따라 안전관리자로 채용된 것으로 보는 사람
  - 보건관리자로서의 의사
  - 보건관리자로서의 간호사

• 보수교육 면제자 2 : 다음의 어느 하나에 해당하는 사람이 고용노동부장관이 정하여 고시하는 안전·보건에 관한 교육을 이수한 경우
  - 안전보건관리책임자
  - 안전관리자(기업활동 규제완화에 관한 특별조치법에 따라 안전관리자로 채용된 것으로 보는 사람을 포함)
  - 보건관리자
  - 안전보건관리담당자
  - 안전관리전문기관에서 안전관리자의 위탁 업무를 수행하는 사람
  - 보건관리전문기관에서 보건관리자의 위탁 업무를 수행하는 사람
  - 건설재해예방 전문지도기관에서 지도업무를 수행하는 사람
  - 지정받은 안전검사기관에서 검사업무를 수행하는 사람
  - 지정받은 자율안전검사기관에서 검사업무를 수행하는 사람
  - 석면조사기관에서 석면조사 업무를 수행하는 사람

④ 안전보건교육기관

㉠ 안전보건교육을 하려는 자는 대통령령으로 정하는 인력·시설 및 장비 등의 요건을 갖추어 고용노동부장관에게 등록하여야 한다. 등록한 사항 중 대통령령으로 정하는 중요한 사항을 변경할 때에도 또한 같다(법 제33조). 대통령령으로 정하는 중요한 사항이란 다음의 사항을 말한다(시행령 제40조).
• 교육기관의 명칭(상호)
• 교육기관의 소재지
• 대표자의 성명

㉡ 고용노동부장관은 안전보건교육기관이 다음의 어느 하나에 해당할 때에는 그 등록을 취소하거나 6개월 이내의 기간을 정하여 그 업무의 정지를 명할 수 있다(법 제21조).
• 6개월 이내의 기간을 정하여 그 업무의 정지를 명할 수 있는 경우
  - 등록 요건을 충족하지 못한 경우
  - 등록받은 사항을 위반하여 업무를 수행한 경우

- 그 밖에 대통령령으로 정하는 사유에 해당하는 경우(시행령 제28조) : 업무 관련 서류를 거짓으로 작성한 경우, 정당한 사유 없이 업무의 수탁을 거부한 경우, 위탁받은 업무에 차질을 일으키거나 업무를 게을리한 경우, 업무를 수행하지 않고 위탁 수수료를 받은 경우, 업무와 관련된 비치서류를 보존하지 않은 경우, 업무 수행과 관련한 대가 외에 금품을 받은 경우, 법에 따른 관계 공무원의 지도·감독을 거부·방해 또는 기피한 경우

• 지정 취소의 경우
  - 거짓이나 그 밖의 부정한 방법으로 등록을 받은 경우
  - 업무정지 기간 중에 업무를 수행한 경우

  ※ 등록이 취소된 자는 등록이 취소된 날부터 2년 이내에는 안전보건교육기관으로 등록받을 수 없다.

㉢ 안전보건교육기관의 평가(시행규칙 제32조)

• 공단이 안전보건교육기관을 평가하는 기준은 다음과 같다.
  - 인력·시설 및 장비의 보유수준과 활용도
  - 교육과정의 운영체계 및 업무성과
  - 교육서비스의 적정성 및 만족도

• 안전보건교육기관에 대한 평가 방법 및 평가 결과의 공개에 관하여는 안전관리·보건관리전문기관의 평가 기준 규정을 준용한다.

⑤ 건설업 기초안전·보건교육기관

㉠ 개요(법 제31조)

• 건설업의 사업주는 건설 일용근로자를 채용할 때에는 그 근로자로 하여금 안전보건·교육기관이 실시하는 안전보건교육을 이수하도록 하여야 한다. 다만, 건설 일용근로자가 그 사업주에게 채용되기 전에 안전보건교육을 이수한 경우에는 그러하지 아니하다.

• 안전보건교육의 시간·내용 및 방법, 그 밖에 필요한 사항은 고용노동부령으로 정한다.

㉡ 건설업 기초안전·보건교육기관의 등록신청(시행규칙 제33조)

• 건설업 기초안전·보건교육기관으로 등록을 하려는 자는 건설업 기초안전·보건교육기관 등록신청서에 다음의 서류를 첨부하여 공단에 제출하여야 한다.
  - 법인 또는 산업 안전·보건 관련 학과가 있는 학교로서 인력·시설 및 장비를 갖추었음을 증명하는 서류
  - 인력기준을 갖추었음을 증명할 수 있는 자격증(국가기술자격증은 제외), 졸업증명서, 경력증명서 및 재직증명서 등 서류
  - 시설·장비기준을 갖추었음을 증명할 수 있는 서류와 시설·장비명세서

• 등록신청서를 제출받은 공단은 행정정보의 공동이용을 통하여 다음의 서류를 확인해야 한다.
  - 국가기술자격증(신청인이 그 확인에 동의하지 않으면 그 사본을 첨부)
  - 법인등기사항 증명서(법인만 해당)
  - 사업자등록증(개인만 해당, 신청인이 그 확인에 동의하지 않으면 그 사본을 첨부)

• 공단은 등록신청서가 접수된 경우 접수일부터 15일 이내에 요건에 적합한지를 확인하고 적합한 경우 그 결과를 고용노동부장관에게 보고하여야 한다.

• 고용노동부장관은 보고를 받은 날부터 7일 이내에 등록 적합 여부를 공단에 통보하여야 하고, 공단은 등록이 적합하다는 통보를 받은 경우 지체 없이 건설업 기초안전·보건교육기관 등록증을 신청인에게 발급해야 한다.

• 건설업 기초교육기관이 등록사항을 변경하려는 경우에는 건설업 기초안전·보건교육기관 변경신청서에 변경내용을 증명하는 서류 및 등록증(기재사항에 변경이 있는 경우만 해당)을 첨부하여 공단에 제출하여야 한다.

• 등록변경은 고용노동부장관이 정하는 경미한 사항의 경우 공단은 변경내용을 확인한 후 적합한 경우에는 지체 없이 등록사항을 변경하고, 등록증을 변경하여 발급(등록증의 기재사항에 변경이 있는 경우만 해당)할 수 있다.

㉢ 건설업 기초안전·보건교육기관 등록취소(시행규칙 제34조)

• 공단은 취소 등 사유에 해당하는 사실을 확인한 경우에는 그 사실을 증명할 수 있는 서류를 첨부하여 해당 등록기관의 소재지를 관할하는 지방고용노동관서의 장에게 보고하여야 한다.

• 지방고용노동관서의 장은 등록취소 등을 한 경우에는 그 사실을 공단에 통보하여야 한다.

 핵심예제

4-1. 산업안전보건법상 안전보건관리책임자 등에 대한 교육시간 기준으로 틀린 것은? [2013년 제1회, 2017년 제2회]

① 보건관리자, 보건관리전문기관의 종사자 보수교육 : 24시간 이상
② 안전관리자, 안전관리전문기관의 종사자 신규교육 : 34시간 이상
③ 안전보건관리책임자의 보수교육 : 6시간 이상
④ 재해예방전문지도기관의 종사자 신규교육 : 24시간 이상

4-2. 산업안전보건법상 사업 내 안전・보건교육의 교육시간에 관한 설명으로 옳은 것은?
[2012년 제2회 유사, 2014년 제2회, 2021년 제1회]

① 사무직에 종사하는 근로자의 정기 교육시간은 매 분기 3시간 이상이다.
② 관리감독자의 지위에 있는 사람의 정기 교육시간은 연간 8시간 이상이다.
③ 일용근로자의 작업내용 변경 시의 교육시간은 2시간 이상이다.
④ 일용근로자를 제외한 근로자 채용 시의 교육시간은 4시간 이상이다.

4-3. 산업안전보건법상 근로자 안전・보건교육 중 채용 시의 교육 및 작업내용 변경 시의 교육내용에 포함되지 않는 것은?
[2013년 제3회, 2016년 제1회, 제2회 유사, 2017년 제1회]

① 물질안전보건자료에 관한 사항
② 작업개시 전 점검에 관한 사항
③ 유해・위험 작업환경관리에 관한 사항
④ 기계・기구의 위험성과 작업의 순서 및 동선에 관한 사항

4-4. 산업안전보건법상 사업 내 안전・보건교육 중 관리감독자 정기 안전・보건교육의 교육내용이 아닌 것은?
[2011년 제1회~제3회 유사, 2012년 제3회 유사, 2013년 제1회, 제2회 유사, 2014년 제3회 유사, 2015년 제1회~제3회 유사, 2017년 제2회, 제3회 유사, 2018년 제1회, 제2회 유사]

① 유해・위험 작업환경관리에 관한 사항
② 표준 안전작업방법 및 지도요령에 관한 사항
③ 작업공정의 유해・위험과 재해예방대책에 관한 사항
④ 기계・기구의 위험성과 작업이 순서 및 동선에 관한 사항

4-5. 산업안전보건법상 사업 내 안전・보건교육에서 근로자 정기 안전・보건교육의 교육내용에 해당하지 않는 것은?(단, 기타 산업안전보건법 및 일반관리에 관한 사항은 제외한다)
[2011년 제1회 유사, 2012년 제3회 유사, 2014년 제1회, 2018년 제3회]

① 건강증진 및 질병 예방에 관한 사항
② 산업보건 및 직업병 예방에 관한 사항
③ 유해・위험 작업환경관리에 관한 사항
④ 작업공정의 유해・위험과 재해예방대책에 관한 사항

4-6. 다음 중 산업안전보건법상 사업 내 안전・보건교육에 있어 탱크 내 또는 환기가 극히 불량한 좁은 밀폐된 장소에서 용접작업을 하는 근로자에게 실시하여야 하는 특별안전・보건교육의 내용에 해당하지 않는 것은?(단, 그 밖의 안전보건관리에 필요한 사항은 제외한다) [2011년 제3회 유사, 2012년 제1회]

① 환기설비에 관한 사항
② 작업환경 점검에 관한 사항
③ 질식 시 응급조치에 관한 사항
④ 안전기 및 보호구 취급에 관한 사항

|해설|

4-1
재해예방전문지도기관의 종사자 신규 교육시간은 34시간 이상, 보수 교육시간은 24시간 이상이다.

4-2
② 관리감독자의 지위에 있는 사람의 정기 교육시간은 연간 16시간 이상이다.
③ 일용근로자의 작업내용 변경 시의 교육시간은 1시간 이상이다.
④ 일용근로자를 제외한 근로자 채용 시의 교육시간은 8시간 이상이다.

4-3
유해・위험 작업환경관리에 관한 사항은 관리감독자 정기 안전・보건교육의 교육내용이다.

4-4
기계・기구의 위험성과 작업이 순서 및 동선에 관한 사항은 채용 시의 교육 및 작업내용 변경 시의 교육내용이다.

4-5
작업공정의 유해・위험과 재해예방대책에 관한 사항은 관리감독자 정기안전・보건교육의 교육내용이다.

4-6
안전기 및 보호구 취급에 관한 사항은 탱크 내 또는 환기가 극히 불량한 좁은 밀폐된 장소에서 용접작업을 하는 근로자에게 실시하여야 하는 특별안전・보건교육의 내용과 무관하다.

정답 4-1 ④ 4-2 ① 4-3 ③ 4-4 ④ 4-5 ④ 4-6 ④

제6절 산업안전보건 관련 법규

핵심 이론 01 개요 및 안전보건 관리체제

① 산업안전보건 관계법규의 개요

㉠ 산업안전보건법의 목적 : 이 법은 산업 안전 및 보건에 관한 기준을 확립하고 그 책임의 소재를 명확하게 하여 산업재해를 예방하고 쾌적한 작업환경을 조성함으로써 노무를 제공하는 사람의 안전 및 보건을 유지・증진함을 목적으로 한다.

㉡ 산업안전보건법에서 사용되는 용어의 정의(법 제2조)

- 산업재해 : 노무를 제공하는 사람이 업무에 관계되는 건설물・설비・원재료・가스・증기・분진 등에 의하거나 작업 또는 그 밖의 업무로 인하여 사망 또는 부상하거나 질병에 걸리는 것
- 중대재해 : 산업재해 중 사망 등 재해 정도가 심하거나 다수의 재해자가 발생한 경우로서 고용노동부령으로 정하는 재해
- 근로자 : 근로기준법 제2조 제1항 제1호에 따른 근로자(직업의 종류와 관계없이 임금을 목적으로 사업이나 사업장에 근로를 제공하는 자)를 말하며 특수형태 근로종사자와 물건의 수거・배달 등을 하는 자를 포함한다.
- 사업주 : 근로자를 사용하여 사업을 하는 자(특수형태 근로종사자로부터 노무를 제공받는 자와 물건의 수거・배달 등을 중개하는 자를 포함)
- 근로자대표 : 근로자의 과반수로 조직된 노동조합이 있는 경우에는 그 노동조합을, 근로자의 과반수로 조직된 노동조합이 없는 경우에는 근로자의 과반수를 대표하는 자
- 도급 : 명칭에 관계없이 물건의 제조・건설・수리 또는 서비스의 제공, 그 밖의 업무를 타인에게 맡기는 계약
- 도급인 : 물건의 제조・건설・수리 또는 서비스의 제공, 그 밖의 업무를 도급하는 사업주(건설공사 발주자는 제외)
- 수급인 : 도급인으로부터 물건의 제조・건설・수리 또는 서비스의 제공, 그 밖의 업무를 도급받은 사업주
- 관계수급인 : 도급이 여러 단계에 걸쳐 체결된 경우에 각 단계별로 도급받은 사업주 전부
- 건설공사 발주자 : 건설공사를 도급하는 자로서 건설공사의 시공을 주도하여 총괄・관리하지 아니하는 자(도급받은 건설공사를 다시 도급하는 자는 제외)
- 건설공사
  - 건설산업기본법 제2조 제4호에 따른 건설공사
  - 전기공사업법 제2조 제1호에 따른 전기공사
  - 정보통신공사업법 제2조 제2호에 따른 정보통신공사
  - 소방시설공사업법에 따른 소방시설공사
  - 문화재수리 등에 관한 법률에 따른 문화재수리공사
- 안전보건진단 : 산업재해를 예방하기 위하여 잠재적 위험성을 발견하고 그 개선대책을 수립할 목적으로 조사・평가하는 것
- 작업환경 측정 : 작업환경 실태를 파악하기 위하여 해당 근로자 또는 작업장에 대하여 사업주가 유해인자에 대한 측정계획을 수립한 후 시료를 채취하고 분석・평가하는 것

㉢ 사업주, 안전보건관리책임자 및 관리감독자는 다음의 어느 하나에 해당하는 자가 안전 또는 보건에 관한 기술적인 사항에 관하여 지도・조언하는 경우에는 이에 상응하는 적절한 조치를 하여야 한다.

- 안전관리자
- 보건관리자
- 안전보건관리담당자
- 안전관리전문기관 또는 보건관리전문기관(해당 업무를 위탁받은 경우에 한정)

㉣ 안전관리자・보건관리자 또는 안전보건관리담당자(이하 '관리자')를 정수 이상으로 증원하게 하거나 교체하여 임명할 것을 명할 수 있는 경우

- 해당 사업장의 연간재해율이 같은 업종의 평균재해율의 2배 이상인 경우
- 중대재해가 연간 2건 이상 발생한 경우(단, 해당 사업장의 전년도 사망만인율이 같은 업종의 평균 사망만인율 이하인 경우는 제외)
- 관리자가 질병이나 그 밖의 사유로 3개월 이상 직무를 수행할 수 없게 된 경우
- 화학적 인자로 인한 직업성 질병자가 연간 3명 이상 발생한 경우
  - 직업성 질병자의 발생일 : 산업재해보상보험법 시

행규칙에 따른 요양급여의 결정일
  - 직업성 질병자 발생 당시 사업장에서 해당 화학적 인자를 사용하지 않은 경우에는 그렇지 않다.
- 관리자를 정수 이상으로 증원하게 하거나 교체하여 임명할 것을 명하는 경우에는 미리 사업주 및 해당 관리자의 의견을 듣거나 소명자료를 제출받아야 한다. 다만, 정당한 사유 없이 의견진술 또는 소명자료의 제출을 게을리 한 경우에는 그렇지 않다.

ⓜ 건설기술진흥법령상 건설사고조사위원회는 위원장 1명을 포함한 12명 이내의 위원으로 구성한다.

② 안전보건관리책임자

㉠ 개 요
- 관리책임자는 사업장을 실질적으로 총괄하여 관리하는 사람이며 안전관리자와 보건관리자를 지휘·감독한다.
- 관리책임자를 두어야 할 사업의 종류·규모, 관리책임자의 자격, 그 밖에 필요한 사항은 대통령령으로 정한다.
- 안전보건관리책임자를 두어야 하는 사업의 종류 및 사업장의 상시근로자 수(시행령 별표 2)

사업의 종류	사업장의 상시근로자 수
• 토사석 광업 • 식료품 제조업, 음료 제조업 • 목재 및 나무제품 제조업(가구 제외) • 펄프, 종이 및 종이제품 제조업 • 코크스, 연탄 및 석유정제품 제조업 • 화학물질 및 화학제품 제조업(의약품 제외) • 의료용 물질 및 의약품 제조업 • 고무 및 플라스틱제품 제조업 • 비금속 광물제품 제조업 • 1차 금속 제조업 • 금속가공제품 제조업(기계 및 가구 제외) • 전자부품, 컴퓨터, 영상, 음향 및 통신장비 제조업 • 의료, 정밀, 광학기기 및 시계 제조업 • 전기장비 제조업 • 기타 기계 및 장비 제조업 • 자동차 및 트레일러 제조업 • 기타 운송장비 제조업 • 가구 제조업 • 기타 제품 제조업 • 서적, 잡지 및 기타 인쇄물 출판업 • 해체, 선별 및 원료 재생업 • 자동차 종합 수리업, 자동차 전문 수리업	상시 근로자 50명 이상

사업의 종류	사업장의 상시근로자 수
• 농 업 • 어 업 • 소프트웨어 개발 및 공급업 • 컴퓨터 프로그래밍, 시스템 통합 및 관리업 • 정보서비스업 • 금융 및 보험업 • 임대업(부동산 제외) • 전문, 과학 및 기술 서비스업(연구개발업 제외) • 사업지원 서비스업 • 사회복지 서비스업	상시 근로자 300명 이상
건설업	공사금액 20억원 이상
위의 사업을 제외한 사업	상시 근로자 100명 이상

㉡ 안전보건관리책임자의 업무(법 제15조)
- 사업장의 산업재해 예방계획의 수립에 관한 사항
- 안전보건 관리규정의 작성 및 변경에 관한 사항
- 안전·보건교육에 관한 사항
- 작업환경 측정 등 작업환경의 점검 및 개선에 관한 사항
- 근로자의 건강진단 등 건강관리에 관한 사항
- 산업재해의 원인조사 및 재발방지 대책수립에 관한 사항
- 산업재해에 관한 통계의 기록 및 유지에 관한 사항
- 안전장치 및 보호구 구입 시 적격품 여부 확인에 관한 사항
- 그 밖에 근로자의 유해·위험예방조치에 관한 사항으로서 고용노동부령이 정하는 사항

③ 관리감독자

㉠ 개 요
- 사업주는 관리감독자(사업장의 생산과 관련되는 업무와 그 소속 직원을 직접 지휘·감독하는 직위에 있는 사람)에게 산업안전 및 보건에 관한 업무로서 대통령령으로 정하는 업무를 수행하도록 하여야 한다.
- 관리감독자가 있는 경우에는 안전관리책임자 및 안전관리담당자를 각각 둔 것으로 본다.

㉡ 관리감독자의 업무(시행령 제15조)
- 사업장 내 관리감독자가 지휘·감독하는 작업과 관련된 기계·기구 또는 설비의 안전·보건점검 및 이상 유무의 확인
- 관리감독자에게 소속된 근로자의 작업복·보호구 및 방호장치의 점검과 그 착용·사용에 관한 교육·지도
- 해당 작업에서 발생한 산업재해에 관한 보고 및 이에 대한 응급조치
- 해당 작업의 작업장 정리·정돈 및 통로확보에 대한 확인·감독
- 사업장의 다음의 어느 하나에 해당하는 사람의 지도·조언에 대한 협조
  - 안전관리자 또는 안전관리전문기관에 위탁한 사업장의 경우에는 그 안전관리전문기관의 해당 사업장 담당자
  - 보건관리자 또는 보건관리전문기관에 위탁한 사업장의 경우에는 그 보건관리전문기관의 해당 사업장 담당자
  - 안전보건관리담당자 또는 안전관리전문기관 또는 보건관리전문기관에 위탁한 사업장의 경우에는 그 안전관리전문기관 또는 보건관리전문기관의 해당 사업장 담당자
  - 산업보건의
- 위험성평가에 관한 다음의 업무
  - 유해·위험요인의 파악에 대한 참여
  - 개선조치의 시행에 대한 참여
- 그 밖에 해당 작업의 안전·보건에 관한 사항으로서 고용노동부령으로 정하는 사항

④ 안전관리자

㉠ 개요(법 제17조, 시행령 제18~19조)
- 사업주는 사업장에 안전관리자(안전에 관한 기술적인 사항에 관하여 사업주 또는 안전보건관리책임자를 보좌하고 관리감독자에게 지도·조언하는 업무를 수행하는 사람)을 두어야 한다.
- 안전관리자를 두어야 하는 사업의 종류와 사업장의 상시근로자 수, 안전관리자의 수·자격·업무·권한·선임방법, 그 밖에 필요한 사항은 대통령령으로 정한다.
- 대통령령으로 정하는 사업의 종류 및 사업장의 상시근로자 수에 해당하는 사업장의 사업주는 안전관리자에게 그 업무만을 전담하도록 하여야 한다.
- 고용노동부장관은 산업재해 예방을 위하여 필요한 경우로서 고용노동부령으로 정하는 사유에 해당하는 경우에는 사업주에게 안전관리자를 대통령령으로 정하는 수 이상으로 늘리거나 교체할 것을 명할 수 있다.
- 대통령령으로 정하는 사업의 종류 및 사업장의 상시근로자 수에 해당하는 사업장의 사업주는 안전관리전문기관에 안전관리자의 업무를 위탁할 수 있다. "대통령령으로 정하는 사업의 종류 및 사업장의 상시근로자 수에 해당하는 사업장"이란 건설업을 제외한 사업으로서 상시근로자 300명 미만을 사용하는 사업장을 말한다.
- 안전관리자의 업무를 안전관리전문기관에 위탁한 경우에는 그 안전관리전문기관을 안전관리자로 본다.
- 사업주가 안전관리자를 배치할 때에는 연장근로·야간근로 또는 휴일근로 등 해당 사업장의 작업 형태를 고려해야 한다.
- 사업주는 안전관리 업무의 원활한 수행을 위하여 외부전문가의 평가·지도를 받을 수 있다.
- 안전관리자는 업무를 수행할 때에는 보건관리자와 협력해야 한다.

㉡ 안전관리자의 선임 등(시행령 제16조, 시행령 별표 3)

• 안전관리자를 두어야 하는 사업의 종류와 사업장의 상시근로자 수, 안전관리자의 수(시행령 별표 3)

사업의 종류	사업장의 상시근로자 수	안전관리자의 수
1. 토사석 광업 2. 식료품 제조업, 음료 제조업 3. 섬유제품 제조업 ; 의복 제외	상시근로자 50명 이상 500명 미만	1명 이상
4. 목재 및 나무제품 제조업 ; 가구 제외 5. 펄프, 종이 및 종이제품 제조업 6. 코크스, 연탄 및 석유정제품 제조업 7. 화학물질 및 화학제품 제조업; 의약품 제외 8. 의료용 물질 및 의약품 제조업 9. 고무 및 플라스틱제품 제조업 10. 비금속 광물제품 제조업 11. 1차 금속 제조업 12. 금속가공제품 제조업; 기계 및 가구 제외 13. 전자부품, 컴퓨터, 영상, 음향 및 통신장비 제조업 14. 의료, 정밀, 광학기기 및 시계 제조업 15. 전기장비 제조업 16. 기타 기계 및 장비제조업 17. 자동차 및 트레일러 제조업 18. 기타 운송장비 제조업 19. 가구 제조업 20. 기타 제품 제조업 21. 산업용 기계 및 장비 수리업 22. 서적, 잡지 및 기타 인쇄물 출판업 23. 폐기물 수집, 운반, 처리 및 원료 재생업 24. 환경 정화 및 복원업 25. 자동차 종합 수리업, 자동차 전문 수리업 26. 발전업 27. 운수 및 창고업	상시근로자 500명 이상	2명 이상
28. 농업, 임업 및 어업 29. 제2호부터 제21호까지의 사업을 제외한 제조업 30. 전기, 가스, 증기 및 공기조절 공급업(발전업 제외) 31. 수도, 하수 및 폐기물 처리, 원료 재생업(제21호에 해당하는 사업 제외) 32. 도매 및 소매업 33. 숙박 및 음식점업 34. 영상·오디오 기록물 제작 및 배급업	상시근로자 50명 이상 1천명 미만. 다만, 제37호의 부동산업(부동산 관리업은 제외)과 제40호의 사업의 경우에는 상시근로자 100명 이상 1,000명 미만으로 한다.	1명 이상
35. 방송업 36. 우편 및 통신업 37. 부동산업 38. 임대업(부동산 제외) 39. 연구개발업 40. 사진처리업 41. 사업시설 관리 및 조경 서비스업 42. 청소년 수련시설 운영업 43. 보건업 44. 예술, 스포츠 및 여가관련 서비스업 45. 개인 및 소비용품수리업(제25호에 해당하는 사업 제외) 46. 기타 개인 서비스업 47. 공공행정(청소, 시설관리, 조리 등 현업업무에 종사하는 사람으로서 고용노동부장관이 정하여 고시하는 사람으로 한정) 48. 교육서비스업 중 초등·중등·고등 교육기관, 특수학교·외국인학교 및 대안학교(청소, 시설관리, 조리 등 현업업무에 종사하는 사람으로서 고용노동부장관이 정하여 고시하는 사람으로 한정)	상시근로자 1,000명 이상	2명 이상

사업의 종류	
49. 건설업	
사업장의 상시근로자 수	**안전관리자의 수**
공사금액 50억원 이상(관계수급인은 100억원 이상) 120억원 미만(종합공사를 시공하는 토목공사업의 경우에는 150억원 미만)	1명 이상
공사금액 120억원 이상(종합공사를 시공하는 토목공사업의 경우에는 150억원 이상) 800억원 미만	
공사금액 800억원 이상 1,500억원 미만	2명 이상. 다만, 전체 공사기간을 100으로 할 때 공사 시작에서 15에 해당하는 기간과 공사 종료 전의 15에 해당하는 기간(이하 "전체 공사기간 중 전·후 15에 해당하는 기간") 동안은 1명 이상
공사금액 1,500억원 이상 2,200억원 미만	3명 이상. 다만, 전체 공사기간 중 전·후 15에 해당하는 기간은 2명 이상
공사금액 2,200억원 이상 3천억원 미만	4명 이상. 다만, 전체 공사기간 중 전·후 15에 해당하는 기간은 2명 이상
공사금액 3천억원 이상 3,900억원 미만	5명 이상. 다만, 전체 공사기간 중 전·후 15에 해당하는 기간은 3명 이상
공사금액 3,900억원 이상 4,900억원 미만	6명 이상. 다만, 전체 공사기간 중 전·후 15에 해당하는 기간은 3명 이상
공사금액 4,900억원 이상 6천억원 미만	7명 이상. 다만, 전체 공사기간 중 전·후 15에 해당하는 기간은 4명 이상
공사금액 6천억원 이상 7,200억원 미만	8명 이상. 다만, 전체 공사기간 중 전·후 15에 해당하는 기간은 4명 이상
공사금액 7,200억원 이상 8,500억원 미만	9명 이상. 다만, 전체 공사기간 중 전·후 15에 해당하는 기간은 5명 이상
공사금액 8,500억원 이상 1조원 미만	10명 이상. 다만, 전체 공사기간 중 전·후 15에 해당하는 기간은 5명 이상
1조원 이상	11명 이상[매 2천억원(2조원 이상부터는 매 3천억원)마다 1명씩 추가]. 다만, 전체 공사기간 중 전·후 15에 해당하는 기간은 선임 대상 안전관리자 수의 2분의 1(소수점 이하는 올림) 이상

- 도급인의 사업장에서 이루어지는 도급사업의 공사금액 또는 관계수급인의 상시근로자는 각각 해당 사업의 공사금액 또는 상시근로자로 본다. 다만, 도급사업의 공사금액 또는 관계수급인의 상시근로자의 경우에는 그렇지 않다.
- 같은 사업주가 경영하는 둘 이상의 사업장이 다음의 어느 하나에 해당하는 경우에는 그 둘 이상의 사업장에 1명의 안전관리자를 공동으로 둘 수 있다. 이 경우 해당 사업장의 상시근로자 수의 합계는 300명 이내[건설업의 경우에는 공사금액의 합계가 120억원(종합공사를 시공하는 토목공사업의 경우에는 150억원) 이내]이어야 한다.
  - 같은 시·군·구(자치구를 말한다) 지역에 소재하는 경우
  - 사업장 간의 경계를 기준으로 15[km] 이내에 소재하는 경우
- 도급인의 사업장에서 이루어지는 도급사업에서 도급인이 고용노동부령으로 정하는 바에 따라 그 사업의 관계수급인 근로자에 대한 안전관리를 전담하는 안전관리자를 선임한 경우에는 그 사업의 관계수급인은 해당 도급사업에 대한 안전관리자를 선임하지 않을 수 있다.
- 사업주는 안전관리자를 선임하거나 안전관리자의 업무를 안전관리전문기관에 위탁한 경우에는 고용노동부령으로 정하는 바에 따라 선임하거나 위탁한 날부터 14일 이내에 고용노동부장관에게 그 사실을 증명할 수 있는 서류를 제출해야 한다. 안전관리자를 늘리거나 교체한 경우에도 또한 같다.

㉢ 안전관리자의 자격(시행령 별표 4) : 안전관리자는 다음의 어느 하나에 해당하는 사람으로 한다.
- 산업안전지도사 자격을 가진 사람
- 산업안전산업기사 이상의 자격을 취득한 사람
- 건설안전산업기사 이상의 자격을 취득한 사람
- 4년제 대학 이상의 학교에서 산업안전 관련 학위를 취득한 사람 또는 이와 같은 수준 이상의 학력을 가진 사람
- 전문대학 또는 이와 같은 수준 이상의 학교에서 산업안전 관련 학위를 취득한 사람
- 이공계 전문대학 또는 이와 같은 수준 이상의 학교에

서 학위를 취득하고, 해당 사업의 관리감독자로서의 업무(건설업의 경우는 시공실무경력)를 3년(4년제 이공계 대학 학위 취득자는 1년) 이상 담당한 후 고용노동부장관이 지정하는 기관이 실시하는 교육(1998년 12월 31일까지의 교육만 해당)을 받고 정해진 시험에 합격한 사람. 다만, 관리감독자로 종사한 사업과 같은 업종(한국표준산업분류에 따른 대분류 기준)의 사업장이면서, 건설업의 경우를 제외하고는 상시근로자 300명 미만인 사업장에서만 안전관리자가 될 수 있다.
- 공업계 고등학교 또는 이와 같은 수준 이상의 학교를 졸업하고, 해당 사업의 관리감독자로서의 업무(건설업의 경우는 시공실무경력)를 5년 이상 담당한 후 고용노동부장관이 지정하는 기관이 실시하는 교육(1998년 12월 31일까지의 교육만 해당)을 받고 정해진 시험에 합격한 사람. 다만, 관리감독자로 종사한 사업과 같은 종류인 업종(한국표준산업분류에 따른 대분류 기준)의 사업장이면서, 건설업의 경우를 제외하고는 별표 3 제28호 또는 제33호의 사업을 하는 사업장(상시근로자 50명 이상 1,000명 미만인 경우만 해당한다)에서만 안전관리자가 될 수 있다.
- 다음의 어느 하나에 해당하는 사람. 다만, 해당 법령을 적용받은 사업에서만 선임될 수 있다.
  - 허가를 받은 사업자 중 고압가스를 제조・저장 또는 판매하는 사업자가 선임하는 안전관리 책임자
  - 허가를 받은 사업자 중 액화석유가스 충전사업・액화석유가스 집단공급사업 또는 액화석유가스 판매사업자가 선임하는 안전관리책임자
  - 법에 따라 선임하는 안전관리 책임자
  - 교통안전관리자의 자격을 취득한 후 해당 분야에 채용된 교통안전관리자
  - 화약류를 제조・판매 또는 저장하는 사업자가 선임하는 화약류제조보안책임자 또는 화약류관리보안책임자
  - 전기사업자가 선임하는 전기안전관리자
- 전담 안전관리자를 두어야 하는 사업장(건설업 제외)에서 안전 관련 업무를 10년 이상 담당한 사람
- 종합공사를 시공하는 업종의 건설현장에서 안전보건관리책임자로 10년 이상 재직한 사람
- 토목・건축 분야 건설기술인 중 등급이 중급 이상인 사람으로서 고용노동부장관이 지정하는 기관이 실시하는 산업안전교육(2023년 12월 31일까지의 교육만 해당한다)을 이수하고 정해진 시험에 합격한 사람
- 토목산업기사 또는 건축산업기사 이상의 자격을 취득한 후 해당 분야에서의 실무경력이 다음 각 목의 구분에 따른 기간 이상인 사람으로서 고용노동부장관이 지정하는 기관이 실시하는 산업안전교육(2023년 12월 31일까지의 교육만 해당한다)을 이수하고 정해진 시험에 합격한 사람
  - 토목기사 또는 건축기사 : 3년
  - 토목산업기사 또는 건축산업기사 : 5년

㉣ 안전관리자의 업무(시행령 제18조)
- 산업안전보건위원회 또는 안전・보건에 관한 노사협의체에서 심의・의결한 직무와 해당 사업장의 안전보건관리규정 및 취업규칙에서 정한 업무
- 위험성평가에 관한 보좌 및 조언지도
- 안전인증대상 기계・기구 등과 자율안전확인대상 기계・기구 등 구입 시 적격품의 선정에 관한 보좌 및 지도・조언
- 해당 사업장 안전교육계획의 수립 및 안전교육실시에 관한 보좌 및 지도・조언
- 사업장 순회점검, 지도 및 조치 건의
- 산업재해발생의 원인 조사・분석 및 재발방지를 위한 기술적 지도・조언
- 산업재해에 관한 통계의 유지・관리・분석을 위한 보좌 및 지도・조언
- 법 또는 법에 따른 명령으로 정한 안전에 관한 사항의 이행에 관한 보좌 및 지도・조언
- 업무수행내용의 기록・유지
- 그 밖에 안전에 관한 사항으로서 고용노동부장관이 정하는 사항

⑤ 보건관리자

㉠ 개요(법 제18조, 시행령 제23조)
- 사업주는 사업장에 보건관리자(보건에 관한 기술적인 사항에 관하여 사업주 또는 안전보건관리책임자를 보좌하고 관리감독자에게 지도・조언하는 업무를 수행하는 사람)을 두어야 한다.

- 보건관리자를 두어야 하는 사업의 종류와 사업장의 상시근로자 수, 보건관리자의 수·자격·업무·권한·선임방법, 그 밖에 필요한 사항은 대통령령으로 정한다.
- 대통령령으로 정하는 사업의 종류 및 사업장의 상시근로자 수에 해당하는 사업장의 사업주는 보건관리자에게 그 업무만을 전담하도록 하여야 한다.
- 고용노동부장관은 산업재해 예방을 위하여 필요한 경우로서 고용노동부령으로 정하는 사유에 해당하는 경우에는 사업주에게 보건관리자를 대통령령으로 정하는 수 이상으로 늘리거나 교체할 것을 명할 수 있다.
- 대통령령으로 정하는 사업의 종류 및 사업장의 상시근로자 수에 해당하는 사업장의 사업주는 보건관리전문기관에 보건관리자의 업무를 위탁할 수 있다. 보건관리자의 업무를 위탁할 수 있는 보건관리전문기관은 지역별 보건관리전문기관과 업종별·유해인자별 보건관리전문기관으로 구분한다.
- 대통령령으로 정하는 사업의 종류 및 사업장의 상시근로자 수에 해당하는 사업장(시행령 제23조)
  - 건설업을 제외한 사업(업종별·유해인자별 보건관리전문기관의 경우에는 고용노동부령으로 정하는 사업)으로서 상시근로자 300명 미만을 사용하는 사업장
  - 외딴곳으로서 고용노동부장관이 정하는 지역에 있는 사업장
- 사업주가 보건관리자를 배치할 때에는 연장근로·야간근로 또는 휴일근로 등 해당 사업장의 작업 형태를 고려해야 한다.
- 사업주는 보건관리 업무의 원활한 수행을 위하여 외부전문가의 평가·지도를 받을 수 있다.

ⓒ 보건관리자의 선임 등

- 보건관리자를 두어야 하는 사업의 종류와 사업장의 상시근로자 수, 보건관리자의 수 및 선임방법(시행령 별표 5)

<table>
<tr><th>사업의 종류</th><th>사업장의 상시근로자 수</th><th>안전관리자의 수</th></tr>
<tr><td>1. 광업(광업 지원 서비스업 제외)
2. 섬유제품 염색, 정리 및 마무리 가공업
3. 모피제품 제조업
4. 그 외 기디 의복액세서리 제조업(모피 액세서리에 한정)</td><td>상시근로자 50명 이상 500명 미만</td><td>1명 이상</td></tr>
<tr><td>5. 모피 및 가죽 제조업(원피가공 및 가죽 제조업 제외)
6. 신발 및 신발부분품 제조업
7. 코크스, 연탄 및 석유정제품 제조업
8. 화학물질 및 화학제품 제조업(의약품 제외)
9. 의료용 물질 및 의약품 제조업
10. 고무 및 플라스틱제품 제조업
11. 비금속 광물제품 제조업
12. 1차 금속 제조업
13. 금속가공제품 제조업(기계 및 가구 제외)
14. 기타 기계 및 장비 제조업</td><td>상시근로자 500명 이상 2,000명 미만</td><td rowspan="2">2명 이상</td></tr>
<tr><td>15. 전자부품, 컴퓨터, 영상, 음향 및 통신장비 제조업
16. 전기장비 제조업
17. 자동차 및 트레일러 제조업
18. 기타 운송장비 제조업
19. 가구 제조업
20. 해체, 선별 및 원료 재생업
21. 자동차 종합 수리업, 자동차 전문 수리업
22. 유해물질을 제조하는 사업과 그 유해물질을 사용하는 사업 중 고용노동부장관이 특히 보건관리를 할 필요가 있다고 인정하여 고시하는 사업</td><td>상시근로자 2,000명 이상</td></tr>
</table>

사업의 종류	사업장의 상시근로자 수	안전관리자의 수
23. 제2호부터 제22호까지의 사업을 제외한 제조업	상시근로자 50명 이상 1,000명 미만	1명 이상
	상시근로자 1,000명 이상 3,000명 미만	2명 이상
	상시근로자 3,000명 이상	
24. 농업, 임업 및 어업 25. 전기, 가스, 증기 및 공기조절공급업 26. 수도, 하수 및 폐기물 처리, 원료 재생업(제20호에 해당하는 사업 제외) 27. 운수 및 창고업 28. 도매 및 소매업 29. 숙박 및 음식점업 30. 서적, 잡지 및 기타 인쇄물 출판업 31. 방송업 32. 우편 및 통신업 33. 부동산업 34. 연구개발업 35. 사진 처리업 36. 사업시설 관리 및 조경 서비스업 37. 공공행정(청소, 시설관리, 조리 등 현업업무에 종사하는 사람으로서 고용노동부장관이 정하여 고시하는 사람으로 한정) 38. 교육서비스업 중 초등·중등·고등 교육기관, 특수학교·외국인학교 및 대안학교(청소, 시설관리, 조리 등 현업업무에 종사하는 사람으로서 고용노동부장관이 정하여 고시하는 사람으로 한정) 39. 청소년 수련시설 운영업 40. 보건업 41. 골프장 운영업 42. 개인 및 소비용품수리업(제21호에 해당하는 사업 제외) 43. 세탁업	상시근로자 50명 이상 5,000명 미만. 다만, 제35호의 경우에는 상시근로자 100명 이상 5,000명 미만	1명 이상
	상시 근로자 5,000명 이상	2명 이상

사업의 종류	
44. 건설업	
사업장의 상시근로자 수	**안전관리자의 수**
공사금액 800억원 이상(종합공사를 시공하는 토목공사업에 속하는 공사의 경우에는 1,000억 이상) 또는 상시근로자 600명 이상	1명 이상 ※ 공사금액 800억원(종합공사를 시공하는 토목공사업은 1,000억원)을 기준으로 1,400억원이 증가할 때마다 또는 상시근로자 600명을 기준으로 600명이 추가될 때마다 1명씩 추가

- 대통령령으로 정하는 사업의 종류 및 사업장의 상시근로자 수에 해당하는 사업장이란 상시근로자 300명 이상을 사용하는 사업장을 말한다.

ㄷ 보건관리자의 자격(시행령 제21조, 시행령 별표 6)
- 산업보건지도사 자격을 가진 사람
- 의 사
- 간호사
- 산업위생관리산업기사 또는 대기환경산업기사 이상의 자격을 취득한 사람
- 인간공학기사 이상의 자격을 취득한 사람
- 전문대학 이상의 학교에서 산업보건 또는 산업위생 분야의 학위를 취득한 사람(법령에 따라 이와 같은 수준 이상의 학력이 있다고 인정되는 사람을 포함)

ㄹ 보건관리자의 업무(시행령 제22조)
- 산업안전보건위원회 또는 노사협의체에서 심의·의결한 업무와 안전보건관리규정 및 취업규칙에서 정한 업무
- 안전인증대상기계 등과 자율안전확인대상기계 등 중 보건과 관련된 보호구 구입 시 적격품 선정에 관한 보좌 및 지도·조언
- 위험성평가에 관한 보좌 및 지도·조언
- 물질안전보건자료의 게시 또는 비치에 관한 보좌 및 지도·조언
- 산업보건의의 직무(의사로 한정)
- 해당 사업장 보건교육계획의 수립 및 보건교육 실시에 관한 보좌 및 지도·조언
- 해당 사업장의 근로자를 보호하기 위한 다음의 조치에 해당하는 의료행위(의사나 간호사로 한정)
  - 자주 발생하는 가벼운 부상에 대한 치료
  - 응급처치가 필요한 사람에 대한 처치

- 부상·질병의 악화를 방지하기 위한 처치
- 건강진단 결과 발견된 질병자의 요양 지도 및 관리
- 상기의 의료행위에 따르는 의약품의 투여

• 작업장 내에서 사용되는 전체 환기장치 및 국소 배기장치 등에 관한 설비의 점검과 작업방법의 공학적 개선에 관한 보좌 및 지도·조언
• 사업장 순회점검, 지도 및 조치 건의
• 산업재해 발생의 원인 조사·분석 및 재발 방지를 위한 기술적 보좌 및 지도·조언
• 산업재해에 관한 통계의 유지·관리·분석을 위한 보좌 및 지도·조언
• 법 또는 법에 따른 명령으로 정한 보건에 관한 사항의 이행에 관한 보좌 및 지도·조언
• 업무 수행 내용의 기록·유지
• 그 밖에 보건과 관련된 작업관리 및 작업환경관리에 관한 사항으로서 고용노동부장관이 정하는 사항

⑥ 안전보건관리담당자

㉠ 개요(법 제19조, 시행령 제24조)

• 사업주는 사업장에 안전보건관리담당자(안전 및 보건에 관하여 사업주를 보좌하고 관리감독자에게 지도·조언하는 업무를 수행하는 사람)을 두어야 한다. 다만, 안전관리자 또는 보건관리자가 있거나 이를 두어야 하는 경우에는 그러하지 아니하다.
• 안전보건관리담당자를 두어야 하는 사업의 종류와 사업장의 상시근로자 수, 안전보건관리담당자의 수·자격·업무·권한·선임방법, 그 밖에 필요한 사항은 대통령령으로 정한다.
• 고용노동부장관은 산업재해 예방을 위하여 필요한 경우로서 고용노동부령으로 정하는 사유에 해당하는 경우에는 사업주에게 안전보건관리담당자를 대통령령으로 정하는 수 이상으로 늘리거나 교체할 것을 명할 수 있다.
• 대통령령으로 정하는 사업의 종류 및 사업장의 상시근로자 수에 해당하는 사업장(안전보건관리담당자를 선임해야 하는 사업장)의 사업주는 안전관리전문기관 또는 보건관리전문기관에 안전보건관리담당자의 업무를 위탁할 수 있다. 안전보건관리담당자의 업무를 안전관리전문기관 또는 보건관리전문기관에 위탁한 경우에는 그 안전관리전문기관 또는 보건관리전문기관을 안전보건관리담당자로 본다.
• 안전보건관리담당자는 업무에 지장이 없는 범위에서 다른 업무를 겸할 수 있다.
• 사업주는 안전보건관리담당자를 선임한 경우에는 그 선임 사실 및 업무를 수행했음을 증명할 수 있는 서류를 갖추어 두어야 한다.

㉡ 안전보건관리담당자의 선임 등 : 다음의 어느 하나에 해당하는 사업의 사업주는 상시근로자 20명 이상 50명 미만인 사업장에 안전보건관리담당자를 1명 이상 선임해야 한다.

• 제조업
• 임 업
• 하수, 폐수 및 분뇨 처리업
• 폐기물 수집, 운반, 처리 및 원료 재생업
• 환경 정화 및 복원업

㉢ 안전보건관리담당자는 해당 사업장 소속 근로자로서 다음의 어느 하나에 해당하는 요건을 갖추어야 한다.

• 안전관리자의 자격을 갖추었을 것
• 보건관리자의 자격을 갖추었을 것
• 고용노동부장관이 정하여 고시하는 안전보건교육을 이수했을 것

㉣ 안전보건관리담당자의 업무(시행령 제25조)

• 안전보건교육 실시에 관한 보좌 및 지도·조언
• 위험성평가에 관한 보좌 및 지도·조언
• 작업환경측정 및 개선에 관한 보좌 및 지도·조언
• 건강진단에 관한 보좌 및 지도·조언
• 산업재해 발생의 원인 조사, 산업재해 통계의 기록 및 유지를 위한 보좌 및 지도·조언
• 산업 안전·보건과 관련된 안전장치 및 보호구 구입 시 적격품 선정에 관한 보좌 및 지도·조언

⑦ 안전관리전문기관

㉠ 개요(법 제21조)

• 안전관리전문기관 또는 보건관리전문기관이 되려는 자는 대통령령으로 정하는 인력·시설 및 장비 등의 요건을 갖추어 고용노동부장관의 지정을 받아야 한다.
• 고용노동부장관은 안전관리전문기관 또는 보건관리전문기관에 대하여 평가하고 그 결과를 공개할 수 있다. 이 경우 평가의 기준·방법 및 결과의 공개에 필요한 사항은 고용노동부령으로 정한다.

- 안전관리전문기관 또는 보건관리전문기관의 지정 절차, 업무 수행에 관한 사항, 위탁받은 업무를 수행할 수 있는 지역, 그 밖에 필요한 사항은 고용노동부령으로 정한다.
- 고용노동부장관은 안전관리전문기관 또는 보건관리전문기관이 다음의 어느 하나에 해당할 때에는 그 지정을 취소하거나 6개월 이내의 기간을 정하여 그 업무의 정지를 명할 수 있다.
  - 지정 취소의 경우
    - ⓐ 거짓이나 그 밖의 부정한 방법으로 지정을 받은 경우
    - ⓑ 업무정지 기간 중에 업무를 수행한 경우
  - 6개월 이내의 업무 정지
    - ⓐ 지정 요건을 충족하지 못한 경우
    - ⓑ 지정받은 사항을 위반하여 업무를 수행한 경우
    - ⓒ 그 밖에 대통령령으로 정하는 사유에 해당하는 경우
- 안전관리전문기관 등의 지정 취소 등의 사유(시행령 제28조)
  - 안전관리 또는 보건관리 업무 관련 서류를 거짓으로 작성한 경우
  - 정당한 사유 없이 안전관리 또는 보건관리 업무의 수탁을 거부한 경우
  - 위탁받은 안전관리 또는 보건관리 업무에 차질을 일으키거나 업무를 게을리한 경우
  - 안전관리 또는 보건관리 업무를 수행하지 않고 위탁 수수료를 받은 경우
  - 안전관리 또는 보건관리 업무와 관련된 비치서류를 보존하지 않은 경우
  - 안전관리 또는 보건관리 업무 수행과 관련한 대가 외에 금품을 받은 경우
  - 법에 따른 관계 공무원의 지도·감독을 거부·방해 또는 기피한 경우
- 지정이 취소된 자는 지정이 취소된 날부터 2년 이내에는 각각 해당 안전관리전문기관 또는 보건관리전문기관으로 지정받을 수 없다.

㉡ 안전관리전문기관으로 지정받을 수 있는 자(시행령 제27조)
- 산업안전지도사(건설안전 분야의 산업안전지도사는 제외)
- 안전관리 업무를 하려는 법인

㉢ 보건관리전문기관으로 지정받을 수 있는 자
- 산업보건지도사
- 국가 또는 지방자치단체의 소속기관
- 종합병원 또는 병원
- 대학 또는 그 부속기관
- 보건관리 업무를 하려는 법인

⑧ 산업보건의(법 제22조)

㉠ 개 요
- 사업주는 근로자의 건강관리나 그 밖에 보건관리자의 업무를 지도하기 위하여 사업장에 산업보건의를 두어야 한다. 다만, 의사를 보건관리자로 둔 경우에는 그러하지 아니하다.
- 산업보건의를 두어야 하는 사업의 종류와 사업장의 상시근로자 수 및 산업보건의의 자격·직무·권한·선임방법, 그 밖에 필요한 사항은 대통령령으로 정한다.

㉡ 산업보건의의 선임 등(시행령 제29조)
- 산업보건의를 두어야 하는 사업의 종류와 사업장은 보건관리자를 두어야 하는 사업으로서 상시근로자 수가 50명 이상인 사업장으로 한다. 다만, 다음의 어느 하나에 해당하는 경우는 그렇지 않다.
  - 의사를 보건관리자로 선임한 경우
  - 보건관리전문기관에 보건관리자의 업무를 위탁한 경우
- 산업보건의는 외부에서 위촉할 수 있다.
- 사업주는 산업보건의를 선임하거나 위촉했을 때에는 고용노동부령으로 정하는 바에 따라 선임하거나 위촉한 날부터 14일 이내에 고용노동부장관에게 그 사실을 증명할 수 있는 서류를 제출해야 한다.
- 위촉된 산업보건의가 담당할 사업장 수 및 근로자 수, 그 밖에 필요한 사항은 고용노동부장관이 정한다.

㉢ 산업보건의의 자격(시행령 제30조) : 의사로서 직업환경의학과 전문의, 예방의학 전문의 또는 산업보건에 관한 학식과 경험이 있는 사람으로 한다.

㉣ 산업보건의의 직무 등(시행령 제31조)

- 건강진단 결과의 검토 및 그 결과에 따른 작업 배치, 작업 전환 또는 근로시간의 단축 등 근로자의 건강보호 조치
- 근로자의 건강장해의 원인 조사와 재발 방지를 위한 의학적 조치
- 그 밖에 근로자의 건강 유지 및 증진을 위하여 필요한 의학적 조치에 관하여 고용노동부장관이 정하는 사항

⑨ 명예산업안전감독관

㉠ 개요(법 제23조, 시행령 제32조)

- 고용노동부장관은 산업재해 예방활동에 대한 참여와 지원을 촉진하기 위하여 근로자, 근로자단체, 사업주단체 및 산업재해 예방 관련 전문단체에 소속된 사람 중에서 명예산업안전감독관을 위촉할 수 있다.
- 사업주는 명예산업안전감독관에 대하여 직무 수행과 관련한 사유로 불리한 처우를 해서는 아니 된다.
- 명예산업안전감독관의 위촉 방법, 업무, 그 밖에 필요한 사항은 대통령령으로 정한다.
- 명예산업안전감독관의 임기는 2년으로 하되, 연임할 수 있다.
- 고용노동부장관은 명예산업안전감독관의 활동을 지원하기 위하여 수당 등을 지급할 수 있다.

㉡ 명예산업안전감독관의 업무와 위촉 가능자(시행령 제32조)

<table>
<tr><th colspan="2">명예산업안전감독관의 업무</th></tr>
<tr><td colspan="2">1. 사업장에서 하는 자체점검 참여 및 근로감독관이 하는 사업장 감독 참여
2. 사업장 산업재해 예방계획 수립 참여 및 사업장에서 하는 기계·기구 자체검사 참석
3. 법령을 위반한 사실이 있는 경우 사업주에 대한 개선 요청 및 감독기관에의 신고
4. 산업재해 발생의 급박한 위험이 있는 경우 사업주에 대한 작업중지 요청
5. 작업환경측정, 근로자 건강진단 시의 참석 및 그 결과에 대한 설명회 참여
6. 직업성 질환의 증상이 있거나 질병에 걸린 근로자가 여러 명 발생한 경우 사업주에 대한 임시건강진단 실시 요청
7. 근로자에 대한 안전수칙 준수 지도
8. 법령 및 산업재해 예방정책 개선 건의
9. 안전·보건 의식을 북돋우기 위한 활동 등에 대한 참여와 지원
10. 그 밖에 산업재해 예방에 대한 홍보 등 산업재해 예방업무와 관련하여 고용노동부장관이 정하는 업무</td></tr>
<tr><th>위촉 가능자</th><th>해당 업무</th></tr>
<tr><td>산업안전보건위원회 구성 대상 사업의 근로자 또는 노사협의체 구성·운영 대상 건설공사의 근로자 중에서 근로자대표(해당 사업장에 단위 노동조합의 산하 노동단체가 그 사업장 근로자의 과반수로 조직되어 있는 경우에는 지부·분회 등 명칭이 무엇이든 관계없이 해당 노동단체의 대표자)가 사업주의 의견을 들어 추천하는 사람</td><td>해당 사업장에서의 업무(8. 제외)로 한정</td></tr>
<tr><td>연합단체인 노동조합 또는 그 지역 대표기구에 소속된 임직원 중에서 해당 연합단체인 노동조합 또는 그 지역 대표기구가 추천하는 사람</td><td rowspan="3">8.부터 10.까지의 규정에 따른 업무로 한정</td></tr>
<tr><td>전국 규모의 사업주단체 또는 그 산하조직에 소속된 임직원 중에서 해당 단체 또는 그 산하조직이 추천하는 사람</td></tr>
<tr><td>산업재해 예방 관련 업무를 하는 단체 또는 그 산하조직에 소속된 임직원 중에서 해당 단체 또는 그 산하조직이 추천하는 사람</td></tr>
</table>

㉢ 명예산업안전감독관의 해촉(시행령 제33조)

- 근로자대표가 사업주의 의견을 들어 위촉된 명예산업안전감독관의 해촉을 요청한 경우
- 위촉된 명예산업안전감독관이 해당 단체 또는 그 산하조직으로부터 퇴직하거나 해임된 경우
- 명예산업안전감독관의 업무와 관련하여 부정한 행위를 한 경우
- 질병이나 부상 등의 사유로 명예산업안전감독관의 업무 수행이 곤란하게 된 경우

⑩ 산업안전보건위원회

㉠ 개요(법 제24조)

- 사업주는 사업장의 안전 및 보건에 관한 중요 사항을 심의·의결하기 위하여 사업장에 근로자위원과 사용자위원이 같은 수로 구성되는 산업안전보건위원회를 구성·운영하여야 한다.
- 사업주는 다음의 사항에 대해서는 산업안전보건위원회의 심의·의결을 거쳐야 한다.
  - 사업장의 산업재해 예방계획의 수립에 관한 사항
  - 안전보건관리규정의 작성 및 변경에 관한 사항
  - 안전보건교육에 관한 사항
  - 작업환경측정 등 작업환경의 점검 및 개선에 관한 사항
  - 근로자의 건강진단 등 건강관리에 관한 사항
  - 산업재해에 관한 통계의 기록 및 유지에 관한 사항
  - 산업재해의 원인 조사 및 재발 방지대책 수립에 관한 사항 중 중대재해에 관한 사항
  - 유해하거나 위험한 기계·기구·설비를 도입한 경우 안전 및 보건 관련 조치에 관한 사항
  - 그 밖에 해당 사업장 근로자의 안전 및 보건을 유지·증진시키기 위하여 필요한 사항
- 산업안전보건위원회는 대통령령으로 정하는 바에 따라 회의를 개최하고 그 결과를 회의록으로 작성하여 보존하여야 한다.
- 사업주와 근로자는 산업안전보건위원회가 심의·의결한 사항을 성실하게 이행하여야 한다.
- 산업안전보건위원회는 이 법, 이 법에 따른 명령, 단체협약, 취업규칙 및 안전보건관리규정에 반하는 내용으로 심의·의결해서는 아니 된다.
- 사업주는 산업안전보건위원회의 위원에게 직무 수행과 관련한 사유로 불리한 처우를 해서는 아니 된다.
- 산업안전보건위원회를 구성하여야 할 사업의 종류 및 사업장의 상시근로자 수, 산업안전보건위원회의 구성·운영 및 의결되지 아니한 경우의 처리방법, 그 밖에 필요한 사항은 대통령령으로 정한다.

㉡ 산업안전보건위원회를 구성해야 할 사업의 종류 및 사업장의 상시근로자 수(시행령 별표 9)

사업의 종류	사업장의 상시근로자 수
1. 토사석 광업 2. 목재 및 나무제품 제조업 : 가구 제외 3. 화학물질 및 화학제품 제조업 : 의약품 제외(세제, 화장품 및 광택제 제조업과 화학섬유 제조업은 제외) 4. 비금속 광물제품 제조업 5. 1차 금속 제조업 6. 금속가공제품 제조업 : 기계 및 가구 제외 7. 자동차 및 트레일러 제조업 8. 기타 기계 및 장비 제조업 : 사무용 기계 및 장비 제조업은 제외 9. 기타 운송장비 제조업 : 전투용 차량 제조업은 제외	상시근로자 50명 이상
10. 농 업 11. 어 업 12. 소프트웨어 개발 및 공급업 13. 컴퓨터 프로그래밍, 시스템 통합 및 관리업 14. 정보서비스업 15. 금융 및 보험업 16. 임대업 : 부동산 제외 17. 전문, 과학 및 기술 서비스업 : 연구개발업은 제외 18. 사업지원 서비스업 19. 사회복지 서비스업	상시근로자 300명 이상
20. 건설업	공사금액 120억원 이상(종합공사를 시공하는 토목공사업의 경우는 150억원 이상)
21. 제1호부터 제20호까지의 사업을 제외한 사업	상시근로자 100명 이상

㉢ 산업안전보건위원회의 구성(시행령 제35조)

- 근로자위원의 구성
  - 근로자대표
  - 명예산업안전감독관이 위촉되어 있는 사업장의 경우 근로자대표가 지명하는 1명 이상의 명예산업안전감독관
  - 근로자대표가 지명하는 9명(근로자인 명예산업안전감독관이 위원으로 있는 경우에는 9명에서 그 위원의 수를 제외한 수) 이내의 해당 사업장의 근로자

• 사용자위원의 구성
  - 해당 사업의 대표자(같은 사업으로서 다른 지역에 사업장이 있는 경우에는 그 사업장의 안전보건관리책임자)
  - 안전관리자(안전관리자를 두어야 하는 사업장으로 한정하되, 안전관리자의 업무를 안전관리전문기관에 위탁한 사업장의 경우에는 그 안전관리전문기관의 해당 사업장 담당자) 1명
  - 보건관리자(보건관리자를 두어야 하는 사업장으로 한정하되, 보건관리자의 업무를 보건관리전문기관에 위탁한 사업장의 경우에는 그 보건관리전문기관의 해당 사업장 담당자) 1명
  - 산업보건의(해당 사업장에 선임되어 있는 경우로 한정)
  - 해당 사업의 대표자가 지명하는 9명 이내의 해당 사업장 부서의 장(상시근로자 50명 이상 100명 미만을 사용하는 사업장에서는 제외 가능)
• 건설공사도급인이 안전 및 보건에 관한 협의체를 구성한 경우에는 산업안전보건위원회의 위원을 다음의 사람을 포함하여 구성할 수 있다.
  - 근로자위원 : 도급 또는 하도급 사업을 포함한 전체 사업의 근로자대표, 명예산업안전감독관 및 근로자대표가 지명하는 해당 사업장의 근로자
  - 사용자위원 : 도급인 대표자, 관계수급인의 각 대표자 및 안전관리자

㉣ 산업안전보건위원회의 위원장(시행령 제36조) : 산업안전보건위원회의 위원장은 위원 중에서 호선한다. 이 경우 근로자위원과 사용자위원 중 각 1명을 공동위원장으로 선출할 수 있다.

㉤ 산업안전보건위원회의 회의 등(시행령 제37조)
• 산업안전보건위원회의 회의는 정기회의와 임시회의로 구분하되, 정기회의는 분기마다 산업안전보건위원회의 위원장이 소집하며, 임시회의는 위원장이 필요하다고 인정할 때에 소집한다.
• 회의는 근로자위원 및 사용자위원 각 과반수의 출석으로 개의하고 출석위원 과반수의 찬성으로 의결한다.
• 근로자대표, 명예산업안전감독관, 해당 사업의 대표자, 안전관리자 또는 보건관리자는 회의에 출석할 수 없는 경우에는 해당 사업에 종사하는 사람 중에서 1명을 지정하여 위원으로서의 직무를 대리하게 할 수 있다.
• 산업안전보건위원회는 다음의 사항을 기록한 회의록을 작성하여 갖추어 두어야 한다.
  - 개최 일시 및 장소
  - 출석위원
  - 심의 내용 및 의결・결정 사항
  - 그 밖의 토의사항

㉥ 의결되지 않은 사항 등의 처리(시행령 제38조)
• 산업안전보건위원회는 다음의 어느 하나에 해당하는 경우에는 근로자위원과 사용자위원의 합의에 따라 산업안전보건위원회에 중재기구를 두어 해결하거나 제3자에 의한 중재를 받아야 한다.
  - 산업안전보건위원회에서 의결하지 못한 경우
  - 산업안전보건위원회에서 의결된 사항의 해석 또는 이행방법 등에 관하여 의견이 일치하지 않는 경우
• 상기에 따른 중재 결정이 있는 경우에는 산업안전보건위원회의 의결을 거친 것으로 보며, 사업주와 근로자는 그 결정에 따라야 한다.

㉦ 회의 결과 등의 공지(시행령 제39조) : 산업안전보건위원회의 위원장은 산업안전보건위원회에서 심의・의결된 내용 등 회의 결과와 중재 결정된 내용 등을 사내방송이나 사내보, 게시 또는 자체 정례조회, 그 밖의 적절한 방법으로 근로자에게 신속히 알려야 한다.

⑪ 사업주

㉠ 개 요
• 산업안전보건법령상 건설업의 도급인 사업주가 작업장을 순회 점검하여야 하는 주기는 2일에 1회 이상이다(시행규칙 제80조).
• 산업안전보건법령상 해당 사업장의 연간 재해율이 같은 업종의 평균 재해율의 2배 이상의 경우 사업주에게 관리자를 정수 이상으로 증원하게 하거나 교체하여 임명할 것을 명할 수 있는 자는 지방고용노동관서의 장이다(시행규칙 제12조).

㉡ 산업안전보건법상 사업주의 의무(법 제5조)
• 산업안전법과 이 법에 따른 명령으로 정하는 산업재해 예방을 위한 기준
• 근로자의 신체적 피로와 정신적 스트레스 등을 줄일 수 있는 쾌적한 작업환경의 조성 및 근로조건 개선

- 해당 사업장의 안전 및 보건에 관한 정보를 근로자에게 제공

㉢ 다음의 어느 하나에 해당하는 자는 발주·설계·제조·수입 또는 건설을 할 때 산업안전보건법과 이 법에 따른 명령으로 정하는 기준을 지켜야 하고, 발주·설계·제조·수입 또는 건설에 사용되는 물건으로 인하여 발생하는 산업재해를 방지하기 위하여 필요한 조치를 하여야 한다(법 제5조).

- 기계·기구와 그 밖의 설비를 설계·제조 또는 수입하는 자
- 원재료 등을 제조·수입하는 자
- 건설물을 발주·설계·건설하는 자

㉣ 산업재해가 발생한 때에 사업주가 기록·보존하여야 하는 사항(시행규칙 제72조)

- 사업장의 개요 및 근로자의 인적사항
- 재해 발생의 일시 및 장소
- 재해 발생의 원인 및 과정
- 재해 재발방지 계획

㉤ 고용노동부령으로 정하는 산업재해에 대하여 사업주가 고용노동부장관에게 보고하여야 할 사항(법 제57조)

- 산업재해 발생개요
- 원인 및 보고 시기
- 재발방지 계획

⑫ 안전보건관리규정

㉠ 개 요

- 사업주는 안전보건관리규정을 각 사업장의 근로자가 쉽게 볼 수 있는 장소에 게시하거나 갖춰 두어 근로자에게 널리 알려야 한다(법 제34조).
- 사업주는 안전보건관리규정을 작성해야할 사유가 발생한 날부터 30일 이내에 작성해야 한다. 이를 변경할 사유가 발생한 경우에도 또한 같다(시행규칙 제25조).

㉡ 안전보건관리규정의 작성(법 제25조)

- 사업주는 사업장의 안전 및 보건을 유지하기 위하여 다음의 사항이 포함된 안전보건관리규정을 작성하여야 한다.
  - 안전 및 보건에 관한 관리조직과 그 직무에 관한 사항
  - 안전보건교육에 관한 사항
  - 작업장의 안전 및 보건 관리에 관한 사항
  - 사고 조사 및 대책 수립에 관한 사항
  - 그 밖에 안전 및 보건에 관한 사항
- 안전보건관리규정은 단체협약 또는 취업규칙에 반할 수 없다. 이 경우 안전보건관리규정 중 단체협약 또는 취업규칙에 반하는 부분에 관하여는 그 단체협약 또는 취업규칙으로 정한 기준에 따른다.
- 안전보건관리규정을 작성하여야 할 사업의 종류, 사업장의 상시근로자 수 및 안전보건관리규정에 포함되어야 할 세부적인 내용, 그 밖에 필요한 사항은 고용노동부령으로 정한다.

㉢ 안전보건관리규정 포함 세부내용(시행규칙 별표 3)

- 위험성 감소 대책수립 및 시행에 관한 사항
- 하도급사업장에 대한 안전·보건관리에 관한 사항
- 질병자의 근로금지 및 취업 제한 등에 관한 사항 등

㉣ 안전보건관리규정의 작성 시 유의사항

- 안전보건관리규정을 작성하는 경우에는 소방·가스·전기·교통 분야 등의 다른 법령에서 정하는 안전관리에 관한 규정과 통합하여 작성할 수 있다(시행규칙 제25조).
- 규정된 기준은 법정기준을 상회할 수 있다.
- 관리자의 직무와 권한에 대한 부분은 명확하게 한다.
- 작성 또는 개정 시 현장의 의견을 충분히 반영시킨다.
- 정상 및 이상 시의 사고발생에 대한 조치사항을 포함시킨다.

㉤ 안전보건관리규정을 작성해야 할 사업의 종류 및 상시근로자 수(시행규칙 별표 2)

- 상시 근로자 300명 이상을 사용하는 사업 : 농업, 어업, 소프트웨어 개발 및 공급업, 컴퓨터 프로그래밍, 시스템 통합 및 관리업, 정보서비스업, 금융 및 보험업, 임대업(부동산 제외), 전문·과학 및 기술 서비스업(연구개발업 제외), 사업지원 서비스업, 사회복지 서비스업
- 상시 근로자 100명 이상을 사용하는 사업 : 상기 사업을 제외한 사업

㉥ 사업장 안전보건관리규정 작성 및 심사에 관한 규정 중 안전조직과 관련된 사항

- 사업장을 총괄관리하는 자를 안전보건관리 총괄책임자로 하되 안전관리의 라인-스탭형 원칙을 준수한다.

• 전담관리자를 두어야 할 사업장은 전문적인 직무사항(재해조사와 그 원인규명 및 대책수립 등) 등에 관한 업무분담을 위하여 스탭형 조직을 가능한 한 사업주 직속 하에 둠을 원칙으로 한다.

ⓢ 안전보건관리규정의 작성·변경 절차(법 제26조) : 사업주는 안전보건관리규정을 작성하거나 변경할 때에는 산업안전보건위원회의 심의·의결을 거쳐야 한다. 다만, 산업안전보건위원회가 설치되어 있지 아니한 사업장의 경우에는 근로자대표의 동의를 받아야 한다.

⑬ 서류의 보존(법 제164조)

㉠ 사업주는 다음의 서류를 3년(회의록은 2년) 동안 보존하여야 한다. 다만, 고용노동부령으로 정하는 바에 따라 보존기간을 연장할 수 있다.

- 안전보건관리책임자·안전관리자·보건관리자·안전보건관리담당자 및 산업보건의의 선임에 관한 서류
- 회의록
- 안전조치 및 보건조치에 관한 사항으로서 고용노동부령으로 정하는 사항을 적은 서류
- 산업재해의 발생 원인 등 기록
- 화학물질의 유해성·위험성 조사에 관한 서류
- 작업환경측정에 관한 서류
- 건강진단에 관한 서류

㉡ 안전인증 또는 안전검사의 업무를 위탁받은 안전인증기관 또는 안전검사기관은 안전인증·안전검사에 관한 사항으로서 고용노동부령으로 정하는 서류를 3년 동안 보존하여야 하고, 안전인증을 받은 자는 안전인증대상기계 등에 대하여 기록한 서류를 3년 동안 보존하여야 하며, 자율안전확인대상기계 등을 제조하거나 수입하는 자는 자율안전기준에 맞는 것임을 증명하는 서류를 2년 동안 보존하여야 하고, 자율안전검사를 받은 자는 자율검사프로그램에 따라 실시한 검사 결과에 대한 서류를 2년 동안 보존하여야 한다.

㉢ 일반 석면조사를 한 건축물·설비 소유주 등은 그 결과에 관한 서류를 그 건축물이나 설비에 대한 해체·제거작업이 종료될 때까지 보존하여야 하고, 기관 석면조사를 한 건축물·설비 소유주 등과 석면조사기관은 그 결과에 관한 서류를 3년 동안 보존하여야 한다.

㉣ 작업환경측정기관은 작업환경측정에 관한 사항으로서 고용노동부령으로 정하는 사항을 적은 서류를 3년 동안 보존하여야 한다.

㉤ 지도사는 그 업무에 관한 사항으로서 고용노동부령으로 정하는 사항을 적은 서류를 5년 동안 보존하여야 한다.

㉥ 석면해체·제거업자는 석면해체·제거작업에 관한 서류 중 고용노동부령으로 정하는 서류를 30년 동안 보존하여야 한다.

⑭ 건강진단 및 근로시간

㉠ 근로자에 대한 일반건강진단의 실시 기준(시행규칙 제197조)

- 사무직에 종사하는 근로자 : 2년에 1회 이상
- 그 밖의 근로자 : 1년에 1회 이상

㉡ 유해·위험작업에 대한 근로시간 제한(법 제139조)

- 유해하거나 위험한 작업으로서 높은 기압에서 하는 작업 등 대통령령으로 정하는 작업에 종사하는 근로자에게는 1일 6시간, 1주 34시간을 초과하여 근로하게 해서는 아니 된다.

 핵심예제

1-1. 산업안전보건법상 안전관리자의 업무에 해당되지 않는 것은? [2011년 제1회, 제2회 유사, 2013년 제3회 유사, 2014년 제1회 유사, 2017년 제1회, 제2회 유사]

① 업무수행내용의 기록・유지
② 산업재해에 관한 통계의 유지・관리・분석을 위한 보좌 및 조언・지도
③ 법 또는 법에 따른 명령으로 정한 안전에 관한 사항의 이행에 관한 보좌 및 조언・지도
④ 작업장 내에서 사용되는 전체환기장치 및 국소배기장치 등에 관한 설비의 점검과 작업방법의 공학적 개선에 관한 보좌 및 조언・지도

1-2. 산업안전보건법령상 근로자에 대한 일반건강진단의 실시 기준으로 옳은 것은? [2014년 제1회, 2018년 제2회]

① 사무직에 종사하는 근로자 : 1년에 1회 이상
② 사무직에 종사하는 근로자 : 2년에 1회 이상
③ 사무직 외의 업무에 종사하는 근로자 : 6월에 1회 이상
④ 사무직 외의 업무에 종사하는 근로자 : 2년에 1회 이상

1-3. 산업안전보건법령에 따른 안전보건관리규정에 포함되어야 할 세부내용이 아닌 것은? [2018년 제3회]

① 위험성 감소 대책수립 및 시행에 관한 사항
② 하도급사업장에 대한 안전・보건관리에 관한 사항
③ 질병자의 근로금지 및 취업 제한 등에 관한 사항
④ 물질안전보건자료에 관한 사항

|해설|

1-1
작업장 내에서 사용되는 전체환기장치 및 국소배기장치 등에 관한 설비의 점검과 작업방법의 공학적 개선에 관한 보좌 및 조언・지도는 안전관리자의 업무에 해당되지 않는다.

1-2
근로자에 대한 일반건강진단의 실시 시기 기준
• 사무직에 종사하는 근로자 : 2년에 1회 이상
• 그 밖의 근로자 : 1년에 1회 이상

1-3
물질안전보건자료에 관한 사항은 안전보건관리규정에 포함되어야 할 세부내용이 아니다.

정답 1-1 ④ 1-2 ② 1-3 ④

핵심이론 02 진단 및 유해위험방지조치

① 안전보건진단

㉠ 안전보건진단의 개요(법 제47조)

• 고용노동부장관은 추락・붕괴, 화재・폭발, 유해하거나 위험한 물질의 누출 등 산업재해 발생의 위험이 현저히 높은 사업장의 사업주에게 안전보건진단기관이 실시하는 안전보건진단을 받을 것을 명할 수 있다.
• 사업주는 안전보건진단 명령을 받은 경우 고용노동부령으로 정하는 바에 따라 안전보건진단기관에 안전보건진단을 의뢰하여야 한다.
• 사업주는 안전보건진단기관이 실시하는 안전보건진단에 적극 협조하여야 하며, 정당한 사유 없이 이를 거부하거나 방해 또는 기피해서는 아니 된다.
• 근로자대표가 요구할 때에는 안전보건진단에 근로자대표를 참여시켜야 한다.
• 안전보건진단기관은 안전보건진단을 실시한 경우에는 안전보건진단 결과보고서를 고용노동부령으로 정하는 바에 따라 해당 사업장의 사업주 및 고용노동부장관에게 제출하여야 한다.
• 안전보건진단의 종류 및 내용, 안전보건진단 결과보고서에 포함될 사항, 그 밖에 필요한 사항은 대통령령으로 정한다.
• 안전보건진단은 사업장의 안전 성적이 동종의 업종보다 낮을 때 실시한다.
• 안전보건진단 시 작업위험분석방법 : 질문지법, 시찰법, 면접법, 관찰법, 혼합방식, 투과방식

※ 시범법이나 시범방식은 작업위험분석방법이 아니다.

㉡ 안전보건진단의 종류 및 내용(시행령 제46조, 별표 14)

종 류	진단내용
종합진단	1. 경영·관리적 사항에 대한 평가 가. 산업재해 예방계획의 적정성 나. 안전·보건 관리조직과 그 직무의 적정성 다. 산업안전보건위원회 설치·운영, 명예산업안전감독관의 역할 등 근로자의 참여 정도 라. 안전보건관리규정 내용의 적정성 2. 산업재해 또는 사고의 발생 원인(산업재해 또는 사고가 발생한 경우만 해당) 3. 작업조건 및 작업방법에 대한 평가 4. 유해·위험요인에 대한 측정 및 분석 가. 기계·기구 또는 그 밖의 설비에 의한 위험성 나. 폭발성·물반응성·자기반응성·자기발열성 물질, 자연발화성 액체·고체 및 인화성 액체 등에 의한 위험성 다. 전기·열 또는 그 밖의 에너지에 의한 위험성 라. 추락, 붕괴, 낙하, 비래(飛來) 등으로 인한 위험성 마. 그 밖에 기계·기구·설비·장치·구축물·시설물·원재료 및 공정 등에 의한 위험성 바. 법 제118조 제1항에 따른 허가대상물질, 고용노동부령으로 정하는 관리대상 유해물질 및 온도·습도·환기·소음·진동·분진, 유해광선 등의 유해성 또는 위험성 5. 보호구, 안전·보건장비 및 작업환경 개선시설의 적정성 6. 유해물질의 사용·보관·저장, 물질안전보건자료의 작성, 근로자 교육 및 경고표시 부착의 적정성 7. 그 밖에 작업환경 및 근로자 건강 유지·증진 등 보건관리의 개선을 위하여 필요한 사항
안전진단	종합진단 내용 중 제2호·제3호, 제4호 가목부터 마목까지 및 제5호 중 안전 관련 사항
보건진단	종합진단 내용 중 제2호·제3호, 제4호 바목, 제5호 중 보건 관련 사항, 제6호 및 제7호

• 고용노동부장관은 안전보건진단 명령을 할 경우 기계·화공·전기·건설 등 분야별로 한정하여 진단을 받을 것을 명할 수 있다.

• 안전보건진단 결과보고서에는 산업재해 또는 사고의 발생원인, 작업조건·작업방법에 대한 평가 등의 사항이 포함되어야 한다.

㉢ 안전보건진단기관(법 제48조)

• 안전보건진단기관이 되려는 자는 대통령령으로 정하는 인력·시설 및 장비 등의 요건을 갖추어 고용노동부장관의 지정을 받아야 한다.

• 고용노동부장관은 안전보건진단기관에 대하여 평가하고 그 결과를 공개할 수 있다. 이 경우 평가의 기준·방법 및 결과의 공개에 필요한 사항은 고용노동부령으로 정한다.

• 안전보건진단기관의 지정 절차, 그 밖에 필요한 사항은 고용노동부령으로 정한다.

㉣ 안전보건진단기관의 지정 취소 등의 사유(시행령 제48조)

• 안전보건진단 업무 관련 서류를 거짓으로 작성한 경우

• 정당한 사유 없이 안전보건진단 업무의 수탁을 거부한 경우

• 인력기준에 해당하지 않은 사람에게 안전보건진단 업무를 수행하게 한 경우

• 안전보건진단 업무를 수행하지 않고 위탁 수수료를 받은 경우

• 안전보건진단 업무와 관련된 비치서류를 보존하지 않은 경우

• 안전보건진단 업무 수행과 관련한 대가 외의 금품을 받은 경우

• 법에 따른 관계 공무원의 지도·감독을 거부·방해 또는 기피한 경우

② 안전보건개선계획

㉠ 개 요

• 사업주는 안전보건개선계획을 수립할 때에는 산업안전보건위원회의 심의를 거쳐야 한다. 다만, 산업안전보건위원회가 설치되어 있지 아니한 사업장의 경우에는 근로자대표의 의견을 들어야 한다(법 제49조).

• 안전보건개선계획서에는 시설, 안전보건관리체제, 안전보건교육, 산업재해 예방 및 작업환경의 개선을 위하여 필요한 사항이 포함되어야 한다(시행규칙 제61조).

• 안전보건개선계획서를 제출해야 하는 사업주는 안전보건개선계획서 수립·시행 명령을 받은 날부터 60일 이내에 관할 지방고용노동관서의 장에게 해당 계획서를 제출해야 한다(시행규칙 제61조).

• 안전보건개선계획서 중점개선항목 : 시설, 기계장치, 작업방법

㉡ 고용노동부장관의 명으로 안전보건진단을 받아 안전보건개선계획을 수립할 대상(법 제49조, 시행령 제49조)
  • 산업재해율이 같은 업종 평균 산업재해율의 2배 이상인 사업장
  • 산업재해율이 같은 업종의 규모별 평균 산업재해율보다 높은 사업장
  • 사업주가 필요한 안전조치 또는 보건조치를 이행하지 아니하여 중대재해가 발생한 사업장
  • 직업성 질병자가 연간 2명 이상(상시근로자 1,000명 이상 사업장의 경우 3명 이상) 발생한 사업장
  • 유해인자의 노출기준을 초과한 사업장
  • 그 밖에 작업환경 불량, 화재·폭발 또는 누출 사고 등으로 사업장 주변까지 피해가 확산된 사업장으로서 고용노동부령으로 정하는 사업장

㉢ 안전보건개선계획서에 포함되어야 하는 사항(시행규칙 제61조) : 시설, 안전관리체제, 안전보건교육, 산업재해 예방 및 작업환경의 개선을 위하여 필요한 사항

㉣ 안전보건개선계획서의 제출 등(법 제50조)
  • 안전보건개선계획의 수립·시행 명령을 받은 사업주는 고용노동부령으로 정하는 바에 따라 안전보건개선계획서를 작성하여 고용노동부장관에게 제출하여야 한다.
  • 고용노동부장관은 제출받은 안전보건개선계획서를 고용노동부령으로 정하는 바에 따라 심사하여 그 결과를 사업주에게 서면으로 알려주어야 한다. 이 경우 고용노동부장관은 근로자의 안전 및 보건의 유지·증진을 위하여 필요하다고 인정하는 경우 해당 안전보건개선계획서의 보완을 명할 수 있다.
  • 사업주와 근로자는 심사를 받은 안전보건개선계획서(보완한 안전보건개선계획서를 포함)를 준수하여야 한다.

③ 작업시작 전 점검사항(산업안전보건기준에 관한 규칙 별표 3)

㉠ 프레스 등을 사용하는 작업시작 전 점검사항
  • 클러치 및 브레이크의 기능
  • 크랭크축·플라이휠·슬라이드·연결봉 및 연결 나사의 풀림 여부
  • 1행정 1정지기구·급정지장치 및 비상정지장치의 기능
  • 슬라이드 또는 칼날에 의한 위험방지 기구의 기능
  • 프레스의 금형 및 고정볼트 상태
  • 방호장치의 기능
  • 전단기의 칼날 및 테이블의 상태

㉡ 로봇의 작동범위 내에서 그 로봇에 관하여 교시 등(로봇의 동력원을 차단하고 하는 것은 제외)의 작업시작 전 점검사항
  • 외부전선의 피복 또는 외장의 손상 유무
  • 매니퓰레이터(Manipulator) 작동의 이상 유무
  • 제동장치 및 비상정지장치의 기능

㉢ 공기압축기를 가동하는 작업시작 전 점검사항
  • 공기저장 압력용기의 외관 상태
  • 드레인밸브의 조작 및 배수
  • 압력방출장치의 기능
  • 언로드밸브의 기능
  • 윤활유의 상태
  • 회전부의 덮개 또는 울
  • 그 밖의 연결부위의 이상 유무

㉣ 크레인을 사용하는 작업시작 전 점검사항
  • 권과방지장치·브레이크·클러치 및 운전장치의 기능
  • 주행로의 상측 및 트롤리가 횡행하는 레일의 상태
  • 와이어로프가 통하고 있는 곳의 상태

㉤ 이동식 크레인 사용하는 작업시작 전 점검사항
  • 권과방지장치나 그 밖의 경보장치의 기능
  • 브레이크·클러치 및 조정장치의 기능
  • 와이어로프가 통하고 있는 곳 및 작업장소의 지반상태

㉥ 리프트(자동차정비용 리프트를 포함)를 사용하는 작업시작 전 점검사항
  • 방호장치·브레이크 및 클러치의 기능
  • 와이어로프가 통하고 있는 곳의 상태

㉦ 곤돌라 사용하는 작업시작 전 점검사항
  • 방호장치·브레이크의 기능
  • 와이어로프·슬링와이어(Sling Wire) 등의 상태

㉧ 양중기의 와이어로프 등(와이어로프·달기체인·섬유로프·섬유벨트 또는 훅·샤클·링 등의 철구)을 사용하는 고리걸이 작업시작 전 점검사항
  • 와이어로프 등의 이상 유무

㉨ 지게차를 사용하는 작업시작 전 점검사항
  • 제동장치 및 조종장치 기능의 이상 유무
  • 하역장치 및 유압장치 기능의 이상 유무
  • 바퀴의 이상 유무

• 전조등 · 후미등 · 방향지시기 및 경보장치 기능의 이상 유무

ⓩ 구내운반차를 사용하는 작업시작 전 점검사항
• 제동장치 및 조종장치 기능의 이상 유무
• 하역장치 및 유압장치 기능의 이상 유무
• 바퀴의 이상 유무
• 전조등 · 후미등 · 방향지시기 및 경음기 기능의 이상 유무
• 충전장치를 포함한 홀더 등의 결합상태의 이상 유무

ⓚ 고소작업대를 사용하는 작업시작 전 점검사항
• 비상정지장치 및 비상하강 방지장치 기능의 이상 유무
• 과부하 방지장치의 작동 유무(와이어로프 또는 체인구동방식의 경우)
• 아웃트리거 또는 바퀴의 이상 유무
• 작업면의 기울기 또는 요철 유무
• 활선작업용 장치의 경우 홈 · 균열 · 파손 등 그 밖의 손상 유무

ⓣ 화물자동차를 사용하는 작업시작 전 점검사항
• 제동장치 및 조종장치의 기능
• 하역장치 및 유압장치의 기능
• 바퀴의 이상 유무

ⓟ 컨베이어 등을 사용하는 작업시작 전 점검사항
• 원동기 및 풀리 기능의 이상 유무
• 이탈 등의 방지장치 기능의 이상 유무
• 비상정지장치 기능의 이상 유무
• 원동기 · 회전축 · 기어 및 풀리 등의 덮개 또는 울 등의 이상 유무

ⓗ 차량계 건설기계를 사용하는 작업시작 전 점검사항
• 브레이크 및 클러치 등의 기능

㉮ 용접 · 용단 작업 등의 화재위험 작업시작 전 점검사항
• 작업 준비 및 작업 절차 수립 여부
• 화기작업에 따른 인근 가연성 물질에 대한 방호조치 및 소화기구 비치 여부
• 용접불티 비산방지덮개 또는 용접방화포 등 불꽃 · 불티 등의 비산을 방지하기 위한 조치 여부
• 인화성 액체의 증기 또는 인화성 가스가 남아있지 않도록 하는 환기 조치 여부
• 작업근로자에 대한 화재예방 및 피난교육 등 비상조치 여부

㉯ 이동식 방폭구조 전기기계 · 기구를 사용하는 작업시작 전 점검사항
• 전선 및 접속부 상태

㉰ 근로자가 반복하여 계속적으로 중량물 취급하는 작업시작 전 점검사항
• 중량물 취급의 올바른 자세 및 복장
• 위험물의 날아 흩어짐에 따른 보호구의 착용
• 카바이드 · 생석회(산화칼슘) 등과 같이 온도 상승이나 습기에 의하여 위험성이 존재하는 중량물의 취급방법
• 그 밖의 하역운반기계 등의 적절한 사용방법

㉱ 양화장치를 사용하여 화물을 싣고 내리는 작업시작 전 점검사항
• 양화장치의 작동상태
• 양화장치에 제한하중을 초과하는 하중을 실었는지 여부

㉲ 슬링 등을 사용하는 작업시작 전 점검사항
• 훅이 붙어있는 슬링 · 와이어슬링 등이 매달린 상태
• 슬링 · 와이어슬링 등의 상태(작업시작 전 및 작업 중 수시로 점검)

④ 작업중지 · 시정조치 · 중대재해조치 등

㉠ 사업주의 작업중지(법 제51조)
• 사업주는 산업재해가 발생할 급박한 위험이 있을 때에는 즉시 작업을 중지시키고 근로자를 작업장소에서 대피시키는 등 안전 및 보건에 관하여 필요한 조치를 하여야 한다.

㉡ 근로자의 작업중지(법 제52조)
• 근로자는 산업재해가 발생할 급박한 위험이 있는 경우에는 작업을 중지하고 대피할 수 있다.
• 작업을 중지하고 대피한 근로자는 지체 없이 그 사실을 관리감독자 등(관리감독자 또는 그 밖에 부서의 장)에게 보고하여야 한다.
• 관리감독자 등은 보고를 받으면 안전 및 보건에 관하여 필요한 조치를 하여야 한다.
• 사업주는 산업재해가 발생할 급박한 위험이 있다고 근로자가 믿을 만한 합리적인 이유가 있을 때에는 작업을 중지하고 대피한 근로자에 대하여 해고나 그 밖의 불리한 처우를 해서는 아니 된다.

㉢ 고용노동부장관의 시정조치(법 제53조)

- 고용노동부장관은 사업주가 사업장의 기계・설비 등(건설물 또는 그 부속건설물 및 기계・기구・설비・원재료)에 대하여 안전 및 보건에 관하여 고용노동부령으로 정하는 필요한 조치를 하지 아니하여 근로자에게 현저한 유해・위험이 초래될 우려가 있다고 판단될 때에는 해당 기계・설비 등에 대하여 시정조치(사용중지・대체・제거 또는 시설의 개선, 그 밖에 안전 및 보건에 관하여 고용노동부령으로 정하는 필요한 조치)를 명할 수 있다.
- 시정조치 명령을 받은 사업주는 해당 기계・설비 등에 대하여 시정조치를 완료할 때까지 시정조치 명령 사항을 사업장 내에 근로자가 쉽게 볼 수 있는 장소에 게시하여야 한다.
- 고용노동부장관은 사업주가 해당 기계・설비 등에 대한 시정조치 명령을 이행하지 아니하여 유해・위험 상태가 해소 또는 개선되지 아니하거나 근로자에 대한 유해・위험이 현저히 높아질 우려가 있는 경우에는 해당 기계・설비 등과 관련된 작업의 전부 또는 일부의 중지를 명할 수 있다.
- 사용중지 명령 또는 작업중지 명령을 받은 사업주는 그 시정조치를 완료한 경우에는 고용노동부장관에게 사용중지 또는 작업중지의 해제를 요청할 수 있다.
- 고용노동부장관은 해제 요청에 대하여 시정조치가 완료되었다고 판단될 때에는 사용중지 또는 작업중지를 해제하여야 한다.

㉣ 중대재해 발생 시 사업주의 조치(법 제54조)

- 사업주는 중대재해가 발생하였을 때에는 즉시 해당 작업을 중지시키고 근로자를 작업장소에서 대피시키는 등 안전 및 보건에 관하여 필요한 조치를 하여야 한다.
- 사업주는 중대재해가 발생한 사실을 알게 된 경우에는 지체 없이 다음의 사항을 사업장 소재지를 관할하는 지방고용노동관서의 장에게 전화・팩스, 또는 그 밖에 적절한 방법으로 보고해야 한다. 다만, 천재지변 등 부득이한 사유가 발생한 경우에는 그 사유가 소멸되면 지체 없이 보고하여야 한다(시행규칙 제67조).
  - 발생 개요 및 피해 상황
  - 조치 및 전망
  - 그 밖의 중요한 사항

㉤ 중대재해 발생 시 고용노동부장관의 작업중지 조치(법 제55조)

- 고용노동부장관은 중대재해가 발생하였을 때 다음의 어느 하나에 해당하는 작업으로 인하여 해당 사업장에 산업재해가 다시 발생할 급박한 위험이 있다고 판단되는 경우에는 그 작업의 중지를 명할 수 있다.
  - 중대재해가 발생한 해당 작업
  - 중대재해가 발생한 작업과 동일한 작업
- 고용노동부장관은 토사・구축물의 붕괴, 화재・폭발, 유해하거나 위험한 물질의 누출 등으로 인하여 중대재해가 발생하여 그 재해가 발생한 장소 주변으로 산업재해가 확산될 수 있다고 판단되는 등 불가피한 경우에는 해당 사업장의 작업을 중지할 수 있다.
- 고용노동부장관은 사업주가 작업중지의 해제를 요청한 경우에는 작업중지 해제에 관한 전문가 등으로 구성된 심의위원회의 심의를 거쳐 고용노동부령으로 정하는 바에 따라 작업중지를 해제하여야 한다.
- 작업중지 해제의 요청 절차 및 방법, 심의위원회의 구성・운영, 그 밖에 필요한 사항은 고용노동부령으로 정한다.

㉥ 중대재해 원인조사 등(법 제56조)

- 고용노동부장관은 중대재해가 발생하였을 때에는 그 원인 규명 또는 산업재해 예방대책 수립을 위하여 그 발생 원인을 조사할 수 있다.
- 고용노동부장관은 중대재해가 발생한 사업장의 사업주에게 안전보건개선계획의 수립・시행, 그 밖에 필요한 조치를 명할 수 있다.
- 누구든지 중대재해 발생 현장을 훼손하거나 고용노동부장관의 원인조사를 방해해서는 아니 된다.
- 중대재해가 발생한 사업장에 대한 원인조사의 내용 및 절차, 그 밖에 필요한 사항은 고용노동부령으로 정한다.

㉦ 산업재해 발생 은폐 금지 및 보고 등(법 제57조)

- 사업주는 산업재해가 발생하였을 때에는 그 발생 사실을 은폐해서는 아니 된다.
- 사업주는 고용노동부령으로 정하는 바에 따라 산업재해의 발생 원인 등을 기록하여 보존하여야 한다.
- 사업주는 고용노동부령으로 정하는 산업재해에 대해서는 그 발생 개요・원인 및 보고 시기, 재발방지 계획

등을 고용노동부령으로 정하는 바에 따라 고용노동부장관에게 보고하여야 한다.

⑤ 산업재해 발생건수 등의 공표

㉠ 개요(법 제10조)

- 고용노동부장관은 산업재해를 예방하기 위하여 대통령령으로 정하는 사업장의 근로자 산업재해 발생건수 등(산업재해 발생건수, 재해율 또는 그 순위 등)을 공표하여야 한다.
- 고용노동부장관은 도급인의 사업장 중 대통령령으로 정하는 사업장에서 관계수급인 근로자가 작업을 하는 경우에 도급인의 산업재해 발생건수 등에 관계수급인의 산업재해 발생건수 등을 포함하여 공표하여야 한다.
- 고용노동부장관은 산업재해 발생건수 등을 공표하기 위하여 도급인에게 관계수급인에 관한 자료의 제출을 요청할 수 있다. 이 경우 요청을 받은 자는 특별한 사유가 없으면 이에 따라야 한다.
- 공표의 절차 및 방법 등에 관하여 필요한 사항은 고용노동부령으로 정한다.

㉡ 산업재해 발생건수 등을 공표해야 하는 사업장(시행령 제10조)

- 산업재해로 인한 사망자(이하 "사망재해자"라 한다)가 연간 2명 이상 발생한 사업장
- 사망만인율(연간 상시근로자 10,000명 당 발생하는 사망재해자 수의 비율)이 규모별 같은 업종의 평균 사망만인율 이상인 사업장
- 중대산업사고가 발생한 사업장
- 산업재해 발생 사실을 은폐한 사업장
- 산업재해의 발생에 관한 보고를 최근 3년 이내 2회 이상 하지 않은 사업장

㉢ 산업재해 발생건수 등을 공표해야 하는 도급인이 지배·관리하는 장소(시행령 제11조)

- 토사·구축물·인공구조물 등이 붕괴될 우려가 있는 장소
- 기계·기구 등이 넘어지거나 무너질 우려가 있는 장소
- 안전난간의 설치가 필요한 장소
- 비계 또는 거푸집을 설치하거나 해체하는 장소
- 건설용 리프트를 운행하는 장소
- 지반을 굴착하거나 발파작업을 하는 장소
- 엘리베이터홀 등 근로자가 추락할 위험이 있는 장소
- 석면이 붙어 있는 물질을 파쇄하거나 해체하는 작업을 하는 장소
- 공중 전선에 가까운 장소로서 시설물의 설치·해체·점검 및 수리 등의 작업을 할 때 감전의 위험이 있는 장소
- 물체가 떨어지거나 날아올 위험이 있는 장소
- 프레스 또는 전단기를 사용하여 작업을 하는 장소
- 차량계 하역운반기계 또는 차량계 건설기계를 사용하여 작업하는 장소
- 전기 기계·기구를 사용하여 감전의 위험이 있는 작업을 하는 장소
- 철도산업발전기본법에 따른 철도차량(도시철도법에 따른 도시철도차량을 포함)에 의한 충돌 또는 협착의 위험이 있는 작업을 하는 장소
- 그 밖에 화재·폭발 등 사고발생 위험이 높은 장소로서 고용노동부령으로 정하는 장소

㉣ 통합공표대상 사업장 등(시행령 제12조) : 다음의 어느 하나에 해당하는 사업이 이루어지는 사업장으로서 도급인이 사용하는 상시근로자 수가 500명 이상이고 도급인 사업장의 사고사망만인율(질병으로 인한 사망재해자를 제외하고 산출한 사망만인율)보다 관계수급인의 근로자를 포함하여 산출한 사고사망만인율이 높은 사업장

- 제조업
- 철도운송업
- 도시철도운송업
- 전기업

⑥ 기 타

㉠ 사업주의 서류 보존기간(법 제164조, 시행규칙 제241조)

- 2년 : 산업안전보건위원회 및 노사협의체의 회의록
- 3년 : 건강진단에 관한 서류, 안전보건관리책임자·안전관리자·보건관리자·안전보건관리담당자 및 산업보건의의 선임에 관한 서류, 안전조치 및 보건조치에 관한 사항으로서 고용노동부령으로 정하는 사항을 적은 서류, 산업재해의 발생 원인 등 기록, 화학물질의 유해성·위험성 조사에 관한 서류 등
- 5년 : 작업환경측정 결과를 기록한 서류, 건강진단 결과표 및 근로자가 제출한 건강진단 결과를 증명하는 서류

• 30년 : 고용노동부장관이 정하여 고시하는 물질에 대한 기록이 포함된 서류, 고용노동부장관이 정하여 고시하는 물질을 취급하는 근로자에 대한 건강진단 결과의 서류 또는 전산입력 자료

㉡ 시기 또는 기간

• 사업주는 중대재해가 발생한 사실을 알게 된 경우 지체 없이 관할하는 지방고용노동관서의 장에게 보고하여야 한다(시행규칙 제67조).
• 매월 1회 이상 : 도급 사업의 안전보건에 관한 협의체 회의 주기(시행규칙 제79조)
• 6개월 이내 : 자율안전확인대상 기계 등의 안전에 관한 성능이 자율안전기준에 맞지 아니하게 된 경우 자율안전확인표시의 사용을 금지하거나 자율안전기준에 맞게 시정하도록 명할 수 있는 기간(법 제91조)

㉢ 사업주는 유해하거나 위험한 작업에 종사하는 근로자에게 필요한 안전조치 및 보건조치 외에 작업과 휴식의 적정한 배분 및 근로시간과 관련된 근로조건의 개선을 통하여 근로자의 건강 보호를 위한 조치를 하여야 한다. 이에 해당하는 작업은 다음과 같다(법 제139조, 시행령 제99조)

• 갱 내에서 하는 작업
• 다량의 고열물체를 취급하는 작업과 현저히 덥고 뜨거운 장소에서 하는 작업
• 다량의 저온물체를 취급하는 작업과 현저히 춥고 차가운 장소에서 하는 작업
• 라듐방사선이나 엑스선, 그 밖의 유해 방사선을 취급하는 작업
• 유리・흙・돌・광물의 먼지가 심하게 날리는 장소에서 하는 작업
• 강렬한 소음이 발생하는 장소에서 하는 작업
• 착암기(바위에 구멍을 뚫는 기계) 등에 의하여 신체에 강렬한 진동을 주는 작업
• 인력으로 중량물을 취급하는 작업
• 납・수은・크롬・망간・카드뮴 등의 중금속 또는 이황화탄소・유기용제, 그 밖에 고용노동부령으로 정하는 특정 화학물질의 먼지・증기 또는 가스가 많이 발생하는 장소에서 하는 작업

핵심예제

2-1. 산업안전보건법상 안전보건계획의 수립・시행명령을 받은 사업주는 고용노동부장관이 정하는 바에 따라 안전보건개선계획서를 작성하여 그 명령을 받은 날부터 며칠 이내에 관할 지방고용노동관서의 장에게 제출하여야 하는가?

[2012년 제3회, 2016년 제3회]

① 15일 ② 30일
③ 45일 ④ 60일

2-2. 산업용 로봇의 작동범위에서 그 로봇에 관하여 교시 등의 작업을 할 때 작업시작 전 점검사항이 아닌 것은?

[2010년 제1회, 제2회 유사, 2011년 제2회 유사, 2011년 제3회, 2012년 제3회 유사, 2015년 제2회, 2018년 제1회, 2021년 제2회 유사]

① 외부전선의 피복 또는 외장의 손상 유무
② 매니퓰레이터(Manipulator) 작동의 이상 유무
③ 제동장치 및 비상정지장치의 기능
④ 윤활유의 상태

2-3. 산업안전보건기준에 관한 기준에 따른 크레인, 이동식 크레인, 리프트(자동차정비용 리프트를 포함)를 사용하여 작업을 할 때 작업시작 전에 공통적으로 점검해야 하는 사항은?

[2014년 제2회, 2018년 제2회]

① 바퀴의 이상 유무
② 전선 및 접속부 상태
③ 브레이크 및 클러치의 기능
④ 작업면의 기울기 또는 요철 유무

2-4. 크레인을 사용하여 작업을 하는 때 작업시작 전 점검사항이 아닌 것은? [2009년 제1회 유사, 2012년 제1회, 2016년 제1회, 2017년 제1회 유사]

① 권과방지장치・브레이크・클러치 및 운전장치의 기능
② 방호장치의 이상 유무
③ 와이어로프가 통하고 있는 곳의 상태
④ 주행로의 상측 및 트롤리가 횡행하는 레일의 상태

2-5. 산업안전보건법상 고소작업대를 사용하여 작업을 하는 때의 작업시작 전 점검사항에 해당하지 않는 것은?

[2009년 제1회, 2014년 제4회, 2017년 제1회]

① 작업면의 기울기 또는 요철 유무
② 아웃트리거 또는 바퀴의 이상 유무
③ 비상정지장치 및 비상하강장치 기능의 이상 유무
④ 충전장치를 포함한 홀더 등의 결합상태의 이상 유무

핵심예제

2-6. 컨베이어 작업시작 전 점검사항에 해당하지 않는 것은?

[2011년 제1회 유사, 2011년 제3회, 2017년 제3회]

① 브레이크 및 클러치 기능의 이상 유무
② 비상정지장치 기능의 이상 유무
③ 이탈 등의 장지장치 기능의 이상 유무
④ 원동기 및 풀리 기능의 이상 유무

2-7. 지게차의 작업시작 전 점검사항이 아닌 것은?

[2007년 제2회, 2008년 제4회 유사, 2009년 제1회, 2010년 제2회, 2011년 제2회 유사, 2021년 제2회 유사]

① 권과방지장치, 브레이크, 클러치 및 운전장치 기능의 이상 유무
② 하역장치 및 유압장치 기능의 이상 유무
③ 제동장치 및 조종장치 기능의 이상 유무
④ 전조등, 후미등, 방향지시기 및 경보장치 기능의 이상 유무

2-8. 산업안전보건법령에 따라 사업주가 사업장에서 중대재해가 발생한 사실을 알게 된 경우 관할 지방고용노동관서의 장에게 보고하여야 하는 시기로 옳은 것은?(단, 천재지변 등 부득이한 사유가 발생한 경우는 제외한다) [2011년 제3회, 2018년 제3회]

① 지체 없이 ② 12시간 이내
③ 24시간 이내 ④ 48시간 이내

|해설|

2-1

산업안전보건법 시행규칙 제61조(안전보건개선계획의 제출 등)

안전보건개선계획서를 작성하여 그 명령을 받은 날부터 60일 이내에 관할 지방고용노동관서의 장에게 제출해야 한다.

2-2

로봇의 작동범위 내에서 그 로봇에 관하여 교시 등의 작업을 할 때 작업시작 전 점검사항이 아닌 것으로 '윤활유의 상태, 압력방출장치의 기능, 압력방출상태의 이상 유무, 과부하방지장치의 이상 유무, 압력제한스위치 등의 기능의 이상 유무, 권과방지장치의 이상 유무, 언로드밸브 기능의 이상 유무, 자동제어장치 기능의 이상 유무' 등이 출제된다.

2-3

① 바퀴의 이상 유무 : 지게차, 구내운반차, 고소작업대, 화물자동차 등의 작업시작 전 점검사항
② 전선 및 접속부 상태 : 이동식 방폭구조 전기기계・기구를 사용하는 작업시작 전 점검사항
④ 작업면의 기울기 또는 요철 유무 : 고소작업대를 사용하는 작업시작 전 점검사항

2-4

크레인을 사용하는 작업을 하는 때 작업시작 전 점검사항이 아닌 것으로 '방호장치의 이상 유무, 붐의 경사각도, 압력방출장치의 기능' 등이 출제된다.

2-5

고소작업대를 사용하여 작업을 하는 때의 작업시작 전 점검사항(산업안전보건기준에 관한 규칙 별표 3)

- 비상정지장치 및 비상하강 방지장치 기능의 이상 유무
- 과부하 방지장치의 작동 유무(와이어로프 또는 체인구동방식의 경우)
- 아웃트리거 또는 바퀴의 이상 유무
- 작업면의 기울기 또는 요철 유무
- 활선작업용 장치의 경우 홈・균열・파손 등 그 밖의 손상 유무

2-6

컨베이어 등을 사용하는 작업시작 전 점검사항에 해당하지 않는 것으로 '브레이크 및 클러치 기능의 이상 유무, 원동기 급유의 이상 유무' 등이 출제된다.

2-7

지게차를 사용하는 작업시작 전 점검사항이 아닌 것으로 '권과방지장치, 브레이크, 클러치 및 운전장치 기능의 이상 유무, 충전장치를 포함한 홀더 등의 결합상태의 이상 유무' 등이 출제된다.

2-8

사업주는 중대재해가 발생한 사실을 알게 된 경우에는 지체 없이 다음의 사항을 사업장 소재지를 관할하는 지방고용노동관서의 장에게 전화・팩스, 또는 그 밖에 적절한 방법으로 보고해야 한다. 다만, 천재지변 등 부득이한 사유가 발생한 경우에는 그 사유가 소멸되면 지체 없이 보고하여야 한다(시행규칙 제67조).

- 발생 개요 및 피해 상황
- 조치 및 전망
- 그 밖의 중요한 사항

정답 2-1 ④ 2-2 ④ 2-3 ③ 2-4 ② 2-5 ④ 2-6 ① 2-7 ① 2-8 ①

핵심 이론 03 도급 시 산업재해 예방

① 도급의 제한

㉠ 유해한 작업의 도급금지(법 제58조)

- 사업주는 근로자의 안전 및 보건에 유해하거나 위험한 작업으로서 다음의 어느 하나에 해당하는 작업을 도급하여 자신의 사업장에서 수급인의 근로자가 그 작업을 하도록 해서는 아니 된다.
  - 도금작업
  - 수은, 납 또는 카드뮴을 제련, 주입, 가공 및 가열하는 작업
  - 허가대상물질을 제조하거나 사용하는 작업
- 사업주는 위에도 불구하고 다음의 어느 하나에 해당하는 경우에는 위의 작업을 도급하여 자신의 사업장에서 수급인의 근로자가 그 작업을 하도록 할 수 있다.
  - 일시・간헐적으로 하는 작업을 도급하는 경우
  - 수급인이 보유한 기술이 전문적이고 사업주(수급인에게 도급을 한 도급인으로서의 사업주)의 사업 운영에 필수 불가결한 경우로서 고용노동부장관의 승인을 받은 경우
- 고용노동부장관의 승인을 받으려는 경우에는 고용노동부령으로 정하는 바에 따라 고용노동부장관이 실시하는 안전 및 보건에 관한 평가를 받아야 한다.
- 승인의 유효기간은 3년의 범위에서 정한다.
- 고용노동부장관은 유효기간이 만료되는 경우에 사업주가 유효기간의 연장을 신청하면 승인의 유효기간이 만료되는 날의 다음 날부터 3년의 범위에서 고용노동부령으로 정하는 바에 따라 그 기간의 연장을 승인할 수 있다. 이 경우 사업주는 안전 및 보건에 관한 평가를 받아야 한다.

㉡ 도급의 승인(법 제59조, 시행령 제51조)

- 사업주는 자신의 사업장에서 안전 및 보건에 유해하거나 위험한 작업 중 급성 독성, 피부 부식성 등이 있는 물질의 취급 등 대통령령으로 정하는 작업을 도급하려는 경우에는 고용노동부장관의 승인을 받아야 한다.
- 급성 독성, 피부 부식성 등이 있는 물질의 취급 등 대통령령으로 정하는 작업
  - 중량비율 1[%] 이상의 황산, 불화수소, 질산 또는 염화수소를 취급하는 설비를 개조・분해・해체・철거하는 작업 또는 해당 설비의 내부에서 이루어지는 작업(다만, 도급인이 해당 화학물질을 모두 제거한 후 증명자료를 첨부하여 고용노동부장관에게 신고한 경우는 제외)
  - 산업재해보상보험 및 예방심의위원회의 심의를 거쳐 고용노동부장관이 정하는 작업
- 위의 경우 사업주는 고용노동부령으로 정하는 바에 따라 안전 및 보건에 관한 평가를 받아야 한다.

㉢ 도급의 승인 시 하도급 금지(법 제60조) : 승인, 연장승인 또는 변경승인 및 승인을 받은 작업을 도급받은 수급인은 그 작업을 하도급 할 수 없다.

㉣ 적격 수급인 선정 의무(법 제61조) : 사업주는 산업재해 예방을 위한 조치를 할 수 있는 능력을 갖춘 사업주에게 도급하여야 한다.

② 도급인의 안전조치 및 보건조치

㉠ 안전보건총괄책임자(법 제62조, 시행령 제52조, 제53조)

- 도급인은 관계수급인 근로자가 도급인의 사업장에서 작업을 하는 경우에는 그 사업장의 안전보건관리책임자를 도급인의 근로자와 관계수급인 근로자의 산업재해를 예방하기 위한 업무를 총괄하여 관리하는 안전보건총괄책임자로 지정하여야 한다. 이 경우 안전보건관리책임자를 두지 아니하여도 되는 사업장에서는 그 사업장에서 사업을 총괄하여 관리하는 사람을 안전보건총괄책임자로 지정하여야 한다.
- 안전보건총괄책임자를 지정하여야 하는 사업의 종류와 사업장의 상시근로자 수, 안전보건총괄책임자의 직무・권한, 그 밖에 필요한 사항은 대통령령으로 정한다.
- 안전보건총괄책임자 지정 대상사업(사업의 종류 및 사업장의 상시근로자 수)
  - 관계수급인에게 고용된 근로자를 포함한 상시근로자가 100명(선박 및 보트 건조업, 1차 금속 제조업 및 토사석 광업의 경우에는 50명) 이상인 사업
  - 관계수급인의 공사금액을 포함한 해당 공사의 총공사금액이 20억원 이상인 건설업
- 안전보건총괄책임자의 직무
  - 위험성평가의 실시에 관한 사항
  - 작업의 중지
  - 도급 시 산업재해 예방조치

- 산업안전보건관리비의 관계수급인 간의 사용에 관한 협의·조정 및 그 집행의 감독
- 안전인증대상기계 등과 자율안전확인대상기계 등의 사용 여부 확인

ⓛ 도급인의 안전조치 및 보건조치(법 제63조) : 도급인은 관계수급인 근로자가 도급인의 사업장에서 작업을 하는 경우에 자신의 근로자와 관계수급인 근로자의 산업재해를 예방하기 위하여 안전 및 보건 시설의 설치 등 필요한 안전조치 및 보건조치를 하여야 한다. 다만, 보호구 착용의 지시 등 관계수급인 근로자의 작업행동에 관한 직접적인 조치는 제외한다.

ⓒ 도급에 따른 산업재해 예방조치(법 제64조)

- 도급인은 관계수급인 근로자가 도급인의 사업장에서 작업을 하는 경우 다음의 사항을 이행하여야 한다.
  - 도급인과 수급인을 구성원으로 하는 안전 및 보건에 관한 협의체의 구성 및 운영
  - 작업장 순회점검
  - 관계수급인이 근로자에게 하는 안전보건교육을 위한 장소 및 자료의 제공 등 지원
  - 관계수급인이 근로자에게 하는 안전보건교육의 실시 확인
  - 다음의 어느 하나의 경우에 대비한 경보체계 운영과 대피방법 등 훈련
    - ⓐ 작업 장소에서 발파작업을 하는 경우
    - ⓑ 작업 장소에서 화재·폭발, 토사·구축물 등의 붕괴 또는 지진 등이 발생한 경우
  - 위생시설 등 고용노동부령으로 정하는 시설의 설치 등을 위하여 필요한 장소의 제공 또는 도급인이 설치한 위생시설 이용의 협조
  - 같은 장소에서 이루어지는 도급인과 관계수급인 등의 작업에 있어서 관계수급인 등의 작업시기·내용, 안전조치 및 보건조치 등의 확인
  - 위에 따른 확인 결과 관계수급인 등의 작업 혼재로 인하여 화재·폭발 등 대통령령으로 정하는 위험이 발생할 우려가 있는 경우 관계수급인 등의 작업시기·내용 등의 조정
- 도급인은 고용노동부령으로 정하는 바에 따라 자신의 근로자 및 관계수급인 근로자와 함께 정기적으로 또는 수시로 작업장의 안전 및 보건에 관한 점검을 하여야 한다.
- 안전 및 보건에 관한 협의체 구성 및 운영, 작업장 순회점검, 안전보건교육 지원, 그 밖에 필요한 사항은 고용노동부령으로 정한다.

ⓔ 도급인의 안전 및 보건에 관한 정보 제공(법 제65조, 시행령 제54조)

- 다음의 작업을 도급하는 자는 그 작업을 수행하는 수급인 근로자의 산업재해를 예방하기 위하여 고용노동부령으로 정하는 바에 따라 해당 작업 시작 전에 수급인에게 안전 및 보건에 관한 정보를 문서로 제공하여야 한다.
  - 폭발성·발화성·인화성·독성 등의 유해성·위험성이 있는 화학물질 중 고용노동부령으로 정하는 화학물질 또는 그 화학물질을 함유한 혼합물을 제조·사용·운반 또는 저장하는 반응기·증류탑·배관 또는 저장탱크로서 고용노동부령으로 정하는 설비를 개조·분해·해체 또는 철거하는 작업
  - 상기에 따른 설비의 내부에서 이루어지는 작업
  - 질식 또는 붕괴의 위험이 있는 작업으로서 대통령령으로 정하는 작업
    - ⓐ 산소결핍, 유해가스 등으로 인한 질식의 위험이 있는 장소로서 고용노동부령으로 정하는 장소에서 이루어지는 작업
    - ⓑ 토사·구축물·인공구조물 등의 붕괴 우려가 있는 장소에서 이루어지는 작업
- 도급인이 안전 및 보건에 관한 정보를 해당 작업 시작 전까지 제공하지 아니한 경우에는 수급인이 정보 제공을 요청할 수 있다.
- 도급인은 수급인이 제공받은 안전 및 보건에 관한 정보에 따라 필요한 안전조치 및 보건조치를 하였는지를 확인하여야 한다.
- 수급인은 도급인이 정보를 제공하지 아니하는 경우에는 해당 도급 작업을 하지 아니할 수 있다. 이 경우 수급인은 계약의 이행 지체에 따른 책임을 지지 아니한다.

㉤ 도급인의 관계수급인에 대한 시정조치(법 제66조)

- 도급인은 관계수급인 근로자가 도급인의 사업장에서 작업을 하는 경우에 관계수급인 또는 관계수급인 근로자가 도급받은 작업과 관련하여 이 법 또는 이 법에 따른 명령을 위반하면 관계수급인에게 그 위반행위를 시정하도록 필요한 조치를 할 수 있다. 이 경우 관계수급인은 정당한 사유가 없으면 그 조치에 따라야 한다.
- 도급인은 수급인 또는 수급인 근로자가 도급받은 작업과 관련하여 이 법 또는 이 법에 따른 명령을 위반하면 수급인에게 그 위반행위를 시정하도록 필요한 조치를 할 수 있다. 이 경우 수급인은 정당한 사유가 없으면 그 조치에 따라야 한다.

③ 건설업 등의 산업재해 예방

㉠ 총 공사금액 50억원 이상인 건설공사의 발주자는 산업재해 예방을 위하여 건설공사의 계획, 설계 및 시공 단계에서 다음의 구분에 따른 조치를 하여야 한다(법 제67조, 시행령 제55조, 시행규칙 제86조).

- 계획단계 : 공사규모·예산·기간 등 사업개요, 공사현장 제반 정보, 공사 시 유해·위험요인과 감소대책 수립을 위한 설계조건 등이 포함된 기본안전보건대장 작성할 것
- 설계단계 : 기본안전보건대장을 설계자에게 제공하고 설계자로 하여금 안전한 작업을 위한 적정 공사기간 및 공사금액 산출서, 공사 중 발생할 수 있는 주요 유해·위험요인 및 감소대책에 대한 위험성평가 내용, 유해위험방지계획서의 작성 계획, 안전보건조정자의 배치 계획, 산업안전보건관리비의 산출내역서, 건설공사의 산업재해 예방 지도의 실시 계획 등이 포함된 설계안전보건대장을 작성하게 하고 이를 확인할 것
- 시공단계 : 건설공사를 최초로 도급받은 수급인에게 설계안전보건대장을 제공하고, 이를 반영하여 공사 중 안전보건 조치 이행 계획, 유해위험방지계획서의 심사 및 확인결과에 대한 조치내용, 산업안전보건관리비의 사용 계획 및 사용 내역, 건설공사의 산업재해 예방 지도를 위한 계약 여부·지도결과 및 조치 내용 등이 포함된 공사안전보건대장을 작성하게 하고 이행 여부를 확인할 것

㉡ 안전보건조정자(법 제68조, 시행령 제56조, 제57조)

- 2개 이상의 건설공사를 도급한 건설공사발주자는 그 2개 이상의 건설공사가 같은 장소에서 행해지는 경우에 작업의 혼재로 인하여 발생할 수 있는 산업재해를 예방하기 위하여 건설공사 현장에 안전보건조정자를 두어야 한다(각 건설공사의 금액의 합이 50억원 이상인 경우이다).
- 안전보건조정자를 두어야 하는 건설공사의 금액, 안전보건조정자의 자격·업무, 선임방법, 그 밖에 필요한 사항은 대통령령으로 정한다.
- 안전보건조정자의 자격
  - 산업안전지도사 자격을 가진 사람
  - 발주청이 발주하는 건설공사인 경우 발주청이 선임한 공사감독자
  - 다음의 어느 하나에 해당하는 사람으로서 해당 건설공사 중 주된 공사의 책임감리자
    - ⓐ 공사감리자
    - ⓑ 감리 업무를 수행하는 자
    - ⓒ 감리자
    - ⓓ 감리원
    - ⓔ 해당 건설공사에 대하여 감리업무를 수행하는 자
  - 종합공사에 해당하는 건설현장에서 안전보건관리책임자로서 3년 이상 재직한 사람
  - 건설안전기술사
  - 건설안전기사 자격을 취득한 후 건설안전 분야에서 5년 이상의 실무경력이 있는 사람
  - 건설안전산업기사 자격을 취득한 후 건설안전 분야에서 7년 이상의 실무경력이 있는 사람
- 안전보건조정자를 두어야 하는 건설공사발주자는 분리하여 발주되는 공사의 착공일 전날까지 안전보건조정자를 선임하거나 지정하여 각각의 공사 도급인에게 그 사실을 알려야 한다.
- 안전보건조정자의 업무
  - 같은 장소에서 이루어지는 각각의 공사 간에 혼재된 작업의 파악
  - 혼재된 작업으로 인한 산업재해 발생의 위험성 파악
  - 혼재된 작업으로 인한 산업재해를 예방하기 위한 작업의 시기·내용 및 안전보건 조치 등의 조정

- 각각의 공사 도급인의 안전보건관리책임자 간 작업 내용에 관한 정보 공유 여부의 확인
- 안전보건조정자는 업무를 수행하기 위하여 필요한 경우 해당 공사의 도급인과 관계수급인에게 자료의 제출을 요구할 수 있다.

㉢ 공사기간 단축 및 공법변경 금지(법 제69조)

- 건설공사발주자 또는 건설공사도급인(건설공사발주자로부터 해당 건설공사를 최초로 도급받은 수급인 또는 건설공사의 시공을 주도하여 총괄·관리하는 자)은 설계도서 등에 따라 산정된 공사기간을 단축해서는 아니 된다.
- 건설공사발주자 또는 건설공사도급인은 공사비를 줄이기 위하여 위험성이 있는 공법을 사용하거나 정당한 사유 없이 정해진 공법을 변경해서는 아니 된다.

㉣ 건설공사 기간의 연장(법 제70조)

- 건설공사발주자는 다음의 어느 하나에 해당하는 사유로 건설공사가 지연되어 해당 건설공사도급인이 산업재해 예방을 위하여 공사기간의 연장을 요청하는 경우에는 특별한 사유가 없으면 공사기간을 연장하여야 한다.
  - 태풍·홍수 등 악천후, 전쟁·사변, 지진, 화재, 전염병, 폭동, 그 밖에 계약 당사자가 통제할 수 없는 사태의 발생 등 불가항력의 사유가 있는 경우
  - 건설공사발주자에게 책임이 있는 사유로 착공이 지연되거나 시공이 중단된 경우
- 건설공사의 관계수급인은 불가항력의 사유 또는 건설공사도급인에게 책임이 있는 사유로 착공이 지연되거나 시공이 중단되어 해당 건설공사가 지연된 경우에 산업재해 예방을 위하여 건설공사도급인에게 공사기간의 연장을 요청할 수 있다. 이 경우 건설공사도급인은 특별한 사유가 없으면 공사기간을 연장하거나 건설공사발주자에게 그 기간의 연장을 요청하여야 한다.
- 건설공사 기간의 연장 요청 절차, 그 밖에 필요한 사항은 고용노동부령으로 정한다.

㉤ 설계변경의 요청(법 제71조, 시행령 제58조)

- 건설공사도급인은 해당 건설공사 중에 대통령령으로 정하는 가설구조물의 붕괴 등으로 산업재해가 발생할 위험이 있다고 판단되면 건축·토목 분야의 전문가 등 대통령령으로 정하는 전문가의 의견을 들어 건설공사발주자에게 해당 건설공사의 설계변경을 요청할 수 있다. 다만, 건설공사발주자가 설계를 포함하여 발주한 경우는 그러하지 아니하다.
- 대통령령으로 정하는 가설구조물(시행령 제58조)
  - 높이 31[m] 이상인 비계
  - 작업발판 일체형 거푸집 또는 높이 5[m] 이상인 거푸집 동바리(타설된 콘크리트가 일정 강도에 이르기까지 하중 등을 지지하기 위하여 설치하는 부재)
  - 터널의 지보공(무너지지 않도록 지지하는 구조물) 또는 높이 2[m] 이상인 흙막이 지보공
  - 동력을 이용하여 움직이는 가설구조물
- 건축·토목 분야의 전문가 등 대통령령으로 정하는 전문가 : 공단 또는 다음의 어느 하나에 해당하는 사람으로서 해당 건설공사도급인 또는 관계수급인에게 고용되지 않은 사람을 말한다.
  - 건축구조기술사(토목공사 및 터널의 지보공 또는 높이 2[m] 이상인 흙막이 지보공의 경우는 제외)
  - 토목구조기술사(토목공사로 한정)
  - 토질 및 기초기술사(터널의 지보공 또는 높이 2[m] 이상인 흙막이 지보공의 경우로 한정)
  - 건설기계기술사(동력을 이용하여 움직이는 가설구조물의 경우로 한정)
- 고용노동부장관으로부터 공사중지 또는 유해위험방지계획서의 변경 명령을 받은 건설공사도급인은 설계변경이 필요한 경우 건설공사발주자에게 설계변경을 요청할 수 있다.
- 건설공사의 관계수급인은 건설공사 중에 가설구조물의 붕괴 등으로 산업재해가 발생할 위험이 있다고 판단되면 전문가의 의견을 들어 건설공사도급인에게 해당 건설공사의 설계변경을 요청할 수 있다. 이 경우 건설공사도급인은 그 요청받은 내용이 기술적으로 적용이 불가능한 명백한 경우가 아니면 이를 반영하여 해당 건설공사의 설계를 변경하거나 건설공사발주자에게 설계변경을 요청하여야 한다.
- 설계변경 요청을 받은 건설공사발주자는 그 요청받은 내용이 기술적으로 적용이 불가능한 명백한 경우가 아니면 이를 반영하여 설계를 변경하여야 한다.
- 설계변경의 요청 절차·방법, 그 밖에 필요한 사항은 고용노동부령으로 정한다. 이 경우 미리 국토교통부

장관과 협의하여야 한다.

ⓑ 건설공사 등의 산업안전보건관리비 계상 등(법 제72조)

- 건설공사발주자가 도급계약을 체결하거나 건설공사의 시공을 주도하여 총괄·관리하는 자(건설공사발주자로부터 건설공사를 최초로 도급받은 수급인은 제외)가 건설공사 사업 계획을 수립할 때에는 고용노동부장관이 정하여 고시하는 바에 따라 산업안전보건관리비(산업재해 예방을 위하여 사용하는 비용)를 도급금액 또는 사업비에 계상하여야 한다.
- 고용노동부장관은 산업안전보건관리비의 효율적인 사용을 위하여 다음의 사항을 정할 수 있다.
  - 사업의 규모별·종류별 계상 기준
  - 건설공사의 진척 정도에 따른 사용비율 등 기준
  - 그 밖에 산업안전보건관리비의 사용에 필요한 사항
- 건설공사도급인은 산업안전보건관리비를 사용하고 고용노동부령으로 정하는 바에 따라 그 사용명세서를 작성하여 보존하여야 한다.
- 선박의 건조 또는 수리를 최초로 도급받은 수급인은 사업 계획을 수립할 때에는 고용노동부장관이 정하여 고시하는 바에 따라 산업안전보건관리비를 사업비에 계상하여야 한다.
- 건설공사도급인 또는 선박의 건조 또는 수리를 최초로 도급받은 수급인은 산업안전보건관리비를 산업재해 예방 외의 목적으로 사용해서는 아니 된다.

ⓢ 건설공사의 산업재해 예방 지도(법 제73조, 시행령 제59조, 제60조, 별표 18)

- 대통령령으로 정하는 건설공사의 건설공사발주자 또는 건설공사도급인(건설공사발주자로부터 건설공사를 최초로 도급받은 수급인은 제외한다)은 해당 건설공사를 착공하려는 경우 지정받은 전문기관(이하 '건설재해예방전문지도기관'이라 함)과 건설 산업재해 예방을 위한 지도계약을 체결하여야 한다.
- 기술지도계약 체결 대상 건설공사(대통령령으로 정하는 건설공사)
  - 공사금액 1억원 이상 120억원(종합공사를 시공하는 업종의 토목공사업에 속하는 공사는 150억원) 미만인 공사를 하는 자
  - 건축허가의 대상이 되는 공사를 하는 자
  - 다음의 어느 하나에 해당하는 공사를 하는 자는 제외
    ⓐ 공사기간이 1개월 미만인 공사
    ⓑ 육지와 연결되지 않은 섬 지역(제주특별자치도는 제외)에서 이루어지는 공사
- 건설재해예방전문지도기관은 건설공사도급인에게 산업재해 예방을 위한 지도를 실시하여야 하고, 건설공사도급인은 지도에 따라 적절한 조치를 하여야 한다.
  ⓐ 사업주가 안전관리자의 자격을 가진 사람을 선임(같은 광역지방자치단체의 구역 내에서 같은 사업주가 시공하는 3 이하의 공사에 대하여 공동으로 안전관리자의 자격을 가진 사람 1명을 선임한 경우를 포함)하여 안전관리자의 업무만을 전담하도록 하는 공사
  ⓑ 유해위험방지계획서를 제출해야 하는 공사
- 건설공사발주자 또는 건설공사도급인(건설공사도급인은 건설공사발주자로부터 건설공사를 최초로 도급받은 수급인은 제외한다)은 건설 산업재해 예방을 위한 지도계약(이하 '기술지도계약'이라 한다)을 해당 건설공사 착공일의 전날까지 체결해야 한다.
- 건설재해예방전문지도기관의 지도업무의 내용, 지도대상 분야, 지도의 수행방법, 그 밖에 필요한 사항은 대통령령으로 정한다.
- 건설재해예방전문지도기관의 지도 기준(시행령 별표 18)
  - 건설재해예방전문지도기관의 지도대상 분야
    ⓐ 건설공사 지도 분야
    ⓑ 전기공사, 정보통신공사 및 소방시설공사 지도 분야
  - 기술지도계약
    ⓐ 건설재해예방전문지도기관은 건설공사발주사로부터기술지도계약서 사본을 받은 날부터 14일 이내에 이를 건설현장에 갖춰 두도록 건설공사도급인(건설공사발주자로부터 해당 건설공사를 최초로 도급받은 수급인만 해당한다)을 지도하고, 건설공사의 시공을 주도하여 총괄·관리하는 자에 대해서는 기술지도계약을 체결한 날부터 14일 이내에 기술지도계약서 사본을 건설현장에 갖춰두도록 지도해야 한다.

ⓑ 건설재해예방전문지도기관이 기술지도계약을 체결할 때에는 고용노동부장관이 정하는 전산시스템(이하 '전산시스템'이라 한다)을 통해 발급한 계약서를 사용해야 하며, 기술지도계약을 체결한 날부터 7일 이내에 전산시스템에 건설업체명, 공사명 등 기술지도계약의 내용을 입력해야 한다.

- 기술지도 횟수
  ⓐ 기술지도는 특별한 사유가 없으면 다음의 계산식에 따른 횟수로 하고, 공사시작 후 15일 이내마다 1회 실시하되, 공사금액이 40억원 이상인 공사에 대해서는 공사에 해당하는 지도 분야의 지도인력기준에 해당하는 사람이 8회마다 한 번 이상 방문하여 기술지도를 해야 한다.

$$\text{기술지도 횟수(회)} = \frac{\text{공사기간(일)}}{\text{15일}}$$

(단, 소수점은 버린다)

ⓑ 공사가 조기에 준공된 경우, 기술지도계약이 지연되어 체결된 경우 및 공사기간이 현저히 짧은 경우 등의 사유로 기술지도 횟수기준을 지키기 어려운 경우에는 그 공사의 공사감독자(공사감독자가 없는 경우에는 감리자)의 승인을 받아 기술지도 횟수를 조정할 수 있다.

- 기술지도 한계 및 기술지도 지역
  ⓐ 건설재해예방전문지도기관의 사업장 지도 담당 요원 1명당 기술지도 횟수는 1일당 최대 4회로 하고, 월 최대 80회로 한다.
  ⓑ 건설재해예방전문지도기관의 기술지도 지역은 건설재해예방전문지도기관으로 지정을 받은 지방고용노동관서 관할지역으로 한다.
- 기술지도 결과의 관리
  ⓐ 건설재해예방전문지도기관은 기술지도를 한 때마다 기술지도 결과보고서를 작성하여 지체 없이 다음의 구분에 따른 사람에게 알려야 한다.

관계수급인의 공사금액을 포함한 해당 공사의 총공사금액이 20억원 이상인 경우	해당 사업장의 안전보건총괄책임자
관계수급인의 공사금액을 포함한 해당 공사의 총공사금액이 20억원 미만인 경우	해당 사업장을 실질적으로 총괄하여 관리하는 사람

- 건설재해예방전문지도기관은 기술지도를 한 날부터 7일 이내에 기술지도 결과를 전산시스템에 입력해야 한다.
- 건설재해예방전문지도기관은 관계수급인의 공사금액을 포함한 해당 공사의 총공사금액이 50억원 이상인 경우에는 건설공사도급인이 속하는 회사의 사업주와 중대재해 처벌 등에 관한 법률에 따른 경영책임자등에게 매 분기 1회 이상 기술지도 결과보고서를 송부해야 한다.
- 건설재해예방전문지도기관은 공사 종료 시 건설공사의 건설공사발주자 또는 건설공사도급인(건설공사도급인은 건설공사발주자로부터 건설공사를 최초로 도급받은 수급인은 제외한다)에게 고용노동부령으로 정하는 서식에 따른 기술지도 완료증명서를 발급해 주어야 한다.
- 기술지도 관련 서류의 보존 : 건설재해예방전문지도기관은 기술지도계약서, 기술지도 결과보고서, 그 밖에 기술지도업무 수행에 관한 서류를 기술지도계약이 종료된 날부터 3년 동안 보존해야 한다.

◎ 건설재해예방전문지도기관(법 제74조, 시행령 제61조, 별표 19)
- 건설재해예방전문지도기관으로 지정받을 수 있는 자
  - 산업안전지도사(전기안전 또는 건설안전 분야의 산업안전지도사만 해당)
  - 건설 산업재해 예방 업무를 하려는 법인
- 건설재해예방전문지도기관이 갖추어야 할 설비
  - 건설공사 지도 분야 : 가스농도측정기, 산소농도측정기, 접지저항측정기, 절연저항측정기, 조도계
  - 전기공사, 정보통신공사 및 소방시설공사 지도분야 : 가스농도측정기, 산소농도측정기, 접지저항측정기, 절연저항측정기, 조도계, 고압경보기, 검전기
- 건설재해예방전문지도기관의 지정 절차, 그 밖에 필요한 사항은 대통령령으로 정한다.
- 고용노동부장관은 건설재해예방전문지도기관에 대하여 평가하고 그 결과를 공개할 수 있다. 이 경우 평가의 기준・방법, 결과의 공개에 필요한 사항은 고용노동부령으로 정한다.

- 지정 취소의 경우(법 제21조)
  - 거짓이나 그 밖의 부정한 방법으로 지정을 받은 경우
  - 업무정지 기간 중에 업무를 수행한 경우
- 업무의 정지(6개월 이내 기간)(법 제21조, 시행령 제62조)
  - 지정 요건을 충족하지 못한 경우
  - 지정받은 사항을 위반하여 업무를 수행한 경우
  - 그 밖에 대통령령으로 정하는 사유에 해당하는 경우
    ⓐ 지도업무 관련 서류를 거짓으로 작성한 경우
    ⓑ 정당한 사유 없이 지도업무를 거부한 경우
    ⓒ 지도업무를 게을리하거나 지도업무에 차질을 일으킨 경우
    ⓓ 지도업무의 내용, 지도대상 분야 또는 지도의 수행방법을 위반한 경우
    ⓔ 지도를 실시하고 그 결과를 고용노동부장관이 정하는 전산시스템에 3회 이상 입력하지 않은 경우
    ⓕ 지도업무와 관련된 비치서류를 보존하지 않은 경우
    ⓖ 법에 따른 관계 공무원의 지도·감독을 거부·방해 또는 기피한 경우
- 지정이 취소된 자는 지정이 취소된 날부터 2년 이내에는 건설재해예방전문지도기관으로 지정받을 수 없다(법 제21조).

ⓙ 안전 및 보건에 관한 협의체 등의 구성·운영에 관한 특례(법 제75조, 시행령 제63조, 제64조, 제65조)
- 대통령령으로 정하는 규모의 건설공사의 건설공사도급인은 노사협의체(해당 건설공사 현장에 근로자위원과 사용자위원이 같은 수로 구성되는 안전 및 보건에 관한 협의체)를 대통령령으로 정하는 바에 따라 구성·운영할 수 있다.
- 노사협의체의 설치 대상 : 대통령령으로 정하는 규모의 건설공사란 공사금액이 120억원(종합공사를 시공하는 업종의 토목공사업은 150억원) 이상인 건설공사
- 노사협의체의 구성 : 근로자위원, 사용자위원
  - 근로자위원
    ⓐ 도급 또는 하도급 사업을 포함한 전체 사업의 근로자대표
    ⓑ 근로자대표가 지명하는 명예산업안전감독관 1명(다만, 명예산업안전감독관이 위촉되어 있지 않은 경우에는 근로자대표가 지명하는 해당 사업장 근로자 1명)
    ⓒ 공사금액이 20억원 이상인 공사의 관계수급인의 각 근로자대표
  - 사용자위원
    ⓐ 도급 또는 하도급 사업을 포함한 전체 사업의 대표자
    ⓑ 안전관리자 1명
    ⓒ 보건관리자 1명(보건관리자 선임대상 건설업으로 한정)
    ⓓ 공사금액이 20억원 이상인 공사의 관계수급인의 각 대표자
  - 노사협의체의 근로자위원과 사용자위원은 합의하여 노사협의체에 공사금액이 20억원 미만인 공사의 관계수급인 및 관계수급인 근로자대표를 위원으로 위촉할 수 있다.
  - 노사협의체의 근로자위원과 사용자위원은 합의하여 건설기계를 직접 운전하는 사람(시행령 제67조 제4호에 따른 사람)을 노사협의체에 참여하도록 할 수 있다.
- 건설공사도급인이 노사협의체를 구성·운영하는 경우에는 산업안전보건위원회 및 안전 및 보건에 관한 협의체를 각각 구성·운영하는 것으로 본다.
- 노사협의체의 회의는 정기회의와 임시회의로 구분하여 개최하되, 정기회의는 2개월마다 노사협의체의 위원장이 소집하며, 임시회의는 위원장이 필요하다고 인정할 때에 소집한다.

ⓚ 기계·기구 등에 대한 건설공사도급인의 안전조치(법 제76조, 시행령 제66조)
- 건설공사도급인은 자신의 사업장에서 타워크레인 등 대통령령으로 정하는 기계·기구 또는 설비 등이 설치되어 있거나 작동하고 있는 경우 또는 이를 설치·해체·조립하는 등의 작업이 이루어지고 있는 경우에는 필요한 안전조치 및 보건조치를 하여야 한다.
- 타워크레인 등 대통령령으로 정하는 기계·기구 또는 설비 등
  - 타워크레인

- 건설용 리프트
- 항타기(해머나 동력을 사용하여 말뚝을 박는 기계) 및 항발기(박힌 말뚝을 빼내는 기계)

④ 그 밖의 고용형태에서의 산업재해 예방

㉠ 특수형태근로종사자에 대한 안전조치 및 보건조치 등 (법 제77조, 시행령 제67조)

- 계약의 형식에 관계없이 근로자와 유사하게 노무를 제공하여 업무상의 재해로부터 보호할 필요가 있음에도 근로기준법 등이 적용되지 아니하는 자로서 다음의 요건을 모두 충족하는 사람(이하 특수형태근로종사자)의 노무를 제공받는 자는 특수형태근로종사자의 산업재해 예방을 위하여 필요한 안전조치 및 보건조치를 하여야 한다.
  - 대통령령으로 정하는 직종에 종사할 것
  - 주로 하나의 사업에 노무를 상시적으로 제공하고 보수를 받아 생활할 것
  - 노무를 제공할 때 타인을 사용하지 아니할 것
- 특수형태근로종사자의 범위(대통령령으로 정하는 직종 : 14개 직종)
  - 보험설계사・우체국보험 모집원
  - 건설기계 직접 운전자(27종) : 불도저, 굴삭기, 로더, 지게차, 스크레이퍼, 덤프트럭, 기중기, 모터그레이더, 롤러, 노상안정기, 콘크리트뱃칭플랜트, 콘크리트피니셔, 콘크리트살포기, 콘크리트믹서트럭, 콘크리트펌프, 아스팔트믹싱플랜트, 아스팔트피니셔, 아스팔트살포기, 골재살포기, 쇄석기, 공기압축기, 천공기, 항타 및 항발기, 자갈채취기, 준설선, 특수건설기계, 타워크레인
  - 학습지 방문강사, 교육 교구 방문강사, 그 밖에 회원의 가정 등을 직접 방문하여 아동이나 학생 등을 가르치는 사람
  - 골프장 캐디
  - 택배기사
  - 퀵서비스기사
  - 대출모집인
  - 신용카드회원 모집인
  - 대리운전기사
  - 상시적으로 방문판매업무를 하는 사람
  - 대여 제품 방문점검원
  - 가전제품 설치 및 수리원으로서 가전제품을 배송, 설치 및 시운전하여 작동상태를 확인하는 사람
  - 화물차주로서 다음의 어느 하나에 해당하는 사람
    ⓐ 특수자동차로 수출입 컨테이너를 운송하는 사람
    ⓑ 특수자동차로 시멘트를 운송하는 사람
    ⓒ 피견인자동차나 일반형 화물자동차로 철강재를 운송하는 사람
    ⓓ 일반형 화물자동차나 특수용도형 화물자동차로 위험물질을 운송하는 사람
  - 소프트웨어기술자

적용대상 (건설기계는 별도)	산업안전보건법 및 안전보건기준 관련 법령
보험설계사 · 우체국 보험 모집원 학습지교사 대출모집인 신용카드회원 모집인	• 휴게시설 구비 • 공기정화설비 가동, 사무실 청결관리 등 사무실에서의 건강장해 예방 • 책상 · 의자의 높낮이 조절, 적절한 휴식시간 부여 등 컴퓨터 단말기 조작업무에 대한 조치 • 고객의 폭언 등에 대한 대처방법 등을 포함한 대응지침 제공 및 관련교육 실시
골프장 캐디	• 해당작업(장)의 지형 · 지반 · 지층상태 등에 대한 사전조사 및 작업계획서 작성 등 • 휴게시설, 세척시설, 구급용구 등의 구비 • 차량계 하역운반기계를 사용하여 작업 시 승차석이 아닌 위치에 근로자 탑승 금지 • 운전 시작 전 근로자 배치 · 교육, 작업방법, 방호장치 등 확인 및 위험방지를 위하여 필요한 조치 • 차량계 하역운반기계 등을 사용하는 작업을 할 때에 기계가 넘어지거나 굴러떨어짐으로써 근로자에게 위험을 미칠 우려가 있는 경우 기계 유도자 배치, 부동침하 방지 등 조치 • 차량계 하역운반기계등을 사용하여 작업을 하는 경우에 하역 또는 운반 중인 화물이나 차량계 하역운반기계 등에 접촉되어 근로자가 위험해질 우려 있는 장소에 근로자 출입 금지 • 꽂음접속기 설치 · 사용 시 서로 다른 전압의 접속기가 서로 접속되지 아니한 구조의 것을 사용할 것 등* • 미끄럼방지 신발 착용 확인 및 지시* • 고객 폭언 등에 의한 산업재해 예방 조치* – 고객의 폭언등에 대한 대처방법 등 포함한 지침 제공 – 업무의 일시적 중단 또는 전환 – 휴게시간의 연장 – 고객의 폭언등으로 인한 건강장해 관련 치료 및 상담 지원 – 관할 수사기관 또는 법원에 증거물 등 제출 ※ 단, *표시 조치는 골프장 캐디에게 건강장해가 발생하거나 발생할 현저한 우려가 있는 경우에 한함
퀵서비스 기사	• 전조등, 제동등, 후미등, 후사경 또는 제동장치 불량 이륜자동차 탑승 제한 지시 • 업무에 이용하는 이륜자동차의 전조등, 제동등, 후미등, 후사경 또는 제동장치가 정상적으로 작동되는지 정기적으로 확인 • 고객의 폭언등에 대한 대처방법 등 포함한 지침 제공
택배기사	• 작업장에서 넘어짐 또는 미끄러짐 방지, 청결 유지, 적정 조도 유지 등 • 안전한 통로와 계단의 설치, 안전난간 설치, 비상구 설치, 통로 설치 등 • 낙하물에 의한 위험방지, 위험물질 보관 등 • 차량계 하역운반기계 등을 사용하는 작업 시 해당작업(장)의 지형 · 지반 · 지층상태 등에 대한 사전조사 및 작업계획서 작성 등 • 크레인 · 이동식 크레인 등을 사용하여 근로자를 운반하거나 근로자를 달아올린 상태에서의 작업 종사 금지 • 운전 시작 전 근로자 배치 · 교육, 작업방법, 방호장치 등 확인 및 위험방지를 위하여 필요한 조치 • 차량계 하역운반기계, 차량계 건설기계를 사용하여 작업 시 제한속도 설정 및 운전자가 준수하도록 할 것 • 차량계 하역운반기계, 차량계 건설기계 운전자가 운전위치 이탈시 원동기 정지 등 필요한 사항 준수 • 차량계 하역운반기계 등을 사용 시 기계유도자 배치, 근로자 접촉 방지, 화물적재 시 안전 조치 등 • 컨베이어 등을 사용하는 경우 이탈 및 역주행 방지 장치, 비상정지장치 등을 설치 • 중량물을 운반하거나 취급하는 경우 하역운반기계 · 운반용구 사용하여야 함 • 화물취급 작업 시 섬유로프 점검, 하역작업장의 안전조치 등 실시 • 근골격계부담작업으로 인한 건강장해 예방 조치 • 업무에 이용하는 자동차의 제동장치가 정상적으로 작동되는지 정기적으로 확인 • 고객의 폭언등에 대한 대처방법 등 포함한 지침 제공
대리운전 기사	고객의 폭언등에 대한 대처방법 등 포함한 지침 제공

• 정부는 특수형태근로종사자의 안전 및 보건의 유지・증진에 사용하는 비용의 일부 또는 전부를 지원할 수 있다.

ⓛ 배달종사자에 대한 안전조치(법 제78조, 산업안전보건기준에 관한 규칙 제673조)

• 이동통신단말장치로 물건의 수거・배달 등을 중개하는 자는 그 중개를 통하여 이륜자동차로 물건을 수거・배달 등을 하는 자의 산업재해 예방을 위하여 필요한 안전조치 및 보건조치를 하여야 한다.
  - 이동통신단말장치의 소프트웨어에 이륜자동차로 물건의 수거・배달 등을 하는 자가 등록하는 경우 이륜자동차를 운행할 수 있는 면허 및 안전모의 보유 여부 확인
  - 이동통신단말장치의 소프트웨어를 통하여 운전자의 준수사항 등(운전자는 운전 중에는 휴대용 전화를 사용하지 아니할 것, 운전자가 운전 중 볼 수 있는 위치에 영상이 표시되지 아니하도록 할 것 등) 안전운행 및 산업재해 예방에 필요한 사항을 정기적으로 고지
  - 물건의 수거・배달 등을 중개하는 자는 물건의 수거・배달 등에 소요되는 시간에 대해 산업재해를 유발할 수 있을 정도로 제한하여서는 아니 됨
• 벌칙 : 이동통신단말장치로 물건의 수거・배달 등을 중개하는 자가 안전보건조치위반 시 1,000만원 이하의 과태료 부과(법 제175조)
• 사업주는 이륜자동차 운행 배달종사자의 안전을 위해 다음 사항 준수(산업안전보건기준에 관한 규칙 제32조, 제86조)
  - 물건을 운반하거나 수거・배달하기 위하여 이륜자동차를 운행하는 작업을 하는 근로자에게 기준에 적합한 승차용 안전모를 지급하고 착용하도록 해야 함
  - 전조등, 제동등, 후미등, 후사경 또는 제동장치가 정상적으로 작동되는 이륜자동차를 근로자가 탑승토록 해야 함

ⓒ 프랜차이즈 가맹본부의 산업재해 예방 조치(법 제79조, 시행령 제69조, 시행규칙 제96조)

• 산업재해 예방 조치 시행 대상(대통령령으로 정하는 가맹본부) : 정보공개서(직전 사업연도 말 기준으로 등록된 것)상 업종이 다음의 어느 하나에 해당하는 경우로서 가맹점의 수가 200개 이상인 가맹본부를 말한다.
  - 대분류가 외식업인 경우
  - 대분류가 도소매업으로서 중분류가 편의점인 경우
• 가맹본부는 가맹점사업자에게 가맹점의 설비나 기계, 원자재 또는 상품 등을 공급하는 경우에 가맹점사업자와 그 소속 근로자의 산업재해 예방을 위하여 다음의 조치를 하여야 한다.
  - 가맹점의 안전 및 보건에 관한 프로그램의 마련・시행
  - 가맹본부가 가맹점에 설치하거나 공급하는 설비・기계 및 원자재 또는 상품 등에 대하여 가맹점사업자에게 안전 및 보건에 관한 정보의 제공
• 안전 및 보건에 관한 프로그램
  - 가맹본부의 안전보건경영방침 및 안전보건 활동계획
  - 가맹본부의 프로그램 운영 조직 구성, 역할 및 가맹점사업자에 대한 안전보건교육지원 체계
  - 가맹점 내 위험요소 및 예방대책 등을 포함한 가맹점 안전보건매뉴얼
  - 가맹점의 재해 발생에 대비한 가맹본부 및 가맹점사업자의 조치사항
• 가맹본부가 산업재해 예방조치 의무를 위반한 경우 3천만원 이하의 과태료를 부과(법 제175조)

핵심예제

산업안전보건법령상 같은 장소에서 행하여지는 사업으로서 사업의 일부를 분리하여 도급을 주는 사업의 경우 산업재해를 예방하기 위한 조치로 구성・운영하는 안전・보건에 관한 협의체의 회의 주기로 옳은 것은? [2015년 제2회]

① 매월 1회 이상
② 2개월 간격의 1회 이상
③ 3개월 내의 1회 이상
④ 6개월 내의 1회 이상

|해설|

사업의 일부를 분리하여 도급을 주는 사업의 경우 산업재해를 예방하기 위한 조치로 구성・운영하는 안전・보건에 관한 협의체의 회의 주기 : 매월 1회 이상(시행규칙 제79조)

정답 ①

핵심 이론 04 유해·위험기계 등에 대한 조치

① 유해하거나 위험한 기계·기구에 대한 방호조치

㉠ 방호조치의 개요(법 제80조, 시행령 제70조, 별표 20)

- 누구든지 동력으로 작동하는 기계·기구로서 다음의 어느 하나에 해당하는 것은 고용노동부령으로 정하는 방호조치를 하지 아니하고는 양도, 대여, 설치 또는 사용에 제공하거나 양도·대여의 목적으로 진열해서는 아니 된다.
  - 작동 부분에 돌기 부분이 있는 것
  - 동력전달 부분 또는 속도조절 부분이 있는 것
  - 회전기계에 물체 등이 말려 들어갈 부분이 있는 것
- 사업주는 방호조치가 정상적인 기능을 발휘할 수 있도록 방호조치와 관련되는 장치를 상시적으로 점검하고 정비하여야 한다.
- 사업주와 근로자는 방호조치를 해체하려는 경우 등 고용노동부령으로 정하는 경우에는 필요한 안전조치 및 보건조치를 하여야 한다.

㉡ 유해·위험방지를 위한 방호조치를 하지 아니하고는 양도·대여·설치·사용에 제공하거나 양도대여를 목적으로 진열해서는 아니 되는 기계·기구 : 예초기, 원심기, 공기압축기, 금속절단기, 지게차, 포장기계(진공포장기, 래핑기로 한정)

㉢ 대여자 등이 안전조치 등을 해야 하는 기계·기구·설비 및 건축물 등(시행령 별표 21) : 사무실 및 공장용 건축물, 이동식 크레인, 타워크레인, 불도저, 모터 그레이더, 로더, 스크레이퍼, 스크레이퍼 도저, 파워 셔블, 드래그라인, 클램셀, 버킷굴착기, 트렌치, 항타기, 항발기, 어스드릴, 천공기, 어스오거, 페이퍼드레인머신, 리프트, 지게차, 롤러기, 콘크리트 펌프, 고소작업대(총 24종류)

㉣ 타워크레인 설치·해체업의 인력·시설 및 장비 기준(시행령 별표 22)

- 인력기준 : 다음의 어느 하나에 해당하는 사람 4명 이상을 보유할 것
  - 판금제관기능사 또는 비계기능사의 자격을 가진 사람
  - 타워크레인 설치·해체작업 교육기관에서 지정된 교육을 이수하고 수료시험에 합격한 사람으로서 합격 후 5년이 지나지 않은 사람
  - 타워크레인 설치·해체작업 교육기관에서 보수교육을 이수한 후 5년이 지나지 않은 사람
- 시설기준 : 사무실
- 장비기준
  - 렌치류(토크렌치, 함마렌치 및 전동임팩트렌치 등 볼트, 너트, 나사 등을 죄거나 푸는 공구)
  - 드릴링머신(회전축에 드릴을 달아 구멍을 뚫는 기계)
  - 버니어캘리퍼스(자로 재기 힘든 물체의 두께, 지름 따위를 재는 기구)
  - 트랜싯(각도를 측정하는 측량기기로 같은 수준의 기능 및 성능의 측량기기를 갖춘 경우도 인정)
  - 체인블록 및 레버블록(체인 또는 레버를 이용하여 중량물을 달아 올리거나 수직·수평·경사로 이동시키는데 사용하는 기구)
  - 전기테스터기
  - 송수신기
- 타워크레인 설치·해체업의 등록한 사항 중 다음의 대통령령으로 정하는 중요한 사항을 변경할 때에도 고용노동부장관에게 등록하여야 한다(시행령 제72조)
  - 업체의 명칭(상호)
  - 업체의 소재지
  - 대표자의 성명

② 안전인증

㉠ 안전인증대상 기계·기구, 방호장치, 보호구(시행령 제74조)

기계 또는 설비 (9품목)	프레스, 전단기 및 절곡기, 크레인, 리프트, 압력용기, 롤러기, 사출성형기, 고소작업대, 곤돌라
방호장치 (9품목)	프레스 및 전단기 방호장치, 양중기용 과부하 방지장치, 보일러 압력방출용 안전밸브, 압력용기 압력방출용 안전밸브, 압력용기 압력방출용 파열판, 절연용 방호구 및 활선작업용 기구, 방폭구조 전기기계·기구 및 부품, 가설기자재, 산업용 로봇 방호장치
보호구 (12품목)	안전모(추락 및 감전 위험방지용), 안전화, 안전장갑, 방진마스크, 방독마스크, 송기마스크, 전동식 호흡보호구, 보호복, 안전대, 보안경(차광 및 비산물 위험방지용), 용접용 보안면, 방음용 귀마개 또는 귀덮개

㉡ 안전인증(법 제84조)

- 안전인증대상기계 등을 제조하거나 수입하는 자(설치·이전하거나 주요 구조 부분을 변경하는 자를 포함)는 안전인증대상기계 등이 안전인증기준에 맞는지에 대하여 고용노동부장관이 실시하는 안전인증을 받아야 한다.
- 고용노동부장관은 다음의 어느 하나에 해당하는 경우에는 고용노동부령으로 정하는 바에 따라 안전인증의 전부 또는 일부를 면제할 수 있다.
  - 연구·개발을 목적으로 제조·수입하거나 수출을 목적으로 제조하는 경우
  - 고용노동부장관이 정하여 고시하는 외국의 안전인증기관에서 인증을 받은 경우
  - 다른 법령에 따라 안전성에 관한 검사나 인증을 받은 경우로서 고용노동부령으로 정하는 경우
- 안전인증대상기계 등이 아닌 유해·위험기계 등을 제조하거나 수입하는 자가 그 유해·위험기계 등의 안전에 관한 성능 등을 평가받으려면 고용노동부장관에게 안전인증을 신청할 수 있다. 이 경우 고용노동부장관은 안전인증기준에 따라 안전인증을 할 수 있다.
- 고용노동부장관은 안전인증을 받은 자가 안전인증기준을 지키고 있는지를 3년 이하의 범위에서 고용노동부령으로 정하는 주기마다 확인하여야 한다. 다만, 안전인증의 일부를 면제받은 경우에는 고용노동부령으로 정하는 바에 따라 확인의 전부 또는 일부를 생략할 수 있다.
- 안전인증을 받은 자는 안전인증을 받은 안전인증대상기계 등에 대하여 고용노동부령으로 정하는 바에 따라 제품명·모델명·제조수량·판매수량 및 판매처 현황 등의 사항을 기록하여 보존하여야 한다.
- 고용노동부장관은 근로자의 안전 및 보건에 필요하다고 인정하는 경우 안전인증대상기계 등을 제조·수입 또는 판매하는 자에게 고용노동부령으로 정하는 바에 따라 해당 안전인증대상기계 등의 제조·수입 또는 판매에 관한 자료를 공단에 제출하게 할 수 있다.
- 안전인증의 신청 방법·절차, 확인의 방법·절차, 그 밖에 필요한 사항은 고용노동부령으로 정한다.

㉢ 안전인증의 표시(법 제85조)

- 안전인증을 받은 자는 안전인증을 받은 유해·위험기계 등이나 이를 담은 용기 또는 포장에 고용노동부령으로 정하는 바에 따라 안전인증표시를 하여야 한다.
- 안전인증을 받은 유해·위험기계 등이 아닌 것은 안전인증표시 또는 이와 유사한 표시를 하거나 안전인증에 관한 광고를 해서는 아니 된다.
- 안전인증을 받은 유해·위험기계 등을 제조·수입·양도·대여하는 자는 안전인증표시를 임의로 변경하거나 제거해서는 아니 된다.
- 고용노동부장관은 다음의 어느 하나에 해당하는 경우에는 안전인증표시나 이와 유사한 표시를 제거할 것을 명하여야 한다.
  - 안전인증을 받은 유해·위험기계 등이 아닌 것에 안전인증표시나 이와 유사한 표시를 한 경우
  - 안전인증이 취소되거나 안전인증표시의 사용 금지 명령을 받은 경우

㉣ 안전인증의 취소 및 금지, 시정(법 제86조)

- 안전인증 취소의 경우 : 거짓이나 그 밖의 부정한 방법으로 안전인증을 받은 경우
- 6개월 이내의 기간을 정하여 안전인증표시의 사용을 금지하거나 안전인증기준에 맞게 시정하도록 명할 수 있는 경우
  - 안전인증을 받은 유해·위험기계 등의 안전에 관한 성능 등이 안전인증기준에 맞지 아니하게 된 경우
  - 정당한 사유 없이 제84조 제4항(안전인증기준을 지키고 있는지를 3년 이하의 범위에서 고용노동부령으로 정하는 주기마다 확인하여야 한다)에 따른 확인을 거부, 방해 또는 기피하는 경우
- 안전인증이 취소된 자는 안전인증이 취소된 날부터 1년 이내에는 취소된 유해·위험기계 등에 대하여 안전인증을 신청할 수 없다.

㉤ 안전인증대상기계 등의 제조 금지 등(법 제87조)

- 누구든지 다음의 어느 하나에 해당하는 안전인증대상기계 등을 제조·수입·양도·대여·사용하거나 양도·대여의 목적으로 진열할 수 없다.
  - 안전인증을 받지 아니한 경우(안전인증이 전부 면제되는 경우는 제외)

- 안전인증기준에 맞지 아니하게 된 경우
- 안전인증이 취소되거나 안전인증표시의 사용 금지 명령을 받은 경우

• 고용노동부장관은 규정을 위반하여 안전인증대상기계 등을 제조·수입·양도·대여하는 자에게 고용노동부령으로 정하는 바에 따라 그 안전인증대상기계 등을 수거하거나 파기할 것을 명할 수 있다.

ⓗ 안전인증기관(법 제88조, 시행령 제75조)

• 고용노동부장관은 안전인증 업무 및 확인 업무를 위탁받아 수행할 기관을 안전인증기관으로 지정할 수 있다.

• 안전인증기관으로 지정받을 수 있는 자
- 공 단
- 다음의 어느 하나에 해당하는 기관으로서 별표 24에 따른 인력·시설 및 장비를 갖춘 기관
  ⓐ 산업 안전·보건 또는 산업재해 예방을 목적으로 설립된 비영리법인
  ⓑ 기계 및 설비 등의 인증·검사, 생산기술의 연구개발·교육·평가 등의 업무를 목적으로 설립된 공공기관

• 지정의 취소(법 제21조)
- 거짓이나 그 밖의 부정한 방법으로 지정을 받은 경우
- 업무정지 기간 중에 업무를 수행한 경우

• 6개월 이내의 기간을 정하여 그 업무의 정지를 명할 수 있는 경우(법 제21조)
- 지정 요건을 충족하지 못한 경우
- 지정받은 사항을 위반하여 업무를 수행한 경우
- 그 밖에 대통령령으로 정하는 사유에 해당하는 경우(시행령 제28조)
  ⓐ 안전인증 관련 서류를 거짓으로 작성한 경우
  ⓑ 정당한 사유 없이 안전인증 업무를 거부한 경우
  ⓒ 안전인증 업무를 게을리하거나 업무에 차질을 일으킨 경우
  ⓓ 안전검사 업무를 하지 않고 수수료를 받은 경우
  ⓔ 안전검사 업무와 관련된 서류를 보존하지 않은 경우
  ⓕ 안전검사 업무 수행과 관련한 대가 외에 금품을 받은 경우
  ⓖ 법에 따른 관계 공무원의 지도·감독을 거부·방해 또는 기피한 경우

• 지정이 취소된 자는 지정이 취소된 날부터 2년 이내에는 안전인증기관으로 지정받을 수 없다(법 제21조).

• 고용노동부장관은 지정받은 안전인증기관에 대하여 평가하고 그 결과를 공개할 수 있다. 이 경우 평가의 기준·방법 및 결과의 공개에 필요한 사항은 고용노동부령으로 정한다.

ⓢ 안전인증 심사의 종류 및 방법(시행규칙 제110조)

• 유해·위험기계 등이 안전인증기준에 적합한지를 확인하기 위하여 안전인증기관이 하는 심사의 종류
- 예비심사 : 기계 및 방호장치·보호구가 유해·위험기계 등 인지를 확인하는 심사(안전인증을 신청한 경우만 해당)
- 서면심사 : 유해·위험기계 등의 종류별 또는 형식별로 설계도면 등 유해·위험기계 등의 제품기술과 관련된 문서가 안전인증기준에 적합한지에 대한 심사
- 기술능력 및 생산체계 심사 : 유해·위험기계 등의 안전성능을 지속적으로 유지·보증하기 위하여 사업장에서 갖추어야 할 기술능력과 생산체계가 안전인증기준에 적합한지에 대한 심사. 다만, 다음의 어느 하나에 해당하는 경우에는 기술능력 및 생산체계 심사를 생략한다.
  ⓐ 방호장치 및 보호구를 고용노동부장관이 정하여 고시하는 수량 이하로 수입하는 경우
  ⓑ 개별 제품심사를 하는 경우
  ⓒ 안전인증(형식별 제품심사를 하여 안전인증을 받은 경우로 한정)을 받은 후 같은 공정에서 제조되는 같은 종류의 안전인증대상기계 등에 대하여 안전인증을 하는 경우
- 제품심사 : 유해·위험기계 등이 서면심사 내용과 일치하는지와 유해·위험기계 등의 안전에 관한 성능이 안전인증기준에 적합한지에 대한 심사. 다만, 다음의 심사는 유해·위험기계 등별로 고용노동부장관이 정하여 고시하는 기준에 따라 어느 하나만을 받는다.
  ⓐ 개별 제품심사 : 서면심사 결과가 안전인증기준에 적합할 경우에 유해·위험기계 등 모두에 대하여 하는 심사(안전인증을 받으려는 자가 서면

심사와 개별 제품심사를 동시에 할 것을 요청하는 경우 병행할 수 있다)

ⓑ 형식별 제품심사 : 서면심사와 기술능력 및 생산체계 심사 결과가 안전인증기준에 적합할 경우에 유해·위험기계 등의 형식별로 표본을 추출하여 하는 심사(안전인증을 받으려는 자가 서면심사, 기술능력 및 생산체계 심사와 형식별 제품심사를 동시에 할 것을 요청하는 경우 병행할 수 있다)

- 안전인증기관은 안전인증 신청서를 제출받으면 다음의 구분에 따른 심사 종류별 기간 내에 심사해야 한다. 다만, 제품심사의 경우 처리기간 내에 심사를 끝낼 수 없는 부득이한 사유가 있을 때에는 15일의 범위에서 심사기간을 연장할 수 있다.
  - 예비심사 : 7일
  - 서면심사 : 15일(외국에서 제조한 경우는 30일)
  - 기술능력 및 생산체계 심사 : 30일(외국에서 제조한 경우는 45일)
  - 제품심사
    ⓐ 개별 제품심사 : 15일
    ⓑ 형식별 제품심사 : 30일(방호장치와 보호구는 60일)
- 안전인증기관은 위에 따른 심사가 끝나면 안전인증을 신청한 자에게 심사결과 통지서를 발급해야 한다. 이 경우 해당 심사 결과가 모두 적합한 경우에는 안전인증서를 함께 발급해야 한다.
- 안전인증기관은 안전인증대상기계 등이 특수한 구조 또는 재료로 제조되어 안전인증기준의 일부를 적용하기 곤란할 경우 해당 제품이 안전인증기준과 같은 수준 이상의 안전에 관한 성능을 보유한 것으로 인정(안전인증을 신청한 자의 요청이 있거나 필요하다고 판단되는 경우를 포함)되면 한국산업표준 또는 관련 국제규격 등을 참고하여 안전인증기준의 일부를 생략하거나 추가하여 심사를 할 수 있다.
- 안전인증기관은 안전인증대상기계 등이 안전인증기준과 같은 수준 이상의 안전에 관한 성능을 보유한 것으로 인정되는지와 해당 안전인증대상기계 등에 생략하거나 추가하여 적용할 안전인증기준을 심의·의결하기 위하여 안전인증심의위원회를 설치·운영해야 한다. 이 경우 안전인증심의위원회의 구성·개최에 걸리는 기간은 심사기간에 산입하지 않는다.

③ 자율안전

㉠ 자율안전확인의 신고(법 제89조)

- 자율안전확인대상기계 등(안전인증대상기계 등이 아닌 유해·위험기계 등으로서 대통령령으로 정하는 것)을 제조하거나 수입하는 자는 자율안전확인대상기계 등의 안전에 관한 성능이 자율안전기준(고용노동부장관이 정하여 고시하는 안전기준)에 맞는지 확인(자율안전확인)하여 고용노동부장관에게 신고(신고한 사항을 변경하는 경우를 포함)하여야 한다.
- 자율안전확인신고 면제의 경우
  - 연구·개발을 목적으로 제조·수입하거나 수출을 목적으로 제조하는 경우
  - 안전인증을 받은 경우(안전인증이 취소되거나 안전인증표시의 사용 금지 명령을 받은 경우는 제외)
  - 다른 법령에 따라 안전성에 관한 검사나 인증을 받은 경우로서 고용노동부령으로 정하는 경우

㉡ 자율안전확인대상 기계·기구, 방호장치, 보호구(시행령 제77조)

구분	품목
기계 또는 설비 (10품목)	연삭기 또는 연마기(휴대형은 제외), 산업용 로봇, 혼합기, 파쇄기 또는 분쇄기, 식품가공용 기계(파쇄·절단·혼합·제면기만 해당), 컨베이어, 자동차정비용 리프트, 공작기계(선반, 드릴기, 평삭·형삭기, 밀링만 해당), 고정형 목재가공용 기계(둥근톱, 대패, 루타기, 띠톱, 모떼기 기계만 해당), 인쇄기
방호장치 (7품목)	아세틸렌 용접장치용 또는 가스집합 용접장치용 안전기, 교류 아크용접기용 자동전격방지기, 롤러기 급정지장치, 연삭기 덮개, 목재 가공용 둥근톱 반발 예방장치와 날 접촉 예방장치, 동력식 수동대패용 칼날 접촉 방지장치, 가설기자재(안전인증대상 가설기자재 제외)
보호구 (3품목)	안전모(안전인증대상 안전모 제외), 보안경(안전인증대상 보안경 제외), 보안면(안전인증대상 보안면 제외)

㉢ 자율안전확인의 표시 등(법 제90조)

- 자율안전확인대상기계 등을 신고한 자는 자율안전확인대상기계 등이나 이를 담은 용기 또는 포장에 고용노동부령으로 정하는 바에 따라 자율안전확인표시를 하여야 한다.

- 신고된 자율안전확인대상기계 등이 아닌 것은 자율안전확인표시 또는 이와 유사한 표시를 하거나 자율안전확인에 관한 광고를 해서는 아니 된다.
- 신고된 자율안전확인대상기계 등을 제조·수입·양도·대여하는 자는 자율안전확인표시를 임의로 변경하거나 제거해서는 아니 된다.
- 고용노동부장관은 다음의 어느 하나에 해당하는 경우에는 자율안전확인표시나 이와 유사한 표시를 제거할 것을 명하여야 한다.
  - 규정을 위반하여 자율안전확인표시나 이와 유사한 표시를 한 경우
  - 거짓이나 그 밖의 부정한 방법으로 신고를 한 경우
  - 자율안전확인표시의 사용 금지 명령을 받은 경우

㉣ 자율안전확인표시의 사용 금지(법 제91조)

- 고용노동부장관은 신고된 자율안전확인대상기계 등의 안전에 관한 성능이 자율안전기준에 맞지 아니하게 된 경우에는 신고한 자에게 6개월 이내의 기간을 정하여 자율안전확인표시의 사용을 금지하거나 자율안전기준에 맞게 시정하도록 명할 수 있다.

㉤ 자율안전확인대상기계 등의 제조 등의 금지(법 제92조)

- 누구든지 다음의 어느 하나에 해당하는 자율안전확인대상기계 등을 제조·수입·양도·대여·사용하거나 양도·대여의 목적으로 진열할 수 없다.
  - 신고를 하지 아니한 경우(신고가 면제되는 경우는 제외)
  - 거짓이나 그 밖의 부정한 방법으로 신고를 한 경우
  - 자율안전확인대상기계 등의 안전에 관한 성능이 자율안전기준에 맞지 아니하게 된 경우
  - 자율안전확인표시의 사용 금지 명령을 받은 경우
- 고용노동부장관은 규정을 위반하여 자율안전확인대상기계 등을 제조·수입·양도·대여하는 자에게 고용노동부령으로 정하는 바에 따라 그 자율안전확인대상기계 등을 수거하거나 파기할 것을 명할 수 있다.

④ 안전검사

㉠ 안전검사의 개요(법 제93조)

- 안전검사대상기계 등(유해하거나 위험한 기계·기구·설비로서 대통령령으로 정하는 것)을 사용하는 사업주(근로자를 사용하지 아니하고 사업을 하는 자를 포함)는 안전검사대상기계 등의 안전에 관한 성능이 고용노동부장관이 정하여 고시하는 검사기준에 맞는지에 대하여 안전검사를 받아야 한다.
- 안전검사대상기계 등을 사용하는 사업주와 소유자가 다른 경우에는 안전검사대상기계 등의 소유자가 안전검사를 받아야 한다.
- 안전검사대상기계 등이 다른 법령에 따라 안전성에 관한 검사나 인증을 받은 경우로서 고용노동부령으로 정하는 경우에는 안전검사를 면제할 수 있다.
- 안전검사의 신청, 검사 주기 및 검사합격 표시방법, 그 밖에 필요한 사항은 고용노동부령으로 정한다. 이 경우 검사 주기는 안전검사대상기계 등의 종류, 사용연한 및 위험성을 고려하여 정한다.

㉡ 안전검사대상기계 등(시행령 제78조)

구분	내용
안전검사 대상기계 등 (13품목)	프레스, 전단기, 크레인(정격 하중 2[ton] 미만은 제외), 리프트, 압력용기, 곤돌라, 국소 배기장치(이동식 제외), 원심기(산업용만 해당), 롤러기(밀폐형 구조 제외), 사출성형기(형 체결력 294[kN] 미만 제외), 고소작업대(화물자동차 또는 특수자동차에 탑재한 고소작업대로 한정), 컨베이어, 산업용 로봇

㉢ 안전검사의 주기(시행규칙 제126조)

대상	주기
크레인(이동식 제외), 리프트(이삿짐운반용 제외), 곤돌라	사업장에 설치가 끝난 날부터 3년 이내에 최초 안전검사를 실시하되, 그 이후부터 2년마다(건설현장에서 사용하는 것은 최초로 설치한 날부터 6개월마다)
이동식 크레인, 이삿짐운반용 리프트 및 고소작업대	신규등록 이후 3년 이내에 최초 안전검사를 실시하되, 그 이후부터 2년마다
프레스, 전단기, 압력용기, 국소 배기장치, 원심기, 롤러기, 사출성형기, 컨베이어 및 산업용 로봇	사업장에 설치가 끝난 날부터 3년 이내에 최초 안전검사를 실시하되, 그 이후부터 2년마다(공정안전보고서를 제출하여 확인을 받은 압력용기는 4년마다)

㉣ 안전검사합격증명서 발급(법 제94조)

- 고용노동부장관은 안전검사에 합격한 사업주에게 고용노동부령으로 정하는 바에 따라 안전검사합격증명서를 발급하여야 한다.
- 안전검사합격증명서를 발급받은 사업주는 그 증명서를 안전검사대상기계 등에 붙여야 한다.

ⓜ 안전검사대상기계 등의 사용 금지(법 제95조)
- 안전검사를 받지 아니한 안전검사대상기계 등(안전검사가 면제되는 경우는 제외)
- 안전검사에 불합격한 안전검사대상기계 등

ⓑ 안전검사기관(법 제96조, 시행령 제79조)
- 고용노동부장관은 안전검사 업무를 위탁받아 수행하는 기관을 안전검사기관으로 지정할 수 있다.
- 안전검사기관으로 지정받을 수 있는 자
  - 공 단
  - 다음의 어느 하나에 해당하는 기관으로서 별표 24에 따른 인력·시설 및 장비를 갖춘 기관
    ⓐ 산업안전·보건 또는 산업재해 예방을 목적으로 설립된 비영리법인
    ⓑ 기계 및 설비 등의 인증·검사, 생산기술의 연구개발·교육·평가 등의 업무를 목적으로 설립된 공공기관
- 고용노동부장관은 안전검사기관에 대하여 평가하고 그 결과를 공개할 수 있다. 이 경우 평가의 기준·방법 및 결과의 공개에 필요한 사항은 고용노동부령으로 정한다.
- 지정의 취소(법 제21조)
  - 거짓이나 그 밖의 부정한 방법으로 지정을 받은 경우
  - 업무정지 기간 중에 업무를 수행한 경우
- 6개월 이내의 기간을 정하여 그 업무의 정지를 명할 수 있는 경우(법 제21조)
  - 지정 요건을 충족하지 못한 경우
  - 지정받은 사항을 위반하여 업무를 수행한 경우
  - 그 밖에 대통령령으로 정하는 사유에 해당하는 경우(시행령 제28조)
    ⓐ 안전검사 관련 서류를 거짓으로 작성한 경우
    ⓑ 정당한 사유 없이 안전검사 업무를 거부한 경우
    ⓒ 안전검사 업무를 게을리하거나 업무에 차질을 일으킨 경우
    ⓓ 안전검사 업무를 하지 않고 수수료를 받은 경우
    ⓔ 안전검사 업무와 관련된 서류를 보존하지 않은 경우
    ⓕ 안전검사 업무 수행과 관련한 대가 외에 금품을 받은 경우
    ⓖ 법에 따른 관계 공무원의 지도·감독을 거부·방해 또는 기피한 경우
- 지정이 취소된 자는 지정이 취소된 날부터 2년 이내에는 안전검사기관으로 지정받을 수 없다(법 제21조).

ⓢ 자율검사프로그램에 따른 안전검사(법 제98조)
- 안전검사를 받아야 하는 사업주가 근로자대표와 협의(근로자를 사용하지 아니하는 경우는 제외)하여 자율검사프로그램(검사기준, 검사 주기 등을 충족하는 검사프로그램)을 정하고 고용노동부장관의 인정을 받아 다음의 어느 하나에 해당하는 사람으로부터 자율검사프로그램에 따라 안전검사대상기계 등에 대하여 자율안전검사(안전에 관한 성능검사)를 받으면 안전검사를 받은 것으로 본다.
  - 고용노동부령으로 정하는 안전에 관한 성능검사와 관련된 자격 및 경험을 가진 사람
  - 고용노동부령으로 정하는 바에 따라 안전에 관한 성능검사 교육을 이수하고 해당 분야의 실무 경험이 있는 사람
- 자율검사프로그램의 유효기간은 2년으로 한다.
- 사업주는 자율안전검사를 받은 경우에는 그 결과를 기록하여 보존하여야 한다.
- 자율안전검사를 받으려는 사업주는 자율안전검사기관에 자율안전검사를 위탁할 수 있다.
- 자율검사프로그램에 포함되어야 할 내용, 자율검사프로그램의 인정 요건, 인정 방법 및 절차, 그 밖에 필요한 사항은 고용노동부령으로 정한다.

ⓞ 자율검사프로그램의 인정 등(시행규칙 제132조)
- 자율검사프로그램을 인정받기 위한 충족요건
  - 검사원을 고용하고 있을 것(단, 자율안전검사기관에 위탁한 경우에는 충족한 것으로 간주)
  - 검사를 할 수 있는 장비를 갖추고 이를 유지·관리할 수 있을 것(단, 자율안전검사기관에 위탁한 경우에는 충족한 것으로 간주)
  - 안전검사 주기의 2분의 1에 해당하는 주기(크레인 중 건설현장 외에서 사용하는 크레인의 경우에는 6개월)마다 검사를 할 것
  - 자율검사프로그램의 검사기준이 안전검사기준을 충족할 것
- 자율검사프로그램에는 다음의 내용이 포함되어야 한다.
  - 안전검사대상기계 등의 보유 현황

- 검사원 보유 현황과 검사를 할 수 있는 장비 및 장비 관리방법(자율안전검사기관에 위탁한 경우에는 위탁을 증명할 수 있는 서류를 제출)
- 안전검사대상기계 등의 검사 주기 및 검사기준
- 향후 2년간 안전검사대상기계 등의 검사수행계획
- 과거 2년간 자율검사프로그램 수행 실적(재신청의 경우만 해당)

• 자율검사프로그램을 인정받으려는 자는 자율검사프로그램 인정신청서에 자율검사프로그램을 확인할 수 있는 서류 2부를 첨부하여 공단에 제출해야 한다.

• 자율검사프로그램 인정신청서를 제출받은 공단은 행정정보의 공동이용을 통하여 다음 각의 어느 하나에 해당하는 서류를 확인해야 한다.
- 법인 : 법인등기사항증명서
- 개인 : 사업자등록증

• 공단은 자율검사프로그램 인정신청서를 제출받은 경우에는 15일 이내에 인정 여부를 결정한다.

• 공단은 신청받은 자율검사프로그램을 인정하는 경우에는 자율검사프로그램 인정서에 인정증명 도장을 찍은 자율검사프로그램 1부를 첨부하여 신청자에게 발급해야 한다.

• 공단은 신청받은 자율검사프로그램을 인정하지 않는 경우에는 자율검사프로그램 부적합 통지서에 부적합한 사유를 밝혀 신청자에게 통지해야 한다.

ⓧ 자율검사프로그램 인정의 취소 등(법 제99조)

• 인정의 취소 : 거짓이나 그 밖의 부정한 방법으로 자율검사프로그램을 인정받은 경우

• 시정 명령(인정받은 자율검사프로그램의 내용에 따라 검사를 하도록 하는 등)
- 자율검사프로그램을 인정받고도 검사를 하지 아니한 경우
- 인정받은 자율검사프로그램의 내용에 따라 검사를 하지 아니한 경우
- 고용노동부장관의 인정을 받은 자 또는 자율안전검사기관이 검사를 하지 아니한 경우

• 사업주는 자율검사프로그램의 인정이 취소된 안전검사대상기계 등을 사용해서는 아니 된다.

ⓩ 자율안전검사기관(법 제100조)

• 자율안전검사기관이 되려는 자는 대통령령으로 정하는 인력・시설 및 장비 등의 요건을 갖추어 고용노동부장관의 지정을 받아야 한다.

• 고용노동부장관은 자율안전검사기관에 대하여 평가하고 그 결과를 공개할 수 있다. 이 경우 평가의 기준・방법 및 결과의 공개에 필요한 사항은 고용노동부령으로 정한다.

• 자율안전검사기관의 지정 절차, 그 밖에 필요한 사항은 고용노동부령으로 정한다.

• 지정의 취소(법 제21조)
- 거짓이나 그 밖의 부정한 방법으로 지정을 받은 경우
- 업무정지 기간 중에 업무를 수행한 경우

• 6개월 이내의 기간을 정하여 그 업무의 정지를 명할 수 있는 경우(법 제21조)
- 지정 요건을 충족하지 못한 경우
- 지정받은 사항을 위반하여 업무를 수행한 경우
- 그 밖에 대통령령으로 정하는 사유에 해당하는 경우(시행령 제28조)
  ⓐ 검사 관련 서류를 거짓으로 작성한 경우
  ⓑ 정당한 사유 없이 검사업무의 수탁을 거부한 경우
  ⓒ 검사업무를 하지 않고 위탁 수수료를 받은 경우
  ⓓ 검사 항목을 생략하거나 검사방법을 준수하지 않은 경우
  ⓔ 검사 결과의 판정기준을 준수하지 않거나 검사 결과에 따른 안전조치 의견을 제시하지 않은 경우

• 지정이 취소된 자는 지정이 취소된 날부터 2년 이내에는 자율안전검사기관으로 지정받을 수 없다(법 제21조).

⑤ 유해・위험기계 등의 검사와 지원

㉠ 성능시험(법 제101조, 시행령 제83조)

• 고용노동부장관은 안전인증대상기계 등 또는 자율안전확인대상기계 등의 안전성능의 저하 등으로 근로자에게 피해를 주거나 줄 우려가 크다고 인정하는 경우에는 대통령령으로 정하는 바에 따라 유해・위험기계 등을 제조하는 사업장에서 제품 제조 과정을 조사할 수 있으며, 제조・수입・양도・대여하거나 양도・대

여의 목적으로 진열된 유해·위험기계 등을 수거하여 안전인증기준 또는 자율안전기준에 적합한지에 대한 성능시험을 할 수 있다.

- 제품 제조 과정 조사는 안전인증대상기계 등 또는 자율안전확인대상기계 등이 안전인증기준 또는 자율안전기준에 맞게 제조되었는지를 대상으로 한다.
- 고용노동부장관은 유해·위험기계 등의 성능시험을 하는 경우에는 제조·수입·양도·대여하거나 양도·대여의 목적으로 진열된 유해·위험 기계 등 중에서 그 시료를 수거하여 실시한다.
- 제품 제조 과정 조사 및 성능시험의 절차 및 방법 등에 관하여 필요한 사항은 고용노동부령으로 정한다.

㉡ 유해·위험기계 등 제조사업 등의 지원(법 제102조)

- 고용노동부장관은 다음의 어느 하나에 해당하는 자에게 유해·위험기계 등의 품질·안전성 또는 설계·시공 능력 등의 향상을 위하여 예산의 범위에서 필요한 지원을 할 수 있다.
  - 다음의 어느 하나에 해당하는 것의 안전성 향상을 위하여 지원이 필요하다고 인정되는 것을 제조하는 자
    - ⓐ 안전인증대상기계 등
    - ⓑ 자율안전확인대상기계 등
    - ⓒ 그 밖에 산업재해가 많이 발생하는 유해·위험기계 등
  - 작업환경 개선시설을 설계·시공하는 자
- 지원을 받으려는 자는 고용노동부령으로 정하는 인력·시설 및 장비 등의 요건을 갖추어 고용노동부장관에게 등록하여야 한다.
- 등록 취소 : 거짓이나 그 밖의 부정한 방법으로 등록한 경우
- 1년의 범위에서 지원 제한
  - 등록 요건에 적합하지 아니하게 된 경우
  - 안전인증이 취소된 경우
- 고용노동부장관은 지원받은 자가 다음의 어느 하나에 해당하는 경우에는 지원한 금액 또는 지원에 상응하는 금액을 환수하여야 한다.
  - 거짓이나 그 밖의 부정한 방법으로 지원받은 경우(지원한 금액에 상당하는 액수 이하의 금액 추가 환수 가능)
  - 지원 목적과 다른 용도로 지원금을 사용한 경우
  - 등록이 취소된 경우
- 고용노동부장관은 등록을 취소한 자에 대하여 등록을 취소한 날부터 2년 이내의 기간을 정하여 등록을 제한할 수 있다.
- 지원내용, 등록 및 등록 취소, 환수 절차, 등록 제한 기준, 그 밖에 필요한 사항은 고용노동부령으로 정한다.

㉢ 유해·위험기계 등의 안전 관련 정보의 종합관리(법 제103조)

- 고용노동부장관은 사업장의 유해·위험기계 등의 보유현황 및 안전검사 이력 등 안전에 관한 정보를 종합관리하고, 해당 정보를 안전인증기관 또는 안전검사기관에 제공할 수 있다.
- 고용노동부장관은 정보의 종합관리를 위하여 안전인증기관 또는 안전검사기관에 사업장의 유해·위험기계 등의 보유현황 및 안전검사 이력 등의 필요한 자료를 제출하도록 요청할 수 있다. 이 경우 요청을 받은 기관은 특별한 사유가 없으면 그 요청에 따라야 한다.
- 고용노동부장관은 정보의 종합관리를 위하여 유해·위험기계 등의 보유현황 및 안전검사 이력 등 안전에 관한 종합정보망을 구축·운영하여야 한다.

핵심예제

4-1. 산업안전보건법령에 따른 안전인증기준에 적합한지를 확인하기 위하여 안전인증기관이 하는 심사의 종류가 아닌 것은?

[2014년 제4회, 2018년 제4회]

① 서면심사
② 예비심사
③ 제품심사
④ 완성심사

4-2. 산업안전보건법령상 안전검사대상 유해·위험기계 등이 아닌 것은? [2012년 제2회 유사, 2013년 제1회, 2014년 제1회 유사, 2015년 제4회 유사, 2017년 제2회, 제4회 유사, 2018년 제2회, 2019년 제2회]

① 리프트
② 전단기
③ 압력용기
④ 밀폐형 구조 롤러기

핵심예제

4-3. 다음 중 산업안전보건법령상 건설현장에서 사용하는 크레인의 안전검사의 주기로 옳은 것은?

[2009년 제4회 유사, 2012년 제1회 유사, 2015년 제2회, 2018년 제1회, 2019년 제1회 유사]

① 최초로 설치한 날부터 1개월마다 실시
② 최초로 설치한 날부터 3개월마다 실시
③ 최초로 설치한 날부터 6개월마다 실시
④ 최초로 설치한 날부터 1년마다 실시

4-4. 산업안전보건법상 고용노동부장관은 자율안전확인대상기계・기구 등의 안전에 관한 성능이 자율안전기준에 맞지 아니하게 된 경우 관련사항을 신고한 자에게 몇 개월 이내의 기간을 정하여 자율안전확인표시의 사용을 금지하거나 자율안전기준에 맞게 개선하도록 명할 수 있는가? [2012년 제1회, 2016년 제3회]

① 1 ② 3
③ 6 ④ 12

4-5. 산업안전보건법령에 따라 자율검사프로그램을 인정받기 위한 충족요건으로 틀린 것은? [2011년 제2회, 2015년 제3회]

① 관련법에 따른 검사원을 고용하고 있을 것
② 관련법에 따른 검사주기마다 검사를 실시할 것
③ 자율검사프로그램의 검사기준이 안전검사기준에 충족할 것
④ 검사를 할 수 있는 장비를 갖추고 이를 유지・관리할 수 있을 것

4-6. 산업안전보건법령상 안전검사대상 유해・위험기계 등에 해당하는 것은? [2011년 제2회 유사, 2012년 제1회 유사, 2014년 제2회 유사, 2018년 제3회]

① 정격하중이 2[ton] 미만인 크레인
② 이동식 국소배기장치
③ 밀폐형 구조 롤러기
④ 산업용 원심기

4-7. 다음 중 산업안전보건법령상 안전인증대상 기계 또는 설비에 해당하지 않는 것은?

[2013년 제2회 유사, 2014년 제3회, 2021년 제1회]

① 연삭기
② 압력용기
③ 롤러기
④ 고소 작업대

|해설|

4-1
안전인증기관이 하는 심사의 종류(시행규칙 제110조) : 예비심사, 서면심사, 기술능력 및 생산체계 심사, 제품심사

4-2
안전검사대상 유해・위험기계 등이 아닌 것으로 '밀폐형 구조 롤러기, 밀폐형 롤러기, 교류 아크용접기, 정격 하중이 2[ton] 미만인 크레인, 이동식 국소 배기장치, 고소작업대, 이동식 크레인' 등이 출제된다.

4-3
크레인(이동식 크레인 제외), 리프트(이삿짐운반용 리프트 제외) 및 곤돌라 : 사업장에 설치가 끝난 날부터 3년 이내에 최초 안전검사를 실시하고, 그 이후로부터는 2년 마다 안전검사를 하되 건설현장에서 사용하는 것은 최초 설치날 이후 6개월마다 안점검사를 실시한다(시행규칙 제126조).

4-4
고용노동부장관은 자율안전확인대상 기계・기구 등의 안전에 관한 성능이 자율안전기준에 맞지 아니하게 된 경우 관련사항을 신고한 자에게 6개월 이내의 기간을 정하여 자율안전확인표시의 사용을 금지하거나 자율안전기준에 맞게 개선하도록 명할 수 있다.

4-5
검사주기의 1/2에 해당하는 주기마다 검사를 할 것

4-6
① 이동식 크레인과 정격하중이 2[ton] 미만인 호이스트는 제외한다.
② 이동식 국소배기장치는 제외한다.
③ 밀폐형 구조의 롤러기는 제외한다.

4-7
안전인증대상 기계 또는 설비 : 프레스, 전단기 및 절곡기, 크레인, 리프트, 압력용기, 롤러기, 사출성형기, 고소 작업대, 곤돌라

정답 4-1 ④ 4-2 ④ 4-3 ③ 4-4 ③ 4-5 ② 4-6 ④ 4-7 ①

핵심 이론 05 안전보건표지와 색채, 표시

① 표지와 색채, 표시의 개요

㉠ 공장 내 안전보건표지 부착 이유

- 인간행동의 변화 통제
- 안전의식고취

㉡ 안전보건표지 제작 시 유의사항(시행규칙 제40조)

- 안전보건표지는 그 표시내용을 근로자가 빠르고 쉽게 알아볼 수 있는 크기로 제작하여야 한다.
- 안전보건표지 속의 그림 또는 부호의 크기는 안전보건표지의 크기와 비례해야 하며, 안전보건표지 전체 규격의 30[%] 이상이 되어야 한다.
- 안전보건표지는 쉽게 파손되거나 변형되지 않는 재료로 제작해야 한다.
- 야간에 필요한 안전보건표지는 야광물질을 사용하는 등 쉽게 알아볼 수 있도록 제작해야 한다.
- 안전보건표지 색채의 물감은 변질되지 아니하는 것에 색채 고정원료를 배합하여 사용하여야 한다.
- 색채의 색도기준 : 색상 명도/채도(예 7.5R 4/14)

㉢ 안전인증표시(시행규칙 별표 14, 별표 15)

- 안전증표

안전인증대상 기계・기구	안전인증대상 기계・기구 이외

- 안전증표의 색상 : 태와 문자는 청색, 기타 부분은 백색

② 금지표지(시행규칙 별표 6)

㉠ 금지표지의 종류 : 출입금지, 보행금지, 차량통행금지, 사용금지, 탑승금지, 금연, 화기금지, 물체이동금지

- 출입금지표지의 종류 : 금지유해물질취급, 허가대상 유해물질취급, 석면취급 및 해체・제거 등

㉡ 금지표지의 색깔 : 바탕(흰색)/기본모형(빨간색)/관련 부호・그림(검은색)

출입 금지	보행 금지	차량 통행 금지	사용 금지
탑승 금지	금 연	화기 금지	물체 이동 금지

③ 경고표지(시행규칙 별표 6) : 산업안전보건표지일람표에 의거하여, 재해를 사전에 방지하기 위해 사용하는 안전표지의 일종으로서 노랑색 바탕에 검정색 삼각테로 이루어지며 내용은 삼각형 중앙에 검정색으로 표시하는 안전표지

㉠ 경고표지의 종류

- 마름모형(◇) : 인화성 물질 경고, 산화성 물질 경고, 폭발성 물질 경고, 급성독성 물질 경고, 부식성 물질 경고, 발암성・변이원성・생식독성・전신독성・호흡기과민성 물질 경고
- 삼각형(△) : 방사성 물질 경고, 고압전기 경고, 매달린 물체 경고, 낙하물 경고, 고온 경고, 저온 경고, 몸균형 상실 경고, 레이저광선 경고, 위험장소 경고

㉡ 경고표지의 색깔 : 바탕(노란색)/기본모형・관련 부호・그림(검은색)

※ 단, 인화성 물질 경고, 산화성 물질 경고, 폭발성 물질 경고, 급성독성 물질 경고, 부식성 물질 경고, 발암성・변이원성・생식독성・전신독성・호흡기과민성 물질 경고 등의 경우 바탕은 흰색, 기본모형은 빨간색, 관련 부호・그림은 검은색

④ 지시표지(시행규칙 별표 6)

㉠ 지시표지의 종류 : 보안경 착용, 방독마스크 착용, 방진마스크 착용, 보안면 착용, 안전모 착용, 귀마개 착용, 안전화 착용, 안전장갑 착용, 안전복 착용

㉡ 지시표지의 기본도형(시행규칙 별표 8, 별표 9)

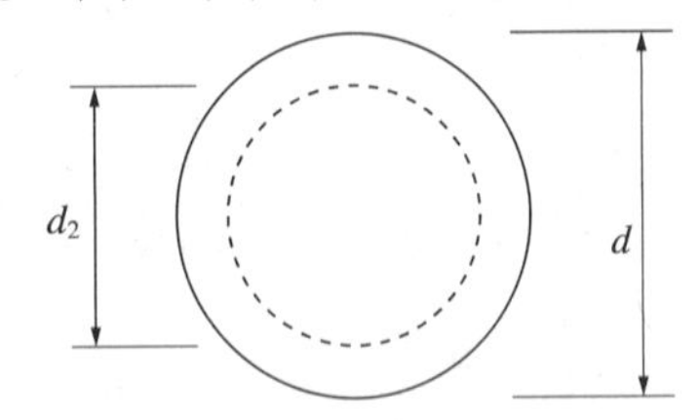

- 색도기준 : 2.5PB 4/10
- $d_2 = 0.8d$
- $d \geq 0.025L$
- L : 안전보건표지를 인식할 수 있거나 인식해야 할 안전거리

㉢ 지시표지의 색깔 : 바탕(파란색)/관련 그림(흰색)

보안경	방독 마스크	방진 마스크	보안면	안전모

귀마개	안전화	안전장갑	안전복

⑤ 안내표지(시행규칙 별표 6)

㉠ 안내표지의 종류 : 녹십자표지, 응급구호표지, 들것, 세안장치, 비상용기구, 비상구, 좌측 비상구, 우측 비상구

㉡ 안내표지의 색깔 : 바탕(흰색)/기본모형 · 관련 부호(녹색), 바탕(녹색)/관련 부호 · 그림(흰색)

녹십자	응급구호	들 것	세안장치

비상용 기구	비상구	좌측 비상구	우측 비상구
비상용 기구			

⑥ 출입금지표지

㉠ 출입금지표지의 종류 : 허가대상유해물질 취급, 석면 취급 및 해체 · 제거, 금지유해물질 취급

㉡ 출입금지표지의 색깔 : 글자는 흰색 바탕에 흑색, 다음 글자는 적색

⑦ 색채(시행규칙 별표 8)

㉠ 빨간색

- 색도기준 : 7.5R 4/14
- 용도 : 금지(정지신호, 소화설비 및 그 장소, 유해행위의 금지), 경고(화학물질 취급장소에서의 유해 · 위험 경고)

㉡ 노란색

- 색도기준 : 5Y 8.5/12
- 용도 : 경고(화학물질 취급장소에서의 유해 · 위험경고 이외의 위험경고, 주의표지 또는 기계방호물)

ⓒ 파란색
- 색도기준 : 2.5PB 4/10
- 용도 : 지시(특정 행위의 지시 및 사실의 고지)

ⓔ 녹 색
- 색도기준 : 2.5G 4/10
- 용도 : 안내(비상구 및 피난소, 사람 또는 차량의 통행 표지)

ⓜ 흰 색
- 색도기준 : N9.5
- 용도 : 파란색 또는 녹색에 대한 보조색

ⓑ 검은색
- 색도기준 : N0.5
- 용도 : 문자 및 빨간색 또는 노란색에 대한 보조색

핵심예제

5-1. 다음 중 산업안전보건법상 금지표지의 종류에 해당하지 않는 것은? [2011년 제1회, 제3회 유사, 2014년 제1회 유사, 2016년 제3회]

① 금 연
② 출입 금지
③ 차량통행 금지
④ 적재 금지

5-2. 산업안전보건법상 안전·보건표지의 종류 중 경고표지의 기본 모형(형태)이 다른 것은?
[2014년 제2회, 2015년 제3회 유사, 2018년 제1회, 2021년 제2회]

① 폭발성 물질 경고
② 방사성 물질 경고
③ 매달린 물체 경고
④ 고압전기 경고

5-3. 다음 중 산업안전보건법상 안전·보건표지의 종류에 있어 안내표지에 해당하지 않는 것은?
[2011년 제2회 유사, 2014년 제3회, 2017년 제3회]

① 들 것
② 비상용 기구
③ 출입구
④ 세안장치

5-4. 다음에 해당하는 산업안전보건법상 안전·보건표지의 명칭은? [2012년 제2회, 2013년 제2회 유사, 2018년 제2회]

① 화물적재금지
② 사용금지
③ 물체이동금지
④ 화물출입금지

5-5. 산업안전보건법상 안전·보건표지의 색채와 색도기준의 연결이 틀린 것은?(단, 색도기준은 한국산업표준(KS)에 따른 색의 3속성에 의한 표시방법에 따른다)
[2011년 제1회, 2013년 제3회 유사, 2015년 제1회 유사, 2015년 제2회, 2017년 제1회 유사, 2018년 제1회, 제3회 유사]

① 빨간색 - 7.5R 4/14
② 노란색 - 5Y 8.5/12
③ 파란색 - 2.5PB 4/10
④ 흰색 - N0.5

|해설|

5-1
산업안전보건법상 금지표지의 종류에 해당하지 않는 것으로 적재 금지, 접촉 금지 등이 출제된다.

5-2
폭발성 물질 경고표지의 기본 모형은 마름모형이며 ②, ③, ④는 정삼각형이다.

5-3
출입구의 표시는 산업안전보건법상 안전·보건표지의 종류에 있어 안내표지에 해당하지 않는다.

5-4

화물적재금지	사용금지	물체이동금지	화물출입금지
없 음			없 음

5-5
흰색 - N9.5

정답 5-1 ④ 5-2 ① 5-3 ③ 5-4 ③ 5-5 ④

산업안전기사

인간공학 및 시스템 안전공학

제1절 안전과 인간공학

핵심이론 01 인간공학의 개요와 인간-기계시스템

① 인간공학의 개요
㉠ 인간공학의 정의·용어
- 인간공학의 정의 : 인간의 특성과 한계능력을 공학적으로 분석, 평가하여 이를 복잡한 체계의 설계에 응용함으로써 효율을 최대로 활용할 수 있도록 하는 학문 분야
- 인간공학을 나타내는 용어 : Ergonomics, Human Factors, Human Engineering, Man Machine System Engineering

㉡ 인간공학의(Ergonomics) 기원
- "Ergon(작업) + nomos(법칙) + ics(학문)"의 조합된 단어이다.
- 1857년 폴란드의 교육자이며 과학자인 자스트러 제보스키(Wojciech Jastrzebowski)가 신문기사에서 처음 사용하였다.
- 군이나 군수회사에서 시작하여 민간기업으로 전파되었다.
- 처음의 관련 학회는 미국, 영국, 독일을 중심으로 설립되었다.

㉢ 인간공학의 연구 목적
- 인간공학의 궁극적인 목적 : 안전성 및 효율성 향상
- 안전성 향상과 사고의 미연 방지
- 작업의 능률성과 생산성 향상
- 작업환경의 쾌적성 향상
- 기계조작의 능률성 향상
- 에러 감소
- 일과 일상생활에서 사용하는 도구, 기구 등의 설계에 있어서 인간을 우선적으로 고려한다.
- 인간의 능력, 한계, 특성 등을 고려하면서 전체 인간-기계시스템의 효율을 증가시킨다.
- 시스템이나 절차를 설계할 때 인간의 특성에 관한 정보를 체계적으로 응용한다.

㉣ 인간공학의 기본적인 가정
- 인간기능의 효율은 인간-기계시스템의 효율과 연계된다.
- 인간에게 적절한 동기부여가 된다면 좀 더 나은 성과를 얻게 된다.
- 장비, 물건, 환경 특성이 인간의 수행도와 인간-기계시스템의 성과에 영향을 준다.
- 개인이 시스템에서 효과적으로 기능을 하지 못하면 시스템의 수행도는 저하된다.

㉤ 체계분석·설계에서의 인간공학적 노력의 효능을 산정하는 척도의 기준
- 성능의 향상
- 사용자의 수용도 향상
- 작업숙련도의 증가
- 사고 및 오용으로부터의 손실감소
- 훈련비용의 절감
- 인력이용률의 향상
- 생산 및 보전의 경제성 향상

㉥ 인간공학의 기대효과
- 생산성의 향상
- 작업자의 건강 및 안전 향상
- 직무만족도의 향상
- 제품과 작업의 질 향상
- 이직률 및 작업손실시간의 감소
- 산재손실비용의 감소
- 기업이미지와 상품선호도 향상
- 노사간의 신뢰 구축
- 선진 수준의 작업환경과 작업조건을 마련하여 국제경쟁력 확보

ⓢ 인간공학의 특징

- 작업과 기계를 인간에 맞추는 설계철학이 바탕이 된다.
- 인간의 특성과 한계점을 고려하여 제품을 설계한다(인간의 특성과 한계점을 고려하여 제품을 변경한다).
- 인간공학 설계대상은 물건(Objects), 기계(Machinery), 환경(Environment) 등이다(인간이 사용하는 물건, 설비, 환경의 설계에 적용한다).
- 사물, 절차 등의 설계가 인간의 행동과 복지에 영향을 미친다고 믿는다.
- 과학적 방법과 객관적 자료에 바탕을 두고 가설을 시험하여 인간행동에 관한 기초 자료를 얻는다.
- 인간의 생리적, 심리적인 면에서의 특성이나 한계점을 고려한다.
- 인간의 능력 및 한계와 설계 내용에 대한 평가에는 개인차가 있음을 인식한다.
- 인간과 기계설비와의 관계를 조화로운 일체관계로 연결한다.
- 인간-기계시스템의 안전성을 높인다.
- 편리성, 쾌적성, 효율성을 높일 수 있다.
- 사고를 방지하고 안전성과 능률성을 높일 수 있다.

ⓞ 인간공학 연구·조사 기준의 요건(구비조건)

- 타당성(적절성) : 의도된 목적에 부합하여야 한다.
- 무오염성
  - 인간공학 실험에서 측정변수가 다른 외적 변수에 영향을 받지 않도록 하는 요건
  - 측정하고자 하는 변수 이외의 다른 변수의 영향을 받아서는 안 된다.
- 기준척도의 신뢰성(Reliability of Criterion Measure) : 반복성을 말하며 반복실험 시 재현성이 있어야 한다.
- 민감도 : 피실험자 사이에서 볼 수 있는 예상 차이점에 비례하는 단위로 측정해야 한다.

ⓩ 인간공학에 사용되는 인간기준(Human Criteria)의 4가지 기본유형

- 인간성능척도
- 주관적 반응
- 생리학적 지표
- 사고빈도

ⓒ 인간공학의 연구를 위한 수집자료의 유형

- 성능 자료 : 자극에 대한 반응시간, 여러 가지 감각활동, 정신활동, 근육활동 등
- 주관적 자료 : 개인성능의 평점, 체계설계면에 대한 대안들의 평점, 체계에 사용되는 여러 가지 다른 유형의 정보에 판단된 중요도 평점, 의자의 안락도 평점 등
- 생리지표 : 동공확장 등
- 강도척도 : 어떤 목적을 위해서는 상해발생빈도가 적절한 기준이 된다.
- 신체적 특성

ⓚ 인간공학 적용분야

- 제품설계
- 공정설계
- 작업장 내 조사 및 연구
- 작업장(공간) 설계
- 장비·설비·공구 등의 설계와 배치
- 작업 관련 유해·위험작업분석
- 인간-기계 인터페이스 설계
- 작업환경개선
- 재해·질병예방

ⓣ 인간공학 연구 수행

- 실험실 환경에서의 인간공학 연구 수행
  - 변수의 통제가 용이하다.
  - 주위 환경의 간섭에 영향을 받지 않는다.
  - 실험참가자들의 안전 확보가 용이하다.
  - 비용절감이 가능하다.
  - 정확한 자료수집이 용이하다.
  - 피실험자들의 자연스러운 반응을 기대하기 어렵다.
- 실제 현장에서의 인간공학 연구 수행
  - 일반화가 가능하다.
  - 사실성 측면이 유리하다.
  - 현실적인 작업변수의 설정이 가능하다.
  - 피실험자들의 자연스러운 반응을 기대할 수 있다.
  - 실험조건의 조절이나 변수의 통제가 용이하지 않다.
  - 주위 환경의 간섭에 영향을 받기 쉽다.
  - 실험참가자들의 안전 확보가 용이하지 않다.
  - 비용절감이 쉽지 않다.
  - 정확한 자료수집이 어렵다.

㉫ 호손연구 또는 호손실험(Hawthorne)

- 호손(공장)실험 : 산업심리학이 발전하던 1920년대에 시작된 일련의 연구로 원래 조명도와 생산성의 관계를 밝히려고 시작되었으나 결과적으로 생산성과 작업능률에는 사원들의 태도, 감독자, 비공식 집단의 중요성 등의 인간관계가 복잡하게 영향을 미친다는 것을 확인한 실험이다.
- 실험결과 : 조명강도를 높인 결과 작업자들의 생산성이 향상되었고 그 후 다시 조명강도를 낮추어도 생산성의 변화는 거의 없었다.
- 물리적 작업환경 이외에 심리적 요인이 생산성에 영향을 미친다는 것을 알아냈다.
- 호손연구는 작업환경에서 물리적인 작업조건보다는 근로자의 심리적인 태도 및 감정이 직무수행에 큰 영향을 미친다는 결과를 밝혀낸 대표적인 연구이며 주 실험자는 메이오(E. Mayo)이다.
- 호손실험은 인간적 상호작용의 중요성을 강조한다.
- 호손실험에서 작업자의 작업능률에 영향을 미치는 주요한 요인은 인간관계이다.
- 호손효과
  - 조직에서 새로운 제도나 프로그램을 도입하였을 때 처음에는 호기심 때문에 긍정적인 효과가 발생하나 시간이 지나면서 신기함이 감소하여 원래의 상태로 돌아가는 현상
  - 인간관계가 작업 및 작업공간 설계에 못지않게 생산성에 큰 영향을 끼친다는 것을 암시하는 것
- 시간-동작연구에 대한 비판
  - 개인차를 고려하지 못한다.
  - 인간관계를 간과하였다.
  - 부적절한 표집을 사용한 연구이다.
  - 비교적 단순하고 반복적인 직무에만 적절하다.

㉭ 인간공학 관련 제반 사항

- Accident-Liability Theory : 사고인과관계 이론에 있어 특정 상황에서는 사람들이 다소간에 사고를 일으키는 경향이 있고 이 성향은 영구적인 것이 아니라 시간에 따라 달라진다는 이론
- 평가연구 : 인간공학 연구방법 중 실제의 제품이나 시스템이 추구하는 특성 및 수준이 달성되는지를 비교하고 분석하는 것
- 작업 시의 정보회로 : 표시 → 감각 → 지각 → 판단 → 응답 → 출력 → 조작
- 안전가치분석의 특징
  - 기능 위주로 분석한다.
  - 그룹 활동은 전원의 중지를 모은다.
  - 왜 비용이 드는가를 분석한다.
- VE(Value Engineering)활동의 각 분석 항목에 대한 안전성과의 관계
  - 검사포장 - 육체피로
  - 설비 - 사고재해 건수
  - 운반 Layout - 작업피로
- 작업자세로 인한 부하를 분석하기 위하여 인체 주요 관절의 힘과 모멘트를 정역학적으로 분석하려고 할 때, 분석에 반드시 필요한 인체 관련 자료 : 관절각도, 분절(Segment) 무게, 분절 무게중심(관절의 종류는 아니다)
- 작업설계를 할 때 인간요소적 접근방법 : 능률과 생산성을 강조
- 작업설계 시의 딜레마(Dilemma) : 작업능률과 작업만족도간의 딜레마
- 역치(Threshold Value) : 감각에 필요한 최소량의 에너지
  - 표시장치의 설계와 역치는 관련성이 깊다.
  - 에너지의 양이 증가할수록 차이 역치는 증가한다.
  - 표시장치를 설계할 때는 신호의 강도를 역치 이상으로 설계하여야 한다.
  - 표적물체가 움직이거나 관측자가 움직이면 시력의 역치는 감소한다.

② 양립성 혹은 모집단 전형(Compatibility)

㉠ 양립성의 정의

- 자극-반응조합의 관계에서 인간의 기대와 모순되지 않는 성질
- 인간의 기대에 맞는 자극과 반응의 관계
- 인간이 기대하는 바와 자극 또는 반응들이 일치하는 관계
- 제어장치와 표시장치의 연관성이 인간의 예상과 어느 정도 일치하는 것
- 자극들 간, 반응들 간 혹은 자극과 반응조합의 관계가 인간의 기대와 모순되지 않는 것

• 자극-반응조합의 공간 혹은 개념적 관계가 인간의 기대와 모순되지 않는 것

ⓛ 양립성의 종류 : 개념 양립성, 양식 양립성, 운동 양립성, 공간 양립성

• 개념 양립성
  - 어떠한 신호가 전달하려는 내용과 연관성이 있어야 하는 것
    예 위험신호는 빨간색, 주의신호는 노란색, 안전신호는 파란색으로 표시하는 것
    예 빨간색을 돌리면 뜨거운 물이 나오는 수도꼭지

• 양식 양립성 : 청각적 자극 제시와 이에 대한 음성응답 과업에서 갖는 양립성

• 운동 양립성
  - 표시 및 조종장치에서 체계반응에 대한 운동방향
  - 운동 관계의 양립성을 고려한 동목(Moving Scale)형 표시장치의 바람직한 설계방법
    ⓐ 눈금과 손잡이가 같은 방향으로 회전하도록 설계한다.
    ⓑ 눈금의 숫자는 우측으로 증가하도록 설계한다.
    ⓒ 꼭지의 시계방향 회전이 지시치를 증가시키도록 설계한다.
    예 자동차의 운전대를 시계방향으로 돌리면 자동차가 오른쪽으로 회전하도록 설계한다.
    예 자동차를 운전하는 과정에서 우측으로 회전하기 위하여 핸들을 우측으로 돌린다.
    예 6개의 표시장치를 수평으로 배열할 경우 해당 제어장치를 각각의 그 아래에 배치하면 좋아진다.

• 공간 양립성
  - 조작장치와 표시장치의 위치가 상호 연관되게 한다는 인간공학적 설계원칙
  - 제어장치와 표시장치에 있어 물리적 형태나 배열을 유사하게 설계하는 것
  - 표시장치와 이에 대응하는 조종장치 간의 위치 또는 배열이 인간의 기대와 모순되지 않아야 하는 것

ⓒ 양립성 관련 제반사항

• 새로운 기계를 설계하면서 레버를 위로 올리면 압력이 올라가도록 하고 오른쪽 스위치를 누르면 오른쪽 전등이 켜지도록 하였을 때의 양립성의 유형 : 레버 - 운동 양립성, 스위치 - 공간 양립성

• 양립성의 효과가 클수록 코딩시간, 반응시간은 단축된다.

• 항공기 위치표시장치의 설계원칙에 있어 '항공기의 경우 일반적으로 이동 부분의 영상은 고정된 눈금이나 좌표계에 나타내는 것이 바람직하다.'에 해당하는 것은 '양립적 이동'이다.

③ 인간-기계체계(Man-Machine System)

㉠ 개 요

• 시스템이란 전체 목표를 달성하기 위한 유기적인 결합체이다.
• 인간-기계시스템이란 인간과 물리적 요소가 주어진 입력에 대해 원하는 출력을 내도록 결합되어 상호작용하는 집합체이다.
• 인간-기계체계의 주목적 : 안전의 최대화와 능률의 극대화
• 인간-기계시스템의 구성요소에서 일반적으로 신뢰도가 가장 낮은 요소는 작업자이다.
• 조작상 인간에러 발생빈도수의 순서 : 정보 관련-표시장치-제어장치-시간 관련
• 인간-기계체계 설계 시 인간공학적 해석방법 : 링크해석법, 웨이트식 중요빈도법, 공간지수법 등
• 계면(Interface) : 인간-기계체계에서 인간과 기계가 만나는 면
• 인간-기계시스템에 대한 평가에서 평가척도나 기준(Criteria)으로서 관심의 대상이 되는 변수를 종속변수라고 한다.
• 인간공학에 사용되는 인간기준(Human Criteria)의 기본유형 : 주관적 반응, 생리학적 지표, 인간성능척도, 사고빈도
• 체계기준(System Criteria) : 운용비, 신뢰도, 사용상의 용이성 등

ⓛ 인간-기계통합체계의 기본기능의 유형 : (정보입력) → 감지 → 정보보관 → 정보처리 및 의사결정 → 행동기능(신체제어 및 통신) → (출력)

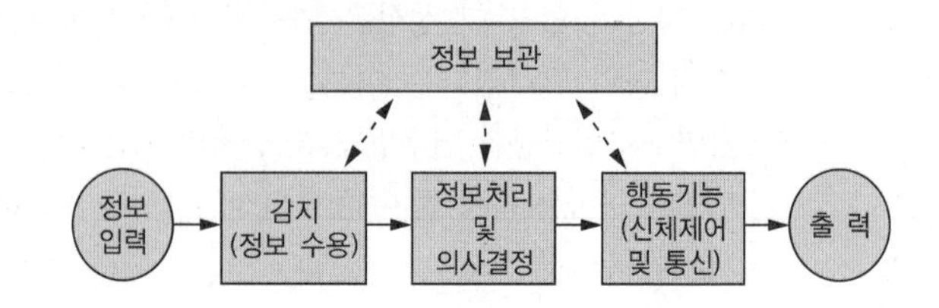

- 4대 기본기능 : 정보감지기능(정보의 수용), 정보보관기능(정보의 저장), 정보처리 및 의사결정기능, 행동기능
- 정보감지기능(정보의 수용) : 인간의 감각기관 또는 기계센서 이용
  - 시스템으로 들어오는 정보의 일부는 시스템 밖에서 발생(예 생산지시, 화재경보 등)
  - 정보의 일부는 시스템 자체의 내부에서 발생(예 피드백데이터, 시스템보관정보 등)
- 정보보관기능(정보의 저장) : 다른 3가지 기능 모두와 상호작용하는 기능
  - 인간의 보관정보는 기억된 학습 내용
  - 그 외 정보는 컴퓨터, 기록, 자료표 등과 같은 물리적 기구에 여러 가지 방법으로 보관
- 정보처리 및 의사결정기능
  - 정보처리 : 감지한 정보를 가지고 수행하는 여러 종류의 조작 처리 과정
  - 의사결정 : 처리한 정보에 대한 정해진 반응
- 행동기능 : 내려진 의사결정의 결과로 발생하는 조작행위를 일컫는 기능
  - 정보를 받아들이는 인간-기계계에서 규칙성은 행동의 변수에 해당된다.
  - 음성은 행동기능에 속한다.
- 출력 : 인간-기계시스템에서 의사결정을 실행에 옮기는 과정에 해당되는 사항
  - 제품의 변화, 전달된 통신, 제공된 용역(Service) 등
  - 정보처리기능 중 정보보관과 관계가 깊다.
  - 기계조작 시 레버의 조작은 출력응답에 속하는 반응이다.

ⓒ 인간-기계시스템의 3분류 : 수동체계, 기계화 체계, 자동화 체계

- 수동체계 : 입력된 정보를 근거로 자신의 신체적 에너지를 사용하여 수공구나 보조기구에 힘을 가하여 작업을 제어하는 시스템
  - 인간이 사용자나 동력원으로 기능하는 체계이다.
  - 인간이 동력원을 제공하고 인간의 통제 하에서 제품을 생산한다.
  - 수동제어시스템 : 연속적 추적 제어, 프로그램 제어, 시퀀셜 제어
  - 장인과 공구 등
- 기계화 체계 : 기계에 의해 동력과 몇몇 다른 기능들이 제공되며, 인간이 원하는 반응을 얻기 위해 기계의 제어장치를 사용하여 제어기능을 수행하는 시스템이며 반자동 시스템이라고도 한다.
  - 표시장치로부터 정보를 얻어 조종장치를 통해 기계를 통제하는 시스템을 반자동 시스템이라 한다.
  - 운전자의 조종에 의해 운용되며 융통성이 없는 시스템이다.
  - 조종장치를 통한 인간의 통제 아래 기계가 동력원을 제공하는 시스템이다.
  - 동력기계화 체계와 고도로 통합된 부품으로 구성된다.
  - 기계는 동력원을 제공하고 인간의 통제 하에서 제품을 생산한다.
  - 일반적으로 변화가 거의 없는 기능들을 수행한다.
  - 인간-기계시스템에서의 기계가 의미하는 것은 인간이 만든 모든 것을 말한다.
  - 기계의 정보처리기능은 연역적 처리기능과 관련이 있다.
  - 공작기계, 자동차 등
- 자동화 체계(자동화 시스템) : 체계가 감지, 정보보관, 정보처리 및 의식결정, 행동을 포함한 모든 임무를 수행하는 체계
  - 인간요소를 고려해야 한다.
  - 인간은 작업계획수립, 작업상황 감시(모니터 이용), 정비유지(설비보전), 프로그램 등의 작업을 담당한다.
  - 기계는 컴퓨터 등의 조정장치로 통제된다.
  - 인간-기계시스템에서 자동화 정도에 따라 분류할 때 감시제어(Supervisory Control) 시스템에서 인간의 주요 기능 : 계획(Plan), 교시(Teach), 간섭(Intervene)

ⓔ 인간-기계시스템 설계 시의 고려사항

- 인간성능의 고려는 개발의 첫 단계에서부터 시작되어야 한다.
- 기능 할당 시에 인간기능에 대한 초기의 주의가 필요하다.

• 일반적으로 인간은 주위가 이상하거나 예기치 못한 사건을 감지하여 대치하는 업무를 수행한다.
• 인간은 원칙을 적용하여 다양한 문제를 해결하는 능력이 기계에 비해 우월하다.
• 일반적으로 기계는 장시간 일관성이 있는 작업을 수행한다.
• 기계는 소음, 이상온도 등의 환경에서 수행하고, 인간은 주관적인 추산과 평가작업을 수행한다.
• 인간-컴퓨터 인터페이스 설계는 기계보다 인간의 효율이 우선적으로 고려되어야 한다.
• 인간과 기계가 모두 복수인 경우 기계보다 종합적인 효과를 우선적으로 고려한다.
• 인간이 수행해야 할 조작이 연속적인가 불연속적인가를 알아보기 위해 특정 조사를 실시한다.
• 록 시스템(Lock System)에서 인간과 기계의 중간에 두는 시스템을 인터록 시스템(Inter-lock System)이라고 한다.
• 인터록 시스템(Inter-lock System)과 인트라록 시스템(Intra-lock System) 사이에는 트랜스록 시스템(Trans-lock System)을 둔다.
• 평가초점은 인간성능의 수용가능한 수준이 되도록 시스템을 개선하는 것이다.
• 인간-기계시스템의 인간성능(Human Performance)을 평가하는 실험을 수행할 때 평가의 기준이 되는 변수는 종속변수이다.
• 동작경제의 원칙이 만족되도록 고려하여야 한다.
• 대상이 되는 시스템이 위치할 환경조건이 인간에 대한 한계치를 만족하는가의 여부를 조사한다.

㉤ 인간-기계시스템의 신뢰도
• 인간신뢰도
 - HEP(Human Error Probability, 인간과오확률) : 직무의 내용이 시간에 따라 전개되지 않고 명확한 시작과 끝을 가지고 미리 잘 정의되어 있는 경우 인간신뢰도의 기본단위
 - 인간공학의 연구에서 기준척도의 신뢰성은 반복성을 의미한다.
 - 인간의 신뢰성 요인 중 의식수준은 경험연수, 지식수준, 기술수준 등에 의존하는 요인이다.
• 직렬 시스템의 신뢰도 : $R_s = R_1 \times R_2 \times \cdots \times R_n$
• 병렬 시스템의 신뢰도
 $R_s = 1-(1-R_1)(1-R_2)\cdots(1-R_n)$
 예 인간과 기계의 신뢰도가 인간 0.40, 기계 0.95인 경우 병렬 작업 시 전체 신뢰도
 $R_s = 1-(1-0.4)(1-0.95) = 0.97$
• 인간-기계시스템의 신뢰도
 $R = (1-a)^n(1-b)^n$(a : 조작자 오류율, n : 주어진 시간에서의 조작 횟수, b : 인간오류확률)
 예 첨단경보시스템의 고장률은 0이다. 경계의 효과로 조작자 오류율은 0.01[t/hr]이며 인간의 실수율은 균질한 것으로 가정한다. 이 시스템의 스위치 조작자는 1시간마다 스위치를 작동해야 하는데 인간오류확률이 0.001인 경우에 2시간에서 6시간 사이에 인간-기계시스템의 신뢰도는?
 $R = (1-0.01)^4(1-0.001)^4$
 $\fallingdotseq 0.961 \times 0.996 \fallingdotseq 0.957$
• 인간-기계시스템의 신뢰도 향상 방법 : 중복설계, 부품개선, 충분한 여유용량, Lock System, Fool-Proof System, Fail-Safe System 등

㉥ 인간-기계시스템의 설계원칙
• 인체 특성에 적합한 설계 : 인간의 특성을 고려한다.
• 양립성에 맞게 설계 : 시스템을 인간의 예상과 양립시킨다.
• 배열을 고려한 설계 : 표시장치나 제어장치의 중요성, 사용빈도, 사용순서, 기능에 따라 배치하도록 한다.

㉦ 인간-기계시스템의 설계 6단계
• 1단계 : 시스템의 목표와 성능명세 결정
 - 인간의 성능특성 : 속도, 정확성, 사용자 만족 등
• 2단계 : 시스템의 정의
• 3단계 : 기본 설계
 - 활동 내용 : 직무분석, 인간성능요건명세, 작업설계, 기능할당(인간·하드웨어·소프트웨어)
 - 인간의 성능 특성 : 속도, 정확성, 사용자 만족 등
• 4단계 : 인터페이스설계(계면설계)
 - 계면은 작업공간, 표시장치, 조종장치 등이다.
 - 인간과 기계와의 조화성의 3가지 차원 : 신체적 조화성, (인)지적 조화성, 감성적 조화성
 - 인터페이스(계면)를 설계할 때 감성적인 부문을 고려하지 않으면 진부감이 나타난다.

- 이동전화의 설계에서 사용성 개선을 위해 사용자의 인지적 특성이 많이 고려되어야 하는 사용자 인터페이스 요소는 한글입력방식이다.

• 5단계 : 보조물 설계
• 6단계 : 시험 및 평가

◎ 인간과 기계의 비교
• 일반적으로 인간이 현존하는 기계보다 우월한 기능
  - 문제해결에 독창성을 발휘한다.
  - 임기응변력이 기계보다 앞선다.
  - 완전히 새로운 해결책을 찾을 수 있다.
  - 원칙을 적용하여 다양한 문제를 해결한다.
  - 경험을 활용하여 행동방향을 개선한다.
  - 다양한 경험을 토대로 하여 의사결정을 한다.
  - 관찰을 통해서 일반화하고 귀납적으로 추리한다.
  - 상황에 따라 변화하는 복잡한 자극의 형태를 식별한다.
  - 주위의 이상하거나 예기치 못한 사건들을 감지한다.
  - 어떤 운영방법이 실패할 경우 다른 방법을 선택한다.
  - 수신 상태가 나쁜 음극선관에 나타나는 영상과 같이 배경잡음이 심한 경우에도 신호를 인지할 수 있다.
  - 항공사진의 피사체나 말소리처럼 상황에 따라 변화하는 복잡한 자극의 형태를 식별할 수 있다.
• 현존하는 기계가 인간보다 우월한 기능(인공지능 제외)
  - 관찰을 통하지 않고 연역적으로 추리한다.
  - 인간보다 쉽게 피로하지 않는다.
  - 정보의 신속한 보관이 가능하다.
  - 명시된 절차에 따라 신속하고 정량적인 정보처리를 한다.
  - 암호화된 정보를 신속하게 대량으로 추리하고 보관한다.
  - 물리적인 양을 신속하게 계수하거나 측정한다.
  - 입력신호에 대해 신속하고 일관성 있는 반응을 한다.
  - 여러 개의 프로그램된 활동을 동시에 수행한다.
  - 소음 등 주위가 불안정한 상황에서도 효율적으로 작동한다.
  - 지속적인 단순반복작업을 신뢰성 있게 수행한다.
  - 다양한 활동의 복합적 수행이 가능하다.

㉦ 인간-기계시스템을 평가하는 척도의 요건 : 적절성·타당성, 무오염성, 신뢰성

㉧ 인간에 대한 감시(Monitoring)방법
• 직접적인 방법 : 생리학적 감시방법, 시간적 감시방법, 반응에 대한 감시방법
• 간접적인 방법 : 환경의 감시방법
• Visual Monitoring : 동작자의 태도를 보고 동작자의 상태를 파악하는 감시방법
• Self-Monitoring방법 : 피로, 교통, 권태 등의 자각에 의해서 자신의 상태를 알고 행동하는 감시방법

㉨ 인간이 서로 마주하는 거리는 양자 간의 관계성의 정도를 표현해 준다. 사회적 관계를 나타내는 사회적 거리로 120~360[cm]가 적당하다.

 핵심예제

1-1. 인간공학에 있어 기본적인 가정에 관한 설명으로 틀린 것은?

[2011년 제2회, 2018년 제3회]

① 인간기능의 효율은 인간-기계 시스템의 효율과 연계된다.
② 인간에게 적절한 동기부여가 된다면 좀 더 나은 성과를 얻게 된다.
③ 개인이 시스템에서 효과적으로 기능을 하지 못해도 시스템의 수행도는 변화 없다.
④ 장비, 물건, 환경의 특성이 인간의 수행도와 인간-기계 시스템의 성과에 영향을 준다.

1-2. 일반적으로 기계가 인간보다 우월한 기능에 해당되는 것은?(단, 인공지능은 제외한다)

[2010년 제1회, 제3회 유사, 2012년 제1회, 2018년 제3회, 2021년 제1회 유사]

① 귀납적으로 추리한다.
② 원칙을 적용하여 다양한 문제를 해결한다.
③ 다양한 경험을 토대로 의사결정을 한다.
④ 명시된 절차에 따라 신속하고 정량적인 정보처리를 한다.

|해설|

1-1
개인이 시스템에서 효과적으로 기능을 하지 못하면 시스템의 수행도는 저하된다.

1-2
일반적으로 기계가 인간보다 우월한 기능에 해당되는 것은 ④번이며 ①, ②, ③번은 일반적으로 인간이 기계보다 우월한 기능에 해당된다.

정답 1-1 ③ 1-2 ④

핵심이론 02 작업환경관리

① 통 제

㉠ 피츠(Fitts)의 법칙
- 인간의 제어 및 조정능력을 나타내는 법칙
- 인간의 행동에 대한 속도와 정확성 간의 관계를 설명한다.
- 시작점에서 목표점까지 얼마나 빠르게 닿을 수 있는지를 예측한다.
- 표적이 작고 이동거리가 길수록 이동시간이 증가한다.
- 관련된 변수 : 표적의 너비, 시작점에서 표적까지의 거리, 작업의 난이도(Index of Difficulty)
- 이동시간(MT ; Movement Time)

$$MT = a + b\log_2\left(\frac{D}{W} + 1\right)$$

여기서 a, b : 작업의 난이도에 따른 실험상수
D : 시작점에서 표적까지의 이동거리
W : 표적의 너비, 폭

㉡ 통제장치의 유형(능률과 안전을 위한 기계의 통제수단)
- 양의 조절에 의한 통제 : 투입 원료, 연료량, 전기량(전압·전류·저항), 음량, 회전량 등의 양을 조절하여 통제하는 장치(손잡이, 크랭크, 휠, 레버, 페달 등)
- 개폐에 의한 통제 : 스위치 온오프로 동작을 시작하거나 중단하도록 통제하는 장치(손 푸시버튼, 발 푸시버튼, 수동식 변환, 토글스위치, 회전식 선택 스위치 등)
- 반응에 의한 통제 : 계기, 신호 또는 감각에 의하여 행하는 통제장치(마우스, 트랙볼, 디지타이저, 라이트 팬 등)

㉢ 통제기기 선택 시 고려사항
- 통제기기와 작업의 관계
- 통제기기에 관한 정보
- 기계에 대한 통제기기의 역할
- 통제기기의 설치 면적
- 통제기기의 작동속도 및 정밀도, 조작의 용이성 등

㉣ 통제기기의 특성
- 연속 조절형태 : 손잡이, 크랭크, 핸들, 레버, 페달 등
- 불연속 조절형태 : 푸시버튼, 스위치 등
  - 집단 설치에 가장 이상적인 형태 : 수동식 푸시버튼, 토글스위치

- 조작시간이 짧은 순서 : 수동식 푸시버튼, 토글스위치, 발 푸시버튼, 로터리 스위치 순

ⓜ 통제기기의 안전장치 : 푸시버튼의 요철면, 토글스위치의 커버, 잠금장치 등

ⓑ 통제기기 선정조건

- 계기지침의 일치성 : 계기지침의 움직임 방향과 계기 대상물의 움직임 방향이 일치할 것
- 식별의 용이성
- 특정목적에 사용되는 통제기기는 여러 개를 조합하여 사용하는 것이 효과적이다.
- 통제기기가 복잡하고 정밀한 조절이 필요한 경우
  - 통제 대상물의 조절 빈도가 작을 때는 로터리 통제기기나 직선 통제기기 선정
  - 돌리고 조절하는 2가지 운동을 동시에 해야 하는 연속 조절 통제의 경우는 손잡이, 크랭크, 레버, 핸들, 페달 등을 선정
  - 설정 위치마다 저항을 강하게 주는 것이 바람직한 불연속 통제의 경우는 수동식 푸시버튼, 발 푸시버튼, 토글스위치, 로터리 스위치 등을 선정
- 조작력과 세팅 범위가 중요한 경우에는 통제표시비를 검토한다.

ⓢ 통제표시비(C/D비 : Control-Display Ratio)

- 통제기기(조종장치)와 표시장치의 이동 비율
- 통제기기의 움직인 거리와 이동요소의 움직이는 거리(표시장치의 지침과 활자 등)의 비

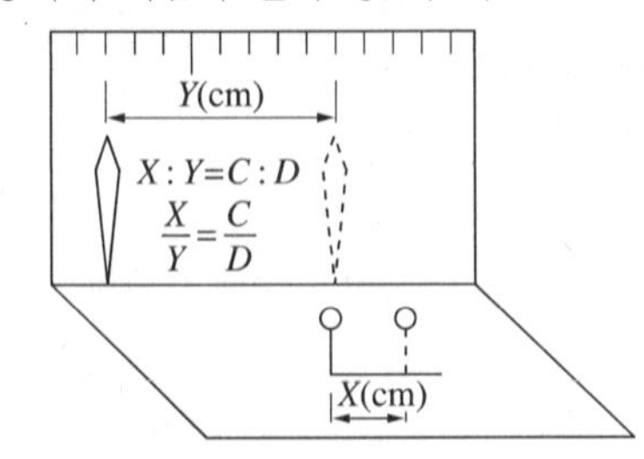

$$\frac{C}{D} = \frac{X}{Y}$$

여기서, X : 통제기기의 변위량, Y : 표시장치의 변위량

- 통제표시비(C/D 비) 설계 시 고려하여야 하는 5가지 요소 : 계기의 크기, 공차, 목측거리(목시거리), 조작시간, 방향성
  - 계기의 크기는 너무 작지도 너무 크지도 않게 적당한 크기로 설계한다.
  - 짧은 주행시간 내에 공차의 인정범위를 초과하지 않는 계기를 마련한다.
  - 목시거리가 길면 길수록 조절의 정확도는 떨어진다.
  - 통제기기시스템에서 발생하는 조작시간의 지연은 직접적으로 통제표시비가 가장 크게 작용하고 있다.
- 통제표시비는 연속조종장치에 적용되는 개념이다.
- 통제표시비가 작을수록 민감한 제어장치이다.
- C/D비가 작을수록 이동 시간이 짧다.
- 최적 C/D비는 1.08~2.20으로 알려져 있다.
- 최적의 통제표시비는 제어장치의 종류나 표시장치의 크기, 허용오차 등에 의해 달라진다.
- C/D비가 크다는 것의 의미는 미세한 조종은 쉽지만 수행시간은 상대적으로 길다는 것이다.
- 통제표시비와 조작시간의 관계(Jenkins) : 조작시간에 포함되는 시간은 시각의 감지시간, 통제기기의 주행시간, 조정시간의 3요소이며 최적통제비는 1.18~2.42가 효과적이다.

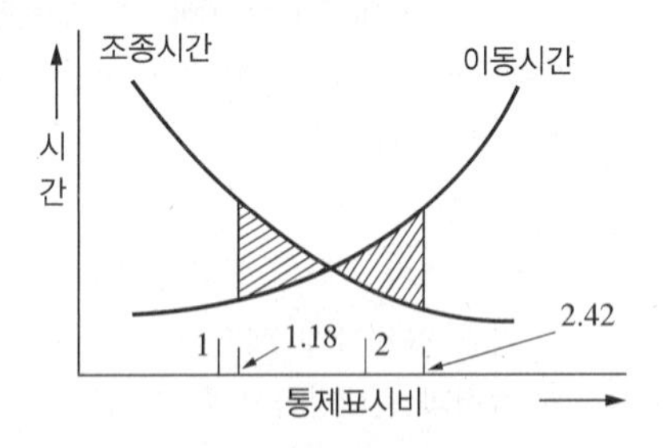

ⓞ 조종구(Ball Control)에서의 C/D비 또는 C/R비(조종-반응비, Control-Response Ratio)

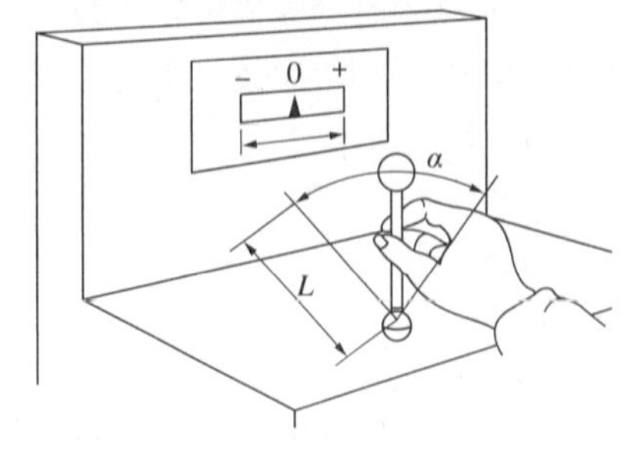

$$C/R = \frac{(\alpha/360°) \times 2\pi L}{\text{표시장치의 이동거리}}$$

여기서, α : 조종장치의 움직인 각도

L : 통제기기의 회전반경(지레 길이)

- 회전하는 조종장치가 선형표시장치를 움직이는 경우이다.
- X가 조종장치의 변위량, Y가 표시장치의 변위량일 때 X/Y로 표현된다.
- Knob C/R비는 손잡이 1회전 시 움직이는 표시장치 이동거리의 역수로 나타낸다.
- 최적의 C/R비는 제어장치의 종류나 표시장치의 크기, 허용오차 등에 의해 달라진다.
- 최적의 조종반응비율은 조종장치의 조종시간과 표시장치의 이동시간이 교차하는 값이다.
- 연속제어 조종장치에서 정확도보다 속도가 중요하다면 C/R비를 1보다 낮게 조절해야 한다.
- C/R비가 작을수록 민감한 제어장치이다.

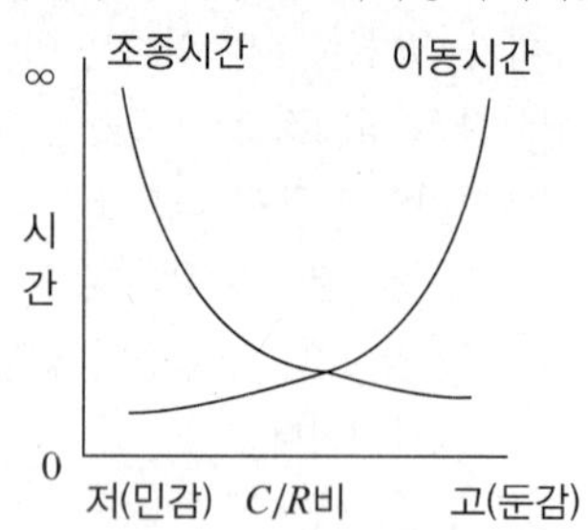

- 조종장치의 저항력 : 탄성저항, 점성저항, 관성, 정지 및 미끄럼 마찰 등
  - 점성저항
    - ⓐ 갑작스런 속도의 변화를 막고 부드러운 제어동작을 유지하게 해주는 저항
    - ⓑ 출력과 반대방향으로 그 속도에 비례해서 작용하는 힘 때문에 생기는 항력으로 원활한 제어를 도우며, 특히 규정된 변위 속도를 유지하는 효과를 가진 조종장치의 저항력
- 조종장치의 오작동을 방지하는 방법
  - 오목한 곳에 둔다.
  - 필요시 조종장치를 덮거나 방호한다.
  - 작동을 위해서 힘이 요구되는 조종장치에는 저항을 제공한다.
  - 순서적 작동이 요구되는 작업일 때 순서를 지나치지 않도록 잠김장치를 설치한다.

② 빛

㉠ 빛 관련 개념과 척도

- 광속(Luminous Flux, f)
  - 광원으로부터 방출되는 빛의 양(광원이 뿜어내는 빛의 총량)
  - 단위 : 루멘(Lumen)[lm]
    - ⓐ 1[cd]의 점광원에서 반지름이 1[m]인 거리의 단위면적 1[m^2]에 비치는 빛의 양
    - ⓑ 1루멘은 초 하나를 켜두고 1[m] 떨어진 거리에서 느끼는 빛의 양이다.
- 광도(Luminous Intensity, I)
  - 광원에서 특정 방향으로 발하는 빛의 세기
  - 단위면적당 표면에서 반사되는 광량
  - 단위 : 칸델라(Candela)[cd]
  - 광 도

$$I = \frac{\text{한 방향으로 방출되는 광속}}{\text{방향각도}}\,[\text{lm/sr} = \text{cd}]$$

- 람베르트(Lambert)[L] : 완전 발산 및 반사하는 표면에 표준 촛불로 1[cm] 거리에서 조명될 때 조도와 같은 광도
  - 단위시간당 한 발광점으로부터 투광되는 빛의 에너지양[cd]
  - 1[cd]는 촛불 하나의 밝기와 같다.
- 조도(Illuminance, E) : 작업면의 밝기
  - 표면의 단위면적에 비추는 빛의 양 또는 광속
  - 물체나 표면에 도달하는 빛의 단위면적당 밀도(광의 밀도)
  - 광속과 빛이 비춰지는 면적과의 비례
  - 조도(E)

$$E = \frac{\text{광속}}{(\text{조사면적})^2}\,[\text{lm/m}^2] = \frac{\text{광도}}{(\text{거리})^2}\,[\text{cd/m}^2]$$

  - 조도는 광속이 표면에 도달하는 방향으로부터 독립적이며 광원의 밝기에 비례하고 거리의 제곱에 반비례하며, 반사체의 반사율과는 상관없이 일정한 값을 갖는다.
  - 단위 : 럭스[lx], foot-candle[fc]
    - ⓐ 1럭스는 1[m^2]의 면적 위에 1[lm]의 광속이 균일하게 비춰질 때를 말한다.
    - ⓑ 1럭스는 1[cd]의 점광원으로부터 1[m] 떨어진 구면에 비추는 광의 밀도이다.
    - ⓒ 1[fc]는 1촉광의 점광원으로부터 1[Foot] 떨어진 곡면에 비추는 광의 밀도를 말한다.

- 조도의 기준을 결정하는 요소 : 시각기능, 작업부하, 경제성
- 산업안전보건법의 최소 조도기준(조명수준) : 초정밀작업 750[lx] 이상, 정밀작업 300[lx] 이상, 보통작업 150[lx] 이상, 그 밖의 작업 75[lx] 이상
- 추천 조명수준 : 아주 힘든 검사작업 500[fc], 세밀한 조립작업 300[fc], 보통 기계작업이나 편지 고르기 100[fc], 드릴 또는 리벳 작업 30[fc]

예제 반사형 없이 모든 방향으로 빛을 발하는 점광원에서 5[m] 떨어진 곳의 조도가 120[lx]라면 2[m] 떨어진 곳의 조도는?

$$조도 = 120 \times \frac{5^2}{2^2} = 750[\text{lx}]$$

• 휘도(Luminance, L)
- 빛을 내는 물체의 단위면적당 밝기의 정도
- 물체의 표면에서 반사되는 빛의 양
- 단위면적당 표면을 떠나는 빛의 양
- 단위 : nt[cd/m^2]
- 휘도(L) : $L = \frac{광도}{(조사면적)^2}$ [cd/m^2]

• 반사율(Reflectance)
- $반사율 = \frac{표면에서\ 반사되는\ 빛의\ 양}{표면에\ 비치는\ 빛의\ 양} = \frac{휘도}{조도}$
- 반사율이 100[%]라면, 빛을 완전히 반사하는 것이다.
- 실내면에서 빛의 추천 반사율 : 바닥 20~40[%], 가구 25~45[%], 벽 40~60[%], 천장 80~90[%]

• 광속발산도(Luminance Ratio)
- 대상의 면에서 발산되는 단위면적당 광속이며 단위는 [lm/m^2]이다.
- 광속발산도 = 광속 ÷ 발산면적
- 휘도와 비슷하다.
- 간접적인 광원에 대한 빛의 양이다.

• 대비(Contrast)
- $대비 = \frac{배경 - 표적}{배경} = \frac{L_b - L_t}{L_b}$

  (L_b : 휘도 또는 종이의 반사율, L_t : 전체 휘도 또는 인쇄된 글자의 반사율)
- 표적이 배경보다 어두울 경우 대비는 0~100 사이이며 표적이 배경보다 밝을 경우의 대비는 0 이하이다.

• 소요조명(fc) = $\frac{L_b}{반사율}$ (L_b : 휘도 또는 광속발산도)

• 굴절력 = $\frac{1}{L_1}$ (L_1 : 초점거리 또는 명시거리[m])

㉡ 조 명

• 조명의 종류 : 국소조명, 완화조명, 전반조명, 투명조명, 직접조명, 간접조명, 반간접조명, 전반조명 등
- 국소조명 : 작업면상의 필요한 장소만 높은 조도를 취하는 조명방법
- 전반조명 : 실내 전체를 일률적으로 밝히는 조명방법으로 실내 전체가 밝아지므로 기분이 명랑해지고 눈의 피로가 적어져서 사고나 재해가 적어지는 조명방식
- 직접조명 : 강한 음영 때문에 근로자의 눈 피로도가 큰 조명방법

• 조명의 특징
- 조명이 밝을수록 생산량은 증가하다가 적정 영역 이상에서는 일정해진다.
- 반사광은 세밀한 작업을 하는데 불리하다.
- 독서를 하는 경우에는 간접조명이 더 효과적이다.
- 작업장의 경우 공간 전체에 빛이 골고루 퍼지게 하는 것이 좋다.

• 옥외의 자연조명에서 최적 명시거리일 때 문자나 숫자의 높이에 대한 획폭비는 일반적으로 검은 바탕에 흰 숫자를 쓸 때는 1 : 13.3, 흰 바탕에 검은 숫자를 쓸 때는 1 : 4가 독해성이 최적이 된다고 한다.

㉢ 시성능기준함수의 일반적인 수준설정

• 현실상황에 적합한 조명수준이다.
• 표적탐지활동은 50~99[%]로 한다.
• 표적(Target)은 정적인 과녁에서 동적인 과녁으로 한다.
• 언제, 시계 내의 어디에서 과녁이 나타날지 알지 못하는 경우이다.
• 숫자와 색을 이용한 암호가 가장 좋다.

㉣ 휘광 : 눈부심을 말하는 것으로 성가신 느낌, 시성능 저하 등을 초래한다. 광원 혹은 반사광은 시계 내에 있으면 성가신 느낌과 불편감을 주어 시성능을 저하시키는데, 이러한 광원으로부터의 직사휘광을 처리하는 방법은 다음과 같다.

- 휘광원 주위를 밝게 하여 광속발산비(휘도비, 광도비)를 줄인다.
- 광원을 시선에서 멀리 위치시킨다.
- 광원의 휘도를 줄이고 광원의 수를 늘린다.
- 창문을 높이 단다.
- 간접조명수준을 낮춘다.
- 가리개, 차양(Visor), 발(Blind), 갓(Hood) 등을 사용한다.
- 옥외 창 위에 드리우개(Overhang)를 설치한다.

㉤ 암조응(Dark Adaptation)

- 눈이 어두운 곳에 순응하여 점차 보이는 현상
- 일반적으로 인간의 눈이 완전 암조응에 걸리는데 소요되는 시간 : 30~40분

㉥ 영상표시단말기(VDT ; Visual Display Terminal)

- 영상표시단말기의 종류 : CRT(음극선관) 화면, LCD(액정 표시) 화면, 가스플라즈마 화면 등
- 화면반사를 줄이기 위해 산란식 간접조명을 사용한다.
- 영상표시단말기(VDT)를 사용하는 작업에 있어 일반적으로 화면과 그 인접 주변과의 광도비는 1 : 3이다.
- 화면과 화면에서 먼 주위의 휘도비는 1 : 10으로 한다.
- 눈의 피로를 줄이기 위해 VDT 화면과 종이 문서 간의 밝기의 비는 최대 1 : 10을 넘지 않도록 한다.
- 조명의 수준이 높으면 자주 주위를 둘러봄으로써 수정체의 근육을 이완시키는 것이 좋다.
- 작업영역을 조명기구 바로 아래보다는 조명기구들 사이에 둔다.
- 작업대 주변에 영상표시단말기작업 전용의 조명 등을 설치할 경우에는 영상표시단말기 취급근로자의 한쪽 또는 양쪽 면에서 화면·서류면·키보드 등에 균등한 밝기가 되도록 설치하여야 한다.
- 작업실 내의 창·벽면 등을 반사되지 않는 재질로 하여야 하며, 조명은 화면과 명암의 대조가 심하지 않도록 하여야 한다.
- 영상표시단말기를 취급하는 작업장 주변 환경의 조도를 화면의 바탕 색상이 검정색 계통일 때 300[lx] 이상 500[lx] 이하, 화면의 바탕 색상이 흰색 계통일 때 500[lx] 이상 700[lx] 이하를 유지하도록 하여야 한다.
- 화면을 바라보는 시간이 많은 작업일수록 화면 밝기와 작업대 주변 밝기의 차이를 줄이도록 하고, 작업 중 시야에 들어오는 화면·키보드·서류 등의 주요 표면 밝기를 가능한 한 같도록 유지하여야 한다.
- 창문에는 차광망 또는 커텐 등을 설치하여 직사광선이 화면·서류 등에 비치는 것을 방지하고 필요에 따라 언제든지 그 밝기를 조절할 수 있도록 하여야 한다.
- 필터를 부착한 VDT 화면에 표시된 글자의 밝기는 줄어들지만 대비는 증가한다.

③ 소 음

㉠ 음 관련 이론

- 도플러(Doppler) 효과 : 발음원이 이동할 때 그 진행 방향 쪽에서는 원래 발음원의 음보다 고음으로, 진행 방향 반대쪽에서는 저음으로 되는 현상
- 마스킹(Masking) 효과 : 어떤 소리에 의해 다른 소리가 파묻혀버려 들리지 않게 되는 현상
  - 피은폐된 한 음의 가청역치가 다른 은폐된 음 때문에 높아지는 현상을 말한다.
  - 음의 한 성분이 다른 성분에 대한 귀의 감수성을 감소시키는 작용이다.
  - 은폐음 때문에 피은폐음의 가청역치가 높아진다.
  - 순음에서 은폐효과가 가장 큰 것은 은폐음과 배음(Harmonic Overtone)의 주파수가 가까울 때이다.

  예 배경음악에 실내소음이 묻히는 것, 사무실의 자판 소리 때문에 말소리가 묻히는 것
- 임피던스(Impedance) 효과 : 밀폐된 공간에서 발생되는 공기압력의 차이로 인하여 소리 전달이 방해되는 현상

㉡ 음과 소음

- 음(Sound) : 물체의 진동으로 인해 일어나는 공기압력 변화에 의하여 발생
- 소음(Noise) : 원치 않은 소리(Unwanted Sound)
  - 불규칙음, 비주기적이고 고주파 음역의 특성을 나타내는 음이다.
  - 소음에는 익숙해지기 쉽다.

- 소음계는 소음, 음압을 계측할 수 있다.
- 소음의 피해는 정신적, 심리적인 것이 주가 된다.
- 소음이란 귀에 불쾌한 음이나 생활을 방해하는 음을 통틀어 말한다.
- 강한 소음에 노출되면 부신피질의 기능이 저하된다.
- 소음이란 주어진 작업의 존재나 완수와 정보적인 관련이 없는 청각적 자극이다.
- 간단하고 정규적인 과업의 퍼포먼스는 소음의 영향이 없으며 오히려 개선되는 경우도 있다.
- 시력, 대비판별, 암시, 순응, 눈동작 속도 등 감각능은 모두 소음의 영향이 적다.
- 운동 퍼포먼스는 균형과 관계되지 않는 한 소음에 의해 나빠지지 않는다.
- 쉬지 않고 계속 실행하는 과업에 있어 소음은 부정적인 영향을 미친다.
- 산업안전보건법에서 정한 물리적 인자의 분류 기준에 있어서 소음성난청을 유발할 수 있는 85[dB] 이상의 시끄러운 소리를 소음으로 규정하고 있다.

㉢ 주파수(진동수, Frequency)
- 단위 : [Hz](1초 동안의 진동수)
- 소리의 크고 작은 느낌은 주로 강도의 함수이지만 진동수에 의해서도 일부 영향을 받는다.
- phon의 기준 순음주파수는 1,000[Hz]이다.
- 주파영역 : 저주파 20[Hz] 이하, 가청주파수 20~20,000[Hz], 고주파 4,000~20,000[Hz], 초음파 20,000[Hz] 이상
- 소음에 대한 청력 손실이 가장 심각하게 노출되는 진동수 : 4,000[Hz]
- 가청 범위에서의 청력 손실은 15,000[Hz] 근처의 높은 영역에서 가장 크게 나타난다.
- 시각을 주로 사용하는 작업에서 작업의 수행도를 가장 나쁘게 하는 진동수의 범위(시각 퍼포먼스가 가장 나빠지는 진동수) : 10~25[Hz]
- 저주파의 음은 고주파의 음만큼 크게 들리지 않는다.
- 사람의 귀는 모든 주파수의 음마다 다르게 반응한다.
- 일반적으로 낮은 주파수(100[Hz] 이하)에 덜 민감하고, 높은 주파수에 더 민감하다.

㉣ 주기 : 진동수의 역수

예 1/100초 동안 발생한 3개의 음파를 나타낸 것이다.

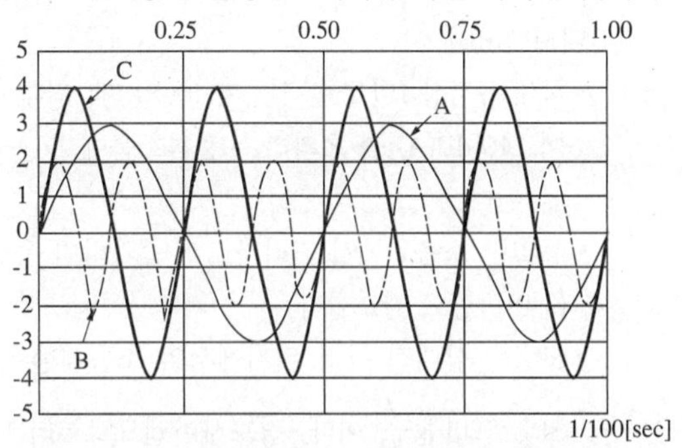

음의 세기가 가장 큰 것은 C 음파, 가장 높은 음은 B 음파이다.

㉤ 음량수준 평가척도 : phon, sone, 인식소음 수준(PNdB, PLdB 등)
- phon : 1,000[Hz]의 기준 음과 같은 크기로 들리는 다른 주파수의 음의 크기
  - 예를 들면, 50[phon]은 1,000[Hz]에서 50[dB]이며, 이것은 100[Hz]에서는 60[dB]이다.
  - [phon]으로 표시한 음수준 : 이 음과 같은 크기로 들리는 1,000[Hz] 순음의 음압수준[dB]. 예를 들면, 20[dB]의 1,000[Hz]는 20[phon]이다.
- sone : 어떤 음의 기준 음과 비교한 배수
  - 1[sone] : 1,000[Hz], 40[dB]의 음압수준을 가진 순음의 크기
  - 1[sone]=40[phon]
  - $\text{sone} = 2^{\frac{[\text{phon}]-40}{10}}$
  - 1,000[Hz], 60[dB]인 음과 같은 높이임에도 4배 더 크게 들리는 소리의 음압수준

    1,000[Hz], 60[dB]은 60[phon]이므로,

    $\text{sone} = 2^{\frac{[\text{phon}]-40}{10}} = 2^{\frac{60-40}{10}} = 4[\text{sone}]$이며,

    이보다 4배가 더 크게 들리므로,

    $4 \times 4 = 16 = 2^{\frac{[\text{phon}]-40}{10}}$에서

    $[\text{phon}] = 10 \times \frac{\log 16}{\log 2} + 40 = 80[\text{phon}] = 80[\text{dB}]$
- PNdB(Perceived Noise Level) : 소음 측정에 이용되는 척도로 910~1,090[Hz] 대의 소음 음압수준

- PLdB(Perceived Level of Noise) : 3,150[Hz]에 중심을 둔 1/3 옥타브(Octave) 대음을 기준으로 사용한다.

㉥ 데시벨[dB]
- 국내 규정상 1일 노출 횟수가 100일 때, 최대 음압수준이 140[dB(A)]를 초과하는 충격소음에 노출되어서는 안 된다.
- 동일한 소음원에서 거리가 2배 증가하면 음압수준은 6[dB] 정도 감소한다.
- SPL은 상대적 특정 위치에서의 소음레벨로, $\text{SPL}=20\log\frac{P}{P_0}$ 이다. 경보사이렌으로부터 10[m] 떨어진 곳에서 음압수준이 140[dB]일 때 100[m] 떨어진 곳에서 음의 강도는
  $[\text{dB}]_2=[\text{dB}]_1-20\log\frac{l_2}{l_1}=140-20\log\frac{100}{10}=120[\text{dB}]$
- 소음작업 : 1일 8시간 작업을 기준으로 85[dB] 이상의 소음이 발생하는 작업
- 강렬한 소음작업
  - 90[dB] 이상의 소음이 1일 8시간 이상 발생하는 작업
  - 95[dB] 이상의 소음이 1일 4시간 이상 발생하는 작업
  - 100[dB] 이상의 소음이 1일 2시간 이상 발생하는 작업
  - 105[dB] 이상의 소음이 1일 1시간 이상 발생하는 작업
  - 110[dB] 이상의 소음이 1일 30분 이상 발생하는 작업
  - 115[dB] 이상의 소음이 1일 15분 이상 발생하는 작업
- 충격소음작업
  - 120[dB]을 초과하는 소음이 2일 10,000회 이상 발생하는 작업
  - 130[dB]을 초과하는 소음이 1일 1,000회 이상 발생하는 작업
  - 140[dB]을 초과하는 소음이 1일 100회 이상 발생하는 작업
- 소음성 난청을 예방관리하기 위한 청력 보존프로그램에 포함되는 사항
  - 소음노출 평가
  - 소음노출 기준 초과에 따른 공학적 대책
  - 청력보호구의 지급과 착용
  - 소음의 유해성과 예방에 관한 교육
  - 정기적 청력검사 및 기록・관리 사항 등
- 청력보존 프로그램 수립・시행 대상 사업장
  - 소음의 작업환경측정 결과 소음수준이 90[dB]을 초과하는 사업장
  - 소음으로 인하여 근로자에게 건강장해가 발생한 사업장
- 90[dB] 정도의 소음에서 오랜 시간 노출되면 청력장애를 일으키게 된다.
- 작업장의 설비 3대에서 각각 A[dB], B[dB], C[dB]의 소음이 발생되고 있을 때 작업장의 음압수준
  $L=10\log(10^{A/10}+10^{B/10}+10^{C/10})[\text{dB}]$
- 소음을 누적소음노출량측정기로 측정하였으며, OSHA에서 정한 95[dB(A)]의 허용시간을 4시간이라 가정할 때의 8시간 시간가중평균(TWA)
  $\text{TWA}=16.61\times\log(D/100)+90[\text{dB(A)}]$
  여기서, D : 소음노출량, $D=\frac{\text{가동시간}}{\text{기준시간}}[\%]$

㉦ 음성통신에서의 소음환경 지수
- AI(Articulation Index) : 명료도 지수
- PSIL(Preferred-octave Speech Interference Level) : 음성간섭수준
- PNC(Preferred Noise Criteria Curves) : 선호소음판단기준곡선

㉧ 총소음량(TND)
- 소음 설계의 적합성 : TND 1 이하
- TND 계산 및 소음 설계의 적합성 판단
  예 3개 공정의 소음수준 측정결과, 1공정은 100[dB]에서 1시간, 2공정은 95[dB]에서 1시간, 3공정은 90[dB]에서 1시간이 소요될 때, 총소음량(TND)과 소음 설계의 적합성을 판단(단, 90[dB]에서 8시간 노출될 때를 허용기준으로 하여, 5[dB] 증가할 때 허용시간은 1/2로 감소되는 법칙 적용)하면
  $\text{TND}=\frac{1}{2}+\frac{1}{4}+\frac{1}{8}=0.875$ 이며 TND가 1 이하로 나타났으므로 소음설계는 적합하다.

㉨ 초음파 소음(Ultrasonic Noise)
- 전형적으로 20,000[Hz] 이상이다.
- 가청영역 위의 주파수를 갖는 소음이다.
- 소음이 5[dB] 증가하면 허용기간은 반감한다.
- 20,000[Hz] 이상에서 노출 제한은 110[dB]이다.

㉧ 소음 방지 대책
- 소음 음원에 대한 대책
  - 소음원의 통제를 중심으로 한 적극적인 대책이며 가장 효과적인 방법이다.
  - 소음 발생원 : 밀폐, 제거, 격리, 전달경로 차단
  - 설비 : 밀폐, 격리, 적절한 재배치, 저소음 설비 사용, 설비실의 차음벽 시공, 소음기 및 흡음장치 설치
- 차폐장치 및 흡음재 사용
- 진동 부분의 표면적 감소
- 음향처리제, 방음보호구 등의 사용
- 보호구 착용(귀마개 및 귀덮개 사용 등)

㉨ 제한된 실내공간에서 소음문제의 음원에 대한 대책
- 진동 부분의 표면적을 줄인다.
- 소음의 전달경로를 차단한다.
- 벽, 천장, 바닥에 흡음재를 부착한다.

④ 진 동

㉠ 진동 관련 이론
- 호이겐스(Huygens)의 원리 : 파면상의 각 점에 언제나 그 점을 파원으로 하는 2차적인 구면파가 무수하게 생기고 이것에 공통으로 접하는 곡면이 다음의 파면이 된다는 이론
- 압전효과 : 기계진동에 의하여 물체에 힘이 가해질 때 전하를 발생하거나 전하가 가해질 때 진동 등을 발생시키는 현상

㉡ 진동방지용 재료로 사용되는 공기스프링의 특징
- 공기량에 따라 스프링상수의 조절이 가능하다.
- 공기의 압축성에 의해 감쇠특성이 크므로 미소진동의 흡수도 가능하다.
- 공기탱크 및 압축기 등의 설치로 구조가 복잡하고 제작비가 비싸다.
- 측면에 대한 강성은 약하다.

㉢ 진동에 의한 건강장해
- 개 요
  - 작업장에서 노출되는 진동은 진동수와 가속도에 따라 느끼는 감각이 다르다.
  - 진동은 크게 전신진동과 국소진동으로 구분할 수 있으며, 산업현장에서 노출되는 진동은 인체에 미치는 영향이 더 크고 직업병을 유발할 수 있다.
- 전신진동
  - 진동수 3[Hz] 이하 : 신체도 함께 움직이고 동요감을 느끼며 메스껍고 멀미가 난다.
  - 진동수 4~12[Hz] : 증가되면 압박감과 동통감을 받게 되며 심할 경우 공포감과 오한을 느낀다. 신체 각 부분이 진동에 반응해 고관절, 견관절 및 복부장기가 공명하여 부하된 진동에 대한 반응이 증폭된다.
  - 진동수 20~30[Hz] : 두개골이 공명하기 시작하여 시력 및 청력장애를 초래한다.
  - 진동수 60~90[Hz] : 안구가 공명하게 된다.
  - 일상생활에서 노출되는 전신진동의 경우 어깨 뭉침, 요통, 관절통증 등의 영향을 미친다.
  - 과거 장시간 서서 흔들리는 버스에서 일한 버스안내양의 경우 전신진동에 노출되어 상당수가 생리불순, 빈혈 등의 증상에 시달렸다고 한다.
- 국소진동
  - 레이노씨 현상(Raynaud's Phenomenon)
    ⓐ 압축공기를 이용한 진동공구를 사용하는 근로자의 손가락에 흔히 발생되는 증상으로 손가락에 있는 말초혈관운동의 장애로 인하여 혈액순환이 저해되어 손가락이 창백해지고 동통을 느끼게 된다.
    ⓑ 한랭한 환경에서 이러한 현상은 더욱 악화되며 이를 Dead Finger, White Finger라고도 부른다.
    ⓒ 발생원인으로는 공구의 사용법, 진동수, 진폭, 노출시간, 개인의 감수성 등이 관계된다.
  - 뼈 및 관절의 장애
    ⓐ 심한 진동을 받으면 뼈, 관절 및 신경, 근육, 건인대, 혈관 등 연부조직에 병변이 나타난다.
    ⓑ 심한 경우 관절연골의 괴저, 천공 등 기형성 관절염, 이단성 골연골염, 가성관절염과 점액낭염, 건초염, 건의 비후, 근위축 등이 생기기도 한다.
- 진동에 의한 건강장해 예방
  - 진동에 의한 건강장해를 최소화 하는 공학적인 방안은 진동의 댐핑과 격리이다.

- 진동 댐핑 : 고무 등 탄성을 가진 진동 흡수재를 부착하여 진동을 최소화 하는 것
- 진동 격리 : 진동 발생원과 작업자 사이의 진동 노출 경로를 어긋나게 하는 것이다.
- 이러한 공학적인 방안은 진동의 특성, 흡수재의 특성, 작업장 여건 등을 고려하여 신중히 검토한 후 적용하여야 한다.
- 진동 수공구는 적절하게 유지보수하고 진동이 많이 발생되는 기구는 교체한다.
- 작업시간은 매 1시간 연속 진동 노출에 대하여 10분 정도 휴식한다.
- 지지대를 설치하는 등의 방법으로 작업자가 작업공구를 가능한 적게 접촉하게 한다.
- 작업자가 적정한 체온을 유지할 수 있게 관리한다.
- 손은 따뜻하고 건조한 상태를 유지한다.
- 가능한 공구는 낮은 속력에서 작동될 수 있는 것을 선택한다.
- 방진장갑 등 진동보호구를 착용하여 작업한다.
- 손가락의 진통, 무감각, 창백화 현상이 발생되면 즉각 전문의료인에게 상담한다.
- 니코틴은 혈관을 수축시키기 때문에 진동공구를 조작하는 동안 금연한다.
- 관리자와 작업자는 국소진동에 대하여 건강상 위험성을 충분히 알고 있어야 한다.

㉣ 진동이 인간 성능에 미치는 일반적인 영향

- 진동은 진폭에 비례하여 시력을 손상시키며 10~25[Hz]의 경우에 가장 심하다.
- 진동은 진폭에 비례하여 추적능력을 손상시키며 5[Hz] 이하의 낮은 진동수에서 가장 심하다.
- 안정되고 정확한 근육조절을 요하는 작업은 진동에 의해서 저하된다.
- 반응시간, 감시, 형태 식별 등 주로 중앙 신경처리에 달린 임무는 진동의 영향을 덜 받는다.
- 진동의 영향을 가장 많이 받는 인간의 성능은 추적(Tracking)작업(능력)이다.

㉤ 진동 관련 제반사항

- 진동에 의한 1차 설비진단법 중 정상, 비정상, 악화의 정도를 판단하기 위한 방법 : 상호판단, 비교판단, 절대판단
- 정상진동 : 회전축이나 베어링 등이 마모 등으로 변형되거나 회전의 불균형에 의하여 발생하는 진동
- 추적작업, 시각적 인식작업, 수동 제어작업 등은 진동의 영향을 받지만, 형태 식별작업은 진동의 영향을 별로 받지 않는다.
- 진동작업에 해당하는 기계・기구 : 착암기, 동력을 이용한 해머, 체인톱, 엔진커터, 동력을 이용한 연삭기, 임팩트 렌치, 그밖에 진동으로 인하여 건강장해를 유발할 수 있는 기계기구

⑤ 온도・습도

㉠ 실효온도(Effective Temperature)

- 실제로 감각되는 온도(실감온도)
- 기온, 습도, 바람의 요소를 종합하여 실제로 인간이 느낄 수 있는 온도(실효온도 지수 개발 시 고려한 인체에 미치는 열효과의 조건 : 온도, 습도, 공기유동)
- 온도, 습도 및 공기유동이 인체에 미치는 열효과를 나타낸 것
- 무풍상태, 습도 100[%]일 때의 건구 온도계가 가리키는 눈금을 기준으로 한다.
- 온도와 습도 및 공기유동이 인체에 미치는 열효과를 하나의 수치로 통합한 경험적 감각지수
- 상대습도 100[%]일 때의 건구온도에서 느끼는 것과 동일한 온감
- 사무실 또는 연구실의 감각온도 : 60~65[ET]
- 실효온도의 종류 : Oxford 지수, WBGT 지수, Botsball 지수
- Oxford 지수(WD) : 습구온도와 건구온도의 단순가중치(가중평균값)
  $WD = 0.85W + 0.15D$
  (W : 습구온도, D : 건구온도)
- WBGT 지수(Wet-Bulb Globe Temperature, 습구흑구 온도지수)
  - 태양광이 내리쬐지 않는 옥내 또는 옥외의 경우,
    $WBGT = 0.7NWB + 0.3G$
    (여기서, NWB : 자연습구온도, G : 흑구온도)
  - 태양광이 내리쬐는 옥외의 경우,
    $WBGT = 0.7NWB + 0.2G + 0.1D$
    (여기서, NWB : 자연습구온도, G : 흑구온도, D : 건구온도)

- Botsball 지수(BB지수) : 열에 대한 인간반응의 지표이며 열 스트레스 측정에 활용한다.
  $BB = WBGT + (2.5 \sim 3.5)$

㉡ 불쾌지수 : 인체에 가해지는 온습도 및 기류 등의 외적 변수를 종합적으로 평가한 지수
- 온도 단위 [℃]일 때의 불쾌지수 계산식
  $= 0.72 \times (D + W) + 40.6$
  (D : 건구온도[℃], W : 습구온도[℃])
- 온도 단위 [°F]일 때의 불쾌지수 계산식
  $= 0.4 \times (D + W) + 15$
  (D : 건구온도[°F], W : 습구온도[°F])
- 불쾌지수의 범위 : 쾌적함의 척도
  - 68 미만 : 전원이 쾌적함을 느낀다.
  - 68~75 : 불쾌감을 나타내기 시작한다.
  - 75~80 : 일반인의 절반 정도가 불쾌감을 느낀다.
  - 80 이상 : 대부분의 사람이 불쾌감을 느낀다.

㉢ 작업환경의 온열요소 : 기온(Temperature), 기습(Humidity), 기류(Air Movement)

㉣ 공기의 온열조건 4요소 : 대류, 전도, 복사, 온도

㉤ 적절한 온도의 작업환경에서 추운 환경으로 변할 때, 우리의 신체가 수행하는 조절작용
- 몸이 떨리고 소름이 돋는다.
- 피부의 온도가 내려간다.
- 직장온도가 약간 올라간다.
- 혈액의 많은 양이 몸의 중심부를 순환한다.
- 피부를 경유하는 혈액순환량이 감소한다.

㉥ 클로[clo] : 옷을 입었을 때 의복의 보온력의 단위로, 1[clo]는 2면 사이의 온도구배가 0.18[℃]일 때 1시간에 1[m^2]에 대해 1[cal]의 열통과를 허용하는 양이며 총 보온율은 각 보온율의 값을 모두 더한 값이다.

㉦ 고온에서의 생리적 반응
- 근육의 이완
- 체표면적의 증가
- 피부혈관의 확장
- 고온 스트레스에 의한 Q10효과 발생(Q10효과 : 고온 스트레스에 의하여 호흡량이 증가하여 체내 에너지 소모량이 증가하고 견디는 힘이 약해지는 현상)

㉧ 열중독증(Heat Illness)의 강도(저고순) : 열발진(Heat Rash) < 열경련(Heat Cramp) < 열소모(Heat Exhaustion) < 열사병(Heat Stroke)
- 열발진
- 열경련 : 고열환경에서 심한 육체노동 후에 탈수와 체내 염분농도 부족으로 근육의 수축이 격렬하게 일어나는 장해
- 열소모
- 열사병
  - 고온환경에 노출될 때 발한에 의한 체열 방출이 장해됨으로써 체내에 열이 축적되어 발생한다.
  - 뇌 온도의 상승으로 체온조절 중추의 기능이 장해를 받게 된다.
  - 치료를 하지 않을 경우 100[%], 43[℃] 이상일 때에는 80[%], 43[℃] 이하일 때에는 40[%] 정도의 치명률을 가진다.

㉨ 고열에 의한 건강장해 예방대책으로 작업조건 및 환경개선 두 가지 모두 관계되는 요소는 착의상태이다.

⑥ 열교환

㉠ 작업환경에서 열교환에 영향을 주는 요소 : 기온(Temperature), 기습(Humidity), 기류(Air Movement)

㉡ 신체의 열교환 과정
- 인체와 환경 사이에서 발생한 열교환작용의 교환경로 : 대류, 복사, 증발 등
- 신체 열함량 변화량
  $\Delta S = (M - W) \pm R \pm C - E$
  (여기서, M : 대사 열발생량, W : 수행한 일,
  R : 복사 열교환량, C : 대류 열교환량,
  E : 증발 열발산량)
- 인간과 주위의 열교환 과정을 나타내는 열균형 방정식에 적용되는 요소 : 대류, 복사, 증발

㉢ 열압박 지수(HSI ; Heat Stress Index)
- 열평형을 유지하기 위해서 증발해야 하는 발한량으로 열부하를 나타내는 지수
- 열압박 지수 중 실효온도지수 개발 시 고려한 인체에 미치는 열효과의 조건 : 온도, 습도, 공기유동
- 1일 작업량은 HSI를 활용하여 계산된 작업지속시간(전체 시간에서 휴식시간을 제외한 시간)을 기준으로 계산한다.

⑦ 얼음과 드라이아이스 등을 취급하는 작업에 대한 대책

㉠ 더운 물과 더운 음식을 섭취한다.

㉡ 혈액순환을 위해 틈틈이 운동을 한다.

㉢ 오랫동안 한 장소에 고정하여 작업하지 않는다.

㉣ 반드시 면장갑을 착용해야 한다.

㉤ 밀폐된 좁은 공간에서 드라이아이스를 취급할 때에는 호흡장애 또는 질식을 방지하기 위하여 공기를 환기시킬 배출구를 내야 한다.

㉥ 드라이아이스는 급격히 기체로 변하기 때문에 보온병과 같은 밀폐용기에 담을 경우 폭발 위험이 있으므로 실험실에서도 드라이아이스를 시험관에 넣고 고무마개로 입구를 막아 보관하면 절대 안 된다.

⑧ 가속도

㉠ 물체의 운동변화율이다.

㉡ 1G는 자유낙하하는 물체의 가속도인 9.8[m/s^2]에 해당한다.

㉢ 선형가속도의 방향은 물체의 운동 방향이고 각가속도의 방향은 회전축의 방향이다.

㉣ 운동방향이 전후방인 선형가속도의 영향은 수직 방향보다 덜하다.

⑨ 불안전한 행동을 유발하는 상황에서의 위험처리기술

㉠ 위험전가(Transfer)

㉡ 위험보류(Retention)

㉢ 위험감축(Reduction)

 **핵심예제**

2-1. 반사율이 60[%]인 작업대상물에 대하여 근로자가 검사작업을 수행할 때 휘도(Luminance)가 90[fL]이라면 이 작업에서의 소요조명[fc]은 얼마인가? [2011년 제2회, 2018년 제1회]

① 75 ② 150
③ 200 ④ 300

2-2. 다음 중 소음방지대책으로 가장 적절하지 않은 것은? [2013년 제3회]

① 소음의 통제
② 소음의 적응
③ 흡음재 사용
④ 보호구 착용

2-3. 소음 발생에 있어 음원에 대한 대책으로 볼 수 없는 것은? [2013년 제2회 유사, 2014년 제2회, 2016년 제1회, 제3회 유사, 2018년 제2회 유사, 제3회]

① 설비의 격리
② 적절한 재배치
③ 저소음 설비 사용
④ 귀마개 및 귀덮개 사용

2-4. 적절한 온도의 작업환경에서 추운 환경으로 변할 때, 우리의 신체가 수행하는 조절작용이 아닌 것은? [2014년 제3회 유사, 2017년 제2회]

① 발한이 시작된다.
② 피부의 온도가 내려간다.
③ 직장온도가 약간 올라간다.
④ 혈액의 많은 양이 몸의 중심부를 순환한다.

2-5. 건구온도 30[℃], 습구온도 35[℃]일 때의 옥스퍼드(Oxford) 지수는 얼마인가? [2010년 제2회 유사, 2012년 제2회 유사, 2017년 제1회, 2021년 제3회]

① 20.75[℃]
② 24.58[℃]
③ 32.78[℃]
④ 34.25[℃]

|해설|

2-1

소요조명 [fc] $= \frac{[fL]}{반사율} = \frac{90}{0.6} = 150$

2-2

소음의 적응은 소음방지대책으로 적절하지 않다.

2-3

귀마개 및 귀덮개 사용은 소음 발생에 있어 음원에 대한 대책이 될 수 없다.

2-4

발한이 시작되는 것이 아니라 몸이 떨리고 소름이 돋는다.

2-5

Oxford 지수(WD) $= 0.85W + 0.15D$
$= 0.85 \times 35 + 0.15 \times 30$
$= 34.25$[℃]

정답 2-1 ② 2-2 ② 2-3 ④ 2-4 ① 2-5 ④

제2절 정보 입력 표시

핵심 이론 01 정보입력표시의 개요

① **신호검출이론(SDT ; Signal Detection Theory)**

㉠ 응답판별기준

- 베타(Beta)값 : 기준점에서의 신호와 노이즈 곡선의 높이 비(신호/노이즈)
- 두 정규분포곡선이 교차하는 부분에 판별기준이 놓였을 때 베타값(β)은 1이다.
- 기준점이 오른쪽으로 이동할 때 : 말이 적어지며 긍정과 허위 모두가 적어지고 보수적이 된다(베타값이 증가하여 1보다 커진다).
- 기준점이 왼쪽으로 이동할 때 : 말이 많아지며 긍정과 허위 모두가 많아지고 모험적이 된다(베타값 감소하여 1보다 작아진다).

㉡ 특 징

- 신호와 소음을 쉽게 식별할 수 없는 상황에 적용된다.
- 일반적인 상황에서 신호검출을 간섭하는 소음이 있다.
- 통제된 실험실에서 얻은 결과를 현장에 그대로 적용 불가능하다.
- 긍정(Hit), 허위(False Alarm), 누락(Miss), 부정(Correct Rejection)의 4가지 결과로 나눌 수 있다.

㉢ 적용대상 : 품질검사, 의학처방, 법정에서의 판정 등

② **정량적 표시장치** : 수치로 표시되는 표시장치

㉠ 정량적인 동적 표시장치 : 정목동침형, 정침동목형, 계수형

- 정목동침형 표시장치 : 눈금이 고정되고 지침이 움직이는 형태의 정량적 표시장치
  - 일정한 범위에서 수치가 자주 또는 계속 변하는 경우 가장 유용한 표시장치이다.
  - 표시값, 측정값의 변화방향이나 변화속도를 나타내는데 가장 유리하다.
  - 대략적인 편차나 변화를 빨리 파악할 수 있어 정성적으로도 사용할 수 있다.
  - 동침(Moving Pointer)형 아날로그 표시장치는 바늘의 진행방향과 증감속도에 대한 인식적인 암시신호를 얻는 것이 가능한 장점이 있다.

  예 시계

- 정침동목형 표시장치 : 지침이 고정되고 눈금이 움직이는 형태의 정량적 표시장치
  - 동목(Moving Scale)형 아날로그 표시장치는 표시장치의 면적을 최소화할 수 있는 장점이 있다.

  예 나침판
- 계수형 표시장치 : 전자적으로 숫자가 표시되는 형태의 정량적 표시장치
  - 관측하고자 하는 측정값을 가장 정확하게 읽을 수 있는 표시장치이다.
  - 전력계나 택시요금계기와 같이 숫자로 표시되는 정량적인 동적 표시장치이다.
  - 계수형은 판독오차가 적다.
  - 조작상의 실수 없이 쉽게 조작할 수 있어 생산설비에 많이 사용되고 있다.
  - 계수형 표시장치 사용이 적합한 경우 : 인접한 눈금에 대한 지침의 위치를 파악할 필요가 없는 경우, 수치를 정확히 읽어야 하는 경우, 짧은 판독시간을 필요로 할 경우, 판독 오차가 적은 것을 필요로 할 경우
  - 계수형 표시장치 사용이 부적합한 경우 : 표시장치에 나타나는 값들이 계속 변하는 경우

ⓛ 정량적 표시장치의 특징
- 정량적 표시장치의 눈금수열로 가장 인식하기 쉬운 것은 '1, 2, 3, …'이다.
- 정확한 값을 읽어야 하는 경우 일반적으로 아날로그보다 디지털 표시장치가 유리하다.
- 연속적으로 변화하는 양을 나타내는 데에는 일반적으로 디지털 표시장치보다 아날로그가 유리하다.
- 전력계에서와 같이 기계적 혹은 전자적으로 숫자가 표시된다.
- 표시장치에 숫자를 설계할 때 권장되는 표준 종횡비(Width-Height Ratio)는 약 3 : 5이다(한글의 경우는 1 : 1).

ⓒ 아날로그 표시장치를 선택하는 일반적인 요구사항
- 일반적으로 동목형보다 동침형을 선호한다.
- 중요한 미세한 움직임이나 변화에 대한 정보를 표시할 때는 동침형을 사용한다.
- 일반적으로 동침과 동목은 혼용하여 사용하지 않는다.
- 이동요소의 수동조절이 필요할 때에는 눈금이 아니라 지침을 조절할 수 있어야 한다.
- 온도계나 고도계에 사용되는 눈금이나 지침은 수직표시가 바람직하다.
- 눈금의 증가는 시계방향이 적합하다.
- 아날로그 표시장치가 적합한 경우 : 비행기 고도의 변화율을 알고자 할 때, 자동차 시속을 일정한 수준으로 유지하고자 할 때, 색이나 형상을 암호화하여 설계할 때
- 아날로그 표시장치가 부적합한 경우 : 전력계와 같이 신속 정확한 값을 알고자 할 때

ⓡ 정량적 표시장치의 용어
- 눈금단위(Scale Unit) : 눈금을 읽는 최소 단위
- 눈금범위(Scale Range) : 눈금의 최고치와 최저치의 차
- 수치간격(Numbered Interval) : 눈금에 나타낸 인접 수치 사이의 차
- 눈금간격(Graduation Interval) : 눈금의 최고치와 최저치의 간격

ⓜ 일반적인 조건에서 정량적 표시장치의 두 눈금 사이의 간격 0.13[cm], 시야거리 142[cm]일 때 가장 적당한 눈금사이의 간격(Y)

$$Y = \frac{0.13X}{0.71} = \frac{0.13 \times 1.42}{0.71} = 0.26[\text{cm}]$$

ⓑ 정량적 자료를 정성적 판독의 근거로 사용하는 경우
- 미리 정해 놓은 몇 개의 한계 범위에 기초하여 변수의 상태나 조건을 판정할 때
- 목표로 하는 어떤 범위의 값을 유지할 때
- 변화경향이나 변화율을 조사하고자 할 때

③ 정성적 표시장치

ⓖ 정성적 표시장치의 특징
- 연속적으로 변하는 변수의 대략적인 값이나 변화추세, 변화율 등을 알고자 할 때 사용된다.
- 정성적 표시장치의 근본자료 자체는 정량적인 것이다.
- 색채 부호가 부적합한 경우에는 계기판 표시구간을 형상부호화하여 나타낸다.
- 형태성 : 복잡한 구조 그 자체를 완전한 실체로 지각하는 경향이 있기 때문에, 이 구조와 어긋나는 특성은 즉시 눈에 띈다.

㉡ 정성적 자료를 정량적 판독의 근거로 사용하는 경우
- 세부형태를 확대하여 동일한 시각을 유지해 주어야 할 때

④ 표시장치 관련 제반사항

㉠ 묘사적 표시장치
- 대부분 위치나 구조가 변하는 경향이 있는 요소를 배경에 중첩시켜서 변화되는 상황을 나타내는 표시장치이다.
- 배경에 변화되는 상황을 중첩하여 나타낸다.
- 조작자의 상황파악을 향상시킨다.
- 항공기 이동 표시장치나 추적 표시장치에 적용한다.
- 외견형(Outside-in)은 항공기를 움직이고, 지평선을 고정시켜서 나타낸다.
- 내견형(Inside-in)은 항공기를 고정시키고, 지평선을 움직여서 나타낸다.
- 보정추적 표시장치(Compensatory Tracking) : 목표와 추종요소의 상대적 위치의 오차만 표시한다.
- 추종추적 표시장치(Pursuit Tracking) : 목표와 추종요소의 이동을 모두 공통좌표계에 표시하므로 보정추적 표시장치보다 우월하다.

㉡ 글자(문자-숫자)
- 획폭비 : 글자의 굵기와 글자의 높이의 비이며 최적 독해성(최대 명시거리)를 주는 획폭비는 다음과 같다.
  - 양각(흰 바탕에 검은 글씨)은 1 : 8
  - 음각(검은 바탕에 흰 글씨)은 1 : 13.3
- 광삼현상(Irradiation) : 글자의 설계요소에 있어 검은 바탕에 쓰여진 흰 글자가 번져 보이는 현상
  - 획폭비는 광삼현상과 관련성이 높다.
  - 광삼현상 때문에 음각의 경우 양각보다 가늘어도 된다.
- 종횡비 : 글자의 폭과 높이의 비이며 1 : 1이 적당하다. 3 : 5까지는 독해성에 영향이 없으며 숫자의 경우는 3 : 5를 표준으로 한다.

㉢ 정적 표시장치와 동적 표시장치
- 정적(Static) 표시장치 : 그래프, 안전판, 도로지도판, 지도, 도표 등
- 동적(Dynamic) 표시장치 : 속도계, 교차로의 신호등, 온도계, 습도계, 고도계

㉣ HUD(Head Up Display)
- 자동차나 항공기의 앞유리 혹은 차양판 등에 정보를 중첩 투사하는 표시장치이다.
- 정량적, 정성적, 묘사적 표시장치 등 모든 종류의 정보를 표시한다.

㉤ 표시장치 배치 시의 기본요인 : 가시성, 관련성, 그룹편성

⑤ 암호·부호

㉠ 암호화 또는 코드화(코딩, Coding)
- 코딩(Coding) : 원래의 신호정보를 새로운 형태로 변화시켜 표시하는 것
- 감각저장으로부터 정보를 작업기억(Working Memory)으로 전달하기 위한 코드화 분류 : 시각 코드화, 음성 코드화, 의미 코드화
- 작업자가 용이하게 기계·기구를 식별하도록 암호화(Coding)하는 방법 : 형상, 크기, 색채, 밝기 등
- 일반적으로 대부분의 임무에서 시각적 암호의 효능에 대한 결과에서 가장 성능이 우수한 암호는 숫자 및 색 암호이다.
- 암호 성능이 우수한 순서 : 숫자암호 → 영문자암호 → 기하학적 형상의 암호 → 구성암호
- 좋은 코딩 시스템의 요건 : 코드의 검출성, 코드의 식별성, 코드의 표준화
- 정보의 촉각적 코드화(암호화) 방법 : 점자, 진동, 온도 등을 이용하며 크기를 이용한 코드화, 조정장치의 형상 코드화, 표면 촉감을 이용한 코드화 등이 있다.
- 형상암호화된 조종장치

다회전용	단회전용	이산멈춤위치용
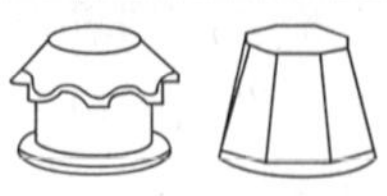		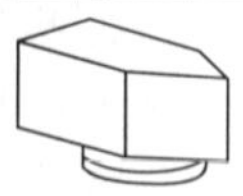

- 사람이 음원의 방향을 결정하는 주된 암시신호(Cue) : 소리의 강도차와 위상차

㉡ 암호체계 사용상의 일반적인 지침(특정한 목적을 위해 시각적 암호, 부호 및 기호를 의도적으로 사용할 때 반드시 고려해야 할 사항) : 암호의 검출성, 암호의 변별성, 부호의 양립성, 부호의 의미, 암호의 표준화, 다차원 암호의 사용

- 암호의 검출성 : 암호화한 자극은 감지장치나 사람이 감지할 수 있어야 한다.
- 암호의 변별성 : 모든 암호의 표시는 다른 암호 표시와 구분(구별)될 수 있어야 한다.
- 부호의 양립성 : 암호 표시는 인간의 기대와 모순되지 않아야 한다. 자극과 반응 간의 관계가 인간의 기대와 모순되지 않아야 한다.
- 부호의 의미 : 암호를 사용할 때에는 사용자가 그 뜻을 분명히 알 수 있어야 한다.
- 암호의 표준화 : 암호를 표준화하여야 한다.
- 다차원 암호의 사용 : 두 가지 이상의 암호 차원을 조합해서 사용하면 정보의 전달이 촉진된다.

㉢ 시각적 부호의 종류
- 묘사적 부호 : 사물의 행동을 단순하고 정확하게 한 부호(위험표지판의 해골과 뼈, 도로표지판의 걷는 사람, 소방안전표지판의 소화기 등)
- 임의적 부호 : 부호가 이미 고안되어 있으므로 이를 배워야 하는 부호(교통표지판의 삼각형(주의, 경고표지), 사각형(안내표지), 원형(지시표지) 등)
- 추상적 부호 : 별자리를 나타내는 12궁도

⑥ **반응시간** : 어떤 외부로부터 자극이 눈이나 귀를 통해 입력되어 뇌에 전달되고, 판단한 후, 뇌의 명령이 신체 부위에 전달될 때까지의 시간

㉠ 단순 반응시간(Simple Reaction Time) : 하나의 특정한 자극만이 발생할 수 있을 때 반응에 걸리는 시간
- 흔히 실험에서와 같이 자극을 예상하고 있을 때 전형적으로 반응시간은 약 0.15~0.2초이다.
- 자극을 예상하지 못할 경우 일반적으로 반응시간은 단순 반응시간보다 0.1초 정도 더 증가된다.
- 반응시간 : 청각(0.17초), 촉각(0.18초), 시각(0.20초), 미각(0.29초), 통각(0.70초)
  - 일반적으로 자극에 대한 단순 반응시간이 가장 빠른 감각은 청각(0.17초)이며 가장 느린 감각은 통각(0.7초)이다.
  - 자극에 대한 단순 반응시간이 긴 순서 : 통각 → 압각 → 냉각 → 온각

㉡ 선택 반응시간
- 외부로부터 별도의 반응을 요하는 여러 가지의 자극이 주어졌을 때 인간이 반응하는데 소요되는 시간
- 선택 반응시간(T) : $T = a + b\log_2 N$

  여기서, N : 자극의 수,

  a, b : 관련 동작 유형에 관계된 실험 상수

⑦ **정보 관련사항**

㉠ 인식과 자극의 정보처리과정 3단계 : 인지단계 – 인식단계 – 행동단계

㉡ 정보의 제어유형 : Action, Selection, Data Entry 등은 성격이 같은 정보의 제어유형이지만, Setting은 성격이 다른 정보의 제어유형이다.

㉢ 매직넘버
- Miller의 마법의 숫자
- 인간이 절대 식별 시 작업 기억 중에 유지할 수 있는 항목의 최대수로 7±2(= 5~9)이다.

㉣ 정보량(H, 단위 : [bit])
- 실현가능성이 같을 때, 정보량 $H = \log_2 N$

  여기서, N : 대안의 수
- 실현가능성이 다를 때, 정보량 $H_i = \sum p_i \log_2\left(\frac{1}{p_i}\right)$

  여기서, p_i : 대안 i의 실현 확률
- 코드설계 시 정보량을 가장 많이 전달할 수 있는 조합 : 다양한 크기와 밝기를 동시에 사용하는 조합
- 한 자극 차원에서의 절대 식별수에 있어 순음의 경우 평균 식별수는 5 정도이다.
- 인간의 정보처리 능력의 한계는 시간적으로 표시하는 경우 0.5초 이내이다(단, 계속 발생하는 신호의 뒷부분을 검출할 수 없는 경우가 가끔 발생할 때의 시간).
- A가 자극의 불확실성, B가 반응의 불확실성을 나타낼 때 C 부분에 해당하는 것은 전달된 정보량이다.

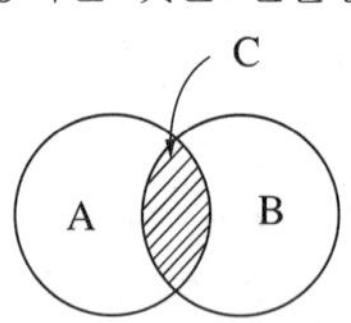

- 정보량의 계산 사례
  - 인간이 절대 식별할 수 있는 대안의 최대범위 7의

    정보량 : $H = \log_2 N = \log_2 7 = \frac{\log 7}{\log 2} \fallingdotseq 2.8\,[\text{bit}]$

- 4지 선다형(4지 택일형 문제의 정보량)

  $H = \log_2 N = \log_2 4 = \log_2 2^2 = 2[\text{bit}]$

- 동전 1개를 3번 던질 때 뒷면이 2번만 나오는 경우를 자극정보라 한다면 이때 얻을 수 있는 정보량

  $$H' = H \times \frac{3}{8} = \log_2 N \times \frac{3}{8}$$
  $$= \log_2 8 \times \frac{3}{8} = \log_2 2^3 \times \frac{3}{8}$$
  $$= \log_2 2^3 \times \frac{3}{8} = \frac{9}{8} \fallingdotseq 1.13[\text{bit}]$$

- 인간의 반응시간을 조사하는 실험에서 0.1, 0.2, 0.3, 0.4의 점등 확률을 갖는 4개의 자극 전등이 전달하는 정보량

  $$H = 0.1\log_2\left(\frac{1}{0.1}\right) + 0.2\log_2\left(\frac{1}{0.2}\right)$$
  $$+ 0.3\log_2\left(\frac{1}{0.3}\right) + 0.4\log_2\left(\frac{1}{0.4}\right) \fallingdotseq 1.85[\text{bit}]$$

- 빨강, 노랑, 파랑의 3가지 색으로 구성된 신호등이 항상 하나의 색만 점등되며 1시간 동안 파랑등은 30분, 빨강등과 노랑등은 각각 15분 점등될 때 신호등의 정보량

  $$H = 0.5\log_2\left(\frac{1}{0.5}\right) + 2 \times 0.25\log_2\left(\frac{1}{0.25}\right) = 1.5[\text{bit}]$$

- 자극반응실험을 100회 반복 시 자극 A로 나타난 경우 1로 반응하고 자극 B가 나타날 경우 2로 반응하는 것으로 하고 표와 같은 정보를 얻었을 때의 정보량

구 분	반응 1	반응 2
자극 A	50	–
자극 B	10	40

정보량 = 자극정보량 – 반응정보량

$$= H(A) + H(B) - H(A,B)$$
$$= \left(0.5\log_2\frac{1}{0.5} + 0.5\log_2\frac{1}{0.5}\right)$$
$$+ \left(0.6\log_2\frac{1}{0.6} + 0.4\log_2\frac{1}{0.4}\right)$$
$$- \left(0.5\log_2\frac{1}{0.5} + 0.1\log_2\frac{1}{0.1} + 0.4\log_2\frac{1}{0.4}\right)$$
$$\fallingdotseq 1.0 + 0.97 - 1.36 = 0.61$$

ⓜ 고령자의 정보처리작업 설계 시 준수해야 할 지침

- 표시신호를 더 크게 하거나 밝게 한다.
- 개념, 공간, 운동양립성을 낮은 수준으로 유지한다.
- 정보처리능력에 한계가 있으므로 시분할요구량을 줄인다.
- 제어표시장치 설계 시에 불필요한 세부내용을 줄인다.

ⓗ 인간의 기억체계

- 감각 저장 : 정보가 잠깐 지속되었다가 정보의 코드화 없이 원래 상태로 되돌아가는 것
- 작업기억 저장
- 단기기억 저장
- 장기기억 저장

핵심예제

1-1. 정량적 표시장치에 관한 설명으로 맞는 것은?

[2013년 제2회, 2018년 제1회]

① 정확한 값을 읽어야 하는 경우 일반적으로 디지털보다 아날로그 표시장치가 유리하다.
② 동목(Moving Scale)형 아날로그 표시장치는 표시장치의 면적을 최소화 할 수 있는 장점이 있다.
③ 연속적으로 변화하는 양을 나타내는 데에는 일반적으로 아날로그보다 디지털 표시장치가 유리하다.
④ 동침(Moving Pointer)형 아날로그 표시장치는 바늘의 진행 방향과 증감속도에 대한 인식적인 암시신호를 얻는 것이 불가능한 단점이 있다.

1-2. 특정한 목적을 위해 시각적 암호, 부호 및 기호를 의도적으로 사용할 때에 반드시 고려하여야 할 사항과 가장 거리가 먼 것은?

[2012년 제3회, 2016년 제2회]

① 검출성 ② 판별성
③ 양립성 ④ 심각성

1-3. 현재 시험문제와 같이 4지 택일형 문제의 정보량은 얼마인가?

[2018년 제2회]

① 2[bit] ② 4[bit]
③ 2[byte] ④ 4[byte]

|해설|

1-1
② 동목(Moving Scale)형 아날로그 표시장치는 표시장치의 면적을 최소화 할 수 있는 장점이 있다.
① 정확한 값을 읽어야 하는 경우 일반적으로 아날로그보다 디지털 표시장치가 유리하다.
③ 연속적으로 변화하는 양을 나타내는 데에는 일반적으로 디지털보다 아날로그 표시장치가 유리하다.
④ 동침(Moving Pointer)형 아날로그 표시장치는 바늘의 진행방향과 증감속도에 대한 인식적인 암시신호를 얻는 것이 가능한 장점이 있다.

1-2
특정한 목적을 위해 시각적 암호, 부호 및 기호를 의도적으로 사용할 때에 반드시 고려하여야 할 사항 : 검출성, 판별성, 양립성, 부호의 의미, 암호의 표준화, 다차원 암호의 사용

1-3
$H = \log_2 N = \log_2 4 = \log_2 2^2 = 2[\text{bit}]$

정답 1-1 ② 1-2 ④ 1-3 ①

핵심 이론 02 시 각

① 시각의 개요
㉠ 눈(Eye)
- 눈의 구조
  - 망막 : 시세포가 존재하며 인간의 눈의 부위 중에서 실제로 빛을 수용하여 두뇌로 전달하는 역할을 한다.
  - 맥락막 : 0.2~0.5[mm]의 두께가 얇은 암흑갈색의 막으로 색소세포가 있어 암실처럼 빛을 차단하면서 망막을 덮는다. 망막을 둘러싼 검은 막으로 어둠상자의 역할을 한다.
  - 수정체 : 빛을 굴절시키는 렌즈의 역할을 한다.
  - 모양체 : 수정체의 두께를 변화시켜 원근을 조절한다.
  - 홍체 : 동공의 두께를 조절하여 받아들이는 빛의 양을 조절한다.
  - 각막 : 눈의 가장 바깥쪽 부분으로 최초로 빛이 통과되며 눈을 보호하는 역할을 한다.
- 인간-기계시스템에서 기계의 표시장치와 인간의 눈은 감지요소에 해당된다.
- 인간의 눈이 일반적으로 완전암조응에 걸리는데 소요되는 시간은 30~40분이다.
- 일반적으로 작업자의 정상적인 시선은 수평선을 기준으로 아래쪽으로 15° 정도이다.
- 보통 작업자의 정상적인 인간 시계는 200°이다.

㉡ 시식별
- 시식별에 영향을 주는 조건 또는 인간의 식별기능에 영향을 주는 외적 요인 : 색채의 사용, 조명 또는 조도, (물체와 배경 간의)대비 또는 대조도, 노출시간, 대소규격과 주요 세부사항에 대한 공간의 배분, 과녁 이동(표적물체의 이동, 관측자의 이동)

※ 색상은 아니다.
※ 과녁 이동 : 시식별에 영향을 미치는 인자 중 자동차를 운전하면서 도로변의 물체를 보는 경우에 주된 영향을 미치는 것

㉢ 시각장치가 유리한 경우
- 메시지가(정보의 내용이) 긴 경우
- 메시지가(정보의 내용이) 복잡한 경우

- 정보가 어렵고 추상적일 때
- 메시지가(정보의 내용이) 즉각적인 행동을 요구하지 않는 경우
- 메시지(전언)가 공간적인 위치를 다루는 경우
- 메시지가 이후에 다시 참조되는 경우
- 직무상 수신자가 한 곳에 머무르는 경우
- 수신자의 청각계통이 과부하 상태일 때
- 정보의 영구적인 기록이 필요할 때
- 여러 종류의 정보를 동시에 제시해야 할 때

② 시각 관련 법칙

㉠ 게슈탈트(Gestalt)의 법칙
- 시각심리에서 형태식별의 논리적 배경을 정리한 법칙
- 게슈탈트의 4법칙 : 유사성, 접근성, 폐쇄성, 연속성
- 게슈탈트 : 시각정보의 조직화

㉡ 힉-하이만(Hick-Hyman) 법칙
- 신호를 보고 조작결정까지 걸리는 시간의 예측이 가능한 법칙
- 자동생산시스템에서 3가지 고장유형에 따라 각기 다른 색의 신호등에 불이 들어오고 원전원은 색에 따라 다른 조종장치를 조작할 때, 운전원이 신호를 보고 어떤 장치를 조작해야 할지를 결정하기까지 걸리는 시간을 예측하기 위해서 사용할 수 있는 이론

③ 신호등 · 경고등 · 경보등

㉠ 인간이 신호나 경고등을 지각하는데 영향을 끼치는 인자
- 광원의 크기, 광속발산도 및 노출시간 : 섬광을 검출할 수 있는 절대 역치는 광원의 크기, 광속발산도, 노출시간의 조합에 관계된다.
- 배경불빛 : 신호등이 네온사인이나 크리스마스트리 등이 있는 지역에 설치되어 있을 경우 식별이 어렵게 되는 인자
- 등의 색깔(색광) : 효과 척도가 빠른 순서는 적색, 녹색, 황색, 백색 순서이다.
- 점멸속도 : 점멸등의 경우 점멸속도는 깜박이는 불빛이 계속 켜진 것처럼 보이게 되는 점멸 융합주파수보다 훨씬 적어야 한다. 주의를 끌기 위해서 초당 3~10회의 점멸속도에 지속시간 0.05초 이상이 적당하다.

㉡ 경고등의 설계지침
- 3~10회/초(1초에 3~10회) 점멸시킨다.
- 일반 시야범위 내에 설치한다.
- 배경보다 2배 이상의 밝기를 사용한다.
- 일반적으로 1개의 경고등을 사용한다.

㉢ 경보등의 설계 및 설치지침
- 신호 대 배경의 휘도대비가 클 때는 백색신호가 효과적이다.
- 광원의 노출시간이 1초보다 작으면 광속발산도는 커야 한다.
- 표적의 크기가 커짐에 따라 광도의 역치가 안정되는 노출시간은 감소한다.
- 배경광 중 점멸잡음광의 비율이 10[%] 이상이면 점멸등은 사용하지 않는 것이 좋다.
- 신호 및 경보등을 설계할 때 초당 3~10회의 점멸속도로 0.05초 이상의 지속시간이 가장 적합하다.

㉣ 시각적 표시장치에서 지침의 일반적인 설계 방법
- 뾰족한 지침을 사용한다.
- 뾰족한 지침의 선각은 약 30° 정도를 사용한다.
- 지침의 끝은 눈금과 맞닿되 겹치지 않게 한다.
- 시차를 없애기 위해 지침을 눈금면에 밀착시킨다.
- 원형 눈금의 경우 지침의 색은 선단에서 눈금의 중심까지 칠한다.

㉤ 감시체계를 보다 효과적으로 설계하기 위한 지침
- 시신호는 합리적으로 가능한 한 커야 한다(크기, 강도 및 지속시간을 포함).
- 시신호는 보이거나 탐지될 때까지 지속되거나, 합리적으로 가능한 한 오래 지속되어야 한다.
- 시신호의 경우 신호가 나타날 수 있는 구역이 가능한 한 좁아야 한다.
- 통상 실제신호 빈도를 통제하기는 힘들지만 가능하다면 시간당 최소 20회의 신호빈도를 유지하는 것이 바람직하다.

④ 인체 시야

㉠ 시야, 시야각, 시야의 넓이
- 시야(Visual Field) : 한 점을 응시하였을 때, 머리와 안구를 움직이지 않고 볼 수 있는 범위

- 시야각
  - 수평적 시계 : 내측 약 60°, 외측 약 100°
  - 수직적 시계 : 상측 50~60°, 하측 65~80° 정도
- 시야의 넓이 : 물체의 색에 따라 다르며 흰색, 파랑, 빨강, 노랑, 녹색 순으로 좁아지는데 보통 시야라 함은 백색 시야를 뜻한다.

㉡ 정보수용을 위한 작업자의 시각 영역
- 판별 시야 : 시력, 색판별 등의 시각 기능이 뛰어나며 정밀도가 높은 정보를 수용할 수 있는 범위
- 유효 시야 : 안구운동만으로 정보를 주시하고 순간적으로 특정정보를 수용할 수 있는 범위
- 유도 시야 : 제시된 정보의 존재를 판별할 수 있는 정도의 식별능력 밖에 없지만 인간의 공간좌표 감각에 영향을 미치는 범위
- 보조 시야 : 정보수용 능력이 극도로 떨어지나 강력한 자극 등에 주시동작을 유발시키는 보조적 범위

핵심예제

다음 중 청각적 표시장치보다 시각적 표시장치를 이용하는 경우가 더 유리한 경우는?

[2013년 제1회, 2014년 제2회 유사, 2016년 제1회, 2021년 제2회 유사]

① 메시지가 간단한 경우
② 메시지가 추후에 재참조되지 않는 경우
③ 직무상 수신자가 자주 움직이는 경우
④ 메시지가 즉각적인 행동을 요구하지 않는 경우

|해설|

④번의 경우 시각장치가 유리하며 나머지의 경우는 청각장치가 유리하다.

정답 ④

핵심이론 03 청각 · 촉각 · 후각

① 청 각

㉠ 청각의 개요
- 청각은 자극반응시간(Reaction Time)이 가장 빠른 감각이다.
- 음성인식에서 이해도가 좋은 순서 : 문장 – 단어 – 음절 – 음소
- MAMA(Minimum Audible Movement Angle) : 청각 신호의 위치를 식별할 때 사용하는 척도

㉡ 인간의 귀
- 외이(External Ear)는 귓바퀴와 외이도로 구성되며 귀를 보호하고 소리를 모으는 역할을 한다.
- 중이(Middle Ear)에는 인두와 교통하여 고실 내압을 조절하는 유스타키오관이 존재하며, 고막에 가해지는 미세한 압력의 변화를 증폭시킨다.
- 내이(Inner Ear)는 신체의 평형감각 수용기인 반고리관 · 전정기관, 청각을 담당하는 와우(달팽이관)로 구성된다.
- 고막은 외이도와 중이의 경계 부위에 위치해 있고 음파를 진동으로 바꾸며 중이를 보호하는 방어벽 역할을 한다.
- 중이소골(Ossicle)이 고막의 진동을 내이의 난원창(Oval Window)에 전달하는 과정에서 음파의 압력은 약 22배 정도 증폭된다.

㉢ 청각적 표시장치가 유리한 경우
- 수신장소가 너무 밝거나 암순응이 요구될 때
- 메시지가(정보의 내용이) 간단하고 짧은 경우
- 메시지가 즉각적 행동을 요구하는 경우
- 정보가 긴급할 때
- 메시지가(정보의 내용) 추후에 재참조되지 않는 경우
- 직무상 수신자가 자주 움직이는 경우
- 정보의 내용이 시간적인 사건을 다루는 경우

㉣ 음(소리)
- 인간에게 음의 높고 낮은 감각을 주는 것은 음의 진동 주파수이다.
- 소음에 의한 청력손실이 가장 심각한 주파수 범위는 3,000~4,000[Hz]이다.

- 1,000[Hz] 순음의 가청 최소 음압을 음의 강도표준치로 사용한다.
- 일반적으로 음이 한 옥타브 높아지면 진동수는 2배 높아진다.
- 복합음은 여러 주파수대의 강도를 표현한 주파수별 분포를 사용하여 나타낸다.

㉤ 청각적 표시장치의 설계 시 적용하는 일반원리
- 양립성(Compatibility) : 인간의 기대와 모순되지 않는 성질이다.
- 근사성(Approximation) : 복잡한 정보를 나타내고자 할 때 2단계의 신호를 고려하는 것을 말한다.
- 분리성(Dissociability) : 2가지 이상의 채널을 듣고 있다면 각 채널의 주파수가 분리되어 있어야 한다는 의미이다.
- 검약성(Parsimony) : 조작자에 대한 입력신호는 꼭 필요한 정보만을 제공하는 것이다.

㉥ 청각적 표시장치의 설계
- 신호를 멀리 보내고자 할 때에는 낮은 주파수를 사용하는 것이 바람직하다.
- 배경 소음의 주파수와 다른 주파수의 신호를 사용하는 것이 바람직하다.
- 신호가 장애물을 돌아가야 할 때는 500[Hz] 이하의 낮은 주파수를 사용하는 것이 바람직하다.
- 경보는 청취자에게 위급상황에 대한 정보를 제공하는 것이 바람직하다.
- 귀 위치에서의 신호의 강도는 110[dB]과 은폐가청역치의 중간 정도가 적당하다.
- 귀는 순음에 대하여 즉각적으로 반응하므로 순음의 청각적 신호는 0.5초 이내로 지속하면 된다.
- 다차원 암호시스템을 사용할 경우 일반적으로 차원의 수가 적고 수준의 수가 많을 때보다, 차원의 수가 많고 수준의 수가 적을 때 식별이 수월하다.

㉦ 청각적 표시장치에 관한 지침
- 신호는 최소한 0.5~1초 동안 지속한다.
- 신호는 배경 소음과 다른 주파수를 이용한다.
- 소음은 양쪽 귀에, 신호는 한 쪽 귀에 들리게 한다.

㉧ 경계 및 경보신호의 설계지침
- 주의를 환기시키기 위하여 변조된 신호를 사용한다.
- 배경 소음의 진동수와 다른 진동수의 신호를 사용한다.
- 귀는 중음역에 민감하므로 500~3,000[Hz]의 진동수를 사용한다.
- 300[m] 이상의 장거리용으로는 800[Hz] 전후의 진동수를 사용한다.
- 장애물이 있는 경우에는 500[Hz] 이하의 진동수를 갖는 신호를 사용한다.
- 경보효과를 높이기 위해서 개시시간이 짧은 고감도 신호를 사용한다.

㉨ 인간의 경계(Vigilance)현상에 영향을 미치는 조건
- 작업시작 직후에는 검출률이 가장 높다.
- 검출능력은 작업시작 후 빠른 속도로 저하된다(30~40분 후 검출능력은 50[%]로 저하).
- 오래 지속되는 신호는 검출률이 높다.
- 발생빈도가 높은 신호는 검출률이 높다.
- 불규칙적인 신호에 대한 검출률은 낮다.
- 경고를 받고 나서부터 행동에 이르기까지 시간적인 여유가 있어야 한다.

㉩ 소음 노출로 인한 청력손실
- 초기의 청력손실은 4,000[Hz]에서 크게 나타난다.
- 청력손실의 정도와 노출된 소음수준은 비례관계가 있다.
- 약한 소음에 대해서는 노출기간과 청력손실 간에 관계가 없다.
- 강한 소음에 대해서는 노출기간에 따라 청력손실도 증가한다.
- 소음에 의한 청력손실 유형 : 일시적인 청력손실(일시적 역치이동), 영구적인 청력손실(영구적 난청), 음향성 외상, 돌발성 소음성 난청 등

㉪ 소음성 난청 : 청각기관이 85[dB] 이상의 매우 강한 소리에 지속적으로 노출되면 발생한다.
- 소음성 난청은 대개 4[kHz]에서 가장 심하고, 아래 음역으로 확대되어 회화음역(500~4,000[Hz])까지 확대된다.
- 소음성 난청은 소음에 노출되는 시간이나 강도에 따라 일시적 난청과 영구적 난청이 나타날 수 있다.
- 소음성 난청은 자신이 인지하지 못하는 사이에 발생하며 치료가 안 되어 영구적인 장애를 남기는 질환이다.

- 특수건강진단에서 소음성 난청의 진단기준 : 청력검사결과 500, 1,000, 2,000[Hz]의 평균 청력손실이 30[dB]을 초과하고 4,000[Hz]의 청력손실이 50[dB]을 초과하면 소음성 난청 유소견자로 판정한다.
- 소음성 난청 유소견자로 판정하는 구분은 D_1이다.
- 소음성 난청의 특성
  - 내이의 모세포에 작용하는 감각신경성 난청이다.
  - 농을 일으키지 않는다.
  - 소음 노출 중단 시 청력손실이 진행되지 않는다.
  - 과거의 소음성 난청으로 소음노출에 더 민감하게 반응하지 않는다.
  - 초기 고음역에서 청력손실이 현저하다.
  - 지속적인 소음 노출이 단속적인 소음 노출보다 더 위험하다.

ⓔ 잡음 등이 개입되는 통신 악조건 하에서 전달 확률이 높아지도록 전언 구성 시의 조치
- 표준 문장의 구조를 사용한다.
- 독립적인 음절보다 문장을 사용한다.
- 사용하는 어휘수를 가능한 적게 한다.
- 수신자가 사용하는 단어와 문장 구조에 친숙해지도록 한다.

ⓕ 청각신호의 수신과 관련된 인간의 기능
- 청각신호 검출(Detection) : 신호의 존재여부 결정
- 상대적 식별(Relative Judgement)
  - 어떤 특정한 정보를 전달하는 신호음이 불필요한 잡음과 공존할 때에 그 신호음을 구별하는 것
  - 2가지 이상의 신호가 근접하여 제시되었을 때 이를 구별하는 것
  - 위치 판별(Directional Judgement)이라고도 함
- 절대적 식별(Absolute Judgement) : 어떤 분류에 속하는 특정한 신호가 단독으로 제시되었을 때 이를 구별하는 것

② 촉각과 후각

ⓐ 촉 각
- 촉감의 척도인 2점 문턱값(Two-Point Threshold)이 감소하는 순서 : 손바닥 → 손가락 → 손가락 끝
- 인간의 감각반응속도가 빠른 순서 : 청각 → 촉각 → 시각 → 통각
- 인간의 감각반응속도가 느린 순서 : 통각 → 시각 → 촉각 → 청각
- 인체의 피부감각에 있어 민감한 순서 : 통각 → 압각 → 냉각 → 온각
- 정보의 촉각적 암호화 방법 : 점자, 진동, 온도
- 조종장치를 촉각적으로 식별하기 위하여 암호화할 때 사용하는 방법
  - 형상을 이용한 암호화
  - 표면 촉감을 이용한 암호화
  - 크기를 이용한 암호화
- 크기가 다른 복수의 조종장치를 촉감으로 구별할 수 있도록 설계할 때 구별이 가능한 최소의 직경 차이와 최소의 두께 차이 : 직경 차이 1.3[cm], 두께 차이 0.95[cm]

ⓑ 후 각
- 후각은 절대적 식별능력이 가장 좋은 감각기관이다.
- 후각 표시장치
  - 반복적 노출에 따라 민감성이 가장 쉽게 떨어지는 표시장치이다.
  - 냄새의 확산을 통제하기 힘들다.
  - 냄새에 대한 민감도의 개인차가 있다.
  - 코가 막히면 민감도가 떨어진다.
  - 단순한 정보를 전달하는 데 유용하다.
  - 복잡한 정보를 전달하는 데는 유용하지 않다.

핵심예제

3-1. 인간의 감각 중 반응시간이 가장 빠른 것은?

[2011년 제1회, 제3회]

① 시 각　　② 통 각
③ 청 각　　④ 미 각

3-2. 정보를 전송하기 위하여 표시장치를 선택할 때 시각장치보다 청각장치를 사용하는 것이 더 좋은 경우는?

[2011년 제1회, 제2회, 2015년 제1회 유사, 2021년 제1회 유사, 2022년 제3회]

① 메시지가 즉각적 행동을 요구하는 경우
② 메시지가 공간적인 위치를 다루는 경우
③ 메시지가 이후에 다시 참조되는 경우
④ 직무상 수신자가 한 곳에 머무르는 경우

3-3. 정보의 촉각적 암호화 방법으로만 구성된 것은?

[2013년 제3회, 2016년 제2회]

① 점자, 진동, 온도
② 초인종, 점멸등, 점자
③ 신호등, 경보음, 점멸등
④ 연기, 온도, 모스(Morse)부호

|해설|

3-1
③ 청각 : 0.17초
① 시각 : 0.20초
② 통각 : 0.70초
④ 미각 : 0.29초

3-2
①번의 경우 청각장치가 유리하며 나머지의 경우는 시각장치가 유리하다.

3-3
정보의 촉각적 암호화 방법 : 점자, 진동, 온도

정답 3-1 ③ 3-2 ① 3-3 ①

핵심이론 04 휴먼에러(Human Error)

① 휴먼에러의 개요

㉠ 인간전달함수(Human Transfer Function)의 결점
- 입력의 협소성
- 불충분한 직무 묘사
- 시점적 제약성

㉡ 인간의 오류모형
- 착각(Illusion) : 감각적으로 물리현상을 왜곡하는 지각현상
- 착오(Mistake) : 상황해석을 잘못하거나 틀린 목표를 착각하여 행하는 인간의 실수
- 실수(Slip)
  - 상황이나 목표의 해석은 정확하나 의도와는 다른 행동을 하는 것
  - 의도는 올바른 것이었지만, 행동이 의도한 것과는 다르게 나타나는 오류
  - 인간 실수의 개인특성 항목 : 심신기능, 건강상태, 작업부적응성 등(욕구결함은 아니다)
- 과오 혹은 건망증(Lapse) : 기억의 실패에 기인하여 무엇을 잊어버리거나 부주의해서 행동 수행을 실패하는 것
  - 인간이 과오를 범하기 쉬운 상황 : 공동작업, 장시간작업, 다경로 의사결정 등
- 위반(Violation) : 알고 있음에도 의도적으로 따르지 않거나 무시한 경우를 말한다.

㉢ 대뇌 정보처리의 에러
- 동작조작 미스(Miss) : 운동중추에서 올바른 지령이 주어졌지만 운동 도중에 일으키는 미스(조작 미스)
- 기억판단 미스(Miss) : 인간 과오에서 의지적 제어가 되지 않고 결정을 잘못하는 것
- 인지확인 미스(Miss) : 작업정보의 입수로부터 감각중추에서 수행되는 인지까지에서 발생하는 미스

㉣ 인간-기계시스템에서 인간공학적 설계상의 문제로 발생하는 인간실수의 원인
- 서로 식별하기 어려운 표시기기(장치)와 조작구(조종장치)
- 인체에 무리하거나 부자연스러운 지시
- 의미를 알기 어려운 신호형태

• 인체에 무리하거나 부자연스러운 지시

ⓜ 인간이 과오를 범하기 쉬운 성격의 상황
- 공동작업
- 장시간 감시
- 다경로 의사결정

ⓑ 휴먼에러의 심리적 요인
- 서두르게 되는 상황에 놓인 경우
- 절박한 상황에 놓인 경우

ⓢ 휴먼에러의 물리적 요인
- 일이 너무 복잡한 경우
- 일의 생산성이 너무 강조될 경우
- 동일 형상의 것이 나란히 있을 경우

ⓞ 작업특성 및 환경조건의 상태악화로 인한 휴먼에러의 원인
- 낮은 자율성
- 혼동되는 신호의 탐색 및 검출
- 판단과 행동에 복잡한 조건이 관련된 작업

ⓙ 원인 차원의 휴먼에러 분류에 적용하는 라스무센(Rasmussen)의 정보처리모형에서 분류한 행동의 3분류
- 숙련기반 행동(Skill-Based Behavior)
- 지식기반 행동(Knowledge-Based Behavior)
  - 생소하거나 특수한 상황에서 발생하는 행동이다.
  - 부적절한 추론이나 의사결정에 의해 오류가 발생한다.
- 규칙기반 행동(Rule-Based Behavior)

  예 자동차가 우측 운행되는 한국의 운전자가 좌측 운행되는 일본에서 우측 운행을 하다가 교통사고를 낸 경우

ⓒ 인간정보처리 과정에서의 에러와 실패 연결
- 입력에러-확인미스
- 매개에러-결정미스
- 출력에러-동작미스

ⓚ 인간의 실수(Human Error)가 기계의 고장과 다른 점
- 인간의 실수는 우발적으로 재발하는 유형이다.
- 인간은 기계와 달리 학습에 의해 계속적으로 성능을 향상시킨다.
- 인간성능과 압박(Stress)은 비선형 관계를 가져 압박이 중간 정도일 때 성능 수준이 가장 높다.
- 기계나 설비(Hardware)의 고장조건은 저절로 복구되지 않는 것이다.

ⓣ 휴먼에러 관련 제반사항
- 인간-기계체계에서 인간실수가 발생하는 원인 : 입력착오, 처리착오, 출력착오
- 인간실수의 주원인 : 인간고유의 변화성
- 인간 에러를 일으킬 수 있는 정신적 요소 : 방심과 공상, 개성적 결함요소, 판단력의 부족 등
- 인간의 실수 중 개인능력에 속하는 것 : 긴장수준, 피로상태, 교육훈련(자질은 아니다)
  - 에너지 대사율, 체내 수분의 손실량, 흡기량의 억제도 등은 인간의 신뢰성과 관련하는 여러 특성 중 긴장 수준을 측정하기 위함이다.
- 작업기억 : 인간의 정보처리 기능 중 그 용량이 7개 내외로 작아, 순간적 망각 등 인적 오류의 원인이 되는 것
  - 단기기억이라고도 한다.
  - 짧은 기간 정보를 기억하는 것이다.
  - 작업기억 내의 정보는 시간이 흐름에 따라 쇠퇴할 수 있다.
  - 리허설(Rehearsal)은 정보를 작업기억 내에 유지하는 좋은 방법이다.

② 휴먼에러의 종류

㉠ 휴먼에러 원인 레벨에 따른 분류
- Primary Error : 작업자 자신으로부터 발생한 오류
  - 안전교육을 통하여 제거할 수 있다.
  - 어떤 장치의 이상을 알려주는 경보기가 있어서 그것이 울리면 일정시간 이내에 장치를 정지하고 상태를 점검하여 필요한 조치를 하게 될 때, 담당 작업자가 정지조작을 잘못하여 장치에 고장이 발생하였다면 이때 작업자가 조작을 잘못한 실수가 이에 해당된다.
- Secondary Error : 작업조건이나 작업형태 중에서 다른 문제가 생겨서 그것 때문에 필요한 사항을 실행할 수 없는 오류
- Command Error : (요구된 기능을 실행하고자 하여도 필요한 물건, 정보, 에너지 등의 공급이 없기 때문에)작업자가 움직이려 해도 움직일 수 없어 발생하는 오류

㉡ 휴먼에러의 심리적 독립행동에 관한 분류 또는 행위적 관점에서 분류(Swain)
- Commission Error(실행오류 또는 작위오류, 수행적 과오) : 필요한 직무, 작업 또는 절차를 수행하였으나 잘못 수행한 오류
  - 필요한 작업이나 절차의 불확실한 수행으로 일어난 에러
  - 다른 것으로 착각하여 실행한 에러
  - 유형 : 선택착오, 순서착오, 시간착오 등
  - 예 부품을 빠뜨리고 조립하였다.
- Omission Error(생략오류 또는 누락오류, 생략적 과오) : 필요한 직무, 작업 또는 절차를 수행하지 않는데 기인한 오류
  예 가스밸브를 잠그는 것을 잊어 사고가 난 경우
- Sequential Error(순서오류) : 필요한 작업 또는 절차의 순서착오로 인한 과오. 실행오류에 속한다.
- Timing Error(시간(지연)오류) : 시간적으로 발생된 오류로 실행오류에 속한다.
  예 프레스 작업 중에 금형 내에 손이 오랫동안 남아 있어 발생한 재해의 경우
- Extraneous Error(과잉행동오류 또는 불필요한 오류) : 불필요한 작업 또는 절차를 수행함으로써 기인한 오류

㉢ 휴먼에러의 정보처리과정에 의한 분류 : 입력오류, 정보처리오류, 의사결정오류, 출력오류, 피드백오류

㉣ 휴먼에러의 작업별 오류 : 설계오류, 제조오류, 검사오류, 설치오류, 조작오류

③ 휴먼에러의 방지

㉠ 인간에러를 예방하기 위한 기법
- 작업상황의 개선
- 작업자의 변경
- 시스템의 영향감소

㉡ 인간의 실수(Human Errors)를 감소시킬 수 있는 방법
- 직무수행에 필요한 능력과 기량을 가진 사람을 선정함으로써 인간의 실수를 감소시킨다.
- 적절한 교육과 훈련을 통하여 인간의 실수를 감소시킨다.
- 인간의 과오를 감소시킬 수 있도록 제품이나 시스템을 설계한다(실수를 발생한 사람에게 주의나 경고를 주어 재발생하지 않도록 하는 조치는 바람직하지 않다).

㉢ 예방설계와 보호설계
- 예방설계(Prevent Design) : 전적으로 오류를 범하지 않게는 할 수 없으므로 오류를 범하기 어렵도록 사물을 설계하는 방법
- 보호설계 : 사람이 오류를 범하기 어렵도록 사물을 설계하는 설계기법

㉣ 휴먼에러 예방대책 중 인적 요인에 대한 대책
- 소집단활동의 활성화
- 작업에 대한 교육 및 훈련
- 전문인력의 적재적소 배치

㉤ 풀 프루프(Fool Proof) 설계 : 사람이 작업하는 기계장치에서 작업자가 실수를 하거나 오조작을 하여도 안전하게 유지되게 하는 안전 설계방법
- 인간이 에러를 일으키기 어려운 구조나 기능을 가진다.
- 계기나 표시를 보기 쉽게 한다. 예를 들어, 인체공학적 설계도 넓은 의미의 풀 프루프에 해당된다.
- 설비 및 기계장치의 일부가 고장 난 경우 기능의 저하 및 전체 기능도 정지한다.
- 조작 순서가 잘못되어도 올바르게 작동한다.
  예 금형의 가드, 사출기의 인터록 장치, 카메라의 이중촬영방지기구, 프레스의 안전블록이나 양수버튼, 크레인의 권과방지장치 등
- 풀 프루프에서 가드의 형식 : 인터록 가드, 조정 가드, 고정 가드 등

㉥ 페일세이프(Fail Safe) 설계 : 조작상의 과오로 기기의 일부에 고장이 발생하는 경우, 이 부분의 고장으로 인하여 사고가 발생하는 것을 방지하도록 설계하는 방법
- 페일세이프는 시스템 안전 달성을 위한 시스템 안전 설계단계 중 위험상태의 최소화 단계에 해당한다.
- 페일세이프의 기본설계 개념
  - 오류가 발생하였더라도 피해를 최소화 하는 설계
  - 과전압이 걸리면 전기를 차단하는 차단기, 퓨즈 등을 설치하여 오류가 재해로 이어지지 않도록 사고를 예방하는 설계
  - 기계나 그 부품에 고장이나 기능 불량이 생겨도 항상 안전하게 작동하는 안전화 설계

- 페일세이프의 원리(구조) : 다경로하중구조, 이중구조, 교대구조(대치구조), 하중경감구조
  - 다경로하중구조(Redundant Structure)
    ⓐ 여분의 구조
    ⓑ 여러 개의 부재를 통하여 하중이 전달되도록 하는 구조
    ⓒ 어느 하나의 부재의 손상이 다른 부재에 영향을 끼치지 않고 비록 한 부재가 파손되더라도 요구하는 하중을 다른 부재가 담당하게 되는 구조
  - 이중구조(Double Structure)
    ⓐ 2개로 구성된 구조
    ⓑ 하나의 큰 부재 대신 2개의 작은 부재를 결합하여 하나의 부재와 같은 강도를 가지게 하는 구조
    ⓒ 어느 부분의 손상이 부재 전체의 파손에 이르는 것을 예방할 수 있는 구조
  - 교대구조 또는 대치구조(Back-up Structure) : 하나의 부재가 전체의 하중을 지탱하고 있을 경우, 지탱하던 부재가 파손될 것을 대비하여 준비된 예비적인 부재를 가지고 있는 구조
  - 하중경감구조(Load Dropping Structure)
    ⓐ 하나에 하나를 덧붙인 구조
    ⓑ 주변의 다른 부재로 하중을 전달시켜 파괴가 시작된 부재의 완전한 파괴를 방지할 수 있는 구조
- 기능적 안전화를 위하여 1차적으로 고려할 사항은 페일세이프티(Fail Safety)이다.
- 페일세이프(Fail Safe) 설계의 기계설계상 본질적 안전화
  - 안전기능이 기계설비에 내장되어 있어야 한다.
  - 조작상 위험이 가능한 없도록 설계하여야 한다.
  - 풀 프루프(Fool Proof) 기능, 페일세이프 기능을 가져야 한다.
- 페일세이프 기능의 3단계
  - Fail-Passive : 부품이 고장나면 통상적으로 기계는 정지하는 방향으로 이동한다.
  - Fail-Active : 부품이 고장나면 기계는 경보를 울리는 가운데 짧은 시간 동안의 운전이 가능하다.
  - Fail-Operational : 설비 및 기계장치의 일부가 고장이 난 경우 기능의 저하를 가져오더라도 전체 기능은 정지하지 않고 다음 정기점검 시까지 운전이 가능한 방법이다. 부품의 고장이 있어도 기계는 추후의 보수가 될 때까지 안전한 기능을 유지하며 이것은 병렬계통 또는 대기여분(Stand-by Redundancy) 계통으로 한 것이다.
- 항공기의 엔진은 페일세이프의 기능과 구조를 가진 장치이다.

ⓢ 인터록(Inter-Lock, 연동장치)
- 기계의 각 작동부분 상호간을 전기적, 기구적, 공유압장치 등으로 연결해서 기계의 각 작동부분이 정상으로 작동하기 위한 조건이 만족되지 않을 경우 자동적으로 그 기계를 작동할 수 없도록 하는 것
- 예 사출기의 도어잠금장치, 자동화 라인의 출입시스템, 리프트의 출입문 안전장치, 작동 중인 전자레인지의 문을 열면 작동이 자동으로 멈추는 기능과 가장 관련이 깊은 오류방지기능 등

ⓞ Tamper Proof
- 안전장치가 부착되어 있으나 고의로 안전장치를 제거하는 것까지도 대비한 예방설계
- 설비에 부착된 안전장치를 제거하면 설비가 작동되지 않도록 하는 안전설계

ⓙ 항공기나 우주선 비행 등에서 허위감각으로부터 생긴 방향감각의 혼란과 착각 등의 오판을 해결하는 방법
- 주위의 다른 물체에 주의를 한다.
- 비정상 비행훈련을 반복하여 오판을 줄인다(허위감각으로부터 훈련을 반복).
- 여러 가지 착각의 성질과 발생상황을 이해한다.
- 정확한 방향감각 암시신호에 의존하는 것을 익힌다.

 **핵심예제**

안전교육을 받지 못한 신입직원이 작업 중 전극을 반대로 끼우려고 시도했으나, 플러그의 모양이 반대로는 끼울 수 없도록 설계되어 있어서 사고를 예방할 수 있었다. 작업자가 범한 오류와 이와 같은 사고예방을 위해 적용된 안전설계 원칙으로 가장 적합한 것은? [2013년 제3회, 2018년 제2회]

① 누락(Omission)오류, Fail Safe 설계원칙
② 누락(Omission)오류, Fool Proof 설계원칙
③ 작위(Commision)오류, Fail Safe 설계원칙
④ 작위(Commision)오류, Fool Proof 설계원칙

|해설|

이러한 오류는 작위오류이며, 이때 적용된 안전 설계의 원칙은 Fool Proof 설계원칙이다.

정답 ④

제3절 인간계측 · 동작과 작업공간 · 작업생리학

핵심이론 01 인간계측

① 인간계측의 개요
- ㉠ 인체측정의 목적 : 인간공학적 설계를 위한 자료
- ㉡ 인체계측의 일반사항
  - 의자, 피복과 같이 신체모양과 치수와 관련성이 높은 설비의 설계에 중요하게 반영된다.
  - 일반적으로 몸의 측정 치수는 구조적 치수(Structural Dimension)와 기능적 치수(Functional Dimension)로 나눌 수 있다.
  - 인체계측치의 활용 시에는 문화적 차이를 고려하여야 한다.
  - 인체계측치를 활용한 설계는 인간의 안락에 영향을 미칠뿐만 아니라 성능수행과 관련성이 깊다.
- ㉢ 인체치수
  - 구조적 인체치수
    - 표준 자세에서 움직이지 않는 상태를 측정하는 것이다.
    - 고정된 자세에서 마틴(Martin)식 인체측정기로 측정한다.
  - 기능적 인체치수
    - 움직이는 몸의 자세로부터 측정하는 것이다.
    - 공간이나 제품의 설계 시 움직이는 몸의 자세를 고려하기 위해 사용되는 인체치수이다.
    - 실제의 작업 중 움직임을 계측, 자료를 취합하여 통계적으로 분석한다.
    - 정해진 동작에 있어 자세, 관절 등의 관계를 3차원 디지타이저(Digitizer), 모아레(Moire)법 등의 복합적인 장비를 활용하여 측정한다.
    - 특정 작업에 국한된다.
- ㉣ 인체계측(인체측정)의 분류
  - 정적 측정(구조적 치수 측정)
    - 표준 자세에서 움직이지 않는 고정된 자세에서 피측정자를 인체측정기 등으로 측정하는 것
    - 위험구역의 울타리 설계 시 인체 측정자료 중 적용해야 할 인체치수로 적절하다.

- 동적 측정(기능적 치수 측정) : 운전 또는 워드작업과 같이 인체의 각 부분이 서로 조화를 이루며 움직이는 자세에서의 인체치수를 측정하는 것

ⓜ 뼈(골격)

- 신체를 지탱하는 역할을 하는 단단한 조직
- 인간의 몸은 206개의 뼈로 구성되어 있다.
- 뼈의 주요기능
  - 신체를 지지하고 형상을 유지하는 역할(인체의 지주, 신체의 지지)
  - 주요한 부분을 보호하는 역할(장기의 보호)
  - 신체활동을 수행하는 역할(근육수축 시 지렛대 역할을 하여 운동을 도와주는 역할)
  - 조혈작용(골수의 조혈기능)
  - 무기질을 저장하는 역할(칼슘과 인 등의 무기질을 저장하고 공급해주는 역할)

ⓑ 관 절

- 뼈와 뼈 사이가 서로 맞닿아 연결되어 있는 부위로 사람의 몸 전신의 뼈와 뼈 사이에 존재하며 몸의 활동을 가능하게 한다.
- 관절의 구조 : 근육, 힘줄, 인대, 활막, 관절주머니, 연골 등
- 관절의 종류
  - 섬유관절 : 마주하는 뼈들이 섬유성 결합조직에 의해 연결되어 있으며 대부분 움직임이 없는 부동관절
  - 연골관절 : 두 뼈 사이가 연골로 결합되어 있으며 뒤틀림이나 압박 시 제한된 움직임이 가능한 반가동관절
  - 윤활관절(가동관절) : 가장 일반적인 관절의 형태로 두 뼈 사이가 관절연골로 덮여있고, 이 관절연골 사이에는 활액으로 채워진 관절주머니가 있다.
    - ⓐ 무축성 관절 : 손목뼈와 발목뼈 사이의 관절, 견쇄관절(견갑골의 견봉과 쇄골의 원위부 사이의 평면관절)
    - ⓑ 1축성 관절 : 경첩관절(팔꿈치관절, 무릎관절, 손가락의 지절간관절), 중쇠관절(팔꿈치에서 아래팔을 회외(뒤침 : Supination)와 회내(엎침 : Pronation)를 할 때 요골과 척골이 만나는 근위부의 접점 부위, 다리의 정강뼈와 종아리뼈의 접점 부위)
    - ⓒ 2축성 관절 : 타원관절(아래팔 요골과 손목뼈 사이의 손목관절, 손가락의 중수지절 관절), 안장관절(손목뼈인 대능형골, 엄지손가락의 제1중수골(손허리뼈)이 접합하는 관절)
    - ⓓ 3축성 관절 : 절구관절 또는 구상관절(어깨관절, 고관절)

ⓢ 근 육

- 관절을 지탱하고 움직일 수 있게 힘을 제공하는 부분이다.
- 근섬유
  - Type Ⅰ 근섬유 혹은 Type S 근섬유 : 근섬유의 직경이 작아서 큰 힘을 발휘하지 못하지만 장시간 지속시키고 피로가 쉽게 발생하지 않는 골격근의 근섬유(지근섬유, Slow Twitch)
  - Type Ⅱ 근섬유 혹은 Type F 근섬유 : 근섬유의 직경이 커서 큰 힘을 발휘하고 단시간 지속시키지만 장시간 지속 시는 피로가 쉽게 발생하는 골격근의 근섬유(속근섬유, Fast Twitch)
  - 근섬유의 수축 단위는 근원섬유라 하는데, 이것은 2가지 기본형의 단백질 필라멘트로 구성되어 있으며, 액틴이 마이오신 사이로 미끄러져 들어가는 현상으로 근육의 수축을 설명하기도 한다.
- 근 력
  - 최대 근력 : 인간이 낼 수 있는 최대의 힘으로 지속적이지 않고 잠시 동안 낼 수 있다.
  - 인간이 상당히 오래 유지할 수 있는 힘은 근력의 15[%] 이하이다.
  - 근력에 영향을 주는 요인 : 동기, 성별, 훈련
- 아령을 사용하여 30분간 훈련한 후, 이두근의 근육 수축작용에 대한 전기적인 신호 데이터를 수집 및 분석하여 근육의 피로도와 활성도를 분석할 수 있다.

ⓞ 산소부채와 사정효과

- 산소부채(Oxygen Debt) : 작업이나 운동이 격렬해져서 근육에 생성되는 젖산의 제거속도가 생성속도에 미치지 못하면, 활동이 끝난 후에도 남아 있는 젖산을 제거하기 위하여 산소가 더 필요하게 되는 현상
- 사정효과(Range Effect)
  - 인간의 위치동작에 있어 눈으로 보지 않고 손을 수평면상에서 움직이는 경우 짧은 거리는 지나치고,

긴 거리는 못 미치는 경향

– 예 조작자는 작은 오차에는 과잉반응을 그리고 큰 오차에는 과소반응한다.

㉆ 인간의 특성

• 인간은 글씨보다 그림을 더 빨리 인식한다.
• 인간은 글씨보다 색깔을 더 빨리 인식한다.
• 인간의 단기기억시간은 매우 짧고 제한적이다.
• 인간은 5감 중 시각을 통하여 가장 많은 정보를 받아들인다.

㉇ 인간계측 관련 제반 사항

• 신체측정은 동적 측정과 정적 측정이 있다.
• 인체측정학은 신체의 생화학적 특징은 다루지 않는다.
• 자세에 따른 신체치수의 변화가 있다고 가정한다.
• 인체측정은 주로 물리적 특성(무게, 무게중심, 체적, 운동 범위, 관성 등)을 측정한다.
• 측정 항목에 무게, 둘레, 두께, 길이도 포함된다.
• 인간신뢰도 분석기법 중 조작자행동나무(Operator Action Tree) 접근방법이 환경적 사건에 대한 인간의 반응을 위해 인정하는 활동 3가지 : 반응, 감지, 진단
• 인간의 신장이나 체중은 하루 중 시간의 경과와 함께 변화하는데, 신장의 경우 하루 중 기상 직후 측정하면 가장 큰 키를 얻을 수 있다.
• 평균신장을 측정하기 위한 피측정자의 수(n) :

$$n = \left(\frac{K\sigma}{E} \right)^2$$

(K : 신뢰계수, σ : 모표준편차, E : 추정의 오차범위)

② **인체측정치의 응용원리(인체측정자료의 설계응용원칙)** : 조절식 설계 → 극단치 설계 → 평균치 설계의 순이다.

㉠ 조절식 설계원칙(가변적 설계원칙)

• 5~95[%]의 90[%] 범위를 수용대상으로 설계(인체계측자료의 응용원칙에 있어 조절범위에서 수용하는 통상의 범위는 5~95[%tile] 정도이다)
• 인체계측치 이용 시 만족비율 95[%]의 조절 가능한 범위치수(제2.5백분위수에서 제97.5백분위수의 범위)를 적용
• 크기나 모양의 조절이 가능하게 하는 설계
• 여러 사람에 맞추어 조절할 수 있게 하는 조절식 설계
• 안락도 향상, 적용 범위의 증대
• 적용 : 입식 작업대, 의자높이, 책상높이, 자동차 좌석 등

㉡ 극단치 설계원칙(극단적 설계원칙)

• 5[%] 또는 95[%]의 설계
• 인체계측 특성의 최고나 최저의 극단치로 설계
• 거의 모든 사람들에게 편안함을 줄 수 있는 경우가 있다.
• 예 제어버튼의 설계에서 조작자와의 거리를 여성의 5백분위수를 이용하여 설계한다.
• 최대 집단치 설계원칙
  – 정규분포의 95[%] 이상의 최대치를 적용하는 설계
  – 큰 사람을 기준으로 한 설계는 인체측정치의 95[%tile]을 사용한다.
  – 적용 : 출입문의 크기, 통로, 탈출구, 비상구, 비상문, 강의용 책걸상의 너비, 버스천장높이, 버스 내 승객용 좌석간의 거리, 위험구역의 울타리, 그네의 줄, 와이어로프의 사용중량 등
• 최소 집단치 설계원칙
  – 정규분포의 5[%] 이하의 최소치를 적용하는 설계
  – 적용 : 좌식 작업대의 높이, 선반의 높이, 강의용 책걸상의 깊이, 버스·지하철 손잡이, 조작자와 제어버튼 사이의 거리, 조종장치까지의 거리, 조작에 필요한 힘, 비상벨의 위치설계 등

㉢ 평균치 설계원칙(평균적 설계원칙)

• 정규분포의 5~95[%] 사이의 가장 분포가 많은 구간을 적용하는 설계
• 일반적인 경우에 보편적으로 적용하는 설계
• 적용 : 일반적인 제품, 공구, 안내데스크, 은행의 접수대, 슈퍼마켓의 계산대, 공공장소의 의자, 공원의 벤치, 화장실의 변기 등

③ **시 력**

㉠ 시력의 개요

• 시력(VA ; Visual Acuity)의 정의
  – 시각의 뚜렷한 정도
  – 공간상에서 분리된 두 물체를 눈이 인지하는 능력
  – 시각 계통의 공간적 해상도의 정도
• 눈 안의 망막 초점의 선명함과 뇌의 해석 기능의 민감도에 영향을 받는다.
• 디옵터(Dioptor, D) : 사람 눈의 굴절률
  – [1/m] 단위의 초점거리

– 디옵터 계산식 : $D=\frac{1}{L_1}-\frac{1}{L_2}$

(L_1 : 초점거리 또는 명시거리[m], L_2 : 물체의 거리)

㉡ 시력의 척도

- 최소 가분시력(Minimum Separable Acuity, 최소 분리력)
  - 서로 떨어진 두 점을 구별할 수 있는 능력(E 시표, 란돌트 C)
  - 눈의 분해능(해상력)
  - 시각(Visual Angle)의 역수
  - 가장 보편적으로 사용되는 시력의 척도
  - 란돌트(Landolt) 고리에 있는 1.5[mm]의 틈을 5[m]의 거리에서 겨우 구분할 수 있는 사람의 최소 가분시력은 약 1.0이다.
- 최소 가시력 : 분리 상태와 관계없이 자극점 또는 물체의 유무를 판단하는 시력
- 최소 가독력 : 어느 정도 작은 글자를 읽을 수 있는지의 정도
- 최소 판별력 : 시야 내 여러 물체의 상호 위치관계(평행, 한쪽 끝이 가까움 등)의 인식력
- 배열시력(Vernier Acuity) : 둘 혹은 그 이상의 물체들을 평면에 배열하여 놓고 그것이 일렬로 서 있는지 판별하는 능력
- 동적 시력(Dynamic Visual Acuity) : 움직이는 물체를 보는 능력
- 입체시력(Stereoscopic Acuity) : 거리가 있는 한 물체에 대한 약간 다른 상이 두 눈의 망막에 맺힐 때 이것을 구별하는 능력
- 최소 지각시력(Minimum Perceptible Acuity) : 배경으로부터 한 점을 분간하는 능력

④ 명료도 지수

㉠ 말소리의 질에 대한 객관적인 측정방법

㉡ 통화 이해도를 측정하는 지표

㉢ 각 옥타브(Octave)대의 음성과 잡음의 데시벨(dB)값에 가중치를 곱하여 합계를 구한 값

㉣ 명료도 지수 계산

예

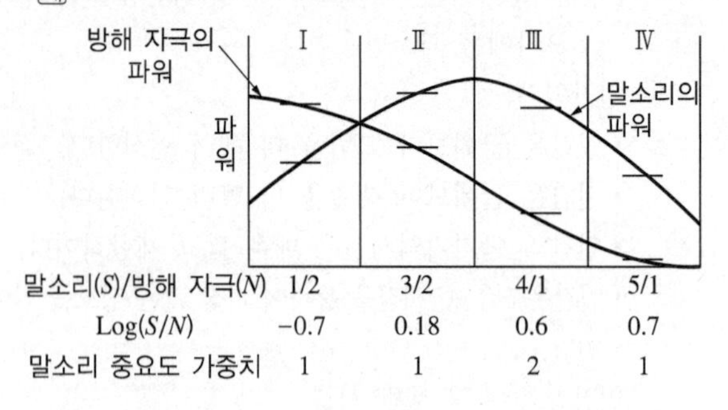

명료도 지수

= (−0.7 × 1) + (0.18 × 1) + (0.6 × 2) + (0.7 × 1)

= 1.38

⑤ 웨버(Weber)법칙 : 인간이 감지할 수 있는 외부의 물리적 자극 변화의 최소 범위는 기준이 되는 자극의 크기에 비례하는 현상을 설명한 이론이다.

㉠ 웨버법칙은 주어진 자극에 대해 인간이 갖는 변화감지역을 표현하는 데 이용된다.

㉡ 웨버(Weber)비 $=\frac{\Delta I}{I}$

여기서, ΔI : 변화감지역, I : 표준자극

㉢ 웨버법칙의 특징

- Weber비는 분별의 질을 나타낸다.
- Weber비가 작을수록 분별력은 높아진다.
- 변화감지역(JND)이 작을수록 그 자극 차원의 변화를 쉽게 검출할 수 있다.
- 변화감지역(JND)은 사람이 50[%]를 검출할 수 있는 자극 차원의 최소 변화이다.

 핵심예제

1-1. 다음 중 인체에서 뼈의 주요기능으로 볼 수 없는 것은?

[2010년 제2회, 2011년 제2회 유사]

① 인체의 지주
② 장기의 보호
③ 골수의 조혈기능
④ 영양소의 대사작용

1-2. 4[m] 또는 그보다 먼 물체만을 잘 볼 수 있는 원시 안경은 몇 D인가?(단, 명시거리는 25[cm]로 한다) [2017년 제3회]

① 1.75D ② 2.75D
③ 3.75D ④ 4.75D

|해설|

1-1
뼈의 주요기능이 아닌 것으로 '영양소의 대사작용, 근육의 대사' 등이 출제된다.

1-2
디옵터(D) : $D = \frac{1}{L_1} - \frac{1}{L_2} = \frac{1}{0.25} - \frac{1}{4} = 4 - 0.25 = 3.75D$

정답 1-1 ④ 1-2 ③

핵심 이론 02 동작과 작업 공간

① 동작과 작업 공간의 개요

㉠ 신체동작의 유형
- 내선(Medial Rotation) : 몸의 중심선으로의 회전
- 외선(Lateral Rotation) : 몸의 중심선으로부터의 회전
- 내전(Adduction) : 몸의 중심선으로의 이동
- 외전(Abduction) : 몸의 중심선으로부터의 이동
- 굴곡(Flexion) : 신체 부위 간의 각도 감소
- 신전(Extension) : 신체 부위 간의 각도 증가

㉡ 신체의 안정성을 증대시키는 조건
- 모멘트의 균형을 고려한다.
- 몸의 무게중심을 낮춘다.
- 몸의 무게중심을 기저 내에 들게 한다.
- 중심선이 기저면의 중앙에 있게 한다.
- 기저면을 넓게 한다.
- 마찰 계수를 크게 한다.
- 물체의 질량이 크며, 기울기가 작거나 신체의 분절이 잘 이루어질 때 안정성이 증가한다.

㉢ 동작의 합리화를 위한 물리적 조건
- 고유진동을 이용한다.
- 접촉면적을 작게 한다.
- 대체로 마찰력을 감소시킨다.
- 인체표면에 가해지는 힘을 적게 한다.

㉣ 조종장치의 우발작동을 방지하는 방법
- 오목한 곳에 둔다.
- 조종장치를 덮거나 방호한다.
- 작동을 위해서 힘이 요구되는 조종장치에서는 저항을 제공한다.
- 순서적 작동이 요구되는 작업일 때 순서를 지나치지 않도록 잠김장치를 설치한다.

㉤ (기계설비가 설계 사양대로 성능을 발휘하기 위한)적정 윤활의 원칙
- 적량의 규정
- 올바른 주유방법(윤활법)의 선택(채용)
- 윤활 기간의 올바른 준수

㉥ 진전(Tremor)
- 정지조정(Static Reaction)에서 문제가 되는 것은 진

전(Tremor)이다.

- 정적 자세 유지 시, 진전(Tremor)을 감소시킬 수 있는 방법
  - 시각적인 참조가 있도록 한다.
  - 손이 심장 높이에 있도록 유지한다.
  - 작업 대상물에 기계적 마찰이 있도록 한다.

ⓢ 색채조절 : 인간의 심리적 조건을 충족시킴과 동시에 빛의 반사를 고려하여 기계설비의 배치에 도움이 되도록 색채를 합리적으로 사용하는 기술

- 인간행동에 대한 색채조절의 기대효과 : 작업환경 개선, 생산 증진, 피로 감소, 작업능력 향상 등
- 경쾌하고 가벼운 느낌에서 느리고 둔한 색의 순서 : 백색 → 황색 → 녹색 → (등색) → (자색) → 적색 → 청색 → 흑색
- 팽창색에서 수축색으로 향하는 색의 순서 : 황색 → 등색 → 적색 → 자색 → 녹색 → 청색
- 안전색채와 기계장비 또는 배관의 연결
  - 시동스위치 : 녹색
  - 급정지스위치 : 적색
  - 고열기계 : 회청색
  - 증기배관 : 암적색
- 색 선택 고려사항
  - 색채조절에 따라 기계의 본체에 가장 적합한 색상은 녹색계통이다.
  - 차분하고 밝은 색을 선택한다.
  - 밝은 색은 상부에, 어두운 색은 하부에 둔다.
  - 지붕은 주위의 환경과 조화를 이루도록 한다.
  - 창틀에는 흰 빛으로 악센트를 준다.
  - 벽면은 주위 명도의 2배 이상으로 한다.
  - 자극이 강한색은 피한다.
  - 백색은 시야의 범위가 가장 넓은 색상이지만, 순백색은 가능한 피한다.
- 명도(Value, Lightness)가 갖는 심리적인 과정
  - 명도가 높을수록 크게 보이고, 명도가 낮을수록 작게 보인다.
  - 명도가 높을수록 가깝게 보이고, 명도가 낮을수록 멀리 보인다.
  - 명도가 높을수록 가볍게 보이고, 명도가 낮을수록 무겁게 보인다.
  - 명도가 높을수록 빠르고 경쾌하게 느껴지고, 명도가 낮을수록 둔하고 느리게 보인다.
- 작업장 내의 색채조절이 적합하지 못한 경우에 나타나는 상황
  - 안전표지가 너무 많아 눈에 거슬린다.
  - 현란한 색배합으로 물체 식별이 어렵다.
  - 무채색으로만 구성되어 중압감을 느낀다.
  - 다양한 색채를 사용하면 작업의 집중도가 떨어진다.

ⓞ 선 자세와 앉은 자세의 비교

- 앉은 자세보다 서 있는 자세에서 혈액순환이 향상된다.
- 서 있는 자세보다 앉은 자세에서 균형감이 높다.
- 서 있는 자세보다 앉은 자세에서 정확한 팔 움직임이 가능하다.
- 서 있는 자세보다 앉은 자세에서 척추에 더 많은 해를 줄 수 있다.

ⓙ 작업만족도(Job Satisfaction)를 얻기 위한 수단

- 작업확대(Job Enlargement)
- 작업순환(Job Rotation)
- 작업윤택화 또는 작업충실화(Job Enrichment)

② 물건을 들어올리는 작업에 대한 안전기준(NIOSH Lifting Guideline)

㉠ 1981년 제정 내용

- 2개의 하한치(AL ; Action Limit)와 상한치(MPL ; Maximum Permissible Limit)로 구성된다.
- AL(Action Limit, 감시기준) : 거의 모든 사람들이 들어 올릴 수 있는 중량

  $AL = IW \times HM \times VM \times DM \times FM$

  - 이상적 하중상수(IW ; Ideal Weight) : 23[kg]이며 최적의 환경에서 들기작업을 할 때의 최대 허용무게 또는 모든 조건이 가장 좋지 않을 경우 허용되는 최대중량
  - 수평 계수(HM ; Horizontal Multiplier) : 시작점과 종점에서 측정한 두 발 뒤꿈치 뼈의 중점에서 손까지의 거리
  - 수직 계수(VM ; Vertical Multiplier) : 시작점과 종점에서 측정한 바닥에서 손까지의 거리
  - 거리 계수(DM ; Distance Multiplier) : 들기작업에서 수직으로 이동한 거리

– 빈도 계수(FM ; Frequency Multiplier) : 15분 동안 분당 평균 들어올리는 횟수(회/분)
• MPL(Maximum Permissible Limit, 최대허용기준) : 아주 소수의 사람들만이 들어 올릴 수 있는 중량이며 AL의 3배로 지정한다.
MPL = 3 × AL

㉡ 1991년 재조정 내용
• AL값과 MPL값이 현실화되지 않음을 지적하고 재조정하여 다음의 요소들을 추가하면서 AL, MPL 개념을 없애고 권장무게한계(RWL ; Recommended Weight of Lift)를 새로이 제정했다.
– 비대칭 계수(AM ; Assymmetry Multiplier) : 시작점과 종점에서 측정한 정면에서 비틀림 정도를 나타내는 각도
– 커플링 계수(CM ; Coupling Multiplier) : 드는 물체와 손과의 연결상태를 말하며 물체를 들 때에 미끄러지거나 떨어뜨리지 않도록 하는 손잡이 등의 상태로 양호(Good), 보통(Fair), 불량(Poor)으로 구분한다.
• 권장무게한계(RWL ; Recommended Weight Limit) : 건강한 작업자가 특정한 들기작업에서 실제 작업시간 동안 허리에 무리를 주지 않고 요통의 위험 없이 들 수 있는 무게의 한계
RWL = IW × HM × VM × DM × AM × FM × CM
• 권장무게한계(RWL) 산출에 사용되는 평가요소 : 이상적 하중상수(IW : 23[kg]), 수평 계수(HM), 수직 계수(VM), 거리 계수(DM), 비대칭 계수(AM), 빈도 계수(FM), 커플링 계수(CM)
• 최적의 환경
– 허리의 비틀림 없는 정면
– 들기작업을 가끔씩 할 때(F<0.2, 5분에 1회 미만)
– 작업물이 작업자 몸 가까이 있을 때(H=15[cm])
– 수직위치(V) 75[cm] 이하
– 작업자가 물체를 옮기는 거리의 수직이동거리(D)가 25[cm] 이하
– 커플링이 좋은 상태
• 들기지수(LI : Lifting Index) : 실제 작업물의 무게와 RWL의 비이며 특정작업에서의 육체적 스트레스의 상대적인 양을 나타낸다. LI가 1.0보다 크다면 작업부하가 권장치보다 크다는 것이다.

$$LI = \frac{\text{실제 작업 무게}}{\text{권장 무게 한계}} = \frac{L}{RWL}$$

③ 동작경제의 원칙
㉠ 신체 사용에 관한 원칙
• 손의 동작은 유연하고 연속적인 동작이어야 한다.
• 두 손의 동작은 동시에 시작해서 동시에 끝나야 한다.
• 두 팔의 동작은 동시에 서로 반대 방향으로 대칭적으로 움직여야 한다.
• 동작이 급작스럽게 크게 바뀌는 직선동작은 피해야 한다.
• 가능하다면 쉽고 자연스러운 리듬이 작업동작에 생기도록 작업을 배치한다.
• 가능한 한 관성을 이용하여 작업한다.
• 휴식시간을 제외하고는 양손이 같이 쉬지 않도록 한다.
• 작업자가 작업 중에 자세를 변경할 수 있도록 한다.
㉡ 작업장 배치(Layout)에 관한 원칙
• 공구나 재료는 작업동작이 원활하게 수행되도록 그 위치를 정해 준다.
• 작업의 흐름에 따라 기계를 배치한다.
• 인간이나 기계의 흐름을 라인화한다.
• 운반작업을 기계화한다.
• 중간중간에 중복 부분을 없앤다.
• 사람이나 물건의 이동거리를 단축하기 위해 기계 배치를 집중화한다.
• 비상시에 쉽게 대비할 수 있는 통로를 마련하고 사고진압을 위한 활동 통로가 반드시 마련되어야 한다.
• 공장 내외는 안전한 통로를 두어야 하며 통로는 선을 그어 작업장과 명확히 구별한다.
• 기계설비의 주위는 항상 정리정돈하여 충분한 공간을 확보한다.
• 작업장에서 구성요소를 배치할 때 공간의 배치원칙 : 사용빈도의 원칙, 중요도의 원칙, 기능성의 원칙, 사용 순서의 원칙
– 부품 배치의 원칙 중 부품의 일반적 위치 내에서의 구체적인 배치를 결정하기 위한 기준이 되는 것은 기능별 배치의 원칙과 사용순서의 원칙이다.

- 부품 배치의 원칙 중 기능적으로 관련된 부품들을 모아서 배치한다는 원칙은 기능별 배치의 원칙이다.
- 부품 성능이 시스템 목표달성의 긴요도에 따라 우선순위를 설정하는 부품 배치 원칙에 해당하는 것은 중요성의 원칙이다.

• 흐름공정도(Flow Process Chart)에서 사용되는 기호

검 사		가 공	운 반	저 장
수량검사	품질검사			
□	◇	○	⇨	▽

㉢ 공구 및 설비 디자인에 관한 원칙
• 공구의 기능을 결합하여 사용한다.
• 손잡이의 단면이 원형을 이루어야 한다.
• 손잡이를 꺾고 손목을 꺾지 않는다.
• 일반적으로 손잡이의 길이는 95[%tile] 남성의 손폭을 기준으로 한다.
• 동력공구의 손잡이는 두 손가락 이상으로 작동하도록 한다.
• 양손잡이를 모두 고려하여 설계한다.
• 손바닥 부위에 압박을 주지 않는 손잡이 형태로 설계한다.
• 조직(Tissue)에 가해지는 압력을 피하라.
• 손목을 곧게 유지하라.
• 반복적인 손가락 동작을 피하라.
• 손잡이 접촉면적을 넓게 설계하라.
• 손잡이의 직경은 사용 용도에 따라 다르게 설계한다.
- 힘을 요하는 손잡이의 직경 : 2.5~4[cm]
- 정밀작업을 요하는 손잡이의 직경 : 0.75~1.5[cm]
- 기존 키보드의 영문키(Key)에 배당된 오른손과 왼손의 작업량 비율은 약 1 : 1.3이다.
- 똑딱스위치 및 누름단추를 작동할 때에는 중심으로부터 25°쯤 되는 위치에 있을 때가 작동시간이 가장 짧다.

④ 근골격계 부담작업

㉠ 근골격계 부담작업의 종류
• 하루에 총 2시간 이상, 목·어깨·팔꿈치·손목 또는 손을 사용하여 같은 동작을 반복하는 작업
• 하루에 총 2시간 이상, 손이 머리 위에 있거나 팔꿈치가 어깨 위에 있거나 팔꿈치를 몸통으로부터 들거나 팔꿈치를 몸통 뒤쪽에 위치하도록 하는 상태에서 이루어지는 작업
• 하루에 총 2시간 이상, 쪼그리고 앉거나 무릎을 굽힌 자세에서 이루어지는 작업
• 하루에 총 2시간 이상, 분당 2회 이상, 4.5[kg] 이상의 물체를 드는 작업
• 하루에 총 2시간 이상, 시간당 10회 이상 손 또는 무릎을 사용하여 반복적으로 충격을 가하는 작업
• 하루에 총 2시간 이상, 지지되지 않는 상태에서 1[kg] 이상의 물건을 한 손의 손가락으로 집어 옮기거나 2[kg] 이상에 상응하는 힘을 가하여 손가락으로 물건을 쥐는 작업
• 하루에 총 2시간 이상, 지지되지 않은 상태에서 4.5[kg] 이상의 물건을 한 손으로 들거나 동일한 힘으로 쥐는 작업
• 지지되지 않은 상태이거나 임의로 자세를 바꿀 수 없는 조건에서 하루에 총 2시간 이상, 목이나 허리를 구부리거나 드는 상태에서 이루어지는 작업
• 하루에 4시간 이상, 집중적으로 자료 입력 등을 위해 키보드 또는 마우스를 조작하는 작업
• 하루에 10회 이상, 25[kg] 이상의 물체를 드는 작업
• 하루에 25회 이상, 10[kg] 이상의 물체를 무릎 아래에서 들거나 어깨 위에서 들거나 팔을 뻗은 상태에서 드는 작업

㉡ 근골격계 부담 작업을 하는 경우에 사업주가 근로자에게 알려야 하는 사항(기타 근골격계 질환 예방에 필요한 사항 별도)
• 근골격계 부담작업의 유해요인
• 근골격계 질환의 징후와 증상
• 올바른 작업자세와 작업도구, 작업시설의 올바른 사용방법

㉢ 근골격계 질환의 발생원인(직접적인 유해요인)
• 반복적인 동작
• 부적절한 작업자세
• 불편한 자세
• 장시간 동안의 진동
• 저온의 작업환경

㉣ 근골격계 질환 관련 유해요인 조사(근골격계부담작업 유해요인 조사지침)
- 유해요인 조사는 근로자를 사용하는 모든 사업 또는 사업장이며 적용 제외 규정은 없다.
- 정기조사의 경우 매 3년 이내, 수시조사의 경우 질환자 발생이나 새로운 작업 또는 설비 도입, 작업환경 변경 시이며 신설 사업장의 경우 신설일로부터 1년 이내에 조사한다.
- 조사는 사업장 내 근골격계 부담작업 전체에 대한 전수조사를 원칙으로 한다.
- 근골격계 부담작업 유해요인조사는 유해요인 기본조사와 근골격계 질환 증상조사로 이루어진다.
- 근골격계 질환 유해요인 조사방법(근골격계 질환 예방을 위한 유해요인 평가방법) : OWAS, NLE, RULA, NASA-TLX
  - 인간공학적 평가기법 : OWAS, NLE, RULA
  - OWAS의 평가요소 : 허리, 상지, 하지, 무게(하중)

㉤ 근골격계 질환
- 레이노 증후군 : 전동공구와 같은 진동이 발생하는 수공구를 장시간 사용하여 손과 손가락 통제능력의 훼손, 동통, 마비 증상 등을 유발하는 근골격계 질환
- 결절종
- 방아쇠수지병
- 수근관 증후군
- 요 통
  - 인력 물자 취급 작업 중 발생되는 재해비중은 요통이 가장 많다.
  - 특히 인양작업 시 요통의 발생빈도가 높다.

㉥ 근골격계 질환예방
- 들기작업 시 요통재해예방을 위하여 고려해야 할 요소 : 들기 빈도, 손잡이 형상, 허리 비대칭 각도 등(단, 작업자 신장은 아니다)
- 인양작업 시 요통재해 예방을 위하여 고려할 요소
  - 작업대상물 하중의 수평 위치
  - 작업대상물의 인양 높이
  - 인양 방법 및 빈도
  - 크기, 모양 등 작업대상물의 특성

  ※ 작업대상물 하중의 수직 위치는 아니다.

⑤ 작업 공간의 설계·작업대

㉠ 작업 공간 설계
- 선반의 높이, 조작에 필요한 힘 등을 정할 때에는 최대치수를 하위백분위수를 기준으로 적용한다.
- 수평작업대에서의 정상작업영역은 상완을 자연스럽게 늘어뜨린 상태에서 전완을 뻗어 파악할 수 있는 영역을 말한다.
- 수평작업대에서의 최대 작업영역은 전완과 상완을 곧게 펴서 파악할 수 있는 구역(55~65[cm])이다.
- 작업공간 포락면(Work Space Envelope)
  - 한 장소에 앉아서 수행하는 작업활동에서 사람이 작업하는데 사용하는 공간
  - 작업의 성질에 따라 포락면의 경계가 달라진다.
- 정상작업 포락면 : 양팔을 뻗지 않은 상태에서 작업하는데 사용하는 공간
- 접근제한요건 : 기록의 이용을 제한하는 조치(박물관의 미술품 전시와 같이, 장애물 뒤의 타깃과의 거리를 확보하여 설계한다)
- 작업역
  - 정상작업역 : 상완을 자연스럽게 수직으로 늘어뜨린 상태에서 전완만을 편하게 뻗어 파악할 수 있는 영역
  - 최대 작업역 : 최대한 팔을 뻗친 거리로 작업자가 가끔 하는 작업의 구간
  - 선 작업자세로서 수리작업을 하는 작업역

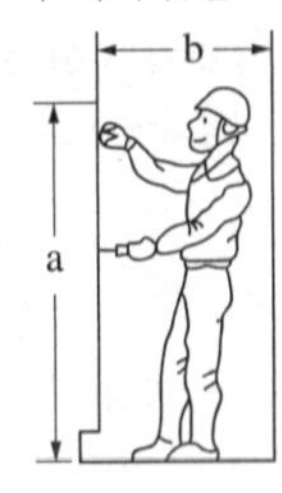

a = 180[cm], b = 75[cm]

  - 앉은 작업자세로서 수리작업을 하는 특수 작업역

a = 110[cm], b = 120[cm]

㉡ 작업대
- 서서하는 작업에서 정밀한 작업, 경작업, 중작업 등을 위한 작업대의 높이에 기준이 되는 신체 부위는 팔꿈치이다.
- 일반작업 시 작업대의 높이 : 팔꿈치 높이보다 5~10[cm] 정도 높게 한다.
- 중(重)작업 시 작업대의 높이 : 팔꿈치 높이보다 15~20[cm] 정도 낮게 한다.

㉢ 착석식 작업대의 높이 설계를 할 경우 고려해야 할 사항
- 의사의 높이 : 높이 소설식으로 설계한다.
- 대퇴여유 : 작업면 하부 공간이 대퇴부가 큰 사람이 자유롭게 움직일 수 있을 정도로 설계한다.
- 작업의 성격 : 섬세한 작업은 작업대를 약간 높게 하고 거친 작업은 작업대를 약간 낮게 설계한다.

⑥ 의자 설계

㉠ 일반적으로 의자설계의 원칙에서 고려해야 할 사항
- 체중의 분포
- 상반신의 안정
- 의자 좌판의 높이
- 의자 등판의 높이
- 의자 좌판의 깊이와 폭

㉡ 의자 설계의 인간공학적 원리
- 쉽게 조절할 수 있도록 설계한다(조절을 용이하게 만든다).
- 추간판에 가해지는 압력을 줄일 수 있도록 한다(디스크가 받는 압력을 줄인다).
- 등근육의 정적부하를 줄일 수 있도록 한다.
- 좋은 자세를 취할 수 있도록 한다.
- 요부전만을 유지할 수 있도록 한다(등받이의 굴곡을 요추의 굴곡과 일치시킨다).
- 자세 고정을 줄인다.
- 좌판 앞부분은 오금보다 높지 않아야 한다(의자 좌판의 높이 결정 시 사용할 수 있는 인체측정치는 앉은 오금 높이이다).
- 좌판의 앞 모서리 부분은 5[cm] 정도 낮아야 한다.
- 의자에 앉아 있을 때 몸통에 안정을 주어야 한다.
- 사람이 의자에 앉았을 때 엉덩이의 좌골융기(Ischial Tuberosity) 혹은 좌골관절에 일차적인 체중 집중이 이루어지도록 한다.

㉢ 의자설계에 대한 조건(고려사항)
- 좌판은 엉덩이가 앞으로 미끄러지지 않는 재질과 구조로 설계한다.
- 좌판의 깊이는 작업자의 등이 등받이에 닿을 수 있도록 설계한다.
- 좌판의 깊이는 장딴지 여유를 주고 대퇴를 압박하지 않게 작은 사람에게 적합하도록 한다.
- 좌판의 높이와 넓이는 큰 사람에게 적합하도록, 깊이는 작은 사람에 적합하도록 설계한다.
- 여러 사람이 사용하는 의자의 좌면 높이는 5[%] 오금 높이를 기준으로 설계하는 것이 가장 적절하다.
- 등받이는 충분한 넓이를 가지고 요추 부위부터 어깨 부위까지 편안하게 지지하도록 설계한다.
- 체중 분포가 두 좌골결절에서 둔부 주위로 갈수록 압력이 감소하는 형태가 되도록 한다.

㉣ 강의용 책걸상을 설계할 때 고려해야 할 인체 측정자료 응용원칙과 변수
- 최대 집단치 설계 : 너비
- 최소 집단치 설계 : 깊이
- 조절식 설계(가변적 설계) : 높이

핵심예제

2-1. 다음 중 동작경제의 원칙에 있어 '신체 사용에 관한 원칙'에 해당하지 않는 것은? [2011년 제2회, 2013년 제1회 유사, 2015년 제2회]

① 두 손의 동작은 동시에 시작해서 동시에 끝나야 한다.
② 손의 동작은 유연하고 연속적인 동작이어야 한다.
③ 공구, 재료 및 제어장치는 사용하기 가까운 곳에 배치해야 한다.
④ 동작이 급작스럽게 크게 바뀌는 직선동작은 피해야 한다.

2-2. 고용노동부 고시의 근골격계 부담작업의 범위에서 근골격계 부담작업에 대한 설명으로 틀린 것은?

[2013년 제1회 유사, 2018년 제3회, 2022년 제3회 유사]

① 하루에 10회 이상, 25[kg] 이상의 물체를 드는 작업
② 하루에 총 2시간 이상, 쪼그리고 앉거나 무릎을 굽힌 자세에서 이루어지는 작업
③ 하루에 총 2시간 이상, 집중적으로 자료입력 등을 위해 키보드 또는 마우스를 조작하는 작업
④ 하루에 총 2시간 이상, 지지되지 않은 상태에서 4.5[kg] 이상의 물건을 한 손으로 들거나 동일한 힘으로 쥐는 작업

2-3. 의자 설계의 인간공학적 원리로 틀린 것은?

[2013년 제2회 유사, 2014년 제1회, 제3회, 2015년 제1회 유사, 제3회 유사, 2016년 제3회 유사, 2017년 제2회, 2018년 제3회 유사, 2022년 제3회 유사]

① 쉽게 조절할 수 있도록 설계한다.
② 추간판의 압력을 줄일 수 있도록 한다.
③ 등근육의 정적부하를 줄일 수 있도록 한다.
④ 고정된 자세로 장시간 유지할 수 있도록 한다.

|해설|

2-1
③은 작업장 배치에 관한 원칙에 해당된다.

2-2
하루에 4시간 이상 집중적으로 자료 입력 등을 위해 키보드 또는 마우스를 조작하는 작업

2-3
고정된 자세로 장시간 유지하면 안 되며, 좋은 자세를 취할 수 있도록 하여야 한다.

정답 2-1 ③ 2-2 ③ 2-3 ④

핵심이론 03 작업생리학

① 작업생리학의 개요

㉠ 작업생리학의 정의 : 근력을 이용한 작업수행에서 받는 다양한 스트레스와 연관된 신체(인간을 구성하는 조직체)의 생리학적 기능을 연구하는 학문

㉡ 작업생리학 연구의 목적 : 작업자들이 과도한 피로 없이 원활한 작업수행을 할 수 있도록 함

㉢ 작업생리학 관련 제반 사항

- 작업수행 영향요소 : 작업의 본질, 환경, 신체적 요소, 심리적 요소, 훈련과 적응, 서비스 기능
- 생체역학적 분석에 필요한 정보 : 거리, 중량(Weight), 각도 등
- 대뇌의 활동수준에 1일 주기의 조석리듬이 존재하는데, 조석리듬 수준이 가장 낮아 재해사고의 가능성이 가장 높은 시간대는 오전 6시이다.
- 인간의 반응체계에서 이미 시작된 반응을 수정하지 못하는 저항시간(Refractory Period)은 0.5초이다.

② 육체작업의 생리학적 부하측정 척도(인간의 생리적 부담 척도)
격렬한 육체적 작업의 작업부담평가 시 활용되며 측정변수는 맥박수, 산소소비량, 근전도 등이다.

㉠ 맥박수 : 심장이 제대로 뛰는지 관찰할 수 있는 건강지표

㉡ 산소소비량 : 대사율을 평가할 수 있는 지표

- 1[L/min]의 산소 소비 시 5[kcal/min]의 에너지가 소비된다.
- 산소소비량 = (흡기 시 산소농도[%] × 흡기량) − (배기 시 산소농도[%] × 배기량)
- 흡기량 = 배기량 × $\frac{100 - O_2[\%] - CO_2[\%]}{79[\%]}$

예제

중량물 들기 작업을 수행하는데, 5분간의 산소소비량을 측정한 결과, 90[L]의 배기량 중에 산소가 16[%], 이산화탄소가 4[%]로 분석되었을 때, 해당 작업에 대한 분당 산소소비량은?(단, 공기 중 질소는 79[vol%], 산소는 21[vol%]이다)

분당 흡기량

$= 분당\ 배기량 \times \dfrac{100 - O_2[\%] - CO_2[\%]}{79[\%]}$

$= \dfrac{90}{5} \times \dfrac{100-16-4}{79} = 18 \times \dfrac{80}{79} \fallingdotseq 18.23[L]$

분당 산소소비량

= (흡기 시 산소농도[%] × 분당 흡기량) − (배기 시 산소농도[%] × 분당 배기량)

$= 0.21 \times 18.23 - 0.16 \times 18 \fallingdotseq 0.948[L/min]$

㉢ 근전도(EMG)

- 전기적 생리신호 측정방법 중 근육의 활동도를 측정하는 방법
- 국부적 근육활동의 전기적 활성도를 기록하는 방법
- 국소적 근육활동의 척도로 가장 적합하다.
- 간헐적으로 페달을 조작할 때 다리에 걸리는 부하를 평가하기에 가장 적당한 측정변수이다.

③ 정신적 작업부하(부담) 측정 척도 4가지 분류

㉠ 주임무 척도

㉡ 주관적 척도

㉢ 객관적 척도

㉣ 생리적 척도 : 직무수행 중에 계속해서 자료를 수집할 수 있고, 부수적인 활동이 필요 없는 장점을 가진 척도이며 종류로는 부정맥 지수, 점멸융합주파수(FFF), 뇌파도, 변화감지역(JND ; Just Noticeable Difference) 등이 있다.

- 부정맥 지수 : 심장이 불규칙하게 뛰는 정도를 나타내는 지수
- (시각적)점멸융합주파수(VFF) : 계속되는 자극들이 점멸하는 것 같이 보이지 않고 연속적으로 느껴지는 주파수
  - 중추신경계 피로(정신 피로)의 척도로 사용할 수 있다.
  - 휘도만 같다면 색상은 영향을 주지 않는다(휘도가 동일한 색은 주파수 값에 영향을 주지 않는다).
  - 표적과 주변의 휘도가 같을 때 최대가 된다.
  - 주파수는 조명 강도의 대수치에 선형적으로 비례한다.
  - 사람들 간에는 큰 차이가 있으나 개인의 경우 일관성이 있다.
  - 암조응 시에는 주파수가 감소한다.
  - 정신적으로 피로하면 주파수 값이 내려간다.
- 뇌파도(EEG ; Electroencephalography) : 뇌전도라고도 하며 뇌신경 사이에 신호가 전달될 때 심신의 상태에 따라 다르게 나타나는 전기의 흐름으로, 뇌의 활동 상황을 측정하는 가장 중요한 지표
- 변화감지역(JND ; Just Noticeable Difference)
  - 자극의 상대식별에 있어 50[%]보다 더 높은 확률로 판단할 수 있는 자극의 차이
  - JND가 작을수록 차원의 변화를 쉽게 검출할 수 있다.
  - 변화감지역이 가장 큰 음 : 높은 주파수와 작은 강도를 가진 음
  - 변화감지역이 가장 작은 음 : 낮은 주파수와 큰 강도를 가진 음

④ 스트레스(Stress)

㉠ 혈액 정보는 스트레스의 주요 척도에서 생리적 긴장의 화학적 척도에 해당한다.

㉡ 인체에 작용한 스트레스의 영향으로 발생된 신체반응의 결과인 스트레인(Strain)을 측정하는 척도

- 인지적 활동 : 뇌파도(EEG ; Electroencephalography)
- 정신운동적 활동 : 안전도(眼電圖, EOG ; Electrooculogram)
- 국부적 근육활동 : 근전도(EMG ; Electromyography)
- 육체적 동적 활동 : 심박수(HR ; Heart Rate), 산소소비량
- 육체적 정적 활동 : 갈바닉 피부 반응도(GSR ; Galvanic Skin Response)에 의한 피부 전기반사 측정

㉢ 스트레스에 반응하는 신체의 변화

- 혈소판이나 혈액응고인자가 증가한다.
- 더 많은 산소를 얻기 위해 호흡이 빨라진다.
- 중요한 장기인 뇌·심장·근육으로 가는 혈류가 증가한다.
- 상황판단과 빠른 행동대응을 위해 감각기관은 매우 예민해진다.

⑤ 작업의 효율 · 에너지 소비 · 에너지대사

㉠ 작업의 효율

- 작업효율계산식[%] $= \dfrac{\text{한 일}}{\text{에너지 소비량}} \times 100[\%]$
- 사람이 소비하는 에너지가 전부 유용한 일에 사용되는

것이 아니라 70[%]는 열로 소실되며 일부는 물건을 들거나 받치고 있는 일 등의 비생산적 정적 노력에 소비된다.

㉡ 에너지 소비

- 에너지 소비수준에 영향을 미치는 인자 : 작업자세, 작업방법, 작업속도, 도구(도구설계)
- 근로자가 작업 중에 소모하는 에너지량을 측정하는 방법 중 소비한 산소소모량을 가장 먼저 측정한다.
- 가장 적은 에너지를 사용하는 보행속도는 70[m/분]이다.
- 에너지 소비수준에 기초한 육체적 작업등급

작업 등급	에너지소비량		심박수	산소
	[kcal/분]	[kcal/ 8시간, 일]	[박동수 /분]	소비량 [L/분]
휴 식	1.5	720 이하	60~70	0.3
매우 가벼운 작업	1.6~2.5	768~1,200	65~75	0.3~0.5
가벼운 작업	2.5~5.0	1,200~2,400	75~100	0.5~1.0
보통 작업	5.0~7.5	2,400~3,600	100~125	1.0~1.5
힘든 작업	7.5~10.0	3,600~4,800	125~150	1.5~2.0
매우 힘든 작업	10.0~12.5	4,800~6,000	150~180	2.0~2.5
견디기 힘든 작업	12.5 이상	6,000 이상	180 이상	2.5 이상

  - 작업등급이 보통 작업이라면 건강한 사람은 비교적 오래 일할 수 있다.
  - 에너지소비량이 7.5[kcal/분] 이상인 작업은 자주 휴식을 취해야 한다.
  - 8시간 동안 작업 시 남자는 5[kcal/분], 여자는 3.5[kcal/분]를 넘지 않는다.

㉢ 에너지대사 : 체내에서 유기물을 합성하거나 분해하는 데 반드시 뒤따르는 에너지의 전환

⑥ 에너지대사율(RMR)과 휴식시간

㉠ 에너지대사율(RMR ; Relative Metabolic Rate)

- RMR은 작업에 있어서 에너지소요 정도이다.
- 산소소모량으로 에너지소모량을 측정한다.
- 산소소비량을 측정할 때 더글라스백(Douglas Bag)을 이용한다.
- 작업의 강도를 정확히 알 수 있게 한다.
- RMR이 높은 경우 사고예방대책으로 휴식시간의 증가가 가장 적당하다.
- RMR은 작업대사량을 기초대사량으로 나눈 값이다.
- 작업대사량은 작업 시 소비에너지와 안정 시 소비에너지의 차로 나타낸다.
- 기초대사량(BMR ; Basic Metabolic Rate) : 생명을 유지하기 위한 최소한의 대사량
  - 생물체가 생명을 유지하는데 필요한 최소한의 에너지량을 말한다.
  - 아무것도 하지 않아도 하루 동안 소비되는 에너지량이다.
  - 신체를 유지하는 데 필요한 기본적인 에너지량이다.
  - 체온유지, 혈액순환, 호흡활동, 심장박동 등을 위해 기초적인 생명활동을 위한 신진대사에 쓰이는 에너지량이다.
- $\text{RMR} = \dfrac{\text{운동대사량}}{\text{기초대사량}}$

$$= \frac{\text{작업 시의 소비에너지} - \text{안정 시의 소비에너지}}{\text{기초대사량}}$$

$$= \frac{\text{운동 시 산소소모량} - \text{안정 시 산소소모량}}{\text{산소소비량}}$$

- 에너지대사율과 작업강도

작업 구분	가벼운 작업	보통 작업	중(重) 작업	초중(超重) 작업
RMR 값	0~2	2~4	4~7	7 이상

㉡ 휴식시간(R) : $R = T \times \dfrac{E-W}{E-R'}$

(T : 총 작업시간, E : 작업의 에너지소비율[kcal/분], W : 표준에너지소비량 또는 평균에너지소비량, R' : 휴식 중 에너지소비량)

이 식은 다른 조건이 주어지지 않은 경우 $T=60$, $W=5$(남성) 또는 $W=4$, $R'=1.5$로 하여 $R = 60 \times \dfrac{E-5}{E-1.5}$ 또는 $R = 60 \times \dfrac{E-4}{E-1.5}$의 식으로 표현한다.

예제 PCB 납땜작업을 하는 작업자가 8시간 근무시간을 기준으로 수행하고 있고, 대사량을 측정한 결과 분당 산소소비량이 1.3[L/min]으로 측정되었다면, Murrell 방식을 적용할 때의 작업자의 노동활동

- 납땜작업의 분당 에너지소비량 : 1[L/min]의 산소소비 시 5[kcal/min]의 에너지가 소비되므로 분당 산소소비량이 1.3[L/min]으로 측정되었다면, 납땜작업의 분당 에너지소비량 = 5 × 1.3 = 6.5[kcal/min]
- 납땜작업을 시작할 때 발생한 작업자의 산소결핍은 작업이 끝나야 해소된다.
- 8시간의 작업시간 중 필요한 휴식시간

$$R = T \times \frac{E-5}{E-1.5}$$

$$= 8 \times 60 \times \frac{6.5-5}{6.5-1.5}$$

$$= \frac{480 \times 1.5}{5.0}$$

$$= 144[\mathrm{min}]$$

- 작업자는 NIOSH가 권장하는 평균에너지소비량을 따르고 있지 않다.

ⓒ 기초대사량 : 생명유지에 필요한 단위시간당 에너지량
- 성인 기초대사량 : 1,500~1,800[kcal/일]
- 기초 + 여가대사량 : 2,300[kcal/일]
- 작업 시 정상적인 에너지소비량 : 4,300[kcal/일]

⑦ 질환 관련 사항

㉠ 지게차 운전자와 대형운송차량 운전자는 동일한 직업성 질환의 위험요인에 노출된 것으로 본다.

㉡ 레이노병(Raynaud's Phenomenon, 레이노현상) : 국소진동에 지속적으로 노출된 근로자에게 발생할 수 있으며, 말초기관 장해로 손가락이 창백해지고 통증을 느끼는 질환

㉢ 파킨슨병(PD ; Parkinson's Disease) : 떨림, 몸동작의 느려짐, 근육의 강직, 질질 끌며 걷기, 굽은 자세와 같은 증상들의 운동장애가 나타나는 진행형 신경퇴행성 질환

㉣ 규폐증(Silicosis) : 규산 성분이 있는 돌가루가 폐에 쌓여 생기는 질환으로 직업적으로 광부, 석공, 도공, 연마공 등에서 발생될 가능성이 있는 직업병

㉤ C5-dip현상 : 소음에 장기간 노출되어 4,000[Hz] 부근에서의 청력이 급격히 저하하는 현상. 다장조의 도(C)에서 5옥타브 위의 음인 4,096[Hz]를 C5라고 한다.

㉥ 누적손상장애(CTDs)
- 단순반복 작업으로 인하여 발생되는 건강장애
- 손이나 특정 신체 부위에 발생된다.
- 발생인자 : 반복도가 높은 작업, 무리한 힘, 장시간의 진동, 저온 환경

㉦ 손목관증후군(CTS) : 손목을 반복적이고 지속적으로 사용하면 걸릴 수 있으며 정중신경(Median Nerve)에 큰 손상을 준다.

핵심예제

3-1. 육체작업의 생리학적 부하측정척도가 아닌 것은?

[2017년 제1회, 2017년 제3회 유사]

① 맥박수
② 산소소비량
③ 근전도
④ 점멸융합주파수

3-2. 특정과업에서 에너지 소비수준에 영향을 미치는 인자가 아닌 것은?

[2019년 제1회]

① 작업방법
② 작업속도
③ 작업관리
④ 도 구

|해설|

3-1

육체작업의 생리학적 부하측정척도 : 맥박수, 산소소비량, 근전도

3-2

에너지 소비수준에 영향을 미치는 인자 : 작업자세, 작업방법, 작업속도, 도구(도구설계)

정답 3-1 ④ 3-2 ③

제4절 신뢰성 관리

핵심 이론 01 신뢰성 관리의 개요

① 신뢰성의 개념

㉠ 신뢰도 : $R(t)=e^{-\lambda t}$

여기서, λ : 고장률, t : 시간

㉡ 신뢰도와 불신뢰도의 합은 1이다.

$R(t)+F(t)=1$

㉢ 고장을 일으킬 확률(불신뢰도) : $F(t)=1-R(t)$

㉣ 인간 신뢰도

- HEP(Human Error Probability, 인간오류율 혹은 인간오류확률) : 직무의 내용이 시간에 따라 전개되지 않고 명확한 시작과 끝을 가지고 미리 잘 정의되어 있는 경우 인간 신뢰도의 기본단위를 나타낸다.
- 인간공학의 연구에서 기준척도의 신뢰성은 반복성을 의미한다.

② 신뢰성 관련 확률분포

㉠ 정규분포

- 데이터가 중심값 근처에 밀집되면서 좌우대칭의 종 모양의 형태로 나타나는 분포이다.
- 용도 : 평균 검추정

예제 실린더블록에 사용하는 개스킷의 수명은 평균 10,000시간이며 표준편차는 200시간으로 정규분포를 따르며 표준 정규분포상 $Z_1=0.8413$, $Z_2=0.9772$, 사용시간이 9,600시간일 때 개스킷의 신뢰도 : 확률변수 X가 정규분포를 따르므로 $N(\overline{X},\ \sigma)=N(10{,}000,\ 200)$이며

$$P(\overline{X}>9{,}600)=P\left(Z>\frac{9{,}600-10{,}000}{200}\right)$$

$$=P(Z>-2)=P(Z\le 2)=0.9772=97.72[\%]$$

㉡ 이항분포(Binomial Distribution)

- n번 반복되는 베르누이 시행에서 나타나는 각각의 결과를 $X_1,\ X_2,\ \cdots,\ X_n$이라고 할 때 성공의 횟수 Y를 이항 확률변수라고 하며, $Y=X_1+X_2+\cdots+X_n$으로 정의한다. 이항 확률변수의 확률분포를 이항분포라고 하며 보통 모집단의 부적합품률의 로트로부터 채취한 샘플 중에서 발견되는 부적합품 수의 확률은 $X\sim B(n,\ p)$로 나타낸다.
- 용도 : 부적합품률(불량률), 부적합품 수, 출석률 등의 계수치 관리에 많이 사용한다.

㉢ 지수분포(Exponential Distribution)

- 고장률함수 $\lambda(t)=\lambda$로 시간 변화에 관계없이 고장률이 일정한 경우의 분포이다.
- 설비의 시간당 고장률이 일정하다고 하면 이 설비의 고장 간격은 지수분포를 따른다(우발 고장기).

㉣ 푸아송분포(Poisson Distribution)

- 설비의 고장과 같이 특정시간 또는 구간에 어떤 사건의 발생 확률이 작은 경우 그 사건의 발생 횟수를 측정하는 데 가장 적합한 확률분포이다.
- 용도 : 시료 크기가 불완전한 결점 수 관리, 사건(사고) 수 관리 등(예 백화점 반려견 코너에 시간당 방문하는 고객 수, 시간당 현금자동인출기 사용 이용자 수, 월간지 한쪽당 오자 수, 서울특별시 성동구에 거주하는 연령 77세인 노인 수, 하루 동안 잘못 걸려온 전화 수 등)

㉤ 와이블분포(Weibull Distribution)

- 고장률함수 $\lambda(t)$가 상수이거나 증가 또는 감소함수인 수명분포들을 모형화할 때 적당한 분포
- 신뢰성 모델로 가장 자주 사용되는 분포

③ **욕조곡선** : 고장의 발생 빈도를 도표화한 것을 고장률곡선이라고 하며 욕조 모양의 곡선을 보이기 때문에 욕조곡선(Bathtub Curve)이라고도 하며, 고장률을 제품 수명주기 단계(초기, 정상 가동, 마모)별로 나타내어 '제품수명특성곡선'이라고도 한다.

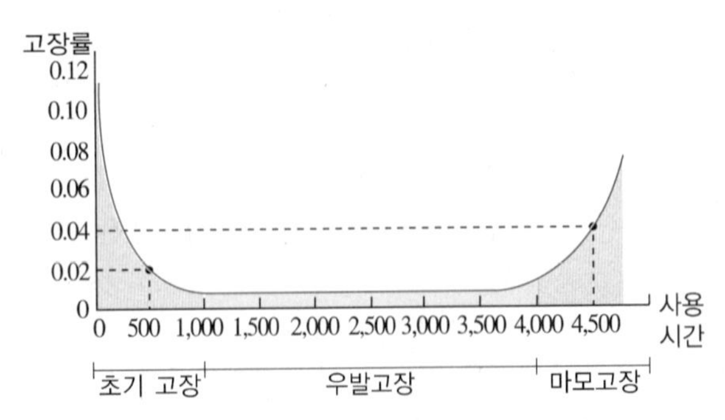

㉠ 초기 고장기

- DFR(Decreasing Failure Rate)형 : 시간의 경과와 함께 고장률 감소
- 고장확률밀도함수 : 형상모수 $\alpha<1$인 감마분포, $m<1$인 와이블분포

• 특 징
  - 높은 초기 사망률(고장률), 점차 고장률 감소, 부품 수명이 짧음
  - 설계 불량, 제작 불량에 의한 약점이 이 기간에 나타남
  - 예방보전(PM)은 불필요(무의미)하며 보전원은 설비를 점검하고 불량 개소를 발견하면 개선, 수리하여 불량부품은 수시로 대체(예 부품・부재의 마모, 열화에 생기는 고장, 부품・부재의 반복 피로 등)
• 원인 : 표준 이하의 재료 사용, 불충분한 품질관리, 낮은 작업숙련도, 불충분한 디버깅, 취급기술 미숙련(교육 미흡), 제조기술 취약, 오염・과오, 부적절한 설치・조립, 부적절한 저장・포장・수송(운송)・운반 중의 부품 고장
• 조처 : 번인, 스크리닝, 디버깅(Debugging), 보전예방
  - 번인(Burn-in) : 초기 고장기간 동안 모든 고장에 대하여 연속적인 개량보전을 실시하면서 규정된 환경에서 모든 아이템의 기능을 동작시켜 하드웨어의 신뢰성을 향상시키는 과정
  - 스크리닝 : 공정 종료 직후나 부품 완성 직후에는 양품이 나왔다고 하더라도 다음 공정이나 사용에 들어가면 불량이 발생하는 것을 미연에 방지하기 위해 다음 공정이나 사용 시 적용될 스트레스보다 더 큰 스트레스를 가해서 선별하는 시험
  - 디버깅(Debugging) : 초기 고장을 경감시키기 위해 아이템 사용개시 전 또는 사용개시 후의 초기에 아이템을 동작시켜 부적합을 검출하거나 제거하는 개선방법
    ⓐ 실제 사용에 앞서서 최대 허용정격 조건 등의 가혹한 조건으로 수 시간 내지 수 일간 동작시켜 초기 고장의 원인으로 되어 있는 고장원을 되도록 짧은 시간 내에 토해 내도록 하는 과정
    ⓑ 기계설비 고장 유형 중 기계의 초기 결함을 찾아내 고장률을 안정시키는 디버깅 기간은 초기 고장에 나타난다.
  - 보전예방(MP ; Maintenance Prevention) : 설비보전 정보와 신기술을 기초로 신뢰성, 조작성, 보전성, 안전성, 경제성 등이 우수한 설비의 선정, 조달 또는 설계를 통하여 궁극적으로 설비의 설계, 제작 단계에서 보전활동이 불필요한 체제를 목표로 하는 설비보전방법

㉡ 우발고장기(성장기, 청년기)
• CFR(Constant Failure Rate)형 : 시간이 경과해도 고장률은 일정(우발고장기간은 고장률이 비교적 낮고 일정한 현상이 나타난다)
• 고장확률밀도함수 : 형상모수 $\alpha = 1$인 감마분포, $m = 1$인 와이블분포, 지수분포
• 특 징
  - 사망률(고장률) 낮고 안정적임
  - 고장률은 거의 일정한 추세임(고장률 일정형으로 규정고장률을 나타내는 기간이며 유효 수명을 보임)
  - 고장 정지시간을 감소시키는 것이 가장 중요함
  - 설비보전원의 고장 개소의 감지능력을 향상시키기 위한 교육훈련 필요함
  - 일정한 고장률을 저하시키기 위해서 개선, 개량이 절대적으로 필요함
  - 예비품 관리가 중요함(예 순간적 외력에 의한 파손)
• 원인 : 미흡한 안전계수, 예상치 이상의 과부하, 무리한 사용, 사용자 과오, 최선 검사방법으로도 탐지되지 않은 결함, 부적절한 PM 주기, 디버깅에서도 발견되지 않은 결함, 미검증된 고장, 예방보전에 의해서도 예방될 수 없는 고장, 천재지변 등
• 조처 : 극한상황 고려 설계, 충분한 안전계수 고려 설계, 사후보전(BM)

㉢ 마모고장기(노년기)
• IFR(Increasing Failure Rate)형 : 시간의 경과와 함께 고장률 증가함(마모 고장기간의 고장형태는 증가형이다)
• 고장확률밀도함수 : 형상모수 $\alpha > 1$인 감마분포, $m > 1$인 와이블분포, 정규분포
• 특징 : 사망률(고장률) 급상승, 부품의 마모나 열화에 의하여 고장 증가(고장률 증가형), 사전에 미리 파악하고 일상점검 시 청소, 급유, 조정 등을 잘해 두면 열화속도는 현저히 떨어지고 부품 수명은 길어짐

• 원인 : 부식, 산화, 마모, 피로, 노화, 퇴화, 불충분한 정비, 부적절한 오버홀(Overhaul), 수축, 균열 등(부식 또는 산화로 인하여 마모고장이 일어난다)
• 조처 : 예방보전(PM)

④ 불 대수(Boolean Algebra)

㉠ 불 대수의 정의 : 기호에 따라 논리함수를 표현하는 수학적인 방법으로, 논리적인 상관관계를 주로 다루며 0(거짓)과 1(참)의 2가지 값만 처리한다.

㉡ 불 대수의 관계식

• 항등법칙(전체 및 공집합) : $A \cdot 1 = A$, $A \cdot 0 = 0$, $A + 0 = A$, $A + 1 = 1$
• 동일법칙(동정법칙) : $A \cdot A = A$, $A + A = A$
• 희귀법칙 : $\overline{\overline{A}} = A$
• 상호법칙(보원법칙) : $A \cdot \overline{A} = 0$, $A + \overline{A} = 1$
• 교환법칙 : $A \cdot B = B \cdot A$, $A + B = B + A$
• 결합법칙 : $A(B \cdot C) = (A \cdot B)C$, $A + (B + C) = (A + B) + C$
• 분배법칙 : $A(B + C) = (A \cdot B) + (A \cdot C)$, $A + (B \cdot C) = (A + B) \cdot (A + C)$
• 흡수법칙 : $A(A + B) = A$, $A + (A \cdot B) = A$
  $A(A + B) = A \cdot A + A \cdot B$
  $= A + A \cdot B = A(1 + B) = A \cdot 1 = A$
• 드모르간법칙 : $\overline{A \cdot B} = \overline{A} + \overline{B}$, $\overline{A + B} = \overline{A} \cdot \overline{B}$
• 기타 : $A + A \cdot B = A + B$, $A + AB = A$, $A + \overline{A}B = A + B$

⑤ 시스템의 안전

㉠ 시스템 안전관리의 주요 업무
• 시스템 안전에 필요한 사항의 동일성 식별
• 안전활동의 계획, 조직 및 관리
• 시스템 안전활동의 결과 평가
• 생산 시스템의 비용과 효과분석

㉡ 시스템 안전기술관리를 정립하기 위한 절차 : 안전분석 → 안진 사양 → 인진 설계 → 인전 확인

㉢ 시스템의 운용단계(시스템 안전의 실증과 감시단계)에서 이루어져야 할 주요한 시스템안전 부문의 작업
• 제조, 조립 및 시험단계에서 확정된 고장의 정보 피드백 시스템 유지
• 위험 상태의 재발방지를 위해 적절한 개량조치 강구
• 안전성 손상 없이 사용설명서의 변경과 수정을 평가
• 운용, 안전성 수준 유지를 보증하기 위한 안전성 검사
• 운용, 보전 및 위급 시 절차를 평가하여 설계 시 고려사항과 같은 타당성 여부 식별

㉣ 운용상의 시스템 안전에서 검토 및 분석해야 할 사항
• 사고조사에의 참여
• 고객에 의한 최종 성능검사
• 시스템의 보수 및 폐기

핵심예제

1-1. 욕조곡선의 설명으로 맞는 것은? [2018년 제3회]

① 마모고장기간의 고장형태는 감소형이다.
② 디버깅(Debugging) 기간은 마모고장에 나타난다.
③ 부식 또는 산화로 인하여 초기 고장이 일어난다.
④ 우발고장기간은 고장률이 비교적 낮고 일정한 현상이 나타난다.

1-2. 설비의 고장형태를 크게 초기 고장, 우발고장, 마모고장으로 구분할 때 다음 중 마모고장과 가장 거리가 먼 것은?

[2014년 제2회, 2018년 제2회]

① 부품, 부재의 마모
② 열화에 생기는 고장
③ 부품, 부재의 반복 피로
④ 순간적 외력에 의한 파손

1-3. 프레스에 설치된 안전장치의 수명은 지수분포를 따르며 평균 수명은 100시간이다. 새로 구입한 안전장치가 50시간 동안 고장 없이 작동할 확률(A)과 이미 100시간을 사용한 안전장치가 앞으로 100시간 이상 견딜 확률(B)은 얼마인가?

[2010년 제3회 유사, 2012년 제3회, 2015년 제1회 유사, 2017년 제1회]

① A : 0.368, B : 0.368
② A : 0.607, B : 0.368
③ A : 0.368, B : 0.607
④ A : 0.607, B : 0.607

|해설|

1-1
① 마모고장기간의 고장형태는 증가형이다.
② 디버깅(Debugging)기간은 초기 고장에 나타난다.
③ 부식 또는 산화로 인하여 마모고장이 일어난다.

1-2
순간적 외력에 의한 파손은 우발고장에 해당된다.

1-3
A : $R(t) = e^{-\lambda t} = e^{-0.01 \times 50} \simeq 0.607$
B : $R(t) = e^{-\lambda t} = e^{-0.01 \times 100} \simeq 0.368$

정답 1-1 ④ 1-2 ④ 1-3 ②

핵심이론 02 시스템의 신뢰도

① 시스템 신뢰도의 개요
㉠ 시스템의 신뢰도 : 시스템의 성공적 퍼포먼스를 확률로 나타낸 것이다.
㉡ 수리가 가능한 시스템의 평균 수명(MTBF)은 평균 고장률(λ)과 반비례 관계가 성립한다.

② 직렬구조
㉠ 직렬구조의 특징
- 시스템의 직렬구조는 시스템의 어느 한 부품이 고장 나면 시스템이 고장 나는 구조이다.
- 직렬 시스템은 부품들 중 최소 수명을 갖는 부품에 의해 시스템 수명이 정해진다.
- 직렬 시스템을 구성하는 부품들 중에서 각 부품이 동일한 신뢰도를 가질 경우 직렬구조의 신뢰도는 병렬구조에 비해 신뢰도가 낮다.

㉡ 직렬 시스템의 신뢰도
- $R_s = R_1 \times R_2 \times \cdots \times R_n$
- 부품의 신뢰도가 동일한 경우, $R_s = R_i^n$

㉢ 연습 문제
- 전자회로에 4개의 트랜지스터(고장률 : 0.00001/시간)와 20개의 저항(고장률 : 0.000001/시간)이 직렬로 연결되어 있을 때의 신뢰도 :
$R(t) = e^{-\lambda t} = e^{-(0.00001 \times 4 + 0.000001 \times 20)t} = e^{-0.00006t}$
- 자동차의 타이어 1개가 파열될 확률이 0.01일 때 신뢰도 : $R_s = (1-0.01)^4 \simeq 0.96$
- 평균 고장시간이 4×10^8시간인 요소 4개가 직렬체계를 이루었을 때의 시스템 수명 : $\frac{4 \times 10^8}{4} = 1 \times 10^8$시간

③ 병렬구조
㉠ 병렬구조의 특징
- 시스템의 병렬구조는 시스템의 어느 한 부품이 고장 나더라도 시스템이 고장 나지 않는 구조이다.
- 구성부품이 모두 고장 나야 고장이 발생되는 구조이다.
- 요소의 수가 많을수록 고장의 기회는 줄어든다.

- 요소의 중복도가 늘어날수록 시스템의 수명은 길어진다(수리가 불가능한 n개의 구성요소가 병렬구조를 갖는 설비는 중복도(n-1)가 늘어날수록 수명이 길어진다).
- 병렬 시스템에서는 부품들 중 최대 수명을 갖는 부품에 의해 시스템 수명이 정해진다.
- 병렬 시스템을 구성하는 부품들 중에서 각 부품이 동일한 신뢰도를 가질 경우 병렬구조의 신뢰도는 직렬구조에 비해 신뢰도가 높다.
- 기계 또는 설비에 이상이나 오동작이 발생하여도 안전사고를 발생시키지 않도록 2중 또는 3중으로 통제를 가하도록 한 체계의 예 : 다경로 하중구조, 하중 경감구조, 교대구조 등

㉡ 병렬 시스템의 신뢰도

- $R_s = 1-(1-R_1)(1-R_2)\cdots(1-R_n)$
- 부품의 신뢰도가 동일한 경우, $R_s = 1-(1-R)^n$

㉢ 연습 문제

- 병렬로 이루어진 두 요소의 신뢰도가 각각 0.7일 경우 시스템 전체의 신뢰도 :
  $R_s = 1-(1-0.7)^2 = 0.91$
- 인간과 기계의 신뢰도가 인간 0.40, 기계 0.95인 경우 병렬작업 시 전체 신뢰도 :
  $R_s = 1-(1-0.4)(1-0.95) = 0.97$
- 날개가 2개인 비행기의 양 날개에 엔진이 각각 2개씩 있고, 양 날개에서 각각 최소한 1개의 엔진은 작동을 해야 추락하지 않고 비행할 수 있을 때 엔진의 신뢰도가 각각 0.9, 각 엔진이 독립적으로 작동하는 조건에서 이 비행기가 정상적으로 비행할 신뢰도 : 한쪽 날개에서 엔진이 하나도 작동하지 않을 확률은 $(1-0.9)^2$이며, 한쪽 날개에서 적어도 하나의 엔진이 작동할 확률은 $1-(1-0.9)^2$이다. 양쪽 날개 각각에서 적어도 하나씩의 엔진이 작동하여야 하므로 신뢰도는 $R_s=[1-(1-0.9)^2]^2 \simeq 0.98$이다.
- 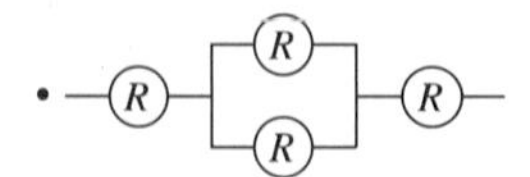

  $R_s = R\times[1-(1-R)^2]\times R = 2R^3 - R^4$

- 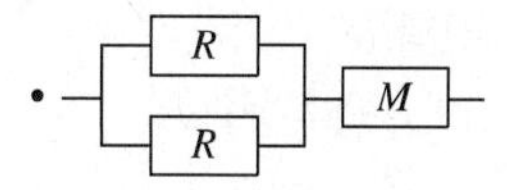

  $R_s = [1-(1-R)^2]\times M = M(2R-R^2)$

- 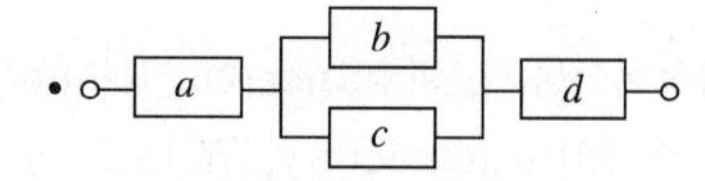

  a와 b의 신뢰도가 각각 0.8, c와 d의 신뢰도가 각각 0.6일 때, 시스템의 신뢰도는

  $R_s = R_a\times[1-(1-R_b)(1-R_c)]\times R_d$
  $= 0.8\times[1-(1-0.8)(1-0.6)]\times 0.6$
  $= 0.4416$

- 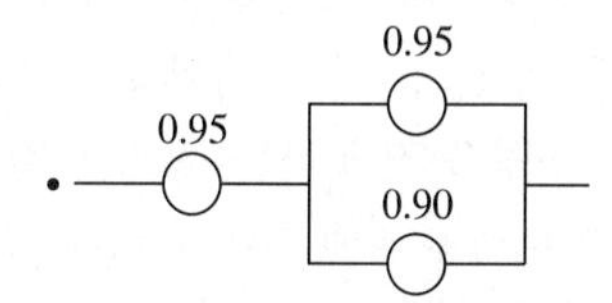

  $R_s = 0.95\times[1-(1-0.95)(1-0.90)] \simeq 0.9453$

- 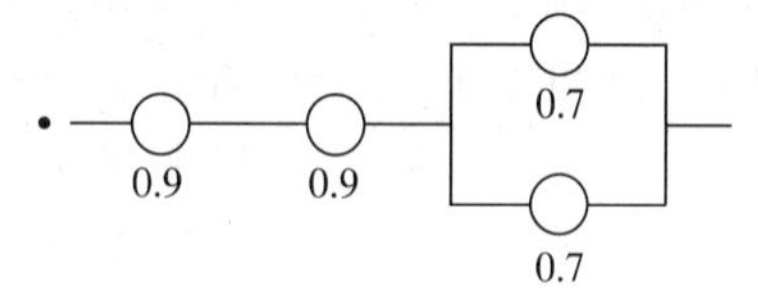

  $R_s = 0.9\times0.9\times[1-(1-0.7)^2] = 0.7371$

- 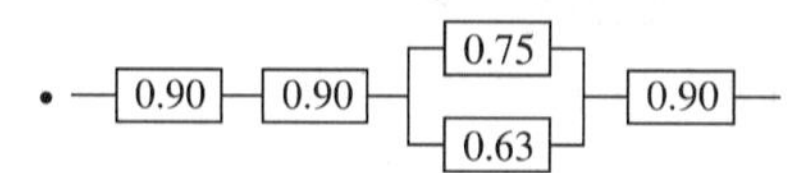

  $R_s = 0.9\times0.9\times[1-(1-0.75)(1-0.63)]\times0.9$
  $\simeq 0.6616$

- 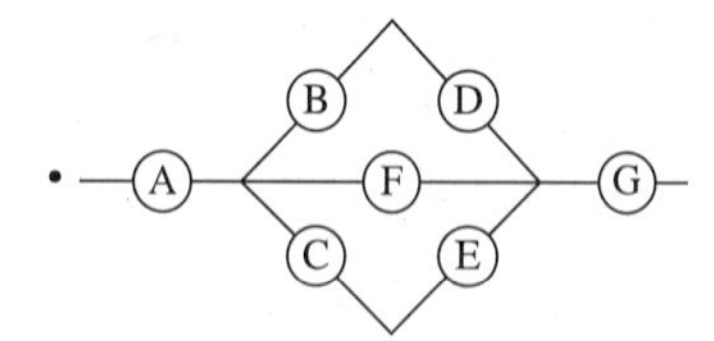

  $R_s = A\times[1-(1-B\times D)(1-F)(1-C\times E)]\times G$

④ n 중 k 구조(k out of n 시스템)

㉠ n개의 부품으로 구성된 시스템에서 k개 이상의 부품이 작동하면 시스템이 정상적으로 가동되는 구조이다.

㉡ n 중 k 시스템의 신뢰도

- $R_s = \sum_{i=k}^{n}\binom{n}{i}R^i(1-R)^{n-i}$

- 2 out of 3 시스템의 신뢰도

$R_s = {}_3C_2R^2(1-R)^1 + {}_3C_3R^3(1-R)^0$
$= R^2(3-2R) = e^{-2\lambda t}(3-2e^{-\lambda t})$

⑤ 신뢰성 관리대상

㉠ 신뢰성 관리대상은 고유 신뢰성(Inherent Reliability, R_i)과 사용 신뢰성(Use Reliability, R_u)으로 구분되며, 운용(동작, 작동) 신뢰성(Operational Reliability, R_o)은 이들을 곱한 것이다.

작동 신뢰성(R_0)=고유 신뢰성(R_i)×사용 신뢰성(R_u)

㉡ 고유 신뢰싱(R_i) : 제품 자체가 지닌 신뢰성으로 기획·원자재 구매·설계·시험·제조·검사 등 제품이 만들어지는 모든 단계에서의 신뢰성이다. 신뢰성 설계(제품의 수명을 연장하고 고장을 적게 하는 것)와 품질관리 활동(공정관리, 공정 해석에 의해 기술적 요인을 찾아서 이를 시정하는 것)에 의해 유지·개선된다.

㉢ 사용 신뢰성(R_u) : 제품이 만들어진 후 설계나 제조과정에서 형성된 제품의 고유 신뢰성이 유지 및 관리되도록 하는 신뢰성이다. 제품 제조 후 모든 단계(포장·수송·배송·보관·취급 조작·보전기술·보전방식·조업기술·A/S·교육훈련 등)에서의 신뢰성이다.

⑥ 시스템의 신뢰성 증대방안

㉠ 고유 신뢰성의 증대방안
- 병렬설계(리던던시설계) 적용
- 디레이팅 기술(부품의 전기적·기계적·열적·기타 작동조건의 고부하(Stress)를 경감시킬 수 있는 기술) 적용
- 고신뢰도 부품 사용
- 고장 후 영향을 줄이기 위한 구조적 설계방안 강구(Fail-safe, Fool-proof 설계)
- 부품과 제품의 번인(Burn-in) 테스트

㉡ 사용 신뢰성 증대방안
- 보전기술 적용(예방보전, 개량보전, 예지보전, 보전예방)
- 적절한 점검주기와 횟수 결정
- 적절한 보관조건 설정
- 연속 작동시간 감소
- 보장, 보관, 운송, 판매 등 모든 과정의 철저한 관리

핵심예제

2-1. 다음 중 시스템 신뢰도에 관한 설명으로 옳지 않은 것은?

[2012년 제2회, 2015년 제3회]

① 시스템의 성공적 퍼포먼스를 확률로 나타낸 것이다.
② 각 부품이 동일한 신뢰도를 가질 경우 직렬구조의 신뢰도는 병렬구조에 비해 신뢰도가 낮다.
③ 시스템의 병렬구조는 시스템의 어느 한 부품이 고장 나면 시스템이 고장 나는 구조이다.
④ n 중 k구조는 n개의 부품으로 구성된 시스템에서 k개 이상의 부품이 작동하면 시스템이 정상적으로 가동되는 구조이다.

2-2. 다음 그림과 같은 시스템의 신뢰도는 약 얼마인가?(단, 각각의 네모 안의 수치는 각 공정의 신뢰도를 나타낸 것이다)

[2017년 제3회]

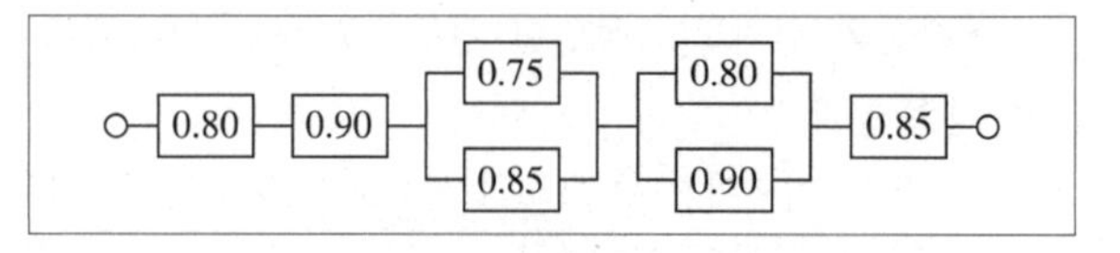

① 0.378
② 0.478
③ 0.578
④ 0.675

|해설|

2-1
시스템의 어느 한 부품이 고장 나면 시스템이 고장 나는 구조는 시스템의 직렬구조이다.

2-2
$R = 0.80 \times 0.90 \times [1-(1-0.75)(1-0.85)][1-(1-0.80)(1-0.90)] \times 0.85$
$= 0.80 \times 0.90 \times 0.9625 \times 0.98 \times 0.85$
$\simeq 0.578$

정답 2-1 ③ 2-2 ③

핵심 이론 03 시스템 위험분석기법

① PHA(Preliminary Hazard Analysis, 예비위험분석)

㉠ PHA의 정의
- 복잡한 시스템을 설계, 가동하기 전의 구상단계에서 시스템의 근본적인 위험성을 평가하는 가장 기초적인 위험도 분석기법
- 시스템 내에 존재하는 위험을 파악하기 위한 목적으로 시스템 설계 초기 단계에 수행되는 위험분석기법
- 시스템 안전 프로그램에서의 최초 단계 해석으로 시스템 내의 위험한 요소가 어떤 위험 상태에 있는가를 정성적으로 평가하는 방법

㉡ PHA의 목적 : 시스템의 구상단계에서 시스템 고유의 위험 상태를 식별하여 예상되는 위험수준을 결정하기 위한 것

㉢ 예비위험분석에서 달성하기 위하여 노력하여야 하는 4가지 주요 사항
- 시스템에 관한 주요 사고를 식별하고 개략적인 말로 표시할 것
- 사고발생 확률을 계산할 것
- 사고를 초래하는 요인을 식별할 것
- 식별된 위험을 4가지 범주로 분류할 것

㉣ PHA의 식별된 4가지 사고 카테고리
- 범주 Ⅰ 파국적 상태(Catastrophic) : 부상 및 시스템의 중대한 손해를 초래하는 상태
- 범주 Ⅱ 중대 상태(위기상태, Critical) : 작업자의 부상 및 시스템의 중대한 손해를 초래하거나 작업자의 생존 및 시스템의 유지를 위하여 즉시 수정조치를 필요로 하는 상태
- 범주 Ⅲ 한계적 상태(Marginal) : 작업자의 부상 및 시스템의 중대한 손해를 초래하지 않고, 대처 또는 제어할 수 있는 상태
- 범주 Ⅳ 무시 가능 상태(Negligible) : 작업자의 생존 및 시스템 유지를 위한 상태

㉤ 위험성평가 매트릭스 분류(MIL-STD-882B)와 위험발생빈도

구 분	레 벨	파국적	위기적	한계적	무시 가능	연간 발생 확률
자주 발생하는(Frequent)	A	고	고	심 각	중	10^{-1} 이상
가능성이 있는(Probable)	B	고	고	심 각	중	10^{-2}~10^{-1}
가끔 발생하는(Occasional)	C	고	심 각	중	저	10^{-3}~10^{-2}
거의 발생하지 않은(Remote)	D	심 각	중	중	저	10^{-6}~10^{-3}
가능성이 없는(Improbable)	E	중	중	중	저	10^{-6} 미만

㉥ 위험성을 예측 평가하는 단계 : 위험성 도출 – 위험성 평가 – 위험성 관리

㉦ Chapanis가 정의한 위험의 확률수준과 그에 따른 위험발생률(발생빈도)
- 자주 발생하는(Frequent) : 10^{-2}/day
- 보통 발생하는(Usually) : 10^{-3}/day
- 가끔 발생하는(Occasional) : 10^{-4}/day
- 거의 발생하지 않은(Remote) : 10^{-5}/day
- 극히 발생할 것 같지 않는(Extremely Unlikely) : 10^{-6}/day
- 전혀 발생하지 않는(Impossible) : 10^{-8}/day

② FHA(Functional Hazard Analysis)

㉠ 고장(Failure)을 유발하는 기능(Function)을 찾아내는 기법

㉡ FHA의 특징
- 개발 초기, 시스템 정의단계에서 적용한다.
- 하향식(Top-down)으로 분석을 반복한다.
- 브레인스토밍을 통해 기능과 관련된 위험을 정의하고 위험이 미칠 영향, 영향의 심각성을 정의한다.

③ FMEA(Failure Mode & Effects Analysis, 잠재적 고장형태 영향분석)

㉠ 설계된 시스템이나 기기의 잠재적인 고장모드(Mode)를 찾아내고, 가동 중에 고장이 발생하였을 경우 미치는 영향을 검토·평가하고, 영향이 큰 고장모드에 대하여는 적절한 대책을 세워 고장을 미연에 방지하는 방법(설계 평가뿐만 아니라 공정의 평가나 안전성의 평가

등에도 널리 활용)

ⓛ FMEA의 특징
- 고장 발생을 최소로 하고자 하는 경우에 가장 유효한 기법이다.
- 물적 요소가 분석대상이 된다.
- 시스템 해석기법은 정성적·귀납적 분석법 등에 사용된다.
- 전체 요소의 고장을 유형별로 분석할 수 있다.
- 비전문가도 짧은 훈련으로 사용할 수 있다.
- 서식이 간단하고 비교적 적은 노력으로 분석이 가능하다.
- 분석방법에 대한 논리적 배경이 약하다.
- 해석영역이 물체에 한정되기 때문에 인적원인 해석이 곤란하다.
- 각 요소 간 영향해석이 어려워 2가지 이상 동시 고장은 해석이 곤란하다.
- 서브시스템 분석 시 FTA보다 효과적이지는 않다.
- 해석영역이 물체에 한정되기 때문에 인적원인 해석이 곤란하다.
- Human Error의 검출이 어렵다.

ⓒ FMEA에서 고장평점을 결정하는 5가지 평가요소 : 기능적 고장 영향의 중요도(C_1), 영향을 미치는 시스템의 범위(C_2), 고장 발생의 빈도(C_3), 고장방지의 가능성(C_4), 신규 설계의 정도(C_5)

ⓓ 고장평점 : $C_r = C_1 \cdot C_2 \cdot C_3 \cdot C_4 \cdot C_5$

ⓔ FMEA의 표준적인 실시절차
- 1단계 : 시스템 구성의 기본적 파악
- 2단계 : 상위체계의 고장 영향분석
- 3단계 : 기능 블록과 신뢰도 블록 다이어그램 작성(대상 시스템의 분석)
- 4단계 : 고장의 유형과 그 영향의 해석
- 5단계 : 치명도 해석과 개선책 검토

ⓑ 고장 발생 확률(β)과 고장의 영향
- $\beta = 1$: 실제손실
- $0.1 \le \beta < 1$: 예상되는 손실
- $0 < \beta < 0.1$: 가능한 손실
- $\beta = 0$: 영향 없음

④ ETA(Event Tree Analysis, 사건 수 분석)

ⓐ 디시전 트리(Decision Tree)를 재해사고 분석에 이용한 분석법이며, 설비의 설계단계에서부터 사용단계까지의 각 단계에서 위험을 분석하는 귀납적이며 정량적인 시스템 위험분석기법

ⓛ 사고 시나리오에서 연속된 사건들의 발생경로를 파악하고 평가하기 위한 귀납적이고 정량적인 시스템 안전 프로그램

ⓒ '화재 발생'이라는 시작(초기)사상에 대하여, 화재감지기, 화재 경보, 스프링클러 등의 성공 또는 실패 작동여부와 그 확률에 따른 피해 결과를 분석하는데 가장 적합한 위험분석기법이다.

ⓓ ETA 연습문제

A, B, C에 해당되는 확률값

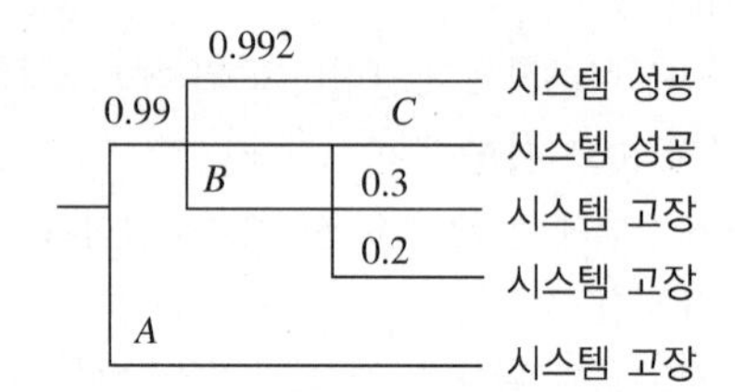

$A = 1 - 0.99 = 0.01$

$B = 1 - 0.992 = 0.008$

$C = 1 - (0.3 + 0.2) = 0.5$

⑤ CA와 FMECA

ⓐ CA(Criticality Analysis, 치명도해석법 또는 위험도 분석)
- 항공기의 안정성 평가에 널리 사용되는 기법으로서 각 중요 부품의 고장률, 운용형태, 보정계수, 사용시간비율 등을 고려하여 정량적, 귀납적으로 부품의 위험도를 평가하는 분석기법
- 고장이 시스템의 손실과 인명의 사상에 연결되는 높은 위험도를 가진 요소나 고장의 형태에 따른 분석법
- FMEA를 실시한 결과 고장등급이 높은 고장모드(Ⅰ, Ⅱ)가 시스템이나 기기의 고장에 어느 정도 기여하는가를 정량적으로 계산하고, 고장모드가 시스템에 미치는 영향을 정량적으로 평가하는 방법
- 치명도 해석에서는 정량적 데이터가 필요하므로 고장 데이터를 수집 및 해석하여 고장률을 명확히 알고 있어야 한다.

- 위험도분석(CA)에서 설비고장에 따른 위험도 4가지 분류
  - Category Ⅰ 파국적 고장(Catastrophic) : 생명의 상실로 이어질 염려가 있는 고장
  - Category Ⅱ 중대 고장(위기 고장)(Critical) : 작업자의 생존 및 시스템의 유지를 위하여 즉시 수정 조치를 필요로 하는 고장
  - Category Ⅲ 한계적 고장(Marginal) : 작업자의 부상 및 시스템의 중대한 손해를 초래하지 않고, 대처 또는 제어할 수 있는 고장
  - Category Ⅳ 무시가능 고장(Negligible) : 작업자의 생존 및 시스템의 유지가 가능한 고장

㉡ FMECA(Failure Mode Effect and Criticality Analysis, 고장형태, 영향 및 치명도분석) : FMEA + CA

- 정성적 분석방법인 FMEA를 정량적으로 보완하기 위하여 개발된 위험 분석법이다.
- 구성품의 치명적 고장모드 번호 = $n(n=1,2,\cdots,j)$, 운용 시의 고장률 보정계수 = K_A, 운용 시의 환경조건의 수정계수 = K_E, 기준고장률(시간 또는 사이클당) = λ_G, 임무당 동작시간(또는 횟수) = t, λ_G 중에 해당 고장이 차지하는 비율 = α, 해당 고장이 발생하는 경우에도 치명도 영향이 발생할 확률 = β일 때 치명도 지수는

  $C_r = \sum_{n=1}^{j} (\alpha \cdot \beta \cdot K_A \cdot K_E \cdot \lambda_G \cdot t)_n$로 표시됨
- 신규 제품 설계 평가에는 FMECA는 잘 사용하지 않고 FMEA를 사용한다.

⑥ THERP(Technique for Human Error Rate Prediction, 인간 실수율 예측기법)

㉠ 인간의 과오(Human Error)를 정량적으로 평가하고 분석하는 데 사용하는 기법이며 HRA(Human Reliability Analysis) Handbook이라고도 한다.

㉡ 사고원인 가운데 인간의 과오에 기인된 원인분석, 확률을 계산함으로써 제품의 결함을 감소시키고 인간공학적 대책을 수립하는 데 사용되는 분석기법이다.

㉢ 작업자가 계기판의 수치를 읽고 판단하여 밸브를 잠그는 작업을 수행한다고 할 때, 이 작업자의 실수 확률을 예측하는 데 가장 적합한 기법이다.

㉣ THERP 수행의 예

- 작업 개시점(N_1)에서 작업 종점(N_4)까지 도달할 확률(P)(단, $P(B_i)$, $i=1, 2, 3, 4$는 해당 확률을 나타내며, 각 직무과오의 발생은 상호독립이라고 가정)

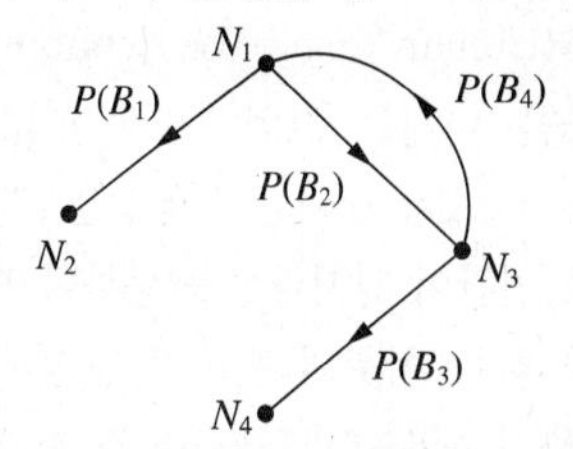

N_1에서 시작하여 N_4에 이르기까지 B_2와 B_4가 루프의 형태를 이루므로, 도달 확률은

$$P = \frac{\text{최단 경로}}{1-\text{루프경로의 곱}} = \frac{P(B_2) \cdot P(B_3)}{1-P(B_2) \cdot P(B_4)}$$

- 작업 개시점(N_1)으로부터 작업 종점(N_3)까지 도달하는 확률(P)(단, $P(B_1)$, $P(B_2)$, $P(B_3)$은 해당 직무의 수행 확률을 나타내며, 각 작업과오의 발생은 상호독립이라고 가정)

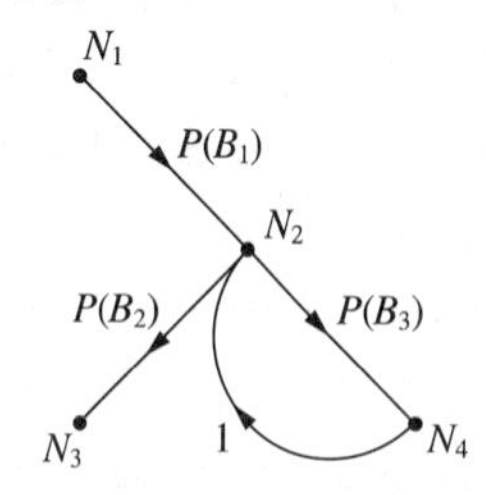

N_1에서 시작하여 N_3에 이르기까지 B_1와 B_2가 루프의 형태가 아니므로 도달확률은

$$P = \frac{\text{최단경로}}{1-\text{루프경로의 곱}} = \frac{P(B_1)}{1-0} = P(B_1)$$

- 각 가지 B_1, B_2가 나타내는 사상이 서로 독립해서 생긴다고 할 때 가지 B_1을 통해서 마디 N_3가 생길 확률

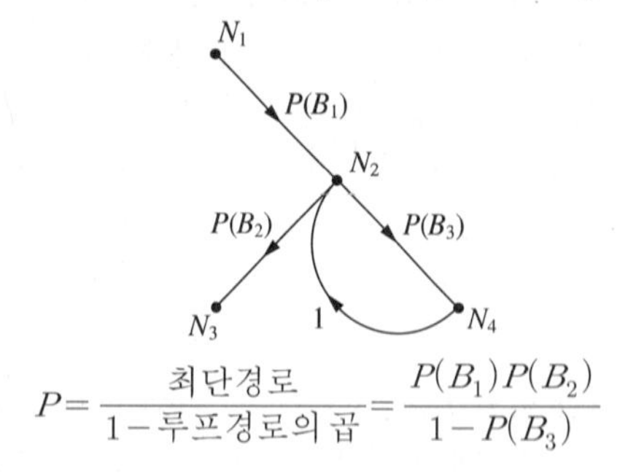

$$P = \frac{\text{최단경로}}{1-\text{루프경로의 곱}} = \frac{P(B_1)P(B_2)}{1-P(B_3)}$$

ⓜ 사고 전개과정에서 발생 가능한 모든 인간오류를 파악해 내고 이를 모델링하고 정량화하는 인간 신뢰도의 평가방법으로는 THERP 이외에도 HCR, SLIM, CIT, TCRAM 등의 기법이 있다.

- HCR(Human Cognitive Reliability) : 작업수행도에 영향을 미치는 작업수행도 형성요인(Performance Shaping Factors)들의 영향을 고려하고 허용된 시간 내에 인간이 인지과정을 통하여 적절히 반응할 수 있는가 하는 확률의 변화를 반영하는 기법이다.
- SLIM(Successful Likelihood Index Method) : 인적오류에 영향을 미치는 수행특성인자의 영향력을 고려하여 오류 확률을 평가하는 방법으로, 수행특성인자의 평가를 통해 해당 직무의 성공가능지수(SLI ; Success Likelihood Index)를 구한다.
- CIT(Critical Incident Technique, 위급사건기법 혹은 중요사건기법, 결정적 사건기법) : 해당 직업에 종사하는 사람 혹은 그 직업에 대해 잘 아는 사람들이 직업현장에서 직접 관찰한 효과적이거나 비효과적인 행동에 대한 다양한 결정적인 일화(Critical Incident)들을 수집하고 이를 분석한 후 몇 가지 범주로 분류하는 기법이다.
- TCRAM(Task Criticality Rating Analysis Method, 직무위급도 분석법)

⑦ MORT(Management Oversight and Risk Tree)

㉠ MORT란

- FTA와 동일의 논적 방법을 사용하여 관리·설계·생산·보전 등 광범위한 범위에 걸쳐 안전을 도모하기 위하여 개발된 분석기법
- 안전성을 확보하려는 시스템 안전프로그램
- 1970년 이후 미국의 W.G.Johnson에 의해 개발된 최신 시스템 안전프로그램으로서 원자력산업의 고도의 안전달성을 위해 개발된 분석기법이다.

㉡ 원자력산업과 같이 상당한 안전이 확보되어 있는 장소에서 추가적인 고도의 안전달성을 목적으로 한다.

⑧ OHA(Operating Hazard Analysis, 운용위험분석)

㉠ OHA란

- 다양한 업무활동에서 제품의 사용과 함께 발생할 수 있는 위험성을 분석하는 방법
- 시스템이 저장되어 이동되고 실행됨에 따라 발생하는 작동시스템이 기능이나 과업, 활동으로부터 발생되는 위험에 초점을 맞춘 위험분석차트

㉡ OHA의 특징

- 인간공학, 교육훈련, 인간과 기계 사이의 상호작용을 바탕으로 하여 제품의 사용과 보전에 따르는 위험성을 분석한다.
- 안전의 기본적 관련 사항으로 시스템의 서비스, 훈련, 취급, 저장, 수송하기 위한 특수한 절차가 준비되어야 한다.
- 위험 혹은 안전장치의 제공, 안전방호구를 제거하기 위한 설계변경이 준비되어야 한다.
- 일반적으로 결함위험분석(FHA)이나 예비위험분석(PHA)보다 일반적으로 간단하다.
- 제품의 생산에서 보전, 시험, 운송, 저장, 운전, 훈련 및 폐기까지의 제품수명 전반에 걸쳐 사람과 설비에 관련된 위험을 발견하고 제어하여 제품의 안전요건을 결정한다.
- 제품안전에 관한 의사결정의 근거를 제공할 수 있다.
- 시스템이 저장되고 실행됨에 따라 발생하는 작동시스템의 기능 등의 위험에 초점을 맞춘다.
- 시스템이 저장, 이동, 실행됨에 따라 발생하는 작동시스템의 기능이나 과업, 활동으로부터 발생되는 위험분석에 사용한다.

㉢ 운용 및 지원 위험분석(O&SHA) : 생산, 보전, 시험, 운반, 저장, 비상탈출 등에 사용되는 인원, 설비에 관하여 위험을 동정(同定)하고 제어하며, 그들의 안전요건을 결정하기 위하여 실시하는 분석기법

⑨ OSA(Operating Safety Analysis, 운영안전성분석)

제품 개발사이클의 제조, 조립 및 시험단계에서 실시한다.

핵심예제

3-1. 시스템 안전 프로그램에서의 최초 단계 해석으로 시스템 내의 위험한 요소가 어떤 위험상태에 있는가를 정성적으로 평가하는 방법은?

[2012년 제3회, 2015년 제1회, 2016년 제3회, 2022년 제1회 유사]

① FHA ② PHA
③ FTA ④ FMEA

3-2. FMEA에서 고장평점을 결정하는 5가지 평가 요소에 해당하지 않는 것은? [2015년 제3회 유사, 2018년 제2회]

① 생산능력의 범위
② 고장 발생의 빈도
③ 고장방지의 가능성
④ 영향을 미치는 시스템의 범위

|해설|

3-1

PHA(Preliminary Hazard Analysis, 예비위험분석) : 시스템 내에 존재하는 위험을 파악하기 위한 목적으로 시스템 설계 초기 단계에 수행되는 위험분석기법

3-2

FMEA에서 고장평점을 결정하는 5가지 평가 요소 : 기능적 고장 영향의 중요도, 영향을 미치는 시스템의 범위, 고장 발생의 빈도, 고장방지의 가능성, 신규 설계의 정도

정답 3-1 ② 3-2 ①

핵심 이론 04 결함수 분석

① 결함수 분석의 개요

㉠ FTA(Fault Tree Analysis)

- 톱다운(Top-down) 접근방법으로 일반적인 원리로부터 논리절차를 밟아서 각각의 사실이나 명제를 이끌어 내는 연역적 평가기법
- 시스템 고장을 발생시키는 사상과 그 원인과의 인과관계를 논리기호를 사용하여 나뭇가지 모양의 그림으로 나타낸 고장나무를 만들고, 이에 의거하여 시스템의 고장 확률을 구함으로써 문제되는 부분을 찾아내어 시스템의 신뢰성을 개선하는 계량적 고장 해석 및 신뢰성 평가기법

㉡ 결함수 분석의 기대효과

- 사고원인 규명의 간편화
- 사고원인 분석의 정량화
- 시스템의 결함 진단
- 노력시간의 절감
- 안전점검 체크리스트 작성

㉢ FTA의 특징

- 연역적 방법이다('그것이 발생하기 위해서는 무엇이 필요한가?'는 연역적이다).
- 톱다운(Top-Down) 접근방식이다.
- 기능적 결함의 원인을 분석하는 데 용이하다.
- 시스템 고장의 잠재원인을 추적할 수 있다.
- 계량적 데이터가 축적되면 정량적 분석이 가능하다.
- 정성적 분석, 정량적 분석이 모두 가능하다.
- 짧은 시간에 점검할 수 있다.
- 비전문가라도 쉽게 할 수 있다.
- 특정사상에 대한 해석을 한다.
- 논리기호를 사용하여 해석한다.
- 소프트웨어나 인간의 과오까지도 포함한 고장 해석이 가능하다.
- 복잡하고, 대형화된 시스템의 신뢰성 분석이 가능하다.
- 정량적으로 재해발생 확률을 구한다.
- 재해 확률의 목표치는 정하여야 한다.
- 재해발생의 원인들을 Tree상으로 표현할 수 있다.

㉣ 결함수 작성의 5가지 원칙
- General Rule Ⅰ(Ground Rule Ⅰ) : 결함을 정확하게 파악하여 사상박스(Event Boxes)에 써넣는다.
- General Rule Ⅱ(Ground Rule Ⅱ) : 결함이 부품결함에 있다면 사상을 부품결함으로 분류한다. 아니면 사상을 시스템결함으로 분류한다.
- No Miracle Rule : 일단 악화되기 시작하여 재해로 발전하여 가는 과정 도중에 자연적으로 또는 다른 사건의 발생으로 인해 재해연쇄가 중지되는 경우는 없다.
- Complete-the-Gate Rule : 특별 게이트에 대한 모든 입력들의 어느 하나의 입력의 분석에 착수하기 전에 모든 입력물들은 완벽하게 정의되어야 한다.
- No-Gate-to-Gate Rule : 게이트 입력들은 적절하게 결함사상으로 정의되어야 하며 게이트들 각각 독립적이어야 한다.

㉤ FT 작성방법
- 정성·정량적으로 해석·평가하기 전에는 FT를 간소화해야 한다.
- 정상(Top)사상과 기본사상과의 관계는 논리게이트를 이용해 도해한다.
- FT를 작성하려면 먼저 분석대상 시스템을 완전히 이해하여야 한다.
- FT 작성을 쉽게 하기 위해서는 정상(Top)사상을 구체적으로 선정해야 한다.

㉥ 결함수 분석(FTA)에 의한 재해 사례 연구 순서 : 톱사상의 선정 → 사상마다 재해원인 및 요인 규명 → FT도 작성 → 개선계획 작성 → 개선안 실시계획(Top사상 정의 → Cut Set을 구한다. → Minimal Cut Set을 구한다 → FT도를 작성한다. → 개선계획 작성 → 개선안 실시계획)

㉦ FTA의 중요도 지수
- 구조 중요도 : 기본사상의 발생 확률을 문제로 하지 않고 결함수의 구조상, 각 기본사상이 갖는 지명성을 나타내는 중요도
- 확률 중요도 : 각 기본사상의 발생 확률이 증감하는 경우 정상사상의 발생 확률에 어느 정도 영향을 미치는가를 반영하는 지표로서 수리적으로는 편미분계수와 같은 의미를 갖는 FTA의 중요도 지수
- 치명 중요도 : 기본사상 발생 확률의 변화율에 대한 정상사상 발생 확률의 변화의 비로서 시스템 설계의 측면에서 이해하기 편리한 중요도

㉧ FTA를 수행함에 있어 기본사상들의 발생이 서로 독립인가 아닌가의 여부를 파악하기 위해서는 공분산값을 계산해 보는 것이 가장 적합하다.

㉨ 재해 예방 측면에서 시스템의 FT에서 상부측 정상사상의 가장 가까운 쪽에 OR게이트를 인터록이나 안전장치 등을 활용하여 AND게이트로 바꿔 주면 이 시스템 재해율의 급격한 감소가 발생한다.

② 논리기호(사상기호)와 명칭

기본사상	결함사상	통상사상	생략사상	전이기호
(원)	(직사각형)	(집 모양)	(마름모)	(삼각형)

㉠ 기본사상
- 더 이상의 세부적인 분류가 필요 없는 사상
- 더 이상 전개되지 않는 기본적인 사상 또는 발생 확률이 단독으로 얻어지는 낮은 레벨의 기본적인 사상

㉡ 결함사상
- 두 가지 상태 중 하나가 고장 또는 결함으로 나타나는 비정상적인 사상
- 해석하고자 하는 사상인 정상사상과 중간사상에 사용

㉢ 통상사상 : 시스템의 정상적인 가동 상태에서 일어날 것이 기대되는 사상

㉣ 생략사상(최후사상)
- 불충분한 자료로 결론을 내릴 수 없어 더 이상 전개할 수 없는 사상
- 사상과 원인의 관계를 충분히 알 수 없거나 필요한 정보를 얻을 수 없기 때문에 더 이상 전개할 수 없는 최후적 사상
- 작업 진행에 따라 해석이 가능할 때는 다시 속행

㉤ 전이기호(이행기호) : 다른 부분에의 이행 또는 연결을 나타내는 기호

③ FT도에 사용되는 게이트

AND게이트	OR게이트
부정게이트	우선적 AND게이트
	a_i a_j a_k
조합 AND게이트	위험지속게이트
배타적 OR게이트	억제게이트

㉠ AND게이트 : 입력사상이 모두 발생해야만 출력사상이 발생하는 게이트(논리곱의 게이트)

㉡ OR게이트 : 입력사상이 어느 하나라도 발생하면 출력사상이 발생하는 게이트(논리합의 게이트)

㉢ 부정게이트 : 입력과 반대되는 현상으로 출력되는 게이트

㉣ 우선적 AND게이트
- 여러 개의 입력사상이 정해진 순서에 따라 순차적으로 발생해야만 결과가 출력되는 게이트
- 입력현상 중에 어떤 현상이 다른 현상보다 먼저 일어날 때 출력현상이 생기는 게이트

㉤ 조합 AND게이트
- 3개의 입력현상 중 임의의 시간에 2개가 발생하면 출력이 생기는 게이트
- 3개 이상의 입력현상 중 2개가 발생할 경우 출력이 생기는 게이트

㉥ 위험지속게이트 : 입력현상이 발생하여 어떤 일정한 시간이 지속된 때에 출력이 생기는 게이트로, 만약 그 시간이 지속되지 않으면 출력은 생기지 않음

㉦ 배타적 OR게이트 : OR게이트이지만 2개 또는 그 이상의 입력이 동시에 존재하는 경우 출력이 일어나지 않는 게이트

㉧ 억제게이트(Inhibit Gate)
- 조건부 사건이 발생하는 상황하에서 입력현상이 발생할 때 출력현상이 발생되는 게이트
- 입력현상이 발생하여 조건을 만족하면 출력현상이 생기고, 만약 조건이 만족되지 않으면 출력이 생기지 않는 게이트이며 조건은 수정기호 내에 기입함

④ FT도의 연습

㉠ FT도에서 시스템에 고장이 발생할 확률

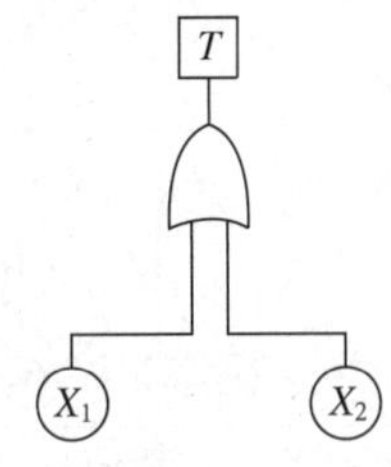

$T=1-(1-X_1)(1-X_2)$

㉡ FT도에서 정상사상의 발생 확률

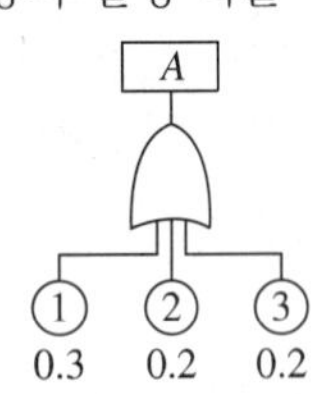

$A=1-(1-0.3)(1-0.2)^2=0.552$

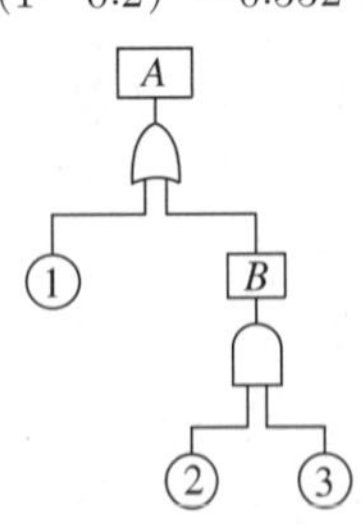

$A=1-(1-①)(1-B)=1-(1-①)[1-(②\times③)]$

㉢ 결합수의 간략화(간소화)

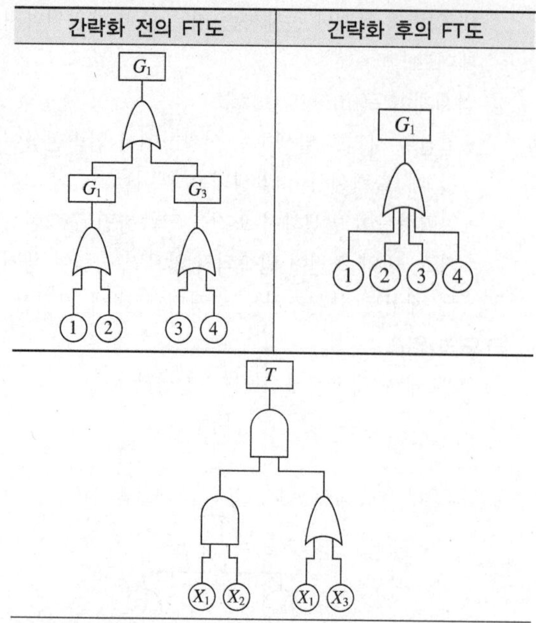

이 경우는 $T=(X_1 \cdot X_2)[1-(1-X_1)(1-X_3)]$으로 접근하면 안 되며, 다음과 같이 간소화 절차를 따른다.

$T=(X_1 \cdot X_2)(X_1+X_3)=X_1(X_1 \cdot X_2)+X_3(X_1 \cdot X_2)$

$=X_1 \cdot X_2+X_1 \cdot X_2 \cdot X_3=X_1(X_2+X_2 \cdot X_3)$

$=X_1[X_2(1+X_3)]=X_1 \cdot X_2$

⑤ 컷셋과 미니멀 컷셋

㉠ 컷셋(Cut Set) : 특정 조합의 기본사상들이 동시에 모두 결함을 발생하였을 때 정상사상을 일으키는 기본사상의 집합이다.

㉡ 미니멀 컷셋(Minimal Cut Set, 최소 컷셋)

- 정상사상(Top사상)을 일으키는 최소한의 집합이다.
- 사고에 대한 시스템의 약점을 표현한다.
- 컷셋 중에 타 컷셋을 포함하고 있는 것을 배제한 남은 컷셋들을 의미한다.
- 중복되는 사상의 컷셋 중 다른 컷셋에 포함되는 셋을 제거한 컷셋과 중복되지 않는 사상의 컷셋을 합한 것이다.
- 일반적으로 시스템에서 최소 컷셋의 개수가 늘어나면 위험수준이 높아진다.
- 일반적으로 시스템에서 최소 컷셋 내의 사상 개수가 적어지면 위험수준은 높아진다.
- 일반적으로 Fussell 알고리즘(Algorithm)을 이용한다.

㉢ 연습 문제

- 정상사상이 발생하는 최소 컷셋의 $P(T)$(단, 각 사상의 발생 확률 : A 0.4, B 0.3, C 0.3)

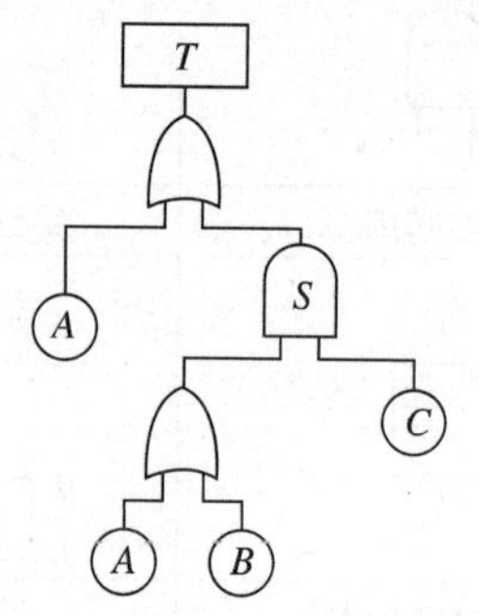

$P(T)=1-(1-A)(1-S)$

$=1-(1-0.4)[1-0.3\times 0.3]$

$=1-0.6\times 0.91=0.454$

- 최소 컷셋 찾기 1

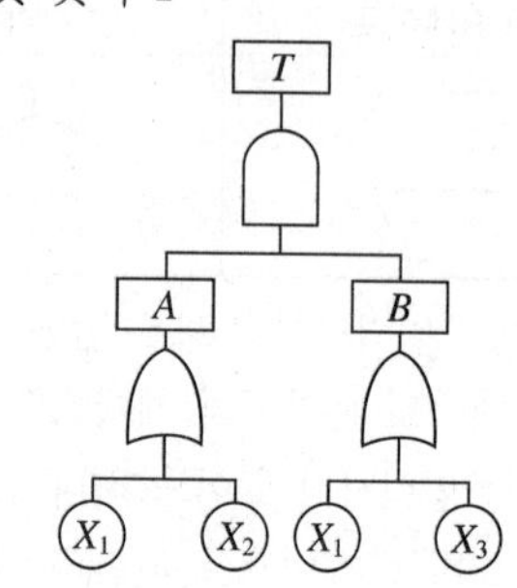

$T=A \cdot B=(X_1+X_2) \cdot (X_1+X_3)$

$=X_1X_1+X_1X_3+X_1X_2+X_2X_3$

$=X_1+X_1X_3+X_1X_2+X_2X_3$

$=X_1(1+X_3+X_2)+X_2X_3$

$=X_1+X_2X_3$이므로

최소 컷셋은 $[X_1]$, $[X_2,\ X_3]$이다.

- 최소 컷셋 찾기 2(단, ①, ②, ③, ④는 각 부품의 고장 확률, 집합 {1, 2}는 ①, ② 부품이 동시에 고장 나는 경우임)

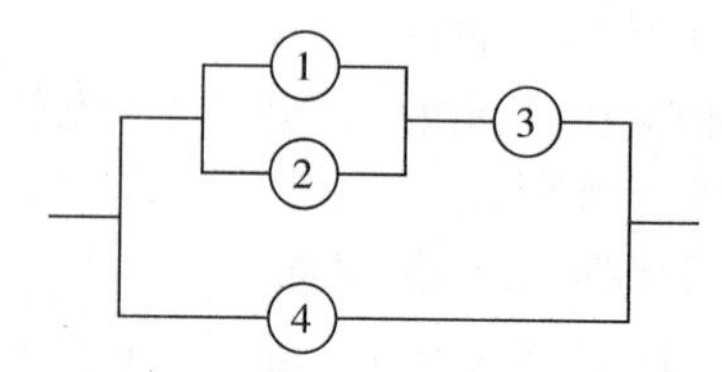

①, ②를 A로 표시하고 A와 ③을 B로 표시하여 FT도를 작성하면 다음과 같다.

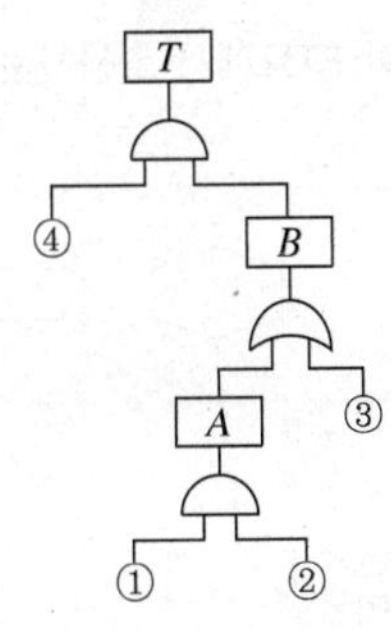

$T=④ \cdot B=④ \cdot (①②+③)=①②④+③④$

이므로, 최소 컷셋은 {1, 2, 4}, {3, 4}이다.

- 최소 컷셋 찾기 3(단, Fussell의 알고리즘을 따른다)

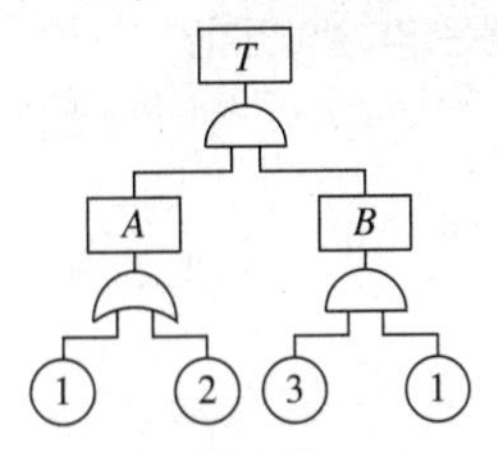

$T=A \cdot B=(①+②)(③ \cdot ①)$

$=①(③ \cdot ①)+②(③ \cdot ①)=③ \cdot ①+① \cdot ② \cdot ③$

$=①(③+② \cdot ③)=①(③(1+②))$

$=① \cdot ③$이므로,

최소 컷셋은 {1, 3}이다.

- 결함수 분석으로 미니멀 컷셋을 구한 결과는 $k_1=\{1,\ 2\}$, $k_2=\{1,\ 3\}$, $k_3=\{2,\ 3\}$와 같았다. 각 기본사상의 발생 확률을 $q_i(i=1,\ 2,\ 3)$라 할 때 정상사상의 발생확률함수 구하기

$T=1-(1-q_1q_2-q_1q_3-q_2q_3+2q_1q_2q_3)$

$=q_1q_2+q_1q_3+q_2q_3-2q_1q_2q_3$

⑥ **패스셋과 미니멀 패스셋**

㉠ 패스셋(Path Set)

- 정상사상이 일어나지 않는 기본사상의 집합이다.
- 시스템에 고장이 발생하지 않도록 하는 모든 사상의 집합이다.
- 동일한 시스템에서 패스셋과 컷셋의 개수는 다르다.

㉡ 미니멀 패스셋(Minimal Path Set, 최소 패스셋)

- 필요한 최소한의 패스셋이다.
- FTA에서 시스템의 기능을 살리는 데 필요한 최소 요인의 집합이다.
- 시스템의 신뢰성을 나타낸다.

㉢ 연습 문제

- 최소 패스셋 찾기

패스셋 $[X_2,\ X_3,\ X_4]$, $[X_1,\ X_3,\ X_4]$, $[X_3,\ X_4]$ 중 최소 패스셋 찾기(X_4 : 중복사상)

$T=(X_2+X_3+X_4) \cdot (X_1+X_3+X_4) \cdot (X_3+X_4)$

이므로, 최소 패스셋은 $[X_3,\ X_4]$이다.

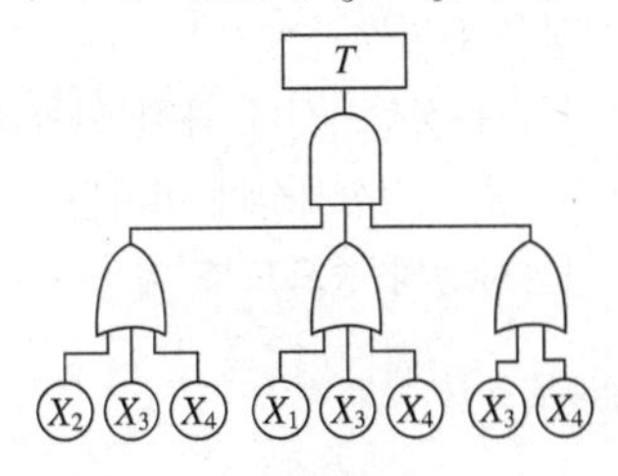

[FT도]

- 최소 패스셋과 신뢰도 구하기(단, 각 부품의 신뢰도는 각각 0.90)

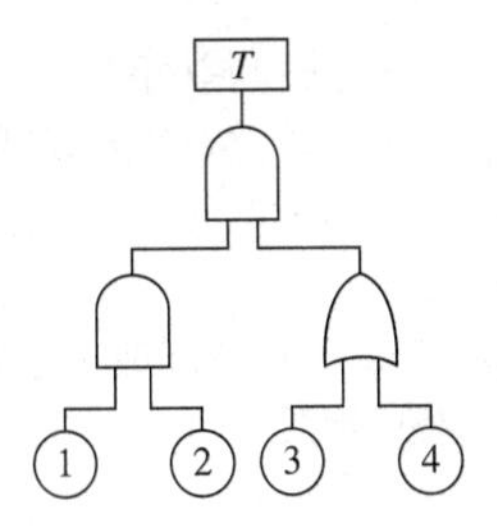

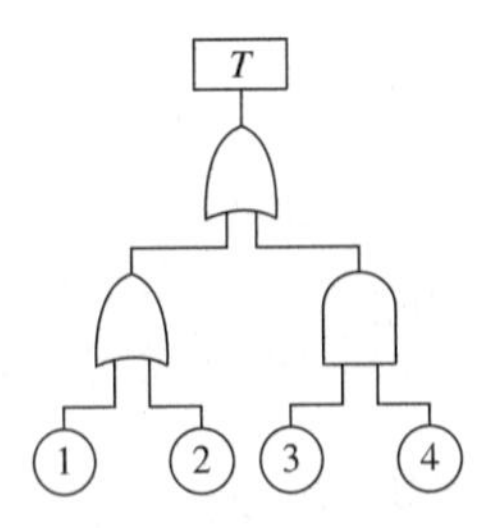

[FT도의 변환]

$T=(①+②)+(③ \cdot ④)$이므로, 최소 패스셋은 {1}, {2}, {3, 4}이며

신뢰도는

$R(t)=1-\{1-[1-(1-0.9)^2]\}(1-0.9^2)$

$=1-(1-0.99)(1-0.81)$

$=0.9981$

⑦ **결함수 분석의 정량화 절차** : 결함수 분석의 정량화는 정상사상에 대하여 구성된 결함수를 정량적으로 분석하여 이용불능도를 계산하는 단계로서 다음과 같이 수행한다.

㉠ 구성된 결함수로부터 정상사상을 유발시키는 사상들의 조합을 불대수(Boolean Algebra)로 표현한다.
㉡ 불대수를 풀어 정상사상을 유발시키는 기본사상들의 조합인 최소 컷셋(Minimal Cutsets)을 구한다.
㉢ 각각의 최소 컷셋에 포함된 기본사상의 확률값을 대입하여 최소 컷셋에 대한 확률값을 구한다.
㉣ 정상사상을 유발시키는 모든 최소 컷셋에 대한 발생확률을 더하여 정상사상에 대한 확률을 산출한다.
㉤ 각 기본사상이 정상사상에 미치는 중요도 분석을 수행하여 기본사상의 중요도를 계산한다.

핵심예제

4-1. 다음 중 결함수 분석(FTA)에 관한 설명과 가장 거리가 먼 것은? [2011년 제3회, 2015년 제1회, 2017년 제3회 유사, 2018년 제2회 유사]

① 연역적 방법이다.
② 버텀-업(Bottom-Up) 방식이다.
③ 기능적 결함의 원인을 분석하는 데 용이하다.
④ 계량적 데이터가 축적되면 정량적 분석이 가능하다.

4-2. FTA(Fault Tree Analysis)에 사용되는 논리기호와 명칭이 올바르게 연결된 것은?

[2011년 제2회, 2012년 제2회 유사, 2013년 제2회 유사, 2014년 제3회 유사, 2017년 제2회 유사, 2018년 제1회]

① ◇ : 전이기호
② □ : 기본사상
③ ⌂ : 통상사상
④ ○ : 결함사상

4-3. 그림과 같이 FT도에서 활용하는 논리게이트의 명칭으로 옳은 것은? [2012년 제1회, 2015년 제2회]

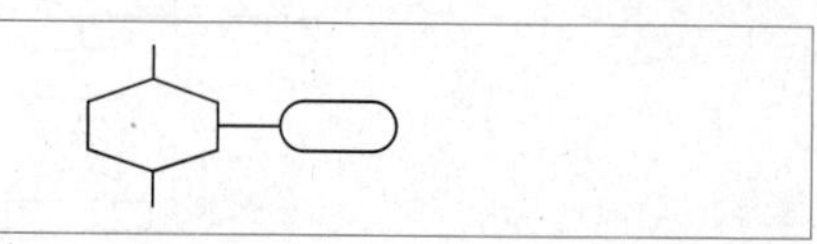

① 억제게이트
② 제어게이트
③ 배타적 OR게이트
④ 우선적 AND게이트

4-4. FT도에서 1~5사상의 발생 확률이 모두 0.06일 경우 T사상의 발생확률은 약 얼마인가?

[2010년 제1회 유사, 제3회 유사, 2014년 제1회, 2015년 제3회 유사, 2018년 제2회 유사]

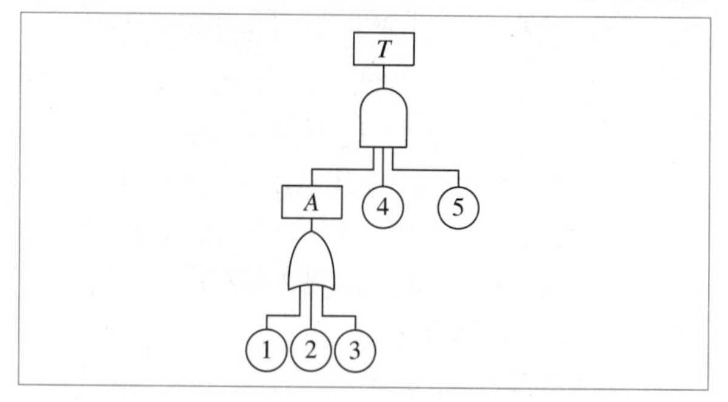

① 0.00036 ② 0.00061
③ 0.142625 ④ 0.2262

4-5. 다음 그림과 같이 FTA로 분석된 시스템에서 현재 모든 기본사상에 대한 부품이 고장난 상태이다. 부품 X_1부터 부품 X_5까지 순서대로 복구한다면 어느 부품을 수리 완료하는 순간부터 시스템은 정상 가동되겠는가?

[2010년 제3회, 2012년 제3회, 2016년 제2회, 2017년 제1회]

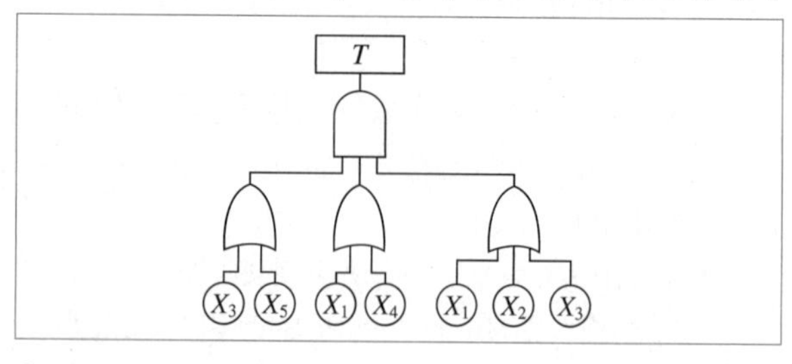

① X_1 ② X_2
③ X_3 ④ X_4

 핵심예제

4-6. 다음 중에서 FTA에서 사용되는 Minimal Cut Set에 대한 설명으로 틀린 것은? [2010년 제2회, 2014년 제1회]

① 사고에 대한 시스템의 약점을 표현한다.
② 정상사상(Top사상)을 일으키는 최소한의 집합이다.
③ 시스템에 고장이 발생하지 않도록 하는 사상의 집합이다.
④ 일반적으로 Fussell Algorithm을 이용한다.

|해설|

4-1
결함수 분석은 톱다운(Top-down) 접근방식이다.

4-2
① 생략사상
② 결함사상
④ 기본사상

4-3
문제의 그림은 억제게이트(Inhibit Gate)를 의미한다.

4-4
$T=[1-(1-0.06)^3]\times 0.06^2 \simeq 0.00061$

4-5
상부는 AND게이트, 하부는 OR게이트이므로 부품 X_1부터 부품 X_5까지 순서대로 복구할 때, 부품 X_1 복구 시 하부 2번째 게이트와 3번째 게이트는 출력되어도 첫 번째 게이트는 출력이 안 일어나므로 시스템이 정상 가동되지 않는다. 다음에 부품 X_2를 복구하여도 첫 번째 게이트가 출력되지 않고 그 다음에 부품 X_3를 복구하면 첫 번째 게이트도 출력이 나오므로 부품 X_3를 수리 완료하는 순간부터 시스템은 정상 가동이 된다.

4-6
시스템에 고장이 발생하지 않도록 하는 사상의 집합은 Path Set이다.

정답 4-1 ② 4-2 ③ 4-3 ① 4-4 ② 4-5 ③ 4-6 ③

핵심이론 05 유해·위험방지조치

① 개 요

㉠ 근로자대표의 통지 요청(법 제35조) : 근로자대표는 사업주에게 다음의 사항을 통지하여 줄 것을 요청할 수 있고, 사업주는 이에 성실히 따라야 한다.

- 산업안전보건위원회(노사협의체를 구성·운영하는 경우에는 노사협의체)가 의결한 사항
- 안전보건진단 결과에 관한 사항
- 안전보건개선계획의 수립·시행에 관한 사항
- 도급인의 이행 사항
- 물질안전보건자료에 관한 사항
- 작업환경측정에 관한 사항
- 그 밖에 고용노동부령으로 정하는 안전 및 보건에 관한 사항

㉡ 안전조치(법 제38조)

- 사업주는 다음의 어느 하나에 해당하는 위험으로 인한 산업재해를 예방하기 위하여 필요한 조치를 하여야 한다.
  - 기계·기구, 그 밖의 설비에 의한 위험
  - 폭발성, 발화성 및 인화성 물질 등에 의한 위험
  - 전기, 열, 그 밖의 에너지에 의한 위험
- 사업주는 굴착, 채석, 하역, 벌목, 운송, 조작, 운반, 해체, 중량물 취급, 그 밖의 작업을 할 때 불량한 작업방법 등에 의한 위험으로 인한 산업재해를 예방하기 위하여 필요한 조치를 하여야 한다.
- 사업주는 근로자가 다음의 어느 하나에 해당하는 장소에서 작업을 할 때 발생할 수 있는 산업재해를 예방하기 위하여 필요한 조치를 하여야 한다.
  - 근로자가 추락할 위험이 있는 장소
  - 토사·구축물 등이 붕괴할 우려가 있는 장소
  - 물체가 떨어지거나 날아올 위험이 있는 장소
  - 천재지변으로 인한 위험이 발생할 우려가 있는 장소
- 안전조치에 관한 구체적인 사항은 고용노동부령으로 정한다.

㉢ 보건조치(법 제39조)

- 사업주는 다음의 어느 하나에 해당하는 건강장해를 예방하기 위하여 보건조치를 하여야 한다.

- 원재료 · 가스 · 증기 · 분진 · 퓸(Fume, 열이나 화학반응에 의하여 형성된 고체증기가 응축되어 생긴 미세입자) · 미스트(Mist, 공기 중에 떠다니는 작은 액체방울) · 산소결핍 · 병원체 등에 의한 건강장해
- 방사선 · 유해광선 · 고온 · 저온 · 초음파 · 소음 · 진동 · 이상기압 등에 의한 건강장해
- 사업장에서 배출되는 기체 · 액체 또는 찌꺼기 등에 의한 건강장해
- 계측감시, 컴퓨터 단말기 조작, 정밀공작 등의 작업에 의한 건강장해
- 단순반복작업 또는 인체에 과도한 부담을 주는 작업에 의한 건강장해
- 환기 · 채광 · 조명 · 보온 · 방습 · 청결 등의 적정기준을 유지하지 아니하여 발생하는 건강장해

• 사업주가 하여야 하는 보건조치에 관한 구체적인 사항은 고용노동부령으로 정한다.

㉣ 고객의 폭언 등으로 인한 건강장해 예방조치 등(법 제41조)

• 사업주는 주로 고객을 직접 대면하거나 정보통신망을 통하여 상대하면서 상품을 판매하거나 서비스를 제공하는 업무에 종사하는 고객응대근로자에 대하여 폭언 등(고객의 폭언, 폭행, 그 밖에 적정 범위를 벗어난 신체적 · 정신적 고통을 유발하는 행위)으로 인한 건강장해를 예방하기 위하여 고용노동부령으로 정하는 바에 따라 필요한 조치를 하여야 한다.

• 사업주는 업무와 관련하여 고객 등 제3자의 폭언 등으로 근로자에게 건강장해가 발생하거나 발생할 현저한 우려가 있는 경우에는 다음의 대통령령으로 정하는 필요한 조치를 하여야 한다.
  - 업무의 일시적 중단 또는 전환
  - 휴게시간의 연장
  - 폭언 등으로 인한 건강장해 관련 치료 및 상담 지원
  - 고객응대근로자 등이 폭언 등으로 인하여 고소, 고발 또는 손해배상 청구 등을 하는 데 필요한 지원(관할 수사기관 또는 법원에 증거물 · 증거서류를 제출하는 등)

• 근로자는 사업주에게 상기에 따른 조치를 요구할 수 있고, 사업주는 근로자의 요구를 이유로 해고 또는 그 밖의 불리한 처우를 해서는 아니 된다.

② 유해위험방지계획서

㉠ 유해위험방지계획서의 작성 · 제출(법 제42조)

• 사업주는 다음의 어느 하나에 해당하는 경우에는 유해위험방지계획서를 작성하여 고용노동부령으로 정하는 바에 따라 고용노동부장관에게 제출하고 심사를 받아야 한다. 다만, 대통령령으로 정하는 크기, 높이 등에 해당하는 건설공사를 착공하려는 경우에 해당하는 사업주 중 산업재해발생률 등을 고려하여 고용노동부령으로 정하는 기준에 해당하는 사업주는 유해위험방지계획서를 스스로 심사하고, 그 심사결과서를 작성하여 고용노동부장관에게 제출하여야 한다.
  - 대통령령으로 정하는 사업의 종류 및 규모에 해당하는 사업으로서 해당 제품의 생산 공정과 직접적으로 관련된 건설물 · 기계 · 기구 및 설비 등 전부를 설치 · 이전하거나 그 주요 구조부분을 변경하려는 경우
  - 유해하거나 위험한 작업 또는 장소에서 사용하거나 건강장해를 방지하기 위하여 사용하는 기계 · 기구 및 설비로서 대통령령으로 정하는 기계 · 기구 및 설비를 설치 · 이전하거나 그 주요 구조부분을 변경하려는 경우
  - 대통령령으로 정하는 크기, 높이 등에 해당하는 건설공사를 착공하려는 경우

• 건설공사를 착공하려는 사업주(상기 외의 부분 단서에 따른 사업주는 제외)는 유해위험방지계획서를 작성할 때 건설안전분야의 자격 등 고용노동부령으로 정하는 자격을 갖춘 자의 의견을 들어야 한다.

• 공정안전보고서를 고용노동부장관에게 제출한 경우에는 해당 유해 · 위험설비에 대해서는 유해위험방지계획서를 제출한 것으로 본다.

• 고용노동부장관은 유해위험방지계획서를 고용노동부령으로 정하는 바에 따라 심사하여 그 결과를 사업주에게 서면으로 알려 주어야 한다. 이 경우 근로자의 안전 및 보건의 유지 · 증진을 위하여 필요하다고 인정하는 경우에는 해당 작업 또는 건설공사를 중지하거나 유해위험방지계획서를 변경할 것을 명할 수 있다.

• 사업주는 스스로 심사하거나 고용노동부장관이 심사한 유해위험방지계획서와 그 심사결과서를 사업장에 갖추어 두어야 한다.

- 건설공사를 착공하려는 사업주로서 유해위험방지계획서 및 그 심사결과서를 사업장에 갖추어 둔 사업주는 해당 건설공사의 공법의 변경 등으로 인하여 그 유해위험방지계획서를 변경할 필요가 있는 경우에는 이를 변경하여 갖추어 두어야 한다.

㉡ 유해위험방지계획서 제출 대상 사업(시행령 제42조)

- 대통령령으로 정하는 사업의 종류 및 규모에 해당하는 사업으로서 해당 제품의 생산 공정과 직접적으로 관련된 건설물・기계・기구 및 설비 등 전부를 설치・이전하거나 그 주요 구조부분을 변경하려는 경우 → 다음의 어느 하나에 해당하는 사업으로서 전기 계약용량이 300[kW] 이상인 경우를 말한다.
  - 금속가공제품 제조업(기계 및 가구 제외)
  - 비금속 광물제품 제조업
  - 기타 기계 및 장비 제조업
  - 자동차 및 트레일러 제조업
  - 식료품 제조업
  - 고무제품 및 플라스틱제품 제조업
  - 목재 및 나무제품 제조업
  - 기타 제품 제조업
  - 1차 금속 제조업
  - 가구 제조업
  - 화학물질 및 화학제품 제조업
  - 반도체 제조업
  - 전자부품 제조업
- 유해하거나 위험한 작업 또는 장소에서 사용하거나 건강장해를 방지하기 위하여 사용하는 기계・기구 및 설비로서 대통령령으로 정하는 기계・기구 및 설비를 설치・이전하거나 그 주요 구조부분을 변경하려는 경우 → 다음의 어느 하나에 해당하는 기계 및 설비
  - 금속이나 그 밖의 광물의 용해로
  - 화학설비
  - 건조설비
  - 가스집합 용접장치
  - 근로자의 건강에 상당한 장해를 일으킬 우려가 있는 물질로서 고용노동부령으로 정하는 물질의 밀폐・환기・배기를 위한 설비
- 대통령령으로 정하는 크기, 높이 등에 해당하는 건설공사를 착공하려는 경우 → 다음의 어느 하나에 해당하는 공사

다음 건축물 또는 시설 등의 건설・개조 또는 해체(이하 '건설 등') 공사
- 지상높이가 31[m] 이상인 건축물 또는 인공구조물
- 연면적 30,000[m^2] 이상인 건축물
- 연면적 5,000[m^2] 이상인 시설로서 다음의 어느 하나에 해당하는 시설

문화 및 집회시설(전시장 및 동・식물원 제외)	판매시설, 운수시설(고속철도의 역사 및 집배송시설 제외)
종교시설	의료시설 중 종합병원
숙박시설 중 관광숙박시설	지하도상가
냉동・냉장 창고시설	

연면적 5,000[m^2] 이상인 냉동・냉장 창고시설의 설비공사 및 단열공사

최대 지간길이(다리의 기둥과 기둥의 중심사이의 거리)가 50[m] 이상인 다리의 건설 등 공사

터널의 건설 등 공사

다목적댐, 발전용댐, 저수용량 2,000만톤 이상의 용수 전용 댐 및 지방상수도 전용 댐의 건설 등 공사

깊이 10[m] 이상인 굴착공사

㉢ 유해위험방지계획서의 제출(시행규칙 제42조, 제46조)

- 제출 기관 : 한국산업안전보건공단
- 제조업의 경우 : 사업장별로 관련 서류를 첨부하여 해당 작업 시작 15일 전까지 2부를 제출
- 건설업의 경우 : 관련 서류를 첨부하여 해당 공사 착공 전날까지 2부를 제출
- 유해위험방지계획서를 제출한 사업주는 해당 건설물・기계・기구 및 설비의 시운전단계에서(건설업의 경우, 건설공사 중 6개월 이내마다) 다음의 사항에 관하여 공단의 확인을 받아야 한다.
  - 유해위험방지계획서의 내용과 실제공사 내용이 부합하는지 여부
  - 유해위험방지계획서 변경 내용의 적정성
  - 추가적인 유해위험요인의 존재 여부

㉣ 제조업 등 유해위험방지계획서 작성 시 1명 이상 포함시켜야 하는 사람의 자격(제조업 등 유해・위험방지계획서 제출・심사・확인에 관한 고시 제7조)

- 기계, 재료, 화학, 전기・전자, 안전관리 또는 환경분야 기술사 자격을 취득한 사람
- 기계안전・전기안전・화공안전 분야의 산업안전지도사 또는 산업보건지도사 자격을 취득한 사람
- 관련 분야 기사 자격을 취득한 사람으로서 해당 분야에서 3년 이상 근무한 경력이 있는 사람
- 관련 분야 산업기사 자격을 취득한 사람으로서 해당 분야에서 5년 이상 근무한 경력이 있는 사람
- 대학 및 산업대학(이공계 학과에 한정)을 졸업한 후 해당 분야에서 5년 이상 근무한 경력이 있는 사람 또는 전문대학(이공계 학과에 한정)을 졸업한 후 해당 분야에서 7년 이상 근무한 경력이 있는 사람
- 전문계 고등학교 또는 이와 같은 수준 이상의 학교를 졸업하고 해당 분야에서 9년 이상 근무한 경력이 있는 사람
- 공단이 실시하는 관련 교육을 20시간 이상 이수한 사람

ⓜ 제조업 유해위험방지계획서 첨부서류(시행규칙 제42조 제1항)
- 건축물 각 층의 평면도
- 기계・설비의 개요를 나타내는 서류
- 기계・설비의 배치도면
- 원재료 및 제품의 취급, 제조 등의 작업방법의 개요
- 그 밖에 고용노동부장관이 정하는 도면 및 서류

ⓑ 건설업 유해위험방지계획서 첨부서류(시행규칙 별표 10)
- 공사 개요 및 안전보건관리계획
  - 공사 개요서
  - 공사현장의 주변 현황 및 주변과의 관계를 나타내는 도면(매설물 현황을 포함)
  - 전체 공정표
  - 산업안전보건관리비 사용계획서(안전관리자 등의 인건비 및 각종 업무수당, 안전시설비, 개인보호구 및 안전장구 구입비, 안전진단비, 안전・보건교육비 및 행사비, 근로자 건강관리비, 건설재해 예방 기술지도비, 본사 사용비 등)
  - 안전관리 조직표
  - 재해발생 위험 시 연락 및 대피방법
- 작업 공사 종류별 유해위험방지계획

ⓢ 산업안전보건법상 유해위험방지계획서의 심사결과에 따른 구분・판정(시행규칙 제45조) : 적정, 조건부 적정, 부적정
- 적정 : 근로자의 안전과 보건을 위하여 필요한 조치가 구체적으로 확보되었다고 인정되는 경우
- 조건부 적정 : 근로자의 안전과 보건을 확보하기 위하여 일부 개선이 필요하다고 인정되는 경우
- 부적정 : 건설물・기계・기구 및 설비 또는 건설공사가 심사기준에 위반되어 공사착공 시 중대한 위험이 발생할 우려가 있거나 해당 계획에 근본적 결함이 있다고 인정되는 경우

ⓞ 유해위험방지계획서 이행의 확인(법 제43조)
- 유해위험방지계획서에 대한 심사를 받은 사업주는 고용노동부령으로 정하는 바에 따라 유해위험방지계획서의 이행에 관하여 고용노동부장관의 확인을 받아야 한다.
- 사업주는 고용노동부령으로 정하는 바에 따라 유해위험방지계획서의 이행에 관하여 스스로 확인하여야 한다. 다만, 해당 건설공사 중에 근로자가 사망(교통사고 등 고용노동부령으로 정하는 경우는 제외)한 경우에는 고용노동부령으로 정하는 바에 따라 유해위험방지계획서의 이행에 관하여 고용노동부장관의 확인을 받아야 한다.
- 고용노동부장관은 확인 결과 유해위험방지계획서대로 유해・위험방지를 위한 조치가 되지 아니하는 경우에는 고용노동부령으로 정하는 바에 따라 시설 등의 개선, 사용중지 또는 작업중지 등 필요한 조치를 명할 수 있다.
- 시설 등의 개선, 사용중지 또는 작업중지 등의 절차 및 방법, 그 밖에 필요한 사항은 고용노동부령으로 정한다.

 핵심예제

5-1. 산업안전보건법령에 따라 기계·기구 및 설비의 설치·이전 등으로 인해 유해위험방지계획서를 제출하여야 하는 대상에 해당하지 않는 것은? [2011년 제1회, 2013년 제2회, 2016년 제3회, 2018년 제1회 유사]

① 건조설비
② 공기압축기
③ 화학설비
④ 가스집합 용접장치

5-2. 산업안전보건법령상 유해위험방지계획서의 심사결과에 따른 구분, 판정에 해당하지 않는 것은?
[2014년 제1회 유사, 2015년 제3회, 2017년 제3회 유사, 2018년 제3회]

① 적 정
② 일부 적정
③ 부적정
④ 조건부 적정

|해설|

5-1
유해위험방지계획서를 제출하여야 하는 대상에 해당하지 않는 것으로 '공기압축기, 전기용접장치' 등이 출제된다.

5-2
산업안전보건법상 유해위험방지계획서의 심사결과에 따른 구분, 판정에 해당하지 않는 것으로 '일부 적정, 보류' 등이 출제된다.

정답 5-1 ② 5-2 ②

핵심이론 06 위험성 평가

① 위험성 평가의 개요

㉠ 위험의 기본 3요소 : 사고 시나리오(S_i), 사고 발생 확률(P_i), 파급효과 또는 손실(X_i)

㉡ 위험 조정을 위해 필요한 방법(위험조정기술) : 위험 회피(Avoidance), 위험 감축(Reduction), 보류(Retention)

㉢ 시스템의 수명주기 5단계 : 구상 – 정의 – 개발 – 생산 – 운전

단 계		내 용	적용 기법
제1단계	시스템 구상	• 시스템 안전계획(SSP) 작성 • PHA 작성 • 안전성에 관한 정보 및 문서파일 작성 • 포함되는 사고가 방침 설정과정에서 고려되기 위한 구상 정식화 회의 참가	PHA 실행
제2단계	시스템 정의		PHA 실행, FHA 적용
제3단계	시스템 개발		FHA 적용
제4단계	시스템 생산		
제5단계	시스템 운전	시스템 안전 프로그램에 대하여 안전점검기준에 따른 평가를 내리는 시점	

㉣ 안전성 평가항목
- 기계설비에 대한 평가, 작업공정에 대한 평가, 레이아웃에 대한 평가
- 기계설비의 안전성 평가 시 정밀 진단기술 : 파단면 해석, 강제열화테스트, 파괴테스트 등

㉤ 기계설비의 안전성 평가 시 본질적인 안전을 진전시키기 위하여 조치해야 할 사항
- 재해를 분석하여 인적 또는 물적 원인의 대책을 실시한다.
- 작업자측에 실수나 잘못이 있어도 기계설비측에서 이를 보완하여 안전을 확보한다.
- 작업방법, 작업속도, 작업자세 등을 작업자가 안전하게 작업할 수 있는 상태로 강구한다.

• 기계설비의 유압회로나 전기회로에 고장이 발생하거나 정전 등 이상상태 발생 시 안전한 방향으로 이행하도록 한다.

ⓗ 위험의 분석 및 평가단계 : 위험관리의 안전성 평가에서 발생 빈도보다는 손실에 중점을 두며 기업 간 의존도, 한 가지 사고가 여러 가지 손실을 수반하는가라는 안전에 미치는 영향의 강도를 평가하는 단계이며 유의할 사항은 다음과 같다.
- 기업 간의 의존도는 어느 정도인지 점검한다.
- 발생의 빈도보다는 손실의 규모에 중점을 둔다.
- 한 가지의 사고가 여러 가지 손실을 수반하는지 확인한다.

ⓢ 사고예방 및 최소한의 조치 4가지 순서 : 사고발생 가능성을 감소시키기 위한 안정성 필요사항을 설계에 반영 → 필요시 사고예방을 위한 특수한 안전장치를 설계하여 시스템에 반영 → 안정성에 관한 절차를 시험절차서와 사용 및 보전설명서에 포함 → 작업자의 방호가 필요한 곳에서는 경고표지 및 방호책을 마련

ⓞ 설계단계의 위험 및 운용성 검토에서 위험을 억제하기 위한 직접적 조치
- 공정의 변경(방법, 원료 등)
- 공정조건의 변경(압력, 온도 등)
- 작업방법의 변경

ⓙ 위험성 평가에 활용하는 안전보건정보
- 작업표준, 작업절차 등에 관한 정보
- 기계・기구, 설비 등의 사양서
- 물질안전보건자료(MSDS) 등의 유해・위험요인 정보
- 기계・기구, 설비 등의 공정 흐름과 작업 주변의 환경에 관한 정보
- 같은 장소에서 사업의 일부 또는 전부를 도급을 주어 행하는 작업이 있는 경우 혼재 작업의 위험성 및 작업 상황 등에 관한 정보
- 재해사례, 재해통계 등에 관한 정보
- 작업환경 측정 결과, 근로자 건강진단 결과 정보
- 건물 및 설비의 배치(위치)도, 전기단선도, 공정 흐름도 등
- 그 밖에 위험성 평가에 참고가 되는 자료 등

② 위험성 평가 시 위험의 크기를 결정하는 방법

㉠ 행렬법(Matrix)
- 행렬법은 부상 또는 질병의 발생 가능성(빈도)과 중대성(강도)의 정도를 종축과 횡축으로 척도화하여 중대성과 가능성의 정도에 따라 미리 위험성이 할당된 표를 사용해서 위험성을 추정하는 방법이다.
- 위험성의 크기는 가능성과 중대성의 조합이다.

㉡ 곱셈법
- 곱셈법은 부상 또는 질병의 발생 가능성과 중대성을 일정한 척도에 의해 각각 수치화한 뒤, 이것을 곱셈하여 위험성을 추정하는 방법이다.
- 위험성의 크기는 가능성(빈도)과 중대성(강도)의 곱(×)이다.

㉢ 덧셈법
- 덧셈법은 부상 또는 질병의 발생 가능성과 중대성(심각성)을 일정한 척도에 의해 각각 추정하여 수치화한 뒤, 이것을 더하여 위험성을 추정하는 방법이다.
- 위험성의 크기는 가능성(빈도)과 중대성(강도)의 합(+)이다.

㉣ 분기법
- 분기(分岐)법은 부상 또는 질병의 발생 가능성과 중대성(심각성)을 단계적으로 분기해 가는 방법으로 위험성을 추정하는 방법이다.

③ 시스템 안전(System Safety)

㉠ 시스템 안전의 개요
- 시스템의 안전관리 및 안전공학을 정확히 적용시켜 위험을 파악한다(시행착오에 의해 위험을 파악하는 것을 방지한다).
- 위험을 파악, 분석, 통제하는 접근방법이다.
- 수명주기 전반에 걸쳐 안전을 보장하는 것을 목표로 한다.
- 처음에는 국방과 우주항공 분야에서 필요성이 제기되었다.
- 시스템 안전에 필요한 사항에 대한 동일성을 식별하여야 한다.
- 타 시스템의 프로그램 영역을 중복시키지 않아야 한다.
- 안전활동의 계획, 안전조직과 관리를 철저히 하여야 한다.

- 시스템 안전 목표를 적시에 유효하게 실현하기 위해 프로그램의 해석, 검토 및 평가를 실시하여야 한다.

㉡ System Safety를 위한 잠재위험 요소의 검출방법
- 잠재위험 최소화를 위한 설계 Check List
- 경보장치와 방호장치 Check List
- 방법상의 잠재위험제거 Check List

㉢ 시스템 안전기술 관리를 정립하기 위한 절차 : 안전분석 → 안전사양 → 안전설계 → 안전확인

㉣ 시스템 안전관리의 내용(주요업무)
- 안전활동의 계획 및 조직과 관리
- 시스템 안전 프로그램의 해석과 검토 및 평가
- 다른 시스템 프로그램 영역과의 조정
- 시스템 안전에 필요한 사람의 동일성에 대한 식별
- 시스템 안전활동 결과의 평가

㉤ 운용상의 시스템 안전에서 검토 및 분석해야 할 사항
- 사고조사에의 참여
- 고객에 의한 최종 성능검사
- 시스템의 보수 및 폐기

㉥ 시스템의 제조, 설치 및 시험단계에서 이루어지는 시스템 안전부문의 주된 작업
- 운용안전성분석(OSA)의 실시
- 제조환경이 제품의 안전설계를 손상하지 않도록 산업안전보건기준에 부합되도록 할 것
- 시스템 안전성 위험분석(SSHA)에서 지정된 전 조치의 실시를 보증하는 계통적인 감시, 확인 프로그램을 확립 실시할 것

④ **시스템 안전(프로그램)계획(SSPP ; System Safety Program Planning)**

㉠ 시스템 안전(프로그램)계획은 시스템 안전을 확보하기 위한 기본지침을 계획한 프로그램이다.

㉡ 포함사항 : 계획의 개요, 안전조직, 계약조건, 관련 부문과의 조정, 안전기준 및 해석, 안정성 평가, 안전자료의 수집과 갱신, 경과와 결과의 보고 등

㉢ 시스템 안전프로그램의 목표사항으로 보증할 필요가 있는 것
- 사명 및 필요사항과 모순되지 않는 안전성의 시스템 설계에 의한 구체화
- 신재료 및 신제조, 시험기술의 채용 및 사용에 따른 위험의 최소화
- 유사한 시스템 프로그램에 의하여 작성된 과거 안전성 데이터의 고찰 및 이용

㉣ 시스템 안전프로그램의 개발단계에서 이루어져야 할 사항
- 위험분석으로 FMEA가 적용된다.
- 설계의 수용 가능성을 위해 보다 완벽한 검토를 한다.
- 이 단계의 모형분석과 검사결과는 OHA의 입력자료로 사용된다.

⑤ **안정성 평가(Safety Assessment)의 기본원칙 6단계 과정 :** 관계 자료의 작성 준비 혹은 정비(검토) – 정성적 평가 – 정량적 평가 – 안전대책 – 재해정보에 의한 재평가 – FTA에 의한 재평가

㉠ 1단계 : 관계자료의 작성 준비 혹은 정비(검토)
- 관계자료의 조사항목 : 입지에 관한 도표(입지조건), 화학설비 배치도, 건조물의 평면도・단면도・입면도, 제조공정의 개요, 기계실 및 전기실의 평면도・단면도・입면도, 공정계통도, 공정기기 목록, 운전요령, 요원 배치계획, 배관이나 계장 등의 계통도, 제조공정상 일어나는 화학반응, 원재료・중간체・제품 등의 물리・화학적인 성질 및 인체에 미치는 영향 등

㉡ 2단계 : 정성적 평가(공정작업을 위한 작업규정 유무)
- 화학설비의 안전성 평가에서 정성적 평가의 항목
  - 설계 관계 항목 : 입지조건, 공장 내의 배치, 건조물, 소방 설비
  - 운전 관계 항목 : 원재료, 중간체 제품, 공정, 공정기기, 수송・저장

㉢ 3단계 : 정량적 평가
- 화학설비의 안정성 평가 중 정량적 평가 5항목 : 취급물질, 조작, 화학설비 용량, 온도, 압력
- 상기 5항목에 대해 A급(10점), B급(5점), C급(2점), D급(0점)으로 등급 분류
- 점수 합산 결과에 따른 등급 분류
  - 16점 이상 : 위험 등급 Ⅰ
  - 11점 이상~15점 이하 : 위험 등급 Ⅱ
  - 10점 이하 : 위험 등급 Ⅲ

㉣ 4단계 : 안전대책
- 설비대책
- 관리적 대책 : 적정한 인원 배치, 교육훈련, 보전

ⓜ 5단계 : 재해정보에 의한 재평가(설계내용에 동종 플랜트 또는 동종 장치에서 파악한 재해정보를 적용시켜 재평가)

ⓑ 6단계 : FTA에 의한 재평가(위험도의 등급이 Ⅰ에 해당하는 플랜트에 대해서는 다시 FTA에 의한 재평가)

⑥ HAZOP(Hazard and Operability, 위험 및 운전성 검토) 기법

㉠ 이상상태(설계의도에서 벗어나는 일탈현상)를 찾아내어 공정의 위험요소와 운전상의 문제점을 도출하는 방법

㉡ 전제조건
- 두 개 이상의 기기고장이나 사고는 일어나지 않는 것으로 간주한다.
- 조작자는 위험상황이 일어났을 때 그것을 인식할 수 있고, 충분한 시간이 있는 경우 필요한 조치사항을 취하는 것으로 간주한다.
- 안전장치는 필요할 때 정상동작하는 것으로 간주한다.
- 장치 자체는 설계 및 제작 사양에 맞게 제작된 것으로 간주한다.

㉢ HAZOP 기법에서 사용하는 가이드워드
- As Well As : 성질상의 증가
- More/Less : 정량적인 증가 또는 감소
- No/Not : 디자인 의도의 완전한 부정
- Other Than : 완전한 대체
- Part Of : 성질상의 감소
- Reverse : 디자인 의도의 논리적 반대

㉣ 위험 및 운전성 검토(HAZOP)의 성패를 좌우하는 중요 요인
- 검토에 사용된 도면이나 자료들의 정확성
- 팀의 기술능력과 통찰력
- 발견된 위험의 심각성을 평가할 때 그 팀의 균형감각을 유지할 수 있는 능력

㉤ HAZOP 분석기법의 특징
- 프로젝트의 모든 단계에 적용이 가능하다.
- 학습 및 적용이 쉽다.
- 기법 적용에 큰 전문성을 요구하지 않는다.
- 다양한 관점을 가진 팀 단위 수행이 가능하다.
- 안전상 문제 뿐 아니라 운전상의 문제점도 확인 가능하다.
- 설계팀 지식 부족보다는 장치 설비의 복잡함으로 인한 문제점을 도출할 수 있다.
- 평가 대상 및 위험 요소의 누락 가능성을 최소화한다.
- 검토 결과에 따라 정량적 평가를 위한 자료를 제공할 수 있다.
- 시간과 비용이 많이 소요된다(팀 구성 및 구성원의 참여 소요기간이 과다하다).
- 접근방법이 지루하며 시간이 오래 걸린다.
- 위험과는 무관한 잠재위험요소를 검토할 수가 있다.

핵심예제

6-1. 다음 중 안전성 평가의 기본원칙 6단계 과정에 해당되지 않는 것은?

[2010년 제1회 유사, 제2회, 2012년 제2회, 2013년 제1회 유사, 2018년 제3회 유사]

① 작업조건의 분석
② 정성적 평가
③ 안전대책
④ 관계자료의 정비 검토

6-2. HAZOP 기법에서 사용하는 가이드워드와 그 의미가 잘못 연결된 것은?

[2011년 제3회 유사, 2015년 제1회 유사, 2016년 제2회 유사, 2018년 제1회, 2022년 제2회 유사]

① Other Than : 기타 환경적인 요인
② No/Not : 디자인 의도의 완전한 부정
③ Reverse : 디자인 의도의 논리적 반대
④ More/Less : 정량적인 증가 또는 감소

|해설|

6-1
안전성 평가의 기본원칙 6단계 과정에 해당되지 않는 것으로 '경제성 평가, 작업조건의 분석, 작업조건의 평가, 작업환경 평가' 등이 출제된다.

6-2
Other Than : 완전한 대체

정답 6-1 ① 6-2 ①

핵심이론 07 설비보전관리

① 설비보전관리의 개요

㉠ 기계설비를 사용하면 마모나 부식, 파손 등으로 열화현상이 나타나며 열화의 진도는 보전(Maintenance, 수리나 정비)을 행하면서 시간적으로 지연할 수 있다.

㉡ 설비관리의 지표 : 신뢰성, 보전성, 경제성

② 설비보전의 종류

㉠ 사후보전 혹은 돌발보전(BM ; Breakdown Maintenance) : 고장 정지 또는 유해한 성능 저하를 초래한 뒤 수리하는 보전방법

㉡ 예방보전(PM ; Preventive Maintenance) : 일정기간마다 실시하는 설비보전활동. TBM(Time Based Maintenance)

㉢ 개량보전(CM ; Corrective Maintenance) : 설비 개선, 개조 등으로 보다 보전성이 우수한 설비를 만들어 내는 보전방법

㉣ 예지보전(PM ; Predictive Maintenance) : 열화의 조기 발견과 고장을 미연에 방지하기 위한 것이며, 설비수명 예지에 의한 가장 경제적인 보전시기를 결정하여 최적 조건에 의한 수명 연장을 도모함. CBM(Condition Based Maintenance)

㉤ 보전예방(MP ; Maintenance Prevention) : 설비보전정보와 신기술을 기초로 신뢰성, 조작성, 보전성, 안전성, 경제성 등이 우수한 설비의 선정, 조달 또는 설계를 통하여 궁극적으로 설비의 설계・제작단계에서 보전활동이 불필요한 체제를 목표로 하는 설비보전방법

㉥ 일상보전 : 설비의 열화를 방지하고 그 진행을 지연시켜 설비 수명을 연장하기 위한 설비의 점검, 청소, 주유, 교체 등을 수행하는 보전방법

㉦ 생산보전(PM ; Productive Maintenance) : 설비 전 생애를 대상으로 생산성을 제고시키는 가장 경제적인 보전방법

㉧ TPM(Total Productive Maintenance) : 설비를 더욱 더 효율 좋게 사용하는 것(종합적 효율화)을 목표로 하고 보전예방, 예방보전, 개량보전 등 설비의 생애에 맞는 PM의 Total System을 확립하며 설비를 계획하는 사람, 사용하는 사람, 보전하는 사람 등 모든 관계자가 Top에서부터 제일선까지 전원이 참가하여 자주적인 소집단활동에 의해 PM을 추진하는 활동

③ 설비보전조직

㉠ 집중보전 : 보전요원이 특정 관리자 밑에 상주하면서 보전활동을 실시한다.
- 전 공장에 대한 판단으로 중점보전이 수행될 수 있다.
- 분업/전문화가 진행되어 전문적인 고도의 보전기술을 갖게 된다.
- 직종 간의 연락이 편하고 공사관리가 쉽다.
- 현장감독이 곤란하다.
- 작업일정의 조정이 어렵다.

㉡ 지역보전 : 특정 지역에 분산 배치되어 보전확률을 실시한다.

㉢ 부문보전 : 각 부서별・부문별로 보전요원을 배치하여 보전활동을 실시한다.

㉣ 절충보전 : 집중보전, 지역보전, 부문보전의 장점을 절충한 방식이다.

④ 보전관리지표(보전효과 측정 평가요소)

㉠ 평균 고장률(λ)
- $\lambda = \dfrac{N}{t}$

  (여기서, N : 고장 건수, t : 총가동시간)
- 설비고장도수율이라고도 함

㉡ MTBF(Mean Time Between Failure, 평균 고장 간격)
- 시스템, 부품 등 고장 간의 동작시간 평균치
- $\text{MTBF} = \dfrac{\text{총가동시간}}{\text{고장 건수}} = \dfrac{1}{\lambda}$

  (여기서, λ : 평균 고장률)
- MTBF 분석표 : 신뢰성과 보전성 개선을 목적으로 한 효과적인 보전기록자료

- 직렬시스템의 $MTBF_S = \frac{1}{n\lambda}$
  (여기서, λ : 평균 고장률, n : 구성부품 수)
- 병렬시스템의
  $MTBF_S = \frac{1}{\lambda} + \frac{1}{2\lambda} + \cdots + \frac{1}{n\lambda}$
  (여기서, λ : 평균 고장률, n : 구성부품 수)
- MTBF = MTTF + MTTR

㉢ MTTF(Mean Time To Failure, 평균 고장시간)
- 시스템, 부품 등이 고장 나기까지 동작시간의 평균치
- 시스템, 부품 등의 평균 수명
- MTTF = $\frac{\text{총 가동시간}}{\text{고장 건수}}$
- 직렬시스템의 $MTTF_S = MTTF \times \frac{1}{n}$
  (여기서, n : 구성부품 수)
- 병렬시스템의
  $MTTF_S = MTTF \times \left(1 + \frac{1}{2} + \cdots + \frac{1}{n}\right)$
  (여기서, n : 구성부품 수)

㉣ MTTR(Mean Time To Repair, 평균 수리시간)
- 총수리시간을 그 기간의 수리 횟수로 나눈 시간
- MTTR = $\frac{\text{고장 수리시간}}{\text{고장 횟수}}$

㉤ MTBR(Mean Time Between Repair, 작동 에러 평균 시간) : 수리에서 수리까지의 평균 시간(평균 수리 간격)

㉥ 가용도(Availability)
- 별칭 : 가용성, 이용률, 설비의 가동성
- 일정 기간에 시스템이 고장 없이 가동될 확률
- $A = \frac{MTTF}{MTTF + MTTR} = \frac{MTBF}{MTBF + MTTR}$
  $= \frac{MTTF}{MTBF}$
  (여기서, A : 가용도)
- $A = \frac{\mu}{\lambda + \mu}$
  (여기서, μ : 평균 수리율, λ : 평균 고장률)

㉦ 제품단위당 보전비 = $\frac{\text{총보전비}}{\text{제품 수량}}$

㉧ 운전 1시간당 보전비 = $\frac{\text{총보전비}}{\text{설비 운전시간}}$

㉨ 계획공사율 = $\frac{\text{계획공사 공수}}{\text{전체 공수}}$

㉩ 설비종합효율 = 시간 가동률 × 성능 가동률 × 양품률
- 시간가동률 = $\frac{\text{부하시간} - \text{정지시간}}{\text{부하시간}}$
- 성능가동률 = 속도 가동률 × 정미 가동률
- 정미가동률 = $\frac{\text{생산량} \times \text{기준 주기시간}}{\text{부하시간} - \text{정지시간}}$
- 양품률 = $\frac{\text{양품 수량}}{\text{전체 생산량}}$

⑤ TPM

㉠ TPM 중점활동
- 5가지 기둥(기본활동) : 설비효율화 개별 개선활동, 자주보전활동, 계획보전활동, 교육훈련활동, 설비초기 관리활동
  - 자주보전활동 : 작업자 본인이 직접 운전하는 설비의 마모율 저하를 위하여 설비의 윤활관리를 일상에서 직접 행하는 활동
- 8대 중점활동 : 5가지 기둥(기본활동) + 품질보전활동, 관리부문효율화 활동, 안전·위생·환경관리활동

㉡ 자주보전 7단계
- 1단계 초기청소 : 설비 본체를 중심으로 하는 먼지, 더러움을 완전히 없앤다.
- 2단계 발생원, 곤란 부위 대책 수립 : 먼지, 더러움의 발생원 비산의 방지나 청소 급유의 곤란 부위를 개선하고 청소 급유의 시간 단축을 도모한다.
- 3단계 청소·급유·점검 기준의 작성 : 단시간에 청소·급유·더 조이기를 확실히 할 수 있도록 행동기준을 작성한다.
- 4단계 총 점검 : 점검 매뉴얼에 의한 점검기능교육과 총점검 실시에 의한 설비 미흡의 적출과 복원을 한다.
- 5단계 자주점검 : 자주점검 체크시트의 작성 실시로 오퍼레이션의 신뢰성을 향상시킨다.

• 6단계 정리정돈 : 자주보전의 시스템화, 즉 각종 현장 관리 항목의 표준화 실시, 작업의 효율화, 품질 안전의 확보를 꾀한다.
• 7단계 자주관리의 확립 : MTBF 분석기록을 확실하게 해석하여 설비 개선을 꾀한다.

⑥ 설비개선활동

㉠ 개선의 ECRS의 원칙
• Eliminate(제거)
• Combine(결합)
• Rearrange(재조정)
• Simplify(단순화)

㉡ Fail-Operational
• 설비 및 기계장치의 일부가 고장 난 경우 기능의 저하를 가져오더라도 전체 기능은 정지하지 않고 다음 정기점검 시까지 운전이 가능하도록 하는 방법이다.
• 적용 예 : 부품에 고장이 있더라도 플레이너 공작기계를 가장 안전하게 운전할 수 있는 방법으로 활용

㉢ Fool Proofing System : 휴먼에러방지 시스템

핵심예제

7-1. 한 대의 기계를 100시간 동안 연속 사용한 경우 6회의 고장이 발생하였고, 이때의 총고장 수리시간이 15시간이었다. 이 기계의 MTBF(Mean Time Between Failure)는 약 얼마인가?

[2014년 제1회 유사, 2015년 제1회]

① 2.51 ② 14.17
③ 15.25 ④ 16.67

7-2. 한 화학공장에는 24개의 공정제어회로가 있으며, 4,000시간의 공정 가동 중 이 회로에는 14번의 고장이 발생하였고 고장이 발생하였을 때마다 회로는 즉시 교체되었다. 이 회로의 평균 고장시간(MTTF)은 약 얼마인가?

[2011년 제1회, 2013년 제2회, 2014년 제2회 유사]

① 6,857시간 ② 7,571시간
③ 8,240시간 ④ 9,800시간

7-3. 설비보전을 평가하기 위한 식으로 틀린 것은?

[2013년 제3회, 2017년 제3회]

① 성능 가동률 = 속도 가동률 × 정미 가동률

② $\text{시간 가동률} = \dfrac{\text{부하시간} - \text{정지시간}}{\text{부하시간}}$

③ 설비종합효율 = 시간 가동률 × 성능 가동률 × 양품률

④ $\text{정미 가동률} = \dfrac{\text{생산량} \times \text{기준 주기시간}}{\text{가동시간}}$

|해설|

7-1

$$MTBF = \frac{\text{총가동시간}}{\text{고장 건수}} = \frac{100-15}{6} \simeq 14.17$$

7-2

$$MTTF = \frac{\text{총가동시간}}{\text{고장 건수}} = \frac{24 \times 4{,}000}{14} \simeq 6{,}857\text{시간}$$

7-3

$$\text{정미가동률} = \frac{\text{생산량} \times \text{기준 주기시간}}{\text{부하시간} - \text{정지시간}}$$

정답 7-1 ② 7-2 ① 7-3 ④

산업안전기사

기계위험 방지기술

제1절 기계위험 방지기술의 개요

핵심이론 01 기계 안전의 개요

① 기계 안전의 기본

㉠ 안전 색채와 기계장비 또는 배관
- 시동스위치 – 녹색
- 급정지스위치 – 적색
- 고열기계 – 회청색
- 증기배관 – 암적색

㉡ 옥내에 통로를 설치할 때 통로면으로부터 높이 2.0[m] 이내에 장애물이 없어야 한다.

㉢ 기계설비의 작업능률과 안전을 위한 배치(Layout) 3단계 : 지역 배치 → 건물 배치 → 기계 배치

㉣ 진동과 소음을 동시에 수반하는 기계설비 : 컨베이어, 사출성형기, 공기압축기, 공작기계 등 매우 많다.

㉤ 사업주가 진동작업을 하는 근로자에게 충분히 알려야 할 사항
- 인체에 미치는 영향과 증상
- 보호구의 선정과 착용방법
- 진동 기계·기구 관리방법
- 진동 장해 예방방법

② 기계설비의 점검

㉠ 정지 중의 점검사항 : 급유 상태, 동력전달부의 볼트·너트의 풀림 상태, 슬라이딩부의 이상 유무, 동력전달장치·방호장치·전동기·개폐기 등의 이상 유무, 스위치 위치·구조 상태·접지 상태, 힘이 걸린 부분의 흠집과 손상 여부 등

㉡ 운전 중의 점검사항 : 클러치의 동작 상태, 베어링·슬라이딩면의 온도 상승 여부, 설비의 이상음과 진동상태, 접동부의 상태, 기어의 교합 상태 등

㉢ 기계설비의 정비·청소·급유·검사·수리 등의 작업 시 근로자가 위험해질 우려가 있는 경우 필요한 조치
- 근로자의 위험방지를 위하여 해당 기계를 정지시킨다.
- 작업지휘자를 배치하여 갑작스러운 기계가동에 대비한다.
- 기계 내부에 압출된 기체나 액체가 불시에 방출될 수 있는 경우에는 사전에 방출조치를 실시한다.
- 기계 운전을 정지한 경우에는 기동장치에 잠금장치를 하고 다른 작업자가 그 기계를 임의 조작할 수 없도록 열쇠를 별도로 잘 보관한다.

③ 재료의 강도 및 변형

㉠ 하중의 종류
- 하중에 작용하는 방향에 따른 분류

인장하중	P ← → P 재료를 힘을 주는 방향(축선 방향)으로 늘어나게 하는 하중
압축하중	P → ← P 재료를 힘을 주는 방향(축선 방향)으로 누르는 하중
전단하중	P ↓ ↑ P 재료를 가위로 자르려는 것과 같이 작용하는 하중
비틀림하중	P 재료를 비트는 하중
굽힘하중	P 재료를 구부려 휘어지게 하는 하중

• 하중의 시간적인 작용에 따른 분류
  - 정하중 : 시간에 따라서 크기가 변하지 않거나 변화를 무시할 수 있는 하중
  - 동하중 : 하중의 크기와 방향이 시간에 따라 변화되는 하중
    ⓐ 반복하중 : 힘이 반복적으로 작용하는 하중으로 방향은 변하지 않는다.
    ⓑ 교번하중 : 하중의 크기와 방향이 동시에 주기적으로 바뀌는 하중으로 예를 들면, 인장과 압축이 교대로 반복되는 피스톤로드 등이 있다.
    ⓒ 충격하중 : 순간적으로 짧은 시간에 적용되는 하중으로 예를 들면, 망치로 때리는 하중이 있다.
    ⓓ 이동하중 : 이동하면서 작용하는 하중으로 예를 들면, 기차가 지나다니는 철교가 있다.
• 분포에 따른 하중의 분류
  - 집중하중 : 재료의 한 부분에 집중적으로 작용하는 하중이다.
  - 분포하중 : 재료 표면에 분포되어 작용하는 하중으로 균일 분포하중, 불균일 분포하중이 있다.

구분	그림
집중하중	
균일 분포하중	
불균일 분포하중	

ⓛ 인장시험 : 재료를 잡아당겨 견디는 힘을 측정하는 시험이다. 인장시험으로 비례한도, 탄성한도, 항복점, 인장강도, 연신율, 단면감소율(단면수축률), 변형률 등을 알 수 있지만, 경도나 피로한도 등의 측정은 불가능하다.

ⓒ 피로한도(Fatigue Limit) : 반복응력을 받게 되는 기계구조 부분의 설계에서 허용응력을 결정하기 위한 기초강도로 가장 적합하다.

ⓡ 안전율(안전계수)
• 안전의 정도를 나타내는 것으로서 재료의 파괴응력도와 허용응력도의 비율을 의미
• 재료 자체의 필연성 중에 잠재된 우연성을 감안하여 계산한 산정식
• 안전율(S)

$$S=\frac{\text{기준강도}}{\text{허용응력}}=\frac{\text{파괴응력도}}{\text{허용응력도}}=\frac{\text{극한강도}}{\text{허용응력}}$$

$$=\frac{\text{인장강도}}{\text{허용응력}}\left(=\frac{\text{극한하중}}{\text{최대 설계하중}}=\frac{\text{파괴하중}}{\text{최대 하중}}\right)$$

• 안전율의 선택값(작은 것 → 큰 것) : 정하중 < 반복하중 < 교번하중 < 충격하중(상기와 같이 하중 중에서 안전율을 가장 취하여야 하는 힘의 종류는 충격하중이다)
• 안전율 혹은 허용응력 결정 시 고려사항 : 재료 품질, 하중·응력의 정확성, 제조공법·정밀도, 하중종류, 부품 모양, 사용 장소 등
• 취성재료의 안전율은 연성재료보다 크게 하여야 한다.
• 안전율 산정공식(Cardullo) : $S=abcd$
  여기서, a : 극한강도/탄성강도 혹은 극한강도/허용응력
  b : 하중의 종류(정하중은 1이며 교번하중은 극한강도/피로한도)
  c : 하중속도(정하중은 1, 충격하중은 2)
  d : 재료조건

④ 안전 관련 기계요소
  ㉠ 기계·기구 및 설비의 위험 예방을 위하여 사업주는 회전축, 기어, 풀리 및 플라이휠 등에 부속되는 키, 핀 등의 기계요소를 묻힘형 형태로 설치하여야 한다.
  ㉡ 너트의 풀림방지용으로 사용되는 것 : 로크너트(Lock Nut), 분할핀, 멈춤나사(Set Screw), 스프링와셔, 이붙이와셔, 철사, 작은 나사, 자동죔너트 등

⑤ 위험점(7가지)
  ㉠ 협착점(Squeeze Point) : 왕복운동을 하는 동작 부분(운동부)과 움직임이 없는 고정 부분(고정부) 사이에 형성되는 위험점
    예 전단기 누름판 및 칼날 부위, 선반 및 평삭기의 베드 끝 부위, 프레스 금형 조립 부위, 프레스 브레이크 금형 조립 부위 등
  ㉡ 끼임점(Shear Point) : 기계의 고정 부분과 회전하는 동작 부분이 함께 만드는 위험점
    예 연삭숫돌과 작업대, 반복 동작되는 링크기구, 교반기의 날개와 하우스(몸체), 탈수기 회전체와 몸체 사이 등

㉢ 절단점(Cutting Point) : 운동하는 기계 자체와 회전하는 운동 부분 자체와의 위험이 형성되는 점
  예 밀링커터, 둥근 톱날, 회전대패날, 컨베이어의 호퍼, 목공용 띠톱 등
㉣ 물림점(Nip Point) : 반대로 회전하는 두 개의 회전체가 맞닿는 사이에 발생하는 위험점
  예 롤러기의 두 롤러 사이, 맞닿는 두 기어 사이 등
㉤ 접선 물림점(Tangential Point) : 회전하는 부분의 접선 방향으로 물려 들어가는 위험점
  예 체인과 스프로킷, 기어와 랙, 롤러와 평벨트, V벨트와 V풀리 등
㉥ 회전말림점(Trapping Point) : 회전하는 물체의 길이, 굵기, 속도 등의 불규칙 부위와 돌기회전 부위에 의해 장갑 및 작업복 등이 말려들어가는 위험점
  예 밀링, 드릴, 나사 등
㉦ 찔림점(Stabbing and Puncture Point) : 찌르거나 구멍을 내는 작업 시 발생하는 위험점
  예 공작물 파편이나 공구 파손의 비산, 용접불꽃의 비산, 재봉틀이나 드릴링머신에 신체 일부가 찔리는 경우 등
㉧ 위험점 관련 연습 문제
- 개구면에서 위험점까지의 거리 50[mm] 위치에서 풀리(Pulley)가 회전할 때 가드(Guard)의 개구부 최대 간격(Y)

  $Y = 6 + 0.15X = 6 + 0.15 \times 50 = 13.5$[mm]
- 롤러기 물림점의 가드 개구부 간격이 15[mm]일 때 가드와 위험점 간의 거리(단, 위험점이 전동체가 아님)

  $Y = 6 + 0.15X$에서 $X = \frac{Y-6}{0.15} = \frac{15-6}{0.15} = 60$[mm]

핵심예제

1-1. 다음 중 안전율을 구하는 산식으로 옳은 것은 어느 것인가?
[2010년 제3회 유사, 2012년 제2회 유사, 제3회, 2013년 제3회 유사, 2017년 제2회]

① $\frac{허용응력}{기초강도}$　② $\frac{허용응력}{인장강도}$
③ $\frac{인장강도}{허용응력}$　④ $\frac{안전하중}{파단하중}$

1-2. 허용응력이 1[kN/mm^2]이고, 단면적이 2[mm^2]인 강판의 극한하중이 4,000[N]이라면 안전율은 얼마인가?
[2011년 제3회 유사, 2014년 제3회 유사, 2016년 제2회 유사, 2017년 제3회]

① 2　② 4
③ 5　④ 50

1-3. 안전계수가 5인 체인의 최대 설계하중이 1,000[N]이라면 이 체인의 극한하중은 약 몇 [N]인가?
[2016년 제1회 유사, 2017년 제2회]

① 200　② 2,000
③ 5,000　④ 12,000

1-4. 단면적이 1,800[mm^2]인 알루미늄 봉의 파괴강도는 70[MPa]이다. 안전율을 2로 하였을 때 봉에 가해질 수 있는 최대하중은 얼마인가?
[2013년 제1회, 제2회 유사, 2014년 제1회 유사, 제3회 유사, 2015년 제3회 유사, 2017년 제1회, 2018년 제1회 유사, 제3회 유사]

① 6.3[kN]　② 126[kN]
③ 63[kN]　④ 12.6[kN]

1-5. 안전계수가 4이고 2,000[kg/cm^2]의 인장강도를 갖는 강선의 최대 허용응력은? [2012년 제1회, 2015년 제2회]

① 500[kg/cm^2]
② 1,000[kg/cm^2]
③ 1,500[kg/cm^2]
④ 2,000[kg/cm^2]

|해설|

1-1

$$\text{안전율}(S) = \frac{\text{기준강도}}{\text{허용응력}} = \frac{\text{파괴응력도}}{\text{허용응력도}} = \frac{\text{극한강도}}{\text{허용응력}}$$

1-2

$$\text{안전율}(S) = \frac{\text{기준강도}}{\text{허용응력}} = \frac{\text{극한강도}}{\text{허용응력}} = \frac{4,000}{1,000 \times 2} = 2$$

1-3

$$\text{안전율}(S) = \frac{\text{기준강도}}{\text{허용응력}} = \frac{\text{파괴응력도}}{\text{허용응력도}} = \frac{\text{극한강도}}{\text{허용응력}}$$

$$= \frac{\text{인장강도}}{\text{허용응력}} = \frac{\text{극한하중}}{\text{최대 설계하중}} = \frac{\text{파괴하중}}{\text{최대 하중}} = 5$$

이므로, 극한하중 $= 5 \times 1,000 = 5,000[\text{N}]$

1-4

$$\text{안전율}(S) = \frac{\text{기준강도}}{\text{허용응력}} = \frac{\text{파괴응력도}}{\text{허용응력도}} = \frac{\text{극한강도}}{\text{허용응력}}$$

$$= \frac{\text{인장강도}}{\text{허용응력}} = \frac{\text{극한하중}}{\text{최대 설계하중}} = \frac{\text{파괴하중}}{\text{최대 하중}} = 2$$

이므로, 최대 하중 $= \frac{126}{2} = 63[\text{kN}]$

1-5

안전계수 $(S) = \frac{\text{인장강도}}{\text{허용응력}}$에서

$$\text{허용응력} = \frac{\text{인장강도}}{\text{안전계수}} = \frac{2,000}{4} = 500[\text{kg/cm}^2]$$

정답 1-1 ③ 1-2 ① 1-3 ③ 1-4 ③ 1-5 ①

핵심 이론 02 기계설비의 안전조건

① 외형의 안전화 : 기계설비 안전의 출발점

㉠ 기계의 외부 돌출부, 회전부에 대한 위험 방지 및 제거

㉡ 외형의 안전화 방법

- 안전덮개·울·가드 설치 : 작업자가 접촉할 우려가 있는 기계의 외형 부분, 돌출 부분, 감전 우려 부분, 운동 부분 등에 설치
- 별실·구획 장소에 격리 : 원동기, 동력전달장치를 별실 또는 구획된 장소에 격리
- 안전 색채 사용 : 기계·장비 본체, 버튼(시동 – 녹색, 급정지 – 적색 등), 배관, 회전부 돌출 부분 등에 안전 색채 사용

② 구조의 안전화

㉠ 안전조건

- 재료 선택 시의 안전화
- 설계 시의 올바른 강도 계산
- 가공상의 안전화
- 사용상의 안전화

㉡ 가공결함 방지를 위해 고려할 사항

- 열처리
- 가공경화
- 응력집중

㉢ 적용 예

- 적합한 재질을 선택하였다.
- 강도의 열화를 고려하여 안전율을 최대로 설계하였다.
- 열처리를 통하여 기계의 강도와 인성을 향상시켰다.

③ 기능의 안전화

㉠ 근원적인 안전대책 또는 적극적인 대책

- 회로의 개선으로 오동작 방지
- 페일세이프, 풀 프루프, 인터록(연동장치) 기능 적용
- 안전기능을 기계설비에 내장
- 조작 위험성 제거 설계
- 근원적인 안전대책 또는 적극적인 대책의 예
  - 페일세이프 및 풀 프루프의 기능을 가지는 장치를 적용하였다.
  - 사용압력 변동, 전압강하 및 정전, 단락 또는 스위치 고장, 밸브계통의 고장 등이 발생되면 오동작되게 하였다.

- 회로를 개선하여 오동작을 방지하도록 하였다.
- 회로를 별도의 완전한 회로에 의해 정상기능을 찾을 수 있도록 하였다.

㉡ 소극적인 안전대책
- 원활한 작동을 위한 사전 정비(청소, 급유 등)
- 이완된 볼트, 너트에 대한 재체결
- 이상 발생 후 시방호장치의 작동조치
- 이상 발생 후 급정지 등의 긴급조치
- 소극적인 안전대책의 예
  - 원활한 작동을 위해 급유를 하였다.
  - 기계의 볼트 및 너트가 이완되지 않도록 다시 조립하였다.
  - 기계설비에 이상이 있을 때 방호장치가 작동되도록 하였다.
  - 기계의 이상을 확인하고 급정지시켰다.

④ 작업의 안전화

㉠ 작업에 필요한 설계
- 안전한 기계장치의 설계
- 정지장치와 정지 시의 시건장치
- 급정지 버튼, 급정지장치 등의 구조와 배치
- 작업자가 위험 부근에 접근 시 작동하는 검출형 안전장치
- 인터록된 커버
- 작업 안전화를 위한 치공구
- 불필요한 동작을 방지하는 작업 표준화

㉡ 인간공학적인 안전 작업환경
- 조명・소음・진동 고려
- 적절한 설비 배치와 표시
- 작업대・의자의 적당한 높이
- 충분한 작업 공간
- 안전통로・계단 고려

⑤ 작업점의 안전화

㉠ 작업점 : 일이 물체에 행해지는 점 또는 공정이 수행되는 공작물 부위

㉡ 작업점에 대한 안전수칙
- 작업자가 작업점에 절대 근접하지 않도록 한다.
- 작업점에 손을 넣지 않도록 한다.
- 기계 조작은 작업점에서 떨어진 위치에서 실시한다.
- 작업점에서 떨어지지 않고 접촉해 있을 때 기계 작동이 안 되도록 조치한다.

⑥ 보전작업의 안전화

㉠ 보전작업 시 분해방호장치를 해체할 때 위험해질 수 있다.

㉡ 보전작업 안전화를 위해 고려해야 할 사항
- 보전용 통로・작업장을 확보한다.
- 기계설비는 분해하기 쉬운 구조이어야 한다.
- 작업조건에 맞는 기계이어야 한다.
- 부품의 호환성이 우수하여 교환이 용이해야 한다.
- 점검・주유방법 등이 용이하여야 한다.

※ 본질적 안전화(Intrinsic Safety)
- 과오나 실수를 방지하거나 과오나 실수가 있어도 사고・재해 방지
- 본질적 안전화 추구방법
  - 가능한 조작상의 위험 제거
  - 설비에 안전기능 내장
  - 페일세이프 기능 적용
  - 풀 프루프 기능 적용
  - 인터록 기능 적용
  - 회로와 장치의 다중방식 적용
- 적용 예 : 기계의 안전기능을 기계설비에 내장하였다.

핵심예제

기계설비의 안전조건 중 외형의 안전화에 해당하는 것은?

[2010년 제1회, 2015년 제1회 유사, 2016년 제1회]

① 기계의 안전기능을 기계설비에 내장하였다.
② 페일세이프 및 풀 프루프의 기능을 가지는 장치를 적용하였다.
③ 강도의 열화를 고려하여 안전율을 최대로 설계하였다.
④ 작업자가 접촉할 우려가 있는 기계의 회전부에 덮개를 씌우고 안전 색채를 사용하였다.

|해설|

④ 외형의 안전화
① 본질적 안전화
② 기능의 안전
③ 구조의 안전화

정답 ④

핵심 이론 03 방호장치

① 방호장치의 개요

㉠ 방호장치의 기본목적
- 작업자의 보호
- 인적·물적 손실의 방지
- 기계 위험 부위의 접촉방지

㉡ 방호장치의 설치목적
- 가공물 등의 낙하에 의한 위험방지
- 위험 부위와 신체의 접촉방지
- 비산으로 인한 위험방지

㉢ 산업안전보건법상 의무안전인증대상 방호장치
- 압력용기 압력 방출용 파열판
- 안전밸브(압력용기 압력 방출용, 보일러 압력 방출용)
- 방폭구조 전기기계·기구 및 부품
- 프레스 및 전단기의 방호장치
- 양중기용 과부하방지장치
- 절연용 방호구 및 활선작업용 기구

㉣ 원동기, 풀리, 기어 등 근로자에게 위험을 미칠 우려가 있는 부위에 설치하는 위험방지장치에는 덮개, 슬래브, 건널다리, 울 등이 있다.

㉤ 회전축, 커플링에 사용하는 덮개는 회전말림점을 방호하기 위한 것이다.

㉥ 급정지장치는 위험기계의 구동에너지를 작업자가 차단할 수 있는 장치이다(예 롤러기의 방호장치 등).

㉦ 거 리
- 방호장치를 설치할 때 기계의 위험점으로부터 방호장치까지의 안전거리가 매우 중요하다.
- 안전거리(S[mm]) : $S=1.6t$

  여기서, t : 위험한 기계의 동작을 제동시키는 데 필요한 총 소요시간[ms]

㉧ 방호장치와 위험기계·기구의 예
- 날접촉 예방장치 – 목재가공용 둥근톱
- 반발 예방기구 – 목재가공용 둥근톱
- 덮개 – 띠톱
- 칩브레이커 – 선반

㉨ 기계설비에 있어서 방호의 기본원리
- 위험 제거 : 위험한 잠재요인이 원칙적으로 발생될 수 없게 하는 것
- 차단(위험상태의 제거) : 위험성은 존재하고 있으나 재해의 발생은 불가능하게 하는 것
- 덮어씌움(위험상태의 삭감) : 위험은 존재하지만 재해 발생 가능성이 희박하게 하는 것
- 위험에의 적응 : 종사자를 위험이 존재하는 기계설비에 적응시키는 것(예 제어시스템 글자판을 읽기 쉽게 개선하는 것, 위험에 대한 정보제공, 안전한 행위를 위한 동기부여, 교육훈련 등)

② 방호장치의 분류와 종류

㉠ 방호장치의 분류
- 위험원에 대한 방호장치 : 감지형, 포집형
- 위험장소에 대한 방호장치 : 격리형, 위치 제한형, 접근 거부형, 접근 반응형

㉡ 감지형 방호장치 : 이상온도, 이상기압, 과부하 등 기계의 부하가 안전한계치를 초과하는 경우에 이를 감지하고 자동으로 안전상태가 되도록 조정하거나 기계의 작동을 중지시키는 방호장치이다. 프레스의 광전자식 안전장치가 이에 해당한다.

㉢ 포집형 방호장치 : 회전하는 연삭숫돌이 파괴되어 비산될 때 회전방향으로 튀어나오는 비산물질이 덮개를 치면서 회전방향으로 밀려나게 되고, 이때 덮개가 따라 움직이면서 작업자의 신체부위로 비산하는 파괴된 연삭숫돌의 조각들을 포집하는 장치이다.

㉣ 격리형 방호장치
- 완전차단형 방호장치 : 동작부분을 덮어씌우는 방법으로 체인, 벨트 등의 동력전달장치에 설치한다.
- 덮개형 방호장치 : V벨트, 평벨트, 기어 등의 동력전달장치가 회전하면서 접선방향으로 몰려 들어가는 곳, 동작부분, 위험점에 설치한다.
- 안전방책 : 위험한 기계, 기구의 근처에 접근하지 못하도록 방호울을 설치하는 방법으로, 원동기나 발전소의 터빈 또는 고전압을 사용하는 전기설비의 주위에 울타리를 설치한다.

㉤ 위치제한형 방호장치 : 조작자의 신체부위가 위험한계 밖에 위치하도록 기계의 조작장치를 위험구역에서 일정거리 이상 떨어지게 하는 방호장치이다. 프레스의 양수조작식 방호장치가 이에 해당한다.

ⓑ 접근거부형 방호장치 : 작업자의 신체부위가 위험한계 내로 접근하였을 때 기계적인 작용에 의하여 접근을 못하도록 하는 방호장치이다. 프레스의 수인식, 손쳐내기식 방호장치 등이 이에 해당한다.

ⓢ 접근반응형 방호장치 : 신체부위가 위험한계 또는 그 인접한 거리 내로 들어오면 이를 감지하여 그 즉시 동작하던 기계를 정지시키거나 스위치가 꺼지도록 하는 기능을 갖고 있는 방호장치이다. 프레스, 전단기 및 압력이용기기 등에 많이 적용하고 광선식, 압력감지방식 등이 있다.

 **핵심예제**

3-1. 방호장치의 기본목적과 가장 관계가 먼 것은?

[2011년 제1회, 2018년 제1회]

① 작업자의 보호
② 기계기능의 향상
③ 인적·물적 손실의 방지
④ 기계 위험 부위의 접촉방지

3-2. 기계설비 방호장치의 분류에서 위험 장소에 대한 방호장치에 해당되지 않는 것은? [2010년 제2회, 2018년 제3회, 2022년 제1회]

① 격리형 방호장치
② 포집형 방호장치
③ 접근 거부형 방호장치
④ 위치 제한형 방호장치

|해설|

3-1
방호장치는 기계기능의 향상을 위한 것은 아니다.

3-2
포집형 방호장치는 위험원에 대한 방호장치에 해당한다.

정답 3-1 ② 3-2 ②

핵심 이론 04 비파괴검사

① **회전시험을 하는 경우 미리 회전축의 재질 및 형상 등에 상응하는 종류의 비파괴검사를 해서 결함유무를 확인하여야 하는 고속회전체의 대상** : 회전축의 중량이 1[ton]을 초과하고 원주속도가 120[m/s] 이상인 것

② **비파괴검사의 종류** : 초음파탐상검사(UT), 방사선투과검사(RT), 침투탐상검사(PT), 자분탐상시험(MT), 와류탐상검사(ET), 음향탐상시험(음향방출시험), 육안검사, 누설검사, 타진법

㉠ 초음파탐상검사(UT) : 초음파를 이용하여 재료 내부의 결함을 검사하는 방법
- 초음파는 20,000[Hz] 이상의 음파를 말한다.
- 초음파탐상법의 종류 : 반사식, 투과식, 공진식
- 기계설비에서 재료 내부의 균열결함을 확인할 수 있다.
- 용접부에 발생한 미세균열, 용입부족, 융합불량의 검출에 적합하다.

㉡ 방사선투과검사(RT)
- 재료 및 용접부의 내부결함검사에 적합하다.
- 투과사진에 영향을 미치는 인자는 크게 콘트라스트(명암도)와 명료도로 나누어 검토할 수 있다.
- 투과사진의 콘트라스트(명암도)에 영향을 미치는 인자 : 방사선의 선질, 필름의 종류, 현상액의 강도
- 투과사진의 상질을 점검할 때 확인해야 하는 항목 : 투과도계의 식별도, 시험부의 사진농도 범위, 계조계의 값

㉢ (액체)침투탐상검사(PT)
- 침투탐상검사는 물체의 표면에 침투력이 강한 적색 또는 형광성의 침투액을 표면 개구결함에 침투시켜 직접 또는 자외선 등으로 관찰하여 결함장소와 크기를 판별하는 비파괴검사법이다.
- 검사물 표면의 균열이나 피트 등의 결함을 비교적 간단하고 신속하게 검출할 수 있고, 특히 비자성 금속재료의 검사에 자주 이용되는 비파괴검사법
- 내부결함의 검출은 불가능하다.
- 현장에서 사용 중인 크레인의 거더 밑면에 균열이 발생되어 이를 확인하려고 하는 경우 가장 편리한 비파괴검사방법이다.
- 작업순서 : 전처리 → 침투처리 → 세척처리 → 현상처리 → 관찰 → 후처리

㉣ 자분탐상시험(MT)

- 강자성체의 결함을 찾을 때 사용하는 비파괴시험으로 표면 또는 표층(표면에서 수 [mm] 이내)에 결함이 있을 경우 누설자속을 이용하여 육안으로 결함을 검출하는 시험법
- 비파괴검사방법 중 육안으로 결함을 검출하는 시험법이다.
- 오스테나이트 계열의 스테인리스강 강판의 표면균열 발생을 검출하기 곤란한 비파괴검사방법이다.
- 자분탐상검사에서 사용하는 자화방법 : 축통전법, 전류 관통법, 극간법

㉤ 와류탐상검사(ET, 와전류 비파괴검사법) : 금속 등의 도체에 교류를 통한 코일을 접근시켰을 때, 결함이 존재하면 코일에 유기되는 전압이나 전류가 변하는 것을 이용한 검사방법

- 자동화 및 고속화가 가능하다.
- 관, 환봉 등의 제품에 대해 자동화 및 가속화된 검사가 가능하다.
- 가는 선, 얇은 판의 경우도 검사가 가능하다.
- 검사대상 이외의 재료적 인자(투자율, 열처리, 온도 등)에 대한 영향이 크다.
- 표면 아래 깊은 위치에 있는 결함의 검출은 곤란하다.

㉥ 음향탐상시험(음향방출시험) : 재료 변형 시 외부응력이나 내부의 변형과정에서 방출되는 낮은 응력파(Stress Wave)를 감지하여 측정하는 비파괴시험

- 가동 중 검사가 가능하다.
- 온도, 분위기 같은 외적 요인에 영향을 받는다.
- 결함이 어떤 중대한 손상을 초래하기 전에 검출할 수 있다.
- 재료의 종류나 물성 등의 특성과 관계있다.

핵심예제

4-1. 재료에 대한 시험 중 비파괴시험이 아닌 것은?

[2010년 제1회 유사, 제2회 유사, 제3회 유사, 2012년 제2회 유사, 제3회 유사, 2014년 제1회 유사, 2015년 제2회 유사, 2016년 제3회 유사, 2017년 제1회 유사, 제2회]

① 방사선투과시험
② 자분탐상시험
③ 초음파탐상시험
④ 피로시험

4-2. 다음 중 기계설비에서 재료 내부의 균열결함을 확인할 수 있는 가장 적절한 검사방법은?

[2012년 제1회 유사, 2015년 제1회, 2018년 제3회]

① 육안검사
② 초음파탐상검사
③ 피로검사
④ 액체침투탐상검사

|해설|

4-1
비파괴시험이 아닌 것으로 '피로시험, 인장시험, 샤르피충격시험' 등이 출제된다.

4-2
기계설비에서 재료 내부의 균열결함을 확인할 수 있는 가장 적절한 검사방법은 초음파탐상검사(UT) 방법이다.

정답 4-1 ④ 4-2 ②

제2절 절삭가공 공작기계의 안전

핵심이론 01 선반의 안전

① 선반 안전의 개요

㉠ 공작기계의 절삭작업 시 안전대책

- 바이트는 되도록 짧게 장치한다.
- 절삭 중인 제품의 가공 상태를 확인하려고 회전하는 물체를 수시로 측정하면 위험하다.
- 제품의 가공 상태를 확인하려면 절삭 중인 물체를 정지시킨 후 측정해야 한다.
- 작업 중에 절삭칩이 눈에 들어가지 않도록 보호안경을 착용한다.
- 절삭칩 제거 시(칩 제거용 전용) 브러시를 사용한다.
- 공작물 세팅에 필요한 공구는 세팅이 끝난 후 바로 제거한다.

㉡ 선반작업의 안전수칙

- 선반의 베드 위에는 공구를 올려놓지 않는다.
- 선반의 바이트는 되도록 짧게 물린다.
- 칩브레이커는 바이트에 직접 설치한다.
- 가공물 설치는 반드시 스위치를 끄고 바이트를 충분히 뗀 다음에 한다.
- 공작물은 전원스위치를 끄고 바이트를 충분히 멀리 위치시킨 후 고정한다.
- 편심된 가공물의 설치 시에는 균형추를 부착시킨다.
- 공작물 설치가 끝나면 척 렌치(Chuck Wrench)는 곧 떼어 놓는다.
- 작업 중 장갑, 반지 등을 착용하지 않도록 한다.
- 보링작업 중에는 칩을 제거하지 않는다.
- 가공물이 길 때에는 심압대로 지지하고 가공한다.
- 방진구는 공작물의 길이가 지름의 12배 이상일 때 사용한다.
- 운전 중 백기어 사용을 금지한다.
- 주축변속은 기계를 정지한 상태에서 변속한다.
- 주유는 기계를 정지하고 실시한다.

㉢ 원주속도와 절삭시간의 계산식

- 원주속도(v) : $v = \frac{\pi dn}{1,000}$[m/min]

  여기서, d : 공작물의 직경[mm]

  n : 분당 회전수, rpm[rev/min]

- 절삭시간(t) : $t = \frac{L}{F} \times i$[min]

  여기서, L : 절삭 길이[mm]

  F : 분당 이송[mm/min]

② 선반의 방호장치

㉠ 신반방호장치의 종류 : 칩브레이커(Chip Breaker), 척커버(Chuck Cover), 실드(Shield), 덮개, 울, 고정 브리지 등

㉡ 칩브레이커(Chip Breaker)

- 선반에서 사용하는 바이트와 관련된 방호장치
- 선반에서 절삭가공 시 발생하는 칩을 짧게 끊어지도록 하기 위해 공구에 설치한 방호장치의 일종인 칩 제거기구
- 선반작업 시 발생되는 칩으로 인한 재해를 예방하기 위하여 칩을 짧게 끊어지게 하는 것
- 종류 : 연삭형, 클램프형, 자동조정식

㉢ 덮개, 울 : 돌출하여 회전하고 있는 가공물을 작업할 때 설치하여야 하는 방호장치

㉣ 범용 수동선반의 방호조치

- 척가드의 폭은 공작물의 가공작업에 방해되지 않는 범위 내에서 척 전체 길이를 방호할 수 있을 것
- 척가드의 개방 시 스핀들의 작동이 정지되도록 연동회로를 구성할 것
- 전면 칩가드의 폭은 새들 폭 이상으로 설치할 것
- 전면 칩가드는 심압대가 베드 끝단부에 위치하고 있고 공작물 고정장치에서 심압대까지 가드를 연장시킬 수 없는 경우에는 부착 위치를 조정할 수 있을 것

핵심예제

1-1. 다음 중 선반의 안전장치 및 작업 시 주의사항으로 잘못된 것은?

[2010년 제1회 유사, 2011년 제1회 유사, 2012년 제3회 유사, 2015년 제2회 유사, 2016년 제2회 유사]

① 선반의 바이트는 되도록 짧게 물린다.
② 방진구는 공작물의 길이가 지름의 5배 이상일 때 사용한다.
③ 선반의 베드 위에는 공구를 올려놓지 않는다.
④ 칩브레이커는 바이트에 직접 설치한다.

1-2. 다음 중 선반의 방호장치로 볼 수 없는 것은?

[2010년 제2회, 2014년 제2회, 2017년 제2회]

① 실드(Shield)
② 슬라이딩(Sliding)
③ 척커버(Chuck Cover)
④ 칩브레이커(Chip Breaker)

|해설|

1-1
방진구는 공작물의 길이가 지름의 12배 이상일 때 사용한다.

1-2
슬라이딩은 선반의 방호장치가 아니라 선반 구동부이다.

정답 1-1 ② 1-2 ②

핵심이론 02 밀링머신, 드릴링머신의 안전

① 밀링머신의 안전
㉠ 밀링머신의 개요
- 복수의 날을 가진 회전공구인 밀링커터를 장착하여 평면, 측면 등을 가공하는 절삭가공 공작기계
- 주로 평면 공작물을 절삭가공하지만 더브테일가공이나 나사가공 등의 복잡한 가공도 가능하다.

㉡ 밀링작업의 특징
- 상향절삭과 하향절삭 : 상향절삭은 커터의 회전방향과 반대 방향으로 공작물을 이송하는 절삭방법이며 하향절삭은 커터의 회전방향과 같은 방향으로 공작물을 이송하는 절삭방법이다.

구 분	장 점	단 점
상향 절삭	• 기계에 무리를 주지 않는다. • 날이 부러질 염려가 없다. • 공작물 표면에 부착된 산화물층이나 불순물층이 공구수명에 영향을 주지 않는다. • 백래시가 자연히 제거되어 백래시에 의한 문제가 거의 발생하지 않는다.	• 공작물 고정이 불안정하여 떨림이 우려된다. • 제대로 절삭되지 않는 러빙(Rubbing, 비비는 현상)이 발생되어 공구마모가 심하여 공구수명이 단축된다. • 절삭열에 의해 치수 정밀도가 불량하고 가공면이 거칠다. • 칩이 가공면 위에 쌓여 시야가 좋지 않다.
하향 절삭	• 절삭력이 하향으로 작용하여 공작물 고정이 간편하며 유리하다. • 공구마멸이 적고 공구수명에 유리하다. • 가공면이 깨끗하다. • 저속 이송에서 회전저항이 작아 표면거칠기가 좋다. • 절삭칩이 가공면에 쌓이지 않아 가공할 면을 잘 볼 수 있고 절삭면의 치수 정밀도 변화가 적다.	• 공작물을 누르면서 가공하므로 기계에 무리가 간다. • 절삭날이 부러지기 쉽다. • 열간가공된 금속이나 주물 같이 표면에 산화물층이 형성된 공작물의 가공에는 부적합하다. • 백래시 제거장치가 필요하다.

- 발생되는 칩이 가늘고 예리하여 손을 잘 다치게 한다(선삭, 세이핑, 플레이닝, 밀링 중에서 밀링작업 시 발생되는 칩이 가장 가늘고 예리하다).

㉢ 밀링작업의 안전수칙
- 테이블 위에 공구나 기타 물건 등을 올려놓지 않는다.
- 장갑은 착용을 금하고 보안경을 착용해야 한다.
- 강력절삭을 할 때는 일감을 바이스에 깊게 물린다.
- 커터는 될 수 있는 한 칼럼에 가깝게 설치한다.
- 절삭공구를 설치할 때에는 반드시 전원을 끈다.
- 상하좌우 이송장치의 핸들은 사용 후 반드시 풀어둔다(빼 두어야 한다).
- 일감 또는 부속장치 등을 설치하거나 제거할 때에는 반드시 기계를 정지시키고 작업한다(일감을 풀어내거나 고정할 때는 기계를 정지시킨다).
- 커터에 옷이 감기지 않도록 주의한다.
- 급속이송은 한 방향으로만 한다.
- 급속이송은 백래시 제거장치가 동작하지 않고 있음을 확인한 다음 행한다.
- 정면 밀링커터 작업 시 날 끝과 동일 높이에서 확인하면서 작업하면 위험하다.
- 절삭유의 주유는 가공 부분에서 분리된 커터 위에서 한다.
- 발생된 칩은 기계를 정지시킨 다음에 브러시 등으로 제거한다.
- 일감을 측정할 때에는 반드시 절삭공구의 회전을 정지한 후에 한다.
- 주축속도를 변속시킬 때는 반드시 주축이 정지한 후에 변환한다.

② 드릴링머신 안전의 개요

㉠ 드릴링머신의 개요
- 원주속도(v) : $v = \frac{\pi d n}{1,000}$[m/min]

  여기서, d : 절삭공구의 직경[mm]

  n : 분당 회전수, rpm[rev/min]

㉡ 드릴링머신에 의한 가공 종류

드릴링	탭 핑	리 밍	보 링
스폿페이싱	카운터싱킹	카운터보링	챔퍼링

- 드릴링 : 드릴을 사용하여 소재에 없던 초벌 구멍을 뚫는 작업
- 탭핑(Tapping) : 드릴로 뚫은 구멍에 탭(Tap)을 사용하여 구멍의 내면에 암나사를 내는 작업(호칭지름 M, 피치 P일 때 탭 전 드릴지름 $d = M - P$)
- 리밍 : 드릴로 뚫은 구멍의 내면을 (리머로) 정밀하게 다듬어 가공면을 매끈하게 하고 치수정밀도를 향상시키는 작업
- 보링 : 주조된 구멍이나 이미 드릴링한 구멍을 필요한 직경으로 확공하거나 정밀한 치수로 만드는 작업
- 스폿페이싱(Spot Facing) : 볼트 머리나 너트 등이 닿는 부분을 평탄하게 가공하는 작업
- 카운터싱킹(Counter Sinking) : 접시 모양의 나사머리 모양이 닿는 테이퍼 원통형(원추형) 자리를 내는 작업
- 카운터보링(Counter Boring) : 작은 나사, 볼트의 머리 부분을 공작물에 묻히기 위해 미리 뚫은 구멍에 단을 내는 작업
- 챔퍼링 : 구멍 입구 부위 모따기 작업

㉢ 드릴링작업의 안전수칙
- 드릴링작업 시 장갑 착용을 금지한다.
- 옷소매가 길거나 찢어진 옷이나 작업복은 착용하지 않는다.
- 일감이 크고 복잡할 때는 볼트와 고정구(클램프)로 고정한다.
- 대량생산과 정밀도를 요구할 때는 지그로 고정한다.
- 재료의 회전정지지그를 갖춘다.
- 스위치 등을 이용한 자동급유장치를 구성한다.

- 드릴링작업 시작 전에 척 렌치(Chuck Wrench)를 반드시 뺀다.
- 작은 일감이어도 양손으로 잡고 작업하면 위험하다.
- 작고 길이가 긴 물건이라도 플라이어로 잡고 뚫으면 위험하므로 바이스로 고정시킨 후 뚫는다.
- 정확한 작업을 한다는 명목으로 구멍에 손을 넣어 확인하면 위험하다.
- 회전하는 드릴에 걸레 등을 가까이두지 않는다.
- 스핀들에서 드릴을 뽑아낼 때에는 드릴 아래로 손을 내밀지 않는다.

㉣ 휴대용 동력 드릴작업의 안전수칙
- 드릴의 손잡이를 견고하게 잡고 작업하여 드릴 손잡이 부위가 회전하지 않고 확실하게 제어가 가능하도록 한다.
- 절삭하기 위하여 구멍에 드릴날을 넣거나 뺄 때 반발에 의하여 손잡이 부분이 튀거나 회전하여 위험을 초래하지 않도록 팔을 드릴과 직선으로 유지한다.
- 작업 중에 드릴을 구멍에 맞추거나 스핀들의 속도를 낮추기 위해서 드릴날을 손으로 잡아서는 안 된다.
- 드릴이나 리머를 확실히 고정 또는 제거하고자 하는 목적으로 금속성 망치 등을 사용하면 안 되며 절삭공구 고정·제거용 전용공구 등을 사용하여야 한다.
- 드릴작업 시 과도한 진동을 일으키면 즉시 작동을 중단한다.

핵심예제

2-1. 밀링머신 작업의 안전수칙으로 적절하지 않은 것은?

[2010년 제3회 유사, 2012년 제2회 유사, 2013년 제1회, 제3회 유사, 2014년 제2회 유사, 2015년 제1회 유사, 2016년 제1회 유사, 제3회, 2018년 제1회 유사, 제2회 유사]

① 강력절삭을 할 때는 일감을 바이스로부터 길게 물린다.
② 일감을 측정할 때에는 반드시 정지시킨 다음에 한다.
③ 상하 이송장치의 핸들은 사용 후 반드시 빼 두어야 한다.
④ 커터는 될 수 있는 한 칼럼에 가깝게 설치한다.

2-2. 다음 중 드릴작업의 안전사항이 아닌 것은?

[2011년 제2회 유사, 2013년 제1회, 제3회 유사, 2014년 제2회 유사, 2017년 제1회, 2021년 제2회]

① 옷소매가 길거나 찢어진 옷은 입지 않는다.
② 회전하는 드릴에 걸레 등을 가까이 두지 않는다.
③ 작고 길이가 긴 물건은 플라이어로 잡고 뚫는다.
④ 스핀들에서 드릴을 뽑아낼 때에는 드릴 아래로 손을 내밀지 않는다.

2-3. 다음 중 휴대용 동력 드릴작업 시 안전사항에 관한 설명으로 틀린 것은? [2014년 제1회, 2018년 제1회, 제3회 유사]

① 드릴의 손잡이를 견고하게 잡고 작업하여 드릴 손잡이 부위가 회전하지 않고 확실하게 제어 가능하도록 한다.
② 절삭하기 위하여 구멍에 드릴날을 넣거나 뺄 때 반발에 의하여 손잡이 부분이 튀거나 회전하여 위험을 초래하지 않도록 팔을 드릴과 직선으로 유지한다.
③ 드릴이나 리머를 고정시키거나 제거하고자 할 때 금속성 망치 등을 사용하여 확실히 고정 또는 제거한다.
④ 드릴을 구멍에 맞추거나 스핀들의 속도를 낮추기 위해서 드릴날을 손으로 잡아서는 안 된다.

|해설|

2-1
강력절삭을 할 때는 일감을 바이스에 깊게 물린다.

2-2
작고 길이가 긴 물건이라도 플라이어로 잡고 뚫으면 위험하므로 바이스로 고정시킨 후 뚫는다.

2-3
드릴이나 리머를 확실히 고정 또는 제거하고자 하는 목적으로 금속성 망치 등을 사용하면 안 되며 절삭공구 고정·제거용 전용공구 등을 사용하여야 한다.

정답 2-1 ① 2-2 ③ 2-3 ③

핵심이론 03 연삭기의 안전

① 연삭숫돌의 개요

㉠ 연삭숫돌의 3요소 : 연삭입자, 결합제, 기공(Porosity)

㉡ 연삭현상

- 자생작용 : 연삭 시 연삭숫돌 표면의 연삭입자가 탈락되면서 연삭숫돌의 표면에 새로운 연삭입자가 계속 생성되는 현상
- 로딩(Loading, 눈메꿈현상) : 연삭숫돌의 기공 부분이 너무 작거나 연질의 금속을 연삭할 때 숫돌 표면의 기공이 연삭칩에 막혀서 연삭이 잘 행하여지지 않는 현상

㉢ 연삭숫돌의 파괴원인

- 숫돌에 균열이 있을 때
- 숫돌의 치수, 특히 내경의 크기가 적당하지 않을 때
- 플랜지의 지름이 현저히 작을 때
- 숫돌의 회전속도가 너무 빠를 때
- 회전력이 결합력보다 클 때
- 숫돌의 측면을 사용할 때
- 외부의 충격을 받았을 때
- 회전 불균형·진동 등이 심할 때

㉣ 연삭숫돌 교환 시 연삭숫돌을 끼우기 전에 숫돌의 파손이나 균열의 발생 여부를 확인해 보기 위한 검사방법 : 음향검사(타진검사), 균형검사, 진동검사 등

② 연삭 안전의 개요

㉠ 연삭작업의 안전수칙

- 회전 중인 연삭숫돌이 근로자에게 위험을 미칠 우려가 있는 경우에는 그 부위에 덮개를 설치하여야 한다.
- 연삭숫돌의 회전속도시험은 제조 후 규정속도의 1.5배로 안전시험을 한다.
- 연삭숫돌의 최고 사용 회전속도 혹은 원주속도를 초과해서 사용하지 않는다.
- 측면을 사용하는 목적으로 하는 연삭숫돌 이외는 측면을 사용해서는 안 된다.
- 연삭숫돌을 교체한 때에는 3분 이상, 작업시작 전에는 1분 이상 시운전한다.
- 작업 시작 전 결함 유무를 확인한 후 사용해야 한다.
- 연삭숫돌에 충격을 가하지 않는다.
- 작업 시는 연삭숫돌의 정면에서 150° 정도 비켜서서 작업한다.

㉡ 휴대형(휴대용) 연삭기 사용 시 안전사항

- 잘 안 맞는 장갑이나 옷은 착용하지 말 것
- 긴 머리는 묶고 모자를 착용하고 작업할 것
- 연삭작업이 끝나면 즉시 전원을 끌 것
- 연삭숫돌을 설치하거나 교체하기 전에 전선이나 압축공기 호스는 뽑아 놓을 것
- 연삭작업 시 클램핑 장치를 사용하여 공작물을 확실히 고정할 것

㉢ 연삭숫돌의 원주속도(v) : $v = \frac{\pi dn}{1,000}$[m/min]

여기서, d : 연삭숫돌의 직경[mm]

n : 분당 회전수, rpm[rev/min]

㉣ 숫돌 고정장치인 평형 플랜지의 지름 : 숫돌직경의 1/3 이상

③ 연삭기의 방호장치 : 덮개, 작업 받침대와 조정편 등

㉠ 덮개(방호장치 자율안전기준 고시 별표 4)

- 덮개의 종류

종 류	구 조
기계식 연삭기 덮개	주판과 측판 또는 주판 구성품
탁상용 연삭기 덮개	주판과 측판, 워크레스트, 조정편
휴대용 연삭기 덮개	주판과 측판 또는 주판, 측판의 일체형

- 덮개의 일반구조
  - 덮개에 인체의 접촉으로 인한 손상위험이 없어야 한다.
  - 덮개에는 그 강도를 저하시키는 균열 및 기포 등이 없어야 한다.
  - 탁상용 연삭기의 덮개에는 워크레스트 및 조정편을 구비하여야 하며, 워크레스트는 연삭숫돌과의 간격을 3[mm] 이하로 조정할 수 있는 구조이어야 한다.
  - 각종 고정부분은 부착하기 쉽고 견고하게 고정될 수 있어야 한다.
  - 회전 중인 연삭숫돌이 근로자에게 위험을 미칠 우려가 있을 시 덮개를 설치하여야 하는 연삭숫돌의 최소 지름은 5[cm] 이상이다.

• 덮개의 재료
  - 덮개의 재료는 인장강도 274.5[MPa](28[kg/mm^2]) 이상이고 신장도가 14[%] 이상이어야 하며, 인장강도의 값[MPa]에 신장도[%]의 20배를 더한 값이 754.5 이상이어야 한다. 다만, 절단용 숫돌의 덮개는 인장강도 176.4[MPa] 이상, 신장도 2[%] 이상의 알루미늄합금을 사용할 수 있다.
  - 덮개 재료는 국가공인시험기관의 시험성적서를 제출받아 확인하여야 한다. 다만, 재료성적서를 제조사가 입증하는 경우에는 증명서류로 대체할 수 있다.

• 연삭기 덮개의 각도

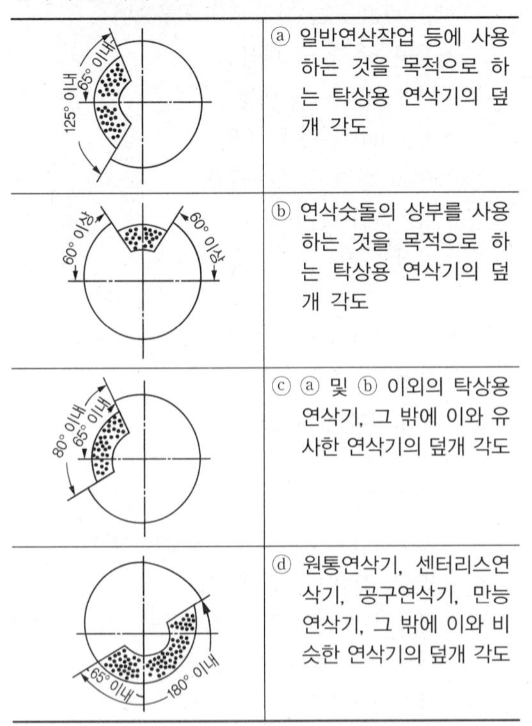

덮개 각도	용도
125° 이내, 65° 이내	ⓐ 일반연삭작업 등에 사용하는 것을 목적으로 하는 탁상용 연삭기의 덮개 각도
60° 이상, 60° 이상	ⓑ 연삭숫돌의 상부를 사용하는 것을 목적으로 하는 탁상용 연삭기의 덮개 각도
80° 이내, 65° 이내	ⓒ ⓐ 및 ⓑ 이외의 탁상용 연삭기, 그 밖에 이와 유사한 연삭기의 덮개 각도
65° 이내, 180° 이내	ⓓ 원통연삭기, 센터리스연삭기, 공구연삭기, 만능연삭기, 그 밖에 이와 비슷한 연삭기의 덮개 각도

• 휴대용연삭기의 노출각도는 180° 이내로 한다.
• 절단 및 평면연삭기의 노출각도는 150° 이내로 하되, 숫돌의 주축에서 수평면 밑으로 이루는 덮개의 각도는 15° 이상이 되도록 하여야 한다.

ⓛ 탁상용 연삭기의 작업대(워크레스트)와 조정편
  • 작업대는 연삭숫돌과의 간격을 3[mm] 이하로 조정할 수 있는 구조이어야 하며 숫돌과 받침대의 간격은 1~3[mm] 정도이며, 보통 3[mm] 이내로 한다.
  • 조정편과 연삭숫돌의 간격은 3~10[mm] 정도이며, 보통 5[mm] 이내로 한다.

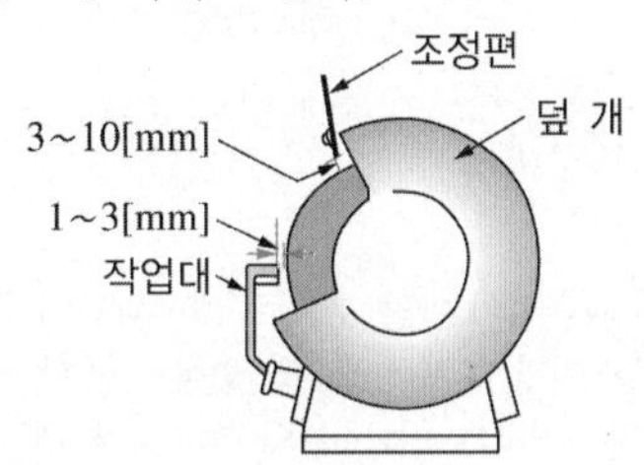

핵심예제

3-1. 연삭숫돌의 파괴원인이 아닌 것은?

[2011년 제1회 유사, 제2회 유사, 2013년 제2회, 2016년 제3회, 2021년 제2회 유사, 2022년 제3회 유사]

① 외부의 충격을 받았을 때
② 플랜지가 현저히 작을 때
③ 회전력이 결합력보다 클 때
④ 내・외면의 플랜지 지름이 동일할 때

3-2. 연삭숫돌의 지름이 20[cm]이고, 원주속도가 250[m/min]일 때 연삭숫돌의 회전수는 약 몇 [rpm]인가?

[2011년 제1회 유사, 제3회 유사, 2012년 제1회, 2014년 제1회 유사, 2016년 제1회 유사, 2017년 제3회]

① 398 ② 433
③ 489 ④ 552

3-3. 숫돌 바깥지름이 150[mm]일 경우 평형 플랜지의 지름은 최소 몇 [mm] 이상이어야 하는가?

[2011년 제3회, 2012년 제2회 유사, 2015년 제1회, 2017년 제2회 유사, 제3회 유사, 2018년 제2회, 2022년 제1회]

① 25 ② 50
③ 75 ④ 100

3-4. 지름 5[cm] 이상을 갖는 회전 중인 연삭숫돌의 파괴에 대비하여 필요한 방호장치는?

[2010년 제2회, 2016년 제2회 유사, 2017년 제2회]

① 받침대 ② 과부하방지장치
③ 덮 개 ④ 프레임

 핵심예제

3-5. 연삭숫돌의 상부를 사용하는 것을 목적으로 하는 탁상용 연삭기에서 안전 덮개 노출 부위의 각도는 몇 ° 이내이어야 하는가? [2010년 제3회, 2014년 제3회, 2018년 제2회]

① 90° 이내 ② 75° 이내
③ 60° 이내 ④ 105° 이내

|해설|

3-1
연삭숫돌의 파괴원인이 아닌 것으로 '내・외면의 플랜지 지름이 동일할 때, 플랜지가 현저히 클 때, 연삭작업 시 숫돌의 정면을 사용할 때, 플랜지 직경이 숫돌 직경의 1/3 이상일 때' 등이 출제된다.

3-2

$$v = \frac{\pi dn}{1,000}[\text{m/min}] \text{에서 } n = \frac{1,000v}{\pi d} = \frac{1,000 \times 250}{3.14 \times 200} \simeq 398[\text{rpm}]$$

3-3
숫돌 고정장치인 평형 플랜지의 지름은 숫돌직경 150[mm]의 1/3 이상이어야 하므로 평형 플랜지의 지름은 최소 50[mm] 이상이어야 한다.

3-4
회전 중인 연삭숫돌이 근로자에게 위험을 미칠 우려가 있을 시 덮개를 설치하여야 하는 연삭숫돌의 최소 지름은 5[cm] 이상이다.

3-5
연삭숫돌의 상부를 사용하는 것을 목적으로 하는 탁상용 연삭기에서 안전 덮개 노출 부위의 각도는 60° 이내이어야 한다.

정답 3-1 ④ 3-2 ① 3-3 ② 3-4 ③ 3-5 ③

핵심 이론 04 셰이퍼와 플레이너의 안전

① 셰이퍼(형삭기)의 안전

㉠ 셰이퍼(형삭기)의 개요

- 형삭기(Slotter, Shaper) : 공작물을 테이블 위에 고정시키고 램(Ram)에 의하여 절삭공구가 수평 또는 상하운동하면서 공작물을 절삭하는 공작기계
- 슬로터(Slotter)는 셰이퍼(Shaper)를 세워놓은 구조이므로 크게는 형삭기의 범주에 들어간다.
- 형삭기(Slotter, Shaper)의 주요 구조부 : 공작물테이블, 공구대, 공구공급장치(수치제어식으로 한정), 램

㉡ 셰이퍼(Shaper)작업에서 위험요인

- 가공 칩(Chip) 비산
- 바이트(Bite)의 이탈
- 램(Ram) 말단부 충돌

㉢ 셰이퍼 작업 시 안전수칙

- 바이트를 짧게 고정한다.
- 공작물을 견고하게 고정한다.
- 가드, 방책, 칩받이 등을 설치한다.
- 운전자가 바이트의 측면 방향에 선다.
- 운전 중 주유하지 않는다.

② 플레이너(평삭기)의 안전

㉠ 평삭기의 개요

- 평삭기(Planer) : 크고 무거운 공작물을 테이블 위에 고정시키고 공작물을 수평왕복 시키면서 공작물의 평면을 가공하는 공작기계
- 평삭기(Planer)의 주요 구조부 : 칼럼(기둥), 크로스레일, 공작물테이블, 공구대, 자동공구공급장치(수치제어식으로 한정)

㉡ 플레이너 작업 시 안전수칙

- 베드 위에 다른 물건을 올려놓지 않는다.
- 바이트는 되도록 짧게 나오도록 설치한다.
- 프레임 중앙부의 피트(Pit)에는 뚜껑을 설치한다.
- 테이블 위에는 기계 작동 중에 절대로 올라가지 않는다.
- 테이블의 이동범위를 나타내는 안전방호울을 세워놓아 재해를 예방한다.
- 운전 중 주유하지 않는다.

③ 형삭 · 평삭의 방호장치

㉠ 형삭 · 평삭 방호장치의 종류 : 방책, 칩받이, 칸막이 등

㉡ 덮개 또는 울 : 형삭기의 램, 평삭기의 테이블 등의 행정 끝이 근로자에게 위험을 미칠 우려가 있는 경우 위험방지를 위해 해당 부위에 설치하는 방호장치

 **핵심예제**

셰이퍼(Shaper) 작업에서 위험요인과 가장 거리가 먼 것은?

[2011년 제1회, 2016년 제1회]

① 가공 칩(Chip) 비산
② 바이트(Bite)의 이탈
③ 램(Ram) 말단부 충돌
④ 척핸들(Chuck-handle) 이탈

|해설|

척핸들(Chuck-handle) 이탈은 셰이퍼 작업의 위험요인이 아니다.

정답 ④

제3절 비절삭가공 공작기계의 안전

핵심이론 01 프레스 안전

① 프레스의 개요

㉠ 슬라이드 운동기구에 의한 프레스 분류 : 크랭크 프레스, 너클 프레스, 마찰 프레스 등

㉡ 동력 프레스의 종류 : 크랭크 프레스, 토글 프레스, 예압 프레스 등

㉢ 프레스의 위험성

- 부품의 송급 · 배출이 핸드 인 다이(Hand in Die)로 이루어지는 것은 작업 시 위험성이 크다.
- 마찰식 클러치 프레스의 경우 하강 중인 슬라이드를 정지시킬 수 있다.
- 일반적으로 프레스는 범용성이 우수한 기계이지만 그에 대응하는 안전조치들이 미비한 경우가 많아 위험성이 높다.
- 신체의 일부가 작업점에 노출되면 전단 · 협착 등의 재해를 당할 위험성이 매우 높다.

㉣ 소성가공을 열간가공과 냉간가공으로 분류하는 가공온도의 기준은 재결정온도이다.

㉤ 작업 후 제품을 꺼낼 경우 파쇠철을 제거하기 위하여 사용하는 데 가장 적합한 것은 압축공기이다.

② 프레스 안전의 개요

㉠ 금형의 안전수칙

- 금형의 설치용구는 프레스 구조에 적합한 형태로 한다.
- 금형의 체결 시 올바른 치공구를 사용하고 균등하게 체결한다.
- 금형의 체결 시에는 적합한 공구를 사용한다.
- 금형 부착작업 · 해체작업 · 조정작업 시 위험한계 내에서 작업하는 작업자의 안전을 위하여 안전블록의 사용 등 필요한 조치를 취해야 한다.
- 맞춤핀을 사용할 때는 억지끼워맞춤으로 정확하게 하고 이를 상형에 사용할 때에는 낙하방지의 대책을 세워 둔다.
- 금형의 체결 시에는 안전블록을 설치하고 실시한다(안전블록 설치는 슬라이드의 불시하강을 방지하기 위한 것이다).

• 금형의 설치 및 조정은 전원을 끄고 실시한다.
• 금형의 사이에 신체 일부가 들어가지 않도록 이동 스트리퍼와 다이의 간격은 8[mm] 이하로 한다.
• 금형과 펀치 사이에 손가락이 들어가지 않도록 펀치 상사점에서의 펀치 끝과 금형 상면 사이의 간격은 8[mm] 이하로 한다.
• 대형 금형에서 싱크가 헐거워짐이 예상될 경우 싱크만으로 상형을 슬라이드에 설치하는 것을 피하고 볼트를 사용하여 조인다.
• 금형은 하형부터 잡고 무거운 금형의 받침은 인력으로 하지 않는다.
• 고정볼트는 고정 후 가능하면 나사산이 3~4개 정도 짧게 남겨 슬라이드 면과의 사이에 협착이 발생하지 않도록 해야 한다.
• 금형 고정용 브래킷(물림판)을 고정시킬 때 고정용 브래킷은 수평이 되게 하고, 고정볼트는 수직이 되게 고정하여야 한다.
• 금형을 설치하는 프레스의 T홈 안 길이는 설치 볼트직경의 2배 이상으로 한다.
• 금형을 부착하기 전에 하사점을 확인하고 설치한다.

ⓛ 프레스 작업 전 점검사항
• 클러치 상태(가장 중요한 점검사항)
• 클러치 및 브레이크의 기능
• 전단기의 칼날 및 테이블의 상태
• 금형 및 고정볼트 상태
• 크랭크축, 플라이휠, 슬라이드, 연결봉 및 연결나사의 풀림 유무
• 슬라이드 또는 칼날에 의한 위험방지기구의 기능
• 상하 형틀의 간극
• 1행정1정지기구, 급정지장치 및 비상정지장치의 기능
• 전원 단전 유무 확인

ⓒ 프레스 금형 파손위험 방지방법
• 맞춤핀을 사용할 때에는 억지끼워맞춤으로 한다. 상형에 사용할 때에는 낙하방지의 대책을 세워둔다.
• 파일럿 핀, 직경이 작은 펀치, 핀 게이지 등 삽입 부품은 빠질 위험이 있으므로 플랜지를 설치하거나 테이퍼로 하는 등 이탈 방지대책을 세워둔다.
• 쿠션 핀을 사용할 경우에는 상승 시 누름판의 이탈방지를 위하여 단붙임한 나사로 견고히 조여야 한다.
• 가이드 포스트, 생크는 확실하게 고정한다.
• 작업 중 진동 및 충격에 의해 볼트 및 너트의 헐거워짐이 없도록 한다.
• 금형의 조립에 사용하는 볼트 및 너트는 헐거움 방지를 위해 분해, 조립을 고려하면서 스프링 와셔, 로크너트, 키, 핀, 용접, 접착제 등을 적절히 사용한다.
• 금형의 하중 중심은 편하중 방지를 위해 원칙적으로 프레스의 하중 중심과 일치하도록 한다.
• 금형 내의 가동부분은 모두 운동하는 범위를 제한하여야 한다. 또한 누름, 노크 아웃, 스트리퍼, 패드, 슬라이드 등과 같은 가동부분은 움직였을 때는 원칙적으로 확실하게 원점으로 되돌아가야 한다.
• 상부 금형 내에서 작동하는 패드가 무거운 경우에는 운동제한과는 별도로 낙하방지를 한다.
• 금형에 사용하는 스프링은 압축형으로 한다.
• 스프링 등의 파손에 의해 부품이 비산될 우려가 있는 부분에는 덮개를 설치한다.
• 캠, 기타 충격이 반복해서 가해지는 부분에는 완충장치를 설치한다.

③ 프레스의 제반장치 등

㉠ 제품 및 스크랩을 자동적으로 위험한계 밖으로 배출하기 위한 장치 : 키커, 이젝터, 공기분사장치

ⓛ 재해 예방을 위한 재료의 자동송급 또는 자동배출장치 : 롤 피더, 그리퍼 피더, 셔블 피더

ⓒ 금형 안에 손을 넣을 필요가 없도록 한 장치 : 롤 피더, 다이얼 피더, 그리퍼 피더, 호퍼 피더, 푸셔 피더, 슈트, 이젝터, 슬라이딩 다이, 산업용 로봇 등

ⓔ U자형 커버 : 프레스 작업 중 부주의로 프레스 페달을 밟는 것에 대비하여 페달에 설치하는 것

ⓜ 높이 2[m] 이상인 작업용 발판의 설치기준
• 상부 난간대는 바닥면으로부터 90[cm] 이상 120[cm] 이하에 설치하고 중간 난간대는 상부 난간대와 바닥면 등의 중간에 설치할 것
• 발끝막이판은 바닥면 등으로부터 10[cm] 이상의 높이를 유지할 것

④ 프레스 또는 전단기의 방호장치

㉠ 프레스 또는 전단기 방호장치의 종류 및 분류

[핸드 인 다이(Hand in Die)방식의 프레스에 사용되는 방호방식]

종 류	분류기호	용 도
광전자식	A-1	• 프레스 또는 전단기에서 일반적으로 많이 활용하고 있는 형태로서 투광부, 수광부, 컨트롤 부분으로 구성된 것으로서 신체의 일부가 광선을 차단하면 기계를 급정지시키는 방호장치 • 공압·유압프레스, 전단기
	A-2	• 급정지기능이 없는 프레스의 클러치 개조를 통해 광선 차단 시 급정지시킬 수 있도록 한 방호장치 • 동력프레스, 전단기(핀클러치형)
양수조작식	B-1 B-2	• 1행정1정지식 프레스에 사용되는 것으로서 양손으로 동시에 조작하지 않으면 기계가 동작하지 않으며, 한 손이라도 떼면 기계를 정지시키는 방호장치 • B-1 : 프레스(유공압밸브식) • B-2 : 프레스, 전단기(전기 버튼식)
가드식	C-1 C-2	• 가드가 열려 있는 상태에서는 기계의 위험부분이 동작되지 않고 기계가 위험한 상태일 때에는 가드를 열 수 없도록 한 방호장치 • C-1 : 프레스, 전단기(가드방식) • C-2 : 프레스(게이트가드방식)
손쳐내기식	D	• 슬라이드의 작동에 연동시켜 위험 상태가 되기 전에 손을 위험 영역에서 밀어내거나 쳐내는 방호장치로서 프레스용으로 확동식 클러치형 프레스에 한해서 사용됨(다만, 광전자식 또는 양수조작식과 이중으로 설치 시에는 급정지 가능 프레스에 사용 가능) • 프레스(120[SPM] 이하)
수인식	E	• 슬라이드와 작업자 손을 끈으로 연결하여 슬라이드 하강 시 작업자 손을 당겨 위험 영역에서 빼낼 수 있도록 한 방호장치로서 프레스용으로 확동식 클러치형 프레스에 한해서 사용됨(다만, 광전자식 또는 양수조작식과 이중으로 설치 시에는 급정지 가능 프레스에 사용 가능) • 프레스(120[SPM] 이하, 스트로크 40[mm] 이상)

- 핸드 인 다이(Hand in Die)방식 : 작업자의 손이 금형 사이에 들어가야만 되는 방식
- 마찰 클러치가 부착된 프레스에 적합한 방호방식 : 광전자식, 양수조작식, 가드식

㉡ 프레스 또는 전단기 방호장치의 공통 일반구조

- 방호장치의 표면은 벗겨짐 현상이 없어야 하며, 날카로운 모서리 등이 없어야 한다.
- 위험기계·기구 등에 장착이 용이하고 견고하게 고정될 수 있어야 한다.
- 외부 충격으로부터 방호장치의 성능이 유지될 수 있도록 보호덮개가 설치되어야 한다.
- 각종 스위치, 표시램프는 매립형으로 쉽게 근로자가 볼 수 있는 곳에 설치해야 한다.

㉢ 광전자식 방호장치(감응식 방호장치) : 접근 반응형 방호장치

- 광전자식 방호장치의 개요
  - 원칙적으로 급정지기구가 부착되어야만 사용할 수 있는 방식이다.
  - 연속 운전작업에 사용할 수 있다.
  - 위험한계까지의 거리가 짧은 200[mm] 이하의 프레스에는 연속 차광폭이 작은 30[mm] 이하의 방호장치를 선택한다.
  - 핀클러치 구조의 프레스에는 사용할 수 없다.
  - 기계적 고장에 의한 2차 낙하에는 효과가 없다.
  - 시계를 차단하지 않기 때문에 작업에 지장을 주지 않는다.
- 광전자식 방호장치의 형식 구분

형 식	광축의 범위
Ⓐ	12광축 이하
Ⓑ	13~56광축 미만
Ⓒ	56광축 이상

- 광전자식 방호장치의 일반사항
  - 정상 동작 표시램프는 녹색, 위험 표시램프는 붉은색으로 하며, 쉽게 근로자가 볼 수 있는 곳에 설치해야 한다.
  - 슬라이드 하강 중 정전 또는 방호장치의 이상 시에 정지할 수 있는 구조이어야 한다.
  - 방호장치는 릴레이, 리밋 스위치 등의 전기부품의 고장, 전원전압의 변동 및 정전에 의해 슬라이드가 불시에 동작하지 않아야 하며, 사용 전원전압의 ±(20/100)의 변동에 대하여 정상으로 작동되어야 한다.

- 방호장치의 정상작동 중에 감지가 이루어지거나 공급전원이 중단되는 경우 적어도 두 개 이상의 독립된 출력신호 개폐장치가 꺼진 상태로 돼야 한다.
- 방호장치의 감지기능은 규정한 검출영역 전체에 걸쳐 유효하여야 한다(다만, 블랭킹 기능이 있는 경우 그렇지 않다).
- 방호장치에 제어기가 포함되는 경우에는 이를 연결한 상태에서 모든 시험을 한다.
- 방호장치를 무효화하는 기능이 있어서는 안 된다.

• 광전자식 방호장치의 재료 : A-2 형의 클러치 개조부 재료는 KS D 4101(탄소강 주강품)의 SC 410 또는 동등 이상의 재료를 사용해야 하고, 표면경화처리를 해야 한다.

• 광전자식 방호장치의 성능기준
- 연속 차광폭 시험 : 30[mm] 이하(다만, 12광축 이상으로 광축과 작업점과의 수평거리가 500[mm]를 초과하는 프레스에 사용하는 경우는 40[mm] 이하)
- 방호 높이 변화량 시험 : 15/100 이내
- 광봉의 이동속도에 대한 시험 : 정해진 속도에서 출력신호 개폐장치를 꺼진 상태로 하여야 한다.
- 유효 구경각(EAA) 시험 : 유효 구경각시험은 각각의 측정 포인트(MP)에서 측정한 유효 구경각이 다음의 한계값 이하이어야 하며 MP1에서의 시험결과에 따라 해당 등급을 표시해야 한다.

MP 각도		MP1	MP2	MP3	MP4
한계값	등급Ⅰ	2.5°	5°	10°	14.7°
	등급Ⅱ	5°	7.5°	14.7°	21.5°

- 지동시간시험 : 20[ms] 이하
- 타 광원시험

백열광원, 형광광원	1,500[lx]	정상 작동할 것
	3,000[lx]	위험에 이르는 결함이 없을 것
스트로보광	위험에 이르는 결함이 없을 것	

- 전기적 교란시험 : 시험항목별 조건에 따라 위험에 이르는 결함이 없거나 정상 작동하거나 할 것
- 방진 및 내진시험, 내구성 시험 : 이상이 없을 것
- 온도 상승시험 : 60[℃] 이하
- 내한성 시험, 내열성 시험 : 지동시간 20[ms] 이하
- 접촉기 용착시험 : 용착 또는 부품 고장 시 안전회로를 구성하여 출력을 차단하는 기능을 갖추고 붉은색 경보램프 또는 경보음장치를 구비하여야 한다.
- 클러치 개조성능시험 : A-2형에 한하는 시험으로 슬라이드 하강 시 1회 이상 정지할 수 있어야 하고 작업점 10~12[mm] 범위에서 정지할 수 있어야 한다.

㉣ 양수조작식(Two Hand Control) 방호장치 : 위치제한형 방호장치

• 양수조작식 방호장치의 개요
- 원칙적으로 급정지기구가 부착되어야만 사용할 수 있는 방식이다.
- 30~40[ton]의 소형 프레스에서 120[SPM] 이상의 속도로 사용된다.

• 양수조작식 방호장치의 일반구조
- 정상 동작표시등은 녹색, 위험표시등은 붉은색으로 하며, 쉽게 근로자가 볼 수 있는 곳에 설치해야 한다.
- 슬라이드 하강 중 정전 또는 방호장치의 이상 시에 정지할 수 있는 구조이어야 한다.
- 방호장치는 릴레이, 리밋 스위치 등의 전기부품의 고장, 전원전압의 변동 및 정전에 의해 슬라이드가 불시에 동작하지 않아야 하며, 사용 전원전압의 ±20/100의 변동에 대하여 정상으로 작동되어야 한다.
- 1행정 1정지 기구에 사용할 수 있어야 한다.
- 누름 버튼을 양손으로 동시에 조작하지 않으면 작동시킬 수 없는 구조이어야 하며, 양쪽 버튼의 작동시간 차이는 최대 0.5초 이내일 때 프레스가 동작되도록 해야 한다.
- 1행정마다 누름 버튼에서 양손을 떼지 않으면 다음 작업의 동작을 할 수 없는 구조이어야 한다.
- 램의 하행정 중 버튼(레버)에서 손을 뗄 시 정지하는 구조이어야 한다.
- 누름 버튼의 상호 간 내측거리는 300[mm] 이상이어야 한다.

- 누름 버튼(레버 포함)은 매립형의 구조로서 다음 각 조건에 적합해야 한다. 다만, 시험콘으로 개구부에서 조작되지 않는 구조의 개방형 누름버튼(레버 포함)은 매립형으로 본다.
  - ⓐ 누름버튼(레버 포함)의 전 구간(360°)에서 매립된 구조
  - ⓑ 누름버튼(레버 포함)은 방호장치 상부표면 또는 버튼을 둘러싼 개방된 외함의 수평면으로부터 하단 2[mm] 이상에 위치
- 버튼 및 레버는 작업점에서 위험한계를 벗어나게 설치해야 한다.
- 양수조작식 방호장치는 푸트스위치를 병행하여 사용할 수 없는 구조이어야 한다.

• 양수조작식 방호장치의 성능기준
- 무부하 동작시험 : 1회의 오동작도 없어야 한다.
- 절연저항시험 : 5[MΩ] 이상
- 내전압시험 : 시험전압 인가 시 이상이 없어야 한다.
- 내구성 시험 : 내구성 시험 후 이상이 없어야 한다.
- 접촉기 용착시험 : 용착 또는 부품 고장 시 안전회로를 구성하여 출력을 차단하는 기능을 갖추고 빨간색 경보램프 또는 경보음장치를 구비하여야 한다.

ⓜ 가드식 방호장치

• 가드식 방호장치의 개요
- 급정지기구가 부착되어 있지 않아도 유효한 방식이다.
- 작동방식에 따른 게이트 가드식 방호장치의 종류 : 상승식, 하강식, 도립식, 횡슬라이드식

• 가드식 방호장치의 일반구조
- 가드는 금형의 착탈이 용이하도록 설치해야 한다.
- 가드의 용접 부위는 완전 용착되고 면이 깨끗해야 한다.
- 가드에 인체가 접촉하여 손상될 우려가 있는 곳은 부드러운 고무 등을 부착해야 한다.
- 게이트가드 방호장치는 가드가 열린 상태에서 슬라이드를 동작시킬 수 없고, 슬라이드 작동 중에는 게이트가드를 열 수 없어야 한다.
- 게이트가드 방호장치에 설치된 슬라이드 동작용 리밋 스위치는 신체의 일부나 재료 등의 접촉을 방지할 수 있는 구조이어야 한다.
- 가드의 닫힘으로 슬라이드의 기동신호를 알리는 구조의 것은 닫힘을 표시하는 표시램프를 설치해야 한다.
- 수동으로 가드를 닫는 구조의 것은 가드의 닫힘 상태를 유지하는 기계적 잠금장치를 작동한 후가 아니면 슬라이드 기동이 불가능한 구조이어야 한다.

• 가드식 방호장치의 성능기준
- 무부하 동작시험 : 1회의 오동작도 없어야 한다.
- 전기회로시험
  - ⓐ 가드가 닫힌 상태의 검출과 슬라이드의 제어회로는 고장 또는 정전 등에 의해 가드가 열린 상태에서는 슬라이드가 동작되지 않는 구조이어야 한다.
  - ⓑ 가드의 개폐를 제어하는 출력회로에 전자접촉기를 사용하는 경우에는 용착시 안전회로 구성 및 붉은색경보램프 또는 경보음장치를 구비해야 한다.
- 절연저항시험 : 5[MΩ] 이상
- 내전압시험 : 시험전압 인가 시 이상이 없어야 한다.

ⓗ 손쳐내기식 방호장치(Sweep Guard) : 접근 거부형 방호장치

• 손쳐내기식 방호장치의 개요
- 급정지기구가 부착되어 있지 않아도 유효한 방식이다.
- 슬라이드가 내려옴에 따라 손을 쳐내는 막대가 좌우로 왕복하면서 위험점으로부터 손을 보호하여 준다.
- 슬라이드의 행정수가 120[SPM] 이하의 것에 사용한다.
- 슬라이드의 행정길이가 40[mm] 이상의 것에 사용한다.
- 광전자식 검출기구를 부착한 손쳐내기식 방호장치에서 위험한계에서 광축까지의 거리는 광선을 차단 직후 위험한계 내에 도달하기 전에 손쳐내기 봉기구로 손을 쳐낼 수 있도록 안전거리를 확보할 수 있어야 한다.

• 손쳐내기식 방호장치의 일반구조
  - 슬라이드 하행정거리의 3/4 위치에서 손을 완전히 밀어내야 한다.
  - 손쳐내기봉의 행정 길이를 금형의 높이에 따라 조정할 수 있고 진동폭은 금형폭 이상이어야 한다.
  - 방호판과 손쳐내기봉은 경량이면서 충분한 강도를 가져야 한다.
  - 방호판의 폭은 금형폭의 1/2 이상이어야 하고, 행정 길이가 300[mm] 이상의 프레스기계에는 방호판 폭을 300[mm]로 해야 한다.
  - 손쳐내기봉은 손 접촉 시 충격을 완화할 수 있는 완충재를 부착해야 한다.
  - 부착볼트 등의 고정금속 부분은 예리하게 돌출되지 않아야 한다.
• 손쳐내기식 방호장치의 성능기준
  - 진동각도, 진폭시험 : 행정 길이가 최소일 때 진동각도는 60 ~ 90°이고, 행정 길이가 최대일 때 진동각도는 45 ~ 90°이다.
  - 완충시험 : 손쳐내기봉에 의한 과도한 충격이 없어야 한다.
  - 무부하 동작시험 : 1회의 오동작도 없어야 한다.

ⓢ 수인식 방호장치 : 접근 거부형 방호장치
• 수인식 방호장치의 개요
  - 마찰 클러치가 부착된 프레스에는 부적합하다.
  - 슬라이드 행정 수는 120[SPM] 이하, 슬라이드 행정길이는 40[mm] 이상에 적합하다(슬라이드 행정 수는 손이 끌리는 것을 방지하기 위하여 120[SPM] 이하로 제한하고 슬라이드 행정 길이는 손이 안전한 위치까지 충분히 끌리도록 하기 위해서 40[mm] 이상으로 한다).
• 수인식 방호장치의 일반구조
  - 손목밴드의 재료는 유연한 내유성 피혁 또는 이와 동등한 재료를 사용해야 한다.
  - 손목밴드는 착용감이 좋으며 쉽게 착용할 수 있는 구조이어야 한다.
  - 수인끈 재료는 합성섬유로 직경이 4[mm] 이상이어야 한다.
  - 수인끈은 작업자와 작업공정에 따라 그 길이를 조정할 수 있어야 한다.
  - 수인끈의 안내통은 끈의 마모와 손상을 방지할 수 있는 조치를 해야 한다.
  - 수인끈의 끌어당기는 양은 테이블 세로 길이의 1/2 이상이어야 한다.
  - 각종 레버는 경량이면서 충분한 강도를 가져야 한다.
  - 수인량의 시험은 수인량이 링크에 의해서 조정될 수 있도록 되어야 하며 금형으로부터 위험한계 밖으로 당길 수 있는 구조이어야 한다.
• 수인식 방호장치의 성능기준
  - 수인끈 강도시험, 손목밴드 강도시험 : 이상이 없어야 한다.
  - 무부하 동작시험 : 1회의 오동작도 없어야 한다.

ⓞ 양수기동식(Two Hand Trip)
• 급정지기구가 부착되어 있지 않아도 유효한 방식이다(크게 양수조작식의 분류범주에 넣기도 한다).
• 버튼에서 손이 떨어져도 슬라이드는 정지하지 않는다.
• 손이 누름 버튼을 떠나 위험한계에 도달하기 전에 슬라이드는 이미 하사점에 도달한다.
• 확동식 프레스에서 120[SPM] 이상의 속도로 사용된다.

⑤ 본질적 안전화 방식(No-hand in Die)

㉠ 손을 금형 사이에 집어넣을 필요가 없도록 하는 안전화 방식
• 손을 아예 집어넣을 수 없는 방식
• 손을 집어넣으면 들어가도 집어넣을 필요가 없는 방식

㉡ 본질적 안전화 방식의 예 : 안전 금형 부착 프레스, 금형에 설치한 안전장치, 방호울식 프레스, 전용 프레스, 자동(배출) 프레스 등(롤 피더, 다이얼 피더, 그리퍼 피더, 호퍼 피더, 푸셔 피더, 슈트, 슬라이딩 다이, 이젝터, 산업용 로봇 등)

⑥ 양수조작식 방호장치의 계산식

㉠ 양손으로 누름 단추를 누르기 시작할 때부터 슬라이드가 하사점에 도달하기까지의 최대 소요시간(T_m)

$$T_m = \left(\frac{1}{\text{클러치 (맞)물림 (봉합)개소의 수}} + \frac{1}{2}\right) \times \frac{60,000}{\text{매분 행정수}} \text{ [ms]}$$

㉡ 설치거리 또는 안전거리(D_m[mm]) : $D_m = 1.6\,T_m$

⑦ 광전자식 방호장치의 계산식

㉠ 광선 차단 후 슬라이드가 정지한 시간 혹은 최대 정지 시간(급정지시간)(T_m) : $T_m = T_l + T_s$

여기서, T_l : 손이 광선을 차단한 직후로부터 급정지기구가 작동을 개시하기까지의 시간

T_s : 급정지기구가 작동을 개시한 때로부터 슬라이드가 정지할 때까지의 시간

㉡ 최소 안전거리 혹은 광축의 설치거리(D_m[mm])

$D_m = 1.6\,T_m$

 **핵심예제**

1-1. 다음 중 금형설치·해체작업의 일반적인 안전사항으로 틀린 것은? [2011년 제2회, 2014년 제1회, 2018년 제3회, 2022년 제1회, 제2회 유사]

① 금형을 설치하는 프레스의 T홈 안 길이는 설치 볼트직경 이하로 한다.
② 금형의 설치용구는 프레스의 구조에 적합한 형태로 한다.
③ 고정볼트는 고정 후 가능하면 나사산이 3~4개 정도 짧게 남겨 슬라이드 면과의 사이에 협착이 발생하지 않도록 해야 한다.
④ 금형 고정용 브래킷(물림판)을 고정시킬 때 고정용 브래킷은 수평이 되게 하고, 고정볼트는 수직이 되게 고정하여야 한다.

1-2. 다음 중 산업안전보건법상 프레스 등을 사용하여 작업을 할 때에 작업시간 전 점검사항으로 볼 수 없는 것은?
[2011년 제2회 유사, 2012년 제3회 유사, 2013년 제1회, 2015년 제1회 유사, 2017년 제2회, 제3회 유사, 2018년 제1회 유사, 제2회 유사, 제3회 유사]

① 압력방출장치의 기능
② 클러치 및 브레이크의 기능
③ 프레스의 금형 및 고정볼트 상태
④ 1행정1정지기구·급정지장치 및 비상정지장치의 기능

1-3. 확동 클러치의 봉합 개소의 수는 4개, 300[SPM](Stroke Per Minute)의 완전회전식 클러치기구가 있는 프레스의 양수기동식 방호장치의 안전거리는 약 몇 [mm] 이상이어야 하는가?
[2010년 제3회 유사, 2011년 제1회 유사, 제2회, 2012년 제1회 유사, 2013년 제2회 유사, 제3회, 2014년 제1회 유사, 2015년 제2회 유사, 2021년 제2회 유사]

① 360　　② 315
③ 240　　④ 225

1-4. 다음 중 프레스의 방호장치에 관한 설명으로 틀린 것은?
[2010년 제3회 유사, 2013년 제1회 유사, 2014년 제3회, 2017년 제1회]

① 양수조작식 방호장치는 1행정1정지기구에 사용할 수 있어야 한다.
② 손쳐내기식 방호장치는 슬라이드 하행정거리의 3/4 위치에서 손을 완전히 밀어내야 한다.
③ 광전자식 방호장치의 정상 동작 표시램프는 붉은색, 위험 표시램프는 녹색으로 하여 근로자가 쉽게 볼 수 있는 곳에 설치해야 한다.
④ 게이트 가드 방호장치는 가드가 열린 상태에서 슬라이드를 동작시킬 수 없고, 슬라이드를 작동시킬 수 없어야 하며, 슬라이드 작동 중에는 게이트 가드를 열 수 없어야 한다.

1-5. 광전자식 방호장치의 광선에 신체의 일부가 감지된 후로부터 급정지기구가 작동 개시하기까지의 시간이 40[ms]이고 광축의 설치거리가 96[mm]일 때 급정지기구가 작동 개시한 때로부터 프레스기의 슬라이드가 정지될 때까지의 시간은?
[2012년 제2회, 2015년 제2회, 2018년 제2회 유사]

① 15[ms]　　② 20[ms]
③ 25[ms]　　④ 30[ms]

|해설|

1-1
금형을 설치하는 프레스의 T홈 안 길이는 설치 볼트직경의 2배 이상으로 한다.

1-2
압력방출장치의 기능점검은 작업시간 전 점검사항으로 볼 수 없다.

1-3
안전거리 $D_m = 1.6T_m = 1.6 \times \left(\frac{1}{4} + \frac{1}{2}\right) \times \frac{60,000}{300} = 240[\text{mm}]$

1-4
광전자식 방호장치의 정상동작 표시램프는 녹색, 위험 표시램프는 붉은색으로 하여 근로자가 쉽게 볼 수 있는 곳에 설치해야 한다.

1-5
광축의 설치거리 $96 = 1.6(40 + T_s)$에서 $T_s = \frac{96}{1.6} - 40 = 20[\text{ms}]$

정답 1-1 ① 1-2 ① 1-3 ③ 1-4 ③ 1-5 ②

핵심 이론 02 용접 안전

① 용접의 개요

㉠ 가스 용접의 종류 : 흔히 아세틸렌 용접이라 하는 산소-아세틸렌 용접 이외에 산소-수소 용접, 산소-프로판 용접 등이 있으나 이중 많이 사용되는 용접은 아세틸렌 용접이다.

㉡ 가스 용접의 특징

- 얇은 금속의 용접에 적용한다.
- 전기를 이용할 수 없는 곳에서의 금속접합에 이용한다.
- 금속의 가스 절단에 많이 이용되고 있다.

㉢ 가스 용접의 장단점

장 점	단 점
• 응용범위가 넓으며 운반이 편리하다. • 가열할 때 열량 조절이 비교적 자유롭기 때문에 박판 용접에 적당하다. • 전원 설비가 없는 곳에서도 쉽게 설치할 수 있고 설치비용이 저렴하다. • 아크 용접에 비하여 유해광선의 발생이 적다.	• 아크 용접에 비해서 불꽃의 온도가 낮다. • 열 집중력이 나빠서 효율적인 용접이 어렵다. • 폭발의 위험성이 크고 금속이 탄화 및 산화될 가능성이 많다. • 아크 용접에 비해 가열 범위가 커서 용접 응력이 크고 가열시간이 오래 걸린다. • 용접 변형이 크고 금속의 종류에 따라서 기계적 강도가 떨어진다. • 아크 용접에 비해 일반적으로 신뢰성이 적다.

㉣ 충전가스 용기와 호스

- 충전가스 용기의 색상 및 나사방향

가스 종류	용기 색상	체결부 나사방향
산 소	녹 색	오른나사
아세틸렌	황 색	왼나사
LPG	회 색	왼나사
프로판	회 색	–
아르곤	회 색	오른나사
탄산가스	청 색	오른나사
액화암모니아	백 색	오른나사
액화염소	갈 색	–
수 소	주황색	왼나사

- 호스의 색상
  - 산소 호스 : 녹색
  - 아세틸렌 호스 : 적색
- 납붙임 또는 접합 용기의 각인
  - 용기제조업자의 명칭 또는 약호
  - 충전하는 가스의 명칭
  - 내용적(기호 : V, 단위 : [L])(액화석유가스용기는 제외)
  - 충전량(g)(납붙임 또는 접합용기에 한정)
- 나머지 용기의 각인
  - 용기 제조업자의 명칭 또는 약호
  - 충전하는 가스의 명칭
  - 용기의 번호
  - 내용적(기호 : V, 단위 : [L])(액화석유가스용기는 제외)
  - 초저온 용기 외의 용기 : 밸브 및 부속품(분리가능한 것)을 포함하지 아니한 용기의 질량(기호 : W, 단위 : [kg])
  - 아세틸렌가스 충전 용기 : 상기의 질량에 용기의 다공물질·용제 및 밸브의 질량을 합한 질량(기호 : TW, 단위 : [kg])
  - 내압시험에 합격한 연월
  - 내압시험압력(기호 : TP, 단위 : [MPa])(액화석유가스 용기, 초저온 용기 및 액화천연가스자동차용 용기는 제외)
  - 최고충전압력(기호 : FP, 단위 : [MPa])(압축가스를 충전하는 용기, 초저온 용기 및 액화천연가스자동차용 용기에 한정)
  - 내용적이 500[L]를 초과하는 용기에는 동판의 두께(기호 : t, 단위 : [mm])

㉤ 가스 용접의 불꽃 온도

- 산소-아세틸렌 용접 : 3,500[℃]
- 산소-수소 용접 : 2,500[℃]
- 산소-프로판 용접 : 2,000[℃]
- 산소-메탄 용접 : 1,500[℃]

㉥ 가스불꽃의 구성

- 불꽃심(백심 : Flame Core) : 팁에서 나오는 혼합가스가 연소하여 형성된 환원성의 백색 불꽃이다.

• 속불꽃(내염, Inner Flame) : 백심 부분에서 생성된 일산화탄소와 수소가 공기 중의 산소와 결합 연소하여 3,200~3,500[℃]의 높은 열을 발생하는 부분으로 약간의 환원성을 띠게 된다. 따라서 이 부분에서 용접하면 산화를 방지할 수 있다.
• 겉불꽃(외염, Outer Flame) : 연소 가스가 다시 공기 중의 산소와 결합하여 완전 연소되는 부분으로 불꽃의 가장 자리를 이루며 약 2,000[℃]의 열을 내게 된다.

ⓢ 가스불꽃의 종류
• 탄화 불꽃(아세틸렌 과잉 불꽃) : 이 불꽃은 아세틸렌의 양이 산소보다 많을 때 생기는 불꽃으로 백심과 겉불꽃과의 사이에 연한 백심의 제3의 불꽃, 즉 아세틸렌 깃(Feather)이 존재하는 불꽃으로 알루미늄, 스테인레스 강의 용접에 이용된다.
• 중성 불꽃(표준 불꽃) : 산소와 아세틸렌의 용적비가 1 : 1의 비율로 혼합될 때 얻어지며 이론상의 혼합비는 산소 2.5에 아세틸렌 1로써 모든 일반 용접에 이용된다.
• 산화 불꽃(산소 과잉 불꽃) : 산소의 양이 아세틸렌의 양보다 많은 불꽃인데 금속을 산화시키는 성질이 있으므로 구리, 황동 등의 용접에 이용된다.

ⓞ 용접결함
• 기공(Blow Hole, Porosity), 피트(Pit) : 용착금속 속에 남아있는 가스(CO, H_2 등)로 인하여 생긴 구형에 가까운 구멍이 생기는 용접결함이다. 가스가 빠져나가지 못한 상태에서 내부에 응고된 공동을 기공이라 하고 표면에 나타난 것을 피트라 한다. 가스용접작업 중 불꽃에 산소의 양이 많게 되면 이들이 발생한다.
• 뒤틀림 : 용접부 금속의 팽창과 수축으로 인하여 형상과 치수가 변하는 용접결함
• 스패터(Spatter) : 용융된 금속의 작은 입자가 튀어나와 모재에 묻어있는 결함
• 언더컷(Under Cut) : 전류가 과대하고 용접속도가 너무 빠르며, 아크를 짧게 유지하기 어려운 경우 모재 및 용접부의 일부가 녹아서 발생하는 홈 또는 오목란 부분이 생기는 용접결함
• 오버랩(Overlap) : 용접봉의 운행이 불량하거나 용접봉의 용융온도가 모재보다 낮을 때 과잉 용착금속이 남아 있는 부분의 용접결함
• 용입불량(Incomplete Penetration) : 용접속도가 너무 빠르거나 용접전류가 너무 낮을 때 모재의 어느 한 부분이 완전히 용착되지 못하고 남아 있는 용접결함
• 크레이터(Crater) : 아크를 끊을 때나 용접속도가 빠를 때 용접 시 용융부위가 그대로 응고되어 움푹 패인 부분의 용접결함

ⓩ 30[A] 미만의 아크 용접과 아크 절단 등에 사용되는 필터유리의 차광도 번호 : 6~7

② 아세틸렌 용접

㉠ 아세틸렌 용접장치의 구성 : 산소용기, 아세틸렌용기, 감압장치(압력조정장치), 안전기, 호스, 취관

㉡ 아세틸렌(C_2H_2)가스의 특징
• 매우 타기 쉽고 고압가스 중에서 가장 위험한 가스로서 산화폭발, 화합폭발, 분해폭발을 일으킨다.
• 폭발한계 : 2.5~80[%]
• 작은 압력(1.5기압)이나 충격에도 폭발할 정도로 위험성이 높다.
• 공기 중에서 가열하면 온도 505~515[℃]에서 폭발한다.
• 용접, 용단에 가장 많이 사용되고 있으며, 탄화수소 중에서 가장 불안전한 가스이다.
• 무색의 기체로서 불순물로 인해 특유한 냄새가 난다.
• 비점 -84[℃], 융점 -81[℃]이며 고체 아세틸렌은 융해되지 않고 승화한다.
• 15[℃]에서 물 1[L]에 1.1[L] 용해하지만 15[℃] 아세톤에는 25[L] 용해한다.
• 아세틸렌을 산소 중에서 연소시키면 3,000[℃] 이상의 고온을 얻을 수 있다.
• 공기 중에서 약 106~408[℃] 부근에서 자연발화한다.
• 불순물 : 포스핀, 황화수소, 실란, 암모니아
• 은, 수은, 구리 등의 특정 물질과 결합 시 폭발을 쉽게 일으키지만 철에는 안정적이다.
• 아세틸렌이 구리와 접촉 시 아세틸라이드라는 폭발성 물질을 생성한다.
• 액체 아세틸렌보다는 고체 아세틸렌이 비교적 안정하다.
• 아세틸렌 용기 관리 : 용기 전도 시 아세톤이 아세틸렌 가스와 함께 분출되어 위험하므로 반드시 똑바로 세워서 보관한다.

• 용기 상부의 가용안전밸브가 손상되지 않도록 화기 주변이나 온도가 높은 장소에 보관을 금지한다.

㉢ 아세틸렌 용접장치 발생기실 또는 가스집합 용접장치 가스장치실의 구조와 안전조치

• 아세틸렌 용접장치를 사용하여 금속의 용접용단 또는 가열작업을 하는 경우에는 게이지압력이 127[kPa]을 초과하는 압력의 아세틸렌을 발생시켜 사용하지 말 것
• 아세틸렌 용접장치의 아세틸렌 발생기를 설치하는 경우에는 전용의 발생기실에 설치할 것
• 아세틸렌 발생기실은 건물의 최상층에 위치하게 하여야 하며, 화기사용설비로부터 3[m] 초과 장소에 설치할 것
• 발생기실을 옥외에 설치한 경우에는 그 개구부를 다른 건축물로부터 1.5[m] 이상 떨어지도록 할 것
• 발생기실의 벽은 불연성 재료로 하고 철근 콘크리트 또는 그밖에 이와 같은 수준이거나 그 이상의 강도를 가진 구조로 할 것
• 지붕과 천장에는 얇은 철판이나 가벼운 불연성 재료를 사용할 것
• 바닥면적의 1/16 이상의 단면적을 가진 배기통을 옥상으로 돌출시키고 그 개구부를 창 또는 출입구로부터 거리 1.5[m] 이상 떨어지도록 할 것
• 출입구의 문은 불연성 재료로 하고 두께 1.5[mm] 이상의 철판이나 그밖에 그 이상의 강도를 가진 구조로 할 것
• 벽과 발생기 사이에는 발생기의 조정 또는 카바이드 공급 등의 작업을 방해하지 않도록 간격을 확보할 것
• 가스가 누출될 때에는 해당 가스가 정체되지 않도록 할 것
• 가스장치실에는 관계근로자가 아닌 사람의 출입을 금지시킬 것

㉣ 역 류

• 역류는 토치의 벤투리와 팁 끝과의 사이가 막혔을 때 높은 압력의 산소가 아세틸렌 호스쪽으로 흘러 들어가는 현상이며 토치 내부의 청소가 불량할 때 토치 내부의 막힘이 생겨 고압의 산소가 밖으로 배출되지 못하고 산소보다 압력이 낮은 아세틸렌 통로로 밀면서 아세틸렌 호스 쪽으로 흐르는 현상으로 폭발의 위험이 있다.
• 아세틸렌 용접장치 시 역류를 방지하기 위하여 설치하여야 하는 것은 안전기이며 그 방식은 수봉식, 건식이다.
• 역류 방지 방법
  - 팁을 깨끗이 한다.
  - 산소를 차단시킨다.
  - 아세틸렌을 차단시킨다.
  - 안전기와 발생기를 차단시킨다(아세틸렌 발생기 사용 시).

㉤ 역화(Back Fire)

• 역화는 팁 끝이 모재에 닿아 순간적으로 막히거나 토치의 과열, 사용 가스의 압력이 부적당할 때 순간적으로 불꽃이 토치의 팁 끝에서 "빵빵" 소리를 내면서 불꽃이 들어갔다가 곧 정상이 되든가 또는 완전히 불꽃이 꺼지는 현상이다.
• 역화의 원인 : 아세틸렌의 공급 부족, 토치성능의 부실, 토치체결나사의 풀림, 압력조정기의 고장, 토치 팁의 이물질, 토치의 과열, 작업 소재에 너무 근접한 취관 등
• 역화가 일어날 때 가장 먼저 취해야 할 행동은 산소밸브를 즉시 잠그는 것이다. 아세틸렌밸브는 산소밸브를 잠근 후에 잠근다.

㉥ 인화 : 팁 끝이 순간적으로 막히게 되면 가스의 분출이 나빠지고 불꽃이 혼합실까지 밀려가는 현상이다.

③ 안전기

㉠ 안전기(역화방지기, Flash Back Arrestor) : 가스의 역류와 역화를 방지하는 설비로 흡입관에 설치하며 연소가스가 통과하는 부분에 미세한 망이 있고 역화가 일어날 경우 이 망에서 대부분의 열이 흡수(전도)되어 저온으로 되면서 연소를 중지시키거나 화염을 소멸시키는 장치이다.

㉡ 안전기(역화방지기)의 일반구조

• 역화방지기의 구조는 소염소자, 역화방지장치 및 방출장치 등으로 구성되어야 한다. 다만, 토치 입구에 사용하는 것은 방출장치를 생략할 수 있다.
• 역화방지기는 그 다듬질 면이 매끈하고 사용상 지장이 있는 부식, 흠, 균열 등이 없어야 한다.
• 가스의 흐름방향은 지워지지 않도록 돌출 또는 각인하여 표시하여야 한다.

- 소염소자는 금망, 소결금속, 스틸울(Steel Wool), 다공성 금속물 또는 이와 동등 이상의 소염성능을 갖는 것이어야 한다.
- 역화방지기는 역화를 방지한 후 복원이 되어 계속 사용할 수 있는 구조이어야 한다.

㉢ 안전기 설치기준
- 아세틸렌 용접장치에 대하여는 그 취관마다 안전기를 설치해야 한다.
- 주관 및 취관에 가장 가까운 분기관마다 안전기를 부착할 경우 용접장치의 취관마다 안전기를 설치하지 않아도 된다.
- 아세틸렌 용접장치의 안전기는 가스용기와 발생기가 분리되어 있는 경우 발생기와 가스용기 사이에 설치한다.
- 가스집합 용접장치의 안전기는 주관 및 분리관에 설치하며 이 경우 하나의 취관에 2개 이상의 안전기를 설치한다.
- 가스집합 용접장치의 안전기 설치는 화기사용 설비로부터 5[m] 이상 떨어진 곳에 설치한다.
- 건식 안전기에는 차단방법에 따라 소결금속식과 우회로식이 있다.

㉣ 저압용 수봉식 안전기의 구비 요건
- 도입관은 수봉식으로 하고 유효수주는 25[mm] 이상이어야 한다.
- 수봉 배기관을 갖추어야 한다.
- 주요 부분은 두께 2[mm] 이상의 강판 또는 강관을 사용하여야 한다.
- 아세틸렌과 접촉할 염려가 있는 부분은 동을 사용하지 않아야 한다.

㉤ 안전기 취급 시의 주의사항
- 수봉식 안전기는 지면에 대하여 수직으로 설치한다.
- 수봉식 안전기는 항상 지정된 수위를 유지하도록 주의한다.
- 수봉식 안전기의 수봉부의 물이 얼었을 때는 더운 물로 녹인다.
- 수봉식 안전기는 1일 1회 이상 점검하고 항상 지정된 수위를 유지한다.
- 건식 안전기는 아무나 분해 또는 수리하지 않는다.
- 중압용 안전기의 파열판은 상황에 따라 적어도 연 1회 이상 정기적으로 교환한다.

④ 압력조정기

㉠ 개 요
- 압력 조정기는 일반적으로 유체기계를 운전할 때 불의의 압력 상승으로 인한 기계 또는 그에 따른 배관 등의 파괴를 방지하기 위해 규정된 압력 이상이 되면 이것이 작동하여 압력 상승을 저지하는 작용을 하는 장치이다.
- 충전된 산소, 아세틸렌의 용기의 압력은 고압이므로 작업에서 필요로 하는 압력으로 낮추어야 한다. 이와 같이 높은 압력의 가스를 필요 압력으로 감압하는 기기를 압력조정기 또는 감압조정기라 한다.

㉡ 압력 조정기 구비조건
- 조정기의 동작이 예민할 것
- 조정 압력은 용기 내의 가스량이 줄어들어도 항상 일정할 것
- 게이지 압력과 토치 방출 압력과의 차이가 적을 것
- 사용 중 동결할 염려가 없을 것
- 가스 방출량이 많아도 유량이 안정되어 있을 것

㉢ 압력조정기의 취급방법
- 압력조정기를 설치할 때에는 압력 조정기 설치구에 있는 먼지를 털어내고 연결부에서 가스의 누설이 없도록 정확하게 연결한다.
- 압력조정기를 설치하기 전에 용기의 안전밸브를 가볍게 2~3회 개폐하여 내부 구멍의 먼지를 불어낸다.
- 압력조정기 설치구 나사부나 조정기의 각부에 그리스나 기름 등을 사용하지 않는다.
- 압력조정기를 견고하게 설치한 다음 조정나사를 돌려 풀고 밸브를 천천히 열어야 하며 가스 누설 여부를 비눗물로 점검한다.
- 우선 조정기의 밸브를 열고 토치의 콕 및 조정밸브를 열어서 호스 및 토치 중의 공기를 제거한 후에 사용한다.
- 압력 지시계가 잘 보이도록 설치하며 유리가 파손되지 않도록 주의한다.
- 압력 조정기를 취급할 때에는 기름이 묻은 장갑 등을 사용해서는 안 된다.
- 압력 용기의 설치구 방향에는 아무런 장애물이 없도록 한다.

• 장시간 사용하지 않을 때는 용기밸브를 잠그고 조정핸들을 풀어둔다.

⑤ 가스용접 및 절단 토치(취관)

㉠ 가스용접 토치는 아세틸렌가스와 산소를 일정한 혼합가스로 만들고 이 가스를 연소할 때 불꽃을 형성하여 용접 작업에 사용하는 기구이며 토치의 구성은 손잡이, 혼합실, 팁으로 구성되어 있다.

㉡ 토치 취급 주의사항

• 토치를 망치 등 다른 용도로 사용해서는 안 된다.
• 팁 및 토치를 작업장 바닥이나 흙 속에 방치하지 않는다.
• 점화되어 있는 토치를 아무 곳이나 방치하지 않는다.
• 팁이 과열시 아세틸렌 밸브를 닫고 산소 밸브만 약간 열고 물속에 넣어 냉각시킨다.
• 작업 중 발생하기 쉬운 역류, 역화, 인화에 항상 주의해야 한다.
• 가스용접 토치 과열 시 가장 적절한 조치사항 : 아세틸렌가스를 멈추고 산소가스만을 분출시킨 상태로 물속에서 냉각시킨다.

⑥ 용접 안전 관련 제반사항

㉠ 금속의 용접, 용단 또는 가열에 사용하는 가스의 용기 취급 시 유의사항

• 통풍이나 환기가 불충분한 장소는 설치를 피한다.
• 가스용접용 용기를 보관하는 저장소의 온도, 용기의 온도는 40[℃] 이하로 유지해야 한다.
• 전도의 위험이 없도록 한다.
• 용해아세틸렌의 용기는 세워서 보관한다.
• 용기의 부식, 마모 또는 변형상태를 점검한 후 사용한다.
• 운반하는 경우에는 캡을 씌우고 운반한다.
• 밸브의 개폐는 서서히 한다.

㉡ 가스집합 용접장치의 배관 시 준수해야 할 사항

• 플랜지, 밸브, 콕 등의 접합부에는 개스킷을 사용할 것
• 접합부는 상호 밀착시키는 등의 조치를 취할 것
• 안전기를 설치할 경우 하나의 취관에 2개 이상의 안전기를 설치할 것
• 주관 및 분기관에 안전기를 설치할 것

㉢ 가스 용접작업의 안전수칙

• 용접작업을 하기 전에 반드시 소화수, 소화기 등 소화설비를 준비한다.
• 용접하기 전에 소화기, 소화수의 위치를 확인한다.
• 작업 시에는 보호안경을 착용한다.
• 산소용기와 화기와의 이격거리는 5[m] 이상으로 한다.
• 가스집합장치에 대해서는 화기를 사용하는 설비로부터 5[m] 이상 떨어진 장소에 설치해야 한다.
• 작업하기 전에 안전기와 산소조정기의 상태를 점검한다.
• 토치에 점화는 조정기의 압력을 조정하고 먼저 토치의 아세틸렌 밸브를 연 다음에 산소밸브를 열어 점화 시키며, 작업 후에는 산소 밸브를 먼저 닫고 아세틸렌 밸브를 닫는다.
• 토치 내에서 소리가 날 때 또는 파열되었을 때는 역화에 주의한다.
• 산소용 호스와 아세틸렌용 호스는 색으로 구별된 것을 사용하여야 한다.
• 조정용 나사를 너무 세게 조이지 않는다.
• 안전밸브의 열고 닫음은 조심스럽게 하고 밸브를 1.5회전 이상 돌리지 않는다.
• 용해 아세틸렌의 용기에서 아세틸렌이 급격히 분출될 때에는 정전기가 발생되어 인체가 접근하면 방전되므로 급격히 분출시키지 말아야 한다.
• 금속의 용접·용단 또는 가열작업을 하는 경우에는 게이지압력이 127[kPa]을 초과하는 압력의 아세틸렌을 발생시켜 사용해서는 아니 된다.
• 아세틸렌 용접장치의 게이지압력이 1.3[kg/cm^2]을 초과하는 압력의 아세틸렌을 발생시켜 사용하여서는 안 된다.
• 용접 팁의 청소는 줄이나 팁 클리너를 사용한다.
• 전용의 발생기실은 건물의 최상층에 위치하여야 하며, 화기를 사용하는 설비로부터 3[m]를 초과하는 장소에 설치하여야 한다.
• 전용의 발생기실을 옥외에 설치한 경우에는 그 개구부를 다른 건축물로부터 1.5[m] 이상 떨어지도록 하여야 한다.

• 전용의 발생기실을 설치하는 경우 벽은 불연성 재료로 하고 철근콘크리트 또는 그 밖에 이와 동등하거나 그 이상의 강도를 가진 구조로 하여야 한다.
• 아세틸렌 발생기로부터 5[m] 이내, 발생기실로부터 3[m] 이내에는 흡연 및 화기사용 또는 불꽃이 발생할 위험한 행위를 금지한다.
• 충격을 가하지 않는다.
• 화기나 열기를 멀리한다.
• 아세틸렌 용기는 세워서 사용한다.
• 아세틸렌 제조설비 중 아세틸렌이 접촉하는 부분에는 구리(Cu) 또는 동 함유량이 62[%] 초과인 구리합금을 사용하지 않는다.
• 용해 아세틸렌의 가스집합 용접장치의 배관 및 부속기구에는 구리나 구리함유량이 70[%] 이상인 합금을 사용해서는 안 된다(폭발 위험 배제를 위함임).
• 충전용 지관은 탄소 함유량이 0.1[%] 이하의 강을 사용한다.
• 가스집합 용접장치의 배관에서 플랜지, 밸브 등의 접합부에는 개스킷을 사용하고 접합면을 상호 밀착시킨다.
• 아세틸렌 용접 시 화재가 발생하였을 때 제일 먼저 해야 할 일은 메인밸브를 잠그는 것이다.

㉣ 아세틸렌 충전작업 중 고려해야 할 안전사항

• 충전은 서서히 하며 여러 회로 나누어 충전해야 한다.
• 충전은 1회 끝내지 말고 정지시간을 두어 2~3회 걸쳐 8시간 이상 충전할 것
• 충전 중의 압력은 온도에 관계없이 25[kgf/cm^2] 이하로 한다.
• 충전 후의 압력은 15[℃]에서 15.5[kgf/cm^2] 이하로 한다.
• 충전 후 24시간 동안 정지한다.

핵심예제

2-1. 아세틸렌용접장치에서 사용하는 발생기실의 구조에 대한 요구사항으로 틀린 것은? [2010년 제1회, 2017년 제1회, 제2회 유사]

① 벽의 재료는 불연성재료를 사용할 것
② 천장과 벽은 견고한 콘크리트 구조로 할 것
③ 출입구의 문은 두께 1.5[mm] 이상의 철판 또는 이와 동등 이상의 강도를 가진 구조로 할 것
④ 바닥면적의 16분의 1 이상의 단면적을 가진 배기통을 옥상으로 돌출시킬 것

2-2. 다음 중 아세틸렌용접장치에서 역화의 원인으로 가장 거리가 먼 것은? [2014년 제3회, 2018년 제2회]

① 아세틸렌의 공급 과다 ② 토치성능의 부실
③ 압력조정기의 고장 ④ 토치 끝에 이물질이 묻은 경우

2-3. 다음 중 산업안전보건법상 아세틸렌가스 용접장치에 관한 기준으로 틀린 것은?
[2012년 제2회, 2015년 제2회, 2017년 제1회 유사, 2018년 제2회]

① 전용 발생기실은 건물의 최상층에 위치하여야 하며, 화기를 사용하는 설비로부터 1[m]를 초과하는 장소에 설치하여야 한다.
② 전용 발생기실을 옥외에 설치한 경우에는 그 개구부를 다른 건축물로부터 1.5[m] 이상 떨어지도록 하여야 한다.
③ 아세틸렌 용접장치를 사용하여 금속의 용접・용단 또는 가열작업을 하는 경우에는 게이지압력이 127[kPa]을 초과하는 압력의 아세틸렌을 발생시켜 사용해서는 아니 된다.
④ 전용 발생기실을 설치하는 경우 벽은 불연성 재료로 하고 철근콘크리트 또는 그 밖에 이와 동등하거나 그 이상의 강도를 가진 구조로 하여야 한다.

|해설|

2-1
지붕과 천장에는 얇은 철판과 같은 가벼운 불연성재료를 사용해야 한다.

2-2
아세틸렌의 공급 부족

2-3
전용 발생기실은 건물 최상층에 위치하여야 하며, 화기를 사용하는 설비로부터 3[m]를 초과하는 장소에 설치하여야 한다.

정답 2-1 ② 2-2 ① 2-3 ①

제4절 기타 산업용 기계·기구의 안전

핵심이론 01 롤러기의 안전

① 롤러기 안전의 개요

㉠ 롤러기에 설치하여야 할 방호장치는 급정지장치이다.

㉡ 가드 개구부 틈새 또는 간격(롤러가드 개구간격)

- 위험점이 비전동체일 때, 가드(Guard) 개구부의 최대 허용 틈새(Y) : $Y = 6 + 0.15X$
  여기서, X : 위험점에서 가드 개구부까지의 최단거리
- 위험점이 전동체일 때, 가드 개구부의 간격(Y) : $Y = 6 + 0.1X$
  여기서, X : 개구부에서 전동대차 위험점까지의 최단거리, $X < 760$[mm]

㉢ 롤러의 가드 설치방법 중 안전한 작업 공간에서 사고를 일으키는 공간함정(Trap)을 막기 위해 확보해야 할 신체 부위별 최소 틈새

- 몸 : 500[mm]
- 다리 : 180[mm]
- 발, 팔 : 120[mm]
- 손목 : 100[mm]
- 손가락 : 25[mm]

② 롤러기의 급정지장치(방호장치)

㉠ 롤러기의 급정지장치의 종류 : 손조작식, 복부조작식, 무릎조작식

㉡ 설치기준 : 설치 위치는 급정지장치의 조작부 중심점을 기준으로 한다.

- 손조작식 : 밑면으로부터 1.8[m] 이내에 설치, 앞면 롤 끝단으로부터 수평거리 50[mm] 이내에 설치
- 복부조작식 : 밑면으로부터 0.8[m] 이상 1.1[m] 이내에 설치
- 무릎조작식 : 밑면으로부터 0.4[m] 이상 0.6[m] 이내에 설치

㉢ 급정지거리 기준(무부하 상태기준)

- 앞면 롤러의 원주속도 30[m/min] 미만 : 앞면 롤러 원주의 1/3 이내
- 앞면 롤러의 원주속도 30[m/min] 이상 : 앞면 롤러 원주의 1/2.5 이내

㉣ 로프의 성능기준

- 재질 : 관련 규정에 적합한 것
- 지름 : 4[mm] 이상
- 인장강도 : 300[kg/mm^2] 이상

㉤ 롤러기의 방호장치 설치 시 유의해야 할 사항

- 손으로 조작하는 급정지장치의 조작부는 롤러기의 전면 및 후면에 각각 1개씩 수평으로 설치하여야 한다.
- 앞면 롤러의 표면속도가 30[m/min] 미만인 경우 급정지거리는 앞면 롤러 원주의 1/3 이하로 한다.
- 급정지장치의 조작부에 사용하는 줄은 사용 중 늘어져서는 안 된다.
- 급정지장치의 조작부에 사용하는 줄은 충분한 인장강도를 가져야 한다.
- 급정지장치는 롤러기의 가동장치를 조작하지 않으면 가동하지 않는 구조의 것이어야 한다.

핵심예제

1-1. 롤러의 가드 설치방법 중 안전한 작업 공간에서 사고를 일으키는 공간함정(Trap)을 막기 위해 확보해야 할 신체 부위별 최소 틈새가 바르게 짝지어진 것은?

[2011년 제1회 유사, 2018년 제3회]

① 다리 : 240[mm]
② 발 : 180[mm]
③ 손목 : 150[mm]
④ 손가락 : 25[mm]

1-2. 롤러기의 방호장치 설치 시 유의해야 할 사항으로 거리가 먼 것은? [2010년 제2회, 2014년 제2회 유사, 2015년 제2회, 2021년 제1회]

① 손으로 조작하는 급정지장치의 조작부는 롤러기의 전면 및 후면에 각각 1개씩 수평으로 설치하여야 한다.
② 앞면 롤러의 표면속도가 30[m/min] 미만인 경우 급정지거리는 앞면 롤러 원주의 1/2.5 이하로 한다.
③ 작업자의 복부로 조작하는 급정지장치는 높이가 밑면으로부터 0.8[m] 이상 1.1[m] 이내에 설치되어야 한다.
④ 급정지장치의 조작부에 사용하는 줄은 사용 중 늘어져서는 안 되며 충분한 인장강도를 가져야 한다.

핵심예제

1-3. 롤러기의 앞면 롤의 지름이 300[mm], 분당 회전수가 30회일 경우 허용되는 급정지장치의 급정지거리는 약 몇 [mm] 이내이어야 하는가? [2012년 제2회, 2017년 제1회]

① 37.7 ② 31.4
③ 377 ④ 314

1-4. 롤러의 급정지를 위한 방호장치를 설치하고자 한다. 앞면 롤러 직경이 36[cm]이고, 분당 회전속도가 50[rpm]이라면 급정지거리는 약 얼마 이내이어야 하는가?(단, 무부하동작에 해당한다) [2010년 제3회, 2013년 제2회, 2022년 제1회]

① 45[cm] ② 50[cm]
③ 55[cm] ④ 60[cm]

|해설|

1-1
① 다리 : 180[mm]
② 발 : 120[mm]
③ 손목 : 100[mm]

1-2
앞면 롤러의 표면속도가 30[m/min] 미만인 경우 급정지거리는 앞면 롤러 원주의 1/3 이하로 한다.

1-3
앞면 롤러의 표면속도
$v = \frac{\pi dn}{1,000} = \frac{3.14 \times 300 \times 30}{1,000} \simeq 28.26[\text{m/min}]$이어서 앞면 롤러의 표면속도가 30[m/min] 미만이므로 급정지거리가 앞면 롤러 원주의 1/3 이내이다. 따라서 허용되는 급정지장치의 급정지거리
$l = \frac{\pi d}{3} = \frac{3.14 \times 300}{3} = 314[\text{mm}]$이다.

1-4
앞면 롤러의 표면속도
$v = \frac{\pi dn}{1,000} = \frac{3.14 \times 360 \times 50}{1,000} \simeq 56.52[\text{m/min}]$이어서 앞면 롤러의 표면속도가 30[m/min] 이상이므로 급정지거리가 앞면 롤러 원주의 1/2.5 이내이다. 따라서 허용되는 급정지장치의 급정지거리
$l = \frac{\pi d}{2.5} = \frac{3.14 \times 36}{2.5} \simeq 45[\text{cm}]$이다.

정답 1-1 ④ 1-2 ② 1-3 ④ 1-4 ①

핵심이론 02 보일러 및 압력용기의 안전

① 보일러 및 압력용기 안전의 개요

㉠ 유체의 현상과 압력
- 유체의 흐름에 있어 수격작용(Water Hammering)과 관계있는 것들 : 밸브의 개폐, 압력파, 관내의 유동 등
- 가정용 LPG와 같이 둥근 원통형의 압력용기에 내부압력이 작용할 때, 압력용기 재료에 발생하는 원주응력(Hoop Stress)은 길이 방향 응력(Longitudinal Stress)의 2배가 된다.

㉡ 보일러 발생증기가 불안정하게 되는 현상(이상현상) : 프라이밍, 포밍, 캐리오버 등
- 프라이밍(Priming)
  - 보일러 수면에서 작은 입자의 물방울이 증기와 함께 튀어오르는 현상
  - 보일러 부하의 급변, 수위의 과상승 등에 의해 수분이 증기와 분리되지 않아 보일러 수면이 심하게 솟아올라 올바른 수위를 판단하지 못하는 현상
- 포밍(Foaming) : 보일러 저부로부터 기포들이 수없이 수면 위로 오르면서 수면부가 물거품으로 덮이는 현상
- 캐리오버(Carry Over) : 보일러 수중에 용해 고형분이나 수분이 발생, 증기 중에 다량 함유되어 증기의 순도를 저하시킴으로써 관내 응축수가 생겨 워터해머의 원인이 되고 증기과열이나 터빈 등의 고장의 원인이 된다.

㉢ 프라이밍과 포밍의 발생원인
- 고수위일 경우
- 기계적 결함이 있는 경우
- 보일러가 과부하로 사용될 경우
- 보일러 수에 불순물이 많이 포함되었을 경우

㉣ 보일러 장애 및 사고원인
- 수면계의 고장은 과열의 원인이 된다.
- 부적당한 급수처리는 부식의 원인이 된다.
- 안전밸브의 작동 불량은 압력 상승의 원인이 된다.
- 구조상의 결함은 최고 사용압력 이하에서 파열의 원인이 된다.

ⓜ 보일러 압력이 규정압력 이상으로 상승하여 과열되는 원인
- 수관과 본체의 청소 불량
- 관수 부족 시 보일러의 가동
- (수면계의 고장 등으로 인한)드럼 내의 물 감소
- 보일러 압력이 규정압력 이상으로 상승

ⓑ 보일러의 부속장치류(기출)
- 언로드 밸브 : 공기압축기에서 공기탱크 내의 압력이 최고 사용압력에 도달하면 압송을 정지하고, 소정의 압력까지 강하하면 다시 압송작업을 하는 밸브
- 절탄장치(이코노마이저) : 보일러 공급 급수를 예열하여 증발량을 증가시키고 연료소비를 감소시키는 장치
- 급정지장치
- 과부하방지장치

ⓢ 압력용기의 식별이 가능하도록 하기 위해 압력용기에 지워지지 않도록 각인 표시를 해야 하는 사항
- 압력용기의 최고 사용압력
- 제조연월일
- 제조회사명

② **보일러·압력용기의 방호장치(보일러의 폭발사고 예방을 위한 장치 등)와 안전수칙(산업안전보건기준에 관한 규칙 제116조~제120조)**

ⓐ 보일러에 설치하여야 하는 방호장치의 종류 : 압력방출장치, 압력제한스위치, 고저수위조절장치, 도피밸브, 가용전, 방폭문, 화염검출기 등
- 압력제한스위치 : 상용운전압력 이상으로 압력이 상승할 경우 보일러의 파열을 방지하기 위하여 버너의 연소를 차단하여 정상압력으로 유도하는 장치
- 고저수위조절장치 : 보일러 수위가 이상현상으로 인해 위험수위로 변하면 작업자가 쉽게 감지할 수 있도록 경보등, 경보음을 발하고 자동적으로 급수 또는 단수되어 수위를 조절하는 방호장치

ⓑ 압력방출장치 : 보일러와 압력용기 모두에 설치하는 안전장치
- 압력용기에는 최고 사용압력 이하에서 작동하는 압력방출장치(안전밸브 및 파열관을 포함)를 설치하여야 한다.
- 보일러의 안전한 가동을 위하여 보일러 규격에 맞는 압력방출장치를 1개 또는 2개 이상 설치하고 최고 사용압력(설계압력 또는 최고 허용압력) 이하에서 작동되도록 하여야 한다.
- 압력방출장치가 2개 이상 설치된 경우에는 최고 사용압력 이하에서 1개가 작동되고, 다른 압력방출장치는 최고 사용압력 1.05배 이하에서 작동되도록 부착하여야 한다.
- 압력방출장치는 매년 1회 이상 국가교정기관에서 교정을 받은 압력계를 이용하여 설정압력에서 압력방출장치가 적정하게 작동하는지를 검사한 후 납으로 봉인하여 사용하여야 한다.
- 공정안전보고서 제출대상으로서 고용노동부장관이 실시하는 공정안전보고서 이행상태 평가결과가 우수한 사업장의 경우 보일러의 압력방출장치에 대하여 4년에 1회 이상으로 설정압력에서 압력방출장치가 적정하게 작동하는지를 검사할 수 있다.
- 검사 후 봉인에 사용되는 재료 : 납
- 압력방출장치의 종류 : 스프링식, 중추식, 지렛대식
- 공기압축기에는 압력방출장치 및 언로드 밸브(압력제한스위치를 포함)를 설치하여야 한다.
- 압력용기 및 공기압축기에서 사용하는 압력방출장치는 관련 법령에 따른 안전인증을 받은 제품이어야 한다.
- 압력방출장치는 검사가 용이한 위치의 용기 본체 또는 그 본체에 부설되는 관에 압력방출장치의 밸브축이 수직이 되게 설치하여야 한다.
- 압력용기 등에 설치하는 안전밸브
  - 안지름이 150[mm]를 초과하는 압력용기에 대해서는 과압에 따른 폭발을 방지하기 위하여 규정에 맞는 안전밸브를 설치해야 한다.
  - 급성 독성물질이 지속적으로 외부에 유출될 수 있는 화학설비 및 그 부속설비에는 파열판과 안전밸브를 직렬로 설치한다.
  - 안전밸브는 보호하려는 설비의 최고 사용압력 이하에서 작동되도록 하여야 한다.
  - 안전밸브의 배출용량은 그 작동원인에 따라 각각의 소요 분출량을 계산하여 가장 큰 수치를 해당 안전밸브의 배출용량으로 하여야 한다.

ⓒ 안전밸브 등의 설치(산업안전보건기준에 관한 규칙 제261조, 제263조~제267조)

- 과압에 따른 폭발을 방지하기 위하여 폭발방지 성능과 규격을 갖춘 안전밸브 또는 파열판(이하 안전밸브 등)을 설치하여야 하는 설비(다만, 안전밸브 등에 상응하는 방호장치를 설치한 경우는 제외)
  - 압력용기(안지름이 150[mm] 이하인 압력용기는 제외하며, 압력용기 중 관형 열교환기의 경우에는 관의 파열로 인하여 상승한 압력이 압력용기의 최고 사용압력을 초과할 우려가 있는 경우만 해당)
  - 정변위 압축기
  - 정변위 펌프(토출축에 차단밸브가 설치된 것만 해당)
  - 배관(2개 이상의 밸브에 의하여 차단되어 대기온도에서 액체의 열팽창에 의하여 파열될 우려가 있는 것으로 한정)
  - 그 밖의 화학설비 및 그 부속설비로서 해당 설비의 최고 사용압력을 초과할 우려가 있는 것
- 안전밸브 등을 설치하는 경우에는 다단형 압축기 또는 직렬로 접속된 공기압축기에 대해서는 각 단 또는 각 공기압축기별로 안전밸브 등을 설치하여야 한다.
- 설치된 안전밸브에 대해서는 다음의 구분에 따른 검사주기마다 국가교정기관에서 교정을 받은 압력계를 이용하여 설정압력에서 안전밸브가 적정하게 작동하는지를 검사한 후 납으로 봉인하여 사용하여야 한다. 다만, 공기나 질소취급용기 등에 설치된 안전밸브 중 안전밸브 자체에 부착된 레버 또는 고리를 통하여 수시로 안전밸브가 적정하게 작동하는지를 확인할 수 있는 경우에는 검사하지 아니할 수 있고 납으로 봉인하지 아니할 수 있다.
  - 화학공정 유체와 안전밸브의 디스크 또는 시트가 직접 접촉될 수 있도록 설치된 경우 : 매년 1회 이상
  - 안전밸브 전단에 파열판이 설치된 경우 : 2년마다 1회 이상
  - 공정안전보고서 제출 대상으로서 고용노동부장관이 실시하는 공정안전보고서 이행상태 평가결과가 우수한 사업장의 안전밸브의 경우 : 4년마다 1회 이상
- 검사주기에도 불구하고 안전밸브가 설치된 압력용기에 대하여 시장・군수 또는 구청장의 재검사를 받는 경우로서 압력용기의 재검사주기에 대하여 산업통상자원부장관이 정하여 고시하는 기법에 따라 산정하여 그 적합성을 인정받은 경우에는 해당 안전밸브의 검사주기는 그 압력용기의 재검사주기에 따른다.
- 납으로 봉인된 안전밸브를 해체하거나 조정할 수 없도록 조치하여야 한다.
- 급성 독성물질이 지속적으로 외부에 유출될 수 있는 화학설비 및 그 부속설비에는 파열판과 안전밸브를 직렬로 설치하고 그 사이에는 압력지시계 또는 자동경보장치를 설치하여야 한다.
- 안전밸브 등이 안전밸브 등을 통하여 보호하려는 설비의 최고 사용압력 이하에서 작동되도록 하여야 한다.
- 안전밸브 등이 2개 이상 설치된 경우에 1개는 최고 사용압력의 1.05배(외부 화재를 대비한 경우에는 1.1배) 이하에서 작동되도록 설치할 수 있다.
- 안전밸브 등의 배출용량은 그 작동원인에 따라 각각의 소요분출량을 계산하여 가장 큰 수치를 해당 안전밸브 등의 배출용량으로 하여야 한다.
- 안전밸브 등의 전단・후단에 차단밸브를 설치해서는 아니 된다.
- 자물쇠형 또는 이에 준하는 형식의 차단밸브를 설치할 수 있는 경우
  - 인접한 화학설비 및 그 부속설비에 안전밸브 등이 각각 설치되어 있고, 해당 화학설비 및 그 부속설비의 연결배관에 차단밸브가 없는 경우
  - 안전밸브 등의 배출용량의 2분의 1 이상에 해당하는 용량의 자동압력조절밸브(구동용 동력원의 공급을 차단하는 경우 열리는 구조인 것으로 한정)와 안전밸브 등이 병렬로 연결된 경우
  - 화학설비 및 그 부속설비에 안전밸브 등이 복수방식으로 설치되어 있는 경우
  - 예비용 설비를 설치하고 각각의 설비에 안전밸브 등이 설치되어 있는 경우
  - 열팽창에 의하여 상승된 압력을 낮추기 위한 목적으로 안전밸브가 설치된 경우

– 하나의 플레어 스택(Flare Stack)에 둘 이상의 단위공정의 플레어 헤더(Flare Header)를 연결하여 사용하는 경우로서 각각의 단위공정의 플레어헤더에 설치된 차단밸브의 열림・닫힘 상태를 중앙제어실에서 알 수 있도록 조치한 경우
- 안전밸브 등으로부터 배출되는 위험물은 연소・흡수・세정・포집 또는 회수 등의 방법으로 처리하여야 한다.
- 상기의 조치를 하지 않고 배출되는 위험물을 안전한 장소로 유도하여 외부로 직접 배출할 수 있는 경우
  – 배출물질을 연소・흡수・세정・포집 또는 회수 등의 방법으로 처리할 때에 파열판의 기능을 저해할 우려가 있는 경우
  – 배출물질을 연소처리할 때에 유해성 가스를 발생시킬 우려가 있는 경우
  – 고압상태의 위험물이 대량으로 배출되어 연소・흡수・세정・포집 또는 회수 등의 방법으로 완전히 처리할 수 없는 경우
  – 공정설비가 있는 지역과 떨어진 인화성 가스 또는 인화성 액체 저장탱크에 안전밸브 등이 설치될 때에 저장탱크에 냉각설비 또는 자동소화설비 등 안전상의 조치를 하였을 경우
  – 그 밖에 배출량이 적거나 배출 시 급격히 분산되어 재해의 우려가 없으며, 냉각설비 또는 자동소화설비를 설치하는 등 안전상의 조치를 하였을 경우

㉣ 파열판
- 파열판을 설치해야 하는 설비(산업안전보건기준에 관한 규칙 제262조)
  – 반응 폭주 등 급격한 압력 상승 우려가 있는 경우
  – 급성 독성물질의 누출로 인하여 주위의 작업환경을 오염시킬 우려가 있는 경우
  – 운전 중 안전밸브에 이상 물질이 누적되어 안전밸브가 작동되지 아니할 우려가 있는 경우
- 압력용기에서 안전인증된 파열판에 나타내는 사항
  – 안전인증 표시
  – 호칭지름
  – 용도(요구성능)
  – 유체의 흐름방향 지시

㉤ 압력제한스위치 : 상용운전압력 이상으로 압력이 상승할 경우, 보일러의 과열을 방지하기 위하여 (최고사용압력과 상용압력 사이에서) 보일러 버너의 연소를 차단하여 열원을 제거하여 정상압력으로 유도하는 보일러의 방호장치
- 보일러의 과열을 방지하기 위하여 최고 사용압력과 상용압력 사이에서 보일러의 버너연소를 차단할 수 있도록 압력제한스위치를 부착하여 사용하여야 한다.

㉥ 화염검출기 : 보일러에서 폭발사고를 미연에 방지하기 위해 화염 상태를 검출할 수 있는 장치이며 바이메탈을 이용하여 화염을 검출하는 것을 스택스위치라고 한다.

핵심예제

2-1. 다음 중 산업안전보건법상 보일러 및 압력용기에 관한 사항으로 틀린 것은? [2014년 제3회, 2018년 제3회]

① 공정안전보고서 제출대상으로서 이행상태 평가결과가 우수한 사업장의 경우 보일러의 압력방출장치에 대하여 8년에 1회 이상으로 설정압력에서 압력방출장치가 적정하게 작동하는지를 검사할 수 있다.
② 보일러의 안전한 가동을 위하여 보일러 규격에 맞는 압력방출장치를 1개 이상 설치하고 최고 사용압력 이하에서 작동되도록 하여야 한다.
③ 보일러의 과열을 방지하기 위하여 최고 사용압력과 상용압력 사이에서 보일러의 버너연소를 차단할 수 있도록 압력제한스위치를 부착하여 사용하여야 한다.
④ 압력용기에서는 이를 식별할 수 있도록 하기 위하여 그 압력용기의 최고 사용압력, 제조연월일, 제조회사명이 지워지지 않도록 각인 표시된 것을 사용하여야 한다.

2-2. 압력용기 및 공기압축기를 대상으로 하는 위험기계·기구 방호장치기준에 관한 설명으로 틀린 것은? [2011년 제3회]

① 압력용기에는 최고 사용압력 이하에서 작동하는 압력방출장치(안전밸브 및 파열관을 포함)를 설치하여야 한다.
② 공기압축기에는 압력방출장치 및 언로드 밸브(압력제한스위치를 포함)를 설치하여야 한다.
③ 압력용기 및 공기압축기에서 사용하는 압력방출장치는 관련 법령에 따른 안전인증을 받은 제품이어야 한다.
④ 압력방출장치는 검사가 용이한 위치의 용기 본체 또는 그 본체에 부설되는 관에 압력방출장치의 밸브축이 수평이 되게 설치하여야 한다.

|해설|

2-1
공정안전보고서 제출대상으로서 이행상태 평가결과가 우수한 사업장의 경우 보일러의 압력방출장치에 대하여 4년에 1회 이상으로 설정압력에서 압력방출장치가 적정하게 작동하는지를 검사할 수 있다.

2-2
압력방출장치는 검사가 용이한 위치의 용기 본체 또는 그 본체에 부설되는 관에 압력방출장치의 밸브축이 수직이 되게 설치하여야 한다.

정답 2-1 ① 2-2 ④

핵심이론 03 산업용 로봇의 안전(산업안전보건기준에 관한 규칙 제2편 제1장 제13절)

① 산업용 로봇의 종류
㉠ 입력정보 교시에 의한 분류 : 매뉴얼 매니플레이션 로봇, 고정시퀀스 로봇, 가변시퀀스 로봇, 플레이백 로봇, 수치제어 로봇, 지능 로봇, 감각제어 로봇, 적응제어 로봇, 학습제어 로봇 등
- 매뉴얼 매니플레이션 로봇(Manual Manipulator, 수동 조작형 로봇) : 사용자의 조작에 따라서만 충실하게 움직이는 로봇
- 고정시퀀스 로봇(Fixed Sequence Robot, 고정 작업형 로봇) : 미리 설정된 순서와 조건, 위치에 따라서 연속된 동작의 각 단계를 반복적으로 수행하는 것으로서 설정된 정보의 변경이 쉽지 않은 로봇
- 가변시퀀스 로봇(Variable Sequence Robot, 가변 작업형 로봇) : 고정 작업형 로봇과 동작 기능은 동일하나 설정된 정보의 변경이 용이한 로봇
- 플레이백 로봇(Playback Robot, 기억재생 로봇) : 교시 프로그래밍을 통해서 입력된 작업 프로그램을 반복해서 실행할 수 있는 로봇
- 수치제어 로봇(Numerically Controlled Robot) : 로봇을 작동시키지 않고 순서, 조건, 위치 및 그 밖의 정보를 수치, 언어 등으로 가르쳐 주면 그 정보에 따라 작업할 수 있는 로봇
- 지능 로봇(Intelligent Robot) : 인식 능력, 학습 능력, 추상적 사고 능력, 환경 적응 능력 등을 인공적으로 실현한 인공 지능에 의해 행동을 스스로 결정할 수 있는 기능을 가진 로봇
- 감각제어 로봇 : 감각정보를 가지고 동작의 제어를 수행하는 로봇
- 적응제어 로봇 : 적응제어 기능을 가진 로봇
  ※ 적응제어 기능이란 환경의 변화 등에 따라 제어 등의 특성을 필요로 하는 조건을 충족시키도록 변화시키는 제어기능을 말한다.
- 학습제어 로봇 : 학습제어 기능을 가진 로봇

㉡ 기구학적 형태에 따른 분류(동작형태에 의한 분류) : 직교좌표형 로봇, 원통좌표형 로봇, 극좌표형 로봇, 다관절 로봇(수평, 수직) 등

- 직교좌표형 로봇 : 서로 직각인 2축 이상 운동의 조합으로 공간상의 한 점을 결정해주는 로봇으로 기계적 강도 및 정도가 높아 정밀 조립이나 핸들링, 검사 등에 사용되나 작업공간의 제약이 단점이다.
- 원통좌표형 로봇 : 원통좌표형식의 운동으로 공간상의 한 점을 결정하는 로봇으로 작업영역이 넓고 작업공간의 유연성이 있으며 위치 결정의 정밀도가 높아 핸들링용으로 주로 사용된다.
- 극좌표형 로봇 : 극좌표형식의 운동으로 공간상의 한 점을 결정하는 로봇으로 작업영역이 넓고 손끝의 속도가 빠르며 팔을 지면에 대하여 경사진 위치로 이동할 수 있으므로 용접, 도장 등의 작업에 이용된다.
- 다관절형 로봇 : 회전운동을 하는 관절들의 조합으로 공간상의 한 점을 결정하는 로봇으로 작업면에 대하여 수평으로 하는 수평 다관절 로봇과 작업면에 대하여 수직운동을 하는 수직 다관절형 로봇이 있다.

② 산업용 로봇의 안전수칙과 방호장치

㉠ 산업용 로봇의 안전수칙

- 작업 개시 전에 외부 전선의 피복 손상, 비상정지장치를 반드시 검사한다.
- 자동운전 중에는 안전방책의 출입구에 안전 플러그를 사용한 인터로크가 작동하여야 한다.
- 액추에이터의 잔압 제거 시에는 사전에 안전블록 등으로 강하방지를 한 후 잔압을 제거한다.
- 미숙련자에 의한 로봇 조종은 금지한다.
- 로봇의 조작방법 및 순서, 작업 중 매니퓰레이터의 속도 등에 관한 지침에 따라 작업을 하여야 한다.
- 작업을 하고 있는 동안 로봇의 기동스위치 등에 '작업 중'이라는 표시를 하여야 한다.
- 해당 작업에 종사하고 있는 근로자의 안전한 작업을 위하여 작업종사자 외의 사람이 기동스위치를 조작할 수 없도록 하여야 한다.
- 작업에 종사하는 근로자가 조작 중 이상 발견 시 우선적으로 먼저 로봇을 정지시킨 후 관리감독자에게 보고하는 등의 필요한 조치를 한다.
- 급유는 해당 로봇의 운전을 정지시킨 후 실시한다.
- 로봇의 작동범위에서 해당 로봇의 수리·검사·조정·청소·급유 또는 결과에 대한 확인작업을 하는 경우에는 해당 로봇의 운전을 정지함과 동시에 그 작업을 하고 있는 동안 로봇의 기동스위치를 열쇠로 잠근 후 열쇠를 별도로 관리하여야 한다.

㉡ 교시 등(산업안전보건기준에 관한 규칙 제222조) : 사업주는 산업용 로봇(이하 로봇)의 작동범위에서 해당 로봇에 대하여 교시 등(매니퓰레이터(Manipulator)의 작동순서, 위치·속도의 설정·변경 또는 그 결과를 확인하는 것)의 작업을 하는 경우에는 해당 로봇의 예기치 못한 작동 또는 오조작에 의한 위험을 방지하기 위하여 다음의 조치를 하여야 한다.

- 다음의 사항에 관한 지침을 정하고 그 지침에 따라 작업을 시킬 것
  - 로봇의 조작방법 및 순서
  - 작업 중의 매니퓰레이터의 속도
  - 2명 이상의 근로자에게 작업을 시킬 경우의 신호방법
  - 이상을 발견한 경우의 조치
  - 이상을 발견하여 로봇의 운전을 정지시킨 후 이를 재가동시킬 경우의 조치
  - 로봇의 예기치 못한 작동 또는 오조작에 의한 위험을 방지하기 위하여 필요한 조치
- 작업에 종사하고 있는 근로자 또는 그 근로자를 감시하는 사람은 이상을 발견하면 즉시 로봇의 운전을 정지시키기 위한 조치를 할 것(로봇의 구동원을 차단하고 작업을 하는 경우에는 이 조치를 하지 아니할 수 있음)
- 작업을 하고 있는 동안 로봇의 기동스위치 등에 작업 중이라는 표시를 하는 등 작업에 종사하고 있는 근로자가 아닌 사람이 그 스위치 등을 조작할 수 없도록 필요한 조치를 할 것(로봇의 구동원을 차단하고 작업을 하는 경우에는 이 조치를 하지 아니할 수 있음)

㉢ 산업용 로봇의 방호장치

- 울타리(산업안전보건기준에 관한 규칙 제223조) : 산업용 로봇의 운전으로 인하여 근로자에게 발생할 수 있는 부상 등의 위험을 방지하기 위하여 높이 1.8[m] 이상의 울타리를 설치해야 한다.
  - 로봇의 가동범위 등을 고려하여 높이로 인한 위험성이 없는 경우에는 높이를 그 이하로 조절할 수 있다.
  - 컨베이어 시스템의 설치 등으로 울타리를 설치할 수 없는 일부 구간에 대해서는 안전매트 또는 광전자식

방호장치 등 감응형 방호장치를 설치해야 한다.
- 고용노동부장관이 해당 로봇의 안전기준이 한국산업표준에서 정하고 있는 안전기준 또는 국제적으로 통용되는 안전기준에 부합한다고 인정하는 경우에는 본문에 따른 조치를 하지 않을 수 있다.

• 안전매트
- 연결사용 가능여부에 따른 안전매트의 종류 : 단일감지기, 복합감지기
- 단선 경보장치가 부착되어 있어야 한다.
- 감응도 조절장치가 있는 경우 봉인되어 있어야 한다.

㉣ 수리 등 작업 시의 조치(산업안전보건기준에 관한 규칙 제224조)

• 사업주는 로봇의 작동범위에서 해당 로봇의 수리·검사·조정(교시 등에 해당하는 것은 제외)·청소·급유 또는 결과에 대한 확인작업을 하는 경우에는 해당 로봇의 운전을 정지함과 동시에 그 작업을 하고 있는 동안 로봇의 기동스위치를 열쇠로 잠근 후 열쇠를 별도 관리하거나 해당 로봇의 기동스위치에 작업 중이란 내용의 표지판을 부착하는 등 해당 작업에 종사하고 있는 근로자가 아닌 사람이 해당 기동스위치를 조작할 수 없도록 필요한 조치를 하여야 한다.
• 로봇의 운전 중에 작업을 하지 아니하면 안 되는 경우로서 해당 로봇의 예기치 못한 작동 또는 오조작에 의한 위험을 방지하기 위하여 제222조의 조치를 한 경우에는 그러하지 아니하다.

③ 산업용 로봇의 제작 및 안전기준(위험기계·기구 자율안전확인 고시 별표 2)

번 호	구 분	내 용
		설계 요구조건 및 안전조치
1	재 료	로봇에 사용되는 재료의 기계적 성질과 강도는 설계·사용조건에 적합해야 한다.
2	동력전달 부품	㉠ 전동기 축, 기어, 구동벨트 또는 연결(Link)장치 등의 동력전달부에는 고정식 또는 가동식 가드를 설치해야 한다. ㉡ 가동식 가드에는 신체의 일부가 위험점에 도달하기 전 로봇의 작동이 정지되도록 연동회로를 구성해야 한다. ㉢ 연동시스템의 성능과 관계된 안전은 제6호의 요건을 만족해야 한다.
3	동력의 손실 또는 변동	㉠ 로봇에 공급되는 동력이 차단되거나 변동되더라도 주행폭주 또는 불시정지 등의 위험이 초래되지 않고, 동력을 재공급하는 경우에도 로봇이 기동되지 않도록 해야 한다. ㉡ 말단장치는 전기, 유·공압, 또는 진공의 상실, 변동에 의한 위험이 초래되지 않도록 설계·제작되어야 한다. 다만, 이러한 설계·제작이 불가능한 경우에는 근로자를 보호하기 위한 별도의 안전방호 대책을 사용자에게 제공해야 한다.
4	전자파적 합성 (EMC)	로봇은 전자파내성(EMS)에 의한 오작동이 발생되지 않도록 설계·제작되어야 한다. 이 경우 시험방법은 의무 안전인증대상 기계·기구 등이 아닌 기계·기구 등의 안전인증 규정에 따른다.
5	제어장치	로봇에 설치되는 제어장치는 다음의 요건에 적합하도록 설계·제작되어야 한다. ㉠ 누름버튼은 오작동 방지를 위한 가드를 설치하는 등 불시기동을 방지할 수 있는 구조로 제작·설치되어야 한다. ㉡ 전원공급램프, 자동운전, 결함검출 등 작동제어의 상태를 확인할 수 있는 표시장치를 설치해야 한다. ㉢ 조작버튼 및 선택스위치 등 제어장치에는 해당 기능을 명확하게 구분할 수 있도록 표시해야 한다.
6	안전 관련 제어 시스템 성능요건	안전 관련 제어시스템에 설치되는 안전 관련 부품은 다음의 요건을 만족하도록 설계·제작되어야 한다. 다만, 위험성평가 결과 별도의 평가기준에 적합한 경우, 해당 기준을 구체적으로 명시하고, 공급자가 사용자에게 적절한 제한과 주의사항을 포함한 사용정보를 제공한다면 안전 관련 제어시스템으로서 적합한 성능을 갖춘 것으로 본다. ㉠ 부품에 단일결함이 발생하더라도 안전기능의 상실로 이어지지 않아야 한다. ㉡ 로봇의 작동 중 단일결함은 다음 주기의 안전기능이 실행되기 이전에 검출되어야 한다. ㉢ 단일결함이 발생한 경우에도 안전기능은 항상 유효한 상태를 유지해야 하고 검출된 결함이 수정되기 전까지 안전한 상태를 유지해야 한다.

번 호	구 분	내 용
7	보호정지	㉠ 로봇에는 외부보호장치와 연결하기 위한 하나 이상의 보호정지회로를 구비해야 한다. ㉡ 보호정지회로는 작동 시 로봇에 공급되는 동력원을 차단시킴으로써 관련 작동부위를 모두 정지시킬 수 있는 기능을 구비해야 한다. ㉢ 보호정지회로의 성능은 제6호 안전관련 제어시스템 성능요건을 만족해야 한다. ㉣ 보호정지회로의 정지방식은 다음과 같다. • 구동부의 전원을 즉시 차단하는 정지방식 • 구동부에 전원이 공급된 상태에서 구동부가 정지된 후 전원이 차단되는 정지방식
8	운전모드 선택	㉠ 로봇에는 키 선택 스위치 등 운전모드 선택장치를 설치해야 한다. ㉡ 운전모드 선택 위치는 명확하게 확인 가능하고, 하나의 운전모드만 선택 가능하여야 한다.
9	자동 운전모드	㉠ 자동운전모드에서는 방책 등 안전장치가 정상기능을 유지해야 한다. ㉡ 정지신호가 부여되면 자동운전모드가 해제되어야 한다. ㉢ 자동운전모드에서 다른 운전모드로의 변환은 구동부가 정지된 상태에서만 가능해야 한다.
10	수동 운전모드	㉠ 로봇의 미세조정(Jogging), 교시, 프로그램의 작성 및 검증 시 사용되는 수동운전모드(수동감속모드, T1 또는 교시모드, 티칭모드)에서는 로봇의 속도가 초당 250[mm]를 초과하지 않아야 하고 조작자에 의해서만 작동되도록 해야 하며 자동운전이 되지 않아야 한다. ㉡ 초당 250[mm] 이상의 속도로 구동되는 수동운전모드(수동고속모드, T2 또는 고속 프로그램 검증모드)는 프로그램 검증에만 사용될 수 있도록 하여야 하며, 다음 요건을 만족해야 한다. • 로봇 제어판넬에 키스위치 등의 장치를 설치하고 운전모드를 확인할 수 있도록 표시 등의 조치를 할 것 • 초기 속도는 초당 250[mm] 이하로 설정될 것 • 로봇의 작동제어가 가능하고 가동유지기능이 있는 펜던트 제어장치를 설치할 것 • 펜던트에는 속도조절 기능이 구비되어 있어야 하며, 조정된 속도를 확인할 수 있도록 펜던트 화면에 표시될 것
11	펜던트 제어	㉠ 펜던트 또는 교시제어장치의 조작에 의한 로봇의 동작은 초당 250[mm] 이하에서 개시되도록 해야 한다. ㉡ 펜던트에 초당 250[mm] 이상의 속도 선택 기능이 있는 경우에는 제10호 ㉡의 요건을 만족해야 한다. ㉢ 펜던트에 설치된 모든 버튼과 장치는 가동유지방식(Hold-to-run)이어야 한다. ㉣ 펜던트 또는 교시제어장치에는 동작허가장치(Enabling Device, 그림 2-1)를 설치하고 이 장치가 중앙의 활성화 위치에서 연속적으로 유지시키는 경우에만 로봇이 작동되도록 해야 한다. 이 경우 동작허가 장치는 다음 사항을 만족해야 한다. • 다른 작동제어장치와는 독립적으로 작동될 것 • 중앙의 활성화 위치에서 더 깊이 눌러지거나 해제되는 경우 작동이 중지될 것 • 하나 이상의 동작허가 장치를 이용하여 로봇의 동작을 제어하는 경우에는 모든 동작허가 장치가 중앙의 활성화 위치에 있는 경우에만 로봇의 작동이 가능할 것 • 동작허가 장치를 떨어뜨린 경우에도 로봇의 작동이 개시되는 등의 고장이 발생되지 않을 것 • 협동로봇 중 본질적인 안전설계 대책 및 안전정격 제한 기능에 의해 동작허가 장치를 대신하여 안전성이 확보된 경우에는 동작허가 장치가 없어도 되나, 안전정격 제한 기능을 사용할 경우 그 기능은 항상 활성화 되어 있을 것 ㉤ 펜던트 또는 교시제어장치에는 비상정지장치를 설치해야 한다. ㉥ 자동운전은 펜던트 또는 교시제어장치의 조작만으로 자동운전모드로 전환되지 않고 안전방호영역 밖에 설치된 별도의 장치를 조작한 후에만 가능하도록 구성해야 한다. ㉦ 무선펜던트 또는 무선교시제어장치를 사용하는 경우에는 다음 요건에 적합해야 한다. • 펜던트의 활성화 상태를 펜던트 화면 등에 표시할 것 • 수동운전모드에서 통신장애 발생 시 보호정지기능이 작동되고 통신 재개 후에도 별도의 조작에 의해서만 로봇의 동작이 재개될 것

번 호	구 분	내 용
11	펜던트 제어	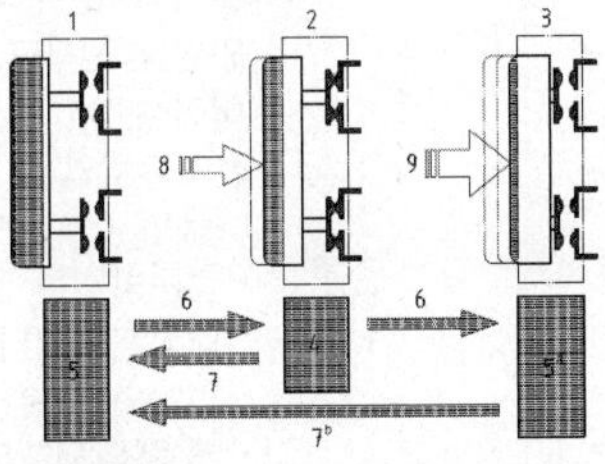 1 : 위치 1　4 : ON　7 : 해제 2 : 위치 2　5 : OFF　8 : 살짝 누름 3 : 위치 3　6 : 누름　9 : 꽉 누름 [〈그림 2-1〉 동작허가 장치의 기능적 특성]
12	동시동작 제어	㉠ 한대 이상의 로봇 제어기를 연결하여 사용할 수 있는 교시펜던트는 각각의 로봇을 독립적 또는 동시에 동작시킬 수 있는 기능을 구비해야 한다. ㉡ 동시 작동을 위해 선정된 각각의 로봇은 동일한 운전모드에서만 작동되도록 해야 하고 작동상태가 조작장치에 표시되어야 한다. ㉢ 선택된 로봇만이 활성화되고 안전방호영역 내에서 로봇이 활성화되었는지를 명확하게 확인할 수 있는 시각 표시를 해야 한다. ㉣ 활성화되지 않은 로봇에 의한 불시기동이 발생되지 않아야 하고 제10호의 안전관련 제어시스템 성능요건을 만족해야 한다.
13	협동운전 요건	협동운전을 위해 설계된 로봇의 경우 한국산업표준에서 정하고 있는 안전기준 또는 국제적으로 통용되는 안전기준에 따라 설치해야 한다.
14	축의 운동범위 제한	㉠ 로봇의 구동축에는 운동범위를 제한하기 위하여 다음의 요건을 만족하는 제한장치를 설치해야 한다. • 주축에는 기계적 멈춤장치를 설치할 것 • 2축 및 3축(두 번째와 세 번째로 이동리가 큰 축)에는 기계적 또는 다른 방식의 제한장치를 설치할 것 • 기계적 멈춤장치는 메니퓰레이터의 최대/최소 신장상태에서 정격 하중, 최대속도 조건에서 로봇동작을 정지시킬 수 있는 충분한 강도일 것 ㉡ 기계적 제한장치 이외의 경우 제어회로의 성능은 제5호의 안전관련 제어시스템 성능요건을 만족해야 하며 로봇 제어기 및 작업 프로그램으로 인하여 제한장치의 설정이 변경되지 않아야 한다.
15	무동력 작동	로봇은 비상시 또는 비정상 상황에서 동력을 사용하지 않고 각 축을 움직일 수 있도록 설계되어야 한다.
16	인양 및 이송	후크, 아이볼트, 나사구멍 또는 포크 리프트 등 로봇 인양을 위한 장치를 본체에 설치해야 한다. 이 때 인양장치는 로봇을 인양하기에 충분한 강도의 것이어야 한다.
17	전기 접속 기구	㉠ 전기 접속구 등 로봇에 연결되는 전기 접속장치는 임의로 분리되지 않는 방식으로 설계·제작되어야 한다. ㉡ 전기 접속구가 여러 개 설치되는 경우에는 상호 호환되지 않는 구조로 설계되어야 한다.
18	표 시	각 로봇에는 다음의 사항을 보기 쉬운 곳에 쉽게 지워지지 않는 방법으로 표시해야 해야 한다. ㉠ 제조자의 이름과 주소, 모델 번호 및 제조 일련번호, 제조연월 ㉡ 중 량 ㉢ 전기 또는 유·공압 시스템에 대한 공급사양 ㉣ 이동 및 설치를 위한 인양 지점 ㉤ 부하 능력
19	사용 설명서	로봇 제조자는 다음의 내용이 포함된 사용설명서를 사용자에게 제공해야 한다. ㉠ 제조자 또는 공급자의 이름, 주소 및 연락처 ㉡ 바닥의 지내력, 유·공압 등 유틸리티 사양, 환경조건, 프로그램 설정 등 로봇의 설치에 필요한 사항 ㉢ 최초 기능시험 등 검사 및 시험방법에 관한 사항 ㉣ 각종 부품의 교체 및 하드웨어 및 소프트웨어 등의 변경 시 필요한 검사 또는 시험에 관한 사항 ㉤ 안전한 작업수행에 필요한 교육·훈련, 운전, 설정 및 유지보수 등에 관한 사항 ㉥ 전기, 유·공압 연결도면 등 모든 제어 시스템의 기능유지를 위해 필요한 사항 ㉦ 펜던트 제어장치의 사용에 관한 사항 ㉧ 기계적 멈춤장치 및 비기계적 제한장치의 설치에 관한 정보 ㉨ 동작허가 장치의 조작방법 및 추가적인 장치의 설치에 관한 사항 ㉩ 제6호에 따른 안전관련 제어시스템 성능요건에 관한 정보 ㉪ 윤활, 부품의 주기적 교환 등 유지보수에 관한 사항 ㉫ 위험영역 내에 고립된 작업자의 비상탈출에 관한 사항 ㉬ 동작범위의 한계 및 공구중심점의 최대속도, 각 구동부 모터의 정격출력, 취급가능 최대 중량 등 한계에 관한 정보

<table>
<tr><th>번 호</th><th>구 분</th><th>내 용</th></tr>
<tr><td>19</td><td>사용
설명서</td><td>ⓗ 자동공구교환장치 등 부가적으로 설치할 수 있는 장치의 최대 중량 등 장치의 사양에 관한 정보
㉮ 무선펜던트를 사용하는 경우 통신신호의 단절을 감지하는데 걸리는 시간에 관한 정보
㉯ 그 밖의 로봇의 안전한 설치를 위해 필요한 사항</td></tr>
<tr><td colspan="3">전기안전요건</td></tr>
<tr><td>20</td><td>접 지</td><td>㉠ 전기장치 외함접지는 접지단자를 이용하여 설치해야 하며, 다음 요건을 만족해야 한다.
• 400[V] 미만일 때 100[Ω] 이하일 것
• 400[V] 이상일 때 10[Ω] 이하일 것 다만, 방폭지역의 저압 전기기계・기구의 외함은 전압에 관계없이 10[Ω] 이하여야 한다.
㉡ 접지선은 충분한 기계적・전기적 강도를 가져야 한다.
㉢ 외함 접지선의 최소 단면적은 〈표 2-1〉에 표시된 것 이상이어야 한다.
[〈표 2-1〉 접지선의 최소 단면적]
<table>
<tr><th>전원 공급용 전선의 단면적[S(mm^2)]</th><th>접지선의 최소 단면적[S(mm^2)]</th></tr>
<tr><td>$S \le 16$</td><td>S</td></tr>
<tr><td>$16 < S \le 35$</td><td>16</td></tr>
<tr><td>$S > 35$</td><td>$S/2$</td></tr>
</table>
㉣ 외함접지 단자에는 문자(PE)를 표기해야 하며, 기계부품 등의 본딩회로에 사용되는 그 밖의 단자에는 다음 중 하나의 방법으로 표기해야 한다.
• 기호로 표현하는 경우 : ⏚
• 문자로 표기하는 경우 : PE
• 녹색 또는 녹색 및 황색 조합 접지선</td></tr>
<tr><td>21</td><td>전원
차단장치</td><td>㉠ 전원차단장치는 다음 요건을 만족해야 한다.
• 기계의 전원 인입선마다 설치할 것
• 작동표시로 O(개방) 및 I(투입) 표시를 할 것. 다만, 개방 및 투입의 표시가 다른 방법으로도 식별이 명확한 경우에는 예외로 할 수 있다.
• 전원회로의 모든 상을 차단할 수 있을 것
• 부하전류 및 고장전류를 차단할 수 있는 충분한 용량을 가질 것
㉡ 2개 이상의 전원이 공급되는 경우에는 전원차단장치가 상호 연동되어야 한다.
㉢ 전원차단장치의 조작손잡이는 쉽게 접근이 가능하도록 지면으로부터 0.6~1.9[m] 사이에 위치하도록 한다.</td></tr>
<tr><td>22</td><td>감전사고
방지</td><td>㉠ 전기장치는 직접접촉이나 간접접촉으로 인한 감전사고가 발생되지 않도록 설치되어야 한다.
㉡ 전기장치의 직접접촉에 대한 방호조치는 다음과 같이 한다.
• 접근방지를 위하여 전용의 외함 내부에 내장시키거나 방호망을 설치하는 등 작업자와 충분히 이격시킬 것
• 개방형 외함의 구조는 다음과 같을 것
– 고정식 덮개의 구조이거나 임의로 외함을 개방할 수 없도록 키 등을 부착할 것
– 외함 개방 시 충전부분이 차단되도록 하거나, 외함 개방 후 충전되어 있는 부분의 보호등급은 IP 2X 이상의 직접 접촉방호가 되어 있을 것
㉢ 전원이 차단된 이후에도 60[V] 이상의 잔류전압이 있는 노출 충전부는 전원 차단 후 5초 이내에 장비 기능에 영향을 미치지 않는 범위에서 60[V] 이하가 되도록 방전되어야 한다. 단, 다음의 경우는 예외로 한다.
• 충전 전하가 60[μC] 이하인 경우
• 장비기능상 급속한 방전이 어려운 경우 외함이 개방하기 전에 일정시간 대기할 수 있도록 주의 표시를 하는 경우</td></tr>
<tr><td>23</td><td>배 선</td><td>㉠ 배선은 부하의 용량과 특성에 적정한 굵기와 배선 종류를 선정해야 한다.
㉡ 배선의 피복상태는 손상, 파손, 탄화부분이 없어야 하며, 제어반 등의 전선 인입구에는 배선 피복이 손상되지 않도록 보호조치가 되어야 한다.
㉢ 배선의 단자체결 부분은 볼트 및 너트의 풀림 또는 탈락이 없어야 한다.</td></tr>
<tr><td>24</td><td>과전류
보호</td><td>㉠ 과전류보호를 위하여 각 부품의 정격전류 또는 도체의 허용전류 값 중에서 더 작은 값에 대하여 보호되어야 한다.
㉡ 퓨즈의 정격전류 또는 그 밖의 과전류보호장치의 전류설정 값은 가능한 한 낮게 선정하되 예상되는 과전류(전동기 기동 전류 등을 말한다)에 적절해야 한다.
㉢ 과전류 보호용으로 차단기 또는 퓨즈 설치 시 차단용량은 해당 전동기 등의 정격전류에 대하여 차단기는 250[%], 퓨즈는 300[%] 이하여야 한다.
㉣ 과전류차단장치는 분기회로마다 설치되어야 한다.
㉤ 전원전압에 직접 접속되는 제어회로 및 제어회로변압기에는 과전류보호조치를 해야 한다.
㉥ 제어용변압기 2차측 회로의 과전류보호장치는 접지회로가 아닌 다른 단에 설치되어야 한다.</td></tr>
</table>

<table>
<tr><th>번 호</th><th>구 분</th><th>내 용</th></tr>
<tr><td>25</td><td>전동기의
과부하
보호</td><td>㉠ 정격출력 0.5[kW] 이상의 전동기에는 과부하보호장치가 설치되어야 한다. 다만, 구조적으로 전동기가 과부하가 되지 않도록 전기적·기계적 회로가 구성된 경우에는 예외로 한다.
㉡ 과부하감지장치는 중성선을 제외한 모든 상도체에 설치되어야 한다. 다만, 결상보호장치 등이 설치되어 전동기의 과부하를 감지할 수 있는 경우에는 예외로 한다.
㉢ 과부하 보호로 전원이 차단되는 경우 개폐장치는 모든 상도체를 차단시켜야 한다.
㉣ 전동기는 정전 등에 의해 전원이 차단된 후 재통전 되었을 때 불시기동 되어서는 안 된다.</td></tr>
<tr><td>26</td><td>이상온도
보호</td><td>비정상적인 온도 상승으로 위험한 상황이 초래될 수 있는 저항가열회로 등에는 적절한 냉각장치를 설치해야 하며, 필요시 온도감시장치와 연동되도록 해야 한다.</td></tr>
<tr><td>27</td><td>등전위
접지</td><td>㉠ 전기장비와 기계의 노출된 모든 도전부는 보호본딩회로에 연결되어야 하며, 접지연속성 시험결과 〈표 2-2〉와 같은 적절한 접지연속성 기능이 유지되어야 한다.
[〈표 2-2〉 접지연속성 기능]
<table>
<tr><th>시험대상 전선의 최소 유효단면적[mm^2]</th><th>최고 전압강하[V]</th></tr>
<tr><td>1.0</td><td>3.3</td></tr>
<tr><td>1.5</td><td>2.6</td></tr>
<tr><td>2.5</td><td>1.9</td></tr>
<tr><td>4.0</td><td>1.4</td></tr>
<tr><td>> 6.0</td><td>1.0</td></tr>
</table>
㉡ 보호본딩회로에는 개폐기, 과전류보호장치가 부착되지 않아야 한다.</td></tr>
<tr><td>28</td><td>절연저항</td><td>전원선과 보호본딩회로 사이에 직류전압 500[V]를 인가하여 측정한 절연저항 값은 1[MΩ] 이상이어야 한다. 다만, 부스바, 컬렉터선, 컬렉터봉설비 또는 슬립링 조립품 등 전기장비 일부의 최소 절연저항 값은 50[kΩ] 이상이어야 한다.</td></tr>
<tr><td>29</td><td>방폭전기
기계·기구</td><td>방폭 전기기계·기구는 해당지역 방폭등급에 적합한 것으로서 방호장치 안전인증기준에 적합한 것이어야 한다.</td></tr>
<tr><td>30</td><td>제어회로
및
제어기능</td><td>㉠ 제어회로의 전원은 1, 2차 측이 분리된 권선방식의 제어용 변압기로 사용하여야 한다. 다만, 1대의 전동기와 최대 2대의 제어장치(예 연동장치, 기동/정지 제어위치)를 갖춘 기계에 대해서는 변압기를 생략할 수 있다.
㉡ 제어전압(제어회로의 정격전압)은 변압기로부터 공급될 때 277[V]를 초과하지 않아야 한다.
㉢ 조작전압은 대지전압 교류 150[V] 이하 또는 직류 300[V] 이하여야 한다.
㉣ 전자접촉기 등이 폐로 될 위험이 있는 경우에는 다음 요건을 만족해야 한다. 다만, 계전기 접점(과부하계전기 등)을 작동시키는 제어용코일과 접점이 동일한 외함에 수납된 일체형으로서 상호 접속거리가 짧아 지락 가능성이 희박한 경우에는 예외로 한다.
• 계전기 코일의 후단은 접지시킬 것
• 계전기 코일의 후단과 접지회로 사이에는 개폐기, 접점 등이 없을 것
※ 제어전압 : 기계를 제어하기 위한 제어장치(릴레이 등)에 인가되는 전압
※ 조작전압 : 작업자가 직접 조작하는 누름버튼 스위치 등에 인가되는 전압</td></tr>
<tr><td>31</td><td>운전모드</td><td>㉠ 운전모드 전환 시 위험한 상황이 초래될 위험이 있는 경우에는 키 스위치, 비밀번호 입력 등의 방법을 적용해야 한다.
㉡ 안전장치는 모든 운전모드에서 유효하게 작동되어야 한다.
㉢ 모드 선택스위치는 기계운전 스위치로 사용되어서는 아니 되며, 별도 운전스위치 조작에 의해서만 기계가 작동되어야 한다.
㉣ 조작장치에는 운전모드를 구분할 수 있는 표시(문자표시, 표시 등)를 해야 한다.</td></tr>
</table>

번 호	구 분	내 용
32	비상정지 장치	㉠ 비상정지장치는 각 제어반 및 그 밖에 비상정지를 필요로 하는 개소에 설치하되, 접근이 용이한 곳에 배치되어야 한다. ㉡ 비상정지장치는 작동된 이후 수동으로 복귀시킬 때까지 회로가 자동으로 복귀되지 않고, 슬라이드를 시동상태로 복귀한 후가 아니면 슬라이드가 작동하지 않는 구조의 것이어야 한다. ㉢ 비상정지장치의 형태는 기계의 구조와 특성에 따라 위험상황을 해소할 수 있도록 다음과 같은 적절한 형태의 것을 선정해야 한다. • 버섯형(돌출) 누름버튼 • 로프작동형, 봉형 • 복부 또는 무릎작동형 • 보호덮개가 없는 페달형 스위치 ㉣ 누름버튼형 비상정지장치의 엑추에이터는 적색이고 주변의 배경색은 황색이어야 한다. ㉤ 로프작동형 비상정지장치는 상시 로프의 적정 장력이 유지되어야 하며, 로프에 적색과 황색으로 식별이 가능해야 한다. ㉥ 비상정지장치는 다음 조건을 만족해야 하며, 작동과 동시에 구동부 동력이 차단되는 0정지방식이어야 한다. 다만, 관성 등에 의해 급정지 시 추가적인 위험을 초래할 수 있는 경우에는 1정지방식으로 할 수 있다. • 0정지방식의 경우에는 직접배선으로 정지회로를 구성(이하 하드와이어드(Hard-wired) 방식)해야 하며, 작동신호가 전자로직이나 통신회로망을 경유하는 신호전송방식(이하 소프트와이어드(Soft-wired)방식)으로 이루어지지 않아야 한다. 다만, 안전프로그램로직과 같이 안전성과 신뢰성이 입증된 부품을 사용하여 회로를 구성하는 경우에는 소프트와이어드 방식으로 구성할 수 있다. • 1정지방식을 채택하는 경우 기계 액추에이터 동력의 최종적인 제거를 위한 전기회로는 하드와이어드 방식으로 구성되어야 한다. ※ 0정지방식 : 액추에이터 전원의 즉각적인 차단에 의한 정지 ※ 1정지방식 : 액추에이터에는 전원이 공급된 상태에서 기계가 정지한 후 전원이 차단되는 제어정지방식 ㉦ 회로상에 여러 개의 비상정지장치가 설치된 경우, 작동된 모든 비상정지장치가 복귀되기 전에는 기계가 작동되지 않아야 한다.

번 호	구 분	내 용
33	조작버튼 및 전선색상	㉠ 조작버튼의 색상은 다음과 같이 한다. • 조작버튼은 〈표 2-3〉에 따라 색상 부호화하여야 한다. • 기동/투입 버튼의 색상은 흰색을 기본으로 하되 회색 또는 흑색도 사용할 수 있다. 녹색 또한 허용되나 적색을 사용해서는 아니 된다. • 적색은 비상정지 및 비상전원차단 버튼에만 사용되어야 한다. • 정지/차단 버튼의 색상은 흑색을 기본으로 하되 회색 또는 흰색도 사용할 수 있으나 녹색을 사용해서는 아니 된다. 적색 또한 허용되나 비상정지장치에 근접한 곳에서 사용해서는 아니 된다. • 흰색, 회색 또는 흑색은 교대로 기동/투입 및 정지/차단되는 버튼 색상으로 사용할 수 있으나 적색, 황색 또는 녹색은 사용해서는 아니 된다. • 흰색, 회색 또는 흑색은 버튼은 누르고 있는 동안만 작동하고 누름을 멈추면 작동하지 않는 형식의 버튼에는 사용할 수 있으나 적색, 황색 또는 녹색은 사용해서는 아니 된다. • 복귀 기능 버튼은 청색, 흰색, 회색 또는 흑색이어야 한다. 이것이 정지/차단 버튼의 역할을 하는 경우 흑색을 기본으로 하되 흰색 또는 회색도 사용할 수 있으나 녹색은 사용하지 않아야 한다.

[〈표 2-3〉 조작버튼의 색상 구분 및 의미]

색 상	의 미	설 명	적용 예
적 색	비 상	위험한 상태 또는 비상시 작동	비상정지 스위치 비상기능의 초기화
황 색	비정상	비정상 상태 발생 시 작동	비정상 상태를 해소하기 위한 간섭 차단된 자동 주기 재기동 간섭
녹 색	정 상	정상 상태에서 작동	–
청 색	의 무	의무 작동이 필요한 상태의 작동	복귀 기능
흰 색	지정된 의미 없음	비상 정지 이외의 일반적인 기능 개시 (비고 참조)	기동/투입(선호됨), 정지/차단
회 색			기동/투입, 정지/차단
흑 색			기동/투입, 정지/차단(선호됨)

비고 : 부호화의 부수적 수단(예 모양, 위치, 구조)이 조작버튼 식별에 사용되는 경우 흰색, 회색 또는 흑색과 동일한 색상은 여러 기능용으로 사용될 수 있다(예 기동/투입 및 정지/차단 버튼에 흰색 사용).

<table>
<tr><th>번 호</th><th>구 분</th><th>내 용</th></tr>
<tr><td>33</td><td>조작버튼
및
전선색상</td><td>㉡ 표시등의 색상은 다음과 같이 한다.
• 작업자의 주의를 끌거나 지정된 절차를 준수하여야 하는 것을 나타내고자 할 경우 적색, 황색, 녹색 및 청색으로 표시할 것
• 명령상태를 확인하거나 변경 또는 전환 시간 종료의 확인이 필요할 경우 청색과 흰색을 사용할 것(필요시 녹색도 사용 가능)
• 표시등의 색상은 〈표 2-4〉에 따른 기계의 조건(상태)에 관하여 색상 부호화하여야 한다. 다만, 공급자와 사용자 사이에 별도의 약정이 있는 경우에는 예외로 할 수 있다.
[〈표 2-4〉 표시등의 색상 및 의미]
<table>
<tr><th>색 상</th><th>의 미</th><th>설 명</th><th>조작방법</th></tr>
<tr><td>적 색</td><td>비 상</td><td>위험한 상태</td><td>위험 상태에서 즉시 작동(비상정지 스위치 작동)</td></tr>
<tr><td>황 색</td><td>비정상</td><td>비정상 상태
긴급 상태</td><td>감시 및 조치(기능 재설정 등)</td></tr>
<tr><td>녹 색</td><td>정 상</td><td>정상 상태</td><td>선택 사양</td></tr>
<tr><td>청 색</td><td>의 무</td><td>조작자의 조치를 요하는 상태</td><td>의무 조치</td></tr>
<tr><td>흰 색</td><td>중 립</td><td>기타 상태(적색, 황색, 녹색, 청색 적용 모호 시 사용)</td><td>감 시</td></tr>
</table>
㉢ 전선의 색상은 다음과 같이 한다. 다만, 부품에 부속된 전선 및 다심케이블(녹황색 조합전선은 제외)의 경우 또는 전선에 숫자 및 알파벳 등으로 식별이 가능한 구분표시가 된 경우에는 예외로 한다.
• 흑색 – 교류 및 직류 전원선로
• 적색 – 교류제어회로
• 청색 – 직류제어회로
• 주황색 – 외부 전원에서 공급되는 연동장치 제어회로
• 녹색 또는 녹색과 황색 조합 – 접지
• 청색 – 중성선</td></tr>
<tr><td>34</td><td>표 시</td><td>누름버튼에는 〈표 2-5〉와 같이 표시해야 한다. 다만, 표시가 다른 방법으로도 식별이 명확한 경우에는 예외로 할 수 있다.
[〈표 2-5〉 누름버튼 표시]
<table>
<tr><th>기 동</th><th>정 지</th><th>기동과 정지를 교대로 작동하는 누름버튼</th><th>누르는 동안만 작동하고 놓았을 때 정지되는 버튼</th></tr>
</table></td></tr>
</table>

<table>
<tr><th>번 호</th><th>구 분</th><th>내 용</th></tr>
<tr><td>35</td><td>경고 표시</td><td>전기장치로 인한 감전위험이 있는 곳에는 〈그림 2-2〉와 같은 경고표지를 부착해야 한다.
[〈그림 2-2〉 감전위험 경고 표시]</td></tr>
<tr><td>36</td><td>시 험</td><td>다음에 따른 시험을 실시하여야 한다. 다만, ㉢ 및 ㉣의 시험은 생략할 수 있다.
㉠ 접지연속성 시험
PE 단자(제20호 참조)와 보호본딩회로 일부의 적절한 지점 사이에서 실시하며 10[A] 이상의 전류를 인가하였을 때 최대 전압강하의 값이 〈표 2-2〉에 제시한 값을 초과하지 않아야 한다.
㉡ 절연저항 시험
전원선과 보호본딩회로 사이에 직류전압 500[V]를 인가하여 측정한 절연저항 값이 제28호에서 제시한 기준에 적합해야 한다.
㉢ 내전압 시험
안전 초저전압 또는 그 이하에서 작동되도록 설계된 선로를 제외한 모든 회로의 도체와 보호본딩회로 사이에 최소 1초 이상의 시험전압을 인가하였을 때 견딜 수 있어야 한다. 다만, 시험전압을 견딜 수 없는 정격을 가진 부품은 시험하는 중에 차단시켜야 하며 이 경우 사용되는 시험전압은 다음과 같다.
• 장비의 정격전압의 2배와 1,000[V] 중 큰 전압
• 50/60[Hz]의 주파수
• 최소 500[VA] 정격의 변압기에서 공급
㉣ 잔류전압 시험
제22호 ㉢에서 제시한 기준에 적합해야 한다.</td></tr>
</table>

핵심예제

3-1. 산업용 로봇의 작동범위 내에서 해당 로봇에 대하여 교시 등의 작업 시 예기치 못한 작동 및 오조작에 의한 위험을 방지하기 위하여 수립해야 하는 지침사항에 해당하지 않는 것은?

[2008년 제1회, 2010년 제3회, 2011년 제3회, 2015년 제3회]

① 로봇의 조작방법 및 순서
② 작업 중의 매니퓰레이터의 속도
③ 로봇 구성품의 설계 및 조립방법
④ 2명 이상의 근로자에게 작업을 시킬 경우의 신호방법

3-2. 산업용 로봇에서 근로자에게 발생할 수 있는 부상 등의 위험을 방지하기 위하여 방책을 세우고자 할 때 일반적으로 높이는 몇 [m] 이상으로 해야 하는가?

[2011년 제2회, 2013년제 1회, 2014년 제1회 유사, 2017년 제2회]

① 1.8　　② 2.1
③ 2.4　　④ 2.7

|해설|

3-1
산업용 로봇의 작동범위 내에서 해당 로봇에 대하여 교시 등의 작업 시 예기치 못한 작동 및 오조작에 의한 위험을 방지하기 위하여 수립해야 하는 지침사항
- 로봇의 조작방법 및 순서
- 작업 중의 매니퓰레이터의 속도
- 2명 이상의 근로자에게 작업을 시킬 경우의 신호방법
- 이상을 발견한 때의 조치
- 이상을 발견하여 로봇의 운전을 정지시킨 후 이를 재가동시킬 때의 조치

3-2
산업용 로봇에서 근로자에게 발생할 수 있는 부상 등의 위험을 방지하기 위하여 방책을 세우고자 할 때 일반적으로 높이는 1.8[m](180[cm]) 이상으로 해야 한다.

정답 3-1 ③ 3-2 ①

핵심이론 04 목재가공용 기계의 안전

① 목재가공용 기계 안전의 개요
㉠ 목재가공용 둥근톱 톱날의 길이
- 톱날의 전체 길이(l_1) : $l_1 = \pi d$ (d : 톱날의 지름)
- 후면날의 길이(l_2) : $l_2 = l_1 \times \frac{1}{4}$
- 분할날의 최소 길이(l_3) : $l_3 = l_2 \times \frac{2}{3}$

㉡ 톱날 두께 · 분할날 두께 · 톱날 진폭의 관계
$1.1t_1 \le t_2 < b$

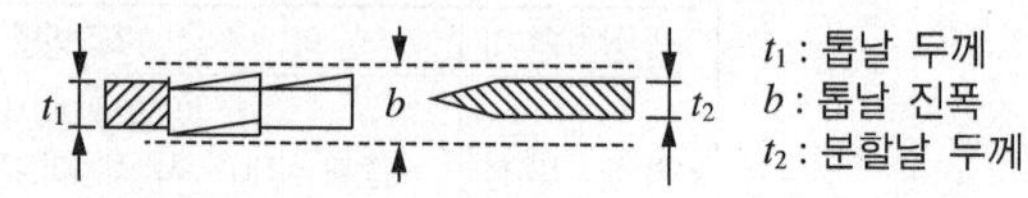

② 목재가공용 기계의 안전수칙과 방호장치
㉠ 목재가공용 기계의 안전수칙
- 톱날은 어떤 경우에도 외부에 노출되지 않고 덮개가 덮여 있어야 한다.
- 작업 중 근로자의 부주의에도 신체의 일부가 날에 접촉할 염려가 없도록 설계되어야 한다.
- 덮개 및 지지부는 경량이면서 충분한 강도를 가져야 하며, 외부에서 힘을 가했을 때 쉽게 회전될 수 없는 구조로 설계되어야 한다.
- 덮개의 가동부는 원활하게 상하로 움직일 수 있고 좌우로 움직일 수 없는 구조로 설계되어야 한다.

㉡ 목재가공용 기계의 방호장치
- 반발예방장치의 종류 : 분할날(Spreader), 반발방지기구(Finger), 보조안내판, 반발방지롤러 등
- 목재가공용 기계의 반발예방장치 : 포집형 방호장치
- 포집형 방호장치 : 목재가공기계의 반발장치와 같이 위험장소에 설치하여 위험원이 비산하거나 튀는 것을 방지하는 등 작업자로부터 위험원을 차단하는 방호장치
- 반발방지를 방호하기 위한 분할날의 설치조건
  - 톱날과의 간격 : 12[mm] 이내
  - 방호 길이 : 톱날 후면날의 2/3 이상 방호
  - 분할날 두께 : 둥근톱 두께의 1.1배 이상, 톱날의 치진폭(Tooth Width) 미만
  - 분할날의 재료 : 탄소공구강 5종(SK5) 또는 이에 상당하는 재질

- 가동식 접촉예방장치에 대한 요건
  - 덮개의 하단이 송급되는 가공재의 상면에 항상 접하는 방식이어야 하고, 절단작업을 하고 있지 않을 때에는 톱날에 접촉되는 것을 방지할 수 있어야 한다.
  - 절단작업 중 가공재의 절단에 필요한 날 이외의 부분을 항상 자동적으로 덮을 수 있는 구조여야 한다.
  - 지지부는 덮개의 위치를 조정할 수 있고 체결볼트에는 이완방지조치를 해야 한다.
  - 톱날이 보이도록 부분적으로 가려진 구조이어야 한다.

핵심예제

목재가공용 둥근톱의 톱날지름이 500[mm]일 경우 분할날의 최소 길이는 약 몇 [mm]인가? [2014년 제2회, 2016년 제3회]

① 462 ② 362
③ 262 ④ 162

|해설|

- 톱날의 전체 길이(l_1) : $l_1 = \pi d = 3.14 \times 500 = 1,570[\text{mm}]$
- 후면날의 길이(l_2) : $l_2 = l_1 \times \dfrac{1}{4} = 1,570 \times \dfrac{1}{4} = 392.5[\text{mm}]$
- 분할날의 최소 길이(l_3) : $l_3 = l_2 \times \dfrac{2}{3} = 392.5 \times \dfrac{2}{3} \simeq 262[\text{mm}]$

정답 ③

핵심이론 05 원심기, (고속)회전체, 사출성형기 등, 작업수공구, 공기압축기 등의 안전

① 원심기

㉠ 원심기 : 원심력을 이용한 기구나 기계

㉡ 원심기의 안전수칙
- 원심기에는 덮개를 설치하여야 한다.
- 원심기로부터 내용물을 꺼내거나 원심기의 정비, 청소, 검사, 수리작업을 하는 때에는 운전을 정지시켜야 한다.
- 원심기의 최고 사용 회전수를 초과하여 사용하여서는 아니 된다.

② (고속)회전체

㉠ (고속)회전체 안전의 개요
- 회전축, 기어, 풀리, 플라이휠 등에 사용되는 고정구는 작업복 등의 말림사고 예방을 위하여 묻힘형 고정구를 사용한다.
- 원동기, 풀리, 기어 등 근로자에게 위험을 미칠 우려가 있는 부위에 설치하는 위험방지장치 : 덮개, 슬래브, 건널다리, 울 등

㉡ (고속)회전체의 안전수칙
- 사업주는 기계의 원동기·회전축·기어·풀리·플라이휠·벨트 및 체인 등 근로자가 위험에 처할 우려가 있는 부위에 덮개·울·슬래브 및 건널다리 등을 설치하여야 한다.
- 사업주는 선반 등으로부터 돌출되어 회전하고 있는 가공물이 근로자에게 위험을 미칠 우려가 있는 경우에는 덮개 또는 울 등을 설치하여야 한다.
- 사업주는 종이·천·비닐 및 와이어로프 등의 감김통 등에 의하여 근로자가 위험해질 우려가 있는 부위에 덮개 또는 울 등을 설치하여야 한다.
- 사업주는 근로자가 분쇄기 등의 개구로부터 가동 부분에 접촉함으로써 위해를 입을 우려가 있는 경우, 덮개 또는 울 등을 설치하여야 한다.

③ 사출성형기 등

㉠ 사출성형기에서 동력작동식 금형고정장치의 안전사항
- 금형 또는 부품의 낙하를 방지하기 위해 기계적 억제장치를 추가하거나 자체 고정장치(Self Retain Clamping Unit) 등을 설치해야 한다.

• 자석식 금형고정장치는 상하(좌우) 금형의 정확한 위치가 자동으로 모니터(Monitor)되어야 한다.
• 상하(좌우)의 두 금형 중 어느 하나가 위치를 이탈하는 경우 플레이트를 더 이상 움직이지 않아야 한다.
• 전자석 금형고정장치를 사용하는 경우에는 전자기파에 의한 영향을 받지 않도록 전자파 내성대책을 고려해야 한다.

㉡ 프레스를 제외한 사출성형기 · 주형조형기 및 형단조기 등에 관한 안전조치사항
• 근로자의 신체 일부가 말려들어갈 우려가 있는 경우 게이트 가드(Gate Guard) 또는 양수조작식 방호장치, 그 밖에 필요한 방호장치를 하여야 한다.
• 게이트 가드식 방호장치를 설치할 경우에는 연동구조(인터록장치)를 사용하여 문을 닫지 않으면 동작되지 않는 구조로 한다.
• 사업주는 기계의 히터 등의 가열 부위 또는 감전 우려가 있는 부위에는 방호 덮개를 설치하는 등 필요한 안전조치를 하여야 한다.

④ 작업 수공구

㉠ 동력식 수동대패에 손이 끼지 않도록 하기 위해서 덮개 하단과 가공재를 송급하는 측의 테이블 면과의 틈새는 최대 8[mm] 이하로 조절해야 한다.

㉡ 수공구 취급 시 안전수칙
• 해머는 처음부터 힘을 주어 치지 않는다.
• 렌치는 올바르게 끼우고 몸쪽으로 당겨서 사용한다.
• 줄의 눈이 막힌 것은 반드시 와이어브러시로 제거한다.

㉢ 정작업의 작업 안전수칙
• 정작업 시에는 보안경을 착용하여야 한다.
• 정작업으로 담금질된 재료를 가공해서는 안 된다.
• 정작업에서 모서리 부분은 크기를 3R 정도로 한다.
• 처음에는 가볍게 때리고, 점차 힘을 가한다.
• 정작업을 시작할 때와 끝날 무렵이더라도 세게 치지 말아야 한다.
• 철강재를 정으로 절단 시에는 철편이 날아 튀는 것에 주의한다.
• 절단된 가공물의 끝이 튕길 수 있는 위험의 발생을 방지하여야 한다.

⑤ 공기압축기

㉠ 공기압축기는 외부로부터 동력을 받아 공기를 압축하는 기계를 말하며, 압축된 공기를 높은 공압으로 저장하였다가 필요에 따라서 공압장치에 공급해 주는 기계이다. 통상의 가공 현장에서 사용되고 있는 공기압축기는 압축기 본체와 압축 공기를 저장해 두는 탱크로 구성되어 있다.

㉡ 공기압축기의 작업안전수칙
• 공기압축기의 점검 및 청소는 반드시 전원을 차단한 후에 실시한다.
• 운전 중에 어떠한 부품도 건드려서는 안 된다.
• 최대공기압력을 초과한 공기압력으로는 절대로 운전하여서는 안 된다.
• 공기압축기 분해 시 내부의 압축 공기를 완전히 배출한 후에 분해한다.
• 공기압축기의 시스템 어느 부분에도 플라스틱 파이프, 고무호스의 사용 및 납땜을 하지 말아야 한다.
• 항상 공기압축기에 적합한 윤활유를 사용하고 교환주기를 철저히 지킨다.

핵심예제

5-1. 다음 중 원심기의 안전에 관한 설명으로 적절하지 않은 것은? [2012년 제3회, 2016년 제1회]

① 원심기에는 덮개를 설치하여야 한다.
② 원심기로부터 내용물을 꺼내거나 원심기의 정비, 청소, 검사, 수리작업을 하는 때에는 운전을 정지시켜야 한다.
③ 원심기의 최고 사용 회전수를 초과하여 사용하여서는 아니 된다.
④ 원심기에 과압으로 인한 폭발을 방지하기 위하여 압력방출장치를 설치하여야 한다.

5-2. 다음 중 정작업 시의 작업안전수칙으로 틀린 것은?
[2011년 제3회, 2012년 제1회 유사, 2014년 제1회 유사, 제2회, 2016년 제1회 유사]

① 정작업 시에는 보안경을 착용하여야 한다.
② 정작업으로 담금질된 재료를 가공해서는 안 된다.
③ 정작업을 시작할 때와 끝날 무렵에는 세게 친다.
④ 철강재를 정으로 절단 시에는 철편이 날아 튀는 것에 주의한다.

|해설|

5-1
과압으로 인한 폭발을 방지하기 위하여 압력방출장치를 설치하여야 하는 경우는 보일러의 안전사항이다.

5-2
정작업을 시작할 때와 끝날 무렵이더라도 세게 치지 말아야 한다.

정답 5-1 ④ 5-2 ③

제5절 운반기계 · 양중기의 안전

핵심 이론 01 운반기계의 안전

① 지게차의 안전

㉠ 지게차 안전의 개요

- 지게차를 이용한 작업을 안전하게 수행하기 위한 장치 : 헤드가드, 전조등 및 후미등, 백레스트 등
- 사업주는 전조등과 후미등을 갖추지 아니한 지게차를 사용해서는 아니 된다. 다만, 작업을 안전하게 수행하기 위하여 필요한 조명이 확보되어 있는 장소에서 사용하는 경우에는 그러하지 아니하다.
- 사업주는 지게차 작업 중 근로자와 충돌할 위험이 있는 경우에는 지게차에 후진경보기와 경광등을 설치하거나 후방감지기를 설치하는 등 후방을 확인할 수 있는 조치를 해야 한다.
- 사업주는 다음에 따른 적합한 헤드가드(Head Guard)를 갖추지 아니한 지게차를 사용해서는 아니 된다. 다만, 화물의 낙하에 의하여 지게차의 운전자에게 위험을 미칠 우려가 없는 경우에는 그러하지 아니하다.
  - 강도는 지게차의 최대 하중의 2배 값(4[ton]을 넘는 값에 대해서는 4[ton]으로 한다)의 등분포 정하중에 견딜 수 있을 것
  - 상부 틀의 각 개구의 폭 또는 길이가 16[cm] 미만일 것
  - 운전자가 앉아서 조작하거나 서서 조작하는 지게차의 헤드가드는 한국산업표준에서 정하는 높이 기준 이상일 것
- 사업주는 백레스트(Backrest)를 갖추지 아니한 지게차를 사용해서는 아니 된다. 다만, 마스트의 후방에서 화물이 낙하함으로써 근로자가 위험해질 우려가 없는 경우에는 그러하지 아니하다.
- 사업주는 지게차에 의한 하역운반작업에 사용하는 팔레트(Pallet) 또는 스키드(Skid)는 다음에 해당하는 것을 사용하여야 한다.
  - 적재하는 화물의 중량에 따른 충분한 강도를 가질 것
  - 심한 손상·변형 또는 부식이 없을 것

• 사업주는 앉아서 조작하는 방식의 지게차를 운전하는 근로자에게 좌석 안전띠를 착용하도록 하여야 한다.
• 지게차를 운전하는 근로자는 좌석 안전띠를 착용하여야 한다.

㉡ 안정 모멘트 관계식 : $M_1 < M_2$, $Wa < Gb$

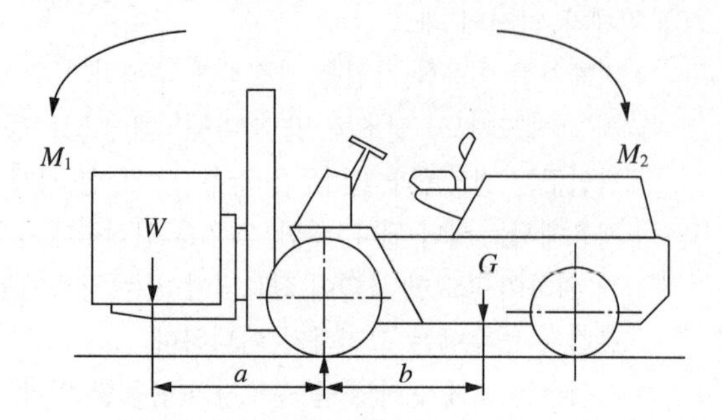

여기서, M_1 : 화물의 모멘트
M_2 : 지게차의 모멘트
W : 화물의 중량
a : 앞바퀴의 중심부터 화물 중심까지의 최단거리
G : 지게차 자체 중량
b : 앞바퀴의 중심부터 지게차 중심까지의 최단거리

㉢ 안정도
• 작업 또는 주행 시 안정도 이하로 유지해야 한다.
• 주행과 하역작업의 안정도가 다르다.
• 전후 안정도와 좌우 안정도가 다르다.
• 안정도는 등판능력과는 무관하다.
• 지게차의 전후 안정도(S_{fr}) : $S_{fr} = \frac{h}{l} \times 100[\%]$

여기서, h : 높이, l : 수평거리
- 무부하·부하 상태에서 주행 시 전후 안정도는 18[%] 이내이어야 한다.
- 부하 상태에서 하역작업 시의 전후 안정도 : 5[ton] 미만의 경우는 4[%] 이내, 5[ton] 이상은 3.5[%] 이내

• 좌우 안정도
- 무부하 상태에서 주행 시의 지게차의 좌우 안정도(S_{lr})는 $S_{lr} = 15 + 1.1V[\%]$ 이내이어야 한다.
  여기서, V : 구내 최고 속도[km/h]
- 부하 상태에서 하역작업 시의 좌우 안정도는 6[%] 이내이어야 한다.

㉣ 작업장 내 운반이 주목적인 구내 운반차의 제동장치 준수사항
• 주행을 제동하거나 정지상태를 유지하기 위하여 유효한 제동장치를 갖출 것
• 경음기를 갖출 것
• 운전석이 차 실내에 있는 것은 좌우에 한 개씩 방향지시기를 갖출 것
• 조명이 없는 장소에서 작업 시 전조등과 후미등을 갖출 것

핵심예제

1-1. 다음 중 수평거리 20[m], 높이가 5[m]인 경우 지게차의 안정도는 얼마인가? [2012년 제1회, 2013년 제3회 유사, 2014년 제2회]

① 10[%]　② 20[%]
③ 25[%]　④ 40[%]

1-2. 무부하 상태에서 지게차로 20[km/h]의 속도로 주행할 때 좌우 안정도는 몇 [%] 이내이어야 하는가?

[2010년 제2회 유사, 2011년 제1회, 2015년 제2회]

① 37[%]　② 39[%]
③ 41[%]　④ 43[%]

1-3. 다음 중 산업안전보건법상 지게차의 헤드가드가 갖추어야 하는 사항으로 틀린 것은?

[2012년 제2회 유사, 2014년 제2회, 2016년 제1회 유사]

① 강도는 지게차의 최대 하중의 2배 값(4[ton]을 넘는 값에 대해서는 4[ton]으로 한다)의 등분포 정하중에 견딜 수 있을 것
② 상부 틀 각 개구의 폭 또는 길이가 20[cm] 이상일 것
③ 운전자가 앉아서 조작하는 방식의 지게차의 경우에는 운전자의 좌석 윗면에서 헤드가드의 상부 틀 아랫면까지의 높이가 1[m] 이상일 것
④ 운전자가 서서 조작하는 방식의 지게차의 경우에는 운전석의 바닥면에서 헤드가드의 상부 틀 하면까지의 높이가 2[m] 이상일 것

|해설|

1-1

지게차의 전후 안정도(S_{fr})

$S_{fr} = \frac{h}{l} \times 100[\%] = \frac{5}{20} \times 100[\%] = 25[\%]$

1-2

지게차의 좌우 안정도(S_{lr})

$S_{lr} = 15 + 1.1V[\%] = 15 + 1.1 \times 20[\%] = 37[\%]$

1-3

상부 틀의 각 개구의 폭 또는 길이가 16[cm] 미만일 것

지게차의 헤드가드가 갖추어야 하는 사항

- 강도는 지게차의 최대하중의 2배 값(4[ton]을 넘는 값에 대해서는 4[ton]으로 한다)의 등분포 정하중에 견딜 수 있을 것
- 상부 틀의 각 개구의 폭 또는 길이가 16[cm] 미만일 것
- 운전자가 앉아서 조작하거나 서서 조작하는 지게차의 헤드가드는 한국산업표준에서 정하는 높이 기준 이상일 것

정답 1-1 ③ 1-2 ① 1-3 ②

핵심이론 02 컨베이어의 안전

① 컨베이어 안전의 개요

㉠ 컨베이어의 분류

- 컨베이어의 일반 분류(종류) : 벨트 컨베이어, 셔틀 컨베이어, 포터블벨트 컨베이어, 피킹 테이블 컨베이어, 에이프런 컨베이어, 스크레이퍼 컨베이어, 흐름 컨베이어, 토 컨베이어, 트롤리 컨베이어, 롤러 컨베이어, 휠 컨베이어, 스크루 컨베이어, 진동 컨베이어, 수압 컨베이어, 버킷 컨베이어, 공압 컨베이어(트롤리 컨베이어, 토우 컨베이어, 에이프런 컨베이어 등은 체인 컨베이어의 종류에 속한다)
- 역전방지장치형식에 따른 컨베이어의 분류
  - 기계식 : 래칫식, 밴드식, 롤러식
  - 전기식 : 스러스트식

㉡ 자동로딩, 언로딩장치

- 재료이송방법의 자동화에 있어 송급배출장치 : 다이얼 피더, 슈트, 푸셔 피더, 호퍼 피더, 슬라이딩 다이얼 피더, 그리퍼 피더 등
- 공작물을 자동적으로 꺼내는 자동배출장치 : 에어분사장치, 셔플 이젝터, 산업용 로봇 등

㉢ 컨베이어 설계 및 제작 시의 준수사항

- 화물이 이탈할 우려가 없어야 한다.
- 화물을 싣고 내리며 운반을 하는 곳에서 화물이 낙하할 우려가 없어야 한다.
- 경사 컨베이어, 수직 컨베이어는 정전, 전압강하 등에 의한 화물 또는 운반구의 이탈 및 역주행을 방지하기 위한 장치를 설치하여야 한다.
- 전동 또는 수동에 의해 작동하는 기복장치, 신축장치, 선회장치, 승강장치를 갖는 컨베이어에는 이들 장치의 작동을 고정하기 위한 장치를 설치하여야 한다.
- 컨베이어의 동력 전달 부분에는 덮개 또는 울을 설치하여야 한다.
- 호퍼, 슈트의 개구부 및 장력유지장치에는 덮개 또는 울을 설치하여야 한다.
- 컨베이어 벨트, 풀리, 롤러, 체인, 체인 스프로킷, 스크루 등에 근로자 신체의 일부가 말려드는 등 근로자에게 위험을 미칠 우려가 있는 부분에는 덮개 또는 울을 설치하여야 한다.

- 컨베이어의 기동 또는 정지를 위한 스위치는 명확히 표시되고 용이하게 조작 가능한 것으로 접촉·진동 등에 의해 불의에 기동할 우려가 없는 것이어야 한다.
- 컨베이어에는 급유자가 위험한 가동 부분에 접근하지 않고 급유가 가능한 장치를 설치하여야 한다.
- 화물의 적재 또는 반출을 인력으로 하는 컨베이어에서는 근로자가 화물의 적재 또는 반출 작업을 쉽게 할 수 있도록 컨베이어의 높이, 폭, 속도 등이 적당하여야 한다.
- 수동 조작에 의한 장치의 조작에 필요한 힘은 196[N] (200[kgf]) 이하로 하여야 한다.

㉣ 컨베이어 설치 시 주의사항

- 컨베이어의 가동 부분과 정지 부분 또는 다른 물체와의 사이에 위험을 미칠 우려가 있는 틈새가 없어야 한다.
- 컨베이어에 설치된 보도 및 운전실 상면은 수평이어야 한다.
- 보도 폭은 60[cm] 이상으로 하고 추락의 위험이 있을 때에는 안전난간(상부 난간대는 바닥면 등으로부터 90[cm] 이상 120[cm] 이하에 설치하고, 중간 난간대는 상부 난간대와 바닥면 등의 중간에 설치하는 등)을 설치한다. 다만, 보도에 인접한 건설물의 기둥에 접하는 부분에 대하여는 그 폭을 40[cm] 이상으로 할 수 있다.
- 제어장치조작실의 위치가 지상 또는 외부 상면으로부터 높이 1.5[m] 초과하는 위치에 있는 것은 계단, 고정 사다리 등을 설치하여야 한다.
- 보도 및 운전실 상면은 발이 걸려 넘어지거나 미끄러지는 등의 위험이 없어야 한다.
- 근로자가 작업 중 접촉할 우려가 있는 구조물 및 컨베이어의 날카로운 모서리·돌기 등은 제거하거나 방호하는 등의 위험방지조치를 강구하여야 한다.
- 근로자가 컨베이어를 횡단하는 곳에는 바닥면 등으로부터 90[cm] 이상 120[cm] 이하에 상부 난간대를 설치하고, 바닥면과의 중간에 중간 난간대가 설치된 건널다리를 설치한다.
- 통로에는 통로가 있는 것을 명시하고 위험한 곳을 방호하는 등의 안전조치를 하도록 하여야 한다.
- 컨베이어 피트, 바닥 등에 개구부가 있는 경우에는 안전난간, 울, 손잡이 등에 충분한 강도를 가진 덮개 등을 설치하여야 한다.
- 작업장 바닥 또는 통로의 위를 지나고 있는 컨베이어는 화물의 낙하를 방지하기 위한 설비를 설치하여야 한다.
- 컨베이어에는 운전이 정지되는 등 이상이 발생된 경우, 다른 컨베이어로의 화물 공급을 정지시키는 연동회로를 설치하여야 한다.
- 폭발의 위험이 있는 가연성 분진 등을 운반하는 컨베이어 또는 폭발의 위험이 있는 장소에 사용되는 컨베이어의 전기기계 및 기구는 방폭구조이어야 한다.
- 컨베이어에는 연속한 비상정지스위치를 설치하거나 적절한 장소에 비상정지스위치를 설치하여야 한다.
- 컨베이어에는 기동을 예고하는 경보장치를 설치하여야 한다.
- 보도, 난간, 계단, 사다리 등은 컨베이어의 가동 개시 전에 설치하여야 한다.
- 컨베이어의 설치장소에는 취급설명서 등을 구비하여야 한다.

㉤ 사다리식 통로 설치 시의 준수사항(산업안전보건기준에 관한 규칙 제24조)

- 견고한 구조로 할 것
- 심한 손상·부식 등이 없는 재료를 사용할 것
- 발판의 간격은 동일하게 할 것(발판의 간격은 일정하게 할 것)
- 발판과 벽과의 사이는 15[cm] 이상의 간격을 유지할 것
- 사다리가 넘어지거나 미끄러지는 것을 방지하기 위한 조치를 할 것
- 사다리의 상단은 걸쳐놓은 지점으로부터 60[cm] 이상 올라가도록 할 것
- 사다리식 통로의 길이가 10[m] 이상인 경우에는 5[m] 이내마다 계단참을 설치할 것
- 이동식 사다리식 통로의 기울기는 75° 이하로 할 것
- 고정식 사다리식 통로의 기울기는 90° 이하로 하고, 높이 7[m] 이상인 경우 바닥으로부터 높이가 2.5[m] 되는 지점부터 등받이 울을 설치할 것
- 폭은 30[cm] 이상으로 할 것

• 접이식 사다리 기둥은 사용 시 접혀지거나 펼쳐지지 않도록 철물 등을 사용하여 견고하게 조치할 것
• 사다리의 앞쪽에 장애물이 있는 경우는 사다리의 발판과 장애물과의 사이 간격은 60[cm] 이상으로 할 것. 다만, 장애물이 일부분일 경우는 발판과의 사이 간격은 40[cm] 이상으로 할 수 있다.

ⓑ 가설통로 설치 시의 준수사항(산업안전보건기준에 관한 규칙 제23조)
• 견고한 구조로 할 것
• 경사는 30° 이하로 할 것(계단을 설치하거나 높이 2[m] 미만의 가설통로로서 튼튼한 손잡이를 설치한 때에는 그러하지 아니하다)
• 경사가 15°를 초과하는 때에는 미끄러지지 아니하는 구조로 할 것
• 추락의 위험이 있는 장소에는 안전난간을 설치할 것(작업상 부득이한 때에는 필요한 부분에 한하여 임시로 이를 해체할 수 있다)
• 수직갱에 가설된 통로의 길이가 15[m] 이상인 경우에는 10[m] 이내마다 계단참을 설치할 것
• 건설공사에 사용하는 높이 8[m] 이상인 비계다리에는 7[m] 이내마다 계단참을 설치할 것

ⓢ 컨베이어의 사용 시의 준수사항
• 컨베이어는 설계 시의 사용목적 이외의 목적으로는 사용하지 않아야 한다. 또한, 그 취급설명서 등에 기재된 조건 이외의 조건으로도 사용하지 않아야 한다.
• 작업장 및 통로는 정리되고 청소되어 있어야 한다.
• 정지스위치 주위에는 장애물을 놓아두지 않아야 한다.
• 컨베이어의 운전은 사업주가 지명한 자가 하여야 한다.
• 화물의 공급은 컨베이어가 과부하되지 않도록 하여야 한다.
• 인력에 의한 화물의 적재작업 및 반출작업은 화물의 크기, 중량 등을 고려하여야 하고 필요한 경우는 기계장치를 사용한다.
• 비상 정지 중 또는 사고로 정지 중인 컨베이어를 재기동할 경우에는 먼저 정지의 원인 및 고장 장소의 보수상황 등을 확인하여야 한다.
• 컨베이어는 정상 상태로 사용하고 정기적으로 정비를 하여야 한다.
• 컨베이어의 청소, 급유, 검사, 수리 등의 보수유지작업(정비작업)을 함에 있어서 근로자에게 위험을 미칠 우려가 있을 때에는 컨베이어의 운전을 정지시키고 컨베이어가 작동하지 않도록 조치를 강구하여야 한다.
• 부득이한 경우를 제외하고는 컨베이어의 운전 중에 방호덮개, 점검덮개 등을 개방하지 않아야 한다.
• 근로자는 작업의 필요상 부득이한 경우에도 사업주가 안전상의 필요한 조치를 강구한 경우를 제외하고는 컨베이어에 올라가지 않아야 한다.
• 근로자는 컨베이어의 위나 아래를 횡단하지 말아야 한다.
• 근로자, 정비작업을 하는 자 및 관리감독자에 대하여 작업 전 컨베이어에 의한 재해를 예방하기 위하여 필요한 작업표준, 취급요령, 정비방법 등에 대하여 교육한다.
• 모든 설비에 관한 업무일지를 비치하여 작성한다.
• 컨베이어의 보기 쉬운 곳에 다음의 사항을 표시한다.
  – 제작자명
  – 제작 연월일
  – 최대 적재하중 또는 단위시간당의 운반량
  – 운반속도
  – 최대 견인속도(포터블 벨트 컨베이어에 한함)
  – 중량(포터블 벨트 컨베이어에 한함)
  – 화물의 종류

② 컨베이어 종류별 안전조치

㉠ 벨트 컨베이어(Belt Conveyor)
• 벨트 폭은 화물의 종류 및 운반량에 적합한 것으로 하며 필요한 경우에는 화물을 벨트의 중앙에 적재하기 위한 장치를 설치한다.
• 운반정지, 불규칙한 화물의 적재 등에 의해 화물이 낙하하거나 흘러내릴 우려가 있는 벨트 컨베이어(화물이 점착성이 있는 경우는 경사 컨베이어에 한한다)에는 화물이 낙하하거나 흘러내림에 의한 위험을 방지하기 위한 장치를 설치하여야 한다.
• 벨트 컨베이어의 경사부에 있어서 화물의 전체 적재량이 4,900[N](500[kgf]) 이하이며 1개 화물의 중량이 294[N](30[kgf])을 초과하지 않는 경우로서 벨트의 과속 또는 후진으로 인하여 근로자에게 위험을 미칠 우려가 없을 때에는 역주행방지장치를 설치하지 아니하여도 좋다.

- 벨트 또는 풀리에 점착하기 쉬운 화물을 운반하는 벨트 컨베이어에는 벨트 클리너, 풀리 스크레이퍼 등을 설치한다.
- 근로자에게 위험을 미칠 우려가 있는 호퍼 및 슈트의 개구부에는 충분한 강도를 가진 덮개 또는 울을 설치하여야 한다.
- 대형의 호퍼 및 슈트에는 가능한 한 점검구를 설치한다.
- 이완측 벨트에 점착한 화물의 낙하에 의하여 근로자에게 위험을 미칠 우려가 있는 경우는 당해 점착물의 낙하에 의한 위험을 방지하기 위한 설비를 설치하여야 한다.
- 근로자에게 위험을 미칠 우려가 있는 테이크업 장치에는 덮개 또는 울을 설치하여야 하며, 특히 중력식 테이크업 장치에는 추 밑으로 근로자가 출입하는 것을 방지하기 위한 덮개 또는 울을 설치하거나 추의 낙하를 방지하기 위한 장치를 설치하여야 한다.
- 벨트 컨베이어에의 화물 공급은 가능한 한 적당한 피더, 슈트 등을 사용한다.
- 벨트 클리너, 풀리 스크레이퍼 등에 대하여는 조정 및 정비를 철저히 하고 벨트 컨베이어의 운전 상태를 최적으로 유지한다.

ⓛ 셔틀 컨베이어(Shuttle Conveyor)

- 셔틀 컨베이어 등(트리퍼, 스크레이퍼, 호퍼, 피더 등 벨트 컨베이어의 부속장치로서 주행하는 것을 포함한다)은 돌출부를 가능한 한 작게 하여야 한다.
- 셔틀 컨베이어 위에 설치하는 운전대는 운전자가 이동물체나 고정장치의 어느 부분과도 접촉할 우려가 없는 구조로 하여야 한다.
- 셔틀 컨베이어 등에는 주행범위를 제한하기 위한 장치를 설치한다.
- 주행속도가 매 초당 0.1[m]를 초과하는 셔틀 컨베이어 등에는 주행시작을 예고하기 위한 장치를 설치한다.
- 셔틀 컨베이어 등에는 개별 고정장치를 설치한다.
- 근로자가 접촉할 우려가 있는 셔틀 컨베이어 등의 차륜에는 덮개를 설치한다.

ⓒ 포터블 벨트 컨베이어(Portable Belt Conveyor)

- 공회전하여 기계의 운전 상태를 파악한다.
- 정해진 조작스위치를 사용하여야 한다.
- 운전시작 전 주변 근로자에게 경고하여야 한다.
- 하물 적치 전 몇 번 씩 시동, 정지를 반복 테스트한다.
- 포터블 벨트 컨베이어의 차륜 간의 거리는 전도 위험이 최소가 되도록 하여야 한다.
- 기복장치에는 붐이 불시에 기복하는 것을 방지하기 위한 장치 및 크랭크의 반동을 방지하기 위한 장치를 설치하여야 한다.
- 기복장치는 포터블 벨트 컨베이어의 옆면에서만 조작하도록 한다.
- 붐의 위치를 조절하는 포터블 벨트 컨베이어에는 조절 가능한 범위를 제한하는 장치를 설치하여야 한다.
- 포터블 벨트 컨베이어를 사용하는 경우는 차륜을 고정하여야 한다.
- 포터블 벨트 컨베이어의 충전부에는 절연덮개를 설치하여야 한다. 다만, 외부 전선은 비닐캡타이어 케이블 또는 이와 동등 이상의 절연 효력을 가진 것으로 한다.
- 전동식의 포터블 벨트 컨베이어에 접속되는 전로에는 감전방지용 누전차단장치를 접속하여야 한다.
- 포터블 벨트 컨베이어를 이동하는 경우는 먼저 컨베이어를 최저의 위치로 내리고 전동식의 경우 전원을 차단한 후에 이동한다.
- 포터블 벨트 컨베이어를 이동하는 경우는 제조자에 의하여 제시된 최대 견인속도를 초과하지 않아야 한다.

ⓔ 피킹 테이블 컨베이어(Picking Table Conveyor)

- 1개 화물의 중량이 49[N](5[kgf])을 초과하는 경우에는 벨트 속도를 매 초당 0.3[m] 이하가 되도록 하여야 한다.
- 선별작업 방향의 캐리어 롤러 및 리턴 롤러에는 연속한 측면 덮개를 설치하여야 한다.
- 지상 또는 바닥면으로부터 선별작업면까지의 높이는 원칙적으로 80[cm]로 한다. 다만, 특별한 경우에는 알맞은 높이로 할 수 있다.
- 선별작업장의 바닥면적은 근로자가 안전하게 작업할 수 있는 충분한 넓이이어야 한다.
- 피킹 테이블 컨베이어를 사용하는 경우 피킹 테이블 벨트 컨베이어의 벨트 폭이 60[cm]를 초과하는 때에는 선별작업을 양쪽에서 하도록 한다.

㉤ 에이프런 컨베이어(Apron Conveyor)

- 화물을 공급하는 곳에는 필요에 따라 화물을 에이프런의 중앙에 적재하기 위한 장치를 설치한다.
- 운전정지, 불규칙한 적재 등에 의해 화물이 미끄러질 우려가 있는 경사 컨베이어에는 에이프런에 미끄럼방지장치 또는 안내판을 설치한다.
- 경사 컨베이어에는 래칫 휠식, 프리 휠식 또는 밴드 브레이크식 등의 역전방지장치를 설치한다.
- 근로자에게 위험을 미칠 우려가 있는 슈트의 개구부에는 충분한 강도를 가진 덮개 또는 울을 설치하여야 한다.
- 대형의 슈트에는 점검구를 설치하는 것이 바람직하다.
- 귀환측 에이프런에 점착한 화물의 낙하에 의하여 근로자에게 위험을 미칠 우려가 있는 경우는 점착물의 낙하에 의한 위험을 방지하기 위한 설비를 설치해야 한다.
- 에이프런 컨베이어에 화물을 공급하는 경우는 적당한 피더, 슈트 등을 사용한다.

㉥ 스크레이퍼 컨베이어 및 흐름 컨베이어(Scraper Conveyor & Flow Conveyor)

- 점검구는 근로자가 용이하게 점검할 수 있는 위치에 설치한다.
- 폭발의 위험이 있는 가연성 분진 등을 운반하는 흐름 컨베이어에는 폭발구 등을 설치하여 안전한 구조로 한다.
- 게이트의 제어장치는 근로자가 용이하게 조작할 수 있고 화물의 흐름을 감시할 수 있는 위치에 설치한다.
- 근로자에게 위험을 미칠 우려가 있는 호퍼 또는 슈트의 개구부에는 충분한 강도를 가진 덮개 또는 울을 설치하여야 한다.
- 대형의 호퍼 및 슈트에는 점검구를 설치하는 것이 바람직하다.
- 흐름 컨베이어의 케이싱은 화물의 종류에 따라 효과적인 방법으로 밀폐시켜야 한다.

㉦ 토 컨베이어(Tow Conveyor)

- 주라인 및 분기라인의 구동장치에는 과부하방지장치를 설치하여야 한다. 다만, 복수 구동 컨베이어에 있어서는 하나의 구동장치 과부하방지장치가 작동한 경우에도 다른 구동장치 전부가 작동이 정지되는 구조로 한다.
- 운전 중에 대차가 이탈될 우려가 있는 경사부에는 대차의 이탈을 방지할 수 있는 장치를 설치하여야 한다.
- 운전 중 대차위에서 화물 취급작업을 할 경우는 근로자가 대차 차륜에 접촉하는 것에 의한 위험을 방지하기 위하여 덮개를 설치하거나 대차에 스커트를 설치하는 등의 조치를 강구한다.
- 레일 및 대차는 안전색채에 따라 확실히 구분될 수 있도록 한다.
- 대차의 통로는 안전색채에 따라 적재운반물의 폭을 초과하는 적당한 폭으로 바닥에 표시한다.
- 체인 레일의 덮개는 이음판에 단이 없는 것으로 한다.
- 근로자에게 위험을 미칠 우려가 있는 토 컨베이어의 덮개틈새 폭은 3[cm]를 넘지 않도록 한다.
- 경사부 및 그 인접부에 있어서는 대차의 일주에 의한 위험을 방지하기 위하여 대차를 토 핀으로부터 분리하여 이동시키거나 방치하지 않아야 한다.
- 토 컨베이어의 덮개가 작업장 바닥에 있는 경우는 그 위를 중(重) 차량이 통행하지 않도록 하여야 한다. 다만, 덮개가 중 차량 통행에 견디도록 설계되었으며 덮개에 중 차량이 통행하는 경우에 허용되는 중량, 속도 등이 표시되어 있는 때에는 그 범위 내에서 통행할 수 있다.
- 필요한 경우 대차에 최대 적재하중, 화물의 최대 치수 및 적재방법을 보기 쉬운 장소에 표시하고, 이것을 근로자에게 주지시켜야 한다. 또한, 적재 게이지를 사용하여 화물이 최대 치수를 초과하지 않는가를 확인하는 것이 좋다.

㉧ 트롤리 컨베이어(Trolley Conveyor)

- 주라인 및 분기라인 구동장치에는 과부하방지장치를 설치하여야 하며 복수 구동 컨베이어에 있어서는 하나의 구동장치에서 과부하방지장치가 작동한 경우 다른 구동장치 전부가 작동이 정지되는 구조로 한다.
- 체인, 행거 및 트롤리는 쉽게 분리되지 않도록 상호 확실히 접속하여 놓아야 한다.
- 경사부에는 화물 또는 행거의 과속 또는 후진을 방지하기 위한 장치를 설치하여야 한다.

- 복수 레일식의 트롤리 컨베이어에서는 푸셔도그(Pusher Dog)와 트롤리가 경사부에 있어서도 확실히 이동되도록 설계하여야 한다.
- 분기장치, 합류장치 등의 레일 단락부에는 트롤리의 낙하를 방지하기 위한 스토퍼 등의 장치를 설치하여야 한다.
- 근로자가 화물 또는 행거와 충돌할 우려가 있는 통로에는 통로 표시 및 주의 표시를 한다.
- 체인 및 체인 레일에는 정비 작업을 하는 경우를 제외하고 사다리, 널빤지 등을 세워 놓거나 놓아두지 않아야 한다.
- 필요한 경우 화물의 형상, 매다는 방법 등에 대한 주의사항을 보기 쉬운 곳에 표시하고 이것을 근로자에게 주지시켜야 한다.

ⓩ 롤러 컨베이어 및 휠 컨베이어(Roller Conveyor & Wheel Conveyor)

- 지상 또는 바닥면으로부터 롤러 또는 휠 상면까지의 높이가 1.8[m]를 초과하는 경우나 화물의 낙하에 의하여 근로자에게 위험을 미칠 우려가 있는 경우는 화물의 낙하를 방지하기 위한 설비를 설치하여야 한다. 다만, 화물의 적재 장소 및 반출 장소에 대하여는 설치하지 아니하여도 좋다.
- 분기 롤러 또는 상승 롤러는 그것이 분기 또는 상승하는 사이에 화물이 해당 롤러의 직전에서 정지하는 구조로 하여야 한다.
- 롤러 컨베이어 및 휠 컨베이어를 사용한 후에는 사용 전의 상태로 되돌아가야만 한다는 것을 보기 쉬운 곳에 표시하고 이것을 근로자에게 주지시켜야 한다.

ⓩ 스크루 컨베이어(Screw Conveyor)

- 스크루를 내장하는 트로프 상면은 화물의 공급구 및 배출구를 제외하고 전부 덮개를 설치하여야 한다.
- 화물의 공급구 및 배출구는 근로자가 스크루에 접촉할 우려가 없는 구조로 하고, 화물의 공급구 및 배출구에는 울 등을 설치하여야 한다.
- 스크루 지지축 중간 베어링의 급유장치는 트로프의 외측으로부터 급유할 수 있는 구조로 한다.
- 폭발의 위험이 있는 가연성 분진 등의 운반에 사용되는 스크루 컨베이어는 폭발구 등을 설치하여 안전한 구조로 한다.

ⓚ 진동 컨베이어(Vibratory Conveyor)

- 진동 컨베이어는 동하중을 충분히 고려하여 설계하여야 하고 특히 지지부 및 매다는 부분의 설계에 있어서는 진동 컨베이어에서 발생하는 동하중의 영향을 충분히 고려하여야 한다.
- 화물의 공급 장소에는 필요에 따라 화물을 트로프의 중앙부에 싣기 위한 장치를 설치한다.
- 화물의 공급 장소에 있어서 화물이 탈락할 우려가 있는 것에는 화물의 탈락을 방지하기 위한 장치를 설치한다.
- 밀폐식의 진동 컨베이어에는 점검구를 설치한다.
- 근로자에게 위험을 미칠 우려가 있는 호퍼 및 슈트의 개구부에는 충분한 강도를 가진 덮개 또는 울을 설치하여야 한다.
- 대형의 호퍼 및 슈트에는 가능한 한 점검구를 설치한다.

ⓣ 수압 컨베이어(Hydraulic Conveyor)

- 화물을 반송하기 위한 배관에는 운전 중 배관 내의 압력이 과도하게 상승하거나 과도하게 저하되는 것을 방지하기 위한 장치를 설치하여야 한다. 이 장치는 그 작동에 동반하여 배출되는 화물 및 물에 의하여 근로자에게 위험을 미칠 우려가 없는 구조로 하여야 한다.
- 투입 호퍼에 연속적으로 화물이 투입되는 수압 컨베이어에 있어서 넘쳐흐르는 화물 및 물을 받는 장치가 설치되어 있는 배출구는 근로자에게 위험을 미칠 우려가 없는 위치에 설치한다.
- 배수장치의 배출구 및 배출밸브에는 원칙적으로 울을 설치한다.
- 제어장치 및 조정장치는 항상 유효하게 작동될 수 있도록 점검하여야 한다.
- 수압 컨베이어의 운전 중에 정비작업을 할 필요가 있을 때에는 먼저 정비작업을 하는 근로자에게 위험한 곳을 명확히 주지시켜야 한다.
- 배출밸브에는 운전 중 감독자의 지시 없이 조작하는 것을 금지한다는 내용을 보기 쉬운 곳에 표시하고 이것을 근로자에게 주지시켜야 한다.
- 배관은 화물에 의한 부식이나 마모 상태를 정기적으로 점검한다.

㉲ 버킷 엘리베이터(Bucket Elevator)

- 엘리베이터 케이싱에는 청소용의 문을 설치하고 당해 문은 내부의 청소가 용이하고 불시에 개방되지 않는 배치 및 구조로 한다.
- 유해한 화물을 운반하는 경우 버킷 엘리베이터 케이싱은 밀폐구조로 하고 필요한 경우는 버킷 엘리베이터에 집진장치를 설치한다.
- 화물의 전체 적재량이 2,940[N](300[kgf]) 이하이고 스프로킷 또는 풀리의 수직 축 간 거리가 5[m] 이하인 경우로서 버킷의 과속 또는 후진으로 인하여 근로자에게 위험을 미칠 우려가 없을 때에는 역주행방지장치를 설치하지 아니하여도 좋다.
- 개방형 버킷 엘리베이터 가동 부분의 접촉에 의해 근로자에게 위험을 미칠 우려가 있는 부분에는 덮개 또는 울을 설치하고, 화물이 낙하할 우려가 있는 장소에는 화물의 낙하에 의한 위험을 방지하기 위한 설비를 설치하여야 한다.
- 근로자에게 위험을 미칠 우려가 있는 테이크업 장치에는 덮개 또는 울을 설치하여야 하며, 특히 중력식 테이크업 장치에는 추 밑으로 근로자가 출입하는 것을 방지하기 위한 덮개 또는 울을 설치하거나 추의 낙하를 방지하기 위한 장치를 설치하여야 한다.
- 버킷 엘리베이터에 화물의 공급은 적당한 피더, 슈트 등에 의하여야 한다.
- 테이크업 장치는 케이싱의 밑과 버킷의 최하 정지 위치와의 간격이 항상 적정하도록 정기적으로 조정한다.
- 버킷 엘리베이터의 정비작업을 하는 경우에 근로자가 케이싱 등에 출입할 필요가 있는 경우는 규정한 사항 이외에 감시자에 의해 당해 작업을 감시시키는 등의 조치를 강구하여야 한다.

㉳ 공압 컨베이어(Pneumatic Conveyor)

- 설비의 각 부분은 최고 사용압력이나 진공 상태에 견딜 수 있도록 설계되어야 한다.
- 설비들은 비정상적인 과도한 압력이나 진공 상태를 방지할 수 있는 안전밸브 등 안전장치를 설치하여야 한다.
- 유해한 가스나 물질을 운반할 경우에는 안전밸브 등의 장치에서 배출되는 가스나 물질이 근로자에게 위험을 미칠 우려가 없는 구조로 하여야 한다.
- 여러 개의 단위 공압 컨베이어가 연결되어 있는 경우에는 각 단위 공압 컨베이어의 시동과 정지가 적합한 때에만 이루어지도록 서로 연동되어 있어야 한다.
- 가연성이나 폭발성 물질을 운반할 경우에는 화재나 폭발방지를 위한 구조로 하여야 하며 물질 이동으로 인한 정전기 발생에 유의하여 필요한 경우 불활성 기체를 사용하여야 한다.
- 개방할 수 있는 문은 설비의 작동과 연동되어 있어 내부에 압력이 있으면 열리지 않는 구조로 하여야 한다.
- 근로자에게 위험을 미칠 우려가 있는 호퍼 및 슈트의 개구부, 배출구 등에는 덮개 또는 울을 설치하여야 한다.
- 저장탱크 등에 운송할 경우에는 저장탱크 등에서 저장량을 초과하지 않도록 저장량 감지장치 등을 설치한다.
- 오염된 공기가 있는 지역에서 운전되는 공압 컨베이어는 오염되지 않은 공기를 이송하여 사용하도록 한다.
- 배관은 화물에 의한 부식이나 마멸 상태를 정기적으로 점검한다.
- 이음부, 곡부, 막음부, 안전밸브, 점검창 등 연결 부위에 대한 밀폐 상태를 정기적으로 점검한다.

㉮ 컨베이어의 방호장치

- 컨베이어 방호장치(안전장치)의 종류 : 비상정지장치, 이탈 및 역주행방지장치(또는 역전방지장치), 건널다리, 덮개, 울, 방호판 등
- 비상정지장치 : 컨베이어, 이송용 롤러 등(컨베이어 등)에 근로자의 신체의 일부가 말려드는 등 근로자가 위험해질 우려가 있는 경우 및 비상시에 즉시 컨베이어 등의 운전을 정지시킬 수 있는 장치
- 이탈 및 역주행방지장치 : 컨베이어, 이송용 롤러 등(컨베이어 등)을 사용하는 경우 정전·전압강하 등에 따른 화물 또는 운반구의 이탈 및 역주행을 방지하는 장치
  - 구동부 측면에 롤러 안내가이드 등의 이탈방지장치를 설치한다.
  - 역전방지장치의 종류로는 브레이크타입의 모터(모터브레이크), 캠클러치, 백스탑클러치, 래칫휠(또는 라쳇식), 프리휠, 밴드브레이크 등이 있다.
- 건널다리 : 운전 중인 컨베이어 등의 위로 넘어가고자 할 때를 위하여 설치하는 안전장치
- 덮개, 울 : 낙하물에 의한 위험방지를 위한 방호장치

• 방호판 : 롤러 컨베이어의 롤 사이에 설치하며 롤과 방호판의 최대간격은 5[mm]이다.

 **핵심예제**

2-1. 컨베이어 설치 시 주의사항에 관한 설명으로 옳지 않은 것은?

[2019년 제1회]

① 컨베이어에 설치된 보도 및 운전실 상면은 가능한 한 수평이어야 한다.
② 근로자가 컨베이어를 횡단하는 곳에는 바닥면 등으로부터 90[cm] 이상 120[cm] 이하에 상부 난간대를 설치하고, 바닥면과의 중간에 중간 난간대가 설치된 건널다리를 설치한다.
③ 폭발의 위험이 있는 가연성 분진 등을 운반하는 컨베이어 또는 폭발의 위험이 있는 장소에 사용되는 컨베이어의 전기기계 및 기구는 방폭구조이어야 한다.
④ 보도, 난간, 계단, 사다리의 설치 시 컨베이어를 가동시킨 후에 설치하면서 설치상황을 확인한다.

2-2. 다음 중 포터블 벨트컨베이어(Portable Belt Conveyor) 운전 시 준수사항으로 적절하지 않은 것은?

[2012년 제2회, 2015년 제3회]

① 공회전하여 기계의 운전 상태를 파악한다.
② 정해진 조작스위치를 사용하여야 한다.
③ 운전 시작 전 주변 근로자에게 경고하여야 한다.
④ 하물 적치 후 몇 번씩 시동, 정지를 반복 테스트한다.

|해설|

2-1
보도, 난간, 계단, 사다리 등은 컨베이어의 가동 개시 전에 설치하여야 한다.

2-2
하물 적치 전 몇 번씩 시동, 정지를 반복 테스트한다.

정답 2-1 ④ 2-2 ④

핵심이론 03 양중기의 안전

① 양중기 안전의 개요

㉠ 양중기의 종류(산업안전보건기준에 관한 규칙 제132조) : 크레인(호이스트를 포함), 이동식 크레인, 곤돌라, 리프트(이삿짐 운반용의 경우 적재하중 0.1[ton] 이상인 것), 승강기

㉡ 와이어로프(Wire Rope)의 개요

• 와이어로프의 구성요소 : 소선, 스트랜드, 심강
• 와이어로프 구성기호 예 : '6×19'는 6꼬임(스트랜드 수), 19개선(소선수)의 의미이다.
• 와이어로프의 표기방법 예 : 6×Fi(25)+IWRC B종 20[mm]
  - 6 : 로프의 구성으로 스트랜드수가 6꼬임
  - Fi : 형태기호(S, W, Fi, Ws)
  - (25) : 스트랜드를 구성하는 소선의 수가 25개
  - IWRC : 심강의 종류
  - B종 : 종별(심강의 인장강도)
  - 20[mm] : 로프의 지름
• 와이어로프의 안전율(S) : $S=\frac{NP}{Q}$

  여기서, N : 로프의 가닥 수
  P : 와이어로프의 파단하중
  Q : 안전하중
• 와이어로프의 안전율(S) 기준
  - 근로자가 탑승하는 운반구를 지지하는 경우 : $S=10$ 이상
  - 화물의 하중을 직접 지지하는 경우 : $S=5$ 이상
  - 그 밖의 경우 : $S=4$ 이상
• 와이어로프의 지름 감소에 대한 폐기기준 : 공칭지름의 7[%] 초과 시 폐기
• 와이어로프의 호칭 : 꼬임의 수량(Strand 수)×소선의 수량(Wire 수)
• 로프에 걸리는 하중(장력)

  $w=w_1+w_2=w_1+\frac{w_1 a}{g}$

  여기서, w_1 : 정하중, w_2 : 동하중, a : 권상 가속도
  g : 중력 가속도

• 와이어로프 소켓 멈춤방법

쐐기법	
브리지법	
개방법	
밀폐법	

• 타워크레인을 와이어로프로 지지하는 경우, 와이어로프의 설치 각도는 수평면에서 60° 이내로 해야 한다.
• 와이어로프를 절단하여 고리걸이 용구를 제작할 때 절단방법은 기계적 절단방법이 적합하다.
• 윈치(Winch) : 밧줄이나 쇠사슬을 감았다 풀었다 함으로써 무거운 물건을 위아래로 옮기는 기계의 총칭이며 드럼의 직경이 D, 로프의 직경이 d인 윈치에서 D/d가 클수록 로프의 수명은 길어진다.

㉢ 와이어로프의 꼬임
• 보통 꼬임(Ordinary Lay)
- S꼬임, Z꼬임 등이 있다.
- 스트랜드의 꼬임 방향과 로프의 꼬임 방향이 반대이다.
- 로프의 변형이나 하중을 걸었을 때 저항성이 크다.
- 킹크(Kink)의 발생이 적다.
- 로프의 끝이 자유로이 회전하는 경우나 킹크가 생기기 쉬운 곳에 적당하다.
- 취급이 용이하다.
- 선박, 육상작업 등에 많이 사용된다.
- 소선의 외부 길이가 짧아서 마모되기 쉽다.
• 랭꼬임(Lang's Lay)
- 스트랜드의 꼬임 방향과 로프의 꼬임 방향이 같다.
- 소선의 접촉 길이가 길다.
- 내마모성, 유연성, 내피로성이 우수하다.
- 수명이 길다.
- 꼬임을 풀기 쉽다.
- 로프의 끝이 자유로이 회전하는 경우나 킹크가 생기기 쉬운 곳에는 부적당하다.

㉣ 양중기에 사용 불가능한 와이어로프의 기준(와이어로프의 폐기대상)
• 이음매가 있는 것
• 와이어로프의 한 꼬임(스트랜드)에서 끊어진 소선의 수가 10[%] 이상인 것
• 지름의 감소가 공칭지름의 7[%]를 초과하는 것
• 꼬인 것
• 심하게 변형 또는 부식된 것
• 열과 전기충격에 의해 손상된 것

※ 상기 사항들은 항타기 또는 항발기의 권상용 와이어로프의 경우도 동일하게 적용

㉤ 양중기에 사용 불가능한 달기체인의 기준(체인의 폐기대상)
• 길이의 증가가 제조 시보다 5[%]를 초과한 것
• 링의 단면지름의 감소가 제조 시 링지름의 10[%]를 초과한 것
• 균열이 있거나 심하게 변형된 것

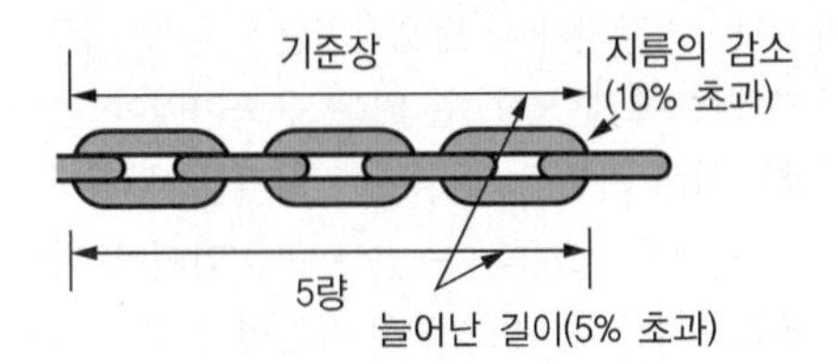

㉥ 양중기에서 사용되는 해지장치 : 와이어로프가 훅에서 이탈하는 것을 방지하는 장치

㉦ 레버풀러(Lever Puller) 또는 체인블록(Chain Block)을 사용하는 경우 훅의 입구(Hook Mouth) 간격이 제조자가 제공하는 제품사양서 기준으로 10[%] 이상 벌어진 것은 폐기하여야 한다.

㉧ 양중기(승강기 제외) 및 달기구를 사용하여 작업하는 운전자 또는 작업자가 보기 쉬운 곳에 해당 양중기에 대해 표시하여야 하는 내용 : 정격하중, 운전속도, 경고표시 등(달기구는 정격하중만 표시)

㉨ 방호장치의 조정
• 크레인, 이동식 크레인, 리프트, 곤돌라, 승강기 등의 양중기에 과부하방지장치, 권과방지장치, 비상정지장치 및 제동장치, 그 밖의 방호장치(승강기의 파이널 리밋 스위치, 속도조절기, 출입문 인터록 등)가 정상적으로 작동될 수 있도록 미리 조정해 두어야 한다.
• 권과방지장치는 훅・버킷 등 달기구의 윗면(그 달기구에 권상용 도르래가 설치된 경우에는 권상용 도르래의 윗면)이 드럼, 상부 도르래, 트롤리프레임 등 권상장치의 아랫면과 접촉할 우려가 있는 경우에 그 간격

이 0.25[m] 이상(직동식 권과방지장치는 0.05[m] 이상)이 되도록 조정하여야 한다.

- 권과방지장치를 설치하지 않은 크레인에 대해서는 권상용 와이어로프에 위험표시를 하고 경보장치를 설치하는 등 권상용 와이어로프가 지나치게 감겨서 근로자가 위험해질 상황을 방지하기 위한 조치를 하여야 한다.

ⓩ 양중기 과부하방지장치의 일반적인 공통사항

- 과부하방지장치 작동 시 경보음과 경보램프가 작동되어야 하며 양중기는 작동이 되지 않아야 한다. 단, 크레인은 과부하 상태 해지를 위하여 권상된 만큼 권하시킬 수 있다.
- 외함은 납봉인 또는 시건할 수 있는 구조이어야 한다.
- 외함의 전선 접촉부분은 고무 등으로 밀폐되어 물과 먼지 등이 들어가지 않도록 한다.
- 과부하방지장치와 타 방호장치는 기능에 서로 장애를 주지 않도록 부착할 수 있는 구조이어야 한다.
- 방호장치의 기능을 제거 또는 정지할 때 양중기의 기능도 동시에 정지할 수 있는 구조이어야 한다.
- 과부하방지장치는 방호장치 안전인증 고시 별표 2의2 각 호의 시험 후 정격하중의 1.1배 권상 시 경보와 함께 권상동작이 정지되고 횡행과 주행동작이 불가능한 구조이어야 한다. 다만, 타워크레인은 정격하중의 1.05배 이내로 한다.
- 과부하방지장치에는 정상동작상태의 녹색램프와 과부하 시 경고 표시를 할 수 있는 붉은색램프와 경보음을 발하는 장치 등을 갖추어야 하며, 양중기 운전자가 확인할 수 있는 위치에 설치해야 한다.

ⓚ 양중기의 자체검사 내용(주기 : 6월에 1회 이상. 단, 리프트 및 타워크레인은 3월에 1회 이상)

※ 승강기 및 차량정비용 간이리프트 제외

- 과부하방지장치·권과방지장치 그 밖의 방호장치의 이상 유무
- 브레이크 및 클러치의 이상 유무
- 와이어로프 및 달기체인의 손상 유무
- 훅 등 달기기구의 손상 유무
- 배선·집전장치·배전반·개폐기 및 제어반의 이상 유무

② 크레인의 안전

㉠ 크레인의 개요

- 크레인과 호이스트
  - 크레인(Crane) : 동력을 사용하여 중량물을 매달아 상하 및 좌우(수평 또는 선회)로 운반하는 것을 목적으로 하는 기계 또는 기계장치
  - 호이스트(Hoist) : 훅이나 그 밖의 달기구 등을 사용하여 화물을 권상 및 횡행 또는 권상동작만을 하여 양중하는 것
- 건설용 크레인의 종류
  - 고정식 크레인 : 타워 크레인
  - 이동식 크레인 : 트럭 크레인, 휠 크레인, 크롤러 크레인, 러핑 크레인
- 산업용 크레인의 종류 : 천정 크레인(오버헤드 크레인), 지브 크레인, 겐트리 크레인, 케이블 크레인 등
- 정격하중
  - 중량물 운반 시 크레인에 매달아 올릴 수 있는 최대하중으로부터 달아올리기 기구의 중량에 상당하는 하중을 제외한 하중
  - 크레인 또는 데릭에서 붐 각도 및 작업반경별로 작용시킬 수 있는 최대하중에서 후크(Hook), 와이어로프 등 달기구의 중량을 공제한 하중
  - 지브가 없는 크레인의 정격하중 : 크레인의 구조 및 재료에 따라 들어 올릴 수 있는 최대하중으로 권상하중에서 훅, 그랩 또는 버킷 등 달기구의 중량에 상당하는 하중을 뺀 하중이다.
- 안전밸브의 조정 : 유압을 동력으로 사용하는 크레인의 과도한 압력상승을 방지하기 위한 안전밸브에 대하여 정격하중(지브 크레인은 최대의 정격하중)을 건 때의 압력 이하로 작동되도록 조정하여야 한다. 다만, 하중시험 또는 안전도시험을 하는 경우 그러하지 아니하다.
- 헤지(Hedge)장치(훅걸이용 와이어로프 등이 훅으로부터 벗겨지는 것을 방지하기 위한 장치)를 구비한 크레인을 사용하여야 하여야 한다.
- 지브 크레인을 사용하여 작업을 하는 경우에 크레인 명세서에 적혀 있는 지브의 경사각(인양하중이 3[ton] 미만인 지브 크레인의 경우에는 제조한 자가 지정한 지브의 경사각)의 범위에서 사용하도록 하여야 한다.

- 같은 주행로에 병렬로 설치되어 있는 주행 크레인의 수리·조정 및 점검 등의 작업을 하는 경우, 주행로상이나 그 밖에 주행 크레인이 근로자와 접촉할 우려가 있는 장소에서 작업을 하는 경우 등에 주행 크레인끼리 충돌하거나 주행 크레인이 근로자와 접촉할 위험을 방지하기 위하여 감시인을 두고 주행로상에 스토퍼(Stopper)를 설치하는 등 위험 방지 조치를 하여야 한다.
- 갠트리 크레인 등과 같이 작업장 바닥에 고정된 레일을 따라 주행하는 크레인의 새들(Saddle) 돌출부와 주변 구조물 사이의 안전공간이 40[cm] 이상 되도록 바닥에 표시를 하는 등 안전공간을 확보하여야 한다.
- 순간풍속이 30[m/s]를 초과하는 바람이 불어올 우려가 있는 경우 옥외에 설치되어 있는 주행 크레인에 대하여 이탈방지장치를 작동시키는 등 이탈 방지를 위한 조치를 하여야 한다.
- 순간풍속이 30[m/s]를 초과하는 바람이 불거나 중진(中震) 이상 진도의 지진이 있은 후에 옥외에 설치되어 있는 양중기를 사용하여 작업을 하는 경우에는 미리 기계 각 부위에 이상이 있는지를 점검하여야 한다.
- 크레인에서 일반적인 권상용 와이어로프 및 권상용 체인의 안전율 기준은 5 이상이다.
- 훅, 섀클 등의 철구로서 변형된 것은 크레인의 고리걸이용구로 사용하여서는 아니 된다.
- 사업주는 크레인의 하중시험을 실시한 경우 그 결과를 3년간 보존해야 한다.

ⓛ 크레인의 설치·조립·수리·점검 또는 해체 작업 시의 조치사항
- 작업순서를 정하고 그 순서에 따라 작업을 할 것
- 작업을 할 구역에 관계 근로자가 아닌 사람의 출입을 금지하고 그 취지를 보기 쉬운 곳에 표시할 것
- 비, 눈, 그 밖에 기상상태의 불안정으로 날씨가 몹시 나쁜 경우에는 그 작업을 중지시킬 것
- 작업장소는 안전한 작업이 이루어질 수 있도록 충분한 공간을 확보하고 장애물이 없도록 할 것
- 들어올리거나 내리는 기자재는 균형을 유지하면서 작업을 하도록 할 것
- 크레인의 성능, 사용조건 등에 따라 충분한 응력(應力)을 갖는 구조로 기초를 설치하고 침하 등이 일어나지 않도록 할 것
- 규격품인 조립용 볼트를 사용하고 대칭되는 곳을 차례로 결합하고 분해할 것

ⓒ 건설물 등과의 사이 통로
- 주행 크레인 또는 선회 크레인과 건설물 또는 설비와의 사이에 통로를 설치하는 경우 그 폭을 0.6[m] 이상으로 하여야 한다. 다만, 그 통로 중 건설물의 기둥에 접촉하는 부분에 대해서는 0.4[m] 이상으로 할 수 있다.
- 상기의 통로 또는 주행궤도 상에서 정비·보수·점검 등의 작업을 하는 경우 그 작업에 종사하는 근로자가 주행하는 크레인에 접촉될 우려가 없도록 크레인의 운전을 정지시키는 등 필요한 안전 조치를 하여야 한다.

ⓔ 건설물 등의 벽체와 통로와의 간격 : 최대 0.3[m] 이하
- 크레인의 운전실 또는 운전대를 통하는 통로의 끝과 건설물 등의 벽체의 간격
- 크레인거더의 통로의 끝과 크레인거더와의 간격
- 크레인거더의 통로로 통하는 통로의 끝과 건설물 등의 벽체와의 간격

ⓜ 크레인의 방호장치 : 권과방지장치, 과부하방지장치, 비상정지장치, 브레이크장치(제동장치), 충돌방지장치(천장크레인)
- 권과방지장치 : 강선의 과다감기를 방지하는 장치로 과도하게 한계를 벗어나 계속적으로 감아올리는 일이 동력을 차단하고 작동을 정지시키는 장치이며 리밋스위치가 사용된다.
  - 권과방지장치의 달기구 윗면이 권선장치의 아랫면과 접촉할 우려가 있는 경우에는 25[cm] 이상 간격이 되도록 조정하여야 한다(단, 직동식 권과장치의 경우는 제외).
  - 권과방지장치를 설치하지 않은 크레인에 대해서는 권상용 와이어로프에 위험표시를 하고 경보장치를 설치하는 등 권상용 와이어로프가 지나치게 감겨서 근로자가 위험해질 상황을 방지하기 위한 조치를 하여야 한다.

- 크레인의 훅, 버킷 등 달기구 윗면이 드럼 상부 도르래 등 권상장치의 아랫면과 접촉할 우려가 있을 때 작동식 권과방지장치의 조정 간격은 0.05[m] 이상으로 한다.

- 과부하방지장치 : 크레인의 사용 중 하중이 정격을 초과하였을 때 자동적으로 상승이 정지되면서 경보음을 발생하는 장치이다. 운반물의 중량이 초과되지 않도록 과부하방지장치를 설치하여야 한다.
- 비상정지장치 : 작업 중에 이상발견 또는 긴급히 정지시켜야 할 경우에는 비상정지장치를 사용할 수 있도록 설치하여야 한다.
- 브레이크장치 : 크레인을 필요한 상황에서는 즉시 운전을 중지시킬 수 있도록 브레이크장치를 설치한다.

ⓗ 크레인을 사용하여 작업을 할 때 작업시작 전에 점검하여야 하는 사항

- 권과방지장치 · 브레이크 · 클러치 및 운전장치의 기능
- 주행로의 상측 및 트롤리가 횡행하는 레일의 상태
- 와이어로프가 통하고 있는 곳의 상태

ⓢ 크레인 작업 시의 조치사항

- 인양할 하물을 바닥에서 끌어당기거나 밀어내는 작업을 하지 아니할 것
- 유류드럼이나 가스통 등 운반 도중에 떨어져 폭발하거나 누출될 가능성이 있는 위험물 용기는 보관함(또는 보관고)에 담아 안전하게 매달아 운반할 것
- 고정된 물체를 직접 분리 · 제거하는 작업을 하지 아니할 것
- 미리 근로자의 출입을 통제하여 인양 중인 하물이 작업자의 머리 위로 통과하지 않도록 할 것
- 인양할 하물이 보이지 아니하는 경우에는 어떠한 동작도 하지 아니할 것(신호하는 사람에 의하여 작업을 하는 경우는 제외)

ⓞ 크레인작업의 안전수칙

- 작업 전에 아웃트리거를 설치한다.
- 붐을 세운 채로 현장을 주행하지 않는다.
- 화물인양 시 능력표와 비교한 후 인양한다.
- 화물을 인양한 채 운전석 이탈을 절대 금지한다.
- 크레인 운전은 자격을 갖춘 자 또는 면허를 소지한 지정된 운전자만이 하여야 한다.
- 작업시작 전 기계의 고장 유무를 확인하고 필히 시운전을 실시한다.
- 동시에 3가지 조작을 하지 말아야 한다.
- 급격하게 감아 올리거나 감아 내려서는 안 된다.
- 체인이나 로프가 비뚤어진 채로 매달아 올려서는 안 된다.
- 크레인 운전자에 대해 신호는 단 한 사람만 해야 한다.
- 크레인 신호수는 규정된 복장을 착용하고 규정된 신호방법으로 명확하고 확실하게 해야 한다.
- 물건 중심부에 후크를 위치시켰나 확인한 후 권상신호를 해야 한다.
- 제한하중을 초과한 인양을 피하고 로프의 상태를 확인한다.
- 운전 중에 청소, 주유 또는 정비를 하지 말아야 한다.
- 크레인 작업반경 내에는 사람의 접근을 금하며 작업자 머리 위나 통로 위에 위치하지 않아야 한다.

ⓙ 크레인 작업 시 조치사항

- 인양할 하물은 바닥에서 끌어당기거나, 밀어내는 작업을 하지 아니할 것
- 유류드럼이나 가스통 등의 위험물 용기는 보관함(또는 보관고)에 담아 안전하게 매달아 운반할 것
- 고정된 물체를 직접 분리 · 제거하는 작업을 하지 아니할 것
- 근로자의 출입을 통제하여 하물이 작업자의 머리 위로 통과하지 않게 할 것
- 신호하는 사람이 없는 경우 인양할 하물(何物)이 보이지 아니하는 때에는 어떠한 동작도 하지 아니할 것
- 미리 근로자의 출입을 통제하여 인양 중인 하물이 작업자의 머리 위로 통과하지 않도록 할 것
- 인양할 하물이 보이지 아니하는 경우에는 어떠한 동작도 하지 아니할 것(신호하는 사람에 의하여 작업을 하는 경우는 제외)
- 가스통 등 운반 도중에 떨어져 폭발 가능성이 있는 위험물용기는 보관함에 담아 매달아 운반할 것

ⓒ 조종석이 설치되지 아니한 크레인에 대한 조치사항

- 고용노동부장관이 고시하는 크레인의 제작기준과 안전기준에 맞는 무선원격제어기 또는 펜던트 스위치를 설치 · 사용할 것

• 무선원격제어기 또는 펜던트 스위치를 취급하는 근로자에게는 작동요령 등 안전조작에 관한 사항을 충분히 주지시킬 것
• 타워크레인을 사용하여 작업을 하는 경우 타워크레인마다 근로자와 조종 작업을 하는 사람 간에 신호업무를 담당하는 사람을 각각 두어야 한다.

㉪ 크레인에 전용 탑승설비를 설치하고 근로자를 달아 올린 상태에서 작업에 종사시킬 경우 근로자의 추락위험을 방지하기 위하여 실시해야 할 조치사항
• 안전대나 구명줄의 설치
• 탑승설비의 하강 시 동력하강방법을 사용
• 탑승설비가 뒤집히거나 떨어지지 않도록 필요한 조치
• 안전난간의 설치(안전난간의 설치가능구조의 경우)

㉫ 크레인 등 건설장비의 가공전선로 접근 시 안전대책
• 안전 이격거리를 유지하고 작업한다.
• 장비의 조립, 준비 시부터 가공전선로에 대한 감전방지수단을 강구한다.
• 장비사용현장의 장애물, 위험물 등을 점검 후 작업계획을 수립한다.
• 장비를 가공전선로 밑에 보관하지 않는다.

㉬ 크레인이 가공전선로에 접촉하였을 때 운전자의 조치사항
• 접촉된 가공 전선로로부터 크레인이 이탈되도록 크레인을 조정한다.
• 크레인 밖에서는 크레인 반대 방향으로 탈출한다.
• 운전석에서 일어나 크레인 몸체에 접촉되지 않도록 주의하여 크레인 밖으로 점프하여 뛰어내린다.

㉭ 호이스트작업의 안전수칙
• 사람은 절대로 호이스트 탑승을 금한다.
• 운전자 이외는 운전조작을 금한다.
• 규격 이상의 하중을 걸지 않는다.
• 화물은 1[ton] 이상 적재를 금한다.
• 호이스트 운전자에 대해 신호는 단 한 사람만 해야 하며 신호는 명확하고 확실하게 해야 한다.
• 작업시작 전 기계의 고장 유무를 확인하고 필히 시운전을 실시한다.
• 와이어로프는 급격하게 감아 올리거나 감아 내려서는 안 된다.
• 체인이나 로프가 비뚤어진 채로 매달아 올리지 않는다.
• 물건 중심부에 후크를 위치시켰거나 확인한 후 권상신호를 해야 한다.
• 제한하중을 초과한 인양을 피하고 로프의 상태를 확인한다.
• 운전 중에 청소, 주유 또는 정비를 하지 말아야 한다.
• 호이스트 작업반경내 에는 사람의 접근을 금하며 작업자 머리 위나 통로 위에 위치하지 않아야 한다.
• 호이스트 고장시에는 운전을 즉시 중지하고 해당 부서에 통보하여 조치를 받아야 한다.
• 짐을 매단 채 방치하지 않는다.
• 주행 시는 사람이 짐에 타서 운전하지 않아야 한다.
• 짐의 무게 중심의 바로 위에서 달아 올린다.

③ 타워 크레인의 안전

㉠ 타워 크레인의 개요
• 타워 크레인(Tower Crane)은 고층 건물의 건설용에 사용되는 고정식 양중기이다.
• 작업방식에 따른 분류
  – 기복형 : 붐 상하로 오르내린다.
  – 수평형 : 수평을 유지하고 트롤리호이스트가 움직인다.
• 설치방식에 따른 분류
  – 정착식 : 콘크리트 또는 철골 등의 기초면에 공정
  – 이동식 : 레일위를 주행
• 타워 크레인 선정을 위한 사전 검토사항 : 인양능력, 작업반경, 붐의 높이 등
• 건설작업용 타워 크레인의 안전장치 : 권과 방지장치, 과부하 방지장치, 브레이크 장치, 비상정지장치 등
• 사용자는 정격하중이 5[ton]인 타워 크레인 대상으로 매 2년마다 정기검사를 실시해야 한다.

㉡ 특 징
• 유압잭을 이용한 Self Climbing으로 건물 높이에 따라 점차 상향으로 올라가며 작업한다(베이스 고정방식과 베이스 클라이밍 방식).
• 초고층 작업이 용이하고 인접건물에 장애가 없이 360° 작업이 가능하며 가장 능률이 좋은 기계이다.
• 작업반경이 크고 높이를 필요로 하는 빌딩이나 아파트 건설에 사용된다.

㉢ 타워 크레인 작업을 중지해야 하는 순간풍속의 기준
- 설치・수리・점검 또는 해체 작업의 정지 : 10[m/s] 초과
- 운전작업 중지 : 15[m/s] 초과

㉣ 타워 크레인을 벽체에 지지하는 경우에 준수해야 할 사항
- 서면심사에 관한 서류(형식승인서류 포함) 또는 제조사의 설치작업설명서 등에 따라 설치할 것
- 서면심사 서류 등이 없거나 명확하지 아니한 경우에는 건축구조・건설기계・기계안전・건설안전기술사 또는 건설안전분야 산업안전지도사의 확인을 받아 설치하거나 기종별・모델별 공인된 표준방법으로 설치할 것
- 콘크리트구조물에 고정시키는 경우에는 매립이나 관통 또는 이와 같은 수준 이상의 방법으로 충분히 지지되도록 할 것
- 건축 중인 시설물에 지지하는 경우에는 그 시설물의 구조적 안정성에 영향이 없도록 할 것

㉤ 타워 크레인을 와이어로프로 지지하는 경우에 준수해야 할 사항
- 서면심사에 관한 서류(형식승인서류 포함) 또는 제조사의 설치작업설명서 등에 따라 설치하거나 서면심사 서류 등이 없거나 명확하지 아니한 경우에는 건축구조・건설기계・기계안전・건설안전기술사 또는 건설안전분야 산업안전지도사의 확인을 받아 설치하거나 기종별・모델별 공인된 표준방법으로 설치할 것
- 와이어로프를 고정하기 위한 전용 지지프레임을 사용할 것
- 와이어로프의 설치각도는 수평면에서 60° 이내로 하되, 지지점은 4개소 이상으로 하고, 같은 각도로 설치할 것
- 와이어로프와 그 고정부위는 충분한 강도와 장력을 갖도록 설치하고, 와이어로프를 클립・섀클(Shackle, 연결고리) 등의 고정기구를 사용하여 견고하게 고정시켜 풀리지 아니하도록 하며, 사용 중에는 충분한 강도와 장력을 유지하도록 할 것
- 와이어로프가 가공전선에 근접하지 않도록 할 것

㉥ 타워크레인 사용 시 지켜야할 사항
- 작업자가 기중자재에 올라타는 일은 절대로 금해야 한다.
- 크레인에는 정격하중을 초과하는 하중을 걸어서 사용해서는 안 된다.
- 기중장비의 드럼에 감겨진 쇠줄은 적어도 두 바퀴 이상 남아 있어야 한다.

④ 이동식 크레인의 안전

㉠ 이동식 크레인의 개요
- 이동식 크레인 : 원동기를 내장하고 있는 것으로서 불특정 장소에 스스로 이동할 수 있는 크레인으로 동력을 사용하여 중량물을 매달아 상하 및 좌우(수평 또는 선회)로 운반하는 설비로서 기중기 또는 화물・특수자동차의 작업부에 탑재하여 화물운반 등에 사용하는 기계 또는 기계장치
- 정격총하중
  - 크레인 지브의 경사각 및 길이 또는 지브에 따라 훅, 슬링(인양로프 또는 인양용구)등의 달기기구의 중량을 포함하여 인양할 수 있는 최대하중
  - 최대하중(붐 길이 및 작업반경에 따라 결정)과 부가하중(훅과 그 이외의 인양 도구들의 무게)을 합한 하중
- 정격하중
  - 최대하중에서 훅, 슬링 등의 달기기구의 중량을 제외한 실 인양 무게
  - 이동식 크레인의 지브나 붐의 경사각 및 길이에 따라 부하할 수 있는 최대 하중에서 인양기구(훅, 그래브 등)의 무게를 뺀 하중
- 충격하중 : 인양작업 중 갑작스러운 하중 전이에 의해 순간적으로 충격이 슬링 등에 전달되어 부재나 장비에 과도한 동적 변화를 가져오게 하는 하중
- 아웃트리거 : 전도 사고를 방지하기 위하여 장비의 측면에 부착하여 전도 모멘트에 대하여 효과적으로 지탱할 수 있도록 한 장치
- 작업반경 : 이동식 크레인의 선회중심선으로부터 훅의 중심선까지의 수평거리
- 최대 작업반경 : 이동시크레인으로 작업이 가능한 최대치

- 기본안전하중 : 줄걸이 용구(와이어로프 등) 1개를 가지고 안전율을 고려하여 수직으로 매달 수 있는 최대 무게
- 파단하중 : 줄걸이 용구(와이어로프 등) 1개가 절단(파단)에 이를 때까지의 최대하중
- 인양높이 : 지면으로부터 훅까지의 수직거리
- 최대 인양높이 : 크레인의 인양높이 표의 최고점
- 인양하중표 : 정격하중 값 이내에서 작업을 실시할 수 있도록 작업반경 및 붐길이에 따른 정격 총하중이 명기된 표를 말하며, 기종별로 규정된 아웃트리거 최대 펼침 길이를 기준으로 한다.
- 스토퍼(Stopper) : 같은 주행로에 병렬로 설치되어 있는 주행 크레인에서 크레인끼리 충돌이나, 근로자에 접촉하는 것을 방지하는 방호장치
- 폭풍 시 옥외에 설치되어 있는 주행 크레인의 이상 유무 점검, 이탈방지를 위한 조치 등을 해야 하는 풍속기준은 순간풍속 30[m/s] 초과되는 경우이다.

ⓛ 이동식 크레인의 작업 중 안전수칙(이동식 크레인 작업 시 준수해야 할 사항)

- 운전사는 반드시 면허를 받은 자이어야 한다.
- 전력선 근처에서의 작업 시 붐과 전력선과의 거리는 최소 2[m] 이상 간격을 유지한다.
- 인양물 위에 작업자가 탑승한 채로 이동을 금지하여야 한다.
- 부득이한 경우 전용 탑승설비를 설치하여 근로자를 탑승시킬 수 있다.
- 제한된 지브의 경사각 범위에서만 작업을 해야 한다.
- 훅 해지장치를 사용하여 인양물이 훅에서 이탈하는 것을 방지하여야 한다.
- 크레인의 인양작업 시 전도 방지를 위하여 아웃트리거 설치 상태를 점검하여야 한다.
- 이동식 크레인 제작사의 사용기준에서 제시하는 지브의 각도에 따른 정격하중을 준수하여야 한다.
- 인양물의 무게 중심, 주변 장애물 등을 점검하여야 한다.
- 슬링(와이어로프, 섬유벨트 등), 훅 및 해지장치, 섀클 등의 상태를 수시 점검하여야 한다.
- 권과방지장치, 과부하방지장치 등의 방호장치를 수시 점검하여야 한다.
- 인양물의 형상, 무게, 특성에 따른 안전조치와 줄걸이 와이어로프의 매단각도는 60° 이내로 하여야 한다.
- 이동식 크레인 인양작업 시 신호수를 배치하여야 하며, 운전원은 신호수의 호에 따라 인양작업을 수행하여야 한다.
- 충전전로에 인근 작업 시 붐의 길이만큼 이격하거나 충전전로 인근에서 차량·기계장치 작업을 준수하고, 신호수를 배치하여 고압선에 접촉하지 않도록 하여야 한다.
- 카고 크레인 적재함에 승·하강 시에는 부착된 발판을 딛고 천천히 이동하여야 한다.
- 이동식 크레인의 제원에 따른 인양작업 반경과 지브의 경사각에 따른 정격하중 이내에서 작업을 시행하여야 한다.
- 인양물의 충돌 등을 방지하기 위하여 인양물을 유도하기 위한 보조 로프를 사용하여야 한다.
- 긴 자재는 경사지게 인양하지 않고 수평을 유지하여 인양토록 하여야 한다.

ⓒ 가설다리에서 이동식 크레인으로 작업 시 주의사항

- 다리강도에 대해 담당자와 함께 확인한다.
- 작업하중이 과하중으로 되지 않는가 확인한다.
- 가설다리를 이동하는 경우는 진동을 크게 발생하지 않도록 하여 운전한다.

ⓓ 트럭 크레인(Truck Crane)

- 트럭의 차대에 상부회전체와 작업장치를 설치한 크레인이다.
- 트럭 운전실과 크레인 조종실이 별도로 설치되어 있다.
- 안정성 유지를 위해 4개의 아웃트리거가 장착된다.
  ※ Outrigger : 대차로부터 빔을 수평으로 돌출시키고, 그 선단에 설치한 잭으로 지지하여 작업 시의 안정성을 유지하기 위한 크레인 안전장치
- 기동성이 좋고 경사주행 능력이 우수하다.

• 기중작업 시 안정성이 크다.
• 접지압이 크므로 연약지반에는 부적합하다.

ⓔ 휠 크레인(Wheel Crane)

• 고무 타이어가 장착된 크레인이다.
• 원동기가 한 대이며 한 군데에서 운전한다.
• 트럭 크레인보다 속도가 느리다.

ⓕ 크롤러 크레인(Crawler Crane)

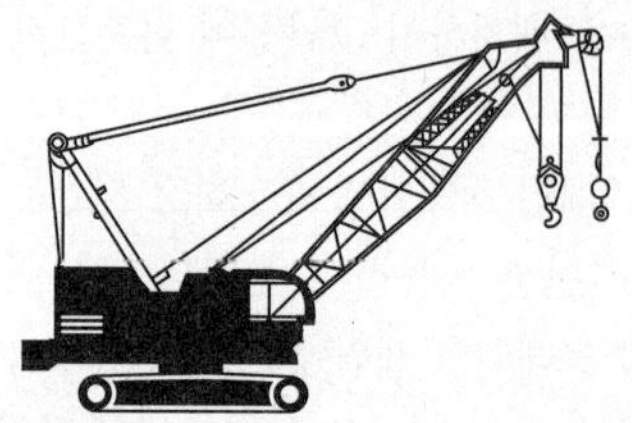

• 트럭 크레인의 타이어 대신 크롤러를 장착한 것으로 외부 받침대를 갖고 있지 않아 트럭 크레인보다 하중 인양시 안정성이 약하다.
• 크롤러식 타워 크레인과 같지만 직립 고정된 붐 끝에 기복이 가능한 보조붐을 가지고 있다.
• 별칭 : 캐터필러 크레인, 무한궤도식 크레인, 붐크레인, 서비스 크레인 등
• 무거운 화물을 싣고 내리고 운반과 굴토 작업을 하며 기둥을 박는 작업이 가능하다.
• 인양효율이 우수하여 대규모 현장에서 많이 사용된다.
• 아웃트리거는 없지만, 3° 이내의 경사지 작업은 가능하다.
• 지반이 연약한 곳이나 좁은 곳에서도 작업을 할 수 있다.
• 붐의 조립, 해체장소를 고려해야 한다.
• 운반 시 수송차가 필요하다.
• 기동성이 떨어지고 이동 시 비용이 많이 든다.
• 크롤러의 폭을 넓게 할 수 있는 형을 사용할 경우에는 최대폭을 고려하여 계획한다.

ⓖ 러핑크레인 : 상하기복형으로 협소한 공간에서 작업이 용이하고 장애물이 있을 때 효과적인 장비로서 초고층 건축물 공사에 많이 사용되는 장비

⑤ 리프트의 안전

㉠ 리프트의 개요(산업안전보건기준에 관한 규칙 제132조)

• 리프트 : 동력을 사용하여 사람이나 화물을 운반하는 것을 목적으로 하는 기계설비
• 리프트의 종류 : 건설작업용 리프트, 자동차정비용 리프트, 이삿짐운반용 리프트
  - 건설작업용 리프트 : 동력을 사용하여 가이드레일을 따라 상하로 움직이는 운반구를 매달아 사람이나 화물을 운반할 수 있는 설비 또는 이와 유사한 구조 및 성능을 가진 것으로 건설현장에서 사용하는 것
  - 산업용 리프트 : 동력을 사용하여 가이드레일을 따라 상하로 움직이는 운반구를 매달아 화물을 운반할 수 있는 설비 또는 이와 유사한 구조 및 성능을 가진 것으로 건설현장 외의 장소에서 사용하는 것
  - 자동차정비용 리프트 : 동력을 사용하여 가이드레일을 따라 움직이는 지지대로 자동차 등을 일정한 높이로 올리거나 내리는 구조의 리프트로서 자동차 정비에 사용하는 것
  - 이삿짐운반용 리프트 : 연장 및 축소가 가능하고 끝단을 건축물 등에 지지하는 구조의 사다리형 붐에 따라 동력을 사용하여 움직이는 운반구를 매달아 화물을 운반하는 설비로서 화물자동차 등 차량 위에 탑재하여 이삿짐 운반 등에 사용하는 것
• 리프트의 정격속도 : 화물을 싣고 상승할 때의 최고속도
• 리프트의 안전장치(방호장치) : 권과방지장치, 리밋 스위치, 과부하방지장치, 비상정지장치
• 운반구의 내부에만 탑승조작장치가 설치되어 있는 리프트를 사람이 탑승하지 아니한 상태로 작동하게 해서는 아니 된다.
• 리프트 조작반에 잠금장치를 설치하는 등 관계 근로자가 아닌 사람이 리프트를 임의로 조작함으로써 발생하는 위험을 방지하기 위하여 필요한 조치를 하여야 한다.
• 리프트의 피트 등의 바닥을 청소하는 경우 운반구의 낙하에 의한 근로자의 위험을 방지하기 위하여 다음의 조치를 하여야 한다.
  - 승강로에 각재 또는 원목 등을 걸칠 것
  - 각재 또는 원목 위에 운반구를 놓고 역회전방지기가 붙은 브레이크를 사용하여 구동모터 또는 윈치(Winch)를 확실하게 제동해 둘 것
• 순간풍속이 35[m/s]를 초과하는 바람이 불어올 우려가 있는 경우 건설작업용 리프트(지하에 설치되어 있는 것은 제외)에 대하여 받침의 수를 증가시키는 등 그 붕괴 등을 방지하기 위한 조치를 하여야 한다.

- 리프트 운반구를 주행로 위에 달아 올린 상태로 정지시켜 두어서는 아니 된다.

㉡ 리프트작업의 안전수칙
- 물건의 적재상태를 확인할 것
- 리밋 스위치, 와이어로프 등의 이상 유무를 확인할 것
- 적재량을 초과하지 말 것
- 가이드롤의 이상 유무를 확인할 것
- 본체의 이상 유무를 확인할 것
- 본체 문은 정확히 닫아 잠글 것
- 안전걸이를 완전히 걸고 운전할 것
- 상하 서로 신호 후 운전할 것
- 운전 중 필요 이외 사람의 접근을 금할 것
- 아래층에서 역조작하여 승강기를 내리지 말 것
- 본체를 도중에 방치하지 말 것
- 운전 중 이상이 발생할 경우 스위치를 끄고, 즉시 고장수리 후 운전할 것
- 사람이 타고 승강하지 말 것

㉢ 리프트의 설치·조립·수리·점검 또는 해체 작업 시의 조치사항
- 작업을 지휘하는 사람을 선임하여 그 사람의 지휘 하에 작업을 실시할 것
- 작업을 할 구역에 관계 근로자가 아닌 사람의 출입을 금지하고 그 취지를 보기 쉬운 장소에 표시할 것
- 비, 눈, 그 밖에 기상상태의 불안정으로 날씨가 몹시 나쁜 경우에는 그 작업을 중지시킬 것
- 작업을 지휘하는 사람이 이행해야 할 사항
  - 작업방법과 근로자의 배치를 결정하고 해당 작업을 지휘하는 일
  - 재료의 결함 유무 또는 기구 및 공구의 기능을 점검하고 불량품을 제거하는 일
  - 작업 중 안전대 등 보호구의 착용 상황을 감시하는 일

㉣ 이삿짐운반용 리프트의 안전사항
- 이삿짐운반용 리프트를 사용하는 근로자에게 운전방법 및 고장이 났을 경우의 조치방법을 주지시켜야 한다.
- 이삿짐 운반용 리프트 전도방지를 위한 준수사항
  - 아웃트리거가 정해진 작동위치 또는 최대전개위치에 있지 않는 경우(아웃트리거 발이 닿지 않는 경우를 포함)에는 사다리 붐 조립체를 펼친 상태에서 화물 운반작업을 하지 않을 것
  - 사다리 붐 조립체를 펼친 상태에서 이삿짐 운반용 리프트를 이동시키지 않을 것
  - 지반의 부동침하 방지 조치를 할 것
- 이삿짐 운반용 리프트 운반구로부터 화물이 빠지거나 떨어지지 않도록 하기 위한 낙하방지 조치사항
  - 화물을 적재시 하중이 한쪽으로 치우치지 않도록 할 것
  - 적재화물이 떨어질 우려가 있는 경우에는 화물에 로프를 거는 등 낙하 방지 조치를 할 것

⑥ 곤돌라의 안전

㉠ 곤돌라 안전의 개요
- 곤돌라(Gondola) : 달기발판 또는 운반구, 승강장치, 그 밖의 장치 및 이들에 부속된 기계부품에 의하여 구성되고, 와이어로프 또는 달기강선에 의하여 달기발판 또는 운반구가 전용 승강장치에 의하여 오르내리는 설비를 말한다.
- 적재하중 : 암(Arm)을 가진 곤돌라에서는 암을 최소의 경사각으로 한 상태에서 그 구조상 작업대에 사람 또는 화물을 싣고 상승시킬 수 있는 최대하중을 말하며 하강 전용곤돌라에서는 그 구조상 작업대에 사람 또는 화물을 적재할 수 있는 최대하중을 말한다.
- 정격속도 : 곤돌라의 작업대에 적재하중에 상당하는 하중을 싣고 상승시킬 경우의 최고속도를 말한다.
- 허용하강속도 : 곤돌라의 작업대에 적재하중에 상당하는 하중을 적재하고 하강할 경우에 허용되는 최고속도를 말한다.

㉡ 곤돌라의 방호장치 : 권과방지장치, 권과리미트(리밋스위치), 과부하방지장치, 제동장치, 비상정지장치, 기계적 보조장치 등
- 과부하 방지장치는 적재하중을 초과하여 적재 시 주 와이어로프에 걸리는 과부하를 감지하여 경보와 함께 승강되지 않는 구조일 것
- 권과방지장치는 권과를 방지하기 위하여 자동적으로 동력을 차단하고 작동을 제동하는 기능을 가질 것
- 기어·축·커플링 등의 회전부분에는 덮개나 울이 설치되어 있을 것
- 비상정지장치는 콘트롤 판넬 및 상하 이동장치에 부착되어 있어 비상 시 버튼을 누르면 곤도라 작동이 중지된다.

㉢ 곤돌라작업의 안전수칙

- 안전검사필증이 부착되어 있는지 확인한다.
- 호선과 곤돌라의 고정상태를 확인한다.
- 호선 갑판 상부에서 곤돌라에 탑승하기 위한 승강사다리 설치상태를 확인한다.
- 와이어로프, 달기체인, 후크, 샤클 등 하중이 걸리는 부분을 확인한다.
- 권과방지장치, 과부하방지장치, 비상정치스위치 등 방호장치 기능을 확인한다.
- 작업대의 각 조립부 파손 및 조임 상태, 수평조작 및 유지 상태를 확인한다.
- 안전벨트 비치, 생명줄 설치, 안전로프 상태를 확인한다.
- 기타 각종 볼트, 너트의 죄임 상태, 펜던트 작동상태, 전원케이블 상태를 확인한다.
- 바스켓이 파손된 것은 없는지 내부에 불필요한 물건은 없는지 확인한다.
- 와이어로프의 단선, 마모, 킹크 등의 상태를 확인한다.
- 작업을 위해 설치된 족장 등 선체 구조물과 접촉되는지 주시하면서 작업한다.
- 작업대로부터 작업공구, 부재 등이 낙하·비래하지 않도록 조치하고 작업한다.
- 작업대의 수평상태를 수시로 확인 조정하면서 작업한다.
- 곤돌라 조작은 지정한자 외는 못하도록 조치한다.
- 작업은 꼭 작업대가 정지한 후 실시한다.
- 작업대의 잘 보이는 곳에 적재하중을 표시하고 적재하중을 초과하는 무게는 싣지 않는다.
- 작업대 안에서 발판, 사다리 등을 사용하지 않는다.
- 곤돌라의 운반구에 근로자를 탑승시켜서는 아니 된다. 다만, 추락에 의한 위험방지를 위하여 다음의 조치를 한 경우에는 그러하지 아니하다.
  - 운반구가 뒤집히거나 떨어지지 아니하도록 필요한 조치를 할 것
  - 안전대 및 구명줄을 설치하고, 안전난간의 설치가 가능한 구조인 경우에는 안전난간을 설치할 것

⑦ 승강기의 안전

㉠ 승강기의 개요

- 승강기 : 건축물이나 고정된 시설물에 설치되어 일정한 경로에 따라 사람이나 화물을 승강장으로 옮기는 데에 사용되는 설비로서 다음의 것을 말한다.
  - 승객용 엘리베이터 : 사람의 운송에 적합하게 제조·설치된 엘리베이터
  - 승객화물용 엘리베이터 : 사람의 운송과 화물 운반을 겸용하는데 적합하게 제조·설치된 엘리베이터
  - 화물용 엘리베이터 : 화물 운반에 적합하게 제조·설치된 엘리베이터로서 조작자 또는 화물취급자 1명은 탑승할 수 있는 것(적재용량이 300[kg] 미만인 것은 제외)
  - 소형화물용 엘리베이터 : 음식물이나 서적 등 소형화물의 운반에 적합하게 제조·설치된 엘리베이터로서 사람의 탑승이 금지된 것
  - 에스컬레이터 : 일정한 경사로 또는 수평로를 따라 위·아래 또는 옆으로 움직이는 디딤판을 통해 사람이나 화물을 승강장으로 운송시키는 설비
- 승강기의 구성장치 : 가이드레일, 권상장치, 완충기 등
- 승강기의 방호장치 : 과부하방지장치, 파이널리밋스위치, 비상정지장치, 조속기, 출입문 인터록 등
- 순간풍속이 35[m/s]를 초과하는 바람이 불어 올 우려가 있는 경우 옥외에 설치되어 있는 승강기에 대하여 받침의 수를 증가시키는 등 승강기가 무너지는 것을 방지하기 위한 조치를 하여야 한다.

㉡ 사업장에 승강기의 설치·조립·수리·점검 또는 해체 작업 시 조치사항

- 작업을 지휘하는 사람을 선임하여 그 사람의 지휘하에 작업을 실할 것
- 작업을 할 구역에 관계 근로자가 아닌 사람의 출입을 금지하고 그 취지를 보기 쉬운 장소에 표시할 것
- 비, 눈, 그 밖에 기상상태의 불안정으로 날씨가 몹시 나쁜 경우에는 그 작업을 중지시킬 것
- 작업을 지휘하는 사람이 이행하여야 하는 사항 : 리프트의 경우와 같다.

㉢ 승강기의 안전수칙

- 안전장치(비상정지장치) 내부전면 출입문의 작동상태를 확인하고 이상이 있을 때는 운행하지 않는다.

• 사용 전 작동방법 및 비상시 조치요령을 숙지한다.
• 적재용량 이하로 운반하며 돌출적재를 하지 않는다.
• 승강기의 바닥면과 건물의 바닥면이 일치됨을 확인 후 운행한다.
• 운전자 이외의 작업자 탑승을 금지한다.
• 운전 중 내부 전면 출입문에 기대지 않는다.
• 출입문 작동 시 출입을 금한다.
• 승강기 작동이 완전히 멈춘 후 출입한다.
• 화물용 승강기에는 절대 탑승할 수 없다.
• 적재중량을 초과해서 싣지 않는다.
• 책임자는 와이어, 감속기 주유점검을 정기적으로 실시한다.
• 승강기의 문이 완전히 닫힌 후 운전한다.
• 안전장치에 이상이 있을 때는 운행하지 않는다.
• 운전책임자 외에는 절대 운전해서는 안 된다.
• 운행 중 이상이 발견되면 즉시 보고 후 조치를 받는다.

핵심예제

3-1. 산업안전보건기준에 관한 규칙에서 정한 양중기의 종류에 해당하지 않는 것은?

[2010년 제3회 유사, 2012년 제3회 유사, 2013년 제1회 유사, 2015년 제2회, 2016년 제3회 유사, 2020년 제4회 유사, 2022년 제1회]

① 크레인 ② 도르래
③ 곤돌라 ④ 리프트

3-2. 다음 와이어로프 중 양중기에 사용가능한 범위 안에 있다고 볼 수 있는 것은?

[2010년 제1회 유사, 2010년 제2회 유사, 2016년 제3회, 2017년 제2회 유사]

① 와이어로프의 한 꼬임(스트랜드)에서 끊어진 소선의 수가 8[%]인 것
② 지름의 감소가 공칭지름의 8[%]인 것
③ 심하게 부식된 것
④ 이음매가 있는 것

3-3. 강풍이 불어올 때 타워 크레인의 운전작업을 중지하여야 하는 순간풍속의 기준으로 옳은 것은?

[2011년 제3회, 2012년 제2회, 2014년 제1회, 2015년 제1회, 2018년 제2회]

① 순간풍속이 초당 10[m] 초과
② 순간풍속이 초당 15[m] 초과
③ 순간풍속이 초당 25[m] 초과
④ 순간풍속이 초당 30[m] 초과

3-4. 타워 크레인을 와이어로프로 지지하는 경우에 준수해야 할 사항으로 옳지 않은 것은?

[2010년 제2회, 2015년 제2회 유사, 2017년 제2회 유사, 2018년 제1회]

① 와이어로프를 고정하기 위한 전용 지지프레임을 사용할 것
② 와이어로프 설치각도는 수평면에서 60° 이상으로 하되, 지지점은 4개소 미만으로 할 것
③ 와이어로프와 그 고정부는 충분한 강도와 장력을 갖도록 설치할 것
④ 와이어로프가 가공전선에 근접하지 않도록 할 것

3-5. 폭풍 시 옥외에 설치되어 있는 주행 크레인에 대하여 이탈방지를 위한 조치가 필요한 풍속기준은?

[2010년 제1회, 2010년 제3회 유사, 2014년 제1회, 2014년 제3회, 2017년 제3회]

① 순간풍속이 20[m/s]를 초과할 때
② 순간풍속이 25[m/s]를 초과할 때
③ 순간풍속이 30[m/s]를 초과할 때
④ 순간풍속이 35[m/s]를 초과할 때

3-6. 크레인 로프에 질량 2,000[kg]의 물건을 10[m/s^2]의 가속도로 감아올릴 때, 로프에 걸리는 총하중은 약 몇 [kN]인가?

[2010년 제3회, 2011년 제2회 유사, 2012년 제3회, 2013년 제1회 유사, 제3회 유사, 2014년 제2회 유사,2016년 제3회, 2017년 제1회 유사, 2018년 제2회 유사, 제3회 유사, 2021년 제1회]

① 39.6
② 29.6
③ 19.6
④ 9.6

3-7. 다음 그림과 같이 50[kN]의 중량물을 와이어로프를 이용하여 상부에 60°가 되도록 들어 올릴 때, 로프 하나에 걸리는 하중(T)은 약 몇 [kN]인가? [2010년 제1회 유사, 2018년 제1회]

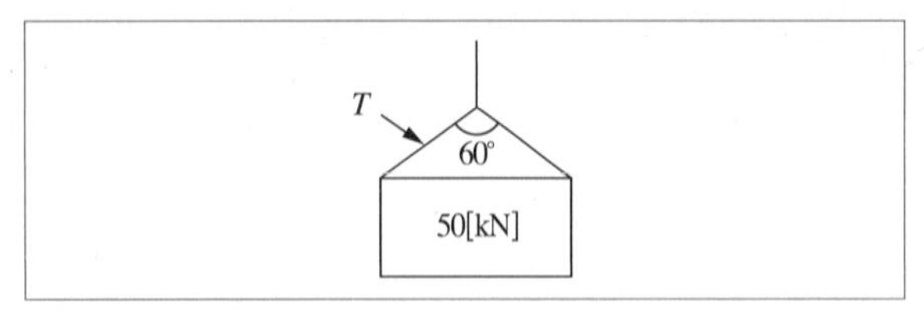

① 16.8
② 24.5
③ 28.9
④ 37.9

 핵심예제

3-8. 어떤 양중기에서 3,000[kg]의 질량을 가진 물체를 한쪽이 45°인 각도로 다음 그림과 같이 2개의 와이어로프로 직접 들어 올릴 때, 안전율이 고려된 가장 적절한 와이어로프 지름을 표에서 구하면?(단, 안전율은 산업안전보건법을 따르고, 두 와이어로프의 지름은 동일하며, 기준을 만족하는 가장 작은 지름을 선정한다) [2010년 제3회, 2018년 제3회, 2022년 제3회]

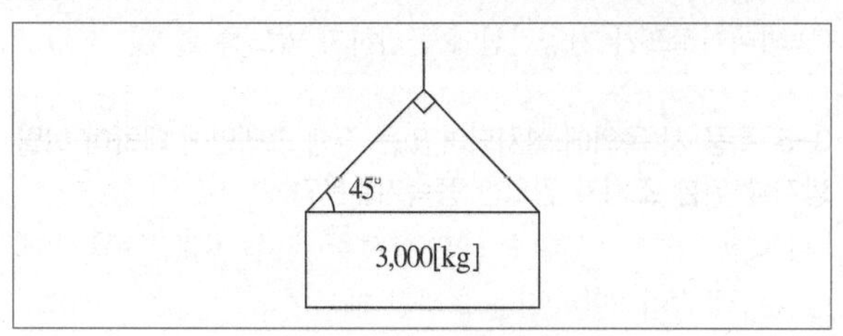

[와이어로프의 지름 및 절단강도]

와이어로프 지름[mm]	10	12	14	16
절단강도[kN]	56	88	110	144

① 10[mm] ② 12[mm]
③ 14[mm] ④ 16[mm]

3-9. 산업안전보건법상 크레인에 전용 탑승설비를 설치하고 근로자를 달아 올린 상태에서 작업에 종사시킬 경우 근로자의 추락위험을 방지하기 위하여 실시해야 할 조치사항으로 적합하지 않은 것은? [2012년 제1회, 2016년 제1회, 2022년 제1회]

① 승차석 외의 탑승 제한
② 안전대나 구명줄의 설치
③ 탑승설비의 하강 시 동력 하강방법을 사용
④ 탑승설비가 뒤집히거나 떨어지지 않도록 필요한 조치

|해설|

3-1
양중기의 종류가 아닌 것으로 '도르래, 체인블록' 등이 출제된다.

3-2
① 와이어로프의 한 꼬임(스트랜드)에서 끊어진 소선의 수가 10[%] 이내이므로 사용가능하다.
② 지름의 감소가 공칭지름의 7[%] 이상이므로 사용을 금지한다.
③ 심하게 부식된 것은 사용을 금지한다.
④ 이음매가 있는 것은 사용을 금지한다.

3-3
사업주는 순간풍속이 초당 10[m]를 초과하는 경우 타워 크레인의 설치・수리・점검 또는 해체 작업을 중지하여야 하며, 순간풍속이 초당 15[m]를 초과하는 경우에는 타워 크레인의 운전작업을 중지하여야 한다.

3-4
와이어로프 설치각도는 수평면에서 60° 이내로 할 것

3-5
폭풍 시 옥외에 설치되어 있는 주행 크레인의 이상 유무 점검, 이탈방지를 위한 조치 등을 해야 하는 풍속기준은 순간풍속 30[m/s] 초과되는 경우이다.

3-6
$$w = w_1 + w_2 = 2,000 + \frac{2,000 \times 10}{9.8} \simeq 4,040.8[\text{kg}] \simeq 39,600[\text{N}] = 39.6[\text{kN}]$$

3-7
$\cos\frac{\theta}{2} = \frac{w/2}{T}$ 이므로 $T = \frac{50/2}{\cos 30°} = \frac{25}{\cos 30°} \simeq 28.9[\text{kN}]$

3-8
산업안전보건기준법에 의한 안전율은 $S=5$이며, 로프 사이의 각 θ일 때, $\cos\frac{\theta}{2} = \frac{w/2}{T}$ 이므로

$$T = \frac{3,000/2}{\cos 45°} = \frac{1,500}{\cos 45°} \simeq 2,121[\text{kg}] \simeq 20,789[\text{N}] \simeq 20.8[\text{kN}]$$

$S = 5 = \frac{\text{절단강도}}{T}$ 이므로

절단강도 $= 5T = 5 \times 20.8 = 104[\text{kN}]$ 이므로 표에서 와이어로프의 가장 적절한 최소 직경은 14[mm]이다.

3-9
크레인에 전용 탑승설비를 설치하고 근로자를 달아 올린 상태에서 작업에 종사시킬 경우 근로자의 추락위험을 방지하기 위하여 실시해야 할 조치사항
• 안전대 또는 구명줄의 설치
• 탑승설비의 하강 시 동력하강방법을 사용
• 탑승설비가 뒤집히거나 떨어지지 않도록 필요한 조치
• 안전난간의 설치(안전난간의 설치가능 구조의 경우)

정답 3-1 ② 3-2 ① 3-3 ② 3-4 ② 3-5 ③ 3-6 ① 3-7 ③ 3-8 ③ 3-9 ①

전기위험 방지기술

제1절 전기안전 일반

핵심 이론 01 전기안전 일반의 개요

① 전기 기본개념

㉠ 전기 기본용어

- 전압(Voltage, V) : 전기적인 위치에너지의 차. 단위는 [V](볼트)이며 교류와 직류로 구분
- 전류(Current, I) : 전자의 이동. 단위는 [A](암페어)
- 저항(Resistance, R) : 전기회로에서 전류의 흐름을 방해하는 요소. 단위는 [Ω](옴)
- 전압, 저항, 전류의 관계식(옴의 법칙) : 전류의 크기는 전압에 비례하고 저항에 반비례한다.

  $I=\dfrac{V}{R}$
- 전력(Electric Power) : 전기가 단위시간에 하는 일의 양. P로 표시하고 단위는 [W](와트)이며 단상($P=VI$)과 삼상($P=\sqrt{3}\,VI\cos\theta$)이 있다.
- 줄의 법칙 : 도체에 흐르는 전류로 인하여 열량이 발생된다.

  $H=0.24I^2Rt$[cal]

  여기서, I : 전류[A], R : 저항[Ω], t : 시간[sec]
- 다른 두 물체가 접촉할 때 두 물체의 일함수의 차로 인하여 접촉전위차가 발생한다.
- 단락 : 전선의 절연피복이 손상되어 동선이 서로 직접 접촉한 경우이다.
- 방전 : 전위차가 있는 2개의 대전체가 특정거리에 접근하게 되면 등전위가 되기 위하여 전하가 절연 공간을 깨고 순간적으로 빛과 열을 발생하며 이동하는 현상이다.

㉡ 전압 관련 사항

- 우리나라의 안전 전압 : 30[V] 이하(일반 작업장에 전기위험 방지조치를 취하지 않아도 되는 전압)
- 금속제 외함을 가지는 사용전압이 50[V]를 초과하는 저압의 기계·기구로서 사람이 쉽게 접촉할 우려가 있는 곳에 시설하는 것에 전기를 공급하는 전로에는 전로에 지락이 생겼을 때에 자동적으로 전로를 차단하는 장치를 하여야 한다.
- 정전용량이 다른 두 단자가 직렬연결된 회로에 송전되다가 갑자기 정전이 발생하였을 때의 (C_2 단자의) 전압 : $V_2=\dfrac{C_1}{C_1+C_2}E$

  여기서, C_1, C_2 : 정전용량, E : 송전전압
- 정전유도를 받고 있는 접지되어 있지 않는 도전성 물체에 접촉한 경우 전격을 당하게 되는데, 이때 물체에 유도된 전압(단, 물체와 대지 사이의 저항 무시) :

  $V=\dfrac{C_1}{C_1+C_2}E$

  여기서, C_1 : 송전선과 물체 사이의 정전용량
  C_2 : 물체와 대지 사이의 정전용량
  E : 송전선의 대지전압
- 검출전극에 의한 용량 분할하여 측정할 때의 대전 물체의 표면전위 : $V_s=\dfrac{C_1+C_2}{C_1}V_e$

  여기서, C_1 : 대전 물체와 검출전극 간의 정전용량
  C_2 : 검출전극과 대전 간의 정전용량
  V_e : 검출전극의 전위

㉢ 전류 관련 사항

- 누전되는 최소 전류($I_{\min}$) 혹은 누전전류의 한계값 :

  $I_{\min}=\dfrac{I_{\max}}{2{,}000}$

  여기서, $I_{\max}$: 최대 공급전류[A]
- 저압전로에 2,000[A]의 전류가 흘렀을 때 누설전류는 1[A]를 초과할 수 없다.

• 변압기에서 공급하는 저압전선의 허용 누설전류의 최댓값 : $I_g = \frac{I}{2{,}000}$ (I는 전류이며 전력(부하) $P = VI$에서 $I = P/V$의 계산으로 구한다)

• 3상 유도전동기에서 흐르는 전류 :

전력 $P = \sqrt{3}\,VI\cos\theta$로부터 $I = \frac{P}{\sqrt{3}\,V\cos\theta}$

여기서, $\cos\theta$: 역률

• 3상 전동기의 부하에 3가지 선전류가 흐를 때, 영상변류기의 2차측에 전압이 유도되는 경우의 지락전류 : $I_g - I_1 + I_2 + I_3$

여기서, I_1, I_2, I_3 : 각 선전류

㉣ 저항 관련 사항

• 3상 변압기에서 공급받고 있는 저압선로의 절연 부분 전선과 대지 간의 절연저항 최솟값(단, 변압기 저압측 중점에 접지가 되어 있다)

$R = \frac{V}{I_g} = \frac{2{,}000\sqrt{3}\,V^2}{P}$

여기서, V : 전압, I_g : 누설전류, P : 전력

• 온도 T[℃]에서의 저항(저항온도계수) :

$R_T = R_t\{1 + \alpha_t(T - t)\}$

여기서, R_t : 온도 t[℃]에서의 저항

α_t : 온도계수

② 방전의 종류

㉠ 연면방전 : 대전이 큰 얇은 층상의 부도체를 박리할 때 또는 얇은 층상의 대전된 부도체의 뒷면에 밀접한 접지체가 있을 때 표면에 연한 수지상의 발광을 수반하여 발생하는 방전이다.

㉡ 코로나방전 : 스파크방전을 억제시킨 접지돌기상 도체의 표면에서 발생되며, 공기 중으로 방전(방전 중 공기 중에 O_3을 생성)하는 경우와 고체유도체 표면을 흐르는 경우의 방전이 있다.

㉢ 낙뢰방전 : 구름과 대지 사이에서 발생하는 방전현상이다.

㉣ 스파크방전(불꽃방전) : 도체가 대전되었을 때 접지된 도체와의 사이에서 발생하는 강한 발광과 파괴음을 수반하는 방전으로 방전 시 공기 중에 O_3을 생성한다. 전극 간격이 1[cm] 떨어진 평행판 전극은 전압 30[kV]에서 불꽃방전이 일어난다.

㉤ 스트리머방전(브러시방전) : 고체 및 기체의 절연물질이나 저전도율 액체와 곡률반경이 큰 도체 사이에서 대전량이 많을 때 발생되는 수지상의 발광과 펄프상의 파괴음을 수반하는 방전이다.

㉥ 뇌상방전 : 대전운(강하게 대전된 입자군이 확산되어 큰 구름 모양으로 된 것)이 발생되는 특수한 방전이며 불꽃방전의 일종으로 번개와 같은 수지상의 발광을 수반한다.

③ 전기 관련 제반사항

㉠ 제반 전기공식

• 전하량(Q) : $Q = CV$

여기서, C : 정전용량, V : 전압

• 최소 착화에너지(상한치)(E) : $E = \frac{1}{2}CV^2$[J]

여기서, C : 정전용량[F],

V : 전압, 착화한계전압, 폭발한계전압, 대전전위, 표면전위[V]

• 정전(기)에너지(E) : $E = \frac{1}{2}CV^2$[J]

여기서, C : 도체의 정전용량[F],

V : 대전전위, 방전 시 전압[V])

• 도체구의 전위 $E = \frac{Q}{4\pi\varepsilon_0 r}$[V]

여기서, Q : 전하량[C],

ε_0 : 유전율(8.855×10^{-12}),

r : 도체의 반경[m]

• 공기 중의 두 전하 사이에 작용하는 정전력[F] : 쿨롱의 법칙에 따라 두 전하의 곱에 비례하고 전하 사이 거리의 제곱에 반비례하므로

$F = \frac{1}{4\pi\varepsilon_0} \times \frac{Q_1 Q_2}{r^2}$[N]이 된다.

㉡ 전 계

• 내측 원통의 반경이 r이고 외측 원통의 반경이 R인 원통 간극($r/R < e^{-1}(=0.368)$)에서 인가전압이 V인 경우 최대 전계 $E_r = \frac{V}{r\ln(R/r)}$이다.

• 인가전압을 간극 간 공기의 절연파괴전압 전까지 낮은 전압에서 서서히 증가시킬 때의 변화

- 최대 전계가 감소한다.
- 안정된 코로나방전이 존재할 수 있다.

- 외측 원통의 반경이 감소되는 효과가 있다.
- 내측 원통 표면으로부터 코로나방전 발생이 시작된다.

• 전계 세기
- 두 장의 전극판에 전극판 간격의 1/2이 되는 유전체 판을 끼워 넣으면 공간의 전계 세기는 비유전율(ε_s)의 배수만큼 증가된다.
- 정전하가 절연유 속에 있으면 전계 세기는 $1/\varepsilon_s$배로 작아진다.

㉢ 과전류에 의한 전선의 인화로부터 용단에 이르기까지 각 단계별 기준 전선전류밀도
• 인화단계 : 40~43[A/mm^2]
• 착화단계 : 43~60[A/mm^2]
• 발화단계 : 60~120[A/mm^2](과전류에 의한 전선의 허용전류보다 큰 전류가 흐르는 경우, 절연물이 화구가 없더라도 자연히 발화하고 심선이 용단되는 단계)
• 용단단계 : 120[A/mm^2] 이상

핵심예제

1-1. 200[A]의 전류가 흐르는 단상전로의 한 선에서 누전되는 최소 전류[mA]의 기준은?

[2012년 제2회 유사, 2013년 제1회 유사, 2016년 제2회, 2017년 제2회 유사, 2018년 제3회]

① 100　② 200
③ 10　④ 20

1-2. 정전용량 C = 20[μF], 방전 시 전압 V = 2[kV]일 때 정전에너지는 몇 [J]인가?

[2010년 제2회, 2014년 제2회 유사, 2017년 제1회, 2020년 제3회]

① 40　② 80
③ 400　④ 800

1-3. 아세톤을 취급하는 작업장에서 작업자의 정전기 방전으로 인한 화재폭발 재해를 방지하기 위하여 인체대전 전위는 약 몇 [V] 이하로 유지하여야 하는가?(단, 인체의 정전용량은 100[pF]이고, 아세톤의 최소 착화에너지는 1.15[mJ]로 하며 기타의 조건은 무시한다)

[2010년 제3회 유사, 2011년 제2회 유사, 2013년 제1회, 2015년 제2회, 2016년 제3회 유사, 2021년 제1회~제2회 유사]

① 1,150　② 2,150
③ 3,800　④ 4,800

1-4. Q = 2 × 10^{-7}[C]으로 대전하고 있는 반경 25[cm] 도체구의 전위는 약 몇 [kV]인가?

[2013년 제1회, 2016년 제2회, 2018년 제2회 유사, 2021년 제2회]

① 7.2　② 12.5
③ 14.4　④ 25

1-5. 1[C]을 갖는 2개의 전하가 공기 중에서 1[m]의 거리에 있을 때 이들 사이에 작용하는 정전력은?

[2011년 제1회, 2018년 제2회]

① 8.854×10^{-12}[N]
② 1.0[N]
③ 3×10^3[N]
④ 9×10^9[N]

1-6. 내측 원통의 반경이 r이고 외측 원통의 반경이 R인 원통 간극($r/R < e^{-1}(=0.368)$)에서 인가전압이 V인 경우 최대 전계 $E_r = \dfrac{V}{r\ln(R/r)}$이다. 인가전압을 간극 간 공기의 절연파괴전압 전까지 낮은 전압에서 서서히 증가시킬 때의 설명으로 틀린 것은?

[2012년 제2회, 2015년 제3회]

① 최대 전계가 감소한다.
② 안정된 코로나방전이 존재할 수 있다.
③ 외측 원통의 반경이 증대되는 효과가 있다.
④ 내측 원통 표면으로부터 코로나방전 발생이 시작된다.

1-7. 과전류에 의한 전선의 인화로부터 용단에 이르기까지 각 단계별 기준으로 옳지 않은 것은?(단, 전선전류밀도의 단위는 [A/mm^2]이다)

[2010년 제1회, 2011년 제3회]

① 인화단계 : 40~43
② 착화단계 : 43~60
③ 발화단계 : 60~150
④ 용단단계 : 120 이상

|해설|

1-1

누전되는 최소 전류 $I_{\min} = \frac{I_{\max}}{2,000} = \frac{200}{2,000} = 0.1[A] = 100[mA]$

1-2

$E = \frac{1}{2}CV^2 = \frac{1}{2} \times 20 \times 10^{-6} \times 2,000^2 = 40[J]$

1-3

$E = \frac{1}{2}CV^2$에서

$V = \sqrt{\frac{2E}{C}} = \sqrt{\frac{2 \times 1.15 \times 10^{-3}}{100 \times 10^{-12}}} \simeq 4,800[V]$

1-4

도체구의 전위

$E = \frac{Q}{4\pi\varepsilon_0 r} = \frac{2 \times 10^{-7}}{4 \times 3.14 \times 8.855 \times 10^{-12} \times 0.25} \simeq 7,200[V]$

$= 7.2[kV]$

1-5

공기 중의 두 전하 사이에 작용하는 정전력

$F = \frac{1}{4\pi\varepsilon_0} \times \frac{Q_1 Q_2}{r^2}[N] = 9 \times 10^9 \times \frac{1 \times 1}{1^2}[N] = 9 \times 10^9[N]$

1-6

외측 원통의 반경이 감소되는 효과가 있다.

1-7

발화단계 : 60~120[A/mm^2]

정답 1-1 ① 1-2 ① 1-3 ④ 1-4 ① 1-5 ④ 1-6 ③ 1-7 ③

핵심 이론 02 전기와 인체

① 전기와 인체의 개요

㉠ 통전경로별 위험도가 큰 순서 : (왼손-가슴) > (오른손-가슴) > (양손-양발) > (왼손-등) > (왼손-오른손)

㉡ 피전점 : 인체의 피부 중 1~2[mm^2] 정도의 작은 부분이 전기 자극에 의해 신경이 이상적으로 흥분하여 다량의 피부지방이 분비되어 전기저항이 1/10 정도로 감소되는 부위를 말하며 주로 손등에 존재한다.

㉢ 보폭전압에서 지표상에 근접 격리된 두 점 간의 거리 : 1.0[m]

㉣ 인체에 정전기가 대전되어 있는 전하량이 2~3×10^{-7}[C] 정도 이상이 되면 방전 시 인체가 통증을 느끼게 된다.

㉤ 인체에 대전된 정전하(Q) : $Q = CV = CIR[\mu C]$

여기서, C : 인체의 정전용량[μF]

V : 전압[V]

I : 전류[A]

R : 인체저항[Ω]

㉥ 인체에 축적되는 정전기에너지(E) : $E = \frac{1}{2}CV^2A[J]$

여기서, C : 단위면적당 정전용량[F/cm^2]

V : 전압[V]

A : 인체의 표면적[cm^2]

㉦ 복사선 중 전기성 안염을 일으키는 광선은 자외선이다.

② 심실세동

㉠ 심실세동의 개요

- 인간의 심장은 스스로 작동하는 것이 아니라 숨골에서 자율신경계통을 통해 수십 [μA]의 미소한 전류의 Pulse 신호를 받을 때마다 한 번씩 뛰게 되는데, 어느 정도 이상의 감전전류가 심장 부근을 통해 흐르면 심장은 신호받는 것을 방해받아 부르르 떨게 되는 현상이다.
- 심실세동은 심부전으로 이어져 사망할 수도 있다.
- 인체에 흐르는 전류의 크기는 감전시간(접촉시간)과 비례하므로 감전시간을 낮추면 인체에 흐르는 전류의 크기도 감소시킬 수 있다. 실생활에 적용시킨 대표적인 예로 감전방지용 누전차단기(동작시간 : 0.03초)가 있다.

- 감전전류가 인체저항을 통해 흐르면 그 부위에는 열이 발생하는데, 이 열에 의해서 화상을 입고 세포조직이 파괴된다.

㉡ 심실세동전류
- 혈액순환이 곤란하게 되고 심장이 마비되는 현상을 초래하는 전류
- 치사적 전류
- 심실세동전류값(Dalziel) :

$$I=\frac{0.165}{\sqrt{T}}[\mathrm{A}]=\frac{165}{\sqrt{T}}[\mathrm{mA}]$$

여기서, I : 심실세동전류, T : 접촉시간[sec]

㉢ 위험한계에너지 $W=I^2RT[\mathrm{J}]$

③ 인체전류

㉠ 인체 내에 흐르는 60[Hz] 전류의 크기에 따른 영향(단, 성인 남성을 기준으로 통전경로는 손 → 발이다.
- 약 1[mA] : 최소 감지전류
- 1~8[mA] : 쇼크를 느끼나 인체의 기능에는 영향이 없다.
- 7~8[mA] : 고통한계전류
- 10~15[mA] : 마비한계전류
- 15~20[mA] : 쇼크를 느끼고 감전 부위 가까운 쪽의 근육이 마비된다.
- 20~30[mA] : 고통을 느끼고 강한 근육의 수축이 일어나 호흡이 곤란하다.
- 50~100[mA] : 심장은 불규칙적인 세동을 일으키고 혈액순환이 곤란하게 되고 심장마비가 온다.

㉡ 가수전류(Let-go Current)
- 충전부로부터 인체가 자력으로 이탈할 수 있는 전류
- 손발을 움직여 충전부로부터 스스로 이탈할 수 있는 전류
- 상용 주파수(60[Hz])의 교류에 건강한 성인 남자가 감전되었을 때 다른 손을 사용하지 않고 자력으로 손을 뗄 수 있는 최대 전류는 10~15[mA]이다.
- 교류일 경우는 이탈전류, 직류 시에는 해방전류라고도 한다.

※ 교착전류 혹은 불수전류(Freezing Current) : 충전부로부터 인체가 자력으로 이탈할 수 없는 전류

㉢ 최소 감지전류
- 인체를 통하는 전기가 통전되는 것을 느낄 수 있는 전류값이다.
- 성인 남자의 경우 상용 주파수 60[Hz] 교류에서 약 1(1.1)[mA]이다.
- 성인 남자의 경우 직류에서 5.2[mA]이다.

㉣ 인체의 손과 발 사이에 과도전류를 인가한 경우에 파두장[μs]에 따른 전류파고치의 최댓값[mA]

파두장	700	325	60
최대 전류파고치	40 이하	60 이하	90 이하

㉤ 전기설비에서 (완전 누전되어) 누전사고가 발생하였을 때 인체가 전기설비의 외함에 접촉 시 인체 통과 전류

$$I_m=\frac{E}{R_m\left(1+\frac{R_2}{R_3}\right)}$$

여기서, E : 대지전압[V]

R_m : 인체저항[Ω]

R_2, R_3 : 접지저항값[Ω]

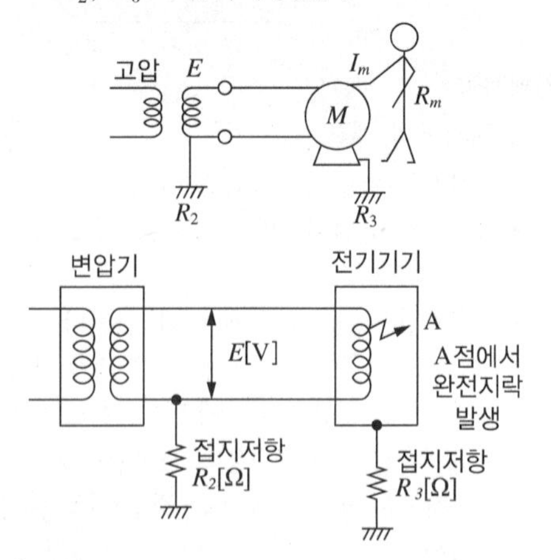

④ 허용 접촉전압

㉠ 허용 접촉전압의 종류

종 별	접촉 상태	허용 접촉 전압
제1종	인체의 대부분이 수중에 있는 상태	2.5[V] 이하
제2종	• 인체가 현저히 젖어 있는 상태 • 금속성의 전기·기계장치나 구조물에 인체의 일부가 상시 접촉되어 있는 상태	25[V] 이하
제3종	제1종, 제2종 이외의 경우로서 통상의 인체 상태에서 있어서 접촉전압이 가해지면 위험성이 높은 상태	50[V] 이하
제4종	• 제1종, 제2종 이외의 경우로서 통상의 인체 상태에 접촉전압이 가해지더라도 위험성이 낮은 상태 • 접촉전압이 가해질 우려가 없는 경우	제한 없음

㉡ 허용 접촉전압의 계산식

- $E = I_k \times \left(R_m + \frac{3}{2}R_s\right)$[V]

  여기서, I_k : 심실세동전류[A]

  R_m : 인체의 저항[Ω]

  R_s : 지표면의 저항률[Ω · m]

- $E = I_k \times \left(R_m + \frac{1}{2}R_f\right)$[V]

  여기서, I_k : 심실세동전류[A]

  R_m : 인체의 저항[Ω]

  R_f : 발의 저항[Ω]

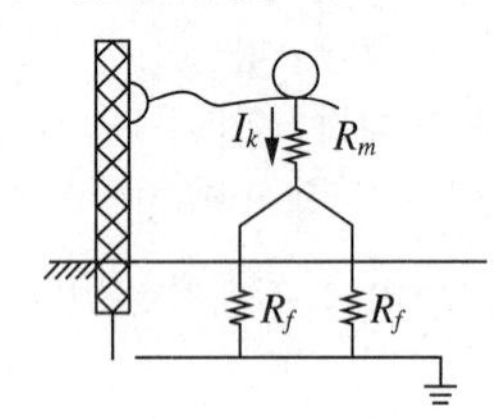

⑤ 인체저항

㉠ 인체저항의 개요

- 인체저항은 인가전압의 함수이다.
- 인가시간이 길어지면, 온도 상승으로 인해 인체저항은 감소한다.
- 인체저항은 접촉면적에 따라 변한다.
- 1,000[V] 부근에서 피부의 절연파괴가 발생할 수 있다.
- 인체의 피부저항은 피부에 땀이 나 있는 경우 건조 시보다 약 1/12~1/20 정도 저하된다.
- 피부저항은 물에 젖어 있는 경우 건조 시의 약 1/25로 저하된다.
- 인체저항은 1개의 단일저항체로 보아 최악의 상태를 적용한다.
- 인체에 전압이 인가되면 체내로 전류가 흐르게 되어 전격의 정도를 결정한다.

㉡ 인체 피부의 (전기)저항에 영향을 주는 요인

- 인가전압, 인가시간
- 접촉면적, 접촉압력, 접촉 부위
- 접촉부의 습기, 피부의 건습차
- 전원의 종류
- 영향을 미치지 않는 것들 : 피부의 청결, 피부의 노화, 통전경로, 접지경로, 피부와 전극의 간격 등

⑥ 인체 내에서의 전기현상

㉠ 심장의 맥동주기와 파형

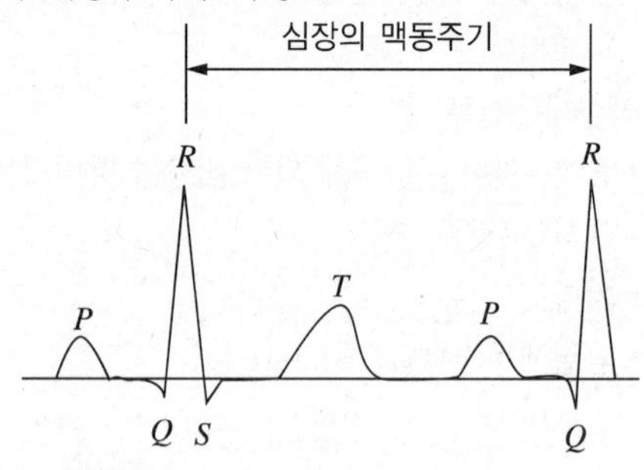

- 심장의 맥동주기 : $R-R$파
- 심방의 수축에 따른 파형 : P파
- 심실의 수축에 따른 파형 : $Q-R-S$파
- 심실 휴식 시 발생하는 파형 : T파(심실세동 발생확률이 가장 크고 전격 위험성이 높은 파형)

㉡ 인체의 전기적 등가회로(Freiberger)

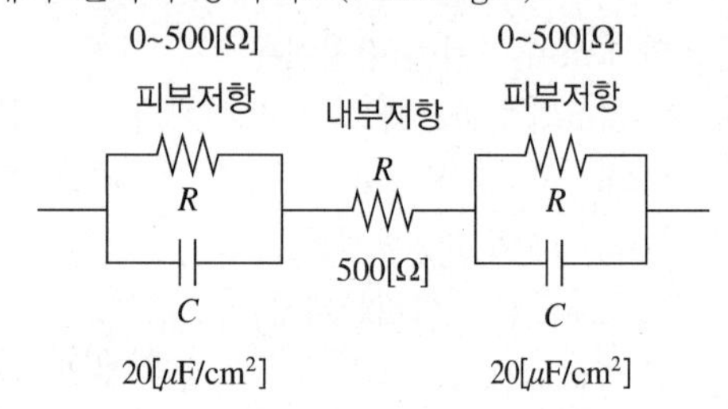

- 등가회로 : 근사적으로 어떤 조건하에서 같은 특성을 가지는 것으로 고려되는 전기회로이다.
- 인체의 전기저항은 전압이 일정한 경우 통전전류의 크기를 결정하는 중요한 요소가 된다.
  - 인체의 전기저항 : 전기 충격에 의한 위험도는 통전전류의 크기에 의하여 결정되며, 이 전류는 옴의 법칙에서 전압을 접촉전압으로 했을 경우 인체의 전기저항에 의하여 결정된다. 인체의 전기저항은 피부저항과 내부저항의 합으로 나타내며, 전압의 크기에 따라 변화되지만, 상용 전압기준으로 했을 경우 약 1,000[Ω] 정도로 보고 있으며, 피부가 건조할 때에는 이보다 20배 정도 증가한다. 신체가 물에 젖어 있을 때에는 이보다 약 20배 정도 감소한다.

핵심예제

2-1. 인체의 전기저항을 500[Ω]이라고 하면 심실세동을 일으키는 위험한계에너지는 몇 [J]인가?(단, 심실세동전류값 $I=\frac{165}{\sqrt{T}}$ [mA]의 Dalziel의 식을 이용하며 통전시간은 1초로 한다)

[2014년 제1회 유사, 제3회 유사, 2015년 제1회, 제2회 유사, 제3회 유사, 2016년 제3회, 2017년 제2회 유사, 2018년 제1회, 제2회, 제3회 유사, 2020년 제3회, 2021년 제1회, 제3회, 2022년 제1회]

① 13.6
② 12.6
③ 11.6
④ 10.6

2-2. 220[V] 전압에 접촉된 사람의 인체저항이 약 1,000[Ω]일 때 인체전류와 그 결과값의 위험성 여부로 알맞은 것은?

[2010년 제2회, 2013년 제1회, 2016년 제1회]

① 22[mA], 안전
② 220[mA], 안전
③ 22[mA], 위험
④ 220[mA], 위험

2-3. 다음 그림은 심장의 맥동주기를 나타낸 것이다. T파는 어떤 경우인가?

[2014년 제3회, 2018년 제1회]

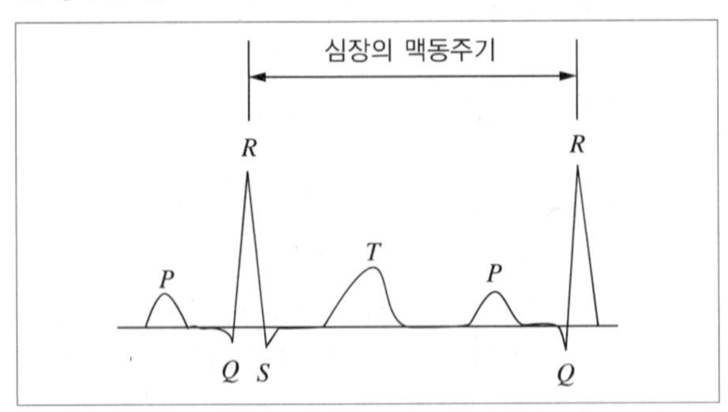

① 심방의 수축에 따른 파형
② 심실의 수축에 따른 파형
③ 심실의 휴식 시 발생하는 파형
④ 심방의 휴식 시 발생하는 파형

2-4. 금속성의 전기기계장치나 구조물에 인체의 일부가 상시 접촉되어 있는 상태의 허용 접촉전압으로 옳은 것은?

[2013년 제3회 유사, 2014년 제2회 유사, 2015년 제2회, 2017년 제2회]

① 2.5[V] 이하
② 25[V] 이하
③ 50[V] 이하
④ 제한 없음

2-5. 어느 변전소에서 고장전류가 유입되었을 때 도전성 구조물과 그 부근 지표상의 점과의 사이(약 1[m])의 허용 접촉전압은 약 몇 [V]인가?(단, 심실세동전류 $I_k=\frac{0.165}{\sqrt{T}}$[A], 인체의 저항 $R_m=1,000[\Omega]$, 지표면의 저항률 $R_s=150[\Omega \cdot \mathrm{m}]$, 통전시간을 1초로 한다)

[2013년 제3회, 2017년 제3회, 2021년 제2회]

① 202
② 186
③ 228
④ 164

2-6. 다음 그림과 같은 전기설비에서 누전사고가 발생하였을 때 인체가 전기설비의 외함에 접촉 시 인체 통과 전류는 약 몇 [mA]인가?

[2010년 제1회, 2015년 제1회 유사, 2016년 제1회 유사, 제2회, 2022년 제3회]

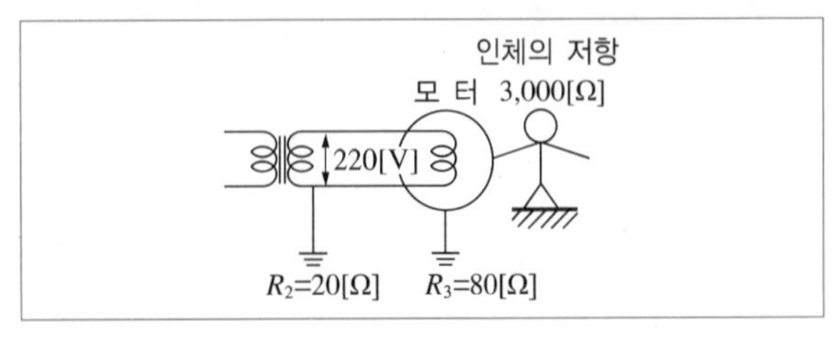

① 40[mA]
② 51[mA]
③ 58[mA]
④ 60[mA]

|해설|

2-1

위험한계에너지 $W = I^2RT = \left(\frac{165}{\sqrt{T}} \times 10^{-3}\right)^2 \times 500 \times T \simeq 13.6[J]$ 이며, 단위를 [cal]로 물어보면 계산결과에 0.24를 곱하면 된다.

2-2

인체전류 $I = \frac{V}{R} = \frac{220}{1,000} = 0.22[A] = 220[mA]$ 이므로, 매우 위험하다.

2-3

① 심방의 수축에 따른 파형 : P파
② 심실의 수축에 따른 파형 : $Q-R-S$파
③ 심실의 휴식 시 발생하는 파형 : T파

2-4

인체가 현저하게 젖어 있는 상태, 금속성의 전기・기계장치나 구조물에 인체의 일부가 상시 접촉되어 있는 상태의 허용 접촉전압은 제2종인 25[V] 이하이다.

2-5

허용 접촉전압

$$E = I_k \times \left(R_m + \frac{3}{2}R_s\right) = \frac{0.165}{\sqrt{1}} \times \left(1,000 + \frac{3}{2} \times 150\right) \simeq 202[V]$$

2-6

$$I_m = \frac{E}{R_m\left(1 + \frac{R_2}{R_3}\right)} = \frac{220}{3,000 \times \left(1 + \frac{20}{80}\right)} \simeq 0.058[A] = 58[mA]$$

정답 2-1 ① 2-2 ④ 2-3 ③ 2-4 ② 2-5 ① 2-6 ③

핵심 이론 03 감전과 전격

① 감전과 전격의 개요

㉠ 감전과 전격

- 감전(感電) : 인체의 두 부분 이상(일부 또는 전체)이 전위차가 있는 외부 도체에 접촉되었을 때 인체를 통해서 전류가 흐르는 현상이다.
- 전격(電擊) : 감전에 의해 인체가 받는 충격(감전사고의 결과로 일어나는 현상)
- 감전과 전격의 영문은 모두 'Electric Shock'로 같지만, 감전은 안전사고의 형태인 감전사고, 전격은 전기적인 재해를 나타낼 때 주로 사용된다.

㉡ 감전의 개요

- 감전 시 인체에 흐르는 전류는 인가전압에 비례하고 인체저항에 반비례한다.
- 전류의 세기×시간이 어느 정도 이상이 되면 인체에 전류의 열작용이 발생한다.
- 감전사고 행위별 통계에서 가장 빈도가 높은 것은 전기공사나 전기설비의 보수작업이다.
- 피부의 광성 변화 : 감전사고, 전선로 등에서 아크 화상사고 시 전선이나 개폐기 터미널 등의 금속분자가 고열로 용융되어 피부 속으로 녹아 들어가는 현상

㉢ 감전에서 옴의 법칙 적용

- 감전은 인체에 흐르는 전류량에 의해 결정되고 인체 통과 전류(I)의 대, 소는 가해지는 전압(V)과 인체 저항(R)에 따라 결정된다.
- 감전재해를 예방하기 위해 인체에 흐르는 전류(I)를 감소시키는 방법 : 전류(I)는 저항(R)에 반비례하고 전압(V)에 비례하므로, 절연장갑 착용 등으로 저항을 증가시키고 전격방지기 등으로 전압을 감소시킨다.

② 전격재해

㉠ 전격재해의 개요

- 전격재해 : 감전사고로 인한 상태이며 2차적인 추락, 전도 등에 의한 인명상해를 말한다.
- 전격재해 결과 : 간단한 충격, 심한 고통을 받는 충격, 근육 수축, 호흡곤란, 심실세동에 의한 사망 등
- 심장의 맥동주기 중 심실의 수축 종료 후 심실의 휴식이 있을 때에 전격이 인가되면 심실세동을 일으킬 확률이 크고 위험하다(즉, 전격에 의해 심실세동이 일어

날 확률이 가장 큰 심장맥동 주기의 파형은 심실의 수축 종료 후 심실 휴식 시 발생하는 파형이다).
- 인체의 대전에 기인하여 발생하는 전격의 발생한계 전위는 약 3.0[kV] 정도이다.

㉡ 인체에 미치는 전격재해의 위험을 결정하는 주된 인자(전격현상의 위험도를 결정하는 인자 혹은 전격 정도의 결정요인 또는 인체가 감전되었을 때 그 위험성을 결정짓는 주요 인자 또는 저압 충전부에 인체가 접촉할 때 전격으로 인한 재해사고 중 1차적인 인자)
- 통전전류의 크기(인체의 저항이 일정할 때 접촉전압에 비례) : 인체의 통전전류가 클수록 위험성은 커진다.
- 전원의 종류 : 상용주파수의 직류전원보다 교류전원이 더 위험하다.
- 통전경로
- 통전시간 : 같은 크기의 전류에서는 감전시간이 길 경우에 위험성은 커진다.
- 감전전류가 흐르는 인체 부위 : 같은 전류의 크기라도 심장쪽으로 전류가 흐를 때 위험성은 커진다.
- 주파수 및 파형 등(통전전압, 교류전원의 종류 등은 아니다)

㉢ 감전재해의 직접적인 요인
- 통전전류의 크기
- 통전시간의 크기
- 통전경로

㉣ 전격의 위험인자와 피해 정도
- 전격의 위험을 결정하는 주된 인자(1차적 감전 위험인자) : 통전전류, 통전시간, 통전경로, 전원의 종류 등
- 2차적 감전 위험인자 : 인체저항, 전압, 주파수, 계절 등
- 통전전류가 크거나 전류가 인체의 중요한 부분을 포함하는 경로를 따라 흐르거나 오랫동안 흐를수록 위험도가 높아진다.
- 전원의 크기(전압)가 동일한 경우 교류가 직류보다 더 위험한데, 그 이유는 교류의 경우 전압의 극성변화가 있기 때문이다.
- 교류에 감전된 경우 근육에 경련과 수축이 일어나서 접촉시간이 길어진다.
- 전원의 종류보다 통전시간이 더 위험하다.
- 주파수가 높을수록 최소 감지전류는 증가한다.

㉤ 교류아크용접기를 사용하여 용접할 때 자동전격 방지장치를 사용하여야 하는 장소
- 철골 등의 전도성이 높은 접지물이 신체에 접촉하기 쉬운 장소
- 선박의 2중 바닥 또는 파이프, 탱크의 내부
- 돔(Dome)의 내부와 같은 전도체에 둘러싸인 극히 좁은 장소

③ 감전사고의 개요

㉠ 감전사고로 인한 전기재해 : 전격재해, 아크에 의한 화상, 2차적으로 발생하는 추락・전도에 의한 재해, 통전전류의 발열작용에 따른 체온 상승에 의한 사망 등

㉡ 감전사고를 일으키는 주된 형태
- 충전전로에 인체가 접촉되는 경우
- 고전압의 전선로에 인체가 근접하여 섬락(Flash Over)이 발생된 경우
- 충전 전기회로에 인체가 단락회로의 일부를 형성하는 경우

㉢ 감전사고로 인한 전격사의 메커니즘(감전되어 사망하는 주된 메커니즘)
- 심실세동에 의한 혈액순환 기능의 상실 : 심장부에 전류가 흘러 심실세동이 발생하여 혈액순환 기능이 상실되어 일어난 것
- 호흡 중추신경마비에 따른 호흡기능 상실 : 뇌의 호흡중추신경에 전류가 흘러 호흡기능이 정지되어 일어난 것
- 흉부 수축에 의한 질식 : 흉부에 전류가 흘러 흉부 수축에 의한 질식으로 일어난 것

㉣ 감전자에 대한 중요한 관찰사항(감전에 의하여 넘어진 사람에 대한 중요한 관찰사항)
- 상태의 관찰 : 의식, 맥박, 호흡, 입술과 피부의 색깔, 체온, 전기 출입부 등
- 출혈과 골절 유무 파악

㉤ 인입개폐기(LS)를 개방하지 않고 전등용 변압기 1차측 COS만 개방 후 전등용 변압기 접속용 볼트작업 중 동력용 COS에 접촉, 사망한 사고에 대한 원인
- 인입구개폐기 미개방 상태에서 작업
- 동력용 변압기 COS 미개방
- 안전장구 미사용

④ 감전사고 발생 시의 대책

㉠ 심폐소생술 : 감전재해 감전자가 질식 상태일 때 취하여야 할 최우선 조치

- 구강 대 구강법에 의한 인공호흡의 매분 횟수와 시간 : 매분 12~15회, 30분 이상
- 감전쇼크에 의한 호흡 정지 후 응급처치 개시시간별 소생률[%]

1분	2분	3분	4분	5분	6분
95	90	75	50	25	10

㉡ 감전사고 시 우선적인 응급조치(긴급조치)

- 순간적으로 감전상황을 판단하고 피해자의 몸과 충전부가 접촉되어 있는지를 확인한다.
- 피해자가 계속하여 전기설비에 접촉되어 있다면 우선 그 설비의 전원을 신속히 차단한다.
- 우선 재해자를 접촉되어 있는 충전부로부터 분리시킨다.
- 제3자는 즉시 가까운 스위치를 개방하여 전류의 흐름을 중단시킨다.
- 절연고무장갑, 절연고무장화 등을 착용한 후에 구원해 준다.
- 구출자는 감전자를 발견하면 절연고무장갑 등의 보호용구를 착용하고 충전부로부터 이탈시킨다.
- 피해자가 충전부에 감전되어 있으면 몸이나 손을 잡고 곧바로 이탈시키면 안 되며 기구를 사용하여 이탈시켜야 한다.
- 전격에 의해 실신했을 때 그곳에서 즉시 인공호흡을 행하는 것이 급선무이다.
- 인공호흡과 심장마사지를 2인이 동시에 실시할 경우에는 약 1 : 5의 비율로 각각 실시해야 한다.
- 감전에 의해 넘어진 사람에 대하여 의식 상태, 호흡 상태, 맥박 상태 등을 관찰한다.
- 감전에 의하여 높은 곳에서 추락한 경우에는 출혈의 상태, 골절의 이상 유무 등을 확인, 관찰한다.
- 전격을 받아 실신하였을 때라도 재해자를 병원에 구급조치하기 전에 응급조치를 먼저 실시하여야 한다.

⑤ 감전사고 사전 방지대책

㉠ 전기에 의한 감전사고 방지대책

- 전기설비에 대한 보호접지(설비의 필요한 부분에 보호접지 실시)
- 전기설비에 대한 누전차단기 설치
- 전기기기 및 설비의 위험부에 위험 표지(전기위험부의 위험 표시)
- 무자격자는 전기기계 및 기구에 전기적인 접촉 금지
- 충전부가 노출된 부분에 덮개, 방호망, 절연방호구 등 사용
- 전기위험부의 위험 표시
- 충전부에 접근하여 작업하는 작업자 보호구 착용
- 이중절연구조로 된 전기기계・기구의 사용
- 안전전압 이하의 전기기기 사용
- 전기기기 및 설비의 정비
- 사고 시 신속하게 차단되는 회로의 설계
- 인체 감전사고 방지책으로 가장 좋은 방법은 계통을 비접지방식(혼촉방지판 사용, 절연변압기 사용 등)으로 하는 것이다.
- 아크용접 시 절연장갑, 절연용접봉 홀더, 적정한 케이블 등을 사용한다(절연용접봉은 사용하지 않는다).
- 이동식 전기기기의 감전사고 방지를 위한 가장 적정한 시설은 접지설비이다.
- 감전사고 방지를 위한 허용 보폭전압(E)에 대한 수식 : $E = I_k(R_m + 6R_s)$

  여기서, I_k : 심실세동전류

  R_m : 인체의 저항

  R_s : 지표 상층의 저항률
- 개로한 전선로가 전력 케이블로 된 것은 전선로를 개로한 후에도 잔류전하에 의한 감전재해를 방지하기 위하여 방전시켜야 한다.
- 감전 등의 재해를 예방하기 위하여 고압기계・기구 주위에 관계자 외 출입을 금하도록 울타리를 설치한다. 이때 울타리의 높이와 울타리로부터 충전 부분까지 거리의 합이 최소 5[m] 이상은 되어야 한다.

㉡ 전기시설의 직접접촉에 의한 감전 방지방법(산업안전보건기준에 관한 규칙 제301조)

- 충전부가 노출되지 않도록 폐쇄형 외함이 있는 구조로 할 것
- 충전부에 충분한 절연효과가 있는 방호망이나 절연덮개를 설치할 것
- 충전부는 내구성이 있는 절연물로 완전히 덮어 감쌀 것
- 별도의 울타리 설치 등 설치장소의 제한을 둘 것

- 전도성 물체 및 작업장 주위의 바닥을 절연물로 도포할 것
- 작업자는 절연화 등의 보호구를 착용할 것
- 근로자가 노출 충전부가 있는 맨홀 또는 지하실 등의 밀폐공간에서 작업하는 경우에는 노출 충전부와의 접촉으로 인한 전기위험을 방지하기 위하여 덮개, 울타리 또는 절연 칸막이 등을 설치하여야 한다.
- 근로자의 감전위험을 방지하기 위하여 개폐되는 문, 경첩이 있는 패널 등(분전반 또는 제어반 문)을 견고하게 고정시켜야 한다.

㉢ 가공전선 또는 충전전로에 접근하는 장소에서 시설물의 건설 해체 등의 작업을 함에 있어서 작업자가 감전의 위험이 발생할 우려가 있는 경우의 감전대책
- 당해 충전전로를 이설한다.
- 감전의 위험을 방지하기 위하여 방책을 설치한다.
- 당해 충전전로에 절연용 (보호구가 아닌) 방호구를 설치한다.
- 감시인을 두고 작업을 감시한다.

㉣ 저압 전기기기의 누전으로 인한 감전재해의 방지대책
- 보호접지
- 안전전압의 사용
- 비접지식 전로의 채용

㉤ 정전전로에서의 전기작업(산업안전보건기준에 관한 규칙 제319조) : 근로자가 노출된 충전부 또는 그 부근에서 작업함으로써 감전될 우려가 있는 경우에는 작업에 들어가기 전에 해당 전로를 차단하여야 한다.
- 전로 차단을 하지 않는 예외 규정
  - 생명유지장치, 비상경보설비, 폭발위험장소의 환기설비, 비상조명설비 등의 장치・설비의 가동이 중지되어 사고의 위험이 증가되는 경우
  - 기기의 설계상 또는 작동상 제한으로 전로차단이 불가능한 경우
  - 감전, 아크 등으로 인한 화상, 화재・폭발의 위험이 없는 것으로 확인된 경우
- 전로 차단을 위한 시행 절차
  - 전기기기 등에 공급되는 모든 전원을 관련 도면, 배선도 등으로 확인할 것
  - 전원을 차단한 후 각 단로기 등을 개방하고 확인할 것
  - 차단장치나 단로기 등에 잠금장치 및 꼬리표를 부착할 것
  - 개로된 전로에서 유도전압 또는 전기에너지가 축적되어 근로자에게 전기위험을 끼칠 수 있는 전기기기 등은 접촉하기 전에 잔류전하를 완전히 방전시킬 것
  - 검전기를 이용하여 작업 대상 기기가 충전되었는지를 확인할 것
  - 전기기기 등이 다른 노출 충전부와의 접촉, 유도 또는 예비동력원의 역송전 등으로 전압이 발생할 우려가 있는 경우에는 충분한 용량을 가진 단락 접지기구를 이용하여 접지할 것
- 전로를 차단한 작업 중 또는 작업을 마친 후 전원을 공급하는 경우에는 작업에 종사하는 근로자 또는 그 인근에서 작업하거나 정전된 전기기기 등(고정 설치된 것으로 한정)과 접촉할 우려가 있는 근로자에게 감전의 위험이 없도록 준수할 사항
  - 작업기구, 단락 접지기구 등을 제거하고 전기기기 등이 안전하게 통전될 수 있는지를 확인할 것
  - 모든 작업자가 작업이 완료된 전기기기 등에서 떨어져 있는지를 확인할 것
  - 잠금장치와 꼬리표는 설치한 근로자가 직접 철거할 것
  - 모든 이상 유무를 확인한 후 전기기기 등의 전원을 투입할 것

㉥ 충전전로에서의 전기작업(산업안전보건기준에 관한 규칙 제321조)
- 충전전로를 정전시키는 경우에는 제319조에 따른 조치를 할 것
- 충전전로를 방호, 차폐하거나 절연 등의 조치를 하는 경우에는 근로자의 신체가 전로와 직접 접촉하거나 도전재료, 공구 또는 기기를 통하여 간접 접촉되지 않도록 할 것
- 충전전로를 취급하는 근로자에게 그 작업에 적합한 절연용 보호구를 착용시킬 것
- 충전전로에 근접한 장소에서 전기작업을 하는 경우에는 해당 전압에 적합한 절연용 방호구를 설치할 것. 다만, 저압인 경우에는 해당 전기작업자가 절연용 보호구를 착용하되, 충전전로에 접촉할 우려가 없는 경우에는 절연용 방호구를 설치하지 아니할 수 있다.

- 고압 및 특별고압의 전로에서 전기작업을 하는 근로자에게 활선작업용 기구 및 장치를 사용하도록 할 것
- 근로자가 절연용 방호구의 설치·해체작업을 하는 경우에는 절연용 보호구를 착용하거나 활선작업용 기구 및 장치를 사용하도록 할 것
- 유자격자가 아닌 근로자가 충전전로 인근의 높은 곳에서 작업할 때에 근로자의 몸 또는 긴 도전성 물체가 방호되지 않은 충전전로에서 대지전압이 50[kV] 이하인 경우에는 300[cm] 이내로, 대지전압이 50[kV]를 넘는 경우에는 10[kV]당 10[cm]씩 더한 거리 이내로 각각 접근할 수 없도록 할 것
- 충전전로에 대해 필수적으로 작업자와 이격시켜야 하는 접근한계거리(산업안전보건기준에 관한 규칙 제321조)

충전전로의 선간전압[kV]	충전전로에 대한 접근 한계거리[cm]
0.3 이하	접촉금지
0.3 초과 0.75 이하	30
0.75 초과 2 이하	45
2 초과 15 이하	60
15 초과 37 이하	90
37 초과 88 이하	110
88 초과 121 이하	130
121 초과 145 이하	150
145 초과 169 이하	170
169 초과 242 이하	230
242 초과 362 이하	380
362 초과 550 이하	550
550 초과 800 이하	790

- 유자격자가 충전전로 인근에서 작업하는 경우에는 다음의 경우를 제외하고는 노출 충전부에 위의 표에 제시된 접근한계거리 이내로 접근하거나 절연 손잡이가 없는 도전체에 접근할 수 없도록 할 것
  - 근로자가 노출 충전부로부터 절연된 경우 또는 해당 전압에 적합한 절연장갑을 착용한 경우
  - 노출 충전부가 다른 전위를 갖는 도전체 또는 근로자와 절연된 경우
  - 근로자가 다른 전위를 갖는 모든 도전체로부터 절연된 경우
- 절연이 되지 않은 충전부나 그 인근에 근로자가 접근하는 것을 막거나 제한할 필요가 있는 경우에는 울타리를 설치하고 근로자가 쉽게 알아볼 수 있도록 하여야 한다. 다만, 전기와 접촉할 위험이 있는 경우에는 도전성이 있는 금속제 울타리를 사용하거나, 접근 한계거리 이내에 설치해서는 아니 된다. 이러한 조치가 곤란한 경우에는 근로자를 감전위험에서 보호하기 위하여 사전에 위험을 경고하는 감시인을 배치하여야 한다.

㉦ 충전전로 인근에서의 차량·기계장치 작업(산업안전보건기준에 관한 규칙 제322조)

- 충전전로 인근에서 차량 등(차량, 기계장치 등)의 작업이 있는 경우에는 차량 등을 충전전로의 충전부로부터 300[cm] 이상 이격시켜 유지시킨다.
- 차량 등의 높이를 낮춘 상태에서 이동하는 경우에는 이격거리를 120[cm] 이상으로 할 수 있다.
- 대지전압이 50[kV]를 넘는 경우, 이격거리는 10[kV] 증가할 때마다 10[cm]씩 증가시켜야 한다.
- 충전전로의 전압에 적합한 절연용 방호구 등을 설치한 경우에는 이격거리를 절연용 방호구 앞면까지로 할 수 있으며, 차량 등의 가공 붐대의 버킷이나 끝부분 등이 충전전로의 전압에 적합하게 절연되어 있고 유자격자가 작업을 수행하는 경우에는 붐대의 절연되지 않은 부분과 충전전로 간의 이격거리는 접근 한계거리까지로 할 수 있다.
- 다음의 경우를 제외하고는 근로자가 차량 등의 그 어느 부분과도 접촉하지 않도록 울타리를 설치하거나 감시인 배치 등의 조치를 하여야 한다.
  - 근로자가 해당 전압에 적합한 절연용 보호구등을 착용하거나 사용하는 경우
  - 차량 등의 절연되지 않은 부분이 접근 한계거리 이내로 접근하지 않도록 하는 경우
- 충전전로 인근에서 접지된 차량 등이 충전전로와 접촉할 우려가 있을 경우에는 지상의 근로자가 접지점에 접촉하지 않도록 조치하여야 한다.

핵심예제

3-1. 인체에 미치는 전격재해의 위험을 결정하는 주된 인자 중 가장 거리가 먼 것은?

[2010년 제1회, 2012년 제2회 유사, 2015년 제2회 유사, 2017년 제1회, 2018년 제2회]

① 통전전압의 크기
② 통전전류의 크기
③ 통전경로
④ 통전시간

3-2. 감전되어 사망하는 주된 메커니즘으로 틀린 것은?

[2013년 제1회, 2017년 제3회, 2018년 제2회 유사]

① 심장부에 전류가 흘러 심실세동이 발생하여 혈액순환 기능이 상실되어 일어난 것
② 흉골에 전류가 흘러 혈압이 약해져 뇌에 산소 공급기능이 정지되어 일어난 것
③ 뇌의 호흡 중추신경에 전류가 흘러 호흡기능이 정지되어 일어난 것
④ 흉부에 전류가 흘러 흉부 수축에 의한 질식으로 일어난 것

3-3. 감전자에 대한 중요한 관찰사항 중 거리가 먼 것은?

[2011년 제1회, 2013년 제3회, 2015년 제1회 유사]

① 출혈이 있는지 살펴본다.
② 골절된 곳이 있는지 살펴본다.
③ 인체를 통과한 전류의 크기가 50[mA]를 넘었는지 알아본다.
④ 입술과 피부의 색깔, 체온 상태, 전기 출입부의 상태 등을 알아본다.

3-4. 감전쇼크에 의해 호흡이 정지되었을 경우 일반적으로 약 몇 분 이내에 응급처치를 개시하면 95[%] 정도를 소생시킬 수 있는가?

[2011년 제3회 유사, 2015년 제2회 유사, 2018년 제3회]

① 1분 이내
② 3분 이내
③ 5분 이내
④ 7분 이내

3-5. 감전사고 시의 긴급조치에 관한 설명으로 가장 부적절한 것은?

[2011년 제3회 유사, 2014년 제2회 유사, 제3회]

① 구출자는 감전자 발견 즉시 보호용구 착용 여부에 관계없이 직접 충전부로부터 이탈시킨다.
② 감전에 의해 넘어진 사람에 대하여 의식 상태, 호흡 상태, 맥박 상태 등을 관찰한다.
③ 감전에 의하여 높은 곳에서 추락한 경우에는 출혈 상태, 골절의 이상 유무 등을 확인, 관찰한다.
④ 인공호흡과 심장마사지를 2인이 동시에 실시할 경우에는 약 1:5의 비율로 각각 실시해야 한다.

3-6. 전기에 의한 감전사고를 방지하기 위한 대책이 아닌 것은?

[2011년 제2회 유사, 2012년 제1회 유사, 2015년 제3회, 2016년 제1회, 2017년 제2회 유사, 2018년 제3회 유사, 2022년 제3회 유사]

① 전기설비에 대한 보호접지
② 전기설비에 대한 정격 표시
③ 전기설비에 대한 누전차단기 설치
④ 충전부가 노출된 부분에는 절연방호구를 사용

3-7. 전기시설의 직접 접촉에 의한 감전방지방법으로 적절하지 않은 것은?

[2012년 제3회, 2013년 제2회 유사, 2017년 제1회, 제2회 유사, 2020년 제4회]

① 충전부는 내구성이 있는 절연물로 완전히 덮어 감쌀 것
② 충전부가 노출되지 않도록 폐쇄형 외함이 있는 구조로 할 것
③ 충전부에 충분한 절연효과가 있는 방호망 또는 절연덮개를 설치할 것
④ 충전부는 관계자 외 출입이 용이한 전개된 장소에 설치하고 위험 표시 등의 방법으로 방호를 강화할 것

|해설|

3-1

인체에 미치는 전격재해의 위험을 결정하는 주된 인자 중 통전전압의 크기는 해당 없으며 전원의 종류는 해당된다.

3-2

감전되어 사망하는 주된 메커니즘으로 틀린 것으로 '흉골에 전류가 흘러 혈압이 약해져 뇌에 산소 공급기능이 정지되어 일어난 것, 내장 파열에 의한 소화기 계통의 기능 상실' 등이 출제된다.

3-3

감전자에 대한 중요한 관찰사항 중 거리가 먼 것으로 '인체를 통과한 전류의 크기가 50[mA]를 넘었는지 알아본다, 유입점과 유출점의 상태' 등이 출제된다.

3-4

① 1분 이내 : 95[%] ② 3분 이내 : 75[%]
③ 5분 이내 : 25[%] ④ 7분 이내 : 소생 불가

3-5

구출자는 감전자를 발견하면 절연고무장갑 등의 보호용구를 착용하고 충전부로부터 이탈시킨다.
감전사고 시의 긴급조치에 관한 설명으로 부적절한 것으로 '구출자는 감전자 발견 즉시 보호용구 착용 여부에 관계없이 직접 충전부로부터 이탈시킨다, 충전부에 감전되어 있으면 몸이나 손을 잡고 피해자를 곧바로 이탈시켜야 한다, 전격을 받아 실신하였을 때는 즉시 재해자를 병원으로 옮겨 응급조치하여야 한다' 등이 출제된다.

3-6

전기에 의한 감전사고를 방지하기 위한 대책이 아닌 것으로 '전기설비에 대한 정격표시, 배선용 차단기(MCCB)의 사용, 절연저항 저감, 노출된 충전부에 통전망 설치, 사고 발생 시 처리 프로세스 작성 및 조치' 등이 출제된다.

3-7

전기시설의 직접 접촉에 의한 감전방지방법으로 적절하지 않은 것으로 '충전부는 관계자 외 출입이 용이한 전개된 장소에 설치하고 위험 표시 등의 방법으로 방호를 강화할 것, 충전부는 출입이 용이한 전개된 장소에 설치하고 위험 표시 등의 방법으로 방호를 강화할 것, 관계자 외에도 쉽게 출입이 가능한 장소에 충전부를 설치할 것' 등이 출제된다.

정답 3-1 ① 3-2 ② 3-3 ③ 3-4 ① 3-5 ① 3-6 ② 3-7 ④

제2절 전기기계 · 기구와 전기작업

핵심이론 01 전기기계 · 기구

① 전기기계 · 기구의 개요

㉠ 전기절연

- 절연물의 절연계급별 최고 허용온도[℃]

Y종	A종	E종	B종	F종	H종	C종
90	105	120	130	155	180	180 이상

- 절연전선의 과전류 단계별 전선전류밀도[A/mm^2]

인화 단계	착화 단계	발화단계		순간용단 단계
		발화 후 용단	용단과 동시 발화	
40~43	43~60	60~70	75~120	120

- 전기기기의 Y종 절연물
  - 최고 허용온도 : 90[℃]
  - 절연재료 : 명주, 무명, 종이 등
  - 기름 및 니스류 속에 담그지 않은 것이 사용된다.
- 공기의 파괴전계는 주어진 여건에 따라 정해지나 이상적인 경우로 가정할 경우, 대기압 공기의 절연내력은 평행판 전극 30[kV/cm] 정도이다.
- 저압전로의 절연성능(전기설비기준 제52조) : 전기사용 장소의 사용전압이 저압인 전로의 전선 상호간 및 전로와 대지 사이의 절연저항은 개폐기 또는 과전류차단기로 구분할 수 있는 전로마다 다음 표에서 정한 값 이상이어야 한다. 다만, 전선 상호간의 절연저항은 기계기구를 쉽게 분리가 곤란한 분기회로의 경우 기기 접속 전에 측정할 수 있다. 또한, 측정 시 영향을 주거나 손상을 받을 수 있는 SPD 또는 기타 기기 등은 측정 전에 분리시켜야 하고, 부득이하게 분리가 어려운 경우에는 시험전압을 250[V] DC로 낮추어 측정할 수 있지만 절연저항 값은 1[MΩ] 이상이어야 한다.

전로의 사용전압[V]	DC시험전압[V]	절연저항[MΩ]
SELV 및 PELV	250	0.5
FELV, 500[V] 이하	500	1.0
500[V] 초과	1,000	1.0

※ 특별저압(ELV ; Extra Low Voltage) : 인체에 위험을 초래하지 않을 정도의 저압
  - 2차 전압이 AC 50[V] 이하 / DC 120[V] 이하
  - SELV(Safety Extra Low Voltage)는 비접지회로

- PELV(Protective Extra Low Voltage)는 접지회로
- SELV(비접지회로 구성) 및 PELV(접지회로 구성)는 1차와 2차가 전기적으로 절연된 회로, FELV는 1차와 2차가 전기적으로 절연되지 않은 회로

ⓛ 절연 불량, 절연 열화 : 절연물은 여러 가지 원인으로 전기저항이 저하되어 절연 불량을 일으켜 위험한 상태가 된다.

- 절연 열화에 의한 누설전류 증가 시 사고유형
  - 감전사고
  - 누전 화재
  - 아크지락에 의한 기기의 손상
- 절연 불량의 주요 원인
  - 진동, 충격 등에 의한 기계적 요인
  - 산화 등에 의한 화학적 요인
  - 온도 상승에 의한 열적 요인

ⓒ 케이블(Cable)

- 자동차가 통행하는 도로에서 고압의 지중전선로를 직접 매설식으로 시설할 때 사용되는 전선으로 콤바인덕트 케이블(Combine Duct Cable)이 가장 적합하다.
- 방폭지역에서 저압 케이블 공사 시 사용되는 케이블 : MI 케이블, 연피 케이블, 0.6/1[kV] 폴리에틸렌 외장 케이블
- 방폭지역에서 저압 케이블 공사 시 0.6/1[kV] 고무캡타이어 케이블을 사용해서는 안 된다.

ⓓ 위험방지를 위한 전기기계·기구의 설치 시 고려할 사항

- 전기기계·기구의 충분한 전기적 용량 및 기계적 강도
- 습기·분진 등 사용 장소의 주위환경
- 전기적·기계적 방호수단의 적정성
- 동작 시 아크를 발생하는 고압용 개폐기·차단기·피뢰기 등은 목재의 벽 또는 천장, 기타의 가연성 물체로부터 1.0[m] 이상 그리고 특고압용은 2.0[m] 이상 떼어놓아야 한다.
- 보호여유도

$$= \frac{\text{변압기의 기준 충격절연강도} - \text{피뢰기의 제한전압}}{\text{피뢰기의 제한 전압}} \times 100[\%]$$

ⓔ 총포, 도검, 화약류 등의 화약류 저장소 안에(전기설비를 시설하여서는 안 되지만) 백열등이나 형광등 또는 이에 전기를 공급하기 위한 전기설비시설 시 규정

- 전로의 대지전압은 300[V] 이하일 것
- 전기기계·기구는 전폐형일 것
- 케이블을 전기기계·기구에 인입할 때에는 인입 부분에서 케이블이 손상될 우려가 없도록 할 것
- 개폐기 또는 과전류차단기에서 화약류 저장소 인입구까지의 배선은 케이블을 사용하여야 하며, 지중에 시설할 것

ⓗ 저압 및 고압선을 직접 매설식으로 매설할 때의 매설깊이

- 중량물의 압력을 받지 않는 장소 : 60[cm] 이상
- 중량물의 압력을 받는 장소 : 120[cm] 이상

ⓢ 충격파와 충격 전압시험

- 충격파 : 가공 송전선로에서 낙뢰의 직격을 받았을 때 발생하는 낙뢰전압이나 개폐 서지 등과 같은 이상 고전압
- 충격파의 표시 : 파두시간×파미 부분에서 파고치의 50[%]로 감소할 때까지의 시간
- 전기기기의 충격 전압시험 시 사용하는 표준 충격파형 (T_f, T_t) : 1.2×50[μs]

  여기서, T_f : 파두장, T_t : 파미장

ⓞ 과전류보호기 : 누전차단기, 과전류차단기, 보호계전기, 퓨즈 등

② 누전차단기(ELB ; Earth Leakage Breaker)

㉠ 누전차단기의 개요

- 별칭 : 지락차단기
- 누전차단기의 구성 요소 : ZCT(영상변류기) + 누전릴레이 + 차단기
- 금속제 외함을 가지는 기계·기구에 전기를 공급하는 전로에 지락이 발생했을 때에 자동적으로 전로를 차단하는 누전차단기 등을 설치하여야 한다.

ⓛ 누전차단기가 자주 동작하는 이유

- 전동기의 기동전류에 비해 용량이 작은 차단기를 사용한 경우
- 배선과 전동기에 의해 누전이 발생한 경우
- 전로의 대지정전용량이 큰 경우

㉢ 정격감도전류에서의 동작시간
- 감전방지용 누전차단기 : 0.03초 이내
- 고속형 누전차단기 : 0.1초 이내
- 반한시형 누전차단기 : 0.2~1초 이내
- 시연형 누전차단기 : 0.1~2초 이내

㉣ 감전방지를 위하여 누전차단기를 설치해야 하는 전기기계・기구(산업안전보건기준에 관한 규칙 제304조)
- 대지전압이 150[V]를 초과하는 이동형 또는 휴대형 전기기계・기구
- 물 등 도전성이 높은 액체가 있는 습윤장소에서 사용하는 저압용 전기기계・기구
- 철판・철골 위 등 도전성이 높은 장소에서 사용하는 이동형 또는 휴대형 전기기계・기구
- 임시배선의 전로가 설치되는 장소에서 사용하는 이동형 또는 휴대형 전기기계・기구
- 금속제 외함을 가지는 사용전압이 50[V]를 초과하는 저압의 기계・기구로서 사람이 쉽게 접촉할 수 있는 곳에 시설하는 것에 전기를 공급하는 전로
- 대지전압이 150[V] 이하인 기계・기구를 물기가 있는 장소에 시설하는 경우
- 습한 장소에서 조작하는 경우
- 콘크리트에 직접 매설하여 시설하는 케이블의 임시 배선전원의 경우
- 파이프라인 등의 발열장치의 시설에 공급하는 전로의 경우

※ 감전방지용 누전차단기를 설치하기 어려운 경우에는 작업시작 전에 접지선의 연결 및 접속부 상태 등이 적합한지 확실하게 점검하여야 한다.

㉤ 누전차단기를 설치하지 않아도 되는 예외 기준
- 이중절연구조 또는 이와 같은 수준 이상으로 보호되는 구조로 된 전기기계・기구
- 절연대 위 등과 같이 감전위험이 없는 장소에서 사용하는 전기기계・기구
- 비접지방식의 전로
- 기계・기구를 건조한 장소에 시설하는 경우
- 기계・기구가 고무, 합성수지 기타 절연물로 피복된 경우
- 전원측에 절연변압기(2차 전압 300[V] 이하)를 시설하고 부하측을 비접지로 시설하는 경우
- 기계・기구를 발전소, 변전소에 준하는 곳에 시설하는 경우로서 취급자 이외의 자가 임의로 출입할 수 없는 경우
- 대지전압 150[V] 이하의 기계・기구를 물기가 없는 장소에 시설하는 경우
- 기계・기구가 유도전동기의 2차측 전로에 접속된 저항기일 경우
- 기계・기구에 설치한 저항값이 3[Ω] 이하인 경우

㉥ 누전차단기의 설치장소
- 시설장소는 배전반 또는 분전반 내에 설치할 것
- 먼지가 적고 표고가 낮은 장소에 설치할 것
- 표고 1,000[m] 이하의 장소에 설치할 것
- 주위온도는 -10~40[℃] 범위 내에서 설치할 것
- 상대습도가 45~80[%] 사이의 장소에 설치할 것

㉦ 누전차단기의 설치 시 주의사항
- 설치의 기능을 고려하여 전기 취급자가 행하여야 한다.
- 설치 시 피보호기기에 접지는 생략한다.
- 정격전류용량은 해당 전로의 부하전류값 이상의 전류치를 가지는 것으로 한다.
- 정격감도전류는 정상의 사용상태에서 불필요하게 동작하지 않도록 한다.
- 인체감전보호형은 0.1초 이내에 동작하는 고감도 고속형이어야 한다.
- 전로의 전압은 그 변동 범위를 차단기 정격전압의 90~110[%]까지로 한다.
- 220[V]의 누전차단기는 동작시간이 0.1초 이하의 가능한 짧은 시간의 것이며 정격감도전류가 30[mA] 이하의 것이어야 한다.
- (440[V]의 회로에)감전방지용 누전차단기는 정격감도전류 30[mA], 동작시간 0.03초 이내의 것이어야 한다(단, 인체저항은 500[Ω] 이하).
- 욕실 등 물기가 많은 장소에서 인체감전보호형 누전차단기는 정격감도전류 15[mA], 동작시간 0.03초 이내의 것이어야 한다(샤워시설이 있는 욕실에 콘센트 시설 시 설치되는 인체감전보호용 누전차단기의 정격감도전류는 15[mA] 이하이다).

◎ 설치한 누전차단기 접속 시의 준수사항(산업안전보건기준에 관한 규칙 제304조 제5항)

- 전기기계·기구에 설치되어 있는 누전차단기는 정격감도전류가 30[mA] 이하이고 작동시간은 0.03초 이내일 것. 다만, 정격전부하전류가 50[A] 이상인 전기기계·기구에 접속되는 누전차단기는 오작동을 방지하기 위하여 정격감도전류는 200[mA] 이하로, 작동시간은 0.1초 이내로 할 수 있다.
- 분기회로 또는 전기기계·기구마다 누전차단기를 접속할 것. 다만, 평상시 누설전류가 매우 적은 소용량부하의 전로에는 분기회로에 일괄하여 접속할 수 있다.
- 누전차단기는 배전반 또는 분전반 내에 접속하거나 꽂음접속기형 누전차단기를 콘센트에 접속하는 등 파손이나 감전사고를 방지할 수 있는 장소에 접속할 것
- 지락보호전용 기능만 있는 누전차단기는 과전류를 차단하는 퓨즈나 차단기 등과 조합하여 접속할 것

③ 과전류차단기(Overcurrent Circuit)

㉠ 과전류차단기의 종류

- 배선용 차단기(MCCB) : 개폐기구가 절연물의 용기 내에 일체로 조립한 것으로 과부하 및 단락사고 시에 자동적으로 전로를 차단하는 장치
- 애자형 차단기(PCB) : 탱크형 유입차단기를 개량한 차단기
- 가스차단기(GB) : 가스를 아크의 소호매질로 사용한 차단기
- 공기차단기(ABB) : 압축공기로 소호하여 고압이나 저압에 폭넓게 사용되는 차단기
- 진공차단기(VCB) : 진공 속에서 전극을 개폐하여 소호한 차단기
- 유입차단기(OCB) : 절연유를 넣어 유중에서 개폐하는 차단기
  - 유입차단기의 절연유 온도는 90[℃] 이하로 한다.
  - 보통형 유입차단기는 자연소호식이고 절연유 속에서 과전류를 차단한다.
- 기중차단기(ACB) : 대기 중에서 아크를 길게 하여 소호실에 의해 냉각 및 차단하는 차단기

㉡ 과전류차단기의 개폐 조작 시 안전절차에 따른 차단 순서와 투입 순서

인 입 — 단로기 ㉠ DS — 과전류차단기 ㉡ — 단로기 ㉢ DS — 부 하

- 차단 : ㉡ → ㉢ → ㉠
- 투입 : ㉢ → ㉠ → ㉡

㉢ 과전류차단기의 설치 안전수칙(산업안전보건기준에 관한 규칙 제305조)

- 반드시 접지선이 아닌 전로에 직렬로 연결하여 과전류 발생 시 전로를 자동으로 차단하도록 설치할 것
- 차단기·퓨즈는 계통에서 발생하는 최대 과전류에 대하여 충분하게 차단할 수 있는 성능을 가질 것
- 과전류차단장치가 전기계통상에서 상호 협조·보완되어 과전류를 효과적으로 차단하도록 할 것
- 다선식 전로로서 과전류차단기가 동작한 경우 각 극이 동시에 차단되며 접지선에는 과전류차단장치를 시설해서는 안 된다.

㉣ 전동기 정격전류에 따른 전선의 허용전류와 과전류차단기의 용량

전동기의 정격전류	전선의 허용 전류	과전류차단기의 용량
전동기 전류 합계 50[A] 이하	전동기 전류 합계×1.25배	전선의 허용전류×2.5배+전열기 전류 합계
전동기 전류 합계 50[A] 초과	전동기 전류 합계×1.1배	

예 정격전류 20[A]와 25[A]인 전동기와 정격전류 10[A]인 전열기 6대에 전기를 공급하는 220[V] 단상 저압간선에 시설해야 하는 과전류차단기의 정격전류용량 계산하기

- 전동기 전류 합계 : 20[A]＋25[A]＝45[A]이므로 50[A] 이하
- 전선의 허용전류 : 전동기 전류 합계×1.25배 $= 45 \times 1.25 = 56.25$[A]
- 과전류차단기의 정격전류용량 : 전선의 허용 전류×2.5배＋전열기 전류 합계 $= 56.25 \times 2.5 + 10 \times 6 \simeq 200$[A]

④ 교류아크용접기

㉠ 교류아크용접기의 개요

• 교류아크용접기의 허용 사용률[%]

$$= \left(\frac{\text{정격 2차 전류}}{\text{실제 용접 전류}}\right)^2 \times \text{정격사용률}[\%]$$

• 교류아크용접기의 효율[%]

$$= \frac{\text{출력}}{\text{입력}} \times 100[\%]$$

$$= \frac{\text{아크전압} \times \text{아크전류}}{\text{출력} + \text{내부 손실}} \times 100[\%]$$

㉡ 자동전격방지장치

• 무부하 시의 2차측 전압을 저전압으로 1.5초 만에(안에) 낮추어 작업자의 감전위험을 방지하는 자동전기적 방호장치

• 용접기의 2차 전압을 25[V] 이하로 자동 조절하여 안전을 도모하려는 장치

• 기능 발휘 시점 : 용접작업 중단 직후부터 다음 아크 발생 시까지의 기간 중

• 아크 발생이 중단된 후 출력측 무부하전압을 1초 이내에 자동적으로 25[V] 이하(전원전압의 변동이 있을 때는 30[V] 이하)로 저하시켜야 한다.

• 용접봉을 모재에 접촉할 때 용접기 2차측은 폐회로가 되며 이때 흐르는 전류를 감지한다.

• 무부하 시 전력손실을 줄인다.

• 무부하전압을 안전전압 이하로 저하시킨다.

• 용접을 할 때 용접기의 주회로를 폐로(OFF)시킨다.

• 교류아크용접기의 안전장치로서 용접기의 1차 또는 2차측에 부착한다.

• 시동감도
  - 용접봉을 모재에 접촉시켜 아크를 발생시킬 때 전격방지장치가 동작할 수 있는 용접기의 2차측 최대 저항
  - 교류아크용접기용 자동전격방지기의 시동감도는 높을수록 좋으나 극한 상황에서 전격을 방지하기 위해서 최대 500[Ω]을 상한치로 하는 것이 바람직하다.

• 지동시간 : 용접봉을 모재로부터 분리시킨 후 주접점이 개로되어 용접기의 2차측 전압이 무부하전압(25[V] 이하)으로 될 때까지의 시간

• 접점방식(마그넷식)의 전격방지장치에서 지동시간 : 1±0.3초 이내

• 용접기 2차측 무부하전압 : 25[V] 이하

• 자동전격방지장치의 주요 구성품 : 보조변압기, 주회로변압기, 제어장치

• 피용접재에 접속되는 접지공사 : 3종 접지공사

㉢ 교류아크용접기에 전격방지기를 설치하는 요령

• 직각으로 부착하는 것이 원칙이지만 불가피한 경우에는 수직 +20° 이내로 설치할 수 있다.

• 이완방지조치를 한다.

• 동작 상태를 알기 쉬운 곳에 설치한다.

• 테스트 스위치는 조작이 용이한 곳에 위치시킨다.

㉣ 교류아크용접기에 사용되는 용품의 적절한 사용

• 습윤장소와 2[m] 이상 고소작업 시에 자동전격방지기를 부착한 후 작업에 임하고 있다.

• 교류아크용접기 홀더는 절연이 잘되고 있으며, 2차측 전선은 캡타이어 케이블을 사용하고 있다.

• 터미널은 케이블 커넥터로 접속한 후 충전부는 절연테이프로 테이핑처리를 하였다.

• 홀더는 KS규정의 것만 사용하고 있지만 자동전격방지기는 한국산업안전보건공단 검정필을 사용한다.

⑤ **제전기** : 기체 분자를 전리시켜 제전에 필요한 이온을 생성시키는 기기

㉠ 제전기의 종류 : 전압인가식, 방사선식, 이온식, 자기방전식

• 전압인가식 제전기 : 방전침에 약 7,000[V]의 전압을 인가하면 공기가 전리되어 코로나방전을 일으킴으로써 발생한 이온으로 대전체의 전하를 중화시키는 방법을 이용한 제전기로 제전효율이 가장 우수하다.

• 방사선식
  - 방사선(X선, β선)의 전리작용을 이용한다.
  - 방사선 장해를 유발한다.
  - 취급에 주의를 요한다.
  - 제전능력이 약하다.
  - 이동물체에 부적합하다.

• 이온식 제전기
  - 방사선의 전리작용으로 공기를 이온화시키는 방식이다.
  - 폭발위험지역에 적합하다.

- 제전효율이 낮다.
- 자기방전식 제전기
  - 코로나방전을 일으켜 공기를 이온화한다.
  - 인화 위험이 없어 안전하다.
  - 설치비가 적게 든다.
  - 고전압의 제전이 가능하다.
  - 필름의 권취, 셀로판 제조, 섬유공장 등에 유효하다.
  - 2[kV] 내외의 대전이 남는 단점이 있다.
  - 대전전위가 낮으면 효과적이지 못하다.

㉡ 제전기의 제전효과에 영향을 미치는 요인
- 제전기의 이온 생성능력
- 대전물체의 대전전위 및 대전분포
- 제전기의 설치 위치 및 설치 각도
- 피대전물체의 이동속도
- 피대전물체의 형상
- 근접 접지체의 형상 위치 및 크기
- 대전물체와 제전기 사이의 기류

⑥ 피뢰기

㉠ 피뢰기의 설치목적과 주보호대상
- 피뢰기의 설치목적 : 낙뢰 및 회로의 개폐 시 발생하는 과(서지)전압을 일시적으로 대지로 방류시켜 계통에 설치된 기기 및 선로를 보호하기 위함
- 피뢰기의 주보호대상 : 전력용 변압기

㉡ 피뢰기가 갖추어야 할 이상적인 성능(이상적인 피뢰기가 가져야 할 성능)
- 제한전압이 낮아야 한다.
- 반복동작이 가능하여야 한다.
- 충격방전 개시전압이 낮아야 한다.
- 뇌전류의 방전능력이 크고 속류의 차단이 확실하여야 한다.
- 정상전압, 정상 주파수에서 절연내력이 높아 방전하지 않아야 한다.
- 이상전압, 이상 주파수에서 절연내력이 낮아져 신속하게 방류특성이 되어야 한다.
- 전압 회복 후 잔류전압 및 전류를 자동적으로 신속히 차단해야 한다.
- 방전 후 이상전류 통전 시 피뢰기의 단자전압(제한전압)을 일정 레벨 이하로 억제하여야 한다.
- 반복동작에 대하여 특성이 변화하지 않아야 한다.

㉢ 피뢰기의 구성요소 : 직렬 갭, 특성요소
- 직렬 갭 : 정상 시 방전을 하지 않고 절연 상태 유지, 이상 과전압 발생 시 신속히 이상전압을 대지로 방전하고 속류를 차단한다.
- 특성요소 : 탄화규소 입자를 각종 결합체와 혼합한 것
  - 별칭 : 밸브 저항체
  - 비저항특성을 가지고 있으므로 큰 방전전류에 대해서는 저항값이 낮아져서 제한전압을 낮게 억제함과 동시에 비교적 낮은 전압계통에서는 높은 저항값으로 속류를 차단하여 직렬 갭에 의한 속류의 차단을 용이하게 도와주는 작용을 한다.

㉣ 피뢰기의 설치 장소
- 고압 가공 전선로로부터 공급을 받는 수전력의 용량이 500[kW] 이상인 수용 장소의 인입구
- 특고압 가공 전선로로부터 공급받는 수용 장소의 인입구
- 지중 전선로와 가공 전선로가 접속되는 곳
- 가공 전선로에 접속하는 배전용 변압기의 고압측
- 발전소 또는 변전소의 가공 전선 인입구 및 인출구
- 배선전로차단기, 개폐기의 전원측 및 부하측
- 콘덴서의 전원측

㉤ 피뢰레벨에 따른 회전구체 반경
- 피뢰레벨 Ⅰ : 20[m]
- 피뢰레벨 Ⅱ : 30[m]
- 피뢰레벨 Ⅲ : 45[m]
- 피뢰레벨 Ⅳ : 60[m]

㉥ 피뢰기 관련 사항
- $\text{보호여유도[\%]} = \dfrac{\text{충격절연강도} - \text{제한전압}}{\text{제한전압}} \times 100[\%]$
- 피뢰기의 정격전압 : 속류를 차단할 수 있는 최고의 교류전압으로 통상적으로 실횻값으로 나타낸다.

⑦ 접 지

㉠ 접지의 개요
- 전기설비의 필요한 부분에 반드시 보호접지를 실시하여야 한다.
- 전기설비에 접지를 하는 목적
  - 누설전류에 의한 감전방지
  - 낙뢰에 의한 피해방지
  - 지락사고 시 대전전위 억제 및 절연강도 경감

- 지락사고 시 보호계전기 신속 동작
- 대지를 접지로 이용하는 이유 : 대지는 넓어서 무수한 전류 통로가 있기 때문에 저항이 영(0)에 가깝기 때문이다.
- 가로등의 접지전극을 지면으로부터 75[cm] 이상 깊은 곳에 매설하는 주된 이유 : 접촉전압을 감소시키기 위함이다.
- 절연저항 : 절연물의 절연성능을 나타내며 절연저항값이 클수록 절연물질은 양성임을 알 수 있다.
- 하나의 피뢰침 인하도선에 2개 이상의 접지극을 병렬 접속할 때 간격은 2.0[m] 이상이어야 한다.
- 지중에 매설된 금속제의 수도관에 접지할 수 있는 경우, 접지저항은 3[Ω] 이하이다.
- 동판이나 접지봉을 땅속에 묻어 접지저항값이 규정값에 도달하지 않을 때 이를 저하시키는 방법 : 심타법, 병렬법, 약품법

ⓛ 접지방식의 문자분류
- 제1문자 : 전력계통과 대지와의 관계
  - T(Terra : 대지) : 전력계통을 대지에 직접 접지
  - I(Insulation : 절연) : 전력계통을 대지로부터 절연 또는 임피던스 삽입하여 접지
- 제2문자 : 설비 노출도전성 부분과 대지와의 관계
  - T(Terra : 대지) : 설비 노출도전성 부분을 대지에 직접 접지(기기 등)
  - N(Neutral : 중성) : 설비 노출도전성 부분통을 중성선에 접속
- 제3문자 : 중성선(N)과 보호도체(PE)와의 관계
  - S(Separator : 분리) : 중성선(N)과 보호도체(PE)를 분리한 상태로 도체에 포설
  - C(Combine : 조합) : 중성선(N)과 보호도체(PE) 겸용(중성선과 보호도체를 묶어 단일화로 포설)

ⓒ 접지계통 분류
- TN 접지방식(직접 접지방식) : 전원의 한쪽은 직접 접지(계통 접지)하고 노출도전성 쪽은 전원측의 접지선에 접속하는 방식으로 주로 영국과 독일에서 채용되는 방식이다.
  - 현재 대한민국에서 사용하는 다중 접지방식이며 TN-S방식, TN-C방식, TN-C-S방식이 있다.
  - TN-S방식 : 중성선(N)과 보호도체(PE)를 분리하는 방식(계통 내에 별도의 중성선과 보호도체가 계통 전체에 시설된 방식)
    ⓐ 별도의 PE와 N이 있는 TN-S
    ⓑ 접지된 보호체는 있으나 중성선이 없는 TN-S
    ⓒ 별도 접지된 선도체와 보호도체가 있는 TN-S : 전산설비나 병원 등 노이즈에 예민한 설비에 적합하나 비싸다.
  - TN-C방식 : 계통 전체에 대한 중성선과 보호도체의 기능을 하나의 도선으로 시설하는 방식으로 중성선(N)과 보호도체(PE)를 PEN선으로 병행 사용하며 Noise에 취약하다.
  - TN-C-S방식 : 일부 계통에서 중성선(N)과 보호도체(PE)를 분리한다. 전원부는 TN-C방식을 이용하고 간선에는 중성선과 보호도체를 분리 TN-S계통으로 사용하는 방식으로 수변전실이 있는 대형 건축물에 사용된다.
- TT 접지방식(직접 다중 접지방식) : 변압기와 전기설비측을 개별적으로 접지하는 방식이다. 전력계통의 중성점은 직접 대지 접속(계통 접지)하고 노출도전부의 외함은 독립 접지하는 방식이다. 주로 일본, 프랑스, 북미, 한국에서 사용되는 방식으로 지락사고 시 프레임의 대지 전위가 상승하는 문제점이 있어 별도 과전류 차단기나 누전 차단기가 설치되어야 한다.
  - 주상변압기 접지선과 수용가접지선이 분리되어 있는 상태이다.
  - 기기자체를 단독 접지할 수 있다.
  - 개별기기 접지방식이다.
  - ELB로 보호한다.
- IT 접지방식(비 접지방식) : 전원 공급측은 비접지 혹은 임피던스 접지방식으로 하고 노출도전부 부분은 독립적인 접지 전극에 접지하는 방식이다. 대규모 전력계통에 채택되기 어려워 거의 사용되고 있지 않다.

ⓔ 누전에 의한 감전 위험 방지를 위한 전기 기계・기구의 접지(산업안전보건기준에 관한 규칙 제302조 제1항)
- 전기기계・기구의 금속제 외함, 금속제 외피 및 철대
- 고정 설치되거나 고정배선에 접속된 전기기계・기구의 노출된 비충전 금속체 중 충전될 우려가 있는 다음의 어느 하나에 해당하는 비충전 금속체

- 지면이나 접지된 금속체로부터 수직거리 2.4[m], 수평거리 1.5[m] 이내인 것
- 물기 또는 습기가 있는 장소에 설치되어 있는 것
- 금속으로 되어 있는 기기접지용 전선의 피복・외장 또는 배선관 등
- 사용전압이 대지전압 150[V]를 넘는 것

• 전기를 사용하지 아니하는 설비 중 다음의 어느 하나에 해당하는 금속체
- 전동식 양중기의 프레임과 궤도
- 전선이 붙어 있는 비전동식 양중기의 프레임
- 고압 이상의 전기를 사용하는 전기기계・기구 주변의 금속제 칸막이・망 및 이와 유사한 장치

• 코드와 플러그를 접속하여 사용하는 전기기계・기구 중 다음의 어느 하나에 해당하는 노출된 비충전 금속체
- 사용전압이 대지전압 150[V]를 넘는 것
- 냉장고・세탁기・컴퓨터 및 주변기기 등과 같은 고정형 전기기계・기구
- 고정형・이동형 또는 휴대형 전동기계・기구
- 물 또는 도전성이 높은 곳에서 사용하는 전기기계・기구, 비접지형 콘센트
- 휴대형 손전등

• 수중펌프를 금속제 물탱크 등의 내부에 설치하여 사용하는 경우 그 탱크(이 경우 탱크를 수중펌프의 접지선과 접속하여야 한다)

㉤ 접지공사가 생략되는 장소(산업안전보건기준에 관한 규칙 제302조 제2항)

• 이중절연구조 또는 이와 같은 수준 이상으로 보호되는 전기기계・기구
• 절연대 위 등과 같이 감전 위험이 없는 장소에서 사용하는 전기기계・기구
• 비접지방식의 전로(그 전기기계・기구의 전원측의 전로에 설치한 절연변압기의 2차 전압이 300[V] 이하, 정격용량이 3[kVA] 이하이고 그 절연전압기의 부하측의 전로가 접지되어 있지 아니한 것으로 한정)에 접속하여 사용되는 전기기계・기구
• 사람이 쉽게 접촉할 우려가 없도록 목주 등과 같이 절연성이 있는 것 위에 설치한 기계・기구
• 목재마루 등과 같이 건조한 장소 위에서 설치한 저압용 기계・기구
• 건조한 장소에 설치한 사용전압직류 300[V] 또는 교류대지전압이 150[V] 이하의 기계・기구

㉥ 접지저항치를 결정하는 저항

• 접지선, 접지극의 도체저항
• 접지전극 주위의 토양이 나타내는 저항
• 접지전극의 표면과 접하는 토양 사이의 접촉저항
• 접지전극과 주회로 사이의 높은 절연저항

㉦ 접지저항 저감방법

• 접지극의 병렬접지를 실시한다(접지봉을 병렬로 연결한다).
• 접지극의 매설 깊이를 증가시킨다(접지봉을 땅속 깊이 매설한다).
• 접지극의 크기를 최대한 크게 한다.
• 접지극 주변의 토양을 개량하여 대지저항률을 떨어뜨린다.
• 도전성 물질을 접지극 주변의 토양에 주입한다.
• 접지극의 형상, 크기 등을 조절한다.

㉧ 접지목적에 따른 접지의 분류

• 공통접지
- 시공 접지공수를 줄일 수 있어 접지공사비를 줄일 수 있다.
- 접지선이 짧아지고 접지계통이 단순해져 보수점검이 쉽다.
- 접지극이 병렬로 되므로 독립접지에 비해 합성저항값이 낮아진다.

• 계통접지
- 고압전로와 저압전로가 혼촉되었을 때 감전이나 화재방지를 위한 접지
- 구) 제2종 접지공사
- 이상전압의 상승으로 인한 기기 손상의 방지 및 신속, 정확한 계전기 동작 확보를 위하여 이용되는 중성점 접지는 계통접지에 해당된다.

• 기능용 접지 : 전기방식설비의 기능 손상을 방지하기 위한 접지
• 기기접지
- 누전되고 있는 기기에 접촉되었을 때 감전방지를 위한 접지

- 구) 제1종, 구) 제3종, 구) 특별 제3종 접지공사
- 피뢰기접지
  - 낙뢰로부터 전기기기의 손상을 방지하기 위한 접지
  - 구) 제1종 접지공사
- 지락검출용 접지 : 누전차단기의 동작을 확실하게 하기 위한 접지
- 등전위접지
  - 의료용 전자기기(Medical Electronics)의 접지방식
  - 병원에 있어서 의료기기 사용 시 안전을 위한 접지
  - 병원설비의 의료용 전기전자(ME)기기와 모든 금속부분 또는 도전 바닥에도 접지하여 전위를 동일하게 하기 위한 접지
  - 0.1[Ω] 이하의 접지공사

㉧ 중성점 접지방식의 분류
- 비접지방식 : 1선 지락사고 시 다른 두 건전 상의 대지전압이 선간전압에서 상전압까지 상승하며 대지충전전류가 일반적으로 아크가 되어 지락점을 통과하는 방식
- 저항 접지방식 : 접지 계전기를 동작시켜 고장선로를 차단하는 방식으로 중성점을 적당한 저항값으로 접지시켜 지락사고 시 흐르는 지락전류를 제한한다.
- 직접 접지방식 : 저항이 0에 가까운 도체로 중성점을 접지하는 방식으로 이상전압 발생의 우려가 가장 적은 접지방식이다.
- 리액터 접지방식 : 고장전류를 제한하고 과도 안정도를 향상시키며 뇌로 인한 이상전압을 대지로 유도하기 위하여 사용되는 접지방식
- 소호리액터 접지방식 : 지락전류가 거의 0에 가까워서 안정도가 양호하고 무정전의 송전이 가능한 접지방식
- 중성점 다중 접지방식 : 송전계통에 있어 대지전위를 낮추어 사용기기 및 선로의 절연레벨과 절연 자재비의 경감을 기하며 지락사고 시 아크전류를 신속히 소멸시키는 접지방식이며 고장 시 보호계전기를 신속히 동작시켜 고장선로를 선택, 차단한다.

⑧ 기타 전기기계·기구

㉠ 변압기(Transformer)
- 전자기 유도작용을 이용하여 교류전압이나 전류의 값을 바꾸는 장치이다.
- 입욕자에게 전기적 자극을 주기 위한 전기욕기의 전원장치에 내장되어 있는 전원 변압기의 2차측 전로의 사용전압은 10[V] 이하로 하여야 한다.

㉡ 변류기(Current Transformer)
- 직류를 교류로, 교류를 직류로 바꾸는 장치이다.
- 변류기 사용 중 2차를 개방하면 2차 속에 고전압이 유기되어 계전기 코일의 절연이 파괴되므로 2차를 절대로 개방해서는 안 된다.

㉢ 누전경보기
- 사용전압이 600[V] 이하인 경계전로의 누설전류를 검출하여 당해 소방대상물의 관계자에게 경보를 발하는 설비이다.
- 가연성 증기나 먼지 등이 체류할 우려가 있는 장소의 전기회로에는 누전경보기를 설치하여야 한다.
- 구성 : 변류기 – 수신부 – 음향장치
- 누전경보기의 수신기가 갖추어야 할 성능은 차단기구를 가진 수신기이다.

㉣ CB(개폐기 또는 차단기)
- 부하개폐기(부하전류를 개폐(On-Off)시킬 수 있다)
- 고장전류와 같은 대전류를 차단할 수 있는 것
- 전동기 개폐기의 조작 순서 : 메인 스위치 → 분전반 스위치 → 전동기용 개폐기

㉤ DS(디스콘스위치 또는 단로기)
- 저압에서 나이프 스위치처럼 차단기능이 없고 무부하 상태에서만 열거나 닫도록 만든 고압회로 단로기이다.
- 무부하 회로개폐기(무부하 선로의 개폐에 사용되는 것)
- 차단기 전후 또는 차단기의 측로회로 및 회로접속을 변경한다.

㉥ ACB(Air Circuit Breaker, 기중차단기) : 전기회로에서 접촉자 간의 개폐동작이 공기 중에서 이상적으로 행해지는 차단기이다.

㉦ 기 타
- 저압 및 고압용 검전기 : 전기기기, 설비 및 전선로 등의 충전 유무를 확인하기 위한 장비
- 전동기용 퓨즈 : 회로에 흐르는 과전류를 차단하기 위한 것
- 전동기의 슬립링 : 정상적으로 회전 중에 전기 스파크를 발생시키는 전기설비

핵심예제

1-1. 위험방지를 위한 전기기계·기구의 설치 시 고려할 사항으로 거리가 먼 것은? [2015년 제3회 유사, 2018년 제3회, 2022년 제2회]

① 전기기계·기구의 충분한 전기적 용량 및 기계적 강도
② 전기기계·기구의 안전효율을 높이기 위한 시간가동률
③ 습기·분진 등 사용 장소의 주위환경
④ 전기적·기계적 방호수단의 적정성

1-2. 교류아크용접기의 허용 사용률[%]은?(단, 정격사용률은 10[%], 2차 정격전류는 500[A], 교류아크용접기의 사용전류는 250[A]이다)

[2011년 제3회 유사, 2012년 제1회 유사, 2016년 제3회, 2017년 제3회 유사, 2022년 제1회]

① 30
② 40
③ 50
④ 60

1-3. 교류아크용접기에 전격방지기를 설치하는 요령 중 틀린 것은? [2010년 제1회, 2017년 제1회]

① 직각으로만 부착해야 한다.
② 이완방지조치를 한다.
③ 동작 상태를 알기 쉬운 곳에 설치한다.
④ 테스트 스위치는 조작이 용이한 곳에 위치시킨다.

1-4. 누전차단기의 구성요소가 아닌 것은?

[2011년 제2회, 2018년 제2회]

① 누전검출부
② 영상변류기
③ 차단장치
④ 전력퓨즈

1-5. 금속제 외함을 가지는 기계·기구에 전기를 공급하는 전로에 지락이 발생했을 때 자동적으로 전로를 차단하는 누전차단기 등을 설치하여야 한다. 누전차단기를 설치해야 되는 경우로 옳은 것은? [2012년 제3회 유사, 2013년 제1회 유사, 2015년 제2회 유사, 제3회 유사, 2016년 제1회 유사, 2017년 제3회 유사, 2018년 제2회, 2020년 제3회 유사, 2021년 제2회 유사, 2022년 제2회 유사, 제3회 유사]

① 기계·기구가 고무, 합성수지, 기타 절연물로 피복된 것일 경우
② 기계·기구가 유도전동기의 2차측 전로에 접속된 저항기일 경우
③ 대지전압이 150[V]를 초과하는 전동기계·기구를 시설하는 경우
④ 전기용품안전관리법의 적용을 받는 2중 절연구조의 기계·기구를 시설하는 경우

1-6. 다음 그림과 같은 설비가 누전되었을 때 인체에 접촉하여도 안전하도록 ELB를 설치하려고 한다. 가장 적당한 누전차단기의 정격은? [2010년 제1회, 2013년 제2회, 2017년 제2회]

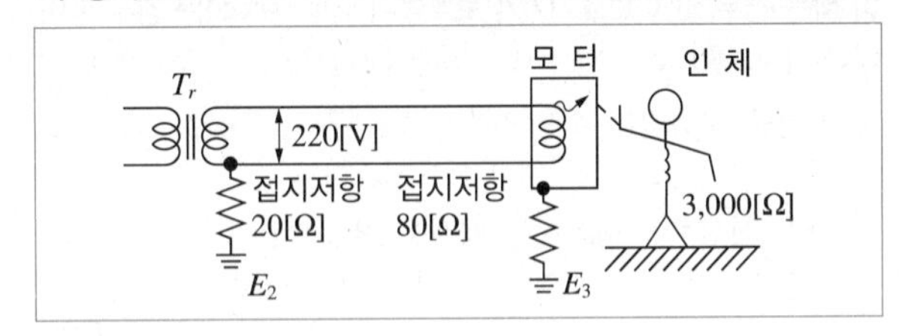

① 30[mA], 0.1초
② 60[mA], 0.1초
③ 90[mA], 0.1초
④ 120[mA], 0.1초

1-7. 개폐 조작 시 안전절차에 따른 차단 순서와 투입 순서로 가장 올바른 것은? [2013년 제1회, 2018년 제1회]

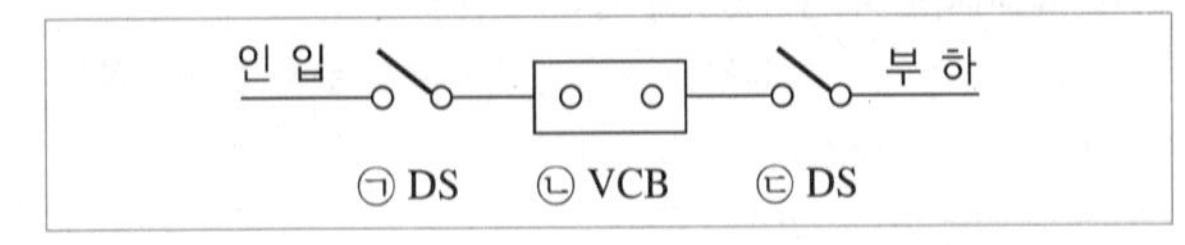

① 차단 : ㉡ → ㉠ → ㉢, 투입 : ㉠ → ㉡ → ㉢
② 차단 : ㉡ → ㉢ → ㉠, 투입 : ㉠ → ㉡ → ㉢
③ 차단 : ㉡ → ㉠ → ㉢, 투입 : ㉢ → ㉡ → ㉠
④ 차단 : ㉡ → ㉢ → ㉠, 투입 : ㉢ → ㉠ → ㉡

핵심예제

1-8. 제전기의 제전효과에 영향을 미치는 요인으로 볼 수 없는 것은? [2010년 제2회, 2015년 제2회]

① 제전기의 이온 생성능력
② 전원의 극성 및 전선의 길이
③ 대전물체의 대전전위 및 대전분포
④ 제전기의 설치 위치 및 설치 각도

1-9. 피뢰기가 갖추어야 할 이상적인 성능 중 잘못된 것은?
[2010년 제3회 유사, 2011년 제2회, 제3회, 2014년 제3회, 2022년 제2회 유사]

① 제한전압이 낮아야 한다.
② 반복동작이 가능하여야 한다.
③ 충격방전 개시전압이 높아야 한다.
④ 뇌전류의 방전능력이 크고 속류의 차단이 확실하여야 한다.

1-10. 피뢰기의 설치 장소가 아닌 것은?(단, 직접 접속하는 전선이 짧은 경우 및 피보호기기가 보호범위 내에 위치하는 경우가 아니다) [2012년 제3회, 2015년 제2회 유사, 2016년 제2회 유사, 2017년 제1회]

① 저압을 공급받는 수용 장소의 인입구
② 지중 전선로와 가공 전선로가 접속되는 곳
③ 가공 전선로에 접속하는 배전용 변압기의 고압측
④ 발전소 또는 변전소의 가공 전선 인입구 및 인출구

1-11. 피뢰침의 제한전압이 800[kV], 충격절연강도가 1,260[kV]라 할 때, 보호여유도는 몇 [%]인가?
[2011년 제2회, 2014년 제1회, 2017년 제1회 유사, 2022년 제3회 유사]

① 33.3 ② 47.3
③ 57.5 ④ 63.5

1-12. 접지저항 저감방법으로 틀린 것은?
[2012년 제3회 유사, 2016년 제3회, 2022년 제2회]

① 접지극의 병렬접지를 실시한다.
② 접지극의 매설 깊이를 증가시킨다.
③ 접지극의 크기를 최대한 작게 한다.
④ 접지극 주변의 토양을 개량하여 대지저항률을 떨어뜨린다.

1-13. 고압 및 특고압의 전로에 시설하는 피뢰기의 접지저항은 몇 [Ω] 이하로 하여야 하는가?
[2010년 제1회, 2011년 제1회, 2013년 제3회, 2017년 제2회, 제3회]

① 10[Ω] 이하 ② 100[Ω] 이하
③ 10^5[Ω] 이하 ④ 1[kΩ] 이하

1-14. 다음 그림과 같이 변압기 2차에 200[V]의 전원이 공급되고 있을 때 지락점에서 지락사고가 발생하였다면 회로에 흐르는 전류는 몇 [A]인가?(단, $R_2 = 10[\Omega]$, $R_3 = 30[\Omega]$이다)
[2014년 제2회]

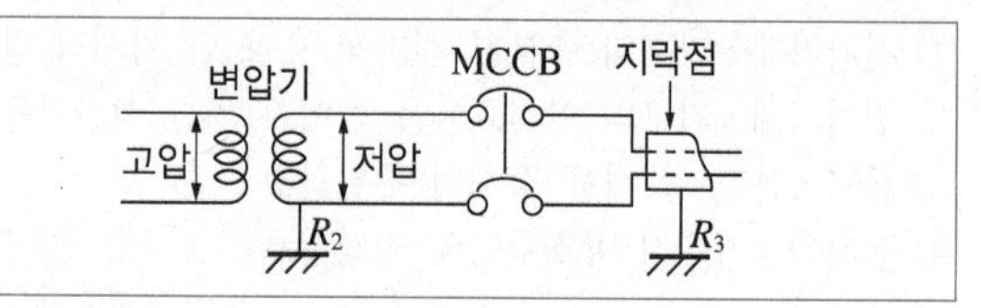

① 5[A] ② 10[A]
③ 15[A] ④ 20[A]

|해설|

1-1
위험방지를 위한 전기기계·기구의 설치 시 고려할 사항으로 거리가 먼 것으로 '전기기계·기구의 안전효율을 높이기 위한 시간가동률, 비상전원설비의 구비와 접지극의 매설 깊이' 등이 출제된다.

1-2

$$허용사용률[\%] = \left(\frac{정격2차전류}{실제용접전류}\right)^2 \times 정격사용률[\%]$$

$$= \left(\frac{500}{250}\right)^2 \times 10[\%] = 40[\%]$$

1-3
교류아크용접기는 직각으로 부착하는 것이 원칙이지만 불가피한 경우에는 수직 + 20° 이내로 설치할 수 있다.

1-4
누전차단기의 구성요소 : 누전검출부, 영상변류기, 차단장치, 시험버튼, 트립코일

1-5
③ 대지전압이 150[V]를 초과하는 이동형 또는 휴대형 전기기계·기구는 누전차단기 설치 대상이며 ①·②·④는 누전차단기를 설치하지 않아도 되는 예외 기준에 해당한다.

1-6
누전차단기는 동작시간이 0.1초 이하로 가능한 한 짧아야 하며, 정격감도전류가 30[mA] 이하의 것이어야 한다.

1-7
• 차단 : ㉡ → ㉢ → ㉠
• 투입 : ㉢ → ㉠ → ㉡

1-8
전원의 극성 및 전선의 길이는 제전기의 제전효과에 영향을 미치는 요인으로 볼 수 없다.

1-9
충격방전 개시전압이 낮아야 한다.

1-10

피뢰기의 설치 장소가 아닌 곳으로 '저압을 공급받는 수용 장소의 인입구, 습뢰 빈도가 적은 지역으로서 방출보호통을 장치한 곳, 가공 전선로에 접속하는 배전용 변압기의 저압측' 등이 출제된다.

1-11

$$\text{보호여유도}[\%] = \frac{\text{충격절연강도} - \text{제한전압}}{\text{제한전압}} \times 100[\%]$$

$$= \frac{1,260 - 800}{800} \times 100[\%] = 57.5[\%]$$

1-12

접지저항을 저감하려면 접지극의 크기를 최대한 크게 해야 한다. 접지저항 저감방법으로 틀린 것으로 '접지극의 크기를 최대한 작게 한다, 접지봉에 도전성이 좋은 금속을 도금한다' 등이 출제된다.

1-13

고압 및 특고압의 전로에 시설하는 접지공사는 제1종 접지공사이며, 피뢰기의 접지저항은 10[Ω] 이하로, 접지선의 굵기는 2.6[mm] 이상으로 하여야 한다.

1-14

$$I = \frac{V}{R} = \frac{V}{R_2 + R_3} = \frac{200}{10+30} = 5[\text{A}]$$

정답 1-1 ② 1-2 ② 1-3 ① 1-4 ④ 1-5 ③ 1-6 ① 1-7 ④ 1-8 ② 1-9 ③ 1-10 ① 1-11 ③ 1-12 ③ 1-13 ① 1-14 ①

핵심 이론 02 전기작업

① 전기작업의 개요

㉠ 전기작업 안전의 기본 대책

- 취급자의 자세
- 전기설비의 품질 향상
- 전기시설의 안전관리 확립

㉡ 전기작업의 안전수칙

- 전로의 충전 여부 시험은 검전기를 사용한다.
- 단로기의 개폐는 차단기의 차단 여부를 확인한 후에 한다.
- 전선을 연결할 때 다른 전선을 먼저 연결한 후 전원 쪽을 연결한다.
- 첨가 전화선에는 사전에 접지 후 작업을 하며 끝난 후 반드시 제거해야 한다.

㉢ 전기안전에 관한 일반적인 사항

- 전기설비의 안전을 유지하기 위해서는 체계적인 점검과 보수가 아주 중요하다.
- 220[V] 동력용 전동기의 외함에 제3종 접지공사를 하였다.
- 배선에 사용할 전선의 굵기를 허용전류, 기계적 강도, 전압강하 등을 고려하여 결정하였다.
- 누전을 방지하기 위해 누전차단기를 설치하였다.
- 전선 접속 시 전선의 세기가 20[%] 이상 감소되지 않아야 한다.
- 일반적으로 고압 또는 특고압 개폐기・차단기・피뢰기, 기타 이와 유사한 기구로서 동작 시에 아크가 생기는 것은 목재의 벽 또는 천장, 기타의 가연성 물체로부터 고압용은 1.0[m] 이상, 특고압용은 2.0[m] 이상 떼어놓아야 한다.
- 대지에서 용접작업을 하고 있는 작업자가 용접봉에 접촉한 경우의 통전전류(I) : $I = \dfrac{V}{R_1 + R_2 + R_3}$

  여기서, V : 출력측 무부하진압
  R_1 : 접촉저항(손, 용접봉 등 포함)
  R_2 : 인체의 내부저항
  R_3 : 발과 대지의 접촉저항

㉣ 방폭전기설비의 유지보수에 관한 사항
- 점검원은 해당 전기설비에 대해 필요한 지식과 기능을 가져야 한다.
- 불꽃점화 시점의 경과조치에 따른다.
- 본질안전구조의 경우, 통전 중에 기기의 외함, 기기의 본체, 기기의 점검창 등을 열 수 있다.

㉤ 전기기계·기구 조작 시 등의 안전조치에 관하여 사업주가 행하여야 하는 사항
- 감전 또는 오조작에 의한 위험을 방지하기 위하여 당해 전기기계·기구의 조작 부분은 150[lx] 이상의 조도가 유지되도록 하여야 한다.
- 전기기계·기구의 조작 부분에 대한 점검 또는 보수를 하는 때에는 전기기계·기구로부터 폭 70[cm] 이상의 작업 공간을 확보하여야 한다.
- 전기적 불꽃 또는 아크에 의한 화상의 우려가 높은 600[V] 이상 전압의 충전전로작업에 방염처리된 작업복 또는 난연성능을 가진 작업복을 착용하여야 한다.
- 전기기계·기구의 조작 부분에 대한 점검 또는 보수를 하기 위한 작업 공간의 확보가 곤란할 때에는 절연용 보호구를 착용하여야 한다.

㉥ 환기가 충분한 장소
- 수직 또는 수평의 외부공기 흐름을 방해하지 않는 구조의 건축물 또는 실내로서 지붕과 한 면의 벽이 있는 건축물
- 옥 외
- 밀폐 또는 부분적으로 밀폐된 장소로 옥외와 동등한 정도의 환기가 자연환기방식 또는 고장 시 경보 발생 등의 조치가 되어 있는 강제환기방식이 보장되는 장소
- 기타 적합한 방법으로 환기량을 계산하여 폭발하한계의 15[%] 농도를 초과하지 않음이 보장되는 장소

㉦ 조명기구를 사용함에 따라 작업면의 조도가 점차적으로 감소되는 원인
- 점등광원의 노화로 인한 광속의 감소
- 조명기구에 붙은 먼지, 오물, 반사면의 변질에 의한 광속흡수율 증가
- 실내 반사면에 붙은 먼지, 오물, 반사면의 화학적 변질에 의한 광속반사율 감소
- 공급전압과 광원의 정격전압의 차이에서 오는 광속의 감소

㉧ 사업장에서 많이 사용되는 이동식 전기기계·기구의 안전대책
- 충전부 전체를 절연한다.
- 절연이 불량인 경우 절연저항을 측정한다.
- 금속제 외함이 있는 경우 접지를 한다.
- 습기가 많은 장소는 누전차단기를 설치한다.

② 전기의 안전장구

㉠ 전기 안전장구의 종류 : 활선장구, 검출용구, 접지용구, 보호용구, 방호용구, 표지용구, 시험장치

㉡ 안전인증대상 보호구(12종) : 추락 및 감전 위험방지용 안전모, 안전화, 안전장갑, 방진 마스크, 방독 마스크, 송기 마스크, 전동식 호흡보호구, 보호복, 안전대, 차광 및 비산물 위험방지용 보안경, 용접용 보안면, 방음용 귀마개 또는 귀덮개

㉢ 활선장구
- 활선작업 시 사용 가능한 전기작업용 안전장구 : 전기안전모, 절연장갑, 검전기 등
- 활선작업 시 필요한 보호구 : 고무장갑, 안전화, 안전모
  - 안전화 : 물체의 낙하 충격, 물체에의 끼임, 감전 또는 정전기의 대전에 의한 위험이 있는 작업조건에 적합한 보호구
- 충전선로의 활선작업 또는 활선근접작업을 작업자의 감전 위험을 방지하기 위해 착용하는 보호구 : 절연장화, 절연장갑, 절연안전모
- 활선시메라 : 충전 중인 전선을 장선할 때, 충전 중인 전선의 변경작업을 할 때, 활선작업으로 애자 등을 교환할 때 사용되는 활선장구
- 배전선용 훅봉(cos조작봉) : 활선작업용 기구 중에서 충전 중 고압 컷아웃 등을 개폐할 때 아크에 의한 화상의 재해 발생을 방지하기 위해 사용하는 것

㉣ 절연안전모 사용 시 주의사항
- 작업자가 교류전압 7,000[V] 이하의 전로에 활선 근접작업 시 감전사고 방지를 위한 절연보호구로, 반드시 절연안전모를 착용하여야 한다.
- 절연모를 착용할 때에는 턱걸이끈을 안전하게 죄어야 한다.
- 머리 윗부분과 안전모와의 간격은 1[cm] 이상이 되도록 끈을 조정하여야 한다.

• 내장포(충격흡수라이너) 및 턱 끝이 파손되면 즉시 대체하여야 하고 대용품을 사용하여서는 안 된다.
• 특고압작업에서는 안전도가 충분하지 않으므로 전격을 방지하는 목적으로 사용할 수 없다.

㉤ 장 갑
• 고압충전선로 작업 시 가죽장갑과 고무장갑의 안전한 사용법 : 고무장갑의 바깥쪽에 가죽장갑을 착용한다.
• 내전압용 절연장갑의 신장률 : 600[%] 이상이어야 한다.

㉥ 제전복
• 제전복을 착용해야 하는 장소 : 상대습도가 낮은 장소, 분진이 발생하기 쉬운 장소, LCD 등 Display 제조작업 장소, 반도체 등 전기소자 취급작업 장소 등
• 제전복을 착용하지 않아도 되는 장소 : 상대습도가 높은 장소

㉦ 가공전선의 충전선로에 접근된 장소에서 시설물의 건설, 해체, 점검, 수리 또는 이동식 크레인, 콘크리트 펌프카, 항타기, 항발기 등의 작업 시 감전 위험방지 조치사항
• 절연용 보호구 착용
• 절연용 방호구 설치
• 감시인을 두고 작업을 감시토록 조치

③ 정전작업

㉠ 정전작업 전의 안전조치사항
• 단락접지
 – 예비 동력원의 역승전에 의한 감전의 위험을 방지하기 위해 단락접지기구를 사용하여 단락접지를 한다.
 – 유도전압이나 오통전으로 인한 재해를 방지하기 위하여 단락접지를 시행한다.
• 잔류전하 방전
 – 전력 케이블, 전력용 커패시터 등
 – 전기설비의 전류전하를 확실히 방전한다.
• 검전기에 의한 정전 확인
• 검전기에 의한 충전 여부 확인
 – 개로된 전로의 충전 여부를 검진기구에 의하여 확인한다.
• 개로개폐기의 잠금 또는 표시
 – 전로의 개로개폐기에 잠금장치 및 통전 금지 표지판 설치
 – 개폐기에 시건장치를 하고 통전 금지에 관한 표지판을 설치한다.
• 전원 차단

㉡ 정전작업 안전을 확보하기 위한 접지용구의 설치 및 철거
• 접지용구 설치 전에 개폐기의 개방 확인 및 검전기 등으로 충전 여부를 확인한다.
• 접지 설치요령은 먼저 접지측 금구에 접지선을 접속하고 금구를 기기나 전선에 확실히 부착한다.
• 접지 요구 취급은 작업 책임자의 책임하에 행하여야 한다.
• 접지용구의 철거는 설치 순서와 역순으로 한다.

㉢ 정전작업 중의 안전수칙
• 3상 3선식 전선로의 보수를 위하여 정전작업을 할 때 취하여야 할 기본적인 조치는 3선을 단락접지하는 것이다.
• 정전작업 시 정전시킨 전로에 잔류전하를 방전할 필요가 있다.
• 전원차단 이후에도 잔류전하가 남아 있을 가능성이 가장 낮은 것은 방전코일이다.
• 전력 케이블을 사용하는 회로나 역률 개선용 (전력)콘덴서 등에 접속되어 있는 회로(전로)에서 정전작업 시에 감전방지를 위해 (다른 정전작업과는 달리 특별히 주의 깊게 취해야 할) 조치사항은 (전력콘덴서의) 잔류전하의 방전이다.
• 배전선로에 정전작업 중 단락접지기구를 사용하는 목적은 혼촉 또는 오동작에 의한 감전을 방지하기 위해서이다.

㉣ 정전작업 시 작업 중의 조치사항
• 작업 지휘자에 의한 지휘
• 단락접지 수시 확인
• 근접활선에 대한 방호 상태관리
• 개폐기의 관리

㉤ 근로자가 노출된 충전부 또는 그 부근에서 작업함으로써 감전될 우려가 있는 경우에는 작업에 들어가기 전에 해당 전로를 차단하여야 하나 전로를 차단하지 않아도 되는 예외기준

- 생명유지장치, 비상경보설비, 폭발 위험 장소의 환기설비, 비상조명설비 등의 장치·설비의 가동이 중지되어 사고 위험이 증가되는 경우
- 기기의 설계상 또는 작동상 제한으로 전로 차단이 불가능한 경우
- 감전, 아크 등으로 인한 화상, 화재·폭발의 위험이 없는 것으로 확인된 경우

④ 활선근접작업

㉠ 활선근접작업 시의 안전조치

- 활선작업 및 활선근접작업 시 반드시 작업 지휘자를 정하여야 한다.
- 작업 지휘자의 임무 중 가장 중요한 것은 활선 접근 시 즉시 경고하기 위함이다.
- 활선작업 중 동일주 및 인접주에서의 다른 작업은 금한다.
- 저압 활선작업 시 노출 충전 부분의 방호가 어려운 경우에는 작업자에게 절연용 보호구를 착용토록 한다.
- 고압 활선작업 시 감전 위험이 발생할 우려가 있을 때의 조치사항
  - 절연용 보호구 착용
  - 활선작업용 기구 사용
  - 절연용 방호용구 설치
- 고압 선로의 근접작업 시 머리 위로 30[cm], 몸 옆과 발밑으로 60[cm] 이상 접근한계거리를 반드시 유지하여야 한다(이때는 별도의 방호조치나 보호조치를 생략할 수 있다).
- 고압 활선근접작업에 있어서 근로자의 신체 등이 충전전로에 대하여 머리 위로 거리가 30[cm] 이내이거나 신체 또는 발아래로 거리가 60[cm] 이내로 접근함으로 인하여 감전의 우려가 있을 때에는 당해 충전전로에 절연용 방호구를 설치하여야 한다.
- 특고압 활선작업 시의 안전조치
  - 접근한계거리를 유지한다.
  - 특고압전로에 근접하여 작업 시 감전 위험이 없도록 대지와 절연조치가 된 활선작업용 장치를 사용하여야 한다.

⑤ 기타 작업 시의 안전대책

㉠ 임시 배선의 안전대책

- 모든 배선은 반드시 분전반 또는 배전반에서 인출해야 한다.
- 중량물의 압력 또는 기계적 충격을 받을 우려가 있는 곳에 설치할 때는 사전에 적절한 방호조치를 한다.
- 케이블 트레이나 전선관의 케이블에 임시 배선용 케이블을 연결할 경우는 접속함을 사용하여 접속해야 한다.
- 지상 등에서 금속관으로 방호할 때는 그 금속관을 접지하여야 한다.

㉡ 아크용접작업 시 감전사고 방지대책

- 절연장갑 사용
- 적정한 케이블 사용
- 절연용 접봉 홀더 사용

⑥ 이상전압

㉠ 이상전압의 개요

- 이상전압 : 최고 사용전압을 초과하는 과대한 전압
- 이상전압의 분류 : 뇌에 의한 이상전압(뇌 Surge : 직격뢰, 유도뢰), 전력계통 내부에서 발생하는 이상전압
- 전력계통 내부에서 발생하는 이상전압 : 스위치류의 개폐에 동반하는 과도적인 이상전압(개폐 Surge), 지속적 이상전압(지락 등의 사고, 공진현상 등)

㉡ 이상전압의 특징

- 과전압 또는 Surge전압이라고도 한다.
- 전압 상승속도가 매우 빠르다.

㉢ 이상전압의 방지대책

- 가공지선 : 직격에 대한 보호 및 유동에 대한 보호, 통신선에 대한 차폐효과
- 피뢰침 : 목주에 가설되는 송전선에 사용되나 경간이 길면 효과가 없고 설치되어도 접지저항을 낮게 하지 않으면 유효하지 않다.
- 피뢰기 : 보호하고자 하는 기기의 단자, 선로와 대지와의 사이에 접속하여 뇌나 회로개폐 등으로 발생한 충격성 과전압의 서지를 대지에 방전시켜 파고치를 제한하여 전기시설의 절연을 보호하고 계통의 정상운전 상태를 교란하지 않고 원상으로 복귀시키기 위한 장치이다.

- 피뢰기의 보호성능 향상은 계통의 신뢰성을 높이며 기준 충격절연강도의 경감을 가능하게 하므로 계통 전체의 건설비를 현저히 경감한다.
- 피뢰기는 특성요소와 직렬갭을 갖추어야 한다.
- 이상전압의 내습으로 피뢰기의 단자전압이 일정값 이상이 되면 즉시 방전하여 전압 상승을 억제하여 기기를 보호한다.
- 이상전압이 소멸하여 피뢰기 단자전압이 일정값 이하가 되면 즉시 정지하여 원래의 송전 상태로 되돌아가게 한다.

• 방전갭(Gap) : 지락사고 시의 지락점 전위상승억제, 레일전위상승억제 및 사고전류의 금속회로 구성을 하므로 피로기와 같은 속류차단능력은 필요하지 않고 방전전압도 실효치로 나타낸다. 이 장치가 이상전압에서 빈번하게 동작되면 방전특성이 열화되므로 좋지 않다.

 **핵심예제**

2-1. 다음은 전기안전에 관한 일반적인 사항을 기술한 것이다. 옳게 설명된 것은? [2012년 제1회, 2017년 제3회]

① 220[V] 동력용 전동기의 외함에 특별 제3종 접지공사를 하였다.
② 배선에 사용할 전선의 굵기를 허용전류, 기계적 강도, 전압강하 등을 고려하여 결정하였다.
③ 누전을 방지하기 위해 피뢰침 설비를 설치하였다.
④ 전선 접속 시 전선의 세기가 30[%] 이상 감소되었다.

2-2. 정전작업 시 작업 전 안전조치사항으로 가장 거리가 먼 것은? [2012년 제2회 유사, 2015년 제3회 유사, 2016년 제2회 유사, 2018년 제3회, 2022년 제2회]

① 단락접지
② 잔류전하 방전
③ 절연보호구 수리
④ 검전기에 의한 정전 확인

2-3. 다음 중 활선근접작업 시의 안전조치로 적절하지 않은 것은? [2012년 제2회, 2014년 제3회 유사]

① 저압 활선작업 시 노출 충전 부분의 방호가 어려운 경우에는 작업자에게 절연용 보호구를 착용토록 한다.
② 고압 활선작업 시는 작업자에게 절연용 보호구를 착용시킨다.
③ 고압선로의 근접작업 시 머리 위로 30[cm], 몸 옆과 발밑으로 50[cm] 이상 접근한계거리를 반드시 유지하여야 한다.
④ 특고압전로에 근접하여 작업 시 감전 위험이 없도록 대지와 절연조치가 된 활선작업용 장치를 사용하여야 한다.

|해설|

2-1
② 배선에 사용할 전선의 굵기를 허용전류, 기계적 강도, 전압강하 등을 고려하여 결정하였다.
① 220[V] 동력용 전동기의 외함에 제3종 접지공사를 하였다.
③ 누전을 방지하기 위해 누전차단기를 설치하였다.
④ 전선 접속 시 전선의 세기가 20[%] 이상 감소되지 않아야 한다.

2-2
정전작업 시 작업 전 안전조치사항으로 거리가 먼 것으로 '절연보호구 수리, 단락접지 상태 수시 확인, 단락접지기구 철거' 등이 출제된다.

2-3
고압선로의 근접작업 시 머리 위로 30[cm], 몸 옆과 발밑으로 60[cm] 이상 접근한계거리를 반드시 유지하여야 한다.

정답 2-1 ② 2-2 ③ 2-3 ③

제3절 전기화재와 정전기

핵심이론 01 전기화재

① 전기화재의 개요
- ㉠ 전기화재 발생원인의 3요건 : 발화원, 착화물, 출화의 경과
  - 전기화재가 발생되는 비중이 가장 큰 발화원 : 전기배선 및 배선기구
- ㉡ 전기발화원 : 단열 압축, 광선 및 방사선, 낙뢰(벼락), 전기불꽃, 정전기, 마찰열, 화학반응열, 고열물 등
- ㉢ 전기설비 화재의 경과별 재해의 빈도순 : 단락(합선) – 누전 – 과전류 – 스파크 – 절연 불량 – 접촉구 과열 – 정전기
- ㉣ 누전에 의한 화재의 3요소(전기누전으로 인한 화재조사 시에 착안해야 할 입증 흔적) : 누전점, 출화점, 접지점
- ㉤ 절연화가 진행되어 누설전류가 증가하면서 발생되는 결과 : 감전사고, 누전화재, 아크지락에 의한 기기의 손상(정전기 증가는 무관)
- ㉥ 전기화재의 경로별 원인 : 단락(합선), 누전, 접촉부(접속부)의 과열, 과부하, 과전류, 절연 불량, 정전기 스파크 등
- ㉦ 누전화재가 발생하기 전에 나타나는 현상
  - 인체 감전현상
  - 전등 밝기의 변화현상
  - 빈번한 퓨즈 용단현상
  - 전기 사용 기계장치의 오동작 증가
- ㉧ 누전사고가 발생될 수 있는 취약 개소
  - 비닐전선을 고정하는 지지용 스테이플
  - 정원 연못 조명등에 사용하는 전원 공급용 지하 매설 전선류
  - 분기회로 접속점은 나선으로 발열이 쉽도록 유지
  - 전선이 들어가는 금속제 전선관의 끝 부분
  - 인입선과 안테나의 지지대가 교차되어 닿는 부분
  - 전선이 수목 또는 물받이 홈통과 닿는 부분
  - 전기기계·기구의 내부 또는 인출부에서 전선피복이 벗겨지거나 절연테이프가 노화되어 있는 부분
- ㉨ 온도조절용 바이메탈과 온도퓨즈가 회로에 조합되어 있는 다리미 사용 시 화재가 발생했을 때, 다리미에 부착되어 있던 바이메탈과 온도퓨즈를 대상으로 화재사고 분석을 위한 논리기호의 사용 : 온도조절용 바이메탈과 온도퓨즈가 회로에 조합되어 있는 다리미가 AND Gate로 조합될 때 화재가 발생된다.
- ㉩ 트래킹 현상(Tracking Effect)
  - 전압이 인가된 이극 도체간의 고체 절연물 표면에 이물질이 부착되면 미소방전이 일어나는데, 이 미소방전이 반복되면서 절연물 표면에 도전성 통로가 형성되는 현상이다.
  - 전기제품 등에서 충전전극간의 절연물 표면에 어떤 원인으로 탄화전로가 생성되어 결국은 지락, 단락으로 발전하여 발화하는 현상이다.

② 화재예방과 응급조치 등
- ㉠ (개폐기 개폐 시)스파크 화재의 방지책
  - 개폐기를 불연성 외함(상자) 내에 내장(수납)시키거나 통형 퓨즈를 사용할 것
  - 접지 부분의 산화, 변형, 퓨즈의 나사 풀림 등으로 인한 접촉저항이 증가되는 것을 방지할 것
  - 가연성 증기, 분진 등 위험한 물질이 있는 곳에는 방폭형 개폐기를 사용할 것
  - 유입개폐기(OS)는 절연유의 열화 정도, 유량에 주의하고 주위에는 내화벽을 설치할 것
  - 비포장퓨즈 사용을 금하고 통퓨즈를 사용할 것
- ㉡ 화재 대비 비상용 동력설비 : 소화펌프, 배연용 송풍기, 스프링클러용 펌프
- ㉢ 화재경보설비 : 누전경보기설비, 비상방송설비, 비상벨설비
- ㉣ 누전화재경보기에 사용하는 변류기
  - 옥외 전로에는 옥외형을 설치
  - 점검이 용이한 옥외 인입선의 부하측에 설치
  - 건물의 구조상 부득이한 경우 인입구에 근접한 옥내에 설치
  - 수신부에 있는 스위치 2차측에 설치
- ㉤ 전기누전화재경보기의 시험방법 : 방수시험, 전류특성시험, 전압특성시험
- ㉥ 전기화상사고 시 응급조치사항
  - 상처에 달라붙지 않은 의복은 모두 벗긴다.

• 감전자를 담요 등으로 감싸되 상처 부위에 닿지 않도록 한다.
• 화상 부위를 세균감염으로부터 보호하기 위하여 화상용 붕대를 감는다.
• 상처 부위에 바로 파우더, 향유 기름 등을 바르면 안 된다.

ⓢ 전기화재 시 소화에 적합한 소화기 : 사염화탄소소화기, 분말소화기, CO_2소화기

ⓞ 통전 중의 전력기기나 배선의 부근에서 일어나는 화재를 소화할 때 주수하는 방법
• 낙하를 시작해서 퍼지는 상태로 주수한다.
• 방출과 동시에 퍼지는 상태로 주수한다.
• 계면활성제를 섞은 물이 방출과 동시에 퍼지는 상태로 주수한다.
※ 화염이 일어나지 못하도록 하기 위해 물기둥 상태로 주수하는 것은 금지한다.

③ 아크방전

㉠ 개 요
• 아크 방전(Electric Arc)은 양극과 음극을 대립시킬 경우 양 전극의 사이에 존재하는 기체가 전위차에 의한 전압 강하로 전기적으로 방전되어 전류가 흐르게 되는 현상이다.
• 아크방전이란 전위차가 있는 전로 사이의 공기 또는 절연피복의 절연이 파괴될 때 나타나는 고온 발광·방전현상(불꽃방전)이다.
• 아크방전에서는 전류가 커지면 저항이 작아져서 전압도 낮아진다.

• 누전차단기는 감전사고예방에는 큰 효과가 있지만 전기화재예방에는 효과가 미미하다.

㉡ 직렬아크와 병렬아크
• 직렬아크 : 부하와 직렬로 연결된 상태에서 발생하는 아크로 접촉 불량, 반단선 등이 여기에 속한다. 직렬아크는 회로전류가 부하의 크기에 의해 결정되고, 회로전류가 보호장치인 누전차단기의 정격전류를 넘지 않기 때문에 전선이나 단자의 접속부에서 직렬아크가 발생하더라도 보호장치가 이상 현상을 감지하지 못해 화재가 발생하게 된다.
• 병렬아크 : 부하와 병렬로 발생하는 아크로 절연열화, 트래킹 등이 여기에 속한다. 'ㄷ'자 형태의 전선 고정기구, 전기코드의 과도한 구부림, 문틈 및 무거운 물체의 압력 등의 영향으로 전선 두 가닥의 도체가 단선되거나 파열되는 과정에서 아크가 발생하고, 이때 생성된 줄열에 의해 절연체가 탄화되면서 병렬아크가 발생한다.

㉢ 설비의 이상현상에 나타나는 아크의 종류 : 단락에 의한 아크, 지락에 의한 아크, 차단기에서의 아크

㉣ 아크로 인한 전기화재의 원인 : 절연열화에 의한 단락, 트래킹에 의한 단락, 압착손상에 의한 단락, 층간단락, 미확인단락, 접촉불량, 반단선 등

㉤ 아크의 발생요인
• 못, 나사 등에 의한 손상
• 클립, 집게 등으로 인한 눌림
• 문이나 창문으로 배선이 통과하는 경우 문틈에 끼어 배선 손상
• 외부노출 시 자외선, 온·습도, 가스 영향으로 배선손상 및 절연노화
• 설치류(쥐)로 인한 피복손상
• 결선부위의 불완전한 연결
• 구부림, 접힘으로 인한 손상

㉥ 아크차단기(AFCI ; Arc Fault Circuit Interrupter)
• 아크차단기는 이상현상으로 발생되는 아크를 검출하여 회로에서 분리하여 차단하는 기능을 가진 차단기이다.
• 전류가 인입되는 입력부, 아크전류를 검출하는 검출부, 신호를 처리하는 처리부로 구성된다.
• 아크가 발생하였을 때 전기기구에서 발생하는 노이즈와 전선에서 발생하는 아크전류를 분류하여 전선에서 발생하는 아크전류만을 검출하여 차단시킨다.

㉦ 아크로 인한 전기화재 방지방법
• 아크차단기 설치
• 아크감지센서 설치

 핵심예제

1-1. 전기화재의 경로별 원인으로 거리가 먼 것은?

[2012년 제1회 유사, 2013년 제1회, 2018년 제2회]

① 단 락　　② 누 전
③ 저전압　　④ 접촉부의 과열

1-2. 스파크 화재의 방지책이 아닌 것은?

[2012년 제3회 유사, 2014년 제3회 유사, 2015년 제2회]

① 개폐기를 불연성 외함 내에 내장시키거나 통형 퓨즈를 사용할 것
② 접지 부분의 산화, 변형, 퓨즈의 나사 풀림 등으로 인한 접촉저항이 증가되는 것을 방지할 것
③ 가연성 증기, 분진 등 위험한 물질이 있는 곳에는 방폭형 개폐기를 사용할 것
④ 유입개폐기는 절연유의 비중 정도, 배선에 주의하고 주위에는 내수벽을 설치할 것

1-3. 온도조절용 바이메탈과 온도 퓨즈가 회로에 조합되어 있는 다리미를 사용한 가정에서 화재가 발생했다. 다리미에 부착되어 있던 바이메탈과 온도 퓨즈를 대상으로 화재사고의 분석을 논리기호를 사용하여 표현하고자 한다. 어느 기호가 적당한가?(단, 바이메탈의 작동과 온도퓨즈가 끊어졌을 경우를 0, 그렇지 않을 경우를 1이라 한다)

[2010년 제2회, 2015년 제2회]

① 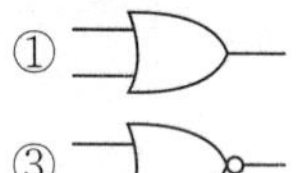　　② 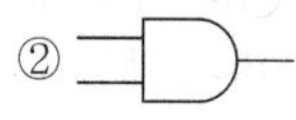
③　　④

|해설|

1-1
전기화재의 경로별 원인 : 단락, 누전, 접촉부(접속부)의 과열, 과부하, 과전류, 절연 불량, 스파크, 정전기 등

1-2
유입개폐기는 절연유의 열화 정도, 유량에 주의하고 주위에는 내화벽을 설치해야 한다.

1-3
온도조절용 바이메탈과 온도퓨즈가 회로에 조합되어 있는 다리미가 AND Gate로 조합될 때 화재가 발생된다.

정답 1-1 ③ 1-2 ④ 1-3 ②

핵심이론 02 정전기의 개요 등

① 정전기의 개요

㉠ 정전기의 정의 : 전하의 공간적 이동이 적고, (그것에 의한) 자계의 효과가 전계에 비해 무시할 정도의 적은 전기

㉡ 정전기의 특징
- 정전유도는 절연된 물체에 대전체가 접근하면 대전체와 먼 곳에는 동일 극성의 전하가 유도되고 가까운 곳에는 반대 극성의 전하가 유도되는 현상이다.
- 발생한 정전기와 완화한 정전기의 차가 마찰을 받은 물체에 축적되는 현상을 대전이라고 한다.
- 같은 부호의 전하는 반발력이 작용한다.

㉢ 정전기 발생현상(대전현상)의 분류 : 마찰대전, 박리대전, 유동대전, 유도대전, 충돌대전, 분출대전, 파괴대전, 동결대전, 비말대전, 적하대전, 교반대전, 침강대전, 부상대전 등(중화나 유체대전은 아니다)
- 마찰대전 : 두 물체 사이의 마찰이나 접촉 위치의 이동으로 전하의 분리 및 재배열이 일어나서 정전기가 발생하는 현상(물체가 대전되는 대표적인 현상)이다.
- 박리대전 : 옷을 벗거나 물건을 박리할 때 부착현상이나 스파크 발생으로 정전기가 발생되는 현상으로, 마찰 때보다 정전기의 발생이 크다.
- 유동대전 : 액체가 파이프 등 내부에서 유동할 때 액체와 관 벽 사이에서 정전기가 발생되는 현상(파이프 속에 저항이 높은 액체가 흐를 때 발생되며 액체의 흐름이 정전기 발생에 영향을 준다)으로, 가장 크게 영향을 미치는 요인은 액체의 유동속도이다.
- 유도대전 : 대전물체의 부근에 절연된 도체가 있을 때 정전유도를 받아 전하의 분포가 불균일하게 되며 대전된 것이 등가로 되는 현상이다.
- 충돌대전 : 분체류와 같은 입자 상호 간이나 입자와 고체와의 충돌에 의해 빠른 접촉 또는 분리가 행하여 짐으로써 정전기가 발생되는 현상이다.
- 분출대전 : 분체류, 액체류, 기체류가 단면적이 작은 분출구를 통해 공기 중으로 분출될 때 분출하는 물질과 분출구의 마찰로 인해 정전기가 발생되는 현상이다.
- 파괴대전 : 물체가 파괴됐을 때 전하가 분리되거나 전하의 균형이 깨지면서 정전기가 발생하는 현상이다.

• 동결대전 : 극성기를 갖는 물 등이 동결하여 파괴할 때 일어나는 대전현상으로 파괴에 의한 대전의 일종이다.
• 비말대전 : 공기 중에 분출한 액체류가 미세하게 비산되어 분리하고, 크고 작은 방울로 될 때 새로운 표면을 형성하기 때문에 정전기가 발생하는 현상이다.
• 적하대전 : 고체 표면에 부착해 있는 액체류가 성장하고 이것이 자중으로 액적, 물방울로 되어 떨어질 때 전하분리가 일어나서 발생하는 현상이다.
• 교반대전 : 액체류가 이송 또는 교반될 때 발생하는 대전현상으로 진동대전이라고도 한다.
• 침강대전 : 액체의 유동에 따라 액체 중에 분산된 기포 등 용해성의 물질(분산물질)이 유동이 정지함에 따라 비중차에 의해 탱크 내에서 침강할 때 일어나는 대전현상이다.
• 부상대전 : 액체의 유동에 따라 액체 중에 분산된 기포 등 용해성의 물질(분산물질)이 유동이 정지함에 따라 비중차에 의해 탱크 내에서 부상할 때 일어나는 대전현상이다.

㉣ 대전서열
• (+) 폴리에틸렌 – 셀룰로이드 – (사진필름) – (셀로판) – 염화비닐 – 테플론 (–)
• (+) 유리 – 머리카락 – 고무 – 염화비닐 – 테플론 (–)

② 정전기 발생에 영향을 주는 요인 : 물체의 특성, 물체의 분리력, 분리속도, 접촉면적, 압력, 물체의 표면 상태, 완화시간, 대전서열 등

㉠ 정전기 증가요인 : 분리속도가 빠를수록, 물질 표면의 오염이 심할수록, 접촉면적이 넓을수록, 압력이 높을수록, 대전서열이 멀수록

㉡ 정전기 감소요인 : 물질 표면이 청결할수록, 접촉면적이 좁을수록, 완화시간이 길수록, 접촉분리가 반복될수록, 대전서열이 가까울수록

㉢ 정전기 발생은 처음 접촉, 분리 시 최대가 되고, 접촉과 분리가 반복됨에 따라 발생량은 감소한다.

㉣ 정전기의 소멸과 완화시간
• 정전기의 완화시간 : 정전기가 축적되었다가 소멸되는데 처음값의 36.8[%]로 감소되는 시간
• 완화시간 = 대전체 저항 × 정전용량
　　　　　= 고유저항 × 유전율
• 고유저항 또는 유전율이 큰 물질일수록 대전 상태가 오래 지속된다.
• 일반적으로 완화시간은 영전위 소요시간의 1/4~1/5 정도이다.
• 시정수(Line Constant) : 대전의 완화를 나타내는 데 중요한 인자로서, 최초의 전하가 약 37[%]까지 완화되는 시간

③ 정전기 관련 제반사항

㉠ 전하의 발생과 축적은 동시에 일어난다.

㉡ 정전기가 축적되는 요인
• 저도전율 액체
• 절연 격리된 도전체
• 절연물질

㉢ 동전기(활원전기)와 정전기에서 공통적으로 발생하는 것은 충격으로 인한 추락, 전도에 의한 상해 등이다.

㉣ 활성제
• 음이온계 활성제 : 폴리에스테르, 나일론, 아크릴 등의 섬유에 정전기 대전방지성능이 특히 효과가 있고, 섬유에의 균일 부착성과 열안전성이 양호한 외부용 일시성 대전방지제

핵심예제

2-1. 다음 중 정전기 발생에 영향을 주는 요인이 아닌 것은?

[2011년 제2회, 2013년 제2회 유사, 2014년 제2회 유사, 제3회 유사, 2015년 제3회 유사, 2016년 제1회 유사, 2017년 제1회, 2021년 제2회 유사, 2022년 제3회 유사]

① 분리속도 ② 접촉면적 및 압력
③ 물체의 질량 ④ 물체의 표면 상태

2-2. 정전기 발생 원인에 대한 설명으로 옳은 것은?

[2010년 제1회 유사, 2011년 제1회 유사, 2016년 제3회, 2017년 제2회 유사]

① 분리속도가 느리면 정전기 발생이 커진다.
② 정전기 발생은 처음 접촉, 분리 시 최소가 된다.
③ 물질 표면이 오염된 표면일 경우 정전기 발생이 커진다.
④ 접촉면적이 작고 압력이 감소할수록 정전기 발생량이 크다.

|해설|

2-1
정전기 발생에 영향을 주는 요인이 아닌 것으로 '물체의 질량, (물체의) 접촉시간, 외부공기의 풍속물의 음이온' 등이 출제된다.

2-2
③ 물질표면이 오염된 표면일 경우 정전기 발생이 커진다.
① 분리속도가 느리면 정전기 발생이 줄어든다.
② 정전기 발생은 처음 접촉, 분리 시 최대가 된다.
④ 접촉면적이 크고 압력이 증가할수록 정전기 발생량이 크다.

정답 2-1 ③ 2-2 ③

핵심이론 03 정전기에 의한 재해와 예방

① 정전기에 의한 재해
㉠ 정전기 방전에 의한 화재 및 폭발 발생
- 정전기 방전에너지가 어떤 물질의 최소 착화에너지보다 크면 화재, 폭발이 일어날 수 있다.
- 부도체가 대전되었을 경우에는 정전에너지보다는 대전전위 크기에 의해서 화재, 폭발이 결정된다.
- 대전된 물체에 인체가 접근했을 때 전격을 느낄 정도이면 화재, 폭발의 가능성이 있다.
- 작업복에 대전된 정전에너지가 가연성 물질의 최소 착화에너지보다 작을 때는 화재, 폭발의 위험성이 있다.
- 정전기를 제거하려고 한 행위 중 폭발이 발생했다면, 이는 금속 부분 접지 이상에 의한 것이다.

㉡ 정전기가 화재로 진전되는 조건
- 방전하기에 충분한 전위차가 있을 때
- 가연성 가스 및 증기가 폭발한계 내에 있을 때
- 정전기의 스파크 에너지가 가연성 가스 및 증기의 최소 점화에너지 이상일 때

㉢ 정전기에 의한 생산 장해
- 가루(분진)에 의한 눈금의 막힘
- 제사공장에서의 실의 절단, 엉킴
- 인쇄공정의 종이 파손, 인쇄 선명도 불량, 겹침, 오손
- 접지 곤란, 직포의 정리, 건조작업에서의 보풀 일기

㉣ 정전기 방전에 의한 폭발로 추정되는 사고를 조사함에 있어서 필요한 조치
- 가연성 분위기 규명
- 방전에 따른 점화 가능성 평가
- 전하 발생 부위 및 축적기구 규명

㉤ 정전기로 인한 화재폭발을 방지하기 위한 조치가 필요한 설비
- 인화성 물질을 함유하는 도료 및 접착제 등을 도포하는 설비
- 위험물을 탱크로리에 주입하는 설비
- 탱크로리·탱크차 및 드럼 등 위험물 저장설비
- 위험물 건조설비 또는 그 부속설비
- 인화성 고체를 저장하거나 취급하는 설비
- 드라이클리닝설비, 염색가공설비 또는 모피류 등을 씻는 설비 등 인화성 유기용제를 사용하는 설비

- 고압가스를 이송하거나 저장·취급하는 설비
- 화약류 제조설비(위험기계·기구 및 그 수중설비는 아니다)

ⓑ 도체의 대전과는 달리 복잡해서 폭발, 화재의 발생한계 추정에 충분한 유의가 필요한 부도체의 대전

- 대전 상태가 매우 불균일한 경우
- 대전량 또는 대전의 극성이 매우 변화하는 경우
- 부도체 중에 국부적으로 도전율이 높은 곳이 있고, 이것이 대전한 경우
- 대전되어 있는 부도체의 뒷면(이면) 또는 근방에 접지도체가 있는 경우

② 정전기 재해의 예방

㉠ 정전기 제거법(정전기가 발생되어도 즉시 이를 방전시키고 전하의 축적을 방지하면 위험성이 제거된다)

- 대전하기 쉬운 금속부분에 접지한다(설비의 도체 부분은 접지시킨다).
- 작업장 바닥을 도전처리한다.
- 작업자는 대전방지화를 신는다.
- 작업장 내 습도를 높여 방전을 촉진한다.
- 공기를 이온화하여 (+)를 (−)로 중화시킨다.

㉡ 정전기 방지대책

- 대전서열이 가급적 가까운 것으로 구성한다.
- 카본블랙을 도포하여 도전성을 부여한다.
- 유속을 저감시킨다.

관 내경[mm]	25	50	100	200	400	600
제한유속[m/s]	4.9	3.5	2.5	1.8	1.3	1.0

- 도전성 재료를 도포하여 대전을 감소시킨다.
- 접지시킨다.
- 가습한다.
  - 작업장의 습도를 높여 전하가 제거되기 쉽게 한다.
  - 흡수성이 강한 물질은 가습에 의한 부도체의 정전기 대전방지효과의 성능이 좋다.
  - 흡수성이 강한 작용을 하는 기(基)를 갖는 물질 : OH, NH_3, COOH 등
  - 생산공정에 별다른 문제가 없다면, 습도를 70[%] 정도로 유지하는 것도 무방하다.
- 접촉 및 분리를 일으키는 기계적 작용으로 인한 정전기 발생을 줄이기 위해서는 가능한 접촉 면적을 작게 하여야 한다.
- 대전방지제를 사용한다.
- 보호구를 착용한다.
- 제전기를 사용한다(정전기 재해를 예방하기 위해 설치하는 제전기의 제전효율은 설치 시 90[%] 이상이 되어야 한다).
- 회전부품의 유막저항이 높으면 도전성의 윤활제를 사용한다.
- 이동식의 용기는 도전성 고무제 바퀴를 달아서 폭발위험을 제거한다.
- 폭발의 위험이 있는 구역은 도전성 고무류로 바닥 처리를 한다.
- 포장 과정에서 용기를 도전성 재료에 접지한다.
- 인쇄 과정에서 도포량을 소량으로 하고 접지한다.

㉢ 반도체 취급 시에 정전기로 인한 재해방지대책

- 송풍형 제전기 설치
- 작업자의 대전방지 작업복 착용
- 작업자 제전복 착용
- 작업자 정전화 착용
- 작업대에 정전기(도전성) 매트 사용

㉣ 정전기 화재폭발의 원인인 인체대전에 대한 예방대책

- 대전물체를 금속판 등으로 차폐한다.
- 대전방지제를 넣은 제전복을 착용한다.
- 대전방지 성능이 있는 안전화를 착용한다.
- 바닥의 재료는 고유저항이 작은 물질로 사용한다.

㉤ 정전기 재해방지를 위한 배관 내 액체의 유속 제한

- 저항률이 10^{10}[Ω·cm] 미만의 도전성 위험물의 배관 유속은 7[m/s] 이하로 할 것
- 에테르, 이황화탄소 등과 같이 유동대전이 심하고 폭발위험성이 높으면 1[m/s] 이하로 할 것
- 물이나 기체를 혼합하는 비수용성 위험물의 배관 내 유속은 1[m/s] 이하로 할 것
- 저항률이 10^{10}[Ω·cm] 이상인 위험물의 배관 내 유속은 배관 내경이 4[inch]일 때 2.5[m/s] 이하로 할 것

ⓑ 절연성이 높은 유전성 액체를 다룰 때의 정전기 재해의 방지대책

- 가스용기, 탱크롤러 등의 도체부는 접지한다.
- 도전화를 착용하여 접지한 것과 같은 효과를 갖도록 한다.

- 유동대전이 심하지 않은 도전성 위험물의 배관 유속은 초당 7[m] 이하로 한다.

ⓢ 접지방법에 의한 정전기 재해방지대책
- 접지단자와 접지용 도체와의 접속에 이용되는 접지기구는 견고하고 확실하게 접속시켜 주는 것이 좋다.
- 접지의 접속은 납땜, 용접 또는 멈춤나사로 실시한다.
- 접지단자는 접지용 도체, 접지기구와 확실하게 접촉될 수 있도록 금속면이 노출되어 있거나 금속면에 나사, 너트 등을 이용하여 연결할 수 있어야 한다.
- 접지용 도체의 설치는 정전기가 발생하는 작업 전이나 발생할 우려가 없게 된 후 정지시간이 경과한 후에 행하여야 한다.
- 본딩은 금속 도체 상호 간의 전기적 접속이므로 접지용 도체, 접지단자에 의하여 표준환경조건에서 저항은 $1 \times 10^3[\Omega]$ 미만이 되도록 견고하고 확실하게 실시하여야 한다.
- 정전기 제거만을 목적으로 하는 접지의 적당한 접지저항값은 $10^6[\Omega]$ 이하로 하는 것이 좋다.
- 포장과정에서 용기를 도전성 재료에 접지한다.
- 인쇄과정에서 도포량을 적게 하고 접지한다.

ⓞ 정전기 재해방지를 위하여 불활성화할 수 없는 탱크, 탱크로리 등에 위험물을 주입하는 배관 내 액체의 유속 제한
- 물이나 기체를 혼합하는 비수용성 위험물의 배관 내 유속은 1[m/s] 이하로 할 것
- 저항률이 $10^{10}[\Omega \cdot cm]$ 미만의 도전성 위험물의 배관 유속은 매초 7[m] 이하로 할 것
- 저항률이 $10^{10}[\Omega \cdot cm]$ 이상인 위험물의 배관 유속은 관 내경이 0.05[m]이면 매초 3.5[m] 이하로 할 것
- 이황화탄소 등과 같이 유동대전이 심하고 폭발 위험성이 높은 것은 배관 내 유속을 1[m/s] 이하로 할 것

ⓩ 정전기 재해의 방지대책에 대한 관리시스템
- 발생전하량 예측
- 대전물체의 전하 축적 메커니즘 규명
- 위험성 방전을 발생하는 물리적 조건 파악

핵심예제

3-1. 반도체 취급 시에 정전기로 인한 재해방지대책으로 거리가 먼 것은? [2010년 제1회, 2012년 제2회, 2016년 제2회 유사]

① 송풍형 제전기 설치
② 부도체의 접지 실시
③ 작업자의 대전방지 작업복 착용
④ 작업대에 정전기 매트 사용

3-2. 정전기 화재폭발의 원인인 인체대전에 대한 예방대책으로 옳지 않은 것은? [2014년 제2회]

① 대전물체를 금속판 등으로 차폐한다.
② 대전방지제를 넣은 제전복을 착용한다.
③ 대전방지 성능이 있는 안전화를 착용한다.
④ 바닥의 재료는 고유저항이 큰 물질로 사용한다.

|해설|

3-1
부도체의 접지 실시는 정전기 방지대책의 효과가 없다.

3-2
바닥의 재료는 고유저항이 작은 물질로 사용한다.

정답 3-1 ② 3-2 ④

제4절 방 폭

핵심 이론 01 방폭의 개요

① **폭발 위험장소** : 0종, 1종, 2종(방폭전기설비의 선정을 하고 균형 있는 방폭 협조를 실시하기 위해 구분)

㉠ 0종 장소 : 폭발성 분위기가 연속적으로, 장기간 또는 빈번하게 존재하는 장소(용기, 장치, 배관 등의 내부)
- 인화성 또는 가연성 가스가 장기간 체류하는 곳
- 인화성 또는 가연성 물질을 취급하는 설비의 내부
- 인화성 또는 가연성 액체가 존재하는 피트 등의 내부
- 가연성 가스의 용기 및 탱크의 내부
- 인화성 액체의 용기 또는 탱크 내 액면 상부의 공간부

㉡ 1종 장소 : 정상작동 중에 폭발성 가스분위기가 주기적 또는 간헐적으로 생성되기 쉬운 장소(맨홀, 벤트, 피트 등의 주위)
- 가연성 가스가 저장된 탱크의 릴리프 밸브가 가끔 작동하여 가연성 가스나 증기가 방출되는 부근
- 플로팅 루프 탱크(Floating Roof Tank) 상의 Shell 내의 부분
- 점검수리작업에서 가연성 가스 또는 증기를 방출하는 경우의 밸브 부근
- 탱크로리, 드럼관 등이 인화성 액체를 충전하고 있는 경우의 개구부 부근

㉢ 2종 장소 : 정상작동 중 폭발성 가스분위기가 조성되지 않을 것으로 예상되며, 생성되더라도 짧은 기간에만 지속되는 장소(개스킷, 패킹 등의 주위)
- 이상상태(고장, 기능상실, 오작동 등)에서 폭발성 분위기가 생성될 우려가 있는 장소
- 인화성 가스 또는 인화성 액체의 용기류가 부식, 열화 등으로 파손되어 가스 또는 액체가 누출될 염려가 있는 경우
- 환기가 불충분한 장소에 설치된 배관으로 쉽게 누설되지 않는 구조의 경우
- 강제환기방식이 설치된 장소에서 환기설비의 고장이나 이상 시에 위험분위기가 생성될 수 있는 경우

② **분 진**

㉠ 분진폭발 위험 장소 : 20종, 21종, 22종
- 20종 장소 : 공기 중에 가연성 분진운의 형태가 연속적, 장기간 또는 단기간 자주 폭발분위기로 존재하는 장소
- 21종 장소 : 공기 중에 가연성 분진운의 형태가 정상작동 중 빈번하게 폭발분위기를 형성할 수 있는 장소
- 22종 장소 : 공기 중에 분진운의 형태가 정상작동 중 폭발분위기를 거의 형성하지 않고, 발생하더라도 단기간만 지속될 수 있는 장소

㉡ 분진의 분류
- 폭연성 분진 : 알루미늄, 알루미늄 브론즈, 마그네슘, 알루미늄 수지 등
- 전도성·가연성 분진 : 코크스, 아연, 석탄, 카본블랙 등
- 비전도성·가연성 분진 : 염료, 고무, 소맥, 폴리에틸렌, 페놀수지 등

㉢ 정전기에 의한 분진폭발을 일으키는 최소 발화(착화)에너지
- 폴리에틸렌 : 10[mJ]
- 알루미늄 : 20[mJ]
- 폴리프로필렌 : 30[mJ]
- 마그네슘 : 80[mJ]
- 철 : 100[mJ]
- 소맥분 : 160[mJ]

㉣ 분진방폭구조의 종류
- 보통방진 방폭구조 : 전폐구조로서 틈새면 깊이를 일정치 이상으로 하거나 접합면에 패킹을 사용하여 분진이 용기 내부로 침입하기 어렵게 한 방폭구조
- 분진특수 방폭구조 : 분진방폭성능이 있는 것이 확인된 방폭구조
- 특수방진 방폭구조 : 전기기기의 케이스를 전폐구조로 하며 접합면에는 일정치 이상의 깊이를 갖는 패킹을 사용하여 분진이 용기 내로 침입하지 못하도록 한 방폭구조

③ **방폭기기(KS C IFC 60079-0)**

㉠ 방폭기기 작동 표준대기조건
- 온도 : -20~+60[℃](별도 명시나 표시가 없는 경우 방폭기기의 정상 주위온도범위는 대부분 -20~+40[℃]가 적합하다)
- 압력 : 80~110[kPa] (0.8~1.1[bar])

㉡ 방폭기기 설치 시 표준환경조건
- 주변온도 : -20~+40[℃]
- 표고 : 1,000[m] 이하
- 상대습도 : 45~85[%]
- 전기설비에 특별한 고려를 필요로 하는 정도의 공해, 부식성 가스, 진동 등이 존재하지 않는 환경

㉢ 방폭기기 그룹
- 그룹Ⅰ : 폭발성 분위기가 존재하는 광산에서 사용할 수 있는 전기기기
  - 그룹Ⅰ에 대한 방폭구조는 지하에서 사용하는 기기에 대한 강화된 물리적 보호와 함께 갱내 폭발성 가스 및 석탄 분진의 점화 모두를 고려한다.
  - 갱내 폭발성 가스 이외의 다른 인화성 가스(메탄 제외)를 상당량 함유하는 대기가 존재하는 광산에서 사용하고자 하는 기기는 그룹Ⅰ과 관련된 요구사항 및 기타 주요 인화성 가스에 해당하는 그룹Ⅱ의 세부가스와 관련된 요구사항에 따라 제조 및 시험되어야 한다.
- 그룹Ⅱ : 광산 외에 폭발성 가스 분위기가 존재하는 장소에서 사용할 수 있는 전기기기(ⅡA, ⅡB, ⅡC로 구분)
  - ⅡA : 대표 가스는 프로판
  - ⅡB : 대표 가스는 에틸렌
  - ⅡC : 대표 가스는 수소 및 아세틸렌
  - 그룹Ⅱ에 해당하는 방폭기기는 최고표면온도를 표시한다.
  - ⅡB로 표시된 기기는 그룹ⅡA 기기를 필요로 하는 지역에 사용할 수 있으며 ⅡC로 표시된 전기기기는 ⅡA 또는 ⅡB 전기기기를 필요로 하는 지역에 사용할 수 있다.
- 그룹Ⅲ : 폭발성 분진 분위기가 존재하는 장소에서 사용할 수 있는 전기기기(ⅢA, ⅢB, ⅢC로 구분)
  - ⅢA : 가연성 부유물
  - ⅢB : 비도전성 분진
  - ⅢC : 도전성 분진
  - ⅢB로 표시된 기기는 그룹 ⅢA 기기를 필요로 하는 지역에 사용할 수 있다. 마찬가지로, ⅢC로 표시된 기기는 그룹 ⅢA 또는 그룹 ⅢB 기기를 필요로 하는 지역에 사용할 수 있다.
- 특정조건에서 사용하는 전기기기는 해당 조건에 따라 시험될 수 있으며 인증서에 이들 정보를 기재하고 전기기기에 이를 표시한다.

㉣ 전기적 간격 : 다른 전위를 갖고 있는 도전부 사이의 이격거리
- 절연공간거리 : 두 도전부 사이의 공간을 통한 최단거리
- 연면거리 : 두 도전부 사이의 고체 절연물 표면을 따른 최단거리
- 충전물 통과거리 : 두 도전부 사이의 충전물을 통과한 최단거리
- 고체 절연재 통과거리 : 두 도전부 사이의 고체 절연체를 통과한 최단거리
- 코팅 시의 연면거리 : 절연 코팅으로 덮인 절연 매체의 표면을 따른 두 도전부 사이의 최단거리

㉤ 인화하한(LFL)과 인화상한(UFL)
- 인화하한(LFL) : 공기 중 인화성 가스 또는 증기의 농도로, 이 농도를 미달하여 폭발성 가스 분위기가 형성되지 않는다.
- 인화상한(UFL) : 공기 중 인화성 가스 또는 증기의 농도로, 이 농도를 초과하여 폭발성 가스 분위기가 형성되지 않는다.
- 인화하한(LFL)과 인화상한(UFL) 사이의 범위가 클수록 폭발성 가스 분위기의 형성 가능성이 크다.

④ 방폭 관련 제반사항

㉠ 방폭구조와 관계있는 위험특성 : 발화온도, 화염일주한계, 최소 점화전류

㉡ 폭발성 가스의 발화도 등급

발화도 등급		가스발화점[℃] 초과~이하	설비허용 최고 표면온도[℃]	
KSC 0906	노동부 고시		KSC	노동부 고시
G1	T1	450 초과	360(320)	300 초과 450 이하
G2	T2	300~450	240(200)	200 초과 300 이하
G3	T3	200~300	160(120)	135 초과 200 이하
G4	T4	135~200	100(70)	100 초과 135 이하
G5	T5	100~135	80(40)	85 초과 100 이하
-	T6	85~100	-	85 이하

※ ( ) 안의 값은 기준 주위온도를 40[℃]로 한 온도상승한도값이다.

㉢ 인화성 물질의 증기 및 가연성 가스의 분류 예

발화도 / 폭발등급	T1	T2	T3
ⅡA (1등급)	• 아세톤 • 암모니아 • 일산화탄소 • 에 탄 • 초 산 • 초산에틸 • 톨루엔 • 프로판 • 벤 젠 • 메타놀 • 메 탄	• 에타놀 • 초산인펜틸 • 1-부타놀 • 무수초산 • 부 탄 • 클로로벤젠 • 에틸렌 • 초산비닐 • 프로필렌	• 가솔린 • 헥 산 • 2-부타놀 • 아이소프렌 • 헵 탄 • 염화부틸
ⅡB (2등급)	• 석탄가스 • 부타디엔	• 에틸렌 • 에틸렌옥사이드	• 황화수소
ⅡC (3등급)	• 수성가스 • 수 소	• 아세틸렌	
발화도 / 폭발등급	**T4**	**T5**	**T6**
ⅡA (1등급)	• 아세트알데하이드 • 다이에틸에테르 • 옥 탄		• 아질산에틸
ⅡB (2등급)			
ⅡC (3등급)		• 이황화탄소	• 질산에틸

㉣ 화염일주한계
- 화염이 전파되는 것을 저지할 수 있는 틈새의 최대 간격치
- 폭발성 분위기에 있는 용기의 접합면 틈새를 통해 화염이 내부에서 외부로 전파되는 것을 저지할 수 있는 틈새의 최대 간격치

㉤ 착화에너지 : $W=\frac{1}{2}CV^2$[J]

여기서, C : 극간 정전용량[F], V : 폭발한계전압[V]

㉥ 안전초저압(Safety Extra-low Voltage)의 범위 : 교류 50[V], 직류 120[V] 이하

㉦ 전기설비를 방폭구조로 설치하는 근본적인 이유 중 가장 타당한 이유
- 사업장에서 발생하는 화재, 폭발의 점화원으로서는 전기설비에 의한 것이 대단히 많으므로
- 사업장에서 발생하는 화재, 폭발의 점화원으로서는 전기설비가 원인이 되지 않도록 하기 위하여

㉧ 폭발성 가스의 폭발등급 측정에 사용되는 표준용기 : 내용적 8,000[cm^3], 반구상의 플랜지 접합면의 안 길이 25[mm]의 구상용기의 틈새를 통과시켜 화염일주한계를 측정하는 장치

㉨ 인증번호의 접미사
- 기호 U : 방폭부품을 나타내는 데 사용되는 인증번호의 접미사
- 기호 X : 방폭기기의 특정사용조건을 나타내는 데 사용되는 인증번호의 접미사이며 기기의 설치, 사용 및 유지보수에 대한 필수 정보가 인증서 상에 포함되어 있음을 명시하는 방법으로 사용된다.

핵심예제

1-1. 방폭지역 제0종 장소로 결정해야 할 곳으로 틀린 것은?

[2011년 제1회, 2017년 제1회]

① 인화성 또는 가연성 가스가 장기간 체류하는 곳
② 인화성 또는 가연성 물질을 취급하는 설비의 내부
③ 인화성 또는 가연성 액체가 존재하는 피트 등의 내부
④ 인화성 또는 가연성 증기의 순환통로를 설치한 내부

1-2. 다음 분진의 종류 중 폭연성 분진에 해당하는 것은?

[2013년 제1회 유사, 2013년 제3회]

① 합성수지
② 전 분
③ 비전도성 카본블랙(Carbon Black)
④ 알루미늄

1-3. 방폭 전기기기의 발화도의 온도등급과 최고표면온도에 의한 폭발성 가스의 분류표기를 가장 올바르게 나타낸 것은?

[2012년 제1회 유사, 2014년 제2회, 2018년 제1회 유사]

① T_1 : 450[℃] 이하　② T_2 : 350[℃] 이하
③ T_4 : 125[℃] 이하　④ T_6 : 100[℃] 이하

|해설|

1-1
인화성 또는 가연성 증기의 순환통로를 설치한 내부는 방폭지역 제0종 장소에 해당되지 않는다.

1-2
폭연성 분진 : 알루미늄, 알루미늄 브론즈, 마그네슘, 알루미늄 수지

1-3
② T_2 : 300[℃] 이하
③ T_4 : 135[℃] 이하
④ T_6 : 85[℃] 이하

정답 1-1 ④ 1-2 ④ 1-3 ①

핵심이론 02 방폭구조

① 방폭구조의 개요
㉠ 전기기기 방폭의 기본개념과 이를 이용한 방폭구조
- 점화원의 (방폭적) 격리 : 내압 방폭구조, 유입 방폭구조, 압력 방폭구조, 충전 방폭구조, 비점화 방폭구조, 몰드(캡슐) 방폭구조
- 전기기기(설비)의 안전도 증강 : 안전증 방폭구조
- 점화능력의 본질적 억제 : 본질안전 방폭구조

㉡ 설치장소의 위험도에 대한 방폭구조의 선정
- 0종 장소에서는 원칙적으로 본질 방폭구조를 사용한다.
- 2종 장소에서는 사용하는 전선관용 부속품은 KS에서 정하는 일반부품으로서 나사접속의 것을 사용할 수 있다.
- 두 종류 이상의 가스가 같은 위험장소에 존재하는 경우에는 그중 위험등급이 높은 것을 기준으로 방폭 전기기기의 등급을 선정하여야 한다.
- 유입 방폭구조는 1종 장소에서 사용을 피하는 것이 좋다.

㉢ 방폭설비의 보호등급(IP)
- 제1특성 숫자
  - 0(무보호형) : 특별한 보호를 하지 않음
  - 1(반보호형) : 지름 50[mm] 이상의 외부 분진에 대한 보호
  - 2(보호형) : 지름 12[mm] 이상의 외부 분진에 대한 보호
  - 3(반폐형) : 지름 2.5[mm] 이상의 외부 분진에 대한 보호
  - 4(전폐형) : 지름 1.0[mm] 이상의 외부 분진에 대한 보호
  - 5(반방진형) : 분진이 침입하여도 정상운전에 지장이 없도록 한 구조
  - 6(방진형) : 어떠한 고형이물도 침입하지 못하게 한 구조
- 제2특성 숫자
  - 0(무보호형) : 물의 침입에 대하여 특별히 보호를 하지 않는 구조
  - 1(반방적형) : 수직으로 떨어지는 물방울에 해로운 영향을 안 받는 구조

- 2(방적형) : 연적에서 15° 이내의 방향에 떨어지는 물방울에 해로운 영향을 안 받는 구조
- 3(방우형) : 연적에서 60° 이내의 방향에 떨어지는 물방울에 해로운 영향을 안 받는 구조
- 4(방말형) : 어떠한 방향에서도 떨어지는 물방울에 해로운 영향을 받지 않는 구조
- 5(방분류형) : 어떠한 방향에서도 강한 분류에 의하여 해로운 영향을 받지 않는 구조
- 6(방파랑형) : 어떠한 방향에서도 강한 파랑에 의하여 해로운 영향을 받지 않는 구조
- 7(방침형) : 지정한 압력 및 시간의 물속에 침수하여도 해로운 영향을 받지 않는 구조
- 8(수중형) : 지정압력의 물속에 무한침수하여도 물이 침입하지 못하도록 한 구조

㉣ 기기보호등급(EPL ; Equipment Protection Level) : 전기기기를 식별 및 선별하기 위해 폭발 위험장소에 설치되는 체계로서, 폭발 위험장소 내에 설치되는 전기기기가 점화원이 될 가능성을 토대로 전기기기에 지정된 보호 수준이다.

- 그룹구분 : 그룹Ⅰ(M : 광산), 그룹Ⅱ(G : 가스), 그룹Ⅲ(D : 분진)
  - Ga, Da, Ma : '매우 높은' 보호등급 기기
  - Gb, Db, Mb : '높은' 보호등급 기기
  - Gc, Dc : '강화된' 보호등급 기기
- 기기보호수준과 폭발위험장소와의 관계

기기보호수준	Ga	Gb	Gc	Da	Db	Dc
폭발위험장소	0	1	2	20	21	22

※ 폭발위험장소의 개념이 사용되지 않는 광산의 경우에는 적용하지 않는다.

- 위험장소만 명시되어 있는 경우 기기보호등급 구분 방법

위험장소	기기보호등급
0종	Ga
1종	Ga 또는 Gb
2종	Ga, Gb 또는 Gc

② 내압 방폭구조(기호 : d)

㉠ 내압 방폭구조의 개요

- 내압 방폭구조의 정의
  - 방폭형 기기에 폭발성 가스가 내부로 침입하여 내부에서 폭발이 발생하여도 이 압력에 견디도록 제작한 방폭구조
  - 전기설비 내부에서 발생한 폭발이 설비 주변에 존재하는 가연성 물질에 파급되지 않도록 한 방폭구조
  - 폭발성 가스가 있는 위험 장소에서 사용할 수 있는 전기설비의 방폭구조로서 내부에서 폭발하더라도 틈의 냉각효과로 인하여 외부의 폭발성 가스에 착화될 우려가 없는 방폭구조
  - 방폭 전기설비의 용기 내부에서 폭발성 가스 또는 수증기가 폭발하였을 때 용기가 그 압력에 견디고 접합면이나 개구부를 통해서 외부의 폭발성 가스나 증기에 인화되지 않도록 한 방폭구조
- 내압 방폭구조로 방폭 전기기기를 설계할 때 가장 중요하게 고려해야 할 사항 : 가연성 가스의 안전간극 또는 가연성 가스의 최대 안전틈새
- 전기기기의 내압 방폭구조의 선택요인 : 가연성 가스의 최대 안전틈새, 발화온도
- 가연성 가스의 폭발등급 및 이에 대응하는 내압 방폭구조 폭발등급의 분류기준 : 최대 안전틈새 범위
- 슬립링, 정류자 등은 내압 방폭구조로 하여야 한다.
- 내압 방폭구조는 내부 폭발에 의한 내용물 손상으로 영향을 미치는 기기에는 부적당하다.

㉡ 내압 방폭구조의 기본적 성능에 관한 사항(내압 방폭구조의 필요충분조건에 대한 사항)

- 내부에서 폭발할 경우 그 압력에 견딜 것
- 폭발화염이 외부로 유출(전파)되지 않을 것(이를 위하여 안전간극을 작게 한다)
- 외함의 표면온도가 주위의 가연성 가스, 외부의 폭발성 가스를 점화하지 않을 것
- 열을 최소 점화에너지 이하로 유지할 것(이를 위하여 화염일주한계를 작게 한다)

㉢ 내압 방폭금속관의 배선

- 전선관은 후강 전선관을 사용한다.
- 배관 인입 부분은 실링피팅(Sealing Fitting)을 설치하고 실링 콤파운드로 밀봉한다.

• 전선관과 전기기기와의 접속은 관용 평행나사에 의해 완전나사부가 '5턱' 이상 결합되도록 한다.
• 가요성을 요하는 접속 부분에는 플렉시블 피팅(Flexible Fitting)을 사용하고, 플렉시블 피팅은 비틀어서 사용해서는 안 된다.

㉣ 내압 방폭구조의 주요 시험항목 : 폭발강도, 인화시험, 기계적 강도시험, 수압시험, 화염침식시험, 난연성 시험, 밀봉시험

㉤ 내압 방폭용기 "d"
• 원통형 나사 접합부의 체결 나사산 수는 5산 이상이어야 한다.
• 가스/증기 그룹이 ⅡB일 때 내압 접합면과 장애물과의 최소 이격거리는 30[mm]이다.
• 용기 내부의 폭발이 용기 주위의 폭발성 가스 분위기로 화염이 전파되지 않도록 방지하는 부분은 내압방폭 접합부이다.
• 가스/증기 그룹이 ⅡC일 때 내압 접합면과 장애물과의 최소 이격거리는 40[mm]이다.

③ 유입 방폭구조(기호 : o)

㉠ 기름면 위에 존재하는 가연성 가스에 인화될 우려가 없도록 한 구조

㉡ 전기기기의 불꽃 또는 아크 발생 부분을 기름 속에 넣어 유면상에 존재하는 폭발성 가스에 인화될 우려가 없도록 한 구조

㉢ KS C IEC 60079-6에 따른 유입방폭구조 "o" 방폭장비의 최소 IP등급 : IP66

④ 압력 방폭구조(기호 : p)

㉠ 방폭 전기설비의 용기 내부에 보호가스를 압입하여 내부압력을 유지함으로써 폭발성 가스 또는 증기가 내부로 유입하지 않도록 된 방폭구조

㉡ 종류 : 밀봉식, 통풍식, 봉입식

⑤ 충전 방폭구조(기호 : q)

㉠ 위험분위기가 전기기기에 접촉되는 것을 방지할 목적으로 모래, 분체 등의 고체충진물로 채워서 위험원과 차단, 밀폐시키는 구조

㉡ 충진물은 불활성 물질이 사용되어야 한다.

⑥ 비점화 방폭구조(기호 : n)

㉠ 정상작동 상태에서 폭발 가능성은 없으나 이상 상태에서 짧은 시간 동안 폭발성 가스 또는 증기가 존재하는 지역에 사용 가능한 방폭구조

㉡ 정상운전 중인 고전압등까지도 적용 가능하며, 특히 계장설비에 에너지 발생을 제한한 본질안전구조의 대용으로 적용 가능하다.

⑦ 몰드(캡슐) 방폭구조(기호 : m)

㉠ 보호기기를 고체로 차단시켜 열적 안정을 유지하는 방폭구조

㉡ 유지 보수가 필요없는 기기를 영구적으로 보호하는 방법에 효과가 매우 크다.

㉢ 일반적으로 캡슐 방폭구조는 용기와 분리하여 사용하는 전자회로판 등에 사용하는데 충격, 진동 등 기계적 보호효과도 매우 크다.

⑧ 안전증 방폭구조(기호 : e)

㉠ 불꽃이나 아크 등이 발생하지 않는 기기의 경우 기기의 표면온도를 낮게 유지하여 고온으로 인한 착화의 우려를 없애고, 기계적·전기적으로 안전성을 높게 한 방폭구조

㉡ 전기기구의 권선, 에어갭, 접점부, 단자부 등과 같이 정상적인 운전 중에 불꽃, 아크 또는 과열이 생겨서는 안 될 부분에 이를 방지하거나 온도 상승을 제한하기 위하여 전기기기의 안전도를 증가시킨 구조

⑨ 본질안전 방폭구조(기호 : ia 또는 ib)

㉠ 기본적 개념은 점화능력의 본질적 억제이며 에너지가 1.3[W], 30[V] 및 250[mA] 이하인 개소에 적용 가능하다.

㉡ 공적 기관에서 점화시험 등의 방법으로 확인한 구조

㉢ 방폭지역에서 전기(전기기기와 권선 등)에 의한 스파크, 접점단락 등에서 발생되는 전기적 에너지를 제한하여 전기적 점화원 발생을 억제하고 만약 점화원이 발생하더라도 위험물질을 점화할 수 없다는 것이 시험을 통하여 확인될 수 있는 구조

㉣ 종류 : Exia(0종 장소에 사용), Exib(1종, 2종 장소에 사용)

- Exia
  - 정상적인 운전 중이나 어느 1개의 사고가 발생하였을 경우 또는 임의로 선택한 2개의 사고가 연합하여 발생하였을 경우에도 가연성 가스 또는 증기를 점화시킬 수 없는 전기계통이나 회로
  - 점화능력이 발생되지 못하도록 특수고장을 고려하여 정상운전 상태에서 단독고장, 각각의 병행고장 시 점화원이 발생되지 않는 구조
  - 0종 장소에 일반적으로 사용하고 있으며 보호용기로 또는 안전요소를 배가시킨 구조
- Exib
  - 정상적인 운전 중이나 어느 1개의 사고가 발생하였을 경우 가연성 가스 또는 증기를 점화시킬 수 없는 전기계통이나 회로
  - 정상 상태에서 또는 단순고장 상태에서 점화원이 발생되지 않는 구조
  - 0종 장소에서는 사용할 수 없다.
  - 기계설계 시 안전요소를 고려한 것이며 1종, 2종 장소에 사용할 수 있다.

㉤ 대표적인 본질안전 방폭구조의 예 : 온도, 압력, 액면유량 등의 검출용 측정기

 **핵심예제**

2-1. 전기기기 방폭의 기본개념과 이를 이용한 방폭구조로 볼 수 없는 것은?

[2010년 제1회 유사, 2012년 제3회, 2013년 제2회 유사, 2016년 제3회]

① 점화원의 격리 : 내압 방폭구조
② 폭발성 위험분위기 해소 : 유입 방폭구조
③ 전기기기 안전도의 증강 : 안전증 방폭구조
④ 점화능력의 본질적 억제 : 본질안전 방폭구조

2-2. 방폭구조와 기호의 연결이 틀린 것은?

[2010년 제1회 유사, 제2회 유사, 2013년 제2회, 2017년 제3회]

① 압력 방폭구조 : p
② 내압 방폭구조 : d
③ 안전증 방폭구조 : s
④ 본질안전 방폭구조 : ib

2-3. 폭발성 가스가 있는 위험 장소에서 사용할 수 있는 전기설비의 방폭구조로서 내부에서 폭발하더라도 틈의 냉각효과로 인하여 외부의 폭발성 가스에 착화될 우려가 없는 방폭구조는?

[2010년 제2회, 2012년 제2회, 2013년 제3회 유사, 2015년 제1회 유사, 2017년 제1회 유사]

① 내압 방폭구조
② 유입 방폭구조
③ 안전증 방폭구조
④ 본질안전 방폭구조

|해설|

2-1
유입 방폭구조는 점화원의 격리를 이용한 방폭구조이다.

2-2
안전증 방폭구조 : e

2-3
내압 방폭구조 : 전기설비 내부에서 발생한 폭발이 설비 주변에 존재하는 가연성 물질에 파급되지 않도록 한 구조

정답 **2-1** ② **2-2** ③ **2-3** ①

핵심이론 03 방폭 전기설비와 관리

① 방폭 전기설비

㉠ 방폭 전기설비 선정 시 유의사항 : 전기기기의 종류, 전기배선의 방법, 방폭구조의 종류

㉡ 방폭 전기기기의 성능을 나타내는 기호 표시 : 방폭구조, 분류(폭발등급), 온도등급, 보호등급, 기타사항

예 Ex d IIC T6 IP65 : 방폭구조(Ex d), 폭발등급(IIC), 온도등급(T6), 보호등급(IP65)

㉢ 금속관의 방폭형 부속품

- 아연도금을 한 것 위에 투명한 도료를 칠하거나 녹스는 것을 방지한 강 또는 가단주철일 것
- 안쪽면 및 끝부분은 전선피복이 손상되지 않도록 매끈할 것
- 전선관의 접속 부분의 나사는 5턱 이상 완전히 나사결합이 될 수 있는 길이일 것
- 가스증기 위험 장소의 금속관(후강) 배선에 의하여 시설하는 경우 관 상호 및 관과 박스 기타의 부속품, 풀박스 또는 전기기계·기구와는 5턱 이상 나사조임으로 접속하는 방법으로 견고하게 접속하여야 한다.
- 분진방폭 배선시설에 분진침투방지 재료로는 자기융착성 테이프가 적합하다.

㉣ 저압 방폭구조 배관·배선

- 전선관용 부속품은 방폭구조에 정한 것을 사용한다.
- 전선관용 부속품은 유효 접속면의 깊이(길이)를 나사산 5산 이상이 되도록 한다.
- 배선에서 케이블의 표면온도가 대상하는 발화온도에 충분한 여유가 있도록 한다.
- 가요성 피팅(Fitting)은 방폭구조를 이용하되 구부림 내측반경은 가요전선관 외경의 5배 이상으로 하여 비틀림이 없도록 하여야 한다.
- 노출 도전성 부분의 보호접지선
  - 전선관이 최대 지락전류를 안전하게 흐르게 할 때의 접지선으로 이용 가능하다.
  - 전선관이 충분한 지락전류를 흐르게 할 시에는 결합부에 본딩(Bonding)을 생략한다.
  - 접지선의 전선 또는 선심은 그 절연피복을 흰색 또는 회색을 사용한다.
  - 접지선은 600[V] 비닐절연전선 이상 성능을 갖는 전선을 사용한다.
- 폭연성 분진 또는 화약류의 분말이 존재하여 전기설비가 발화원이 되어 폭발할 우려가 있는 곳에 시설하는 저압 옥내 전기설비의 공사(배선)는 금속관 공사방법으로 한다.

㉤ 방폭구조의 고려사항

- 방폭구조의 선택은 가연성 가스의 화염일주한계, 발화온도에 의해서 좌우된다.
- 가스폭발 1종 위험장소의 방폭구조 : 내압 방폭구조, 압력 방폭구조, 유입 방폭구조, 충전 방폭구조, 안전증 방폭구조, 본질안전 방폭구조, 몰드 방폭구조 등
- 가스폭발 2종 위험장소의 방폭구조 : 비점화 방폭구조

② 방폭 전기기기(설비)의 관리

㉠ 방폭 전기설비 계획 수립 시의 기본방침

- 가연성 가스 및 가연성 액체의 위험특성 확인
- 시설 장소 제반조건의 검토
- 전기설비 배치의 결정
- 위험 장소 종별 및 범위의 결정
- 방폭 전기설비의 선정

㉡ 방폭지역에 전기기기를 설치할 때의 적당한 위치

- 운전·조작·조정이 편리한 위치
- 수분이나 습기에 노출되지 않는 위치
- 정비에 필요한 공간이 확보되는 위치
- 부식성 가스 발산구 주변 검지가 용이한 위치는 설치에 부적당한 위치이므로 설치 시 피해야 한다.

㉢ 폭발 위험 장소에 전기설비를 설치할 때 전기적인 방호조치

- 본질안전 및 에너지 제한 회로에는 적용하지 않는다.
- 배선은 단락·지락사고 시의 영향과 과부하로부터 보호한다.
- 다상 전기기기는 결상운전으로 인한 과열방지조치를 한다.
- 단락보호장치 및 지락보호장치는 고장상태에서 자동복구가 되지 않도록 한다.
- 자동차단이 점화의 위험보다 클 때는 경보장치를 사용한다.

• 모든 전기기기는 단락사고 및 지락사고 시의 위해한 영향과 과부하로부터 보호하여야 한다.
• 회전전기기계, 발전기의 경우 정격전압 및 정격주파수에서의 기동전류 또는 단락전류에 이상 과열 없이 연속적으로 견딜 수 없다면, 다음과 같은 과부하 보호조치를 추가하여야 한다.
  – 전기기계의 정격전류보다 크지 않은 값에서 3상 모두를 감시할 수 있는 전류 종속・시간지연보호장치를 설치하되, 설정 전류의 1.05배에서 2시간 이내에 작동되지 않고 1.2배에서 2시간 이내에 작동
  – 내장된 온도감지기에 의한 직접적인 온도제어장치
  – 기타 이와 동등 이상의 장치
• 변압기는 정격전압 및 정격주파수에서 2차 단락전류를 이상 과열 없이 연속적으로 견딜 수 없거나 또는 접속된 부하의 사고에 따라 과부하가 될 우려가 없는 경우에는 과부하 보호장치를 추가하여야 한다.

㉣ 폭발 위험 장소에서 점화성 불꽃이 발생하지 않도록 전기설비를 설치하는 방법
• 낙뢰방호조치를 위한다.
• 모든 설비를 등전위시킨다.
• 정전기 영향을 안전한계 이내로 줄인다.
• 0종 장소에는 본질안전회로의 배선을 한다.

㉤ 절연방호구의 설치
• 일반적으로 고압충전로 근접작업 시 접근한계 이격거리가 적절하지 않은 경우 충전전로에 절연방호구를 설치하여야 한다.
• 절연방호구의 설치기준 : 충전전로에 대하여 머리 위로 30[cm] 이내이거나 신체 또는 발아래로의 거리가 60[cm] 이내로 접근한 경우에 설치하여야 한다.

㉥ 방폭 전기설비의 보수작업 전 준비사항
• 작업자의 지식 및 기능
• 정전의 필요성 유무와 정전범위의 결정 및 확인
• 방폭지역 구분도 등의 관련서류 및 도면
• 보수내용의 명확화
• 공구, 재료, 취급 부품 등의 준비
• 폭발성 가스 등의 존재 유무와 비방폭지역으로서의 취급

㉦ 화재, 폭발 위험분위기의 생성방지방법
• 폭발성 가스의 누설방지
• 폭발성 가스의 체류방지
• 가연성 가스의 방출방지

㉧ 전기설비 사용 장소의 폭발 위험성에 대한 위험 장소 판정 시의 기준
• 위험가스의 현존 가능성
• 통풍의 정도
• 위험가스의 특징
• 위험증기의 양
• 작업자에 의한 영향

㉨ 분진폭발 방지대책
• 작업장 등은 분진이 퇴적하지 않는 형상으로 한다.
• 분진취급장치에는 유효한 집진장치를 설치한다.
• 분체 프로세스장치는 밀폐화하고 누설이 없도록 한다.
• 분진폭발의 우려가 있는 작업장은 옥외의 안전한 장소로 격리시킨다.

핵심예제

3-1. 방폭 전기기기의 성능을 나타내는 기호표시로 EX PⅡ A T5를 나타내었을 때 관계가 없는 표시 내용은? [2017년 제2회]

① 온도등급 ② 폭발성능
③ 방폭구조 ④ 폭발등급

3-2. 금속관의 방폭형 부속품에 관한 설명 중 틀린 것은?
[2010년 제3회, 2012년 제3회]

① 아연도금을 한 것 위에 투명한 도료를 칠하거나 녹스는 것을 방지한 강 또는 가단주철일 것
② 안쪽면 및 끝부분은 전선피복이 손상되지 않도록 매끈할 것
③ 전선관의 접속 부분의 나사는 5턱 이상 완전히 나사결합이 될 수 있는 길이일 것
④ 접합면 중 나사의 접합은 유입 방폭구조의 폭발압력시험에 적합할 것

|해설|

3-1
방폭 전기기기의 성능을 나타내는 기호 표시에 폭발성능의 표시는 해당되지 않는다.

3-2
접합면 중 나사의 접합은 유입 방폭구조의 폭발압력시험과는 무관하다.

정답 3-1 ② 3-2 ④

제5절 한국전기설비규정(KEC)

핵심 이론 01 공통사항

① 일반사항

㉠ 전압의 구분

구 분	교류(AC)	직류(DC)
저 압	1[kV] 이하	1.5[kV] 이하
고 압	1[kV] 초과 7[kV] 이하	1.5[kV] 초과 7[kV] 이하
특고압	7[kV] 초과	

㉡ 용어 이해

- KEC(Korea Electro-technical Code : 한국전기설비규정) : 전기설비기술기준 고시에서 정하는 전기설비(발전, 송전, 변전, 배전 또는 전기사용을 위하여 설치하는 기계, 기구, 댐, 수로, 저수지, 전선로, 보안통신선로 및 그 밖의 설비)의 안전성능과 기술적 요구사항을 구체적으로 정한 규정이며 적용범위는 공통사항, 저압전기설비, 고압·특고압전기설비, 전기철도설비, 분산형 전원설비, 발전용 화력설비, 발전용 수력설비, 그 밖에 기술기준에서 정하는 전기설비 등이다.
- 가공인입선 : 가공전선로의 지지물로부터 다른 지지물을 거치지 아니하고 수용장소의 붙임점에 이르는 가공전선
- 가섭선(架涉線) : 지지물에 가설되는 모든 선류
- 거리(KS C IEC 60079-0)
  - 연면거리(Creepage Distance) : 두 도전부 사이의 고체 절연물 표면을 따른 최단거리
  - 전기적 간격(Spacings, Electrical) : 다른 전위를 갖고 있는 도전부 사이의 이격거리
  - 절연공간거리(Clearance) : 두 도전부 사이의 공간을 통한 최단거리
  - 충전물 통과거리(Distance Through Casting Compound) : 두 도전부 사이의 충전물을 통과한 최단거리
  - 코팅 시의 연면거리(Distance Under Coating) : 절연코팅으로 덮인 절연매체(Insulating Medium)의 표면을 따른 도전부 사이의 최단거리
- 계통연계(계통연락) : 둘 이상의 전력계통 사이를 전력이 상호 융통될 수 있도록 선로를 통하여 연결하는 것으로 전력계통 상호 간을 송전선, 변압기 또는 직류-교류변환설비 등에 연결하는 것
- 계통접지(System Earthing) : 전력계통에서 돌발적으로 발생하는 이상현상에 대비하여 대지와 계통을 연결하는 것으로, 중성점을 대지에 접속하는 것
- 관등회로 : 방전등용 안정기 또는 방전등용 변압기로부터 방전관까지의 전로
- 등전위본딩(Equipotential Bonding) : 등전위를 형성하기 위해 도전부 상호 간을 전기적으로 연결하는 것
- 등전위본딩망(Equipotential Bonding Network) : 구조물의 모든 도전부와 충전도체를 제외한 내부설비를 접지극에 상호 접속하는 망
- 보호도체(PC ; Protective Conductor) : 감전에 대한 보호 등 안전을 위해 제공되는 도체
- 보호등전위본딩(Protective Equipotential Bonding) : 감전에 대한 보호 등과 같이 안전을 목적으로 하는 등전위본딩
- 보호본딩도체(Protective Bonding Conductor) : 보호등전위본딩을 제공하는 보호도체
- 보호접지(Protective Earthing) : 고장 시 감전에 대한 보호를 목적으로 기기의 한 점 또는 여러 점을 접지하는 것
- 분산형 전원 : 중앙급전 전원과 구분되는 것으로서 전력소비지역 부근에 분산하여 배치 가능한 전원(상용전원의 정전 시에만 사용하는 비상용 예비전원은 제외하며, 신·재생에너지 발전설비, 전기저장장치 등을 포함)
- 옥측배선 : 건축물 외부의 전기사용장소에서 그 전기사용장소에서의 전기사용을 목적으로 조영물에 고정시켜 시설하는 전선
- 수뢰부시스템(Air-Termination System) : 낙뢰를 포착할 목적으로 돌침, 수평도체, 메시도체 등과 같은 금속 물체를 이용한 외부피뢰시스템의 일부를 말한다.
- 접근상태 : 제1차 접근상태 및 제2차 접근상태
  - 제1차 접근상태 : 가공전선이 다른 시설물과 접근(병행하는 경우를 포함, 교차하는 경우 및 동일 지지물에 시설하는 경우는 제외)하는 경우에 가공전

선이 다른 시설물의 위쪽 또는 옆쪽에서 수평거리로 가공전선로의 지지물의 지표상의 높이에 상당하는 거리 안에 시설(수평거리로 3[m] 미만인 곳에 시설되는 것은 제외)됨으로써 가공전선로의 전선의 절단, 지지물의 도괴 등의 경우에 그 전선이 다른 시설물에 접촉할 우려가 있는 상태
- 제2차 접근상태 : 가공전선이 다른 시설물과 접근하는 경우에 그 가공전선이 다른 시설물의 위쪽 또는 옆쪽에서 수평거리로 3[m] 미만인 곳에 시설되는 상태

• 접지전위 상승(EPR ; Earth Potential Rise) : 접지계통과 기준대지 사이의 전위차
• 접촉범위(Arm's Reach) : 사람이 통상적으로 서있거나 움직일 수 있는 바닥면상의 어떤 점에서라도 보조장치의 도움 없이 손을 뻗어서 접촉이 가능한 접근구역
• 정격전압 : 발전기가 정격운전상태에 있을 때, 동기기 단자에서의 전압
• 중성선 다중접지 방식 : 전력계통의 중성선을 대지에 다중으로 접속하고, 변압기의 중성점을 그 중성선에 연결하는 계통접지 방식
• 지락전류(Earth Fault Current) : 충전부에서 대지 또는 고장점(지락점)의 접지된 부분으로 흐르는 전류. 지락에 의하여 전로의 외부로 유출되어 화재, 사람이나 동물의 감전 또는 전로나 기기의 손상 등 사고를 일으킬 우려가 있는 전류
• 지중 관로 : 지중 전선로 · 지중 약전류 전선로 · 지중 광섬유 케이블 선로 · 지중에 시설하는 수관 및 가스관과 이와 유사한 것 및 이들에 부속하는 지중함 등
• 충전부(Live Part) : 통상적인 운전상태에서 전압이 걸리도록 되어 있는 도체 또는 도전부(중성선을 포함하나 PEN 도체, PEM 도체 및 PEL 도체는 포함하지 않는다)
• PEN 도체(Protective Earthing Conductor and Neutral Conductor) : 교류회로에서 중성선 겸용 보호도체
• PEM 도체(Protective Earthing Conductor and a Mid-point Conductor) : 직류회로에서 중간선 겸용 보호도체
• PEL 도체(Protective Earthing Conductor and a Line Conductor) : 직류회로에서 선도체 겸용 보호도체
• 피뢰등전위본딩(Lightning Equipotential Bonding) : 뇌전류에 의한 전위차를 줄이기 위해 직접적인 도전접속 또는 서지보호장치를 통하여 분리된 금속부를 피뢰시스템에 본딩하는 것
• 피뢰레벨(LPL ; Lightning Protection Level) : 자연적으로 발생하는 뇌방전을 초과하지 않는 최대 그리고 최소 설계 값에 대한 확률과 관련된 일련의 뇌격전류 매개변수(파라미터)로 정해지는 레벨
• 피뢰시스템(LPS ; Lightning Protection System) : 구조물 뇌격으로 인한 물리적 손상을 줄이기 위해 사용되는 전체 시스템(외부 피뢰시스템과 내부 피뢰시스템으로 구성)
• 피뢰시스템의 자연적 구성부재(Natural Component of LPS) : 피뢰의 목적으로 특별히 설치하지는 않았으나 추가로 피뢰시스템으로 사용될 수 있거나, 피뢰시스템의 하나 이상의 기능을 제공하는 도전성 구성부재
• 활동 : 흙에서 전단파괴가 일어나서 어떤 연결된 면을 따라서 엇갈림이 생기는 현상

㉢ 안전을 위한 보호대책
• 감전에 대한 보호(기본보호, 고장보호)
• 열영향에 대한 보호
• 과전류에 대한 보호
• 고장전류에 대한 보호
• 과전압 및 전자기 장애에 대한 대책
• 전원공급 중단에 대한 보호

② 전 선

㉠ 전선 일반 요구사항 및 선정
• 전선은 통상 사용상태에서의 온도에 견디는 것이어야 한다.
• 전선은 설치장소의 환경조건에 적절하고 발생할 수 있는 전기 · 기계적 응력에 견디는 능력이 있는 것을 선정하여야 한다.
• 전선은 「전기용품 및 생활용품 안전관리법」의 적용을 받는 것 이외에는 한국산업표준(KS)에 적합한 것을 사용하여야 한다.

㉡ 전선의 식별

- 전선 색상

상(문자)	색 상
L1	갈 색
L2	흑 색
L3	회 색
N	청 색
보호도체	녹색-노란색

- 색상 식별이 종단 및 연결 지점에서만 이루어지는 나도체 등은 전선 종단부에 색상이 반영구적으로 유지될 수 있는 도색, 밴드, 색 테이프 등의 방법으로 표시해야 한다.
- 상기를 제외한 전선의 식별은 KS C IEC 60445(인간과 기계 간 인터페이스, 표시 식별의 기본 및 안전원칙-장비단자, 도체단자 및 도체의 식별)에 적합하여야 한다.

㉢ 전선의 접속

- 전선의 전기저항을 증가시키지 아니하도록 접속할 것
- 나전선 상호 또는 나전선과 절연전선 또는 캡타이어 케이블과 접속하는 경우에는 다음에 의할 것
  - 전선의 세기(인장하중으로 표시)를 20[%] 이상 감소시키지 아니할 것. 다만, 점퍼선을 접속하는 경우와 기타 전선에 가하여지는 장력이 전선의 세기에 비하여 현저히 작을 경우에는 적용하지 않는다.
  - 접속부분은 접속관 기타의 기구를 사용할 것. 다만, 가공전선 상호, 전차선 상호 또는 광산의 갱도 안에서 전선 상호를 접속하는 경우에 기술상 곤란할 때에는 적용하지 않는다.
- 절연전선 상호・절연전선과 코드, 캡타이어 케이블과 접속하는 경우에는 상기의 규정에 준하는 이외에 접속되는 절연전선의 절연물과 동등 이상의 절연성능이 있는 접속기를 사용하거나 접속부분을 그 부분의 절연전선의 절연물과 동등 이상의 절연성능이 있는 것으로 충분히 피복할 것
- 코드 상호, 캡타이어 케이블 상호 또는 이들 상호를 접속하는 경우에는 코드 접속기・접속함 기타의 기구를 사용할 것. 다만 공칭단면적이 10[mm^2] 이상인 캡타이어 케이블 상호를 접속하는 경우에는 접속부분을 상기의 규정에 준하여 시설하고 또한, 절연피복을 완전히 유화(硫化)하거나 접속부분의 위에 견고한 금속제의 방호장치를 할 때 또는 금속 피복이 아닌 케이블 상호를 상기의 규정에 준하여 접속하는 경우에는 적용하지 않는다.
- 도체에 알루미늄, 알루미늄 합금을 사용하는 전선과 동, 동합금을 사용하는 전선을 접속하는 등 전기화학적 성질이 다른 도체를 접속하는 경우에는 접속부분에 전기적 부식이 생기지 않도록 할 것
- 도체에 알루미늄, 알루미늄합금을 사용하는 절연전선 또는 케이블을 옥내배선・옥측배선 또는 옥외배선에 사용하는 경우에 그 전선을 접속할 때에는 가정용 및 이와 유사한 용도의 저전압용 접속기구의 구조, 절연저항 및 내전압, 기계적 강도, 온도 상승, 내열성에 적합한 기구를 사용할 것
- 두 개 이상의 전선을 병렬로 사용하는 경우에는 다음에 의하여 시설할 것
  - 병렬로 사용하는 각 전선의 굵기는 동선 50[mm^2] 이상 또는 알루미늄 70[mm^2] 이상으로 하고, 전선은 같은 도체, 같은 재료, 같은 길이 및 같은 굵기의 것을 사용할 것
  - 같은 극의 각 전선은 동일한 터미널러그에 완전히 접속할 것
  - 같은 극인 각 전선의 터미널러그는 동일한 도체에 2개 이상의 리벳 또는 2개 이상의 나사로 접속할 것
  - 병렬로 사용하는 전선에는 각각에 퓨즈를 설치하지 말 것
  - 교류회로에서 병렬로 사용하는 전선은 금속관 안에 전자적 불평형이 생기지 않도록 시설할 것
- 밀폐된 공간에서 전선의 접속부에 사용하는 테이프 및 튜브 등 도체의 절연에 사용되는 절연피복은 전기용 점착 테이프에 적합한 것을 사용할 것

③ 전로의 절연

㉠ 전로의 절연 원칙 : 전로는 다음 이외에는 대지로부터 절연하여야 한다.

- 수용장소의 인입구의 접지, 고압 또는 특고압과 저압의 혼촉에 의한 위험방지 시설, 피뢰기의 접지, 특고압 가공전선로의 지지물에 시설하는 저압 기계기구 등의 시설, 옥내에 시설하는 저압 접촉전선 공사 또는 아크 용접장치의 시설에 따라 저압전로에 접지공사를 하는 경우의 접지점

- 고압 또는 특고압과 저압의 혼촉에 의한 위험방지시설, 전로의 중성점의 접지 또는 옥내의 네온 방전등 공사에 따라 전로의 중성점에 접지공사를 하는 경우의 접지점
- 계기용 변성기의 2차측 전로의 접지에 따라 계기용 변성기의 2차측 전로에 접지공사를 하는 경우의 접지점
- 특고압 가공전선과 저고압 가공전선의 병가에 따라 저압 가공전선의 특고압 가공전선과 동일 지지물에 시설되는 부분에 접지공사를 하는 경우의 접지점
- 중성점이 접지된 특고압 가공선로의 중성선에 25[kV] 이하인 특고압 가공전선로의 시설에 따라 다중접지를 하는 경우의 접지점
- 파이프라인 등의 전열장치의 시설에 따라 시설하는 소구경관(박스 포함)에 접지공사를 하는 경우의 접지점
- 저압전로와 사용전압이 300[V] 이하의 저압전로[자동제어회로・원방조작회로・원방감시장치의 신호회로 기타 이와 유사한 전기회로(이하 "제어회로 등"이라 한다)에 전기를 공급하는 전로에 한한다]를 결합하는 변압기의 2차측 전로에 접지공사를 하는 경우의 접지점
- 다음과 같이 절연할 수 없는 부분
  - 시험용 변압기, 기구 등의 전로의 절연내력 단서에 규정하는 전력선 반송용 결합 리액터, 전기울타리의 시설에 규정하는 전기울타리용 전원장치, 엑스선 발생장치(엑스선관, 엑스선관용변압기, 음극 가열용 변압기 및 이의 부속장치와 엑스선관 회로의 배선), 전기부식방지시설에 규정하는 전기부식방지용 양극, 단선식 전기철도의 귀선(가공 단선식 또는 제3레일식 전기철도의 레일 및 그 레일에 접속하는 전선) 등 전로의 일부를 대지로부터 절연하지 아니하고 전기를 사용하는 것이 부득이한 것
  - 전기욕기・전기로・전기보일러・전해조 등 대지로부터 절연하는 것이 기술상 곤란한 것
- 저압 옥내 직류전기설비의 접지에 의하여 직류계통에 접지공사를 하는 경우의 접지점

㉡ 전로의 절연저항 및 절연내력

- 사용전압이 저압인 전로의 절연성능은 전기설비기술기준 제52조를 충족하여야 한다. 다만, 저압전로에서 정전이 어려운 경우 등 절연저항 측정이 곤란한 경우 저항성분의 누설전류가 1[mA] 이하이면 그 전로의 절연성능은 적합한 것으로 본다.
- 고압 및 특고압의 전로(131, 회전기, 정류기, 연료전지 및 태양전지 모듈의 전로, 변압기의 전로, 기구 등의 전로 및 직류식 전기철도용 전차선을 제외)는 다음 표에서 정한 시험전압을 전로와 대지 사이(다심케이블은 심선 상호간 및 심선과 대지 사이)에 연속하여 10분간 가하여 절연내력을 시험하였을 때에 이에 견디어야 한다. 다만, 전선에 케이블을 사용하는 교류전로로서 다음 표에서 정한 시험전압의 2배의 직류전압을 전로와 대지 사이(다심케이블은 심선 상호 간 및 심선과 대지 사이)에 연속하여 10분간 가하여 절연내력을 시험하였을 때에 이에 견디는 것에 대하여는 그러하지 아니하다.
- 전로의 종류 및 시험전압

전로의 종류	시험전압
ⓐ 최대 사용전압 7[kV] 이하인 전로	최대 사용전압의 1.5배의 전압
ⓑ 최대 사용전압 7[kV] 초과 25[kV] 이하인 중성점 접지식 전로(중성선을 가지는 것으로 중성선을 다중접지 하는 것)	최대 사용전압의 0.92배의 전압
ⓒ 최대 사용전압 7[kV] 초과 60[kV] 이하인 전로(ⓑ의 것을 제외)	최대 사용전압의 1.25배의 전압(10.5[kV] 미만으로 되는 경우는 10.5[kV])
ⓓ 최대 사용전압 60[kV] 초과 중성점 비접지식 전로(전위 변성기를 사용하여 접지하는 것을 포함)	최대 사용전압의 1.25배의 전압
ⓔ 최대 사용전압 60[kV] 초과 중성점 접지식 전로(전위 변성기를 사용하여 접지하는 것 및 ⓕ와 ⓖ의 것을 제외)	최대 사용전압의 1.1배의 전압(75[kV] 미만으로 되는 경우에는 75[kV])
ⓕ 최대 사용전압이 60[kV] 초과 중성점 직접 접지식 전로(ⓖ의 것을 제외)	최대 사용전압의 0.72배의 전압

<table>
<tr><th>전로의 종류</th><th>시험전압</th></tr>
<tr><td>ⓖ 최대 사용전압이 170[kV] 초과 중성점 직접 접지식 전로로서 그 중성점이 직접 접지되어 있는 발전소 또는 변전소 혹은 이에 준하는 장소에 시설하는 것</td><td>최대 사용전압의 0.64배의 전압</td></tr>
<tr><td rowspan="2">ⓗ 최대 사용전압이 60[kV]를 초과하는 정류기에 접속되고 있는 전로</td><td>교류측 및 직류 고전압측에 접속되고 있는 전로는 교류측의 최대 사용전압의 1.1배의 직류전압</td></tr>
<tr><td>직류 저압측 전로(직류측 중성선 또는 귀선이 되는 전로)는 다음에 규정하는 계산식에 의하여 구한 값</td></tr>
</table>

- 상기 표의 ⓗ에 따른 직류 저압측 전로의 절연내력시험 전압의 계산방법은 다음과 같이 한다.

  $E = V \times \frac{1}{\sqrt{2}} \times 0.5 \times 1.2$

  E : 교류 시험 전압(단위 : [V])

  V : 역변환기의 전류 실패 시 중성선 또는 귀선이 되는 전로에 나타나는 교류성 이상전압의 파고값(단위 : [V]). 다만, 전선에 케이블을 사용하는 경우 시험전압은 E의 2배의 직류전압으로 한다.
- 최대 사용전압이 60[kV]를 초과하는 중성점 직접접지식 전로에 사용되는 전력케이블은 정격전압을 24시간 가하여 절연내력을 시험하였을 때 이에 견디는 경우, 상기의 규정에 의하지 아니할 수 있다(참고표준 : IEC 62067 및 IEC 60840).
- 최대 사용전압이 170[kV]를 초과하고 양단이 중성점 직접접지 되어 있는 지중전선로는, 최대 사용전압의 0.64배의 전압을 전로와 대지 사이(다심케이블에 있어서는, 심선 상호 간 및 심선과 대지 사이)에 연속 60분간 절연내력시험을 했을 때 견디는 것인 경우 상기의 규정에 의하지 아니할 수 있다.
- 특고압전로와 관련되는 절연내력은 설치하는 기기의 종류별 시험성적서 확인 또는 절연내력 확인방법에 적합한 시험 및 측정을 하고 결과가 적합한 경우에는 상기(표의 ⓐ는 제외)의 규정에 의하지 아니할 수 있다.
- 고압 및 특고압의 전로에 전선으로 사용하는 케이블의 절연체가 XLPE 등 고분자재료인 경우 0.1[Hz] 정현파 전압을 상전압의 3배 크기로 전로와 대지 사이에 연속하여 1시간 가하여 절연내력을 시험하였을 때에 이에 견디는 것에 대하여는 상기의 규정에 따르지 아니할 수 있다.

㉢ 회전기 및 정류기의 절연내력

- 회전기 및 정류기는 상기 표에서 정한 시험방법으로 절연내력을 시험하였을 때에 이에 견디어야 한다. 다만, 회전변류기 이외의 교류의 회전기로 다음 표에서 정한 시험전압의 1.6배의 직류전압으로 절연내력을 시험하였을 때 이에 견디는 것을 시설하는 경우에는 그러하지 아니하다.
- 회전기 및 정류기 시험전압

<table>
<tr><th colspan="3">종 류</th><th>시험전압</th><th>시험방법</th></tr>
<tr><td rowspan="3">회
전
기</td><td rowspan="2">발전기·전동기·조상기·기타 회전기(회전변류기는 제외)</td><td>최대 사용전압 7[kV] 이하</td><td>최대 사용전압의 1.5배의 전압(500[V] 미만으로 되는 경우에는 500[V])</td><td rowspan="3">권선과 대지 사이에 연속하여 10분간 가한다.</td></tr>
<tr><td>최대 사용전압 7[kV] 초과</td><td>최대 사용전압의 1.25배의 전압(10.5[kV] 미만으로 되는 경우에는 10.5[kV])</td></tr>
<tr><td colspan="2">회전변류기</td><td>직류측의 최대 사용전압의 1배의 교류전압(500[V] 미만으로 되는 경우에는 500[V])</td></tr>
<tr><td rowspan="2">정
류
기</td><td colspan="2">최대 사용전압 60[kV] 이하</td><td>직류측의 최대 사용전압의 1배의 교류전압(500[V] 미만으로 되는 경우에는 500[V])</td><td>충전부분과 외함 간에 연속하여 10분간 가한다.</td></tr>
<tr><td colspan="2">최대 사용전압 60[kV] 초과</td><td>교류측의 최대 사용전압의 1.1배의 교류전압 또는 직류측의 최대 사용전압의 1.1배의 직류전압</td><td>교류측 및 직류 고전압측 단자와 대지 사이에 연속하여 10분간 가한다.</td></tr>
</table>

㉣ 연료전지 및 태양전지 모듈의 절연내력 : 연료전지 및 태양전지 모듈은 최대 사용전압의 1.5배의 직류전압 또는 1배의 교류전압(500[V] 미만으로 되는 경우에는 500[V])을 충전부분과 대지 사이에 연속하여 10분간 가하여 절연내력을 시험하였을 때에 이에 견디는 것이어야 한다.

㉤ 변압기 전로의 절연내력

권선의 종류	시험전압	시험방법
ⓐ 최대 사용전압 7[kV] 이하	최대 사용전압의 1.5배의 전압(500[V] 미만으로 되는 경우에는 500[V]) 다만, 중성점이 접지되고 다중접지된 중성선을 가지는 전로에 접속하는 것은 0.92배의 전압(500[V] 미만으로 되는 경우에는 500[V])	시험되는 권선과 다른 권선, 철심 및 외함 간에 시험전압을 연속하여 10분간 가한다.
ⓑ 최대 사용전압 7[kV] 초과 25[kV] 이하의 권선으로서 중성점 접지식 전로(중선선을 가지는 것으로서 그 중성선에 다중접지를 하는 것에 한한다)에 접속하는 것	최대 사용전압의 0.92배의 전압	
ⓒ 최대 사용전압 7[kV] 초과 60[kV] 이하의 권선(ⓑ의 것을 제외한다)	최대 사용전압의 1.25배의 전압(10.5[kV] 미만으로 되는 경우에는 10.5[kV])	–
ⓓ 최대 사용전압이 60[kV]를 초과하는 권선으로서 중성점 비접지식 전로(전위변성기를 사용하여 접지하는 것을 포함한다. ⓗ의 것을 제외한다)에 접속하는 것	최대 사용전압의 1.25배의 전압	
ⓔ 최대 사용전압이 60[kV]를 초과하는 권선(성형결선, 또는 스콧결선의 것에 한한다)으로서 중성점 접지식 전로(전위 변성기를 사용하여 접지하는 것, ⓕ 및 ⓗ의 것을 제외한다)에 접속하고 또한 성형결선의 권선의 경우에는 그 중성점에, 스콧결선의 권선의 경우에는 T좌권선과 주좌권선의 접속점에 피뢰기를 시설하는 것	최대 사용전압의 1.1배의 전압(75[kV] 미만으로 되는 경우에는 75[kV])	시험되는 권선의 중성점 단자(스콧결선의 경우에는 T좌권선과 주좌권선의 접속점 단자. 이하 이 표에서 같다) 이외의 임의의 1단자, 다른 권선(다른 권선이 2개 이상 있는 경우에는 각 권선)의 임의의 1단자, 철심 및 외함을 접지하고 시험되는 권선의 중성점 단자 이외의 각 단자에 3상교류의 시험전압을 연속하여 10분간 가한다. 다만, 3상교류의 시험전압 가하기 곤란할 경우에는 시험되는 권선의 중성점 단자 및 접지되는 단자 이외의 임의의 1단자와 대지 사이에 단상교류의 시험전압을 연속하여 10분간 가하고 다시 중성점 단자와 대지 사이에 최대 사용전압의 0.64배(스콧결선의 경우에는 0.96배)의 전압을 연속하여 10분간 가할 수 있다.
ⓕ 최대 사용전압이 60[kV]를 초과하는 권선(성형결선의 것에 한한다. ⓗ의 것을 제외한다)으로서 중성점 직접 접지식 전로에 접속하는 것. 다만, 170[kV]를 초과하는 권선에는 그 중성점에 피뢰기를 시설하는 것에 한한다.	최대 사용전압의 0.72배의 전압	시험되는 권선의 중성점 단자, 다른 권선(다른 권선이 2개 이상 있는 경우에는 각 권선)의 임의의 1단자, 철심 및 외함을 접지하고 시험되는 권선의 중성점 단자 이외의 임의의 1단자와 대지 사이에 시험전압을 연속하여 10분간 가한다. 이 경우에 중성점에 피뢰기를 시설하는 것에 있어서는 다시 중성점 단자의 대지 간에 최대 사용전압의 0.3배의 전압을 연속하여 10분간 가한다.

권선의 종류	시험전압	시험방법
ⓖ 최대 사용전압이 170[kV]를 초과하는 권선(성형결선의 것에 한한다. ⓗ의 것을 제외한다)으로서 중성점 직접 접지식 전로에 접속하고 또한 그 중성점을 직접 접지하는 것	최대 사용전압의 0.64배의 전압	시험되는 권선의 중성점 단자, 다른 권선(다른 권선이 2개 이상 있는 경우에는 각 권선)의 임의의 1단자, 철심 및 외함을 접지하고 시험되는 권선의 중성점 단자 이외의 임의의 1단자와 대지 사이에 시험전압을 연속하여 10분간 가한다.
ⓗ 최대 사용전압이 60[kV]를 초과하는 정류기에 접속하는 권선	정류기의 교류측의 최대 사용전압의 1.1배의 교류전압 또는 정류기의 직류측의 최대 사용전압의 1.1배의 직류전압	시험되는 권선과 다른 권선, 철심 및 외함 간에 시험전압을 연속하여 10분간 가한다.
ⓘ 기타 권선	최대 사용전압의 1.1배의 전압(75[kV] 미만으로 되는 경우는 75[kV])	시험되는 권선과 다른 권선, 철심 및 외함 간에 시험전압을 연속하여 10분간 가한다.

ⓗ 기구 등의 전로의 절연내력

- 개폐기 · 차단기 · 전력용 커패시터 · 유도전압조정기 · 계기용 변성기 기타의 기구의 전로 및 발전소 · 변전소 · 개폐소 또는 이에 준하는 곳에 시설하는 기계기구의 접속선 및 모선(전로를 구성하는 것에 한한다. 이하 "기구 등의 전로")은 다음 표에서 정하는 시험전압을 충전 부분과 대지 사이(다심케이블은 심선 상호 간 및 심선과 대지 사이)에 연속하여 10분간 가하여 절연내력을 시험하였을 때에 이에 견디어야 한다. 다만, 접지형 계기용 변압기 · 전력선 반송용 결합커패시터 · 뇌서지 흡수용 커패시터 · 지락검출용 커패시터 · 재기전압 억제용 커패시터 · 피뢰기 또는 전력선 반송용 결합리액터로서 표준에 적합한 것 혹은 전선에 케이블을 사용하는 기계기구의 교류의 접속선 또는 모선으로서 다음 표에서 정한 시험전압의 2배의 직류전압을 충전 부분과 대지 사이(다심케이블에서는 심선 상호 간 및 심선과 대지 사이)에 연속하여 10분간 가하여 절연내력을 시험하였을 때에 이에 견디도록 시설할 때에는 그러하지 아니하다.

- 기구 등의 전로의 시험전압

종 류	시험전압
ⓐ 최대 사용전압이 7[kV] 이하인 기구 등의 전로	최대 사용전압이 1.5배의 전압(직류의 충전 부분에 대하여는 최대 사용전압의 1.5배의 직류전압 또는 1배의 교류전압)(500[V] 미만으로 되는 경우에는 500[V])
ⓑ 최대 사용전압이 7[kV]를 초과하고 25[kV] 이하인 기구 등의 전로로서 중성점 접지식 전로(중성선을 가지는 것으로서 그 중성선에 다중접지하는 것에 한한다)에 접속하는 것	최대 사용전압의 0.92배의 전압
ⓒ 최대 사용전압이 7[kV]를 초과하고 60[kV] 이하인 기구 등의 전로(ⓑ의 것을 제외한다)	최대 사용전압의 1.25배의 전압(10.5[kV] 미만으로 되는 경우에는 10.5[kV])
ⓓ 최대 사용전압이 60[kV]를 초과하는 기구 등의 전로로서 중성점 비접지식 전로(전위변성기를 사용하여 접지하는 것을 포함한다. ⓗ의 것을 제외한다)에 접속하는 것	최대 사용전압의 1.25배의 전압
ⓔ 최대 사용전압이 60[kV]를 초과하는 기구 등의 전로로서 중성점 접지식 전로(전위변성기를 사용하여 접지하는 것을 제외한다)에 접속하는 것(ⓖ와 ⓗ의 것을 제외한다)	최대 사용전압의 1.1배의 전압(75[kV] 미만으로 되는 경우에는 75[kV])
ⓕ 최대 사용전압이 170[kV]를 초과하는 기구 등의 전로로서 중성점 직접 접지식 전로에 접속하는 것(ⓖ와 ⓗ의 것을 제외한다)	최대 사용전압의 0.72배의 전압
ⓖ 최대 사용전압이 170[kV]를 초과하는 기구 등의 전로로서 중성점 직접 접지식 전로 중 중성점이 직접 접지되어 있는 발전소 또는 변전소 혹은 이에 준하는 장소의 전로에 접속하는 것(ⓗ의 것을 제외한다)	최대 사용전압의 0.64배의 전압

종 류	시험전압
ⓗ 최대 사용전압이 60[kV]를 초과하는 정류기의 교류측 및 직류측 전로에 접속하는 기구 등의 전로	교류측 및 직류 고전압측에 접속하는 기구 등의 전로는 교류측의 최대 사용전압의 1.1배의 교류전압 또는 직류측의 최대 사용전압의 1.1배의 직류전압
	직류 저압측 전로에 접속하는 기구 등의 전로는 3100-2에서 규정하는 계산식으로 구한 값

④ 접지시스템

㉠ 접지시스템의 구분 및 종류

• 접지시스템의 구분 : 계통접지, 보호접지, 피뢰시스템접지
 - 계통접지 : 전력계통의 이상 현상에 대비하여 대지와 계통을 접속하는 접지(TN, TT, IT 계통)
 - 보호접지 : 감전보호를 목적으로 기기의 한 점 이상에 대한 접지(등전위본딩 등)
 - 피뢰시스템접지 : 뇌격전류를 안전하게 대지로 방류하기 위한 접지
 ※ 개정 전의 제2종 접지공사는 변압기 중성점 접지로 변경
• 접지시스템의 시설 종류 : 단독접지, 공통접지, 통합접지

㉡ 접지시스템 구성요소

• 접지시스템은 접지극, 접지도체, 보호도체 및 기타 설비로 구성한다.
• 접지극은 접지도체를 사용하여 주접지 단자에 연결하여야 한다.

㉢ 접지시스템 요구사항

• 전기설비의 보호 요구사항을 충족하여야 한다.
• 지락전류와 보호도체 전류를 대지에 전달할 것. 다만, 열적, 열・기계적, 전기・기계적 응력 및 이러한 전류로 인한 감전 위험이 없어야 한다.
• 전기설비의 기능적 요구사항을 충족하여야 한다.
• 접지저항 값은 다음에 의한다.
 - 부식, 건조 및 동결 등 대지환경 변화에 충족하여야 한다.
 - 인체감전보호를 위한 값과 전기설비의 기계적 요구에 의한 값을 만족하여야 한다.

㉣ 접지도체

• 큰 고장전류가 접지도체를 통하여 흐르지 않을 경우 접지도체의 최소 단면적
 - 구리 : 6[mm^2] 이상
 - 철제 : 50[mm^2] 이상
• 접지도체에 피뢰시스템이 접속되는 경우, 접지도체의 단면적
 - 구리 : 16[mm^2] 이상
 - 철 : 50[mm^2] 이상
• 접속은 견고하고 전기적인 연속성이 보장되도록, 접속부는 발열성 용접, 압착접속, 클램프 또는 그 밖에 적절한 기계적 접속장치에 의해야 한다. 다만, 기계적인 접속장치는 제작자의 지침에 따라 설치하여야 한다.
• 클램프를 사용하는 경우, 접지극 또는 접지도체를 손상시키지 않아야 한다. 납땜에만 의존하는 접속은 사용해서는 안 된다.
• 접지도체를 접지극이나 접지의 다른 수단과 연결하는 것은 견고하게 접속하고, 전기적, 기계적으로 적합하여야 하며, 부식에 대해 적절하게 보호되어야 한다. 또한, 다음과 같이 매입되는 지점에는 "안전 전기 연결" 라벨이 영구적으로 고정되도록 시설하여야 한다.
 - 접지극의 모든 접지도체 연결지점
 - 외부 도전성 부분의 모든 본딩도체 연결지점
 - 주 개폐기에서 분리된 주접지 단자
• 접지도체는 지하 0.75[m]부터 지표상 2[m]까지 부분은 합성수지관(두께 2[mm] 미만의 합성수지제 전선관 및 가연성 콤바인덕트관은 제외한다) 또는 이와 동등 이상의 절연효과와 강도를 가지는 몰드로 덮어야 한다.
• 특고압・고압 전기설비 및 변압기 중성점 접지시스템의 경우 접지도체가 사람이 접촉할 우려가 있는 곳에 시설되는 고정설비인 경우에는 다음에 따라야 한다. 다만, 발전소・변전소・개폐소 또는 이에 준하는 곳에서는 개별 요구사항에 의한다.
 - 접지도체는 절연전선(옥외용 비닐절연전선은 제외) 또는 케이블(통신용 케이블은 제외)을 사용하여야 한다. 다만, 접지도체를 철주 기타의 금속체를

따라서 시설하는 경우 이외의 경우에는 접지도체의 지표상 0.6[m]를 초과하는 부분에 대하여는 절연전선을 사용하지 않을 수 있다.

- 특고압·고압 전기설비용 접지도체는 단면적 6[mm^2] 이상의 연동선 또는 동등 이상의 단면적 및 강도를 가져야 한다.
- 중성점 접지용 접지도체는 공칭단면적 16[mm^2] 이상의 연동선 또는 동등 이상의 단면적 및 세기를 가져야 한다. 다만, 다음의 경우에는 공칭단면적 6[mm^2] 이상의 연동선 또는 동등 이상의 단면적 및 강도를 가져야 한다.
  - 7[kV] 이하의 전로
  - 사용전압이 25[kV] 이하인 특고압 가공전선로. 다만, 중성선 다중접지 방식의 것으로서 전로에 지락이 생겼을 때 2초 이내에 자동적으로 이를 전로로부터 차단하는 장치가 되어 있는 것
- 이동하여 사용하는 전기기계기구의 금속제 외함 등의 접지시스템의 경우는 다음의 것을 사용하여야 한다.
  - 특고압·고압 전기설비용 접지도체 및 중성점 접지용 접지도체는 클로로프렌 캡타이어 케이블(3종 및 4종) 또는 클로로설포네이트폴리에틸렌 캡타이어 케이블(3종 및 4종)의 1개 도체 또는 다심 캡타이어 케이블의 차폐 또는 기타의 금속체로 단면적이 10[mm^2] 이상인 것을 사용한다.
  - 저압 전기설비용 접지도체는 다심 코드 또는 다심 캡타이어 케이블의 1개 도체의 단면적이 0.75[mm^2] 이상인 것을 사용한다. 다만, 기타 유연성이 있는 연동연선은 1개 도체의 단면적이 1.5[mm^2] 이상인 것을 사용한다.

㉤ 보호도체의 최소 단면적(접지선 굵기)

선도체의 단면적 S([mm^2], 구리)	보호도체의 최소 단면적([mm^2], 구리)	
	보호도체의 재질	
	선도체와 같은 경우	선도체와 다른 경우
$S \le 16$	S	$(k_1/k_2)\times S$
$16 < S \le 35$	16	$(k_1/k_2)\times 16$
$S > 35$	$S/2$	$(k_1/k_2)\times (S/2)$

- 차단시간이 5초 이하인 경우의 S값 : $S=\frac{\sqrt{I^2 t}}{k}$

  여기서, S : 단면적[mm^2]

  I : 보호장치를 통해 흐를 수 있는 예상 고장전류 실효값[A]

  t : 자동차단을 위한 보호장치의 동작시간[s]

  k : 보호도체, 절연, 기타 부위의 재질 및 초기온도와 최종온도에 따라 정해지는 계수로 KS C IEC 60364-5-54(저압전기설비-제5-54부 : 전기기기의 선정 및 설치-접지설비 및 보호도체)의 "부속서 A(기본보호에 관한 규정)"에 의함
- 보호도체가 케이블의 일부가 아니거나 선도체와 동일 외함에 설치되지 않으면 단면적은 다음의 굵기 이상으로 하여야 한다.
  - 기계적 손상에 대해 보호가 되는 경우는 구리 2.5[mm^2], 알루미늄 16[mm^2] 이상
  - 기계적 손상에 대해 보호가 되지 않는 경우는 구리 4[mm^2], 알루미늄 16[mm^2] 이상
  - 케이블의 일부가 아니라도 전선관 및 트렁킹 내부에 설치되거나, 이와 유사한 방법으로 보호되는 경우 기계적으로 보호되는 것으로 간주한다.
- 보호도체가 두 개 이상의 회로에 공통으로 사용되면 단면적은 다음과 같이 선정하여야 한다.
  - 회로 중 가장 부담이 큰 것으로 예상되는 고장전류 및 동작시간을 고려하여 선정한다.
  - 회로 중 가장 큰 선도체의 단면적을 기준으로 선정한다.

㉥ 기계기구의 철대 및 외함의 접지

- 전로에 시설하는 기계기구의 철대 및 금속제 외함(외함이 없는 변압기 또는 계기용 변성기는 철심)에는 접지공사를 하여야 한다.
- 접지공사 생략 가능한 장소
  - 사용전압이 직류 300[V] 또는 교류 대지전압이 150[V] 이하인 기계기구를 건조한 곳에 시설하는 경우
  - 저압용의 기계기구를 건조한 목재의 마루 기타 이와 유사한 절연성 물건 위에서 취급하도록 시설하는 경우

- 저압용이나 고압용의 기계기구, 특고압 전선로에 접속하는 배전용 변압기나 이에 접속하는 전선에 시설하는 기계기구 또는 특고압 가공전선로의 전로에 시설하는 기계기구를 사람이 쉽게 접촉할 우려가 없도록 목주 기타 이와 유사한 것의 위에 시설하는 경우
- 철대 또는 외함의 주위에 적당한 절연대를 설치하는 경우
- 외함이 없는 계기용 변성기가 고무・합성수지 기타의 절연물로 피복한 것일 경우
- 「전기용품 및 생활용품 안전관리법」의 적용을 받는 이중절연구조로 되어 있는 기계기구를 시설하는 경우
- 저압용 기계기구에 전기를 공급하는 전로의 전원측에 절연변압기(2차 전압이 300[V] 이하이며, 정격용량이 3[kVA] 이하인 것에 한한다)를 시설하고 또한 그 절연변압기의 부하측 전로를 접지하지 않은 경우
- 물기 있는 장소 이외의 장소에 시설하는 저압용의 개별 기계기구에 전기를 공급하는 전로에 「전기용품 및 생활용품 안전관리법」의 적용을 받는 인체감전보호용 누전차단기(정격감도전류가 30[mA] 이하, 동작시간이 0.03초 이하의 전류동작형에 한한다)를 시설하는 경우
- 외함을 충전하여 사용하는 기계기구에 사람이 접촉할 우려가 없도록 시설하거나 절연대를 시설하는 경우

ⓐ 보호등전위본딩 도체
- 주접지단자에 접속하기 위한 등전위본딩 도체는 설비 내에 있는 가장 큰 보호접지도체 단면적의 1/2 이상의 단면적을 가져야 하고 다음의 단면적 이상이어야 한다.
  - 구리도체 6[mm^2]
  - 알루미늄 도체 16[mm^2]
  - 강철 도체 50[mm^2]
- 주접지단자에 접속하기 위한 보호본딩도체의 단면적은 구리도체 25[mm^2] 또는 다른 재질의 동등한 단면적을 초과할 필요는 없다.
- 등전위본딩 도체의 상호접속
  - 자연적 구성부재로 인한 본딩으로 전기적 연속성을 확보할 수 없는 장소는 본딩도체로 연결한다.
  - 본딩도체로 직접 접속할 수 없는 장소의 경우에는 서지보호장치를 이용한다.
  - 본딩도체로 직접 접속이 허용되지 않는 장소의 경우에는 절연방전갭(ISG)을 이용한다.

ⓞ 보조 보호등전위본딩 도체
- 두 개의 노출도전부를 접속하는 경우 도전성은 노출도전부에 접속된 더 작은 보호도체의 도전성보다 커야 한다.
- 노출도전부를 계통 외 도전부에 접속하는 경우 도전성은 같은 단면적을 갖는 보호도체의 1/2 이상이어야 한다.
- 케이블의 일부가 아닌 경우 또는 선로도체와 함께 수납되지 않은 본딩도체는 다음의 값 이상이어야 한다.
  - 기계적 보호가 된 것은 구리도체 2.5[mm^2], 알루미늄 도체 16[mm^2]
  - 기계적 보호가 없는 것은 구리도체 4[mm^2], 알루미늄 도체 16[mm^2]

⑤ 피뢰시스템

㉠ 적용범위
- 전기전자설비가 설치된 건축물・구조물로서 낙뢰로부터 보호가 필요한 것 또는 지상으로부터 높이가 20[m] 이상인 것
- 전기설비 및 전자설비 중 낙뢰로부터 보호가 필요한 설비

㉡ 피뢰시스템의 구성
- 직격뢰로부터 대상물을 보호하기 위한 외부 피뢰시스템
- 간접뢰 및 유도뢰로부터 대상물을 보호하기 위한 내부 피뢰시스템

㉢ 외부피뢰시스템의 접지극 시설
- 지표면에서 0.75[m] 이상 깊이로 매설하여야 한다. 단, 필요시 해당 지역의 동결심도를 고려한 깊이로 할 수 있다.
- 대지가 암반지역으로 대지저항이 높거나 건축물・구조물이 전자통신시스템을 많이 사용하는 시설의 경우 환상도체접지극 또는 기초접지극으로 한다.

- 접지극 재료는 대지에 환경오염 및 부식의 문제가 없어야 한다.
- 철근 콘크리트기초 내부의 상호 접속된 철근 또는 금속제 지하구조물 등 자연적 구성부재는 접지극으로 사용할 수 있다.

핵심예제

1-1. 다음 중 전압을 구분한 것으로 알맞은 것은?

[2010년 제1회, 2017년 제2회 유사, 2017년 제3회, 2018년 제1회 유사, 2022년 제1회 유사]

① 저압이란 교류 600[V] 이하, 직류는 교류의 $\sqrt{2}$ 배 이하인 전압을 말한다.
② 고압이란 교류 700[V] 이하, 직류 7,500[V] 이하의 전압을 말한다.
③ 특고압이란 교류, 직류 모두 7[kV]를 초과하는 전압을 말한다.
④ 고압이란, 교류, 직류 모두 7.5[kV]를 넘지 않는 전압을 말한다.

1-2. 개폐기, 차단기, 유도전압조정기의 최대 사용전압이 7[kV] 이하인 전로의 경우 절연내력시험은 최대 사용전압의 1.5배의 전압을 몇 분간 가하는가? [2021년 제1회]

① 10　② 15
③ 20　④ 25

1-3. 전로에 시설하는 기계기구의 철대 및 금속제 외함에 접지공사를 생략할 수 없는 경우는? [2021년 제1회, 2021년 제2회]

① 30[V] 이하의 기계기구를 건조한 곳에 시설하는 경우
② 물기 없는 장소에 설치하는 저압용 기계기구를 위한 전로에 정격감도전류 40[mA] 이하, 동작시간 2초 이하의 전류동작형 누전차단기를 시설하는 경우
③ 철대 또는 외함의 주위에 적당한 절연대를 설치하는 경우
④ 「전기용품 및 생활용품 안전관리법」의 적용을 받는 이중절연구조로 되어 있는 기계기구를 시설하는 경우

|해설|

1-1
① 저압이란 교류 1[kV] 이하, 직류는 1.5[kV] 이하인 전압을 말한다.
②, ④ 고압이란 교류 1[kV] 초과 7[kV] 이하, 직류 1.5[kV] 초과 7[kV] 이하의 전압을 말한다.

1-2
개폐기, 차단기, 유도전압조정기의 최대 사용전압이 7[kV] 이하인 전로의 경우 절연내력시험은 최대 사용전압의 1.5배의 전압을 연속하여 10분간 가하여 절연내력을 시험하였을 때에 이에 견디어야 한다.

1-3
② 물기 있는 장소 이외의 장소에 시설하는 저압용의 개별 기계기구에 전기를 공급하는 전로에 「전기용품 및 생활용품 안전관리법」의 적용을 받는 인체감전보호용 누전차단기(정격감도전류가 30[mA] 이하, 동작시간이 0.03초 이하의 전류동작형에 한한다)를 시설하는 경우

정답 1-1 ③ 1-2 ① 1-3 ②

핵심 이론 02 저압전기설비

① 안전을 위한 보호

㉠ 누전차단기 시설 대상

- 금속제 외함을 가지는 사용전압이 50[V]를 초과하는 저압의 기계기구로서 사람이 쉽게 접촉할 우려가 있는 곳에 시설하는 것에 전기를 공급하는 전로
- 주택의 인입구 등 이 규정에서 누전차단기 설치를 요구하는 전로
- 특고압전로, 고압전로 또는 저압전로와 변압기에 의하여 결합되는 사용전압 400[V] 초과의 저압전로 또는 발전기에서 공급하는 사용전압 400[V] 초과의 저압전로(발전소 및 변전소와 이에 준하는 곳에 있는 부분의 전로는 제외)
- 다음의 전로에는 전기용품안전기준 "K60947-2의 부속서 P"의 적용을 받는 자동복구기능을 갖는 누전차단기를 시설할 수 있다.
  - 독립된 무인 통신중계소・기지국
  - 관련 법령에 의해 일반인의 출입을 금지 또는 제한하는 곳
  - 옥외의 장소에 무인으로 운전하는 통신중계기 또는 단위기기 전용회로. 단, 일반인이 특정한 목적을 위해 지체하는(머물러 있는) 장소로서 버스정류장, 횡단보도 등에는 시설할 수 없다.
- IEC 표준을 도입한 누전차단기를 저압전로에 사용하는 경우 일반인이 접촉할 우려가 있는 장소(세대 내 분전반 및 이와 유사한 장소)에는 주택용 누전차단기를 시설하여야 한다.

㉡ 누전차단기를 설치 비대상

- 기계기구를 발전소・변전소・개폐소 또는 이에 준하는 곳에 시설하는 경우
- 기계기구를 건조한 곳에 시설하는 경우
- 대지전압이 150[V] 이하인 기계기구를 물기가 있는 곳 이외의 곳에 시설하는 경우
- 「전기용품 및 생활용품 안전관리법」의 적용을 받는 이중절연구조의 기계기구를 시설하는 경우
- 그 전로의 전원측에 절연변압기(2차 전압이 300[V] 이하인 경우에 한한다)를 시설하고 또한 그 절연변압기의 부하측의 전로에 접지하지 아니하는 경우
- 기계기구가 고무・합성수지 기타 절연물로 피복된 경우
- 기계기구가 유도전동기의 2차측 전로에 접속되는 것일 경우
- 기계기구가 절연할 수 없는 것일 경우
- 기계기구 내에 「전기용품 및 생활용품 안전관리법」의 적용을 받는 누전차단기를 설치하고 또한 기계기구의 전원 연결선이 손상을 받을 우려가 없도록 시설하는 경우
- 저압용 비상용 조명장치・비상용 승강기・유도등・철도용 신호장치, 비접지 저압전로, 중성점 접지의 전로, 기타 그 정지가 공공의 안전 확보에 지장을 줄 우려가 있는 기계기구에 전기를 공급하는 전로의 경우, 그 전로에서 지락이 생겼을 때에 이를 기술원 감시소에 경보하는 장치를 설치한 때에는 누전차단기를 시설하지 않을 수 있다.

㉢ 과전류차단기로 저압전로에 사용하는 범용 퓨즈(gG)의 용단특성

정격전류의 구분	시 간	정격전류의 배수	
		불용단 전류	용단전류
4[A] 이하	60분	1.5배	2.1배
4[A] 초과 16[A] 미만	60분	1.5배	1.9배
16[A] 이상 63[A] 이하	60분	1.25배	1.6배
63[A] 초과 160[A] 이하	120분	1.25배	1.6배
160[A] 초과 400[A] 이하	180분	1.25배	1.6배
400[A] 초과	240분	1.25배	1.6배

㉣ 과전류트립 동작시간 및 특성

- 산업용 배선차단기

정격전류	시 간	정격전류의 배수(모든 극에 통전)	
		부동작 전류	동작 전류
63[A] 이하	60분	1.05배	1.3배
63[A] 초과	120분		

- 주택용 배선차단기

정격전류	시 간	정격전류의 배수(모든 극에 통전)	
		부동작 전류	동작 전류
63[A] 이하	60분	1.13배	1.45배
63[A] 초과	120분		

ⓜ 주택용 배선차단기의 순시트립에 따른 구분

형	순시트립 범위
B	$3I_n$ 초과~$5I_n$ 이하
C	$5I_n$ 초과~$10I_n$ 이하
D	$10I_n$ 초과~$20I_n$ 이하

비고
1. B, C, D: 순시트립전류에 따른 차단기 분류
2. I_n : 차단기 정격전류

ⓗ 과부하 보호장치의 생략
- 과부하 보호장치 생략 가능한 경우
  - 분기회로의 전원측에 설치된 보호장치에 의하여 분기회로에서 발생하는 과부하에 대해 유효하게 보호되고 있는 분기회로
  - 단락보호가 되고 있으며, 분기점 이후의 분기회로에 다른 분기회로 및 콘센트가 접속되지 않는 분기회로 중, 부하에 설치된 과부하 보호장치가 유효하게 동작하여 과부하 전류가 분기회로에 전달되지 않도록 조치를 하는 경우
  - 통신회로용, 제어회로용, 신호회로용 및 이와 유사한 설비
- IT 계통에서 과부하 보호장치 설치위치 변경 또는 생략
  - 과부하에 대해 보호가 되지 않은 각 회로가 다음과 같은 방법 중 어느 하나에 의해 보호될 경우, 설치위치 변경 또는 생략이 가능하다.
    ⓐ 이중절연 또는 강화절연에 의한 보호수단 적용
    ⓑ 2차 고장이 발생할 때 즉시 작동하는 누전차단기로 각 회로를 보호
    ⓒ 지속적으로 감시되는 시스템의 경우 다음 중 어느 하나의 기능을 구비한 절연 감시 장치의 사용

    - 최초 고장이 발생한 경우 회로를 차단하는 기능
    - 고장을 나타내는 신호를 제공하는 기능. 이 고장은 운전 요구사항 또는 2차 고장에 의한 위험을 인식하고 조치가 취해져야 한다.

  - 중성선이 없는 IT 계통에서 각 회로에 누전차단기가 설치된 경우에는 선도체 중의 어느 1개에는 과부하 보호장치를 생략할 수 있다.
- 안전을 위해 과부하 보호장치를 생략할 수 있는 경우 : 사용 중 예상치 못한 회로의 개방이 위험 또는 큰 손상을 초래할 수 있는 다음과 같은 부하에 전원을 공급하는 회로에 대해서는 과부하 보호장치를 생략할 수 있다.
  - 회전기의 여자회로
  - 전자석 크레인의 전원회로
  - 전류변성기의 2차 회로
  - 소방설비의 전원회로
  - 안전설비(주거침입경보, 가스누출경보 등)의 전원회로

ⓢ 과부하 보호장치를 생략할 수 없는 경우 : 화재 또는 폭발 위험성이 있는 장소에 설치되는 설비 또는 특수 설비 및 특수 장소의 요구사항들을 별도로 규정하는 경우

② 전선로

㉠ 연접 인입선의 시설
- 인입선에서 분기하는 점으로부터 100[m]를 초과하는 지역에 미치지 아니할 것
- 폭 5[m]를 초과하는 도로를 횡단하지 아니할 것
- 옥내를 통과하지 아니할 것

㉡ 저압 가공전선의 굵기 및 종류
- 저압 가공전선은 나전선(중성선 또는 다중 접지된 접지측 전선으로 사용하는 전선에 한한다), 절연전선, 다심형 전선 또는 케이블을 사용하여야 한다.
- 사용전압이 400[V] 이하인 저압 가공전선은 케이블인 경우를 제외하고는 인장강도 3.43[kN] 이상의 것 또는 지름 3.2[mm](절연전선인 경우는 인장강도 2.3[kN] 이상의 것 또는 지름 2.6[mm] 이상의 경동선) 이상의 것이어야 한다.
- 사용전압이 400[V] 초과인 저압 가공전선은 케이블인 경우 이외에는 시가지에 시설하는 것은 인장강도 8.01[kN] 이상의 것 또는 지름 5[mm] 이상의 경동선, 시가지 외에 시설하는 것은 인장강도 5.26[kN] 이상의 것 또는 지름 4[mm] 이상의 경동선이어야 한다.
- 사용전압이 400[V] 초과인 저압 가공전선에는 인입용 비닐절연전선을 사용하여서는 안 된다.

③ 배선 및 조명설비

㉠ 전기적 접속방법 선정 시의 고려사항
- 도체와 절연재료
- 도체를 구성하는 소선의 가닥수와 형상
- 도체의 단면적
- 함께 접속되는 도체의 수

㉡ 콘센트의 시설
- 콘센트의 정격전압은 사용전압과 동등 이상의 KS C 8305(배선용 꽂음 접속기)에 적합한 제품을 사용한다.
- 노출형 콘센트는 기둥과 같은 내구성이 있는 조영재에 견고하게 부착할 것
- 콘센트를 조영재에 매입할 경우는 매입형의 것을 견고한 금속제 또는 난연성 절연물로 된 박스 속에 시설할 것. 다만, 콘센트 자체에 그 단자 등의 충전부가 노출되지 않도록 견고한 난연성 절연물의 외함을 가지는 것은 벽에 견고하게 부착할 때에 한하여 박스 사용을 생략할 수 있다.
- 콘센트를 바닥에 시설하는 경우는 방수구조의 플로어박스에 설치하거나 또는 이들 박스의 표면 플레이트에 틀어서 부착할 수 있도록 된 콘센트를 사용할 것
- 욕조나 샤워시설이 있는 욕실 또는 화장실 등 인체가 물에 젖어있는 상태에서 전기를 사용하는 장소에 콘센트를 시설하는 경우에는 다음에 따라 시설하여야 한다.
  - 「전기용품 및 생활용품 안전관리법」의 적용을 받는 인체감전보호용 누전차단기(정격감도전류 15[mA] 이하, 동작시간 0.03초 이하의 전류동작형의 것에 한한다) 또는 절연변압기(정격용량 3[kVA] 이하인 것에 한한다)로 보호된 전로에 접속하거나, 인체감전보호용 누전차단기가 부착된 콘센트를 시설하여야 한다.
  - 콘센트는 접지극이 있는 방적형 콘센트를 사용하여 규정에 준하여 접지하여야 한다.
- 습기가 많은 장소 또는 수분이 있는 장소에 시설하는 콘센트 및 기계기구용 콘센트는 접지용 단자가 있는 것을 사용하여 규정에 준하여 접지하고 방습 장치를 하여야 한다.
- 주택의 옥내전로에는 접지극이 있는 콘센트를 사용하여 규정에 준하여 접지하여야 한다.

 핵심예제

2-1. 한국전기설비규정에 따라 과전류차단기로 저압전로에 사용하는 범용 퓨즈(gG)의 용단전류는 정격전류의 몇 배인가?(단, 정격전류가 4[A] 이하인 경우이다) [2021년 제1회]

① 1.5배　② 1.6배
③ 1.9배　④ 2.1배

2-2. 한국전기설비규정에 따라 욕조나 샤워시설이 있는 욕실 등 인체가 물에 젖어있는 상태에서 전기를 사용하는 장소에 인체감전보호용 누전차단기가 부착된 콘센트를 시설하는 경우 누전차단기의 정격감도전류 및 동작시간은? [2021년 제1회]

① 15[mA] 이하, 0.01초 이하
② 15[mA] 이하, 0.03초 이하
③ 30[mA] 이하, 0.01초 이하
④ 30[mA] 이하, 0.03초 이하

|해설|

2-1

정격전류의 구분	시 간	정격전류의 배수	
		불용단전류	용단전류
4[A] 이하	60분	1.5배	2.1배
4[A] 초과 16[A] 미만	60분	1.5배	1.9배
16[A] 이상 63[A] 이하	60분	1.25배	1.6배
63[A] 초과 160[A] 이하	120분	1.25배	1.6배
160[A] 초과 400[A] 이하	180분	1.25배	1.6배
400[A] 초과	240분	1.25배	1.6배

2-2

욕조나 샤워시설이 있는 욕실 또는 화장실 등 인체가 물에 젖어있는 상태에서 전기를 사용하는 장소에 콘센트를 시설하는 경우에는 다음에 따라 시설하여야 한다.
- 「전기용품 및 생활용품 안전관리법」의 적용을 받는 인체감전보호용 누전차단기(정격감도전류 15[mA] 이하, 동작시간 0.03초 이하의 전류동작형의 것에 한한다) 또는 절연변압기(정격용량 3[kVA] 이하인 것에 한한다)로 보호된 전로에 접속하거나, 인체감전보호용 누전차단기가 부착된 콘센트를 시설하여야 한다.
- 콘센트는 접지극이 있는 방적형 콘센트를 사용하여 규정에 준하여 접지하여야 한다.

정답 2-1 ④ 2-2 ②

핵심 이론 03 고압 · 특고압 전기설비

① 기본원칙

㉠ 설비 및 기기는 그 설치장소에서 예상되는 전기적, 기계적, 환경적인 영향에 견디는 능력이 있어야 한다.

㉡ 전기적 요구사항 항목 : 중성점 접지방법, 전압등급, 정상운전전류, 단락전류, 정격주파수, 코로나, 전계 및 자계, 과전압, 고조파

㉢ 기계적 요구사항 항목 : 기기 및 지지구조물, 인장하중, 빙설하중, 풍압하중, 개폐전자기력, 단락전자기력, 도체인장력의 상실, 지진하중

㉣ 기후 및 환경조건 : 설비는 주어진 기후 및 환경조건에 적합한 기기를 선정하여야 하며, 정상적인 운전이 가능하도록 설치하여야 한다.

㉤ 중성점 접지방식의 선정 시 고려사항

- 전원공급의 연속성 요구사항
- 지락고장에 의한 기기의 손상제한
- 고장 부위의 선택적 차단
- 고장 위치의 감지
- 접촉 및 보폭전압
- 유도성 간섭
- 운전 및 유지보수 측면

② 기계 · 기구시설 및 옥내배선

㉠ 특고압용 기계기구 충전부분의 지표상 높이

사용전압의 구분	울타리의 높이와 울타리로부터 충전부분까지의 거리의 합계 또는 지표상의 높이
35[kV] 이하	5[m]
35[kV] 초과 160[kV] 이하	6[m]
160[kV] 초과	6[m]에 160[kV]를 초과하는 10[kV] 또는 그 단수마다 0.12[m]를 더한 값

㉡ 아크를 발생하는 기구 시설 시 이격거리

기구 등의 구분	이격거리
고압용의 것	1[m] 이상
특고압용의 것	2[m] 이상(사용전압이 35[kV] 이하의 특고압용의 기구 등으로서 동작할 때에 생기는 아크의 방향과 길이를 화재가 발생할 우려가 없도록 제한하는 경우에는 1[m] 이상)

㉢ 고압 및 특고압 전로에 시설하는 피뢰기의 설치장소

- 발전소, 변전소의 가공전선 인입구 및 인출구
- 특고압 가공전선로에 접속하는 배전용 변압기의 고압측 및 특고압측
- 고압 및 특고압 가공전선로로부터 공급을 받는 수용장소의 인입구
- 가공전선로와 지중전선로가 접속되는 곳
- 상기 중 직접 접속하는 전선이 짧은 경우나 피보호기기가 보호범위 내에 위치하는 경우 등은 피뢰기를 설치하지 않아도 된다.

㉣ 고압전류제한퓨즈

- 고압전류 제한퓨즈의 불용단전류의 조건
  - 일반용(G), 변압기용(T), 전동기용(M) : 정격전류의 1.3배의 전류로 2시간 이내에 용단되지 않을 것
  - 콘덴서용(C) : 정격전류의 2배의 전류로 2시간 이내에 용단되지 않을 것
- 반복과전류특성
  - 일반용(G) : 해당 없음
  - 변압기용(T) : 정격전류의 10배 전류를 0.1초간 통전하고, 이것을 100회 반복하여도 용단되지 않을 것
  - 전동기용(M) : 정격전류의 5배 전류를 10초간 통전하고, 이것을 10,000회 반복하여도 용단되지 않을 것
  - 콘덴서용(C) : 정격전류의 70배 전류를 0.002초간 통전하고, 이것을 100회 반복하여도 용단되지 않을 것
- 구 조
  - 퓨즈는 전기적 및 기계적으로 충분한 내구성을 가지며 보수점검이 안전하고 쉽게 할 수 있는 구조이어야 한다.
  - 녹의 발생이 예상되는 부분에는 충분한 녹방지를 한 후 도장을 하며 도금을 하는 부분에 대하여는 충분한 전처리 후 도금한다.
  - 실내용 퓨즈의 도장은 KS A 0062에 규정하는 색상, 명도 및 채도에 따르며, 원칙적으로 SY 7/1로 한다.
- 시험의 종류 : 구조시험, 저항시험, 무전압개폐시험, 온도시험, 와트손실시험, 내전압시험, 용단특성시험, 허용시간-전류특성시험, 반복과전류특성시험, 차단시험

㉣ 유도장해방지

- 교류 특고압 가공전선로에서 발생하는 극저주파 전자계는 지표상 1[m]에서 전계가 3.5[kV/m] 이하, 자계가 83.3[μT] 이하가 되도록 시설하는 등 상시 정전유도 및 전자유도 작용에 의하여 사람에게 위험을 줄 우려가 없도록 시설하여야 한다. 단, 논밭, 산림 그 밖에 사람의 왕래가 적은 곳에서 사람에 위험을 줄 우려가 없도록 시설하는 경우에는 그러하지 아니하다.
- 특고압의 가공전선로는 전자유도작용이 약전류전선로(전력보안 통신설비는 제외한다)를 통하여 사람에 위험을 줄 우려가 없도록 시설하여야 한다.
- 전력보안 통신설비는 가공전선로로부터의 정전유도 작용 또는 전자유도작용에 의하여 사람에 위험을 줄 우려가 없도록 시설하여야 한다.

핵심예제

3-1. 감전 등의 재해를 예방하기 위하여 특고압용 기계·기구 주위에 관계자 외 출입을 금하도록 울타리를 설치할 때, 울타리의 높이와 울타리로부터 충전부분까지의 거리의 합이 최소 몇 [m] 이상이 되어야 하는가?(단, 사용전압이 35[kV] 이하인 특고압용 기계기구이다) [2021년 제1회]

① 5[m] ② 6[m]
③ 7[m] ④ 9[m]

3-2. 고압 및 특고압 전로에 시설하는 피뢰기의 설치장소로 잘못된 곳은? [2021년 제1회]

① 가공전선로와 지중전선로가 접속되는 곳
② 발전소, 변전소의 가공전선 인입구 및 인출구
③ 고압 가공전선로에 접속하는 배전용 변압기의 저압측
④ 고압 가공전선로로부터 공급을 받는 수용장소의 인입구

|해설|

3-1

특고압용 기계기구 충전부분의 지표상 높이

사용전압의 구분	울타리의 높이와 울타리로부터 충전부분까지의 거리의 합계 또는 지표상의 높이
35[kV] 이하	5[m]
35[kV] 초과 160[kV] 이하	6[m]
160[kV] 초과	6[m]에 160[kV]를 초과하는 10[kV] 또는 그 단수마다 0.12[m]를 더한 값

3-2

③ 특고압 가공전선로에 접속하는 배전용 변압기의 고압측 및 특고압측

정답 3-1 ① 3-2 ③

화학설비위험 방지기술

제1절 화학물질

핵심 이론 01 화학물질의 개요 · 유해인자 · 위험물

① 화학물질의 개요

㉠ 화학물질은 화학적 방법에 따라 인공적으로 만들어진 모든 물질로, 빛이나 열과 같은 에너지의 형태는 물질로 보지 않는다.

㉡ 일정성분비의 법칙(조셉 프루스트) : 화합물을 구성하는 원소의 질량비는 항상 일정하다.

㉢ 화학물질 및 물리적 인자의 노출기준에 있어 유해물질 대상에 대한 노출기준의 표시단위

- 분진 : [mg/m^3](단, 석면 및 내화성 세라믹 섬유는 [개/cm^3]를 사용)
- 증기 : [ppm]
- 가스 : [mg/m^3]
- 고온 : 습구 · 흑구 온도지수

㉣ 노출지수

- 혼합물질의 노출기준을 보정하는 데 활용하는 지수
- 노출지수 $=\sum \frac{Y_i}{X_i}$

 여기서, Y_i : 노출량, X_i : 노출기준

㉤ 허용 농도기준 또는 허용 노출기준(TWA)[ppm]

- 플루오린 · $COCl_2$ 0.1, 염소(Cl_2) · 나이트로벤젠 1, 황화수소(H_2S) · 사이안화수소(HCN) 10, 암모니아(NH_3) 25, 일산화탄소(CO) 50, 메탄올 200, 에탄올 1,000
- 아세틸렌(C_2H_2), 암모니아(NH_3), 황화수소(H_2S) 등은 고압가스용 기기재료로 구리를 사용하면 아세틸라이드라는 폭발성 물질을 생성하지만, 산소는 고압가스용 기기 재료로 구리를 사용하여도 안전하다.

㉥ 이온화 경향 : 원소가 용액 속에서 이온이 되기 쉬운 정도로, 전기화학열(列)이라고도 한다.

- 이온화 경향의 크기순
 (Li, K, Ca, Na) > Mg >(Al, Zn, Fe) > (Ni, Sn, Pb) > (H_2, Cu) > (Hg, Ag) > (Pt, Au)
- 이온화 경향이 클수록 반응성이 크고 산화되기 쉬우며 환원되기 어렵다.
- 리튬(Li), 칼륨(K), 나트륨(Na), 마그네슘(Mg), 아연(Zn) 등과 같이 수소보다 이온화 경향이 큰 금속은 상온에서 물과 (격렬히) 반응하여 수소를 발생시킨다.

㉦ 함수율 $= \frac{\text{건조 전 무게} - \text{건조 후 무게}}{\text{건조 후 무게}}$

㉧ 흡열반응과 발열반응

- 흡열반응 : 열을 흡수하는 반응(질소와 산소의 반응)
- 발열반응 : 열을 방출하는 반응(탄화칼슘과 물과의 반응, 물에 의한 진한 황산의 희석, 생석회와 물과의 반응 등)

㉨ 미국소방협회(NFPA)의 위험 표시 라벨

- 적색 : 연소 위험성
- 청색 : 건강 위험성
- 황색 : 반응 위험성

㉩ 유해물질

- 미스트(Mist) : 액체의 미세한 입자가 공기 중에 부유하고 있는 것
- 분진(Dust) : 공기 중에 분산된 고체의 작은 입자
- 스모크(Smoke) : 유기물의 불완전연소에 의해 생긴 미립자(작은 입자 ; 연기, 매연)
- 퓸(Fume) : 금속의 증기가 공기 중에서 응고되어 화학변화를 일으켜 고체의 미립자로 되어 공기 중에 부유하는 것

㉪ 검지 가스별 시험지와 누설 변색 색상

- 아세틸렌(C_2H_2) : 염화 제1동 착염지-적색
- 암모니아(NH_3), 알칼리성 가스 : (적색) 리트머스시험지 - 청색

- 염소(Cl_2), 할로겐, NO_2 : KI 전분지(요드화칼륨, 녹말종이)-청(갈)색
- 일산화탄소(CO) : 염화파라듐지-흑색
- 사이안화수소(HCN) : 질산구리벤젠지(초산벤젠지)-청색
- 포스겐($COCl_2$) : 하리슨시험지-심등색
- 황화수소(H_2S) : 연당지(초산납지)-흑(갈)색(연당지 : 초산납을 물에 용해하여 만든 가스시험지)

ⓔ 화학물질 관련 제반사항
- 가연성 가스
  - 폭발한계의 하한이 10[%] 이하인 가스
  - 폭발한계의 상한과 하한의 차가 20[%] 이상인 가스
- 인화성 물질의 분류
  - 인화점 -30[℃] 미만 : 가솔린, 이황화탄소, 아세트알데하이드, 에틸에테르, 산화프로필렌
  - 인화점 -30[℃] 이상 0[℃] 미만 : 메틸에틸케톤, 아세톤, 산화에틸렌, 노말헥산
  - 인화점 0[℃] 이상 30[℃] 미만 : 메틸알코올, 에틸알코올, 자일렌, 아세트산아밀 등
  - 인화점 30~65[℃] 이하 : 등유, 경유, 테레빈유, 아세트산, 아이소펜틸알코올 등
- 폭발성 물질 : 가열·마찰·충격 또는 다른 화학물질과의 접촉 등으로 인하여 산소나 산화제의 공급이 없더라도 폭발 등 격렬한 반응을 일으킬 수 있는 고체나 액체(유기과산화물, 하이드라진(N_2H_4) 등)
- 조해성 물질 : 공기 중의 수분을 흡수하여 분해되어 물에 잘 녹는 물질(수산화칼륨, 수산화나트륨, 질산암모늄, 염화마그네슘, 염화칼슘, 염화암모늄, 염화금, 염화백금, 염화제2철, 염화제1철, 염화코발트, 염화제1주석, 염화제2주석, 염화아연, 과산화나트륨, 사이안화칼륨, 탄산칼륨, 질산나트륨, 질산암모늄, 싸이오황산나트륨, 5산화인, 아이오딘화칼륨, 나트륨, 칼륨, 요소, 아라비아고무, 카바이드, 브롬화칼륨, 소다석회, 산화칼슘, 2산화망간, 산화제2철, 적린 등)
- 발화성 물질 : 황화인, 적린, 마그네슘 분말
- 난연제 : 가연성 고체물질의 연소를 어렵게 하거나 연소되지 않게 하는 물질로 인, 비소, 안티몬 등이 사용된다.
- 혼합 시 위험성이 가장 낮은 경우 : 가연성 물질 + 고체환원성 물질
- 혼합 또는 접촉 시 발화 또는 폭발 위험이 작은 경우 : 나이트로셀룰로스와 알코올
- 나이트로셀룰로스는 물과 혼합 시 위험성이 감소한다. 그러므로 저장, 수송할 때 물(20[%])이나 알코올(30[%])로 습면시키는 것이다.
- 황린(P_4), 이황화탄소(CS_2)의 보호액은 물이며 K, Na, 적린의 보호액은 석유이다.
- 염소와 아세틸렌은 각각 조연성 가스, 가연성 가스이므로 혼합되면 폭발 위험이 있다.
- 유독 위험성과 해당 물질
  - 독성 : 포스겐
  - 발암성 : 콜타르, 피치
  - 질식성 : 일산화탄소, 황화수소
  - 자극성 : 암모니아, 아황산가스, 플루오린화수소
- 상태에 따른 고압가스의 분류
  - 압축가스 : 상온에서 압축해도 액화되지 않는 가스를 그대로 압축해서 용기에 충전한 저비점의 가스(수소, 질소, 산소, 메탄 등)
  - 액화가스 : 상온에서 저압으로도 쉽게 액화되는 가스(프로판, 산화에틸렌, 염소 등)
  - 용해가스 : 용제에 용해시켜 취급하는 가스(아세틸렌 등)
- 우레탄(Urethane) : 에틸우레탄을 주성분으로 하는 무색무취의 결정으로 청량성의 맛이 있다. 건축물 공사에 사용되나, 불에 타는 성질이 있어서 화재 시 유독한 사이안화수소 가스가 발생한다. 실험동물의 마취 및 백혈병 치료에도 사용된다.

② 산업안전보건법에 의한 유해인자의 분류기준(시행규칙 별표 18)

㉠ 화학물질의 분류기준
- 물리적 위험성 분류기준
  - 폭발성 물질 : 자체의 화학반응에 따라 주위환경에 손상을 줄 수 있는 정도의 온도·압력 및 속도를 가진 가스를 발생시키는 고체·액체 또는 혼합물
  - 인화성 가스 : 20[℃], 표준압력(101.3[kPa])에서 공기와 혼합하여 인화되는 범위에 있는 가스(혼합물 포함)

- 인화성 액체 : 표준압력(101.3[kPa])에서 인화점이 93[℃] 이하인 액체
- 인화성 고체 : 쉽게 연소되거나 마찰에 의하여 화재를 일으키거나 촉진할 수 있는 물질
- 에어로졸 : 재충전이 불가능한 금속·유리 또는 플라스틱 용기에 압축가스·액화가스 또는 용해가스를 충전하고 내용물을 가스에 현탁시킨 고체나 액상 입자로, 액상 또는 가스상에서 폼·페이스트·분말상으로 배출되는 분사장치를 갖춘 것
- 물반응성 물질 : 물과 상호작용을 하여 자연발화되거나 인화성 가스를 발생시키는 고체·액체 또는 혼합물
- 산화성 가스 : 일반적으로 산소를 공급함으로써 공기보다 다른 물질의 연소를 더 잘 일으키거나 촉진하는 가스
- 산화성 액체 : 그 자체는 연소하지 않더라도, 일반적으로 산소를 발생시켜 다른 물질을 연소시키거나 연소를 촉진하는 액체
- 산화성 고체 : 그 자체로는 연소하지 않더라도 일반적으로 산소를 발생시켜 다른 물질을 연소시키거나 연소를 촉진하는 고체
- 고압가스 : 20[℃], 200[kPa] 이상의 압력하에서 용기에 충전되어 있는 가스 또는 냉동액화가스 형태로 용기에 충전되어 있는 가스(압축가스, 액화가스, 냉동액화가스, 용해가스로 구분)
- 자기반응성 물질 : 열적인 면에서 불안정하여 산소가 공급되지 않아도 강렬하게 발열·분해하기 쉬운 액체·고체 또는 혼합물
- 자연발화성 액체 : 적은 양으로도 공기와 접촉하여 5분 안에 발화할 수 있는 액체
- 자연발화성 고체 : 적은 양으로도 공기와 접촉하여 5분 안에 발화할 수 있는 고체
- 자기발열성 물질 : 주위의 에너지 공급 없이 공기와 반응하여 스스로 발열하는 물질(자기발화성 물질 제외)
- 유기과산화물 : 2가의 -O-O-구조를 가지고 1개 또는 2개의 수소원자가 유기라디칼에 의하여 치환된 과산화수소의 유도체를 포함한 액체 또는 고체 유기물질
- 금속 부식성 물질 : 화학작용으로 금속에 손상 또는 부식을 일으키는 물질

• 건강 및 환경 유해성 분류기준
  - 급성 독성물질 : 입 또는 피부를 통하여 1회 투여 또는 24시간 이내에 여러 차례로 나누어 투여하거나 호흡기를 통하여 4시간 동안 흡입하는 경우 유해한 영향을 일으키는 물질
  - 피부 부식성 또는 자극성 물질 : 접촉 시 피부조직을 파괴하거나 자극을 일으키는 물질(피부 부식성 물질 및 피부 자극성 물질로 구분)
  - 심한 눈 손상성 또는 자극성 물질 : 접촉 시 눈 조직의 손상 또는 시력 저하 등을 일으키는 물질(눈 손상성 물질 및 눈 자극성 물질로 구분한다)
  - 호흡기 과민성 물질 : 호흡기를 통하여 흡입되는 경우 기도에 과민반응을 일으키는 물질
  - 피부 과민성 물질 : 피부에 접촉되는 경우 피부 알레르기 반응을 일으키는 물질
  - 발암성 물질 : 암을 일으키거나 그 발생을 증가시키는 물질
  - 생식세포 변이원성 물질 : 자손에게 유전될 수 있는 사람의 생식세포에 돌연변이를 일으킬 수 있는 물질
  - 생식독성물질 : 생식기능, 생식능력 또는 태아의 발생·발육에 유해한 영향을 주는 물질
  - 특정 표적장기 독성물질(1회 노출) : 1회 노출로 특정 표적장기 또는 전신에 독성을 일으키는 물질
  - 특정 표적장기 독성물질(반복 노출) : 반복적인 노출로 특정 표적장기 또는 전신에 독성을 일으키는 물질
  - 흡인 유해성 물질 : 액체 또는 고체 화학물질이 입이나 코를 통하여 직접적으로 또는 구토로 인하여 간접적으로, 기관 및 더 깊은 호흡기관으로 유입되어 화학적 폐렴, 다양한 폐 손상이나 사망과 같은 심각한 급성 영향을 일으키는 물질
  - 수생환경 유해성 물질 : 단기간 또는 장기간의 노출로 수생생물에 유해한 영향을 일으키는 물질
  - 오존층 유해성 물질

ㄴ 물리적 인자의 분류기준

• 소음 : 소음성 난청을 유발할 수 있는 85[dB(A)] 이상의 시끄러운 소리

- 진동 : 착암기, 핸드 해머 등의 공구를 사용함으로써 발생되는 백립병, 레이노 현상, 말초순환장애 등의 국소 진동 및 차량 등을 이용함으로써 발생되는 관절통, 디스크, 소화장애 등의 전신 진동
- 방사선 : 직간접적으로 공기 또는 세포를 전리하는 능력을 가진 알파선, 베타선, 감마선, 엑스선, 중성자선 등의 전자선
- 이상기압 : 게이지 압력이 [cm^2]당 1[kg] 초과 또는 미만인 기압
- 이상기온 : 고열, 한랭, 다습으로 인하여 열사병, 동상, 피부질환 등을 일으킬 수 있는 기온

㉢ 생물학적 인자의 분류기준

- 혈액매개 감염인자 : 인간면역결핍바이러스, B형·C형 간염바이러스, 매독바이러스 등 혈액을 매개로 다른 사람에게 전염되어 질병을 유발하는 인자
- 공기매개 감염인자 : 결핵, 수두, 홍역 등 공기 또는 비말감염 등을 매개로 호흡기를 통하여 전염되는 인자
- 곤충 및 동물매개 감염인자 : 쯔쯔가무시증, 렙토스피라증, 유행성출혈열 등 동물의 배설물 등에 의하여 전염되는 인자 및 탄저병, 브루셀라병 등 가축 또는 야생동물로부터 사람에게 감염되는 인자

③ 유해인자별 노출 농도의 허용기준(시행규칙 별표 19)

유해인자	허용기준			
	시간가중 평균값 (TWA)		단시간 노출값 (STEL)	
	[ppm]	[mg/m^3]	[ppm]	[mg/m^3]
6가 크롬 화합물 - 불용성		0.01		
6가 크롬 화합물 - 수용성		0.05		
납 및 그 무기화합물		0.05		
니켈 화합물 (불용성 무기화합물로 한정)		0.2		
니켈카르보닐	0.001			
다이메틸폼아마이드	10			
다이클로로메탄	50			
1,2-다이클로로프로판	10		110	
망간 및 그 무기화합물		1		
메탄올	200		250	
메틸렌 비스	0.005			
베릴륨 및 그 화합물		0.002		0.01
벤 젠	0.5		2.5	
1,3-부타디엔	2		10	
2-브로모프로판	1			
브롬화 메틸	1			
산화에틸렌	1			
석면(제조·사용하는 경우만 해당)		0.1개/cm^2		
수은 및 그 무기화합물		0.025		
스타이렌	20		40	
사이클로헥사논	25		50	
아닐린	2			
아크릴로나이트릴	2			
암모니아	25		35	
염 소	0.5		1	
염화비닐	1			
이황화탄소	1			
일산화탄소	30		200	
카드뮴 및 그 화합물		0.01 (호흡성 분진인 경우 0.002)		
코발트 및 그 무기화합물		0.02		
콜타르피치 휘발물		0.2		
톨루엔	50		150	
톨루엔-2,4-디이소시아네이트	0.005		0.02	
톨루엔-2,6-디이소시아네이트	0.005		0.02	
트라이클로로메탄	10			
트라이클로로에틸렌	10		25	
폼알데하이드	0.3			
n-헥산	50			
황 산		0.2		0.6

㉠ 시간가중 평균값(TWA ; Time-Weighted Average) : 1일 8시간 작업을 기준으로 한 평균 노출농도

$$TWA = \frac{C_1T_1 + C_2T_2 + \cdots + C_nT_n}{8}$$

여기서, C : 유해인자의 측정농도[ppm, mg/m^3 또는 개/cm^3]

T : 유해인자의 발생시간[hrs]

ⓛ 단시간 노출값(STEL ; Short-Term Exposure Limit) : 15분간의 시간가중 평균값으로서 노출농도가 시간가중 평균값을 초과하고 단시간 노출값 이하인 경우에는 1회 노출 지속시간이 15분 미만이어야 한다. 이러한 상태가 1일 4회 이하로 발생해야 하며, 각 회의 간격은 60분 이상이어야 한다.

④ 위험물의 정의와 특징

㉠ 위험물의 정의 : 상온 20[℃] 상압(1기압)에서 대기 중의 산소 또는 수분 등과 쉽게 격렬히 반응하면서, 수초 이내에 방출되는 막대한 에너지로 인하여 화재 및 폭발을 유발시키는 물질이다.

ⓛ 위험물의 특징

- 화학적 구조와 결합력이 매우 불안정하다.
- 물이나 산소와의 반응이 용이하게 일어난다.
- 반응속도가 빠르다.
- 반응 시 발생되는 열량이 크다.
- 반응 시 수소와 같은 가연성 가스가 발생된다.

⑤ 위험물질의 분류(위험물안전관리법 시행령 별표 1)

㉠ 제1류 위험물(산화성 고체)

- 정의 : 고체로서 산화력의 잠재적인 위험성 또는 충격에 대한 민감성을 판단하기 위하여 소방청장이 정하여 고시하는 시험에서 고시로 정하는 성질과 상태를 나타내는 것이다.
- 종류 : 과망간산염, 과염소산나트륨, 과염소산칼륨, 무기과산화물, 불연산염류, 아염소산염, 염소산염, 아이오딘산염(요오드산염), 중크롬산염, 질산염
- 특기사항
  - 고체 : 액체(1기압 및 20[℃]에서 액상인 것 또는 20[℃] 초과 40[℃] 이하에서 액상인 것) 또는 기체(1기압 및 20[℃])에서 기상인 것) 외의 것이다.
  - 액상 : 수직으로 된 시험관(안지름 30[mm], 높이 120[mm]의 원통형 유리관)에 시료를 55[mm]까지 채운 다음 당해 시험관을 수평으로 하였을 때 시료 액면의 선단이 30[mm]를 이동하는 데 걸리는 시간이 90초 이내에 있는 것이다.

ⓛ 제2류 위험물(가연성 고체)

- 정의 : 고체로서 화염에 의한 발화의 위험성 또는 인화의 위험성을 판단하기 위하여 고시로 정하는 시험에서 고시로 정하는 성질과 상태를 나타내는 것이다.
- 종류 : 금속분, 마그네슘, 유황, 인화성 고체, 적린, 철분, 황화인
- 특기사항
  - 금속분 : 알칼리 금속, 알칼리토류 금속, 철 및 마그네슘 외의 금속 분말로 구리분, 니켈분 및 150[μm]의 체를 통과하는 것이 50[wt%] 미만이면 제외
  - 마그네슘 : 2[mm]의 체를 통과하지 아니하는 덩어리 상태의 것 또는 직경 2[mm] 이상의 막대 모양의 것은 제외
  - 유황 : 순도 60[wt%] 이상인 것으로, 순도 측정에 있어서 불순물은 활석 등 불연성 물질과 수분에 한함
  - 철분 : 철의 분말로서, 53[μm]의 표준체를 통과하는 것이 50[wt%] 미만인 것은 제외

ⓒ 제3류 위험물(자연발화성 물질 및 금수성 물질)

- 정의 : 고체 또는 액체로서 공기 중에서 발화의 위험성이 있거나 물과 접촉하여 발화하거나 가연성 가스를 발생하는 위험성이 있는 것
- 종류 : 금속의 수소화물, 금속의 인화물, 나트륨, 칼륨, 알칼리금속, 알칼리토금속, 알킬리튬, 알킬알루미늄, 유기금속화합물, 칼슘 또는 알루미늄의 탄화물, 황린

ⓔ 제4류 위험물(인화성 액체)

- 정의 : 액체로서 인화의 위험성이 있는 것이다.
- 종류 : 동식물유류, 알코올류, 제1석유류, 제2석유류, 제3석유류, 제4석유류, 특수인화물
- 특기사항
  - 액체 : 제3석유류, 제4석유류 및 동식물유류의 경우 1기압과 20[℃]에서 액체인 것만 해당된다.
  - 인화성 액체를 포함하는 화장품·의약품·체외진단용 의료기기, 의약외품(알코올류 제외)·안전확인대상 생활화학제품(알코올류 제외) 중 수용성인 인화성 액체를 50[vol%] 이하로 포함하고 있는 것 등을 운반용기를 사용하여 운반하거나 저장(진열 및 판매를 포함한다)하는 경우는 제외
  - 동식물유류 : 동물의 지육 등 또는 식물의 종자나 과육으로부터 추출한 것으로서 1기압에서 인화점이 250[℃] 미만인 것(다만, 용기기준과 수납·저장기준에 따라 수납되어 저장·보관되고 용기의 외부에 물품의 통칭명, 수량 및 화기엄금(화기엄금과 동일한 의미를 갖는 표시 포함)의 표시가 있는 경우 제외)

- 알코올류 : 1분자를 구성하는 탄소원자의 수가 1개부터 3개까지인 포화1가 알코올(변성알코올 포함. 다만, 1분자를 구성하는 탄소원자의 수가 1개 내지 3개의 포화1가 알코올의 함유량이 60[wt%] 미만인 수용액, 가연성 액체량이 60[wt%] 미만이고 인화점 및 연소점(태그 개방식 인화점 측정기에 의한 연소점)이 에틸알코올 60[w%] 수용액의 인화점 및 연소점을 초과하는 것 등은 제외)
- 제1석유류 : 아세톤, 휘발유 그 밖에 1기압에서 인화점이 21[℃] 미만인 것
- 제2석유류 : 등유, 경유 그 밖에 1기압에서 인화점이 21[℃] 이상 70[℃] 미만인 것(다만, 도료류·그 밖의 물품에 있어서 가연성 액체량이 40[wt%] 이하이면서 인화점이 40[℃] 이상인 동시에 연소점이 60[℃] 이상인 것은 제외)
- 제3석유류 : 중유, 클레오소트유 그 밖에 1기압에서 인화점이 70[℃] 이상 200[℃] 미만의 것(다만, 도료류·그 밖의 물품은 가연성 액체량이 40[wt%] 이하인 것은 제외)
- 제4석유류 : 기어유, 실린더유, 그 밖에 1기압에서 인화점이 200[℃] 이상 250[℃] 미만의 것(다만, 도료류·그 밖의 물품은 가연성 액체량이 40[w%] 이하인 것은 제외)
- 특수인화물 : 이황화탄소, 다이에틸에테르 그 밖에 1기압에서 발화점이 100[℃] 이하인 것 또는 인화점이 -20[℃] 이하이고 비점이 40[℃] 이하인 것

ⓜ 제5류 위험물(자기반응성 물질)

- 정의 : 고체 또는 액체로서 폭발의 위험성 또는 가열분해의 격렬함을 판단하기 위하여 고시로 정하는 시험에서 고시로 정하는 성질과 상태를 나타내는 것이다.
- 특 징
  - 가연성 물질이면서 자체적으로 산소를 함유하므로 자기연소를 일으킨다.
  - 가열, 마찰, 충격에 의해 폭발하기 쉽다.
  - 연소속도가 대단히 빨라서 폭발적으로 반응한다.
  - 소화에는 다량의 물을 사용한다.
- 종류 : 나이트로소화합물, 나이트로화합물, 다이아조화합물, 아조화합물, 유기과산화물, 질산에스테르, 하이드라진유도체, 하이드록실아민, 하이드록실아민염
  - 유기과산화물을 함유하는 것 중에서 불활성 고체를 함유하는 것으로서 다음의 것은 제외한다.
    - ⓐ 과산화벤조일의 함유량이 35.5[wt%] 미만인 것으로서 전분가루, 황산칼슘2수화물 또는 인산1수소칼슘2수화물과의 혼합물
    - ⓑ 비스(4클로로벤조일)퍼옥사이드의 함유량이 30[wt%] 미만인 것으로서 불활성 고체와의 혼합물
    - ⓒ 과산화지크밀의 함유량이 40[wt%] 미만인 것으로서 불활성 고체와의 혼합물
    - ⓓ 1·4비스(2-터셔리부틸퍼옥시아이소프로필)벤젠의 함유량이 40[wt%] 미만인 것으로서 불활성 고체와의 혼합물
    - ⓔ 사이클로헥산올퍼옥사이드의 함유량이 30[wt%] 미만인 것으로서 불활성 고체와의 혼합물

ⓗ 제6류 위험물(산화성 액체)

- 정의 : 액체로서 산화력의 잠재적인 위험성을 판단하기 위하여 고시로 정하는 시험에서 고시로 정하는 성질과 상태를 나타내는 것이다.
- 종류 : 과산화수소, 과염소산, 질산
  - 과산화수소 : 농도가 36[wt%] 이상인 것
  - 질산 : 비중이 1.49 이상인 것

⑥ **산업안전보건법에 의한 위험물질의 분류(산업안전보건기준에 관한 규칙 별표 9)**

㉠ 폭발성 물질 및 유기과산화물 : 나이트로화합물(트라이나이트로벤젠, 트라이나이트로톨루엔, 피크린산), 나이트로소화합물, 다이아조화합물, 아조화합물, 유기과산화물(과초산, 메틸에틸케톤 과산화물, 과산화벤조일 등), 질산에스테르류(나이트로글리콜, 나이트로글리세린, 나이트로셀룰로스 등), 하이드라진 유도체

㉡ 물반응성 물질 및 인화성 고체 : 금속 분말(마그네슘 분말 제외), 금속의 수소화물, 금속의 인화물, 나트륨, 리튬, 마그네슘 분말, 셀룰로이드류, 알칼리 금속, 알킬리튬, 알킬알루미늄, 유기금속화합물(알킬알루미늄 및 알킬리튬 제외), 적린, 칼륨, 칼슘 또는 알루미늄 탄화물, 황, 황린, 황화인

※ 알루미늄분이 고온의 물과 반응할 때 수소 가스가 생성된다.

$2Al + 3H_2O \rightarrow Al_2O_3 + 3H_2$

㉢ 산화성 액체 및 산화성 고체 : 과망간산 및 그 염류, 과산화수소 및 무기 과산화물(과산화수소, 과산화칼륨, 과산화나트륨, 과산화바륨, 그 밖의 무기 과산화물), 과염소산 및 그 염류(과염소산, 과염소산칼륨, 과염소산나트륨, 과염소산암모늄, 그 밖의 과염소산염류), 브롬산 및 그 염류, 아염소산 및 그 염류(아염소산, 아염소산칼륨, 그 밖의 아염소산염류), 염소산 및 그 염류(염소산, 염소산칼륨, 염소산나트륨, 염소산암모늄, 그 밖의 염소산염류), 아이오딘산 및 그 염류, 중크롬산 및 그 염류, 질산 및 그 염류(질산칼륨, 질산나트륨, 질산암모늄, 그 밖의 질산염류), 차아염소산 및 그 염류(차아염소산, 차아염소산칼륨, 그 밖의 차아염소산염류)

㉣ 인화성 액체
- 에틸에테르 · 가솔린 · 아세트알데하이드 · 산화프로필렌, 그 밖에 인화점이 23[℃] 미만이고 초기 끓는점이 35[℃] 이하인 물질
- 노말헥산 · 아세톤 · 메틸에틸케톤 · 메틸알코올 · 에틸알코올 · 이황화탄소, 그 밖에 인화점이 23[℃] 미만이고 초기 끓는점이 35[℃]를 초과하는 물질
- 자일렌 · 아세트산아밀 · 등유 · 경유 · 테레빈유 · 아이소아밀알코올 · 아세트산 · 하이드라진, 그 밖에 인화점이 23[℃] 이상 60[℃] 이하인 물질

㉤ 인화성 가스 : 메탄, 부탄, 수소, 아세틸렌, 에탄, 에틸렌, 프로판

㉥ 부식성 물질 : 금속 등을 쉽게 부식시키고 인체에 접촉하면 심한 화상을 입히는 물질
- 부식성 산류
  - 농도가 20[%] 이상인 염산 · 황산 · 질산, 그 밖에 이와 같은 정도 이상의 부식성을 가지는 물질
  - 농도가 60[%] 이상인 인산 · 아세트산 · 플루오린화수소산, 그 밖에 이와 같은 정도 이상의 부식성을 가지는 물질
- 부식성 염기류 : 농도가 40[%] 이상인 수산화나트륨 · 수산화칼륨, 그 밖에 이와 같은 정도 이상의 부식성을 가지는 염기류

㉦ 급성 독성물질
- LD_{50}(경구, 쥐)이 [kg]당 5[mg] 이하인 독성물질(사이안화수소 · 플루오린아세트산 및 나트륨염 · 다이옥신 등)
- LD_{50}(경피, 토끼 또는 쥐)이 [kg]당 50[mg](체중) 이하인 독성물질
- 데카보란 · 다이보란 · 포스핀 · 이산화질소 · 메틸아이소시아네이트 · 다이클로로아세틸렌 · 플루오로아세트아마이드 · 케텐 · 1,4-다이클로로-2-부텐 · 메틸비닐케톤 · 벤조트라이클로라이드 · 산화카드뮴 · 규산메틸 · 다이페닐메탄다이아이소시아네이트 · 다이페닐설페이트 등 가스 LC_{50}(쥐, 4시간 흡입)이 100[ppm] 이하인 화학물질, 증기 LC_{50}(쥐, 4시간 흡입)이 0.5[mg/L] 이하인 화학물질, 분진 또는 미스트 0.05[mg/L] 이하인 독성물질
- 산화제2수은 · 사이안화나트륨 · 사이안화칼륨 · 폴리비닐알코올 · 2-클로로아세트알데하이드 · 염화제2수은 등 LD_{50}(경구, 쥐)이 [kg]당 5[mg](체중) 이상 50[mg](체중) 이하인 독성물질
- LD_{50}(경피, 토끼 또는 쥐)이 [kg]당 50[mg](체중) 이상 200[mg](체중) 이하인 독성물질
- 황화수소 · 황산 · 질산 · 테트라메틸납 · 다이에틸렌트라이아민 · 플루오린화카보닐 · 헥사플루오로아세톤 · 트라이플루오린화염소 · 푸르푸릴알코올 · 아닐린 · 플루오린 · 카보닐플루오라이드 · 발연황산 · 메틸에틸케톤과산화물 · 다이메틸에테르 · 페놀 · 벤질클로라이드 · 포스포러스펜톡사이드 · 벤질다이메틸아민 · 피롤리딘 등 가스 LC_{50}(쥐, 4시간 흡입)이 100[ppm] 이상 500[ppm] 이하인 화학물질, 증기 LC_{50}(쥐, 4시간 흡입)이 0.5[mg/L] 이상 2.0[mg/L] 이하인 화학물질, 분진 또는 미스트 0.05[mg/L] 이상 0.5[mg/L] 이하인 독성물질
- 아이소프로필아민 · 염화카드뮴 · 산화제2코발트 · 사이클로헥실아민 · 2-아미노피리딘 · 아조다이아이소부틸로나이트릴 등 LD_{50}(경구, 쥐)이 [kg]당 50[mg](체중) 이상 300[mg](체중) 이하인 독성물질
- 에틸렌다이아민 등 LD_{50}(경피, 토끼 또는 쥐)이 [kg]당 200[mg](체중) 이상 1,000[mg](체중) 이하인 독성물질
- 플루오린수소 · 산화에틸렌 · 트라이에틸아민 · 에틸아크릴산 · 브롬화수소 · 무수아세트산 · 황화플루오린 · 메틸프로필케톤 · 사이클로헥실아민 등 가스 LC_{50}(쥐, 4시간 흡입)이 500[ppm] 이상 2,500[ppm] 이하

인 독성물질, 증기 LC_{50}(쥐, 4시간 흡입)이 2.0[mg/L] 이상 10[mg/L] 이하인 독성물질, 분진 또는 미스트 0.5[mg/L] 이상 1.0[mg/L] 이하인 독성물질

※ 위험물질이 둘 이상의 위험물질로 분류되어 서로 다른 기준량을 가지게 될 경우에는 가장 작은 값의 기준량을 해당 위험물질의 기준량으로 한다.

※ 인화성 가스의 기준량은 운전온도 및 운전압력 상태에서의 값으로 한다.

⑦ 자연발화

㉠ 개 요

- 자연발화 : 인위적으로 외부에서 점화에너지를 부여하지 않아도 물질이 상온에서 공기 중 화학변화를 일으켜 오랜 시간에 걸친 열의 축적으로 발화하는 현상
- 자연발화의 원인이 되는 발화에너지 : 화학변화로 인한 산화열, 분해열, 중합열, 흡착열 등

㉡ 자연발화의 분류

- 완만한 온도 상승을 일으키는 경우
  - 공기 중 자연산화하고 산화열이 축적되어 발화하는 물질 : 건성유(아마인유, 해바라기유, 들기름, 동유) 및 반건성유(채종유, 면실유, 대두유)가 적셔진 다공성 가연물과 원면, 석탄, 황철광, 금속분, 고무조각 등
  - 자연분해 시 발생하는 분해열이 축적되어 발화하는 물질 : 나이트로셀룰로스, 셀룰로이드류, 나이트로글리세린 등의 질산에스테르류
  - 주위의 기체를 흡착하고 그때 생기는 흡착열이 축적되어 발화하는 물질, 탄소분말류(활성탄, 유연탄, 목탄분말 등), 가연성물질+촉매
  - 물질의 제조과정에서 발열반응에 의해 발화하는 물질 : 아크릴로나이트릴, 스타이렌, 메틸아크릴레이트, 비닐아세틸렌 등의 중합반응
  - 미생물의 활동으로 발열하여 발화하는 물질
- 비교적 온도가 빨리 상승하는 경우
  - 발화점이 상온에 가깝고 산화열에 의해 자신이 발화하는 물질 : 황린, 다이메틸마그네슘, 다이에틸아연 등 유기금속화합물류, 알킬알루미늄, 알킬리튬, 실란·디실란 등의 규소화수소류, 액체인화수소 등
  - 공기 중의 습기를 흡수하거나 물과 접촉 시 발열 또는 발화하는 물질
    ⓐ 가연성가스를 발생하고 자신이 발화하는 물질 : 칼륨, 나트륨, 알칼리금속류, 알칼리토금속류, 알루미늄 및 아연분 등
    ⓑ 발열하여 다른 가연성 물질을 발화시키는 물질 : 과산화나트륨 등 무기과산화물류, 삼산화크롬, 진한 황산, 진한 질산, 클로로술폰산, 수산화나트륨, 염화알루미늄 등
  - 다른 물질과 접촉, 혼합하면 발열하고 발화하는 물질
    ⓐ 혼합 시 즉시 발화하는 물질 : 삼산화크롬+에틸알코올, 과산화나트륨+이황화탄소, 과망간산칼륨+에틸렌글리콜, 아염소산나트륨+황산+에테르 등
    ⓑ 폭발성 혼합물을 형성하지만 분해·발화까지는 이르지 않고, 원래 물질보다 발화하기 쉬운 물질 염소산칼륨+알루미늄분, 과산화나트륨+유황 등

㉢ 자연발화가 일어나기 위한 조건

- 열 발생
  - 온도 : 주위의 온도가 높으면 반응속도가 빠르기 때문에 열의 발생이 증가하며 이런 경우 반응속도는 온도 상승에 따라 현저하게 증가한다.
  - 발열량 : 발열량이 클수록 열의 축적이 잘 이루어진다. 그러나 발열량이 크다 하더라도 반응속도가 느리면 축적열은 작게 된다.
  - 수분 : 적당량의 수분이 존재하면 수분이 촉매역할을 하여 반응속도가 가속화되는 경우가 많다. 따라서 고온다습한 환경의 경우가 자연발화를 촉진시키며 저온, 건조한 경우는 자연발화가 일어나지 않는다.
  - 표면적 : 산화반응의 반응속도는 산소의 양에 비례하기 때문에 산소함유 물질을 제외하고 산소량이 적거나 없는 것은 자연발화가 일어나지 않는다. 따라서 공기 중의 산소와의 접촉관계가 중요하다. 분말상이나 섬유상의 물질이 내부에 다량의 공기를 포함하는 경우 더욱더 자연발화가 일어날 가능성이 크다. 반응계에 고체 또는 액체가 들어있는 경우 반응속도는 표면적에 비례하므로 이 표면적이 클

수록 자연발화가 쉽고 분말·액체가 포·종이 등에 스며들어 자연발화가 용이해 진다.

– 촉매물질 : 열을 발하는 반응에 촉매적 작용을 가진 물질이 존재하면 반응은 가속되며 자연발화 과정에 여러 가지 물질의 촉매작용이 있다(예 건성유의 산화에 대한 수분, 셀룰로이드 가수분해에 대한 산·알칼리 등).

- 열의 축적
  - 열전도율 : 보온효과 향상을 위해서는 열이 축적되기 쉬운 분말·섬유상의 물질이 열전도율이 적은 공기를 많이 포함하여야 한다.
  - 축적방법 : 공기 중에 노출되거나 얇은 상태인 물질보다는 여러 겹의 중첩상황이나 분말상이 좋다. 대량 집적물의 중심부는 표면보다 단열성, 보온성이 좋아 자연발화가 용이하다.
  - 공기의 이동 : 열의 축적에 많은 영향을 미치며, 통풍이 잘되는 장소에서는 열의 축적이 곤란하여 자연발화가 발생하기 어렵다.

㉣ 자연발화의 예

- 유지류 : 기름걸레나 기름찌꺼기 등은 자연발화한다. 동식물 유지와 불포화성질이 발화의 주요인이다. 유지가 실제로 자연발화하기 위해서는 섬유상 물질이나 다공성 물질(낡은 넝마조각, 종이뭉치, 가마니, 우레탄폼, 골판지, 대패밥, 톱밥, 삼베자루, 쓰레기더미 등)이나 또는 그 외 미세한 물질이 침투 부착되거나 공기와의 접촉면적이 증가하여 산화 발열속도를 증대시키는 동시에 산화 발생열 축적을 만족시켜야 한다.
- 석탄 : 채굴 후 공기 중에 방치해 두면 자연히 광택을 잃거나 미분화되고 발열량이 저하되어 풍화의 현상을 일으킨다. 이것은 석탄의 자동산화작용에 의한 것으로 산화의 크기는 석탄의 종류에 따라 현저하게 다르다. 석탄의 자연발화는 불포화성이 많고 탄소함유량이 적은 저급탄에 많지만, 무연탄 등 노년탄에서는 잘 일어나지 않는다. 석탄에 적당량의 수분과 황화철이 존재하면 산화될 때 발열하여 석탄의 온도상승을 촉진시킨다. 특히 석탄의 형상이 분말상태인 경우 가장 산화되기 쉽다.
- 고무류 : 주성분은 불포화 결합을 많이 가지고 있으므로 공기 중 산소에 의해 자동산화되어 그 중간체로 과산화물이 만들어지고 산화는 연쇄반응으로 진행된다. 고온에서 가열된 재생고무를 충분히 냉각시키지 않고 쌓아놓거나 쓰레기를 대량으로 집적해 놓을 경우 자연발화한다. 특히 자외선이나 중금속염이 산화를 촉진시킨다. 고무제화공장 등에서 고무판을 연마기로 갈고 닦았을 때 생긴 고무가루를 그대로 퇴적시켜 두었을 때 내부에서 축열되어 발화할 수 있다.
- 질화면 : 섬유소를 황산과 질산의 혼산으로 처리해 얻은 질산에스테르로서 정제 시 세척을 충분히 하지 않아 흡착된 산이 잔류하거나 황산에스테르 등이 생성되면 불안정 물질이 되어 저온에서도 분해되어 버린다. 분해가 자기 촉매적으로 급속히 진행됨에 따라 온도가 급격히 상승하여 자연발화가 일어나게 된다.
- 탄소분말 : 활성탄, 목탄, 유연탄 등의 다공성 물질은 표면적이 크고, 제조직후 또는 분쇄 직후에 기체를 흡착해서 평형에 이르지 못한 경우가 있어 발열과 동시에 산화열이 가해져서 발화하는 수가 있다. 분쇄, 다공성분 증가, 또는 가열 시 활성화된다. 유지와 친화력이 강하므로 건성유와 접촉하면 특히 위험하다.
- 중합반응으로 발열·발화하는 물질 : 아크릴산에스테르, 메틸아크릴에스테르 등은 모두 중합이 극히 잘되는 모노머로서, 통상 하이드로퀴논을 첨가시켜 중합을 방지한다. 실제로 이들을 중합하고자 할 때는 하이드로퀴논을 제거해야 한다. 이것이 제거된 메틸아크릴레이트는 실온에 두면 쉽게 열을 동반하여 중합이 개시되고, 이 중합열 때문에 반응이 가속되면 위험한 상태가 된다. 우레탄폼은 폴리에스테르와 TDI(톨리렌디아이소시아네이트) 두 종류의 원료가 정량의 물과 혼합된 촉매작용에 의해 화학반응 및 발포를 형성하지만, 이상배합·이상발열·촉매 양 증가·산화방지제 부족으로 이상반응이 일어나거나 충분히 냉각되지 못했을 때 발화위험이 생긴다. 우레탄폼은 표면적이 크고 단열성과 다공성이 좋은 경우 불포화성인 유류가 침투되면 산화열이 축적되어 발화하기 쉽다.

• 발효열에 의한 발화물질
  – 짚에 분뇨를 섞어 퇴비로 만들 때 숙성도중 발효하여 내부온도가 고온이 되는 수가 있으나 발화에 이르기는 쉽지 않다. 건초나 마른 볏짚 등의 자연발화의 예는 많지 않지만, 외국의 낙농가에서 발화한 사례가 있다.
  – 미생물이나 효소작용에 의해 발열되어 약 80[℃]에 달하게 될 때 불안정 분해물질이 생성되어 산화됨에 따라 온도가 상승하여 발화에 이른다.
  – 반응성이 큰 불포화 분해생성물의 산화에 의해 한층 더 온도가 상승하여 발화에 이른다.
• 황린 : 담황색의 반투명 결정성 덩어리로 활성이 아주 강하다. 산소와 화합력이 강해서 건조된 공기에서는 통상 34[℃]에서 자연발화한다. 경우에 따라 그 이하 온도에서도 많은 시간을 소요하면서 자연발화한다. 황린은 발화점 자체가 낮으며 공기와의 산화력이 크기 때문에 자연발화가 용이하다.
• 액화인화수소 : 인의 수소화물에는 기상 인화수소(PH_3)와 액상 인화수소(P_2H_4)가 있다. 인화 수소의 발화점은 100[℃]이지만 액상인하수소는 상온에서 발화한다. 인에 가성 알칼리액을 가하고 가열해 얻은 기상 인화수소에서는 항상 액화 인화수소의 발생이 수반되기 때문에 생성가스가 공기에 접촉하면 즉시 자연발화한다.
• 기 타
  – 생석회 : 물과 반응하면 심하게 발열해서 소석회가 되고, 부근의 가연물을 태울 수 있다.
  – 질산 : 무색투명한 액체로, 부식성이 대단히 큰 무기산이다. 산화성이 강하여 유기물 외의 환원성 물질에 접촉하면 격렬히 반응하며 발열·발화한다.
  – 인화석회 : 물과 접촉하면 가수분해하여 인화수소를 발생한다. 이 인화수소는 상온에서도 공기와 접촉하면 발화위험이 있다. 물질에 따라서는 다른 물질과 접촉하거나 혼합하면 발화성이나 폭발성을 가진 위험 화합물을 만든다. 이 경우 산화성 물질과 환원성 물질의 조합, 산화성 물질과 일반가연물의 조합이 있지만 혼합만으로는 발화하지 않아 충격, 마찰을 가하면 발화·폭발하는 경우가 있다.

㉰ 자연발화의 예방
• 자연발화는 물질의 자연발열 속도와 열의 확산속도 간의 평형이 깨짐으로 인해 열이 축적되어 생기는 것이기 때문에 통풍, 환기, 저장방법을 고려하여 열의 축적을 방지한다.
• 반응속도가 온도에 크게 좌우하므로 온도의 상승을 방지한다.
• 습기, 수분 등은 물질에 따라 촉매작용을 하므로 가급적 습도가 높은 곳은 피한다.
• 활성이 강한 황린은 물속에 저장하고, 알칼리금속류는 석유·경유 속에 저장하며, 기타의 금속은 습기와의 접촉 및 빗물의 침투를 방지하고 공기와의 접촉을 통한 산화방지 및 발화를 방지한다.
• 나이트로셀룰로스 및 셀룰로이드류는 오래된 것은 폐기하며, 냉암소에 보관하여 축열을 방지하며, 수납장소 중 깊숙한 곳이나 아래쪽에 두지 않도록 한다. 보관품에 대해서는 여름철이 되면 반드시 점검하고 색깔이 변하거나 변질되는 등의 위험성이 파악되면 폐기 처분한다.
• 나이트로셀룰로스 및 셀룰로이드류는 용제의 증발을 억제한다. 즉, 건조를 방지하며, 수분의 침투를 방지하고 장기간 방치하지 않도록 재고 파악 및 관리에 철저를 기한다.
• 기름이 다공성 가연물에 섞여 들어가지 않도록 하며 혹시나 섞여 있는 넝마, 종이, 가마니, 옷감, 천, 톱밥, 나무상자, 골판지상자 등을 함부로 방치하여 쌓아두지 않도록 한다.
• 석탄, 고무류를 대량으로 집적해서 그 산화열이 축적되는 일이 없도록 하고, 황화철 등의 불순물이 포함되거나 수분이 침투되지 않도록 한다.
• 고무의 미세분말 부스러기, 고무제품의 연마부스러기 등은 한 곳에 대량 집적하지 않도록 하고 가연성 물질과 격리한다.
• 금속분은 황산, 질산, 클로로술폰산, 등의 강산류와 접촉을 방지한다.
• 유기금속화합물은 적절한 용제 또는 불활성의 가스를 봉입시킨다.

- 산화성 물질과 환원성 물질 또는 가연성 물질은 철저히 격리하고 충격, 마찰 등의 분해 요인을 제거해야 한다.
- 중합반응으로 발열반응을 일으키는 경우 제조과정에서의 이상반응 발생여부 및 냉각장치의 이상유무를 확인한다.

핵심예제

1-1. 5[%] NaOH 수용액과 10[%] NaOH 수용액을 반응기에 혼합하여 6[%], 100[kg]의 NaOH 수용액을 만들려면 각각 몇 [kg]의 NaOH 수용액이 필요한가?

[2012년 제2회, 2013년 제2회 유사, 2016년 제2회 유사, 2017년 제2회, 2018년 제3회 유사, 2021년 제2회, 2022년 제3회 유사]

① 5[%] NaOH 수용액 : 33.3, 10[%] NaOH 수용액 : 66.7
② 5[%] NaOH 수용액 : 50, 10[%] NaOH 수용액 : 50
③ 5[%] NaOH 수용액 : 66.7, 10[%] NaOH 수용액 : 33.3
④ 5[%] NaOH 수용액 : 80, 10[%] NaOH 수용액 : 20

1-2. 다음 중 허용 노출기준(TWA)이 가장 낮은 물질은?

[2011년 제2회 유사, 2012년 제2회, 2016년 제3회, 2018년 제1회 유사, 2021년 제2회 유사]

① 플루오린
② 암모니아
③ 황화수소
④ 나이트로벤젠

1-3. 화재 시 발생하는 유해가스 중 가장 독성이 큰 것은?

[2012년 제1회 유사, 2014년 제3회, 2017년 제1회, 2021년 제3회 유사]

① CO　　② $COCl_2$
③ NH_3　　④ HCN

1-4. 공기 중 암모니아가 20[ppm](노출기준 25[ppm]), 톨루엔이 20[ppm](노출기준 50[ppm])이 완전 혼합되어 존재하고 있다. 혼합물질의 노출기준을 보정하는 데 활용하는 노출지수는 약 얼마인가?(단, 두 물질 간에 유해성이 인체의 서로 다른 부위에 작용한다는 증거는 없다) [2011년 제3회, 2014년 제2회]

① 1.0　　② 1.2
③ 1.5　　④ 1.6

1-5. 공기 중 아세톤의 농도가 200[ppm](TLV 500[ppm]), 메틸에틸케톤(MEK)의 농도가 100[ppm](TLV 200[ppm])일 때 혼합물질의 허용 농도는 약 몇 [ppm]인가?(단, 두 물질은 서로 상가작용을 하는 것으로 가정한다)

[2010년 제3회, 2015년 제3회, 2018년 제3회, 2021년 제1회]

① 150　　② 200
③ 270　　④ 333

1-6. 산업안전보건법상 위험물질의 종류와 해당 물질의 연결이 옳은 것은?

[2013년 제2회 유사, 제3회 유사, 2014년 제3회 유사, 2015년 제3회 유사, 2017년 제1회, 제3회 유사]

① 폭발성 물질 : 마그네슘 분말
② 인화성 고체 : 중크롬산
③ 산화성 물질 : 나이트로소화합물
④ 인화성 가스 : 에탄

1-7. 위험물안전관리법에서 정한 제3류 위험물에 해당하지 않는 것은? [2010년 제3회, 2016년 제1회, 2018년 제3회]

① 나트륨
② 알킬알루미늄
③ 황 린
④ 나이트로글리세린

|해설|

1-1

혼합 수용액이 6[%] NaOH 수용액 100[kg]이므로, 5[%] NaOH 수용액의 무게를 x[kg]이라고 하면 10[%] NaOH 수용액의 무게는 $100-x$[kg]이다. 따라서

$0.06\times100=0.05x+0.1\times(100-x)$

$6=0.05x+10-0.1x$

$0.05x=4$이므로 $x=80$[kg], $100-x=20$이다. 따라서 5[%] NaOH 수용액 80[kg], 10[%] NaOH 수용액 20[kg]이다.

1-2

각 물질의 허용 노출기준[ppm]

- 플루오린 : 0.1
- 암모니아 : 25
- 황화수소 : 10
- 나이트로벤젠 : 1

1-3

독성이 클수록 허용 농도기준량이 적다. 각 물질의 허용 농도[ppm]는 ① 50, ② 0.1, ③ 25, ④ 10이므로, ②번인 $COCl_2$의 독성이 가장 크다.

1-4

$$노출지수=\frac{20}{25}+\frac{20}{50}=1.2$$

1-5

혼합물의 허용 농도

$$C=\frac{C_1+C_2}{R}=\frac{200+100}{\frac{C_1}{T_1}+\frac{C_2}{T_2}}=\frac{300}{\frac{200}{500}+\frac{100}{200}}=\frac{300}{\frac{9}{10}}=\frac{3,000}{9}$$

$$\simeq 333[\text{ppm}]$$

1-6

① 마그네슘 분말은 물반응성 물질 및 인화성 고체이다.
② 중크롬산은 산화성 액체 및 산화성 고체이다.
③ 나이트로소화합물은 폭발성 물질 및 유기과산화물이다.

1-7

나이트로글리세린은 제5류 위험물이다.

정답 1-1 ④ 1-2 ① 1-3 ② 1-4 ② 1-5 ④ 1-6 ④ 1-7 ④

핵심 이론 02 위험물 · 유해물질의 안전관리 및 물질안전보건자료(MSDS)

① 위험물의 안전관리

㉠ 위험물 안전관리의 개요

- 사업주는 위험물을 기준량 이상으로 제조하거나 취급하는 특수화학설비를 설치하는 경우에는 내부의 이상상태를 조기에 파악하기 위하여 필요한 온도계, 유량계, 압력계 등의 계측장치를 설치하여야 한다.
- 계측장치 설치 위험물질별 기준량
  - 부탄 : 50[m^3]
  - 사이안화수소 : 5[kg]
- 액화가스용기의 저장능력 : $W=V_2/C$
  여기서, V_2 : 내용적[L], C : 가스정수

㉡ 위험물의 취급안전 사항

- 유해물 발생원의 봉쇄
- 유해물질의 제조 및 사용의 중지 및 유해성이 적은 물질로 전환
- 유해물의 위치, 작업공정의 변경
- 작업공정의 밀폐와 작업장의 격리
- 모든 폭발성 물질은 통풍이 잘되는 냉암소 등에 보관해야 한다.
- 산화성 물질의 경우 가연물과의 접촉을 피해야 한다.
- 가스누설의 우려가 있는 장소에서는 점화원의 철저한 관리가 필요하다.
- 도전성이 나쁜 액체는 정전기 발생을 방지하기 위한 조치를 취한다.
- 작업 적응자의 배치는 안전조치로 바람직하지 않다.
- 폭발성 물질을 석유류에 침지시켜 보관하면 위험하다.

㉢ 위험물질에 대한 저장방법

- 탄화칼슘
  - 밀폐된 저장용기 속에 저장한다.
  - 물이나 습기, 눈, 얼음 등의 침투를 막아야 한다.
  - 산화성 물질과의 접촉을 방지해야 한다.
- 벤젠 : 산화성 물질과 격리시킨다.
- 황린, 이황화탄소 등 : 물속에 저장한다.
- (금속)나트륨, 적린, (금속)칼륨 등 : 석유(등유) 속에 저장한다.
- 나트륨 : 유동 파라핀 속에 저장한다.

• 적린 : 냉암소에 격리 저장한다.
• 나이트로글리세린 : 화기를 피하고 통풍이 잘되는 냉암소에 저장한다.
• 질산 : 통풍이 잘되는 곳에 보관하고 물기와의 접촉을 금지한다.
• 질산은 : 보존할 때는 마개를 단단히 하여 어두운 곳에 둔다.
• 인화성 물질이나 부식성 물질을 액체 상태로 저장하는 저장탱크를 설치하는 때에 위험물질이 누출되어 확산되는 것을 방지하기 위하여 방유제(담)를 설치한다.

㉣ 산화성 물질의 저장・취급에 있어서 고려하여야 할 사항
• 조해성이 있는 물질은 방습을 고려하여 용기를 밀폐할 것
• 내용물이 누출되지 않도록 할 것
• 분해를 촉진하는 약품류와 접촉을 피할 것
• 가열・충격・마찰 등 분해를 일으키는 조건을 주지 말 것

㉤ 인화성 액체의 취급 시 주의사항
• 화기・충격・마찰 등의 열원을 피하고 밀폐용기를 사용하며 사용상 불가능한 경우 환기장치를 이용한다.
• 소화작업 시에는 공기호흡기 등 적합한 보호구를 착용하여야 한다.
• 일반적으로 비중이 물보다 가볍고 물 위로 뜨며 질식소화를 이용하면 효과적이다.
• 소포성의 인화성 액체의 화재 시에는 내알코올포를 사용한다.

㉥ 비상구(산업안전보건기준에 관한 규칙 제17조)
• 사업주는 위험물질을 제조・취급하는 작업장과 그 작업장이 있는 건축물에 출입구 외에 안전한 장소로 대피할 수 있는 비상구 1개 이상을 다음의 기준을 모두 충족하는 구조로 설치해야 한다. 다만, 작업장 바닥면의 가로 및 세로가 각 3[m] 미만인 경우에는 그렇지 않다.
  – 출입구와 같은 방향에 있지 아니하고, 출입구로부터 3[m] 이상 떨어져 있을 것
  – 작업장의 각 부분으로부터 하나의 비상구 또는 출입구까지의 수평거리가 50[m] 이하가 되도록 할 것
  – 비상구의 너비는 0.75[m] 이상으로 하고, 높이는 1.5[m] 이상으로 할 것
  – 비상구의 문은 피난 방향으로 열리도록 하고, 실내에서 항상 열 수 있는 구조로 할 것
• 사업주는 비상구에 문을 설치하는 경우 항상 사용할 수 있는 상태로 유지하여야 한다.

㉦ 반응성 화학물질의 위험성을 실험에 의한 평가 대신 문헌조사 등을 통해 계산해 평가하는 방법에 대한 사항
• 위험성이 너무 커서 물성을 측정할 수 없는 경우 계산에 의한 평가방법을 사용할 수 있다.
• 연소열, 분해열, 폭발열 등의 크기에 의해 그 물질의 폭발 또는 발화의 위험 예측이 가능하다.
• 계산에 의한 평가를 하기 위해서는 폭발 또는 분해에 따른 생성물의 예측이 이루어져야 한다.
• 계산에 의한 위험성 예측은 모든 물질에 대해 정확한 것이 아니므로 실험을 필요로 한다.

㉧ 가스 용기의 도색 색상
• 공업용(산업용)・일반용 : 액화석유가스(밝은 회색), 산소(녹색), 액화탄산가스(청색), 액화염소(갈색), 그 밖의 가스(회색), 아세틸렌(황색), 액화암모니아(백색), 질소(회색), 수소(주황색), 소방용 용기(소방법에 의한 도색)
• 의료용 가스 : 에틸렌(자색), 헬륨(갈색), 액화탄산가스(회색), 사이크로프로판(주황색), 질소(흑색), 아산화질소(청색), 산소(백색)
• 그 밖의 가스 : 회색
• 충전기한 표시 문자의 색상 : 적색

㉨ 유해성・위험성 조사 제외 화학물질(시행령 제85조)
• 원소, 천연으로 산출된 화학물질, 건강기능식품, 군수품(통상품 제외), 농약 및 원제, 마약류, 비료, 사료, 살생물물질 및 살생물제품, 식품 및 식품첨가물, 의약품 및 의약외품, 방사성물질, 위생용품, 의료기기, 화약류, 화장품과 화장품에 사용하는 원료
• 고용노동부장관이 명칭, 유해성・위험성, 근로자의 건강장해 예방을 위한 조치 사항 및 연간 제조량・수입량을 공표한 물질로서 공표된 연간 제조량・수입량 이하로 제조하거나 수입한 물질
• 고용노동부장관이 환경부장관과 협의하여 고시하는 화학물질 목록에 기록되어 있는 물질

㉩ 신규화학물질의 유해성・위험성 조사보고서 첨부서류(시행규칙 별표 20)
• 물질안전보건자료(MSDS)

• 다음 모두의 서류
  - 급성경구독성 또는 급성흡입독성 시험성적서. 다만, 조사보고서나 제조 또는 취급 방법을 검토한 결과 주요 노출경로가 흡입으로 판단되는 경우 급성흡입독성 시험성적서를 제출하여야 한다.
  - 복귀돌연변이 시험성적서
  - 시험동물을 이용한 소핵 시험성적서
• 제조 또는 사용·취급방법을 기록한 서류
• 제조 또는 사용 공정도
• 제조를 위탁한 경우 그 위탁 계약서 사본 등 위탁을 증명하는 서류(신규화학물질 제조를 위탁한 경우만 해당)
• 다음의 경우에는 다음의 구분에 따른 시험성적서를 제출하지 아니할 수 있다.
  - 신규화학물질의 연간 제조·수입량이 100[kg] 이상 1[ton] 미만인 경우 : 복귀돌연변이 시험성적서 및 시험동물을 이용한 소핵 시험성적서
  - 신규화학물질의 연간 제조·수입량이 1[ton] 이상 10[ton] 미만인 경우 : 시험동물을 이용한 소핵 시험성적서. 다만, 복귀돌연변이에 관한 시험결과가 양성인 경우에는 시험동물을 이용한 소핵 시험성적서를 제출하여야 한다.
• 고분자화합물의 경우에는 시험성적서 모두와 다음에 따른 사항이 포함된 고분자특성에 관한 시험성적서를 제출하여야 한다.
  - 수평균분자량 및 분자량 분포
  - 해당 고분자화합물 제조에 사용한 단량체의 화학물질명, 고유번호 및 함량비[%]
  - 잔류단량체의 함량[%]
  - 분자량 1,000 이하의 함량[%]
  - 산 및 알칼리 용액에서의 안정성
• 다음의 경우에는 각 구분에 따른 시험성적서를 제출하지 아니할 수 있다.
  - 고분자화합물의 연간 제조·수입량이 10[ton] 미만인 경우 : 시험성적서
  - 고분자화합물의 연간 제조·수입량이 10[ton] 이상 1,000[ton] 미만인 경우 : 시험동물을 이용한 소핵 시험성적서. 다만, 연간 제조·수입량이 100[ton] 이상 1,000[ton] 미만인 경우로서 복귀돌연변이에 관한 시험결과가 양성인 경우에는 시험동물을 이용한 소핵 시험성적서를 제출하여야 한다.
• 신규화학물질의 물리·화학적 특성상 시험이나 시험결과의 도출이 어려운 경우로서 고용노동부장관이 정하여 고시하는 경우에는 해당 서류를 제출하지 아니할 수 있다.

② 유해물질의 안전관리

㉠ 유해화학물질의 중독에 대한 일반적인 응급처치방법
  • 환자를 오염지역, 독성환경 밖으로 안전하게 이동시킨다.
    - 접근 전 보호복장 및 장구 착용
    - 지역 내의 환기 실시
    - 적절한 호흡기구 사용
    - 환자의 오염된 의복 제거
  • 환자의 의식확인 및 호흡, 맥박을 확인한다.
  • 기도확보 후, 고농도의 산소를 투여한다.
  • 호흡정지 시 가능한 경우 인공호흡을 실시한다.
  • 신체를 따뜻하게 하고 신선한 공기를 확보한다.
  • 독물치료센터나 응급센터에 연락한다.

㉡ 관리대상 유해물질을 취급하는 작업장의 보기 쉬운 장소에 게시할 사항(산업안전보건기준에 관한 규칙 제442조)
  • 관리대상 유해물질의 명칭
  • 인체에 미치는 영향
  • 취급상 주의사항
  • 착용하여야 할 보호구
  • 응급조치와 긴급 방재 요령

※ 다만, 작업공정별 관리요령을 게시한 경우에는 그러하지 아니하다.

※ 상기 사항을 게시하는 경우에는 건강 및 환경 유해성 분류기준에 따라 인체에 미치는 영향이 유사한 관리대상 유해물질별로 분류하여 게시할 수 있다.

㉢ 허가대상 유해물질을 제조하거나 사용하는 작업장에 게시할 사항(산업안전보건기준에 관한 규칙 제459조)
  • 허가대상 유해물질의 명칭
  • 인체에 미치는 영향
  • 취급상의 주의사항
  • 착용하여야 할 보호구
  • 응급처치와 긴급 방재 요령

㉣ 허가대상 유해물질의 제조 및 사용 시 근로자에게 알려야 할 사항(산업안전보건기준에 관한 규칙 제460조)
- 물리적 · 화학적 특성
- 발암성 등 인체에 미치는 영향과 증상
- 취급상의 주의사항
- 착용하여야 할 보호구와 착용방법
- 위급상황 시의 대처방법과 응급조치 요령
- 그 밖에 근로자의 건강장해 예방에 관한 사항

㉤ 허가대상 유해물질(베릴륨 및 석면은 제외) 취급 시 다음의 사항에 관한 작업수칙을 정하고 이를 해당 작업근로자에게 알려야 한다(산업안전보건기준에 관한 규칙 제462조).
- 밸브 · 콕 등(허가대상 유해물질을 제조하거나 사용하는 설비에 원재료를 공급하는 경우 또는 그 설비로부터 제품 등을 추출하는 경우에 사용되는 것만 해당)의 조작
- 냉각장치, 가열장치, 교반장치 및 압축장치의 조작
- 계측장치와 제어장치의 감시 · 조정
- 안전밸브, 긴급 차단장치, 자동경보장치 및 그 밖의 안전장치의 조정
- 뚜껑 · 플랜지 · 밸브 및 콕 등 접합부가 새는지 점검
- 시료의 채취 및 해당 작업에 사용된 기구 등의 처리
- 이상 상황이 발생한 경우의 응급조치
- 보호구의 사용 · 점검 · 보관 및 청소
- 허가대상 유해물질을 용기에 넣거나 꺼내는 작업 또는 반응조 등에 투입하는 작업
- 그 밖에 허가대상 유해물질이 새지 않도록 하는 조치

㉥ 허가대상 유해물질이 보관된 장소에 잠금장치를 설치하는 등 관계근로자가 아닌 사람이 임의로 출입할 수 없도록 적절한 조치를 하여야 한다(산업안전보건기준에 관한 규칙 제463조).

㉦ 목욕설비 등(산업안전보건기준에 관한 규칙 제464조)
- 허가대상 유해물질을 제조 · 사용하는 경우에 해당 작업장소와 격리된 장소에 평상복 탈의실, 목욕실 및 작업복 탈의실을 설치하고 필요한 용품과 용구를 갖추어 두어야 한다.
- 목욕 및 탈의 시설을 설치하려는 경우에 입구, 평상복 탈의실, 목욕실, 작업복 탈의실 및 출구 등의 순으로 설치하여 근로자가 그 순서대로 작업장에 들어가고 작업이 끝난 후에는 반대의 순서대로 나올 수 있도록 하여야 한다.
- 허가대상 유해물질 취급근로자가 착용하였던 작업복, 보호구 등은 오염을 방지할 수 있는 장소에서 벗도록 하고 오염 제거를 위한 세탁 등 필요한 조치를 하여야 한다. 이 경우 오염된 작업복 등은 세탁을 위하여 정해진 장소 밖으로 내가서는 아니 된다.

㉧ 허가대상 유해물질을 제조 · 사용하는 작업장에 근로자가 쉽게 사용할 수 있도록 긴급 세척시설과 세안설비를 설치하고, 이를 사용하는 경우에는 배관 찌꺼기와 녹물 등이 나오지 않고 맑은 물이 나올 수 있도록 유지하여야 한다(산업안전보건기준에 관한 규칙 제465조).

㉨ 허가대상 유해물질을 제조 · 사용하는 작업장에서 해당 물질이 샐 경우에 즉시 해당 물질이 흩날리지 않는 방법으로 제거하는 등 필요한 조치를 하여야 한다(산업안전보건기준에 관한 규칙 제466조).

㉩ 허가대상 유해물질(베릴륨은 제외)의 제조설비로부터 시료 채취 시 수칙사항(산업안전보건기준에 관한 규칙 제467조)
- 시료의 채취에 사용하는 용기 등은 시료채취 전용으로 할 것
- 시료의 채취는 미리 지정된 장소에서 하고 시료가 흩날리거나 새지 않도록 할 것
- 시료의 채취에 사용한 용기 등은 세척한 후 일정한 장소에 보관할 것

㉪ 근로자가 허가대상 유해물질을 제조 · 사용하는 경우에는 다음의 사항을 적어야 한다(산업안전보건기준에 관한 규칙 제468조).
- 근로자의 이름
- 허가대상 유해물질의 명칭
- 제조량 또는 사용량
- 작업내용
- 작업 시 착용한 보호구
- 누출, 오염, 흡입 등의 사고가 발생한 경우 피해 내용 및 조치 사항

③ 금지유해물질의 안전관리

㉠ 용어의 정의(산업안전보건기준에 관한 규칙 제498조)

- 금지유해물질 : 제조 등이 금지되는 유해물질(시행령 제87조에 따른 유해물질)
- 시험·연구 또는 검사 목적 : 실험실·연구실 또는 검사실에서 물질분석 등을 위하여 금지유해물질을 시약으로 사용하거나 그 밖의 용도로 조제하는 경우
- 실험실 등 : 금지유해물질을 시험·연구 또는 검사용으로 제조·사용하는 장소

㉡ 금지유해물질을 시험·연구 또는 검사 목적으로 제조하거나 사용하는 자가 취해야 하는 조치사항(산업안전보건기준에 관한 규칙 제499조)

- 제조·사용 설비는 밀폐식 구조로서 금지유해물질의 가스, 증기 또는 분진이 새지 않도록 할 것. 다만, 밀폐식 구조로 하는 것이 작업의 성질상 현저히 곤란하여 부스식 후드의 내부에 그 설비를 설치한 경우는 제외
- 금지유해물질을 제조·저장·취급하는 설비는 내식성의 튼튼한 구조일 것
- 금지유해물질을 저장하거나 보관하는 양은 해당 시험·연구에 필요한 최소량으로 할 것
- 금지유해물질의 특성에 맞는 적절한 소화설비를 갖출 것
- 제조·사용·취급 조건이 해당 금지유해물질의 인화점 이상인 경우에는 사용하는 전기 기계·기구는 적절한 방폭구조로 할 것
- 실험실 등에서 가스·액체 또는 잔재물을 배출하는 경우에는 안전하게 처리할 수 있는 설비를 갖출 것
- 밀폐식 구조라도 금지유해물질을 넣거나 꺼내는 작업 등을 하는 경우에 해당 작업장소에 국소배기장치를 설치하여야 한다. 다만, 금지유해물질의 가스·증기 또는 분진이 새지 않는 방법으로 작업하는 경우에는 그러하지 아니하다.

㉢ 부스식 후드의 내부에 해당 설비 설치 시의 기준(산업안전보건기준에 관한 규칙 제500조)

- 부스식 후드의 개구면 외의 곳으로부터 금지유해물질의 가스·증기 또는 분진 등이 새지 않는 구조로 할 것
- 부스식 후드의 적절한 위치에 배풍기를 설치할 것
- 배풍기의 성능은 부스식 후드 개구면에서의 제어풍속이 아래 표에서 정한 성능 이상이 되도록 할 것

물질의 상태	제어풍속[m/s]
가스상태	0.5
입자상태	1.0

제어풍속 : 모든 부스식 후드의 개구면을 완전 개방했을 때의 풍속

㉣ 금지유해물질의 제조·사용 설비가 설치된 장소의 바닥과 벽은 불침투성 재료로 하되, 물청소를 할 수 있는 구조로 하는 등 해당 물질을 제거하기 쉬운 구조로 하여야 한다(산업안전보건기준에 관한 규칙 제501조).

㉤ 금지유해물질의 제조 및 사용 시 근로자에게 알려야 하는 사항(산업안전보건기준에 관한 규칙 제502조)

- 물리적·화학적 특성
- 발암성 등 인체에 미치는 영향과 증상
- 취급상의 주의사항
- 착용하여야 할 보호구와 착용방법
- 위급상황 시의 대처방법과 응급조치 요령
- 그 밖에 근로자의 건강장해 예방에 관한 사항

㉥ 금지유해물질의 보관용기의 기준(산업안전보건기준에 관한 규칙 제503조)

- 뒤집혀 파손되지 않는 재질일 것
- 뚜껑은 견고하고 뒤집혀 새지 않는 구조일 것
- 전용 용기를 사용하고 사용한 용기는 깨끗이 세척하여 보관하여야 한다.
- 경고표지를 붙여야 한다.

㉦ 금지유해물질을 관계 근로자가 아닌 사람이 취급할 수 없도록 일정한 장소에 보관하고, 그 사실을 보기 쉬운 장소에 게시하여야 한다(산업안전보건기준에 관한 규칙 제504조).

- 실험실 등의 일정한 장소나 별도의 전용장소에 보관할 것
- 금지유해물질 보관장소에는 다음의 사항을 게시할 것
  - 금지유해물질의 명칭
  - 인체에 미치는 영향
  - 위급상황 시의 대처방법과 응급처치 방법
- 금지유해물질 보관장소에는 잠금장치를 설치하는 등 시험·연구 외의 목적으로 외부로 내가지 않도록 할 것

ⓞ 출입의 금지(산업안전보건기준에 관한 규칙 제505조)
- 금지유해물질 제조·사용 설비가 설치된 실험실 등에는 관계근로자가 아닌 사람의 출입을 금지하고, 표지를 출입구에 붙여야 한다.
- 금지유해물질 또는 이에 의하여 오염된 물질은 일정한 장소를 정하여 저장하거나 폐기하여야 하며, 그 장소에는 관계 근로자가 아닌 사람의 출입을 금지하고, 그 내용을 보기 쉬운 장소에 게시하여야 한다.
- 출입이 금지된 장소에 사업주의 허락 없이 출입해서는 아니 된다.

ⓩ 흡연 등의 금지(산업안전보건기준에 관한 규칙 제506조)
- 금지유해물질을 제조·사용하는 작업장에서 근로자가 담배를 피우거나 음식물을 먹지 않도록 하고, 그 내용을 보기 쉬운 장소에 게시하여야 한다.
- 흡연 또는 음식물의 섭취가 금지된 장소에서 흡연 또는 음식물 섭취를 해서는 아니 된다.

ⓩ 금지유해물질이 실험실 등에서 새는 경우에 흩날리지 않도록 흡착제를 이용하여 제거하는 등 필요한 조치를 하여야 한다(산업안전보건기준에 관한 규칙 제507조).

ⓚ 응급 시 근로자가 쉽게 사용할 수 있도록 실험실 등에 긴급 세척시설과 세안설비를 설치하여야 한다(산업안전보건기준에 관한 규칙 제508조).

ⓣ 근로자가 금지유해물질을 제조·사용하는 경우에는 다음의 사항을 적어야 한다(산업안전보건기준에 관한 규칙 제509조).
- 근로자의 이름
- 금지유해물질의 명칭
- 제조량 또는 사용량
- 작업내용
- 작업 시 착용한 보호구
- 누출, 오염, 흡입 등의 사고가 발생한 경우 피해 내용 및 조치 사항

④ 물질안전보건자료(MSDS)

㉠ MSDS의 작성·제출 제외 대상 화학물질 등(시행령 제86조)

ⓐ 건강기능식품에 관한 법률 제3조 제1호에 따른 건강기능식품

ⓑ 농약관리법 제2조 제1호에 따른 농약

ⓒ 마약류 관리에 관한 법률 제2조 제2호 및 제3호에 따른 마약 및 향정신성의약품

ⓓ 비료관리법 제2조 제1호에 따른 비료

ⓔ 사료관리법 제2조 제1호에 따른 사료

ⓕ 생활주변방사선 안전관리법 제2조 제2호에 따른 원료물질

ⓖ 생활화학제품 및 살생물제의 안전관리에 관한 법률 제3조 제4호 및 제8호에 따른 안전확인대상생활화학제품 및 살생물제품 중 일반소비자의 생활용으로 제공되는 제품

ⓗ 식품위생법 제2조 제1호 및 제2호에 따른 식품 및 식품첨가물

ⓘ 약사법 제2조 제4호 및 제7호에 따른 의약품 및 의약외품

ⓙ 원자력안전법 제2조 제5호에 따른 방사성물질

ⓚ 위생용품 관리법 제2조 제1호에 따른 위생용품

ⓛ 의료기기법 제2조 제1항에 따른 의료기기

ⓜ 첨단재생의료 및 첨단바이오의약품 안전 및 지원에 관한 법률 제2조 제5호에 따른 첨단바이오의약품

ⓝ 총포·도검·화약류 등의 안전관리에 관한 법률 제2조 제3항에 따른 화약류

ⓞ 폐기물관리법 제2조 제1호에 따른 폐기물

ⓟ 화장품법 제2조 제1호에 따른 화장품

ⓠ ⓐ부터 ⓟ까지의 규정 외의 화학물질 또는 혼합물로서 일반소비자의 생활용으로 제공되는 것(일반소비자의 생활용으로 제공되는 화학물질 또는 혼합물이 사업장 내에서 취급되는 경우를 포함)

ⓡ 고용노동부장관이 정하여 고시하는 연구·개발용 화학물질 또는 화학제품. 이 경우 법 제110조 제1항부터 제3항까지의 규정에 따른 자료의 제출만 제외된다.

ⓢ 그 밖에 고용노동부장관이 독성·폭발성 등으로 인한 위해의 정도가 적다고 인정하여 고시하는 화학물질

㉡ MSDS 작성 시 포함되어야 할 항목 및 그 순서는 다음과 같다(화학물질의 분류·표시 및 물질안전보건자료에 관한 기준 제10조).

ⓐ 화학제품과 회사에 관한 정보

ⓑ 유해성·위험성

ⓒ 구성성분의 명칭 및 함유량

ⓓ 응급조치요령
ⓔ 폭발・화재 시 대처방법
ⓕ 누출 사고 시 대처방법
ⓖ 취급 및 저장방법
ⓗ 노출방지 및 개인보호구
ⓘ 물리화학적 특성
ⓙ 안정성 및 반응성
ⓚ 독성에 관한 정보
ⓛ 환경에 미치는 영향
ⓜ 폐기 시 주의사항
ⓝ 운송에 필요한 정보
ⓞ 법적규제 현황
ⓟ 그 밖의 참고사항

㉢ MSDS를 작성할 수 있는 충족요건 중 각 구성성분의 함량 변화는 10퍼센트포인트[%P] 이하이어야 한다(화학물질의 분류・표시 및 물질안전보건자료에 관한 기준 제12조).

핵심예제

2-1. 공업용 용기의 몸체 도색으로 가스명과 도색명의 연결이 옳은 것은?

[2010년 제1회 유사, 2014년 제3회, 2016년 제2회 유사, 2018년 제2회]

① 산소 - 청색
② 질소 - 백색
③ 수소 - 주황색
④ 아세틸렌 - 회색

2-2. 액화 프로판 310[kg]을 내용적 50[L] 용기에 충전할 때 필요한 소요용기의 수는 몇 개인가?(단, 액화 프로판의 가스정수는 2.35이다) [2014년 제1회, 2017년 제1회, 2020년 제4회]

① 15　② 17
③ 19　④ 21

2-3. 다음 중 위험물질에 대한 저장방법으로 적절하지 않은 것은? [2012년 제1회, 2018년 제3회]

① 탄화칼슘은 물속에 저장한다.
② 벤젠은 산화성 물질과 격리시킨다.
③ 금속 나트륨은 석유 속에 저장한다.
④ 질산은 통풍이 잘되는 곳에 보관하고 물기와의 접촉을 금지한다.

2-4. 다음 중 산업안전보건법상 물질안전보건자료의 작성・제출 제외 대상이 아닌 것은?

[2010년 제3회, 2012년 제3회 유사, 2017년 제1회]

① 원자력법에 의한 방사성 물질
② 농약관리법에 의한 농약
③ 비료관리법에 의한 비료
④ 관세법에 의해 수입되는 공업용 유기용제

|해설|

2-1
① 산소 - 녹색
② 질소 - 회색
④ 아세틸렌 - 황색

2-2
액화가스 용기의 저장능력은 $W = V_2/C = \frac{50}{2.35} \simeq 21.28$[L]이므로, 소요용기의 수는 310÷21.28≃15개이다.

2-3
탄화칼슘은 밀폐된 저장용기 속에 저장한다.

2-4
물질안전보건자료의 작성・제출 제외 대상이 아닌 것으로 '플라스틱 원료, 관세법에 의해 수입되는 공업용 유기용제' 등이 출제된다.

정답 2-1 ③ 2-2 ① 2-3 ① 2-4 ④

핵심이론 03 주요 화학물질

① 과염소산($HClO_4$) 또는 과염소산옥소늄

㉠ 개 요

- 염소의 산소산이며 무색의 유동성 액체이고 물에 대해 가용성을 띠는 산화성 액체
- 휘발성 물질이며 다른 물질의 연소를 돕는 조연성 물질
- 비중 1.768(22[℃]), 녹는점 -112[℃], 끓는점 39[℃]

㉡ 특 징

- 휘발성이 있고 흡습성이 매우 강하다.
- 대기압하에서 증류하면 분해되며 폭발하기도 한다.
- 물과 혼합하면 다량의 열이 발생한다.
- 과염소산의 수용액은 거의 완전하게 이온화되고 염소의 염소산 중에서 가장 강한 산이다.

② 과염소산칼륨($KClO_4$)

㉠ 개 요

- 칼륨과 과염소산기가 결합한 무색・무취의 사방결정계 결정 또는 백색 분말(흰색 가루)
- 분해온도 400[℃], 녹는점 610[℃](완전 분해온도), 용해도 1.8(20[℃]), 비중 2.52

㉡ 특 징

- 고온에서 완전 열분해되었을 때 산소를 발생한다.
- 물, 알코올, 에테르 등에 잘 안 녹는다.
- 에탄올에는 약간 녹는다.
- 로켓・폭약의 원료, 칼륨의 정량 분석 시약 등으로 사용된다.

③ 나트륨(Na)

㉠ 개 요

- 원자량 23, 비중 0.97, 녹는점 97.8[℃], 끓는점 880[℃]
- 은백색 광택을 내는 무른 경금속
- 연소 시 노란색 불꽃을 냄

㉡ 특 징

- 보호액(석유, 경유, 유동 파라핀)을 넣은 통에 밀봉, 저장한다.
- 아이오딘산(HIO_3)과 접촉 시 폭발하며 수은(Hg)과 격렬하게 반응하거나 때로는 폭발한다.
- 물, 알코올이나 산과 반응하면 수소가스를 발생한다.
- 소화 시 마른 모래, 건조된 소금, 탄산칼슘 분말 등을 사용한다.

④ 나이트로셀룰로스(NC)

㉠ 개 요

- 백색 또는 담황색의 면상 물질
- 면약(면화약), 플래시 페이퍼, 건코튼이라고도 한다.

㉡ 특 징

- 점화하면 격렬하게 연소한다.
- 암실에서 인광을 발한다.
- 다이너마이트・무연화약 제조 및 로켓 연료 등으로 사용된다.

㉢ 나이트로셀룰로스의 취급 및 저장방법

- 제조, 저장 중 충격과 마찰 등을 방지하여야 한다.
- 물과 혼합되면 위험성이 감소하므로 저장이나 수송 시에 물(20[%])이나 알코올(30[%])로 습면시켜 습한 상태를 유지한다.
- 자연발화방지를 위하여 안전용제를 사용한다.
- 화재 시 질식소화는 적응성이 없으므로 냉각소화를 한다.
- 할로겐화합물 소화약제는 적응성이 없으며 다량의 물로 냉각소화한다.

⑤ 마그네슘(Mg)

㉠ 개 요

- 알칼리토금속에 속하는 금속원소
- 실온에서 은백색의 가벼운 금속으로 존재
- 고체이며 비중 1.74, 녹는점 650[℃], 끓는점 1,091[℃]

㉡ 특 징

- 불을 붙이면 산화마그네슘으로 변하며 매우 밝은 백색광을 내면서 연소한다.
- 가볍고, 비강도가 매우 우수하다.

㉢ 마그네슘의 저장 및 취급

- 화기를 엄금하고 가열, 충격, 마찰을 피한다.
- 산화제와의 접촉을 피한다.
- 분말은 분진폭발성이 있으므로 누설되지 않도록 포장한다.
- 분말이 비산하지 않도록 완전 밀봉시켜 저장한다.
- 고온의 물이나 과열 수증기와 접촉하면 격렬히 반응하므로 주의한다.
- 제1류 또는 제6류와 같은 산화제와 혼합되지 않도록 격리시켜 저장한다.

- 마그네슘 연소의 소화 시 소화약제는 건조사, 탄산수소염류, 팽창 질석, 팽창 진주암, 적절한 소화기 등을 이용한다.

⑥ 메탄(CH_4)

㉠ 개 요
- 상온, 대기압에서 무색, 무취의 탄소화합물 기체
- 분자량 16, 녹는점 −182[℃], 끓는점 −164~−160[℃]
- 지구상에서 가장 풍부한 유기화합물

㉡ 특 징
- 가장 간단한 탄화수소 기체이다.
- 천연가스의 주성분이다.
- 온실효과가 있다.
- 이성질체가 없다.

⑦ 메틸알코올 또는 메탄올, 목정(CH_3OH)

㉠ 개 요
- 수소결합으로 구성되는 극성분자이고 가장 간단한 알코올 화합물
- 무색의 휘발성, 가연성, 유독성 액체
- 제4류 위험물(인화성 액체)에 해당한다.
- 비중은 0.79로 1보다 작고, 증기 비중은 1.1로 공기보다 무겁다.

㉡ 특 징
- 금속나트륨과 반응하여 수소를 발생한다.
- 물에 잘 녹는다.
- 온도가 증가함에 따라 열전도도가 감소한다.
- 혐기성 생물의 대사과정에서 자연적으로 만들어지기도 한다.
- 용도 : 유기용제, 화합물 합성 중간체, 페인트 희석제, 자동차 워셔액, 페인트 제거제, 폐수처리제, 자동차 및 실험실 약용식물 추출제, 연료전지의 연료, 전자제품 칩 제조 및 식각, 바이오디젤 생산, 석유·화학·식품공업 등에 이용

⑧ 브롬화메틸 또는 메틸브로마이드(CH_3Br)

㉠ 개 요
- 단기간 노출로도 사망에 이르는 강력한 독성가스
- 무색·무취·극인화성 가스

㉡ 특 징
- 메탄–공기 중의 물질에 적은 첨가량으로 연소를 억제할 수 있다.
- 가열하면 폭발할 수 있다.
- 삼키거나 흡입하면 매우 유독하다.
- 피부와 눈에 심한 자극을 일으킨다.
- 용도 : 훈증제(소독·살충제), 메틸화제

⑨ 수소(H_2)

㉠ 개 요
- 무색·무취의 가연성 가스
- 자기연소성과 폭발성이 있는 가스

㉡ 특 징
- 매우 많이 존재하고, 매우 가볍다.
- 매우 격렬하게 반응한다.
- 물에 잘 녹지 않는다.
- 온도가 높아지면 반응성이 커진다.
- 연소온도가 매우 낮고 작은 스파크에도 폭발한다.
- 실내에서 누출되면 매우 위험하다.

⑩ 수은(Hg)

㉠ 개 요
- 상온에서 액체 상태로 존재하는 무거운 은백색의 금속이다.
- 전기가 잘 통하지만 열전도성은 나쁘다.

㉡ 특 징
- 표면장력이 매우 크다.
- 염산에는 녹지 않지만 질산에는 녹아 질산수은이 된다.
- 건조한 상태로 공기 중에 존재하면 안전하지만 습한 공기 중에서는 표면산화가 발생되어 회색의 피막이 생긴다.
- 황과 서로 문지르면 쉽게 황화수소은이 된다.
- 흡입 시 인체에 구내염과 혈뇨, 손 떨림 등의 증상을 일으킨다.
- 신경계가 대표적인 표적기관인 물질이다.
- 미나마타병의 원인금속으로 알려져 있다.

⑪ 아산화질소 또는 일산화이질소, 산화아질소(N_2O)

㉠ 개 요
- 질소원자 두 개와 산소원자 한 개로 이루어진 기체 화합물
- NH_4NO_3의 가열, 분해로부터 생성된다.
- 무색의 가스이며 환각물질이다.
- 상온에서 승화성 물질
- 웃음가스라고도 한다.

㉡ 특 징

- 물과 알코올에 잘 녹지 않는다.
- 연소반응의 촉매역할을 한다.
- 감미로운 향기와 단맛을 지닌다.
- 농도가 낮으면 독성과 자극성이 약하고 안전하지만 높은 농도가 요구되는 경우가 많으며 이때에는 산소결핍의 원인으로 작용한다.
- 지구온난화를 심화시켜 환경을 악화시킨다.
- 치과 등에서 수면마취제로 사용한다.

⑫ 아세톤 또는 다이메틸케톤, 프로파논(CH_3COCH_3)

㉠ 개 요

- 무색이고 휘발성이 강한 독성물질의 액체이다.
- 비중이 0.79이므로 물보다 가볍다.
- 인화점이 -17[℃]로 낮아 인화성이 강하므로 취급에 각별한 주의가 필요하다.
- 체내의 일반적인 대사과정에서 만들어지고 배출된다.

㉡ 특 징

- 상온에서 휘발성, 인화성이 크다.
- 물, 알코올, 에테르 등 대부분의 용매와 잘 섞인다.
- 증기는 유독하므로 흡입하지 않도록 주의해야 한다.
- 장기적인 피부 접촉은 심한 염증을 일으킬 수 있다.

⑬ 아세틸렌 또는 에틴(C_2H_2)

㉠ 개 요

- 알카인계의 탄화수소 중 가장 간단한 형태의 화합물
- 무색 무취의 가연성 기체
- 물과 탄화칼슘(카바이드)가 반응(결합)하면 아세틸렌 가스가 생성된다.

  $CaC_2 + 2H_2O \rightarrow Ca(OH)_2 + C_2H_2 \uparrow$
- 아세틸렌 압축 시 사용되는 희석제 : 메탄, 질소, 에틸렌, 일산화탄소, 수소, 프로판, 탄산가스

㉡ 특 징

- 물과 알코올에 녹기는 하지만 아세톤에 특별히 잘 녹는다.
- 은, 수은, 구리, 마그네슘 등과 반응하여 아세틸라이드를 생성한다.
- 아세틸렌은 가압하면 분해폭발의 위험성이 있으므로 아세톤, DMF(다이메틸폼아마이드) 등을 용제로 사용하여 다공질 물질에 침윤시켜 아세틸렌을 용해하여 충전한다.
- 고압하에서 폭굉을 일으키며 폭굉의 경우 발생압력이 초기 압력의 20~50배에 이른다.
- 분해반응은 발열량이 크며, 화염온도는 3,100[℃]에 이른다.
- 용단 또는 가열작업 시 1.3[kgf/cm^2] 이상의 압력을 초과하여서는 안 된다.
- 용해가스로서 황색으로 도색한 용기를 사용한다.
- 연소 시 열을 많이 내므로 용접 등 높은 온도가 필요한 작업에 주로 사용한다.

⑭ 알킬알루미늄

㉠ 개 요

- 알킬기와 알루미늄의 유기금속화합물
- 무색의 액체 상태로 존재

㉡ 특 징

- 물과 격렬하게 반응한다.
- 저급은 반응성이 풍부하여 공기 중에서 자연발화한다.
- 알킬기의 탄소 1개에서 4개까지의 화합물은 공기와 접촉하면 자연발화를 일으킨다.
- 알킬기의 탄소수가 5개까지는 점화원에 의해 불이 붙고 탄소수가 6개 이상인 것은 공기 중에서 서서히 산화하여 흰 연기가 난다.
- 저장용기의 상부는 불연성 가스로 봉입하여야 한다.
- 소화 시 팽창 질석, 팽창 진주암, 건조된 모래 등을 사용한다.

⑮ 액화 사이안화수소 또는 청화수소(HCN)

㉠ 개 요

- 무색, 휘발성, 맹독성 가스
- 어는점 -13.4[℃], 끓는점 26[℃]

㉡ 특 징

- 약산성이며 물에 잘 녹는다.
- 공기 중 농도가 5.6[%]를 넘어가면 폭발한다.
- 중합반응으로 발열을 일으킨다.

※ 중합반응(Polymerization) : 분자량이 작은 분자가 연속적으로 결합하여 분자량이 큰 분자 하나를 만드는 반응

⑯ 에탄올 또는 에틸알코올, 주정(C_2H_5OH, C_2H_6O, CH_3CH_2OH)

㉠ 개 요
- 기체 상태에서 끓는점 78[℃], 인화점 13[℃]
- 희석해서 섭취해도 큰 해가 없는 유기용매

㉡ 특 징
- 증기압이 높아 쉽게 증발된다.
- 수분을 함유하는 에탄올에서 순수한 에탄올을 얻기 위해 벤젠과 같은 물질을 첨가하여 수분을 제거하는 증류방법을 공비증류라고 한다.
- 희석하지 않고 한꺼번에 대량으로 마시면 사망할 수도 있다.
- 불에 타기 쉬우므로 화재에 주의해야 한다.

⑰ 염화비닐(CH_2=CHCl)

㉠ 개 요
- 수 지
  - 비중 약 1.4의 백색 분말이다.
  - 65~85[℃]에서 연화하고 120~150[℃]에서 완전히 가소성으로 된다.
  - 170[℃] 이상에서는 용융하고 190[℃] 이상이 되면 격렬하게 염산을 방출하면서 분해를 시작한다.
  - 가공 적정온도 : 150~180[℃]
- 건축물 공사에 사용되지만 불에 타는 성질이 있어서 화재 시 유독한 사이안화수소가스가 발생되는 물질

㉡ 특 징
- 내수성, 내산성, 내알칼리성, 난연성, 전기절연성 등이 우수하다.
- 무독성이며 많은 용제류에 잘 견딘다.
- 염소가 비석유계의 특징을 지니므로 내약품성이 우수하다.
- 연소가 잘 안 되지만 연소되면 유해가스인 염소가 발생된다.
- 경질 염화비닐과 연질 염화비닐로 나누어진다.
  - 경질 염화비닐 : 기계적 특성, 내약품성, 난연성, 내후성 등이 우수하여 파이프, 빗물 통과 같은 건재나 탱크 등 공업용 자재로서 널리 사용된다.
  - 연질 염화비닐 : 가소제를 가하여 부드럽게 한 재료로 고무호스, 전선의 피복재, 비닐하우스 등의 농업용 필름, 인조피혁, 비치볼이나 부표와 같은 완구 등에 사용된다.

⑱ 이황화탄소(CS_2)

㉠ 개 요
- 무색, 무취의 맹독성 액체
- 액비중 1.26, 녹는점 -111[℃], 인화점 -30[℃], 착화온도 100[℃], 끓는점 46.3[℃], 비열 1.24

㉡ 특 징
- 인화점은 0[℃]보다 낮다.
- 휘발성, 인화성이 강하다.
- 연소 시 유독가스인 아황산가스(SO_2)를 발생한다.
- 물에 녹지 않지만 알코올, 에테르, 벤젠 등에 잘 녹는다.
- 유지, 수지, 생고무, 황, 황린 등을 녹인다.
- 액체가 피부에 닿거나 증기 흡입 시에는 인체에 매우 해롭다.

⑲ 인화칼슘(Ca_3P_2)

㉠ 개 요
- 분자량 182, 비중 2.51, 녹는점 1,600[℃]
- 적갈색의 괴상 고체로서 인화석회라고도 한다.

㉡ 특 징
- 수분(물)이나 약산과 반응하여 유독성가스인 포스핀(PH_3)을 발생시킨다.
- 알코올, 에테르에 녹지 않는다.
- 건조한 공기 중에서는 안정하나, 300[℃] 이상에서는 산화한다.
- 가스 취급 시 독성이 심하므로 방독 마스크를 착용하여야 한다.

⑳ 일산화탄소(CO)

㉠ 개 요
- 무색, 무취, 무미, 가연성, 독성 가스
- 녹는점 -205.0[℃], 끓는점 -191.5[℃], 임계온도 -139[℃], 임계압력 35[atm]

㉡ 특 징
- 허용농도는 50[ppm] 이하이다.
- 물에 잘 녹지 않는다.
- 염소와는 촉매 존재하에 반응하여 포스겐이 된다.
- 인체 내의 헤모글로빈과 결합하여 산소 운반기능을 저하시킨다.

㉑ 질산(HNO_3)

㉠ 개 요

- 제6류 위험물이다.
- 비중이 1.49로 물보다 무겁다.
- 융점 -42[℃], 비점 86[℃]

㉡ 특 징

- 무색 액체이나 빛에 의해 일부 분해되어 생긴 이산화질소(NO_2) 때문에 적갈색(담황색)이 된다.
  - 분해반응식 : $4HNO_3 \rightarrow 2H_2O+4NO_2\uparrow+O_2$
- 탄화수소, 황화수소, 이황화수소, 히드라진류, 아민류 등 환원성 물질과 혼합하면 발화 및 폭발한다.
- 부식성이 강한 강산이지만 금, 백금, 이리듐, 로듐만은 부식시키지 못한다.
- 진한질산은 Fe(철), Co(코발트), Ni(니켈), Cr(크롬), Al(알루미늄) 등을 부동태화(부식되지 않게 얇은 막을 만드는 현상) 한다.
- 저장용기는 갈색병에 넣어 직사광선을 피하고 찬 곳에 저장한다.
- 톱밥, 대패밥, 나무조각, 나무껍질, 종이, 섬유 등 유기물질과 혼합하면 발화한다.
- 가열된 질산과 황린이 반응하면 인산이 되며 황과 반응하면 황산이 된다.
- 다량의 질산화재에 소량의 주수소화는 위험하다. 마른모래 및 CO_2로 소화한다.
- 위급 시에는 다량의 물로 냉각소화하기도 한다.

㉒ 질산암모늄(NH_4NO_3)

㉠ 개 요

- 대기압, 실온에서 무색·무취·흡습성·백색 결정의 고체 상태로 존재
- 녹는점 169.6[℃], 분해온도 210[℃]

㉡ 특 징

- 주로 비료로 사용되지만 가연성 물질이 섞이면 폭발물이 된다.
- 물에 잘 녹고 물과 반응하면 다량의 물을 흡수하여 흡열반응을 나타내어 온도가 내려간다.

㉓ 질산은($AgNO_3$)

㉠ 개 요

- 백색 고체 상태의 독성물질
- 비중 4.35, 녹는점 212[℃], 끓는점 440[℃](분해)

㉡ 특 징

- 알코올무수물, 벤젠, 아세톤 등에는 잘 녹지 않는다.
- 에테르, 메탄올 등에는 약간 녹는다.
- 물에 잘 녹는다.
- 빛의 흡수에 의해 화학결합이 끊어지는 반응인 광분해 반응을 일으키기 쉽다.

㉔ 질소(N_2)

㉠ 개 요

- 무색, 무미, 무취의 기체로 대기 중 가장 많이 존재한다.
- 녹는점 -210[℃], 끓는점 -195.8[℃]

㉡ 특 징

- 화학공장에서 주로 사용되는 불활성 가스이다.
- 고압가스의 분류 중 압축가스에 해당된다.
- 고압의 공기 중에서 장시간 작업하는 경우에 발생하는 잠함병 또는 잠수병의 중독현상을 일으키는 물질이다.

㉕ 칼륨(K)

㉠ 개 요

- 원자량 39, 비중 0.857, 용융점 63.6[℃], 비등점 762[℃]
- 은백색 광택의 경금속
- 연소 시 보라색 불꽃을 낸다.

㉡ 특 징

- 상온에서 물과 격렬히 반응하여 수소를 생성한다.
- 산과 접촉하여 수소를 잘 방출시킨다.
- 할로겐 및 산소, 수증기 등과 접촉하면 발화 위험이 있다.
- 습기 존재하에서 CO와 접촉하면 폭발한다.
- 수분 접촉 차단을 위해 석유, 경유, 유동 파라핀 등의 보호액을 넣은 내통에 밀봉시켜 저장한다.
- 마른 모래, 건조된 소금, 탄산수소염류 분말로 피복하여 질식소화한다.
- 피부에 접촉하면 화상을 입는다.
- 이온화 경향이 큰 금속이다.

㉖ 크롬(Cr)

㉠ 개 요

- 은색의 광택이 있는 단단한 전이금속
- 비중 7.2(20[℃]), 녹는점 1,907[℃], 끓는점 2,671[℃]
- 2가, 3가, 6가의 화합물이 사용된다.

㉡ 특 징

- 부서지기 쉬우며 잘 변색되지 않고 녹는점이 높다.
- 철과 같이 사용하면 철의 부식을 막아 준다.
- 3가보다 6가 화합물이 특히 인체에 유해하다.

㉗ 프로판(C_3H_8)

㉠ 개 요

- 알케인계 탄화수소의 일종
- 상온에서는 약간 특이한 냄새가 있는 무색 기체로 존재
- 녹는점 −187.69[℃], 끓는점은 −42.07[℃]

㉡ 특 징

- 물에는 약간 녹고, 알코올에는 중간 정도로 녹는다.
- 에테르에는 잘 녹는다.
- 연소범위는 2.1~9.5[%] 정도이다.
- 인화성이 매우 강하다.
- 공기보다 무거우므로 누출될 경우 바닥에 쌓여 폭발한계를 쉽게 넘을 수 있기 때문에 주의해야 한다.

㉘ 황 린

㉠ 개 요

- 비중 1.83, 증기비중 4.4, 발화점 34[℃], 용융점 44[℃], 비등점 280[℃]
- 백색 또는 담황색의 자연발화성 고체
- 증기는 공기보다 무겁고 자극적이며 맹독성 물질이다.

㉡ 특 징

- 물속에 저장한다.
- 물과 반응하지 않기 때문에 pH=9 정도의 물속에 저장하며 보호액이 증발되지 않도록 한다.
- 벤젠, 알코올에는 일부 용해하고 이황화탄소, 삼염화인, 염화황에는 잘 녹는다.
- 유황, 산소, 할로겐과 격렬하게 반응한다.
- 발화점이 매우 낮고 산소와 결합 시 산화열이 크며 공기 중에 방치하면 액화되면서 자연발화를 일으킨다.
- 산화제, 화기의 접근, 고온체와 접촉을 피하고, 직사광선을 차단한다.
- 공기 중에 노출되지 않도록 하고 유기과산화물, 산화제, 가연물과 격리한다.
- 강산화성 물질과 수산화나트륨(NaOH)과 혼촉 시 발화의 위험이 있다.
- 초기 소화에는 물, 포, CO_2, 건조분말소화약제가 유효하다.

㉙ 황산(H_2SO_4)

㉠ 개 요

- 약간의 점성을 띤 무색, 무취, 강산성의 액체 화합물
- 비중 1.84(18[℃]), 녹는점 10.4[℃], 분해온도 290[℃], 끓는점 337[℃]

㉡ 특 징

- 순황산(100[%] 황산) 및 진한 황산은 물과의 친화력(親和力)이 강하여 혼합하면 강하게 발열한다.
- 많은 무기물 및 유기물을 녹인다.
- 진한 황산은 유기물과 접촉할 경우 발열반응을 한다.
- 묽은 황산은 수소보다 이온화 경향이 큰 금속과 반응하면 수소를 발생시킨다.
- 자신은 산화성이며 강산화성 물질로서 진한 황산은 산화력이 강하다.

핵심예제

3-1. 나이트로셀룰로스의 취급 및 저장방법에 관한 설명으로 틀린 것은? [2011년 제2회 유사, 2018년 제2회]

① 저장 중 충격과 마찰 등을 방지하여야 한다.
② 물과 격렬히 반응하여 폭발하므로 습기를 제거하고, 건조 상태를 유지한다.
③ 자연발화방지를 위하여 안전용제를 사용한다.
④ 화재 시 질식소화는 적응성이 없으므로 냉각소화를 한다.

3-2. 마그네슘의 저장 및 취급에 관한 설명으로 틀린 것은? [2010년 제2회, 2015년 제2회, 2017년 제3회 유사, 2018년 제3회]

① 화기를 엄금하고 가열, 충격, 마찰을 피한다.
② 분말이 비산하지 않도록 완전 밀봉시켜 저장한다.
③ 제1류 또는 제6류와 같은 산화제와 혼합되지 않도록 격리시켜 저장한다.
④ 일단 연소하면 소화가 곤란하지만 초기 소화 또는 소규모 화재 시 물, CO_2 소화설비를 이용하여 소화한다.

3-3. 다음 중 아세틸렌을 용해가스로 만들 때 사용되는 용제로 가장 적합한 것은? [2011년 제3회 유사, 2012년 제2회, 제3회 유사, 2017년 제2회]

① 아세톤 ② 메 탄
③ 부 탄 ④ 프로판

|해설|

3-1
물과 혼합되면 위험성이 감소하므로 저장이나 수송 시에 물(20[%])이나 알코올(30[%])로 습면시켜 습한 상태를 유지한다.

3-2
마그네슘 연소의 소화 시 소화약제는 건조사를 이용한다.

3-3
아세틸렌은 가압하면 분해폭발의 위험성이 있으므로 아세톤, DMF(다이메틸폼아마이드) 등을 용제로 사용하여 다공질 물질에 침윤시켜 아세틸렌을 용해하여 충전한다.

정답 3-1 ② 3-2 ④ 3-3 ①

제2절 화학설비와 그 부속설비

핵심이론 01 화학설비와 부속설비의 개요

① 화학설비 및 그 부속설비의 분류(산업안전보건기준에 관한 규칙 별표 7)
 ㉠ 화학설비의 분류
  • 화학물질반응·혼합장치 : 반응기, 혼합조 등
  • 화학물질분리장치 : 증류탑, 흡수탑, 추출탑, 감압탑 등
  • 화학물질저장설비 또는 계량설비 : 저장탱크, 계량탱크, 호퍼, 사일로 등
  • 열교환기류 : 응축기, 냉각기, 가열기, 증발기 등
  • 점화기를 직접 사용하는 열교환기류 : 고로 등
  • 화학제품가공설비 : 캘린더, 혼합기, 발포기, 인쇄기, 압출기 등
  • 분체화학물질취급장치 : 분쇄기, 분체분리기, 용융기 등
  • 분체화학물질분리장치 : 결정조, 유동탑, 탈습기, 건조기 등
  • 화학물질이송·압축설비 : 펌프류, 압축기, 이젝터 등
 ㉡ 부속설비의 분류
  • 화학물질 이송 관련 부속설비 : 배관, 밸브, 관, 부속류 등
  • 자동제어 관련 부속설비 : 온도, 압력, 유량 등을 지시·기록하는 부속설비
  • 비상조치 관련 부속설비 : 안전밸브, 안전판, 긴급차단밸브, 방출밸브 등
  • 경보 관련 부속설비 : 가스누출감지기, 경보기 등
  • 폐가스처리 부속설비 : 세정기, 응축기, 벤트스택, 플레어스택 등
  • 분진처리 부속설비 : 사이클론, 백필터, 전기집진기 등
  • 안전 관련 부속설비 : 정전기 제거장치, 긴급샤워설비 등
  • 부속설비를 운전하기 위하여 부속된 전기 관련 설비
② 화학공장의 제어방식
 ㉠ 일반적인 자동제어 시스템의 작동 순서 : 공정상황 → 검출 → 조절계 → 밸브
 ㉡ 화학공장에서의 기본적인 자동제어의 작동 순서 : 검출 → 조절계 → 밸브 → 제조공정 → 검출

㉢ 화학공장의 폐회로방식제어계 작동 순서 : 공정설비 → 검출부 → 조절계 → 조작부 → 공정설비

③ 화학설비와 부속설비 관련 사항

㉠ 단위공정시설 및 설비로부터 다른 단위공정시설 및 설비 사이의 안전거리는 설비의 외면으로부터 10[m] 이상이 되어야 한다.

㉡ 국소배기시설에서 후드(Hood)에 의한 제작 및 설치요령

- 유해물질이 발생하는 곳마다 설치한다.
- 후드의 개구부 면적은 가능한 한 작게 한다.
- 후드를 가능한 한 발생원에 접근시킨다.
- 후드형식은 가능하면 포위식 또는 부스식 후드를 설치한다.

④ 가솔린이 남아 있는 설비에 등유 등의 주입

㉠ 화학설비로서 가솔린이 남아 있는 화학설비, 탱크로리, 드럼 등에 등유나 경유를 주입하고 작업하는 경우에는 미리 그 내부를 깨끗하게 씻어내고 가솔린 증기를 불활성 가스로 바꾸는 등 안전한 상태로 되어 있는지 확인한 후에 그 작업을 하여야 한다.

㉡ 가솔린이 남아 있는 경우의 조치

- 등유나 경유를 주입하기 전 탱크, 드럼 등과 주입설비 사이에 접속선이나 접지선을 연결하여 전위차를 줄일 것
- 등유나 경유를 주입하는 경우, 그 액 표면의 높이가 주입관 선단의 높이를 넘을 때까지 주입속도를 1[m/s] 이하로 할 것

핵심예제

1-1. 다음 중 산업안전보건법상 화학설비에 해당하는 것은?

[2011년 제2회, 2016년 제3회]

① 응축기, 냉각기, 가열기, 증발기 등 열교환기류
② 사이클론, 백필터, 전기집진기 등 분진처리설비
③ 온도, 압력, 유량 등을 지시, 기록하는 자동제어 관련설비
④ 안전밸브, 안전판, 긴급차단 또는 방출밸브 등 비상조치 관련설비

1-2. 화학설비 가운데 분체화학물질분리장치에 해당하지 않는 것은?

[2010년 제3회, 2018년 제1회]

① 건조기
② 분쇄기
③ 유동탑
④ 결정조

1-3. 다음 중 일반적인 자동제어 시스템의 작동 순서를 바르게 나열한 것은?

[2010년 제1회, 2013년 제2회, 2016년 제1회]

㉠ 검 출	㉡ 조절계
㉢ 밸 브	㉣ 공정상황

① ㉠ → ㉡ → ㉣ → ㉢
② ㉣ → ㉠ → ㉡ → ㉢
③ ㉡ → ㉣ → ㉠ → ㉢
④ ㉢ → ㉡ → ㉣ → ㉠

|해설|

1-1
①번만이 화학설비에 속하며 ②, ③, ④번은 화학설비의 부속설비에 해당한다.

1-2
분쇄기는 분체화학물질취급장치이다.

1-3
일반적인 자동제어 시스템의 작동 순서
공정상황 → 검출 → 조절계 → 밸브

정답 1-1 ① 1-2 ② 1-3 ②

핵심 이론 02 화학설비

① **화학물질반응·혼합장치** : 반응기, 혼합조 등

㉠ 반응기

- 반응기 설계 시 고려 요인 : 부식성, 상의 형태, 온도범위, 운전압력, 체류시간 또는 공간속도, 열전달, 균일성을 위한 교반과 그 온도 조절, 회분식 조작 또는 연속 조작, 생산 비율 등
- 구조방식에 의한 반응기의 분류 : 유동층형 반응기, 관형 반응기, 탑형 반응기, 교반조형 반응기
- 조작방법에 의한 반응기의 분류 : 회분식 균일상 반응기, 반회분식 반응기, 연속식 반응기
- 관형 반응기의 특징
  - 전열면적이 크므로 온도 조절이 자유롭다.
  - 가는 관으로 된 긴 형태의 반응기이다.
  - 처리량이 많아 대규모 생산에 쓰이는 것이 많다.
  - 기상 또는 액상 등 반응속도가 빠른 물질에 사용된다.

㉡ 포소화액제 혼합장치로서 정하여진 농도로 물과 혼합하여 거품수용액을 만드는 장치 : 관로 혼합장치, 차압 혼합장치, 펌프 혼합장치

② **화학물질 분리장치** : 증류탑, 흡수탑, 추출탑, 감압탑 등

㉠ 증류탑

- 서로 섞여 있는 액체 혼합물을 끓는점 차이를 이용해 분리하는 장치이다.
- 증류탑의 포종탑 내에 설치되어 있는 포종은 증기와 액체의 접촉을 용이하게 해 주는 역할을 한다.

㉡ 흡수탑 : 기체 중의 특정 성분을 농축 혹은 제거할 목적에서 기체와 액체 또는 현탁액을 접촉시키는 장치이다.

㉢ 감압탑

③ **화학물질 저장설비 또는 계량설비** : 저장탱크, 계량탱크, 호퍼, 사일로 등

㉠ 위험물 저장탱크에 방유제를 설치하는 구조 및 방법

- 외부에서 방유제 내부를 볼 수 있는 구조로 설치한다.
- 방유제 내면과 저장탱크 외면의 사이는 20[m] 이상을 유지하여야 한다.
- 방유제 내면 및 방유제 내부 바닥의 재질은 위험물질에 대하여 내식성이 있어야 한다.
- 방유제를 관통하는 배관과 슬래브 배관 사이에는 충전물을 삽입하여 완전 밀폐하여야 한다.

㉡ 물탱크에서 구멍의 위치까지 물이 모두 새어나오는 데 필요한 시간(t) :

$$t = \frac{A_1}{CA_2\sqrt{2g}}\int_{y_1}^{y_2} y^{-\frac{1}{2}} d_y$$

$$t = \frac{2A_1}{CA_2\sqrt{2g}}\left(\sqrt{y_1} - \sqrt{y_2}\right)[초]$$

여기서, A_1 : 탱크의 수평 단면적

C : 배출계수

A_2 : 오리피스의 단면적

g : 중력가속도

y : 탱크의 수면으로부터 오리피스까지의 수직 높이

y_1 : $t=0$일 때의 높이

y_2 : $t=t$일 때의 높이

④ **열교환기류** : 응축기, 냉각기, 가열기, 증발기 등

㉠ 열교환기의 열교환 능률을 향상시키기 위한 방법

- 유체의 유속을 적절하게 조절한다.
- 유체의 흐르는 방향을 향류(대향류)로 한다.
- 열교환기 입구와 출구의 온도차를 크게 한다.
- 열전도율이 높은 재료를 사용한다.
- 관내 스케일 부착을 방지한다.

㉡ 열교환기의 일상점검 항목

- 보온재 및 보랭재의 파손상황(여부)
- 도장의 노후상황
- 플랜지부 등의 외부 누출 여부
- 기초 볼트의 조임 상태(체결 정도)

㉢ 열교환기의 정기 개방점검 항목

- 부착물에 의한 오염상황
- 부식 및 고분자 등 생성물의 상황
- 누출의 원인이 되는 비율, 결점
- 부식의 형태, 정도, 범위
- 칠의 두께 감소 정도
- 용접선의 상황
- 라이닝 또는 코팅의 상태

⑤ **점화기를 직접 사용하는 열교환기류** : 고로 등

⑥ **화학제품가공설비** : 캘린더, 혼합기, 발포기, 인쇄기, 압출기 등

⑦ **분체화학물질취급장치** : 분쇄기, 분체분리기, 용융기 등
⑧ **분체화학물질분리장치** : 결정조, 유동탑, 탈습기, 건조기 등
⑨ 건조기(건조설비)

㉠ 건조실 설치 시 독립된 단층건물로 해야 하는 위험물 건조설비(산업안전보건기준에 관한 규칙 제280조)
- 위험물 또는 위험물이 발생하는 물질을 가열·건조하는 경우 내용적이 1[m^3] 이상인 건조설비
- 위험물이 아닌 물질을 가열·건조하는 경우로서 다음의 어느 하나의 용량에 해당하는 건조설비
  - 고체 또는 액체연료의 최대 사용량이 시간당 10[kg] 이상
  - 기체연료의 최대 사용량이 시간당 1[m^3] 이상
  - 전기사용 정격용량이 10[kW] 이상

  ※ 다만, 해당 건조실을 건축물의 최상층에 설치하거나 건축물이 내화구조인 경우에는 그러하지 아니하다.

㉡ 건조설비의 구성 : 구조 부분, 가열장치, 부속설비
- 구조 부분 : 본체(바닥 콘크리트, 철골부, 보온판, 기초 부분, 몸체, 내부 구조물(Shell부 등) 등과 이들의 내부에 있는 구동장치를 포함)
- 가열장치 : 열원장치, 열순환용 송풍기 등 열 등을 발생하고 이것을 이동하는 부분을 총괄
- 부속설비 : 본체에 부속되어 있는 설비 전반(환기장치, 온도조절장치, 온도측정장치, 안전장치, 소화장치, 집진장치, 전기장치 등)

㉢ 건조설비 구조의 요건(산업안전보건기준에 관한 규칙 제281조) : 건조설비를 설치하는 경우에 다음과 같은 구조로 설치하여야 한다. 다만, 건조물의 종류, 가열건조의 정도, 열원의 종류 등에 따라 폭발이나 화재가 발생할 우려가 없는 경우에는 그러하지 아니하다.
- 건조설비의 바깥 면은 불연성 재료로 만들 것
- 건조설비(유기과산화물을 가열건조하는 것은 제외)의 내면과 내부의 선반이나 틀은 불연성 재료로 만들 것
- 위험물 건조설비의 측벽이나 바닥은 견고한 구조로 할 것
- 위험물 건조설비는 그 상부를 가벼운 재료로 만들고 주위상황을 고려하여 폭발구를 설치할 것
- 위험물 건조설비는 건조하는 경우에 발생하는 가스·증기 또는 분진을 안전한 장소로 배출시킬 수 있는 구조로 할 것
- 액체연료 또는 인화성 가스를 열원의 연료로 사용하는 건조설비는 점화하는 경우에는 폭발이나 화재를 예방하기 위하여 연소실이나 그 밖에 점화하는 부분을 환기시킬 수 있는 구조로 할 것
- 건조설비의 내부는 청소하기 쉬운 구조로 할 것
- 건조설비의 감시창·출입구 및 배기구 등과 같은 개구부는 발화 시에 불이 다른 곳으로 번지지 아니하는 위치에 설치하고 필요한 경우에는 즉시 밀폐할 수 있는 구조로 할 것
- 건조설비는 내부의 온도가 부분적으로 상승하지 아니하는 구조로 설치할 것
- 위험물 건조설비의 열원으로서 직화를 사용하지 아니할 것
- 위험물 건조설비가 아닌 건조설비의 열원으로서 직화를 사용하는 경우에는 불꽃 등에 의한 화재를 예방하기 위하여 덮개를 설치하거나 격벽을 설치할 것

㉣ 건조설비의 부속전기설비(산업안전보건기준에 관한 규칙 제282조)
- 건조설비에 부속된 전열기·전동기 및 전등 등에 접속된 배선 및 개폐기를 사용하는 경우에는 그 건조설비 전용의 것을 사용하여야 한다.
- 위험물 건조설비의 내부에서 전기불꽃의 발생으로 위험물의 점화원이 될 우려가 있는 전기기계·기구 또는 배선을 설치해서는 아니 된다.

㉤ 건조설비를 사용하여 작업을 하는 경우에 폭발이나 화재를 예방하기 위하여 준수하여야 하는 사항(산업안전보건기준에 관한 규칙 제283조)
- 위험물 건조설비를 사용하는 경우에는 미리 내부를 청소하거나 환기할 것
- 위험물 건조설비를 사용하는 경우에는 건조로 인하여 발생하는 가스·증기 또는 분진에 의하여 폭발·화재의 위험이 있는 물질을 안전한 장소로 배출시킬 것
- 위험물 건조설비를 사용하여 가열건조하는 건조물은 쉽게 이탈되지 않도록 할 것
- 고온으로 가열건조한 인화성 액체는 발화의 위험이 없는 온도로 냉각한 후에 격납시킬 것

• 바깥면이 현저히 고온이 되는 건조설비에 가까운 장소에는 인화성 액체를 두지 않도록 할 것

ⓑ 건조설비의 온도 측정(산업안전보건기준에 관한 규칙 제284조) : 건조설비에 대하여 내부의 온도를 수시로 측정할 수 있는 장치를 설치하거나 내부의 온도가 자동으로 조정되는 장치를 설치하여야 한다.

ⓢ 건조기의 종류

• 상자형 건조기
• 터널형 건조기 : 연속적 건조설비
• 진동 건조기
• 드럼 건조기 : 용액이나 슬러리(Slurry) 사용에 적절한 건조설비
• 회전 건조기 : 다량의 입상 또는 결정상 물질 건조기
• Sheet 건조기 : 건조설비의 가열방법으로 방사전열, 대전전열방식 등이 있고 병류형, 직교류형 등의 강제대류방식을 사용하는 것이 많으며 직물, 종이 등의 건조물 건조에 주로 사용하는 건조기
• 분무 건조기 : 슬러리나 용액의 미세한 입자 형태를 가열하여 기체 주에 분산해 사용하는 건조기

⑩ **화학물질 이송·압축설비** : 펌프류, 압축기, 송풍기(이젝터) 등

ⓐ 펌프류

• 펌프의 종류
  - 왕복펌프 : 피스톤펌프, 플런저펌프, 다이어프램(격막)펌프 등
  - 회전펌프 : 기어펌프, 나사펌프, 베인펌프 등
  - 터보펌프 : 원심펌프, 터빈펌프 등
  - 특수펌프 : 제트펌프, 수격펌프 등
• 공동현상(Cavitation) : 물이 관 속을 흐를 때 유동하는 물속의 어느 부분의 정압이 그때 물의 증기압보다 낮을 경우 물이 증발하여 부분적으로 증기가 발생되어 배관의 부식을 초래하는 현상이다.
• 펌프의 공동현상 방지대책
  - 펌프의 회전수를 낮춘다.
  - 흡입비 속도를 작게 한다.
  - 펌프의 흡입관의 두(Head) 손실을 줄인다.
  - 펌프의 설치 높이를 낮게 하여 흡입양정을 짧게 한다.
  - 펌프의 유효 흡입양정을 작게 한다.
  - 유속을 줄인다.
  - 흡입관경을 크게 한다.
  - 흡입관 내면의 마찰저항을 작게 한다.
  - 펌프를 두 대 이상 설치한다.
  - 양흡입펌프를 사용한다.
• 서징(Surging) : 펌프운전 중에 한숨을 쉬는 것과 같은 상태가 되어 펌프의 입구와 출구의 진공계, 압력계의 지침이 흔들리면서 송출유량이 변화되는 현상이다.
• 수격작용(Water Hammering) : 펌프에서 물을 압송하고 있을 때 정전 등으로 급히 펌프가 멈춘 경우와 수량조절밸브를 급히 개폐한 경우 관 내의 유속이 급변하면서 물에 심한 압력 변화가 생기는 현상
• 비말동반(Entrainment) : 액체가 비말 모양의 미소한 액체 방울이 되어 증기나 가스와 함께 운반되는 현상

ⓑ 압축기

• 구조에 의한 압축기의 분류
  - 용적형 : 왕복식
  - 회전형 : 원심식, 축류식
• 축류식 압축기 : 프로펠러의 회전에 의한 추진력에 의해 기체를 압송하는 방식으로 대유량에 적합한 압축기
• 압축기 운전 시 토출압력이 갑자기 증가하는 이유 : 토출관 내에 저항 발생
• 압축기의 운전 중 흡입배기밸브의 불량으로 인한 주요 현상
  - 가스온도가 상승한다.
  - 가스압력에 변화가 초래된다.
  - 밸브 작동음에 이상을 초래한다.

ⓒ 송풍기(이젝터)

• 압축기와 송풍의 관로에 심한 공기의 맥동과 진동을 발생하면서 불안전한 운전이 되는 서징(Surging)현상의 방지법
  - 풍량을 감소시킨다.
  - 배관의 경사를 완만하게 한다.
  - 교축밸브를 기계에서 가까이 설치한다.
  - 토출가스를 흡입측에 바이패스시키거나 방출밸브에 의해 대기로 방출시킨다.

• 송풍기의 상사법칙
  - 풍압은 회전수의 제곱에 비례한다.
  - 풍량은 회전수에 비례한다.
  - 소요동력은 회전수의 세제곱에 비례한다.

핵심예제

2-1. 대기압하의 직경이 2[m]인 물탱크에 바닥에서부터 2[m] 높이까지 물이 들어 있다. 이 탱크 바닥에서 0.5[m] 위 지점에 직경이 1[cm]인 작은 구멍이 나서 물이 새어나오고 있다. 구멍의 위치까지 물이 모두 새어나오는 데 필요한 시간은 약 얼마인가?(단, 탱크의 대기압은 0이며, 배출계수는 0.61로 한다)

[1999년 제1회, 2010년 제2회, 2013년 제3회]

① 2.0시간　② 5.6시간
③ 11.6시간　④ 16.1시간

2-2. 열교환기의 열교환 능률을 향상시키기 위한 방법이 아닌 것은?　[2016년 제1회, 2018년 제3회, 2022년 제1회, 제3회]

① 유체의 유속을 적절하게 조절한다.
② 유체의 흐르는 방향을 병류로 한다.
③ 열교환기 입구와 출구의 온도차를 크게 한다.
④ 열전도율이 높은 재료를 사용한다.

2-3. 건조설비를 사용하여 작업하는 경우에 폭발이나 화재를 예방하기 위하여 준수하여야 하는 사항으로 틀린 것은?

[2010년 제1회 유사, 2012년 제3회, 2017년 제1회, 2019년 제3회]

① 위험물 건조설비를 사용하는 경우에는 미리 내부를 청소하거나 환기할 것
② 위험물 건조설비를 사용하여 가열 건조하는 건조물을 쉽게 이탈되도록 할 것
③ 고온으로 가열 건조한 인화성 액체는 발화의 위험이 없는 온도로 냉각한 후에 격납시킬 것
④ 바깥면이 현저히 고온이 되는 건조설비에 가까운 장소에는 인화성 액체를 두지 않도록 할 것

2-4. 펌프의 사용 시 공동현상(Cavitation)을 방지하고자 할 때의 조치사항으로 틀린 것은?

[2012년 제3회 유사, 2013년 제3회, 2015년 제1회 유사, 2016년 제2회]

① 펌프의 회전수를 높인다.
② 흡입비 속도를 작게 한다.
③ 펌프의 흡입관의 두(Head) 손실을 줄인다.
④ 펌프의 설치 높이를 낮추어 흡입양정을 짧게 한다.

2-5. 압축기와 송풍의 관로에 심한 공기의 맥동과 진동을 발생하면서 불안전한 운전이 되는 서징(Surging)현상의 방지법으로 옳지 않은 것은?　[2015년 제1회, 2017년 제3회]

① 풍량을 감소시킨다.
② 배관의 경사를 완만하게 한다.
③ 교축밸브를 기계에서 멀리 설치한다.
④ 토출가스를 흡입측에 바이패스시키거나 방출밸브에 의해 대기로 방출시킨다.

2-6. 송풍기의 회전차속도가 1,300[rpm]일 때 송풍량이 분당 300[m^3]이었다. 송풍량을 분당 400[m^3]으로 증가시키고자 한다면 송풍기의 회전차속도는 약 몇 [rpm]으로 하여야 하는가?

[2011년 제2회, 2018년 제1회]

① 1,533
② 1,733
③ 1,967
④ 2,167

2-7. 다음 중 송풍기의 상사법칙으로 옳은 것은?(단, 송풍기의 크기와 공기의 비중량은 일정하다)

[2011년 제1회, 2015년 제2회 유사, 2016년 제2회]

① 풍압은 회전수에 반비례한다.
② 풍량은 회전수의 제곱에 비례한다.
③ 소요동력은 회전수의 세제곱에 비례한다.
④ 풍압과 동력은 절대온도에 비례한다.

|해설|

2-1

물탱크에서 구멍의 위치까지 물이 모두 새어나오는데 필요한 시간(t) :

$$t=\frac{2A_1}{CA_2\sqrt{2g}}\left(\sqrt{y_1}-\sqrt{y_2}\right)$$

$$=\frac{2\times\frac{\pi\times 2^2}{4}}{0.61\times\frac{\pi\times 0.01^2}{4}\sqrt{2\times 9.8}}\left(\sqrt{2}-\sqrt{0.5}\right)$$

$$\simeq 20{,}947[\mathrm{s}]\simeq 5.8[\mathrm{h}]$$

이며 탱크의 대기압은 0기압이므로 배출시간은 이 값의 2배인 약 11.6시간이다.

2-2

유체의 흐르는 방향을 향류(대향류)로 한다.

2-3

위험물 건조설비를 사용하여 가열 건조하는 건조물을 쉽게 이탈되지 않도록 할 것

2-4

펌프의 회전수를 낮춘다.

2-5

교축밸브를 기계에서 가까이 설치한다.

2-6

송풍기의 회전차속도 $=1{,}300\times\frac{400}{300}\simeq 1{,}733[\mathrm{rpm}]$

2-7

① 풍압은 회전수의 제곱에 비례한다.
② 풍량은 회전수에 비례한다.
④ 풍압은 회전수의 제곱에 비례하고, 동력은 회전수의 세제곱에 비례한다.

정답 2-1 ③ 2-2 ② 2-3 ② 2-4 ① 2-5 ③ 2-6 ② 2-7 ③

핵심이론 03 부속설비와 특수화학설비

① 부속설비

㉠ 화학물질이송 관련 부속설비 : 배관, 밸브, 관, 부속류 등

• 배관 부품
  - 소켓(Socket) : 동일 지름의 관을 직선결합하는 부품
  - 엘보(Elbow) : 관로의 방향을 변경하기 위한 부품
  - 유니언(Union) : 동일 지름의 관을 직선결합하는 부품
  - 커플링(Coupling) : 축과 축을 연결하는 부품
  - 플러그(Plug) : 유로를 차단하기 위하여 관 끝을 막는 부품
  - 플랜지(Flange) : 관과 관, 관과 다른 기계 부분을 결합할 때 쓰는 부품
  - 니플(Nipple) : 암나사와 암나사의 연결 시 사용하는 길이가 짧은 배관 부품
  - 리듀서(Reducer) : 관의 지름을 변경하기 위한 부품
  - 체크 밸브 : 유체의 역류를 방지하기 위한 밸브
• 개스킷 : 물질의 누출방지용으로 접합면을 상호 밀착시키기 위한 부품

㉡ 자동제어 관련 부속설비 : 온도, 압력, 유량 등을 지시·기록하는 부속설비

• 온도계
• 압력계 : 반응기, 탑조류, 열교환기 등은 반응 또는 운전압력이 3[psig] 이상인 경우 압력계를 설치해야 한다.
• 유량계
  - 압력차에 의하여 유량을 측정하는 가변류 유량계 : 오리피스 미터(Orifice Meter), 벤투리 미터(Venturi Meter), 피토튜브(Pitot Tube)
  - 로터미터(Rota Meter) : 수직 유리관 속에 원추 모양의 플로트를 넣어 관 속을 흐르는 유체의 유량에 의해 밀어 올리는 위치의 눈금을 읽어 유량을 측정하는 면적식 유량계

㉢ 비상조치 관련 부속설비 : 안전밸브, 안전판, 긴급차단밸브, 방출밸브 등

• 안전밸브 : 안지름 150[mm] 이상의 압력용기, 정변위 압축기 등에 대해서 과압에 따른 폭발을 방지하기 위하여 설치하여야 하는 방호장치

- 안전밸브 단독으로는 급격한 압력 상승의 신속한 제어가 용이하지 않다.
- 안전밸브의 사용에 있어 배기능력의 결정은 매우 중요한 사항이다.
- 안전밸브는 물리적 상태 변화에 대응하기 위한 안전장치이다.
- 안전밸브의 원리는 스프링과 같이 기계적 하중을 일정 비율로 조절할 수 있는 장치를 이용한다.

• 과압에 따른 폭발을 방지하기 위하여 안전밸브 등을 설치하여야 하는 설비(산업안전보건기준에 관한 규칙 제261조)
  - 압력용기(안지름이 150[mm] 이하인 압력용기는 제외)
  - 압력용기 중 관형 열교환기(관의 파열로 인하여 상승한 압력이 압력용기의 최고 사용압력을 초과할 우려가 있는 경우)
  - 정변위압축기
  - 정변위펌프(토출축에 차단밸브가 설치된 것)
  - 배관(2개 이상의 밸브에 의하여 차단되어 대기온도에서 액체의 열팽창에 의하여 파열될 우려가 있는 것)
  - 그 밖의 화학설비 및 그 부속설비로서 해당 설비의 최고 사용압력을 초과할 우려가 있는 것

• 파열판(Rupture Disk) : 스프링식 안전밸브를 대체할 수 있는 안전장치
  - 압력 방출속도가 빠르며, 분출량이 많다.
  - 설정 파열압력 이하에서 파열될 수 있다.
  - 파열판은 1회용이므로 필요시 교환하여야 한다.
  - 높은 점성의 슬러리나 부식성 유체에 적용할 수 있다.

• 파열판과 스프링식 안전밸브를 직렬로 설치해야 하는 경우
  - 부식물질로부터 스프링식 안전밸브를 보호할 때
  - 독성이 매우 강한 물질 취급 시 완벽하게 격리할 때
  - 스프링식 안전밸브에 막힘을 유발시킬 수 있는 슬러리를 방출시킬 때

• 안전밸브 등의 전단・후단에는 차단밸브를 설치하여서는 안 되지만 자물쇠형 또는 이에 준하는 형식의 차단밸브를 설치할 수 있는 경우(산업안전보건기준에 관한 규칙 제266조)
  - 인접한 화학설비 및 그 부속설비에 안전밸브 등이 각각 설치되어 있고, 해당 화학설비 및 그 부속설비의 연결배관에 차단밸브가 없는 경우
  - 안전밸브 등의 배출용량의 2분의 1 이상에 해당하는 용량의 자동압력조절밸브(구동용 동력원의 공급을 차단하는 경우는 열리는 구조인 것)와 안전밸브 등이 병렬로 연결된 경우
  - 화학설비 및 그 부속설비에 안전밸브 등이 복수방식으로 설치되어 있는 경우
  - 열팽창에 의하여 상승된 압력을 낮추기 위한 목적으로 안전밸브가 설치된 경우
  - 예비용 설비를 설치하고 각각의 설비에 안전밸브등이 설치되어 있는 경우
  - 하나의 플레어 스택(Flare Stack)에 둘 이상의 단위공정의 플레어 헤더(Flare Header)를 연결하여 사용하는 경우로서 각각의 단위공정의 플레어헤더에 설치된 차단밸브의 열림・닫힘 상태를 중앙제어실에서 알 수 있도록 조치한 경우

• 안전밸브 또는 파열판에 대한 검사주기(산업안전보건기준에 관한 규칙 제261조)
  - 매년 1회 이상 : 화학공정 유체와 안전밸브의 디스크 또는 시트가 직접 접촉될 수 있도록 설치된 경우
  - 2년마다 1회 이상 : 안전밸브 전단에 파열판이 설치된 경우
  - 4년마다 1회 이상 : 공정안전보고서 제출 대상으로서 고용노동부장관이 실시하는 공정안전보고서 이행상태 평가결과가 우수한 사업장의 안전밸브의 경우

• 이상반응 또는 폭발로 인하여 발생되는 압력의 방출장치 : 파열판, 폭압방산공, 가용합금 안전밸브 등

• 긴급차단장치 : 대형의 반응기, 탑, 탱크 등에서 이상상태가 발생할 때 밸브를 정지시켜 원료 공급을 차단하기 위한 안전장치로 공기압식, 유압식, 전기식 등이 있다.

㉣ 경보 관련 부속설비 : 자동화재감지기, 축전지설비, 자동화재수신기, 가스누출감지기, 경보기, 자동경보장치 등

• 가스 누출감지경보기의 선정기준, 구조 및 설치방법
  – 독성가스 누출감지경보기는 해당 독성가스 허용 농도의 이하에서 경보가 울리도록 해야 한다.
  – 가연성 가스 누출감지경보기는 감지대상 가스의 폭발하한계의 25[%] 이하에서 경보가 울리도록 해야 한다.
  – 암모니아를 제외한 가연성 가스 누출감지경보기는 방폭성능을 갖는 것이어야 한다.
  – 건축물 내에 설치되는 경우 감지대상 가스의 비중이 공기보다 무거운 경우에는 건축물 내의 하부에 설치하여야 한다.
  – 하나의 감지대상 가스가 가연성이면서 독성인 경우에는 독성가스를 기준으로 하여 가스 누출감지경보기를 선정하여야 한다.
• 자동경보장치 : 특수화학설비를 설치하는 때에 그 내부의 이상상태를 조기에 파악하기 위하여 설치하여야 하는 장치

㉤ 폐가스처리 부속설비 : 세정기, 응축기, 벤트스택, 플레어스택 등

• 몰레큘러 실(Molecular Seal) : 플레어스택에 부착하여 가연성 가스와 공기의 접촉을 방지하기 위하여 밀도가 작은 가스를 채워 주는 안전장치

㉥ 분진처리 부속설비 : 사이클론, 백필터, 전기집진기 등

㉦ 안전 관련 부속설비 : 정전기제거장치, 긴급샤워설비 등

㉧ 부속설비를 운전하기 위하여 부속된 전기 관련 설비

② 특수화학설비

㉠ 위험물질을 산업안전보건법에서 정한 기준량 이상 제조・취급・사용 또는 저장하는 설비

㉡ 특수화학설비의 내부 이상상태를 조기에 파악하기 위한 계측장치 : 온도계, 압력계, 유량계

㉢ 특수화학설비의 종류(산업안전보건기준에 관한 규칙 제273조)

• 증류・정류・증발・추출 등의 분리를 하는 장치
• 발열반응이 일어나는 반응장치
• 가열시켜 주는 물질의 온도가 가열되는 위험물질의 분해온도 또는 발화점보다 높은 상태에서 운전되는 설비
• 반응폭주 등 이상 화학반응에 의하여 위험물질이 발생할 우려가 있는 설비
• 온도가 350[℃] 이상이거나 게이지압력이 980[kPa] 이상인 상태에서 운전되는 설비
• 가열로 또는 가열기

㉣ 특수화학설비 설치 시 반드시 필요한 장치

• 원재료 공급의 긴급차단장치
• 즉시 사용할 수 있는 예비 동력원장치
• 온도계, 유량계, 압력계 등의 계측장치

㉤ 반응폭주에 의한 위급 상태의 발생을 방지하기 위하여 특수반응설비에 설치하여야 하는 장치

• 원재료의 공급차단장치
• 보유 내용물의 방출금지장치
• 반응정지제 등의 공급장치

핵심예제

3-1. 다음 중 관로의 방향을 변경하는 데 가장 적합한 것은?

[2010년 제1회, 2013년 제1회, 2015년 제3회, 2016년 제1회, 2022년 제3회 유사]

① 소 켓
② 엘 보
③ 유니언
④ 플러그

3-2. 특수화학설비를 설치할 때 내부의 이상상태를 조기에 파악하기 위하여 필요한 계측장치로 가장 거리가 먼 것은?

[2011년 제3회, 2014년 제3회, 2018년 제1회 유사]

① 압력계
② 유량계
③ 온도계
④ 습도계

3-3. 사업주는 산업안전보건법에서 정한 설비에 대해서는 과압에 따른 폭발을 방지하기 위하여 안전밸브 등을 설치하여야 한다. 다음 중 이에 해당하는 설비가 아닌 것은?

[2011년 제1회 유사, 2018년 제2회, 2022년 제1회]

① 원심펌프
② 정변위압축기
③ 정변위펌프(토출축에 차단밸브가 설치된 것만 해당한다)
④ 배관(2개 이상의 밸브에 의하여 차단되어 대기온도에서 액체의 열팽창에 의하여 파열될 우려가 있는 것으로 한정한다)

핵심예제

3-4. 다음 중 파열판에 관한 설명으로 틀린 것은?

[2010년 제3회, 2016년 제3회]

① 압력 방출속도가 빠르며, 분출량이 많다.
② 설정 파열압력 이하에서 파열될 수 있다.
③ 한번 부착한 후에는 교환할 필요가 없다.
④ 높은 점성의 슬러리나 부식성 유체에 적용할 수 있다.

3-5. 산업안전보건법상 안전밸브 등의 전단·후단에는 차단밸브를 설치하여서는 아니 되지만, 다음 중 자물쇠형 또는 이에 준하는 형식의 차단밸브를 설치할 수 있는 경우로 틀린 것은?

[2012년 제1회 유사, 2014년 제1회, 2017년 제3회, 2018년 제3회 유사, 2021년 제1회 유사, 2022년 제3회 유사]

① 인접한 화학설비 및 그 부속설비에 안전밸브 등이 각각 설치되어 있고, 해당 화학설비 및 그 부속설비의 연결배관에 차단밸브가 없는 경우
② 안전밸브 등의 배출용량의 4분의 1 이상에 해당하는 용량의 자동압력조절밸브와 안전밸브 등이 직렬로 연결된 경우
③ 화학설비 및 그 부속설비에 안전밸브 등이 복수방식으로 설치되어 있는 경우
④ 열팽창에 의하여 상승된 압력을 낮추기 위한 목적으로 안전밸브가 설치된 경우

|해설|

3-1
② 엘보 : 관로의 방향을 변경하기 위한 부품
① 소켓 : 동일 지름의 관을 직선결합하는 부품
③ 유니언 : 동일 지름의 관을 직선결합하는 부품
④ 플러그 : 관 끝을 막는 부품

3-2
특수화학설비를 설치할 때 내부의 이상상태를 조기에 파악하기 위하여 필요한 계측장치로 거리가 먼 것으로 '습도계, 비중계' 등이 출제된다.

3-3
원심펌프에는 안전밸브를 설치할 필요가 없다.

3-4
파열판은 1회용이므로 필요시 교환하여야 한다.

3-5
안전밸브 등의 배출용량의 2분의 1 이상에 해당하는 용량의 자동압력조절 밸브(구동용 동력원의 공급을 차단하는 경우는 열리는 구조인 것)와 안전밸브 등이 병렬로 연결된 경우

정답 3-1 ② 3-2 ④ 3-3 ① 3-4 ③ 3-5 ②

제3절 화학물질의 변화

핵심이론 01 화학물질 변화의 개요

① 화학양론 농도
㉠ 화학양론 농도(C_{st})의 정의 : 가연성 물질 1[mol]이 완전연소할 수 있는 공기와의 혼합기체 중 가연성 물질의 부피[%]
㉡ 화학양론 농도와 같은 의미의 용어 : 완전연소조성 농도, 완전조성 농도
㉢ 산소농도와 화학양론 농도(C_{st})[vol%]의 계산식

- 산소농도 $O_2 = a + \dfrac{(b-c-2d)}{4} + e$

  여기서, a : 탄소원자 수
  b : 수소원자 수
  c : 할로겐원자 수
  d : 산소원자 수
  e : 질소원자 수

- 화학양론 농도

$$C_{st} = \frac{100}{1+4.773\left[a+\dfrac{(b-c-2d)}{4}+e\right]}$$

- 화학양론 농도 $C_{st} = \dfrac{100}{1+\dfrac{O_2}{0.21}}$

  (CH 혹은 CHO로 구성된 물질이며 완전연소의 조건, O_2 : 연소방정식에서의 산소계수)

- 혼합가스의 이론적 화학양론 조성[%]$= \dfrac{100}{\sum C_{st,i}}$

  여기서, $C_{st,i}$: 각 가스의 양론 농도[%]

② 최소 발화에너지
㉠ 최소 발화에너지의 개요
- 최소 발화에너지(MIE ; Minimum Ignition Energy) : 폭발범위 내에 있는 가연성 가스 혼합물 중에 전기불꽃(전기 스파크)을 주었을 때 발화가 발생될 수 있는 최소의 에너지
- 최소 발화에너지와 같은 의미의 용어 : 최소 점화에너지, 최소 착화에너지, 최소 활성화에너지 등
- MIE가 낮을수록 폭발위험은 증가한다.

- MIE의 최솟값 : 화학양론 농도보다 조금 높은 농도일 때
- MIE 공식(E) : $E = \frac{1}{2}CV^2$[J]

여기서, C : 콘덴서 용량[F], V : 전압[V]

※ 위의 식은 폭발의 위험성을 고려하기 위한 정전에너지 공식과 같다. 이때의 C는 정전용량이다.

㉡ 대표적 물질의 최소 발화에너지[mJ] : 이황화탄소(CS_2) 0.015, 아세틸렌(C_2H_2) 0.017, 수소(H_2) 0.018, 아세톤(C_3H_6O) 0.019, 에틸렌(C_2H_4) 0.07, 에틸에테르($C_4H_{10}O$) 0.19, 벤젠(C_6H_6) 0.20, 에탄(C_2H_6) 0.24, 프로판(C_3H_8) 0.25, 부탄(C_4H_{10}) 0.25, 메탄(CH_4) 0.28, 헥산(C_6H_{14}) 0.29, 아세트알데하이드 0.36

㉢ 최소 발화에너지에 영향을 끼치는 인자
- 반비례 : 온도, 압력, 가연성 물질과 산화성 고체의 혼합
- 비례 : 불활성 물질
- 산소보다 공기 중에서의 최소 발화에너지가 더 높다.
- 압력이 너무 낮아지면 최소 발화에너지 관계식을 적용할 수 없으며, 아무리 큰 에너지를 주어도 발화하지 않을 수 있다.
- 메탄-공기 혼합기에서 메탄의 농도가 화학양론 농도보다 약간 클 때, 기압이 높을수록 발화에너지는 낮아진다.

③ 화학물질 변화의 제반사항

㉠ 아보가드로(Avogadro)의 법칙
- 온도와 압력이 일정할 때 모든 기체는 같은 부피 속에 같은 수의 분자가 들어 있다.
- 모든 기체 1[mol]이 차지하는 부피는 표준 상태에서 22.4[L]이며 그 속에는 6.02×10^{23}개의 분자가 들어 있다.

㉡ 증발잠열 : $Q = \frac{w}{M} \times C \times (t_2 - t_1)$

여기서, w : 무게
M : 질량
C : 비열
t_1 : 용기 내부 온도
t_2 : 표준비점

㉢ 단열압축 시
- 단열압축 시 공기의 온도(T_2) :

$$T_2 = T_1 \times \left(\frac{P_2}{P_1}\right)^{\frac{k-1}{k}}$$

여기서, T_1 : 단열압축 전 공기온도
P_2 : 단열압축압력
P_1 : 단열압축 전 압력
k : 비열비

- 단열압축압력 혹은 안전조업 가능 최대 압력(P_2) :

$$P_2 = P_1 \times \left(\frac{T_2}{T_1}\right)^{\frac{k}{k-1}}$$

여기서, P_1 : 단열압축 전 압력
T_2 : 단열압축 시의 공기온도
T_1 : 단열압축 전 공기온도
k : 비열비

㉣ Flash율 : $\frac{\text{엔탈피의 변화량}}{\text{물의 기화열}}$

㉤ 사일로를 흐르는 분체의 평균 농도 :

$$\text{평균 농도} = \frac{\text{질량유속}}{\text{사일로에 흐르는 유량}} \text{[mg/L]}$$

㉥ 가연성 물질과 산화성 고체가 혼합되어 있을 때 연소에 미치는 현상
- 착화온도(발화점)가 낮아진다.
- 최소 점화에너지가 감소하며, 폭발 위험성이 증가한다.
- 가스나 가연성 증기의 경우 공기 혼합보다 연소범위가 증가된다.
- 공기 중에서보다 산화작용이 강하게 발생하여 화염온도가 올라가며 연소속도가 빨라진다.

핵심예제

1-1. 프로판(C_3H_8) 가스가 공기 중 연소할 때의 화학양론 농도는 약 얼마인가?(단, 공기 중의 산소농도는 21[vol%]이다)

[2010년 제1회, 2012년 제1회 유사, 2014년 제3회, 2017년 제2회, 제3회 유사, 2019년 제1회 유사]

① 2.5[vol%]
② 4.0[vol%]
③ 5.6[vol%]
④ 9.5[vol%]

1-2. 다음 중 최소 발화에너지가 가장 작은 가연성 가스는?

[2010년 제2회, 2011년 제2회 유사, 2014년 제3회, 2018년 제1회, 2022년 제2회 유사, 제3회 유사]

① 수 소 ② 메 탄
③ 에 탄 ④ 프로판

1-3. 다음 중 연소범위에 있는 혼합기의 최소 발화에너지에 영향을 끼치는 인자에 관한 설명으로 틀린 것은?

[2011년 제3회, 2013년 제2회 유사]

① 온도가 높아질수록 최소 발화에너지는 낮아진다.
② 산소보다 공기 중에서의 최소 발화에너지가 더 낮다.
③ 압력이 너무 낮아지면 최소 발화에너지 관계식을 적용할 수 없으며, 아무리 큰 에너지를 주어도 발화하지 않을 수 있다.
④ 메탄-공기 혼합기에서 메탄의 농도가 양론 농도보다 약간 클 때, 기압이 높을수록 발화에너지는 낮아진다.

1-4. 대기압에서 물의 엔탈피가 1[kcal/kg]이었던 것이 가압하여 1.45[kcal/kg]을 나타내었다면 Flash율은 얼마인가?(단, 물의 기화열은 540[cal/g]이라고 가정한다)

[2012년 제1회, 2016년 제3회]

① 0.00083 ② 0.0015
③ 0.0083 ④ 0.015

1-5. 비중이 1.5이고, 직경이 74[μm]인 분체가 종말속도 0.2[m/s]로 직경 6[m]의 사일로(Silo)에서 질량유속 400[kg/h]로 흐를 때 평균 농도는 약 얼마인가? [2015년 제2회, 2018년 제2회]

① 10.8[mg/L]
② 14.8[mg/L]
③ 19.8[mg/L]
④ 25.8[mg/L]

|해설|

1-1

화학양론 농도 $C_{st}=\dfrac{100}{1+4.773\left[a+\dfrac{(b-c-2d)}{4}+e\right]}$

$=\dfrac{100}{1+4.773\left[3+\dfrac{8}{4}\right]}\simeq 4.0[\text{vol\%}]$

1-2

수소의 최소 발화에너지는 메탄의 1/16 정도로 매우 작다.

최소 발화에너지[mJ]

① 수소 : 0.018
② 메탄 : 0.28
③ 에탄 : 0.24
④ 프로판 : 0.25

1-3

산소보다 공기 중에서의 최소 발화에너지가 더 높다.

1-4

$\text{Flash율}=\dfrac{\text{엔탈피의 변화량}}{\text{물의 기화열}}=\dfrac{1.45-1}{540}=0.00083$

1-5

$\text{평균 농도}=\dfrac{\text{질량유속}}{\text{사일로에 흐르는 유량}}$

$=\dfrac{400[\text{kg/h}]}{\dfrac{\pi}{4}\times 6^2\times 0.2[\text{m}^3/\text{s}]}=\dfrac{400\times 10^6/3,600[\text{mg/s}]}{\dfrac{\pi}{4}\times 6^2\times 0.2\times 1,000[\text{L/s}]}$

$\simeq 19.7[\text{mg/L}]$

정답 1-1 ② 1-2 ① 1-3 ② 1-4 ① 1-5 ③

핵심이론 02 연 소

① 연소의 개요

㉠ 연소의 정의

- 물질이 빛과 열을 내면서 산소와 결합하는 현상
- 탄소, 수소 등의 가연성 물질이 산소와 화합하여 열과 빛을 발하는 현상
- 열, 빛을 동반하는 발열반응
- 활성물질에 의해 자발적으로 반응이 계속되는 현상
- 적당한 온도의 열과 일정 비율의 산소와 연료의 결합반응으로 발열 및 발광현상을 수반하는 것
- 분자 내 반응에 의해 열에너지를 발생하는 발열 분해반응도 연소의 범주에 속한다.

㉡ 연소의 3요소 : 가연물(환원제), 산소(산화제), 점화원(열원)

㉢ 인화점

- 인화점의 정의
  - 가연성 액체의 액면 가까이에서 인화하는 데 충분한 농도의 증기를 발산하는 최저 온도
  - 액체를 가열할 때 액체 표면에서 발생한 (액면 부근의) 증기농도가 공기 중에서 폭발하한(연소하한) 농도가 될 수 있는 가장 낮은 액체온도
- 대표적 물질의 인화점[℃] : 다이에틸에테르($C_4H_{10}O$) -45, 산화프로필렌(프로필렌옥사이드, CH_3CHOCH_2) -37, 이황화탄소(CS_2) -30, 아세톤(CH_3COCH_3) -17, 벤젠(C_6H_6) -11, 초산에틸(아세트산 에틸, $CH_3COOC_2H_5$) -4, 에탄올(C_2H_5OH) 13, 자일렌(C_8H_{10}) 17.2, 등유 30~60, 아세트산(CH_3COOH) 42.8, 경유 50~70
- 가연성 액체의 발화와 관계가 있다.
- 인화점이 낮을수록 일반적으로 연소 위험이 크다.
- 인화점이 상온보다 낮은 가연성 액체는 상온에서 인화의 위험이 있다.
- 반드시 점화원의 존재와 관련된다.
- 연료의 조성, 점도, 비중에 따라 달라진다.
- 밀폐용기에 인화성 액체가 저장되어 있는 경우에 용기의 온도가 낮아 액체의 인화점 이하가 되어도 용기 내부의 혼합가스는 인화의 위험이 없다.
- 용기의 온도가 상승하여 내부의 혼합가스가 폭발상한계를 초과한 경우, 누설되는 혼합가스는 인화되어 연소하나 연소파가 용기 내로 들어가 가스폭발을 일으키지는 않는다.

㉣ 발화점(착화점)

- 가연성 혼합물이 주위로부터 충분한 에너지를 받아 스스로 점화할 수 있는 최저 온도
- 외부에서 화염, 전기불꽃 등의 착화원을 주지 않고 물질을 공기 중 또는 산소 중에서 가열할 경우에 착화 또는 폭발을 일으키는 최저 온도
- 착화온도가 낮을수록 연소위험이 크다.
- 착화온도는 인화온도보다 높다.
- 가연성 액체를 발화점 이상으로 공기 중에서 가열하면 별도의 점화원이 없어도 발화할 수 있다.

㉤ 가연성 물질이 연소하기 쉬운 조건

- 연소 발열량이 클 것
- 점화에너지가 작을 것
- 산소와의 친화력이 클 것
- 입자의 표면적이 넓을 것
- 열전도도가 작을 것

㉥ 그을음연소

- 열분해를 일으키기 쉬운 불안정한 물질로서 열분해로 발생한 휘발분이 점화되지 않을 경우 다량의 발열을 수반하는 연소
- 발생원인 : 열분해로 발생된 휘발분이 자기점화온도보다 낮은 온도에서 표면연소가 계속되는 것

㉦ 주요 연소방정식

- 수소 : $H_2 + 0.5O_2 \rightarrow H_2O$
- 탄소 : $C + O_2 \rightarrow CO_2$
- 황 : $S + O_2 \rightarrow SO_2$
- 일산화탄소 : $CO + 0.5O_2 \rightarrow CO_2$
- 메탄 : $CH_4 + 2O_2 \rightarrow CO_2 + 2H_2O$
- 아세틸렌 : $C_2H_2 + 2.5O_2 \rightarrow 2CO_2 + H_2O$
- 에탄 : $C_2H_6 + 3.5O_2 \rightarrow 2CO_2 + 3H_2O$
- 프로판 : $C_3H_8 + 5O_2 \rightarrow 3CO_2 + 4H_2O$
- 부탄 : $C_4H_{10} + 6.5O_2 \rightarrow 4CO_2 + 5H_2O$
- 옥탄 : $C_8H_{18} + 12.5O_2 \rightarrow 8CO_2 + 9H_2O$
- 에틸알코올 : $C_2H_5OH + 2O_2 \rightarrow 2CO_2 + 3H_2O$
- 등유 : $C_{10}H_{20} + 15O_2 \rightarrow 10CO_2 + 10H_2O$

• 탄화수소의 일반 반응식 :

$$C_mH_n + \left(m + \frac{n}{4}\right)O_2 \rightarrow mCO_2 + \frac{n}{2}H_2O$$

(메탄, 아세틸렌, 에탄, 프로판, 부탄, 옥탄, 에틸알코올, 등유 등의 탄화수소가 완전연소하면, 탄산가스와 물이 생성된다)

ⓞ 헤스(Hess)의 법칙 : 임의의 화학반응에서 발생(또는 흡수)하는 열은 변화 전과 후의 상태에 의해서 정해지며 그 경로는 무관하다.

• 발열량(반응물의 생성열)+반응물의 반응열(연소열)=생성물의 생성열
• 발열량(반응물의 생성열)=생성물의 생성열-반응물의 반응열(연소열)
• 반응물의 반응열(연소열)=생성물의 생성열-발열량(반응물의 생성열)

ⓧ 연소속도에 영향을 주는 요인 : 반응계의 온도, 산소와의 혼합비, 촉매, 농도, 가연물질 종류와 표면적, 활성화 에너지 등

• 반응계의 온도
  - 온도가 높아지면 분자 평균 운동에너지가 증가하여 반응속도가 빨라진다.
  - 주변 온도가 상승함에 따라 연소속도는 증가한다.
  - 혼합기체의 초기온도가 올라갈수록 연소속도도 빨라진다.
  - 반응속도상수는 온도와 관계있다.
  - 반응속도상수는 아레니우스 법칙으로 표시할 수 있다.
  - 미연소 혼합기의 온도를 높이면 연소속도는 증가한다.
• 산소와의 혼합비
  - 기체의 경우 압력이 커지면 단위 부피 속 분자 수가 많아져서 반응물질의 농도가 증가되어 분자 사이의 충돌수가 증가하므로 반응속도가 빨라진다.
  - 공기의 산소분압을 높이면 연소속도는 빨라진다.
• 촉매 : 자신은 변하지 않고 다른 물질의 화학변화를 촉진하는 물질
  - 정촉매 : 활성화 에너지를 변화(감소)시켜 반응속도를 빠르게 하는 촉매
  - 부촉매 : 활성화 에너지를 변화(증가)시켜 반응속도를 느리게 하는 촉매
• 농 도
  - 반응물질의 농도가 높을수록 단위 부피 속 입자수가 증가되어 충돌 횟수가 많아져서 반응속도가 빨라진다.
  - 공기 중의 산소농도를 높게 하면 연소속도는 빠르게 되고, 발화온도는 낮아진다.
• 표면적
  - 반응물질의 표면적이 커지면 분자 충돌 횟수가 증가하여 반응속도가 빨라진다.
  - 입자의 크기가 작을수록 표면적이 커지므로 작은 입자일수록 연소속도가 빠르다.
• 활성화 에너지 : 클수록 연소반응속도는 느려진다.

ⓩ 연소 관련 사항

• 연소점 : 상온에서 액체 상태로 존재하는 액체 가연물의 연소 상태를 5초 이상 유지시키기 위한 온도로서, 일반적으로 인화점보다 약 10[℃] 정도 높다.
• 반응폭주 : 온도, 압력 등 제어 상태가 규정의 조건을 벗어나는 것에 의해 반응속도가 지수함수적으로 증대되고, 반응용기 내의 온도, 압력이 급격히 이상 상승되어 규정조건을 벗어나고 반응이 과격화되는 현상이다.
  - 반응폭주는 제어되지 않은 냉각수 투입불가 또는 운전조건의 이탈 등에 의한 비정상적 발열반응이며, 그 결과로 반응기의 온도는 급격히 증가하게 된다.
  - 반응폭주의 원인은 크게 자기과열반응과 지연반응으로 구분한다.
• 폭굉(디토네이션) : 폭발충격파가 미반응매질 속으로 음속보다 더 빠른 속도로 이동하는 폭발현상이다.
• 부탄의 연소 시 산소농도를 일정한 값 이하로 낮추어 연소를 방지할 때 첨가하는 물질 : 질소, 이산화탄소, 헬륨 등의 불연성 가스

② **고체의 연소방식** : 표면연소(직접연소), 분해연소, 증발연소, 자기연소(내부연소)

㉠ 표면연소(직접연소) : 고체의 표면이 고온을 유지하면서 연소하는 현상(숯, 코크스, 목탄, 금속분)

㉡ 분해연소 : 고체가 가열되어 열분해가 일어나면서 가연성 가스가 발생하여 공기 중의 산소와 타는 현상(목재, 종이, 석탄, 플라스틱)

㉢ 증발연소 : 고체가 녹아서 액체가 되고 액체 표면에서 발생된 증기가 연소하는 현상(나프탈렌, 황, 파라핀)

㉣ 자기연소(내부연소) : 공기 중 산소를 필요로 하지 않고 연소에 필요한 산소를 포함하고 있는 물질 자신이 분해되며 타는 현상(나이트로셀룰로스, TNT)

③ 액체의 연소방식 : 증발연소

㉠ 증발연소 : 액체 표면에서 증발하는 가연성 증기가 공기와 혼합하여 연소범위 내에서 열원에 의하여 연소하는 현상

④ 기체의 연소방식 : 확산연소, 예혼합연소

㉠ 확산연소 : 가연성 가스가 공기 중의 지연성 가스와 접촉하여 접촉면에서 연소가 일어나는 현상

㉡ 예혼합연소 : 가연성 가스와 지연성 가스가 미리 일정한 농도로 혼합된 상태에서 점화원에 의하여 연소되는 현상

⑤ 이상연소현상

㉠ 불완전 연소(Incomplete Combustion)

- 산소량 부족으로 산화반응을 완전히 완료하지 못해 일산화탄소, 그을음, 카본 등과 같은 미연소물이 생기는 연소현상이다.
- 염공에서 연료가스가 연소 시 가스와 공기의 혼합이 불충분하거나 연소온도가 낮을 경우에 황염이나 그을음이 발생하는 연소현상이다.
- 불완전 연소의 원인
  - 공기와의 접촉 및 혼합이 불충분할 때
  - 가스량이 과대하거나 공기가 필요량만큼 없는 경우
  - 배기가스의 배출이 불량할 때
  - 불꽃이 저온의 물체에 접촉되어 온도가 내려갈 때

㉡ 역화현상(Back Fire, Flash Back, Lighting Back)

- 가스분출속도가 연소속도보다 작을 때 발생
- 불꽃이 돌발적으로 화구 속으로 역행하는 현상
- 불꽃이 염공 속으로 빨려 들어가 연소기 내 혼합관 속에서 연소하는 현상
- 가스압이 이상 저하하거나 노즐과 콕 등이 막혀 가스량이 극히 적게 될 경우 발생
- 역화의 원인
  - 가스의 분출속도보다 연소속도가 빨라질 경우
  - 연소속도가 일정하고 분출속도가 느린 경우
  - 공기과다로 혼합가스의 연소속도가 빠르게 나타나는 경우
  - 1차 공기가 적을 때
  - 1차 공기 댐퍼가 너무 열려 1차 공기 흡입이 과도한 경우
  - 혼합기체의 양이 너무 적은 경우
  - 가스압력이 지나치게 낮을 때
  - 콕이 충분하게 열리지 않은 경우
  - 노즐, 콕 등 기구밸브가 막혀 가스량이 극히 적게 되는 경우
  - 노즐 구경, 염공이 크거나 부식에 의해 확대되었을 경우
  - 버너가 과열되었을 경우
  - 인화점이 낮을 때
- 연소기에서 발생할 수 있는 역화를 방지하는 방법
  - 다공버너에서는 각각의 연료분출구를 작게 한다.
  - 버너가 과열되지 않도록 버너의 온도를 낮춘다.
  - 연료의 분출속도를 높인다.
  - 리프트(Lift) 한계가 큰 버너를 사용하여 저연소 시의 분출속도를 크게 한다.
  - 연소용 공기를 분할 공급하여 1차 공기를 착화범위보다 작게 한다.

㉢ 리프팅(선화, Lifting)

- 불꽃이 버너에서 떠올라 일정한 거리를 유지하면서 공간에서 연소하는 현상
- 염공을 떠나 연소하는 현상
- 리프팅의 원인
  - 가스의 분출속도가 연소속도보다 클 때
  - 공기조절기를 지나치게 열었을 경우
  - 1차 공기가 너무 많아 혼합기체의 양이 많은 경우
  - 가스의 공급압력이 지나치게 높은 경우
  - 버너 내부 압력이 높아져 가스가 과다 유출할 경우
  - 공기 및 가스의 양이 많아져 분출량이 증가한 경우
  - 콕이 충분하게 열리지 않는 경우
  - 노즐이 줄어들거나 버너의 염공이 작거나 막혔을 경우
  - 버너 노화로 염공이 막혀 유효면적이 감소함에 따라 버너 내압이 상승하여 분출속도가 빠르게 되는 경우

㉣ 황염(Yellow Tip)

- 황염은 불꽃이 황색으로 되는 현상으로 염공에서 연료가스의 연소 시 공기량의 조절이 적정하지 못하여 완전연소가 이루어지지 않을 때 발생한다.

• 황염의 원인 : 1차 공기의 부족

ⓜ 블로우 오프(Blow Off)

• 불꽃의 주변, 특히 불꽃의 기저부에 대한 공기의 움직임이 세지면 불꽃이 노즐에 정착하지 않고 떨어지게 되어 꺼져버리는 현상
• 선화(Lifting)상태에서 다시 분출속도가 증가하여 결국 화염이 꺼지는 현상
• 블로우 오프의 원인 : 연료가스의 분출속도가 연소속도보다 클 때

ⓑ 탄화수소계 연료 연소 시 발생하는 검댕(미연소분)

• 불포화도가 클수록 많이 발생
• 많이 발생하는 순서 : 나프탈렌계 > 벤젠계 > 올레핀계 > 파라핀계

ⓢ 질소산화물의 주된 발생원인 : 연소실 온도가 높을 때

핵심예제

2-1. 다음 중 인화점이 가장 낮은 물질은?

[2014년 제2회, 2016년 제2회 유사, 2017년 제2회 유사, 제3회 유사, 2018년 제2회, 2022년 제1회 유사]

① CS_2　② C_2H_5OH
③ CH_3COCH_3　④ $CH_3COOC_2H_5$

2-2. 프로판가스 1[m^3]를 완전연소시키는 데 필요한 이론공기량은 몇 [m^3]인가?(단, 공기 중의 산소 농도는 20[vol%]이다)

[2016년 제3회, 2019년 제3회]

① 20　② 25
③ 30　④ 35

2-3. 에틸알코올이 완전연소 시 생성되는 CO_2와 H_2O의 몰수로 옳은 것은? [2010년 제2회, 2012년 제2회, 2013년 제3회, 2022년 제1회]

① CO_2 : 1, H_2O : 4
② CO_2 : 2, H_2O : 3
③ CO_2 : 3, H_2O : 2
④ CO_2 : 4, H_2O : 1

2-4. 고체 가연물의 일반적인 4가지 연소방식에 해당하지 않는 것은? [2015년 제3회, 2017년 제2회]

① 분해연소　② 표면연소
③ 확산연소　④ 증발연소

2-5. 아세틸렌가스가 다음과 같은 반응식에 의하여 연소할 때 연소열은 약 몇 [kcal/mol]인가?(단, 다음의 열화학 표를 참조하여 계산한다) [2011년 제1회, 2015년 제2회]

$$C_2H_2 + \frac{5}{2}O_2 \rightarrow 2CO_2 + H_2O$$

구 분	ΔH[kcal/mol]
C_2H_2	54.194
CO_2	-94.052
H_2O	-57.798

① -300.1　② -200.1
③ 200.1　④ 300.1

2-6. 다음 중 가스연소의 지배적인 특성으로 가장 적합한 것은?

[2013년 제2회, 2016년 제2회]

① 증발연소　② 표면연소
③ 액면연소　④ 확산연소

|해설|

2-1

각 물질의 인화점

• 이황화탄소(CS_2) : -30[℃]
• 에탄올(C_2H_5OH) : 13[℃]
• 아세톤(CH_3COCH_3) : -17[℃]
• 아세트산에틸($CH_3COOC_2H_5$) : -4.4[℃]

2-2

프로판가스의 연소방정식 $C_3H_8 + 5O_2 \rightarrow 3CO_2 + 4H_2O$에서 이론공기량은 $A_0 = 5 \times \frac{100}{20} = 25[m^3]$

2-3

에틸알코올의 연소방정식은 $C_2H_5OH + 2O_2 \rightarrow 2CO_2 + 3H_2O$이므로 CO_2 2[mol], H_2O 3[mol]이 생성된다.

2-4

확산연소는 기체연소의 주요 연소방식이다. 고체 가연물의 연소방식이 아닌 것으로 확산연소, 혼합연소 등이 출제된다.

2-5

연소열

$Q = 2\times(-94.052) + (-57.798) - 54.194 = -300.1$[kcal/mol]

2-6

가스연소의 2대 방식 : 확산연소, 예혼합연소

정답 2-1 ① 2-2 ② 2-3 ② 2-4 ③ 2-5 ① 2-6 ④

핵심 이론 03 화 재

① 화재의 개요

㉠ 위험물 또는 가스에 의한 화재를 경보하는 기구에 필요한 설비 : 자동화재감지기, 축전지설비, 자동화재수신기, 가스누출감지기, 경보기, 자동경보장치 등

㉡ 혼합 위험성인 혼합에 따른 발화 위험성 물질 : 발연질산과 아닐린의 혼합

㉢ 석유화재의 거동

- 액면상의 연소 확대에 있어서 액온이 인화점보다 높을 경우 예혼합형 전파연소를 나타낸다.
- 액면상의 연소 확대에 있어서 액온이 인화점보다 낮을 경우 예열형 전파연소를 나타낸다.
- 저장조 용기의 직경이 1[m] 이상에서 액면 강하속도는 용기 직경에 관계없이 일정하다.
- 저장조 용기의 직경이 1[m] 이하이면 층류화염 형태를 나타내며, 1[m] 이상이면 난류화염 형태를 나타낸다.

㉣ 고온기류에 의한 발화

- 기류의 온도가 높을수록 발화에 도달하는 시간은 짧다.
- 기체유속의 영향은 유속이 빨라지면 발화한계온도는 높아진다.
- 발화 시 가열온도가 낮아지면 표면온도는 일정한 값에 가까워진다.
- 가열온도가 한계값 이하일 때는 아무리 시간을 주어도 발화되지 않는다.

㉤ 화염방지기

- Flame Arrester(화염방지기) : 비교적 저압 또는 상압에서 가연성의 증기를 발생하는 유류를 저장하는 탱크에서 외부에 그 증기를 방출하기도 하고, 탱크 내에 외기를 흡입하기도 하는 부분에 설치하며, 가는 눈금의 금망이 여러 개 겹쳐진 구조로 된 안전장치이다.
- 화염방지기의 구조 및 설치방법
  - 인화성 액체 및 인화성 가스를 저장·취급하는 화학설비에서 증기나 가스를 대기로 방출하는 경우에는 외부로부터의 화염을 방지하기 위하여 화염방지기를 설비의 상단에 설치해야 한다. 다만, 대기로 연결된 통기관에 화염방지 기능이 있는 통기밸브가 설치되어 있거나, 인화점이 38[℃] 이상 60[℃] 이하인 인화성 액체를 저장·취급할 때에 화염방지 기능을 가지는 인화방지망을 설치한 경우에는 그렇지 않다(산업안전보건기준에 관한 규칙 제269조).
  - 화염방지성능이 있는 통기밸브인 경우를 제외하고 화염방지기를 설치하여야 한다.
  - 본체는 금속제로서 내식성이 있어야 하며, 폭발 및 화재로 인한 압력과 온도에 견딜 수 있어야 한다.
  - 소염소자는 내식성, 내열성이 있는 재질이어야 하고, 이물질 등의 제거를 위한 정비작업이 용이하여야 한다.

㉥ 화재감지기의 분류 : 열감지기, 연기감지기, 화염(불꽃)감지기

- 열감지기 : 차동식(공기관식, 열전대식, 열반도체식, 공기팽창식, 열기전력식), 정온식(바이메탈식, 고체팽창식, 기체팽창식, 가용용융식, 분포식), 보상식
- 연기감지기 : 이온화식, 광전식, 감광식, 연기복합식
- 화염(불꽃)감지기 : 자외선식, 적외선식, 자외선·적외선 겸용식, 불꽃복합식

② 자연발화

㉠ 자연발화의 개요

- 일정한 장소에서 장시간 저장하면 열이 발생하여 축적됨으로써 발화점에 도달하여 부분적으로 발화되는 현상(원면, 질화면, 목탄 분말, 아마인유, 고무 분말, 셀룰로이드, 석탄, 플라스틱의 가소제, 금속 가루 등)
- 분해열에 의해 자연발화가 발생할 수 있다.
- 기체의 자연발화온도 측정법 : 예열법

㉡ 자연발화가 쉽게 일어나기 위한 조건

- 큰 발열량
- 큰 열축적
- 작은 열전도율
- 표면적이 넓은 물질
- 적당량의 수분 존재
- 공기의 이동이 적은 장소
- 고온, 다습한 환경

㉢ 자연발화를 방지하기 위한 일반적인 방법

- (저장소 등)주위의 온도를 낮춘다.
- 공기의 출입이 원활하도록 통풍이 잘되게 한다.
- 열이 축적되지 않게 한다.

- 통풍이나 저장법을 고려하여 열의 축적을 방지한다.
- 습도가 높은(습기가 많은) 곳에는 저장하지 않는다.
- 공기와 접촉되지 않도록 불활성 액체 중에 저장한다.
- 황린의 경우 산소와의 접촉을 피한다.

㉣ 자연발화성을 가진 물질이 자연발열을 일으키는 원인 : 분해열, 산화열, 중합열, 흡착열, 발효열(미생물) 등(증발열은 아니다)
- 분해열에 의한 발열 : 셀룰로이드, 나이트로셀룰로스
- 산화열에 의한 발열 : 석탄, 건성유, 불포화 유지
- 중합열에 의한 발열 : HCN, 산화에틸렌, 부타디엔, 염화비닐 등
- 흡착열에 의한 발열 : 목탄, 활성탄 등
- 발효열에 의한 발열(미생물의 작용에 의한 발열) : 퇴비, 건초, 먼지

③ 화재의 종류

화재등급	화재 명칭
A	일반화재
B	유류화재
C	전기화재
D	금속화재
K	주방화재

※ B급 화재는 연소 후 재가 거의 없는 화재이다.

④ 화재의 예방

㉠ 화재의 4대 방지대책
- 예방 : 발화원 제거 등
- 국한 : 일정한 공지의 확보, 가연물의 직접 방지, 건물 및 설비의 불연성화 등
- 소 화
- 피 난

㉡ 화재예방에 있어 화재의 확대방지를 위한 방법
- 가연물량의 제한
- 난연화 및 불연화
- 화재의 조기 발견 및 초기 소화
- 공간의 분리(분할)과 소형화

㉢ 화재위험작업 시의 준수사항(산업안전보건기준에 관한 규칙 제241조)
- 사업주는 통풍이나 환기가 충분하지 않은 장소에서 화재위험작업을 하는 경우에는 통풍 또는 환기를 위하여 산소를 사용해서는 아니 된다.
- 사업주는 가연성물질이 있는 장소에서 화재위험작업을 하는 경우에는 화재예방에 필요한 다음의 사항을 준수하여야 한다.
  - 작업 준비 및 작업 절차 수립
  - 작업장 내 위험물의 사용·보관 현황 파악
  - 화기작업에 따른 인근 가연성물질에 대한 방호조치 및 소화기구 비치
  - 용접불티 비산방지덮개, 용접방화포 등 불꽃, 불티 등 비산방지조치
  - 인화성 액체의 증기 및 인화성 가스가 남아 있지 않도록 환기 등의 조치
  - 작업근로자에 대한 화재예방 및 피난교육 등 비상조치
- 사업주는 작업시작 전에 준수사항을 확인하고 불꽃·불티 등의 비산을 방지하기 위한 조치 등 안전조치를 이행한 후 근로자에게 화재위험작업을 하도록 해야 한다.
- 사업주는 화재위험작업이 시작되는 시점부터 종료 될 때까지 작업내용, 작업일시, 안전점검 및 조치에 관한 사항 등을 해당 작업장소에 서면으로 게시해야 한다. 다만, 같은 장소에서 상시·반복적으로 화재위험작업을 하는 경우에는 생략할 수 있다.

㉣ 화재감시자(산업안전보건기준에 관한 규칙 제241조의2)
- 사업주는 근로자에게 다음의 어느 하나에 해당하는 장소에서 용접·용단 작업을 하도록 하는 경우에는 화재의 위험을 감시하고 화재 발생 시 사업장 내 근로자의 대피를 유도하는 업무만을 담당하는 화재감시자를 지정하여 용접·용단 작업 장소에 배치하여야 한다. 다만, 같은 장소에서 상시·반복적으로 용접·용단작업을 할 때 경보용 설비·기구, 소화설비 또는 소화기가 갖추어진 경우에는 화재감시자를 지정·배치하지 않을 수 있다.
  - 작업반경 11[m] 이내에 건물구조 자체나 내부(개구부 등으로 개방된 부분을 포함)에 가연성물질이 있는 장소
  - 작업반경 11[m] 이내의 바닥 하부에 가연성물질이 11[m] 이상 떨어져 있지만 불꽃에 의해 쉽게 발화될 우려가 있는 장소

- 가연성물질이 금속으로 된 칸막이・벽・천장 또는 지붕의 반대쪽 면에 인접해 있어 열전도나 열복사에 의해 발화될 우려가 있는 장소

• 사업주는 배치된 화재감시자에게 업무 수행에 필요한 확성기, 휴대용 조명기구 및 화재 대피용 마스크(한국산업표준 제품이거나 한국소방산업기술원이 정하는 기준을 충족하는 것) 등 대피용 방연장비를 지급하여야 한다.

핵심예제

3-1. 다음 중 화재감지기에 있어 열감지방식이 아닌 것은?

[2012년 제1회, 제2회, 2013년 제1회, 2014년 제3회, 2016년 제3회]

① 정온식 ② 광전식
③ 차동식 ④ 보상식

3-2. 화재감지에 있어서 열감지방식 중 차동식에 해당하지 않는 것은?

[2014년 제1회, 2017년 제1회]

① 공기관식 ② 열전대식
③ 바이메탈식 ④ 열반도체식

3-3. 다음 중 자연발화가 가장 쉽게 일어나기 위한 조건에 해당하는 것은?

[2010년 제2회 유사, 2011년 제2회, 2017년 제3회 유사, 2018년 제1회, 제3회 유사, 2022년 제1회 유사]

① 큰 열전도율 ② 고온, 다습한 환경
③ 표면적이 작은 물질 ④ 공기의 이동이 많은 장소

3-4. 다음 중 자연발화를 방지하기 위한 일반적인 방법으로 적절하지 않은 것은?

[2010년 제3회 유사, 2011년 제1회, 제3회 유사, 2013년 제3회, 2014년 제2회 유사, 2015년 제3회 유사, 2016년 제3회]

① 주위의 온도를 낮춘다.
② 공기의 출입을 방지하고 밀폐시킨다.
③ 습도가 높은 곳에는 저장하지 않는다.
④ 황린의 경우 산소와의 접촉을 피한다.

3-5. 다음 중 화재 예방에 있어 화재의 확대방지를 위한 방법으로 적절하지 않은 것은?

[2010년 제3회, 2016년 제1회]

① 가연물량의 제한
② 난연화 및 불연화
③ 화재의 조기 발견 및 초기 소화
④ 공간의 통합과 대형화

|해설|

3-1
광전식은 연기감지식 열감지기의 방식 중 하나이다.

3-2
바이메탈식은 정온식 열감지기의 방식 중 하나이다.

3-3
① 작은 열전도율
③ 표면적이 넓은 물질
④ 공기의 이동이 적은 장소

3-4
공기의 출입이 원활하도록 통풍이 잘되게 한다.

3-5
공간의 분리(분할)과 소형화

정답 3-1 ② 3-2 ③ 3-3 ② 3-4 ② 3-5 ④

핵심 이론 04 소 화

① 소화의 개요

㉠ 소화의 정의 : 화재의 온도를 발화온도 이하로 감소, 산소농도 희석을 위한 산소 공급 차단, 화재현장으로부터 가연물질 제거, 연소 연쇄반응 차단 및 억제 등으로 불을 끄는 것

㉡ 소화의 원리

- 가연성 가스나 가연성 증기의 공급을 차단시킨다.
- 연소 중에 있는 물질에 물이나 냉각제를 뿌려 온도를 낮춘다.
- 연소 중에 있는 물질에 공기 공급을 차단한다.
- 연소 중에 있는 물질의 표면에 불활성 가스를 덮어 씌워 가연성 물질과 공기의 접촉을 차단시킨다.

㉢ 금속 나트륨 등의 금속 분말화재의 경우 주수소화를 하면 격렬한 발열반응이 발생하여 오히려 위험해지므로 절대 하여서는 아니 된다.

㉣ 다량의 황산이 가연물과 혼합되어 화재가 발생하였을 경우의 소화작업

- 회(Ash)로 덮어 질식소화를 한다.
- 건조 분말로 질식소화를 한다.
- 마른 모래로 덮어 질식소화를 한다.

② 소화방식(소화효과)

㉠ 제거소화

- 가연물을 연소 구역으로부터 제거하여 화재 확산을 막는 소화방법

  예 촛불을 입으로 불어서 끄기, 가연성 기체의 분출화재 시 주밸브를 닫아서 연료 공급을 차단, 연료탱크를 냉각하여 가연성 가스의 발생속도를 작게 하여 연소를 억제, 금속화재의 경우 불활성 물질로 가연물을 덮어 미연소 부분과 분리 등

㉡ 질식소화

- 연소 시 공급되는 공기 중의 산소를 15[vol%] 이하로 차단시켜 산소결핍의 상태가 되게 하여 자연적으로 연소가 정지되게 하는 방법
- 연소하고 있는 가연물이 들어 있는 용기를 기계적으로 밀폐(폐쇄)하여 공기의 공급을 차단하거나, 타고 있는 액체나 고체의 표면을 거품 또는 불연성 액체로 피복하여 연소에 필요한 공기의 공급을 차단시키는 소화방법

  예 에어-폼, 금속화재의 경우 불활성 물질로 가연물을 덮어 미연소 부분과 분리 등

㉢ 냉각소화

- 연소 시 발생하는 열에너지를 흡수하는 매체를 화염 속에 투입시켜 소화하는 방법

  예 튀김기름이 인화되었을 때 싱싱한 야채를 넣어 기름온도를 저하시켜 냉각 및 소화시킴, 연료탱크를 냉각하여 가연성 가스의 발생속도를 느리게 함, 스프링클러 설비 등

㉣ 억제소화(부촉매소화) : 연소가 지속되기 위해서는 활성기(Free Radical)에 의한 연쇄반응이 필수적인데 이 연쇄반응을 차단하여 소화시키는 방법(할론소화약제 등)

③ 소화약제의 종류

㉠ 분말소화약제

종 별	해당 물질	화학식	적용화재
제1종	탄산수소나트륨	$NaHCO_3$	B, C
제2종	탄산수소칼륨	$KHCO_3$	B, C
제3종	제1인산암모늄	$NH_4H_2PO_4$	A, B, C
제4종	탄산수소칼륨과 요소와의 반응물	$KHCO_3+(NH_2)_2CO$	B, C

- 제3종 분말소화약제는 메타인산(HPO_3)에 의한 방진효과를 가진 분말소화약제이다.
- 분말을 수면에 고르게 살포했을 때 1시간 이내에 침강하지 아니하여야 한다.
- 칼륨의 중탄산염이 주성분인 소화약제는 담회색으로, 인산염 등이 주성분인 소화약제는 담홍색 또는 황색으로 착색하여야 하며, 이를 혼합하지 아니하여야 한다.
- 분말 상태의 소화약제는 굳거나 덩어리지거나 변질 등 그 밖의 이상이 생기지 아니하여야 하며, 페네트로미터(Penetrometer)시험기로 시험한 경우 15[mm] 이상 침투되어야 한다.

㉡ 이산화탄소(CO_2) 소화약제의 특징

- 사용 후에 오염의 영향이 거의 없다.
- 장시간 저장하여도 변화가 없다(저장에 의한 변질이 없어 장기간 저장이 용이한 편이다).
- 보통 유류 및 가스화재에 사용되며 질식효과를 이용한다.

- 자체 증기압이 높으므로 자체 압력으로도 방사가 가능하다(액체로 저장할 경우 자체 압력으로 방사할 수 있다).
- 화재심부까지 침투가 용이하다.
- 액화가 용이한 불연속성 가스이다.
- 액화하여 용기에 보관할 수 있다.
- 전기에 대해 부도체로서 C급 화재에 적응성이 있다.
- 기체팽창률 및 기화잠열이 크다.
- 전기 절연성이 우수하다.
- 기화 상태에서 내부식성이 매우 강하다.

㉢ 이산화탄소 및 할론소화약제의 특징
- 소화속도가 빠르다.
- 소화설비의 보수관리가 용이하다.
- 전기절연성이 우수하며 부식성이 없다.
- 저장에 의한 변질이 없어 장시간 저장이 용이한 편이다.

㉣ 강화액소화약제
- 물소화약제의 단점을 보완하기 위하여 물에 탄산칼륨(K_2CO_3) 등을 녹인 수용액으로 부동성이 높은 알칼리성 소화약제이다.
- 알칼리 금속염류의 수용액인 경우에는 알칼리성 반응을 나타내어야 한다.
- 소화기를 정상적인 상태에서 작동한 경우 방사되는 강화액은 응고점이 -20[℃] 이하이어야 한다.

㉤ 팽창질석, 팽창진주암 : 트라이에틸알루미늄($(C_2H_5)_3Al$)에 화재가 발생하였을 때 가장 적합한 소화약제이다.

㉥ 물소화약제 : 물은 부식성이나 독성이 없어야 하며, 부식성이나 독성이 있는 가스를 발생하지 아니하는 양질의 것이어야 한다.

㉦ 포소화약제
- 소화약제는 액체 상태로서 방부처리를 하여야 한다. 다만, 부패·변질 등의 염려가 없는 것은 방부처리를 하지 않아도 된다.
- 소화기로부터 방사되는 거품은 내화성을 지속할 수 있어야 한다.
- (20±2)[℃]의 소화약제를 충전한 소화기를 작동하여 방사되는 거품의 용량은 소화약제 용량의 5배 이상이어야 하며, 방사 종료 후 1분간 거품으로부터 환원되는 수용액이 방사 전 수용액의 25[%] 이하이어야 한다.
- 응고점이 사용 하한온도 이하이어야 한다.
- 수성막포는 거품을 유면에 덮은 후 6회의 수성막시험을 하였을 때 순간적으로 착화하는 것은 무방하지만 계속 연소하여서는 안 된다.

㉧ 할론 소화약제(할로겐화합물)
- F, Cl, Br 등 산화력이 큰 할로겐 원소의 반응을 이용한다.
- 주된 소화효과는 억제소화이다.
- 연쇄반응을 차단, 억제, 방해한다.
- 유류화재, 전기화재에 적합하다.
- 할론(Halon)가스
  - 컴퓨터 등 값이 비싼 전기기계, 기구 등의 소화에 적합하고 가연물과 산소의 화학적 반응을 차단하는 힘이 매우 강한 소화약제이다.
  - 구성원소로는 C, F, Cl, Br_2 등이 있다.
- 할론(Halon) 번호의 의미 : 탄소수·불소수·염소수·브롬수
  - Halon 1211이라면 CF_2ClBr이다.
  - Halon 2402이라면 Cl이 0이므로 없는 것이므로 $C_2F_4Br_2$이다.
  - CF_3Br이라면 Halon 1301로 표기한다.
- 할론 104는 독성가스가 발생되어 화재에 사용할 수 없다.
- 화재안전기준에서 정한 할론소화약제의 종류 : 할론 1301, 할론 1211, 할론 2402
- 할론 1301의 비중이 가장 낮다.
- 액체비중, 가스비중이 크기 때문에 저장에 유리하다.
- 수분의 존재가 있으면 금속을 부식시키고 재질에 따라 침식할 우려가 있다.

㉨ 건조사(마른 모래)
- A, B, C, D급 화재의 소화에 모두 유효하다.
- 칼륨에 의한 화재에 적응성이 있다.

④ 소화기의 종류

㉠ 분말소화기
- 적용 : ABC용, AB용
- 분말소화설비 적용대상
  - 인화성 액체를 취급하는 장소
  - 옥내·외의 트랜스 등 전기기기 화재가 발생하기 쉬운 장소

- 종이 및 직물류의 일반 가연물로서 연소가 항상 표면에 행하여지는 화재
- 유조선 및 액체원료를 원동력으로 하는 선박 등의 엔진실

• 분말소화설비의 특징
- 기구가 간단하고 유지관리가 용이하다.
- 온도 변화에 대한 약제의 변질이나 성능의 저하가 없다.
- 다른 소화설비보다 소화능력이 우수하며 소화시간이 짧다.
- 분말은 흡습력이 크므로 금속의 부식을 일으킨다.

㉡ 할로겐화합물소화기
• 적용 : A급, B급, C급 화재의 소화
• 소화방식 : 질식소화
• 방출가압방법 : 액체 상태로 압력용기에 저장되므로 소화약제 자신의 증기압 또는 가압가스에 의해 방출

㉢ 포소화기
• 적용 : A급, B급 화재
• 소화방식 : 질식소화
• 포소화설비 적용대상
- 유류 저장탱크(B급)
- 비행기 격납고(A, B급)
- 주차장 또는 차고(A, B급)

㉣ 이산화탄소소화기
• 적용 : B급, C급 화재의 소화(이산화탄소 소화기는 C급 화재에 가장 효과적이다)
• 소화방식 : 질식소화
• 이산화탄소 소화설비 적용대상
- 유압차단기 등의 전기기기 설치 장소(C급)
• 방출가압방법 : 축압식

㉤ 기타 소화기
• 물소화기
- 방출가압방법 : 펌프에 의한 가압식
• 산·알칼리소화기
- 방출가압방법 : 화학반응에 의한 가압식
• 탄산수소염류 분말소화기
- 제3류 위험물에 있어 금수성 물질에 대하여 적응성이 있는 소화기
• 무상수소화기 : A급, C급 화재에 적용
• 무상강화액소화기 : A급, C급 화재에 적용
• 봉상수소화기 : A급 화재에 적용

㉥ 소화기 종합 문제
• 전기설비에 의한 화재에 사용할 수 있는 소화기의 종류 : 이산화탄소소화기, 할로겐화합물소화기, 무상수소화기
• 자기반응성 물질에 의한 화재에 대하여 사용할 수 있는 소화기의 종류 : 포소화기, 무상강화액소화기, 봉상수소화기, 물 등 다량의 물에 의한 소화약제

핵심예제

4-1. 다량의 황산이 가연물과 혼합되어 화재가 발생하였을 경우의 소화작업으로 적절하지 못한 방법은?

[2010년 제1회, 2012년 제3회, 2015년 제2회]

① 회(Ash)로 덮어 질식소화를 한다.
② 건조분말로 질식소화를 한다.
③ 마른 모래로 덮어 질식소화를 한다.
④ 물을 뿌려 냉각소화 및 질식소화를 한다.

4-2. 다음 중 분말소화약제로 가장 적절한 것은?

[2012년 제1회, 2018년 제2회]

① 사염화탄소　② 브롬화메탄
③ 수산화암모늄　④ 제1인산암모늄

4-3. 다음 중 Halon 2402의 화학식으로 옳은 것은?

[2011년 제2회 유사, 2016년 제1회 유사, 제2회, 2018년 제3회, 2021년 제2회 유사]

① $C_2I_4Br_2$　② $C_2F_4Br_2$
③ $C_2Cl_4Br_2$　④ $C_2I_4Cl_2$

4-4. 다음 중 전기설비에 의한 화재에 사용할 수 없는 소화기의 종류는?

[2010년 제3회, 2013년 제2회]

① 포소화기　② 이산화탄소소화기
③ 할론소화기　④ 무상수소화기

4-5. 다음 중 자기반응성 물질에 의한 화재에 대하여 사용할 수 없는 소화기의 종류는?

[2012년 제2회, 2015년 제2회]

① 포소화기　② 무상강화액소화기
③ 이산화탄소소화기　④ 봉상수소화기

 핵심예제

4-6. 소화설비와 주된 소화적용방법의 연결이 옳은 것은?

[2012년 제2회, 2015년 제1회]

① 포 소화설비 – 질식소화
② 스프링클러 설비 – 억제소화
③ 이산화탄소 소화설비 – 제거소화
④ 할론소화설비 – 냉각소화

|해설|

4-1
황산에 물을 뿌리면 심한 발열반응이 발생되므로 더 위험해진다.

4-2
제1인산암모늄은 제3종 분말소화약제로 사용되지만 나머지는 분말소화약제로 사용되지 않는다.

4-3
• 할론(Halon) 번호의 의미 : 앞에서부터 탄소의 수, 플루오린의 수, 염소의 수, 브롬의 수
• 표기의 예 : Halon 2402이라면 Cl이 없는 것이므로 $C_2F_4Br_2$이다.

4-4
전기설비에 의한 화재는 C급 화재이며 포소화기는 A급 화재(일반화재)와 B급 화재(유류화재)에만 사용 가능하다.
① 포소화기 : A급, B급 화재에 적용
② 이산화탄소소화기 : B급, C급 화재에 적용
③ 할론소화기 : A급, B급, C급 화재에 적용
④ 무상수소화기 : A, C급 화재에 적용

4-5
자기반응성 물질은 제5류 위험물이며 이 물질에 의한 화재를 소화시키려면 많은 양의 물이 필요하므로, 물을 포함한 소화약제인 A급 화재의 소화에 사용하는 소화기가 적절하다. 이산화탄소소화기는 물을 포함하고 있지 않으므로 자기반응성 물질에 의한 화재 소화 시에 유효하지 않다.
① 포 소화기 : A급, B급 화재에 적용
② 무상강화액 소화기 : A급, C급 화재에 적용
③ 이산화탄소 소화기 : B급, C급 화재에 적용
④ 봉상수 소화기 : A급 화재에 적용

정답 4-1 ④ 4-2 ④ 4-3 ② 4-4 ① 4-5 ③ 4-6 ①

핵심이론 05 폭 발

① 폭발의 개요

㉠ 폭발위험장소의 분류

• 0종 위험장소
  – 인화성 물질이나 가연성 가스가 폭발성 분위를 생성할 우려가 있는 장소 중 가장 위험한 장소 등급
  – 폭발성 가스의 농도가 연속적이거나 장시간 지속적으로 폭발한계 이상이 되는 장소 또는 지속적인 위험상태가 생성되거나 생성될 우려가 있는 장소
  – 상용의 상태에서 가연성 가스의 농도가 연속해서 폭발하한계 이상으로 되는 장소
  – 0종 장소의 예 : 설비의 내부(용기 내부, 장치 및 배관의 내부 등), 인화성 또는 가연성 액체가 존재하는 피트(Pit) 등의 내부, 인화성 또는 가연성의 가스나 증기가 지속적 또는 장기간 체류하는 곳
• 1종 위험장소
  – 상용의 상태에서 가연성 가스가 체류해 위험하게 될 우려가 있는 장소
  – 1종 장소의 예 : 통상의 상태에서 위험분위기가 쉽게 생성되는 곳, 운전·유지보수 또는 누설에 의하여 자주 위험분위기가 생성되는 곳, 설비 일부의 고장 시 가연성 물질의 방출과 전기계통의 고장이 동시에 발생되기 쉬운 곳, 환기가 불충분한 장소에 설치된 배관계통으로 쉽게 누설될 우려가 있는 곳, 주변 지역보다 낮아 가스나 증기가 체류할 수 있는 곳, 상용의 상태에서 위험분위기가 주기적 또는 간헐적으로 존재하는 곳
• 2종 위험장소
  – 이상상태 하에서 위험분위기가 단시간 동안 존재할 수 있는 장소(이 경우 이상상태는 상용의 상태, 즉 통상적인 유지보수 및 관리상태 등에서 벗어난 상태를 지칭하는 것으로 일부 기기의 고장, 기능상실, 오작동 등의 상태)
  – 가연성 가스가 밀폐된 용기 또는 설비의 사고로 인해 파손되거나 오조작의 경우에만 누출할 위험이 있는 장소
  – 환기장치에 이상이나 사고가 발생한 경우에 가연성 가스가 체류하여 위험하게 될 우려가 있는 장소

- 2종 장소의 예 : 환기가 불충분한 장소에 설치된 배관계통으로 쉽게 누설되지 않는 구조의 곳, 개스킷(Gasket), 패킹(Packing) 등의 고장과 같이 이상상태에서만 누출될 수 있는 공정설비 또는 배관이 환기가 충분한 곳에 설치될 경우, 1종 장소와 직접 접하며 개방되어 있는 곳 또는 1종 장소와 닥트, 트랜치, 파이프 등으로 연결되어 이들을 통해 가스나 증기의 유입이 가능한 곳, 강제 환기방식이 채용되는 곳(환기설비의 고장이나 이상 시에 위험분위기가 생성될 수 있는 곳)

㉡ 분진폭발 위험장소의 종류

- 20종 장소 : 공기 중에 가연성 분진운의 형태가 연속적, 장기간 또는 단기간 자주 폭발분위기로 존재하는 장소(분진폭발 혼합물이 오랫동안 또는 빈번하게 존재할 수 있는 덕트 내부, 생산 및 취급장비 포함)
  - 분진 컨테인먼트 내부 지역
  - 호퍼, 사일로, 집진장치 및 필터 등
  - 분진이송설비(벨트 및 체인 컨베이어의 일부 제외) 등
  - 배합기, 제분기, 건조기, 배깅장비(Bagging Equipment) 등
- 21종 장소 : 공기 중에 가연성 분진운의 형태가 정상작동 중 빈번하게 폭발분위기를 형성할 수 있는 장소
  - 20종 장소 밖으로서 분진운 형태의 가연성 분진이 폭발농도를 형성할 정도의 충분한 양이 정상작동 중에 존재할 수 있는 장소를 말한다.
  - 분진 컨테인먼트 외부와 내부에 분진폭발 혼합물이 존재할 때 조작을 위하여 빈번하게 제거 또는 개방하는 문 근접 장소
  - 분진폭발 혼합물의 형성을 방지하기 위한 조치를 취하지 않은 충전 및 배출지점, 이송벨트, 샘플링 지점, 트럭덤프 지역, 벨트덤프 인근의 분진 컨테인먼트 외부 장소
  - 분진층과 분진폭발 혼합물이 형성될 수 있는 공정 운전으로 인하여 분진이 축적될 수 있는 분진 컨테인먼트의 외부 장소
  - 폭발성 분진운이 발생할 수 있는(연속적, 장기간 또는 빈번하지 않은) 분진 컨테인먼트, 즉 (빈번하게 채우고 비우는) 사일로 및 필터의 분진쪽(만약 자체 청소 주기가 정해진 경우)
- 22종 장소 : 공기 중에 가연성 분진운의 형태가 정상작동 중 폭발분위기를 거의 형성하지 않고, 만약 발생하더라도 단기간만 지속될 수 있는 장소
  - 백필터 배기구의 배출구, 오작동 시 분진폭발 혼합물이 누출될 수 있다.
  - 간헐적인 주기로 열리는 장비 인근 장소 또는 대기압보다 높은 압력 때문에 분진이 쉽게 누설될 수 있는 장비 인근, 분진 분출부(쉽게 손상될 수 있는 공기압 장비, 유연 접속부 등)
  - 분진 제품을 담는 저장 백, 백 취급 중에 손상될 경우 분진 분출될 수 있다.
  - 통상 21종 장소로 분류되나 분진폭발 혼합물의 형성을 방지하기 위하여 적절한 조치를 취하는 경우에는 22종으로 구분한다. 이러한 조치에는 배기설비를 포함하며, 배기설비를 (백) 충전 및 배출지점, 피드벨트, 샘플링 지점, 트럭덤프 지역, 벨트덤프 지역 등의 인근 장소에 설치한다.
  - 분진층 또는 분진폭발 혼합물이 형성되는 것을 제어하는 장소, 만약 위험한 분진과 공기의 혼합물이 형성되기 전에 청소하여 분진층을 완전히 제거하면 비위험 장소로 할 수 있다.

㉢ 폭발과 가연성 가스의 농도와의 관계

- 가연성 가스의 농도와 폭발압력은 비례관계이다.
- 가연성 가스의 농도가 너무 희박하거나 너무 진해도 폭발압력은 최대로 높아지지 않는다.
- 폭발압력은 화학양론 농도보다 약간 높은 농도에서 최대 폭발압력이 된다(화학양론 농도 부근에서는 연소나 폭발이 가장 일어나기 쉽고 격렬한 정도도 크다).
- 혼합농도가 한계농도에 근접함에 따라 연소 및 폭발이 일어나기 어렵다.
- 최대 폭발압력의 크기는 공기와의 혼합기체에서보다 산소의 농도가 큰 혼합기체에서 더 높아진다.

㉣ 가연성 가스가 밀폐된 용기 안에서 폭발할 때 최대 폭발압력에 영향을 주는 인자

- 가연성 가스의 농도(화학양론비에서 최대)
- 가연성 가스의 초기 온도(가 낮을수록 증가)
- 가연성 가스의 초기 압력(이 높을수록 증가)

※ 용기의 형태 및 부피, 가연성 가스의 유속 등에 큰 영향을 받지 않는다.

ⓜ 저온 액화가스와 물 등의 고온액에 의한 증기폭발 발생의 필요조건

- 폭발의 발생에는 액과 액이 접촉할 필요가 있다.
- 증기의 크기가 클수록 점화확률이 증가한다.
- 증기폭발의 발생은 확률적 요소가 있고, 그것은 저온 액화가스의 종류와 조성에 의해 정해진다.
- 액과 액의 접촉 후 폭발 발생까지 수~수백[ms]의 지연이 존재하지만, 폭발의 시간 스케일은 5[ms] 이하이다.

ⓑ 폭발 관련 제반사항

- 2가지 물질을 혼합 또는 접촉하였을 때 나이트로셀룰로스와 물의 경우는 발화 또는 폭발의 위험성이 낮다.
- 반응폭발에 영향을 미치는 요인 : 교반 상태, 냉각시스템, 반응온도, 압력
- 소염거리 또는 소염직경을 이용한 기기 : 화염방지기, 역화방지기, 방폭 전기기기 등
- 화염일주한계 : 가연성 가스 및 증기의 위험도에 따른 방폭 전기기기의 분류로 사용되는 폭발등급을 결정하는 것
- 라이덴프로스트점(Leidenfrost Point) : 뜨거운 금속에 물이 닿으면 튀는 현상과 같이 핵비등(Nucleate Boiling) 상태에서 막비등(Film Boiling)으로 이행하는 온도
- 고압가스 용기 파열사고의 주요 원인 중 하나인 용기 내 압력 부족의 원인 : 강재의 피로, 용기 내벽의 부식, 용접 불량

② 폭발범위와 위험도

㉠ 폭발범위

- 별칭 : 연소범위, 폭발한계 등
- 폭발범위 : 폭발하한과 폭발상한 사이의 폭
  - 폭발하한은 폭발하한계, 폭발하한값 등으로 부르며, 보통 LFL로 표시한다.
  - 폭발상한은 폭발상한계, 폭발상한값 등으로 부르며, 보통 UFL로 표시한다.
- 공기와 혼합된 가연성 가스의 체적농도로 나타낸다.
- 가연성 기체의 폭발한계는 폭굉한계보다 농도범위가 넓다.
- 대표적인 가스의 폭발하한계와 폭발상한계[%](폭발범위폭)
  - 아세틸렌(C_2H_2) 2.5~82(79.5 가장 넓음), 산화에틸렌(C_2H_4O) 3~80(77), 수소(H_2) 4~75(71)
  - 일산화탄소(CO) 12.5~75(62.5)
  - 에틸에테르($C_4H_{10}O$) 1.7~48(46.3), 이황화탄소(CS_2) 1.2~44(42.8), 황화수소(H_2S) 4.3~46(41.7)
  - 사이안화수소(HCN) 6~41(35), 에틸렌(C_2H_4) 3.0~33.5(30.5), 메틸알코올(CH_3OH, 메탄올) 7~37(30)
  - 에틸알코올(C_2H_5OH, 에탄올) 3.5~20(16.5), 아크릴로나이트릴 3~17(14), 암모니아(NH_3) 15~28(13), 아세톤 2~13(11), 메탄(CH_4) 5~15.4(10.4)
  - 에탄(C_2H_6) 3~12.5(9.5), 프로판(C_3H_8) 2.5~9.5(7.0), 사이클로헥산 1.3~8.0(6.7), 부탄(C_4H_{10}) 1.8~8.4(6.6), 휘발유 1.4~7.6(6.2), 벤젠(C_6H_6) 1.4~7.4(6), 톨루엔(메틸벤젠) 1.1~7.1(6.0)
- 온도와 압력이 높아지면 폭발범위는 넓어진다.
- 일반적으로 온도의 증가에 따라 폭발상한계는 증가하며 폭발하한계는 감소한다.
- 일반적으로 압력의 증가에 따라 폭발상한계와 폭발하한계가 모두 증가한다.
- 탄화수소계의 경우, 압력의 증가에 따라 폭발상한계는 현저하게 증가하지만, 폭발하한계는 큰 변화가 없다.
- 폭발하한계에서 화염의 온도는 최저치가 된다.
- 폭발하한계에 있어서 산소는 연소하는 데 과잉으로 존재한다.
- 화염이 하향 전파인 경우 일반적으로 온도가 상승함에 따라서 폭발하한계는 낮아진다.
- 폭발하한계는 혼합가스의 단위체적당 발열량이 일정한 한계치에 도달하는 데 필요한 가연성 가스의 농도이다.
- 산소 중에서 가연성 가스의 폭발범위는 넓어진다.
- 가연성 가스의 종류에 따라 각각 다른 값을 갖는다.
- 불활성 가스를 주입하면 폭발범위는 좁아진다.
- 폭발범위가 넓을수록 위험하다.

㉡ 위험도(H) : $H = \frac{U-L}{L}$

여기서, U : 폭발상한계, L : 폭발하한계

③ 폭발한계 추정식과 최소 산소농도

㉠ 폭발한계 추정식의 개요
- 폭발한계는 분류에 따른 일반적인 값, 화학양론식, 인화점에서의 증기압 등으로 추정 가능하다.
- 해당 물질의 종류를 정확히 알고 있는지에 따라서 추정값의 신뢰성이 달라진다.
- 추정값은 실제값과 다르므로 실제 적용 시에는 안전계수를 고려하여야 한다.
- UFL은 LFL보다 추정값의 신뢰도가 떨어지므로 안전계수를 크게 고려하여야 한다.
- 실제 폭발한계값은 추정값보다 높거나 낮을 수 있다.

㉡ 르샤틀리에(Le Chatelier)의 법칙을 이용한 혼합가스의 폭발하한계 추정식
- $\frac{100}{\mathrm{LFL}} = \sum \frac{V_i}{\mathrm{LFL}_i}$

  여기서, V_i : 각 가스의 조성[%],
  LFL_i : 각 가스의 폭발하한계[%]
- 전제조건
  - 발생하는 열용량이 일정하다.
  - 가스의 몰수가 일정하다.
  - 순수한 물질의 연소역학은 기타 가연성 물질의 존재와 무관하며 불변한다.
  - 폭발한계에서 단열온도 상승은 모든 화학종에 대해 동일하다.

㉢ 화학양론식을 이용한 폭발한계 추정식
- 적용 가능 물질
  - CO_2와 H_2O로 완전연소되는 연소물
  - 할로겐이 HX로 완전히 변환되는 물질
  - 탄소·수소, 탄소·수소·산소, 탄소·할로겐·산소 포화화합물
- Jones식 : 폭발한계와 완전연소 조성과의 관계식으로 탄화수소 증기의 LFL과 UFL은 연료양론 농도(C_{st})의 함수로 $\mathrm{LFL} = 0.55C_{st}$, $\mathrm{UFL} = 3.50C_{st}$의 관계가 성립한다.
- 실제적으로는 탄소·수소, 탄소·수소·산소, 탄소·할로겐·산소 포화화합물의 경우 UFL은 일반적으로 양론 농도의 3.5배보다 다소 작으나 다른 불포화 화합물, 유기산화물, 에테르, 아민, 그 외 반응성 물질의 경우 3.5배를 초과한다.

※ Jones식에 의해 부탄(C_4H_{10})의 폭발하한계 구하기
- 부탄의 연소방정식

  $C_4H_{10} + 6.5O_2 \rightarrow 4CO_2 + 5H_2O$
- 양론농도

$$C_{st} = \frac{100}{1 + \frac{O_2}{0.21}} = \frac{100}{1 + \frac{6.5}{0.21}} = \frac{100}{31.95} \simeq 3.13$$

- $\mathrm{LFL} = 0.55C_{st} = 0.55 \times 3.13 \simeq 1.7$[vol%]

㉣ 버제스-윌러(Burgess-Wheeler)의 법칙을 이용한 단일가스의 폭발하한계 추정식
- 포화 탄화수소계 가스에서는 폭발하한계의 농도(X[vol%])와 연소열(Q[kcal/mol])의 곱은 일정하며 그 값은 1,100[vol%·kcal/mol]이다.
- $XQ = 1{,}100$[vol%·kcal/mol]

  여기서, X : 폭발하한계의 농도[vol%],
  Q : 연소열[kcal/mol]

㉤ 인화점을 이용한 단일가스의 폭발하한계 추정식
- $\mathrm{LFL} = \frac{P_f}{P_0} \times 100$[%]

  여기서, P_f : 밀폐식으로 측정한 인화점에서의 증기압
  P_0 : 표준 대기압
- LFL값의 신뢰도는 인화점과 인화점에서의 증기압의 정확도에 따라 좌우된다.
- 폭발 가능한 가연성 증기를 포함한 최저 온도에서의 값이 아니므로 반드시 안전계수를 고려해야 한다.

㉥ 최소 산소 농도[%](MOC)
- 화염이 전파되기 위한 최소한의 산소 농도
- 공기와 연료로 된 혼합기체에 대한 산소 농도
- $\mathrm{MOC} = \mathrm{LFL} \times O_2$

  여기서, O_2 : 연소방정식에서의 산소의 계수

④ 폭발의 분류

㉠ 기상폭발(화학적 폭발) : 혼합가스폭발, 분해폭발, 중합폭발, 산화폭발, 분무폭발, 분진폭발

㉡ 응상폭발(물리적 폭발) : 고상전이에 의한 폭발, 수증기폭발, 전선폭발(도선폭발), 폭발성 화합물의 폭발, 압력폭발

㉢ 대량 유출된 가연성 가스의 폭발 : BLEVE(액화가스의 폭발), 증기운폭발

⑤ **대표적인 폭발현상(출제 빈도 높은 순)**

㉠ 분진폭발

- 분진이 발화폭발하기 위한 조건 : 산소 공급, 가연성, 미분 상태, 점화원의 존재, 지연성(조연성) 가스 중에서의 교반과 유동
- 분진폭발을 일으킬 위험이 높은 물질 : 마그네슘, 알루미늄, 폴리에틸렌, 소맥분 등
- 분진폭발의 요인
  - 화학적 인자 : 연소열
  - 물리적 인자 : 입자의 형상, 입도분포, 열전도율
- 분진폭발이 발생하기 쉬운 조건(분진폭발 위험성을 증대시키는 조건)
  - 고대다(高大多) : 발열량, 입자의 표면적, 분위기 중 산소 농도
  - 저소소(低少小) : 분진의 초기 온도, 분진 내 수분 농도
  - 복잡한 입자 형상
- 분진폭발 발생 순서 : 퇴적 분진 → 비산 → 분산 → 발화원 → 전면 폭발 → 2차 폭발
- 분진폭발의 특징
  - 가스폭발에 비해 연소시간이 길고 발생에너지가 크다.
  - 최초의 부분적인 폭발이 분진의 비산으로 주위의 분진에 의해 2차, 3차 폭발로 파급되어 피해가 커진다.
  - 가스에 비하여 불완전연소를 일으키기 쉬우므로 연소 후 가스에 의한 중독 위험이 있다.
  - 폭발 시 입자가 비산하므로 이것에 부딪히는 가연물은 국부적으로 탄화를 일으킬 수 있다.
  - 폭발한계 내에서 분진의 휘발성분이 많을수록 폭발하기 쉽다.
  - 가스폭발과 비교하여 연소속도나 폭발압력이 낮다.
  - 폭발한계는 입자의 크기, 입도분포, 산소농도, 함유 수분, 가연성 가스의 혼입 등에 의해 같은 물질의 분진에서도 달라진다.
  - 화염의 파급속도보다 압력의 파급속도가 빠르다.
  - 가스폭발에 비하여 불완전연소가 많이 발생되어 이로 인한 가스중독의 위험성이 있다.

㉡ BLEVE(Boiling Liquid Expanding Vapor Explosion, 액화가스의 폭발) : 비등액 팽창 증기폭발

- 비등 상태의 액화가스가 기화하여 팽창하고 폭발하는 현상
- 비점이나 인화점이 낮은 액체가 들어 있는 용기나 저장탱크 주위가 화재 등으로 가열되면, 용기·저장탱크 내부의 비등현상으로 인한 압력 상승으로 벽면이 파열되면서 그 내용물이 증발, 팽창하면서 급격하게 폭발을 일으키는 현상

㉢ UVCE(Unconfined Vapor Cloud Explosion, 증기운폭발)

- 가연성 증기운에 착화원이 주어질 때 폭발하고 파이어볼(Fire Ball) 등을 형성하는 현상
- 증기운 : 저온 액화가스의 저장탱크나 고압의 가연성 액체용기가 파괴되어 다량의 가연성 증기가 대기 중으로 급격히 방출되어 공기 중에 분산, 확산되어 있는 상태
- 증기운의 크기가 증가하면 점화 확률이 높아진다.
- 증기와 공기의 난류 혼합, 방출점으로부터 먼 지점에서 증기운의 점화는 폭발의 충격을 증가시킨다.
- 폭발효율은 BLEVE보다 크지 않다.
- 증기운폭발의 방지대책으로 자동차단밸브의 설치가 좋다.

㉣ 기상폭발 피해 예측의 주요 문제점 중 압력 상승에 기인하는 피해가 예측되는 경우에 검토를 요하는 사항

- 가연성 혼합기의 형성 상황
- 압력 상승 시의 취약부 파괴
- 개구부가 있는 공간 내의 화염 전파와 압력 상승

⑥ **폭발방지대책**

㉠ 폭발방지 일반사항

- 폭발성 분진을 공기 중에 분산시키면 분진폭발의 위험이 있으므로 절대 공기 중에 분산시키지 말아야 한다.
- 압력이 높을수록 가연성 물질의 발화지연이 짧아진다.
- 가스누설의 우려가 있는 장소에서는 점화원의 철저한 관리가 필요하다.
- 도전성이 낮은 액체는 접지를 통한 정전기 방전조치를 취한다.

- 질화면(Nitrocellulose)은 건조한 상태에서는 자연발열을 일으켜 분해폭발의 위험이 존재하기 때문에 저장·취급 중에는 에틸알코올 또는 아이소프로필알코올로 습면 상태를 유지하도록 한다.

㉡ 불활성화 : 가연성(인화성) 혼합가스에 불활성 가스를 주입시켜 산소농도를 연소를 위한 최소 산소농도(MOC) 이하로 낮추어 가연성(인화성) 혼합가스의 폭발을 방지하는 것으로, 퍼지(Purge) 또는 이너팅(Inerting) 이라고도 한다.

- 퍼지의 종류 : 압력퍼지, 진공퍼지, 사이펀퍼지, 스위프퍼지
  - 진공퍼지 : 가장 일반적인 퍼지방법이지만, 큰 저장용기에는 적용 불가하며 압력퍼지보다 이너트 가스 소모가 적다.
  - 압력퍼지 : 진공퍼지에 비해 퍼지시간이 짧다.
  - 사이펀퍼지 : 가스의 부피는 용기의 부피와 같다.
  - 스위프퍼지 : 용기나 장치에 압력을 사하거나 진공으로 할 수 없을 때 사용된다.
- 가연성 혼합가스에 불활성 가스를 첨가하면 산소농도가 폭발한계 산소농도 이하로 되어 폭발을 예방할 수 있다.
- 폭발한계 산소농도는 폭발성을 유지하기 위한 최소의 산소농도로서 일반적으로 3성분 중의 산소농도로 나타낸다.
- 불활성 가스 첨가의 효과는 물질에 따라 차이가 발생하는데 이는 비열의 차이 때문이다.
- 가연성물질을 취급하는 장치를 퍼지하고자 할 때
  - 대상물질의 물성을 파악한다.
  - 사용하는 불활성 가스의 물성을 파악한다.
  - 퍼지용 가스를 가능한 한 느린 속도로 송입한다.
  - 장치내부를 세정한 후 퍼지용 가스를 송입한다.

㉢ 누설방화형 폭발재해의 예방대책

- 발화원 관리
- 밸브의 오동작방지
- 누설물질의 검지경보

㉣ 안전설계 기초에 있어서의 기상폭발대책 : 예방대책, 긴급대책, 방호대책(방폭벽과 안전거리 등)

㉤ 폭발방호대책

- 폭발방호대책의 종류 : 억제, 방산, 봉쇄(불활성화(Inerting)는 아니다)
- 이상 또는 과잉압력에 대한 안전장치 : 안전밸브, 릴리프밸브, 파열판(Bursting Disk)

㉥ 플래시오버(Flashover)의 방지(지연)대책

- 불연성 건축자재 사용
- 출입구 개방 전 외부 공기 차단
- 개구부의 제한
- 실내의 냉각

㉦ 인화성 물질의 증기, 가연성 가스 또는 가연성 분진에 의한 화재 및 폭발의 예방조치

- 예방조치의 종류 : 통풍, 환기, 제진(세척은 아니다)
- 사업주는 인화성 액체의 증기, 인화성 가스 또는 인화성 고체가 존재하여 폭발이나 화재가 발생할 우려가 있는 장소에서 해당 증기, 가스 또는 분진에 의한 폭발 또는 화재를 예방하기 위하여 통풍, 환기 및 분진 제거 등의 조치를 하여야 한다.

㉧ 가스 또는 분진폭발 위험 장소에 설치되는 건축물의 내화구조

- 건축물의 기둥 및 보 : 지상 1층(지상 1층의 높이가 6[m]를 초과하는 경우에는 6[m])까지 내화구조로 한다.
- 위험물 저장·취급용기의 지지대(높이가 30[cm] 이하인 것은 제외) : 지상으로부터 지지대의 끝부분까지 내화구조로 한다.
- 배관, 전선관 등의 지지대 : 지상으로부터 1단(1단의 높이가 6[m]를 초과하는 경우에는 6[m])까지 내화구조로 한다.
- 내화재료는 산업표준화법에 따른 한국산업표준으로 정하는 기준에 적합하거나 그 이상의 성능을 가지는 것이어야 한다.
- 건축물 등의 주변에 화재에 대비하여 물 분무시설 또는 폼 헤드(Foam Head)설비 등의 자동소화설비를 설치하여 건축물 등이 화재 시에 2시간 이상 그 안전성을 유지할 수 있도록 한 경우에는 내화구조로 하지 아니할 수 있다.

㉧ 가연성 가스, 인화성 가스가 발생할 우려가 있는 지하 작업장에서 작업 시 폭발 또는 화재를 방지하기 위한 조치사항

- 작업하기 전에 매일 가스의 농도를 측정한다.
- 가스 누출이 의심되는 경우 가스의 농도를 측정한다.
- 가스가 발생하거나 정체될 위험이 있는 장소의 가스농도를 측정한다.
- 해당 가스에 대한 이상을 발견한 때에는 가스의 농도를 측정한다.
- 장시간 작업 시 4시간마다 가스의 농도를 측정한다.
- 가스농도가 폭발하한계의 25[%] 이상 혹은 인하하한계값의 25[%] 이상일 경우 근로자를 즉시 안전한 장소로 대피시킨다.

㉨ 밀폐공간 작업에 대한 안전수칙

- 해당 작업장과 외부 감시인 사이에 상시 연락을 취할 수 있는 설비를 설치하여야 한다.
- 해당 작업장을 적정한 공기 상태로 유지되도록 환기시켜야 한다.
- 산소결핍이 우려되거나 유해가스 등의 농도가 높아서 폭발할 우려가 있는 경우는 즉시 작업을 중단하고 해당 근로자를 대피시켜야 한다.

  ※ 주의 : 이때 진행 중인 작업에 방해되지 않도록 주의하면서 환기를 강화하는 조치는 바람직하지 않다.
- 해당 장소에 근로자를 입장시킬 때와 퇴장시킬 때에 각각 인원을 점검하여야 한다.
- 해당 작업장의 내부가 어두운 경우 방폭용 전등을 이용한다.

㉩ 탱크 내 작업 시 복장

- 정전기방지용 작업복을 착용할 것
- 작업모를 쓰고 긴팔 상의를 반듯하게 착용할 것
- 작업복의 바지 속에는 밑을 집어넣지 말 것
- 작업원은 불필요하게 피부를 노출시키지 말 것
- 유지가 부착된 작업복을 착용하지 말 것

㉪ 탱크 내부에서 작업 시 작업용구에 대한 사항

- 유리라이닝을 한 탱크 내부에서는 줄사다리를 사용한다.
- 가연성 가스가 있는 경우 불꽃을 내기 어려운 금속을 사용한다.
- 용접 절단 시에는 바람의 영향을 억제하기 위하여 환기장치를 설치한다.
- 탱크 내부에 인화성 물질의 증기로 인한 폭발 위험이 우려되는 경우, 방폭구조의 전기기계・기구를 사용한다.

핵심예제

5-1. 다음 표를 참조하여 메탄 70[vol%], 프로판 21[vol%], 부탄 9[vol%]인 혼합가스의 폭발범위를 구하면 약 몇 [vol%]인가? [2016년 제1회, 2018년 제3회, 2021년 제2회, 2022년 제1회 유사]

가 스	폭발하한계[vol%]	폭발상한계[vol%]
C_4H_{10}	1.8	8.4
C_3H_8	2.1	9.5
C_2H_6	3.0	12.4
CH_4	5.0	15.0

① 3.45~9.11
② 3.45~12.58
③ 3.85~9.11
④ 3.85~12.58

5-2. 메탄, 에탄, 프로판의 폭발하한계가 각각 5[vol%], 3[vol%], 2.5[vol%]일 때 다음 중 폭발하한계가 가장 낮은 것은?(단, Le Chatelier의 법칙을 이용한다)

[2012년 제1회 유사, 2014년 제3회, 2022년 제2회 유사]

① 메탄 20[vol%], 에탄 30[vol%], 프로판 50[vol%]의 혼합가스
② 메탄 30[vol%], 에탄 30[vol%], 프로판 40[vol%]의 혼합가스
③ 메탄 40[vol%], 에탄 30[vol%], 프로판 30[vol%]의 혼합가스
④ 메탄 50[vol%], 에탄 30[vol%], 프로판 20[vol%]의 혼합가스

5-3. 8[vol%] 헥산, 3[vol%] 메탄, 1[vol%] 에틸렌으로 구성된 혼합가스의 연소하한값(LFL)은 약 얼마인가?(단, 각 물질의 공기 중 연소하한값이 헥산은 1.1[vol%], 메탄은 5.0[vol%], 에틸렌은 2.7[vol%]이다)

[2011년 제3회 유사, 2013년 제3회 유사, 2014년 제1회 유사, 제2회, 2015년 제3회 유사, 2018년 제2회 유사]

① 2.45 ② 1.95
③ 0.69 ④ 1.45

핵심예제

5-4. 에틸에테르와 에틸알코올이 3 : 1로 혼합증기의 몰 비가 각각 0.75, 0.25이고, 에틸에테르와 에틸알코올의 폭발하한값이 각각 1.9[vol%], 4.3[vol%]일 때 혼합가스의 폭발하한값은 약 몇 [vol%]인가? [2010년 제3회, 2015년 제2회]

① 2.2
② 3.47
③ 22
④ 34.7

5-5. 다음 중 벤젠의 공기 중 폭발하한계값[vol%]에 가장 가까운 것은? [2011년 제2회 유사, 2013년 제1회 유사, 제2회, 2018년 제2회]

① 1.0
② 1.5
③ 2.0
④ 2.5

5-6. 메탄(CH_4) 70[vol%], 부탄(C_4H_{10}) 30[vol%]인 혼합가스의 25[℃], 대기압에서의 공기 중 폭발하한계[vol%]는 약 얼마인가?(단, 각 물질의 폭발하한계는 다음 식을 이용하여 추정, 계산한다) [2011년 제1회, 2012년 제2회 유사, 제3회 유사, 2017년 제3회]

$$C_{st} = \frac{1}{1+4.77\times O_2}\times 100,\ L_{25} = 0.55C_{st}$$

① 1.2
② 3.2
③ 5.7
④ 7.7

5-7. 공기 중에서 이황화탄소(CS_2)의 폭발한계는 하한값이 1.25[vol%], 상한값이 44[vol%]이다. 이를 20[℃] 대기압하에서 [mg/L]의 단위로 환산하면 하한값과 상한값은 각각 약 얼마인가?(단, 이황화탄소의 분자량은 76.1이다) [2012년 제3회, 2019년 제1회 유사]

① 하한값 : 61, 상한값 : 640
② 하한값 : 39.6, 상한값 : 1,395.2
③ 하한값 : 146, 상한값 : 860
④ 하한값 : 55.4, 상한값 : 1,641.8

5-8. 각 물질(A~D)의 폭발상한계와 하한계가 다음 표와 같을 때 위험도가 가장 큰 물질은? [2010년 제3회 유사, 2011년 제2회, 제3회, 2015년 제2회 유사, 2016년 제1회 유사, 제2회 유사, 2017년 제1회, 2018년 제1회 유사, 2022년 제2회 유사]

구 분	A	B	C	D
폭발상한계	9.5	8.4	15.0	13
폭발하한계	2.1	1.8	5.0	2.6

① A ② B
③ C ④ D

5-9. 프로판의 연소하한계가 2.2[vol%]일 때 연소를 위한 최소산소 농도(MOC)는 몇 [vol%]인가? [2013년 제2회, 2018년 제1회, 2022년 제3회 유사]

① 5.0 ② 7.0
③ 9.0 ④ 11.0

5-10. 폭발을 기상폭발과 응상폭발로 분류할 때 다음 중 기상폭발에 해당되지 않는 것은? [2010년 제1회 유사, 2013년 제3회, 2016년 제3회 유사, 2017년 제2회 유사, 제3회]

① 분진폭발
② 혼합가스폭발
③ 분무폭발
④ 수증기폭발

5-11. 다음 중 분진이 발화폭발하기 위한 조건이 아닌 것은? [2010년 제3회, 2016년 제2회, 2018년 제3회]

① 불연성
② 미분 상태
③ 점화원의 존재
④ 지연성 가스 중에서의 교반과 운동

5-12. 다음 중 분진폭발이 발생하기 쉬운 조건으로 적절하지 않은 것은? [2012년 제3회 유사, 2013년 제1회, 2016년 제1회 유사, 2018년 제2회, 제3회 유사]

① 발열량이 클 때
② 입자의 표면적이 작을 때
③ 입자의 형상이 복잡할 때
④ 분진의 초기 온도가 높을 때

핵심예제

5-13. 다음 중 분진폭발에 관한 설명으로 틀린 것은?

[2011년 제1회 유사, 제2회, 2012년 제2회 유사, 2014년 제1회 유사, 2015년 제1회 유사, 제2회 유사, 2017년 제1회 유사, 제3회, 2021년 제1회 유사, 제2회 유사, 2022년 제3회 유사]

① 가스폭발에 비교하여 연소시간이 짧고 발생에너지가 작다.
② 최초의 부분적인 폭발이 분진의 비산으로 2차, 3차 폭발로 파급되어 피해가 커진다.
③ 가스에 비하여 불완전연소를 일으키기 쉬우므로 연소 후 가스에 의한 중독 위험이 있다.
④ 폭발 시 입자가 비산하므로 이것에 부딪치는 가연물은 국부적으로 탄화를 일으킬 수 있다.

5-14. 다음 중 불활성화(퍼지)에 관한 설명으로 틀린 것은?

[2010년 제1회, 2013년 제2회]

① 압력퍼지가 진공퍼지에 비해 퍼지시간이 길다.
② 사이펀 퍼지가스의 부피는 용기의 부피와 같다.
③ 진공퍼지는 압력퍼지보다 이너트 가스 소모가 적다.
④ 스위프퍼지는 용기나 장치에 압력을 가하거나 진공으로 할 수 없을 때 사용된다.

5-15. 다음 중 누설방화형 폭발재해의 예방대책으로 가장 거리가 먼 것은?

[2013년 제2회, 2017년 제1회]

① 발화원 관리
② 밸브의 오동작방지
③ 가연성 가스의 연소
④ 누설물질의 검지경보

|해설|

5-1

폭발하한값(LFL)

$\frac{100}{\text{LFL}}=\frac{70}{5.0}+\frac{21}{2.1}+\frac{9}{1.8}\simeq 29$에서 $\text{LFL}=\frac{100}{29}\simeq 3.45$

폭발상한값(UFL)

$\frac{100}{\text{UFL}}=\frac{70}{15}+\frac{21}{9.5}+\frac{9}{8.4}\simeq 7.95$에서 $\text{UFL}=\frac{100}{7.95}\simeq 12.58$

5-2

각 혼합가스의 폭발하한값(LFL)을 계산하여 가장 작은 혼합가스를 찾는다.

① $\frac{100}{\text{LFL}}=\frac{20}{5}+\frac{30}{3}+\frac{50}{2.5}=34$에서 $\text{LFL}=\frac{100}{34}\simeq 2.94$

② $\frac{100}{\text{LFL}}=\frac{30}{5}+\frac{30}{3}+\frac{40}{2.5}=32$에서 $\text{LFL}=\frac{100}{32}=3.125$

③ $\frac{100}{\text{LFL}}=\frac{40}{5}+\frac{30}{3}+\frac{30}{2.5}=30$에서 $\text{LFL}=\frac{100}{30}\simeq 3.33$

④ $\frac{100}{\text{LFL}}=\frac{50}{5}+\frac{30}{3}+\frac{20}{2.5}=28$에서 $\text{LFL}=\frac{100}{28}\simeq 3.57$

5-3

$\frac{12}{\text{LFL}}=\frac{8}{1.1}+\frac{3}{5.0}+\frac{1}{2.7}\simeq 8.243$에서 $\text{LFL}=\frac{12}{8.243}\simeq 1.45$

5-4

$\frac{10}{\text{LFL}}=\frac{7.5}{1.9}+\frac{2.5}{4.3}\simeq 4.529$에서 $\text{LFL}=\frac{10}{4.529}\simeq 2.2$

5-5

벤젠의 폭발범위[%] : 1.4~6.7이므로 1.5가 가장 가까운 값이다.
이를 Jones식에 의하여 계산하면 다음과 같다.
벤젠의 화학식 $C_6H_6=C_aH_b$에서 a=6, b=6, c=0, d=0이므로

화학양론 농도 $C_{st}=\frac{100}{1+4.773\left[a+\frac{(b-c-2d)}{4}+e\right]}$

$=\frac{100}{1+4.773\left[6+\frac{6}{4}\right]}$

$=\frac{100}{1+4.773\times 7.5}\simeq 2.72$

Jones식에 의한 연소하한값$=C_{st}\times 0.55=2.72\times 0.55\simeq 1.5$

5-6

메탄의 $C_{st}=\frac{100}{1+4.77\times 2}\simeq 9.49$,
메탄의 폭발하한값 $\text{LFL}=0.55\times 9.49\simeq 5.22$
부탄의 $C_{st}=\frac{100}{1+4.77\times 6.5}\simeq 3.12$,
부탄의 폭발하한값 $\text{LFL}=0.55\times 3.12\simeq 1.72$이므로,
혼합가스의 폭발하한값은

$\frac{100}{\text{LFL}}=\frac{70}{5.22}+\frac{30}{1.72}\simeq 30.85$에서 $\text{LFL}=\frac{100}{30.85}\simeq 3.2$

5-7

하한값 환산 : $0.0125\times\frac{76.1}{22.4\times\frac{20+273}{273}}\times10^3\simeq39.6[mg/L]$

상한값 환산 : $0.44\times\frac{76.1}{22.4\times\frac{20+273}{273}}\times10^3\simeq1,392.8[mg/L]$

5-8

각 물질의 위험도를 계산하여 가장 위험도가 큰 것을 찾는다.

① 위험도 $H=\frac{U-L}{L}=\frac{9.5-2.1}{2.1}\simeq3.52$

② 위험도 $H=\frac{U-L}{L}=\frac{8.4-1.8}{1.8}\simeq3.67$

③ 위험도 $H=\frac{U-L}{L}=\frac{15-5}{5}=2.00$

④ 위험도 $H=\frac{U-L}{L}=\frac{13-2.6}{2.6}=4.00$

5-9

프로판의 연소방정식 $C_3H_8 + 5O_2 \rightarrow 3CO_2 + 4H_2O$이며

$MOC = LFL \times O_2 = 2.2\times5 = 11$

5-10

수증기폭발은 응상폭발에 해당된다.

5-11

분진이 발화폭발하기 위한 조건은 불연성이 아니라 가연성이어야 한다.

5-12

분진폭발은 입자의 표면적이 클 때 발생하기 쉽다.

5-13

분진폭발은 가스폭발에 비해 연소시간이 길고 발생에너지가 크다.

5-14

압력퍼지가 진공퍼지에 비해 퍼지시간이 짧다.

5-15

누설방화형 폭발재해의 예방대책으로 거리가 먼 것으로 '가연성 가스의 연소, 불활성 가스의 치환' 등이 출제된다.

정답 5-1 ② 5-2 ① 5-3 ④ 5-4 ① 5-5 ② 5-6 ② 5-7 ② 5-8 ④ 5-9 ④ 5-10 ④ 5-11 ① 5-12 ② 5-13 ① 5-14 ① 5-15 ③

제4절 공정안전관리

핵심이론 01 공정안전관리(PSM)의 개요

① 공정안전관리(PSM ; Process Safety Management)
- ㉠ 누출·화재·폭발 등에 따른 중대 산업사고의 발생 우려가 높은 화학업종 등 유해·위험설비를 보유한 사업장에서 해당 중대 산업사고를 야기할 가능성이 있는 공정·설비 등을 체계적이고 지속적으로 관리하기 위한 것이다.
- ㉡ 공정안전관리의 효과
  - 사고 및 재산손실 감소
  - 작업 생산성 및 품질 향상
  - 기업 신뢰도와 이미지 향상
  - 노사관계 개선 도모

② 공정안전관리(PSM) 관련 제반사항
- ㉠ 위험물을 저장·취급하는 화학설비 및 그 부속설비를 설치할 때 단위공정시설 및 설비로부터 다른 단위공정 시설 및 설비의 사이의 안전거리는 설비의 바깥면으로부터 10[m] 이상이 되어야 한다.
- ㉡ 공정안전관리(PSM) 12가지 실천과제
  - 공정안전자료의 주기적인 보완 및 체계적 관리
  - 공정위험성평가 체계 구축 및 사후관리
  - 안전운전절차 보완 및 준수
  - 설비별 위험등급에 따른 효율적인 관리
  - 작업 허가절차 준수
  - 협력업체 선정 시 안전관리 수준 반영
  - 근로자(임직원)에 대한 실질적인 PSM 교육
  - 유해·위험설비의 가동(시운전) 전 안전점검
  - 설비 등 변경 시 변경관리절차 준수
  - 객관적인 자체검사 실시 및 사후조치
  - 정확한 사고원인 규명 및 재발방지
  - 비상대응 시나리오 작성 및 주기적인 훈련

핵심예제

위험물을 저장 · 취급하는 화학설비 및 그 부속설비를 설치할 때 '단위공정시설 및 설비로부터 다른 단위공정시설 및 설비의 사이'의 안전거리는 설비의 바깥 면으로부터 몇 [m] 이상이 되어야 하는가? [2013년 제3회, 2016년 제1회, 2016년 제3회]

① 5 ② 10
③ 15 ④ 20

|해설|

단위공정시설 및 설비로부터 다른 단위공정시설 및 설비의 사이의 안전거리 : 설비의 바깥 면으로부터 10[m] 이상

정답 ②

핵심이론 02 공정안전보고서

① 공정안전보고서의 개요

㉠ 개 요

- 대통령령으로 정하는 유해 · 위험설비를 보유한 사업장의 사업주는 중대산업사고(위험물질 누출, 화재, 폭발 등으로 인하여 사업장 내의 근로자에게 즉시 피해를 주거나 사업장 인근지역에 피해를 줄 수 있는 사고)를 예방하기 위하여 공정안전보고서를 작성하고 고용노동부장관에게 제출하여 심사를 받아야 한다. 이 경우 공정안전보고서의 내용이 중대산업사고를 예방하기 위하여 적합하다고 통보받기 전에는 관련 설비를 가동하여서는 아니 된다(법 제44조).
- 사업주는 공정안전보고서를 작성할 때에는 산업안전보건위원회의 심의를 거쳐야 한다. 다만, 산업안전보건위원회가 설치되어 있지 아니한 사업장의 경우에는 근로자대표의 의견을 들어야 한다(법 제44조).
- 고용노동부장관은 제출받은 공정안전보고서를 고용노동부령으로 정하는 바에 따라 심사하여야 하며, 근로자의 안전 및 보건의 유지 · 증진을 위하여 필요하다고 인정하는 경우에는 그 공정안전보고서의 변경을 명할 수 있다(법 제45조).
- 고용노동부장관은 제출받은 공정안전보고서를 심사한 결과 그 내용이 중대산업사고를 예방하기 위하여 적합하다고 인정하는 경우 사업주에게 그 결과를 서면으로 통보하여야 한다(법 제45조).
- 사업주는 공정안전보고서의 심사 결과를 통보받으면 그 공정안전보고서를 사업장에 갖추어 두어야 한다(법 제45조).
- 사업주는 심사를 받은 공정안전보고서의 내용을 실제로 이행하고 있는지 여부에 대하여 고용노동부령으로 정하는 바에 따라 고용노동부장관의 확인을 받아야 한다(법 제46조).
- 사업주와 근로자는 공정안전보고서의 내용을 지켜야 한다(법 제46조).
- 사업주는 사업장에 갖춰 둔 공정안전보고서의 내용을 변경하여야 할 사유가 발생한 경우에는 지체 없이 이를 보완하여야 한다(법 제46조).

• 고용노동부장관은 고용노동부령으로 정하는 바에 따라 공정안전보고서의 이행 상태를 정기적으로 평가할 수 있다(법 제46조).
• 고용노동부장관은 공정안전보고서의 이행 상태를 평가한 결과 보완 상태가 불량한 사업장의 사업주에게는 공정안전보고서의 변경을 명할 수 있으며, 이에 따르지 않을 경우 다시 제출하도록 명할 수 있다(법 제46조).
• 사업주는 유해·위험설비의 설치·이전 또는 주요 구조부분의 변경공사의 착공일 30일 전까지 공정안전보고서를 2부 작성하여 공단에 제출해야 한다(시행규칙 제51조).

㉡ 공정안전보고서의 제출대상(시행령 제43조)
(공정안전관리(PSM)의 적용대상 사업장)
• 원유 정제처리업
• 기타 석유정제물 재처리업
• 석유화학계 기초화학물질 제조업 또는 합성수지 및 기타 플라스틱물질 제조업. 다만, 합성수지 및 기타 플라스틱물질 제조업은 별표 13 제1호 또는 제2호에 해당하는 경우로 한정한다.
• 질소 화합물, 질소·인산 및 칼리질 화학비료 제조업 중 질소질 비료 제조
• 복합 비료 및 기타 화학 비료 제조업 중 복합 비료 제조 (단순 혼합 또는 배합에 의한 경우는 제외)
• 화학 살균·살충제 및 농업용 약제 제조업[농약 원제(原劑) 제조만 해당]
• 화약 및 불꽃제품 제조업

㉢ 공정안전보고서의 제출대상 업종이 아닌 사업장의 공정안전보고서 제출대상 여부
• R의 값이 1 이상인 사업장은 공정안전보고서를 제출한다.
• $R = \sum \frac{C_n}{T_n}$

여기서, C_n : 위험물질 각각의 제조, 취급, 저장량,
T_n : 위험물질 각각의 규정량

㉣ 공정안전보고서에 포함되어야 하는 사항(시행령 제44조)
• 공정안전자료
• 공정위험성평가서
• 안전운전계획
• 비상조치계획
• 그 밖에 공정상의 안전과 관련하여 고용노동부장관이 필요하다고 인정하여 고시하는 사항(평균 안전율은 아니다)

㉤ 공정안전보고서의 작성과 제출 및 변경
• 공정안전보고서를 작성할 때에는 산업안전보건위원회의 심의를 거쳐야 한다(법 제44조).
• 공정안전보고서를 작성할 때에 산업안전보건위원회가 설치되어 있지 아니한 사업장의 경우에는 근로자대표의 의견을 들어야 한다(법 제44조).
• 고용노동부장관은 정하는 바에 따라 공정안전보고서의 이행 상태를 정기적으로 평가하고, 그 결과에 따른 보완 상태가 불량한 사업장의 사업주에게는 공정안전보고서의 변경을 명할 수 있으며, 이에 따르지 아니하는 경우 공정안전보고서를 다시 제출하도록 명할 수 있다(법 제46조).
• 공정안전보고서의 내용을 변경하여야 할 사유가 발생한 경우에는 30일 전까지 제출하여 고용노동부장관의 승인을 득한 후 이를 보완하여야 한다.
  – 유해·위험설비의 설치·이전 또는 주요 구조 부분의 변경 공사 시 착공일 30일 전까지 공정안전보고서를 관련기관에 제출하여야 한다.
• 설비의 주요 구조 부분을 변경함으로 공정안전보고서를 제출하여야 하는 경우(공정안전보고서의 제출·심사·확인 및 이행상태평가 등에 관한 규정 제2조)
  – 반응기를 교체(같은 용량과 형태로 교체되는 경우는 제외)하거나 추가로 설치하는 경우 또는 이미 설치된 반응기를 변형하여 용량을 늘리는 경우
  – 생산설비 및 부대설비(유해·위험물질의 누출·화재·폭발과 무관한 자동화창고·조명설비 등은 제외)가 교체 또는 추가되어 늘어나게 되는 전기정격용량의 총합이 300[kW] 이상인 경우
  – 플레어스택을 설치 또는 변경하는 경우

ⓑ 공정안전보고서 심사기준에 있어 공정배관계장도(P&ID)에 반드시 표시되어야 할 사항(공정안전보고서의 제출·심사·확인 및 이행상태평가 등에 관한 규정 제41조)
- 안전밸브의 크기 및 설정압력
- 동력기계와 장치의 주요 명세
- 장치의 계측제어 시스템과의 상호관계(물질 및 열수지는 아니다)

② 공정안전보고서의 내용(시행규칙 제50조)

㉠ 공정안전자료에 포함하여야 할 세부내용
- 유해·위험물질에 대한 물질안전보건자료
- 취급·저장하고 있거나 취급·저장하려는 유해·위험물질의 종류 및 수량
- 유해·위험설비의 목록 및 사양
- 유해·위험설비의 운전방법을 알 수 있는 공정도면
- 각종 건물·설비의 배치도
- 위험설비의 안전설계·제작 및 설치 관련 지침서
- 방폭지역(폭발 위험 장소)의 구분도 및 전기단선도

㉡ 안전운전계획에 포함되어야 할 항목
- 안전작업 허가
- 안전운전지침서
- 설비점검·검사 및 보수계획, 유지계획 및 지침서
- 가동 전 점검지침
- 변경요소 관리계획
- 근로자 등 교육계획
- 자체 감사 및 사고조사계획
- 도급업체 안전관리계획
- 그 밖에 안전운전에 필요한 사항(비상조치계획에 따른 교육계획은 아니다)

 **핵심예제**

2-1. 산업안전보건법에서 정한 공정안전보고서의 제출대상 업종이 아닌 사업장으로서 유해·위험물질의 1일 취급량이 염소 10,000[kg], 수소 20,000[kg]인 경우 공정안전보고서 제출 대상 여부를 판단하기 위한 R의 값은 얼마인가?(단, 유해·위험물질의 규정수량은 표에 따른다) [2011년 제1회, 2016년 제3회]

유해·위험물질명	규정 수량[kg]
인화성 가스	5,000
염 소	20,000
수 소	50,000

① 0.9　② 1.2
③ 1.5　④ 1.8

2-2. 산업안전보건법에 의한 공정안전보고서에 포함되어야 하는 내용 중 공정안전자료의 세부내용에 해당하지 않는 것은? [2011년 제1회, 2014년 제1회 유사, 제2회, 2018년 제1회 유사]

① 안전운전지침서
② 각종 건물·설비의 배치도
③ 유해·위험설비의 목록 및 사양
④ 위험설비의 안전설계·제작 및 설치 관련 지침서

|해설|

2-1

$$R=\sum \frac{C_n}{T_n}=\frac{10,000}{20,000}+\frac{20,000}{50,000}=0.9$$

2-2

안전운전지침서는 안전운전계획의 세부내용이다.
공정안전자료의 세부내용에 해당하지 않는 것으로 '안전운전지침서, 설비점검·검사 및 보수계획·유지계획 및 지침서, 비상조치계획에 따른 교육계획, 도급업체 안전관리계획' 등이 출제된다.

정답 2-1 ① 2-2 ①

건설안전기술

제1절 건설안전기술의 개요

핵심 이론 01 건설공사 안전의 개요

① 건설공사 안전 관련 사항

㉠ 건설공사 안전관리 순서 : 계획(Plan) – 실시(Do) – 검토(Check) – 조치(Action)

㉡ 건설업의 안전관리자 인원기준(산업안전보건법 시행령 별표 3)

인 원	공사금액	전후 15기간
1명 이상	• 50억원 이상(관계수급인은 100억원 이상) 120억원 미만(토목공사업의 경우는 150억원 미만) • 120억원 이상(토목공사업의 경우는 150억원 이상) 800억원 미만	
2명 이상	800억원 이상 1,500억원 미만	1명 이상
3명 이상	1,500억원 이상 2,200억원 미만	2명 이상
4명 이상	공사금액 2,200억원 이상 3천억원 미만	2명 이상
5명 이상	공사금액 3천억원 이상 3,900억원 미만	3명 이상
6명 이상	공사금액 3,900억원 이상 4,900억원 미만	3명 이상
7명 이상	공사금액 4,900억원 이상 6천억원 미만	4명 이상
8명 이상	공사금액 6천억원 이상 7,200억원 미만	4명 이상
9명 이상	공사금액 7,200억원 이상 8,500억원 미만	5명 이상
10명 이상	공사금액 8,500억원 이상 1조원 미만	5명 이상
11명 이상	1조원 이상(매 2천억원(2조원 이상부터는 매 3천억원)마다 1명씩 추가)	선임 대상 안전관리자 수의 2분의 1(소수점 이하는 올림) 이상

※ 전후 15기간 : 전체 공사기간을 100으로 할 때 공사시작에서 15에 해당하는 기간과 공사 종료 전의 15에 해당하는 기간을 말한다.

㉢ 안전관리의 문제점

- 건설공사 시공 전 단계에서 안전관리의 문제점 : 발주자의 조사, 설계 발주 능력 미흡 등
- 건설공사 시공단계에서 안전관리의 문제점 : 발주자의 감독 소홀
- 건설공사 시공 후 안전관리의 문제점 : 사용자의 시설 운영관리 능력 부족

㉣ 건설현장에서 작업환경을 측정해야 하는 작업

- 산소결핍작업(산소결핍은 공기 중 산소농도가 18[%] 미만일 때를 의미)
- 탱크 내 도장작업
- 터널 내 천공작업
- 건물 내부 도장작업

㉤ 건설공사 위험성 평가

- 건설물, 기계·기구, 설비 등에 의한 유해·위험요인을 찾아내어 위험성을 결정하고 그 결과에 따라 조치하는 것을 말한다.
- 사업주는 위험성 평가의 실시내용 및 결과를 기록·보존하여야 한다.
- 위험성 평가 기록물의 보존기간은 3년 이상이다.
- 위험성 평가 기록물에는 평가대상의 유해·위험요인, 위험성 결정의 내용 등이 포함된다.

㉥ 차량계 건설기계를 사용하여 작업하고자 할 때 작업계획서에 포함되어야 할 사항(산업안전보건기준에 관한 규칙 별표 4)

- 사용하는 차량계 건설기계의 종류 및 성능
- 차량계 건설기계의 운행경로
- 차량계 건설기계에 의한 작업방법(차량계 건설기계의 유지보수방법이나 차량계 건설기계의 유도자 배치 관련 사항 등은 아니다)

ⓢ 구축물에 안전진단 등 안전성 평가를 실시하여 근로자에게 미칠 위험성을 미리 제거하여야 하는 경우(산업안전보건기준에 관한 규칙 제52조)
- 구축물 또는 이와 유사한 시설물의 인근에서 굴착・항타작업 등으로 침하・균열 등이 발생하여 붕괴의 위험이 예상될 경우
- 구축물 또는 이와 유사한 시설물에 지진, 동해(凍害), 부동침하 등으로 균열・비틀림 등이 발생하였을 경우
- 구조물, 건축물, 그 밖의 시설물이 그 자체의 무게・적설・풍압 또는 그 밖에 부가되는 하중 등으로 붕괴 등의 위험이 있을 경우
- 화재 등으로 구축물 또는 이와 유사한 시설물의 내력이 심하게 저하되었을 경우
- 오랜 기간 사용하지 아니하던 구축물 또는 이와 유사한 시설물을 재사용하게 되어 안전성을 검토하여야 하는 경우
- 그 밖의 잠재위험이 예상될 경우

ⓞ 총괄 안전관리계획서의 작성내용(건설기술 진흥법 시행규칙 별표 7)
- 건설공사의 개요
- 현장 특성분석(현장여건분석, 시공단계의 위험요소・위험성 및 그에 대한 저감대책, 공사장 주변 안전관리대책, 통행안전시설의 설치 및 교통소통계획)
- 현장운영계획(안전관리조직, 공정별 안전점검계획, 안전관리비 집행계획, 안전교육계획, 안전관리계획 이행보고 계획)
- 비상시 긴급조치계획

ⓩ 안전율 : 안전의 정도를 표시하는 것으로서 재료의 파괴응력도와 허용응력도의 비율을 말한다.

② **시설물의 안전 및 유지관리에 관한 특별법(시설물안전법)**

㉠ 시설물의 안전 및 유지관리 기본계획의 수립・시행(시설물안전법 제5조) : 국토교통부장관은 시설물이 안전하게 유지관리될 수 있도록 하기 위하여 5년마다 시설물의 안전 및 유지관리에 관한 기본계획을 수립・시행하여야 한다. 기본계획에는 다음의 사항이 포함되어야 한다.
- 시설물의 안전 및 유지관리에 관한 기본목표 및 추진방향에 관한 사항
- 시설물의 안전 및 유지관리체계의 개발, 구축 및 운영에 관한 사항
- 시설물의 안전 및 유지관리에 관한 정보체계의 구축・운영에 관한 사항
- 시설물의 안전 및 유지관리에 필요한 기술의 연구・개발에 관한 사항
- 시설물의 안전 및 유지관리에 필요한 인력의 양성에 관한 사항
- 그 밖에 시설물의 안전 및 유지관리에 관하여 대통령령으로 정하는 사항

㉡ 관리주체는 소관 시설물에 대한 안전 및 유지관리계획(시설물관리계획)을 매년 수립・시행하여야 하는데 다음의 사항이 포함되어야 한다(시설물안전법 제6조).
- 시설물의 적정한 안전과 유지관리를 위한 조직・인원 및 장비의 확보에 관한 사항
- 긴급상황 발생 시 조치체계에 관한 사항
- 시설물의 설계・시공・감리 및 유지관리 등에 관련된 설계도서의 수집 및 보존에 관한 사항
- 안전점검 또는 정밀안전진단의 실시에 관한 사항
- 보수・보강 등 유지관리 및 그에 필요한 비용에 관한 사항

㉢ 시설물의 종류(시설물안전법 제7조)
- 제1종 시설물 : 공중의 이용편의와 안전을 도모하기 위하여 특별히 관리할 필요가 있거나 구조상 안전 및 유지관리에 고도의 기술이 필요한 대규모 시설물로서 다음의 어느 하나에 해당하는 시설물 등 대통령령으로 정하는 시설물
  - 고속철도 교량, 연장 500[m] 이상의 도로 및 철도 교량
  - 고속철도 및 도시철도 터널, 연장 1,000[m] 이상의 도로 및 철도 터널
  - 갑문시설 및 연장 1,000[m] 이상의 방파제
  - 다목적댐, 발전용댐, 홍수전용댐 및 총 저수용량 1천만[ton] 이상의 용수전용댐
  - 21층 이상 또는 연면적 50,000[m^2] 이상의 건축물
  - 하구둑, 포용저수량 8천만[ton] 이상의 방조제
  - 광역상수도, 공업용수도, 1일 공급능력 30,000[ton] 이상의 지방상수도

- 제2종 시설물 : 제1종 시설물 외에 사회기반시설 등 재난이 발생할 위험이 높거나 재난을 예방하기 위하여 계속적으로 관리할 필요가 있는 시설물로서 다음의 어느 하나에 해당하는 시설물 등 대통령령으로 정하는 시설물
  - 연장 100[m] 이상의 도로 및 철도 교량
  - 고속국도, 일반국도, 특별시도 및 광역시도 도로터널 및 특별시 또는 광역시에 있는 철도터널
  - 연장 500[m] 이상의 방파제
  - 지방상수도 전용댐 및 총 저수용량 1백만[ton] 이상의 용수전용댐
  - 16층 이상 또는 연면적 30,000[m^2] 이상의 건축물
  - 포용저수량 1천만[ton] 이상의 방조제
  - 1일 공급능력 30,000[ton] 미만의 지방상수도
- 제3종시설물 : 제1종 시설물 및 제2종 시설물 외에 안전관리가 필요한 소규모 시설물

㉣ 안전등급별 안전점검, 정밀안전진단 및 성능평가의 실시 시기(시설물안전법 시행령 별표 3)

안전등급	정기안전점검	정밀안전점검		정밀안전진단	성능평가
		건축물	건축물 외 시설물		
A등급	반기에 1회 이상	4년에 1회 이상	3년에 1회 이상	6년에 1회 이상	5년에 1회 이상
B·C등급		3년에 1회 이상	2년에 1회 이상	5년에 1회 이상	
D·E등급	1년에 3회 이상	2년에 1회 이상	1년에 1회 이상	4년에 1회 이상	

- 준공 또는 사용승인 후부터 최초 안전등급이 지정되기 전까지의 기간에 실시하는 정기안전점검은 반기에 1회 이상 실시한다.
- 제1종 및 제2종 시설물 중 D·E등급 시설물의 정기안전점검은 해빙기·우기·동절기 전 각각 1회 이상 실시한다. 이 경우 해빙기 전 점검시기는 2월·3월로, 우기 전 점검시기는 5월·6월로, 동절기 전 점검시기는 11월·12월로 한다.
- 공동주택의 정기안전점검은 공동주택관리법에 따른 안전점검(지방자치단체의 장이 의무관리대상이 아닌 공동주택에 대하여 안전점검을 실시한 경우에는 이를 포함)으로 갈음한다.
- 최초로 실시하는 정밀안전점검은 시설물의 준공일 또는 사용승인일(구조형태의 변경으로 시설물로 된 경우에는 구조형태의 변경에 따른 준공일 또는 사용승인일)을 기준으로 3년 이내(건축물은 4년 이내)에 실시한다. 다만, 임시 사용승인을 받은 경우에는 임시 사용승인일을 기준으로 한다.
- 최초로 실시하는 정밀안전진단은 준공일 또는 사용승인일(준공 또는 사용승인 후에 구조형태의 변경으로 제1종 시설물로 된 경우에는 최초 준공일 또는 사용승인일을 말한다) 후 10년이 지난 때부터 1년 이내에 실시한다. 다만, 준공 및 사용승인 후 10년이 지난 후에 구조형태의 변경으로 인하여 제1종 시설물로 된 경우에는 구조형태의 변경에 따른 준공일 또는 사용승인일부터 1년 이내에 실시한다.
- 최초로 실시하는 성능평가는 성능평가대상시설물 중 제1종 시설물의 경우에는 최초로 정밀안전진단을 실시하는 때, 제2종 시설물의 경우에는 하자담보책임기간이 끝나기 전에 마지막으로 실시하는 정밀안전점검을 실시하는 때에 실시한다. 다만, 준공 및 사용승인 후 구조형태의 변경으로 인하여 성능평가대상시설물로 된 경우에는 정밀안전점검 또는 정밀안전진단을 실시하는 때에 실시한다.
- 정밀안전점검 및 정밀안전진단의 실시 주기는 이전 정밀안전점검 및 정밀안전진단을 완료한 날을 기준으로 한다. 다만, 정밀안전점검 실시 주기에 따라 정밀안전점검을 실시한 경우에도 정밀안전진단을 실시한 경우에는 그 정밀안전진단을 완료한 날을 기준으로 정밀안전점검의 실시 주기를 정한다.
- 정밀안전점검, 긴급안전점검 및 정밀안전진단의 실시 완료일이 속한 반기에 실시하여야 하는 정기안전점검은 생략할 수 있다.
- 정밀안전진단의 실시 완료일부터 6개월 전 이내에 그 실시 주기의 마지막 날이 속하는 정밀안전점검은 생략할 수 있다.
- 성능평가 실시 주기는 이전 성능평가를 완료한 날을 기준으로 한다.

- 증축, 개축 및 리모델링 등을 위하여 공사 중이거나 철거예정인 시설물로서, 사용되지 않는 시설물에 대해서는 국토교통부장관과 협의하여 안전점검, 정밀안전진단 및 성능평가의 실시를 생략하거나 그 시기를 조정할 수 있다.

ⓜ 안전점검 및 정밀안전진단 결과보고(시설물안전법 제17조)

- 안전점검 및 정밀안전진단을 실시한 자는 대통령령으로 정하는 바에 따라 그 결과보고서를 작성하고, 이를 관리주체 및 시장·군수·구청장에게 통보하여야 한다.
- 안전점검 및 정밀안전진단을 실시한 자가 결과보고서를 작성할 때에는 다음의 사항을 지켜야 한다.
  - 다른 안전점검 및 정밀안전진단 결과보고서의 내용을 복제하여 안전점검 및 정밀안전진단 결과보고서를 작성하지 아니할 것
  - 안전점검 및 정밀안전진단 결과보고서와 그 작성의 기초가 되는 자료를 거짓으로 또는 부실하게 작성하지 아니할 것
  - 안전점검 및 정밀안전진단 결과보고서와 그 작성의 기초가 되는 자료를 국토교통부령으로 정하는 기간 동안 보존할 것
- 복제, 거짓 또는 부실 작성의 구체적인 판단기준은 국토교통부령으로 정한다.
- 관리주체 및 시장·군수·구청장은 안전점검 및 정밀안전진단 결과보고서를 국토교통부장관에게 제출하여야 한다.
- 국토교통부장관은 관리주체 및 시장·군수·구청장이 결과보고서를 제출하지 아니하는 경우에는 기한을 정하여 제출을 명할 수 있다.
- 정밀안전점검 : 정기안전점검 결과 건설공사의 물리적, 기능적 결함 등이 발견되어 보수, 보강 등의 조치를 하기 위하여 필요한 경우에 실시하는 점검

③ 안전보건관리계획

㉠ 안전보건관리계획의 개요(안전보건관리계획 수립 시 기본계획 내지는 기본적인 고려요소)

- 안전보건관리계획의 초안 작성자로 가장 적합한 사람은 안전스탭(Staff)이다.
- 타 관리계획과 균형이 되어야 한다.
- 안전보건의 저해요인을 확실히 파악해야 한다.
- 경영층의 기본방향을 명확하게 근로자에게 나타내야 한다.
- 계획의 목표는 점진적인 높은 수준으로 한다.
- 전체 사업장 및 직장 단위로 구체적으로 계획한다.
- 사후형보다는 사전형의 안전대책을 채택한다.
- 여러 개의 안을 만들어 최종안을 채택한다.
- 계획의 실시 중 필요에 따라 변동될 수 있다.
- 대기업의 경우 표준계획서를 작성하여 모든 사업장에 동일하게 적용하기는 무리이다.

㉡ 공사현장에서 안전관리계획 수립원칙

- 설천 가능할 것
- 회사 방침과 일관성이 있을 것
- 해당 공사현장의 특성에 적합하고 구체적일 것
- 시공기술, 기계·자재 등 제 관리계획과 균형이 있을 것

㉢ 총괄 안전관리계획서의 작성내용

- 공사개요
- 안전관리조직
- 공정별 안전점검계획
- 공사장 및 주변 안전점검계획
- 통행안전시설설치 및 교통소통계획
- 안전관리비 집행계획
- 안전교육계획

㉣ 공정계획 중 PERT/CPM에 대한 사항

- 변화에 대한 신속한 대책수립이 가능하다.
- 작업전후관계 파악이 용이하다.
- 네트워크에 의한 종합관리의 형태를 갖는다.
- 주공정과 여유공정에 의한 공사통제가 가능하다.

ⓜ 안전관리계획을 수립해야 하는 건설공사(건설기술 진흥법 시행령 제98조 제1항)

원자력시설공사는 제외하며, 해당 건설공사가 산업안전보건법에 따른 유해·위험방지계획을 수립해야 하는 건설공사에 해당하는 경우에는 해당 계획과 안전관리계획을 통합하여 작성할 수 있다.

- 1종 시설물 및 2종 시설물의 건설공사(유지관리를 위한 건설공사는 제외)
- 지하 10[m] 이상을 굴착하는 건설공사(굴착 깊이 산정 시 집수정(물저장고), 엘리베이터 피트 및 정화조 등의 굴착 부분은 제외)

- 폭발물을 사용하는 건설공사로서 20[m] 안에 시설물이 있거나 100[m] 안에 사육하는 가축이 있어 해당 건설공사로 인한 영향을 받을 것이 예상되는 건설공사
- 10층 이상 16층 미만인 건축물의 건설공사
- 다음의 리모델링 또는 해체공사
  - 10층 이상인 건축물의 리모델링 또는 해체공사
  - 수직증축형 리모델링
- 건설기계관리법에 따라 등록된 다음의 어느 하나에 해당하는 건설기계가 사용되는 건설공사
  - 천공기(높이가 10[m] 이상인 것만 해당)
  - 항타 및 항발기
  - 타워크레인
- 가설구조물을 사용하는 건설공사
- 상기 건설공사 외의 건설공사로서 다음의 어느 하나에 해당하는 공사
  - 발주자가 안전관리가 특히 필요하다고 인정하는 건설공사
  - 해당 지방자치단체의 조례로 정하는 건설공사 중에서 인허가기관의 장이 안전관리가 특히 필요하다고 인정하는 건설공사

ⓑ 건설사업자와 주택건설등록업자는 안전관리계획을 수립하여 발주청 또는 인허가기관의 장에게 제출하는 경우에는 미리 공사감독자 또는 건설사업관리기술인의 검토·확인을 받아야 하며, 건설공사를 착공하기 전에 발주청 또는 인허가기관의 장에게 제출해야 한다. 안전관리계획의 내용을 변경하는 경우에도 또한 같다(건설기술 진흥법 시행령 제98조 제2항).

ⓢ 안전관리계획을 제출받은 발주청 또는 인허가기관의 장은 안전관리계획의 내용을 검토하여 안전관리계획을 제출받은 날부터 20일 이내에 건설사업자 또는 주택건설등록업자에게 그 결과를 통보해야 한다(건설기술진흥법 시행령 제98조 제3항).

ⓞ 발주청 또는 인허가기관의 장이 안전관리계획의 내용을 심사하는 경우에는 건설안전점검기관에 검토를 의뢰하여야 한다. 다만, 1종 시설물 및 2종 시설물의 건설공사의 경우에는 국토안전관리원에 안전관리계획의 검토를 의뢰하여야 한다(건설기술진흥법 시행령 제98조 제4항).

ⓙ 발주청 또는 인허가기관의 장은 안전관리계획의 검토결과를 다음의 구분에 따라 판정한 후 적정 및 조건부 적정(보완이 필요한 사유 포함)의 경우에는 승인서를 건설사업자 또는 주택건설등록업자에게 발급해야 한다(건설기술진흥법 시행령 제98조 제5항).
- 적정 : 안전에 필요한 조치가 구체적이고 명료하게 계획되어 건설공사의 시공상 안전성이 충분히 확보되어 있다고 인정될 때
- 조건부 적정 : 안전성 확보에 치명적인 영향을 미치지는 아니하지만 일부 보완이 필요하다고 인정될 때
- 부적정 : 시공 시 안전사고가 발생할 우려가 있거나 계획에 근본적인 결함이 있다고 인정될 때

ⓒ 발주청 또는 인허가기관의 장은 건설사업자 또는 주택건설등록업자가 제출한 안전관리계획서가 부적정 판정을 받은 경우에는 안전관리계획의 변경 등 필요한 조치를 해야 한다(건설기술진흥법 시행령 제98조 제6항).

ⓚ 발주청 또는 인허가기관의 장은 안전관리계획서 사본 및 검토결과를 건설사업자 또는 주택건설등록업자에게 통보한 날부터 7일 이내에 국토교통부장관에게 제출해야 한다(건설기술진흥법 시행령 제98조 제7항).

ⓣ 국토교통부장관은 제출받은 안전관리계획서 및 계획서 검토결과가 다음의 어느 하나에 해당하여 건설안전에 위험을 발생시킬 우려가 있다고 인정되는 경우에는 안전관리계획서 및 계획서 검토결과의 적정성을 검토할 수 있다(건설기술진흥법 시행령 제98조 제8항).
- 건설사업자 또는 주택건설등록업자가 안전관리계획을 성실하게 수립하지 않았다고 인정되는 경우
- 발주청 또는 인허가기관의 장이 안전관리계획서를 성실하게 검토하지 않았다고 인정되는 경우
- 그 밖에 안전사고가 자주 발생하는 공종이 포함된 건설공사의 안전관리계획서 및 계획서 검토결과 등 국토교통부장관이 정하여 고시하는 사항에 해당하는 경우

ⓟ 시정명령 등 필요한 조치를 하도록 요청받은 발주청 및 인허가기관의 장은 건설사업자 및 주택건설등록업자에게 안전관리계획서 및 계획서 검토결과에 대한 수정이나 보완을 명해야 하며, 수정이나 보완조치가 완료된 경우에는 7일 이내에 국토교통부장관에게 제출해야 한다(건설기술진흥법 시행령 제98조 제9항).

ⓗ 안전관리계획서 및 계획서 검토결과의 적정성 검토와 그에 필요한 조치 등에 관한 세부적인 절차 및 방법은 국토교통부장관이 정하여 고시한다(건설기술진흥법 시행령 제98조 제10항).

④ 산업안전보건관리비

㉠ 산업안전관리비 계정항목과 계정내역(사용항목과 사용내역)

항 목	내 역
안전관리자 등의 인건비 및 각종 업무수당 등	전담안전관리자의 인건비 및 업무수행 출장비 등
안전시설비 등	추락방지용 안전시설비, 낙하·비래물 보호용 시설비 등(비계에 추가 설치하는 추락방지용 안전난간, 사다리 전도방지장치, 통로의 낙하물 방호선반, 기성제품에 부착된 안전장치 고장 시 교체비용 등)
개인보호구 및 안전장구 구입비 등	각종 개인보호구의 구입, 수리, 관리 등에 소요되는 비용 등(혹한·혹서에 장기간 노출로 인해 건강장해를 일으킬 우려가 있는 경우 특정 근로자에게 지급되는 기능성 보호장구 등)
안전진단비	사업장의 안전 또는 보건진단에 소요되는 비용 등
안전보건교육비 및 행사비 등	안전보건관리책임자, 안전관리자, 근로자 교육비 등(근로자의 안전보건증진을 위한 교육, 세미나 등에 소요되는 비용 등)
근로자의 건강관리비 등	근로자 건강진단, 구급기재 등에 소요되는 비용
건설재해예방기술지도비	재해예방전문지도기관에 지급하는 건설재해예방기술지도비
본사 사용비	본사 안전전담부서의 안전전담직원 인건비·업무수행출장비

- 직접재료비, 간접재료비와 직접노무비의 합계액을 계상대상으로 한다.
- 안전관리비 계상기준은 산업재해보상 보험법의 적용을 받는 공사 중 총 공사금액 2,000만원 이상인 공사에 적용한다.
- 건설공사의 산업안전보건관리비 계상 시 대상액이 구분되어 있지 않은 공사는 도급계약 또는 자체 사업계획상의 총 공사금액 중 70[%]를 대상액으로 한다.
- 전기공사로서 저압·고압 또는 특별고압 작업으로 이루어지는 공사로서 단가계약에 의하여 행하는 공사에 대하여는 총계약금액을 기준으로 적용한다.
- 발주자 또는 자기공사자는 설계변경 등으로 대상액의 변동이 있는 경우는 안전관리비를 조정계상한다.
- (재해예방 전문지도기관의 지도를 필요로 하는 산업안전보건법령상 공사금액기준을 만족한) 공사기간이 1개월 이상인 공사의 경우, 재해예방 전문지도기관의 지도를 받아야 한다.

㉡ 산업안전보건관리비 항목 중 사용불가내역

- 안전시설비로 사용불가 내역 : 안전통로, 안전발판, 안전계단 등
- 개인보호구 및 안전장구 구입비로 사용불가 내역 : 안전·보건관리자가 선임되지 않은 현장에서 안전·보건업무를 담당하는 현장관계자용 무전기·카메라·컴퓨터·프린터 등 업무용 기기, 근로자에게 일률적으로 지급하는 보냉·보온장구, 감리원이나 외부에서 방문하는 인사에게 지급하는 보호구 등

㉢ 산업안전보건관리비의 효율적인 집행을 위하여 고용노동부장관이 정할 수 있는 기준

- 공사의 진척 정도에 따른 사용기준
- 사업의 규모별 사용방법 및 구체적인 내용
- 사업의 종류별 사용방법 및 구체적인 내용

㉣ 공사종류와 규모별 안전관리비 계상기준

구 분	5억원 미만	5억원 이상 50억원 미만		50억원 이상
		비율(×)	기초액(C)	
일반건설공사(갑)	2.93[%]	1.86[%]	5,349,000원	1.97[%]
일반건설공사(을)	3.09[%]	1.99[%]	5,499,000원	2.10[%]
중건설공사	3.43[%]	2.35[%]	5,400,000원	2.44[%]
철도·궤도 신설공사	2.45[%]	1.57[%]	4,411,000원	1.66[%]
특수 및 그 밖의 건설공사	1.85[%]	1.20[%]	3,250,000원	1.27[%]

㉤ 공사진척에 따른 산업안전보건관리비의 최소 사용기준

공정률	50[%] 이상 70[%] 미만	70[%] 이상 90[%] 미만	90[%] 이상
최소 사용기준	50[%]	70[%]	90[%]

- 건설공사의 산업안전보건관리비 계상 시 대상액이 구분되어 있지 않은 공사는 도급 계약 또는 자체 사업계획상의 총 공사금액 중 70[%]를 대상액으로 한다.

ⓗ 건설공사도급인은 고용노동부장관이 정하는 바에 따라 해당 건설공사를 위하여 계상된 산업안전보건관리비를 그가 사용하는 근로자와 그의 관계수급인이 사용하는 근로자의 산업재해 및 건강장해예방에 사용하고, 그 사용명세서를 매월 작성하고 건설공사 종료 후 1년간 보존해야 한다.

핵심예제

1-1. 건설업 산업안전보건관리비 내역 중 계상비용에 해당되지 않는 것은?

[2014년 제3회 유사, 2015년 제1회, 2015년 제2회 유사, 2016년 제3회 유사, 2017년 제2회 유사, 2018년 제3회]

① 근로자 건강관리비
② 건설재해예방 기술지도비
③ 개인보호구 및 안전장구 구입비
④ 외부비계 작업발판 등의 가설구조물 설치 소요비

1-2. 산업안전보건관리비 계상기준에 따른 일반건설공사(갑), 대상액 5억원 이상~50억원 미만의 비율 및 기초액으로 옳은 것은? [2010년 제1회, 2013년 제2회 유사, 2016년 제3회, 2017년 제1회 유사, 2017년 제3회]

① 비율 : 1.86[%], 기초액 : 5,349,000원
② 비율 : 1.99[%], 기초액 : 5,499,000원
③ 비율 : 2.35[%], 기초액 : 5,400,000원
④ 비율 : 1.57[%], 기초액 : 4,411,000원

1-3. 사급자재비가 30억원, 직접노무비가 35억원, 관급자재비가 20억원인 빌딩신축공사를 할 경우 계상해야 할 산업안전보건관리비는 얼마인가?(단, 공사종류는 일반건설공사(갑)임)

[2016년 제1회]

① 167,450,000원
② 146,640,000원
③ 153,660,000원
④ 159,800,000원

1-4. 공정률이 65[%]인 건설현장의 경우 공사진척에 따른 산업안전보건관리비의 최소 사용기준으로 옳은 것은?

[2013년 제1회 유사, 2013년 제3회, 2017년 제2회]

① 40[%] 이상
② 50[%] 이상
③ 60[%] 이상
④ 70[%] 이상

|해설|

1-1
건설업 산업안전보건관리비 내역 중 계상비용에 해당되지 않는 것으로 '외부비계 작업발판 등의 가설구조물 설치 소요비, 운반기계 수리비' 등이 출제된다.

1-2
② 일반건설공사(을) : 대상액 5억원 이상 50억원 미만
③ 중건설공사 : 대상액 5억원 이상 50억원 미만
④ 철도, 궤도 신설공사 : 대상액 5억원 이상 50억원 미만

1-3
계상해야 할 산업안전보건관리비
=(30억원+35억원+20억원)×0.0197=167,450,000원

1-4
공정률이 65[%]인 건설현장의 경우 공사진척에 따른 산업안전보건관리비의 최소 사용기준은 50[%] 이상이다.

정답 1-1 ④ 1-2 ① 1-3 ① 1-4 ②

핵심이론 02 흙

① 흙의 개요

㉠ 흙의 특성

- 흙은 비선형 재료이며, 응력-변형률 관계가 일정하게 정의되지 않는다.
- 흙의 성질은 본질적으로 비균질, 비등방성이다.
- 흙의 거동은 연약지반에 하중이 작용하면 시간의 변화에 따라 압밀침하가 발생한다.
- 점토대상이 되는 흙은 지표면 밑에 있기 때문에 지반의 구성과 공학적 성질은 시추를 통해서 자세히 판명된다.

㉡ 흙의 물성 관련 제반사항

- 포화도(S) : $S = \dfrac{\text{물의 체적}}{\text{공극의 체적}} \times 100[\%]$
- 공극비 또는 간극비(e) : $e = \dfrac{\text{공극의 체적}}{\text{순토립자의 체적}}$
  (공극의 체적=공기의 체적+물의 체적)
- 함수비(w) : $w = \dfrac{\text{물의 중량}}{\text{순토립자의 중량}} \times 100[\%]$
- 포화도(S)・공극비(e)・비중(G_s)・함수비(w)의 상관관계 : $S \cdot e = G_s \cdot w$
- 흙의 투수계수 : 매질의 유체통과능력을 나타내는 지수로서 유선의 직각방향의 단위면적을 통해 단위체적의 지하수가 단위시간당 흐르는 양
  - 모래는 진흙보다 투수계수가 크다.
  - 투수계수는 모래에서 평균입자 지름(유효입경)의 제곱에 비례한다(지하수의 유량계산을 위한 Darcy의 법칙).
  - 투수계수는 현장시험을 통하여 구할 수 있다.
  - 비례 요인 : 공극비, 포화도, 유체의 밀도, 간극의 크기
  - 반비례 요인 : 유체의 점성계수
- 흙의 다짐효과
  - 증가 : 전단강도, 밀도, 지지력
  - 감소 : 투수성, 동상현상, 팽창작용
- 안식각 : 자연경사각
- 토압의 크기순 : 수동토압 > 정지토압 > 주동토압

㉢ 흙의 2분류 : 사질토, 점성토

- 사질토 : 점착력이 없는 비점성토이며 공학적 성질은 주로 입도분포에 좌우된다.
  - 전단강도가 크다.
  - 지지력이 크다.
  - 점착력이 작다.
  - 장기침하량이 적다.
  - 다지기가 쉽다.
  - 동결피해가 적다.
  - 배수가 용이하다.
  - 황토압이 작다.
  - 일반적인 성토재료로 적합하다.
  - 투수성이 크므로 단독으로는 댐, 제방 등의 성토재료로는 사용할 수 없다.
  - 흙의 내부마찰각이 크다.
  - 지하수위 이하의 굴착 시 많은 양의 배수가 필요하다.
  - 진동하중에 의하여 침하되기 쉽다.
- 점성토 : 점토광물의 성분과 함수량에 따라 흙의 성질이 달라지며 공학적 성질은 주로 컨시스턴스에 좌우된다.
  - 전단강도가 작다.
  - 지지력이 작다.
  - 점착력이 크다.
  - 장기침하량이 많다.
  - 소성이며 압축성이 크다.
  - 습윤 시나 교란 시 전단강도가 저하된다.
  - 장기간의 하중 하에서 소성변형(Creep)을 일으킨다.
  - 습윤 시 팽창되고 건조 시 수축된다.
  - 흙의 내부마찰각이 작다.
  - 황토압이 크다.
  - 일반적인 성토재료로 부적합하다.
  - 투수계수가 작다.
  - 모세관 상승높이가 높고 동결피해를 입기 쉽다.
  - 다지기가 쉽지 않다.
  - 배수가 용이하지 않다.

• 점토질과 사질지반의 비교

구 분	사 질	점 토
투수계수	크다.	작다.
가소성	없다.	크다.
압밀속도	빠르다.	느리다.
내부마찰각	크다(40~45°)	없다(0°).
점착성	없다.	크다.
전단강도	크다.	작다.
동결피해	적다.	크다.
불교란시료	채취가 어렵다.	채취가 쉽다.

• 전단특성을 규정짓는 인자

사질토	점성토
상대밀도	예민비
Dilatancy	틱소트로피 현상
액상화현상	압밀현상
보일링	히 빙
분사(Quick Sand)	리칭(Leaching)
파이핑	동상현상
균등계수와 곡률계수	부(-)주면 마찰력
전단저항각	점착력

- 상대밀도 : 사질토의 조밀한 정도
- Dilatancy : 사질토의 전단응력이 발생할 경우의 체적변화
- 분사(Quick Sand)현상 : 모래지반에서 상향침투수압에 의해 흙입자가 물과 함께 유출되는 현상. 유효응력 0이 되는 곳이 분사현상의 한계점이 된다. 분사, 보일링, 파이핑현상은 연속적으로 일어나는 현상이며 분사현상이 더 진행되어 심해지면 보일링현상, 보일링현상이 더 진행되면 파이핑현상이 나타난다.
- 예민비(Sensitivity Ratio) : 흙의 이김에 있어 약해지는 성질. 교란된 시료와 불교란 시료의 일축압축강도비
- 틱소트로피(Thixotropy) 현상 : 흐트러진 점성토 시료를 함수비 변화 없이 그대로 두면 시간의 경과에 따라 감도가 회복되는 현상

㉣ 흙의 입도분포와 관련한 삼각좌표에 나타나는 흙의 분류 : 점토, 실트, 모래의 3성분으로 나누고 각 성분의 함유율로 흙을 분류하는 방법이다. 입자의 크기에 의한 분류이며 점성토의 연경도(컨시스턴스)에 대한 고려는 없으므로 공학적으로는 거의 사용되지 않는다.

㉤ 토질시험 중 사질토시험에서 얻을 수 있는 값 : 내부마찰각, 액상화 평가, 탄성계수 등(체적압축계수는 아니다)

㉥ 토공사에서 성토재료의 일반조건
- • 다져진 흙의 전단강도가 크고 압축성이 작을 것
- • 함수율이 낮은 토사일 것
- • 시공장비의 주행성이 확보될 수 있을 것
- • 필요한 다짐 정도를 쉽게 얻을 수 있을 것

㉦ 흙속의 전단응력을 증대시키는 원인
- • 자연 또는 인공에 의한 지하공동의 형성
- • 함수비의 증가에 따른 흙의 단위체적중량의 증가
- • 지진, 폭파에 의한 진동 발생
- • 균열 내에 작용하는 수압 증가

② 지반 조사

㉠ 지반 조사의 목적
- • 토질의 성질 파악
- • 지층의 분포 파악
- • 지하수위 및 피압수 파악
- • 공사장 주변 구조물의 보호
- • 경제적 설계 및 시공 시 안전 확보
- • 구조물 위치 선정 및 설계 계산

㉡ 지반조사보고서의 내용
- • 지반공학적 조건
- • 표준관입시험치, 콘관입저항치 결과 분석
- • 건설할 구조물 등에 대한 지반 특성

㉢ 지반 조사 중 예비조사단계에서 흙막이 구조물의 종류에 맞는 형식을 선정하기 위한 조사항목
- • 지형이나 지하수위, 우물 등의 현황조사
- • 인접구조물의 크기, 기초의 형식 및 그 현황 조사
- • 인근지반의 지반조사자료나 시공자료의 수집
- • 기상조건 변동에 따른 영향 검토
- • 주변의 환경(하천, 지표지질, 도로, 교통 등)

㉣ 지반 조사의 간격 및 깊이
- • 조사 간격은 지층 상태, 구조물 규모에 따라 정한다.
- • 지층이 복잡한 경우에는 기조사한 간격 사이에 보완조사를 실시한다.
- • 절토, 개착, 터널 구간은 기반암의 심도 2[m]까지 확인한다.
- • 조사 깊이는 액상화 문제가 있는 경우에는 모래층 하단에 있는 단단한 지지층까지 조사한다.

ⓜ 탄성파탐사 : 낙하추나 화약의 폭방 등으로 인공진동을 일으켜 지반의 종류, 지층 및 강성도 등을 알아내는 데 활용되는 지반조사 방법

③ 토질시험(Soil Test)

㉠ 전단시험 : 일면전단시험, 베인테스트, 일축압축시험, 삼축압축시험

- 직접전단시험(일면전단시험) : 전단면의 응력을 직접 측정하므로 평면변형 시 강도를 파악할 수 있다.
- 베인테스트(Vane Test) : 연약한 점토지반의 점착력을 판별하기 위하여 실시하는 현장시험
- 일축압축시험 : 흙 시료를 수직 방향으로만 하중을 재하하고, 수평방향 하중은 없게 해서 점성토의 강도와 압축성을 추정하는 시험이며 일축압축강도, 예민비, 흙의 변형계수 등을 측정한다.
- 삼축압축시험 : 점착력, 내부마찰각, 간극수압 등을 측정한다.

㉡ 흙의 연경도 시험(아터버그 한계시험) : 액체상태의 흙이 건조되어 가면서 액성, 소성, 반고체, 고체 상태의 경계선과 관련된 시험

- 연경도 : 점착성이 있는 흙의 함수량을 변화시킬 때 액성, 소성, 반고체, 고체의 상태로 변화하는 흙의 성질
- 스웨덴의 아터버그(Atterberg)가 제시한 시험방법에 따라 세립토의 성질을 나타내는 지수인 아터버그 한계(Atterberg Limits, 흙의 연경도 변화 한계)를 구한다.
- 액성한계시험은 소성 상태와 액성 상태 사이의 한계를 알기 위한 시험이다.
- 소성한계시험은 흙 속에 수분이 거의 없고 바삭바삭한 상태의 정도를 알아보기 위해 실시하는 시험이다.

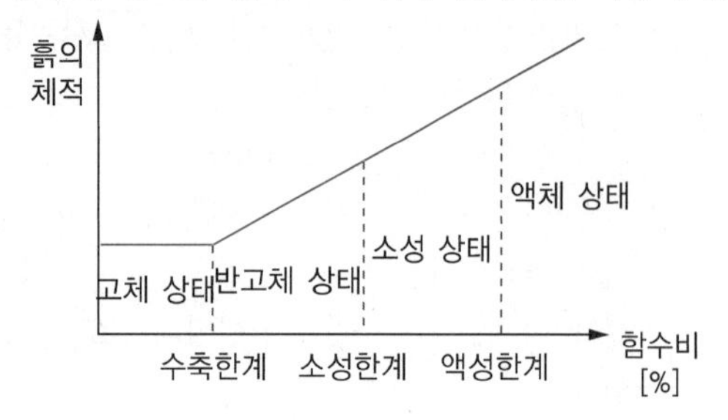

- 액성한계(LL ; Liquid Limit) : 액체 상태에서 소성 상태로 변할 때의 함수비
  - 소성 상태와 액성 상태 사이의 한계이다.
  - 액성한계가 크면 수축과 팽창이 크다.
  - 점토분을 많이 함유하면 액성한계, 공극비가 크다.
  - 액성한계가 크면 밀도는 작아진다.
  - 액성한계에서는 모든 흙의 강도가 거의 같은 값을 갖는다.
- 소성한계(PL ; Plastic Limit) : 흙이 소성 상태에서 반고체 상태로 바뀔 때 함수비
  - 흙이 소성 상태에서 반고체 상태로 옮겨지는 한계이다.
  - 소성 한계는 소성 상태에서 가장 작은 함수비를 가진다.
  - 흙의 역학적 성질을 추정할 때 예비적 자료로 이용한다.
  - 소성한계에서는 각종 흙의 강도가 서로 다른 것이 보통이다.
- 수축한계(SL ; Shrinkage Limit) : 시료를 건조시켜서 함수비를 감소시키면 흙은 수축해서 부피가 감소하지만, 어느 함수비 이하에서는 부피가 변화하지 않는데 이때의 최대 함수비를 수축한계라 한다.
- 소성지수(IP ; Index of Plasticity) : 액성한계와 소성한계의 차이이며 입자의 수분보유력이 작은 흙은 소성지수가 작고 작은 함수비의 변화에도 고체에서 쉽게 액체로 변한다. 반대로 점토는 수분을 다량 함유하고 있으므로 소성지수가 크기 때문에 고체에서 쉽게 액체로 변하지 않는다.

㉢ 표준관입시험(SPT)

- 모래지반의 내부마찰각을 구할 수 있는 시험방법이다.
- 63.5[kg] 무게의 추를 76[cm] 높이에서 자유낙하시켜 타격하는 시험이다.
- 사질지반에 적용하며, 점토지반에서는 편차가 커서 신뢰성이 떨어진다.
- N치(N-Value)는 지반을 30[cm] 굴진하는 데 필요한 타격 횟수이다.
- 50/3의 표기에서 50은 타격 횟수, 3은 굴진수치를 의미한다.

- 타격 횟수(N치)에 따른 모래의 상대밀도
  - 0~4 : 대단히 느슨하다.
  - 4~10 : 느슨하다.
  - 10~30 : 중간
  - 30~50 : 조밀하다.
  - 50 이상 : 대단히 조밀하다.

ⓜ 보링(Boring) : 지반을 강관으로 천공하고 토사를 채취 후 여러 가지 시험을 시행하여 지반의 토질 분포, 흙의 층상과 구성 등을 알 수 있는 지반조사 방법

- 로터리 보링(Rotary Boring, 회전식 보링) : 충격날(Bit)을 회전시켜 천공하므로 토층이 흐트러질 우려가 적어 불교란 시료, 암석채취 등에 많이 사용되며 지질의 상태를 가장 정확히 파악할 수 있는 보링방법
- 오거 보링(Auger Boring) : 작업현장에서 인력으로 간단하게 실시할 수 있는 것으로 얕은 깊이(사질토의 경우 약 3~4[m])의 토사 채취를 활용하는 보링방법
- 수세식 보링(Wash Boring)
- 충격식 보링(Purcussion Boring)

④ 계 측

㉠ 계측관리의 목적

- 설계 시 예측치와 시공 시 측정치와의 비교
- 토질의 일반적인 특성보다는 지역의 특수성 파악
- 향후 거동 파악 및 대책 수립
- 시공 중 위험에 대한 정보제공

㉡ 계측기기

- 지중경사계(Inclinometer) : 지중 또는 지하 연속벽의 중앙에 설치하여 흙막이가 배면측압에 의해 기울어짐을 파악하여 지중 수평변위를 측정하는 계측기기
- 지중침하계(Extensometer) : 지중에 설치하여 흙막이 배면의 지반이 토사 유출 또는 수위변동으로 침하하는 정도를 파악하여 지중 수직변위를 측정하여 하는 계측기기
- 지표침하계(Surface Settlement System) : 현장 주위 지반에 대한 구조물의 침하 및 융기 정도를 측정하는 계측기기
- 지하수위계(Water Level Meter) : 지반 내 지하수위의 변화를 측정하는 계측기기
- 간극수압계(Piezometer) : 지중의 간극수압을 측정하는 계측기기
- 건물경사계(Tilt Meter) : 인접 구조물의 경사(기울기) 및 변형상태를 측정하여 주변 지반의 변위를 파악하고 해당 구조물의 안전도 여부를 검토하기 위한 계측기기
- 크랙변형량측정기 또는 균열계(Crack Gauge) : 지상의 인접 구조물의 균열 정도를 파악하기 위한 계측기
- 하중계(Load Cell) : 흙막이 배면에 작용하는 측압 또는 어스앵커의 인장력을 측정하는 계측기기
- 변형률계(Strain Gauge) : 흙막이 버팀대(Strut)의 변형 정도를 측정하는 계측기기
- 토압계(Soil Pressure Gauge) : 흙막이 배면에 작용하는 토압을 측정하는 계측기기
- 진동측정계(Vibrometer) : 진동의 변위, 속도, 가속도를 측정하고 기록하는 계측기기
- 소음측정기(Sound Level Meter) : 건설현장 주변의 소음수준을 측정하는 계측기기
- 층별침하계(Differential Settlement System) : 지층별 침하량을 측정하는 계측기기
- 디스펜서(Dispenser) : A.E제 계량장치
- 워싱턴미터(Washington Meter) : 공기량 측정기
- 이넌데이터(Inundator) : 기계적으로 모래를 계량하는 장치
- 리바운드 기록지(Rebound Check Sheet) 동역학적 공식에 의해서 말뚝의 지지력을 구할 때 말뚝과 지반의 탄성변형량을 측정하는 방법인 리바운드 체크(Rebound Check)에 사용되는 기록지

㉢ 발파공사 암질 변화구간 및 이상 암질 출현 시 적용하는 암질 판별방법 : RQD, RMR 분류, 탄성파 속도

- RQD(Rock Quality Designation)[%] : 시추코어 중 100[mm] 이상 되는 코어편 길이의 합을 시추길이로 나누어 백분율로 표시한 값으로 암질의 상태를 나타내는 데 사용된다.
- RMR
- 탄성파 속도[cm/sec=kine]
- 일축압축강도

㉣ 계측 관련 제반사항

- 개착식 굴착공사(Open Cut)에서 설치하는 계측기기(깊이 10.5[m] 이상의 굴착 시) : 수위계, 경사계, 하중 및 침하계, 응력계

- 개착식 굴착공사의 흙막이공법 중 버팀보공법을 적용하여 굴착할 때 지반붕괴를 방지하기 위하여 사용하는 계측장치 : 지하수위계, 경사계, 변형률계

⑤ 흙의 제반 현상

㉠ 보일링 현상

- 보일링(Boiling) 현상의 개요
  - 사질지반 굴착 시, 굴착부와 지하수위차가 있을 때 수두차에 의하여 삼투압이 생겨 흙막이벽 근입부분을 침식하는 동시에 모래가 액상화되어 솟아오르는 현상
  - 사질지반일 경우, 지반저부에서 상부를 향하여 흐르는 물의 압력이 모래의 자중 이상으로 되면 모래입자가 심하게 교란되는 현상
  - 지하수위가 높은 모래지반을 굴착할 때 발생하는 현상이다.
  - 아랫부분의 토사가 수압을 받아 굴착한 곳으로 밀려나와 굴착부분을 다시 메우는 현상이다.
  - 흙막이 보의 지지력이 저하되며 흙막이 벽의 지지력이 상실된다.
  - 저면이 액상화된다.
  - 시트파일(Sheet Pile) 등의 저면에 분사현상이 발생한다.
- 보일링 현상의 원인
  - 굴착부와 배면부의 지하수위의 수두차
  - 지하수위가 높은 지반을 굴착할 때 주로 발생한다.
  - 지반 굴착 시 굴착부와 지하수위차가 있을 때 주로 발생한다.
  - 연약 사질토 지반의 경우 주로 발생한다.
  - 굴착 저면에서 액상화현상에 기인하여 발생한다.
  - 흙막이 벽의 근입장 깊이가 부족할 경우 발생한다.
- 보일링 현상의 피해
  - 바닥에서 물이 솟아오르면서 모래 등이 부풀어 올라 흙막이 붕괴 발생
- 보일링 현상 방지대책
  - 굴착배면의 지하수위를 낮춘다.
  - 웰포인트로 지하수면을 낮춘다.
  - 토류벽의 근입깊이를 깊게 한다.
  - 토류벽 하단부에 버팀대(Strut)를 보강한다.
  - 굴착 주변의 상재하중을 감소시킨다.
  - 토류벽 선단에 코어 및 필터층을 설치한다.
  - 흙막이 말뚝의 밑둥넣기를 깊게 한다.
  - 굴착 저면보다 깊은 지반을 불투수로 개량한다.
  - 굴착 밑 투수층에 피트(Pit)를 설치하여 배수를 좋게 한다.
  - 흙막이벽 주위에서 배수시설을 통해 수두차를 적게 한다.
  - 주동토압을 작게 한다.
  - 투수거리를 길게 하기 위하여 지수벽을 설치한다.
  - 차수성이 높은 흙막이벽을 사용한다.
  - 흙막이벽의 저면타입깊이를 크게 한다.

㉡ 히빙 현상

- 히빙(Heaving) 현상의 개요
  - 점토지반의 토공사에서 흙막이 밖에 있는 흙이 안으로 밀려들어와 내측 흙이 부풀어 오르는 현상
  - 연질의 점토지반 굴착 시 흙막이 바깥에 있는 흙의 중량과 지표 위에 적재하중 등에 의해 저면 흙이 붕괴되고 흙막이 바깥에 있는 흙이 안으로 밀려 불룩하게 되는 현상
  - 연약지반을 굴착할 때, 늑막이벽 뒤쪽 흙의 중량이 바닥의 지지력보다 커져 굴착저면에서 흙이 부풀어 오르는 현상
- 히빙 현상의 원인
  - 연약한 점토 지반에서 배면토의 중량이 굴착부 바닥의 지지력 이상이 되었을 때
  - 연약한 점토 지반에서 굴착면의 융기
  - 흙막이 벽체 내외의 토사의 중량차
  - 흙막이벽의 근입장 깊이의 부족
- 히빙 현상의 피해
  - 배면의 토사가 붕괴된다.
  - 지보공이 파괴된다.
  - 굴착저면이 솟아오른다.
- 히빙 현상의 안전대책
  - 양질의 재료로 지반개량을 실시한다.
  - 굴착주변을 웰포인트(Well Point) 공법과 병행한다.
  - 시트파일(Sheet Pile) 등의 근입심도를 검토한다.
  - 굴착배면의 상재하중을 제거하여 토압을 최대한 낮춘다.

- 흙막이(토류벽) 배면의 (표토를 제거하여) 토압을 경감시킨다.
- 굴착저면에 토사 등 인공중력을 가중시킨다.
- 지하수 유입을 막는다.
- 주변수위를 낮춘다.
- 굴착면에 토사 등으로 하중을 가한다.
- 어스앵커를 설치한다.
- 아일랜드컷 공법 등으로 굴착방식을 개선한다.
- 흙막이벽의 근입심도를 확보한다.
- 흙막이 벽의 근입깊이를 깊게 한다.
- 전면의 굴착부분을 남겨두어 흙의 중량으로 대항하게 한다.
- 굴착예정부분의 일부를 미리 굴착하여 기초 콘크리트를 타설한다.
- 흙막이 벽체 배면의 지반을 개량하여 흙의 전단강도를 높인다.
- 소단의 두면서 굴착한다.
- 소단굴착을 실시하여 소단부 흙의 중량이 바닥을 누르게 한다.
- 1.3[m] 이하 굴착 시에는 버팀대를 설치한다.
- 버팀대, 브래킷, 흙막이를 점검한다.

ⓒ 파이핑 현상

- 파이핑(Piping) 현상의 개요
  - 보일링현상이 진전되어 물의 통로가 생기면서 파이프 모양으로 구멍이 뚫려 흙이 세굴되면서 지반이 파괴되는 현상
  - 흙막이벽 배면, 굴착저면, 댐, 제방의 기초지반에서 발생될 수 있으며, 발생 시 지반의 붕괴원인이 되어 피해가 크다.
- 파이핑(Piping) 현상의 원인
  - 흙막이벽의 근입장 깊이 부족
  - 흙막이 배면 지하수위 높이가 굴착저면 지하수위보다 높을 경우
  - 흙막이 배면, 굴착저면 하부의 피압수
  - 굴착저면 하부의 투수성 좋은 사질지반
  - 댐/제방의 누수에 의한 세굴, 지진에 의한 균열, 기초처리 불량
  - 댐체의 단면부족, 필터 층 불량
- 파이핑에 의한 피해
  - 흙막이의 파괴 발생
  - 토립자의 이동으로 주변 구조물 파괴
  - 굴착저면의 지지력 감소
  - 흙막이 주변의 지반침하로 인한 지하매설물 파괴
  - 댐, 제방의 파괴 및 붕괴
- 방지대책
  - 흙막이벽의 근입장 깊이 연장 : 토압에 의한 근입깊이보다 깊게 설치, 경질지반까지 근입장 도달
  - 차수성 높은 흙막이 설치 : Sheet Pile · 지하연속벽 등의 차수성이 높은 흙막이 설치, 흙막이벽 배면 그라우팅
  - 지하수위 저하 : Well Point 공법이나 Deep Well 공법으로 지하수위 저하, 시멘트, 약액주입공법 등으로 지수벽 형성
  - 댐, 제방에 차수벽 설치 : 그라우팅, 주입공법
  - 댐, 제방에 불투수성 블랭킷 설치
  - 제방폭 확대 및 코어형으로 대처

ⓓ 동상 현상

- 동상(Frost Heave) 현상의 개요
  - 온도가 하강함에 따라 토중수가 얼어 부피가 약 9[%] 정도 증대하게 됨으로써 지표면이 부풀어 오르는 현상
  - 물이 결빙되는 위치로 지속적으로 유입되는 조건에서 온도가 하강함에 따라 토중수가 얼어 생성된 결빙크기가 계속 커져 지표면이 부풀어 오르는 현상
  - 동상 현상을 지배하는 인자 : 흙의 투수성, 지하수 및 모관상승고의 위치와 크기, 동결지속시간
- 동상 현상 방지대책
  - 동결되지 않는 흙으로 치환하는 방법
  - 흙속의 단열재료를 매입하는 방법
  - 지표의 흙을 화학약품으로 처리하여 동결온도를 낮추는 방법
  - 지하수위 상층에 조립토층을 설치하여 모관수의 상승을 차단시키는 방법
  - 배수구를 설치하여 지하수위를 낮춘다.

㉤ 액상화 현상
- 액상화(Liquefaction) 현상의 개요
  - 모래질 지반에서 포화된 가는 모래에 충격을 가하면 모래가 수축하여 정의 공극수압이 발생하여 유효응력이 감소해서 전단강도가 떨어져서 순간침하가 발생하는 현상
  - 입경이 가늘고 비교적 균일하면서 느슨하게 쌓여 있는 모래 지방이 물로 포화되어 있을 때 지진이나 충격을 받으면 일시적으로 전단강도를 잃어버리는 현상
  - 포화된 느슨한 모래가 진동이나 지진 등의 충격을 받아 입자들이 재배열되어 약간 수축하며 큰 과잉간극수압을 유발하게 되고 그 결과로 유효응력과 전단강도가 크게 감소하여 모래가 유체처럼 거동하는 현상
  - 모래질 지반에서 포화된 가는 모래에 충격을 가하면 모래가 약간 수축하여 정(+)의 공극수압이 발생하며, 이로 인하여 유효응력이 감소하여 전단강도가 떨어져 순간침하가 발생하는 현상
- 액상화 현상방지 안전대책
  - 모래 입경이 굵고, 불균일한 모래층 지반으로 치환
  - 사질지반 내 시멘트 등의 안전재료를 혼합하여 지반을 고결
  - 입도가 불량한 재료를 입도가 양호한 재료로 치환
  - 지하수위를 저하시키고 포화도를 낮추기 위해 Deep Well을 사용
  - 밀도를 증가하여 한계간극비 이하로 상대밀도를 유지하는 방법 강구

⑥ 그 밖의 흙의 현상

㉠ 부동침하(부등침하)
- 부동침하의 개요
  - 구조물의 기초지반이 침하함에 따라 구조물의 여러 부분에서 불균등하게 침하를 일으키는 현상
- 부동침하의 피해
  - 마감재가 변형된다.
  - 구조체가 기울어지고, 누수현상이 발생한다.
  - 인장력에 직각방향으로 균열이 발생한다.
  - 경사지거나 변형하게 되어 균열이 생긴다.
- 부동침하의 원인 : 기초지반의 국부적인 불균등, 연약층, 경사 지반, 이질 지층, 낭떠러지, 일부 증축, 지하수위 변경, 지하 구멍, 이질 지정, 일부 지정, 메운땅 흙막이 등
- 부동침하 방지대책
  - 하부 구조에 대한 대책
    - ⓐ 구조물의 전체 하중이 기초에 균등하게 분포되도록 한다.
    - ⓑ 지반개량공법으로 지반의 지지력을 증대
    - ⓒ 기초지반 아래의 토질이 연약할 경우는 연약지반처리공법으로 보강한다.
    - ⓓ 한 구조물의 기초는 온통기초(한 종류의 기초형식)로 시공한다.
    - ⓔ 경질지반에 지지시킬 것
    - ⓕ 마찰말뚝을 사용할 것
    - ⓖ 지하실을 설치할 것
    - ⓗ 기초 상호간을 지중보로 연결한다.
  - 상부 구조에 의한 대책
    - ⓐ 건물의 경량화
    - ⓑ 건물의 평면길이를 짧게 할 것
    - ⓒ 강성(물체가 외부로부터 힘을 받아도 변형하지 않고 원래 모양을 유지하려는 성질)을 높일 것
    - ⓓ 인접 건물과의 거리를 멀게 할 것
    - ⓔ 건물의 중량 분배를 고려할 것

㉡ 압밀(Consolidation) 현상 : 물로 포화된 점토에 다지기를 하면 압축하중으로 지반이 침하하는데 이로 인하여 간극수압이 높아져 물이 배출되면서 흙의 간극이 감소하는 현상
- 압밀이란 흙의 간극 속에서 물이 배수됨으로써 오랜 시간에 걸쳐 압축되는 현상을 말한다.
- 압밀시험의 목적은 지반의 침하 속도와 침하량을 추정해서 설계 시공의 자료를 얻는데 있다.
- 일반적으로 점토는 투수계수가 작아 압밀이 장시간에 걸쳐 일어나며, 간극비가 커서 침하량도 많다.
- 압밀이 완료되면 과잉간극수압(Ue)은 0이 된다.

㉢ 연화(Frost Boil) 현상 : 추운 겨울에 땅이 얼었다가 녹을 때 흙속으로 수분이 들어가 지반이 약화되는 현상

㉣ 벌킹(Bulking) 현상 : 표면장력이 흙입자의 이동을 막고 조밀하게 다져지는 것을 방해하는 현상

㉤ 리칭(Leaching) 현상 : 점토질의 흙의 간극에 포함되어 있는 염류가 지하수나 담수에 의해 외부로 빠져나가 지지력이 약화되고 강도가 저하되는 현상으로 용탈현상이라고도 한다.

핵심예제

2-1. 흙의 특성으로 옳지 않은 것은? [2014년 제2회]

① 흙은 선형재료이며 응력-변형률 관계가 일정하게 정의된다.
② 흙의 성질은 본질적으로 비균질, 비등방성이다.
③ 흙의 거동은 연약지반에 하중이 작용하면 시간의 변화에 따라 압밀침하가 발생한다.
④ 점토 대상이 되는 흙은 지표면 밑에 있기 때문에 지반의 구성과 공학적 성질은 시추를 통해서 자세히 판명된다.

2-2. 흙의 투수계수에 영향을 주는 인자에 관한 설명으로 옳지 않은 것은? [2014년 제2회, 2017년 제1회, 2021년 제1회]

① 공극비 : 공극비가 클수록 투수계수는 작다.
② 포화도 : 포화도가 클수록 투수계수는 크다.
③ 유체의 점성계수 : 점성계수가 클수록 투수계수는 작다.
④ 유체의 밀도 : 유체의 밀도가 클수록 투수계수는 크다.

2-3. 지반 조사의 간격 및 깊이에 대한 내용으로 옳지 않은 것은? [2014년 제2회, 2017년 제3회]

① 조사 간격은 지층 상태, 구조물 규모에 따라 정한다.
② 절토, 개착, 터널 구간은 기반암의 심도 5~6[m]까지 확인한다.
③ 지층이 복잡한 경우에는 기조사한 간격 사이에 보완 조사를 실시한다.
④ 조사 깊이는 액상화 문제가 있는 경우에는 모래층 하단에 있는 단단한 지지층까지 조사한다.

2-4. 표준관입시험에서 30[cm] 관입에 필요한 타격 횟수(N)가 50 이상일 때 모래의 상대밀도는 어떤 상태인가? [2012년 제3회]

① 몹시 느슨하다.
② 느슨하다.
③ 보통이다.
④ 대단히 조밀하다.

2-5. 흙막이 가시설 공사 시 사용되는 각 계측기 설치 목적으로 옳지 않은 것은? [2019년 제2회]

① 지표침하계 - 지표면 침하량 측정
② 수위계 - 지반 내 지하수위의 변화 측정
③ 하중계 - 상부 적재하중 변화 측정
④ 지중경사계 - 지중의 수평 변위량 측정

2-6. 토공사에서 성토재료의 일반조건으로 옳지 않은 것은? [2013년 제3회]

① 다져진 흙의 전단강도가 크고 압축이 작을 것
② 함수율이 높은 토사일 것
③ 시공정비의 주행성이 확보될 수 있을 것
④ 필요한 다짐 정도를 쉽게 얻을 수 있을 것

2-7. 보일링(Boiling) 현상에 관한 설명으로 옳지 않은 것은? [2011년 제2회 유사, 2013년 제2회 유사, 2013년 제3회 유사, 2015년 제1회 유사, 2017년 제3회, 2021년 제2회 유사]

① 지하수위가 높은 모래지반을 굴착할 때 발생하는 현상이다.
② 보일링 현상에 대한 대책의 일환으로 공사기간 중 지하수위를 일정하게 유지시켜야 한다.
③ 보일링 현상이 발생하는 경우 흙막이 보는 지지력이 저하된다.
④ 아랫부분의 토사가 수압을 받아 굴착한 곳으로 밀려나와 굴착부분을 다시 메우는 현상이다.

2-8. 히빙(Heaving) 현상에 대한 안전대책이 아닌 것은? [2010년 제2회, 2011년 제2회 유사, 2011년 제3회 유사, 2012년 제3회 유사, 2014년 제1회 유사, 2015년 제1회 유사, 2015년 제3회]

① 굴착 주변을 웰 포인트(Well Point) 공법과 병행한다.
② 시트파일(Sheet Pile) 등의 근입심도를 검토한다.
③ 굴착저면에 토사 등 인공중력을 감소시킨다.
④ 굴착 배면의 상재하중을 제거하여 토압을 최대한 낮춘다.

2-9. 액상화 현상 방지를 위한 안전대책으로 옳지 않는 것은? [2015년 제3회]

① 모래입경이 가늘고 균일한 모래층 지반으로 치환
② 입도가 불량한 재료를 입도가 양호한 재료로 치환
③ 지하수위를 저하시키고 포화도를 낮추기 위해 Deep Well을 사용
④ 밀도를 증가하여 한계간극비 이하로 상대밀도를 유지하는 방법 강구

|해설|

2-1
흙은 비선형 재료이며 응력-변형률 관계가 일정하지 않다.

2-2
공극비 : 공극비가 클수록 투수계수는 크다.

2-3
절토, 개착, 터널 구간은 기반암의 심도 2[m]까지 확인한다.

2-4
타격횟수(N치)에 따른 모래의 상대밀도
- 0~4 : 몹시 느슨하다.
- 4~10 : 느슨하다.
- 10~30 : 조밀하다.
- 50 이상 : 대단히 조밀하다.

2-5
하중계 : 어스앵커, 버팀보 등의 실제 축하중 변화 측정

2-6
함수율이 낮은 토사일 것

2-7
보일링 현상에 대한 대책의 일환으로 공사기간 중 웰포인트로 지하수면을 낮춘다.

2-8
히빙(Heaving) 현상에 대한 안전대책이 아닌 것으로 '굴착저면에 토사 등 인공중력을 감소시킨다, 저면이 액상화된다, 부풀어 솟아오르는 바닥면의 토사를 제거한다, 주변수위를 높인다' 등이 출제된다.

2-9
액상화 현상 방지 안전대책
- 모래 입경이 굵고, 불균일한 모래층 지반으로 치환
- 사질지반 내 시멘트 등의 안전재료를 혼합하여 지반을 고결
- 입도가 불량한 재료를 입도가 양호한 재료로 치환
- 지하수위를 저하시키고 포화도를 낮추기 위해 Deep Well을 사용
- 밀도를 증가하여 한계간극비 이하로 상대밀도를 유지하는 방법 강구

정답 2-1 ① 2-2 ① 2-3 ② 2-4 ④ 2-5 ③ 2-6 ② 2-7 ② 2-8 ③ 2-9 ①

핵심이론 03 토공사의 공법

① 흙파기 공법(터파기 공법)

㉠ 트렌치 컷 공법(Trench Cut Method)
- 굴착지반이 연약하여 구조물 위치 전체를 동시에 파내지 않고 측벽을 먼저 파내고 그 부분의 기초와 지하구조체를 축조한 다음 중앙부의 나머지 부분을 파내어 지하구조물을 완성하는 흙파기 공법
- 측벽이나 주열선 부분을 먼저 파내고 그 부분에 기초와 지하구조체를 축조한 다음 중앙부의 나머지 부분을 파내어 지하구조물을 완성해 나가는 공법
- 대지 경계선 가장자리를 굴착하여 구조물을 시공한 후 중앙 부위 굴착 및 구조물을 시공하여 지하구조물을 완성하는 공법
- 지반이 연약하여 오픈 컷을 실시할 수 없거나 지하구조체의 면적이 넓어 흙막이 가설비가 과다할 때 적용하는 공법
- 특 징
  - 지반이 연약하고 히빙의 우려가 있어 온통파기(터파기 평면 전체를 한 번에 굴삭하기)를 할 수 없거나, 광대하여 버팀대를 가설하여도 그 변형이 심하여 실질적으로 불가능 할 때 채택한다.
  - 공사기간이 길어지고 널말뚝을 이중으로 박아야 한다.
  - 중앙부 공간을 야적장으로 활용가능, 지반이 연약해도 사용가능하다.
  - 버팀대(지보재)의 길이가 짧아서 처짐이나 변형이 적다.
  - 공기가 길고, 흙막이 이중설치로 비경제적, 특수한 경우에 주로 사용한다.

㉡ 아일랜드 컷 공법(Island Cut Method)
- 대지 주위의 흙파기면에 따라 널말뚝을 박은 다음, 널말뚝 주변부의 흙을 남겨 가면서 중앙부의 흙을 파고 그 부분에 기초 또는 지하구조체를 축소한 후, 이를 지점으로 흙막이 버팀대로 경사지게 가설하여 널말뚝 주변의 흙을 파내는 터파기 공법
- 비탈면을 남기고 중앙부를 먼저 흙파기한 후 구조물을 축조하고, 경사 버팀대 혹은 수평 버팀대를 이용하여 잔여 주변부를 흙파기하여 구조물을 완성시키는 공법

- 비탈면 오픈 컷과 흙막이 공법을 혼용한 공법이다.
- 특 징
  - 지보공 및 가설재 절약, 공기단축, 깊이가 얕고 건축물의 범위가 넓은 공사에 적합하다.
  - 내부 굴착에 중장비 사용가능
  - 깊은 흙파기에서는 불리하다.
  - 오픈 컷 보다는 공기가 불리하다.

㉢ 흙막이 오픈 컷 공법

- 별도의 흙막이 없이 경사면을 취하여 공사 부지를 확보하는 흙파기 공법
- 특 징
  - 지반이 양호하고 대지의 여유가 있을 때 주로 사용한다.
  - 경사면의 높이는 3~6[m], 중간참의 폭은 2~3[m], 비탈면 보호, 배수로, 집수정 설치
  - 흙막이 벽이나 가설 구조물이 없으므로 경제적이다.
  - 가설 구조물의 장애가 없으므로 시공 능률이 높다.
  - 공기단축이 가능하고 배수가 용이하다.
  - 사면의 보호가 필요하고, 넓은 부지가 필요하다.
  - 깊은 굴착 시 비경제적이며 되메우기 토량이 많다.

㉣ 경사 오픈 컷 공법 : 흙막이 벽이나 가설 구조물 없이 굴착하는 공법으로 비탈면 오픈 컷 공법이라고도 한다.

② 흙막이(벽) 공법

㉠ 흙막이 공법 선정 시 고려사항

- 흙막이 해체 고려
- 안전하고 경제적인 공법 선택
- 차수성이 높은 공법 선택
- 지반 성상에 적합한 공법 선택
- 구축하기 쉬운 공법 선택

㉡ 흙막이 벽 설치공법의 종류

- 흙막이 지지방식에 의한 분류 : 자립식 공법, 수평 버팀대 공법, 어스앵커 공법, 경사 오픈컷 공법, 타이로드 공법
  - 자립 공법 : 흙막이 벽 벽체의 근입 깊이에 의해 흙막이 벽을 지지하는 공법
- 흙막이 구조방식에 의한 분류 : H-Pile 공법, 강제(철제) 널말뚝 공법, 목제 널말뚝 공법, 엄지(어미) 말뚝식 공법, 지하연속벽 공법, Top Down Method 공법
  - Top Down Method 공법 : 지하연속벽과 기둥을 시공한 후 영구구조물 슬래브를 시공하여 벽체를 지지하면서 위에서 아래로 굴착하면서 동시에 지상층도 시공하는 공법으로, 주변 지반의 침하가 적고 진동과 소음이 작아 도심지대 심도 굴착에 유리한 공법
- 연약지반의 침하로 인한 문제를 예방하기 위한 점토질 지반의 개량 공법 : 생석회말뚝(Chemico Pile) 공법, 페이퍼드레인(Paper Drain) 공법, 샌드드레인(Sand Drain) 공법, 여성토 공법 등

③ 주요 흙막이 공법

㉠ H-말뚝(Pile) 토류판 공법

- 일정 간격으로 H-Pile(어미말뚝)을 박고 기계로 굴토해 내려가면서 판을 끼워서 흙막이 벽을 형성하는 공법
- 별칭 : 엄지말뚝 가로널 공법
- 특 징
  - 토류판은 낙엽송, 소나무 등 생나무를 사용한다.
  - 공사비가 비교적 저렴하고, 시공이 단순하다.
  - 어미말뚝은 회수 가능하다.
  - 응력부담재인 강제의 연직 H-형강을 중심 간격 1.5~1.8[m]의 일정한 간격으로 미리 지중에 타입시킨다.
  - 띠장의 간격 감소 및 버팀대 좌우 좌굴방지를 위해서 가새나 귀잡이가 필요한 공법이다.
  - 지하수가 많은 지반에는 차수 공법을, 인접가옥이 접근하여 있을 때는 언더피닝 공법을 채용한다.

㉡ 강재 널말뚝 공법(Steel Sheet Pile Method)

- 널말뚝(Sheet Pile, 시트 파일)
  - 널말뚝의 이음은 강도적으로 이탈되지 않는 것으로 한다.
  - 가급적 틈이 적은 것이 좋다.
  - 인장을 받아도 끊어지지 않는 것이 좋다.
  - 큰 토압, 수압에 견디며 일반적으로 널리 쓰이는 강재 널말뚝은 라르센이다.
  - 강제 널말뚝에는 U형, Z형, H형, 박스형 등이 있다.

• 널말뚝 시공 시 주의해야 할 내용
- 널말뚝은 수직방향으로 똑바로 박는다.
- 널말뚝의 끝부분은 기초파기 바닥면보다 깊이 박도록 한다.
- 널말뚝 끝부분에서 용수에 의한 토사의 유출이 발생할 수 있다.

• 특 징
- 깊은 지지층까지 박을 수 있다.
- 철재 판재를 사용하므로 수밀성이 좋다.
- 비교적 경질지반이며 지하수가 많은 지반에 적용 가능하다.
- 깊이 4[m] 이상에서 많이 쓰고 라르센식이 강성이 크고 랜섬식이 가장 많이 사용된다.
- 휨모멘트에 대한 저항이 크다.
- 말뚝의 절단·가공 및 현장접합이 가능하다.
- 타입 시에 지반의 체적변형이 작아 항타가 쉽다.
- 이음부의 볼트나 용접접합으로 말뚝의 길이를 자유로이 늘일 수 있다.
- 몇 회씩 재사용이 가능하다.
- 적당한 보호처리를 하면 물 위나 아래에서도 수명이 길다.
- 무소음 설치가 어렵다.
- 도심지에서는 소음, 진동 때문에 무진동 유압장비에 의해 실시해야 한다.
- 관입, 철거 시 주변 지반침하가 일어난다.

• 적 용
- 지하수가 많고 수압이 커서 차수막이 필요한 경우
- 기초파기가 깊어서 토압이 많이 걸리고 흙막이 강성이 필요한 경우
- 경질지층으로 타입 시 재료의 강성이 요구되는 경우

㉢ 버팀대식 흙막이 공법
• 시가지에서 가장 일반적으로 사용되는 공법
• 흙막이 벽 안쪽에 띠장, 버팀대 및 지지말뚝을 설치하여 지지하는 방식
• 특 징
- 대지 전체에 건축물을 세울 수 있고 시공이 용이하다.
- 되메우기가 적고 공기가 짧다.

• 경사 버팀대 공법(Raker Method)
- 부재가 적게 든다.
- 가설비가 적게 들고 버팀대의 길이가 짧아 변형이 적다.
- 버팀대가 짧으므로 수축이나 접합부의 유동이 적다.
- 레이커 내의 구조물 시공 시 작업공간이 좁고 작업성이 나쁘다.
- 지하부분의 구조물을 2회로 나누어 시공하므로 공기가 길어진다.
- 연약한 지반에서는 사면의 안정에 문제가 있으며 깊은 굴착에는 적합하지 않다.

• 수평 버팀대 공법(스트러트 공법, Strut Method)
- 지지방식이 단순하고 시공실적이 많다.
- 토질에 대해 영향을 적게 받는다.
- 인근 대지로 공사범위가 넘어가지 않는다.
- 강재를 전용함에 따라 재료비가 비교적 적게 든다.
- 고저차가 크거나 상이한 구조일 경우 균형잡기가 어렵다.
- 가설구조물로 인하여 중장비 작업이나 토량제거 작업의 능률이 저하된다.
- 공기 지연에 의하여 상대적으로 공사비가 상승된다.

㉣ 어스앵커 공법(Earth Anchor Method)
• 널말뚝 후면부를 천공하고 인장재를 삽입하여 경질지반에 정착시킴으로서 흙막이널을 지지시키는 공법
• 흙막이 배면을 드릴로 천공하여 앵커체와 모르타르를 주입 경화시켜 버팀대 대신 강재의 인장력으로 토압을 지지하는 공법
• 별칭 : 타이로드 공법(Tie-Rod Method)
• 특 징
- 앵커체가 각각의 구조체이므로 적용성이 좋다.
- 앵커에 프리스트레스를 주기 때문에 흙막이벽의 변형을 방지하고 주변 지반의 침하를 최소한으로 억제할 수 있다.
- 본 구조물의 바닥과 기둥의 위치에 관계없이 앵커를 설치할 수도 있다.
- 지보공(버팀대)이 불필요하다.
- (지보공이 없으므로)넓은 작업장 확보가 가능하다.
- 작업능률 증대 및 기계화로 공기가 단축된다.

- 깊은 굴착 시 Strut 공법보다 경제적이다.
- 정착부 Grout의 밀봉을 목적으로 Packer를 설치한다.
- 주변대지 사용에 의한 민원인의 동의가 필요하다.
- 앵커 정착 부위의 토질이 불확실한 경우는 위험하다.
- 지하매설물 등으로 시공이 어려울 수 있다.
- 인근구조물, 지중매설물에 따라 시공이 곤란하다.
- 비교적 고가이다.

ⓜ Soil Nailing 공법

- 지반에 보강재(철근)을 삽입하여 흙과 보강재 사이의 마찰력이나 보강재의 인장응력으로 지반을 안정화 하는 공법
- 작업공간 확보가 용이하고 인접건물 및 지하매설물이 위치한 곳에서 근접 시공이 가능하다.
- 소일네일링(Soil Nailing) 공법의 적용한계를 가지는 지반 조건
  - 지하수와 관련된 문제가 있는 지반
  - 일반시설물 및 지하구조물, 지중매설물이 집중되어 있는 지반, 잠재적으로 동결가능성이 있는 지층

ⓗ 이코스파일 공법(ICOS Method) : 지수 흙막이 벽으로 말뚝구멍을 하나 걸러서 뚫고 콘크리트를 부어 넣어 만든 후, 말뚝과 말뚝 사이에 다음 말뚝구멍을 뚫어 흙막이 벽을 완성하는 공법

※ 연속 콘크리트벽 흙막이 공법 : ICOS 공법, OWS 공법, Auger Pile 공법 등

ⓢ 슬러리 월 공법(Slurry Wall Method)

- 특수 굴착기와 안정액(Bentonite)을 사용하여 지반의 붕괴를 방지하면서 굴착하고 그 속에 철근망을 넣고 콘크리트를 타설하여 지중에 연속으로 철근콘크리트 흙막이 벽(벽체)을 조성·설치하는 공법
- 안내벽(Guide Wall)을 설치한 후 안정액(Bentonite)을 공급하면서 클램셸로 선행 굴착하고, 회전식 유압굴착기를 이용하여 지반을 굴착하면서 안정액을 채워 굴착면의 공벽붕괴를 방지하고 철근망 삽입 후 콘크리트를 타설하여 연속벽을 설치하는 공법
- 별칭 : 지하연속벽 공법, 지중연속벽 공법, Diaphragm Wall Method 등
- 시공순서 : 가이드월 설치 → 굴착 → 슬라임 제거 → 인터로킹파이프 설치 → 지상조립철근 삽입 → 콘크리트 타설 → 인터로킹파이프 제거
- 벤토나이트 용액(안정액)의 사용목적
  - 굴착공벽의 붕괴 방지
  - 지하수 유입방지(차수)
  - 굴착부 마찰저항 감소
  - 슬라임 등의 부유물 배제 효과
- 가이드월 설치목적
  - 굴착공, 인접지반의 붕괴 방지
  - 굴착기계의 이동
  - 철근망 거치
  - 중량물 지지
- 특 징
  - 저소음, 저진동 장비를 사용하는 친환경 공법이다.
  - 저진동, 저소음의 기계화 시공으로 도심지 밀집지역 및 기존 구조물 근접지역에서도 원활한 공사를 수행한다.
  - 인접건물의 근접시공이 가능하며 수직방향의 연속성이 확보된다.
  - 단면강성이 높다.
  - 벽체의 강성이 크고 완벽한 차수성이 보장되므로 굴착에 따른 지층이완 및 지반침하 방지가 가능하다.
  - 흙막이벽 자체의 강도, 강성이 우수하기 때문에 연약지반의 변형 및 이면침하를 최소한으로 억제할 수 있다.
  - 벽 두께를 자유로이 설계할 수 있다.
  - 기존의 토류공법에 비해 초심도(120[m])까지 시공이 가능하다.
  - 근입 및 수밀성이 좋아 지하수 과다, 전석층, 연약지반 등의 악조건에도 비교적 안전한 공법이다.
  - 차수성이 우수하여 별도의 차수공법이 불필요하다.
  - 안전성 확보가 용이하다.
  - 지반조건에 좌우되지 않는다.
  - 본 구조물 옹벽으로 이용 가능하므로 지하공간 이용을 극대화한다.
  - 경질 또는 연약지반에도 적용가능하다.
  - 토사층, 전석층, 암반 등 다양한 지반조건에 적용이 가능하다.

- 수직관리가 용이하다.
- 수직도가 양호하여 지하구조물의 영구벽체 또는 구조물의 기초로 이용이 가능하다(영구 지하벽이나 깊은 기초로 활용하기도 한다).
- 주변침하가 적다.
- 흙막이 벽 및 물막이 벽의 기능도 갖고 있다.
- 인접건물의 경계선까지 시공이 가능하다.
- 다른 흙막이 벽에 비해 공사비가 많이 든다.
- 상당한 기술이 요구되며, 전문 인력이 필요하다.
- 굴착 중 안정액 처리가 용이하지 않다.
- 벤토나이트 이수처리가 곤란하다.
- 공벽붕괴의 우려가 있다.
- 기계, 부대설비가 대형이어서 소규모 현장의 시공에 부적당하다.
- 지질상태 파악과 지질에 따른 장비, 대책 보완
- 굴착 중 옹벽의 붕괴(지하수 등 영향)
- 구조상 연결부위의 문제점이 있다.
- 상당한 기술축적이 요구됨
- 공사용 특수장비 및 플랜트 시설이 크고 복잡하여 일정규모(약 400평) 이상의 대지에 적합
- 공사비가 상대적으로 고가(공사비 단순비교 시)

◎ 탑다운 공법(Top-Down Method)

- 지하연속벽과 기둥을 시공한 후 영구구조물 슬래브를 시공하여 벽체를 지지하면서 위에서 아래로 굴착하는 동시에 지상층도 시공하는 공법으로 주변지반의 침하가 적고 진동과 소음이 적어 도심지대 심도 굴착에 유리한 공법
- 지하터파기와 지상의 구조체 공사를 병행하여 시공하는 공법
- 별칭 : 역타 공법
- 특 징
  - 1층 바닥 기준으로 상방향, 하방향 양쪽 방향으로 공사가 가능하다.
  - 굴토 작업이 슬래브 하부에서 진행되므로 작업능률 및 작업환경 조건이 저하된다.
  - 건물의 지하구조체에 시공이음이 많아 방수에 대한 우려가 크다.
  - 지상과 지하를 동시에 시공할 수 있으므로 공기를 절감할 수 있다.
  - 지하연속벽을 본 구조물의 벽체로 이용한다.
  - 지하 굴착 시 소음 및 분진 방지가 가능하다.

④ 지반개량 공법

㉠ 지반개량 공법의 개요

- 지반개량은 물, 공기의 제거, 연약지반 제거 등을 통하여 인위적으로 흙의 성질을 개량하는 것을 말한다.
- 지반개량의 목적
  - 지반의 지지력 증강
  - 기초의 부동침하 및 균열 방지
  - 조성 택지의 안전성 확보
  - 기초 및 말뚝의 가로저항력 증진
  - 사질지반의 액상화 방지

㉡ 지반개량 공법의 분류

- 사질지반의 지반개량 공법
  - 다짐말뚝 공법
  - 다짐모래말뚝 공법(Sand Compaction Pile 공법, 컴포저 공법) : 압입 및 진동으로 모래말뚝을 설치하여 느슨한 모래를 다지는 공법
  - 바이브로 플로테이션 공법 : 진동으로 모래 기둥을 설치하는 공법
  - 동다짐 공법 : 무거운 추를 낙하시켜 그 충격으로 지반을 다지는 공법
  - 주입공법(그라우팅 공법=약액주입 공법) : 현탁액이나 약액을 지반에 주입하여 고화처리 하는 공법
  - 동결공법 : 지반을 일정기간 인공적으로 동결시키는 공법으로 점성토지반에도 적용된다.
  - 소결공법 : 지반에 열풍을 가하여 건조시키는 공법으로 점성토지반에도 적용된다.
  - 폭파다짐 공법
  - 전기충격 공법
- 점성토지반의 지반개량 공법
  - 치환 공법
    - ⓐ 굴착치환 공법 : 연약토를 굴착하여 제거하고 양질토로 치환하는 공법
    - ⓑ 강제치환 공법(압출치환, 폭파치환) : 연약토를 성토나 폭파로 제거하고 양질토로 치환하는 공법

- 재하중 공법
  - ⓐ 프리로딩(Pre-loading) 공법 : 구조물을 세우기 전에 미리 하중을 가하여 압밀을 촉진시키는 공법이며 여성토 공법 또는 선행압밀 공법으로도 부른다.
  - ⓑ 진공압밀 공법 : 지중을 진공으로 만들어 대기압을 하중으로 이용하는 공법이며 대기압법이라고도 한다.
  - ⓒ 지하수위저감 공법 : 웰포인트나 깊은 우물을 설치하여 지하수를 배수하는 공법
- 연직배수 공법
  - ⓐ 샌드드레인(Sand Drain) 공법 : 지중에 모래 기둥을 설치하여 배수를 촉진시키는 공법
  - ⓑ 페이퍼드레인(Paper Drain) 공법 : 지중에 배수용 페이퍼를 설치하여 배수를 촉진시키는 공법
  - ⓒ Pack Drain 공법 : 지중에 모래를 채운 포대를 설치하여 배수를 촉진시키는 공법
- 생석회말뚝(Chemico Pile) 공법 : 지반에 설치한 생석회말뚝의 흡수팽창을 이용하는 공법
- 표층배수 공법 : 트렌치를 파거나 자연건조로 표층을 배수시키는 공법
- 고결 공법
  - ⓐ 심층혼합처리 공법 : 석회나 시멘트를 연약토와 혼합하여 고화처리하는 공법
  - ⓑ 표층혼합처리 공법 : 석회나 시멘트를 표층토와 혼합하여 고화처리하는 공법
- 동결 공법 : 지반을 일정기간 인공적으로 동결시키는 공법으로 사질지반에도 적용된다.
- 소결 공법 : 지반에 열풍을 가하여 건조시키는 공법으로 사질지반에도 적용된다.
- 압성토 공법 : 성토 본체 측방에 작은 성토를 하여 안정을 도모하는 공법
- 하중경감 공법 : 경량 자재를 사용하여 하중을 감소시키는 공법
- Sand Mat 공법 : 지표면을 모래로 덮어 하중을 분산시키는 공법
- 전기침투 공법(전기탈수법, 전기화학적 고결방법)
- 침투압(MAIS) 공법

• 일시적 개량 공법 : 웰포인트 공법, 동결 공법, 대기압 공법, 진공압밀 공법

• 강제압밀 공법 또는 강제압밀탈수 공법 : 프리로딩 공법, 페이퍼드레인 공법, 샌드드레인 공법 등

• 연약지반의 지반개량 공법 : 수위저하법, 샌드드레인 공법, 웰포인트 공법, 성토 공법, 그라우팅 공법, JSP 등

• 지반개량을 위한 지정 공법 : 샌드드레인 공법, 페이퍼드레인 공법, 치환 공법 등

• 지반개량 지정공사 중 응결 공법 : 시멘트처리 공법, 석회처리 공법, 심층혼합처리 공법 등

• 배수 공법
  - 강제배수 공법 : 웰포인트 공법, 전기침투 공법, 깊은 우물(Deep Well) 공법 등
  - 지하수가 많은 지반을 탈수하여 건조한 지반으로 만들기 위한 공법 : 웰포인트 공법, 샌드드레인 공법, 깊은 우물(Deep Well) 공법, 석회말뚝 공법
  - 지하수 처리에 사용되는 배수 공법 : 집수정(집수통) 공법(Sump Pit Method), 웰포인트 공법, 전기침투 공법

⑤ 주요 지반개량 공법

㉠ 깊은 우물 공법 또는 딥웰(Deep Well) 공법

• 지름 0.3~1.5[m], 깊이 7[m] 정도의 우물을 굴착하여 이 속에 우물측관을 삽입하고 속으로 유입하는 지하수를 수중 모터펌프로 양수하여 지하수위를 낮추는 배수 공법이다.

• 지하용수량이 많고 투수성이 큰 사질지반에 적합하다.

㉡ 웰포인트 공법(Well Point Method)

• 배수에 의한 연약지반의 안정 공법에서 지름 3~5[cm] 정도의 파이프 끝에 여과기를 달아 1~3[m] 간격으로 때려 박고, 이를 수평으로 굵은 파이프에 연결하여 진공으로 물을 빨아내어 지하수위를 저하시키는 공법

• 기초파기를 하는 주위에 양수관을 박아 배수함으로써 지하수위를 낮추어 안전하게 굴착하는 특수한 기초파기 공법

• 지중에 필터가 달린 흡수기를 1~3[m] 간격으로 설치하고 펌프로 지하수를 빨아올려 지하수위를 낮추는 공법

• 지름 50[cm]의 특수관을 1~3[m] 간격으로 관입하고 모래를 투입한 후 진동다짐하여 탈수 통로를 형성시키는 방법

• 별칭 : 일시적인 사질토 개량 공법
• 목적 : 사질지반의 보일링 현상방지와 강도증진
• 특 징
  - 지하수위를 낮추는 공법이다.
  - 점토질지반보다는 사질지반에 유효한 공법이다.
  - 흙의 전단저항이 증가된다.
  - 연약지반의 압밀 촉진 등에 이용된다.
  - 지반 내의 기압이 대기압보다 낮아져서 토층은 대기압에 의해 다져진다.
  - 수평 흡상관에 연결하여 배수, 1단 설치 시 수위는 5~7[m] 낮출 수 있으며, 깊은 지하수는 다단식으로 설치하여 배수한다.
  - 1~3[m]의 간격으로 파이프를 지중에 박는다.
  - 흙막이의 토압이 경감된다.
  - 주변대지의 압밀침하 가능성이 있다.
  - 인접지반의 침하를 일으키는 경우가 있다.
  - 인접지 침하의 우려에 따른 주의가 필요하다.

ⓒ 동다짐 공법(Dynamic Compaction Method)
• 무게추, 나무나 콘크리트 말뚝을 이용하여 사질지반을 다짐 강화시키는 공법
• 특 징
  - 시공 시 지반진동에 의한 공해문제가 발생하기도 한다.
  - 지반 내 암괴 등의 장애물이 있어도 적용이 가능하다.
  - 특별한 약품이나 자재를 필요로 하지 않는다.
  - 깊은 심도의 지반개량에 대해서는 초대형 장비가 필요하다.

ⓓ 바이브로 플로테이션 공법(Vibro Floatation Method)
• 수평방향으로 진동하는 직경 20[cm]의 봉상 Vibro Float로 사수와 진동을 동시에 일으켜 빈틈에 모래나 자갈을 채워 지반을 다지는 공법
• 별칭 : 진동부유 공법
• 특 징
  - 사질지반에 사용하는 탈수 공법이다.
  - 공기가 빠르고 10[m] 정도 개량에 유효하다.
  - 내진효과가 있다.

ⓔ 다짐모래말뚝 공법(SCP(Sand Compaction Pile) Method)
• 특수 파이프를 관입하여 모래 투입 후 진동다짐하여 압축파일을 형성한다.
• Vibro-Floatation보다 5배 이상 강한 기계를 사용한다.

ⓑ 그라우팅 공법
• 지반의 누수방지 또는 지반개량을 위하여 지반 내부의 틈 또는 굵은 알 사이의 공극에 시멘트죽(시멘트 페이스트) 또는 교질규산염이 생기는 약액 등을 주입하여 흙의 투수성을 저하하는 공법
• 응결재를 주입 고결시키는 공법
• 별칭 : 약액주입 공법
• 고결재 : 시멘트, 벤토나이트, 아스팔트액 등
• 표층안정처리 공법 : 시멘트나 석회 사용
• 심층혼합처리 공법 : 기계적 혼합처리, 분사혼합처리 공법

ⓢ 샌드드레인 공법(Sand Drain Method)
• 지반에 지름 40~60[cm]의 구멍을 뚫고 모래 말뚝을 타입한 후, 위로부터 하중을 가하여 점토질지반을 압밀함으로써 모래 기둥을 통해 흙 속의 물을 탈수하는 공법
• 별칭 : 선행재하 공법(Pre-loading Method)
• 특 징
  - 연약점토지반에 사용하는 탈수 공법이다.
  - 모래 말뚝을 이용하여 점토지반을 탈수하여 지반을 강화한다.
  - 모래 기둥의 간격은 1.5~3[m], 깊이는 10[m] 정도이다.

ⓞ PBD(Plastic Board Drain) 공법
• 모래 대신 합성수지로 된 카드보드를 박아 압밀배수를 촉진하는 공법
• 특 징
  - 샌드드레인보다 시공속도가 빠르고 배수 효과가 양호
  - 타설본수가 2~3배 필요하고 장시간 사용 시 배수 효과 감소

ⓩ 생석회 공법(화학적 공법)
• 모래 대신 CaO(석회) 사용, 수분 흡수 시 체적 2배 팽창, 탈수

• 공해, 인체 피해의 단점

ⓩ 침투압 공법 : 삼투압 현상을 이용, 반투막통을 넣고 그 안에 농도가 큰 용액을 넣어 점토의 수분을 탈수

ⓚ 동결 공법

• 1.5~3인치 동결관을 박고 액체질소나 프레온가스를 주입
• 드라이아이스도 사용가능

ⓣ 전기침투 공법 : 불투수성 연약점토지반에 적용, 전기탈수법, 전기화학적 고결 방법

ⓟ 치환 공법 : 1~3[m] 정도의 박층을 사질토로 치환

ⓗ JSP(Jumbo Special Pile) : 지반개량 공법으로 초고압(200[kg/cm^2])의 분사를 이용하여 연약지반의 지내력을 증대시키는 지반고결 주입 공법

⑥ 토공사 공법 분류 관련 제반사항

㉠ 사면보호 공법 : 식생공, 뿜어붙이기공, 블록공, 떼붙임공, 소일시멘트공, 돌망태공 등

• 사면보호 공법 중 구조물에 의한 보호 공법 : 블록공, 돌쌓기공, 현장타설 콘크리트 격자공, 뿜어붙이기공
• 식생공 : 식물을 생육시켜 그 뿌리로 사면의 표층토를 고정하여 빗물에 의한 침식, 동상, 이완 등을 방지하고 녹화에 의한 경관조성을 목적으로 시공하는 사면보호 공법

㉡ 토사붕괴의 방지 공법 : 배수공, 압성토공, 공작물의 설치

㉢ 개착식 터널 공법 : 지표면에서 소정의 위치까지 파내려 간 후 구조물을 축조하고 되메운 후 지표면을 원 상태로 복구시키는 공법

㉣ 직접기초의 터파기 공법 : 개착 공법, 트렌치컷 공법, 아일랜드컷 공법

㉤ 구조물 해체작업으로 사용되는 공법 : 압쇄 공법, 잭 공법, 절단 공법, 대형 브레이커 공법, 전도 공법, 철해머 공법, 화약발파 공법, 핸드브레이커 공법, 팽창압 공법, 쐐기타입 공법, 화염 공법, 통전 공법

핵심예제

3-1. 흙막이 공법을 흙막이 지지방식에 의한 분류와 구조방식에 의한 분류로 나눌 때 다음 중 지지방식에 의한 분류에 해당하는 것은? [2011년 제3회, 2017년 제1회, 2020년 제4회]

① 수평 버팀대식 흙막이 공법
② H-Pile 공법
③ 지하연속벽 공법
④ Top Down Method 공법

3-2. 사면보호 공법 중 구조물에 의한 보호 공법에 해당되지 않는 것은? [2015년 제2회, 2018년 제2회, 2021년 제1회]

① 식생구멍공
② 블록공
③ 돌쌓기공
④ 현장타설 콘크리트 격자공

3-3. 다음 중 건설재해 대책의 사면보호 공법에 해당하지 않는 것은? [2010년 제3회, 2016년 제1회]

① 실드공
② 식생공
③ 뿜어붙이기공
④ 블록공

|해설|

3-1
수평 버팀대식 흙막이 공법은 지지방식에 의한 흙막이 공법의 분류에 해당하며 ②~④는 구조방식에 의한 흙막이 공법의 분류에 속한다.

3-2
사면보호 공법 중 구조물에 의한 보호 공법 : 블록공, 돌쌓기공, 현장타설 콘크리트 격자공, 뿜어붙이기공

3-3
건설재해대책의 사면보호 공법 : 식생공, 뿜어붙이기공, 블록공, 떼붙임공, 소일시멘트공, 돌망태공 등

정답 3-1 ① 3-2 ① 3-3 ①

핵심이론 04 건설업 유해위험방지계획

① 유해 · 위험방지계획서(법 제42조, 시행령 제42조)

㉠ 개 요

- 유해위험방지계획서 작성대상 공사를 착공하려는 사업주는 일정한 자격을 갖춘 자의 의견을 들은 후 계획서를 작성하여 공사 착공 전날까지 공단에 2부를 제출해야 한다.
- 일정한 자격을 갖춘 자
  - 건설안전분야 산업안전지도사
  - 건설안전기술사 또는 토목 · 건축분야 기술사
  - 건설안전산업기사 이상의 자격을 취득한 후 건설안전 관련 실무경력이 건설안전기사 이상의 자격은 5년, 건설안전산업기사 자격은 7년 이상인 사람
- 제출서류 : 공사 개요 및 안전보건관리계획, 작업공사 종류별 유해 · 위험방지계획
- 공사 개요 및 안전보건관리계획 포함 사항 : 공사개요서, 공사현장의 주변현황 및 주변과의 관계를 나타내는 도면(매설물 현황 포함), 건설물 · 사용기계설비 등의 배치를 나타내는 도면, 전체 공정표, 산업안전보건관리비사용계획, 안전관리조직표, 재해발생위험시 연락 및 대피방법

㉡ 건설업 유해위험방지계획서 제출대상 공사(산업안전보건법 시행령 제42조)

- 다음 건축물 또는 시설 등의 건설 · 개조 또는 해체(이하 '건설 등') 공사
  - 지상 높이가 31[m] 이상인 건축물 또는 인공구조물
  - 연면적 30,000[m^2] 이상인 건축물
  - 연면적 5,000[m^2] 이상인 시설로서 다음의 어느 하나에 해당하는 시설 : 문화 및 집회시설(전시장 및 동물원 · 식물원은 제외), 판매시설, 운수시설(고속철도의 역사 및 집배송시설은 제외), 종교시설, 의료시설 중 종합병원, 숙박시설 중 관광숙박시설, 지하도 상가, 냉동 · 냉장 창고시설
- 연면적 5,000[m^2] 이상인 냉동 · 냉장 창고시설의 설비공사 및 단열공사
- 최대 지간 길이(다리의 기둥과 기둥의 중심 사이의 거리)가 50[m] 이상인 다리의 건설 등 공사
- 터널의 건설 등 공사
- 다목적댐, 발전용댐, 저수용량 2천만톤 이상의 용수 전용 댐 및 지방상수도 전용 댐의 건설 등 공사
- 깊이 10[m] 이상인 굴착공사

㉢ 건설업 유해위험방지계획서 첨부서류(시행규칙 별표 10)

- 공사 개요 및 안전보건관리계획
  - 공사 개요서
  - 공사현장의 주변 현황 및 주변과의 관계를 나타내는 도면(매설물 현황을 포함)
  - 전체 공정표
  - 산업안전보건관리비 사용계획서(안전관리자 등의 인건비 및 각종 업무수당, 안전시설비, 개인보호구 및 안전장구 구입비, 안전진단비, 안전 · 보건교육비 및 행사비, 근로자 건강관리비, 건설재해 예방 기술지도비, 본사 사용비 등)
  - 안전관리 조직표
  - 재해발생 위험 시 연락 및 대피방법
- 작업 공사 종류별 유해위험방지계획

② 유해 · 위험방지계획 관련 사항

㉠ 안전관리계획서의 작성내용

- 건설공사의 안전관리조직
- 공사장 및 주변 안전관리계획
- 통행안전시설 설치 및 교통소통계획

㉡ 차량계 건설기계를 사용하여 작업하고자 할 때 작업계획서에 포함되어야 할 사항

- 사용하는 차량계 건설기계의 종류 및 성능
- 차량계 건설기계의 운행경로
- 차량계 건설기계에 의한 작업방법(차량계 건설기계의 유지보수방법이나 차량계 건설기계의 유도자 배치 관련 사항 등은 아니다)

㉢ 구축물에 안전진단 등 안전성 평가를 실시하여 근로자에게 미칠 위험성을 미리 제거하여야 하는 경우

- 구축물 또는 이와 유사한 시설물의 인근에서 굴착 · 항타작업 등으로 침하 · 균열 등이 발생하여 붕괴 위험이 예상될 경우
- 구조물, 건축물, 그 밖의 시설물이 그 자체의 무게 · 적설 · 풍압 또는 그 밖에 부가되는 하중 등으로 붕괴 등의 위험이 있을 경우
- 화재 등으로 구축물 또는 이와 유사한 시설물의 내력이 심하게 저하되었을 경우

㉣ 사업주가 유해 · 위험방지계획서 제출 후 건설공사 중 6개월 이내마다 안전보건공단의 확인을 받아야 할 내용(시행규칙 제46조)
- 유해 · 위험방지계획서의 내용과 실제 공사내용이 부합하는지의 여부
- 유해 · 위험방지계획서 변경내용의 적정성
- 추가적인 유해 · 위험요인의 존재 여부

핵심예제

4-1. 다음 중 건설공사 유해 · 위험방지계획서 제출대상 공사가 아닌 것은? [2011년 제3회, 2012년 제3회 유사, 2013년 제3회 유사, 2016년 제1회 유사, 제2회 유사, 2017년 제3회 유사, 2018년 제2회 유사, 제3회, 2021년 제1회 유사, 2022년 제2회 유사, 제3회 유사]

① 지상 높이가 50[m]인 건축물 또는 인공구조물 건설공사
② 연면적이 3,000[m^2]인 냉동 · 냉장창고시설의 설비공사
③ 최대 지간 길이가 60[m]인 교량 건설공사
④ 터널 건설공사

4-2. 유해 · 위험방지계획서 첨부서류에 해당되지 않는 것은? [2015년 제2회 유사, 2016년 제1회 유사, 2017년 제1회 유사, 제2회, 2020년 제4회 유사, 2022년 제1회 유사]

① 안전관리를 위한 교육자료
② 안전관리조직표
③ 건설물, 사용 기계설비 등의 배치를 나타내는 도면
④ 재해 발생 위험 시 연락 및 대피방법

4-3. 유해 · 위험방지계획서의 첨부서류에서 안전보건관리계획에 해당되지 않는 항목은? [2010년 제3회 유사, 2013년 제1회]

① 산업안전보건관리 교육계획
② 재해 발생위험 시 연락 및 대피방법
③ 산업안전관리비 사용계획
④ 안전보건 건강진단 실시계획

|해설|

4-1
냉동 · 냉장창고시설의 설비공사의 경우, 유해 · 위험방지계획서 제출 대상 공사는 연면적 5,000[m^2] 이상인 공사이다. 건설공사 유해 · 위험방지계획서 제출대상 공사가 아닌 것으로 '연면적이 3,000[m^2]인 냉동 · 냉장 창고시설의 설비공사, 교량의 전체 길이가 40[m] 이상인 교량공사, 최대 지간 길이가 40[m](혹은 60[m], 70[m]) 이상인 교량건설공사, 깊이가 5[m] 이상인 굴착공사' 등이 출제된다.

4-2
※ 산업안전보건기준에 관한 규칙 개정(21.11.19)으로 ③에 해당하는 법 조항 삭제됨.
※ 출제 시 정답은 ①이었으나, 법령 개정으로 ①, ③ 정답
건설업 유해 · 위험방지계획서 첨부서류에 해당되지 않는 것으로 '안전관리를 위한 교육자료, 산업안전보건관리비 작성요령, 교통처리계획, 특수공사계획' 등이 출제된다.

4-3
건설업 유해 · 위험방지계획서의 첨부서류에서 안전보건관리계획에 해당되지 않는 항목으로 '안전보건 건강진단 실시계획, 근로자 건강진단 실시계획' 등이 출제된다.

정답 4-1 ② 4-2 ①, ③ 4-3 ④

제2절 건설기계

핵심이론 01 건설기계의 개요

① 건설기계의 분류와 형식신고의 대상

㉠ 건설기계의 범위(건설기계관리법 시행령 별표1) : 총 27종

- 불도저 : 무한궤도 또는 타이어식인 것
- 굴착기 : 무한궤도 또는 타이어식으로 굴착장치를 가진 자체중량 1[ton] 이상인 것
- 로더 : 무한궤도 또는 타이어식으로 적재장치를 가진 자체중량 2[ton] 이상인 것(차체굴절식 조향장치가 있는 자체중량 4[ton] 미만인 것은 제외)
- 지게차 : 타이어식으로 들어올림장치와 조종석을 가진 것(전동식으로 솔리드타이어를 부착한 것 중 도로가 아닌 장소에서만 운행하는 것은 제외)
- 스크레이퍼 : 흙·모래의 굴착 및 운반장치를 가진 자주식인 것
- 덤프트럭 : 적재용량 12[ton] 이상인 것(적재용량 12[ton] 이상 20[ton] 미만의 것으로 화물운송에 사용하기 위하여 자동차관리법에 의한 자동차로 등록된 것은 제외)
- 기중기 : 무한궤도 또는 타이어식으로 강재의 지주 및 선회장치를 가진 것(궤도(레일)식인 것은 제외)
- 모터그레이더 : 정지장치를 가진 자주식인 것
- 롤러 : 조종석과 전압장치를 가진 자주식인 것, 피견인 진동식인 것
- 노상안정기 : 노상안정장치를 가진 자주식인 것
- 콘크리트 뱃칭플랜트 : 골재저장통·계량장치 및 혼합장치를 가진 것으로서 원동기를 가진 이동식인 것
- 콘크리트 피니셔 : 정리 및 사상장치를 가진 것으로 원동기를 가진 것
- 콘크리트 살포기 : 정리장치를 가진 것으로 원동기를 가진 것
- 콘크리트 믹서트럭 : 혼합장치를 가진 자주식인 것(재료의 투입·배출을 위한 보조장치가 부착된 것을 포함)
- 콘크리트 펌프 : 콘크리트 배송능력이 5[m^3/hr] 이상으로 원동기를 가진 이동식과 트럭 적재식인 것
- 아스팔트 믹싱플랜트 : 골재 공급장치·건조가열장치·혼합장치·아스팔트 공급장치를 가진 것으로 원동기를 가진 이동식인 것
- 아스팔트 피니셔 : 정리 및 사상장치를 가진 것으로 원동기를 가진 것
- 아스팔트 살포기 : 아스팔트 살포장치를 가진 자주식인 것
- 골재 살포기 : 골재 살포장치를 가진 자주식인 것
- 쇄석기 : 20[kW] 이상의 원동기를 가진 이동식인 것
- 공기압축기 : 공기토출량이 2.83[m^3/min](7[kg/m^2] 기준) 이상의 이동식인 것
- 천공기 : 천공장치를 가진 자주식인 것
- 항타 및 항발기 : 원동기를 가진 것으로 헤머 또는 뽑는 장치의 중량이 0.5[ton] 이상인 것
- 자갈 채취기 : 자갈 채취장치를 가진 것으로 원동기를 가진 것
- 준설선 : 펌프식·바켓식·딧퍼식 또는 그래브식으로 비자항식인 것(선박으로 등록된 것은 제외)
- 타워크레인 : 수직타워의 상부에 위치한 지브(Jib)를 선회시켜 중량물을 상하, 전후 또는 좌우로 이동시킬 수 있는 것으로서 원동기 또는 전동기를 가진 것(공장등록대장에 등록된 것은 제외)
- 특수건설기계 : 상기의 규정에 따른 건설기계와 유사한 구조 및 기능을 가진 기계류로서 국토교통부장관이 따로 정하는 것

㉡ 건설기계 형식신고의 대상(건설기계관리법 시행령 제11조) : 불도저, 굴착기(무한궤도식), 로더(무한궤도식), 지게차, 스크레이퍼, 기중기(무한궤도식), 롤러, 노상안정기, 콘크리트 뱃칭플랜트, 콘크리트 피니셔, 콘크리트 살포기, 아스팔트 믹싱플랜트, 아스팔트 피니셔, 골재 살포기, 쇄석기, 공기압축기, 천공기(무한궤도식), 항타 및 항발기, 자갈 채취기, 준설선, 특수건설기계, 타워크레인

㉢ 차량계 건설기계(산업안전보건기준에 관한 규칙 별표 6)

- 도저형 건설기계(불도저, 스트레이트도저, 틸트도저, 앵글도저, 버킷도저 등)
- 모터그레이더(Motor Grader, 땅 고르는 기계)

- 로더(포크 등 부착물 종류에 따른 용도 변경 형식을 포함)
- 스크레이퍼(Scraper, 흙을 절삭 · 운반하거나 펴 고르는 등의 작업을 하는 토공기계)
- 크레인형 굴착기계(클램셸, 드래그라인 등)
- 굴착기(브레이커, 크러셔, 드릴 등 부착물 종류에 따른 용도 변경 형식을 포함)
- 항타기 및 항발기
- 천공용 건설기계(어스드릴, 어스오거, 크롤러드릴, 점보드릴 등)
- 지반 압밀침하용 건설기계(샌드드레인머신, 페이퍼드레인머신, 팩드레인머신 등)
- 지반 다짐용 건설기계(타이어롤러, 매커덤롤러, 탠덤롤러 등)
- 준설용 건설기계(버킷준설선, 그래브준설선, 펌프준설선 등)
- 콘크리트 펌프카
- 덤프트럭
- 콘크리트 믹서 트럭
- 도로포장용 건설기계(아스팔트 살포기, 콘크리트 살포기, 아스팔트 피니셔, 콘크리트 피니셔 등)
- 골재 채취 및 살포용 건설기계(쇄석기, 자갈채취기, 골재살포기 등)
- 상기와 유사한 구조 또는 기능을 갖는 건설기계로서 건설작업에 사용하는 것

② **건설기계안전기준에 적합하여야 하는 건설기계의 구조 및 장치(건설기계관리법 시행령 제10조의2)**

㉠ 건설기계의 구조 : 길이 · 너비 및 높이, 최저지상고, 총중량, 중량분포, 최대안전경사각도, 최소회전반경, 접지부분 및 접지압력

㉡ 건설기계의 장치 : 원동기(동력발생장치) 및 동력전달장치, 주행장치, 조종장치, 조향장치, 제동장치, 완충장치, 연료장치 및 최고속도제한장치, 그 밖의 전기 · 전자장치, 차체 및 차대, 연결장치 및 견인장치, 승차장치 및 물품적재장치, 창유리, 소음방지장치, 배기가스발산장치, 전조등 · 번호등 · 후미등 · 제동등 · 차폭등 · 후퇴등, 그 밖의 등화장치, 경음기 및 경보장치, 방향지시등, 그 밖의 지시장치, 후사경 · 창닦이기, 그 밖의 시야를 확보하는 장치, 속도계 · 주행거리계 · 운행기록계, 그 밖의 계기, 소화기 및 방화장치, 내압용기 및 그 부속장치, 그 밖에 건설기계의 안전운행 및 사용에 필요한 장치로서 국토교통부령으로 정하는 장치

③ **건설기계 안전의 개요**

㉠ 무한궤도식 장비와 타이어식(차륜식) 장비

- 무한궤도식 장비
  - 경사지반에서의 작업에 유리하다.
  - 땅을 다지는 데 효과적이다.
  - 기동성이 좋지 않다.
  - 승차감과 주행성이 나쁘다.
- 타이어식(차륜식) 장비
  - 기동성이 좋다.
  - 승차감과 주행성이 좋다.
  - 경사지반에서의 작업에 부적당하다.

㉡ 차량계 건설기계, 차량계 하역운반기계의 운전자가 운전위치를 이탈하는 경우 준수해야 할 사항(안전보건규칙 제99조)

- 포크, 버킷, 디퍼 등의 장치를 가장 낮은 위치 또는 지면에 내려 둘 것
- 원동기를 정지시키고 브레이크를 확실히 거는 등 갑작스러운 주행이나 이탈을 방지하기 위한 조치를 할 것
- 시동키를 운전대에서 분리시킬 것. 다만, 운전석에 잠금장치를 하는 등 운전자가 아닌 사람이 운전하지 못하도록 조치한 경우에는 그러하지 아니하다.

㉢ 굴착기계의 운행 시 안전대책

- 버킷이나 다른 부수장치 등에 사람을 태우지 않는다.
- 운전 반경 내에 사람이 있을 때는 운행을 정지하여야 한다.
- 안전 반경 내에 사람이 있을 때는 회전을 중지한다.
- 장비의 주차 시 버킷을 지면에 놓아야 한다.
- 장비의 주차 시 경사지나 굴착작업장으로부터 충분히 이격시켜 주차한다.
- 전선 밑에서는 주의하여 작업하여야 하며, 전선과 안전장치의 안전간격을 유지하여야 한다.
- 전선이나 구조물 등에 인접하여 붐을 선회해야 될 작업에는 사전에 회전 반경, 높이제한 등 방호조치를 강구한다.

㉣ 미리 작업장소의 지형 및 지반 상태 등에 적합한 제한속도를 정하지 않아도 되는 차량계 건설기계의 속도기준 : 최대제한속도 10[km/h] 이하
㉤ 설치·이전하는 경우 안전인증을 받아야 하는 기계·기구 : 크레인, 리프트, 곤돌라 등
㉥ 차량계 하역운반기계를 사용하는 작업에 있어 고려되어야 할 사항
- 작업지휘자의 배치
- 유도자의 배치
- 갓길 붕괴 방지조치

㉦ 차량계 건설기계를 사용하여 작업 시 기계의 전도·전락 등에 의한 근로자의 위험을 방지하기 위하여 유의하여야 할 사항(차량계 건설기계를 사용하여 작업할 때 그 기계가 넘어지거나 굴러 떨어짐으로써 근로자가 위험해질 우려가 있는 경우에 조치하여야 할 사항)
- 노견(갓길)의 붕괴 방지
- 지반의 (부동)침하 방지
- 노폭(도로폭)의 유지
- 해당 건설기계를 유도하는 자의 배치

㉧ 차량계 건설기계를 사용하는 작업 시 작업계획서에 포함해야 할 사항
- 사용하는 차량계 건설기계의 종류 및 성능(능력)
- 차량계 건설기계의 운행경로
- 차량계 건설기계에 의한 작업방법(차량계 건설기계의 유지·보수방법이나 차량계 건설기계의 유도자 배치 관련 사항 등은 아니다)

④ 건설기계 관련 제반사항

㉠ 하방굴착·상방굴착
- 주행면보다 하방의 굴착에 적합한 건설기계 : 백호, 클램셸, 드래그라인, 불도저, 드래그셔블 등
- 중기가 위치한 지면보다 높은 장소(장비 자체보다 높은 장소)의 땅을 굴착하는 데 적합한 건설기계 : 파워셔블 등

㉡ 권과방지장치와 해지장치
- 권과방지장치 : 승강기 강선의 과다 감기를 방지하는 장치
- 해지장치 : 훅걸이용 와이어로프 등이 훅으로부터 벗겨지는 것을 방지하기 위한 장치

㉢ 굴착과 싣기를 동시에 할 수 있는 토공기계 : 트랙터셔블(Tractor Shovel), 백호(Backhoe), 파워셔블(Power Shovel)
㉣ 사람이나 화물을 운반하는 것을 목적으로 하는 기계설비인 리프트의 종류 : 건설작업용 리프트, 일반작업용 리프트, 간이 리프트(상용 리프트는 아니다)
㉤ 고정식 크레인의 종류 : 천장 크레인, 지브 크레인, 타워 크레인(크롤러 크레인은 이동식이다)
㉥ 철근콘크리트 구조물의 해체를 위한 장비 : 압쇄기, 철제 해머, 핸드 브레이커, 회전톱, 재키, 쐐기, 대형 브레이커 등
㉦ 체인(Chain)의 폐기대상
- 균열, 흠이 있는 것
- 뒤틀림 등 변형이 현저한 것
- 전장이 원래 길이의 5[%]를 초과하여 늘어난 것
- 링(Ring)의 단면지름의 감소가 원래 지름의 10[%] 마모된 것

㉧ 철골 건립기계 선정 시 사전 검토사항
- 부재의 최대 중량 등 : 부재의 형상 및 치수(길이, 폭 및 두께), 접합부의 위치, 브라켓의 내민 치수, 건물의 높이 등을 확인하여 철골의 건립형식이나 건립 작업상의 문제점, 관련 가설설비 등의 검토결과와 부재의 최대 중량을 고려하여 건립장비의 종류 및 설치위치를 선정하고, 부재수량에 따라 건립공정을 검토하여 건립기간 및 건립장비의 대수를 결정하여야 한다.
- 건립기계의 출입로, 설치장소, 기계조립에 필요한 면적, 이동식 크레인은 건물주위 주행통로의 유무, 타워크레인과 가이데릭 등 기초 구조물을 필요로 하는 고정식 기계는 기초구조물을 설치할 수 있는 공간과 면적 등을 검토하여야 한다.
- 건립기계의 소음영향 : 이동식 크레인의 엔진소음은 부근의 환경을 해칠 우려가 있으므로 학교, 병원, 주택 등이 가까운 경우에는 소음을 측정·조사하고 소음허용치를 초과하지 않도록 관계법에서 정하는 바에 따라 처리하여야 한다.
- 건물형태 등 : 건물의 길이 또는 높이 등 건물의 형태에 적합한 건립기계를 선정하여야 한다.

- 작업반경 등 : 타워 크레인, 가이데릭, 삼각데릭 등 고정식 건립기계의 경우, 그 기계의 작업반경이 건물 전체를 수용할 수 있는지 여부, 붐이 안전하게 인양할 수 있는 하중범위, 수평거리, 수직높이 등을 검토하여야 한다.

핵심예제

1-1. 차량계 건설기계에 해당되지 않는 것은?

[2015년 제3회, 2017년 제1회]

① 불도저
② 콘크리트 펌프카
③ 드래그셔블
④ 가이데릭

1-2. 굴착과 싣기를 동시에 할 수 있는 토공기계가 아닌 것은?

[2011년 제3회, 2017년 제1회, 2021년 제2회]

① 트랙터셔블(Tractor Shovel)
② 백호(Backhoe)
③ 파워셔블(Power Shovel)
④ 모터그레이더(Motor Grader)

1-3. 차량계 건설기계를 사용하여 작업할 때에 그 기계가 넘어지거나 굴러 떨어짐으로써 근로자가 위험해질 우려가 있는 경우에 조치하여야 할 사항과 거리가 먼 것은?

[2013년 제3회, 2018년 제2회]

① 갓길의 붕괴 방지
② 작업반경 유지
③ 지반의 부동침하 방지
④ 도로폭의 유지

|해설|

1-1
차량계 건설기계에 해당되지 않는 것으로 '가이데릭, 타워크레인' 등이 출제된다.

1-2
모터그레이더(Motor Grader)는 지면을 절삭하고 평활하게 다듬기 위한 토공기계의 대패와도 같은 산업기계이며, 굴착과 싣기를 동시에 할 수 있는 토공기계가 아니다.

1-3
작업반경 유지는 무관하며 해당 건설기계를 유도하는 자를 배치하는 것이 옳다.

정답 1-1 ④ 1-2 ④ 1-3 ②

핵심이론 02 주요 건설기계의 종류

① 도저(Dozer)

㉠ 불도저(Bulldozer) 또는 스트레인도저
- 트랙터에 블레이드(배토판)를 장착한 것으로 굴착, 운반, 절토, 집토, 정지 등의 작업에 사용된다.
- 트랙터 앞쪽에 블레이드를 90°로 부착한 것이며, 블레이드를 상하로 조종하면서 작업을 수행할 수 있다.
- 블레이드를 앞뒤로 10° 정도 경사시킬 수 있으나 좌우 및 상하로는 각도 조정을 못한다.
- 주로 직선 송토작업, 굴토작업, 거친 배수로 매몰작업 등에 이용된다.
- 일반적으로 불도저라고 하면 스트레이트 도저를 말한다.
- 적정작업 : 벌개, 굴착, 운반, 땅끝 손질, 다지기, 정지
- 일반적으로 거리 60[m] 이하의 배토작업에 사용된다.
- 운반거리가 짧아 토공 운반이 긴 경우는 로더와 덤프트럭을 병행하여 사용한다.
- 무한궤도식 불도저는 기울기가 30°인 지면을 올라갈 수 있어야 한다.
- 무한궤도식 불도저는 기울기가 30°인 지면에서 정지 상태를 유지할 수 있는 제동장치 및 제동잠금장치를 갖추어야 한다.

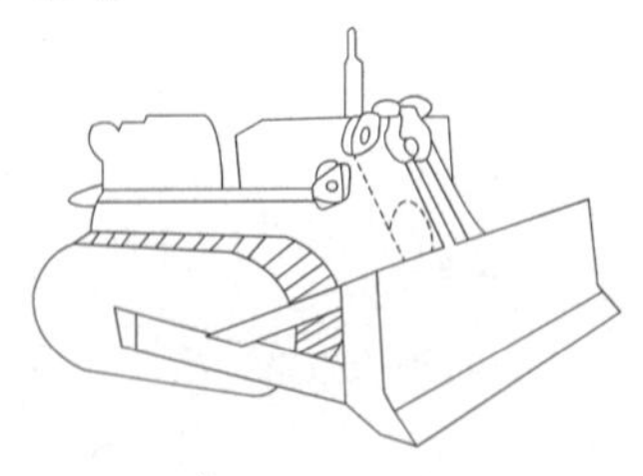

㉡ 틸트도저(Tilt Dozer)
- 블레이드를 레버로 조정할 수 있으며, 좌우를 상하 25~30°까지 기울일 수 있는 도저이다.
- 수평면을 기준으로 하여 블레이드를 좌우로 15[cm] (최대 30[cm]) 정도 기울일 수 있어 블레이드 한쪽 끝 부분에 힘을 집중시킬 수 있다.

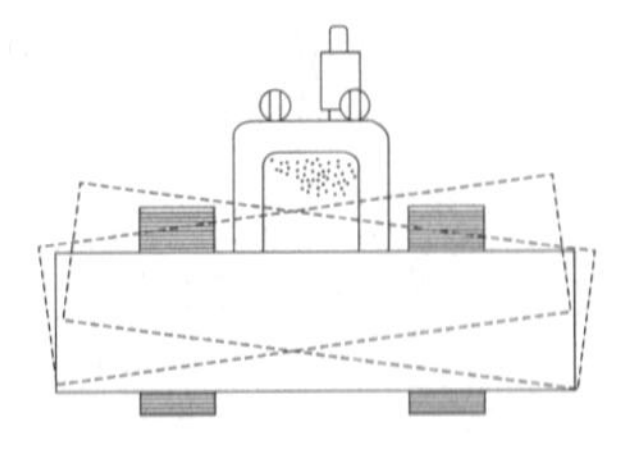

- 주로 V형 배수로 굴삭, 언 땅 및 굳은 땅 파기, 나무뿌리 뽑기, 바위 굴리기 등에 이용된다.

㉢ 앵글도저(Angle Dozer)
- 블레이드의 길이가 길고 낮으며 블레이드면이 진행방향의 중심선에 대하여 좌우를 전후로 20~30°의 경사각도로 회전시킬 수 있어서 흙을 측면으로 보낼 수 있는 도저이다.
- 트랙터 빔을 기준으로 블레이드를 좌우로 20~30° 정도 각을 만들 수 있어서 토사를 한쪽 방향으로 밀어낼 수 있다.
- 스트레이트도저나 틸트도저보다 블레이드 길이가 길고 폭이 좁다.
- 주로 매몰작업, 측능절단(산허리 깎기)작업, 지균작업 등에 이용된다.

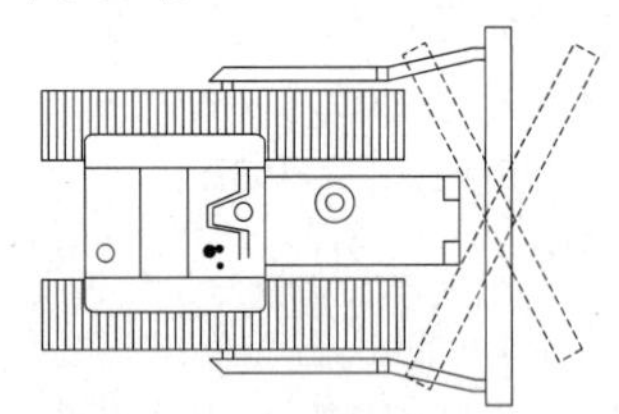

㉣ 버킷도저(Bucket Dozer) : 배토판 대신 큰 버킷이 달려 있어서 굴착기보다 더 많은 흙을 담아 옮길 수 있는 도저이다.

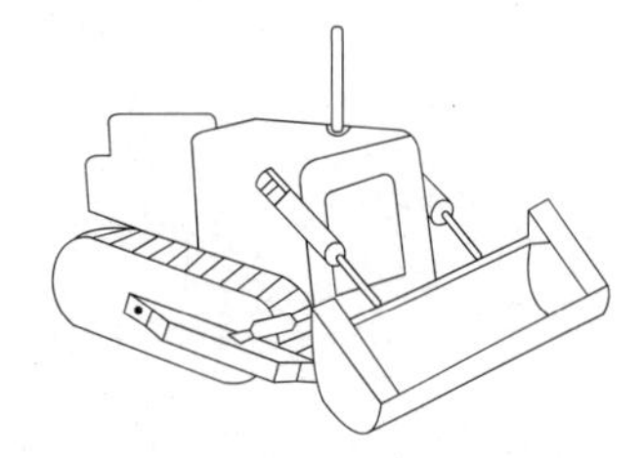

㉤ 힌지도저(Hinge Dozer)
- 앵글도저보다 큰 각으로 움직일 수 있다.
- 흙을 깎아 옆으로 밀어내면서 전진한다.
- 제설, 제토작업 및 다량의 흙을 전방으로 밀고 가는데 적합하다.

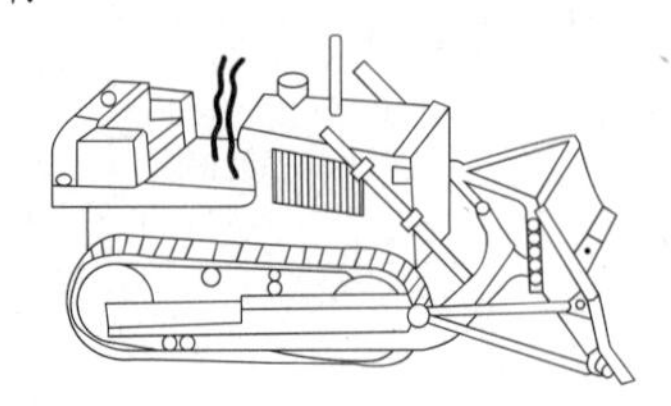

㉥ 레이크도저(Rake Dozer) : 블레이드 대신에 레이크(갈퀴)를 설치한 도저이며 주로 나무뿌리나 잡목을 제거하는 데 이용된다.

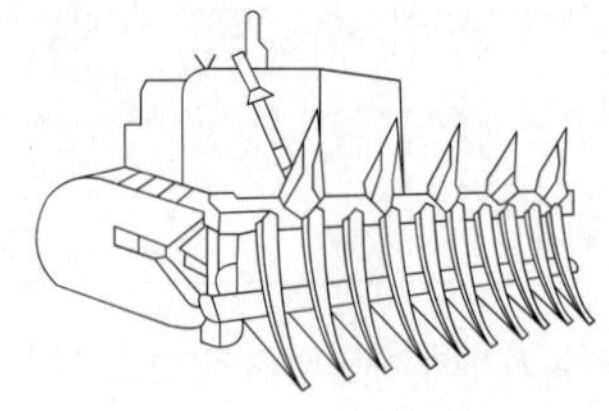

㉦ U형 도저(U-type Dozer) : 블레이드 좌우를 U자형으로 만든 것이다. 블레이드가 대용량이므로 석탄, 나뭇조각, 부드러운 흙 등 비교적 비중이 작은 것의 운반처리에 적합하다.

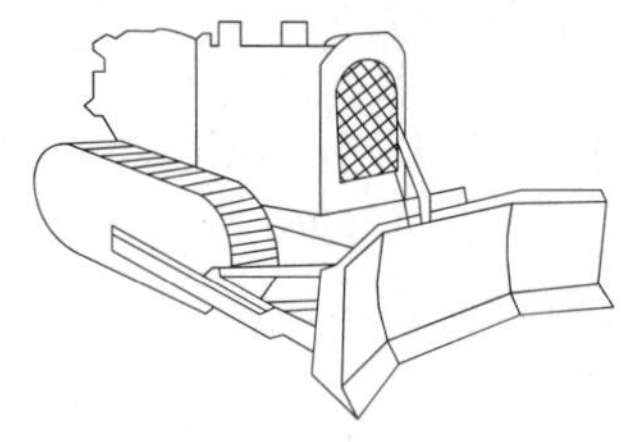

㉧ 기타 도저
- 습지도저(Wet Type Dozer) : 트랙슈가 삼각형으로 된 것이며, 접지압력이 0.1~0.3[kgf/cm^2] 정도이다.
- 트리밍도저(Trimming Dozer) : 좁은 장소에서 곡물, 소금, 설탕, 철광석 등을 내밀거나 끌어당겨 모으는 데 효과적으로 이용된다.

㉨ 불도저의 최소 소요 대수 계산 : 근거리 토공작업에서 불도저로 토량 91,080[m^3]을 60일에 작업을 끝내려고 할 때(1시간당 작업량 = 23[m^3/h], 1일 작업시간 = 8시간, 1일 효율(가동률) = 75[%])

불도저의 최소 소요 대수 계산

$$= \frac{91{,}080}{23 \times 8 \times 60 \times 0.75} = 11[\text{대}]$$

㉩ 불도저를 이용한 작업 중 안전조치사항
- 작업 종료와 동시에 삽날을 지면에 내리고 주차 제동장치를 건다.
- 모든 조종간은 엔진 시동 전에 중립 위치에 놓는다.
- 장비의 승차 및 하차 시에는 뛰어내리거나 뛰어오르지 말고 안전하게 잡고 오르내린다.
- 야간작업 시는 자주 장비에서 내려와 장비 주위를 살피며 점검하여야 한다.

② 굴착기

㉠ 굴착기의 개요

- 100분의 25(무한궤도식 굴착기는 100분의 30을 말한다) 기울기의 견고한 건조 지면을 올라갈 수 있고, 정지 상태를 유지할 수 있는 제동장치 및 제동장금장치를 갖추어야 한다.
- 타이어식 굴착기는 견고한 땅 위에서 자체중량 상태로 좌우로 25°까지 기울여도 넘어지지 않는 구조이어야 한다. 이 경우 굴착기의 자세는 주행자세로 한다.
- 굴착기계로 채석작업 시 근로자의 작업장에 후진하여 접근하거나 전락할 우려가 있을 때 사고를 방지하기 위하여 유도자를 배치하여야 한다.
- 굴착구배(기울기)를 1 : 1로 할 경우, 우보통 흙의 굴착공사에서 굴착길이가 5m, 굴착기초면의 폭이 5[m]인 경우 단면 굴착을 할 때 상부 단면의 폭 : 15[m]
- 굴착기울기를 1 : 0.5로 할 때, 암반 굴착공사에서 굴착높이가 5[m], 굴착기초면의 폭이 5[m]인 경우 양단면 굴착을 할 때 상부단면의 폭 : 10[m]
- 브레이커 : 셔블계 굴착기에 부착하며, 유압을 이용하여 콘크리트의 파괴, 빌딩 해체, 도로 파괴 등에 사용한다.

㉡ 굴착기의 구조(주요 3부) : 선회체(상부), 구동체(하부), 전부장치(작업부)

- 선회체(상부) : 하부의 구동체 위에 설치되어 회전하는 부분으로 상부 선회체 프레임, 선회장치, 엔진, 운전기구, 유압장치, 평형추 및 작업장치 등으로 구성된다.
- 구동체(하부) : 상부 선회체와 작업장치의 하중을 지지하고 작업에 유의하여 전후로 이동시키는 장치이다.
- 전부장치(작업부) : 붐, 암, 버킷으로 구성된다.
- 붐(Boom) : 상부 선회체의 앞쪽에 연결핀으로 설치하여 암 및 버킷 등을 지지하고 굴삭 시 충격에 견딜 수 있도록 균열, 만곡 및 절단된 곳이 없어야 한다.
- 암(Arm) : 버킷과 붐을 연결하는 구조로 굴삭 시의 충격에 견딜 수 있어야 한다.
- 버킷(Bucket) : 최대 작업반경 상태에서 버킷 끝단의 기울기의 변화량이 10분당 5° 이내이어야 한다.

㉢ 굴착기계의 운행 시 안전대책

- 버킷이나 다른 부수장치 등에 사람을 태우지 않는다.
- 운전반경 내에 사람이 있을 때는 운행을 정지하여야 한다.
- 안전반경 내에 사람이 있을 때는 회전을 중지한다.
- 장비의 주차 시 버킷을 지면에 놓아야 한다.
- 장비의 주차 시 경사지나 굴착작업장으로부터 충분히 이격시켜 주차한다.
- 전선 밑에서는 주의하여 작업하여야 하며, 전선과 안전장치의 안전 간격을 유지하여야 한다.
- 전선이나 구조물 등에 인접하여 붐을 선회해야 될 작업에는 사전에 회전반경, 높이 제한 등 방호조치를 강구한다.

㉣ 굴착기계의 분류 : 버킷계, 셔블계

- 버킷계 굴착기계 : 버킷 래더, 버킷 휠 엑스카베이터, 트렌처
  - 버킷 래더(Bucket Ladder) : 연약한 토질에 적합하며 주로 하천조사, 수로 설치, 자갈 채취 등에 사용된다.
  - 버킷 휠 엑스카베이터(Bucket Wheel Excavator) : 토사, 연압 굴착에 적합하며 주로 도로 건설, 매립조사의 토취 등에 사용된다.
  - 트렌처(Trencher) : 주로 하수관, 가스관, 수도관, 석유송유관, 암거 등의 도랑 굴착에 사용된다.
- 셔블계 굴착기계 : 파워셔블, 백호, 클램셸, 드래그라인, 드래그셔블
  - 파워셔블은 기계가 서 있는 지면보다 높은 곳을 파는 작업에 적합하며 백호, 클램셸, 드래그라인 등은 주행기 면보다 하방의 굴착에 적합하다.
  - 항상 뒤쪽의 카운터웨이트의 회전반경을 측정한 후 작업에 임한다.
  - 작업 시에는 항상 사람의 접근에 특별히 주의한다.
  - 유압계통 분리 시에는 붐을 지면에 놓고 엔진을 정지시킨 후 유압을 제거한다.
  - 장비의 주차 시는 경사지나 굴착작업장으로부터 충분히 이격시켜 주차하고 버킷은 반드시 지면에 놓아야 한다.

㉤ 셔블계 굴착기계

- 파워셔블(파워쇼벨, Power Shovel) : 기계가 위치한 지면보다 높은 장소의 땅을 굴착하는 데 적합하며 산지에서의 토공사 및 암반으로부터 점토질까지도 굴착할 수 있는 굴착기계이다. 굴착은 디퍼(Dipper)가 행하며 굴착과 싣기 작업에 이용되므로 굴착과 운반차량과의 조합시공에 적절하다.
- 백호(백호우, Backhoe) : 장비가 위치한 지면보다 낮은 장소를 굴착하는 데 적합한 장비이며 토질의 구멍 파기나 도랑 파기 등에 이용된다. 드래그셔블이라고도 한다.
  - 보통 많이 볼 수 있는 굴착기(Excavator)이다.
  - 비교적 굳은 지반의 토질에서도 사용 가능하다.
  - 굴착, 싣기, 도랑 파기 등의 작업에 이용된다.
  - 경사로나 연약지반에서는 타이어식보다 무한궤도식이 안전하다.
  - 작업계획서를 작성하고 계획에 따라 작업을 실시하여야 한다.
  - 작업장소의 지형 및 지반 상태 등에 적합한 제한속도를 정하고 운전자로 하여금 이를 준수하도록 하여야 한다.
  - 작업 중 승차석 외의 위치에 근로자를 탑승시켜서는 안 된다.
  - 백호의 단위시간당 추정 굴삭량[m^3] : $Q = nqkf\eta$

    여기서, n : $\frac{1\text{시간}}{\text{사이클타임}}$, q : 버킷용량[m^3],

    k : 굴삭계수, f : 굴삭토의 용적변화계수,

    η : 작업효율
- 클램셸(Clam Shell) : 수중 굴착 및 구조물의 기초바닥 등과 같은 협소하고 매우 깊은 범위의 굴착과 호퍼작업에 가장 적당한 굴착기계
  - 위치한 지면보다 낮은 우물통과 같은 협소한 장소의 흙을 굴착(수직 굴착, 수중 굴착)하고 퍼 올리며 자갈 등을 적재할 수 있는 토공기계이다.
  - 좁은 곳의 수직 파기를 할 때 사용한다.
  - 수면 아래의 자갈, 실트 또는 모래를 굴착하고, 준설선에 많이 사용된다.
  - 수중 굴착공사가 가능하며, 잠함 안의 굴착에 사용된다.
  - 건축구조물의 기초 등 정해진 범위의 깊은 굴착에 적합하다.
  - 협소한 장소의 흙을 퍼 올린다.
  - 연한 지반에 적합하다.
  - 연약한 지반이나 수중 굴착과 자갈 등을 싣는 데 적합하다.
  - 토사를 파내는 형식으로 깊은 흙 파기용, 흙막이의 버팀대가 있어 좁은 곳, 케이슨(Caisson) 내의 굴착 등에 적합하다.
- 드래그라인(Drag Line)
  - 지면에 기계를 두고 깊이 8[m] 정도의 연약한 지반의 깊은 기초 흙 파기를 할 때 사용하는 건설기계이다.
  - 주로 하상 굴착이나 골재 채취에 이용되는 굴착기계이다.
  - 적정작업 : 굴착
  - 모래 채취에 많이 사용된다.
  - 긴 붐(Boom)과 로프를 이용해 굴착반경이 크다.
  - 토질이 매우 단단한 경우에는 부적합하다.
  - 기계의 설치 지반보다 낮은 곳을 파는 데 유리하다.
  - 넓은 범위의 굴착이 가능하다.
  - 주로 수로, 골재 채취용으로 많이 사용된다.

③ 로더(Loader)

㉠ 로더의 개요

- 토사를 굴착하여 들어 올린 다음 이동하여 덤프트럭 등에 적재하는 건설기계이다.
- 버킷으로 토사를 굴삭하며 적재하는 기계이며 트랙터셔블(Tractor Shovel), 셔블로더라고도 한다.
- 셔블계 굴착기계와는 달리 적재하면서 본체를 움직일 수 있다.

㉡ 주의사항

- 점검 시 버킷은 가장 하위의 위치에 내려놓는다.
- 시동 시에는 사이드 브레이크를 잠근 채 시동을 건다.
- 경사면을 오를 때는 전진으로 주행하고 내려올 때는 후진으로 주행한다.
- 운전자가 운전석에서 나올 때는 버킷을 내려놓은 상태에서 이탈한다.

④ 스크레이퍼(Scraper)

㉠ 스크레이퍼의 개요

- 흙을 깎으면서 동시에 기체 내에 담아 운반하고 깔기 작업을 겸할 수 있다. 작업거리 100~1,500[m] 정도의 중장거리용으로 쓰이는 것으로 토공용 차량계 건설기계이다.
- 차체 및 바닥의 용기를 아래로 기울여 전진하면서 얇게 흙을 깎아 내고 토사가 채워지면 위로 올리고 뚜껑을 덮어 운반하는 초대형 차량계 건설기계이다.
- 굴착, 싣기(적재), 운반, 하역, 정지(흙깔기) 등의 작업을 하나의 기계로 연속적으로 행할 수 있다.
- 별칭 : 캐리올스크레이퍼(Carryall Scraper)
- 적정작업 : 굴착, 싣기, 운반, 정지

㉡ 스크레이퍼의 특징

- 비행장과 같이 대규모 정지작업에 적합하다.
- 피견인식, 자주식으로 구분된다.
- 중량이 크며 대량의 토사를 원거리 운반할 수 있다.
- 원거리 운반에 부적절한 불도저를 대신한다.
- 고속운전이 가능하며 토공비가 적게 든다.

⑤ 모터그레이더(Motor Grader)

㉠ 모터그레이더의 개요

- 지면을 절삭하여 평활하게 다듬기 위한 토공기계의 대패와도 같은 산업기계이다.

㉡ 모터그레이더의 특징

- 노면의 성형과 정지작업에 적합하다.
- 땅을 고르게 해 주는 작업인 정지작업에 적합하다.
- 도로면 끝손질, 옆도랑 파기, 비탈 끝손질, 잔디 벗기기 등 각종 사면절삭 및 평탄작업에 사용되는 대형 건설기계이다.
- 굴착과 싣기를 동시에 할 수 있는 기계와는 거리가 멀다.

⑥ 롤러(Roller)

㉠ 탬핑롤러(Tamping Roller)

- 철륜(롤러) 표면에 다수의 돌기를 붙여 접지면적을 작게 하여 접지압을 증가시킨 롤러이다.
- 흙의 혼합효과가 발생하므로 점성토 지반, 점착력이 큰 진흙다짐에 적합하다.
- 다짐의 유효 깊이가 깊으므로 깊은 다짐이나 고함수비 지반, 점성토 지반의 다짐에 많이 이용된다.
- 돌기가 전압층에 매입되어 풍화암을 파쇄하고 흙 속의 간극수압을 제거하는 데 적합하다.

㉡ 머캐덤롤러(Macadam Roller) : 앞쪽에 한 개의 조향륜 롤러와 뒤축에 두 개의 롤러가 배치된 것으로(2축 3륜), 하층 노반다지기, 아스팔트 포장에 주로 쓰이는 장비

㉢ 탠덤롤러(Tandem Roller) : 앞뒤 두 개의 차륜이 있으며(2축 2륜) 각각의 차축이 평행으로 배치된 것으로 찰흙, 점성토 등의 두꺼운 흙을 다짐하는 데는 적당하지만 단단한 각재를 다지는 데는 부적당한 기계

㉣ 진동롤러(Vibrating Roller) : 노반, 소일시멘트, 아스팔트 콘크리트 등의 다지기에 효과적으로 사용된다.

⑦ 항타기 또는 항발기

㉠ 항타기와 항발기의 개요

- 항타기 : 붐에 파일을 때리는 부속장치를 붙여서 드롭해머나 디젤해머 등으로 강관파일이나 콘크리트파일 등을 때려 넣는데 사용되는 건설기계를 말하며, 종류로는 에너지 공급방식에 따라 드롭 해머, 증기 또는 압축공기 해머, 디젤 또는 가솔린 해머, 진동 항타기 등으로 분류된다.
- 항발기 : 주로 가설용에 사용된 널말뚝, 파일 등을 뽑는데 사용되는 기계를 말한다. 항발기는 항타기의 반대이므로 통상의 항타기에 부속장치를 부착하면 항발기로도 사용할 수 있다.

㉡ 항타기 또는 항발기의 권상용 와이어로프

- 권상용 와이어로프의 안전계수 $S = \frac{\text{절단하중}}{\text{최대하중}}$
- 항타기 또는 항발기의 권상용 와이어로프는 추 또는 해머가 최저의 위치에 있는 때 또는 널말뚝을 빼어내기 시작한 때를 기준으로 하여 권상장치의 드럼에 최소한 2회 감기고 남을 수 있는 길이어야 한다.
- 사용금지 규정
  - 이음매가 있는 것
  - 와이어로프의 한 꼬임(가닥)에서 끊어진 소선(필러선 제외)의 수가 10[%] 이상인 것
  - 지름 감소가 공칭지름의 7[%]를 초과하는 것
  - 심하게 변형 또는 부식된 것
  - 꼬임, 비틀림 등이 있는 것
  - 안전계수가 5 이상이 아닌 것

㉢ 항타기 또는 항발기 도르래의 부착 등
- 사업장 일반사항 및 작업개요
  - 사업장 일반사항 : 회사명, 현장명, 현장주소, 현장 연락처, 협력업체 소장, 협력업체명(항타기 · 항발기 사용업체명), 협력업체 주소, 협력업체 연락처
  - 작업개요 : 공종, 작업장소, 작업기간, 총 작업량, 장비 제한속도, 작업지휘자, 신호방법, 유도자 위치, 운행경로, 개인보호구 지급품목, 지반강도, 지반보강 방법, 작업방법 및 순서, 특기사항(사전조사 결과 등)
- 종류 및 성능 등
  - 종류 및 성능 : 장비명, 제작연도, 제조사, 모델명, 장비능력, 장비 폭, 주용도, 작업높이, 작업반경, 소요지내력, 작업장소 지내력, 운전자의 성명, 면허번호, 신호수의 성명 및 신호방법
  - 기계 등 대여자의 조치사항 : 해당기계 등의 능력 및 방호조치의 내용, 해당기계 등의 특성 및 사용 시의 주의사항, 해당기계 등의 수리 · 보수 및 점검 내역과 주요 부품의 제조일
  - 기계 등 대여사항 기록부
- 운행경로
- 조립 시 점검 · 확인사항
- 해체 시 점검 · 확인사항
- 작업 시 점검 · 확인사항
- 이동 시 점검 · 확인사항
- 위험방지에 관한 일반사항

㉣ 항타기 및 항발기를 조립하는 때의 사용 전 점검사항
- 본체의 연결부의 풀림 또는 손상의 유무
- 권상용 와이어로프, 드럼 및 도르래의 부착상태
- 권상장치의 브레이크 및 쐐기장치 기능의 이상 유무
- 권상기의 설치상태의 이상 유무
- 버팀의 방법 및 고정상태의 이상 유무
- 기타 안전장치의 정상 작동 유무

㉤ 항타기, 항발기 해체 시 점검 · 확인사항
- 하부실린더를 접은 상태로 작업수행의 유무
- 리더 분리 작업 시 리더 하부에 안전지주 또는 안전블록 사용 유무
- 산소 LPG 절단기 사용의 경우 용접불꽃 비산방지조치 여부
- 해체 작업자의 떨어짐 방지조치 실시 여부
- 파일 낙하방지조치 실시 여부

㉥ 항타기, 항발기 사용 전 점검 · 확인사항
- 운전자의 엔진 시동 전 점검사항
- 운전자의 유자격 및 건강상태
- 설치된 트랩, 사다리 등을 이용한 운전대로의 승강 확인
- 엔진 시동 후 유의사항 확인
- 작업일보 작성 비치
- 작업일보의 기계 이력 기록

㉦ 항타기, 항발기 작업 시 점검 · 확인사항
- 리더 조립의 적정 여부
- 호이스트 와이어로프의 폐기기준 도달여부 및 적정 설치 여부
- 트랙(Track) 폭 확장 여부
- 철판설치 등 지반보강 적정 실시 여부
- 드롭해머 고정 홀(Hole) 과다 마모 · 변형 여부
- 권과 방지장치 등 각종 안전장치 적정 설치 및 정상 작동 여부

㉧ 항타기 또는 항발기의 사용 시 준수사항
- 해머의 운동에 의하여 증기호스 또는 공기호스와 해머의 접속부가 파손되거나 벗겨지는 것을 방지하기 위하여 그 접속부가 아닌 부위를 선정하여 증기호스 또는 공기호스를 해머에 고정시킬 것
- 증기나 공기를 차단하는 장치를 해머의 운전자가 쉽게 조작할 수 있는 위치에 설치할 것
- 항타기 또는 항발기의 권상장치의 드럼에 권상용 와이어로프가 꼬인 경우에는 와이어로프에 하중을 걸어서는 아니 된다.
- 항타기 또는 항발기의 권상장치에 하중을 건 상태로 정지하여 두는 경우에는 쐐기장치 또는 역회전 방지용 브레이크를 사용하여 제동하는 등 확실하게 정지시켜 두어야 한다.

㉨ 항타기, 항발기 이동 시 점검 · 확인사항
- 주행로의 지형, 지반 등에 의한 미끄러질 위험
- 이상소음, 누수, 누유 등에 이상이 있는 경우
- 주행속도
- 언덕을 내려올 때
- 부하 및 주행속도를 줄이는 경우

• 방향 전환 시
• 고속선회 또는 암반과 점토 위에서의 급선회 시
• 내리막 경사면에서 방향전환할 때
• 기계 작업범위 내의 근로자 출입
• 주행 중 상부몸체의 선회
• 기계가 전선 밑을 통과할 경우
• 급하강 시 방향 전환
• 장애물을 넘어갈 때
• 연약지반 통과 시
• 경사면에서 잠시 정지할 때

ⓩ 항타기 또는 항발기의 도괴를 방지하기 위한 준수사항
• 시설 또는 가설물 등에 설치하는 때에는 그 내력을 확인하고 내력이 부족하면 그 내력을 보강해야 한다.
• 연약한 지반에 설치할 경우에는 각부나 가대의 침하를 방지하기 위하여 깔판·깔목 등을 사용한다.
• 각 부나 가대가 미끄러질 우려가 있는 경우에는 말뚝 또는 쐐기 등을 사용하여 각 부나 가대를 고정시켜야 한다.
• 궤도 또는 차로 이동하는 항타기 또는 항발기에 대해서는 불시에 이동하는 것을 방지하기 위하여 레일 클램프(Rail Clamp) 및 쐐기 등으로 고정시킬 것
• 평형추를 사용하여 안정시키는 경우에는 평형추의 이동을 방지하기 위하여 가대에 견고하게 부착시킨다.
• 버팀대만으로 상단부분을 안정시키는 경우에는 버팀대는 3개 이상으로 하고, 그 하단 부분은 견고한 버팀·말뚝 또는 철골 등으로 고정시켜야 한다.
• 버팀줄만으로 상단부분을 안정시키는 경우에는 버팀줄을 3개 이상으로 하고, 같은 간격을 배치해야 한다.
• 항타기 또는 항발기의 권상용 와이어로프는 추 또는 해머가 최저의 위치에 있는 때 또는 널말뚝을 빼어내기 시작한 때를 기준으로 하여 권상장치의 드럼에 최소한 2회 감기고 남을 수 있는 길이이어야 한다.

ⓚ 항타기 또는 항발기 도르래의 부착 등
• 항타기나 항발기에 도로르내 도르래 뭉치를 부착하는 경우에는 부착부가 받는 하중에 의하여 파괴될 우려가 없는 브래킷·섀클 및 와이어로프 등으로 견고하게 부착하여야 한다.
• 항타기나 항발기의 구조상 권상용 와이어로프가 꼬일 우려가 있는 경우 : 항타기 또는 항발기의 권상장치 드럼축과 권상장치로부터 첫 번째 도르래의 축 간의 거리는 권상장치 드럼폭의 15배 이상으로 하여야 한다.
• 항타기나 항발기의 구조상 권상용 와이어로프가 꼬일 우려가 있는 경우 : 도르래는 권상장치의 드럼 중심을 지나야 하며 축과 수직면 상에 있어야 한다.

⑧ 기 타

㉠ 리퍼(Ripper)
• 아스팔트 포장도로의 노반의 파쇄 또는 토사 중에 있는 암석제거에 가장 적당한 장비이다.
• 굴착이 곤란한 경우 발파가 어려운 암석의 파쇄굴착 또는 암석제거에 적합하다.

㉡ 드래그셔블 : 암(Arm) 끝에 매단 셔블을 사용하여 기계 위치보다 낮은 장소에 있는 흙을 굴착, 싣기에 적합한 굴착기로, 단단한 토질의 굴착이나 정확한 굴착이 가능하므로 기초터파기, 도랑터파기에 사용한다.

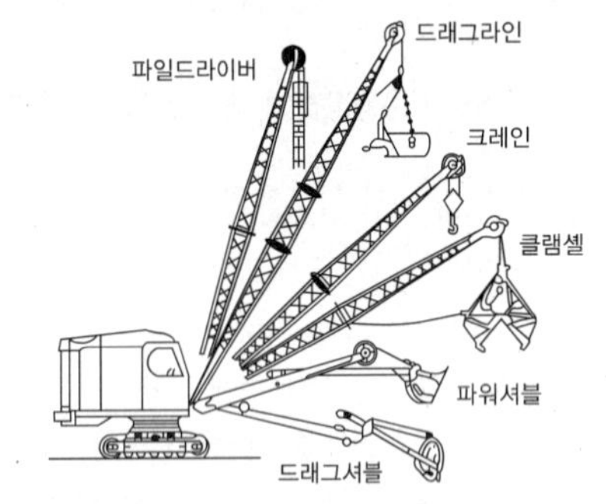

 핵심예제

2-1. 항타기 및 항발기에 관한 설명으로 옳지 않은 것은?
[2016년 제2회, 2017년 제1회]

① 도괴방지를 위해 시설 또는 가설물 등에 설치하는 때에는 그 내력을 확인하고 내력이 부족하면 그 내력을 보강해야 한다.
② 와이어로프의 한 꼬임에서 끊어진 소선(필러선 제외)의 수가 10[%] 이상인 것은 권상용 와이어로프 사용을 금한다.
③ 지름 감소가 공칭지름의 7[%]를 초과하는 것은 권상용 와이어로프 사용을 금한다.
④ 권상용 와이어로프의 안전계수가 4 이상이 아니면 이를 사용하여서는 아니 된다.

2-2. 항타기 또는 항발기의 권상용 와이어로프의 절단하중이 100[ton]일 때 와이어로프에 걸리는 최대 하중을 얼마까지 할 수 있는가?
[2010년 제1회, 2017년 제3회]

① 20[ton] ② 33.3[ton]
③ 40[ton] ④ 50[ton]

2-3. 백호(Backhoe)의 운행방법에 대한 설명으로 옳지 않은 것은?
[2011년 제1회, 2013년 제2회]

① 경사로나 연약지반에서는 무한궤도식보다는 타이어식이 안전하다.
② 작업계획서를 작성하고 계획에 따라 작업을 실시하여야 한다.
③ 작업 장소의 지형 및 지반 상태 등에 적합한 제한속도를 정하고 운전자로 하여금 이를 준수하도록 하여야 한다.
④ 작업 중 승차석 외의 위치에 근로자를 탑승시켜서는 안 된다.

|해설|

2-1
권상용 와이어로프의 안전계수가 5 이상이 아니면 이를 사용하여서는 아니 된다.

2-2
안전계수 $S = \frac{\text{절단하중}}{\text{최대하중}}$ 에서 $5 = \frac{100}{\text{최대하중}}$ 이므로,

최대하중 $= \frac{100}{5} = 20[\text{ton}]$

2-3
경사로나 연약지반에서는 타이어식보다는 무한궤도식이 안전하다.

정답 2-1 ④ 2-2 ① 2-3 ①

제3절 건설 가시설물과 구조물

핵심이론 01 건설 가시설물

① 건설 가시설물의 개요
㉠ 가설구조물의 특징
- 부재의 결합이 매우 간단하다(불안전 결합이다).
- 구조물이라는 통상의 개념이 확고하지 않으며 조립의 정밀도가 낮다.
- 연결재가 적은 구조로 되기 쉬우므로 연결부가 약하다.
- 사용부재가 과소단면이거나 결함재료를 사용하기 쉽다.
- 구조상의 결함이 있는 경우 중대재해로 이어질 수 있다.
- 도괴재해의 가능성이 크다.
- 추락재해 가능성이 크다.

㉡ 가설공사에서의 동력 사용 관련 사항
- 동력은 전동기 또는 내연기관이 많이 쓰인다.
- 전력에 관한 사항은 전력회사 방침에 따라야 한다.
- 동력을 사용할 때는 변압기, 변전실, 배전반 등을 전문업자의 시공으로 설비해야 한다.
- 가설공사이어도 전력은 현장원이 가설하면 안 된다.

㉢ 비계를 변경한 후 작업 전 비계의 점검사항
- 발판재료의 손상여부 및 부착 또는 걸림 상태
- 당해 비계의 연결부 또는 접속부의 풀림 상태
- 연결재료 및 연결철물의 손상 또는 부식 상태
- 손잡이의 탈락여부
- 기둥의 침하・변형・변위 또는 흔들림 상태
- 로프의 부착상태 및 매단장치의 흔들림 상태

㉣ 안전시설비의 적용
- 안전시설비로 사용할 수 없는 것 : 안전통로, 안전발판, 안전계단 등의 공사 수행에 필요한 가시설
- 안전시설비로 사용할 수 있는 것 : 비계에 추가설치하는 추락방지용 안전난간, 사다리 전도방지장치, 통로의 낙하물 방호선반 등

㉤ 건설가시설물 관련 제반사항
- 가설구조물의 갖추어야 할 3대 구비요건 : 안전성 작업성, 경제성
- 공통가설공사 항목 : 비계설비, 양중설비, 가설울타리 등

- 좌 굴
  - 양끝이 힌지(Hinge)인 기둥에 수직하중을 가하면 기둥이 수평방향으로 휘게 되는 현상
  - 가설구조물 부재의 강성이 부족하여 가늘고 긴 부재가 압축력에 의하여 파괴되는 현상
- 클램프 : 비계, 거푸집동바리 등을 조립하는 경우 강재와 강재의 접속부 또는 교차부를 연결시키기 위한 전용 철물

② 건설공사에 사용되는 비계(산업안전보건기준에 관한 규칙 제1편 제7장)

㉠ 비계의 개요

- 비계의 부재 중 기둥과 기둥을 연결시키는 부재 : 띠장, 장선, 가새
- 비계에서 벽 고정을 하고 기둥과 기둥을 수평재나 가새로 연결하는 이유는 좌굴을 방지하기 위해서이다.
- 비계의 종류 : 통나무비계, 강관비계(단관비계, 강관틀비계), 달비계, 달대비계, 말비계, 이동식 비계, 시스템비계
- 외줄비계·쌍줄비계 또는 돌출비계에 대해서는 다음에서 정하는 바에 따라 벽이음 및 버팀을 설치한다(다만, 창틀의 부착 또는 벽면의 완성 등의 작업을 위하여 벽이음 또는 버팀을 제거하는 경우, 그 밖에 작업의 필요상 부득이한 경우로서 해당 벽이음 또는 버팀 대신 비계기둥 또는 띠장에 사재(斜材)를 설치하는 등 비계가 넘어지는 것을 방지하기 위한 조치를 한 경우에는 그러하지 아니하다).
  - 강관비계의 조립 간격

구 분	수직방향	수평방향
단관비계	5[m]	
틀비계 (높이 5[m] 미만 제외)	6[m]	8[m]

  - 강관·통나무 등의 재료를 사용하여 견고한 것으로 할 것
  - 인장재와 압축재로 구성된 경우에는 인장재와 압축재의 간격을 1[m] 이내로 할 것
- 비계재료의 연결·해체작업을 하는 경우에는 폭 20[cm] 이상의 발판을 설치하고 근로자로 하여금 안전대를 사용하도록 하는 등 추락을 방지하기 위한 조치를 할 것

㉡ 비계재료

- 비계발판의 재료(가설공사 표준안전 작업지침 제3조)
  - 비계발판은 목재 또는 합판을 사용하여야 하며, 기타 자재를 사용할 경우에는 별도의 안전조치를 하여야 한다.
  - 제재목인 경우에 있어서는 장섬유질의 경사가 1 : 15 이하이어야 하고 충분히 건조된 것(함수율 15~20[%] 이내)을 사용하여야 하며 변형, 갈라짐, 부식 등이 있는 자재를 사용해서는 아니 된다.
  - 재료의 강도상 결점은 다음에 따른 검사에 적합하여야 한다.
    ⓐ 발판의 폭과 동일한 길이 내에 있는 결점치수의 총합이 발판폭의 1/4을 초과하지 않을 것
    ⓑ 결점 개개의 크기가 발판의 중앙부에 있는 경우 발판폭의 1/5, 발판의 갓부분에 있을 때는 발판폭의 1/7을 초과하지 않을 것
    ⓒ 발판의 갓면에 있을 때는 발판두께의 1/2을 초과하지 않을 것
    ⓓ 발판의 갈라짐은 발판폭의 1/2을 초과해서는 아니 되며 철선, 띠철로 감아서 보존할 것
  - 비계발판의 치수는 폭이 두께의 5~6배 이상이어야 하며 발판폭은 40[cm] 이상, 두께는 3.5[cm] 이상, 길이는 3.6[m] 이내이어야 한다.
  - 비계발판은 하중과 간격에 따라서 응력의 상태가 달라지므로 다음의 허용응력을 초과하지 않도록 설계하여야 한다.

단위 : [kg/cm^2]

허용응력도 / 목재의 종류	압 축	인장 또는 휨	전 단
적송, 흑송, 회목	120	135	10.5
삼송, 전나무, 가문비나무	90	105	7.5

- 통나무 재료(가설공사 표준안전 작업지침 제4조)
  - 비계용 통나무는 장선을 제외하고 서로 대체 활용할 수 있으므로 압축, 인장 및 휨 등 외력이 작용하여도 충분히 견딜 수 있어야 한다.
  - 형상이 곧고 나무결이 바르며 큰 옹이, 부식, 갈라짐 등 흠이 없고 건조된 것으로 썩거나 다른 결점이 없어야 한다.

- 통나무의 직경은 밑둥에서 1.5[m]되는 지점에서의 지름이 10[cm] 이상이고 끝마구리의 지름은 4.5[cm] 이상이어야 한다.
- 휨 정도는 길이의 1.5[%] 이내이어야 한다.
- 밑둥에서 끝마무리까지의 지름의 감소는 1[m]당 0.5~0.7[cm]가 이상적이나 최대 1.5[cm]를 초과하지 않아야 한다.
- 결손과 갈라진 길이는 전체 길이의 1/5 이내이고 깊이는 통나무 직경의 1/4을 넘지 않아야 한다.

• 강관 및 강관틀비계 재료(가설공사 표준안전 작업지침 제5조) : 노동부장관이 정하는 가설기자재 성능 검정규격에 합격한 것을 사용하여야 한다.

• 결속재료(가설공사 표준안전 작업지침 제6조) : 통나무 비계의 결속재료로 사용되는 철선은 직경 3.4[mm]의 #10 내지 직경 4.2[mm]의 #8의 소성 철선(철선 길이 1개소 150[cm] 이상) 또는 #16 내지 #18의 아연도금 철선(철선 길이 1개소 500[cm] 이상)을 사용하며, 결속재료는 모두 새것을 사용하고 재사용은 하지 아니한다.

㉢ 건설공사에 사용되는 비계 시공의 일반사항(KCS 21 60 10 3.1)

• 외부비계는 별도로 설계된 경우를 제외하고는 구조체에서 300[mm] 이내로 떨어져 쌍줄비계로 설치하되, 별도의 작업발판을 설치할 수 있는 경우에는 외줄비계로 할 수 있다.

• 비계기둥과 구조물 사이에는 근로자의 추락을 방지하기 위하여 추락방호조치를 실시하여야 한다.

• 비계는 시스템비계 및 강관비계 등으로 하되 시공여건, 안전도 및 경제성을 고려하여 공사감독자의 승인을 받아 동등규격 이상의 재질로 변경·적용할 수 있다.

• 비계는 시공에 편리하고 안전하도록 공사의 종류, 규모, 장소 및 공기구 등에 따라 적합한 재료 및 방법으로 견고하게 설치하고 유지 보존에 항상 주의한다.

• 비계의 벽 이음재 설치 및 해체는 공사감독자의 승인을 받은 조립·해체계획서를 따른다.

• 이 기준에 해당하는 사항 이외의 재료 및 구조 등은 건축법 및 산업안전보건법, 기타 관련법에 따른다.

• 높이 31[m] 이상인 비계구조물 및 그 밖의 발주자 또는 인·허가기관의 장이 필요하다고 인정한 구조물에 대해서는 비계공사 일반사항(KCS 21 60 05 1.5.3(1))에 따른다.

㉣ 통나무비계(가설공사 표준안전 작업지침 제7조)

• 비계기둥의 밑둥은 호박돌, 잡석, 또는 깔판 등으로 침하방지 조치를 취하여야 하고 지반이 연약한 경우에는 땅에 매립하여 고정시켜야 한다.

• 통나무 비계는 지상높이 4층 이하 또는 12[m] 이하인 건축물·공작물 등의 건조·해체 및 조립 등의 작업에만 사용할 수 있다.

• 비계기둥의 간격은 띠장 방향에서 1.5[m] 내지 1.8[m] 이하, 장선 방향에서는 1.5[m] 이하이어야 한다.

• 띠장방향에서 1.5[m] 이하로 할 때에는 통나무 지름이 10[cm] 이상이어야 하며, 띠장 간격은 1.5[m] 이하로 하여야 하고 지상에서 첫 번째 띠장은 3[m] 정도의 높이에 설치하여야 한다.

• 비계기둥의 간격은 1.8[m] 이하로 하고 인접한 비계기둥의 이음은 동일 높이에 있지 않도록 하여야 한다.

• 비계기둥은 겹침이음 하는 경우 1[m] 이상 겹쳐대고 2개소 이상 결속하여야 하며, 맞댄이음을 하는 경우 쌍 기둥틀로 하거나 1.8[m] 이상의 덧댐목을 대고 4개소 이상 결속하여야 한다.

• 벽연결은 수직방향에서 5.5[m] 이하, 수평방향에서는 7.5[m] 이하 간격으로 연결하여야 한다.

• 기둥 간격 10[m] 이내마다 45° 각도의 처마방향 가새를 비계기둥 및 띠장에 결속하고, 모든 비계기둥은 가새에 결속하여야 한다.

• 작업대에는 안전난간을 설치하여야 한다.

• 작업대 위의 공구, 재료 등에 대해서는 낙하물 방지조치를 취해야 한다.

㉤ 강관비계(산업안전보건기준에 관한 규칙 제59조~제61조, KCS 21 60 10)

• 강관비계 조립 시의 준수사항
  - 비계기둥에는 미끄러지거나 침하하는 것을 방지하기 위하여 밑받침철물을 사용하거나 깔판·깔목 등을 사용하여 밑둥잡이를 설치하는 등의 조치를 할 것
  - 강관의 접속부 또는 교차부는 적합한 부속철물을 사용하여 접속하거나 단단히 묶을 것
  - 교차 가새로 보강할 것
  - 외줄비계·쌍줄비계 또는 돌출비계에 대해서는 다음에서 정하는 바에 따라 벽이음 및 버팀을 설치한

다(다만, 창틀의 부착 또는 벽면의 완성 등의 작업을 위하여 벽이음 또는 버팀을 제거하는 경우, 그 밖에 작업의 필요상 부득이한 경우로서 해당 벽이음 또는 버팀 대신 비계기둥 또는 띠장에 사재(斜材)를 설치하는 등 비계가 넘어지는 것을 방지하기 위한 조치를 한 경우에는 그러하지 아니하다).

ⓐ 강관비계의 조립 간격(산업안전보건기준에 관한 규칙 별표 5)

구 분	수직방향	수평방향
단관비계	5[m]	
틀비계 (높이 5[m] 미만 제외)	6[m]	8[m]

ⓑ 강관·통나무 등의 재료를 사용하여 견고한 것으로 할 것

ⓒ 인장재와 압축재로 구성된 경우에는 인장재와 압축재의 간격을 1[m] 이내로 할 것

- 가공전로에 근접하여 비계를 설치하는 경우에는 가공전로를 이설하거나 가공전로에 절연용 방호구를 장착하는 등 가공전로와의 접촉을 방지하기 위한 조치를 할 것

• 비계기둥
- 비계기둥의 간격은 띠장 방향에서는 1.85[m] 이하, 장선 방향에서는 1.5[m] 이하로 할 것(다만, 선박 및 보트 건조작업의 경우 안전성에 대한 구조검토를 실시하고 조립도를 작성하면 띠장 방향 및 장선 방향으로 각각 2.7[m] 이하로 할 수 있다)
- 비계기둥은 이동이나 흔들림을 방지하기 위해 수평재, 가새 등으로 안전하고 단단하게 고정되어야 한다.
- 비계기둥의 바닥 작용하중에 대한 기초기반의 지내력을 시험하여 적절한 기초처리를 하여야 한다.
- 비계기둥의 밑둥에 받침철물을 사용하는 경우 인접하는 비계기둥과 밑둥잡이로 연결한다. 연약지반에서는 소요폭의 깔판을 비계기둥에 3본 이상 연결되도록 깔아댄다. 다만, 이 깔판에 받침철물을 고정했을 때는 밑둥잡이를 생략할 수 있다.
- 비계기둥의 제일 윗부분으로부터 31[m]되는 지점 밑부분의 비계기둥은 2개의 강관으로 묶어 세울 것(다만, 브라켓 등으로 보강하여 2개의 강관으로 묶을 경우 이상의 강도가 유지되는 경우에는 그러하지 아니하다)
- 비계기둥 1개에 작용하는 하중은 7.0[kN] 이내이어야 한다.
- 비계기둥 간의 적재하중은 400[kg]을 초과하지 않도록 할 것
- 비계기둥과 구조물 사이의 간격은 별도로 설계된 경우를 제외하고는 추락방지를 위하여 300[mm] 이내이어야 한다.

• 띠 장
- 띠장 간격은 2.0[m] 이하로 할 것(다만, 작업의 성질상 이를 준수하기가 곤란하여 쌍기둥틀 등에 의하여 해당 부분을 보강한 경우에는 그러하지 아니하다)
- 띠장의 수직간격은 1.5[m] 이하로 한다. 다만, 지상으로부터 첫 번째 띠장은 통행을 위해 강관의 좌굴이 발생되지 않는 한도 내에서 2[m] 이내로 설치할 수 있다.
- 띠장을 연속해서 설치할 경우에는 겹침이음으로 하며, 겹침이음을 하는 띠장 간의 이격거리는 순 간격이 100[mm] 이내가 되도록 하여 교차되는 비계기둥에 클램프로 결속한다(다만, 전용의 강관조인트를 사용하는 경우에는 겹침이음한 것으로 본다).
- 띠장의 이음위치는 각각의 띠장끼리 최소 300[mm] 이상 엇갈리게 한다.
- 띠장은 비계기둥의 간격이 1.8[m]일 때는 비계기둥 사이의 하중한도를 4.0[kN]으로 하고, 비계기둥의 간격이 1.8[m] 미만일 때는 그 역비율로 하중한도를 증가할 수 있다.

• 장 선
- 장선은 비계의 내·외측 모든 기둥에 결속하여야 한다.
- 장선간격은 1.5[m] 이하로 한다. 또한, 비계기둥과 띠장의 교차부에서는 비계기둥에 결속하며, 그 중간부분에서는 띠장에 결속하여야 한다.
- 작업발판을 맞댐 형식으로 깔 경우, 장선은 작업발판의 내민 부분이 100~200[mm]의 범위가 되도록 간격을 정하여 설치하여야 한다.

- 장선은 띠장으로부터 50[mm] 이상 돌출하여 설치한다. 또한 바깥쪽 돌출부분은 수직 보호망 등의 설치를 고려하여 일정한 길이가 되도록 한다.
- 가 새
  - 대각으로 설치하는 가새는 비계의 외면으로 수평면에 대해 40~60° 방향으로 설치하며, 비계기둥에 결속한다. 가새의 배치간격은 약 10[m] 마다 교차하는 것으로 한다.
  - 기둥간격 10[m] 마다 45° 각도의 처마방향 가새를 설치해야 하며, 모든 비계기둥은 가새에 결속하여야 한다.
  - 가새와 비계기둥과의 교차부는 회전형 클램프로 결속한다.
  - 수평가새는 벽 이음재를 부착한 높이에 각 스팬마다 설치하여 보강한다.
- 벽 이음
  - 벽 이음재의 배치간격은 벽 이음재의 성능과 작용하중을 고려한 구조설계에 따르며, 수직방향 5[m] 이하, 수평방향 5[m] 이하로 설치하여야 한다.
    ※ 벽 연결은 수직으로 5[m], 수평으로 5[m] 이내마다 연결하여야 한다.
  - 벽 이음 위치는 비계기둥과 띠장의 결합 부근으로 하며, 벽면과 직각이 되도록 설치하고, 비계의 최상단과 가장자리 끝에도 벽 이음재를 설치하여야 한다.
- 특수한 경우
  - 중량물을 비계발판에 놓아두는 경우와 같이 특수한 용도일 때 또는 출입구 및 개구부 등은 각각의 경우에 따라 강도계산을 하여 안전하도록 한다.
- 강관의 강도 식별 : 사업주는 바깥지름 및 두께가 같거나 유사하면서 강도가 다른 강관을 같은 사업장에서 사용하는 경우 강관에 색 또는 기호를 표시하는 등 강관의 강도를 알아볼 수 있는 조치를 하여야 한다.

ⓗ 강관틀비계(산업안전보건기준에 관한 규칙 제62조, KCS 21 60 10)

- 주 틀
  - 비계기둥의 밑둥에는 밑받침철물을 사용하여야 하며 밑받침에 고저차가 있는 경우에는 조절형 밑받침철물을 사용하여 각각의 강관틀비계가 항상 수평 및 수직을 유지하도록 할 것
  - 높이가 20[m]를 초과하거나 중량물의 적재를 수반하는 작업을 할 경우에는 주틀 간의 간격을 1.8[m] 이하로 할 것
  - 주틀 간에 교차 가새를 설치하고 최상층 및 5층 이내마다 수평재를 설치할 것
  - 길이가 띠장 방향으로 4[m] 이하이고 높이가 10[m]를 초과하는 경우에는 10[m] 이내마다 띠장 방향으로 버팀기둥을 설치할 것
  - 전체 높이는 원칙적으로 40[m]를 초과할 수 없으며, 높이가 20[m]를 초과하는 경우 또는 중량작업을 하는 경우에는 내력상 중요한 틀의 높이를 2[m] 이하로 하고 주틀의 간격을 1.8[m] 이하로 하여야 한다.
  - 주틀의 간격이 1.8[m]일 경우에는 주틀 사이의 하중한도를 4.0[kN]으로 하고, 주틀의 간격이 1.8[m] 이내일 경우에는 그 역비율로 하중한도를 증가할 수 있다.
  - 주틀의 기둥 1개당 수직하중의 한도는 견고한 기초 위에 설치하게 될 경우에는 24.5[kN]으로 한다(다만, 깔판이 우그러들거나 침하의 우려가 있을 때 또는 특수한 구조일 때는 규정에 따라 이 값을 낮추어야 한다).
  - 연결용 통로, 출입구 및 개구부 등에서 내력상 충분히 안전한 경우에는 주틀의 높이 및 간격을 전술한 규정보다 크게 할 수 있다.
  - 비계의 모서리 부분에서는 주틀 상호간을 비계용 강관과 클램프로 견고히 결속하고 주틀의 개구부에는 난간을 설치하여야 한다.
- 교차가새
  - 주틀간에 교차가새를 설치하고 최상층 및 5층 이내마다 수평재를 설치하여야 한다.
  - 교차가새는 각 단, 각 스팬마다 설치하고 결속 부분은 진동 등으로 탈락하지 않도록 이탈방지를 하여야 한다.
  - 작업상 부득이하게 일부의 교차가새를 제거할 때에는 그 사이에 수평재 또는 띠장틀을 설치하고 벽 이음재가 설치되어 있는 단은 해체하지 않아야 한다.
- 벽 이음 : 수직방향으로 6[m], 수평방향으로 8[m] 이내마다 벽이음을 할 것

- 보강재
  - 띠장 방향으로 길이 4[m] 이하이고, 높이 10[m]를 초과할 때는 높이 10[m] 이내마다 띠장 방향으로 유효한 보강틀을 설치한다(띠장방향으로 길이가 4[m] 이하이고 높이 10[m]를 초과하는 경우 높이 10[m] 이내마다 띠장방향으로 버팀기둥을 설치하여야 한다).
  - 보틀 및 내민틀(캔틸레버)은 수평가새 등으로 옆 흔들림을 방지할 수 있도록 보강해야 한다.
- 그 외의 다른 사항은 강관비계에 준한다.

ⓢ 시스템비계(산업안전보건기준에 관한 규칙 제69조, KCS 21 60 10)

- 수직재・수평재・가새재를 견고하게 연결하는 구조가 되도록 할 것
- 수직재
  - 수직재와 수평재는 직교되게 설치하여야 하며, 체결 후 흔들림이 없어야 한다.
  - 수직재를 연약 지반에 설치할 경우에는 수직하중에 견딜 수 있도록 지반을 다지고 두께 45[mm] 이상의 깔목을 소요폭 이상으로 설치하거나, 콘크리트, 강재표면 및 단단한 아스팔트 등의 침하방지 조치를 하여야 한다.
  - 시스템비계 최하부에 설치하는 수직재는 받침철물의 조절너트와 밀착되도록 설치하여야 하며, 수직과 수평을 유지하여야 한다. 이 때 수직재와 받침철물의 겹침길이는 받침철물 전체 길이의 3분의 1 이상이 되도록 하여야 한다(비계 밑단의 수직재와 받침철물은 밀착되도록 설치하고, 수직재와 받침철물의 연결부의 겹침길이는 받침철물 전체 길이의 3분의 1 이상이 되도록 할 것).
  - 수직재와 수직재의 연결은 전용의 연결조인트를 사용하여 견고하게 연결하고, 연결 부위가 탈락 또는 꺾어지지 않도록 하여야 한다.
- 수평재
  - 수평재는 수직재와 직각으로 설치하여야 하며, 체결 후 흔들림이 없도록 견고하게 설치할 것
  - 수평재는 수직재에 연결핀 등의 결합 방법에 의해 견고하게 결합되어 흔들리거나 이탈되지 않도록 하여야 한다.
  - 안전난간의 용도로 사용되는 상부수평재의 설치높이는 작업 발판면으로부터 0.9[m] 이상이어야 하며, 중간수평재는 설치높이의 중앙부에 설치(설치높이가 1.2[m]를 넘는 경우에는 2단 이상의 중간수평재를 설치하여 각각의 사이 간격이 0.6[m] 이하가 되도록 설치)하여야 한다.
- 가 새
  - 대각으로 설치하는 가새는 비계의 외면으로 수평면에 대해 40~60° 방향으로 설치하며 수평재 및 수직재에 결속한다.
  - 가새의 설치간격은 시공 여건을 고려하여 구조검토를 실시한 후에 설치하여야 한다.
- 벽 이음
  - 벽 이음재의 배치간격은 산업안전보건기준에 관한 규칙 제69조에 따라 제조사가 정한 기준에 따라 설치한다.

ⓞ 이동식 비계(산업안전보건기준에 관한 규칙 제68조, 가설공사 표준안전 작업지침 제13조, KCS 21 60 10)

- 이동식 비계의 바퀴에는 뜻밖의 갑작스러운 이동 또는 전도를 방지하기 위하여 브레이크, 쐐기 등으로 바퀴를 고정시킨 다음 비계의 일부를 견고한 시설물에 고정하거나 아웃트리거(Outrigger)를 설치하는 등 필요한 조치를 해야 한다.
- 승강용사다리는 견고하게 설치할 것
- 비계의 최상부에서 작업을 하는 경우에는 안전난간을 설치할 것
- 작업발판은 항상 수평을 유지하고 작업발판 위에서 안전난간을 딛고 작업을 하거나 받침대 또는 사다리를 사용하여 작업하지 않도록 할 것
- 작업발판의 최대 적재하중은 250[kg]을 초과하지 않도록 할 것
- 안전담당자의 지휘하에 작업을 행하여야 한다.
- 이동식 비계의 조립 전에 구조, 강도, 기능 및 재료 등에 결함이 없는지 면밀히 검토하며, 조립도에 따라 설치한다.
- 부재의 접속부, 교차부는 확실하게 연결하여야 한다.
- 작업대에는 안전난간을 설치하여야 하며 낙하물 방지 조치를 설치하여야 한다.

- 작업이 이루어지는 상단에는 안전난간과 발끝막이판을 설치하며, 부재의 이음부, 교차부는 사용 중 쉽게 탈락하지 않도록 결합하여야 한다.
- 작업상 부득이하거나 승강을 위하여 안전난간을 분리할 때에는 작업 후 즉시 재설치하여야 한다.
- 작업대의 발판은 전면에 걸쳐 빈틈없이 깔아야 한다.
- 이동할 때에는 작업원이 없는 상태이어야 한다.
- 비계의 이동에는 충분한 인원배치를 하여야 한다.
- 이동 시 작업지휘자는 방향과 높이 측정을 하려고 비계 위에 탑승하지 말 것
- 비계의 높이는 밑변 최소 폭의 4배 이하이어야 한다.
- 비계의 일부를 건물에 체결하여 이동, 전도 등을 방지하여야 한다.
- 불의의 이동을 방지하기 위한 제동장치를 반드시 갖추어야 한다.
- 발바퀴에는 제동장치를 반드시 갖추어야 하고 이동할 때를 제외하고는 항상 작동시켜 두어야 한다.
- 경사면에서 사용할 경우에는 각종 잭을 이용하여 주틀을 수직으로 세워 작업바닥의 수평이 유지되도록 하여야 한다.
- 낙하물의 위험이 있는 경우에는 유효한 천장을 설치한다.
- 최대 적재하중을 표시하여야 한다.
- 안전모를 착용하여야 하며 지지로프를 설치하여야 한다.
- 재료, 공구의 오르내리기에는 포대, 로프 등을 이용하여야 한다.
- 작업장 부근에 고압선 등이 있는가를 확인하고 적절한 방호조치를 취하여야 한다.
- 상하에서 동시에 작업을 할 때에는 충분한 연락을 취하면서 작업을 하여야 한다.

㉩ 달비계(산업안전보건기준에 관한 규칙 제63조, 가설공사 표준안전 작업지침 제10조, KCS 21 60 10)

- 달기체인과 달기틀은 방호장치 자율안전기준에 적합하여야 한다.
- 달비계의 최대 적재하중을 정함에 있어서 활용하는 안전계수의 기준(산업안전보건기준에 관한 규칙 제55조)
  - 10 이상 : 달기 와이어로프, 달기강선
  - 5 이상 : 달기체인, 달기훅, 목재로 된 달기강대·달비계의 하부 및 상부 지점
  - 2.5 이상 : 강재로 된 달기강대·달비계의 하부 및 상부 지점
- 달비계의 (재사용하는)달기체인의 사용금지 기준
  - 달기체인의 길이가 달기체인이 제조된 때의 길이의 5[%]를 초과한 것
  - 링의 단면지름이 달기체인이 제조된 때의 해당 링의 지름의 10[%]를 초과하여 감소한 것
  - 균열이 있거나 심하게 변형된 것
- 달비계의 와이어로프의 사용금지 기준
  - 이음매가 있는 것
  - 와이어로프의 한 꼬임에서 끊어진 소선의 수가 10[%] 이상인 것(필러선 제외, 비자전로프의 경우에는 끊어진 소선의 수가 와이어로프 호칭지름의 6배 길이 이내에서 4개 이상이거나 호칭지름 30배 길이 이내에서 8개 이상)
  - 지름의 감소가 공칭지름의 7[%]를 초과하는 것
  - 심하게 변형되거나 부식된 것
  - 꼬인 것
  - 열과 전기충격에 의해 손상된 것
- 달비계의 섬유로프 또는 섬유벨트의 사용금지 기준
  - 꼬임이 끊어진 것
  - 심하게 손상되거나 부식된 것
- 달기강선 및 달기강대는 심하게 손상·변형 또는 부식된 것을 사용하지 않도록 할 것
- 달기 와이어로프, 달기체인, 달기강선, 달기강대 또는 달기섬유로프는 한쪽 끝을 비계의 보 등에, 다른 쪽 끝을 내민 보, 앵커볼트 또는 건축물의 보 등에 각각 풀리지 않도록 설치할 것
- 작업발판의 재료는 뒤집히거나 떨어지지 않도록 비계의 보 등에 연결하거나 고정시킬 것
- 비계가 흔들리거나 뒤집히는 것을 방지하기 위하여 비계의 보·작업발판 등에 버팀을 설치하는 등 필요한 조치를 할 것
- 선반 비계에서는 보의 접속부 및 교차부를 철선·이음철물 등을 사용하여 확실하게 접속시키거나 단단하게 연결시킬 것

- 와이어로프, 달기체인, 달기강선 또는 달기로프는 한 쪽 끝을 비계의 보 등에 다른 쪽 끝을 영구 구조체에 각각 부착시켜야 한다.
- 체인을 이용한 달비계의 체인, 띠장 및 장선의 간격은 1.5[m] 이내로 하며, 작업발판과 철골보와의 거리는 0.5[m] 이상을 유지하여야 한다.
- 비계를 달아매는 체인은 보와 띠장을 고리형으로 체결하여야 한다. 체인이 짧을 경우에는 달대각의 최대 각도가 45° 이하가 되도록 하여야 한다.
- 체인을 이용한 달비계의 외부로 돌출 되는 띠장과 장선의 길이는 1[m] 정도로 하여 끝을 맞추되, 그 끝에는 미끄럼막이를 설치하여야 한다.
- 달기틀의 설치간격은 1.8[m] 이하로 하며, 철골보에 확실하게 체결하여야 한다.
- 작업바닥의 테두리 부분에 낙하물 방지를 위한 발끝막이판과 추락방지를 위한 안전난간을 설치하여야 한다. 다만, 안전난간의 설치가 곤란하거나 작업 필요상 임의로 난간을 해체하여야 하는 경우에는 망을 치거나 안전대를 사용하여야 한다.
- 안전난간이 설치된 외부 면과 외부로 돌출된 부분에는 추락방호망을 설치하여야 한다.
- 비계의 보, 작업발판에 버팀을 설치하는 등의 동요 또는 이탈을 방지하기 위한 조치를 하여야 한다.
- 작업바닥 위에서 받침대나 사다리를 사용하지 않아야 한다.
- 달비계에 자재를 적재하지 않아야 한다.
- 비계의 승강 시에는 작업발판의 수평이 유지되도록 하여야 한다.
- 승강하는 경우 작업대는 수평을 유지하도록 하여야 한다.
- 와이어로프를 설치할 경우에는 와이어로프용 부속철물을 사용하여야 하며, 와이어로프는 수리하여 사용하지 않아야 한다.
- 와이어로프의 일단은 권상기에 확실히 감겨져 있어야 하며 권상기에는 제동장치를 설치하여야 한다.
- 와이어로프의 변동 각이 90°보다 작은 권상기의 지름은 와이어로프 지름의 10배 이상이어야 하며, 변동 각이 90° 이상인 경우에는 15배 이상이어야 한다.
- 달기틀에 설치된 작업발판과 보조재 등을 매달고 이동할 경우에는 낙하하지 않도록 고정시켜야 한다.
- 안전담당자의 지휘하에 작업을 진행하여야 한다.
- 허용하중 이상의 작업원이 타지 않도록 하여야 한다.
- 작업발판은 40[cm] 이상의 폭이어야 하며, 틈새가 없도록 하고 움직이지 않게 고정하여야 한다.
- 발판 위 약 10[cm] 위까지 발끝막이판을 설치하여야 한다.
- 난간은 안전난간을 설치하여야 하며, 움직이지 않게 고정하여야 한다.
- 작업성질상 안전난간을 설치하는 것이 곤란하거나 임시로 안전난간을 해체하여야 하는 경우에는 방망을 치거나 안전대를 착용하여야 한다.
- 안전모와 안전대를 착용하여야 한다.
- 달비계 위에서는 각립사다리 등을 사용해서는 안 된다.
- 난간 밖에서 작업하지 않도록 하여야 한다.
- 달비계의 동요 또는 전도를 방지할 수 있는 장치를 하여야 한다.
- 급작스런 행동으로 인한 비계의 동요, 전도 등을 방지하여야 한다.
- 추락에 의한 근로자의 위험을 방지하기 위하여 달비계에 구명줄을 설치하여야 한다.
- 근로자의 추락 위험을 방지하기 위하여 달비계에 안전대 및 구명줄을 설치하고, 안전난간을 설치할 수 있는 구조인 경우에는 안전난간을 설치할 것
- 사업주는 달비계에서 근로자에게 작업을 시키는 경우에 작업을 시작하기 전에 그 달비계에 대하여 점검하고 이상을 발견하면 즉시 보수하여야 한다.
- 작업의자형 달비계 설치 시 준수사항
  - 달비계의 작업대는 나무 등 근로자의 하중을 견딜 수 있는 강도의 재료(작업용 섬유로프, 구명줄 및 고정점)를 사용하여 견고한 구조로 제작할 것
  - 작업대의 모서리 네 개에 로프를 매달아 작업대가 뒤집히거나 떨어지지 않도록 연결할 것
  - 작업용 섬유로프는 콘크리트에 매립된 고리, 건축물의 콘크리트 또는 철재 구조물 등 2개 이상의 견고한 고정점에 풀리지 않도록 결속할 것

- 작업용 섬유로프와 구명줄은 다른 고정점에 결속되도록 할 것
- 근로자가 작업용 섬유로프에 작업대를 연결하여 하강하는 방법으로 작업을 하는 경우 근로자의 조종 없이는 작업대가 하강하지 않도록 할 것
- 작업용 섬유로프 또는 구명줄이 결속된 고정점의 로프는 다른 사람이 풀지 못하게 하고 작업 중임을 알리는 경고표지를 부착할 것
- 작업용 섬유로프와 구명줄이 건물이나 구조물의 끝부분, 날카로운 물체 등에 의하여 절단되거나 마모될 우려가 있는 경우에는 로프에 이를 방지할 수 있는 보호 덮개를 씌우는 등의 조치를 할 것
- 달비계에 다음 각 목의 작업용 섬유로프 또는 안전대의 섬유벨트를 사용하지 않을 것
  ⓐ 꼬임이 끊어진 것
  ⓑ 심하게 손상되거나 부식된 것
  ⓒ 2개 이상의 작업용 섬유로프 또는 섬유벨트를 연결한 것
  ⓓ 작업높이보다 길이가 짧은 것
- 근로자의 추락 위험을 방지하기 위하여 다음의 조치를 할 것
  ⓐ 달비계에 구명줄을 설치할 것
  ⓑ 근로자에게 안전대를 착용하도록 하고 근로자가 착용한 안전줄을 달비계의 구명줄에 체결하도록 할 것

ⓩ 말비계(산업안전보건기준에 관한 규칙 제67조, 가설공사 표준안전 작업지침 제12조, KCS 21 60 10)
- 지주부재의 하단에는 미끄럼방지 장치를 하고, 근로자가 양측 끝부분에 올라서서 작업하지 않도록 한다.
- 지주부재와 수평면의 기울기를 75° 이하로 하고, 지주부재와 지주부재 사이를 고정시키는 보조부재를 설치할 것
- 말비계용 사다리는 기둥재(지주부재)와 수평면과의 각도는 75° 이하, 기둥재와 받침대와의 각도는 85° 이하가 되도록 설치한다.
- 말비계의 높이가 2[m]를 초과한 경우에는 작업발판의 폭을 40[cm] 이상으로 한다.
- 말비계의 각 부재는 구조용 강재나 알루미늄 합금재 등을 사용하여야 한다.
- 말비계에는 벌어짐을 방지하는 장치와 기둥재의 밑둥에 미끄럼방지 장치가 있어야 한다.
- 말비계의 설치높이는 2[m] 이하이어야 한다.
- 지주부재와 지주부재 사이를 고정시키는 보조부재를 설치한다.
- 각 부에는 미끄럼방지 장치를 하여야 하며, 제일 상단에 올라서서 작업하지 말아야 한다.
- 말비계는 수평을 유지하여 한쪽으로 기울지 않도록 하여야 한다.
- 말비계는 벌어짐을 방지할 수 있는 구조이어야 하며, 이동하지 않도록 견고히 고정하여야 한다.
- 계단실에서는 보조지지대나 수평연결 등을 하여 말비계가 전도되지 않도록 하여야 한다.
- 말비계에 사용되는 작업발판의 전체 폭은 0.4[m] 이상, 길이는 0.6[m] 이상으로 한다.
- 작업발판의 돌출길이는 100~200[mm] 정도로 하며, 돌출된 장소에서는 작업을 하지 않아야 한다.
- 작업 발판 위에서 받침대나 사다리를 사용하지 않아야 한다.
- 사다리의 각부는 수평하게 놓아서 상부가 한쪽으로 기울지 않도록 하여야 한다.

ⓚ 브래킷 비계(KCS 21 60 10)
- 비계기둥과 연결되는 부분에 이탈방지 기능이 있는 것이어야 한다.
- 벽용 브래킷 설치간격은 수평방향 1.8[m] 이내로 한다. 다만, 구조검토에 의해 안전성을 확인한 경우에는 브래킷 설치간격을 초과하여 설치할 수 있다.
- 선반 브래킷을 사용할 경우에는 비계기둥과 띠장의 교차부에 설치하여야 한다.
- 브래킷을 설치하기 전에 구조검토 결과에 의한 콘크리트 압축강도 및 앵커의 매입깊이에 따른 인발저항강도를 확인하여야 한다.
- 브래킷이 설치된 이후에는 앵커볼트, 지지마찰판 등의 조임 상태 등을 검사하여야 한다.
- 선반 브래킷을 설치한 층에는 수평가새 등으로 옆 흔들림이 방지될 수 있도록 보강하여야 한다.
- 브래킷 고정에 사용된 앵커는 브래킷 철거 후에 제거하고, 필요시 그 구멍을 메워야 한다.

ⓔ 달대비계(산업안전보건기준에 관한 규칙 제65조, 가설공사 표준안전 작업지침 제11조)
- 사업주는 달대비계를 조립하여 사용하는 경우 하중에 충분히 견딜 수 있도록 조치하여야 한다.
- 달대비계를 매다는 철선은 #8 소성철선을 사용하며 4가닥 정도로 꼬아서 하중에 대한 안전계수가 8 이상 확보되어야 한다.
- 철근을 사용할 때에는 19[mm] 이상을 쓰며 근로자는 반드시 안전모와 안전대를 착용하여야 한다.

ⓟ 달비계 또는 높이 5[m] 이상의 비계를 조립·해체하거나 변경하는 작업을 하는 경우의 준수사항
- 근로자가 관리감독자의 지휘에 따라 작업하도록 할 것
- 조립·해체 또는 변경의 시기·범위 및 절차를 그 작업에 종사하는 근로자에게 주지시킬 것
- 조립·해체 또는 변경 작업구역에는 해당 작업에 종사하는 근로자가 아닌 사람의 출입을 금지하고 그 내용을 보기 쉬운 장소에 게시할 것
- 비, 눈, 그 밖의 기상상태의 불안정으로 날씨가 몹시 나쁜 경우에는 그 작업을 중지시킬 것
- 비계재료의 연결·해체작업을 하는 경우에는 폭 20[cm] 이상의 발판을 설치하고 근로자로 하여금 안전대를 사용하도록 하는 등 추락을 방지하기 위한 조치를 할 것
- 재료·기구 또는 공구 등을 올리거나 내리는 경우에는 근로자가 달줄 또는 달포대 등을 사용하게 할 것
- 강관비계 또는 통나무비계를 조립하는 경우 쌍줄로 하여야 한다. 다만, 별도의 작업발판을 설치할 수 있는 시설을 갖춘 경우에는 외줄로 할 수 있다.

ⓗ 비계를 조립, 해체하거나 또는 변경한 후 그 비계에서 작업을 할 때 당해 작업 시작 전에 점검하여야 하는 사항
- 발판 재료의 손상 여부 및 부착 또는 걸림 상태
- 해당 비계의 연결부 또는 접속부의 풀림 상태
- 연결 재료 및 연결 철물의 손상 또는 부식 상태
- 손잡이의 탈락 여부
- 기둥의 침하, 변형, 변위 또는 흔들림 상태
- 로프의 부착 상태 및 매단 장치의 흔들림 상태

㉮ 비계의 조립, 해체 또는 변경작업의 특별안전보건교육 내용
- 비계의 조립순서 및 방법에 관한 사항
- 비계작업의 재료취급 및 설치에 관한 사항
- 추락재해방지에 관한 사항
- 보호구 착용에 관한 사항
- 비계상부작업 시 최대적재하중에 관한 사항
- 그 밖에 안전·보건관리에 필요한 사항

㉯ 고소 가설작업대(KCS 21 60 10)
- 수급인은 시공 시 공급자가 제시한 고소 가설작업대의 설치 및 해체방법과 안전수칙을 준수하여야 한다.
- 고소 가설작업대는 숙련된 기술자에 의하여 시공되어야 하며, 그 외의 경우 시공 전 근로자에게 고소 가설작업대에 대한 충분한 교육을 실시하여야 한다.
- 고소 가설작업대 설치 및 해체작업은 사전 작업방법, 작업순서, 점검항목, 점검기준 등에 관한 안전작업 계획을 수립하고, 작업 시 관리감독자를 지정하여 감독하도록 하여야 한다.
- 고소 가설작업대의 외관상 휨이나 변형이 없는지, 설계도면의 치수와 잘 맞는지 점검한 후 정확히 조립하도록 한다.
- 고소 가설작업대에는 근로자가 안전하게 구조물 내부에서 작업발판으로 출입, 이동할 수 있도록 작업발판의 연결, 이동 통로를 설치하여야 한다.
- 고소 가설작업대 근로자는 가설작업대와 작업발판에 충격을 가하지 않도록 주의하여야 한다.
- 고소 가설작업대의 활동속도는 콘크리트가 부담하는 전 하중을 고려하여 콘크리트가 발휘하여야 하는 압축강도, 품질, 시공조건 등을 고려하여 결정하여야 한다.
- 타워크레인으로 고소 가설작업대를 인양하는 경우 고소 가설작업대 하중 및 인양장비의 단계별 양중하중에 대한 사전검토를 수행하여야 하며 보조 로프를 사용하여 고소 가설작업대의 출렁임을 최소화하여야 한다.
- 설치 후 고소 가설작업대의 조립상태, 뒤틀림 및 변형 여부, 부속철물의 위치와 간격, 접합 정도와 용접부의 이상 유무를 확인하여야 한다.

③ 거푸집 동바리(산업안전보건기준에 관한 규칙 제2편 제4장 제1절)

㉠ 거푸집 동바리의 개요
- 콘크리트 타설을 위한 거푸집 동바리의 구조 검토 시 가장 선행되어야 할 작업은 가설물에 작용하는 하중 및 외력의 종류, 크기 산정 등이다.

- 거푸집의 종류 : 메탈 폼, 슬라이딩 폼, 워플 폼, 페코빔
  - 슬라이딩 폼 : 로드(Rod), 유압잭(Jack) 등을 이용하여 거푸집을 연속적으로 이동시키면서 콘크리트를 타설할 때 사용되는 것으로 Silo 공사 등에 적합한 거푸집
- 작업발판 일체형 거푸집 : 갱 폼, 슬립 폼, 클라이밍 폼, 터널라이닝 폼 등
- 시스템 동바리 : 규격화·부품화된 수직재, 수평재 및 가새재 등의 부재를 현장에서 조립하여 거푸집으로 지지하는 동바리 형식
- 파이프 서포트의 좌굴하중(P_B) : $P_B = n\pi^2 \frac{EI}{l^2}$($n$: 단말계수 또는 기둥의 고정계수, l : 기둥의 길이, I : 기둥의 최소단면2차모멘트 또는 관성모멘트)

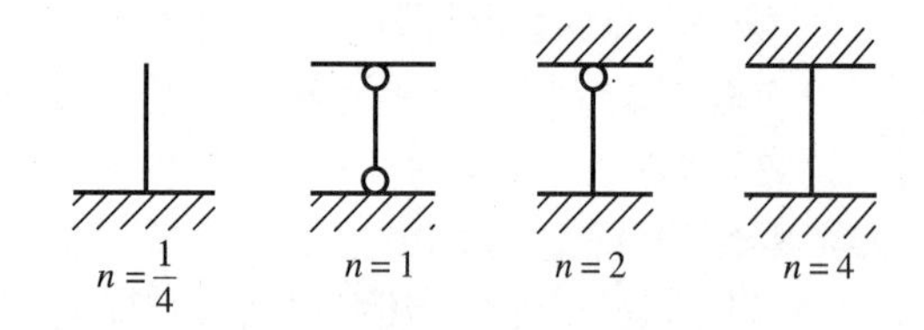

- 거푸집의 일반적인 조립순서 : 기둥 → 보받이 내력벽 → 큰보 → 작은보 → 바닥판 → 내벽 → 외벽
- 층고가 높은 슬래브 거푸집 하부에 적용하는 무지주 공법 : 보우빔(Bow Beam), 철근일체형 데크플레이트(Deck Plate), 페코빔(Pecco Beam)

ⓑ 거푸집동바리에 작용하는 하중
- 연직방향하중 : 거푸집의 자중, 철근콘크리트의 자중, 콘크리트중량, 적재되는 시공기계 등의 중량, 작업자 중량, 고정하중, 작업하중, 충격하중
- 횡하중 : 콘크리트 측압, 풍하중, 지진하중

ⓒ 거푸집동바리 조립도에 명시해야 할 사항 : 부재의 명칭, 부재의 재질, 부재의 규격(단면규격), 설치간격, 이음방법

ⓓ 강재 거푸집과 비교한 합판 거푸집의 특성
- 외기 온도의 영향이 적다.
- 녹이 슬지 않음으로 보관하기가 쉽다.
- 중량이 가볍다.
- 보수가 간단하다.

ⓔ 거푸집 작업 시 안전담당자의 직무
- 안전한 작업방법을 결정하고 작업을 지휘하는 일
- 재료, 기구의 유무를 점검하고 불량품을 제거하는 일
- 작업 중 안전대 및 안전모 등 보호구 착용상태를 감시하는 일

ⓕ 거푸집 동바리 등을 조립하는 경우에 준수하여야 할 사항
- 깔목의 사용, 콘크리트 타설, 말뚝박기 등 동바리의 침하를 방지하기 위한 조치를 할 것
- 개구부 상부에 동바리를 설치하는 경우에는 상부하중을 견딜 수 있는 견고한 받침대를 설치할 것
- 동바리의 상하 고정 및 미끄럼방지조치를 하고, 하중의 지지 상태를 유지할 것
- 동바리의 이음은 맞댄이음이나 장부이음으로 하고 같은 품질의 재료를 사용할 것
- 강재와 강재의 접속부 및 교차부는 볼트·클램프 등 전용철물을 사용하여 단단히 연결할 것
- 거푸집이 곡면인 경우에는 버팀대의 부착 등 그 거푸집의 부상을 방지하기 위한 조치를 할 것
- 동바리로 사용하는 강관(파이프 서포트 제외)에 대해서는 다음의 사항을 따를 것
  - 높이 2[m] 이내마다 수평연결재를 2개 방향으로 만들고 수평연결재의 변위를 방지할 것
  - 멍에 등을 상단에 올릴 경우에는 해당 상단에 강재의 단판을 붙여 멍에 등을 고정시킬 것
- 동바리로 사용하는 파이프 서포트에 대해서는 다음의 사항을 따를 것
  - 파이프 서포트를 3개 이상 이어서 사용하지 않도록 할 것
  - 파이프 서포트를 이어서 사용하는 경우에는 4개 이상의 볼트 또는 전용철물을 사용하여 이을 것
  - 높이가 3.5[m]를 초과하는 경우에는 높이 2[m] 이내마다 수평연결재를 2개 방향으로 만들고 수평연결재의 변위를 방지할 것
- 동바리로 사용하는 강관틀에 대해서는 다음의 사항을 따를 것
  - 강관틀과 강관틀 사이에 교차가새를 설치할 것
  - 최상층 및 5층 이내마다 거푸집 동바리의 측면과 틀면의 방향 및 교차가새의 방향에서 5개 이내마다 수평연결재를 설치하고 수평연결재의 변위를 방지할 것

- 최상층 및 5층 이내마다 거푸집 동바리의 틀면의 방향에서 양단 및 5개틀 이내마다 교차가새의 방향으로 띠장틀을 설치할 것
- 멍에 등을 상단에 올릴 경우에는 해당 상단에 강재의 단판을 붙여 멍에 등을 고정시킬 것

• 동바리로 사용하는 조립강주에 대해서는 다음 각목의 사항을 따를 것
- 멍에 등을 상단에 올릴 경우에는 해당 상단에 강재의 단판을 붙여 멍에 등을 고정시킬 것
- 높이가 4[m]를 초과하는 경우에는 높이 4[m] 이내마다 수평연결재를 2개 방향으로 설치하고 수평연결재의 변위를 방지할 것

• 시스템 동바리(규격화 · 부품화된 수직재, 수평재 및 가새재 등의 부재를 현장에서 조립하여 거푸집으로 지지하는 동바리 형식)는 다음의 방법에 따라 설치할 것
- 수평재는 수직재와 직각으로 설치하여야 하며, 흔들리지 않도록 견고하게 설치할 것
- 연결철물을 사용하여 수직재를 견고하게 연결하고, 연결 부위가 탈락 또는 꺾어지지 않도록 할 것
- 수직 및 수평하중에 의한 동바리 본체의 변위로부터 구조적 안전성이 확보되도록 조립도에 따라 수직재 및 수평재에는 가새재를 견고하게 설치하도록 할 것
- 동바리 최상단과 최하단의 수직재와 받침철물은 서로 밀착되도록 설치하고 수직재와 받침철물의 연결부의 겹침길이는 받침철물 전체 길이의 3분의 1 이상 되도록 할 것

• 동바리로 사용하는 목재에 대해서는 다음의 사항을 따를 것
- 높이 2[m] 이내마다 수평연결재를 2개 방향으로 만들고 수평연결재의 변위를 방지할 것
- 목재를 이어서 사용하는 경우에는 2개 이상의 덧댐목을 대고 네 군데 이상 견고하게 묶은 후 상단을 보나 멍에에 고정시킬 것

• 보로 구성된 것은 다음의 사항을 따를 것
- 보의 양끝을 지지물로 고정시켜 보의 미끄러짐 및 탈락을 방지할 것
- 보와 보 사이에 수평연결재를 설치하여 보가 옆으로 넘어지지 않도록 견고하게 할 것

• 거푸집을 조립하는 경우에는 거푸집이 콘크리트 하중이나 그 밖의 외력에 견딜 수 있거나, 넘어지지 않도록 견고한 구조의 긴결재, 버팀대 또는 지지대를 설치하는 등 필요한 조치를 할 것
• 재료, 기구 또는 공구 등을 올리거나 내리는 경우에는 근로자로 하여금 달줄 · 달포대 등을 사용하도록 할 것
• 낙하 · 충격에 의한 돌발적 재해를 방지하기 위하여 버팀목을 설치하고 거푸집 동바리 등을 인양장비에 매단 후에 작업을 하도록 하는 등 필요한 조치를 할 것
• 비, 눈, 그 밖의 기상상태의 불안정으로 날씨가 몹시 나쁜 경우에는 그 작업을 중지할 것
• 해당 작업을 하는 구역에는 관계 근로자가 아닌 사람의 출입을 금지할 것

ⓢ 깔판 및 깔목 등을 끼워서 계단 형상으로 조립하는 거푸집 동바리에 대하여 ⓗ의 사항 및 다음의 사항을 준수하여야 한다.
• 거푸집의 형상에 따른 부득이한 경우를 제외하고는 깔판 · 깔목 등을 2단 이상 끼우지 않도록 할 것
• 깔판 · 깔목 등을 이어서 사용하는 경우에는 그 깔판 · 깔목 등을 단단히 연결할 것
• 동바리는 상 · 하부의 동바리가 동일 수직선 상에 위치하도록 하여 깔판 · 깔목 등에 고정시킬 것

④ 흙막이 지보공

㉠ 토사붕괴에 따른 재해를 방지하기 위한 흙막이 지보공 설비를 구성하는 부재로는 흙막이판, 말뚝, 띠장, 버팀대 등이 있다.

㉡ 흙막이 지보공의 조립도에 명시되어야 할 사항
• 부재의 배치
• 부재의 치수
• 부재의 재질
• 설치방법과 순서

㉢ 흙막이 지보공의 정기점검사항(정기적으로 점검하여 이상발견 시 즉시 보수하여야 하는 사항)
• 부재의 손상 · 변형 · 부식 · 변위 및 탈락의 유무와 상태
• 부재의 접속부, 부착 및 교차부의 상태
• 버팀대의 긴압의 정도
• 침하의 정도

㉣ 흙막이 지보공의 안전조치
- 굴착배면에 배수로 설치
- 지하매설물에 대한 조사 실시
- 조립도의 작성 및 작업순서 준수
- 흙막이 지보공에 대한 조사 및 점검 철저

⑤ 사다리

㉠ 옥외용 사다리 : 철재를 원칙으로 하며, 길이가 10[m] 이상인 때에는 5[m] 이내의 간격으로 계단참을 두어야 하고 사다리 전면의 사방 75[cm] 이내에는 장애물이 없어야 한다.

㉡ 목재사다리
- 재질은 건조된 것으로 옹이, 갈라짐, 흠 등의 결함이 없고 곧은 것이어야 한다.
- 수직재와 발 받침대는 장부촉 맞춤으로 하고 사개를 파서 제작하여야 한다.
- 발 받침대의 간격은 25~35[cm]로 하여야 한다.
- 이음 또는 맞춤부분은 보강하여야 한다.
- 벽면과의 이격거리는 20[cm] 이상으로 하여야 한다.

㉢ 철재사다리
- 수직재와 발 받침대는 횡좌굴을 일으키지 않도록 충분한 강도를 가진 것으로 하여야 한다.
- 발 받침대는 미끄러짐을 방지하기 위한 미끄럼방지장치를 하여야 한다.
- 받침대의 간격은 25~35[cm]로 하여야 한다.
- 사다리 몸체 또는 전면에 기름 등과 같은 미끄러운 물질이 묻어 있어서는 아니 된다.

㉣ 이동식 사다리
- 기둥과 수평면과의 각도 75° 이하로 해야 한다.
- 폭은 최소 30[cm] 이상으로 할 것
- 재료는 심한 손상, 부식 등이 없는 것으로 할 것
- 발판의 간격은 동일하게 할 것
- 길이가 6[m]를 초과해서는 안 된다.
- 다리의 벌림은 벽 높이의 1/4 정도가 적당하다.
- 벽면 상부로부터 최소한 60[cm] 이상의 연장길이가 있어야 한다.

㉤ 미끄럼방지 장치
- 사다리 지주의 끝에 고무, 코르크, 가죽, 강스파이크 등을 부착시켜 바닥과의 미끄럼을 방지하는 안전장치가 있어야 한다.
- 쐐기형 강스파이크는 지반이 평탄한 맨땅위에 세울 때 사용하여야 한다.
- 미끄럼방지 판자 및 미끄럼 방지 고정쇠는 돌마무릴 또는 인조석 깔기마감 한 바닥용으로 사용하여야 한다.
- 미끄럼방지 발판은 인조고무 등으로 마감한 실내용을 사용하여야 한다.

㉥ 기계사다리
- 추락방지용 보호손잡이 및 발판이 구비되어야 한다.
- 작업자는 안전대를 착용하여야 한다.
- 사다리가 움직이는 동안에는 작업자가 움직이지 않도록 사전에 충분한 교육을 시켜야 한다.

㉦ 연장사다리
- 연장사다리를 이용하여 도르래와 당김줄에 의하여 임의의 길이로 연장 또는 축소시킬 수 있다.
- 총 길이는 15[m]를 초과할 수 없다.
- 사다리의 길이를 고정시킬 수 있는 잠금쇠와 브라켓을 구비하여야 한다.
- 도르래 및 로프는 충분한 강도를 가진 것이어야 한다.

㉧ 사다리 작업
- 안전하게 수리될 수 없는 사다리는 작업장 외로 반출시켜야 한다.
- 사다리는 작업장에서 위로 60[cm] 이상 연장되어 있어야 한다.
- 상부와 하부가 움직일 염려가 있을 때는 작업자 이외의 감시자가 있어야 한다.
- 부서지기 쉬운 벽돌 등을 받침대로 사용하여서는 안 된다.
- 작업자는 복장을 단정히 하여야 하며, 미끄러운 장화나 신발을 신어서는 안 된다.
- 지나치게 부피가 크거나 무거운 짐을 운반하는 것을 피하여야 한다.
- 출입문 부근에 사다리를 설치할 경우에는 반드시 감시자가 있어야 한다.
- 금속사다리는 전기설비가 있는 곳에서는 사용하지 말아야 한다.
- 사다리를 다리처럼 사용하여서는 안 된다.

⑥ 가설통로

㉠ 가설통로의 기본 구조(산업안전보건기준에 관한 규칙)
- 견고한 구조로 할 것

- 경사는 30° 이하로 할 것(계단을 설치하거나 높이 2[m] 미만의 가설통로로서 튼튼한 손잡이를 설치한 경우에는 예외)
- 경사가 15°를 초과하는 경우에는 미끄러지지 아니하는 구조로 할 것
- 추락할 위험이 있는 장소에는 안전난간을 설치할 것(작업장의 부득이한 경우에는 필요한 부분만 임시로 해체가능)
- 수직갱에 가설된 통로의 길이가 15[m] 이상인 경우에는 10[m] 이내마다 계단참을 설치할 것
- 건설공사에 사용하는 높이 8[m] 이상인 비계다리에는 7[m] 이내마다 계단참을 설치할 것

㉡ 가설 경사로

- 시공하중 또는 폭풍, 진동 등 외력에 대하여 안전하도록 설계하여야 한다.
- 경사로는 항상 정비하고 안전통로를 확보하여야 한다.
- 경사가 15°를 초과하는 경우에는 미끄러지지 아니하는 구조로 할 것
- 비탈면의 경사각은 30° 이내로 한다(계단을 설치하거나 높이 2[m] 미만의 가설통로로서 튼튼한 손잡이를 설치한 경우에는 예외).
- 미끄럼막이 간격

경사각	미끄럼막이 간격
30°	30[cm]
29°	33[cm]
27°	35[cm]
24°15′	37[cm]
22°	40[cm]
19°20′	43[cm]
17°	45[cm]
14°	47[cm]

- 경사로의 폭은 최소 90[cm] 이상이어야 한다.
- 건설공사에 사용하는 높이 8[m] 이상인 비계다리에는 7[m] 이내마다 계단참을 설치할 것
- 수직갱에 가설된 통로의 길이가 15[m] 이상인 경우에는 10[m] 이내마다 계단참을 설치할 것
- 추락방지용 안전난간을 설치하여야 한다.
- 추락의 위험이 있는 장소에는 안전난간을 설치할 것(작업상 부득이한 때에는 필요한 부분에 한하여 임시로 이를 해체할 수 있다)
- 목재는 미송, 육송 또는 그 이상의 재질을 가진 것이어야 한다.
- 경사로 지지기둥은 3[m] 이내마다 설치하여야 한다.
- 발판은 폭 40[cm] 이상으로 하고, 틈은 3[cm] 이내로 설치하여야 한다.
- 발판이 이탈하거나 한쪽 끝을 밟으면 다른쪽이 들리지 않게 장선에 결속하여야 한다.
- 결속용 못이나 철선이 발에 걸리지 않아야 한다.

㉢ 통로발판

- 근로자가 작업 및 이동하기에 충분한 넓이가 확보되어야 한다.
- 추락의 위험이 있는 곳에는 안전난간이나 철책을 설치하여야 한다.
- 발판을 겹쳐 이음하는 경우 장선 위에서 이음을 하고 겹침길이는 20[cm] 이상으로 하여야 한다.
- 발판 1개에 대한 지지물은 2개 이상이어야 한다.
- 작업발판의 최대폭은 1.6[m] 이내이어야 한다.
- 작업발판 위에는 돌출된 못, 옹이, 철선 등이 없어야 한다.
- 비계발판의 구조에 따라 최대 적재하중을 정하고 이를 초과하지 않도록 하여야 한다.

㉣ 사다리식 통로(산업안전보건기준에 관한 규칙 제24조)

- 견고한 구조로 할 것
- 심한 손상·부식 등이 없는 재료를 사용할 것
- 발판의 간격은 일정하게 할 것
- 발판과 벽과의 사이는 15[cm] 이상의 간격을 유지할 것
- 폭은 30[cm] 이상으로 할 것
- 사다리가 넘어지거나 미끄러지는 것을 방지하기 위한 조치를 할 것
- 사다리의 상단은 걸쳐놓은 지점으로부터 60[cm] 이상 올라가도록 할 것
- 사다리식 통로의 길이가 10[m] 이상인 경우에는 5[m] 이내마다 계단참을 설치할 것
- 사다리식 통로의 기울기는 75° 이하로 할 것(다만, 고정식 사다리식 통로의 기울기는 90° 이하로 하고, 그 높이가 7[m] 이상인 경우에는 바닥으로부터 높이가 2.5[m]되는 지점부터 등받이울을 설치할 것)

• 접이식 사다리 기둥은 사용 시 접혀지거나 펼쳐지지 않도록 철물 등을 사용하여 견고하게 조치할 것
• 사다리의 앞쪽에 장애물이 있는 경우는 사다리의 발판과 장애물과의 사이 간격은 60[cm] 이상으로 할 것. 다만, 장애물이 일부분일 경우는 발판과의 사이 간격은 40[cm] 이상으로 할 수 있다.

ⓜ 작업장 통로

• 통로의 주요 부분에는 통로표시를 하고, 근로자가 안전하게 통행할 수 있도록 하여야 한다.
• 통로에는 75[lx] 이상의 조명시설을 하여야 한다.
• 통로면으로부터 높이 2[m] 이내에는 장애물이 없도록 하여야 한다.
• 수직갱에 가설된 통로의 길이가 15[m] 이상인 때에는 10[m] 이내마다 계단참을 설치하여야 한다.
• 추락의 위험이 있는 곳에는 안전난간을 설치한다.
• 건설공사에 사용하는 높이 8[m] 이상인 비계다리는 7[m] 이내마다 계단참을 설치한다.

⑦ 가설도로

㉠ 공사용 가설도로

• 도로는 장비 및 차량이 안전하게 운행할 수 있도록 견고하게 설치한다.
• 도로는 배수를 위하여 경사지게 설치하거나 배수시설을 설치한다.
• 도로와 작업장이 접하여 있을 경우에는 방책 등을 설치한다.
• 차량의 속도제한 표지를 부착한다.

㉡ 공사용 가설도로를 설치하여 사용함에 있어서의 준수사항

• 도로의 표면은 장비 및 차량이 안전운행할 수 있도록 유지・보수하여야 한다.
• 장비사용을 목적으로 하는 진입로, 경사로 등은 주행하는 차량통행에 지장을 주지 않도록 만들어야 한다.
• 도로와 작업장 높이에 차가 있을 때는 바리케이드 또는 연석 등을 설치하여 차량의 위험 및 사고를 방지하도록 하여야 한다.
• 도로는 배수를 위해 도로 중앙부를 약간 높게하거나 배수시설을 하여야 한다.
• 운반로는 장비의 안전운행에 적합한 도로의 폭을 유지하여야 하며, 또한 모든 커브는 통상적인 도로폭보다 좀더 넓게 만들고 시계에 장애가 없도록 만들어야 한다.
• 커브 구간에서는 차량이 가시거리의 절반이내에서 정지할 수 있도록 차량의 속도를 제한하여야 한다.
• 최고 허용경사도는 부득이한 경우를 제외하고는 10[%]를 넘어서는 안 된다.
• 필요한 전기시설(교통신호등 포함), 신호수, 표지판, 바리케이트, 노면표지등을 교통 안전운행을 위하여 제공하여야 한다.
• 안전운행을 위하여 먼지가 일어나지 않도록 물을 뿌려주고 겨울철에는 눈이 쌓이지 않도록 조치하여야 한다.

㉢ 우회로

• 교통량을 유지시킬 수 있도록 계획되어야 한다.
• 시공 중인 교량이나 높은 구조물의 밑을 통과해서는 안되며 부득이 시공 중인 교량이나 높은 구조물의 밑을 통과하여야 할 경우에는 필요한 안전조치를 하여야 한다.
• 모든 교통통제나 신호등은 교통법규에 적합하도록 하여야 한다.
• 우회로는 항시 유지보수되도록 확실한 점검을 실시하여야 하며 필요한 경우에는 가설등을 설치하여야 한다.
• 우회로의 사용이 완료되면 모든 것을 원상복구하여야 한다.

⑧ 고소작업대(산업안전보건기준에 관한 규칙 제186조)

㉠ 개 요

• 고소작업대(Mobile Elevated Work Platform ; MEWP)란 작업자가 탈 수 있는 작업대를 승강시켜 높이가 2[m] 이상인 장소에서 작업을 하기 위하여 사용하는 것으로 작업대가 상승, 하강하는 설비 중에서 동력을 사용하여 스스로 이동할 수 있는 작업차량 또는 설비를 말한다.
• 고소작업대의 주요 구조부 : 작업대, 연장구조물(지브), 차대, 구동장치 및 유・공압계통, 제어반

㉠ 고소작업대 설치 기준
- 작업대를 와이어로프 또는 체인으로 올리거나 내릴 경우에는 와이어로프 또는 체인이 끊어져 작업대가 떨어지지 아니하는 구조여야 하며, 와이어로프 또는 체인의 안전율은 5 이상일 것
- 작업대를 유압에 의해 올리거나 내릴 경우에는 작업대를 일정한 위치에 유지할 수 있는 장치를 갖추고 압력의 이상 저하를 방지할 수 있는 구조일 것
- 권과방지장치를 갖추거나 압력의 이상상승을 방지할 수 있는 구조일 것
- 붐의 최대 지면경사각을 초과 운전하여 전도되지 않도록 할 것
- 작업대에 정격하중(안전율 5 이상)을 표시할 것
- 작업대에 끼임 · 충돌 등 재해를 예방하기 위한 가드 또는 과상승방지장치를 설치할 것
- 조작반의 스위치는 눈으로 확인할 수 있도록 명칭 및 방향표시를 유지할 것

㉡ 고소작업대 설치 준수사항
- 바닥과 고소작업대는 가능하면 수평을 유지하도록 할 것
- 갑작스러운 이동을 방지하기 위하여 아웃트리거 또는 브레이크 등을 확실히 사용할 것

㉢ 고소작업대 이동 시 준수사항
- 작업대를 가장 낮게 내릴 것
- 작업대를 올린 상태에서 작업자를 태우고 이동하지 말 것. 다만, 이동 중 전도 등의 위험예방을 위하여 유도하는 사람을 배치하고 짧은 구간을 이동하는 경우에는 그러하지 아니하다.
- 이동통로의 요철상태 또는 장애물의 유무 등을 확인할 것

㉣ 고소작업대 사용 시의 준수사항
- 작업자가 안전모 · 안전대 등의 보호구를 착용하도록 할 것
- 관계자가 아닌 사람이 작업구역에 들어오는 것을 방지하기 위하여 필요한 조치를 할 것
- 안전한 작업을 위하여 적정수준의 조도를 유지할 것
- 전로(電路)에 근접하여 작업을 하는 경우에는 작업감시자를 배치하는 등 감전사고를 방지하기 위하여 필요한 조치를 할 것
- 작업대를 정기적으로 점검하고 붐 · 작업대 등 각 부위의 이상 유무를 확인할 것
- 전환스위치는 다른 물체를 이용하여 고정하지 말 것
- 작업대는 정격하중을 초과하여 물건을 싣거나 탑승하지 말 것
- 작업대의 붐대를 상승시킨 상태에서 탑승자는 작업대를 벗어나지 말 것. 다만, 작업대에 안전대 부착설비를 설치하고 안전대를 연결하였을 때에는 그러하지 아니하다.

⑨ 그 밖의 건설가시설물

㉠ 안전난간
- 안전난간의 구성요소 : 상부난간대, 중간난간대, 발끝막이판, 난간기둥
- 표준안전난간의 설치장소 : 흙막이지보공의 상부, 중량물 취급개구부, 작업대 등
- 공구 등 물체가 작업발판에서 지상으로 낙하되지 않도록 하기 위하여 안전난간대에 폭목(Toe Board)을 댄다.
- 상부 난간대는 바닥면 · 발판 또는 경사로의 표면으로부터 90[cm] 이상 120[cm] 이하의 높이를 유지할 것
- 발끝막이판은 바닥면 등으로부터 10[cm] 이상의 높이를 유지할 것
- 난간대는 지름 2.7[cm] 이상의 금속제 파이프나 그 이상의 강도를 가진 재료일 것
- 안전난간은 임의의 점에서 임의의 방향으로 움직이는(구조적으로 가장 취약한 지점에서 가장 취약한 방향으로 작용하는) 100[kg] 이상의 하중에 견딜 수 있는 튼튼한 구조일 것
- 상부 난간대와 중간 난간대는 난간길이 전체에 걸쳐 바닥면과 평행을 유지할 것
- 난간기둥은 상부 난간대와 중간 난간대를 견고하게 떠받칠 수 있도록 적정간격을 유지할 것

㉡ 작업장 출입구
- 출입구의 위치, 수 및 크기가 작업장의 용도와 특성에 맞도록 할 것
- 출입구에 문을 설치하는 경우에는 근로자가 쉽게 열고 닫을 수 있도록 할 것
- 주된 목적이 하역운반기계용인 출입구에는 인접하여 보행자용 출입구를 따로 설치할 것

- 하역운반기계의 통로와 인접하여 있는 출입구에서 접촉에 의하여 근로자에게 위험을 미칠 우려가 있는 경우에는 비상등・비상벨 등 경보장치를 할 것
- 계단이 출입구와 바로 연결된 경우에는 작업자의 안전한 통행을 위하여 그 사이에 1.2[m] 이상 거리를 두거나 안내표지 또는 비상벨 등을 설치할 것(다만, 출입구에 문을 설치하지 아니한 경우에는 그러하지 아니 하다)

㉢ 작업발판(비계(달비계, 달대비계 및 말비계는 제외)의 높이가 2[m] 이상인 작업장소에 설치하는 작업발판)

- 작업발판의 설치가 필요한 비계의 높이는 최소 2[m] 이상으로 한다.
- 작업발판의 폭이 40[cm] 이상이 되도록 한다.
- 발판재료 간의 틈은 3[cm] 이하로 한다.
- 작업발판이 뒤집히거나 떨어지지 아니 하도록 2개 이상의 지지물에 연결하거나 고정한다.
- 추락의 위험성이 있는 장소에는 안전난간을 설치한다.
- 작업발판의 지지물은 하중에 의하여 파괴될 우려가 없는 것을 사용한다.
- 작업발판을 작업에 따라 이동시킬 경우에는 위험방지에 필요한 조치를 한다.

㉣ (가설) 계단 및 계단참

- 높이가 3[m]를 넘는 계단에는 높이 3[m] 이내마다 유효너비 1.2[m] 이상의 계단참을 설치할 것
- 높이 1[m] 이상인 계단의 개방된 측면에는 안전난간을 설치할 것
- 계단을 설치할 때 폭은 1[m] 이상으로 할 것
- 너비가 3[m]를 넘는 계단에는 계단의 중간에 너비 3[m] 이내마다 난간을 설치할 것. 다만, 계단의 단높이가 15[cm] 이하이고, 계단의 단너비가 30[cm] 이상인 경우에는 그러하지 아니하다.
- 계단의 유효 높이(계단의 바닥 마감면부터 상부 구조체의 하부 마감면까지의 연직방향의 높이)는 2.1[m] 이상으로 할 것
- 계단 및 계단참의 너비(옥내계단에 한정), 계단의 단높이 및 단너비의 칫수 기준(돌음계단의 단너비는 그 좁은 너비의 끝부분으로부터 30[cm]의 위치에서 측정)

구 분	유효너비	단높이	단너비
초등학교의 계단	150[cm] 이상	16[cm] 이하	26[cm] 이상
중・고등학교의 계단	150[cm] 이상	18[cm] 이하	26[cm] 이상
문화 및 집회시설(공연장・집회장 및 관람장)・판매시설	150[cm] 이상	18[cm] 이하	26[cm] 이상
• 계단을 설치하려는 층이 지상층인 경우 : 해당 층의 바로 위층부터 최상층(상부층 중 피난층이 있는 경우에는 그 아래층)까지의 거실 바닥면적의 합계가 200[m^2] 이상인 경우 • 계단을 설치하려는 층이 지하층인 경우 : 지하층 거실 바닥면적의 합계가 100[m^2] 이상인 경우	120[cm] 이상	-	-
기타의 계단	60[cm] 이상	-	-

- 계단을 설치하는 경우 단면으로부터 2[m] 이내의 공간에 장애물이 없도록 할 것
- 난간의 기둥간격은 120~150[cm]로 하며 적절한 조명설비를 갖춘다.
- 계단 및 계단참을 설치하는 경우 매 [m^2]당 500[kg] 이상의 하중에 견딜 수 있는 강도를 가진 구조로 설치하여야 하며, 안전율은 4 이상으로 하여야 한다.
- 계단 및 승강구 바닥을 구멍이 있는 재료로 만드는 경우 렌치나 그 밖의 공구 등이 낙하할 위험이 없는 구조로 하여야 한다.
- 계단을 대체하여 설치하는 경사로의 기준
  - 경사도는 1 : 8을 넘지 아니할 것
  - 표면을 거친 면으로 하거나 미끄러지지 아니하는 재료로 마감할 것
  - 경사로의 직선 및 굴절부분의 유효너비는 장애인・노인・임산부 등의 편의증진보장에 관한 법률이 정하는 기준에 적합할 것

㉤ 말 뚝

- 말뚝의 종류 : 나무말뚝, 강말뚝, RC말뚝, PC말뚝
- 말뚝을 절단할 때 내부응력에 가장 큰 영향을 받는 말뚝은 PC말뚝이다.

핵심예제

1-1. 강관을 사용하여 비계를 구성하는 경우 준수하여야 하는 사항으로 옳지 않은 것은?

[2012년 제2회 유사, 제3회 유사, 2015년 제3회 유사, 2016년 제3회, 2017년 제3회 유사, 2018년 제1회 유사, 제2회 유사, 2021년 제1회 유사, 제2회 유사]

① 비계기둥의 간격은 띠장 방향에서는 1.5[m] 이상 1.8[m] 이하로 할 것
② 비계기둥 간의 적재하중은 300[kg]을 초과하지 않도록 할 것
③ 비계기둥의 제일 윗부분으로부터 31[m]되는 지점 밑부분의 비계기둥은 2개의 강관으로 묶어 세울 것
④ 띠장 간격은 1.5[m] 이하로 설치하되, 첫 번째 띠장은 지상으로부터 2[m] 이하의 위치에 설치할 것

1-2. 달비계의 최대 적재하중을 정함에 있어서 활용하는 안전계수의 기준으로 옳은 것은?(단, 곤돌라의 달비계를 제외한다)

[2011년 제2회 유사, 2015년 제1회, 2016년 제1회 유사, 제3회 유사, 2017년 제2회 유사, 2018년 제1회]

① 달기 와이어로프 : 5 이상
② 달기 강선 : 5 이상
③ 달기 체인 : 3 이상
④ 달기 훅 : 5 이상

1-3. 달비계의 와이어로프의 사용 금지 기준에 해당하지 않는 것은?

[2014년 제2회 유사, 제3회 유사, 2015년 제1회 유사, 제2회, 2022년 제2회 유사]

① 와이어로프의 한 꼬임에서 끊어진 소선의 수가 10[%] 이상인 것
② 지름의 감소가 공칭지름의 7[%]를 초과하는 것
③ 심하게 변형되거나 부식된 것
④ 균열이 있는 것

1-4. 말비계를 조립하여 사용할 때의 준수사항으로 옳지 않은 것은?

[2010년 제3회, 2012년 제1회 유사, 2013년 제3회 유사, 2017년 제2회, 2018년 제2회 유사]

① 지주부재의 하단에는 미끄럼방지장치를 한다.
② 지주부재와 수평면과의 기울기는 75° 이하로 한다.
③ 말비계의 높이가 2[m]를 초과한 경우에는 작업발판의 폭을 30[cm] 이상으로 한다.
④ 지주부재와 지주부재 사이를 고정시키는 보조부재를 설치한다.

1-5. 다음 중 이동식 비계를 조립하여 작업을 하는 경우에 대한 준수사항으로 옳지 않은 것은?

[2012년 제2회 유사, 2013년 제1회 유사, 제3회 유사, 2014년 제2회, 제3회 유사, 2017년 제3회, 2018년 제1회 유사, 제3회 유사, 2022년 제2회, 제3회]

① 승강용 사다리는 견고하게 설치할 것
② 비계의 최상부에서 작업을 하는 경우에는 안전난간을 설치할 것
③ 작업발판의 최대 적재하중은 400[kg]을 초과하지 않도록 할 것
④ 작업발판은 항상 수평을 유지하고 작업발판 위에서 안전난간을 딛고 작업을 하거나 받침대 또는 사다리를 사용하여 작업하지 않도록 할 것

1-6. 거푸집 동바리 등을 조립하는 경우에 준수하여야 할 사항으로 옳지 않은 것은?

[2011년 제1회 유사, 제3회 유사, 2013년 제1회 유사, 제2회 유사, 2014년 제2회 유사, 2015년 제3회 유사, 2017년 제2회 유사, 2018년 제1회, 2020년 제4회, 2021년 제2회 유사]

① 깔목의 사용, 콘크리트 타설, 말뚝박기 등 동바리의 침하를 방지하기 위한 조치를 할 것
② 개구부 상부에 동바리를 설치하는 경우에는 상부하중을 견딜 수 있는 견고한 받침대를 설치할 것
③ 거푸집이 곡면인 경우에는 버팀대의 부착 등 그 거푸집의 부상을 방지하기 위한 조치를 할 것
④ 동바리의 이음은 맞댄이음이나 장부이음을 피할 것

1-7. 다음 보기의 ( ) 안에 알맞은 숫자는?

[2010년 제2회, 2017년 제2회 유사, 2018년 제1회 유사, 제3회 유사]

> 동바리용 파이프서포트는 (㉠)개 이상 이어서 사용하지 아니 하여야 하며, 또 높이가 (㉡)[m] 이내마다 수평 연결재를 (㉢) 방향으로 설치하여야 한다.

① ㉠ 3 ㉡ 3.5 ㉢ 2
② ㉠ 2 ㉡ 3.5 ㉢ 2
③ ㉠ 3 ㉡ 3.5 ㉢ 3
④ ㉠ 2 ㉡ 3.5 ㉢ 3

 핵심예제

1-8. 흙막이 지보공을 조립하는 경우 미리 조립도를 작성하여야 하는데 이 조립도에 명시되어야 할 사항과 가장 거리가 먼 것은 어느 것인가? [2012년 제2회 유사, 2018년 제1회]

① 부재의 배치
② 부재의 치수
③ 부재의 긴압 정도
④ 설치방법과 순서

1-9. 흙막이 지보공을 설치하였을 때 정기점검사항에 해당되지 않는 것은?

[2013년 제1회, 2013년 제3회 유사, 2015년 제3회, 2017년 제1회 유사]

① 검지부의 이상 유무
② 버팀대의 긴압의 정도
③ 침하의 정도
④ 부재의 손상, 변형, 부식, 변위 및 탈락의 유무와 상태

1-10. 가설통로의 설치기준으로 옳지 않은 것은?

[2012년 제3회 유사, 2013년 제1회, 제3회 유사, 2014년 제3회 유사, 2015년 제1회 유사, 제2회, 2016년 제3회 유사, 2017년 제2회 유사, 2018년 제2회, 2021년 제1회 유사, 2022년 제1회 유사]

① 추락할 위험이 있는 장소에는 안전난간을 설치할 것
② 경사가 10°를 초과하는 경우에는 미끄러지지 아니하는 구조로 할 것
③ 경사는 30° 이하로 할 것
④ 건설공사에 사용하는 높이 8[m] 이상인 비계다리에는 7[m] 이내마다 계단참을 설치할 것

1-11. 건설현장에 설치하는 사다리식 통로의 설치기준으로 옳지 않은 것은?

[2011년 제1회 유사, 2014년 제3회, 2017년 제2회, 2018년 제3회 유사, 2020년 제4회, 2022년 제2회 유사]

① 발판과 벽과의 사이는 15[cm] 이상의 간격을 유지할 것
② 발판의 간격은 일정하게 할 것
③ 사다리의 상단은 걸쳐 놓은 지점으로부터 60[cm] 이상 올라가도록 할 것
④ 사다리식 통로의 길이가 10[m] 이상인 경우에는 3[m] 이내마다 계단참을 설치할 것

1-12. 안전난간의 구조 및 설치요건에 대한 기준으로 옳지 않은 것은? [2010년 제2회 유사, 제3회 유사, 2012년 제1회]

① 상부 난간대는 바닥면・발판 또는 경사로의 표면으로부터 90[cm] 이상 지점에 설치할 것
② 발끝막이판은 바닥면 등으로부터 10[cm] 이상의 높이를 유지할 것
③ 난간대는 지름 1.5[cm] 이상의 금속제 파이프나 그 이상의 강도를 가진 재료일 것
④ 안전난간은 구조적으로 가장 취약한 지점에서 가장 취약한 방향으로 작용하는 100[kg] 이상의 하중에 견딜 수 있는 튼튼한 구조일 것

1-13. 비계(달비계, 달대비계 및 말비계는 제외)의 높이가 2[m] 이상인 작업장소에 설치하는 작업발판의 구조 및 설비에 관한 기준으로 옳지 않은 것은?

[2012년 제2회 유사, 2013년 제1회 유사, 제2회 유사, 2017년 제3회, 2020년 제4회 유사]

① 작업발판의 폭이 40[cm] 이상이 되도록 한다.
② 발판재료 간의 틈은 3[cm] 이하로 한다.
③ 작업발판을 작업에 따라 이동시킬 경우에는 위험방지에 필요한 조치를 한다.
④ 작업발판 재료는 뒤집히거나 떨어지지 않도록 하나 이상의 지지물에 연결하거나 고정시킨다.

|해설|

1-1
비계기둥 간의 적재하중은 400[kg]을 초과하지 않도록 할 것

1-2
① 달기 와이어로프 : 10 이상
② 달기 강선 : 10 이상
③ 달기 체인 : 5 이상

1-3
달비계의 와이어로프의 사용 금지 기준에 해당하지 않는 것으로 '균열이 있는 것, 지름의 감소가 공칭지름의 5[%]를 초과하는 것, 와이어로프의 한 꼬임에서 끊어진 소선의 수가 7[%] 이상인 것' 등이 출제된다.

1-4
말비계의 높이가 2[m]를 초과한 경우에는 작업발판의 폭을 40[cm] 이상으로 한다.

1-5
작업발판의 최대 적재하중은 250[kg]을 초과하지 않도록 해야 한다. 이동식 비계를 조립하여 작업을 하는 경우에 대한 준수사항으로 옳지 않은 것으로 '작업발판의 최대 적재하중은 400[kg]을 초과하지 않도록 할 것, 작업발판의 최대 적재하중은 150[kg]을 초과하지 않도록 할 것, 이동 시 작업 지휘자는 방향과 높이 측정을 위해 비계 위에 탑승할 것, 작업발판은 항상 수평을 유지하고 작업발판 위에서 안전난간을 딛고 작업을 하거나 받침대 또는 사다리를 사용하여 작업하도록 할 것' 등이 출제된다.

1-6
동바리의 이음은 맞댄이음이나 장부이음으로 하고 같은 품질의 재료를 사용할 것

1-7
동바리용 파이프서포트는 3개 이상 이어서 사용하지 아니하여야 하며, 또 높이가 3.5[m] 이내마다 수평연결재를 2 방향으로 설치하여야 한다.

1-8
흙막이 지보공의 조립도에 명시되어야 할 사항과 가장 거리가 먼 것으로 '부재의 긴압 정도, 버팀대의 긴압의 정도' 등이 출제된다.

1-9
흙막이 지보공을 설치하였을 때 정기점검사항에 해당되지 않는 것으로 '검지부의 이상 유무, 지표수의 흐름상태, 굴착깊이의 정도' 등이 출제된다.

1-10
경사가 15°를 초과하는 경우에는 미끄러지지 아니하는 구조로 할 것

1-11
사다리식 통로의 길이가 10[m] 이상인 경우에는 5[m] 이내마다 계단참을 설치할 것

1-12
난간대는 지름 2.7[cm] 이상의 금속제 파이프나 그 이상의 강도를 가진 재료일 것

1-13
작업발판 재료는 뒤집히거나 떨어지지 않도록 둘 이상의 지지물에 연결하거나 고정시킨다.

정답 **1-1** ② **1-2** ④ **1-3** ④ **1-4** ③ **1-5** ③ **1-6** ④ **1-7** ① **1-8** ③ **1-9** ① **1-10** ② **1-11** ④ **1-12** ③ **1-13** ④

핵심이론 02 건설구조물

① 건물 기초에서 발파 허용 진동치 규제기준(발파작업표준안전작업지침 제5조)
- ㉠ 문화재 : 0.2[cm/s]
- ㉡ 주택, 아파트 : 0.5[cm/s]
- ㉢ 상가(금이 없는 상태) : 1.0[cm/s]
- ㉣ 철골콘크리트 빌딩 및 상가 : 1.0~4.0[cm/s]

② 콘크리트
- ㉠ 콘크리트의 개요
  - 경화된 콘크리트의 강도 비교 : 압축강도>전단강도>인장강도
  - 콘크리트의 압축강도(σ_c) : $\sigma_c = \frac{W}{A}$
    여기서, W : 하중, A : 단면적
  - 워커빌리티(Workability) : 콘크리트의 재료분리현상 없이 거푸집 내부에 쉽게 타설할 수 있는 정도를 나타내는 것
  - 슬럼프시험 : 콘크리트의 유동성과 묽기를 시험하는 방법
  - 한중 콘크리트 : 하루의 평균기온이 4[℃] 이하로 될 것이 예상되는 기상조건에서 낮에도 콘크리트가 동결의 우려가 있는 경우에 사용되는 콘크리트
  - 프리팩 콘크리트 : 수중공사에 주로 이용되며 거푸집 조립하고 골재를 미리 채운 후 특수한 모르타르를 그 사이에 주입하여 형성하는 콘크리트
  - 블리딩 : 콘크리트 타설 후 물이나 미세한 불순물이 분리 상승하여 콘크리트 표면에 떠오르는 현상을 말하며 이때 표면에 발생하는 미세한 물질을 레이턴스라고 한다.
  - 시멘트 창고에서 시멘트 포대의 올려쌓기의 가장 적절한 양은 13포대 이하이다.
  - 겨울철 공사 중인 건축물의 벽체 콘크리트 타설 시 거푸집이 터져서 콘크리트가 쏟아지는 사고 발생의 추정 원인 : 콘크리트의 타설속도가 빨랐다.
- ㉡ 콘크리트 강도에 영향을 주는 요소
  - 양생 온도와 습도
  - 타설 및 다지기
  - 콘크리트 재령 및 배합
  - 물-시멘트 비

㉢ 콘크리트 타설작업 시 (거푸집의) 측압에 영향을 미치는 인자
- 비례요인 : 슬럼프, 타설속도(부어넣기 속도), 콘크리트의 타설 높이, 다짐, 거푸집의 수밀성, 거푸집의 부재 단면, 거푸집의 강도, 거푸집 표면의 평활도, 시공연도(Workability), 콘크리트의 비중, 응결시간이 빠른 시멘트(조강시멘트 등)
- 반비례요인 : 기온(외기의 온도, 거푸집 속의 콘크리트 온도), 철근의 양, 거푸집의 투수성, 습도

㉣ 콘크리트 타설작업 시 안전수칙(산업안전보건기준에 관한 규칙 제334조, 콘크리트공사표준안전작업지침 제13조)
- 타설 순서는 계획에 의하여 실시하여야 한다.
- 콘크리트 타설 전에 거푸집 동바리 등의 변형, 변위 및 지반의 침하 유무 등을 점검하고 이상을 발견한 때에는 이를 보수할 것
- 작업 중에는 거푸집 동바리 등의 변형・변위 및 침하 유무 등을 감시할 수 있는 감시자를 배치하여 이상이 있으면 작업을 중지하고 근로자를 대피시킬 것
- 진동기는 적절히 사용해야 하며 지나친 진동은 거푸집 도괴의 원인이 될 수 있으므로 각별하게 주의할 것
- 설계도서상의 콘크리트 양생기간을 준수하여 거푸집 동바리 등을 해체할 것
- 콘크리트를 치는 도중에는 지보공・거푸집 등의 이상 유무를 확인한다.
- 콘크리트를 한곳에만 치우쳐서 타설하지 않도록 주의한다.
- 콘크리트를 타설하는 경우에는 편심이 발생하지 않도록 골고루 분산하여 타설할 것
- 높은 곳으로부터 콘크리트를 타설할 때는 호퍼로 받아 거푸집 내에 꽂아 넣는 슈트를 통해서 부어 넣어야 한다.
- 거푸집 붕괴의 위험이 발생할 우려가 있는 때에는 충분한 보강조치를 할 것
- 슬래브 콘크리트 타설은 이어붓기를 피하고 일시에 전체를 타설하도록 하여야 한다.
- 손수레로 콘크리트를 운반할 때에는 손수레를 타설하는 위치까지 천천히 운반하여 거푸집에 충격을 주지 않도록 타설하여야 한다.

③ 철 골

㉠ 철골의 개요
- 선창의 내부에서 화물취급작업을 하는 근로자가 안전하게 통행할 수 있는 설비를 설치하여야 하는 기준은 갑판의 윗면에서 선창 밑바닥까지의 깊이가 최소 1.5[m]를 초과할 때이다.
- 철골기둥, 빔 및 트러스 등의 철골구조물을 일체화 또는 지상에서 조립하는 이유는 고소작업을 감소하기 위한 것이다.

㉡ 데릭(Derrick) : 주기둥(마스트)을 일정한 지점에 보조로프로 고정시키고 붐을 이용하여 하물을 회전 운반하는 기계이다.
- 설비비가 싸고 설치, 해체, 이동, 운전, 취급이 용이하다.
- 건설공사용, 구조물의 조립용 등 옥외 하역설비로 사용된다.
- 크레인에 비하여 설치수나 사용 용도가 적다.
- 종류 : 가이데릭, 스티프레그데릭(삼각데릭), 진폴데릭

㉡ 철골 건립기계의 종류
- 가이데릭(Guy Derrick) : 360° 회전 가능한 고정 선회식의 기중기로 붐(Boom)의 기복・회전으로 짐을 이동시키는 장치로 철골조립작업, 항만하역 등에 사용된다.
- 스티프 레그 데릭(Stiff Leg Derrick) : 삼각데릭이라고도 하며 가이데릭과 비슷하나 주기둥을 지탱하는 직선 대신에 2본의 다리로 고정하는 양중용 철골 세우기(건립)기계이다. 수평 이동을 하면서 세우기를 할 수 있고 작업회전범위는 270° 정도로 가이데릭과 성능은 거의 같다. 수평이동이 용이하므로 건물의 층수가 적은 긴 평면일 때 또는 당김줄을 마음대로 맬 수 없을 때 가장 유리하다.
- 진폴데릭(Gin Pole Derrick) : 소규모 또는 가이데릭으로 할 수 없는 펜트하우스 등의 돌출부에 쓰이고 중량재료를 달아 올리기에 편리한 철골 건립기계이다.
- 트럭크레인(Truck Crane) : 운반작업에 편리하고 평면적인 넓은 장소에 기동력 있게 작업할 수 있는 철골 건립기계이다.

㉢ 철골 건립기계 선정 시 사전 검토사항
- 부재의 최대중량 등 : 부재의 형상 및 치수(길이, 폭 및 두께), 접합부의 위치, 브라켓의 내민 치수, 건물의 높이 등을 확인하여 철골의 건립형식이나 건립 작업상의 문제점, 관련 가설설비 등의 검토결과와 부재의 최대중량을 고려하여 건립장비의 종류 및 설치위치를 선정하고, 부재수량에 따라 건립공정을 검토하여 건립기간 및 건립장비의 대수를 결정하여야 한다.
- 건립기계의 출입로, 설치장소, 기계조립에 필요한 면적, 이동식 크레인은 건물주위 주행통로의 유무, 타워크레인과 가이데릭 등 기초구조물을 필요로 하는 고정식 기계는 기초구조물을 설치할 수 있는 공간과 면적 등을 검토하여야 한다.
- 건립기계의 소음영향 : 이동식 크레인의 엔진소음은 부근의 환경을 해칠 우려가 있으므로 학교, 병원, 주택 등이 가까운 경우에는 소음을 측정・조사하고 소음허용치를 초과하지 않도록 관계법에서 정하는 바에 따라 처리하여야 한다.
- 건물형태 등 : 건물의 길이 또는 높이 등 건물의 형태에 적합한 건립기계를 선정하여야 한다.
- 작업반경 등 : 타워크레인, 가이데릭, 삼각데릭 등 고정식 건립기계의 경우, 그 기계의 작업반경이 건물전체를 수용할 수 있는지 여부, 붐이 안전하게 인양할 수 있는 하중범위, 수평거리, 수직높이 등을 검토하여야 한다.

㉣ 철골공사 시의 안전작업방법 및 준수사항
- 철골부재 반입 시 시공순서가 빠른 부재는 상단부에 위치하도록 한다.
- 구명줄 설치 시 마닐라로프 직경 16[mm]를 기준으로 하여 설치하고 작업방법을 충분히 검토하여야 한다.
- 철골 조립작업에서 안전한 작업발판과 안전난간을 설치하기가 곤란한 경우의 안전대책은 안전대 및 구명로프를 사용하고 안전벨트를 착용하는 것이다.
- 철골공사의 용접, 용단작업에 사용되는 가스의 용기는 40[℃] 이하로 보존해야 한다.

㉤ 철골보 인양 시 준수해야 할 사항
- 클램프는 수평으로 두 군데 이상의 위치에 설치하여야 한다.
- 클램프로 부재를 체결할 때는 클램프의 정격용량 이상 매달지 않아야 한다.
- 철골보의 두 곳을 매어 인양시킬 때 와이어로프의 내각은 60° 이하이어야 한다.
- 인양 와이어로프의 매달기 각도는 양변 60°를 기준한다.
- 인양용 와이어로프의 체결지점은 수평부재의 1/3 지점을 기준으로 한다.
- 인양 와이어로프는 후크의 중심에 걸어야 한다.
- 후크는 용접의 경우 용접규격을 반드시 확인한다.
- 흔들리거나 선회하지 않도록 유도 로프로 유도한다.

㉥ 건립 중 강풍에 의한 풍압 등 외압에 대하여 내력이 설계에 고려되었는지 확인하여야 하는 철골구조물
- 이음부가 현장용접인 구조물(건물)
- 높이 20[m] 이상인 건물
- 기둥이 타이플레이트(Tie Plate)인 구조물
- 구조물의 폭과 높이의 비가 1 : 4 이상인 구조물
- 이음부가 현장용접인 건물
- 연면적당 철골량이 50[kg/m^2] 이하인 구조물
- 단면구조에 현저한 차이가 있는 구조물

㉦ 철골건립준비를 할 때 준수하여야 할 사항
- 지상작업장에서 건립준비 및 기계・기구를 배치할 경우에는 낙하물의 위험이 없는 평탄한 장소를 선정하여 정비하고 경사지에는 작업대나 임시 발판 등을 설치하는 등 안전조치를 한 후 작업하여야 한다.
- 건립작업에 지장을 주는 수목이 있다면 제거하여야 한다.
- 사용 전에 기계・기구에 대한 정비 및 보수를 철저히 실시하여야 한다.
- 기계에 부착된 앵커 등 고정장치와 기초구조 등을 확인하여야 한다.

㉧ 철골공사 시 사전안전성 확보를 위해 공작도에 반영하여야 할 사항
- 외부비계받이
- 기둥승강용 트랩
- 방망설치용 부재
- 구명줄설치용 고려
- 와이어걸이용 고려
- 난간설치용 부재
- 비계연결용 부재

• 방호선반설치용 부재
• 양풍기설치용 보강재

ⓩ 철골구조의 앵커볼트 매립과 관련된 준수사항
• 기둥 중심은 기준선 및 인접 기둥의 중심에서 5[mm] 이상 벗어나지 않을 것
• 앵커볼트는 매립 후에 수정하지 않도록 설치할 것
• 베이스플레이트의 하단은 기준 높이 및 인접 기둥의 높이에서 3[mm] 이상 벗어나지 않을 것
• 앵커볼트는 기둥 중심에서 2[mm] 이상 벗어나지 않을 것

ⓩ 철골작업을 중지하여야 하는 기준
• (10분간의 평균)풍속이 초당 10[m] 이상인 경우
• 강우량이 시간당 1[mm] 이상인 경우
• 강설량이 시간당 1[cm] 이상인 경우

ⓚ 철골작업에서의 승강로 설치기준
• 근로자가 수직방향으로 이동하는 철골부에는 답단 간격이 30[cm] 이내인 고정된 승강로를 설치하여야 한다.
• 수평방향 철골과 수직방향 철골이 연결되는 부분에는 연결작업을 위하여 작업방판 등을 설치한다.

④ 옹 벽

㉠ 개 요
• 옹벽은 토압에 저항하여 그 붕괴를 방지하기 위하여 축조하는 구조물을 말한다.
• 옹벽은 흙 또는 암반으로부터 안정을 유지할 수 없는 곳에서 붕괴를 방지하고 사용목적에 따른 기능을 수행하기 위해서 설치하는 구조물이다.
• 옹벽의 안정조건에서 활동에 대한 저항력 옹벽에 작용하는 수평력보다 최소 1.5배 이상이 되어야 한다.

㉡ 옹벽 파손 및 붕괴의 원인
• 안정조건 검토 미흡
• 마찰력 감소
• 높은 옹벽
• 재하중 부족
• 뒷굽길이 부족
• 연약한 지반
• 저판면적 부족
• 배수불량
• 함수 증가에 따른 배면 이상토압 작용
• 뒷채움 재료 및 시공불량

㉢ 옹벽 안정조건의 검토사항
• 활동(Sliding)에 대한 안전검토
– 안정조건 : $F_s = \dfrac{\text{저판마찰력}}{\text{수평력}} \geq 1.5$
(활동에 대한 저항력은 옹벽에 작용하는 수평력보다 최소 1.5배 이상되어야 한다.)
– 대책 : Shear Key 설치, 말뚝기초시공
• 전도(Overturning)에 대한 안전검토
– 안정조건 : $F_s = \dfrac{\text{전도저항모멘트}}{\text{전도모멘트}} \geq 2.0$
– 대책 : 자중증대, 뒷굽길이 증대, 옹벽높이를 낮춤, Counter Weight 설치, 앵커(Anchor)설치
• 지반 지지력(Settlement)에 대한 안전검토(또는 침하에 대한 안전검토)
– 안정조건 :
$$F_s = \frac{\text{지반극한지지력}}{\text{지반최대반력(지반허용지지력)}} \geq 3.0$$
– 대책 : 저판면적 확대, 지반개량, 그라우팅(Grouting)공법 적용 및 탈수

㉣ 폭우 시 옹벽배면의 배수시설이 취약하면 옹벽저면을 통하여 침투수(Seepage)의 수위가 올라가서 옹벽의 안정에 다음과 같이 영향을 미친다.
• 옹벽배면토의 단위수량증가로 인한 수직저항력 감소
• 옹벽바닥면에서의 양압력 증가
• 수평저항력(수동토압)의 감소
• 포화 또는 부분 포화에 따른 뒷채움용 흙무게의 증가

핵심예제

2-1. 지름이 15[cm]이고 높이가 30[cm]인 원기둥 콘크리트 공시체에 대해 압축강도시험을 한 결과 460[kN]에 파괴되었다. 이 때 콘크리트 압축강도는?

[2010년 제2회 유사, 2012년 제2회, 2015년 제3회]

① 16.2[MPa]
② 21.5[MPa]
③ 26[MPa]
④ 31.2[MPa]

 핵심예제

2-2. 콘크리트 강도에 영향을 주는 요소로 거리가 먼 것은?

[2011년 제3회, 2014년 제3회, 2016년 제3회 유사]

① 거푸집 모양과 형상
② 양생 온도와 습도
③ 타설 및 다지기
④ 콘크리트 재령 및 배합

2-3. 콘크리트 타설작업 시 거푸집의 측압에 영향을 미치는 인자들에 관한 설명으로 옳지 않은 것은?

[2014년 제2회 유사, 2015년 제2회 유사, 2016년 제2회 유사, 2017년 제1회]

① 슬럼프가 클수록 작다.
② 타설속도가 빠를수록 크다.
③ 거푸집 속의 콘크리트 온도가 낮을수록 크다.
④ 콘크리트의 타설 높이가 높을수록 크다.

2-4. 다음은 산업안전보건기준에 관한 규칙의 콘크리트 타설작업에 관한 사항이다. (　　) 안에 들어갈 적절한 용어는?

[2011년 제1회, 2016년 제3회]

> 당일의 작업을 시작하기 전에 해당 작업에 관한 거푸집 동바리 등의 (㉠), 변위 및 (㉡) 등을 점검하고 이상을 발견한 때에는 이를 보수할 것

① ㉠ 변형, ㉡ 지반의 침하 유무
② ㉠ 변형, ㉡ 개구부 방호설비
③ ㉠ 균열, ㉡ 깔판
④ ㉠ 균열, ㉡ 지주의 침하

2-5. 콘크리트 타설작업 시 안전에 대한 유의사항으로 옳지 않은 것은?

[2012년 제1회 유사, 2013년 제2회, 2014년 제1회 유사, 2016년 제1회 유사, 제2회 유사, 제3회 유사, 2018년 제2회, 2020년 제4회 유사, 2021년 제2회 유사]

① 콘크리트를 치는 도중에는 지보공·거푸집 등의 이상 유무를 확인한다.
② 높은 곳으로부터 콘크리트를 타설할 때는 호퍼로 받아 거푸집 내에 꽂아 넣는 슈트를 통해서 부어 넣어야 한다.
③ 진동기를 가능한 한 많이 사용할수록 거푸집에 작용하는 측압상 안전하다.
④ 콘크리트를 한곳에만 치우쳐서 타설하지 않도록 주의한다.

2-6. 건립 중 강풍에 의한 풍압 등 외압에 대하 내력이 설계에 고려되었는지 확인하여야 하는 철골구조물에 해당하지 않는 것은?

[2010년 제1회, 제3회 유사, 2011년 제2회, 2015년 제2회, 2016년 제2회 유사]

① 이음부가 현장용접인 건물
② 높이 15[m]인 건물
③ 기둥이 타이플레이트(Tie Plate)인 구조물
④ 구조물의 폭과 높이의 비가 1 : 5인 건물

2-7. 철골보 인양 시 준수해야 할 사항으로 옳지 않은 것은?

[2011년 제2회, 2016년 제2회]

① 인양 와이어로프의 매달기 각도는 양변 60°를 기준한다.
② 클램프로 부재를 체결할 때는 클램프의 정격용량 이상 매달지 않아야 한다.
③ 클램프는 부재를 수평으로 하는 한 곳의 위치에만 사용하여야 한다.
④ 인양 와이어로프는 훅의 중심에 걸어야 한다.

2-8. 철골 건립 준비를 할 때 준수하여야 할 사항과 가장 거리가 먼 것은?

[2012년 제3회, 2015년 제1회, 2022년 제2회]

① 지상 작업장에서 건립 준비 및 기계·기구를 배치할 경우에는 낙하물의 위험이 없는 평탄한 장소를 선정하여 정비하고 경사지에는 작업대나 임시 발판 등을 설치하는 등 안전조치를 한 후 작업하여야 한다.
② 건립작업에 다소 지장이 있더라도 수목은 제거하여서는 안 된다.
③ 사용 전에 기계·기구에 대한 정비 및 보수를 철저히 실시하여야 한다.
④ 기계에 부착된 앵커 등 고정장치와 기초구조 등을 확인하여야 한다.

2-9. 다음 중 철골작업을 중지하여야 하는 기준으로 옳은 것은?

[2011년 제1회, 제3회 유사, 2013년 제1회 유사, 2014년 제1회 유사, 제2회, 2015년 제2회 유사, 제3회, 2016년 제1회 유사, 2017년 제2회 유사, 2021년 제1회 유사]

① 풍속이 초당 1[m] 이상인 경우
② 강우량이 시간당 1[cm] 이상인 경우
③ 강설량이 시간당 1[cm] 이상인 경우
④ 10분간 평균 풍속이 초당 5[m] 이상인 경우

|해설|

2-1

콘크리트의 압축강도

$$\sigma_c = \frac{W}{A} = \frac{460 \times 10^3 [\text{N}]}{\frac{3.14 \times 15^2}{4} \times 10^2 [\text{mm}^2]} \simeq 26[\text{MPa}]$$

2-2

콘크리트 강도에 영향을 주는 요소로 거리가 먼 것으로 '거푸집 모양과 형상, 거푸집 강도' 등이 출제된다.

2-3

슬럼프가 클수록 크다.

2-4

당일의 작업을 시작하기 전에 해당 작업에 관한 거푸집 동바리 등의 변형, 변위 및 지반의 침하 유무 등을 점검하고 이상을 발견한 때에는 이를 보수할 것

2-5

진동기는 적절히 사용해야 하며 지나친 진동은 거푸집 도괴의 원인이 될 수 있으므로 각별하게 주의해야 한다.

2-6

건립 중 강풍에 의한 풍압 등 외압에 대하 내력이 설계에 고려되었는지 확인하여야 하는 철골구조물에 해당하지 않는 것으로 '높이 15[m]인 건물, 이음부가 공장제작인 구조물, 연면적당 철골량이 50[kg/m²] 이상인 구조물, 단면이 일정한 구조물' 등이 출제된다.

2-7

클램프는 수평으로 두 군데 이상의 위치에 설치하여야 한다.

2-8

건립작업에 지장을 주는 수목이 있다면 제거하여야 한다.

2-9

①, ④ 풍속이 초당 10[m] 이상인 경우

② 강우량이 시간당 1[mm] 이상인 경우

정답 2-1 ③ 2-2 ① 2-3 ① 2-4 ① 2-5 ③ 2-6 ② 2-7 ③ 2-8 ② 2-9 ③

제4절 해체 · 운반 · 하역

핵심 이론 01 해 체

① 해체의 개요

㉠ 사업주는 해체작업 시 작업을 지휘하는 자를 선임하여야 한다.

㉡ 해체작업용 기계기구 : 압쇄기, 대형 브레이커, 철제 해머, 화약류, 핸드 브레이커, 팽창제, 절단톱, 잭(재키), 쐐기타입기, 화염방사기, 절단줄톱

㉢ 압쇄기를 사용한 건물 해체 순서 : 슬래브 → 보 → 벽체 → 기둥

㉣ 구조물 해체방법으로 사용되는 공법 : 압쇄공법, 잭공법, 절단공법

㉤ 해체공사에 따른 직접적인 공해방지대책을 수립해야 되는 대상 : 소음 및 분진, 폐기물, 지반침하

② 해체작업용 기계기구(해체공사표준안전작업지침 제3조~제13조)

㉠ 압쇄기 : 셔블에 설치하며 유압조작에 의해 콘크리트 등에 강력한 압축력을 가해 파쇄하는 것

- 압쇄기의 중량, 작업충격을 사전에 고려하고, 차체 지지력을 초과하는 중량의 압쇄기 부착을 금지하여야 한다.
- 압쇄기 부착과 해체에는 경험이 많은 사람으로서 선임된 자에 한하여 실시한다.
- 압쇄기 연결구조부는 보수점검을 수시로 하여야 한다.
- 배관 접속부의 핀, 볼트 등 연결구조의 안전 여부를 점검하여야 한다.
- 절단날은 마모가 심하기 때문에 적절히 교환하여야 하며 교환 대체품목을 항상 비치하여야 한다.

㉡ 대형 브레이커 : 통상 셔블에 설치하여 사용한다.

- 대형 브레이커는 중량, 작업 충격력을 고려, 차체 지지력을 초과하는 중량의 브레이커 부착을 금지하여야 한다.
- 대형 브레이커의 부착과 해체에는 경험이 많은 사람으로서 선임된 자에 한하여 실시하여야 한다.
- 유압작동구조, 연결구조 등의 주요구조는 보수점검을 수시로 하여야 한다.

- 유압식일 경우에는 유압이 높기 때문에 수시로 유압호스가 새거나 막힌 곳이 없는가를 점검하여야 한다.
- 해체대상물에 따라 적합한 형상의 브레이커를 사용하여야 한다.

㉢ 철제 해머 : 해머를 크레인 등에 부착하여 구조물에 충격을 주어 파쇄하는 것
- 해머는 해체대상물에 적합한 형상과 중량의 것을 선정하여야 한다.
- 해머는 중량과 작압반경을 고려하여 차체의 붐, 프레임 및 차체 지지력을 초과하지 않도록 설치하여야 한다.
- 해머를 매달은 와이어로프의 종류와 직경 등은 적절한 것을 사용하여야 한다.
- 해머와 와이어로프의 결속은 경험이 많은 사람으로서 선임된 자에 한하여 실시하도록 하여야 한다.
- 킹크, 소선절단, 단면이 감소된 와이어로프는 즉시 교체하여야 하며 결속부는 사용 전후 항상 점검하여야 한다.

㉣ 화약류
- 해체작업용 화약류 : 저폭속 패쇄약, 저폭속 폭약, 다이나마이트 등
- 화약류에 의한 발파파쇄 해체 시에는 사전에 시험발파에 의한 폭력, 폭속, 진동치속도 등에 파쇄능력과 진동, 소음의 영향력을 검토하여야 한다.
- 소음, 분진, 진동으로 인한 공해대책, 파편에 대한 예방대책을 수립하여야 한다.
- 화약류 취급에 대하여는 총포도검화약류단속법 등 관계법에서 규정하는 바에 의하여 취급하여야 하며 화약저장소 설치기준을 준수하여야 한다.
- 시공순서는 화약취급절차에 의한다.

㉤ 핸드브레이커 : 작은 부재의 파쇄에 유리하고 소음·진동 및 분진이 발생되므로 작업원은 보호구를 착용하여야 하고 특히 작업원의 작업시간을 제한하여야 하는 장비이다.
- 압축공기, 유압의 급속한 충격력에 의거 콘크리트 등을 해체할 때 사용한다.
- 좁은 장소의 작업에 유리하고 타 공법과 병행하여 사용할 수 있다.
- 기본적으로 현장 정리가 잘되어 있어야 한다.
- 끌의 부러짐을 방지하기 위하여 작업자세는 하향 수직방향으로 유지하도록 하여야 한다.
- 기계는 항상 점검하고, 호스의 꼬임·교차 및 손상 여부를 점검하여야 한다.
- 작업 전 기계에 대한 점검을 철저히 한다.

㉥ 팽창제 : 광물의 수화반응에 의한 팽창압을 이용하여 파쇄하는 공법에 사용한다.
- 팽창제와 물과의 시방 혼합비율을 확인하여야 한다.
- 천공직경이 너무 작거나 크면 팽창력이 작아 비효율적이므로, 천공직경은 30~50[mm] 정도를 유지하여야 한다.
- 천공간격은 콘크리트 강도에 의하여 결정되나 30~70[cm] 정도를 유지하도록 한다.
- 팽창제를 저장하는 경우에는 건조한 장소에 보관하고 직접 바닥에 두지 말고 습기를 피하여야 한다.
- 개봉된 팽창제는 사용하지 말아야 하며 쓰다 남은 팽창제 처리에 유의하여야 한다.

㉦ 절단톱 : 회전날 끝에 다이아몬드 입자를 혼합 경화하여 제조된 절단톱으로 기둥, 보, 바닥, 벽체를 적당한 크기로 절단하여 해체하는 공법에 사용한다.
- 작업현장은 정리정돈이 잘되어야 한다.
- 절단기에 사용되는 전기시설과 급수, 배수설비를 수시로 정비 점검하여야 한다.
- 회전날에는 접촉방지 커버를 부착토록 하여야 한다.
- 회전날의 조임상태가 안전한지 작업 전에 점검하여야 한다.
- 절단 중 회전날을 냉각시키는 냉각수는 충분한지 점검하고 불꽃이 많이 비산되거나 수증기 등이 발생되면 과열된 것이므로 일시중단 한 후 작업을 실시하여야 한다.
- 절단방향을 직선을 기준하여 절단하고 부재 중에 철근 등이 있어 절단이 안 될 경우에는 최소 단면으로 절단하여야 한다.
- 절단기는 매일 점검하고 정비해 두어야 하며 회전구조부에는 윤활유를 주유해 두어야 한다.

㉧ 잭(재키) : 구조물의 부재 사이에 잭을 설치한 후 국소부에 압력을 가해 해체하는 공법에 사용한다.
- 잭을 설치하거나 해체할 때는 경험이 많은 사람으로서 선임된 자에 한하여 실시하도록 하여야 한다.

• 유압호스 부분에서 기름이 새거나, 접속부에 이상이 없는지를 확인하여야 한다.
• 장시간 작업의 경우에는 호스의 커플링과 고무가 연결된 곳에 균열이 발생될 우려가 있으므로 마모율과 균열에 따라 적정한 시기에 교환하여야 한다.
• 정기, 특별, 수시점검을 실시하고 결함 사항은 즉시 개선, 보수, 교체하여야 한다.

ⓙ 쐐기타입기 : 직경 30~40[mm] 정도의 구멍 속에 쐐기를 박아 넣어 구멍을 확대하여 해체하는 것
• 구멍에 굴곡이 있으면 타입기 자체에 큰 응력이 발생하여 쐐기가 휠 우려가 있으므로 굴곡이 없도록 천공하여야 한다.
• 천공구멍은 타입기 삽입 부분의 직경과 거의 같도록 하여야 한다.
• 쐐기가 절단 및 변형된 경우는 즉시 교체하여야 한다.
• 보수점검은 수시로 하여야 한다.

ⓚ 화염방사기 : 구조체를 고온으로 용융시키면서 해체하는 것
• 고온의 용융물이 비산하고 연기가 많이 발생되므로 화재 발생에 주의하여야 한다.
• 소화기를 준비하여 불꽃비산에 의한 인접 부분의 발화에 대비하여야 한다.
• 작업자는 방열복, 마스크, 장갑 등의 보호구를 착용하여야 한다.
• 산소용기가 넘어지지 않도록 밑받침 등으로 고정시키고 빈 용기와 채워진 용기의 저장을 분리하여야 한다.
• 용기 내 압력은 온도에 의해 상승하기 때문에 항상 40[℃] 이하로 보존하여야 한다.
• 호스는 결속물로 확실하게 결속하고, 균열되었거나 노후된 것은 사용하지 말아야 한다.
• 게이지의 작동을 확인하고 고장 및 작동불량품은 교체하여야 한다.

ⓛ 절단줄톱 : 와이어에 다이아몬드 절삭날을 부착하여, 고속회전시켜 절단 해체하는 공법에 사용한다.
• 절단작업 중 줄톱이 끊어지거나, 수명이 다할 경우에는 줄톱의 교체가 어려우므로 작업 전에 충분히 와이어를 점검하여야 한다.
• 절단대상물의 절단면적을 고려하여 줄톱의 크기와 규격을 결정하여야 한다.
• 절단면에 고온이 발생하므로 냉각수 공급을 적절히 하여야 한다.
• 구동축에는 접촉방지 커버를 부착하도록 하여야 한다.

③ 해체공사 전 확인(해체공사표준안전작업지침 제14조, 제15조)

㉠ 해체대상 구조물 조사 사항
• 구조(철근콘크리트조, 철골철근콘크리트조 등)의 특성 및 생수, 층수, 건물높이 기준층 면적
• 평면 구성상태, 폭, 층고, 벽 등의 배치상태
• 부재별 치수, 배근상태, 해체 시 주의하여야 할 구조적으로 약한 부분
• 해체 시 전도의 우려가 있는 내외장재
• 설비기구, 전기배선, 배관설비 계통의 상세 확인
• 구조물의 설립연도 및 사용목적
• 구조물의 노후정도, 재해(화재, 동해 등) 유무
• 증설, 개축, 보강 등의 구조변경 현황
• 해체공법의 특성에 의한 비산각도, 낙하반경 등의 사전 확인
• 진동, 소음, 분진의 예상치 측정 및 대책방법
• 해체물의 집적 운반방법
• 재이용 또는 이설을 요하는 부재현황
• 기타 해당 구조물 특성에 따른 내용 및 조건

㉡ 부지상황 조사 사항
• 부지 내 공지 유무, 해체용 기계설비 위치, 발생재 처리장소
• 해체공사 착수에 앞서 철거, 이설, 보호해야 할 필요가 있는 공사 장애물 현황
• 접속도로의 폭, 출입구 개수 및 매설물의 종류 및 개폐위치
• 인근 건물동수 및 거주자 현황
• 도로 상황조사, 가공 고압선 유무
• 차량대기 장소 유무 및 교통량(통행인 포함)
• 진동, 소음발생 영향권 조사

㉢ 철거작업 시 지중장애물 사전조사항목
• 기존 건축물의 설계도, 시공기록 확인
• 가스, 수도, 전기 등 공공매설물 확인
• 시험굴착, 탐사 확인

④ 해체공사 안전시공(해체공사표준안전작업지침 제16조~제21조)

㉠ 안전일반

- 작업구역 내에는 관계자 이외의 자에 대하여 출입을 통제하여야 한다.
- 강풍, 폭우, 폭설 등 악천후 시에는 작업을 중지하여야 한다.
- 사용 기계·기구 등을 인양하거나 내릴 때에는 그물망이나 그물포대 등을 사용토록 하여야 한다.
- 외벽과 기둥 등을 전도시키는 작업을 할 경우에는 전도 낙하위치 검토 및 파편 비산거리 등을 예측하여 작업반경을 설정하여야 한다.
- 전도작업을 수행할 때에는 작업자 이외의 다른 작업자는 대피시키도록 하고 완전 대피상태를 확인한 다음 전도시키도록 하여야 한다.
- 해체건물 외곽에 방호용 비계를 설치하여야 하며 해체물의 전도, 낙하, 비산의 안전거리를 유지하여야 한다.
- 파쇄공법의 특성에 따라 방진벽, 비산차단벽, 분진억제 살수시설을 설치하여야 한다.
- 작업자 상호 간의 적정한 신호규정을 준수하고 신호방식 및 신호기기 사용법은 사전교육에 의해 숙지되어야 한다.
- 적정한 위치에 대피소를 설치하여야 한다.

㉡ 압쇄기 사용공법

- 항시 중기의 안전성을 확인하고 중기 침하로 인한 위험을 사전 제거토록 조치하여야 하며 중기작업구조의 지반다짐을 확인하고 편평도는 1/100 이내이어야 한다.
- 중기의 작업가능 높이보다 높은 부분 해체 시에는 해체물을 깔고 올라가 작업을 하고, 이때에는 중기전도로 인한 사고가 발생되지 않도록 조치하여야 한다.
- 중기 운전자는 경험이 풍부한 자격 소유자이어야 한다.
- 중기작업반경 내와 해체물의 낙하가 예상되는 지역에 대하여는 출입을 제한하여야 한다.
- 해체작업 중 발생되는 분진의 비산을 막기 위해 살수할 경우에는 살수작업자와 중기운전자는 서로 상황을 확인하여야 한다.
- 외벽을 해체할 때에는 비계철거 작업자와 서로 연락하여야 하고 벽과 연결된 비계는 외벽해체 직전에 철거하여야 한다.
- 상층 부분의 보와 기둥, 벽체를 해체할 경우는 해체물이 비산, 낙하할 위험이 있으므로 해체구조 바로 아래층에 수평 낙하물 방호책을 설치해서 해체물이 비산, 낙하되지 않도록 하여야 한다.
- 높은 곳에서 가스로 철근을 절단할 경우에는 항시 안전대 부착설비를 하고 안전대를 착용하여야 한다.
- 압쇄기에 의한 파쇄작업순서는 슬래브, 보, 벽체, 기둥의 순서로 해체하여야 한다.

㉢ 압쇄공법과 대형 브레이커 공법 병용

- 압쇄기로 슬래브, 보, 내벽 등을 해체하고 대형 브레이커로 기둥을 해체할 때에는 장비간의 안전거리를 충분히 확보하여야 한다.
- 대형 브레이커와 엔진으로 인한 소음을 최대한 줄일 수 있는 수단을 강구하여야 하며 소음진동기준은 관계법에서 정하는 바에 따라 처리하도록 하여야 한다.

㉣ 대형 브레이커 공법과 전도공법 병용

- 전도작업은 작업순서가 임의로 변경될 경우 대형 재해의 위험을 초래하므로 사전 작업계에 따라 작업하여야 하며 순서에 의한 단계별 작업을 확인하여야 한다.
- 전도작업 시에는 미리 일정신호를 정하여 작업자에게 주지시켜야 하며 안전한 거리에 대피소를 설치하여야 한다.
- 전도를 목적으로 절삭할 부분은 시공계획 수립 시 결정하고 절삭되지 않는 단면으로 안전하게 유지되도록 하여 계획과 반대방향의 전도를 방지하여야 한다.
- 기둥 철근 절단순서는 전도방향의 전면 그리고 양측면, 마지막으로 뒷부분 철근을 절단하도록 하고, 반대방향 전도를 방지하기 위해 전도방향 전면철근을 2본 이상 남겨 두어야 한다.
- 벽체의 절삭부분 철근 절단 시는 가로철근을 아래에서 위쪽으로, 세로철근을 중앙에서 양단방향으로 순차적으로 절단하여야 한다.
- 인장 와이어로프는 2본 이상이어야 하며 대상구조물의 규격에 따라 적정한 위치를 선정하여야 한다.
- 와이어로프를 끌어당길 때에는 서서히 하중을 가하도록 하고 구조체가 넘어지지 않을 때에도 반동을 주어 당겨서는 안 되며, 예정 하중으로 넘어지지 않을 때는 가력을 중지하고 절삭부분을 더 깎아내어 자중에 의하여 전도되게 유도하여야 한다.

- 대상물의 전도 시 분진발생을 억제하기 위해 전도물과 완충재에는 충분히 물을 뿌려야 한다. 또한 전도작업은 반드시 연속해서 실시하고, 그날 중으로 종료시키도록 하며 절삭한 상태로 방치해서는 안 된다.
- 전도작업 전에 비계와 벽과의 연결재는 철거되었는지를 확인하고 방호시트 및 기타 작업진행에 따라 해체하도록 하여야 한다.

㉤ 철해머 공법과 전도공법 병용

- 크레인 설치 위치의 적정여부를 확인하여야 하며 붐 회전반경 및 해머 사양을 사전에 확인하여야 한다.
- 철해머를 매단 와이어로프는 사용 전 반드시 점검하도록 하고 작업 중에도 와이어로프가 손상하지 않도록 주의하여야 한다.
- 철해머 작업반경 내와 해체물이 낙하・전도・비산하는 구간을 설정하고, 통행인의 출입을 통제하여야 한다.
- 슬래브와 보 등과 같이 수평재는 수직으로 낙하시켜 해체하고, 벽, 기둥 등은 수평으로 선회시켜 타격에 의해 해체하도록 한다. 특히 벽과 기둥의 상단을 타격하지 않도록 하여야 한다.
- 기둥과 벽은 철해머를 수평으로 선회시켜 원심력에 의한 타격력으로 해체하며, 이때 선회거리와 속도 등의 조건을 사전에 검토하여야 한다.
- 분진발생 방지조치를 하여야 하며 방진벽, 비산파편 방지망 등을 설치하여야 한다.
- 철근 절단은 높은 곳에서 시행되므로 안전대 부착설비를 설치하여 안전대를 사용하고 무리한 작업을 피하여야 한다.
- 철해머공법에 의한 해체작업은 작업방식이 복합적이어서 현장의 혼란과 위험을 초래하게 되므로 정리정돈에 노력하여야 하며 위험작업구간에는 안전담당자를 배치하여야 한다.

㉥ 화약발파 공법

- 화약류 취급 시 유의사항
  - 폭발물을 보관하는 용기를 취급할 때는 불꽃을 일으킬 우려가 있는 철제기구나 공구를 사용해서는 안 된다.
  - 화약류는 해당사항에 대해 양도양수허가증의 수량에 의해 반입하고 사용 시 필요한 분량만을 용기로부터 반출하여 즉시 사용토록 한다.
  - 불발된 화약은 천공 구멍에 고무호스로 물을 주입하여 그 물의 힘으로 메지와 화약류를 회수한다.
  - 화약류를 취급하는 용기는 목재 그 밖의 전기가 통하지 않는 견고한 구조로 한다.
  - 낙뢰의 위험이 있는 경우에는 비전기식 뇌관을 사용한다.
  - 화약류에 충격을 주거나, 던지거나, 떨어뜨리지 않도록 한다.
  - 화약류는 화로나 모닥불 부근 또는 그라인더(Grinder)를 사용하고 있는 부근에선 취급하지 않도록 한다.
  - 전기뇌관은 전지, 전선, 전기모터, 기타의 전기설비 부근에 접촉되지 않도록 한다.
  - 화약, 폭약, 화공약품은 각각 다른 용기에 수납하여야 한다.
  - 사용하고 남은 화약류는 발파현장에 남겨놓지 않고 화약류 취급소에 반납하도록 한다.
  - 화약고나 다량의 폭발물이 있는 곳에서는 뇌관장치를 하지 않도록 한다.
  - 화약류 취급 시에는 항상 도난에 유의하여 출입자 명부를 비치함과 동시에 과부족이 발생되지 않도록 한다.
  - 화약류를 멀리 떨어진 현장에 운반할 때에는 정해진 포대나 상자 등을 사용하도록 한다.
  - 화약, 폭약 및 도화선과 뇌관 등을 운반할 때에는 한 사람이 한꺼번에 운반하지 말고 여러 사람이 각기 종류별로 나누어 별개 용기에 넣어 운반토록 한다.
  - 화약류 운반 시에는 운반자의 능력에 알맞은 양을 운반하게 하여야 한다.
  - 발파기를 사전에 점검하고 작동불가 및 불능 시 즉시 교체하여야 한다.
  - 화약류의 운반 시는 화기나 전선의 부근을 피하며, 넘어지지 않게 하고 떨어뜨리거나 부딪히지 않도록 유의하여야 한다.
- 화약발파 공사 시 유의사항
  - 장약 전에 구조물 부근에 누설전류와 지전류 및 발화성 물질의 유무를 확인하여야 한다.
  - 전기뇌관 결선 시 결선부위는 방수 및 누전방지를 위해 절연테이프를 감아야 한다.

- 발파방식은 순발 및 지발을 구분하여 계획하고 사전에 필히 도통시험에 의한 도화선 연결상태를 점검하여야 한다.
- 발파작업 시 출입금지 구역을 설정하여야 한다.
- 점화신호(깃발 및 사이렌 등의 신호)의 확인을 하여야 한다.
- 폭발여부가 확실하지 않을 때, 지발전기뇌관 발파 시는 5분, 그 밖의 발파 시는 15분 이내에 현장에 접근해서는 안 된다.
- 발파 시 발생하는 폭풍압과 비산석을 방지할 수 있는 방호막을 설치해야 한다.
- 1단 발파 후 후속발파 전에 반드시 전회의 불발장약을 확인하고 발견 시 제거 후 후속발파를 실시하여야 한다.

ⓢ 해체작업용 기계·기구 취급 관련 제반사항

- 압쇄기의 중량 등을 고려하여 자체에 무리를 초래하는 중량의 압쇄기 부착을 금지하여야 한다.
- 압쇄기 부착과 해체는 경험이 풍부한 사람이 해야 한다.
- 압쇄기와 대형 브레이커(Breaker)는 파워셔블 등에 설치하여 사용한다.
- 철제 해머(Hammer)는 크롤러 크레인 등에 설치하여 사용한다.
- 핸드 브레이커(Hand Breaker) 사용 시는 경사보다는 수직으로 파쇄하는 것이 적절하다.
- 팽창제 사용 천공직경은 30~50[mm] 정도를 유지하여야 한다.
- 팽창제 천공간격은 콘크리트 강도에 의하여 결정되나 30~70[cm] 정도가 적당하다.
- 절단톱의 회전날에는 접촉방지커버를 설치하여야 한다.

⑤ 해체공사·작업

㉠ 구조물의 해체작업 시 해체작업계획서에 포함하여야 할 사항

- 현장안전조치계획
- 해체작업용 기계·기구 등의 작업계획서
- 해체작업용 화학류 등의 사용계획서
- 해체물의 처분계획
- 해체의 방법 및 해체 순서도면
- 가설설비, 방호설비, 환기설비 및 살수, 방화설비 등의 방법
- 사업장 내 연락방법(주변 민원처리계획은 아니다)

㉡ 타워크레인의 설치·조립·해체작업을 하는 때에 작성하는 작업계획서에 포함시켜야 할 사항

- 타워크레인의 종류 및 형식
- 작업인원의 구성 및 직업근로자의 역할 범위
- 작업도구·장비·가설설비 및 방호설비

㉢ 해체작업 지휘자가 이행하여야 할 사항(관리감독자의 유해·위험방지 업무에서 높이 5[m] 이상의 비계를 조립·해체하거나 변경하는 작업과 관련된 직무수행 내용)

- 작업방법과 근로자의 배치를 결정하고 해당 작업을 지휘하고 작업 진행상태를 감시하는 일
- 재료의 결함 유무 또는 기구 및 공구의 기능을 점검하고 불량품을 제거하는 일
- 작업 중 안전대 등 보호구의 착용상황을 감시하는 일
- 기구, 공구, 안전대 및 안전모 등의 기능을 점검하고 불량품을 제거하는 일

※ 운전방법 또는 고장났을 때의 처치방법 등을 근로자에게 주지시키는 일은 아니다.

㉣ 건축물의 해체공사

- 압쇄기와 대형 브레이커는 파워셔블 등에 설치하여 사용한다.
- 철제 해머는 크레인 등에 설치하여 사용한다.
- 핸드 브레이커 사용 시 경사를 주지 말고 수직으로 파쇄하는 것이 좋다.
- 절단톱의 회전날에는 접촉방지 커버를 설치하여야 한다.

㉤ 거푸집 해체작업 시 유의사항(콘크리트공사표준안전작업지침 제9조)

- 거푸집 및 지보공(동바리)의 해체는 순서에 의하여 실시하여야 하며 안전담당자를 배치하여야 한다.
- 거푸집 및 지보공(동바리)은 콘크리트 자중 및 시공 중에 가해지는 기타 하중에 충분히 견딜만한 강도를 가질 때까지는 해체하지 아니하여야 한다.
- 해체작업을 할 때에는 안전모 등 안전보호장구를 착용토록 하여야 한다.
- 거푸집 해체작업장 주위에는 관계자를 제외하고는 출입을 금지시켜야 한다.
- 상하 동시작업은 원칙적으로 금지하며 부득이한 경우에는 긴밀히 연락을 취하며 작업을 하여야 한다.

• 거푸집 해체 때 구조체에 무리한 충격이나 큰 힘에 의한 지렛대 사용은 금지하여야 한다.
• 보 또는 슬래브 거푸집을 제거할 때에는 거푸집의 낙하충격으로 인한 작업원의 돌발적 재해를 방지하여야 한다.
• 해체된 거푸집이나 각목 등에 박혀있는 못 또는 날카로운 돌출물은 즉시 제거하여야 한다.
• 해체된 거푸집이나 각목은 재사용 가능한 것과 보수하여야 할 것을 선별, 분리하여 적치하고 정리정돈을 하여야 한다.
• 기타 제3자의 보호조지에 대하여도 완전한 소치를 강구하여야 한다.
• 거푸집을 떼어내는 순서는 하중을 받지 않는 부분을 먼저 떼어낸다. 그러므로 연직부재의 거푸집은 수평부재의 거푸집보다 빨리 떼어낸다.

ⓗ 도심지 폭파해체공법
• 장기간 발생하는 진동, 소음이 적다.
• 해체 속도가 빠르다.
• 주위의 구조물에 영향이 크다.
• 많은 분진발생으로 민원을 발생시킬 우려가 있다.

⑥ 해체작업에 따른 공해방지(해체공사표준안전작업지침 제22조~제25조)

㉠ 소음 및 진동
• 진동수의 범위는 1~90[Hz]이다.
• 일반적으로 연직진동이 수평진동보다 크다.
• 진동의 전파거리는 예외적인 것을 제외하면 진동원에서부터 100[m] 이내이다.
• 지표에 있어 진동의 크기는 일반적으로 지진의 진도계급이라고 하는 미진에서 강진의 범위에 있다.
• 공기압축기 등은 적당한 장소에 설치하여야 하며 장비의 소음 진동기준은 관계법에서 정하는 바에 따라서 처리하여야 한다.
• 전도공법의 경우 전도물 규모를 작게 하여 중량을 최소화하며 전도대상물의 높이도 되도록 작게 하여야 한다.
• 철해머 공법의 경우 해머의 중량과 낙하높이를 가능한 한 낮게 하여야 한다.
• 현장 내에서는 대형 부재로 해체하며 장외에서 잘게 파쇄하여야 한다.
• 인접건물의 피해를 줄이기 위해 방음, 방진 목적의 가시설을 설치하여야 한다.

㉡ 분진 : 분진 발생을 억제하기 위하여 직접 발생 부분에 피라밋식, 수평살수식으로 물을 뿌리거나 간접적으로 방진시트, 분진차단막 등의 방진벽을 설치하여야 한다.

㉢ 지반침하 : 지하실 등을 해체할 경우에는 해체작업 전에 대상건물의 깊이, 토질, 주변상황 등과 사용하는 중기 운행 시 수반되는 진동 등을 고려하여 지반침하에 대비하여야 한다.

㉣ 폐기물 : 해체작업 과정에서 발생하는 폐기물은 관계법에서 정하는 바에 따라 처리하여야 한다.

⑦ 해체공법(파쇄공법)

㉠ 핸드브레이커(Hand Breaker) 공법 : 압축기에서 보낸 압축공기에 의해 정(Chisel)을 작동시켜 정 끝의 급속한 반복충격력으로 구조물을 파쇄하는 공법

㉡ 강구(Steel Ball) 공법 : 강구(Steel Ball)를 크레인의 선단에 매달아 강구를 수직(상하) 또는 수평으로 구조물에 부딪치게 하여 그 충격력으로 구조물을 파쇄하고 노출 철근을 가스절단하면서 구조물을 해체하는 공법

㉢ 마이크로파(Microwave) 공법 : 마이크로파를 콘크리트에 조사하여 콘크리트 속의 물분자와 분극작용을 촉진시켜 발열을 일으키게 하여 발열과 함께 함유수분의 비등에 의한 증기압에 의해 파쇄하는 공법으로 전자파 발생장치가 필요하다. 무소음·무진동에 가깝고 전처리할 필요가 없지만, 전자파가 인체에 조사되면 위험하므로 누설방지가 필요하다.

㉣ 록잭(Rock Jack) 공법 : 파쇄하고자 하는 구조물에 구멍을 천공하여 이 구멍에 가력봉을 삽입하고 가력봉에 유압을 가압하여 천공한 구멍을 확대시킴으로서 구조물을 파쇄하는 공법

㉤ 압쇄기(유압브레이커)에 의한 공법 : 유압기를 이용하여 압쇄기 안에 콘크리트를 넣고 압쇄하는 공법

핵심예제

다음 중 건물해체용 기구와 거리가 먼 것은?

[2011년 제1회, 2013년 제2회, 2016년 제3회]

① 압쇄기
② 스크레이퍼
③ 잭
④ 철해머

|해설|

스크레이퍼는 토공기계에 해당된다.

정답 ②

핵심이론 02 운 반

① 운반의 개요
㉠ 취급·운반의 원칙(취급운반의 5원칙)
- 직선 운반을 할 것
- 연속 운반을 할 것
- 운반작업을 집중하여 시킬 것
- 생산을 최고로 하는 운반을 생각할 것
- 최대한 시간과 경비를 절약할 수 있는 운반방법을 고려할 것

㉡ 운반의 3조건
- 운반(취급)거리는 최소화시킬 것
- 손이 가지 않는 작업기법일 것
- 운반(이동)은 기계화할 것

② 운반의 안전
㉠ 인력 운반작업의 안전수칙
- 보조기구를 효과적으로 사용한다.
- 물건을 들어올릴 때는 팔과 무릎을 이용하여 척추는 곧게 한다.
- 허리를 구부리지 말고 곧은 자세로 하여 양손으로 들어올린다.
- 중량은 체중의 40[%]가 적당하다.
- 물건은 최대한 몸에서 가까이 하여 들어올린다.
- 긴 물건이나 구르기 쉬운 물건은 인력 운반을 될 수 있는 대로 피한다.
- 부득이하게 길이가 긴 물건을 인력 운반해야 할 경우에는 앞쪽을 높게 하여 운반한다.
- 단독으로 긴 물건을 어깨에 메고 운반할 때 앞쪽을 위로 올린 상태로 운반한다.
- 부득이하게 원통인 물건을 인력 운반해야 할 경우 절대로 굴려서 운반하면 안 된다.
- 2인 이상 공동으로 운반 할 때에는 체력과 신장이 비슷한 사람이 작업을 하며, 물건의 무게가 균등하도록 운반하며, 긴 물긴을 이깨에 메고 운반할 때에는 같은 쪽의 어깨에 보조를 맞추며 작업지휘자가 있는 경우 지휘자의 신호에 의해 호흡을 맞춰 운반한다.
- 무거운 물건은 공동작업으로 실시한다.
- 운반 시 시선은 진행 방향을 향하고 뒷걸음 운반을 하여서는 안 된다.

- 무거운 물건을 운반할 때 무게중심이 높은 화물은 인력으로 운반하지 않는다.
- 어깨 높이보다 높은 위치에서 화물을 들고 운반하여서는 안 된다.

㉡ 철근 인력 운반의 안전수칙
- 운반할 때에는 양끝을 묶어 운반한다.
- 긴 철근은 두 사람이 한 조가 되어 어깨메기로 운반하는 것이 좋다.
- 운반 시 1인당 무게는 25[kg] 정도가 적당하며 무리한 운반을 삼가야 한다.
- 긴 철근을 한 사람이 운반할 때는 한쪽은 어깨에 메고, 한쪽 끝은 땅에 끌면서 운반한다.
- 내려놓을 때는 천천히 내려놓고 던지지 않아야 한다.
- 공동작업 시 신호에 따라 작업한다.

핵심예제

2-1. 취급·운반의 원칙으로 옳지 않은 것은?

[2010년 제1회, 제3회, 2013년 제2회, 2017년 제3회, 2018년 제2회, 2022년 제1회]

① 곡선 운반을 할 것
② 운반작업을 집중하여 시킬 것
③ 생산을 최고로 하는 운반을 생각할 것
④ 연속 운반을 할 것

2-2. 철근 인력 운반에 대한 설명으로 옳지 않은 것은?

[2010년 제1회 유사, 제3회 유사, 2014년 제2회]

① 운반할 때에는 중앙부를 묶어 운반한다.
② 긴 철근은 두 사람이 한 조가 되어 어깨메기로 운반하는 것이 좋다.
③ 운반 시 1인당 무게는 25[kg] 정도가 적당하다.
④ 긴 철근을 한 사람이 운반할 때는 한쪽은 어깨에 메고, 한쪽 끝은 땅에 끌면서 운반한다.

|해설|

2-1
곡선 운반이 아닌 직선 운반을 해야 한다.

2-2
철근을 운반할 때에는 양끝을 묶어 운반한다.

정답 2-1 ① 2-2 ①

핵심이론 03 하역(산업안전보건기준에 관한 규칙 제2편 제6장)

① 화물취급 작업 등

㉠ 화물운반용이나 고정용으로 사용을 금하는 섬유로프 등(제387조)
- 꼬임이 끊어진 것
- 심하게 손상되거나 부식된 것

㉡ 차량 등에서 화물을 내리는 작업을 하는 경우에 해당 작업에 종사하는 근로자에게 쌓여 있는 화물 중간에서 화물을 빼내도록 해서는 아니 된다(제389조).

㉢ 부두·안벽 등 하역작업장의 조치기준(제390조)
- 작업장 및 통로의 위험한 부분에는 안전하게 작업할 수 있는 조명을 유지할 것
- 부두 또는 안벽의 선을 따라 통로를 설치하는 경우에는 폭을 90[cm] 이상으로 할 것
- 육상에서의 통로 및 작업장소로서 다리 또는 선거(船渠) 갑문(閘門)을 넘는 보도(步道) 등의 위험한 부분에는 안전난간 또는 울타리 등을 설치할 것

㉣ 바닥으로부터의 높이가 2[m] 이상 되는 하적단(포대·가마니 등으로 포장된 화물이 쌓여 있는 것만 해당)과 인접 하적단 사이의 간격을 하적단의 밑부분을 기준하여 10[cm] 이상으로 하여야 한다(제391조).

㉤ 하적단의 붕괴 등에 의한 위험방지(제392조)
- 하적단의 붕괴 또는 화물의 낙하에 의하여 근로자가 위험해질 우려가 있는 경우에는 그 하적단을 로프로 묶거나 망을 치는 등 위험을 방지하기 위하여 필요한 조치를 하여야 한다.
- 하적단을 쌓는 경우에는 기본형을 조성하여 쌓아야 한다.
- 하적단을 헐어내는 경우에는 위에서부터 순차적으로 층계를 만들면서 헐어내어야 하며, 중간에서 헐어내어서는 아니 된다.

㉥ 화물 적재 시 준수사항(제393조)
- 침하 우려가 없는 튼튼한 기반 위에 적재할 것
- 건물의 칸막이나 벽 등이 화물의 압력에 견딜 만큼의 강도를 지니지 아니한 경우에는 칸막이나 벽에 기대어 적재하지 않도록 할 것
- 불안정할 정도로 높이 쌓아 올리지 말 것
- 하중이 한쪽으로 치우치지 않도록 쌓을 것

㉦ 적하와 양하
- 적하 : 부두 위의 화물에 훅을 걸어 선내에 적재하기까지의 작업
- 양하 : 선내의 화물을 부두 위에 내려놓고 훅을 풀기까지의 작업

② 항만하역작업

㉠ 통행설비의 설치 등(제394조) : 갑판의 윗면에서 선창 밑바닥까지의 깊이가 1.5[m]를 초과하는 선창의 내부에서 화물취급작업을 하는 경우에 그 작업에 종사하는 근로자가 안전하게 통행할 수 있는 설비를 설치하여야 한다. 다만, 안전하게 통행할 수 있는 설비가 선박에 설치되어 있는 경우에는 그러하지 아니하다.

㉡ 급성 중독물질 등에 의한 위험방지(제395조) : 항만하역작업을 시작하기 전에 그 작업을 하는 선창 내부, 갑판 위 또는 안벽 위에 있는 화물 중에 급성 독성물질이 있는지를 조사하여 안전한 취급방법 및 누출 시 처리방법을 정하여야 한다.

㉢ 무포장 화물의 취급방법(제396조)
- 선창 내부의 밀·콩·옥수수 등 무포장 화물을 내리는 작업을 할 때에는 시프팅보드(Shifting Board), 피더박스(Feeder Box) 등 화물 이동방지를 위한 칸막이벽이 넘어지거나 떨어짐으로써 근로자가 위험해질 우려가 있는 경우에는 그 칸막이벽을 해체한 후 작업을 하도록 하여야 한다.
- 진공흡입식 언로더(Unloader) 등의 하역기계를 사용하여 무포장 화물을 하역할 때 그 하역기계의 이동 또는 작동에 따른 흔들림 등으로 인하여 근로자가 위험해질 우려가 있는 경우에는 근로자의 접근을 금지하는 등 필요한 조치를 하여야 한다.

㉣ 선박승강설비의 설치(제397조)
- 300[ton]급 이상의 선박에서 하역작업을 하는 경우에 근로자들이 안전하게 오르내릴 수 있는 현문 사다리를 설치하여야 하며, 이 사다리 밑에 안전망을 설치하여야 한다.
- 현문 사다리는 견고한 재료로 제작된 것으로 너비는 55[cm] 이상이어야 하고, 양측에 82[cm] 이상의 높이로 울타리를 설치하여야 하며, 바닥은 미끄러지지 않도록 적합한 재질로 처리되어야 한다.
- 현문 사다리는 근로자의 통행에만 사용하여야 하며, 화물용 발판 또는 화물용 보판으로 사용하도록 해서는 아니 된다.

㉤ 통선 등에 의한 근로자 수송 시의 위험방지(제398조) : 통선(通船) 등에 의하여 근로자를 작업장소로 수송하는 경우 그 통선 등이 정하는 탑승정원을 초과하여 근로자를 승선시켜서는 아니 되며, 통선 등에 구명용구를 갖추어 두는 등 근로자의 위험방지에 필요한 조치를 취하여야 한다.

㉥ 수상의 목재·뗏목 등의 작업 시 위험방지(제399조) : 물 위의 목재·원목·뗏목 등에서 작업을 하는 근로자에게 구명조끼를 착용하도록 하여야 하며, 인근에 인명구조용 선박을 배치하여야 한다.

㉦ 베일포장화물의 취급(제400조) : 양화장치를 사용하여 베일포장으로 포장된 화물을 하역하는 경우에 그 포장에 사용된 철사·로프 등에 훅을 걸어서는 아니 된다.

㉧ 동시작업의 금지(제401조) : 같은 선창 내부의 다른 층에서 동시에 작업을 하도록 해서는 아니 된다. 다만, 방망 및 방포 등 화물의 낙하를 방지하기 위한 설비를 설치한 경우에는 그러하지 아니하다.

㉨ 양하작업 시의 안전조치(제402조)
- 양화장치 등을 사용하여 양하작업을 하는 경우에 선창 내부의 화물을 안전하게 운반할 수 있도록 미리 해치(Hatch)의 수직하부에 옮겨 놓아야 한다.
- 화물을 옮기는 경우에는 대차 또는 스내치 블록(Snatch Block)을 사용하는 등 안전한 방법을 사용하여야 하며, 화물을 슬링 로프(Sling Rope)로 연결하여 직접 끌어내는 등 안전하지 않은 방법을 사용해서는 아니 된다.

㉩ 훅부착 슬링의 사용(제403조) : 양화장치 등을 사용하여 드럼통 등의 화물권상작업을 하는 경우에 그 화물이 벗어지거나 탈락하는 것을 방지하는 구조의 해지장치가 설치된 훅부착 슬링을 사용하여야 한다. 다만, 작업의 성질상 보조슬링을 연결하여 사용하는 경우 화물에 직접 연결하는 훅은 그러하지 아니하다.

㉪ 로프 탈락 등에 의한 위험방지(제404조) : 양화장치 등을 사용하여 로프로 화물을 잡아당기는 경우에 로프나 도르래가 떨어져 나감으로써 근로자가 위험해질 우려가 있는 장소에 근로자를 출입시켜서는 아니 된다.

③ 차량계 하역운반기계의 점검 : 작업시작 전 차륜의 이상 유무를 점검할 것

④ 하역의 안전수칙

㉠ 화물 취급작업과 관련한 위험방지를 위해 조치하여야 할 사항
- 작업장 및 통로의 위험한 부분에는 안전하게 작업할 수 있는 조명을 유지할 것
- 차량 등에서 화물을 내리는 작업을 하는 경우에 해당 작업에 종사하는 근로자에게 쌓여 있는 화물 중간에서 화물을 빼내도록 하지 말 것
- 육상에서의 통로 및 작업 장소로서 다리 또는 선거 갑문을 넘는 보도 등의 위험한 부분에는 안전난간 또는 울타리 등을 설치할 것

㉡ 화물 취급작업 시 준수사항
- 꼬임이 끊어지거나 심하게 부식된 섬유로프는 화물운반용으로 사용해서는 아니 된다.
- 섬유로프 등을 사용하여 화물취급 작업을 하는 경우에 해당 섬유로프 등을 점검하고 이상을 발견한 섬유로프 등을 즉시 교체하여야 한다.
- 하역작업을 하는 장소에서 작업장 및 통로의 위험한 부분에는 안전하게 작업할 수 있는 조명을 유지한다.

㉢ 차량계 하역운반기계 등에 화물을 적재하는 경우의 준수사항(제173조)
- 하중이 한쪽으로 치우치지 않도록 적재할 것
- 구내 운반차 또는 화물자동차의 경우 화물의 붕괴 또는 낙하에 의한 위험을 방지하기 위하여 화물에 로프를 거는 등 필요한 조치를 할 것
- 운전자의 시야를 가리지 않도록 화물을 적재할 것
- 화물을 적재하는 경우 최대 적재량을 초과하지 않을 것

㉣ 차량계 하역운반기계 등에 단위화물의 무게가 100[kg] 이상인 화물을 싣는 작업 또는 내리는 작업을 하는 경우에 해당 작업 지휘자가 준수하여야 할 사항(제177조)
- 작업 순서 및 그 순서마다의 작업방법을 정하고 작업을 지휘할 것
- 기구와 공구를 점검하고 불량품을 제거할 것
- 로프풀기작업 또는 덮개 벗기기 작업은 적재함의 화물이 떨어질 위험이 없음을 확인한 후에 하도록 할 것
- 해당 작업을 하는 장소에 관계 근로자가 아닌 사람이 출입하는 것을 금지할 것

㉤ 차량계 하역운반기계의 안전조치사항
- 차량계 하역운반기계, 차량계 건설기계(최대 제한속도가 시속 10[km] 이하인 것은 제외)를 사용하여 작업을 하는 경우, 미리 작업장소의 지형 및 지반 상태 등에 적합한 제한속도를 정하고 운전자로 하여금 준수하도록 할 것(제98조)
- 차량계 하역운반기계, 차량계 건설기계의 운전자가 운전 위치를 이탈하는 경우, 해당 운전자로 하여금 포크 및 버킷 등의 하역장치를 가장 낮은 위치에 두도록 할 것(제99조)
- 차량계 하역운반기계 등에 화물을 적재하는 경우 하중이 한쪽으로 치우치지 않도록 적재할 것(제173조)
- 차량계 하역운반기계를 사용하여 작업하는 경우 승차석이 아닌 위치에 근로자를 탑승시키지 말 것(제86조)
- 사업주는 바닥으로부터 짐 윗면까지의 높이가 2[m] 이상인 화물자동차에 짐을 싣는 작업 또는 내리는 작업을 하는 경우에는 근로자의 추가위험을 방지하기 위하여 해당작업에 종사하는 근로자가 바닥과 적재함의 윗면 간을 안전하게 오르내리기 위한 설비를 설치하여야 한다(제187조).

㉥ 화물 운반 하역작업 중 걸이작업(운반하역 표준안전 작업지침 제22조)
- 와이어로프 등은 크레인의 훅 중심에 걸어야 한다.
- 인양 물체의 안정을 위하여 2줄 걸이 이상을 사용하여야 한다.
- 매다는 각도는 60° 이내로 하여야 한다.
- 근로자를 매달린 물체 위에 탑승시키지 않아야 한다.

㉦ 차량계 하역운반기계 등을 사용하는 작업을 할 때 그 기계가 넘어지거나 굴러떨어짐으로써 근로자에게 위험을 미칠 우려가 있는 경우에 우선적으로 조치하여야 할 사항(제171조)
- 해당 기계에 대한 유도자 배치
- 지반의 부동침하 방지조치
- 갓길 붕괴 방지조치
- 충분한 도로의 폭 유지

 핵심예제

3-1. 차량계 하역운반기계에 화물을 적재하는 때의 준수사항으로 옳지 않은 것은?

[2013년 제1회, 2017년 제2회 유사, 제3회, 2021년 제1회 유사]

① 하중이 안쪽으로 치우치지 않도록 적재할 것
② 구내 운반차 또는 화물자동차의 경우 화물의 붕괴 또는 낙하에 의한 위험을 방지하기 위하여 화물에 로프를 거는 등 필요한 조치를 할 것
③ 운전자의 시야를 가리지 않도록 화물을 적재할 것
④ 차륜의 이상 유무를 점검할 것

3-2. 산업안전보건법상 차량계 하역운반기계 등에 단위화물의 무게가 100[kg] 이상인 화물을 싣는 작업 또는 내리는 작업을 하는 경우에 해당 작업 지휘자가 준수하여야 할 사항과 가장 거리가 먼 것은?

[2012년 제1회 유사, 2013년 제2회, 2015년 제3회 유사, 2016년 제3회]

① 작업 순서 및 그 순서마다의 작업방법을 정하고 작업을 지휘할 것
② 기구와 공구를 점검하고 불량품을 제거할 것
③ 대피방법을 미리 교육할 것
④ 로프 풀기 작업 또는 덮개 벗기기 작업은 적재함의 화물이 떨어질 위험이 없음을 확인한 후에 하도록 할 것

|해설|

3-1
차륜의 이상 유무를 점검은 작업 시작 전 점검사항이다.

3-2
차량계 하역운반기계 등에 단위화물의 무게가 100[kg] 이상인 화물을 싣는 작업 또는 내리는 작업을 하는 경우에 해당 작업 지휘자가 준수하여야 할 사항과 가장 거리가 먼 것으로 '대피방법을 미리 교육할 것, 하중이 한쪽으로 치우쳐서 효율적으로 적재되도록 할 것, 가설대 등을 사용하는 경우에는 충분한 폭 및 강도와 적당한 경사를 확보할 것' 등이 출제된다.

정답 3-1 ④ 3-2 ③

제5절 건설재해 및 대책

핵심이론 01 굴착공사 안전작업

① 굴착공사 관련 지질조사(굴착공사표준안전작업지침)
㉠ 사전조사(제3조)
- 기본적인 토질에 대한 조사
  - 조사대상 : 지형, 지질, 지층, 지하수, 용수, 식생 등
  - 조사내용
    ⓐ 주변에 기 절토된 경사면의 실태조사
    ⓑ 지표, 토질에 대한 답사 및 조사로 토질구성(표토, 토질, 암질), 토질구조(지층의 경사, 지층, 파쇄대의 분포, 변질대의 분포), 지하수 및 용수의 형상 등의 실태 조사
    ⓒ 사운딩
    ⓓ 시 추
    ⓔ 물리탐사(탄성파조사)
    ⓕ 토질시험 등
- 굴착작업 전 가스관, 상하수도관, 지하케이블, 건축물의 기초 등 지하매설물에 대하여 조사하고 굴착 시 이에 대한 안전조치를 하여야 한다.

㉡ 굴착작업에서 지반의 붕괴 또는 매설물, 기타 지하공작물의 손괴 등에 의하여 근로자에게 위험이 미칠 우려가 있을 때 작업장소 및 그 주변에 대한 사전지반조사사항
- 형상·지질 및 지층의 상태
- 매설물 등의 유무 또는 (흐름)상태
- 지반의 지하수위 상태
- 균열·함수·용수 및 동결의 유무 또는 상태

㉢ 시공 중의 조사(제4조) : 공사 진행 중 이미 조사된 결과와 상이한 상태가 발생한 경우 조사를 보완(정밀조사) 실시하여야 하며 결과에 따라 작업계획을 재검토하여야 할 경우에는 공법이 결정될 때까지 공사를 중지하여야 한다.

② 굴착작업
㉠ 인력굴착(굴착공사표준안전작업지침 제5조~제9조)
- 공사 전 준비 준수사항
  - 작업계획, 작업내용을 충분히 검토하고 이해하여야 한다.

- 공사물량 및 공기에 따른 근로자의 소요인원을 계획하여야 한다.
- 굴착예정지의 주변 상황을 조사하여 조사결과 작업에 지장을 주는 장애물이 있는 경우 이설, 제거, 거치보전 계획을 수립하여야 한다.
- 시가지 등에서 공중재해에 대한 위험이 수반될 경우 예방대책을 수립하여야 하며, 가스관, 상하수도관, 지하케이블 등의 지하매설물에 대한 방호조치를 하여야 한다.
- 작업에 필요한 기기, 공구 및 자재의 수량을 검토, 준비하고 반입방법에 대하여 계획하여야 한다.
- 예정된 굴착방법에 적절한 토사 반출방법을 계획하여야 한다.
- 관련 작업(굴착기계 · 운반기계 등의 운전자, 흙막이공, 혈틀공, 철근공, 배관공 등)의 책임자 상호간의 긴밀한 협조와 연락을 충분히 하여야 하며 수기신호, 무선통신, 유선통신 등의 신호체제를 확립한 후 작업을 진행시켜야 한다.
- 지하수 유입에 대한 대책을 수립하여야 한다.

• 일일 준비 준수사항
- 작업 전에 반드시 작업장소의 불안전한 상태 유무를 점검하고 미비점이 있을 경우 즉시 조치하여야 한다.
- 근로자를 적절히 배치하여야 한다.
- 사용하는 기기, 공구 등을 근로자에게 확인시켜야 한다.
- 근로자의 안전모 착용 및 복장상태, 또 추락의 위험이 있는 고소작업자는 안전대를 착용하고 있는가 등을 확인하여야 한다.
- 근로자에게 당일의 작업량, 작업방법을 설명하고, 작업의 단계별 순서와 안전상의 문제점에 대하여 교육하여야 한다.
- 작업장소에 관계자 이외의 자가 출입하지 않도록 하고, 또 위험장소에는 근로자가 접근하지 않도록 출입금지 조치를 하여야 한다.
- 굴착된 흙이 차량으로 운반될 경우 통로를 확보하고 굴착자와 차량운전자가 상호 연락할 수 있도록 하되, 그 신호는 노동부장관이 고시한 크레인작업 표준신호지침에서 정하는 바에 의한다.

• 굴착작업 시 준수사항
- 안전담당자의 지휘하에 작업하여야 한다.
- 지반의 종류에 따라서 정해진 굴착면의 높이와 기울기로 진행시켜야 한다.
- 굴착면 및 흙막이 지보공의 상태를 주의하여 작업을 진행시켜야 한다.
- 굴착면 및 굴착심도 기준을 준수하여 작업 중 붕괴를 예방하여야 한다.
- 굴착토사나 자재 등을 경사면 및 토류벽 천단부 주변에 쌓아두어서는 안 된다.
- 매설물, 장애물 등에 항상 주의하고 대책을 강구한 후에 작업을 하여야 한다.
- 용수 등의 유입수가 있는 경우 반드시 배수시설을 한 뒤에 작업을 하여야 한다.
- 수중펌프나 벨트컨베이어 등 전동기기를 사용할 경우는 누전차단기를 설치하고 작동여부를 확인하여야 한다.
- 산소 결핍의 우려가 있는 작업장은 규정을 준수하여야 한다.
- 도시가스 누출, 메탄가스 등의 발생이 우려되는 경우에는 화기를 사용하여서는 안 된다.

• 절토 시 준수사항
- 상부에서 붕락위험이 있는 장소에서의 작업은 금하여야 한다.
- 상하부 동시작업은 금지하여야 하나 부득이한 경우 다음의 조치를 실시한 후 작업하여야 한다.
  ⓐ 견고한 낙하물 방호시설 설치
  ⓑ 부석 제거
  ⓒ 작업장소에 불필요한 기계 등의 방치금지
  ⓓ 신호수 및 담당자 배치
- 굴착면이 높은 경우는 계단식으로 굴착하고 소단의 폭은 수평거리 2[m] 정도로 하여야 한다.
- 사면경사 1 : 1 이하이며 굴착면이 2[m] 이상일 경우는 안전대 등을 착용하고 작업해야 하며 부석이나 붕괴하기 쉬운 지반은 적절한 보강을 하여야 한다.
- 급경사에는 사다리 등을 설치하여 통로로 사용하여야 하며 도괴하지 않도록 상하부를 지지물로 고정시키며 장기간 공사 시에는 비계 등을 설치하여야 한다.

- 용수가 발생하면 즉시 작업책임자에게 보고하고 배수 및 작업방법에 대해서 지시를 받아야 한다.
- 우천 또는 해빙으로 토사붕괴가 우려되는 경우에는 작업 전 점검을 실시하여야 하며, 특히 굴착면 천단부 주변에는 중량물의 방치를 금하며 대형 건설기계 통과 시에는 적절한 조치를 확인하여야 한다.
- 절토면을 장기간 방치할 경우는 경사면을 가마니 쌓기, 비닐덮기 등 적절한 보호조치를 하여야 한다.
- 발파암반을 장기간 방치할 경우는 낙석방지용 방호망을 부착, 모르타르를 주입, 그라우팅, 록볼트 설치 등의 방호시설을 하여야 한다.
- 암반이 아닌 경우는 경사면에 도수로, 산마루측구 등 배수시설을 설치하여야 하며, 제3자가 근처를 통행할 가능성이 있는 경우는 안전시설과 안전표지판을 설치하여야 한다.
- 벨트컨베이어를 사용할 경우는 경사를 완만하게 하여 안정된 상태를 유지하도록 하여야 하며, 컨베이어 양단면에 스크린 등의 설치로 토사의 전락을 방지하여야 한다.

• 트렌치 굴착 시의 준수사항
- 통행자가 많은 장소에서 굴착하는 경우 굴착장소에 방호울 등을 사용하여 접근을 금지시키고, 안전표지판을 식별이 용이한 장소에 설치하여야 한다.
- 야간에는 작업장에 충분한 조명시설을 하여야 하며 가시설물은 형광벨트의 설치, 경광등 등을 설치하여야 한다.
- 굴착 시는 원칙적으로 흙막이 지보공을 설치하여야 한다.
- 흙막이 지보공을 설치하지 않는 경우 굴착깊이는 1.5[m] 이하로 하여야 한다.
- 수분을 많이 포함한 지반의 경우나 뒤채움 지반인 경우 또는 차량이 통행하여 붕괴하기 쉬운 경우에는 반드시 흙막이 지보공을 설치하여야 한다.
- 굴착폭은 작업 및 대피가 용이하도록 충분한 넓이를 확보하여야 하며, 굴착깊이가 2[m] 이상일 경우에는 1[m] 이상의 폭으로 한다.
- 흙막이널판만을 사용할 경우는 널판길이의 1/3 이상의 근입장을 확보하여야 한다.
- 용수가 있는 경우는 펌프로 배수하여야 하며, 흙막이 지보공을 설치하여야 한다.
- 굴착면 천단부에는 굴착토사와 자재 등의 적재를 금하며 굴착깊이 이상 떨어진 장소에 적재토록 하고, 건설기계가 통행할 가능성이 있는 장소에는 별도의 장비 통로를 설치하여야 한다.
- 브레이커 등을 이용하여 파쇄하거나 견고한 지반을 분쇄할 경우에는 진동을 방지할 수 있는 장갑을 착용하도록 하여야 한다.
- 컴프레서는 작업이나 통행에 지장이 없는 장소에 설치하여야 한다.
- 벨트컨베이어를 이용하여 굴착토를 반출할 경우는 다음의 사항을 준수하여야 한다.
  ⓐ 기울기가 완만하도록(표준 30° 이하) 하고 안정성이 있으며 비탈면이 붕괴되지 않도록 설치하며 가대 등을 이용하여 가능한 한 굴착면에 가깝도록 설치하며 작업장소에 따라 조금씩 이동한다.
  ⓑ 벨트컨베이어를 이동할 경우는 작업책임자를 선임하고 지시에 따라 이동해야 하며 전원스위치, 내연기관 등은 반드시 단락조치 후 이동한다.
  ⓒ 회전 부분에 말려들지 않도록 방호조치를 하여야 하며, 비상정지장치가 있어야 한다.
  ⓓ 큰 옥석 등의 석괴는 적재시키지 않아야 하며 부득이 할 경우는 운반 중 낙석, 전락방지를 위한 컨베이어 양단부에 스크린 등의 방호조치를 하여야 한다.
- 가스관, 상·하수도관, 케이블 등의 지하매설물이 반결되면 공사를 중지하고 작업책임자의 지시에 따라 방호조치 후 굴착을 실시하며, 매설물을 손상시켜서는 안 된다.
- 바닥면의 굴착심도를 확인하면서 작업한다.
- 굴착깊이가 1.5[m] 이상인 경우는 사다리, 계단 등 승강설비를 설치하여야 한다.
- 굴착된 도량 내에서 휴식을 취하여서는 안 된다.
- 매설물을 설치하고 뒤채움을 할 경우에는 30[cm] 이내마다 충분히 다지고 필요시 물다짐 등 시방을 준수하여야 한다.

- 작업 도중 굴착된 상태로 작업을 종료할 경우는 방호울, 위험표지판을 설치하여 제3자의 출입을 금지시켜야 한다.
- 기초굴착 시 준수사항
  - 사면굴착 및 수직면 굴착 등 오픈컷 공법에 있어 흙막이벽 또는 지보공 안전담당자를 필히 선임하여 구조, 특징 및 작업순서를 충분히 숙지한 후 순서에 의해 작업하여야 한다.
  - 버팀재를 설치하는 구조의 흙막이 지보공에서는 스트럿, 띠장, 사보강재 등을 설치하고 하부작업을 하여야 한다.
  - 기계굴착과 병행하여 인력굴착작업을 수행할 경우는 작업분담구역을 정하고 기계의 작업반경 내에 근로자가 들어가지 않도록 해야 하며, 담당자 또는 기계 신호수를 배치하여야 한다.
  - 버팀재, 사보강재 위로 통행을 해서는 안 되며, 부득이 통행할 경우에는 폭 40[cm] 이상의 안전통로를 설치하고 통로에는 표준안전난간을 설치하고 안전대를 사용하여야 한다.
  - 스트럿 위에는 중량물을 놓아서는 안 되며, 부득이한 경우는 지보공으로 충분히 보강하여야 한다.
  - 배수펌프 등은 용수 시 항상 사용할 수 있도록 정비하여 두고 이상 용출수가 발생할 경우 작업을 중단하고 즉시 작업책임자의 지시를 받는다.
  - 지표수 등이 유입하지 않도록 차수시설을 하고 경사면에 추락이나 낙하물에 대한 방호조치를 하여야 한다.
  - 작업 중에는 흙막이 지보공의 시방을 준수하고 스트럿 또는 흙막이벽의 이상 상태에 주의하며 이상 토압이 발생하여 지보공 또는 벽에 변형이 발생되면 즉시 작업책임자에게 보고하고 지시를 받아야 한다.
  - 점토질 및 사질토의 경우에는 히빙 및 보일링 현상에 대비하여 사전조치를 하여야 한다.

ⓛ 기계굴착(굴착공사표준안전작업지침 제10조, 제11조)

- 터널식 굴착방법 : ASSM공법, NATM공법, 실드공법, TBM공법 등
  - ASSM공법(American Steel Supported Method) : 광산에서 사용하던 재래식 굴착공법으로 주변 지반의 작업 하중을 철재 Arch 지보와 콘크리트 라이닝을 주지보체로 활용해 지지한다. NATM터널공법 이전의 터널 시공에 적용해왔다. NATM은 암반자체를 주지보재로 이용하는 반면에 ASSM은 지반 이완으로 침하하는 암반을 목재나 스틸리브(Steel Rib)로 하중을 지지하므로 안전성이 낮다.
  - NATM공법(New Austrian Tunneling Method) : 지반의 본래 강도를 유지시켜서 지반 자체를 주지보재로 이용하는 굴착공법이다. 지반 변화에 대한 적응성이 좋고 적용 단면의 범위가 넓어 일반적 조건하에서는 경제성이 우수하다. 연약 지반에서 극경암까지 적용 가능하며, 재래공법에 비해 지반 변형이 적고, 계측을 통한 시공의 안정성의 보장이 가능할 뿐만 아니라, 경제적인 터널 구축이 가능하다.
  - 실드공법(Shield) : 기존의 NATM공법보다 진보한 공법으로 터널 굴착과 동시에 터널 벽면에 몇 개의 강재나 콘크리트 세그먼트로 이루어진 링을 순차적으로 조립하면서 전진하는 굴착공법으로 재래식 터널 공법 적용시 겪게 되는 지반 침하와 각종 소음 및 진동 등의 건설 공해를 최소화할 수 있는 굴착공법이다.
  - TBM공법(Tunnel Boring Machine) : 터널 굴착 단면에 맞는 원형 Hard Rock Tunnel Boring Machine을 사용해 굴진하고, 이를 뒤따라가면서 숏크리트(Shotcrete) 작업을 병행하는 전단면 기계굴착에 의한 공법이다. TBM의 터널 시공은 원형의 단면으로 굴착하므로 재래의 천공 및 발파를 반복하는 시공과 달리 역학적으로 안정된 무진동・무발파, 기계화 굴착의 특징이 있으며 지반 굴착에 따른 지반 변형을 최소화함으로써 시공중 안정성을 최대한 확보할 수 있으며, 소음 진동에 의한 환경 피해를 최소화해 안전하고 청결한 갱내작업 환경을 유지할 수 있는 친환경적 터널 굴착공법이다.
- 기계에 의한 굴착작업 시 준수사항
  - 공사의 규모, 주변환경, 토질, 공사기간 등의 조건을 고려한 적절한 기계를 선정하여야 한다.

- 작업 전에 기계의 정비상태를 정비기록표 등에 의해 확인하고 다음의 사항을 점검하여야 한다.
  ⓐ 낙석, 낙하물 등의 위험이 예상되는 작업 시 견고한 헤드가드 설치상태
  ⓑ 브레이크 및 클러치의 작동상태
  ⓒ 타이어 및 궤도차륜 상태
  ⓓ 경보장치 작동상태
  ⓔ 부속장치의 상태
- 정비상태가 불량한 기계는 투입해서는 안 된다.
- 장비의 진입로와 작업장에서의 주행로를 확보하고, 다짐도, 노폭, 경사도 등의 상태를 점검하여야 한다.
- 굴착된 토사의 운반통로, 노면의 상태, 노폭, 기울기, 회전반경 및 교차점, 장비의 운행 시 근로자의 비상대피처 등에 대해서 조사하여 대책을 강구하여야 한다.
- 인력굴착과 기계굴착을 병행할 경우 각각의 작업범위와 작업추진 방향을 명확히 하고 기계의 작업반경 내에 근로자가 출입하지 않도록 방호설비를 하거나 감시인을 배치한다.
- 발파, 붕괴 시 대피장소가 확보되어야 한다.
- 장비 연료 및 정비용 기구·공구 등의 보관장소가 적절한지를 확인하여야 한다.
- 운전자가 자격을 갖추었는지를 확인하여야 한다.
- 굴착된 토사를 덤프트럭 등을 이용하여 운반할 경우는 유도자와 교통정리원을 배치하여야 한다.

• 기계굴착 작업 시 준수사항
- 운전자의 건강상태를 확인하고 과로시키지 않아야 한다.
- 운전자 및 근로자는 안전모를 착용시켜야 한다.
- 운전자 외에는 승차를 금지시켜야 한다.
- 운전석 승강장치를 부착하여 사용하여야 한다.
- 운전을 시작하기 전에 제동장치 및 클러치 등의 작동유무를 반드시 확인하여야 한다.
- 통행인이나 근로자에게 위험이 미칠 우려가 있는 경우는 유도자의 신호에 의해서 운전하여야 한다.
- 규정된 속도를 지켜 운전해야 한다.
- 정격용량을 초과하는 가동은 금지하여야 하며 연약지반의 노견, 경사면 등의 작업에서는 담당자를 배치하여야 한다.
- 기계의 주행로는 충분한 폭을 확보해야 하며 노면의 다짐도가 충분하게 하고 배수조치를 하며 기존도로를 이용할 경우 청소에 유의하고 필요한 장소에 담당자를 배치한다.
- 시가지 등 인구 밀집지역에서는 매설물 등을 확인하기 위하여 줄파기 등 인력굴착을 선행한 후 기계굴착을 실시하여야 한다. 또한 매설물이 손상을 입는 경우는 즉시 작업책임자에게 보고하고 지시를 받아야 한다.
- 갱이나 지하실 등 환기가 잘 안 되는 장소에서는 환기가 충분히 되도록 조치하여야 한다.
- 전선이나 구조물 등에 인접하여 붐을 선회해야 될 작업에는 사전에 회전반경, 높이제한 등 방호조치를 강구하고 유도자의 신호에 의하여 작업을 하여야 한다.
- 비탈면 천단부 주변에는 굴착된 흙이나 재료 등을 적재해서는 안 된다.
- 위험장소에는 장비 및 근로자, 통행인이 접근하지 못하도록 표지판을 설치하거나 감시인을 배치하여야 한다.
- 장비를 차량으로 운반해야 될 경우에는 전용 트레일러를 사용하여야 하며, 널빤지로 된 발판 등을 이용하여 적재할 경우에는 장비가 전도되지 않도록 안전한 기울기, 폭 및 두께를 확보해야 하며 발판 위에서 방향을 바꾸어서는 안 된다.
- 작업의 종료나 중단 시에는 장비를 평탄한 장소에 두고 버킷 등을 지면에 내려놓아야 하며 부득이한 경우에는 바퀴에 고임목 등으로 받쳐 전락 및 구동을 방지하여야 한다.
- 장비는 해당 작업목적 이외에는 사용하여서는 안 된다.
- 장비에 이상이 발견되면 즉시 수리하고 부속장치를 교환하거나 수리할 때에는 안전담당자가 점검하여야 한다.
- 부착물을 들어 올리고 작업할 경우에는 안전지주, 안전블록 등을 사용하여야 한다.

- 작업종료 시에는 장비관리 책임자가 열쇠를 보관하여야 한다.
- 낙석 등의 위험이 있는 장소에서 작업할 경우는 장비에 헤드가드 등 견고한 방호장치를 설치하여야 하며 전조등, 경보장치 등이 부착되지 않은 기계를 운전시켜서는 안 된다.
- 흙막이 지보공을 설치할 경우는 지보공 부재의 설치순서에 맞도록 굴착을 진행시켜야 한다.
- 조립된 부재에 장비의 버킷 등이 닿지 않도록 신호자의 신호에 의해 운전하여야 한다.
- 상하작업을 동시에 할 경우 유의사항
  - ⓐ 상부로부터의 낙하물 방호설비를 한다.
  - ⓑ 굴착면 등에 있는 부석 등을 완전히 제거한 후 작업을 한다.
  - ⓒ 사용하지 않는 기계, 재료, 공구 등을 작업장소에 방치하지 않는다.
  - ⓓ 작업은 책임자의 감독 하에 진행한다.

ⓒ 발파에 의한 굴착(굴착공사표준안전작업지침 제12조, 제13조)

• 발파작업 시 준수사항

- 발파작업에 대한 천공, 장전, 결선, 점화, 불발 잔약의 처리 등은 선임된 발파책임자가 하여야 한다.
- 발파면허를 소지한 발파책임자의 작업지휘 하에 발파작업을 하여야 한다.
- 발파 시에는 반드시 발파시방에 의한 장약량, 천공장, 천공구경, 천공각도, 화약 종류, 발파방식을 준수하여야 한다.
- 암질변화 구간의 발파는 반드시 시험발파를 선행하여 실시하고 암질에 따른 발파시방을 작성하여야 하며 진동치, 속도, 폭력 등 발파 영향력을 검토하여야 한다.
- 암질변화 구간 및 이상암질의 출현 시 반드시 암질판별을 실시하여야 하며, 암질판별의 기준은 다음과 같다.
  - ⓐ RQD[%]
  - ⓑ 탄성파속도[m/s]
  - ⓒ RMR
  - ⓓ 일축압축강도[kg/cm^2]
  - ⓔ 진동치 속도[cm/s = Kine]
- 발파시방을 변경하는 경우 반드시 시험발파를 실시하여야 하며 진동파속도, 폭력, 폭속 등의 조건에 의해 적정한 발파시방이어야 한다.
- 주변 구조물 및 인가 등 피해대상물이 인접한 위치의 발파는 진동치 속도가 0.5[cm/s]를 초과하지 아니하여야 한다.
- 터널의 경우(NATM(무지보공 터널굴착) 기준) 계측관리사항 기준은 다음의 사항을 적용하며 지속적 관찰에 의한 보강대책을 강구하여야 한다. 또한 이상 변위가 나타나면 즉시 작업중단 및 장비, 인력 대피 조치를 하여야 한다.
  - ⓐ 내공변위 측정
  - ⓑ 천단침하 측정
  - ⓒ 지중, 지표침하 측정
  - ⓓ 록볼트 축력 측정
  - ⓔ 숏크리트 응력 측정

※ NATM공법 터널공사의 경우 록볼트 작업과 관련된 계측결과 : 인발시험, 내공변위 측정, 천단침하 측정, 지중변위 측정 등의 계측결과

- 화약 양도양수 허가증을 정기적으로 확인하여 사용기간, 사용량 등을 확인하여야 한다.
- 작업책임자는 발파작업 지휘자와 발파시간, 대피장소, 경로, 방호의 방법에 대하여 충분히 협의하여 작업자의 안전을 도모하여야 한다.
- 낙반, 부석의 제거가 불가능할 경우 부분 재발파, 록볼트, 포아포올링 등의 붕괴방지를 실시하여야 한다.
- 발파작업을 할 경우는 적절한 경보 및 근로자와 제3자의 대피 등의 조치를 취한 후에 실시하여야 하며, 발파 후에는 불발잔약의 확인과 진동에 의한 2차 붕괴여부를 확인하고 낙반, 부석처리를 완료한 후 작업을 재개하여야 한다.

• 화약류의 운반 시 준수사항

- 화약류는 반드시 화약류 취급책임자로부터 수령하여야 한다.
- 화약류의 운반은 반드시 운반대나 상자를 이용하며 소분하여 운반하여야 한다.
- 용기에 화약류와 뇌관을 함께 운반하지 않는다.

- 화약류, 뇌관 등은 충격을 주지 않도록 신중하게 취급하고 화기에 가까이 해서는 안 된다.
- 발파 후 굴착작업을 할 때는 불발잔약의 유무를 반드시 확인하고 작업한다.
- 전석의 유무를 조사하고 소정의 높이와 기울기를 유지하고 굴착작업을 한다.

㉣ 옹벽축조를 위한 굴착(굴착공사표준안전작업지침 제14조)

• 옹벽을 축조 시에는 불안전한 급경사가 되게 하거나 좁은 장소에서 작업을 할 때에는 위험을 수반하게 되므로 다음의 사항을 준수하여야 한다.
- 수평방향의 연속시공을 금하며, 블럭으로 나누어 단위시공 단면적을 최소화 하여 분단시공을 한다.
- 하나의 구간을 굴착하면 방치하지 말고 즉시 버팀 콘크리트를 타설하고 기초 및 본체구조물 축조를 마무리 한다.
- 절취경사면에 전석, 낙석의 우려가 있고 혹은 장기간 방치할 경우에는 숏크리트, 록볼트, 넷트, 캔버스 및 모르타르 등으로 방호한다.
- 작업위치의 좌우에 만일의 경우에 대비한 대피통로를 확보하여 둔다.

㉤ 깊은 굴착작업(굴착공사표준안전작업지침 제15조~제19조)

• 깊은 굴착작업 착공 전 조사
- 지질의 상태에 대해 충분히 검토하고 작업책임자와 굴착공법 및 안전조치에 대하여 정밀한 계획을 수립하여야 한다.
- 지질조사 자료는 정밀하게 분석되어야 하며, 지하수위, 토사 및 암반의 심도 및 층두께, 성질 등이 명확하게 표시되어야 한다.
- 착공지점의 매설물 여부를 확인하고 매설물이 있는 경우 이설 및 거치보전 등 계획 변경을 한다.
- 지하수위가 높은 경우 차수벽 설치계획을 수립하여야 하며, 차수벽 또는 지중연속벽 등의 설치는 토압계산에 의하여 실시되어야 한다.
- 토사반출 목적으로 복공구조의 시설을 필요로 할 경우에는 반드시 적재하중 조건을 고려하여 구조계산에 의한 지보공 설치를 하여야 한다.
- 깊이 10.5[m] 이상의 굴착의 경우 다음의 계측기기의 설치에 의하여 흙막이구조의 안전을 예측하여야 하며, 설치가 불가능할 경우 트랜싯 및 레벨 측량기에 의해 수직・수평변위 측정을 실시하여야 한다.
  ⓐ 수위계
  ⓑ 경사계
  ⓒ 하중 및 침하계
  ⓓ 응력계
- 계측기기 판독 및 측량결과 수직, 수평변위량이 허용범위를 초과할 경우, 즉시 작업을 중단하고, 장비 및 자재의 이동, 배면토압의 경감조치, 가설 지보공구조의 보완 등 긴급조치를 취하여야 한다.
- 히빙 및 보일링에 대한 긴급대책을 사전에 강구하여야 하며, 흙막이 지보공 하단부 굴착 시 이상 유무를 정밀하게 관측하여야 한다.
- 깊은 굴착의 경우 경질암반에 대한 발파는 반드시 시험발파에 의한 발파시방을 준수하여야 하며 엄지말뚝, 중간말뚝, 흙막이 지보공 벽체의 진동영향력이 최소가 되게 하여야 한다. 경우에 따라 무진동 파쇄방식의 계획을 수립하여 진동을 억제하여야 한다.
- 배수계획을 수립하고 배수능력에 의한 배수장비와 배수경로를 설정하여야 한다.

• 깊은 굴착작업 시 준수사항
- 신호수를 정하고 표준신호방법에 의해 신호하여야 한다.
- 작업조는 가능한 숙련자로 하고, 반드시 작업 책임자를 배치하여야 한다.
- 작업 전 점검은 책임자가 하고 확인한 결과를 기록하여야 한다.
- 산소결핍의 위험이 있는 경우는 안전담당자를 배치하고 산소농도 측정 및 기록을 하게 한다. 또 메탄가스가 발생할 우려가 있는 경우는 가스측정기에 의한 농도기록을 하여야 한다.
- 작업장소의 조명 및 위험개소의 유무 등에 대하여 확인하여야 한다.

• 토사반출용 고정식 크레인 및 호이스트 등을 조립하여 사용할 경우의 준수사항
  - 토사단위 운반용량에 기준한 버킷이어야 하며, 기계의 제원은 안전율을 고려한 것이어야 한다.
  - 기초를 튼튼히 하고 각부는 파일에 고정하여야 한다.
  - 윈치는 이동, 침하하지 않도록 설치하여야 하고 와이어로프는 설비 등에 접촉하여 마모하지 않도록 주의하여야 한다.
  - 잔토반출용 개구부에는 견고한 철책, 난간 등을 설치하고 안전표지판을 설치하여야 한다.
  - 개구부는 버킷의 출입에 지장이 없는 가능한 한 작은 것으로 하고 또 버킷의 경로는 철근 등을 이용 가이드를 설치하여야 한다.
• 굴착작업 시 준수사항
  - 굴착은 계획된 순서에 의해 작업을 실시하여야 한다.
  - 작업 전에 산소농도를 측정하고 산소량은 18[%] 이상이어야 하며, 발파 후 반드시 환기설비를 작동시켜 가스배출을 한 후 작업을 하여야 한다.
  - 연결고리구조의 시트파일 또는 라이너플레이트를 설치한 경우 틈새가 생기지 않도록 정확히 하여야 한다.
  - 시트파일의 설치 시 수직도는 1/100 이내이어야 한다.
  - 시트파일의 설치는 양단의 요철부분을 반드시 겹치고 소정의 핀으로 지반에 고정하여야 한다.
  - 링은 시트파일에 소정의 볼트를 긴결하여 확실하게 설치하여야 한다.
  - 토압이 커서 링이 변형될 우려가 있는 경우 스트럿 등으로 보강하여야 한다.
  - 라이너플레이트의 이음에는 상하교합이 되도록 하여야 한다.
  - 굴착 및 링의 설치와 동시에 철사다리를 설치 연장하여야 한다. 철사다리는 굴착 바닥면과 1[m] 이내가 되게 하고 버킷의 경로, 전선, 닥트 등이 배치하지 않는 곳에 설치하여야 한다.
  - 용수가 발생한 때에는 신속하게 배수하여야 한다.
  - 수중펌프에는 감전방지용 누전차단기를 설치하여야 한다.
• 자재의 반입 및 굴착토사의 처리 시 준수사항
  - 버킷은 후크에 정확히 걸고 상하작업 시 이탈되지 않도록 하여야 한다.
  - 버킷에 부착된 토사는 반드시 제거하고 상하작업을 하여야 한다.
  - 자재, 기구의 반입, 반출에는 낙하하지 않도록 확실하게 매달고 후크에는 해지 장치 등을 이용 이탈을 방지하여야 한다.
  - 아크용접을 할 경우 반드시 자동전격방지장치와 누전차단기를 설치하고 접지를 하여야 한다.
  - 인양물의 하부에는 출입하지 않아야 한다.
  - 개구부에서 인양물을 확인할 경우 근로자는 반드시 안전대 등을 이용하여야 한다.

③ 구조물 등의 인접작업

㉠ 지하매설물이 있는 경우(굴착공사표준안전작업지침 제20조~제22조)

• 지하 매설물 인접작업 시 매설물 종류, 매설깊이, 선형기울기, 지지방법 등에 대하여 굴착작업을 착수하기 전에 사전조사를 실시하여야 한다.
• 취 급
  - 시가지 굴착 등을 할 경우에는 도면 및 관리자의 조언에 의하여 매설물의 위치를 파악한 후 줄파기 작업 등을 시작하여야 한다.
  - 굴착에 의하여 매설물이 노출되면 반드시 관계기관, 소유자 및 관리자에게 확인시키고 상호 협조하여 지주나 지보공 등을 이용하여 방호조치를 취하여야 한다.
  - 매설물의 이설 및 위치변경, 교체 등은 관계기관(자)과 협의하여 실시되어야 한다.
  - 최소 1일 1회 이상은 순회 점검하여야 하며 점검에는 와이어로프의 인장상태, 거치구조의 안전상태, 특히 접합부분을 중점적으로 확인하여야 한다.
  - 매설물에 인접하여 작업할 경우는 주변지반의 지하수위가 저하되어 압밀침하될 가능성이 많고 매설물이 파손될 우려가 있으므로 곡관부의 보강, 매설물 벽체 누수 등 매설물의 관계기관(자)과 충분히 협의하여 방지대책을 강구하여야 한다.
  - 가스관과 송유관 등이 매설된 경우는 화기사용을 금하여야 하며 부득이 용접기 등을 사용해야 될 경

우는 폭발방지 조치를 취한 후 작업을 하여야 한다.
- 노출된 매설물을 되메우기 할 경우는 매설물의 방호를 실시하고 양질의 토사를 이용하여 충분한 다짐을 하여야 한다.

㉡ 기존구조물이 인접하여 있는 경우(굴착공사표준안전작업지침 제23조~제25조)

- 기존구조물에 인접한 굴착 작업 시 준수사항
  - 기존구조물의 기초상태와 지질조건 및 구조형태 등에 대하여 조사하고 작업방식, 공법 등 충분한 대책과 작업상의 안전계획을 확인한 후 작업하여야 한다.
  - 기존구조물과 인접하여 굴착하거나 기존구조물의 하부를 굴착하여야 할 경우에는 그 크기, 높이, 하중 등을 충분히 조사하고 굴착에 의한 진동, 침하, 전도 등 외력에 대해서 충분히 안전한가를 확인하여야 한다.
- 기존구조물의 지지방법에 있어서의 준수사항
  - 기존구조물의 하부에 파일, 가설슬래브 구조 및 언더피닝공법 등의 대책을 강구하여야 한다.
  - 붕괴방지 파일 등에 브래킷을 설치하여 기존구조물을 방호하고 기존구조물과의 사이에는 모래, 자갈, 콘크리트, 지반보강 약액재 등을 충진하여 지반의 침하를 방지하여야 한다.
  - 기존구조물의 침하가 예상되는 경우에는 토질, 토층 등을 정밀조사하고 유효한 혼합시멘트, 약액 주입공법, 수평·수직보강 말뚝공법 등으로 대책을 강구하여야 한다.
  - 웰 포인트 공법 등이 행하여지는 경우 기존구조물의 침하에 충분히 주의하고 침하가 될 경우에는 라우팅, 화학적 고결방법 등으로 대책을 강구하여야 한다.
  - 지속적으로 기존구조물의 상태에 주의하고, 작업장 주위에는 비상투입용 보강재 등을 준비하여 둔다.
- 소규모 구조물의 방호에 있어서의 준수사항
  - 맨홀 등 소규모 구조물이 있는 경우에는 굴착 전에 파일 및 가설가대 등을 설치한 후 매달아 보강하여야 한다.
  - 옹벽, 블록벽 등이 있는 경우에는 철거 또는 버팀목 등으로 보강한 후에 굴착작업을 하여야 한다.

④ 굴착공사 관련 제반사항

㉠ 굴착작업에 있어서 지반의 붕괴 또는 토석의 낙하에 의하여 근로자에게 위험을 미칠 우려가 있는 경우에 사전에 필요한 조치

- 방호망의 설치
- 흙막이 지보공의 설치
- 근로자의 출입금지 조치

㉡ 기울기 및 높이의 기준(굴착공사표준안전작업지침 제26조)

- 굴착면의 기울기 기준(수직거리 : 수평거리, 산업안전보건기준에 관한 규칙 별표 11)

보통 흙	습 지	1 : 1~1 : 1.5
	건 지	1 : 0.5~1 : 1
암 반	풍화암	1 : 1.0
	연 암	1 : 1.0
	경 암	1 : 0.5

- 사질의 지반(점토질을 포함하지 않은 것)은 굴착면의 기울기를 1 : 1.5 이상으로 하고 높이는 5[m] 미만으로 하여야 한다.
- 발파 등에 의해서 붕괴하기 쉬운 상태의 지반 및 매립하거나 반출시켜야 할 지반의 굴착면의 기울기는 1 : 1 이하 또는 높이는 2[m] 미만으로 하여야 한다.

㉢ 토석붕괴의 원인(굴착공사표준안전작업지침 제28조)

- 토석붕괴의 외적 원인
  - 사면, 법면의 경사 및 기울기의 증가
  - 절토 및 성토 높이의 증가
  - 공사에 의한 진동 및 반복하중의 증가
  - 지표수 및 지하수의 침투에 의한 토사 중량의 증가
  - 지진, 차량, 구조물의 하중 작용
  - 토사 및 암석의 혼합층 두께
- 토석붕괴의 내적 원인
  - 절토사면의 토질·암질
  - 성토사면의 토질 구성 및 분포
  - 토석의 강도 저하

㉣ 붕괴의 형태(굴착공사표준안전작업지침 제29조)

- 토사의 미끄러져 내림(Sliding)은 광범위한 붕괴현상으로 일반적으로 완만한 경사에서 완만한 속도로 붕괴한다.

• 토사의 붕괴는 사면 천단부 붕괴, 사면 중심부 붕괴, 사면 하단부 붕괴의 형태이며 작업위치와 붕괴예상지점의 사전조사를 필요로 한다.
• 얕은 표층의 붕괴는 경사면이 침식되기 쉬운 토사로 구성된 경우 지표수와 지하수가 침투하여 경사면이 부분적으로 붕괴된다. 절토 경사면이 암반인 경우에도 파쇄가 진행됨에 따라서 균열이 많이 발생되고, 풍화하기 쉬운 암반인 경우에는 표층부 침식 및 절리발달에 의해 붕괴가 발생된다.
• 깊은 절토 법면의 붕괴는 사질암과 전석토층으로 구성된 심층부의 단층이 경사면 방향으로 하중응력이 발생하는 경우 전단력, 점착력 저하에 의해 경사면의 심층부에서 붕괴될 수 있으며, 이러한 경우 대량의 붕괴재해가 발생된다.
• 성토 경사면의 붕괴는 성토 직후에 붕괴 발생률이 높으며, 다짐불충분 상태에서 빗물이나 지표수, 지하수 등이 침투되어 공극수압이 증가되어 단위중량 증가에 의해 붕괴가 발생된다. 성토 자체에 결함이 없어도 지반이 약한 경우는 붕괴되며, 풍화가 심한 급경사면과 미끄러져 내리기 쉬운 지층구조의 경사면에서 일어나는 성토붕괴의 경우에는 성토된 흙의 중량이 지반에 부가되어 붕괴된다.

ⓜ 경사면의 안정성을 확인하기 위한 검토사항(굴착공사 표준안전작업지침 제30조)
• 지질조사 : 층별 또는 경사면의 구성 토질구조
• 토질시험 : 최적함수비, 삼축압축강도, 전단시험, 점착도 등의 시험
• 사면붕괴 이론적 분석 : 원호활절법, 유한요소법 해석
• 과거의 붕괴된 사례유무
• 토층의 방향과 경사면의 상호관련성
• 단층, 파쇄대의 방향 및 폭
• 풍화의 정도
• 용수의 상황

ⓑ 토사붕괴의 발생을 예방하기 위한 조치사항(굴착공사 표준안전작업지침 제31조)
• 적절한 경사면의 기울기를 계획하여야 한다.
• 경사면의 기울기가 당초 계획과 차이가 발생되면 즉시 재검토하여 계획을 변경시켜야 한다.
• 활동할 가능성이 있는 토석은 제거하여야 한다.
• 경사면의 하단부에 압성토 등 보강공법으로 활동에 대한 저항대책을 강구하여야 한다.
• 말뚝(강관, H형강, 철근 콘크리트)을 타입하여 지반을 강화시킨다.

ⓢ 굴착공사에 있어서 비탈면붕괴를 방지하기 위하여 행하는 대책
• 지표수의 침투를 막기 위해 표면배수공을 한다.
• 지하수위를 내리기 위해 수평배수공을 설치한다.
• 비탈면 하단을 성토한다.
• 비탈면 하부에 토사를 적재한다.

ⓞ 잠함 또는 우물통의 내부에서 굴착작업을 할 때의 준수사항(산업안전보건기준에 관한 규칙 제377조)
• 굴착깊이가 20[m]를 초과하는 경우에는 해당 작업장소와 외부와의 연락을 위한 통신설비 등을 설치하여야 한다.
• 산소결핍의 우려가 있는 경우에는 산소의 농도를 측정하는 사람을 지명하여 측정하도록 한다.
• 근로자가 안전하게 승강하기 위한 설비를 설치한다.
• 측정결과 산소결핍이 인정될 경우에는 송기를 위한 설비를 설치하여 필요한 양의 공기를 공급하여야 한다.
• 잠함 또는 우물통의 급격한 침하에 의한 위험방지를 위해 바닥으로부터 천장 또는 보까지의 높이는 최소 1.8[m] 이상으로 하여야 한다(제376조).

ⓙ 토사붕괴의 발생을 예방하기 위한 점검사항(굴착공사 표준안전작업지침 제32조)
• 전 지표면의 답사
• 경사면의 지층 변화부 상황 확인
• 부석의 상황 변화의 확인
• 용수의 발생 유무 또는 용수량의 변화 확인
• 결빙과 해빙에 대한 상황의 확인
• 각종 경사면 보호공의 변위, 탈락 유무
• 점검시기는 작업 전・중・후, 비온 후, 인접 작업구역에서 발파한 경우에 실시한다.
• 비가 올 경우를 대비하여 측구를 설치하거나 굴착사면에 비닐을 덮는 등의 조치로 빗물 등의 침투에 의한 붕괴재해를 예방한다.

ⓒ 기타 사항(굴착공사표준안전작업지침 제33조~제35조)
• 동시작업의 금지 : 붕괴토석의 최대 도달거리 범위 내에서 굴착공사, 배수관의 매설, 콘크리트 타설작업 등

을 할 경우에는 적절한 보강대책을 강구하여야 한다.

- 붕괴의 속도는 높이에 비례하므로 수평방향의 활동에 대비하여 작업장 좌우에 피난통로 등을 확보하여야 한다.
- 2차 재해의 방지 : 작은 규모의 붕괴가 발생되어 인명 구출 등 구조작업 도중에 대형 붕괴의 재차 발생을 방지하기 위하여 붕괴면의 주변상황을 충분히 확인하고 2중 안전조치를 강구한 후 복구작업에 임하여야 한다.

핵심예제

1-1. 굴착면의 기울기 기준으로 옳지 않은 것은?

[2010년 제3회, 2011년 제2회 유사, 2016년 제2회 유사, 2017년 제1회 유사, 2020년 제4회 유사]

① 경암 – 1 : 0.3　　② 연암 – 1 : 0.5
③ 습지 – 1 : 1　　④ 건지 – 1 : 1.5

1-2. 다음 중 토사 붕괴의 내적 원인인 것은?

[2012년 제2회, 2015년 제2회]

① 절토 및 성토 높이 증가
② 사면, 법면의 기울기 증가
③ 토석의 강도 저하
④ 공사에 의한 진동 및 반복하중 증가

1-3. 토석붕괴의 원인 중 외적 원인에 해당되지 않는 것은?

[2011년 제1회 유사, 2011년 제3회, 2013년 제1회 유사, 2013년 제2회]

① 토석의 강도 저하
② 작업진동 및 반복하중의 증가
③ 사면 법면의 경사 및 기울기의 증가
④ 절토 및 성토 높이의 증가

|해설|

1-1
※ 산업안전보건기준에 관한 규칙 개정(21.11.19)으로 풍화암과 연암은 1 : 1.0, 경암은 1 : 0.5로 변경됨
※ 출제 시 정답은 ④이었으나, 법령 개정으로 ①, ②, ④ 정답
건지 – 1 : 0.5~1 : 1

정답 1-1 ①, ②, ④　1-2 ③　1-3 ①

핵심 이론 02 건설재해 및 대책 각론

① 개 요

㉠ 가설구조물에서 많이 발생하는 중대재해의 유형
- 도괴재해
- 낙하물에 의한 재해
- 추락재해

㉡ 사면(Slope)
- 사면의 안정계산 고려사항 : 흙의 점착력, 흙의 내부마찰각, 흙의 단위중량
- 사면파괴의 형태(유한사면의 종류) : 저부파괴(바닥면파괴), 사면선단파괴, 사면내파괴, 국부전단파괴
  - 저부파괴 : 유한사면에서 사면기울기가 비교적 완만한 점성토에서 주로 발생되는 사면파괴의 형태
- 사면의 수위가 급격하게 하강할 때 사면의 붕괴위험이 가장 크다.
- 사면붕괴 요인 : 사면의 기울기, 사면의 노핑, 흙의 내부마찰각
- 암반사면의 파괴형태 : 평면파괴, 원호파괴, 쐐기파괴, 전도파괴
- 일반적인 토석붕괴의 형태 : 절토면의 붕괴, 미끄러져 내림(Sliding), 성토법면의 붕괴
- 토석붕괴의 위험이 있는 사면에서 작업할 경우의 유의사항 및 조치 : 동시작업의 금지, 대피공간의 확보, 2차 재해의 방지, 방호망의 설치

㉢ 토사(토석)붕괴 발생예방 조치사항
- 적절한 경사면의 기울기를 계획한다.
- 활동의 가능성이 있는 토석을 제거한다.
- 활동에 의한 붕괴를 방지하기 위해 비탈면, 법면의 하단을 다진다.
- 말뚝(강관, H형강, 철근콘크리트)을 박아 지반을 강화 시킨다.
- 지표수가 침투되지 않도록 배수시키고 지하수위 저하를 위해 수평보링을 하여 배수시킨다.

㉣ 토류벽 붕괴예방에 관한 조치
- 웰포인트(Well Point)공법 등에 의해 수위를 저하시킨다.
- 근입깊이를 가급적 길게 한다.
- 어스앵커(Earth Anchor)시공을 한다.

- 토류벽 인접지반에 중량물 적치를 피한다.

㉤ 사면지반 개량공법 : 전기화학적 공법, 석회안정처리 공법, 이온교환 방법, 주입 공법, 시멘트안정처리 공법, 석회안전처리 공법, 소결 공법 등

㉥ 법면 붕괴에 의한 재해 예방조치
- 지표수와 지하수의 침투를 방지한다.
- 법면의 경사를 줄인다.
- 절토 및 성토높이를 낮춘다.
- 토질의 상태에 따라 구배조건을 다르게 한다.

② 터 널

㉠ 터널 굴착작업 시 시공계획 또는 작업계획서에 포함되어야 할 사항
- 굴착방법
- 터널 지보공 및 복공의 시공방법과 용수의 처리방법
- 환기 또는 조명시설의 설치방법

㉡ 터널 굴착공사에서 뿜어붙이기 콘크리트의 효과
- 암반의 크랙(Crack)을 보강한다.
- 굴착면의 요철을 줄이고 응력집중을 최대한 감소시킨다.
- Rock Bolt의 힘을 지반에 분산시켜 전달한다.
- 굴착면을 덮음으로써 지반의 침식을 방지한다.

㉢ 터널 지보공의 조립도에 명시하여야 할 사항(산업안전보건기준에 관한 규칙 제363조)
- 재료의 재질
- 설치 간격
- 이음방법
- 단면 규격

㉣ 터널 지보공을 설치한 때 수시점검하여 이상 발견 시 즉시 보강하거나 보수해야 할 사항(산업안전보건기준에 관한 규칙 제366조)
- 부재의 손상・변형・부식・변위 탈락의 유무 및 상태
- 부재의 긴압 정도
- 기둥 침하의 유무 및 상태 제4속 터널 거푸집 동바리
- 부재의 접속부 및 교차부의 상태

㉤ 터널 지보공을 조립하거나 변경하는 경우에 조치하여야 하는 사항(산업안전보건기준에 관한 규칙 제364조)
- 주재(主材)를 구성하는 1세트의 부재는 동일 평면 내에 배치할 것
- 목재의 터널 지보공은 그 터널 지보공의 각 부재의 긴압 정도가 균등하게 되도록 할 것
- 기둥에는 침하를 방지하기 위하여 받침목을 사용하는 등의 조치를 할 것
- 강(鋼)아치 지보공의 조립은 다음의 사항을 따를 것
  - 조립간격은 조립도에 따를 것
  - 주재가 아치작용을 충분히 할 수 있도록 쐐기를 박는 등 필요한 조치를 할 것
  - 연결볼트 및 띠장 등을 사용하여 주재 상호간을 튼튼하게 연결할 것
  - 터널 등의 출입구 부분에는 받침대를 설치할 것
  - 낙하물이 근로자에게 위험을 미칠 우려가 있는 경우에는 널판 등을 설치할 것
- 목재 지주식 지보공은 다음의 사항을 따를 것
  - 주기둥은 변위를 방지하기 위하여 쐐기 등을 사용하여 지반에 고정시킬 것
  - 양끝에는 받침대를 설치할 것
  - 터널 등의 목재 지주식 지보공에 세로방향의 하중이 걸림으로써 넘어지거나 비틀어질 우려가 있는 경우에는 양끝 외의 부분에도 받침대를 설치할 것
  - 부재의 접속부는 꺾쇠 등으로 고정시킬 것
- 강아치 지보공 및 목재지주식 지보공 외의 터널 지보공에 대해서는 터널 등의 출입구 부분에 받침대를 설치할 것

㉥ 터널공사 시 인화성 가스가 일정농도 이상으로 상승하는 것을 조기에 파악하기 위하여 자동경보장치의 작업시작 전 점검해야 할 사항(산업안전보건기준에 관한 규칙 제350조)
- 계기의 이상 유무
- 검지부의 이상 유무
- 경보장치의 작동 상태 제2속 낙반 등에 의한 위험의 방지

㉦ 터널 등의 건설작업을 하는 경우에 낙반 등에 의하여 근로자가 위험해질 우려가 있는 경우에 필요한 조치(산업안전보건기준에 관한 규칙 제351조)
- 터널 지보공을 설치한다.
- 록 볼트를 설치한다.
- 부석을 제거한다.

◎ 파일럿(Pilot) 터널 : 본 터널을 시공하기 전에 터널에서 약간 떨어진 곳에 지질 조사, 환기, 배수, 운반 등의 상태를 알아보기 위하여 설치하는 터널

③ 발파작업

㉠ 발파의 작업기준(산업안전보건기준에 관한 규칙 제348조)

- 얼어붙은 다이너마이트를 화기에 접근시키거나 그 밖의 고열물에 직접 접촉시키는 등 위험한 방법으로 융해되지 않도록 할 것
- 화약이나 폭약을 장전하는 경우에는 그 부근에서 화기를 사용하거나 흡연을 하지 않도록 할 것
- 장전구는 마찰·충격·정전기 등에 의한 폭발의 위험이 없는 안전한 것을 사용할 것
- 발파공의 충진재료는 점토·모래 등 발화성 또는 인화성의 위험이 없는 재료를 사용할 것
- 점화 후 장전된 화약류가 폭발하지 아니한 경우 또는 장전된 화약류의 폭발 여부를 확인하기 곤란한 경우에는 다음의 사항을 따를 것
  - 전기뇌관에 의한 경우에는 발파모선을 점화기에서 떼어 그 끝을 단락시켜 놓는 등 재점화 되지 않도록 조치하고 그때부터 5분 이상 경과한 후가 아니면 화약류의 장전장소에 접근시키지 않도록 할 것
  - 전기뇌관 외의 것에 의한 경우에는 점화한 때부터 15분 이상 경과한 후가 아니면 화약류의 장전장소에 접근시키지 않도록 할 것
- 전기뇌관에 의한 발파의 경우 점화하기 전에 화약류를 장전한 장소로부터 30[m] 이상 떨어진 안전한 장소에서 전선에 대하여 저항측정 및 도통(導通)시험을 할 것

㉡ 터널공사의 전기발파작업(터널공사표준안전작업지침-NATM공법 제8조)

- 점화는 충분한 허용량을 갖는 발파기를 사용하고 반드시 규정된 스위치를 사용하여야 한다.
- 발파 후 즉시 발파모선을 발파기로부터 분리하고 그 단부를 절연시킨다.
- 전선은 점화하기 전에 화약류를 충전한 장소로부터 30[m] 이상 떨어진 안전한 장소에서 도통시험이나 저항시험을 한다.
- 발파모선은 고무 등으로 절연된 전선 30[m] 이상의 것을 사용한다.
- 점화는 선임된 발파책임자가 행하고 발파기의 핸들을 점화할 때 이외는 시건장치를 하거나 모선을 분리하여야 하며 발파책임자의 엄중한 관리하에 두어야 한다.

㉢ 터널공사에서 발파작업 시 안전대책(터널공사표준안전작업지침-NATM공법 제7조)

- 발파 전 도화선 연결상태, 저항치 조사 등의 목적으로 도통시험 실시 및 발파기의 작동상태에 대한 사전점검 실시
- 모든 동력선은 발원점으로부터 최소한 15[m] 이상 후방으로 옮길 것
- 지질, 암의 절리 등에 따라 화약량에 대한 검토 및 시방기준과 대비하여 안전조치 실시
- 발파용 점화회선은 타 동력선 및 조명회선과 한 곳으로 통합하여 관리하지 말 것

④ 추 락

㉠ 개 요

- 추락의 정의 : 고소 근로자가 위치에너지의 상실로 인해 하부로 떨어지는 것
- 사업주는 높이 또는 깊이가 2[m]를 초과하는 장소에서 작업하는 경우 해당 작업에 종사하는 근로자가 안전하게 승강하기 위한 건설작업용 리프트 등의 설비를 설치하여야 한다. 다만, 승강설비를 설치하는 것이 작업의 성질상 곤란한 경우에는 그러하지 아니하다.
- 개구부 : 건설공사에서 발코니 단부, 엘리베이터 입구, 재료 반입구 등과 같이 벽면 혹은 바닥에 추락의 위험이 우려되는 장소
- 추락방지설비·보호구 : 안전방망, 방호선반, 안전대, 안전난간, 울타리 등
- 높이 2[m] 이상인 높은 작업장소의 개구부에서 추락을 방지하기 위한 것 : 보호난간, 안전대, 방망

㉡ 안전방망 : 작업발판 및 통로의 끝이나 개구부로서 근로자가 추락할 위험이 있는 장소에서 난간 등의 설치가 매우 곤란하거나 작업의 필요상 임시로 난간 등을 해체하여야 하는 경우에 설치하여야 하는 것

- 안전방망은 추락자를 보호할 수 있는 설비로서 작업대 설치가 어렵거나 개구부 주위로 난간설치가 어려운 곳에 설치하는 재해방지설비이며 방망, 안전망, 방지망, 낙하물 방지망, 추락방호망 등으로도 부른다.
- 방망에 표시해야 할 사항 : 제조자명, 제조연월, 재봉치수, 그물코, (신품인 때의) 방망의 강도

• 추락재해방지를 위한 방망의 그물코 규격 기준 : 사각 또는 마름모로서 크기 10[cm] 이하
• 안전방망의 설치위치는 가능하면 작업면으로부터 가까운 지점에 설치하여야 하며, 작업면으로부터 망의 설치지점까지의 수직거리는 10[m]를 초과하지 아니할 것
• 안전방망은 수평으로 설치하고, 망의 처짐은 짧은 변 길이의 12[%] 이상이 되도록 할 것
• 건축물 등의 바깥쪽으로 설치하는 경우 망의 내민 길이는 벽면으로부터 3[m] 이상 되도록 할 것
• 건물 외부에 낙하물 방지망을 설치할 경우 수평면과의 가장 적절한 각도는 20° 이상 30° 이하이다.
• 항만하역작업 시 근로자 승강용 현문사다리 및 안전망을 설치하여야 하는 선박은 최소 300[ton] 이상일 경우이다.
• 방망사의 신품에 대한 인장강도[kg]

구 분	그물코 5[cm]	그물코 10[cm]
매듭 있는 방망	110	200
매듭 없는 방망	–	240

• 방망사의 폐기 시 인장강도[kg]

구 분	그물코 5[cm]	그물코 10[cm]
매듭 있는 방망	60	135
매듭 없는 방망	–	150

• 방망의 허용낙하높이

여기서, L : 1개의 방망일 때 단변방향의 길이[m],
A : 장변방향 방망의 지지간격[m]

높이 종류 \ 조건		$L<A$	$L \geq A$
낙하높이(H_1)	단일방망	$\frac{1}{4}(L+2A)$	$\frac{3}{4}L$
	복합방망	$\frac{1}{5}(L+2A)$	$\frac{3}{5}L$
방망과 바닥면 높이(H_2)	10[cm] 그물코	$\frac{0.85}{4}(L+3A)$	$0.85L$
	5[cm] 그물코	$\frac{0.95}{4}(L+3A)$	$0.95L$
방망의 처짐길이(S)		$\frac{1}{4} \times \frac{1}{3}(L+2A) \times \cdots$	$\frac{3}{4}L \times \frac{1}{3}$

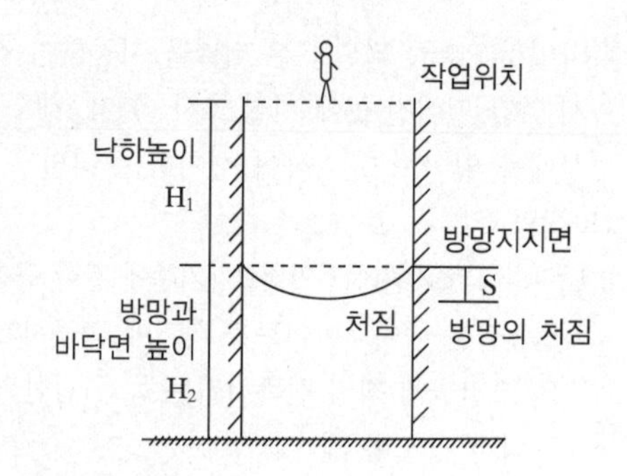

• 지지점의 강도
– 방망 지지점은 600[kg]의 외력에 견딜 수 있는 강도를 보유하여야 한다(다만, 연속적인 구조물이 방망 지지점인 경우의 외력이 다음 식에 계산한 값에 견딜 수 있는 것은 제외한다).

$F=200B$

(여기서, F : 외력[kg], B : 지지점 간격[m])

– 지지점의 응력은 다음에 따라 규정한 허용응력값 이상이어야 한다.

구 분	압 축	인 장	전 단	휨	부 착
일반구조용강재	2,400	2,400	1,350	2,400	–
콘크리트	4주 압축강도의 2/3	4주 압축강도의 1/15		–	14*

* : 경량골재사용 시 12

• 방망의 정기시험은 사용개시 후 1년 이내에 실시한다.

ⓒ 높이 또는 깊이 2[m] 이상의 추락할 위험이 있는 장소에서 작업을 할 때 필수 착용 보호구이며 이때 필수적으로 지급되어야 하는 보호구인 안전대의 보관장소의 환경조건
• 통풍이 잘 되며 습기가 없는 곳
• 화기 등이 근처에 없는 곳
• 부식성 물질이 없는 곳
• 직사광선이 닿지 않는 곳

ⓡ 근로자의 추락 등의 위험을 방지하기 위한 안전난간의 설치기준
• 상부 난간대와 중간 난간대는 난간길이 전체에 걸쳐 바닥면 등과 평행을 유지할 것
• 발끝막이판은 바닥면 등으로부터 10[cm] 이상의 높이를 유지할 것

- 난간대는 지름 2.7[cm] 이상의 금속제 파이프나 그 이상의 강도가 있는 재료일 것
- 안전난간은 구조적으로 가장 취약한 지점에서 가장 취약한 방향으로 작용하는 100[kg] 이상의 하중에 견딜 수 있는 튼튼한 구조일 것

ⓜ 울타리의 설치 : 사업주는 근로자에게 작업 중 또는 통행 시 전락(轉落)으로 인하여 근로자가 화상·질식 등의 위험에 처할 우려가 있는 케틀(Kettle), 호퍼(Hopper), 피트(Pit) 등이 있는 경우에 그 위험을 방지하기 위하여 필요한 장소에 높이 90[cm] 이상의 울타리를 설치하여야 한다.

ⓑ 추락의 위험이 있는 개구부에 대한 방호조치
- 안전난간, 울타리, 수직형 추락방망 등으로 방호조치를 한다.
- 충분한 강도를 가진 구조의 덮개를 뒤집히거나 떨어지지 않도록 설치한다.
- 어두운 장소에서도 식별이 가능한 개구부 주의 표지를 부착한다.

ⓢ 지붕 위에서의 위험 방지(산업안전보건기준에 관한 규칙 제45조)
- 근로자가 지붕 위에서 작업을 할 때에 추락하거나 넘어질 위험이 있는 경우에는 다음의 조치를 해야 한다.
  - 지붕의 가장자리에 안전난간을 설치할 것
  - 채광창(Skylight)에는 견고한 구조의 덮개를 설치할 것
  - 슬레이트 등 강도가 약한 재료로 덮은 지붕에는 폭 30[cm] 이상의 발판을 설치할 것
- 작업 환경 등을 고려할 때 상기의 조치를 하기 곤란한 경우에는 추락방호망을 설치해야 한다(단, 작업 환경 등을 고려할 때 추락방호망을 설치하기 곤란한 경우에는 근로자에게 안전대를 착용하도록 하는 등 추락 위험을 방지하기 위하여 필요한 조치를 해야 한다).

ⓞ 추락재해를 방지하기 위한 고소작업 감소대책
- 철골기둥과 빔을 일체구조화
- 지붕트러스의 일체화 또는 지상에서 조립
- 안전난간 설치
- 악천후 시의 작업금지
- 조명유지
- 승강설비 설치

ⓙ 근로자가 추락으로 인한 부상을 당하지 않기 위한 지면으로부터 안전대 고정점까지의 높이(H) :

$$H = l_1 + \Delta l_1 + \frac{l_2}{2}$$

여기서, l_1 : 로프의 길이, Δl_1 : 로프의 늘어난 길이, l_2 : 근로자의 신장

⑤ 낙 하

㉠ 채석작업
- 채석작업계획에 포함되어야 하는 사항
  - 발파방법
  - 암석의 분할방법
  - 암석의 가공장소
  - 굴착면의 높이와 기울기
  - 표토 또는 용수의 처리방법
- 채석작업 시 지반붕괴 또는 토석낙하로 인하여 근로자에게 발생우려가 있는 위험방지 조치사항
  - 점검자를 지명하고 당일 작업 시작 전에 작업장소 및 그 주변 지반의 부석과 균열의 유무와 상태, 함수·용수 및 동결상태의 변화를 점검할 것
  - 점검자는 발파 후 그 발파 장소와 그 주변의 부석 및 균열의 유무와 상태를 점검할 것
  - 사업주는 지반의 붕괴, 토석의 비래(飛來) 등으로 인한 근로자의 위험을 방지하기 위하여 인접한 채석장에서의 발파 시기·부석 제거방법 등 필요한 사항에 관하여 그 채석장과 연락을 유지하여야 한다.
  - 사업주는 채석작업(갱내에서의 작업은 제외)을 하는 경우에 붕괴 또는 낙하에 의하여 근로자를 위험하게 할 우려가 있는 토석·입목 등을 미리 제거하거나 방호망을 설치하는 등 위험을 방지하기 위하여 필요한 조치를 하여야 한다.

㉡ 물체가 떨어지거나 날아올 위험이 있을 때의 재해예방대책
- 낙하물방지망 설치(작업 중이던 미장공이 상부에서 떨어지는 공구에 의해 상해를 입었다면, 낙하물 방지시설 설치에 대한 결함이 있던 경우이다)
- 수직보호망 설치
- 방호선반 설치
- 출입금지구역 설정
- 안전모 등의 보호구 착용(격벽설치는 아니다)

㉢ 낙하물에 의한 위험방지 조치의 기준
- 높이가 최소 3[m] 이상인 곳에서 물체를 투하하는 때에는 적당한 투하설비를 설치하거나 감시인을 배치하여야 한다.
- 낙하물방지망은 높이 10[m] 이내마다 설치한다.
- 방호선반 설치 시 내민 길이는 벽면으로부터 2[m] 이상으로 한다.
- 낙하물방지망의 설치각도는 수평면과 20~30°를 유지한다.

⑥ 그 밖의 건설재해대책

㉠ 지하매설물의 인접작업 시 안전지침
- 사전조사
- 매설물의 방호조치
- 지하매설물의 파악

㉡ 구축물의 풍압·지진 등에 의한 붕괴 또는 전도 위험을 예방하기 위한 조치
- 설계도서에 따라 시공했는지 확인
- 건설공사 시방서에 따라 시공했는지 확인
- 건축물의 구조기준 등에 관한 규칙에 따른 구조기준을 준수했는지 확인

㉢ 건설현장에서 높이 5[m] 이상의 콘크리트 교량 설치작업 시 재해예방을 위한 준수사항
- 작업을 하는 구역에는 관계 근로자가 아닌 사람의 출입을 금지할 것
- 재료, 기구 또는 공구 등을 올리거나 내릴 경우에는 근로자로 하여금 달줄·달포대 등을 사용하도록 할 것
- 중량물 부재를 크레인 등으로 인양하는 경우에는 부재에 인양용 고리를 견고하게 설치하고, 인양용 로프는 부재에 두 군데 이상 결속하여 인양하여야 하며, 중량물이 안전하게 거치되기 전까지는 걸이로프를 해제시키지 아니할 것
- 자재나 부재의 낙하·전도 또는 붕괴 등에 의하여 근로자에게 위험을 미칠 우려가 있을 경우에는 출입금지구역의 설정, 자재 또는 가설시설의 좌굴 또는 변형 방지를 위한 보강재 부착 등의 조치를 할 것

㉣ 차량계 건설기계의 사용에 의한 위험의 방지를 위한 사항
- 암석의 낙하 등에 의한 위험이 예상될 때 차량용 건설기계인 불도저, 로더, 트랙터 등에 견고한 헤드가드를 갖추어야 한다.
- 차량계 건설기계로 작업 시 전도 또는 전락 등에 의한 근로자의 위험을 방지하기 위한 노견의 붕괴방지, 지반침하방지 조치를 해야 한다.
- 차량계 건설기계의 붐, 암 등을 올리고 그 밑에서 수리, 점검작업 등을 할 때 안전지주 또는 안전블록을 사용해야 한다.
- 항타기 및 항발기 사용 시 버팀대만으로 상단부분을 안정시키는 때에는 3개 이상으로 하고 그 하단부분을 고정시켜야 한다.

㉤ 건설현장에서 사용하는 임시조명기구에 대한 안전대책
- 모든 조명기구에는 외부의 충격으로부터 보호될 수 있도록 보호망을 씌워야 한다.
- 이동식 조명기구의 배선은 유연성이 좋은 코드선을 사용해야 한다.
- 이동식 조명기구의 손잡이는 절연 재료로 제작해야 한다.
- 이동식 조명기구를 일정한 장소에 고정시킬 경우에는 견고한 받침대를 사용해야 한다.

㉥ 건설작업장에서 재해예방을 위해 작업조건에 따라 근로자에게 지급하고 착용하도록 하여야 할 보호구
- 물체가 떨어지거나 날아올 위험 또는 근로자가 추락할 위험이 있는 작업 : 안전모
- 높이 또는 깊이 2[m] 이상의 추락할 위험이 있는 장소에서 하는 작업 : 안전대
- 물체의 낙하·충격, 물체에의 끼임, 감전 또는 정전기의 대전에 의한 위험이 있는 작업 : 안전화
- 물체가 흩날릴 위험이 있는 작업 : 보안경
- 용접 시 불꽃이나 물체가 흩날릴 위험이 있는 작업 : 보안면
- 감전의 위험이 있는 작업 : 절연용 보호구
- 고열에 의한 화상 등의 위험이 있는 작업 : 방열복
- 선창 등에서 분진이 심하게 발생하는 하역작업 : 방진마스크
- −18[℃] 이하인 급냉동 어창에서 하는 하역작업 : 방한모·방한복·방한화·방한장갑
- 물건을 운반하거나 수거배달하기 위하여 이륜자동차를 운행하는 작업 : 승차용 안전모

㉦ 중량물 취급작업 시 작업계획서에 포함시켜야 할 사항
- 추락위험을 예방할 수 있는 안전대책
- 낙하위험을 예방할 수 있는 안전대책
- 전도위험을 예방할 수 있는 안전대책
- 협착위험을 예방할 수 있는 안전대책
- 붕괴위험을 예방할 수 있는 안전대책

핵심예제

2-1. 굴착공사에 있어서 비탈면붕괴를 방지하기 위하여 행하는 대책이 아닌 것은? [2013년 제1회, 2015년 제3회, 2021년 제2회]

① 지표수의 침투를 막기 위해 표면 배수공을 한다.
② 지하수위를 내리기 위해 수평 배수공을 설치한다.
③ 비탈면 하단을 성토한다.
④ 비탈면 상부에 토사를 적재한다.

2-2. 잠함 또는 우물통의 내부에서 굴착작업을 할 때의 준수사항으로 옳지 않은 것은?

[2010년 제1회, 2012년 제3회, 2013년 제1회 유사, 2014년 제3회 유사, 2018년 제3회]

① 굴착 깊이가 10[m]를 초과하는 경우에는 해당 작업장소와 외부와의 연락을 위한 통신설비 등을 설치하여야 한다.
② 산소결핍의 우려가 있는 경우에는 산소의 농도를 측정하는 자를 지명하여 측정하도록 한다.
③ 근로자가 안전하게 승강하기 위한 설비를 설치한다.
④ 측정결과, 산소결핍이 인정할 경우에는 송기를 위한 설비를 설치하여 필요한 양의 공기를 공급하여야 한다.

2-3. 터널 붕괴를 방지하기 위한 지보공에 대한 점검사항과 가장 거리가 먼 것은?

[2010년 제1회 유사, 2011년 제2회 유사, 2013년 제2회 유사, 2014년 제1회, 2018년 제1회]

① 부재의 긴압 정도
② 부재의 손상・변형・부식・변위 탈락의 유무 및 상태
③ 기둥 침하의 유무 및 상태
④ 경보장치의 작동 상태

2-4. 터널공사에서 발파작업 시 안전대책으로 옳지 않은 것은?

[2012년 제1회, 제2회 유사, 2015년 제2회, 2017년 제2회 유사, 2018년 제1회, 2022년 제2회]

① 발파전 도화선 연결 상태, 저항치 조사 등의 목적으로 도통시험 실시 및 발파기의 작동 상태에 대한 사전점검 실시
② 모든 동력선은 발원점으로부터 최소한 15[m] 이상 후방으로 옮길 것
③ 지질, 암의 절리 등에 따라 화약량에 대한 검토 및 시방기준과 대비하여 안전조치 실시
④ 발파용 점화회선은 타 동력선 및 조명회선과 한곳으로 통합하여 관리

2-5. 터널공사 시 인화성 가스가 일정농도 이상으로 상승하는 것을 조기에 파악하기 위하여 설치하는 자동경보장치의 작업 시작 전 점검해야 할 사항이 아닌 것은?

[2010년 제3회, 2012년 제1회, 2014년 제3회, 2015년 제3회 유사, 2016년 제1회 유사]

① 계기의 이상 유무　② 발열 여부
③ 검지부의 이상 유무　④ 경보장치의 작동 상태

2-6. 신품의 추락방지망 중 그물코의 크기가 10[cm]인 매듭방망의 인장강도 기준으로 옳은 것은?

[2011년 제1회, 2012년 제1회 유사, 2013년 제2회, 2014년 제1회, 2016년 제2회, 제3회, 2017년 제1회 유사]

① 100[kgf] 이상　② 200[kgf] 이상
③ 300[kgf] 이상　④ 400[kgf] 이상

2-7. 물체가 떨어지거나 날아올 위험이 있을 때의 재해 예방대책과 거리가 먼 것은? [2010년 제1회, 제2회 유사, 2011년 제3회 유사, 2013년 제2회, 2017년 제3회 유사, 2021년 제2회 유사]

① 낙하물 방지망 설치　② 출입금지구역 설정
③ 안전대 착용　④ 안전모 착용

2-8. 낙하물에 의한 위험방지 조치의 기준으로서 옳은 것은?

[2011년 제3회 유사, 2012년 제2회 유사, 2015년 제3회]

① 높이가 최소 2[m] 이상인 곳에서 물체를 투하하는 때에는 적당한 투하설비를 갖춰야 한다.
② 낙하물 방지망은 높이 12[m] 이내마다 설치한다.
③ 방호선반 설치 시 내민 길이는 벽면으로부터 2[m] 이상으로 한다.
④ 낙하물 방지망의 설치각도는 수평면과 30~40°를 유지한다.

|해설|

2-1
비탈면 하부에 토사를 적재한다.

2-2
굴착 깊이가 20[m]를 초과하는 경우에는 해당 작업장소와 외부와의 연락을 위한 통신설비 등을 설치하여야 한다.

2-3
터널 붕괴를 방지하기 위한 지보공에 대한 점검사항과 가장 거리가 먼 것으로 '경보장치의 작동 상태, 계측기 설치 상태, 터널거푸집 지보공의 수량 상태' 등이 출제된다.

2-4
발파용 점화회선은 타 동력선 및 조명회선과 한곳으로 통합하여 관리하지 말 것

2-5
자동경보장치의 작업시작 전 점검해야 할 사항이 아닌 것으로 '발열 여부, 환기 또는 조명시설의 이상 유무' 등이 출제된다.

2-6
신품의 추락방지망 중 그물코의 크기가 10[cm]인 매듭방망의 인장강도는 200[kg] 이상이다.

2-7
안전대 착용은 추락재해 예방대책에 해당된다. 물체가 떨어지거나 날아올 위험이 있을 때의 재해예방대책과 거리가 먼 것으로 '안전대 착용, 울타리 설치, 작업지휘자 선정, 안전난간 설치' 등이 출제된다.

2-8
③ 방호선반 설치 시 내민 길이는 벽면으로부터 2[m] 이상으로 한다.
① 높이가 최소 3[m] 이상인 곳에서 물체를 투하하는 때에는 적당한 투하설비를 갖춰야 한다.
② 낙하물 방지망은 높이 10[m] 이내마다 설치한다.
④ 낙하물 방지망의 설치각도는 수평면과 20~30°를 유지한다.

정답 **2-1** ④ **2-2** ① **2-3** ④ **2-4** ④ **2-5** ② **2-6** ② **2-7** ③ **2-8** ③

교육이란 사람이 학교에서 배운 것을
잊어버린 후에 남은 것을 말한다.

–알버트 아인슈타인–

산업안전기사

과년도 + 최근 기출문제

2017~2021년 과년도 기출문제
2022년 최근 기출문제

산업안전기사

과년도 기출문제

제1과목 안전관리론

01 **산업안전보건법상 근로자 안전・보건교육 중 채용 시의 교육 및 작업내용 변경 시의 교육 내용에 포함되지 않는 것은?**

① 물질안전보건자료에 관한 사항
② 작업 개시 전 점검에 관한 사항
③ 유해・위험 작업환경 관리에 관한 사항
④ 기계・기구의 위험성과 작업의 순서 및 동선에 관한 사항

해설
채용 시의 교육 및 작업내용 변경 시 교육내용(시행규칙 별표 5)
- 산업안전 및 사고 예방에 관한 사항
- 산업보건 및 직업병 예방에 관한 사항
- 산업안전보건법령 및 산업재해보상보험 제도에 관한 사항
- 직무스트레스 예방 및 관리에 관한 사항
- 직장 내 괴롭힘, 고객의 폭언 등으로 인한 건강장해 예방 및 관리에 관한 사항
- 기계・기구의 위험성과 작업의 순서 및 동선에 관한 사항
- 작업 개시 전 점검에 관한 사항
- 정리정돈 및 청소에 관한 사항
- 사고 발생 시 긴급조치에 관한 사항
- 물질안전보건자료에 관한 사항

02 **매슬로(Maslow)의 욕구단계 이론 중 2단계에 해당되는 것은?**

① 생리적 욕구
② 안전에 대한 욕구
③ 자아실현의 욕구
④ 존경과 긍지에 대한 욕구

해설
욕구 5단계 이론(매슬로)
- 1단계 : 생리적 욕구
- 2단계 : 안전에 대한 욕구
- 3단계 : 사회적 욕구
- 4단계 : 존경의 욕구
- 5단계 : 자아실현의 욕구(편견 없이 받아들이는 성향, 타인과의 거리를 유지하며 사생활을 즐기거나 창의적 성격으로 봉사, 특별히 좋아하는 사람과 긴밀한 관계를 유지하려는 인간의 욕구)

03 **플리커 검사(Flicker Test)의 목적으로 가장 적절한 것은?**

① 혈중 알코올 농도 측정
② 체내 산소량 측정
③ 작업강도 측정
④ 피로의 정도 측정

해설
인간의 지각기능을 측정하는 검사로 플리커 값의 크기로 피로의 정도를 판정한다.

정답 1 ③ 2 ② 3 ④

04 라인(Line)형 안전관리조직의 특징으로 옳은 것은?

① 안전에 관한 기술의 축적이 용이하다.
② 안전에 관한 지시나 조치가 신속하다.
③ 조직원 전원을 자율적으로 안전활동에 참여시킬 수 있다.
④ 권한 다툼이나 조정 때문에 통제수단이 복잡해지며, 시간과 노력이 소모된다.

해설
① 안전에 관한 기술의 축적이 용이하지 않다.
③ 조직원 전원을 자율적으로 안전활동에 참여시키기가 쉽지 않다.
④ 권한 다툼이나 조정으로 인한 통제수단의 복잡함이 없고 시간과 노력이 많이 들지 않는다.

05 다음 중 참가자에 일정한 역할을 주어 실제적으로 연기를 시켜 봄으로써 자기의 역할을 보다 확실히 인식할 수 있도록 체험학습을 시키는 교육방법은?

① Role Playing
② Brain Storming
③ Action Playing
④ Fish Bowl Playing

해설
Role Playing : 참가자에 일정한 역할을 주어 실제적으로 연기를 시켜 봄으로써 자기의 역할을 보다 확실히 인식할 수 있도록 체험학습을 시키는 교육방법

06 인간의 적응기제 중 방어기제로 볼 수 없는 것은?

① 승 화　　② 고 립
③ 합리화　　④ 보 상

해설
방어기제 : 보상(대상), 합리화, 동일시, 승화, 투사, 치환, 반동형성, 대리형성

07 교육훈련 기법 중 Off JT의 장점에 해당되지 않는 것은?

① 우수한 전문가를 강사로 활용할 수 있다.
② 특별교재, 교구, 설비를 유효하게 활용할 수 있다.
③ 다수의 근로자에게 조직적 훈련이 가능하다.
④ 직장의 실정에 맞는 구체적이고, 실제적인 교육이 가능하다.

해설
Off JT 교육방법의 장점
- 한 번에 많은 교육생들에게 일괄적이고 조직적인 교육을 할 수 있다.
- 업무 및 직무로부터 해방이 되어 훈련에만 전념할 수 있다.
- 뛰어난 전문가의 교육을 받을 수 있다.
- 다른 업무에 종사하는 사람들과 지식이나 경험을 교환할 수 있는 기회를 가진다.
- 목표에 대한 구체적인 노력을 촉구할 수 있다.

08 산업안전보건법상 안전·보건표지의 색채와 사용 사례의 연결이 틀린 것은?

① 노란색 – 정지신호, 소화설비 및 그 장소, 유해행위의 금지
② 파란색 – 특정행위의 지시 및 사실의 고지
③ 빨간색 – 화학물질 취급장소에서의 유해·위험 경고
④ 녹색 – 비상구 및 피난소, 사람 또는 차량의 통행표지

해설
정지신호, 소화설비 및 그 장소, 유해행위의 금지의 색상은 빨간색이며, 화학물질 취급장소에서의 유해·위험 경고 이외의 위험 경고, 주의표지 또는 기계방호물의 색상은 노란색이다(시행규칙 별표 8).

정답 4 ② 5 ① 6 ② 7 ④ 8 ①

09 버드(Bird)의 재해 발생에 관한 연쇄이론 중 직접적인 원인은 몇 단계에 해당되는가?

① 1단계 ② 2단계
③ 3단계 ④ 4단계

해설
버드의 사고 발생 도미노 이론(신연쇄성 이론)
- 1단계 : 관리(제어) 부족(재해 발생의 근원적 원인)
- 2단계 : 기본원인(기원)
- 3단계 : 징후 발생(직접 원인)
- 4단계 : 접촉 발생(사고)
- 5단계 : 상해 발생(손해, 손실)

10 근로자 수 300명, 총근로시간 수 48시간×50주이고, 연 재해 건수는 200건일 때 이 사업장의 강도율은? (단, 연 근로손실일수는 800일로 한다)

① 1.11 ② 0.90
③ 0.16 ④ 0.84

해설

$$강도율 = \frac{근로손실일수}{연\ 근로시간\ 수} \times 10^3$$

$$= \frac{800}{300 \times 48 \times 50} \times 1{,}000 \simeq 1.11$$

11 재해 예방의 4원칙이 아닌 것은?

① 손실 우연의 원칙
② 사실 확인의 원칙
③ 원인 계기의 원칙
④ 대책 선정의 원칙

해설
하인리히의 재해 예방의 4원칙
- 원인 계기(연계)의 원칙 : 재해의 발생에는 반드시 그 원인이 있다.
- 손실 우연의 원칙 : 사고의 발생과 손실의 발생에는 우연적 관계가 있다.
- 대책 선정의 원칙 : 가장 효과적인 재해 방지대책의 선정은 이들 원인의 정확한 분석에 의해서 얻어진다.
  - 기술적 대책 : 안전설계, 작업행정 개선, 안전기준 설정, 환경설비 개선, 점검 보존 확립 등
  - 교육적 대책 : 안전교육・훈련 등
  - 관리적 대책 : 적합한 기준 설정, 전 종업원의 기준 이해, 동기부여와 사기 향상, 각종 규정・수칙 준수, 경영자・관리자의 솔선수범 등
- 예방 가능의 원칙 : 천재지변을 제외한 모든 인재는 예방이 가능하다.

12 안전교육의 3요소에 해당되지 않는 것은?

① 강 사 ② 교육방법
③ 수강자 ④ 교 재

해설
안전교육의 3요소 : 강사, 수강자, 교재

13 산업현장에서 재해 발생 시 조치 순서로 옳은 것은?

① 긴급처리 → 재해 조사 → 원인 분석 → 대책 수립 → 실시계획 → 실시 → 평가
② 긴급처리 → 원인 분석 → 재해 조사 → 대책 수립 → 실시 → 평가
③ 긴급처리 → 재해 조사 → 원인 분석 → 실시계획 → 실시 → 대책 수립 → 평가
④ 긴급처리 → 실시계획 → 재해 조사 → 대책 수립 → 평가 → 실시

해설
산업현장에서 재해 발생 시 조치 순서 : 긴급처리 → 재해 조사 → 원인 분석 → 대책 수립 → 실시계획 → 실시 → 평가

14 산업재해의 분석 및 평가를 위하여 재해 발생 건수 등의 추이에 대해 한계선을 설정하여 목표관리를 수행하는 재해 통계분석기법은?

① 폴리곤(Polygon)
② 관리도(Control Chart)
③ 파레토도(Pareto Diagram)
④ 특성요인도(Cause & Effect Diagram)

해설
관리도(Control Chart) : 산업재해의 분석 및 평가를 위하여 재해 발생건수 등의 추이에 대해 한계선을 설정하여 목표관리를 수행하는 재해 통계분석기법

정답 9 ③ 10 ① 11 ② 12 ② 13 ① 14 ②

15 ABE종 안전모에 대하여 내수성 시험을 할 때 물에 담그기 전의 질량이 400[g]이고, 물에 담근 후의 질량이 410[g]이었다면 질량 증가율과 합격 여부로 옳은 것은?

① 질량 증가율 : 2.5[%], 합격 여부 : 불합격
② 질량 증가율 : 2.5[%], 합격 여부 : 합격
③ 질량 증가율 : 102.5[%], 합격 여부 : 불합격
④ 질량 증가율 : 102.5[%], 합격 여부 : 합격

해설
질량증가율[%]

$$= \frac{\text{담근 후 질량} - \text{담그기 전 질량}}{\text{담그기 전 질량}} \times 100[\%]$$

$$= \frac{410-400}{400} \times 100[\%] = 2.5[\%]$$

질량 증가율이 1[%] 미만일 경우 합격이므로 2.5[%]는 불합격이다.

16 무재해운동에 관한 설명으로 틀린 것은?

① 제3자의 행위에 의한 업무상 재해는 무재해로 본다.
② 작업시간 중 천재지변 또는 돌발적인 사고로 인한 구조행위 또는 긴급피난 중 발생한 사고는 무재해로 본다.
③ 무재해란 무재해운동 시행사업장에서 근로자가 업무에 기인하여 사망 또는 2일 이상의 요양을 요하는 부상 또는 질병에 이환되지 않는 것을 말한다.
④ 작업시간 외에 천재지변 또는 돌발적인 사고 우려가 많은 장소에서 사회통념상 인정되는 업무수행 중 발생한 사고는 무재해로 본다.

해설
무재해란 무재해운동 시행사업장에서 근로자가 업무에 기인하여 사망 또는 4일 이상의 요양을 요하는 부상 또는 질병에 이환되지 않는 것을 말한다.

17 맥그리거(McGregor)의 X, Y 이론에서 X 이론에 대한 관리처방으로 볼 수 없는 것은?

① 직무의 확장
② 권위주의적 리더십의 확립
③ 경제적 보상체제의 강화
④ 면밀한 감독과 엄격한 통제

해설
직무의 확장은 Y이론에 대한 처방이다.

18 산업안전보건법상 안전관리자가 수행해야 할 업무가 아닌 것은?

① 사업장 순회점검 · 지도 및 조치의 건의
② 산업재해에 관한 통계의 유지 · 관리 · 분석을 위한 보좌 및 조언 · 지도
③ 작업장 내에서 사용되는 전체 환기장치 및 국소 배기장치 등에 관한 설비의 점검
④ 해당 사업장 안전교육계획의 수립 및 안전교육 실시에 관한 보좌 및 조언 · 지도

해설
안전관리자의 업무(시행령 제18조)
- 산업안전보건위원회 또는 법 노사협의체에서 심의 · 의결한 업무와 해당 사업장의 안전보건관리규정 및 취업규칙에서 정한 업무
- 위험성평가에 관한 보좌 및 지도 · 조언
- 안전인증대상기계 등과 자율안전확인대상기계 등 구입 시 적격품의 선정에 관한 보좌 및 지도 · 조언
- 해당 사업장 안전교육계획의 수립 및 안전교육 실시에 관한 보좌 및 지도 · 조언
- 사업장 순회점검, 지도 및 조치 건의
- 산업재해 발생의 원인 조사 · 분석 및 재발 방지를 위한 기술적 보좌 및 지도 · 조언
- 산업재해에 관한 통계의 유지 · 관리 · 분석을 위한 보좌 및 지도 · 조언
- 법 또는 법에 따른 명령으로 정한 안전에 관한 사항의 이행에 관한 보좌 및 지도 · 조언
- 업무 수행 내용의 기록 · 유지
- 그 밖에 안전에 관한 사항으로서 고용노동부장관이 정하는 사항

정답 15 ① 16 ③ 17 ① 18 ③

19 **안전교육훈련의 진행 3단계에 해당하는 것은?**

① 적 용　　② 제 시
③ 도 입　　④ 확 인

해설
안전교육 훈련방법의 4단계 또는 강의안 구성의 4단계 : 도입 → 제시 → 적용 → 확인

20 **산업안전보건기준에 관한 규칙에 따른 프레스기의 작업 시작 전 점검사항이 아닌 것은?**

① 클러치 및 브레이크의 기능
② 금형 및 고정볼트 상태
③ 방호장치의 기능
④ 언로드 밸브의 기능

해설
프레스의 작업 시작 전 점검사항
- 클러치 상태(가장 중요)
- 클러치 및 브레이크의 기능
- 금형 및 고정볼트 상태
- 방호장치의 기능
- 크랭크축, 플라이휠, 슬라이드, 연결봉 및 연결나사의 풀림 여부
- 1행정 1정지 기구·급정지장치 및 비상정지장치의 기능
- 슬라이드 또는 칼날에 의한 위험방지기구의 기능
- 전단기의 칼날 및 테이블의 상태

제2과목 인간공학 및 시스템 안전공학

21 **조종장치의 우발작동을 방지하는 방법 중 틀린 것은?**

① 오목한 곳에 둔다.
② 조종장치를 덮거나 방호해서는 안 된다.
③ 작동을 위해서 힘이 요구되는 조종장치에는 저항을 제공한다.
④ 순서적 작동이 요구되는 작업일 때 순서를 지나치지 않도록 잠김장치를 설치한다.

해설
조종장치를 덮거나 방호조치를 하여 조종장치의 우발작동을 방지한다.

22 **손이나 특정 신체 부위에 발생하는 누적손상장애(CTDs)의 발생인자와 가장 거리가 먼 것은?**

① 무리한 힘　　② 다습한 환경
③ 장시간의 진동　　④ 반복도가 높은 작업

해설
손이나 특정 신체 부위에 발생하는 누적손상장애(CTDs)의 발생인자 : 무리한 힘, 장시간의 진동, 반복도가 높은 작업

23 **프레스에 설치된 안전장치의 수명은 지수분포를 따르며 평균 수명은 100시간이다. 새로 구입한 안전장치가 50시간 동안 고장 없이 작동할 확률(A)과 이미 100시간을 사용한 안전장치가 앞으로 100시간 이상 견딜 확률(B)은 약 얼마인가?**

① A : 0.368, B : 0.368
② A : 0.607, B : 0.368
③ A : 0.368, B : 0.607
④ A : 0.607, B : 0.607

해설
- A : $R(t) = e^{-\lambda t} = e^{-0.01 \times 50} \simeq 0.607$
- B : $R(t) = e^{-\lambda t} = e^{-0.01 \times 100} \simeq 0.368$

정답 19 ① 20 ④ 21 ② 22 ② 23 ②

24 화학설비의 안전성 평가 5단계 중 제2단계에 속하는 것은?

① 작성 준비
② 정량적 평가
③ 안전대책
④ 정성적 평가

해설
2단계 : 정성적 평가(공정작업을 위한 작업규정 유무)
• 화학설비의 안정성 평가에서 정성적 평가의 항목
 – 설계관계 항목 : 입지조건, 공장 내의 배치, 건조물, 소방설비
 – 운전관계 항목 : 원재료, 중간체 제품, 공정, 공정기기, 수송・저장

25 다음 그림과 같이 FTA로 분석된 시스템에서 현재 모든 기본 사상에 대한 부품이 고장난 상태이다. 부품 X_1부터 부품 X_5까지 순서대로 복구한다면 어느 부품을 수리 완료하는 순간부터 시스템이 정상 가동되겠는가?

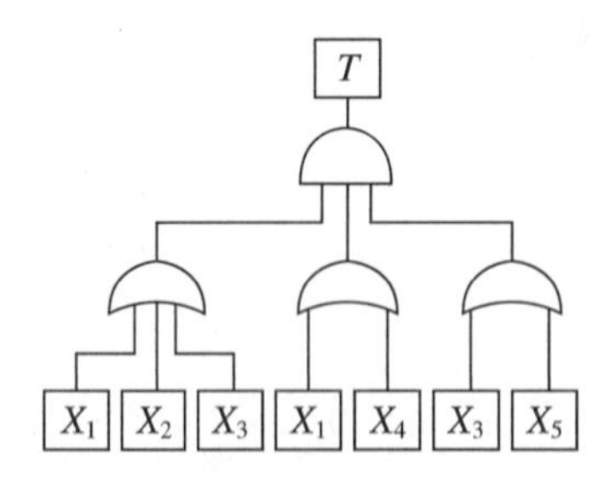

① 부품 X_2
② 부품 X_3
③ 부품 X_4
④ 부품 X_5

해설
상부는 AND게이트, 하부는 OR게이트이므로, 부품 X_1부터 부품 X_5까지 순서대로 복구할 때 부품 X_1 복구 시 하부 첫 번째 게이트와 2번째 게이트는 출력되어도 3번째 게이트는 출력이 안 일어나므로 시스템이 정상 가동되지 않는다. 다음에 부품 X_2를 복구하여도 3번째 게이트가 출력되지 않고 그 다음에 부품 X_3를 복구하면 3번째 게이트도 출력이 나오므로 부품 X_3를 수리 완료하는 순간부터 시스템은 정상 가동된다.

26 설비보전에서 평균 수리시간의 의미로 맞는 것은?

① MTTR
② MTBF
③ MTTF
④ MTBP

해설
① MTTR(Mean Time To Repair) : 평균 수리시간
② MTBF(Mean Time Between Failure) : 평균 고장시간 간격
③ MTTF(Mean Time To Failure) : 평균 고장시간
④ MTBP는 설비보전 용어가 아니다.

27 통화 이해도를 측정하는 지표로서, 각 옥타브(Octave)대의 음성과 잡음의 데시벨[dB]값에 가중치를 곱하여 합계를 구하는 것을 무엇이라고 하는가?

① 명료도 지수
② 통화 간섭수준
③ 이해도 점수
④ 소음기준곡선

해설
명료도 지수
• 통화 이해도를 측정하는 지표
• 각 옥타브(Octave)대의 음성과 잡음의 데시벨[dB]값에 가중치를 곱한 합계의 값

28 일반적으로 보통 작업자의 정상적인 시선으로 가장 적합한 것은?

① 수평선을 기준으로 위쪽 5° 정도
② 수평선을 기준으로 위쪽 15° 정도
③ 수평선을 기준으로 아래쪽 5° 정도
④ 수평선을 기준으로 아래쪽 15° 정도

해설
일반적으로 보통 작업자의 정상적인 시선 : 수평선을 기준으로 아래쪽 15° 정도

정답 24 ④ 25 ② 26 ① 27 ① 28 ④

29 FT도에 사용되는 다음 기호의 명칭으로 옳은 것은?

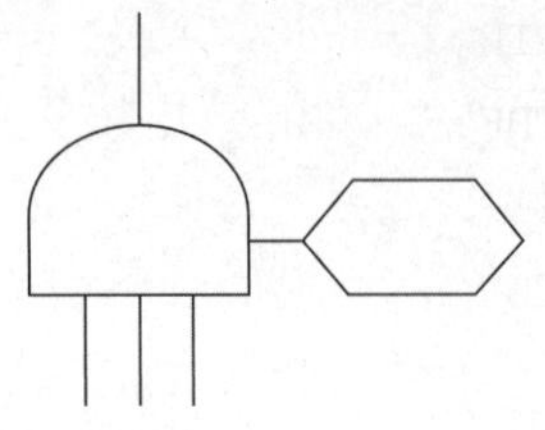

① 억제게이트
② 조합 AND게이트
③ 부정게이트
④ 배타적 OR게이트

해설
문제의 그림은 조합 AND게이트의 기호이다.

30 일반적으로 위험(Risk)은 3가지 기본요소로 표현되며 3요소(Triplets)로 정의된다. 3요소에 해당되지 않는 것은?

① 사고 시나리오(S_i)
② 사고 발생확률(P_i)
③ 시스템 불이용도(Q_i)
④ 파급효과 또는 손실(X_i)

해설
위험(Risk)의 기본 3요소(Triplets)
- 사고 시나리오(S_i)
- 사고 발생확률(P_i)
- 파급효과 또는 손실(X_i)

31 다음 FT도에서 최소 컷셋을 올바르게 구한 것은?

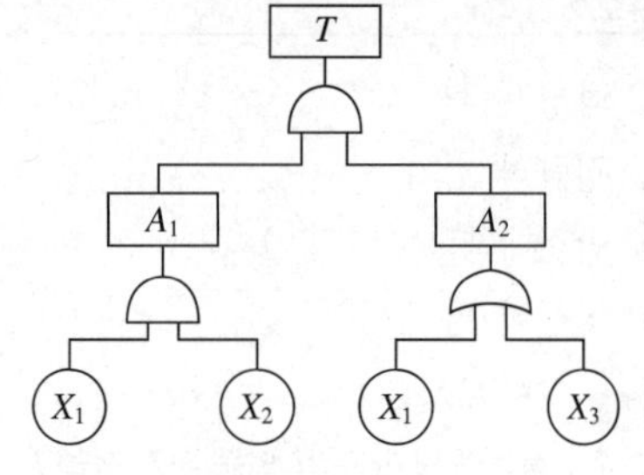

① (X_1, X_2)　② (X_1, X_3)
③ (X_2, X_3)　④ (X_1, X_2, X_3)

해설
$T=(X_1 \cdot X_2)(X_1+X_3)$
$=X_1(X_1 \cdot X_2)+X_3(X_1 \cdot X_2)$
$=X_1 \cdot X_2+X_1 \cdot X_2 \cdot X_3=X_1(X_2+X_2 \cdot X_3)$
$=X_1[X_2(1+X_3)]=X_1 \cdot X_2$
이므로, 최소 컷셋은 (X_1, X_2)이다.

32 시스템이 저장되어 이동되고 실행됨에 따라 발생하는 작동 시스템의 기능이나 과업, 활동으로부터 발생되는 위험에 초점을 맞춘 위험분석 차트는?

① 결함수분석(FTA ; Fault Tree Analysis)
② 사상수분석(ETA ; Event Tree Analysis)
③ 결함위험분석(FHA ; Fault Hazard Analysis)
④ 운용위험분석(OHA ; Operating Hazard Analysis)

해설
운용위험분석(OHA ; Operating Hazard Analysis) : 시스템이 저장되어 이동되고 실행됨에 따라 발생하는 작동 시스템의 기능이나 과업, 활동으로부터 발생되는 위험에 초점을 맞춘 위험분석 차트

정답 29 ② 30 ③ 31 ① 32 ④

33 **자동화 시스템에서 인간의 기능으로 적절하지 않은 것은?**

① 설비보전
② 작업계획 수립
③ 조정장치로 기계를 통제
④ 모니터로 작업 상황 감시

해설
자동화체계(자동화시스템)
- 인간요소를 고려해야 한다.
- 인간은 작업계획 수립, 작업상황 감시(모니터 이용), 정비 유지(설비보전), 프로그램 등의 작업을 담당한다.
- 기계는 조정장치로 기계를 통제한다.
- 컴퓨터 등

34 **의자 설계에 대한 조건 중 틀린 것은?**

① 좌판의 깊이는 작업자의 등이 등받이에 닿을 수 있도록 설계한다.
② 좌판은 엉덩이가 앞으로 미끄러지지 않는 재질과 구조로 설계한다.
③ 좌판의 넓이는 작은 사람에게 적합하도록, 깊이는 큰 사람에게 적합하도록 설계한다.
④ 등받이는 충분한 넓이를 가지고 요추 부위부터 어깨 부위까지 편안하게 지지하도록 설계한다.

해설
강의용 책걸상을 설계할 때 고려해야 할 인체 측정자료 응용원칙과 변수
- 최대 집단치 설계 : 너비
- 최소 집단치 설계 : 깊이
- 조절식 설계(가변적 설계) : 높이

따라서 좌판의 넓이는 큰 사람에게 적합하도록, 깊이는 작은 사람에게 적합하도록 설계한다.

35 **시스템 분석 및 설계에 있어서 인간공학의 가치와 가장 거리가 먼 것은?**

① 훈련비용의 절감
② 인력 이용률의 향상
③ 생산 및 보전의 경제성 감소
④ 사고 및 오용으로부터의 손실 감소

해설
시스템 분석 · 설계에서의 인간공학의 가치
- 성능의 향상
- 사용자의 수용도 향상
- 작업 숙련도의 증가
- 사고 및 오용으로부터의 손실 감소
- 훈련비용의 절감
- 인력 이용률의 향상
- 생산 및 보전의 경제성 증가

36 **산업안전보건법령상 유해 · 위험방지계획서 제출대상 사업은 기계 및 가구를 제외한 금속가공제품 제조업으로서 전기 계약용량이 얼마 이상인 사업을 말하는가?**

① 50[kW] ② 100[kW]
③ 200[kW] ④ 300[kW]

해설
유해 · 위험방지계획서 제출대상 사업은 기계 및 가구를 제외한 금속가공제품 제조업으로서 전기 계약용량이 300[kW] 이상인 사업을 말한다(시행령 제42조).

37 **건구온도 30[℃], 습구온도 35[℃]일 때의 옥스퍼드(Oxford) 지수는 얼마인가?**

① 20.75[℃] ② 24.58[℃]
③ 32.78[℃] ④ 34.25[℃]

해설
Oxford 지수(WD) : 습구온도와 건구온도의 단순가중치(가중평균값)

$WD = 0.85W + 0.15D$

$= 0.85 \times 35 + 0.15 \times 30 = 34.25$[℃]

(여기서, W : 습구온도, D : 건구온도)

정답 33 ③ 34 ③ 35 ③ 36 ④ 37 ④

38 작업자가 용이하게 기계·기구를 식별하도록 암호화(Coding)를 한다. 암호화 방법이 아닌 것은?

① 강 도 ② 형 상
③ 크 기 ④ 색 채

해설
작업자가 용이하게 기계·기구를 식별하도록 암호화(Coding)하는 방법 : 형상, 크기, 색채, 밝기 등

39 반사형 없이 모든 방향으로 빛을 발하는 점광원에서 5[m] 떨어진 곳의 조도가 120[lx]라면 2[m] 떨어진 곳의 조도는?

① 150[lx] ② 192.2[lx]
③ 750[lx] ④ 3,000[lx]

해설

$\text{조도} = \frac{\text{광도}}{(\text{거리})^2}$, $\text{광도} = \text{조도} \times (\text{거리})^2$이다.

5[m] 떨어진 곳의 조도가 120[lx]이므로, 이 점광원의 광도는 $120 \times 5^2 = 3{,}000$[cd]이다.

따라서 2[m] 떨어진 곳의 조도는 $\frac{3{,}000}{2^2} = 750$[lx]이다.

40 육체작업의 생리학적 부하 측정척도가 아닌 것은?

① 맥박수
② 산소소비량
③ 근전도
④ 점멸융합주파수

해설
(시각적) 점멸융합주파수(Flicker Fusion Frequency)
- 중추신경계 피로(정신 피로)의 척도로 사용할 수 있다.
- 휘도만 같다면 색상은 영향을 주지 않는다(휘도가 동일한 색은 주파수값에 영향을 주지 않는다).
- 표적과 주변의 휘도가 같을 때 최대가 된다.
- 주파수는 조명강도의 대수치에 선형적으로 비례한다.
- 사람들 간에는 큰 차이가 있으나 개인의 경우 일관성이 있다.
- 암조응 시에는 주파수가 감소한다.
- 정신적으로 피로하면 주파수값이 내려간다.

제3과목 기계위험 방지기술

41 다음 중 드릴작업의 안전사항이 아닌 것은?

① 옷소매가 길거나 찢어진 옷은 입지 않는다.
② 작고, 길이가 긴 물건은 플라이어로 잡고 뚫는다.
③ 회전하는 드릴에 걸레 등을 가까이 하지 않는다.
④ 스핀들에서 드릴을 뽑아낼 때에는 드릴 아래에 손을 내밀지 않는다.

해설
어떤 물건이라도 플라이어로 잡고 뚫으면 위험하므로 반드시 바이스 등의 체결장치에 물려서 구멍을 뚫는다.

42 슬라이드가 내려옴에 따라 손을 쳐내는 막대가 좌우로 왕복하면서 위험점으로부터 손을 보호하여 주는 프레스의 안전장치는?

① 손쳐내기식 방호장치
② 수인식 방호장치
③ 게이트 가드식 방호장치
④ 양손조작식 방호장치

해설
손쳐내기식 방호장치(Sweep Guard) : 접근 거부형 방호장치
- 슬라이드가 내려옴에 따라 손을 쳐내는 막대가 좌우로 왕복하면서 위험점으로부터 손을 보호하여 준다.
- 슬라이드 하행정거리의 3/4 위치에서 손을 완전히 밀어내야 한다.
- 방호판의 폭이 금형 폭의 $\frac{1}{2}$ 이상이어야 한다.
- 슬라이드의 행정수가 120[SPM] 이하의 것에 사용한다.
- 슬라이드의 행정 길이가 40[mm] 이상의 것에 사용한다.
- 광전자식 검출기구를 부착한 손쳐내기식 방호장치에서 위험한계에서 광축까지의 거리는 광선을 차단 직후 위험한계 내에 도달하기 전에 손쳐내기 봉기구로 손을 쳐낼 수 있도록 안전거리를 확보할 수 있어야 한다.

정답 38 ① 39 ③ 40 ④ 41 ② 42 ①

43 양중기(승강기를 제외한다)를 사용하여 작업하는 운전자 또는 작업자가 보기 쉬운 곳에 해당 양중기에 대해 표시하여야 할 내용이 아닌 것은?

① 정격하중 ② 운전속도
③ 경고 표시 ④ 최대 인양 높이

해설
양중기(승강기 제외)를 사용하여 작업하는 운전자 또는 작업자가 보기 쉬운 곳에 해당 양중기에 대해 표시하여야 하는 내용 : 정격하중, 운전속도, 경고표시 등

44 연삭기의 연삭숫돌을 교체했을 경우 시운전은 최소 몇 분 이상 실시해야 하는가?

① 1분 ② 3분
③ 5분 ④ 7분

해설
연삭기의 연삭숫돌을 교체했을 경우 시험운전은 최소 3분 이상 실시해야 한다(산업안전보건기준에 관한 규칙 제122조).

45 크레인 로프에 2[ton]의 중량을 걸어 20[m/s^2]의 가속도로 감아올릴 때 로프에 걸리는 총하중은 약 몇 [kN]인가?

① 42.8 ② 59.6
③ 74.5 ④ 91.3

해설

$$w = w_1 + w_2 = 2{,}000 + \frac{2{,}000 \times 20}{9.8} \simeq 6{,}082[\text{kg}] \simeq 59{,}604[\text{N}]$$
$$\simeq 59.6[\text{kN}]$$

46 산업안전보건법령에서 정하는 간이 리프트의 정의에 대한 설명 중 ( ) 안에 들어갈 말로 옳은 것은?

> 간이 리프트란 동력을 사용하여 가이드레일을 따라 움직이는 운반구를 매달아 소형 화물 운반을 주목적으로 하며 승강기와 유사한 구조로서 운반구의 바닥 면적이 (㉠)이거나 천장 높이가 (㉡)인 것을 말한다.

① ㉠ - 1[m^2] 이상, ㉡ - 1.2[m] 이상
② ㉠ - 2[m^2] 이상, ㉡ - 2.4[m] 이상
③ ㉠ - 1[m^2] 이하, ㉡ - 1.2[m] 이하
④ ㉠ - 2[m^2] 이하, ㉡ - 2.4[m] 이하

해설
※ 2019년 4월 19일 법 개정으로 간이 리프트는 자동차정비용 리프트로 변경됨

자동차정비용리프트(산업안전보건기준에 관한 규칙 제132조)
동력을 사용하여 가이드레일을 따라 움직이는 지지대로 자동차 등을 일정한 높이로 올리거나 내리는 구조의 리프트로서 자동차 정비에 사용하는 것

변경 전
운반구의 바닥 면적이 1[m^2] 이하이거나 천장 높이가 1.2[m] 이하

47 다음 ( ) 안에 들어갈 용어로 알맞은 것은?

> 사업주는 보일러의 과열을 방지하기 위하여 최고 사용압력과 상용압력 사이에서 보일러의 버너 연소를 차단할 수 있도록 (   )을(를) 부착하여 사용하여야 한다.

① 고저수위조절장치 ② 압력방출장치
③ 압력제한스위치 ④ 파열판

해설
사업주는 보일러의 과열을 방지하기 위하여 최고 사용압력과 상용압력 사이에서 보일러의 버너 연소를 차단할 수 있도록 압력제한스위치를 부착하여 사용하여야 한다.

정답 43 ④ 44 ② 45 ② 46 ③ 47 ③

48 다음 중 금속 등의 도체에 교류를 통한 코일을 접근시켰을 때, 결함이 존재하면 코일에 유기되는 전압이나 전류가 변하는 것을 이용한 검사방법은?

① 자분탐상검사 ② 초음파탐상검사
③ 와류탐상검사 ④ 침투형광탐상검사

해설
와류탐상검사 : 금속 등의 도체에 교류를 통한 코일을 접근시켰을 때, 결함이 존재하면 코일에 유기되는 전압이나 전류가 변하는 것을 이용한 검사방법

49 산업안전보건법에서 정하는 압력용기에서 안전인증된 파열판에는 안전인증 표시 외에 추가로 나타내어야 하는 사항이 아닌 것은?

① 분출차([%])
② 호칭지름
③ 용도(요구 성능)
④ 유체의 흐름 방향 지시

해설
압력용기에서 안전인증된 파열판에 나타내는 사항
- 안전인증 표시
- 호칭지름
- 용도(요구 성능)
- 유체의 흐름 방향 지시
- 파열판의 재질
- 설정파열압력[MPa] 및 설정온도[℃]

50 롤러기의 앞면 롤의 지름이 300[mm], 분당 회전수가 30회일 경우 허용되는 급정지장치의 급정지거리는 약 몇 [mm] 이내이어야 하는가?

① 37.7 ② 31.4
③ 377 ④ 314

해설
앞면 롤러의 표면속도
$v=\frac{\pi dn}{1,000}=\frac{3.14\times300\times30}{1,000}=28.26[\mathrm{m/min}]$ 이고,
앞면 롤러의 표면속도가 30[m/min] 미만이므로, 급정지거리가 앞면 롤러 원주의 1/3 이내이다.
따라서 허용되는 급정지장치의 급정지거리
$l=\frac{\pi d}{3}=\frac{3.14\times300}{3}=314[\mathrm{mm}]$ 이다.

51 단면적이 1,800[mm^2]인 알루미늄 봉의 파괴강도는 70[MPa]이다. 안전율을 2로 하였을 때 봉에 가해질 수 있는 최대 하중은 얼마인가?

① 6.3[kN]
② 126[kN]
③ 63[kN]
④ 12.6[kN]

해설
안전율
$S=\frac{\text{기준강도}}{\text{허용응력}}=\frac{\text{극한강도}}{\text{허용응력}}=\frac{\text{인장강도}}{\text{허용응력}}$
$=\frac{\text{극한하중}}{\text{최대 설계하중}}=\frac{\text{파괴하중}}{\text{최대 하중}}=2$ 이다.
파괴강도 70[MPa]=70[N/mm^2]이고,
파괴하중은 70[N/mm^2]×1,800[mm^2]=126,000[N]=126[kN]
$\therefore$ 최대 하중$=\frac{126[\mathrm{kN}]}{2}=63[\mathrm{kN}]$

52 원동기, 풀리, 기어 등 근로자에게 위험을 미칠 우려가 있는 부위에 설치하는 위험방지장치가 아닌 것은?

① 덮 개
② 슬래브
③ 건널다리
④ 램

해설
원동기, 풀리, 기어 등 근로자에게 위험을 미칠 우려가 있는 부위에 설치하는 위험방지장치 : 덮개, 슬래브, 건널다리, 울 등

정답 48 ③ 49 ① 50 ④ 51 ③ 52 ④

53 아세틸렌용접장치에서 사용하는 발생기실의 구조에 대한 요구사항으로 틀린 것은?

① 벽의 재료는 불연성의 재료를 사용할 것
② 천장과 벽은 견고한 콘크리트 구조로 할 것
③ 출입구의 문은 두께 1.5[mm] 이상의 철판 또는 이와 동등 이상의 강도를 가진 구조로 할 것
④ 바닥 면적의 16분의 1 이상의 단면적을 가진 배기통을 옥상으로 돌출시킬 것

해설

산업안전보건기준에 관한 규칙 제287조
- 벽은 불연성 재료로 하고 철근 콘크리트 또는 그 밖에 이와 같은 수준이거나 그 이상의 강도를 가진 구조로 할 것
- 지붕과 천장에는 얇은 철판이나 가벼운 불연성 재료를 사용할 것
- 바닥면적의 16분의 1 이상의 단면적을 가진 배기통을 옥상으로 돌출시키고 그 개구부를 창이나 출입구로부터 1.5[m] 이상 떨어지도록 할 것
- 출입구의 문은 불연성 재료로 하고 두께 1.5[mm] 이상의 철판이나 그 밖에 그 이상의 강도를 가진 구조로 할 것
- 벽과 발생기 사이에는 발생기의 조정 또는 카바이드 공급 등의 작업을 방해하지 않도록 간격을 확보할 것

55 산업안전보건법상 용접장치의 안전에 관한 준수사항 설명으로 옳은 것은?

① 아세틸렌용접장치의 발생기실을 옥외에 설치한 때에는 그 개구부를 다른 건축물로부터 1[m] 이상 떨어지도록 하여야 한다.
② 가스집합장치로부터 3[m] 이내의 장소에서는 화기의 사용을 금지시킨다.
③ 아세틸렌 발생기에서 10[m] 이내 또는 발생기실에서 4[m] 이내의 장소에서는 흡연행위를 금지시킨다.
④ 아세틸렌용접장치를 사용하여 용접작업을 할 경우 게이지 압력이 127[kPa]을 초과하는 아세틸렌을 발생시켜 사용해서는 아니 된다.

해설

① 아세틸렌용접장치의 발생기실을 옥외에 설치한 때에는 그 개구부를 다른 건축물로부터 1.5[m] 이상 떨어지도록 하여야 한다.
② 가스집합장치로부터 5[m] 이내의 장소에서는 화기의 사용을 금지시킨다.
③ 아세틸렌 발생기에서 5[m] 이내 또는 발생기실에서 3[m] 이내의 장소에서는 흡연행위를 금지시킨다.

54 롤러기의 급정지장치로 사용되는 정지봉 또는 로프의 설치에 관한 설명으로 틀린 것은?

① 복부조작식은 밑면으로부터 1,200~1,400[mm] 이내의 높이로 설치한다.
② 손조작식은 밑면으로부터 1,800[mm] 이내의 높이로 설치한다.
③ 손조작식은 앞면 롤 끝단으로부터 수평거리가 50[mm] 이내에 설치한다.
④ 무릎조작식은 밑면으로부터 400~600[mm] 이내의 높이로 설치한다.

해설

조작부 설치 위치에 따른 급정지장치의 종류
- 손조작식 : 밑면에서 1.8[m] 이내
- 복부조작식 : 밑면에서 0.8[m] 이상 1.1[m] 이내
- 무릎조작식 : 밑면에서 0.6[m] 이내(공단지침은 0.4[m] 이상 0.6[m] 이하)

56 다음 중 프레스의 방호장치에 관한 설명으로 틀린 것은?

① 양수조작식 방호장치는 1행정 1정지 기구에 사용할 수 있어야 한다.
② 손쳐내기식 방호장치는 슬라이드 하행정거리의 3/4 위치에서 손을 완전히 밀어내야 한다.
③ 광전자식 방호장치의 정상 동작 표시램프는 붉은색, 위험 표시램프는 녹색으로 하며, 쉽게 근로자가 볼 수 있는 곳에 설치해야 한다.
④ 게이트 가드 방호장치는 가드가 열린 상태에서 슬라이드를 동작시킬 수 없고 또한 슬라이드 작동 중에는 게이트 가드를 열 수 없어야 한다.

해설

광전자식 방호장치의 정상 동작 표시램프는 녹색, 위험 표시램프는 붉은색으로 하며, 쉽게 근로자가 볼 수 있는 곳에 설치해야 한다.

정답 53 ② 54 ① 55 ④ 56 ③

57 다음 중 비파괴시험의 종류에 해당하지 않는 것은?

① 와류탐상시험 ② 초음파탐상시험
③ 인장시험 ④ 방사선투과시험

해설
인장시험은 파괴시험에 속한다.

58 두께 2[mm]이고 치진폭이 2.5[mm]인 목재가공용 둥근톱에서 반발예방장치 분할날의 두께(t)로 적절한 것은?

① $2.2[mm] \leq t < 2.5[mm]$
② $2.0[mm] \leq t < 3.5[mm]$
③ $1.5[mm] \leq t < 2.5[mm]$
④ $2.5[mm] \leq t < 3.5[mm]$

해설
목재가공용 둥근톱 분할날(방호장치 자율안전기준 고시 별표 5)
분할날의 두께는 둥근톱 두께의 1.1배 이상일 것
$1.1t_1 \leq t_2 < b$
여기서, t_1 : 톱 두께, t_2 : 분할날 두께, b : 치진폭

59 마찰 클러치가 부착된 프레스에 부적합한 방호장치는?(단, 방호장치는 한 가지 형식만 사용할 경우로 한정한다)

① 양수조작식 ② 광전자식
③ 가드식 ④ 수인식

해설
수인식 방호장치 : 슬라이드와 작업자 손을 끈으로 연결하여 슬라이드 하강 시 작업자 손을 당겨 위험영역에서 빼낼 수 있도록 한 방호장치로 프레스용으로 확동식 클러치형 프레스에 한하여 사용된다(다만, 광전자식 또는 양수조작식과 이중으로 설치 시에는 급정지 가능 프레스에 사용가능).

60 아세틸렌용접장치 및 가스집합용접장치에서 가스의 역류 및 역화를 방지하기 위한 안전기의 형식에 속하는 것은?

① 주수식 ② 침지식
③ 투입식 ④ 수봉식

해설
아세틸렌용접장치 및 가스집합용접장치에서 가스의 역류 및 역화를 방지하기 위한 안전기의 형식에는 수봉식과 건식이 있다. 주수식, 침지식, 투입식 등은 아세틸렌 발생기의 형식이다.

제4과목 전기위험 방지기술

61 정전기 발생에 영향을 주는 요인이 아닌 것은?

① 분리속도 ② 물체의 질량
③ 접촉 면적 및 압력 ④ 물체의 표면 상태

해설
정전기 발생에 영향을 주는 요인 : 물체의 특성, 물체의 분리력, 분리속도, 접촉 면적, 압력, 물체의 표면 상태, 완화시간, 대전서열 등

62 입욕자에게 전기적 자극을 주기 위한 전기욕기의 전원장치에 내장되어 있는 전원 변압기의 2차측 전로의 사용전압은 몇 [V] 이하로 하여야 하는가?

① 10 ② 15
③ 30 ④ 60

해설
입욕자에게 전기적 자극을 주기 위한 전기욕기의 전원장치에 내장되어 있는 전원 변압기의 2차측 전로의 사용전압은 10[V] 이하로 하여야 한다.

63 피뢰기의 설치 장소가 아닌 것은?(단, 직접 접속하는 전선이 짧은 경우 및 피보호기기가 보호범위 내에 위치하는 경우가 아니다)

① 저압을 공급받는 수용 장소의 인입구
② 지중 전선로와 가공 전선로가 접속되는 곳
③ 가공 전선로에 접속하는 배전용 변압기의 고압측
④ 발전소 또는 변전소의 가공 전선 인입구 및 인출구

해설
피뢰기의 설치 장소가 아닌 것으로 '저압을 공급받는 수용 장소의 인입구, 습뢰 빈도가 적은 지역으로서 방출보호통을 장치한 곳, 가공전선로에 접속하는 배전용 변압기의 저압측' 등이 출제된다.

정답 57 ③ 58 ① 59 ④ 60 ④ 61 ② 62 ① 63 ①

64 **저압 방폭구조 배선 중 노출 도전성 부분의 보호접지선으로 알맞은 항목은?**

① 전선관이 충분한 지락전류를 흐르게 할 시에도 결합부에 본딩(Bonding)을 해야 한다.

② 전선관이 최대 지락전류를 안전하게 흐르게 할 시 접지선으로 이용 가능하다.

③ 접지선의 전선 또는 선심은 그 절연피복을 흰색 또는 검은색을 사용한다.

④ 접지선은 1,000[V] 비닐절연전선 이상 성능을 갖는 전선을 사용한다.

해설

① 전선관이 충분한 지락전류를 흐르게 할 시에는 결합부에 본딩(Bonding)을 생략한다.
③ 접지선의 전선 또는 선심은 그 절연피복을 흰색 또는 회색을 사용한다.
④ 접지선은 600[V] 비닐절연전선 이상 성능을 갖는 전선을 사용한다.

65 **방폭전기설비의 용기 내부에서 폭발성 가스 또는 증기가 폭발하였을 때 용기가 그 압력에 견디고 접합면이나 개구부를 통해서 외부의 폭발성 가스나 증기에 인화되지 않도록 한 방폭구조는?**

① 내압 방폭구조 ② 압력 방폭구조
③ 유입 방폭구조 ④ 본질안전 방폭구조

해설

내압 방폭구조 : 방폭전기설비의 용기 내부에서 폭발성 가스 또는 증기가 폭발하였을 때 용기가 그 압력에 견디고 접합면이나 개구부를 통해서 외부의 폭발성 가스나 증기에 인화되지 않도록 한 방폭구조

66 **전기시설의 직접 접촉에 의한 감전방지방법으로 적절하지 않은 것은?**

① 충전부는 내구성이 있는 절연물로 완전히 덮어 감쌀 것

② 충전부가 노출되지 않도록 폐쇄형 외함이 있는 구조로 할 것

③ 충전부에 충분한 절연효과가 있는 방호망 또는 절연 덮개를 설치할 것

④ 충전부는 관계자 외 출입이 용이한 전개된 장소에 설치하고 위험 표시 등의 방법으로 방호를 강화할 것

해설

전기시설의 직접 접촉에 의한 감전방지방법
- 충전부는 내구성이 있는 절연물로 완전히 덮어 감쌀 것
- 충전부가 노출되지 않도록 폐쇄형 외함이 있는 구조로 할 것
- 충전부에 충분한 절연효과가 있는 방호망 또는 절연 덮개를 설치할 것
- 별도의 울타리 설치 등 설치 장소의 제한을 둘 것
- 전도성 물체 및 작업장 주위의 바닥을 절연물로 도포할 것
- 작업자는 절연화 등의 보호구를 착용할 것

67 **누전화재가 발생하기 전에 나타나는 현상으로 거리가 가장 먼 것은?**

① 인체 감전현상
② 전등 밝기의 변화현상
③ 빈번한 퓨즈 용단현상
④ 전기 사용 기계장치의 오동작 감소

해설

누전화재가 발생하기 전에 나타나는 현상
- 인체 감전현상
- 전등 밝기의 변화현상
- 빈번한 퓨즈 용단현상
- 전기 사용 기계장치의 오동작 증가

정답 64 ② 65 ① 66 ④ 67 ④

68 **인체의 최소 감지전류에 대한 설명으로 알맞은 것은?**

① 인체가 고통을 느끼는 전류이다.
② 성인 남자의 경우 상용주파수 60[Hz] 교류에서 약 1[mA]이다.
③ 직류를 기준으로 한 값이며, 성인 남자의 경우 약 1[mA]에서 느낄 수 있는 전류이다.
④ 직류를 기준으로 여자의 경우 성인 남자의 70[%]인 0.7[mA]에서 느낄 수 있는 전류의 크기를 말한다.

해설

최소 감지전류
- 인체를 통하는 전기가 통전되는 것을 느낄 수 있는 전류값
- 성인 남자의 경우 상용주파수 60[Hz] 교류에서 약 1(1.1)[mA]이다.
- 성인 남자의 경우 직류에서 5.2[mA]이다.

69 **다음 그림에서 인체의 허용 접촉전압은 약 몇 [V]인가?(단, 심실세동전류는 $\frac{0.165}{\sqrt{T}}$이며, 인체저항 R_k=1,000[Ω], 발의 저항 R_f=300[Ω]이고, 접촉시간은 1초로 한다)**

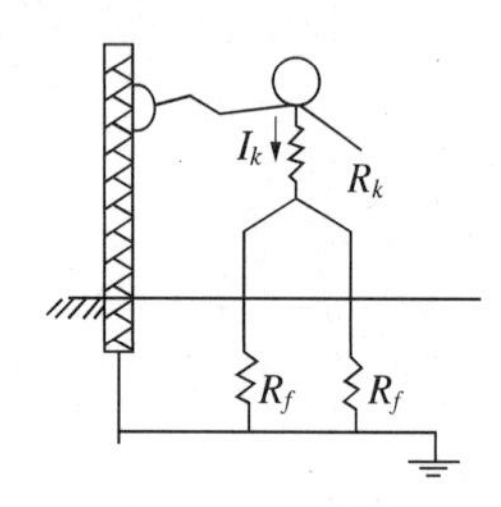

① 107　　② 132
③ 190　　④ 215

해설

허용 접촉전압의 계산식
- $E = I_k \times \left(R_m + \frac{3}{2}R_s\right)$[V](여기서, I_k : 심실세동전류[A], R_m : 인체의 저항[Ω], R_s : 지표면의 저항률[Ω · m])
- $E = I_k \times \left(R_m + \frac{1}{2}R_f\right)$[V](여기서, I_k : 심실세동전류[A], R_m : 인체의 저항[Ω], R_f : 발의 저항[Ω])

$$E = I_k \times \left(R_m + \frac{1}{2}R_f\right)[V]$$
$$= \frac{0.165}{\sqrt{1}} \times \left(1{,}000 + \frac{300}{2}\right) \simeq 190[V]$$

70 **교류아크용접기에 전격방지기를 설치하는 요령 중 틀린 것은?**

① 이완방지조치를 한다.
② 직각으로만 부착해야 한다.
③ 동작 상태를 알기 쉬운 곳에 설치한다.
④ 테스트 스위치는 조작이 용이한 곳에 위치시킨다.

해설

교류아크용접기에 전격방지기를 설치하는 요령
- 직각으로 부착하는 것이 원칙이지만 불가피한 경우에는 수직 +20° 이내로 설치할 수 있다.
- 이완방지조치를 한다.
- 동작 상태를 알기 쉬운 곳에 설치한다.
- 테스트 스위치는 조작이 용이한 곳에 위치시킨다.

71 **피뢰침의 제한전압이 800[kV], 충격절연강도가 1,000[kV]라 할 때, 보호여유도는 몇 [%]인가?**

① 25　　② 33
③ 47　　④ 63

해설

보호여유도[%]

$$= \frac{\text{변압기의 기준 충격절연강도} - \text{피뢰기의 제한전압}}{\text{제한전압}} \times 100[\%]$$
$$= \frac{1{,}000 - 800}{800} \times 100[\%] = 25[\%]$$

72 **물질의 접촉과 분리에 따른 정전기 발생량의 정도를 나타낸 것으로 틀린 것은?**

① 표면이 오염될수록 크다.
② 분리속도가 빠를수록 크다.
③ 대전서열이 서로 멀수록 크다.
④ 접촉과 분리가 반복될수록 크다.

해설

접촉과 분리가 반복될수록 정전기 발생량이 작아진다.

정답 68 ② 69 ③ 70 ② 71 ① 72 ④

73 감전 재해자가 발생하였을 때 취하여야 할 최우선 조치는?(단, 감전자가 질식 상태라고 가정함)

① 부상 부위를 치료한다.
② 심폐소생술을 실시한다.
③ 의사의 왕진을 요청한다.
④ 우선 병원으로 이동시킨다.

해설
감전 재해자가 발생하였고 감전자가 질식 상태일 때 심폐소생술을 우선적으로 실시해야 한다.

74 방폭지역 제0종 장소로 결정해야 할 곳으로 틀린 것은?

① 인화성 또는 가연성 가스가 장기간 체류하는 곳
② 인화성 또는 가연성 물질을 취급하는 설비의 내부
③ 인화성 또는 가연성 액체가 존재하는 피트 등의 내부
④ 인화성 또는 가연성 증기의 순환통로를 설치한 내부

해설
인화성 또는 가연성 증기의 순환통로를 설치한 내부는 방폭지역 0종 장소에 해당되지 않는다.

75 인체에 미치는 전격재해의 위험을 결정하는 주된 인자 중 가장 거리가 먼 것은?

① 통전전압의 크기 ② 통전전류의 크기
③ 통전경로 ④ 통전시간

해설
인체에 미치는 전격재해의 위험을 결정하는 주된 인자(전격현상의 위험도를 결정하는 인자 혹은 전격 정도의 결정요인 또는 인체가 감전되었을 때 그 위험성을 결정짓는 주요인자 또는 저압 충전부에 인체가 접촉할 때 전격으로 인한 재해사고 중 1차적인 인자)

- 통전전류의 크기(인체의 저항이 일정할 때 접촉전압에 비례)
- 전원의 종류
- 통전경로
- 통전시간
- 감전전류가 흐르는 인체 부위
- 주파수 및 파형 등

※ 통전전압, 교류전원의 종류 등은 아니다.

76 방전의 분류에 속하지 않는 것은?

① 연면방전
② 불꽃방전
③ 코로나방전
④ 스프레이방전

해설
방전의 종류 : 연면방전, 코로나방전, 낙뢰방전, 스파크방전(불꽃방전), 스트리머방전(브러시 방전), 뇌상방전 등

77 정전용량 $C=20[\mu F]$, 방전 시 전압 $V=2[kV]$일 때 정전에너지는 몇 [J]인가?

① 40
② 80
③ 400
④ 800

해설
$E=\frac{1}{2}CV^2=\frac{1}{2}\times 20\times 10^{-6}\times 2{,}000^2=40[J]$

78 접지저항치를 결정하는 저항이 아닌 것은?

① 접지선, 접지극의 도체저항
② 접지전극과 주회로 사이의 낮은 절연저항
③ 접지전극 주위의 토양이 나타내는 저항
④ 접지전극의 표면과 접하는 토양 사이의 접촉저항

해설
접지저항치를 결정하는 저항

- 접지선, 접지극의 도체저항
- 접지전극 주위의 토양이 나타내는 저항
- 접지전극의 표면과 접하는 토양 사이의 접촉저항
- 접지전극과 주회로 사이의 높은 절연저항

정답 73 ② 74 ④ 75 ① 76 ④ 77 ① 78 ②

79 작업 장소 중 제전복을 착용하지 않아도 되는 장소는?

① 상대 습도가 높은 장소
② 분진이 발생하기 쉬운 장소
③ LCD 등 Display 제조작업 장소
④ 반도체 등 전기소자 취급작업 장소

해설

제전복

- 제전복을 착용해야 하는 장소 : 상대습도가 낮은 장소, 분진이 발생하기 쉬운 장소, LCD 등 Display 제조작업 장소, 반도체 등 전기소자 취급작업 장소 등
- 제전복을 착용하지 않아도 되는 장소 : 상대습도가 높은 장소

80 방폭지역에서 저압 케이블 공사 시 사용해서는 안 되는 케이블은?

① MI 케이블
② 연피 케이블
③ 0.6/1[kV] 고무 캡타이어 케이블
④ 0.6/1[kV] 폴리에틸렌 외장케이블

해설

케이블(Cable)

- 자동차가 통행하는 도로에서 고압의 지중 전선로를 직접매설식으로 시설할 때 사용되는 전선으로 콤바인 덕트 케이블(Combine Duct Cable)이 가장 적합하다.
- 방폭지역에서 저압 케이블 공사 시 사용되는 케이블 : MI 케이블, 연피 케이블, 0.6/1[kV] 폴리에틸렌 외장 케이블
- 방폭지역에서 저압 케이블 공사 시 0.6/1[kV] 고무 캡타이어 케이블을 사용해서는 안 된다.

제5과목 화학설비위험 방지기술

81 화재 감지에 있어서 열감지 방식 중 차동식에 해당하지 않는 것은?

① 공기관식
② 열전대식
③ 바이메탈식
④ 열반도체식

해설

화재감지기의 분류 : 열감지기, 연기감지기, 화염(불꽃)감지기

- 열감지기 : 차동식(공기관식, 열전대식, 열반도체식, 공기팽창식, 열기전력식), 정온식(바이메탈식, 고체팽창식, 기체팽창식, 가용 용융식, 분포식), 보상식
- 연기감지기 : 이온화식, 광전식, 감광식, 연기복합식
- 화염(불꽃)감지기 : 자외선식, 적외선식, 자외선·적외선 겸용식, 불꽃복합식

82 각 물질(A~D)의 폭발상한계와 하한계가 다음 표와 같을 때 다음 중 위험도가 가장 큰 물질은?

구 분	A	B	C	D
폭발상한계	9.5	8.4	15.0	13
폭발하한계	2.1	1.8	5.0	2.6

① A　② B
③ C　④ D

해설

각 물질의 위험도를 계산하여 가장 위험도가 큰 것을 찾는다.

④ 위험도 $H=\frac{U-L}{L}=\frac{13-2.6}{2.6}=4.00$

① 위험도 $H=\frac{U-L}{L}=\frac{9.5-2.1}{2.1}\simeq 3.52$

② 위험도 $H=\frac{U-L}{L}=\frac{8.4-1.8}{1.8}\simeq 3.67$

③ 위험도 $H=\frac{U-L}{L}=\frac{15-5}{5}=2.00$

정답 79 ① 80 ③ 81 ③ 82 ④

83 NH_4NO_3의 가열, 분해로부터 생성되는 무색의 가스로 일명 웃음가스라고도 하는 것은?

① N_2O ② NO_2
③ N_2O_4 ④ NO

해설
아산화질소(N_2O)가스는 질산암모늄(NH_4NO_3)의 가열, 분해로부터 생성되는 무색의 가스로 웃음가스라고도 한다.

84 다음 중 분진폭발의 특징으로 옳은 것은?

① 가스폭발보다 연소시간이 짧고, 발생에너지가 작다.
② 압력의 파급속도보다 화염의 파급속도가 빠르다.
③ 가스폭발에 비하여 불완전연소가 적게 발생한다.
④ 주위의 분진에 의해 2차, 3차의 폭발로 파급될 수 있다.

해설
① 가스폭발보다 연소시간이 길고, 발생에너지가 크다.
② 화염의 파급속도보다 압력의 파급속도가 빠르다.
③ 가스폭발에 비하여 불완전연소가 많이 발생한다.

85 자연발화성을 가진 물질이 자연발열을 일으키는 원인으로 거리가 먼 것은?

① 분해열 ② 증발열
③ 산화열 ④ 중합열

해설
자연발열을 일으키는 원인 : 분해열, 산화열, 중합열, 흡착열, 발효열 등

86 다음 중 누설방화형 폭발재해의 예방대책으로 가장 거리가 먼 것은?

① 발화원 관리
② 밸브의 오동작 방지
③ 가연성 가스의 연소
④ 누설물질의 검지 경보

해설
누설방화형 폭발재해의 예방대책으로 거리가 먼 것으로 '가연성 가스의 연소, 불활성 가스의 치환' 등이 출제된다.

87 다음 중 최소 발화에너지(E[J])를 구하는 식으로 옳은 것은?(단, I는 전류[A], R은 저항[Ω], V는 전압[V], C는 콘덴서 용량[F], T는 시간[초]이라고 한다)

① $E = I^2RT$
② $E = 0.24I^2RT$
③ $E = \frac{1}{2}CV^2$
④ $E = \frac{1}{2}\sqrt{CV}$

해설
최소 발화에너지(E[J]) $E = \frac{1}{2}CV^2$
(여기서, I : 전류[A], R : 저항[Ω], V : 전압[V], C : 콘덴서 용량[F], T : 시간[초])

정답 83 ① 84 ④ 85 ② 86 ③ 87 ③

88 다음 중 분진폭발을 일으킬 위험이 가장 높은 물질은?

① 염 소 ② 마그네슘
③ 산화칼슘 ④ 에틸렌

해설
마그네슘은 분진폭발의 위험성이 있는 인화성 고체이다.

89 사업주는 특수화학설비를 설치할 때 내부의 이상상태를 조기에 파악하기 위하여 필요한 계측장치를 설치하여야 한다. 다음 중 이에 해당하는 특수화학설비가 아닌 것은?

① 발열반응이 일어나는 반응장치
② 증류, 증발 등 분리를 행하는 장치
③ 가열로 또는 가열기
④ 액체의 누설을 방지하는 방유장치

해설
계측장치를 설치해야 하는 특수화학설비의 종류(산업안전보건기준에 관한 규칙 제273조)
- 증류, 정류, 증발, 추출 등 분리를 하는 장치
- 발열반응이 일어나는 반응장치
- 가열시켜 주는 물질의 온도가 가열되는 위험물질의 분해온도 또는 발화점보다 높은 상태에서 운전되는 설비
- 반응폭주 등 이상 화학반응에 의하여 위험물질이 발생할 우려가 있는 설비
- 온도가 350[℃] 이상이거나 게이지압력이 980[kPa] 이상인 상태에서 운전되는 설비
- 가열로 또는 가열기

90 가스 또는 분진폭발 위험 장소에 설치되는 건축물의 내화구조를 설명한 것으로 틀린 것은?

① 건축물 기둥 및 보는 지상 1층까지 내화구조로 한다.
② 위험물 저장·취급용기의 지지대는 지상으로부터 지지대의 끝부분까지 내화구조로 한다.
③ 건축물 주변에 자동소화설비를 설치한 경우 건축물 화재 시 1시간 이상 그 안전성을 유지한 경우는 내화구조로 하지 아니할 수 있다.
④ 배관·전선관 등의 지지대는 지상으로부터 1단까지 내화구조로 한다.

해설
가스 또는 분진폭발 위험 장소에 설치되는 건축물의 내화구조(산업안전보건기준에 관한 규칙 제270조)
- 건축물의 기둥 및 보 : 지상 1층(지상 1층의 높이가 6[m]를 초과하는 경우에는 6[m])까지 내화구조로 한다.
- 위험물 저장·취급용기의 지지대(높이가 30[cm] 이하인 것은 제외) : 지상으로부터 지지대의 끝부분까지 내화구조로 한다.
- 배관·전선관 등의 지지대 : 지상으로부터 1단(1단의 높이가 6[m]를 초과하는 경우에는 6[m])까지 내화구조로 한다.
- 내화재료는 한국산업표준으로 정하는 기준에 적합하거나 그 이상의 성능을 가지는 것이어야 한다.
- 건축물 등의 주변에 화재에 대비하여 물 분무시설 또는 폼 헤드(Foam Head)설비 등의 자동소화설비를 설치하여 건축물 등이 화재 시에 2시간 이상 그 안전성을 유지할 수 있도록 한 경우에는 내화구조로 하지 아니할 수 있다.

91 고압가스의 분류 중 압축가스에 해당되는 것은?

① 질 소
② 프로판
③ 산화에틸렌
④ 염 소

해설
질소는 압축가스에 해당되며 프로판, 산화에틸렌, 염소 등은 액화가스이다.

정답 88 ② 89 ④ 90 ③ 91 ①

92 **건조설비를 사용하여 작업을 하는 경우에 폭발이나 화재를 예방하기 위하여 준수하여야 하는 사항으로 틀린 것은?**

① 위험물 건조설비를 사용하는 경우에는 미리 내부를 청소하거나 환기할 것
② 위험물 건조설비를 사용하여 가열·건조하는 건조물은 쉽게 이탈되도록 할 것
③ 고온으로 가열·건조한 인화성 액체는 발화의 위험이 없는 온도로 냉각한 후에 격납시킬 것
④ 바깥면이 현저히 고온이 되는 건조설비에 가까운 장소에는 인화성 액체를 두지 않도록 할 것

해설
건조설비를 사용하여 작업을 하는 경우에 폭발이나 화재를 예방하기 위하여 준수하여야 하는 사항(산업안전보건기준에 관한 규칙 제283조)
- 위험물 건조설비를 사용하는 경우에는 미리 내부를 청소하거나 환기할 것
- 위험물 건조설비를 사용하여 가열건조하는 건조물을 쉽게 이탈되지 않도록 할 것
- 고온으로 가열건조한 인화성 액체는 발화의 위험이 없는 온도로 냉각한 후에 격납시킬 것
- 바깥면이 현저히 고온이 되는 건조설비에 가까운 장소에는 인화성 액체를 두지 않도록 할 것
- 위험물 건조설비를 사용하는 때에는 건조로 인하여 발생하는 가스·증기 또는 분진에 의하여 폭발·화재의 위험이 있는 물질을 안전한 장소로 배출시킬 것

93 **트라이에틸알루미늄에 화재가 발생하였을 때 다음 중 가장 적합한 소화약제는?**

① 팽창질석
② 할로겐화합물
③ 이산화탄소
④ 물

해설
트라이에틸알루미늄($(C_2H_5)_3Al$)에 화재가 발생하였을 때 적합한 소화약제 : 팽창질석, 팽창진주암

94 **액화 프로판 310[kg]을 내용적 50[L] 용기에 충전할 때 필요한 소요용기의 수는 몇 개인가?(단, 액화 프로판가스 정수는 2.35이다)**

① 15
② 17
③ 19
④ 21

해설
액화가스 용기의 저장능력은
$W = V_2/C = \frac{50}{2.35} \simeq 21.28$[L] 이므로 소요용기의 수는
$310 \div 21.28 \simeq 15$개다.

95 **산업안전보건법상 위험물질의 종류와 해당 물질의 연결이 옳은 것은?**

① 폭발성 물질 : 마그네슘 분말
② 인화성 고체 : 중크롬산
③ 산화성 물질 : 나이트로소 화합물
④ 인화성 가스 : 에탄

해설
① 폭발성 물질 : 나이트로소 화합물
② 인화성 고체 : 마그네슘 분말
③ 산화성 물질 : 중크롬산

96 **다음 가스 중 가장 독성이 큰 것은?**

① CO ② $COCl_2$
③ NH_3 ④ H_2

해설
허용농도
- CO : 50[ppm]
- $COCl_2$: 0.1[ppm]
- NH_3 : 25[ppm]
- H_2는 독성가스가 아니라 가연성 가스이다.

정답 92 ② 93 ① 94 ① 95 ④ 96 ②

97 가연성 기체의 분출 화재 시 주공급밸브를 닫아서 연료 공급을 차단하여 소화하는 방법은?

① 제거소화 ② 냉각소화
③ 희석소화 ④ 억제소화

해설
제거소화법 : 가연물을 연소 구역으로부터 제거하여 화재 확산을 막는 소화방법으로써, 가연성 기체의 분출 화재 시 주공급밸브를 닫아 연료 공급을 차단시키는 방법이 있다.

98 다음 중 산업안전보건법상 물질안전보건자료의 작성·비치 제외대상이 아닌 것은?

① 원자력법에 의한 방사성 물질
② 농약관리법에 의한 농약
③ 비료관리법에 의한 비료
④ 관세법에 의해 수입되는 공업용 유기용제

해설
MSDS의 작성·비치 제외대상(시행령 제86조)
- 건강기능식품에 관한 법률 따른 건강기능식품
- 농약관리법 농약
- 마약류 관리에 관한 법률에 따른 마약 및 향정신성의약품
- 비료관리법에 따른 비료
- 사료관리법에 따른 사료
- 생활주변방사선 안전관리법에 따른 원료물질
- 생활화학제품 및 살생물제의 안전관리에 관한 법률에 따른 안전확인대상 생활화학제품 및 살생물제품 중 일반소비자의 생활용으로 제공되는 제품
- 식품위생법에 따른 식품 및 식품첨가물
- 약사법에 따른 의약품 및 의약외품
- 원자력안전법에 따른 방사성물질
- 위생용품 관리법에 따른 위생용품
- 의료기기법에 따른 의료기기
- 첨단재생의료 및 첨단바이오의약품 안전 및 지원에 관한 법률 제2조 제5호에 따른 첨단바이오의약품
- 총포·도검·화약류 등의 안전관리에 관한 법률에 따른 화약류
- 폐기물관리법에 따른 폐기물
- 화장품법에 따른 화장품
- 위의 제외대상 외의 화학물질 또는 혼합물로서 일반소비자의 생활용으로 제공되는 것(일반소비자의 생활용으로 제공되는 화학물질 또는 혼합물이 사업장 내에서 취급되는 경우를 포함)
- 고용노동부장관이 정하여 고시하는 연구·개발용 화학물질 또는 화학제품
- 그 밖에 고용노동부장관이 독성·폭발성 등으로 인한 위해의 정도가 적다고 인정하여 고시하는 화학물질

99 다음 중 산업안전보건법상 화학설비의 부속설비로만 이루어진 것은?

① 사이클론, 백필터, 전기집진기 등 분진처리설비
② 응축기, 냉각기, 가열기, 증발기 등 열교환기류
③ 고로 등 점화기를 직접 사용하는 열교환기류
④ 혼합기, 발포기, 압출기 등 화학제품 가공설비

해설
부속설비의 분류(산업안전보건기준에 관한 규칙 별표 7)
- 화학물질 이송 관련 부속설비 : 배관, 밸브, 관, 부속류 등
- 자동제어 관련 부속설비 : 온도, 압력, 유량 등을 지시·기록하는 부속설비
- 비상조치 관련 부속설비 : 안전밸브, 안전판, 긴급차단밸브, 방출밸브 등
- 경보 관련 부속설비 : 가스누출감지기, 경보기 등
- 폐가스처리 부속설비 : 세정기, 응축기, 벤트스택, 플레어스택 등
- 분진처리 부속설비 : 사이클론, 백필터, 전기집진기 등
- 안전 관련 부속설비 : 정전기 제거장치, 긴급샤워설비 등
- 부속설비를 운전하기 위하여 부속된 전기 관련설비

100 증류탑에서 포종탑 내에 설치되어 있는 포종의 주요 역할로 옳은 것은?

① 압력을 증가시켜 주는 역할
② 탑 내 액체를 이송하는 역할
③ 화학적 반응을 시켜 주는 역할
④ 증기와 액체의 접촉을 용이하게 해 주는 역할

해설
증류탑에서 포종탑 내에 설치되어 있는 포종의 주요역할 : 증기와 액체의 접촉을 용이하게 해 주는 역할

정답 97 ① 98 ④ 99 ① 100 ④

제6과목 건설안전기술

101 작업발판 및 통로의 끝이나 개구부로서 근로자가 추락할 위험이 있는 장소에서 난간 등의 설치가 매우 곤란하거나 작업의 필요상 임시로 난간 등을 해체하여야 하는 경우에 설치하여야 하는 것은?

① 구명구 ② 수직보호망
③ 안전방망 ④ 석면포

해설
안전방망 : 작업발판 및 통로의 끝이나 개구부로서 근로자가 추락할 위험이 있는 장소에서 난간 등의 설치가 매우 곤란하거나 작업의 필요상 임시로 난간 등을 해체하여야 하는 경우에 설치하여야 하는 방호장치
※ 17. 12. 28부로 법령 개정으로 인해 안전방망이 추락방호망으로 변경됨

102 지반조사의 목적에 해당되지 않는 것은?

① 토질의 성질 파악
② 지층의 분포 파악
③ 지하수위 및 피압수 파악
④ 구조물의 편심에 의한 적절한 침하 유도

해설
지반 조사의 목적
- 토질의 성질 파악
- 지층의 분포 파악
- 지하수위 및 피압수 파악
- 공사장 주변 구조물의 보호
- 경제적 설계 및 시공 시 안전 확보
- 구조물 위치 선정 및 설계 계산

103 풍화암의 굴착면 붕괴에 따른 재해를 예방하기 위한 굴착면의 적정한 기울기 기준은?

① 1 : 1 ② 1 : 0.8
③ 1 : 0.5 ④ 1 : 0.3

해설
※ 출제 시 정답은 ②였으나, 법령 개정으로 정답 없음
붕괴 위험방지를 위한 굴착면의 기울기 기준(수직거리 : 수평거리, 산업안전보건기준에 관한 규칙 별표 11)

구분		기울기
보통 흙	습 지	1:1 ~ 1:1.5
	건 지	1:0.5 ~ 1:1
암 반	풍화암	1:1.0
	연 암	1:1.0
	경 암	1:0.5

※ 개정 전 : 풍화암 1:0.8, 연암 1:0.5, 경암 1:0.3

104 크레인 등 건설장비의 가공 전선로 접근 시 안전대책으로 거리가 먼 것은?

① 안전 이격거리를 유지하고 작업한다.
② 장비의 조립, 준비 시부터 가공 전선로에 대한 감전 방지 수단을 강구한다.
③ 장비 사용 현장의 장애물, 위험물 등을 점검 후 작업 계획을 수립한다.
④ 장비를 가공 전선로 밑에 보관한다.

해설
크레인 등 건설장비의 가공 전선로 접근 시 안전대책
- 안전 이격거리를 유지하고 작업한다.
- 장비의 조립, 준비 시부터 가공 전선로에 대한 감전방지수단을 강구한다.
- 장비 사용 현장의 장애물, 위험물 등을 점검 후 작업계획을 수립한다.
- 장비를 가공 전선로 밑에 보관하지 않는다.

105 다음 중 차량계 건설기계에 속하지 않는 것은?

① 불도저 ② 스크레이퍼
③ 타워크레인 ④ 항타기

해설
타워크레인은 양중기로 분류된다.

정답 101 ③ 102 ④ 103 정답 없음 104 ④ 105 ③

106 산업안전보건관리비 계상 및 사용기준에 따른 공사 종류별 계상기준으로 옳은 것은?(단, 철도 · 궤도 신설공사이고, 대상액이 5억원 미만인 경우)

① 1.85[%] ② 2.45[%]
③ 3.09[%] ④ 3.43[%]

해설
공사종류 및 규모별 안전관리비 계상기준표(건설업 산업안전보건관리비 계상 및 사용기준 별표 1)

구 분 / 공사 종류	대상액 5억원 미만인 경우 적용 비율[%]	대상액 5억원 이상 50억원 미만인 경우		대상액 50억원 이상인 경우 적용 비율[%]	영 별표 5에 따른 보건관리자 선임대상 건설공사의 적용 비율[%]
		적용 비율[%]	기초액(원)		
일반건설공사(갑)	2.93	1.86	5,349,000	1.97	2.15
일반건설공사(을)	3.09	1.99	5,499,000	2.10	2.29
중건설공사	3.43	2.35	5,400,000	2.44	2.66
철도 · 궤도 신설공사	2.45	1.57	4,411,000	1.66	1.81
특수 및 기타 건설공사	1.85	1.20	3,250,000	1.27	1.38

107 건설공사 시공단계에 있어서 안전관리의 문제점에 해당되는 것은?

① 발주자의 조사, 설계 발주 능력 미흡
② 용역자의 조사, 설계 능력 부실
③ 발주자의 감독 소홀
④ 사용자의 시설 운영관리 능력 부족

해설
안전관리의 문제점
- 건설공사 시공 전 단계에서의 안전관리의 문제점 : 발주자의 조사, 설계 발주 능력 미흡 등
- 건설공사 시공단계에서의 안전관리의 문제점 : 발주자의 감독 소홀
- 건설공사 시공 후의 안전관리의 문제점 : 사용자의 시설 운영관리 능력 부족

108 유해위험방지계획서를 제출하려고 할 때 그 첨부서류와 가장 거리가 먼 것은?

① 공사개요서
② 산업안전보건관리비 작성요령
③ 전체 공정표
④ 재해 발생 위험 시 연락 및 대피방법

해설
유해 · 위험방지계획서 첨부서류(시행규칙 별표 10)
- 공사개요서
- 안전관리조직표
- 산업안전보건관리비 사용계획서
- 재해 발생위험 시 연락 및 대피방법
- 공사현장의 주변현황 및 주변과의 관계를 나타내는 도면
- 전체 공정표

109 흙막이 지보공을 설치하였을 때 정기적으로 점검하여 이상 발견 시 즉시 보수하여야 할 사항이 아닌 것은?

① 굴착 깊이의 정도
② 버팀대의 긴압의 정도
③ 부재의 접속부 · 부착부 및 교차부의 상태
④ 부재의 손상 · 변형 · 부식 · 변위 및 탈락의 유무와 상태

해설
흙막이 지보공을 설치하였을 때 정기 점검사항에 해당되지 않는 것으로 '검지부의 이상 유무, 지표수의 흐름 상태, 굴착 깊이의 정도, 경보장치의 작동 상태' 등이 출제된다.

110 크레인의 운전실 또는 운전대를 통하는 통로의 끝과 건설물 등의 벽체의 간격은 최대 얼마 이하로 하여야 하는가?

① 0.2[m] ② 0.3[m]
③ 0.4[m] ④ 0.5[m]

해설
크레인의 운전실 또는 운전대를 통하는 통로의 끝과 건설물 등의 벽체의 간격은 최대 0.3[m] 이하로 하여야 한다(산업안전보건기준에 관한 규칙 제145조).

정답 106 ② 107 ③ 108 ② 109 ① 110 ②

111 달비계를 설치할 때 작업발판의 폭은 최소 얼마 이상으로 하여야 하는가?

① 30[cm] ② 40[cm]
③ 50[cm] ④ 60[cm]

해설
달비계를 설치할 때 작업발판의 폭은 최소 40[cm] 이상으로 하여야 하며, 발판 재료 간의 틈은 3[cm] 이하(산업안전보건기준에 관한 규칙 제56조)

112 산소결핍이라 함은 공기 중 산소농도가 몇 [%] 미만일 때를 의미하는가?

① 20[%] ② 18[%]
③ 15[%] ④ 10[%]

해설
산소결핍이라 함은 공기 중 산소농도가 18[%] 미만일 때를 의미한다.

113 크레인을 사용하여 작업을 할 때 작업 시작 전에 점검하여야 하는 사항에 해당하지 않는 것은?

① 권과방지장치・브레이크・클러치 및 운전장치의 기능
② 주행로의 상측 및 트롤리가 횡행하는 레일의 상태
③ 와이어로프가 통하고 있는 곳의 상태
④ 압력방출장치의 기능

해설
크레인을 사용하여 작업을 할 때 작업 시작 전에 점검하여야 하는 사항에 해당하지 않는 것으로 '압력방출장치의 기능, 방호장치의 이상 유무' 등이 출제된다.

114 흙막이 공법을 흙막이 지지방식에 의한 분류와 구조방식에 의한 분류로 나눌 때 다음 중 지지방식에 의한 분류에 해당하는 것은?

① 수평 버팀대식 흙막이 공법
② H-Pile 공법
③ 지하연속벽 공법
④ Top Down Method 공법

해설
흙막이벽 설치공법의 종류
- 흙막이 지지방식에 의한 분류 : 자립식 공법, 수평 버팀대 공법, 어스앵커 공법, 경사 오픈컷 공법, 타이로드 공법
- 흙막이 구조방식에 의한 분류 : H-Pile 공법, 강제(철제)널말뚝 공법, 목제널말뚝 공법, 엄지(어미)말뚝식 공법, 지하연속벽 공법, Top Down Method 공법

115 그물코의 크기가 10[cm]인 매듭 없는 방망사 신품의 인장강도는 최소 얼마 이상이어야 하는가?

① 240[kg] ② 320[kg]
③ 400[kg] ④ 500[kg]

해설
신품 추락방지망의 기준 인장강도[kg]

구 분	그물코 5[cm]	그물코 10[cm]
매듭 있는 방망	110	200
매듭 없는 방망	–	240

정답 111 ② 112 ② 113 ④ 114 ① 115 ①

116 **항타기 및 항발기에 관한 설명으로 옳지 않은 것은?**

① 도괴방지를 위해 시설 또는 가설물 등에 설치하는 때에는 그 내력을 확인하고 내력이 부족하면 그 내력을 보강해야 한다.
② 와이어로프의 한 꼬임에서 끊어진 소선(필러선을 제외한다)의 수가 10[%] 이상인 것은 권상용 와이어로프로 사용을 금한다.
③ 지름 감소가 공칭지름의 7[%]를 초과하는 것은 권상용 와이어로프로 사용을 금한다.
④ 권상용 와이어로프의 안전계수가 4 이상이 아니면 이를 사용하여서는 아니 된다.

해설
항타기 또는 항발기에 사용되는 권상용 와이어로프의 안전계수는 최소 5 이상이어야 한다(산업안전보건기준에 관한 규칙 제211조).

117 **굴착과 싣기를 동시에 할 수 있는 토공기계가 아닌 것은?**

① Power Shovel ② Tractor Shovel
③ Backhoe ④ Motor Grader

해설
굴착과 싣기를 동시에 할 수 있는 토공기계 : 트랙터셔블(Tractor Shovel), 백호(Backhoe), 파워셔블(Power Shovel)

118 **다음은 강관을 사용하여 비계를 구성하는 경우에 대한 내용이다. 다음 ( ) 안에 들어갈 내용으로 옳은 것은?**

> 비계기둥의 간격은 띠장 방향에서는 ( ), 장선 방향에서는 1.5[m] 이하로 할 것

① 1.2[m] 이상 1.5[m] 이하
② 1.2[m] 이상 2.0[m] 이하
③ 1.5[m] 이상 1.8[m] 이하
④ 1.5[m] 이상 2.0[m] 이하

해설
※ 법령 개정으로 정답 없음
산업안전보건기준에 관한 규칙 제60조
- 비계기둥의 간격은 띠장 방향에서는 1.85[m] 이하(개정전 1.5[m] 이상 1.8[m] 이하), 장선 방향에서는 1.5[m] 이하로 할 것(다만, 선박 및 보트 건조작업의 경우 안전성에 대한 구조검토를 실시하고 조립도를 작성하면 띠장 방향 및 장선 방향으로 각각 2.7[m] 이하 가능)
- 띠장 간격은 2[m] 이하로 할 것(다만, 작업의 성질상 이를 준수하기가 곤란하여 쌍기둥틀 등에 의하여 해당 부분을 보강한 경우에는 그러하지 아니함)
- 비계기둥의 제일 윗부분으로부터 31[m]되는 지점 밑부분의 비계기둥은 2개의 강관으로 묶어 세울 것(다만, 브라켓(Bracket, 까치발) 등으로 보강하여 2개의 강관으로 묶을 경우 이상의 강도가 유지되는 경우에는 그러하지 아니함)
- 비계기둥 간의 적재하중은 400[kg]을 초과하지 않도록 할 것

119 **콘크리트 타설 시 거푸집의 측압에 영향을 미치는 인자들에 관한 설명으로 옳지 않은 것은?**

① 슬럼프가 클수록 작다.
② 타설속도가 빠를수록 크다.
③ 거푸집 속의 콘크리트 온도가 낮을수록 크다.
④ 콘크리트의 타설 높이가 높을수록 크다.

해설
콘크리트 타설 시 거푸집의 측압은 슬럼프가 클수록 크다.

120 **흙의 투수계수에 영향을 주는 인자에 관한 설명으로 옳지 않은 것은?**

① 공극비 : 공극비가 클수록 투수계수는 작다.
② 포화도 : 포화도가 클수록 투수계수는 크다.
③ 유체의 점성계수 : 점성계수가 클수록 투수계수는 작다.
④ 유체의 밀도 : 유체의 밀도가 클수록 투수계수는 크다.

해설
공극비 : 공극비가 클수록 투수계수는 크다.

정답 116 ④ 117 ④ 118 정답 없음 119 ① 120 ①

산업안전기사

과년도 기출문제

제1과목 안전관리론

01 다음 중 주의의 특성에 관한 설명으로 적절하지 않은 것은?

① 한 지점에 주의를 집중하면 다른 곳에의 주의는 약해진다.
② 장시간 주의를 집중하려 해도 주기적으로 부주의의 리듬이 존재한다.
③ 의식이 과잉 상태인 경우 최고의 주의집중이 가능해진다.
④ 여러 자극을 지각할 때 소수의 현란한 자극에 선택적 주의를 기울이는 경향이 있다.

해설
의식이 과잉 상태인 경우 판단능력의 둔화 또는 정지 상태가 된다.

02 산업안전보건법상 안전 · 보건표지의 종류 중 보안경 착용이 표시된 안전 · 보건표지는?

① 안내표지 ② 금지표지
③ 경고표지 ④ 지시표지

해설
지시표지 : 보안경 착용, 방독마스크 착용, 방진마스크 착용, 보안면 착용, 안전모 착용, 귀마개 착용, 안전화 착용, 안전장갑 착용, 안전복 착용 등으로 바탕은 파란색, 모형은 흰색이다.

03 하인리히 사고 예방대책의 기본원리 5단계로 옳은 것은?

① 조직 → 사실의 발견 → 분석 → 시정방법의 선정 → 시정책의 적용
② 조직 → 분석 → 사실의 발견 → 시정방법의 선정 → 시정책의 적용
③ 사실의 발견 → 조직 → 분석 → 시정방법의 선정 → 시정책의 적용
④ 사실의 발견 → 분석 → 조직 → 시정방법의 선정 → 시정책의 적용

해설
하인리히 사고 예방대책의 기본원리 5단계 : 조직 → 사실의 발견 → 분석 → 시정방법의 선정 → 시정책의 적용

04 무재해운동의 기본이념 3원칙 중 다음에서 설명하는 것은?

> 직장 내의 모든 잠재 위험요인을 적극적으로 사전에 발견, 파악, 해결함으로써 뿌리에서부터 산업재해를 제거하는 것

① 무의 원칙 ② 선취의 원칙
③ 참가의 원칙 ④ 확인의 원칙

해설
무의 원칙 : 작업장 내의 모든 잠재 위험요인을 적극적으로 사전에 발견, 파악, 해결함으로써 뿌리에서부터 산업재해를 제거하는 것

정답 1 ③ 2 ④ 3 ① 4 ①

05 버드(Bird)의 재해분포에 따르면 20건의 경상(물적, 인적 상해)사고가 발생했을 때 무상해 · 무사고(위험 순간) 고장은 몇 건이 발생하겠는가?

① 600 ② 800
③ 1,200 ④ 1,600

해설
- 버드의 재해 구성 비율 : 1 : 10 : 30 : 600의 법칙
- 중상 또는 폐질 : 경상(물적 또는 인적 상해) : 무상해사고(물적 손실) : 무상해 · 무사고(위험 순간)=1 : 10 : 30 : 600
- 경상 10건일 때 무상해 · 무사고가 600건이 발생되므로 경상 20건일 때의 무상해 · 무사고는 1,200건이 발생된다.

06 산업안전보건법상 방독 마스크 사용이 가능한 공기 중 최소 산소농도 기준은 몇 [%] 이상인가?

① 14[%] ② 16[%]
③ 18[%] ④ 20[%]

해설
방독마스크는 산소농도가 18[%] 이상인 장소에서 사용하여야 하고, 고농도와 중농도에서 사용하는 방독마스크는 전면형(격리식, 직결식)을 사용해야 한다.

07 다음 중 재해조사의 목적에 해당되지 않는 것은?

① 재해 발생원인 및 결함 규명
② 재해 관련 책임자 문책
③ 재해 예방자료 수집
④ 동종 및 유사 재해 재발방지

해설
재해조사의 목적
- 재해 발생원인 및 결함 규명
- 재해 예방자료 수집
- 동종 및 유사 재해 재발방지

08 안전점검표(Check List)에 포함되어야 할 사항이 아닌 것은?

① 점검대상 ② 판정기준
③ 점검방법 ④ 조치결과

해설
안전점검표(체크리스트, Check List) : 가능한 한 일정한 양식으로 작성하며 점검대상, 점검 부분, 점검방법, 점검항목, 점검주기 또는 기간, 판정기준, 조치사항 등의 내용이 포함되어야 한다.

09 시몬즈(Simonds)의 재해 손실비용 산정방식에 있어 비보험코스트에 포함되지 않는 것은?

① 영구 전 노동 불능 상해
② 영구 부분 노동 불능 상해
③ 일시 전 노동 불능 상해
④ 일시 부분 노동 불능 상해

해설
비보험코스트
- 비보험코스트 : (A×휴업 상해 건수)+(B×통원 상해 건수)+(C×응급조치 건수)+(D×무상해사고 건수) A, B, C, D는 비보험코스트 평균치
- 비보험코스트 항목 : 영구 부분 노동 불능 상해, 일시 전 노동 불능 상해, 일시 부분 노동 불능 상해, 응급조치(8시간 미만 휴업), 무상해사고(인명손실과 무관), 소송관계비용, 신규 작업자에 대한 교육훈련비, 부상자의 직장 복귀 후 생산 감소로 인한 임금비용 등

10 Off JT 교육의 특징에 해당되는 것은?

① 많은 지식, 경험을 교류할 수 있다.
② 교육효과가 업무에 신속히 반영된다.
③ 현장의 관리감독자가 강사가 되어 교육을 한다.
④ 다수의 대상자를 일괄적으로 교육하기 어려운 점이 있다.

해설
②, ③, ④는 OJT(On the Job Training) 교육의 장점 및 단점이다.

정답 5 ③ 6 ③ 7 ② 8 ④ 9 ① 10 ①

11 **산업안전보건법상 사업 내 안전·보건교육 중 관리감독자 정기 안전·보건교육의 교육내용이 아닌 것은?**

① 유해·위험 작업환경관리에 관한 사항
② 표준안전 작업방법 및 지도 요령에 관한 사항
③ 작업공정의 유해·위험과 재해 예방대책에 관한 사항
④ 기계·기구의 위험성과 작업의 순서 및 동선에 관한 사항

해설

관리감독자 정기 안전·보건교육의 교육내용(시행규칙 별표 5)

- 산업안전 및 사고 예방에 관한 사항
- 산업보건 및 직업병 예방에 관한 사항
- 유해·위험 작업환경 관리에 관한 사항
- 산업안전보건법령 및 산업재해보상보험 제도에 관한 사항
- 직무스트레스 예방 및 관리에 관한 사항
- 직장 내 괴롭힘, 고객의 폭언 등으로 인한 건강장해 예방 및 관리에 관한 사항
- 작업공정의 유해·위험과 재해 예방대책에 관한 사항
- 표준안전 작업방법 및 지도 요령에 관한 사항
- 관리감독자의 역할과 임무에 관한 사항
- 안전보건교육 능력 배양에 관한 사항

12 **도수율이 12.5인 사업장에서 근로자 1명에게 평생 동안 약 몇 건의 재해가 발생하겠는가?(단, 평생 근로년수는 40년, 평생 근로시간은 잔업시간 4,000시간을 포함하여 80,000시간으로 가정한다)**

① 1　　② 2
③ 4　　④ 12

해설

$$도수율=\frac{재해건수}{연\ 근로시간\ 수}\times10^6\ 이므로,$$

$$12.5=\frac{재해건수}{80,000}\times10^6\ 에서$$

$$재해건수=\frac{12.5\times80,000}{1,000,000}=1건$$

13 **산업안전보건법상 안전관리자의 업무에 해당되지 않는 것은?**

① 업무수행 내용의 기록·유지
② 산업재해에 관한 통계의 유지·관리·분석을 위한 보좌 및 조언·지도
③ 법 또는 법에 따른 명령으로 정한 안전에 관한 사항의 이행에 관한 보좌 및 조언·지도
④ 작업장 내에서 사용되는 전체 환기장치 및 국소 배기장치 등에 관한 설비의 점검과 작업방법의 공학적 개선에 관한 보좌 및 조언·지도

해설

안전관리자의 업무(시행령 제18조)

- 산업안전보건위원회 또는 법 노사협의체에서 심의·의결한 업무와 해당 사업장의 안전보건관리규정 및 취업규칙에서 정한 업무
- 위험성평가에 관한 보좌 및 지도·조언
- 안전인증대상기계 등과 자율안전확인대상기계 등 구입 시 적격품의 선정에 관한 보좌 및 지도·조언
- 해당 사업장 안전교육계획의 수립 및 안전교육 실시에 관한 보좌 및 지도·조언
- 사업장 순회점검, 지도 및 조치 건의
- 산업재해 발생의 원인 조사·분석 및 재발 방지를 위한 기술적 보좌 및 지도·조언
- 산업재해에 관한 통계의 유지·관리·분석을 위한 보좌 및 지도·조언
- 법 또는 법에 따른 명령으로 정한 안전에 관한 사항의 이행에 관한 보좌 및 지도·조언
- 업무 수행 내용의 기록·유지
- 그 밖에 안전에 관한 사항으로서 고용노동부장관이 정하는 사항

14 **토의법의 유형 중 다음에서 설명하는 것은?**

> 새로운 자료나 교재를 제시하고, 문제점을 피교육자로 하여금 제기하도록 하거나 피교육자의 의견을 여러 가지 방법으로 발표하게 하고 청중과 토론자 간 활발한 의견 개진과정을 통하여 합의를 도출해 내는 방법이다.

① 포 럼　　② 심포지엄
③ 자유토의　　④ 패널 디스커션

해설

포럼(Forum) : 새로운 자료나 교재를 제시하고, 문제점을 피교육자로 하여금 제기하도록 하거나 피교육자의 의견을 여러 가지 방법으로 발표하게 하고 청중과 토론자 간 활발한 의견 개진과정을 통하여 합의를 도출해 내는 방법

정답 11 ④ 12 ① 13 ④ 14 ①

15 레빈(Lewin)은 인간의 행동 특성을 다음과 같이 표현하였다. 변수 'E'가 의미하는 것은?

$$B = f(P \cdot E)$$

① 연 령　② 성 격
③ 작업환경　④ 지 능

해설
$B = f(P \cdot E)$에서 B는 인간의 행동(Behavior), f는 함수(Function), P는 소질 혹은 성격(Personality), E는 심리학적 환경 혹은 작업환경(Environment)을 의미한다.

16 아담스(Edward Adams)의 사고연쇄반응 이론 중 관리자가 의사결정을 잘못하거나 감독자가 관리적 잘못을 하였을 때의 단계에 해당되는 것은?

① 사 고　② 작전적 에러
③ 관리구조 결함　④ 전술적 에러

해설
작전적 에러 : 관리자가 의사결정을 잘못하거나 감독자가 관리적 잘못을 하였을 때의 단계

17 다음 중 직무적성검사의 특징과 가장 거리가 먼 것은?

① 재현성　② 객관성
③ 타당성　④ 표준화

해설
직무적성검사의 특징 : 타당성(Validity), 신뢰성(Reliability), 객관성(Objectivity), 표준화(Standardization), 규준(Norms)

18 교육훈련의 4단계를 올바르게 나열한 것은?

① 도입 → 적용 → 제시 → 확인
② 도입 → 확인 → 제시 → 적용
③ 적용 → 제시 → 도입 → 확인
④ 도입 → 제시 → 적용 → 확인

해설
안전교육방법의 4단계 : 도입 → 제시 → 적용 → 확인

19 위험예지훈련 중 작업현장에서 그때 그 장소의 상황에 즉시 즉응하여 실시하는 것은?

① 자문자답 위험예지훈련
② TBM 위험예지훈련
③ 시나리오 역할연기훈련
④ 1인 위험예지훈련

해설
TBM(Tool Box Meeting) 위험예지훈련 : 작업현장에서 그때 그 장소의 상황에 즉시 즉응하여 실시하는 위험예지활동

20 산업안전보건법상 안전보건관리책임자 등에 대한 교육시간 기준으로 틀린 것은?

① 보건관리자, 보건관리전문기관의 종사자 보수교육 : 24시간 이상
② 안전관리자, 안전관리전문기관의 종사자 신규교육 : 34시간 이상
③ 안전보건관리책임자의 보수교육 : 6시간 이상
④ 재해예방 전문 지도기관의 종사자 신규교육 : 24시간 이상

해설
안전보건관리책임자 등에 대한 신규 및 보수 교육(산업안전보건법 시행규칙 별표 4)
- 안전보건관리책임자 : 신규 6시간 이상, 보수 6시간 이상
- 안전관리자, 안전관리전문기관의 종사자 : 신규 34시간 이상, 보수 24시간 이상
- 보건관리자, 보건관리전문기관의 종사자 : 신규 34시간 이상, 보수 24시간 이상
- 건설재해예방전문지도기관의 종사자 : 신규 34시간 이상, 보수 24시간 이상
- 석면조사기관의 종사자 : 신규 34시간 이상, 보수 24시간 이상
- 안전보건관리담당자 : 보수 8시간 이상
- 안전검사기관, 자율안전검사기관의 종사자 : 신규 34시간 이상, 보수 24시간 이상

정답 15 ③ 16 ② 17 ① 18 ④ 19 ② 20 ④

제2과목 인간공학 및 시스템 안전공학

21 인간 - 기계 시스템에 관한 내용으로 틀린 것은?

① 인간성능의 고려는 개발의 첫 단계에서부터 시작되어야 한다.

② 기능 할당 시에 인간기능에 대한 초기의 주의가 필요하다.

③ 평가 초점은 인간성능의 수용 가능한 수준이 되도록 시스템을 개선하는 것이다.

④ 인간 - 컴퓨터 인터페이스 설계는 인간보다 기계의 효율이 우선적으로 고려되어야 한다.

해설

인간 - 컴퓨터 인터페이스 설계는 기계보다 인간을 위한 편의와 효율이 우선적으로 고려되어야 한다.

22 적절한 온도의 작업환경에서 추운 환경으로 변할 때, 우리의 신체가 수행하는 조절작용이 아닌 것은?

① 발한(發汗)이 시작된다.

② 피부의 온도가 내려간다.

③ 직장온도가 약간 올라간다.

④ 혈액의 많은 양이 몸의 중심부를 순환한다.

해설

적절한 온도의 작업환경에서 추운 환경으로 변할 때, 우리의 신체가 수행하는 조절작용

- 몸이 떨리고 소름이 돋는다.
- 피부의 온도가 내려간다.
- 직장온도가 약간 올라간다.
- 혈액의 많은 양이 몸의 중심부를 순환한다.
- 피부를 경유하는 혈액순환량이 감소한다.

23 자극과 반응의 실험에서 자극 A가 나타날 경우 1로 반응하고 자극 B가 나타날 경우 2로 반응하는 것으로 하고, 100회 반복하여 표와 같은 결과를 얻었다. 제대로 전달된 정보량을 계산하면?

자 극 \ 반 응	1	2
A	50	
B	10	40

① 0.610　② 0.871

③ 1.000　④ 1.361

해설

정보량

= 자극정보량 - 반응정보량

$= H(A) + H(B) - H(A,B)$

$= \left(0.5\log_2\frac{1}{0.5} + 0.5\log_2\frac{1}{0.5}\right) + \left(0.6\log_2\frac{1}{0.6} + 0.4\log_2\frac{1}{0.4}\right) - \left(0.5\log_2\frac{1}{0.5} + 0.1\log_2\frac{1}{0.1} + 0.4\log_2\frac{1}{0.4}\right)$

$\simeq 1.0 + 0.97 - 1.36 = 0.61$

24 부품에 고장이 있더라도 플레이너 공작기계를 가장 안전하게 운전할 수 있는 방법은?

① Fail-Soft

② Fail-Active

③ Fail-Passive

④ Fail-Operational

해설

부품에 고장이 있더라도 플레이너 공작기계를 가장 안전하게 운전할 수 있는 방법은 Fail-Operational이다.

정답 21 ④ 22 ① 23 ① 24 ④

25 다음 설명에 해당하는 설비보전방식의 유형은?

> 설비보전 정보와 신기술을 기초로 신뢰성, 조작성, 보전성, 안전성, 경제성 등이 우수한 설비의 선정, 조달 또는 설계를 통하여 궁극적으로 설비의 설계, 제작단계에서 보전활동이 불필요한 체제를 목표로 한 설비보전방법을 말한다.

① 개량보전　　② 보전예방
③ 사후보전　　④ 일상보전

해설

보전예방 : 설비보전 정보와 신기술을 기초로 신뢰성, 조작성, 보전성, 안전성, 경제성 등이 우수한 설비의 선정, 조달 또는 설계를 통하여 궁극적으로 설비의 설계, 제작단계에서 보전활동이 불필요한 체제를 목표로 한 설비보전방법

26 근섬유의 직경이 작아서 큰 힘을 발휘하지 못하지만 장시간 지속시키고 피로가 쉽게 발생하지 않는 골격근의 근섬유는 무엇인가?

① Type S 근섬유　　② Type Ⅱ 근섬유
③ Type F 근섬유　　④ Type Ⅲ 근섬유

해설

근섬유

- Type Ⅰ 근섬유 혹은 Type S 근섬유 : 근섬유의 직경이 작아서 큰 힘을 발휘하지 못하지만, 장시간 지속시키고 피로가 쉽게 발생하지 않는 골격근의 근섬유(지근섬유, Slow Twitch)
- Type Ⅱ 근섬유 혹은 Type F 근섬유 : 근섬유의 직경이 커서 큰 힘을 발휘하고 단시간 지속시키지만, 장시간 지속 시에는 피로가 쉽게 발생하는 골격근의 근섬유(속근섬유, Fast Twitch)

27 다음 그림과 같은 시스템의 전체 신뢰도는 약 얼마인가?(단, 네모 안의 수치는 각 구성요소의 신뢰도이다)

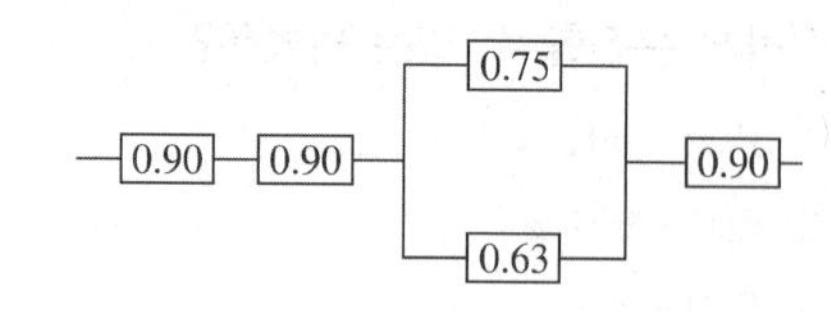

① 0.5275　　② 0.6616
③ 0.7575　　④ 0.8516

해설

$R_s = 0.9 \times 0.9 \times [1-(1-0.75)(1-0.63)] \times 0.9 \simeq 0.6616$

28 FTA에서 사용하는 다음 사상기호에 대한 설명으로 옳은 것은?

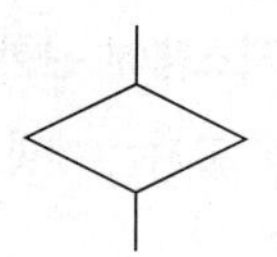

① 시스템 분석에서 좀 더 발전시켜야 하는 사상
② 시스템의 정상적인 가동상태에서 일어날 것이 기대되는 사상
③ 불충분한 자료로 결론을 내릴 수 없어 더 이상 전개할 수 없는 사상
④ 주어진 시스템의 기본사상으로 고장원인이 분석되었기 때문에 더 이상 분석할 필요가 없는 사상

해설

생략사상 : 불충분한 자료로 결론을 내릴 수 없어 더 이상 전개할 수 없는 사상

29 시각적 부호의 유형과 내용으로 틀린 것은?

① 임의적 부호 – 주의를 나타내는 삼각형
② 명시적 부호 – 위험표지판의 해골과 뼈
③ 묘사적 부호 – 보도 표지판의 걷는 사람
④ 추상적 부호 – 별자리를 나타내는 12궁도

해설

시각적 부호의 종류

- 묘사적 부호 : 사물의 행동을 단순하고 정확하게 한 부호로 위험표지판의 해골과 뼈, 도로표지판의 걷는 사람, 소방안전표지판의 소화기 등이 있다.
- 임의적 부호 : 부호가 이미 고안되어 있으므로 이를 배워야 하는 부호로 삼각형 교통표지판의 주의 및 경고표지, 사각형의 안내표지, 원형의 지시표지 등이 있다.
- 추상적 부호 : 내용을 압축하여 도식적으로 나타낸 부호로 별자리를 나타내는 12궁도가 있다.

정답 25 ② 26 ① 27 ② 28 ③ 29 ②

30 **결함수 분석법(FTA)에서의 미니멀 컷셋과 미니멀 패스셋에 관한 설명으로 맞는 것은?**

① 미니멀 컷셋은 시스템의 신뢰성을 표시하는 것이다.
② 미니멀 패스셋은 시스템의 위험성을 표시하는 것이다.
③ 미니멀 패스셋은 시스템의 고장을 발생시키는 최소의 패스셋이다.
④ 미니멀 컷셋은 정상사상(Top Event)을 일으키기 위한 최소한의 컷셋이다.

해설
미니멀 컷셋은 정상사상(Top Event)을 일으키기 위한 최소한의 컷셋이다.

31 **자극－반응 조합의 관계에서 인간의 기대와 모순되지 않는 성질을 무엇이라 하는가?**

① 양립성 ② 적응성
③ 변별성 ④ 신뢰성

해설
양립성 : 자극－반응 조합의 관계에서 인간의 기대와 모순되지 않는 성질

32 **신호검출이론에 대한 설명으로 틀린 것은?**

① 신호와 소음을 쉽게 식별할 수 없는 상황에 적용된다.
② 일반적인 상황에서 신호검출을 간섭하는 소음이 있다.
③ 통제된 실험실에서 얻은 결과를 현장에 그대로 적용 가능하다.
④ 긍정(Hit), 허위(False Alarm), 누락(Miss), 부정(Correct Rejection)의 네 가지 결과로 나눌 수 있다.

해설
통제된 실험실에서 얻은 결과를 현장에 그대로 적용할 수 없다.

33 **A제지회사의 유아용 화장지 생산공정에서 작업자의 불안전한 행동을 유발하는 상황이 자주 발생하고 있다. 이를 해결하기 위한 개선의 ECRS에 해당하지 않는 것은?**

① Combine ② Standard
③ Eliminate ④ Rearrange

해설
개선의 ECRS의 원칙
- Eliminate(제거)
- Combine(결합)
- Rearrange(재조정)
- Simplify(단순화)

34 **반사율이 85[%], 글자의 밝기가 400[cd/m²]인 VDT 화면에 350[lx]의 조명이 있다면 대비는 약 얼마인가?**

① −2.8 ② −4.2
③ −5.0 ④ −6.0

해설
휘도 $L_b = \frac{\text{반사율} \times \text{조도}}{\pi} = \frac{0.85 \times 350}{3.14} \simeq 94.7[\text{cd/m}^2]$

전체 휘도 $L_t = 400 + 94.7 = 494.7[\text{cd/m}^2]$

대비$= \frac{L_b - L_t}{L_b} = \frac{94.7 - 494.7}{94.7} \simeq -4.2$

정답 30 ④ 31 ① 32 ③ 33 ② 34 ②

35 다음 설명 중 ( ) 안에 들어갈 알맞은 용어가 올바르게 짝지어진 것은?

> (㉠) : FTA와 동일의 논리적 방법을 사용하여 관리, 설계, 생산, 보전 등에 대한 넓은 범위에 걸쳐 안전성을 확보하려는 시스템 안전 프로그램
> (㉡) : 사고 시나리오에서 연속된 사건들의 발생경로를 파악하고 평가하기 위한 귀납적이고 정량적인 시스템 안전 프로그램

① ㉠ : PHA, ㉡ : ETA
② ㉠ : ETA, ㉡ : MORT
③ ㉠ : MORT, ㉡ : ETA
④ ㉠ : MORT, ㉡ : PHA

해설
- MORT : FTA와 동일의 논리적 방법을 사용하여 관리, 설계, 생산, 보전 등에 대한 넓은 범위에 걸쳐 안전성을 확보하려는 시스템 안전 프로그램
- ETA : 사고 시나리오에서 연속된 사건들의 발생경로를 파악하고 평가하기 위한 귀납적이고 정량적인 시스템 안전 프로그램

36 결함수분석법에서 Path Set에 관한 설명으로 맞는 것은?

① 시스템의 약점을 표현한 것이다.
② Top사상을 발생시키는 조합이다.
③ 시스템이 고장 나지 않도록 하는 사상의 조합이다.
④ 시스템 고장을 유발시키는 필요불가결한 기본사상들의 집합이다.

해설
Path Set : 시스템이 고장 나지 않도록 하는 사상의 조합

37 고령자의 정보처리 과업을 설계할 경우 지켜야 할 지침으로 틀린 것은?

① 표시신호를 더 크게 하거나 밝게 한다.
② 개념, 공간, 운동 양립성을 높은 수준으로 유지한다.
③ 정보처리 능력에 한계가 있으므로 시분할 요구량을 늘린다.
④ 제어표시장치를 설계할 때 불필요한 세부내용을 줄인다.

해설
고령자는 정보처리 능력에 한계가 있으므로 시분할 요구량을 줄인다.

38 산업안전보건법상 유해・위험방지계획서를 제출한 사업주는 건설공사 중 얼마 이내마다 관련법에 따라 유해・위험방지계획서의 내용과 실제 공사내용이 부합하는지의 여부 등을 확인받아야 하는가?

① 1개월　② 3개월
③ 6개월　④ 12개월

해설
산업안전보건법 시행규칙 제46조
유해위험방지계획서를 제출한 사업주는 해당 건설물・기계・기구 및 설비의 시운전단계에서, 건설공사 중 6개월 이내마다 유해위험방지계획서의 내용과 실제공사 내용이 부합하는지 여부, 유해위험방지계획서 변경내용의 적정성, 추가적인 유해・위험요인의 존재 여부에 관하여 공단의 확인을 받아야 한다.

정답 35 ③ 36 ③ 37 ③ 38 ③

39 **의자 설계의 인간공학적 원리로 틀린 것은?**

① 쉽게 조절할 수 있도록 한다.
② 추간판의 압력을 줄일 수 있도록 한다.
③ 등근육의 정적 부하를 줄일 수 있도록 한다.
④ 고정된 자세로 장시간 유지할 수 있도록 한다.

해설
의자 설계의 인간공학적 원리
- 쉽게 조절할 수 있도록 한다(조절을 용이하게 만든다).
- 추간판에 가해지는 압력을 줄일 수 있도록 한다(디스크가 받는 압력을 줄인다).
- 등근육의 정적부하를 줄일 수 있도록 한다.
- 좋은 자세를 취할 수 있도록 하여야 한다.
- 요부전만을 유지할 수 있도록 한다(등받이의 굴곡을 요추의 굴곡과 일치시킨다).
- 자세 고정을 줄인다.

40 **병렬 시스템에 대한 특성이 아닌 것은?**

① 요소의 수가 많을수록 고장의 기회는 줄어든다.
② 요소의 중복도가 늘어날수록 시스템의 수명은 길어진다.
③ 요소의 어느 하나라도 정상이면 시스템은 정상이다.
④ 시스템의 수명은 요소 중에서 수명이 가장 짧은 것으로 정해진다.

해설
시스템의 수명은 요소 중에서 수명이 가장 긴 것으로 정해진다.

제3과목 기계위험 방지기술

41 **다음 중 안전율을 구하는 산식으로 옳은 것은?**

① $\frac{\text{허용응력}}{\text{기초강도}}$ ② $\frac{\text{허용응력}}{\text{인장강도}}$
③ $\frac{\text{인장강도}}{\text{허용응력}}$ ④ $\frac{\text{안전하중}}{\text{파단하중}}$

해설
안전율(안전계수)
- 안전의 정도를 표시하는 것으로서 재료의 파괴응력도와 허용응력도의 비율을 의미
- 재료 자체의 필연성 중에 잠재된 우연성을 감안하여 계산한 산정식
- 안전율(S) : $S = \frac{\text{기준강도}}{\text{허용응력}} = \frac{\text{파괴응력도}}{\text{허용응력도}} = \frac{\text{극한강도}}{\text{허용응력}}$

$$= \frac{\text{인장강도}}{\text{허용응력}} \left(= \frac{\text{극한하중}}{\text{최대 설계하중}} = \frac{\text{파괴하중}}{\text{최대 하중}} \right)$$

42 **다음 중 선반의 방호장치로 볼 수 없는 것은?**

① 실드(Shield)
② 슬라이딩(Sliding)
③ 척 커버(Chuck Cover)
④ 칩 브레이커(Chip Breaker)

해설
선반의 방호장치 : 실드(Shield), 척 커버(Chuck Cover), 칩 브레이커(Chip Breaker), 덮개, 울, 고정 브리지 등

43 **롤러작업 시 위험점에서 가드(Guard) 개구부까지의 최단 거리를 60[mm]라고 할 때, 최대로 허용할 수 있는 가드 개구부 틈새는 약 몇 [mm]인가?(단, 위험점이 비전동체이다)**

① 6 ② 10
③ 15 ④ 18

해설
위험점이 비전동체일 때, 가드(Guard) 개구부의 최대 허용틈새(Y) :
$Y = 6 + 0.15X$
(여기서, X : 위험점에서 가드 개구부까지의 최단 거리)
$Y = 6 + 0.15X = 6 + 0.15 \times 60 = 15[\text{mm}]$

정답 39 ④ 40 ④ 41 ③ 42 ② 43 ③

44 반복응력을 받게 되는 기계구조 부분의 설계에서 허용응력을 결정하기 위한 기초강도로 가장 적합한 것은?

① 항복점(Yield Point)
② 극한강도(Ultimate Strength)
③ 크리프한도(Creep Limit)
④ 피로한도(Fatigue Limit)

해설
반복응력을 받게 되는 기계구조 부분의 설계에서 허용응력을 결정하기 위한 기초강도로는 피로한도(Fatigue Limit)가 가장 적합하다.

45 산업안전보건법령에 따른 아세틸렌용접장치 발생기실의 구조에 관한 설명으로 옳지 않은 것은?

① 벽은 불연성 재료로 할 것
② 지붕과 천장에는 얇은 철판과 같은 가벼운 불연성 재료를 사용할 것
③ 벽과 발생기 사이에는 작업에 필요한 공간을 확보할 것
④ 배기통을 옥상으로 돌출시키고 그 개구부를 출입구로부터 1.5[m] 거리 이내에 설치할 것

해설
산업안전보건기준에 관한 규칙 제287조
- 벽은 불연성 재료로 하고 철근 콘크리트 또는 그 밖에 이와 같은 수준이거나 그 이상의 강도를 가진 구조로 할 것
- 지붕과 천장에는 얇은 철판이나 가벼운 불연성 재료를 사용할 것
- 출입구의 문은 불연성 재료로 하고 두께 1.5[mm] 이상의 철판이나 그 밖에 그 이상의 강도를 가진 구조로 할 것
- 벽과 발생기 사이에는 발생기의 조정 또는 카바이드 공급 등의 작업을 방해하지 않도록 간격을 확보할 것
- 바닥면적의 16분의 1 이상의 단면적을 가진 배기통을 옥상으로 돌출시키고 그 개구부를 창이나 출입구로부터 1.5[m] 이상 떨어지도록 할 것

46 프레스 방호장치에서 수인식 방호장치를 사용하기에 가장 적합한 기준은?

① 슬라이드 행정 길이가 100[mm] 이상, 슬라이드 행정수가 100[SPM] 이하
② 슬라이드 행정 길이가 50[mm] 이상, 슬라이드 행정수가 100[SPM] 이하
③ 슬라이드 행정 길이가 100[mm] 이상, 슬라이드 행정수가 200[SPM] 이하
④ 슬라이드 행정 길이가 50[mm] 이상, 슬라이드 행정수가 200[SPM] 이하

해설
프레스 방호장치에서 수인식 방호장치를 사용하기에 가장 적합한 기준
: 슬라이드 행정 길이가 50[mm] 이상, 슬라이드 행정수가 100[SPM] 이하

47 재료에 대한 시험 중 비파괴시험이 아닌 것은?

① 방사선투과시험 ② 자분탐상시험
③ 초음파탐상시험 ④ 피로시험

해설
피로시험은 파괴시험의 한 종류이다.

48 안전계수가 5인 체인의 최대 설계하중이 1,000[N]이라면 이 체인의 극한하중은 약 몇 [N]인가?

① 200 ② 2,000
③ 5,000 ④ 12,000

해설
안전계수 $= \dfrac{\text{극한하중}}{\text{최대 설계하중}}$에서
극한하중 = 안전계수×최대 설계하중
$= 5 \times 1{,}000 = 5{,}000$[N]

정답 44 ④ 45 ④ 46 ② 47 ④ 48 ③

49 **다음 중 와전류비파괴검사법의 특징과 가장 거리가 먼 것은?**

① 관, 환봉 등의 제품에 대해 자동화 및 고속화된 검사가 가능하다.
② 검사대상 이외의 재료적 인자(투자율, 열처리, 온도 등)에 대한 영향이 적다.
③ 가는 선, 얇은 판의 경우도 검사가 가능하다.
④ 표면 아래 깊은 위치에 있는 결함은 검출이 곤란하다.

해설
검사대상 이외의 재료적 인자(투자율, 열처리, 온도 등)에 영향을 많이 받는다.

50 **다음 중 프레스기에 사용되는 방호장치에 있어 원칙적으로 급정지기구가 부착되어야만 사용할 수 있는 방식은?**

① 양수조작식 ② 손쳐내기식
③ 가드식 ④ 수인식

해설
양수조작식 방호장치는 원칙적으로 급정지기구가 부착되어야만 사용할 수 있는 방식이다.

51 **컨베이어, 이송용 롤러 등을 사용하는 때에 정전, 전압강하 등에 의한 위험을 방지하기 위하여 설치하는 안전장치는?**

① 덮개 또는 울
② 비상정지장치
③ 과부하방지장치
④ 이탈 및 역주행방지장치

해설
이탈 및 역주행방지장치 : 컨베이어, 이송용 롤러 등을 사용하는 때에 정전, 전압강하 등에 의한 위험을 방지하기 위하여 설치하는 안전장치

52 **다음 중 산업안전보건법령상 프레스 등을 사용하여 작업을 할 때에 작업시작 전 점검사항으로 볼 수 없는 것은?**

① 압력방출장치의 기능
② 클러치 및 브레이크의 기능
③ 프레스의 금형 및 고정볼트 상태
④ 1행정 1정지 기구・급정지장치 및 비상정지장치의 기능

해설
프레스의 작업 시작 전 점검사항
- 클러치 상태(가장 중요)
- 클러치 및 브레이크의 기능
- 방호장치의 기능
- 크랭크축, 플라이휠, 슬라이드, 연결봉 및 연결나사의 풀림 여부
- 1행정 1정지 기구, 급정지장치 및 비상정지장치의 기능
- 슬라이드 또는 칼날에 의한 위험방지기구의 기능
- 전단기의 칼날 및 테이블의 상태

53 **드릴링머신에서 드릴의 지름이 20[mm]이고 원주속도가 62.8[m/min]일 때 드릴의 회전수는 약 몇 [rpm]인가?**

① 500
② 1,000
③ 2,000
④ 3,000

해설
절삭속도 $v = \frac{\pi dn}{1,000}$ 에서

회전수 $n = \frac{1,000v}{\pi d} = \frac{1,000 \times 62.8}{3.14 \times 20} = 1,000[\mathrm{rpm}]$

정답 49 ② 50 ① 51 ④ 52 ① 53 ②

54 다음 그림과 같이 목재가공용 둥근톱 기계에서 분할날(t_2) 두께가 4.0[mm]일 때 톱날 두께 및 톱날 진폭과의 관계로 옳은 것은?

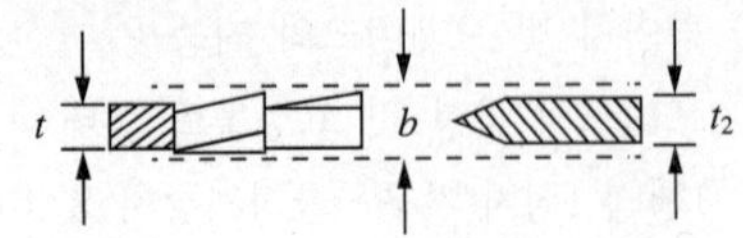

t : 톱날 두께 b : 톱날 진폭 t_2 : 분할날 두께

① $b > 4.0$[mm], $t \le 3.6$[mm]
② $b > 4.0$[mm], $t \le 4.0$[mm]
③ $b < 4.0$[mm], $t \le 4.4$[mm]
④ $b > 4.0$[mm], $t \ge 3.6$[mm]

해설
톱날 두께, 분할날 두께, 톱날 진폭의 관계 : $1.1t_1 \le t_2 < b$

55 다음 중 보일러의 방호장치와 가장 거리가 먼 것은?

① 언로드밸브
② 압력방출장치
③ 압력제한스위치
④ 고저수위조절장치

해설
보일러에 설치하여야 하는 방호장치의 종류 : 압력방출장치, 압력제한스위치, 고저수위조절장치, 화염검출기 등

56 산업안전보건법령에 따른 가스집합용접장치의 안전에 관한 설명으로 옳지 않은 것은?

① 가스집합장치에 대해서는 화기를 사용하는 설비로부터 5[m] 이상 떨어진 장소에 설치해야 한다.
② 가스집합용접장치의 배관에서 플랜지, 밸브 등의 접합부에는 개스킷을 사용하고 접합면을 상호 밀착시킨다.
③ 주관 및 분기관에 안전기를 설치해야 하며 이 경우 하나의 취관에 2개 이상의 안전기를 설치해야 한다.
④ 용해아세틸렌을 사용하는 가스집합용접장치의 배관 및 부속기구는 구리나 구리 함유량이 60[%] 이상인 합금을 사용해서는 아니 된다.

해설
용해아세틸렌의 가스집합용접장치의 배관 및 부속기구는 구리나 구리 함유량이 70[%] 이상인 합금을 사용해서는 아니 된다(산업안전보건기준에 관한 규칙 제294조).

57 숫돌지름이 60[cm]인 경우 숫돌 고정장치인 평형 플랜지 지름은 몇 [cm] 이상이어야 하는가?

① 10 ② 20
③ 30 ④ 60

해설
숫돌 고정장치인 평형 플랜지의 지름은 숫돌직경의 1/3 이상인
$60 \times \frac{1}{3} = 20$[cm]이다.

정답 54 ① 55 ① 56 ④ 57 ②

58 **지게차의 안정을 유지하기 위한 안정도 기준으로 틀린 것은?**

① 5[ton] 미만의 부하 상태에서 하역작업 시의 전후 안정도는 4[%] 이내이어야 한다.
② 부하 상태에서 하역작업 시의 좌우 안정도는 10[%] 이내이어야 한다.
③ 무부하 상태에서 주행 시의 좌우 안정도는 (15+1.1×V)[%] 이내이어야 한다(단, V는 구내 최고 속도[km/h]).
④ 부하 상태에서 주행 시 전후 안정도는 18[%] 이내이어야 한다.

해설
부하 상태에서 하역작업 시의 좌우 안정도는 6[%] 이내이어야 한다.

59 **산업용 로봇에서 근로자에게 발생할 수 있는 부상 등의 위험을 방지하기 위하여 방책을 세우고자 할 때 일반적으로 높이는 몇 [m] 이상으로 해야 하는가?**

① 1.8
② 2.1
③ 2.4
④ 2.7

해설
산업용 로봇에서 근로자에게 발생할 수 있는 부상 등의 위험을 방지하기 위하여 방책을 세우고자 할 때 일반적으로 높이는 1.8[m] 이상으로 해야 한다(산업안전보건기준에 관한 규칙 제223조).

60 **지름 5[cm] 이상을 갖는 회전 중인 연삭숫돌의 파괴에 대비하여 필요한 방호장치는?**

① 받침대
② 과부하 방지장치
③ 덮 개
④ 프레임

해설
지름 5[cm] 이상을 갖는 회전 중인 연삭숫돌의 파괴에 대비하여 필요한 방호장치는 덮개이다(산업안전보건기준에 관한 규칙 제122조).

제4과목 전기위험 방지기술

61 **정상 작동 상태에서 폭발 가능성이 없으나 이상 상태에서 짧은 시간 동안 폭발성 가스 또는 증기가 존재하는 지역에 사용 가능한 방폭용기를 나타내는 기호는?**

① ib
② p
③ e
④ n

해설
비점화 방폭구조 : 정상 작동 상태에서 폭발 가능성이 없으나 이상 상태에서 짧은 시간 동안 폭발성 가스 또는 증기가 존재하는 지역에 사용 가능한 방폭구조로 기호는 n이다.

62 **다음 그림과 같은 설비에 누전되었을 때 인체가 접촉하여도 안전하도록 ELB를 설치하려고 한다. 누전차단기 동작전류 및 시간으로 가장 적당한 것은?**

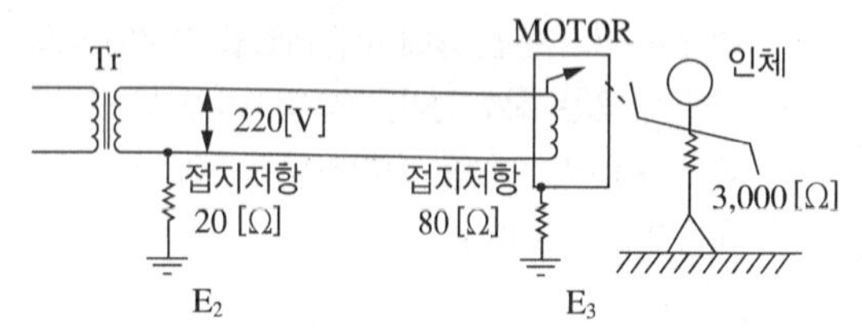

① 30[mA], 0.1초
② 60[mA], 0.1초
③ 90[mA], 0.1초
④ 120[mA], 0.1초

해설
고속형 누전차단기는 동작시간이 0.1초 이하의 가능한 짧은 시간의 것이며, 정격감도전류가 30[mA] 이하의 것이어야 한다(산업안전보건기준에 관한 규칙 제304조).

정답 58 ② 59 ① 60 ③ 61 ④ 62 ①

63 **전기설비에 작업자의 직접 접촉에 의한 감전방지대책이 아닌 것은?**

① 충전부에 절연 방호망을 설치할 것
② 충전부는 내구성이 있는 절연물로 완전히 덮어 감쌀 것
③ 충전부가 노출되지 않도록 폐쇄형 외함구조로 할 것
④ 관계자 외에도 쉽게 출입이 가능한 장소에 충전부를 설치할 것

해설
전기시설의 직접 접촉에 의한 감전방지방법으로 적절하지 않은 것으로 '충전부는 관계자 외 출입이 용이한 전개된 장소에 설치하고 위험표시 등의 방법으로 방호를 강화할 것, 충전부는 출입이 용이한 전개된 장소에 설치하고 위험표시 등의 방법으로 방호를 강화할 것, 관계자 외에도 쉽게 출입이 가능한 장소에 충전부를 설치할 것' 등이 출제된다.

64 **변압기의 중성점을 제2종 접지한 수전전압 22.9[kV], 사용전압 220[V]인 공장에서 외함을 제3종 접지공사를 한 전동기가 운전 중에 누전되었을 경우에 작업자가 접촉될 수 있는 최소 전압은 약 몇 [V]인가?(단, 1선 지락전류 : 10[A], 제3종 접지저항 : 30[Ω], 인체저항 : 10,000[Ω]이다)**

① 116.7[V] ② 127.5[V]
③ 146.7[V] ④ 165.6[V]

해설
작업자가 접촉될 수 있는 최소 전압

$$V = IR = 220 \times \frac{\frac{30 \times 10{,}000}{30 + 10{,}000}}{\frac{30 \times 10{,}000}{30 + 10{,}000} + \frac{150}{10}} \simeq 146.7[\text{V}]$$

※ 출제 당시의 규정에 의하면 ③번이 정답이었으나 2021년부터는 해당 규정이 전면 변경됨

65 **정전작업 시 조치사항으로 부적합한 것은?**

① 작업 전 전기설비의 잔류전하를 확실히 방전한다.
② 개로된 전로의 충전 여부를 검전기구에 의하여 확인한다.
③ 개폐기에 시건장치를 하고 통전 금지에 관한 표지판은 제거한다.
④ 예비 동력원의 역송전에 의한 감전의 위험을 방지하기 위해 단락접지기구를 사용하여 단락접지를 한다.

해설
개폐기에 시건장치를 하고 통전 금지에 관한 표지판을 설치한다.

66 **교류아크용접기의 자동전격방지장치는 아크 발생이 중단된 후 출력측 무부하전압을 1초 이내 몇 [V] 이하로 저하시켜야 하는가?**

① 25~30 ② 35~50
③ 55~75 ④ 80~100

해설
교류아크용접기의 자동전격방지장치는 아크 발생이 중단되면 출력측 무부하전압을 1초 이내 25~30[V] 이하로 저하시켜야 한다.

67 **절연전선의 과전류에 의한 연소단계 중 착화단계의 전선전류밀도[A/mm^2]로 알맞은 것은?**

① 40 ② 50
③ 65 ④ 120

해설
과전류에 의한 전선의 인화로부터 용단에 이르기까지 각 단계별 기준 전선전류밀도
- 인화단계 : 40~43[A/mm^2]
- 착화단계 : 43~60[A/mm^2]
- 발화단계 : 60~120[A/mm^2](과전류에 의한 전선의 허용전류보다 큰 전류가 흐르는 경우 절연물이 화구가 없더라도 자연히 발화하고 심선이 용단되는 단계)
- 용단단계 : 120[A/mm^2] 이상

정답 63 ④ 64 ③ 65 ③ 66 ① 67 ②

68 정전기 발생에 영향을 주는 요인에 대한 설명으로 틀린 것은?

① 물체의 분리속도가 빠를수록 발생량은 적어진다.
② 접촉면적이 크고 접촉압력이 높을수록 발생량이 많아진다.
③ 물체 표면이 수분이나 기름으로 오염되면 산화 및 부식에 의해 발생량이 많아진다.
④ 정전기의 발생은 처음 접촉, 분리할 때가 최대로 되고 접촉, 분리가 반복됨에 따라 발생량은 감소한다.

해설
정전기 발생에 영향을 주는 요인 : 물체의 특성, 물체의 분리력, 분리속도, 접촉면적, 압력, 물체의 표면 상태, 완화시간, 대전서열 등
- 정전기 증가요인 : 분리속도가 빠를수록, 물질 표면의 오염이 심할수록, 압력이 높을수록, 대전서열이 멀수록
- 정전기 감소요인 : 물질 표면이 청결할수록, 접촉면적이 클수록, 완화시간이 길수록, 접촉분리가 반복될수록, 대전서열이 가까울수록
- 정전기 발생은 처음 접촉, 분리 시 최대가 된다.

69 300[A]의 전류가 흐르는 저압 가공 전선로의 1(한)선에서 허용 가능한 누설전류는 몇 [mA]인가?

① 600　② 450
③ 300　④ 150

해설
누전되는 최소 전류

$$I_{\min} = \frac{I_{\max}}{2,000} = \frac{300}{2,000} = 0.15[\text{A}] = 150[\text{mA}]$$

70 분진방폭 배선시설에 분진 침투 방지재료로 가장 적합한 것은?

① 분진 침투 케이블
② 콤파운드(Compound)
③ 자기융착성 테이프
④ 실링피팅(Sealing Fitting)

해설
분진방폭 배선시설에 분진 침투 방지재료로 가장 적합한 것은 자기융착성 테이프로 분진 외에도 습기, 기름 등을 막아준다.

71 방폭 전기기기의 성능을 나타내는 기호 표시로 EX P Ⅱ A T5를 나타내었을 때 관계가 없는 표시내용은?

① 온도등급　② 폭발성능
③ 방폭구조　④ 폭발등급

해설
방폭 전기기기의 성능을 나타내는 기호표시 : 방폭구조, 폭발등급, 온도등급
EX는 방폭용을 표시, P는 방폭구조의 표시, Ⅱ는 산업용을 표시, A는 가스 폭발등급 표시, T5는 최고표면온도에 따른 발화온도를 표시한다.

72 금속성의 전기기계장치나 구조물에 인체의 일부가 상시 접촉되어 있는 상태의 허용 접촉전압으로 옳은 것은?

① 2.5[V] 이하　② 25[V] 이하
③ 50[V] 이하　④ 제한 없음

해설
금속성의 전기기계장치나 구조물에 인체의 일부가 상시 접촉되어 있는 상태의 허용 접촉전압은 25[V] 이하이다.

73 저압 전기기기의 누전으로 인한 감전재해의 방지대책이 아닌 것은?

① 보호접지
② 안전전압의 사용
③ 비접지식 전로의 채용
④ 배선용 차단기(MCCB)의 사용

해설
저압 전기기기의 누전으로 인한 감전재해의 방지대책
- 보호접지
- 안전전압의 사용
- 비접지식 전로의 채용
- 누전차단기 설치
- 전로의 보호절연 및 충전부의 격리

정답 68 ① 69 ④ 70 ③ 71 ② 72 ② 73 ④

74 **인체의 저항을 1,000[Ω]으로 볼 때 심실세동을 일으키는 전류에서의 전기에너지는 약 몇 [J]인가?(단, 심실세동전류는 $\frac{165}{\sqrt{T}}$[mA]이며, 통전시간 T는 1초, 전원은 정현파 교류이다)**

① 13.6　　② 27.2
③ 136.6　　④ 272.2

해설

$$W = I^2RT = \left(\frac{165}{\sqrt{T}} \times 10^{-3}\right)^2 \times 1{,}000 \times T \simeq 27.2[\text{J}]$$

75 **다음 중 제1종 위험장소로 분류되지 않는 것은?**

① Floating Roof Tank상의 Shell 내의 부분
② 인화성 액체의 용기 내부의 액면 상부의 공간부
③ 점검 수리작업에서 가연성 가스 또는 증기를 방출하는 경우의 밸브 부근
④ 탱크롤리, 드럼관 등이 인화성 액체를 충전하고 있는 경우의 개구부 부근

해설
인화성 액체의 용기 내부의 액면 상부의 공간부는 0종 위험장소이다.

76 **전압은 저압, 고압 및 특별고압으로 구분되고 있다. 다음 중 저압에 대한 설명으로 가장 알맞은 것은?**

① 직류 750[V] 미만, 교류 650[V] 미만
② 직류 750[V] 이하, 교류 650[V] 이하
③ 직류 750[V] 이하, 교류 600[V] 이하
④ 직류 750[V] 미만, 교류 600[V] 미만

해설
- 저압 : 직류 750[V] 이하, 교류 600[V] 이하
- 고압 : 직류는 750[V], 교류는 600[V]를 넘고, 7,000[V] 이하인 것
- 특고압 : 7,000[V]를 넘는 것

※ 2021년 1월 1일부터 시행되는 한국전기설비규정(KEC)에서의 전압의 구분은 다음과 같다.

구 분	직류(DC)	교류(AC)
저 압	1.5[kV] 이하	1[kV] 이하
고 압	1.5[kV] 초과 7[kV] 이하	1[kV] 초과 7[kV] 이하
특고압	7[kV] 초과	

77 **정전기 대전현상의 설명으로 틀린 것은?**

① 충돌대전 : 분체류와 같은 입자 상호 간이나 입자와 고체의 충돌에 의해 빠른 접촉 또는 분리가 행하여짐으로써 정전기가 발생되는 현상
② 유동대전 : 액체류가 파이프 등 내부에서 유동할 때 액체와 관 벽 사이에서 정전기가 발생되는 현상
③ 박리대전 : 고체나 분체류와 같은 물체가 파괴되었을 때 전하분리에 의해 정전기가 발생되는 현상
④ 분출대전 : 분체류, 액체류, 기체류가 단면적이 작은 분출구를 통해 공기 중으로 분출될 때 분출하는 물질과 분출구의 마찰로 인해 정전기가 발생되는 현상

해설
박리대전 : 옷을 벗거나 물건을 박리할 때 부착현상이나 스파크 발생으로 정전기가 발생되는 현상으로, 마찰 때보다 정전기 발생이 크다.

정답 74 ② 75 ② 76 ③ 77 ③

78 상용 주파수 60[Hz] 교류에서 성인 남자의 경우 고통 한계전류로 가장 알맞은 것은?

① 15~20[mA]
② 10~15[mA]
③ 7~8[mA]
④ 1[mA]

해설
상용주파수 60[Hz] 교류에서 성인 남자의 경우 고통한계전류 : 7~8[mA]

79 대전의 완화를 나타내는 데 중요한 인자인 시정수(Time Constant)는 최초의 전하가 약 몇 [%]까지 완화되는 시간을 말하는가?

① 20 ② 37
③ 45 ④ 50

해설
시정수(Time Constant)는 최초의 전하가 약 37[%]까지 완화되는 시간을 말한다.

80 고압 및 특고압의 전로에 시설하는 피뢰기의 접지저항은 몇 [Ω] 이하로 하여야 하는가?

① 10[Ω] 이하
② 100[Ω] 이하
③ 10^6[Ω] 이하
④ 1[kΩ] 이하

해설
피뢰기의 접지(한국전기설비규정 341.14)
고압 및 특고압의 전로에 시설하는 피뢰기 접지저항 값은 10[Ω] 이하로 하여야 한다.

제5과목 화학설비위험 방지기술

81 다음 중 CO_2 소화약제의 장점으로 볼 수 없는 것은?

① 기체 팽창률 및 기화 잠열이 작다.
② 액화하여 용기에 보관할 수 있다.
③ 전기에 대해 부도체이다.
④ 자체 증기압이 높기 때문에 자체 압력으로 방사가 가능하다.

해설
이산화탄소(CO_2) 소화약제의 특징
• 사용 후에 오염의 영향이 거의 없다.
• 장시간 저장해도 변화가 없다.
• 보통 유류 및 가스 화재에 사용되며 질식효과를 이용한다.
• 자체 증기압이 높으므로 자체 압력으로도 방사가 가능하다.
• 화재 심부까지 침투가 용이하다.
• 액화가 용이한 불연속성 가스이다.
• 액화하여 용기에 보관할 수 있다.
• 전기에 대해 부도체로서 C급 화재에 적응성이 있다.
• 기체팽창률 및 기화잠열이 크다.

82 다음 중 응상폭발이 아닌 것은?

① 분해폭발
② 수증기폭발
③ 전선폭발
④ 고상 간의 전이에 의한 폭발

해설
분해폭발은 기상폭발(화학적 폭발)에 해당된다.

83 고체 가연물의 일반적인 4가지 연소방식에 해당하지 않는 것은?

① 분해연소 ② 표면연소
③ 확산연소 ④ 증발연소

해설
고체 가연물의 일반적인 4가지 연소방식 : 표면연소(직접연소), 자기연소(내부연소), 분해연소, 증발연소

정답 78 ③ 79 ② 80 ① 81 ① 82 ① 83 ③

84 **5[%] NaOH 수용액과 10[%] NaOH 수용액을 반응기에 혼합하여 6[%] 100[kg]의 NaOH 수용액을 만들려면 각각 몇 [kg]의 NaOH 수용액이 필요한가?**

① 5[%] NaOH 수용액 : 33.3,
10[%] NaOH 수용액 : 66.7
② 5[%] NaOH 수용액 : 50,
10[%] NaOH 수용액 : 50
③ 5[%] NaOH 수용액 : 66.7,
10[%] NaOH 수용액 : 33.3
④ 5[%] NaOH 수용액 : 80,
10[%] NaOH 수용액 : 20

해설
혼합 수용액이 6[%] NaOH 수용액 100[kg]이므로, 5[%] NaOH 수용액의 무게를 x[kg]이라고 하면 10[%] NaOH 수용액의 무게는 100−x[kg]이다. 따라서

$0.06 \times 100 = 0.05x + 0.1 \times (100 - x)$

$6 = 0.05x + 10 - 0.1x$

$0.05x = 4$이므로 $x = 80$[kg], $100 - x = 20$이다. 따라서 5[%] NaOH 수용액 80[kg], 10[%] NaOH 수용액 20[kg]이다.

85 **다음 중 압축기 운전 시 토출압력이 갑자기 증가하는 이유로 가장 적절한 것은?**

① 윤활유의 과다
② 피스톤 링의 가스 누설
③ 토출관 내에 저항 발생
④ 저장조 내 가스압의 감소

해설
토출관 내에 저항이 발생되면, 압축기 운전 시 토출압력이 갑자기 증가한다.

86 **분진폭발의 발생 순서로 옳은 것은?**

① 비산 → 분산 → 퇴적 분진 → 발화원 → 2차 폭발 → 전면폭발
② 비산 → 퇴적 분진 → 분산 → 발화원 → 2차 폭발 → 전면폭발
③ 퇴적 분진 → 발화원 → 분산 → 비산 → 전면폭발 → 2차 폭발
④ 퇴적 분진 → 비산 → 분산 → 발화원 → 전면폭발 → 2차 폭발

해설
분진폭발의 발생 순서 : 퇴적 분진 → 비산 → 분산 → 발화원 → 전면폭발 → 2차 폭발

87 **다음 금속 중 산(Acid)과 접촉하여 수소를 가장 잘 방출시키는 원소는?**

① 칼 륨 ② 구 리
③ 수 은 ④ 백 금

해설
칼륨 금속은 제3류 위험물 및 자연발화성 및 금수성 물질로 물이나 공기와 접촉을 하면 가연성가스(H_2)를 발생시킨다.

88 **비점이 낮은 액체 저장탱크 주위에 화재가 발생했을 때 저장탱크 내부의 비등현상으로 인한 압력 상승으로 탱크가 파열되어 그 내용물이 증발, 팽창하면서 발생되는 폭발현상은?**

① Back Draft ② BLEVE
③ Flash Over ④ UVCE

해설
BLEVE(Boiling Liquid Expanding Vapor Explosion, 액화가스의 폭발) : 비등액 팽창증기폭발
- 비등 상태의 액화가스가 기화하여 팽창하고 폭발하는 현상
- 비점이나 인화점이 낮은 액체가 들어 있는 용기나 저장탱크 주위가 화재 등으로 가열되면, 용기·저장탱크 내부의 비등현상으로 인한 압력 상승으로 벽면이 파열되면서 그 내용물이 증발, 팽창하면서 급격하게 폭발을 일으키는 현상

정답 84 ④ 85 ③ 86 ④ 87 ① 88 ②

89 건축물 공사에 사용되고 있으나 불에 타는 성질이 있어서 화재 시 유독한 사이안화수소가스가 발생되는 물질은?

① 염화비닐 ② 염화에틸렌
③ 메타크릴산메틸 ④ 우레탄

해설
우레탄은 건축물 공사에 많이 사용되고 있으나, 불에 잘 타는 성질이 있다. 특히 우레탄의 재료 중 이소시아네이트가 있어 화재 시 유독한 사이안화수소가스를 발생시킨다.

90 가연성 가스의 폭발범위에 관한 설명으로 틀린 것은?

① 압력 증가에 따라 폭발 상한계와 하한계가 모두 현저히 증가한다.
② 불활성 가스를 주입하면 폭발범위는 좁아진다.
③ 온도의 상승과 함께 폭발범위는 넓어진다.
④ 산소 중에서의 폭발범위는 공기 중에서보다 넓어진다.

해설
- 폭발한계범위는 온도와 압력에 비례한다.
- 압력증가에 따라 폭발상한계는 증가하지만, 폭발하한계는 변화하지 않는다.
- 온도증가에 따라 폭발하한계는 감소하고, 폭발상한계는 증가한다.

91 다음 중 화학공장에서 주로 사용되는 불활성 가스는?

① 수 소 ② 수증기
③ 질 소 ④ 일산화탄소

해설
화학공장에서는 주로 질소를 사용하고, 그 외의 불활성가스에는 공기, 헬륨, 질소, 탄산가스 등이 있다.

92 다음 설명이 의미하는 것은?

온도, 압력 등 제어상태가 규정의 조건을 벗어나는 것에 의해 반응속도가 지수함수적으로 증대되고, 반응용기 내의 온도, 압력이 급격히 이상 상승되어 규정조건을 벗어나고, 반응이 과격화되는 현상

① 비 등 ② 과열·과압
③ 폭 발 ④ 반응폭주

해설
반응폭주 : 압력 등 제어상태가 규정의 조건을 벗어나는 것에 의해 반응속도가 지수함수적으로 증대되고, 반응용기 내의 온도, 압력이 급격히 이상 상승되어 규정조건을 벗어나고, 반응이 과격화되는 현상

93 산업안전보건법령에 따라 정변위 압축기 등에 대해서 과압에 따른 폭발을 방지하기 위하여 설치하여야 하는 것은?

① 역화방지기 ② 안전밸브
③ 감지기 ④ 체크밸브

해설
정변위 압축기 등에 대해서 과압에 따른 폭발을 방지하기 위하여 설치하여야 하는 것은 안전밸브이다(산업안전보건기준에 관한 규칙 제261조).

94 다음 중 밀폐 공간 내 작업 시의 조치사항으로 가장 거리가 먼 것은?

① 산소결핍이 우려되거나 유해가스 등의 농도가 높아서 폭발할 우려가 있는 경우는 진행 중인 작업에 방해되지 않도록 주의하면서 환기를 강화하여야 한다.
② 해당 작업장을 적정한 공기 상태로 유지되도록 환기하여야 한다.
③ 해당 상소에 근로자를 입장시킬 때와 퇴장시킬 때에 각각 인원을 점검하여야 한다.
④ 해당 작업장과 외부의 감시인 사이에 상시 연락을 취할 수 있는 설비를 설치하여야 한다.

해설
산소결핍이 우려되거나 유해가스 등의 농도가 높아서 폭발할 우려가 있는 경우에는 즉시 작업을 중단하고 해당 근로자를 대피시켜야 한다.

정답 89 ④ 90 ① 91 ③ 92 ④ 93 ② 94 ①

95 **다음 중 인화점이 가장 낮은 것은?**

① 벤 젠　② 메탄올
③ 이황화탄소　④ 경 유

해설
인화점[℃]
- 이황화탄소 : -30
- 벤젠 : -11
- 메탄올 : 11
- 경유 : 50~70

96 **아세톤에 대한 설명으로 틀린 것은?**

① 증기는 유독하므로 흡입하지 않도록 주의해야 한다.
② 무색이고 휘발성이 강한 액체이다.
③ 비중이 0.79이므로 물보다 가볍다.
④ 인화점이 20[℃]이므로 여름철에 더 인화 위험이 높다.

해설
인화점이 -17[℃]로 낮아 인화성이 강한 물질이므로 취급에 각별한 주의를 요한다.

97 **프로판가스(C_3H_8)가 공기 중 연소할 때의 화학양론농도는 약 얼마인가?(단, 공기 중의 산소농도는 21[vol%]이다)**

① 2.5[vol%]　② 4.0[vol%]
③ 5.6[vol%]　④ 9.5[vol%]

해설
화학양론농도

$$C_{st}=\frac{100}{1+4.773\left[a+\frac{(b-c-2d)}{4}+e\right]}$$

$$=\frac{100}{1+4.773\left[3+\frac{8}{4}\right]}\simeq 4.0[\text{vol\%}]$$

98 **다음 중 왕복펌프에 속하지 않는 것은?**

① 피스톤 펌프　② 플런저 펌프
③ 기어 펌프　④ 격막 펌프

해설
기어 펌프는 왕복펌프가 아니라 회전펌프에 해당한다.

99 **위험물안전관리법령에서 정한 위험물의 유별 구분이 나머지 셋과 다른 하나는?**

① 질 산　② 질산칼륨
③ 과염소산　④ 과산화수소

해설
질산칼륨은 제1류 위험물이며 ①, ③, ④는 모두 제6류 위험물이다.

100 **다음 중 아세틸렌을 용해가스로 만들 때 사용되는 용제로 가장 적합한 것은?**

① 아세톤　② 메 탄
③ 부 탄　④ 프로판

해설
아세틸렌을 용해가스로 만들 때 사용되는 용제로는 아세톤이나 다이메틸폼아마이드(DMF) 등이 적합하다.

정답 95 ③ 96 ④ 97 ② 98 ③ 99 ② 100 ①

제6과목 건설안전기술

101 양중기에 사용하는 와이어로프에서 화물의 하중을 직접 지지하는 달기와이어로프 또는 달기체인의 안전계수 기준은?

① 3 이상 ② 4 이상
③ 5 이상 ④ 10 이상

해설
와이어로프 등 달기구의 안전계수(산업안전보건기준에 관한 규칙 제163조)
- 근로자가 탑승하는 운반구를 지지하는 달기와이어로프 또는 달기체인의 경우 : 10 이상
- 화물의 하중을 직접 지지하는 달기와이어로프 또는 달기체인의 경우 : 5 이상
- 훅, 섀클, 클램프, 리프팅 빔의 경우 : 3 이상
- 그 밖의 경우 : 4 이상

102 타워크레인을 자립고(自立高) 이상의 높이로 설치할 때 지지 벽체가 없어 와이어로프로 지지하는 경우의 준수사항으로 옳지 않은 것은?

① 와이어로프를 고정하기 위한 전용 지지프레임을 사용할 것
② 와이어로프 설치각도는 수평면에서 60° 이내로 하되, 지지점은 4개소 이상으로 하고, 같은 각도로 설치할 것
③ 와이어로프와 그 고정부위는 충분한 강도와 장력을 갖도록 설치하되, 와이어로프를 클립・섀클(Shackle) 등의 기구를 사용하여 고정하지 않도록 유의할 것
④ 와이어로프가 가공전선(架空電線)에 근접하지 않도록 할 것

해설
와이어로프와 그 고정부위는 충분한 강도와 장력을 갖도록 설치하고 와이어로프를 클립・섀클(Shackle), 연결고리 등의 기구를 사용하여 고정할 것(산업안전보건기준에 관한 규칙 제142조)

103 공정률이 65[%]인 건설현장의 경우 공사 진척에 따른 산업안전보건관리비의 최소 사용기준으로 옳은 것은?

① 40[%] 이상 ② 50[%] 이상
③ 60[%] 이상 ④ 70[%] 이상

해설
공사진척에 따른 안전관리비 사용기준(건설업 산업안전보건관리비 계상 및 사용기준 별표 3)

공정률	50[%] 이상 70[%] 미만	70[%] 이상 90[%] 미만	90[%] 이상
사용기준	50[%] 이상	70[%] 이상	90[%] 이상

104 터널공사의 전기발파작업에 관한 설명으로 옳지 않은 것은?

① 전선은 점화하기 전에 화약류를 충진한 장소로부터 30[m] 이상 떨어진 안전한 장소에서 도통시험 및 저항시험을 하여야 한다.
② 점화는 충분한 허용량을 갖는 발파기를 사용하고 규정된 스위치를 반드시 사용하여야 한다.
③ 발파 후 발파기와 발파모선의 연결을 유지한 채 그 단부를 절연시킨다.
④ 점화는 선임된 발파책임자가 행하고 발파기의 핸들을 점화할 때 이외는 시건장치를 하거나 모선을 분리하여야 하며 발파책임자의 엄중한 관리하에 두어야 한다.

해설
발파 후 즉시 발파모선을 발파기로부터 분리하고 그 단부를 절연시킨다.

정답 101 ③ 102 ③ 103 ② 104 ③

105 **건설업의 산업안전보건관리비 사용항목에 해당되지 않는 것은?**

① 안전시설비 ② 근로자 건강관리비
③ 운반기계 수리비 ④ 안전진단비

해설
건설업의 산업안전보건관리비 사용기준(건설업 산업안전보건관리비 계상 및 사용기준 제7조)
- 안전관리자 등의 인건비 및 각종 업무 수당 등
- 안전시설비 등
- 개인보호구 및 안전장구 구입비 등
- 사업장의 안전·보건진단비 등
- 안전보건교육비 및 행사비 등
- 근로자의 건강관리비 등
- 기술지도비
- 본사 사용비

106 **차량계 하역운반기계 등에 화물을 적재하는 경우에 준수해야 할 사항으로 옳지 않은 것은?**

① 하중이 한쪽으로 치우치도록 하여 공간상 효율적으로 적재할 것
② 구내 운반차 또는 화물자동차의 경우 화물의 붕괴 또는 낙하에 의한 위험을 방지하기 위하여 화물에 로프를 거는 등 필요한 조치를 할 것
③ 운전자의 시야를 가리지 않도록 화물을 적재할 것
④ 화물을 적재하는 경우 최대 적재량을 초과하지 않을 것

해설
화물 적재 시 하중이 한쪽으로 치우치지 않도록 적재해야 한다.

107 **건설현장에 설치하는 사다리식 통로의 설치기준으로 옳지 않은 것은?**

① 발판과 벽과의 사이는 15[cm] 이상의 간격을 유지할 것
② 발판의 간격은 일정하게 할 것
③ 사다리의 상단은 걸쳐놓은 지점으로부터 60[cm] 이상 올라가도록 할 것
④ 사다리식 통로의 길이가 10[m] 이상인 경우에는 3[m] 이내마다 계단참을 설치할 것

해설
사다리식 통로의 길이가 10[m] 이상인 경우에는 5[m] 이내마다 계단참을 설치할 것(산업안전보건기준에 관한 규칙 제24조)

108 **말비계를 조립하여 사용할 때의 준수사항으로 옳지 않은 것은?**

① 지주부재의 하단에는 미끄럼 방지장치를 한다.
② 지주부재와 수평면과의 기울기는 75° 이하로 한다.
③ 말비계의 높이가 2[m]를 초과할 경우에는 작업발판의 폭을 30[cm] 이상으로 한다.
④ 지주부재와 지주부재의 사이를 고정시키는 보조부재를 설치한다.

해설
말비계의 높이가 2[m]를 초과할 경우에는 작업발판의 폭을 40[cm] 이상으로 한다(산업안전보건기준에 관한 규칙 제67조).

109 **유해·위험방지계획서 첨부서류에 해당되지 않는 것은?**

① 안전관리를 위한 교육자료
② 안전관리조직표
③ 건설물, 사용기계설비 등의 배치를 나타내는 도면
④ 재해 발생위험 시 연락 및 대피방법

해설
※ 출제 시 정답은 ①이었으나, 법령 개정으로 ①, ③ 정답(개정으로 ③에 해당하는 법 조항 삭제됨)

유해·위험방지계획서 첨부서류(시행규칙 별표 10)
- 공사개요서
- 안전관리조직표
- 산업안전보건관리비 사용계획
- 재해 발생위험 시 연락 및 대피방법
- 공사현장의 주변현황 및 주변과의 관계를 나타내는 도면
- 전체 공정표

정답 105 ③ 106 ① 107 ④ 108 ③ 109 ①, ③

110 **다음 설명에 해당하는 안전대와 관련된 용어로 옳은 것은?(단, 보호구안전인증고시 기준)**

> 신체 지지의 목적으로 전신에 착용하는 띠 모양의 것으로서 상체 등 신체 일부분만 지지하는 것은 제외한다.

① 안전그네　　② 벨 트
③ 죔 줄　　④ 버 클

해설
안전그네 : 신체 지지의 목적으로 전신에 착용하는 띠 모양의 것으로서 상체 등 신체 일부분만 지지하는 것은 제외한다(보호구안전인증 고시 제26조).

111 **항타기 또는 항발기의 권상용 와이어로프의 사용 금지 기준에 해당하지 않는 것은?**

① 이음매가 없는 것
② 지름의 감소가 공칭지름의 7[%]를 초과하는 것
③ 꼬인 것
④ 열과 전기충격에 의해 손상된 것

해설
권상용 와이어로프는 이음매가 있는 것을 사용하면 안 된다(산업안전보건기준에 관한 규칙 제63조).

112 **흙막이 지보공의 안전조치로 옳지 않은 것은?**

① 굴착 배면에 배수로 미설치
② 지하 매설물에 대한 조사 실시
③ 조립도의 작성 및 작업 순서 준수
④ 흙막이 지보공에 대한 조사 및 점검 철저

해설
굴착 배면에 배수로를 설치해야 한다.

113 **가설통로의 구조에 관한 기준으로 옳지 않은 것은?**

① 경사가 15°를 초과하는 경우에는 미끄러지지 아니하는 구조로 할 것
② 경사는 20° 이하로 할 것
③ 추락의 위험이 있는 장소에는 안전난간을 설치할 것
④ 수직갱에 가설된 통로의 길이가 15[m] 이상인 경우에는 10[m] 이내마다 계단참을 설치할 것

해설
가설통로의 경사는 30° 이하로 해야 한다(산업안전보건기준에 관한 규칙 제23조).

114 **로드(Rod)·유압잭(Jack) 등을 이용하여 거푸집을 연속적으로 이동시키면서 콘크리트를 타설할 때 사용되는 것으로 Silo 공사 등에 적합한 거푸집은?**

① 메탈폼
② 슬라이딩 폼
③ 워플폼
④ 페코빔

해설
슬라이딩 폼 : 로드(Rod), 유압잭(Jack) 등을 이용하여 거푸집을 연속적으로 이동시키면서 콘크리트를 타설할 때 사용되는 것으로 Silo 공사 등에 적합한 거푸집

115 **설치·이전하는 경우 안전인증을 받아야 하는 기계·기구에 해당되지 않는 것은?**

① 크레인　　② 리프트
③ 곤돌라　　④ 고소작업대

해설
- 설치·이전하는 경우 안전인증을 받아야 하는 기계 : 크레인, 리프트, 곤돌라
- 주요 구조 부분을 변경하는 경우 안전인증을 받아야 하는 기계 및 설비 : 프레스, 전단기 및 절곡기, 크레인, 리프트, 압력용기, 롤러기, 사출성형기, 고소작업대, 곤돌라

정답 110 ① 111 ① 112 ① 113 ② 114 ② 115 ④

116 **흙막이 계측기의 종류 중 주변 지반의 변형을 측정하는 기계는?**

① Tilt Meter ② Inclino Meter
③ Strain Gauge ④ Load Cell

해설
Inclino Meter : 흙막이 계측기의 종류 중 주변 지반의 변형을 측정하는 기계

117 **거푸집 동바리 등을 조립 또는 해체하는 작업을 하는 경우의 준수사항으로 옳지 않은 것은?**

① 재료, 기구 또는 공구 등을 올리거나 내리는 경우에는 근로자로 하여금 달줄・달포대 등의 사용을 금하도록 할 것
② 낙하・충격에 의한 돌발적 재해를 방지하기 위하여 버팀목을 설치하고 거푸집 동바리 등을 인양장비에 매단 후에 작업을 하도록 하는 등 필요한 조치를 할 것
③ 비, 눈 그 밖의 기상 상태의 불안정으로 날씨가 몹시 나쁜 경우에는 그 작업을 중지할 것
④ 해당 작업을 하는 구역에는 관계 근로자가 아닌 사람의 출입을 금지할 것

해설
재료, 기구 또는 공구 등을 올리거나 내리는 경우에는 근로자가 달줄・달포대 등을 사용하도록 할 것(산업안전보건기준에 관한 규칙 제336조)

118 **철골작업 시 기상조건에 따라 안전상 작업을 중지하여야 하는 경우에 해당되는 기준으로 옳은 것은?**

① 강우량이 시간당 5[mm] 이상인 경우
② 강우량이 시간당 10[mm] 이상인 경우
③ 풍속이 초당 10[m] 이상인 경우
④ 강설량이 시간당 20[mm] 이상인 경우

해설
①, ② 강우량이 시간당 1[mm] 이상인 경우
④ 강설량이 시간당 10[mm] 이상인 경우
(산업안전보건기준에 관한 규칙 제383조)

119 **화물 취급작업과 관련한 위험방지를 위해 조치하여야 할 사항으로 옳지 않은 것은?**

① 작업장 및 통로의 위험한 부분에는 안전하게 작업할 수 있는 조명을 유지할 것
② 차량 등에서 화물을 내리는 작업을 하는 경우에 해당 작업에 종사하는 근로자에게 쌓여 있는 화물 중간에서 화물을 빼내도록 하지 말 것
③ 육상에서의 통로 및 작업 장소로서 다리 또는 선거 갑문을 넘는 보도 등의 위험한 부분에는 안전난간 또는 울타리 등을 설치할 것
④ 부두 또는 안벽의 선을 따라 통로를 설치하는 경우에는 폭을 50[cm] 이상으로 할 것

해설
부두 또는 안벽의 선을 따라 통로를 설치하는 경우에는 폭을 최소 90[cm] 이상으로 할 것(산업안전보건기준에 관한 규칙 제390조)

120 **동바리로 사용하는 파이프서포트는 최대 몇 개 이상 이어서 사용하지 않아야 하는가?**

① 2개
② 3개
③ 4개
④ 5개

해설
동바리로 사용하는 파이프서포트는 3개 이상 이어서 사용하지 않아야 한다(산업안전보건기준에 관한 규칙 제332조).

정답 116 ② 117 ① 118 ③ 119 ④ 120 ②

산업안전기사

과년도 기출문제

제1과목 안전관리론

01 A 사업장의 강도율이 2.5이고, 연간 재해 발생 건수가 12건, 연간 총근로시간 수가 120만 시간일 때 이 사업장의 종합재해지수는 약 얼마인가?

① 1.6　② 5.0
③ 27.6　④ 230

해설

$$도수율 = \frac{재해건수}{연\ 근로시간\ 수} \times 10^6 = \frac{12}{1,200,000} \times 10^6 = 10$$

$$종합재해지수(FSI) = \sqrt{도수율 \times 강도율} = \sqrt{10 \times 2.5} = 5.0$$

02 재해 발생 시 조치 순서 중 재해 조사단계에서 실시하는 내용으로 옳은 것은?

① 현장보존
② 관계자에게 통보
③ 잠재재해 위험요인의 색출
④ 피재자의 응급조치

해설
재해 조사단계 : 잠재재해 위험요인의 색출

03 위치, 순서, 패턴, 형상, 기억오류 등 외부적 요인에 의해 나타나는 것은?

① 메트로놈　② 리스크 테이킹
③ 부주의　④ 착 오

해설
착오 : 상황을 잘못 해석하거나 틀린 목표를 착각하여 행하는 실수로 위치, 순서, 패턴, 형상, 기억오류 등 외부적 요인에 의해 나타난다.

04 학습지도 형태 중 다음 토의법 유형에 대한 설명으로 옳은 것은?

> 6-6 회의라고도 하며, 6명씩 소집단으로 구분하고, 집단별로 각각의 사회자를 선발하여 6분간씩 자유토의를 행하여 의견을 종합하는 방법

① 버즈세션(Buzz Session)
② 포럼(Forum)
③ 심포지엄(Symposium)
④ 패널 디스커션(Panel Discussion)

해설
버즈세션(Buzz Session) : 6-6 회의라고도 하며, 6명씩 소집단으로 구분하고, 집단별로 각각의 사회자를 선발하여 6분씩 자유토의를 행하여 의견을 종합하는 방법

05 하인리히의 재해발생 이론은 다음과 같이 표현할 수 있다. 이때 α가 의미하는 것으로 옳은 것은?

> 재해의 발생
> = 물적 불안전 상태 + 인적 불안전 행위 + α
> = 설비적 결함 + 관리적 결함 + α

① 노출된 위험의 상태
② 재해의 직접원인
③ 재해의 간접원인
④ 잠재된 위험의 상태

해설
재해의 발생
= 물적 불안전 상태 + 인적 불안전 행위 + 잠재된 위험의 상태
= 설비적 결함 + 관리적 결함 + 잠재된 위험의 상태

정답 1 ② 2 ③ 3 ④ 4 ① 5 ④

06 **브레인스토밍(Brain Storming) 기법의 4원칙에 관한 설명으로 틀린 것은?**

① 한 사람이 많은 의견을 제시할 수 있다.
② 타인의 의견을 수정하여 발언할 수 있다.
③ 타인의 의견에 대하여 비판, 비평하지 않는다.
④ 의견을 발언할 때에는 주어진 요건에 맞추어 발언한다.

해설
브레인스토밍(Brain Stormin) 기법의 4원칙
- 자유로운 분위기 속에서 토론을 한다.
- 가능한 많은 아이디어 및 의견을 제시한다.
- 다른 이가 어떤 아이디어를 내든지 비판을 하지 않는다.
- 다른 이의 아이디어를 수정하여 발언할 수 있다.

07 **재해원인 분석방법의 통계적 원인 분석 중 사고의 유형, 기인물 등 분류항목을 큰 순서대로 도표화한 것은?**

① 파레토도 ② 특성요인도
③ 크로스도 ④ 관리도

해설
① 파레토도(Pareto Diagram) : 사고의 유형, 기인물 등 분류항목을 큰 순서대로 도표화한 것
② 특성요인도(Cause & Effect Diagram) : 재해문제 특성과 원인의 관계를 찾아가면서 도표로 만들어 재해 발생의 원인을 찾아내는 통계분석기법
③ 크로스도 또는 클로즈분석(Close Analysis) : 데이터를 집계하고 표로 표시하여 요인별 결과 내역을 교차한 클로즈 그림을 작성하여 2개 이상의 문제관계를 분석하는 통계분석기법
④ 관리도(Control Chart) : 재해 발생 건수 등의 추이에 대해 한계선을 설정하여 목표관리를 수행하는 재해통계분석기법

08 **산업안전보건법상 안전·보건표지의 종류 중 안내표지에 해당하지 않은 것은?**

① 들 것 ② 비상용 기구
③ 출입구 ④ 세안장치

해설
안내표지의 종류 : 녹십자 표지, 응급구호 표지, 들것, 세안장치, 비상용 기구, 비상구, 좌측 비상구, 우측 비상구(시행규칙 별표 6)

09 **산업안전보건법상 근로자 안전·보건교육 중 관리감독자 정기 안전·보건교육의 교육내용이 아닌 것은?**

① 작업 개시 전 점검에 관한 사항
② 산업보건 및 직업병 예방에 관한 사항
③ 유해·위험 작업환경 관리에 관한 사항
④ 작업공정의 유해·위험과 재해 예방대책에 관한 사항

해설
관리감독자 정기 안전·보건교육의 교육내용(시행규칙 별표 5)
- 산업안전 및 사고 예방에 관한 사항
- 산업보건 및 직업병 예방에 관한 사항
- 유해·위험 작업환경 관리에 관한 사항
- 산업안전보건법령 및 산업재해보상보험 제도에 관한 사항
- 직무스트레스 예방 및 관리에 관한 사항
- 직장 내 괴롭힘, 고객의 폭언 등으로 인한 건강장해 예방 및 관리에 관한 사항
- 작업공정의 유해·위험과 재해 예방대책에 관한 사항
- 표준안전 작업방법 및 지도 요령에 관한 사항
- 관리감독자의 역할과 임무에 관한 사항
- 안전보건교육 능력 배양에 관한 사항

10 **안전점검 보고서 작성내용 중 주요사항에 해당되지 않는 것은?**

① 작업현장의 현 배치 상태와 문제점
② 재해 다발요인과 유형분석 및 비교 데이터 제시
③ 안전관리 스텝의 인적사항
④ 보호구, 방호장치 작업환경 실태와 개선 제시

해설
안전점검보고서 작성내용 중 주요사항(안전점검보고서에 수록될 주요 내용)
- 안전방침과 중점 개선계획
- 안전교육 실시 현황 및 추진 방향
- 작업현장의 현 배치 상태와 문제점
- 재해 다발요인과 유형분석 및 비교 데이터 제시
- 보호구, 방호장치 작업환경 실태와 개선 제시
- 안전점검 방법, 범위, 적용기준 등

정답 6 ④ 7 ① 8 ③ 9 ① 10 ③

11 **안전교육방법 중 구안법(Project Method)의 4단계의 순서로 옳은 것은?**

① 목적 결정 → 계획 수립 → 활동 → 평가
② 계획 수립 → 목적 결정 → 활동 → 평가
③ 활동 → 계획 수립 → 목적 결정 → 평가
④ 평가 → 계획 수립 → 목적 결정 → 활동

해설
구안법(Project Method)의 4단계 : 목적 결정 → 계획 수립 → 활동 → 평가

12 **보호구안전인증고시에 따른 방음용 귀마개 또는 귀덮개와 관련된 용어의 정의 중 다음 ( ) 안에 알맞은 것은?**

> 음압수준이란 음압을 다음 식에 따라 데시벨[dB]로 나타낸 것을 말하며 적분평균소음계(KS C 1505) 또는 소음계(KS C 1502)에 규정하는 소음계의 ( ) 특성을 기준으로 한다.

① A　　② B
③ C　　④ D

해설
음압수준이란 음압을 다음 식에 따라 데시벨[dB]로 나타낸 것을 말하며 적분평균소음계(KS C 1505) 또는 소음계(KS C 1502)에 규정하는 소음계의 'C' 특성을 기준으로 한다(보호구안전인증고시 제32조).
음압수준[dB]$=20\log_{10}\frac{P}{P_0}$

13 **무재해운동 추진기법 중 위험예지훈련 4라운드 기법에 해당하지 않는 것은?**

① 현상 파악
② 행동목표 설정
③ 대책 수립
④ 안전평가

해설
위험예지훈련의 4라운드(4R) : 현상 파악 → 본질 추구 → 대책 수립 → 목표 설정

14 **다음 그림과 같은 안전관리조직의 특징으로 틀린 것은?**

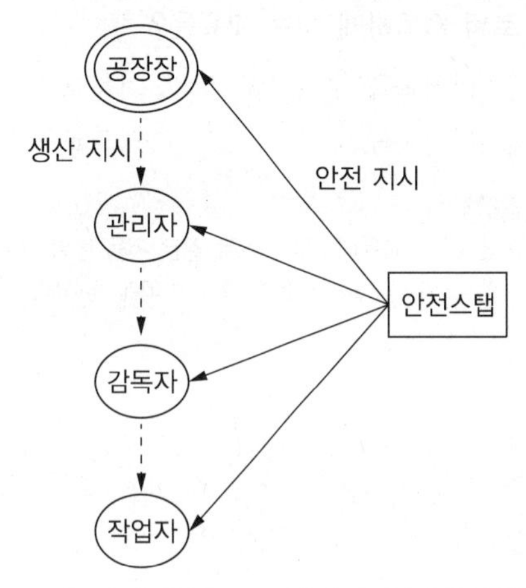

① 1,000명 이상의 대규모 사업장에 적합하다.
② 생산 부분은 안전에 대한 책임과 권한이 없다.
③ 사업장의 특수성에 적합한 기술연구를 전문적으로 할 수 있다.
④ 권한 다툼이나 조정 때문에 통제수속이 복잡해지며, 시간과 노력이 소모된다.

해설
문제의 그림은 참모(Staff)형 조직이며 100~500명(혹은 1,000명 이내) 정도의 중규모 사업장에 적합하다.

15 **인간의 행동특성과 관련한 레빈의 법칙(Lewin) 중 P가 의미하는 것은?**

$$B=f(P\cdot E)$$

① 사람의 경험, 성격 등
② 인간의 행동
③ 심리에 영향을 주는 인간관계
④ 심리에 영향을 미치는 작업환경

해설
$B=f(P\cdot E)$에서 B는 인간의 행동(Behavior), f는 함수(Function), P는 소질 혹은 성격(Personality), E는 심리학적 환경 혹은 작업환경(Environment)을 의미한다.

정답 11 ① 12 ③ 13 ④ 14 ① 15 ①

16 **안전교육의 단계에 있어 교육대상자가 스스로 행함으로써 습득하게 하는 교육은?**

① 의식교육 ② 기능교육
③ 지식교육 ④ 태도교육

해설
기능교육 : 교육대상자 스스로 같은 것을 반복하여 행하는 개인의 시행착오에 의해서만 점차 그 사람에게 형성되는 교육

17 **부주의의 현상으로 볼 수 없는 것은?**

① 의식의 단절 ② 의식수준 지속
③ 의식의 과잉 ④ 의식의 우회

해설
부주의 현상 : 의식의 단절, 의식의 우회, 의식수준의 저하, 의식의 혼란, 의식의 과잉

18 **산업안전보건법상 근로시간 연장의 제한에 관한 기준에서 다음의 ( ) 안에 알맞은 것은?**

사업주는 유해하거나 위험한 작업으로서 대통령령으로 정하는 작업에 종사하는 근로자에게는 1일 (㉠)시간, 1주 (㉡)시간을 초과하여 근로하게 하여서는 아니 된다.

① ㉠ 6, ㉡ 34 ② ㉠ 7, ㉡ 36
③ ㉠ 8, ㉡ 40 ④ ㉠ 8, ㉡ 44

해설
사업주는 유해하거나 위험한 작업으로서 높은 기압에서 하는 작업 등 대통령령으로 정하는 작업에 종사하는 근로자에게는 1일 6시간, 1주 34시간을 초과하여 근로하게 하여서는 아니 된다(법 제139조).

19 **일반적으로 시간의 변화에 따라 야간에 상승하는 생체리듬은?**

① 맥박 수 ② 염분량
③ 혈 압 ④ 체 중

해설
생체리듬의 특징
- 안정일(+)과 불안정기(−)의 교차점을 위험일이라고 한다.
- 주간에 상승하는 생체리듬 : 혈압, 맥압, 맥박 수, 체중, 말초 운동기능 등
- 야간에 상승하는 생체리듬 : 수분, 염분량 등

20 **성인학습의 원리에 해당되지 않는 것은?**

① 간접경험의 원리
② 자발학습의 원리
③ 상호학습의 원리
④ 참여교육의 원리

해설
성인학습의 원리
- 자발학습의 원리(자발적인 학습 참여의 원리)
- 상호학습의 원리
- 참여교육의 원리(참여와 공존의 원리)
- 자기주도성의 원리(직접경험의 원리)
- 현실성과 실제지향성의 원리
- 탈정형성의 원리
- 다양성과 이질성의 원리
- 과정중심의 원리
- 경험중심의 원리
- 유희의 원리

정답 16 ② 17 ② 18 ① 19 ② 20 ①

제2과목 인간공학 및 시스템 안전공학

21 설비보전을 평가하기 위한 식으로 틀린 것은?

① 성능가동률 = 속도 가동률 × 정미 가동률
② 시간가동률 = (부하시간 − 정미시간)/부하시간
③ 설비종합효율 = 시간 가동률 × 성능 가동률 × 양품률
④ 정미가동률 = (생산량 × 기준 주기시간)/가동시간

해설
정미가동률 = (생산량 × 기준 주기시간)/(부하시간 − 정지시간)

22 '표시장치와 이에 대응하는 조종장치 간의 위치 또는 배열이 인간의 기대와 모순되지 않아야 한다.'는 인간공학적 설계원리와 가장 관계가 깊은 것은?

① 개념 양립성 ② 운동 양립성
③ 문화 양립성 ④ 공간 양립성

해설
양립성의 종류 : 개념 양립성, 양식 양립성, 운동 양립성, 공간 양립성
- 개념 양립성 : 어떠한 신호가 전달하려는 내용과 연관성이 있어야 하는 것(예 위험신호는 빨간색, 주의신호는 노란색, 안전신호는 파란색으로 표시하는 것)
- 양식 양립성 : 청각적 자극 제시와 이에 대한 음성응답 과업에서 갖는 양립성
- 운동 양립성 : 표시 및 조종장치에서 체계반응에 대한 운동 방향으로, 운동관계의 양립성을 고려하여 동목(Moving Scale)형 표시장치를 바람직하게 설계하려면, 눈금과 손잡이가 같은 방향으로 회전하도록 설계한다.
- 공간 양립성 : 표시장치와 이에 대응하는 조종장치 간의 위치 또는 배열이 인간의 기대와 모순되지 않아야 하는 것

23 다음 그림은 THERP를 수행하는 예이다. 작업 개시점 N_1에서부터 작업 종점 N_4까지 도달할 확률은?(단, $P(B_i)$, i = 1, 2, 3, 4는 해당 확률을 나타내며, 각 직무과오의 발생은 상호 독립이라 가정한다)

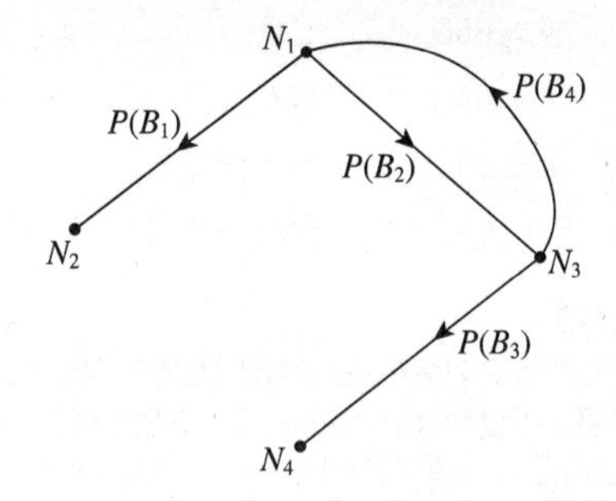

① $1-P(B_1)$ ② $P(B_2)\cdot P(B_3)$
③ $\dfrac{P(B_2)\cdot P(B_3)}{1-P(B_4)}$ ④ $\dfrac{P(B_2)\cdot P(B_3)}{1-P(B_2)\cdot P(B_4)}$

해설
N_1에서 시작하여 N_4에 이르기까지 B_2와 B_4가 루프의 형태를 이루므로 도달확률은 $P=\dfrac{\text{최단 경로}}{1-\text{루프경로의 곱}}=\dfrac{P(B_2)\cdot P(B_3)}{1-P(B_2)\cdot P(B_4)}$

24 격렬한 육체적 작업의 작업부담평가 시 활용되는 주요 생리적 척도로만 이루어진 것은?

① 부정맥, 작업량
② 맥박수, 산소소비량
③ 점멸융합주파수, 폐활량
④ 점멸융합주파수, 근전도

해설
육체작업의 생리학적 부하 측정척도(인간의 생리적 부담척도) : 격렬한 육체적 작업의 작업부담평가 시 활용되며, 측정변수는 맥박수, 산소소비량, 근전도 등이다.

정답 21 ④ 22 ④ 23 ④ 24 ②

25 산업안전보건기준에 관한 규칙상 작업장의 작업면에 따른 적정 조명수준은 초정밀작업에서 (㉠)[lx] 이상이고, 보통작업에서는 (㉡)[lx] 이상이다. (   ) 안에 들어갈 내용은?

① ㉠ : 650, ㉡ : 150
② ㉠ : 650, ㉡ : 250
③ ㉠ : 750, ㉡ : 150
④ ㉠ : 750, ㉡ : 250

해설
산업안전보건기준에 관한 규칙상 작업장의 작업면에 따른 적정 조명수준은 초정밀작업에서 750[lx], 정밀작업에서 300[lx], 보통작업에서 150[lx], 그 밖의 작업에서는 75[lx] 이상이어야 한다.

26 다음 그림과 같은 시스템의 신뢰도는 약 얼마인가? (단, 각각의 네모 안의 수치는 각 공정의 신뢰도를 나타낸 것이다)

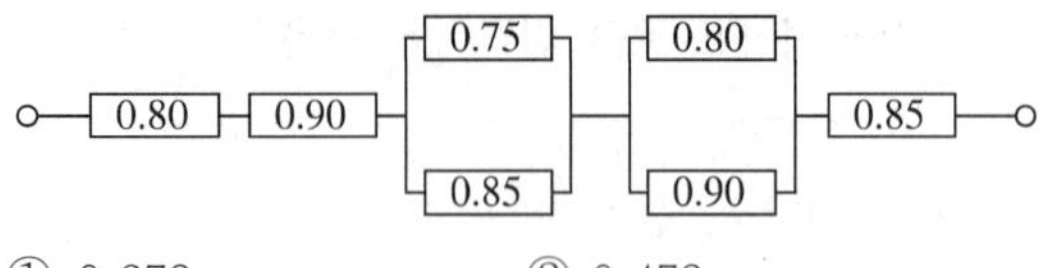

① 0.378
② 0.478
③ 0.578
④ 0.675

해설
$R = 0.80 \times 0.90 \times [1-(1-0.75)(1-0.85)]$
$\times [1-(1-0.80)(1-0.90)] \times 0.85$
$= 0.80 \times 0.90 \times 0.9625 \times 0.98 \times 0.85 \simeq 0.577$

27 FTA 결과 다음과 같은 패스셋을 구하였다. X_4가 중복사상인 경우, 최소 패스셋(Minimal Path Sets)으로 맞는 것은?

$\{X_2, X_3, X_4\}$
$\{X_1, X_3, X_4\}$
$\{X_3, X_4\}$

① $\{X_3, X_4\}$
② $\{X_1, X_3, X_4\}$
③ $\{X_2, X_3, X_4\}$
④ $\{X_2, X_3, X_4\}$와 $\{X_3, X_4\}$

해설
패스셋 $[X_2, X_3, X_4]$, $[X_1, X_3, X_4]$, $[X_3, X_4]$ 중 최소 패스셋 찾기
(X_4 : 중복사상)
$T = (X_2 + X_3 + X_4) \cdot (X_1 + X_3 + X_4) \cdot (X_3 + X_4)$이므로
최소 패스셋은 $[X_3, X_4]$이다.
FT도

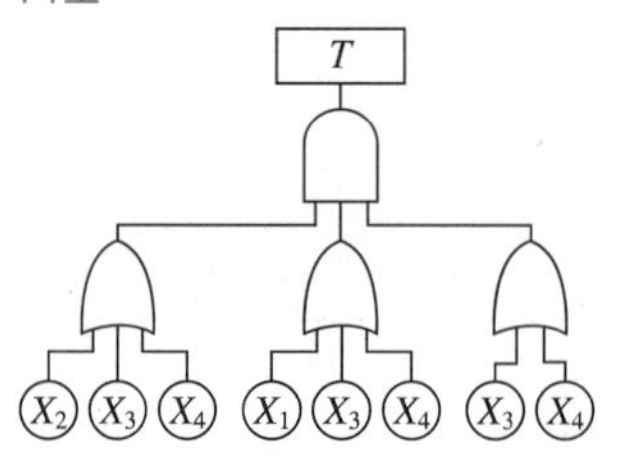

28 인간-기계 통합체계의 인간 또는 기계에 의해서 수행되는 기본기능의 유형에 해당하지 않는 것은?

① 감 지
② 환 경
③ 행 동
④ 정보 보관

해설
인간-기계의 기본기능의 유형 : 감지기능, 정보 보관기능, 정보처리 및 의사 결정기능, 행동기능이 있다.

정답 25 ③ 26 ③ 27 ① 28 ②

29 시스템의 운용단계에서 이루어져야 할 주요한 시스템 안전 부문의 작업이 아닌 것은?

① 생산 시스템 분석 및 효율성 검토
② 안전성 손상 없이 사용설명서의 변경과 수정을 평가
③ 운용, 안전성 수준 유지를 보증하기 위한 안전성 검사
④ 운용, 보전 및 위급 시 절차를 평가하여 설계 시 고려사항과 같은 타당성 여부 식별

해설
시스템의 운용단계(시스템 안전의 실증과 감시단계)에서 이루어져야 할 주요한 시스템 안전부문의 작업
- 제조, 조립 및 시험단계에서 확정된 고장의 정보 피드백 시스템 유지
- 위험 상태의 재발방지를 위해 적절한 개량조치 강구
- 안전성 손상 없이 사용설명서의 변경과 수정을 평가
- 운용, 안전성 수준 유지를 보증하기 위한 안전성 검사
- 운용, 보전 및 위급 시 절차를 평가하여 설계 시 고려사항과 같은 타당성 여부 식별

30 인체 측정치의 응용원리에 해당하지 않는 것은?

① 조절식 설계 ② 극단치 설계
③ 평균치 설계 ④ 다차원식 설계

해설
인체 측정치의 응용원리 : 조절식 설계, 극단치 설계(최대, 최소), 평균치 설계

31 산업안전보건법상 유해 · 위험방지계획서의 심사결과에 따른 구분 · 판정의 종류에 해당하지 않는 것은?

① 보 류 ② 부적정
③ 적 정 ④ 조건부 적정

해설
심사결과의 구분(시행규칙 제45조)
- 적정 : 근로자의 안전과 보건을 위하여 필요한 조치가 구체적으로 확보되었다고 인정되는 경우
- 조건부 적정 : 근로자의 안전과 보건을 확보하기 위하여 일부 개선이 필요하다고 인정되는 경우
- 부적정 : 건설물 · 기계 · 기구 및 설비 또는 건설공사가 심사기준에 위반되어 공사착공 시 중대한 위험이 발생할 우려가 있거나 해당 계획에 근본적 결함이 있다고 인정되는 경우

32 인간공학 연구 조사에 사용되는 기준의 구비조건과 가장 거리가 먼 것은?

① 적절성 ② 다양성
③ 무오염성 ④ 기준 척도의 신뢰성

해설
인간공학 연구 · 조사기준의 요건(구비조건)
- 적절성 : 의도된 목적에 부합하여야 한다.
- 무오염성 : 인간공학 실험에서 측정 변수가 다른 외적 변수에 영향을 받지 않도록 하는 요건
- 기준 척도의 신뢰성 : 반복실험 시 재현성이 있어야 한다.
- 민감도 : 피실험자 사이에서 볼 수 있는 예상 차이점에 비례하는 단위로 측정해야 한다.

33 FTA에 대한 설명으로 틀린 것은?

① 정성적 분석만 가능하다.
② 하향식(Top-down) 방법이다.
③ 짧은 시간에 점검할 수 있다.
④ 비전문가라도 쉽게 할 수 있다.

해설
FTA는 정성적 분석, 정량적 분석이 모두 가능하다.

34 4[m] 또는 그보다 먼 물체만을 잘 볼 수 있는 원시 안경은 몇 [D]인가?(단, 명시거리는 25[cm]로 한다)

① 1.75[D] ② 2.75[D]
③ 3.75[D] ④ 4.75[D]

해설
디옵터 $D = \frac{1}{L_1} - \frac{1}{L_2} = \frac{1}{0.25} - \frac{1}{4} = 4 - 0.25 = 3.75[D]$

정답 29 ① 30 ④ 31 ① 32 ② 33 ① 34 ③

35 **작업공간 설계에 있어 "접근제한요건"에 대한 설명으로 맞는 것은?**

① 조절식 의자와 같이 누구나 사용할 수 있도록 설계한다.
② 비상벨의 위치를 작업자의 신체조건에 맞추어 설계한다.
③ 트럭 운전이나 수리작업을 위한 공간을 확보하여 설계한다.
④ 박물관의 미술품 전시와 같이, 장애물 뒤의 타깃과의 거리를 확보하여 설계한다.

해설
접근제한요건 : 기록의 이용을 제한하는 조치(박물관의 미술품 전시와 같이, 장애물 뒤의 타깃과의 거리를 확보하여 설계한다)

36 **인간의 에러 중 불필요한 작업 또는 절차를 수행함으로써 기인한 에러를 무엇이라 하는가?**

① Omission Error ② Sequential Error
③ Extraneous Error ④ Commission Error

해설
- Extraneous Error(불필요한 오류) : 불필요한 작업 또는 절차를 수행함으로써 기인한 에러
- Commission Error는 실행오류, Omission Error는 생략오류, Sequential Error는 순서오류, Timing Error는 시간오류이다.

37 **FTA(Fault Tree Analysis)의 기호 중 다음의 사상기호에 적합한 각각의 명칭은?**

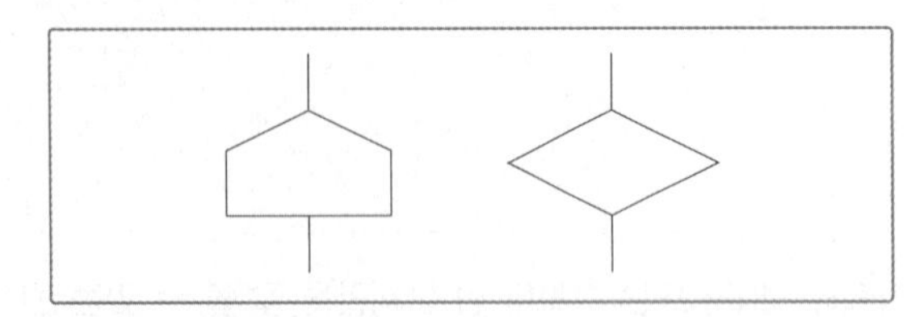

① 전이기호와 통상사상
② 통상사상과 생략사상
③ 통상사상과 전이기호
④ 생략사상과 전이기호

해설
문제의 그림은 순서대로 통상사상과 생략사상의 기호표시이다.

38 **화학설비에 대한 안전성 평가에서 정성적 평가항목이 아닌 것은?**

① 건조물
② 취급물질
③ 공장 내의 배치
④ 입지조건

해설
2단계 : 정성적 평가(공정작업을 위한 작업규정 유무)
- 화학설비의 안정성 평가에서 정성적 평가의 항목
  - 설계관계 항목 : 입지조건, 공장 내의 배치, 건조물, 소방설비
  - 운전관계 항목 : 원재료·중간체 제품, 공정, 공정기기, 수송·저장

39 **청각에 관한 설명으로 틀린 것은?**

① 인간에게 음의 높고 낮은 감각을 주는 것은 음의 진폭이다.
② 1,000[Hz] 순음의 가청 최소 음압을 음의 강도 표준치로 사용한다.
③ 일반적으로 음이 한 옥타브 높아지면 진동수는 2배 높아진다.
④ 복합음은 여러 주파수대의 강도를 표현한 주파수별 분포를 사용하여 나타낸다.

해설
인간에게 음의 높고 낮은 감각을 주는 것은 음의 진동 주파수이다.

40 **초음파 소음(Ultrasonic Noise)에 대한 설명으로 잘못된 것은?**

① 전형적으로 20,000[Hz] 이상이다.
② 가청영역 위의 주파수를 갖는 소음이다.
③ 소음이 3[dB] 증가하면 허용기간은 반감한다.
④ 20,000[Hz] 이상에서 노출 제한은 110[dB]이다.

해설
소음이 2[dB] 증가하면 허용기간은 반감한다.

정답 35 ④ 36 ③ 37 ② 38 ② 39 ① 40 ③

제3과목 기계위험 방지기술

41 보일러에서 프라이밍(Priming)과 포밍(Foaming)의 발생원인으로 가장 거리가 먼 것은?

① 역화가 발생되었을 경우
② 기계적 결함이 있을 경우
③ 보일러가 과부하로 사용될 경우
④ 보일러수에 불순물이 많이 포함되었을 경우

해설
- 역화는 불꽃이 거꾸로 흐르는 현상으로 프라이밍 및 포밍의 발생원인과 관련이 없다.
- 프라이밍과 포밍의 발생원인
  - 고수위일 경우
  - 기계적 결함이 있는 경우
  - 보일러가 과부하로 사용될 경우
  - 보일러수(水)에 불순물이 많이 포함되었을 경우

42 허용응력이 1[kN/mm^2]이고, 단면적이 2[mm^2]인 강관의 극한하중이 4,000[N]이라면 안전율은 얼마인가?

① 2 ② 4
③ 5 ④ 50

해설

안전율 $S = \frac{\text{기준강도}}{\text{허용응력}} = \frac{\text{극한강도}}{\text{허용응력}} = \frac{4,000}{1,000 \times 2} = 2$

43 슬라이드 행정수가 100[SPM] 이하이거나 행정 길이가 50[mm] 이상의 프레스에 설치해야 하는 방호장치 방식은?

① 양수조작식
② 수인식
③ 가드식
④ 광전자식

해설
슬라이드 행정수가 100[SPM] 이하이거나 행정 길이가 50[mm] 이상의 프레스에 설치해야 하는 방호장치 방식은 수인식이다.

44 '강렬한 소음작업'이라 함은 90[dB] 이상의 소음이 1일 몇 시간 이상 발생되는 작업을 말하는가?

① 2시간 ② 4시간
③ 8시간 ④ 10시간

해설
강렬한 소음작업(산업안전보건기준에 관한 규칙 제512조)
- 90[dB] 이상의 소음이 1일 8시간 이상 발생하는 작업
- 95[dB] 이상의 소음이 1일 4시간 이상 발생하는 작업
- 100[dB] 이상의 소음이 1일 2시간 이상 발생하는 작업
- 105[dB] 이상의 소음이 1일 1시간 이상 발생하는 작업
- 110[dB] 이상의 소음이 1일 30분 이상 발생하는 작업
- 115[dB] 이상의 소음이 1일 15분 이상 발생하는 작업

45 보일러에서 압력이 규정압력 이상으로 상승하여 과열되는 원인으로 가장 관계가 적은 것은?

① 수관 및 본체의 청소 불량
② 관수가 부족할 때 보일러 가동
③ 절탄기의 미부착
④ 수면계의 고장으로 인한 드럼 내의 물의 감소

해설
보일러 압력이 규정압력 이상으로 상승하여 과열되는 원인
- 수관과 본체의 청소 불량
- 관수 부족 시 보일러의 가동
- (수면계의 고장 등으로 인한) 드럼 내의 물 감소
- 보일러 압력이 규정압력 이상으로 상승

46 크레인에서 일반적인 권상용 와이어로프 및 권상용 체인의 안전율 기준은?

① 10 이상 ② 2.7 이상
③ 4 이상 ④ 5 이상

해설
크레인에서 일반적인 권상용 와이어로프 및 권상용 체인의 안전율은 5 이상이어야 한다.

정답 41 ① 42 ① 43 ② 44 ③ 45 ③ 46 ④

47 **컨베이어에 사용되는 방호장치와 그 목적에 관한 설명이 옳지 않은 것은?**

① 운전 중인 컨베이어 등의 위로 넘어가고자 할 때를 위하여 급정지장치를 설치한다.
② 근로자의 신체 일부가 말려들 위험이 있을 때 이를 즉시 정지시키기 위한 비상정지장치를 설치한다.
③ 정전, 전압강하 등에 따른 화물 이탈을 방지하기 위해 이탈 및 역주행방지장치를 설치한다.
④ 낙하물에 의한 위험방지를 위한 덮개 또는 울을 설치한다.

해설
운전 중인 컨베이어 등의 위로 근로자를 넘어가도록 하는 경우에는 위험을 방지하기 위하여 건널다리를 설치하는 등 필요한 조치를 하여야 한다.

48 **연삭숫돌의 지름이 20[cm]이고, 원주속도가 250[m/min]일 때 연삭숫돌의 회전수는 약 몇 [rpm]인가?**

① 398　② 433
③ 489　④ 552

해설
원주속도 $v=\dfrac{\pi dn}{1,000}$ 에서
회전수 $n=\dfrac{1,000v}{\pi d}=\dfrac{1,000\times 250}{3.14\times 200}\simeq 398[\text{rpm}]$

49 **범용 수동 선반의 방호조치에 관한 설명으로 옳지 않은 것은?**

① 척 가드의 폭은 공작물의 가공작업에 방해가 되지 않는 범위 내에서 척 전체 길이를 방호할 수 있을 것
② 척 가드의 개방 시 스핀들의 작동이 정지되도록 연동회로를 구성할 것
③ 전면 칩 가드의 폭은 새들 폭 이하로 설치할 것
④ 전면 칩 가드는 심압대가 베드 끝단부에 위치하고 있고 공작물 고정장치에서 심압대까지 가드를 연장시킬 수 없는 경우에는 부착 위치를 조정할 수 있을 것

해설
전면 칩 가드의 폭은 새들 폭 이상으로 설치할 것

50 **다음 중 용접부에 발생한 미세 균열, 용입 부족, 융합 불량의 검출에 가장 적합한 비파괴검사법은?**

① 방사선투과검사　② 침투탐상검사
③ 자분탐상검사　④ 초음파탐상검사

해설
초음파탐상검사 : 용접부에 발생한 미세 균열, 용입 부족, 융합 불량의 검출에 가장 적합한 비파괴검사법

51 **다음 설명에 해당하는 기계는?**

- Chip이 가늘고 예리하여 손을 잘 다치게 한다.
- 주로 평면 공작물을 절삭가공하나, 더브테일 가공이나 나사가공 등의 복잡한 가공도 가능하다.
- 장갑은 착용을 금하고, 보안경을 착용해야 한다.

① 선 반　② 호빙머신
③ 연삭기　④ 밀 링

해설
밀링(Milling)
- 칩(Chip)이 가늘고 예리하여 손을 잘 다치게 한다.
- 주로 평면 공작물을 절삭가공하나, 더브테일 가공이나 나사가공 등의 복잡한 가공도 가능하다.
- 장갑은 착용을 금하고, 보안경을 착용해야 한다.

정답 47 ① 48 ① 49 ③ 50 ④ 51 ④

52 취성재료의 극한강도가 128[MPa]이며, 허용응력이 64[MPa]일 경우 안전계수는?

① 1 ② 2
③ 4 ④ 1/2

해설
안전율 $S = \frac{\text{기준강도}}{\text{허용응력}} = \frac{\text{극한강도}}{\text{허용응력}} = \frac{128}{64} = 2$

53 프레스기에 금형 설치 및 조정작업 시 준수하여야 할 안전수칙으로 틀린 것은?

① 금형을 부착하기 전에 하사점을 확인한다.
② 금형의 체결은 올바른 치공구를 사용하고 균등하게 체결한다.
③ 금형은 하형부터 잡고 무거운 금형의 받침은 인력으로 하지 않는다.
④ 슬라이드의 불시 하강을 방지하기 위하여 안전블록을 제거한다.

해설
사업주는 프레스 등의 금형을 부착·해체 또는 조정하는 작업을 할 때에 해당 작업에 종사하는 근로자의 신체가 위험한계 내에 있는 경우 슬라이드가 갑자기 작동함으로써 근로자에게 발생할 우려가 있는 위험을 방지하기 위하여 안전블록을 사용하는 등 필요한 조치를 하여야 한다.

54 컨베이어 작업 시작 전 점검사항에 해당하지 않는 것은?

① 브레이크 및 클러치 기능의 이상 유무
② 비상정지장치 기능의 이상 유무
③ 이탈 등의 방지장치 기능의 이상 유무
④ 원동기 및 풀리 기능의 이상 유무

해설
브레이크 및 클러치 기능의 이상 유무는 프레스의 작업 시작 전 점검사항이다.

55 크레인의 방호장치에 대한 설명으로 틀린 것은?

① 권과방지장치를 설치하지 않은 크레인에 대해서는 권상용 와이어로프에 위험 표시를 하고 경보장치를 설치하는 등 권상용 와이어로프가 지나치게 감겨서 근로자가 위험해질 상황을 방지하기 위한 조치를 하여야 한다.
② 운반물의 중량이 초과되지 않도록 과부하방지장치를 설치하여야 한다.
③ 크레인을 필요한 상황에서는 저속으로 중지시킬 수 있도록 브레이크장치와 충돌 시 충격을 완화시킬 수 있는 완충장치를 설치한다.
④ 작업 중에 이상 발견 또는 긴급히 정지시켜야 할 경우에는 비상정지장치를 사용할 수 있도록 설치하여야 한다.

해설
크레인 방호장치에는 과부하방지장치, 권과방지장치, 충돌방지장치, 비상정지장치, 해지장치, 스토퍼 등이 있다.

56 프레스의 작업 시작 전 점검사항이 아닌 것은?

① 권과방지장치 및 그 밖의 경보장치의 기능
② 슬라이드 또는 칼날에 의한 위험방지기구의 기능
③ 프레스기의 금형 및 고정볼트 상태
④ 전단기의 칼날 및 테이블의 상태

해설
프레스의 작업 시작 전 점검사항
- 클러치 상태(가장 중요)
- 클러치 및 브레이크의 기능
- 방호장치의 기능
- 크랭크축, 플라이휠, 슬라이드, 연결봉 및 연결나사의 풀림 여부
- 1행정 1정지 기구, 급정지장치 및 비상정지장치의 기능
- 슬라이드 또는 칼날에 의한 위험방지기구의 기능
- 전단기의 칼날 및 테이블의 상태

정답 52 ② 53 ④ 54 ① 55 ③ 56 ①

57 **보일러에 압력방출장치가 2개 설치된 경우 최고 사용압력이 1[MPa]일 때 압력방출장치의 설정방법으로 가장 옳은 것은?**

① 2개 모두 1.1[MPa] 이하에서 작동되도록 설정하였다.
② 하나는 1[MPa] 이하에서 작동되고 나머지는 1.1[MPa] 이하에서 작동되도록 설정하였다.
③ 하나는 1[MPa] 이하에서 작동되고 나머지는 1.05[MPa] 이하에서 작동되도록 설정하였다.
④ 2개 모두 1.05[MPa] 이하에서 작동되도록 설정하였다.

해설
보일러에서 압력방출장치가 2개 설치된 경우 최고 사용압력이 1[MPa]일 때 압력방출장치의 설정방법 : 하나는 1[MPa] 이하에서 작동되고, 나머지는 1.05[MPa] 이하에서 작동되도록 설정한다.

58 **다음 중 롤러기에 설치하여야 할 방호장치는?**

① 반발예방장치
② 급정지장치
③ 접촉예방장치
④ 파열판장치

해설
롤러기에는 급정지장치, 작업발판, 울이나 가이드 롤러 등의 방호장치를 설치해야 한다.

59 **연삭기의 숫돌 지름이 300[mm]일 경우 평형 플랜지의 지름은 몇 [mm] 이상으로 해야 하는가?**

① 50
② 100
③ 150
④ 200

해설
평형 플랜지의 지름 $= 300 \times \frac{1}{3} = 100[\text{mm}]$ 이상

60 **기계설비에 대한 본질적인 안전화 방안의 하나인 풀프루프(Fool Proof)에 관한 설명으로 거리가 먼 것은?**

① 계기나 표시를 보기 쉽게 하거나 이른바 인체공학적 설계도 넓은 의미의 풀 프루프에 해당된다.
② 설비 및 기계장치 일부가 고장이 난 경우 기능의 저하는 가져오나 전체 기능은 정지하지 않는다.
③ 인간이 에러를 일으키기 어려운 구조나 기능을 가진다.
④ 조작 순서가 잘못되어도 올바르게 작동한다.

해설
②은 페일세이프(Fail Safe)의 설명이다.

정답 57 ③ 58 ② 59 ② 60 ②

제4과목 전기위험 방지기술

61 인체의 손과 발 사이에 과도전류를 인가한 경우에 파두장 700[μs]에 따른 전류 파고치의 최댓값은 약 몇 [mA] 이하인가?

① 4 ② 40
③ 400 ④ 800

해설
인체의 손과 발 사이에 과도전류를 인가한 경우에 파두장[μs]에 따른 전류 파고치의 최댓값[mA]

파두장	700	325	60
최대 전류 파고치	40 이하	60 이하	90 이하

62 고압 및 특고압의 전로에 시설하는 피뢰기에 접지공사를 할 때 접지저항의 최댓값은 몇 [Ω] 이하로 해야 하는가?

① 100 ② 20
③ 10 ④ 5

해설
피뢰기의 접지(한국전기설비규정 341.14)
고압 및 특고압의 전로에 시설하는 피뢰기 접지저항 값은 10[Ω] 이하로 하여야 한다.

63 욕실 등 물기가 많은 장소에서 인체감전보호형 누전차단기의 정격감도전류와 동작시간은?

① 정격감도전류 30[mA], 동작시간 0.01초 이내
② 정격감도전류 30[mA], 동작시간 0.03초 이내
③ 정격감도전류 15[mA], 동작시간 0.01초 이내
④ 정격감도전류 15[mA], 동작시간 0.03초 이내

해설
욕실 등 물기가 많은 장소에서 인체감전보호형 누전차단기의 정격감도전류와 동작시간 : 정격감도전류 15[mA], 동작시간 0.03초 이내

64 다음 중 전압을 구분한 것으로 알맞은 것은?

① 저압이란 교류 600[V] 이하, 직류는 교류의 $\sqrt{2}$배 이하인 전압을 말한다.
② 고압이란 교류 7,000[V] 이하, 직류 7,500[V] 이하의 전압을 말한다.
③ 특고압이란 교류, 직류 모두 7,000[V]를 초과하는 전압을 말한다.
④ 고압이란 교류, 직류 모두 7,500[V]를 넘지 않는 전압을 말한다.

해설
전압의 구분

구 분	직류(DC)	교류(AC)
저 압	750[V] 이하	600[V] 이하
고 압	750[V] 초과 7,000[V] 이하	600[V] 초과 7,000[V] 이하
특고압	7,000[V] 초과	

※ 2021년 1월 1일부터 시행되는 한국전기설비규정(KEC)에서의 전압의 구분은 다음과 같다.

구 분	직류(DC)	교류(AC)
저 압	1.5[kV] 이하	1[kV] 이하
고 압	1.5[kV] 초과 7[kV] 이하	1[kV] 초과 7[kV] 이하
특고압	7[kV] 초과	

65 단로기를 사용하는 주된 목적은?

① 과부하 차단
② 변성기의 개폐
③ 이상전압의 차단
④ 무부하 선로의 개폐

해설
단로기를 사용하는 주된 목적은 전기기기의 수리 및 점검을 위한 무부하 선로의 개폐이다.

정답 61 ② 62 ③ 63 ④ 64 ③ 65 ④

66 **전격의 위험을 결정하는 주된 인자로 가장 거리가 먼 것은?**

① 통전전류 ② 통전시간
③ 통전경로 ④ 통전전압

해설
전격의 위험을 결정하는 주된 인자 : 통전전류, 통전시간, 통전경로, 전원의 종류 등이 있다.

67 **감전되어 사망하는 주된 메커니즘으로 틀린 것은?**

① 심장부에 전류가 흘러 심실세동이 발생하여 혈액순환 기능이 상실되어 일어난 것
② 흉골에 전류가 흘러 혈압이 약해져 뇌에 산소 공급기능이 정지되어 일어난 것
③ 뇌의 호흡중추신경에 전류가 흘러 호흡기능이 정지되어 일어난 것
④ 흉부에 전류가 흘러 흉부 수축에 의한 질식으로 일어난 것

해설
감전사고로 인한 전격사의 메커니즘(감전되어 사망하는 주된 메커니즘)
- 심실세동에 의한 혈액순환 기능의 상실 : 심장부에 전류가 흘러 심실세동이 발생하여 혈액순환기능이 상실되어 일어난 것
- 호흡중추신경 마비에 따른 호흡기능 상실 : 뇌의 호흡중추신경에 전류가 흘러 호흡기능이 정지되어 일어난 것
- 흉부 수축에 의한 질식 : 흉부에 전류가 흘러 흉부 수축에 의한 질식으로 일어난 것

68 **다음은 전기안전에 관한 일반적인 사항을 기술한 것이다. 옳게 설명된 것은?**

① 220[V] 동력용 전동기의 외함에 특별 제3종 접지공사를 하였다.
② 배선에 사용할 전선의 굵기를 허용 전류, 기계적 강도, 전압 강하 등을 고려하여 결정하였다.
③ 누전을 방지하기 위해 피뢰침 설비를 설치하였다.
④ 전선 접속 시 전선의 세기가 30[%] 이상 감소되었다.

해설
① 220[V] 동력용 전동기의 외함에 제3종 접지공사를 하였다.
③ 누전을 방지하기 위해 누전차단기를 설치하였다.
④ 전선 접속 시 전선의 세기가 20[%] 이상 감소되었다.
※ 출제 당시의 규정에 의하면 ②번이 정답이었으나 2021년부터는 해당 규정이 전면 변경됨

69 **정격 사용률이 30[%], 정격 2차 전류가 300[A]인 교류아크용접기를 200[A]로 사용하는 경우의 허용 사용률[%]은?**

① 67.5 ② 91.6
③ 110.3 ④ 130.5

해설
교류아크용접기의 허용 사용률[%]

$$=\left(\frac{\text{정격 2차 전류}}{\text{실제 용접전류}}\right)^2 \times \text{정격 사용률[\%]}$$

$$=\left(\frac{300}{200}\right)^2 \times 30[\%] = 67.5[\%]$$

70 **어느 변전소에서 고장전류가 유입되었을 때 도전성 구조물과 그 부근 지표상 점과의 사이(약 1[m])의 허용 접촉전압은 약 몇 [V]인가?(단, 심실세동전류 : $I_k = \frac{0.165}{\sqrt{t}}$[A], 인체의 저항 : 1,000[Ω], 지표면의 저항률 : 150[Ω · m], 통전시간을 1초로 한다)**

① 202 ② 186
③ 228 ④ 164

해설
허용접촉전압

$$E = I_k \times \left(R_m + \frac{3}{2}R_s\right) = \frac{0.165}{\sqrt{1}} \times \left(1{,}000 + \frac{3}{2} \times 150\right) \simeq 202[\text{V}]$$

정답 66 ④ 67 ② 68 ② 69 ① 70 ①

71 아크용접작업 시 감전사고방지대책으로 틀린 것은?

① 절연장갑의 사용
② 절연용접봉의 사용
③ 적정한 케이블의 사용
④ 절연용접봉 홀더의 사용

해설
아크용접작업 시 감전사고를 방지하기 위하여 절연장갑 사용, 절연용접봉 홀더 사용, 적정한 케이블 등을 사용하고 자동전격방지장치 등을 설치한다.

72 인체저항에 대한 설명으로 옳지 않은 것은?

① 인체저항은 접촉면적에 따라 변한다.
② 피부저항은 물에 젖어 있는 경우 건조 시의 약 1/12로 저하된다.
③ 인체저항은 한 개의 단일 저항체로 보아 최악의 상태를 적용한다.
④ 인체에 전압이 인가되면 체내로 전류가 흐르게 되어 전격의 정도를 결정한다.

해설
피부저항은 물에 젖어 있는 경우 건조 시의 약 1/25로 저하된다.

73 저압 방폭전기의 배관방법에 대한 설명으로 틀린 것은?

① 전선관용 부속품은 방폭구조에 정한 것을 사용한다.
② 전선관용 부속품은 유효 접속면의 깊이를 5[mm] 이상 되도록 한다.
③ 배선에서 케이블의 표면온도가 대상하는 발화온도에 충분한 여유가 있도록 한다.
④ 가요성 피팅(Fitting)은 방폭구조를 이용하되 내측 반경을 5배 이상으로 한다.

해설
전선관용 부속품은 유효 접속면의 길이(깊이)를 나사산 5산 이상이 되도록 한다.

74 Freiberger가 제시한 인체의 전기적 등가회로는 다음 중 어느 것인가?(단, 단위는 다음과 같다. $R[\Omega]$, L[H], C[F])

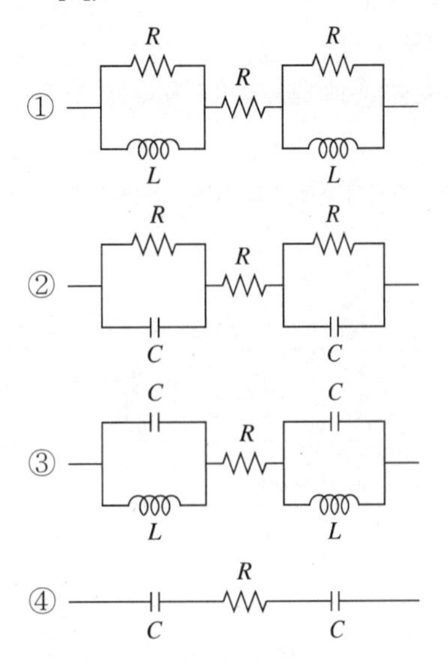

해설
인체의 전기적 등가회로(Freiberger)

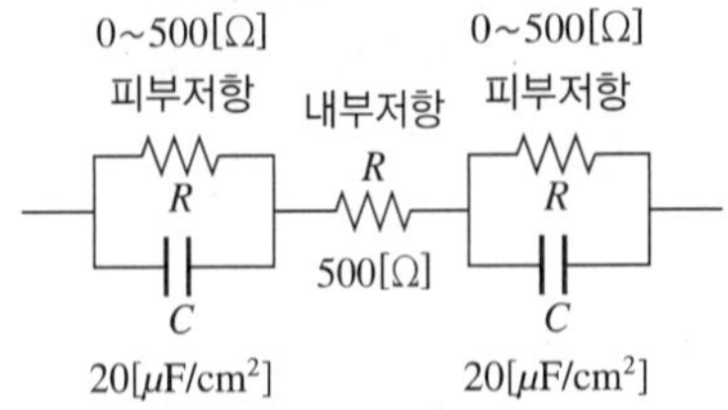

- 등가회로 : 근사적으로 어떤 조건하에서 같은 특성을 가지는 것으로 고려되는 전기회로
- 인체의 전기저항은 전압이 일정한 경우 통전전류의 크기를 결정하는 중요한 요소가 된다.
- 인체의 전기저항 : 전기충격에 의한 위험도는 통전전류의 크기에 의하여 결정되며, 이 전류는 옴의 법칙에서 전압을 접촉전압으로 했을 경우 인체의 전기저항에 의하여 결정된다. 인체의 전기저항은 피부저항과 내부저항의 합으로 나타내며, 전압의 크기에 따라 변화되지만, 상용전압기준으로 했을 경우 약 1,000[Ω] 정도로 보고 있으며, 피부가 건조할 때에는 이보다 20배 정도 증가한다. 신체가 물에 젖어 있을 때에는 이보다 약 20배 정도 감소한다.

정답 71 ② 72 ② 73 ② 74 ②

75 전동기용 퓨즈의 사용목적으로 알맞은 것은?

① 과전압 차단
② 누설전류 차단
③ 지락과전류 차단
④ 회로에 흐르는 과전류 차단

해설
전동기용 퓨즈 : 회로에 흐르는 과전류를 차단하기 위한 것

76 누전으로 인한 화재의 3요소에 대한 요건이 아닌 것은?

① 접속점
② 출화점
③ 누전점
④ 접지점

해설
누전으로 인한 화재의 3요소에 대한 요건 : 출화점, 누전점, 접지점

77 교류아크용접기의 자동전격방지장치란 용접기의 2차 전압을 25[V] 이하로 자동 조절하여 안전을 도모하려는 것이다. 다음 사항 중 어떤 시점에서 그 기능이 발휘되어야 하는가?

① 전체 작업시간 동안
② 아크를 발생시킬 때만
③ 용접작업을 진행하고 있는 동안만
④ 용접작업 중단 직후부터 다음 아크 발생 시까지

해설
자동전격방지장치
- 무부하 시의 2차측 전압을 저전압으로 1.5초만에(안에) 낮추어 작업자의 감전 위험을 방지하는 자동전기적 방호장치
- 용접기의 2차 전압을 25[V] 이하로 자동 조절하여 안전을 도모하려는 장치
- 기능 발휘 시점 : 용접작업 중단 직후부터 다음 아크 발생 시까지의 기간 중

78 누전차단기를 설치하여야 하는 곳은?

① 기계・기구를 건조한 장소에 시설한 경우
② 대지전압이 220[V]에서 기계・기구를 물기가 없는 장소에 시설한 경우
③ 전기용품안전관리법의 적용을 받는 2중 절연구조의 기계・기구
④ 전원측에 절연변압기(2차 전압이 300[V] 이하)를 시설한 경우

해설
누전차단기를 설치하지 않아도 되는 기준(한국전기설비규정 211.2.4)
- 기계・기구를 발전소, 변전소, 개폐소 또는 이에 준하는 곳에 시설하는 경우
- 기계・기구를 건조한 곳에 시설하는 경우
- 대지전압이 150[V] 이하인 기계・기구를 물기가 있는 곳 이외의 곳에 시설하는 경우
- 전기용품 및 생활용품 안전관리법의 적용을 받는 이중절연구조의 기계・기구를 시설하는 경우
- 그 전로의 전원측에 절연변압기(2차 전압이 300[V] 이하인 경우에 한한다)를 시설하고 또한 그 절연 변압기의 부하측의 전로에 접지하지 아니하는 경우
- 기계・기구가 고무, 합성수지 기타 절연물로 피복된 경우
- 기계・기구가 유도전동기의 2차측 전로에 접속되는 것일 경우
- 전기욕기, 전기로, 전기보일러, 전해조 등 대지로부터 절연하는 것이 기술상 곤란한 것
- 기계・기구 내에 전기용품 및 생활용품 안전관리법의 적용을 받는 누전차단기를 설치하고 또한 기계기구의 전원 연결선이 손상을 받을 우려가 없도록 시설하는 경우

정답 75 ④ 76 ① 77 ④ 78 ②

79 방폭구조와 기호의 연결이 틀린 것은?

① 압력 방폭구조 : p
② 내압 방폭구조 : d
③ 안전증 방폭구조 : s
④ 본질안전 방폭구조 : ia 또는 ib

해설
- 0종 장소 : 본질안전방폭구조(ia)
- 1종 장소 : 내압방폭구조(d), 압력방폭구조(p), 충전방폭구조(q), 유입방폭구조(o), 안전증방폭구조(e), 본질안전방폭구조(ib), 몰드방폭구조(m)
- 2종 장소 : 비점화방폭구조(n)

80 전격에 의해 심실세동이 일어날 확률이 가장 큰 심장 맥동주기 파형의 설명으로 옳은 것은?(단, 심장 맥동주기를 심전도에서 보았을 때의 파형이다)

① 심실의 수축에 따른 파형이다.
② 심실의 팽창에 따른 파형이다.
③ 심실의 수축 종료 후 심실의 휴식 시 발생하는 파형이다.
④ 심실의 수축 시작 후 심실의 휴식 시 발생하는 파형이다.

해설
전격에 의해 심실세동이 일어날 확률이 가장 큰 심장 맥동주기 파형 : 심실의 수축 종료 후 심실의 휴식 시 발생하는 파형

제5과목 화학설비위험 방지기술

81 다음 중 마그네슘의 저장 및 취급에 관한 설명으로 틀린 것은?

① 산화제와 접촉을 피한다.
② 고온의 물이나 과열 수증기와 접촉하면 격렬히 반응하므로 주의한다.
③ 분말은 분진폭발성이 있으므로 누설되지 않도록 포장한다.
④ 화재 발생 시 물의 사용을 금하고, 이산화탄소소화기를 사용하여야 한다.

해설
화재 발생 시 물의 사용을 금하고, 탄산수소염류, 건조사, 팽창질석, 팽창진주암, 적절한 소화기 등을 사용하여야 한다.

82 다음 중 상온에서 물과 격렬히 반응하여 수소를 발생시키는 물질은?

① Au ② K
③ S ④ Ag

해설
칼륨(K) 및 나트륨(Na), 마그네슘(Mg), 아연(Zn), 리튬(Li) 등은 물과 격하게 반응하여 수소를 발생시킨다.

정답 79 ③ 80 ③ 81 ④ 82 ②

83 **산업안전보건법령상 안전밸브 등의 전단·후단에는 차단밸브를 설치하여서는 아니 되지만 다음 중 자물쇠형 또는 이에 준하는 형식의 차단밸브를 설치할 수 있는 경우로 틀린 것은?**

① 인접한 화학설비 및 그 부속설비에 안전밸브 등이 각각 설치되어 있고, 해당 화학설비 및 그 부속설비의 연결배관에 차단밸브가 없는 경우
② 안전밸브 등의 배출용량의 4분의 1 이상에 해당하는 용량의 자동압력조절밸브와 안전밸브 등이 직렬로 연결된 경우
③ 화학설비 및 그 부속설비에 안전밸브 등이 복수방식으로 설치되어 있는 경우
④ 열팽창에 의하여 상승된 압력을 낮추기 위한 목적으로 안전밸브가 설치된 경우

해설
안전밸브 등의 배출용량의 2분의 1 이상에 해당하는 용량의 자동압력조절밸브와 안전밸브 등이 병렬로 연결된 경우

84 **압축기와 송풍의 관로에 심한 공기의 맥동과 진동을 발생하면서 불안정한 운전이 되는 서징(Surging)현상의 방지법으로 옳지 않은 것은?**

① 풍량을 감소시킨다.
② 배관의 경사를 원만하게 한다.
③ 교축밸브를 기계에서 멀리 설치한다.
④ 토출가스를 흡입측에 바이패스시키거나 방출밸브에 의해 대기로 방출시킨다.

해설
교축밸브를 기계에 근접하여 설치한다.

85 **[보기]의 물질을 폭발범위가 넓은 것부터 좁은 순서로 바르게 나열한 것은?**

[보 기]
H_2 C_3H_8 CH_4 CO

① $CO > H_2 > C_3H_8 > CH_4$
② $H_2 > CO > CH_4 > C_3H_8$
③ $C_3H_8 > CO > CH_4 > H_2$
④ $CH_4 > H_2 > CO > C_3H_8$

해설
- 폭발범위[%] : H_2 4~75, C_3H_8 2.1~9.5, CH_4 5~15, CO 12.5~74
- 폭발범위가 넓은 순서 : $H_2 > CO > CH_4 > C_3H_8$

86 **다음 중 산업안전보건법상 위험물질의 종류와 해당 물질이 올바르게 연결된 것은?**

① 부식성 산류 - 아세트산(농도 90[%])
② 부식성 염기류 - 아세톤(농도 90[%])
③ 인화성 가스 - 이황화탄소
④ 인화성 가스 - 수산화칼륨

해설
① 부식성 산류 : 아세트산(농도 60[%] 이상인 90[%]의 경우도 해당)
② 부식성 염기류 : 농도가 40[%] 이상인 수산화나트륨, 수산화칼륨, 그 밖에 이와 동등 이상의 부식성을 가지는 염기류
③, ④ 인화성 가스 : 메탄, 부탄, 수소, 아세틸렌, 에탄, 에틸렌, 프로판

87 **다음 중 화재 시 주수에 의해 오히려 위험성이 증대되는 물질은?**

① 황 린 ② 나이트로셀룰로스
③ 적 린 ④ 금속나트륨

해설
금속나트륨은 화재 시 물과 닿으면 폭발하므로 주수에 의해 오히려 위험성이 증대된다.

정답 83 ② 84 ③ 85 ② 86 ① 87 ④

88 물과 탄화칼슘이 반응하면 어떤 가스가 생성되는가?

① 염소가스
② 아황화가스
③ 수성가스
④ 아세틸렌가스

해설
물과 탄화칼슘이 반응하면 아세틸렌(C_2H_2)가스가 생성된다.

89 다음 중 분진폭발에 관한 설명으로 틀린 것은?

① 가스폭발에 비교하여 연소시간이 짧고, 발생에너지가 작다.
② 최초의 부분적인 폭발이 분진의 비산으로 2차, 3차 폭발로 파급되어 피해가 커진다.
③ 가스에 비하여 불완전 연소를 일으키기 쉬우므로 연소 후 가스에 의한 중독 위험이 있다.
④ 폭발 시 입자가 비산하므로 이것에 부딪치는 가연물은 국부적으로 탄화를 일으킬 수 있다.

해설
분진폭발은 가스폭발에 비교하여 연소시간이 길고, 발생에너지가 크다.

90 다음 물질 중 인화점이 가장 낮은 물질은?

① 이황화탄소 ② 아세톤
③ 자일렌 ④ 경 유

해설
인화점[℃]
• 이황화탄소(CS_2) : −30
• 아세톤(CH_3COCH_3) : −17
• 자일렌(C_8H_{10}) : 17.2
• 경유 : 50~70

91 다음의 2가지 물질을 혼합 또는 접촉하였을 때 발화 또는 폭발의 위험성이 가장 낮은 것은?

① 나이트로셀룰로스와 물
② 나트륨과 물
③ 염소산칼륨과 유황
④ 황화인과 무기과산화물

해설
나이트로셀룰로스는 물과 혼합되면 위험성이 감소하므로 저장이나 수송 시에 물(20[%])이나 알코올(30[%])로 습면시켜 습한 상태를 유지한다.

92 폭발을 기상폭발과 응상폭발로 분류할 때 다음 중 기상폭발에 해당되지 않는 것은?

① 분진폭발 ② 혼합가스폭발
③ 분무폭발 ④ 수증기폭발

해설
수증기폭발은 응상폭발(물리적 폭발)에 해당된다.

93 다음 물질 중 공기에서 폭발상한계값이 가장 큰 것은?

① 사이클로헥산 ② 산화에틸렌
③ 수 소 ④ 이황화탄소

해설
폭발범위[%]
• 사이클로헥산 : 1.3~8.0
• 산화에틸렌 : 3~80
• 수소 : 4~75
• 이황화탄소 : 1.25~44

94 다음 중 관의 지름을 변경하고자 할 때 필요한 관 부속품은?

① Reducer ② Elbow
③ Plug ④ Valve

해설
Reducer : 관의 지름을 변경하고자 할 때 필요한 관 부속품

정답 88 ④ 89 ① 90 ① 91 ① 92 ④ 93 ② 94 ①

95 다음 중 자연발화에 대한 설명으로 틀린 것은?

① 분해열에 의해 자연발화가 발생할 수 있다.
② 입자의 표면적이 넓을수록 자연발화가 발생하기 쉽다.
③ 자연발화가 발생하지 않기 위해 습도를 가능한 한 높게 유지시킨다.
④ 열의 축적은 자연발화를 일으킬 수 있는 인자이다.

해설
자연발화가 발생하지 않기 위해 습도를 가능한 한 낮게 유지시킨다.

96 반응성 화학물질의 위험성은 실험에 의한 평가 대신 문헌조사 등을 통한 계산에 의해 평가하는 방법을 사용할 수 있다. 이에 관한 설명으로 옳지 않은 것은?

① 위험성이 너무 커서 물성을 측정할 수 없는 경우 계산에 의한 평가방법을 사용할 수도 있다.
② 연소열, 분해열, 폭발열 등의 크기에 의해 그 물질의 폭발 또는 발화의 위험 예측이 가능하다.
③ 계산에 의한 평가를 하기 위해서는 폭발 또는 분해에 따른 생성물의 예측이 이루어져야 한다.
④ 계산에 의한 위험성 예측은 모든 물질에 대해 정확성이 있으므로 더 이상의 실험을 필요로 하지 않는다.

해설
계산에 의한 위험성 예측은 모든 물질에 대해 정확하지는 않으므로 실험을 필요로 한다.

97 메탄(CH_4) 70[vol%], 부탄(C_4H_{10}) 30[vol%] 혼합가스의 25[℃], 대기압에서의 공기 중 폭발하한계[vol%]는 약 얼마인가?(단, 각 물질의 폭발하한계는 다음 식을 이용하여 추정·계산한다)

$$C_{st}=\frac{1}{1+4.77\times O_2}\times 100,\ L_{25}\fallingdotseq 0.55C_{st}$$

① 1.2
② 3.2
③ 5.7
④ 7.7

해설
완전연소 조성농도(C_{st}) = $\dfrac{100}{1+4.773\left(a+\dfrac{b-c-2d}{4}+e\right)}$ 이므로

메탄의 $C_{st}=\dfrac{100}{1+4.773\times 2}\simeq 9.48$,
메탄의 폭발하한값 $\text{LFL}=0.55\times 9.48\simeq 5.214$
부탄의 $C_{st}=\dfrac{100}{1+4.773\times 6.5}\simeq 3.12$,
부탄의 폭발하한값 $\text{LFL}=0.55\times 3.12\simeq 1.716$이므로,
혼합가스의 폭발하한계값은
$\dfrac{100}{\text{LFL}}=\dfrac{70}{5.214}+\dfrac{30}{1.716}\simeq 30.9$에서 $\text{LFL}=\dfrac{100}{30.9}\simeq 3.2$

98 다음 중 완전연소 조성농도가 가장 낮은 것은?

① 메탄(CH_4)
② 프로판(C_3H_8)
③ 부탄(C_4H_{10})
④ 아세틸렌(C_2H_2)

해설
산소농도 $O_2=a+\dfrac{(b-c-2d)}{4}+e$(여기서, a : 탄소원자수, b : 수소원자수, c : 할로겐원자수, d : 산소원자수, e : 질소원자수)
산소농도가 높을수록 완전 조성농도가 낮다.
산소농도 계산
- 메탄(CH_4) $O_2=a+\dfrac{(b-c-2d)}{4}+e=1+\dfrac{4}{4}=2$
- 프로판(C_3H_8) $O_2=a+\dfrac{(b-c-2d)}{4}+e=3+\dfrac{8}{4}=5$
- 부탄(C_4H_{10}) $O_2=a+\dfrac{(b-c-2d)}{4}+e=4+\dfrac{10}{4}=6.5$
- 아세틸렌(C_2H_2) $O_2=a+\dfrac{(b-c-2d)}{4}+e=2+\dfrac{2}{4}=2.5$

정답 95 ③ 96 ④ 97 ② 98 ③

99 유체의 역류를 방지하기 위해 설치하는 밸브는?

① 체크밸브
② 게이트밸브
③ 대기밸브
④ 글로브밸브

해설
체크밸브 : 유체의 역류를 방지하기 위해 설치하는 밸브

100 산업안전보건법령상 위험물질의 종류를 구분할 때 다음 물질들이 해당하는 것은?

리튬, 칼륨 · 나트륨, 황, 황린, 황화인 · 적린

① 폭발성 물질 및 유기과산화물
② 산화성 액체 및 산화성 고체
③ 물반응성 물질 및 인화성 고체
④ 급성 독성물질

해설
물반응성 물질 및 인화성 고체
리튬, 칼륨 · 나트륨, 황, 황린, 황화인 · 적린, 셀룰로이드류, 알킬알루미늄 · 알킬리튬, 마그네슘 분말, 금속 분말(마그네슘 분말 제외), 알칼리금속(리튬 · 칼륨 및 나트륨은 제외), 유기 금속화합물(알킬알루미늄 및 알킬리튬은 제외), 금속의 수소화물, 금속의 인화물, 칼슘 탄화물, 알루미늄 탄화물 등

제6과목 건설안전기술

101 산업안전보건관리비 계상기준에 따른 일반건설공사(갑), 대상액 5억원 이상 50억원 미만의 비율 및 기초액으로 옳은 것은?

① 비율 : 1.86[%], 기초액 : 5,349,000원
② 비율 : 1.99[%], 기초액 : 5,499,000원
③ 비율 : 2.35[%], 기초액 : 5,400,000원
④ 비율 : 1.57[%], 기초액 : 4,411,000원

해설
공사종류 및 규모별 안전관리비 계상기준표(건설업 산업안전보건관리비 계상 및 사용기준 별표 1)

구분 / 공사종류	대상액 5억원 미만인 경우 적용 비율[%]	대상액 5억원 이상 50억원 미만인 경우		대상액 50억원 이상인 경우 적용 비율[%]	영 별표 5에 따른 보건관리자 선임대상 건설공사의 적용 비율[%]
		적용 비율 [%]	기초액 (원)		
일반건설공사(갑)	2.93	1.86	5,349,000	1.97	2.15
일반건설공사(을)	3.09	1.99	5,499,000	2.10	2.29
중건설공사	3.43	2.35	5,400,000	2.44	2.66
철도 · 궤도 신설공사	2.45	1.57	4,411,000	1.66	1.81
특수 및 기타 건설공사	1.85	1.20	3,250,000	1.27	1.38

정답 99 ① 100 ③ 101 ①

102 이동식 비계를 조립하여 작업하는 경우에 대한 준수사항으로 옳지 않은 것은?

① 승강용 사다리는 견고하게 설치할 것
② 비계의 최상부에서 작업을 하는 경우에는 안전난간을 설치할 것
③ 작업발판의 최대 적재하중은 400[kg]을 초과하지 않도록 할 것
④ 작업발판은 항상 수평을 유지하고 작업발판 위에서 안전난간을 딛고 작업을 하거나 받침대 또는 사다리를 사용하여 작업하지 않도록 할 것

해설
작업발판의 최대 적재하중은 250[kg]을 초과하지 않도록 할 것(산업안전보건기준에 관한 규칙 제68조)

103 항타기 또는 항발기의 권상용 와이어로프의 절단하중이 100[ton]일 때 와이어로프에 걸리는 최대 하중을 얼마까지 할 수 있는가?

① 20[ton] ② 33.3[ton]
③ 40[ton] ④ 50[ton]

해설

$$\text{최대 하중} = \frac{\text{절단하중}}{\text{안전계수}} = \frac{100}{5} = 20[\text{ton}]$$

104 공사현장에서 가설계단을 설치하는 경우 높이가 3[m]를 초과하는 계단에는 높이 3[m] 이내마다 최소 얼마 이상의 너비를 가진 계단참을 설치하여야 하는가?

① 3.5[m] ② 2.5[m]
③ 1.2[m] ④ 1.0[m]

해설
공사현장에서 가설계단을 설치하는 경우 높이가 3[m]를 초과하는 계단에는 높이 3[m] 이내마다 최소 1.2[m] 이상의 너비를 가진 계단참을 설치하여야 한다(산업안전보건기준에 관한 규칙 제28조).

105 터널 지보공을 조립하는 경우에는 미리 그 구조를 검토한 후 조립도를 작성하고, 그 조립도에 따라 조립하도록 하여야 하는데 이 조립도에 명시하여야 할 사항과 가장 거리가 먼 것은?

① 이음방법 ② 단면 규격
③ 재료의 재질 ④ 재료의 구입처

해설
터널 지보공의 조립도에 명시하여야 할 사항(산업안전보건기준에 관한 규칙 제363조)
- 재료의 재질
- 설치 간격
- 이음방법
- 단면 규격

106 강관비계를 조립할 때 준수하여야 할 사항으로 옳지 않은 것은?

① 띠장 간격은 2[m] 이하로 설치하되, 첫 번째 띠장은 지상으로부터 3[m] 이하의 위치에 설치할 것
② 비계기둥의 간격은 띠장 방향에서 1.5[m] 이상 1.8[m] 이하로 할 것
③ 비계기둥의 제일 윗부분으로부터 31[m]되는 지점 밑부분의 비계기둥은 2개의 강관으로 묶어 세울 것
④ 비계기둥 간의 적재하중은 400[kg]을 초과하지 않도록 할 것

해설
※ 출제 시 정답은 ①이지만, 법령 개정으로 ①, ② 정답
산업안전보건기준에 관한 규칙 제60조
- 비계기둥의 간격은 띠장 방향에서는 1.85[m] 이하(개정전 1.5[m] 이상, 1.8[m] 이하), 장선 방향에서는 1.5[m] 이하로 할 것(다만, 선박 및 보트 건조작업의 경우 안전성에 대한 구조검토를 실시하고 조립도를 작성하면 띠장 방향 및 장선 방향으로 각각 2.7[m] 이하 가능)
- 띠장 간격은 2[m] 이하로 할 것(다만, 작업의 성질상 이를 준수하기가 곤란하여 쌍기둥틀 등에 의하여 해당 부분을 보강한 경우에는 그러하지 아니함)
- 비계기둥의 제일 윗부분으로부터 31[m]되는 지점 밑부분의 비계기둥은 2개의 강관으로 묶어 세울 것(다만, 브래킷(Bracket, 까치발) 등으로 보강하여 2개의 강관으로 묶을 경우 이상의 강도가 유지되는 경우에는 그러하지 아니함)
- 비계기둥 간의 적재하중은 400[kg]을 초과하지 않도록 할 것

정답 102 ③ 103 ① 104 ③ 105 ④ 106 ①, ②

107 **작업 장소의 지형 및 지반 상태 등에 적합한 제한속도를 미리 정하지 않아도 되는 차량계 건설기계는 최대 제한속도가 최대 시속 얼마 이하인 것을 의미하는가?**

① 5[km/h] 이하 ② 10[km/h] 이하
③ 15[km/h] 이하 ④ 20[km/h] 이하

해설
작업 장소의 지형 및 지반 상태 등에 적합한 제한속도를 미리 정하지 않아도 되는 차량계 건설기계는 최대 제한속도가 최대 시속 10[km/h] 이하인 것을 의미한다(산업안전보건기준에 관한 규칙 제98조).

108 **산업안전보건법에 따른 유해하거나 위험한 기계·기구에 설치하여야 할 방호장치를 연결한 것으로 옳지 않은 것은?**

① 포장기계 – 헤드 가드
② 예초기 – 날 접촉 예방장치
③ 원심기 – 회전체 접촉 예방장치
④ 금속절단기 – 날 접촉 예방장치

해설
사업주는 종이상자·마대 등의 포장기 또는 충진기 등의 작동 부분이 근로자를 위험하게 할 우려가 있는 경우 덮개 설치 등 필요한 조치를 하여야 한다.

109 **지반 조사의 간격 및 깊이에 대한 내용으로 옳지 않은 것은?**

① 조사 간격은 지층 상태, 구조물 규모에 따라 정한다.
② 절토, 개착, 터널구간은 기반암의 심도 5~6[m]까지 확인한다.
③ 지층이 복잡한 경우에는 기조사한 간격 사이에 보완조사를 실시한다.
④ 조사 깊이는 액상화 문제가 있는 경우에는 모래층 하단에 있는 단단한 지지층까지 조사한다.

해설
절토, 개착, 터널 구간은 기반암의 심도 2[m]까지 확인한다.

110 **보일링(Boiling) 현상에 관한 설명으로 옳지 않은 것은?**

① 지하수위가 높은 모래 지반을 굴착할 때 발생하는 현상이다.
② 보일링 현상에 대한 대책의 일환으로 공사기간 중 지하수위를 일정하게 유지시켜야 한다.
③ 보일링 현상이 발생하는 경우 흙막이 보는 지지력이 저하된다.
④ 아랫부분의 토사가 수압을 받아 굴착한 곳으로 밀려나와 굴착 부분을 다시 메우는 현상이다.

해설
보일링 현상에 대한 대책의 일환으로 공사기간 중 지하수위를 일정하게 낮추어야 한다.

111 **철골구조의 앵커볼트 매립과 관련된 준수사항 중 옳지 않은 것은?**

① 기둥 중심은 기준선 및 인접 기둥의 중심에서 3[mm] 이상 벗어나지 않을 것
② 앵커볼트는 매립 후에 수정하지 않도록 설치할 것
③ 베이스 플레이트의 하단은 기준 높이 및 인접 기둥의 높이에서 3[mm] 이상 벗어나지 않을 것
④ 앵커볼트는 기둥 중심에서 2[mm] 이상 벗어나지 않을 것

해설
기둥 중심은 기준선 및 인접 기둥의 중심에서 5[mm] 이상 벗어나지 않아야 한다.

정답 107 ② 108 ① 109 ② 110 ② 111 ①

112 토사 붕괴재해를 방지하기 위한 흙막이 지보공 설비를 구성하는 부재와 거리가 먼 것은?

① 말 뚝 ② 버팀대
③ 띠 장 ④ 턴버클

해설
흙막이 지보공 설비를 구성하는 부재 : 흙막이판, 말뚝, 버팀대, 띠장 등

113 옥외에 설치되어 있는 주행크레인에 대하여 이탈방지장치를 작동시키는 등 이탈방지를 위한 조치를 하여야 하는 풍속기준으로 옳은 것은?

① 순간풍속이 20[m/s]를 초과할 때
② 순간풍속이 25[m/s]를 초과할 때
③ 순간풍속이 30[m/s]를 초과할 때
④ 순간풍속이 35[m/s]를 초과할 때

해설
산업안전보건기준에 관한 규칙 제140조
순간풍속이 초당 30[m]를 초과하는 바람이 불어올 우려가 있는 경우, 옥외에 설치되어 있는 주행 크레인에 대하여 이탈방지장치를 작동시키는 등 이탈방지를 위한 조치를 하여야 한다.

114 비계(달비계, 달대비계 및 말비계는 제외)의 높이가 2[m] 이상인 작업 장소에 설치하는 작업발판의 구조 및 설비에 관한 기준으로 옳지 않은 것은?

① 작업발판의 폭이 40[cm] 이상이 되도록 한다.
② 발판재료 간의 틈은 3[cm] 이하로 한다.
③ 작업발판을 작업에 따라 이동시킬 경우에는 위험방지에 필요한 조치를 한다.
④ 작업발판 재료는 뒤집히거나 떨어지지 않도록 하나 이상의 지지물에 연결하거나 고정시킨다.

해설
작업발판 재료는 뒤집히거나 떨어지지 않도록 둘 이상의 지지물에 연결하거나 고정시킨다(산업안전보건기준에 관한 규칙 제56조).

115 차량계 하역운반기계 등에 화물을 적재하는 경우의 준수사항이 아닌 것은?

① 하중이 한쪽으로 치우치지 않도록 적재할 것
② 구내 운반차 또는 화물자동차의 경우 화물의 붕괴 또는 낙하에 의한 위험을 방지하기 위하여 화물에 로프를 거는 등 필요한 조치를 할 것
③ 운전자의 시야를 가리지 않도록 화물을 적재할 것
④ 차륜의 이상 유무를 점검할 것

해설
산업안전보건기준에 관한 규칙 제173조
- 하중이 한쪽으로 치우치지 않도록 적재할 것
- 구내운반차 또는 화물자동차의 경우 화물의 붕괴 또는 낙하에 의한 위험을 방지하기 위하여 화물에 로프를 거는 등 필요한 조치를 할 것
- 운전자의 시야를 가리지 않도록 화물을 적재할 것

116 이동식 비계를 조립하여 작업을 하는 경우에 작업발판의 최대 적재하중은 몇 [kg]을 초과하지 않도록 해야 하는가?

① 150[kg] ② 200[kg]
③ 250[kg] ④ 300[kg]

해설
이동식 비계를 조립하여 작업을 하는 경우에 작업발판의 최대 적재하중은 250[kg]을 초과하지 않도록 해야 한다.

117 취급·운반의 원칙으로 옳지 않은 것은?

① 연속 운반을 할 것
② 생산을 최고로 하는 운반을 생각할 것
③ 운반작업을 집중하여 시킬 것
④ 곡선 운반을 할 것

해설
취급·운반의 3조건
- 운반거리를 극소화시킨다.
- 손이 가지 않는 운반방식으로 해야 한다.
- 운반을 기계화 한다.

정답 112 ④ 113 ③ 114 ④ 115 ④ 116 ③ 117 ④

118 **건설현장에서 작업 중 물체가 떨어지거나 날아올 우려가 있는 경우에 대한 안전조치에 해당하지 않는 것은?**

① 수직보호망 설치
② 방호선반 설치
③ 울타리 설치
④ 낙하물방지망 설치

해설
작업으로 인하여 물체가 떨어지거나 날아올 위험이 있는 경우 낙하물방지망, 수직보호망 또는 방호선반의 설치, 출입금지구역의 설정, 보호구의 착용 등 위험을 방지하기 위하여 필요한 조치를 하여야 한다.

119 **유해·위험방지계획서를 제출해야 할 건설공사 대상 사업장 기준으로 옳지 않은 것은?**

① 최대 지간길이가 40[m] 이상인 교량 건설 등의 공사
② 지상 높이가 31[m] 이상인 건축물
③ 터널 건설 등의 공사
④ 깊이 10[m] 이상인 굴착공사

해설
최대 지간길이가 50[m] 이상인 다리건설 등의 공사(시행령 제42조)

120 **콘크리트 타설을 위한 거푸집 동바리의 구조 검토 시 가장 선행되어야 할 작업은?**

① 각 부재에 생기는 응력에 대하여 안전한 단면을 산정한다.
② 가설물에 작용하는 하중 및 외력의 종류, 크기를 산정한다.
③ 하중·외력에 의하여 각 부재에 생기는 응력을 구한다.
④ 사용할 거푸집 동바리의 설치 간격을 결정한다.

해설
콘크리트 타설을 위한 거푸집 동바리의 구조 검토 시 가장 선행되어야 할 작업은 가설물에 작용하는 하중 및 외력의 종류, 크기를 산정하는 것이다.

정답 118 ③ 119 ① 120 ②

산업안전기사

과년도 기출문제

제1과목 안전관리론

01 교육심리학의 학습이론에 관한 설명 중 옳은 것은?

① 파블로프(Pavlov)의 조건반사설은 맹목적 시행을 반복하는 가운데 자극과 반응이 결합하여 행동하는 것이다.

② 레빈(Lewin)의 장설은 후천적으로 얻게 되는 반사작용으로 행동을 발생시킨다는 것이다.

③ 톨만(Tolman)의 기호형태설은 학습자의 머릿속에 인지적 지도 같은 인지구조를 바탕으로 학습하려는 것이다.

④ 손다이크(Thorndike)의 시행착오설은 내적, 외적의 전체 구조를 새로운 시점에서 파악하여 행동하는 것이다.

해설

- 파블로프(Pavlov)의 조건반사설 : 반응을 유발하지 않는 중립자극(종소리)과 반응을 일으키는 무조건자극(음식)을 반복적인 과정을 통해 짝지어 줌으로써 중립자극이 조건자극이 되는 현상을 설명하여 조건화에 의해 새로운 행동이 성립한다는 이론(개실험)
- 레빈(Lewin)의 장설 : 인간의 행동을 개인과 환경의 함수관계로 설명한 이론
  - 장(Field) : 유기체의 행동을 결정하는 모든 요인의 복합적인 상황
  - 생활공간 : 행동을 지배하는 그 순간의 시간적·공간적 조건으로 개인과 환경으로 구성됨
  - 행동 방정식 : $B=f(P \cdot E)$
- 손다이크(Thorndike)의 시행착오설 : 문제해결을 위해 여러 가지 반응을 시도하다가 우연적으로 성공하여 행동의 변화를 가져온다는 이론
  - 내적·외적의 전체 구조를 새로운 시점에서 파악하여 행동하는 것
  - 학습의 법칙 : 효과의 법칙, 연습의 법칙, 준비성의 법칙

02 학습지도의 형태 중 몇 사람의 전문가에 의해 과정에 관한 견해를 발표하고 참가자로 하여금 의견이나 질문을 하게 하는 토의방식은?

① 포럼(Forum)

② 심포지엄(Symposium)

③ 버즈세션(Buzz Session)

④ 자유토의법(Free Discussion Method)

해설

심포지엄(Symposium) : 학습지도의 형태 중 몇 사람의 전문가에 의해 과정에 관한 견해를 발표하고, 참가자로 하여금 의견이나 질문을 하게 하는 토의방식

03 레빈(Lewin)의 법칙 $B=f(P \cdot E)$ 중 B가 의미하는 것은?

① 인간관계 ② 행 동

③ 환 경 ④ 함 수

해설

$B=f(P \cdot E)$에서 B는 인간의 행동(Behavior), f는 함수(Function), P는 소질 혹은 성격(Personality), E는 심리학적 환경 혹은 작업환경(Environment)을 의미한다.

정답 1 ③ 2 ② 3 ②

04 **산업안전보건법상 근로자 안전 · 보건교육 기준 중 관리감독자 정기안전 · 보건교육의 교육내용으로 옳은 것은?(단, 산업안전보건법 및 일반관리에 관한 사항은 제외한다)**

① 기계 · 기구의 위험성과 작업의 순서 및 동선에 관한 사항
② 사고 발생 시 긴급조치에 관한 사항
③ 건강 증진 및 질병 예방에 관한 사항
④ 산업보건 및 직업병 예방에 관한 사항

해설
관리감독자 정기 안전 · 보건교육의 교육내용(시행규칙 별표 5)
- 산업안전 및 사고 예방에 관한 사항
- 산업보건 및 직업병 예방에 관한 사항
- 유해 · 위험 작업환경 관리에 관한 사항
- 산업안전보건법령 및 산업재해보상보험 제도에 관한 사항
- 직무스트레스 예방 및 관리에 관한 사항
- 직장 내 괴롭힘, 고객의 폭언 등으로 인한 건강장해 예방 및 관리에 관한 사항
- 작업공정의 유해 · 위험과 재해 예방대책에 관한 사항
- 표준안전 작업방법 및 지도 요령에 관한 사항
- 관리감독자의 역할과 임무에 관한 사항
- 안전보건교육 능력 배양에 관한 사항

05 **기업 내 정형교육 중 TWI(Training Within Industry)의 교육내용이 아닌 것은?**

① Job Method Training
② Job Relation Training
③ Job Instruction Training
④ Job Standardization Training

해설
TWI(Training Within Industry) : 주로 제일선의 관리감독자를 교육대상자로 하여 작업방법훈련, 작업지도훈련, 인간관계훈련, 작업안전훈련 등을 교육내용으로 하는 기업 내 정형교육

06 **강도율에 관한 설명 중 틀린 것은?**

① 사망 및 영구 전 노동 불능(신체장해등급 1~3급)의 근로손실일수는 7,500일로 환산한다.
② 신체장해등급 중 제14급은 근로손실일수를 50일로 환산한다.
③ 영구 일부 노동 불능은 신체장해등급에 따른 근로손실일수에 $\frac{300}{365}$을 곱하여 환산한다.
④ 일시 전 노동 불능은 휴업일수에 $\frac{300}{365}$을 곱하여 근로손실일수를 환산한다.

해설
영구 일부 노동 불능은 신체장해등급에 따른 (근로손실일수 + 비장해등급손실) $\times \frac{300}{365}$으로 환산한다.

07 **안전보건관리조직의 유형 중 스태프형(Staff)조직의 특징이 아닌 것은?**

① 생산 부문은 안전에 대한 책임과 권한이 없다.
② 권한 다툼이나 조정 때문에 통제 수속이 복잡해지며 시간과 노력이 소모된다.
③ 생산 부분에 협력하여 안전 명령을 전달, 실시하므로 안전지시가 용이하지 않으며 안전과 생산을 별개로 취급하기 쉽다.
④ 명령계통과 조언 권고적 참여가 혼동되기 쉽다.

해설
명령계통과 조언 권고적 참여가 혼동되기 쉬운 경우는 라인-스탭 조직이다.

정답 4 ④ 5 ④ 6 ③ 7 ④

08 **산업안전보건법상 안전·보건표지의 색채와 색도기준의 연결이 틀린 것은?(단, 색도기준은 한국산업표준(KS)에 따른 색의 3속성에 의한 표시방법에 따른다)**

① 빨간색 - 7.5R 4/14
② 노란색 - 5Y 8.5/12
③ 파란색 - 2.5PB 4/10
④ 흰색 - N0.5

해설
안전보건표지의 색도 기준 및 용도(시행규칙 별표 8)

색 채	색도기준	용 도	사용례
빨간색	7.5R 4/14	금 지	정지신호, 소화설비 및 그 장소, 유해행위의 금지
		경 고	화학물질 취급장소에서의 유해·위험 경고
노란색	5Y 8.5/12	경 고	화학물질 취급장소에서의 유해·위험 경고 이외의 위험경고, 주의 표지 또는 기계 방호물
파란색	2.5PB 4/10	지 시	특정 행위의 지시 및 사실의 고지
녹 색	2.5G 4/10	안 내	비상구 및 피난소, 사람 또는 차량의 통행표지
흰 색	N9.5	-	파란색 또는 녹색에 대한 보조색
검은색	N0.5	-	문자 및 빨간색 또는 노란색에 대한 보조색

09 **상해 정도별 분류 중 의사의 진단으로 일정기간 정규 노동에 종사할 수 없는 상해에 해당하는 것은?**

① 영구 일부 노동 불능 상해
② 일시 전 노동 불능 상해
③ 영구 전 노동 불능 상해
④ 구급처치 상해

해설
일시 전 노동 불능 상해 : 의사의 진단으로 일정기간 정규 노동에 종사할 수 없는 상해

10 **생체리듬(Biorhythm) 중 일반적으로 33일을 주기로 반복되며 상상력, 사고력, 기억력 또는 의지, 판단 및 비판력 등과 깊은 관련성을 갖는 리듬은?**

① 육체적 리듬 ② 지성적 리듬
③ 감성적 리듬 ④ 생활리듬

해설
지성적 리듬 : 33일을 주기로 반복되며 상상력, 사고력, 기억력 또는 의지, 판단 및 비판력 등과 깊은 관련성을 갖는 리듬

11 **산업안전보건법상 지방고용노동관서의 장이 사업주에게 안전관리자·보건관리자 또는 안전보건관리담당자를 정수 이상으로 증원하게 하거나 교체하여 임명할 것을 명할 수 있는 경우의 기준 중 다음 ( ) 안에 알맞은 것은?**

- 중대재해가 연간 (㉠)건 이상 발생한 경우
- 해당 사업장의 연간재해율이 같은 업종의 평균 재해율의 (㉡)배 이상인 경우

① ㉠ 3, ㉡ 2
② ㉠ 2, ㉡ 3
③ ㉠ 2, ㉡ 2
④ ㉠ 3, ㉡ 3

해설
※ 2020년 1월 16일 산업안전보건법 시행규칙의 개정으로 정답이 ①에서 ③으로 변경됨
지방고용노동관서의 장이 사업주에게 안전관리자·보건관리자 또는 안전보건관리담당자를 정수 이상으로 증원하게 하거나 교체하여 임명할 것을 명할 수 있는 경우의 기준
- 중대재해가 연간 2건 이상 발생한 경우
- 해당 사업장의 연간 재해율이 같은 업종의 평균 재해율의 2배 이상인 경우

정답 8 ④ 9 ② 10 ② 11 ③

12 데이비스(Davis)의 동기부여 이론 중 동기유발의 식으로 옳은 것은?

① 지식 × 기능 ② 지식 × 태도
③ 상황 × 기능 ④ 상황 × 태도

해설
데이비스의 동기부여 이론
- 능력(Ability)＝지식(Knowledge)×기능(Skill)
- 동기유발(Motivation)＝상황(Situation)×태도(Attitude)
- 인간의 성과(Human Performance)＝능력(Ability)×동기유발(Motivation)
- 경영의 성과＝인간의 성과×물적인 성과

13 작업자 적성의 요인이 아닌 것은?

① 성격(인간성) ② 지 능
③ 인간의 연령 ④ 흥 미

해설
작업자 적성의 요인 : 성격(인간성), 지능, 직업 적성, 흥미 등

14 석면 취급 장소에서 사용하는 방진 마스크의 등급으로 옳은 것은?

① 특 급 ② 1급
③ 2급 ④ 3급

해설
방진마스크의 등급별 사용장소
- 특급 : 베릴륨 등과 같이 독성이 강한 물질들을 함유한 분진 등 발생장소, 석면 취급장소
- 1급 : 특급 마스크 착용장소를 제외한 분진 등 발생장소, 금속흄 등과 같이 열적으로 생기는 분진 등 발생장소, 기계적으로 생기는 분진 등 발생장소
- 2급 : 특급 및 1급 마스크 착용장소를 제외한 분진 등 발생장소

15 재해사례연구의 진행단계 중 다음 ( ) 안에 알맞은 것은?

> 재해상황의 파악 → (㉠) → (㉡) → 근본적 문제점의 결정 → (㉢)

① ㉠ 사실의 확인, ㉡ 문제점의 발견, ㉢ 대책 수립
② ㉠ 문제점의 발견, ㉡ 사실의 확인 ㉢ 대책 수립
③ ㉠ 사실의 확인, ㉡ 대책 수립, ㉢ 문제점의 발견
④ ㉠ 문제점의 발견, ㉡ 대책 수립, ㉢ 사실의 확인

해설
재해사례연구의 진행단계 순서 : 재해상황의 파악 → 사실의 확인 → 문제점의 발견 → 근본적 문제점의 결정 → 대책 수립

16 자율검사 프로그램을 인정받기 위해 보유하여야 할 검사장비의 이력카드 작성, 교정주기와 방법 설정 및 관리 등의 관리주체는?

① 사업주
② 제조자
③ 안전관리전문기관
④ 안전보건관리책임자

해설
자율검사 프로그램을 인정받기 위해 보유하여야 할 검사장비의 이력카드 작성, 교정주기와 방법 설정 및 관리 등의 관리주체는 사업주이다.

17 적응기제 중 도피기제의 유형이 아닌 것은?

① 합리화 ② 고 립
③ 퇴 행 ④ 억 압

해설
도피기제 : 고립, 퇴행, 억압, 백일몽(환상)

정답 12 ④ 13 ③ 14 ① 15 ① 16 ① 17 ①

18 다음 방진 마스크의 형태로 옳은 것은?

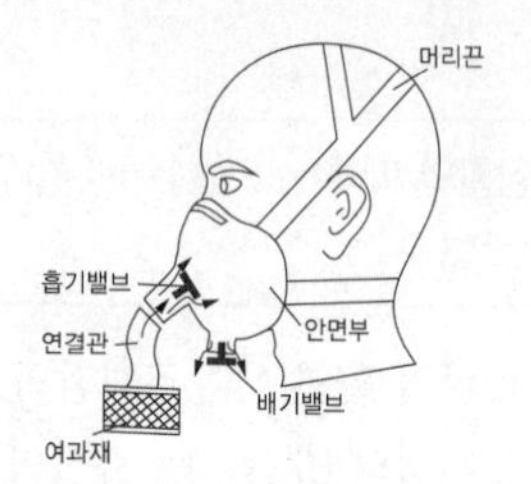

① 직결식 전면형 ② 직결식 반면형
③ 격리식 전면형 ④ 격리식 반면형

해설
문제 그림의 방진 마스크 형태는 격리식 반면형이다.

19 산업안전보건법령상 안전·보건표지의 종류 중 경고표지의 기본 모형(형태)이 다른 것은?

① 폭발성 물질 경고
② 방사성 물질 경고
③ 매달린 물체 경고
④ 고압전기 경고

해설
안전보건표지의 종류와 형태(시행규칙 별표 6)
- 폭발성 물질 경고 : 마름모형
- 방사성 물질 경고, 매달린 물체 경고, 고압전기 경고 : 삼각형

20 하인리히(Heinrich)의 재해 구성비율에 따른 58건의 경상이 발생한 경우 무상해 사고는 몇 건이 발생하겠는가?

① 58건 ② 116건
③ 600건 ④ 900건

해설
1 : 29 : 300에서 경상 29건일 때 무상해 사고가 300건이므로 경상 58건일 때 무상해 사고는 600건 발생된다.

제2과목 인간공학 및 시스템 안전공학

21 들기 작업 시 요통 재해 예방을 위하여 고려할 요소와 가장 거리가 먼 것은?

① 들기 빈도 ② 작업자 신장
③ 손잡이 형상 ④ 허리 비대칭 각도

해설
들기 작업 시 요통 재해 예방을 위하여 고려해야 할 요소 : 들기 빈도, 손잡이 형상, 허리 비대칭 각도, 휴식 조건, 작업 전 체조

22 HAZOP 기법에서 사용하는 가이드워드와 그 의미가 잘못 연결된 것은?

① Other Than : 기타 환경적인 요인
② No/Not : 디자인 의도의 완전한 부정
③ Reverse : 디자인 의도의 논리적 반대
④ More/Less : 정량적인 증가 또는 감소

해설
Other Than : 완전한 대체

23 신뢰성과 보전성 개선을 목적으로 한 효과적인 보전기록자료에 해당하는 것은?

① 자재관리표 ② 주유지시서
③ 재고관리표 ④ MTBF 분석표

해설
MTBF 분석표 : 신뢰성과 보전성 개선을 목적으로 한 효과적인 보전기록자료

정답 18 ④ 19 ① 20 ③ 21 ② 22 ① 23 ④

24 [보기]의 실내면에서 빛의 반사율이 낮은 곳에서부터 높은 순서대로 나열한 것은?

[보 기]
A : 바닥　B : 천장　C : 가구　D : 벽

① A < B < C < D
② A < C < B < D
③ A < C < D < B
④ A < D < C < B

해설
실내면에서 빛의 반사율이 낮은 곳에서부터 높은 순서 : 바닥 < 가구 < 벽 < 천장

25 A사의 안전관리자는 자사 화학설비의 안전성 평가를 위해 제2단계인 정성적 평가를 진행하기 위하여 평가항목 대상을 분류하였다. 주요 평가항목 중에서 설계관계 항목이 아닌 것은?

① 건조물　② 공장 내 배치
③ 입지조건　④ 원재료, 중간제품

해설
2단계 : 정성적 평가(공정작업을 위한 작업규정 유무)
- 화학설비의 안정성 평가에서 정성적 평가의 항목
  - 설계관계 항목 : 입지조건, 공장 내의 배치, 건조물, 소방설비
  - 운전관계 항목 : 원재료 · 중간체 제품, 공정, 공정기기, 수송 · 저장

26 다음 시스템에 대하여 톱사상(Top Event)에 도달할 수 있는 최소 컷셋(Minimal Cut Sets)을 구할 때 올바른 집합은?(단, X_1, X_2, X_3, X_4는 각 부품의 고장 확률을 의미하며 집합 $\{X_1, X_2\}$는 X_1 부품과 X_2 부품이 동시에 고장 나는 경우를 의미한다)

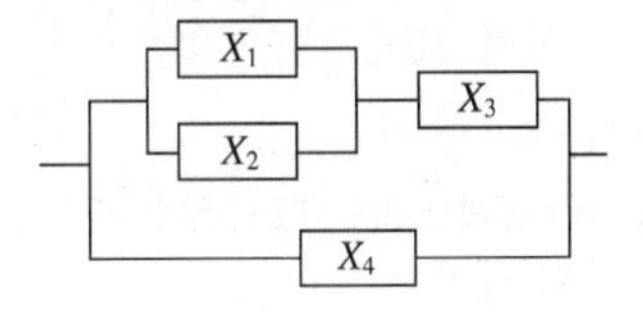

① $\{X_1, X_2\}$, $\{X_3, X_4\}$
② $\{X_1, X_3\}$, $\{X_2, X_4\}$
③ $\{X_1, X_2, X_4\}$, $\{X_3, X_4\}$
④ $\{X_1, X_3, X_4\}$, $\{X_2, X_3, X_4\}$

해설
$T = X_4 \cdot (X_1X_2 + X_3) = X_1X_2X_4 + X_3X_4$ 이므로,
최소 컷셋은 $\{1, 2, 4\}$, $\{3, 4\}$이다.

27 운동관계의 양립성을 고려하여 동목(Moving Scale)형 표시장치를 바람직하게 설계한 것은?

① 눈금과 손잡이가 같은 방향으로 회전하도록 설계한다.
② 눈금의 숫자는 우측으로 감소하도록 설계한다.
③ 꼭지의 시계 방향 회전이 지시치를 감소시키도록 설계한다.
④ 위의 세 가지 요건을 동시에 만족시키도록 설계한다.

해설
① 눈금과 손잡이가 같은 방향으로 회전하도록 설계한다.
② 눈금의 숫자는 우측으로 증가하도록 설계한다.
③ 꼭지의 시계 방향 회전이 지시치를 증가시키도록 설계한다.

정답 24 ③ 25 ④ 26 ③ 27 ①

28 일반적으로 작업장에서 구성요소를 배치할 때, 공간의 배치원칙에 속하지 않는 것은?

① 사용 빈도의 원칙
② 중요도의 원칙
③ 공정 개선의 원칙
④ 기능성의 원칙

해설
공간의 배치원칙 : 사용 빈도의 원칙, 중요도의 원칙, 사용 순서의 원칙, 기능성의 원칙

29 에너지대사율(RMR)에 대한 설명으로 틀린 것은?

① $\text{RMR} = \dfrac{\text{운동대사량}}{\text{기초대사량}}$
② 보통 작업 시 RMR은 4~7임
③ 가벼운 작업 시 RMR은 0~2임
④ $\text{RMR} = \dfrac{\text{운동 시 산소소모량} - \text{안정 시 산소소모량}}{\text{기초대사량(산소소비량)}}$

해설
- 가벼운 작업 RMR : 0~2
- 보통 작업 RMR : 2~4
- 중 작업 RMR : 4~7
- 최중 작업 RMR : 7 이상

30 휴먼에러 예방대책 중 인적 요인에 대한 대책이 아닌 것은?

① 설비 및 환경 개선
② 소집단활동의 활성화
③ 작업에 대한 교육 및 훈련
④ 전문인력의 적재적소 배치

해설
휴먼에러 예방대책 중 인적 요인에 대한 대책
- 소집단활동의 활성화
- 작업에 대한 교육 및 훈련
- 전문인력의 적재적소 배치

31 경계 및 경보신호의 설계지침으로 틀린 것은?

① 주의를 환기시키기 위하여 변조된 신호를 사용한다.
② 배경 소음의 진동수와 다른 진동수의 신호를 사용한다.
③ 귀는 중음역에 민감하므로 500~3,000[Hz]의 진동수를 사용한다.
④ 300[m] 이상의 장거리용으로는 1,000[Hz]를 초과하는 진동수를 사용한다.

해설
300[m] 이상의 장거리용으로는 1,000[Hz] 이하의 진동수를 사용한다.

32 산업안전보건법상 유해하거나 위험한 장소에서 사용하는 기계·기구 및 설비를 설치·이전하는 경우 유해·위험방지계획서를 작성, 제출하여야 하는 대상이 아닌 것은?

① 화학설비 ② 금속 용해로
③ 건조설비 ④ 전기용접장치

해설
유해하거나 위험한 장소에서 사용하는 기계·기구 및 설비를 설치·이전하는 경우 유해·위험방지계획서를 작성, 제출하여야 하는 대상 : 화학설비, 금속이나 그 밖의 광물의 용해로, 화학설비, 건조설비, 가스집합 용접장치, 근로자의 건강에 상당한 장해를 일으킬 우려가 있는 물질로서 고용노동부령으로 정하는 물질의 밀폐·환기·배기를 위한 설비

33 FMEA의 특징에 대한 설명으로 틀린 것은?

① 서브 시스템 분석 시 FTA보다 효과적이다.
② 시스템 해석기법은 정성적·귀납적 분석법 등에 사용된다.
③ 각 요소 간 영향 해석이 어려워 2가지 이상 동시 고장은 해석이 곤란하다.
④ 양식이 비교적 간단하고 적은 노력으로 특별한 훈련 없이 해석이 가능하다.

해설
FMEA는 서브 시스템 분석 시 FTA보다 효과적이지 않다.

정답 28 ③ 29 ② 30 ① 31 ④ 32 ④ 33 ①

34 **동작경제의 원칙에 해당하지 않는 것은?**

① 공구의 기능을 각각 분리하여 사용하도록 한다.
② 두 팔의 동작은 동시에 서로 반대 방향으로 대칭적으로 움직이도록 한다.
③ 공구나 재료는 작업동작이 원활하게 수행되도록 그 위치를 정해 준다.
④ 가능하다면 쉽고도 자연스러운 리듬이 작업동작에 생기도록 작업을 배치한다.

해설
공구의 기능을 통합하여 사용하도록 한다.

35 **동작의 합리화를 위한 물리적 조건으로 적절하지 않은 것은?**

① 고유 진동을 이용한다.
② 접촉 면적을 크게 한다.
③ 대체로 마찰력을 감소시킨다.
④ 인체 표면에 가해지는 힘을 작게 한다.

해설
접촉 면적을 작게 한다.

36 **다음 시스템의 신뢰도는 얼마인가?(단, 각 요소의 신뢰도는 a, b가 각 0.8, c, d가 각 0.6이다)**

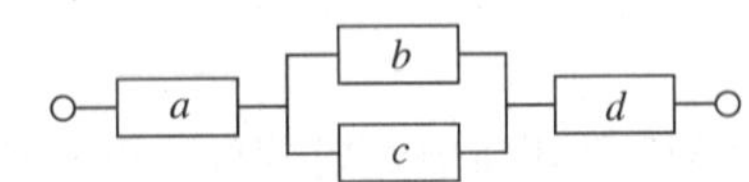

① 0.2245
② 0.3754
③ 0.4416
④ 0.5756

해설
$$R_s = R_a \times [1-(1-R_b)(1-R_c)] \times R_d$$
$$= 0.8 \times [1-(1-0.8)(1-0.6)] \times 0.6 = 0.4416$$

37 **반사율이 60[%]인 작업 대상물에 대하여 근로자가 검사작업을 수행할 때 휘도(Luminance)가 90[f_L]이라면 이 작업에서의 소요조명(f_c)은 얼마인가?**

① 75 ② 150
③ 200 ④ 300

해설
소요조명 $f_c = \frac{f_L}{\text{반사율}} = \frac{90}{0.6} = 150$

38 **FTA(Fault Tree Analysis)에 사용되는 논리기호와 명칭이 올바르게 연결된 것은?**

① 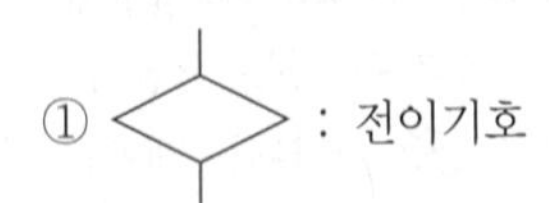
: 전이기호

② 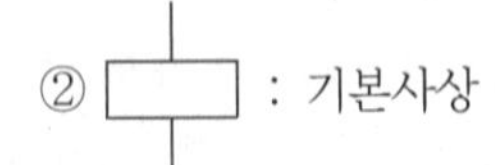
: 기본사상

③ 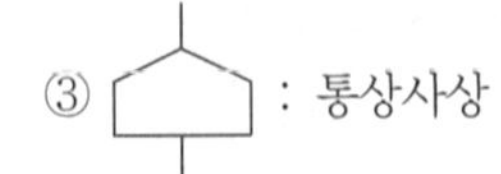
: 통상사상

④ 
: 결합사상

해설
① 생략사상, ② 결함사상, ③ 통상사상, ④ 기본사상

정답 34 ① 35 ② 36 ③ 37 ② 38 ③

39 **기계설비 고장 유형 중 기계의 초기 결함을 찾아내 고장률을 안정시키는 기간은?**

① 마모 고장기간
② 우발 고장기간
③ 에이징(Aging) 기간
④ 디버깅(Debugging) 기간

해설
디버깅(Debugging) 기간 : 기계설비 고장 유형 중 기계의 초기 결함을 찾아내 고장률을 안정시키는 기간

40 **정량적 표시장치에 관한 설명으로 맞는 것은?**

① 정확한 값을 읽어야 하는 경우 일반적으로 디지털보다 아날로그 표시장치가 유리하다.
② 동목(Moving Scale)형 아날로그 표시장치는 표시장치의 면적을 최소화할 수 있는 장점이 있다.
③ 연속적으로 변화하는 양을 나타내는 데에는 일반적으로 아날로그보다 디지털 표시장치가 유리하다.
④ 동침(Moving Pointer)형 아날로그 표시장치는 바늘의 진행 방향과 증감속도에 대한 인식적인 암시신호를 얻는 것이 불가능한 단점이 있다.

해설
① 정확한 값을 읽어야 하는 경우 일반적으로 아날로그보다 디지털 표시장치가 유리하다.
③ 연속적으로 변화하는 양을 나타내는 데에는 일반적으로 디지털 표시장치보다 아날로그가 유리하다.
④ 동침(Moving Pointer)형 아날로그 표시장치는 바늘의 진행 방향과 증감속도에 대한 인식적인 암시신호를 얻는 것이 가능한 장점이 있다.

제3과목 기계위험 방지기술

41 **아세틸렌용접장치에 사용하는 역화방지기에서 요구되는 일반적인 구조로 옳지 않은 것은?**

① 재사용 시 안전에 우려가 있으므로 역화방지 후 바로 폐기하도록 해야 한다.
② 다듬질면이 매끈하고 사용상 지장이 있는 부식, 흠, 균열 등이 없어야 한다.
③ 가스의 흐름 방향은 지워지지 않도록 돌출 또는 각인하여 표시하여야 한다.
④ 소염소자는 금망, 소결금속, 스틸 울(Steel Wool), 다공성 금속물 또는 이와 동등 이상의 소염성능을 갖는 것이어야 한다.

해설
아세틸렌용접장치의 역화방지기는 역화방지 후 복원되어 계속 사용할 수 있는 구조로 한다.

42 **인장강도가 350[MPa]인 강판의 안전율이 4라면 허용응력은 몇 [N/mm²]인가?**

① 76.4
② 87.5
③ 98.7
④ 102.3

해설
안전계수 $S = \frac{\text{인장강도}}{\text{허용응력}}$에서

$\text{허용응력} = \frac{\text{인장강도}}{\text{안전계수}} = \frac{350}{4} = 87.5[\text{N/mm}^2]$

정답 39 ④ 40 ② 41 ① 42 ②

43 **보일러에서 폭발사고를 미연에 방지하기 위해 화염 상태를 검출할 수 있는 장치가 필요하다. 이 중 바이메탈을 이용하여 화염을 검출하는 것은?**

① 프레임 아이
② 스택 스위치
③ 전자 개폐기
④ 프레임 로드

해설
스택 스위치는 바이메탈을 이용한 화염검출기이다.

44 **밀링작업 시 안전수칙에 관한 설명으로 옳지 않은 것은?**

① 칩은 기계를 정지시킨 다음에 브러시 등으로 제거한다.
② 일감 또는 부속장치 등을 설치하거나 제거할 때는 반드시 기계를 정지시키고 작업한다.
③ 커터는 될 수 있는 한 칼럼에서 멀게 설치한다.
④ 강력절삭을 할 때는 일감을 바이스에 깊게 물린다.

해설
밀링작업 시 커터는 될 수 있는 한 칼럼에 가깝게 설치한다.

45 **화물 중량이 200[kgf], 지게차의 중량이 400[kgf], 앞바퀴에서 화물의 무게중심까지의 최단 거리가 1[m]일 때 지게차가 안정되기 위하여 앞바퀴에서 지게차의 무게중심까지 최단 거리는 최소 몇 [m]를 초과해야 하는가?**

① 0.2[m] ② 0.5[m]
③ 1[m] ④ 2[m]

해설
안정 모멘트 관계식 : $M_1 < M_2$, $Wa < Gb$
(여기서, M_1 : 화물의 모멘트, M_2 : 지게차의 모멘트, W : 화물의 중량, a : 앞바퀴의 중심부터 화물 중심까지의 최단 거리, G : 지게차 자체 중량, b : 앞바퀴의 중심부터 지게차 중심까지의 최단 거리)
$M_1 = Wa = 200 \times 1 = 200[\text{kgf}]$
$M_2 = Gb = 400 \times b = 400b[\text{kgf}]$ 이므로
$200 < 400b$ 이다. 따라서 $b > 0.5[\text{m}]$

46 **다음 목재가공용 기계에 사용되는 방호장치의 연결이 옳지 않은 것은?**

① 둥근톱기계 : 톱날 접촉 예방장치
② 띠톱기계 : 날 접촉 예방장치
③ 모떼기기계 : 날 접촉 예방장치
④ 동력식 수동 대패기계 : 반발 예방장치

해설
동력식 수동 대패기계 : 날 접촉 예방장치

47 **프레스 및 전단기에서 위험한계 내에서 작업하는 작업자의 안전을 위하여 안전블록의 사용 등 필요한 조치를 취해야 한다. 다음 중 안전블록을 사용해야 하는 작업으로 가장 거리가 먼 것은?**

① 금형 가공작업 ② 금형 해체작업
③ 금형 부착작업 ④ 금형 조정작업

해설
금형조정작업의 위험 방지(산업안전보건기준에 관한 규칙 제104조)
사업주는 프레스 등의 금형을 부착·해체 또는 조정하는 작업을 할 때에 해당 작업에 종사하는 근로자의 신체가 위험한계 내에 있는 경우 슬라이드가 갑자기 작동함으로써 근로자에게 발생할 우려가 있는 위험을 방지하기 위하여 안전블록을 사용하는 등 필요한 조치를 하여야 한다.

정답 43 ② 44 ③ 45 ② 46 ④ 47 ①

48 다음 그림과 같이 50[kN]의 중량물을 와이어로프를 이용하여 상부에 60°의 각도가 되도록 들어 올릴 때, 로프 하나에 걸리는 하중(T)은 약 몇 [kN]인가?

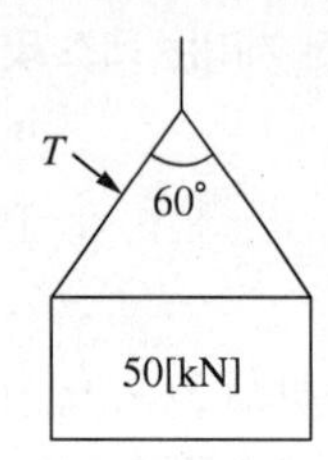

① 16.8 ② 24.5
③ 28.9 ④ 37.9

해설

$\cos\frac{\theta}{2} = \frac{w/2}{T}$ 이므로 $T = \frac{50/2}{\cos 30°} = \frac{25}{\cos 30°} \simeq 28.9$[kN]

49 지게차 및 구내 운반차의 작업 시작 전 점검사항이 아닌 것은?

① 버킷, 디퍼 등의 이상 유무
② 제동장치 및 조종장치 기능의 이상 유무
③ 하역장치 및 유압장치 기능의 이상 유무
④ 전조등, 후미등, 경보장치 기능의 이상 유무

해설

- 제동장치 및 조종장치 기능의 이상 유무
- 하역장치 및 유압장치 기능의 이상 유무
- 바퀴의 이상 유무
- 전조등 · 후미등 · 방향지시기 및 경음기 기능의 이상 유무

50 급정지기구가 부착되어 있지 않아도 유효한 프레스의 방호장치로 옳지 않은 것은?

① 양수기동식 ② 가드식
③ 손쳐내기식 ④ 양수조작식

해설

양수조작식 방호장치 : 위치제한형 방호장치
- 원칙적으로 급정지기구가 부착되어야만 사용할 수 있는 방식이다.
- 누름 버튼 등을 양손으로 동시에 조작하지 않으면 슬라이드를 작동시킬 수 없으며 양손에 의한 동시조작은 0.5초 이내에서 작동되는 것으로 한다.
- 1행정 1정지 기구에 사용할 수 있어야 한다.

51 다음 중 휴대용 동력 드릴작업 시 안전사항에 관한 설명으로 틀린 것은?

① 드릴의 손잡이를 견고하게 잡고 작업하여 드릴 손잡이 부위가 회전하지 않고 확실하게 제어 가능하도록 한다.
② 절삭하기 위하여 구멍에 드릴 날을 넣거나 뺄 때 반발에 의하여 손잡이 부분이 튀거나 회전하여 위험을 초래하지 않도록 팔을 드릴과 직선으로 유지한다.
③ 드릴이나 리머를 고정시키거나 제거하고자 할 때 금속성 망치 등을 사용하여 확실히 고정 또는 제거한다.
④ 드릴을 구멍에 맞추거나 스핀들의 속도를 낮추기 위해서 드릴 날을 손으로 잡아서는 안 된다.

해설

드릴이나 리머를 고정시키거나 제거하고자 할 때 확실히 고정 또는 제거하고자 하는 목적으로 금속성 망치 등을 사용하면 안 되며, 절삭공구 고정 · 제거용 전용공구 등을 사용하여야 한다.

52 다음 중 선반에서 절삭가공 시 발생하는 칩이 짧게 끊어지도록 공구에 설치되어 있는 방호장치의 일종인 칩 제거기구를 무엇이라고 하는가?

① 칩 브레이커 ② 칩 받침
③ 칩 실드 ④ 칩 커터

해설

칩 브레이커 : 선반에서 절삭가공 시 발생하는 칩이 짧게 끊어지도록 공구에 설치되어 있는 방호장치의 일종인 칩 제거기구

53 초음파탐상법의 종류에 해당하지 않는 것은?

① 반사식 ② 투과식
③ 공진식 ④ 침투식

해설

초음파탐상법의 종류 : 반사식, 투과식, 공진식

정답 48 ③ 49 ① 50 ④ 51 ③ 52 ① 53 ④

54 **다음 중 셰이퍼에서 근로자의 보호를 위한 방호장치가 아닌 것은?**

① 방 책
② 칩받이
③ 칸막이
④ 급속귀환장치

해설
셰이퍼에서 근로자의 보호를 위한 방호장치 : 방책, 칩받이, 칸막이 등

55 **로봇의 작동범위 내에서 그 로봇에 관하여 교시 등(로봇의 동력원을 차단하고 행하는 것을 제외한다)의 작업을 행하는 때 작업 시작 전 점검사항으로 옳은 것은?**

① 과부하방지장치의 이상 유무
② 압력제한 스위치 등의 기능의 이상 유무
③ 외부 전선의 피복 또는 외장의 손상 유무
④ 권과방지장치의 이상 유무

해설
산업용 로봇의 작동범위에서 그 로봇에 관하여 교시 등의 작업을 할 때 작업 시작 전 점검사항(산업안전보건기준에 관한 규칙 별표 3)
- 외부 전선의 피복 또는 외장의 손상 유무
- 매니퓰레이터(Manipulator) 작동의 이상 유무
- 제동장치 및 비상정지장치의 기능

56 **아세틸렌용접장치를 사용하여 금속의 용접·용단 또는 가열작업을 하는 경우 아세틸렌을 발생시키는 게이지 압력은 최대 몇 [kPa] 이하이어야 하는가?**

① 17
② 88
③ 127
④ 210

해설
아세틸렌용접장치를 사용하여 금속의 용접·용단 또는 가열작업을 하는 경우 아세틸렌을 발생시키는 게이지 압력은 최대 127[kPa] 이하이어야 한다(산업안전보건기준에 관한 규칙 제285조).

57 **방사선 투과검사에서 투과사진에 영향을 미치는 인자는 크게 콘트라스트(명암도)와 명료도로 나누어 검토할 수 있다. 다음 중 투과사진의 콘트라스트(명암도)에 영향을 미치는 인자에 속하지 않는 것은?**

① 방사선의 선질
② 필름의 종류
③ 현상액의 강도
④ 초점-필름 간 거리

해설
투과사진의 콘트라스트(명암도)에 영향을 미치는 인자 : 방사선의 선질, 필름의 종류, 현상액의 강도

58 **다음 중 방호장치의 기본목적과 가장 관계가 먼 것은?**

① 작업자의 보호
② 기계기능의 향상
③ 인적·물적 손실의 방지
④ 기계 위험 부위의 접촉방지

해설
방호장치의 기본목적
- 작업자의 보호
- 인적·물적 손실의 방지
- 기계 위험 부위의 접촉방지

정답 54 ④ 55 ③ 56 ③ 57 ④ 58 ②

59 **산업안전보건법상 프레스 작업 시작 전 점검해야 할 사항에 해당하는 것은?**

① 언로드밸브의 기능
② 하역장치 및 유압장치 기능
③ 권과방지장치 및 그 밖의 경보장치의 기능
④ 1행정 1정지 기구, 급정지장치 및 비상정지장치의 기능

해설
프레스의 작업 시작 전 점검사항(산업안전보건기준에 관한 규칙 별표 3)
- 클러치 및 브레이크의 기능
- 금형 및 고정볼트 상태
- 방호장치의 기능
- 크랭크축, 플라이휠, 슬라이드, 연결봉 및 연결나사의 풀림 여부
- 1행정 1정지 기구, 급정지장치 및 비상정지장치의 기능
- 슬라이드 또는 칼날에 의한 위험방지기구의 기능
- 전단기의 칼날 및 테이블의 상태

60 **[보기]와 같은 기계요소가 단독으로 발생시키는 위험점은?**

[보 기]
밀링커터, 둥근 톱날

① 협착점 ② 끼임점
③ 절단점 ④ 물림점

해설
밀링커터, 둥근 톱날 등의 기계요소가 단독으로 발생시키는 위험점은 절단점이다.

제4과목 전기위험 방지기술

61 **다음은 무슨 현상을 설명한 것인가?**

전위차가 있는 2개의 대전체가 특정거리에 접근하게 되면 등전위가 되기 위하여 전하가 절연공간을 깨고 순간적으로 빛과 열을 발생하며 이동하는 현상

① 대 전 ② 충 전
③ 방 전 ④ 열 전

해설
방전 : 전위차가 있는 2개의 대전체가 특정거리에 접근하게 되면 등전위가 되기 위하여 전하가 절연공간을 깨고 순간적으로 빛과 열을 발생하며 이동하는 현상

62 **교류아크용접기의 접점방식(Magnet식)의 전격방지장치에서 지동시간과 용접기 2차측 무부하전압(V)을 바르게 표현한 것은?**

① 0.06초 이내, 25[V] 이하
② 1±0.3초 이내, 25[V] 이하
③ 2±0.3초 이내, 50[V] 이하
④ 1.5±0.06초 이내, 50[V] 이하

해설
교류아크용접기의 접점방식(Magnet식)의 전격방지장치에서 지동시간은 1±0.3초 이내이며 용접기 2차측 무부하전압(V)은 25[V] 이하이다.

63 **인체저항이 5,000[Ω]이고, 전류가 3[mA]가 흘렀다. 인체의 정전용량이 0.1[μF]라면 인체에 대전된 정전하는 몇 [μC]인가?**

① 0.5 ② 1.0
③ 1.5 ④ 2.0

해설
인체에 대전된 정전하(Q) : $Q = CV = CIR[\mu C]$
(여기서, C : 인체의 정전용량[μF], V : 전압[V], I : 전류[A], R : 인체저항[Ω])
$Q = CV = CIR = 0.1 \times 3 \times 10^{-3} \times 5{,}000 = 1.5[\mu C]$

정답 59 ④ 60 ③ 61 ③ 62 ② 63 ③

64 22.9[kV] 충전전로에 대해 필수적으로 작업자와 이격시켜야 하는 접근한계거리는?

① 45[cm] ② 60[cm]
③ 90[cm] ④ 110[cm]

해설
충전전로에 대해 필수적으로 작업자와 이격시켜야 하는 접근한계거리 (산업안전보건기준에 관한 규칙 제321조)

충전전로의 선간전압[kV]	충전전로에 대한 접근한계거리[cm]
0.3 이하	접촉금지
0.3 초과 0.75 이하	30
0.75 초과 2 이하	45
2 초과 15 이하	60
15 초과 37 이하	90
37 초과 88 이하	110
88 초과 121 이하	130
121 초과 145 이하	150
145 초과 169 이하	170
169 초과 242 이하	230
242 초과 362 이하	380
362 초과 550 이하	550
550 초과 800 이하	790

65 인체의 대부분이 수중에 있는 상태에서 허용 접촉전압은 몇 [V] 이하인가?

① 2.5[V] ② 25[V]
③ 30[V] ④ 50[V]

해설
허용 접촉전압의 종류

종 별	허용 접촉 전압[V]	접촉 상태
제1종	2.5 이하	인체의 대부분이 수중에 있는 상태
제2종	25 이하	• 금속성의 전기기계·장치나 구조물에 인체의 일부가 상시 접촉되어 있는 상태 • 인체가 현저하게 젖어 있는 상태
제3종	50 이하	통상의 인체 상태에 있어서 접촉전압이 가해지면 위험성이 높은 상태
제4종	무제한	통상의 인체 상태에 있어서 접촉전압이 가해지더라도 위험성이 낮은 상태

66 저압전로의 절연성능시험에서 전로의 사용전압이 380[V]인 경우 전로의 전선 상호 간 및 전로와 대지 사이의 절연저항은 최소 몇 [MΩ] 이상이어야 하는가?

① 0.4[MΩ] ② 0.3[MΩ]
③ 0.2[MΩ] ④ 0.1[MΩ]

해설
절연전선·전로의 전압별 절연저항(누전 측정에 이용)

전압[V]	150 이하	150 초과 300 이하	300 초과 400 미만	400 초과
절연저항[MΩ]	0.1 이상	0.2 이상	0.3 이상	0.4 이상

※ 출제 당시의 규정에 의하면 ②번이 정답이었으나 2021년부터는 해당 규정이 전면 변경됨(전기설비기술기준 제52조)

67 방폭 전기기기의 등급에서 위험 장소의 등급 분류에 해당되지 않는 것은?

① 제3종 장소 ② 제2종 장소
③ 제1종 장소 ④ 제0종 장소

해설
방폭 전기기기의 등급에서 위험 장소의 등급 분류 : 0종 장소, 1종 장소, 2종 장소

68 다음 그림은 심장맥동주기를 나타낸 것이다. T파는 어떤 경우인가?

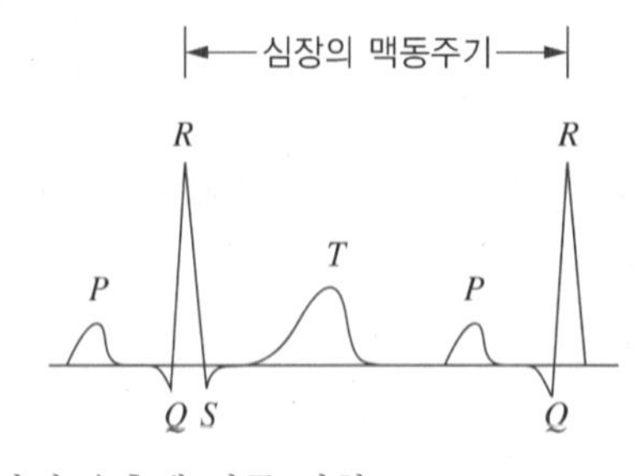

① 심방의 수축에 따른 파형
② 심실의 수축에 따른 파형
③ 심실의 휴식 시 발생하는 파형
④ 심방의 휴식 시 발생하는 파형

해설
T파는 심실의 휴식 시 발생하는 파형이다.

정답 64 ③ 65 ① 66 ② 67 ① 68 ③

69 우리나라에서 사용하고 있는 전압(교류와 직류)을 크기에 따라 구분한 것으로 알맞은 것은?

① 저압 : 직류는 700[V] 이하
② 저압 : 교류는 600[V] 이하
③ 고압 : 직류는 800[V]를 초과하고, 6[kV] 이하
④ 고압 : 교류는 700[V]를 초과하고, 6[kV] 이하

해설
전압의 구분

구 분	직류(DC)	교류(AC)
저 압	750[V] 이하	600[V] 이하
고 압	750[V] 초과 7,000[V] 이하	600[V] 초과 7,000[V] 이하
특고압	7,000[V] 초과	

※ 2021년 1월 1일부터 시행되는 한국전기설비규정(KEC)에서의 전압의 구분은 다음과 같다.

구 분	직류(DC)	교류(AC)
저 압	1.5[kV] 이하	1[kV] 이하
고 압	1.5[kV] 초과 7[kV] 이하	1[kV] 초과 7[kV] 이하
특고압	7[kV] 초과	

70 화재 · 폭발 위험분위기의 생성방지방법으로 옳지 않은 것은?

① 폭발성 가스의 누설방지
② 가연성 가스의 방출방지
③ 폭발성 가스의 체류방지
④ 폭발성 가스의 옥내 체류

해설
화재 · 폭발 위험분위기의 생성방지방법
• 폭발성 가스의 누설방지
• 가연성 가스의 방출방지
• 폭발성 가스의 체류방지

71 방폭 전기기기의 온도등급에서 기호 T_2의 의미로 맞는 것은?

① 최고 표면온도의 허용치가 135[℃] 이하인 것
② 최고 표면온도의 허용치가 200[℃] 이하인 것
③ 최고 표면온도의 허용치가 300[℃] 이하인 것
④ 최고 표면온도의 허용치가 450[℃] 이하인 것

해설
방폭 전기기기 발화도의 온도등급과 표면온도에 의한 폭발성 가스의 분류 표기
• T_1 : 300[℃] 초과 450[℃] 이하
• T_2 : 200[℃] 초과 300[℃] 이하
• T_3 : 135[℃] 초과 200[℃] 이하
• T_4 : 100[℃]초과 135[℃] 이하
• T_5 : 85[℃] 초과 100[℃] 이하
• T_6 : 85[℃] 이하

72 개폐 조작 시 안전절차에 따른 차단 순서와 투입 순서로 가장 올바른 것은?

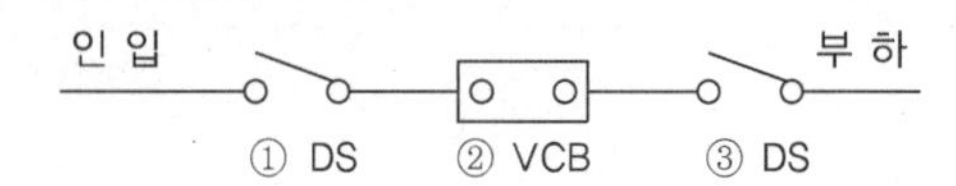

① 차단 ② → ① → ③, 투입 ① → ② → ③
② 차단 ② → ③ → ①, 투입 ① → ② → ③
③ 차단 ② → ① → ③, 투입 ③ → ② → ①
④ 차단 ② → ③ → ①, 투입 ③ → ① → ②

해설
개폐 조작 시 안전절차에 따른 차단 순서와 투입 순서
• 차단 : ② → ③ → ①
• 투입 : ③ → ① → ②

73 내압 방폭구조의 주요 시험항목이 아닌 것은?

① 폭발강도 ② 인화시험
③ 절연시험 ④ 기계적 강도시험

해설
내압 방폭구조의 주요 시험항목 : 폭발강도, 인화시험, 기계적 강도시험, 수압시험, 화염침식시험, 난연성 시험, 밀봉시험

정답 69 ② 70 ④ 71 ③ 72 ④ 73 ③

74 우리나라의 안전전압으로 볼 수 있는 것은 약 몇 [V]인가?

① 30[V] ② 50[V]
③ 60[V] ④ 70[V]

해설
우리나라의 안전전압 : 30[V]

75 감전사고를 방지하기 위한 허용 보폭전압에 대한 수식으로 맞는 것은?

E : 허용 보폭전압
R_b : 인체의 저항
ρ_s : 지표 상층 저항률
I_K : 심실세동전류

① $E=(R_b+3\rho_s)I_K$
② $E=(R_b+4\rho_s)I_K$
③ $E=(R_b+5\rho_s)I_K$
④ $E=(R_b+6\rho_s)I_K$

해설
감전사고방지를 위한 허용 보폭전압(E)에 대한 수식
$E=I_k(R_m+6R_s)$(여기서, I_k : 심실세동전류, R_m : 인체의 저항, R_s : 지표 상층의 저항률)

76 교류아크용접기의 자동전격장치는 전격의 위험을 방지하기 위하여 아크 발생이 중단된 후 약 1초 이내에 출력측 무부하전압을 자동적으로 몇 [V] 이하로 저하시켜야 하는가?

① 85 ② 70
③ 50 ④ 25

해설
교류아크용접기의 자동전격장치는 전격의 위험을 방지하기 위하여 아크 발생이 중단된 후 약 1초 이내에 출력측 무부하전압을 자동적으로 25[V] 이하로 저하시켜야 한다.

77 사업장에서 많이 사용되고 있는 이동식 전기기계·기구의 안전대책으로 가장 거리가 먼 것은?

① 충전부 전체를 절연한다.
② 절연이 불량인 경우 접지저항을 측정한다.
③ 금속제 외함이 있는 경우 접지를 한다.
④ 습기가 많은 장소는 누전차단기를 설치한다.

해설
이동식 전기기계·기구의 절연이 불량인 경우 절연저항을 측정한다.

78 누전차단기의 시설방법 중 옳지 않은 것은?

① 시설 장소는 배전반 또는 분전반 내에 설치한다.
② 정격전류 용량은 해당 전로의 부하전류값 이상이어야 한다.
③ 정격감도전류는 정상의 사용 상태에서 불필요하게 동작하지 않도록 한다.
④ 인체감전보호형은 0.05초 이내에 동작하는 고감도고속형이어야 한다.

해설
인체감전보호형은 0.1초 이내에 동작하는 고감도고속형이어야 한다.

정답 74 ① 75 ④ 76 ④ 77 ② 78 ④

79 **정전기에 대한 설명으로 가장 옳은 것은?**

① 전하의 공간적 이동이 크고, 자계의 효과가 전계의 효과에 비해 매우 큰 전기
② 전하의 공간적 이동이 크고, 자계의 효과와 전계의 효과를 서로 비교할 수 없는 전기
③ 전하의 공간적 이동이 작고, 전계의 효과와 자계의 효과가 서로 비슷한 전기
④ 전하의 공간적 이동이 작고, 자계의 효과가 전계에 비해 무시할 정도의 작은 전기

해설
정전기 : 전하의 공간적 이동이 작고, 자계의 효과가 전계에 비해 무시할 정도의 작은 전기

80 **인체저항을 500[Ω]이라 한다면, 심실세동을 일으키는 위험한계에너지는 약 몇 [J]인가?(단, 심실세동전류값 $I=\frac{165}{\sqrt{T}}$[mA]의 Dalziel의 식을 이용하여, 통전시간은 1초로 한다)**

① 11.5 ② 13.6
③ 15.3 ④ 16.2

해설
위험한계에너지

$$W=I^2RT=\left(\frac{165}{\sqrt{T}}\times10^{-3}\right)^2\times500\times T\simeq13.6[\mathrm{J}]$$

제5과목 화학설비위험 방지기술

81 **특수화학설비를 설치할 때 내부의 이상 상태를 조기에 파악하기 위하여 필요한 계측장치로 가장 거리가 먼 것은?**

① 압력계 ② 유량계
③ 온도계 ④ 비중계

해설
특수화학설비를 설치할 때 내부의 이상상태를 조기에 파악하기 위하여 필요한 계측장치 : 압력계, 유량계, 온도계

82 **공정안전보고서 중 공정안전자료에 포함하여야 할 세부내용에 해당하는 것은?**

① 비상조치계획에 따른 교육계획
② 안전운전지침서
③ 각종 건물·설비의 배치도
④ 도급업체 안전관리계획

해설
공정안전자료에 포함하여야 할 내용(시행규칙 제50조)
- 유해·위험물질에 대한 물질안전보건자료
- 취급·저장하고 있거나 취급·저장하려는 유해·위험물질의 종류 및 수량
- 유해·위험설비의 목록 및 사양
- 유해·위험설비의 운전방법을 알 수 있는 공정도면
- 각종 건물·설비의 배치도
- 위험설비의 안전설계·제작 및 설치 관련 지침서
- 방폭지역(폭발 위험 장소)의 구분도 및 전기단선도

83 **숯, 코크스, 목탄의 대표적인 연소 형태는?**

① 혼합연소 ② 증발연소
③ 표면연소 ④ 비혼합연소

해설
- 고체의 연소방식 : 분해연소, 표면연소, 자기연소, 증발연소 등
- 액체의 연소방식 : 증발연소
- 기체의 연소방식 : 확산연소

정답 79 ④ 80 ② 81 ④ 82 ③ 83 ③

84 연소이론에 대한 설명으로 틀린 것은?

① 착화온도가 낮을수록 연소위험이 크다.
② 인화점이 낮은 물질은 반드시 착화점도 낮다.
③ 인화점이 낮을수록 일반적으로 연소 위험이 크다.
④ 연소범위가 넓을수록 연소 위험이 크다.

해설
인화점이 낮은 물질이 반드시 착화점이 낮지는 않으며, 인화점보다는 착화점이 높다.

85 위험물에 관한 설명으로 틀린 것은?

① 이황화탄소의 인화점은 0[℃]보다 낮다.
② 과염소산은 쉽게 연소되는 가연성 물질이다.
③ 황린은 물속에 저장한다.
④ 알킬알루미늄은 물과 격렬하게 반응한다.

해설
과염소산은 조연성 물질이다.

86 다음 중 물과 반응하였을 때 흡열반응을 나타내는 것은?

① 질산암모늄 ② 탄화칼슘
③ 나트륨 ④ 과산화칼륨

해설
질산암모늄은 물과 반응하였을 때 흡열반응을 나타낸다.

87 다이에틸에테르의 연소범위에 가장 가까운 값은?

① 2~10.4[%] ② 1.9~48[%]
③ 2.5~15[%] ④ 1.5~7.8[%]

해설
다이에틸에테르의 연소범위 : 1.9~48[%]

88 다음 중 유기과산화물로 분류되는 것은?

① 메틸에틸케톤
② 과망간산칼륨
③ 과산화마그네슘
④ 과산화벤조일

해설
④ 과산화벤조일 : 유기과산화물
① 메틸에틸케톤 : 인화성 액체
② 과망간산칼륨 : 산화성 고체
③ 과산화마그네슘 : 산화성 고체

89 물과 반응하여 가연성 기체를 발생하는 것은?

① 피크린산 ② 이황화탄소
③ 칼 륨 ④ 과산화칼륨

해설
③ 칼륨 : 물과 반응하여 가연성 기체인 수소를 발생시킨다.
① 피크린산 : 온수에 잘 녹는다.
② 이황화탄소 : 물속에 저장한다.
④ 과산화칼륨 : 물과 반응하여 산소를 발생시킨다.

90 다음 중 자연발화가 가장 쉽게 일어나기 위한 조건에 해당하는 것은?

① 큰 열전도율
② 고온, 다습한 환경
③ 표면적이 작은 물질
④ 공기의 이동이 많은 장소

해설
자연발화가 쉽게 일어나기 위한 조건
• 큰 발열량
• 큰 열축적
• 작은 열전도율
• 표면적이 넓은 물질
• 적당량의 수분 존재
• 공기의 이동이 적은 장소
• 고온, 다습한 환경

정답 84 ② 85 ② 86 ① 87 ② 88 ④ 89 ③ 90 ②

91 송풍기의 회전차속도가 1,300[rpm]일 때 송풍량이 분당 300[m^3]였다. 송풍량을 분당 400[m^3]으로 증가시키고자 한다면 송풍기의 회전차 속도는 약 몇 [rpm]으로 하여야 하는가?

① 1,533 ② 1,733
③ 1,967 ④ 2,167

해설
풍량은 회전수에 비례하므로,
송풍기의 회전차속도 $= 1,300 \times \frac{400}{300} \simeq 1,733[\text{rpm}]$

92 위험물 또는 위험물이 발생하는 물질을 가열・건조하는 경우 내용적이 몇 [m^3] 이상인 건조설비인 경우 건조실을 설치하는 건축물의 구조를 독립된 단층 건물로 하여야 하는가?(단, 건조실을 건축물의 최상층에 설치하거나 건축물이 내화구조인 경우는 제외한다)

① 1 ② 10
③ 100 ④ 1,000

해설
위험물 또는 위험물이 발생하는 물질을 가열・건조하는 경우 내용적이 1[m^3] 이상인 건조설비인 경우 건조실을 설치하는 건축물의 구조를 독립된 단층 건물로 하여야 한다. 단, 건조실을 건축물의 최상층에 설치하거나 건축물이 내화구조인 경우는 제외한다(산업안전보건기준에 관한 규칙 제280조).

93 다음 중 노출기준(TWA)이 가장 낮은 물질은?

① 염 소 ② 암모니아
③ 에탄올 ④ 메탄올

해설
노출기준(TWA)
- 염소 : 1[ppm]
- 암모니아 : 25[ppm]
- 메탄올 : 200[ppm]
- 에탄올 : 1,000[ppm]

94 안전설계의 기초에 있어 기상 폭발대책을 예방대책, 긴급대책, 방호대책으로 나눌 때, 다음 중 방호대책과 가장 관계가 깊은 것은?

① 경 보
② 발화의 저지
③ 방폭벽과 안전거리
④ 가연조건의 성립 저지

해설
① 경보는 긴급대책이다.
② 발화의 저지는 예방대책이다.
③ 방폭벽과 안전거리는 방호대책이다.
④ 가연조건의 성립 저지는 예방대책이다.

95 공기 중에서 폭발 범위가 12.5~74[vol%]인 일산화탄소의 위험도는 얼마인가?

① 4.92 ② 5.26
③ 6.26 ④ 7.05

해설
위험도 $H = \frac{U-L}{L} = \frac{74-12.5}{12.5} = 4.92$

96 다음 중 최소 발화에너지가 가장 작은 가연성 가스는?

① 수 소 ② 메 탄
③ 에 탄 ④ 프로판

해설
최소 발화에너지
- 수소 : 0.019[mJ]
- 메탄 : 0.28[mJ]
- 에탄 : 0.67[mJ]
- 프로판 : 0.26[mJ]

정답 91 ② 92 ① 93 ① 94 ③ 95 ① 96 ①

97 다음 물질 중 물에 가장 잘 용해되는 것은?

① 아세톤 ② 벤 젠
③ 톨루엔 ④ 휘발유

해설
아세톤은 물에 잘 용해되지만 ②, ③, ④는 물에 용해되지 않는다.

98 다음 중 물질에 대한 저장방법으로 잘못된 것은?

① 나트륨 – 유동 파라핀 속에 저장
② 나이트로글리세린 – 강산화제 속에 저장
③ 적린 – 냉암소에 격리 저장
④ 칼륨 – 등유 속에 저장

해설
나이트로글리세린은 통풍이 잘되는 냉암소에 저장한다.

99 화학설비 가운데 분체화학물질분리장치에 해당하지 않는 것은?

① 건조기 ② 분쇄기
③ 유동탑 ④ 결정조

해설
분체화학물질분리장치 : 결정조, 유동탑, 탈습기, 건조기 등

100 프로판(C_3H_8)의 연소하한계가 2.2[vol%]일 때 연소를 위한 최소산소농도(MOC)는 몇 [vol%]인가?

① 5.0
② 7.0
③ 9.0
④ 11.0

해설
프로판의 연소방정식은 $C_3H_8 + 5O_2 \rightarrow 3CO_2 + 4H_2O$이며,
$MOC = LFL \times O_2 = 2.2 \times 5 = 11$

제6과목 건설안전기술

101 보통 흙의 건지를 다음 그림과 같이 굴착하고자 한다. 굴착면의 기울기를 1 : 0.5로 하고자 할 경우 L의 길이로 옳은 것은?

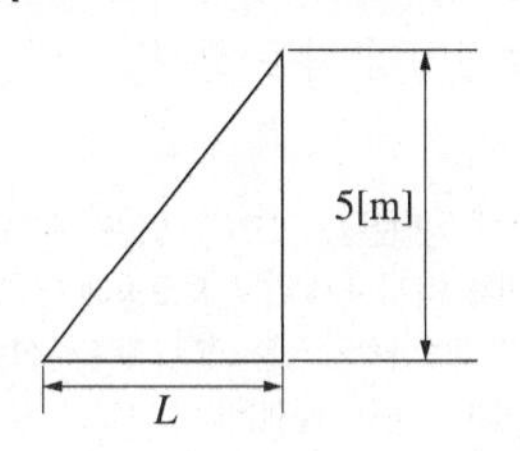

① 2[m]
② 2.5[m]
③ 5[m]
④ 10[m]

해설
붕괴 위험방지를 위한 굴착면의 기울기 기준(수직거리 : 수평거리, 산업안전보건기준에 관한 규칙 별표 11)

구분		기울기
보통 흙	습 지	1:1 ~ 1:1.5
	건 지	1:0.5 ~ 1:1
암 반	풍화암	1:1.0
	연 암	1:1.0
	경 암	1:0.5

따라서 L의 길이는 $5 \times 0.5 = 2.5$[m]이다.

102 화물운반하역 작업 중 걸이작업에 관한 설명으로 옳지 않은 것은?

① 와이어로프 등은 크레인의 훅 중심에 걸어야 한다.
② 인양 물체의 안정을 위하여 2줄 걸이 이상을 사용하여야 한다.
③ 매다는 각도는 60° 이상으로 하여야 한다.
④ 근로자를 매달린 물체 위에 탑승시키지 않아야 한다.

해설
매다는 각도는 60° 이내로 하여야 한다(운반하역표준안전작업지침 제22조).

정답 97 ① 98 ② 99 ② 100 ④ 101 ② 102 ③

103 **터널 붕괴를 방지하기 위한 지보공에 대한 점검사항과 가장 거리가 먼 것은?**

① 부재의 긴압 정도
② 부재의 손상·변형·부식·변위 탈락의 유무 및 상태
③ 기둥 침하의 유무 및 상태
④ 경보장치의 작동 상태

해설
※ 출제 시 정답은 ④였으나, 법령 개정으로 ③, ④ 정답
터널 붕괴를 방지하기 위한 지보공에 대한 점검사항과 가장 거리가 먼 것으로 '경보장치의 작동 상태, 계측기 설치 상태, 터널거푸집 지보공의 수량 상태' 등이 출제된다.
※ 개정 후 : ③ 기둥침하의 유무 및 상태 제4속 터널 거푸집 동바리

104 **유해·위험방지를 위한 방호조치를 하지 아니하고는 양도·대여·설치 또는 사용에 제공하거나, 양도·대여를 목적으로 진열해서는 아니 되는 기계·기구에 해당하지 않는 것은?**

① 지게차 ② 공기압축기
③ 원심기 ④ 덤프트럭

해설
유해·위험방지를 위한 방호조치를 하지 아니하고는 양도·대여·설치 또는 사용에 제공하거나 양도·대여를 목적으로 진열해서는 아니 되는 기계·기구(법 제80조) : 원심기, 예초기, 포장기계(진공포장기, 랩핑기로 한정), 공기압축기, 금속절단기, 지게차 등

105 **선박에서 하역작업 시 근로자들이 안전하게 오르내릴 수 있는 현문 사다리 및 안전망을 설치하여야 하는 것은 선박이 최소 몇 [ton]급 이상일 경우인가?**

① 500[ton]급 ② 300[ton]급
③ 200[ton]급 ④ 100[ton]급

해설
선박에서 하역작업 시 근로자들이 안전하게 오르내릴 수 있는 현문 사다리 및 안전망을 설치하여야 하는 것은 선박이 최소 300[ton]급 이상인 경우이다(산업안전보건기준에 관한 규칙 제397조).

106 **거푸집 동바리 등을 조립하는 경우에 준수하여야 할 사항으로 옳지 않은 것은?**

① 깔목의 사용, 콘크리트 타설, 말뚝박기 등 동바리의 침하를 방지하기 위한 조치를 할 것
② 개구부 상부에 동바리를 설치하는 경우에는 상부하중을 견딜 수 있는 견고한 받침대를 설치할 것
③ 거푸집이 곡면인 경우에는 버팀대의 부착 등 그 거푸집의 부상(浮上)을 방지하기 위한 조치를 할 것
④ 동바리의 이음은 맞댄이음이나 장부이음을 피할 것

해설
동바리의 이음은 맞댄이음이나 장부이음으로 하고 같은 품질의 재료를 사용할 것(산업안전보건기준에 관한 규칙 제332조)

107 **강관을 사용하여 비계를 구성하는 경우 준수해야 할 사항으로 옳지 않은 것은?**

① 비계기둥의 간격은 띠장 방향에서는 1.5[m] 이상 1.8[m] 이하, 장선(長線) 방향에서는 1.5[m] 이하로 할 것
② 띠장 간격은 1.5[m] 이하로 설치하되, 첫 번째 띠장은 지상으로부터 2[m] 이하의 위치에 설치할 것
③ 비계기둥의 제일 윗부분으로부터 31[m]되는 지점 밑부분의 비계기둥은 3개의 강관으로 묶어 세울 것
④ 비계기둥 간의 적재하중은 400[kg]을 초과하지 않도록 할 것

해설
※ 출제 시 정답은 ③이었지만, 법령 개정으로 ①, ②, ③ 정답
산업안전보건기준에 관한 규칙 제60조
- 비계기둥의 간격은 띠장 방향에서는 1.85[m] 이하(개정전 1.5[m] 이상, 1.8[m] 이하), 장선 방향에서는 1.5[m] 이하로 할 것(다만, 선박 및 보트 건조작업의 경우 안전성에 대한 구조검토를 실시하고 조립도를 작성하면 띠장 방향 및 장선 방향으로 각각 2.7[m] 이하 가능)
- 띠장 간격은 2[m] 이하로 할 것(다만, 작업의 성질상 이를 준수하기가 곤란하여 쌍기둥틀 등에 의하여 해당 부분을 보강한 경우에는 그러하지 아니함)
- 비계기둥의 제일 윗부분으로부터 31[m]되는 지점 밑부분의 비계기둥은 2개의 강관으로 묶어 세울 것(다만, 브래킷(Bracket, 까치발) 등으로 보강하여 2개의 강관으로 묶을 경우 이상의 강도가 유지되는 경우에는 그러하지 아니함)
- 비계기둥 간의 적재하중은 400[kg]을 초과하지 않도록 할 것

정답 103 ③, ④ 104 ④ 105 ② 106 ④ 107 ①, ②, ③

108 작업 중이던 미장공이 상부에서 떨어지는 공구에 의해 상해를 입었다면 어느 부분에 대한 결함이 있었겠는가?

① 작업대 설치 ② 작업방법
③ 낙하물방지시설 설치 ④ 비계 설치

해설
작업으로 인하여 물체가 떨어지거나 날아올 위험이 있는 경우 낙하물 방지망, 수직보호망 또는 방호선반의 설치, 출입금지구역의 설정, 보호구의 착용 등 위험을 방지하기 위하여 필요한 조치를 하여야 한다.

109 다음 보기의 ( ) 안에 알맞은 내용은?

> 동바리로 사용하는 파이프서포트의 높이가 ( )[m]를 초과하는 경우에는 높이 2[m] 이내마다 수평 연결재를 2개 방향으로 만들고 수평 연결재의 변위를 방지할 것

① 3 ② 3.5
③ 4 ④ 4.5

해설
동바리로 사용하는 파이프서포트의 높이가 3.5[m]를 초과하는 경우에는 높이 2[m] 이내마다 수평 연결재를 2개 방향으로 만들고 수평 연결재의 변위를 방지할 것(산업안전보건기준에 관한 규칙 제332조)

110 사업의 종류가 건설업이고, 공사금액이 850억원일 경우 산업안전보건법에 따른 안전관리자를 최소 몇 명 이상 두어야 하는가?(단, 상시 근로자는 600명으로 가정)

① 1명 이상 ② 2명 이상
③ 3명 이상 ④ 4명 이상

해설
건설업의 안전관리자 인권기준(시행령 별표 3)
사업의 종류가 건설업이고, 공사금액이 800억원 이상 1,500억원 미만일 경우 산업안전보건법에 따른 안전관리자를 최소 2명 이상 두어야 한다.

111 이동식 크레인을 사용하여 작업을 할 때 작업 시작 전 점검사항이 아닌 것은?

① 주행로의 상측 및 트롤리(Trolley)가 횡행하는 레일의 상태
② 권과방지장치, 그 밖의 경보장치의 기능
③ 브레이크·클러치 및 조정장치의 기능
④ 와이어로프가 통하고 있는 곳 및 작업 장소의 지반 상태

해설
이동식 크레인을 사용하여 작업을 할 때 작업 시작 전 점검사항(산업안전보건기준에 관한 규칙 별표 3)
- 권과방지장치, 그 밖의 경보장치의 기능
- 브레이크·클러치 및 조정장치의 기능
- 와이어로프가 통하고 있는 곳 및 작업 장소의 지반 상태

112 건립 중 강풍에 의한 풍압 등 외압에 대한 내력이 설계에 고려되었는지 확인하여야 하는 철골 구조물이 아닌 것은?

① 단면이 일정한 구조물
② 기둥이 타이플레이트형인 구조물
③ 이음부가 현장용접인 구조물
④ 구조물의 폭과 높이의 비가 1:4 이상인 구조물

해설
건립 중 강풍에 의한 풍압 등 외압에 대한 내력이 설계에 고려되었는지 확인하여야 하는 철골 구조물
- 이음부가 현장용접인 구조물(건물)
- 높이 20[m] 이상인 건물
- 기둥이 타이플레이트(Tie Plate)인 구조물
- 구조물의 폭과 높이의 비가 1:4 이상인 구조물
- 이음부가 현장용접인 건물
- 연면적당 철골량이 50[kg/m^2] 이하인 구조물
- 단면구조에 현저한 차이가 있는 구조물

정답 108 ③ 109 ② 110 ② 111 ① 112 ①

113 **건설업 산업안전보건관리비 중 안전시설비로 사용할 수 없는 것은?**

① 안전통로
② 비계에 추가 설치하는 추락방지용 안전난간
③ 사다리 전도방지장치
④ 통로의 낙하물 방호선반

해설
안전시설비 : 안전발판, 안전통로, 안전계단 등과 같이 명칭에 관계없이 공사 수행에 필요한 가시설들은 사용불가하다. 다만 비계·통로·계단에 추가 설치하는 추락방지용 안전난간, 사다리 전도방지장치, 틀비계에 별도로 설치하는 안전난간·사다리, 통로의 낙하물방호선반 등은 사용가능하다.

114 **미리 작업 장소의 지형 및 지반 상태 등에 적합한 제한속도를 정하지 않아도 되는 차량계 건설기계의 속도 기준은?**

① 최대 제한속도가 10[km/h] 이하
② 최대 제한속도가 20[km/h] 이하
③ 최대 제한속도가 30[km/h] 이하
④ 최대 제한속도가 40[km/h] 이하

해설
미리 작업 장소의 지형 및 지반 상태 등에 적합한 제한속도를 정하지 않아도 되는 차량계 건설기계의 속도기준 : 최대 제한속도가 10[km/h] 이하

115 **터널공사에서 발파작업 시 안전대책으로 옳지 않은 것은?**

① 발파 전 도화선 연결 상태, 저항치 조사 등의 목적으로 도통시험 실시 및 발파기의 작동 상태에 대한 사전 점검 실시
② 모든 동력선은 발원점으로부터 최소한 15[m] 이상 후방으로 옮길 것
③ 지질, 암의 절리 등에 따라 화약량에 대한 검토 및 시방기준과 대비하여 안전조치 실시
④ 발파용 점화회선은 타 동력선 및 조명회선과 한곳으로 통합하여 관리

해설
발파용 점화회선은 타 동력선 및 조명회선과 분리하여 관리해야 한다(터널공사표준안전작업지침 – NATM공법).

116 **타워크레인을 와이어로프로 지지하는 경우에 준수해야 할 사항으로 옳지 않은 것은?**

① 와이어로프를 고정하기 위한 전용 지지 프레임을 사용할 것
② 와이어로프 설치각도는 수평면에서 60° 이상으로 하되, 지지점은 4개소 미만으로 할 것
③ 와이어로프와 그 고정 부위는 충분한 강도와 장력을 갖도록 설치할 것
④ 와이어로프가 가공전선에 근접하지 않도록 할 것

해설
와이어로프 설치각도는 수평면에서 60° 이내로 하되, 지지점은 4개소 이상으로 하고 같은 각도로 설치할 것(산업안전보건기준에 관한 규칙 제142조)

정답 113 ① 114 ① 115 ④ 116 ②

117 이동식 비계 조립 및 사용 시 준수사항으로 옳지 않은 것은?

① 비계의 최상부에서 작업을 하는 경우에는 안전난간을 설치할 것
② 승강용 사다리는 견고하게 설치할 것
③ 작업발판은 항상 수평을 유지하고 작업발판 위에서 작업을 위한 거리가 부족할 경우에는 받침대 또는 사다리를 사용할 것
④ 작업발판의 최대 적재하중은 250[kg]을 초과하지 않도록 할 것

해설
작업발판은 항상 수평을 유지하고 작업발판 위에서 안전난간을 딛고 작업을 하거나 받침대 또는 사다리를 사용하여 작업하지 않도록 할 것(산업안전보건기준에 관한 규칙 제68조)

118 흙막이 지보공을 조립하는 경우 미리 조립도를 작성하여야 하는데 이 조립도에 명시되어야 할 사항과 가장 거리가 먼 것은?

① 부재의 배치
② 부재의 치수
③ 부재의 긴압 정도
④ 설치방법과 순서

해설
흙막이 지보공의 조립도에 명시되어야 할 사항(산업안전보건기준에 관한 규칙 제346조)
- 부재의 재질
- 부재의 배치
- 부재의 치수
- 설치방법과 순서

119 터널 등의 건설작업을 하는 경우에 낙반 등에 의하여 근로자가 위험해질 우려가 있는 경우에 필요한 조치와 가장 거리가 먼 것은?

① 터널 지보공을 설치한다.
② 록볼트를 설치한다.
③ 환기, 조명시설을 설치한다.
④ 부석을 제거한다.

해설
터널 등의 건설작업을 하는 경우에 낙반 등에 의하여 근로자가 위험해질 우려가 있는 경우에 필요한 조치(산업안전보건기준에 관한 규칙 제351조)
- 터널 지보공을 설치한다.
- 록볼트를 설치한다.
- 부석을 제거한다.

120 달비계의 최대 적재하중을 정함에 있어서 활용하는 안전계수의 기준으로 옳은 것은?(단, 곤돌라의 달비계를 제외한다)

① 달기 와이어로프 : 5 이상
② 달기 강선 : 5 이상
③ 달기 체인 : 3 이상
④ 달기 훅 : 5 이상

해설
달비계의 최대 적재하중을 정함에 있어서 활용하는 안전계수의 기준(산업안전보건기준에 관한 규칙 제55조)
- 달기 와이어로프 및 달기 강선의 안전계수 : 10 이상
- 달기 체인 및 달기 훅의 안전계수 : 5 이상
- 달기 강대와 달비계의 하부 및 상부 지점의 안전계수 : 강재의 경우 2.5 이상, 목재의 경우 5 이상

정답 117 ③ 118 ③ 119 ③ 120 ④

산업안전기사

과년도 기출문제

제1과목 안전관리론

01 6~12명의 구성원으로 타인의 비판 없이 자유로운 토론을 통하여 다량의 독창적인 아이디어를 이끌어내고, 대안적 해결안을 찾기 위한 집단적 사고기법은?

① Role Playing ② Brain Storming
③ Action Playing ④ Fish Bowl Playing

해설
브레인 스토밍(Brain Storming) : 6~12명의 구성원으로 타인의 비판 없이 자유로운 토론을 통하여 다량의 독창적인 아이디어를 이끌어내고, 대안적 해결안을 찾기 위한 집단적 사고기법

02 재해의 발생형태 중 다음 그림이 나타내는 것은?

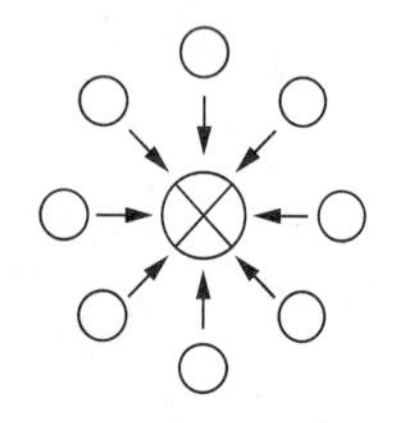

① 1단순 연쇄형 ② 2복합 연쇄형
③ 단순 자극형 ④ 복합형

해설
재해 발생형태

1단순 연쇄형	2복합 연쇄형
단순 자극형(집중형)	**복합형**

03 산업안전보건법상 근로자에 대한 일반 건강진단의 실시 시기기준으로 옳은 것은?

① 사무직에 종사하는 근로자 : 1년에 1회 이상
② 사무직에 종사하는 근로자 : 2년에 1회 이상
③ 사무직 외의 업무에 종사하는 근로자 : 6월에 1회 이상
④ 사무직 외의 업무에 종사하는 근로자 : 2년에 1회 이상

해설
근로자에 대한 일반건강진단의 실시 시기기준(시행규칙 제197조)
- 사무직에 종사하는 근로자 : 2년에 1회 이상
- 사무직 외의 업무에 종사하는 근로자 : 1년에 1회 이상

04 재해통계에 있어 강도율이 2.0인 경우에 대한 설명으로 옳은 것은?

① 한 건의 재해로 인해 전체 작업비용의 2.0[%]에 해당하는 손실이 발생하였다.
② 근로자 1,000명당 2.0건의 재해가 발생하였다.
③ 근로시간 1,000시간당 2.0건의 재해가 발생하였다.
④ 근로시간 1,000시간당 2.0일의 근로손실이 발생하였다.

해설
근로시간 1,000시간당 2.0일의 근로손실이 발생하였다면, 강도율이 2.0인 경우이다.

강도율 : 산업재해 경중의 정도, $\dfrac{\text{근로손실일수}}{\text{연간 총근로시간}} \times 1{,}000$

정답 1 ② 2 ③ 3 ② 4 ④

05 **산업안전보건법상 교육대상별 교육내용 중 관리감독자의 정기 안전·보건교육 내용이 아닌 것은?(단, 산업안전보건법 및 일반관리에 관한 사항은 제외한다)**

① 산업재해보상보험제도에 관한 사항
② 산업보건 및 직업병 예방에 관한 사항
③ 유해·위험 작업환경관리에 관한 사항
④ 표준안전 작업방법 및 지도 요령에 관한 사항

해설
관리감독자 정기 안전·보건교육의 교육내용(시행규칙 별표 5)
- 산업안전 및 사고 예방에 관한 사항
- 산업보건 및 직업병 예방에 관한 사항
- 유해·위험 작업환경 관리에 관한 사항
- 산업안전보건법령 및 산업재해보상보험 제도에 관한 사항
- 직무스트레스 예방 및 관리에 관한 사항
- 직장 내 괴롭힘, 고객의 폭언 등으로 인한 건강장해 예방 및 관리에 관한 사항
- 작업공정의 유해·위험과 재해 예방대책에 관한 사항
- 표준안전 작업방법 및 지도 요령에 관한 사항
- 관리감독자의 역할과 임무에 관한 사항
- 안전보건교육 능력 배양에 관한 사항

06 **Off JT(Off the Job Training)의 특징으로 옳은 것은?**

① 훈련에만 전념할 수 있다.
② 상호 신뢰 및 이해도가 높아진다.
③ 개개인에게 적절한 지도훈련이 가능하다.
④ 직장의 실정에 맞게 실제적 훈련이 가능하다.

해설
①은 Off JT의 특징이지만 ②, ③, ④는 OJT의 특징이다.

07 **산업안전보건법상 안전·보건표지의 종류 중 다음 안전·보건표지의 명칭은?**

① 화물 적재 금지 ② 차량 통행 금지
③ 물체 이동 금지 ④ 화물 출입 금지

해설
문제 그림의 안전·보건표지의 명칭은 물체 이동 금지표지이다.

08 **AE형 안전모에 있어 내전압성이란 최대 몇 [V] 이하의 전압에 견디는 것을 말하는가?**

① 750 ② 1,000
③ 3,000 ④ 7,000

해설
안전모의 시험성능기준 항목(보호구안전인증고시 별표 1) : 내관통성, 충격흡수성, 내전압성, 내수성, 난연성, 턱끈 풀림 등

항 목	시험성능기준
내관통성	AE종, ABE종 안전모는 관통거리가 9.5[mm] 이하이고, AB종 안전모는 관통거리가 11.1[mm] 이하이어야 한다.
충격흡수성	최고 전달충격력이 4,450[N]을 초과해서는 안 되며, 모체와 착장체의 기능이 상실되지 않아야 한다.
내전압성	AE종, ABE종 안전모는 교류 20[kV]에서 1분간 절연파괴 없이 견뎌야 하고, 이때 누설되는 충전전류는 10[mA] 이하이어야 한다.
내수성	AE종, ABE종 안전모는 질량 증가율이 1[%] 미만이어야 한다.
난연성	모체가 불꽃을 내며 5초 이상 연소되지 않아야 한다.
턱끈 풀림	150[N] 이상 250[N] 이하에서 턱끈이 풀려야 한다.

- 내전압성 : 최대 7,000[V] 이하의 전압에 견디는 것(AE종, ABE종 안전모)
- 내전압성 시험, 내수성 시험은 AE종과 ABE종에만 실시

정답 5 ① 6 ① 7 ③ 8 ④

09 **안전점검의 종류 중 태풍, 폭우 등에 의한 침수, 지진 등의 천재지변이 발생한 경우나 이상사태 발생 시 관리자나 감독자가 기계·기구, 설비 등의 기능상 이상 유무에 대하여 점검하는 것은?**

① 일상점검 ② 정기점검
③ 특별점검 ④ 수시점검

해설
특별점검 : 태풍, 폭우 등에 의한 침수, 지진 등의 천재지변이 발생한 경우나 이상사태 발생 시 관리자나 감독자가 기계·기구, 설비 등의 기능상 이상 유무에 대하여 점검하는 것

10 **재해 발생의 직접원인 중 불안전한 상태가 아닌 것은?**

① 불안전한 인양
② 부적절한 보호구
③ 결함 있는 기계설비
④ 불안전한 방호장치

해설
불안전한 상태
결함 있는 기계설비, 불안전한 방호장치, 부적절한 복장 및 보호구, 시설물의 배치 및 작업장소 불량, 작업환경의 결함, 생산 공정의 결함, 경계표시 및 설비의 결함

11 **매슬로(Maslow)의 욕구단계이론 중 제2단계 욕구에 해당하는 것은?**

① 자아실현의 욕구
② 안전에 대한 욕구
③ 사회적 욕구
④ 생리적 욕구

해설
욕구 5단계 이론(매슬로)
- 1단계 : 생리적 욕구
- 2단계 : 안전에 대한 욕구
- 3단계 : 사회적 욕구
- 4단계 : 존경의 욕구
- 5단계 : 자아실현의 욕구

12 **대뇌의 Human Error로 인한 착오요인이 아닌 것은?**

① 인지과정 착오 ② 조치과정 착오
③ 판단과정 착오 ④ 행동과정 착오

해설
대뇌의 Human Error로 인한 착오요인 : 인지과정 착오, 조치과정 착오, 판단과정 착오

13 **주의의 수준이 Phase 0인 상태에서의 의식 상태로 옳은 것은?**

① 무의식 상태 ② 의식의 이완 상태
③ 명료한 상태 ④ 과긴장 상태

해설
주의의 수준
- Phase0 : 무의식 상태(수면·뇌발작, 델타파)
- Phase1 : 의식 흐림(피로·단조로움·졸음, 세타파)
- Phase2 : 의식의 이완 상태(정상 상태)(안정된 행동·휴식·정상작업, 알파파)
- Phase3 : 명료한 상태(판단을 동반한 행동·적극적 행동, 알파파~베타파)
- Phase4 : 과긴장 상태(감정 흥분·긴급·당황·공포반응, 베타파)

14 **생체리듬의 변화에 대한 설명으로 틀린 것은?**

① 야간에는 체중이 감소한다.
② 야간에는 말초운동 기능이 저하된다.
③ 체온, 혈압, 맥박수는 주간에 상승하고 야간에 감소한다.
④ 혈액의 수분과 염분량은 주간에 증가하고 야간에 감소한다.

해설
혈액의 수분과 염분량은 주간에 감소하고 야간에 증가한다.

정답 9 ③ 10 ① 11 ② 12 ④ 13 ① 14 ④

15 **어떤 사업장의 상시근로자 1,000명이 작업 중 2명 사망자와 의사진단에 의한 휴업일수 90일 손실을 가져온 경우의 강도율은?(단, 1일 8시간, 연 300일 근무)**

① 7.32 ② 6.28
③ 8.12 ④ 5.92

해설

$$강도율 = \frac{근로손실일수}{연\ 근로시간\ 수} \times 10^3$$

$$= \frac{7,500 \times 2 + \left(90 \times \frac{300}{365}\right)}{1,000 \times 8 \times 300} \times 1,000 \simeq 6.28$$

16 **교육심리학의 기본이론 중 학습지도의 원리가 아닌 것은?**

① 직관의 원리 ② 개별화의 원리
③ 계속성의 원리 ④ 사회화의 원리

해설

학습지도의 원리 : 학습효과를 최대로 높이기 위한 것이며 직관의 원리, 개별화의 원리, 사회화의 원리, 자발성의 원리, 통합의 원리 등이 있다.

17 **안전보건교육계획에 포함하여야 할 사항이 아닌 것은?**

① 교육의 종류 및 대상
② 교육의 과목 및 내용
③ 교육장소 및 방법
④ 교육지도안

해설

안전보건교육계획에 포함해야 할 사항
- 교육의 목표 및 목적
- 교육의 종류 및 대상
- 교육의 과목 및 내용
- 교육기간 및 시간
- 교육장소 및 방법
- 교육담당자 및 강사
- 소요예산계획

18 **인간관계의 메커니즘 중 다른 사람의 행동양식이나 태도를 투입시키거나 다른 사람 가운데서 자기와 비슷한 것을 발견하는 것은?**

① 동일화 ② 일체화
③ 투 사 ④ 공 감

해설

동일화 : 인간관계의 메커니즘 중 다른 사람의 행동양식이나 태도를 투입시키거나 다른 사람 가운데서 자기와 비슷한 것을 발견하는 것

19 **유기화합물용 방독 마스크 시험가스의 종류가 아닌 것은?**

① 염소가스 또는 증기
② 사이클로헥산
③ 다이메틸에테르
④ 아이소부탄

해설

방독 마스크별 시험가스
- 유기화합물용 : 사이클로헥산, 다이메틸에테르, 아이소부탄
- 할로겐용 : 염소가스 또는 증기
- 암모니아용 : 암모니아가스
- 사이안화수소용 : 사이안화수소가스

20 **Line-Staff형 안전보건관리조직에 관한 특징이 아닌 것은?**

① 조직원 전원을 자율적으로 안전활동에 참여시킬 수 있다.
② 스태프의 월권행위의 경우가 있으며 라인이 스태프에 의존 또는 활용치 않는 경우가 있다.
③ 생산부문은 안전에 대한 책임과 권한이 없다.
④ 명령계통과 조언 권고적 참여가 혼동되기 쉽다.

해설

생산부문에 안전에 대한 책임과 권한이 없는 경우는 스탭형 조직이다.

정답 15 ② 16 ③ 17 ④ 18 ① 19 ① 20 ③

제2과목 인간공학 및 시스템 안전공학

21 사업장에서 인간공학의 적용 분야로 가장 거리가 먼 것은?

① 제품 설계
② 설비의 고장률
③ 재해・질병 예방
④ 장비・공구・설비의 배치

해설
인간공학 적용 분야
• 제품 설계
• 공정 설계
• 재해・질병 예방
• 작업장 내 조사 및 연구
• 작업장(공간) 설계
• 장비・설비・공구 등의 배치
• 작업 관련 유해・위험작업 분석
• 인간-기계 인터페이스 설계

22 결함수분석법(FTA)의 특징으로 볼 수 없는 것은?

① Top Down 형식
② 특정사상에 대한 해석
③ 정성적 해석의 불가능
④ 논리기호를 사용한 해석

해설
결함수분석법은 정성적 해석이 가능하다.

23 음향기기 부품 생산공장에서 안전업무를 담당하는 ○○○ 대리는 공장 내부에 경보등을 설치하는 과정에서 도움이 될 만한 몇 가지 지식을 적용하고자 한다. 적용 지식 중 맞는 것은?

① 신호 대 배경의 휘도 대비가 작을 때는 백색신호가 효과적이다.
② 광원의 노출시간의 1초보다 작으면 광속 발산도는 작아야 한다.
③ 표적의 크기가 커짐에 따라 광도의 역치가 안정되는 노출시간은 증가한다.
④ 배경광 중 점멸 잡음광의 비율이 10[%] 이상이면 점멸등은 사용하지 않는 것이 좋다.

해설
경보등의 설계 및 설치지침
• 신호 대 배경의 휘도 대비가 클 때는 백색신호가 효과적이다.
• 광원의 노출시간이 1초보다 작으면 광속 발산도는 커야 한다.
• 표적의 크기가 커짐에 따라 광도의 역치가 안정되는 노출시간은 감소한다.
• 배경광 중 점멸 잡음광의 비율이 10[%] 이상이면 점멸등은 사용하지 않는 것이 좋다.

24 인간이 기계와 비교하여 정보처리 및 결정의 측면에서 상대적으로 우수한 것은?(단, 인공지능은 제외한다)

① 연역적 추리
② 정량적 정보처리
③ 관찰을 통한 일반화
④ 정보의 신속한 보관

해설
인간이 기계보다 우수한 점
• 상황에 따라 복잡하게 변하는 자극 형태 식별가능
• 예상하지 못한 사건들을 감지하고 처리하는 임기응변 능력
• 새로운 해결책 도출
• 관찰을 통한 일반화로 귀납적 추리가능
• 원칙을 적용하여 다양한 문제점 해결

정답 21 ② 22 ③ 23 ④ 24 ③

25 **제한된 실내 공간에서 소음문제의 음원에 관한 대책이 아닌 것은?**

① 저소음 기계로 대체한다.
② 소음 발생원을 밀폐한다.
③ 방음보호구를 착용한다.
④ 소음 발생원을 제거한다.

해설
방음보호구를 착용하는 것은 제한된 실내 공간에서 소음문제의 음원에 관한 대책이 아니라 일시적인 대책이다.

26 **인간 실수 확률에 대한 추정기법으로 가장 적절하지 않은 것은?**

① CIT(Critical Incident Technique) : 위급사건기법
② FMEA(Failure Mode and Effect Analysis) : 고장 형태 영향분석
③ TCRAM(Task Criticality Rating Analysis Method) : 직무위급도 분석법
④ THERP(Technique for Human Error Rate Prediction) : 인간 실수율 예측기법

해설
사고 전개과정에서 발생 가능한 모든 인간 오류를 파악해 내고 이를 모델링하고 정량화하는 인간 신뢰도의 평가방법으로는 THERP, HCR, SLIM, CIT, TCRAM 등의 기법이 있다.

27 **음성통신에 있어 소음환경과 관련하여 성격이 다른 지수는?**

① AI(Articulation Index) : 명료도 지수
② MAA(Minimum Audible Angle) : 최소 가청각도
③ PSIL(Preferrd-octave Speech Interference Level) : 음성간섭수준
④ PNC(Preferred Noise Criteia Curves) : 선호소음 판단기준곡선

해설
음성통신에서의 소음환경 지수
- AI(Articulation Index) : 명료도 지수
- PSIL(Preferred-octave Speech Interference Level) : 음성간섭 수준
- PNC(Preferred Noise Criteria Curves) : 선호소음판단기준곡선

28 **A회사에서는 새로운 기계를 설계하면서 레버를 위로 올리면 압력이 올라가도록 하고, 오른쪽 스위치를 눌렀을 때 오른쪽 전등이 켜지도록 하였다면, 이것은 각각 어떤 유형의 양립성을 고려한 것인가?**

① 레버 - 공간 양립성, 스위치 - 개념 양립성
② 레버 - 운동 양립성, 스위치 - 개념 양립성
③ 레버 - 개념 양립성, 스위치 - 운동 양립성
④ 레버 - 운동 양립성, 스위치 - 공간 양립성

해설
새로운 기계를 설계하면서 레버를 위로 올리면 압력이 올라가도록 하고, 오른쪽 스위치를 눌렀을 때 오른쪽 전등이 켜지도록 하였다면, 이것은 각각 레버 - 운동 양립성, 스위치 - 공간 양립성을 고려한 것이다.

29 **입력 B_1과 B_2의 어느 한쪽이 일어나면 출력 A가 생기는 경우를 논리합의 관계라고 한다. 이때 입력과 출력 사이에는 무슨 게이트로 연결되는가?**

① OR게이트 ② 억제게이트
③ AND게이트 ④ 부정게이트

해설
OR게이트 : 2개 이상의 입력의 어느 한쪽이 일어나면 출력이 생기는 논리합의 관계로 이루어지는 게이트

정답 25 ③ 26 ② 27 ② 28 ④ 29 ①

30 **다음의 FT도에서 사상 A의 발생확률값은?**

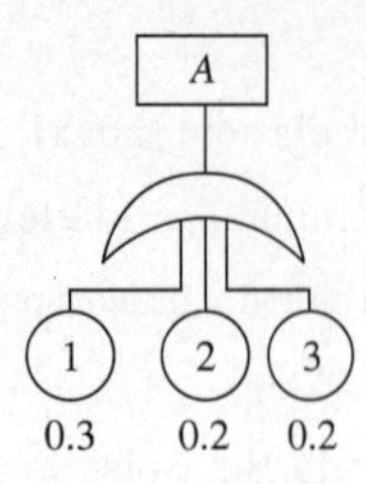

① 게이트 기호가 OR이므로 0.012
② 게이트 기호가 AND이므로 0.012
③ 게이트 기호가 OR이므로 0.552
④ 게이트 기호가 AND이므로 0.552

해설

게이트 기호가 OR이므로 $A = 1-(1-0.3)(1-0.2)^2 = 0.552$

31 **작업공간의 포락면(包絡面)에 대한 설명으로 맞는 것은?**

① 개인이 그 안에서 일하는 일차원 공간이다.
② 작업복 등은 포락면에 영향을 미치지 않는다.
③ 가장 작은 포락면은 몸통을 움직이는 공간이다.
④ 작업의 성질에 따라 포락면의 경계가 달라진다.

해설

작업공간의 포락면 : 한 장소에 앉아서 수행하는 작업활동에서 사람이 작업하는 데 사용하는 공간으로, 작업의 성질에 따라 포락면의 경계가 달라진다.

32 **안전교육을 받지 못한 신입직원이 작업 중 전극을 반대로 끼우려고 시도했으나, 플러그의 모양이 반대로는 끼울 수 없도록 설계되어 있어서 사고를 예방할 수 있었다. 작업자가 범한 오류와 이와 같은 사고 예방을 위해 적용된 안전설계원칙으로 가장 적합한 것은?**

① 누락(Omission)오류, Fail Safe 설계원칙
② 누락(Omission)오류, Fool Proof 설계원칙
③ 작위(Commission)오류, Fail Safe 설계원칙
④ 작위(Commission)오류, Fool Proof 설계원칙

해설

- 작업자가 범한 오류 : 작위(Commission)오류
- 사고 예방을 위해 적용된 안전설계원칙 : Fool Proof 설계원칙

33 **FMEA에서 고장 평점을 결정하는 5가지 평가요소에 해당하지 않는 것은?**

① 생산능력의 범위
② 고장 발생의 빈도
③ 고장방지의 가능성
④ 영향을 미치는 시스템의 범위

해설

FMEA에서 고장 평점을 결정하는 5가지 평가요소 : 기능적 고장 영향의 중요도(C_1), 영향을 미치는 시스템의 범위(C_2), 고장 발생의 빈도(C_3), 고장방지의 가능성(C_4), 신규 설계의 정도(C_5)

34 **어떤 소리가 1,000[Hz], 60[dB]인 음과 같은 높이임에도 4배 더 크게 들린다면, 이 소리의 음압수준은 얼마인가?**

① 70[dB]
② 80[dB]
③ 90[dB]
④ 100[dB]

해설

$\text{sone} = 2^{\frac{[\text{phon}]-40}{10}} = 2^{\frac{60-40}{10}} = 4[\text{sone}]$ 이며

이보다 4배가 더 크게 들리므로

$4[\text{sone}] \times 4 = 16[\text{sone}]$

$16[\text{sone}] = 2^{\frac{x-40}{10}}$ 에서 16은 2^4이므로

$2^4 = 2^{\frac{x-40}{10}}$

$4 = \dfrac{x-40}{10}$

$x - 40 = 40$

$\therefore x = 80[\text{phon}] = 80[\text{dB}]$

정답 30 ③ 31 ④ 32 ④ 33 ① 34 ②

35 **작업장 배치 시 유의사항으로 적절하지 않은 것은?**

① 작업의 흐름에 따라 기계를 배치한다.
② 생산효율 증대를 위해 기계설비 주위에 재료나 반제품을 충분히 놓아둔다.
③ 공장 내외는 안전한 통로를 두어야 하며, 통로는 선을 그어 작업장과 명확히 구별하도록 한다.
④ 비상시에 쉽게 대비할 수 있는 통로를 마련하고 사고 진압을 위한 활동통로가 반드시 마련되어야 한다.

해설
기계설비 주위에는 정리·정돈을 하여 공간을 확보하여야 한다.

36 **시스템의 수명 및 신뢰성에 관한 설명으로 틀린 것은?**

① 병렬설계 및 디레이팅 기술로 시스템의 신뢰성을 증가시킬 수 있다.
② 직렬시스템에서는 부품들 중 최소 수명을 갖는 부품에 의해 시스템 수명이 정해진다.
③ 수리가 가능한 시스템의 평균 수명(MTBF)은 평균 고장률(λ)과 정비례 관계가 성립한다.
④ 수리가 불가능한 구성요소로 병렬구조를 갖는 설비는 중복도가 늘어날수록 시스템 수명이 길어진다.

해설
수리가 가능한 시스템의 평균 수명(MTBF)은 평균 고장률(λ)과 반비례 관계가 성립한다.

37 **스트레스에 반응하는 신체의 변화로 맞는 것은?**

① 혈소판이나 혈액응고인자가 증가한다.
② 더 많은 산소를 얻기 위해 호흡이 느려진다.
③ 중요한 장기인 뇌·심장·근육으로 가는 혈류가 감소한다.
④ 상황 판단과 빠른 행동 대응을 위해 감각기관은 매우 둔감해진다.

해설
② 더 많은 산소를 얻기 위해 호흡이 빨라진다.
③ 중요한 장기인 뇌·심장·근육으로 가는 혈류가 증가한다.
④ 상황 판단과 빠른 행동 대응을 위해 감각기관은 매우 예민해진다.

38 **산업안전보건법에 따라 제조업 등 유해·위험방지계획서를 작성하고자 할 때 관련 규정에 따라 1명 이상 포함시켜야 하는 사람의 자격으로 적합하지 않은 것은?**

① 한국산업안전보건공단이 실시하는 관련 교육을 8시간 이수한 사람
② 기계, 재료, 화학, 전기, 전자, 안전관리 또는 환경분야 기술사 자격을 취득한 사람
③ 관련 분야 기사 자격을 취득한 사람으로서 해당 분야에서 3년 이상 근무한 경력이 있는 사람
④ 기계안전, 전기안전, 화공안전 분야의 산업안전지도사 또는 산업보건지도사 자격을 취득한 사람

해설
제조업 등 유해·위험방지계획서 제출·심사·확인에 관한 고시 제7조
- 사업주는 계획서를 작성할 때에 다음에 해당하는 자격을 갖춘 사람 또는 공단이 실시하는 관련교육을 20시간 이상 이수한 사람 중 1명 이상을 포함시켜야 한다.
- 기계, 재료, 화학, 전기·전자, 안전관리 또는 환경분야 기술사 자격을 취득한 사람
- 기계안전·전기안전·화공안전분야의 산업안전지도사 또는 산업보건지도사 자격을 취득한 사람
- 기계, 재료, 화학, 전기·전자, 안전관리 또는 환경분야 기사 자격을 취득한 사람으로서 해당 분야에서 3년 이상 근무한 경력이 있는 사람
- 기계, 재료, 화학, 전기·전자, 안전관리 또는 환경분야 산업기사 자격을 취득한 사람으로서 해당 분야에서 5년 이상 근무한 경력이 있는 사람
- 대학 및 산업대학(이공계 학과에 한정)을 졸업한 후 해당 분야에서 5년 이상 근무한 경력이 있는 사람 또는 전문대학(이공계 학과에 한정)을 졸업한 후 해당 분야에서 7년 이상 근무한 경력이 있는 사람
- 전문계 고등학교 또는 이와 같은 수준 이상의 학교를 졸업하고 해당 분야에서 9년 이상 근무한 경력이 있는 사람

정답 35 ② 36 ③ 37 ① 38 ①

39 다음 그림과 같은 직병렬 시스템의 신뢰도는?(단, 병렬 각 구성요소의 신뢰도는 R이고, 직렬 구성요소의 신뢰도는 M이다)

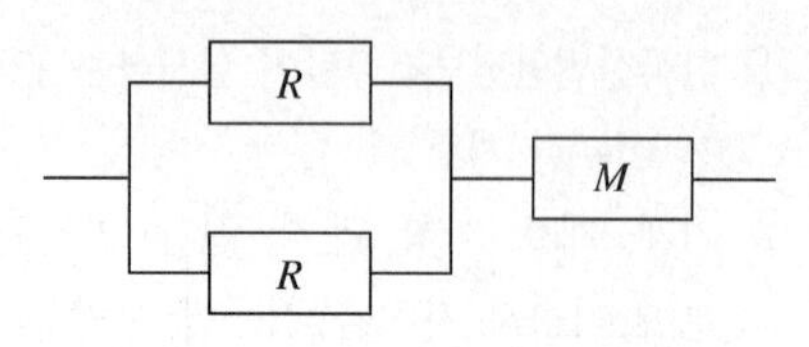

① MR^3
② $R^2(1-MR)$
③ $M(R^2+R)-1$
④ $M(2R-R^2)$

해설
$R_s=[1-(1-R)^2]\times M=M(2R-R^2)$

40 현재 시험문제와 같이 4지 택일형 문제의 정보량은 얼마인가?

① 2[bit]
② 4[bit]
③ 2[byte]
④ 4[byte]

해설
$H=\log_2 N=\log_2 4=\log_2 2^2=2[\text{bit}]$

제3과목 기계위험 방지기술

41 연삭숫돌의 상부를 사용하는 것을 목적으로 하는 탁상용 연삭기에서 안전덮개의 노출 부위 각도는 몇 ° 이내이어야 하는가?

① 90° 이내 ② 75° 이내
③ 60° 이내 ④ 105° 이내

해설
연삭숫돌의 상부를 사용하는 것을 목적으로 하는 탁상용 연삭기에서 안전덮개의 노출 부위 각도는 60° 이내이어야 한다.

42 다음 중 산업안전보건법상 아세틸렌가스용접장치에 관한 기준으로 틀린 것은?

① 전용의 발생기실은 건물의 최상층에 위치하여야 하며, 화기를 사용하는 설비로부터 1[m]를 초과하는 장소에 설치하여야 한다.
② 전용의 발생기실을 옥외에 설치한 경우에는 그 개구부를 다른 건축물로부터 1.5[m] 이상 떨어지도록 하여야 한다.
③ 아세틸렌용접장치를 사용하여 금속의 용접·용단 또는 가열작업을 하는 경우에는 게이지 압력이 127[kPa]을 초과하는 압력의 아세틸렌을 발생시켜 사용해서는 아니 된다.
④ 전용의 발생기실을 설치하는 경우 벽은 불연성 재료로 하고 철근콘크리트 또는 그 밖에 이와 동등하거나 그 이상의 강도를 가진 구조로 하여야 한다.

해설
아세틸렌용접장치의 전용 발생기실은 건물의 최상층에 위치하여야 하며, 화기를 사용하는 설비로부터 3[m]를 초과하는 장소에 설치하여야 한다(산업안전보건기준에 관한 규칙 제286조).

정답 39 ④ 40 ① 41 ③ 42 ①

43 다음 중 포터블 벨트 컨베이어(Portable Belt Conveyor)의 안전사항과 관련한 설명으로 옳지 않은 것은?

① 포터블 벨트 컨베이어의 차륜 간의 거리는 전도 위험이 최소가 되도록 하여야 한다.

② 기복장치는 포터블 벨트 컨베이어의 옆면에서만 조작하도록 한다.

③ 포터블 벨트 컨베이어를 사용하는 경우는 차륜을 고정하여야 한다.

④ 전동식 포터블 벨트 컨베이어를 이동하는 경우는 먼저 전원을 내린 후 컨베이어를 이동시킨 다음 컨베이어를 최저의 위치로 내린다.

해설

전동식 포터블 벨트 컨베이어를 이동하는 경우는 먼저 컨베이어를 최저의 위치로 내리고 전원을 차단한 후에 이동한다.

44 사람이 작업하는 기계장치에서 작업자가 실수를 하거나 오조작을 하여도 안전하게 유지되게 하는 안전설계방법은?

① Fail Safe　② 다중계화

③ Fool Proof　④ Back Up

해설

Fool Proof : 사람이 작업하는 기계장치에서 작업자가 실수를 하거나 오조작을 하여도 안전하게 유지되도록 하는 안전설계방법

45 질량 100[kg]의 화물이 와이어로프에 매달려 2[m/s^2]의 가속도로 권상되고 있다. 이때 와이어로프에 작용하는 장력의 크기는 몇 [N]인가?(단, 여기서 중력가속도는 10[m/s^2]로 한다)

① 200[N]　② 300[N]

③ 1,200[N]　④ 2,000[N]

해설

로프에 걸리는 하중(장력) : $w = w_1 + w_2 = w_1 + \frac{w_1 a}{g}$

(여기서, w_1 : 정하중, w_2 : 동하중, a : 권상 가속도, g : 중력가속도)

$$w = w_1 + w_2 = w_1 + \frac{w_1 a}{g}$$

$$= 100 + \frac{100 \times 2}{10} = 120[\text{kg}] = 1,200[\text{N}]$$

46 광전자식 방호장치의 광선에 신체의 일부가 감지된 후로부터 급정지기구가 작동 개시하기까지의 시간이 40[ms]이고, 광축의 최소 설치거리(안전거리)가 200[mm]일 때 급정지기구가 작동 개시한 때로부터 프레스기의 슬라이드가 정지될 때까지의 시간은 약 몇 [ms]인가?

① 60[ms]

② 85[ms]

③ 105[ms]

④ 130[ms]

해설

광축의 설치거리 $200 = 1.6(40 + T_s)$에서

$$T_s = \frac{200}{1.6} - 40 = 85[\text{ms}]$$

47 방사선투과검사에서 투과사진의 상질을 점검할 때 확인해야 할 항목으로 거리가 먼 것은?

① 투과도계의 식별도

② 시험부의 사진농도 범위

③ 계조계의 값

④ 주파수의 크기

해설

투과사진의 상질을 점검할 때 확인해야 하는 항목 : 투과도계의 식별도, 시험부의 사진농도 범위, 계조계의 값

정답 43 ④ 44 ③ 45 ③ 46 ② 47 ④

48 양중기의 과부하장치에서 요구하는 일반적인 성능기준으로 틀린 것은?

① 과부하방지장치 작동 시 경보음과 경보램프가 작동되어야 하며 양중기는 작동이 되지 않아야 한다.
② 외함의 전선 접촉 부분은 고무 등으로 밀폐되어 물과 먼지 등이 들어가지 않도록 한다.
③ 과부하방지장치와 타 방호장치는 기능에 서로 장애를 주지 않도록 부착할 수 있는 구조이어야 한다.
④ 방호장치의 기능을 제거하더라도 양중기는 원활하게 작동시킬 수 있는 구조이이야 힌다.

해설
양중기 과부하장치는 방호장치의 기능을 제거하면 양중기의 작동이 정지되는 구조이어야 한다.

49 프레스 작업에서 제품 및 스크랩을 자동적으로 위험한계 밖으로 배출하기 위한 장치로 볼 수 없는 것은?

① 피 더
② 키 커
③ 이젝터
④ 공기분사장치

해설
제품 및 스크랩을 자동적으로 위험한계 밖으로 배출하기 위한 장치 : 키커, 이젝터, 공기분사장치

50 용접장치에서 안전기의 설치기준에 관한 설명으로 옳지 않은 것은?

① 아세틸렌용접장치에 대하여는 일반적으로 각 취관마다 안전기를 설치하여야 한다.
② 아세틸렌용접장치의 안전기는 가스용기와 발생기가 분리되어 있는 경우 발생기와 가스용기 사이에 설치한다.
③ 가스집합용접장치에서는 주관 및 분기관에 안전기를 설치하며, 이 경우 하나의 취관에 2개 이상의 안전기를 설치한다.
④ 가스집합용접장치의 안전기 설치는 화기사용설비로부터 3[m] 이상 떨어진 곳에 설치한다.

해설
가스집합용접장치의 안전기 설치는 화기사용설비로부터 5[m] 이상 떨어진 곳에 설치한다(산업안전보건기준에 관한 규칙 제291조).

51 산업안전보건법상 보일러의 안전한 가동을 위하여 보일러 규격에 맞는 압력방출장치가 2개 이상 설치된 경우에 최고 사용압력 이하에서 1개가 작동되고, 다른 압력방출장치는 최고 사용압력의 몇 배 이하에서 작동되도록 부착하여야 하는가?

① 1.03배 ② 1.05배
③ 1.2배 ④ 1.5배

해설
보일러의 안전한 가동을 위하여 보일러 규격에 맞는 압력방출장치를 1개 또는 2개 이상 설치하고 최고사용압력(설계압력 또는 최고허용압력) 이하에서 작동되도록 하여야 한다. 다만, 압력방출장치가 2개 이상 설치된 경우에는 최고사용압력 이하에서 1개가 작동되고, 다른 압력방출장치는 최고사용압력 1.05배 이하에서 작동되도록 부착하여야 한다(산업안전보건기준에 관한 규칙 제116조).

정답 48 ④ 49 ① 50 ④ 51 ②

52 **밀링작업에서 주의해야 할 사항으로 옳지 않은 것은?**

① 보안경을 쓴다.
② 일감 절삭 중 치수를 측정한다.
③ 커터에 옷이 감기지 않게 한다.
④ 커터는 될 수 있는 한 칼럼에 가깝게 설치한다.

해설
일감 절삭 중 치수를 측정하면 위험하므로 반드시 기계를 정지시킨 후 측정해야 한다.

53 **작업자의 신체 부위가 위험한계 내로 접근하였을 때 기계적인 작용에 의하여 접근을 못하도록 하는 방호장치는?**

① 위치 제한형 방호장치
② 접근 거부형 방호장치
③ 접근 반응형 방호장치
④ 감지형 방호장치

해설
접근 거부형 방호장치 : 작업자의 신체 부위가 위험한계 내로 접근하였을 때 기계적인 작용에 의하여 접근을 못하도록 하는 방호장치

54 **사업주가 보일러의 폭발사고 예방을 위하여 기능이 정상적으로 작동될 수 있도록 유지·관리할 대상이 아닌 것은?**

① 과부하방지장치 ② 압력방출장치
③ 압력제한스위치 ④ 고저수위조절장치

해설
사업주가 보일러의 폭발사고 예방을 위하여 기능이 정상적으로 작동될 수 있도록 유지·관리할 대상 : 압력방출장치, 압력제한스위치, 고저수위조절장치, 화염 검출기 등

55 **산업안전보건법에 따라 프레스 등을 사용하여 작업을 하는 경우 작업 시작 전 점검사항과 거리가 먼 것은?**

① 전단기의 칼날 및 테이블의 상태
② 프레스의 금형 및 고정볼트 상태
③ 슬라이드 또는 칼날에 의한 위험방지기구의 기능
④ 전자밸브, 압력조정밸브, 기타 공압계통의 이상 유무

해설
프레스 작업 전 점검사항(산업안전보건기준에 관한 규칙 별표 3)
- 클러치 상태(가장 중요한 점검사항)
- 클러치 및 브레이크의 기능
- 전단기의 칼날 및 테이블의 상태
- 금형 및 고정볼트 상태
- 크랭크축, 플라이휠, 슬라이드, 연결봉 및 연결나사의 풀림 유무
- 슬라이드 또는 칼날에 의한 위험방지기구의 기능
- 1행정 1정지 기구, 급정지장치 및 비상정지장치의 기능

56 **숫돌 바깥지름이 150[mm]일 경우 평형 플랜지의 지름은 최소 몇 [mm] 이상이어야 하는가?**

① 25[mm] ② 50[mm]
③ 75[mm] ④ 100[mm]

해설
평형 플랜지의 지름 $= 150 \times \frac{1}{3} = 50[\text{mm}]$ 이상

정답 52 ② 53 ② 54 ① 55 ④ 56 ②

57 **다음 중 아세틸렌용접장치에서 역화의 원인으로 가장 거리가 먼 것은?**

① 아세틸렌의 공급 과다
② 토치성능의 부실
③ 압력조정기의 고장
④ 토치 팁에 이물질이 묻은 경우

해설
아세틸렌용접장치 역화의 원인 중 하나는 아세틸렌이 아닌 산소 공급 과다이다.

58 **설비의 고장형태를 크게 초기 고장, 우발고장, 마모고장으로 구분할 때 다음 중 마모고장과 가장 거리가 먼 것은?**

① 부품, 부재의 마모
② 열화에 생기는 고장
③ 부품, 부재의 반복 피로
④ 순간적 외력에 의한 파손

해설
순간적 외력에 의한 파손의 경우는 우발고장이다.

59 **와이어로프 호칭이 '6×19'라고 할 때 숫자 '6'이 의미하는 것은?**

① 소선의 지름([mm])
② 소선의 수량(Wire수)
③ 꼬임의 수량(Strand수)
④ 로프의 최대 인장강도([MPa])

해설
와이어로프의 호칭 : 꼬임의 수량(Strand수)×소선의 수량(Wire수)

60 **목재가공용 둥근톱에서 안전을 위해 요구되는 구조로 옳지 않은 것은?**

① 톱날은 어떤 경우에도 외부에 노출되지 않고 덮개가 덮여 있어야 한다.
② 작업 중 근로자의 부주의에도 신체의 일부가 날에 접촉할 염려가 없도록 설계되어야 한다.
③ 덮개 및 지지부는 경량이면서 충분한 강도를 가져야 하며, 외부에서 힘을 가했을 때 쉽게 회전될 수 있는 구조로 설계되어야 한다.
④ 덮개의 가동부는 원활하게 상하로 움직일 수 있고 좌우로 움직일 수 없는 구조로 설계되어야 한다.

해설
덮개 및 지지부는 경량이면서 충분한 강도를 가져야 하며, 외부에서 힘을 가했을 때 쉽게 회전될 수 없는 구조로 설계되어야 한다.

정답 57 ① 58 ④ 59 ③ 60 ③

제4과목 전기위험 방지기술

61 전기기기의 충격전압시험 시 사용하는 표준 충격파형(T_f, T_t)은?

① $1.2 \times 50[\mu s]$ ② $1.2 \times 100[\mu s]$
③ $2.4 \times 50[\mu s]$ ④ $2.4 \times 100[\mu s]$

해설
전기기기의 충격전압시험 시 사용하는 표준 충격파형(T_f, T_t) : 1.2×50[μs](여기서, T_f : 파두장, T_t : 파미장)

62 심실세동전류란?

① 최소 감지전류 ② 치사적 전류
③ 고통 한계전류 ④ 마비 한계전류

해설
심실세동전류
- 혈액순환이 곤란하게 되고 심장이 마비되는 현상을 초래하는 전류
- 치사적 전류
- 심실세동전류값(Dalziel) : $I = \frac{0.165}{\sqrt{T}}[\text{A}] = \frac{165}{\sqrt{T}}[\text{mA}]$

(여기서, I : 심실세동전류, T : 접촉시간[s])

63 인체의 전기저항을 0.5[kΩ]이라고 하면 심실세동을 일으키는 위험한계에너지는 몇 [J]인가?(단, 심실세동 전류값 $I = \frac{165}{\sqrt{T}}$[mA]의 Dalziel식을 이용하며, 통전시간은 1초로 한다)

① 13.6 ② 12.6
③ 11.6 ④ 10.6

해설
위험한계에너지

$$W = I^2RT = \left(\frac{165}{\sqrt{T}} \times 10^{-3}\right)^2 \times 500 \times T \simeq 13.6[\text{J}]$$

64 지구를 고립한 지구도체라 생각하고 1[C]의 전하가 대전되었다면 지구 표면의 전위는 대략 몇 [V]인가?(단, 지구의 반경은 6,367[km]이다)

① 1,414[V] ② 2,828[V]
③ 9×10^4[V] ④ 9×10^9[V]

해설
도체구의 전위

$$E = \frac{Q}{4\pi\varepsilon_0 r}[\text{V}]$$

$$= \frac{1}{4 \times 3.14 \times 8.855 \times 10^{-12} \times 6,367 \times 10^3} \simeq 1,412[\text{V}]$$

65 감전사고로 인한 전격사의 메커니즘으로 가장 거리가 먼 것은?

① 흉부 수축에 의한 질식
② 심실세동에 의한 혈액순환 기능의 상실
③ 내장 파열에 의한 소화기계통의 기능 상실
④ 호흡중추신경 마비에 따른 호흡기능 상실

해설
감전사고로 인한 전격사의 메커니즘(감전되어 사망하는 주된 메커니즘)
- 심실세동에 의한 혈액순환 기능 상실 : 심장부에 전류가 흘러 심실세동이 발생하여 혈액순환 기능 상실되어 일어난 것
- 호흡중추신경마비에 따른 호흡기능 상실 : 뇌의 호흡중추신경에 전류가 흘러 호흡기능이 정지되어 일어난 것
- 흉부 수축에 의한 질식 : 흉부에 전류가 흘러 흉부 수축에 의한 질식으로 일어난 것

정답 61 ① 62 ② 63 ① 64 ① 65 ③

66 **조명기구를 사용함에 따라 작업면의 조도가 점차적으로 감소되어 가는 원인으로 가장 거리가 먼 것은?**

① 점등 광원의 노화로 인한 광속의 감소
② 조명기구에 붙은 먼지, 오물, 반사면의 변질에 의한 광속흡수율 감소
③ 실내 반사면에 붙은 먼지, 오물, 반사면의 화학적 변질에 의한 광속반사율 감소
④ 공급전압과 광원의 정격전압의 차이에서 오는 광속의 감소

해설
조명기구를 사용함에 따라 작업면의 조도가 점차 감소되는 원인
- 점등 광원의 노화로 인한 광속의 감소
- 조명기구에 붙은 먼지, 오물, 반사면의 변질에 의한 광속흡수율 증가
- 실내 반사면에 붙은 먼지, 오물, 반사면의 화학적 변질에 의한 광속반사율의 감소
- 공급전압과 광원의 정격전압의 차이에서 오는 광속의 감소

67 **정전작업 시 정전시킨 전로에 잔류전하를 방전할 필요가 있다. 전원 차단 이후에도 잔류전하가 남아 있을 가능성이 가장 낮은 것은?**

① 방전코일 ② 전력 케이블
③ 전력용 콘덴서 ④ 용량이 큰 부하기기

해설
방전코일은 잔류전하를 방전시키는 기능을 가졌다.

68 **이동식 전기기기의 감전사고를 방지하기 위한 가장 적절한 시설은?**

① 접지설비 ② 폭발방지 설비
③ 시건장치 ④ 피뢰기 설비

해설
이동식 전기기기의 감전사고를 방지하기 위한 가장 적절한 시설은 접지설비이다.

69 **인체의 피부 전기저항은 여러 가지의 제반조건에 의해서 변화를 일으키는데 제반조건으로 가장 가까운 것은?**

① 피부의 청결 ② 피부의 노화
③ 인가전압의 크기 ④ 통전경로

해설
인체 피부의 (전기)저항에 영향을 주는 요인
- 인가전압, 인가시간
- 접촉면적, 접촉압력, 접촉 부위
- 접촉부의 습기, 피부의 건습차
- 전원의 종류
- 영향을 미치지 않는 것들 : 피부의 청결, 피부의 노화, 통전경로, 접지경로, 피부와 전극의 간격 등

70 **자동차가 통행하는 도로에서 고압의 지중 전선로를 직접 매설식으로 시설할 때 사용되는 전선으로 가장 적합한 것은?**

① 비닐 외장 케이블
② 폴리에틸렌 외장 케이블
③ 클로로프렌 외장 케이블
④ 콤바인 덕트 케이블(Combine Duct Cable)

해설
지중전선로의 시설(한국전기설비규정 334.1)
지중 전선로를 직접 매설식에 의하여 시설하는 경우에는 매설 깊이를 차량 기타 중량물의 압력을 받을 우려가 있는 장소에는 1.0[m] 이상, 기타 장소에는 0.6[m] 이상으로 하고 또한 지중 전선을 견고한 트라프 기타 방호물에 넣어 시설하여야 한다. 다만, 저압 또는 고압의 지중전선에 콤바인 덕트 케이블 또는 한국전기설비규정에서 정하는 구조로 개장(鎧裝)한 케이블을 사용하여 시설하는 경우에는 지중전선을 견고한 트라프 기타 방호물에 넣지 아니하여도 된다.

정답 66 ② 67 ① 68 ① 69 ③ 70 ④

71 산업안전보건법에는 보호구를 사용 시 안전인증을 받은 제품을 사용토록 하고 있다. 다음 중 안전인증대상이 아닌 것은?

① 안전화　　② 고무장화
③ 안전장갑　　④ 감전 위험방지용 안전모

해설
안전인증대상 보호구(12종) : 추락 및 감전 위험방지용 안전모, 안전화, 안전장갑, 방진 마스크, 방독 마스크, 송기 마스크, 전동식 호흡보호구, 보호복, 안전대, 차광 및 비산물 위험방지용 보안경, 용접용 보안면, 방음용 귀마개 또는 귀덮개(시행령 제74조)

72 감전사고로 인한 호흡 정지 시 구강 대 구강법에 의한 인공호흡의 매분 횟수와 시간은 어느 정도 하는 것이 가장 바람직한가?

① 매분 5~10회, 30분 이하
② 매분 12~15회, 30분 이상
③ 매분 20~30회, 30분 이하
④ 매분 30회 이상, 20~30분 정도

해설
감전사고로 인한 호흡 정지 시 구강 대 구강법에 의한 인공호흡의 매분 횟수와 시간은 매분 12~15회, 30분 이상 하는 것이 바람직하다.

73 누전차단기의 구성요소가 아닌 것은?

① 누전검출부　　② 영상변류기
③ 차단장치　　④ 전력퓨즈

해설
누전차단기의 구성요소 : ZCT(영상변류기), 누전검출부, 차단장치, 시험버튼 등

74 1[C]을 갖는 2개의 전하가 공기 중에서 1[m]의 거리에 있을 때 이들 사이에 작용하는 정전력은?

① 8.854×10^{-12}[N]
② 1.0[N]
③ 3×10^{3}[N]
④ 9×10^{9}[N]

해설
공기 중의 두 전하 사이에 작용하는 정전력

$$F = \frac{1}{4\pi\varepsilon_0} \times \frac{Q_1 Q_2}{r^2}[N] = 9 \times 10^9 \times \frac{1 \times 1}{1^2}[N] = 9 \times 10^9[N]$$

75 고장전류와 같은 대전류를 차단할 수 있는 것은?

① 차단기(CB)
② 유입 개폐기(OS)
③ 단로기(DS)
④ 선로 개폐기(LS)

해설
차단기(CB)는 고장전류와 같은 대전류를 차단할 수 있다.

정답 71 ② 72 ② 73 ④ 74 ④ 75 ①

76 **금속제 외함을 가지는 기계・기구에 전기를 공급하는 전로에 지락이 발생했을 때에 자동적으로 전로를 차단하는 누전차단기 등을 설치하여야 한다. 누전차단기를 설치해야 되는 경우로 옳은 것은?**

① 기계・기구가 고무, 합성수지, 기타 절연물로 피복된 것일 경우
② 기계・기구가 유도전동기의 2차측 전로에 접속된 저항기일 경우
③ 대지전압이 150[V]를 초과하는 전동기계・기구를 시설하는 경우
④ 전기용품안전관리법의 적용을 받는 2중 절연구조의 기계・기구를 시설하는 경우

해설
산업안전보건기준에 관한 규칙 제304조
- 누전차단기를 설치해야 하는 경우
  - 대지전압이 150[V]를 초과하는 이동형 또는 휴대형 전기기계・기구
  - 물 등 도전성이 높은 액체가 있는 습윤장소에서 사용하는 저압용 전기기계・기구
  - 철판・철골 위 등 도전성이 높은 장소에서 사용하는 이동형 또는 휴대형 전기기계・기구
  - 임시배선의 전로가 설치되는 장소에서 사용하는 이동형 또는 휴대형 전기기계・기구
- 누전차단기를 설치하지 않아도 되는 경우
  - 전기용품안전관리법에 따른 이중절연구조 또는 이와 같은 수준 이상으로 보호되는 구조로 된 전기기계・기구
  - 절연대 위 등과 같이 감전위험이 없는 장소에서 사용하는 전기기계・기구
  - 비접지방식의 전로

77 **전기화재의 경로별 원인으로 거리가 먼 것은?**

① 단 락
② 누 전
③ 저전압
④ 접촉부의 과열

해설
전기화재의 경로별 원인 : 단락(합선), 누전, 접촉부(접속부)의 과열, 과부하, 과전류, 절연 불량, 정전기 스파크 등

78 **내압 방폭구조는 다음 중 어느 경우에 가장 가까운가?**

① 점화 능력의 본질적 억제
② 점화원의 방폭적 격리
③ 전기설비의 안전도 증강
④ 전기설비의 밀폐화

해설
내압 방폭구조(d)는 점화원의 방폭적 격리에 가장 가깝다.

79 **인입개폐기를 개방하지 않고 전등용 변압기 1차측 COS만 개방 후 전등용 변압기 접속용 볼트작업 중 동력용 COS에 접촉, 사망한 사고에 대한 원인으로 가장 거리가 먼 것은?**

① 안전장구 미사용
② 동력용 변압기 COS 미개방
③ 전등용 변압기 2차측 COS 미개방
④ 인입구개폐기 미개방한 상태에서 작업

해설
인입개폐기(LS)를 개방하지 않고 전등용 변압기 1차측 COS만 개방 후 전등용 변압기 접속용 볼트작업 중 동력용 COS에 접촉, 사망한 사고에 대한 원인
- 인입구 개폐기 미개방 상태에서 작업
- 동력용 변압기 COS 미개방
- 안전장구 미사용

80 **인체통전으로 인한 전격(Electric Shock)의 정도를 정함에 있어 그 인자로서 가장 거리가 먼 것은?**

① 전압의 크기 ② 통전시간
③ 전류의 크기 ④ 통전경로

해설
인체에 미치는 전격재해의 위험을 결정하는 주된 인자 중 통전전압의 크기는 해당 없으며 ②, ③, ④ 외에 전원의 종류, 감전전류가 흐르는 인체 부위, 주파수 및 파형 등이 있다.

정답 76 ③ 77 ③ 78 ② 79 ③ 80 ①

제5과목 화학설비위험 방지기술

81 다음 중 가연성 물질과 산화성 고체가 혼합하고 있을 때 연소에 미치는 현상으로 옳은 것은?

① 착화온도(발화점)가 높아진다.
② 최소 점화에너지가 감소하며, 폭발의 위험성이 증가한다.
③ 가스나 가연성 증기의 경우 공기 혼합보다 연소범위가 축소된다.
④ 공기 중에서보다 산화작용이 약하게 발생하여 화염온도가 감소하며 연소속도가 늦어진다.

해설
① 착화온도(발화점)가 낮아진다.
③ 가스나 가연성 증기의 경우 공기 혼합보다 연소범위가 증가된다.
④ 공기 중에서보다 산화작용이 강하게 발생하여 화염온도가 올라가며 연소속도가 빨라진다.

82 다음 중 전기화재의 종류에 해당하는 것은?

① A급
② B급
③ C급
④ D급

해설
화재의 종류

화재등급	화재 명칭
A	일반화재
B	유류화재
C	전기화재
D	금속화재
K	주방화재

83 사업주는 산업안전보건법에서 정한 설비에 대해서는 과압에 따른 폭발을 방지하기 위하여 안전밸브 등을 설치하여야 한다. 다음 중 이에 해당하는 설비가 아닌 것은?

① 원심펌프
② 정변위압축기
③ 정변위펌프(토출축에 차단밸브가 설치된 것만 해당한다)
④ 배관(2개 이상의 밸브에 의하여 차단되어 대기온도에서 액체의 열팽창에 의하여 파열될 우려가 있는 것으로 한정한다)

해설
안전밸브 등의 설치(산업안전보건기준에 관한 규칙 제261조)
- 압력용기(안지름이 150[mm] 이하인 압력용기는 제외하며, 압력 용기 중 관형 열교환기의 경우에는 관의 파열로 인하여 상승한 압력이 압력용기의 최고사용압력을 초과할 우려가 있는 경우만 해당)
- 정변위 압축기
- 정변위 펌프(토출축에 차단밸브가 설치된 것만 해당)
- 배관(2개 이상의 밸브에 의하여 차단되어 대기온도에서 액체의 열팽창에 의하여 파열될 우려가 있는 것으로 한정)
- 그 밖의 화학설비 및 그 부속설비로서 해당 설비의 최고사용압력을 초과할 우려가 있는 것

84 나이트로셀룰로스의 취급 및 저장방법에 관한 설명으로 틀린 것은?

① 저장 중 충격과 마찰 등을 방지하여야 한다.
② 물과 격렬히 반응하여 폭발하므로 습기를 제거하고, 건조 상태를 유지한다.
③ 자연발화방지를 위하여 안전용제를 사용한다.
④ 화재 시 질식소화는 적응성이 없으므로 냉각소화를 한다.

해설
나이트로셀룰로스(Nitrocellulose, 질화면)는 건조 상태에서는 자연발열을 일으켜 분해폭발의 위험이 존재하기 때문에 저장·취급 중에는 에틸알코올 또는 아이소프로필알코올로 습면의 상태를 유지하도록 한다.

정답 81 ② 82 ③ 83 ① 84 ②

85 위험물을 산업안전보건법에서 정한 기준량 이상으로 제조하거나 취급하는 설비로서 특수화학설비에 해당되는 것은?

① 가열시켜 주는 물질의 온도가 가열되는 위험물질의 분해온도보다 높은 상태에서 운전되는 설비
② 상온에서 게이지 압력으로 200[kPa]의 압력으로 운전되는 설비
③ 대기압하에서 섭씨 300[℃]로 운전되는 설비
④ 흡열반응이 행하여지는 반응설비

해설

계측장치를 설치해야 하는 특수화학설비의 종류(산업안전보건기준에 관한 규칙 제273조)

- 정류, 증발, 추출 등 분리를 하는 장치
- 발열반응이 일어나는 반응장치
- 가열시켜 주는 물질의 온도가 가열되는 위험물질의 분해온도 또는 발화점보다 높은 상태에서 운전되는 설비
- 반응폭주 등 이상 화학반응에 의하여 위험물질이 발생할 우려가 있는 설비
- 온도가 350[℃] 이상이거나 게이지 압력이 980[kPa] 이상인 상태에서 운전되는 설비
- 가열로 또는 가열기

86 폭발에 관한 용어 중 'BLEVE'가 의미하는 것은?

① 고농도의 분진폭발
② 저농도의 분해폭발
③ 개방계 증기운 폭발
④ 비등액 팽창증기폭발

해설

BLEVE(Boiling Liquid Expanding Vapor Explosion, 액화가스의 폭발) : 비등액 팽창증기폭발

- 비등 상태의 액화가스가 기화하여 팽창하고 폭발하는 현상
- 비점이나 인화점이 낮은 액체가 들어 있는 용기나 저장탱크 주위가 화재 등으로 가열되면, 용기・저장탱크 내부의 비등현상으로 인한 압력 상승으로 벽면이 파열되면서 그 내용물이 증발, 팽창하면서 급격하게 폭발을 일으키는 현상

87 다음 중 인화점이 가장 낮은 물질은?

① CS_2
② C_2H_5OH
③ CH_3COCH_3
④ $CH_3COOC_2H_5$

해설

인화점[℃]

- 이황화탄소(CS_2) : −30[℃]
- 에탄올(C_2H_5OH) : 13[℃]
- 아세톤(CH_3COCH_3) : −17[℃]
- 아세트산에틸($CH_3COOC_2H_5$) : −4.4[℃]

88 아세틸렌 압축 시 사용되는 희석제로 적당하지 않은 것은?

① 메 탄
② 질 소
③ 산 소
④ 에틸렌

해설

아세틸렌 압축 시 사용되는 희석제 : 메탄, 질소, 에틸렌, 일산화탄소, 수소, 프로판, 탄산가스

89 수분을 함유하는 에탄올에서 순수한 에탄올을 얻기 위해 벤젠과 같은 물질을 첨가하여 수분을 제거하는 증류 방법은?

① 공비증류　② 추출증류
③ 가압증류　④ 감압증류

해설

공비증류 : 수분을 함유하는 에탄올에서 순수한 에탄올을 얻기 위해 벤젠과 같은 물질을 첨가하여 수분을 제거하는 증류방법

정답 85 ① 86 ④ 87 ① 88 ③ 89 ①

90 다음 중 벤젠(C_6H_6)의 공기 중 폭발하한계값[vol%]에 가까운 것은?

① 1.0 ② 1.5
③ 2.0 ④ 2.5

해설
벤젠의 폭발범위[%] : 1.4~6.7이므로 1.5가 가장 가까운 값이다. 이를 Jones식에 의하여 계산하면 다음과 같다.
벤젠의 화학식 $C_6H_6 = C_aH_b$에서 a=6, b=6, c=0, d=0이므로
화학양론농도

$$C_{st} = \frac{100}{1+4.773\left[a+\frac{(b-c-2d)}{4}+e\right]}$$

$$= \frac{100}{1+4.773\left[6+\frac{6}{4}\right]} = \frac{100}{1+4.773\times 7.5} \simeq 2.72$$

Jones식에 의한 연소하한계값
$= C_{st} \times 0.55 = 2.72 \times 0.55 \simeq 1.5$

91 다음 중 퍼지의 종류에 해당하지 않는 것은?

① 압력퍼지 ② 진공퍼지
③ 스위프퍼지 ④ 가열퍼지

해설
퍼지의 종류 : 압력퍼지, 진공퍼지, 사이펀퍼지, 스위프퍼지
- 진공퍼지 : 가장 일반적인 퍼지방법이지만, 큰 저장용기에는 적용 불가하며 압력퍼지보다 이너트 가스 소모가 적다.
- 압력퍼지 : 진공퍼지에 비해 퍼지시간이 짧다.
- 사이펀퍼지 : 가스의 부피는 용기의 부피와 같다.
- 스위프퍼지 : 용기나 장치에 압력을 가하거나 진공으로 할 수 없을 때 사용된다.

92 공업용 용기의 몸체 도색으로 가스명과 도색명의 연결이 옳은 것은?

① 산소 - 청색 ② 질소 - 백색
③ 수소 - 주황색 ④ 아세틸렌 - 회색

해설
③ 수소 - 주황색
① 산소 - 녹색
② 질소 - 회색
④ 아세틸렌 - 황색

93 다음 중 분말소화약제로 가장 적절한 것은?

① 사염화탄소
② 브롬화메탄
③ 수산화암모늄
④ 제1인산암모늄

해설
분말소화약제

종 별	해당 물질	화학식	적용화재
제1종	탄산수소나트륨	$NaHCO_3$	B, C
제2종	탄산수소칼륨	$KHCO_3$	B, C
제3종	제1인산암모늄	$NH_4H_2PO_4$	A, B, C
제4종	탄산수소칼륨과 요소와의 반응물	$KHCO_3+(NH_2)_2CO$	B, C

94 비중이 1.5이고, 직경이 74[μm]인 분체가 종말속도 0.2[m/s]로 직경 6[m]의 사일로(Silo)에서 질량유속 400[kg/h]로 흐를 때 평균 농도는 약 얼마인가?

① 10.8[mg/L] ② 14.8[mg/L]
③ 19.8[mg/L] ④ 25.8[mg/L]

해설

$$\text{평균 농도} = \frac{\text{질량유속}}{\text{사일로에 흐르는 유량}} = \frac{400[kg/h]}{\frac{\pi}{4}\times 6^2 \times 0.2[m^3/s]}$$

$$= \frac{400\times 10^6/3,600[mg/s]}{\frac{\pi}{4}\times 6^2\times 0.2\times 1,000[L/s]} \simeq 19.6[mg/L]$$

정답 90 ② 91 ④ 92 ③ 93 ④ 94 ③

95 **다음 중 분진폭발이 발생하기 쉬운 조건으로 적절하지 않은 것은?**

① 발열량이 클 때
② 입자의 표면적이 작을 때
③ 입자의 형상이 복잡할 때
④ 분진의 초기 온도가 높을 때

해설
분진폭발이 발생하기 쉬운 조건 : 발열량(연소열)이 클 때, 입자의 표면적이 클 때, 분진의 입경이 작을 때, 분진 내의 수분농도가 적을 때, 공기 중 산소농도가 클 때 등

96 **다음 중 폭발 또는 화재가 발생할 우려가 있는 건조설비의 구조로 적절하지 않은 것은?**

① 건조설비의 바깥면은 불연성 재료로 만들 것
② 위험물 건조설비의 열원으로서 직화를 사용하지 아니할 것
③ 위험물 건조설비의 측벽이나 바닥은 견고한 구조로 할 것
④ 위험물 건조설비는 상부를 무거운 재료로 만들고 폭발구를 설치할 것

해설
위험물 건조설비는 상부를 가벼운 재료로 만들고 주위 상황을 고려하여 폭발구를 설치해야 한다(산업안전보건기준에 관한 규칙 제281조).

97 **위험물안전관리법에 의한 위험물의 분류 중 제1류 위험물에 속하는 것은?**

① 염소산염류　　② 황 린
③ 금속칼륨　　④ 질산에스테르

해설
제1류 위험물(산화성 고체)
- 고체로서 산화력의 잠재적인 위험성 또는 충격에 대한 민감성을 판단하기 위하여 소방청장이 정하여 고시하는 시험에서 고시로 정하는 성질과 상태를 나타내는 것
- 종류 : 과망간산염류, 과염소산염류, 무기과산화물, 브롬산염류, 아염소산염, 염소산염, 아이오딘산염, 중크롬산염, 질산염류

98 **산업안전보건법상 위험물질의 종류에서 '폭발성 물질 및 유기과산화물'에 해당하는 것은?**

① 리 튬　　② 아조화합물
③ 아세틸렌　　④ 셀룰로이드류

해설
② 아조화합물 – 폭발성 물질 및 유기과산화물
① 리튬 – 물반응성 물질 및 인화성 고체
③ 아세틸렌 – 인화성 가스
④ 셀룰로이드류 – 물반응성 물질 및 인화성 고체

99 **다음 중 축류식 압축기에 대한 설명으로 옳은 것은?**

① Casing 내에 1개 또는 수 개의 회전체를 설치하여 이것을 회전시킬 때 Casing과 피스톤 사이의 체적이 감소해서 기체를 압축하는 방식이다.
② 실린더 내에서 피스톤을 왕복시켜 이것에 따라 개폐하는 흡입밸브 및 배기밸브의 작용에 의해 기체를 압축하는 방식이다.
③ Casing 내에 넣어진 날개바퀴를 회전시켜 기체에 작용하는 원심력에 의해서 기체를 압송하는 방식이다.
④ 프로펠러의 회전에 의한 추진력에 의해 기체를 압송하는 방식이다.

해설
축류식 압축기 : 프로펠러의 회전에 의한 추진력에 의해 기체를 압송하는 방식의 압축기

100 **메탄 50[vol%], 에탄 30[vol%], 프로판 20[vol%] 혼합가스의 공기 중 폭발하한계는?(단, 메탄, 에탄, 프로판의 폭발하한계는 각각 5.0[vol%], 3.0[vol%], 2.1[vol%]이다)**

① 1.6[vol%]　　② 2.1[vol%]
③ 3.4[vol%]　　④ 4.8[vol%]

해설
$\frac{100}{LFL} = \frac{50}{5.0} + \frac{30}{3.0} + \frac{20}{2.1} \simeq 29.52$에서

$LFL = \frac{100}{29.52} \simeq 3.4$

정답 95 ② 96 ④ 97 ① 98 ② 99 ④ 100 ③

제6과목 건설안전기술

101 차량계 건설기계를 사용하여 작업할 때에 그 기계가 넘어지거나 굴러 떨어짐으로써 근로자가 위험해질 우려가 있는 경우에 조치하여야 할 사항과 거리가 먼 것은?

① 갓길의 붕괴 방지
② 작업 반경 유지
③ 지반의 부동 침하 방지
④ 도로 폭의 유지

해설
사업주는 차량계 건설기계를 사용하는 작업할 때에 그 기계가 넘어지거나 굴러떨어짐으로써 근로자가 위험해질 우려가 있는 경우에는 유도하는 사람을 배치하고 지반의 부동침하 방지, 갓길의 붕괴 방지 및 도로 폭의 유지 등 필요한 조치를 하여야 한다.

102 유해·위험방지계획서 제출대상 공사로 볼 수 없는 것은?

① 지상 높이가 31[m] 이상인 건축물의 건설공사
② 터널 건설공사
③ 깊이 10[m] 이상인 굴착공사
④ 교량의 전체 길이가 40[m] 이상인 교량공사

해설
건설공사 유해·위험방지계획서 제출대상 공사(시행령 제42조)
- 지상 높이가 31[m] 이상인 건축물 또는 인공구조물, 연면적 30,000[m^2] 이상인 건축물 또는 연면적 5,000[m^2] 이상의 문화 및 집회시설(전시장 및 동물원·식물원은 제외), 판매시설, 운수시설(고속철도의 역사 및 집배송시설은 제외), 종교시설, 의료시설 중 종합병원, 숙박시설 중 관광숙박시설, 지하도상가 또는 냉동·냉장창고시설
- 연면적 5,000[m^2] 이상의 냉동·냉장창고시설의 설비공사 및 단열공사
- 최대 지간 길이가 50[m] 이상인 다리 건설 등 공사
- 터널 건설 등의 공사
- 다목적댐, 발전용댐 및 저수용량 2,000만[ton] 이상의 용수 전용 댐, 지방상수도 전용 댐 건설 등의 공사
- 깊이 10[m] 이상인 굴착공사

103 건설업 산업안전보건관리비 계상 및 사용기준에 따른 안전관리비의 개인보호구 및 안전장구 구입비 항목에서 안전관리비로 사용이 가능한 경우는?

① 안전·보건관리자가 선임되지 않은 현장에서 안전·보건업무를 담당하는 현장관계자용 무전기, 카메라, 컴퓨터, 프린터 등 업무용 기기
② 혹한·혹서에 장기간 노출로 인해 건강장해를 일으킬 우려가 있는 경우 특정 근로자에게 지급되는 기능성 보호장구
③ 근로자에게 일률적으로 지급하는 보랭·보온장구
④ 감리원이나 외부에서 방문하는 인사에게 지급하는 보호구

해설
산업안전보건관리비 항목 중 사용 불가 내역(건설업 산업안전보건관리비 계상 및 사용기준 별표 2)
- 안전시설비로 사용 불가 내역 : 안전통로, 안전발판, 안전계단 등
- 안전·보건관리자가 선임되지 않은 현장에서 안전·보건업무를 담당하는 현장관계자용 무전기, 카메라, 컴퓨터, 프린터 등 업무용 기기
- 근로자 보호 목적으로 보기 어려운 피복, 장구, 용품 등
  - 작업복, 방한복, 방한장갑, 면장갑, 코팅장갑 등(다만, 근로자의 건강장해 예방을 위해 사용하는 미세먼지 마스크, 쿨토시, 아이스조끼, 핫팩, 발열조끼 등은 사용 가능)
  - 감리원이나 외부에서 방문하는 인사에게 지급하는 보호구

104 지반에서 나타나는 보일링(Boiling) 현상의 직접적인 원인으로 볼 수 있는 것은?

① 굴착부와 배면부의 지하수위의 수두차
② 굴착부와 배면부의 흙의 중량차
③ 굴착부와 배면부의 흙의 함수비차
④ 굴착부와 배면부의 흙의 토압차

해설
보일링 현상의 원인
- 굴착부와 배면부의 지하수위의 수두차
- 지하수위가 높은 지반을 굴착할 때 주로 발생한다.
- 지반 굴착 시 굴착부와 지하수위차가 있을 때 주로 발생한다.
- 연약 사질토지반의 경우 주로 발생한다.
- 굴착 저면에서 액상화 현상에 기인하여 발생한다.
- 흙막이 벽의 근입장 깊이가 부족할 경우 발생한다.

정답 101 ② 102 ④ 103 ② 104 ①

105 강풍이 불어올 때 타워크레인의 운전작업을 중지하여야 하는 순간풍속의 기준으로 옳은 것은?

① 순간풍속이 초당 10[m] 초과
② 순간풍속이 초당 15[m] 초과
③ 순간풍속이 초당 25[m] 초과
④ 순간풍속이 초당 30[m] 초과

해설
강풍이 불어올 때 타워크레인의 운전작업을 중지하여야 하는 순간풍속의 기준(산업안전보건기준에 관한 규칙 제37조) : 순간풍속이 초당 15[m] 초과 시

106 말비계를 조립하여 사용하는 경우에 지주부재와 수평면의 기울기는 최대 몇 ° 이하로 하여야 하는가?

① 30° ② 45°
③ 60° ④ 75°

해설
말비계(산업안전보건기준에 관한 규칙 제67조)
- 지주부재의 하단에는 미끄럼 방지장치를 하고, 근로자가 양측 끝부분에 올라서서 작업하지 않도록 할 것
- 지주부재와 수평면의 기울기를 75° 이하로 하고, 지주부재와 지주부재 사이를 고정시키는 보조부재를 설치할 것
- 말비계의 높이가 2[m]를 초과하는 경우에는 작업발판의 폭을 40[cm] 이상으로 할 것

107 추락의 위험이 있는 개구부에 대한 방호조치와 거리가 먼 것은?

① 안전난간, 울타리, 수직형 추락방망 등으로 방호조치를 한다.
② 충분한 강도를 가진 구조의 덮개를 뒤집히거나 떨어지지 않도록 설치한다.
③ 어두운 장소에서도 식별이 가능한 개구부 주의 표지를 부착한다.
④ 폭 30[cm] 이상의 발판을 설치한다.

해설
추락의 위험이 있는 개구부에 대한 방호조치(산업안전보건기준에 관한 규칙 제43조)
- 안전난간, 울타리, 수직형 추락방망 등으로 방호조치를 한다.
- 충분한 강도를 가진 구조의 덮개를 뒤집히거나 떨어지지 않도록 설치한다.
- 어두운 장소에서도 알아볼 수 있도록 개구부임을 표시해야 한다.

108 로프 길이 2[m]의 안전대를 착용한 근로자가 추락으로 인한 부상을 당하지 않기 위한 지면으로부터 안전대 고정점까지의 높이(H)의 기준으로 옳은 것은?(단, 로프의 신율 30[%], 근로자의 신장 180[cm])

① $H > 1.5$[m] ② $H > 2.5$[m]
③ $H > 3.5$[m] ④ $H > 4.5$[m]

해설
근로자가 추락으로 인한 부상을 당하지 않기 위한 지면으로부터 안전대 고정점까지의 높이(H)

$H = l_1 + \Delta l_1 + \frac{l_2}{2}$(여기서, l_1 : 로프의 길이, Δl_1 : 로프의 늘어난 길이, l_2 : 근로자의 신장)

$H = l_1 + \Delta l_1 + \frac{l_2}{2} = 2 + (2 \times 0.3) + \frac{1.8}{2} = 3.5$[m] 이므로 $H > 3.5$[m]이어야 한다.

109 가설통로의 설치 기준으로 옳지 않은 것은?

① 추락할 위험이 있는 장소에는 안전난간을 설치할 것
② 경사가 10°를 초과하는 경우에는 미끄러지지 아니하는 구조로 할 것
③ 경사는 30° 이하로 할 것
④ 건설공사에 사용하는 높이 8[m] 이상인 비계다리에는 7[m] 이내마다 계단참을 설치할 것

해설
가설통로의 설치 기준(산업안전보건기준에 관한 규칙 제23조) : 경사가 15°를 초과하는 경우에는 미끄러지지 아니하는 구조로 할 것

정답 105 ② 106 ④ 107 ④ 108 ③ 109 ②

110 **터널 지보공을 조립하거나 변경하는 경우에 조치하여야 하는 사항으로 옳지 않은 것은?**

① 목재의 터널 지보공은 그 터널 지보공의 각 부재에 작용하는 긴압 정도를 체크하여 그 정도가 최대한 차이나도록 한다.
② 강(鋼)아치 지보공의 조립은 연결볼트 및 띠장 등을 사용하여 주재 상호 간을 튼튼하게 연결할 것
③ 기둥에는 침하를 방지하기 위하여 받침목을 사용하는 등의 조치를 할 것
④ 주재(主材)를 구성하는 1세트의 부재는 동일 평면 내에 배치할 것

해설
목재의 터널 지보공은 그 터널 지보공의 각 부재에 작용하는 긴압 정도가 균등하게 되도록 해야 한다(산업안전보건기준에 관한 규칙 제364조).

111 **콘크리트 타설작업 시 안전에 대한 유의사항으로 옳지 않은 것은?**

① 콘크리트를 치는 도중에는 지보공, 거푸집 등의 이상 유무를 확인한다.
② 높은 곳으로부터 콘크리트를 타설할 때는 호퍼로 받아 거푸집 내에 꽂아 넣는 슈트를 통해서 부어 넣어야 한다.
③ 진동기를 가능한 한 많이 사용할수록 거푸집에 작용하는 측압상 안전하다.
④ 콘크리트를 한곳에만 치우쳐서 타설하지 않도록 주의한다.

해설
진동기는 적절히 사용해야 하며 지나친 진동은 거푸집 도괴의 원인이 될 수 있으므로 각별하게 주의해야 한다.

112 **개착식 흙막이벽의 계측 내용에 해당되지 않는 것은?**

① 경사 측정　② 지하수위 측정
③ 변형률 측정　④ 내공 변위 측정

해설
개착식 흙막이벽의 계측 내용 : 경사 측정, 지하수위 측정, 변형률 측정, 간극수압 측정, 토압 측정, 하중 측정 등

113 **다음은 산업안전보건법에 따른 달비계를 설치하는 경우에 준수해야 할 사항이다. ( ) 안에 들어갈 내용으로 옳은 것은?**

작업발판은 폭을 ( ) 이상으로 하고 틈새가 없도록 할 것

① 15[cm]　② 20[cm]
③ 40[cm]　④ 60[cm]

해설
작업발판은 폭을 40[cm] 이상으로 하고 틈새가 없도록 해야 한다(산업안전보건기준에 관한 규칙 제63조).

114 **강관틀 비계를 조립하여 사용하는 경우 준수해야 하는 사항으로 옳지 않은 것은?**

① 길이가 띠장 방향으로 4[m] 이하이고 높이가 10[m]를 초과하는 경우에는 10[m] 이내마다 띠장 방향으로 버팀기둥을 설치할 것
② 높이가 20[m]를 초과하거나 중량물의 적재를 수반하는 작업을 할 경우에는 주틀 간의 간격을 1.8[m] 이하로 할 것
③ 주틀 간에 교차가새를 설치하고 최상층 및 10층 이내마다 수평재를 설치할 것
④ 수직 방향으로 6[m], 수평 방향으로 8[m] 이내마다 벽이음을 할 것

해설
주틀 간에 교차가새를 설치하고 최상층 및 5층 이내마다 수평재를 설치할 것(산업안전보건기준에 관한 규칙 제62조)

정답 110 ① 111 ③ 112 ④ 113 ③ 114 ③

115 철골기둥, 빔 및 트러스 등의 철골구조물을 일체화 또는 지상에서 조립하는 이유로 가장 타당한 것은?

① 고소작업의 감소 ② 화기 사용의 감소
③ 구조체 강성 증가 ④ 운반물량의 감소

해설
철골기둥, 빔 및 트러스 등의 철골구조물을 일체화 또는 지상에서 조립하는 이유는 고소작업을 감소시키기 위한 것이다.

116 압쇄기를 사용하여 건물 해체 시 그 순서로 가장 타당한 것은?

[보 기]
A : 보, B : 기둥, C : 슬래브, D : 벽체

① A → B → C → D
② A → C → B → D
③ C → A → D → B
④ D → C → B → A

해설
압쇄기를 사용한 건물 해체 순서 : 슬래브 → 보 → 벽체 → 기둥

117 흙의 간극비를 나타낸 식으로 옳은 것은?

① $\frac{\text{공기 + 물의 체적}}{\text{흙 + 물의 체적}}$

② $\frac{\text{공기 + 물의 체적}}{\text{흙의 체적}}$

③ $\frac{\text{물의 체적}}{\text{물 + 흙의 체적}}$

④ $\frac{\text{공기 + 물의 체적}}{\text{공기 + 흙 + 물의 체적}}$

해설
흙의 간극비$=\frac{\text{공기 + 물의 체적}}{\text{흙의 체적}}$

118 부두 · 안벽 등 하역작업을 하는 장소에서 부두 또는 안벽의 선을 따라 통로를 설치하는 경우에는 그 폭을 최소 얼마 이상으로 하여야 하는가?

① 80[cm] ② 90[cm]
③ 100[cm] ④ 120[cm]

해설
부두 · 안벽 등 하역작업을 하는 장소에서 부두 또는 안벽의 선을 따라 통로를 설치하는 경우에는 그 폭을 90[cm] 이상으로 하여야 한다(산업안전보건기준에 관한 규칙 제390조).

119 취급 · 운반의 원칙으로 옳지 않은 것은?

① 곡선 운반을 할 것
② 운반작업을 집중하여 시킬 것
③ 생산을 최고로 하는 운반을 생각할 것
④ 연속 운반을 할 것

해설
취급 · 운반의 3조건
- 운반거리를 극소화시킨다.
- 손이 가지 않는 운반방식으로 해야 한다.
- 운반을 기계화 한다.

120 사면보호 공법 중 구조물에 의한 보호 공법에 해당되지 않는 것은?

① 식생구멍공
② 블록공
③ 돌쌓기공
④ 현장타설 콘크리트 격자공

해설
사면보호 공법 중 구조물에 의한 보호 공법 : 블록공, 돌쌓기공, 현장타설 콘크리트 격자공, 뿜어붙이기공

정답 115 ① 116 ③ 117 ② 118 ② 119 ① 120 ①

산업안전기사

과년도 기출문제

제1과목 안전관리론

01 연간 근로자수가 1,000명인 공장의 도수율이 10인 경우 이 공장에서 연간 발생한 재해 건수는 몇 건인가?

① 20건 ② 22건
③ 24건 ④ 26건

해설

$$도수율 = \frac{재해\ 건수}{연\ 근로시간\ 수} \times 10^6 이므로,$$

$$재해\ 건수 = \frac{도수율 \times 연\ 근로시간\ 수}{10^6} = \frac{10 \times (1,000 \times 2,400)}{1,000,000} = 24건$$

02 산업안전보건법에 따라 사업주가 사업장에서 중대재해가 발생한 사실을 알게 된 경우 관할 지방고용노동관서의 장에게 보고하여야 하는 시기로 옳은 것은?(단, 천재지변 등 부득이한 사유가 발생한 경우는 제외한다)

① 지체 없이 ② 12시간 이내
③ 24시간 이내 ④ 48시간 이내

해설

사업주는 중대재해가 발생한 사실을 알게 된 경우에는 지체 없이 고용노동부장관에게 보고하여야 한다. 다만, 천재지변 등 부득이한 사유가 발생한 경우에는 그 사유가 소멸되면 지체 없이 보고하여야 한다(법 제54조).

03 재해 사례연구의 진행 순서로 옳은 것은?

① 재해상황 파악 → 사실의 확인 → 문제점 발견 → 근본적 문제점 결정 → 대책 수립
② 사실의 확인 → 재해상황 파악 → 문제점 발견 → 근본적 문제점 결정 → 대책 수립
③ 재해상황 파악 → 사실의 확인 → 근본적 문제점 결정 → 문제점 발견 → 대책 수립
④ 사실의 확인 → 재해상황 파악 → 근본적 문제점 결정 → 문제점 발견 → 대책 수립

해설

재해 사례연구의 진행 순서 : 재해상황 파악 → 사실 확인 → 문제점 발견 → 근본적 문제점 결정 → 대책 수립

04 브레인스토밍(Brain Storming)기법의 4원칙에 관한 설명으로 옳은 것은?

① 주제와 관련이 없는 내용은 발표할 수 없다.
② 동료의 의견에 대하여 좋고 나쁨을 평가한다.
③ 발표 순서를 정하고, 동일한 발표 기회를 부여한다.
④ 타인의 의견에 대하여는 수정하여 발표할 수 있다.

해설

브레인스토밍(Brain Storming) 기법의 4원칙
- 자유로운 분위기 속에서 토론을 한다.
- 가능한 많은 아이디어 및 의견을 제시한다.
- 다른 이가 어떤 아이디어를 내든지 비판을 하지 않는다.
- 다른 이의 아이디어를 수정하여 발언할 수 있다.

정답 1 ③ 2 ① 3 ① 4 ④

05 산업안전보건법에 따른 특정행위의 지시 및 사실의 고지에 사용되는 안전·보건표지의 색도기준으로 옳은 것은?

① 2.5G 4/10
② 2.5PB 4/10
③ 5Y 8.5/12
④ 7.5R 4/14

해설
안전·보건표지의 색도기준(시행규칙 별표 8)

색 채	색도기준	용 도	사용례
빨간색	7.5R 4/14	금 지	정지신호, 소화설비 및 그 장소, 유해행위의 금지
		경 고	화학물질 취급장소에서의 유해·위험 경고
노란색	5Y 8.5/12	경 고	화학물질 취급장소에서의 유해·위험 경고 이외의 위험경고, 주의 표지 또는 기계 방호물
파란색	2.5PB 4/10	지 시	특정 행위의 지시 및 사실의 고지
녹 색	2.5G 4/10	안 내	비상구 및 피난소, 사람 또는 차량의 통행표지
흰 색	N9.5	–	파란색 또는 녹색에 대한 보조색
검은색	N0.5	–	문자 및 빨간색 또는 노란색에 대한 보조색

06 OJT(On the Job Training)의 특징에 대한 설명으로 옳은 것은?

① 특별한 교재·교구·설비 등을 이용하는 것이 가능하다.
② 외부의 전문가를 위촉하여 전문교육을 실시할 수 있다.
③ 직장의 실정에 맞는 구체적이고 실제적인 지도교육이 가능하다.
④ 다수의 근로자들에게 조직적 훈련이 가능하다.

해설
③은 OJT의 특징이고 ①, ②, ④는 Off JT의 특징이다.

07 집단에서의 인간관계 메커니즘(Mechanism)과 가장 거리가 먼 것은?

① 모방, 암시 ② 분열, 강박
③ 동일화, 일체화 ④ 커뮤니케이션, 공감

해설
집단에서의 인간관계 메커니즘(Mechanism) : 모방, 암시, 동일시(동일화), 일체화, 투사, 커뮤니케이션, 공감 등

08 부주의에 대한 사고방지대책 중 기능 및 작업측면의 대책이 아닌 것은?

① 표준작업의 습관화 ② 적성 배치
③ 안전의식의 제고 ④ 작업조건의 개선

해설
부주의 발생원인(대책)
- 외적 원인 : 작업환경조건 불량, 작업 순서의 부적합(인간공학적 접근)
- 내적 원인 : 소질적 문제(적성 배치), 의식의 우회(카운셀링), 미경험(안전교육)
- 정신적 측면 : 집중력, 스트레스, 작업의욕, 안전의식의 제고
- 기능 및 작업측면 : 표준작업 부재·미준수(표준작업의 습관화), 적성 미고려(적성을 고려한 작업 배치), 작업조건 열악(작업조건의 개선, 안전작업 실시, 적응력 증강)
- 설비 및 환경측면 : 표준작업 제도, 설비 및 작업 안전화, 안전대책

09 유기 화합물용 방독 마스크의 시험가스가 아닌 것은?

① 증기(Cl_2)
② 다이메틸에테르(CH_3OCH_3)
③ 사이클로헥산(C_6H_{12})
④ 아이소부탄(C_4H_{10})

해설
방독 마스크별 시험가스
- 유기 화합물용 : 사이클로헥산, 다이메틸에테르, 아이소부탄
- 할로겐용 : 염소가스 또는 증기
- 암모니아용 : 암모니아가스
- 사이안화수소용 : 사이안화수소가스

정답 5 ② 6 ③ 7 ② 8 ③ 9 ①

10 **산업안전보건법에 따른 안전보건관리규정에 포함되어야 할 세부 내용이 아닌 것은?**

① 위험성 감소대책 수립 및 시행에 관한 사항
② 하도급 사업장에 대한 안전·보건관리에 관한 사항
③ 질병자의 근로금지 및 취업 제한 등에 관한 사항
④ 물질안전보건자료에 관한 사항

해설
안전보건관리규정 포함 세부 내용
- 위험성 감소대책 수립 및 시행에 관한 사항
- 하도급 사업장에 대한 안전·보건관리에 관한 사항
- 질병자의 근로금지 및 취업 제한 등에 관한 사항

11 **최대 사용전압이 교류(실효값) 500[V] 또는 직류 750[V]인 내전압용 절연장갑의 등급은?**

① 00　　② 0
③ 1　　④ 2

해설
절연장갑의 등급별 최대 사용전압과 적용 색상(보호구안전인증고시 별표 3)

등 급	최대 사용전압[V]		색 상
	교류(실횻값)	직 류	
00	500	750	갈 색
0	1,000	1,500	빨간색
1	7,500	11,250	흰 색
2	17,000	25,500	노란색
3	26,500	39,750	녹 색
4	36,000	54,000	등 색

12 **안전교육의 학습경험 선정원리에 해당되지 않는 것은?**

① 계속성의 원리
② 가능성의 원리
③ 동기유발의 원리
④ 다목적 달성의 원리

해설
안전교육의 학습경험 선정원리 : 기회의 원리, 가능성의 원리, 동기유발의 원리, 다목적 달성의 원리, 다경험의 원리, 다성과의 원리, 만족의 원리, 협동의 원리

13 **안전교육방법의 4단계의 순서로 옳은 것은?**

① 도입 → 확인 → 적용 → 제시
② 도입 → 제시 → 적용 → 확인
③ 제시 → 도입 → 적용 → 확인
④ 제시 → 확인 → 도입 → 적용

해설
안전교육방법 4단계 : 도입 → 제시 → 적용 → 확인

14 **산업재해 기록·분류에 관한 지침에 따른 분류기준 중 다음의 (　) 안에 알맞은 것은?**

> 재해자가 넘어짐으로 인하여 기계의 동력 전달 부위 등에 끼이는 사고가 발생하여 신체 부위가 절단된 경우는 (　)으로 분류한다.

① 넘어짐
② 끼 임
③ 깔 림
④ 절 단

해설
재해자가 넘어져 기계의 동력 전달 부위 등에 끼이는 사고가 발생하여 신체 부위가 절단된 경우는 끼임으로 분류한다.

정답 10 ④ 11 ① 12 ① 13 ② 14 ②

15 안전교육 중 프로그램 학습법의 장점이 아닌 것은?

① 학습자의 학습과정을 쉽게 알 수 있다.
② 여러 가지 수업매체를 동시에 다양하게 활용할 수 있다.
③ 지능, 학습속도 등 개인차를 충분히 고려할 수 있다.
④ 매 반응마다 피드백이 주어지기 때문에 학습자가 흥미를 가질 수 있다.

해설
프로그램 학습법(Programmed Self-instructional Method)
- 학습자가 프로그램 자료를 이용하여 자신의 학습속도에 맞춰 단독으로 학습하는 교육방식
- 특 징
  - 학습자의 학습과정을 쉽게 알 수 있다.
  - 지능, 학습속도 등 개인차를 충분히 고려할 수 있다.
  - 매 반응마다 피드백이 주어지기 때문에 학습자가 흥미를 가질 수 있다.
  - 한 교사가 많은 학습자를 지도할 수 있다.
  - 기본개념 학습, 논리적인 학습에 유리하다.
  - 여러 가지 수업매체를 동시에 다양하게 활용할 수 없다.

16 산업안전보건법에 따른 근로자 안전·보건교육 중 근로자 정기 안전·보건교육의 교육내용에 해당하지 않는 것은?(단, 산업안전보건법 및 일반관리에 관한 사항을 제외한다)

① 건강 증진 및 질병 예방에 관한 사항
② 산업보건 및 직업병 예방에 관한 사항
③ 유해·위험 작업환경 관리에 관한 사항
④ 작업공정의 유해·위험과 재해 예방대책에 관한 사항

해설
작업공정의 유해·위험과 재해 예방대책에 관한 사항은 관리감독자 정기 안전·보건교육의 교육내용이다(시행규칙 별표 5).

17 주의의 특성에 해당되지 않는 것은?

① 선택성 ② 변동성
③ 가능성 ④ 방향성

해설
주의의 특성 : 선택성, 변동성(단속성), 방향성
- 선택성 : 여러 자극을 지각할 때 소수의 현란한 자극에 선택적 주의를 기울이는 경향이 있다.
- 변동성(단속성) : 장시간 주의를 집중하려고 해도 주기적으로 부주의의 리듬이 존재한다.
- 방향성
  - 한 지점에 주의를 집중하면 다른 곳의 주의는 약해진다.
  - 의식이 과잉 상태인 경우, 판단능력의 둔화 또는 정지 상태가 된다.

18 버드(Bird)의 신연쇄성 이론 중 재해 발생의 근원적 원인에 해당하는 것은?

① 상해 발생 ② 징후 발생
③ 접촉 발생 ④ 관리의 부족

해설
버드의 사고 발생 도미노 이론(신연쇄성 이론)
- 1단계 : 관리(제어) 부족(재해 발생의 근원적 원인)
- 2단계 : 기본 원인(기원)
- 3단계 : 징후 발생(직접 원인)
- 4단계 : 접촉 발생(사고)
- 5단계 : 상해 발생(손해, 손실)

정답 15 ② 16 ④ 17 ③ 18 ④

19 **관리그리드 이론에서 인간관계 유지에는 낮은 관심을 보이지만 과업에 대해서는 높은 관심을 가지는 리더십의 유형은?**

① 1.1형
② 1.9형
③ 9.1형
④ 9.9형

해설
① (1.1)형 : 무관심형으로, 과업과 인간관계 유지에 대한 관심이 모두 낮다. 주어진 리더의 역할을 수행하는 데 최소한의 노력만 하는 리더십 유형이다.
② (1.9)형 : 인기형으로, 과업에 관심이 낮은 반면 인간관계 유지에 대한 관심은 매우 높다. 구성원과의 만족한 인간관계와 친밀한 분위기 조성을 중요시하는 리더십 유형이다.
③ (9.1)형 : 과업형으로, 인간관계 유지에는 낮은 관심을 보이지만 과업에 대해서는 높은 관심을 가지는 리더십 유형이다.
④ (9.9)형 : 이상형으로, 과업과 인간관계 유지에 모두 높은 관심을 보인다. 종업원의 자아실현의 욕구를 만족시켜 주고 신뢰와 존경의 인간관계를 통하여 과업을 달성하려는 가장 바람직한 리더십 유형이다.

20 **산업안전보건법상 안전검사대상 유해·위험 기계 등에 해당하는 것은?**

① 정격 하중이 2[ton] 미만인 크레인
② 이동식 국소배기장치
③ 밀폐형 구조 롤러기
④ 산업용 원심기

해설
안전검사대상기계 등(시행령 제78조)
프레스, 전단기, 크레인(정격 하중이 2[ton] 미만인 것은 제외), 리프트, 압력용기, 곤돌라, 국소 배기장치(이동식은 제외), 원심기(산업용만 해당), 롤러기(밀폐형 구조는 제외), 사출성형기(형 체결력 294[kN] 미만은 제외), 고소작업대(화물자동차 또는 특수자동차에 탑재한 고소작업대로 한정), 컨베이어, 산업용 로봇

제2과목 인간공학 및 시스템 안전공학

21 **인간공학에 있어 기본적인 가정에 관한 설명으로 틀린 것은?**

① 인간기능의 효율은 인간-기계 시스템의 효율과 연계된다.
② 인간에게 적절한 동기부여가 된다면 좀 더 나은 성과를 얻게 된다.
③ 개인이 시스템에서 효과적으로 기능을 하지 못하여도 시스템의 수행도는 변함없다.
④ 장비, 물건, 환경 특성이 인간의 수행도과 인간-기계 시스템의 성과에 영향을 준다.

해설
개인이 시스템에서 효과적으로 기능을 하지 못하면 시스템의 수행도는 저하된다.

22 **산업안전보건법에 따라 제출된 유해·위험방지계획서의 심사결과에 따른 구분·판정결과에 해당하지 않는 것은?**

① 적 정
② 일부 적정
③ 부적정
④ 조건부 적정

해설
유해·위험방지계획서의 심사결과에 따른 구분·판정결과(시행규칙 제45조) : 적정, 부적정, 조건부 적정

정답 19 ③ 20 ④ 21 ③ 22 ②

23 섬유유연제 생산공정이 복잡하게 연결되어 있어 작업자의 불안전한 행동을 유발하는 상황이 발생하고 있다. 이것을 해결하기 위한 위험처리기술에 해당하지 않는 것은?

① Transfer(위험전가)
② Retention(위험보류)
③ Reduction(위험감축)
④ Rearrange(작업 순서의 변경 및 재배열)

해설
불안전한 행동을 유발하는 상황을 해결하기 위한 위험처리기술 : Transfer(위험전가), Retention(위험보류), Reduction(위험감축)

24 소음 발생에 있어 음원에 대한 대책으로 볼 수 없는 것은?

① 설비의 격리
② 적절한 재배치
③ 저소음 설비 사용
④ 귀마개 및 귀덮개 사용

해설
소음 방지 대책
- 소음 음원에 대한 대책 : 소음원의 통제를 중심으로 한 적극적인 대책
  - 소음 발생원 : 밀폐, 제거, 격리, 전달경로 차단
  - 설비 : 밀폐, 격리, 적절한 재배치, 저소음 설비 사용, 설비실의 차음벽 시공, 소음기 및 흡음장치 설치
- 차폐장치 및 흡음재 사용
- 진동 부분의 표면적 감소
- 음향처리제, 방음보호구 등의 사용
- 보호구 착용(귀마개 및 귀덮개 사용 등)

25 다음 그림의 결함수에서 최소 패스셋(Minimal Path Sets)과 그 신뢰도 $R(t)$는?(단, 각각의 부품 신뢰도는 0.90이다)

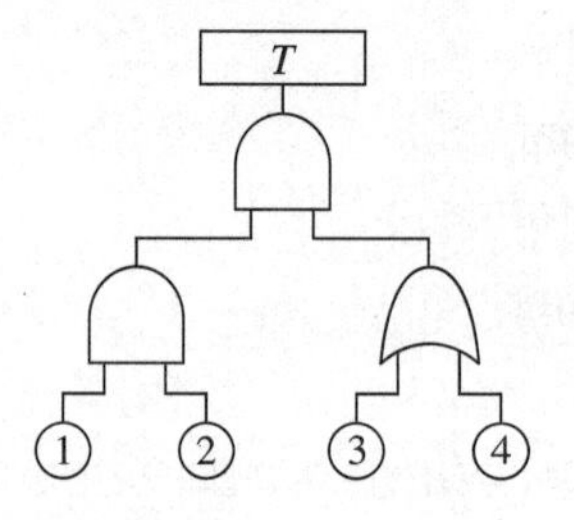

① 최소 패스셋 : {1}, {2}, {3, 4} $R(t) = 0.9081$
② 최소 패스셋 : {1}, {2}, {3, 4} $R(t) = 0.9981$
③ 최소 패스셋 : {1, 2, 3}, {1, 2, 4} $R(t) = 0.9081$
④ 최소 패스셋 : {1, 2, 3}, {1, 2, 4} $R(t) = 0.9981$

해설
TF도의 변환

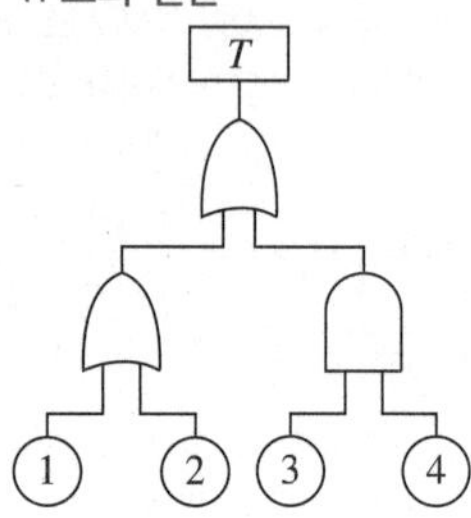

[TF도의 변환]

$T = (①+②)+(③ \cdot ④)$이므로,
최소 패스셋은 $\{1\}$, $\{2\}$, $\{3, 4\}$이다.
신뢰도는 $R(t) = 1-\{1-[1-(1-0.9)^2]\}(1-0.9^2)$
$= 1-(1-0.99)(1-0.81) = 0.9981$

26 정보처리과정에서 부적절한 분석이나 의사결정의 오류에 의하여 발생하는 행동은?

① 규칙에 기초한 행동(Rule-based Behavior)
② 기능에 기초한 행동(Skill-based Behavior)
③ 지식에 기초한 행동(Knowledge-based Behavior)
④ 무의식에 기초한 행동(Unconsciousness-based Behavior)

해설
정보처리과정에서 부적절한 분석이나 의사결정의 오류에 의하여 발생하는 행동 : 지식에 기초한 행동(Knowledge-based Behavior)

정답 23 ④ 24 ④ 25 ② 26 ③

27 **3개 공정의 소음수준 측정결과 1공정은 100[dB]에서 1시간, 2공정은 95[dB]에서 1시간, 3공정은 90[dB]에서 1시간이 소요될 때 총소음량(TND)과 소음설계의 적합성을 맞게 나열한 것은?(단, 90[dB]에 8시간 노출될 때를 허용기준으로 하며, 5[dB] 증가할 때 허용시간은 1/2로 감소되는 법칙을 적용한다)**

① TND = 0.785, 적합
② TND = 0.875, 적합
③ TND = 0.985, 적합
④ TND = 1.085, 부적합

해설

$TND = \frac{1}{2} + \frac{1}{4} + \frac{1}{8} = 0.875$이다. TND가 1 이하로 나타났으므로, 소음설계는 적합하다.

28 **인간의 귀의 구조에 대한 설명으로 틀린 것은?**

① 외이는 귓바퀴와 외이도로 구성된다.
② 고막은 중이와 내이의 경계 부위에 위치해 있으며 음파를 진동으로 바꾼다.
③ 중이에는 인두와 교통하여 고실 내압을 조절하는 유스타키오관이 존재한다.
④ 내이는 신체의 평형감각 수용기인 반규관과 청각을 담당하는 전정기관 및 와우로 구성되어 있다.

해설

② 고막은 외이와 중이의 경계 부위에 위치해 있으며 음파를 진동으로 바꾼다.
④ 내이(Inner Ear)는 신체의 평형감각 수용기인 반고리관 · 전정기관, 청각을 담당하는 와우(달팽이관)로 구성된다.

29 **다음 그림에서 시스템 위험분석기법 중 PHA(예비위험분석)가 실행되는 사이클의 영역으로 맞는 것은?**

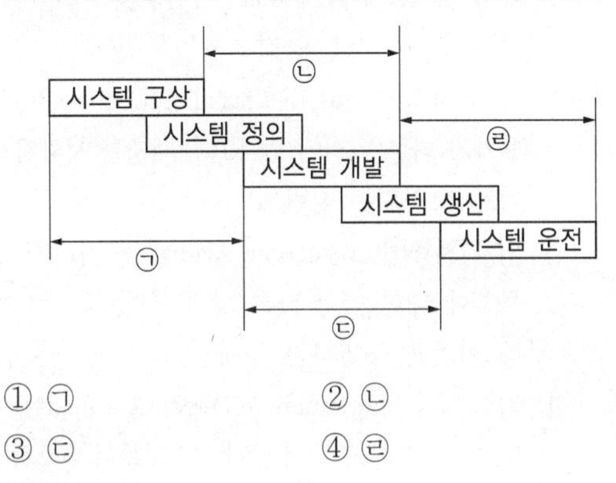

① ㄱ　　② ㄴ
③ ㄷ　　④ ㄹ

해설

PHA(예비위험분석)가 실행되는 사이클의 영역은 시스템 구상, 시스템 정의의 단계이다.

30 **인간공학적 의자 설계의 원리로 가장 적합하지 않은 것은?**

① 자세 고정을 줄인다.
② 요부측만을 촉진한다.
③ 디스크 압력을 줄인다.
④ 등근육의 정적부하를 줄인다.

해설

요부전만을 유지한다.

정답 27 ② 28 ②, ④ 29 ① 30 ②

31 **시력에 대한 설명으로 맞는 것은?**

① 배열 시력(Vernier Acuity) – 배경과 구별하여 탐지할 수 있는 최소의 점
② 동적 시력(Dynamic Visual Acuity) – 비슷한 두 물체가 다른 거리에 있다고 느껴지는 시차각의 최소차로 측정되는 시력
③ 입체 시력(Stereoscopic Acuity) – 거리가 있는 한 물체에 대한 약간 다른 상이 두 눈의 망막에 맺힐 때 이것을 구별하는 능력
④ 최소 지각 시력(Minimum Perceptible Acuity) – 하나의 수직선이 중간에서 끊겨 아랫부분이 옆으로 옮겨진 경우에 탐지할 수 있는 최소 측변 방위

해설
③ 입체 시력(Stereoscopic Acuity) : 거리가 있는 한 물체에 대한 약간 다른 상이 두 눈의 망막에 맺힐 때 이것을 구별하는 능력
① 배열 시력(Vernier Acuity) : 둘 혹은 그 이상의 물체들을 평면에 배열하여 놓고 그것이 일렬로 서 있는지 판별하는 능력
② 동적 시력(Dynamic Visual Acuity) : 움직이는 물체를 보는 능력
④ 최소 지각 시력(Minimum Perceptible Acuity) : 배경으로부터 한 점을 분간하는 능력

32 **욕조곡선의 설명으로 맞는 것은?**

① 마모고장기간의 고장형태는 감소형이다.
② 디버깅(Debugging) 기간은 마모고장에 나타난다.
③ 부식 또는 산화로 인하여 초기 고장이 일어난다.
④ 우발고장기간은 고장률이 비교적 낮고 일정한 현상이 나타난다.

해설
① 마모고장기간의 고장형태는 증가형이다.
② 디버깅(Debugging) 기간은 초기 고장에 나타난다.
③ 부식 또는 산화로 인하여 마모고장이 일어난다.

33 **안전성 평가의 기본원칙 6단계에 해당되지 않는 것은?**

① 안전대책
② 정성적 평가
③ 작업환경 평가
④ 관계자료의 정비 검토

해설
안전성 평가(Safety Assessment)의 기본원칙 6단계 과정 : 관계자료의 작성 준비 혹은 정비(검토), 정성적 평가, 정량적 평가, 안전대책, 재해정보에 의한 재평가, FTA에 의한 재평가

34 **양립성(Compatibility)에 대한 설명 중 틀린 것은?**

① 개념 양립성, 운동 양립성, 공간 양립성 등이 있다.
② 인간의 기대에 맞는 자극과 반응의 관계를 의미한다.
③ 양립성의 효과가 크면 클수록, 코딩의 시간이나 반응의 시간은 길어진다.
④ 양립성이란 제어장치와 표시장치의 연관성이 인간의 예상과 어느 정도 일치하는 것을 의미한다.

해설
양립성의 효과가 크면 클수록, 코딩의 시간이나 반응의 시간은 짧아진다.

35 **FTA에서 사용되는 논리게이트 중 입력과 반대되는 현상으로 출력되는 것은?**

① 부정게이트
② 억제게이트
③ 배타적 OR게이트
④ 우선적 AND게이트

해설
부정게이트 : 입력과 반대되는 현상으로 출력되는 게이트

정답 31 ③ 32 ④ 33 ③ 34 ③ 35 ①

36 **FTA를 수행함에 있어 기본사상들의 발생이 서로 독립인가 아닌가의 여부를 파악하기 위해서는 어느 값을 계산해 보는 것이 가장 적합한가?**

① 공분산 ② 분 산
③ 고장률 ④ 발생확률

해설
FTA를 수행함에 있어 기본사상들의 발생이 서로 독립인가 아닌가의 여부를 파악하기 위해서는 공분산값을 계산해 보는 것이 가장 적합하다.

37 **고용노동부 고시의 근골격계 부담작업의 범위에서 근골격계 부담작업에 대한 설명으로 틀린 것은?**

① 하루에 10회 이상 25[kg] 이상의 물체를 드는 작업
② 하루에 총 2시간 이상 쪼그리고 앉거나 무릎을 굽힌 자세에서 이루어지는 작업
③ 하루에 총 2시간 이상 집중적으로 자료 입력 등을 위해 키보드 또는 마우스를 조작하는 작업
④ 하루에 총 2시간 이상 지지되지 않은 상태에서 4.5[kg] 이상의 물건을 한 손으로 들거나 동일한 힘으로 쥐는 작업

해설
근골격계 부담작업의 종류(근골격계부담작업의 범위 및 유해요인 조사방법에 관한 고시 제3조)
- 하루에 총 2시간 이상 목, 어깨, 팔꿈치, 손목 또는 손을 사용하여 같은 동작을 반복하는 작업
- 하루에 총 2시간 이상 손이 머리 위에 있거나, 팔꿈치가 어깨 위에 있거나, 팔꿈치를 몸통으로부터 들거나, 팔꿈치를 몸통 뒤쪽에 위치하도록 하는 상태에서 이루어지는 작업
- 하루에 총 2시간 이상 쪼그리고 앉거나 무릎을 굽힌 자세에서 이루어지는 작업
- 하루에 총 2시간 이상, 분당 2회 이상 4.5[kg] 이상의 물체를 드는 작업
- 하루에 총 2시간 이상 시간당 10회 이상 손 또는 무릎을 사용하여 반복적으로 충격을 가하는 작업
- 하루에 총 2시간 이상 지지되지 않는 상태에서 1[kg] 이상의 물건을 한 손의 손가락으로 집어 옮기거나 2[kg] 이상에 상응하는 힘을 가하여 손가락으로 물건을 쥐는 작업
- 하루에 총 2시간 이상 지지되지 않은 상태에서 4.5[kg] 이상의 물건을 한 손으로 들거나 동일한 힘으로 쥐는 작업
- 지지되지 않은 상태이거나 임의로 자세를 바꿀 수 없는 조건에서 하루에 총 2시간 이상 목이나 허리를 구부리거나 드는 상태에서 이루어지는 작업
- 하루에 4시간 이상 집중적으로 자료 입력 등을 위해 키보드 또는 마우스를 조작하는 작업
- 하루에 10회 이상 25[kg] 이상의 물체를 드는 작업
- 하루에 25회 이상 10[kg] 이상의 물체를 무릎 아래에서 들거나 어깨 위에서 들거나 팔을 뻗은 상태에서 드는 작업

38 **일반적으로 기계가 인간보다 우월한 기능에 해당하는 것은?(단, 인공지능은 제외한다)**

① 귀납적으로 추리한다.
② 원칙을 적용하여 다양한 문제를 해결한다.
③ 다양한 경험을 토대로 하여 의사 결정을 한다.
④ 명시된 절차에 따라 신속하고, 정량적인 정보를 처리한다.

해설
인간이 기계보다 우수한 점
- 상황에 따라 복잡하게 변하는 자극 형태 식별가능
- 예상하지 못한 사건들을 감지하고 처리하는 임기응변 능력
- 새로운 해결책 도출
- 관찰을 통한 일반화로 귀납적 추리가능
- 원칙을 적용하여 다양한 문제점 해결

정답 36 ① 37 ③ 38 ④

39 인간과 기계의 신뢰도가 인간 0.40, 기계 0.95인 경우, 병렬작업 시 전체 신뢰도는?

① 0.89 ② 0.92
③ 0.95 ④ 0.97

해설
$R_s = 1-(1-0.4)(1-0.95) = 0.97$

40 다음 내용의 ( ) 안에 들어갈 내용을 순서대로 정리한 것은?

> 근섬유의 수축단위는 (A)(이)라 하는데, 이것은 두 가지 기본형의 단백질 필라멘트로 구성되어 있으며, (B)이(가) (C) 사이로 미끄러져 들어가는 형상으로 근육의 수축을 설명하기도 한다.

① A : 근막, B : 마이오신, C : 액틴
② A : 근막, B : 액틴, C : 마이오신
③ A : 근원섬유, B : 근막, C : 근섬유
④ A : 근원섬유, B : 액틴, C : 마이오신

해설
근섬유의 수축단위를 근원섬유라고 한다. 이것은 두 가지 기본형의 단백질 필라멘트로 구성되어 있으며, 액틴이 마이오신 사이로 미끄러져 들어가는 형상으로 근육의 수축을 설명하기도 한다.

제3과목 기계위험 방지기술

41 휴대용 동력 드릴의 사용 시 주의해야 할 사항에 대한 설명으로 옳지 않은 것은?

① 드릴작업 시 과도한 진동을 일으키면 즉시 작동을 중단한다.
② 드릴이나 리머를 고정하거나 제거할 때는 금속성 망치 등을 사용한다.
③ 절삭하기 위하여 구멍에 드릴 날을 넣거나 뺄 때는 팔을 드릴과 직선이 되도록 한다.
④ 작업 중에는 드릴 구멍에 맞추거나 하기 위해서 드릴 날을 손으로 잡아서는 안 된다.

해설
드릴이나 리머를 고정시키거나 제거하고자 할 때 확실히 고정 또는 제거하고자 하는 목적으로 금속성 망치 등을 사용하면 안 되며, 절삭공구 고정·제거용 전용공구 등을 사용하여야 한다.

42 목재가공용 둥근톱 기계에서 가동식 접촉 예방장치에 대한 요건으로 옳지 않은 것은?

① 덮개의 하단이 송급되는 가공재의 상면에 항상 접하는 방식의 것이고 절단작업을 하고 있지 않을 때에는 톱날에 접촉되는 것을 방지할 수 있어야 한다.
② 절단작업 중 가공재의 절단에 필요한 날 이외의 부분을 항상 자동적으로 덮을 수 있는 구조여야 한다.
③ 지지부는 덮개의 위치를 조정할 수 있고 체결볼트에는 이완방지조치를 해야 한다.
④ 톱날이 보이지 않게 완전히 가려진 구조이어야 한다.

해설
목재가공용 가동식 접촉 예방장치는 톱날이 보이도록 부분적으로 가려진 구조이어야 한다.

정답 39 ④ 40 ④ 41 ② 42 ④

43 **다음 중 금형 설치 · 해체작업의 일반적인 안전사항으로 틀린 것은?**

① 금형을 설치하는 프레스의 T홈 안 길이는 설치 볼트 직경 이하로 한다.
② 금형의 설치용구는 프레스의 구조에 적합한 형태로 한다.
③ 고정볼트는 고정 후 가능하면 나사산이 3~4개 정도 짧게 남겨 슬라이드 면과의 사이에 협착이 발생하지 않도록 해야 한다.
④ 금형 고정용 브래킷(물림판)을 고정시킬 때 고정용 브래킷은 수평이 되게 하고, 고정볼트는 수직이 되게 고정하여야 한다.

해설
금형을 설치하는 프레스의 T홈 안 길이는 설치볼트 직경의 2배 이상으로 한다.

44 **다음은 프레스 제작 및 안전기준에 따라 높이 2[m] 이상인 작업용 발판의 설치기준을 설명한 것이다. ( ) 안에 알맞은 말은?**

[안전난간 설치기준]
- 상부 난간대는 바닥면으로부터 (가) 이상 120[cm] 이하에 설치하고, 중간 난간대는 상부 난간대와 바닥면 등의 중간에 설치할 것
- 발끝막이판은 바닥면 등으로부터 (나) 이상의 높이를 유지할 것

① (가) 90[cm]　　(나) 10[cm]
② (가) 60[cm]　　(나) 10[cm]
③ (가) 90[cm]　　(나) 20[cm]
④ (가) 60[cm]　　(나) 20[cm]

해설
안전난간 설치기준(산업안전보건기준에 관한 규칙 제13조)
- 상부 난간대는 바닥면 등으로부터 90[cm] 이상 120[cm] 이하에 설치하고, 중간 난간대는 상부 난간대와 바닥면 등의 중간에 설치할 것
- 발끝막이판은 바닥면 등으로부터 10[cm] 이상의 높이를 유지할 것

45 **연삭기 덮개의 개구부 각도가 다음 그림과 같이 150° 이하여야 하는 연삭기의 종류로 옳은 것은?**

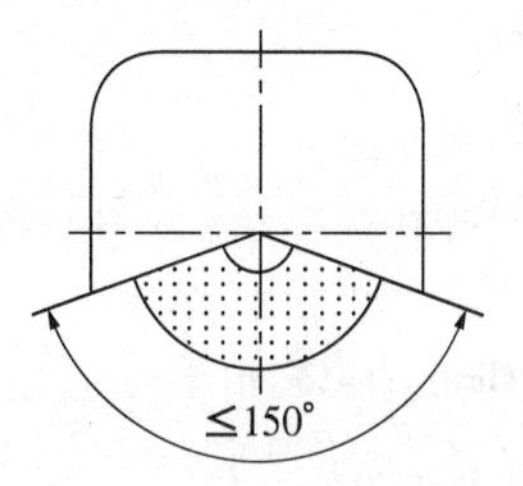

① 센터리스 연삭기　　② 탁상용 연삭기
③ 내면연삭기　　④ 평면연삭기

해설
평면연삭기의 연삭기 덮개의 개구부 각도는 150° 이하여야 한다.

46 **방호장치를 분류할 때는 크게 위험 장소에 대한 방호장치와 위험원에 대한 방호장치로 구분할 수 있는데, 다음 중 위험 장소에 대한 방호장치가 아닌 것은?**

① 격리형 방호장치
② 접근 거부형 방호장치
③ 접근 반응형 방호장치
④ 포집형 방호장치

해설
포집형 방호장치는 위험원에 대한 방호장치에 해당된다.

47 **롤러의 가드 설치방법 중 안전한 작업 공간에서 사고를 일으키는 공간함정(Trap)을 막기 위해 확보해야 할 신체 부위별 최소 틈새가 바르게 짝지어진 것은?**

① 다리 : 240[mm]
② 발 : 180[mm]
③ 손목 : 150[mm]
④ 손가락 : 25[mm]

해설
롤러의 가드 설치방법 중 안전한 작업 공간에서 사고를 일으키는 공간함정(Trap)을 막기 위해 확보해야 할 신체 부위별 최소 틈새
- 몸 : 500[mm]
- 다리 : 180[mm]
- 발, 팔 : 120[mm]
- 손목 : 100[mm]
- 손가락 : 25[mm]

정답 43 ① 44 ① 45 ④ 46 ④ 47 ④

48 크레인의 로프에 질량 100[kg]인 물체를 5[m/s^2]의 가속도로 감아올릴 때, 로프에 걸리는 하중은 약 몇 [N]인가?

① 500[N] ② 1,480[N]
③ 2,540[N] ④ 4,900[N]

해설
로프에 걸리는 하중(장력)

$w = w_1 + w_2 = w_1 + \frac{w_1 a}{g}$

(여기서, w_1 : 정하중, w_2 : 동하중, a : 권상 가속도, g : 중력 가속도)

$w = w_1 + w_2 = w_1 + \frac{w_1 a}{g} = 100 + \frac{100 \times 5}{9.8}$[kg]

$= 100 \times 9.8 + \frac{100 \times 5}{9.8} \times 9.8$[N] $= 1,480$[N]

49 다음 중 산업안전보건법상 보일러 및 압력용기에 관한 사항으로 틀린 것은?

① 공정안전보고서 제출 대상으로서 이행상태 평가결과가 우수한 사업장의 경우 보일러의 압력방출장치에 대하여 8년에 1회 이상으로 설정압력에서 압력방출장치가 적정하게 작동하는지를 검사할 수 있다.
② 보일러의 안전한 가동을 위하여 보일러 규격에 맞는 압력방출장치를 1개 이상 설치하고 최고 사용압력 이하에서 작동되도록 하여야 한다.
③ 보일러의 과열을 방지하기 위하여 최고 사용압력과 상용 압력 사이에서 보일러의 버너 연소를 차단할 수 있도록 압력제한 스위치를 부착하여 사용하여야 한다.
④ 압력용기에서는 이를 식별할 수 있도록 하기 위하여 그 압력 용기의 최고 사용압력, 제조연월일, 제조회사명이 지워지지 않도록 각인(刻印) 표시된 것을 사용하여야 한다.

해설
공정안전보고서 제출 대상으로서 이행수준 평가결과가 우수한 사업장의 경우 보일러의 압력방출장치에 대하여 4년에 1회 이상으로 설정압력에서 압력방출장치가 적정하게 작동하는지를 검사할 수 있다(산업안전보건기준에 관한 규칙 제116조).

50 프레스기를 사용하여 작업을 할 때 작업 시작 전 점검사항으로 틀린 것은?

① 클러치 및 브레이크의 기능
② 압력방출장치의 기능
③ 크랭크축, 플라이휠, 슬라이드, 연결봉 및 연결나사의 풀림 유무
④ 금형 및 고정볼트의 상태

해설
프레스의 작업 시작 전 점검사항
- 클러치 상태(가장 중요)
- 클러치 및 브레이크의 기능
- 금형 및 고정볼트 상태
- 방호장치의 기능
- 크랭크축, 플라이휠, 슬라이드, 연결봉 및 연결나사의 풀림 여부
- 1행정 1정지 기구, 급정지장치 및 비상정지장치의 기능
- 슬라이드 또는 칼날에 의한 위험방지기구의 기능
- 전단기의 칼날 및 테이블의 상태

51 다음 설명 중 ( ) 안에 알맞은 내용은?

> 롤러기의 급정지장치는 롤러를 무부하로 회전시킨 상태에서 앞면 롤러의 표면속도가 30[m/min] 미만일 때에는 급정지거리가 앞면 롤러 원주의 ( ) 이내에서 롤러를 정지시킬 수 있는 성능을 보유해야 한다.

① $\frac{1}{2}$ ② $\frac{1}{4}$
③ $\frac{1}{3}$ ④ $\frac{1}{2.5}$

해설
롤러기의 급정지장치는 롤러를 무부하로 회전시킨 상태에서 앞면 롤러의 표면속도가 30[m/min] 미만일 때에는 급정지거리가 앞면 롤러 원주의 1/3 이내에서 롤러를 정지시킬 수 있는 성능을 보유해야 한다.

정답 48 ② 49 ① 50 ② 51 ③

52 **사출성형기에서 동력작동식 금형 고정장치의 안전사항에 대한 설명으로 옳지 않은 것은?**

① 금형 또는 부품의 낙하를 방지하기 위해 기계적 억제장치를 추가하거나 자체 고정장치(Self Retain Clamping Unit) 등을 설치해야 한다.

② 자석식 금형 고정장치는 상하(좌우) 금형의 정확한 위치가 자동적으로 모니터(Monitor)되어야 한다.

③ 상하(좌우)의 두 금형 중 어느 하나가 위치를 이탈하는 경우 플레이트를 작동시켜야 한다.

④ 전자석 금형 고정장치를 사용하는 경우에는 전자기파에 의한 영향을 받지 않도록 전자파 내성대책을 고려해야 한다.

해설

상하(좌우)의 두 금형 중 어느 하나가 위치를 이탈하는 경우 플레이트를 더 이상 움직이지 않는지 확인해야 한다.

53 **다음 중 기계설비에서 반대로 회전하는 두 개의 회전체가 맞닿는 사이에 발생하는 위험점을 무엇이라 하는가?**

① 물림점(Nip Point)

② 협착점(Squeeze Point)

③ 접선물림점(Tangential Point)

④ 회전말림점(Trapping Point)

해설

물림점(Nip Point) : 기계설비에서 반대로 회전하는 두 개의 회전체가 맞닿는 사이에 발생하는 위험점

54 **다음 중 기계 설비에서 재료 내부의 균열결함을 확인할 수 있는 가장 적절한 검사방법은?**

① 육안검사 ② 초음파탐상검사

③ 피로검사 ④ 액체침투탐상검사

해설

초음파탐상검사 : 재료 내부의 균열결함을 확인할 수 있는 가장 적절한 검사방법

55 **지게차가 부하상태에서 수평거리가 12[m]이고, 수직 높이가 1.5[m]인 오르막길을 주행할 때 이 지게차의 전후 안정도와 지게차 안정도 기준의 만족 여부로 옳은 것은?**

① 지게차 전후 안정도는 12.5[%]이고 안정도 기준을 만족하지 못한다.

② 지게차 전후 안정도는 12.5[%]이고 안정도 기준을 만족한다.

③ 지게차 전후 안정도는 25[%]이고 안정도 기준을 만족하지 못한다.

④ 지게차 전후 안정도는 25[%]이고 안정도 기준을 만족한다.

해설

지게차의 전후 안정도는

$S_{fr} = \frac{h}{l} \times 100[\%] = \frac{1.5}{12} \times 100[\%] = 12.5[\%]$ 이다.

따라서 지게차 전후 안정도는 12.5[%]이고, 지게차의 전후 안정도가 18[%] 이내이므로 안정도 기준을 만족한다.

정답 52 ③ 53 ① 54 ② 55 ②

56 어떤 양중기에서 3,000[kg]의 질량을 가진 물체를 한 쪽이 45°인 각도로 그림과 같이 2개의 와이어로프로 직접 들어올릴 때, 안전율이 고려된 가장 적절한 와이어로프 지름을 표에서 구하면?(단, 안전율은 산업안전보건법을 따르고, 두 와이어로프의 지름은 동일하며, 기준을 만족하는 가장 작은 지름을 선정한다)

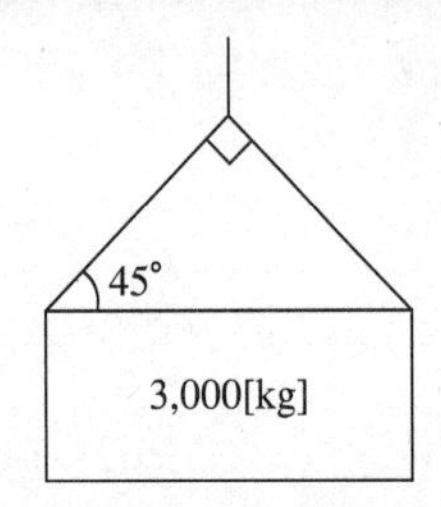

[와이어로프 지름 및 절단강도]

와이어로프 지름[mm]	절단강도[kN]
10	56
12	88
14	110
16	114

① 10[mm] ② 12[mm]
③ 14[mm] ④ 16[mm]

해설

산업안전보건법에 의한 안전율은 $S=5$이며 로프 사이의 각 θ일 때,

$\cos\frac{\theta}{2}=\frac{w/2}{T}$ 이므로

$T=\frac{3,000/2}{\cos 45^\circ}=\frac{1,500}{\cos 45^\circ}\simeq 2,121[\text{kg}]\simeq 20,786[\text{N}]\simeq 20.8[\text{kN}]$

$S=5=\frac{\text{절단강도}}{T}$ 이므로

절단강도 $=5T=5\times 20.8=104[\text{kN}]$ 이므로 표에서 와이어로프의 가장 적절한 최소 직경은 14[mm]이다.

57 다음 ( ) 안의 A와 B의 내용을 옳게 나타낸 것은?

> 아세틸렌용접장치의 관리상 발생기에서 (A)[m] 이내 또는 발생기실에서 (B)[m] 이내의 장소에서는 흡연, 화기의 사용 또는 불꽃이 발생할 위험한 행위를 금지해야 한다.

① A : 7, B : 5
② A : 3, B : 1
③ A : 5, B : 5
④ A : 5, B : 3

해설

아세틸렌용접장치의 관리상 발생기에서 5[m] 이내 또는 발생기실에서 3[m] 이내의 장소에서는 흡연, 화기의 사용 또는 불꽃이 발생할 위험한 행위를 금지해야 한다(산업안전보건기준에 관한 규칙 제290조).

58 다음 중 선반에서 사용하는 바이트와 관련된 방호장치는?

① 심압대
② 터 릿
③ 칩 브레이커
④ 주축대

해설

칩 브레이커는 선반의 바이트에 설치되어 절삭작업 시 발생되는 연속되는 칩을 끊어주는 장치이다.

정답 56 ③ 57 ④ 58 ③

59 침투탐상검사에서 일반적인 작업 순서로 옳은 것은?

① 전처리 → 침투처리 → 세척처리 → 현상처리 → 관찰 → 후처리
② 전처리 → 세척처리 → 침투처리 → 현상처리 → 관찰 → 후처리
③ 전처리 → 현상처리 → 침투처리 → 세척처리 → 관찰 → 후처리
④ 전처리 → 침투처리 → 현상처리 → 세척처리 → 관찰 → 후처리

해설
침투탐상검사에서 일반적인 작업 순서 : 전처리 → 침투처리 → 세척처리 → 현상처리 → 관찰 → 후처리

60 인장강도가 250[N/mm^2]인 강판의 안전율이 4라면 이 강판의 허용응력[N/mm^2]은 얼마인가?

① 42.5 ② 62.5
③ 82.5 ④ 102.5

해설
안전계수 $S = \frac{\text{인장강도}}{\text{허용응력}}$에서

허용응력 $= \frac{\text{인장강도}}{\text{안전계수}} = \frac{250}{4} = 62.5[\text{N/mm}^2]$

제4과목 전기위험 방지기술

61 감전쇼크에 의해 호흡이 정지되었을 경우 일반적으로 약 몇 분 이내에 응급처치를 개시하면 95[%] 정도를 소생시킬 수 있는가?

① 1분 이내 ② 3분 이내
③ 5분 이내 ④ 7분 이내

해설
감전쇼크에 의해 호흡 중지 시 인공호흡 소생률
- 1분 이내 : 95[%]
- 3분 이내 : 75[%]
- 4분 이내 : 50[%]
- 6분 이내 : 25[%]

62 정전유도를 받고 있는 접지되어 있지 않는 도전성 물체에 접촉한 경우 전격을 당하게 되는데 이때 물체에 유도된 전압 V[V]를 옳게 나타낸 것은?(단, E는 송전선의 대지전압, C_1은 송전선과 물체 사이의 정전용량, C_2는 물체와 대지 사이의 정전용량이며, 물체와 대지 사이의 저항은 무시한다)

① $V = \frac{C_1}{C_1 + C_2} \cdot E$ ② $V = \frac{C_1 + C_2}{C_1} \cdot E$
③ $V = \frac{C_1}{C_1 \cdot C_2} \cdot E$ ④ $V = \frac{C_1 \cdot C_2}{C_1} \cdot E$

해설
물체에 유도된 전압 $V = \frac{C_1}{C_1 + C_2} \cdot E$
(여기서, E : 송전선의 대지전압, C_1 : 송전선과 물체 사이의 정전용량, C_2 : 물체와 대지 사이의 정전용량)

정답 59 ① 60 ② 61 ① 62 ①

63 다음 ( ) 안에 들어갈 내용으로 옳은 것은?

> A. 감전 시 인체에 흐르는 전류는 인가전압에 (㉠)하고 인체저항에 (㉡)한다.
> B. 인체는 전류의 열작용이 (㉢)×(㉣)이 어느 정도 이상이 되면 발생한다.

① ㉠ 비례, ㉡ 반비례, ㉢ 전류의 세기, ㉣ 시간
② ㉠ 반비례, ㉡ 비례, ㉢ 전류의 세기, ㉣ 시간
③ ㉠ 비례, ㉡ 반비례, ㉢ 전압, ㉣ 시간
④ ㉠ 반비례, ㉡ 비례, ㉢ 전압, ㉣ 시간

해설
- 감전 시 인체에 흐르는 전류는 인가전압에 비례하고 인체저항에 반비례한다.
- 인체는 전류의 열작용이 전류의 세기× 시간이 어느 정도 이상이 되면 발생한다.

64 전선의 절연피복이 손상되어 동선이 서로 직접 접촉한 경우를 무엇이라고 하는가?

① 절 연 ② 누 전
③ 접 지 ④ 단 락

해설
단락 : 전선의 절연피복이 손상되어 동선이 서로 직접 접촉한 경우

65 다음 중 방폭구조의 종류가 아닌 것은?

① 본질안전 방폭구조
② 고압 방폭구조
③ 압력 방폭구조
④ 내압 방폭구조

해설
방폭구조의 종류
- 0종 장소 : 본질안전방폭구조(ia)
- 1종 장소 : 내압방폭구조(d), 압력방폭구조(p), 충전방폭구조(q), 유입방폭구조(o), 안전증방폭구조(e), 본질안전방폭구조(ib), 몰드방폭구조(m)
- 2종 장소 : 비점화방폭구조(n)

66 화염일주한계에 대해 가장 잘 설명한 것은?

① 화염이 발화온도로 전파될 가능성의 한계값이다.
② 화염이 전파되는 것을 저지할 수 있는 틈새의 최대 간격치이다.
③ 폭발성 가스와 공기가 혼합되어 폭발한계 내에 있는 상태를 유지하는 한계값이다.
④ 폭발성 분위기가 전기불꽃에 의하여 화염을 일으킬 수 있는 최소의 전류값이다.

해설
화염일주한계 : 화염이 전파되는 것을 저지할 수 있는 틈새의 최대 간격치

67 감전사고의 방지대책으로 가장 거리가 먼 것은?

① 전기위험부의 위험 표시
② 충전부가 노출된 부분에 절연방호구 사용
③ 충전부에 접근하여 작업하는 작업자 보호구 착용
④ 사고 발생 시 처리 프로세스 작성 및 조치

해설
전기에 의한 감전사고 방지대책
- 전기설비에 대한 보호접지(설비의 필요한 부분에 보호접지 실시)
- 전기설비에 대한 누전차단기 설치
- 충전부가 노출된 부분에 덮개, 방호망, 절연방호구 등 사용
- 전기위험부의 위험 표시
- 충전부에 접근하여 작업하는 작업자 보호구 착용
- 이중 절연구조로 된 전기기계·기구의 사용
- 안전전압 이하의 전기기기 사용
- 전기기기 및 설비의 정비
- 사고 시 신속하게 차단되는 회로의 설계
- 인체 감전사고 방지책으로 가장 좋은 방법은 계통을 비접지방식(혼촉방지판 사용, 절연변압기 사용 등)으로 하는 것이다.
- 아크용접 시 절연장갑 사용, 절연용접봉 홀더 사용, 적정한 케이블 등을 사용한다(절연용접봉의 사용은 아니다).
- 이동식 전기기기의 감전사고방지를 위한 가장 적정한 시설은 접지설비이다.
- 감전사고방지를 위한 허용 보폭전압(E)에 대한 수식
  $E = I_k(R_m + 6R_s)$(여기서, I_k : 심실세동전류, R_m : 인체의 저항, R_s : 지표 상층의 저항률)
- 개로한 전선로가 전력 케이블로 된 것은 전선로를 개로한 후에도 잔류전하에 의한 감전재해를 방지하기 위하여 방전시켜야 한다.
- 감전 등의 재해를 예방하기 위하여 고압기계·기구 주위에 관계자 외 출입을 금하도록 울타리를 설치한다. 이때 울타리의 높이와 울타리로부터 충전 부분까지의 거리의 합이 최소 5[m] 이상은 되어야 한다.

정답 63 ① 64 ④ 65 ② 66 ② 67 ④

68 정전기 방전에 의한 폭발로 추정되는 사고를 조사함에 있어서 필요한 조치로서 가장 거리가 먼 것은?

① 가연성 분위기 규명
② 사고현장의 방전 흔적 조사
③ 방전에 따른 점화 가능성 평가
④ 전하 발생 부위 및 축적기구 규명

해설
정전기 방전에 의한 폭발로 추정되는 사고를 조사함에 있어서 필요한 조치
- 가연성 분위기 규명
- 방전에 따른 점화 가능성 평가
- 전하 발생 부위 및 축적기구 규명
- 사고 재발 방지를 위한 대책 강구
- 사고의 개요 및 특성 규명

69 폭발 위험 장소 분류 시 분진폭발 위험 장소의 종류에 해당하지 않는 것은?

① 제20종 장소 ② 제21종 장소
③ 제22종 장소 ④ 제23종 장소

해설
분진폭발 위험 장소의 종류 : 20종 장소, 21종 장소, 22종 장소

70 전기기계 · 기구의 조작 시 안전조치로서 사업주는 근로자가 안전하게 작업할 수 있도록 전기기계 · 기구로부터 폭 얼마 이상의 작업 공간을 확보하여야 하는가?

① 30[cm] ② 50[cm]
③ 70[cm] ④ 100[cm]

해설
사업주는 전기기계 · 기구의 조작부분을 점검하거나 보수하는 경우에는 근로자가 안전하게 작업할 수 있도록 전기 기계 · 기구로부터 폭 70[cm] 이상의 작업공간을 확보하여야 한다(산업안전보건기준에 관한 규칙 제310조).

71 인체의 전기저항이 5,000[Ω]이고, 세동전류와 통전시간과의 관계를 $I=\frac{165}{\sqrt{T}}$[mA]라 할 경우, 심실세동을 일으키는 위험에너지는 약 몇 [J]인가?(단, 통전시간은 1초로 한다)

① 5 ② 30
③ 136 ④ 825

해설
위험한계에너지

$$W=I^2RT=\left(\frac{165}{\sqrt{T}}\times10^{-3}\right)^2\times5{,}000\times T\simeq136[\mathrm{J}]$$

72 정전작업 시 작업 전 안전조치사항으로 가장 거리가 먼 것은?

① 단락접지
② 잔류전하 방전
③ 절연 보호구 수리
④ 검전기에 의한 정전 확인

해설
정전작업 전의 안전조치사항
- 단락접지
  - 예비 동력원의 역승전에 의한 감전의 위험을 방지하기 위해 단락접지기구를 사용하여 단락접지를 한다.
  - 유도전압이나 오통전으로 인한 재해를 방지하기 위하여 단락접지를 시행한다.
- 잔류전하 방전
  - 전력 케이블, 전력용 커패시티 등
  - 전기설비의 전류전하를 확실히 방전한다.
- 검전기에 의한 정전 확인
- 검전기에 의한 충전 여부 확인
  - 개로된 전로의 충전 여부를 검진기구에 의하여 확인한다.
- 개로개폐기의 잠금 또는 표시
  - 전로의 개로개폐기에 잠금장치 및 통전 금지 표지판 설치
  - 개폐기에 시건장치를 하고 통전 금지에 관한 표지판을 설치한다.
- 전원 차단

정답 68 ② 69 ④ 70 ③ 71 ③ 72 ③

73 **분진폭발 방지대책으로 가장 거리가 먼 것은?**

① 작업장 등은 분진이 퇴적하지 않는 형상으로 한다.
② 분진 취급장치에는 유효한 집진장치를 설치한다.
③ 분체 프로세스 장치를 밀폐화하고 누설이 없도록 한다.
④ 분진폭발의 우려가 있는 작업장에는 감독자를 상주시킨다.

해설
분진폭발 방지대책
- 작업장 등은 분진이 퇴적하지 않는 형상으로 한다.
- 분진 취급장치에는 유효한 집진장치를 설치한다.
- 분체 프로세스 장치는 밀폐화하고 누설이 없도록 한다.
- 분진폭발의 우려가 있는 작업장은 옥외의 안전한 장소로 격리시킨다.

74 **교류아크 용접기의 전격방지장치에서 시동감도를 바르게 정의한 것은?**

① 용접봉을 모재에 접촉시켜 아크를 발생시킬 때 전격방지장치가 동작할 수 있는 용접기의 2차측 최대 저항을 말한다.
② 안전전압(24[V] 이하)이 2차측 전압(85~95[V])으로 얼마나 빨리 전환되는가 하는 것을 말한다.
③ 용접봉을 모재로부터 분리시킨 후 주접점이 개로 되어 용접기의 2차측 전압이 무부하 전압(25[V] 이하)으로 될 때까지의 시간을 말한다.
④ 용접봉에서 아크를 발생시키고 있을 때 누설전류가 발생하면 전격방지장치를 작동시켜야 할지 운전을 계속해야 할지를 결정해야 하는 민감도를 말한다.

해설
시동감도 : 용접봉을 모재에 접촉시켜 아크를 발생시킬 때 전격방지장치가 동작할 수 있는 용접기의 2차측 최대 저항

75 **가수전류(Let-go Current)에 대한 설명으로 옳은 것은?**

① 마이크 사용 중 전격으로 사망에 이른 전류
② 전격을 일으킨 전류가 교류인지 직류인지 구별할 수 없는 전류
③ 충전부로부터 인체가 자력으로 이탈할 수 있는 전류
④ 몸이 물에 젖어 전압이 낮은 데도 전격을 일으킨 전류

해설
가수전류(이탈전류, Let-go Current) : 충전부로부터 인체가 자력으로 이탈할 수 있는 전류

76 **이상적인 피뢰기가 가져야 할 성능으로 틀린 것은?**

① 제한전압이 낮을 것
② 방전 개시전압이 낮을 것
③ 뇌전류 방전능력이 적을 것
④ 속류 차단을 확실하게 할 수 있을 것

해설
이상적인 피뢰기의 특성
- 제한전압이 낮아야 한다.
- 반복동작이 가능하여야 한다.
- 충격방전 개시전압이 낮아야 한다.
- 뇌전류의 방전능력이 크고 속류 차단이 확실하여야 한다.

77 **200[A]의 전류가 흐르는 단상 전로의 한 선에서 누전되는 최소 전류[mA]의 기준은?**

① 100 ② 200
③ 10 ④ 20

해설
누전되는 최소 전류

$$I_{\min} = \frac{I_{\max}}{2,000} = \frac{200}{2,000} = 0.1[\mathrm{A}] = 100[\mathrm{mA}]$$

정답 73 ④ 74 ① 75 ③ 76 ③ 77 ①

78 정전기 발생의 일반적인 종류가 아닌 것은?

① 마 찰
② 중 화
③ 박 리
④ 유 동

해설
정전기 발생현상(대전현상)의 분류 : 마찰대전, 박리대전, 유동대전, 유도대전, 충돌대전, 분출대전, 파괴대전, 동결대전, 비말대전, 적하대전, 교반대전, 침강대전, 부상대전 등

79 위험방지를 위한 전기기계 · 기구의 설치 시 고려할 사항으로 거리가 먼 것은?

① 전기기계 · 기구의 충분한 전기적 용량 및 기계적 강도
② 전기기계 · 기구의 안전효율을 높이기 위한 시간 가동률
③ 습기 · 분진 등 사용 장소의 주위환경
④ 전기적 · 기계적 방호수단의 적정성

해설
전기 기계 · 기구의 적정설치 시 고려사항
• 전기 기계 · 기구의 충분한 전기적 용량 및 기계적 강도
• 습기 · 분진 등 사용 장소의 주위 환경
• 전기적 · 기계적 방호수단의 적정성

80 심장의 맥동주기 중 어느 때에 전격이 인가되면 심실세동을 일으킬 확률이 크고 위험한가?

① 심방의 수축이 있을 때
② 심실의 수축이 있을 때
③ 심실의 수축 종료 후 심실의 휴식이 있을 때
④ 심실의 수축이 있고 심방의 휴식이 있을 때

해설
심장의 맥동주기 중 심실의 수축 종료 후 심실의 휴식이 있을 때 전격이 인가되면 심실세동을 일으킬 확률이 크고 위험하다.

제5과목 화학설비위험 방지기술

81 다음 중 산업안전보건법상 산화성 액체 또는 산화성 고체에 해당하지 않는 것은?

① 질 산
② 중크롬산
③ 과산화수소
④ 질산에스테르

해설
산화성 액체 및 산화성 고체(산업안전보건기준에 관한 규칙 별표 1)
차아염소산 및 그 염류, 아염소산 및 그 염류, 염소산 및 그 염류, 과염소산 및 그 염류, 브롬산 및 그 염류, 아이오딘산 및 그 염류, 과산화수소 및 무기 과산화물, 질산 및 그 염류, 과망간산 및 그 염류, 중크롬산 및 그 염류 등

82 공기 중 아세톤의 농도가 200[ppm](TLV 500[ppm]), 메틸에틸케톤(MEK)의 농도가 100[ppm](TLV 200[ppm])일 때 혼합물질의 허용농도는 약 몇 [ppm]인가?(단, 두 물질은 서로 상가작용을 하는 것으로 가정한다)

① 150
② 200
③ 270
④ 333

해설
혼합물의 허용농도

$$C=\frac{C_1+C_2}{R}=\frac{200+100}{\frac{C_1}{T_1}+\frac{C_2}{T_2}}=\frac{300}{\frac{200}{500}+\frac{100}{200}}=\frac{300}{\frac{9}{10}}$$

$$=\frac{3{,}000}{9}\simeq 333[\text{ppm}]$$

정답 78 ② 79 ② 80 ③ 81 ④ 82 ④

83 ABC급 분말소화약제의 주성분에 해당하는 것은?

① $NH_4H_2PO_4$
② Na_2CO_3
③ Na_2SO_4
④ K_2CO_3

해설
분말소화약제

종 별	해당 물질	화학식	적용화재
제1종	탄산수소나트륨	$NaHCO_3$	B, C
제2종	탄산수소칼륨	$KHCO_3$	B, C
제3종	제1인산암모늄	$NH_4H_2PO_4$	A, B, C
제4종	탄산수소칼륨과 요소와의 반응물	$KHCO_3+(NH_2)_2CO$	B, C

84 위험물의 저장방법으로 적절하지 않은 것은?

① 탄화칼슘은 물속에 저장한다.
② 벤젠은 산화성 물질과 격리시킨다.
③ 금속나트륨은 석유 속에 저장한다.
④ 질산은 갈색병에 넣어 냉암소에 보관한다.

해설
탄화칼슘은 밀폐된 저장용기에 저장한다.

85 8[%] NaOH 수용액과 5[%] NaOH 수용액을 반응기에 혼합하여 6[%] 100[kg]의 NaOH 수용액을 만들려면 각각 약 몇 [kg]의 NaOH 수용액이 필요한가?

① 5[%] NaOH 수용액 : 33.3[kg], 8[%] NaOH 수용액 : 66.7[kg]
② 5[%] NaOH 수용액 : 56.8[kg], 8[%] NaOH 수용액 : 43.2[kg]
③ 5[%] NaOH 수용액 : 66.7[kg], 8[%] NaOH 수용액 : 33.3[kg]
④ 5[%] NaOH 수용액 : 43.2[kg], 8[%] NaOH 수용액 : 56.8[kg]

해설
혼합 수용액이 6[%] NaOH 수용액 100[kg]이므로
8[%] NaOH 수용액의 무게를 x[kg]이라고 하면 5[%] NaOH 수용액의 무게는 $100-x$[kg]이다. 따라서
$0.06\times100=0.08x+0.05\times(100-x)$
$6=0.08x+5-0.05x$
$0.03x=1$이므로 $x\simeq33.3$[kg], $100-x\simeq66.7$이다. 따라서 8[%] NaOH 수용액 : 33.3[kg], 5[%] NaOH 수용액 : 66.7[kg]이다.

86 다음 표를 참조하여 메탄 70[vol%], 프로판 21[vol%], 부탄 9[vol%]인 혼합가스의 폭발범위를 구하면 약 몇 [vol%]인가?

가 스	폭발하한계[vol%]	폭발상한계[vol%]
C_4H_{10}	1.8	8.4
C_3H_8	2.1	9.5
C_2H_6	3.0	12.4
CH_4	5.0	15.0

① 3.45~9.11
② 3.45~12.58
③ 3.85~9.11
④ 3.85~12.58

해설
폭발하한값(LFL) : $\frac{100}{LFL}=\frac{70}{5.0}+\frac{21}{2.1}+\frac{9}{1.8}=29$에서

$LFL=\frac{100}{29}\simeq3.45$

폭발상한값(UFL) : $\frac{100}{UFL}=\frac{70}{15}+\frac{21}{9.5}+\frac{9}{8.4}\simeq7.95$에서

$UFL=\frac{100}{7.95}\simeq12.58$

정답 83 ① 84 ① 85 ③ 86 ②

87 **열교환기의 열교환 능률을 향상시키기 위한 방법이 아닌 것은?**

① 유체의 유속을 적절하게 조절한다.
② 유체의 흐르는 방향을 병류로 한다.
③ 열교환하는 유체의 온도차를 크게 한다.
④ 열전도율이 높은 재료를 사용한다.

해설
열교환기의 열교환 능률을 향상시키기 위한 방법
- 유체의 유속을 적절하게 조절한다.
- 유체의 흐르는 방향을 향류(대향류)로 한다.
- 열교환기 입구와 출구의 온도차를 크게 한다.
- 열전도율이 높은 재료를 사용한다.
- 관 내 스케일 부착을 방지한다.

88 **마그네슘의 저장 및 취급에 관한 설명으로 틀린 것은?**

① 화기를 엄금하고, 가열·충격·마찰을 피한다.
② 분말이 비산하지 않도록 밀봉하여 저장한다.
③ 제6류 위험물과 같은 산화제와 혼합되지 않도록 격리, 저장한다.
④ 일단 연소하면 소화가 곤란하지만 초기 소화 또는 소규모 화재 시 물, CO_2소화설비를 이용하여 소화한다.

해설
마그네슘의 저장 및 취급
- 화기를 엄금하고, 가열·충격·마찰을 피한다.
- 산화제와의 접촉을 피한다.
- 분말은 분진폭발성이 있으므로 누설되지 않도록 포장한다.
- 분말이 비산하지 않도록 완전 밀봉시켜 저장한다.
- 고온의 물이나 과열 수증기와 접촉하면 격렬히 반응하므로 주의한다.
- 제1류 또는 제6류와 같은 산화제와 혼합되지 않도록 격리, 저장한다.
- 마그네슘 연소의 소화 시 소화약제는 건조사, 탄산수소염류, 팽창질석, 팽창진주암, 적절한 소화기 등을 이용한다.

89 **사업주는 산업안전보건기준에 관한 규칙에서 정한 위험물을 기준량 이상으로 제조하거나 취급하는 특수화학설비를 설치하는 경우에는 내부의 이상상태를 조기에 파악하기 위하여 필요한 온도계·유량계·압력계 등의 계측장치를 설치하여야 한다. 이때 위험물질별 기준량으로 옳은 것은?**

① 부탄 – 25[m^3]
② 부탄 – 150[m^3]
③ 사이안화수소 – 5[kg]
④ 사이안화수소 – 200[kg]

해설
계측장치 설치 시 위험물질별 기준량
- 부탄 – 50[m^3]
- 사이안화수소 – 5[kg]

90 **다음 중 고체의 연소방식에 관한 설명으로 옳은 것은?**

① 분해연소란 고체가 표면의 고온을 유지하며 타는 것을 말한다.
② 표면연소란 고체가 가열되어 열분해가 일어나고 가연성 가스가 공기 중의 산소와 타는 것을 말한다.
③ 자기연소란 공기 중 산소를 필요로 하지 않고 자신이 분해되며 타는 것을 말한다.
④ 분무연소란 고체가 가열되어 가연성 가스를 발생시키며 타는 것을 말한다.

해설
① 분해연소란 고체가 가열되어 열분해가 일어나고 가연성 가스가 공기 중의 산소와 타는 것을 말한다.
② 표면연소란 고체의 표면이 고온을 유지하면서 타는 것을 말한다.
④ 분무연소란 원유에서 휘발유, 등유, 경유 등을 뽑아내고 남은 찌꺼기와 기름 등을 미세한 액체 방울 형태로 분무하여 연소하는 것을 말한다. 액체 방울은 이미 연소되고 있는 불꽃으로 예열되므로 가스화하여 공기와 혼합되고, 혼합된 공기에 불이 붙어 연소된다.

정답 87 ② 88 ④ 89 ③ 90 ③

91 다음의 설명에 해당하는 안전장치는?

> 대형의 반응기, 탑, 탱크 등에서 이상상태가 발생할 때 밸브를 정지시켜 원료 공급을 차단하기 위한 안전장치로, 공기압식, 유압식, 전기식 등이 있다.

① 파열판 ② 안전밸브
③ 스팀트랩 ④ 긴급차단장치

해설
긴급차단장치 : 대형의 반응기, 탑, 탱크 등에서 이상상태가 발생할 때 밸브를 정지시켜 원료 공급을 차단하기 위한 안전장치로 공기압식, 유압식, 전기식 등이 있다.

92 다음 중 자연발화가 쉽게 일어나는 조건으로 틀린 것은?

① 주위 온도가 높을수록
② 열 축적이 클수록
③ 적당량의 수분이 존재할 때
④ 표면적이 작을수록

해설
표면적이 클수록 자연발화가 쉽게 일어난다.

93 다음 중 분진이 발화폭발하기 위한 조건으로 거리가 먼 것은?

① 불연성질
② 미분 상태
③ 점화원의 존재
④ 지연성 가스 중에서의 교반과 운동

해설
분진이 발화폭발하기 위한 조건 : 산소 공급, 가연성, 미분 상태, 점화원의 존재, 지연성 가스 중에서의 교반과 운동

94 다음 중 산업안전보건법상 공정안전보고서의 안전운전계획에 포함되지 않는 항목은?

① 안전작업 허가
② 안전운전지침서
③ 가동 전 점검지침
④ 비상조치계획에 따른 교육계획

해설
안전운전계획에 포함되는 항목(시행규칙 제50조)
- 안전작업 허가
- 안전운전지침서
- 설비점검·검사 및 보수계획, 유지계획 및 지침서
- 가동 전 점검지침
- 변경요소 관리계획
- 근로자 등 교육계획
- 자체 감사 및 사고 조사계획
- 도급업체 안전관리계획
- 그 밖에 안전운전에 필요한 사항

95 위험물안전관리법에서 정한 제3류 위험물에 해당하지 않는 것은?

① 나트륨
② 알킬알루미늄
③ 황 린
④ 나이트로글리세린

해설
나이트로글리세린은 제5류 위험물이다.

정답 91 ④ 92 ④ 93 ① 94 ④ 95 ④

96 사업주는 안전밸브 등의 전단·후단에 차단밸브를 설치해서는 아니 된다. 다만, 별도로 정한 경우에 해당할 때는 자물쇠형 또는 이에 준하는 형식의 차단밸브를 설치할 수 있다. 이에 해당하는 경우가 아닌 것은?

① 화학설비 및 그 부속설비에 안전밸브 등이 복수방식으로 설치되어 있는 경우
② 예비용 설비를 설치하고 각각의 설비에 안전밸브 등이 설치되어 있는 경우
③ 파열판과 안전밸브를 직렬로 설치한 경우
④ 열팽창에 의하여 상승된 압력을 낮추기 위한 목적으로 안전밸브가 설치된 경우

해설
파열판과 안전밸브를 병렬로 설치한 경우이다.

97 다음 중 유류화재에 해당하는 화재의 급수는?

① A급　　② B급
③ C급　　④ D급

해설
화재의 종류

화재등급	화재 명칭
A	일반화재
B	유류화재
C	전기화재
D	금속화재
K	주방화재

98 할론소화약제 중 Halon 2402의 화학식으로 옳은 것은?

① $C_2F_4Br_2$　　② $C_2H_4Br_2$
③ $C_2Br_2H_2$　　④ $C_2Br_4F_2$

해설
Halon 2402 : 탄소 2, 플루오린 4, 염소 0, 브롬 2이므로 화학식은 $C_2F_4Br_2$이다.

99 사업주는 인화성 액체 및 인화성 가스를 저장 취급하는 화학설비에서 증기나 가스를 대기로 방출하는 경우에는 외부로부터의 화염을 방지하기 위하여 화염방지기를 설치하여야 한다. 다음 중 화염방지기의 설치 위치로 옳은 것은?

① 설비의 상단　　② 설비의 하단
③ 설비의 측면　　④ 설비의 조작부

해설
사업주는 인화성 액체 및 인화성 가스를 저장 취급하는 화학설비에서 증기나 가스를 대기로 방출하는 경우에는 외부로부터의 화염을 방지하기 위하여 화염방지기를 그 설비 상단에 설치하여야 한다.

100 폭발의 위험성을 고려하기 위해 정전에너지 값을 구하고자 한다. 다음 중 정전에너지를 구하는 식은?(단, E는 정전에너지, C는 정전용량, V는 전압을 의미한다)

① $E=\frac{1}{2}CV^2$　　② $E=\frac{1}{2}VC^2$
③ $E=VC^2$　　④ $E=\frac{1}{4}VC$

해설
정전에너지 $E=\frac{1}{2}CV^2$
(여기서, E : 정전에너지, C : 정전 용량, V : 전압)

정답 96 ③ 97 ② 98 ① 99 ① 100 ①

제6과목 건설안전기술

101 훅걸이용 와이어로프 등이 훅으로부터 벗겨지는 것을 방지하기 위한 장치는?

① 해지장치 ② 권과방지장치
③ 과부하방지장치 ④ 턴버클

해설
해지장치 : 훅걸이용 와이어로프 등이 훅으로부터 벗겨지는 것을 방지하기 위한 장치

102 다음 중 직접기초의 터파기 공법이 아닌 것은?

① 개착공법 ② 시트파일 공법
③ 트렌치컷 공법 ④ 아일랜드컷 공법

해설
직접기초의 터파기 공법 : 개착공법, 트렌치컷 공법, 아일랜드컷 공법

103 사다리식 통로 등을 설치하는 경우 폭은 최소 얼마 이상으로 하여야 하는가?

① 30[cm] ② 40[cm]
③ 50[cm] ④ 60[cm]

해설
사다리식 통로 등을 설치하는 경우 폭은 최소 30[cm] 이상으로 하여야 한다(산업안전보건기준에 관한 규칙 제24조).

104 화물 취급작업 시 준수사항으로 옳지 않은 것은?

① 꼬임이 끊어지거나 심하게 부식된 섬유로프는 화물운반용으로 사용해서는 아니 된다.
② 섬유로프 등을 사용하여 화물 취급작업을 하는 경우에 해당 섬유로프 등을 점검하고 이상을 발견한 섬유로프 등을 즉시 교체하여야 한다.
③ 차량 등에서 화물에 내리는 작업을 하는 경우에 해당 작업에 종사하는 근로자에게 쌓여 있는 화물의 중간에서 필요한 화물을 빼낼 수 있도록 허용한다.
④ 하역작업을 하는 장소에서 작업장 및 통로의 위험한 부분에는 안전하게 작업할 수 있는 조명을 유지한다.

해설
사업주는 차량 등에서 화물에 내리는 작업을 하는 경우에 해당 작업에 종사하는 근로자에게 쌓여 있는 화물의 중간에서 필요한 화물을 빼내도록 해서는 아니 된다(산업안전보건기준에 관한 규칙 제389조).

105 건설재해대책의 사면보호 공법 중 식물을 생육시켜 그 뿌리로 사면의 표층토를 고정시켜 빗물에 의한 침식, 동상, 이완 등을 방지하고, 녹화에 의한 경관 조성을 목적으로 시공하는 것은?

① 식생공 ② 실드공
③ 뿜어 붙이기공 ④ 블록공

해설
식생공 : 건설재해대책의 사면보호 공법 중 식물을 생육시켜 그 뿌리로 사면의 표층토를 고정시켜 빗물에 의한 침식, 동상, 이완 등을 방지하고, 녹화에 의한 경관 조성을 목적으로 시공하는 것

정답 101 ① 102 ② 103 ① 104 ③ 105 ①

106 다음은 산업안전보건법에 따른 동바리로 사용하는 파이프서포트에 관한 사항이다. ( ) 안에 들어갈 내용을 순서대로 옳게 나타낸 것은?

> 가. 파이프서포트를 (A) 이상 이어서 사용하지 않도록 할 것
> 나. 파이프서포트를 이어서 사용하는 경우에는 (B) 이상의 볼트 또는 전용 철물을 사용하여 이을 것

① A : 2개, B : 2개
② A : 3개, B : 4개
③ A : 4개, B : 3개
④ A : 4개, B : 4개

해설
거푸집동바리등의 안전조치(산업안전보건기준에 관한 규칙 제332조)
- 파이프서포트를 3개 이상 이어서 사용하지 않도록 할 것
- 파이프서포트를 이어서 사용하는 경우에는 4개 이상의 볼트 또는 전용 철물을 사용하여 이을 것

107 장비가 위치한 지면보다 낮은 장소를 굴착하는 데 적합한 장비는?

① 트럭크레인　② 파워셔블
③ 백 호　④ 진 폴

해설
백호(Backhoe) : 장비가 위치한 지면보다 낮은 장소를 굴착하는 데 적합한 장비

108 추락재해에 대한 예방차원에서 고소작업의 감소를 위한 근본적인 대책으로 옳은 것은?

① 방망 설치
② 지붕 트러스의 일체화 또는 지상에서 조립
③ 안전대 사용
④ 비계 등에 의한 작업대 설치

해설
추락재해에 대한 예방차원에서 고소작업의 감소를 위한 근본적인 대책 : 지붕 트러스의 일체화 또는 지상에서 조립

109 시스템 비계를 사용하여 비계를 구성하는 경우의 준수사항으로 옳지 않은 것은?

① 수직재, 수평재, 가새재를 견고하게 연결하는 구조가 되도록 할 것
② 수평재는 수직재와 직각으로 설치하여야 하며, 체결 후 흔들림이 없도록 견고하게 설치할 것
③ 비계 밑단의 수직재와 받침철물은 밀착되도록 설치하고, 수직재와 받침철물의 연결부의 겹침 길이는 받침철물 전체 길이의 3분의 1 이상이 되도록 할 것
④ 벽 연결재의 설치 간격은 시공자가 안전을 고려하여 임의대로 결정한 후 설치할 것

해설
벽 연결재의 설치 간격은 제조사가 정한 기준에 따라 설치할 것

110 단관비계의 도괴 또는 전도를 방지하기 위하여 사용하는 벽이음의 간격기준으로 옳은 것은?

① 수직 방향 5[m] 이하, 수평 방향 5[m] 이하
② 수직 방향 6[m] 이하, 수평 방향 6[m] 이하
③ 수직 방향 7[m] 이하, 수평 방향 7[m] 이하
④ 수직 방향 8[m] 이하, 수평 방향 8[m] 이하

해설
단관비계의 도괴 또는 전도를 방지하기 위하여 사용하는 벽이음의 간격기준 : 수직 방향 5[m] 이하, 수평 방향 5[m] 이하

111 추락방지용 방망 중 그물코의 크기가 5[cm]인 매듭 방망 신품의 인장강도는 최소 몇 [kg] 이상이어야 하는가?

① 60　② 110
③ 150　④ 200

해설
신품 추락방지망의 기준 인장강도[kg]

구 분	그물코 5[cm]	그물코 10[cm]
매듭 있는 방망	110	200
매듭 없는 방망	–	240

정답 106 ② 107 ③ 108 ② 109 ④ 110 ① 111 ②

112 **겨울철 공사 중인 건축물의 벽체 콘크리트 타설 시 거푸집이 터져서 콘크리트가 쏟아지는 사고가 발생하였다. 이 사고의 발생원인으로 추정 가능한 사안 중 가장 타당한 것은?**

① 콘크리트의 타설속도가 빨랐다.
② 진동기를 사용하지 않았다.
③ 철근 사용량이 많았다.
④ 콘크리트의 슬럼프가 작았다.

해설
겨울철 공사 중인 건축물의 벽체 콘크리트 타설 시 거푸집이 터져서 콘크리트가 쏟아지는 사고 발생의 추정원인 : 콘크리트의 타설속도가 빨랐다.

113 **이동식 비계를 조립하여 작업하는 경우의 준수사항으로 옳지 않은 것은?**

① 비계의 최상부에서 작업을 하는 경우에는 안전난간을 설치할 것
② 작업발판은 항상 수평을 유지하고 작업발판 위에서 안전난간을 딛고 작업을 하거나 받침대 또는 사다리를 사용하여 작업하지 않도록 할 것
③ 작업발판의 최대 적재하중은 150[kg]을 초과하지 않도록 할 것
④ 이동식 비계의 바퀴에는 뜻밖의 갑작스러운 이동 또는 전도를 방지하기 위하여 브레이크・쐐기 등으로 바퀴를 고정시킨 다음 비계의 일부를 견고한 시설물에 고정하거나 아웃트리거(Outrigger)를 설치하는 등 필요한 조치를 할 것

해설
작업발판의 최대 적재하중은 250[kg]을 초과하지 않도록 할 것(산업안전보건기준에 관한 규칙 제68조)

114 **건설업 산업안전보건관리비 내역 중 계상비용에 해당되지 않는 것은?**

① 근로자 건강관리비
② 건설재해예방 기술지도비
③ 개인보호구 및 안전장구 구입비
④ 외부 비계, 작업발판 등의 가설구조물 설치 소요비

해설
건설업 산업안전보건관리비
- 안전관리자 등의 인건비 및 각종 수당
- 안전시설비
- 개인보호구 및 안전장구 구입비 등
- 사업장의 안전진단비
- 안전보건교육비 및 행사비 등
- 근로자의 건강관리비 등
- 기술지도비
- 본사 사용비

115 **다음 중 운반작업 시 주의사항으로 옳지 않은 것은?**

① 운반 시의 시선은 진행 방향을 향하고 뒷걸음 운반을 하여서는 안 된다.
② 무거운 물건을 운반할 때 무게중심이 높은 화물은 인력으로 운반하지 않는다.
③ 어깨 높이보다 높은 위치에서 화물을 들고 운반하여서는 안 된다.
④ 단독으로 긴 물건을 어깨에 메고 운반할 때에는 뒤쪽을 위로 올린 상태로 운반한다.

해설
단독으로 긴 물건을 어깨에 메고 운반할 때에는 앞쪽을 위로 올린 상태로 운반한다.

정답 112 ① 113 ③ 114 ④ 115 ④

116 **다음 중 건설공사 유해 · 위험방지계획서 제출대상 공사가 아닌 것은?**

① 지상 높이가 50[m]인 건축물 또는 인공구조물 건설공사
② 연면적이 3,000[m^2]인 냉동 · 냉장창고시설의 설비공사
③ 최대 지간 길이가 60[m]인 교량건설공사
④ 터널 건설공사

해설
연면적 5,000[m^2] 이상의 냉동 · 냉장창고시설의 설비공사 및 단열공사 (시행령 제42조)

117 **철골작업에서의 승강로 설치기준 중 ( ) 안에 알맞은 것은?**

> 사업주는 근로자가 수직 방향으로 이동하는 철골부재에는 답단 간격이 ( ) 이내인 고정된 승강로를 설치하여야 한다.

① 20[cm] ② 30[cm]
③ 40[cm] ④ 50[cm]

해설
사업주는 근로자가 수직 방향으로 이동하는 철골부재에는 답단 간격이 30[cm] 이내인 고정된 승강로를 설치하여야 한다(산업안전보건기준에 관한 규칙 제381조).

118 **건설공사 위험성 평가에 관한 내용으로 옳지 않은 것은?**

① 건설물, 기계 · 기구, 설비 등에 의한 유해 · 위험요인을 찾아내어 위험성을 결정하고 그 결과에 따른 조치를 하는 것을 말한다.
② 사업주는 위험성 평가의 실시내용 및 결과를 기록 · 보존하여야 한다.
③ 위험성 평가 기록물의 보존기간은 2년이다.
④ 위험성 평가 기록물에는 평가대상의 유해 · 위험요인, 위험성 결정의 내용 등이 포함된다.

해설
위험성 평가 기록물의 보존기간은 3년이다.

119 **잠함 또는 우물통의 내부에서 굴착작업을 할 때의 준수사항으로 옳지 않은 것은?**

① 굴착 깊이가 10[m]를 초과하는 경우에는 해당 작업장소와 외부와의 연락을 위한 통신설비 등을 설치하여야 한다.
② 산소결핍의 우려가 있는 경우에는 산소의 농도를 측정하는 자를 지명하여 측정하도록 한다.
③ 근로자가 안전하게 승강하기 위한 설비를 설치한다.
④ 측정결과 산소의 결핍이 인정될 경우에는 송기를 위한 설비를 설치하여 필요한 양의 공기를 공급하여야 한다.

해설
- 산소 결핍 우려가 있는 경우에는 산소의 농도를 측정하는 사람을 지명하여 측정하도록 할 것
- 근로자가 안전하게 오르내리기 위한 설비를 설치할 것
- 굴착 깊이가 20[m]를 초과하는 경우에는 해당 작업장소와 외부와의 연락을 위한 통신설비 등을 설치할 것

120 **항타기 또는 항발기의 권상장치 드럼축과 권상장치로부터 첫 번째 도드래의 축 간의 거리는 권상장치 드럼폭의 몇 배 이상으로 하여야 하는가?**

① 5배
② 8배
③ 10배
④ 15배

해설
항타기 또는 항발기의 권상장치 드럼축과 권상장치로부터 첫 번째 도드래의 축 간 거리는 권상장치 드럼폭의 15배 이상으로 하여야 한다(산업안전보건기준에 관한 규칙 제216조).

정답 116 ② 117 ② 118 ③ 119 ① 120 ④

산업안전기사

과년도 기출문제

제1과목 안전관리론

01 제일선의 감독자를 교육대상으로 하고, 작업을 지도하는 방법, 작업 개선방법 등의 주요 내용을 다루는 기업 내 교육방법은?

① TWI ② MTP
③ ATT ④ CCS

해설
TWI(Training Within Industry) : 주로 제일선의 관리감독자를 교육대상자로 하여 작업방법훈련, 작업지도훈련[JIT(Job Instruction Training), 직장 내 부하 직원에 대하여 가르치는 기술과 관련이 가장 깊은 기법], 인간관계훈련, 작업안전훈련 등을 교육내용으로 하는 기업 내 정형교육

02 안전검사기관 및 자율검사 프로그램 인정기관은 고용노동부장관에게 그 실적을 보고하도록 관련법에 명시되어 있는데 그 주기로 옳은 것은?

① 매 월 ② 격 월
③ 분 기 ④ 반 기

해설
안전검사절차에 관한 고시 제9조
안전검사기관은 분기마다 다음 달 10일까지 분기별 실적과, 매년 1월 20일까지 전년도 실적을 고용노동부장관에게 제출하여야 하며, 공단은 분기마다 다음 달 10일까지 분기별 실적과, 매년 1월 20일까지 전년도 실적을 고용노동부장관에게 제출하여야 한다.

03 다음 재해사례에서 기인물에 해당하는 것은?

> 기계작업에 배치된 작업자가 반장의 지시를 받기 전에 정지된 선반을 운전시키면서 변속치차의 덮개를 벗겨내고 치차를 저속으로 운전하면서 급유하려고 할 때 오른손이 변속치차에 맞물려 손가락이 절단되었다.

① 덮 개 ② 급 유
③ 선 반 ④ 변속치차

해설
기인물 : 재해를 가져오게 한 근원이 된 기계·장치 또는 기타물 또는 환경으로, 예를 들면 다음과 같다.
- 선반의 사례 : 기계작업에 배치된 작업자가 반장의 지시를 받기 전에 정지된 선반을 운전시키면서 변속치차의 덮개를 벗겨내고 치차를 저속으로 운전하면서 급유하려고 할 때 오른손이 변속치차에 맞물려 손가락이 절단되었다.
- 바닥의 사례 : 작업자가 보행 중 바닥에 미끄러지면서 상자에 머리를 부딪쳐 머리에 상해를 입었다.

04 보호구안전인증고시에 따른 분리식 방진 마스크의 성능기준에서 포집효율이 특급인 경우, 염화나트륨(NaCl) 및 파라핀 오일(Paraffin Oil) 시험에서의 포집효율은?

① 99.95[%] 이상 ② 99.9[%] 이상
③ 99.5[%] 이상 ④ 99.0[%] 이상

해설
방진 마스크의 성능기준(여과재 분진 등 포집효율, 보호구안전인증고시 별표 4)

형태 및 등급		염화나트륨(NaCl) 및 파라핀 오일(Paraffin Oil) 시험[%]
분리식	특 급	99.95 이상
	1급	94.0 이상
	2급	80.0 이상
안면부 여과식	특 급	99.0 이상
	1급	94.0 이상
	2급	80.0 이상

정답 1 ① 2 ③ 3 ③ 4 ①

05 산업안전보건법상 특별안전보건교육에서 방사선 업무에 관계되는 작업을 할 때 교육내용으로 거리가 먼 것은?

① 방사선의 유해·위험 및 인체에 미치는 영향
② 방사선 측정기기 기능의 점검에 관한 사항
③ 비상시 응급처치 및 보호구 착용에 관한 사항
④ 산소농도 측정 및 작업환경에 관한 사항

해설
특별안전보건교육에서 방사선 업무에 관계되는 작업을 할 때 교육내용(시행규칙 별표 5)
- 방사선의 유해·위험 및 인체에 미치는 영향
- 방사선 측정기기 기능의 점검에 관한 사항
- 응급처치 및 보호구 착용에 관한 사항
- 방호거리, 방호벽 및 방사선 물질의 취급요령에 관한 사항
- 그 밖에 안전·보건관리에 필요한 사항

06 주의의 수준이 Phase 0인 상태에서의 의식 상태는?

① 무의식 상태 ② 의식의 이완 상태
③ 명료한 상태 ④ 과긴장 상태

해설
주의의 수준
- Phase 0 : 무의식 상태(수면·뇌발작, 델타파)
- Phase 1 : 의식 흐림(피로·단조로움·졸음, 세타파)
- Phase 2 : 의식의 이완 상태(정상 상태, 안정된 행동·휴식·정상작업, 알파파)
- Phase 3 : 명료한 상태(판단을 동반한 행동·적극적 행동, 알파파~베타파)
- Phase 4 : 과긴장 상태(감정 흥분·긴급·당황·공포반응, 베타파)

07 한 사람, 한 사람의 위험에 대한 감수성 향상을 도모하기 위하여 삼각 및 원 포인트 위험예지훈련을 통합한 활용기법은?

① 1인 위험예지훈련
② TBM 위험예지훈련
③ 자문자답 위험예지훈련
④ 시나리오 역할연기훈련

해설
1인 위험예지훈련 : 각자가 위험에 대한 감수성 향상을 도모하기 위하여 삼각 및 원 포인트 위험예지훈련을 실시하는 훈련

08 재해 예방의 4원칙에 관련 설명으로 틀린 것은?

① 재해 발생에는 반드시 원인이 존재한다.
② 재해 발생과 손실 발생은 우연적이다.
③ 재해를 예방할 수 있는 안전대책은 반드시 존재한다.
④ 재해는 원인 제거가 불가능하므로 예방만이 최선이다.

해설
예방 가능의 원칙 : 천재지변을 제외한 모든 인재는 예방이 가능하다.

09 적응기제(適應機制, Adjustment Mechanism)의 종류 중 도피적 기제(행동)에 해당하지 않는 것은?

① 고 립 ② 퇴 행
③ 억 압 ④ 합리화

해설
합리화는 방어기제 중의 하나이다.

10 인간오류에 관한 분류 중 독립행동에 의한 분류가 아닌 것은?

① 생략오류 ② 실행오류
③ 명령오류 ④ 시간오류

해설
휴먼에러의 심리적 독립행동에 관한 분류(Swain)
- Omission Error(생략오류 또는 누락오류) : 필요한 작업 또는 절차를 수행하지 않는 데 기인한 과오
- Commission Error(실행오류 또는 작위오류) : 필요한 직무 또는 절차를 수행했으나 잘못 수행한 과오
- Extraneous Error(불필요한 오류) : 불필요한 작업 또는 절차를 수행함으로써 기인한 과오
- Time Error(시간오류) : 시간적으로 발생된 과오(예 프레스 작업 중 금형 내에 손이 오랫동안 남아 있어 발생한 재해)
- Sequential Error(순서오류) : 필요한 작업 또는 절차의 순서착오로 인한 과오

정답 5 ④ 6 ① 7 ① 8 ④ 9 ④ 10 ③

11 **다음 중 안전·보건교육계획을 수립할 때 고려할 사항으로 가장 거리가 먼 것은?**

① 현장의 의견을 충분히 반영한다.
② 대상자의 필요한 정보를 수집한다.
③ 안전교육 시행체계와의 연관성을 고려한다.
④ 정부 규정에 의한 교육에 한정하여 실시한다.

해설
정부 규정(법 규정)에 한정하면 작업 현장과는 달라 위험할 수 있다.

12 **사고의 원인 분석방법에 해당하지 않는 것은?**

① 통계적 원인 분석
② 종합적 원인 분석
③ 클로즈(Close) 분석
④ 관리도

해설
통계에 의한 재해원인 분석방법 혹은 사고의 원인 분석방법 : 관리도, 파레토도, 특성요인도, 클로즈 분석 등

13 **하인리히의 재해 코스트 평가방식 중 직접비에 해당하지 않는 것은?**

① 산재보상비 ② 치료비
③ 간호비 ④ 생산손실

해설
직접비와 간접비
- 직접비 : 사고의 피해자에게 지급되는 산재보상비 또는 재해보상비(직업재활급여, 간병급여, 장해급여, 상병보상연금, 유족급여, 장례비, 요양비, 장해보상비 등)
- 간접비 : 기계·설비·공구·재료 등의 물적 손실(재산손실), 설비가동 정지에서 오는 생산손실, 작업을 하지 않았는데도 지급한 임금손실, 신규채용비용(혹은 채용급여), 생산손실급여, 설비의 수리비 및 손실비, 부상자의 시간손실, 관리감독자가 재해의 원인 조사를 하는데 따른 시간손실 등

14 **안전관리조직의 참모식(Staff형)에 대한 장점이 아닌 것은?**

① 경영자의 조언과 자문역할을 한다.
② 안전정보 수집이 용이하고 빠르다.
③ 안전에 관한 명령과 지시는 생산라인을 통해 신속하게 전달한다.
④ 안전전문가가 안전계획을 세워 문제해결방안을 모색하고 조치한다.

해설
안전에 관한 명령과 지시가 생산라인을 통해 신속하게 전달하는 것은 라인형 조직이다.

15 **산업안전보건법상 안전인증대상 기계·기구 및 설비가 아닌 것은?**

① 연삭기 ② 롤러기
③ 압력용기 ④ 고소(高所) 작업대

해설
안전인증대상기계 등(시행령 제74조)
- 기계 또는 설비 : 프레스, 전단기 및 절곡기, 크레인, 리프트, 압력용기, 롤러기, 사출성형기, 고소 작업대, 곤돌라
- 방호장치 : 프레스 및 전단기 방호장치, 양중기용 과부하 방지장치, 보일러 압력방출용 안전밸브, 압력용기 압력방출용 안전밸브, 압력용기 압력방출용 파열판, 절연용 방호구 및 활선작업용 기구, 방폭구조 전기기계·기구 및 부품, 추락·낙하 및 붕괴 등의 위험 방지 및 보호에 필요한 가설기자재로서 고용노동부장관이 정하여 고시하는 것, 충돌·협착 등의 위험 방지에 필요한 산업용 로봇 방호장치로서 고용노동부장관이 정하여 고시하는 것
- 보호구 : 추락 및 감전 위험방지용 안전모, 안전화, 안전장갑, 방진마스크, 방독마스크, 송기마스크, 전동식 호흡보호구, 보호복, 안전대, 차광 및 비산물 위험방지용 보안경, 용접용 보안면, 방음용 귀마개 또는 귀덮개

정답 11 ④ 12 ② 13 ④ 14 ③ 15 ①

16 **안전교육방법 중 학습자가 이미 설명을 듣거나 시험을 보고 알게 된 지식이나 기능을 강사의 감독 아래 직접적으로 연습하여 적용할 수 있도록 하는 교육방법은?**

① 모의법 ② 토의법
③ 실연법 ④ 반복법

해설
실연법 : 학습자가 이미 설명을 듣거나 시험을 보고 알게 된 지식이나 기능을 강사의 감독 아래 직접적으로 연습하여 적용할 수 있도록 체험학습을 시키는 교육방법

17 **산업안전보건법상의 안전·보건표지 종류 중 '관계자 외 출입금지표지'에 해당되는 것은?**

① 안전모 착용
② 폭발성 물질 경고
③ 방사성 물질 경고
④ 석면 취급 및 해체·제거

해설
관계자 외 출입금지표지의 종류(시행규칙 별표 6) : 허가대상물질 작업장, 석면 취급 및 해체 작업장, 금지대상물질 취급 실험실 등

18 **국제노동기구(ILO)의 산업재해 정도 구분에서 부상 결과 근로자가 신체장해등급 제12급 판정을 받았다면 이는 어느 정도의 부상을 의미하는가?**

① 영구 전 노동 불능
② 영구 일부 노동 불능
③ 일시 전 노동 불능
④ 일시 일부 노동 불능

해설
부상 결과 근로자가 신체장해등급 제12급 판정을 받았다면 이는 영구 일부 노동 불능 상해를 의미한다.

19 **특정과업에서 에너지 소비수준에 영향을 미치는 인자가 아닌 것은?**

① 작업방법
② 작업속도
③ 작업관리
④ 도 구

해설
에너지 소비수준에 영향을 미치는 인자 : 작업자세, 작업방법, 작업속도, 도구(도구설계)

20 **사고예방대책의 기본원리 5단계 중 틀린 것은?**

① 1단계 : 안전관리계획
② 2단계 : 현상 파악
③ 3단계 : 분석평가
④ 4단계 : 대책의 선정

해설
하인리히의 사고예방대책의 기본원리 5단계
- 1단계 : (안전)조직(안전관리규정 작성, 책임·권한 부여, 조직 편성)
- 2단계 : 현상 파악 혹은 사실 발견(문제점 발견)
- 3단계 : 분석평가 혹은 (평가)분석
- 4단계 : 대책의 선정 혹은 시정방법 선정
- 5단계 : 시정책 적용

정답 16 ③ 17 ④ 18 ② 19 ③ 20 ①

제2과목 인간공학 및 시스템 안전공학

21 의도는 올바른 것이었지만, 행동이 의도한 것과는 다르게 나타나는 오류를 무엇이라고 하는가?

① Slip ② Mistake
③ Lapse ④ Violation

해설
Slip(실수) : 상황이나 목표의 해석은 정확하나 의도와는 다른 행동을 하는 것으로, 의도는 올바른 것이었지만 행동이 의도한 것과는 다르게 나타나는 오류이다.

22 시스템 수명주기단계 중 마지막 단계인 것은?

① 구상단계
② 개발단계
③ 운전단계
④ 생산단계

해설
시스템의 수명주기 5단계 : 구상 – 정의 – 개발 – 생산 – 운전

단 계		내 용	적용기법
제1단계	시스템 구상	• 시스템 안전계획(SSP) 작성 • PHA 작성 • 안전성에 관한 정보 및 문서파일 작성 • 포함되는 사고가 방침 설정과정에서 고려되기 위한 구상 정식화 회의 참가	PHA 실행
제2단계	시스템 정의		PHA 실행, FHA 적용
제3단계	시스템 개발		FHA 적용
제4단계	시스템 생산		
제5단계	시스템 운전	시스템 안전 프로그램에 대하여 안전점검기준에 따른 평가를 내리는 시점	

23 FT도에 사용되는 다음 게이트의 명칭은?

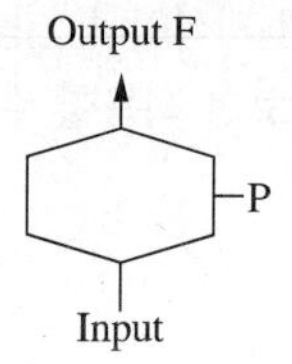

① 부정게이트
② 억제게이트
③ 배타적 OR게이트
④ 우선적 AND게이트

해설
억제게이트 : 하나의 입력사상에 의해 출력사상이 발생하며, 출력사상이 발생되기 전에 출력사상이 특정조건을 만족해야 함

24 FTA에서 시스템의 기능을 살리는 데 필요한 최소 요인의 집합을 무엇이라고 하는가?

① Critical Set
② Minimal Gate
③ Minimal Path
④ Boolean Indicated Cut Set

해설
미니멀 패스(Minimal Path) : 시스템의 기능을 살리는 데 필요한 최소 요인의 집합

25 쾌적 환경에서 추운 환경으로 변화 시 신체의 조절작용이 아닌 것은?

① 피부온도가 내려간다.
② 직장온도가 약간 내려간다.
③ 몸이 떨리고 소름이 돋는다.
④ 피부를 경유하는 혈액순환량이 감소한다.

정답 21 ① 22 ③ 23 ② 24 ③ 25 ②

26 염산을 취급하는 A업체에서는 신설 설비에 관한 안전성 평가를 실시해야 한다. 정성적 평가단계의 주요 진단항목에 해당하는 것은?

① 공장 내의 배치
② 제조공정의 개요
③ 재평가방법 및 계획
④ 안전 · 보건교육훈련계획

해설
2단계 : 정성적 평가(공정작업을 위한 작업규정 유무)
- 화학설비의 안정성 평가에서 정성적 평가의 항목
  - 설계관계항목 : 입지조건, 공장 내의 배치, 건조물, 소방설비
  - 운전관계항목 : 원재료 · 중간체 제품, 공정, 공정기기, 수송 · 저장

27 인간 – 기계 시스템의 설계를 6단계로 구분할 때, 첫 번째 단계에서 시행하는 것은?

① 기본설계
② 시스템의 정의
③ 인터페이스 설계
④ 시스템의 목표와 성능 명세 결정

해설
인간–기계 시스템의 설계 6단계
- 1단계 : 시스템의 목표와 성능 명세 결정
- 2단계 : 시스템의 정의
- 3단계 : 기본설계
- 4단계 : 인터페이스 설계(계면설계)
- 5단계 : 보조물 설계
- 6단계 : 시험 및 평가

28 점광원으로부터 0.3[m] 떨어진 구면에 비추는 광량이 5[Lumen]일 때, 조도는 약 몇 [lx]인가?

① 0.06 ② 16.7
③ 55.6 ④ 83.4

해설
$$\text{조도} = \frac{\text{광도}}{(\text{거리})^2} = \frac{5}{0.3^2} \simeq 55.6[\text{lx}]$$

29 음량수준을 측정할 수 있는 3가지 척도에 해당되지 않는 것은?

① sone ② 럭 스
③ phon ④ 인식소음 수준

해설
음량수준을 측정할 수 있는 3가지 척도 : sone, phon, 인식소음 수준(PNdB, PLdB 등)

30 실린더 블록에 사용하는 개스킷의 수명은 평균 10,000시간이며, 표준편차는 200시간으로 정규분포를 따른다. 사용시간이 9,600시간일 경우에 신뢰도는 약 얼마인가?(단, 표준 정규분포표에서 $u_{0.8413}=1$, $u_{0.9772}=2$이다)

① 84.13[%] ② 88.73[%]
③ 92.72[%] ④ 97.72[%]

해설
확률변수 X가 정규분포를 따르므로 $N(\overline{X}, \sigma^2) = N(10,000, 200^2)$이며,

$$P(\overline{X} > 9,600) = P\left(Z > \frac{9,600 - 10,000}{200}\right) = P(Z > -2)$$
$$= P(Z \le 2) = 0.9772$$
$$= 97.72[\%]$$

31 음압수준이 70[dB]인 경우, 1,000[Hz]에서 순음의 [phon]치는?

① 50[phon] ② 70[phon]
③ 90[phon] ④ 100[phon]

해설
phon의 정의는 1,000[Hz]의 기준 음과 같은 크기로 들리는 다른 주파수의 음의 크기로, 음압수준이 70[dB]인 경우 1,000[Hz]에서 순음의 [phon]치는 70[phon]이다.

정답 26 ① 27 ④ 28 ③ 29 ② 30 ④ 31 ②

32 인체 계측자료의 응용원칙 중 조절범위에서 수용하는 통상의 범위는 얼마인가?

① 5 ~ 95[%tile]
② 20 ~ 80[%tile]
③ 30 ~ 70[%tile]
④ 40 ~ 60[%tile]

해설
인체 계측자료의 응용원칙 중 조절범위에서 수용하는 통상범위는 5 ~ 95[%tile]이다.

33 동작경제원칙에 해당되지 않는 것은?

① 신체 사용에 관한 원칙
② 작업장 배치에 관한 원칙
③ 사용자 요구조건에 관한 원칙
④ 공구 및 설비 디자인에 관한 원칙

해설
동작경제의 원칙
- 신체 사용에 관한 원칙
- 작업장 배치에 관한 원칙
- 공구 및 설비 디자인에 관한 원칙

34 정신적 작업부하에 관한 생리적 척도에 해당하지 않는 것은?

① 부정맥지수 ② 근전도
③ 점멸융합주파수 ④ 뇌파도

해설
- 정신적 작업부하에 관한 생리적 척도 : 부정맥지수, 점멸융합주파수, 뇌파도
- 근전도는 육체적인 작업과 관련되어 있다.

35 FMEA의 장점이라고 할 수 있는 것은?

① 분석방법에 대한 논리적 배경이 강하다.
② 물적·인적 요소가 모두 분석대상이 된다.
③ 서식이 간단하고 비교적 적은 노력으로 분석이 가능하다.
④ 두 가지 이상의 요소가 동시에 고장 나는 경우에도 분석이 용이하다.

해설
① 분석방법에 대한 논리적 배경이 약하다.
② 물적 요소가 분석대상이 된다.
④ 각 요소 간 영향 해석이 어려워 2가지 이상 동시 고장은 해석이 곤란하다.

36 수리가 가능한 어떤 기계의 가용도(Availability)는 0.9이고, 평균 수리시간(MTTR)이 2시간일 때, 이 기계의 평균 수명(MTBF)은?

① 15시간
② 16시간
③ 17시간
④ 18시간

해설
가용도

$A = \frac{MTTF}{MTTF + MTTR} = \frac{MTBF}{MTBF + MTTR} = \frac{MTTF}{MTBF}$ 이므로,

$0.9 = \frac{MTBF}{MTBF + 2}$ 에서 $0.1MTBF = 1.8$ 이므로,

$MTBF = 18$시간

정답 32 ① 33 ③ 34 ② 35 ③ 36 ④

37 **산업안전보건법에 따라 제조업 중 유해·위험방지계획서 제출대상 사업의 사업주가 유해·위험방지계획서를 제출하고자 할 때 첨부하여야 하는 서류에 해당하지 않는 것은?(단, 기타 고용노동부장관이 정하는 도면 및 서류 등은 제외한다)**

① 공사개요서

② 기계·설비의 배치도면

③ 기계·설비의 개요를 나타내는 서류

④ 원재료 및 제품의 취급, 제조 등의 작업방법의 개요

해설

제조업 유해·위험방지계획서 첨부서류(시행규칙 제42조)

- 건축물 각 층의 평면도
- 기계·설비의 개요를 나타내는 서류
- 기계·설비의 배치도면
- 원재료 및 제품의 취급, 제조 등의 작업방법의 개요
- 그 밖에 고용노동부장관이 정하는 도면 및 서류

38 **생명 유지에 필요한 단위시간당 에너지량을 무엇이라 하는가?**

① 기초대사량

② 산소소비율

③ 작업대사량

④ 에너지소비율

해설

기초대사량 : 생명 유지에 필요한 단위시간당 에너지량

39 **다음 [보기]의 각 단계를 결함수분석법(FTA)에 의한 재해사례의 연구 순서대로 나열한 것은?**

[보 기]

㉠ 정상사상의 선정
㉡ FT도 작성 및 분석
㉢ 개선계획의 작성
㉣ 각 사상의 재해원인 규명

① ㉠ → ㉡ → ㉢ → ㉣

② ㉠ → ㉣ → ㉢ → ㉡

③ ㉠ → ㉢ → ㉡ → ㉣

④ ㉠ → ㉣ → ㉡ → ㉢

해설

정상사상의 선정 → 각 사상의 재해원인 규명 → FT도 작성 및 분석 → 개선계획의 작성

40 **인간－기계 시스템의 연구목적으로 가장 적절한 것은?**

① 정보 저장의 극대화

② 운전 시 피로의 평준화

③ 시스템의 신뢰성 극대화

④ 안전의 극대화 및 생산능률의 향상

해설

인간－기계 시스템의 연구목적 : 안전의 극대화 및 생산능률의 향상

정답 37 ① 38 ① 39 ④ 40 ④

제3과목 기계위험 방지기술

41 **휴대용 연삭기 덮개의 개방부 각도는 몇 도 이내여야 하는가?**

① 60° ② 90°
③ 125° ④ 180°

해설
공구연삭기, 스윙연삭기, 원통연삭기, 휴대용연삭기, 슬래브연삭기 덮개의 최대노출각도는 180° 이내이다.

42 **롤러기 급정지장치 조작부에 사용하는 로프의 성능기준으로 적합한 것은?(단, 로프의 재질은 관련 규정에 적합한 것으로 본다)**

① 지름 1[mm] 이상의 와이어로프
② 지름 2[mm] 이상의 합성섬유로프
③ 지름 3[mm] 이상의 합성섬유로프
④ 지름 4[mm] 이상의 와이어로프

해설
롤러기 급정지장치 조작부에 로프를 사용할 경우 와이어로프에 정한 규격에 적합한 직경 4[mm] 이상의 와이어로프 또는 직경 6[mm] 이상이고 절단하중이 2.94[kN] 이상의 합성섬유의 로프를 사용하여야 한다.

43 **다음 중 공장소음에 대한 방지계획에 있어 소음원에 대한 대책에 해당하지 않는 것은?**

① 해당 설비의 밀폐
② 설비실의 차음벽 시공
③ 작업자의 보호구 착용
④ 소음기 및 흡음장치 설치

해설
소음 음원에 대한 대책 : 소음원의 통제를 중심으로 한 적극적인 대책
- 소음 발생원 : 밀폐, 제거, 격리, 전달경로 차단
- 설비 : 밀폐, 격리, 적절한 재배치, 저소음 설비 사용, 설비실의 차음벽 시공, 소음기 및 흡음장치 설치

44 **와이어로프의 꼬임은 일반적으로 특수로프를 제외하고는 보통 꼬임(Ordinary Lay)과 랭 꼬임(Lang's Lay)으로 분류할 수 있다. 다음 중 랭 꼬임과 비교하여 보통 꼬임의 특징에 관한 설명으로 틀린 것은?**

① 킹크가 잘 생기지 않는다.
② 내마모성, 유연성, 저항성이 우수하다.
③ 로프의 변형이나 하중을 걸었을 때 저항성이 크다.
④ 스트랜드의 꼬임 방향과 로프의 꼬임 방향이 반대이다.

해설
내마모성, 유연성, 저항성이 우수한 것은 랭 꼬임(Lang's Lay)이다.

45 **보일러 등에 사용하는 압력방출장치의 봉인은 무엇으로 실시해야 하는가?**

① 구리테이프
② 납
③ 봉인용 철사
④ 알루미늄 실(Seal)

해설
보일러 등에 사용하는 압력방출장치의 봉인 재질은 납으로 한다(산업안전보건기준에 관한 규칙 제116조).

정답 41 ④ 42 ④ 43 ③ 44 ② 45 ②

46 **프레스 및 전단기에 사용되는 손쳐내기식 방호장치의 성능기준에 대한 설명 중 옳지 않은 것은?**

① 진동각도·진폭시험 : 행정 길이가 최소일 때 진동 각도는 60~90°이다.
② 진동각도·진폭시험 : 행정 길이가 최대일 때 진동 각도는 30~60°이다.
③ 완충시험 : 손쳐내기 봉에 의한 과도한 충격이 없어야 한다.
④ 무부하 동작시험 : 1회의 오동작도 없어야 한다.

해설
진동각도·진폭시험은 행정길이가 최소일 때 60~90°의 진동각도여야 하고, 행정길이가 최대일 때는 45~90°의 진동각도여야 한다.

47 **다음 중 산업안전보건법상 연삭숫돌을 사용하는 작업의 안전수칙으로 틀린 것은?**

① 연삭숫돌을 사용하는 경우 작업 시작 전과 연삭숫돌을 교체한 후에는 1분 정도 시운전을 통해 이상 유무를 확인한다.
② 회전 중인 연삭숫돌이 근로자에게 위험을 미칠 우려가 있는 경우에 그 부위에 덮개를 설치하여야 한다.
③ 연삭숫돌의 최고 사용 회전속도를 초과하여 사용하여서는 안 된다.
④ 측면을 사용하는 목적으로 하는 연삭숫돌 이외에는 측면을 사용해서는 안 된다.

해설
연삭숫돌을 교체한 후에는 3분 이상, 작업 시작 전에는 1분 이상 시운전을 한다(산업안전보건기준에 관한 규칙 제122조).

48 **다음 중 산업용 로봇에 의한 작업 시 안전조치사항으로 적절하지 않은 것은?**

① 로봇의 운전으로 인해 근로자가 로봇에 부딪칠 위험이 있을 때에는 1.8[m] 이상의 울타리를 설치하여야 한다.
② 작업을 하고 있는 동안 로봇의 기동스위치 등은 작업에 종사하고 있는 근로자가 아닌 사람이 그 스위치 등을 조작할 수 없도록 필요한 조치를 한다.
③ 로봇의 조작방법 및 순서, 작업 중의 매니퓰레이터의 속도 등에 관한 지침에 따라 작업을 하여야 한다.
④ 작업에 종사하는 근로자가 이상을 발견하면, 관리감독자에게 우선 보고하고 지시에 따라 로봇의 운전을 정지시킨다.

해설
작업에 종사하는 근로자가 조작 중 이상 발견 시 우선적으로 먼저 로봇을 정지시킨 후 관리감독자에게 보고하는 등 필요한 조치를 한다.

49 **프레스 작업 시작 전 점검해야 할 사항으로 거리가 먼 것은?**

① 매니퓰레이터 작동의 이상 유무
② 클러치 및 브레이크 기능
③ 슬라이드, 연결봉 및 연결나사의 풀림 여부
④ 프레스 금형 및 고정볼트 상태

해설
프레스 작업 전 점검사항(산업안전보건기준에 관한 규칙 별표 3)
- 클러치 상태(가장 중요한 점검사항)
- 클러치 및 브레이크의 기능
- 전단기의 칼날 및 테이블의 상태
- 금형 및 고정볼트 상태
- 크랭크축, 플라이휠, 슬라이드, 연결봉 및 연결나사의 풀림 유무
- 슬라이드 또는 칼날에 의한 위험방지기구의 기능
- 1행정 1정지 기구, 급정지장치 및 비상정지장치의 기능

정답 46 ② 47 ① 48 ④ 49 ①

50 **압력용기 등에 설치하는 안전밸브와 관련된 설명으로 옳지 않은 것은?**

① 안지름이 150[mm]를 초과하는 압력용기에 대해서는 과압에 따른 폭발을 방지하기 위하여 규정에 맞는 안전밸브를 설치해야 한다.
② 급성독성물질이 지속적으로 외부에 유출될 수 있는 화학설비 및 그 부속설비에는 파열판과 안전밸브를 병렬로 설치한다.
③ 안전밸브는 보호하려는 설비의 최고 사용압력 이하에서 작동되도록 하여야 한다.
④ 안전밸브의 배출용량은 그 작동원인에 따라 각각의 소요 분출량을 계산하여 가장 큰 수치를 해당 안전밸브의 배출용량으로 하여야 한다.

해설
급성독성물질이 지속적으로 외부에 유출될 수 있는 화학설비 및 그 부속설비에는 파열판과 안전밸브를 직렬로 설치한다.

51 **유해·위험기계·기구 중에서 진동과 소음을 동시에 수반하는 기계설비로 가장 거리가 먼 것은?**

① 컨베이어 ② 사출성형기
③ 가스용접기 ④ 공기압축기

해설
진동과 소음을 동시에 수반하는 기계설비 : 컨베이어, 사출성형기, 공기압축기, 공작기계 등

52 **기능의 안전화 방안을 소극적 대책과 적극적 대책으로 구분할 때 다음 중 적극적 대책에 해당하는 것은?**

① 기계의 이상을 확인하고 급정지시켰다.
② 원활한 작동을 위해 급유를 하였다.
③ 회로를 개선하여 오동작을 방지하도록 하였다.
④ 기계의 볼트 및 너트가 이완되지 않도록 다시 조립하였다.

해설
회로를 개선하여 오동작을 방지한 것은 적극적 대책에 해당된다.

53 **프레스기의 비상정지스위치 작동 후 슬라이드가 하사점까지 도달시간이 0.15초 걸렸다면 양수기동식 방호장치의 안전거리는 최소 몇 [cm] 이상이어야 하는가?**

① 24 ② 240
③ 15 ④ 150

해설
안전거리
$S = 1.6t = 1.6 \times 0.15 \times 1{,}000 = 240[\mathrm{mm}] = 24[\mathrm{cm}]$

54 **컨베이어(Conveyor) 역전방지장치의 형식을 기계식과 전기식으로 구분할 때 기계식에 해당하지 않는 것은?**

① 래칫식 ② 밴드식
③ 스러스트식 ④ 롤러식

해설
역전방지장치 형식에 따른 컨베이어의 분류
• 기계식 : 래칫식, 밴드식, 롤러식
• 전기식 : 스러스트식

55 **재료의 강도시험 중 항복점을 알 수 있는 시험의 종류는?**

① 비파괴 시험 ② 충격시험
③ 인장시험 ④ 피로시험

해설
인장시험으로 알 수 있는 것 : 연신율, 단면 감소율, 비례한도, 항복점, 인장강도 등

정답 50 ② 51 ③ 52 ③ 53 ① 54 ③ 55 ③

56 **다음 중 프레스를 제외한 사출성형기, 주형조형기 및 형단조기 등에 관한 안전조치사항으로 틀린 것은?**

① 근로자의 신체 일부가 말려들어갈 우려가 있는 경우에는 양수조작식 방호장치를 설치하여 사용한다.
② 게이트 가드식 방호장치를 설치할 경우에는 연동구조를 적용하여 문을 닫지 않아도 동작할 수 있도록 한다.
③ 사출성형기의 전면에 작업용 발판을 설치할 경우 근로자가 쉽게 미끄러지지 않는 구조여야 한다.
④ 기계의 히터 등의 가열 부위, 감전 우려가 있는 부위에는 방호 덮개를 설치하여 사용한다.

해설
게이트 가드식 방호장치를 설치할 경우에는 연동구조를 적용하여 문을 닫지 않을 경우에는 동작할 수 없도록 한다.

57 **자분탐상검사에서 사용하는 자화방법이 아닌 것은?**

① 축통전법　　② 전류관통법
③ 극간법　　④ 임피던스법

해설
자분탐상검사에서 사용하는 자화방법 : 축통전법, 전류관통법, 극간법, 코일법, 프로드법 등

58 **다음 중 소성가공을 열간가공과 냉간가공으로 분류하는 가공온도의 기준은?**

① 융해점 온도　　② 공석점 온도
③ 공정점 온도　　④ 재결정온도

해설
열간가공과 냉간가공으로 분류하는 가공온도의 기준은 재결정온도이다.

59 **컨베이어 설치 시 주의사항에 관한 설명으로 옳지 않은 것은?**

① 컨베이어에 설치된 보도 및 운전실 상면은 가능한 한 수평이어야 한다.
② 근로자가 컨베이어를 횡단하는 곳에는 바닥면 등으로부터 90[cm] 이상 120[cm] 이하에 상부 난간대를 설치하고, 바닥면과의 중간에 중간 난간대가 설치된 건널다리를 설치한다.
③ 폭발의 위험이 있는 가연성 분진 등을 운반하는 컨베이어 또는 폭발의 위험이 있는 장소에 사용되는 컨베이어의 전기기계 및 기구는 방폭구조이어야 한다.
④ 보도, 난간, 계단, 사다리의 설치 시 컨베이어를 가동시킨 후에 설치하면서 설치상황을 확인한다.

해설
보도, 난간, 계단, 사다리 등은 컨베이어의 가동 개시 전에 설치하여야 한다.

60 **다음 중 용접결함의 종류에 해당하지 않는 것은?**

① 비드(Bead)
② 기공(Blow Hole)
③ 언더컷(Under Cut)
④ 용입 불량(Incomplete Penetration)

해설
용접결함의 종류 : 기공(Blow Hole), 언더컷(Under Cut), 용입 불량(Incomplete Penetration) 등

정답 56 ② 57 ④ 58 ④ 59 ④ 60 ①

제4과목 전기위험 방지기술

61 정전작업 시 작업 중의 조치사항으로 옳은 것은?

① 검전기에 의한 정전 확인
② 개폐기의 관리
③ 잔류전하의 방전
④ 단락접지 실시

해설
정전작업 시 작업 중의 조치사항으로 옳은 것은 개폐기의 관리이며 ①, ③, ④는 모두 정전작업 시 작업 전의 조치사항에 해당된다.

62 자동전격방지장치에 대한 설명으로 틀린 것은?

① 무부하 시 전력손실을 줄인다.
② 무부하전압을 안전전압 이하로 저하시킨다.
③ 용접을 할 때에만 용접기의 주회로를 개로(OFF)시킨다.
④ 교류아크용접기의 안전장치로서 용접기의 1차 또는 2차측에 부착한다.

해설
용접을 할 때에만 용접기의 주회로를 폐로(ON)시킨다.

63 인체의 전기저항 R을 1,000[Ω]이라고 할 때 위험한계에너지의 최저는 약 몇 [J]인가?(단, 통전시간은 1초이고, 심실세동전류 $I=\frac{165}{\sqrt{T}}$[mA]이다)

① 17.23
② 27.23
③ 37.23
④ 47.23

해설
위험한계에너지

$$W=I^2RT=\left(\frac{165}{\sqrt{T}}\times10^{-3}\right)^2\times1{,}000\times T\simeq27.23[\text{J}]$$

64 다음 그림과 같이 완전 누전되고 있는 전기기기의 외함에 사람이 접촉하였을 경우 인체에 흐르는 전류(I_m)는?(단, E[V]는 전원의 대지전압, R_2[Ω]는 변압기 1선 접지의 접지저항, R_3[Ω]은 전기기기 외함접지의 접지저항, R_m[Ω]은 인체저항이다)

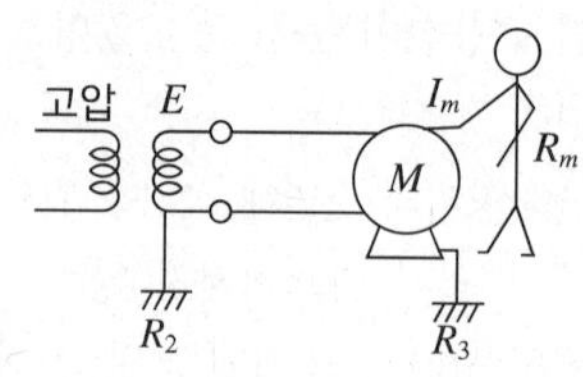

① $\frac{E}{R_2+\left(\frac{R_3\times R_m}{R_3+R_m}\right)}\times\frac{R_3}{R_3+R_m}$

② $\frac{E}{R_2+\left(\frac{R_3+R_m}{R_3\times R_m}\right)}\times\frac{R_3}{R_3+R_m}$

③ $\frac{E}{R_2+\left(\frac{R_3\times R_m}{R_3+R_m}\right)}\times\frac{R_m}{R_3+R_m}$

④ $\frac{E}{R_3+\left(\frac{R_2\times R_m}{R_2+R_m}\right)}\times\frac{R_3}{R_3+R_m}$

해설
인체에 흐르는 전류 $I_m=\frac{E}{R_2+\left(\frac{R_3\times R_m}{R_3+R_m}\right)}\times\frac{R_3}{R_3+R_m}$

65 전기화재가 발생되는 비중이 가장 큰 발화원은?

① 주방기기
② 이동식 전열기
③ 회전체 전기기계 및 기구
④ 전기배선 및 배선기구

해설
전기화재가 발생되는 비중이 가장 큰 발화원은 전기배선 및 배선기구이다.

정답 61 ② 62 ③ 63 ② 64 ① 65 ④

66 **역률 개선용 커패시터(Capacitor)가 접속되어 있는 전로에서 정전작업을 할 경우 다른 정전작업과는 달리 주의 깊게 취해야 할 조치사항으로 옳은 것은?**

① 안전 표지 부착
② 개폐기 전원 투입금지
③ 잔류전하 방전
④ 활선 근접작업에 대한 방호

해설
역률 개선용 커패시터(Capacitor)가 접속되어 있는 경우 전원 차단 후에도 잔류전하에 의한 감전위험이 높으므로 잔류전하 방전조치가 반드시 필요하다.

67 **감전사고를 방지하기 위한 방법으로 틀린 것은?**

① 전기기기 및 설비의 위험부에 위험 표지
② 전기설비에 대한 누전차단기 설치
③ 전기기기에 대한 정격 표시
④ 무자격자는 전기기계 및 기구에 전기적인 접촉금지

해설
전기설비에 대한 보호접지, 누전차단기 설치, 전기기기 및 설비의 위험부에 위험표지 설치, 무자격자는 전기기계 및 기구에 전기적인 접촉 금지

68 **전기기기 방폭의 기본개념이 아닌 것은?**

① 점화원의 방폭적 격리
② 전기기기의 안전도 증강
③ 점화능력의 본질적 억제
④ 전기설비 주위 공기의 절연능력 향상

해설
전기기기 방폭의 기본개념과 이를 이용한 방폭구조
- 점화원의 (방폭적) 격리 : 내압 방폭구조, 유입 방폭구조, 압력 방폭구조, 충전 방폭구조, 비점화 방폭구조, 몰드(캡슐) 방폭구조
- 전기기기(설비)의 안전도 증강 : 안전증 방폭구조
- 점화능력의 본질적 억제 : 본질안전 방폭구조

69 **대전물체의 표면전위를 검출전극에 의한 용량 분할을 통해 측정할 수 있다. 대전물체의 표면전위 V_s는?(단, 대전물체와 검출전극 간의 정전용량은 C_1, 검출전극과 대지 간의 정전용량은 C_2, 검출전극의 전위는 V_e이다)**

① $V_s = \left(\frac{C_1+C_2}{C_1}+1\right)V_e$

② $V_s = \frac{C_1+C_2}{C_1}V_e$

③ $V_s = \frac{C_2}{C_1+C_2}V_e$

④ $V_s = \left(\frac{C_1}{C_1+C_2}+1\right)V_e$

해설
검출전극에 의한 용량 분할하여 측정할 때의 대전물체의 표면전위 : $V_s = \frac{C_1+C_2}{C_1}V_e$(여기서, C_1 : 대전물체와 검출전극 간의 정전용량, C_2 : 검출전극과 대전 간의 정전용량, V_e : 검출전극의 전위)

70 **다음 중 불꽃(Spark)방전의 발생 시 공기 중에 생성되는 물질은?**

① O_2　　② O_3
③ H_2　　④ C

해설
불꽃(Spark)방전의 발생 시 공기 중에 오존(O_3)이 생성된다.

정답 66 ③ 67 ③ 68 ④ 69 ② 70 ②

71 **감전사고가 발생했을 때 피해자를 구출하는 방법으로 틀린 것은?**

① 피해자가 계속하여 전기설비에 접촉되어 있다면 우선 그 설비의 전원을 신속히 차단한다.
② 감전상황을 빠르게 판단하고 피해자의 몸과 충전부가 접촉되어 있는지를 확인한다.
③ 충전부에 감전되어 있으면 몸이나 손을 잡고 피해자를 곧바로 이탈시켜야 한다.
④ 절연 고무장갑, 고무장화 등을 착용한 후에 구원해 준다.

해설
피해자가 충전부에 감전되어 있으면 피해자의 몸이나 손을 잡고 피해자를 곧바로 이탈시키면 안 되며, 우선 전원을 내리고 기구를 사용하여 이탈시켜야 한다.

72 **샤워시설이 있는 욕실에 콘센트를 시설하고자 한다. 이때 설치되는 인체감전보호용 누전차단기의 정격감도전류는 몇 [mA] 이하인가?**

① 5
② 15
③ 30
④ 60

해설
한국전기설비규정 234.5
욕조나 샤워시설이 있는 욕실 또는 화장실 등 인체가 물에 젖어있는 상태에서 전기를 사용하는 장소에 콘센트를 시설하는 경우에는 인체감전보호용 누전차단기(정격감도전류 15[mA] 이하, 동작시간 0.03초 이하의 전류동작형의 것에 한한다) 또는 절연변압기(정격용량 3[kVA] 이하인 것에 한한다)로 보호된 전로에 접속하거나, 인체감전보호용 누전차단기가 부착된 콘센트를 시설하여야 한다.

73 **인체의 저항을 500[Ω]이라고 할 때 단상 440[V]의 회로에서 누전으로 인한 감전재해를 방지할 목적으로 설치하는 누전차단기의 규격은?**

① 30[mA], 0.1초
② 30[mA], 0.03초
③ 50[mA], 0.1초
④ 50[mA], 0.3초

해설
(440[V]의 회로에) 감전방지용 누전차단기는 정격감도전류 30[mA], 동작시간 0.03초 이내의 것이어야 한다(단, 인체저항은 500[Ω] 이하).

74 **접지의 종류와 목적이 바르게 짝지어지지 않은 것은?**

① 계통접지 – 고압전로와 저압전로가 혼촉되었을 때의 감전이나 화재방지를 위하여
② 지락검출용 접지 – 차단기의 동작을 확실하게 하기 위하여
③ 기능용 접지 – 피뢰기 등의 기능 손상을 방지하기 위하여
④ 등전위 접지 – 병원에 있어서 의료기기 사용 시 안전을 위하여

해설
기능용 접지 – 전기방식설비의 기능 손상을 방지하기 위한 접지

75 **방폭기기–일반요구사항(KS C IEC 60079–0) 규정에서 제시하고 있는 방폭기기 설치 시 표준 환경조건이 아닌 것은?**

① 압력 : 80~110[kpa]
② 상대습도 : 40~80[%]
③ 주위온도 : –20~40[℃]
④ 산소 함유율 21[%v/v]의 공기

해설
상대습도 : 45~85[%]

76 **정격감도전류에서 동작시간이 가장 짧은 누전차단기는?**

① 시연형 누전차단기
② 반한시형 누전차단기
③ 고속형 누전차단기
④ 감전보호용 누전차단기

해설
정격감도전류에서 동작시간이 가장 짧은 누전차단기는 감전보호용 누전차단기로 0.03초 이내이다.

정답 71 ③ 72 ② 73 ② 74 ③ 75 ② 76 ④

77 **방폭지역 구분 중 폭발성 가스분위기가 정상 상태에서 조성되지 않거나 조성된다 하더라도 짧은 기간에만 존재할 수 있는 장소는?**

① 제0종 장소　② 제1종 장소
③ 제2종 장소　④ 비방폭지역

해설
2종 장소 : 방폭지역 구분 중 폭발성 가스분위기가 정상 상태에서 조성되지 않거나 조성되더라도 짧은 기간에만 존재할 수 있는 장소

78 **전기설비기술기준에서 정의하는 전압의 구분으로 틀린 것은?**

① 교류 저압 : 600[V] 이하
② 직류 저압 : 750[V] 이하
③ 직류 고압 : 750[V] 초과, 7,000[V] 이하
④ 특고압 : 7,000[V] 이상

해설
전압의 구분

구 분	직류(DC)	교류(AC)
저 압	750[V] 이하	600[V] 이하
고 압	750[V] 초과 7,000[V] 이하	600[V] 초과 7,000[V] 이하
특고압	7,000[V] 초과	

※ 2021년 1월 1일부터 시행되는 한국전기설비규정(KEC)에서의 전압의 구분은 다음과 같다.

구 분	직류(DC)	교류(AC)
저 압	1.5[kV] 이하	1[kV] 이하
고 압	1.5[kV] 초과 7[kV] 이하	1[kV] 초과 7[kV] 이하
특고압	7[kV] 초과	

79 **피뢰기의 구성요소로 옳은 것은?**

① 직렬 갭, 특성요소
② 병렬 갭, 특성요소
③ 직렬 갭, 충격요소
④ 병렬 갭, 충격요소

해설
피뢰기의 구성요소 : 직렬 갭, 특성요소
- 직렬 갭 : 정상 시 방전을 하지 않고 절연 상태 유지, 이상 과전압 발생 시 신속히 이상전압을 대지로 방전하고 속류를 차단
- 특성요소 : 탄화규소 입자를 각종 결합체와 혼합한 것
  - 별칭 : 밸브저항체
  - 비저항 특성을 가지고 있으므로 큰 방전전류에 대해서는 저항값이 낮아져서 제한전압을 낮게 억제함과 동시에 비교적 낮은 전압계통에서는 높은 저항값으로 속류를 차단시켜 직렬 갭에 의한 속류의 차단을 용이하게 도와주는 작용을 한다.

80 **내압 방폭구조의 필요충분조건에 대한 사항으로 틀린 것은?**

① 폭발화염이 외부로 유출되지 않을 것
② 습기 침투에 대한 보호를 충분히 할 것
③ 내부에서 폭발한 경우 그 압력에 견딜 것
④ 외함의 표면온도가 외부의 폭발성 가스를 점화하지 않을 것

해설
내압 방폭구조(d)의 기본적 성능에 관한 사항(내압 방폭구조의 필요충분조건에 대한 사항)
- 내부에서 폭발할 경우 그 압력에 견딜 것
- 폭발화염이 외부로 유출(전파)되지 않을 것(이를 위하여 안전간극을 작게 한다)
- 외함의 표면온도가 주위의 가연성 가스, 외부의 폭발성 가스를 점화하지 않을 것
- 열을 최소 점화에너지 이하로 유지할 것(이를 위하여 화염일주한계를 작게 한다)

정답 77 ③ 78 ④ 79 ① 80 ②

제5과목 화학설비위험 방지기술

81 위험물 또는 가스에 의한 화재를 경보하는 기구에 필요한 설비가 아닌 것은?

① 간이 완강기
② 자동화재감지기
③ 축전지설비
④ 자동화재수신기

해설
위험물 또는 가스에 의한 화재를 경보하는 기구에 필요한 설비 : 자동화재감지기, 축전지설비, 자동화재수신기, 가스누출감지기, 경보기, 자동경보장치 등

82 산업안전보건기준에 관한 규칙에서 지정한 '화학설비 및 그 부속설비의 종류' 중 화학설비의 부속설비에 해당하는 것은?

① 응축기, 냉각기, 가열기 등의 열교환기류
② 반응기, 혼합조 등의 화학물질 반응 또는 혼합장치
③ 펌프류, 압축기 등의 화학물질 이송 또는 압출설비
④ 온도, 압력, 유량 등을 지시・기록하는 자동제어 관련 설비

해설
온도, 압력, 유량 등을 지시・기록하는 부속설비는 화학설비의 부속설비 중 자동제어 관련 부속설비에 해당된다. ①, ②, ③은 화학설비에 해당된다(산업안전보건기준에 관한 규칙 별표 7).

83 다음 중 반응기를 조작방식에 따라 분류할 때 이에 해당하지 않는 것은?

① 회분식 반응기　② 반회분식 반응기
③ 연속식 반응기　④ 관형식 반응기

해설
조작방법에 의한 반응기의 분류 : 회분식 균일상 반응기, 반회분식 반응기, 연속식 반응기

84 다음 중 물과 반응하여 수소가스를 발생할 위험이 가장 낮은 물질은?

① Mg　② Zn
③ Cu　④ Na

해설
리튬(Li), 칼륨(K), 나트륨(Na), 마그네슘(Mg), 아연(Zn) 등과 같이 수소보다 이온화 경향이 큰 금속은 상온에서 물과 (격렬히) 반응하여 수소를 발생시킨다.

85 다음 중 가연성 물질이 연소하기 쉬운 조건으로 옳지 않은 것은?

① 연소 발열량이 클 것
② 점화에너지가 작을 것
③ 산소와 친화력이 클 것
④ 입자의 표면적이 작을 것

해설
입자의 표면적이 클 것

86 다음 중 열교환기의 보수에 있어 일상점검 항목과 정기적 개방점검 항목으로 구분할 때 일상점검 항목으로 가장 거리가 먼 것은?

① 도장의 노후상황
② 부착물에 의한 오염상황
③ 보온재, 보랭재의 파손 여부
④ 기초 볼트의 체결 정도

해설
열교환기의 일상점검 항목
- 보온재 및 보랭재의 파손상황(여부)
- 도장의 노후상황
- 플랜지부 등의 외부 누출 여부
- 기초 볼트의 조임 상태(체결 정도)

정답 81 ① 82 ④ 83 ④ 84 ③ 85 ④ 86 ②

87 헥산 1[vol%], 메탄 2[vol%], 에틸렌 2[vol%], 공기 95[vol%]로 된 혼합가스의 폭발하한계값[vol%]은 약 얼마인가?(단, 헥산, 메탄, 에틸렌의 폭발하한계값은 각각 1.1[vol%], 5.0[vol%], 2.7[vol%]이다)

① 2.44
② 12.89
③ 21.78
④ 48.78

해설
$\frac{5}{LFL} = \frac{1}{1.1} + \frac{2}{5.0} + \frac{2}{2.7} \simeq 2.05$에서 $LFL = \frac{5}{2.05} \simeq 2.44$

88 이산화탄소 소화약제의 특징으로 가장 거리가 먼 것은?

① 전기절연성이 우수하다.
② 액체로 저장할 경우 자체 압력으로 방사할 수 있다.
③ 기화 상태에서 부식성이 매우 강하다.
④ 저장에 의한 변질이 없어 장기간 저장이 용이한 편이다.

해설
이산화탄소 소화약제는 기화 상태에서 내부식성이 매우 강하다.

89 산업안전보건기준에 관한 규칙 중 급성 독성물질에 관한 기준 중 일부이다. (A)와 (B)에 알맞은 수치를 옳게 나타낸 것은?

- 쥐에 대한 경구투입실험에 의하여 실험동물의 50[%]를 사망시킬 수 있는 물질의 양, 즉 LD_{50}(경구, 쥐)이 [kg]당 (A)[mg]-(체중) 이하인 화학물질
- 쥐 또는 토끼에 대한 경피흡수실험에 의하여 실험동물의 50[%]를 사망시킬 수 있는 물질의 양, 즉 LD_{50}(경피, 토끼 또는 쥐)이 [kg]당 (B)[mg]-(체중) 이하인 화학물질

① A : 1,000, B : 300
② A : 1,000, B : 1,000
③ A : 300, B : 300
④ A : 300, B : 1,000

해설
급성 독성물질(산업안전보건기준에 관한 규칙 별표 1)
- 쥐에 대한 경구투입실험에 의하여 실험동물의 50[%]를 사망시킬 수 있는 물질의 양, 즉 LD_{50}(경구, 쥐)이 [kg]당 300[mg]-(체중) 이하인 화학물질
- 쥐 또는 토끼에 대한 경피흡수실험에 의하여 실험동물의 50[%]를 사망시킬 수 있는 물질의 양, 즉 LD_{50}(경피, 토끼 또는 쥐)이 [kg]당 1,000[mg]-(체중) 이하인 화학물질

90 분진폭발을 방지하기 위하여 첨가하는 불활성 첨가물로 적합하지 않은 것은?

① 탄산칼슘　② 모 래
③ 석 분　④ 마그네슘

해설
마그네슘을 첨가하면 분진폭발이 더 일어난다.

정답 87 ① 88 ③ 89 ④ 90 ④

91 **다음 중 가연성 가스이며 독성가스에 해당하는 것은?**

① 수 소 ② 프로판
③ 산 소 ④ 일산화탄소

해설
④ 일산화탄소 : 가연성 독성가스
① 수소 : 가연성 폭발성 가스
② 프로판 : 인화성 가스
③ 산소 : 조연성 가스

92 **위험물질을 저장하는 방법으로 틀린 것은?**

① 황린은 물속에 저장
② 나트륨은 석유 속에 저장
③ 칼륨은 석유 속에 저장
④ 리튬은 물속에 저장

해설
• 리튬을 물속에 저장하면 물과 (격렬히) 반응하여 수소를 발생시킨다.
• 모든 폭발성 물질은 통풍이 잘되는 냉암소 등에 보관해야 한다.

93 **다음 중 인화성 가스가 아닌 것은?**

① 부 탄 ② 메 탄
③ 수 소 ④ 산 소

해설
산소 : 조연성 가스로 연소를 도와줌

94 **다음 중 자연발화의 방지법으로 가장 거리가 먼 것은?**

① 직접 인화할 수 있는 불꽃과 같은 점화원만 제거하면 된다.
② 저장소 등의 주위 온도를 낮게 한다.
③ 습기가 많은 곳에는 저장하지 않는다.
④ 통풍이나 저장법을 고려하여 열의 축적을 방지한다.

해설
자연발화를 방지하기 위한 일반적인 방법
• (저장소 등) 주위의 온도를 낮춘다.
• 공기의 출입이 원활하도록 통풍이 잘되게 한다.
• 열이 축적되지 않게 한다.
• 통풍이나 저장법을 고려하여 열의 축적을 방지한다.
• 습도가 높은(습기가 많은) 곳에는 저장하지 않는다.
• 공기와 접촉되지 않도록 불활성 액체 중에 저장한다.
• 황린의 경우 산소와의 접촉을 피한다.

95 **인화성 가스가 발생할 우려가 있는 지하작업장에서 작업할 경우 폭발이나 화재를 방지하기 위한 조치사항 중 가스의 농도를 측정하는 기준으로 적절하지 않은 것은?**

① 매일 작업을 시작하기 전에 측정한다.
② 가스 누출이 의심되는 경우 측정한다.
③ 장시간 작업할 때에는 매 8시간마다 측정한다.
④ 가스가 발생하거나 정체할 위험이 있는 장소에 대하여 측정한다.

해설
장시간 작업할 때에는 4시간마다 가스 농도를 측정한다.

정답 91 ④ 92 ④ 93 ④ 94 ① 95 ③

96 **다음 중 가연성 가스가 밀폐된 용기 안에서 폭발할 때 최대 폭발압력에 영향을 주는 인자로 가장 거리가 먼 것은?**

① 가연성 가스의 농도(몰수)
② 가연성 가스의 초기 온도
③ 가연성 가스의 유속
④ 가연성 가스의 초기 압력

해설
가연성 가스가 밀폐된 용기 안에서 폭발할 때 최대 폭발압력에 영향을 주는 인자
- 가연성 가스의 농도(화학양론비에서 최대)
- 가연성 가스의 초기 온도(가 낮을수록 증가)
- 가연성 가스의 초기 압력(이 높을수록 증가)

※ 용기의 형태 및 부피, 가연성 가스의 유속 등에 큰 영향을 받지 않는다.

97 **물이 관 속을 흐를 때 유동하는 물속의 어느 부분의 정압이 그때의 물 증기압보다 낮을 경우 물이 증발하여 부분적으로 증기가 발생되어 배관의 부식을 초래하는 경우가 있다. 이러한 현상을 무엇이라고 하는가?**

① 서징(Surging)
② 공동현상(Cavitation)
③ 비말동반(Entrainment)
④ 수격작용(Water Hammering)

해설
공동현상(Cavitation) : 물이 관 속을 흐를 때 유동하는 물속의 어느 부분의 정압이 그때의 물 증기압보다 낮을 경우 물이 증발하여 부분적으로 증기가 발생되어 배관의 부식을 초래하는 현상

98 **메탄이 공기 중에서 연소될 때의 이론혼합비(화학양론 조성)는 몇 [vol%]인가?**

① 2.21　② 4.03
③ 5.76　④ 9.50

해설
메탄(CH_4)가스의 화학양론 농도

$$C_{st}=\frac{100}{1+4.773\left[a+\frac{(b-c-2d)}{4}+e\right]}$$

$$=\frac{100}{1+4.773\left[1+\frac{4}{4}\right]}\simeq 9.5[\text{vol\%}]$$

99 **고압의 환경에서 장시간 작업하는 경우에 발생할 수 있는 잠함병(潛函病) 또는 잠수병(潛水病)은 다음 중 어떤 물질에 의하여 중독현상이 일어나는가?**

① 질 소　② 황화수소
③ 일산화탄소　④ 이산화탄소

해설
고압의 물속환경에서 장시간 작업하는 경우에 발생할 수 있는 잠함병(潛函病) 또는 잠수병(潛水病)은 질소에 의하여 중독현상이 일어난다.

100 **공기 중에서 A 가스의 폭발하한계는 2.2[vol%]이다. 이 폭발하한계값을 기준으로 하여 표준 상태에서 A 가스와 공기의 혼합기체 1[m³]에 함유되어 있는 A 가스의 질량을 구하면 약 몇 [g]인가?(단, A 가스의 분자량은 26이다)**

① 19.02　② 25.54
③ 29.02　④ 35.54

해설
A 가스와 공기의 혼합기체 1[m³]에 함유되어 있는 A 가스의 질량

$$=0.022\times\frac{26}{22.4\times\frac{273}{273}}\times 10^3\simeq 25.54[\text{g/m}^3]$$

정답 96 ③ 97 ② 98 ④ 99 ① 100 ②

제6과목 건설안전기술

101 산업안전보건법에 따른 거푸집 동바리를 조립하는 경우 준수사항으로 옳지 않은 것은?

① 개구부 상부에 동바리를 설치하는 경우에는 상부 하중을 견딜 수 있는 견고한 받침대를 설치할 것
② 동바리의 이음은 맞댄이음이나 장부이음으로 하고 같은 품질의 제품을 사용할 것
③ 강재와 강재의 접속부 및 교차부는 철선을 사용하여 단단히 연결할 것
④ 거푸집이 곡면인 경우에는 버팀대의 부착 등 그 거푸집의 부상(浮上)을 방지하기 위한 조치를 할 것

해설
강재와 강재의 접속부 및 교차부는 볼트, 클램프 등 전용 철물을 사용하여 단단히 연결해야 한다(산업안전보건기준에 관한 규칙 제332조).

102 타워크레인(Tower Crane)을 선정하기 위한 사전 검토사항으로서 가장 거리가 먼 것은?

① 붐의 모양 ② 인양능력
③ 작업 반경 ④ 붐의 높이

해설
타워크레인 선정을 위한 사전 검토사항 : 인양능력, 작업 반경, 붐의 높이, 크레인의 크기 등

103 건설현장에서 근로자의 추락재해를 예방하기 위한 안전난간을 설치하는 경우 그 구성요소와 거리가 먼 것은?

① 상부 난간대 ② 중간 난간대
③ 사다리 ④ 발끝막이판

해설
안전난간의 구성요소(산업안전보건기준에 관한 규칙 제13조) : 상부 난간대, 중간 난간대, 발끝막이판, 난간기둥

104 달비계(곤돌라의 달비계는 제외)의 최대 적재하중을 정하는 경우에 사용하는 안전계수의 기본으로 옳은 것은?

① 달기 체인의 안전계수 : 10 이상
② 달기 강대와 달비계의 하부 및 상부 지점의 안전계수(목재의 경우) : 2.5 이상
③ 달기 와이어로프의 안전계수 : 5 이상
④ 달기 강선의 안전계수 : 10 이상

해설
① 달기 체인의 안전계수 : 5 이상
② 달기 강대와 달비계의 하부 및 상부 지점의 안전계수(목재의 경우) : 5 이상
③ 달기 와이어로프의 안전계수 : 10 이상

105 달비계의 구조에서 달비계 작업발판의 폭은 최소 얼마 이상이어야 하는가?

① 30[cm]
② 40[cm]
③ 50[cm]
④ 60[cm]

해설
달비계의 구조에서 달비계 작업발판의 폭은 최소 40[cm] 이상이어야 한다(산업안전보건기준에 관한 규칙 제63조).

정답 101 ③ 102 ① 103 ③ 104 ④ 105 ②

106 **건설업 중 교량건설공사의 경우 유해 · 위험방지계획서를 제출하여야 하는 기준으로 옳은 것은?**

① 최대 지간 길이가 40[m] 이상인 교량건설 등 공사
② 최대 지간 길이가 50[m] 이상인 교량건설 등 공사
③ 최대 지간 길이가 60[m] 이상인 교량건설 등 공사
④ 최대 지간 길이가 70[m] 이상인 교량건설 등 공사

해설
건설공사 유해 · 위험방지계획서 제출대상 공사(시행령 제42조)
- 지상 높이가 31[m] 이상인 건축물 또는 인공구조물, 연면적 30,000[m^2] 이상인 건축물 또는 연면적 5,000[m^2] 이상의 문화 및 집회시설(전시장 및 동물원 · 식물원은 제외), 판매시설, 운수시설(고속철도의 역사 및 집배송시설은 제외), 종교시설, 의료시설 중 종합병원, 숙박시설 중 관광숙박시설, 지하도상가 또는 냉동 · 냉장 창고시설의 건설 · 개조 또는 해체(이하 '건설 등'이라 한다)
- 연면적 5,000[m^2] 이상의 냉동 · 냉장창고시설의 설비공사 및 단열공사
- 최대 지간 길이가 50[m] 이상인 다리의 건설 등 공사
- 터널 건설 등의 공사
- 다목적댐, 발전용댐 및 저수용량 2,000만[ton] 이상의 용수 전용 댐, 지방상수도 전용 댐 건설 등의 공사
- 깊이 10[m] 이상인 굴착공사

107 **구축물이 풍압 · 지진 등에 의하여 붕괴 또는 전도하는 위험에 예방하기 위한 조치가 가장 거리가 먼 것은?**

① 설계도서에 따라 시공했는지 확인
② 건설공사시방서에 따라 시공했는지 확인
③ 건축물의 구조기준 등에 관한 규칙에 따른 구조기준을 준수했는지 확인
④ 보호구 및 방호장치의 성능검정 합격품을 사용했는지 확인

해설
구축물의 풍압 · 지진 등에 의한 붕괴 또는 전도 위험을 예방하기 위한 조치(산업안전보건기준에 관한 규칙 제51조)
- 설계도서에 따라 시공했는지 확인
- 건설공사시방서에 따라 시공했는지 확인
- 건축물의 구조기준 등에 관한 규칙에 따른 구조기준을 준수했는지 확인

108 **철골 건립 준비를 할 때 준수하여야 할 사항과 가장 거리가 먼 것은?**

① 지상 작업장에서 건립 준비 및 기계 · 기구를 배치할 경우에는 낙하물의 위험이 없는 평탄한 장소를 선정하여 정비하고 경사지에는 작업대나 임시 발판 등을 설치하는 등 안전조치를 한 후 작업하여야 한다.
② 건립작업에 다소 지장이 있다하더라도 수목은 제거하여서는 안 된다.
③ 사용 전에 기계 · 기구에 대한 정비 및 보수를 철저히 실시하여야 한다.
④ 기계에 부착된 앵커 등 고정장치와 기초구조 등을 확인하여야 한다.

해설
건립작업에 지장을 주는 수목은 제거하여야 한다.

정답 106 ② 107 ④ 108 ②

109 **건설현장에서 높이 5[m] 이상인 콘크리트 교량의 설치작업을 하는 경우 재해예방을 위해 준수해야 할 사항으로 옳지 않은 것은?**

① 작업을 하는 구역에는 관계 근로자가 아닌 사람의 출입을 금지할 것
② 재료, 기구 또는 공구 등을 올리거나 내릴 경우에는 근로자로 하여금 크레인을 이용하도록 하고 달줄, 달포대 등의 사용을 금하도록 할 것
③ 중량물 부재를 크레인 등으로 인양하는 경우에는 부재에 인양용 고리를 견고하게 설치하고, 인양용 로프는 부재에 두 군데 이상 결속하여 인양하여야 하며, 중량물이 안전하게 거치되기 전까지는 걸이로프를 해제시키지 아니할 것
④ 자재나 부재의 낙하·전도 또는 붕괴 등에 의하여 근로자에게 위험을 미칠 우려가 있을 경우에는 출입금지구역의 설정, 자재 또는 가설시설의 좌굴(挫屈) 또는 변형방지를 위한 보강재 부착 등의 조치를 할 것

해설

교량 작업 시 준수사항
- 작업을 하는 구역에는 관계 근로자가 아닌 사람의 출입을 금지할 것
- 재료, 기구 또는 공구 등을 올리거나 내릴 경우에는 근로자로 하여금 달줄, 달포대 등을 사용하도록 할 것
- 중량물 부재를 크레인 등으로 인양하는 경우에는 부재에 인양용 고리를 견고하게 설치하고, 인양용 로프는 부재에 두 군데 이상 결속하여 인양하여야 하며, 중량물이 안전하게 거치되기 전까지는 걸이로프를 해제시키지 아니할 것
- 자재나 부재의 낙하·전도 또는 붕괴 등에 의하여 근로자에게 위험을 미칠 우려가 있을 경우에는 출입금지구역의 설정, 자재 또는 가설시설의 좌굴 또는 변형 방지를 위한 보강재 부착 등의 조치를 할 것

110 **일반 건설공사(갑)로서 대상액이 5억원 이상 50억원 미만인 경우에 산업안전보건관리비의 비율 (가) 및 기초액 (나)으로 옳은 것은?**

① (가) 1.86%, (나) 5,349,000원
② (가) 1.99%, (나) 5,499,000원
③ (가) 2.35%, (나) 5,400,000원
④ (가) 1.57%, (나) 4,411,000원

해설

공사종류 및 규모별 안전관리비 계상기준표(건설업 산업안전보건관리비 계상 및 사용기준 별표 1)

구분 / 공사종류	대상액 5억원 미만인 경우 적용 비율[%]	대상액 5억원 이상 50억원 미만인 경우		대상액 50억원 이상인 경우 적용 비율[%]	영 별표 5에 따른 보건관리자 선임대상 건설공사의 적용 비율[%]
		적용 비율[%]	기초액(원)		
일반건설공사(갑)	2.93	1.86	5,349,000	1.97	2.15
일반건설공사(을)	3.09	1.99	5,499,000	2.10	2.29
중건설공사	3.43	2.35	5,400,000	2.44	2.66
철도·궤도 신설공사	2.45	1.57	4,411,000	1.66	1.81
특수 및 기타 건설공사	1.85	1.20	3,250,000	1.27	1.38

111 **중량물을 운반할 때의 바른 자세로 옳은 것은?**

① 허리를 구부리고 양손으로 들어올린다.
② 중량은 보통 체중의 60[%]가 적당하다.
③ 물건은 최대한 몸에서 멀리 떼어서 들어올린다.
④ 길이가 긴 물건은 앞쪽을 높게 하여 운반한다.

해설

① 허리를 구부리지 말고 곧은 자세로 하여 양손으로 들어올린다.
② 중량은 보통 체중의 40[%]가 적당하다.
③ 물건은 최대한 몸에서 가까이 하여 운반한다.

정답 109 ② 110 ① 111 ④

112 추락방지용 방망의 그물코의 크기가 10[cm]인 신품 매듭방망사의 인장강도는 몇 [kg] 이상이어야 하는가?

① 80 ② 110
③ 150 ④ 200

해설
신품 추락방지망의 기준 인장강도[kg]

구 분	그물코 5[cm]	그물코 10[cm]
매듭 있는 방망	110	200
매듭 없는 방망	–	240

113 다음 중 방망에 표시해야 할 사항이 아닌 것은?

① 방망의 신축성 ② 제조자명
③ 제조연월 ④ 재봉치수

해설
방망에 표시해야 할 사항 : 제조자명, 제조연월, 재봉치수, 그물코, (신품인 때의) 방망의 강도

114 강관비계 조립 시의 준수사항으로 옳지 않은 것은?

① 비계 기둥에는 미끄러지거나 침하하는 것을 방지하기 위하여 밑받침 철물을 사용한다.
② 지상 높이 4층 이하 또는 12[m] 이하인 건축물의 해체 및 조립 등의 작업에서만 사용한다.
③ 교차 가새로 보강한다.
④ 외줄비계, 쌍줄비계 또는 돌출비계에 대해서는 벽이음 및 버팀을 설치한다.

해설
강관비계 조립 시 준수사항(산업안전보건기준에 관한 규칙 제59조, 별표 5)

- 비계 기둥에는 미끄러지거나 침하하는 것을 방지하기 위하여 밑받침 철물을 사용하거나 깔판·깔목 등을 사용하여 밑둥잡이를 설치하는 등의 조치를 할 것
- 강관의 접속부 또는 교차부는 적합한 부속철물을 사용하여 접속하거나 단단히 묶을 것
- 교차 가새로 보강할 것
- 외줄비계·쌍줄비계 또는 돌출비계에 대해서는 다음에서 정하는 바에 따라 벽이음 및 버팀을 설치한다(다만, 창틀의 부착 또는 벽면의 완성 등의 작업을 위하여 벽이음 또는 버팀을 제거하는 경우, 그 밖에 작업의 필요상 부득이한 경우로서 해당 벽이음 또는 버팀 대신 비계기둥 또는 띠장에 사재(斜材)를 설치하는 등 비계가 넘어지는 것을 방지하기 위한 조치를 한 경우에는 그러하지 아니하다).
  - 강관비계의 조립 간격

구 분	수직 방향	수평 방향
단관비계	5[m]	
틀비계 (높이가 5[m] 미만 제외)	6[m]	8[m]

  - 강관·통나무 등의 재료를 사용하여 견고한 것으로 할 것
  - 인장재와 압축재로 구성된 경우에는 인장재와 압축재의 간격을 1[m] 이내로 할 것
- 가공 전로(架空電路)에 근접하여 비계를 설치하는 경우에는 가공 전로를 이설하거나 가공 전로에 절연용 방호구를 장착하는 등 가공 전로와의 접촉을 방지하기 위한 조치를 할 것

115 사다리식 통로 등을 설치하는 경우 고정식 사다리식 통로의 기울기는 최대 몇 도 이하로 하여야 하는가?

① 60° ② 75°
③ 80° ④ 90°

해설
사다리식 통로의 기울기는 75° 이하로 해야 한다. 다만, 고정식 사다리식 통로의 기울기는 90° 이하로 하고, 그 높이가 7[m] 이상인 경우에는 바닥으로부터 높이가 2.5[m]되는 지점부터 등받이울을 설치해야 한다(산업안전보건기준에 관한 규칙 제24조).

정답 112 ④ 113 ① 114 ② 115 ④

116 **부두·안벽 등 하역작업을 하는 장소에서 부두 또는 안벽의 선을 따라 통로를 설치하는 경우에는 폭을 최소 얼마 이상으로 해야 하는가?**

① 70[cm] ② 80[cm]
③ 90[cm] ④ 100[cm]

해설
부두·안벽 등 하역작업을 하는 장소에서 부두 또는 안벽의 선을 따라 통로를 설치하는 경우에는 폭을 최소 90[cm] 이상으로 해야 한다(산업안전보건기준에 관한 규칙 제390조).

117 **건설작업장에서 근로자가 상시 작업하는 장소의 작업면 조도기준으로 옳지 않은 것은?(단, 갱내 작업장과 감광재료를 취급하는 작업장의 경우는 제외)**

① 초정밀작업 : 600[lx] 이상
② 정밀작업 : 300[lx] 이상
③ 보통작업 : 150[lx] 이상
④ 초정밀, 정밀, 보통작업을 제외한 기타 작업 : 75[lx] 이상

해설
초정밀작업(산업안전보건기준에 관한 규칙 제8조) : 750[lx] 이상

118 **승강기 강선의 과다 감기를 방지하는 장치는?**

① 비상정지장치 ② 권과방지장치
③ 해지장치 ④ 과부하방지장치

해설
권과방지장치 : 승강기 강선의 과다 감기를 방지하는 장치

119 **흙막이 지보공을 설치하였을 때 정기적으로 점검하여야 할 사항과 거리가 먼 것은?**

① 경보장치의 작동 상태
② 부재의 손상·변형·부식·변위 및 탈락의 유무와 상태
③ 버팀대의 긴압(緊壓)의 정도
④ 부재의 접속부, 부착부 및 교차부의 상태

해설
산업안전보건기준에 관한 규칙 제366조(붕괴 등 방지)
• 부재의 손상·변형·부식·변위 탈락의 유무 및 상태
• 부재의 긴압 정도
• 부재의 접속부 및 교차부의 상태
• 기둥침하의 유무 및 상태

120 **사질지반 굴착 시 굴착부와 지하수위차가 있을 때 수두차에 의하여 삼투압이 생겨 흙막이벽 근입 부분을 침식하는 동시에 모래가 액상화되어 솟아오르는 현상은?**

① 동상현상
② 연화현상
③ 보일링 현상
④ 히빙현상

해설
보일링(Boiling) 현상
• 사질지반 굴착 시 굴착부와 지하수위차가 있을 때 수두차에 의하여 삼투압이 생겨 흙막이벽 근입 부분을 침식하는 동시에 모래가 액상화되어 솟아오르는 현상이다.
• 지하수위가 높은 모래지반을 굴착할 때 발생하는 현상이다.
• 아랫부분의 토사가 수압을 받아 굴착한 곳으로 밀려나와 굴착 부분을 다시 메우는 현상이다.
• 흙막이 보의 지지력이 저하되며 흙막이 벽의 지지력이 상실된다.
• 저면이 액상화된다.
• 시트파일(Sheet Pile) 등의 저면에 분사현상이 발생한다.

정답 116 ③ 117 ① 118 ② 119 ① 120 ③

산업안전기사

과년도 기출문제

제1과목 안전관리론

01 연천인율 45인 사업장의 도수율은 얼마인가?

① 10.8
② 18.75
③ 108
④ 187.5

해설

$$도수율 = \frac{재해\ 건수}{연\ 근로시간\ 수} \times 10^6 = \frac{연천인율}{2.4} = \frac{45}{2.4} = 18.75$$

02 다음 중 산업안전보건법상 안전인증대상 기계·기구 등의 안전인증 표시로 옳은 것은?

① 

② 

③ 

④ 

03 불안전 상태와 불안전 행동을 제거하는 안전관리의 시책에는 적극적인 대책과 소극적인 대책이 있다. 다음 중 소극적인 대책에 해당하는 것은?

① 보호구의 사용
② 위험공정의 배제
③ 위험물질의 격리 및 대체
④ 위험성평가를 통한 작업환경 개선

해설

불안전 상태와 불안전 행동을 제거하는 안전관리의 시책
- 적극적인 대책
  - 위험공정의 배제
  - 위험물질의 격리 및 대체
  - 위험성평가를 통한 작업환경 개선
- 소극적인 대책 : 보호구의 사용

04 안전조직 중에서 라인–스탭(Line–Staff) 조직의 특징으로 옳지 않은 것은?

① 라인형과 스탭형의 장점을 취한 절충식 조직형태이다.
② 중규모 사업장(100명 이상~500명 미만)에 적합하다.
③ 라인의 관리, 감독자에게도 안전에 관한 책임과 권한이 부여된다.
④ 안전 활동과 생산업무가 분리될 가능성이 낮기 때문에 균형을 유지할 수 있다.

해설

Line–Staff형 조직(직계–참모조직)은 1,000명 이상의 대규모 기업에 적합하며, 중규모 사업장(100명 이상~500명 미만)에 적합한 조직은 Staff형 조직(참모조직)이다.

정답 1 ② 2 ① 3 ① 4 ②

05 다음 중 브레인스토밍(Brain Storming)의 4원칙을 올바르게 나열한 것은?

① 자유분방, 비판금지, 대량발언, 수정발언
② 비판자유, 소량발언, 자유분방, 수정발언
③ 대량발언, 비판자유, 자유분방, 수정발언
④ 소량발언, 자유분방, 비판금지, 수정발언

해설
브레인스토밍(Brain Storming)의 4원칙 : 자유분방, 비판금지, 대량발언, 수정발언

06 매슬로의 욕구단계이론 중 자기의 잠재력을 최대한 살리고 자기가 하고 싶었던 일을 실현하려는 인간의 욕구에 해당하는 것은?

① 생리적 욕구
② 사회적 욕구
③ 자아실현의 욕구
④ 안전에 대한 욕구

해설
자아실현의 욕구
- 자기의 잠재력을 최대한 살리고 자기가 하고 싶었던 일을 실현하려는 인간의 욕구
- 편견 없이 받아들이는 성향, 타인과의 거리를 유지하며 사생활을 즐기거나 창의적 성격으로 봉사, 특별히 좋아하는 사람과 긴밀한 관계를 유지하려는 인간의 욕구

07 수업매체별 장단점 중 '컴퓨터 수업(Computer Assisted Instruction)'의 장점으로 옳지 않은 것은?

① 개인차를 최대한 고려할 수 있다
② 학습자가 능동적으로 참여하고, 실패율이 낮다.
③ 교사와 학습자가 시간을 효과적으로 이용할 수 없다.
④ 학생의 학습과 과정의 평가를 과학적으로 할 수 있다.

해설
컴퓨터 수업은 학습자가 시간을 효과적으로 이용할 수 있다.

08 산업안전보건법상 산업안전보건위원회의 구성에서 사용자위원 구성원이 아닌 것은?(단, 해당 위원이 사업장에 선임이 되어 있는 경우에 한한다)

① 안전관리자
② 보건관리자
③ 산업보건의
④ 명예산업안전감독관

해설
사용자위원 : 해당 사업의 대표자, 안전관리자, 보건관리자, 산업보건의, 해당 사업의 대표자가 지명하는 9명 이내의 해당 사업장 부서의 장

09 다음 중 상황성 누발자의 재해 유발원인으로 옳지 않은 것은?

① 작업의 난이성
② 기계설비의 결함
③ 도덕성의 결여
④ 심신의 근심

해설
상황성 누발자의 재해 유발원인
- 작업이 어렵기 때문에
- 기계설비에 결함이 있기 때문에
- 심신에 근심이 있기 때문에
- 환경상 주의력의 집중이 혼란되기 때문에

10 다음 중 안전·보건교육의 단계별 교육과정 순서로 옳은 것은?

① 안전태도교육 → 안전지식교육 → 안전기능교육
② 안전지식교육 → 안전기능교육 → 안전태도교육
③ 안전기능교육 → 안전지식교육 → 안전태도교육
④ 안전자세교육 → 안전지식교육 → 안전기능교육

해설
안전·보건교육의 단계별 교육과정 순서 : 안전지식교육 → 안전기능교육 → 안전태도교육

정답 5 ① 6 ③ 7 ③ 8 ④ 9 ③ 10 ②

11 산업안전보건법령상 안전모의 시험성능기준 항목으로 옳지 않은 것은?

① 내열성
② 턱끈 풀림
③ 내관통성
④ 충격흡수성

해설
안전모의 시험성능기준 항목(보호구안전인증고시 별표 1) : 내관통성, 충격흡수성, 내전압성, 내수성, 난연성, 턱끈 풀림 등

12 재해 통계에 있어 강도율이 2.0인 경우에 대한 설명으로 옳은 것은?

① 재해로 인해 전체 작업비용의 2.0[%]에 해당하는 손실이 발생하였다.
② 근로자 1,000명당 2.0건의 재해가 발생하였다.
③ 근로시간 1,000시간당 2.0건의 재해가 발생하였다.
④ 근로시간 1,000시간당 2.0일의 근로손실일수가 발생하였다.

해설

$$강도율 = \frac{근로손실일수}{연\ 근로시간\ 수} \times 10^3$$

만일 강도율이 2.0이라면, 근로시간 1,000시간당 2.0일의 근로손실이 발생한 것이다.

13 다음 중 산업안전심리의 5대 요소에 포함되지 않는 것은?

① 습 관 ② 동 기
③ 감 정 ④ 지 능

해설
- 산업심리의 5대요소 : 동기, 기질, 감정, 습성, 습관
- 습관에 영향을 주는 4요소 : 동기, 기질, 감정, 습성
- 안전심리에서 중요시되는 인간요소 : 개성 및 사고력

14 교육훈련 방법 중 OJT(On the Job Training)의 특징으로 옳지 않은 것은?

① 동시에 다수의 근로자들을 조직적으로 훈련이 가능하다.
② 개개인에게 적절한 지도 훈련이 가능하다.
③ 훈련 효과에 의해 상호 신뢰 및 이해도가 높아진다.
④ 직장의 실정에 맞게 실제적 훈련이 가능하다.

해설
동시에 다수의 근로자들을 조직적으로 훈련이 가능한 경우는 Off JT이다.

15 기술교육의 형태 중 존 듀이(J. Dewey)의 사고과정 5단계에 해당하지 않는 것은?

① 추론한다. ② 시사를 받는다.
③ 가설을 설정한다. ④ 가슴으로 생각한다.

해설
존 듀이의 사고과정 5단계
- 1단계 : 시사를 받는다.
- 2단계 : 머리로 생각한다.
- 3단계 : 가설을 설정한다.
- 4단계 : 추론한다.
- 5단계 : 행동에 의하여 가설을 검토한다.

16 허즈버그(Herzberg)의 일을 통한 동기부여 원칙으로 틀린 것은?

① 새롭고 어려운 업무의 부여
② 교육을 통한 간접적 정보제공
③ 자기과업을 위한 작업자의 책임감 증대
④ 작업자에게 불필요한 통제를 배제

해설
허즈버그(Herzberg)의 일을 통한 동기부여 원칙
- 새롭고 어려운 업무의 부여
- 작업자에게 불필요한 통제를 배제
- 자기과업을 위한 작업자의 책임감 증대
- 작업자에게 완전하고 자연스러운 단위의 도급작업을 부여할 수 있도록 일을 조정
- 정기보고서를 통하여 작업자에게 직접적인 정보를 제공
- 특정작업 수행 기회 부여

정답 11 ① 12 ④ 13 ④ 14 ① 15 ④ 16 ②

17 산업안전보건법상 환기가 극히 불량한 좁고 밀폐된 장소에서 용접작업을 하는 근로자 대상의 특별안전보건교육 교육내용에 해당하지 않는 것은?(단, 기타 안전·보건관리에 필요한 사항은 제외한다)

① 환기설비에 관한 사항
② 작업환경 점검에 관한 사항
③ 질식 시 응급조치에 관한 사항
④ 화재예방 및 초기대응에 관한 사항

해설
탱크 내 또는 환기가 극히 불량한 좁고 밀폐된 장소에서 용접작업 또는 습한 장소에서 하는 전기용접작업을 할 때 교육내용은 다음과 같다(시행규칙 별표 5).
- 작업순서, 안전작업방법 및 수칙에 관한 사항
- 환기설비에 관한 사항
- 전격방지 및 보호구 착용에 관한 사항
- 질식 시 응급조치에 관한 사항
- 작업환경 점검에 관한 사항
- 그 밖의 안전·보건관리에 필요한 사항

18 다음의 무재해운동의 이념 중 '선취의 원칙'에 대한 설명으로 가장 적절한 것은?

① 사고의 잠재요인을 사후에 파악하는 것
② 근로자 전원이 일체감을 조성하여 참여하는 것
③ 위험요소를 사전에 발견, 파악하여 재해를 예방 또는 방지하는 것
④ 관리감독자 또는 경영층에서의 자발적 참여로 안전 활동을 촉진하는 것

해설
무재해운동의 3원칙
- 무의 원칙 : 사고의 잠재요인을 사전에 파악하는 것
- 참가의 원칙 : 근로자 전원이 일체감을 조성하여 참여하는 것
- 선취의 원칙 : 위험요소를 사전에 발견, 파악하여 재해를 예방 또는 방지하는 것

19 산업안전보건법상 유기화합물용 방독 마스크의 시험가스로 옳지 않은 것은?

① 아이소부탄
② 사이클로헥산
③ 다이메틸에테르
④ 염소가스 또는 증기

해설
방독 마스크별 시험가스(보호구안전인증고시 별표 5)
- 유기화합물용 : 사이클로헥산, 다이메틸에테르, 아이소부탄
- 할로겐용 : 염소 가스 또는 증기
- 암모니아용 : 암모니아가스
- 사이안화수소용 : 사이안화수소가스
- 황화수소용 : 황화수소가스
- 아황산용 : 아황산가스

20 산업안전보건법상 근로자 안전보건교육 중 작업내용 변경 시의 교육을 할 때 일용근로자를 제외한 근로자의 교육시간으로 옳은 것은?

① 1시간 이상
② 2시간 이상
③ 4시간 이상
④ 8시간 이상

해설
작업내용 변경 시의 교육시간(시행규칙 별표 4)
- 일용근로자 : 1시간 이상
- 일용근로자를 제외한 근로자 : 2시간 이상

정답 17 ④ 18 ③ 19 ④ 20 ②

제2과목 인간공학 및 시스템 안전공학

21 화학설비에 대한 안전성 평가(Safety Assessment)에서 정량적 평가항목이 아닌 것은?

① 습 도 ② 온 도
③ 압 력 ④ 용 량

해설
화학설비의 안정성 평가에서 정량적 평가의 5항목 : 취급물질, 조작, 화학설비 용량, 온도, 압력

22 신체 부위의 운동에 대한 설명으로 틀린 것은?

① 굴곡(Flexion)은 부위 간의 각도가 증가하는 신체의 움직임을 의미한다.
② 외전(Abduction)은 신체 중심선으로부터 이동하는 신체의 움직임을 의미한다.
③ 내전(Adduction)은 신체의 외부에서 중심선으로 이동하는 신체의 움직임을 의미한다.
④ 외선(Lateral Rotation)은 신체의 중심선으로부터 회전하는 신체의 움직임을 의미한다.

해설
굴곡(Flexion) : 머리, 목 등 고관절을 구부리는 동작으로 신체 부위 간의 각도가 증가·감소하는 신체의 움직임을 의미한다.

23 n개의 요소를 가진 병렬 시스템에 있어 요소의 수명(MTTF)이 지수분포를 따를 경우 이 시스템의 수명을 구하는 식으로 맞는 것은?

① $\mathrm{MTTF} \times n$
② $\mathrm{MTTF} \times \frac{1}{n}$
③ $\mathrm{MTTF}\left(1+\frac{1}{2}+\cdots+\frac{1}{n}\right)$
④ $\mathrm{MTTF}\left(1 \times \frac{1}{2} \times \cdots \times \frac{1}{n}\right)$

해설
MTTF(Mean Time To Failure, 평균 고장시간)
• 시스템, 부품 등이 고장나기까지 동작시간의 평균치
• 시스템, 부품 등의 평균수명
• $\mathrm{MTTF} = \frac{\text{총가동시간}}{\text{고장 건수}}$
• 직렬 시스템의 $\mathrm{MTTF}_S = \mathrm{MTTF} \times \frac{1}{n}$
(여기서, n : 구성부품 수)
• 병렬 시스템의 $\mathrm{MTTF}_S = \mathrm{MTTF} \times \left(1+\frac{1}{2}+\cdots+\frac{1}{n}\right)$
(여기서, n : 구성부품 수)

24 인간전달함수(Human Transfer Function)의 결점이 아닌 것은?

① 입력의 협소성
② 시점적 제약성
③ 정신운동의 묘사성
④ 불충분한 직무 묘사

해설
인간전달함수(Human Transfer Function)의 결점
• 입력의 협소성
• 불충분한 직무 묘사
• 시점적 제약성

정답 21 ① 22 ① 23 ③ 24 ③

25 고장형태와 영향분석(FMEA)에서 평가요소로 틀린 것은?

① 고장 발생의 빈도
② 고장의 영향 크기
③ 고장방지의 가능성
④ 기능적 고장 영향의 중요도

해설
FMEA에서 고장평점을 결정하는 5가지 평가요소 : 기능적 고장 영향의 중요도(C_1), 영향을 미치는 시스템의 범위(C_2), 고장 발생의 빈도(C_3), 고장방지의 가능성(C_4), 신규 설계의 정도(C_5)

26 결함수 분석의 기대효과와 가장 관계가 먼 것은?

① 시스템의 결함 진단
② 시간에 따른 원인 분석
③ 사고원인 규명의 간편화
④ 사고원인 분석의 정량화

해설
결함수 분석의 기대효과
- 사고원인 규명의 간편화
- 사고원인 분석의 정량화
- 시스템의 결함 진단

27 인간공학에 대한 설명으로 틀린 것은?

① 인간이 사용하는 물건, 설비, 환경의 설계에 적용된다.
② 인간을 작업과 기계에 맞추는 설계 철학이 바탕이 된다.
③ 인간 – 기계 시스템의 안전성과 편리성, 효율성을 높인다.
④ 인간의 생리적, 심리적인 면에서의 특성이나 한계점을 고려한다.

해설
인간공학의 특징
- 인간이 사용하는 물건, 설비, 환경의 설계에 적용한다.
- 인간의 생리적, 심리적인 면에서의 특성이나 한계점을 고려한다.
- 인간과 기계설비와의 관계를 조화로운 일체관계로 연결한다.
- 인간 – 기계시스템의 안전성과 편리성, 효율성을 높인다.

28 빨강, 노랑, 파랑의 3가지 색으로 구성된 교통 신호등이 있다. 신호등은 항상 3가지 색 중 하나가 켜지도록 되어 있다. 1시간 동안 조사한 결과, 파란등은 총 30분 동안, 빨간등과 노란등은 각각 총 15분 동안 켜진 것으로 나타났다. 이 신호등의 총정보량은 몇 [bit]인가?

① 0.5 ② 0.75
③ 1.0 ④ 1.5

해설
신호등의 총정보량

$$H = 0.5\log_2\left(\frac{1}{0.5}\right) + 2\times0.25\log_2\left(\frac{1}{0.25}\right) = 1.5[\text{bit}]$$

29 다음과 같은 실내 표면에서 일반적으로 추천 반사율의 크기를 맞게 나열한 것은?

[다 음]
㉠ 바 닥 ㉡ 천 장
㉢ 가 구 ㉣ 벽

① ㉠ < ㉣ < ㉢ < ㉡
② ㉣ < ㉠ < ㉡ < ㉢
③ ㉠ < ㉢ < ㉣ < ㉡
④ ㉣ < ㉡ < ㉠ < ㉢

30 어떤 결함수를 분석하여 Minimal Cut Set을 구한 결과 다음과 같았다. 각 기본사상의 발생확률을 q_i, i=1, 2, 3라 할 때, 정상사상의 발생확률함수로 맞는 것은?

[다 음]
$k_1 = [1,\ 2],\ k_2 = [1,\ 3],\ k_3 = [2,\ 3]$

① $q_1q_2 + q_1q_2 - q_2q_3$
② $q_1q_2 + q_1q_3 - q_2q_3$
③ $q_1q_2 + q_1q_3 + q_2q_3 - q_1q_2q_3$
④ $q_1q_2 + q_1q_3 + q_2q_3 - 2q_1q_2q_3$

해설
정상사상의 발생확률함수

$$T = 1 - (1 - q_1q_2 - q_1q_3 - q_2q_3 + 2q_1q_2q_3) = q_1q_2 + q_1q_3 + q_2q_3 - 2q_1q_2q_3$$

정답 25 ② 26 ② 27 ② 28 ④ 29 ③ 30 ④

31 **산업안전보건법에 따라 유해·위험방지계획서의 제출 대상사업은 해당 사업으로서 전기 계약용량이 얼마 이상인 사업인가?**

① 150[kW]
② 200[kW]
③ 300[kW]
④ 500[kW]

해설
산업안전보건법에 따라 유해·위험방지계획서의 제출대상사업은 해당 사업으로서 전기 계약용량이 300[kW] 이상인 사업이다(시행령 제42조).

32 **음량수준을 평가하는 척도와 관계없는 것은?**

① HSI
② phon
③ dB
④ sone

해설
음량수준 평가척도 : phon, sone, 인식소음 수준(PNdB, PLdB 등)

33 **인간의 오류모형에서 '알고 있음에도 의도적으로 따르지 않거나 무시한 경우'를 무엇이라 하는가?**

① 실수(Slip)
② 착오(Mistake)
③ 건망증(Lapse)
④ 위반(Violation)

해설
① 실수(Slip) : 상황이나 목표의 해석은 정확하나 의도와는 다른 행동을 하는 것
② 착오(Mistake) : 상황해석을 잘못하거나 틀린 목표를 착각하여 행하는 인간의 실수
③ 건망증(Lapse) : 기억의 실패에 기인하여 무엇을 잊어버리거나 부주의해서 행동 수행을 실패하는 것

34 **다음 그림과 같이 7개의 부품으로 구성된 시스템의 신뢰도는 약 얼마인가?(단, 네모 안의 숫자는 각 부품의 신뢰도이다)**

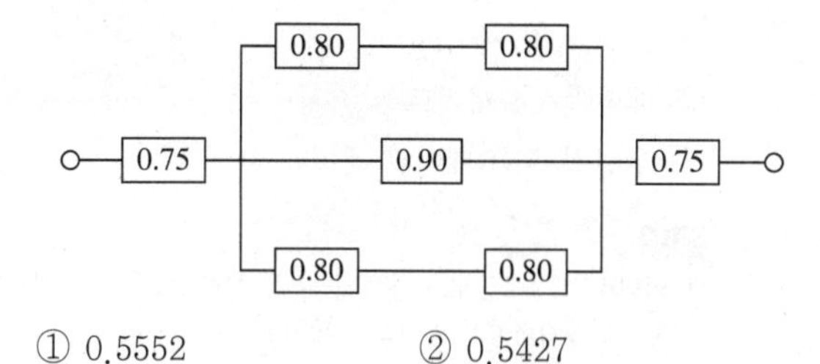

① 0.5552
② 0.5427
③ 0.6234
④ 0.9740

해설
$R = 0.75 \times [1-(1-0.8\times0.8)(1-0.9)(1-0.8\times0.8)] \times 0.75$
$= 0.75 \times [1-(0.36\times0.1\times0.36)] \times 0.75 \simeq 0.5552$

35 **소음 방지 대책에 있어 가장 효과적인 방법은?**

① 음원에 대한 대책
② 수음자에 대한 대책
③ 전파경로에 대한 대책
④ 거리감쇠와 지향성에 대한 대책

해설
소음 방지 대책에 있어 가장 효과적인 방법은 음원에 대한 대책이다.

36 **정성적 표시장치의 설명으로 틀린 것은?**

① 정성적 표시장치의 근본자료 자체는 정량적인 것이다.
② 전력계에서와 같이 기계적 혹은 전자적으로 숫자가 표시된다.
③ 색채 부호가 부적합한 경우에는 계기판 표시 구간을 형상 부호화하여 나타낸다.
④ 연속적으로 변하는 변수의 대략적인 값이나 변화추세, 변화율 등을 알고자 할 때 사용된다.

해설
전력계에서와 같이 기계적 혹은 전자적으로 숫자가 표시되는 것은 정량적 표시장치이다.

정답 31 ③ 32 ① 33 ④ 34 ① 35 ① 36 ②

37 FT도에 사용하는 기호에서 3개의 입력현상 중 임의의 시간에 2개가 발생하면 출력이 생기는 기호의 명칭은?

① 억제게이트
② 조합 AND게이트
③ 배타적 OR게이트
④ 우선적 AND게이트

해설

① 억제게이트 : 조건부 사건이 발생하는 상황하에서 입력현상이 발생할 때 출력현상이 발생되는 게이트
③ 배타적 OR게이트 : OR게이트이지만 2개 또는 그 이상의 입력이 동시에 존재하는 경우 출력이 일어나지 않는 게이트
④ 우선적 AND게이트 : 여러 개의 입력사상이 정해진 순서에 따라 순차적으로 발생해야만 결과가 출력되는 게이트

38 공정안전관리(PSM ; Process Safety Management)의 적용대상 사업장이 아닌 것은?

① 복합비료 제조업
② 농약 원제 제조업
③ 차량 등의 운송설비업
④ 합성수지 및 기타 플라스틱물질 제조업

해설

공정안전관리(PSM)의 적용대상 사업장(시행령 제43조)
- 원유 정제처리업
- 기타 석유정제물 재처리업
- 석유화학계 기초화학물질 제조업 또는 합성수지 및 기타 플라스틱물질 제조업
- 질소 화합물, 질소·인산 및 칼리질 화학비료 제조업 중 질소질 비료 제조
- 복합비료 및 기타 화학비료 제조업 중 복합비료 제조(단순혼합 또는 배합에 의한 경우는 제외)
- 화학 살균·살충제 및 농업용 약제 제조업(농약 원제 제조만 해당)
- 화약 및 불꽃제품 제조업

39 아령을 사용하여 30분간 훈련한 후, 이두근의 근육 수축작용에 대한 전기적인 신호 데이터를 모았다. 이 데이터들을 이용하여 분석할 수 있는 것은 무엇인가?

① 근육의 질량과 밀도
② 근육의 활성도와 밀도
③ 근육의 피로도와 크기
④ 근육의 피로도와 활성도

해설

아령을 사용하여 30분간 훈련한 후, 이두근의 근육 수축작용에 대한 전기적인 신호 데이터를 이용하여 분석할 수 있는 것은 근육의 피로도와 활성도이다.

40 착석식 작업대의 높이 설계를 할 경우 고려해야 할 사항과 가장 관계가 먼 것은?

① 의자의 높이 ② 대퇴 여유
③ 작업의 성격 ④ 작업대의 형태

해설

착석식 작업대의 높이 설계를 할 경우 고려해야 할 사항
- 의자의 높이 : 높이 조절식으로 설계한다.
- 대퇴 여유 : 작업면 하부 공간이 대퇴부가 큰 사람이 자유롭게 움직일 수 있을 정도로 설계한다.
- 작업의 성격 : 섬세한 작업은 작업대를 약간 높게 하고 거친 작업은 작업대를 약간 낮게 설계한다.

정답 37 ② 38 ③ 39 ④ 40 ④

제3과목 기계위험 방지기술

41 컨베이어 방호장치에 대한 설명으로 맞는 것은?

① 역전방지장치에 롤러식, 래칫식, 권과방지식, 전기브레이크식 등이 있다.
② 작업자가 임의로 작업을 중단할 수 없도록 비상정지장치를 부착하지 않는다.
③ 구동부 측면에 롤러 안내가이드 등의 이탈방지장치를 설치한다.
④ 롤러컨베이어의 롤 사이에 방호판을 설치할 때 롤과의 최대 간격은 8[mm]이다.

해설
① 역전방지장치의 종류로는 브레이크타입의 모터(모터브레이크), 캠클러치, 백스탑클러치, 래칫휠(또는 라쳇식), 프리휠, 밴드브레이크 등이 있다.
② 작업자가 위험에 처하기 전에 임의로 작업을 중단할 수 있도록 비상정지장치를 부착한다.
④ 롤러컨베이어의 롤 사이에 방호판을 설지할 때 롤과의 최대 간격은 5[mm]이다.

42 가스용접에 이용되는 아세틸렌가스 용기의 색상으로 옳은 것은?

① 녹 색 ② 회 색
③ 황 색 ④ 청 색

해설
가스용접에 이용되는 아세틸렌가스 용기의 색상은 황색이다.

43 롤러기 맞물림점의 전방에 개구부의 간격을 30[mm]로 하여 가드를 설치하고자 한다. 가드의 설치 위치는 맞물림점에서 적어도 얼마의 간격을 유지하여야 하는가?

① 154[mm] ② 160[mm]
③ 166[mm] ④ 172[mm]

해설
$Y=6+0.15X$에서
$$X=\frac{Y-6}{0.15}=\frac{30-6}{0.15}=160[\text{mm}]$$

44 비파괴시험의 종류가 아닌 것은?

① 자분탐상시험
② 침투탐상시험
③ 와류탐상시험
④ 샤르피 충격시험

해설
샤르피 충격시험은 파괴시험에 해당된다.

45 소음에 관한 사항으로 틀린 것은?

① 소음에는 익숙해지기 쉽다.
② 소음계는 소음에 한하여 계측할 수 있다.
③ 소음의 피해는 정신적, 심리적인 것이 주가 된다.
④ 소음이란 귀에 불쾌한 음이나 생활을 방해하는 음을 통틀어 말한다.

해설
소음계는 소음, 음압을 계측할 수 있다.

46 와이어로프의 꼬임에 관한 설명으로 틀린 것은?

① 보통 꼬임에는 S꼬임이나 Z꼬임이 있다.
② 보통 꼬임은 스트랜드의 꼬임 방향과 로프의 꼬임방향이 반대로 된 것을 말한다.
③ 랭 꼬임은 로프의 끝이 자유로이 회전하는 경우나 킹크가 생기기 쉬운 곳에 적당하다.
④ 랭 꼬임은 보통 꼬임에 비하여 마모에 대한 저항성이 우수하다.

해설
보통 꼬임은 로프의 끝이 자유로이 회전하는 경우나 킹크가 생기기 쉬운 곳에 적당하다.

정답 41 ③ 42 ③ 43 ② 44 ④ 45 ② 46 ③

47 **구내 운반차의 제동장치 준수사항에 대한 설명으로 틀린 것은?**

① 조명이 없는 장소에서 작업 시 전조등과 후미등을 갖출 것
② 운전석이 차 실내에 있는 것은 좌우에 한 개씩 방향지시기를 갖출 것
③ 핸들의 중심에서 차체 바깥 측까지의 거리가 70[cm] 이상일 것
④ 주행을 제동하거나 정지 상태를 유지하기 위하여 유효한 제동장치를 갖출 것

해설
※ 출제 시 정답은 ③이었으나, 법령 개정으로 정답 없음
제동장치 준수사항(산업안전보건기준에 관한 규칙 제184조)
- 주행을 제동하거나 정지상태를 유지하기 위하여 유효한 제동장치를 갖출 것
- 경음기를 갖출 것
- 운전석이 차 실내에 있는 것은 좌우에 한개씩 방향지시기를 갖출 것
- 전조등과 후미등을 갖출 것. 다만, 작업을 안전하게 하기 위하여 필요한 조명이 있는 장소에서 사용하는 구내운반차에 대해서는 그러하지 아니하다.

48 **프레스의 방호장치 중 광전자식 방호장치에 관한 설명으로 틀린 것은?**

① 연속 운전작업에 사용할 수 있다.
② 핀클러치 구조의 프레스에 사용할 수 있다.
③ 기계적 고장에 의한 2차 낙하에는 효과가 없다.
④ 시계를 차단하지 않기 때문에 작업에 지장을 주지 않는다.

해설
광전자식 방호장치는 핀클러치 구조의 프레스에 사용할 수 없다.

49 **다음 용접 중 불꽃 온도가 가장 높은 것은?**

① 산소-메탄 용접 ② 산소-수소 용접
③ 산소-프로판 용접 ④ 산소-아세틸렌 용접

해설
가스용접의 불꽃 온도
- 산소-아세틸렌 용접 : 3,500[℃]
- 산소-수소 용접 : 2,500[℃]
- 산소-프로판 용접 : 2,000[℃]
- 산소-메탄 용접 : 1,500[℃]

50 **다음 중 선반작업 시 지켜야 할 안전수칙으로 거리가 먼 것은?**

① 작업 중 절삭칩이 눈에 들어가지 않도록 보안경을 착용한다.
② 공작물 세팅에 필요한 공구는 세팅이 끝난 후 바로 제거한다.
③ 상의의 옷자락은 안으로 넣고, 끈을 이용하여 소맷자락을 묶어 작업을 준비한다.
④ 공작물은 전원스위치를 끄고 바이트를 충분히 멀리 위치시킨 후 고정한다.

해설
선반작업의 안전수칙
- 바이트는 되도록 짧게 장치한다.
- 절삭 중인 제품의 가공 상태를 확인하려고 회전하는 물체를 수시로 측정하면 위험하다.
- 제품의 가공 상태를 확인하려면 절삭 중인 물체를 정지시킨 후 측정해야 한다.
- 작업 중 절삭칩이 눈에 들어가지 않도록 보호안경을 착용한다.
- 절삭칩의 제거 시 (칩제거용 전용) 브러시를 사용한다.
- 공작물 세팅에 필요한 공구는 세팅이 끝난 후 바로 제거한다.
- 선반의 베드 위에는 공구를 올려놓지 않는다.
- 칩브레이커는 바이트에 직접 설치한다.
- 가공물의 설치는 반드시 스위치를 끄고 바이트를 충분히 뗀 다음에 한다(공작물은 전원스위치를 끄고 바이트를 충분히 멀리 위치시킨 후 고정한다).
- 편심된 가공물의 설치 시에는 균형추를 부착시킨다.
- 공작물의 설치가 끝나면 척 렌치(Chuck Wrench)는 곧 떼어 놓는다.
- 작업 중 장갑, 반지 등을 착용하지 않도록 한다.
- 보링작업 중에는 칩을 제거하지 않는다.
- 가공물이 길 때에는 심압대로 지지하고 가공한다.
- 방진구는 공작물의 길이가 지름의 12배 이상일 때 사용한다.
- 운전 중 백기어 사용을 금지한다.
- 주축변속은 기계를 정지한 상태에서 변속한다.
- 주유는 기계를 정지하고 실시한다.

51 **기계설비 구조의 안전화 중 가공결함 방지를 위해 고려할 사항이 아닌 것은?**

① 안전율 ② 열처리
③ 가공경화 ④ 응력집중

해설
기계설비 구조의 안전화 중 가공결함 방지를 위해 고려할 사항
- 열처리
- 가공경화
- 응력집중

정답 47 정답 없음 48 ② 49 ④ 50 ③ 51 ①

52 회전수가 300[rpm], 연삭숫돌의 지름이 200[mm]일 때 숫돌의 원주속도는 약 몇 [m/min]인가?

① 60.0 ② 94.2
③ 150.0 ④ 188.5

해설
원주속도

$$v=\frac{\pi dn}{1,000}=\frac{3.14\times200\times300}{1,000}=188.4[\text{m/min}]$$

53 일반적으로 장갑을 착용해야 하는 작업은?

① 드릴작업 ② 밀링작업
③ 선반작업 ④ 전기용접작업

해설
일반적으로 전기용접작업 시에는 장갑을 착용해야 하며 공구가 회전하는 드릴작업, 밀링작업, 공작물이 회전하는 선반작업 등에서는 장갑을 착용하면 위험하므로 절대로 장갑을 착용하면 안 된다.

54 산업용 로봇에 사용되는 안전매트의 종류 및 일반구조에 관한 설명으로 틀린 것은?

① 단선 경보장치가 부착되어 있어야 한다.
② 감응시간을 조절하는 장치가 부착되어 있어야 한다.
③ 감응도 조절장치가 있는 경우 봉인되어 있어야 한다.
④ 안전매트의 종류는 연결 사용 가능 여부에 따라 단일 감지기와 복합 감지기가 있다.

해설
안전매트
- 연결 사용 가능 여부에 따른 안전매트의 종류 : 단일 감지기, 복합 감지기
- 단선 경보장치가 부착되어 있어야 한다.
- 감응도 조절장치가 있는 경우 봉인되어 있어야 한다.

55 지게차의 방호장치인 헤드가드에 대한 설명으로 맞는 것은?

① 상부 틀의 각 개구의 폭 또는 길이는 16[cm] 미만일 것
② 운전자가 앉아서 조작하는 방식의 지게차의 경우에는 운전자의 좌석 윗면에서 헤드가드의 상부틀 아랫면까지의 높이는 1.5[m] 이상일 것
③ 지게차에는 최대 하중의 2배(5[ton]을 넘는 값에 대해서는 5[ton]으로 한다)에 해당하는 등분포정하중에 견딜 수 있는 강도의 헤드가드를 설치하여야 한다.
④ 운전자가 서서 조작하는 방식의 지게차의 경우에는 운전석의 바닥면에서 헤드가드의 상부 틀 하면까지의 높이는 1.8[m] 이상일 것

해설
- 강도는 지게차의 최대 하중의 2배 값(4[ton]을 넘는 값에 대해서는 4[ton]으로 한다)의 등분포정하중에 견딜 수 있을 것
- 상부틀의 각 개구의 폭 또는 길이가 16[cm] 미만일 것
- 운전자가 앉아서 조작하거나 서서 조작하는 지게차의 헤드가드는 한국산업표준에서 정하는 높이(서서 조작 시 : 1.88[m], 앉아서 조작 시 : 0.903[m]) 기준 이상일 것

56 프레스기에 설치하는 방호장치에 관한 사항으로 틀린 것은?

① 수인식 방호장치의 수인끈 재료는 합성섬유로 직경이 4[mm] 이상이어야 한다.
② 양수조작식 방호장치는 1행정마다 누름버튼에서 양손을 떼지 않으면 다음 작업의 동작을 할 수 없는 구조이어야 한다.
③ 광전자식 방호장치는 정상동작표시램프는 적색, 위험표시램프는 녹색으로 하며, 쉽게 근로자가 볼 수 있는 곳에 설치해야 한다.
④ 손쳐내기식 방호장치는 슬라이드 하행정거리의 3/4 위치에서 손을 완전히 밀어내야 한다.

해설
광전자식 방호장치는 정상동작표시램프는 녹색, 위험표시램프는 적색으로 하며, 쉽게 근로자가 볼 수 있는 곳에 설치해야 한다.

정답 52 ④ 53 ④ 54 ② 55 ① 56 ③

57 **프레스 금형 부착, 수리작업 등의 경우 슬라이드의 낙하를 방지하기 위하여 설치하는 것은?**

① 슈 트 ② 키 록
③ 안전블록 ④ 스트리퍼

해설
금형조정작업의 위험 방지
프레스 등의 금형을 부착·해체 또는 조정하는 작업을 할 때에 해당 작업에 종사하는 근로자의 신체가 위험한계 내에 있는 경우 슬라이드가 갑자기 작동함으로써 근로자에게 발생할 우려가 있는 위험을 방지하기 위하여 안전블록을 사용하는 등 필요한 조치를 하여야 한다.

58 **회전 중인 연삭숫돌이 근로자에게 위험을 미칠 우려가 있을 시 덮개를 설치하여야 할 연삭숫돌의 최소 지름은?**

① 지름이 5[cm] 이상인 것
② 지름이 10[cm] 이상인 것
③ 지름이 15[cm] 이상인 것
④ 지름이 20[cm] 이상인 것

해설
회전 중인 연삭숫돌이 근로자에게 위험을 미칠 우려가 있을 시 덮개를 설치하여야 할 연삭숫돌의 지름은 5[cm] 이상이다.

59 **다음 중 기계설비의 정비·청소·급유·검사·수리 등의 작업 시 근로자가 위험해질 우려가 있는 경우 필요한 조치와 거리가 먼 것은?**

① 근로자의 위험방지를 위하여 해당 기계를 정지시킨다.
② 작업지휘자를 배치하여 갑작스러운 기계 가동에 대비한다.
③ 기계 내부에 압축된 기체나 액체가 불시에 방출될 수 있는 경우에는 사전에 방출조치를 실시한다.
④ 기계 운전을 정지한 경우에는 기동장치에 잠금장치를 하고 다른 작업자가 그 기계를 임의 조작할 수 있도록 열쇠를 찾기 쉬운 곳에 보관한다.

해설
기계의 운전을 정지한 경우에 다른 사람이 그 기계를 운전하는 것을 방지하기 위하여 기계의 기동장치에 잠금장치를 하고 그 열쇠를 별도 관리하거나 표지판을 설치하는 등 필요한 방호 조치를 하여야 한다.

60 **아세틸렌 용접 시 역류를 방지하기 위하여 설치하여야 하는 것은?**

① 안전기
② 청정기
③ 발생기
④ 유량기

해설
아세틸렌 용접 시 역류를 방지하기 위하여 안전기를 설치하여야 한다.

정답 57 ③ 58 ① 59 ④ 60 ①

제4과목 전기위험 방지기술

61 교류 아크용접기의 허용사용률[%]은?(단, 정격사용률은 10[%], 2차 정격전류는 500[A], 교류 아크용접기의 사용전류는 250[A]이다)

① 30 ② 40
③ 50 ④ 60

해설

교류 아크용접기의 허용사용률[%]

$=\left(\frac{\text{정격 2차 전류}}{\text{실제 용접전류}}\right)^2\times\text{정격사용률[\%]}$

$=\left(\frac{500}{250}\right)^2\times 10[\%]=40[\%]$

62 피뢰기의 여유도가 33[%]이고, 충격절연강도가 1,000[kV]라고 할 때 피뢰기의 제한전압은 약 몇 [kV]인가?

① 852 ② 752
③ 652 ④ 552

해설

$\text{보호여유도[\%]}=\frac{\text{충격절연강도}-\text{제한전압}}{\text{제한전압}}\times 100[\%]$

$33[\%]=\frac{1{,}000-\text{제한전압}}{\text{제한전압}}\times 100[\%]$

$0.33\times\text{제한전압}=1{,}000-\text{제한전압}$

$\text{제한전압}=\frac{1{,}000}{1.33}\simeq 752[\text{kV}]$

63 전력용 피뢰기에서 직렬 갭의 주된 사용목적은?

① 방전 내량을 크게 하고 장시간 사용 시 열화를 적게 하기 위하여
② 충격방전 개시전압을 높게 하기 위하여
③ 이상전압 발생 시 신속히 대지로 방류함과 동시에 속류를 즉시 차단하기 위하여
④ 충격파 침입 시에 대지로 흐르는 방전전류를 크게 하여 제한전압을 낮게하기 위하여

해설

전력용 피뢰기에서 직렬 갭은 이상전압 발생 시 신속히 대지로 방류함과 동시에 속류를 즉시 차단하기 위하여 사용된다.

64 방전전극에 약 7,000[V]의 전압을 인가하면 공기가 전리되어 코로나 방전을 일으킴으로써 발생한 이온으로 대전체의 전하를 중화시키는 방법을 이용한 제전기는?

① 전압인가식 제전기
② 자기방전식 제전기
③ 이온스프레이식 제전기
④ 이온식 제전기

해설

전압인가식 제전기 : 방전침에 약 7,000[V]의 전압을 인가하면 공기가 전리되어 코로나 방전을 일으킴으로써 발생한 이온으로 대전체의 전하를 중화시키는 방법을 이용한 제전기로 제전효율이 가장 우수하다.

정답 61 ② 62 ② 63 ③ 64 ①

65 **전류가 흐르는 상태에서 단로기를 끊었을 때 여러 가지 파괴작용을 일으킨다. 다음 그림에서 유입차단기의 차단 순위와 투입 순위가 안전수칙에 가장 적합한 것은?**

DS OCB DS
전 원 ―o\o―[o o]―o\o― 부 하
㉮ ㉯ ㉰

① 차단 : ㉮ → ㉯ → ㉰, 투입 : ㉮ → ㉯ → ㉰
② 차단 : ㉯ → ㉰ → ㉮, 투입 : ㉯ → ㉰ → ㉮
③ 차단 : ㉰ → ㉯ → ㉮, 투입 : ㉰ → ㉮ → ㉯
④ 차단 : ㉯ → ㉰ → ㉮, 투입 : ㉰ → ㉮ → ㉯

해설
- 차단 : ㉯ → ㉰ → ㉮
- 투입 : ㉰ → ㉮ → ㉯

66 **내압 방폭구조에서 안전간극(Safe Gap)을 작게 하는 이유로 옳은 것은?**

① 최소 점화에너지를 높게 하기 위해
② 폭발화염이 외부로 전파되지 않도록 하기 위해
③ 폭발압력에 견디고 파손되지 않도록 하기 위해
④ 설치류가 전선 등을 훼손하지 않도록 하기 위해

해설
내압 방폭구조(d)에서 폭발화염이 외부로 전파되지 않도록 하기 위해 안전간극(Safe Gap)을 작게 한다.

67 **정전작업 시 작업 전 조치하여야 할 실무사항으로 틀린 것은?**

① 잔류전하의 방전
② 단락접지기구의 철거
③ 검전기에 의한 정전 확인
④ 개로개폐기의 잠금 또는 표시

해설
정전작업 전의 안전조치사항
- 단락접지
- 잔류전하 방전
- 검전기에 의한 정전 확인
- 검전기에 의한 충전 여부 확인
- 개로개폐기의 잠금 또는 표시
- 전원 차단

68 **인체감전보호용 누전차단기의 정격감도전류[mA]와 동작시간(초)의 최댓값은?**

① 10[mA], 0.03초
② 20[mA], 0.01초
③ 30[mA], 0.03초
④ 50[mA], 0.1초

해설
감전방지용 누전차단기는 정격감도전류 30[mA], 동작시간 0.03초 이내의 것이어야 한다(단, 인체저항은 500[Ω] 이하).

정답 65 ④ 66 ② 67 ② 68 ③

69 방폭 전기기기의 온도등급의 기호는?

① E ② S
③ T ④ N

해설
방폭 전기기기의 발화도의 온도등급과 표면온도에 의한 폭발성 가스의 분류 표기
- T_1 : 300[℃] 초과 450[℃] 이하
- T_2 : 200[℃] 초과 300[℃] 이하
- T_3 : 135[℃] 초과 200[℃] 이하
- T_4 : 100[℃] 초과 135[℃] 이하
- T_5 : 85[℃] 초과 100[℃] 이하
- T_6 : 85[℃] 이하

70 산업안전보건기준에 관한 규칙에서 일반작업장에 전기위험 방지조치를 취하지 않아도 되는 전압은 몇 [V] 이하인가?

① 24 ② 30
③ 50 ④ 100

해설
일반작업장에 전기위험 방지조치를 취하지 않아도 되는 전압은 30[V] 이하이다(산업안전보건기준에 따른 규칙 제324조).

71 폭발위험장소에서의 본질안전 방폭구조에 대한 설명으로 틀린 것은?

① 본질안전 방폭구조의 기본적 개념은 점화능력의 본질적 억제이다.
② 본질안전 방폭구조의 Exib는 Fault에 대한 2중 안전보장으로 0종~2종 장소에 사용할 수 있다.
③ 이론적으로는 모든 전기기기를 본질안전 방폭구조를 적용할 수 있으나, 동력을 직접 사용하는 기기는 실제적으로 적용이 곤란하다.
④ 온도, 압력, 액면유량 등의 검출용 측정기는 대표적인 본질안전 방폭구조의 예이다.

해설
본질안전 방폭구조 Exib는 0종 장소에서는 사용할 수 없고 1종, 2종 장소에 사용할 수 있다.

72 감전사고를 방지하기 위한 대책으로 틀린 것은?

① 전기설비에 대한 보호 접지
② 전기기기에 대한 정격 표시
③ 전기설비에 대한 누전차단기 설치
④ 충전부가 노출된 부분에는 절연 방호구 사용

해설
전기기기에 대한 정격 표시만으로는 감전사고를 방지할 수 없다.

73 인체 피부의 전기저항에 영향을 주는 주요 인자와 가장 거리가 먼 것은?

① 접촉면적 ② 인가전압의 크기
③ 통전경로 ④ 인가시간

해설
인체 피부의 (전기)저항에 영향을 주는 요인
- 인가전압의 크기, 인가시간
- 접촉면적, 접촉압력, 접촉 부위
- 접촉부의 습기, 피부의 건습차
- 전원의 종류
- 영향을 미치지 않는 것들 : 피부의 청결, 피부의 노화, 통전경로, 접지경로, 피부와 전극의 간격 등

정답 69 ③ 70 ② 71 ② 72 ② 73 ③

74 다음 중 전동기를 운전하고자 할 때 개폐기의 조작 순서로 옳은 것은?

① 메인 스위치 → 분전반 스위치 → 전동기용 개폐기
② 분전반 스위치 → 메인 스위치 → 전동기용 개폐기
③ 전동기용 개폐기 → 분전반 스위치 → 메인 스위치
④ 분전반 스위치 → 전동기용 스위치 → 메인 스위치

해설
전동기 운전 시 개폐기 조작 순서 : 메인 스위치→분전반 스위치→전동기용 개폐기

75 정전기 발생현상의 분류에 해당되지 않는 것은?

① 유체대전 ② 마찰대전
③ 박리대전 ④ 교반대전

해설
정전기 발생현상의 분류에 유체대전은 없다.

76 전기기기, 설비 및 전선로 등의 충전 유무 등을 확인하기 위한 장비는?

① 위상검출기
② 디스콘 스위치
③ COS
④ 저압 및 고압용 검전기

해설
저압 및 고압용 검전기 : 전기기기, 설비 및 전선로 등의 충전 유무 등을 확인하기 위한 장비

77 다음 ( ) 안에 들어갈 내용으로 알맞은 것은?

> 과전류차단장치는 반드시 접지선이 아닌 전로에 ( )로 연결하여 과전류 발생 시 전로를 자동으로 차단하도록 설치 할 것

① 직 렬 ② 병 렬
③ 임 시 ④ 직병렬

해설
과전류차단장치는 반드시 접지선이 아닌 전로에 직렬로 연결하여 과전류 발생 시 전로를 자동으로 차단하도록 설치할 것

78 일반 허용접촉 전압과 그 종별을 짝지은 것으로 틀린 것은?

① 제1종 : 0.5[V] 이하
② 제2종 : 25[V] 이하
③ 제3종 : 50[V] 이하
④ 제4종 : 제한 없음

해설

종 별	접촉 상태	허용 접촉 전압
제1종	인체의 대부분이 수중에 있는 상태	2.5[V] 이하
제2종	• 인체가 현저히 젖어 있는 상태 • 금속성의 전기·기계장치나 구조물에 인체의 일부가 상시 접촉되어 있는 상태	25[V] 이하
제3종	제1종, 제2종 이외의 경우로서 통상의 인체상태에서 있어서 접촉 전압이 가해지면 위험성이 높은 상태	50[V] 이하
제4종	• 제1종, 제2종 이외의 경우로서 통상의 인체 상태에 접촉 전압이 가해지더라도 위험성이 낮은 상태 • 접촉 전압이 가해질 우려가 없는 경우	제한 없음

정답 74 ① 75 ① 76 ④ 77 ① 78 ①

79 누전된 전동기에 인체가 접촉하여 500[mA]의 누전전류가 흘렀고 정격감도전류 500[mA]인 누전차단기가 동작하였다. 이때 인체전류를 약 10[mA]로 제한하기 위해서는 전동기 외함에 설치할 접지저항의 크기는 약 몇 [Ω]인가?(단, 인체저항은 500[Ω]이며, 다른 저항은 무시한다)

① 5　　② 10
③ 50　　④ 100

해설
전동기 외함에 설치할 접지저항의 크기

$$R=\frac{V}{I}=\frac{(10\times10^{-3})\times500}{(500-10)\times10^{-3}}=\frac{5}{490\times10^{-3}}\simeq10[\Omega]$$

80 내부에서 폭발하더라도 틈의 냉각효과로 인하여 외부의 폭발성 가스에 착화될 우려가 없는 방폭구조는?

① 내압 방폭구조
② 유입 방폭구조
③ 안전증 방폭구조
④ 본질안전 방폭구조

해설
내압 방폭구조(d) : 내부에서 폭발하더라도 틈의 냉각효과로 인하여 외부의 폭발성 가스에 착화될 우려가 없는 방폭구조

제5과목 화학설비위험 방지기술

81 가연성 가스 혼합물을 구성하는 각 성분의 조성과 연소범위가 다음 표와 같을 때 혼합가스의 연소하한값은 약 몇 [vol%]인가?

성 분	조성 [vol%]	연소하한값 [vol%]	연소상한값 [vol%]
헥 산	1	1.1	7.4
메 탄	2.5	5.0	15.0
에틸렌	0.5	2.7	36.0
공 기	96	-	-

① 2.51　　② 7.51
③ 12.07　　④ 15.01

해설

$$\frac{4}{\mathrm{LFL}}=\frac{1}{1.1}+\frac{2.5}{5.0}+\frac{0.5}{2.7}\simeq1.594$$에서

$$\mathrm{LFL}=\frac{4}{1.594}\simeq2.51$$

82 다음 중 자연발화의 방지법으로 적절하지 않은 것은?

① 통풍을 잘 시킬 것
② 습도가 높은 곳에 저장할 것
③ 저장실의 온도 상승을 피할 것
④ 공기가 접촉되지 않도록 불활성물질 중에 저장할 것

해설
자연발화의 방지법
- 주위의 온도를 낮추기
- 통풍을 잘 시키기
- 습도가 높은 곳에는 저장하지 않기
- 공기가 접촉되지 않도록 불활성액체에 저장
- 황린의 경우 산소와의 접촉을 피하기

정답 79 ② 80 ① 81 ① 82 ②

83 알루미늄분이 고온의 물과 반응하였을 때 생성되는 가스는?

① 산 소 ② 수 소
③ 메 탄 ④ 에 탄

해설
알루미늄분이 고온의 물과 반응하였을 때 생성되는 가스는 수소가스이다.

84 20℃, 1기압의 공기를 5기압으로 단열압축하면 공기의 온도는 약 몇 ℃가 되겠는가?(단, 공기의 비열비는 1.4이다)

① 32 ② 191
③ 305 ④ 464

해설
단열압축 시의 공기의 온도(T_2) : $T_2 = T_1 \times \left(\frac{P_2}{P_1}\right)^{\frac{k-1}{k}}$

(T_1 : 단열압축 전 공기온도, P_2 : 단열압축 압력, P_1 : 단열압축 전 압력, k : 비열비)

$$T_2 = T_1 \times \left(\frac{P_2}{P_1}\right)^{\frac{k-1}{k}}$$
$$= (20+273) \times \left(\frac{5}{1}\right)^{\frac{1.4-1}{1.4}} \simeq 464[\text{K}] = 191[℃]$$

85 가연성물질을 취급하는 장치를 퍼지하고자 할 때 잘못된 것은?

① 대상물질의 물성을 파악한다.
② 사용하는 불활성가스의 물성을 파악한다.
③ 퍼지용 가스를 가능한 한 빠른 속도로 단시간에 다량 송입한다.
④ 장치 내부를 세정한 후 퍼지용 가스를 송입한다.

해설
퍼지용 가스를 가능한 한 느린 속도로 송입한다.

86 다음 물질이 물과 접촉하였을 때 위험성이 가장 낮은 것은?

① 과산화칼륨 ② 나트륨
③ 메틸리튬 ④ 이황화탄소

해설
이황화탄소는 물과 접촉하여도 위험성이 매우 낮아 물속에 저장한다.

87 폭발원인물질의 물리적 상태에 따라 구분할 때 기상폭발(Gas Explosion)에 해당되지 않는 것은?

① 분진폭발 ② 응상폭발
③ 분무폭발 ④ 가스폭발

해설
폭발의 분류
- 기상폭발(화학적 폭발) : 혼합가스폭발, 분해폭발, 중합폭발, 산화폭발, 분무폭발, 분진폭발
- 응상폭발(물리적 폭발) : 고상전이에 의한 폭발, 수증기폭발, 전선폭발(도선폭발), 폭발성 화합물의 폭발, 압력폭발
- 대량유출된 가연성 가스의 폭발 : 증기운폭발, BLEVE(액화가스의 폭발)

88 화염방지기의 설치에 관한 사항으로 ( ) 안에 알맞은 것은?

> 사업주는 인화성 액체 및 인화성 가스를 저장 취급하는 화학설비에서 증기나 가스를 대기로 방출하는 경우에는 외부로부터의 화염을 방지하기 위하여 화염방지기를 그 설비 ( )에 설치하여야 한다.

① 상 단 ② 하 단
③ 중 앙 ④ 무게중심

해설
사업주는 인화성 액체 및 인화성 가스를 저장 취급하는 화학설비에서 증기나 가스를 대기로 방출하는 경우에는 외부로부터의 화염을 방지하기 위하여 화염방지기를 그 설비의 상단에 설치하여야 한다(산업안전보건기준에 관한 규칙 제269조).

정답 83 ② 84 ② 85 ③ 86 ④ 87 ② 88 ①

89 **공정안전보고서에 포함하여야 할 세부 내용 중 공정안전자료의 세부내용이 아닌 것은?**

① 유해·위험설비의 목록 및 사양
② 폭발위험장소 구분도 및 전기단선도
③ 유해·위험물질에 대한 물질안전보건자료
④ 설비점검·검사 및 보수계획, 유지계획 및 지침서

해설
- 공정안전자료의 세부내용에 해당하지 않는 것으로 '안전운전지침서, 설비점검·검사 및 보수계획·유지계획 및 지침서, 비상조치계획에 따른 교육계획, 도급업체 안전관리계획' 등이 출제된다.
- 공정안전자료의 세부내용 등(시행규칙 제50조)
  - 취급·저장하고 있거나 취급·저장하려는 유해·위험물질의 종류 및 수량
  - 유해·위험물질에 대한 물질안전보건자료
  - 유해하거나 위험한 설비의 목록 및 사양
  - 유해하거나 위험한 설비의 운전방법을 알 수 있는 공정도면
  - 각종 건물·설비의 배치도
  - 폭발위험장소 구분도 및 전기단선도
  - 위험설비의 안전설계·제작 및 설치 관련 지침서

90 **산업안전보건법상 화학설비와 화학설비의 부속설비를 구분할 때 화학설비에 해당하는 것은?**

① 응축기·냉각기·가열기·증발기 등 열교환기류
② 사이클론·백필터·전기집진기 등 분진처리설비
③ 온도·압력·유량 등을 지시·기록 등을 하는 자동제어 관련 설비
④ 안전밸브·안전판·긴급차단 또는 방출밸브 등 비상조치 관련 설비

해설
화학설비의 분류(산업안전보건기준에 관한 규칙 별표 7)
- 반응기·혼합조 등 화학물질 반응 또는 혼합장치
- 증류탑·흡수탑·추출탑·감압탑 등 화학물질 분리장치
- 저장탱크·계량탱크·호퍼·사일로 등 화학물질 저장설비 또는 계량설비
- 응축기·냉각기·가열기·증발기 등 열교환기류
- 고로 등 점화기를 직접 사용하는 열교환기류
- 캘린더(Calender)·혼합기·발포기·인쇄기·압출기 등 화학제품 가공설비
- 분쇄기·분체분리기·용융기 등 분체화학물질 취급장치
- 결정조·유동탑·탈습기·건조기 등 분체화학물질 분리장치
- 펌프류·압축기·이젝터(Ejector) 등의 화학물질 이송 또는 압축설비

91 **산업안전보건법령에 따라 사업주가 특수화학설비를 설치하는 때에 그 내부의 이상상태를 조기에 파악하기 위하여 설치하여야 하는 장치는?**

① 자동경보장치
② 긴급차단장치
③ 자동문개폐장치
④ 스크러버개방장치

해설
자동경보장치 : 특수화학설비를 설치하는 때에 그 내부의 이상상태를 조기에 파악하기 위하여 설치하여야 하는 장치(산업안전보건기준에 관한 규칙 제274조)

92 **다음 중 위험물과 그 소화방법이 잘못 연결된 것은?**

① 염소산칼륨 – 다량의 물로 냉각소화
② 마그네슘 – 건조사 등에 의한 질식소화
③ 칼륨 – 이산화탄소에 의한 질식소화
④ 아세트알데하이드 – 다량의 물에 의한 희석소화

해설
칼륨 : 제3류 위험물로 마른 모래, 건조된 소금, 탄산수소염류분말로 피복하여 질식소화한다.

93 **부탄(C_4H_{10})의 연소에 필요한 최소 산소농도(MOC)를 추정하여 계산하면 약 몇 [vol%]인가?(단, 부탄의 폭발하한계는 공기 중에서 1.6[vol%]이다)**

① 5.6 ② 7.8
③ 10.4 ④ 14.1

해설
부탄의 연소방정식 : $C_4H_{10} + 6.5O_2 \rightarrow 4CO_2 + 5H_2O$
$MOC = LFL \times O_2 = 1.6 \times 6.5 = 10.4$

정답 89 ④ 90 ① 91 ① 92 ③ 93 ③

94 **다음 중 산화성 물질이 아닌 것은?**

① KNO_3 ② NH_4ClO_3
③ HNO_3 ④ P_4S_3

해설
삼황화인(P_4S_3)은 제2류 위험물(가연성 고체), 물반응성 물질 및 인화성 고체로 분류된다.

95 **위험물안전관리법상 제4류 위험물 중 제2석유류로 분류되는 물질은?**

① 실린더유 ② 휘발유
③ 등 유 ④ 중 유

해설
제2석유류(위험물안전관리법 시행령 별표 1)
등유, 경유 그 밖에 1기압에서 인화점이 21[℃] 이상 70[℃] 미만인 것(다만, 도료류・그 밖의 물품에 있어서 가연성 액체량이 40[w%] 이하이면서 인화점이 40[℃] 이상인 동시에 연소점이 60[℃] 이상인 것은 제외)

96 **산업안전보건법상 사업주가 인화성 액체 위험물을 액체 상태로 저장하는 저장탱크를 설치하는 경우에는 위험물질이 누출되어 확산되는 것을 방지하기 위하여 무엇을 설치하여야 하는가?**

① Flame Arrester
② Ventstack
③ 긴급방출장치
④ 방유제

해설
방유제 설치(산업안전보건기준에 관한 규칙 제272조)
인화성 물질이나 부식성 물질을 액체 상태로 저장하는 저장탱크를 설치하는 때에 위험물질이 누출되어 확산되는 것을 방지하기 위하여 방유제를 설치한다.

97 **다음 가스 중 가장 독성이 큰 것은?**

① CO ② $COCl_2$
③ NH_3 ④ H_2

해설
허용농도
- $COCl_2$: 0.1[ppm]
- H_2 : 10[ppm]
- NH_3 : 25[ppm]
- CO : 50[ppm]
- H_2는 가연성 가스이다.

98 **건조설비를 사용하여 작업을 하는 경우에 폭발이나 화재를 예방하기 위하여 준수하여야 하는 사항으로 틀린 것은?**

① 위험물 건조설비를 사용하는 경우에는 미리 내부를 청소하거나 환기할 것
② 위험물 건조설비를 사용하여 가열건조하는 건조물은 쉽게 이탈되도록 할 것
③ 고온으로 가열건조한 인화성 액체는 발화의 위험이 없는 온도로 냉각한 후에 격납시킬 것
④ 바깥면이 현저히 고온이 되는 건조설비에 가까운 장소에는 인화성 액체를 두지 않도록 할 것

해설
건조설비를 사용하여 작업을 하는 경우에 폭발이나 화재를 예방하기 위하여 준수하여야 하는 사항
- 위험물 건조설비를 사용하는 경우에는 미리 내부를 청소하거나 환기할 것
- 위험물 건조설비를 사용하여 가열건조하는 건조물을 쉽게 이탈되지 않도록 할 것
- 고온으로 가열건조한 인화성 액체는 발화의 위험이 없는 온도로 냉각한 후에 격납시킬 것
- 바깥면이 현저히 고온이 되는 건조설비의 가까운 장소에는 인화성 액체를 두지 않도록 할 것
- 위험물 건조설비를 사용하는 때에는 건조로 인하여 발생하는 가스증기 또는 분진에 의하여 폭발・화재의 위험이 있는 물질을 안전한 장소로 배출시킬 것

정답 94 ④ 95 ③ 96 ④ 97 ② 98 ②

99 가솔린(휘발유)의 일반적인 연소범위에 가장 가까운 값은?

① 2.7~27.8[vol%]
② 3.4~11.8[vol%]
③ 1.4~7.6[vol%]
④ 5.1~18.2[vol%]

해설
가솔린(휘발유)의 일반적인 연소범위 : 1.4~7.6[vol%]

100 가스 또는 분진폭발 위험장소에 설치되는 건축물의 내화구조를 설명한 것으로 틀린 것은?

① 건축물 기둥 및 보는 지상 1층까지 내화구조로 한다.
② 위험물 저장·취급용기의 지지대는 지상으로부터 지지대의 끝부분까지 내화구조로 한다.
③ 건축물 주변에 자동소화설비를 설치한 경우 건축물 화재 시 1시간 이상 그 안전성을 유지한 경우는 내화구조로 하지 아니할 수 있다.
④ 배관·전선관 등의 지지대는 지상으로부터 1단까지 내화구조로 한다.

해설
건축물 등의 주변에 화재에 대비하여 물 분무시설 또는 폼 헤드(Foam Head)설비 등의 자동소화설비를 설치하여 건축물 등이 화재 시에 2시간 이상 그 안전성을 유지할 수 있도록 한 경우에는 내화구조로 하지 아니할 수 있다(산업안전보건기준에 관한 규칙 제270조).

제6과목 건설안전기술

101 그물코의 크기가 5[cm]인 매듭 방망사의 폐기 시 인장강도 기준으로 옳은 것은?

① 200[kg] ② 100[kg]
③ 60[kg] ④ 30[kg]

해설
폐기 추락방지망의 기준 인장강도[kg]

구 분	그물코 5[cm]	그물코 10[cm]
매듭 있는 방망	60	135
매듭 없는 방망	-	150

102 크레인 또는 데릭에서 붐 각도 및 작업 반경별로 작용시킬 수 있는 최대 하중에서 훅(Hook), 와이어로프 등 달기구의 중량을 공제한 하중은?

① 작업하중 ② 정격하중
③ 이동하중 ④ 적재하중

해설
정격하중
- 중량물 운반 시 크레인에 매달아 올릴 수 있는 최대 하중으로부터 달아올리기 기구의 중량에 상당하는 하중을 제외한 하중
- 크레인 또는 데릭에서 붐 각도 및 작업 반경별로 작용시킬 수 있는 최대 하중에서 훅(Hook), 와이어로프 등 달기구의 중량을 공제한 하중
- 지브가 없는 크레인의 정격하중 : 권상하중에서 훅, 그래브 또는 버킷 등 달기구의 중량에 상당하는 하중을 뺀 하중

정답 99 ③ 100 ③ 101 ③ 102 ②

103 **차량계 하역운반기계를 사용하는 작업을 할 때 그 기계가 넘어지거나 굴러떨어짐으로써 근로자에게 위험을 미칠 우려가 있는 경우에 우선적으로 조치하여야 할 사항과 가장 거리가 먼 것은?**

① 해당 기계에 대한 유도자 배치
② 지반의 부동침하 방지 조치
③ 갓길 붕괴 방지 조치
④ 경보장치 설치

해설
차량계 건설기계를 사용하여 작업 시 기계의 전도·전락 등에 의한 근로자의 위험을 방지하기 위하여 유의하여야 할 사항
- 갓길의 붕괴 방지
- 지반의 (부동)침하 방지
- 노폭(도로폭)의 유지
- 해당 건설기계를 유도하는 자의 배치
- 거리가 먼 것으로 '작업 반경 유지, 경보장치 설치' 등이 출제된다.

104 **보통 흙의 건조된 지반을 흙막이 지보공 없이 굴착하려 할 때 적합한 굴착면의 기울기 기준으로 옳은 것은?**

① 1:1～1 : 1.5　② 1:0.5～1:1
③ 1:1.8　④ 1:2

해설
붕괴 위험방지를 위한 굴착면의 기울기 기준(수직거리 : 수평거리, 산업안전보건기준에 관한 규칙 별표 11)

구분		기울기
보통 흙	습 지	1:1～1:1.5
	건 지	1:0.5～1:1
암 반	풍화암	1:1.0
	연 암	1:1.0
	경 암	1:0.5

105 **차량계 하역 운반기계 등에 화물을 적재하는 경우에 준수하여야 할 사항으로 옳지 않은 것은?**

① 하중이 한쪽으로 치우쳐서 효율적으로 적재되도록 할 것
② 구내 운반차 또는 화물자동차의 경우 화물의 붕괴 또는 낙하에 의한 위험을 방지하기 위하여 화물에 로프를 거는 등 필요한 조치를 할 것
③ 운전자의 시야를 가리지 않도록 화물을 적재할 것
④ 최대 적재량을 초과하지 않도록 할 것

해설
차량계 하역 운반기계 등에 화물을 적재하는 경우의 준수사항
- 하중이 한쪽으로 치우치지 않도록 적재할 것
- 구내 운반차 또는 화물자동차의 경우 화물의 붕괴 또는 낙하에 의한 위험을 방지하기 위하여 화물에 로프를 거는 등 필요한 조치를 할 것
- 운전자의 시야를 가리지 않도록 화물을 적재할 것
- 화물을 적재하는 경우 최대 적재량을 초과하지 않을 것

106 **강관비계의 설치 기준으로 옳은 것은?**

① 비계기둥의 간격은 띠장 방향에서는 1.5[m] 이상 1.8[m] 이하로 하고, 장선 방향에서는 2.0[m] 이하로 한다.
② 띠장 간격은 1.8[m] 이하로 설치하되, 첫 번째 띠장은 지상으로부터 2[m] 이하의 위치에 설치한다.
③ 비계기둥 간의 적재하중은 400[kg]을 초과하지 않도록 한다.
④ 비계기둥의 제일 윗부분으로부터 21[m]되는 지점 밑부분의 비계기둥은 2개의 강관으로 묶어 세운다.

해설
강관비계의 설치기준(산업안전보건기준에 관한 규칙 제60조)
- 비계기둥의 간격은 띠장 방향에서는 1.85[m] 이하, 장선 방향에서는 1.5[m] 이하로 할 것. 다만, 선박 및 보트 건조작업의 경우 안전성에 대한 구조검토를 실시하고 조립도를 작성하면 띠장 방향 및 장선 방향으로 각각 2.7[m] 이하로 할 수 있다.
- 띠장 간격은 2.0[m] 이하로 할 것. 다만, 작업의 성질상 이를 준수하기가 곤란하여 쌍기둥틀 등에 의하여 해당 부분을 보강한 경우에는 그러하지 아니하다.
- 비계기둥의 제일 윗부분으로부터 31[m]되는 지점 밑부분의 비계기둥은 2개의 강관으로 묶어 세울 것. 다만, 브라켓(Bracket, 까치발) 등으로 보강하여 2개의 강관으로 묶을 경우 이상의 강도가 유지되는 경우에는 그러하지 아니하다.
- 비계기둥 간의 적재하중은 400[kg]을 초과하지 않도록 할 것

정답 103 ④ 104 ② 105 ① 106 ③

107 **다음 중 유해 · 위험방지계획서를 작성 및 제출하여야 하는 공사에 해당되지 않는 것은?**

① 지상 높이가 31[m]인 건축물의 건설 · 개조 또는 해체
② 최대 지간 길이가 50[m]인 교량 건설 등 공사
③ 깊이가 9[m]인 굴착공사
④ 터널 건설 등의 공사

해설
건설공사 유해 · 위험방지계획서 제출대상 공사(시행령 제42조)
- 지상 높이가 31[m] 이상인 건축물 또는 인공구조물, 연면적 30,000[m^2] 이상인 건축물 또는 연면적 5,000[m^2] 이상의 문화 및 집회시설(전시장 및 동물원 · 식물원은 제외), 판매시설, 운수시설(고속철도의 역사 및 집배송시설은 제외), 종교시설, 의료시설 중 종합병원, 숙박시설 중 관광숙박시설, 지하도상가 또는 냉동 · 냉장창고시설의 건설 · 개조 또는 해체(이하 '건설 등'이라 한다)
- 연면적 5,000[m^2] 이상의 냉동 · 냉장창고시설의 설비공사 및 단열공사
- 최대 지간 길이가 50[m] 이상인 다리의 건설 등 공사
- 터널 건설 등의 공사
- 다목적댐, 발전용댐 및 저수용량 2,000만[ton] 이상의 용수 전용 댐, 지방상수도 전용 댐 건설 등의 공사
- 깊이 10[m] 이상인 굴착공사

108 **건립 중 강풍에 의한 풍압 등 외압에 대한 내력이 설계에 고려되었는지 확인하여야 하는 철골구조물의 기준으로 옳지 않은 것은?**

① 높이 20[m] 이상의 구조물
② 구조물의 폭과 높이의 비가 1 : 4 이상인 구조물
③ 이음부가 공장 제작인 구조물
④ 연면적당 철골량이 50[kg/m^2] 이하인 구조물

해설
건립 중 강풍에 의한 풍압 등 외압에 대한 내력이 설계에 고려되었는지 확인하여야 하는 철골구조물
- 높이 20[m] 이상인 건물
- 기둥이 타이플레이트(Tie Plate)인 구조물
- 구조물의 폭과 높이의 비가 1:4 이상인 구조물
- 이음부가 현장용접인 건물
- 연면적당 철골량이 50[kg/m^2] 이하인 구조물
- 단면구조에 현저한 차이가 있는 구조물

109 **흙막이 가시설공사 시 사용되는 각 계측기 설치목적으로 옳지 않은 것은?**

① 지표침하계 – 지표면 침하량 측정
② 수위계 – 지반 내 지하수위의 변화 측정
③ 하중계 – 상부 적재하중 변화 측정
④ 지중경사계 – 지중의 수평 변위량 측정

해설
하중계 : 어스앵커, 버팀보 등의 실제 축하중 변화 측정

110 **건설현장의 가설계단 및 계단참을 설치하는 경우 얼마 이상의 하중에 견딜 수 있는 강도를 가진 구조로 설치하여야 하는가?**

① 200[kg/m^2]
② 300[kg/m^2]
③ 400[kg/m^2]
④ 500[kg/m^2]

해설
산업안전보건기준에 관한 규칙 제26조
계단 및 계단참을 설치하는 경우 매[m^2]당 500[kg] 이상의 하중에 견딜 수 있는 강도를 가진 구조로 설치하여야 하며, 안전율은 4 이상으로 하여야 한다.

111 **터널 굴착작업을 하는 때 미리 작성하여야 하는 작업계획서에 포함되어야 할 사항이 아닌 것은?**

① 굴착의 방법
② 암석의 분할방법
③ 환기 또는 조명시설을 설치할 때에는 그 방법
④ 터널 지보공 및 복공의 시공방법과 용수의 처리방법

해설
터널 굴착작업 시 작업계획서에 포함되어야 할 사항
- 굴착방법
- 터널 지보공 및 복공의 시공방법과 용수의 처리방법
- 환기 또는 조명시설의 설치방법

정답 107 ③ 108 ③ 109 ③ 110 ④ 111 ②

112 **근로자에게 작업 중 또는 통행 시 전락(轉落)으로 인하여 근로자가 화상 · 질식 등의 위험에 처할 우려가 있는 케틀(Kettle), 호퍼(Hopper), 피트(Pit) 등이 있는 경우에 그 위험을 방지하기 위하여 최소 높이 얼마 이상의 울타리를 설치하여야 하는가?**

① 80[cm] 이상 ② 85[cm] 이상
③ 90[cm] 이상 ④ 95[cm] 이상

해설
사업주는 근로자에게 작업 중 또는 통행 시 굴러 떨어짐으로 인하여 근로자가 화상·질식 등의 위험에 처할 우려가 있는 케틀(Kettle), 호퍼(Hopper), 피트(Pit, 구덩이) 등이 있는 경우에 그 위험을 방지하기 위하여 필요한 장소에 높이 90[cm] 이상의 울타리를 설치하여야 한다(산업안전보건기준에 관한 규칙 제48조).

113 **거푸집 해체작업 시 유의사항으로 옳지 않은 것은?**

① 일반적으로 수평부재의 거푸집은 연직부재의 거푸집보다 빨리 떼어낸다.
② 해체된 거푸집이나 각목 등에 박혀 있는 못 또는 날카로운 돌출물은 즉시 제거하여야 한다.
③ 상하 동시 작업은 원칙적으로 금지하여 부득이한 경우에는 긴밀히 연락을 위하며 작업을 하여야 한다.
④ 거푸집 해체작업장 주위에는 관계자를 제외하고는 출입을 금지시켜야 한다.

해설
거푸집 해체작업 시 유의사항
- 거푸집 및 지보공(동바리)의 해체는 순서에 의하여 실시하여야 하며 안전담당자를 배치하여야 한다.
- 거푸집 및 지보공(동바리)은 콘크리트 자중 및 시공 중에 가해지는 기타 하중에 충분히 견딜만한 강도를 가질 때까지는 해체하지 아니하여야 한다.
- 해체작업을 할 때에는 안전모 등 안전보호장구를 착용토록 하여야 한다.
- 거푸집 해체작업장 주위에는 관계자를 제외하고는 출입을 금지시켜야 한다.
- 상하 동시 작업은 원칙적으로 금지하여 부득이한 경우에는 긴밀히 연락을 위하며 작업을 하여야 한다.
- 거푸집 해체 때 구조체에 무리한 충격이나 큰 힘에 의한 지렛대 사용은 금지하여야 한다.
- 보 또는 슬라브 거푸집을 제거할 때에는 거푸집의 낙하 충격으로 인한 작업원의 돌발적 재해를 방지하여야 한다.
- 해체된 거푸집이나 각목 등에 박혀 있는 못 또는 날카로운 돌출물은 즉시 제거하여야 한다.
- 해체된 거푸집이나 각목은 재사용 가능한 것과 보수하여야 할 것을 선별, 분리하여 적치하고 정리정돈을 하여야 한다.
- 기타 제3자의 보호조치에 대하여도 완전한 조치를 강구하여야 한다.

114 **비계(달비계, 달대비계 및 말비계는 제외한다)의 높이가 2[m] 이상인 작업장소에 설치하여야 하는 작업발판의 기준으로 옳지 않은 것은?**

① 작업발판의 폭은 40[cm] 이상으로 하고, 발판재료 간의 틈은 3[cm] 이하로 할 것
② 추락의 위험이 있는 장소에는 안전난간을 설치할 것
③ 작업발판의 지지물은 하중에 의하여 파괴될 우려가 없는 것은 사용할 것
④ 작업발판재료는 뒤집히거나 떨어지지 않도록 1개 이상의 지지물에 연결하거나 고정시킬 것

해설
작업발판재료는 뒤집히거나 떨어지지 않도록 둘 이상의 지지물에 연결하거나 고정시킬 것(산업안전보건기준에 관한 규칙 제56조)

정답 112 ③ 113 ① 114 ④

115 안전대의 종류는 사용 구분에 따라 벨트식과 안전그네식으로 구분되는데 이 중 안전그네식에만 적용하는 것은?

① 추락방지대, 안전블록
② 1개 걸이용, U자 걸이용
③ 1개 걸이용, 추락방지대
④ U자 걸이용, 안전블록

해설
추락방지대, 안전블록의 안전대는 안전그네식에만 적용한다.

116 다음은 달비계 또는 높이 5[m] 이상의 비계를 조립 · 해체하거나 변경하는 작업을 하는 경우에 대한 내용이다. ( ) 안에 알맞은 숫자는?

> 비계재료의 연결 · 해체작업을 하는 경우에는 폭 ( )[cm] 이상의 발판을 설치하고 근로자로 하여금 안전대를 사용하도록 하는 등 추락을 방지하기 위한 조치를 할 것

① 15 ② 20
③ 25 ④ 30

해설
비계재료의 연결 · 해체작업을 하는 경우에는 폭 20[cm] 이상의 발판을 설치하고 근로자로 하여금 안전대를 사용하도록 하는 등 추락을 방지하기 위한 조치를 할 것(산업안전보건기준에 관한 규칙 제57조)

117 다음은 사다리식 통로 등을 설치하는 경우의 준수사항이다. ( ) 안에 들어갈 숫자로 옳은 것은?

> 사다리의 상단은 걸쳐놓은 지점으로부터 ( )[cm] 이상 올라가도록 할 것

① 30 ② 40
③ 50 ④ 60

해설
사다리의 상단은 걸쳐놓은 지점으로부터 60[cm] 이상 올라가도록 할 것(산업안전보건기준에 관한 규칙 제24조)

118 다음은 가설통로를 설치하는 경우의 준수사항이다. ( )안에 알맞은 숫자를 고르면?

> 건설공사에 사용하는 높이 8[m] 이상인 비계다리에는 ( )[m] 이내마다 계단참을 설치할 것

① 7 ② 6
③ 5 ④ 4

해설
건설공사에 사용하는 높이 8[m] 이상인 비계다리에는 7[m] 이내마다 계단참을 설치할 것(산업안전보건기준에 관한 규칙 제23조)

119 건설업 산업안전 보건관리비의 사용 내역에 대하여 수급인 또는 자기공사자는 공사 시작 후 몇 개월마다 1회 이상 발주자 또는 감리원의 확인을 받아야 하는가?

① 3개월 ② 4개월
③ 5개월 ④ 6개월

해설
건설업 산업안전 보건관리비의 사용 내역에 대하여 수급인 또는 자기공사자는 공사 시작 후 6개월마다 1회 이상 발주자 또는 감리원의 확인을 받아야 한다.

120 터널 지보공을 설치한 경우에 수시로 점검하여 이상을 발견 시 즉시 보강하거나 보수해야 할 사항이 아닌 것은?

① 부재의 손상 · 변형 · 부식 · 변위 · 탈락의 유무 및 상태
② 부재의 긴압의 정도
③ 부재의 접속부 및 교차부의 상태
④ 계측기 설치상태

해설
터널 지보공을 설치한 때 수시점검하여 이상 발견 시 즉시 보강하거나 보수해야 할 사항(산업안전보건기준에 관한 규칙 제366조)
- 부재의 손상 · 변형 · 부식 · 변위 탈락의 유무 및 상태
- 부재의 긴압 정도
- 기둥침하의 유무 및 상태
- 부재의 접속부 및 교차부의 상태

정답 115 ① 116 ② 117 ④ 118 ① 119 ④ 120 ④

산업안전기사

과년도 기출문제

제1과목 안전관리론

01 적성요인에 있어 직업적성을 검사하는 항목이 아닌 것은?

① 지 능
② 촉각 적응력
③ 형태식별능력
④ 운동속도

해설
직업적성검사 항목 : 지능, 형태식별능력, 운동속도 등

02 라인(Line)형 안전관리조직에 대한 설명으로 옳은 것은?

① 명령계통과 조언이나 권고적 참여가 혼동되기 쉽다.
② 생산부서와의 마찰이 일어나기 쉽다.
③ 명령계통이 간단명료하다.
④ 생산부분에는 안전에 대한 책임과 권한이 없다.

해설
Line형 조직(직계조직)
- 경영자의 지휘와 명령이 위에서 아래로 하나의 계통이 되어 신속히 전달되며 100명 이하의 소규모 기업에 적합한 조직 유형
- 명령과 보고가 상하관계뿐이므로 간단명료하다.
- 안전에 관한 명령과 지시는 생산라인을 통해 신속하게 전달된다.
- 안전에 관한 지시나 조치가 신속하고 철저하다.
- 조직 규모가 커지면 적용하기 어렵다.

03 서로 손을 얹고 팀의 행동구호를 외치는 무재해운동 추진기법의 하나로, 스킨십(Skinship)에 바탕을 두고 팀 전원의 일체감, 연대감을 느끼게 하며, 대뇌피질에 안전태도 형성에 좋은 이미지를 심어 주는 기법은?

① Touch and Call
② Brain Storming
③ Error Cause Removal
④ Safety Training Observation Program

해설
Touch & Call
- 서로 손을 얹고 팀의 행동구호를 외치는 무재해운동 추진기법의 하나로, 스킨십에 바탕을 두고 팀 전원이 일체감, 연대감을 느끼게 하며, 대뇌피질에 안전태도 형성에 좋은 이미지를 심어 주는 기법이다.
- 현장에서 전 팀원이 각자의 왼손을 맞잡아 원을 만들어 팀의 행동목표를 지적·확인하는 것을 말한다.

04 안전점검의 종류 중 태풍이나 폭우 등의 천재지변이 발생한 후에 실시하는 기계, 기구 및 설비 등에 대한 점검의 명칭은?

① 정기점검　② 수시점검
③ 특별점검　④ 임시점검

해설
특별점검
- 기계나 기구 또는 설비를 신설 및 변경하거나 고장에 의한 수리 등을 할 경우에 행하는 부정기적 점검
- 이상사태 발생 시 관리자나 감독자가 기계, 기구, 설비 등의 기능상 이상 유무에 대한 점검
- 일정 규모 이상의 강풍, 폭우, 지진 등의 기상이변이 있는 후에 실시하는 점검
- 태풍, 폭우 등에 의한 침수, 지진 등의 천재지변이 발생한 경우나 이상사태 발생 시 관리자나 감독자가 기계, 기구, 설비 등의 기능상 이상 유무에 대한 점검
- 안전강조기간, 방화점검기간에 실시하는 점검

정답 1 ② 2 ③ 3 ① 4 ③

05 하인리히 안전론에서 (　) 안에 들어갈 단어로 적합한 것은?

> • 안전은 사고예방
> • 사고예방은 (　)와(과) 인간 및 기계의 관계를 통제하는 과학이자 기술이다.

① 물리적 환경　② 화학적 요소
③ 위험요인　④ 사고 및 재해

해설
하인리히 안전론
- 안전은 사고예방
- 사고예방은 물리적 환경과 인간 및 기계의 관계를 통제하는 과학이자 기술이다.

06 1년간 80건의 재해가 발생한 A사업장은 1,000명의 근로자가 1주일당 48시간, 1년간 52주를 근무하고 있다. A사업장의 도수율은?(단, 근로자들은 재해와 관련 없는 사유로 연간 노동시간의 3[%]를 결근하였다)

① 31.06　② 32.05
③ 33.04　④ 34.03

해설

$$\text{도수율} = \frac{\text{재해건수}}{\text{연 근로시간수}} \times 10^6$$
$$= \frac{80}{1{,}000 \times 48 \times 52 \times (1-0.03)} \times 10^6$$
$$\simeq 33.04$$

07 안전보건교육의 단계에 해당하지 않는 것은?

① 지식교육　② 기초교육
③ 태도교육　④ 기능교육

해설
안전·보건교육의 단계 : 안전지식교육 → 안전기능교육 → 안전태도교육

08 위험예지훈련의 문제해결 4라운드에 속하지 않는 것은?

① 현상 파악
② 본질 추구
③ 원인 결정
④ 대책 수립

해설
위험예지훈련의 4라운드(4R) : 현상 파악 → 본질 추구 → 대책 수립 → 목표 설정

09 산소결핍이 예상되는 맨홀 내에서 작업을 실시할 때의 사고방지대책으로 적절하지 않는 것은?

① 작업 시작 전 및 작업 중 충분한 환기 실시
② 작업장소의 입장 및 퇴장 시 인원점검
③ 방진 마스크의 보급과 착용 철저
④ 작업장과 외부와의 상시 연락을 위한 설비 설치

해설
산소결핍이 예상되는 맨홀 내의 작업 실시 중 사고방지대책
- 작업 시작 전 및 작업 중 충분한 환기 실시
- 작업장소의 입장 및 퇴장 시 인원점검
- 작업장과 외부와의 상시 연락을 위한 설비 설치

10 안전교육방법 중 강의법에 대한 설명으로 옳지 않은 것은?

① 단기간의 교육 시간 내에 비교적 많은 내용을 전달할 수 있다.
② 다수의 수강자를 대상으로 동시에 교육할 수 있다.
③ 다른 교육방법에 비해 수강자의 참여가 제약된다.
④ 수강자 개개인의 학습 진도를 조절할 수 있다.

해설
강의법은 수강자 개개인의 학습 진도를 조절하기 어렵다.

정답 5 ① 6 ③ 7 ② 8 ③ 9 ③ 10 ④

11 **적응기제(適應機制)의 형태 중 방어적 기제에 해당하지 않는 것은?**

① 고 립 ② 보 상
③ 승 화 ④ 합리화

해설
적응기제(Adjustment Mechanism) : 방어기제, 도피기제, 공격기제
- 방어기제 : 보상(대상), 합리화, 동일시, 승화, 투사, 치환, 반동형성, 대리형성
- 도피기제 : 고립, 퇴행, 억압, 백일몽(환상)
- 공격기제 : 직접적 공격기제(물리적 힘에 의존한 폭행, 싸움, 기물 파손 등), 간접적 공격기제(조소, 비난, 중상모략, 폭언, 욕설 등)

12 **부주의의 발생원인에 포함되지 않는 것은?**

① 의식의 단절 ② 의식의 우회
③ 의식수준의 저하 ④ 의식의 지배

해설
부주의 발생원인 : 의식의 단절, 의식의 우회, 의식수준의 저하, 의식의 혼란, 의식의 과잉

13 **안전교육훈련에 있어 동기부여 방법에 대한 설명으로 가장 거리가 먼 것은?**

① 안전목표를 명확히 설정한다.
② 안전활동의 결과를 평가, 검토하도록 한다.
③ 경쟁과 협동을 유발시킨다.
④ 동기유발 수준을 과도하게 높인다.

해설
동기유발 수준을 적절하게 설정한다.

14 **산업안전보건법상 유해·위험방지계획서 제출대상 공사에 해당하는 것은?**

① 깊이가 5[m] 이상인 굴착공사
② 최대 지간거리 30[m] 이상인 교량 건설공사
③ 지상 높이 21[m] 이상인 건축물공사
④ 터널 건설공사

해설
유해위험방지계획서 제출 대상(시행령 제42조)
① 깊이 10[m] 이상인 굴착공사
② 최대 지간 길이 50[m] 이상인 다리의 건설공사
③ 지상 높이 31[m] 이상인 건축물공사

15 **스트레스의 요인 중 외부적 자극요인에 해당하지 않는 것은?**

① 자존심의 손상 ② 대인관계 갈등
③ 가족의 죽음, 질병 ④ 경제적 어려움

해설
자존심의 손상은 스트레스 요인 중 내부적 자극요인에 해당된다.

16 **하인리히 방식의 재해코스트 산정에서 직접비에 해당되지 않은 것은?**

① 휴업보상비 ② 병상위문금
③ 장해특별보상비 ④ 상병보상연금

해설
직접비와 간접비
- 직접비 : 사고의 피해자에게 지급되는 산재보상비 또는 재해보상비(직업재활급여, 간병급여, 장해급여, 상병보상연금, 유족급여, 장례비, 요양비, 장해보상비, 휴업보상비, 상해특별보상비 등)
- 간접비 : 기계·설비·공구·재료 등의 물적 손실(재산손실), 설비가 동정지에서 오는 생산손실, 작업을 하지 않았는데도 지급한 임금손실, 신규 채용비용(혹은 채용급여), 생산손실급여, 설비의 수리비 및 손실비, 부상자의 시간손실, 관리감독자가 재해의 원인조사를 하는데 따른 시간손실, 기타 손실 등

정답 11 ① 12 ④ 13 ④ 14 ④ 15 ① 16 ②

17 **산업안전보건법상 관리감독자 대상 정기 안전보건교육의 교육내용으로 옳은 것은?**

① 작업 개시 전 점검에 관한 사항
② 정리정돈 및 청소에 관한 사항
③ 작업공정의 유해·위험과 재해 예방대책에 관한 사항
④ 기계·기구의 위험성과 작업의 순서 및 동선에 관한 사항

해설
관리감독자 정기 안전·보건교육의 교육내용(시행규칙 별표 5)
- 산업안전 및 사고 예방에 관한 사항
- 산업보건 및 직업병 예방에 관한 사항
- 유해·위험 작업환경 관리에 관한 사항
- 산업안전보건법령 및 산업재해보상보험 제도에 관한 사항
- 직무스트레스 예방 및 관리에 관한 사항
- 직장 내 괴롭힘, 고객의 폭언 등으로 인한 건강장해 예방 및 관리에 관한 사항
- 작업공정의 유해·위험과 재해 예방대책에 관한 사항
- 표준안전 작업방법 및 지도 요령에 관한 사항
- 관리감독자의 역할과 임무에 관한 사항
- 안전보건교육 능력 배양에 관한 사항

18 **산업안전보건법상 ( ) 안에 알맞은 기준은?**

> 안전·보건표지의 제작에 있어 안전·보건표지 속의 그림 또는 부호의 크기는 안전·보건표지의 크기와 비례하여야 하며, 안전·보건표지 전체 규격의 ( ) 이상이 되어야 한다.

① 20[%]　② 30[%]
③ 40[%]　④ 50[%]

해설
안전보건표지의 제작(시행규칙 제40조)
안전보건표지의 제작에 있어 안전보건표지 속의 그림 또는 부호의 크기는 안전보건표지의 크기와 비례하여야 하며 안전보건표지 전체 규격의 30[%] 이상이 되어야 한다.

19 **산업안전보건법상 주로 고음을 차음하고, 저음은 차음하지 않는 방음보호구의 기호로 옳은 것은?**

① NRR　② EM
③ EP-1　④ EP-2

해설
④ EP-2 : 귀마개 2종의 등급기호이며 주로 고음을 차음하여 회화음 영역인 저음은 차음하지 않는다.
① NRR(Noise Reduction Rating) : 미국환경보호처(EPA)가 개인보호구 제작업체에게 각 청력보호구에 차음효과를 명시하도록 규정한 단일 숫자로 청력보호구의 차음치를 계산할 때 사용하는 단위이다. C 가중치 환경소음과 NRR의 차로써 보호구를 정확하게 착용했을 때의 사람의 귀로 들어가는 소음수준을 구하는 근사값이다. 예를 들어, 사람 귀에서 측정한 환경 소음수준 92[dBC], NRR 22[dB]일 때 귀로 들어가는 소음수준은 70[dBA]이다.
② EM : 귀덮개의 기호
③ EP-1 : 귀마개 1종의 등급기호이며 저음부터 고음까지 차음한다.

20 **산업재해의 기본원인 중 '작업정보, 작업방법 및 작업환경' 등이 분류되는 항목은?**

① Man
② Machine
③ Media
④ Management

해설
재해원인의 4M
- Man : 동료, 상사, 본인 이외의 사람
- Machine : 기계설비의 고장, 결함
- Media : 작업정보, 작업방법 및 작업환경
- Management : 법규 준수, 단속, 점검, 지휘감독, 교육훈련

정답 17 ③ 18 ② 19 ④ 20 ③

제2과목 인간공학 및 시스템 안전공학

21 작업의 강도는 에너지대사율(RMR)에 따라 분류된다. 분류 기준 중, 중(中) 작업(보통 작업)의 에너지대사율은?

① 0~1[RMR] ② 2~4[RMR]
③ 4~7[RMR] ④ 7~9[RMR]

해설

에너지대사율[RMR]과 작업강도
- 0~2[RMR] : 가벼운 작업
- 2~4[RMR] : 보통 작업
- 4~7[RMR] : 중(重) 작업
- 7[RMR] 이상 : 초중(超重) 작업

22 산업안전보건법상 유해·위험방지계획서의 제출 시 첨부하는 서류에 포함되지 않는 것은?

① 설비 점검 및 유지계획
② 기계·설비의 배치도면
③ 건축물 각 층의 평면도
④ 원재료 및 제품의 취급, 제조 등의 작업방법의 개요

해설

제조업 유해·위험방지계획서의 첨부서류(시행규칙 제42조)
- 건축물 각 층의 평면도
- 기계·설비의 배치도면
- 원재료 및 제품의 취급, 제조 등 작업방법의 개요
- 기계·설비의 개요를 나타내는 서류
- 그 밖에 고용노동부장관이 정하는 도면 및 서류

23 인간의 실수 중 수행해야 할 작업 및 단계를 생략하여 발생하는 오류는?

① Omission Error
② Commission Error
③ Sequence Error
④ Timing Error

해설

휴먼에러의 심리적 독립행동에 관한 분류(Swain)
- Omission Error(생략오류 또는 누락오류) : 필요한 작업 또는 절차를 수행하지 않는 데 기인한 과오
- Commission Error(실행오류 또는 작위오류) : 필요한 직무 또는 절차를 수행했으나 잘못 수행한 과오
- Extraneous Error(불필요한 오류) : 불필요한 작업 또는 절차를 수행함으로써 기인한 과오
- Time Error(시간오류) : 시간적으로 발생된 과오(예 프레스작업 중 금형 내에 손이 오랫동안 남아 있어 발생한 재해)
- Sequential Error(순서오류) : 필요한 작업 또는 절차의 순서착오로 인한 과오

24 초기고장과 마모고장 각각의 고장형태와 그 예방대책에 관한 연결로 틀린 것은?

① 초기고장 – 감소형 – 번인(Burn in)
② 마모고장 – 증가형 – 예방보전(PM)
③ 초기고장 – 감소형 – 디버깅(Debugging)
④ 마모고장 – 증가형 – 스크리닝(Screening)

해설

마모고장 – 증가형 – 예방보전

정답 21 ② 22 ① 23 ① 24 ④

25 작업 개선을 위하여 도입되는 원리인 ECRS에 포함되지 않는 것은?

① Combine ② Standard
③ Eliminate ④ Rearrange

해설
설비개선 ECRS의 원칙
- Eliminate(제거)
- Combine(결합)
- Rearrange(재조정)
- Simplify(단순화)

26 온도와 습도 및 공기 유동이 인체에 미치는 열효과를 하나의 수치로 통합한 경험적 감각지수로, 상대습도 100[%]일 때의 건구온도에서 느끼는 것과 동일한 온감을 의미하는 온열조건의 용어는?

① Oxford 지수 ② 발한율
③ 실효온도 ④ 열압박지수

해설
실효온도(Effective Temperature)
- 실제로 감각되는 온도(실감온도)
- 기온, 습도, 바람의 요소를 종합하여 실제로 인간이 느낄 수 있는 온도(실효온도 지수 개발 시 고려한 인체에 미치는 열효과의 조건 : 온도, 습도, 공기유동)
- 온도, 습도 및 공기유동이 인체에 미치는 열효과를 나타낸 것
- 온도와 습도 및 공기유동이 인체에 미치는 열효과를 하나의 수치로 통합한 경험적 감각지수
- 상대습도 100[%]일 때의 건구온도에서 느끼는 것과 동일한 온감

27 화학설비의 안전성 평가 5단계 중 4단계에 해당하는 것은?

① 안전대책 ② 정성적 평가
③ 정량적 평가 ④ 재평가

해설
안전성 평가(Safety Assessment)의 기본원칙 5단계 과정
- 1단계 : 관계자료의 작성 준비 혹은 정비(검토)
- 2단계 : 정성적 평가
- 3단계 : 정량적 평가
- 4단계 : 안전대책
- 5단계 : 재해정보에 의한 재평가

28 양립성의 종류에 포함되지 않는 것은?

① 공간 양립성 ② 형태 양립성
③ 개념 양립성 ④ 운동 양립성

해설
양립성의 종류 : 개념 양립성, 양식 양립성, 운동 양립성, 공간 양립성

29 다음 설명에 해당하는 설비보전방식의 유형은?

[다 음]

설비보전 정보와 신기술을 기초로 신뢰성, 조작성, 보전성, 안전성, 경제성 등이 우수한 설비의 선정, 조달 또는 설계를 통하여 궁극적으로 설비의 설계, 제작단계에서 보전활동이 불필요한 체제를 목표로 한 설비보전방법을 말한다.

① 개량보전 ② 보전예방
③ 사후보전 ④ 일상보전

해설
보전예방(MP ; Maintenance Prevention) : 설비보전 정보와 신기술을 기초로 신뢰성, 조작성, 보전성, 안전성, 경제성 등이 우수한 설비의 선정, 조달 또는 설계를 통하여 궁극적으로 설비의 설계, 제작단계에서 보전활동이 불필요한 체제를 목표로 하는 설비보전방법

30 원자력 산업과 같이 상당한 안전이 확보되어 있는 장소에서 추가적인 고도의 안전 달성을 목적으로 하고 있으며, 관리·설계·생산·보전 등 광범위한 안전을 도모하기 위하여 개발된 분석기법은?

① DT ② FTA
③ THERP ④ MORT

해설
MORT(Management Oversight and Risk Tree)
- FTA와 동일의 논적방법을 사용하여 관리·설계·생산·보전 등 광범위한 범위에 걸쳐 안전을 도모하기 위하여 개발된 분석기법(안전성을 확보하려는 시스템안전 프로그램)
- 원자력산업과 같이 상당한 안전이 확보되어 있는 장소에서 추가적인 고도의 안전달성을 목적으로 한다.

정답 25 ② 26 ③ 27 ① 28 ② 29 ② 30 ④

31 결함수 분석(FTA)에 관한 설명으로 틀린 것은?

① 연역적 방법이다.
② 버텀-업(Bottom-up) 방식이다.
③ 기능적 결함의 원인을 분석하는 데 용이하다.
④ 정량적 분석이 가능하다.

해설
FTA는 톱다운(Top-down) 방식이다.

32 조종-반응비(Control-Response Ratio, C/R비)에 대한 설명 중 틀린 것은?

① 조종장치와 표시장치의 이동거리 비율을 의미한다.
② C/R비가 클수록 조종장치는 민감하다.
③ 최적 C/R비는 조정시간과 이동시간의 교점이다.
④ 이동시간과 조정시간을 감안하여 최적 C/R비를 구할 수 있다.

해설
C/R비가 클수록 조종장치는 둔감하다.

33 다음 FT도에서 최소 컷셋(Minimal Cut Set)으로만 올바르게 나열한 것은?

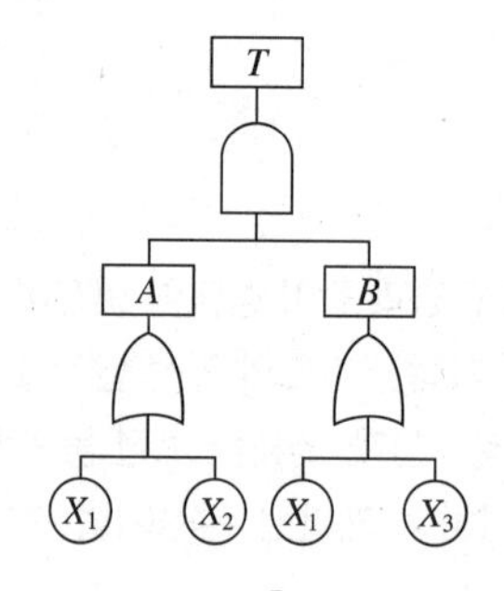

① $[X_1]$
② $[X_1]$, $[X_2]$
③ $[X_1, X_2, X_3]$
④ $[X_1, X_2]$, $[X_1, X_3]$

해설
$T = A \cdot B = (X_1 + X_2) \cdot (X_1 + X_3)$
$= X_1X_1 + X_1X_3 + X_1X_2 + X_2X_3$
$= X_1 + X_1X_3 + X_1X_2 + X_2X_3$
$= X_1(1 + X_3 + X_2) + X_2X_3 = X_1 + X_2X_3$
이므로, 최소 컷셋은 $[X_1]$, $[X_2, X_3]$이다.

34 인간의 정보처리 과정 3단계에 포함되지 않는 것은?

① 인지 및 정보처리단계
② 반응단계
③ 행동단계
④ 인식 및 감지단계

해설
인식과 자극의 정보처리 과정 3단계 : 인지단계 - 인식단계 - 행동단계

35 시각 표시장치보다 청각 표시장치의 사용이 바람직한 경우는?

① 전언이 복잡한 경우
② 전언이 재참조되는 경우
③ 전언이 즉각적인 행동을 요구하는 경우
④ 직무상 수신자가 한곳에 머무는 경우

해설
③의 경우 청각장치가 유리하며, 나머지의 경우는 시각장치가 유리하다.

36 FTA에서 사용하는 수정게이트의 종류 중 3개의 입력현상 중 2개가 발생한 경우에 출력이 생기는 것은?

① 위험지속기호
② 조합 AND게이트
③ 배타적 OR게이트
④ 억제게이트

해설
① 위험지속기호 : 입력현상이 생겨서 어떤 일정한 시간이 지속된 때에 출력이 생기는 게이트로, 만약 그 시간이 지속되지 않으면 출력은 생기지 않음
③ 배타적 OR게이트 : OR게이트이지만 2개 또는 그 이상의 입력이 동시에 존재하는 경우 출력이 일어나지 않는 게이트
④ 억제게이트 : 조건부 사건이 발생하는 상황하에서 입력현상이 발생할 때 출력현상이 발생되는 게이트

정답 31 ② 32 ② 33 ① 34 ② 35 ③ 36 ②

37 인간의 신뢰도가 0.6, 기계의 신뢰도가 0.9이다. 인간과 기계가 직렬체제로 작업할 때의 신뢰도는?

① 0.32 ② 0.54
③ 0.75 ④ 0.96

해설
직렬체제이므로 신뢰도는 $R = 0.6 \times 0.9 = 0.54$이다.

38 8시간 근무를 기준으로 남성작업자 A의 대사량을 측정한 결과, 산소소비량이 1.3[L/min]으로 측정되었다. Murrell 방법으로 계산 시, 8시간의 총근로시간에 포함되어야 할 휴식시간은?

① 124분 ② 134분
③ 144분 ④ 154분

해설
휴식시간 산출공식(R)

$$R = T \times \frac{E - W}{E - 1.5}$$

해당 문제에서 T : 8×60, W : 5, E=1.3×5이므로,

$$= 8 \times 60 \times \frac{1.3 \times 5 - 5}{1.3 \times 5 - 1.5}$$

$$= 480 \times \frac{1.5}{5} = 144[\text{min}]$$

39 국소진동에 지속적으로 노출된 근로자에게 발생할 수 있으며, 말초혈관장해로 손가락이 창백해지고 동통을 느끼는 질환의 명칭은?

① 레이노병(Raynaud's Phenomenon)
② 파킨슨병(Parkinson's Disease)
③ 규폐증
④ C5-dip현상

해설
① 레이노병(Raynaud's Phenomenon, 레이노현상) : 국소진동에 지속적으로 노출된 근로자에게 발생할 수 있으며, 말초기관장해로 손가락이 창백해지고 통증을 느끼는 질환
② 파킨슨병(PD ; Parkinson's Disease) : 떨림, 몸동작의 느려짐, 근육의 강직, 질질 끌며 걷기, 굽은 자세와 같은 증상들의 운동장애가 나타나는 진행형 신경퇴행성 질환
③ 규폐증(Silicosis) : 규산 성분이 있는 돌가루가 폐에 쌓여 생기는 질환으로 직업적으로 광부, 석공, 도공, 연마공 등에서 발생될 가능성이 높은 직업병
④ C5-dip현상 : 소음에 장기간 노출되어 4,000[Hz] 부근에서의 청력이 급격히 저하하는 현상. 다장조의 도(C)에서 5옥타브 위의 음인 4,096[Hz]를 C5라고 함

40 암호체계의 사용상에 있어서 일반적인 지침에 포함되지 않는 것은?

① 암호의 검출성
② 부호의 양립성
③ 암호의 표준화
④ 암호의 단일 차원화

해설
암호체계의 사용상 일반적 지침(특정한 목적을 위해 시각적 암호, 부호 및 기호를 의도적으로 사용할 때에 반드시 고려하여야 할 사항) : 검출성, 식별성, 양립성, 부호의 의미, 암호의 표준화, 다차원 암호의 사용

정답 37 ② 38 ③ 39 ① 40 ④

제3과목 기계위험 방지기술

41 연삭기에서 숫돌의 바깥지름이 180[mm]일 경우 숫돌 고정용 평형 플랜지의 지름으로 적합한 것은?

① 30[mm] 이상 ② 40[mm] 이상
③ 50[mm] 이상 ④ 60[mm] 이상

해설
숫돌 고정장치인 평형 플랜지의 지름 : 숫돌직경의 1/3 이상이어야 하므로, 평형 플랜지의 지름은 최소 60[mm] 이상이어야 한다.

42 산업안전보건법에 따라 산업용 로봇의 작동범위에서 교시 등의 작업을 하는 경우에 로봇에 의한 위험을 방지하기 위한 조치사항으로 틀린 것은?

① 2명 이상의 근로자에게 작업을 시킬 경우의 신호방법을 정한다.
② 작업 중의 매니퓰레이터 속도에 관한 지침을 정하고 그 지침에 따라 작업한다.
③ 작업을 하는 동안 다른 작업자가 작동시킬 수 없도록 기동스위치에 작업 중 표시를 한다.
④ 작업에 종사하고 있는 근로자가 이상을 발견하면 즉시 안전담당자에게 보고하고 계속해서 로봇을 운전한다.

해설
작업에 종사하는 근로자가 조작 중 이상 발견 시 우선적으로 먼저 로봇을 정지시킨 후 관리감독자에게 보고하는 등 필요한 조치를 한다.

43 기준 무부하 상태에서 지게차 주행 시의 좌우 안정도 기준은?(단, V는 구내 최고 속도[km/h]이다)

① $(15 + 1.1 \times V)$[%] 이내
② $(15 + 1.5 \times V)$[%] 이내
③ $(20 + 1.1 \times V)$[%] 이내
④ $(20 + 1.5 \times V)$[%] 이내

해설
무부하 상태에서 주행 시의 지게차의 좌우 안정도(S_{lr})는 $S_{lr} = 15 + 1.1V$[%] 이내이어야 한다(V : 구내 최고 속도[km/h]).

44 산업안전보건법에 따라 사다리식 통로를 설치하는 경우 준수해야 할 기준으로 틀린 것은?

① 사다리식 통로의 기울기는 60° 이하로 할 것
② 발판과 벽과의 사이는 15[cm] 이상의 간격을 유지할 것
③ 사다리의 상단은 걸쳐놓은 지점으로부터 60[cm] 이상 올라가도록 할 것
④ 사다리식 통로의 길이가 10[m] 이상인 경우에는 5[m] 이내마다 계단참을 설치할 것

해설
사다리식 통로 등의 구조(산업안전보건기준에 관한 규칙 제24조)
- 이동식 사다리식 통로의 기울기는 75° 이하로 할 것
- 고정식 사다리식 통로의 기울기는 90° 이하로 하고, 높이 7[m] 이상인 경우 바닥으로부터 높이가 2.5[m]되는 지점부터 등받이 울을 설치할 것

45 산업안전보건법에 따른 승강기의 종류에 해당하지 않는 것은?

① 리프트 ② 승용 승강기
③ 에스컬레이터 ④ 화물용 승강기

해설
승강기의 종류(산업안전보건기준에 관한 규칙 제132조) : 승객용 엘리베이터, 승객화물용 엘리베이터, 화물용 엘리베이터, 에스컬레이터, 소형화물용 엘리베이터
※ 개정 전 : 승용 승강기, 인화 공용 승강기, 화물용 승강기, 에스컬레이터

46 재료가 변형 시에 외부응력이나 내부의 변형과정에서 방출되는 낮은 응력파(Stress Wave)를 감지하여 측정하는 비파괴시험은?

① 와류탐상시험 ② 침투탐상시험
③ 음향탐상시험 ④ 방사선투과시험

해설
음향탐상시험(음향방출시험) : 재료 변형 시 외부응력이나 내부의 변형과정에서 방출되는 낮은 응력파(Stress Wave)를 감지하여 측정하는 비파괴시험
- 가동 중 검사가 가능하다.
- 온도, 분위기 같은 외적 요인에 영향을 받는다.
- 결함이 어떤 중대한 손상을 초래하기 전에 검출할 수 있다.
- 재료의 종류나 물성 등의 특성과 관계있다.

정답 41 ④ 42 ④ 43 ① 44 ① 45 ① 46 ③

47 산업안전보건법에 따라 다음 ( ) 안에 들어갈 내용으로 옳은 것은?

> 사업주는 바닥으로부터 짐 윗면까지의 높이가 ( )[m] 이상인 화물자동차에 짐을 싣는 작업 또는 내리는 작업을 하는 경우에는 근로자의 추가 위험을 방지하기 위하여 해당 작업에 종사하는 근로자가 바닥과 적재함의 짐 윗면 간을 안전하게 오르내리기 위한 설비를 설치하여야 한다.

① 1.5　② 2
③ 2.5　④ 3

해설
사업주는 바닥으로부터 짐 윗면까지의 높이가 2[m] 이상인 화물자동차에 짐을 싣는 작업 또는 내리는 작업을 하는 경우에는 근로자의 추가 위험을 방지하기 위하여 해당 작업에 종사하는 근로자가 바닥과 적재함의 짐 윗면 간을 안전하게 오르내리기 위한 설비를 설치하여야 한다(산업안전보건기준에 관한 규칙 제187조).

48 진동에 의한 1차 설비진단법 중 정상, 비정상, 악화의 정도를 판단하기 위한 방법에 해당하지 않는 것은?

① 상호판단　② 비교판단
③ 절대판단　④ 평균판단

해설
진동에 의한 1차 설비진단법 중 정상, 비정상, 악화의 정도를 판단하기 위한 방법 : 상호판단, 비교판단, 절대판단

49 둥근 톱 기계의 방호장치에서 분할날과 톱날 원주면과의 거리는 몇 [mm] 이내로 조정, 유지할 수 있어야 하는가?

① 12　② 14
③ 16　④ 18

해설
반발방지를 방호하기 위한 분할날의 설치조건
- 톱날과의 간격 : 12[mm] 이내
- 방호 길이 : 톱날 후면날의 2/3 이상 방호
- 분할날 두께 : 둥근 톱 두께의 1.1배 이상, 톱날의 치진폭 미만
- 분할날의 재료 : 탄소공구강 5종(SK5) 또는 이에 상당하는 재질

50 산업안전보건법에 따라 사업주가 보일러의 폭발사고를 예방하기 위하여 유지·관리하여야 할 안전장치가 아닌 것은?

① 압력방호판　② 화염검출기
③ 압력방출장치　④ 고저수위조절장치

해설
폭발위험의 방지(산업안전보건기준에 관한 규칙 제119조)
사업주는 보일러의 폭발 사고를 예방하기 위하여 압력방출장치, 압력제한 스위치, 고저수위 조절장치, 화염 검출기 등의 기능이 정상적으로 작동될 수 있도록 유지·관리하여야 한다.

51 질량이 100[kg]인 물체를 그림과 같이 길이가 같은 2개의 와이어로프로 매달아 옮기고자 할 때 와이어로프 T_a에 걸리는 장력은 약 몇 [N]인가?

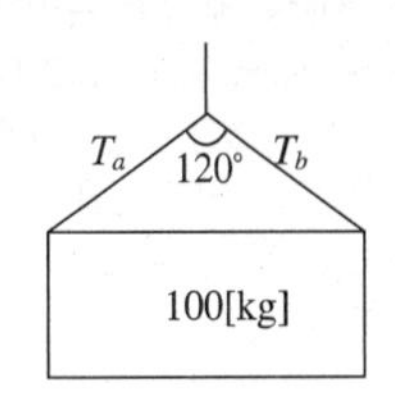

① 200　② 400
③ 490　④ 980

해설
$\cos\frac{\theta}{2} = \frac{w/2}{T}$ 이므로

$$T = \frac{100/2}{\cos 60^\circ} = \frac{50}{\cos 60^\circ} = 100[kg] \simeq 980[N]$$

52 다음 중 드릴작업의 안전수칙으로 가장 적합한 것은?

① 손을 보호하기 위하여 장갑을 착용한다.
② 작은 일감은 양손으로 견고히 잡고 작업한다.
③ 정확한 작업을 위하여 구멍에 손을 넣어 확인한다.
④ 작업시작 전 척 렌치(Chuck Wrench)를 반드시 제거하고 작업한다.

해설
①, ②, ③과 같은 행동은 모두 위험하다.

정답 47 ② 48 ④ 49 ① 50 ① 51 ④ 52 ④

53 **산업안전보건법에 따라 레버풀러(Lever Puller) 또는 체인블록(Chain Block)을 사용하는 경우 훅의 입구(Hook Mouth) 간격이 제조자가 제공하는 제품사양서 기준으로 몇 [%] 이상 벌어진 것은 폐기하여야 하는가?**

① 3
② 5
③ 7
④ 10

해설

레버풀러(Lever Puller) 또는 체인블록(Chain Block) 사용 시 준수사항
- 정격하중을 초과하여 사용하지 말 것
- 레버풀러 작업 중 훅이 빠져 튕길 우려가 있을 경우에는 훅을 대상물에 직접 걸지 말고 피벗클램프(Pivot Clamp)나 러그(Lug)를 연결하여 사용할 것
- 레버풀러의 레버에 파이프 등을 끼워서 사용하지 말 것
- 체인블록의 상부 훅(Top Hook)은 인양하중에 충분히 견디는 강도를 갖고, 정확히 지탱될 수 있는 곳에 걸어서 사용할 것
- 훅의 입구(Hook Mouth) 간격이 제조자가 제공하는 제품사양서 기준으로 10[%] 이상 벌어진 것은 폐기할 것
- 체인블록은 체인의 꼬임과 헝클어지지 않도록 할 것
- 체인과 훅은 변형, 파손, 부식, 마모되거나 균열된 것을 사용하지 않도록 조치할 것

54 **금형의 설치, 해체, 운반 시 안전사항에 관한 설명으로 틀린 것은?**

① 운반을 위하여 관통 아이볼트가 사용될 때는 구멍 틈새가 최소화되도록 한다.
② 금형을 설치하는 프레스의 T홈 안 길이는 설치 볼트 지름의 1/2배 이하로 한다.
③ 고정볼트는 고정 후 가능하면 나사산이 3~4개 정도 짧게 남겨 설치 또는 해체 시 슬라이드면과의 사이에 협착이 발생하지 않도록 해야 한다.
④ 운반 시 상부 금형과 하부 금형이 닿을 위험이 있을 때는 고정 패드를 이용한 스트랩, 금속재질이나 우레탄 고무의 블록 등을 사용한다.

해설

금형을 설치하는 프레스의 T홈 안 길이는 설치볼트 직경의 2배 이상으로 한다.

55 **밀링작업의 안전조치에 대한 설명으로 적절하지 않은 것은?**

① 절삭 중의 칩 제거는 칩브레이커로 한다.
② 공작물을 고정할 때에는 기계를 정지시킨 후 작업한다.
③ 강력 절삭을 할 경우에는 공작물을 바이스에 깊게 물려 작업한다.
④ 가공 중 공작물의 치수를 측정할 때에는 기계를 정지시킨 후 측정한다.

해설

발생된 칩의 제거는 기계를 정지시킨 후 브러시 등으로 제거한다.

56 **산업안전보건법에 따라 아세틸렌 용접장치의 아세틸렌 발생기를 설치하는 경우, 발생기실의 설치 장소에 대한 설명 중 A, B에 들어갈 내용으로 옳은 것은?**

> - 발생기실은 건물의 최상층에 위치하여야 하며, 화기를 사용하는 설비로부터 (A)를 초과하는 장소에 설치하여야 한다.
> - 발생기실을 옥외에 설치한 경우에는 그 개구부를 다른 건축물로부터 (B) 이상 떨어지도록 하여야 한다.

① A : 1.5[m], B : 3[m]
② A : 2[m], B : 4[m]
③ A : 3[m], B : 1.5[m]
④ A : 4[m], B : 2[m]

해설

아세틸렌 발생기의 설치장소(산업안전보건기준에 관한 규칙 제286조)
- 전용 발생기실은 건물의 최상층에 위치하여야 하며, 화기를 사용하는 설비로부터 3[m]를 초과하는 장소에 설치하여야 한다.
- 전용 발생기실을 옥외에 설치한 경우에는 그 개구부를 다른 건축물로부터 1.5[m] 이상 떨어지도록 하여야 한다.

정답 53 ④ 54 ② 55 ① 56 ③

57 프레스기의 방호장치 중 위치제한형 방호장치에 해당되는 것은?

① 수인식 방호장치
② 광전자식 방호장치
③ 손쳐내기식 방호장치
④ 양수조작식 방호장치

해설
위치제한형 방호장치 : 조작자의 신체 부위가 위험한계 밖에 위치하도록 기계의 조작장치를 위험구역에서 일정거리 이상 떨어지게 하는 방호장치(예 : 프레스의 양수조작식 방호장치 등)

58 프레스 방호장치 중 수인식 방호장치의 일반 구조에 대한 사항으로 틀린 것은?

① 수인끈의 재료는 합성섬유로 지름이 4[mm] 이상이어야 한다.
② 수인끈의 길이는 작업자에 따라 임의로 조정할 수 없도록 해야 한다.
③ 수인끈의 안내통은 끈의 마모와 손상을 방지할 수 있는 조치를 해야 한다.
④ 손목밴드(Wrist Band)의 재료는 유연한 내유성 피혁 또는 이와 동등한 재료를 사용해야 한다.

해설
수인식 방호장치의 일반구조
- 손목밴드(Wrist Band)의 재료는 유연한 내유성 피혁 또는 이와 동등한 재료를 사용해야 한다.
- 손목밴드는 착용감이 좋으며 쉽게 착용할 수 있는 구조이어야 한다.
- 수인끈의 재료는 합성섬유로 직경이 4[mm] 이상이어야 한다.
- 수인끈은 작업자와 작업공정에 따라 그 길이를 조정할 수 있어야 한다.
- 수인끈의 안내통은 끈의 마모와 손상을 방지할 수 있는 조치를 해야 한다.
- 각종 레버는 경량이면서 충분한 강도를 가져야 한다.

59 산업안전보건법에 따라 원동기 · 회전축 등의 위험 방지를 위한 설명 중 (   ) 안에 들어갈 내용은?

> 사업주는 회전축 · 기어 · 풀리 및 플라이휠 등에 부속되는 키 · 핀 등의 기계요소는 (   )으로 하거나 해당 부위에 덮개를 설치하여야 한다.

① 개방형 ② 돌출형
③ 묻힘형 ④ 고정형

해설
원동기 · 회전축 등의 위험방지(산업안전보건기준에 관한 규칙 제87조)
사업주는 회전축 · 기어 · 풀리 및 플라이휠 등에 부속되는 키 · 핀 등의 기계요소는 묻힘형으로 하거나 해당 부위에 덮개를 설치하여야 한다.

60 공기압축기의 방호장치가 아닌 것은?

① 언로드밸브
② 압력방출장치
③ 수봉식 안전기
④ 회전부의 덮개

해설
공기압축기의 방호장치 : 압력방출장치, 언로드밸브, 회전부의 덮개 등

정답 57 ④ 58 ② 59 ③ 60 ③

제4과목 전기위험 방지기술

61 다음 그림과 같이 인체가 전기설비의 외함에 접촉하였을 때 누전사고가 발생하였다. 인체 통과전류[mA]는 약 얼마인가?

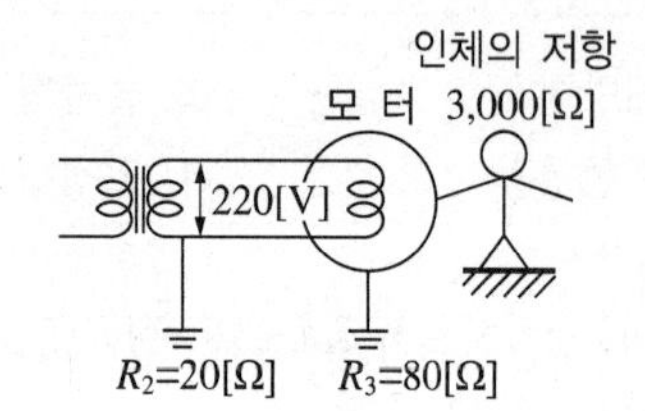

① 35 ② 47
③ 58 ④ 66

해설

인체 통과전류

$$I_m = \frac{E}{R_m\left(1+\frac{R_2}{R_3}\right)} = \frac{220}{3,000\times\left(1+\frac{20}{80}\right)}$$

$$= \frac{220}{3,750} \simeq 0.0587[\mathrm{A}] \simeq 58.7[\mathrm{mA}]$$

62 전기화재 발생원인으로 틀린 것은?

① 발화원 ② 내화물
③ 착화물 ④ 출화의 경과

해설

전기화재 발생원인의 3요건 : 발화원, 착화물, 출화의 경과

63 사용전압이 380[V]인 전동기 전로에서 절연저항은 몇 [MΩ] 이상이어야 하는가?

① 0.1 ② 0.2
③ 0.3 ④ 0.4

해설

절연전선·전로의 전압별 절연저항(누전 측정에 이용)

전압[V]	150 이하	150 초과 300 이하	300 초과 400 미만	400 이상
절연저항[MΩ]	0.1 이상	0.2 이상	0.3 이상	0.4 이상

※ 출제 당시의 규정에 의하면 ③번이 정답이었으나 2021년부터는 해당 규정이 전면 변경됨(전기설비기술기준 제52조)

64 정전에너지를 나타내는 식으로 알맞은 것은?(단, Q는 대전 전하량, C는 정전용량이다)

① $\dfrac{Q}{2C}$ ② $\dfrac{Q}{2C^2}$
③ $\dfrac{Q^2}{2C}$ ④ $\dfrac{Q^2}{2C^2}$

해설

정전에너지

$$E = \frac{1}{2}CV^2 = \frac{1}{2}QV = \frac{Q^2}{2C}$$

65 누전차단기의 설치가 필요한 것은?

① 이중절연 구조의 전기기계·기구
② 비접지식 전로의 전기기계·기구
③ 절연대 위에서 사용하는 전기기계·기구
④ 도전성이 높은 장소의 전기기계·기구

해설

감전방지용 누전차단기 설치하는 전기기계·기구(산업안전보건기준에 관한 규칙 제304조)
- 대지전압이 150[V]를 초과하는 이동형 또는 휴대형 전기기계·기구
- 물 등 도전성이 높은 액체가 있는 습윤장소에서 사용하는 저압용 전기기계·기구
- 철판·철골 위 등 도전성이 높은 장소에서 사용하는 이동형 또는 휴대형 전기기계·기구
- 임시배선의 전로가 설치되는 장소에서 사용하는 이동형 또는 휴대형 전기기계·기구

정답 61 ③ 62 ② 63 ③ 64 ③ 65 ④

66 동작 시 아크를 발생하는 고압용 개폐기 · 차단기 · 피뢰기 등은 목재의 벽 또는 천장 기타의 가연성 물체로부터 몇 [m] 이상 떼어놓어야 하는가?

① 0.3 ② 0.5
③ 1.0 ④ 1.5

해설
동작 시 아크를 발생하는 고압용 개폐기 · 차단기 · 피뢰기 등은 목재의 벽 또는 천장, 기타의 가연성 물체로부터 1.0[m] 이상 그리고 특고압용은 2.0[m] 이상 떼어놓아야 한다.

67 6,600/100[V], 15[kVA]의 변압기에서 공급하는 저압 전선로의 허용 누설전류는 몇 [A]를 넘지 않아야 하는가?

① 0.025
② 0.045
③ 0.075
④ 0.085

해설
- 저압전선로 중 절연 부분의 전선과 대지 사이 및 전선의 심선 상호 간의 절연저항은 사용전압에 대한 누설전류가 최대 공급전류의 1/2,000을 넘지 않도록 하여야 한다.
- $I_g = \frac{I}{2,000} = \frac{(P/V)}{2,000}$

$= \frac{15,000}{2,000 \times 100} = 0.075[A]$

68 이동하여 사용하는 전기기계기구의 금속제 외함 등에 제1종 접지공사를 하는 경우, 접지선 중 가요성을 요하는 부분의 접지선 종류와 단면적의 기준으로 옳은 것은?

① 다심 코드, 0.75[mm^2] 이상
② 다심 캡타이어케이블, 2.5[mm^2] 이상
③ 3종 클로로프렌캡타이어케이블, 4[mm^2] 이상
④ 3종 클로로프렌캡타이어케이블, 10[mm^2] 이상

해설
전기설비기술기준의 판단기준 제19조

접지공사의 종류	접지선의 종류	접지선의 단면적
제1종 접지공사 및 제2종 접지공사	3종 및 4종 클로로프렌캡타이어케이블, 3종 및 4종 클로로설포네이트폴리에틸렌 캡타이어케이블의 일심 또는 다심 캡타이어케이블의 차폐 기타의 금속체	10[mm^2]
제3종 접지공사 및 특별 제3종 접지공사	다심 코드 또는 다심 캡타이어케이블의 일심	0.75[mm^2]
	다심 코드 및 다심 캡타이어케이블의 일심 이외의 가요성이 있는 연동연선	1.5[mm^2]

※ 참 고

접지도체(한국전기설비규정 142.3.1)
이동하여 사용하는 전기기계기구의 금속제 외함 등에 접지시스템의 경우는 다음의 것을 사용하여야 한다.
- 특고압 · 고압 전기설비용 접지도체 및 중성점 접지용 접지도체는 클로로프렌캡타이어케이블(3종 및 4종) 또는 클로로설포네이트폴리에틸렌캡타이어케이블(3종 및 4종)의 1개 도체 또는 다심 캡타이어케이블의 차폐 또는 기타의 금속체로 단면적이 10[mm^2] 이상인 것을 사용한다.
- 저압 전기설비용 접지도체는 다심 코드 또는 다심 캡타이어케이블의 1개 도체의 단면적이 0.75[mm^2] 이상인 것을 사용한다. 다만, 기타 유연성이 있는 연동연선은 1개 도체의 단면적이 1.5[mm^2] 이상인 것을 사용한다.

※ 출제 당시의 규정에 의하면 ④번이 정답이었으나 2021년부터는 해당 규정이 전면 변경됨

정답 66 ③ 67 ③ 68 ④

69 정전기 발생에 대한 방지대책의 설명으로 틀린 것은?

① 가스용기, 탱크 등의 도체부는 전부 접지한다.
② 배관 내 액체의 유속을 제한한다.
③ 화학섬유의 작업복을 착용한다.
④ 대전방지제 또는 제전기를 사용한다.

해설
정전기 방지용 작업복을 착용한다.

70 정전기의 유동대전에 가장 크게 영향을 미치는 요인은?

① 액체의 밀도 ② 액체의 유동속도
③ 액체의 접촉면적 ④ 액체의 분출온도

해설
정전기의 유동대전에 가장 크게 영향을 미치는 요인은 액체의 유동속도이다.

71 과전류에 의해 전선의 허용전류보다 큰 전류가 흐르는 경우 절연물이 화구가 없더라도 자연히 발화하고 심선이 용단되는 발화단계의 전선전류밀도[A/mm^2]는?

① 10~20 ② 30~50
③ 60~120 ④ 130~200

해설
과전류에 의한 전선의 인화로부터 용단에 이르기까지 각 단계별 기준 전선전류밀도
- 인화단계 : 40~43[A/mm^2]
- 착화단계 : 43~60[A/mm^2]
- 발화단계 : 60~120[A/mm^2](과전류에 의한 전선의 허용전류보다 큰 전류가 흐르는 경우 절연물이 화구가 없더라도 자연히 발화하고 심선이 용단되는 단계)
- 용단단계 : 120[A/mm^2] 이상

72 방폭구조에 관계있는 위험 특성이 아닌 것은?

① 발화온도 ② 증기밀도
③ 화염일주한계 ④ 최소 점화전류

해설
방폭구조에 관계있는 위험 특성 : 발화온도, 화염일주한계, 최소 점화전류

73 금속관의 방폭형 부속품에 대한 설명으로 틀린 것은?

① 재료는 아연도금을 하거나 녹이 스는 것을 방지하도록 한 강 또는 가단주철일 것
② 안쪽 면 및 끝부분은 전선의 피복을 손상하지 않도록 매끈한 것일 것
③ 전선관과의 접속 부분의 나사는 5턱 이상 완전히 나사결합이 될 수 있는 길이일 것
④ 완성품은 유입방폭구조의 폭발압력시험에 적합할 것

해설
금속관의 방폭형 부속품
- 아연도금을 한 위에 투명한 도료를 칠하거나 녹스는 것을 방지한 강 또는 가단주철일 것
- 안쪽 면 및 끝부분은 전선의 피복을 손상하지 않도록 매끈한 것일 것
- 전선관의 접속 부분의 나사는 5턱 이상 완전히 나사결합이 될 수 있는 길이일 것
- 가스증기 위험장소의 금속관(후강) 배선에 의하여 시설하는 경우 관 상호 및 관과 박스 기타의 부속품, 풀박스 또는 전기기계·기구와는 5턱 이상 나사조임으로 접속하는 방법으로 견고하게 접속하여야 한다.
- 분진방폭 배선시설에 분진침투 방지재료로는 자기융착성 테이프가 적합하다.

정답 69 ③ 70 ② 71 ③ 72 ② 73 ④

74 접지의 목적과 효과로 볼 수 없는 것은?

① 낙뢰에 의한 피해방지
② 송배전선에서 지락사고의 발생 시 보호계전기를 신속하게 작동시킴
③ 설비의 절연물이 손상되었을 때 흐르는 누설전류에 의한 감전방지
④ 송배전선로의 지락사고 시 대지전위의 상승을 억제하고 절연강도를 상승시킴

해설
지락사고 시 대전전위 억제 및 절연강도 경감시킨다.

75 방폭전기설비의 용기 내부에 보호가스를 압입하여 내부압력을 외부 대기 이상의 압력으로 유지함으로써 용기 내부에 폭발성 가스분위기가 형성되는 것을 방지하는 방폭구조는?

① 내압 방폭구조 ② 압력 방폭구조
③ 안전증 방폭구조 ④ 유입 방폭구조

해설
압력 방폭구조(기호 : p)
• 방폭전기설비의 용기 내부에 보호가스를 압입하여 내부압력을 유지함으로써 폭발성 가스 또는 증기가 내부로 유입하지 않도록 된 방폭구조
• 종류 : 밀봉식, 통풍식, 봉입식

76 제1종 위험장소로 분류되지 않는 것은?

① 탱크류의 벤트(Vent) 개구부 부근
② 인화성 액체 탱크 내의 액면 상부의 공간부
③ 점검수리 작업에서 가연성 가스 또는 증기를 방출하는 경우의 밸브 부근
④ 탱크롤리, 드럼관 등이 인화성 액체를 충전하고 있는 경우의 개구부 부근

해설
인화성 액체의 용기 또는 탱크 내 액면 상부의 공간부는 0종 위험장소이다.

77 기중차단기의 기호로 옳은 것은?

① VCB ② MCCB
③ OCB ④ ACB

해설
④ ACB : 기중차단기 ① VCB : 진공차단기
② MCCB : 배선용 차단기 ③ OCB : 유입차단기

78 누전사고가 발생될 수 있는 취약 개소가 아닌 것은?

① 나선으로 접속된 분기회로의 접속점
② 전선의 열화가 발생한 곳
③ 부도체를 사용하여 이중절연이 되어 있는 곳
④ 리드선과 단자와의 접속이 불량한 곳

해설
부도체를 사용하여 이중절연이 되어 있는 곳은 누전사고가 거의 일어나지 않는다.

정답 74 ④ 75 ② 76 ② 77 ④ 78 ③

79 지락전류가 거의 0에 가까워서 안정도가 양호하고 무정전의 송전이 가능한 접지방식은?

① 직접 접지방식
② 리액터 접지방식
③ 저항 접지방식
④ 소호리액터 접지방식

해설
① 직접 접지방식 : 저항이 0에 가까운 도체로 중성점을 접지하는 방식으로 이상전압 발생의 우려가 가장 적은 접지방식이다.
② 리액터 접지방식 : 고장전류를 제한하고 과도 안정도를 향상시키며 뇌로 인한 이상전압을 대지로 유도하기 위하여 사용되는 접지방식
③ 저항 접지방식 : 접지계전기를 동작시켜 고장 선로를 차단하는 방식으로 중성점을 적당한 저항값으로 접지시켜 지락사고 시 흐르는 지락전류를 제한한다.

80 피뢰기가 갖추어야 할 특성으로 알맞은 것은?

① 충격방전 개시전압이 높을 것
② 제한전압이 높을 것
③ 뇌전류의 방전능력이 클 것
④ 속류를 차단하지 않을 것

해설
① 충격방전 개시전압이 낮을 것
② 제한전압이 낮을 것
④ 속류를 확실하게 차단할 것

제5과목 화학설비위험 방지기술

81 고체의 연소형태 중 증발연소에 속하는 것은?

① 나프탈렌 ② 목 재
③ TNT ④ 목 탄

해설
증발연소 : 고체가 녹아서 액체가 되고 액체표면에서 발생된 증기가 연소하는 현상(나프탈렌, 황, 파라핀)

82 산업안전보건법령상 '부식성 산류'에 해당하지 않는 것은?

① 농도 20[%]인 염산
② 농도 40[%]인 인산
③ 농도 50[%]인 질산
④ 농도 60[%]인 아세트산

해설
부식성 산류(산업안전보건기준에 관한 규칙 별표 1)
- 농도가 20[%] 이상인 염산・황산・질산 그 밖에 이와 동등 이상의 부식성을 가지는 물질
- 농도가 60[%] 이상인 인산・아세트산・플루오린화수소산 그 밖에 이와 동등 이상의 부식성을 가지는 물질

83 뜨거운 금속에 물이 닿으면 튀는 현상과 같이 핵비등(Nucleate Boiling) 상태에서 막비등(Film Boiling)으로 이행하는 온도를 무엇이라고 하는가?

① Burn-out Point
② Leidenfrost Point
③ Entrainment Point
④ Sub-cooling Boiling Point

해설
라이덴프로스트점(Leidenfrost Point) : 뜨거운 금속에 물이 닿으면 튀는 현상과 같이 핵비등(Nucleate Boiling) 상태에서 막비등(Film Boiling)으로 이행하는 온도

정답 79 ④ 80 ③ 81 ① 82 ② 83 ②

84 **위험물의 취급에 관한 설명으로 틀린 것은?**

① 모든 폭발성 물질은 석유류에 침지시켜 보관해야 한다.
② 산화성 물질의 경우 가연물과의 접촉을 피해야 한다.
③ 가스 누설의 우려가 있는 장소에서는 점화원의 철저한 관리가 필요하다.
④ 도전성이 나쁜 액체는 정전기 발생을 방지하기 위한 조치를 취한다.

해설
위험물의 취급 안전사항
• 유해물 발생원의 봉쇄
• 유해물질의 제조 및 사용 중지 및 유해성이 적은 물질로 전환
• 유해물의 위치, 작업공정의 변경
• 작업공정의 밀폐와 작업장의 격리
• 모든 폭발성 물질은 통풍이 잘되는 냉암소 등에 보관해야 한다.
• 산화성 물질의 경우 가연물과의 접촉을 피해야 한다.
• 가스 누설의 우려가 있는 장소에서는 점화원의 철저한 관리가 필요하다.
• 도전성이 나쁜 액체는 정전기 발생을 방지하기 위한 조치를 취한다.
• 작업 적응자의 배치는 안전조치로 바람직하지 않다.
• 폭발성 물질을 석유류에 침지시켜 보관하면 위험하다.

85 **이상반응 또는 폭발로 인하여 발생되는 압력의 방출장치가 아닌 것은?**

① 파열판 ② 폭압방산구
③ 화염방지기 ④ 가용합금 안전밸브

해설
이상반응 또는 폭발로 인하여 발생되는 압력의 방출장치 : 폭발문, 안전문, 파열판, 폭압방산공, 가용합금 안전밸브 등

86 **분진폭발의 특징으로 옳은 것은?**

① 연소속도가 가스폭발보다 크다.
② 완전연소로 가스중독의 위험이 작다.
③ 화염의 파급속도보다 압력의 파급속도가 크다.
④ 가스폭발보다 연소시간은 짧고 발생에너지는 작다.

해설
① 가스폭발과 비교하여 연소속도나 폭발압력이 낮다.
② 가스에 비하여 불완전연소를 일으키기 쉬우므로 연소 후 가스에 의한 중독 위험이 있다.
④ 가스폭발에 비교하여 연소시간이 길고 발생에너지가 크다.

87 **독성가스에 속하지 않은 것은?**

① 암모니아 ② 황화수소
③ 포스겐 ④ 질 소

해설
질소는 불활성 가스며 독성이 없다.

88 **Burgess-Wheeler의 법칙에 따르면 서로 유사한 탄화수소계의 가스에서 폭발하한계의 농도[vol%]와 연소열[kcal/mol]의 곱의 값은 약 얼마 정도인가?**

① 1,100 ② 2,800
③ 3,200 ④ 3,800

해설
Burgess-Wheeler의 법칙을 이용한 단일가스의 폭발하한계 추정식
• 포화 탄화수소계 가스에서는 폭발하한계의 농도X[vol%]와 연소열 Q[kcal/mol]의 곱은 일정하며 그 값은 1,100[vol% · kcal/mol]이다.
• $XQ = 1,100$[vol% · kcal/mol](X : 폭발하한계의 농도[vol%], Q : 연소열[kcal/mol])

89 **위험물안전관리법상 제3류 위험물 중 금수성 물질에 대하여 적응성이 있는 소화기는?**

① 포소화기
② 이산화탄소소화기
③ 할로겐화합물소화기
④ 탄산수소염류 분말소화기

해설
탄산수소염류 분말소화기 : 제3류 위험물에 있어 금수성 물품에 대하여 적응성이 있는 소화기(위험물안전관리법 시행규칙 별표 17)

정답 84 ① 85 ③ 86 ③ 87 ④ 88 ① 89 ④

90 **공기 중에서 이황화탄소(CS_2)의 폭발한계는 하한값이 1.25[vol%], 상한값이 44[vol%]이다. 이를 20[℃] 대기압하에서 [mg/L]의 단위로 환산하면 하한값과 상한값은 각각 약 얼마인가?(단, 이황화탄소의 분자량은 76.1이다)**

① 하한값 : 61, 상한값 : 640
② 하한값 : 39.6, 상한값 : 1,393
③ 하한값 : 146, 상한값 : 860
④ 하한값 : 55.4, 상한값 : 1,642

해설
하한값 환산 :

$$0.0125 \times \frac{76.1}{22.4 \times \frac{20+273}{273}} \times 10^3 \simeq 39.6[\text{mg/L}]$$

상한값 환산 :

$$0.44 \times \frac{76.1}{22.4 \times \frac{20+273}{273}} \times 10^3 \simeq 1,393[\text{mg/L}]$$

91 **일산화탄소에 대한 설명으로 틀린 것은?**

① 무색·무취의 기체이다.
② 염소와 촉매 존재하에 반응하여 포스겐이 된다.
③ 인체 내의 헤모글로빈과 결합하여 산소 운반기능을 저하시킨다.
④ 불연성 가스로서, 허용농도가 10[ppm]이다.

해설
일산화탄소는 가연성 가스이며 허용농도가 50[ppm]이다.

92 **금속의 용접·용단 또는 가열에 사용되는 가스 등의 용기를 취급할 때의 준수사항으로 틀린 것은?**

① 전도의 위험이 없도록 한다.
② 밸브를 서서히 개폐한다.
③ 용해 아세틸렌의 용기는 세워서 보관한다.
④ 용기의 온도를 섭씨 65[℃] 이하로 유지한다.

해설
용기의 온도는 40[℃]가 넘지 않도록 한다.

93 **산업안전보건법상 건조설비를 사용하여 작업을 하는 경우 폭발 또는 화재를 예방하기 위하여 준수하여야 하는 사항으로 적절하지 않은 것은?**

① 위험물 건조설비를 사용하는 때에는 미리 내부를 청소하거나 환기할 것
② 위험물 건조설비를 사용하는 때에는 건조로 인하여 발생하는 가스증기 또는 분진에 의하여 폭발·화재의 위험이 있는 물질을 안전한 장소로 배출시킬 것
③ 위험물 건조설비를 사용하여 가열 건조하는 건조물은 쉽게 이탈되도록 할 것
④ 고온으로 가열 건조한 가연성 물질은 발화의 위험이 없는 온도로 냉각한 후에 격납시킬 것

해설
위험물 건조설비를 사용하여 가열 건조하는 건조물을 쉽게 이탈되지 않도록 할 것

94 **유류저장탱크에서 화염의 차단을 목적으로 외부에 증기를 방출하기도 하고 탱크 내 외기를 흡입하기도 하는 부분에 설치하는 안전장치는?**

① Vent Stack
② Safety Valve
③ Gate Valve
④ Flame Arrester

해설
Flame Arrester : 비교적 저압 또는 상압에서 가연성의 증기를 발생하는 유류를 저장하는 탱크에서 외부에 그 증기를 방출하기도 하고, 탱크 내에 외기를 흡입하기도 하는 부분에 설치하며, 가는 눈금의 금망이 여러 개 겹쳐진 구조로 된 안전장치

정답 90 ② 91 ④ 92 ④ 93 ③ 94 ④

95 다음 중 공기와 혼합 시 최소 착화에너지값이 가장 작은 것은?

① CH_4　② C_3H_8
③ C_6H_6　④ H_2

해설
최소 착화에너지[mJ]
- 메탄(CH_4) : 0.28
- 프로판(C_3H_8) : 0.26
- 벤젠(C_6H_6) : 0.20
- 수소(H_2) : 0.019

96 펌프의 사용 시 공동현상(Cavitation)을 방지하고자 할 때의 조치사항으로 틀린 것은?

① 펌프의 회전수를 높인다.
② 흡입비 속도를 작게 한다.
③ 펌프의 흡입관의 두(Head)손실을 줄인다.
④ 펌프의 설치높이를 낮추어 흡입양정을 짧게 한다.

해설
공동현상 방지대책
- 펌프의 회전속도를 느리게 한다.
- 펌프의 설치 위치를 낮게 한다.
- 펌프의 흡입관의 두(Head) 손실을 줄인다.
- 펌프의 설치높이를 낮추어 흡입양정을 짧게 한다.

97 다음 중 연소속도에 영향을 주는 요인으로 가장 거리가 먼 것은?

① 가연물의 색상　② 촉 매
③ 산소와의 혼합비　④ 반응계의 온도

해설
연소속도에 영향을 주는 요인 : 반응계의 온도, 산소와의 혼합비, 촉매, 농도, 가연물질 종류와 표면적, 활성화 에너지 등

98 기체의 자연발화온도 측정법에 해당하는 것은?

① 중량법　② 접촉법
③ 예열법　④ 발열법

해설
자연발화
- 일정한 장소에 장시간 저장하면 열이 발생하여 축적됨으로써 발화점에 도달하여 부분적으로 발화되는 현상(원면, 고무분말, 셀룰로이드, 석탄, 플라스틱의 가소제, 금속가루 등)
- 분해열에 의해 자연발화가 발생할 수 있다.
- 기체의 자연발화온도 측정법 : 예열법

99 다이에틸에테르와 에틸알코올이 3 : 1로 혼합증기의 몰비가 각각 0.75, 0.25이고, 다이에틸에테르와 에틸알코올의 폭발하한값이 각각 1.9[vol%], 4.3[vol%]일 때 혼합가스의 폭발하한값은 약 몇 [vol%]인가?

① 2.2　② 3.5
③ 22.0　④ 34.7

해설
$\frac{1}{\text{LFL}} = \frac{0.75}{1.9} + \frac{0.25}{4.3} \simeq 0.453$에서

$\text{LFL} = \frac{1}{0.453} \simeq 2.2[\text{vol\%}]$

100 프로판가스 1[m³]를 완전 연소시키는 데 필요한 이론 공기량은 몇 [m³]인가?(단, 공기 중의 산소농도는 20[vol%]이다)

① 20　② 25
③ 30　④ 35

해설
프로판가스의 연소방정식 $C_3H_8 + 5O_2 \rightarrow 3CO_2 + 4H_2O$에서 이론공기량은

$A_0 = 5 \times \frac{100}{20} = 25[\text{m}^3]$

정답 95 ④ 96 ① 97 ① 98 ③ 99 ① 100 ②

제6과목 건설안전기술

101 다음은 동바리로 사용하는 파이프 서포트의 설치기준이다. ( ) 안에 들어갈 내용으로 옳은 것은?

> 파이프 서포트를 ( ) 이상 이어서 사용하지 않도록 할 것

① 2개 ② 3개
③ 4개 ④ 5개

해설
동바리로 사용하는 파이프 서포트(산업안전보건기준에 관한 규칙 제332조)
- 파이프 서포트를 3개 이상 이어서 사용하지 않도록 할 것
- 파이프 서포트를 이어서 사용하는 경우에는 4개 이상의 볼트 또는 전용철물을 사용하여 이을 것
- 파이프 서포트의 높이가 3.5[m]를 초과하는 경우에는 높이 2[m] 이내마다 수평 연결재를 2개 방향으로 만들고 수평 연결재의 변위를 방지할 것

102 콘크리트 타설 시 거푸집 측압에 관한 설명으로 옳지 않은 것은?

① 타설속도가 빠를수록 측압이 커진다.
② 거푸집의 투수성이 낮을수록 측압은 커진다.
③ 타설 높이가 높을수록 측압이 커진다.
④ 콘크리트의 온도가 높을수록 측압이 커진다.

해설
콘크리트의 온도가 낮을수록 측압이 커진다.

103 권상용 와이어로프의 절단하중이 200[ton]일 때 와이어로프에 걸리는 최대하중은?(단, 안전계수는 5임)

① 1,000[ton] ② 400[ton]
③ 100[ton] ④ 40[ton]

해설
안전계수 $S=\frac{\text{절단하중}}{\text{최대하중}}$에서

$5=\frac{200}{\text{최대하중}}$이므로

최대하중$=\frac{200}{5}=40$[ton]

104 터널 지보공을 설치한 경우에 수시로 점검하고, 이상을 발견한 경우에는 즉시 보강하거나 보수해야 할 사항이 아닌 것은?

① 부재의 긴압 정도
② 기둥 침하의 유무 및 상태
③ 부재의 접속부 및 교차부 상태
④ 부재를 구성하는 재질의 종류 확인

해설
※ 출제 시 정답은 ④였으나, 법령 개정으로 ②, ④ 정답
터널 지보공을 설치한 때 수시점검하여 이상 발견 시 즉시 보강하거나 보수해야 할 사항(산업안전보건기준에 관한 규칙 제366조)
- 부재의 손상・변형・부식・변위 탈락의 유무 및 상태
- 부재의 긴압 정도
- 기둥침하의 유무 및 상태 제4속 터널 거푸집 동바리
- 부재의 접속부 및 교차부의 상태

105 선창의 내부에서 화물 취급작업을 하는 근로자가 안전하게 통행할 수 있는 설비를 설치하여야 하는 기준은 갑판의 윗면에서 선창(船倉) 밑바닥까지의 깊이가 최소 얼마를 초과할 때인가?

① 1.3[m] ② 1.5[m]
③ 1.8[m] ④ 2.0[m]

해설
산업안전보건기준에 관한 규칙 제394조
사업주는 갑판의 윗면에서 선창 밑바닥까지의 깊이가 1.5[m]를 초과하는 선창의 내부에서 화물취급작업을 하는 경우에 그 작업에 종사하는 근로자가 안전하게 통행할 수 있는 설비를 설치하여야 한다.

정답 101 ② 102 ④ 103 ④ 104 ②, ④ 105 ②

106 **굴착기계의 운행 시 안전대책으로 옳지 않은 것은?**

① 버킷에 사람의 탑승을 허용해서는 안 된다.
② 운전반경 내에 사람이 있을 때 회전은 10[rpm] 정도의 느린 속도로 하여야 한다.
③ 장비의 주차 시 경사지나 굴착작업장으로부터 충분히 이격시켜 주차한다.
④ 전선이나 구조물 등에 인접하여 붐을 선회해야 할 작업에는 사전에 회전반경, 높이 제한 등 방호조치를 강구한다.

해설
운전반경 내에 사람이 있을 때 회전하여서는 안 된다.

107 **폭우 시 옹벽 배면의 배수시설이 취약하면 옹벽 저면을 통하여 침투수(Seepage)의 수위가 올라간다. 이 침투수가 옹벽의 안정에 미치는 영향으로 옳지 않은 것은?**

① 옹벽 배면토의 단위수량 감소로 인한 수직 저항력 증가
② 옹벽 바닥면에서의 양압력 증가
③ 수평 저항력(수동토압)의 감소
④ 포화 또는 부분 포화에 따른 뒷채움용 흙 무게의 증가

해설
옹벽 배면토의 단위수량 증가로 수직 저항력이 감소한다.

108 **그물코의 크기가 5[cm]인 매듭방망일 경우 방망사의 인장강도는 최소 얼마 이상이어야 하는가?(단, 방망사는 신품인 경우이다)**

① 50[kg] ② 100[kg]
③ 110[kg] ④ 150[kg]

해설
신품 추락방지망의 기준 인장강도[kg]

구 분	그물코 5[cm]	그물코 10[cm]
매듭 있는 방망	110	200
매듭 없는 방망	–	240

109 **부두 등의 하역작업장에서 부두 또는 안벽의 선에 따라 통로를 설치하는 경우, 최소 폭 기준은?**

① 90[cm] 이상 ② 75[cm] 이상
③ 60[cm] 이상 ④ 45[cm] 이상

해설
부두 또는 안벽의 선을 따라 통로를 설치하는 경우 폭을 최소 90[cm] 이상으로 해야 한다(산업안전보건기준에 관한 규칙 제390조).

110 **건설업 산업안전보건관리비 계상 및 사용기준(고용노동부 고시)은 산업재해보상보험법의 적용을 받는 공사 중 총공사금액이 얼마 이상인 공사에 적용하는가?**

① 4천만원 ② 3천만원
③ 2천만원 ④ 1천만원

해설
건설업 산업안전보건관리비 계상 및 사용기준 제3조
산업재해보상보험법 제6조에 따라 산업재해보상보험법의 적용을 받는 공사 중 총공사금액 2천만원 이상인 공사에 적용한다.

정답 106 ② 107 ① 108 ③ 109 ① 110 ③

111 **가설통로를 설치하는 경우 준수하여야 할 기준으로 옳지 않은 것은?**

① 경사는 30° 이하로 할 것
② 경사는 15°를 초과하는 경우에는 미끄러지지 아니하는 구조로 할 것
③ 수직갱에 가설된 통로의 길이가 15[m] 이상인 때에는 15[m] 이내마다 계단참을 설치할 것
④ 건설공사에 사용하는 높이 8[m] 이상의 비계다리에는 7[m] 이내마다 계단참을 설치할 것

해설
수직갱에 가설된 통로의 길이가 15[m] 이상인 경우에는 10[m] 이내마다 계단참을 설치할 것(산업안전보건기준에 관한 규칙 제23조)

112 **온도가 하강함에 따라 토중수가 얼어 부피가 약 9[%] 정도 증대하게 됨으로써 지표면이 부풀어오르는 현상은?**

① 동상현상　　② 연화현상
③ 리칭현상　　④ 액상화현상

해설
동상(Frost Heave)현상
- 온도가 하강함에 따라 토중수가 얼어 부피가 약 9[%] 정도 증대하게 됨으로써 지표면이 부풀어 오르는 현상
- 물이 결빙되는 위치로 지속적으로 유입되는 조건에서 온도가 하강함에 따라 토중수가 얼어 생성된 결빙크기가 계속 커져 지표면이 부풀어 오르는 현상

113 **강관틀비계를 조립하여 사용하는 경우 준수해야할 기준으로 옳지 않은 것은?**

① 높이가 20[m]를 초과하거나 중량물의 적재를 수반하는 작업을 할 경우에는 주틀 간의 간격을 2.4[m] 이하로 할 것
② 수직 방향으로 6[m], 수평 방향으로 8[m] 이내마다 벽이음을 할 것
③ 길이가 띠장 방향으로 4[m] 이하이고 높이가 10[m]를 초과하는 경우에는 10[m] 이내마다 띠장 방향으로 버팀기둥을 설치할 것
④ 주틀 간에 교차가새를 설치하고 최상층 및 5층 이내마다 수평재를 설치할 것

해설
높이가 20[m]를 초과하거나 중량물의 적재를 수반하는 작업을 할 경우에는 주틀 간의 간격을 1.8[m] 이하로 할 것

114 **근로자의 추락 등의 위험을 방지하기 위한 안전난간의 구조 및 설치요건에 관한 기준으로 옳지 않은 것은?**

① 상부 난간대는 바닥면·발판 또는 경사로의 표면으로부터 90[cm] 이상 지점에 설치할 것
② 발끝막이판은 바닥면 등으로부터 10[cm] 이상의 높이를 유지할 것
③ 난간대는 지름 1.5[cm] 이상의 금속제 파이프나 그 이상의 강도를 가진 재료일 것
④ 안전난간은 구조적으로 가장 취약한 지점에서 가장 취약한 방향으로 작용하는 100[kg] 이상의 하중에 견딜 수 있는 튼튼한 구조일 것

해설
난간대는 지름 2.7[cm] 이상의 금속제 파이프나 그 이상의 강도를 가진 재료일 것(산업안전보건기준에 관한 규칙 제13조)

정답 111 ③ 112 ① 113 ① 114 ③

115 건설공사 유해·위험방지계획서를 제출해야 할 대상 공사에 해당하지 않는 것은?

① 깊이 10[m]인 굴착공사
② 다목적댐 건설공사
③ 최대 지간 길이가 40[m]인 교량 건설공사
④ 연면적 5,000[m^2]인 냉동·냉장창고시설의 설비 공사

해설
최대 지간 길이 50[m] 이상인 다리의 건설 등 공사

116 건설현장에 달비계를 설치하여 작업 시 달비계에 사용 가능한 와이어로프로 볼 수 있는 것은?

① 이음매가 있는 것
② 와이어로프의 한 꼬임에서 끊어진 소선의 수가 5[%]인 것
③ 지름의 감소가 공칭지름의 10[%]인 것
④ 열과 전기충격에 의해 손상된 것

해설
달비계의 와이어로프의 사용금지 기준(산업안전보건기준에 관한 규칙 제63조)

- 와이어로프의 한 꼬임에서 끊어진 소선의 수가 10[%] 이상인 것(필러선 제외, 비자전로프의 경우에는 끊어진 소선의 수가 와이어로프 호칭지름의 6배 길이 이내에서 4개 이상이거나 호칭지름 30배 길이 이내에서 8개 이상)
- 지름의 감소가 공칭지름의 7[%]를 초과하는 것
- 심하게 변형되거나 부식된 것
- 이음매가 있는 것
- 꼬인 것
- 열과 전기충격에 의해 손상된 것

117 토질시험(Soil Test)방법 중 전단시험에 해당하지 않는 것은?

① 1면전단시험
② 베인테스트
③ 일축압축시험
④ 투수시험

해설
전단시험 : 일면전단시험, 베인테스트, 일축압축시험, 삼축압축시험, 직접전단시험, 표준관입시험 등

118 철골 건립기계 선정 시 사전 검토사항과 가장 거리가 먼 것은?

① 건립기계의 소음 영향
② 건립기계로 인한 일조권 침해
③ 건물 형태
④ 작업 반경

해설
철골공사표준안전작업지침 제4조

- 건립기계의 출입로, 설치장소, 기계조립에 필요한 면적, 이동식 크레인은 건물주위 주행통로의 유무, 타워크레인과 가이데릭 등 기초구조물을 필요로 하는 정치식 기계는 기초구조물을 설치할 수 있는 공간과 면적 등을 검토하여야 한다.
- 이동식 크레인의 엔진소음은 부근의 환경을 해칠 우려가 있으므로 학교, 병원, 주택 등이 근접되어 있는 경우에는 소음을 측정 조사하고 소음진동 허용치는 관계법에서 정하는 바에 따라 처리하여야 한다.
- 건물의 길이 또는 높이 등 건물의 형태에 적합한 건립기계를 선정하여야 한다.
- 타워크레인, 가이데릭, 삼각데릭 등 정치식 건립기계의 경우 그 기계의 작업반경이 건물전체를 수용할 수 있는지의 여부, 또 붐이 안전하게 인양할 수 있는 하중범위, 수평거리, 수직높이 등을 검토하여야 한다.

정답 115 ③ 116 ② 117 ④ 118 ②

119 **감전재해의 직접적인 요인으로 가장 거리가 먼 것은?**

① 통전전압의 크기
② 통전전류의 크기
③ 통전시간
④ 통전경로

해설

감전재해의 직접적인 요인
- 통전전류의 크기(인체의 저항이 일정할 때 접촉전압에 비례)
- 전원의 종류
- 통전경로
- 통전시간

120 **클램셸(Clam Shell)의 용도로 옳지 않은 것은?**

① 잠함 안의 굴착에 사용된다.
② 수면 아래의 자갈, 모래를 굴착하고 준설선에 많이 사용된다.
③ 건축구조물의 기초 등 정해진 범위의 깊은 굴착에 적합하다.
④ 단단한 지반의 작업도 가능하며 작업속도가 빠르고 특히 암반굴착에 적합하다.

해설

클램셸(Clam Shell)
- 클램셸은 토공기계 중 굴착기계와 관계가 있으며 수중 굴착공사에 적합하다.
- 잠함 안의 굴착에 사용된다.
- 수면 아래의 자갈, 실트 혹은 모래를 굴착하고, 준설선에 많이 사용된다.
- 건축구조물의 기초 등 정해진 범위의 깊은 굴착에 적합하다.
- 연약한 지반이나 수중 굴착과 자갈 등을 싣는 데 적합하다.

정답 119 ① 120 ④

산업안전기사

과년도 기출문제

제1과목 안전관리론

01 산업안전보건법령상 안전보건표지의 종류 중 경고표지에 해당하지 않는 것은?

① 레이저광선 경고 ② 급성독성 물질 경고
③ 매달린 물체 경고 ④ 차량통행 경고

해설
안전보건표지의 종류와 형태 – 경고표지의 종류(산업안전보건법 시행규칙 별표 6)
- 마름모형(◇) : 인화성 물질 경고, 산화성 물질 경고, 폭발성 물질 경고, 급성독성 물질 경고, 부식성 물질 경고, 발암성・변이원성・생식독성・전신독성・호흡기 과민성 물질 경고
- 삼각형(△) : 방사성 물질 경고, 고압전기 경고, 매달린 물체 경고, 낙하물 경고, 고온 경고, 저온 경고, 몸균형 상실 경고, 레이저광선 경고, 위험장소 경고

02 몇 사람의 전문가에 의하여 과제에 관한 견해를 발표한 뒤에 참가자로 하여금 의견이나 질문을 하게 하여 토의하는 방법을 무엇이라 하는가?

① 심포지엄(Symposium)
② 버즈 세션(Buzz Session)
③ 케이스 메소드(Case Method)
④ 패널 디스커션(Panel Discussion)

해설
② 버즈 세션(Buzz Session) : 참가자가 다수인 경우에 전원을 토의에 참가시키기 위한 방법으로 소집단을 구성하여 회의를 진행시키는 토의방법
③ 케이스 메소드(Case Method 또는 Case Study, 사례연구법) : 사례를 제시하고, 그 문제점에 대해서 검토하고 대책을 토의하는 기법
④ 패널 디스커션(Panel Discussion, 배심토의) : 참가자 앞에서 소수의 전문가들이 과제에 관한 견해를 발표하고 토론한 뒤 참가자 전원이 참가하여 사회자의 사회에 따라 토의하는 방법

03 작업을 하고 있을 때 긴급 이상상태 또는 돌발 사태가 되면 순간적으로 긴장하게 되어 판단능력의 둔화 또는 정지상태가 되는 것은?

① 의식의 우회
② 의식의 과잉
③ 의식의 단절
④ 의식의 수준저하

해설
① 의식의 우회 : 걱정, 고뇌, 욕구불만의 원인으로 발생되는 부주의 현상
③ 의식의 단절 : 질병 등으로 발생되는 부주의 현상
④ 의식의 수준저하 : 혼미한 정신상태에서 심신의 피로나 단조로운 반복작업 시 일어나는 현상

04 A사업장의 2019년 도수율이 10이라 할 때 연천인율은 얼마인가?

① 2.4 ② 5
③ 12 ④ 24

해설
도수율 $= \dfrac{\text{재해발생건수}}{\text{연근로시간수}} \times 10^6 = \dfrac{\text{연천인율}}{2.4}$ 이므로

연천인율 $= 10 \times 2.4 = 24$

정답 1 ④ 2 ① 3 ② 4 ④

05 **산업안전보건법령상 산업안전보건위원회의 사용자위원에 해당되지 않는 사람은?(단, 각 사업장은 해당하는 사람을 선임하여야 하는 대상 사업장으로 한다)**

① 안전관리자
② 산업보건의
③ 명예산업안전감독관
④ 해당 사업장 부서의 장

해설
명예산업안전감독관은 산업안전보건위원회의 근로자위원의 구성에 속한다.
산업안전보건위원회의 구성(산업안전보건법 시행령 제35조 제2항)
산업안전보건위원회의 사용자위원은 다음의 사람으로 구성한다.
- 해당 사업의 대표자
- 안전관리자 1명
- 보건관리자 1명
- 산업보건의
- 해당 사업의 대표자가 지명하는 9명 이내의 해당 사업장 부서의 장

06 **산업안전보건법상 안전관리자의 업무는?**

① 직업성 질환 발생의 원인조사 및 대책수립
② 해당 사업장 안전교육계획의 수립 및 안전교육 실시에 관한 보좌 및 조언·지도
③ 근로자의 건강장해의 원인조사와 재발방지를 위한 의학적 조치
④ 당해 작업에서 발생한 산업재해에 관한 보고 및 이에 대한 응급조치

해설
안전관리자의 업무 등(산업안전보건법 시행령 제18조 제1항)
- 산업안전보건위원회 또는 안전 및 보건에 관한 노사협의체에서 심의·의결한 업무와 해당사업장의 안전보건관리규정 및 취업규칙에서 정한 업무
- 위험성평가에 관한 보좌 및 지도·조언
- 안전인증대상 기계 등과 자율안전확인대상 기계 등 구입 시 적격품의 선정에 관한 보좌 및 지도·조언
- 해당 사업장 안전교육계획의 수립 및 안전교육 실시에 관한 보좌 및 지도·조언
- 사업장 순회점검, 지도 및 조치 건의
- 산업재해 발생의 원인 조사·분석 및 재발방지를 위한 기술적 보좌 및 지도·조언
- 산업재해에 관한 통계의 유지·관리·분석을 위한 보좌 및 지도·조언
- 법 또는 법에 따른 명령으로 정한 안전에 관한 사항의 이행에 관한 보좌 및 지도·조언
- 업무 수행 내용의 기록·유지
- 그 밖에 안전에 관한 사항으로서 고용노동부장관이 정하는 사항

07 **어느 사업장에서 물적손실이 수반된 무상해사고가 180건 발생하였다면 중상은 몇 건이나 발생할 수 있는가?(단, 버드의 재해구성 비율법칙에 따른다)**

① 6건 ② 18건
③ 20건 ④ 29건

해설
중상 : 물적손실이 수반된 무상해사고 = 1 : 30이므로
1 : 30 = x : 180
$\therefore x = \frac{180}{30} = 6$건

08 **안전보건교육 계획에 포함해야 할 사항이 아닌 것은?**

① 교육지도안
② 교육장소 및 교육방법
③ 교육의 종류 및 대상
④ 교육의 과목 및 교육내용

해설
안전보건교육 계획에 포함해야 할 사항
- 교육의 목표 및 목적
- 교육의 종류 및 대상
- 교육의 과목 및 내용
- 교육기간 및 시간
- 교육장소 및 방법
- 교육담당자 및 강사

09 **Y·G 성격검사에서 '안전, 적응, 적극형'에 해당하는 형의 종류는?**

① A형 ② B형
③ C형 ④ D형

해설
④ D형(우하형) : 안정, 적응, 적극형, 정서안정, 사회적응, 활동적, 대인관계 양호
① A형(평균형) : 조화적, 적응적
② B형(우편형) : 정서불안정, 활동적, 외향적, 불안전, 부적응, 적극형
③ C형(좌편형) : 안정, 소극적, 온순, 비활동, 내향적

정답 5 ③ 6 ② 7 ① 8 ① 9 ④

10 안전교육에 대한 설명으로 옳은 것은?

① 사례중심과 실연을 통하여 기능적 이해를 돕는다.
② 사무직과 기능직은 그 업무가 판이하게 다르므로 분리하여 교육한다.
③ 현장 작업자는 이해력이 낮으므로 단순반복 및 암기를 시킨다.
④ 안전교육에 건성으로 참여하는 것을 방지하기 위하여 인사고과에 필히 반영한다.

해설
② 사무직과 기능직의 업무가 상이하여도 분리하여 교육하지는 않는다.
③ 현장작업자라고 해서 이해력이 낮은 것은 아니며 단순반복 및 암기의 교육방법은 적절하지 못하다.
④ 안전교육을 인사고과에 반영하는 것은 바람직하지 않다.

11 산업안전보건법령에 따라 환기가 극히 불량한 좁은 밀폐된 장소에서 용접작업을 하는 근로자를 대상으로 한 특별안전 · 보건교육 내용에 포함되지 않는 것은?(단, 일반적인 안전 · 보건에 필요한 사항은 제외한다)

① 환기설비에 관한 사항
② 질식 시 응급조치에 관한 사항
③ 작업순서, 안전작업방법 및 수칙에 관한 사항
④ 폭발 한계점, 발화점 및 인화점 등에 관한 사항

해설
안전보건교육 교육대상별 교육 내용 – 특별교육 대상 작업별 교육(산업안전보건법 시행규칙 별표 5)

밀폐된 장소(탱크 내 또는 환기가 극히 불량한 좁은 장소를 말한다)에서 하는 용접작업 또는 습한 장소에서 하는 전기용접 작업	• 작업순서, 안전작업방법 및 수칙에 관한 사항 • 환기설비에 관한 사항 • 전격 방지 및 보호구 착용에 관한 사항 • 질식 시 응급조치에 관한 사항 • 작업환경 점검에 관한 사항 • 그 밖에 안전 · 보건관리에 필요한 사항

12 크레인, 리프트 및 곤돌라는 사업장에 설치가 끝난 날부터 몇 년 이내에 최초의 안전검사를 실시해야 하는가? (단, 이동식 크레인, 이삿짐운반용 리프트는 제외한다)

① 1년 ② 2년
③ 3년 ④ 4년

해설
안전검사 대상 기계 등의 안전검사 주기(산업안전보건법 시행규칙 제126조)
크레인(이동식 크레인 제외), 리프트(이삿짐운반용 리프트 제외) 및 곤돌라 : 사업장에 설치가 끝난 날부터 3년 이내에 최초 안전검사를 실시하되, 그 이후부터 2년마다(건설현장에서 사용하는 것은 최초로 설치한 날부터 6개월마다)

13 재해코스트 산정에 있어 시몬즈(R.H. Simonds)방식에 의한 재해코스트 산정법으로 옳은 것은?

① 직접비 + 간접비
② 간접비 + 비보험코스트
③ 보험코스트 + 비보험코스트
④ 보험코스트 + 사업부보상금 지급액

해설
시몬즈(Simonds)의 재해 발생 코스트
- 총 재해코스트 = 보험코스트+비보험코스트
- 보험코스트 : 산재보험료(사업장 지출), 산업재해보상보험법에 의해 보상된 금액, 영구 전노동 불능상해, 업무상의 사유로 부상을 당하여 근로자에게 지급하는 요양급여 등
- 비보험코스트
  - (A×휴업상해건수) + (B×통원상해건수) + (C × 응급조치건수) + (D × 무상해사고건수)(단, A, B, C, D는 비보험코스트 평균치)
  - 비보험코스트 항목 : 영구 부분노동 불능상해, 일시 전노동 불능상해, 일시 부분노동 불능상해, 응급조치(8시간 미만 휴업), 무상해사고(인명손실과 무관), 소송관계비용, 신규작업자에 대한 교육훈련비, 부상자의 직장복귀 후 생산 감소로 인한 임금비용 등

14 다음 중 맥그리거(McGregor)의 Y이론과 가장 거리가 먼 것은?

① 성선설 ② 상호신뢰
③ 선진국형 ④ 권위주의적 리더십

해설
권위주의 리더십은 X이론에 적절하다.

정답 10 ① 11 ④ 12 ③ 13 ③ 14 ④

15 **생체 리듬(Bio Rhythm) 중 일반적으로 28일을 주기로 반복되며, 주의력 · 창조력 · 예감 및 통찰력 등을 좌우하는 리듬은?**

① 육체적 리듬 ② 지성적 리듬
③ 감성적 리듬 ④ 정신적 리듬

해설
① 육체적 리듬(P) : 일반적으로 23일을 주기로 반복되며 신체적 컨디션의 율동적 발현(식욕, 활동력 등)과 밀접한 관계를 갖는 리듬
② 지성적 리듬(I) : 일반적으로 33일을 주기로 반복되며 상상력, 사고력, 기억력 또는 의지, 판단 및 비판력 등과 깊은 관련성을 갖는 리듬
④ 정신적 리듬 : 생체리듬의 분류에 해당되지 않는다.

16 **재해예방의 4원칙에 해당하지 않는 것은?**

① 예방가능의 원칙
② 손실가능의 원칙
③ 원인연계의 원칙
④ 대책선정의 원칙

해설
재해예방의 4원칙
- 원인계기의 원칙(원인연계의 원칙)
- 손실우연의 원칙
- 대책선정의 원칙
- 예방가능의 원칙

17 **관리감독자를 대상으로 교육하는 TWI의 교육내용이 아닌 것은?**

① 문제해결훈련 ② 작업지도훈련
③ 인간관계훈련 ④ 작업방법훈련

해설
관리감독자훈련(TWI ; Training Within Industry)
- JKT(Job Knowledge Training) : 직무지식훈련
- JMT(Job Method Training) : 작업방법훈련
- JIT(Job Instruction Training) : 작업지도훈련(직장 내 부하직원에 대하여 가르치는 기술과 관련이 가장 깊은 기법)
- JRT(Job Relation Training) : 인간관계훈련
- JST(Job Safety Training) : 작업안전훈련

18 **위험예지훈련 4R(라운드) 기법의 진행방법에서 3R에 해당하는 것은?**

① 목표설정 ② 대책수립
③ 본질추구 ④ 현상파악

해설
위험예지훈련의 4라운드(4R)
현상파악 → 본질추구 → 대책수립 → 목표설정

19 **무재해운동의 기본이념 3원칙 중 다음에서 설명하는 것은?**

직장 내의 모든 잠재위험요인을 적극적으로 사전에 발견, 파악, 해결함으로써 뿌리에서부터 산업재해를 제거하는 것

① 무의 원칙 ② 선취의 원칙
③ 참가의 원칙 ④ 확인의 원칙

해설
무재해운동의 기본이념 3대 원칙
- 무의 원칙 : 무재해, 무질병의 직장 실현을 위하여 모든 잠재위험요인을 사전에 적극적으로 발견 · 파악 · 해결함으로써 근원적으로 뿌리에서부터 산업재해를 제거하여 없앤다는 원칙
- 참가의 원칙 : 근로자 전원이 일체감을 조성하여 참여한다는 원칙
- 선취의 원칙 : 모든 잠재위험요소를 사전에 발견 · 파악하여 재해를 예방하거나 방지한다는 원칙

20 **방진마스크의 사용 조건 중 산소농도의 최소 기준으로 옳은 것은?**

① 16[%]
② 18[%]
③ 21[%]
④ 23.5[%]

해설
방진마스크의 성능기준 – 사용 조건(보호구 안전인증 고시 별표 4)
산소농도 18[%] 이상인 장소에서 사용하여야 한다.

정답 15 ③ 16 ② 17 ① 18 ② 19 ① 20 ②

제2과목 인간공학 및 시스템 안전공학

21 인체 계측 자료의 응용원칙이 아닌 것은?

① 기존 동일 제품을 기준으로 한 설계
② 최대 치수와 최소 치수를 기준으로 한 설계
③ 조절범위를 기준으로 한 설계
④ 평균치를 기준으로 한 설계

해설
인체 측정치의 응용원리
- 평균치 설계
- 극단치 설계(최대 집단치 설계, 최소 집단치 설계)
- 조절식 설계

22 인체에서 뼈의 주요 기능이 아닌 것은?

① 인체의 지주 ② 장기의 보호
③ 골수의 조혈 ④ 근육의 대사

해설
뼈의 주요 기능이 아닌 것으로 '영양소의 대사작용, 근육의 대사' 등이 출제된다.

23 각 부품의 신뢰도가 다음과 같을 때 시스템의 전체 신뢰도는 약 얼마인가?

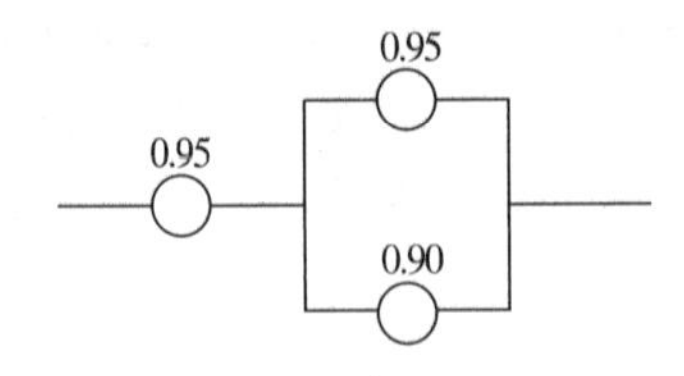

① 0.8123 ② 0.9453
③ 0.9553 ④ 0.9953

해설
$R_s = 0.95 \times (1-(1-0.95)(1-0.9)) \simeq 0.9453$

24 손이나 특정 신체부위에 발생하는 누적손상장애(CTD)의 발생인자와 가장 거리가 먼 것은?

① 무리한 힘
② 다습한 환경
③ 장시간의 진동
④ 반복도가 높은 작업

해설
누적손상장애, 누적외상증(CTDs, CTD ; Cumulative Trauma Disorders)
- 단순반복 작업으로 인하여 발생되는 건강장애
- 손이나 특정 신체부위에 발생된다.
- 발생인자 : 반복도가 높은 작업, 무리한 힘, 장시간의 진동, 저온 환경

25 인간공학 연구조사에 사용되는 기준의 구비조건과 가장 거리가 먼 것은?

① 다양성
② 적절성
③ 무오염성
④ 기준 척도의 신뢰성

해설
인간공학 연구조사기준의 요건(구비조건)
- 적절성 : 의도된 목적에 부합하여야 한다.
- 신뢰성 : 반복 실험 시 재현성이 있어야 한다.
- 무오염성 : 측정하고자 하는 변수 이외의 다른 변수의 영향을 받아서는 안 된다.
- 민감도 : 피실험자 사이에서 볼 수 있는 예상 차이점에 비례하는 단위로 측정해야 한다.

정답 21 ① 22 ④ 23 ② 24 ② 25 ①

26 **의자 설계 시 고려해야 할 일반적인 원리와 가장 거리가 먼 것은?**

① 자세 고정을 줄인다.
② 조정이 용이해야 한다.
③ 디스크가 받는 압력을 줄인다.
④ 요추 부위의 후만곡선을 유지한다.

해설
요추전만을 유지할 수 있도록 한다(등받이의 굴곡을 요추의 굴곡과 일치시킨다).

27 **다음 FT도에서 시스템에 고장이 발생할 확률은 약 얼마인가?(단, X_1과 X_2의 발생확률은 각각 0.05, 0.03이다)**

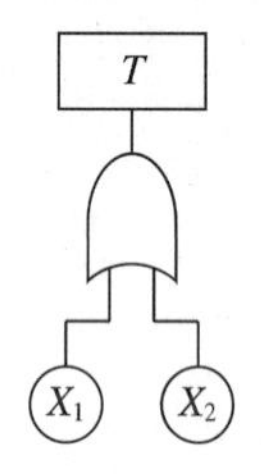

① 0.0015 ② 0.0785
③ 0.9215 ④ 0.9985

해설
$T = 1-(1-0.05)(1-0.03) = 0.0785$

28 **반사율이 85[%], 글자의 밝기가 400[cd/m²]인 VDT 화면에 350[lx]의 조명이 있다면 대비는 약 얼마인가?**

① -6.0 ② -5.0
③ -4.2 ④ -2.8

해설
휘도 $L_b = \dfrac{\text{반사율} \times \text{조도}}{\pi} = \dfrac{0.85 \times 350}{3.14} \fallingdotseq 94.7[\text{cd/m}^2]$

전체 휘도 $L_t = 400 + 94.7 = 494.7[\text{cd/m}^2]$

대비 $= \dfrac{L_b - L_t}{L_b} = \dfrac{94.7 - 494.7}{94.7} \fallingdotseq -4.2$

29 **화학설비에 대한 안전성 평가 중 정량적 평가항목에 해당되지 않는 것은?**

① 공 정 ② 취급물질
③ 압 력 ④ 화학설비 용량

해설
화학설비의 안정성 평가에서 정량적 평가의 5항목
취급물질, 조작, 화학설비 용량, 온도, 압력

30 **시각 장치와 비교하여 청각 장치 사용이 유리한 경우는?**

① 메시지가 길 때
② 메시지가 복잡할 때
③ 정보 전달 장소가 너무 소란할 때
④ 메시지에 대한 즉각적인 반응이 필요할 때

해설
④번의 경우 청각 장치가 유리하며 나머지의 경우는 시각 장치가 유리하다.

31 **산업안전보건법령상 사업주가 유해위험방지계획서를 제출할 때에는 사업장 별로 관련 서류를 첨부하여 해당 작업 시작 며칠 전까지 해당 기관에 제출하여야 하는가?**

① 7일 ② 15일
③ 30일 ④ 60일

해설
유해위험방지계획서를 제출할 때에는 사업장별로 관련 서류를 첨부하여 해당 작업 시작 15일 전까지 공단에 2부를 제출해야 한다(산업안전보건법 시행규칙 제42조 제1항).

정답 26 ④ 27 ② 28 ③ 29 ① 30 ④ 31 ②

32 인간 – 기계 시스템을 설계할 때에는 특정기능을 기계에 할당하거나 인간에게 할당하게 된다. 이러한 기능 할당과 관련된 사항으로 옳지 않은 것은?(단, 인공지능과 관련된 사항은 제외한다)

① 인간은 원칙을 적용하여 다양한 문제를 해결하는 능력이 기계에 비해 우월하다.
② 일반적으로 기계는 장시간 일관성이 있는 작업을 수행하는 능력이 인간에 비해 우월하다.
③ 인간은 소음, 이상온도 등의 환경에서 작업을 수행하는 능력이 기계에 비해 우월하다.
④ 일반적으로 인간은 주위가 이상하거나 예기치 못한 사건을 감지하여 대처하는 능력이 기계에 비해 우월하다.

해설
기계는 소음, 이상온도 등의 환경에서 작업을 수행하는 능력이 인간에 비해 우월하다.

33 모든 시스템 안전분석에서 제일 첫 번째 단계의 분석으로, 실행되고 있는 시스템을 포함한 모든 것의 상태를 인식하고 시스템의 개발단계에서 시스템 고유의 위험상태를 식별하여 예상되고 있는 재해의 위험수준을 결정하는 것을 목적으로 하는 위험분석 기법은?

① 결함위험분석(FHA ; Fault Hazard Analysis)
② 시스템위험분석(SHA ; System Hazard Analysis)
③ 예비위험분석(PHA ; Preliminary Hazard Analysis)
④ 운용위험분석(OHA ; Operating Hazard Analysis)

해설
PHA(Preliminary Hazard Analysis, 예비위험분석) : 제품 관련 정보가 적은 상태에서도 비교적 쉽게 수행할 수 있으므로 여러 가지 위험성 분석기법 중 가장 먼저 수행되는 기법이며 이후에 FHA(Fault Hazard Analysis, 결함위험분석), SHA(System Hazard Analysis, 시스템위험분석), OHA(Operating Hazard Analysis, 운용위험분석) 등이 진행된다. PHA는 본격적인 위험분석을 수행하기 위한 준비단계에서의 위험분석을 의미하며 미 육군의 군용규격 MIL-STD-882로부터 유래된다. 이 기법으로 제품설계 안에 내재되어 있거나 관련되어 있는 위험요인, 위험상황, 사건 등을 제품설계 초기단계에서 구명해낸다. 즉, 제품 내의 어디에 어떤 위험요소가 존재하는지, 어느 정도의 위험상태에 있는지, 안전기준 및 시설의 수준은 어떠한지 등을 정성적으로 평가한다. 이를 통하여 제품설계사항의 변경 및 수정으로 인한 비용이나 시간 중 적어도 안전 측면에 기인하는 것을 제거하거나 최소화한다.

34 컷셋(Cut Set)과 패스셋(Path Set)에 관한 설명으로 옳은 것은?

① 동일한 시스템에서 패스셋의 개수와 컷셋의 개수는 같다.
② 패스셋은 동시에 발생했을 때 정상사상을 유발하는 사상들의 집합이다.
③ 일반적으로 시스템에서 최소 컷셋의 개수가 늘어나면 위험 수준이 높아진다.
④ 최소 컷셋은 어떤 고장이나 실수를 일으키지 않으면 재해는 일어나지 않는다고 하는 것이다.

해설
① 동일한 시스템에서 패스셋과 컷셋의 개수는 다르다.
② 컷셋은 동시에 모두 결함을 발생하였을 때 정상사상을 일으키는 기본사상의 집합이다.
④ 최소 패스셋은 어떤 고장이나 실수를 일으키지 않으면 재해는 일어나지 않는다고 하는 것이다.

35 조종장치를 촉각적으로 식별하기 위하여 사용되는 촉각적 코드화의 방법으로 옳지 않은 것은?

① 색감을 활용한 코드화
② 크기를 이용한 코드화
③ 조종장치의 형상 코드화
④ 표면 촉감을 이용한 코드화

해설
조종장치의 촉각적 코드화(암호화)는 형상, 표면 촉감, 크기 등의 3가지를 이용한다.
- 형상을 이용한 코드화 : 조종장치 선택 시 상호간에 혼동이 안 되도록 형상으로 식별하게 하는 것이다. 미공군에서는 15종류의 노브(Knob, 손잡이 꼭지)를 고안하였으며 이들은 용도에 따라 다회전용, 단회전용, 이산멈춤위치용의 3종류로 구분된다.
- 표면 촉감을 이용한 코드화 : 매끄러운 면, 세로홈(Flute), 깔쭉한 면(Knurl) 등의 3가지 표면촉감으로 식별한다.
- 크기를 이용한 코드화 : 형상을 이용한 경우보다는 잘 구별되지는 않으나 적절한 경우도 있다.

정답 32 ③ 33 ③ 34 ③ 35 ①

36 **FT도에서 사용하는 기호 중 다음 그림과 같이 OR 게이트이지만 2개 또는 그 이상의 입력이 동시에 존재할 때 출력이 생기지 않는 경우 사용하는 것은?**

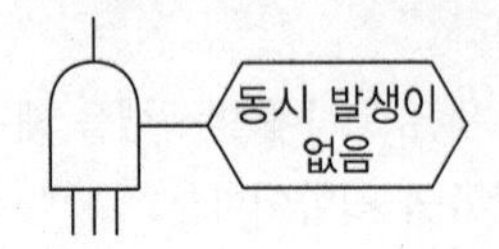

① 부정 OR 게이트
② 배타적 OR 게이트
③ 억제 게이트
④ 조합 OR 게이트

해설
※ 저자 의견
해당 문제의 지문으로 답은 ② 배타적 OR 게이트가 맞습니다.
해당 문제의 그림에 오류가 있는 것으로 보입니다. 배타적 OR 게이트의 그림은 다음 표를 참고하십시오.
FT도에 사용되는 게이트

AND게이트	OR게이트	부정게이트
우선적 AND게이트	**조합 AND게이트**	**위험지속게이트**
a_i a_j a_k		
배타적 OR게이트	**억제게이트**	

37 **휴먼 에러(Human Error)의 요인을 심리적 요인과 물리적 요인으로 구분할 때, 심리적 요인에 해당하는 것은?**

① 일이 너무 복잡한 경우
② 일의 생산성이 너무 강조될 경우
③ 동일 형상의 것이 나란히 있을 경우
④ 서두르거나 절박한 상황에 놓여있을 경우

해설
④는 심리적 요인이며 나머지는 물리적 요인이다.

38 **적절한 온도의 작업환경에서 추운 환경으로 온도가 변할 때 우리의 신체가 수행하는 조절작용이 아닌 것은?**

① 발한(發汗)이 시작된다.
② 피부의 온도가 내려간다.
③ 직장(直腸)온도가 약간 올라간다.
④ 혈액의 많은 양이 몸의 중심부를 위주로 순환한다.

해설
적절한 온도의 작업환경에서 추운 환경으로 변할 때, 우리의 신체가 수행하는 조절작용
• 몸이 떨리고 소름이 돋는다.
• 피부의 온도가 내려간다.
• 직장온도가 약간 올라간다.
• 혈액의 많은 양이 몸의 중심부를 순환한다.
• 피부를 경유하는 혈액순환량이 감소한다.

정답 36 ② 37 ④ 38 ①

39 시스템안전 MIL-STD-882B 분류기준의 위험성 평가 매트릭스에서 발생빈도에 속하지 않는 것은?

① 거의 발생하지 않는(Remote)
② 전혀 발생하지 않는(Impossible)
③ 보통 발생하는(Reasonably Probable)
④ 극히 발생하지 않을 것 같은(Extremely Improbable)

해설
위험성 평가 매트릭스 분류(MIL-STD-882B)와 위험 발생빈도

구 분	레 벨	파국적 / 위기적 / 한계적	무시 가능	연간 발생확률
자주 발생하는(Frequent)	A	고 / 고 / 심각	중	10^{-1} 이상
가능성이 있는(Probable)	B	고 / 고 / 심각	중	10^{-2}~10^{-1}
가끔 발생하는(Occasional)	C	고 / 심각 / 중	저	10^{-3}~10^{-2}
거의 발생하지 않은(Remote)	D	심각 / 중 / 중	저	10^{-6}~10^{-3}
가능성이 없는(Improbable)	E	중 / 중 / 중	저	10^{-6} 미만

40 FTA에 의한 재해사례 연구순서 중 2단계에 해당하는 것은?

① FT도의 작성 ② 톱사상의 선정
③ 개선계획의 작성 ④ 사상의 재해원인을 규명

해설
결함수 분석(FTA)에 의한 재해사례 연구순서 : 톱사상의 선정 → 사상마다 재해원인 및 요인 규명 → FT도 작성 → 개선계획 작성 → 개선안 실시계획

제3과목 기계위험 방지기술

41 산업안전보건법령상 로봇에 설치되는 제어장치의 조건에 적합하지 않은 것은?

① 누름버튼은 오작동 방지를 위한 가드를 설치하는 등 불시기동을 방지할 수 있는 구조로 제작·설치되어야 한다.
② 로봇에는 외부 보호장치와 연결하기 위해 하나 이상의 보호정지회로를 구비해야 한다.
③ 전원공급램프, 자동운전, 결함검출 등 작동제어의 상태를 확인할 수 있는 표시장치를 설치해야 한다.
④ 조작버튼 및 선택스위치 등 제어장치에는 해당 기능을 명확하게 구분할 수 있도록 표시해야 한다.

해설
②는 제어장치의 조건이 아니라 보호정지의 조건 중의 하나이다.
산업용 로봇의 제작 및 안전기준(위험기계·기구 자율안전확인 고시 별표 2)
• 제어장치
- 누름버튼은 오작동 방지를 위한 가드를 설치하는 등 불시기동을 방지할 수 있는 구조로 제작·설치되어야 한다.
- 전원공급램프, 자동운전, 결함검출 등 작동제어의 상태를 확인할 수 있는 표시장치를 설치해야 한다.
- 조작버튼 및 선택스위치 등 제어장치에는 해당 기능을 명확하게 구분할 수 있도록 표시해야 한다.
• 보호정지
- 로봇에는 외부 보호장치와 연결하기 위한 하나 이상의 보호정지회로를 구비해야 한다.
- 보호정지회로는 작동 시 로봇에 공급되는 동력원을 차단시킴으로써 관련 작동부위를 모두 정지시킬 수 있는 기능을 구비해야 한다.
- 보호정지회로의 성능은 안전관련 제어시스템 성능요건을 만족해야 한다.
- 보호정지회로의 정지방식은 다음과 같다(구동부의 전원을 즉시 차단하는 정지방식, 구동부에 전원이 공급된 상태에서 구동부가 정지된 후 전원이 차단되는 정지방식).

정답 39 ② 40 ④ 41 ②

42 **컨베이어의 제작 및 안전기준 상 작업구역 및 통행구역에 덮개, 울 등을 설치해야 하는 부위에 해당하지 않는 것은?**

① 컨베이어의 동력전달 부분
② 컨베이어의 제동장치 부분
③ 호퍼, 슈트의 개구부 및 장력 유지장치
④ 컨베이어 벨트, 풀리, 롤러, 체인, 스프래킷, 스크류 등

해설

컨베이어의 제작 및 안전기준(위험기계·기구 자율안전확인 고시 별표 6)

작업구역 및 통행구역에서 다음의 부위에는 덮개, 울, 물림보호물(Nip Guard), 감응형 방호장치(광전자식, 안전매트 등) 등을 설치해야 한다.

- 컨베이어의 동력전달 부분
- 컨베이어 벨트, 풀리, 롤러, 체인, 스프래킷, 스크류 등
- 호퍼, 슈트의 개구부 및 장력 유지장치
- 기타 가동부분과 정지부분 또는 다른 물건 사이 틈 등 작업자에게 위험을 미칠 우려가 있는 부분. 다만, 그 틈이 5[mm] 이내인 경우에는 예외로 할 수 있다.
- 운반되는 재료 또는 컨베이어가 화상 등을 일으킬 수 있는 구간. 다만, 이 경우 덮개나 울을 설치해야 한다.

43 **산업안전보건법령상 탁상용 연삭기의 덮개에는 작업 받침대와 연삭숫돌과의 간격을 몇 [mm] 이하로 조정할 수 있어야 하는가?**

① 3 ② 4
③ 5 ④ 10

해설

탁상용 연삭기의 덮개에는 작업 받침대와 연삭숫돌과의 간격을 3[mm] 이하로 조정할 수 있어야 한다.

연삭기 덮개의 성능기준(방호장치 자율안전기준 고시 별표 4)

연삭기 덮개의 일반구조은 다음과 같이 한다.

- 덮개에 인체의 접촉으로 인한 손상위험이 없어야 한다.
- 덮개에는 그 강도를 저하시키는 균열 및 기포 등이 없어야 한다.
- 탁상용 연삭기의 덮개에는 워크레스트 및 조정편을 구비하여야 하며, 워크레스트는 연삭숫돌과의 간격을 3[mm] 이하로 조정할 수 있는 구조이어야 한다.
- 각종 고정부분은 부착하기 쉽고 견고하게 고정될 수 있어야 한다.

44 **다음 중 회전축, 커플링 등 회전하는 물체에 작업복 등이 말려드는 위험을 초래하는 위험점은?**

① 협착점 ② 접선물림점
③ 절단점 ④ 회전말림점

해설

회전말림점(Trapping Point)

- 회전하는 물체의 길이, 굵기, 속도 등의 불규칙 부위와 돌기회전부위에 의해 장갑 및 작업복 등이 말려들어가는 위험점
- 밀링, 드릴, 나사 등

45 **가공기계에 쓰이는 주된 풀 프루프(Fool Proof)에서 가드(Guard)의 형식으로 틀린 것은?**

① 인터록 가드(Interlock Guard)
② 안내 가드(Guide Guard)
③ 조정 가드(Adjustable Guard)
④ 고정 가드(Fixed Guard)

해설

풀 프루프에서 가드의 형식

- 고정 가드 : 개구부로부터 가공물과 공구 등을 넣어도 손은 위험영역에 머무르지 않는 가드 형식
- 조정 가드 : 가공물과 공구에 맞도록 형상과 크기를 조정하는 가드 형식
- 경고 가드 : 손이 위험영역에 들어가기 전에 경고하는 가드 형식
- 인터록 가드 : 기계식 작동 중에 개폐되는 경우 기계가 정지하는 가드 형식

정답 42 ② 43 ① 44 ④ 45 ②

46 밀링작업 시 안전수칙으로 틀린 것은?

① 보안경을 착용한다.
② 칩은 기계를 정지시킨 다음에 브러시로 제거한다.
③ 가공 중에는 손으로 가공면을 점검하지 않는다.
④ 면장갑을 착용하여 작업한다.

해설
밀링작업 시 장갑을 착용하면 매우 위험하다.
밀링작업 시 안전수칙
- 보안경을 착용한다.
- 칩은 기계를 정지시킨 다음에 브러시로 제거한다.
- 가공 중에는 손으로 가공면을 점검하지 않는다.
- 작업자는 거친 물건을 취급할 때 장갑을 사용할 수 있지만, 밀링작업시나 점검 시에는 절대로 장갑을 끼지 말아야 한다.
- 밀링커터나 공작물, 부속장치 등을 설치하거나 제거시킬 때 또는 공작물을 측정할 때에는 반드시 기계를 정지시킨 다음에 한다.
- 가동 전에 각종 레버, 자동이송, 급속이송장치 등을 반드시 점검한다.
- 공작물, 커터 및 부속장치 등을 설치하거나 제거할 때 시동레버, 시동스위치를 건드리지 않도록(접촉하지 않도록) 주의한다.
- 커터를 교환할 때는 반드시 테이블 위에 목재를 받쳐놓고 한다.
- 커터는 될 수 있는 한 컬럼에 가깝게 설치한다.
- 주축속도를 변속시킬 때는 반드시 주축이 정지한 후 변환한다.
- 가공물은 바른 자세에서 단단하게 고정한다.
- 기계 가동 중에는 자리를 이탈하지 않는다.
- 상하이송용 핸들은 사용 후 반드시 빼 놓는다(벗겨 놓는다).

47 크레인의 방호장치에 해당되지 않는 것은?

① 권과방지장치　② 과부하방지장치
③ 비상정지장치　④ 자동보수장치

해설
방호장치의 조정(산업안전보건기준에 관한 규칙 제134조)

구분	내용
대 상	• 크레인 • 이동식 크레인 • 리프트 • 곤돌라 • 승강기
방호장치	과부하방지장치, 권과방지장치, 비상정지장치 및 제동장치, 그 밖의 방호장치(승강기의 파이널 리미트 스위치, 속도조절기, 출입문 인터록 등)

48 무부하 상태에서 지게차로 20[km/h]의 속도로 주행할 때, 좌우 안정도는 몇 [%] 이내이어야 하는가?

① 37[%]　② 39[%]
③ 41[%]　④ 43[%]

해설
무부하 상태에서 주행 시의 지게차의 좌우 안정도
$S_{lr} = 15 + 1.1V[\%] = 15 + 1.1 \times 20 = 37[\%]$

49 선반가공 시 연속적으로 발생되는 칩으로 인해 작업자가 다치는 것을 방지하기 위하여 칩을 짧게 절단시켜주는 안전장치는?

① 커 버　② 브레이크
③ 보안경　④ 칩 브레이커

해설
칩 브레이커는 선반가공 시 긴 칩을 짧게 끊어주는 안전장치이다.

50 아세틸렌 용접장치에 관한 설명 중 틀린 것은?

① 아세틸렌발생기로부터 5[m] 이내, 발생기실로부터 3[m] 이내에는 흡연 및 화기사용을 금지한다.
② 발생기실에는 관계 근로자가 아닌 사람이 출입하는 것을 금지한다.
③ 아세틸렌 용기는 뉘어서 사용한다.
④ 건식안전기의 형식으로 소결금속식과 우회로식이 있다.

해설
아세틸렌 가스 용기는 반드시 세워서 보관하고 사용할 때도 세워서 사용해야 한다. 눕혀서 보관할 경우 바닥마찰에 의한 도색 벗겨짐 등으로 벗겨진 부위에 부식의 우려가 있고, 특히 액화가스가 충전된 용기의 경우에는 액 누출에 의한 대형사고 발생의 소지가 있기 때문에 반드시 세워서 보관 및 사용하여야 한다. 또한 넘어짐 등에 의한 충격 및 밸브의 손상을 방지하는 등의 조치를 하여 보관하여야 한다.

정답 46 ④ 47 ④ 48 ① 49 ④ 50 ③

51 산업안전보건법령상 프레스의 작업시작 전 점검사항이 아닌 것은?

① 금형 및 고정볼트 상태
② 방호장치의 기능
③ 전단기의 칼날 및 테이블의 상태
④ 트롤리(Trolley)가 횡행하는 레일의 상태

해설
작업시작 전 점검사항 – 프레스 등을 사용하여 작업을 할 때(산업안전보건기준에 관한 규칙 별표 3)
- 클러치 및 브레이크의 기능
- 크랭크축・플라이휠・슬라이드・연결봉 및 연결 나사의 풀림 여부
- 1행정 1정지기구・급정지장치 및 비상정지장치의 기능
- 슬라이드 또는 칼날에 의한 위험방지 기구의 기능
- 프레스의 금형 및 고정볼트 상태
- 방호장치의 기능
- 전단기의 칼날 및 테이블의 상태

52 프레스 양수조작식 방호장치 누름버튼의 상호간 내측거리는 몇 [mm] 이상인가?

① 50　② 100
③ 200　④ 300

해설
프레스 또는 전단기 방호장치의 성능기준(방호장치 안전인증 고시 별표 1)
프레스 양수조작식 방호장치 누름버튼의 상호간 내측거리는 300[mm] 이상이어야 한다.

53 산업안전보건법령상 승강기의 종류에 해당하지 않는 것은?

① 리프트　② 에스컬레이터
③ 화물용 엘리베이터　④ 승객용 엘리베이터

해설
산업안전보건기준에 관한 규칙 제132조 제2항 제5호
'승강기'란 건축물이나 고정된 시설물에 설치되어 일정한 경로에 따라 사람이나 화물을 승강장으로 옮기는 데에 사용되는 설비로서 다음의 것을 말한다.
- 승객용 엘리베이터 : 사람의 운송에 적합하게 제조・설치된 엘리베이터
- 승객화물용 엘리베이터 : 사람의 운송과 화물 운반을 겸용하는데 적합하게 제조・설치된 엘리베이터
- 화물용 엘리베이터 : 화물 운반에 적합하게 제조・설치된 엘리베이터로서 조작자 또는 화물취급자 1명은 탑승할 수 있는 것(적재용량이 300[kg] 미만인 것은 제외한다)
- 소형화물용 엘리베이터 : 음식물이나 서적 등 소형 화물의 운반에 적합하게 제조・설치된 엘리베이터로서 사람의 탑승이 금지된 것
- 에스컬레이터 : 일정한 경사로 또는 수평로를 따라 위・아래 또는 옆으로 움직이는 디딤판을 통해 사람이나 화물을 승강장으로 운송시키는 설비

54 롤러기의 앞면 롤의 지름이 300[mm], 분당회전수가 30회일 경우 허용되는 급정지장치의 급정지거리는 약 몇 [mm] 이내이어야 하는가?

① 37.7　② 31.4
③ 377　④ 314

해설
앞면 롤러의 표면속도 $V=\frac{\pi \cdot D \cdot N}{1,000}=\frac{\pi \times 300 \times 30}{1,000}$ $\fallingdotseq 28.27[\text{m/min}]$으로, 30[m/min] 미만이다. 따라서 급정지거리는 앞면 롤러 원주의 1/3 이내이다.
앞면 롤러 원주 = $\pi \times D$이므로,
$\therefore$ 급정지거리 $=\frac{\pi \times D}{3}=\frac{\pi \times 300}{3} \fallingdotseq 314[\text{mm}]$
롤러기 급정지장치의 성능기준(방호장치 자율안전기준 고시 별표 3)
무부하 동작에서 급정지거리

앞면 롤러의 표면속도[m/min]	급정지거리
30 미만	앞면 롤러 원주의 1/3 이내
30 이상	앞면 롤러 원주의 1/2.5 이내

이때 표면속도의 산식은
$$V=\frac{\pi \cdot D \cdot N}{1,000}[\text{m/min}]$$
여기서, V : 표면속도
D : 롤러 원통의 직경[mm]
N : 1분간에 롤러기가 회전되는 수[rpm]

정답 51 ④ 52 ④ 53 ① 54 ④

55 어떤 로프의 최대 하중이 700[N]이고, 정격하중은 100[N]이다. 이 때 안전계수는 얼마인가?

① 5 ② 6
③ 7 ④ 8

해설
안전계수 $S=\frac{700}{100}=7$

56 다음 중 설비의 진단방법에 있어 비파괴시험이나 검사에 해당하지 않는 것은?

① 피로시험 ② 음향탐상검사
③ 방사선투과시험 ④ 초음파탐상검사

해설
피로시험은 파괴시험에 해당된다.
시제품이나 제품의 결함존재 유무, 응력상태, 특성, 재질변화 등을 평가하기 위해 사용되는 검사방법은 파괴시험과 비파괴시험으로 구별된다.
- 파괴시험 : 재료 사용목적과 조건부합여부 및 안전한 하중의 한계와 변형능력을 확인하기 위하여 재료를 파괴하여 상태를 파악하는 방법이며 인장시험, 경도시험, 인성시험, 피로시험 등이 이에 해당된다.
- 비파괴시험 : 재료가 갖는 물리적인 성질을 이용하여 시험 대상물을 손상시키지도 않고 파괴하지도 않고 내부 및 외부의 상태를 검사하는 시험방법이며 초음파탐상검사(시험), 방사선투과시험, 음향탐상검사, 액체침투법, 자기탐상법, 와전류탐상법, 열탐상법, 홀로그래픽시험 등이 이에 해당된다.

57 지름 5[cm] 이상을 갖는 회전 중인 연삭숫돌이 근로자들에게 위험을 미칠 우려가 있는 경우에 필요한 방호장치는?

① 받침대 ② 과부하 방지장치
③ 덮 개 ④ 프레임

해설
지름 5[cm] 이상을 갖는 회전 중인 연삭숫돌이 근로자들에게 위험을 미칠 우려가 있는 경우에는 덮개를 설치해야 한다.

58 프레스 금형의 파손에 의한 위험방지 방법이 아닌 것은?

① 금형에 사용하는 스프링은 반드시 인장형으로 할 것
② 작업 중 진동 및 충격에 의해 볼트 및 너트의 헐거워짐이 없도록 할 것
③ 금형의 하중 중심은 원칙적으로 프레스 기계의 하중 중심과 일치하도록 할 것
④ 캠, 기타 충격이 반복해서 가해지는 부분에는 완충장치를 설치할 것

해설
금형에 사용하는 스프링은 압축형으로 한다.

59 기계설비의 작업능률과 안전을 위해 공장의 설비배치 3단계를 올바른 순서대로 나열한 것은?

① 지역배치 → 건물배치 → 기계배치
② 건물배치 → 지역배치 → 기계배치
③ 기계배치 → 건물배치 → 지역배치
④ 지역배치 → 기계배치 → 건물배치

해설
공장의 설비배치 3단계 : 지역배치 → 건물배치 → 기계배치

60 다음 중 연삭숫돌의 파괴원인으로 거리가 먼 것은?

① 플랜지가 현저히 클 때
② 숫돌에 균열이 있을 때
③ 숫돌의 측면을 사용할 때
④ 숫돌의 치수 특히 내경의 크기가 적당하지 않을 때

해설
연삭숫돌의 파괴원인이 아닌 것으로 '내・외면의 플랜지 지름이 동일할 때, 플랜지가 현저히 클 때, 연삭작업 시 숫돌의 정면을 사용할 때' 등이 출제된다.

정답 55 ③ 56 ① 57 ③ 58 ① 59 ① 60 ①

제4과목 전기위험 방지기술

61 충격전압시험 시의 표준충격파형을 1.2×50[μs]로 나타내는 경우 1.2와 50이 뜻하는 것은?

① 파두장 – 파미장
② 최초 섬락시간 – 최종 섬락시간
③ 라이징타임 – 스테이블타임
④ 라이징타임 – 충격전압인가시간

해설
전기기기의 충격전압시험 시 사용하는 표준충격파형(T_f, T_t) : 1.2×50[μs](T_f : 파두장, T_t : 파미장)

62 폭발위험장소의 분류 중 인화성 액체의 증기 또는 가연성 가스에 의한 폭발위험이 지속적으로 또는 장기간 존재하는 장소는 몇 종 장소로 분류되는가?

① 0종 장소 ② 1종 장소
③ 2종 장소 ④ 3종 장소

해설
폭발위험장소의 분류
- 0종 위험장소 : 인화성 물질이나 가연성 가스가 폭발성 분위를 생성할 우려가 있는 장소 중 가장 위험한 장소 등급, 폭발성 가스의 농도가 연속적이거나 장시간 지속적으로 폭발한계 이상이 되는 장소 또는 지속적인 위험상태가 생성되거나 생성될 우려가 있는 장소
- 1종 위험장소 : 상용의 상태에서 가연성 가스가 체류해 위험하게 될 우려가 있는 장소
- 2종 위험장소 : 이상상태 하에서 위험분위기가 단시간 동안 존재할 수 있는 장소(이 경우 이상상태는 상용의 상태 즉, 통상적인 유지보수 및 관리상태 등에서 벗어난 상태를 지칭하는 것으로 일부 기기의 고장, 기능상실, 오작동 등의 상태)

63 활선 작업 시 사용할 수 없는 전기작업용 안전장구는?

① 전기안전모 ② 절연장갑
③ 검전기 ④ 승주용 가제

해설
활선 작업이란 작업원이 전압이 가압된 선로나 기기에서 감전사고를 방지하는 전용공구를 사용해 전기가 살아 있는 상태에서 실시하는 무정전공법이다. 활선 작업은 활선장구 및 고무보호장구를 사용해야 하며, 배전 활선 직접작업공법에서는 활선 작업차를 추가하여 사용하여야 한다.
활선 작업 시 사용가능한 전기작업용 안전장구에는 고무보호장구, 방전고무장갑(절연장갑), 고무소매, 방전고무장화, 전기안전모, 검전기 등이 있다.

64 인체의 전기저항을 500[Ω]이라 한다면 심실세동을 일으키는 위험에너지[J]는?(단, 심실세동전류 $I=\frac{165}{\sqrt{T}}$[mA], 통전시간은 1초이다)

① 13.61 ② 23.21
③ 33.42 ④ 44.63

해설
위험한계에너지
$W=I^2RT=\left(\frac{165}{\sqrt{T}}\times10^{-3}\right)^2\times500\times T\simeq13.61[\mathrm{J}]$ 이며,
단위를 [cal]로 물어보면 계산결과에 0.24를 곱하면 된다.

65 피뢰침의 제한전압이 800[kV], 충격절연강도가 1,000[kV]라 할 때, 보호여유도는 몇 [%]인가?

① 25 ② 33
③ 47 ④ 63

해설
$$\text{보호여유도[\%]}=\frac{\text{충격절연강도}-\text{제한전압}}{\text{제한전압}}\times100[\%]$$
$$=\frac{1,000-800}{800}\times100[\%]=25[\%]$$

정답 61 ① 62 ① 63 ④ 64 ① 65 ①

66 감전사고를 일으키는 주된 형태가 아닌 것은?

① 충전전로에 인체가 접촉되는 경우
② 이중절연 구조로 된 전기 기계·기구를 사용하는 경우
③ 고전압의 전선로에 인체가 근접하여 섬락이 발생된 경우
④ 충전 전기회로에 인체가 단락회로의 일부를 형성하는 경우

해설
이중절연 구조로 된 전기 기계·기구를 사용하는 것은 감전사고 예방대책에 해당한다.
감전사고를 일으키는 형태
- 충전된 전선로에 인체가 접촉하는 경우 : 땅과 전선 사이에 흐르는 전류에 의해 감전되는 경우로 전기 작업이나 일반 작업 중 발생하는 대부분의 감전사고가 여기에 속한다.
- 고전압의 전선로에 인체가 근접하여 섬락이 발생하는 경우 : 고전압의 전선로에 인체 등이 너무 가깝게 접근하여, 공기의 절연파괴현상으로 아크가 발생하여 화상을 입거나 인체에 전류가 흐르게 되는 경우이다.
- 충전 전기회로에 인체가 단락회로의 일부를 형성하는 경우 : 전기통로에 인체 등이 접촉되어 인체가 단락되거나 회로의 일부를 구성하여 감전되는 경우로 교류 아크용접기 작업 중 발생될 수 있는 감전사고가 이에 해당된다.
- 누전된 전기기기에 인체가 접촉하는 경우 : 누전 상태에 있는 전기기기에 인체 등이 접촉되어 감전되는 경우로 절연불량 전기기기 등에 인체가 접촉되어 발생하거나 불량전기설비가 시설된 철 구조물 등에 인체가 접촉되어 발생하는 경우이다.
- 전기의 유도현상으로 인해 인체를 통과하는 전류가 발생하여 감전되는 경우 : 인체가 초고압의 전선로에 근접하여 감전되는 경우로서 주로 정전유도작용에 의해 발생하게 되는 감전사고의 형태이다.

67 화재가 발생하였을 때 조사해야 하는 내용으로 가장 관계가 먼 것은?

① 발화원 ② 착화물
③ 출화의 경과 ④ 응고물

해설
④ 응고물은 화재 발생 시 조사 내용에 포함되지 않는다.
조사구분 및 범위(화재조사 및 보고규정 제3조)
화재조사는 화재원인 조사와 화재피해 조사로 구분하고 그 범위는 다음과 같다.
㉠ 화재원인 조사
- 발화원인 조사 : 발화지점, 발화열원, 발화요인, 최초 착화물 및 발화관련기기 등
- 발견, 통보 및 초기 소화상황 조사 : 발견경위, 통보 및 초기 소화 등 일련의 행동과정
- 연소상황 조사 : 화재의 연소경로 및 연소확대물, 연소확대사유 등
- 피난상황 조사 : 피난경로, 피난상의 장애요인 등
- 소방·방화시설 등 조사 : 소방·방화시설의 활용 또는 작동 등의 상황

㉡ 화재피해 조사
- 인명피해
  - 화재로 인한 사망자 및 부상자
  - 화재진압 중 발생한 사망자 및 부상자
  - 사상자 정보 및 사상 발생원인
- 재산피해
  - 소실피해 : 열에 의한 탄화, 용융, 파손 등의 피해
  - 수손피해 : 소화활동으로 발생한 수손피해 등
  - 기타 피해 : 연기, 물품반출, 화재 중 발생한 폭발 등에 의한 피해 등

정답 66 ② 67 ④

68 정전기에 관한 설명으로 옳은 것은?

① 정전기는 발생에서부터 억제 - 축적방지 - 안전한 방전이 재해를 방지할 수 있다.
② 정전기발생은 고체의 분쇄공정에서 가장 많이 발생한다.
③ 액체의 이송 시는 그 속도(유속)를 7[m/s] 이상 빠르게 하여 정전기의 발생을 억제한다.
④ 접지 값은 10[Ω] 이하로 하되 플라스틱 같은 절연도가 높은 부도체를 사용한다.

해설

② 정전기발생은 분체투입 및 집진공정에서와 같이 분진을 취급하는 공정에서 가장 많이 발생한다.
③ 전기 재해방지를 위한 배관 내 액체의 유속 제한
- 저항률이 10^{10}[Ω·cm] 미만의 도전성 위험물의 배관유속은 7[m/s] 이하로 할 것
- 에테르, 이황화탄소 등과 같이 유동대전이 심하고 폭발위험성이 높으면 1[m/s] 이하로 할 것
- 물이나 기체를 혼합하는 비수용성 위험물의 배관 내 유속은 1[m/s] 이하로 할 것
- 저항률이 10^{10}[Ω·cm] 이상인 위험물의 배관 내 유속은 배관 내경 4인치일 때 2.5[m/s] 이하로 할 것

④ 정전기 제거만을 목적으로 하는 접지에 있어서의 적당한 접지저항값은 10^6[Ω] 이하로 하는 것이 좋다.

69 전기설비의 필요한 부분에 반드시 보호접지를 실시하여야 한다. 접지공사의 종류에 따른 접지저항과 접지선의 굵기가 틀린 것은?

① 제1종 : 10[Ω] 이하, 공칭단면적 6[mm^2] 이상의 연동선
② 제2종 : $\frac{150}{1\text{선 지락 전류}}$[Ω] 이하, 공칭단면적 2.5[$mm^2$] 이상의 연동선
③ 제3종 : 100[Ω] 이하, 공칭단면적 2.5[mm^2] 이상의 연동선
④ 특별 제3종 : 10[Ω] 이하, 공칭단면적 2.5[mm^2] 이상의 연동선

해설

접지공사 종류별 접지저항 및 접지저항에 따른 접지선의 굵기

접지공사의 종류	접지저항	접지선의 굵기
제1종 접지공사	10[Ω] 이하	공칭단면적 6[mm^2] 이상의 연동선
제2종 접지공사	$\frac{150/300/600}{1\text{선지락전류}}$[Ω] 이하	공칭단면적 16[mm^2] 이상의 연동선(고압 전로 또는 특고압 가공전선로의 전로와 저압 전로를 변압기에 의하여 결합하는 경우에는 공칭단면적 6[mm^2] 이상의 연동선)
제3종 접지공사	100[Ω] 이하	공칭단면적 2.5[mm^2] 이상의 연동선
특별 제3종 접지공사	10[Ω] 이하	공칭단면적 2.5[mm^2] 이상의 연동선

※ 출제 당시의 규정에 의하면 ②번이 정답이었으나 2021년부터는 해당 규정이 전면 변경됨(전기설비기술기준의 판단기준 제18조~제19조)

70 교류아크 용접기에 전격 방지기를 설치하는 요령 중 틀린 것은?

① 이완 방지 조치를 한다.
② 직각으로만 부착해야 한다.
③ 동작 상태를 알기 쉬운 곳에 설치한다.
④ 테스트 스위치는 조작이 용이한 곳에 위치시킨다.

해설

교류아크 용접기에 전격 방지기를 설치하는 요령
- 직각으로 부착하는 것이 원칙이지만 불가피한 경우에는 수직 +20° 이내로 설치할 수 있다.
- 이완 방지 조치를 한다.
- 동작 상태를 알기 쉬운 곳에 설치한다.
- 테스트 스위치는 조작이 용이한 곳에 위치시킨다.

정답 68 ① 69 ② 70 ②

71 전기기기의 Y종 절연물의 최고 허용온도는?

① 80[℃] ② 85[℃]
③ 90[℃] ④ 105[℃]

해설
절연물의 절연계급별 최고 허용온도[℃]

Y종	A종	E종	B종	F종	H종	C종
90	105	120	130	155	180	180 이상

72 내압 방폭구조의 기본적 성능에 관한 사항으로 틀린 것은?

① 내부에서 폭발할 경우 그 압력에 견딜 것
② 폭발화염이 외부로 유출되지 않을 것
③ 습기침투에 대한 보호가 될 것
④ 외함 표면온도가 주위의 가연성 가스에 점화하지 않을 것

해설
내압 방폭구조의 기본적 성능에 관한 사항(내압 방폭구조의 필요충분조건에 대한 사항)
- 내부에서 폭발할 경우 그 압력에 견딜 것
- 폭발화염이 외부로 유출(전파)되지 않을 것(이를 위하여 안전간극을 작게 한다)
- 외함의 표면온도가 주위의 가연성 가스, 외부의 폭발성 가스를 점화하지 않을 것
- 열을 최소 점화에너지 이하로 유지할 것(이를 위하여 화염일주한계를 작게 한다)

73 온도조절용 바이메탈과 온도 퓨즈가 회로에 조합되어 있는 다리미를 사용한 가정에서 화재가 발생했다. 다리미에 부착되어 있던 바이메탈과 온도 퓨즈를 대상으로 화재사고를 분석하려 하는데 논리기호를 사용하여 표현하고자 한다. 어느 기호가 적당한가?(단, 바이메탈의 작동과 온도 퓨즈가 끊어졌을 경우를 0, 그렇지 않을 경우를 1이라 한다)

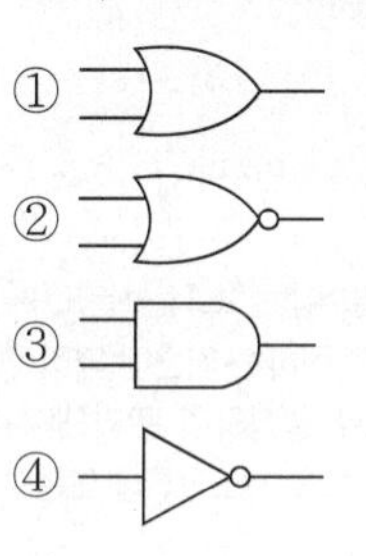

해설
온도조절용 바이메탈과 온도 퓨즈가 회로에 조합되어 있는 다리미 사용 시 화재가 발생했을 때, 다리미에 부착되어 있던 바이메탈과 온도 퓨즈를 대상으로 화재사고 분석을 위한 논리기호의 사용 : 온도조절용 바이메탈과 온도 퓨즈가 회로에 조합되어 있는 다리미가 AND Gate로 조합될 때 화재가 발생된다.

74 화염일주한계에 대한 설명으로 옳은 것은?

① 폭발성 가스와 공기의 혼합기에 온도를 높인 경우 화염이 발생할 때까지의 시간 한계치
② 폭발성 분위기에 있는 용기의 접합면 틈새를 통해 화염이 내부에서 외부로 전파되는 것을 저지할 수 있는 틈새의 최대 간격치
③ 폭발성 분위기 속에서 전기불꽃에 의하여 폭발을 일으킬 수 있는 화염을 발생시키기에 충분한 교류파형의 1주기치
④ 방폭설비에서 이상이 발생하여 불꽃이 생성된 경우에 그것이 점화원으로 작용하지 않도록 화염의 에너지를 억제하여 폭발하한계로 되도록 화염 크기를 조정하는 한계치

해설
화염일주한계 : 화염이 전파되는 것을 저지할 수 있는 틈새의 최대 간격치

정답 71 ③ 72 ③ 73 ③ 74 ②

75 폭발위험이 있는 장소의 설정 및 관리와 가장 관계가 먼 것은?

① 인화성 액체의 증기 사용
② 가연성 가스의 제조
③ 가연성 분진 제조
④ 종이 등 가연성 물질 취급

해설

폭발위험이 있는 장소의 설정 및 관리(산업안전보건기준에 관한 규칙 제230조)

- 사업주는 다음의 장소에 대하여 폭발위험장소의 구분도(區分圖)를 작성하는 경우에는 한국산업표준으로 정하는 기준에 따라 가스폭발 위험장소 또는 분진폭발 위험장소로 설정하여 관리해야 한다.
  - 인화성 액체의 증기나 인화성 가스 등을 제조·취급 또는 사용하는 장소
  - 인화성 고체를 제조·사용하는 장소
- 사업주는 위에 따른 폭발위험장소의 구분도를 작성·관리하여야 한다.

76 인체의 표면적이 0.5[m^2]이고, 정전용량은 0.02[pF/cm^2]이다. 3,300[V]의 전압이 인가되어 있는 전선에 접근하여 작업을 할 때 인체에 축적되는 정전기 에너지[J]는?

① 5.445×10^{-2}　　② 5.445×10^{-4}
③ 2.723×10^{-2}　　④ 2.723×10^{-4}

해설

인체에 축적되는 정전기 에너지(E)

$$E = \frac{1}{2}CV^2A = \frac{1}{2} \times 0.02 \times 10^{-12} \times 100^2 \times 3{,}300^2 \times 0.5$$
$$= 5.445 \times 10^{-4}[J]$$

77 제3종 접지공사를 시설하여야 하는 장소가 아닌 것은?

① 금속몰드 배선에 사용하는 몰드
② 고압계기용 변압기의 2차측 전로
③ 고압용 금속제 케이블 트레이 계통의 금속 트레이
④ 400[V] 미만의 저압용 기계기구의 철대 및 금속제 외함

해설

고압용 금속제 케이블 트레이 계통은 기계적 및 전기적으로 완전하게 접속하여야 하며 금속제 트레이에는 제1종 접지공사로 접지하여야 한다(전기설비기술기준의 판단기준 제209조).

※ 출제 당시의 규정에 의하면 ③번이 정답이었으나 2021년부터는 해당 규정이 전면 변경됨

78 전자파 중에서 광량자 에너지가 가장 큰 것은?

① 극저주파　　② 마이크로파
③ 가시광선　　④ 적외선

해설

전자파는 전계와 자계가 상호작용으로 조합하여 빛의 속도와 같이 공간에 방사되는 파동으로 먼 곳까지 전파되며, 주파수에 따라 극저주파, 라디오파, TV파, 마이크로파, 적외선, 가시광선, 자외선, X-선, 감마선으로 나눈다. 송전선로처럼 주파수가 낮을수록 파장이 길어지며, 전자파가 갖는 에너지는 감소한다. 광량자 에너지 크기는 가시광선 > 적외선 > 마이크로파 > 극저주파의 순이다.

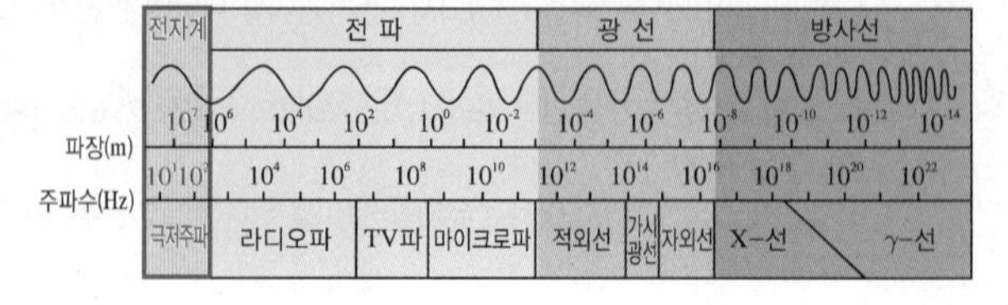

정답 75 ④ 76 ② 77 ③ 78 ③

79 다음 중 폭발위험장소에 전기설비를 설치할 때 전기적인 방호조치로 적절하지 않은 것은?

① 다상 전기기기는 결상운전으로 인한 과열방지 조치를 한다.
② 배선은 단락・지락 사고 시의 영향과 과부하로부터 보호한다.
③ 자동차단이 점화의 위험보다 클 때는 경보장치를 사용한다.
④ 단락보호장치는 고장상태에서 자동복구 되도록 한다.

해설
폭발위험장소에 전기설비를 설치할 때 전기적인 방호조치
- 다상 전기기기는 결상운전으로 인한 과열방지 조치를 한다.
- 배선 및 전기기기는 단락 및 지락 사고 시의 고장전류와 과부하전류로부터 보호되어야 한다.
- 전기기기의 전원차단이 점화 위험보다 더 큰 위험을 야기할 수 있는 경우에는 신속한 비상조치를 취할 수 있도록 자동차단장치 대신 경보장치를 사용할 수 있다.
- 보호 및 제어장비는 적절한 방폭구조로 보호되지 않는 한 비폭발위험장소에 설치하여야 한다.
- 단락보호 및 지락보호장치는 고장상태에서 자동재폐로(Auto-reclosure) 되지 않아야 하므로 고장상태에서 자동복구 되지 않도록 해야 한다.

80 감전사고 방지대책으로 틀린 것은?

① 설비의 필요한 부분에 보호접지 실시
② 노출된 충전부에 통전망 설치
③ 안전전압 이하의 전기기기 사용
④ 전기기기 및 설비의 정비

해설
전기에 의한 감전사고를 방지하기 위한 대책이 아닌 것으로 '전기설비에 대한 정격표시, 배선용 차단기(MCCB)의 사용, 절연저항 저감, 노출된 충전부에 통전망 설치, 사고발생 시 처리프로세스 작성 및 조치' 등이 출제된다.

제5과목 화학설비위험 방지기술

81 다음 관(Pipe) 부속품 중 관로의 방향을 변경하기 위하여 사용하는 부속품은?

① 니플(Nipple) ② 유니온(Union)
③ 플랜지(Flange) ④ 엘보우(Elbow)

해설
① 니플(Nipple) : 암나사와 암나사의 연결 시 사용하는 길이가 짧은 배관 부품
② 유니온(Union) : 동일 지름의 관을 직선결합하는 부품
③ 플랜지(Flange) : 관과 관, 관과 다른 기계 부분을 결합할 때 쓰는 부품

82 산업안전보건기준에 관한 규칙상 국소배기장치의 후드 설치 기준이 아닌 것은?

① 유해물질이 발생하는 곳마다 설치할 것
② 후드의 개구부 면적은 가능한 한 크게 할 것
③ 외부식 또는 리시버식 후드는 해당 분진 등의 발산원에 가장 가까운 위치에 설치할 것
④ 후드 형식은 가능하면 포위식 또는 부스식 후드를 설치할 것

해설
후드의 개구부 면적에 대한 언급은 해당 규정에 없다.
후드(산업안전보건기준에 관한 규칙 제72조)
사업주는 인체에 해로운 분진, 흄(Fume, 열이나 화학반응에 의하여 형성된 고체증기가 응축되어 생긴 미세입자), 미스트(Mist, 공기 중에 떠다니는 작은 액체방울), 증기 또는 가스 상태의 물질(이하 분진 등이라 한다)을 배출하기 위하여 설치하는 국소배기장치의 후드가 다음의 기준에 맞도록 하여야 한다.
- 유해물질이 발생하는 곳마다 설치할 것
- 유해인자의 발생형태와 비중, 작업방법 등을 고려하여 해당 분진 등의 발산원(發散源)을 제어할 수 있는 구조로 설치할 것
- 후드(Hood) 형식은 가능하면 포위식 또는 부스식 후드를 설치할 것
- 외부식 또는 리시버식 후드는 해당 분진 등의 발산원에 가장 가까운 위치에 설치할 것

정답 79 ④ 80 ② 81 ④ 82 ②

83 산업안전보건기준에 관한 규칙에 따르면 쥐에 대한 경구투입실험에 의하여 실험동물의 50[%]를 사망시킬 수 있는 물질의 양, 즉 LD_{50}(경구, 쥐)이 [kg]당 몇 [mg] – (체중) 이하인 화학물질이 급성 독성 물질에 해당하는가?

① 25
② 100
③ 300
④ 500

해설
위험물질의 종류 – 급성 독성 물질(산업안전보건기준에 관한 규칙 별표 1)
- 쥐에 대한 경구투입실험에 의하여 실험동물의 50[%]를 사망시킬 수 있는 물질의 양, 즉 LD_{50}(경구, 쥐)이 [kg]당 300[mg]–(체중) 이하인 화학물질
- 쥐 또는 토끼에 대한 경피흡수실험에 의하여 실험동물의 50[%]를 사망시킬 수 있는 물질의 양, 즉 LD_{50}(경피, 토끼 또는 쥐)이 [kg]당 1,000[mg]–(체중) 이하인 화학물질
- 쥐에 대한 4시간 동안의 흡입실험에 의하여 실험동물의 50[%]를 사망시킬 수 있는 물질의 농도, 즉 가스 LC_{50}(쥐, 4시간 흡입)이 2,500[ppm] 이하인 화학물질, 증기 LC_{50}(쥐, 4시간 흡입)이 10[mg/L] 이하인 화학물질, 분진 또는 미스트 1[mg/L] 이하인 화학물질

84 반응성 화학물질의 위험성은 실험에 의한 평가 대신 문헌조사 등을 통해 계산에 의해 평가하는 방법을 사용할 수 있다. 이에 관한 설명으로 옳지 않은 것은?

① 위험성이 너무 커서 물성을 측정할 수 없는 경우 계산에 의한 평가 방법을 사용할 수도 있다.
② 연소열, 분해열, 폭발열 등의 크기에 의해 그 물질의 폭발 또는 발화의 위험예측이 가능하다.
③ 계산에 의한 평가를 하기 위해서는 폭발 또는 분해에 따른 생성물의 예측이 이루어져야 한다.
④ 계산에 의한 위험성 예측은 모든 물질에 대해 정확성이 있으므로 더 이상의 실험을 필요로 하지 않는다.

해설
계산에 의한 위험성 예측은 모든 물질에 대해 정확한 것은 아니므로 실험을 필요로 한다.

85 압축기와 송풍의 관로에 심한 공기의 맥동과 진동을 발생하면서 불안정한 운전이 되는 서징(Surging) 현상의 방지법으로 옳지 않은 것은?

① 풍량을 감소시킨다.
② 배관의 경사를 완만하게 한다.
③ 교축밸브를 기계에서 멀리 설치한다.
④ 토출가스를 흡입측에 바이패스 시키거나 방출밸브에 의해 대기로 방출시킨다.

해설
교축밸브를 기계에서 가까이 설치한다.

86 다음 중 독성이 가장 강한 가스는?

① NH_3
② $COCl_2$
③ $C_6H_5CH_3$
④ H_2S

해설
$COCl_2$는 포스겐이라고 불리는 맹독성 가스이다.
시간가중평균노출기준(TWA)[ppm](화학물질 및 물리적 인자의 노출기준 별표 1)
- $COCl_2$(포스겐) : 0.1
- NH_3(암모니아) : 25
- $C_6H_5CH_3$(톨루엔) : 50
- H_2S(황화수소) : 10

※ 노출기준 : 근로자가 유해인자에 노출되는 경우 노출기준 이하 수준에서는 거의 모든 근로자에게 건강상 나쁜 영향을 미치지 아니하는 기준을 말하며, 시간가중평균노출기준(TWA), 단시간노출기준(STEL) 또는 최고노출기준(C)으로 표시한다.

87 다음 중 분해폭발의 위험성이 있는 아세틸렌의 용제로 가장 적절한 것은?

① 에테르
② 에틸알코올
③ 아세톤
④ 아세트알데하이드

해설
아세틸렌은 가압하면 분해폭발의 위험성이 있으므로 아세톤, DMF(다이메틸폼아마이드) 등을 용제로 사용하여 다공질 물질에 침윤시켜 아세틸렌을 용해하여 충전한다.

정답 83 ③ 84 ④ 85 ③ 86 ② 87 ③

88 **분진폭발의 발생 순서로 옳은 것은?**

① 비산 → 분산 → 퇴적분진 → 발화원 → 2차폭발 → 전면폭발
② 비산 → 퇴적분진 → 분산 → 발화원 → 2차폭발 → 전면폭발
③ 퇴적분진 → 발화원 → 분산 → 비산 → 전면폭발 → 2차폭발
④ 퇴적분진 → 비산 → 분산 → 발화원 → 전면폭발 → 2차폭발

해설
분진폭발 발생 순서
퇴적분진 → 비산 → 분산 → 발화원 → 전면폭발 → 2차폭발

89 **폭발방호대책 중 이상 또는 과잉압력에 대한 안전장치로 볼 수 없는 것은?**

① 안전 밸브(Safety Valve)
② 릴리프 밸브(Relief Valve)
③ 파열판(Bursting Disk)
④ 플레임 어레스터(Flame Arrester)

해설
Flame Arrester(화염방지기) : 비교적 저압 또는 상압에서 가연성의 증기를 발생하는 유류를 저장하는 탱크에서 외부에 그 증기를 방출하기도 하고, 탱크 내에 외기를 흡입하기도 하는 부분에 설치하며, 가는 눈금의 금망이 여러 개 겹쳐진 구조로 된 안전장치이다.

90 **다음 인화성 가스 중 가장 가벼운 물질은?**

① 아세틸렌 ② 수 소
③ 부 탄 ④ 에틸렌

해설
비 중
• 수소(H_2) : 0.07
• 부탄(C_4H_{10}) : 0.58
• 에틸렌(C_2H_4) : 0.62
• 아세틸렌(C_2H_2) : 0.9

91 **가연성 가스 및 증기의 위험도에 따른 방폭전기기기의 분류로 폭발등급을 사용하는데, 이러한 폭발등급을 결정하는 것은?**

① 발화도 ② 화염일주한계
③ 폭발한계 ④ 최소 발화에너지

해설
폭발등급은 화염일주한계로 결정한다. 화염일주한계는 최대 안전틈새(Joint Clearance to Arrest Flame 또는 Maximum Safe Clearance)라고도 하는데, 이것은 폭발성 분위기 내에 방치된 표준용기의 접합면 틈새를 통하여 폭발화염이 내부에서 외부로 전파되는 것을 방지할 수 있는 틈새의 최대 간격치를 말하며, 폭발성 가스의 종류에 따라 다르다.

92 **다음 중 메타인산(HPO_3)에 의한 소화효과를 가진 분말소화약제의 종류는?**

① 제1종 분말소화약제
② 제2종 분말소화약제
③ 제3종 분말소화약제
④ 제4종 분말소화약제

해설
메타인산(HPO_3)에 의한 소화효과를 가진 분말소화약제의 종류는 제3종 분말소화약제이다.

93 **다음 중 파열판에 관한 설명으로 틀린 것은?**

① 압력 방출속도가 빠르다.
② 한번 파열되면 재사용 할 수 없다.
③ 한번 부착한 후에는 교환할 필요가 없다.
④ 높은 점성의 슬러리나 부식성 유체에 적용할 수 있다.

해설
파열판은 1회용이므로 필요시 교환하여야 한다.

정답 88 ④ 89 ④ 90 ② 91 ② 92 ③ 93 ③

94 **공기 중에서 폭발범위가 12.5~74[vol%]인 일산화탄소의 위험도는 얼마인가?**

① 4.92 ② 5.26
③ 6.26 ④ 7.05

해설

위험도 $H=\frac{U-L}{L}=\frac{74-12.5}{12.5}=4.92$

95 **산업안전보건법령에 따라 유해하거나 위험한 설비의 설치・이전 또는 주요 구조부분의 변경공사 시 공정안전보고서의 제출 시기는 착공일 며칠 전까지 관련기관에 제출하여야 하는가?**

① 15일 ② 30일
③ 60일 ④ 90일

해설

공정안전보고서의 제출 시기(산업안전보건법 시행규칙 제51조)
사업주는 유해하거나 위험한 설비의 설치・이전 또는 주요 구조부분의 변경공사의 착공일 30일 전까지 공정안전보고서를 2부 작성하여 공단에 제출해야 한다.

96 **소화약제 IG-100의 구성성분은?**

① 질 소 ② 산 소
③ 이산화탄소 ④ 수 소

해설

소화약제 IG-100의 구성성분은 질소이다.
불연성・불활성 기체혼합가스 소화약제와 화학식(할로겐화합물 및 불활성기체소화설비의 화재안전기준(NFPC 107A) 제4조)

소화약제	화학식
불연성・불활성 기체혼합가스(IG-01)	Ar
불연성・불활성 기체혼합가스(IG-100)	N_2
불연성・불활성 기체혼합가스(IG-541)	N_2 : 52%, Ar : 40%, CO_2 : 8%
불연성・불활성 기체혼합가스(IG-55)	N_2 : 50%, Ar : 50%

97 **프로판(C_3H_8)의 연소에 필요한 최소 산소농도의 값은 약 얼마인가?(단, 프로판의 폭발하한은 Jone식에 의해 추산한다)**

① 8.1[%v/v] ② 11.1[%v/v]
③ 15.1[%v/v] ④ 20.1[%v/v]

해설

프로판의 화학식 $C_3H_8=C_aH_b$에서 a=3, b=8, c=0, d=0, e=0이므로 화학양론농도

$$C_{st}=\frac{100}{1+4.773\left[a+\frac{(b-c-2d)}{4}+e\right]}$$
$$=\frac{100}{1+4.773\left[3+\frac{8}{4}\right]}=\frac{100}{1+4.773\times 5}\simeq 4.02$$

Jones식에 의한 폭발하한값
$\mathrm{LFL}=C_{st}\times 0.55=4.02\times 0.55=2.211$
프로판의 연소방정식 $C_3H_8 + 5O_2 \rightarrow 3CO_2 + 4H_2O$
프로판의 연소에 필요한 최소 산소농도
$\mathrm{MOC}=\mathrm{LFL}\times O_2=2.211\times 5\simeq 11.1$

98 **다음 중 물과 반응하여 아세틸렌을 발생시키는 물질은?**

① Zn ② Mg
③ Al ④ CaC_2

해설

탄화칼슘(CaC_2)은 칼슘 카바이드(Calcium Carbide), 줄여서 카바이드(Carbide)라고도 불리며 물과 반응하여 아세틸렌 기체를 생성한다.
$CaC_2 + 2H_2O \rightarrow Ca(OH)_2 + C_2H_2$

정답 94 ① 95 ② 96 ① 97 ② 98 ④

99 메탄 1[vol%], 헥산 2[vol%], 에틸렌 2[vol%], 공기 95[vol%]로 된 혼합가스의 폭발하한계값[vol%]은 약 얼마인가?(단, 메탄, 헥산, 에틸렌의 폭발하한계값은 각각 5.0, 1.1, 2.7[vol%]이다)

① 1.8 ② 3.5
③ 12.8 ④ 21.7

해설

$\frac{5}{LFL}=\frac{1}{5.0}+\frac{2}{1.1}+\frac{2}{2.7}\simeq 2.759$에서 $LFL=\frac{5}{2.759}\simeq 1.81$

100 가열·마찰·충격 또는 다른 화학물질과의 접촉 등으로 인하여 산소나 산화제의 공급이 없더라도 폭발 등 격렬한 반응을 일으킬 수 있는 물질은?

① 에틸알코올 ② 인화성 고체
③ 나이트로화합물 ④ 테레핀유

해설

제5류 위험물(자기반응성 물질) : 고체 또는 액체로서 폭발의 위험성 또는 가열분해의 격렬함을 판단하기 위하여 고시로 정하는 시험에서 고시로 정하는 성질과 상태를 나타내는 것

- 특 징
  - 가연성 물질이면서 자체적으로 산소를 함유하므로 자기연소를 일으킨다.
  - 가열·마찰·충격에 의해 폭발하기 쉽다.
  - 연소속도가 대단히 빨라서 폭발적으로 반응한다.
  - 소화에는 다량의 물을 사용한다.
- 종류 : 나이트로소화합물, 나이트로화합물, 디아조화합물, 아조화합물, 유기과산화물, 질산에스테르류, 하이드라진 유도체, 하이드록실아민, 하이드록실아민염류 등

제6과목 건설안전기술

101 사업주가 유해위험방지계획서 제출 후 건설공사 중 6개월 이내마다 안전보건공단의 확인을 받아야 할 내용이 아닌 것은?

① 유해위험방지계획서의 내용과 실제공사 내용이 부합하는지 여부
② 유해위험방지계획서 변경 내용의 적정성
③ 자율안전관리 업체 유해위험방지계획서 제출·심사 면제
④ 추가적인 유해·위험요인의 존재 여부

해설

유해위험방지계획서를 제출한 사업주는 건설공사 중 6개월 이내마다 다음의 사항에 관하여 공단의 확인을 받아야 한다(산업안전보건법 시행규칙 제46조 제1항).

- 유해위험방지계획서의 내용과 실제공사 내용이 부합하는지 여부
- 유해위험방지계획서 변경 내용의 적정성
- 추가적인 유해·위험요인의 존재 여부

102 철골공사 시 안전작업방법 및 준수사항으로 옳지 않은 것은?

① 강풍, 폭우 등과 같은 악천우 시에는 작업을 중지하여야 하며 특히 강풍 시에는 높은 곳에 있는 부재나 공구류가 낙하비래하지 않도록 조치하여야 한다.
② 철골부재 반입 시 시공순서가 빠른 부재는 상단부에 위치하도록 한다.
③ 구명줄 설치 시 마닐라 로프 직경 10[mm]를 기준하여 설치하고 작업방법을 충분히 검토하여야 한다.
④ 철골보의 두 곳을 매어 인양시킬 때 와이어로프의 내각은 60° 이하이어야 한다.

해설

구명줄을 설치할 경우에는 1가닥의 구명줄을 여러 명이 동시에 사용하지 않도록 하여야 하며 구명줄을 마닐라 로프 직경 16[mm]를 기준하여 설치하고 작업방법을 충분히 검토하여야 한다(철골공사표준안전작업지침 제16조 제3호).

정답 99 ① 100 ③ 101 ③ 102 ③

103 지면보다 낮은 땅을 파는 데 적합하고 수중굴착도 가능한 굴착기계는?

① 백호우 ② 파워셔블
③ 가이데릭 ④ 파일드라이버

해설

① 백호(Back Hoe) : 장비가 위치한 지면보다 낮은 장소를 굴착하는 데 적합하며 수중굴착도 가능한 굴착기계
② 파워셔블(Power Shovel) : 기계가 위치한 지면보다 높은 장소의 땅을 굴착하는데 적합하며 산지에서의 토공사 및 암반으로부터 점토질까지도 굴착할 수 있는 굴착용 산업기계
③ 가이데릭(Guy Derrick) : 주기둥이 붐으로 구성되어 있고 6~8본의 지선으로 지탱되며 주각부에 붐을 설치하면 360° 회전이 가능한 산업기계
④ 파일드라이버(Pile Driver) : 천공기 또는 항타기라고도 하며 주로 말뚝을 박으며 이동이 가능한 산업기계

104 산업안전보건법령에 따른 지반의 종류별 굴착면의 기울기 기준으로 옳지 않은 것은?

① 보통 흙 습지 - 1 : 1 ~ 1 : 1.5
② 보통 흙 건지 - 1 : 0.3 ~ 1 : 1
③ 풍화암 - 1 : 0.8
④ 연암 - 1 : 0.5

해설

※ 출제 시 정답은 ②였으나, 법령 개정으로 ②, ③, ④ 정답

굴착면의 기울기 기준(산업안전보건기준에 관한 규칙 별표 11)

구 분	지반의 종류	기울기
보통 흙	습 지	1 : 1 ~ 1 : 1.5
	건 지	1 : 0.5 ~ 1 : 1
암 반	풍화암	1 : 1.0
	연 암	1 : 1.0
	경 암	1 : 0.5

※ 개정 전 : 풍화암 1 : 0.8, 연암 1 : 0.5, 경암 1 : 0.3

105 콘크리트 타설 시 거푸집 측압에 관한 설명으로 옳지 않은 것은?

① 기온이 높을수록 측압은 크다.
② 타설속도가 클수록 측압은 크다.
③ 슬럼프가 클수록 측압은 크다.
④ 다짐이 과할수록 측압은 크다.

해설

기온이 낮을수록 측압은 크다.

콘크리트 타설 시 거푸집 측압에 영향을 미치는 요인

- 비례 요인 : 슬럼프, 타설속도(부어넣기 속도), 콘크리트의 타설 높이, 다짐, 거푸집 수밀성, 거푸집의 부재 단면, 거푸집 표면의 평활도, 시공연도(Workability), 콘크리트의 비중 등
- 반비례 요인 : 기온(외기의 온도, 거푸집 속의 콘크리트 온도), 철근의 양, 거푸집의 투수성, 습도

106 강관비계의 수직방향 벽이음 조립간격[m]으로 옳은 것은?(단, 틀비계이며 높이가 5[m] 이상일 경우)

① 2[m] ② 4[m]
③ 6[m] ④ 9[m]

해설

강관비계의 조립간격(산업안전보건기준에 관한 규칙 별표 5)

강관비계의 종류	조립간격(단위 : [m])	
	수직방향	수평방향
단관비계	5	5
틀비계(높이가 5[m] 미만인 것은 제외)	6	8

107 굴착과 싣기를 동시에 할 수 있는 토공기계가 아닌 것은?

① Power Shovel ② Tractor Shovel
③ Back Hoe ④ Motor Grader

해설

모터그레이더(Motor Grader)는 지면을 절삭하고 평활하게 다듬기 위한 토공기계의 대패와도 같은 산업기계이며 굴착과 싣기를 동시에 할 수 있는 토공기계가 아니다.

정답 103 ① 104 ②, ③, ④ 105 ① 106 ③ 107 ④

108 **구축물에 안전진단 등 안전성 평가를 실시하여 근로자에게 미칠 위험성을 미리 제거하여야 하는 경우가 아닌 것은?**

① 구축물 또는 이와 유사한 시설물의 인근에서 굴착·항타작업 등으로 침하·균열 등이 발생하여 붕괴의 위험이 예상될 경우

② 구조물, 건축물, 그 밖의 시설물이 그 자체의 무게·적설·풍압 또는 그 밖에 부가되는 하중 등으로 붕괴 등의 위험이 있을 경우

③ 화재 등으로 구축물 또는 이와 유사한 시설물의 내력(耐力)이 심하게 저하되었을 경우

④ 구축물의 구조체가 안전측으로 과도하게 설계가 되었을 경우

해설

구축물 또는 이와 유사한 시설물의 안전성 평가(산업안전보건기준에 관한 규칙 제52조)

사업주는 구축물 또는 이와 유사한 시설물이 다음의 어느 하나에 해당하는 경우 안전진단 등 안전성 평가를 하여 근로자에게 미칠 위험성을 미리 제거하여야 한다.

- 구축물 또는 이와 유사한 시설물의 인근에서 굴착·항타작업 등으로 침하·균열 등이 발생하여 붕괴의 위험이 예상될 경우
- 구축물 또는 이와 유사한 시설물에 지진, 동해(凍害), 부동침하(不同沈下) 등으로 균열·비틀림 등이 발생하였을 경우
- 구조물, 건축물, 그 밖의 시설물이 그 자체의 무게·적설·풍압 또는 그 밖에 부가되는 하중 등으로 붕괴 등의 위험이 있을 경우
- 화재 등으로 구축물 또는 이와 유사한 시설물의 내력(耐力)이 심하게 저하되었을 경우
- 오랜 기간 사용하지 아니하던 구축물 또는 이와 유사한 시설물을 재사용하게 되어 안전성을 검토하여야 하는 경우
- 그 밖의 잠재위험이 예상될 경우

109 **다음 중 방망사의 폐기 시 인장강도에 해당하는 것은? (단, 그물코의 크기는 10[cm]이며 매듭없는 방망의 경우임)**

① 50[kg] ② 100[kg]
③ 150[kg] ④ 200[kg]

해설

폐기 추락방지망의 기준 인장강도[kg](추락재해방지표준안전작업지침 제5조)

구 분	그물코 5[cm]	그물코 10[cm]
매듭있는 방망	60	135
매듭없는 방망	–	150

110 **작업장에 계단 및 계단참을 설치하는 경우 매 [m^2]당 최소 몇 [kg] 이상의 하중에 견딜 수 있는 강도를 가진 구조로 설치하여야 하는가?**

① 300[kg] ② 400[kg]
③ 500[kg] ④ 600[kg]

해설

계단의 강도(산업안전보건기준에 관한 규칙 제26조 제1항)

사업주는 계단 및 계단참을 설치하는 경우 매 [m^2]당 500[kg] 이상의 하중에 견딜 수 있는 강도를 가진 구조로 설치하여야 하며, 안전율은 4 이상으로 하여야 한다.

정답 108 ④ 109 ③ 110 ③

111 굴착공사에서 비탈면 또는 비탈면 하단을 성토하여 붕괴를 방지하는 공법은?

① 배수공
② 배토공
③ 공작물에 의한 방지공
④ 압성토공

해설
① 배수공 : 지표수 침투를 막기 위해 표면배수공을 설치하고 지하수위를 내리기 위해 수평공으로 배수하여 토사붕괴를 방지하는 공법
② 배토공 : 비탈면 상부의 토사를 제거하여 비탈면의 안전을 기하는 토사붕괴 방지공법
③ 공작물에 의한 방지공 : 말뚝을 박아 지반을 강화하거나 앵커, 옹벽, 낙석 방지공의 설치로 토사붕괴를 방지하는 공법

112 공정률이 65[%]인 건설현장의 경우 공사진척에 따른 산업안전보건관리비의 최소 사용기준으로 옳은 것은?(단, 공정률은 기성공정률을 기준으로 함)

① 40[%] 이상
② 50[%] 이상
③ 60[%] 이상
④ 70[%] 이상

해설
공사진척에 따른 안전관리비 사용기준(건설업 산업안전보건관리비 계상 및 사용기준 별표 3)

공정률	50[%] 이상 70[%] 미만	70[%] 이상 90[%] 미만	90[%] 이상
사용기준	50[%] 이상	70[%] 이상	90[%] 이상

※ 공정률은 기성공정률을 기준으로 한다.

113 해체공사 시 작업용 기계기구의 취급 안전기준에 관한 설명으로 옳지 않은 것은?

① 철제해머와 와이어로프의 결속은 경험이 많은 사람으로서 선임된 자에 한하여 실시하도록 하여야 한다.
② 팽창제 천공간격은 콘크리트 강도에 의하여 결정되나 70~120[cm] 정도를 유지하도록 한다.
③ 쐐기타입으로 해체 시 천공구멍은 타입기 삽입부분의 직경과 거의 같아야 한다.
④ 화염방사기로 해체작업 시 용기 내 압력은 온도에 의해 상승하기 때문에 항상 40[℃] 이하로 보존해야 한다.

해설
팽창제(해체공사표준안전작업지침 제8조)
- 팽창제와 물과의 시방 혼합비율을 확인하여야 한다.
- 천공직경이 너무 작거나 크면 팽창력이 작아 비효율적이므로, 천공직경은 30 내지 50[mm] 정도를 유지하여야 한다.
- 천공간격은 콘크리트 강도에 의하여 결정되나 30 내지 70[cm] 정도를 유지하도록 한다.
- 팽창제를 저장하는 경우에는 건조한 장소에 보관하고 직접 바닥에 두지 말고 습기를 피하여야 한다.
- 개봉된 팽창제는 사용하지 말아야 하며 쓰다 남은 팽창제 처리에 유의하여야 한다.

114 가설통로의 설치에 관한 기준으로 옳지 않은 것은?

① 경사는 30° 이하로 한다.
② 건설공사에 사용하는 높이 8[m] 이상인 비계다리에는 7[m] 이내마다 계단참을 설치한다.
③ 작업상 부득이한 경우에는 필요한 부분에 한하여 안전난간을 임시로 해체할 수 있다.
④ 수직갱에 가설된 통로의 길이가 10[m] 이상인 경우에는 5[m] 이내마다 계단참을 설치한다.

해설
수직갱에 가설된 통로의 길이가 15[m] 이상인 경우에는 10[m] 이내마다 계단참을 설치할 것(산업안전보건기준에 관한 규칙 제23조)

정답 111 ④ 112 ② 113 ② 114 ④

115 작업으로 인하여 물체가 떨어지거나 날아올 위험이 있는 경우 필요한 조치와 가장 거리가 먼 것은?

① 투하설비 설치
② 낙하물 방지망 설치
③ 수직보호망 설치
④ 출입금지구역 설정

해설

물체가 떨어지거나 날아올 위험이 있을 때의 재해예방대책과 거리가 먼 것으로 '투하설비 설치, 격벽 설치, 안전대 착용, 울타리 설치, 작업지휘자 선정, 안전난간 설치' 등이 출제된다.
낙하물에 의한 위험의 방지(산업안전보건기준에 관한 규칙 제14조)

- 작업으로 인하여 물체가 떨어지거나 날아올 위험이 있는 경우 낙하물 방지망, 수직보호망 또는 방호선반의 설치, 출입금지구역의 설정, 보호구의 착용 등 위험을 방지하기 위하여 필요한 조치를 하여야 한다.
- 낙하물 방지망 또는 방호선반을 설치하는 경우 높이 10[m] 이내마다 설치하고, 내민 길이는 벽면으로부터 2[m] 이상으로 해야 하며, 수평면과의 각도는 20° 이상 30° 이하를 유지한다.

116 다음은 안전대와 관련된 설명이다. 아래 내용에 해당되는 용어로 옳은 것은?

> 로프 또는 레일 등과 같은 유연하거나 단단한 고정줄로서 추락발생 시 추락을 저지시키는 추락방지대를 지탱해 주는 줄모양의 부품

① 안전블록　② 수직구명줄
③ 죔 줄　④ 보조죔줄

해설

정의(보호구 안전인증고시 제26조)

- 수직구명줄 : 로프 또는 레일 등과 같은 유연하거나 단단한 고정줄로서 추락발생 시 추락을 저지시키는 추락방지대를 지탱해 주는 줄모양의 부품을 말한다.
- 안전블록 : 안전그네와 연결하여 추락발생 시 추락을 억제할 수 있는 자동잠김장치가 갖추어져 있고 죔줄이 자동적으로 수축되는 장치를 말한다.
- 죔줄 : 벨트 또는 안전그네를 구명줄 또는 구조물 등 그 밖의 걸이설비와 연결하기 위한 줄모양의 부품을 말한다.
- 보조죔줄 : 안전대를 U자걸이로 사용할 때 U자걸이를 위해 훅 또는 카라비너를 지탱벨트의 D링에 걸거나 떼어낼 때 잘못하여 추락하는 것을 방지하기 위한 링과 걸이설비연결에 사용하는 훅 또는 카라비너를 갖춘 줄모양의 부품을 말한다.

117 크레인의 운전실 또는 운전대를 통하는 통로의 끝과 건설물 등의 벽체의 간격은 최대 얼마 이하로 하여야 하는가?

① 0.2[m]　② 0.3[m]
③ 0.4[m]　④ 0.5[m]

해설

건설물 등의 벽체와 통로와의 간격 등(산업안전보건기준에 관한 규칙 제145조)
사업주는 다음의 간격을 0.3[m] 이하로 하여야 한다. 다만, 근로자가 추락할 위험이 없는 경우에는 그 간격을 0.3[m] 이하로 유지하지 아니할 수 있다.

- 크레인의 운전실 또는 운전대를 통하는 통로의 끝과 건설물 등의 벽체의 간격
- 크레인 거더의 통로의 끝과 크레인 거더의 간격
- 크레인 거더의 통로로 통하는 통로의 끝과 건설물 등의 벽체의 간격

118 달비계의 최대 적재하중을 정하는 경우 그 안전계수 기준으로 옳지 않은 것은?

① 달기 와이어로프 및 달기 강선의 안전계수 : 10 이상
② 달기 체인 및 달기 훅의 안전계수 : 5 이상
③ 달기 강대와 달비계의 하부 및 상부 지점의 안전계수 : 강재의 경우 3 이상
④ 달기 강대와 달비계의 하부 및 상부 지점의 안전계수 : 목재의 경우 5 이상

해설

달비계의 최대 적재하중을 정하는 경우 그 안전계수(산업안전보건기준에 관한 규칙 제55조 제2항)

- 달기 와이어로프 및 달기 강선의 안전계수 : 10 이상
- 달기 체인 및 달기 훅의 안전계수 : 5 이상
- 달기 강대와 달비계의 하부 및 상부 지점의 안전계수 : 강재(鋼材)의 경우 2.5 이상, 목재의 경우 5 이상

정답 115 ① 116 ② 117 ② 118 ③

119 달비계에 사용이 불가한 와이어로프의 기준으로 옳지 않은 것은?

① 이음매가 있는 것
② 와이어로프의 한 꼬임에서 끊어진 소선의 수가 7[%] 이상인 것
③ 지름의 감소가 공칭지름의 7[%]를 초과하는 것
④ 심하게 변형되거나 부식된 것

해설

달비계의 구조(산업안전보건기준에 관한 규칙 제63조 제1호)
다음의 어느 하나에 해당하는 와이어로프를 달비계에 사용해서는 아니 된다.

- 이음매가 있는 것
- 와이어로프의 한 꼬임에서 끊어진 소선의 수가 10[%] 이상인 것
- 지름의 감소가 공칭지름의 7[%]를 초과하는 것
- 꼬인 것
- 심하게 변형되거나 부식된 것
- 열과 전기충격에 의해 손상된 것

120 흙막이 지보공을 설치하였을 때 정기적으로 점검하여 이상 발견 시 즉시 보수하여야 할 사항이 아닌 것은?

① 굴착 깊이의 정도
② 버팀대의 긴압의 정도
③ 부재의 접속부・부착부 및 교차부의 상태
④ 부재의 손상・변형・부식・변위 및 탈락의 유무와 상태

해설

붕괴 등의 위험 방지(산업안전보건기준에 관한 규칙 제347조 제1항)
사업주는 흙막이 지보공을 설치하였을 때에는 정기적으로 다음의 사항을 점검하고 이상을 발견하면 즉시 보수하여야 한다.

- 부재의 손상・변형・부식・변위 및 탈락의 유무와 상태
- 버팀대의 긴압(緊壓)의 정도
- 부재의 접속부・부착부 및 교차부의 상태
- 침하의 정도

정답 119 ② 120 ①

산업안전기사

과년도 기출문제

제1과목 안전관리론

01 산업안전보건법령상 안전 · 보건표지의 색채와 사용사례의 연결로 틀린 것은?

① 노란색 – 정지신호, 소화설비 및 그 장소, 유해행위의 금지
② 파란색 – 특정 행위의 지시 및 사실의 고지
③ 빨간색 – 화학물질 취급 장소에서의 유해 · 위험 경고
④ 녹색 – 비상구 및 피난소, 사람 또는 차량의 통행표지

해설
노란색 – 화학물질 취급 장소에서의 유해 · 위험 경고 이외의 위험경고, 주의표지 또는 기계 방호물(산업안전보건법 시행규칙 별표 8)

02 파블로프(Pavlov)의 조건반사설에 의한 학습이론의 원리가 아닌 것은?

① 일관성의 원리 ② 계속성의 원리
③ 준비성의 원리 ④ 강도의 원리

해설
파블로프(Pavlov)의 조건반사설에 의한 학습이론의 원리
• 시간의 원리
• 강도의 원리
• 일관성의 원리
• 계속성의 원리

03 허즈버그(Herzberg)의 위생–동기이론에서 동기요인에 해당하는 것은?

① 감 독 ② 안 전
③ 책임감 ④ 작업조건

해설
책임감은 동기요인에 해당하며 나머지는 모두 위생요인에 해당한다.

04 매슬로(Maslow)의 욕구단계 이론 중 제2단계 욕구에 해당하는 것은?

① 자아실현의 욕구 ② 안전에 대한 욕구
③ 사회적 욕구 ④ 생리적 욕구

해설
욕구 5단계 이론(매슬로, A. Maslow)
• 1단계 : 생리적 욕구
• 2단계 : 안전에 대한 욕구
• 3단계 : 사회적 욕구
• 4단계 : 존경의 욕구
• 5단계 : 자아실현의 욕구

05 다음 중 안전모의 성능시험에 있어서 AE, ABE 종에만 한하여 실시하는 시험은?

① 내관통성 시험, 충격흡수성 시험
② 난연성 시험, 내수성 시험
③ 난연성 시험, 내전압성 시험
④ 내전압성 시험, 내수성 시험

해설
내전압성 시험, 내수성 시험은 안전모의 성능시험에 있어서 AE, ABE 종에만 한하여 실시하는 시험이다(보호구 안전인증 고시 별표 1).

06 다음 중 안전교육의 기본 방향과 가장 거리가 먼 것은?

① 생산성 향상을 위한 교육
② 사고사례중심의 안전교육
③ 안전작업을 위한 교육
④ 안전의식 향상을 위한 교육

해설
안전교육은 생산성 향상을 위한 교육이 아니다.

정답 1 ① 2 ③ 3 ③ 4 ② 5 ④ 6 ①

07 강도율에 관한 설명 중 틀린 것은?

① 사망 및 영구 전 노동 불능(신체장해등급 1~3급)의 근로손실일수는 7,500일로 환산한다.
② 신체장해등급 중 제14급은 근로손실일수를 50일로 환산한다.
③ 영구 일부 노동 불능은 신체장해등급에 따른 근로손실일수에 $\frac{300}{365}$ 을 곱하여 환산한다.
④ 일시 전 노동 불능은 휴업일수에 $\frac{300}{365}$ 을 곱하여 근로손실일수를 환산한다.

해설
영구 일부 노동 불능은 신체장해등급에 따른 (근로손실일수 + 비장애등급손실)에 300/365를 곱한 값으로 환산한다.

08 플리커 검사(Flicker Test)의 목적으로 가장 적절한 것은?

① 혈중 알코올농도 측정
② 체내 산소량 측정
③ 작업강도 측정
④ 피로의 정도 측정

해설
플리커 검사(Flicker Test)는 피로의 정도를 측정한다.

09 레빈(Lewin)은 인간의 행동 특성을 다음과 같이 표현하였다. 변수 'E'가 의미하는 것은?

$$B = f(P \cdot E)$$

① 연 령　② 성 격
③ 환 경　④ 지 능

해설
$B = f(P \cdot E)$: 인간의 행동 특성에 관한 Lewin(레빈)의 식
인간의 행동(B)은 개인의 자질 혹은 성격(P)과 심리학적 환경 혹은 작업환경(E)과의 상호함수관계에 있다.

10 하인리히의 재해발생 이론이 다음과 같이 표현될 때, α가 의미하는 것으로 옳은 것은?

[다 음]
재해의 발생 = 설비적 결함 + 관리적 결함 + α

① 노출된 위험의 상태
② 재해의 직접원인
③ 물적 불안전 상태
④ 잠재된 위험의 상태

해설
재해의 발생 = 설비적 결함 + 관리적 결함 + 잠재된 위험의 상태

11 인간의 동작특성 중 판단과정의 착오요인이 아닌 것은?

① 합리화
② 정서불안정
③ 작업조건불량
④ 정보부족

해설
판단과정의 착오요인
- 능력부족
- 정보부족
- 자기합리화
- 합리화의 부족
- 작업조건불량
- 환경조건불비

정답 7 ③ 8 ④ 9 ③ 10 ④ 11 ②

12 **다음 설명의 학습지도 형태는 어떤 토의법 유형인가?**

> 6-6회의라고도 하며, 6명씩 소집단으로 구분하고, 집단별로 각각의 사회자를 선발하여 6분간씩 자유토의를 행하여 의견을 종합하는 방법

① 포럼(Forum)
② 버즈세션(Buzz Session)
③ 케이스 메소드(Case Method)
④ 패널 디스커션(Panel Discussion)

해설
버즈세션(Buzz Session)
참가자가 다수인 경우에 전원을 토의에 참가시키기 위한 방법으로 소집단을 구성하여 회의를 진행시키는 토의방법

13 **다음 중 브레인스토밍의 4원칙과 가장 거리가 먼 것은?**

① 자유로운 비평　② 자유분방한 발언
③ 대량적인 발언　④ 타인 의견의 수정 발언

해설
브레인스토밍의 4원칙
- 비판금지
- 자유분방
- 대량발언
- 수정발언

14 **다음 중 산업재해의 원인으로 간접적 원인에 해당되지 않는 것은?**

① 기술적 원인　② 물적 원인
③ 관리적 원인　④ 교육적 원인

해설
물적 원인은 직접적 원인에 해당된다.

15 **다음 중 안전교육의 형태 중 OJT(On the Job of Training) 교육에 대한 설명과 가장 거리가 먼 것은?**

① 다수의 근로자에게 조직적 훈련이 가능하다.
② 직장의 설정에 맞게 실제적인 훈련이 가능하다.
③ 훈련에 필요한 업무의 지속성이 유지된다.
④ 직장의 직속상사에 의한 교육이 가능하다.

해설
다수의 근로자에게 조직적 훈련이 가능한 것은 Off JT의 특징이다.

16 **산업안전보건법령상 안전보건관리책임자 등에 대한 교육시간 기준으로 틀린 것은?**

① 보건관리자, 보건관리전문기관의 종사자 보수교육 : 24시간 이상
② 안전관리자, 안전관리전문기관의 종사자 신규교육 : 34시간 이상
③ 안전보건관리책임자 보수교육 : 6시간 이상
④ 건설재해예방전문지도기관의 종사자 신규교육 : 24시간 이상

해설
건설재해예방전문지도기관의 종사자 신규교육 : 34시간 이상(산업안전보건법 시행규칙 별표 4)

정답 12 ② 13 ① 14 ② 15 ① 16 ④

17 안전점검의 종류 중 태풍, 폭우 등에 의한 침수, 지진 등의 천재지변이 발생한 경우나 이상사태 발생 시 관리자나 감독자가 기계·기구, 설비 등의 기능상 이상 유무에 대하여 점검하는 것은?

① 일상점검 ② 정기점검
③ 특별점검 ④ 수시점검

해설
③ 특별점검 : 태풍, 폭우 등에 의한 침수, 지진 등의 천재지변이 발생한 경우나 이상사태 발생 시 관리자나 감독자가 기계, 기구, 설비 등의 기능상 이상 유무에 대하여 점검하는 것
① 일상점검, ④ 수시점검 : 작업자에 의해 매일 작업 전, 중, 후에 해당 작업설비에 대하여 수시로 실시하는 점검
② 정기점검(계획점검) : 일정 기간마다 정기적으로 기계·기구의 상태를 점검하는 것을 말하며 매주, 매월, 매분기 등 법적 기준에 맞도록 또는 자체 기준에 따라 해당 책임자가 실시하는 점검

18 산업안전보건법령상 안전·보건표지의 종류 중 다음 표지의 명칭은?(단, 마름모 테두리는 빨간색이며, 안의 내용은 검은색이다)

① 폭발성물질 경고 ② 산화성물질 경고
③ 부식성물질 경고 ④ 급성독성물질 경고

해설
① 폭발성물질 경고 : 

② 산화성물질 경고 : 

③ 부식성물질 경고 : 

19 재해분석도구 중 재해발생의 유형을 어골상(魚骨像)으로 분류하여 분석하는 것은?

① 파레토도
② 특성요인도
③ 관리도
④ 클로즈분석

해설
특성요인도(Cause & Effect Diagram)
재해문제 특성과 원인과의 관계를 찾아가면서 도표로 만들어 재해발생의 원인을 찾아내는 통계분석기법
- 별칭 : 피시본 다이어그램(Fish Bone Diagram), 어골도, 어골상, 이시가와 도표 등
- 사실의 확인단계에서 사용하기 가장 적절한 분석기법이다.
- 결과에 대한 원인요소 및 상호의 관계를 인과관계로 결부하여 나타내는 방법이다.

20 다음 중 재해예방의 4원칙과 관련이 가장 적은 것은?

① 모든 재해의 발생 원인은 우연적인 상황에서 발생한다.
② 재해손실은 사고가 발생할 때 사고 대상의 조건에 따라 달라진다.
③ 재해예방을 위한 가능한 안전대책은 반드시 존재한다.
④ 재해는 원칙적으로 원인만 제거되면 예방이 가능하다.

해설
사고와 손실과의 관계는 우연적이지만, 사고와 원인의 관계는 필연적이다.

정답 17 ③ 18 ④ 19 ② 20 ①

제2과목 인간공학 및 시스템 안전공학

21 화학설비의 안전성 평가에서 정량적 평가의 항목에 해당되지 않는 것은?

① 훈 련
② 조 작
③ 취급물질
④ 화학설비용량

해설
화학설비의 안전성 평가에서 정량적 평가의 5항목
- 취급물질
- 조 작
- 화학설비용량
- 온 도
- 압 력

22 Sanders와 McCormick의 의자 설계의 일반적인 원칙으로 옳지 않은 것은?

① 요부 후만을 유지한다.
② 조정이 용이해야 한다.
③ 등근육의 정적부하를 줄인다.
④ 디스크가 받는 압력을 줄인다.

해설
요부 전만을 유지한다.

23 HAZOP 기법에서 사용하는 가이드워드와 의미가 잘못 연결된 것은?

① No/Not – 설계 의도의 완전한 부정
② More/Less – 정량적인 증가 또는 감소
③ Part of – 성질상의 감소
④ Other than – 기타 환경적인 요인

해설
④ Other than – 완전한 대체(전혀 의도하지 않은)

24 후각적 표시장치(Olfactory Display)와 관련된 내용으로 옳지 않은 것은?

① 냄새와 확산을 제어할 수 없다.
② 시각적 표시장치에 비해 널리 사용되지 않는다.
③ 냄새에 대한 민감도의 개별적 차이가 존재한다.
④ 경보장치로서 실용성이 없기 때문에 사용되지 않는다.

해설
후각적 표시장치
- 여러 냄새에 대한 민감도의 개인차가 심하고, 코가 막히면 민감도가 떨어지고, 사람은 냄새에 빨리 익숙해져서 노출 후에는 냄새의 존재를 느끼지 못하고, 냄새의 확산을 제어할 수 없다.
- 시각적 표시장치에 비해 널리 사용되지 않지만, 가스누출탐지, 갱도 탈출신호 등 경보장치 등에 이용된다.

25 직무에 대하여 청각적 자극 제시에 대한 음성 응답을 하도록 할 때 가장 관련 있는 양립성은?

① 공간적 양립성
② 양식 양립성
③ 운동 양립성
④ 개념적 양립성

해설
② 양식 양립성 : 청각적 자극 제시와 이에 대한 음성 응답 과업에서 갖는 양립성

26 NIOSH Lifting Guideline에서 권장무게한계(RWL) 산출에 사용되는 계수가 아닌 것은?

① 휴식 계수 ② 수평 계수
③ 수직 계수 ④ 비대칭 계수

해설
권장무게한계(RWL) 산출에 사용되는 평가요소(NIOSH Lifting Guideline)
- 수평거리
- 수직거리
- 비대칭각도

정답 21 ① 22 ① 23 ④ 24 ④ 25 ② 26 ①

27 **컴퓨터 스크린 상에 있는 버튼을 선택하기 위해 커서를 이동시키는 데 걸리는 시간을 예측하는 데 가장 적합한 법칙은?**

① Fitts의 법칙　② Lewin의 법칙
③ Hick의 법칙　④ Weber의 법칙

해설
Fitts의 법칙
인간의 행동에 대한 속도와 정확성 간의 관계를 설명하며, 시작점에서 목표점까지 얼마나 빠르게 닿을 수 있는지를 예측한다.

28 **THERP(Technique for Human Error Rate Prediction)의 특징에 대한 설명으로 옳은 것을 모두 고른 것은?**

[다 음]
ㄱ 인간 – 기계 계(System)에서 여러 가지의 인간의 에러와 이에 의해 발생할 수 있는 위험성의 예측과 개선을 위한 기법
ㄴ 인간의 과오를 정성적으로 평가하기 위하여 개발된 기법
ㄷ 가지처럼 갈라지는 형태의 논리구조와 나무 형태의 그래프를 이용

① ㄱ, ㄴ　② ㄱ, ㄷ
③ ㄴ, ㄷ　④ ㄱ, ㄴ, ㄷ

해설
THERP는 인간의 과오를 정성적이 아닌 정량적으로 평가하기 위하여 개발된 기법이다.

29 **인간 에러(Human Error)에 관한 설명으로 틀린 것은?**

① Omission Error : 필요한 작업 또는 절차를 수행하지 않는데 기인한 에러
② Commission Error : 필요한 작업 또는 절차의 수행 지연으로 인한 에러
③ Extraneous Error : 불필요한 작업 또는 절차를 수행함으로써 기인한 에러
④ Sequential Error : 필요한 작업 또는 절차의 순서 착오로 인한 에러

해설
필요한 작업 또는 절차의 수행지연으로 인한 에러는 Timing Error이다.

30 **눈과 물체의 거리가 23[cm], 시선과 직각으로 측정한 물체의 크기가 0.03[cm]일 때 시각(분)은 얼마인가? (단, 시각은 600 이하이며, radian 단위를 분으로 환산하기 위한 상수값은 57.3과 60을 모두 적용하여 계산하도록 한다)**

① 0.001　② 0.007
③ 4.48　④ 24.55

해설

$$\text{시각(각도)} = \frac{\text{크기}}{\text{거리}} = \frac{0.03}{23}\,[\text{rad}]$$

$$= \frac{0.03}{23} \times 57.3\left(\fallingdotseq \frac{180}{\pi}\right) \times 60 \fallingdotseq 4.48[\text{min}]$$

정답 27 ① 28 ② 29 ② 30 ③

31 **산업안전보건기준에 관한 규칙상 "강렬한 소음작업"에 해당하는 기준은?**

① 85데시벨 이상의 소음이 1일 4시간 이상 발생하는 작업
② 85데시벨 이상의 소음이 1일 8시간 이상 발생하는 작업
③ 90데시벨 이상의 소음이 1일 4시간 이상 발생하는 작업
④ 90데시벨 이상의 소음이 1일 8시간 이상 발생하는 작업

해설
강렬한 소음작업(산업안전보건기준에 관한 규칙 제512조)
- 90데시벨 이상의 소음이 1일 8시간 이상 발생하는 작업
- 95데시벨 이상의 소음이 1일 4시간 이상 발생하는 작업
- 100데시벨 이상의 소음이 1일 2시간 이상 발생하는 작업
- 105데시벨 이상의 소음이 1일 1시간 이상 발생하는 작업
- 110데시벨 이상의 소음이 1일 30분 이상 발생하는 작업
- 115데시벨 이상의 소음이 1일 15분 이상 발생하는 작업

32 **그림과 같이 FTA로 분석된 시스템에서 현재 모든 기본사상에 대한 부품이 고장난 상태이다. 부품 X_1부터 부품 X_5까지 순서대로 복구한다면 어느 부품을 수리 완료하는 시점에서 시스템이 정상가동 되는가?**

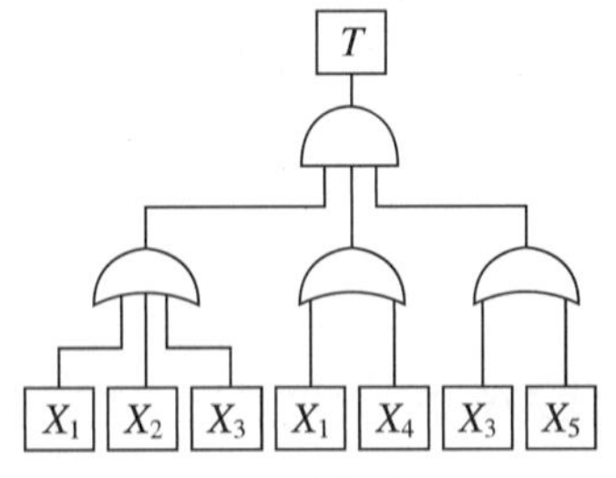

① 부품 X_2　　② 부품 X_3
③ 부품 X_4　　④ 부품 X_5

해설
현재 모든 기본사상에 대한 부품이 고장난 상태는 $X_1 \sim X_5$ 모두가 고장이라는 의미이므로 당연히 T도 고장난 상태이다. 정상사상 바로 밑에 AND 사상과 연결되었으므로 그 밑의 3개의 OR 사상이 모두 복구되어야 가동된다. 부품 X_1부터 X_5까지를 순서대로 복구해보면,
X_1 복구 : 1번과 2번 OR 복구 그러나 3번 OR 고장으로 여전히 고장
X_2 복구 : 여전히 고장
X_3 복구 : 3번 OR이 복구되므로 3개의 OR이 모두 복구되어 시스템이 정상으로 가동된다.

33 **인간이 기계보다 우수한 기능으로 옳지 않은 것은? (단, 인공지능은 제외한다)**

① 암호화된 정보를 신속하게 대량으로 보관할 수 있다.
② 관찰을 통해서 일반화하여 귀납적으로 추리한다.
③ 항공사진의 피사체나 말소리처럼 상황에 따라 변화하는 복잡한 자극의 형태를 식별할 수 있다.
④ 수신 상태가 나쁜 음극선관에 나타나는 영상과 같이 배경 잡음이 심한 경우에도 신호를 인지할 수 있다.

해설
암호화된 정보를 신속하게 대량으로 보관할 수 있는 것은 기계가 인간보다 우수한 기능이다.

34 **그림과 같이 신뢰도 95[%]인 펌프 A가 각각 신뢰도 90[%]인 밸브 B와 밸브 C의 병렬밸브계와 직렬계를 이룬 시스템의 실패확률은 약 얼마인가?**

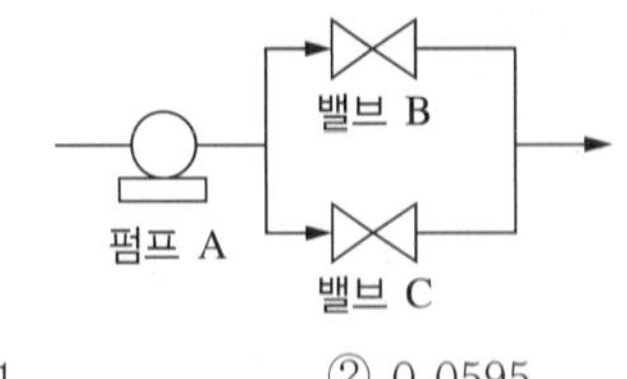

① 0.0091　　② 0.0595
③ 0.9405　　④ 0.9811

해설
실패확률 = 1 − 0.95 × (1 − (1 − 0.9) × (1 − 0.9)) = 0.0595

35 **다음은 유해위험방지계획서의 제출에 관한 설명이다. ( ) 안에 들어갈 내용으로 옳은 것은?**

> [다 음]
> 산업안전보건법령상 "대통령령으로 정하는 사업의 종류 및 규모에 해당하는 사업으로서 해당 제품의 생산 공정과 직접적으로 관련된 건설물·기계·기구 및 설비 등 일체를 설치·이전하거나 그 주요 구조부분을 변경하려는 경우"에 해당하는 사업주는 유해위험방지계획서에 관련 서류를 첨부하여 해당 작업 시작 (㉠)까지 공단에 (㉡)부를 제출하여야 한다.

① ㉠ : 7일 전, ㉡ : 2
② ㉠ : 7일 전, ㉡ : 4
③ ㉠ : 15일 전, ㉡ : 2
④ ㉠ : 15일 전, ㉡ : 4

해설
"대통령령으로 정하는 사업의 종류 및 규모에 해당하는 사업으로서 해당 제품의 생산 공정과 직접적으로 관련된 건설물·기계·기구 및 설비 등 전부를 설치·이전하거나 그 주요 구조부분을 변경하려는 경우"에 해당하는 사업주는 유해위험방지계획서에 관련 서류를 첨부하여 해당 작업 시작 15일 전까지 공단에 2부를 제출하여야 한다(산업안전보건법 시행규칙 제42조 제1항).

36 **FTA에서 사용되는 최소 컷셋에 관한 설명으로 옳지 않은 것은?**

① 일반적으로 Fussell Algorithm을 이용한다.
② 정상사상(Top Event)을 일으키는 최소한의 집합이다.
③ 반복되는 사건이 많은 경우 Limnios와 Ziani Algorithm을 이용하는 것이 유리하다.
④ 시스템에 고장이 발생하지 않도록 하는 모든 사상의 집합이다.

해설
시스템에 고장이 발생하지 않도록 하는 모든 사상의 집합은 패스셋이다.

37 **인간공학을 기업에 적용할 때의 기대효과로 볼 수 없는 것은?**

① 노사 간의 신뢰 저하
② 작업손실시간의 감소
③ 제품과 작업의 질 향상
④ 작업자의 건강 및 안전 향상

해설
노사 간의 신뢰 증대

38 **차폐효과에 대한 설명으로 옳지 않은 것은?**

① 차폐음과 배음의 주파수가 가까울 때 차폐효과가 크다.
② 헤어드라이어 소음 때문에 전화 음을 듣지 못한 것과 관련이 있다.
③ 유의적 신호와 배경 소음의 차이를 신호/소음(S/N) 비로 나타낸다.
④ 차폐효과는 어느 한 음 때문에 다른 음에 대한 감도가 증가되는 현상이다.

해설
차폐효과는 어느 한 음 때문에 다른 음에 대한 감도가 감소되는 현상이다.

정답 35 ③ 36 ④ 37 ① 38 ④

39 **설비의 고장과 같이 발생확률이 낮은 사건의 특정시간 또는 구간에서의 발생횟수를 측정하는데 가장 적합한 확률분포는?**

① 이항분포(Binomial Distribution)
② 푸아송분포(Poisson Distribution)
③ 와이블분포(Weibull Distribution)
④ 지수분포(Exponential Distribution)

해설
설비의 고장과 같이 발생확률이 낮은 사건의 특정시간 또는 구간에서의 발생횟수를 측정하는데 가장 적합한 확률분포는 푸아송분포(Poisson Distribution)이다.

40 **그림과 같은 FT도에서 $F_1 = 0.015$, $F_2 = 0.02$, $F_3 = 0.05$이면, 정상사상 T가 발생할 확률은 약 얼마인가?**

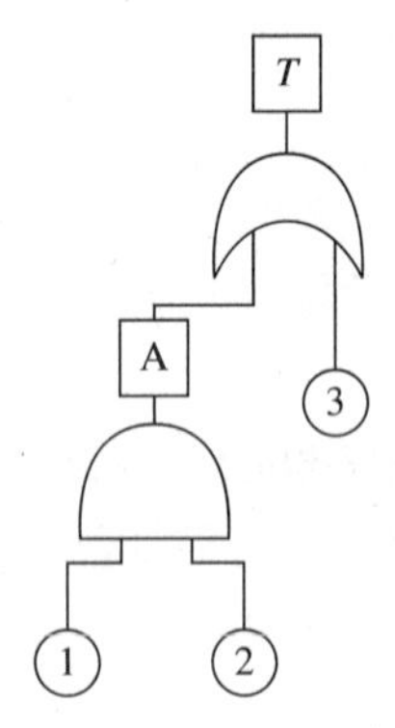

① 0.0002
② 0.0283
③ 0.0503
④ 0.9500

해설
T = 1−(1−③)(1−A)
= 1−(1−③)(1−(①×②))
= 1−(1−0.05)(1−(0.015×0.02))
≒ 0.0503

제3과목 기계위험 방지기술

41 **산업안전보건법령상 형삭기(Slotter, Shaper)의 주요 구조부로 가장 거리가 먼 것은?(단, 수치제어식은 제외)**

① 공구대 ② 공작물 테이블
③ 램 ④ 아 버

해설
형삭기(Slotter, Shaper)의 주요 구조부
• 공작물 테이블
• 공구대
• 공구공급장치(수치제어식으로 한정)
• 램

42 **둥근톱기계의 방호장치 중 반발예방장치의 종류로 틀린 것은?**

① 분할날
② 반발방지기구(Finger)
③ 보조안내판
④ 안전덮개

해설
반발예방장치의 종류
분할날(Spreader), 반발방지기구(Finger), 보조안내판, 반발방지롤러 등

43 **크레인의 사용 중 하중이 정격을 초과하였을 때 자동적으로 상승이 정지되는 장치는?**

① 해지장치
② 이탈방지장치
③ 아웃트리거
④ 과부하방지장치

해설
과부하방지장치
크레인의 사용 중 하중이 정격을 초과하였을 때 자동적으로 상승이 정지되는 장치

정답 39 ② 40 ③ 41 ④ 42 ④ 43 ④

44 산업안전보건법령상 아세틸렌 용접장치를 사용하여 금속의 용접·용단 또는 가열작업을 하는 경우 게이지 압력은 얼마를 초과하는 압력의 아세틸렌을 발생시켜 사용하면 안 되는가?

① 98[kPa] ② 127[kPa]
③ 147[kPa] ④ 196[kPa]

해설
아세틸렌 용접장치를 사용하여 금속의 용접·용단 또는 가열작업을 하는 경우 게이지 압력은 127[kPa]을 초과하는 압력의 아세틸렌을 발생시켜 사용하면 안 된다(산업안전보건기준에 관한 규칙 제285조).

45 산업안전보건법령상 컨베이어를 사용하여 작업을 할 때 작업시작 전 점검사항으로 가장 거리가 먼 것은?

① 원동기 및 풀리(Pulley) 기능의 이상 유무
② 이탈 등의 방지장치 기능의 이상 유무
③ 유압장치의 기능의 이상 유무
④ 비상정지장치 기능의 이상 유무

해설
컨베이어 작업시작 전 점검사항(산업안전보건기준에 관한 규칙 별표 3)
- 원동기 및 풀리 기능의 이상 유무
- 이탈 등의 방지장치 기능의 이상 유무
- 비상정지장치 기능의 이상 유무
- 원동기·회전축·기어 및 풀리 등의 덮개 또는 울 등의 이상 유무

46 선반 작업 시 안전수칙으로 가장 적절하지 않은 것은?

① 기계에 주유 및 청소 시 반드시 기계를 정지시키고 한다.
② 칩 제거 시 브러시를 사용한다.
③ 바이트에는 칩 브레이커를 설치한다.
④ 선반의 바이트는 끝을 길게 장치한다.

해설
선반의 바이트는 끝을 짧게 장치한다.

47 산업안전보건법령상 보일러의 과열을 방지하기 위하여 최고사용압력과 상용압력 사이에서 보일러의 버너 연소를 차단하여 정상압력으로 유도하는 방호장치로 가장 적절한 것은?

① 압력방출장치
② 고저수위조절장치
③ 언로드밸브
④ 압력제한스위치

해설
압력제한스위치(산업안전보건기준에 관한 규칙 제117조)
보일러의 과열을 방지하기 위하여 최고사용압력과 상용압력 사이에서 보일러의 버너 연소를 차단할 수 있도록 압력제한스위치를 부착하여 사용하여야 한다.

48 산업안전보건법령상 프레스 및 전단기에서 안전블록을 사용해야 하는 작업으로 가장 거리가 먼 것은?

① 금형 가공작업
② 금형 해체작업
③ 금형 부착작업
④ 금형 조정작업

해설
금형 조정작업의 위험 방지(산업안전보건기준에 관한 규칙 제104조)
사업주는 프레스 등의 금형을 부착·해체 또는 조정하는 작업을 할 때에 해당 작업에 종사하는 근로자의 신체가 위험한계 내에 있는 경우 슬라이드가 갑자기 작동함으로써 근로자에게 발생할 우려가 있는 위험을 방지하기 위하여 안전블록을 사용하는 등 필요한 조치를 하여야 한다.

정답 44 ② 45 ③ 46 ④ 47 ④ 48 ①

49 롤러기의 가드와 위험점 간의 거리가 100[mm]일 경우 ILO 규정에 의한 가드 개구부의 안전간격은?

① 11[mm] ② 21[mm]
③ 26[mm] ④ 31[mm]

해설
개구부의 최대 허용틈새(Y)
$Y=6+0.15X=6+0.15\times100=21$[mm]
(X : 위험점에서 가드 개구부까지의 최단 거리)

50 프레스 작동 후 슬라이드가 하사점에 도달할 때까지의 소요시간이 0.5[s]일 때 양수기동식 방호장치의 안전거리는 최소 얼마인가?

① 200[mm]
② 400[mm]
③ 600[mm]
④ 800[mm]

해설
안전거리(D_m, [mm]) = $1.6\times T_m=1.6\times(0.5\times1,000)=800$[mm]
※ T_m : 누름버튼을 누른 때부터 사용하는 프레스의 슬라이드가 하사점에 도달할 때까지의 소요시간[ms]

51 연삭기의 안전작업수칙에 대한 설명 중 가장 거리가 먼 것은?

① 숫돌의 정면에 서서 숫돌 원주면을 사용한다.
② 숫돌 교체 시 3분 이상 시운전을 한다.
③ 숫돌의 회전은 최고 사용 원주속도를 초과하여 사용하지 않는다.
④ 연삭숫돌에 충격을 가하지 않는다.

해설
작업 시는 연삭숫돌의 정면에서 150° 정도 비켜서서 작업한다.

52 지게차의 포크에 적재된 화물이 마스트 후방으로 낙하함으로써 근로자에게 미치는 위험을 방지하기 위하여 설치하는 것은?

① 헤드가드 ② 백레스트
③ 낙하방지장치 ④ 과부하방지장치

해설
백레스트
지게차의 포크에 적재된 화물이 마스트 후방으로 낙하함으로써 근로자에게 미치는 위험을 방지하기 위하여 설치하는 것

53 산업안전보건법령상 산업용 로봇의 작업 시작 전 점검사항으로 가장 거리가 먼 것은?

① 외부 전선의 피복 또는 외장의 손상 유무
② 압력방출장치의 이상 유무
③ 매니퓰레이터 작동 이상 유무
④ 제동장치 및 비상정지장치의 기능

해설
로봇의 작동범위 내에서 그 로봇에 관하여 교시 등(로봇의 동력원을 차단하고 행하는 것은 제외)의 작업시작 전 점검사항(산업안전보건기준에 관한 규칙 별표 3)
- 외부 전선의 피복 또는 외장의 손상 유무
- 매니퓰레이터(Manipulator) 작동의 이상 유무
- 제동장치 및 비상정지장치의 기능

54 산업안전보건법령상 산업용 로봇으로 인하여 근로자에게 발생할 수 있는 부상 등의 위험이 있는 경우 위험을 방지하기 위하여 울타리를 설치할 때 높이는 최소 몇 [m] 이상으로 해야 하는가?(단, 산업표준화법 및 국제적으로 통용되는 안전기준은 제외한다)

① 1.8 ② 2.1
③ 2.4 ④ 1.2

해설
울타리(산업안전보건기준에 관한 규칙 제223조)
산업용 로봇의 운전으로 인하여 근로자에게 발생할 수 있는 부상 등의 위험을 방지하기 위하여 높이 1.8[m] 이상의 울타리를 설치하여야 한다.

정답 49 ② 50 ④ 51 ① 52 ② 53 ② 54 ①

55 인간이 기계 등의 취급을 잘못해도 그것이 바로 사고나 재해와 연결되는 일이 없는 기능을 의미하는 것은?

① Fail Safe ② Fail Active
③ Fail Operational ④ Fool Proof

해설
풀 프루프(Fool Proof) : 사람이 작업하는 기계장치에서 작업자가 실수를 하거나 오조작을 하여도 안전하게 유지되게 하는 기능

56 산업안전보건법령상 양중기를 사용하여 작업하는 운전자 또는 작업자가 보기 쉬운 곳에 해당 양중기에 대해 표시하여야 할 내용으로 가장 거리가 먼 것은?(단, 승강기는 제외한다)

① 정격하중 ② 운전속도
③ 경고표시 ④ 최대 인양높이

해설
정격하중 등의 표시(산업안전보건기준에 관한 규칙 제133조)
사업주는 양중기(승강기는 제외) 및 달기구를 사용하여 작업하는 운전자 또는 작업자가 보기 쉬운 곳에 해당 기계의 정격하중, 운전속도, 경고표시 등을 부착하여야 한다.

57 롤러기의 급정지장치에 관한 설명으로 가장 적절하지 않은 것은?

① 복부 조작식은 조작부 중심점을 기준으로 밑면으로부터 1.2~1.4[m] 이내의 높이로 설치한다.
② 손 조작식은 조작부 중심점을 기준으로 밑면으로부터 1.8[m] 이내의 높이로 설치한다.
③ 급정지장치의 조작부에 사용하는 줄은 사용 중에 늘어져서는 안 된다.
④ 급정지장치의 조작부에 사용하는 줄은 충분한 인장강도를 가져야 한다.

해설
롤러기 급정지장치의 성능기준(방호장치 자율안전기준 고시 별표 3)
• 조작부의 설치 위치에 따른 급정지장치의 종류

종 류	설치 위치	비 고
손 조작식	밑면에서 1.8[m] 이내	위치는 급정지장치의 조작부의 중심점을 기준
복부 조작식	밑면에서 0.8[m] 이상 1.1[m] 이내	
무릎 조작식	밑면에서 0.6[m] 이내	

58 다음 중 비파괴검사법으로 틀린 것은?

① 인장검사
② 자기탐상검사
③ 초음파탐상검사
④ 침투탐상검사

해설
인장검사는 파괴검사법에 해당한다.

59 다음 중 기계설비에서 반대로 회전하는 두 개의 회전체가 맞닿는 사이에 발생하는 위험점으로 가장 적절한 것은?

① 물림점 ② 협착점
③ 끼임점 ④ 절단점

해설
① 물림점(Nip Point) : 반대로 회전하는 두 개의 회전체가 맞닿는 사이에 발생하는 위험점
② 협착점(Squeeze Point) : 왕복운동을 하는 동작부분(운동부)과 움직임이 없는 고정부분(고정부) 사이에 형성되는 위험점
③ 끼임점(Shear Point) : 기계의 고정부분과 회전하는 동작부분이 함께 만드는 위험점
④ 절단점(Cutting Point) : 운동하는 기계 자체와 회전하는 운동부분 자체와의 위험이 형성되는 점

60 다음 중 기계설비의 안전조건에서 안전화의 종류로 가장 거리가 먼 것은?

① 재질의 안전화
② 작업의 안전화
③ 기능의 안전화
④ 외형의 안전화

해설
기계설비의 안전조건에서 안전화의 종류
• 외형의 안전화 • 구조의 안전화
• 기능의 안전화 • 작업의 안전화
• 작업점의 안전화 • 보전작업의 안전화

정답 55 ④ 56 ④ 57 ① 58 ① 59 ① 60 ①

제4과목 전기위험 방지기술

61 **300[A]의 전류가 흐르는 저압 가공전선로의 1선에서 허용 가능한 누설전류[mA]는?**

① 600 ② 450
③ 300 ④ 150

해설
저압전선의 허용 누설전류의 최댓값

$$I_g = \frac{I}{2,000} = \frac{300}{2,000} = 0.15[A] = 150[mA]$$

누설전류(전기설비기술기준 제27조)
저압전선로 중 절연 부분의 전선과 대지 사이 및 전선의 심선 상호간의 절연저항은 사용전압에 대한 누설전류가 최대 공급전류의 1/2,000을 넘지 않도록 하여야 한다.

62 **전기설비의 방폭구조의 종류가 아닌 것은?**

① 근본 방폭구조
② 압력 방폭구조
③ 안전증 방폭구조
④ 본질안전 방폭구조

해설
전기설비의 방폭구조의 종류
- 내압 방폭구조
- 압력 방폭구조
- 비점화 방폭구조
- 안전증 방폭구조
- 유입 방폭구조
- 충전 방폭구조
- 몰드(캡슐) 방폭구조
- 본질안전 방폭구조

63 **전로에 시설하는 기계기구의 금속제 외함에 접지공사를 하지 않아도 되는 경우로 틀린 것은?**

① 저압용의 기계기구를 건조한 목재의 마루 위에서 취급하도록 시설한 경우
② 외함 주위에 적당한 절연대를 설치한 경우
③ 교류 대지전압이 300[V] 이하인 기계기구를 건조한 곳에 시설한 경우
④ 전기용품 및 생활용품 안전관리법의 적용을 받는 2중 절연구조로 되어 있는 기계기구를 시설하는 경우

해설
③ 교류 대지전압이 150[V] 이하인 기계기구를 건조한 곳에 시설하는 경우

기계기구의 철대 및 외함의 접지(한국전기설비규정 142.7)
다음에 해당하는 경우에는 접지공사를 하지 않을 수 있다.
- 사용전압이 직류 300[V] 또는 교류 대지전압이 150[V] 이하인 기계기구를 건조한 곳에 시설하는 경우
- 저압용의 기계기구를 건조한 목재의 마루 기타 이와 유사한 절연성 물건 위에서 취급하도록 시설하는 경우
- 저압용이나 고압용의 기계기구, 특고압 전선로에 접속하는 배전용 변압기나 이에 접속하는 전선에 시설하는 기계기구 또는 특고압 가공전선로의 전로에 시설하는 기계기구를 사람이 쉽게 접촉할 우려가 없도록 목주 기타 이와 유사한 것의 위에 시설하는 경우
- 철대 또는 외함의 주위에 적당한 절연대를 설치하는 경우
- 외함이 없는 계기용 변성기가 고무·합성수지 기타의 절연물로 피복한 것일 경우
- 전기용품 및 생활용품 안전관리법의 적용을 받는 2중 절연구조로 되어 있는 기계기구를 시설하는 경우
- 저압용 기계기구에 전기를 공급하는 전로의 전원측에 절연변압기(2차 전압이 300[V] 이하이며, 정격용량이 3[kVA] 이하인 것)를 시설하고 또한 그 절연변압기의 부하측 전로를 접지하지 않은 경우
- 물기 있는 장소 이외의 장소에 시설하는 저압용의 개별 기계기구에 전기를 공급하는 전로에 전기용품 및 생활용품 안전관리법의 적용을 받는 인체감전보호용 누전차단기(정격감도전류가 30[mA] 이하, 동작시간이 0.03초 이하의 전류동작형)를 시설하는 경우
- 외함을 충전하여 사용하는 기계기구에 사람이 접촉할 우려가 없도록 시설하거나 절연대를 시설하는 경우

정답 61 ④ 62 ① 63 ③

64 다음 중 정전기의 발생현상에 포함되지 않는 것은?

① 파괴에 의한 발생
② 분출에 의한 발생
③ 전도대전
④ 유동에 의한 대전

해설
정전기 발생현상(대전현상)의 분류
마찰대전, 박리대전, 유동대전, 충돌대전, 분출대전, 파괴대전, 동결대전, 비말대전, 적하대전, 교반대전, 침강대전, 부상대전 등

65 방폭전기기기에 "Ex ia ⅡC T4 Ga"라고 표시되어 있다. 해당 기기에 대한 설명으로 틀린 것은?

① 정상 작동, 예상된 오작동 또는 드문 오작동 중에 점화원이 될 수 없는 "매우 높은" 보호등급의 기기이다.
② 온도 등급은 T4이므로 최고표면온도가 150[℃]를 초과해서는 안 된다.
③ 본질안전 방폭구조로 0종 장소에서 사용이 가능하다.
④ 수소 및 아세틸렌 등의 가스가 존재하는 곳에 사용이 가능하다.

해설
② 온도 등급이 T4이므로 최고표면온도가 135[℃]를 초과해서는 안 된다.
폭발성 가스의 발화도 및 전기설비의 표면온도

발화도 등급		가스발화점[℃] 초과 ~ 이하	설비허용최고표면온도[℃]	
KSC 0906	노동부 고시		KSC	노동부 고시
G1	T1	450 초과	360(320)	300 초과 450 이하
G2	T2	300 ~ 450	240(200)	200 초과 300 이하
G3	T3	200 ~ 300	160(120)	135 초과 200 이하
G4	T4	135 ~ 200	100(70)	100 초과 135 이하
G5	T5	100 ~ 135	80(40)	85 초과 100 이하
-	T6	85 ~ 100	-	85 이하

( ) 안의 값은 기준 주위온도를 40[℃]로 한 온도상승한도값임

66 Dalziel에 의하여 동물실험을 통해 얻어진 전류값을 인체에 적용했을 때 심실세동을 일으키는 전기에너지[J]는 약 얼마인가?(단, 인체 전기저항은 500[Ω]으로 보며, 흐르는 전류 $I = \frac{165}{\sqrt{T}}$[mA]로 한다)

① 9.8 ② 13.6
③ 19.6 ④ 27

해설
위험한계에너지 $W = I^2RT = \left(\frac{165}{\sqrt{T}} \times 10^{-3}\right)^2 \times 500 \times T \fallingdotseq 13.6$[J]

67 정전기로 인한 화재 및 폭발을 방지하기 위하여 조치가 필요한 설비가 아닌 것은?

① 드라이클리닝 설비 ② 위험물 건조설비
③ 화약류 제조설비 ④ 위험기구의 제전 설비

해설
정전기로 인한 화재 폭발 방지가 필요한 설비(산업안전보건기준에 관한 규칙 제325조)
- 위험물을 탱크로리·탱크차 및 드럼 등에 주입하는 설비
- 탱크로리·탱크차 및 드럼 등 위험물 저장설비
- 인화성 액체를 함유하는 도료 및 접착제 등을 제조·저장·취급 또는 도포(塗布)하는 설비
- 위험물 건조설비 또는 그 부속설비
- 인화성 고체를 저장하거나 취급하는 설비
- 드라이클리닝설비, 염색가공설비 또는 모피류 등을 씻는 설비 등 인화성 유기용제를 사용하는 설비
- 유압, 압축공기 또는 고전위정전기 등을 이용하여 인화성 액체나 인화성 고체를 분무하거나 이송하는 설비
- 고압가스를 이송하거나 저장·취급하는 설비
- 화약류 제조설비
- 발파공에 장전된 화약류를 점화시키는 경우에 사용하는 발파기(발파공을 막는 재료로 물을 사용하거나 갱도발파를 하는 경우는 제외)

정답 64 ③ 65 ② 66 ② 67 ④

68 정전용량 $C=20[\mu F]$, 방전 시 전압 $V=2[kV]$일 때 정전에너지[J]는?

① 40　② 80
③ 400　④ 800

해설

$E=\frac{1}{2}CV^2=\frac{1}{2}\times 20\times 10^{-6}\times 2{,}000^2=40[J]$

69 피뢰기가 구비하여야 할 조건으로 틀린 것은?

① 제한전압이 낮아야 한다.
② 상용 주파 방전 개시 전압이 높아야 한다.
③ 충격방전 개시전압이 높아야 한다.
④ 속류 차단 능력이 충분하여야 한다.

해설

충격방전 개시전압이 낮아야 한다.

70 작업자가 교류전압 7,000[V] 이하의 전로에 활선 근접작업 시 감전사고 방지를 위한 절연용 보호구는?

① 고무절연판　② 절연시트
③ 절연커버　④ 절연안전모

해설

작업자가 교류전압 7,000[V] 이하의 전로에 활선 근접작업 시 감전사고 방지를 위한 절연용 보호구는 절연안전모가 적합하다.

71 전로에 지락이 생겼을 때에 자동적으로 전로를 차단하는 장치를 시설해야 하는 전기기계의 사용전압 기준은?(단, 금속제 외함을 가지는 저압의 기계·기구로서 사람이 쉽게 접촉할 우려가 있는 곳에 시설되어 있다)

① 30[V] 초과　② 50[V] 초과
③ 90[V] 초과　④ 150[V] 초과

해설

전원의 자동차단에 의한 저압전로의 보호대책으로 누전차단기를 시설해야할 대상(한국전기설비규정 211.2.4)
금속제 외함을 가지는 사용전압이 50[V]를 초과하는 저압의 기계·기구로서 사람이 쉽게 접촉할 우려가 있는 곳에 시설하는 것에 전기를 공급하는 전로

72 변압기의 중성점을 제2종 접지한 수전전압 22.9[kV], 사용전압 220[V]인 공장에서 외함을 제3종 접지공사를 한 전동기가 운전 중에 누전되었을 경우에 작업자가 접촉될 수 있는 최소 전압은 약 몇 [V]인가?(단, 1선 지락전류 10[A], 제3종 접지저항 30[Ω], 인체저항 10,000[Ω]이다)

① 116.7　② 127.5
③ 146.7　④ 165.6

해설

작업자가 접촉될 수 있는 최소전압

$$V=IR=220\times\frac{\frac{30\times 10{,}000}{30+10{,}000}}{\frac{30\times 10{,}000}{30+10{,}000}+\frac{150}{10}}\fallingdotseq 146.7[V]$$

접지공사 종류별 접지저항

접지공사의 종류	접지저항
제1종 접지공사	10[Ω] 이하
제2종 접지공사	$\frac{150}{1선\ 지락전류}$[Ω] 이하
제3종 접지공사	100[Ω] 이하
특별 제3종 접지공사	10[Ω] 이하

※ 출제 당시의 규정에 의하면 ③번이 정답이었으나 2021년부터는 해당 규정이 전면 변경됨

73 전기기계·기구의 기능 설명으로 옳은 것은?

① CB는 부하전류를 개폐시킬 수 있다.
② ACB는 진공 중에서 차단동작을 한다.
③ DS는 회로의 개폐 및 대용량부하를 개폐시킨다.
④ 피뢰침은 뇌나 계통의 개폐에 의해 발생하는 이상 전압을 대지로 방전시킨다.

해설

② ACB(Air Circuit Breaker, 기중차단기)는 공기 중에서 차단동작을 한다.
③ DS(단로기)는 무부하 회로개폐기로, 무부하 선로의 개폐에 사용된다.
④ 피뢰기는 뇌나 계통의 개폐에 의해 발생하는 이상전압을 대지로 방전시킨다.

정답 68 ① 69 ③ 70 ④ 71 ② 72 ③ 73 ①

74 가스(발화온도 120[℃])가 존재하는 지역에 방폭기기를 설치하고자 한다. 설치가 가능한 기기의 온도등급은?

① T2　② T3
③ T4　④ T5

해설
폭발성 가스의 발화도 등급

발화도 등급		가스발화점[℃] 초과 ~ 이하	설비허용최고표면온도[℃]	
KSC 0906	노동부 고시		KSC	노동부 고시
G1	T1	450 초과	360(320)	300 초과 450 이하
G2	T2	300 ~ 450	240(200)	200 초과 300 이하
G3	T3	200 ~ 300	160(120)	135 초과 200 이하
G4	T4	135 ~ 200	100(70)	100 초과 135 이하
G5	T5	100 ~ 135	80(40)	85 초과 100 이하
–	T6	85 ~ 100	–	85 이하

(　) 안의 값은 기준 주위온도를 40[℃]로 한 온도상승한도값임

75 방폭기기에 별도의 주위 온도 표시가 없을 때 방폭기기의 주위온도 범위는?(단, 기호 "X"의 표시가 없는 기기이다)

① 20~40[℃]
② −20~40[℃]
③ 10~50[℃]
④ −10~50[℃]

해설
방폭기기 – 일반요구사항(KS C IEC 60079-0) 규정에서 제시하고 있는 방폭기기 설치 시 표준환경 조건
- 압력 : 80~110[kPa](0.8~1.1[bar])
- 상대습도 : 45~85[%]
- 주위온도 : −20~40[℃]
- 산소 함유율 21[%v/v]의 공기
- 표고 : 1,000[m]

76 유자격자가 아닌 근로자가 방호되지 않은 충전전로 인근의 높은 곳에서 작업할 때에 근로자의 몸은 충전전로에서 몇 [cm] 이내로 접근할 수 없도록 하여야 하는가?(단, 대지전압이 50[kV]이다)

① 50　② 100
③ 200　④ 300

해설
충전전로에서의 전기작업(산업안전보건기준에 관한 규칙 제321조)
유자격자가 아닌 근로자가 충전전로 인근의 높은 곳에서 작업할 때에 근로자의 몸 또는 긴 도전성 물체가 방호되지 않은 충전전로에서 아래의 거리 이내로 접근할 수 없도록 할 것
- 대지전압이 50[kV] 이하인 경우에는 300[cm]
- 대지전압이 50[kV]가 넘는 경우에는 300[cm]에 10[kV]당 10[cm]씩 더한 거리

77 다음 중 정전기의 재해방지 대책으로 틀린 것은?

① 설비의 도체 부분을 접지
② 작업자는 정전화를 착용
③ 작업장의 습도를 30[%] 이하로 유지
④ 배관 내 액체의 유속제한

해설
③ 작업장의 습도를 높여 전하가 제거되기 쉽게 한다.

78 정전기 방전현상에 해당되지 않는 것은?

① 연면방전　② 코로나방전
③ 낙뢰방전　④ 스팀방전

해설
방전의 종류
연면방전, 코로나방전, 낙뢰방전, 스파크방전(불꽃방전), 스트리머방전(브러시방전), 뇌상방전 등

정답 74 ④ 75 ② 76 ④ 77 ③ 78 ④

79 제전기의 종류가 아닌 것은?

① 전압인가식 제전기 ② 정전식 제전기
③ 방사선식 제전기 ④ 자기방전식 제전기

해설
제전기의 종류
전압인가식, 방사선식, 이온식, 자기방전식

80 산업안전보건기준에 관한 규칙 제319조에 따라 감전될 우려가 있는 장소에서 작업을 하기 위해서는 전로를 차단하여야 한다. 전로 차단을 위한 시행 절차 중 틀린 것은?

① 전기기기 등에 공급되는 모든 전원을 관련 도면, 배선도 등으로 확인
② 각 단로기를 개방한 후 전원 차단
③ 단로기 개방 후 차단장치나 단로기 등에 잠금장치 및 꼬리표를 부착
④ 잔류전하 방전 후 검전기를 이용하여 작업 대상 기기가 충전되어 있는지 확인

해설
전로 차단 시행 절차(산업안전보건기준에 관한 규칙 제319조)
- 전기기기 등에 공급되는 모든 전원을 관련 도면, 배선도 등으로 확인할 것
- 전원을 차단한 후 각 단로기 등을 개방하고 확인할 것
- 차단장치나 단로기 등에 잠금장치 및 꼬리표를 부착할 것
- 개로된 전로에서 유도전압 또는 전기에너지가 축적되어 근로자에게 전기위험을 끼칠 수 있는 전기기기 등은 접촉하기 전에 잔류전하를 완전히 방전시킬 것
- 검전기를 이용하여 작업 대상 기기가 충전되었는지를 확인할 것
- 전기기기 등이 다른 노출 충전부와의 접촉, 유도 또는 예비동력원의 역송전 등으로 전압이 발생할 우려가 있는 경우에는 충분한 용량을 가진 단락 접지기구를 이용하여 접지할 것

제5과목 화학설비위험 방지기술

81 다음 중 유류화재의 화재급수에 해당하는 것은?

① A급 ② B급
③ C급 ④ D급

해설
화재의 종류

화재등급	A	B	C	D	K
화재명칭	일반 화재	유류 화재	전기 화재	금속 화재	주방 화재

82 다음 중 분진폭발에 관한 설명으로 틀린 것은?

① 폭발한계 내에서 분진의 휘발성분이 많으면 폭발 위험성이 높다.
② 분진이 발화 폭발하기 위한 조건은 가연성, 미분상태, 공기 중에서의 교반과 유동 및 점화원의 존재이다.
③ 가스폭발과 비교하여 연소의 속도나 폭발의 압력이 크고, 연소시간이 짧으며, 발생에너지가 작다.
④ 폭발한계는 입자의 크기, 입도분포, 산소농도, 함유수분, 가연성 가스의 혼입 등에 의해 같은 물질의 분진에서도 달라진다.

해설
가스폭발과 비교하여 연소의 속도가 늦고, 폭발의 압력이 작으며 연소시간은 길고, 발생에너지가 크다.

83 다음 중 아세틸렌을 용해가스로 만들 때 사용되는 용제로 가장 적합한 것은?

① 아세톤 ② 메 탄
③ 부 탄 ④ 프로판

해설
아세틸렌을 용해가스로 만들 때 사용되는 용제로 아세톤이 적합하다.

정답 79 ② 80 ② 81 ② 82 ③ 83 ①

84 진한 질산이 공기 중에서 햇빛에 의해 분해되었을 때 발생하는 갈색 증기는?

① N_2 ② NO_2
③ NH_3 ④ NH_2

해설
진한 질산이 공기 중에서 햇빛에 의해 분해되었을 때 발생하는 갈색 증기는 NO_2이다.
분해반응식 : $4HNO_3 \rightarrow 2H_2O + 4NO_2\uparrow + O_2$
이러한 분해반응을 방지하기 위하여 질산은 갈색병에 넣어 보관한다.

85 프로판과 메탄의 폭발하한계가 각각 2.5, 5.0[vol%]이라고 할 때 프로판과 메탄이 3 : 1의 체적비로 혼합되어 있다면 이 혼합가스의 폭발하한계는 약 몇 [vol%]인가?(단, 상온, 상압 상태이다)

① 2.9 ② 3.3
③ 3.8 ④ 4.0

해설
프로판 : 메탄 = 3 : 1 = 75 : 25

$\frac{100}{LFL} = \frac{75}{2.5} + \frac{25}{5.0} = 35$에서 $LFL = \frac{100}{35} \fallingdotseq 2.9$

86 탄화수소 증기의 연소하한값 추정식은 연료의 양론농도(C_{st})의 0.55배이다. 프로판 1[mol]의 연소반응식이 다음과 같을 때 연소하한값은 약 몇 [vol%]인가?

$$C_3H_8 + 5O_2 \rightarrow 3CO_2 + 4H_2O$$

① 2.22 ② 4.03
③ 4.44 ④ 8.06

해설

프로판의 $C_{st} = \frac{1}{1 + 4.77 \times 5} \times 100 \fallingdotseq 4.024$

프로판의 폭발하한값 $LFL = 0.55 \times 4.024 \fallingdotseq 2.2$

87 다음 중 물질의 자연발화를 촉진시키는 요인으로 가장 거리가 먼 것은?

① 표면적이 넓고, 발열량이 클 것
② 열전도율이 클 것
③ 주위 온도가 높을 것
④ 적당한 수분을 보유할 것

해설
열전도율이 작을 것

88 에틸알코올(C_2H_5OH) 1[mol]이 완전연소할 때 생성되는 CO_2의 몰수로 옳은 것은?

① 1 ② 2
③ 3 ④ 4

해설
에틸알코올의 연소방정식은 $C_2H_5OH + 3O_2 \rightarrow 2CO_2 + 3H_2O$이므로 에틸알코올($C_2H_5OH$) 1[mol]이 완전연소할 때 생성되는 CO_2의 몰수는 2[mol]이다.

89 증기 배관 내에 생성하는 응축수를 제거할 때 증기가 배출되지 않도록 하면서 응축수를 자동적으로 배출하기 위한 장치를 무엇이라 하는가?

① Vent Stack ② Steam Trap
③ Blow Down ④ Relief Valve

해설
스팀트랩(Steam Trap)
증기 배관 내에 생성하는 응축수를 제거할 때 증기가 배출되지 않도록 하면서 응축수를 자동적으로 배출하기 위한 장치

정답 84 ② 85 ① 86 ① 87 ② 88 ② 89 ②

90 **다음 중 산업안전보건법령상 화학설비의 부속설비로만 이루어진 것은?**

① 사이클론, 백필터, 전기집진기 등 분진처리설비
② 응축기, 냉각기, 가열기, 증발기 등 열교환기류
③ 고로 등 점화기를 직접 사용하는 열교환기류
④ 혼합기, 발포기, 압출기 등 화학제품 가공설비

해설
화학설비의 부속설비(산업안전보건기준에 관한 규칙 별표 7)
- 배관・밸브・관・부속류 등 화학물질 이송 관련 설비
- 온도・압력・유량 등을 지시・기록 등을 하는 자동제어 관련 설비
- 안전밸브・안전판・긴급차단 또는 방출밸브 등 비상조치 관련 설비
- 가스누출감지 및 경보 관련 설비
- 세정기, 응축기, 벤트스택(Bent Stack), 플레어스택(Flare Stack) 등 폐가스처리설비
- 사이클론, 백필터(Bag Filter), 전기집진기 등 분진처리설비
- 위의 설비를 운전하기 위하여 부속된 전기 관련 설비
- 정전기 제거장치, 긴급 샤워설비 등 안전 관련 설비

91 **고온에서 완전 열분해하였을 때 산소를 발생하는 물질은?**

① 황화수소　　② 과염소산칼륨
③ 메틸리튬　　④ 적 린

해설
과염소산칼륨($KClO_4$)의 특징
- 고온에서 완전 열분해되었을 때 산소를 발생한다.
- 물・알코올・에테르 등에 잘 안 녹는다.
- 에탄올에는 약간 녹는다.
- 로켓・폭약의 원료, 칼륨의 정량 분석 시약 등으로 사용된다.

92 **산업안전보건법령에서 규정하고 있는 위험물질의 종류 중 부식성 염기류로 분류되기 위하여 농도가 40[%] 이상이어야 하는 물질은?**

① 염 산　　② 아세트산
③ 불 산　　④ 수산화칼륨

해설
부식성 염기류(산업안전보건기준에 관한 규칙 별표 1)
농도가 40[%] 이상인 수산화나트륨, 수산화칼륨, 그 밖에 이와 같은 정도 이상의 부식성을 가지는 염기류

93 **다음 중 소화약제로 사용되는 이산화탄소에 관한 설명으로 틀린 것은?**

① 사용 후에 오염의 영향이 거의 없다.
② 장시간 저장하여도 변화가 없다.
③ 주된 소화효과는 억제소화이다.
④ 자체 압력으로 방사가 가능하다.

해설
주된 소화효과는 질식소화이다.

94 **산업안전보건법령상 폭발성 물질을 취급하는 화학설비를 설치하는 경우에 단위공정설비로부터 다른 단위공정설비 사이의 안전거리는 설비 바깥 면으로부터 몇 [m] 이상이어야 하는가?**

① 10　　② 15
③ 20　　④ 30

해설
단위공정시설 및 설비로부터 다른 단위공정시설 및 설비의 안전거리는 설비의 바깥 면으로부터 10[m] 이상이다(산업안전보건기준에 관한 규칙 별표 8).

95 **인화점이 각 온도 범위에 포함되지 않는 물질은?**

① −30[℃] 미만 : 다이에틸에테르
② −30[℃] 이상 0[℃] 미만 : 아세톤
③ 0[℃] 이상 30[℃] 미만 : 벤젠
④ 30[℃] 이상 65[℃] 이하 : 아세트산

해설
③ 벤젠 : −11[℃]
① 다이에틸에테르 : −45[℃]
② 아세톤 : −17[℃]
④ 아세트산 : 42.8[℃]

정답 90 ① 91 ② 92 ④ 93 ③ 94 ① 95 ③

96 **자동화재탐지설비의 감지기 종류 중 열감지기가 아닌 것은?**

① 차동식 ② 정온식
③ 보상식 ④ 광전식

해설
광전식은 연기감지기에 해당한다.
열감지기
- 차동식 : 공기관식, 열전대식, 열반도체식, 공기팽창식, 열기전력식
- 정온식 : 바이메탈식, 고체팽창식, 기체팽창식, 가용용융식, 분포식
- 보상식

97 **다음 중 수분(H_2O)과 반응하여 유독성 가스인 포스핀이 발생되는 물질은?**

① 금속나트륨 ② 알루미늄 분말
③ 인화칼슘 ④ 수소화리튬

해설
인화칼슘(Ca_3P_2)의 특징
- 수분(물)이나 약산과 반응하여 유독성 가스인 포스핀(PH_3)을 발생시킨다.
- 알코올, 에테르에 녹지 않는다.
- 건조한 공기 중에서는 안정하나 300[℃] 이상에서는 산화한다.
- 가스 취급 시 독성이 심하므로 방독마스크를 착용하여야 한다.

98 **대기압에서 사용하나 증발에 의한 액체의 손실을 방지함과 동시에 액면 위의 공간에 폭발성 위험가스를 형성할 위험이 적은 구조의 저장탱크는?**

① 유동형 지붕 탱크
② 원추형 지붕 탱크
③ 원통형 저장 탱크
④ 구형 저장 탱크

해설
유동형 지붕 탱크에 대한 설명이다.

99 **다음 중 밀폐 공간 내 작업 시의 조치사항으로 가장 거리가 먼 것은?**

① 산소결핍이나 유해가스로 인한 질식의 우려가 있으면 진행 중인 작업에 방해되지 않도록 주의하면서 환기를 강화하여야 한다.
② 해당 작업장을 적정한 공기상태로 유지되도록 환기하여야 한다.
③ 그 장소에 근로자를 입장시킬 때와 퇴장시킬 때마다 인원을 점검하여야 한다.
④ 그 작업장과 외부의 감시인 간에 항상 연락을 취할 수 있는 설비를 설치하여야 한다.

해설
산소결핍이 우려되거나 유해가스 등의 농도가 높아서 폭발할 우려가 있는 경우는 즉시 작업을 중단하고 해당 근로자를 대피시켜야 한다(주의 : 이때 진행 중인 작업에 방해되지 않도록 주의하면서 환기를 강화하는 조치는 바람직하지 않다).

100 **다음 중 압축기 운전 시 토출압력이 갑자기 증가하는 이유로 가장 적절한 것은?**

① 윤활유의 과다
② 피스톤 링의 가스 누설
③ 토출관 내에 저항 발생
④ 저장조 내 가스압의 감소

해설
압축기 운전 시 토출압력이 갑자기 증가하는 이유 : 토출관 내에 저항 발생

정답 96 ④ 97 ③ 98 ① 99 ① 100 ③

제6과목 건설안전기술

101 비계의 부재 중 기둥과 기둥을 연결시키는 부재가 아닌 것은?

① 띠 장　　② 장 선
③ 가 새　　④ 작업발판

해설
비계의 부재 중 기둥과 기둥을 연결시키는 부재 : 띠장, 장선, 가새

102 터널작업 시 자동경보장치에 대하여 당일의 작업시작 전 점검하여야 할 사항으로 옳지 않은 것은?

① 검지부의 이상 유무
② 조명시설의 이상 유무
③ 경보장치의 작동상태
④ 계기의 이상 유무

해설
터널작업 시 자동경보장치에 대하여 당일 작업 시작 전 다음의 사항을 점검하고 이상을 발견하면 즉시 보수하여야 한다(산업안전보건기준에 관한 규칙 제350조).
- 계기의 이상 유무
- 검지부의 이상 유무
- 경보장치의 작동상태

103 다음은 말비계를 조립하여 사용하는 경우에 관한 준수 사항이다. (　　) 안에 들어갈 내용으로 옳은 것은?

> • 지주부재와 수평면의 기울기를 (A)° 이하로 하고 지주부재와 지주부재 사이를 고정시키는 보조부재를 설치할 것
> • 말비계의 높이가 2[m]를 초과하는 경우에는 작업발판의 폭을 (B)[cm] 이상으로 할 것

① A : 75, B : 30
② A : 75, B : 40
③ A : 85, B : 30
④ A : 85, B : 40

해설
말비계(산업안전보건기준에 관한 규칙 제67조)
말비계를 조립하여 사용하는 경우에 다음의 사항을 준수하여야 한다.
- 지주부재의 하단에는 미끄럼 방지장치를 하고, 근로자가 양측 끝부분에 올라서서 작업하지 않도록 할 것
- 지주부재와 수평면의 기울기를 75° 이하로 하고, 지주부재와 지주부재 사이를 고정시키는 보조부재를 설치할 것
- 말비계의 높이가 2[m]를 초과하는 경우에는 작업발판의 폭을 40[cm] 이상으로 할 것

104 본 터널(Main Tunnel)을 시공하기 전에 터널에서 약간 떨어진 곳에 지질조사, 환기, 배수, 운반 등의 상태를 알아보기 위하여 설치하는 터널은?

① 프리패브(Prefab) 터널
② 사이드(Side) 터널
③ 실드(Shield) 터널
④ 파일럿(Pilot) 터널

해설
파일럿(Pilot) 터널에 대한 설명이다(파일럿은 미리 해보는 것을 의미한다).

정답 101 ④ 102 ② 103 ② 104 ④

105 항만하역작업에서의 선박승강설비 설치기준으로 옳지 않은 것은?

① 200[ton]급 이상의 선박에서 하역작업을 하는 경우에 근로자들이 안전하게 오르내릴 수 있는 현문(舷門) 사다리를 설치하여야 하며, 이 사다리 밑에 안전망을 설치하여야 한다.
② 현문 사다리는 견고한 재료로 제작된 것으로 너비는 55[cm] 이상이어야 한다.
③ 현문 사다리의 양측에는 82[cm] 이상의 높이로 울타리를 설치하여야 한다.
④ 현문 사다리는 근로자의 통행에만 사용하여야 하며, 화물용 발판 또는 화물용 보판으로 사용하도록 해서는 아니 된다.

해설

선박승강설비의 설치(산업안전보건기준에 관한 규칙 제397조)

- 300[ton]급 이상의 선박에서 하역작업을 하는 경우에 근로자들이 안전하게 오르내릴 수 있는 현문 사다리를 설치하여야 하며, 이 사다리 밑에 안전망을 설치하여야 한다.
- 현문 사다리는 견고한 재료로 제작된 것으로 너비는 55[cm] 이상이어야 하고, 양측에 82[cm] 이상의 높이로 울타리를 설치하여야 하며, 바닥은 미끄러지지 않도록 적합한 재질로 처리되어야 한다.
- 현문 사다리는 근로자의 통행에만 사용하여야 하며, 화물용 발판 또는 화물용 보판으로 사용하도록 해서는 아니 된다.

106 산업안전보건관리비계상기준에 따른 일반건설공사(갑), 대상액 5억원 이상 50억원 미만의 안전관리비 비율 및 기초액으로 옳은 것은?

① 비율 : 1.86[%], 기초액 : 5,349,000원
② 비율 : 1.99[%], 기초액 : 5,499,000원
③ 비율 : 2.35[%], 기초액 : 5,400,000원
④ 비율 : 1.57[%], 기초액 : 4,411,000원

해설

공사종류 및 규모별 안전관리비 계상기준표(건설업 산업안전보건관리비 계상 및 사용기준 별표 1)

구 분 / 공사종류	대상액 5억원 미만인 경우 적용 비율[%]	대상액 5억원 이상 50억원 미만인 경우		대상액 50억원 이상인 경우 적용 비율[%]	영 별표 5에 따른 보건관리자 선임대상 건설공사의 적용 비율[%]
		적용 비율[%]	기초액(원)		
일반건설공사(갑)	2.93	1.86	5,349,000	1.97	2.15
일반건설공사(을)	3.09	1.99	5,499,000	2.10	2.29
중건설공사	3.43	2.35	5,400,000	2.44	2.66
철도·궤도 신설공사	2.45	1.57	4,411,000	1.66	1.81
특수 및 기타 건설공사	1.85	1.20	3,250,000	1.27	1.38

107 토질시험 중 연약한 점토 지반의 점착력을 판별하기 위하여 실시하는 현장시험은?

① 베인테스트(Vane Test)
② 표준관입시험(SPT)
③ 하중재하시험
④ 삼축압축시험

해설

베인테스트(Vane Test)
연약한 점토 지반의 점착력을 판별하기 위하여 실시하는 현장 토질시험

정답 105 ① 106 ① 107 ①

108 추락방지망 설치 시 그물코의 크기가 10[cm]인 매듭 있는 방망의 신품에 대한 인장강도 기준으로 옳은 것은?

① 100[kg] 이상　② 200[kg] 이상
③ 300[kg] 이상　④ 400[kg] 이상

해설
신품 추락방지망의 기준 인장강도[kg](추락재해방지표준안전작업지침 제5조)

구 분	그물코 5[cm]	그물코 10[cm]
매듭 있는 방망	110	200
매듭 없는 방망	–	240

109 사다리식 통로의 길이가 10[m] 이상일 때 얼마 이내마다 계단참을 설치하여야 하는가?

① 3[m] 이내마다
② 4[m] 이내마다
③ 5[m] 이내마다
④ 6[m] 이내마다

해설
사다리식 통로의 길이가 10[m] 이상인 경우에는 5[m] 이내마다 계단참을 설치할 것(산업안전보건기준에 관한 규칙 제24조)

110 거푸집 동바리 등을 조립하는 경우에 준수하여야 할 안전조치기준으로 옳지 않은 것은?

① 동바리로 사용하는 강관은 높이 2[m] 이내마다 수평연결재를 2개 방향으로 만들고 수평연결재의 변위를 방지할 것
② 동바리로 사용하는 파이프 서포트는 3개 이상 이어서 사용하지 않도록 할 것
③ 동바리로 사용하는 파이프 서포트를 이어서 사용하는 경우에는 3개 이상의 볼트 또는 전용철물을 사용하여 이을 것
④ 동바리로 사용하는 강관틀과 강관틀 사이에는 교차가새를 설치할 것

해설
③ 동바리로 사용하는 파이프 서포트를 이어서 사용하는 경우에는 4개 이상의 볼트 또는 전용철물을 사용하여 이을 것
거푸집 동바리 등의 안전조치(산업안전보건기준에 관한 규칙 제332조 제7호~제9호)
- 동바리로 사용하는 강관(파이프 서포트 제외)에 대해서는 다음의 사항을 따를 것
  - 높이 2[m] 이내마다 수평연결재를 2개 방향으로 만들고 수평연결재의 변위를 방지할 것
  - 멍에 등을 상단에 올릴 경우에는 해당 상단에 강재의 단판을 붙여 멍에 등을 고정시킬 것
- 동바리로 사용하는 파이프 서포트에 대해서는 다음의 사항을 따를 것
  - 파이프 서포트를 3개 이상 이어서 사용하지 않도록 할 것
  - 파이프 서포트를 이어서 사용하는 경우에는 4개 이상의 볼트 또는 전용철물을 사용하여 이을 것
  - 높이가 3.5[m]를 초과하는 경우에는 높이 2[m] 이내마다 수평연결재를 2개 방향으로 만들고 수평연결재의 변위를 방지할 것
- 동바리로 사용하는 강관틀에 대해서는 다음의 사항을 따를 것
  - 강관틀과 강관틀 사이에 교차가새를 설치할 것
  - 최상층 및 5층 이내마다 거푸집 동바리의 측면과 틀면의 방향 및 교차가새의 방향에서 5개 이내마다 수평연결재를 설치하고 수평연결재의 변위를 방지할 것
  - 최상층 및 5층 이내마다 거푸집 동바리의 틀면의 방향에서 양단 및 5개틀 이내마다 교차가새의 방향으로 띠장틀을 설치할 것
  - 멍에 등을 상단에 올릴 경우에는 해당 상단에 강재의 단판을 붙여 멍에 등을 고정시킬 것

정답 108 ② 109 ③ 110 ③

111 다음 중 해체작업용 기계·기구로 가장 거리가 먼 것은?

① 압쇄기
② 핸드 브레이커
③ 철제해머
④ 진동롤러

해설
진동롤러는 해체작업용 기계·기구가 아니라 다짐용 기계·기구이다.
해체작업용 기계기구(해체공사표준안전작업지침 제2장) : 압쇄기, 대형 브레이커, 철제해머, 화약류, 핸드 브레이커, 팽창제, 절단톱, 잭(재키), 쐐기타입기, 화염방사기, 절단줄톱

112 지반의 종류가 다음과 같을 때 굴착면의 기울기 기준으로 옳은 것은?

보통 흙의 습지

① 1 : 0.5 ~ 1 : 1　② 1 : 1 ~ 1 : 1.5
③ 1 : 0.8　④ 1 : 0.5

해설
굴착면의 기울기 기준(수직거리 : 수평거리, 산업안전보건기준에 관한 규칙 별표 11)

구분		기울기
보통 흙	습 지	1 : 1 ~ 1 : 1.5
	건 지	1 : 0.5 ~ 1 : 1
암 반	풍화암	1 : 1.0
	연 암	1 : 1.0
	경 암	1 : 0.5

113 장비 자체보다 높은 장소의 땅을 굴착하는 데 적합한 장비는?

① 파워셔블(Power Shovel)
② 불도저(Bulldozer)
③ 드래그라인(Drag Line)
④ 클램셸(Clam Shell)

해설
파워셔블에 대한 설명이다.

114 운반작업을 인력운반작업과 기계운반작업으로 분류할 때 기계운반작업으로 실시하기에 부적당한 대상은?

① 단순하고 반복적인 작업
② 표준화되어 있어 지속적이고 운반량이 많은 작업
③ 취급물의 형상, 성질, 크기 등이 다양한 작업
④ 취급물이 중량인 작업

해설
취급물의 형상, 성질, 크기 등이 다양한 작업은 인력운반작업에 적당하다.

115 타워크레인을 자립고(自立高) 이상의 높이로 설치할 때 지지벽체가 없어 와이어로프로 지지하는 경우의 준수사항으로 옳지 않은 것은?

① 와이어로프를 고정하기 위한 전용 지지프레임을 사용할 것
② 와이어로프 설치각도는 수평면에서 60° 이내로 하되, 지지점은 4개소 이상으로 하고, 같은 각도로 설치할 것
③ 와이어로프와 그 고정부위는 충분한 강도와 장력을 갖도록 설치하되, 와이어로프를 클립·섀클(Shackle) 등의 기구를 사용하여 고정하지 않도록 유의할 것
④ 와이어로프가 가공전선(架空電線)에 근접하지 않도록 할 것

해설
타워크레인을 와이어로프로 지지하는 경우 준수사항(산업안전보건기준에 관한 규칙 제142조)
- 와이어로프를 고정하기 위한 전용 지지프레임을 사용할 것
- 와이어로프 설치각도는 수평면에서 60° 이내로 하되, 지지점은 4개소 이상으로 하고, 같은 각도로 설치할 것
- 와이어로프와 그 고정부위는 충분한 강도와 장력을 갖도록 설치하고, 와이어로프를 클립·섀클(Shackle, 연결고리) 등의 고정기구를 사용하여 견고하게 고정시켜 풀리지 아니하도록 하며, 사용 중에는 충분한 강도와 장력을 유지하도록 할 것
- 와이어로프가 가공전선(架空電線)에 근접하지 않도록 할 것

정답 111 ④ 112 ② 113 ① 114 ③ 115 ③

116 **다음은 강관틀비계를 조립하여 사용하는 경우 준수해야할 기준이다. (　　) 안에 알맞은 숫자를 나열한 것은?**

> 길이가 띠장방향으로 (A)[m] 이하이고 높이가 (B)[m]를 초과하는 경우에는 (C)[m] 이내마다 띠장방향으로 버팀기둥을 설치할 것

① A : 4, B : 10, C : 5
② A : 4, B : 10, C : 10
③ A : 5, B : 10, C : 5
④ A : 5, B : 10, C : 10

해설
길이가 띠장방향으로 4[m] 이하이고 높이가 10[m]를 초과하는 경우에는 10[m] 이내마다 띠장방향으로 버팀기둥을 설치할 것(산업안전보건기준에 관한 규칙 제62조)

117 **다음 중 유해위험방지계획서 제출 대상공사가 아닌 것은?**

① 지상높이가 30[m]인 건축물 건설공사
② 최대 지간길이가 50[m]인 교량건설공사
③ 터널 건설공사
④ 깊이가 11[m]인 굴착공사

해설
건설업 유해위험방지계획서 제출대상 공사(산업안전보건법 시행령 제42조)
- 다음 건축물 또는 시설 등의 건설・개조 또는 해체(이하 '건설 등') 공사
  - 지상 높이가 31[m] 이상인 건축물 또는 인공구조물
  - 연면적 30,000[m^2] 이상인 건축물
  - 연면적 5,000[m^2] 이상인 시설로서 다음의 어느 하나에 해당하는 시설 : 문화 및 집회시설(전시장 및 동물원・식물원은 제외), 판매시설, 운수시설(고속철도의 역사 및 집배송시설은 제외), 종교시설, 의료시설 중 종합병원, 숙박시설 중 관광숙박시설, 지하도상가, 냉동・냉장 창고시설
- 연면적 5,000[m^2] 이상인 냉동・냉장 창고시설의 설비공사 및 단열공사
- 최대 지간 길이(다리의 기둥과 기둥의 중심 사이의 거리)가 50[m] 이상인 다리의 건설 등 공사
- 터널의 건설 등 공사
- 다목적댐, 발전용댐, 저수용량 2천만[ton] 이상의 용수 전용 댐 및 지방상수도 전용 댐의 건설 등 공사
- 깊이 10[m] 이상인 굴착공사

118 **동력을 사용하는 항타기 또는 항발기에 대하여 무너짐을 방지하기 위하여 준수하여야 할 기준으로 옳지 않은 것은?**

① 연약한 지반에 설치하는 경우에는 각부(脚部)나 가대(架臺)의 침하를 방지하기 위하여 깔판・깔목 등을 사용할 것
② 각부나 가대가 미끄러질 우려가 있는 경우에는 말뚝 또는 쐐기 등을 사용하여 각부나 가대를 고정시킬 것
③ 버팀대만으로 상단부분을 안정시키는 경우에는 버팀대는 3개 이상으로 하고 그 하단 부분은 견고한 버팀・말뚝 또는 철골 등으로 고정시킬 것
④ 버팀줄만으로 상단 부분을 안정시키는 경우에는 버팀줄을 2개 이상으로 하고 같은 간격으로 배치할 것

해설
버팀줄만으로 상단 부분을 안정시키는 경우에는 버팀줄을 3개 이상으로 하고 같은 간격으로 배치할 것(산업안전보건기준에 관한 규칙 제209조)
※ 현재는 해당 법 조항 삭제됨(2022. 10. 18 부)

119 **터널 등의 건설작업을 하는 경우에 낙반 등에 의하여 근로자가 위험해질 우려가 있는 경우에 필요한 직접적인 조치사항과 거리가 먼 것은?**

① 터널 지보공 설치
② 부석의 제거
③ 울 설치
④ 록볼트 설치

해설
터널 등의 건설작업을 하는 경우에 낙반 등에 의하여 근로자가 위험해질 우려가 있는 경우에 필요한 조치(산업안전보건기준에 관한 규칙 제351조)
- 터널 지보공을 설치한다.
- 록볼트를 설치한다.
- 부석을 제거한다.

정답 116 ② 117 ① 118 ④ 119 ③

120 콘크리트 타설을 위한 거푸집 동바리의 구조검토 시 가장 선행되어야 할 작업은?

① 각 부재에 생기는 응력에 대하여 안전한 단면을 산정한다.
② 가설물에 작용하는 하중 및 외력의 종류, 크기를 산정한다.
③ 하중 및 외력에 의하여 각 부재에 생기는 응력을 구한다.
④ 사용할 거푸집 동바리의 설치간격을 결정한다.

해설

콘크리트 타설을 위한 거푸집 동바리의 구조검토 시 힘을 알아야 설계 개시가 가능하므로 가장 선행되어야 할 작업은 가설물에 작용하는 하중 및 외력의 종류, 크기를 산정하는 일이다.

정답 120 ②

산업안전기사

과년도 기출문제

제1과목 안전관리론

01 라인(Line)형 안전관리 조직의 특징으로 옳은 것은?

① 안전에 관한 기술의 축적이 용이하다.
② 안전에 관한 지시나 조치가 신속하다.
③ 조직원 전원을 자율적으로 안전활동에 참여시킬 수 있다.
④ 권한 다툼이나 조정 때문에 통제수속이 복잡해지며, 시간과 노력이 소모된다.

해설
① 안전에 관한 기술의 축적이 용이하지 않다.
③ 조직원 전원을 자율적으로 안전활동에 참여시키기가 쉽지 않다.
④ 권한 다툼이나 조정으로 인한 통제수속의 복잡함이 없고, 시간과 노력이 많이 들지 않는다.

02 레빈(Lewin)은 인간의 행동 특성을 다음과 같이 표현하였다. 변수 'P'가 의미하는 것은?

$$B = f(P \cdot E)$$

① 행 동
② 소 질
③ 환 경
④ 함 수

해설
인간의 행동 특성과 관련한 레빈(Lewin)의 법칙($B = f(P \cdot E)$)
- B : Behavior(인간의 행동)
- f : function(함수)
- P : Personality(인간의 조건인 자질 혹은 소질, 개체 : 연령, 경험, 성격(개성), 지능, 심신상태 등)
- E : Environment(심리적 환경 : 작업환경, 인간관계 등)

03 Y – K(Yutaka – Kohata) 성격검사에 관한 사항으로 옳은 것은?

① C, C'형은 적응이 빠르다.
② M, M'형은 내구성, 집념이 부족하다.
③ S, S'형은 담력, 자신감이 강하다.
④ P, P'형은 운동, 결단이 빠르다.

해설
Y–K 성격검사(Yutaka–Kohata)
- C,C'형(담즙질) : 운동, 결단, 적응이 빠르고 자신감이 강하나 세심하지 않고 내구, 집념이 부족하다.
- M,M'형(흑담즙질이며 신경질형) : 세심, 억제, 정확, 내구성, 집념, 담력, 자신감 등이 강하고 지속성이 풍부하지만 운동성, 적응이 느리다.
- S,S'형(다혈질이며 운동성형) : 운동, 결단, 적응이 빠르지만 세심하지 않고 내구, 집념이 부족하고 담력, 자신감이 약하다.
- P,P'형(점액질이며 평범수동성형) : 세심, 억제, 정확, 내구성, 집념, 담력, 자신감 등이 강하고 지속성이 풍부하지만 운동성, 적응, 결단이 느리다.
- Am형(이상질) : 극도로 나쁨, 극도로 느림, 극도 결핍, 극도로 강하거나 약하다.

04 재해예방의 4원칙이 아닌 것은?

① 손실우연의 원칙
② 사전준비의 원칙
③ 원인계기의 원칙
④ 대책선정의 원칙

해설
재해예방의 4원칙
- 손실우연의 원칙
- 원인계기의 원칙
- 대책선정의 원칙
- 예방가능의 원칙

정답 1 ② 2 ② 3 ① 4 ②

05 **재해의 발생확률은 개인적 특성이 아니라 그 사람이 종사하는 직업의 위험성에 기초한다는 이론은?**

① 암시설 ② 경향설
③ 미숙설 ④ 기회설

해설
① 암시설 : 재해를 한 번 경험한 사람은 신경과민 등 심리적인 압박을 받게 되어 대처능력이 떨어져 재해가 빈번하게 발생된다는 이론
② 경향설 : 근로자 가운데에 재해 빈발의 소질성 누발자가 있다는 이론
③ 미숙설 : 기능 미숙으로 인하거나 환경에 익숙하지 못하기 때문에 재해를 누발한다는 이론

06 **타인의 비판 없이 자유로운 토론을 통하여 다량의 독창적인 아이디어를 이끌어내고, 대안적 해결안을 찾기 위한 집단적 사고기법은?**

① Role Playing ② Brain Storming
③ Action Playing ④ Fish Bowl Playing

해설
① Role Playing(역할 연기) : 자아탐구의 수단인 동시에 자아실현의 수단으로 활용되는 기법
③ Action Playing : 참가자들이 소집단을 구성하여 각자 또는 전체가 팀워크를 바탕으로 실패의 위험을 갖는 실제 문제를 정해진 시점까지 해결하는 동시에 문제해결 과정에 대한 성찰을 통해 학습하도록 지원하는 기법으로 액션 러닝이라는 표현이 주로 사용된다.
④ Fish Bowl Playing(어항식 토의법) : 한 집단이 토의하는 것을 다른 집단이 어항을 보는 듯 토의과정을 자세히 관찰하는 토의법이다.

07 **강도율 7인 사업장에서 한 작업자가 평생 동안 작업을 한다면 산업재해로 인한 근로손실일수는 며칠로 예상되는가?(단, 이 사업장의 연근로시간과 한 작업자의 평생근로시간은 100,000시간으로 가정한다)**

① 500 ② 600
③ 700 ④ 800

해설

$$강도율 = \frac{근로손실일수}{연근로시간수} \times 10^3$$

에서, 강도율이 7이므로,

$$근로손실일수 = \frac{7 \times 100,000}{10^3} = 700일$$

08 **산업안전보건법령상 유해·위험 방지를 위한 방호조치가 필요한 기계·기구가 아닌 것은?**

① 예초기 ② 지게차
③ 금속절단기 ④ 금속탐지기

해설
유해·위험 방지를 위한 방호조치가 필요한 기계·기구(산업안전보건법 시행령 별표 20)
- 예초기
- 원심기
- 공기압축기
- 금속절단기
- 지게차
- 포장기계(진공포장기, 래핑기로 한정)

09 **산업안전보건법령상 안전·보건표지의 색채와 사용사례의 연결로 틀린 것은?**

① 노란색 – 화학물질 취급장소에서의 유해·위험 경고 이외의 위험경고
② 파란색 – 특정 행위의 지시 및 사실의 고지
③ 빨간색 – 화학물질 취급장소에서의 유해·위험 경고
④ 녹색 – 정지신호, 소화설비 및 그 장소, 유해행위의 금지

해설
녹색 – 비상구 및 피난소, 사람 또는 차량의 통행표지(산업안전보건법 시행규칙 별표 8)

정답 5 ④ 6 ② 7 ③ 8 ④ 9 ④

10 재해의 발생형태 중 다음 그림이 나타내는 것은?

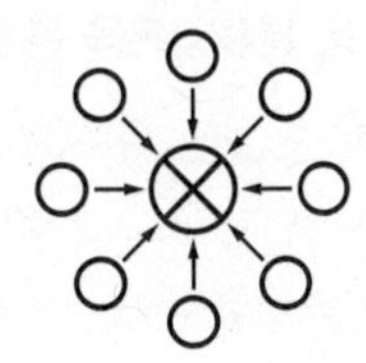

① 단순연쇄형　　② 복합연쇄형
③ 단순자극형　　④ 복합형

해설
일반적인 재해발생양상

단순연쇄형	복합연쇄형	단순자극형(집중형)	복합형

11 생체리듬의 변화에 대한 설명으로 틀린 것은?

① 야간에는 체중이 감소한다.
② 야간에는 말초운동 기능이 증가된다.
③ 체온, 혈압, 맥박수는 주간에 상승하고 야간에 감소한다.
④ 혈액의 수분과 염분량은 주간에 감소하고 야간에 상승한다.

해설
야간에는 말초운동 기능이 감소된다.

12 무재해 운동을 추진하기 위한 조직의 세 기둥으로 볼 수 없는 것은?

① 최고경영자의 경영자세
② 소집단 자주활동의 활성화
③ 전 종업원의 안전요원화
④ 라인관리자에 의한 안전보건의 추진

해설
무재해 운동을 추진하기 위한 조직의 세 기둥
- 최고경영자의 경영자세
- 소집단 자주활동의 활성화
- 라인관리자(관리감독자)에 의한 안전보건의 추진

13 안전인증 절연장갑에 안전인증 표시 외에 추가로 표시하여야 하는 등급별 색상의 연결로 옳은 것은?(단, 고용노동부 고시를 기준으로 한다)

① 00등급 : 갈색　　② 0등급 : 흰색
③ 1등급 : 노란색　　④ 2등급 : 빨간색

해설
안전인증 절연장갑 등급별 색상(보호구 안전인증 고시 별표 3)
- 00등급 : 갈색
- 0등급 : 빨간색
- 1등급 : 흰색
- 2등급 : 노란색
- 3등급 : 녹색
- 4등급 : 등색

14 안전교육방법 중 구안법(Project Method)의 4단계의 순서로 옳은 것은?

① 계획수립 → 목적결정 → 활동 → 평가
② 평가 → 계획수립 → 목적결정 → 활동
③ 목적결정 → 계획수립 → 활동 → 평가
④ 활동 → 계획수립 → 목적결정 → 평가

해설
구안법(Project Method)의 4단계의 순서
목적결정 → 계획수립 → 활동 → 평가

정답 10 ③ 11 ② 12 ③ 13 ① 14 ③

15 **산업안전보건법령상 사업 내 안전보건교육 중 관리감독자 정기교육의 내용이 아닌 것은?**

① 유해 · 위험 작업환경 관리에 관한 사항
② 표준안전 작업방법 및 지도 요령에 관한 사항
③ 작업공정의 유해 · 위험과 재해 예방대책에 관한 사항
④ 기계 · 기구의 위험성과 작업의 순서 및 동선에 관한 사항

해설
관리감독자 정기교육 교육내용(산업안전보건법 시행규칙 별표 5)
- 산업안전 및 사고 예방에 관한 사항
- 산업보건 및 직업병 예방에 관한 사항
- 유해 · 위험 작업환경 관리에 관한 사항
- 산업안전보건법령 및 산업재해보상보험 제도에 관한 사항
- 직무스트레스 예방 및 관리에 관한 사항
- 직장 내 괴롭힘, 고객의 폭언 등으로 인한 건강장해 예방 및 관리에 관한 사항
- 작업공정의 유해 · 위험과 재해 예방대책에 관한 사항
- 표준안전 작업방법 및 지도 요령에 관한 사항
- 관리감독자의 역할과 임무에 관한 사항
- 안전보건교육 능력 배양에 관한 사항

16 **다음 재해원인 중 간접원인에 해당하지 않는 것은?**

① 기술적 원인 ② 교육적 원인
③ 관리적 원인 ④ 인적 원인

해설
인적 원인은 재해의 직접원인에 해당한다.

17 **재해원인 분석방법의 통계적 원인분석 중 사고의 유형, 기인물 등 분류항목을 큰 순서대로 도표화한 것은?**

① 파레토도 ② 특성요인도
③ 크로스도 ④ 관리도

해설
② 특성요인도Cause & Effect Diagram) : 재해문제 특성과 원인과의 관계를 찾아가면서 도표로 만들어 재해발생의 원인을 찾아내는 통계분석기법
③ 크로스도(Cross Diagram) : 데이터를 집계하고 표로 표시하여 요인별 결과내역을 교차한 크로스 그림을 작성하여 2개 이상의 문제관계를 분석하는 통계분석기법
④ 관리도(Control Chart) : 재해발생건수 등의 추이에 대해 한계선을 설정하여 목표관리를 수행하는 재해통계분석기법

18 **다음 중 헤드십(Headship)에 관한 설명과 가장 거리가 먼 것은?**

① 권한의 근거는 공식적이다.
② 지휘의 형태는 민주주의적이다.
③ 상사와 부하와의 사회적 간격은 넓다.
④ 상사와 부하와의 관계는 지배적이다.

해설
지휘의 형태는 권위주의적이다.

정답 15 ④ 16 ④ 17 ① 18 ②

19 **다음 설명에 해당하는 학습 지도의 원리는?**

> 학습자가 지니고 있는 각자의 요구와 능력 등에 알맞은 학습활동의 기회를 마련해주어야 한다는 원리

① 직관의 원리 ② 자기활동의 원리
③ 개별화의 원리 ④ 사회화의 원리

해설
① 직관의 원리 : 구체적 사물을 제시하거나 경험시킴으로써 효과를 보게 되는 원리
② 자기활동의 원리 : 내적 동기가 유발된 학습이어야 한다는 원리
④ 사회화의 원리 : 공동학습을 통해서 협력적이고 우호적인 학습을 통해서 지도하는 원리

20 **안전교육의 단계에 있어 교육대상자가 스스로 행함으로서 습득하게 하는 교육은?**

① 의식교육
② 기능교육
③ 지식교육
④ 태도교육

해설
① 의식교육(정신교육) : 인명존중의 이념을 함양시키고, 안전의식 고취와 주의집중력 및 긴장상태를 유지시키기 위한 교육
③ 지식교육 : 근로자가 지켜야 할 규정의 숙지를 위한 교육으로 안전·보건교육의 첫 단계이다.
④ 태도교육 : 올바른 행동의 습관화 및 가치관을 형성하도록 하는 교육으로 예의범절교육이라고도 한다.

제2과목 인간공학 및 시스템 안전공학

21 **결함수분석의 기호 중 입력사상이 어느 하나라도 발생할 경우 출력사상이 발생하는 것은?**

① NOR GATE
② AND GATE
③ OR GATE
④ NAND GATE

해설
① NOR GATE : 두 개의 입력이 LOW(0)이면 HIGH(1) 출력이 발생하며, 두 입력 중 하나가 HIGH(1)이면 LOW 출력(0)이 발생하는 논리 게이트(부정논리합의 게이트)
② AND GATE : 입력사상이 모두 발생해야만 출력사상이 발생하는 논리 게이트(논리곱의 게이트)
④ NAND GATE : 모든 입력이 참일 때에만 거짓인 출력을 내보내는 논리 게이트(부정논리곱의 게이트)

22 **가스밸브를 잠그는 것을 잊어 사고가 발생했다면 작업자는 어떤 인적오류를 범한 것인가?**

① 생략오류(Omission Error)
② 시간지연오류(Time Error)
③ 순서오류(Sequential Error)
④ 작위적오류(Commission Error)

해설
Omission Error(생략오류 또는 누락오류, 생략적 과오)
필요한 직무, 작업 또는 절차를 수행하지 않는데 기인한 오류로, 가스밸브를 잠그는 것을 잊어 사고가 난 경우는 이에 해당한다.

정답 19 ③ 20 ② 21 ③ 22 ①

23 **어떤 소리가 1,000[Hz], 60[dB]인 음과 같은 높이임에도 4배 더 크게 들린다면, 이 소리의 음압수준은 얼마인가?**

① 70[dB] ② 80[dB]
③ 90[dB] ④ 100[dB]

해설

sone = $2^{\frac{[phon]-40}{10}} = 2^{\frac{60-40}{10}}$ = 4[sone]이며, 이 보다 4배가 더 크게 들리므로

$4\times4=16=2^{\frac{[phon]-40}{10}}$

$2^4 = 2^{\frac{[phon]-40}{10}}$ 이므로,

$4=\frac{[phon]-40}{10}$

∴ [phon] = 80[dB]

24 **시스템 안전분석 방법 중 예비위험분석(PHA)단계에서 식별하는 4가지 범주에 속하지 않는 것은?**

① 위기 상태 ② 무시가능 상태
③ 파국적 상태 ④ 예비조처 상태

해설

예비위험분석(PHA) 단계에서 식별하는 4가지 범주
- 파국적 상태
- 위기(중대) 상태
- 한계적 상태
- 무시가능 상태

25 **다음은 불꽃놀이용 화학물질취급설비에 대한 정량적 평가이다. 해당 항목에 대한 위험등급이 올바르게 연결된 것은?**

항 목	A(10점)	B(5점)	C(2점)	D(0점)
취급물질	O	O	O	
조 작		O		O
화학설비의 용량	O		O	
온 도	O	O		
압 력		O	O	O

① 취급물질 – Ⅰ등급, 화학설비의 용량 – Ⅰ등급
② 온도 – Ⅰ등급, 화학설비의 용량 – Ⅱ등급
③ 취급물질 – Ⅰ등급, 조작 – Ⅳ등급
④ 온도 – Ⅱ등급, 압력 – Ⅲ등급

해설

점수 합산 결과에 따른 등급 분류
- 16점 이상 : 위험등급 Ⅰ
- 11점 이상 ~ 15점 이하 : 위험등급 Ⅱ
- 10점 이하 : 위험등급 Ⅲ

항 목	총 점수	등 급
취급물질	17	Ⅰ
조 작	5	Ⅲ
화학설비의 용량	12	Ⅱ
온 도	15	Ⅱ
압 력	7	Ⅲ

26 **산업안전보건법령상 유해위험방지계획서의 제출 대상 제조업은 전기 계약 용량이 얼마 이상인 경우에 해당되는가?(단, 기타 예외사항은 제외한다)**

① 50[kW]
② 100[kW]
③ 200[kW]
④ 300[kW]

해설

유해위험방지계획서의 제출 대상 제조업은 전기 계약 용량이 300[kW] 이상인 경우에 해당된다(산업안전보건법 시행령 제42조).

정답 23 ② 24 ④ 25 ④ 26 ④

27 **인간 – 기계 시스템에서 시스템의 설계를 다음과 같이 구분할 때 제3단계인 기본설계에 해당되지 않는 것은?**

> 1단계 : 시스템의 목표와 성능 명세 결정
> 2단계 : 시스템의 정의
> 3단계 : 기본설계
> 4단계 : 인터페이스설계
> 5단계 : 보조물 설계
> 6단계 : 시험 및 평가

① 화면 설계 ② 작업 설계
③ 직무 분석 ④ 기능 할당

해설
3단계 : 기본설계
- 활동 내용 : 직무분석, 인간성능요건명세, 작업설계, 기능할당(인간 · 하드웨어 · 소프트웨어)
- 인간의 성능특성 : 속도, 정확성, 사용자 만족 등

28 **결함수 분석법에서 Path Set에 관한 설명으로 옳은 것은?**

① 시스템의 약점을 표현한 것이다.
② Top사상을 발생시키는 조합이다.
③ 시스템이 고장 나지 않도록 하는 사상의 조합이다.
④ 시스템고장을 유발시키는 필요불가결한 기본사상들의 집합이다.

해설
Path Set : 시스템이 고장 나지 않도록 하는 사상의 조합

29 **연구 기준의 요건과 내용이 옳은 것은?**

① 무오염성 : 실제로 의도하는 바와 부합해야 한다.
② 적절성 : 반복 실험 시 재현성이 있어야 한다.
③ 신뢰성 : 측정하고자 하는 변수 이외의 다른 변수의 영향을 받아서는 안 된다.
④ 민감도 : 피실험자 사이에서 볼 수 있는 예상 차이점에 비례하는 단위로 측정해야 한다.

해설
① 무오염성 : 측정하고자 하는 변수 이외의 다른 변수의 영향을 받아서는 안 된다.
② 적절성 : 실제로 의도하는 바와 부합해야 한다.
③ 신뢰성 : 반복 실험 시 재현성이 있어야 한다.

30 **FTA 결과 다음과 같은 패스셋을 구하였다. 최소 패스셋(Minimal Path Sets)으로 옳은 것은?**

> [다 음]
> $\{X_2, X_3, X_4\}$
> $\{X_1, X_3, X_4\}$
> $\{X_3, X_4\}$

① $\{X_3, X_4\}$
② $\{X_1, X_3, X_4\}$
③ $\{X_2, X_3, X_4\}$
④ $\{X_2, X_3, X_4\}$와 $\{X_3, X_4\}$

해설
$T = (X_2 + X_3 + X_4) \cdot (X_1 + X_3 + X_4) \cdot (X_3 + X_4)$이므로 최소 패스셋은 $\{X_3, X_4\}$이다.

정답 27 ① 28 ③ 29 ④ 30 ①

31 인체측정에 대한 설명으로 옳은 것은?

① 인체측정은 동적측정과 정적측정이 있다.
② 인체측정학은 인체의 생화학적 특징을 다룬다.
③ 자세에 따른 인체치수의 변화는 없다고 가정한다.
④ 측정항목에 무게, 둘레, 두께, 길이는 포함되지 않는다.

해설

② 인체측정학은 인체의 생화학적 특징을 다루지 않는다.
③ 자세에 따른 인체치수의 변화가 있다고 가정한다.
④ 측정항목에 무게, 둘레, 두께, 길이도 포함된다.

32 실린더블록에 사용하는 개스킷의 수명 분포는 $X \sim N(10{,}000,\ 200^2)$인 정규분포를 따른다. t = 9,600시간일 경우에 신뢰도($R(t)$)는?(단, $P(Z \le 1)$ = 0.8413, $P(Z \le 1.5)$ = 0.9332, $P(Z \le 2)$ = 0.9772, $P(Z \le 3)$ = 0.9987이다)

① 84.13[%] ② 93.32[%]
③ 97.72[%] ④ 99.87[%]

해설

확률변수 X가 정규분포를 따르므로
$N(\overline{X},\ \sigma) = N(10{,}000,\ 200)$이며
$P(\overline{X} > 9{,}600) = P\left(Z > \frac{9{,}600 - 10{,}000}{200}\right)$
$= P(Z > -2) = P(Z \le 2) = 0.9772 = 97.72[\%]$

33 다음 중 열중독증(Heat Illness)의 강도를 올바르게 나열한 것은?

ⓐ 열소모(Heat Exhaustion)
ⓑ 열발진(Heat Rash)
ⓒ 열경련(Heat Cramp)
ⓓ 열사병(Heat Stroke)

① ⓒ < ⓑ < ⓐ < ⓓ
② ⓒ < ⓑ < ⓓ < ⓐ
③ ⓑ < ⓒ < ⓐ < ⓓ
④ ⓑ < ⓓ < ⓐ < ⓒ

해설

열중독증(Heat Illness)의 강도(저고순)
열발진(Heat Rash) < 열경련(Heat Cramp) < 열소모(Heat Exhaustion) < 열사병(Heat Stroke)

34 사무실 의자나 책상에 적용할 인체측정 자료의 설계원칙으로 가장 적합한 것은?

① 평균치 설계 ② 조절식 설계
③ 최대치 설계 ④ 최소치 설계

해설

사무실 의자나 책상에 적용할 인체측정 자료의 설계원칙으로 조절식 설계가 적합하다.

35 암호체계의 사용 시 고려해야 될 사항과 거리가 먼 것은?

① 정보를 암호화한 자극은 검출이 가능하여야 한다.
② 다차원의 암호보다 단일차원화된 암호가 정보전달이 촉진된다.
③ 암호를 사용할 때는 사용자가 그 뜻을 분명히 알 수 있어야 한다.
④ 모든 암호 표시는 감지장치에 의해 검출될 수 있고, 다른 암호 표시와 구별될 수 있어야 한다.

해설

단일차원의 암호보다 다차원화된 암호가 정보전달이 촉진된다.

정답 31 ① 32 ③ 33 ③ 34 ② 35 ②

36 신호검출이론(SDT)의 판정결과 중 신호가 없었는데도 있었다고 말하는 경우는?

① 긍정(Hit)
② 누락(Miss)
③ 허위(False Alarm)
④ 부정(Correct Rejection)

해설
신호검출이론(SDT)의 판정결과 중 신호가 없었는데도 있었다고 말하는 경우는 허위(False Alarm)이다.

37 촉감의 일반적인 척도의 하나인 2점 문턱값(Two-Point Threshold)이 감소하는 순서대로 나열된 것은?

① 손가락 → 손바닥 → 손가락 끝
② 손바닥 → 손가락 → 손가락 끝
③ 손가락 끝 → 손가락 → 손바닥
④ 손가락 끝 → 손바닥 → 손가락

해설
2점 문턱값(Two-Point Threshold)이 감소하는 순서
손바닥 → 손가락 → 손가락 끝

38 시스템 안전분석 방법 중 HAZOP에서 "완전 대체"를 의미하는 것은?

① Not
② Reverse
③ Part of
④ Other Than

해설
① Not : 디자인 의도의 완전한 부정
② Reverse : 디자인 의도의 논리적 반대
③ Part of : 성질상의 감소

39 어느 부품 1,000개를 100,000시간 동안 가동하였을 때 5개의 불량품이 발생하였을 경우 평균동작시간(MTTF)은?

① 1×10^6시간
② 2×10^7시간
③ 1×10^8시간
④ 2×10^9시간

해설

$$MTTF = \frac{총가동시간}{고장건수} = \frac{1,000 \times 100,000}{5} = 2 \times 10^7시간$$

40 신체활동의 생리학적 측정법 중 전신의 육체적인 활동을 측정하는 데 가장 적합한 방법은?

① Flicker 측정
② 산소 소비량 측정
③ 근전도(EMG) 측정
④ 피부전기반사(GSR) 측정

해설
전신의 육체적인 활동을 측정하는 데 가장 적합한 방법은 산소 소비량 측정 방법이다.

정답 36 ③ 37 ② 38 ④ 39 ② 40 ②

제3과목 기계위험 방지기술

41 산업안전보건법령상 롤러기의 방호장치 중 롤러의 앞면 표면속도가 30[m/min] 이상일 때 무부하 동작에서 급정지거리는?

① 앞면 롤러 원주의 1/2.5 이내
② 앞면 롤러 원주의 1/3 이내
③ 앞면 롤러 원주의 1/3.5 이내
④ 앞면 롤러 원주의 1/5.5 이내

해설
무부하 동작에서 앞면 롤러의 표면속도에 따른 급정지거리(방호장치 자율안전기준 고시 별표 3)

앞면 롤러의 표면속도[m/min]	급정지거리
30 미만	앞면 롤러 원주의 1/3 이내
30 이상	앞면 롤러 원주의 1/2.5 이내

42 극한하중이 600[N]인 체인에 안전계수가 4일 때 체인의 정격하중[N]은?

① 130 ② 140
③ 150 ④ 160

해설
안전율 $S = \frac{\text{극한강도}}{\text{정격하중}} = 4$이므로

∴ 정격하중 $= \frac{600}{4} = 150$[N]

43 연삭작업에서 숫돌의 파괴원인으로 가장 적절하지 않은 것은?

① 숫돌의 회전속도가 너무 빠를 때
② 연삭작업 시 숫돌의 정면을 사용할 때
③ 숫돌에 큰 충격을 줬을 때
④ 숫돌의 회전중심이 제대로 잡히지 않았을 때

해설
② 연삭작업 시 숫돌의 측면을 사용할 때

44 산업안전보건법령상 용접장치의 안전에 관한 준수사항으로 옳은 것은?

① 아세틸렌 용접장치의 발생기실을 옥외에 설치한 경우에는 그 개구부를 다른 건축물로부터 1[m] 이상 떨어지도록 하여야 한다.
② 가스집합장치로부터 7[m] 이내의 장소에서는 화기의 사용을 금지시킨다.
③ 아세틸렌 발생기에서 10[m] 이내 또는 발생기실에서 4[m] 이내의 장소에서는 화기의 사용을 금지시킨다.
④ 아세틸렌 용접장치를 사용하여 용접작업을 할 경우 게이지 압력이 127[kPa]을 초과하는 압력의 아세틸렌을 발생시켜 사용해서는 아니 된다.

해설
① 아세틸렌 용접장치의 발생기실을 옥외에 설치한 경우에는 그 개구부를 다른 건축물로부터 1.5[m] 이상 떨어지도록 하여야 한다.
② 가스집합장치로부터 5[m] 이내의 장소에서는 화기의 사용을 금지시킨다.
③ 아세틸렌 발생기에서 5[m] 이내 또는 발생기실에서 3[m] 이내의 장소에서는 흡연행위를 금지시킨다.

45 500[rpm]으로 회전하는 연삭숫돌의 지름이 300[mm]일 때 원주속도[m/min]는?

① 약 748
② 약 650
③ 약 532
④ 약 471

해설
원주속도 $v = \frac{\pi dn}{1,000} = \frac{3.14 \times 300 \times 500}{1,000} = 471$[m/min]

정답 41 ① 42 ③ 43 ② 44 ④ 45 ④

46 산업안전보건법령상 로봇을 운전하는 경우 근로자가 로봇에 부딪칠 위험이 있을 때 높이는 최소 얼마 이상의 울타리를 설치하여야 하는가?(단, 로봇의 가동범위 등을 고려하여 높이로 인한 위험성이 없는 경우는 제외)

① 0.9[m]　② 1.2[m]
③ 1.5[m]　④ 1.8[m]

해설
로봇의 운전으로 인하여 근로자에게 발생할 수 있는 부상 등의 위험을 방지하기 위하여 높이 1.8[m] 이상의 울타리(로봇의 가동범위 등을 고려하여 높이로 인한 위험성이 없는 경우에는 높이를 그 이하로 조절할 수 있다)를 설치하여야 한다(산업안전보건기준에 관한 규칙 제223조).

47 일반적으로 전류가 과대하고, 용접속도가 너무 빠르며, 아크를 짧게 유지하기 어려운 경우 모재 및 용접부의 일부가 녹아서 홈 또는 오목한 부분이 생기는 용접부 결함은?

① 잔류응력
② 융합불량
③ 기 공
④ 언더컷

해설
① 잔류응력 : 용융금속의 응고과정에서 용접길이 방향으로 표면에 남는 인장잔류응력
② 융합(Fusion)불량 : 다층 비드의 층과 층 또는 홈면과 비드와의 용접계면이 충분히 용융 되지 않은 것으로, 균열상이 되면 응력집중이 커진다. 루트면 이외의 부분이 용융 되지 않고 남아있는 것을 총칭한다.
③ 기공(Porosity) : 용융금속 내부의 가스가 응고할 때 부상하는 시간의 부족으로 용접금속 내부에 갇혀 있던 CO, H_2 등의 가스가 빠져나가지 못한 상태에서 내부에 응고된 공동

48 산업안전보건법령상 승강기의 종류로 옳지 않은 것은?

① 승객용 엘리베이터
② 리프트
③ 화물용 엘리베이터
④ 승객화물용 엘리베이터

해설
승강기의 종류(산업안전보건기준에 관한 규칙 제132조)
- 승객용 엘리베이터
- 승객화물용 엘리베이터
- 화물용 엘리베이터
- 소형화물용 엘리베이터
- 에스컬레이터

49 다음 중 선반의 방호장치로 가장 거리가 먼 것은?

① 실드(Shield)　② 슬라이딩
③ 척커버　④ 칩브레이커

해설
선반 방호장치의 종류
칩브레이커(Chip Breaker), 척커버(Chuck Cover), 실드(Shield), 덮개, 울, 고정 브리지 등

50 산업안전보건법령상 목재가공용 둥근톱 작업에서 분할날과 톱날 원주면과의 간격은 최대 얼마 이내가 되도록 조정하는가?

① 10[mm]　② 12[mm]
③ 14[mm]　④ 16[mm]

해설
목재가공용 덮개 및 분할날 성능기준(방호장치 자율안전기준 고시 별표 5)

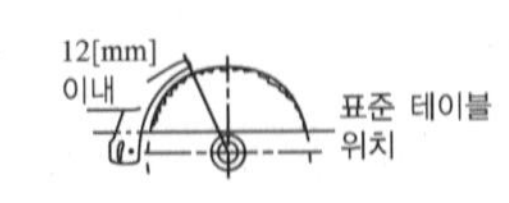

[겸형식 분할날]

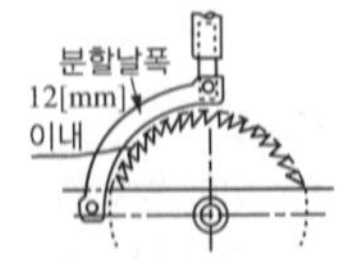

[현수식 분할날]

정답 46 ④ 47 ④ 48 ② 49 ② 50 ②

51 기계설비에서 기계고장률의 기본모형으로 옳지 않은 것은?

① 조립 고장 ② 초기 고장
③ 우발 고장 ④ 마모 고장

해설
기계설비에서 기계고장률의 기본모형
- 초기 고장
- 우발 고장
- 마모 고장

52 산업안전보건법령상 화물의 낙하에 의해 운전자가 위험을 미칠 경우 지게차의 헤드가드(Head Guard)는 지게차 최대하중의 몇 배가 되는 등분포정하중에 견디는 강도를 가져야 하는가?(단, 4[ton]을 넘는 값은 제외)

① 1배 ② 1.5배
③ 2배 ④ 3배

해설
헤드가드(산업안전보건기준에 관한 규칙 제180조)
다음에 따른 적합한 헤드가드(Head Guard)를 갖추지 아니한 지게차를 사용해서는 안된다. 다만, 화물의 낙하에 의하여 지게차의 운전자에게 위험을 미칠 우려가 없는 경우에는 그렇지 않다.
- 강도는 지게차의 최대하중의 2배 값(4[ton]을 넘는 값에 대해서는 4[ton]으로 한다)의 등분포정하중에 견딜 수 있을 것
- 상부틀의 각 개구의 폭 또는 길이가 16[cm] 미만일 것
- 운전자가 앉아서 조작하거나 서서 조작하는 지게차의 헤드가드는 한국산업표준에서 정하는 높이 기준 이상일 것

53 다음 중 컨베이어의 안전장치로 옳지 않은 것은?

① 비상정지장치 ② 반발예방장치
③ 역회전방지장치 ④ 이탈방지장치

해설
컨베이어 방호장치(안전장치)의 종류
비상정지장치, 이탈 및 역주행방지장치(또는 역전방지장치), 건널다리, 덮개, 울, 방호판 등

54 크레인에 돌발 상황이 발생한 경우 안전을 유지하기 위하여 모든 전원을 차단하여 크레인을 급정지시키는 방호장치는?

① 호이스트 ② 이탈방지장치
③ 비상정지장치 ④ 아웃트리거

해설
비상정지장치에 대한 설명이다.

55 산업안전보건법령상 프레스 등을 사용하여 작업을 할 때에 작업시작 전 점검사항으로 가장 거리가 먼 것은?

① 압력방출장치의 기능
② 클러치 및 브레이크의 기능
③ 프레스의 금형 및 고정볼트 상태
④ 1행정 1정지기구·급정지장치 및 비상정지장치의 기능

해설
프레스 작업시작 전 점검사항
- 클러치 및 브레이크의 기능
- 크랭크축, 플라이휠, 슬라이드, 연결봉 및 연결나사의 풀림 유무
- 1행정 1정지기구, 급정지장치 및 비상정지장치의 기능
- 슬라이드 또는 칼날에 의한 위험방지기구의 기능
- 프레스의 금형 및 고정볼트 상태
- 전단기의 칼날 및 테이블의 상태

56 다음 중 프레스 방호장치에서 게이트 가드식 방호장치의 종류를 작동방식에 따라 분류할 때 가장 거리가 먼 것은?

① 경사식 ② 하강식
③ 도립식 ④ 횡 슬라이드식

해설
작동방식에 따른 게이트 가드식 방호장치의 종류
- 상승식
- 하강식
- 도립식
- 횡 슬라이드식

정답 51 ① 52 ③ 53 ② 54 ③ 55 ① 56 ①

57 **선반작업의 안전수칙으로 가장 거리가 먼 것은?**

① 기계에 주유 및 청소를 할 때에는 저속회전에서 한다.
② 일반적으로 가공물의 길이가 지름의 12배 이상일 때는 방진구를 사용하여 선반작업을 한다.
③ 바이트는 가급적 짧게 설치한다.
④ 면장갑을 사용하지 않는다.

해설
① 주유 및 청소는 기계작동을 멈춘 뒤 한다.

58 **다음 중 보일러 운전 시 안전수칙으로 가장 적절하지 않은 것은?**

① 가동 중인 보일러에는 작업자가 항상 정위치를 떠나지 아니할 것
② 보일러의 각종 부속장치의 누설상태를 점검할 것
③ 압력방출장치는 매 7년마다 정기적으로 작동시험을 할 것
④ 노 내의 환기 및 통풍 장치를 점검할 것

해설
압력방출장치(산업안전보건기준에 관한 규칙 제116조)
압력방출장치는 매년 1회 이상 국가교정기관에서 교정을 받은 압력계를 이용하여 설정압력에서 압력방출장치가 적정하게 작동하는지를 검사한 후 납으로 봉인하여 사용하여야 한다. 다만, 공정안전보고서 제출 대상으로서 고용노동부장관이 실시하는 공정안전보고서 이행상태 평가결과가 우수한 사업장은 압력방출장치에 대하여 4년마다 1회 이상 설정압력에서 압력방출장치가 적정하게 작동하는지를 검사할 수 있다.

59 **산업안전보건법령상 크레인에서 권과방지장치의 달기구 윗면이 권상장치의 아랫면과 접촉할 우려가 있는 경우 최소 몇 [m] 이상 간격이 되도록 조정하여야 하는가?(단, 직동식 권과방지장치의 경우는 제외)**

① 0.1
② 0.15
③ 0.25
④ 0.3

해설
방호장치의 조정(산업안전보건기준에 관한 규칙 제134조)
크레인의 권과방지장치는 훅·버킷 등 달기구의 윗면이 드럼, 상부도르래, 트롤리프레임 등 권상장치의 아랫면과 접촉할 우려가 있는 경우에 그 간격이 0.25[m] 이상(직동식 권과방지장치는 0.05[m] 이상으로 한다)이 되도록 조정하여야 한다.

60 **슬라이드가 내려옴에 따라 손을 쳐내는 막대가 좌우로 왕복하면서 위험한계에 있는 손을 보호하는 프레스 방호장치는?**

① 수인식
② 게이트 가드식
③ 반발예방장치
④ 손쳐내기식

해설
손쳐내기식 프레스 방호장치
슬라이드가 내려옴에 따라 손을 쳐내는 막대가 좌우로 왕복하면서 위험점으로부터 손을 보호하는 프레스 방호장치

정답 57 ① 58 ③ 59 ③ 60 ④

제4과목 전기위험 방지기술

61 KS C IEC 60079-0에 따른 방폭기기에 대한 설명이다. 다음 빈칸에 들어갈 알맞은 용어는?

> (ⓐ)은 EPL로 표현되며 점화원이 될 수 있는 가능성에 기초하여 기기에 부여된 보호등급이다. EPL의 등급 중 (ⓑ)는 정상 작동, 예상된 오작동, 드문 오작동 중에 점화원이 될 수 없는 "매우 높은" 보호등급의 기기이다.

① ⓐ Explosion Protection Level, ⓑ EPL Ga
② ⓐ Explosion Protection Level, ⓑ EPL Gc
③ ⓐ Equipment Protection Level, ⓑ EPL Ga
④ ⓐ Equipment Protection Level, ⓑ EPL Gc

해설
기기보호등급(EPL ; Equipment Protection Level) : 점화원이 될 수 있는 가능성에 기초하여 기기에 부여된 보호등급으로, 폭발성 가스 분위기, 폭발성 분진 분위기 및 폭발성 갱내 가스에 취약한 광산 내 폭발성 분위기의 차이를 구별한다.
ELP Ga : 폭발성 가스분위기에 설치되는 기기로 정상 작동, 예상된 오작동 또는 드문 오작동 중에 점화원이 될 수 없는 "매우 높은" 보호등급의 기기

62 접지계통 분류에서 TN접지방식이 아닌 것은?

① TN-S방식 ② TN-C방식
③ TN-T방식 ④ TN-C-S방식

해설
접지계통 분류에서 TN접지방식
- TN-S방식
- TN-C방식
- TN-C-S방식

63 접지공사의 종류에 따른 접지선(연동선)의 굵기 기준으로 옳은 것은?

① 제1종 : 공칭단면적 6[mm^2] 이상
② 제2종 : 공칭단면적 12[mm^2] 이상
③ 제3종 : 공칭단면적 5[mm^2] 이상
④ 특별 제3종 : 공칭단면적 3.5[mm^2] 이상

해설
② 제2종 : 공칭단면적 16[mm^2] 이상
③ 제3종 : 공칭단면적 2.5[mm^2] 이상
④ 특별 제3종 : 공칭단면적 2.5[mm^2] 이상
접지공사 종류별 접지선의 굵기

접지공사의 종류	접지선의 굵기
제1종 접지공사	공칭단면적 6[mm^2] 이상의 연동선
제2종 접지공사	공칭단면적 16[mm^2] 이상의 연동선(고압 전로 또는 특고압 가공전선로의 전로와 저압 전로를 변압기에 의하여 결합하는 경우에는 공칭단면적 6[mm^2] 이상의 연동선)
제3종 접지공사 및 특별 제3종 접지공사	공칭단면적 2.5[mm^2] 이상의 연동선

※ 출제 당시의 규정에 의하면 ①번이 정답이었으나 2021년부터는 해당 규정이 전면 변경됨

64 최소 착화에너지가 0.26[mJ]인 가스에 정전용량이 100[pF]인 대전 물체로부터 정전기 방전에 의하여 착화할 수 있는 전압은 약 몇 [V]인가?

① 2,240 ② 2,260
③ 2,280 ④ 2,300

해설
$E = \frac{1}{2}CV^2$에서 $V = \sqrt{\frac{2E}{C}} = \sqrt{\frac{2 \times 0.26 \times 10^{-3}}{100 \times 10^{-12}}} \fallingdotseq 2,280[V]$

정답 61 ③ 62 ③ 63 ① 64 ③

65 **누전차단기의 구성요소가 아닌 것은?**

① 누전검출부
② 영상변류기
③ 차단장치
④ 전력퓨즈

해설
누전차단기의 구성요소
누전검출부, 영상변류기, 차단장치, 시험버튼, 트립코일

66 **우리나라의 안전전압으로 볼 수 있는 것은 약 몇 [V]인가?**

① 30 ② 50
③ 60 ④ 70

해설
안전전압 : 인체가 최악의 상태하에서도 인체에 위해를 주지 않게 되는 전압
우리나라는 일반작업장에서의 안전전압을 산업안전보건법에서 30[V]로 규정하고 있다.

- ILO 규정 : AC 24[V] 이하
- 한국 산업안전보건법 : AC 30[V] 이하
- 안전전압 절대치(각국 평균)
  - 마른손 : AC 30[V] 이하
  - 젖은손 : AC 20[V] 이하
  - 욕조 내 : AC 10[V] 이하

(안전보건용어사전, 안전보건공단)

67 **산업안전보건기준에 관한 규칙에 따라 누전에 의한 감전의 위험을 방지하기 위하여 접지를 하여야 하는 대상의 기준으로 틀린 것은?(단, 예외조건은 고려하지 않는다)**

① 전기기계・기구의 금속제 외함
② 고압 이상의 전기를 사용하는 전기기계・기구 주변의 금속제 칸막이
③ 고정배선에 접속된 전기기계・기구 중 사용전압이 대지전압 100[V]를 넘는 비충전 금속체
④ 코드와 플러그를 접속하여 사용하는 전기기계・기구 중 휴대형 전동기계・기구의 노출된 비충전 금속체

해설
③ 고정 설치되거나 고정배선에 접속된 전기기계・기구 중 사용전압이 대지전압 150[V]를 넘는 노출된 비충전 금속제(산업안전보건기준에 관한 규칙 제302조)

68 **정전유도를 받고 있는 접지되어 있지 않는 도전성 물체에 접촉한 경우 전격을 당하게 되는데 이 때 물체에 유도된 전압 V[V]를 옳게 나타낸 것은?(단, E는 송전선의 대지전압, C_1은 송전선과 물체사이의 정전용량, C_2는 물체와 대지사이의 정전용량이며, 물체와 대지사이의 저항은 무시한다)**

① $V = \frac{C_1}{C_1 + C_2} \times E$

② $V = \frac{C_1 + C_2}{C_1} \times E$

③ $V = \frac{C_1}{C_1 \times C_2} \times E$

④ $V = \frac{C_1 \times C_2}{C_1} \times E$

해설
물체에 유도된 전압 : $V = \frac{C_1}{C_1 + C_2} \times E$

정답 65 ④ 66 ① 67 ③ 68 ①

69 **교류 아크 용접기의 자동전격방지장치는 전격의 위험을 방지하기 위하여 아크 발생이 중단된 후 약 1초 이내에 출력 측 무부하전압을 자동적으로 몇 [V] 이하로 저하시켜야 하는가?**

① 85 ② 70
③ 50 ④ 25

해설
교류아크용접기용 자동전격방지기(방호장치 자율안전기준 고시 제4조)
대상으로 하는 용접기의 주회로(변압기의 경우는 1차회로 또는 2차회로)를 제어하는 장치를 가지고 있어, 용접봉의 조작에 따라 용접할 때에만 용접기의 주회로를 형성하고, 그 외에는 용접기의 출력 측의 무부하전압을 25[V] 이하로 저하시키도록 동작하는 장치를 말한다.

70 **정전기 발생에 영향을 주는 요인으로 가장 적절하지 않은 것은?**

① 분리속도 ② 물체의 질량
③ 접촉면적 및 압력 ④ 물체의 표면상태

해설
정전기 발생에 영향을 주는 요인
물체의 특성, 물체의 분리력, 분리속도, 접촉면적, 압력, 물체의 표면상태, 완화시간, 대전서열 등

71 **다음에서 설명하고 있는 방폭구조는?**

전기기기의 정상 사용 조건 및 특정 비정상 상태에서 과도한 온도 상승, 아크 또는 스파크의 발생위험을 방지하기 위해 추가적인 안전 조치를 취한 것으로 Ex e라고 표시한다.

① 유입 방폭구조 ② 압력 방폭구조
③ 내압 방폭구조 ④ 안전증 방폭구조

해설
① 유입 방폭구조 : 전기기기의 불꽃 또는 아크 발생 부분을 기름 속에 넣어 유면 상에 존재하는 폭발성 가스에 인화될 우려가 없도록 한 방폭구조
② 압력 방폭구조 : 방폭전기설비의 용기 내부에 보호가스를 압입하여 내부압력을 유지함으로써 폭발성 가스 또는 증기가 내부로 유입하지 않도록 된 방폭구조
③ 내압 방폭구조 : 방폭형 기기에 폭발성 가스가 내부로 침입하여 내부에서 폭발이 발생하여도 이 압력에 견디도록 제작한 방폭구조

72 **KS C IEC 60079-6에 따른 유입방폭구조 "o" 방폭장비의 최소 IP등급은?**

① IP44 ② IP54
③ IP55 ④ IP66

해설
KS C IEC 60079-6에 따른 유입방폭구조 "o" 방폭장비의 최소 IP등급 : IP66 이상의 보호등급을 가져야 한다.

73 **20[Ω]의 저항 중에 5[A]의 전류를 3분간 흘렸을 때의 발열량[cal]은?**

① 4,320 ② 90,000
③ 21,600 ④ 376,560

해설
발열량 $H = 0.24I^2Rt = 0.24 \times 5^2 \times 20 \times (3 \times 60) = 21,600$[cal]

74 **다음은 어떤 방전에 대한 설명인가?**

정전기가 대전되어 있는 부도체에 접지체가 접근한 경우 대전물체와 접지체 사이에 발생하는 방전과 거의 동시에 부도체의 표면을 따라서 발생하는 나뭇가지 형태의 발광을 수반하는 방전

① 코로나방전 ② 뇌상방전
③ 연면방전 ④ 불꽃방전

해설
① 코로나방전 : 스파크방전을 억제시킨 접지돌기상 도체의 표면에서 발생되며 공기 중으로 방전(방전 중 공기 중에 O_3를 생성)하는 경우와 고체유도체 표면을 흐르는 경우의 방전이 있다.
② 뇌상방전 : 대전운(강하게 대전된 입자군이 확산되어 큰 구름 모양으로 된 것)이 발생되는 특수한 방전이며 불꽃방전의 일종으로 번개와 같은 수지상의 발광을 수반한다.
④ 불꽃방전(스파크방전) : 도체가 대전되었을 때 접지된 도체와의 사이에서 발생하는 강한 발광과 파괴음을 수반하는 방전으로 방전 시 공기 중에 O_3을 생성한다.

정답 69 ④ 70 ② 71 ④ 72 ④ 73 ③ 74 ③

75 가연성 가스가 있는 곳에 저압 옥내전기설비를 금속관 공사에 의해 시설하고자 한다. 관 상호 간 또는 관과 전기기계기구와는 몇 턱 이상 나사조임으로 접속하여야 하는가?

① 2턱 ② 3턱
③ 4턱 ④ 5턱

해설
가스증기 위험장소(한국전기설비규정 242.3.1)
관 상호 간 및 관과 박스 기타의 부속품·풀 박스 또는 전기기계기구와는 5턱 이상 나사 조임으로 접속하는 방법 또는 기타 이와 동등 이상의 효력이 있는 방법에 의하여 견고하게 접속할 것

76 전기시설의 직접 접촉에 의한 감전방지 방법으로 적절하지 않은 것은?

① 충전부는 내구성이 있는 절연물로 완전히 덮어 감쌀 것
② 충전부가 노출되지 않도록 폐쇄형 외함이 있는 구조로 할 것
③ 충전부에 충분한 절연효과가 있는 방호망 또는 절연덮개를 설치할 것
④ 충전부는 출입이 용이한 전개된 장소에 설치하고 위험표시 등의 방법으로 방호를 강화할 것

해설
전기시설의 직접 접촉에 의한 감전방지 방법으로 적절하지 않은 것으로 '충전부는 관계자 외 출입이 용이한 전개된 장소에 설치하고 위험표시 등의 방법으로 방호를 강화할 것, 충전부는 출입이 용이한 전개된 장소에 설치하고 위험표시 등의 방법으로 방호를 강화할 것, 관계자 외에도 쉽게 출입이 가능한 장소에 충전부를 설치할 것' 등이 출제된다.
전기 기계·기구 등의 충전부 직접 접촉 방호대책(산업안전보건기준에 관한 규칙 제301조)

- 충전부가 노출되지 않도록 폐쇄형 외함이 있는 구조로 할 것
- 충전부에 충분한 절연효과가 있는 방호망이나 절연덮개를 설치할 것
- 충전부는 내구성이 있는 절연물로 완전히 덮어 감쌀 것
- 발전소·변전소 및 개폐소 등 구획되어 있는 장소로서 관계 근로자가 아닌 사람의 출입이 금지되는 장소에 충전부를 설치하고, 위험표시 등의 방법으로 방호를 강화할 것
- 전주 위 및 철탑 위 등 격리되어 있는 장소로서 관계 근로자가 아닌 사람이 접근할 우려가 없는 장소에 충전부를 설치할 것

77 심실세동을 일으키는 위험한계에너지는 약 몇 [J]인가?(단, 심실세동 전류 $I = \frac{165}{\sqrt{T}}$ [mA], 인체의 전기저항 R = 800[Ω], 통전시간 T = 1초이다)

① 12 ② 22
③ 32 ④ 42

해설
위험한계에너지 $W = I^2RT = \left(\frac{165}{\sqrt{T}} \times 10^{-3}\right)^2 \times 800 \times T \fallingdotseq 21.8$[J]

78 전기기계·기구에 설치되어 있는 감전방지용 누전차단기의 정격감도전류 및 작동시간으로 옳은 것은?(단, 정격전부하전류가 50[A] 미만이다)

① 15[mA] 이하, 0.1초 이내
② 30[mA] 이하, 0.03초 이내
③ 50[mA] 이하, 0.5초 이내
④ 100[mA] 이하, 0.05초 이내

해설
전기기계·기구에 설치되어 있는 누전차단기(산업안전보건기준에 관한 규칙 제304조)

- 정격감도전류가 30[mA] 이하이고 작동시간은 0.03초 이내일 것
- 정격전부하전류가 50[A] 이상인 전기기계·기구에 접속되는 누전차단기는 오작동을 방지하기 위하여 정격감도전류는 200[mA] 이하로, 작동시간은 0.1초 이내로 할 수 있다.

정답 75 ④ 76 ④ 77 ② 78 ②

79 **피뢰레벨에 따른 회전구체 반경이 틀린 것은?**

① 피뢰레벨 Ⅰ : 20[m]
② 피뢰레벨 Ⅱ : 30[m]
③ 피뢰레벨 Ⅲ : 50[m]
④ 피뢰레벨 Ⅳ : 60[m]

해설

피뢰시스템의 등급별 회전구체 반지름(KS C IEC 62305-3)

피뢰시스템의 등급	회전구체 반지름[m]
Ⅰ	20
Ⅱ	30
Ⅲ	45
Ⅳ	60

80 **지락사고 시 1초를 초과하고 2초 이내에 고압전로를 자동차단하는 장치가 설치되어 있는 고압전로에 제2종 접지공사를 하였다. 접지저항은 몇 [Ω] 이하로 유지해야 하는가?(단, 변압기의 고압측 전로의 1선 지락전류는 10[A]이다)**

① 10[Ω]　　② 20[Ω]
③ 30[Ω]　　④ 40[Ω]

해설

1초를 초과하고 2초 이내에 동작하는 자동차단장치가 설치되어 있는 경우이므로, 접지저항 = $\frac{300[V]}{10[A]}$ = 30[Ω]

접지공사 종류별 접지저항

접지공사의 종류	접지저항
제1종 접지공사	10[Ω] 이하
제2종 접지공사	$\frac{150^*}{\text{1선 지락전류}}$[Ω] 이하
제3종 접지공사	100[Ω] 이하
특별 제3종 접지공사	10[Ω] 이하

* 변압기의 고압측 전로 또는 사용전압이 35[kV] 이하의 특고압측 전로가 저압측 전로와 혼촉하여 저압측 전로의 대지전압이 150[V]를 초과하는 경우에, 1초를 초과하고 2초 이내에 자동적으로 고압전로 또는 사용전압이 35[kV] 이하의 특고압 전로를 차단하는 장치를 설치할 때는 300, 1초 이내에 자동적으로 고압전로 또는 사용전압 35[kV] 이하의 특고압전로를 차단하는 장치를 설치할 때는 600

※ 출제 당시의 규정에 의하면 ③번이 정답이었으나 2021년부터는 해당 규정이 전면 변경됨

제5과목 화학설비위험 방지기술

81 **사업주는 가스폭발 위험장소 또는 분진폭발 위험장소에 설치되는 건축물 등에 대해서는 규정에서 정한 부분을 내화구조로 하여야 한다. 다음 중 내화구조로 하여야 하는 부분에 대한 기준이 틀린 것은?**

① 건축물의 기둥 : 지상 1층(지상 1층의 높이가 6[m]를 초과하는 경우에는 6[m])까지
② 위험물 저장·취급용기의 지지대(높이가 30[cm] 이하인 것은 제외) : 지상으로부터 지지대의 끝부분까지
③ 건축물의 보 : 지상 2층(지상 2층의 높이가 10[m]를 초과하는 경우에는 10[m])까지
④ 배관·전선관 등의 지지대 : 지상으로부터 1단(1단의 높이가 6[m]를 초과하는 경우에는 6[m])까지

해설

가스 또는 분진폭발 위험장소에 설치되는 건축물의 내화구조(산업안전보건기준에 관한 규칙 제270조)

- 건축물의 기둥 및 보 : 지상 1층(지상 1층의 높이가 6[m]를 초과하는 경우에는 6[m])까지 내화구조로 한다.

82 **다음 물질 중 인화점이 가장 낮은 물질은?**

① 이황화탄소　　② 아세톤
③ 크실렌　　④ 경 유

해설

인화점[℃]

- 이황화탄소 : -30
- 아세톤 : -17
- 크실렌(자일렌) : 17.2
- 경유 : 50~70

정답 79 ③ 80 ③ 81 ③ 82 ①

83 물의 소화력을 높이기 위하여 물에 탄산칼륨(K_2CO_3)과 같은 염류를 첨가한 소화약제를 일반적으로 무엇이라 하는가?

① 포 소화약제 ② 분말 소화약제
③ 강화액 소화약제 ④ 산알칼리 소화약제

해설
강화액 소화약제 : 물의 소화력을 향상시키기 위해, 탄산칼륨(K_2CO_3) 등을 녹인 수용액으로 부동성이 높은 알칼리성 소화약제이다.

84 다음 중 분진의 폭발위험성을 증대시키는 조건에 해당하는 것은?

① 분진의 온도가 낮을수록
② 분위기 중 산소농도가 작을수록
③ 분진 내의 수분농도가 작을수록
④ 분진의 표면적이 입자체적에 비교하여 작을수록

해설
③ 분진 내의 수분농도가 작을수록
① 분진의 온도가 높을수록
② 분위기 중 산소농도가 높을수록
④ 분진의 표면적이 입자체적에 비교하여 클수록

85 다음 중 관의 지름을 변경하는 데 사용되는 관의 부속품으로 가장 적절한 것은?

① 엘보(Elbow)
② 커플링(Coupling)
③ 유니언(Union)
④ 리듀서(Reducer)

해설
① 엘보(Elbow) : 관로의 방향을 변경하기 위한 부품
② 커플링(Coupling) : 축과 축을 연결하는 부품
③ 유니언(Union) : 동일 지름의 관을 직선결합하는 부품

86 가연성 물질의 저장 시 산소농도를 일정한 값 이하로 낮추어 연소를 방지할 수 있는데 이때 첨가하는 물질로 적합하지 않은 것은?

① 질 소 ② 이산화탄소
③ 헬 륨 ④ 일산화탄소

해설
독성 가스인 일산화탄소는 가연성 가스이므로 연소방지용 가스로는 부적합하다.

87 다음 중 물과의 반응성이 가장 큰 물질은?

① 나이트로글리세린 ② 이황화탄소
③ 금속나트륨 ④ 석 유

해설
금속나트륨은 물과의 반응성이 매우 커서 물과 반응하면 폭발한다.

88 산업안전보건법령상 위험물질의 종류에서 폭발성 물질에 해당하는 것은?

① 나이트로화합물 ② 등 유
③ 황 ④ 질 산

해설
위험물질의 종류(산업안전보건기준에 관한 규칙 별표 1)
- 폭발성 물질 및 유기과산화물
  - 질산에스테르류
  - 나이트로화합물
  - 나이트로소화합물
  - 아조화합물
  - 디아조화합물
  - 하이드라진 유도체
  - 유기과산화물

정답 83 ③ 84 ③ 85 ④ 86 ④ 87 ③ 88 ①

89 **어떤 습한 고체재료 10[kg]을 완전 건조 후 무게를 측정하였더니 6.8[kg]이었다. 이 재료의 건량 기준 함수율은 몇 [kg · H_2O/kg]인가?**

① 0.25 ② 0.36
③ 0.47 ④ 0.58

해설

$$\text{함수율} = \frac{\text{건조 전 무게} - \text{건조 후 무게}}{\text{건조 후 무게}} = \frac{10-6.8}{6.8}$$

≒ 0.47[kg · H_2O/kg]

90 **대기압하에서 인화점이 0[℃] 이하인 물질이 아닌 것은?**

① 메탄올 ② 이황화탄소
③ 산화프로필렌 ④ 다이에틸에테르

해설

인화점[℃]

- 메탄올 : 11
- 이황화탄소 : −30
- 산화프로필렌 : −37
- 다이에틸에테르 : −45

91 **가연성 가스의 폭발범위에 관한 설명으로 틀린 것은?**

① 압력 증가에 따라 폭발상한계와 하한계가 모두 현저히 증가한다.
② 불활성 가스를 주입하면 폭발범위는 좁아진다.
③ 온도의 상승과 함께 폭발범위는 넓어진다.
④ 산소 중에서 폭발범위는 공기 중에서 보다 넓어진다.

해설

압력 증가에 따라 일반적으로 폭발상한계는 올라가고 하한계는 내려가서 연소범위가 넓어진다.

92 **열교환기의 정기적 점검을 일상점검과 개방점검으로 구분할 때 개방점검 항목에 해당하는 것은?**

① 보랭재의 파손 상황
② 플랜지부나 용접부에서의 누출 여부
③ 기초볼트의 체결 상태
④ 생성물, 부착물에 의한 오염 상황

해설

생성물, 부착물에 의한 오염의 상황은 개방점검 항목에 해당하며 나머지는 모두 일상점검 항목에 해당한다.

93 **다음 중 분진폭발을 일으킬 위험이 가장 높은 물질은?**

① 염 소 ② 마그네슘
③ 산화칼슘 ④ 에틸렌

해설

마그네슘은 분진폭발을 일으킬 위험이 매우 높은 금속물질이다.

94 **산업안전보건법령에서 인화성 액체를 정의할 때 기준이 되는 표준압력은 몇 [kPa]인가?**

① 1 ② 100
③ 101.3 ④ 273.15

해설

인화성 액체(산업안전보건법 시행규칙 별표 18) : 표준압력(101.3[kPa])에서 인화점이 93[℃] 이하인 액체

정답 89 ③ 90 ① 91 ① 92 ④ 93 ② 94 ③

95 다음 중 C급 화재에 해당하는 것은?

① 금속화재 ② 전기화재
③ 일반화재 ④ 유류화재

해설
화재의 종류

화재 등급	화재 명칭
A	일반화재
B	유류화재
C	전기화재
D	금속화재
K	주방화재

96 액화 프로판 310[kg]을 내용적 50[L] 용기에 충전할 때 필요한 소요 용기의 수는 몇 개인가?(단, 액화 프로판의 가스정수는 2.35이다)

① 15 ② 17
③ 19 ④ 21

해설
액화가스용기의 저장능력[kg] : $W = V_2 / C$
여기서, V_2 : 내용적[L]
C : 가스정수
$\frac{50}{2.35} ≒ 21.28[\text{kg}]$, 용기 하나당 21.28[kg]을 충전할 수 있으므로,
$\therefore \frac{310}{21.28} ≒ 14.6$이므로, 15개가 필요하다.

97 다음 중 가연성 가스의 연소형태에 해당하는 것은?

① 분해연소
② 증발연소
③ 표면연소
④ 확산연소

해설
확산연소는 가연성 가스의 연소형태에 해당한다.

98 다음 중 산업안전보건법령상 위험물질의 종류에 있어 인화성 가스에 해당하지 않는 것은?

① 수 소 ② 부 탄
③ 에틸렌 ④ 과산화수소

해설
과산화수소는 산화성 액체에 해당한다.
인화성 가스(산업안전보건기준에 관한 규칙 별표 1) : 수소, 아세틸렌, 에틸렌, 메탄, 에탄, 프로판, 부탄

99 반응폭주 등 급격한 압력 상승의 우려가 있는 경우에 설치하여야 하는 것은?

① 파열판
② 통기밸브
③ 체크밸브
④ Flame Arrester

해설
파열판의 설치(산업안전보건기준에 관한 규칙 제262조)
- 반응폭주 등 급격한 압력 상승 우려가 있는 경우
- 급성 독성물질의 누출로 인하여 주위의 작업환경을 오염시킬 우려가 있는 경우
- 운전 중 안전밸브에 이상 물질이 누적되어 안전밸브가 작동되지 아니할 우려가 있는 경우

100 다음 중 응상폭발이 아닌 것은?

① 분해폭발
② 수증기폭발
③ 전선폭발
④ 고상간의 전이에 의한 폭발

해설
분해폭발은 기상폭발에 해당한다.
기상폭발 : 혼합가스폭발, 분해폭발, 중합폭발, 산화폭발, 분무폭발, 분진폭발
응상폭발 : 고상전이에 의한 폭발, 수증기폭발, 전선폭발(도선폭발), 폭발성 화합물의 폭발, 압력폭발

정답 95 ② 96 ① 97 ④ 98 ④ 99 ① 100 ①

제6과목 건설안전기술

101 건설재해대책의 사면보호공법 중 식물을 생육시켜 그 뿌리로 사면의 표층토를 고정하여 빗물에 의한 침식, 동상, 이완 등을 방지하고, 녹화에 의한 경관조성을 목적으로 시공하는 것은?

① 식생공　② 실드공
③ 뿜어 붙이기공　④ 블럭공

해설
식생공에 대한 설명이다.

102 산업안전보건법령에 따른 양중기의 종류에 해당하지 않는 것은?

① 곤돌라　② 리프트
③ 클램셸　④ 크레인

해설
양중기의 종류(산업안전보건기준에 관한 규칙 제132조)
- 크레인(호이스트 포함)
- 이동식 크레인
- 리프트(이삿짐운반용의 경우는 적재하중 0.1[ton] 이상)
- 곤돌라
- 승강기

103 화물취급작업과 관련한 위험방지를 위해 조치하여야 할 사항으로 옳지 않은 것은?

① 하역작업을 하는 장소에서 작업장 및 통로의 위험한 부분에는 안전하게 작업할 수 있는 조명을 유지할 것
② 하역작업을 하는 장소에서 부두 또는 안벽의 선을 따라 통로를 설치하는 경우에는 폭을 50[cm] 이상으로 할 것
③ 차량 등에서 화물을 내리는 작업을 하는 경우에 해당 작업에 종사하는 근로자에게 쌓여 있는 화물 중간에서 화물을 빼내도록 하지 말 것
④ 꼬임이 끊어진 섬유로프 등을 화물운반용 또는 고정용으로 사용하지 말 것

해설
② 하역작업을 하는 장소에서 부두 또는 안벽의 선을 따라 통로를 설치하는 경우에는 폭을 90[cm] 이상으로 할 것(산업안전보건기준에 관한 규칙 제390조)

104 표준관입시험에 관한 설명으로 옳지 않은 것은?

① N치(N-value)는 지반을 30[cm] 굴진하는 데 필요한 타격횟수를 의미한다.
② N치가 4~10일 경우 모래의 상대밀도는 매우 단단한 편이다.
③ 63.5[kg] 무게의 추를 76[cm] 높이에서 자유낙하하여 타격하는 시험이다.
④ 사질지반에 적용하며, 점토지반에서는 편차가 커서 신뢰성이 떨어진다.

해설
타격횟수(N치)에 따른 모래의 상대밀도
- 0~4 : 대단히 느슨함
- 4~10 : 느슨함
- 10~30 : 중간
- 30~50 : 조밀함
- 50 이상 : 대단히 조밀함

정답 101 ① 102 ③ 103 ② 104 ②

105 근로자의 추락 등의 위험을 방지하기 위한 안전난간의 설치요건에서 상부 난간대를 120[cm] 이상 지점에 설치하는 경우 중간 난간대를 최소 몇 단 이상 균등하게 설치하여야 하는가?

① 2단 ② 3단
③ 4단 ④ 5단

해설
상부 난간대를 120[cm] 이상 지점에 설치하는 경우 중간 난간대를 2단 이상으로 균등하게 설치하여야 한다(산업안전보건기준에 관한 규칙 제13조).

106 건설현장에 설치하는 사다리식 통로의 설치기준으로 옳지 않은 것은?

① 발판과 벽과의 사이는 15[cm] 이상의 간격을 유지할 것
② 발판의 간격은 일정하게 할 것
③ 사다리의 상단은 걸쳐놓은 지점으로부터 60[cm] 이상 올라가도록 할 것
④ 사다리식 통로의 길이가 10[m] 이상인 경우에는 3[m] 이내마다 계단참을 설치할 것

해설
사다리식 통로의 길이가 10[m] 이상인 경우에는 5[m] 이내마다 계단참을 설치할 것(산업안전보건기준에 관한 규칙 제24조)

107 불도저를 이용한 작업 중 안전조치사항으로 옳지 않은 것은?

① 작업종료와 동시에 삽날을 지면에서 띄우고 주차 제동장치를 건다.
② 모든 조종간은 엔진 시동 전에 중립위치에 놓는다.
③ 장비의 승차 및 하차 시 뛰어내리거나 오르지 말고 안전하게 잡고 오르내린다.
④ 야간작업 시 자주 장비에서 내려와 장비 주위를 살피며 점검하여야 한다.

해설
① 작업종료와 동시에 삽날을 지면에 내리고 주차 제동장치를 건다.

108 건설공사의 산업안전보건관리비 계상 시 대상액이 구분되어 있지 않은 공사는 도급계약 또는 자체사업 계획상의 총 공사금액 중 얼마를 대상액으로 하는가?

① 50[%] ② 60[%]
③ 70[%] ④ 80[%]

해설
대상액이 구분되어 있지 않은 공사는 도급계약 또는 자체사업 계획상의 총 공사금액의 70[%]를 대상액으로 하여 안전보건관리비를 계상하여야 한다(건설업 산업안전보건관리비 계상 및 사용기준 제5조).

109 도심지 폭파해체공법에 관한 설명으로 옳지 않은 것은?

① 장기간 발생하는 진동, 소음이 적다.
② 해체 속도가 빠르다.
③ 주위의 구조물에 끼치는 영향이 적다.
④ 많은 분진 발생으로 민원을 발생시킬 우려가 있다.

해설
주위의 구조물에 끼치는 영향이 크다.

정답 105 ① 106 ④ 107 ① 108 ③ 109 ③

110 NATM공법 터널공사의 경우 록 볼트 작업과 관련된 계측결과에 해당되지 않은 것은?

① 내공변위 측정 결과
② 천단침하 측정 결과
③ 인발시험 결과
④ 진동 측정 결과

해설
NATM공법 터널공사의 경우 록 볼트 작업과 관련된 계측결과
인발시험, 내공변위 측정, 천단침하 측정, 지중변위 측정 등의 계측결과

111 거푸집 동바리 등을 조립하는 경우에 준수하여야 할 사항으로 옳지 않은 것은?

① 깔목의 사용, 콘크리트 타설, 말뚝박기 등 동바리의 침하를 방지하기 위한 조치를 할 것
② 개구부 상부에 동바리를 설치하는 경우에는 상부하중을 견딜 수 있는 견고한 받침대를 설치할 것
③ 거푸집이 곡면인 경우에는 버팀대의 부착 등 그 거푸집의 부상(浮上)을 방지하기 위한 조치를 할 것
④ 동바리의 이음은 맞댄이음이나 장부이음을 피할 것

해설
동바리의 이음은 맞댄이음이나 장부이음으로 하고 같은 품질의 재료를 사용할 것(산업안전보건기준에 관한 규칙 제332조)

112 비계의 높이가 2[m] 이상인 작업장소에 설치하는 작업발판의 설치기준으로 옳지 않은 것은?(단, 달비계, 달대비계 및 말비계는 제외)

① 작업발판의 폭은 40[cm] 이상으로 한다.
② 작업발판재료는 뒤집히거나 떨어지지 않도록 하나 이상의 지지물에 연결하거나 고정시킨다.
③ 발판재료 간의 틈은 3[cm] 이하로 한다.
④ 작업발판의 지지물은 하중에 의하여 파괴될 우려가 없는 것을 사용한다.

해설
작업발판재료는 뒤집히거나 떨어지지 않도록 둘 이상의 지지물에 연결하거나 고정한다(산업안전보건기준에 관한 규칙 제56조).

113 흙막이 지보공을 설치하였을 경우 정기적으로 점검하고 이상을 발견하면 즉시 보수하여야 하는 사항과 가장 거리가 먼 것은?

① 부재의 접속부・부착부 및 교차부의 상태
② 버팀대의 긴압(緊壓)의 정도
③ 부재의 손상・변형・부식・변위 및 탈락의 유무와 상태
④ 지표수의 흐름 상태

해설
흙막이 지보공의 정기점검사항(산업안전보건기준에 관한 규칙 제347조)
- 부재의 손상・변형・부식・변위 및 탈락의 유무와 상태
- 버팀대의 긴압(緊壓)의 정도
- 부재의 접속부・부착부 및 교차부의 상태
- 침하의 정도

114 말비계를 조립하여 사용하는 경우 지주부재와 수평면의 기울기는 얼마 이하로 하여야 하는가?

① 65°　　② 70°
③ 75°　　④ 80°

해설
지주부재와 수평면의 기울기를 75° 이하로 하고, 지주부재와 지주부재 사이를 고정시키는 보조부재를 설치할 것(산업안전보건기준에 관한 규칙 제67조)

정답 110 ④ 111 ④ 112 ② 113 ④ 114 ③

115 지반 등의 굴착 시 위험을 방지하기 위한 연암 지반 굴착면의 기울기 기준으로 옳은 것은?

① 1 : 0.3 ② 1 : 0.4
③ 1 : 0.5 ④ 1 : 0.6

해설
※ 출제 시 정답은 ③이었으나, 법령 개정으로 정답 없음
굴착면의 기울기 기준(수직거리 : 수평거리, 산업안전보건기준에 관한 규칙 별표 11)

보통 흙	습 지	1:1 ~ 1:1.5
	건 지	1:0.5 ~ 1:1
암 반	풍화암	1:1.0
	연 암	1:1.0
	경 암	1:0.5

※ 개정 전 : 풍화암 1:0.8, 연암 1:0.5, 경암 1:0.3

116 작업발판 및 통로의 끝이나 개구부로서 근로자가 추락할 위험이 있는 장소에서 난간 등의 설치가 매우 곤란하거나 작업의 필요상 임시로 난간 등을 해체하여야 하는 경우에 설치하여야 하는 것은?

① 구명구
② 수직보호망
③ 석면포
④ 추락방호망

해설
작업발판 및 통로의 끝이나 개구부로서 근로자가 추락할 위험이 있는 장소에서 난간 등의 설치가 매우 곤란하거나 작업의 필요상 임시로 난간 등을 해체하여야 하는 경우에 추락방호망을 설치하여야 한다(산업안전보건기준에 관한 규칙 제43조).

117 흙막이 공법을 흙막이 지지방식에 의한 분류와 구조방식에 의한 분류로 나눌 때 다음 중 지지방식에 의한 분류에 해당하는 것은?

① 수평 버팀대식 흙막이 공법
② H-Pile 공법
③ 지하연속벽 공법
④ Top Down Method 공법

해설
흙막이벽 설치공법의 종류
- 흙막이 지지방식에 의한 분류
  - 자립식 공법
  - 수평버팀대 공법
  - 어스앵커 공법
  - 경사오픈컷 공법
  - 타이로드 공법
- 흙막이 구조방식에 의한 분류
  - H-Pile 공법
  - 강제(철제)널말뚝 공법
  - 목제널말뚝 공법
  - 엄지(어미)말뚝식 공법
  - 지하연속벽 공법
  - Top Down Method 공법

118 철골용접부의 내부결함을 검사하는 방법으로 가장 거리가 먼 것은?

① 알칼리 반응 시험
② 방사선 투과시험
③ 자기분말 탐상시험
④ 침투 탐상시험

해설
철골용접부의 내부결함을 검사하는 방법으로 방사선 투과시험이 적합하다.
※ 가답안은 ①번으로 발표되었으나, ③ 자기분말 탐상시험과 ④ 침투 탐상시험이 표면결함 검사방법으로 인정되어, 확정답안은 ①, ③, ④번이 정답 처리됨

정답 115 정답 없음 116 ④ 117 ① 118 ①, ③, ④

119 유해위험방지 계획서를 제출하려고 할 때 그 첨부서류와 가장 거리가 먼 것은?

① 공사 개요서
② 산업안전보건관리비 작성요령
③ 전체 공정표
④ 재해발생 위험 시 연락 및 대피방법

해설
건설업 유해위험방지계획서 첨부서류(산업안전보건법 시행규칙 별표 10)
- 공사 개요서
- 공사현상의 주변 현황 및 수변과의 관계를 나타내는 도면(매설물 현황을 포함)
- 전체 공정표
- 산업안전보건관리비 사용계획서
- 안전관리 조직표
- 재해발생 위험 시 연락 및 대피방법

120 콘크리트 타설작업과 관련하여 준수하여야 할 사항으로 가장 거리가 먼 것은?

① 당일의 작업을 시작하기 전에 해당 작업에 관한 거푸집 동바리 등의 변형·변위 및 지반의 침하 유무 등을 점검하고 이상이 있으면 보수할 것
② 콘크리트를 타설하는 경우에는 편심이 발생하지 않도록 골고루 분산하여 타설할 것
③ 진동기의 사용은 많이 할수록 균일한 콘크리트를 얻을 수 있으므로 가급적 많이 사용할 것
④ 설계도서상의 콘크리트 양생기간을 준수하여 거푸집 동바리 등을 해체할 것

해설
전동기(진동기)는 적절히 사용되어야 하며, 지나친 진동은 거푸집 도괴의 원인이 될 수 있으므로 각별히 주의하여야 한다(콘크리트공사표준안전작업지침 제13조).

정답 119 ② 120 ③

산업안전기사

과년도 기출문제

제1과목 안전관리론

01 참가자에게 일정한 역할을 주어 실제적으로 연기를 시켜봄으로써 자기의 역할을 보다 확실히 인식할 수 있도록 체험학습을 시키는 교육방법은?

① Symposium
② Brain Storming
③ Role Playing
④ Fish Bowl Playing

해설
① 심포지엄(Symposium) : 몇 사람의 전문가에 의하여 과제에 관한 견해를 발표한 뒤에 참가자로 하여금 의견이나 질문을 하게 하여 토의하는 방법
② 브레인스토밍(Brain Storming) : 6~12명의 구성원으로 타인의 비판 없이 자유로운 토론을 통하여 잠재되어 있는 다량의 독창적인 아이디어를 이끌어내고 대안적 해결안을 찾기 위한 집단적 사고기법이며 위험예지훈련에서 활용하기에 적합한 기법
④ Fish Bowl Playing(어항식 토의법) : 한 집단이 토의하는 것을 다른 집단이 어항을 보는 듯 토의과정을 자세히 관찰하는 토의법

02 일반적으로 시간의 변화에 따라 야간에 상승하는 생체리듬은?

① 혈 압
② 맥박수
③ 체 중
④ 혈액의 수분

해설
- 주간에 상승하는 생체리듬 : 체온, 혈압, 맥압, 맥박수, 체중, 말초운동기능 등
- 야간에 상승하는 생체리듬 : 수분, 염분량 등

03 하인리히의 재해구성비율 "1 : 29 : 300"에서 "29"에 해당되는 사고발생비율은?

① 8.8[%]
② 9.8[%]
③ 10.8[%]
④ 11.8[%]

해설
중상해 : 경상해 : 무상해 = 1 : 29 : 300 ≒ 0.3[%] : 8.8[%] : 90.9[%]

04 무재해운동의 3원칙에 해당되지 않는 것은?

① 무의 원칙
② 참가의 원칙
③ 선취의 원칙
④ 대책선정의 원칙

해설
무재해운동의 3원칙이 아닌 것으로 '대책선정의 원칙, 최고경영자의 원칙' 등이 출제된다.

05 안전보건관리조직의 형태 중 라인-스태프(Line-Staff)형에 관한 설명으로 틀린 것은?

① 조직원 전원을 자율적으로 안전활동에 참여시킬 수 있다.
② 라인의 관리, 감독자에게도 안전에 관한 책임과 권한이 부여된다.
③ 중규모 사업장(100명 이상 500명 미만)에 적합하다.
④ 안전활동과 생산업무가 유리될 우려가 없기 때문에 균형을 유지할 수 있어 이상적인 조직 형태이다.

해설
- 라인-스태프(Line-Staff)형 조직(직계-참모조직)은 1,000명 이상의 대규모 기업에 적합하다.
- 중규모 사업장(100명 이상 500명 미만)에 적합한 조직은 스태프(Staff)형 조직(참모조직)이다.

정답 1 ③ 2 ④ 3 ① 4 ④ 5 ③

06 브레인스토밍 기법에 관한 설명으로 옳은 것은?

① 타인의 의견을 수정하지 않는다.
② 지정된 표현방식에서 벗어나 자유롭게 의견을 제시한다.
③ 참여자에게는 동일한 횟수의 의견제시 기회가 부여된다.
④ 주제와 내용이 다르거나 잘못된 의견은 지적하여 조정한다.

해설
① 타인의 의견을 수정하여 발언한다.
③ 주제와 무관한 사항이거나 사소한 아이디어라도 무엇이든지 좋으니 가능한 한 많이 제시 발언한다. 한 사람이 많은 발언을 할 수도 있다.
④ 타인(동료)의 의견에 대하여 좋고 나쁨을 평가하지 않는다.

07 산업안전보건법령상 안전인증대상기계 등에 포함되는 기계, 설비, 방호장치에 해당하지 않는 것은?

① 롤러기
② 크레인
③ 동력식 수동대패용 칼날 접촉 방지장치
④ 방폭구조(防爆構造) 전기기계·기구 및 부품

해설
안전인증대상 기계·기구, 방호장치, 보호구

구분	내용
기계·기구 (9품목)	프레스, 전단기 및 절곡기, 크레인, 리프트, 압력용기, 롤러기, 사출성형기, 고소작업대, 곤돌라
방호장치 (9품목)	프레스 및 전단기 방호장치, 양중기용 과부하 방지장치, 보일러 압력방출용 안전밸브, 압력용기 압력방출용 안전밸브, 압력용기 압력방출용 파열판, 절연용 방호구 및 활선작업용 기구, 방폭구조 전기기계·기구 및 부품, 가설기자재, 산업용 로봇 방호장치
보호구 (12품목)	안전모(추락 및 감전 위험방지용), 안전화, 안전장갑, 방진마스크, 방독마스크, 송기마스크, 전동식 호흡보호구, 보호복, 안전대, 보안경(차광 및 비산물 위험방지용), 용접용 보안면, 방음용 귀마개 또는 귀덮개

08 안전교육 중 같은 것을 반복하여 개인의 시행착오에 의해서만 점차 그 사람에게 형성되는 것은?

① 안전기술의 교육
② 안전지식의 교육
③ 안전기능의 교육
④ 안전태도의 교육

해설
기능교육
- 현장실습을 통한 경험체득과 이해를 목적으로 하는 단계
- 교육대상자 스스로 같은 것을 반복하여 행하는 개인의 시행착오에 의해서만 점차 그 사람에게 형성되는 교육

09 상황성 누발자의 재해 유발원인과 가장 거리가 먼 것은?

① 작업이 어렵기 때문이다.
② 심신에 근심이 있기 때문이다.
③ 기계설비의 결함이 있기 때문이다.
④ 도덕성이 결여되어 있기 때문이다.

해설
"도덕성이 결여되어 있기 때문이다."는 소질성 누발자의 재해 유발원인에 해당한다.

10 작업자 적성의 요인이 아닌 것은?

① 지 능
② 인간성
③ 흥 미
④ 연 령

해설
작업자 적성의 요인 : 지능, 성격(인간성), 흥미

정답 6 ② 7 ③ 8 ③ 9 ④ 10 ④

11 재해로 인한 직접비용으로 8,000만원의 산재보상비가 지급되었을 때, 하인리히 방식에 따른 총 손실비용은?

① 16,000만원 ② 24,000만원
③ 32,000만원 ④ 40,000만원

해설
재해손실 코스트 산정은 1 : 4의 법칙에 따라 직접손실비 : 간접손실비 = 1 : 4이므로, 총 손실비용은 5×8,000만원 = 40,000만원이다.

12 재해조사의 목적과 가장 거리가 먼 것은?

① 재해예방 자료수집
② 재해 관련 책임자 문책
③ 동종 및 유사재해 재발방지
④ 재해발생 원인 및 결함 규명

해설
재해조사의 목적
- 재해발생 원인 및 결함 규명
- 재해예방 자료수집
- 동종 및 유사재해 재발방지

13 교육훈련기법 중 Off JT(Off the Job Training)의 장점이 아닌 것은?

① 업무의 계속성이 유지된다.
② 외부의 전문가를 강사로 활용할 수 있다.
③ 특별교재, 시설을 유효하게 사용할 수 있다.
④ 다수의 대상자에게 조직적 훈련이 가능하다.

해설
업무의 계속성이 유지되지 않는다.

14 산업안전보건법령상 중대재해의 범위에 해당하지 않는 것은?

① 1명의 사망자가 발생한 재해
② 1개월의 요양을 요하는 부상자가 동시에 5명 발생한 재해
③ 3개월의 요양을 요하는 부상자가 동시에 3명 발생한 재해
④ 10명의 직업성 질병자가 동시에 발생한 재해

해설
중대재해(Major Accident)
- 사망자가 1인 이상 발생한 재해
- 3개월 이상의 요양이 필요한 부상자가 동시에 2명 이상 발생한 재해
- 부상 또는 질병자가 동시에 10명 이상 발생한 재해

15 Thorndike의 시행착오설에 의한 학습의 원칙이 아닌 것은?

① 연습의 원칙 ② 효과의 원칙
③ 동일성의 원칙 ④ 준비성의 원칙

해설
시행착오설에 의한 학습의 법칙 : 효과의 법칙(Effect), 연습의 법칙(Exercise), 준비성의 법칙(Readiness)

16 산업안전보건법령상 보안경 착용을 포함하는 안전보건표지의 종류는?

① 지시표지 ② 안내표지
③ 금지표지 ④ 경고표지

해설
지시표지의 종류 : 보안경 착용, 방독 마스크 착용, 방진 마스크 착용, 보안면 착용, 안전모 착용, 귀마개 착용, 안전화 착용, 안전장갑 착용, 안전복 착용

정답 11 ④ 12 ② 13 ① 14 ② 15 ③ 16 ①

17 **보호구에 관한 설명으로 옳은 것은?**

① 유해물질이 발생하는 산소결핍지역에서는 필히 방독 마스크를 착용하여야 한다.
② 차광용 보안경의 사용구분에 따른 종류에는 자외선용, 적외선용, 복합용, 용접용이 있다.
③ 선반작업과 같이 손에 재해가 많이 발생하는 작업장에서는 장갑 착용을 의무화한다.
④ 귀마개는 처음에는 저음만을 차단하는 제품부터 사용하며, 일정 기간이 지난 후 고음까지 모두 차단할 수 있는 제품을 사용한다.

해설
① 유해물질이 발생하는 산소결핍지역에서 방독 마스크를 착용하면 질식사망재해를 유발할 수 있다. 이때에는 공기호흡기 또는 송기마스크를 착용해야 한다.
③ 선반작업과 같이 손에 재해가 많이 발생하는 작업장에서는 장갑 착용을 하면 협착 등의 위험이 있으므로 절대로 안 된다.
④ 귀마개는 저음~고음을 차단하는 제품(1종), 고음을 차단하는 제품(2종)이 있으며 사업장의 특성에 따라 선정 및 사용한다.

18 **산업안전보건법령상 사업 내 안전보건교육의 교육시간에 관한 설명으로 옳은 것은?**

① 일용근로자의 작업내용 변경 시의 교육은 2시간 이상이다.
② 사무직에 종사하는 근로자의 정기교육은 매분기 3시간 이상이다.
③ 일용근로자를 제외한 근로자의 채용 시 교육은 4시간 이상이다.
④ 관리감독자의 지위에 있는 사람의 정기교육은 연간 8시간 이상이다.

해설
① 일용근로자의 작업내용 변경 시의 교육은 1시간 이상이다.
③ 일용근로자를 제외한 근로자 채용 시의 교육은 8시간 이상이다.
④ 관리감독자의 지위에 있는 사람의 정기교육은 연간 16시간 이상이다.

19 **집단에서의 인간관계 메커니즘(Mechanism)과 가장 거리가 먼 것은?**

① 분열, 강박
② 모방, 암시
③ 동일화, 일체화
④ 커뮤니케이션, 공감

해설
집단에서의 인간관계 메커니즘 : 모방, 암시, 동일시(동일화), 일체화, 투사, 커뮤니케이션, 공감 등

20 **재해의 빈도와 상해의 강약도를 혼합하여 집계하는 지표로 옳은 것은?**

① 강도율 ② 종합재해지수
③ 안전활동율 ④ Safe-T-Score

해설
② 종합재해지수 : 재해의 빈도와 상해의 강약도를 혼합하여 집계하는 지표
① 강도율(SR ; Severity Rate of Injury) : 산업재해의 강도, 즉 재해의 경중을 나타내는 척도
③ 안전활동율 : 안전관리활동의 결과를 정량적으로 판단하는 기준이며 사고가 일어나기 전의 수준을 평가하는 사전평가활동
④ Safe-T-Score : 안전에 관한 과거와 현재의 중대성 차이를 비교할 때 사용되는 통계방식

정답 17 ② 18 ② 19 ① 20 ②

제2과목 인간공학 및 시스템 안전공학

21 **인체측정 자료를 장비, 설비 등의 설계에 적용하기 위한 응용원칙에 해당하지 않는 것은?**

① 조절식 설계
② 극단치를 이용한 설계
③ 구조적 치수 기준의 설계
④ 평균치를 기준으로 한 설계

해설
인체측정치의 응용원리(인체측정 자료의 설계 응용원칙) : 조절식 설계, 극단치 설계, 평균치 설계

22 **컷셋(Cut Sets)과 최소 패스셋(Minimal Path Sets)의 정의로 옳은 것은?**

① 컷셋은 시스템 고장을 유발시키는 필요 최소한의 고장들의 집합이며, 최소 패스셋은 시스템의 신뢰성을 표시한다.
② 컷셋은 시스템 고장을 유발시키는 기본고장들의 집합이며, 최소 패스셋은 시스템의 불신뢰도를 표시한다.
③ 컷셋은 그 속에 포함되어 있는 모든 기본 사상이 일어났을 때 정상사상을 일으키는 기본사상의 집합이며, 최소 패스셋은 시스템의 신뢰성을 표시한다.
④ 컷셋은 그 속에 포함되어 있는 모든 기본 사상이 일어났을 때 정상사상을 일으키는 기본사상의 집합이며, 최소 패스셋은 시스템의 성공을 유발하는 기본사상의 집합이다.

해설
- 컷셋 : 모든 기본 사상이 일어났을 때 정상사상을 일으키는 기본사상의 집합이다.
- 최소 패스셋 : 고장이나 실수를 일으키지 않으면 재해는 일어나지 않는다고 하는 것으로 시스템의 신뢰성을 표시한다.

23 **작업공간의 배치에 있어 구성요소 배치의 원칙에 해당하지 않는 것은?**

① 기능성의 원칙
② 사용빈도의 원칙
③ 사용순서의 원칙
④ 사용방법의 원칙

해설
작업장에서 구성요소를 배치할 때, 공간의 배치원칙 : 사용빈도의 원칙, 중요도의 원칙, 기능성의 원칙, 사용순서의 원칙

24 **시스템의 수명 및 신뢰성에 관한 설명으로 틀린 것은?**

① 병렬설계 및 디레이팅 기술로 시스템의 신뢰성을 증가시킬 수 있다.
② 직렬시스템에서는 부품들 중 최소 수명을 갖는 부품에 의해 시스템 수명이 정해진다.
③ 수리가 가능한 시스템의 평균 수명(MTBF)은 평균 고장률(λ)과 정비례 관계가 성립한다.
④ 수리가 불가능한 구성요소로 병렬구조를 갖는 설비는 중복도가 늘어날수록 시스템 수명이 길어진다.

해설
수리가 가능한 시스템의 평균 수명(MTBF)은 평균 고장률(λ)과 반비례 관계가 성립한다.

25 **자동차를 생산하는 공장의 어떤 근로자가 95[dB(A)]의 소음수준에서 하루 8시간 작업하며 매시간 조용한 휴게실에서 20분씩 휴식을 취한다고 가정하였을 때, 8시간 시간가중평균(TWA)은?(단, 소음은 누적소음노출량측정기로 측정하였으며, OSHA에서 정한 95[dB(A)]의 허용시간은 4시간이라 가정한다)**

① 약 91[dB(A)]
② 약 92[dB(A)]
③ 약 93[dB(A)]
④ 약 94[dB(A)]

해설
소음노출량 $D = \dfrac{\text{가동시간}}{\text{기준시간}} = \dfrac{8\times[(60-20)/60]}{4} = 133[\%]$

$\text{TWA} = 16.61\times\log(D/100)+90$
$= 16.61\times\log(133/100)+90[\text{dB(A)}]$
$\simeq 92$

(작업환경측정 및 정도관리 등에 관한 고시 제36조 참조)

정답 21 ③ 22 ③ 23 ④ 24 ③ 25 ②

26 **화학설비에 대한 안정성 평가 중 정성적 평가방법의 주요 진단 항목으로 볼 수 없는 것은?**

① 건조물 ② 취급물질
③ 입지 조건 ④ 공장 내 배치

해설
화학설비의 안정성 평가에서 정성적 평가의 항목
- 설계 관계 항목 : 입지 조건, 공장 내의 배치, 건조물, 소방설비
- 운전 관계 항목 : 원재료, 중간체 제품, 공정, 공정기기, 수송·저장

27 **작업면상의 필요한 장소만 높은 조도를 취하는 조명은?**

① 완화조명 ② 전반조명
③ 투명조명 ④ 국소조명

해설
국소조명 : 작업면상의 필요한 장소만 높은 조도를 취하는 조명

28 **동작경제의 원칙에 해당하지 않는 것은?**

① 공구의 기능을 각각 분리하여 사용하도록 한다.
② 두 팔의 동작은 동시에 서로 반대방향으로 대칭적으로 움직이도록 한다.
③ 공구나 재료는 작업동작이 원활하게 수행되도록 그 위치를 정해준다.
④ 가능하다면 쉽고도 자연스러운 리듬이 작업동작에 생기도록 작업을 배치한다.

해설
공구의 기능을 통합하여 사용하도록 한다.

29 **인간이 기계보다 우수한 기능이라 할 수 있는 것은? (단, 인공지능은 제외한다)**

① 일반화 및 귀납적 추리
② 신뢰성 있는 반복 작업
③ 신속하고 일관성 있는 반응
④ 대량의 암호화된 정보의 신속한 보관

해설
일반화 및 귀납적 추리는 일반적으로 인간이 기계보다 우수한 기능이라 할 수 있으나, ②·③·④는 기계가 인간보다 우수한 기능에 해당한다.

30 **시각적 표시장치보다 청각적 표시장치를 사용하는 것이 더 유리한 경우는?**

① 정보의 내용이 복잡하고 긴 경우
② 정보가 공간적인 위치를 다룬 경우
③ 직무상 수신자가 한 곳에 머무르는 경우
④ 수신 장소가 너무 밝거나 암순응이 요구될 경우

해설
수신 장소가 너무 밝거나 암순응이 요구될 경우는 시각적 표시장치보다 청각적 표시장치를 사용하는 것이 더 유리하지만, ①·②·③은 시각적 표시장치가 청각적 표시장치보다 더 유리하다.

31 **다음 시스템의 신뢰도값은?**

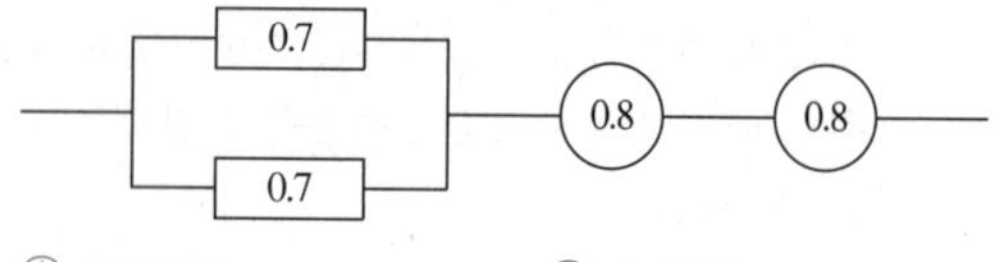

① 0.5824 ② 0.6682
③ 0.7855 ④ 0.8642

해설
$R_s = [1-(1-0.7)^2] \times 0.8 \times 0.8 = 0.5824$

정답 26 ② 27 ④ 28 ① 29 ① 30 ④ 31 ①

32 다음 현상을 설명한 이론은?

> 인간이 감지할 수 있는 외부의 물리적 자극 변화의 최소범위는 표준 자극의 크기에 비례한다.

① 피츠(Fitts) 법칙
② 웨버(Weber) 법칙
③ 신호검출이론(SDT)
④ 힉-하이만(Hick-Hyman) 법칙

해설
웨버(Weber) 법칙 : 인간이 감지할 수 있는 외부의 물리적 자극 변화의 최소범위는 기준이 되는 자극의 크기에 비례하는 현상을 설명한 이론

33 그림과 같은 FT도에서 정상사상 T의 발생 확률은?(단, X_1, X_2, X_3의 발생 확률은 각각 0.1, 0.15, 0.1이다)

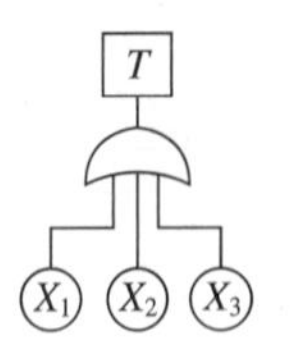

① 0.3115　　② 0.35
③ 0.496　　④ 0.9985

해설
$T = 1-(1-0.1)(1-0.15)(1-0.1) = 0.3115$

34 산업안전보건법령상 해당 사업주가 유해위험방지계획서를 작성하여 제출해야하는 대상은?

① 시 · 도지사
② 관할 구청장
③ 고용노동부장관
④ 행정안전부장관

해설
사업주가 유해위험방지계획서를 작성하여 제출해야 하는 대상은 고용노동부장관이다.

35 인간의 위치 동작에 있어 눈으로 보지 않고 손을 수평면상에서 움직이는 경우 짧은 거리는 지나치고, 긴 거리는 못 미치는 경향이 있는데 이를 무엇이라고 하는가?

① 사정효과(Range Effect)
② 반응효과(Reaction Effect)
③ 간격효과(Distance Effect)
④ 손동작효과(Hand Action Effect)

해설
사정효과(Range Effect) : 인간의 위치 동작에 있어 눈으로 보지 않고 손을 수평면상에서 움직이는 경우 짧은 거리는 지나치고, 긴 거리는 못 미치는 경향을 말한다.

36 정신작업 부하를 측정하는 척도를 크게 4가지로 분류할 때 심박수의 변동, 뇌 전위, 동공 반응 등 정보처리에 중추신경계 활동이 관여하고 그 활동이나 징후를 측정하는 것은?

① 주관적(Subjective) 척도
② 생리적(Physiological) 척도
③ 주 임무(Primary Task) 척도
④ 부 임무(Secondary Task) 척도

해설
생리적(Physiological) 척도 : 심박수의 변동, 뇌 전위, 동공 반응 등 정보처리에 중추신경계 활동이 관여하고 그 활동이나 징후를 측정하는 것

37 서브시스템, 구성요소, 기능 등의 잠재적 고장 형태에 따른 시스템의 위험을 파악하는 위험분석기법으로 옳은 것은?

① ETA(Event Tree Analysis)
② HEA(Human Error Analysis)
③ PHA(Preliminary Hazard Analysis)
④ FMEA(Failure Mode and Effect Analysis)

해설
FMEA(Failure Mode and Effect Analysis) : 서브시스템, 구성요소, 기능 등의 잠재적 고장 형태에 따른 시스템의 위험을 파악하는 위험분석기법

정답 32 ② 33 ① 34 ③ 35 ① 36 ② 37 ④

38 불필요한 작업을 수행함으로써 발생하는 오류로 옳은 것은?

① Command Error
② Extraneous Error
③ Secondary Error
④ Commission Error

해설
Extraneous Error : 불필요한 작업을 수행함으로써 발생하는 오류

39 불(Boole) 대수의 정리를 나타낸 관계식으로 틀린 것은?

① $A \cdot A = A$
② $A + \overline{A} = 0$
③ $A + AB = A$
④ $A + A = A$

해설
$A + \overline{A} = 1$, $A \cdot \overline{A} = 0$

40 Chapanis가 정의한 위험의 확률수준과 그에 따른 위험발생률로 옳은 것은?

① 전혀 발생하지 않는(Impossible) 발생빈도 : 10^{-8}/day
② 극히 발생할 것 같지 않는(Extremely Unlikely) 발생빈도 : 10^{-7}/day
③ 거의 발생하지 않은(Remote) 발생빈도 : 10^{-6}/day
④ 가끔 발생하는(Occasional) 발생빈도 : 10^{-5}/day

해설
② 극히 발생할 것 같지 않는(Extremely Unlikely) 발생빈도 : 10^{-6}/day
③ 거의 발생하지 않은(Remote) 발생빈도 : 10^{-5}/day
④ 가끔 발생하는(Occasional) 발생빈도 : 10^{-3}/day

제3과목 기계위험 방지기술

41 휴대형 연삭기 사용 시 안전사항에 대한 설명으로 가장 적절하지 않은 것은?

① 잘 안 맞는 장갑이나 옷은 착용하지 말 것
② 긴 머리는 묶고 모자를 착용하고 작업할 것
③ 연삭숫돌을 설치하거나 교체하기 전에 전선과 압축공기 호스를 설치할 것
④ 연삭작업 시 클램핑 장치를 사용하여 공작물을 확실히 고정할 것

해설
연삭숫돌을 설치하거나 교체하기 전에 전선이나 압축공기 호스는 뽑아 놓을 것

42 선반 작업에 대한 안전수칙으로 가장 적절하지 않은 것은?

① 선반의 바이트는 끝을 짧게 장치한다.
② 작업 중에는 면장갑을 착용하지 않도록 한다.
③ 작업이 끝난 후 절삭 칩의 제거는 반드시 브러시 등의 도구를 사용한다.
④ 작업 중 일감의 치수 측정 시 기계 운전상태를 저속으로 하고 측정한다.

해설
작업 중 일감의 치수 측정 시 기계를 정지한 후 측정한다.

43 다음 중 금형을 설치 및 조정할 때 안전수칙으로 가장 적절하지 않은 것은?

① 금형을 체결할 때에는 적합한 공구를 사용한다.
② 금형의 설치 및 조정은 전원을 끄고 실시한다.
③ 금형을 부착하기 전에 하사점을 확인하고 설치한다.
④ 금형을 체결할 때에는 안전블럭을 잠시 제거하고 실시한다.

해설
금형을 체결할 때에는 안전블럭을 설치하고 실시한다.

정답 38 ② 39 ② 40 ① 41 ③ 42 ④ 43 ④

44 지게차의 방호장치에 해당하는 것은?

① 버 킷 ② 포 크
③ 마스트 ④ 헤드가드

해설
지게차를 이용한 작업을 안전하게 수행하기 위한 장치 : 헤드가드, 전조등 및 후미등, 백레스트 등

45 다음 중 절삭가공으로 틀린 것은?

① 선 반 ② 밀 링
③ 프레스 ④ 보 링

해설
프레스는 공작물의 소성변형성을 이용하는 비절삭 공작기계이다.

46 산업안전보건법령상 롤러기의 방호장치 설치 시 유의해야 할 사항으로 가장 적절하지 않은 것은?

① 손으로 조작하는 급정지 장치의 조작부는 롤러기의 전면 및 후면에 각각 1개씩 수평으로 설치하여야 한다.
② 앞면 롤러의 표면속도가 30[m/min] 미만인 경우 급정지 거리는 앞면 롤러 원주의 1/2.5 이하로 한다.
③ 급정지 장치의 조작부에 사용하는 줄은 사용 중 늘어져서는 안 된다.
④ 급정지 장치의 조작부에 사용하는 줄은 충분한 인장강도를 가져야 한다.

해설
앞면 롤러의 표면속도가 30[m/min] 미만인 경우 급정지 거리는 앞면 롤러 원주의 1/3 이하로 한다.

47 보일러 부하의 급변, 수위의 과상승 등에 의해 수분이 증기와 분리되지 않아 보일러 수면이 심하게 솟아올라 올바른 수위를 판단하지 못하는 현상은?

① 프라이밍 ② 모세관
③ 워터해머 ④ 역 화

해설
프라이밍 : 보일러 부하의 급변, 수위의 과상승 등에 의해 수분이 증기와 분리되지 않아 보일러 수면이 심하게 솟아올라 올바른 수위를 판단하지 못하는 현상

48 자동화 설비를 사용하고자 할 때 기능의 안전화를 위하여 검토할 사항으로 거리가 가장 먼 것은?

① 재료 및 가공 결함에 의한 오동작
② 사용압력 변동 시의 오동작
③ 전압강하 및 정전에 따른 오동작
④ 단락 또는 스위치 고장 시의 오동작

해설
재료 및 가공 결함에 의한 오동작은 구조의 안전화를 위하여 검토할 사항에 해당한다.

49 산업안전보건법령상 금속의 용접, 용단에 사용하는 가스 용기를 취급할 때 유의사항으로 틀린 것은?

① 밸브의 개폐는 서서히 할 것
② 운반하는 경우에는 캡을 벗길 것
③ 용기의 온도는 40[℃] 이하로 유지할 것
④ 통풍이나 환기가 불충분한 장소에는 설치하지 말 것

해설
운반 시에는 반드시 캡을 씌우도록 한다.

정답 44 ④ 45 ③ 46 ② 47 ① 48 ① 49 ②

50 **크레인 로프에 질량 2,000[kg]의 물건을 10[m/s^2]의 가속도로 감아올릴 때, 로프에 걸리는 총 하중[kN]은?(단, 중력가속도는 9.8[m/s^2])**

① 9.6 ② 19.6
③ 29.6 ④ 39.6

해설

$w = w_1 + w_2 = 2{,}000 + \frac{2{,}000 \times 10}{9.8} \simeq 4{,}040.8[\text{kg}] \simeq 39{,}600[\text{N}]$
$= 39.6[\text{kN}]$

51 **산업안전보건법령상 보일러에 설치해야 하는 안전장치로 거리가 가장 먼 것은?**

① 해지장치
② 압력방출장치
③ 압력제한스위치
④ 고・저수위조절장치

해설

해지장치는 와이어로프가 훅에서 이탈하는 것을 방지하는 장치이다.

52 **프레스 작동 후 작업점까지의 도달시간이 0.3초인 경우 위험한계로부터 양수조작식 방호장치의 최단 설치거리는?**

① 48[cm] 이상 ② 58[cm] 이상
③ 68[cm] 이상 ④ 78[cm] 이상

해설

설치거리 또는 안전거리
$D_m = 1.6T_m = 1.6 \times 0.3 \times 1{,}000 = 480[\text{mm}] = 48[\text{cm}]$

53 **산업안전보건법령상 고속회전체의 회전시험을 하는 경우 미리 회전축의 재질 및 형상 등에 상응하는 종류의 비파괴검사를 해서 결함 유무를 확인해야 한다. 이때 검사 대상이 되는 고속회전체의 기준은?**

① 회전축의 중량이 0.5[ton]을 초과하고, 원주속도가 100[m/s] 이내인 것
② 회전축의 중량이 0.5[ton]을 초과하고, 원주속도가 120[m/s] 이상인 것
③ 회전축의 중량이 1[ton]을 초과하고, 원주속도가 100[m/s] 이내인 것
④ 회전축의 중량이 1[ton]을 초과하고, 원주속도가 120[m/s] 이상인 것

해설

비파괴검사를 해서 결함 유무를 확인하여야 하는 고속회전체의 기준 : 회전축의 중량이 1[ton]을 초과하고 원주속도가 120[m/s] 이상인 고속회전체

54 **프레스의 손쳐내기식 방호장치 설치기준으로 틀린 것은?**

① 방호판의 폭이 금형폭의 1/2 이상이어야 한다.
② 슬라이드 행정수가 300[SPM] 이상의 것에 사용한다.
③ 손쳐내기봉의 행정(Stroke) 길이를 금형의 높이에 따라 조정할 수 있고 진동폭은 금형폭 이상이어야 한다.
④ 슬라이드 하행정거리의 3/4 위치에서 손을 완전히 밀어내야 한다.

해설

슬라이드 행정수가 120[SPM] 이하의 것에 사용한다.

정답 50 ④ 51 ① 52 ① 53 ④ 54 ②

55 산업안전보건법령상 컨베이어에 설치하는 방호장치로 거리가 가장 먼 것은?

① 건널다리 ② 반발예방장치
③ 비상정지장치 ④ 역주행방지장치

해설
반발예방장치는 위험원이 비산하거나 튀는 것을 방지하는 등 작업자로부터 위험원을 차단하는 방호장치이다.

56 산업안전보건법령상 숫돌 지름이 60[cm]인 경우 숫돌 고정장치인 평형플랜지의 지름은 최소 몇 [cm] 이상인가?

① 10 ② 20
③ 30 ④ 60

해설
숫돌고정장치인 평형플랜지의 지름은 숫돌직경의 1/3 이상이므로
$60 \times \frac{1}{3} = 20[\text{cm}]$

57 기계설비의 위험점 중 연삭숫돌과 작업받침대, 교반기의 날개와 하우스 등 고정 부분과 회전하는 동작 부분 사이에서 형성되는 위험점은?

① 끼임점 ② 물림점
③ 협착점 ④ 절단점

해설
① 끼임점 : 연삭숫돌과 작업받침대, 교반기의 날개와 하우스 등 고정 부분과 회전하는 동작 부분 사이에서 형성되는 위험점
② 물림점 : 반대로 회전하는 두 개의 회전체가 맞닿는 사이에 발생하는 위험점
③ 협착점 : 왕복운동을 하는 동작 부분(운동부)과 움직임이 없는 고정 부분(고정부) 사이에 형성되는 위험점
④ 절단점 : 운동하는 기계 자체와 회전하는 운동 부분 자체와의 위험이 형성되는 점

58 500[rpm]으로 회전하는 연삭숫돌의 지름이 300[mm]일 때 회전속도[m/min]는?

① 471 ② 551
③ 751 ④ 1,025

해설
원주속도 $v = \frac{\pi dn}{1,000} = \frac{3.14 \times 300 \times 500}{1,000} = 471[\text{m/min}]$

59 산업안전보건법령상 정상적으로 작동될 수 있도록 미리 조정해 두어야 할 이동식 크레인의 방호장치로 가장 적절하지 않은 것은?

① 제동장치
② 권과방지장치
③ 과부하방지장치
④ 파이널 리밋 스위치

해설
이동식 크레인의 방호장치 : 권과방지장치, 과부하방지장치, 비상정지장치, 제동장치(브레이크장치)

60 비파괴검사 방법으로 틀린 것은?

① 인장시험 ② 음향탐상시험
③ 와류탐상시험 ④ 초음파탐상시험

해설
인장시험은 파괴검사에 해당한다.

정답 55 ② 56 ② 57 ① 58 ① 59 ④ 60 ①

제4과목 전기위험 방지기술

61 속류를 차단할 수 있는 최고의 교류전압을 피뢰기의 정격전압이라고 하는데 이 값은 통상적으로 어떤 값으로 나타내고 있는가?

① 최댓값 ② 평균값
③ 실횻값 ④ 파고값

해설
피뢰기의 정격전압은 통상적으로 실횻값으로 나타낸다.

62 전로에 시설하는 기계·기구의 철대 및 금속제 외함에 접지공사를 생략할 수 없는 경우는?

① 30[V] 이하의 기계기구를 건조한 곳에 시설하는 경우
② 물기 없는 장소에 설치하는 저압용 기계기구를 위한 전로에 정격감도전류 40[mA] 이하, 동작시간 2초 이하의 전류동작형 누전차단기를 시설하는 경우
③ 철대 또는 외함의 주위에 적당한 절연대를 설치하는 경우
④ 「전기용품 및 생활용품 안전관리법」의 적용을 받는 이중절연구조로 되어 있는 기계기구를 시설하는 경우

해설
②는 접지공사를 생략할 수 없으며 접지공사 생략이 가능한 경우는 '물기 있는 장소 이외의 장소에 시설하는 저압용의 개별 기계기구에 전기를 공급하는 전로에 전기용품 및 생활용품 안전관리법의 적용을 받는 인체감전보호용 누전차단기(정격감도전류가 30[mA] 이하, 동작시간이 0.03초 이하의 전류동작형에 한한다)를 시설하는 경우'이다.

63 인체의 전기저항을 500[Ω]으로 하는 경우 심실세동을 일으킬 수 있는 에너지는 약 얼마인가?(단, 심실세동전류 $I=\frac{165}{\sqrt{T}}$[mA]로 한다)

① 13.6[J] ② 19.0[J]
③ 13.6[mJ] ④ 19.0[mJ]

해설
위험한계에너지
$W=I^2RT=\left(\frac{165}{\sqrt{T}}\times 10^{-3}\right)^2\times 500\times T\simeq 13.6$[J]이며
단위를 [cal]로 물어보면 계산결과에 0.24를 곱하면 된다.

64 전기설비에 접지를 하는 목적으로 틀린 것은?

① 누설전류에 의한 감전방지
② 낙뢰에 의한 피해방지
③ 지락사고 시 대지전위 상승유도 및 절연강도 증가
④ 지락사고 시 보호계전기 신속 동작

해설
전기설비에 접지를 하는 목적
- 누설전류에 의한 감전방지
- 낙뢰에 의한 피해방지
- 지락사고 시 대전전위 억제 및 절연강도 경감
- 지락사고 시 보호계전기 신속 동작

65 한국전기설비규정에 따라 과전류차단기로 저압전로에 사용하는 범용 퓨즈(gG)의 용단전류는 정격전류의 몇 배인가?(단, 정격전류가 4[A] 이하인 경우이다)

① 1.5배 ② 1.6배
③ 1.9배 ④ 2.1배

해설

정격전류의 구분	시 간	정격전류의 배수	
		불용단전류	용단전류
4[A] 이하	60분	1.5배	2.1배
4[A] 초과 16[A] 미만	60분	1.5배	1.9배
16[A] 이상 63[A] 이하	60분	1.25배	1.6배
63[A] 초과 160[A] 이하	120분	1.25배	1.6배
160[A] 초과 400[A] 이하	180분	1.25배	1.6배
400[A] 초과	240분	1.25배	1.6배

정답 61 ③ 62 ② 63 ① 64 ③ 65 ④

66 정전기가 대전된 물체를 제전시키려고 한다. 다음 중 대전된 물체의 절연저항이 증가되어 제전의 효과를 감소시키는 것은?

① 접지한다.
② 건조시킨다.
③ 도전성 재료를 첨가한다.
④ 주위를 가습한다.

해설
건조함은 절연저항이 증가하여 제전효과를 감소시키므로 가습하여 전하가 제거되기 쉽게 한다.

67 감전 등의 재해를 예방하기 위하여 특고압용 기계·기구 주위에 관계자 외 출입을 금하도록 울타리를 설치할 때, 울타리의 높이와 울타리로부터 충전부분까지의 거리의 합이 최소 몇 [m] 이상이 되어야 하는가?(단, 사용전압이 35[kV] 이하인 특고압용 기계·기구이다)

① 5[m] ② 6[m]
③ 7[m] ④ 9[m]

해설
감전 등의 재해를 예방하기 위하여 특고압용 기계·기구 주위에 관계자 외 출입을 금하도록 울타리를 설치할 때, 울타리의 높이와 울타리로부터 충전부분까지의 거리의 합이 최소 5[m] 이상이 되어야 한다.

68 개폐기로 인한 발화는 스파크에 의한 가연물의 착화 화재가 많이 발생한다. 이를 방지하기 위한 대책으로 틀린 것은?

① 가연성 증기, 분진 등이 있는 곳은 방폭형을 사용한다.
② 개폐기를 불연성 상자 안에 수납한다.
③ 비포장 퓨즈를 사용한다.
④ 접속 부분의 나사풀림이 없도록 한다.

해설
포장 퓨즈를 사용한다.

69 극간 정전용량이 1,000[pF]이고, 착화에너지가 0.019[mJ]인 가스에서 폭발한계 전압[V]은 약 얼마인가?(단, 소수점 이하는 반올림한다)

① 3,900 ② 1,950
③ 390 ④ 195

해설
$E=\frac{1}{2}CV^2$에서 $V=\sqrt{\frac{2E}{C}}=\sqrt{\frac{2\times0.019\times10^{-3}}{1,000\times10^{-12}}}\simeq195[\text{V}]$

70 개폐기, 차단기, 유도 전압조정기의 최대 사용 전압이 7[kV] 이하인 전로의 경우 절연내력시험은 최대 사용 전압의 1.5배의 전압을 몇 분간 가하는가?

① 10 ② 15
③ 20 ④ 25

해설
개폐기, 차단기, 유도 전압조정기의 최대 사용 전압이 7[kV] 이하인 전로의 경우 절연내력시험은 최대 사용 전압의 1.5배의 전압을 연속하여 10분간 가하여 절연내력을 시험하였을 때에 이에 견디어야 한다.

71 한국전기설비규정에 따라 욕조나 샤워시설이 있는 욕실 등 인체가 물에 젖어 있는 상태에서 전기를 사용하는 장소에 인체감전보호용 누전차단기가 부착된 콘센트를 시설하는 경우 누전차단기의 정격감도전류 및 동작시간은?

① 15[mA] 이하, 0.01초 이하
② 15[mA] 이하, 0.03초 이하
③ 30[mA] 이하, 0.01초 이하
④ 30[mA] 이하, 0.03초 이하

해설
욕조나 샤워시설이 있는 욕실 또는 화장실 등 인체가 물에 젖어 있는 상태에서 전기를 사용하는 장소에 콘센트를 시설하는 경우에는 다음에 따라 시설하여야 한다.
- 전기용품 및 생활용품 안전관리법의 적용을 받는 인체감전보호용 누전차단기(정격감도전류 15[mA] 이하, 동작시간 0.03초 이하의 전류동작형의 것에 한한다) 또는 절연변압기(정격용량 3[kVA] 이하인 것에 한한다)로 보호된 전로에 접속하거나, 인체감전보호용 누전차단기가 부착된 콘센트를 시설하여야 한다.
- 콘센트는 접지극이 있는 방적형 콘센트를 사용하여 규정에 준하여 접지하여야 한다.

정답 66 ② 67 ① 68 ③ 69 ④ 70 ① 71 ②

72 **불활성화할 수 없는 탱크, 탱크로리 등에 위험물을 주입하는 배관은 정전기 재해방지를 위하여 배관 내 액체의 유속제한을 한다. 배관 내 유속제한에 대한 설명으로 틀린 것은?**

① 물이나 기체를 혼합하는 비수용성 위험물의 배관 내 유속은 1[m/s] 이하로 할 것
② 저항률이 10^{10}[Ω·cm] 미만의 도전성 위험물의 배관 내 유속은 7[m/s] 이하로 할 것
③ 저항률이 10^{10}[Ω·cm] 이상인 위험물의 배관 내 유속은 관내경이 0.05[m]이면 3.5[m/s] 이하로 할 것
④ 이황화탄소 등과 같이 유동대전이 심하고 폭발 위험성이 높은 것은 배관 내 유속을 3[m/s] 이하로 할 것

해설
에테르, 이황화탄소 등과 같이 유동대전이 심하고 폭발 위험성이 높으면 1[m/s] 이하로 할 것

73 **절연물의 절연계급을 최고 허용온도가 낮은 온도에서 높은 온도 순으로 배치한 것은?**

① Y종 → A종 → E종 → B종
② A종 → B종 → E종 → Y종
③ Y종 → E종 → B종 → A종
④ B종 → Y종 → A종 → E종

해설
절연물의 절연계급의 최고 허용온도가 낮은 온도에서 높은 온도 순 : Y종 → A종 → E종 → B종

74 **다른 두 물체가 접촉할 때 접촉 전위차가 발생하는 원인으로 옳은 것은?**

① 두 물체의 온도차
② 두 물체의 습도차
③ 두 물체의 밀도차
④ 두 물체의 일함수차

해설
다른 두 물체가 접촉할 때 접촉 전위차가 발생하는 원인은 두 물체의 일함수의 차 때문이다.

75 **방폭인증서에서 방폭 부품을 나타내는 데 사용되는 인증번호의 접미사는?**

① "G" ② "X"
③ "D" ④ "U"

해설
방폭 부품(Ex Component) : 전기기기 및 모듈(Ex 케이블글랜드 제외)의 부품을 말하며, 기호 "U"로 표시하고, 폭발성 가스 분위기에서 사용하는 전기기기 및 시스템에 사용할 때 단독으로 사용하지 않고 추가 고려사항이 요구된다.

76 **고압 및 특고압 전로에 시설하는 피뢰기의 설치장소로 잘못된 곳은?**

① 가공전선로와 지중전선로가 접속되는 곳
② 발전소, 변전소의 가공전선 인입구 및 인출구
③ 고압 가공전선로에 접속하는 배전용 변압기의 저압측
④ 고압 가공전선로로부터 공급을 받는 수용장소의 인입구

해설
고압 및 특고압 가공전선로로부터 공급을 받는 수용장소의 인입구에 설치해야 한다.

77 **산업안전보건기준에 관한 규칙 제319조에 의한 정전전로에서의 정전 작업을 마친 후 전원을 공급하는 경우에 사업주가 작업에 종사하는 근로자 및 전기기기와 접촉할 우려가 있는 근로자에게 감전의 위험이 없도록 준수해야 할 사항이 아닌 것은?**

① 단락 접지기구 및 작업기구를 제거하고 전기기기 등이 안전하게 통전될 수 있는지 확인한다.
② 모든 작업자가 작업이 완료된 전기기기에서 떨어져 있는지 확인한다.
③ 잠금장치와 꼬리표를 근로자가 직접 설치한다.
④ 모든 이상 유무를 확인한 후 전기기기 등의 전원을 투입한다.

해설
잠금장치와 꼬리표는 설치한 근로자가 직접 철거할 것

정답 72 ④ 73 ① 74 ④ 75 ④ 76 ③ 77 ③

78 변압기의 최소 IP 등급은?(단, 유입 방폭구조의 변압기이다)

① IP55 ② IP56
③ IP65 ④ IP66

해설
KS C IEC 60079-6에 따른 유입방폭구조 "o" 방폭장비의 최소 IP등급 : IP66

79 가스그룹이 ⅡB인 지역에 내압방폭구조 "d"의 방폭기기가 설치되어 있다. 기기의 플랜지 개구부에서 장애물까지의 최소 거리[mm]는?

① 10 ② 20
③ 30 ④ 40

해설
가스그룹이 ⅡB인 지역에 내압방폭구조 "d"의 방폭기기가 설치되어 있을 때, 기기의 플랜지 개구부에서 장애물까지의 최소 거리는 30[mm]이다.

80 방폭전기설비의 용기 내부에서 폭발성가스 또는 증기가 폭발하였을 때 용기가 그 압력에 견디고 접합면이나 개구부를 통해서 외부의 폭발성 가스나 증기에 인화되지 않도록 한 방폭구조는?

① 내압 방폭구조
② 압력 방폭구조
③ 유입 방폭구조
④ 본질안전 방폭구조

해설
내압 방폭구조 : 방폭전기설비의 용기 내부에서 폭발성 가스 또는 증기가 폭발하였을 때 용기가 그 압력에 견디고 접합면이나 개구부를 통해서 외부의 폭발성 가스나 증기에 인화되지 않도록 한 방폭구조

제5과목 화학설비위험 방지기술

81 포스겐가스 누설검지의 시험지로 사용되는 것은?

① 연당지 ② 염화파라듐지
③ 하리슨시험지 ④ 초산벤젠지

해설
① 연당지 : 황화수소(H_2S)
② 염화파라듐지 : 일산화탄소(CO)
④ 초산벤젠지(질산구리벤젠지) : 사이안화수소(HCN)

82 안전밸브 전단·후단에 자물쇠형 또는 이에 준하는 형식의 차단밸브 설치를 할 수 있는 경우에 해당하지 않는 것은?

① 자동압력조절밸브와 안전밸브 등이 직렬로 연결된 경우
② 화학설비 및 그 부속설비에 안전밸브 등이 복수방식으로 설치되어 있는 경우
③ 열팽창에 의하여 상승된 압력을 낮추기 위한 목적으로 안전밸브가 설치된 경우
④ 인접한 화학설비 및 그 부속설비에 안전밸브 등이 각각 설치되어 있고, 해당 화학설비 및 그 부속설비의 연결배관에 차단밸브가 없는 경우

해설
자동압력조절밸브와 안전밸브 등이 병렬로 연결된 경우

83 압축하면 폭발할 위험성이 높아 아세톤 등에 용해시켜 다공성 물질과 함께 저장하는 물질은?

① 염 소 ② 아세틸렌
③ 에 탄 ④ 수 소

해설
압축하면 폭발할 위험성이 높아 아세톤 등에 용해시켜 다공성 물질과 함께 저장하는 물질은 아세틸렌이다.

정답 78 ④ 79 ③ 80 ① 81 ③ 82 ① 83 ②

84 **산업안전보건법령상 대상 설비에 설치된 안전밸브에 대해서는 경우에 따라 구분된 검사주기마다 안전밸브가 적정하게 작동하는지 검사하여야 한다. 화학공정 유체와 안전밸브의 디스크 또는 시트가 직접 접촉될 수 있도록 설치된 경우의 검사주기로 옳은 것은?**

① 매년 1회 이상
② 2년마다 1회 이상
③ 3년마다 1회 이상
④ 4년마다 1회 이상

해설

안전밸브 또는 파열판에 대한 검사주기(산업안전보건기준에 관한 규칙 제261조)
- 매년 1회 이상 : 화학공정 유체와 안전밸브의 디스크 또는 시트가 직접 접촉될 수 있도록 설치된 경우
- 2년마다 1회 이상 : 안전밸브 전단에 파열판이 설치된 경우
- 4년마다 1회 이상 : 공정안전보고서 이행상태 평가결과가 우수한 사업장의 안전밸브의 경우

85 **위험물을 산업안전보건법령에서 정한 기준량 이상으로 제조하거나 취급하는 설비로서 특수화학설비에 해당되는 것은?**

① 가열시켜 주는 물질의 온도가 가열되는 위험물질의 분해온도보다 높은 상태에서 운전되는 설비
② 상온에서 게이지 압력으로 200[kPa]의 압력으로 운전되는 설비
③ 대기압 하에서 300[℃]로 운전되는 설비
④ 흡열반응이 행하여지는 반응설비

해설

②·③ 온도가 350[℃] 이상이거나 게이지 압력이 10[kgf/cm^2] 이상인 상태에서 운전되는 설비
④ 발열반응이 일어나는 반응장치

86 **산업안전보건법령상 다음 내용에 해당하는 폭발위험 장소는?**

20종 장소 밖으로서 분진운 형태의 가연성 분진이 폭발농도를 형성할 정도의 충분한 양이 정상작동 중에 존재할 수 있는 장소를 말한다.

① 21종 장소　② 22종 장소
③ 0종 장소　④ 1종 장소

해설

21종 장소 : 공기 중에 가연성 분진운의 형태가 정상작동 중 빈번하게 폭발분위기를 형성할 수 있는 장소
- 20종 장소 밖으로서 분진운 형태의 가연성 분진이 폭발농도를 형성할 정도의 충분한 양이 정상작동 중에 존재할 수 있는 장소를 말한다.
- 분진 컨테인먼트 외부와 내부에 분진폭발 혼합물이 존재할 때 조작을 위하여 빈번하게 제거 또는 개방하는 문에 근접한 장소

87 **Li과 Na에 관한 설명으로 틀린 것은?**

① 두 금속 모두 실온에서 자연발화의 위험성이 있으므로 알코올 속에 저장해야 한다.
② 두 금속은 물과 반응하여 수소기체를 발생한다.
③ Li은 비중 값이 물보다 작다.
④ Na는 은백색의 무른 금속이다.

해설

보호액(석유, 경유, 유동 파라핀)을 넣은 통에 밀봉·저장한다.

88 **다음 중 누설발화형 폭발재해의 예방대책으로 가장 거리가 먼 것은?**

① 발화원 관리
② 밸브의 오동작 방지
③ 가연성 가스의 연소
④ 누설물질의 검지 경보

해설

누설발화형 폭발재해의 예방대책
- 발화원 관리
- 밸브의 오동작 방지
- 누설물질의 검지 경보

정답 84 ① 85 ① 86 ① 87 ① 88 ③

89 **수분을 함유하는 에탄올에서 순수한 에탄올을 얻기 위해 벤젠과 같은 물질을 첨가하여 수분을 제거하는 증류 방법은?**

① 공비증류 ② 추출증류
③ 가압증류 ④ 감압증류

해설
공비증류 : 수분을 함유하는 에탄올에서 순수한 에탄올을 얻기 위해 벤젠과 같은 물질을 첨가하여 수분을 제거하는 증류방법

90 **다음 중 인화점에 관한 설명으로 옳은 것은?**

① 액체의 표면에서 발생한 증기농도가 공기 중에서 연소하한 농도가 될 수 있는 가장 높은 액체온도
② 액체의 표면에서 발생한 증기농도가 공기 중에서 연소상한 농도가 될 수 있는 가장 낮은 액체온도
③ 액체의 표면에서 발생한 증기농도가 공기 중에서 연소하한 농도가 될 수 있는 가장 낮은 액체온도
④ 액체의 표면에서 발생한 증기농도가 공기 중에서 연소상한 농도가 될 수 있는 가장 높은 액체온도

해설
인화점의 정의
- 가연성 액체의 액면 가까이에서 인화하는 데 충분한 농도의 증기를 발산하는 최저온도
- 액체를 가열할 때 액체표면에서 발생한 (액면 부근의) 증기농도가 공기 중에서 폭발하한(연소하한) 농도가 될 수 있는 가장 낮은 액체 온도

91 **분진폭발의 특징에 관한 설명으로 옳은 것은?**

① 가스폭발보다 발생에너지가 작다.
② 폭발압력과 연소속도는 가스폭발보다 크다.
③ 입자의 크기, 부유성 등이 분진폭발에 영향을 준다.
④ 불완전연소로 인한 가스중독의 위험성은 작다.

해설
① 가스폭발보다 발생에너지가 크다.
② 폭발압력과 연소속도는 가스폭발보다 작다.
④ 불완전연소로 인한 가스중독의 위험성이 크다.

92 **위험물안전관리법령상 제1류 위험물에 해당하는 것은?**

① 과염소산나트륨 ② 과염소산
③ 과산화수소 ④ 과산화벤조일

해설
① 과염소산나트륨 : 과염소산염 중 수용성이 가장 높은 제1류 위험물(산화성 고체)
② 과염소산 : 제6류 위험물(산화성 액체)
③ 과산화수소 : 제6류 위험물(산화성 액체)
④ 과산화벤조일 : 폭발성 물질 및 유기과산화물에 해당

93 **다음 중 질식소화에 해당하는 것은?**

① 가연성 기체의 분출화재시 주 밸브를 닫는다.
② 가연성 기체의 연쇄반응을 차단하여 소화한다.
③ 연료 탱크를 냉각하여 가연성 가스의 발생속도를 작게 한다.
④ 연소하고 있는 가연물이 존재하는 장소를 기계적으로 폐쇄하여 공기의 공급을 차단한다.

해설
① 제거소화
② 억제소화(부촉매소화)
③ 냉각소화

94 **산업안전보건기준에 관한 규칙에서 정한 위험물질의 종류에서 "물반응성 물질 및 인화성 고체"에 해당하는 것은?**

① 질산에스테르류 ② 나이트로화합물
③ 칼륨・나트륨 ④ 나이트로소화합물

해설
① 질산에스테르류 : 자기반응성 물질(제5류 위험물)
② 나이트로화합물 : 자기반응성 물질(제5류 위험물)
④ 나이트로소화합물 : 자기반응성 물질(제5류 위험물)

정답 89 ① 90 ③ 91 ③ 92 ① 93 ④ 94 ③

95 공기 중 아세톤의 농도가 200[ppm](TLV 500[ppm]), 메틸에틸케톤(MEK)의 농도가 100[ppm](TLV 200[ppm])일 때 혼합물질의 허용농도(ppm)는?(단, 두 물질은 서로 상가작용을 하는 것으로 가정한다)

① 150 ② 200
③ 270 ④ 333

해설
혼합물의 허용농도

$$C = \frac{C_1 + C_2}{R}$$

$$= \frac{200+100}{\frac{C_1}{T_1}+\frac{C_2}{T_2}} = \frac{300}{\frac{200}{500}+\frac{100}{200}} = \frac{300}{\frac{9}{10}} = \frac{3,000}{9}$$

$$\simeq 333[\text{ppm}]$$

96 다음 중 분진이 발화 폭발하기 위한 조건으로 거리가 먼 것은?

① 불연성질
② 미분상태
③ 점화원의 존재
④ 산소공급

해설
분진이 발화폭발하기 위한 조건 : 산소 공급, 가연성, 미분상태, 점화원의 존재, 지연성 가스 중에서의 교반과 운동

97 다음 중 폭발한계[vol%]의 범위가 가장 넓은 것은?

① 메 탄 ② 부 탄
③ 톨루엔 ④ 아세틸렌

해설
폭발한계[vol%](범위폭)
① 메탄(CH_4) 5~15.4(10.4)
② 부탄(C_4H_{10}) 1.8~8.4(6.6)
③ 톨루엔(메틸벤젠) 1.1~7.1(6.0)
④ 아세틸렌(C_2H_2) 2.5~82(79.5 가장 넓음)

98 다음 중 최소 발화에너지(E[J])를 구하는 식으로 옳은 것은?(단, I는 전류[A], R은 저항[Ω], V는 전압[V], C는 콘덴서용량[F], T는 시간[초]이라 한다)

① $E = IRT$
② $E = 0.24I^2\sqrt{R}$
③ $E = \frac{1}{2}CV^2$
④ $E = \frac{1}{2}\sqrt{C^2V}$

해설
최소 발화에너지(E[J])를 구하는 식 : $E = \frac{1}{2}CV^2$

99 공기 중에서 A 물질의 폭발하한계가 4[vol%], 상한계가 75[vol%]라면 이 물질의 위험도는?

① 16.75 ② 17.75
③ 18.75 ④ 19.75

해설
위험도 $H = \frac{U-L}{L} = \frac{75-4}{4} \simeq 17.75$

100 다음 중 관의 지름을 변경하고자 할 때 필요한 관 부속품은?

① Elbow ② Reducer
③ Plug ④ Valve

해설
② Reducer : 관의 지름을 변경하고자 할 때 필요한 관 부속품
① Elbow : 관로의 방향을 변경하기 위한 부품
③ Plug : 유로를 차단하기 위하여 관 끝을 막는 부품
④ Valve : 유체의 압력, 유량, 방향 등을 제어하는 부품

정답 95 ④ 96 ① 97 ④ 98 ③ 99 ② 100 ②

제6과목 건설안전기술

101 다음 중 지하수위 측정에 사용되는 계측기는?

① Load Cell
② Inclinometer
③ Extensometer
④ Piezometer

해설
※ 출제오류로 모두 정답 처리됨
① 하중계(Load Cell) : 흙막이 배면에 작용하는 측압 또는 어스앵커의 인장력을 측정하는 계측기기
② 지중경사계(Inclinometer) : 지중 또는 지하 연속벽의 중앙에 설치하여 흙막이가 배면측압에 의해 기울어짐을 파악하여 지중 수평변위를 측정하는 계측기기
③ 지중침하계(Extensometer) : 지중에 설치하여 흙막이 배면의 지반이 토사 유출 또는 수위변동으로 침하하는 정도를 파악하여 지중 수직변위를 측정하는 계측기기
④ 간극수압계(Piezometer) : 지중의 간극수압을 측정하는 계측기기

102 이동식 비계를 조립하여 작업을 하는 경우에 준수하여야 할 기준으로 옳지 않은 것은?

① 승강용사다리는 견고하게 설치할 것
② 비계의 최상부에서 작업을 하는 경우에는 안전난간을 설치할 것
③ 작업발판의 최대적재하중은 400[kg]을 초과하지 않도록 할 것
④ 작업발판은 항상 수평을 유지하고 작업발판 위에서 안전난간을 딛고 작업을 하거나 받침대 또는 사다리를 사용하여 작업하지 않도록 할 것

해설
작업발판의 최대적재하중은 250[kg]을 초과하지 않도록 할 것

103 터널 지보공을 조립하거나 변경하는 경우에 조치하여야 하는 사항으로 옳지 않은 것은?

① 목재의 터널 지보공은 그 터널 지보공의 각 부재에 작용하는 긴압 정도를 체크하여 그 정도가 최대한 차이나도록 할 것
② 강(鋼)아치 지보공의 조립은 연결볼트 및 띠장 등을 사용하여 주재 상호 간을 튼튼하게 연결할 것
③ 기둥에는 침하를 방지하기 위하여 받침목을 사용하는 등의 조치를 할 것
④ 주재(主材)를 구성하는 1세트의 부재는 동일 평면 내에 배치할 것

해설
목재의 터널 지보공은 그 터널 지보공의 각 부재의 긴압 정도가 균등하게 되도록 할 것

104 거푸집 동바리 등을 조립하는 경우에 준수하여야 하는 기준으로 옳지 않은 것은?

① 동바리로 사용하는 파이프 서포트를 이어서 사용하는 경우에는 3개 이상의 볼트 또는 전용철물을 사용하여 이을 것
② 동바리로 사용하는 강관은 높이 2[m] 이내마다 수평연결재를 2개 방향으로 만들 것
③ 깔목의 사용, 콘크리트 타설, 말뚝박기 등 동바리의 침하를 방지하기 위한 조치를 할 것
④ 동바리로 사용하는 파이프 서포트를 3개 이상 이어서 사용하지 않도록 할 것

해설
파이프 서포트를 이어서 사용하는 경우에는 4개 이상의 볼트 또는 전용철물을 사용하여 이을 것

정답 101 전항 정답 102 ③ 103 ① 104 ①

105 **가설통로를 설치하는 경우 준수하여야 할 기준으로 옳지 않은 것은?**

① 경사는 30° 이하로 할 것
② 경사가 15°를 초과하는 경우에는 미끄러지지 아니하는 구조로 할 것
③ 추락할 위험이 있는 장소에는 안전난간을 설치할 것
④ 수직갱에 가설된 통로의 길이가 15[m] 이상인 경우에는 7[m] 이내마다 계단참을 설치할 것

해설
수직갱에 가설된 통로의 길이가 15[m] 이상인 경우에는 10[m] 이내마다 계단참을 설치할 것

106 **사면보호 공법 중 구조물에 의한 보호 공법에 해당되지 않는 것은?**

① 블록공
② 식생구멍공
③ 돌쌓기공
④ 현장타설 콘크리트 격자공

해설
사면보호 공법 중 구조물에 의한 보호 공법 : 블록공, 돌쌓기공, 현장타설 콘크리트 격자공, 뿜어붙이기공

107 **안전계수가 4이고 2,000[MPa]의 인장강도를 갖는 강선의 최대 허용응력은?**

① 500[MPa] ② 1,000[MPa]
③ 1,500[MPa] ④ 2,000[MPa]

해설
안전계수 $S = \frac{\text{인장강도}}{\text{허용응력}}$ 에서

허용응력 $= \frac{\text{인장강도}}{\text{허용응력}} = \frac{2,000}{4} = 500$[MPa]

108 **터널공사의 전기발파작업에 관한 설명으로 옳지 않은 것은?**

① 전선은 점화하기 전에 화약류를 충진한 장소로부터 30[m] 이상 떨어진 안전한 장소에서 도통시험 및 저항시험을 하여야 한다.
② 점화는 충분한 허용량을 갖는 발파기를 사용하고 규정된 스위치를 반드시 사용하여야 한다.
③ 발파 후 발파기와 발파모선의 연결을 유지한 채 그 단부를 절연시킨 후 재점화가 되지 않도록 한다.
④ 점화는 선임된 발파책임자가 행하고 발파기의 핸들을 점화할 때 이외는 시건장치를 하거나 모선을 분리하여야 하며 발파책임자의 엄중한 관리하에 두어야 한다.

해설
발파 후 즉시 발파모선을 발파기로부터 분리하고 그 단부를 절연시킨다.

109 **화물을 적재하는 경우의 준수사항으로 옳지 않은 것은?**

① 침하 우려가 없는 튼튼한 기반 위에 적재할 것
② 건물의 칸막이나 벽 등이 화물의 압력에 견딜 만큼의 강도를 지니지 아니한 경우에는 칸막이나 벽에 기대어 적재하지 않도록 할 것
③ 불안정한 정도로 높이 쌓아 올리지 말 것
④ 하중을 한쪽으로 치우치더라도 화물을 최대한 효율적으로 적재할 것

해설
하중이 한쪽으로 치우치지 않도록 하여 적재할 것

정답 105 ④ 106 ② 107 ① 108 ③ 109 ④

110 발파구간 인접구조물에 대한 피해 및 손상을 예방하기 위한 건물 기초에서의 허용진동치[cm/s] 기준으로 옳지 않은 것은?(단, 기존 구조물에 금이 가 있거나 노후 구조물 대상일 경우 등은 고려하지 않는다)

① 문화재 : 0.2[cm/s]
② 주택, 아파트 : 0.5[cm/s]
③ 상가 : 1.0[cm/s]
④ 철골콘크리트 빌딩 : 0.8~1.0[cm/s]

해설
철골콘크리트 빌딩 : 1.0~4.0[cm/s]

111 거푸집 동바리 등을 조립 또는 해체하는 작업을 하는 경우의 준수사항으로 옳지 않은 것은?

① 재료, 기구 또는 공구 등을 올리거나 내리는 경우에는 근로자로 하여금 달줄·달포대 등의 사용을 금하도록 할 것
② 낙하·충격에 의한 돌발적 재해를 방지하기 위하여 버팀목을 설치하고 거푸집 동바리 등을 인양장비에 매단 후에 작업을 하도록 하는 등 필요한 조치를 할 것
③ 비, 눈, 그 밖의 기상상태의 불안정으로 날씨가 몹시 나쁜 경우에는 그 작업을 중지할 것
④ 해당 작업을 하는 구역에는 관계 근로자가 아닌 사람의 출입을 금지할 것

해설
재료, 기구 또는 공구 등을 올리거나 내리는 경우에는 근로자로 하여금 달줄·달포대 등을 사용하도록 할 것

112 강관을 사용하여 비계를 구성하는 경우 준수하여야 할 기준으로 옳지 않은 것은?

① 비계기둥의 간격은 띠장 방향에서는 1.85[m] 이하, 장선(長線) 방향에서는 1.5[m] 이하로 할 것
② 띠장 간격은 2.0[m] 이하로 할 것
③ 비계기둥의 제일 윗부분으로부터 31[m]되는 지점 밑부분의 비계기둥은 3개의 강관으로 묶어 세울 것
④ 비계기둥 간의 적재하중은 400[kg]을 초과하지 않도록 할 것

해설
비계기둥의 제일 윗부분으로부터 31[m]되는 지점 밑부분의 비계기둥은 2개의 강관으로 묶어 세울 것

113 지하수위 상승으로 포화된 사질토 지반의 액상화 현상을 방지하기 위한 가장 직접적이고 효과적인 대책은?

① Well Point 공법 적용
② 동다짐 공법 적용
③ 입도가 불량한 재료를 입도가 양호한 재료로 치환
④ 밀도를 증가시켜 한계간극비 이하로 상대밀도를 유지하는 방법 강구

해설
지하수위 상승으로 포화된 사질토 지반의 액상화 현상을 방지하기 위한 가장 직접적이고 효과적인 대책은 Well Point 공법을 적용하는 것이다.

정답 110 ④ 111 ① 112 ③ 113 ①

114 **크레인 등 건설장비의 가공전선로 접근 시 안전대책으로 옳지 않은 것은?**

① 안전 이격거리를 유지하고 작업한다.
② 장비를 가공전선로 밑에 보관한다.
③ 장비의 조립, 준비 시부터 가공전선로에 대한 감전 방지 수단을 강구한다.
④ 장비 사용 현장의 장애물, 위험물 등을 점검 후 작업 계획을 수립한다.

해설
크레인 등 건설장비의 가공전선로 접근 시 안전대책
- 안전 이격거리를 유지하고 작업한다.
- 장비의 조립, 준비 시부터 가공전선로에 대한 감전방지수단을 강구한다.
- 장비사용 현장의 장애물, 위험물 등을 점검 후 작업계획을 수립한다.
- 장비를 가공전선로 밑에 보관하지 않는다.

115 **흙의 투수계수에 영향을 주는 인자에 관한 설명으로 옳지 않은 것은?**

① 포화도 : 포화도가 클수록 투수계수도 크다.
② 공극비 : 공극비가 클수록 투수계수는 작다.
③ 유체의 점성계수 : 점성계수가 클수록 투수계수는 작다.
④ 유체의 밀도 : 유체의 밀도가 클수록 투수계수는 크다.

해설
공극비 : 공극비가 클수록 투수계수는 크다.

116 **산업안전보건법령에서 규정하는 철골작업을 중지하여야 하는 기후조건에 해당하지 않는 것은?**

① 풍속이 초당 10[m] 이상인 경우
② 강우량이 시간당 1[mm] 이상인 경우
③ 강설량이 시간당 1[cm] 이상인 경우
④ 기온이 영하 5[℃] 이하인 경우

해설
철골작업을 중지하여야 하는 기준
- (10분간의 평균)풍속이 초당 10[m] 이상인 경우
- 강우량이 시간당 1[mm] 이상인 경우
- 강설량이 시간당 1[cm] 이상인 경우

117 **차량계 건설기계를 사용하여 작업을 하는 경우 작업계획서 내용에 포함되지 않는 사항은?**

① 사용하는 차량계 건설기계의 종류 및 성능
② 차량계 건설기계의 운행경로
③ 차량계 건설기계에 의한 작업방법
④ 차량계 건설기계 사용 시 유도자 배치 위치

해설
차량계 건설기계를 사용하여 작업하고자 할 때 작업계획서에 포함되어야 할 사항
- 사용하는 차량계 건설기계의 종류 및 성능
- 차량계 건설기계의 운행경로
- 차량계 건설기계에 의한 작업방법

정답 114 ② 115 ② 116 ④ 117 ④

118 **유해위험방지계획서를 고용노동부장관에게 제출하고 심사를 받아야 하는 대상 건설공사 기준으로 옳지 않은 것은?**

① 최대 지간길이가 50[m] 이상인 다리의 건설 등 공사
② 지상높이 25[m] 이상인 건축물 또는 인공구조물의 건설 등 공사
③ 깊이 10[m] 이상인 굴착공사
④ 다목적댐, 발전용댐, 저수용량 2천만[ton] 이상의 용수 전용 댐 및 지방상수도 전용 댐의 건설 등 공사

해설
지상높이 31[m] 이상인 건축물 또는 인공구조물의 건설, 개조 또는 해체공사

119 **공사 진척에 따른 공정률이 다음과 같을 때 안전관리비 사용기준으로 옳은 것은?(단, 공정률은 기성공정률을 기준으로 함)**

공정률 : 70[%] 이상, 90[%] 미만

① 50[%] 이상 ② 60[%] 이상
③ 70[%] 이상 ④ 80[%] 이상

해설
공정률이 70[%] 이상 90[%] 미만일 경우, 공사 진척에 따른 안전관리비 사용기준은 70[%] 이상이다.

120 **미리 작업장소의 지형 및 지반상태 등에 적합한 제한속도를 정하지 않아도 되는 차량계 건설기계의 속도 기준은?**

① 최대 제한 속도가 10[km/h] 이하
② 최대 제한 속도가 20[km/h] 이하
③ 최대 제한 속도가 30[km/h] 이하
④ 최대 제한 속도가 40[km/h] 이하

해설
미리 작업장소의 지형 및 지반상태 등에 적합한 제한속도를 정하지 않아도 되는 차량계 건설기계의 속도 기준 : 최대 제한 속도가 10[km/h] 이하

정답 118 ② 119 ③ 120 ①

산업안전기사

과년도 기출문제

제1과목 안전관리론

01 학습자가 자신의 학습 속도에 적합하도록 프로그램 자료를 가지고 단독으로 학습하도록 하는 안전교육방법은?

① 실연법 ② 모의법
③ 토의법 ④ 프로그램학습법

해설

④ 프로그램학습법 : 학습자가 자신의 학습 속도에 적합하도록 프로그램 자료를 가지고 단독으로 학습하도록 하는 안전교육방법
① 실연법(역할연기법, Role Playing) : 자기 해방과 타인 체험을 목적으로 하는 체험활동을 통해 대인관계에 있어서의 태도변용이나 통찰력, 자기이해를 목표로 개발된 교육기법
② 모의법(Simulation Method) : 실제처럼 미리 수행해보는 안전교육방법으로 시간의 소비가 많고 시설의 유지비가 많이 든다. 학생 대 교사의 비율이 높고 단위시간당 교육비가 많이 든다.
③ 토의법(Discussion Method) : 공동학습의 일종이며 알고 있는 지식을 심화시키거나 어떠한 자료에 대해 보다 명료한 생각을 갖도록 하기 위하여 실시하는 교육방법

02 헤드십의 특성이 아닌 것은?

① 지휘형태는 권위주의적이다.
② 권한행사는 임명된 헤드이다.
③ 구성원과의 사회적 간격은 넓다.
④ 상관과 부하와의 관계는 개인적인 영향이다.

해설

헤드십의 경우, 상관과 부하와의 관계는 지배적이다.

03 산업안전보건법령상 특정행위의 지시 및 사실의 고지에 사용되는 안전·보건표지의 색도기준으로 옳은 것은?

① 2.5G 4/10 ② 5Y 8.5/12
③ 2.5PB 4/10 ④ 7.5R 4/14

해설

③ 2.5PB 4/10(파란색) : 지시(특정행위의 지시 및 사실의 고지)
① 2.5G 4/10(녹색) : 안내(비상구 및 피난소, 사람 또는 차량의 통행표지)
② 5Y 8.5/12(노란색) : 경고(화학물질 취급장소에서의 유해·위험경고 이외의 위험경고, 주의표지 또는 기계 방호물)
④ 7.5R 4/14(빨간색) : 금지(정지신호, 소화설비 및 그 장소, 유해행위의 금지 등), 경고(화학물질 취급장소에서의 유해·위험경고 등)

04 인간관계의 메커니즘 중 다른 사람의 행동 양식이나 태도를 투입시키거나 다른 사람 가운데서 자기와 비슷한 것을 발견하는 것은?

① 공 감 ② 모 방
③ 동일화 ④ 일체화

해설

동일화 또는 동일시(Identification) : 다른 사람의 행동양식이나 태도를 투입시키거나 그와 반대로 다른 사람 가운데서 자기와 행동양식이나 태도가 비슷한 것을 발견하는 것

정답 1 ④ 2 ④ 3 ③ 4 ③

05 다음의 교육내용과 관련 있는 교육은?

- 작업동작 및 표준작업방법의 습관화
- 공구·보호구 등의 관리 및 취급태도의 확립
- 작업 전후의 점검, 검사요령의 정확화 및 습관화

① 지식교육 ② 기능교육
③ 태도교육 ④ 문제해결교육

해설
태도교육 : 올바른 행동의 습관화 및 가치관을 형성하도록 하는 교육
- 교육 내용 : 작업동작 및 표준작업방법의 습관화, 공구·보호구 등의 관리 및 취급태도의 확립, 작업전후의 점검·검사요령의 정확화 및 습관화 등
- 태도교육을 통한 안전태도 형성요령 : 청취 → 이해 및 납득 → 모범 보이기 → 평가 → 장려 혹은 처벌(금전적 보상은 해당 없음)

06 데이비스(K. Davis)의 동기부여 이론에 관한 등식에서 그 관계가 틀린 것은?

① 지식×기능 = 능력
② 상황×능력 = 동기유발
③ 능력×동기유발 = 인간의 성과
④ 인간의 성과×물질의 성과 = 경영의 성과

해설
동기유발(Motivation) = 상황(Situation)×태도(Attitude)

07 산업안전보건법령상 보호구 안전인증 대상 방독 마스크의 유기화합물용 정화통 외부 측면 표시 색으로 옳은 것은?

① 갈 색 ② 녹 색
③ 회 색 ④ 노란색

해설
방독 마스크의 정화통 색상과 시험가스

종 류	색 상	시험가스
유기화합물용	갈 색	사이클로헥산, 다이메틸에테르, 아이소부탄
할로겐용	회 색	염소 가스 또는 증기
황화수소용		황화수소
사이안화수소용		사이안화수소
아황산용	노란색	아황산 가스
암모니아용	녹 색	암모니아 가스

08 재해원인 분석기법의 하나인 특성요인도의 작성방법에 대한 설명으로 틀린 것은?

① 큰뼈는 특성이 일어나는 요인이라고 생각되는 것을 크게 분류하여 기입한다.
② 등뼈는 원칙적으로 우측에서 좌측으로 향하여 가는 화살표를 기입한다.
③ 특성의 결정은 무엇에 대한 특성요인도를 작성할 것인가를 결정하고 기입한다.
④ 중뼈는 특성이 일어나는 큰뼈의 요인마다 다시 미세하게 원인을 결정하여 기입한다.

해설
등뼈는 원칙적으로 좌측에서 우측으로 향하여 가는 화살표를 기입한다.

정답 5 ③ 6 ② 7 ① 8 ②

09 TWI의 교육 내용 중 인간관계 관리방법, 즉 부하통솔법을 주로 다루는 것은?

① JST(Job Safety Training)
② JMT(Job Method Training)
③ JRT(Job Relation Training)
④ JIT(Job Instruction Training)

해설
③ JRT(Job Relation Training) : 인간관계훈련(부하통솔법을 주로 다루는 것)
① JST(Job Safety Training) : 작업안전훈련
② JMT(Job Method Training) : 작업방법훈련
④ JIT(Job Instruction Training) : 작업지도훈련(직장 내 부하직원에 대하여 가르치는 기술과 관련이 가장 깊은 기법)

10 산업안전보건법령상 안전보건관리규정에 반드시 포함되어야 할 사항이 아닌 것은?(단, 그 밖에 안전 및 보건에 관한 사항은 제외한다)

① 재해코스트 분석 방법
② 사고 조사 및 대책 수립
③ 작업장 안전 및 보건관리
④ 안전 및 보건 관리조직과 그 직무

해설
안전보건관리규정에 포함되어야 할 주요내용
• 안전·보건 관리조직과 그 직무에 관한 사항
• 안전·보건교육에 관한 사항
• 작업장 안전관리에 관한 사항
• 작업장 보건관리에 관한 사항
• 사고 조사 및 대책 수립에 관한 사항
• 그 밖의 안전·보건에 관한 사항

11 재해조사에 관한 설명으로 틀린 것은?

① 조사목적에 무관한 조사는 피한다.
② 조사는 현장을 정리한 후에 실시한다.
③ 목격자나 현장 책임자의 진술을 듣는다.
④ 조사자는 객관적이고 공정한 입장을 취해야 한다.

해설
조사는 현장이 변경되기 전에 실시한다.

12 산업안전보건법령상 안전보건표지의 종류 중 경고표지의 기본모형(형태)이 다른 것은?

① 고압전기 경고
② 방사성 물질 경고
③ 폭발성 물질 경고
④ 매달린 물체 경고

해설
고압전기 경고, 방사성 물질 경고, 매달린 물체 경고 등의 경고표지의 기본모형(형태)은 삼각형이지만 폭발성 물질 경고의 경우는 마름모형이다.

13 무재해운동 추진의 3요소에 관한 설명이 아닌 것은?

① 안전보건은 최고경영자의 무재해 및 무질병에 대한 확고한 경영자세로 시작된다.
② 안전보건을 추진하는 데에는 관리감독자들의 생산활동 속에 안전보건을 실천하는 것이 중요하다.
③ 모든 재해는 잠재요인을 사전에 발견·파악·해결함으로써 근원적으로 산업재해를 없애야 한다.
④ 안전보건은 각자 자신의 문제이며, 동시에 동료의 문제로서 직장의 팀 멤버와 협동 노력하여 자주적으로 추진하는 것이 필요하다.

해설
무재해운동 추진의 3요소(조직의 3기둥)
• 최고경영자의 경영자세 : 안전보건은 최고경영자의 무재해 및 무질병에 대한 확고한 경영자세로 시작된다.
• 관리감독자에 의한 안전보건의 추진 : 안전보건을 추진하는 데에는 관리감독자들의 생산활동 중에 안전보건을 실천하는 것이 중요하다.
• 소집단의 자주활동의 활발화 : 안전보건은 각자 자신의 문제이며 동시에 동료의 문제로서 직장의 팀멤버와 협동·노력하여 자주적으로 추진하는 것이 필요하다.

정답 9 ③ 10 ① 11 ② 12 ③ 13 ③

14 **헤링(Hering)의 착시현상에 해당하는 것은?**

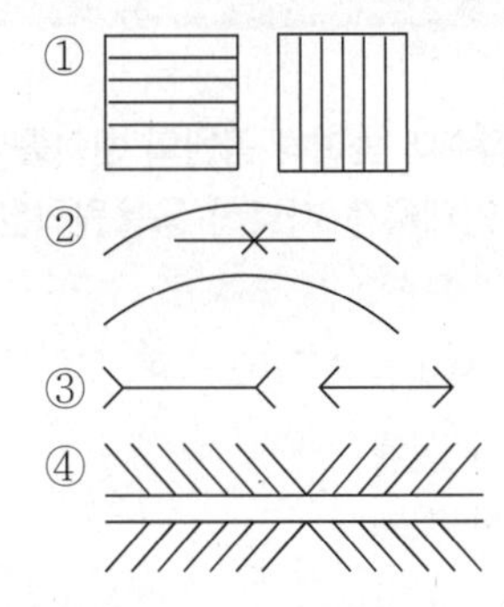

해설

① 헬름홀츠(Helmholtz)의 착시현상
② 쾰러(Köhler)의 착시현상
③ 뮐러-리어(Müller-Lyer) 착시현상

15 **도수율이 24.5이고, 강도율이 1.15인 사업장에서 한 근로자가 입사하여 퇴직할 때까지의 근로손일일수는?**

① 2.45일
② 115일
③ 215일
④ 245일

해설

환산강도율 : 강도율 × 100 = 1.15 × 100 = 115일

16 **학습을 자극(Stimulus)에 의한 반응(Response)으로 보는 이론에 해당하는 것은?**

① 장설(Field Theory)
② 통찰설(Insight Theory)
③ 기호형태설(Sign-gestalt Theory)
④ 시행착오설(Trial and Error Theory)

해설

① 장설(Field Theory) : 인간의 행동을 개인과 환경의 함수관계로 설명한 이론
② 통찰설(Insight Theory) : 주어진 지각장애와 무관했던 구성요소들이 경험과 재구성에 의하여 목적과 수단이 연결되어 문제가 해결되는 문제해결 학습이론
③ 기호형태설(Sign-gestalt Theory) : 학습의 목표, 목표달성의 수단 간의 관계를 기호-형태로 설명한 이론

17 **하인리히의 사고방지 기본원리 5단계 중 시정방법의 선정 단계에 있어서 필요한 조치가 아닌 것은?**

① 인사조정
② 안전행정의 개선
③ 교육 및 훈련의 개선
④ 안전점검 및 사고조사

해설

안전점검 및 사고조사는 2단계 사실의 발견에 있어서 필요한 조치에 해당한다.

18 **산업안전보건법령상 안전보건교육 교육대상별 교육내용 중 관리감독자 정기교육의 내용으로 틀린 것은?**

① 정리정돈 및 청소에 관한 사항
② 유해·위험 작업환경 관리에 관한 사항
③ 표준안전작업방법 및 지도 요령에 관한 사항
④ 작업공정의 유해·위험과 재해 예방대책에 관한 사항

해설

관리감독자 정기안전보건교육 내용

- 작업공정의 유해·위험과 재해 예방대책에 관한 사항
- 표준안전작업방법 및 지도 요령에 관한 사항
- 관리감독자의 역할과 임무에 관한 사항
- 산업보건 및 직업병 예방에 관한 사항
- 유해·위험 작업환경 관리에 관한 사항
- 산업안전보건법 및 일반관리에 관한 사항
- 직무스트레스 예방 및 관리에 관한 사항
- 산재보상보험제도에 관한 사항
- 안전보건교육 능력 배양에 관한 사항 : 현장근로자와의 의사소통능력 향상, 강의능력 향상, 기타 안전보건교육 능력 배양 등에 관한 사항(안전보건교육 능력 배양 내용은 전체 관리감독자 교육시간의 1/3 이하에서 할 수 있다)

정답 14 ④ 15 ② 16 ④ 17 ④ 18 ①

19 **산업안전보건법령상 협의체 구성 및 운영에 관한 사항으로 ( )에 알맞은 내용은?**

> 도급인은 관계수급인 근로자가 도급인의 사업장에서 작업을 하는 경우 도급인과 수급인을 구성원으로 하는 안전 및 보건에 관한 협의체를 구성 및 운영하여야 한다. 이 협의체는 ( ) 정기적으로 회의를 개최하고 그 결과를 기록·보존해야 한다.

① 매월 1회 이상　　② 2개월마다 1회
③ 3개월마다 1회　　④ 6개월마다 1회

해설
도급인은 관계수급인 근로자가 도급인의 사업장에서 작업을 하는 경우 도급인과 수급인을 구성원으로 하는 안전 및 보건에 관한 협의체를 구성 및 운영하여야 한다. 이 협의체는 매월 1회 이상 정기적으로 회의를 개최하고 그 결과를 기록·보존해야 한다.

20 **산업안전보건법령상 프레스를 사용하여 작업을 할 때 작업시작 전 점검사항으로 틀린 것은?**

① 방호장치의 기능
② 언로드밸브의 기능
③ 금형 및 고정볼트 상태
④ 클러치 및 브레이크의 기능

해설
프레스 작업시작 전 점검사항
- 클러치 및 브레이크의 기능
- 크랭크축·플라이휠·슬라이드·연결봉 및 연결 나사의 풀림 유무
- 1행정 1정지기구·급정지장치 및 비상정지장치의 기능
- 슬라이드 또는 칼날에 의한 위험방지 기구의 기능
- 프레스의 금형 및 고정볼트 상태
- 방호장치의 기능
- 전단기의 칼날 및 테이블의 상태

제2과목 인간공학 및 시스템 안전공학

21 **일반적으로 은행의 접수대 높이나 공원의 벤치를 설계할 때 가장 적합한 인체측정 자료의 응용원칙은?**

① 조절식 설계
② 평균치를 이용한 설계
③ 최대치수를 이용한 설계
④ 최소치수를 이용한 설계

해설
평균치를 이용한 설계 : 정규분포의 5~95[%] 사이의 가장 분포가 많은 구간을 적용하는 설계(일반적인 제품, 은행의 접수대 높이나 공원의 벤치, 슈퍼마켓의 계산대에 적용하기에 가장 적합)

22 **위험분석기법 중 고장이 시스템의 손실과 인명의 사상에 연결되는 높은 위험도를 가진 요소나 고장의 형태에 따른 분석법은?**

① CA　　② ETA
③ FHA　　④ FTA

해설
CA(Criticality Analysis : 치명도 해석법 또는 위험도 분석)
- 항공기의 안정성 평가에 널리 사용되는 기법으로서 각 중요 부품의 고장률, 운용 형태, 보정계수, 사용시간비율 등을 고려하여 정량적, 귀납적으로 부품의 위험도를 평가하는 분석기법
- 고장이 시스템의 손실과 인명의 사상에 연결되는 높은 위험도를 가진 요소나 고장의 형태에 따른 분석법

23 **작업장의 설비 3대에서 각각 80[dB], 86[dB], 78[dB]의 소음이 발생되고 있을 때 작업장의 음압수준은?**

① 약 81.3[dB]　　② 약 85.5[dB]
③ 약 87.5[dB]　　④ 약 90.3[dB]

해설
작업장의 음압수준
$L = 10\log(10^{8.0} + 10^{8.6} + 10^{7.8}) \simeq 87.5[\text{dB}]$

정답 19 ① 20 ② 21 ② 22 ① 23 ③

24 일반적인 화학설비에 대한 안전성 평가(Safety Assessment) 절차에 있어 안전대책 단계에 해당되지 않는 것은?

① 보 전　② 위험도 평가
③ 설비적 대책　④ 관리적 대책

해설
4단계 : 안전대책
- 설비대책
- 관리적 대책 : 적정한 인원배치, 교육훈련, 보전

25 욕조곡선에서의 고장 형태에서 일정한 형태의 고장률이 나타나는 구간은?

① 초기 고장구간
② 마모 고장구간
③ 피로 고장구간
④ 우발 고장구간

해설
④ 우발 고장구간 : 일정한 형태의 고장률(CFR)
① 초기 고장구간 : 감소 형태의 고장률(DFR)
② 마모 고장구간 : 증가 형태의 고장률(IFR)
③ 피로 고장구간 : 이러한 고장 구간의 분류는 없음

26 음량수준을 평가하는 척도와 관계없는 것은?

① dB　② HSI
③ phon　④ sone

해설
음량수준을 평가하는 척도 : phon, PLdB, PNdB, sone

27 실효온도(Effective Temperature)에 영향을 주는 요인이 아닌 것은?

① 온 도　② 습 도
③ 복사열　④ 공기유동

해설
실효온도(Effective Temperature)
- 실제로 감각되는 온도(실감온도)
- 기온, 습도, 바람의 요소를 종합하여 실제로 인간이 느낄 수 있는 온도(실효온도 지수 개발 시 고려한 인체에 미치는 열효과의 조건 : 온도, 습도, 공기유동)
- 온도, 습도 및 공기유동이 인체에 미치는 열효과를 나타낸 것
- 온도와 습도 및 공기유동이 인체에 미치는 열효과를 하나의 수치로 통합한 경험적 감각지수
- 상대습도 100[%]일 때의 건구온도에서 느끼는 것과 동일한 온감

28 FT도에서 시스템의 신뢰도는 얼마인가?(단, 모든 부품의 발생확률은 0.1이다)

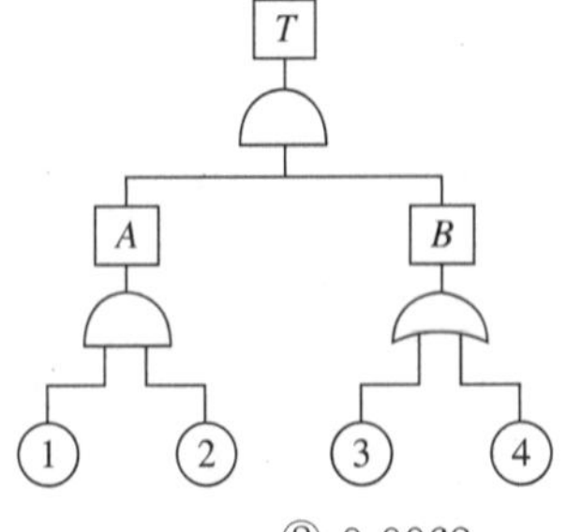

① 0.0033　② 0.0062
③ 0.9981　④ 0.9936

해설
$F_A = 0.1 \times 0.1 = 0.01$

$F_B = 1 - (1 - 0.1)^2 = 0.19$

$F_T = F_A \times F_B = 0.01 \times 0.19 = 0.0019$

$\therefore\ R_T = 1 - 0.0019 = 0.9981$

정답 24 ② 25 ④ 26 ② 27 ③ 28 ③

29 **인간공학 연구방법 중 실제의 제품이나 시스템이 추구하는 특성 및 수준이 달성되는지를 비교하고 분석하는 연구는?**

① 조사연구 ② 실험연구
③ 분석연구 ④ 평가연구

해설
평가연구 : 실제의 제품이나 시스템이 추구하는 특성 및 수준이 달성되는지를 비교하고 분석하는 연구

30 **어떤 설비의 시간당 고장률이 일정하다고 할 때 이 설비의 고장 간격은 다음 중 어떤 확률분포를 따르는가?**

① t분포
② 와이블분포
③ 지수분포
④ 아이링(Eyring)분포

해설
설비의 시간당 고장률이 일정하다고 할 때 이 설비의 고장 간격은 지수분포를 따른다.

31 **시스템 수명주기에 있어서 예비위험분석(PHA)이 이루어지는 단계에 해당하는 것은?**

① 구상단계 ② 점검단계
③ 운전단계 ④ 생산단계

해설
예비위험분석(PHA)이 이루어지는 단계는 구상단계이다.

32 **FTA에서 사용하는 다음 사상기호에 대한 설명으로 맞는 것은?**

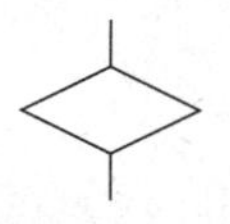

① 시스템 분석에서 좀 더 발전시켜야 하는 사상
② 시스템의 정상적인 가동상태에서 일어날 것이 기대되는 사상
③ 불충분한 자료로 결론을 내릴 수 없어 더 이상 전개할 수 없는 사상
④ 주어진 시스템의 기본사상으로 고장원인이 분석되었기 때문에 더 이상 분석할 필요가 없는 사상

해설
생략사상(최후사상)
- 불충분한 자료로 결론을 내릴 수 없어 더 이상 전개할 수 없는 사상
- 사상과 원인과의 관계를 충분히 알 수 없거나 필요한 정보를 얻을 수 없기 때문에 더 이상 전개할 수 없는 최후적 사상

33 **정보를 전송하기 위해 청각적 표시장치보다 시각적 표시장치를 사용하는 것이 더 효과적인 경우는?**

① 정보의 내용이 간단한 경우
② 정보가 후에 재참조되는 경우
③ 정보가 즉각적인 행동을 요구하는 경우
④ 정보의 내용이 시간적인 사건을 다루는 경우

해설
정보가 후에 재참조되는 경우 청각적 표시장치보다 시각적 표시장치를 사용하는 것이 더 효과적이며, 나머지는 모두 청각적 표시장치의 사용이 더 유리하다.

34 **감각저장으로부터 정보를 작업기억으로 전달하기 위한 코드화 분류에 해당되지 않는 것은?**

① 시각 코드 ② 촉각 코드
③ 음성 코드 ④ 의미 코드

해설
감각저장으로부터 정보를 작업기억(Working Memory)으로 전달하기 위한 코드화 분류 : 시각 코드화, 음성 코드화, 의미 코드화

정답 29 ④ 30 ③ 31 ① 32 ③ 33 ② 34 ②

35 인간-기계시스템 설계과정 중 직무분석을 하는 단계는?

① 제1단계 : 시스템의 목표와 성능 명세 결정
② 제2단계 : 시스템의 정의
③ 제3단계 : 기본 설계
④ 제4단계 : 인터페이스 설계

해설
제3단계 : 기본 설계(인간-기계시스템 설계과정 중 직무분석을 하는 단계)

36 중량물 들기 작업 시 5분 간의 산소소비량을 측정한 결과 90[L]의 배기량 중에 산소가 16[%], 이산화탄소가 4[%]로 분석되었다. 해당 작업에 대한 산소소비량[L/min]은 약 얼마인가?(단, 공기 중 질소는 79[vol%], 산소는 21[vol%]이다)

① 0.948 ② 1.948
③ 4.74 ④ 5.74

해설
분당 배기량 $V_2 = \frac{90}{5} = 18[\text{L/min}]$

분당 흡기량 $V_1 = \frac{100-16-4}{79} \times V_2 = \frac{80}{79} \times 18 = 18.227[\text{L/min}]$

분당 산소소비량[L/min] = 0.21×분당 흡기량 – 0.16×분당 배기량 $= 0.21 \times 18.227 - 0.16 \times 18 \simeq 0.948[\text{L/min}]$

37 의도는 올바른 것이었지만, 행동이 의도한 것과는 다르게 나타나는 오류는?

① Slip ② Mistake
③ Lapse ④ Violation

해설
Slip : 의도는 올바른 것이었지만, 행동이 의도한 것과는 다르게 나타나는 오류

38 동작경제의 원칙과 가장 거리가 먼 것은?

① 급작스런 방향의 전환은 피하도록 할 것
② 가능한 관성을 이용하여 작업하도록 할 것
③ 두 손의 동작은 같이 시작하고 같이 끝나도록 할 것
④ 두 팔의 동작은 동시에 같은 방향으로 움직일 것

해설
두 팔의 동작은 동시에 서로 반대방향으로 대칭적으로 움직이도록 한다.

39 두 가지 상태 중 하나가 고장 또는 결함으로 나타나는 비정상적인 사건은?

① 톱사상 ② 결함사상
③ 정상적인 사상 ④ 기본적인 사상

해설
결함사상 : 두 가지 상태 중 하나가 고장 또는 결함으로 나타나는 비정상적인 사건

40 설비보전 방법 중 설비의 열화를 방지하고 그 진행을 지연시켜 수명을 연장하기 위한 점검, 청소, 주유 및 교체 등의 활동은?

① 사후보전 ② 개량보전
③ 일상보전 ④ 보전예방

해설
일상보전 : 설비의 열화를 방지하고 그 진행을 지연시켜 수명을 연장하기 위한 점검, 청소, 주유 및 교체 등의 활동

정답 35 ③ 36 ① 37 ① 38 ④ 39 ② 40 ③

제3과목 기계위험 방지기술

41 산업안전보건법령상 보일러 수위가 이상현상으로 인해 위험수위로 변하면 작업자가 쉽게 감지할 수 있도록 경보등, 경보음을 발하고 자동적으로 급수 또는 단수되어 수위를 조절하는 방호장치는?

① 압력방출장치
② 고저수위조절장치
③ 압력제한스위치
④ 과부하방지장치

해설
고저수위조절장치 : 보일러 수위가 이상현상으로 인해 위험수위로 변하면 작업자가 쉽게 감지할 수 있도록 경보등, 경보음을 발하고 자동적으로 급수 또는 단수되어 수위를 조절하는 방호장치

42 프레스 작업에서 제품 및 스크랩을 자동적으로 위험한계 밖으로 배출하기 위한 장치로 틀린 것은?

① 피 더　② 키 커
③ 이젝터　④ 공기분사장치

해설
제품 및 스크랩을 자동적으로 위험한계 밖으로 배출하기 위한 장치 : 키커, 이젝터, 공기분사장치

43 산업안전보건법령상 로봇의 작동범위 내에서 그 로봇에 관하여 교시 등 작업을 행하는 때 작업시작 전 점검사항으로 옳은 것은?(단, 로봇의 동력원을 차단하고 행하는 것은 제외)

① 과부하방지장치의 이상 유무
② 압력제한스위치의 이상 유무
③ 외부 전선의 피복 또는 외장의 손상 유무
④ 권과방지장치의 이상 유무

해설
로봇의 작동범위 내에서 그 로봇에 관하여 교시 등(로봇의 동력원을 차단하고 행하는 것은 제외)의 작업시작 전 점검사항
• 외부전선의 피복 또는 외장의 손상 유무
• 매니퓰레이터(Manipulator) 작동의 이상 유무
• 제동장치 및 비상정지장치의 기능

44 산업안전보건법령상 지게차 작업시작 전 점검사항으로 거리가 가장 먼 것은?

① 제동장치 및 조종장치 기능의 이상 유무
② 압력방출장치의 작동 이상 유무
③ 바퀴의 이상 유무
④ 전조등・후미등・방향지시기 및 경보장치 기능의 이상 유무

해설
지게차 작업시작 전 점검사항
• 제동장치 및 조종장치 기능의 이상 유무
• 하역장치 및 유압장치 기능의 이상 유무
• 바퀴의 이상 유무
• 전조등・후미등・방향지시기 및 경보장치 기능의 이상 유무

45 다음 중 가공재료의 칩이나 절삭유 등이 비산되어 나오는 위험으로부터 보호하기 위한 선반의 방호장치는?

① 바이트　② 권과방지장치
③ 압력제한스위치　④ 실드(Shield)

해설
실드(Shield) : 가공재료의 칩이나 절삭유 등이 비산되어 나오는 위험으로부터 보호하기 위한 선반의 방호장치

46 산업안전보건법령상 보일러의 압력방출장치가 2개 설치된 경우 그 중 1개는 최고사용압력 이하에서 작동된다고 할 때 다른 압력방출장치는 최고사용압력의 최대 몇 배 이하에서 작동되도록 하여야 하는가?

① 0.5　② 1
③ 1.05　④ 2

해설
압력방출장치가 2개 이상 설치된 경우에는 최고사용압력 이하에서 1개가 작동되고, 다른 압력방출장치는 최고사용압력 1.05배 이하에서 작동되도록 부착하여야 한다.

정답 41 ② 42 ① 43 ③ 44 ② 45 ④ 46 ③

47 **상용운전압력 이상으로 압력이 상승할 경우 보일러의 파열을 방지하기 위하여 버너의 연소를 차단하여 정상 압력으로 유도하는 장치는?**

① 압력방출장치 ② 고저수위조절장치
③ 압력제한스위치 ④ 통풍제어스위치

해설
압력제한스위치 : 상용운전압력 이상으로 압력이 상승할 경우 보일러의 파열을 방지하기 위하여 버너의 연소를 차단하여 정상압력으로 유도하는 장치

48 **용접부 결함에서 전류가 과대하고, 용접 속도가 너무 빨라 용접부의 일부가 홈 또는 오목하게 생기는 결함은?**

① 언더컷 ② 기 공
③ 균 열 ④ 융합불량

해설
언더컷(Under Cut) : 전류가 과대하고, 용접 속도가 너무 빠르며, 아크를 짧게 유지하기 어려운 경우 모재 및 용접부의 일부가 녹아서 홈 또는 오목한 부분이 생기는 용접결함

49 **물체의 표면에 침투력이 강한 적색 또는 형광성의 침투액을 표면 개구 결함에 침투시켜 직접 또는 자외선 등으로 관찰하여 결함장소와 크기를 판별하는 비파괴시험은?**

① 피로시험 ② 음향탐상시험
③ 와류탐상시험 ④ 침투탐상시험

해설
침투탐상시험 : 물체의 표면에 침투력이 강한 적색 또는 형광성의 침투액을 표면 개구 결함에 침투시켜 직접 또는 자외선 등으로 관찰하여 결함장소와 크기를 판별하는 비파괴시험

50 **연삭숫돌의 파괴원인으로 거리가 가장 먼 것은?**

① 숫돌이 외부의 큰 충격을 받았을 때
② 숫돌의 회전속도가 너무 빠를 때
③ 숫돌 자체에 이미 균열이 있을 때
④ 플랜지 직경이 숫돌 직경의 1/3 이상일 때

해설
연삭숫돌의 파괴원인이 아닌 것으로 '내 · 외면의 플랜지 지름이 동일할 때, 플랜지가 현저히 클 때, 연삭작업 시 숫돌의 정면을 사용할 때, 플랜지 직경이 숫돌 직경의 1/3 이상일 때' 등이 출제된다.

51 **산업안전보건법령상 프레스 등 금형을 부착 · 해체 또는 조정하는 작업을 할 때, 슬라이드가 갑자기 작동함으로써 근로자에게 발생할 우려가 있는 위험을 방지하기 위해 사용해야 하는 것은?(단, 해당 작업에 종사하는 근로자의 신체가 위험한계 내에 있는 경우)**

① 방진구 ② 안전블록
③ 시건장치 ④ 날접촉예방장치

해설
프레스 등 금형을 부착 · 해체 또는 조정하는 작업을 할 때, 슬라이드가 갑자기 작동함으로써 근로자에게 발생할 우려가 있는 위험을 방지하기 위해 사용해야 하는 것은 안전블록이다.

52 **페일세이프(Fail Safe)의 기능적인 면에서 분류할 때 거리가 가장 먼 것은?**

① Fool Proof ② Fail Passive
③ Fail Active ④ Fail Operational

해설
페일세이프(Fail Safe)의 기능의 3단계
- Fail Passive : 부품고장 시 기계는 정지방향으로 이동
- Fail Active : 부품고장 시 기계는 경보를 울리나 짧은 시간 내 운전 가능
- Fail Operational : 부품고장 시 기계는 추후 보수 시까지 안전기능 유지

정답 47 ③ 48 ① 49 ④ 50 ④ 51 ② 52 ①

53 **산업안전보건법령상 크레인에서 정격하중에 대한 정의는?(단, 지브가 있는 크레인은 제외)**

① 부하할 수 있는 최대하중
② 부하할 수 있는 최대하중에서 달기기구의 중량에 상당하는 하중을 뺀 하중
③ 짐을 싣고 상승할 수 있는 최대하중
④ 가장 위험한 상태에서 부하할 수 있는 최대하중

해설
크레인에서 정격하중 : 부하할 수 있는 최대하중에서 달기기구의 중량에 상당하는 하중을 뺀 하중

54 **기계설비의 안전조건인 구조의 안전화와 거리가 가장 먼 것은?**

① 전압 강하에 따른 오동작 방지
② 재료의 결함 방지
③ 설계상의 결함 방지
④ 가공 결함 방지

해설
전압 강하에 따른 오동작 방지는 기능의 안전화에 해당한다.

55 **공기압축기의 작업안전수칙으로 가장 적절하지 않은 것은?**

① 공기압축기의 점검 및 청소는 반드시 전원을 차단한 후에 실시한다.
② 운전 중에 어떠한 부품도 건드려서는 안 된다.
③ 공기압축기 분해 시 내부의 압축공기를 이용하여 분해한다.
④ 최대공기압력을 초과한 공기압력으로는 절대로 운전하여서는 안 된다.

해설
공기압축기 분해 시 내부의 압축공기를 완전히 배출한 후에 분해한다.

56 **산업안전보건법령상 컨베이어, 이송용 롤러 등을 사용하는 경우 정전·전압강하 등에 의한 위험을 방지하기 위하여 설치하는 안전장치는?**

① 권과방지장치
② 동력전달장치
③ 과부하방지장치
④ 화물의 이탈 및 역주행 방지장치

해설
화물의 이탈 및 역주행 방지장치 : 컨베이어, 이송용 롤러 등을 사용하는 경우 정전·전압강하 등에 의한 위험을 방지하기 위하여 설치하는 안전장치

57 **회전하는 동작부분과 고정부분이 함께 만드는 위험점으로 주로 연삭숫돌과 작업대, 교반기의 교반날개와 몸체 사이에서 형성되는 위험점은?**

① 협착점 ② 절단점
③ 물림점 ④ 끼임점

해설
회전하는 동작부분과 고정부분이 함께 만드는 위험점으로 주로 연삭숫돌과 작업대, 교반기의 교반날개와 몸체 사이에서 형성되는 위험점은 끼임점이다.

58 **다음 중 드릴작업의 안전사항으로 틀린 것은?**

① 옷소매가 길거나 찢어진 옷은 입지 않는다.
② 작고, 길이가 긴 물건은 손으로 잡고 뚫는다.
③ 회전하는 드릴에 걸레 등을 가까이 하지 않는다.
④ 스핀들에서 드릴을 뽑아낼 때에는 드릴 아래에 손을 내밀지 않는다.

해설
작고 길이가 긴 물건이라도 손이나 플라이어로 잡고 뚫으면 위험하므로 바이스로 고정하고 뚫는다.

정답 53 ② 54 ① 55 ③ 56 ④ 57 ④ 58 ②

59 산업안전보건법령상 양중기의 과부하방지장치에서 요구하는 일반적인 성능 기준으로 가장 적절하지 않은 것은?

① 과부하방지장치 작동 시 경보음과 경보램프가 작동되어야 하며 양중기는 작동되지 않아야 한다.
② 외함의 전선 접촉부분은 고무 등으로 밀폐되어 물과 먼지 등이 들어가지 않도록 한다.
③ 과부하방지장치와 타 방호장치는 기능에 서로 장애를 주지 않도록 부착할 수 있는 구조이어야 한다.
④ 방호장치의 기능을 정지 및 제거할 때 양중기의 기능이 동시에 원활하게 작동하는 구조이며 정지해서는 안 된다.

해설
방호장치의 기능을 제거하면 양중기의 작동이 정지되는 구조이어야 한다.

60 프레스기의 SPM(Stroke Per Minute)이 200이고, 클러치의 맞물림 개소수가 6인 경우 양수기동식 방호장치의 안전거리는?

① 120[mm] ② 200[mm]
③ 320[mm] ④ 400[mm]

해설
안전거리 $D_m = 1.6T_m = 1.6 \times \left(\frac{1}{6} + \frac{1}{2}\right) \times \frac{60,000}{200} = 320[\text{mm}]$

제4과목 전기위험 방지기술

61 폭발한계에 도달한 메탄가스가 공기에 혼합되었을 경우 착화한계전압[V]은 약 얼마인가?(단, 메탄의 착화최소에너지는 0.2[mJ], 극간용량은 10[pF]으로 한다)

① 6,325 ② 5,225
③ 4,135 ④ 3,035

해설
$E = \frac{1}{2}CV^2$에서 $V = \sqrt{\frac{2E}{C}} = \sqrt{\frac{2 \times 0.2 \times 10^{-3}}{10 \times 10^{-12}}} \simeq 6,325[\text{V}]$

62 $Q = 2 \times 10^{-7}$[C]으로 대전하고 있는 반경 25[cm] 도체구의 전위[kV]는 약 얼마인가?

① 7.2 ② 12.5
③ 14.4 ④ 25

해설
도체구의 전위
$E = \frac{Q}{4\pi\varepsilon_0 r} = \frac{2 \times 10^{-7}}{4 \times 3.14 \times 8.855 \times 10^{-12} \times 0.25} \simeq 7,200[\text{V}]$
$= 7.2[\text{kV}]$

63 다음 중 누전차단기를 시설하지 않아도 되는 전로가 아닌 것은?(단, 전로는 금속제 외함을 가지는 사용전압이 50[V]를 초과하는 저압의 기계·기구에 전기를 공급하는 전로이며, 기계·기구에는 사람이 쉽게 접촉할 우려가 있다)

① 기계·기구를 건조한 장소에 시설하는 경우
② 기계·기구가 고무, 합성수지, 기타 절연물로 피복된 경우
③ 대지전압 200[V] 이하인 기계·기구를 물기가 있는 곳 이외의 곳에 시설하는 경우
④ 전기용품 및 생활용품 안전관리법의 적용을 받는 이중절연구조의 기계·기구를 시설하는 경우

해설
대지전압 150[V] 이하의 기계·기구를 물기가 없는 장소에 시설하는 경우

정답 59 ④ 60 ③ 61 ① 62 ① 63 ③

64 고압전로에 설치된 전동기용 고압전류 제한퓨즈의 불용단전류의 조건은?

① 정격전류 1.3배의 전류로 1시간 이내에 용단되지 않을 것
② 정격전류 1.3배의 전류로 2시간 이내에 용단되지 않을 것
③ 정격전류 2배의 전류로 1시간 이내에 용단되지 않을 것
④ 정격전류 2배의 전류로 2시간 이내에 용단되지 않을 것

해설
- 고압전로에 설치된 전동기용 고압전류 제한퓨즈의 불용단전류의 조건 : 정격전류의 1.3배의 전류로 2시간 이내에 용단되지 않을 것
- 고압전로에 설치된 콘덴서용 고압전류 제한퓨즈의 불용단전류의 조건 : 정격전류의 2배의 전류로 2시간 이내에 용단되지 않을 것

65 누전차단기의 시설방법 중 옳지 않은 것은?

① 시설장소는 배전반 또는 분전반 내에 설치한다.
② 정격전류용량은 해당 전로의 부하전류값 이상이어야 한다.
③ 정격감도전류는 정상의 사용상태에서 불필요하게 동작하지 않도록 한다.
④ 인체감전보호형은 0.05초 이내에 동작하는 고감도 고속형이어야 한다.

해설
인체감전보호형은 0.03초 이내에 동작하는 고감도 고속형이어야 한다.

66 정전기 방지대책 중 적합하지 않는 것은?

① 대전서열이 가급적 먼 것으로 구성한다.
② 카본블랙을 도포하여 도전성을 부여한다.
③ 유속을 저감시킨다.
④ 도전성 재료를 도포하여 대전을 감소시킨다.

해설
대전서열이 가급적 가까운 것으로 구성한다.

67 다음 중 방폭전기기기의 구조별 표시방법으로 틀린 것은?

① 내압 방폭구조 : p
② 본질안전 방폭구조 : ia, ib
③ 유입 방폭구조 : o
④ 안전증 방폭구조 : e

해설
- 내압 방폭구조 : d
- 압력 방폭구조 : p

68 내전압용 절연장갑의 등급에 따른 최대사용전압이 틀린 것은?(단, 교류전압은 실횻값이다)

① 등급 00 : 교류 500[V]
② 등급 1 : 교류 7,500[V]
③ 등급 2 : 직류 17,000[V]
④ 등급 3 : 직류 39,750[V]

해설
절연장갑의 등급별 최대사용전압과 적용 색상

등 급	최대사용전압[V]		색 상
	교류(실횻값)	직 류	
00	500	750	갈 색
0	1,000	1,500	빨간색
1	7,500	11,250	흰 색
2	17,000	25,500	노란색
3	26,500	39,750	녹 색
4	36,000	54,000	등 색

정답 64 ② 65 ④ 66 ① 67 ① 68 ③

69 저압전로의 절연성능에 관한 설명으로 적합하지 않는 것은?

① 전로의 사용전압이 SELV 및 PELV일 때 절연저항은 0.5[MΩ] 이상이어야 한다.
② 전로의 사용전압이 FELV일 때 절연저항은 1.0[MΩ] 이상이어야 한다.
③ 전로의 사용전압이 FELV일 때 DC 시험 전압은 500[V]이다.
④ 전로의 사용전압이 600[V]일 때 절연저항은 1.5[MΩ] 이상이어야 한다.

해설
저압전로의 절연성능

전로의 사용전압[V]	DC시험전압[V]	절연저항[MΩ]
SELV 및 PELV	250	0.5
FELV, 500[V] 이하	500	1.0
500[V] 초과	1,000	1.0

70 다음 중 0종 장소에 사용될 수 있는 방폭구조의 기호는?

① Ex ia ② Ex ib
③ Ex d ④ Ex e

해설
- Ex ia : 0종 장소에 사용
- Ex ib : 1종, 2종 장소에 사용

71 다음 중 전기화재의 주요 원인이라고 할 수 없는 것은?

① 절연전선의 열화
② 정전기 발생
③ 과전류 발생
④ 절연저항값의 증가

해설
절연저항값의 감소

72 배전선로에 정전작업 중 단락 접지기구를 사용하는 목적으로 가장 적합한 것은?

① 통신선 유도 장해 방지
② 배전용 기계·기구의 보호
③ 배전선 통전 시 전위경도 저감
④ 혼촉 또는 오동작에 의한 감전방지

해설
배전선로에 정전작업 중 단락 접지기구를 사용하는 목적은 혼촉 또는 오동작에 의한 감전방지를 위함이다.

73 어느 변전소에서 고장전류가 유입되었을 때 도전성 구조물과 그 부근 지표상의 점과의 사이(약 1[m])의 허용접촉전압은 약 몇 [V]인가?(단, 심실세동전류 : $I_k = \frac{0.165}{\sqrt{T}}$[A], 인체의 저항 : 1,000[Ω], 지표면의 저항률 : 150[Ω·m], 통전시간을 1초로 한다)

① 164 ② 186
③ 202 ④ 228

해설
허용접촉전압 $E = I_k \times \left(R_m + \frac{3}{2}R_s\right)$

$$= \frac{0.165}{\sqrt{1}} \times \left(1{,}000 + \frac{3}{2} \times 150\right)$$

$$\simeq 202[\mathrm{V}]$$

74 방폭기기 그룹에 관한 설명으로 틀린 것은?

① 그룹 Ⅰ, 그룹 Ⅱ, 그룹 Ⅲ가 있다.
② 그룹 Ⅰ의 기기는 폭발성 갱내 가스에 취약한 광산에서의 사용을 목적으로 한다.
③ 그룹 Ⅱ의 세부 분류로 ⅡA, ⅡB, ⅡC가 있다.
④ ⅡA로 표시된 기기는 그룹 ⅡB기기를 필요로 하는 지역에 사용할 수 있다.

해설
ⅡA로 표시된 기기는 그룹 ⅡB기기를 필요로 하는 지역에 사용할 수 없다.

정답 69 ④ 70 ① 71 ④ 72 ④ 73 ③ 74 ④

75 한국전기설비규정에 따라 피뢰설비에서 외부 피뢰시스템의 수뢰부시스템으로 적합하지 않는 것은?

① 돌 침 ② 수평도체
③ 메시도체 ④ 환상도체

해설
수뢰부시스템(Air-termination System) : 낙뢰를 포착할 목적으로 돌침, 수평도체, 메시도체 등과 같은 금속 물체를 이용한 외부 피뢰시스템의 일부를 말한다.

76 정전기 재해의 방지를 위하여 배관 내 액체의 유속 제한이 필요하다. 배관의 내경과 유속 제한값으로 적절하지 않은 것은?

① 관내경[mm] : 25, 제한유속[m/s] : 6.5
② 관내경[mm] : 50, 제한유속[m/s] : 3.5
③ 관내경[mm] : 100, 제한유속[m/s] : 2.5
④ 관내경[mm] : 200, 제한유속[m/s] : 1.8

해설
관내경[mm] : 25, 제한유속[m/s] : 4.9

77 지락이 생긴 경우 접촉상태에 따라 접촉전압을 제한할 필요가 있다. 인체의 접촉상태에 따른 허용접촉전압을 나타낸 것으로 다음 중 옳지 않은 것은?

① 제1종 : 2.5[V] 이하
② 제2종 : 25[V] 이하
③ 제3종 : 35[V] 이하
④ 제4종 : 제한 없음

해설
제3종 : 50[V] 이하

78 계통접지로 적합하지 않는 것은?

① TN계통 ② TT계통
③ IN계통 ④ IT계통

해설
계통접지 : 전력계통의 이상현상에 대비하여 대지와 계통을 접속하는 접지(TN, TT, IT 계통)

79 정전기 발생에 영향을 주는 요인이 아닌 것은?

① 물체의 분리속도
② 물체의 특성
③ 물체의 접촉시간
④ 물체의 표면상태

해설
정전기 발생에 영향을 주는 요인 : 물체의 특성, 물체의 분리력, 분리속도, 접촉면적, 압력, 물체의 표면상태, 완화시간, 대전서열 등

80 정전기재해의 방지대책에 대한 설명으로 적합하지 않는 것은?

① 접지의 접속은 납땜, 용접 또는 멈춤나사로 실시한다.
② 회전부품의 유막저항이 높으면 도전성의 윤활제를 사용한다.
③ 이동식의 용기는 절연성 고무제 바퀴를 달아서 폭발위험을 제거한다.
④ 폭발의 위험이 있는 구역은 도전성 고무류로 바닥 처리를 한다.

해설
이동식의 용기는 도전성 고무제 바퀴를 달아서 폭발위험을 제거한다.

정답 75 ④ 76 ① 77 ③ 78 ③ 79 ③ 80 ③

제5과목 화학설비위험 방지기술

81 산업안전보건법령상 특수화학설비를 설치할 때 내부의 이상상태를 조기에 파악하기 위하여 필요한 계측장치를 설치하여야 한다. 이러한 계측장치로 거리가 먼 것은?

① 압력계　② 유량계
③ 온도계　④ 비중계

해설
특수 화학설비를 설치할 때 내부의 이상상태를 조기에 파악하기 위하여 필요한 계측장치 : 압력계, 유량계, 온도계

82 불연성이지만 다른 물질의 연소를 돕는 산화성 액체 물질에 해당하는 것은?

① 하이드라진　② 과염소산
③ 벤 젠　④ 암모니아

해설
① 하이드라진 : 폭발성 물질, 자기반응성 물질
③ 벤젠 : 휘발성 유기화합물, 제4류 위험물
④ 암모니아 : 가연성, 독성 가스

83 아세톤에 대한 설명으로 틀린 것은?

① 증기는 유독하므로 흡입하지 않도록 주의해야 한다.
② 무색이고 휘발성이 강한 액체이다.
③ 비중이 0.79이므로 물보다 가볍다.
④ 인화점이 20[℃]이므로 여름철에 인화 위험이 더 높다.

해설
인화점이 -18[℃]로 낮아 인화성이 강한 물질이므로 취급에 각별한 주의를 요한다.

84 화학물질 및 물리적 인자의 노출기준에서 정한 유해인자에 대한 노출기준의 표시 단위가 잘못 연결된 것은?

① 에어로졸 : [ppm]
② 증기 : [ppm]
③ 가스 : [ppm]
④ 고온 : 습구흑구온도지수(WBGT)

해설
에어로졸 : [mg/m^3]

85 다음 표를 참조하여 메탄 70[vol%], 프로판 21[vol%], 부탄 9[vol%]인 혼합가스의 폭발범위를 구하면 약 몇 [vol%]인가?

가 스	폭발하한계[vol%]	폭발상한계[vol%]
C_4H_{10}	1.8	8.4
C_3H_8	2.1	9.5
C_2H_6	3.0	12.4
CH_4	5.0	15.0

① 3.45~9.11　② 3.45~12.58
③ 3.85~9.11　④ 3.85~12.58

해설
폭발하한값(LFL) : $\frac{100}{LFL} = \frac{70}{5.0} + \frac{21}{2.1} + \frac{9}{1.8} = 29$에서

$LFL = \frac{100}{29} \simeq 3.45$

폭발상한값(UFL) : $\frac{100}{UFL} = \frac{70}{15} + \frac{21}{9.5} + \frac{9}{8.4} \simeq 7.95$에서

$UFL = \frac{100}{7.95} \simeq 12.58$

정답 81 ④ 82 ② 83 ④ 84 ① 85 ②

86 **산업안전보건법령상 위험물질의 종류를 구분할 때 다음 물질들이 해당하는 것은?**

> 리튬, 칼륨 · 나트륨, 황, 황린, 황화인 · 적린

① 폭발성 물질 및 유기과산화물
② 산화성 액체 및 산화성 고체
③ 물반응성 물질 및 인화성 고체
④ 급성 독성 물질

해설
물반응성 물질 및 인화성 고체 : 금속 분말, 금속의 수소화물, 금속의 인화물, 나트륨, 리튬, 마그네슘 분말, 셀룰로이드류, 알루미늄탄화물, 알칼리금속, 알킬리튬, 알킬알루미늄, 유기금속화합물, 적린, 칼륨, 칼슘 또는 알루미늄의 탄화물, 황, 황린, 황화인

87 **제1종 분말소화약제의 주성분에 해당하는 것은?**

① 사염화탄소　② 브롬화메탄
③ 수산화암모늄　④ 탄산수소나트륨

해설
분말소화약제

종 별	해당 물질	화학식	적용 화재
제1종	탄산수소나트륨	$NaHCO_3$	B, C
제2종	탄산수소칼륨	$KHCO_3$	B, C
제3종	제1인산암모늄	$NH_4H_2PO_4$	A, B, C
제4종	탄산수소칼륨과 요소와의 반응물	$KHCO_3+(NH_2)_2CO$	B, C

88 **탄화칼슘이 물과 반응하였을 때 생성물을 옳게 나타낸 것은?**

① 수산화칼슘+아세틸렌
② 수산화칼슘+수소
③ 염화칼슘+아세틸렌
④ 염화칼슘+수소

해설
탄화칼슘이 물과 반응하였을 때 생성물 : 수산화칼슘+아세틸렌

89 **다음 중 분진폭발의 특징으로 옳은 것은?**

① 가스폭발보다 연소시간이 짧고, 발생에너지가 작다.
② 압력의 파급속도보다 화염의 파급속도가 빠르다.
③ 가스폭발에 비하여 불완전 연소의 발생이 없다.
④ 주위의 분진에 의해 2차, 3차의 폭발로 파급될 수 있다.

해설
① 가스폭발보다 연소시간이 길고, 발생에너지가 크다.
② 화염의 파급속도보다 압력의 파급속도가 빠르다.
③ 가스폭발에 비하여 불완전 연소의 발생이 있다.

90 **가연성 가스 A의 연소범위를 2.2~9.5[vol%]라 할 때 가스 A의 위험도는 얼마인가?**

① 2.52　② 3.32
③ 4.91　④ 5.64

해설
위험도 $H = \frac{U-L}{L} = \frac{9.5-2.2}{2.2} \simeq 3.32$

정답 86 ③ 87 ④ 88 ① 89 ④ 90 ②

91 다음 중 증기배관 내에 생성된 증기의 누설을 막고 응축수를 자동적으로 배출하기 위한 안전장치는?

① Steam Trap ② Vent Stack
③ Blow Down ④ Flame Arrester

해설
② Vent Stack(벤트스택) : 긴급이송설비에 부속된 처리설비이며 정상운전 또는 비상운전 시 방출된 가스 또는 증기를 소각하지 않고 대기 중으로 안전하게 방출시키기 위하여 설치한 제해설비
③ Blow Down(블로다운) : 응축성 가스, 열유, 열액체 등을 액체로 배출하는 경우에 이를 안전하게 처리하는 설비
④ Flame Arrester(화염방지기) : 인화성 액체 또는 가스를 취급하는 석유저장탱크, 원유탱크, 화학약품탱크 및 화학설비에서 내·외부로부터 화재가 발생한 경우 화염이 인접설비로 전파되지 않도록 설치하는 인화방지장치

92 CF_3Br 소화약제의 할론 번호를 옳게 나타낸 것은?

① 할론 1031 ② 할론 1311
③ 할론 1301 ④ 할론 1310

해설
할론 소화약제(할로겐화합물)
• 할론(Halon) 번호의 의미 : 탄소수·불소수·염소수·브롬수
• 표기 예 : CF_3Br이라면 Halon 1301로 표기한다.

93 산업안전보건법령에 따라 공정안전보고서에 포함해야 할 세부 내용 중 공정안전자료에 해당하지 않는 것은?

① 안전운전지침서
② 각종 건물·설비의 배치도
③ 유해하거나 위험한 설비의 목록 및 사양
④ 위험설비의 안전설계·제작 및 설치 관련 지침서

해설
안전운전지침서는 안전운전계획에 해당한다.

94 산업안전보건법령상 단위공정시설 및 설비로부터 다른 단위공정시설 및 설비 사이의 안전거리는 설비의 바깥 면부터 얼마 이상이 되어야 하는가?

① 5[m] ② 10[m]
③ 15[m] ④ 20[m]

해설
단위공정시설 및 설비로부터 다른 단위공정시설 및 설비 사이의 안전거리는 설비의 바깥 면부터 10[m] 이상이 되어야 한다.

95 자연발화 성질을 갖는 물질이 아닌 것은?

① 질화면 ② 목탄분말
③ 아마인유 ④ 과염소산

해설
① 질화면 : 섬유소에 황산+질산의 혼산으로 처리해 얻은 질산에스테르로서 정제시 세척을 충분히 하지 않아 흡착된 산이 잔류하거나 황산에스테르 등이 생성되면 불안정 물질이 되어 저온에서도 분해되어 버린다. 분해가 자기 촉매적으로 급속히 진행됨에 따라 온도가 급격히 상승하여 자연발화가 일어나게 된다.
② 목탄분말 : 물질이 주위의 기체를 흡착하고 그때 생기는 흡착열이 축적되어 발화하는 탄소분말
③ 아마인유 : 공기 중 자연발화하고 산화열이 축적되어 발화하는 건성유

96 다음 중 왕복 펌프에 속하지 않는 것은?

① 피스톤 펌프 ② 플런저 펌프
③ 기어 펌프 ④ 격막 펌프

해설
기어 펌프는 회전 펌프에 해당한다.

정답 91 ① 92 ③ 93 ① 94 ② 95 ④ 96 ③

97 **두 물질을 혼합하면 위험성이 커지는 경우가 아닌 것은?**

① 이황화탄소+물
② 나트륨+물
③ 과산화나트륨+염산
④ 염소산칼륨+적린

해설
이황화탄소는 물에 넣어 안전하게 보관한다.

98 **5[%] NaOH 수용액과 10[%] NaOH 수용액을 반응기에 혼합하여 6[%], 100[kg]의 NaOH 수용액을 만들려면 각각 몇 [kg]의 NaOH 수용액이 필요한가?**

① 5[%] NaOH 수용액 : 33.3,
10[%] NaOH 수용액 : 66.7
② 5[%] NaOH 수용액 : 50,
10[%] NaOH 수용액 : 50
③ 5[%] NaOH 수용액 : 66.7,
10[%] NaOH 수용액 : 33.3
④ 5[%] NaOH 수용액 : 80,
10[%] NaOH 수용액 : 20

해설
혼합 수용액이 6[%] NaOH 수용액 100[kg]이므로 5[%] NaOH 수용액의 무게를 x[kg]이라고 하면 10[%] NaOH 수용액의 무게는 $100-x$[kg]이다. 따라서
$0.06\times100 = 0.05x + 0.1\times(100-x)$
$6 = 0.05x + 10 - 0.1x$
$0.05x = 4$이므로 $x = 80[\text{kg}]$, $100 - x = 20$이다. 따라서 5[%] NaOH 수용액 80[kg], 10[%] NaOH 수용액 20[kg]이다.

99 **다음 중 노출기준(TWA, [ppm]) 값이 가장 작은 물질은?**

① 염 소
② 암모니아
③ 에탄올
④ 메탄올

해설
노출기준(TWA, [ppm]) 값
① 염소 : 0.5[ppm]
② 암모니아 : 25[ppm]
③ 에탄올 : 1,000[ppm]
④ 메탄올 : 200[ppm]

100 **산업안전보건법령에 따라 위험물 건조설비 중 건조실을 설치하는 건축물의 구조를 독립된 단층 건물로 하여야 하는 건조설비가 아닌 것은?**

① 위험물 또는 위험물이 발생하는 물질을 가열・건조하는 경우 내용적이 $2[\text{m}^3]$인 건조설비
② 위험물이 아닌 물질을 가열・건조하는 경우 액체연료의 최대사용량이 5[kg/h]인 건조설비
③ 위험물이 아닌 물질을 가열・건조하는 경우 기체연료의 최대사용량이 $2[\text{m}^3/\text{h}]$인 건조설비
④ 위험물이 아닌 물질을 가열・건조하는 경우 전기사용 정격용량이 20[kW]인 건조설비

해설
위험물이 아닌 물질을 가열・건조하는 경우 액체연료의 최대사용량이 10[kg/h]인 건조설비

정답 97 ① 98 ④ 99 ① 100 ②

제6과목 건설안전기술

101 부두 · 안벽 등 하역작업을 하는 장소에서 부두 또는 안벽의 선을 따라 통로를 설치하는 경우에는 폭을 최소 얼마 이상으로 하여야 하는가?

① 85[cm] ② 90[cm]
③ 100[cm] ④ 120[cm]

해설
부두 · 안벽 등 하역작업을 하는 장소에서 부두 또는 안벽의 선을 따라 통로를 설치하는 경우에는 폭을 최소 90[cm] 이상으로 하여야 한다.

102 다음은 산업안전보건법령에 따른 산업안전보건관리비의 사용에 관한 규정이다. ( ) 안에 들어갈 내용을 순서대로 옳게 작성한 것은?

> 건설공사도급인은 고용노동부장관이 정하는 바에 따라 해당 건설공사를 위하여 계상된 산업안전보건관리비를 그가 사용하는 근로자와 그의 관계수급인이 사용하는 근로자의 산업재해 및 건강장해예방에 사용하고, 그 사용명세서를 (　　　) 작성하고 건설공사 종료 후 (　　　)간 보존해야 한다.

① 매월, 6개월
② 매월, 1년
③ 2개월마다, 6개월
④ 2개월마다, 1년

해설
건설공사도급인은 법 제72조제3항에 따라 산업안전보건관리비를 사용하는 해당 건설공사의 금액(고용노동부장관이 정하여 고시하는 방법에 따라 산정한 금액을 말한다)이 4천만원 이상인 때에는 고용노동부장관이 정하는 바에 따라 매월(건설공사가 1개월 이내에 종료되는 사업의 경우에는 해당 건설공사가 끝나는 날이 속하는 달을 말한다) 사용명세서를 작성하고, 건설공사 종료 후 1년 동안 보존해야 한다(시행규칙 제89조).

103 지반의 굴착 작업에 있어서 비가 올 경우를 대비한 직접적인 대책으로 옳은 것은?

① 측구 설치
② 낙하물 방지망 설치
③ 추락 방호망 설치
④ 매설물 등의 유무 또는 상태 확인

해설
비가 올 경우를 대비하여 측구를 설치하거나 굴착사면에 비닐을 덮는 등의 조치로 빗물 등의 침투에 의한 붕괴재해를 예방한다.

104 강관틀비계(높이 5[m] 이상)의 넘어짐을 방지하기 위하여 사용하는 벽이음 및 버팀의 설치 간격 기준으로 옳은 것은?

① 수직 방향 5[m], 수평 방향 5[m]
② 수직 방향 6[m], 수평 방향 7[m]
③ 수직 방향 6[m], 수평 방향 8[m]
④ 수직 방향 7[m], 수평 방향 8[m]

해설
강관비계의 조립 간격

구 분	수직 방향	수평 방향
단관비계	5[m]	
틀비계(5[m] 미만 제외)	6[m]	8[m]

105 굴착공사에 있어서 비탈면붕괴를 방지하기 위하여 실시하는 대책으로 옳지 않은 것은?

① 지표수의 침투를 막기 위해 표면배수공을 한다.
② 지하수위를 내리기 위해 수평배수공을 설치한다.
③ 비탈면 하단을 성토한다.
④ 비탈면 상부에 토사를 적재한다.

해설
비탈면 하부에 토사를 적재한다.

정답 101 ② 102 ② 103 ① 104 ③ 105 ④

106 **강관을 사용하여 비계를 구성하는 경우 준수해야 할 사항으로 옳지 않은 것은?**

① 비계기둥의 간격은 띠장 방향에서는 1.85[m] 이하, 장선(長線) 방향에서는 1.5[m] 이하로 할 것
② 띠장 간격은 2.0[m] 이하로 할 것
③ 비계기둥의 제일 윗부분으로부터 31[m]되는 지점 밑부분의 비계기둥은 3개의 강관으로 묶어 세울 것
④ 비계기둥 간의 적재하중은 400[kg]을 초과하지 않도록 할 것

해설
비계기둥의 제일 윗부분으로부터 31[m]되는 지점 밑 부분의 비계기둥은 2개의 강관으로 묶어 세울 것

107 **다음은 산업안전보건법령에 따른 시스템 비계의 구조에 관한 사항이다. ( ) 안에 들어갈 내용으로 옳은 것은?**

> 비계 밑단의 수직재와 받침철물은 밀착되도록 설치하고, 수직재와 받침철물의 연결부의 겹침길이는 받침철물 전체 길이의 ( ) 이상이 되도록 할 것

① 2분의 1 ② 3분의 1
③ 4분의 1 ④ 5분의 1

해설
비계 밑단의 수직재와 받침철물은 밀착되도록 설치하고, 수직재와 받침철물의 연결부의 겹침길이는 받침철물 전체 길이의 3분의 1 이상이 되도록 할 것

108 **건설현장에서 작업으로 인하여 물체가 떨어지거나 날아올 위험이 있는 경우에 대한 안전조치에 해당하지 않는 것은?**

① 수직보호망 설치
② 방호선반 설치
③ 울타리 설치
④ 낙하물 방지망 설치

해설
물체가 떨어지거나 날아올 위험이 있을 때의 재해예방대책과 거리가 먼 것으로 '투하설비 설치, 격벽 설치, 안전대 착용, 울타리 설치, 작업지휘자 선정, 안전난간 설치' 등이 출제된다.

109 **흙막이 가시설 공사 중 발생할 수 있는 보일링(Boiling) 현상에 관한 설명으로 옳지 않은 것은?**

① 이 현상이 발생하면 흙막이 벽의 지지력이 상실된다.
② 지하수위가 높은 지반을 굴착할 때 주로 발생한다.
③ 흙막이벽의 근입장 깊이가 부족할 경우 발생한다.
④ 연약한 점토지반에서 굴착면의 융기로 발생한다.

해설
연약한 점토지반에서 굴착면의 융기로 발생하는 현상은 히빙(Heaving) 현상이다.

정답 106 ③ 107 ② 108 ③ 109 ④

110 **거푸집 동바리 등을 조립하는 경우에 준수해야 할 기준으로 옳지 않은 것은?**

① 동바리의 상하 고정 및 미끄러짐 방지조치를 하고, 하중의 지지상태를 유지한다.
② 강재와 강재의 접속부 및 교차부는 볼트·클램프 등 전용철물을 사용하여 단단히 연결한다.
③ 파이프서포트를 제외한 동바리로 사용하는 강관은 높이 2[m]마다 수평연결재를 2개 방향으로 만들고 수평연결재의 변위를 방지할 것
④ 동바리로 사용하는 파이프서포트는 4개 이상 이어서 사용하지 않도록 할 것

해설
동바리로 사용하는 파이프서포트는 3개 이상 이어서 사용하지 않도록 할 것

111 **장비가 위치한 지면보다 낮은 장소를 굴착하는 데 적합한 장비는?**

① 트럭크레인 ② 파워셔블
③ 백 호 ④ 진 폴

해설
백호(백호우, Backhoe) : 장비가 위치한 지면보다 낮은 장소를 굴착하는데 적합한 장비

112 **건설공사도급인은 건설공사 중에 가설구조물의 붕괴 등 산업재해가 발생할 위험이 있다고 판단되면 건축·토목 분야의 전문가의 의견을 들어 건설공사 발주자에게 해당 건설공사의 설계변경을 요청할 수 있는데, 이러한 가설구조물의 기준으로 옳지 않은 것은?**

① 높이 20[m] 이상인 비계
② 작업발판 일체형 거푸집 또는 높이 6[m] 이상인 거푸집 동바리
③ 터널의 지보공 또는 높이 2[m] 이상인 흙막이 지보공
④ 동력을 이용하여 움직이는 가설구조물

해설
※ 출제 시 정답은 ①이었으나, 법령 개정으로 ①, ② 정답
가설구조물의 기준(시행령 제58조)
- 높이 31[m] 이상인 비계
- 작업발판 일체형 거푸집 또는 높이 5[m](개정 전 : 6[m]) 이상인 거푸집 동바리
- 터널의 지보공 또는 높이 2[m] 이상인 흙막이 지보공
- 동력을 이용하여 움직이는 가설구조물

113 **콘크리트 타설 시 안전수칙으로 옳지 않은 것은?**

① 타설 순서는 계획에 의하여 실시하여야 한다.
② 진동기는 최대한 많이 사용하여야 한다.
③ 콘크리트를 치는 도중에는 거푸집, 지보공 등의 이상 유무를 확인하여야 한다.
④ 손수레로 콘크리트를 운반할 때에는 손수레를 타설하는 위치까지 천천히 운반하여 거푸집에 충격을 주지 아니하도록 타설하여야 한다.

해설
진동기는 적절히 사용해야 하며 지나친 진동은 거푸집 도괴의 원인이 될 수 있으므로 각별하게 주의해야 한다.

정답 110 ④ 111 ③ 112 ①, ② 113 ②

114 **산업안전보건법령에 따른 작업발판 일체형 거푸집에 해당되지 않는 것은?**

① 갱폼(Gang Form)
② 슬립폼(Slip Form)
③ 유로폼(Euro Form)
④ 클라이밍폼(Climbing Form)

해설
작업발판 일체형 거푸집 : 갱폼, 슬립폼, 클라이밍폼, 터널라이닝폼 등

115 **터널 지보공을 조립하는 경우에는 미리 그 구조를 검토한 후 조립도를 작성하고, 그 조립도에 따라 조립하도록 하여야 하는데 이 조립도에 명시하여야 할 사항과 가장 거리가 먼 것은?**

① 이음방법 ② 단면규격
③ 재료의 재질 ④ 재료의 구입처

해설
터널 지보공의 조립도에 명시하여야 할 사항
- 재료의 재질
- 설치간격
- 이음방법
- 단면규격

(흙막이 지보공의 조립도에 명시되어야 할 사항과 가장 거리가 먼 것으로 '부재의 긴압 정도, 버팀대의 긴압의 정도, 재료의 구입처' 등이 출제된다)

116 **산업안전보건법령에 따른 건설공사 중 다리건설공사의 경우 유해위험방지계획서를 제출하여야 하는 기준으로 옳은 것은?**

① 최대 지간길이가 40[m] 이상인 다리의 건설 등 공사
② 최대 지간길이가 50[m] 이상인 다리의 건설 등 공사
③ 최대 지간길이가 60[m] 이상인 다리의 건설 등 공사
④ 최대 지간길이가 70[m] 이상인 다리의 건설 등 공사

해설
다리건설공사의 경우 유해위험방지계획서를 제출하여야 하는 기준 : 최대 지간길이가 50[m] 이상인 다리의 건설 등 공사

117 **가설통로 설치에 있어 경사가 최소 얼마를 초과하는 경우에는 미끄러지지 아니하는 구조로 하여야 하는가?**

① 15° ② 20°
③ 30° ④ 40°

해설
가설통로 설치에 있어 경사가 최소 15°를 초과하는 경우에는 미끄러지지 아니하는 구조로 하여야 한다.

118 **굴착과 싣기를 동시에 할 수 있는 토공기계가 아닌 것은?**

① 트랙터 셔블(Tractor Shovel)
② 백호(Backhoe)
③ 파워 셔블(Power Shovel)
④ 모터 그레이더(Motor Grader)

해설
모터 그레이더(Motor Grader)는 지면을 절삭하고 평활하게 다듬기 위한 토공기계의 대패와도 같은 산업기계이며 굴착과 싣기를 동시에 할 수 있는 토공기계가 아니다.

정답 114 ③ 115 ④ 116 ② 117 ① 118 ④

119 **강관틀 비계를 조립하여 사용하는 경우 준수하여야 할 사항으로 옳지 않은 것은?**

① 비계기둥의 밑둥에는 밑받침 철물을 사용할 것
② 높이가 20[m]를 초과하거나 중량물의 적재를 수반하는 작업을 할 경우에는 주틀 간의 간격을 1.8[m] 이하로 할 것
③ 주틀 간에 교차 가새를 설치하고 최하층 및 3층 이내마다 수평재를 설치할 것
④ 길이가 띠장 방향으로 4[m] 이하이고 높이가 10[m]를 초과하는 경우에는 10[m] 이내마다 띠장 방향으로 버팀기둥을 설치할 것

해설
주틀 간에 교차 가새를 설치하고 최상층 및 5층 이내마다 수평재를 설치할 것

120 **산업안전보건법령에 따른 양중기의 종류에 해당하지 않는 것은?**

① 고소작업차
② 이동식 크레인
③ 승강기
④ 리프트(Lift)

해설
양중기의 종류 : 크레인(호이스트 포함), 이동식 크레인, 리프트(이삿짐 운반용의 경우는 적재하중 0.1[ton] 이상), 곤돌라, 승강기

정답 119 ③ 120 ①

산업안전기사

과년도 기출문제

제1과목 안전관리론

01 안전점검표(체크리스트) 항목 작성 시 유의사항으로 틀린 것은?

① 정기적으로 검토하여 설비나 작업방법이 타당성 있게 개조된 내용일 것
② 사업장에 적합한 독자적 내용을 가지고 작성할 것
③ 위험성이 낮은 순서 또는 긴급을 요하는 순서대로 작성할 것
④ 점검항목을 이해하기 쉽게 구체적으로 표현할 것

해설
- 안전점검표(Check List) : 가능한 한 일정한 양식으로 작성하며 점검대상, 점검부분, 점검방법, 점검항목, 점검주기 또는 기간, 판정기준, 조치사항 등의 내용이 포함되어야 한다.
- 안전점검표는 위험성이 높은 순서 또는 긴급을 요하는 순서대로 작성할 것

02 안전교육에 있어서 동기부여방법으로 가장 거리가 먼 것은?

① 책임감을 느끼게 한다.
② 관리감독을 철저히 한다.
③ 자기 보존본능을 자극한다.
④ 물질적 이해관계에 관심을 두도록 한다.

해설
④번도 그리 좋은 동기부여방법이라고 볼 수는 없으나 가장 거리가 먼 것은 ②이다.

03 교육과정 중 학습경험조직의 원리에 해당하지 않는 것은?

① 기회의 원리
② 계속성의 원리
③ 계열성의 원리
④ 통합성의 원리

해설
학습경험조직의 원리 : 계속성의 원리, 계열성의 원리, 통합성의 원리

04 근로자 1,000명 이상의 대규모 사업장에 적합한 안전관리 조직의 유형은?

① 직계식 조직　② 참모식 조직
③ 병렬식 조직　④ 직계참모식 조직

해설
라인-스태프(Line-Staff)형 조직(직계-참모조직)
- 1,000명 이상의 대규모 기업에 적합하다.
- 라인의 관리 · 감독자에게도 안전에 관한 책임과 권한이 부여된다.
- 안전스탭은 안전에 관한 기획 · 입안 · 조사 · 검토 및 연구 등을 행한다.
- 안전계획 · 평가 · 조사는 스탭에서, 생산기술의 안전대책은 라인에서 실시한다.

05 산업안전보건법령상 안전보건표지의 종류와 형태 중 관계자 외 출입금지에 해당하지 않는 것은?

① 관리대상물질 작업장
② 허가대상물질 작업장
③ 석면취급 · 해체 작업장
④ 금지대상물질의 취급 실험실

해설
관계자 외 출입금지(시행규칙 별표 6) : 허가대상물질 작업장, 석면취급 · 해체 작업장, 금지대상물질의 취급 실험실

정답 1 ③ 2 ② 3 ① 4 ④ 5 ①

06 산업안전보건법령상 명시된 타워크레인을 사용하는 작업에서 신호업무를 하는 작업 시 특별교육 대상 작업별 교육 내용이 아닌 것은?(단, 그 밖에 안전·보건관리에 필요한 사항은 제외한다)

① 신호방법 및 요령에 관한 사항
② 걸고리·와이어로프 점검에 관한 사항
③ 화물의 취급 및 안전작업방법에 관한 사항
④ 인양물이 적재될 지반의 조건, 인양하중, 풍압 등이 인양물과 타워크레인에 미치는 영향

해설
타워크레인을 사용하는 작업 중 신호업무를 하는 작업 시의 특별안전보건교육 내용
- 채용 시의 교육 및 작업내용 변경 시의 교육
- 타워크레인의 기계적 특성 및 방호장치 등에 관한 사항
- 화물의 취급 및 안전작업방법에 관한 사항
- 신호방법 및 요령에 관한 사항
- 인양 물건의 위험성 및 낙하·비래·충돌재해 예방에 관한 사항
- 인양물이 적재될 지반의 조건, 인양하중, 풍압 등이 인양물과 타워크레인에 미치는 영향
- 그 밖에 안전·보건관리에 필요한 사항

07 보호구 안전인증 고시상 추락방지대가 부착된 안전대 일반구조에 관한 내용 중 틀린 것은?

① 죔줄은 합성섬유로프를 사용해서는 안 된다.
② 고정된 추락방지대의 수직구명줄은 와이어로프 등으로 하며 최소지름이 8[mm] 이상이어야 한다.
③ 수직구명줄에서 걸이설비와의 연결부위는 훅 또는 카라비너 등이 장착되어 걸이설비와 확실히 연결되어야 한다.
④ 추락방지대를 부착하여 사용하는 안전대는 신체지지의 방법으로 안전그네만을 사용하여야 하며 수직구명줄이 포함되어야 한다.

해설
죔줄은 합성섬유로프, 웨빙, 와이어로프 등일 것

08 하인리히 재해 구성 비율 중 무상해 사고가 600건이라면 사망 또는 중상 발생건수는?

① 1 ② 2
③ 29 ④ 58

해설
재해 구성 비율이 중상해 : 경상해 : 무상해 = 1 : 29 : 300이므로 무상해 사고가 600건이라면 사망 또는 중상 발생건수는 2건이다.

09 재해사례연구 순서로 옳은 것은?

> 재해상황의 파악 → (㉠) → (㉡) → 근본적 문제점의 결정 → (㉢)

① ㉠ 문제점의 발견, ㉡ 대책수립, ㉢ 사실의 확인
② ㉠ 문제점의 발견, ㉡ 사실의 확인, ㉢ 대책수립
③ ㉠ 사실의 확인, ㉡ 대책수립, ㉢ 문제점의 발견
④ ㉠ 사실의 확인, ㉡ 문제점의 발견, ㉢ 대책수립

해설
재해사례연구의 진행단계 : 재해상황의 파악 → 사실의 확인 → 문제점의 발견 → 근본적 문제점의 결정 → 대책의 수립

10 강의식 교육지도에서 가장 많은 시간을 소비하는 단계는?

① 도 입 ② 제 시
③ 적 용 ④ 확 인

해설
각 단계별 소요시간

단 계		강의식 교육	토의식 교육
1	도 입	5분	
2	제 시	40분	10분
3	적 용	10분	40분
4	확 인	5분	

정답 6 ② 7 ① 8 ② 9 ④ 10 ②

11 **위험예지훈련 4단계의 진행 순서를 바르게 나열한 것은?**

① 목표설정 → 현상파악 → 대책수립 → 본질추구
② 목표설정 → 현상파악 → 본질추구 → 대책수립
③ 현상파악 → 본질추구 → 대책수립 → 목표설정
④ 현상파악 → 본질추구 → 목표설정 → 대책수립

해설
위험예지훈련 4단계의 진행 순서 : 현상파악 → 본질추구 → 대책수립 → 목표설정

12 **레빈(Lewin. K)에 의하여 제시된 인간의 행동에 관한 식을 올바르게 표현한 것은?(단, B는 인간의 행동, P는 개체, E는 환경, f는 함수관계를 의미한다)**

① $B=f(P \cdot E)$
② $B=f(P+1)^E$
③ $P=E \cdot f(B)$
④ $E=f(P \cdot B)$

해설
인간의 행동특성에 관한 Lewin의 식 : $B=f(P \cdot E)$
- B ; Behavior(인간의 행동)
- f ; Function(함수)
- P ; Personality(인간의 조건인 자질 혹은 소질, 개체 : 연령, 경험, 성격(개성), 지능, 심신상태 등)
- E ; Environment(심리적 환경 : 작업환경(조명, 온도, 소음), 인간관계 등)

13 **산업안전보건법령상 근로자에 대한 일반건강진단의 실시 시기 기준으로 옳은 것은?**

① 사무직에 종사하는 근로자 : 1년에 1회 이상
② 사무직에 종사하는 근로자 : 2년에 1회 이상
③ 사무직 외의 업무에 종사하는 근로자 : 6월에 1회 이상
④ 사무직 외의 업무에 종사하는 근로자 : 2년에 1회 이상

해설
근로자에 대한 일반건강진단의 실시 시기 기준(시행규칙 제197조)
- 사무직에 종사하는 근로자 : 2년에 1회 이상
- 그 밖의 근로자 : 1년에 1회 이상

14 **매슬로(Maslow)의 욕구 5단계 이론 중 안전욕구의 단계는?**

① 제1단계
② 제2단계
③ 제3단계
④ 제4단계

해설
매슬로(Maslow)의 욕구 5단계 순서
- 1단계 : 생리적 욕구
- 2단계 : 안전에 대한 욕구
- 3단계 : 사회적 욕구
- 4단계 : 존경의 욕구
- 5단계 : 자아실현의 욕구

15 **교육계획 수립 시 가장 먼저 실시하여야 하는 것은?**

① 교육내용의 결정
② 실행교육계획서 작성
③ 교육의 요구사항 파악
④ 교육실행을 위한 순서, 방법, 자료의 검토

해설
교육계획 수립 시 가장 먼저 실시하여야 하는 것은 교육의 요구사항을 파악하는 일이다.

16 **상황성 누발자의 재해유발 원인이 아닌 것은?**

① 심신의 근심
② 작업의 어려움
③ 도덕성의 결여
④ 기계설비의 결함

해설
도덕성의 결여는 소질성 누발자의 재해유발 원인에 해당한다.

정답 11 ③ 12 ① 13 ② 14 ② 15 ③ 16 ③

17 인간의 의식 수준을 5단계로 구분할 때 의식이 몽롱한 상태의 단계는?

① Phase Ⅰ ② Phase Ⅱ
③ Phase Ⅲ ④ Phase Ⅳ

해설
② Phase Ⅱ : 정상(느긋한 기분), 의식의 이완상태
③ Phase Ⅲ : 정상(분명한 의식), 명료한 상태
④ Phase Ⅳ : 과긴장, 흥분상태

18 산업안전보건법령상 사업장에서 산업재해 발생 시 사업주가 기록·보존하여야 하는 사항을 모두 고른 것은?(단, 산업재해조사표와 요양신청서의 사본은 보존하지 않았다)

> ㄱ. 사업장의 개요 및 근로자의 인적사항
> ㄴ. 재해 발생의 일시 및 장소
> ㄷ. 재해 발생의 원인 및 과정
> ㄹ. 재해재발방지계획

① ㄱ, ㄹ ② ㄴ, ㄷ, ㄹ
③ ㄱ, ㄴ, ㄷ ④ ㄱ, ㄴ, ㄷ, ㄹ

해설
산업안전보건법상 산업재해가 발생한 때에 사업주가 기록·보존하여야 하는 사항(시행규칙 제72조)
- 사업장의 개요 및 근로자의 인적사항
- 재해 발생의 일시 및 장소
- 재해 발생의 원인 및 과정
- 재해재발방지계획

19 A사업장의 조건이 다음과 같을 때 A사업장에서 연간 재해발생으로 인한 근로손실일수는?

> - 강도율 : 0.4
> - 근로자수 : 1,000명
> - 연 근로시간 수 : 2,400시간

① 480 ② 720
③ 960 ④ 1,440

해설
$$강도율 = \frac{근로손실일수}{연\ 근로시간\ 수} \times 10^3$$
$$0.4 = \frac{근로손실일수}{1,000 \times 2,400} \times 10^3$$
$\therefore$ 근로손실일수 $= 0.4 \times 2,400 = 960$일

20 무재해운동의 이념 중 선취의 원칙에 대한 설명으로 옳은 것은?

① 사고의 잠재요인을 사후에 파악하는 것
② 근로자 전원이 일체감을 조성하여 참여하는 것
③ 위험요소를 사전에 발견, 파악하여 재해를 예방 또는 방지하는 것
④ 관리감독자 또는 경영층에서의 자발적 참여로 안전 활동을 촉진하는 것

해설
무재해운동의 기본이념 3대 원칙 : 무의 원칙, 참가의 원칙, 선취의 원칙
- 무의 원칙 : 무재해, 무질병의 직장실현을 위하여 모든 잠재위험요인을 사전에 적극적으로 발견·파악·해결함으로써 근원적으로 뿌리에서부터 산업재해를 제거하여 없앤다는 원칙
- 참가의 원칙 : 근로자 전원이 일체감을 조성하여 참여한다는 원칙
- 선취의 원칙 : 위험요소를 사전에 발견, 파악하여 재해를 예방 또는 방지하는 것

정답 17 ① 18 ④ 19 ③ 20 ③

제2과목 인간공학 및 시스템 안전공학

21 다음 상황은 인간 실수의 분류 중 어느 것에 해당하는가?

> 전자기기 수리공이 어떤 제품의 분해・조립과정을 거쳐서 수리를 마친 후 부품 하나가 남았다.

① Time Error ② Omission Error
③ Command Error ④ Extraneous Error

해설
Omission Error(생략오류 또는 누락오류, 생략적 과오) : 필요한 직무, 작업 또는 절차를 수행하지 않는 데 기인한 오류
• 예 : 가스밸브를 잠그는 것을 잊어 사고가 난 경우
• 예 : 전자기기 수리공이 어떤 제품의 분해・조립과정을 거쳐서 수리를 마친 후 부품 하나가 남은 경우

22 스트레스의 영향으로 발생된 신체 반응의 결과인 스트레인(Strain)을 측정하는 척도가 잘못 연결된 것은?

① 인지적 활동 – EEG
② 육체적 동적 활동 – GSR
③ 정신 운동적 활동 – EOG
④ 국부적 근육 활동 – EMG

해설
② 육체적 동적 활동 : 심박수(HR ; Heart Rate), 산소소비량
① 인지적 활동 : EEG(뇌파도, Electroencephalography)
③ 정신 운동적 활동 : EOG(안전도(眼電圖), Electrooculogram)
④ 국부적 근육 활동 : EMG(근전도, Electromyography)

23 일반적인 시스템의 수명곡선(욕조곡선)에서 고장형태 중 증가형 고장률을 나타내는 기간으로 옳은 것은?

① 우발 고장기간 ② 마모 고장기간
③ 초기 고장기간 ④ Burn-in 고장기간

해설
시스템의 수명곡선(욕조곡선)
• 초기 고장기간 : 감소형 고장률(DFR)을 나타내는 기간
• 우발 고장기간 : 일정형 고장률(CFR)을 나타내는 기간
• 마모 고장기간 : 증가형 고장률(IFR)을 나타내는 기간

24 청각적 표시장치의 설계 시 적용하는 일반 원리에 대한 설명으로 틀린 것은?

① 양립성이란 긴급용 신호일 때는 낮은 주파수를 사용하는 것을 의미한다.
② 검약성이란 조작자에 대한 입력신호는 꼭 필요한 정보만을 제공하는 것이다.
③ 근사성이란 복잡한 정보를 나타내고자 할 때 2단계의 신호를 고려하는 것이다.
④ 분리성이란 두 가지 이상의 채널을 듣고 있다면 각 채널의 주파수가 분리되어 있어야 한다는 의미이다.

해설
양립성 : 자극–반응조합의 관계에서 인간의 기대와 모순되지 않는 성질

25 FTA에 대한 설명으로 가장 거리가 먼 것은?

① 정성적 분석만 가능
② 하향식(Top–down) 방법
③ 복잡하고 대형화된 시스템에 활용
④ 논리게이트를 이용하여 도해적으로 표현하여 분석하는 방법

해설
정성적 분석, 정량적 분석 모두 가능하다.

26 발생 확률이 동일한 64가지의 대안이 있을 때 얻을 수 있는 총 정보량은?

① 6[bit] ② 16[bit]
③ 32[bit] ④ 64[bit]

해설
정보량 $H = \log_2 N = \log_2 64 = \frac{\log 64}{\log 2} = 6[\text{bit}]$

정답 21 ② 22 ② 23 ② 24 ① 25 ① 26 ①

27 인간-기계시스템의 설계과정을 [보기]와 같이 분류할 때 다음 중 인간, 기계의 기능을 할당하는 단계는?

> 1단계 : 시스템의 목표와 성능명세 결정
> 2단계 : 시스템의 정의
> 3단계 : 기본설계
> 4단계 : 인터페이스 설계
> 5단계 : 보조물 설계 혹은 편의수단 설계
> 6단계 : 평가

① 기본설계
② 인터페이스 설계
③ 시스템의 목표와 성능명세 결정
④ 보조물 설계 혹은 편의수단 설계

해설
3단계 : 기본설계
- 활동 내용 : 직무분석, 인간성능요건명세, 작업설계, 기능할당(인간·하드웨어·소프트웨어)
- 인간의 성능 특성 : 속도, 정확성, 사용자 만족 등

28 FT도에서 최소 컷셋을 올바르게 구한 것은?

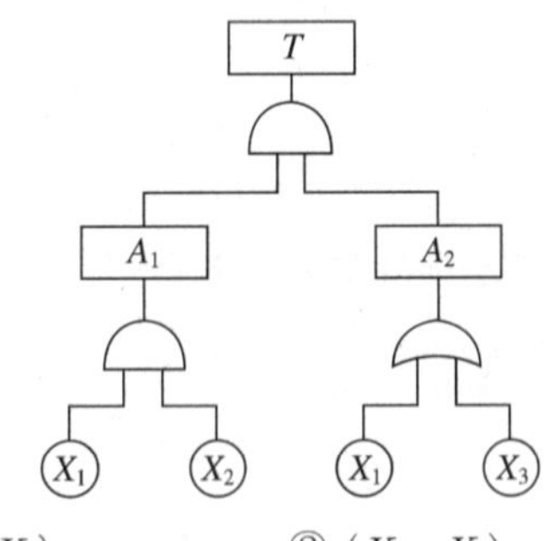

① (X_1, X_2)　② (X_1, X_3)
③ (X_2, X_3)　④ (X_1, X_2, X_3)

해설
$T = A_1 \cdot A_2$
$= (X_1 \cdot X_2)(X_1 + X_3)$
$= X_1(X_1 \cdot X_2) + X_3(X_1 \cdot X_2)$
$= X_1 \cdot X_2 + X_1 \cdot X_2 \cdot X_3$
$= X_1(X_2 + X_2 \cdot X_3)$
$= X_1[X_2(1 + X_3)] = X_1 \cdot X_2$
이므로 최소 컷셋은 (X_1, X_2)이다.

29 일반적으로 인체측정치의 최대 집단치를 기준으로 설계하는 것은?

① 선반의 높이　② 공구의 크기
③ 출입문의 크기　④ 안내 데스크의 높이

해설
① 선반의 높이 : 최소 집단치 기준
② 공구의 크기 : 평균치 기준
④ 안내 데스크의 높이 : 평균치 기준

30 인간공학의 궁극적인 목적과 가장 관계가 깊은 것은?

① 경제성 향상
② 인간 능력의 극대화
③ 설비의 가동률 향상
④ 안전성 및 효율성 향상

해설
인간공학의 궁극적인 목적 : 안전성 및 효율성 향상

31 '화재 발생'이라는 시작(초기)사상에 대하여, 화재감지기, 화재 경보, 스프링클러 등의 성공 또는 실패 작동여부와 그 확률에 따른 피해 결과를 분석하는 데 가장 적합한 위험분석기법은?

① FTA　② ETA
③ FHA　④ THERP

해설
ETA(Event Tree Analysis, 사건수분석)
- 디시전 트리(Decision Tree)를 재해사고분석에 이용한 경우의 분석법이며, 설비의 설계단계에서부터 사용단계까지의 각 단계에서 위험을 분석하는 귀납적이며 정량적인 시스템 위험분석기법
- 사고 시나리오에서 연속된 사건들의 발생경로를 파악하고 평가하기 위한 귀납적이고 정량적인 시스템안전 프로그램
- '화재 발생'이라는 시작(초기)사상에 대하여, 화재감지기, 화재 경보, 스프링클러 등의 성공 또는 실패 작동여부와 그 확률에 따른 피해 결과를 분석하는 데 가장 적합한 위험분석기법이다.

정답 27 ① 28 ① 29 ③ 30 ④ 31 ②

32 여러 사람이 사용하는 의자의 좌판 높이 설계 기준으로 옳은 것은?

① 5[%] 오금 높이
② 50[%] 오금 높이
③ 75[%] 오금 높이
④ 95[%] 오금 높이

해설
여러 사람이 사용하는 의자의 좌면 높이는 5[%] 오금 높이를 기준으로 설계하는 것이 가장 적절하다.

33 FTA에서 사용되는 사상기호 중 결합사상을 나타낸 기호로 옳은 것은?

① ②
③ ④

해설
① 통상사상
③ 기본사상
④ 생략사상

34 기술개발과정에서 효율성과 위험성을 종합적으로 분석・판단할 수 있는 평가방법으로 가장 적절한 것은?

① Risk Assessment
② Risk Management
③ Safety Assessment
④ Technology Assessment

해설
① Risk Assessment : 유해물질에 대한 위험성 확인, 위험성 결정, 노출평가, 위해도 결정 등 과학적 기반의 절차를 수행하는 과정
② Risk Management : 위해평가, 소비자 건강보호, 자국경제 및 국제교역 등을 고려하여 모든 이해관계자와의 협의 하에 위해평가와 명확히 구분되는 방법으로 각 요소를 평가하여 적절한 예방책과 관리대안을 선정하는 과정
③ Safety Assessment : 기계설비에 대한 평가, 작업공정에 대한 평가, 레이아웃에 대한 평가 등을 수행하는 과정

35 자동차를 타이어가 4개인 하나의 시스템으로 볼 때, 타이어 1개가 파열될 확률이 0.01이라면, 이 자동차의 신뢰도는 약 얼마인가?

① 0.91 ② 0.93
③ 0.96 ④ 0.99

해설
$R_s = R_1 \times R_2 \times R_3 \times R_4 = (1-0.01)^4 \simeq 0.96$

36 다음 그림에서 명료도 지수는?

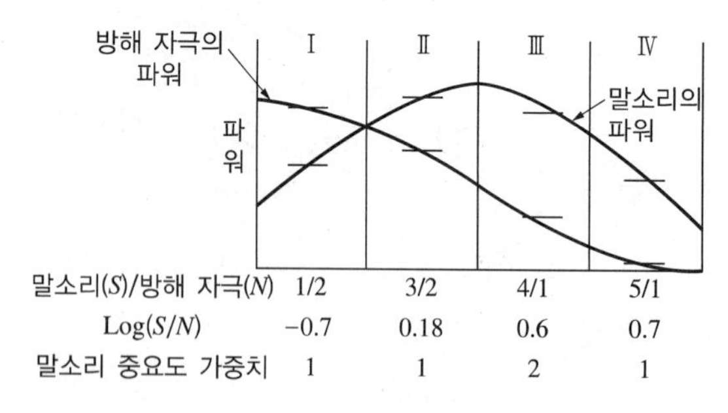

① 0.38 ② 0.68
③ 1.38 ④ 5.68

해설
명료도 지수 $= (-0.7\times1)+(0.18\times1)+(0.6\times2)+(0.7\times1)$
$= 1.38$

정답 32 ① 33 ② 34 ④ 35 ③ 36 ③

37 **정보수용을 위한 작업자의 시각 영역에 대한 설명으로 옳은 것은?**

① 판별시야 : 안구운동만으로 정보를 주시하고 순간적으로 특정 정보를 수용할 수 있는 범위
② 유효시야 : 시력, 색판별 등의 시각 기능이 뛰어나며 정밀도가 높은 정보를 수용할 수 있는 범위
③ 보조시야 : 머리부분의 운동이 안구운동을 돕는 형태로 발생하며 무리 없이 주시가 가능한 범위
④ 유도시야 : 제시된 정보의 존재를 판별할 수 있는 정도의 식별능력 밖에 없지만 인간의 공간좌표 감각에 영향을 미치는 범위

해설
① 판별시야 : 시력, 색판별 등의 시각 기능이 뛰어나며 정밀도가 높은 정보를 수용할 수 있는 범위
② 유효시야 : 안구운동만으로 정보를 주시하고 순간적으로 특정 정보를 수용할 수 있는 범위
③ 보조시야 : 정보수용 능력이 극도로 떨어지나 강력한 자극 등에 주시동작을 유발시키는 보조적 범위

38 **FMEA 분석 시 고장평점법의 5가지 평가요소에 해당하지 않는 것은?**

① 고장발생의 빈도
② 신규 설계의 가능성
③ 기능적 고장 영향의 중요도
④ 영향을 미치는 시스템의 범위

해설
FMEA에서 고장평점을 결정하는 5가지 평가요소
- 기능적 고장 영향의 중요도(C_1)
- 영향을 미치는 시스템의 범위(C_2)
- 고장 발생의 빈도(C_3)
- 고장 방지의 가능성(C_4)
- 신규 설계의 정도(C_5)

39 **건구온도 30[℃], 습구온도 35[℃]일 때의 옥스퍼드(Oxford) 지수는?**

① 20.75 ② 24.58
③ 30.75 ④ 34.25

해설
Oxford 지수(WD) $= 0.85W + 0.15D$
$= 0.85 \times 35 + 0.15 \times 30$
$= 34.25$[℃]

40 **설비보전에서 평균 수리시간을 나타내는 것은?**

① MTBF ② MTTR
③ MTTF ④ MTBP

해설
① MTBF(Mean Time Between Failure, 평균 고장간격)
③ MTTF(Mean Time To Failure, 평균 고장시간)
④ MTBP(Mean Time Between Preventive Maintenance, 평균 예방 보전간격)

정답 37 ④ 38 ② 39 ④ 40 ②

제3과목 기계위험 방지기술

41 **산업안전보건법령상 사업장내 근로자 작업환경 중 '강렬한 소음작업'에 해당하지 않는 것은?**

① 85데시벨 이상의 소음이 1일 10시간 이상 발생하는 작업
② 90데시벨 이상의 소음이 1일 8시간 이상 발생하는 작업
③ 95데시벨 이상의 소음이 1일 4시간 이상 발생하는 작업
④ 100데시벨 이상의 소음이 1일 2시간 이상 발생하는 작업

해설
• 음압[dB]과 허용노출시간[T]

[dB]	90	95	100	105	110	115
T	8H	4H	2H	1H	30분	15분

• 강렬한 소음작업 : 1일 동안 상기의 각 음압[dB] 수준에서 허용노출시간 이상 소음이 발생하는 작업
• 115[dB]을 초과하는 소음 수준에 노출되어서는 안 된다.

42 **산업안전보건법령상 프레스의 작업시작 전 점검사항이 아닌 것은?**

① 슬라이드 또는 칼날에 의한 위험방지 기구의 기능
② 프레스의 금형 및 고정볼트 상태
③ 전단기의 칼날 및 테이블의 상태
④ 권과방지장치 및 그 밖의 경보장치의 기능

해설
프레스 작업시작 전 점검사항
• 클러치 및 브레이크의 기능
• 크랭크축 · 플라이휠 · 슬라이드 · 연결봉 및 연결 나사의 풀림 유무
• 1행정 1정지기구 · 급정지장치 및 비상정지장치의 기능
• 슬라이드 또는 칼날에 의한 위험방지 기구의 기능
• 프레스의 금형 및 고정볼트 상태
• 방호장치의 기능
• 전단기의 칼날 및 테이블의 상태

43 **동력전달부분의 전방 35[cm] 위치에 일반 평형보호망을 설치하고자 한다. 보호망의 최대 구멍의 크기는 몇 [mm]인가?**

① 41 ② 45
③ 51 ④ 55

해설
동력전달부분 보호망의 최대 구멍의 크기
$Y = 6 + 0.1X = 6 + 0.1 \times 350 = 41[\text{mm}]$

44 **다음 연삭숫돌의 파괴원인 중 가장 적절하지 않은 것은?**

① 숫돌의 회전속도가 너무 빠른 경우
② 플랜지의 직경이 숫돌 직경의 1/3 이상으로 고정된 경우
③ 숫돌 자체에 균열 및 파손이 있는 경우
④ 숫돌에 과대한 충격을 준 경우

해설
플랜지의 직경이 숫돌 직경의 1/3 미만으로 고정된 경우

45 **화물중량이 200[kgf], 지게차의 중량이 400[kgf], 앞바퀴에서 화물의 무게 중심까지의 최단거리가 1[m]일 때 지게차가 안정되기 위하여 앞바퀴에서 지게차의 무게 중심까지 최단거리는 최소 몇 [m]를 초과해야 하는가?**

① 0.2[m] ② 0.5[m]
③ 1[m] ④ 2[m]

해설
$Wa < Gb$
$200 \times 1 < 400 \times b$
$0.5 < b$
∴ 앞바퀴에서 지게차의 무게 중심까지 최단거리 b는 최소 0.5[m]를 초과해야 한다.

정답 41 ① 42 ④ 43 ① 44 ② 45 ②

46 **산업안전보건법령상 압력용기에서 안전인증된 파열판에 안전인증 표시 외에 추가로 나타내어야 하는 사항이 아닌 것은?**

① 분출차[%]

② 호칭지름

③ 용도(요구성능)

④ 유체의 흐름방향 지시

해설

압력용기에서 안전인증된 파열판에 나타내는 사항

- 안전인증 표시
- 호칭지름
- 용도(요구성능)
- 유체의 흐름방향 지시

47 **선반에서 일감의 길이가 지름에 비하여 상당히 길 때 사용하는 부속품으로 절삭 시 절삭저항에 의한 일감의 진동을 방지하는 장치는?**

① 칩 브레이커 ② 척 커버

③ 방진구 ④ 실 드

해설

방진구(Work Rest) : 선반에서 일감의 길이가 지름에 비하여 상당히 길 때 사용하는 부속품으로 절삭 시 절삭저항에 의한 일감의 진동을 방지하는 장치

48 **산업안전보건법령상 프레스를 제외한 사출성형기·주형조형기 및 형단조기 등에 관한 안전조치 사항으로 틀린 것은?**

① 근로자의 신체 일부가 말려들어갈 우려가 있는 경우에는 양수조작식 방호장치를 설치하여 사용한다.

② 게이트 가드식 방호장치를 설치할 경우에는 연동구조를 적용하여 문을 닫지 않아도 동작할 수 있도록 한다.

③ 사출성형기의 전면에 작업용 발판을 설치할 경우 근로자가 쉽게 미끄러지지 않는 구조여야 한다.

④ 기계의 히터 등의 가열 부위, 감전 우려가 있는 부위에는 방호덮개를 설치하여 사용한다.

해설

게이트가드식 방호장치를 설치할 경우에는 연동구조(인터록장치)를 사용하여 문을 닫지 않으면 동작되지 않는 구조로 한다.

49 **연강의 인장강도가 420[MPa]이고, 허용응력이 140[MPa]이라면 안전율은?**

① 1 ② 2

③ 3 ④ 4

해설

안전율 $S = \frac{420}{140} = 3$

50 **밀링작업 시 안전수칙에 관한 설명으로 틀린 것은?**

① 칩은 기계를 정지시킨 다음에 브러시 등으로 제거한다.

② 일감 또는 부속장치 등을 설치하거나 제거할 때는 반드시 기계를 정지시키고 작업한다.

③ 면장갑을 반드시 끼고 작업한다.

④ 강력 절삭을 할 때는 일감을 바이스에 깊게 물린다.

해설

밀링작업 시 장갑 착용을 금지한다.

정답 46 ① 47 ③ 48 ② 49 ③ 50 ③

51 **다음 중 프레스기에 사용되는 방호장치에 있어 원칙적으로 급정지 기구가 부착되어야만 사용할 수 있는 방식은?**

① 양수조작식 ② 손쳐내기식
③ 가드식 ④ 수인식

해설
프레스의 양수조작식 방호장치는 원칙적으로 급정지 기구가 부착되어야만 사용할 수 있는 방식의 방호장치이다.

52 **산업안전보건법령상 지게차의 최대하중의 2배 값이 6[ton]일 경우 헤드가드의 강도는 몇 [ton]의 등분포정하중에 견딜 수 있어야 하는가?**

① 4 ② 6
③ 8 ④ 10

해설
헤드가드의 강도는 지게차의 최대하중의 2배 값(4[ton]을 넘는 값에 대해서는 4[ton]으로 한다)의 등분포정하중에 견딜 수 있을 것

53 **강자성체를 자화하여 표면의 누설자속을 검출하는 비파괴검사방법은?**

① 방사선투과시험
② 인장시험
③ 초음파탐상시험
④ 자분탐상시험

해설
자분탐상시험(MT)
- 강자성체의 결함을 찾을 때 사용하는 비파괴시험으로 표면 또는 표층(표면에서 수 [mm] 이내)에 결함이 있을 경우 누설자속을 이용하여 육안으로 결함을 검출하는 시험법
- 비파괴검사방법 중 육안으로 결함을 검출하는 시험법이다.
- 오스테나이트 계열의 스테인리스강 강판의 표면균열발생을 검출하기 곤란한 비파괴검사방법이다.
- 자분탐상검사에서 사용하는 자화방법 : 축통전법, 전류 관통법, 극간법

54 **산업안전보건법령상 보일러 방호장치로 거리가 가장 먼 것은?**

① 고저수위 조절장치 ② 아웃트리거
③ 압력방출장치 ④ 압력제한스위치

해설
아웃트리거는 산업기계에 사용되는 장치로서 보일러의 방호장치가 아니다.

55 **산업안전보건법령상 아세틸렌 용접장치에 관한 설명이다. ( ) 안에 공통으로 들어갈 내용으로 옳은 것은?**

- 사업주는 아세틸렌 용접장치의 취관마다 ( )를 설치하여야 한다.
- 사업주는 가스용기가 발생기와 분리되어 있는 아세틸렌 용접장치에 대하여 발생기와 가스용기 사이에 ( )를 설치하여야 한다.

① 분기장치
② 자동발생 확인장치
③ 유수 분리장치
④ 안전기

해설
산업안전보건기준에 관한 규칙 제289조
- 사업주는 아세틸렌 용접장치의 취관마다 안전기를 설치하여야 한다.
- 사업주는 가스용기가 발생기와 분리되어 있는 아세틸렌 용접장치에 대하여 발생기와 가스용기 사이에 안전기를 설치하여야 한다.

정답 51 ① 52 ① 53 ④ 54 ② 55 ④

56 프레스기의 안전대책 중 손을 금형 사이에 집어넣을 수 없도록 하는 본질적 안전화를 위한 방식(No-hand in Die)에 해당하는 것은?

① 수인식 ② 광전자식
③ 방호울식 ④ 손쳐내기식

해설
손을 금형 사이에 집어넣을 수 없도록 하는 본질적 안전화 방식의 예 : 안전 금형 부착 프레스, 금형에 설치한 안전장치, 방호울식 프레스, 전용 프레스, 자동(배출) 프레스 등(롤 피더, 다이얼 피더, 그리퍼 피더, 호퍼 피더, 푸셔 피더, 슈트, 슬라이딩 다이, 이젝터, 산업용 로봇 등)

57 회전하는 부분의 접선방향으로 물려 들어갈 위험이 존재하는 점으로 주로 체인, 풀리, 벨트, 기어와 랙 등에서 형성되는 위험점은?

① 끼임점 ② 협착점
③ 절단점 ④ 접선 물림점

해설
접선 물림점(Tangential Point)
- 회전하는 부분의 접선방향으로 물려 들어가는 위험점
- 예 : 체인과 스프로킷, 기어와 랙, 롤러와 평벨트, V벨트와 V풀리 등

58 산업안전보건법령상 양중기에 해당하지 않는 것은?

① 곤돌라
② 이동식 크레인
③ 적재하중 0.05[ton]의 이삿짐 운반용 리프트
④ 화물용 엘리베이터

해설
양중기의 종류(산업안전보건기준에 관한 규칙 제132조)
크레인(호이스트 포함), 이동식 크레인, 곤돌라, 리프트(이삿짐 운반용의 경우 적재하중 0.1[ton] 이상인 것), 승강기

59 다음 설명 중 ( ) 안에 알맞은 내용은?

> 산업안전보건법령상 롤러기의 급정지 장치는 롤러를 무부하로 회전시킨 상태에서 앞면 롤러의 표면속도가 30[m/min] 미만일 때에는 급정지 거리가 앞면 롤러 원주의 ( ) 이내에서 롤러를 정지시킬 수 있는 성능을 보유해야 한다.

① 1/4 ② 1/3
③ 1/2.5 ④ 1/2

해설
산업안전보건법령상 롤러기의 급정지 장치는 롤러를 무부하로 회전시킨 상태에서 앞면 롤러의 표면속도가 30[m/min] 미만일 때에는 급정지 거리가 앞면 롤러 원주의 1/3 이내에서 롤러를 정지시킬 수 있는 성능을 보유해야 한다.

60 산업안전보건법령상 지게차에서 통상적으로 갖추고 있어야 하나, 마스트의 후방에서 화물이 낙하함으로써 근로자에게 위험을 미칠 우려가 없는 때에는 반드시 갖추지 않아도 되는 것은?

① 전조등 ② 헤드가드
③ 백레스트 ④ 포 크

해설
사업주는 백레스트(Backrest)를 갖추지 아니한 지게차를 사용해서는 아니 된다. 다만, 마스트의 후방에서 화물이 낙하함으로써 근로자가 위험해질 우려가 없는 경우에는 그러하지 아니하다.

정답 56 ③ 57 ④ 58 ③, ④ 59 ② 60 ③

제4과목 전기위험 방지기술

61 피뢰시스템의 등급에 따른 회전구체의 반지름으로 틀린 것은?

① Ⅰ등급 : 20[m]
② Ⅱ등급 : 30[m]
③ Ⅲ등급 : 40[m]
④ Ⅳ등급 : 60[m]

해설
피뢰레벨에 따른 회전구체 반경
- 피뢰레벨 Ⅰ : 20[m]
- 피뢰레벨 Ⅱ : 30[m]
- 피뢰레벨 Ⅲ : 45[m]
- 피뢰레벨 Ⅳ : 60[m]

62 전류가 흐르는 상태에서 단로기를 끊었을 때 여러 가지 파괴작용을 일으킨다. 다음 그림에서 유입차단기의 차단순서와 투입순서가 안전수칙에 가장 적합한 것은?

전원 —DS(㉮)—OCB(㉯)—DS(㉰)— 부하

① 차단 : ㉮ → ㉯ → ㉰, 투입 : ㉮ → ㉯ → ㉰
② 차단 : ㉯ → ㉰ → ㉮, 투입 : ㉯ → ㉰ → ㉮
③ 차단 : ㉰ → ㉯ → ㉮, 투입 : ㉰ → ㉮ → ㉯
④ 차단 : ㉯ → ㉰ → ㉮, 투입 : ㉰ → ㉮ → ㉯

해설
- 차단 : ㉯ → ㉰ → ㉮
- 투입 : ㉰ → ㉮ → ㉯

63 다음은 무슨 현상을 설명한 것인가?

> 전위차가 있는 2개의 대전체가 특정 거리에 접근하게 되면 등전위가 되기 위하여 전하가 절연공간을 깨고 순간적으로 빛과 열을 발생하며 이동하는 현상

① 대 전
② 충 전
③ 방 전
④ 열 전

해설
방전(Discharge) : 전위차가 있는 2개의 대전체가 특정 거리에 접근하게 되면 등전위가 되기 위하여 전하가 절연공간을 깨고 순간적으로 빛과 열을 발생하며 이동하는 현상

64 정전기 재해를 예방하기 위해 설치하는 제전기의 제전효율은 설치 시에 얼마 이상이 되어야 하는가?

① 40[%] 이상
② 50[%] 이상
③ 70[%] 이상
④ 90[%] 이상

해설
정전기 재해를 예방하기 위해 설치하는 제전기의 제전효율은 설치 시에 90[%] 이상이 되어야 한다.

65 정전기 화재폭발 원인으로 인체대전에 대한 예방대책으로 옳지 않은 것은?

① Wrist Strap을 사용하여 접지선과 연결한다.
② 대전방지제를 넣은 제전복을 착용한다.
③ 대전방지 성능이 있는 안전화를 착용한다.
④ 바닥 재료는 고유저항이 큰 물질로 사용한다.

해설
바닥 재료는 고유저항이 작은 물질로 사용한다.

정답 61 ③ 62 ④ 63 ③ 64 ④ 65 ④

66 정격사용률이 30[%], 정격 2차 전류가 300[A]인 교류 아크 용접기를 200[A]로 사용하는 경우의 허용사용률[%]은?

① 13.3　② 67.5
③ 110.3　④ 157.5

해설
교류 아크용접기의 허용사용률[%]

$$= \left(\frac{\text{정격 2차 전류}}{\text{실제 용접전류}}\right)^2 \times \text{정격사용률}[\%]$$

$$= \left(\frac{300}{200}\right)^2 \times 30[\%] = 67.5[\%]$$

67 피뢰기의 제한전압이 752[kV]이고 변압기의 기준충격 절연강도가 1,050[kV]이라면, 보호여유도[%]는 약 얼마인가?

① 18　② 28
③ 40　④ 43

해설

$$\text{보호여유도}[\%] = \frac{\text{충격절연강도} - \text{제한전압}}{\text{제한전압}} \times 100[\%]$$

$$= \frac{1{,}050 - 752}{752} \times 100[\%]$$

$$\simeq 40[\%]$$

68 절연물의 절연불량 주요 원인으로 거리가 먼 것은?

① 진동, 충격 등에 의한 기계적 요인
② 산화 등에 의한 화학적 요인
③ 온도상승에 의한 열적 요인
④ 정격전압에 의한 전기적 요인

해설
절연불량의 주요 원인
- 진동, 충격 등에 의한 기계적 요인
- 산화 등에 의한 화학적 요인
- 온도상승에 의한 열적 요인

69 고장전류를 차단할 수 있는 것은?

① 차단기(CB)　② 유입 개폐기(OS)
③ 단로기(DS)　④ 선로 개폐기(LS)

해설
CB(개폐기 또는 차단기)
- 부하개폐기(부하전류를 개폐(On-Off)시킬 수 있다)
- 고장전류와 같은 대전류를 차단할 수 있는 것
- 전동기 개폐기의 조작순서 : 메인 스위치 → 분전반 스위치 → 전동기용 개폐기

70 주택용 배선차단기 B타입의 경우 순시동작 범위는? (단, I_n는 차단기 정격전류이다)

① $3I_n$ 초과~$5I_n$ 이하
② $5I_n$ 초과~$10I_n$ 이하
③ $10I_n$ 초과~$15I_n$ 이하
④ $10I_n$ 초과~$20I_n$ 이하

해설
주택용 배선차단기의 순시트립에 따른 구분

형	순시트립 범위
B	$3I_n$ 초과 $5I_n$ 이하
C	$5I_n$ 초과 $10I_n$ 이하
D	$10I_n$ 초과 $20I_n$ 이하

비 고
- B, C, D : 순시트립전류에 따른 차단기 분류
- I_n : 차단기 정격전류

71 다음 중 방폭구조의 종류가 아닌 것은?

① 유입 방폭구조(k)
② 내압 방폭구조(d)
③ 본질안전 방폭구조(i)
④ 압력 방폭구조(p)

해설
유입 방폭구조의 기호는 "o"이다.

정답 66 ② 67 ③ 68 ④ 69 ① 70 ① 71 ①

72 동작 시 아크가 발생하는 고압 및 특고압용 개폐기·차단기의 이격거리(목재의 벽 또는 천장, 기타 가연성 물체로부터의 거리)의 기준으로 옳은 것은?(단, 사용전압이 35[kV] 이하의 특고압용의 기구 등으로서 동작할 때에 생기는 아크의 방향과 길이를 화재가 발생할 우려가 없도록 제한하는 경우가 아니다)

① 고압용 : 0.8[m] 이상, 특고압용 : 1.0[m] 이상
② 고압용 : 1.0[m] 이상, 특고압용 : 2.0[m] 이상
③ 고압용 : 2.0[m] 이상, 특고압용 : 3.0[m] 이상
④ 고압용 : 3.5[m] 이상, 특고압용 : 4.0[m] 이상

해설
아크를 발생하는 기구 시설 시 이격거리

기구 등의 구분	이격거리
고압용의 것	1[m] 이상
특고압용의 것	2[m] 이상(사용전압이 35[kV] 이하의 특고압용의 기구 등으로서 동작할 때에 생기는 아크의 방향과 길이를 화재가 발생할 우려가 없도록 제한하는 경우에는 1[m] 이상)

73 3,300/220[V], 20[kVA]인 3상 변압기로부터 공급받고 있는 저압 전선로의 절연 부분의 전선과 대지 간의 절연저항의 최솟값은 약 몇 [Ω]인가?(단, 변압기의 저압측 중성점에 접지가 되어 있다)

① 1,240 ② 2,794
③ 4,840 ④ 8,383

해설
절연저항의 최솟값

$$R=\frac{V}{I_g}=\frac{2,000\sqrt{3}\,V^2}{P}=\frac{2,000\sqrt{3}\times 220^2}{20\times 1,000}\simeq 8,383[\Omega]$$

74 감전사고로 인한 전격사의 메커니즘으로 가장 거리가 먼 것은?

① 흉부수축에 의한 질식
② 심실세동에 의한 혈액순환기능의 상실
③ 내장파열에 의한 소화기계통의 기능상실
④ 호흡중추신경 마비에 따른 호흡기능 상실

해설
감전사고로 인한 전격사의 메커니즘(감전되어 사망하는 주된 메커니즘)
- 심실세동에 의한 혈액순환 기능의 상실 : 심장부에 전류가 흘러 심실세동이 발생하여 혈액순환 기능이 상실되어 일어난 것
- 호흡중추신경 미비에 따른 호흡기능 상실 : 뇌의 호흡중추신경에 전류가 흘러 호흡기능이 정지되어 일어난 것
- 흉부 수축에 의한 질식 : 흉부에 전류가 흘러 흉부 수축에 의한 질식으로 일어난 것

75 욕조나 샤워시설이 있는 욕실 또는 화장실에 콘센트가 시설되어 있다. 해당 전로에 설치된 누전차단기의 정격감도전류와 동작시간은?

① 정격감도전류 15[mA] 이하, 동작시간 0.01초 이하
② 정격감도전류 15[mA] 이하, 동작시간 0.03초 이하
③ 정격감도전류 30[mA] 이하, 동작시간 0.01초 이하
④ 정격감도전류 30[mA] 이하, 동작시간 0.03초 이하

해설
욕조나 샤워시설이 있는 욕실 또는 화장실에 콘센트가 시설되어 있을 때의 해당 전로에 설치된 누전차단기의 정격감도전류와 동작시간 : 정격감도전류 15[mA] 이하, 동작시간 0.03초 이하

76 50[kW], 60[Hz] 3상 유도전동기가 380[V] 전원에 접속된 경우 흐르는 전류[A]는 약 얼마인가?(단, 역률은 80[%]이다)

① 82.24 ② 94.96
③ 116.30 ④ 164.47

해설
3상 유도전동기에서 흐르는 전류
전력 $P=\sqrt{3}\,VI\cos\theta$($\cos\theta$: 역률)에서

$$I=\frac{P}{\sqrt{3}\,V\cos\theta}=\frac{50,000}{\sqrt{3}\times 380\times 0.8}\simeq 94.96[\mathrm{A}]$$

정답 72 ② 73 ④ 74 ③ 75 ② 76 ②

77 **인체 저항을 500[Ω]이라 한다면, 심실세동을 일으키는 위험한계에너지는 약 몇 [J]인가?(단, 심실세동전류값 $I=\frac{165}{\sqrt{T}}$[mA]의 Dalziel의 식을 이용하며, 통전시간은 1초로 한다)**

① 11.5 ② 13.6
③ 15.3 ④ 16.2

해설
위험한계에너지

$$W=I^2RT=\left(\frac{165}{\sqrt{T}}\times 10^{-3}\right)^2\times 500\times 1\simeq 13.6[J]$$

78 **내압 방폭용기 "d"에 대한 설명으로 틀린 것은?**

① 원통형 나사 접합부의 체결 나사산 수는 5산 이상이어야 한다.
② 가스/증기 그룹이 ⅡB일 때 내압 접합면과 장애물과의 최소 이격거리는 20[mm]이다.
③ 용기 내부의 폭발이 용기 주위의 폭발성 가스 분위기로 화염이 전파되지 않도록 방지하는 부분은 내압방폭 접합부이다.
④ 가스/증기 그룹이 ⅡC일 때 내압 접합면과 장애물과의 최소 이격거리는 40[mm]이다.

해설
가스/증기 그룹이 ⅡB일 때 내압 접합면과 장애물과의 최소 이격거리는 30[mm]이다.

79 **KS C IEC 60079-0의 정의에 따라 '두 도전부 사이의 고체 절연물 표면을 따른 최단거리'를 나타내는 명칭은?**

① 전기적 간격 ② 절연공간거리
③ 연면거리 ④ 충전물 통과거리

해설
① 전기적 간격(Spacings, Electrical) : 다른 전위를 갖고 있는 도전부 사이의 이격거리
② 절연공간거리(Clearance) : 두 도전부 사이의 공간을 통한 최단거리
④ 충전물 통과거리(Distance Through Casting Compound) : 두 도전부 사이의 충전물을 통과한 최단거리

80 **접지 목적에 따른 분류에서 병원설비의 의료용 전기전자(ME)기기와 모든 금속부분 또는 도전 바닥에도 접지하여 전위를 동일하게 하기 위한 접지를 무엇이라 하는가?**

① 계통 접지
② 등전위 접지
③ 노이즈방지용 접지
④ 정전기 장해방지 이용 접지

해설
등전위 접지
- 의료용 전자기기(Medical Electronics)의 접지방식
- 병원에 있어서 의료기기 사용 시 안전을 위한 접지
- 병원설비의 의료용 전기전자(ME)기기와 모든 금속부분 또는 도전 바닥에도 접지하여 전위를 동일하게 하기 위한 접지
- 0.1[Ω] 이하의 접지공사

정답 77 ② 78 ② 79 ③ 80 ②

제5과목 화학설비위험 방지기술

81 다음 중 고체연소의 종류에 해당하지 않는 것은?

① 표면연소　② 증발연소
③ 분해연소　④ 예혼합연소

해설
예혼합연소는 기체연소의 종류에 해당한다.

82 가연성 물질을 취급하는 장치를 퍼지하고자 할 때 잘못된 것은?

① 대상 물질의 물성을 파악한다.
② 사용하는 불활성 가스의 물성을 파악한다.
③ 퍼지용 가스를 가능한 한 빠른 속도로 단시간에 다량 송입한다.
④ 장치 내부를 세정한 후 퍼지용 가스를 송입한다.

해설
퍼지용 가스를 가능한 한 느린 속도로 천천히 소량씩 송입한다.

83 위험물질에 대한 설명 중 틀린 것은?

① 과산화나트륨에 물이 접촉하는 것은 위험하다.
② 황린은 물속에 저장한다.
③ 염소산나트륨은 물과 반응하여 폭발성의 수소기체를 발생한다.
④ 아세트알데하이드는 0[℃] 이하의 온도에서도 인화할 수 있다.

해설
물과 반응하여 폭발성의 수소기체를 발생하는 물질은 제3류 위험물(자연발화성 물질 및 금수성 물질)이며 염소산나트륨은 제1류 위험물(산화성 고체)에 해당한다.

84 공정안전보고서 중 공정안전자료에 포함하여야 할 세부 내용에 해당하는 것은?

① 비상조치계획에 따른 교육계획
② 안전운전지침서
③ 각종 건물・설비의 배치도
④ 도급업체 안전관리계획

해설
공정안전자료에 포함하여야 할 세부 내용(시행규칙 제50조)
- 유해・위험물질에 대한 물질안전보건자료
- 취급・저장하고 있거나 취급・저장하려는 유해・위험물질의 종류 및 수량
- 유해・위험설비의 목록 및 사양
- 유해・위험설비의 운전방법을 알 수 있는 공정도면
- 각종 건물・설비의 배치도
- 위험설비의 안전설계・제작 및 설치 관련 지침서
- 방폭지역(폭발위험장소)의 구분도 및 전기단선도

85 다이에틸에테르의 연소 범위에 가장 가까운 값은?

① 2~10.4[%]　② 1.9~48[%]
③ 2.5~15[%]　④ 1.5~7.8[%]

해설
다이에틸에테르의 연소 범위 : 1.9~48[%]

86 공기 중에서 A 가스의 폭발하한계는 2.2[vol%]이다. 이 폭발하한계값을 기준으로 하여 표준상태에서 A 가스와 공기의 혼합기체 1[m^3]에 함유되어 있는 A 가스의 질량을 구하면 약 몇 [g]인가?(단, A 가스의 분자량은 26이다)

① 19.02　② 25.54
③ 29.02　④ 35.54

해설
$$\text{A 가스의 질량} = \frac{0.022 \times 1{,}000}{22.4} \times 26 \simeq 25.54[\text{g}]$$

정답 81 ④ 82 ③ 83 ③ 84 ③ 85 ② 86 ②

87 다음 물질 중 물에 가장 잘 융해되는 것은?

① 아세톤 ② 벤 젠
③ 톨루엔 ④ 휘발유

해설
아세톤은 제4류 위험물(인화성 액체) 중 제1석유류에 해당하며 물에 매우 잘 융해된다.

88 가스누출감지경보기 설치에 관한 기술상의 지침으로 틀린 것은?

① 암모니아를 제외한 가연성 가스 누출감지경보기는 방폭성능을 갖는 것이어야 한다.
② 독성 가스 누출감지경보기는 해당 독성 가스 허용농도의 25[%] 이하에서 경보가 울리도록 설정하여야 한다.
③ 하나의 감지대상 가스가 가연성이면서 독성인 경우에는 독성 가스를 기준하여 가스누출감지경보기를 선정하여야 한다.
④ 건축물 안에 설치되는 경우, 감지대상 가스의 비중이 공기보다 무거운 경우에는 건축물 내의 하부에 설치하여야 한다.

해설
독성 가스 누출감지경보기는 해당 독성 가스 허용농도의 25[%] 이상에서 경보가 울리도록 설정하여야 한다.

89 폭발을 기상폭발과 응상폭발로 분류할 때 기상폭발에 해당되지 않는 것은?

① 분진폭발 ② 혼합가스폭발
③ 분무폭발 ④ 수증기폭발

해설
수증기폭발은 응상폭발에 해당하며 나머지는 모두 기상폭발에 해당한다.

90 다음 가스 중 가장 독성이 큰 것은?

① CO ② $COCl_2$
③ NH_3 ④ H_2

해설
각 물질의 허용노출기준[ppm]
① CO : 50
② $COCl_2$: 0.1
③ NH_3 : 25
④ H_2 : 독성 가스가 아님

91 처음 온도가 20[℃]인 공기를 절대압력 1기압에서 3기압으로 단열압축하면 최종 온도는 약 몇 도인가?(단, 공기의 비열비 1.4이다)

① 68[℃] ② 75[℃]
③ 128[℃] ④ 164[℃]

해설
단열압축 시의 공기의 온도

$$T_2 = T_1 \times \left(\frac{P_2}{P_1}\right)^{\frac{k-1}{k}} = (20+273) \times \left(\frac{3}{1}\right)^{\frac{1.4-1}{1.4}} \simeq 401[\mathrm{K}]$$
$$= 128[℃]$$

92 물질의 누출방지용으로써 접합면을 상호 밀착시키기 위하여 사용하는 것은?

① 개스킷 ② 체크밸브
③ 플러그 ④ 콕 크

해설
개스킷(Gasket) : 물질의 누출방지용으로써 접합면을 상호 밀착시키기 위하여 사용하는 것

정답 87 ① 88 ② 89 ④ 90 ② 91 ③ 92 ①

93 건조설비의 구조를 구조부분, 가열장치, 부속설비로 구분할 때 다음 중 "부속설비"에 속하는 것은?

① 보온판 ② 열원장치
③ 소화장치 ④ 철골부

해설
① 보온판 : 구조부분
② 열원장치 : 가열장치
④ 철골부 : 구조부분

94 에틸렌(C_2H_4)이 완전연소하는 경우 다음의 Jones식을 이용하여 계산할 경우 연소하한계는 약 몇 [vol%]인가?

> Jones식 : $\mathrm{LFL} = 0.55 \times C_{st}$

① 0.55 ② 3.6
③ 6.3 ④ 8.5

해설
에틸렌의 연소방정식 $C_2H_4 + 3O_2 \rightarrow 2CO_2 + 2H_2O$

양론농도 $C_{st} = \dfrac{100}{1 + \dfrac{O_2}{0.21}} = \dfrac{100}{1 + \dfrac{3}{0.21}} = \dfrac{100}{15.29} \simeq 6.54$

$\mathrm{LFL} = 0.55 \times C_{st} = 0.55 \times 6.54 \simeq 3.6[\mathrm{vol\%}]$

95 [보기]의 물질을 폭발범위가 넓은 것부터 좁은 순서로 옳게 배열한 것은?

> H_2 C_3H_8 CH_4 CO

① $CO > H_2 > C_3H_8 > CH_4$
② $H_2 > CO > CH_4 > C_3H_8$
③ $C_3H_8 > CO > CH_4 > H_2$
④ $CH_4 > H_2 > CO > C_3H_8$

해설
폭발하한계와 폭발상한계[%](폭발범위 폭)
- 수소(H_2) 4~75(71)
- 일산화탄소(CO) 12.5~75(62.5)
- 메탄(CH_4) 5~15.4(10.4)
- 프로판(C_3H_8) 2.5~9.5(7.0)

96 산업안전보건법령상 위험물질의 종류에서 "폭발성 물질 및 유기과산화물"에 해당하는 것은?

① 디아조화합물
② 황 린
③ 알킬알루미늄
④ 마그네슘 분말

해설
②·③·④ 물반응성 물질 및 인화성 고체

97 화염방지기의 설치에 관한 사항으로 (   )에 알맞은 것은?

> 사업주는 인화성 액체 및 인화성 가스를 저장·취급하는 화학설비에서 증기나 가스를 대기로 방출하는 경우에는 외부로부터의 화염을 방지하기 위하여 화염방지기를 그 설비 (   )에 설치하여야 한다.

① 상 단 ② 하 단
③ 중 앙 ④ 무게 중심

해설
사업주는 인화성 액체 및 인화성 가스를 저장·취급하는 화학설비에서 증기나 가스를 대기로 방출하는 경우에는 외부로부터의 화염을 방지하기 위하여 화염방지기를 그 설비 상단에 설치하여야 한다.

정답 93 ③ 94 ② 95 ② 96 ① 97 ①

98 다음 중 인화성 가스가 아닌 것은?

① 부 탄 ② 메 탄
③ 수 소 ④ 산 소

해설
산소 : 조연성 가스

99 반응기를 조작방식에 따라 분류할 때 해당되지 않는 것은?

① 회분식 반응기
② 반회분식 반응기
③ 연속식 반응기
④ 관형식 반응기

해설
- 조작방법에 의한 반응기의 분류 : 회분식 균일상 반응기, 반회분식 반응기, 연속식 반응기
- 구조방식에 의한 반응기의 분류 : 유동층형 반응기, 관형 반응기, 탑형 반응기, 교반조형 반응기

100 다음 중 가연성 물질과 산화성 고체가 혼합하고 있을 때 연소에 미치는 현상으로 옳은 것은?

① 착화온도(발화점)가 높아진다.
② 최소점화에너지가 감소하며, 폭발의 위험성이 증가한다.
③ 가스나 가연성 증기의 경우 공기혼합보다 연소범위가 축소된다.
④ 공기 중에서보다 산화작용이 약하게 발생하여 화염온도가 감소하며 연소속도가 늦어진다.

해설
① 착화온도(발화점)가 낮아진다.
③ 가스나 가연성 증기의 경우 공기혼합보다 연소범위가 넓어진다.
④ 공기 중에서보다 산화작용이 강하게 발생하여 화염온도가 상승하며 연소속도가 빨라진다.

제6과목 건설안전기술

101 건설현장에서 사용되는 작업발판 일체형 거푸집의 종류에 해당되지 않는 것은?

① 갱폼(Gang Form)
② 슬립폼(Slip Form)
③ 클라이밍폼(Climbing Form)
④ 유로폼(Euro Form)

해설
작업발판 일체형 거푸집 : 갱폼, 슬립폼, 클라이밍폼, 터널라이닝폼 등

102 콘크리트 타설작업을 하는 경우 준수하여야 할 사항으로 옳지 않은 것은?

① 당일의 작업을 시작하기 전에 해당 작업에 관한 거푸집 동바리 등의 변형·변위 및 지반의 침하 유무 등을 점검하고 이상이 있으면 보수할 것
② 콘크리트를 타설하는 경우에는 편심이 발생하지 않도록 골고루 분산하여 타설할 것
③ 설계도서상의 콘크리트 양생기간을 준수하여 거푸집 동바리 등을 해체할 것
④ 작업 중에는 거푸집 동바리 등의 변형·변위 및 침하 유무 등을 감시할 수 있는 감시자를 배치하여 이상이 있으면 작업을 중지하지 아니하고, 즉시 충분한 보강조치를 실시할 것

해설
작업 중에는 거푸집 동바리 등의 변형·변위 및 침하유무 등을 감시할 수 있는 감시자를 배치하여 이상이 있으면 작업을 중지하고 근로자를 대피시킬 것

정답 98 ④ 99 ④ 100 ② 101 ④ 102 ④

103 **버팀보, 앵커 등의 축하중 변화상태를 측정하여 이들 부재의 지지효과 및 그 변화 추이를 파악하는 데 사용되는 계측기기는?**

① Water Level Meter
② Load Cell
③ Piezo Meter
④ Strain Gauge

해설
① Water Level Meter(지하수위계) : 지반 내 지하수위의 변화를 측정하는 계측기기
③ Piezo Meter(간극수압계) : 지중의 간극수압을 측정하는 계측기기
④ Strain Gauge(변형률계) : 흙막이 버팀대(Strut)의 변형 정도를 측정하는 계측기기

104 **차량계 건설기계를 사용하여 작업을 하는 경우 작업계획서 내용에 포함되지 않는 것은?**

① 사용하는 차량계 건설기계의 종류 및 성능
② 차량계 건설기계의 운행경로
③ 차량계 건설기계에 의한 작업방법
④ 차량계 건설기계의 유지보수방법

해설
차량계 건설기계를 사용하는 작업 시 작업계획서에 포함해야 할 사항
- 사용하는 차량계 건설기계의 종류 및 성능
- 차량계 건설기계의 운행경로
- 차량계 건설기계에 의한 작업방법

105 **근로자의 추락 등의 위험을 방지하기 위한 안전난간의 설치기준으로 옳지 않은 것은?**

① 상부 난간대와 중간 난간대는 난간 길이 전체에 걸쳐 바닥면 등과 평행을 유지할 것
② 발끝막이판은 바닥면 등으로부터 20[cm] 이상의 높이를 유지할 것
③ 난간대는 지름 2.7[cm] 이상의 금속제 파이프나 그 이상의 강도가 있는 재료일 것
④ 안전난간은 구조적으로 가장 취약한 지점에서 가장 취약한 방향으로 작용하는 100[kg] 이상의 하중에 견딜 수 있는 튼튼한 구조일 것

해설
발끝막이판은 바닥면 등으로부터 10[cm] 이상의 높이를 유지할 것

106 **흙 속의 전단응력을 증대시키는 원인에 해당하지 않는 것은?**

① 자연 또는 인공에 의한 지하공동의 형성
② 함수비의 감소에 따른 흙의 단위체적 중량의 감소
③ 지진, 폭파에 의한 진동 발생
④ 균열내에 작용하는 수압 증가

해설
흙속의 전단응력을 증대시키는 원인
- 자연 또는 인공에 의한 지하공동의 형성
- 함수비의 증가에 따른 흙의 단위체적 중량의 증가
- 지진, 폭파에 의한 진동 발생
- 균열 내에 작용하는 수압 증가

정답 103 ② 104 ④ 105 ② 106 ②

107 다음은 산업안전보건법령에 따른 항타기 또는 항발기에 권상용 와이어로프를 사용하는 경우에 준수하여야 할 사항이다. (　) 안에 알맞은 내용으로 옳은 것은?

> 권상용 와이어로프는 추 또는 해머가 최저의 위치에 있을 때 또는 널말뚝을 빼내기 시작할 때를 기준으로 권상장치의 드럼에 적어도 (　) 감기고 남을 수 있는 충분한 길이일 것

① 1회　　② 2회
③ 4회　　④ 6회

해설
권상용 와이어로프는 추 또는 해머가 최저의 위치에 있을 때 또는 널말뚝을 빼내기 시작할 때를 기준으로 권상장치의 드럼에 적어도 2회 감기고 남을 수 있는 충분한 길이일 것

108 산업안전보건법령에 따른 유해위험방지계획서 제출 대상 공사로 볼 수 없는 것은?

① 지상 높이가 31[m] 이상인 건축물의 건설공사
② 터널 건설공사
③ 깊이 10[m] 이상인 굴착공사
④ 다리의 전체 길이가 40[m] 이상인 건설공사

해설
다리의 전체 길이가 50[m] 이상인 건설공사

109 사다리식 통로 등을 설치하는 경우 고정식 사다리식 통로의 기울기는 최대 몇 도 이하로 하여야 하는가?

① 60°　　② 75°
③ 80°　　④ 90°

해설
사다리식 통로의 기울기는 75° 이하로 할 것(다만, 고정식 사다리식 통로의 기울기는 90° 이하로 하고, 그 높이가 7[m] 이상인 경우에는 바닥으로부터 높이가 2.5[m]되는 지점부터 등받이울을 설치할 것)

110 거푸집동바리 구조에서 높이가 l=3.5[m]인 파이프 서포트의 좌굴하중은?(단, 상부받이판과 하부받이판은 힌지로 가정하고, 단면2차모멘트 I=8.31[cm⁴], 탄성계수 $E = 2.1 \times 10^5$[MPa])

① 14,060[N]　　② 15,060[N]
③ 16,060[N]　　④ 17,060[N]

해설
파이프 서포트의 좌굴하중

$$P_B = n\pi^2 \frac{EI}{l^2} = 1 \times \pi^2 \times \frac{(2.1 \times 10^5 \times 10^6)(8.31 \times 10^{-8})}{3.5^2} \simeq 14{,}060[\text{N}]$$

111 하역작업 등에 의한 위험을 방지하기 위하여 준수하여야 할 사항으로 옳지 않은 것은?

① 꼬임이 끊어진 섬유로프를 화물운반용으로 사용해서는 안 된다.
② 심하게 부식된 섬유로프를 고정용으로 사용해서는 안 된다.
③ 차량 등에서 화물을 내리는 작업 시 해당 작업에 종사하는 근로자에게 쌓여 있는 화물 중간에서 화물을 빼내도록 할 경우에는 사전 교육을 철저히 한다.
④ 부두 또는 안벽의 선을 따라 통로를 설치하는 경우에는 폭을 90[cm] 이상으로 한다.

해설
차량 등에서 화물을 내리는 작업을 하는 경우에 해당 작업에 종사하는 근로자에게 쌓여 있는 화물 중간에서 화물을 빼내도록 해서는 아니 된다(산업안전보건기준에 관한 규칙 제389조).

정답 107 ② 108 ④ 109 ④ 110 ① 111 ③

112 추락방지용 방망 중 그물코의 크기가 5[cm]인 매듭방망 신품의 인장강도는 최소 몇 [kg] 이상이어야 하는가?

① 60 ② 110
③ 150 ④ 200

해설
신품 추락방지망의 기준 인장강도[kg]

구 분	그물코 5[cm]	그물코 10[cm]
매듭 있는 방망	110	200
매듭 없는 방망	–	240

113 단관비계의 도괴 또는 전도를 방지하기 위하여 사용하는 벽이음의 간격 기준으로 옳은 것은?

① 수직 방향 5[m] 이하, 수평 방향 5[m] 이하
② 수직 방향 6[m] 이하, 수평 방향 6[m] 이하
③ 수직 방향 7[m] 이하, 수평 방향 7[m] 이하
④ 수직 방향 8[m] 이하, 수평 방향 8[m] 이하

해설
단관비계의 도괴 또는 전도를 방지하기 위하여 사용하는 벽이음의 간격 기준 : 수직 방향 5[m] 이하, 수평 방향 5[m] 이하

114 인력으로 하물을 인양할 때의 몸의 자세와 관련하여 준수하여야 할 사항으로 옳지 않은 것은?

① 한쪽 발은 들어올리는 물체를 향하여 안전하게 고정시키고 다른 발은 그 뒤에 안전하게 고정시킬 것
② 등은 항상 직립한 상태와 90° 각도를 유지하여 가능한 한 지면과 수평이 되도록 할 것
③ 팔은 몸에 밀착시키고 끌어당기는 자세를 취하며 가능한 한 수평거리를 짧게 할 것
④ 손가락으로만 인양물을 잡아서는 아니 되며 손바닥으로 인양물 전체를 잡을 것

해설
등은 항상 직립한 상태와 90° 각도를 유지하여 가능한 한 지면과 수직이 되도록 할 것

115 산업안전보건관리비 항목 중 안전시설비로 사용 가능한 것은?

① 원활한 공사수행을 위한 가설시설 중 비계설치 비용
② 소음 관련 민원예방을 위한 건설현장 소음방지용 방음시설 설치 비용
③ 근로자의 재해예방을 위한 목적으로만 사용하는 CCTV에 사용되는 비용
④ 기계・기구 등과 일체형 안전장치의 구입 비용

해설
안전시설비 : 추락방지용 안전시설비, 낙하・비래물 보호용 시설비 등(비계에 추가 설치하는 추락방지용 안전난간, 사다리 전도방지장치, 통로의 낙하물 방호선반, 기성제품에 부착된 안전장치 고장 시 교체비용 등)

116 유한사면에서 원형활동면에 의해 발생하는 일반적인 사면 파괴의 종류에 해당하지 않는 것은?

① 사면내 파괴(Slope Failure)
② 사면선단 파괴(Toe Failure)
③ 사면인장 파괴(Tension Failure)
④ 사면저부 파괴(Base Failure)

해설
유한사면에서 원형활동면에 의해 발생하는 일반적인 사면 파괴의 종류
• 사면내 파괴(Slope Failure)
• 사면선단 파괴(Toe Failure)
• 사면저부 파괴(Base Failure)

정답 112 ② 113 ① 114 ② 115 ③ 116 ③

117 **강관비계를 사용하여 비계를 구성하는 경우 준수해야 할 기준으로 옳지 않은 것은?**

① 비계기둥의 간격은 띠장 방향에서는 1.85[m] 이하, 장선(長線) 방향에서는 1.5[m] 이하로 할 것
② 띠장 간격은 2.0[m] 이하로 할 것
③ 비계기둥의 제일 윗부분으로부터 31[m]되는 지점 밑부분의 비계기둥은 2개의 강관으로 묶어세울 것
④ 비계기둥 간의 적재하중은 600[kg]을 초과하지 않도록 할 것

해설
비계기둥 간의 적재하중은 400[kg]을 초과하지 않도록 할 것

118 **다음은 산업안전보건법령에 따른 화물자동차의 승강설비에 관한 사항이다. (　　) 안에 알맞은 내용으로 옳은 것은?**

> 사업주는 바닥으로부터 짐 윗면까지의 높이가 (　　) 이상인 화물자동차에 짐을 싣는 작업 또는 내리는 작업을 하는 경우에는 근로자의 추가 위험을 방지하기 위하여 해당 작업에 종사하는 근로자가 바닥과 적재함의 짐 윗면 간을 안전하게 오르내리기 위한 설비를 설치하여야 한다.

① 2[m]　　② 4[m]
③ 6[m]　　④ 8[m]

해설
사업주는 바닥으로부터 짐 윗면까지의 높이가 2[m] 이상인 화물자동차에 짐을 싣는 작업 또는 내리는 작업을 하는 경우에는 근로자의 추가 위험을 방지하기 위하여 해당 작업에 종사하는 근로자가 바닥과 적재함의 짐 윗면 간을 안전하게 오르내리기 위한 설비를 설치하여야 한다.

119 **달비계의 최대 적재하중을 정함에 있어서 활용하는 안전계수의 기준으로 옳은 것은?(단, 곤돌라의 달비계를 제외한다)**

① 달기 훅 : 5 이상
② 달기 강선 : 5 이상
③ 달기 체인 : 3 이상
④ 달기 와이어로프 : 5 이상

해설
② 달기 강선 : 10 이상
③ 달기 체인 : 5 이상
④ 달기 와이어로프 : 10 이상

120 **발파작업 시 암질변화 구간 및 이상암질의 출현 시 반드시 암질판별을 실시하여야 하는데, 이와 관련된 암질판별기준과 가장 거리가 먼 것은?**

① RQD[%]
② 탄성파속도[m/s]
③ 전단강도[kg/cm^2]
④ RMR

해설
암질판별의 기준
- RQD[%]
- 탄성파속도[m/s]
- RMR
- 일축압축강도[kg/cm^2]
- 진동치 속도[cm/s]

정답 117 ④ 118 ① 119 ① 120 ③

산업안전기사

최근 기출문제

제1과목 안전관리론

01 산업안전보건법령상 산업안전보건위원회의 구성·운영에 관한 설명 중 틀린 것은?

① 정기회의는 분기마다 소집한다.
② 위원장은 위원 중에서 호선(互選)한다.
③ 근로자 대표가 지명하는 명예산업안전감독관은 근로자 위원에 속한다.
④ 공사금액 100억원 이상의 건설업의 경우 산업안전보건위원회를 구성·운영해야 한다.

해설
공사금액 120억원 이상의 건설업의 경우 산업안전보건위원회를 구성·운영해야 한다(시행령 별표 9).

02 산업안전보건법령상 잠함(潛函) 또는 잠수작업 등 높은 기압에서 작업하는 근로자의 근로시간 기준은?

① 1일 6시간, 1주 32시간 초과 금지
② 1일 6시간, 1주 34시간 초과 금지
③ 1일 8시간, 1주 32시간 초과 금지
④ 1일 8시간, 1주 34시간 초과 금지

해설
유해하거나 위험한 작업으로서 높은 기압에서 하는 작업 등 대통령령으로 정하는 작업에 종사하는 근로자에게는 1일 6시간, 1주 34시간을 초과하여 근로하게 해서는 아니 된다(법 제139조).

03 산업현장에서 재해 발생 시 조치 순서로 옳은 것은?

① 긴급처리 → 재해조사 → 원인분석 → 대책수립
② 긴급처리 → 원인분석 → 대책수립 → 재해조사
③ 재해조사 → 원인분석 → 대책수립 → 긴급처리
④ 재해조사 → 대책수립 → 원인분석 → 긴급처리

04 산업재해보험적용근로자 1,000명인 플라스틱 제조 사업장에서 작업 중 재해 5건이 발생하였고, 1명이 사망하였을 때 이 사업장의 사망만인율은?

① 2
② 5
③ 10
④ 20

해설

$$\text{사망만인율} = \frac{\text{사망자수}}{\text{상시근로자수}} \times 10{,}000 = \frac{1}{1{,}000} \times 10{,}000 = 10$$

05 안전·보건 교육계획 수립 시 고려사항 중 틀린 것은?

① 필요한 정보를 수집한다.
② 현장의 의견은 고려하지 않는다.
③ 지도안은 교육대상을 고려하여 작성한다.
④ 법령에 의한 교육에만 그치지 않아야 한다.

해설
안전·보건 교육계획 수립 시 현장의 의견을 충분히 반영한다.

정답 1 ④ 2 ② 3 ① 4 ③ 5 ②

06 **학습지도의 형태 중 몇 사람의 전문가가 주제에 대한 견해를 발표하고 참가자로 하여금 의견을 내거나 질문을 하게 하는 토의방식은?**

① 포럼(Forum)
② 심포지엄(Symposium)
③ 버즈세션(Buzz Session)
④ 자유토의법(Free Discussion Method)

해설
① 포럼(Forum) : 새로운 자료나 교재를 제시하고 피교육자로 하여금 문제점을 제시하도록 하거나, 여러 가지 방법으로 의견을 발표하게 하여 청중과 토론자 간 깊고 활발한 의견 개진과 합의를 도출해 가는 토의방법
③ 버즈세션(Buzz Session) : 참가자가 다수인 경우에 전원을 토의에 참가시키기 위한 방법으로, 소집단을 구성하여 회의를 진행시키는 토의방법
④ 자유토의법(Free Discussion Method) : 참가자는 토의 규칙이나 리더에게 얽매이지 않고 자유롭게 의견이나 태도를 표명하며, 지식이나 정보를 상호 제공·교환함으로써 상호 간의 의견이나 견해의 차이를 조정하여 집단으로 의견을 요약해 나가는 방법

07 **산업안전보건법령상 근로자 안전보건교육 대상에 따른 교육시간 기준 중 틀린 것은?(단, 상시작업이며, 일용근로자는 제외한다)**

① 특별교육 – 16시간 이상
② 채용 시 교육 – 8시간 이상
③ 작업내용 변경 시 교육 – 2시간 이상
④ 사무직 종사 근로자 정기교육 – 매분기 1시간 이상

해설
산업안전보건 관련 교육과정별 교육시간(시행규칙 별표 4)
사무직 종사 근로자 정기교육 – 매분기 3시간 이상

08 **버드(Bird)의 신도미노이론 5단계에 해당하지 않는 것은?**

① 제어 부족(관리) ② 직접원인(징후)
③ 간접원인(평가) ④ 기본원인(기원)

해설
버드(Bird)의 신도미노이론 5단계
• 1단계 : 관리(제어)부족(재해발생의 근원적 원인)
• 2단계 : 기본원인(기원)
• 3단계 : 징후 발생(직접원인)
• 4단계 : 접촉 발생(사고)
• 5단계 : 상해 발생(손해, 손실)

09 **재해예방의 4원칙에 해당하지 않는 것은?**

① 예방가능의 원칙 ② 손실우연의 원칙
③ 원인연계의 원칙 ④ 재해연쇄성의 원칙

해설
재해예방의 4원칙
• 원인계기의 원칙(원인연계의 원칙)
• 손실우연의 원칙
• 대책선정의 원칙
• 예방가능의 원칙

10 **안전점검을 점검시기에 따라 구분할 때 다음에서 설명하는 안전점검은?**

> 작업담당자 또는 해당 관리감독자가 맡고 있는 공정의 설비, 기계, 공구 등을 매일 작업 전 또는 작업 중에 일상적으로 실시하는 안전점검

① 정기점검 ② 수시점검
③ 특별점검 ④ 임시점검

해설
① 정기점검 : 일정 기간마다 정기적으로 기계·기구의 상태를 점검하는 것을 말하며 매주, 매월, 매분기 등 법적 기준 또는 자체 기준에 따라 해당 책임자가 실시하는 점검
③ 특별점검 : 천재지변 또는 중대재해 등의 발생 직후에 기계설비를 수리할 경우 행하는 안전점검
④ 임시점검 : 사고 발생 직후 외부전문가에 의하여 실시하는 점검

정답 6 ② 7 ④ 8 ③ 9 ④ 10 ②

11 타일러(Tyler)의 교육과정 중 학습경험선정의 원리에 해당하는 것은?

① 기회의 원리
② 계속성의 원리
③ 계열성의 원리
④ 통합성의 원리

해설

- 학습경험선정의 원리 : 기회의 원리, 가능성의 원리, 동기유발의 원리, 다목적 달성의 원리, 다경험의 원리, 다성과의 원리, 만족의 원리, 협동의 원리
- 학습경험조직의 원리 : 계속성의 원리, 계열성의 원리, 통합성의 원리

12 주의(Attention)의 특성에 관한 설명 중 틀린 것은?

① 고도의 주의는 장시간 지속하기 어렵다.
② 한 지점에 주의를 집중하면 다른 곳의 주의는 약해진다.
③ 최고의 주의집중은 의식의 과잉상태에서 가능하다.
④ 여러 자극을 지각할 때 소수의 현란한 자극에 선택적 주의를 기울이는 경향이 있다.

해설

최고의 주의집중은 정상(분명한 의식)의 명료한 상태에서 가능하다.

13 산업재해보상보험법령상 보험급여의 종류가 아닌 것은?

① 장례비
② 간병급여
③ 직업재활급여
④ 생산손실비용

해설

산업재해보상보험법령상 보험급여의 종류 : 요양급여, 휴업급여, 장해급여, 간병급여, 유족급여, 상병보상연금, 장례비, 직업재활급여 등

14 산업안전보건법령상 그림과 같은 기본 모형이 나타내는 안전·보건표시의 표시사항으로 옳은 것은?(단, L은 안전·보건표지를 인식할 수 있거나 인식해야 할 안전거리를 말한다)

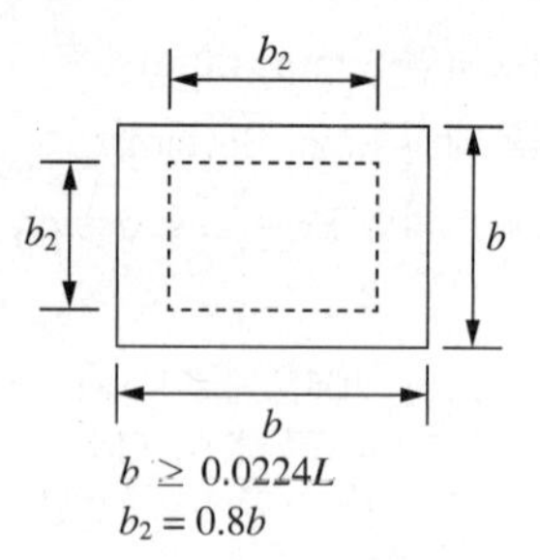

① 금 지 ② 경 고
③ 지 시 ④ 안 내

해설

문제의 그림은 안내표지의 기본모형이며 점선 안에는 표시사항과 관련된 부호 또는 그림을 그린다.

15 기업 내의 계층별 교육훈련 중 주로 관리감독자를 교육대상자로 하며 작업을 가르치는 능력, 작업방법을 개선하는 기능 등을 교육 내용으로 하는 기업 내 정형교육은?

① TWI(Training Within Industry)
② ATT(American Telephone Telegram)
③ MTP(Management Training Program)
④ ATP(Administration Training Program)

해설

② ATT(American Telephone Telegram) : 교육대상계층에 제한이 없으며 한 번 훈련받은 관리자는 부하감독자에 대해 지도원이 될 수 있고, 1차 훈련과 2차 훈련으로 진행된다.
③ MTP(Management Training Program) : 10~15명을 한 팀으로 하여 2시간씩 20회에 걸쳐 훈련한다. 관리의 기능, 조직의 원칙, 조직의 운영, 시간관리, 훈련관리 등을 교육한다.
④ ATP(Administration Training Program) : 정책의 수립, 조직, 통제 및 운영 등의 내용을 교육하는 안전교육방법이며, 당초 일부 회사의 톱 매니지먼트에 대하여만 행해졌으나 이후 널리 보급되었다.

정답 11 ① 12 ③ 13 ④ 14 ④ 15 ①

16 사회행동의 기본 형태가 아닌 것은?

① 모 방 ② 대 립
③ 도 피 ④ 협 력

해설

사회행동의 기본 형태
- 협력 : 조력, 분업 등
- 대립 : 공격, 경쟁 등
- 도피 : 고립, 정신병, 자살 등

17 위험예지훈련의 문제해결 4라운드에 해당하지 않는 것은?

① 현상파악
② 본질추구
③ 대책수립
④ 원인결정

해설

위험예지훈련의 4라운드(4R) : 현상파악 → 본질추구 → 대책수립 → 목표설정

18 바이오리듬(생체리듬)에 관한 설명 중 틀린 것은?

① 안정기(+)와 불안정기(−)의 교차점을 위험일이라 한다.
② 감성적 리듬은 33일을 주기로 반복하며 주의력, 예감 등과 관련되어 있다.
③ 지성적 리듬은 'I'로 표시하며 사고력과 관련이 있다.
④ 육체적 리듬은 신체적 컨디션의 율동적 발현, 즉 식욕・활동력 등과 밀접한 관계를 갖는다.

해설

감성적 리듬은 일반적으로 28일을 주기로 반복되며 주의력, 창조력, 예감 및 통찰력 등과 관련되어 있다.

19 운동의 시지각(착각현상) 중 자동운동이 발생하기 쉬운 조건에 해당하지 않는 것은?

① 광점이 작은 것
② 대상이 단순한 것
③ 광의 강도가 큰 것
④ 시야의 다른 부분이 어두운 것

해설

자동운동은 광점이 작을수록, 대상이 단순할수록, 광의 강도가 작을수록, 시야의 다른 부분이 어두운 것일수록 쉽게 발생한다.

20 보호구 안전인증 고시상 안전인증 방독마스크의 정화통 종류와 외부 측면의 표시 색이 잘못 연결된 것은?

① 할로겐용 – 회색
② 황화수소용 – 회색
③ 암모니아용 – 회색
④ 사이안화수소용 – 회색

해설

방독마스크의 정화통 색상과 시험가스

종 류	색 상	시험가스
유기화합물용	갈 색	사이클로헥산, 다이메틸에테르, 아이소부탄
할로겐용	회 색	염소 가스 또는 증기
황화수소용		황화수소
사이안화수소용		사이안화수소
아황산용	노란색	아황산 가스
암모니아용	녹 색	암모니아 가스

정답 16 ① 17 ④ 18 ② 19 ③ 20 ③

제2과목 인간공학 및 시스템 안전공학

21 인간공학적 연구에 사용되는 기준 척도의 요건 중 다음 설명에 해당하는 것은?

> 기준 척도는 측정하고자 하는 변수 외의 다른 변수들의 영향을 받아서는 안 된다.

① 신뢰성 ② 적절성
③ 검출성 ④ 무오염성

해설
인간공학 연구·조사 기준의 요건(구비조건)
- 타당성(적절성) : 의도된 목적에 부합하여야 한다.
- 무오염성
  - 인간공학 실험에서 측정변수가 다른 외적 변수에 영향을 받지 않도록 하는 요건
  - 측정하고자 하는 변수 이외의 다른 변수의 영향을 받아서는 안 된다.
- 기준 척도의 신뢰성(Reliability of Criterion Measure) : 반복성을 말하며 반복실험 시 재현성이 있어야 한다.
- 민감도 : 피실험자 사이에서 볼 수 있는 예상 차이점에 비례하는 단위로 측정해야 한다.

22 그림과 같은 시스템에서 부품 A, B, C, D의 신뢰도가 모두 r로 동일할 때 이 시스템의 신뢰도는?

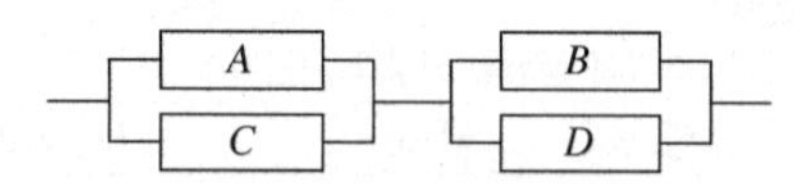

① $r(2-r^2)$ ② $r^2(2-r)^2$
③ $r^2(2-r^2)$ ④ $r^2(2-r)$

해설
시스템의 신뢰도

$$R_s = [1-(1-r)(1-r)][1-(1-r)(1-r)]$$
$$= [r(2-r)][r(2-r)] = r^2(2-r)^2$$

23 서브시스템 분석에 사용되는 분석방법으로 시스템 수명주기에서 ㉠에 들어갈 위험분석기법은?

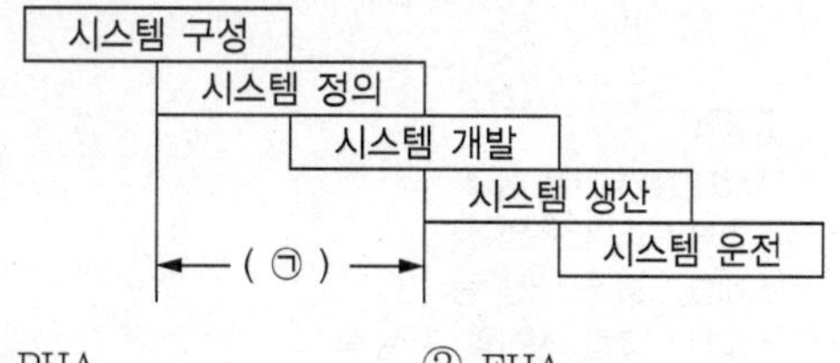

① PHA ② FHA
③ FTA ④ ETA

해설
FHA(Functional Hazard Analysis)
- Failure를 유발하는 기능(Function)을 찾아내는 기법이다.
- 개발 초기, 시스템 정의 단계에서 적용한다.
- 하향식(Top-Down)으로 분석을 반복한다.
- 브레인스토밍을 통해 기능과 관련된 위험을 정의하고 위험이 미칠 영향, 영향의 심각성을 정의한다.

24 정신적 작업 부하에 관한 생리적 척도에 해당하지 않는 것은?

① 근전도 ② 뇌파도
③ 부정맥 지수 ④ 점멸융합주파수

해설
생리적 척도 : 직무수행 중에 계속해서 자료를 수집할 수 있고 부수적인 활동이 필요 없는 장점을 가진 척도이다. 종류로는 부정맥 지수, 점멸융합주파수(FFF), 뇌파도, 변화감지역(JND ; Just Noticeable Difference) 등이 있다.

25 A사의 안전관리자는 자사 화학설비의 안전성 평가를 실시하고 있다. 그중 제2단계인 정성적 평가를 진행하기 위하여 평가항목을 설계관계 대상과 운전관계 대상으로 분류하였을 때 설계관계 항목이 아닌 것은?

① 건조물 ② 공장 내 배치
③ 입지조건 ④ 원재료, 중간제품

해설
원재료, 중간제품은 운전관계 항목에 해당한다.

정답 21 ④ 22 ② 23 ② 24 ① 25 ④

26 불(Boole) 대수의 관계식으로 틀린 것은?

① $A+\overline{A}=1$

② $A+AB=A$

③ $A(A+B)=A+B$

④ $A+\overline{A}B=A+B$

해설

불 대수의 흡수법칙

$A(A+B)=A$

27 인간공학의 목표와 거리가 가장 먼 것은?

① 사고 감소

② 생산성 증대

③ 안전성 향상

④ 근골격계질환 증가

해설

인간공학의 목표 중 하나는 근골격계질환을 감소시키는 것이다.

28 통화이해도 척도로서 통화 이해도에 영향을 주는 잡음의 영향을 추정하는 지수는?

① 명료도 지수

② 통화 간섭 수준

③ 이해도 점수

④ 통화 공진 수준

29 예비위험분석(PHA)에서 식별된 사고의 범주가 아닌 것은?

① 중대(Critical)

② 한계적(Marginal)

③ 파국적(Catastrophic)

④ 수용가능(Acceptable)

해설

예비위험분석(PHA)의 식별된 4가지 사고 범주

- 범주Ⅰ : 파국적 상태(Catastrophic)
- 범주Ⅱ : 중대 상태(위기 상태)(Critical)
- 범주Ⅲ : 한계적 상태(Marginal)
- 범주Ⅳ : 무시 가능 상태(Negligible)

30 어떤 결함수를 분석하여 Minimal Cut Set을 구한 결과 다음과 같았다. 각 기본사상의 발생확률은 q_i, $i=1, 2, 3$라 할 때, 정상사상의 발생확률함수로 맞는 것은?

$k_1=[1, 2]$, $k_2=[1, 3]$, $k_3=[2, 3]$

① $q_1q_2+q_1q_2-q_2q_3$

② $q_1q_2+q_1q_3-q_2q_3$

③ $q_1q_2+q_1q_3+q_2q_3-q_1q_2q_3$

④ $q_1q_2+q_1q_3+q_2q_3-2q_1q_2q_3$

해설

정상사상의 발생확률함수

$T=1-(1-q_1q_2-q_1q_3-q_2q_3+2q_1q_2q_3)$

$=q_1q_2+q_1q_3+q_2q_3-2q_1q_2q_3$

정답 26 ③ 27 ④ 28 ② 29 ④ 30 ④

31 **반사경 없이 모든 방향으로 빛을 발하는 점광원에서 3[m] 떨어진 곳의 조도가 300[lx]라면 2[m] 떨어진 곳에서 조도[lx]는?**

① 375 ② 675
③ 875 ④ 975

해설

$조도 = \frac{광도}{(거리)^2} = \frac{광도}{3^2} = 300[lx]$에서,

$광도 = 9 \times 300 = 2,700[lm]$

$\therefore$ 2[m] 떨어진 곳에서 $조도 = \frac{2,700}{2^2} = 675[lx]$

32 **근골격계부담작업의 범위 및 유해요인조사방법에 관한 고시상 근골격계부담작업에 해당하지 않는 것은? (단, 상시작업을 기준으로 한다)**

① 하루에 10회 이상 25[kg] 이상의 물체를 드는 작업
② 하루에 총 2시간 이상 쪼그리고 앉거나 무릎을 굽힌 자세에서 이루어지는 작업
③ 하루에 총 2시간 이상 시간당 5회 이상 손 또는 무릎을 사용하여 반복적으로 충격을 가하는 작업
④ 하루에 4시간 이상 집중적으로 자료입력 등을 위해 키보드 또는 마우스를 조작하는 작업

해설

하루에 총 2시간 이상 시간당 10회 이상 손 또는 무릎을 사용하여 반복적으로 충격을 가하는 작업

33 **시각적 식별에 영향을 주는 각 요소에 대한 설명 중 틀린 것은?**

① 조도는 광원의 세기를 말한다.
② 휘도는 단위 면적당 표면에 반사 또는 방출되는 광량을 말한다.
③ 반사율은 물체의 표면에 도달하는 조도와 광도의 비를 말한다.
④ 광도 대비란 표적의 광도와 배경의 광도의 차이를 배경 광도로 나눈 값을 말한다.

해설

조도는 작업면의 밝기를 말한다.

34 **부품 배치의 원칙 중 기능적으로 관련된 부품들을 모아서 배치한다는 원칙은?**

① 중요성의 원칙
② 사용 빈도의 원칙
③ 사용 순서의 원칙
④ 기능별 배치의 원칙

해설

부품배치의 원칙

- 부품의 일반적 위치 내에서의 구체적인 배치를 결정하기 위한 기준이 되는 것 : 기능별 배치의 원칙, 사용 순서의 원칙
- 기능별 배치의 원칙 : 기능적으로 관련된 부품들을 모아서 배치한다는 원칙

35 **HAZOP 분석기법의 장점이 아닌 것은?**

① 학습 및 적용이 쉽다.
② 기법 적용에 큰 전문성을 요구하지 않는다.
③ 짧은 시간에 저렴한 비용으로 분석이 가능하다.
④ 다양한 관점을 가진 팀 단위 수행이 가능하다.

해설

시간과 비용이 많이 소요된다(팀 구성 및 구성원의 참여 소요기간이 과다하다).

정답 31 ② 32 ③ 33 ① 34 ④ 35 ③

36 태양광이 내리쬐지 않는 옥내의 습구흑구 온도지수(WBGT) 산출식은?

① 0.6 × 자연습구온도 + 0.3 × 흑구온도
② 0.7 × 자연습구온도 + 0.3 × 흑구온도
③ 0.6 × 자연습구온도 + 0.4 × 흑구온도
④ 0.7 × 자연습구온도 + 0.4 × 흑구온도

해설
WBGT 지수(Wet-Bulb Globe Temperature, 습구흑구 온도지수)
- 태양광이 내리쬐지 않는 옥내 또는 옥외의 경우,
  $WBGT = 0.7NWB + 0.3G$
  (여기서, NWB : 자연습구온도, G : 흑구온도)
- 태양광이 내리쬐는 옥외의 경우,
  $WBGT = 0.7NWB + 0.2G + 0.1D$
  (여기서, NWB : 자연습구온도, G : 흑구온도, D : 건구온도)

37 FTA에서 사용되는 논리게이트 중 입력과 반대되는 현상으로 출력되는 것은?

① 부정게이트
② 억제게이트
③ 배타적 OR게이트
④ 우선적 AND게이트

해설
② 억제게이트 : 조건부 사건이 발생하는 상황하에서 입력현상이 발생할 때 출력현상이 발생되는 게이트
③ 배타적 OR게이트 : OR게이트이지만 2개 또는 그 이상의 입력이 동시에 존재하는 경우 출력이 일어나지 않는 게이트
④ 우선적 AND게이트 : 여러 개의 입력사상이 정해진 순서에 따라 순차적으로 발생해야만 결과가 출력되는 게이트

38 부품 고장이 발생하여도 기계가 추후 보수될 때까지 안전한 기능을 유지할 수 있도록 하는 기능은?

① Fail-Soft
② Fail-Active
③ Fail-Operational
④ Fail-Passive

해설
Fail-Operational
- 설비 및 기계장치의 일부가 고장 난 경우 기능의 저하를 가져오더라도 전체 기능은 정지하지 않고 다음 정기점검 시까지 운전이 가능하도록 하는 방법
- 적용 예 : 부품에 고장이 있더라도 플레이너 공작기계를 가장 안전하게 운전할 수 있는 방법으로 활용

39 양립성의 종류가 아닌 것은?

① 개념의 양립성
② 감성의 양립성
③ 운동의 양립성
④ 공간의 양립성

해설
양립성의 종류 : 개념의 양립성, 양식의 양립성, 운동의 양립성, 공간의 양립성

40 James Reason의 원인적 휴먼에러 종류 중 다음 설명의 휴먼에러 종류는?

> 자동차가 우측 운행하는 한국의 도로에 익숙해진 운전자가 좌측 운행을 해야 하는 일본에서 우측 운행을 하다가 교통사고를 냈다.

① 고의사고(Violation)
② 숙련 기반 에러(Skill-Based Error)
③ 규칙 기반 착오(Rule-Based Mistake)
④ 지식 기반 착오(Knowledge-Based Mistake)

정답 36 ② 37 ① 38 ③ 39 ② 40 ③

제3과목 기계위험 방지기술

41 산업안전보건법령상 사업주가 진동작업을 하는 근로자에게 충분히 알려야 할 사항과 거리가 가장 먼 것은?

① 인체에 미치는 영향과 증상
② 진동기계·기구 관리방법
③ 보호구 선정과 착용방법
④ 진동재해 시 비상연락체계

해설
사업주가 진동작업을 하는 근로자에게 충분히 알려야 할 사항
- 인체에 미치는 영향과 증상
- 보호구 선정과 착용방법
- 진동기계·기구 관리방법
- 진동 장해 예방방법

42 산업안전보건법령상 크레인에 전용탑승설비를 설치하고 근로자를 달아 올린 상태에서 작업에 종사시킬 경우 근로자의 추락 위험을 방지하기 위하여 실시해야 할 조치사항으로 적합하지 않은 것은?

① 승차석 외의 탑승 제한
② 안전대나 구명줄의 설치
③ 탑승설비의 하강 시 동력하강방법을 사용
④ 탑승설비가 뒤집히거나 떨어지지 않도록 필요한 조치

해설
크레인에 전용 탑승설비를 설치하고 근로자를 달아 올린 상태에서 작업에 종사시킬 경우 근로자의 추락 위험을 방지하기 위하여 실시해야 할 조치사항
- 안전대나 구명줄의 설치
- 탑승설비의 하강 시 동력하강방법을 사용
- 탑승설비가 뒤집히거나 떨어지지 않도록 필요한 조치
- 안전난간의 설치(안전난간의 설치 가능 구조의 경우)

43 연삭기에서 숫돌의 바깥지름이 150[mm]일 경우 평형플랜지 지름은 몇 [mm] 이상이어야 하는가?

① 30　② 50
③ 60　④ 90

해설
평형플랜지 지름은 연삭기에서 숫돌의 바깥지름의 1/3 이상이어야 하므로
평형플랜지 지름은 $150 \times \frac{1}{3} = 50$[mm] 이상이어야 한다.

44 플레이너 작업 시의 안전대책이 아닌 것은?

① 베드 위에 다른 물건을 올려놓지 않는다.
② 바이트는 되도록 짧게 나오도록 설치한다.
③ 프레임 내의 피트(Pit)에는 뚜껑을 설치한다.
④ 칩 브레이커를 사용하여 칩이 길게 되도록 한다.

해설
플레이너 작업 시 칩 브레이커를 사용하여 칩이 짧게 되도록 한다.

45 양중기 과부하방지장치의 일반적인 공통사항에 대한 설명 중 부적합한 것은?

① 과부하방지장치와 타 방호장치는 기능에 서로 장애를 주지 않도록 부착할 수 있는 구조이어야 한다.
② 방호장치의 기능을 변형 또는 보수할 때 양중기의 기능도 동시에 정지할 수 있는 구조이어야 한다.
③ 과부하방지장치에는 정상동작상태의 녹색램프와 과부하 시 경고 표시를 할 수 있는 붉은색 램프와 경보음을 발하는 장치 등을 갖추어야 하며, 양중기 운전자가 확인할 수 있는 위치에 설치해야 한다.
④ 과부하방지장치 작동 시 경보음과 경보램프가 작동되어야 하며 양중기는 작동되지 않아야 한다. 다만, 크레인은 과부하 상태 해지를 위하여 권상된 만큼 권하시킬 수 있다.

해설
방호장치의 기능을 제거 또는 정지할 때 양중기의 기능도 동시에 정지할 수 있는 구조이어야 한다.

정답 41 ④ 42 ① 43 ② 44 ④ 45 ②

46 **산업안전보건법령상 프레스 작업 시작 전 점검해야 할 사항에 해당하는 것은?**

① 와이어로프가 통하고 있는 곳 및 작업장소의 지반 상태
② 하역장치 및 유압장치 기능
③ 권과방지장치 및 그 밖의 경보장치의 기능
④ 1행정 1정지기구 · 급정지장치 및 비상정지장치의 기능

해설
프레스 작업 시작 전 점검사항
- 클러치 및 브레이크의 기능
- 크랭크축 · 플라이휠 · 슬라이드 · 연결봉 및 연결 나사의 풀림 유무
- 1행정 1정지기구 · 급정지장치 및 비상정지장치의 기능
- 슬라이드 또는 칼날에 의한 위험방지 기구의 기능
- 프레스의 금형 및 고정볼트 상태
- 방호장치의 기능
- 전단기의 칼날 및 테이블의 상태

47 **방호장치를 분류할 때는 크게 위험장소에 대한 방호장치와 위험원에 대한 방호장치로 구분할 수 있는데, 다음 중 위험장소에 대한 방호장치가 아닌 것은?**

① 격리형 방호장치
② 접근거부형 방호장치
③ 접근반응형 방호장치
④ 포집형 방호장치

해설
포집형 방호장치는 위험원에 대한 방호장치에 해당한다.

48 **산업안전보건법령상 목재가공용 기계에 사용되는 방호장치의 연결이 옳지 않은 것은?**

① 둥근톱기계 : 톱날접촉예방장치
② 띠톱기계 : 날접촉예방장치
③ 모따기기계 : 날접촉예방장치
④ 동력식 수동대패기계 : 반발예방장치

해설
동력식 수동대패기계 : 날접촉예방장치

49 **다음 중 금속 등의 도체에 교류를 통한 코일을 접근시켰을 때, 결함이 존재하면 코일에 유기되는 전압이나 전류가 변하는 것을 이용한 검사방법은?**

① 자분탐상검사
② 초음파탐상검사
③ 와류탐상검사
④ 침투형광탐상검사

해설
① 자분탐상검사 : 강자성체의 결함을 찾을 때 사용하는 비파괴시험으로 표면 또는 표층(표면에서 수 [mm] 이내)에 결함이 있을 경우 누설자속을 이용하여 육안으로 결함을 검출하는 시험법
② 초음파탐상검사 : 초음파를 이용하여 재료 내부의 결함을 검사하는 방법
④ 침투형광탐상검사 : 물체의 표면에 침투력이 강한 적색 또는 형광성의 침투액을 표면 개구 결함에 침투시켜 직접 또는 자외선 등으로 관찰하여 결함장소와 크기를 판별하는 비파괴검사법

50 **산업안전보건법령상에서 정한 양중기의 종류에 해당하지 않는 것은?**

① 크레인(호이스트(Hoist)를 포함한다)
② 도르래
③ 곤돌라
④ 승강기

해설
양중기의 종류 : 크레인(호이스트 포함), 이동식 크레인, 곤돌라, 리프트(이삿짐 운반용의 경우 적재하중 0.1[ton] 이상인 것), 승강기

정답 46 ④ 47 ④ 48 ④ 49 ③ 50 ②

51 롤러의 급정지를 위한 방호장치를 설치하고자 한다. 앞면 롤러 직경이 36[cm]이고, 분당 회전속도가 50[rpm]이라면 급정지거리는 약 얼마 이내이어야 하는가?(단, 무부하동작에 해당한다)

① 45[cm] ② 50[cm]
③ 55[cm] ④ 60[cm]

해설

앞면 롤러의 표면속도 $v = \frac{\pi dn}{1,000} = \frac{\pi \times 360 \times 50}{1,000} \simeq 56.5$[m/min]으로 30[m/min] 이상이므로 급정지거리가 앞면 롤러 원주의 1/2.5 이내이다.

따라서 허용되는 급정지장치의 급정지거리 $l = \frac{\pi d}{3} = \frac{\pi \times 36}{2.5} \simeq$ 45[cm]이다.

52 다음 중 금형 설치·해체작업의 일반적인 안전사항으로 틀린 것은?

① 고정볼트는 고정 후 가능하면 나사산을 3~4개 정도 짧게 남겨 슬라이드 면과의 사이에 협착이 발생하지 않도록 해야 한다.
② 금형 고정용 브래킷(물림판)을 고정시킬 때 고정용 브래킷은 수평이 되게 하고, 고정볼트는 수직이 되게 고정하여야 한다.
③ 금형을 설치하는 프레스의 T홈 안길이는 설치 볼트 직경 이하로 한다.
④ 금형의 설치용구는 프레스의 구조에 적합한 형태로 한다.

해설

금형을 설치하는 프레스의 T홈 안길이는 설치 볼트 직경의 2배 이상으로 한다.

53 산업안전보건법령상 보일러에 설치하는 압력방출장치에 대하여 검사 후 봉인에 사용되는 재료에 가장 적합한 것은?

① 납 ② 주 석
③ 구 리 ④ 알루미늄

해설

압력방출장치는 매년 1회 이상 국가교정기관에서 교정을 받은 압력계를 이용하여 설정압력에서 압력방출장치가 적정하게 작동하는지를 검사한 후 납으로 봉인하여 사용하여야 한다(산업안전보건기준에 관한 규칙 제116조).

54 슬라이드가 내려옴에 따라 손을 쳐내는 막대가 좌우로 왕복하면서 위험점으로부터 손을 보호하여 주는 프레스의 안전장치는?

① 수인식 방호장치
② 양손조작식 방호장치
③ 손쳐내기식 방호장치
④ 게이트 가드식 방호장치

해설

① 수인식 방호장치 : 슬라이드와 작업자의 손을 끈으로 연결하여 슬라이드 하강 시 작업자 손을 당겨 위험영역에서 빼낼 수 있도록 한 방호장치
② 양손조작식 방호장치 : 1행정 1정지식 프레스에 사용되는 것으로서 양손으로 동시에 조작하지 않으면 기계가 동작하지 않으며, 한 손이라도 떼어내면 기계를 정지시키는 방호장치
④ 게이트 가드식 방호장치 : 가드가 열려 있는 상태에서는 기계의 위험부분이 동작되지 않고 기계가 위험한 상태일 때에는 가드를 열 수 없도록 한 방호장치

55 산업안전보건법령에 따라 사업주는 근로자가 안전하게 통행할 수 있도록 통로에 얼마 이상의 채광 또는 조명시설을 하여야 하는가?

① 50[lx] ② 75[lx]
③ 90[lx] ④ 100[lx]

해설

근로자가 안전하게 통행할 수 있도록 통로에 75[lx] 이상의 채광 또는 조명시설을 하여야 한다.

정답 51 ① 52 ③ 53 ① 54 ③ 55 ②

56 **산업안전보건법령상 다음 중 보일러의 방호장치와 가장 거리가 먼 것은?**

① 언로드밸브
② 압력방출장치
③ 압력제한스위치
④ 고저수위 조절장치

해설
보일러에 설치하여야 하는 방호장치의 종류 : 압력방출장치, 압력제한스위치, 고저수위 조절장치, 도피밸브, 가용전, 방폭문, 화염검출기 등

57 **다음 중 롤러기 급정지장치의 종류가 아닌 것은?**

① 어깨조작식
② 손조작식
③ 복부조작식
④ 무릎조작식

해설
롤러기 급정지장치의 종류 : 손조작식, 복부조작식, 무릎조작식

58 **산업안전보건법령에 따라 레버풀러(Lever Puller) 또는 체인블록(Chain Block)을 사용하는 경우 훅의 입구(Hook Mouth) 간격이 제조자가 제공하는 제품사양서 기준으로 몇 [%] 이상 벌어진 것은 폐기하여야 하는가?**

① 3 ② 5
③ 7 ④ 10

해설
레버풀러 또는 체인블록을 사용하는 경우 훅의 입구 간격이 제조자가 제공하는 제품사양서 기준으로 10[%] 이상 벌어진 것은 폐기하여야 한다.

59 **컨베이어(Conveyor) 역전방지장치의 형식을 기계식과 전기식으로 구분할 때 기계식에 해당하지 않는 것은?**

① 래칫식
② 밴드식
③ 스러스트식
④ 롤러식

해설
역전방지장치 형식에 따른 컨베이어의 분류
• 기계식 : 래칫식, 밴드식, 롤러식
• 전기식 : 스러스트식

60 **다음 중 연삭숫돌의 3요소가 아닌 것은?**

① 결합제
② 입 자
③ 저 항
④ 기 공

해설
연삭숫돌의 3요소 : 입자, 결합제, 기공

정답 56 ① 57 ① 58 ④ 59 ③ 60 ③

제4과목 전기위험 방지기술

61 다음 ( ) 안의 알맞은 내용을 나타낸 것은?

> 폭발성 가스의 폭발등급 측정에 사용되는 표준용기는 내용적이 (㉮)[cm^3], 반구상의 플렌지 접합면의 안길이 (㉯)[mm]의 구상용기의 틈새를 통과시켜 화염일주한계를 측정하는 장치이다.

① ㉮ 600, ㉯ 0.4
② ㉮ 1,800, ㉯ 0.6
③ ㉮ 4,500, ㉯ 8
④ ㉮ 8,000, ㉯ 25

62 다음 차단기는 개폐기구가 절연물의 용기 내에 일체로 조립한 것으로 과부하 및 단락사고 시에 자동적으로 전로를 차단하는 장치는?

① OS ② VCB
③ MCCB ④ ACB

해설
① OS(유입개폐기, Oil Switch) : 전로의 개폐가 기름(절연유) 속에서 이루어지는 스위치
② VCB(진공차단기) : 진공 속에서 전극을 개폐하여 소호한 차단기
④ ACB(기중차단기) : 대기 중에서 아크를 길게 하여 소호실에 의해 냉각 및 차단하는 차단기

63 한국전기설비규정에 따라 보호등전위본딩 도체로서 주접지단자에 접속하기 위한 등전위본딩 도체(구리도체)의 단면적은 몇 [mm^2] 이상이어야 하는가?(단, 등전위본딩 도체는 설비 내에 있는 가장 큰 보호접지 도체 단면적의 1/2 이상의 단면적을 가지고 있다)

① 2.5 ② 6
③ 16 ④ 50

해설
주접지단자에 접속하기 위한 등전위본딩 도체는 설비 내에 있는 가장 큰 보호접지 도체 단면적의 1/2 이상의 단면적을 가져야 하고 다음의 단면적 이상이어야 한다.
- 구리도체 6[mm^2]
- 알루미늄 도체 16[mm^2]
- 강철 도체 50[mm^2]

64 저압전로의 절연성능 시험에서 전로의 사용전압이 380[V]인 경우 전로의 전선 상호 간 및 전로와 대지 사이의 절연저항은 최소 몇 [MΩ] 이상이어야 하는가?

① 0.1 ② 0.3
③ 0.5 ④ 1

해설

전로의 사용전압[V]	DC시험전압[V]	절연저항[MΩ]
SELV 및 PELV	250	0.5
FELV, 500[V] 이하	500	1.0
500[V] 초과	1,000	1.0

65 전격의 위험을 결정하는 주된 인자로 가장 거리가 먼 것은?

① 통전전류 ② 통전시간
③ 통전경로 ④ 접촉전압

해설
전격의 위험을 결정하는 주된 인자 : 통전전류, 통전시간, 통전경로, 전원의 종류

정답 61 ④ 62 ③ 63 ② 64 ④ 65 ④

66 교류 아크용접기의 허용사용률[%]은?(단, 정격사용률은 10[%], 2차 정격전류는 500[A], 교류 아크용접기의 사용전류는 250[A]이다)

① 30　　② 40
③ 50　　④ 60

해설
교류 아크용접기의 허용사용률[%]

$$= \left(\frac{\text{2차 정격전류}}{\text{실제 용접전류}}\right)^2 \times \text{정격사용률}[\%]$$

$$= \left(\frac{500}{250}\right)^2 \times 10[\%] = 40[\%]$$

67 내압방폭구조의 필요충분조건에 대한 사항으로 틀린 것은?

① 폭발화염이 외부로 유출되지 않을 것
② 습기 침투에 대한 보호를 충분히 할 것
③ 내부에서 폭발한 경우 그 압력에 견딜 것
④ 외함의 표면온도가 외부의 폭발성가스를 점화하지 않을 것

해설
내압방폭구조의 기본적 성능에 관한 사항(내압 방폭구조의 필요충분조건에 대한 사항)
- 내부에서 폭발할 경우 그 압력에 견딜 것
- 폭발화염이 외부로 유출(전파)되지 않을 것(이를 위하여 안전간극을 작게 한다)
- 외함의 표면온도가 주위의 가연성 가스, 외부의 폭발성 가스를 점화하지 않을 것
- 열을 최소 점화에너지 이하로 유지할 것(이를 위하여 화염일주한계를 작게 한다)

68 다음 중 전동기를 운전하고자 할 때 개폐기의 조작 순서로 옳은 것은?

① 메인 스위치 → 분전반 스위치 → 전동기용 개폐기
② 분전반 스위치 → 메인 스위치 → 전동기용 개폐기
③ 전동기용 개폐기 → 분전반 스위치 → 메인 스위치
④ 분전반 스위치 → 전동기용 스위치 → 메인 스위치

69 다음 (　) 안에 들어갈 내용으로 알맞은 것은?

> 교류 특고압 가공전선로에서 발생하는 극저주파 전자계는 지표상 1[m]에서 전계가 (ⓐ), 자계가 (ⓑ)가 되도록 시설하는 등 상시 정전유도 및 전자유도 작용에 의하여 사람에게 위험을 줄 우려가 없도록 시설하여야 한다.

① ⓐ 0.35[kV/m] 이하, ⓑ 0.833[μT] 이하
② ⓐ 3.5[kV/m] 이하, ⓑ 8.33[μT] 이하
③ ⓐ 3.5[kV/m] 이하, ⓑ 83.3[μT] 이하
④ ⓐ 35[kV/m] 이하, ⓑ 833[μT] 이하

해설
교류 특고압 가공전선로에서 발생하는 극저주파 전자계는 지표상 1[m]에서 전계가 3.5[kV/m] 이하, 자계가 83.3[μT] 이하가 되도록 시설하는 등 상시 정전유도 및 전자유도 작용에 의하여 사람에게 위험을 줄 우려가 없도록 시설하여야 한다. 다만, 논밭, 산림 그 밖에 사람의 왕래가 적은 곳에서 사람에 위험을 줄 우려가 없도록 시설하는 경우에는 그러하지 아니하다(전기설비기술기준 제17조).

70 감전사고를 방지하기 위한 방법으로 틀린 것은?

① 전기기기 및 설비의 위험부에 위험표지
② 전기설비에 대한 누전차단기 설치
③ 전기기기에 대한 정격표시
④ 무자격자는 전기기계 및 기구에 전기적인 접촉 금지

해설
전기기기에 대한 정격 표시로는 감전사고를 방지할 수 없다.

정답　66 ②　67 ②　68 ①　69 ③　70 ③

71 외부피뢰시스템에서 접지극은 지표면에서 몇 [m] 이상 깊이로 매설하여야 하는가?(단, 동결심도는 고려하지 않는 경우이다)

① 0.5 ② 0.75
③ 1 ④ 1.25

해설
외부피뢰시스템에서 접지극은 지표면에서 0.75[m] 이상 깊이로 매설하여야 한다. 다만, 필요시는 해당 지역의 동결심도를 고려한 깊이로 할 수 있다(한국전기설비규정 152.3).

72 정전기의 재해방지 대책이 아닌 것은?

① 부도체에는 도전성을 향상 또는 제전기를 설치 운영한다.
② 접촉 및 분리를 일으키는 기계적 작용으로 인한 정전기 발생을 적게 하기 위해서는 가능한 접촉 면적을 크게 하여야 한다.
③ 저항률이 10^{10}[Ω·cm] 미만의 도전성 위험물의 배관유속은 7[m/s] 이하로 한다.
④ 생산공정에 별다른 문제가 없다면, 습도를 70[%] 정도 유지하는 것도 무방하다.

해설
접촉 및 분리를 일으키는 기계적 작용으로 인한 정전기 발생을 적게 하기 위해서는 가능한 접촉 면적을 작게 하여야 한다.

73 어떤 부도체에서 정전용량이 10[pF]이고, 전압이 5[kV]일 때 전하량(C)은?

① 9×10^{-12}
② 6×10^{-10}
③ 5×10^{-8}
④ 2×10^{-6}

해설
전하량 $Q = CV = (10 \times 10^{-12}) \times (5 \times 10^{3}) = 5 \times 10^{-8}$[C]

74 KS C IEC 60079-0에 따른 방폭에 대한 설명으로 틀린 것은?

① 기호 'X'는 방폭기기의 특정사용조건을 나타내는 데 사용되는 인증번호의 접미사이다.
② 인화하한(LFL)과 인화상한(UFL) 사이의 범위가 클수록 폭발성 가스 분위기 형성 가능성이 크다.
③ 기기 그룹에 따라 폭발성 가스를 분류할 때 ⅡA의 대표 가스로 에틸렌이 있다.
④ 연면거리는 두 도전부 사이의 고체 절연물 표면을 따른 최단거리를 말한다.

해설
기기 그룹에 따라 폭발성 가스를 분류할 때 ⅡA의 대표가스로 프로판이 있다.

75 다음 중 활선근접 작업 시의 안전조치로 적절하지 않은 것은?

① 근로자가 절연용 방호구의 설치·해체작업을 하는 경우에는 절연용 보호구를 착용하거나 활선작업용 기구 및 장치를 사용하도록 하여야 한다.
② 저압인 경우에는 해당 전기작업자가 절연용 보호구를 착용하되, 충전전로에 접촉할 우려가 없는 경우에는 절연용 방호구를 설치하지 아니할 수 있다.
③ 유자격자가 아닌 근로자가 근로자의 몸 또는 긴 도전성 물체가 방호되지 않은 충전전로에서 대지전압이 50[kV] 이하인 경우에는 400[cm] 이내로 접근할 수 없도록 하여야 한다.
④ 고압 및 특별고압의 전로에서 전기작업을 하는 근로자에게 활선작업용 기구 및 장치를 사용하여야 한다.

해설
유자격자가 아닌 근로자가 근로자의 몸 또는 긴 도전성 물체가 방호되지 않은 충전전로에서 대지전압이 50[kV] 이하인 경우에는 300[cm] 이내로 접근할 수 없도록 하여야 한다(산업안전보건기준에 관한 규칙 제321조).

정답 71 ② 72 ② 73 ③ 74 ③ 75 ③

76 **밸브 저항형 피뢰기의 구성요소로 옳은 것은?**

① 직렬갭, 특성요소
② 병렬갭, 특성요소
③ 직렬갭, 충격요소
④ 병렬갭, 충격요소

77 **정전기 제거방법으로 가장 거리가 먼 것은?**

① 작업장 바닥을 도전처리한다.
② 설비의 도체 부분은 접지시킨다.
③ 작업자는 대전방지화를 신는다.
④ 작업장을 항온으로 유지한다.

해설
작업장을 항온으로 유지하는 것과 정전기 제거와는 연관성이 없다.

78 **인체의 전기저항을 0.5[kΩ]이라고 하면 심실세동을 일으키는 위험한계 에너지는 몇 [J]인가?(단, 심실세동전류값 $I=\frac{165}{\sqrt{T}}$[mA]의 Dalziel의 식을 이용하며, 통전시간은 1초로 한다)**

① 13.6　　② 12.6
③ 11.6　　④ 10.6

해설
위험한계 에너지
$W=I^2RT=\left(\frac{165}{\sqrt{T}}\times10^{-3}\right)^2\times500\times T\simeq13.6$[J]

79 **다음 중 전기설비기술기준에 따른 전압의 구분으로 틀린 것은?**

① 저압 : 직류 1[kV] 이하
② 고압 : 교류 1[kV]를 초과, 7[kV] 이하
③ 특고압 : 직류 7[kV] 초과
④ 특고압 : 교류 7[kV] 초과

해설
전압의 구분

구 분	교류(AC)	직류(DC)
저 압	1[kV] 이하	1.5[kV] 이하
고 압	1[kV] 초과 7[kV] 이하	1.5[kV] 초과 7[kV] 이하
특별고압	7[kV] 초과	

80 **가스 그룹 ⅡB 지역에 설치된 내압방폭구조 'd' 장비의 플랜지 개구부에서 장애물까지의 최소 거리[mm]는?**

① 10　　② 20
③ 30　　④ 40

해설
가스 그룹이 ⅡB인 지역에 내압방폭구조 'd'의 방폭기기가 설치되어 있을 때, 기기의 플랜지 개구부에서 장애물까지의 최소 거리는 30[mm]이다.

정답 76 ① 77 ④ 78 ① 79 ① 80 ③

제5과목 화학설비위험 방지기술

81 다음 설명이 의미하는 것은?

> 온도, 압력 등 제어 상태가 규정의 조건을 벗어나는 것에 의해 반응속도가 지수함수적으로 증대되고, 반응용기 내의 온도, 압력이 급격히 이상 상승되어 규정조건을 벗어나고, 반응이 과격화되는 현상

① 비 등　② 과열・과압
③ 폭 발　④ 반응폭주

해설
반응폭주 : 온도, 압력 등 제어 상태가 규정의 조건을 벗어나는 것에 의해 반응속도가 지수함수적으로 증대되고, 반응용기 내의 온도, 압력이 급격히 이상 상승되어 규정조건을 벗어나고 반응이 과격화되는 현상이다. 반응폭주의 원인은 크게 자기과열반응과 지연반응으로 나뉜다.

82 다음 중 전기화재의 종류에 해당하는 것은?

① A급　② B급
③ C급　④ D급

해설
① A급 : 일반화재
② B급 : 유류화재
④ D급 : 금속화재

83 다음 중 폭발범위에 관한 설명으로 틀린 것은?

① 상한값과 하한값이 존재한다.
② 온도에는 비례하지만 압력과는 무관하다.
③ 가연성 가스의 종류에 따라 각각 다른 값을 갖는다.
④ 공기와 혼합된 가연성 가스의 체적 농도로 나타낸다.

해설
폭발범위는 일반적으로 온도와 압력에 비례한다.

84 다음 표와 같은 혼합가스의 폭발범위[vol%]로 옳은 것은?

종 류	용적비율 [vol%]	폭발하한계 [vol%]	폭발상한계 [vol%]
CH_4	70	5	15
C_2H_6	15	3	12.5
C_3H_8	5	2.1	9.5
C_4H_{10}	10	1.9	8.5

① 3.75~13.21
② 4.33~13.21
③ 4.33~15.22
④ 3.75~15.22

해설
폭발하한값(LFL) : $\frac{100}{LFL} = \frac{70}{5} + \frac{15}{3} + \frac{5}{2.1} + \frac{10}{1.9} \simeq 26.64$에서

$LFL = \frac{100}{26.64} \simeq 3.75$

폭발상한값(UFL) : $\frac{100}{UFL} = \frac{70}{15} + \frac{15}{12.5} + \frac{5}{9.5} + \frac{10}{8.5} \simeq 7.57$에서

$UFL = \frac{100}{7.57} \simeq 13.21$

85 위험물을 저장・취급하는 화학설비 및 그 부속설비를 설치할 때 단위공정시설 및 설비로부터 다른 단위공정시설 및 설비의 사이의 안전거리는 설비의 바깥 면으로부터 몇 [m] 이상이 되어야 하는가?

① 5　② 10
③ 15　④ 20

해설
단위공정시설 및 설비로부터 다른 단위공정시설 및 설비의 사이의 안전거리는 설비의 바깥 면으로부터 10[m] 이상이 되어야 한다.

정답 81 ④ 82 ③ 83 ② 84 ① 85 ②

86 **열교환기의 열교환 능률을 향상시키기 위한 방법으로 거리가 먼 것은?**

① 유체의 유속을 적절하게 조절한다.
② 유체의 흐르는 방향을 병류로 한다.
③ 열교환기 입구와 출구의 온도차를 크게 한다.
④ 열전도율이 좋은 재료를 사용한다.

해설
열교환기의 열교환 능률을 향상시키기 위해 유체의 흐르는 방향을 향류로 한다.

87 **다음 중 인화성 물질이 아닌 것은?**

① 다이에틸에테르
② 아세톤
③ 에틸알코올
④ 과염소산칼륨

해설
과염소산칼륨은 제1류 위험물인 산화성 고체이다.

88 **산업안전보건법령상 위험물질의 종류에서 '폭발성 물질 및 유기과산화물'에 해당하는 것은?**

① 리 튬
② 아조화합물
③ 아세틸렌
④ 셀룰로이드류

해설
① 리튬 : 물반응성 물질 및 인화성 고체
③ 아세틸렌 : 인화성 가스
④ 셀룰로이드류 : 물반응성 물질 및 인화성 고체

89 **건축물 공사에 사용되고 있으나, 불에 타는 성질이 있어서 화재 시 유독한 사이안화수소 가스가 발생되는 물질은?**

① 염화비닐
② 염화에틸렌
③ 메타크릴산메틸
④ 우레탄

해설
우레탄(Urethane) : 에틸우레탄을 주성분으로 하는 무색무취의 결정으로 청량성의 맛이 있다. 건축물 공사에 사용되나, 불에 타는 성질이 있어서 화재 시 유독한 사이안화수소 가스가 발생한다. 실험동물의 마취 및 백혈병 치료에도 사용된다.

90 **반응기를 설계할 때 고려하여야 할 요인으로 가장 거리가 먼 것은?**

① 부식성
② 상의 형태
③ 온도 범위
④ 중간 생성물의 유무

해설
반응기 설계 시 고려요인 : 부식성, 상의 형태, 온도범위, 운전압력, 체류시간 또는 공간속도, 열전달, 균일성을 위한 교반과 그 온도 조절, 회분식 조작 또는 연속 조작, 생산비율 등

정답 86 ② 87 ④ 88 ② 89 ④ 90 ④

91 에틸알코올 1[mol]이 완전연소 시 생성되는 CO_2와 H_2O의 몰수로 옳은 것은?

① CO_2 : 1, H_2O : 4
② CO_2 : 2, H_2O : 3
③ CO_2 : 3, H_2O : 2
④ CO_2 : 4, H_2O : 1

해설
에틸알코올의 연소방정식은 $C_2H_5OH + 2O_2 \rightarrow 2CO_2 + 3H_2O$이므로 CO_2 2[mol], H_2O 3[mol]이 생성된다.

92 산업안전보건법령상 각 물질이 해당하는 위험물질의 종류를 옳게 연결한 것은?

① 아세트산(농도 90[%]) – 부식성 산류
② 아세톤(농도 90[%]) – 부식성 염기류
③ 이황화탄소 – 인화성 가스
④ 수산화칼륨 – 인화성 가스

해설
② 아세톤(농도 90[%]) – 부식성 산류
③ 이황화탄소 – 인화성 액체
④ 수산화칼륨 – 부식성 염기류

93 물과의 반응으로 유독한 포스핀가스를 발생하는 것은?

① HCl
② NaCl
③ Ca_3P_2
④ $Al(OH)_3$

해설
인화칼슘(Ca_3P_2)
- 분자량 182, 비중 2.51, 녹는점 1,600[℃]
- 적갈색의 괴상고체로서 인화석회라고도 한다.
- 수분(물)이나 약산과 반응하여 유독성 가스인 포스핀(PH_3)을 발생시킨다.
- 알코올, 에테르에 녹지 않는다.
- 건조한 공기 중에서 안정하나 300[℃] 이상에서는 산화한다.
- 가스 취급 시 독성이 심하므로 방독마스크를 착용하여야 한다.

94 분진폭발의 요인을 물리적 인자와 화학적 인자로 분류할 때 화학적 인자에 해당하는 것은?

① 연소열
② 입도분포
③ 열전도율
④ 입자의 형성

해설
②, ③, ④는 물리적 인자에 해당한다.

95 메탄올에 관한 설명으로 틀린 것은?

① 무색투명한 액체이다.
② 비중은 1보다 크고, 증기는 공기보다 가볍다.
③ 금속나트륨과 반응하여 수소를 발생한다.
④ 물에 잘 녹는다.

해설
메탄올은 제4류 위험물(인화성 액체)에 해당하며 비중은 0.79로 1보다 작고, 증기 비중은 1.1로 공기보다 무겁다.

정답 91 ② 92 ① 93 ③ 94 ① 95 ②

96 **다음 중 자연발화가 쉽게 일어나는 조건으로 틀린 것은?**

① 주위온도가 높을수록
② 열 축적이 클수록
③ 적당량의 수분이 존재할 때
④ 표면적이 작을수록

해설
표면적이 클수록 자연발화가 쉽게 일어난다.

97 **다음 중 인화점이 가장 낮은 것은?**

① 벤 젠　② 메탄올
③ 이황화탄소　④ 경 유

해설
인화점[℃]
- 이황화탄소 : −30
- 벤젠 : −11
- 메탄올 : 11
- 경유 : 50~70

98 **자연발화성을 가진 물질이 자연발화를 일으키는 원인으로 거리가 먼 것은?**

① 분해열　② 증발열
③ 산화열　④ 중합열

해설
자연발화를 일으키는 원인 : 분해열, 산화열, 중합열, 흡착열, 발효열 등

99 **비점이 낮은 가연성 액체 저장탱크 주위에 화재가 발생했을 때 저장탱크 내부의 비등현상으로 인한 압력 상승으로 탱크가 파열되어 그 내용물이 증발, 팽창하면서 발생되는 폭발현상은?**

① Back Draft　② BLEVE
③ Flash Over　④ UVCE

해설
① Back Draft(역화) : 연소에 필요한 산소가 부족한 상황에서 산소가 갑자기 공급될 때 폭풍을 동반한 화염이 분출되는 현상이다.
③ Flash Over : 건축물의 실내에서 화재가 발생하였을 때 발화로부터 화재가 서서히 진행하다가 시간이 경과함에 따라 대류와 복사현상에 의해 일정 공간 안에 열과 가연성 가스가 축적되고 발화온도에 이르게 되어 일순간에 폭발적으로 전체가 화염에 휩싸이는 화재현상이다.
④ UVCE(Unconfined Vapor Cloud Explosion, 증기운폭발) : 대기 중에 확산되어 있는 다량의 가스(증기운)가 어떤 점화원에 의해 급격한 폭발을 일으키는 현상이다.

100 **사업주는 산업안전보건법령에서 정한 설비에 대해서는 과압에 따른 폭발을 방지하기 위하여 안전밸브 등을 설치하여야 한다. 다음 중 이에 해당하는 설비가 아닌 것은?**

① 원심펌프
② 정변위 압축기
③ 정변위 펌프(토출축에 차단밸브가 설치된 것만 해당한다)
④ 배관(2개 이상의 밸브에 의하여 차단되어 대기온도에서 액체의 열팽창에 의하여 파열될 우려가 있는 것으로 한정한다)

해설
과압에 따른 폭발을 방지하기 위하여 안전밸브 등을 설치하여야 하는 설비(산업안전보건기준에 관한 규칙 제261조)
- 압력용기(안지름이 150[mm] 이하인 압력용기는 제외)
- 압력용기 중 관형 열교환기(관의 파열로 인하여 상승한 압력이 압력용기의 최고 사용압력을 초과할 우려가 있는 경우)
- 정변위압축기
- 정변위펌프(토출축에 차단밸브가 설치된 것)
- 배관(2개 이상의 밸브에 의하여 차단되어 대기온도에서 액체의 열팽창에 의하여 파열될 우려가 있는 것)
- 그 밖의 화학설비 및 그 부속설비로서 해당 설비의 최고 사용압력을 초과할 우려가 있는 것

정답 96 ④ 97 ③ 98 ② 99 ② 100 ①

제6과목 건설안전기술

101 유해 · 위험방지계획서 제출 시 첨부서류로 옳지 않은 것은?

① 공사현장의 주변 현황 및 주변과의 관계를 나타내는 도면
② 공사개요서
③ 전체 공정표
④ 작업인부의 배치를 나타내는 도면 및 서류

해설
유해 · 위험방지계획서 첨부서류(시행규칙 별표 10)
- 공사 개요서
- 공사현장의 주변 현황 및 주변과의 관계를 나타내는 도면(매설물 현황을 포함)
- 전체 공정표
- 산업안전보건관리비 사용계획서
- 안전관리조직표
- 재해 발생 위험 시 연락 및 대피방법

102 거푸집 해체작업 시 유의사항으로 옳지 않은 것은?

① 일반적으로 수평부재의 거푸집은 연직부재의 거푸집보다 빨리 떼어낸다.
② 해체된 거푸집이나 각목 등에 박혀 있는 못 또는 날카로운 돌출물은 즉시 제거하여야 한다.
③ 상하 동시 작업은 원칙적으로 금지하여 부득이한 경우에는 긴밀히 연락을 취하며 작업을 하여야 한다.
④ 거푸집 해체작업장 주위에는 관계자를 제외하고는 출입을 금지시켜야 한다.

해설
거푸집은 하중을 받지 않는 부분을 먼저 떼어내야 하므로 연직부재의 거푸집은 수평부재의 거푸집보다 빨리 떼어낸다.

103 사다리식 통로 등을 설치하는 경우 통로 구조로서 옳지 않은 것은?

① 발판의 간격은 일정하게 한다.
② 발판과 벽과의 사이는 15[cm] 이상의 간격을 유지한다.
③ 사다리의 상단은 걸쳐 놓은 지점으로부터 60[cm] 이상 올라가도록 한다.
④ 폭은 40[cm] 이상으로 한다.

해설
사다리식 통로 등을 설치하는 경우 폭은 최소 30[cm] 이상으로 하여야 한다.

104 추락 재해방지 설비 중 근로자의 추락 재해를 방지할 수 있는 설비로 작업발판 설치가 곤란한 경우에 필요한 설비는?

① 경사로
② 추락방호망
③ 고정사다리
④ 달비계

해설
근로자의 추락재해를 방지할 수 있는 설비로 작업발판 설치가 곤란한 경우에 추락방호망이 필요하다.

정답 101 ④ 102 ① 103 ④ 104 ②

105 **콘크리트 타설작업을 하는 경우에 준수해야 할 사항으로 옳지 않은 것은?**

① 당일의 작업을 시작하기 전에 해당 작업에 관한 거푸집 동바리 등의 변형·변위 및 지반의 침하 유무 등을 점검하고 이상이 있으면 보수한다.
② 작업 중에는 거푸집 동바리 등의 변형·변위 및 침하 유무 등을 감시할 수 있는 감시자를 배치하여 이상이 있으면 작업을 빠른 시간 내 우선 완료하고 근로자를 대피시킨다.
③ 콘크리트 타설작업 시 거푸집 붕괴의 위험이 발생할 우려가 있으면 충분한 보강조치를 한다.
④ 콘크리트를 타설하는 경우에는 편심이 발생하지 않도록 골고루 분산하여 타설한다.

해설
작업 중에는 거푸집 동바리 등의 변형·변위 및 침하 유무 등을 감시할 수 있는 감시자를 배치하여 이상이 있으면 작업을 중지하고 근로자를 대피시켜야 한다.

106 **작업장 출입구 설치 시 준수해야 할 사항으로 옳지 않은 것은?**

① 출입구의 위치·수 및 크기가 작업장의 용도와 특성에 맞도록 한다.
② 출입구에 문을 설치하는 경우에는 근로자가 쉽게 열고 닫을 수 있도록 한다.
③ 주된 목적이 하역운반기계용인 출입구에는 보행자용 출입구를 따로 설치하지 않는다.
④ 계단이 출입구와 바로 연결된 경우에는 작업자의 안전한 통행을 위하여 그 사이에 1.2[m] 이상 거리를 두거나 안내표지 또는 비상벨 등을 설치한다.

해설
주된 목적이 하역운반기계용인 출입구에는 보행자용 출입구를 따로 설치한다.

107 **건설작업장에서 근로자가 상시 작업하는 장소의 작업면 조도기준으로 옳지 않은 것은?(단, 갱내 작업장과 감광재료를 취급하는 작업장의 경우는 제외)**

① 초정밀작업 : 600[lx] 이상
② 정밀작업 : 300[lx] 이상
③ 보통작업 : 150[lx] 이상
④ 초정밀, 정밀, 보통작업을 제외한 기타 작업 : 75[lx] 이상

해설
초정밀작업 : 750[lx] 이상

108 **건설업 산업안전보건관리비 계상 및 사용기준에 따른 안전관리비의 개인보호구 및 안전장구 구입비 항목에서 안전관리비로 사용이 가능한 경우는?**

① 안전·보건관리자가 선임되지 않은 현장에서 안전·보건업무를 담당하는 현장관계자용 무전기, 카메라, 컴퓨터, 프린터 등 업무용 기기
② 혹한·혹서에 장기간 노출로 인해 건강장해를 일으킬 우려가 있는 경우 특정 근로자에게 지급되는 기능성 보호 장구
③ 근로자에게 일률적으로 지급하는 보랭·보온장구
④ 감리원이나 외부에서 방문하는 인사에게 지급하는 보호구

해설
산업안전보건관리비 항목 중 사용불가내역
- 안전시설비로 사용불가 내역 : 안전통로, 안전발판, 안전계단 등
- 개인보호구 및 안전장구 구입비로 사용불가 내역 : 안전·보건관리자가 선임되지 않은 현장에서 안전·보건업무를 담당하는 현장관계자용 무전기·카메라·컴퓨터·프린터 등 업무용 기기, 근로자에게 일률적으로 지급하는 보랭·보온장구, 감리원이나 외부에서 방문하는 인사에게 지급하는 보호구 등

정답 105 ② 106 ③ 107 ① 108 ②

109 옥외에 설치되어 있는 주행크레인에 대하여 이탈방지 장치를 작동시키는 등 그 이탈을 방지하기 위한 조치를 하여야 하는 순간풍속에 대한 기준으로 옳은 것은?

① 순간풍속이 10[m/s]를 초과하는 바람이 불어올 우려가 있는 경우
② 순간풍속이 20[m/s]를 초과하는 바람이 불어올 우려가 있는 경우
③ 순간풍속이 30[m/s]를 초과하는 바람이 불어올 우려가 있는 경우
④ 순간풍속이 40[m/s]를 초과하는 바람이 불어올 우려가 있는 경우

해설
옥외에 설치되어 있는 주행크레인에 대하여 이탈방지를 위한 조치를 하여야 하는 풍속기준은 순간풍속 30[m/s] 초과이다.

110 지반 등의 굴착작업 시 연암의 굴착면 기울기로 옳은 것은?

① 1 : 0.3
② 1 : 0.5
③ 1 : 0.8
④ 1 : 1.0

해설
붕괴위험방지를 위한 굴착면의 기울기 기준(수직거리 : 수평거리)

구분		기울기
보통 흙	습 지	1:1 ~ 1:1.5
	건 지	1:0.5 ~ 1:1
암 반	풍화암	1:1.0
	연 암	1:1.0
	경 암	1:0.5

111 철골작업 시 철골부재에서 근로자가 수직 방향으로 이동하는 경우에 설치하여야 하는 고정된 승강로의 최대 답단 간격은 얼마 이내인가?

① 20[cm] ② 25[cm]
③ 30[cm] ④ 40[cm]

112 흙막이벽 근입 깊이를 깊게 하고, 전면의 굴착 부분을 남겨 두어 흙의 중량으로 대항하게 하거나, 굴착 예정 부분의 일부를 미리 굴착하여 기초 콘크리트를 타설하는 등의 대책과 가장 관계가 깊은 것은?

① 파이핑현상이 있을 때
② 히빙현상이 있을 때
③ 지하수위가 높을 때
④ 굴착깊이가 깊을 때

해설
히빙현상의 안전대책
- 굴착 주변을 웰포인트(Well Point) 공법과 병행한다.
- 시트파일(Sheet Pile) 등의 근입 심도를 검토한다.
- 굴착배면의 상재하중을 제거하여 토압을 최대한 낮춘다.
- 지하수 유입을 막는다.
- 주변 수위를 낮춘다.
- 흙막이 벽의 근입 깊이를 깊게 한다.
- 전면의 굴착 부분을 남겨 두어 흙의 중량으로 대항하게 한다.
- 굴착 예정 부분의 일부를 미리 굴착하여 기초 콘크리트를 타설한다.
- 1.3[m] 이하 굴착 시에는 버팀대를 설치한다.

정답 109 ③ 110 ④ 111 ③ 112 ②

113 재해사고를 방지하기 위하여 크레인에 설치된 방호장치로 옳지 않은 것은?

① 공기정화장치
② 비상정지장치
③ 제동장치
④ 권과방지장치

해설
크레인에 설치된 방호장치 : 비상정지장치, 제동장치, 권과방지장치

114 가설구조물의 문제점으로 옳지 않은 것은?

① 도괴재해의 가능성이 크다.
② 추락재해 가능성이 크다.
③ 부재의 결합이 간단하나 연결부가 견고하다.
④ 구조물이라는 통상의 개념이 확고하지 않으며 조립의 정밀도가 낮다.

해설
가설구조물의 특징
- 부재의 결합이 매우 간단하다.
- 연결재가 적은 구조로 되기 쉬우므로 연결부가 약하다.
- 구조물이라는 통상의 개념이 확고하지 않으며 조립의 정밀도가 낮다.
- 사용 부재가 과소단면이거나 결함재료를 사용하기 쉽다.
- 구조상의 결함이 있는 경우 중대재해로 이어질 수 있다.
- 도괴재해의 가능성이 크다.
- 추락재해 가능성이 크다.

115 강관틀비계를 조립하여 사용하는 경우 준수해야 할 기준으로 옳지 않은 것은?

① 수직 방향으로 6[m], 수평 방향으로 8[m] 이내마다 벽이음을 할 것
② 높이가 20[m]를 초과하거나 중량물의 적재를 수반하는 작업을 할 경우에는 주틀 간의 간격을 2.4[m] 이하로 할 것
③ 길이가 띠장 방향으로 4[m] 이하이고 높이가 10[m]를 초과하는 경우에는 10[m] 이내마다 띠장 방향으로 버팀기둥을 설치할 것
④ 주틀 간에 교차 가새를 설치하고 최상층 및 5층 이내마다 수평재를 설치할 것

해설
강관틀비계(산업안전보건기준에 관한 규칙 제62조)
높이가 20[m]를 초과하거나 중량물의 적재를 수반하는 작업을 할 경우에는 주틀 간의 간격을 1.8[m] 이하로 할 것

116 비계의 높이가 2[m] 이상인 작업장소에 작업발판을 설치할 경우 준수하여야 할 기준으로 옳지 않은 것은?

① 작업발판의 폭은 30[cm] 이상으로 한다.
② 발판재료 간의 틈은 3[cm] 이하로 한다.
③ 추락의 위험성이 있는 장소에는 안전난간을 설치한다.
④ 발판재료는 뒤집히거나 떨어지지 않도록 2개 이상의 지지물에 연결하거나 고정시킨다.

해설
작업발판의 구조(산업안전보건기준에 관한 규칙 제56조)
비계의 높이가 2[m] 이상인 작업장소에 작업발판을 설치할 경우 작업발판의 폭은 40[cm] 이상으로 한다.

정답 113 ① 114 ③ 115 ② 116 ①

117 **사면지반 개량공법으로 옳지 않은 것은?**

① 전기화학적 공법
② 석회 안정처리 공법
③ 이온교환방법
④ 옹벽 공법

해설

- 사면지반 개량공법 : 전기화학적 공법, 석회 안정처리 공법, 이온교환방법, 주입 공법, 시멘트 안정처리 공법, 석회 안정처리 공법, 소결공법 등
- 점토질지반 개량공법 : 생석회말뚝 공법, 페이퍼드레인 공법, 샌드드레인 공법, 여성토 공법 등

118 **법면 붕괴에 의한 재해 예방조치로서 옳은 것은?**

① 지표수와 지하수의 침투를 방지한다.
② 법면의 경사를 증가한다.
③ 절토 및 성토 높이를 증가한다.
④ 토질의 상태에 관계없이 구배조건을 일정하게 한다.

해설

② 법면의 경사를 줄인다.
③ 절토 및 성토 높이를 낮춘다.
④ 토질의 상태에 따라 구배조건을 다르게 한다.

119 **취급·운반의 원칙으로 옳지 않은 것은?**

① 운반작업을 집중하여 시킬 것
② 생산을 최고로 하는 운반을 생각할 것
③ 곡선 운반을 할 것
④ 연속 운반을 할 것

해설

직선 운반을 할 것

120 **가설통로의 설치기준으로 옳지 않은 것은?**

① 경사가 15°를 초과하는 때에는 미끄러지지 않는 구조로 한다.
② 건설공사에 사용하는 높이 8[m] 이상인 비계다리에는 7[m] 이내마다 계단참을 설치한다.
③ 수직 갱에 가설된 통로의 길이가 15[m] 이상일 경우에는 15[m] 이내마다 계단참을 설치한다.
④ 추락의 위험이 있는 장소에는 안전난간을 설치한다.

해설

가설통로의 구조(산업안전보건기준에 관한 규칙 제23조)
수직 갱에 가설된 통로의 길이가 15[m] 이상일 경우에는 10[m] 이내마다 계단참을 설치한다.

정답 117 ④ 118 ① 119 ③ 120 ③

산업안전기사

최근 기출문제

제1과목 안전관리론

01 매슬로(Maslow)의 인간의 욕구단계 중 5번째 단계에 속하는 것은?

① 안전 욕구
② 존경의 욕구
③ 사회적 욕구
④ 자아실현의 욕구

해설
매슬로(Maslow)의 인간의 욕구단계
- 1단계 : 생리적 욕구
- 2단계 : 안전에 대한 욕구
- 3단계 : 사회적 욕구
- 4단계 : 존경의 욕구
- 5단계 : 자아실현의 욕구

02 A사업장의 현황이 다음과 같을 때 이 사업장의 강도율은?

> - 근로자수 : 500명
> - 연근로시간수 : 2,400시간
> - 신체장해등급
>   - 2급 : 3명
>   - 10급 : 5명
> - 의사 진단에 의한 휴업일수 : 1,500일

① 0.22 ② 2.22
③ 22.28 ④ 222.88

해설

$$\text{강도율} = \frac{\text{근로손실일수}}{\text{연근로시간수}} \times 10^3$$

$$= \frac{(3\times7,500)+(5\times600)+\left(1,500\times\frac{300}{365}\right)}{500\times2,400}\times10^3$$

$$\simeq 22.28$$

03 보호구 자율안전확인 고시상 자율안전확인 보호구에 표시하여야 하는 사항을 모두 고른 것은?

> ㄱ. 모델명
> ㄴ. 제조 번호
> ㄷ. 사용 기한
> ㄹ. 자율안전확인 번호

① ㄱ, ㄴ, ㄷ ② ㄱ, ㄴ, ㄹ
③ ㄱ, ㄷ, ㄹ ④ ㄴ ,ㄷ ,ㄹ

해설
보호구에 있어 자율안전확인제품에 표시하여야 하는 사항 : 형식 또는 모델명, 규격 또는 등급, 제조자명, 제조 번호 및 제조 연월, 자율안전확인 번호

04 학습지도의 형태 중 참가자에게 일정한 역할을 주어 실제적으로 연기를 시켜 봄으로써 자기의 역할을 보다 확실히 인식시키는 방법은?

① 포럼(Forum)
② 심포지엄(Symposium)
③ 롤 플레잉(Role Playing)
④ 사례연구법(Case Study Method)

해설
① 포럼(Forum) : 새로운 자료나 교재를 제시하고 피교육자로 하여금 문제점을 제시하도록 하거나, 여러 가지 방법으로 의견을 발표하게 하여 청중과 토론자 간 깊고 활발한 의견 개진과 합의를 도출해 가는 토의방법
② 심포지엄(Symposium) : 몇 사람의 전문가들의 과제에 관한 견해 발표 이후 참가자가 의견 발표 또는 질문을 하며 토의하는 방법
④ 사례연구법(Case Study Method) : 사례를 제시하고, 그 문제점에 대해서 검토하고 대책을 토의하는 방법

정답 1 ④ 2 ③ 3 ② 4 ③

05 **보호구 안전인증 고시상 전로 또는 평로 등의 작업 시 사용하는 방열두건의 차광도 번호는?**

① #2~#3 ② #3~#5
③ #6~#8 ④ #9~#11

해설
방열두건의 사용구분

차광도 번호	사용구분
#2~#3	고로강판가열로, 조괴(造塊) 등의 작업
#3~#5	전로 또는 평로 등의 작업
#6~#8	전기로의 작업

06 **산업재해의 분석 및 평가를 위하여 재해 발생 건수 등의 추이에 대해 한계선을 설정하여 목표 관리를 수행하는 재해통계 분석기법은?**

① 관리도
② 안전 T점수
③ 파레토도
④ 특성 요인도

해설
② 안전 T점수(Safe T Score) : 안전에 관한 과거와 현재의 중대성 차이를 비교할 때 사용되는 통계방식
③ 파레토도(Pareto Diagram) : 사고의 유형, 기인물 등 분류항목을 큰 순서대로 도표화하여 재해원인을 찾아내는 통계 분석기법
④ 특성 요인도(Cause & Effect Diagram) : 재해문제 특성과 원인의 관계를 찾아가면서 도표로 만들어 재해 발생의 원인을 찾아내는 통계 분석기법

07 **산업안전보건법령상 안전보건관리규정 작성 시 포함되어야 하는 사항을 모두 고른 것은?(단, 그밖에 안전 및 보건에 관한 사항은 제외한다)**

ㄱ. 안전보건교육에 관한 사항
ㄴ. 재해사례 연구・토의결과에 관한 사항
ㄷ. 사고 조사 및 대책 수립에 관한 사항
ㄹ. 작업장의 안전 및 보건 관리에 관한 사항
ㅁ. 안전 및 보건에 관한 관리조직과 그 직무에 관한 사항

① ㄱ, ㄴ, ㄷ, ㄹ
② ㄱ, ㄴ, ㄹ, ㅁ
③ ㄱ, ㄷ, ㄹ, ㅁ
④ ㄴ, ㄷ, ㄹ, ㅁ

해설
안전보건관리규정 작성 시 포함되어야 하는 사항(법 제25조)
• 안전 및 보건에 관한 관리조직과 그 직무에 관한 사항
• 안전보건교육에 관한 사항
• 작업장의 안전 및 보건 관리에 관한 사항
• 사고 조사 및 대책 수립에 관한 사항

08 **억측판단이 발생하는 배경으로 볼 수 없는 것은?**

① 정보가 불확실할 때
② 타인의 의견에 동조할 때
③ 희망적인 관측이 있을 때
④ 과거에 성공한 경험이 있을 때

해설
억측판단(Risk Taking)이 발생하는 배경
• 희망적인 관측
• 정보나 지식의 불확실
• 과거의 선입관
• 초조한 상태

정답 5 ② 6 ① 7 ③ 8 ②

09 하인리히의 사고예방원리 5단계 중 교육 및 훈련의 개선, 인사조정, 안전관리규정 및 수칙의 개선 등을 행하는 단계는?

① 사실의 발견 ② 분석 평가
③ 시정방법의 선정 ④ 시정책의 적용

해설
하인리히의 사고예방대책의 기본원리 5단계
- 1단계(안전조직) : 안전활동방침 및 계획수립(안전관리규정작성, 책임·권한부여, 조직편성)
- 2단계(사실의 발견) : 현상파악, 문제점 발견(사고 점검·검사 및 사고조사 실시, 자료수집, 작업분석, 위험확인, 안전회의 및 토의, 사고 및 안전활동기록의 검토)
- 3단계(분석·평가) : 현장조사
- 4단계(시정책의 선정) : 대책의 선정 혹은 시정방법 선정(인사조정, 기술적 개선, 안전관리 행정업무의 개선(안전행정의 개선), 기술교육을 위한 교육 및 훈련의 개선)
- 5단계(시정책 적용, Adaption of Remedy)

10 재해예방의 4원칙에 대한 설명으로 틀린 것은?

① 재해 발생은 반드시 원인이 있다.
② 손실과 사고와의 관계는 필연적이다.
③ 재해는 원인을 제거하면 예방이 가능하다.
④ 재해를 예방하기 위한 대책은 반드시 존재한다.

해설
손실과 사고와의 관계는 우연적이다.

11 산업안전보건법령상 안전보건진단을 받아 안전보건개선계획의 수립 및 명령을 할 수 있는 대상이 아닌 것은?

① 유해인자의 노출기준을 초과한 사업장
② 산업재해율이 같은 업종 평균 산업재해율의 2배 이상인 사업장
③ 사업주가 필요한 안전조치 또는 보건조치를 이행하지 아니하여 중대재해가 발생한 사업장
④ 상시근로자 1천명 이상인 사업장에서 직업성 질병자가 연간 2명 이상 발생한 사업장

해설
직업성 질병자가 연간 2명 이상(상시근로자 1천명 이상 사업장의 경우 3명 이상) 발생한 사업장(시행령 제49조)

12 버드(Bird)의 재해분포에 따르면 20건의 경상(물적, 인적 상해)사고가 발생했을 때 무상해·무사고(위험순간) 고장발생건수는?

① 200 ② 600
③ 1,200 ④ 12,000

해설
버드(Bird)의 재해분포
중상 또는 폐질 : 경상(물적 또는 인적상해) : 무상해 사고(물적 손실) : 무상해·무사고(위험순간) = 1 : 10 : 30 : 600이므로 20건의 경상(물적, 인적 상해)사고가 발생했을 때 무상해·무사고(위험순간) 고장발생건수를 x라 하면 $10 : 600 = 20 : x$이므로 $x = \frac{600 \times 20}{10} = 1{,}200$건이다.

13 산업안전보건법령상 거푸집 동바리의 조립 또는 해체작업 시 특별교육 내용이 아닌 것은?(단, 그 밖에 안전·보건관리에 필요한 사항은 제외한다)

① 비계의 조립 순서 및 방법에 관한 사항
② 조립 해체 시의 사고 예방에 관한 사항
③ 동바리의 조립방법 및 작업 절차에 관한 사항
④ 조립재료의 취급방법 및 설치기준에 관한 사항

해설
거푸집 동바리의 조립 또는 해체작업 시 특별교육 내용(시행규칙 별표 5)
- 동바리의 조립방법 및 작업 절차에 관한 사항
- 조립재료의 취급방법 및 설치기준에 관한 사항
- 조립 해체 시의 사고 예방에 관한 사항
- 보호구 착용 및 점검에 관한 사항
- 그 밖에 안전·보건관리에 필요한 사항

정답 9 ③ 10 ② 11 ④ 12 ③ 13 ①

14 **산업안전보건법령상 다음의 안전보건표지 중 기본모형이 다른 것은?**

① 위험장소 경고
② 레이저 광선 경고
③ 방사성 물질 경고
④ 부식성 물질 경고

해설

부식성 물질 경고는 마름모형이며, ①, ②, ③은 삼각형이다(시행규칙 별표 6).

15 **학습정도(Level of Learning)의 4단계를 순서대로 나열한 것은?**

① 인지 → 이해 → 지각 → 적용
② 인지 → 지각 → 이해 → 적용
③ 지각 → 이해 → 인지 → 적용
④ 지각 → 인지 → 이해 → 적용

16 **기업 내 정형교육 중 TWI(Training Within Industry)의 교육내용이 아닌 것은?**

① Job Method Training
② Job Relation Training
③ Job Instruction Training
④ Job Standardization Training

해설

TWI(Training Within Industry)의 교육내용
- JKT(Job Knowledge Training) : 직무지식훈련
- JMT(Job Method Training) : 작업방법훈련
- JIT(Job Instruction Training) : 작업지도훈련
- JRT(Job Relation Training) : 인간관계훈련
- JST(Job Safety Training) : 작업안전훈련

17 **레빈(Lewin)의 법칙 $B=f(P \cdot E)$ 중 B가 의미하는 것은?**

① 행 동
② 경 험
③ 환 경
④ 인간관계

해설

레빈(Lewin)의 법칙 $B=f(P \cdot E)$: 인간의 행동(B)은 개인의 자질 혹은 성격(P)과 심리학적 환경 혹은 작업환경(E)과의 상호함수관계에 있다.
- B : Behavior(인간의 행동)
- f : function(함수)
- P : Personality(인간의 조건인 자질 혹은 소질, 개체 : 연령, 경험, 성격(개성), 지능, 심신 상태 등)
- E : Environment(심리적 환경 : 작업환경(조명, 온도, 소음), 인간관계 등)

18 **재해원인을 직접원인과 간접원인으로 분류할 때 직접원인에 해당하는 것은?**

① 물적 원인
② 교육적 원인
③ 정신적 원인
④ 관리적 원인

해설

물적 원인은 간접원인에 해당한다.

정답 14 ④ 15 ② 16 ④ 17 ① 18 ①

19 산업안전보건법령상 안전관리자의 업무가 아닌 것은?(단, 그 밖에 고용노동부장관이 정하는 사항은 제외한다)

① 업무 수행 내용의 기록
② 산업재해에 관한 통계의 유지·관리·분석을 위한 보좌 및 지도·조언
③ 안전교육계획의 수립 및 안전교육 실시에 관한 보좌 및 지도·조언
④ 작업장 내에서 사용되는 전체 환기장치 및 국소 배기장치 등에 관한 설비의 점검

해설
안전관리자의 업무(시행령 제18조)
- 산업안전보건위원회 또는 안전·보건에 관한 노사협의체에서 심의·의결한 직무와 해당 사업장의 안전보건관리규정 및 취업규칙에서 정한 업무
- 위험성평가에 관한 보좌 및 조언지도
- 안전인증대상 기계·기구 등과 자율안전확인대상 기계·기구 등 구입 시 적격품의 선정에 관한 보좌 및 지도·조언
- 해당 사업장 안전교육계획의 수립 및 안전교육 실시에 관한 보좌 및 지도·조언
- 사업장 순회점검, 지도 및 조치 건의
- 산업재해 발생의 원인 조사·분석 및 재발방지를 위한 기술적 지도·조언
- 산업재해에 관한 통계의 유지·관리·분석을 위한 보좌 및 지도·조언
- 법 또는 법에 따른 명령으로 정한 안전에 관한 사항의 이행에 관한 보좌 및 지도·조언
- 업무 수행 내용의 기록·유지

20 헤드십(Headship)의 특성에 관한 설명으로 틀린 것은?

① 지휘형태는 권위주의적이다.
② 상사의 권한 근거는 비공식적이다.
③ 상사와 부하의 관계는 지배적이다.
④ 상사와 부하의 사회적 간격은 넓다.

해설
헤드십에서 상사의 권한 근거는 공식적이다.

제2과목 인간공학 및 시스템 안전공학

21 위험분석기법 중 시스템 수명주기 관점에서 적용 시점이 가장 빠른 것은?

① PHA ② FHA
③ OHA ④ SHA

해설
PHA(Preliminary Hazard Analysis, 예비위험분석) : 시스템 내에 존재하는 위험을 파악하기 위한 목적으로, 시스템 설계 초기단계에 수행되는 위험분석기법

22 상황해석을 잘못하거나 목표를 잘못 설정하여 발생하는 인간의 오류 유형은?

① 실수(Slip) ② 착오(Mistake)
③ 위반(Violation) ④ 건망증(Lapse)

해설
① 실수(Slip) : 의도는 올바른 것이었지만, 행동이 의도한 것과는 다르게 나타나는 오류
③ 위반(Violation) : 알고 있음에도 의도적으로 따르지 않거나 무시한 경우
④ 건망증(Lapse) : 기억의 실패에 기인하여 무엇을 잊어버리거나 부주의하여 행동 수행을 실패하는 것

23 A작업의 평균 에너지소비량이 다음과 같을 때, 60분간의 총작업시간 내에 포함되어야 하는 휴식시간(분)은?

- 휴식 중 에너지소비량 : 1.5[kcal/min]
- A작업 시 평균 에너지소비량 : 6[kcal/min]
- 기초대사를 포함한 작업에 대한 평균 에너지소비량 상한 : 5[kcal/min]

① 10.3 ② 11.3
③ 12.3 ④ 13.3

해설
60분간 총작업시간 내에 포함되어야 하는 휴식시간

$R = 60 \times \frac{E-5}{E-1.5} = 60 \times \frac{6-5}{6-1.5} \simeq 13.3$[min]

정답 19 ④ 20 ② 21 ① 22 ② 23 ④

24 시스템의 수명곡선(욕조곡선)에 있어서 디버깅(Debugging)에 관한 설명으로 옳은 것은?

① 초기 고장의 결함을 찾아 고장률을 안정시키는 과정이다.
② 우발 고장의 결함을 찾아 고장률을 안정시키는 과정이다.
③ 마모 고장의 결함을 찾아 고장률을 안정시키는 과정이다.
④ 기계 결함을 발견하기 위해 동작시험을 하는 기간이다.

해설
디버깅(Debugging) 기간 : 기계설비 고장 유형 중 기계의 초기 고장의 결함을 찾아내어 고장률을 안정시키는 기간

25 밝은 곳에서 어두운 곳으로 갈 때 망막에 시홍이 형성되는 생리적 과정인 암조응이 발생하는데 완전 암조응(Dark Adaptation)이 발생하는 데 소요되는 시간은?

① 약 3~5분 ② 약 10~15분
③ 약 30~40분 ④ 약 60~90분

해설
완전 암조응(Dark Adaptation)이 발생하는 데 소요되는 시간은 약 30~40분이다.

26 인간공학에 대한 설명으로 틀린 것은?

① 인간-기계 시스템의 안전성, 편리성, 효율성을 높인다.
② 인간을 작업과 기계에 맞추는 설계 철학이 바탕이 된다.
③ 인간이 사용하는 물건, 설비, 환경의 설계에 적용된다.
④ 인간의 생리적, 심리적인 면에서의 특성이나 한계점을 고려한다.

해설
인간공학은 작업과 기계를 인간에 맞추는 설계 철학이 바탕이 된다.

27 HAZOP 기법에서 사용하는 가이드워드와 그 의미가 잘못 연결된 것은?

① Part of : 성질상의 감소
② As well as : 성질상의 증가
③ Other than : 기타 환경적인 요인
④ More/Less : 정량적인 증가 또는 감소

해설
Other than : 완전한 대체(전혀 의도하지 않은)

28 그림과 같은 FT도에 대한 최소 컷셋(Minimal Cut Sets)으로 옳은 것은?(단, Fussell의 알고리즘을 따른다)

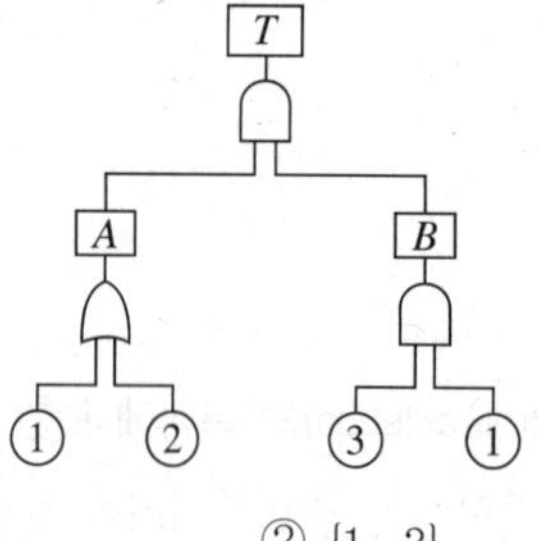

① {1, 2} ② {1, 3}
③ {2, 3} ④ {1, 2, 3}

해설
$T = A \cdot B = (①+②)(③\cdot①) = ①(③\cdot①)+②(③\cdot①)$
$= ③\cdot①+①\cdot②\cdot③ = ①(③+②\cdot③) = ①[③(1+②)]$
$= ①\cdot③$이므로 최소 컷셋은 {1, 3}이다.

정답 24 ① 25 ③ 26 ② 27 ③ 28 ②

29 **경계 및 경보신호의 설계지침으로 틀린 것은?**

① 주의를 환기시키기 위하여 변조된 신호를 사용한다.
② 배경소음의 진동수와 다른 진동수의 신호를 사용한다.
③ 귀는 중음역에 민감하므로 500~3,000[Hz]의 진동수를 사용한다.
④ 300[m] 이상의 장거리용으로는 1,000[Hz]를 초과하는 진동수를 사용한다.

해설
300[m] 이상의 장거리용으로는 1,000[Hz] 이하의 진동수를 사용한다.

30 **FTA(Fault Tree Analysis)에서 사용되는 사상 기호 중 통상의 작업이나 기계의 상태에서 재해의 발생 원인이 되는 요소가 있는 것을 나타내는 것은?**

① 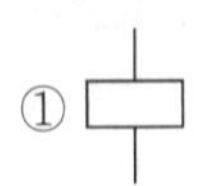
② 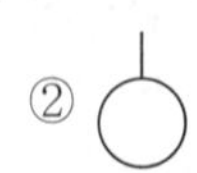
③ 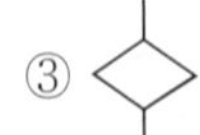
④ 

해설
④ 통상사상 기호
① 결함사상 기호
② 기본사상 기호
③ 생략사상 기호

31 **불(Boole) 대수의 정리를 나타낸 관계식 중 틀린 것은?**

① $A \cdot 0 = 0$
② $A + 1 = 1$
③ $A \cdot \overline{A} = 1$
④ $A(A+B) = A$

해설
상호법칙(보원법칙) : $A \cdot \overline{A} = 0$, $A + \overline{A} = 1$

32 **근골격계질환 작업분석 및 평가 방법인 OWAS의 평가요소를 모두 고른 것은?**

ㄱ. 상 지	ㄴ. 무게(하중)
ㄷ. 하 지	ㄹ. 허 리

① ㄱ, ㄴ
② ㄱ, ㄷ, ㄹ
③ ㄴ, ㄷ, ㄹ
④ ㄱ, ㄴ, ㄷ, ㄹ

해설
OWAS의 평가요소 : 허리, 상지, 하지, 무게(하중)

33 **다음 중 좌식작업이 가장 적합한 작업은?**

① 정밀조립작업
② 4.5[kg] 이상의 중량물을 다루는 작업
③ 작업장이 서로 떨어져 있으며 작업장 간 이동이 잦은 작업
④ 작업자의 정면에서 매우 높거나 낮은 곳으로 손을 자주 뻗어야 하는 작업

정답 29 ④ 30 ④ 31 ③ 32 ④ 33 ①

34 n**개의 요소를 가진 병렬시스템에 있어 요소의 수명(MTTF)이 지수 분포를 따를 경우, 이 시스템의 수명으로 옳은 것은?**

① $MTTF \times n$

② $MTTF \times \frac{1}{n}$

③ $MTTF \times \left(1+\frac{1}{2}+\cdots+\frac{1}{n}\right)$

④ $MTTF \times \left(1 \times \frac{1}{2} \times \cdots \times \frac{1}{n}\right)$

해설

- $MTTF = \frac{총가동시간}{고장건수}$
- 직렬 시스템의 $MTTF_S = MTTF \times \frac{1}{n}$
  (여기서, n : 구성부품수)
- 병렬 시스템의 $MTTF_S = MTTF \times \left(1+\frac{1}{2}+\cdots+\frac{1}{n}\right)$
  (여기서, n : 구성부품수)

35 인간-기계시스템에 관한 설명으로 틀린 것은?

① 자동시스템에서는 인간요소를 고려하여야 한다.

② 자동차 운전이나 전기드릴작업은 반자동시스템의 예시이다.

③ 자동시스템에서 인간은 감시, 정비 유지, 프로그램 등의 작업을 담당한다.

④ 수동시스템에서 기계는 동력원을 제공하고 인간의 통제하에서 제품을 생산한다.

해설

수동시스템에서는 인간이 동력원을 제공하고 인간의 통제하에서 제품을 생산한다.

36 양식 양립성의 예시로 가장 적절한 것은?

① 자동차 설계 시 고도계 높낮이 표시

② 방사능 사업장에 방사능 폐기물 표시

③ 청각적 자극 제시와 이에 대한 음성 응답

④ 자동차 설계 시 제어장치와 표시장치의 배열

해설

양식 양립성은 청각적 자극 제시와 이에 대한 음성 응답 과업에서 갖는 양립성을 말하며, 청각적 자극 제시와 이에 대한 음성 응답은 양식 양립성의 예시에 해당한다.

37 다음에서 설명하는 용어는?

> 유해·위험요인을 파악하고 해당 유해·위험요인에 의한 부상 또는 질병의 발생 가능성(빈도)과 중대성(강도)을 추정·결정하고 감소대책을 수립하여 실행하는 일련의 과정을 말한다.

① 위험성 결정

② 위험성 평가

③ 위험 빈도 추정

④ 유해·위험요인 파악

38 태양광선이 내리쬐는 옥외장소의 자연습구온도 20[℃], 흑구온도 18[℃], 건구온도 30[℃]일 때 습구흑구온도지수(WBGT)는?

① 20.6[℃] ② 22.5[℃]

③ 25.0[℃] ④ 28.5[℃]

해설

태양광이 내리쬐는 옥외의 경우 $WBGT = 0.7NWB + 0.2G + 0.1D$

(여기서, NWB : 자연습구온도, G : 흑구온도, D : 건구온도)

$\therefore WBGT = 0.7NWB + 0.2G + 0.1D$

$= 0.7 \times 20 + 0.2 \times 18 + 0.1 \times 30 = 20.6$[℃]

정답 34 ③ 35 ④ 36 ③ 37 ② 38 ①

39 FTA(Fault Tree Analysis)에 관한 설명으로 옳은 것은?

① 정성적 분석만 가능하다.
② 복잡하고 대형화된 시스템의 신뢰성 분석 및 안정성 분석에 이용되는 기법이다.
③ FT에 동일한 사건이 중복되어 나타나는 경우 상향식(Bottom-up)으로 정상 사건 T의 발생 확률을 계산할 수 있다.
④ 기초사건과 생략사건의 확률값이 주어지게 되더라도 정상 사건의 최종적인 발생확률을 계산할 수 없다.

해설
① 정성적 분석, 정량적 분석 모두 가능하다.
③ 톱다운(Top-Down) 접근방식이다.
④ 기초사건과 생략사건의 확률값이 주어지면 정상 사건의 최종적인 발생확률을 계산할 수 있다.

40 1[sone]에 관한 설명으로 ( )에 알맞은 수치는?

> 1[sone] : (㉠)[Hz], (㉡)[dB]의 음압수준을 가진 순음의 크기

① ㉠ : 1,000, ㉡ : 1
② ㉠ : 4,000, ㉡ : 1
③ ㉠ : 1,000, ㉡ : 40
④ ㉠ : 4,000, ㉡ : 40

해설
1[sone] : 1,000[Hz], 40[dB]의 음압수준을 가진 순음의 크기

제3과목 기계위험 방지기술

41 다음 중 와이어로프의 구성요소가 아닌 것은?

① 클 립 ② 소 선
③ 스트랜드 ④ 심 강

해설
와이어로프의 구성요소 : 소선, 스트랜드, 심강

42 산업안전보건법령상 산업용 로봇에 의한 작업 시 안전조치 사항으로 적절하지 않은 것은?

① 로봇의 운전으로 인해 근로자가 로봇에 부딪칠 위험이 있을 때에는 높이 1.8[m] 이상의 울타리를 설치하여야 한다.
② 작업을 하고 있는 동안 로봇의 기동스위치 등은 작업에 종사하고 있는 근로자가 아닌 사람이 그 스위치 등을 조작할 수 없도록 필요한 조치를 한다.
③ 로봇의 조작방법 및 순서, 작업 중의 매니퓰레이터의 속도 등에 관한 지침에 따라 작업을 하여야 한다.
④ 작업에 종사하는 근로자가 이상을 발견하면 관리 감독자에게 우선 보고하고, 지시가 나올 때까지 작업을 진행한다.

해설
작업에 종사하고 있는 근로자 또는 그 근로자를 감시하는 사람은 이상 발견 시 즉시 로봇의 운전을 정지시키기 위한 조치를 해야 한다(산업안전보건기준에 관한 규칙 제222조).

43 밀링작업 시 안전수칙으로 옳지 않은 것은?

① 테이블 위에 공구나 기타 물건 등을 올려놓지 않는다.
② 제품 치수를 측정할 때는 절삭 공구의 회전을 정지한다.
③ 강력 절삭을 할 때는 일감을 바이스에 짧게 물린다.
④ 상하, 좌우 이송장치의 핸들은 사용 후 풀어 둔다.

해설
밀링작업 시 강력 절삭을 할 때는 일감을 바이스에 깊게 물린다.

정답 39 ② 40 ③ 41 ① 42 ④ 43 ③

44 **다음 중 지게차의 작업 상태별 안정도에 관한 설명으로 틀린 것은?(단, V는 최고속도(km/h)이다)**

① 기준 부하 상태의 하역작업 시의 전후 안정도는 20[%] 이내이다.
② 기준 부하 상태의 하역작업 시의 좌우 안정도는 6[%] 이내이다.
③ 기준 무부하 상태에서 주행 시의 전후 안정도는 18[%] 이내이다.
④ 기준 무부하 상태에서 주행 시의 좌우 안정도는 (15 + 1.1V)[%] 이내이다.

해설
부하 상태에서 하역작업 시의 전후 안정도 : 5[ton] 미만의 경우는 4[%] 이내, 5[ton] 이상은 3.5[%] 이내

45 **산업안전보건법령상 보일러의 안전한 가동을 위하여 보일러 규격에 맞는 압력방출장치가 2개 이상 설치된 경우에 최고 사용압력 이하에서 1개가 작동되고, 다른 압력방출장치는 최고 사용압력의 몇 배 이하에서 작동되도록 부착하여야 하는가?**

① 1.03배 ② 1.05배
③ 1.2배 ④ 1.5배

해설
압력방출장치가 2개 이상 설치된 경우에는 최고 사용압력 이하에서 1개가 작동되고, 다른 압력방출장치는 최고 사용압력 1.05배 이하에서 작동되도록 부착하여야 한다(산업안전보건기준에 관한 규칙 제116조).

46 **금형의 설치, 해체, 운반 시 안전사항에 관한 설명으로 틀린 것은?**

① 운반을 통하여 관통 아이볼트가 사용될 때는 구멍 틈새가 최소화되도록 한다.
② 금형을 설치하는 프레스의 T홈 안길이는 설치 볼트 지름의 1/2 이하로 한다.
③ 고정 볼트는 고정 후 가능하면 나사산을 3~4개 정도 짧게 남겨 설치 또는 해체 시 슬라이드 면과의 사이에 협착이 발생하지 않도록 해야 한다.
④ 운반 시 상부 금형과 하부 금형이 닿을 위험이 있을 때는 고정 패드를 이용한 스트랩, 금속재질이나 우레탄 고무의 블록 등을 사용한다.

해설
금형을 설치하는 프레스의 T홈 안길이는 설치 볼트 지름의 2배 이상으로 한다.

47 **선반에서 절삭가공 시 발생하는 칩을 짧게 끊어지도록 공구에 설치되어 있는 방호장치의 일종인 칩 제거 기구를 무엇이라 하는가?**

① 칩 브레이커
② 칩 받침
③ 칩 쉴드
④ 칩 커터

해설
칩 브레이커(Chip Breaker)
- 선반에서 사용하는 바이트와 관련된 방호장치
- 선반에서 절삭가공 시 발생하는 칩을 짧게 끊어지도록 공구에 설치되어 있는 방호장치의 일종인 칩 제거 기구
- 선반작업 시 발생되는 칩으로 인한 재해를 예방하기 위하여 칩을 짧게 끊어지게 하는 것
- 칩 브레이커의 종류 : 연삭형, 클램프형, 자동조정식

정답 44 ① 45 ② 46 ② 47 ①

48 **다음 중 산업안전보건법령상 안전인증대상 방호장치에 해당하지 않는 것은?**

① 연삭기 덮개
② 압력용기 압력방출용 파열판
③ 압력용기 압력방출용 안전밸브
④ 방폭구조(防爆構造) 전기기계·기구 및 부품

해설
산업안전보건법령상 의무안전인증대상 방호장치
- 압력용기 압력방출용 파열판
- 안전밸브(압력용기 압력방출용, 보일러 압력방출용)
- 방폭구조 전기기계·기구 및 부품
- 프레스 및 전단기의 방호장치
- 양중기용 과부하 방지장치
- 절연용 방호구 및 활선작업용 기구

49 **인장강도가 250[N/mm^2]인 강판에서 안전율이 4라면, 이 강판의 허용응력[N/mm^2]은 얼마인가?**

① 42.5 ② 62.5
③ 82.5 ④ 102.5

해설
안전계수 $S=\frac{\text{인장강도}}{\text{허용응력}}$

$\therefore$ 허용응력 $=\frac{\text{인장강도}}{\text{안전계수}}=\frac{250}{4}=62.5$[N/mm^2]

50 **산업안전보건법령상 강렬한 소음작업에서 데시벨에 따른 노출시간으로 적합하지 않은 것은?**

① 100[dB] 이상의 소음이 1일 2시간 이상 발생하는 직업
② 110[dB] 이상의 소음이 1일 30분 이상 발생하는 직업
③ 115[dB] 이상의 소음이 1일 15분 이상 발생하는 직업
④ 120[dB] 이상의 소음이 1일 7분 이상 발생하는 직업

해설
음압[dB]과 허용노출시간[T]

[dB]	90	95	100	105	110	115
T	8H	4H	2H	1H	30분	15분

※ 115[dB]을 초과하는 소음 수준에 노출되어서는 안 된다.

51 **방호장치 안전인증 고시에 따라 프레스 및 전단기에 사용되는 광전자식 방호장치의 일반구조에 대한 설명으로 가장 적절하지 않은 것은?**

① 정상동작표시램프는 녹색, 위험표시램프는 붉은색으로 하며, 근로자가 쉽게 볼 수 있는 곳에 설치해야 한다.
② 슬라이드 하강 중 정전 또는 방호장치의 이상 시에 정지할 수 있는 구조이어야 한다.
③ 방호장치는 릴레이, 리밋 스위치 등의 전기부품의 고장, 전원전압의 변동 및 정전에 의해 슬라이드가 불시에 동작하지 않아야 하며, 사용전원전압의 ±(10/100)의 변동에 대하여 정상으로 작동되어야 한다.
④ 방호장치의 감지기능은 규정한 검출영역 전체에 걸쳐 유효하여야 한다(다만, 블랭킹 기능이 있는 경우 그렇지 않다).

해설
방호장치는 릴레이, 리밋 스위치 등의 전기부품의 고장, 전원전압의 변동 및 정전에 의해 슬라이드가 불시에 동작하지 않아야 하며, 사용전원전압의 ±(20/100)의 변동에 대하여 정상으로 작동되어야 한다.

52 **산업안전보건법령상 연삭기 작업 시 작업자가 안심하고 작업을 할 수 있는 상태는?**

① 탁상용 연삭기에서 숫돌과 작업 받침대의 간격이 5[mm]이다.
② 덮개 재료의 인장강도는 224[MPa]이다.
③ 숫돌 교체 후 2분 정도 시험운전을 실시하여 해당 기계의 이상 여부를 확인하였다.
④ 작업 시작 전 1분 정도 시험운전을 실시하여 해당 기계의 이상 여부를 확인하였다.

해설
① 탁상용 연삭기의 덮개에는 워크레스트 및 조정편을 구비하여야 하며, 워크레스트는 연삭숫돌과의 간격을 3[mm] 이하로 조정할 수 있는 구조이어야 한다.
② 덮개 재료는 인장강도 274.5[MPa](28[kg/mm^2]) 이상이고 신장도가 14[%] 이상이어야 하며, 인장강도의 값(MPa)에 신장도(%)의 20배를 더한 값이 754.5 이상이어야 한다.
③ 연삭숫돌을 교체한 때에는 3분 이상, 작업 시작 전에는 1분 이상 시운전한다.

정답 48 ① 49 ② 50 ④ 51 ③ 52 ④

53 보기와 같은 기계요소가 단독으로 발생시키는 위험점은?

밀링커터, 둥근톱날

① 협착점
② 끼임점
③ 절단점
④ 물림점

해설
밀링커터, 둥근톱날은 절삭공구이므로 단독으로 발생시키는 위험점은 절단점이다.

54 다음 중 크레인의 방호장치로 가장 거리가 먼 것은?

① 권과방지장치
② 과부하방지장치
③ 비상정지장치
④ 자동보수장치

해설
크레인의 방호장치 : 권과방지장치, 과부하방지장치, 비상정지장치, 브레이크장치(제동장치), 충돌방지장치(천장크레인)

55 산업안전보건법령상 프레스기를 사용하여 작업을 할 때 작업 시작 전 점검사항으로 틀린 것은?

① 클러치 및 브레이크의 기능
② 압력방출장치의 기능
③ 크랭크축·플라이휠·슬라이드·연결봉 및 연결 나사의 풀림 유무
④ 프레스의 금형 및 고정볼트의 상태

해설
프레스 작업 시작 전 점검사항
- 클러치 및 브레이크의 기능
- 크랭크축·플라이휠·슬라이드·연결봉 및 연결 나사의 풀림 유무
- 1행정 1정지기구·급정지장치 및 비상정지장치의 기능
- 슬라이드 또는 칼날에 의한 위험방지 기구의 기능
- 프레스의 금형 및 고정볼트 상태
- 방호장치의 기능
- 전단기의 칼날 및 테이블의 상태

56 설비보전은 예방보전과 사후보전으로 대별된다. 다음 중 예방보전의 종류가 아닌 것은?

① 시간계획보전
② 개량보전
③ 상태기준보전
④ 적응보전

해설
예방보전의 종류
- 시간계획보전(TBM ; Time Based Maintenance) : 보전주기를 결정하고 이에 따라 일정한 기간이 경과하면 계획적으로 보전을 행하는 형태
- 상태기준보전(CBM ; Condition Based Maintenance) : 설비의 상태에 따라 보전을 행하는 형태
- 적응보전(AM ; Adaptive Maintenance) : 생산 상황이나 설비의 노후 정도 등의 주변 환경도 고려하여 설비 상태를 파악, 보전을 실행하는 형태

정답 53 ③ 54 ④ 55 ② 56 ②

57 천장크레인에 중량 3[kN]의 화물을 2줄로 매달았을 때 매달기용 와이어(Sling Wire)에 걸리는 장력은 약 몇 [kN]인가?(단, 매달기용 와이어(Sling Wire) 2줄 사이의 각도는 55°이다)

① 1.3　② 1.7
③ 2.0　④ 2.3

해설
$\cos\frac{\theta}{2}=\frac{w/2}{T}$ 이므로 $T=\frac{3/2}{\cos 27.5°}=\frac{1.5}{0.887}\simeq 1.7$[kN]

58 다음 중 롤러의 급정지 성능으로 적합하지 않은 것은?

① 앞면 롤러 표면 원주속도가 25[m/min], 앞면 롤러의 원주가 5[m]일 때 급정지거리 1.6[m] 이내
② 앞면 롤러 표면 원주속도가 35[m/min], 앞면 롤러의 원주가 7[m]일 때 급정지거리 2.8[m] 이내
③ 앞면 롤러 표면 원주속도가 30[m/min], 앞면 롤러의 원주가 6[m]일 때 급정지거리 2.6[m] 이내
④ 앞면 롤러 표면 원주속도가 20[m/min], 앞면 롤러의 원주가 8[m]일 때 급정지거리 2.6[m] 이내

해설
급정지거리 기준(무부하 상태기준)
- 앞면 롤러의 원주속도 30[m/min] 미만 : 앞면 롤러원주의 1/3 이내
- 앞면 롤러의 원주속도 30[m/min] 이상 : 앞면 롤러원주의 1/2.5 이내

59 조작자의 신체 부위가 위험한계 밖에 위치하도록 기계의 조작장치를 위험구역에서 일정거리 이상 떨어지게 하는 방호장치는?

① 덮개형 방호장치
② 차단형 방호장치
③ 위치제한형 방호장치
④ 접근반응형 방호장치

해설
위치제한형 방호장치 : 조작자의 신체 부위가 위험한계 밖에 위치하도록 기계의 조작장치를 위험구역에서 일정거리 이상 떨어지게 하는 방호장치(예 프레스의 양수 조작식 방호장치 등)

60 산업안전보건법령상 아세틸렌 용접장치의 아세틸렌 발생기실을 설치하는 경우 준수하여야 하는 사항으로 옳은 것은?

① 벽은 가연성 재료로 하고 철근 콘크리트 또는 그 밖에 이와 동등하거나 그 이상의 강도를 가진 구조로 할 것
② 바닥면적의 1/16 이상의 단면적을 가진 배기통을 옥상으로 돌출시키고 그 개구부를 창이나 출입구로부터 1.5[m] 이상 떨어지도록 할 것
③ 출입구의 문은 불연성 재료로 하고 두께 1.0[mm] 이하의 철판이나 그 밖에 그 이상의 강도를 가진 구조로 할 것
④ 발생기실을 옥외에 설치한 경우에는 그 개구부를 다른 건축물로부터 1.0[m] 이내 떨어지도록 할 것

해설
① 발생기실의 벽은 불연성 재료로 하고 철근 콘크리트 또는 그밖에 이와 같은 수준이거나 그 이상의 강도를 가진 구조로 할 것
③ 출입구의 문은 불연성 재료로 하고 두께 1.5[mm] 이상의 철판이나 그 밖에 그 이상의 강도를 가진 구조로 할 것
④ 발생기실을 옥외에 설치한 경우에는 그 개구부를 다른 건축물로부터 1.5[m] 이상 떨어지도록 할 것

정답 57 ② 58 ③ 59 ③ 60 ②

제4과목 전기위험 방지기술

61 **대지에서 용접작업을 하고 있는 작업자가 용접봉에 접촉한 경우 통전전류는?(단, 용접기의 출력 측 무부하전압 : 90[V], 접촉저항(손, 용접봉 등 포함) : 10[kΩ], 인체의 내부저항 : 1[kΩ], 발과 대지의 접촉저항 : 20[kΩ]이다)**

① 약 0.19[mA]
② 약 0.29[mA]
③ 약 1.96[mA]
④ 약 2.90[mA]

해설

대지에서 용접작업을 하고 있는 작업자가 용접봉에 접촉한 경우의 통전전류(I) : $I = \dfrac{V}{R_1 + R_2 + R_3}$

(여기서, V : 출력 측 무부하전압, R_1 : 접촉저항(손, 용접봉 등 포함), R_2 : 인체의 내부저항, R_3 : 발과 대지의 접촉저항)

$$\therefore I = \frac{V}{R_1 + R_2 + R_3} = \frac{90}{10{,}000 + 1{,}000 + 20{,}000}$$
$$= 0.0029[\text{A}] = 2.90[\text{mA}]$$

62 **KS C IEC 60079-10-2에 따라 공기 중에 분진운의 형태로 폭발성 분진 분위기가 지속적으로 또는 장기간 또는 빈번히 존재하는 장소는?**

① 0종 장소 ② 1종 장소
③ 20종 장소 ④ 21종 장소

해설

① 0종 장소 : 폭발성 가스분위기가 연속적으로 장기간 또는 빈번하게 존재하는 장소(용기, 장치, 배관 등의 내부)
② 1종 장소 : 정상 작동 중에 폭발성 가스분위기가 주기적 또는 간헐적으로 생성되기 쉬운 장소(맨홀, 벤트, 피트 등의 주위)
④ 21종 장소 : 공기 중에 가연성 분진운의 형태가 정상 작동 중 빈번하게 폭발분위기를 형성할 수 있는 장소

63 **설비의 이상현상에 나타나는 아크(Arc)의 종류가 아닌 것은?**

① 단락에 의한 아크
② 지락에 의한 아크
③ 차단기에서의 아크
④ 전선저항에 의한 아크

해설

설비의 이상현상에 나타나는 아크(Arc)의 종류 : 단락에 의한 아크, 지락에 의한 아크, 차단기에서의 아크

64 **정전기 재해방지에 관한 설명 중 틀린 것은?**

① 이황화탄소의 수송 과정에서 배관 내의 유속을 2.5[m/s] 이상으로 한다.
② 포장 과정에서 용기를 도전성 재료에 접지한다.
③ 인쇄 과정에서 도포량을 소량으로 하고 접지한다.
④ 작업장의 습도를 높여 전하가 제거되기 쉽게 한다.

해설

에테르, 이황화탄소 등과 같이 유동대전이 심하고 폭발 위험성이 높은 물질의 수송 시 배관 내의 유속을 1[m/s] 이하로 한다.

65 **한국전기설비규정에 따라 사람이 쉽게 접촉할 우려가 있는 곳에 금속제 외함을 가지는 저압의 기계기구가 시설되어 있다. 이 기계기구의 사용전압이 몇 [V]를 초과할 때 전기를 공급하는 전로에 누전차단기를 시설해야 하는가?(단, 누전차단기를 시설하지 않아도 되는 조건은 제외한다)**

① 30[V] ② 40[V]
③ 50[V] ④ 60[V]

해설

금속제 외함을 가지는 저압의 기계기구의 사용전압이 50[V]를 초과할 때 전기를 공급하는 전로에 누전차단기를 시설해야 한다.

정답 61 ④ 62 ③ 63 ④ 64 ① 65 ③

66 다음 중 방폭설비의 보호등급(IP)에 대한 설명으로 옳은 것은?

① 제1특성 숫자가 '1'인 경우 지름 50[mm] 이상의 외부 분진에 대한 보호
② 제1특성 숫자가 '2'인 경우 지름 10[mm] 이상의 외부 분진에 대한 보호
③ 제2특성 숫자가 '1'인 경우 지름 50[mm] 이상의 외부 분진에 대한 보호
④ 제2특성 숫자가 '2'인 경우 지름 10[mm] 이상의 외부 분진에 대한 보호

해설
② 제1특성 숫자가 '2'인 경우 지름 12[mm] 이상의 외부 분진에 대한 보호
③ 제2특성 숫자가 '1'인 경우 수직으로 떨어지는 물방울에 해로운 영향을 안 받는 구조
④ 제2특성 숫자가 '2'인 경우 연적에서 15° 이내의 방향에 떨어지는 물방울에 해로운 영향을 안 받는 구조

67 정전기 발생에 영향을 주는 요인에 대한 설명으로 틀린 것은?

① 물체의 분리속도가 빠를수록 발생량은 적어진다.
② 접촉면적이 크고 접촉압력이 높을수록 발생량이 많아진다.
③ 물체 표면이 수분이나 기름으로 오염되면 산화 및 부식에 의해 발생량이 많아진다.
④ 정전기의 발생은 처음 접촉, 분리할 때가 최대로 되고 접촉, 분리가 반복됨에 따라 발생량은 감소한다.

해설
물체의 분리속도가 빠를수록 정전기 발생량은 많아진다.

68 전기기기, 설비 및 전선로 등의 충전 유무 등을 확인하기 위한 장비는?

① 위상검출기
② 디스콘 스위치
③ COS
④ 저압 및 고압용 검전기

해설
① 위상검출기 : 두 신호의 위상 차이에 비례하는 신호를 출력시키는 장치
② 디스콘 스위치(DS) : 저압에서 나이프 스위치처럼 차단기능이 없고 무부하 상태에서만 열거나 닫도록 만든 고압회로 단로기
③ COS(컷아웃스위치) : 동작 시 퓨즈가 용단되면서 끊어지고(컷), 퓨즈홀더가 개방되면서 밖으로 튀어나오는(아웃) 스위치로, 주로 변압기의 1차 측에 각 상마다 취부하여 변압기의 보호와 개폐를 하기 위한 장치이다.

69 피뢰기로서 갖추어야 할 성능 중 틀린 것은?

① 충격 방전 개시전압이 낮을 것
② 뇌전류 방전 능력이 클 것
③ 제한전압이 높을 것
④ 속류 차단을 확실하게 할 수 있을 것

해설
피뢰기는 제한전압이 낮아야 한다.

70 접지저항 저감방법으로 틀린 것은?

① 접지극의 병렬 접지를 실시한다.
② 접지극의 매설 깊이를 증가시킨다.
③ 접지극의 크기를 최대한 작게 한다.
④ 접지극 주변의 토양을 개량하여 대지저항률을 떨어뜨린다.

해설
접지저항을 저감하기 위해서 접지극의 크기를 최대한 크게 한다.

정답 66 ① 67 ① 68 ④ 69 ③ 70 ③

71 교류 아크용접기의 사용에서 무부하 전압이 80[V], 아크 전압 25[V], 아크 전류 300[A]일 경우 효율은 약 몇 [%]인가?(단, 내부손실은 4[kW]이다)

① 65.2　　② 70.5
③ 75.3　　④ 80.6

해설

$$\text{교류 아크용접기의 효율[\%]} = \frac{\text{출력}}{\text{입력}} \times 100[\%]$$
$$= \frac{\text{아크전압} \times \text{아크전류}}{\text{출력} + \text{내부손실}} \times 100[\%]$$
$$= \frac{25 \times 300}{(25 \times 300) + 4{,}000} \times 100[\%]$$
$$\simeq 65.2[\%]$$

72 아크방전의 전압전류 특성으로 가장 옳은 것은?

①
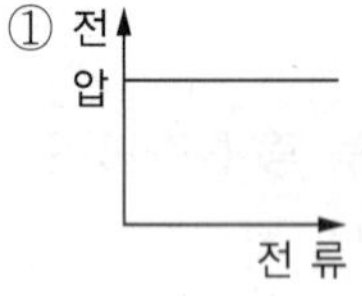

②
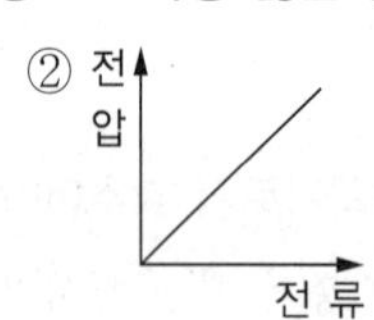

③
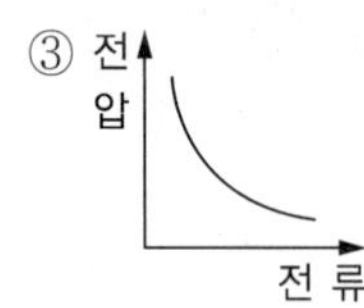

④
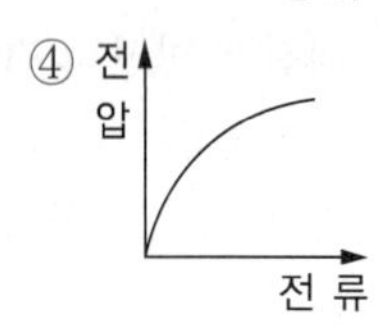

해설

아크방전(Electric Arc)은 양극과 음극을 대립시킬 경우 양 전극의 사이에 존재하는 기체가 전위차에 의한 전압 강하로 전기적으로 방전되어 전류가 흐르게 되는 현상이다. 아크방전에서는 전류가 커지면 저항이 작아져서 전압도 낮아진다.

73 다음 중 기기보호등급(EPL)에 해당하지 않는 것은?

① EPL Ga　　② EPL Ma
③ EPL Dc　　④ EPL Mc

해설

그룹Ⅱ(G : 가스), 그룹Ⅲ(D : 분진)의 경우 각각 a, b, c의 3가지로 구분하지만, 그룹Ⅰ(M : 광산)의 경우는 a, b의 2가지로 구분한다.

74 다음 중 산업안전보건기준에 관한 규칙에 따라 누전차단기를 설치하지 않아도 되는 곳은?

① 철판·철골 위 등 도전성이 높은 장소에서 사용하는 이동형 전기기계·기구
② 대지전압이 220[V]인 휴대형 전기기계·기구
③ 임시배선이 전로가 설치되는 장소에서 사용하는 이동형 전기기계·기구
④ 절연대 위에서 사용하는 전기기계·기구

해설

누전차단기를 설치하지 않아도 되는 예외 기준

- 이중절연구조 또는 이와 같은 수준 이상으로 보호되는 전기기계·기구
- 절연대 위 등과 같이 감전 위험이 없는 장소에서 사용하는 전기기계·기구
- 비접지방식의 전로
- 기계·기구를 건조한 장소에 시설하는 경우
- 기계·기구가 고무, 합성수지 기타 절연물로 피복된 경우
- 전원 측에 절연변압기(2차 전압 300[V] 이하)를 시설하고 부하 측을 비접지로 시설하는 경우
- 기계·기구를 발전소, 변전소에 준하는 곳에 시설하는 경우로서 취급자 이외의 자가 임의로 출입할 수 없는 경우
- 대지전압 150[V] 이하의 기계·기구를 물기가 없는 장소에 시설하는 경우
- 기계·기구가 유도전동기의 2차 측 전로에 접속된 저항기일 경우
- 기계·기구에 설치한 저항값이 3[Ω] 이하인 경우

75 다음 설명이 나타내는 현상은?

> 전압이 인가된 이극 도체 간의 고체 절연물 표면에 이물질이 부착되면 미소방전이 일어난다. 이 미소방전이 반복되면서 절연물 표면에 도전성 통로가 형성되는 현상이다.

① 흑연화현상　　② 트래킹현상
③ 반단선현상　　④ 절연이동현상

해설

트래킹현상(Tracking Effect)

- 전압이 인가된 이극 도체 간의 고체 절연물 표면에 이물질이 부착되면 미소방전이 일어나는데, 이 미소방전이 반복되면서 절연물 표면에 도전성 통로가 형성되는 현상이다.
- 전기제품 등에서 충전 전극 간의 절연물 표면에 어떤 원인으로 탄화전로가 생성되어 결국은 지락, 단락으로 발전하여 발화하는 현상이다.

정답 71 ① 72 ③ 73 ④ 74 ④ 75 ②

76 **다음 중 방폭구조의 종류가 아닌 것은?**

① 본질안전방폭구조
② 고압방폭구조
③ 압력방폭구조
④ 내압방폭구조

해설
방폭구조의 종류 중 고압 방폭구조라는 것은 없다.

77 **심실세동 전류 $I=\frac{165}{\sqrt{t}}$[mA]라면 심실세동 시 인체에 직접 받는 전기에너지(cal)는 약 얼마인가?(단, t는 통전시간으로 1초이며, 인체의 저항은 500[Ω]으로 한다)**

① 0.52 ② 1.35
③ 2.14 ④ 3.27

해설
위험한계에너지

$$W=I^2Rt=\left(\frac{165}{\sqrt{t}}\times10^{-3}\right)^2\times500\times t\simeq13.61[\text{J}]$$

$$=13.61\div4.184[\text{cal}]\simeq3.25[\text{cal}]$$

78 **산업안전보건기준에 관한 규칙에 따른 전기기계·기구의 설치 시 고려할 사항으로 거리가 먼 것은?**

① 전기기계·기구의 충분한 전기적 용량 및 기계적 강도
② 전기기계·기구의 안전효율을 높이기 위한 시간 가동률
③ 습기·분진 등 사용장소의 주위 환경
④ 전기적·기계적 방호수단의 적정성

해설
위험방지를 위한 전기기계·기구의 설치 시 고려할 사항으로 거리가 먼 것으로 전기기계·기구의 안전효율을 높이기 위한 시간 가동률, 비상전원설비의 구비와 접지극의 매설 깊이 등이 출제된다.

79 **정전작업 시 조치사항으로 틀린 것은?**

① 작업 전 전기설비의 잔류 전하를 확실히 방전한다.
② 개로된 전로의 충전 여부를 검전기구에 의하여 확인한다.
③ 개폐기에 잠금장치를 하고 통전 금지에 관한 표지판은 제거한다.
④ 예비 동력원의 역송전에 의한 감전의 위험을 방지하기 위해 단락접지 기구를 사용하여 단락 접지를 한다.

해설
정전작업 시 개폐기에 잠금장치를 하고 통전 금지에 관한 표지판을 설치한다.

80 **정전기로 인한 화재폭발의 위험이 가장 높은 것은?**

① 드라이클리닝설비
② 농작물 건조기
③ 가습기
④ 전동기

해설
정전기로 인한 화재폭발을 방지하기 위한 조치가 필요한 설비
- 인화성 물질을 함유하는 도료 및 접착제 등을 도포하는 설비
- 위험물을 탱크로리에 주입하는 설비
- 탱크로리·탱크차 및 드럼 등 위험물 저장설비
- 위험물 건조설비 또는 그 부속설비
- 인화성 고체를 저장하거나 취급하는 설비
- 드라이클리닝설비, 염색가공설비 또는 모피류 등을 씻는 설비 등 인화성 유기용제를 사용하는 설비
- 고압가스를 이송하거나 저장·취급하는 설비
- 화약류 제조설비

정답 76 ② 77 ④ 78 ② 79 ③ 80 ①

제5과목 화학설비위험 방지기술

81 산업안전보건법에서 정한 위험물질을 기준량 이상 제조하거나 취급하는 화학설비로서 내부의 이상상태를 조기에 파악하기 위하여 필요한 온도계·유량계·압력계 등의 계측장치를 설치하여야 하는 대상이 아닌 것은?

① 가열로 또는 가열기
② 증류·정류·증발·추출 등 분리를 하는 장치
③ 반응폭주 등 이상 화학반응에 의하여 위험물질이 발생할 우려가 있는 설비
④ 흡열반응이 일어나는 반응장치

해설
산업안전보건법에서 정한 위험물질을 기준량 이상 제조하거나 취급하는 화학설비로서 내부의 이상상태를 조기에 파악하기 위하여 필요한 온도계·유량계·압력계 등의 계측장치를 설치하여야 하는 것은 발열반응이 일어나는 반응장치이다.

82 다음 중 퍼지(Purge)의 종류에 해당하지 않는 것은?

① 압력퍼지
② 진공퍼지
③ 스위프퍼지
④ 가열퍼지

해설
퍼지의 종류 : 압력퍼지, 진공퍼지, 사이펀퍼지, 스위프퍼지

83 폭발한계와 완전연소 조성 관계인 Jones식을 이용하여 부탄(C_4H_{10})의 폭발하한계를 구하면 몇 [vol%]인가?

① 1.4 ② 1.7
③ 2.0 ④ 2.3

해설
- 부탄의 연소방정식 $C_4H_{10} + 6.5O_2 \rightarrow 4CO_2 + 5H_2O$
- 양론농도 $C_{st} = \dfrac{100}{1+\dfrac{O_2}{0.21}} = \dfrac{100}{1+\dfrac{6.5}{0.21}} = \dfrac{100}{31.95} \simeq 3.13$
- $\text{LFL} = 0.55C_{st} = 0.55 \times 3.13 \simeq 1.7$[vol%]

84 가스를 분류할 때 독성가스에 해당하지 않는 것은?

① 황화수소
② 사이안화수소
③ 이산화탄소
④ 산화에틸렌

해설
이산화탄소(CO_2)는 불연성가스이며 독성가스는 아니다.

85 다음 중 폭발 방호 대책과 가장 거리가 먼 것은?

① 불활성화 ② 억 제
③ 방 산 ④ 봉 쇄

해설
폭발 방호 대책의 종류 : 억제, 방산, 봉쇄

정답 81 ④ 82 ④ 83 ② 84 ③ 85 ①

86 **질화면(Nitrocellulose)은 저장 · 취급 중에는 에틸알코올 등으로 습면 상태를 유지해야 한다. 그 이유를 옳게 설명한 것은?**

① 질화면은 건조 상태에서는 자연적으로 분해하면서 발화할 위험이 있기 때문이다.
② 질화면은 알코올과 반응하여 안정한 물질을 만들기 때문이다.
③ 질화면은 건조 상태에서 공기 중의 산소와 환원반응을 하기 때문이다.
④ 질화면은 건조 상태에서 유독한 중합물을 형성하기 때문이다.

해설
질화면(Nitrocellulose)은 건조 상태에서는 자연적으로 분해하면서 발화할 위험이 있기 때문에 저장 · 취급 중에는 에틸알코올 등으로 습면 상태를 유지해야 한다.

87 **분진폭발의 특징으로 옳은 것은?**

① 연소속도가 가스폭발보다 크다.
② 완전연소로 가스중독의 위험이 작다.
③ 화염의 파급속도보다 압력의 파급속도가 빠르다.
④ 가스폭발보다 연소시간은 짧고 발생에너지는 작다.

88 **크롬에 대한 설명으로 옳은 것은?**

① 은백색 광택이 있는 금속이다.
② 중독 시 미나마타병이 발병한다.
③ 비중이 물보다 작은 값을 나타낸다.
④ 3가 크롬이 인체에 가장 유해하다.

해설
② 미나마타병의 원인 금속은 수은이다.
③ 비중이 물보다 큰 값(7.2)을 나타낸다.
④ 6가 크롬이 인체에 가장 유해하다.

89 **사업주는 인화성 액체 및 인화성 가스를 저장 · 취급하는 화학설비에서 증기나 가스를 대기로 방출하는 경우에는 외부로부터의 화염을 방지하기 위하여 화염방지기를 설치하여야 한다. 다음 중 화염방지기의 설치 위치로 옳은 것은?**

① 설비의 상단
② 설비의 하단
③ 설비의 측면
④ 설비의 조작부

해설
사업주는 인화성 액체 및 인화성 가스를 저장 · 취급하는 화학설비에서 증기나 가스를 대기로 방출하는 경우에는 외부로부터의 화염을 방지하기 위하여 설비의 상단에 화염방지기를 설치해야 한다.

90 **열교환탱크 외부를 두께 0.2[m]의 단열재(열전도율 k=0.037[kcal/m·h·℃])로 보온하였더니 단열재 내면은 40[℃], 외면은 20[℃]이었다. 면적 1[m^2] 당 1시간에 손실되는 열량(kcal)은?**

① 0.0037 ② 0.037
③ 1.37 ④ 3.7

해설
면적 1[m^2]당 1시간에 손실되는 열량

$$Q = K \cdot F \cdot \Delta t = \frac{0.037}{0.2} \times 1 \times (40-20) = 3.7[\text{kcal}]$$

정답 86 ① 87 ③ 88 ① 89 ① 90 ④

91 **산업안전보건법령상 다음 인화성 가스의 정의에서 ( ) 안에 알맞은 값은?**

> '인화성 가스'란 인화한계 농도의 최저한도가 (㉠)[%] 이하 또는 최고한도와 최저한도의 차가 (㉡)[%] 이상인 것으로서 표준압력(101.3[kPa]), 20[℃]에서 가스 상태인 물질을 말한다.

① ㉠ 13, ㉡ 12

② ㉠ 13, ㉡ 15

③ ㉠ 12, ㉡ 13

④ ㉠ 12, ㉡ 15

해설

인화성 가스 : 인화한계 농도의 최저한도가 13[%] 이하 또는 최고한도와 최저한도의 차가 12[%] 이상인 것으로서 표준압력(101.3[kPa]), 20[℃]에서 가스 상태인 물질을 말한다.

92 **액체 표면에서 발생한 증기농도가 공기 중에서 연소하한농도가 될 수 있는 가장 낮은 액체온도를 무엇이라 하는가?**

① 인화점 ② 비등점

③ 연소점 ④ 발화온도

해설

인화점(Flash Point)

- 외부로부터 불씨를 접촉하여 연소를 개시할 수 있는 최저온도로서, 가연성 증기를 발생할 수 있는 온도를 말한다(인화가 일어나는 최저의 온도).
- 액체 표면에서 발생한 증기농도가 공기 중에서 연소하한농도가 될 수 있는 가장 낮은 액체온도이다.
- 주로 상온에서 액체 상태로 존재하는 인화성 물질의 연소하기 쉬운 상태의 정도(인화성) 측정 및 화재 위험성 등을 판단할 때 중요한 지표가 된다.

93 **위험물의 저장방법으로 적절하지 않은 것은?**

① 탄화칼슘은 물속에 저장한다.

② 벤젠은 산화성 물질과 격리시킨다.

③ 금속나트륨은 석유 속에 저장한다.

④ 질산은 갈색병에 넣어 냉암소에 보관한다.

해설

탄화칼슘은 밀폐된 저장 용기에 저장한다.

94 **다음 중 열교환기의 보수에 있어 일상점검항목과 정기적 개방점검항목으로 구분할 때 일상점검항목으로 거리가 먼 것은?**

① 도장의 노후 상황

② 부착물에 의한 오염의 상황

③ 보온재, 보냉재의 파손 여부

④ 기초볼트의 체결 정도

해설

열교환기의 일상점검항목

- 보온재 및 보랭재의 파손 상황(여부)
- 도장의 노후 상황
- 플랜지부 등의 외부 누출 여부
- 기초볼트의 조임 상태(체결 정도)

정답 91 ① 92 ① 93 ① 94 ②

95 다음 중 반응기의 구조 방식에 의한 분류에 해당하는 것은?

① 탑형 반응기
② 연속식 반응기
③ 반회분식 반응기
④ 회분식 균일상반응기

해설
반응기의 분류
• 구조방식에 따라 : 유동층형 반응기, 관형 반응기, 탑형 반응기, 교반조형 반응기
• 조작방법에 따라 : 회분식 균일상반응기, 반회분식 반응기, 연속식 반응기

96 다음 중 공기 중 최소 발화에너지값이 가장 작은 물질은?

① 에틸렌
② 아세트알데하이드
③ 메 탄
④ 에 탄

해설
최소 발화에너지[mJ]
• 에틸렌 : 0.07
• 에탄 : 0.24
• 메탄 : 0.28
• 아세트알데하이드 : 0.36

97 다음 표의 가스(A~D)를 위험도가 큰 것부터 작은 순으로 나열한 것은?

	폭발하한값 [vol%]	폭발상한값 [vol%]
A	4.0	75.0
B	3.0	80.0
C	1.25	44.0
D	2.5	81.0

① D－B－C－A
② D－B－A－C
③ C－D－A－B
④ C－D－B－A

해설
각 물질의 위험도를 계산하여 가장 위험도가 큰 것을 찾는다.
위험도(H) : $H=\frac{U-L}{L}$ (여기서, U : 폭발상한계, L : 폭발하한계)
• A의 위험도 $H=\frac{75-4}{4}\simeq 17.75$
• B의 위험도 $H=\frac{80-3}{3}\simeq 25.7$
• C의 위험도 $H=\frac{44-1.25}{1.25}=34.2$
• D의 위험도 $H=\frac{81-2.5}{2.5}=31.4$
∴ 위험도가 큰 순서는 C > D > B > A 순이다.

98 알루미늄분이 고온의 물과 반응하였을 때 생성되는 가스는?

① 이산화탄소
② 수 소
③ 메 탄
④ 에 탄

해설
알루미늄분이 고온의 물과 반응하면 수소가스가 생성된다.
$2Al + 3H_2O \rightarrow Al_2O_3 + 3H_2$

정답 95 ① 96 ① 97 ④ 98 ②

99 **메탄, 에탄, 프로판의 폭발하한계가 각각 5[vol%], 2[vol%], 2.1[vol%]일 때 다음 중 폭발하한계가 가장 낮은 것은?(단, Le Chatelier의 법칙을 이용한다)**

① 메탄 20[vol%], 에탄 30[vol%], 프로판 50[vol%]의 혼합가스
② 메탄 30[vol%], 에탄 30[vol%], 프로판 40[vol%]의 혼합가스
③ 메탄 40[vol%], 에탄 30[vol%], 프로판 30[vol%]의 혼합가스
④ 메탄 50[vol%], 에탄 30[vol%], 프로판 20[vol%]의 혼합가스

해설
각 혼합가스의 폭발하한값(LFL)을 계산하여 가장 작은 혼합가스를 찾는다.

① $\frac{100}{LFL}=\frac{20}{5}+\frac{30}{2}+\frac{50}{2.1}\simeq 42.81$에서 $LFL=\frac{100}{42.81}\simeq 2.34$

② $\frac{100}{LFL}=\frac{30}{5}+\frac{30}{2}+\frac{40}{2.1}\simeq 40.05$에서 $LFL=\frac{100}{40.05}\simeq 2.50$

③ $\frac{100}{LFL}=\frac{40}{5}+\frac{30}{2}+\frac{40}{2.1}\simeq 42.05$에서 $LFL=\frac{100}{42.05}\simeq 2.38$

④ $\frac{100}{LFL}=\frac{50}{5}+\frac{30}{2}+\frac{20}{2.1}\simeq 34.52$에서 $LFL=\frac{100}{34.52}\simeq 2.90$

100 **고압가스 용기 파열사고의 주요 원인 중 하나는 용기의 내압력(耐壓力, Capacity to Resist Pressure) 부족이다. 다음 중 내압력 부족의 원인으로 거리가 먼 것은?**

① 용기 내벽의 부식
② 강재의 피로
③ 과잉 충전
④ 용접 불량

해설
고압가스 용기 파열사고의 주요 원인 중 하나인 용기 내압력 부족의 원인 : 강재의 피로, 용기 내벽의 부식, 용접 불량

제6과목 건설안전기술

101 **건설현장에 거푸집 동바리 설치 시 준수사항으로 옳지 않은 것은?**

① 파이프서포트 높이가 4.5[m]를 초과하는 경우에는 높이 2[m] 이내마다 2개 방향으로 수평 연결재를 설치한다.
② 동바리의 침하 방지를 위해 깔목의 사용, 콘크리트 타설, 말뚝박기 등을 실시한다.
③ 강재와 강재의 접속부는 볼트 또는 클램프 등 전용 철물을 사용한다.
④ 강관틀 동바리는 강관틀과 강관틀 사이에 교차가새를 설치한다.

해설
파이프서포트의 높이가 3.5[m]를 초과하는 경우에는 높이 2[m] 이내마다 수평 연결재를 2개 방향으로 설치하고 수평 연결재의 변위를 방지할 것(산업안전보건기준에 관한 규칙 제332조)

102 **고소작업대를 설치 및 이동하는 경우에 준수하여야 할 사항으로 옳지 않은 것은?**

① 와이어로프 또는 체인의 안전율은 3 이상일 것
② 붐의 최대 지면경사각을 초과 운전하여 전도되지 않도록 할 것
③ 고소작업대를 이동하는 경우 작업대를 가장 낮게 내릴 것
④ 작업대에 끼임·충돌 등 재해를 예방하기 위한 가드 또는 과상승방지장치를 설치할 것

해설
고소작업대를 설치 및 이동하는 경우에 와이어로프 또는 체인의 안전율은 5 이상일 것(산업안전보건기준에 관한 규칙 제186조)

정답 99 ① 100 ③ 101 ① 102 ①

103 **건설공사의 유해위험방지계획서 제출 기준일로 옳은 것은?**

① 당해 공사 착공 1개월 전까지
② 당해 공사 착공 15일 전까지
③ 당해 공사 착공 전날까지
④ 당해 공사 착공 15일 후까지

해설
건설공사의 유해위험방지계획서 작성 대상 공사를 착공하려고 하는 사업주는 일정한 자격을 갖춘 자의 의견을 들은 후 계획서를 작성하여 공사 착공 전일까지 공단에 2부를 제출해야 한다.

104 **철골건립 준비를 할 때 준수하여야 할 사항으로 옳지 않은 것은?**

① 지상 작업장에서 건립 준비 및 기계·기구를 배치할 경우에는 낙하물의 위험이 없는 평탄한 장소를 선정하여 정비하여야 한다.
② 건립작업에 다소 지장이 있다하더라도 수목은 제거하거나 이설하여서는 안 된다.
③ 사용 전에 기계기구에 대한 정비 및 보수를 철저히 실시하여야 한다.
④ 기계에 부착된 앵커 등 고정장치와 기초구조 등을 확인하여야 한다.

해설
철골건립 준비 시 건립작업에 지장이 있는 수목은 제거하여야 한다.

105 **가설공사 표준안전작업지침에 따른 통로발판을 설치하여 사용함에 있어 준수사항으로 옳지 않은 것은?**

① 추락의 위험이 있는 곳에는 안전난간이나 철책을 설치하여야 한다.
② 작업발판의 최대 폭은 1.6[m] 이내이어야 한다.
③ 비계발판의 구조에 따라 최대 적재하중을 정하고 이를 초과하지 않도록 하여야 한다.
④ 발판을 겹쳐 이음하는 경우 장선 위에서 이음을 하고 겹침길이는 10[cm] 이상으로 하여야 한다.

해설
발판을 겹쳐 이음하는 경우 장선 위에서 이음을 하고 겹침길이는 20[cm] 이상으로 하여야 한다.

106 **항타기 또는 항발기의 사용 시 준수사항으로 옳지 않은 것은?**

① 증기나 공기를 차단하는 장치를 작업관리자가 쉽게 조작할 수 있는 위치에 설치한다.
② 해머의 운동에 의하여 증기호스 또는 공기호스와 해머의 접속부가 파손되거나 벗겨지는 것을 방지하기 위하여 그 접속부가 아닌 부위를 선정하여 증기호스 또는 공기호스를 해머에 고정시킨다.
③ 항타기나 항발기의 권상장치의 드럼에 권상용 와이어로프가 꼬인 경우에는 와이어로프에 하중을 걸어서는 안 된다.
④ 항타기나 항발기의 권상장치에 하중을 건 상태로 정지하여 두는 경우에는 쐐기장치 또는 역회전방지용 브레이크를 사용하여 제동하는 등 확실하게 정지시켜 두어야 한다.

해설
항타기 또는 항발기의 사용 시 증기나 공기를 차단하는 장치를 해머의 운전자가 쉽게 조작할 수 있는 위치에 설치할 것

107 **건설업 중 유해위험방지계획서 제출대상 사업장으로 옳지 않은 것은?**

① 지상 높이가 31[m] 이상인 건축물 또는 인공구조물, 연면적 30,000[m^2] 이상인 건축물 또는 연면적 5,000[m^2] 이상의 문화 및 집회시설의 건설공사
② 연면적 3,000[m^2] 이상의 냉동·냉장 창고시설의 설비공사 및 단열공사
③ 깊이 10[m] 이상인 굴착공사
④ 최대 지간 길이가 50[m] 이상인 다리의 건설공사

해설
연면적 5,000[m^2] 이상의 냉동·냉장 창고시설의 설비공사 및 단열공사(시행령 제42조)

정답 103 ③ 104 ② 105 ④ 106 ① 107 ②

108 **건설작업용 타워크레인의 안전장치로 옳지 않은 것은?**

① 권과방지장치
② 과부하방지장치
③ 비상정지장치
④ 호이스트스위치

해설
건설작업용 타워크레인의 안전장치 : 권과방지장치, 과부하방지장치, 브레이크장치, 비상정지장치 등

109 **이동식 비계를 조립하여 작업을 하는 경우의 준수기준으로 옳지 않은 것은?**

① 비계의 최상부에서 작업을 할 때에는 안전난간을 설치하여야 한다.
② 작업발판의 최대 적재하중은 400[kg]을 초과하지 않도록 한다.
③ 승강용 사다리는 견고하게 설치하여야 한다.
④ 작업발판은 항상 수평을 유지하고 작업발판 위에서 안전난간을 딛고 작업을 하거나 받침대 또는 사다리를 사용하여 작업하지 않도록 한다.

해설
이동식 비계를 조립하여 작업을 하는 경우 작업발판의 최대 적재하중은 250[kg]을 초과하지 않도록 한다(산업안전보건기준에 관한 규칙 제68조).

110 **토사 붕괴 원인으로 옳지 않은 것은?**

① 경사 및 기울기 증가
② 성토 높이의 증가
③ 건설기계 등 하중작용
④ 토사중량의 감소

해설
토사중량의 증가는 토사 붕괴의 원인 중 하나이다.

111 **건설용 리프트의 붕괴 등을 방지하기 위해 받침의 수를 증가시키는 등 안전조치를 하여야 하는 순간풍속 기준은?**

① 15[m/s] 초과
② 25[m/s] 초과
③ 35[m/s] 초과
④ 45[m/s] 초과

해설
순간풍속이 35[m/s]를 초과하는 바람이 불어올 우려가 있는 경우 건설작업용 리프트(지하에 설치되어 있는 것은 제외)에 대하여 받침의 수를 증가시키는 등 그 붕괴 등을 방지하기 위한 조치를 하여야 한다.

112 **토사 붕괴에 따른 재해를 방지하기 위한 흙막이 지보공 부재로 옳지 않은 것은?**

① 흙막이판　② 말 뚝
③ 턴버클　④ 띠 장

해설
토사 붕괴에 따른 재해를 방지하기 위한 흙막이 지보공설비를 구성하는 부재 : 흙막이판, 말뚝, 띠장, 버팀대 등

정답 108 ④ 109 ② 110 ④ 111 ③ 112 ③

113 가설구조물의 특징으로 옳지 않은 것은?

① 연결재가 적은 구조로 되기 쉽다.
② 부재 결합이 간략하여 불안전 결합이다.
③ 구조물이라는 개념이 확고하여 조립의 정밀도가 높다.
④ 사용 부재는 과소단면이거나 결함재가 되기 쉽다.

해설
구조물이라는 통상의 개념이 확고하지 않으며 조립의 정밀도가 낮다.

114 사다리식 통로 등의 구조에 대한 설치기준으로 옳지 않은 것은?

① 발판의 간격은 일정하게 할 것
② 발판과 벽과의 사이는 15[cm] 이상의 간격을 유지할 것
③ 사다리식 통로의 길이가 10[m] 이상인 때에는 7[m] 이내마다 계단참을 설치할 것
④ 사다리의 상단은 걸쳐 놓은 지점으로부터 60[cm] 이상 올라가도록 할 것

해설
사다리식 통로의 길이가 10[m] 이상인 경우에는 5[m] 이내마다 계단참을 설치할 것(산업안전보건기준에 관한 규칙 제24조)

115 가설통로를 설치하는 경우 준수해야 할 기준으로 옳지 않은 것은?

① 경사는 30° 이하로 할 것
② 경사가 25°를 초과하는 경우에는 미끄러지지 아니하는 구조로 할 것
③ 건설공사에 사용하는 높이 8[m] 이상인 비계다리에는 7[m] 이내마다 계단참을 설치할 것
④ 수직 갱에 가설된 통로의 길이가 15[m] 이상인 때에는 10[m] 이내마다 계단참을 설치할 것

해설
가설통로 설치 시 경사가 15°를 초과하는 경우에는 미끄러지지 아니하는 구조로 할 것(산업안전보건기준에 관한 규칙 제23조)

116 터널공사에서 발파작업 시 안전대책으로 옳지 않은 것은?

① 발파 전 도화선 연결 상태, 저항치 조사 등의 목적으로 도통시험 실시 및 발파기의 작동 상태에 대한 사전 점검 실시
② 모든 동력선은 발원점으로부터 최소한 15[m] 이상 후방으로 옮길 것
③ 지질, 암의 절리 등에 따라 화약량에 대한 검토 및 시방기준과 대비하여 안전조치 실시
④ 발파용 점화회선은 타동력선 및 조명회선과 한곳으로 통합하여 관리

해설
터널공사에서 발파작업 시 발파용 점화회선은 타 동력선 및 조명회선으로부터 분리하여 관리한다(터널공사표준안전작업지침-NATM공법 제7조).

정답 113 ③ 114 ③ 115 ② 116 ④

117 건설업 산업안전보건관리비 계상 및 사용기준은 산업재해보상 보험법의 적용을 받는 공사 중 총공사금액이 얼마 이상인 공사에 적용하는가?(단, 전기공사업법, 정보통신공사업법에 의한 공사는 제외)

① 4천만원　② 3천만원
③ 2천만원　④ 1천만원

해설
건설업 산업안전보건관리비 계상 및 사용기준은 산업재해보상보험법의 적용을 받는 공사 중 총공사금액이 2천만원 이상인 공사에 적용한다.

118 건설업의 공사금액이 850억원일 경우 산업안전보건법령에 따른 안전관리자의 수로 옳은 것은?(단, 전체 공사기간을 100으로 할 때 공사 전후 15에 해당하는 경우는 고려하지 않는다)

① 1명 이상　② 2명 이상
③ 3명 이상　④ 4명 이상

해설
건설업의 공사금액이 800억원 이상 1,500억원 미만일 경우, 산업안전보건법령에 따른 안전관리자의 수는 2명 이상이므로 건설업의 공사금액이 850억원일 경우 안전관리자의 수는 2명 이상으로 한다(시행령 별표 3).

119 거푸집 동바리의 침하를 방지하기 위한 직접적인 조치로 옳지 않은 것은?

① 수평 연결재 사용
② 깔목의 사용
③ 콘크리트의 타설
④ 말뚝박기

해설
거푸집 동바리의 침하를 방지하기 위한 직접적인 조치 : 깔목의 사용, 콘크리트 타설, 말뚝박기 등

120 달비계에 사용하는 와이어로프의 사용금지 기준으로 옳지 않은 것은?

① 이음매가 있는 것
② 열과 전기 충격에 의해 손상된 것
③ 지름의 감소가 공칭지름의 7[%]를 초과하는 것
④ 와이어로프의 한 꼬임에서 끊어진 소선의 수가 7[%] 이상인 것

해설
달비계에 사용하는 와이어로프의 한 꼬임에서 끊어진 소선의 수가 10[%] 이상인 것은 사용하면 안 된다(산업안전보건기준에 관한 규칙 제63조).

정답 117 ③ 118 ② 119 ① 120 ④

참 / 고 / 문 / 헌

- 경태환(2007), 「신연소・방화공학」, 동화기술.
- 기도형(2018), 「시스템적 산업안전관리론」, 한경사.
- 김갑송(2016), 「기초 전기공학」, 성안당.
- 김대식(2015), 「최신 산업인간공학」, 형설출판사.
- 김민환(2018), 「산업안전관리」, 지우북스.
- 김병석(2018), 「최신 산업안전관리론」, 형설출판사.
- 김희송 외(2011), 「신편 재료역학」, 형설출판사.
- 남기천 외(2019), 「건설시공학」, 한솔아카데미.
- 남기천 외(2019), 「토목시공학」, 한솔아카데미.
- 박병호(2014), 「경영학 강의」, 문운당.
- 박병호(2017), 「제조공정설계원론 제3판」, 문운당.
- 박병호(2019), 「기계설계산업기사」, 성안당.
- 박병호(2019), 「가스산업기사」, 시대고시기획.
- 박병호(2019), 「에너지관리기사」, 시대고시기획.
- 박홍채・오기동・이윤복(2012), 「내화물공학개론」, 구양사.
- 박희석 외(2018), 「인간공학」, 한경사.
- 이근영(2019), 「안전관리시스템」, 북넷.
- 정병용(2019), 「인간중심의 현대 안전관리」, 민영사.
- 정병용・이동경(2016), 「현대 인간공학」, 민영사.
- 정진우(2018), 「안전관리론」, 청문각.
- 정호신・엄동석(2006), 「용접공학」, 문운당.
- 최병철(2016), 「연소공학」, 문운당.
- Turns, Stephen R. (2012), An Introduction to Combustion : Concepts and Applications, 3rd Edi., McGrawHill.

[참고사이트]

- 국가법령정보센터 (http://www.law.go.kr)
- 국가건설기준센터 (http://www.kcsc.re.kr)

SDEDU

합격의 공식

SD에듀

S D E D U

합격의
공 식
SD에듀

합격의 공식 SD에듀

S D E D U

얼마나 많은 사람들이
책 한 권을 읽음으로써
인생에 새로운 전기를 맞이했던가.

헨리 데이비드 소로